EUROPA-FACHBUCHREIHE
für Mechatronik

Fachkunde Mechatronik

8. Auflage

VERLAG EUROPA-LEHRMITTEL · Nourney, Vollmer GmbH & Co. KG
Düsselberger Straße 23 · 42781 Haan-Gruiten

Europa-Nr.: 45119

Autoren:

B. Götz	Dipl.-Ing.	Regensburg
H. Hebel	Dipl.-Ing.	Melsbach
D. Müller	Dipl.-Ing.	Hennef
G. Lämmlin	Dipl.-Ing.	Neustadt/Wstr.
M. Link	Dipl.-Ing.	Karlsruhe
Dr. C. Sartor	Dipl- Ing.	Mettmann
A. Scheib	Dipl.-Ing.	Hauenstein
S. Schwarzwälder	Dipl.-Gewerbelehrer	Karlsruhe
E. Thiele	Dipl.-Ing.	Wildau

Autoren und Lektor bedanken sich bei den Herren Bartenschlager und Klatt für die Mitarbeit an den Auflagen 1 bis 5, sowie bei den Autoren W. Eichler, D. Spielvogel und K. Winter für die Zurverfügungstellung von Texten bis zur 6. Auflage.

Lektorat und Leitung des Arbeitskreises:
G. Lämmlin

Bildentwürfe: Die Autoren
Fotos: Leihgaben der Firmen (Verzeichnis Seite 679)

Illustrationen: Grafische Produktionen Jürgen Neumann, 97222 Rimpar
Betreuung der Bildbearbeitung: Zeichenbüro des Verlags Europa-Lehrmittel, 73760 Ostfildern

8. Auflage 2025

Druck 5 4 3 2 1

Alle Drucke derselben Auflage sind parallel einsetzbar, da sie bis auf die Korrektur von Druckfehlern identisch sind.

ISBN 978-3-7585-4219-0

Satz: Satz+Layout Werkstatt Kluth GmbH, 50374 Erftstadt
Umschlag: braunwerbeagentur, 42477 Radevormwald
Umschlagfotos: FESTO AG & Co. KG, Esslingen; Shutterstock, Inc., USA-New York © Amorn Suriyan
Druck: Plump Druck & Medien GmbH, 53619 Rheinbreitbach

Vorwort

Der Begriff Mechatronik (engl. mechatronics) wurde vor über 30 Jahren in Japan geprägt. In Deutschland und der Schweiz entstanden in der Folge an mehreren Hochschulstandorten Lehrstühle für die neue Fachrichtung Mechatronik. In ihr sind maschinentechnische, elektrotechnische und informationstechnische Inhalte vereint. In der beruflichen Erstausbildung erfolgte der Start für den neuen Beruf des Mechatronikers bzw. der Mechatronikerin im Jahre 1998. Grundlage der Ausbildung in diesem Beruf sind:

1. Die Verordnung über die Berufsausbildung zum Mechatroniker/zur Mechatronikerin
2. Der Rahmenlehrplan der Kultusministerkonferenz
3. Die Richtlinien und Lehrpläne der einzelnen Bundesländer

Die Fülle der in diesem Beruf vereinten Fertigkeiten und Kenntnisse sowie die unendlich große Vielfalt der Anwendungsmöglichkeiten und die unterschiedlichen Übernahmen der im KMK-Rahmenlehrplan beschriebenen dreizehn Lernfelder durch die einzelnen Bundesländer veranlassten die Autoren zu einem fachsystematischen Aufbau des Buches, der es den Lernenden ermöglicht sich ein fundiertes Fachwissen anzueignen. Die Kenntnis und die Beherrschung der funktionalen Zusammenhänge wird als Voraussetzung für eine erfolgreiche Anwendung und Übertragung des neu erworbenen Wissens angesehen. Wo immer möglich, wird die Verbindung zu praxisrelevanten Anwendungen hergestellt. Der Bezug zu den Lernfeldern wird über die Zuordnung der Kapitel zu den Inhalten des KMK-Rahmenplanes geschaffen. Alle wichtigen Fachbegriffe wurden ins Englische übersetzt und sind im Sachwortverzeichnis den deutschen Begriffen zugeordnet. Das vorliegende Buch ist so eine verlässliche Quelle bei allen Fragen, die im Rahmen der Ausbildung zum Mechatroniker/zur Mechatronikerin zu beantworten sind.

Für die **5. Auflage** wurden alle verwendeten Normen auf den aktuellen Stand gebracht. Dies gilt vor allem für die Bezeichnungen in der Steuerungstechnik, wo teilweise Normen parallel verwendet werden (ISO 1219 und DIN EN 81346-1). In diesem Falle wird immer die DIN bzw. die EN zugrunde gelegt. Neu aufgenommen wurde das Kapitel **„Kommunikation in Netzen“**, das einen immer größer werdenden Raum im Bereich der Mechatronik einnimmt. Erweitert bzw. ergänzt wurde im Bereich der Antriebstechnik bei den **Schrittmotoren** und den **EC-Motoren.**

Die **6. Auflage** wurde um das Kapitel INDUSTRIE 4.0 ergänzt. Darüberhinaus wurde das Thema **„Additive Fertigung“ (3-D-Druck u.a.)** aufgenommen.

Die **7. Auflage** beinhaltet neu neben einem Kapitel über **I/O-Links** auch die Darstellung der **elektrischen Netzsysteme.**

In der vorliegenden **8. Auflage** wurde vor allem das Kapitel **12 „Bussysteme in der Automatisierungstechnik“** den veränderten technischen Entwicklungen angepasst.

Aufgrund seines Aufbaus ist dieses Buch neben dem Einsatz im Unterricht auch zum Erarbeiten von fundiertem Fachwissen im Selbststudium geeignet.

Wie jedes andere Fachbuch, so wird sich auch das vorliegende durch die praktische Auseinandersetzung weiterentwickeln und den technischen Entwicklungen anpassen. Dies geschieht umso schneller und konsequenter, je mehr Kolleginnen und Kollegen sowie Schülerinnen und Schüler, die damit arbeiten, dem Autorenkreis ihre Kritik bzw. Änderungs- und Verbesserungswünsche an

lektorat@europa-lehrmittel.de

übermitteln.

Sommer 2025 — Autoren und Verlag

Inhaltsverzeichnis

Interpretation der Lernfelder

Die Ausbildung des noch jungen Berufes des Mechatronikers und der Mechatronikerin ist in 13 Lernfelder gegliedert. Die Lernfelder orientieren sich an den beruflichen Handlungsabläufen und Tätigkeitsbereichen, die je nach Ausbildungsbetrieb sehr unterschiedlich sein können. In den verschiedenen Bundesländern können die Inhalte der Lernfelder unterschiedlichen Unterrichtsfächern zugeordnet werden. Im Rahmen des Berufsschulunterrichtes und der betrieblichen Ausbildung sollen die Ausbildungsinhalte auf regionale und betriebliche Gegebenheiten angepasst werden. Die Aufgabe dieses Fachbuches besteht darin, unabhängig von der jeweiligen Fächerstruktur und den regionalen Besonderheiten die fachlichen Informationen und Anregungen bereitzustellen, und dadurch den Unterricht und die betriebliche Ausbildung zu unterstützen. Aus diesem Grunde wurde von den Autoren bewusst auf eine Einteilung in Lernfelder verzichtet.

Im Folgenden sollen am Beispiel eines ausgewählten mechatronischen Systemes die Lernfelder interpretiert und der Einsatz des Fachbuches im Rahmen des Lernfeldkonzeptes gezeigt werden.

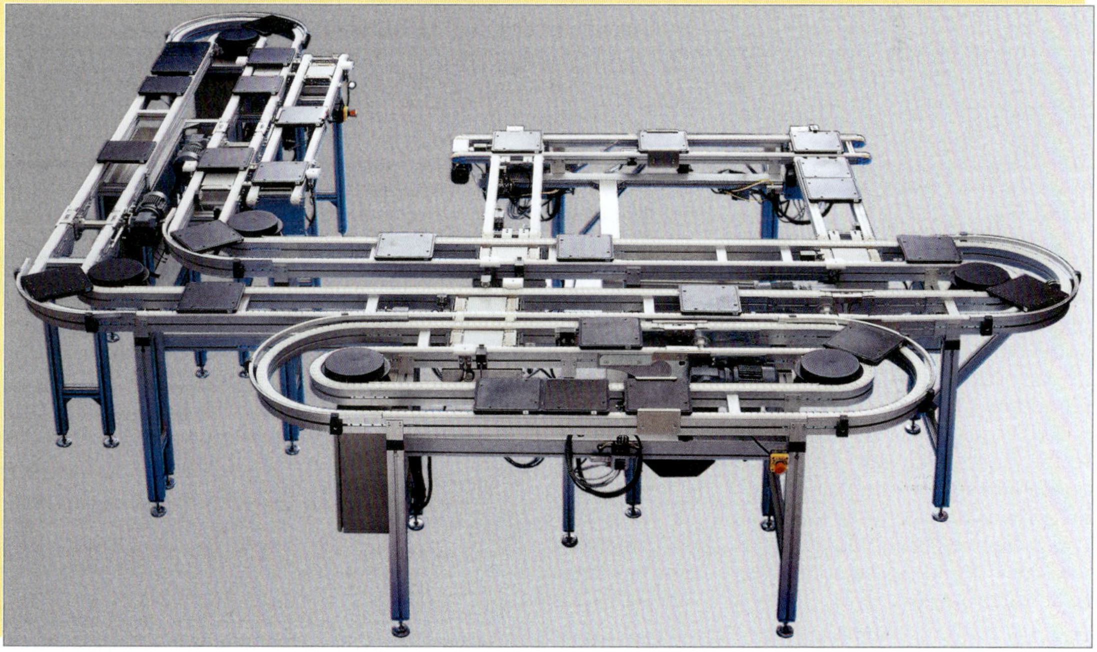

LF 1 Analysieren von Funktionszusammenhängen in mechatronischen Systemen

Dieses Lernfeld soll die Mechatroniker und Mechatronikerinnen in die Lage versetzen, Systeme ganzheitlich zu betrachten und zu analysieren. Dazu ist es erforderlich, dass die Systeme in ihre Teilsysteme und -elemente zerlegt werden können sowie ihre Aufgaben und Funktionszusammenhänge und die Signal-, Stoff- und Informationsflüsse beschrieben werden können. Wirksame Hilfsmittel sind dabei alle Formen von Dokumentationsmitteln und technischen Unterlagen wie Technische Zeichnungen, Schaltpläne, Blockschaltbilder, Funktionspläne, Pflichtenhefte u.a.

Da das Lernfeld 1 ein sogenanntes „Querschnittslernfeld" ist, das in die restlichen Lernfelder einfließt, sind die zu vermittelnden inhaltlichen Schwerpunkte auch auf fast alle Kapitel des Buches verteilt und können je nach Lernsituation dort erarbeitet werden.

LF 2 Herstellen mechanischer Teilsysteme

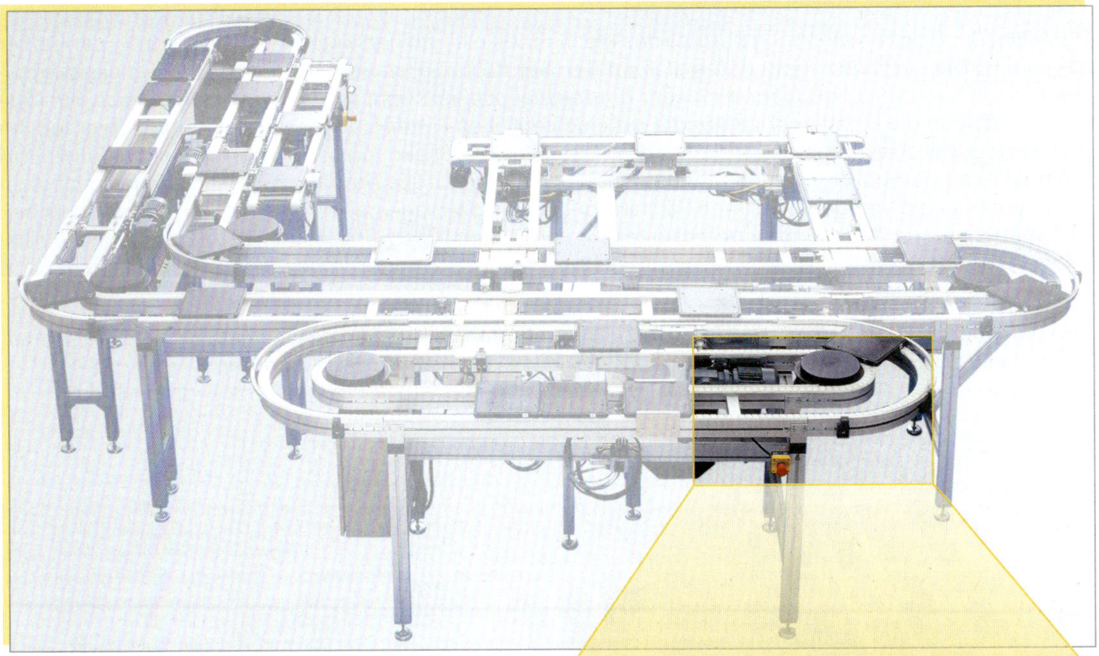

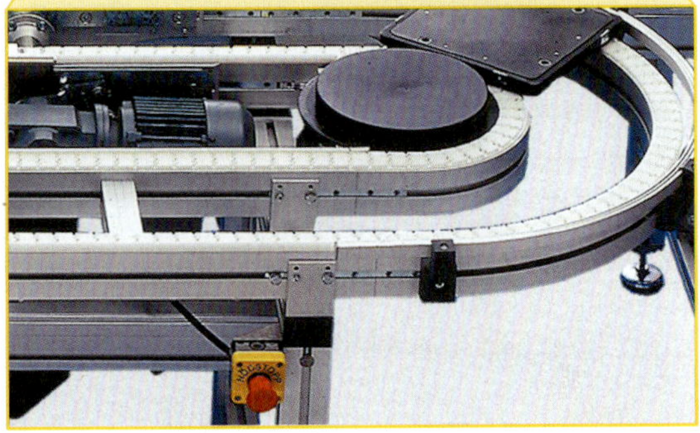

Mechatronische Systeme bestehen immer auch aus mechanischen Bauteilen und Systemen, die durch die Bearbeitung von Rohteilen oder Halbzeugen geschaffen wurden. So sind die in dem abgebildeten mechatronischen System verwendeten Einzelteile aus dem Halbzeug „Aluminium-Profilrohr“ hergestellt. Die in Form von Stangen angelieferten Rohre müssen auf die geforderten Maße „geschnitten“ werden und mit Bohrungen versehen werden. Dafür ist es erforderlich, dass die wesentlichen Grundlagen der Werkstofftechnik und der Bearbeitungsverfahren gekannt und beherrscht werden.

Das Lernfeld 2 beinhaltet die Grundlagen der Metalltechnik, die zur Herstellung, Bearbeitung und Montage von Metallen aber auch Kunststoffen erforderlich sind. Dazu zählen die Kenntnisse über Aufbau, Eigenschaften und Einsatzgebiete der verwendeten Werkstoffe ebenso, wie die Aspekte ihres ökonomischen, ökologischen und gesundheitsrelevanten Einsatzes.

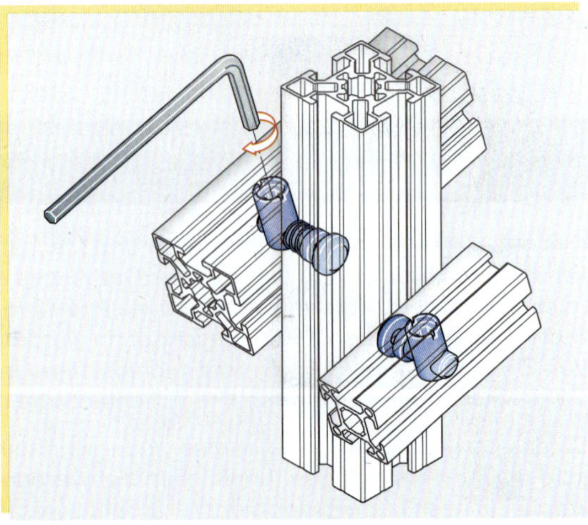

Neben der Zusammensetzung von Werkstoffen sind die Möglichkeiten der Bearbeitung der daraus bestehenden Werkstücke wichtig. Im Lernfeld 2 werden alle Bearbeitungsverfahren, wie sie vom Mechatroniker benötigt werden, behandelt. Dazu gehören neben den spanabhebenden Verfahren vor allem auch die vielfältigen Möglichkeiten des Fügens, wie etwa das Kleben, das Verschrauben und das Löten.

Um Werkstücke bearbeiten zu können, muss der Facharbeiter, der diese Arbeiten durchführen muss, mit anderen verständlich kommunizieren können. Dies bedeutet vor allem, dass er Technische Zeichnungen, Pläne, Diagramme und Schaubilder lesen kann.

Darüber hinaus muss er Skizzen erstellen und Vorgänge beschreiben können. Die in diesem Lernfeld vermittelten Fertigkeiten und Kenntnisse sind u.a. Voraussetzung für das Lernfeld 10.

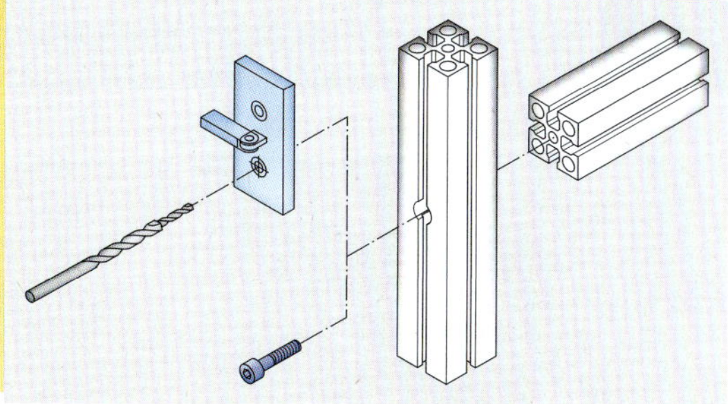

Tabelle 1: Lerninhalte des Lernfeldes 2

Lerninhalte	Fachkapitel im Lehrbuch
Einzel- und Baugruppenzeichnungen, Stücklisten	2 Technische Kommunikation
Maschinenelemente, Passungen und Toleranzen	6 Mechanische Systeme 7 Herstellen mechanischer Systeme
Montagepläne, Verbindungselemente	6 Mechanische Systeme 14 Montage, Inbetriebnahme und Instandhaltung von mechatronischen Systemen
Grundlagen des manuellen und maschinellen Spanens und Umformens	6 Mechanische Systeme
Herstellen von mechanischen Verbindungen	6 Mechanische Systeme
Betriebsspezifische Werk- und Hilfsstoffe	5 Werk- und Hilfsstoffe
Montagewerkzeuge und Hilfsgeräte	6 Mechanische Systeme 14 Montage, Inbetriebnahme und Instandhaltung von mechatronischen Systemen
Montagegerechte Lagerung, Sicherheit und Arbeitsschutz	14 Montage, Inbetriebnahme und Instandhaltung von mechatronischen Systemen
Prüf- und Messmittel	3 Prüftechnik 4 Qualitätsmanagement

LF 3 Installieren elektrischer Betriebsmittel unter Beachtung sicherheitstechnischer Aspekte

Beim Aufbau von Mechatronischen Systemen finden heute in aller Regel elektrische Betriebsmittel Anwendung. Der Umgang damit setzt fundierte Kenntnisse ihrer Funktionsweisen, der Gesetzmäßigkeiten der Installation und vor allem der geforderten Schutzmaßnahmen voraus.

Mechatroniker und Mechatronikerinnen müssen elektrische Vorgänge verstehen und die notwendigen Installationsarbeiten unter Beachtung aller Sicherheitsanforderungen durchführen können. Sie müssen elektrische Größen berechnen können und deren Zusammenhänge und Darstellungsmöglichkeiten beherrschen sowie durch den Einsatz geeigneter Messmittel und -verfahren überprüfen können.

In Lernfeld 3 werden auch die Grundlagen für die folgenden Lernfelder gelegt.

Tabelle 1: Lerninhalte des Lernfeldes 3

Lerninhalte	Fachkapitel im Lehrbuch
Elektrische Größen, deren Zusammenhänge, Darstellungsmöglichkeiten und Berechnungen	8 Grundlagen der Elektrotechnik
Bauteile im Gleich- und Wechselstromkreis	8 Grundlagen der Elektrotechnik 9 Elektrische Anlagen
Elektrische Messverfahren	8 Grundlagen der Elektrotechnik
Auswahl von Kabeln und Leitungen für die Energie- und Informationsübertragung	8 Grundlagen der Elektrotechnik 12 Bussysteme
Elektrische Netze	8 Grundlagen der Elektrotechnik
Gefahren durch Überlastung, Kurzschluss und Überspannung, Berechnung der erforderlichen Schutzelemente	8 Grundlagen der Elektrotechnik
Handhabung von Tabellen und Formeln	8 Grundlagen der Elektrotechnik 9 Elektrische Anlagen
Stromwirkung auf den Organismus, Sicherheitsregeln in der Elektrotechnik, Hilfsmaßnahmen bei Unfällen	8 Grundlagen der Elektrotechnik 9 Elektrische Anlagen
Maßnahmen gegen gefährliche Körperströme nach den geltenden Vorschriften	8 Grundlagen der Elektrotechnik 9 Elektrische Anlagen
Prüfen elektrischer Betriebsmittel	8 Grundlagen der Elektrotechnik 9 Elektrische Anlagen
Ursachen für Überspannungen und Störspannungen, deren Auswirkungen, Gegenmaßnahmen	8 Grundlagen der Elektrotechnik 9 Elektrische Anlagen
Elektromagnetische Verträglichkeit	9 Elektrische Anlagen

LF 4 Untersuchen der Energie- und Informationsflüsse in elektrischen, pneumatischen und hydraulischen Baugruppen

Steuerungsprobleme können meist auf unterschiedliche Art und mit verschiedenen Techniken, wie z.B. Pneumatik, Hydraulik, gelöst werden. Häufig sind auch Kombinationen mehrerer Gerätetechniken erforderlich. So finden heute an Stelle der rein pneumatischen oder hydraulischen Steuerungen vielfach elektropneumatische oder elektrohydraulische Steuerungen Anwendung.

Voraussetzung für die fachgerechte Installation der Steuerungen ist auch hier die Kenntnis der Funktionsweisen und die Fähigkeit, Informationsflüsse zu erkennen und Installationspläne zu erstellen bzw. zu lesen und interpretieren.

Das Lernfeld 4 kann in enger Verbindung mit dem Lernfeld 1 gesehen werden. Dieses ist, wie an anderer Stelle schon erwähnt, ein Lernfeld, das viele andere tangiert, so auch hier, wo die im Lernfeld 1 erworbenen Fähigkeiten der Systemanalyse und des Analysierens von Funktionszusammenhängen angewandt werden müssen.

Die Inhalte dieses Lernfeldes werden in den Lernfeldern 7 und 8 vertieft und erweitert.

Tabelle 1: Lerninhalte des Lernfeldes 4

Lerninhalte	Fachkapitel im Lehrbuch
Pneumatische und hydraulische Größen, deren Zusammenhänge, Darstellungsmöglichkeiten und Berechnungen	2 Technische Kommunikation 10 Steuerungstechnik
Versorgungseinheiten der Elektrotechnik, Pneumatik und Hydraulik	10 Steuerungstechnik 8 Grundlagen der Elektrotechnik
Grundschaltungen der Steuerungstechnik	10 Steuerungstechnik
Technische Unterlagen	10 Steuerungstechnik 2 Technische Kommunikation
Signale und Messwerte in Steuerungssystemen	10 Steuerungstechnik
Gefahren beim Umgang mit elektrischen, pneumatischen und hydraulischen Leistungsbaugruppen	10 Steuerungstechnik 8 Grundlagen der Elektrotechnik 9 Elektrische Anlagen
Ökonomische Aspekte, Arbeits- und Umweltschutz, Recycling	10 Steuerungstechnik

LF 5 Kommunizieren mithilfe von Datenverarbeitungsanlagen

In diesem Lernfeld werden der Einsatz von Datenverarbeitungsanlagen und deren Einordnung in die betrieblichen Abläufe sowie Strukturen vernetzter Systeme und die daraus resultierenden Sicherheitssysteme betrachtet. Dies setzt im Wesentlichen die Einsicht in die Grundlagen der Datenverarbeitung und die Fähigkeit zur Anwendung branchenüblicher Standardsoftware voraus.

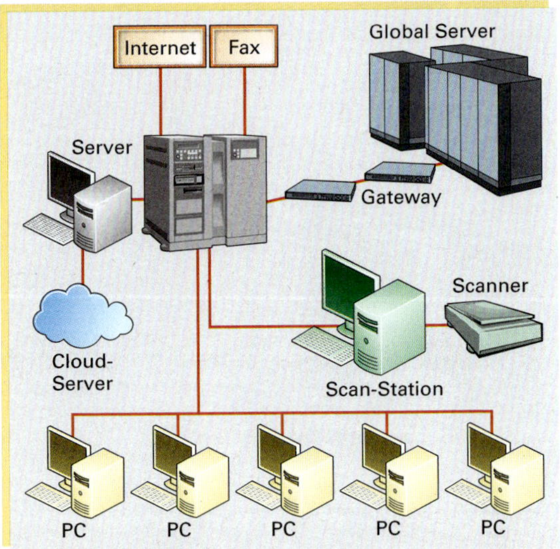

Im Falle der Mechatroniker können dies sowohl Betriebssysteme als auch Anwendungspakete, wie die zahlreichen Office-Programme, einfache CAD-Programme, aber auch Simulationssoftware oder Programmiersoftware für Roboter, firmeninterne Netzwerkprogramme o.Ä. sein.

Neben der Beherrschung der Software erstrecken sich die Inhalte dieses Lernfeldes auch über die Installation und Konfiguration von Peripheriegeräten.

Tabelle 1: Lerninhalte des Lernfeldes 5

Lerninhalte	Fachkapitel im Lehrbuch
Betriebssysteme	Alle diese Inhalte werden schwerpunktmäßig im Kapitel 1 behandelt. Auf branchenspezifische Soft- und Hardware wird in den jeweiligen Kapiteln, wie z.B. 7 Flexible Fertigungssysteme oder 10.7 SPS eingegangen.
Vernetzte Datenverarbeitungsanlagen	
Datenschutz und Datensicherheit	
Aufbereitung von Informationen mittels Branchensoftware	
Signale und Messwerte in Steuerungssystemen	
Aufbereitung von Informationen mithilfe von Datenverarbeitung	
Ergonomische Gesichtspunkte von Computerarbeitsplätzen	

LF 6 Planen und Organisieren von Arbeitsabläufen

Betriebliche Organisationsstrukturen und die Organisation der Teamarbeit nach funktionalen, fertigungs-gerechten und ökonomischen Kriterien stehen im Mittelpunkt dieses Lernfeldes.

Dazu ist es wichtig, dass die Mechatroniker und Mechatronikerinnen die betrieblichen Abläufe kennen und diese bei Eingriffen in Maschinen und Arbeitsabläufe berücksichtigen. Ablaufpläne müssen gelesen und interpretiert werden. Umfassende Kenntnisse über Unfallschutzmaßnahmen und die Bereitschaft zu deren Einhaltung müssen vorhanden sein. Bei allen Tätigkeiten muss der Qualitätsgedanke im Vordergrund stehen.

Tabelle 2: Lerninhalte des Lernfeldes 6

Lerninhalte	Fachkapitel im Lehrbuch
Materialdisposition und Kalkulation	Ähnlich wie bei Lernfeld 5 tangiert auch das Lernfeld 6 mehrere andere Lernfelder. Die inhaltliche Behandlung in diesem Buch findet aus diesem Grund auch in verschiedenen Kapiteln statt. Die Dokumentationen werden z.B. in den Kapiteln 1 und 2, Arbeitsabläufe in den Kapiteln 10 und 14 behandelt.
Analyse von Arbeitsabläufen	
Bewertung und Dokumentation von Ergebnissen	
Ergonomie und vorbeugender Unfallschutz	
Einfache Zeit- und Kostenkalkulation	
Darstellungsverfahren von Arbeitsabläufen	
Qualitätsmanagement	

LF 7 Realisieren mechatronischer Teilsysteme

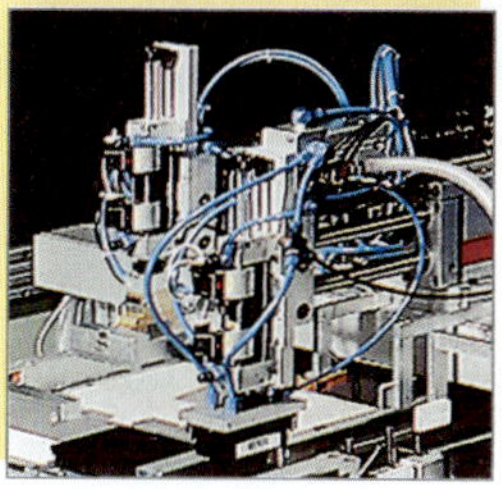

z. B. Pneumatische Steuerungen

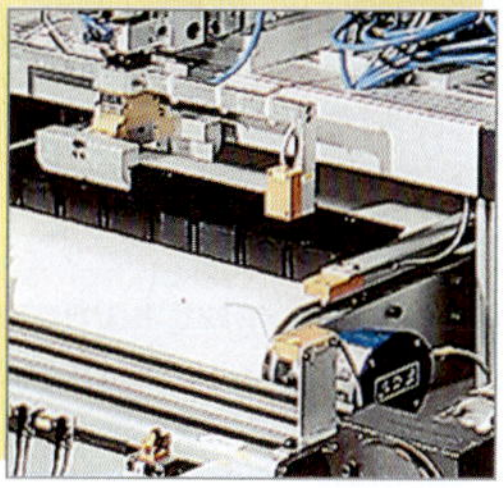

z. B. Sensortechnik

z. B. Elektrische Anlagen

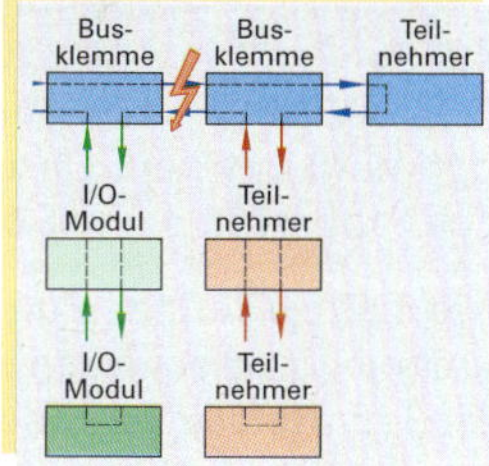

Informationsfluss in mechatronischen Systemen

Das Lernfeld 7 ist in engem Zusammenhang mit dem Lernfeld 8 zu sehen. Hier werden die Grundlagen der Steuerungstechnik gelegt, die das in Kapitel 8 formulierte Erstellen mechatronischer Systeme ermöglichen. Neben der Fähigkeit, den Einsatz und die Wirkungsweise von Aktoren und Sensoren zu beurteilen, steht vor allem die Lösung von steuerungs- und regelungstechnischenTeilproblemen durch die Anwendung von einfachen pneumatischen, elektropneumatischen, hydraulischen, elektrohydraulischen bzw. SPS-Steuerungen im Mittelpunkt.

Tabelle 1: Lerninhalte des Lernfeldes 7

Lerninhalte	Fachkapitel im Lehrbuch
Steuerkette und Regelkreis, Blockschaltbilder	10 Steuerungstechnik 11 Regelungstechnik
Kenngrößen von Steuerungen und Regelungen	10 Steuerungstechnik 11 Regelungstechnik
Wirkungsweise von Sensoren und Wandlern	10.6 Sensorik
Signalverhalten von Sensoren und Wandlern	10.6 Sensorik
Programmierung von einfachen Bewegungsabläufen und Steuerungsfunktionen	10 Steuerungstechnik
Entwurf von Schaltungen	10 Steuerungstechnik
Grafische Darstellung von Steuerungs- und Regelungsabläufen	10 Steuerungstechnik 11 Regelungstechnik
Messen von Signalen	10.6 Sensorik
Grundschaltungen und Wirkungsweise von Antrieben	10 Steuerungstechnik 9 Elektrische Anlagen
Darstellung von Antriebseinheiten in Funktionsplänen	10 Steuerungstechnik 9 Elektrische Anlagen

LF 8 Design und Erstellung mechatronischer Systeme

Der Schwerpunkt dieses Lernfeldes liegt im Bereich der Steuerungen und Regelungen von mechatronischen Systemen. Mechatronikerinnen und Mechatroniker beschreiben die Struktur und die Signalverläufe von komplexen mechatronischen Systemen. Sie müssen den Einfluss wechselnder Betriebsbedingungen auf den Prozessablauf erkennen und diese gegebenenfalls auch zielgerichtet verändern können.

Dazu ist es erforderlich, dass sie die Verfahren zur messtechnischen Erfassung von Steuerungs- und Regelungsabläufen beherrschen und anwenden können.

Sie müssen über fundamentale Kenntnisse der Steuerungs- und Regelungstechnik sowie der elektrischen Antriebstechnik verfügen. Sie sind befähigt, die Kopplung mechanischer Systeme mit mechatronischen durchzuführen. Wo erforderlich, müssen Bewegungsabläufe simuliert und optimiert werden. Dazu nutzen sie unterschiedliche Programme und Software-Tools.

Mechatronikerinnen und Mechatroniker werden in die Lage versetzt, komplexe Steuerungen und Regelungen von mechatronischen Systemen zu verstehen, zu montieren und demontieren, zu überprüfen und im Bedarfsfalle verändernd einzugreifen.

All dies hat unter strengster Beachtung der entsprechenden Schutz- und Sicherheitsmaßnahmen zu geschehen.

Tabelle 1: Lerninhalte des Lernfeldes 8

Lerninhalte	Fachkapitel im Lehrbuch
Betriebskennwerte und Kennlinien von Antrieben	10 Steuerungstechnik 9 Elektrische Anlagen
Funktionsweise, Auswahl und Einstellung von Schutzeinrichtungen	6 Mechanische Systeme 9 Elektrische Anlagen 10 Steuerungstechnik
Steuern und Regeln von Antrieben	9 Elektrische Anlagen 10 Steuerungstechnik 11 Regelungstechnik
Positioniervorgänge, Freiheitsgrade	7 Herstellen mechanischer Systeme 10 Steuerungstechnik 11 Regelungstechnik
Prüf- und Messverfahren zur Positionsbestimmung	7 Herstellen mechanischer Systeme 10 Steuerungstechnik 11 Regelungstechnik
Getriebe und Kupplungen	6 Mechanische Systeme
Einarbeiten von Änderungen in vorhandene Anlagen	14 Montage, Inbetriebnahme und Instandhaltung von mechatronischen Systemen
Programmierung von Bewegungsabläufen und Steuerungsfunktionen	7 Herstellen mechanischer Systeme 10 Steuerungstechnik
Computersimulation	1 EDV
Messwerterfassung an Schnittstellen	10 Steuerungstechnik 11 Regelungstechnik 14 Montage, Inbetriebnahme und Instandhaltung von mechatronischen Systemen

LF 9 Untersuchen des Informationsflusses in komplexen mechatronischen Systemen

Im Lernfeld 9 werden alle zuvor erlernten Fertigkeiten und Kenntnisse benötigt, um Informationsstrukturen zu erkennen und beschreiben zu können. Durch Verknüpfungen von mechanischen, elektrischen, pneumatischen und hydraulischen Komponenten entstehen komplexe mechatronische Systeme. Signale, Signalerzeugungs- und Signaltransportarten werden unterschieden, Signale gemessen und Fehler durch geeignete Verfahren festgestellt, eingegrenzt und wo möglich beseitigt.

Voraussetzung dafür sind Kenntnisse geeigneter Mess- und Diagnoseverfahren sowie ein Überblick über die gängigen Bussysteme und ihre Hierarchien.

Beispielhaft an einem Bussystem soll die Vernetzung der Komponenten projektiert und durchgeführt werden.

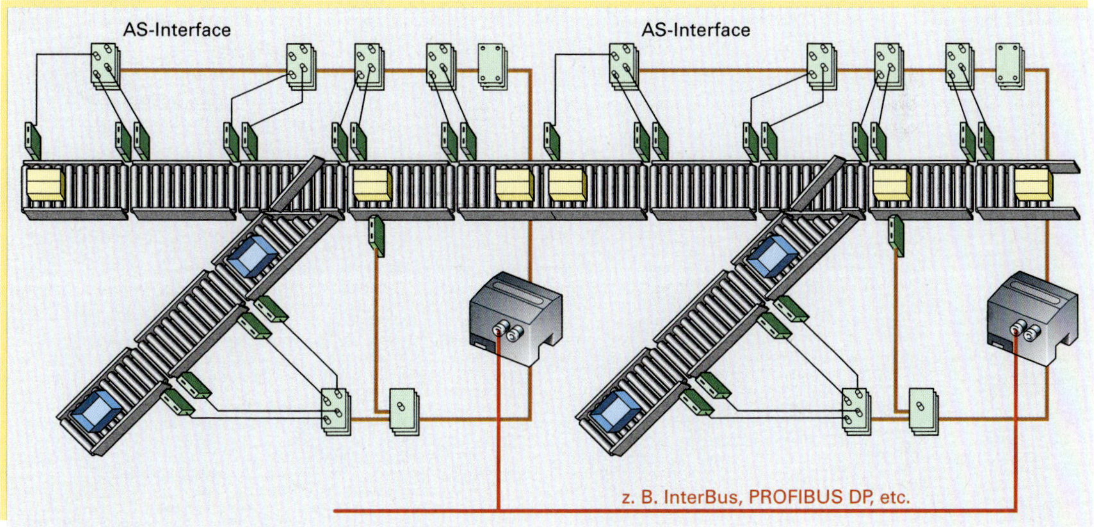

Tabelle 1: Lerninhalte des Lernfeldes 9

Lerninhalte	Fachkapitel im Lehrbuch
Signalverläufe in Systemen	10 Steuerungstechnik 13 Mechatronische Systeme
Signalstruktur	10 Steuerungstechnik, speziell: 10.6 Sensorik
Bussysteme	10 Steuerungstechnik 12 Bussysteme
Prüf- und Messverfahren	8 Grundlagen der Elektrotechnik 9 Elektrische Anlagen 10 Steuerungstechnik 11 Regelungstechnik 13 Mechatronische Systeme 14 Montage, Inbetriebnahme und Instandhaltung von mechatronischen Systemen
Untersuchung an Schnittstellen zwischen Systemkomponenten	10 Steuerungstechnik 12 Bussysteme
Vernetzung von Einzelkomponenten	1 EDV 12 Bussysteme
Hierarchien in vernetzten Systemen	12 Bussysteme
Dokumentation von Messergebnissen	2 Technische Kommunikation Kapitel 10 ... 14

LF 10 Planen der Montage und Demontage

Inhalt des Lernfeldes 10 ist es, die Fähigkeiten zu erwerben, die anfallenden Aufgaben im Bereich der Montage und Demontage zu planen. Dies beinhaltet sowohl die Fähigkeiten, Montagepläne zu erstellen, zu interpretieren und zu beurteilen als auch die Fähigkeit, Zusammenbauzeichnungen und andere betriebliche Montageunterlagen zu lesen.

Voraussetzung dafür ist u.a., dass die Mechatroniker und Mechatronikerinnen alle erforderlichen Messverfahren beherrschen, geeignete Montagewerkzeuge kennen und einsetzen können, die Sicherheitsvorschriften beachten, Transportmittel und Hebezeuge aufgabengerecht verwenden und Montageprotokolle erstellen können.

Gerade auch in diesem Lernfeld wird die Komplexität und Vielfältigkeit dieses Berufes deutlich, wird doch von Mechatronikern die Montage von kleinen Handhabungsgeräten aber auch von großen Werkzeugmaschinen und Fertigungsstraßen, die allesamt mechatronische Systeme darstellen, durchgeführt.

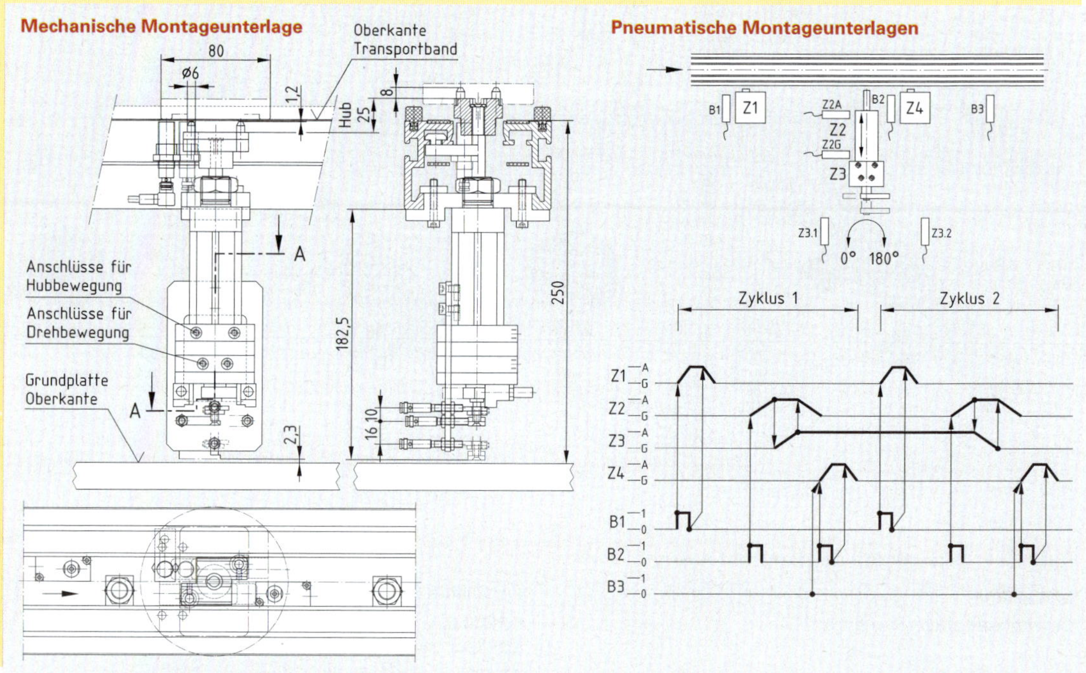

Tabelle 1: Lerninhalte des Lernfeldes 10

Lerninhalte	Fachkapitel im Lehrbuch
Betriebliche Montageunterlagen	Die Inhalte dieses Lernfeldes sind im Wesentlichen alle im Kapitel
Bedingungen für das Arbeiten am Montageort unter Berücksichtigung der Vorschriften	14 Montage, Inbetriebnahme und Instandhaltung von mechatronischen Systemen
Ver- und Entsorgungseinrichtungen mechatronischer Systeme	zusammengefasst.
Transportmittel, Hebezeuge und Montagehilfen	Darüber hinaus sind die Kapitel
Sicherheitsmaßnahmen und deren Prüfung	2 Technische Kommunikation
Prüfungen während der Montage	3 Prüftechnik
Form- und Lagetoleranzen	7 Herstellen mechanischer Systeme 9 Elektrische Anlagen und
Justierarbeiten	10 Steuerungstechnik
Entsorgung und Recycling bei der Montage	in bestimmten Fällen relevant.

LF 11 Inbetriebnahme, Fehlersuche und Instandsetzung

Aufgabe dieses Lernfeldes ist es, den Mechatronikerinnen und Mechatronikern die Fähigkeit zu vermitteln, mechatronische Systeme anhand von technischen Unterlagen zu analysieren, indem sie die Systeme in Funktionsblöcke zerlegen und das Zusammenwirken sowie die wechselseitigen Beeinflussungen dieser Funktionsblöcke untersuchen. Dadurch werden sie u. a. in die Lage versetzt, mechatronische Systeme in Betrieb zu nehmen, Fehler zu vermeiden bzw. auftretende Fehler zu lokalisieren und ihre Ursachen zu beschreiben und letztendlich auch zu beheben.

Dazu werden die verschiedenen Verfahren der Inbetriebnahme vermittelt. Die Einsatzmöglichkeiten von Diagnosesystemen werden geprüft. Sensoren und Aktoren müssen justiert und Systemparameter eingestellt werden. Ergebnisse werden in die vorgesehenen Unterlagen eingetragen. Die systematische und methodische Vorgehensweise bei der Fehlersuche ist ein zentrales Anliegen diese Lernfeldes.

Tabelle 1: Lerninhalte des Lernfeldes 11

Lerninhalte	Fachkapitel im Lehrbuch
	Die Inhalte dieses Lernfeldes sind überwiegend im Kapitel 14 Montage, Inbetriebnahme und Instandhaltung von mechatronischen Systemen enthalten. Im Einzelfall wird zusätzlich auf folgende Kapitel verwiesen:
Blockschaltbilder, Wirkungs- und Funktionspläne von mechatronischen Systemen	6 Mechanische Systeme 10 Steuerungstechnik 11 Regelungstechnik 12 Bussysteme
Überprüfung und Einstellung von Sensoren und Aktoren	10 Steuerungstechnik 12 Bussysteme
Systemparameter	10 Steuerungstechnik 11 Regelungstechnik 12 Bussysteme
Bus-Parametrierung	12 Bussysteme
Softwareinstallation	1 EDV 10 Steuerungstechnik
Verfahren zur Fehlersuche in elektrischen, pneumatischen und hydraulischen Systemen	14 Montage, Inbetriebnahme und Instandhaltung von mechatronischen Systemen
Störungsanalyse	14 Montage, Inbetriebnahme und Instandhaltung von mechatronischen Systemen
Strategie der Fehlersuche, typische Fehlerursachen	14 Montage, Inbetriebnahme und Instandhaltung von mechatronischen Systemen
Elektrische und mechanische Schutzmaßnahmen, Schutzvorschriften	8 Grundlagen der Elektrotechnik 9 Elektrische Anlagen
Elektromagnetische Verträglichkeit	9 Elektrische Anlagen
Prozessvisualisierung, Diagnosesysteme, Ferndiagnose	10 Steuerungstechnik
Inbetriebnahmeprotokoll, Fehlerdokumentation, Instandsetzungsprotokoll	14 Montage, Inbetriebnahme und Instandhaltung von mechatronischen Systemen 2 Technische Kommunikation
Qualitätssicherungsverfahren	4 Qualitätsmanagement
Behebung von Programmfehlern	14 Montage, Inbetriebnahme und Instandhaltung von mechatronischen Systemen
Berücksichtigung von Kundenanforderungen	14 Montage, Inbetriebnahme und Instandhaltung von mechatronischen Systemen
Einflüsse von mechatronischen Systemen auf ökologische, ökonomische und soziale Bedingungen	14 Montage, Inbetriebnahme und Instandhaltung von mechatronischen Systemen

LF 12 Vorbeugende Instandhaltung

In diesem Lernfeld steht die Betriebssicherheit von mechatronischen Systemen im Vordergrund. Aus den Kenntnissen über die funktionalen Zusammenhängen der einzelnen Systemkomponenten werden Rückschlüsse auf die Erzielung der Betriebssicherheit gezogen und gegebenenfalls geeignete Maßnahmen ergriffen. Aus Wartungsanleitungen und Betriebshandbüchern werden typische Instandhaltungsaufgaben ermittelt und beschrieben. Die Mechatronikerinnen und Mechatroniker werden befähigt, selbst Wartungspläne zu erstellen.

Tabelle 1: Lerninhalte des Lernfeldes 12

Lerninhalte	Fachkapitel im Lehrbuch
	Wie in Lernfeld 11 gilt auch für dieses Lernfeld, dass die Inhalte überwiegend im Kapitel 14 Montage, Inbetriebnahme und Instandhaltung von mechatronischen Systemen bearbeitet werden. Zusätzlich sind bei verschiedenen Lerninhalten folgende Kapitel zu berücksichtigen:
Verschmutzung, Ermüdung, Verbrauch, Verschleiß und deren Auswirkungen	6 Mechanische Systeme
Systemzuverlässigkeit	14 Montage, Inbetriebnahme und Instandhaltung von mechatronischen Systemen
Erstellung und Anpassung von Wartungsplänen	2 Technische Kommunikation
Inspektionen	14 Montage, Inbetriebnahme und Instandhaltung von mechatronischen Systemen
Verfahren zur Überprüfung von Sicherheitseinrichtungen	14 Montage, Inbetriebnahme und Instandhaltung von mechatronischen Systemen
Anpassung von Systemkomponenten an veränderte Anforderungen	14 Montage, Inbetriebnahme und Instandhaltung von mechatronischen Systemen
Diagnoseverfahren und Wartungssysteme	14 Montage, Inbetriebnahme und Instandhaltung von mechatronischen Systemen
Qualitätsmanagement	4 Qualitätsmanagement
Dokumentation	2 Technische Kommunikation
Einarbeiten von Änderungen in technische Unterlagen	2 Technische Kommunikation

LF 13 Übergabe von mechatronischen Systemen an Kunden

Mechatroniker müssen in der Lage sein, mechatronische Systeme zu beschreiben und zu erklären. Sie erstellen Bedienungsanleitungen selbst oder sind bei deren Erstellung durch die entsprechende Fachabteilung der Betriebe behilflich, indem sie die fachlichen Informationen in geeigneter Weise zur Verfügung stellen. Dazu ist es erforderlich, dass sie diese sowohl grafisch als auch textlich erfassen und aufbereiten können. Dabei müssen sie die Gesamtzusammenhänge des eigenen Betriebes und des Kunden bzw. des Lieferanten berücksichtigen.

Im Mittelpunkt dieses Lernfeldes steht die Fähigkeit zur Kommunikation. Für die Entwicklung dieser Fähigkeit gibt es wertvolle Grundlagentipps, das Training jedoch muss sich über alle Lernfelder erstrecken.

Tabelle 2: Lerninhalte des Lernfeldes 13

Lerninhalte	Fachkapitel im Lehrbuch
Nutzung innerbetrieblicher Kommunikationssysteme	1 EDV
Teamarbeit	
Kommunikation	2 Technische Kommunikation
Moderation und Präsentation	1 EDV
Kunden-/Lieferantenbeziehung	
Bedienungsanleitungen, Betriebsanleitungen	2 Technische Kommunikation 14 Montage, Inbetriebnahme und Instandhaltung von mechatronischen Systemen

1 Grundlagen der Datenverarbeitung

Die Datenverarbeitung befasst sich mit Systemen zur Beschaffung, Verarbeitung, Übertragung, Speicherung und/oder Bereitstellung von Informationen. Der Informationsbegriff und damit zusammenhängend der Datenbegriff spielen in der Datenverarbeitung eine grundlegende Rolle. Daher werden im Folgenden einige Begriffe erklärt.

Daten sind Zeichen oder stetige Funktionen, die Informationen zum Zwecke der Verarbeitung nach bestimmten Regeln oder Verabredungen darstellen.

Digitale Daten bestehen aus aufeinander folgenden (diskreten) Zeichen („1" oder „0").

Analoge Daten entsprechen kontinuierlichen Funktionen und werden durch physikalische Größen wie z.B. Spannung dargestellt, die den zu beschreibenden Sachverhalt repräsentieren und stufenlos veränderbar sind.

Nachrichten sind Zeichen oder stetige Funktionen, die Informationen zum Zweck der Weitergabe oder der Übertragung nach bestimmten Regeln oder Verabredungen darstellen.

Zeichen sind Elemente zur Darstellung von Daten bzw. Informationen.

Ein **Zeichenvorrat** ist die Menge aller vereinbarten oder verfügbaren Zeichen zur Darstellung von Informationen (numerischer-, alphanumerischer Zeichenvorrat).

Die **Syntax** bezeichnet die Regeln, nach denen Zeichen zu Wörtern und Wörter zu Sätzen einer Sprache verknüpft werden dürfen.

Semantik oder Bedeutungslehre ist die Lehre von der inhaltlichen Bedeutung der Sprache. In der Informatik bezieht sich die Semantik speziell auf Programmiersprachen.

Informationen sind Zeichenfolgen, die aus einem Zeichenvorrat nach bestimmten Regeln erzeugt werden (Syntax), die eine abstrakte oder gegenständliche Bedeutung haben (Semantik) und die vom Sender bzw. Empfänger der Information in bestimmter Weise inhaltlich gleich interpretiert werden.

Unter **Datenverarbeitung** versteht man die Verarbeitung von Daten mit Algorithmen[1], Verfahren und Methoden zu neuen Daten. Erfolgt die Verarbeitung von Daten mittels elektronischer Geräte wie Computer, spricht man von **Elektronischer Datenverarbeitung (EDV).** Sie umfasst die Eingabe, die eigentliche Bearbeitung über Rechenoperationen, Ausgabe, Übertragung und Speicherung von Daten.

Dabei werden Daten in unterschiedlichen Formen in einen Computer eingegeben und mithilfe von Arbeitsanweisungen, die dem Computer ebenfalls eingegeben werden, verarbeitet, übertragen und/oder gespeichert. Die Ergebnisse werden dann auf unterschiedliche Arten ausgegeben **(Bild 1).** Dieses EVA-Prinzip lässt eine generelle Gliederung einer elektronischen Datenverarbeitung erkennen **(Bild 2).** Der Begriff **Hardware** kennzeichnet die Gesamtheit der technischen Geräte zur Daten- bzw. Informationsverarbeitung. Als **Software** werden die Programme zur Steuerung der Verarbeitungs-, Übertragungs- und Speicherungsprozesse in Computern sowie der Ein- und Ausgabe bezeichnet.

Ohne Software ist ein Computer eine Maschine ohne weitere Nutzungsmöglichkeit. Die Soft-

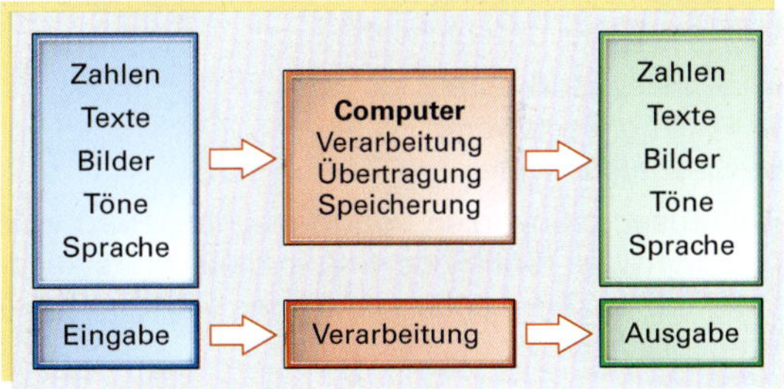

Bild 1: EVA-Prinzip

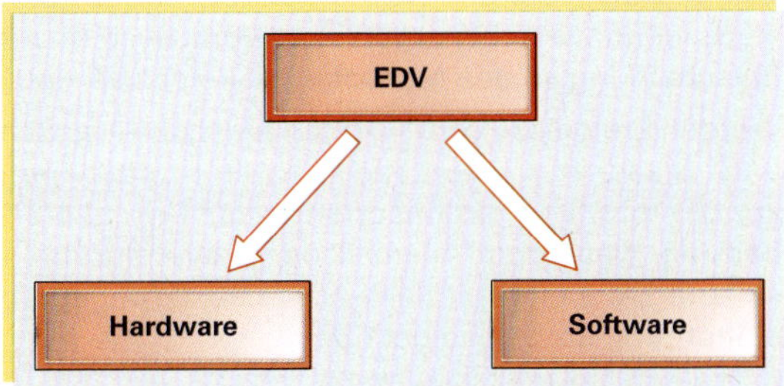

Bild 2: Komponenten einer EDV

[1] Ein Algorithmus ist eine Vereinbarungsvorschrift zur Lösung eines klar definierten und begrenzten Problems. Er besteht aus mehreren elementaren Schritten, die in einer bestimmten Reihenfolge durchzuführen sind, wobei Wahlmöglichkeiten und Verzweigungen zugelassen sind (siehe Seite 63).

ware bildet die entscheidende Schnittstelle für die Kommunikation zwischen dem Anwender und der Hardware, zwischen Mensch und Maschine **(Bild 1)**. Die Schnittstelle Software lässt sich jedoch noch feiner unterteilen **(Bild 2)** in System- und Anwendersoftware. Dabei ist die Anwendersoftware immer auf die Systemsoftware angewiesen, die u.a. den Datentransfer in der PC-Peripherie organisiert, steuert und kontrolliert. Während zur Systemsoftware hauptsächlich das Betriebssystem gehört, zählen zu der Anwendungssoftware die vielen im beruflichen und privaten Alltag genutzten Programme **(Bild 3)**.

Das **Betriebssystem** setzt sich aus einer Vielzahl von Routinen zusammen, deren Zusammenwirken erst den Betrieb des Computers ermöglicht. Diese Systemroutinen stellen die Verbindung her zwischen Hardware, Anwender und Anwendungsprogramm (s. auch Kapitel Betriebssysteme).

Dienst- und **Hilfsprogramme (Bild 4)** sind Treiberprogramme, die die Systemeinbindung von z.B. Peripheriegeräten wie Drucker u.a. bewirken. Ein Hilfsprogramm wird auch als **Tool** oder **Utility** bezeichnet. Dieses sind Programme, die die Betriebssysteme ergänzen oder eventuelle Schwächen der Systemsoftware ausgleichen bzw. fehlende Funktionen ergänzen.

Als **Anwendungssoftware** bezeichnet man solche, die zum Lösen bestimmter Aufgaben eingesetzt werden. Dabei unterscheidet man:

- Branchensoftware,
- Funktionssoftware,
- Spezialsoftware.

Das Zusammenwirken von Menschen, Hardware und Software **(Bild 5)** bewirkt in den unterschiedlichen Branchen unterschiedliche **Automatisierungsgrade.**

Vollautomation ist häufig bei Anwendungen in technischen Bereichen wie Prozesssteuerung bzw. Prozessautomation anzutreffen. **Teilautomation**, bei der menschliches Eingreifen in begrenztem Umfang in Systeme erforderlich ist, findet dann statt, wenn Zwischenergebnisse vom System zur Entscheidung an den Menschen geliefert werden.

Werden Ereignisse von Dialogen zwischen Mensch und Maschine automatisch weiterverarbeitet, spricht man von **aktionsorientierter Datenverarbeitung**. Nach dem Ausmaß der Anwenderunterstützung, die eng mit dem Automatisierungsgrad einhergeht, unterscheidet man:

- Administrationssysteme
- Dispositionssysteme
- Informations- und Betriebssysteme
- Planungssysteme
- Kontrollsysteme

Bild 1: Schnittstellen einer EDV

Bild 2: Bestandteile der Software

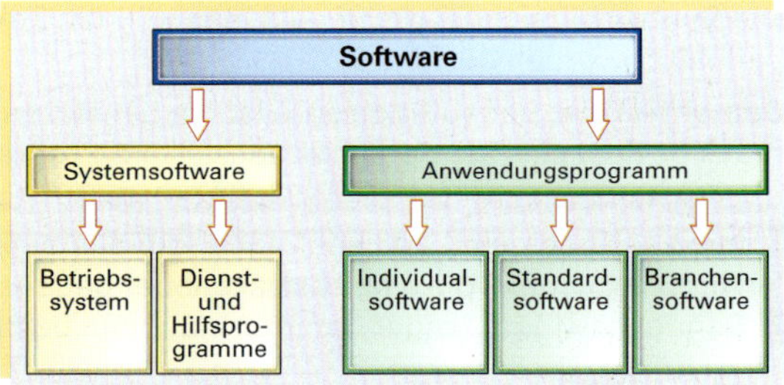

Bild 3: System- und Anwendungssoftware

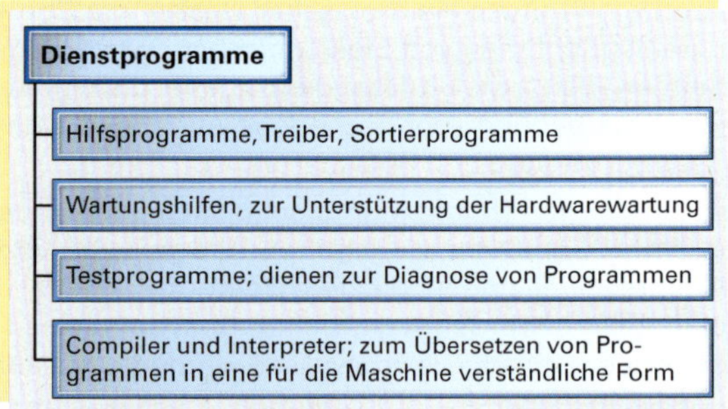

Bild 4: Dienstprogramme

Branchensoftware:	Funktionssoftware:	Spezialsoftware:
Banken Bauwirtschaft Groß-, Einzelhandel Ärzte Rechtsanwälte Hausverwaltung Forstwirtschaft	Personalwirtschaft Produktionsplanung Fakturierung Lohnabrechnung Lagerverwaltung Materialverwaltung Buchhaltung	Textverarbeitung Tabellenkalkulation Lineare Optimierung Grafik Messdatenerfassung Statistik

Bild 5: Anwendungsprogramme

1.1 Betriebssysteme

Das Betriebssystem (engl. Operation System, OS) ist eine Zusammenfassung aller Programme, die einen Computer kontrollieren, organisieren, verwalten und letztendlich überwachen. Des Weiteren stellt das Betriebssystem eine Plattform dar, die dem PC-Benutzer Werkzeuge zur Verwaltung und zur Administration, Textverarbeitungsprogramme und andere Dienste wie z.B. Fernwartung eines Systems anbietet. Das Betriebssystem **(Bild 1)** ermöglicht erst dem Benutzer das Arbeiten mit dem Computer, wie z.B. Tastatureingabe, Bildschirmausgabe, Datentransport von und zu den Speichermedien.

> Das Betriebssystem ist die Schnittstelle, die die Verbindung zwischen Anwender und Computer herstellt.

1.1.1 Aufgaben eines Betriebssystems

Das Betriebssystem verwaltet alle wichtigen Ressourcen eines PCs und verbirgt die Komplexität der Kommunikation zwischen den Hardwarekomponenten vor dem Benutzer, um eine möglichst gute Anwenderfreundlichkeit zu erzielen. Dazu gehören vor allem die Verwaltung der Prozesse, das Speichermanagement und das Gerätemanagement **(Tabelle 1)**. Des Weiteren stellt ein Betriebssystem dem Benutzer eine Schnittstelle zur Kommunikation mit dem Betriebssystem bereit, die meist als **„Shell"** (engl. für Schale) bezeichnet wird. Sie befähigt den Benutzer, Anweisungen, z.B. „kopiere Datei" an das Betriebssystem zu geben **(Bild 1)**.

Unterschieden werden:

- Die kommando-orientierte Shell (CLI: **C**ommand **L**ine **I**nterface)
  Anweisungen oder Anweisungsfolgen werden zeilenorientiert dem Betriebssystem durch den Benutzer übergeben, z.B. MS-DOS-Prompt.
- Die grafisch-orientierte, visuelle Shell (GUI: **G**raphical **U**ser **I**nterface)
  Vom System angezeigte und durch den Benutzer auszuwählende Anweisungen ermöglichen die Inanspruchnahme von Diensten des Betriebssystems, z.B. Windows-Explorer.

Zur Bewältigung dieser Aufgaben stehen dem PC-Benutzer eine Vielzahl von Betriebssystemen zur Verfügung **(Tabelle 2)**.

Tabelle 1: Ressourcenverwaltung

Prozessorverwaltung
Hauptspeichermanagement (RAM)
Hintergrundspeichermanagement (Festplatte)
Gerätemanagement (Drucker)

Tabelle 2: Betriebssysteme

Win 7 Win 8.1 Win 10 Win 11	32-, 64-Bit-Betriebssystem
Mac OS Classic	32-Bit-Betriebssystem
Mac OS X	32-, 64-Bit-Betriebssystem
UNIX	32-, 64-Bit-Betriebssystem
LINUX	32-, 64-Bit-Betriebssystem, unterschiedliche Distributionen

Moderne Betriebssysteme erfüllen heute folgende Aufgaben:

- Starten und Beenden des Computers
- Organisation und Verwalten des Arbeitsspeichers
- Dateien in Verzeichnissen (Ordnern) verwalten
- Steuerung der Hardware-Komponenten
- Organisation und Verwaltung der Speicher
- Organisation der Bildschirmanzeige
- Laden und Kontrollieren der Anwenderprogramme; Weiterleiten von Benutzereingaben; Behandlung von Fehlern; Verwaltung von Benutzerrechten
- Verwaltung und Bedienung mehrerer Benutzer mit individuellen Zugriffsrechten und Nutzungsprofilen
- Bereitstellung von Dienstprogrammen für: Datensicherung, Texteingabe, Telekommunikation, Spracheingabe usw.

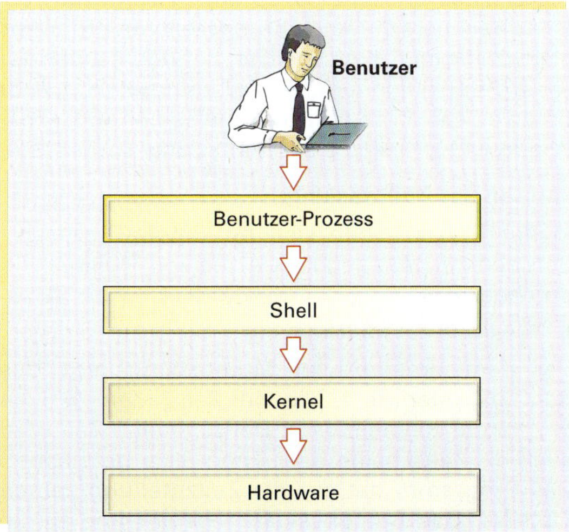

Bild 1: Schichtenmodell des Betriebssystems

1.1.2 Betriebssystem-Kategorien

Betriebssysteme unterscheiden sich in Folgendem:

- Einzel- oder Mehrprogrammbetrieb
- Einzel- oder Mehrbenutzerbetrieb
- Einzel- oder Mehrprozessorbetrieb
- Echtzeitbetrieb

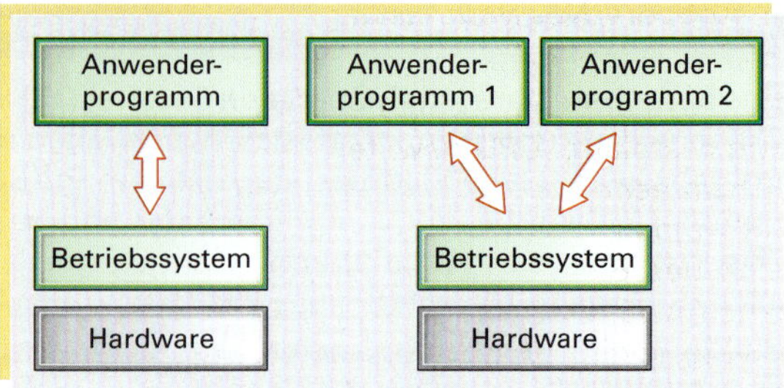

Bild 1: Single-Multitasking-Betriebssystem

Einzel- oder Mehrprogrammbetrieb (Bild 1)

Beim Einzelprogrammbetrieb **(Singletasking)** findet eine Programmausführung nach der anderen statt. Das gerade ablaufende Anwenderprogramm hat die volle Kontrolle über die CPU. Bevor es nicht beendet wird, hat das Betriebssystem keine Möglichkeit, von sich aus aktiv zu werden. Nachteilig bei solchen Betriebssystemen ist, dass einerseits die Ressourcen des Computers nicht genügend ausgenutzt werden, andererseits bei einem Fehler im Anwenderprogramm der Benutzer nicht mehr korrigierend eingreifen kann, der Computer ist „abgestürzt". Durch einen Neustart des Systems wird das Betriebssystem erneut geladen und erhält wieder die Kontrolle über die CPU. Heute spielt das Singletasking keine Rolle mehr. Statt dessen haben heute **Multitasking**-(Mehrprogrammbetrieb)-Betriebssysteme (Unix, Windows auf NT-Technologie) eine fundamentale Bedeutung.

> Unter Multitasking versteht man die Fähigkeit des Betriebssystems, mehrere Prozesse „gleichzeitig" zu verwalten (paralleles Abarbeiten von Anwendungen), obwohl physikalisch nur ein Prozessor vorhanden ist, der gleichzeitig mehrere Aufgaben ausführt. Streng genommen ist zu einem Zeitpunkt nur ein Prozess aktiv.

Ein Prozess darf aber nicht mit einem Programm gleichgesetzt werden. Ein Prozess ist ein sich in Ausführung befindliches Programm einschließlich des dazugehörigen Prozesskontrollblocks. In einem **Prozesskontrollblock** werden alle relevanten Daten eines Prozesses, wie z.B. sein aktueller Zustand, seine Startadresse gespeichert. Dies ist für den Systemkern wichtig, denn er muss jeden Prozess dokumentieren. Ein Prozess in diesem Sinne wird bei der Ausführung eines Programms erzeugt und bei Programmterminierung beendet. Durch Multitasking wird aber keineswegs die zur Ausführung eines Programms notwendige Arbeit reduziert. Das Betriebssystem verfügt jedoch über die Fähigkeit, zwischen den Prozessen umzuschalten, d.h. einen aktiven Prozess anzuhalten und die Abarbeitung eines anderen, zuvor angehaltenen Prozesses fortzusetzen. Diese Umschaltung wird als **task switch** bezeichnet. Indem etliche task switches pro Sekunde ausgeführt werden, entsteht für den Benutzer der Eindruck, dass die Prozesse gleichzeitig „laufen". Das heißt, das System muss alle verfügbare Rechenzeit des Prozessors in kleine Zeitscheiben (time slice) aufteilen (Millisekundenbereich), erst dann entsteht für den Benutzer der Eindruck, dass die Prozesse gleichzeitig „laufen". Druckspooling im Hintergrund oder Netzwerkverwaltung sind typische Multitasking-Aufgaben.

Das Ziel des Konzeptes ist es, unter Ausnutzung der Hardware-Fähigkeiten und entsprechender Software eines Rechners die Ausführungszeit von Programmen zu verringern. Da sich aber diese Programme alle gleichzeitig im Arbeitsspeicher befinden, muss das Betriebssystem darauf achten, dass jedes Programm seine Daten nur innerhalb des ihm zugeteilten Arbeitsspeicherbereiches ändert. Andernfalls könnten die Daten eines Programms die Daten eines anderen überschreiben, was Störungen zur Folge hat. Unix oder Windows 10, 11 sind z.B. Multitasking-Betriebssysteme.

Formen des Multitasking:

In der Praxis haben sich für Single-Prozessor-Betrieb zwei grundlegende Arten von Multitasking durchgesetzt:

- **Preemptives Multitasking**

Bei dem preemptiven Multitasking legt das Betriebssystem fest, wie viel Zeit jedem aktiven Programm zugeteilt wird. Die zugeteilte Zeit wird auch als Zeitscheibe oder Time-Slice bezeichnet. Das Programm hat auf die Zeitzuteilung keinen Einfluss. Das Betriebssystem behält immer die Kontrolle über den Prozessor **(Bild 2)**.

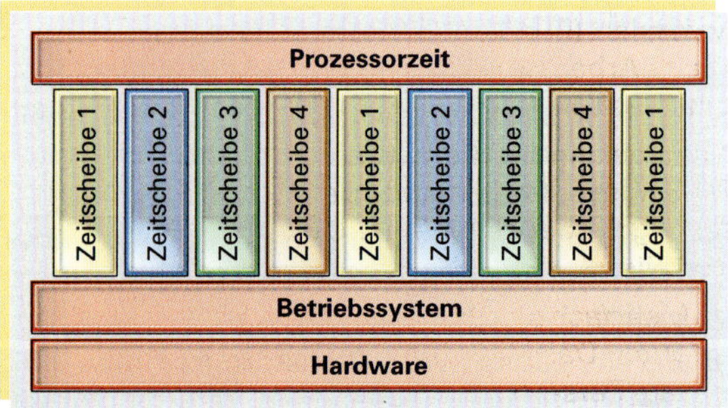

Bild 2: Zeitscheiben der Prozessorzeit

■ **Kooperatives Multitasking**

Grundsätzlich müssen sich die Programme bzw. Prozesse auf dem Computer die einzelnen Geräte wie Festplatte, CPU usw. teilen. Es kann bekanntlich immer nur ein Prozess vom Prozessor verarbeitet werden. Beim kooperativen Multitasking muss sich das Betriebssystem darauf verlassen, dass jede Anwendung die Kontrolle über die CPU regelmäßig abgibt **(Bild 1).** Dieser Vorgang wird Yielding (nachgeben) genannt. Ein Programm, das der Meinung ist, keine Rechenleistung vom Prozessor mehr zu benötigen gibt die Erlaubnis, Berechnungen ausführen zu dürfen an ein anderes Programm weiter. Kommt es bei einem Programm jedoch zu einem Fehler, so dass dieses abstürzt, ohne vorher diese Erlaubnis abzugeben, wird damit das gesamte Betriebssystem blockiert und zum Absturz gebracht. Gegenüber dem preemptiven Multitasking hat das kooperative Multitasking einen geringeren „Speicherplatzverbrauch" und somit auch eine geringere CPU-Belastung. Das kooperative Multitasking ist der vorrangige Modus des Betriebssystems des Apple Macintosh (bis Version 9).

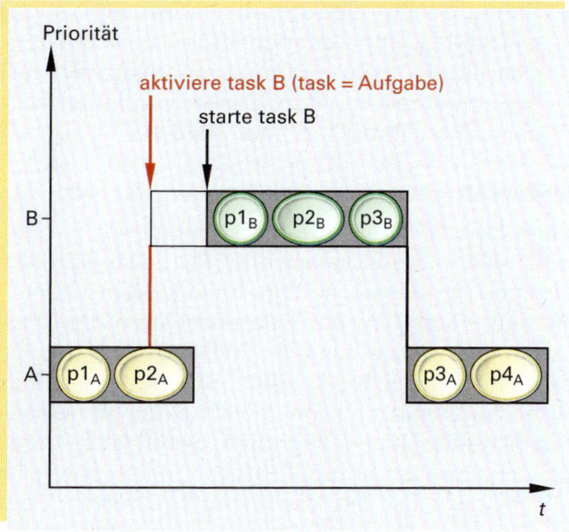

Bild 1: Kooperatives Multitasking

Der **Scheduler** managt den Prozessor. Er entscheidet, welche Prozessorleistung für welchen Prozess benutzt werden darf. Die Verarbeitungen können völlig unabhängig voneinander ablaufen oder in Korrespondenz zueinander stehen. Ein Prozess läuft jedoch immer im Vordergrund, jeder weitere ebenso im Hintergrund **(Bild 2).** Mit dem Scheduling-Algorithmus berechnet man die Priorität der einzelnen Prozesse und jeder erhält einen bestimmten Teil der Rechenzeit zugewiesen. Das heißt, der Prozess mit der zurzeit höchsten Priorität erhält den Prozessor. Nach einem Zeitintervall wird der Prozess suspendiert und, falls noch nicht beendet, zu einem späteren Zeitpunkt wieder reaktiviert.

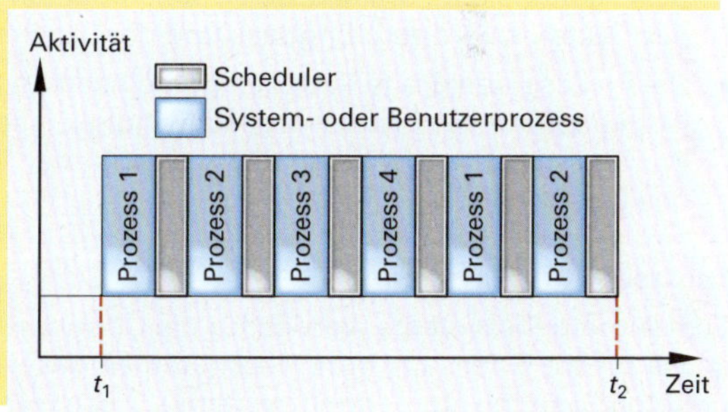

Bild 2: Scheduling

Auf den meisten Einzelplatzrechnern wird Multitasking allerdings nur verwendet, um mehrere Programme gleichzeitig starten zu können, z. B. Textverarbeitung und Grafikprogramm. Benutzt wird dabei eigentlich immer nur eines. Sinnvoll ist Multitasking in Verbindung mit mehreren gleichzeitigen Benutzern oder wenn ein Benutzer wirklich mehrere Dinge gleichzeitig macht (z.B. Software kompilieren und Mail schreiben).

Einzel-/Mehrbenutzerbetrieb (Single-/Multi-User)

Beim **Single-User-Betrieb** kann immer nur ein Benutzer mit dem Computer arbeiten. Ein derartiges Betriebssystem ist für einen einzigen Benutzer konzipiert **(Bild 3).** Dementsprechend sind die komplette Arbeitsumgebung sowie alle Dienste nur für einen Benutzer eingerichtet (MS-DOS, WIN 9x u. a.).

Multitasking ist die Grundvoraussetzung für den **Multi-User-Betrieb** eines Betriebssystems. Er bietet gegenüber dem Single-User-Mode wesentliche Vorteile:

- Mehrfachzugriff zur gleichen Zeit auf den Computer. Das heißt, zur gleichen Zeit können mehrere Personen durch geteilte Systemressourcen den Computer nutzen.

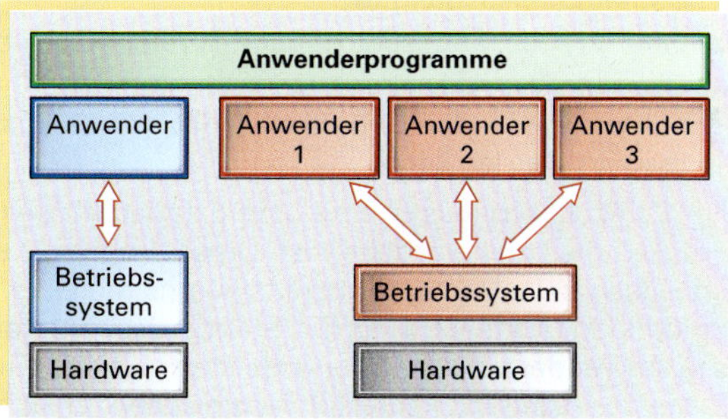

Bild 3: Single-/Multi-User-Betriebssystem

- Häufig genügt eine Arbeitsstation, ein „abgespeckter" Computer oder ein Terminal, mit dem sich die Benutzer z.B. über eine Netzwerkverbindung direkt mit dem Server verbinden können um mit ihm zu arbeiten **(Bild 1)**.

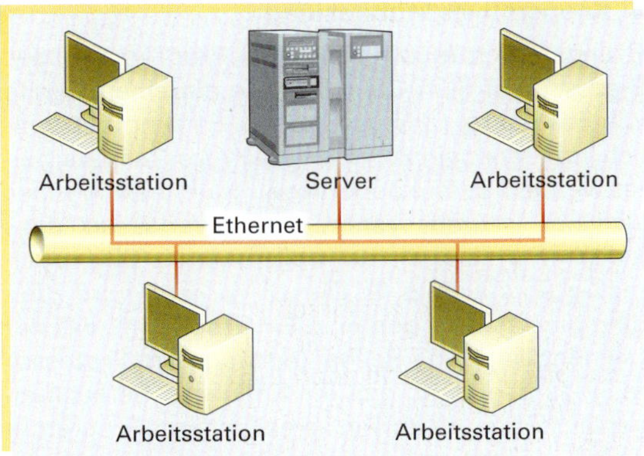

Bild 1: Multi-User-Betriebssystem

Einzel-/Multiprozessor-Betrieb

Beim Einzel-Prozessor-Betrieb (Single-Processor) nutzt das Betriebssystem die CPU-Leistung eines einzigen Prozessors. Anders beim Multiprozessor-Betrieb, beim dem das Betriebssystem die CPU-Leistung von zwei bis acht (WINDOWS NT) oder auch mehr (z.B. LINUX, MAC OS) zentral verteilten Prozessoren nutzen kann, die auf einen gemeinsamen Arbeitsspeicher zugreifen. Somit ist es möglich, einem bestimmten Prozessor einen speziellen Prozess zuzuweisen oder aber alle Prozessoren für alle Prozesse des Betriebssystems zu nutzen. Dadurch wird im Wesentlichen der Durchsatz der Anlage, aber nicht die Bearbeitung eines einzelnen Auftrags beschleunigt. Der Leistungszuwachs durch Zufügen eines neuen Prozessors nimmt jedoch relativ schnell ab. Dies hat mehrere Ursachen:

- Bei Erhöhung der Parallelarbeit treten mehr Ein-Ausgabe-Wünsche je Zeiteinheit auf. Die EA-Leistung des Systems wird zum Engpass und der Durchsatz wird dadurch begrenzt.
- Die Prozessoren greifen auf den gemeinsamen Speicher zu. Die Geschwindigkeit der Arbeitsspeicher ist gegenüber der Prozessorgeschwindigkeit so gering, dass es trotz Cache beim Speicherzugriff zu Wartezuständen des Rechnerkernels kommen kann. Diese Zugriffskonflikte vermindern die Leistung des Gesamtsystems.

Echtzeitbetriebssysteme

Echtzeitbetriebssysteme werden für die Überwachung und Steuerung technischer Prozesse und Geräte, sowie für die Erfassung von Messdaten eingesetzt. Ein Spezialfall der Echtzeitsysteme sind die eingebetteten Systeme (embedded systems). Diese werden zur Steuerung von Geräten wie numerische Werkzeugmaschinen, Roboter, speicherprogrammierbare Steuerungen oder intelligente Sensoren eingesetzt. Bei allen Einsatzbereichen steht die Forderung nach der garantierten und nachweisbaren Einhaltung von Zeitbedingungen im Vordergrund. Typisch ist, dass innerhalb einer maximalen Reaktionszeit auf ein Signal des Prozesses reagiert werden muss, dass Messdaten in festen Zeitabständen abzufragen sind oder dass bestimmte Tätigkeiten zu bestimmten Zeitpunkten angestoßen werden müssen.

> Echtzeitbetriebssysteme reagieren definiert auf ein äußeres Ereignis innerhalb einer bestimmten Zeitspanne

Die Hardware von Echtzeitsystemen (Prozessrechnern) unterscheidet sich von der der Universalrechner durch das Vorhandensein von:

- Realzeituhren
- Analog-Ein-/Ausgängen
- Digital-Ein-/Ausgängen
- Einer Vielzahl angeschlossener Geräte, Messwertgeber, Messwertempfänger und Sensoren
- Einer großen Anzahl von Unterbrechungsebenen. Diese sind notwendig um zu gewährleisten, dass auf wichtige oder zeitkritische Ereignisse auch während der Behandlung unwichtiger Ereignisse reagiert werden kann.

Für Echtzeitbetriebssysteme sind Spezialbetriebssysteme nötig, da eine bekannte Menge von festen Programmen zu verarbeiten ist. Diese Programme werden einmal erstellt und können dann über Jahre im Einsatz sein. Heutige Echtzeitsysteme mit einer UNIX- oder mit einer Windows-Oberfläche (Windows Embedded Compact) sind mit Standardschnittstellen ausgestattet. Bei Echtzeitbetriebssystemen müssen Anwenderprogramm und Hardware ihrem Einsatzgebiet entsprechende Anforderungen bezüglich Zuverlässigkeit und Fehlertoleranz erfüllen. Im Fehlerfall, insbesondere wenn Menschenleben in Gefahr geraten können, muss das System immer in einen sicheren Zustand übergehen.

1.1.3 Client-Server-Betriebssystem (von Windows)

Das Client-Server-Modell ist eine Netzwerkstruktur bei der eine hierarchische Aufgabenverteilung vorliegt. Der Server ist dabei der Anbieter von Ressourcen, Dienstleistungen und Daten, die Arbeitsstationen (Clients) nutzen diese.

Betriebssysteme die nach dem Client-Server-Modell aufgebaut sind, sind in Bezug auf die Architektur flexibel und entsprechend leicht auf andere Plattformen portierbar. Client-Server-Betriebssysteme bestehen aus kleinen Einzelteilen, die autonom arbeiten können, den so genannten Servern. Der Betriebssystemkern ist klein (Mikrokernel) und sorgt für die Kommunikation zwischen den Servern und den Clients, welche in Form von Applikationen die Dienste der Server beanspruchen **(Bild 1).**

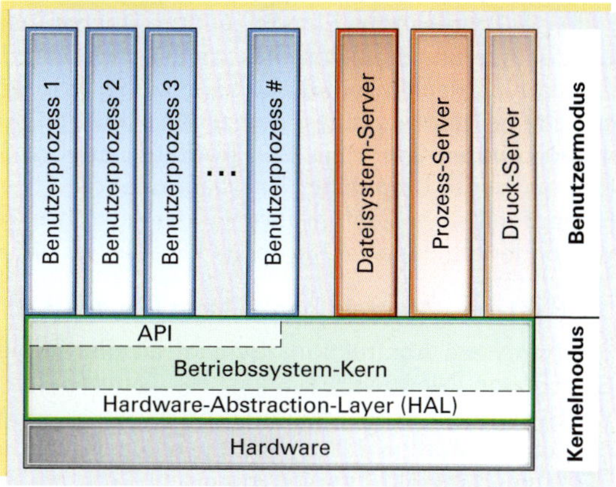

Bild 1: Client-Server-Modell

Server-Arten

- Ein **File-Server** stellt seinen Clients Dateien und Platz auf dem Dateisystem bereit. Zusätzlich übernimmt er die Sicherung der Benutzerdateien.
- Ein **Application-Server** ermöglicht den Anwendern den Zugriff auf ein oder mehrere Anwendungsprogramme.
- Auf einem **Datenbank-Server** läuft eine mehr oder weniger große Datenbank. Die Aufgabe des Servers ist die Verwaltung und Organisation der Daten, die schnelle Suche, das Einfügen und das Sortieren von Datensätzen.
- Ein **Internet-Server** stellt Internet- und Intranet-Dienste bereit. Typische Dienste umfassen das World Wide Web, den Domain-Name-Service, FTP (File Transfer Protocol, Datei-Übertragungsprotokoll) sowie E-Mail.
- **Media-Server** (Streaming) stellen Multimedia-Daten (z.B. Audio- und Video-Clips) in Echtzeit und höchster Dienstqualität zur Verfügung.

API (Application Programming Interface)

Ein API ist eine definierte Schnittstelle in einem Betriebssystem oder einer Applikation, die von einem Programmierer (in seinen Programmen) benutzt werden kann. APIs stellen eine Reihe von Routinen zur Verfügung, mit denen ein Programm systemnahe Dienste anfordert und ausführt, die von einer Komponente, z.B. dem Betriebssystem, angeboten werden. Mithilfe eines API können häufig benutzte Funktionen vom Betriebssystem den Entwicklern zur Verfügung gestellt werden. Unter Windows existieren viele verschiedene (und umfassend dokumentierte) API-Schnittstellen. Beispielsweise für Grafik- und Fensteraufbau, für Bildschirm-Meldungen, Dateisystem-Zugriffe, Registry-Funktionen, Netzwerk-Dienste- und -Funktionen, Internet, Drucker-Installation und Ausdruck, ISDN, Telefonie. Die APIs (beispielsweise für den Zugriff auf Registry-Inhalte) werden oft in Form von Funktionen gespeichert und in sogenannten „Dynamic Link Libraries" (DLLs) zur Verfügung gestellt.

Der Betriebssystemkern, Kernel

Der Kernel ist quasi der Mittelpunkt des Betriebssystems. Andere Komponenten der Management-Dienste (Executives) nutzen die Schnittstellen des Kernels, wenn sie auf die Hardware zugreifen wollen. Er wird nie ausgelagert, und seine Ausführung wird nie durch andere Threads (eine ausführbare Einheit eines Prozesses) unterbrochen, so dass in der Zeit, in der der Kernel aktiv ist, das Multitasking stoppt. Die Funktionen des Kernels sind neben der Bereitstellung von Schnittstellen und (Kernel-)Objekten für die höheren Funktionen des Executives die

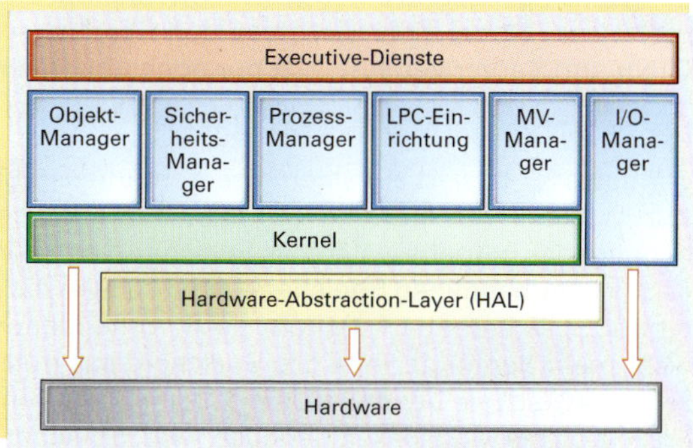

Bild 2: Betriebssystem-Management-Dienste

Behandlung von Interrupts und Exceptions **(Bild 2, Seite 27)**, ferner das Vergeben von Rechenzeit an die Threads, das Wiederherstellen des Systemzustandes nach einem Stromausfall, sowie die Synchronisierung der Prozessoren. Eine Exception (Ausnahmezustand) wird immer dann ausgelöst, wenn ein Fehler bei der Ausführung eines Maschinenbefehls entdeckt wird, wie z.B. Division durch Null. Jeder Thread besitzt eine Rechenzeit, die anhand seiner Priorität ermittelt wird. Windows NT z.B. unterstützt 32 verschiedene Prioritätsstufen, zum einen Echtzeits-Threads von 16 bis 31 und zum anderem normale Threads mit Prioritäten von 1 bis 15. Priorität 0 ist vom System reserviert. Eine wesentliche Komponente des Kernels ist der **Dispatcher.** Er wacht über die Threads, die zur Ausführung bereit sind und bestimmt die Reihenfolge ihrer Ausführung. Vor der Ausführung eines Threads wird ein Kontextwechsel durchgeführt, was bedeutet, dass der Kernel den Status des aktuellen Threads sichert und den des neuen Threads lädt.

Die Hardware-Abstraktions-Schicht (Layer) (HAL)

Die Hardware-Abstraktions-Schicht ist die unterste, in Assembler (Maschinensprache) geschriebene, Schicht von Windows NT. Sie ist die Komponente, die auf jeden Fall verändert werden muss, wenn man das System auf einen anderen Prozessor oder eine andere Architektur portieren will. Die HAL übernimmt die Kommunikation mit der Hardware und bietet dem Rest des Betriebssystems ihre Dienste in Form einer **DLL** (**D**ynamik **L**ink **L**ibrary; dynamische Programmdatei), die unabhängig von der Hardware ist, an, so dass man also auf höherer Ebene von Hardware-spezifischen Details abgeschirmt bleibt. DLL-Dateien sind ausführbare Programme, die einen eigenen Programmcode enthalten. So sind z.B. Systemsteuerungsdateien oder Gerätetreiberdateien DLLs. Sie können von mehreren Programmen gleichzeitig genutzt werden.

Der Objekt-Manager

Der Objekt-Manager erzeugt, verwaltet und löscht Objekte des Executives, die die Repräsentanten der Systemressourcen (z.B. Speicher in Form von Dateien, Shared Memory, physische Geräte jeder Art, Prozesse, Threads, definiert durch die jeweiligen Komponenten) darstellen.

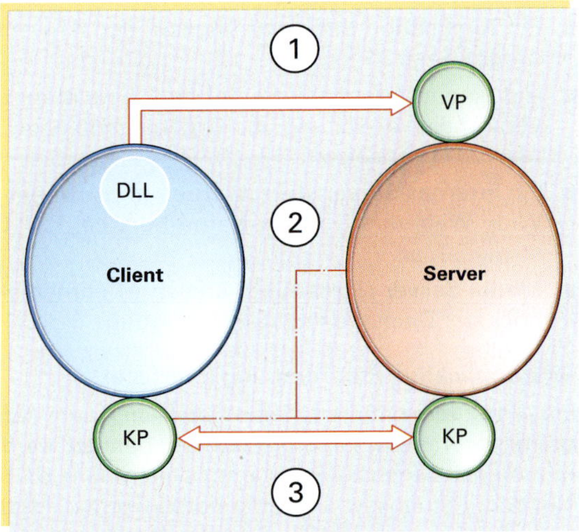

Bild 1: Client-Server-Kommunikation

Local Procedure Call (LPC)

Applikationen kommunizieren mit ihrem Umgebungssubsystem-Server, indem sie sich an die DLLs „anklicken". Die DLLs wiederum verpacken die API-Aufrufe des Clients in Nachrichten, die automatisch (und unsichtbar für den Benutzer) vom System mittels Local Procedure Call (LPC) an den Server weitergeleitet werden und fordern so (System-)Dienste an. Der LPC ist eine Einrichtung zur schnellen Übermittlung von Nachrichten innerhalb eines lokalen Rechners zwischen Client und Server-Prozess zur Vermeidung von unnötigem Overhead, wie er bei nichtlokaler Kommunikation unvermeidbar ist. Wird der Server von einer Applikation erstmalig in Anspruch genommen, so wird über einem öffentlichen Verbindungsport (VP) Kontakt aufgenommen (1). Der Server akzeptiert die Verbindungsanfrage (2) und erzeugt zwei private Kommunikationsports (KP) und zwei Handles, die auf die KPs verweisen, wobei einer davon an den Client weitergeleitet wird. Die weitere Kommunikation zwischen Client und Server verläuft jetzt nur noch über die Kommunikationsports (3) **(Bild 1).**

Der VMM (Virtual Memory Manager)

Windows NT basiert auf einem linearen Adressraum mit 32 Bit; somit können 2^{32} Bit (bzw. 4 GByte) adressiert werden. Von diesen 4 GByte stehen dem Anwender 2 GByte zur Verfügung; die anderen 2 GByte benötigt das Betriebssystem als Speicher. Der VMM bildet den virtuellen Speicher der Prozesse auf den tatsächlich vorhandenen Speicher ab und schützt die Adressräume der verschiedenen Prozesse. Überschreitet der Speicherbedarf den physisch vorhandenen Speicher, so lagert die virtuelle Speicherverwaltung nicht mehr benötigte Teile des Speichers aus (mit Ausnahme des Kernels, der nicht ausgelagert werden kann) und lädt sie bei Bedarf wieder ein. Weiterhin stellt der VMM Dienste zur Verfügung, mit denen zwei Prozessen die Möglichkeit gegeben wird, Speicher gemeinsam über ein Section-Objekt zu nutzen (Shared Memory), was äquivalent dem Bereitstellen einer Ressource von einem Prozess an den anderen ist.

Der I/O Manager

Der I/O-Manager besteht aus mehreren Komponenten, die für die Verarbeitung der Ein- und Ausgaben auf den unterschiedlichen Geräten zuständig sind und implementiert damit einheitliche und geräteunabhängige Ein- und Ausgabefunktionen für den Executive. Dazu gehören verschiedene Gerätetreiber, die direkt für die Kommunikation mit den Geräten zuständig sind. Es finden sich auch Treiber, die dateiorientierte I/O-Anfragen für die verschiedenen, von Windows NT unterstützten Dateisysteme FAT (File Allocation Table) und NTFS (New Technology File System) bereitstellen. Der I/O-Manager dient aber nicht nur der Weiterleitung von Anfragen; er stellt auch Dienste zur Verfügung, mittels derer einzelne Treiber effizient auf andere Treiber zugreifen bzw. mit denen I/O-Anfragen gepuffert werden können.

Plug & Play

Einer der schwierigsten Aspekte beim Verwalten von Computernetzwerken ist die Hardwarekonfiguration. In der Vergangenheit war für das Konfigurieren von Hardware immer ein detailliertes Verständnis von Interrupts, E/A-Anschlüssen und DMA (Direct Memory Access) erforderlich. Dank der Plug-&-Play-Technologie konnte dieser Vorgang vereinfacht werden. Neuere Betriebssysteme (z. B. WINDOWS) stellen einen leistungsstärkeren Geräte-Manager (Device Manager) zur Verfügung, der zeigt, welche Hardware und Gerätetreiber installiert sind **(Bild 1).** Durch ihn können Hardwarekonflikte zuverlässig ermittelt und gelöst werden. Dadurch wird die Verwaltungszeit verkürzt und die Betriebszeit von Servern erhöht, weil Administratoren sich nicht mehr so lange mit der Hardwarekonfiguration beschäftigen müssen, wenn sie neue Netzwerkkarten, Modems oder Festplattenlaufwerke hinzufügen.

Beim Starten ermittelt das Betriebssystem neue Hardware automatisch und startet den Hardware-Assistenten, wenn sich ein Administrator anmeldet. Oft können Konflikte ermittelt und automatisch gelöst werden. In den Fällen, in denen ein Administrator die Problembehandlung für die Hardware manuell durchführen muss, kann er schnell auf Hilfedateien zugreifen.

Treiber

Ein Treiber ist Software, die dem Betriebssystem die Kommunikation mit einer bestimmten Hardwarekomponente ermöglicht. So gibt es z. B. bei unterschiedlichen Videokarten unterschiedliche Fähigkeiten und Arten der Kommunikation. Der Treiber führt die Übersetzung zwischen dem Betriebssystem und der Videokarte aus. Für das gesamte Hardwarezubehör sind Treiber erforderlich: für Netzwerkkarten, SCSI-Karten, Modems, Scanner und Drucker. Bei früheren Betriebssystemen wurden für jedes Betriebssystem andere Treiber benötigt. Dies war eine Belastung für Hardwarehersteller (die die Treiber erstellten) und Administratoren, die mehrere Betriebssysteme verwalten mussten. Das neue Windows-Treibermodell (WDM) ermöglicht bei neueren WINDOWS-Systemen die gleichen Treiber zu verwenden. Diese Technologie ist vorteilhaft für Hardwarehersteller, weil sie nicht mehr verschiedene Sätze von Treibern verwalten müssen. Das Modell bietet Vorteile für Benutzer, da die Kompatibilität von Microsoft-Highend-Betriebssystemen erhöht wird. Auch Administratoren profitieren von diesem Modell, weil sie keine separaten Treiber mehr für verschiedene Windows-Versionen und Windows-Server verwalten müssen.

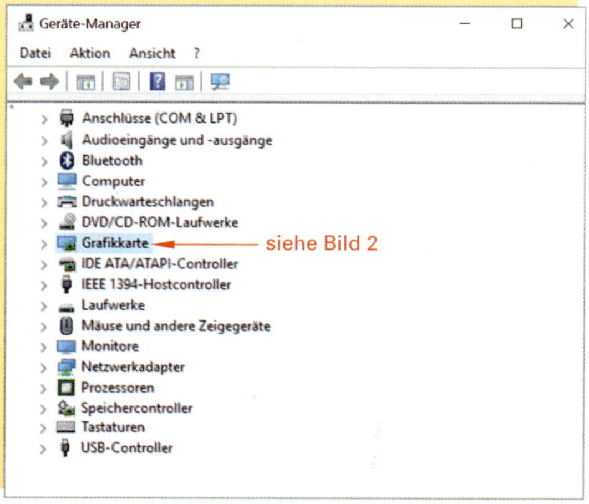

Bild 1: Geräte-Manager WIN10 (Auszug)

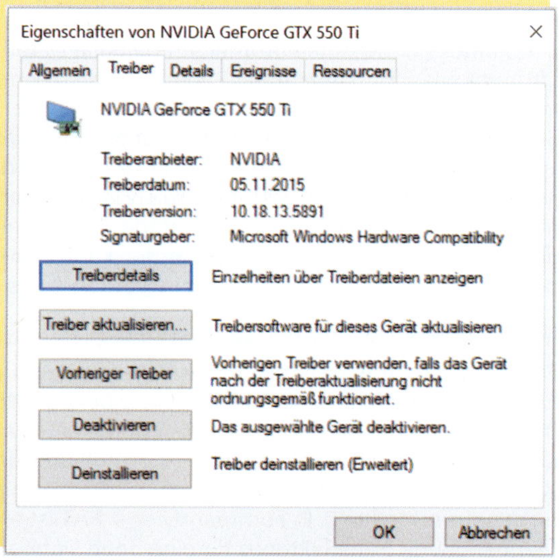

Bild 2: Treibereigenschaften WIN10

Ab Windows XP werden die zur Verfügung gestellten Gerätetreiber und Betriebssystemdateien mit einer digitalen Signatur versehen, um Qualität zu gewährleisten. Eine digitale Signatur von Microsoft gewährleistet, dass eine bestimmte Datei gewisse Testkriterien erfüllt und dass diese Datei nicht durch die Installation eines anderen Programms geändert oder überschrieben wird. Sollte es dennoch bei der Installation von Gerätetreibern zu Problemen kommen, können bei WINDOWS 10, 11 im Gerätemanager durch einen Doppelklick auf das entsprechende Device wie z. B. die Grafikkarte, deren Eigenschaften angezeigt werden **(Bild 2, Seite 29).** Zu erkennen ist die genaue Bezeichnung der Grafikkarte, unter Treiberdetails ist zu erfahren ob es neuere Treiber gibt, es können aber auch die Treiber aktualisiert werden. Vorsicht ist geboten beim Umgang mit den Möglichkeiten Treiber zu „Deaktivieren" bzw. zu „Deinstallieren".

Datei-Systeme (File System)

Speichermedien wie Festplatten sind zunächst unstrukturierte magnetisierbare Scheiben, auf denen Informationen gespeichert werden können. Das Speichern erfolgt in konzentrischen Spuren, die wiederum in Sektoren eingeteilt sind **(Bild 1).** Wie diese Spuren eingeteilt werden und nach welchem Muster Daten auf diese Spuren untergebracht werden, das liegt in der Verantwortung des Betriebssystems oder des Treibers, den das Betriebssystem benutzt.

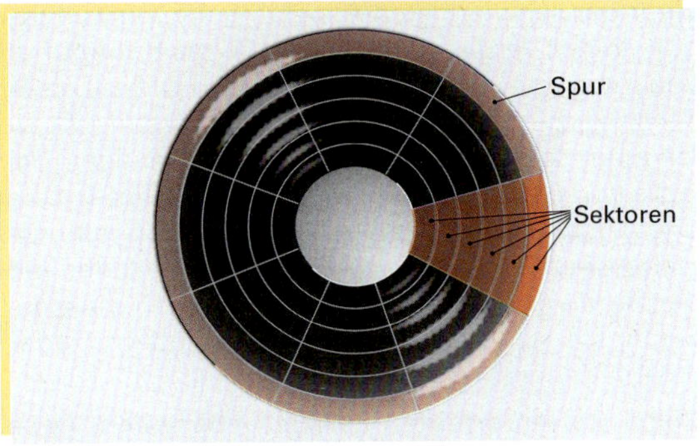

Bild 1: Speichermedium, Einteilung

Die Verwaltung von Prozessen ist die eine große Aufgabe des Kernels, die andere ist die Regelung des Zugriffs auf die Daten. Hierfür ist das Dateisystem zuständig. Es verwaltet einen Dateibaum **(Bild 2)** auf einem Blockgerät, wie z. B. die Festplatte. Blockorientierte Geräte dienen zur Speicherung von Daten. Auf jeden der gespeicherten Blöcke kann direkt zugegriffen werden. Die Veränderung eines Blocks betrifft nicht die anderen Daten auf diesem Gerät. Eine Aufgabe des **Dateisystems** ist die ständige Aktualisierung einer Liste der Sektoren, die auf dem Blockgerät im Augenblick frei sind. Wird eine neue Datei erzeugt, so werden Blöcke aus der Liste entnommen und für die Speicherung der Datei verwendet. Umgekehrt verhält es sich beim Löschen einer Datei. Das Dateisystem muss auch festlegen, in welcher Form die Informationen über Verzeichnis und Inodes (Inode Dateinummer, enthält alle Dateiattribute wie z. B. Eigentümer, Länge, Zugriffsrechte) gespeichert werden. Der große Widersacher der Dateisysteme heißt **Fragmentierung** oder Zersplitterung. Wenn dauernd Dateien neu erzeugt und gelöscht werden, dann wird der freie Platz immer mehr zerstückelt. Es kommt die Zeit, da eine Datei nicht mehr am Stück gespeichert werden kann, sondern über getrennte Sektoren verteilt werden muss.

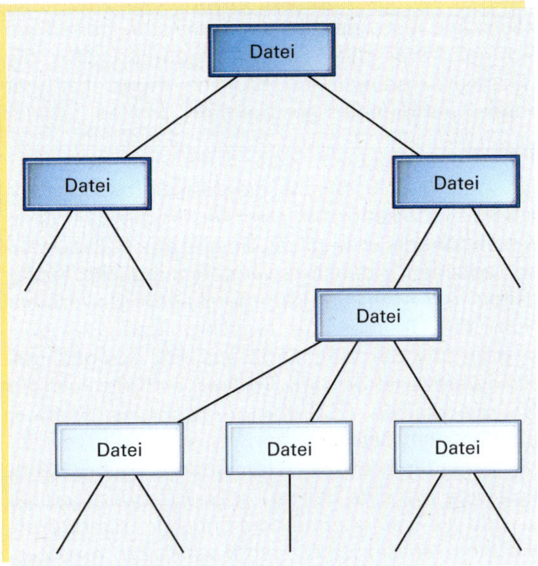

Bild 2: Dateibaum

In der Praxis verwendete Dateisysteme

FAT-Dateisysteme basieren auf der Dateizuordnungstabelle (**F**ile **A**llocation **T**able), die sich auf dem Datenträger stets direkt hinter dem Bootsektor der Partition befindet. Diese Dateisysteme werden von Microsoft Betriebssystemen wie Windows 95, Windows 98 und NT verwendet. Bei **FAT 16** ist die Länge des Namens einer Datei auf elf Buchstaben (8 + 3-Formel) und einen Punkt beschränkt. Bis zu acht Buchstaben kommen vor den Punkt, danach nochmals bis zu drei für die Typkennzeichnung. Groß- und Kleinschreibung wird nicht unterschieden (z. B. command.com). FAT ist ein effizientes System, wenn es darauf ankommt, zusammenhängende freie Sektoren für eine neue Datei zu finden oder eine Festplatte auf Fehler zu überprüfen. Nachteilig ist, dass die Größe der FAT auch die Größe des Dateisystems vorgibt (FAT 16 – WINDOWS 3.x).

VFAT

Die Abkürzung VFAT resultiert von Virtuel File Allocation Table und wird ab Windows 95 unterstützt. Der wesentliche Unterschied zu FAT 16 besteht in der Unterstützung langer Dateinamen.

FAT 32 benutzt zur Adressierung der Blöcke (Cluster) einen 32-Bit-Code und kann damit Datenträger theoretisch bis zu einer Größe von 2 TB (Terabyte) ansprechen. Allerdings ist es weder zu FAT 16 noch zu anderen Dateisystemen (z.B. NTFS) kompatibel. Ressourcen, die sich auf FAT formatierten Datenträgern befinden, können nur durch Freigabeberechtigungen geschützt werden (NTSF bietet höhere Sicherheit).

NTFS-Dateisystem (**N**ew **T**echnology **F**ile **S**ystem)

Das Dateisystem NTFS wird von Windows NT und Windows 2000 verwendet. Die Adressierung der Cluster erfolgt mit 64-Bit-Adressen. Die standardmäßige Clustergröße ist abhängig von der Speicherkapazität des Datenträgers. Beim Formatieren eines Datenträgers mit dem NTFS-Dateisystem wird eine Master-Dateitabelle (Master File Table-MFT) erzeugt. Sie enthält Informationen über alle Dateien und Verzeichnisse auf dem Datenträger. Unter NTFS sind lange Dateinamen mit bis zu 256 Zeichen möglich. Ferner ist das Dateisystem NTFS Voraussetzung dafür, dass NTFS-Berechtigungen sowohl für Ordner als auch für einzelne Dateien vergeben werden können. Dies ermöglicht ein höheres Maß an Sicherheit. Sie dienen dem Schutz von Ressourcen gegenüber Benutzern, die auf den Computer zugreifen wollen. Der Zugriff kann auf zwei Arten erfolgen:

- Lokaler Zugriff, d.h. der Benutzer arbeitet an dem PC, auf dem die Ressourcen (Systemkomponenten) gespeichert sind.
- Remote-Zugriff, d.h. der Benutzer stellt eine Verbindung (Intranet) mit einem freigegebenen Ordner her.

Tabelle 1: NTFS-Berechtigungen

Zugriffsart	Erklärung
Kein Zugriff	Der Benutzer hat keinen Zugriff.
Vollzugriff	Der Benutzer hat alle Rechte, es sei denn, er ist Mitglied einer Gruppe mit eingeschränkten Rechten.
Anzeigen	Der Benutzer sieht die gesamte Verzeichnis-Struktur, er hat aber keinen Zugriff auf sie.
Lesen	Der Benutzer sieht die gesamte Verzeichnis-Struktur, er kann Dateien lesen, sie aber nicht verändern.
Hinzufügen	Benutzer können dem Ordner neue Ordner und Dateien hinzufügen.
Hinzufügen und Lesen	Rechte ergeben sich aus Lesen und Hinzufügen.
Ändern	Der Benutzer kann Dateien lesen und verändern, löschen, schreiben und ausführen.
Beschränkter Verzeichniszugriff	Dem Benutzer können Kombinationen aus Einzelrechten erteilt werden; Lesen, Schreiben, Ausführen, Löschen, Besitz übernehmen.
Beschränkter Dateizugriff	Dem Benutzer können Kombinationen aus Einzelrechten erteilt werden; Lesen, Schreiben, Ausführen, Löschen, Berechtigungen ändern, Besitz übernehmen.

Das Betriebssystem Linux

An dieser Stelle stößt man an einen Punkt, an dem das Maß dessen, was noch ein Betriebssystem ist und was schon eigenständige Anwendungen sind, schwer zu unterscheiden ist. Streng genommen ist der Kernel zusammen mit einigen Modulen (USB-Support oder Support spezieller Gerätetypen) und dem Bootloader das eigentliche Betriebssystem. Natürlich sind zum Betrieb eine Menge anderer Tools nützlich aber nicht notwendig, um Linux als Betriebssystem zu bezeichnen. Das Wichtigste, was man braucht, um von der Multitasking- und Multiuserfähigkeit von Linux zu profitieren, ist die Shell, mit deren Hilfe Befehle eingegeben werden und Ausgaben des Systems zu lesen sind **(Bild 1)**. Die Bash-Shell ist eine der meist verwendeten Shells, die einige „ältere" Shells unterstützt. Die Shell lässt sich jedoch beliebig tauschen, es können auch durchaus mehrere Shells auf einem System koexistieren, solange festgelegt ist, mit welcher Shell sich der jeweilige Benutzer einloggen will.

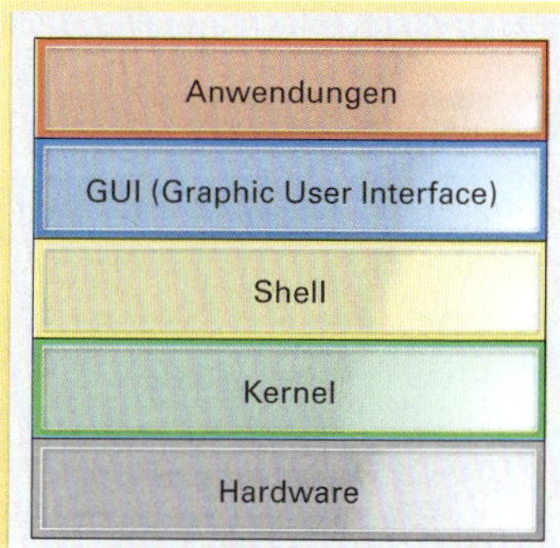

Bild 1: Betriebssystem Linux

Grafische Oberfläche

Um bei Linux eine grafische Oberfläche zur Verfügung zu haben, wurde das bereits für Unix existierende Xfree86 auf Linux portiert. Xfree86 ist ein so genannter X-Server, ein Programm, das die Kontrolle über Bildschirm, Tastatur und Maus übernimmt. Dieses Programm beinhaltet eine Vielzahl von Routinen für die Grafikausgabe, die z.B. Text auf den Bildschirm drucken oder Kreise und Linien zeichnen können. Außer Xfree86 gibt es noch einige kommerzielle X-Server (Metro-X oder Accelerated-X), die spezielle Funktionalitäten anbieten.

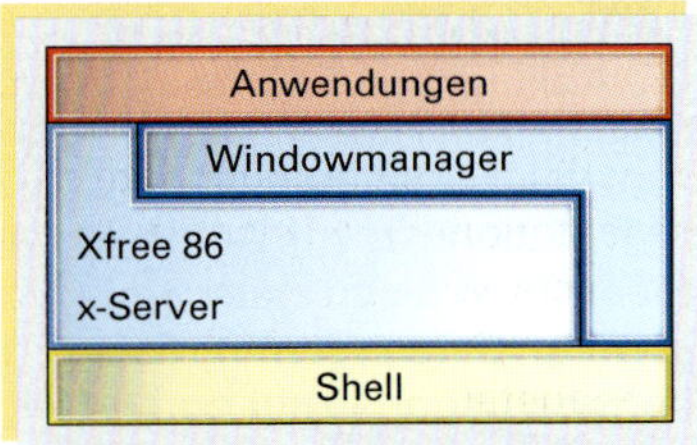

Bild 1: Zusammensetzung der GUI

Im Gegensatz zu Windows-Betriebssystemen wird bei Linux das Graphic User Interface in die zwei Teile, dem X-Server und dem Window-Manager unterteilt **(Bild 1)**. Dieser Fenster-Verwalter ist ein eigenes Programm, das mit dem X-Server kommuniziert. Dieser teilt dem Window-Manager mit, wenn ein neues Fenster geöffnet wird; was dieser nutzen kann, um einen zusätzlichen Rahmen zu zeichnen. Der Vorteil der Trennung von X-Server und Window-Manager ist, dass letzterer dem Geschmack und den Bedürfnissen eines Benutzers angepasst werden kann. Zurzeit übliche Window-Manager sind KDE (K Desktop Environment), Gnome oder Icewm. Sie unterscheiden sich in Funktionalität, Stabilität und Ressourcenfreundlichkeit. Während Icewm der wohl „kleinste" Window-Manager ist, ist KDE einer der „speicherhungrigsten". Gnome nimmt eine Sonderstellung ein, da es eigentlich nur ein Desktop ist, der zusammen mit einem Window-Manager wie z.B. Icewm arbeiten muss. Unter Linux ist es möglich, mehrere Window-Manager auf einem System zu integrieren und abwechselnd oder sogar gleichzeitig zu betreiben (Rechner müssen jedoch mit viel Arbeitsspeicher ausgestattet sein).

Client-Server-Architektur

Linux setzt in seinem Aufbau voll auf die Client-Server-Architektur. Die meisten Prozesse sind entweder Server- oder Client-Prozesse, manche sogar beides gleichzeitig. Der Sinn dieses Schemas besteht darin, klar definierbare Schnittstellen zu erhalten, die es ermöglichen, einzelne Komponenten auszutauschen ohne das gesamte System anpassen zu müssen.

Benutzerrechte

Die Benutzerrechte werden bei Linux hauptsächlich über Dateirechte verwaltet. Ferner gibt es Benutzergruppen und Benutzer, die jeweils unterschiedliche Rechte haben können. Jeder Datei wird zugewiesen, welcher User welche Rechte an ihr besitzt. Damit ist es möglich, Dateien sehr spezifisch freizugeben oder zu schützen. Der Zugriff auf Geräte wird ähnlich gelöst, da Geräte unter Linux als Gerätedateien behandelt werden. Zu beachten ist, dass der User, der den Zugriff auf ein lesendes Gerät (Scanner) hat, auch Schreibrechte haben muss, damit Linux das Gerät steuern kann, auch wenn letztendlich nur Daten gelesen werden.

Plug & Play

Auch wenn es unter Linux kein Plug & Play gibt, wie man dies von Windows gewöhnt ist, so gibt es doch eine Hardwareerkennung. Für ISA-Geräte gibt es z.B. das Programm isapnp-config, das es ermöglicht, die Plug-&-Play-Informationen aus den Geräten auszulesen und damit entsprechende Konfigurationen aufzusetzen. PCI-Geräte werden meist vom BIOS richtig erkannt und können mit den so gewonnenen Informationen initialisiert werden. Grundsätzlich kann gesagt werden, dass Linux-User (auch heute noch) es als sinnvoller erachten, eine Komponente einmalig von Hand „richtig" zu installieren als zigmal automatisch falsch installieren zu lassen.

Arbeitsauftrag:

1. Erklären Sie den Unterschied zwischen analogen und digitalen Daten.
2. In welche Teile kann Software aufgeteilt werden? Nennen Sie Beispiele für unterschiedliche Software.
3. Welche Aufgaben erfüllt ein Betriebssystem und wozu dient die Shell?
4. Was verstehen Sie unter Multitasking?
5. Erläutern Sie das kooperative Multitasking.
6. Single-User-Betrieb, was verstehen Sie darunter?
7. Worin unterscheiden sich Echtzeitbetriebssysteme von anderen Betriebssystemen?
8. Was versteht man unter einem Client-Server-Betriebssystem?
9. Wozu dienen Treiber?
10. Welche Aufgaben übernehmen Dateisysteme?

1.2 Office-Anwendungen

Viele Betriebe haben großes Interesse, ihre anfallenden Verwaltungstätigkeiten (Kundendaten, Schreibarbeiten, Preiskalkulationen, Präsentationen) mit einem einheitlichen Software-Paket zu erledigen und nicht wie früher, je eine Spezialsoftware zu nutzen. Das Verwenden von solchen Speziallösungen bringt häufig Probleme beim Datenaustausch zwischen den einzelnen Anwendungen mit sich, vor allem wenn die unterschiedlichen Softwarebausteine auch noch von unterschiedlichen Herstellern stammen. Soll in der Textverarbeitung ein Serienbrief entwickelt werden, der auf die Kundendaten der Datenbank zugreift, kann es zu Kompatibilitätsproblemen kommen. Die Grundidee der sogenannten Office-Software besteht darin, diesen Datenaustausch zwischen den gängigsten Büroanwendungen zu ermöglichen **(Bild 1)**. Office-Pakete bestehen aus mehreren Anwendungen. Textverarbeitung, Tabellenkalkulation, Datenbank, Präsentationssoftware sind die gängigsten Bausteine **(Tabelle 1)**.

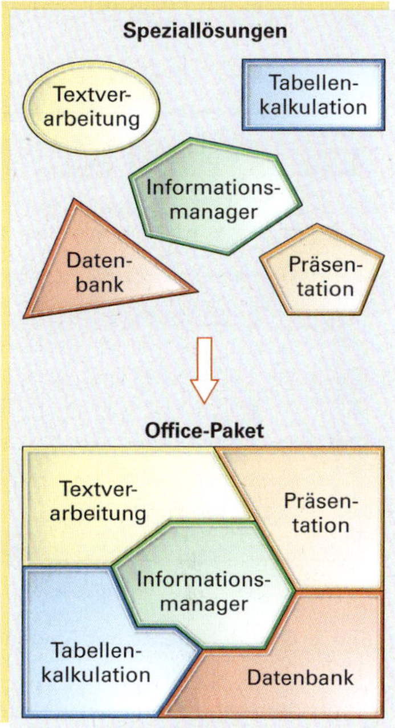

Bild 1: Office-Paket

Neben der Grundidee, dass der Datenaustausch zwischen den einzelnen Anwendungen vereinfacht und standardisiert wird, ist auch die Kompatibilität zwischen den verschiedenen Office-Suiten wichtig. Sowohl innerhalb von verschiedenen Versionen einer Suite eines Herstellers als auch zwischen Suiten verschiedener Hersteller sollten Daten ausgetauscht werden können. Hier gilt es für den Benutzer beim Austausch von Dateien zu bedenken, dass der Empfänger evtl. eine ältere oder andere Officeversion verwendet.

Dieses Buch hat nicht den Anspruch, jedes Programm der Office-Pakete bis in alle Einzelheiten zu erklären. Von den gängigen Office-Anwendungen wird überblicksartig die Funktionsweise erläutert, um dem Nutzer eine Orientierung zu liefern. Daneben werden wichtige Grundbegriffe, die für ein richtiges Verständnis der jeweiligen Anwendung unerlässlich sind, erläutert. Kapitel zu einem E-Mail-Client und einem Web-Browser entfallen, da man voraussetzen kann, dass diese Inhalte einem Mechatroniker bekannt sind. Ferner wird bei den Erläuterungen ein grundsätzliches Verständnis und gewisse Vertrautheit mit einem fensterorientierten Betriebssystem vorausgesetzt. Welche Office-Suite eingesetzt wird, ist für das Durcharbeiten dieser Kapitel unerheblich; die Grundstrukturen sind in allen Anwendungen gleich.

Tabelle 1: Verschiedene Office-Pakete

	Apache OpenOffice	LibreOffice	SoftMaker	Office	iWork
Hersteller	Open Source	Open Source	SoftMaker	MICROSOFT	APPLE
Betriebssystem	Windows, Linux, Mac OS	Windows, Linux, Mac OS Solaris	Windows	Windows, Mac OS	Mac OS
Textverarbeitung	Writer		TextMaker	Word	Pages
Tabellenkalkulation	Calc		PlanMaker	Excel	Numbers
Präsentation	Impress	stellt eine Abspaltung von OpenOffice dar	Presentations	PowerPoint	Keynote
Datenbank	Base		–	Access	–
Informationsmanager	–		–	Outlook	–
Zusatzfunktionen	Draw (Grafik)		BasicMaker Makrosprache	Publisher (DTP-Progr.)	–
Kosten	kostenlos	kostenlos	kostenpflichtig	kostenpflichtig	kostenpflichtig

Einheitlichkeit herrscht in der Office-Software hinsichtlich des Layouts der einzelnen Programmbausteine. Alle Anwendungsfenster sind nach einem einheitlichen Muster aufgebaut, welches das Orientieren in den einzelnen Programmen für den Nutzer vereinfacht **(Bild 1).**

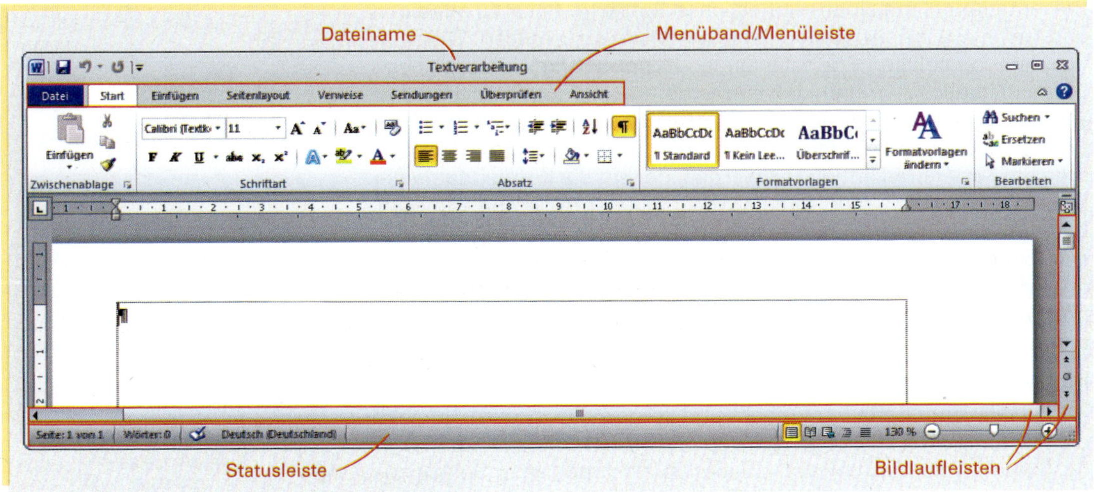

Bild 1: Grundelemente der Anwendungsfenster

Neben der einheitlichen Funktionalität der Titel- und Menüleiste hat jede Anwendung sog. Menübänder bzw. Symbolleisten **(Bild 2),** die vom Nutzer individuell angepasst werden können. Diese Menübänder und Symbolleisten dienen der schnellen Befehlsauswahl mit der Maus. Es handelt sich meist um Befehle, die auch über die Menüs zu erreichen sind, allerdings wären hier mehrere Mausklicks erforderlich.

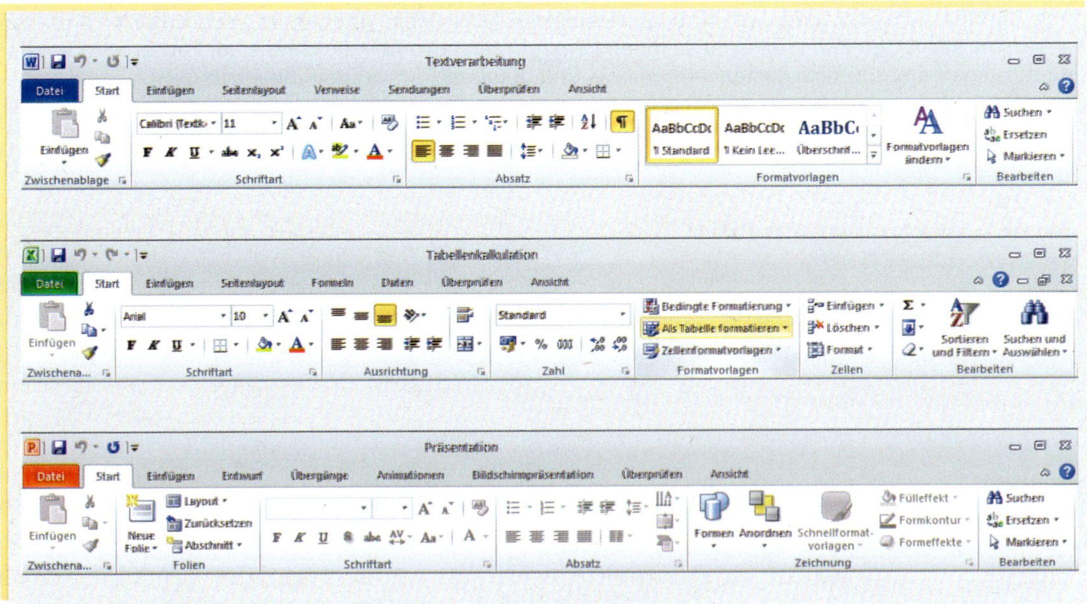

Bild 2: Menüstruktur bei Office-Anwendungen

Interessante Möglichkeiten, die Standardinstallation einer Office-Suite zu erweitern, bieten Extensions. Dies sind Plugins, die integriert werden können, um zusätzliche Funktionalitäten bereitzustellen (z.B. Wörterbücher für die Rechtschreibprüfung in verschiedenen Sprachen).

Eine weitere wichtige Eigenschaft ist die Möglichkeit, über **Makros (Bild 1), VBA-** (**V**isual **B**asic for **A**pplications, Skriptsprache von Microsoft) oder OOoBasic-Programme (OpenOffice.org) selbstprogrammierte Anwendungen zu entwickeln. Damit können:

- immer wiederkehrende Arbeiten automatisiert werden. So kann z. B. das Umranden einer Graphik (ca. 5 verschiedene Mausklicks) mit einem Makro durch einen Mausklick ausgeführt werden
- erweiterte Funktionen in den Anwendungen programmiert werden, die die Anwendungen so nicht bereitstellen
- der Datenaustausch zwischen den Anwendungen optimiert werden.

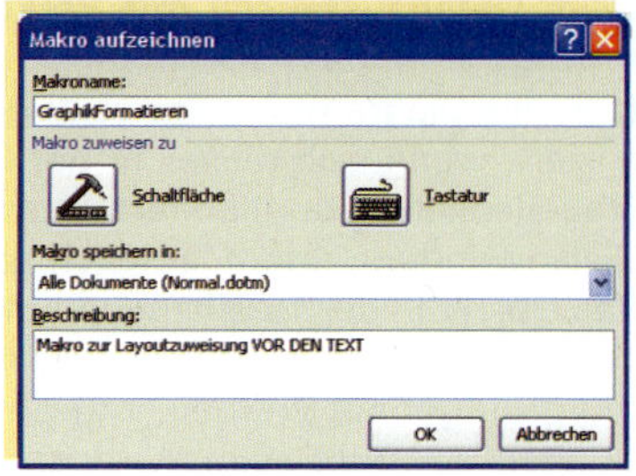

Bild 1: Makro für Office-Produkt

Bei VBA bzw. OOoBasic handelt es sich um objektorientierte Programmiersprachen, auf deren Anwendung im Rahmen dieses Buches nicht eingegangen wird, da diese zu umfangreich ist.

Die Einheitlichkeit innerhalb des Office-Paketes hat den weiteren großen Vorteil, dass Daten zwischen den einzelnen Anwendungen problemlos hin- und hertransportiert werden können. So ist es möglich, in der Textverarbeitung einen Serienbrief mit Adressdaten aus der Datenbank zu erstellen; oder man zeigt in der Präsentation ein Diagramm mit Daten aus der Tabellenkalkulation. Heutige Office-Anwendungen bieten zum Datenaustausch zwischen den einzelnen Bausteinen drei grundsätzliche Möglichkeiten.

Beim **Datenaustausch ohne Verknüpfung** werden über das Menü Bearbeiten (Kopieren/Einfügen) Daten (z. B. ein Diagramm aus der Tabellenkalkulation) von einer Anwendung in die andere transferiert. Änderungen an der Originaldatei werden dann in der kopierten Version weder aktualisiert noch ist beim Anklicken des eingefügten Objektes die Funktionalität seiner Herkunftsanwendung vorhanden **(Bild 2).**

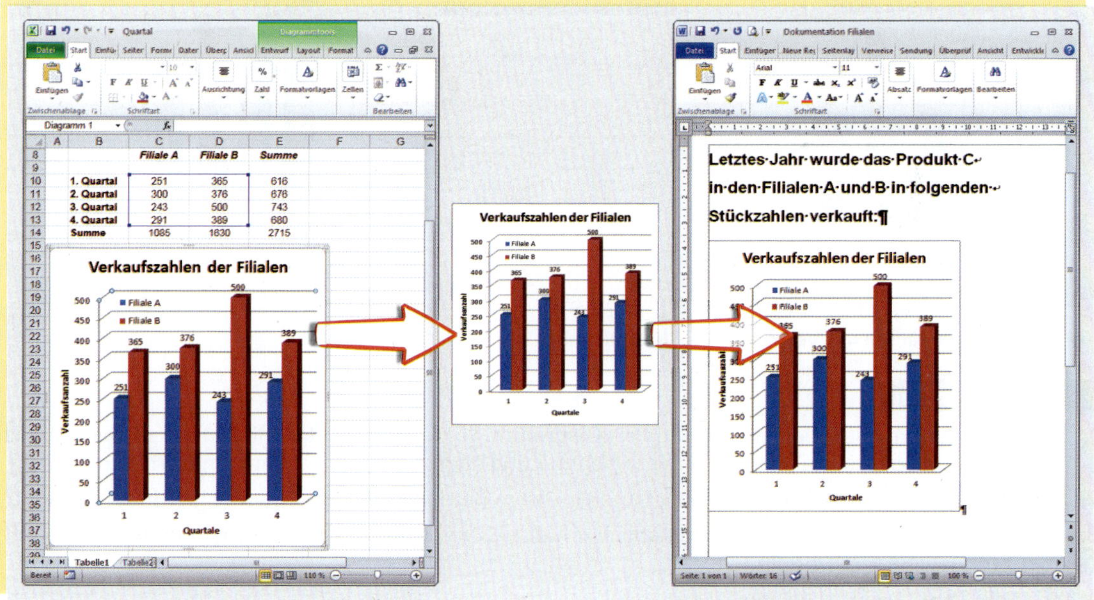

Bild 2: Datenaustausch ohne Verknüpfung

Eine weitere Möglichkeit ist das **Einbetten** von Objekten **(Object Embedding).** Hier wird in eine Anwendung (z. B. Textverarbeitung) ein Objekt einer anderen Anwendung (z. B. Tabellenkalkulation) eingefügt. Dies hat den Vorteil, dass der Anwender in der Textverarbeitung die volle Funktionalität der Tabellenkalkulation nutzen kann, ohne permanent zwischen den beiden Anwendungen hin- und herwechseln zu müssen; z. B., steht ein Teil der Tabellenkalkulations-Symbolleisten in der Textverarbeitungs-Anwendung zur Verfügung **(Bild 1, Seite 36).** Die Daten des eingebetteten Objektes werden mit der Anwendung abgespeichert.

Beim **Datenaustausch mit Verknüpfung (Object linking)** wird das Objekt in der Zielanwendung (z.B. das Diagramm in der Textverarbeitung) aktualisiert, wenn sich dieses in der Quellanwendung (Tabellenkalkulation) ändert. Das Dokument in der Zielanwendung erhält lediglich einen Verweis auf das Objekt in der Quellanwendung; d.h. die Daten werden nicht mit abgespeichert. Soll eine Verbindung aufgebaut werden, müssen beide Anwendungen geöffnet sein. Wird das Quelldokument verschoben oder gelöscht, so ist auch die Verknüpfung unterbrochen **(Bild 2).**

Die Fähigkeit eines Office-Paketes, das Einbetten und Verbinden von Objekten zu ermöglichen, wird unter dem Begriff **O**bject **L**inking and **E**mbedding, kurz **OLE,** zusammengefasst.

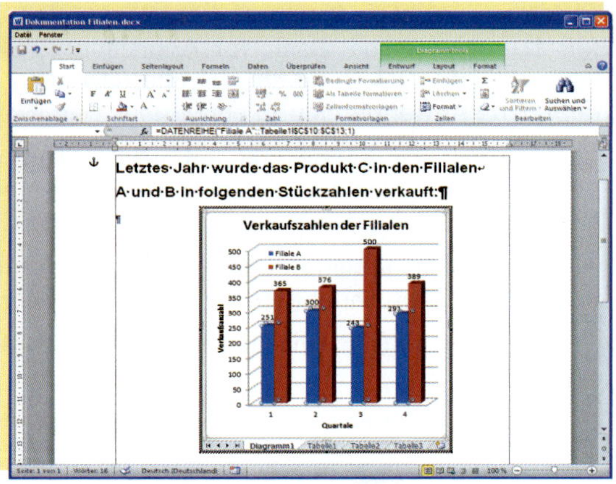

Bild 1: Einbetten von Objekten

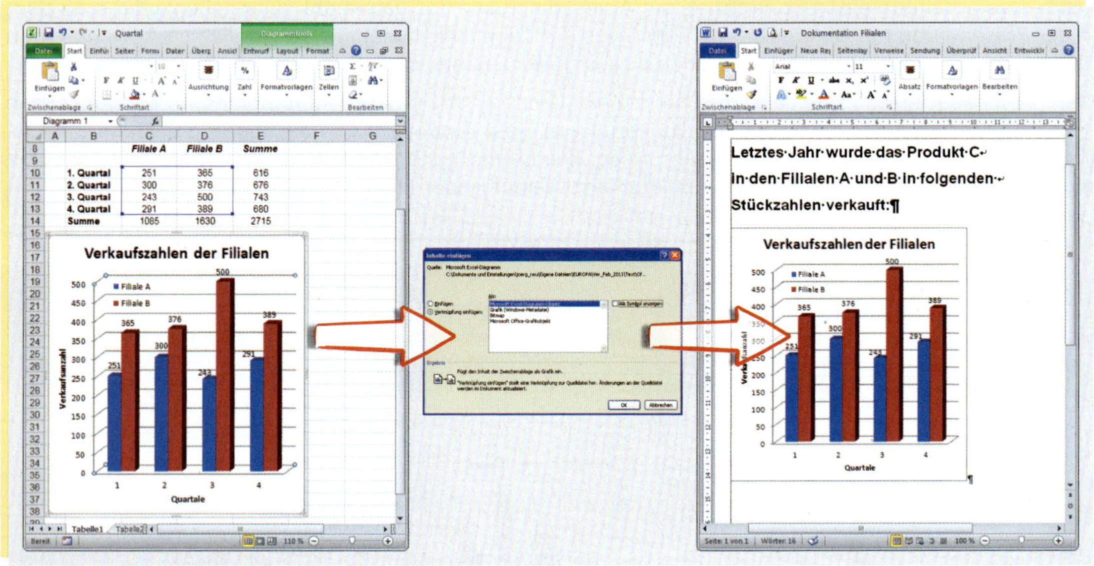

Bild 2: Datenaustausch mit Verknüpfung (Object linking)

Arbeitsauftrag:

1. Erstellen Sie in einer Tabellenkalkulation ein Diagramm. Führen Sie alle drei Möglichkeiten des Einbaus mit dieser Tabelle einmal in eine Textverarbeitung und einmal in eine Präsentationssoftware aus.
2. Erkundigen Sie sich nach den Netzstrukturen in Ihrem Betrieb. Wie viele PCs sind hierdurch vernetzt?
3. Entwickeln Sie ein Makro, das automatisch um eine Graphik in der Textverarbeitung eine Linie mit der Strichstärke 0.75 pt zieht.
4. Erstellen Sie eine Folie mit einem Präsentationsprogramm, welche einen Hyperlink auf eine Internetseite Ihrer Wahl enthält.
5. Versuchen Sie, in Ihrer Textverarbeitungssoftware die Symbolleisten individuell anzupassen, in dem Sie das in Frage 3 entwickelte Makro in eine benutzerdefinierte Symbolleiste einfügen.
6. Erkundigen Sie sich, ob in Ihrem Betrieb in einem Netz mit unterschiedlichen Betriebssystemen gearbeitet wird.
7. Welche Gründe gibt es für den Einsatz von unterschiedlichen Betriebssystemen?
8. Recherchieren Sie, welche Extensions für eine OpenOffice-Suite angeboten werden und präsentieren Sie diese Ihrem Team.

1.2.1 Textverarbeitung

Das Erstellen von Briefen, Dokumentationen usw. geschieht heutzutage im privaten und semiprofessionellen Bereich fast ausschließlich mithilfe von Textverarbeitungssoftware. Professionelle, drucktechnische Aufbereitungen von z. B. Zeitungen, Büchern oder Firmenprospekten werden mit DTP-Software (**D**esk**t**op**p**ublishing) erstellt, deren Beherrschung eine Spezialausbildung erfordert.

Die Textverarbeitung ermöglicht das Erstellen von großen Dokumenten – bestehend aus Text, Tabellen und Grafiken mit automatischer Generierung von Inhalts- und Stichwortverzeichnissen und automatischer Verwaltung der Fußnoten. Ferner haben heutige Textverarbeitungsprogramme komfortable Tabellengeneratoren. Sie können externe Grafiken einbinden, den Text mehrspaltig setzen, automatisch die Kapitelüberschriften und die Bild- und Tabellenunterschriften nummerieren **(Bild 1).**

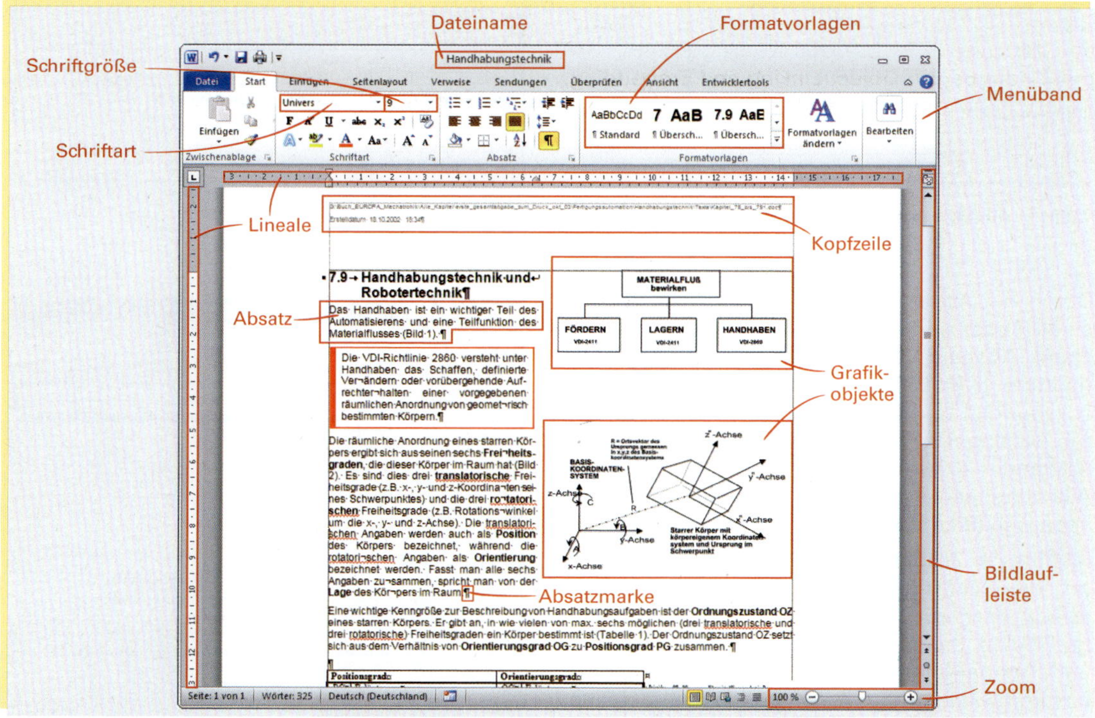

Bild 1: Anwendungsfenster Textverarbeitung

Der große Vorteil besteht darin, dass mithilfe der Textverarbeitung der Text nicht sofort formatiert eingegeben werden muss. Die Gestaltung erfolgt meist im Anschluss an die eigentliche Texteingabe.

Das Layout (engl. Gestaltung, Satzspiegel) des eingegebenen Textes wird hauptsächlich durch das **Seitenlayout,** die **Zeichenformatierung** und die **Absatzformatierung** bestimmt.

Beim Seitenlayout wird die Gestaltung der Seite festgelegt; also das Papierformat (z. B. DIN A4 quer/hoch), bedruckbarer Bereich (Seitenränder links/rechts und oben/unten), das Format der Zeilennummerierung, die Art des Rahmens um den Text usw. **(Bild 2).** Ferner können Wasserzeichen (z. B. zur Kennzeichnung als Entwurf) und Hintergrundfarbe für das Dokument festgelegt werden.

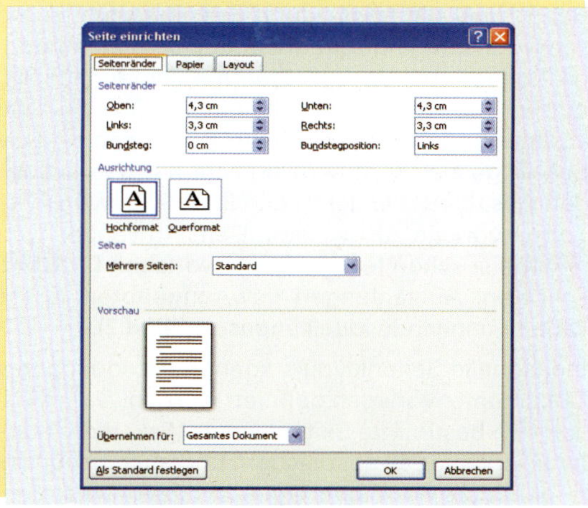

Bild 2: Seitenformatierung

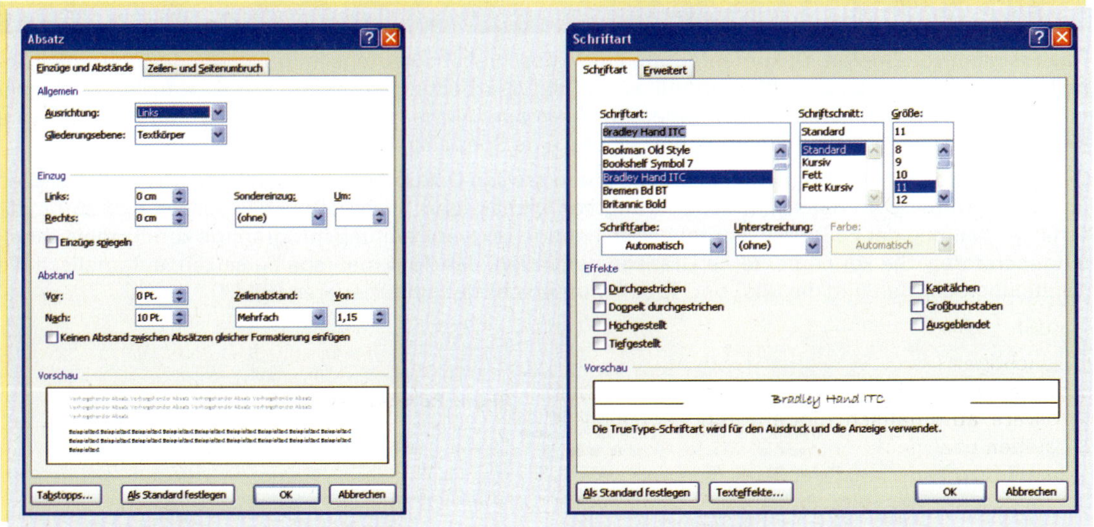

Bild 1: Absatz- und Zeichenformatierung

Durch die Absatzformatierung wird das Layout eines Absatzes festgelegt. So können Zeilenabstand, Abstand vor und nach dem Absatz, Ausrichtung (z.B. Blocksatz, zentriert, rechts- oder linksbündig) und Einzug bezogen auf die Seitenränder eingestellt werden. Oftmals werden dem Anwender in einem Vorschaufenster direkt die Auswirkungen der Formatierung auf den Absatz angezeigt **(Bild 1 links)**.

Mithilfe der Zeichenformatierung wird die Schriftart, die Schriftgröße (Schriftgrad), der Schriftschnitt (fett, kursiv), die Schriftfarbe und weitere Effekte (hoch-; tiefgestellt; Unterstreichung und Animationen wie z.B. blinken der Schrift) bestimmt. Weiterhin ist es möglich, den Zeichenabstand zu beeinflussen **(Bild 1 rechts)**.

Da das Formatieren eines jeden Absatzes „von Hand" über die Absatz- und Zeichenformatierung sehr mühsam und zeitaufwendig ist, bieten heutige Textverarbeitungsprogramme die Möglichkeit, mit Formatvorlagen zu arbeiten. In einer Formatvorlage sind die Einstellung für den Absatz und die Schrift gespeichert. Man braucht nur den jeweiligen Absatz zu markieren und ihm die gewünschte Formatvorlage zuzuweisen. Dem Anwender werden meist schon fertige Formatvorlagen für Überschriften, Aufzählungen usw. angeboten. Diese kann er dann individuell anpassen **(Bild 2)**.

Individuelle Seitenlayouts können als sogenannte Dokumentenvorlagen definiert werden. Damit lassen sich bestimmte Seitenlayouts (Fax, individueller Briefkopf u.a.) abspeichern und auch bestimmte benötigte Formatvorlagen in dieser Dokumentenvorlage zur Verfügung stellen **(Bild 3)**.

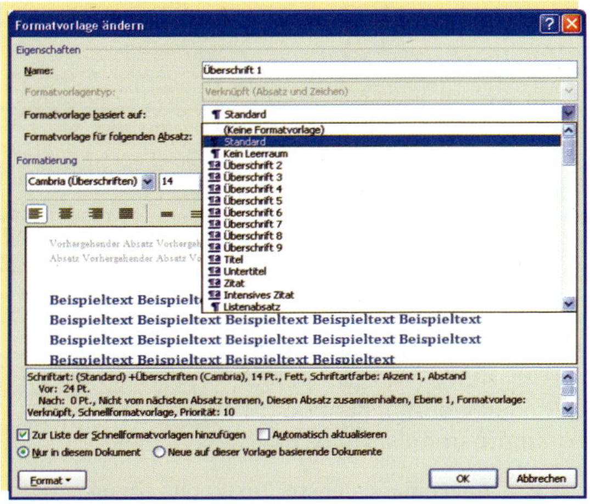

Bild 2: Formatvorlage

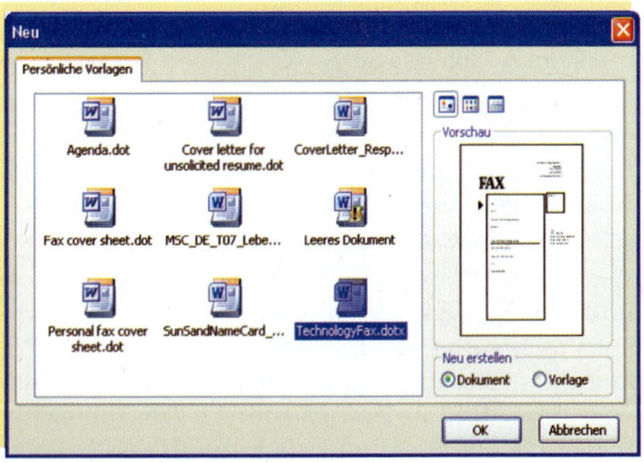

Bild 3: Dokumentenvorlage

Je nach Office-Paket muss darauf geachtet werden, dass beim automatischen Erstellen von Inhaltsverzeichnissen nur die von der Software angebotenen Überschrifts-Formatvorlagen benutzt werden.

Einige weitere typische Merkmale der heutigen Textverarbeitungssoftware sind **Rechtschreibprüfung (Bild 1)** und ein **Wörterbuch,** welches synonyme (d.h. gleichbedeutend) Begriffe vorschlägt. Oft ist die Rechtschreibprüfung individuell anpassbar; d.h. dem vom Software-Hersteller mitgelieferten Wörterbuch kann ein individuelles hinzugefügt werden.

Ein wichtiges Tool ist die **Silbentrennung,** damit im Blocksatz keine großen Lücken durch die von der Software automatisch eingefügten Leerzeichen entstehen bzw. beim Flattersatz der Rand nicht so „ausgefranzt" aussieht **(Bild 2).**

Textverarbeitungssoftware gestattet heute das Arbeiten mit **Zentral- und Filialdokumenten.** Ein Zentraldokument ist ein Dokument, das eine Gruppe von zusammengehörigen Dokumenten enthält. Die Verwendung eines Zentraldokumentes ist sinnvoll, wenn ein umfangreiches Dokument zu organisieren und zu verwalten ist. Es wird hierdurch in kleinere, einfacher zu handhabende Filialdokumente aufgeteilt; z.B. kann somit eine umfangreiche Produktdokumentation in verschiedene Kapitel aufgeteilt werden und diese können dann z.B. im Netzwerk von unterschiedlichen Mitarbeitern bearbeitet werden **(Bild 3).**

Beim Arbeiten mit einem Zentraldokument und Filialdokumenten kann trotzdem eine Gliederung des gesamten Dokumentes angezeigt werden. In einem Netzwerk kann das Zentraldokument freigegeben werden, damit die Teammitglieder direkte Zugriffsmöglichkeiten auf alle Filialdokumente erhalten.

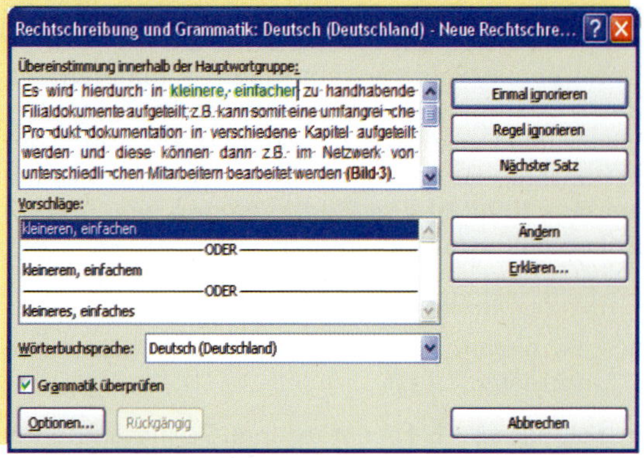

Bild 1: Rechtschreibprüfung

Bild 2: Silbentrennung

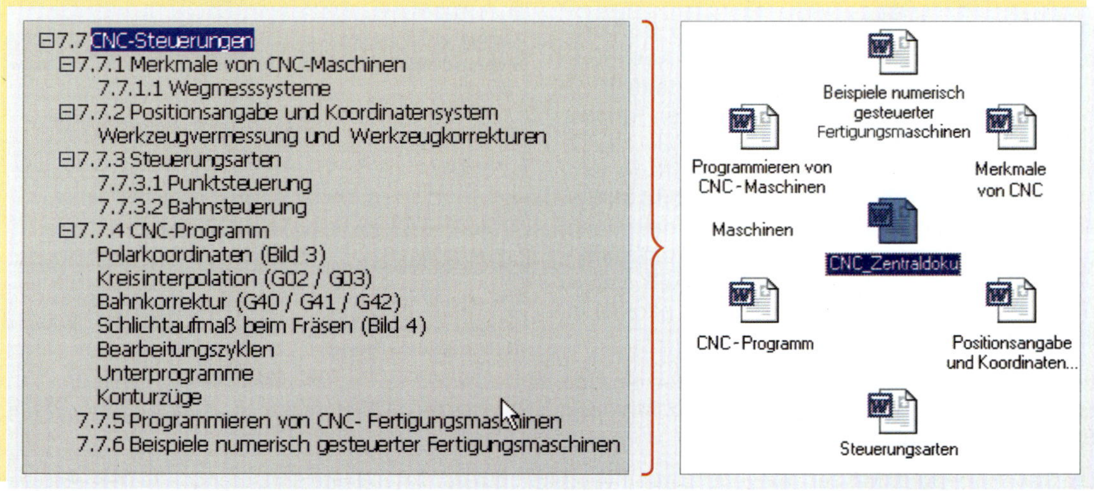

Bild 3: Zentral- und Filialdokumente

Sollen umfangreichere Dokumente erstellt werden, lohnt sich der Einsatz von **Feldern (Bild 1).** Unter einem Feld versteht man ein Textelement, das in Dokumente eingefügt werden kann, um dort bestimmte Funktionen zu steuern (z. B. Anzeige der Seitenzahl, des aktuellen Datums und des Dateinamens **(Bild 2)**). Die Felder können wie Text im Dokument formatiert werden.

Ein Feld besteht aus den drei Teilen:

- Feldzeichen; z. B. { }, zur Unterscheidung von „normalem" Text
- Feldname; z. B. Filename (engl. Dokumentname)
- Feldanweisung; legt weitere Eigenschaften des Feldes fest; z. B. \p gibt beim Dokumentennamen auch den Pfad zum Dokument mit an.

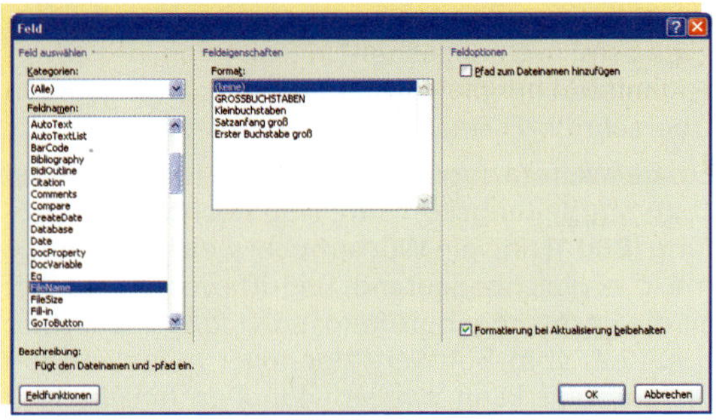

Bild 1: Felder

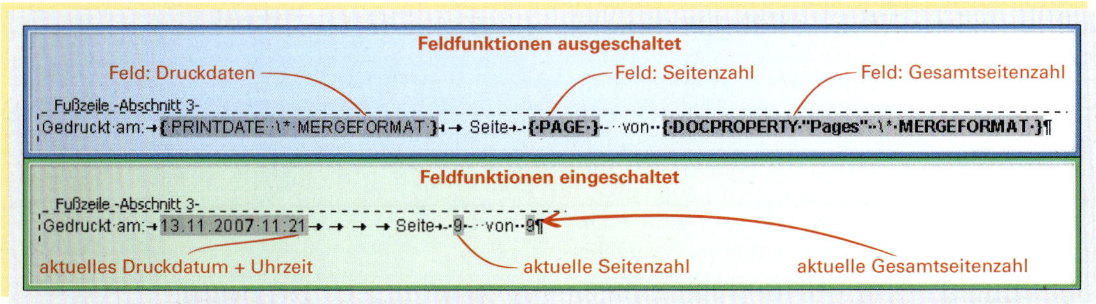

Bild 2: Feldfunktionen Druckdatum und Seitenzahl

Beim Arbeiten mit Feldern darf nicht vergessen werden, diese zu aktualisieren. Dies kann automatisch vor dem Speichern bzw. Drucken geschehen oder muss manuell durchgeführt werden. Eine weitere Besonderheit von Feldern besteht darin, dass sie gegen eine Aktualisierung auch gesperrt werden können. Fügt man z. B. in einen Brief das Datum per Feld ein, würde sich bei jedem Aufruf das Datum im Brief entsprechend ändern. Wenn dies nicht gewünscht ist, kann das Feld gegen Aktualisierung gesperrt werden. Auch können Feldfunktionen gänzlich aufgehoben werden, d. h. sie werden in „normalen" Text umgewandelt.

Wird in größeren Dokumentationen (z. B. Anlagenbeschreibungen) mit Tabellen und Abbildungen gearbeitet, sind diese häufig einheitlich zu beschriften und nach einem bestimmten Muster zu nummerieren (z. B. Bild 3.27 heißt Bild Nr. 27 im Kapitel 3). Auch hier kann die Beschriftung und Nummerierung automatisiert werden **(Bild 3).** Bei einer Änderung hat dies den Vorteil, dass man nicht alle sich ändernden Bildunterschriften manuell bearbeiten muss. Es können mehrere Kategorien (z. B. Tabelle, Abbildung, Foto etc.) parallel in einem Text automatisiert werden.

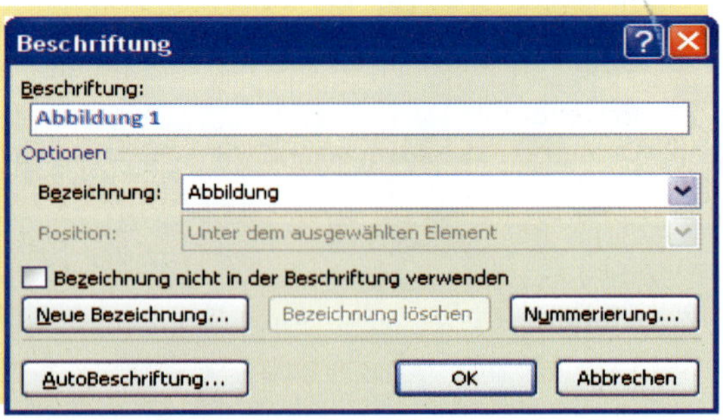

Bild 3: Beschriftung

Viele Textverarbeitungsprogramme bieten ein einfaches, integriertes Zeichenwerkzeug an. Mit dessen Hilfe lassen sich einfache Flussdiagramme, Pfeile, Sterne usw. erzeugen.

Die **Serienbrieffunktion** der Textverarbeitung verknüpft auf der einen Seite die Datenquelle (z. B. Adressdaten) mit dem Hauptdokument (z. B. Infobrief) **(Bild 1, Seite 41).** Die Datenquelle besteht aus einzelnen

Datensätzen mit unterschiedlichen Datenfeldern. Jedes Datenfeld hat einen Namen (z.B. Adresse, Name, Ort usw.). Über diese Datenfeldbezeichnungen werden bei den Serienbriefen Verknüpfungen zum Hauptdokument hergestellt.

Hauptdokument

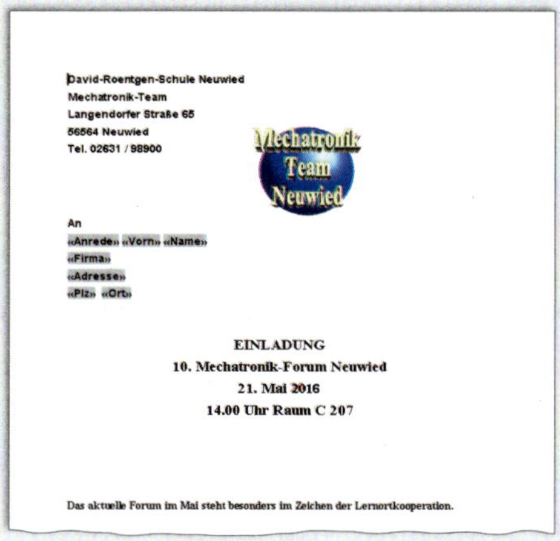
David-Roentgen-Schule Neuwied
Mechatronik-Team
Langendorfer Straße 65
56564 Neuwied
Tel. 02631 / 98900

An
«Anrede» «Vorn» «Name»
«Firma»
«Adresse»
«Plz» «Ort»

EINLADUNG
10. Mechatronik-Forum Neuwied
21. Mai 2016
14.00 Uhr Raum C 207

Das aktuelle Forum im Mai steht besonders im Zeichen der Lernortkooperation.

+

Datenquelle

Anrede	Vorn.	Name	Firma	Adresse	Plz	Ort	Tel
Herr	Stephan	Klein	Oberland Glas AG	Industriegebiet 17	45432	Wirges	02234/ 98007
Frau	Dorothea	Jeub	Rasselstein Hoesch AG	Dierdorfer Straße 112	56789	Neuwied	02631/ 816988
Herr	Bodo	Polifka	Kloeckner Moeller	Bertha von Suttner Platz 12	54444	Bonn	0228/ 232012
Herr	Hermann	Löhr	Siemens AG	Bahnhofstr. 1	76543	Erlangen	0711/ 989001
Herr	Dirk	Sornberger	Fiat Deutschland	Flossweg 61	56781	Bad Honnef	02224/ 78654
Frau	Katja	Saal	Reis Robotics	Dierdorfer Straße 1	23412	Hamm	01234/ 12 24
Herr	Marek	Elsen	Elsen GmbH & Co	Linzer Straße124	53604	Rheinbreitbach	02224/ 654321
Frau	Anette	Weinberg	Kuka Robotics	Industriegebiet 112	34571	Augsburg	07654/ 89760

Serienbriefe

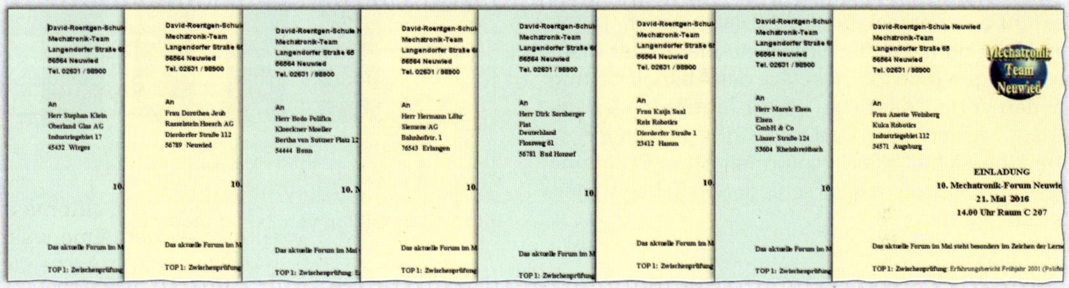

Bild 1: Serienbrief

Arbeitsauftrag:

1. Erstellen Sie einen Serienbrief an 10 verschiedene Pneumatik-Firmen, in dem Sie für eine Projektarbeit um Sachspenden (Ventile, Zylinder, Anschauungsmaterial) bitten.
2. Erstellen Sie eine Datenquelle mit den Adressen aller Ausbildungsfirmen Ihrer Klasse, damit Sie diese zwecks Informationsaustausch nutzen können.
3. Arbeiten Sie in eine größere Dokumentation folgende Felder ein: Dokumentenname mit Pfad, Autor, Seite von Gesamtseitenanzahl, Erstelldatum, Druckdatum.
4. Arbeiten Sie in die Dokumentation aus dem vorigen Arbeitsauftrag 4 Bilder und 3 Tabellen ein. Nummerieren Sie diese mit ihren Bildunterschriften automatisch.
5. Erstellen Sie aus einer größeren Dokumentation ein Zentraldokument und die entsprechenden Filialdokumente.
6. Erstellen Sie im Team Formatvorlagen für Ihre Dokumentationen.
7. Recherchieren Sie die Begriffe „Schusterjunge“, „Hurenkinder“, „Laufweite“ und „Unterschneidung“ aus der Setzersprache.
8. Erzeugen Sie von einem Bild verschiedene Dateiformate (.JPG, .BMP usw.) und fügen Sie diese in Textdokumente ein. Welche Auswirkungen auf das Speichervolumen haben diese unterschiedlichen Formate?

1.2.2 Tabellenkalkulation

Ähnlich wie die Schreibmaschine durch Textverarbeitungsprogramme verdrängt wurde, haben auch Tabellenkalkulationsprogramme Rechenmaschinen überflüssig gemacht. Diese Programme helfen dem Anwender:

- Zahlen strukturiert darzustellen (in tabellarische Form bringen);
- Zahlenmaterial auszuwerten bzw. mit Zahlenmaterial zu rechnen;
- Zahlenmaterial durch Diagramme übersichtlich darzustellen **(Bild 1)**.

Große Vorteile gegenüber herkömmlichen Methoden „von Hand" sind:

- Möglichkeit zum Variieren mit verschiedenen Startwerten bei einer Berechnung;
- Möglichkeit der Eingabe von mathematischen Formeln zur Berechnung.

Eine Datei wird in Tabellenkalkulationen häufig **Mappe** oder **Arbeitsmappe** genannt. Jede Mappe besteht aus verschiedenen Tabellen, auch Tabellenblätter genannt, die hintereinander in der Mappe vorliegen **(Bild 2)**. Diese Art der Abspeicherung hat den Vorteil, dass eine große Tabelle in kleinere zerlegt werden kann. Dadurch ergibt sich eine bessere Übersichtlichkeit. Es können ohne Probleme Bezüge zwischen den verschiedenen Tabellen hergestellt werden.

	Filiale A	Filiale B	Filiale C
1. Quartal	251	365	616
2. Quartal	300	376	676
3. Quartal	243	500	743
4. Quartal	291	389	680
Summe	1085	1630	2715

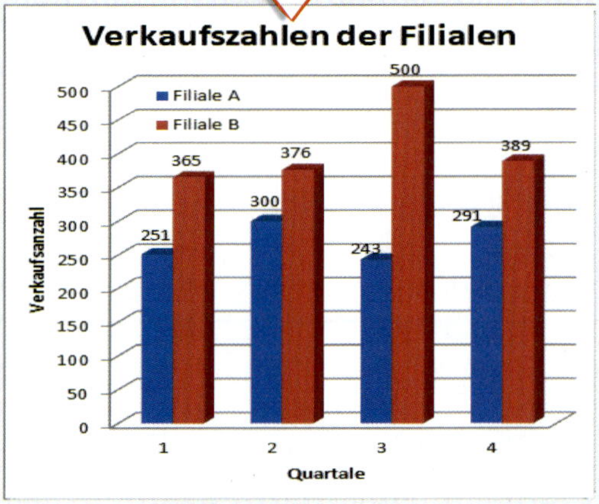

Bild 1: Darstellung von Zahlenmaterial

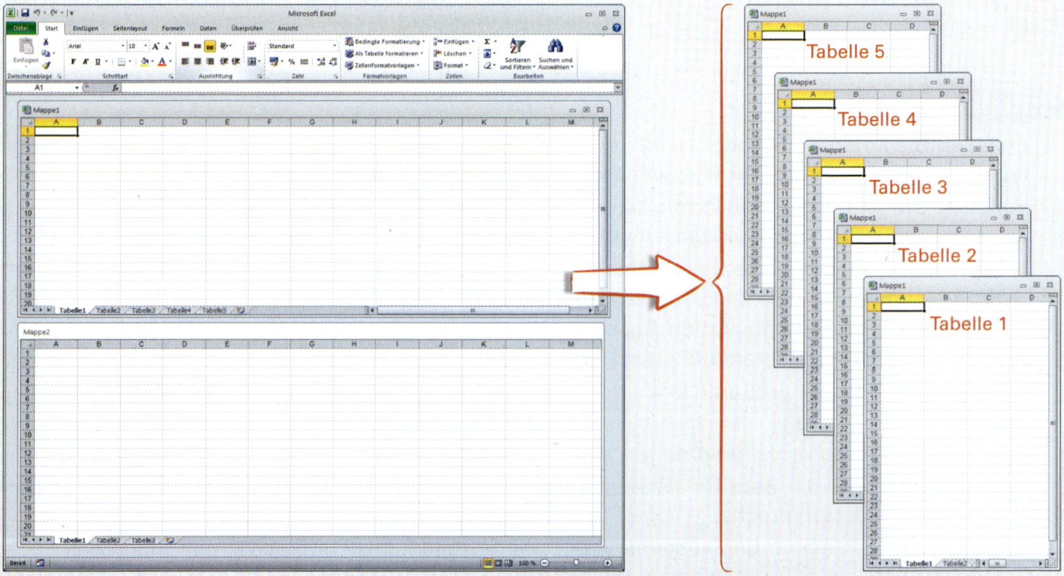

Bild 2: Mappen- und Tabellenaufbau einer Tabellenkalkulation

Eine Tabelle besteht aus **Spalten** und **Zeilen,** die jeweils eindeutig gekennzeichnet sind. Ein Tabellenfeld wird auch als **Zelle** bezeichnet. Eine Zelle ist eindeutig durch Angabe der Zeilen- und Spaltenposition festgelegt, z. B. D7 **(Bild 1).**

In diese **Zellen** können Texte bzw. Zeichenfolgen, Werte (Zahlen, Datum oder Zeitangaben), mathematische Formeln oder logische Ausdrücke eingetragen und ähnlich wie in der Textverarbeitung formatiert werden (z. B. Schriftart oder -grad, fett oder kursiv, rechts- bzw. linksbündig oder Blocksatz). Weiterhin bieten heutige Tabellenkalkulationen auch eine Autokorrektur-Funktion, eine Rechtschreibprüfung und die Möglichkeit des automatischen Erzeugens regelmäßiger Datenreihen durch die Vorgabe von wenigen Werten. Trägt man in zwei neben- oder untereinander liegenden Zeilen Zahlen (z. B. 1, 2) oder Text (z. B. Montag, Dienstag) ein und markiert diese Zeilen, so ist es durch Ziehen möglich, die Zeile bzw. Spalte automatisch zu vervollständigen (also 1; 2; 3; 4 usw. bzw. Montag, Dienstag, Mittwoch, Donnerstag usw.).

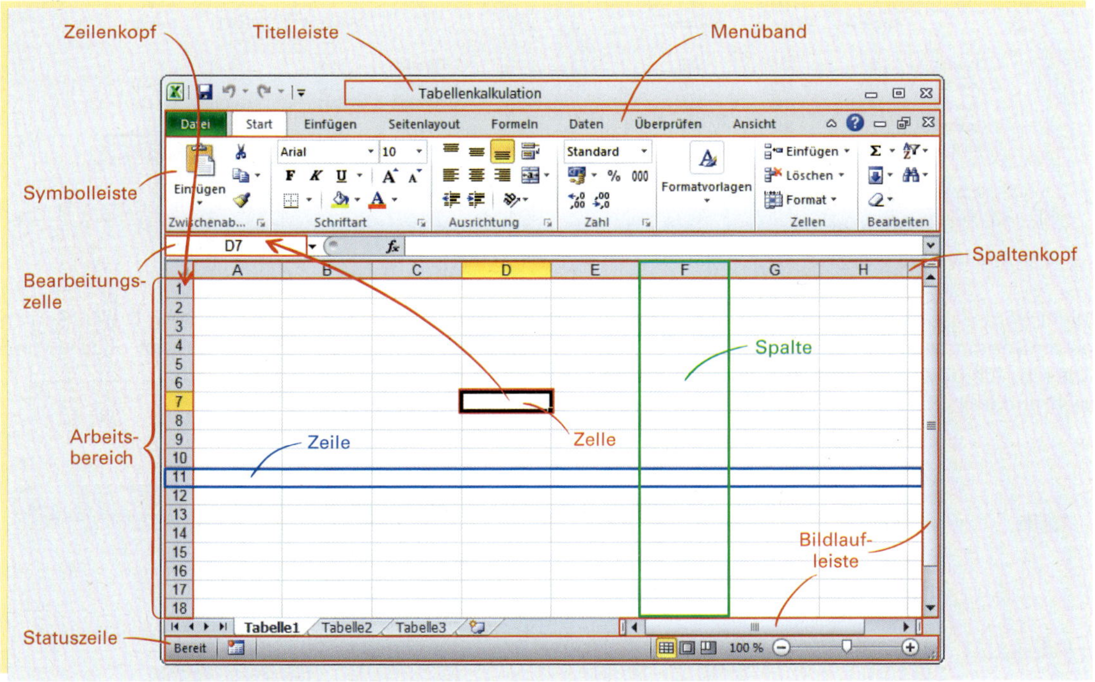

Bild 1: Das Anwendungsfenster einer Tabellenkalkulation

Mithilfe der **Zelladressen** können über mathematische Formeln neue Werte ermittelt werden. So berechnet zum Beispiel die Funktionsanweisung

SUMME(D10:D13)

die Summe aller Werte, die im Zellbereich D10 bis D13 (also D10, D11, D12, D13) stehen **(Bild 2).** Es können auch mehrere einzelne Felder, die nicht in einem Bereich liegen, durch Aufzählen eingegeben werden (z. B. SUMME (D10, D12, D13)). Diese Art Berechnungen durchzuführen hat den Vorteil, dass Änderungen am Zahlenmaterial vorgenommen werden können und die Formel immer wieder das entsprechende Ergebnis berechnet, ohne dass der Anwender die Werte selbst in die Formel eingeben muss **(Bild 2).**

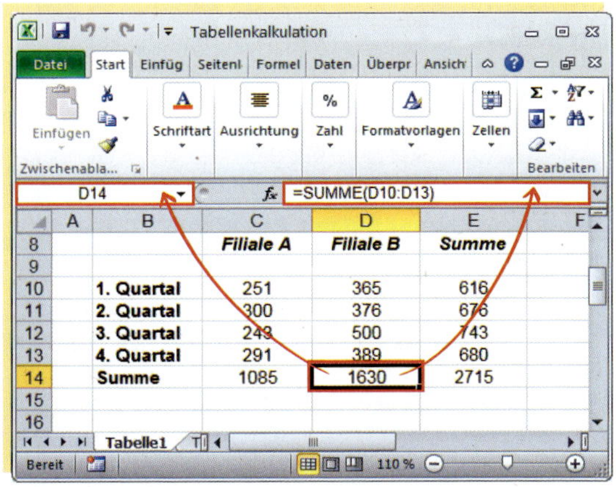

Bild 2: Berechnungen mit Zelladressen

Ein weiterer wichtiger Anwendungsfall ist das Kopieren von Formeln. Sind z.B. mehrere Spalten mit der grundsätzlich gleichen Formel zu bearbeiten, kann die einmal eingegebene Formel auf die anderen Spalten durch Markieren und Ziehen kopiert werden. Dieses Verfahren bezeichnet man als **Drag & Drop**. Dabei ändert die Software die relativen Zellbezüge (z.B. C10:C13) automatisch **(Bild 1).** Dadurch erspart man sich viel Tipparbeit.

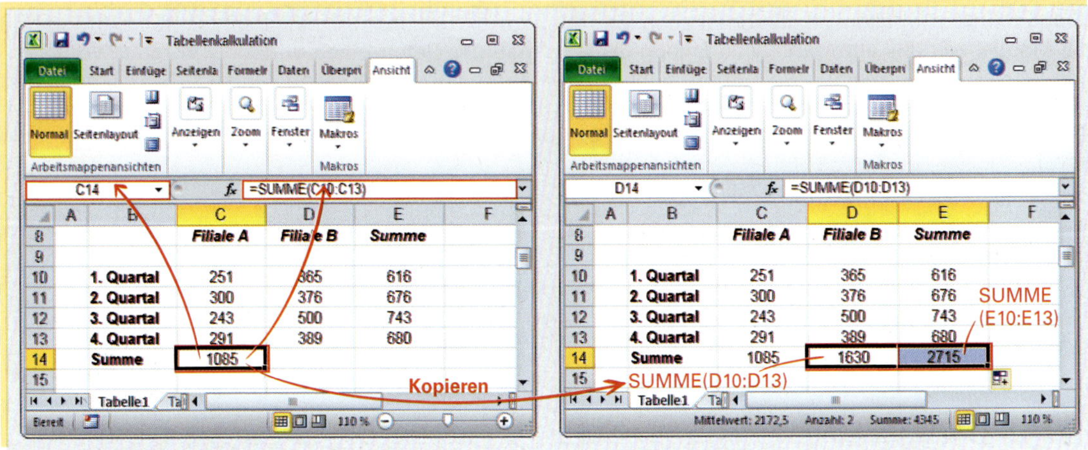

Bild 1: Relative Zellbezüge

Nicht immer ist es beim Kopieren von Formeln erwünscht, dass sich alle Bezüge ändern. Durch Setzen eines Sonderzeichens (z.B. $) werden Teile der Feldadresse bzw. die ganze Feldadresse absolut und ändern sich beim Kopieren auf andere Spalten nicht. So ist bei „E13" die ganze Feldadresse absolut, während bei „E$13" nur die Zeile und bei „$E13" nur die Spalte absolut ist **(Bild 2).**

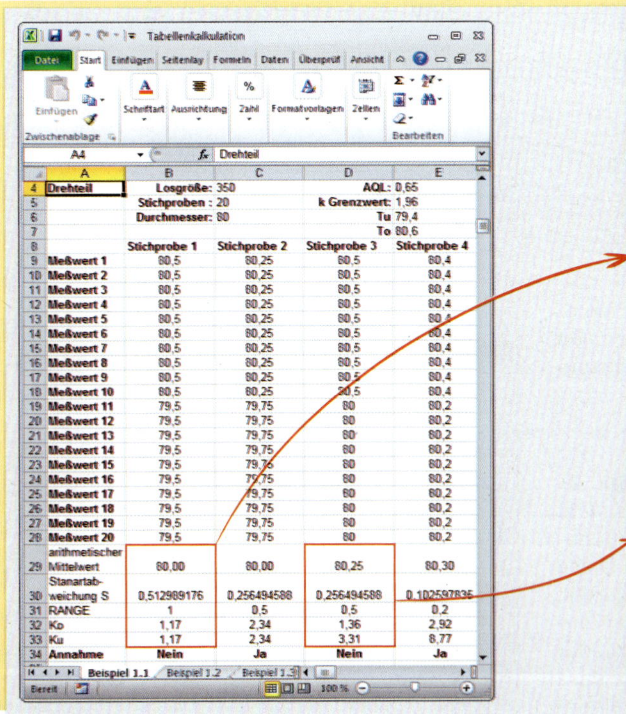

Ausgangszelle	Formel
B29	Mittelwert(B$9:B$28)
B30	Stabw(B$9:B$28)
B31	Max(B$9:B$28)-Min(B$9:B$28)
B32	(E7-B$29)/B$30
B33	(B$29-$E$6)/B$30

Kopieren z. B in Spalte D

Kopierte Zelle	Formel
D29	Mittelwert(D$9:D$28)
D30	Stabw(D$9:D$28)
D31	Max(D$9:D$28)-(Min(D$9:D$28)
D32	(E7-D$29)/D$30
D33	(D$29-$E$6)/D$30

Bild 2: Absolute Zellbezüge

Es gibt verschiedene Arten von Formeln:

- Numerische Formeln
- Logische Formeln
- Textformeln
- Funktionen

Numerische Formeln liefern durch Verrechnen von Variablen oder Konstanten, die selbst vom Datentyp Zahl sind, eine Zahl als Ergebnis.

z.B. = F12 * 1,16

Textformeln verketten Zelleinträge. Das Ergebnis ist eine Zeichenfolge.

z.B. = „Geburtsjahr" & G11

liefert als Ergebnis Geburtsjahr 1960, wenn in G11 die Zahl 1960 steht, wobei die Zahl in G11 in Text umgewandelt wird.

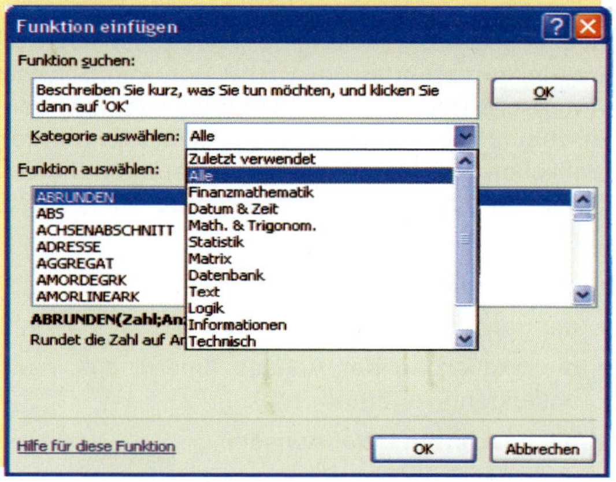

Bild 1: Funktionen

Anmerkung: Es besteht somit ein Unterschied, ob z.B. „1960" im Datentyp Text oder im Datentyp Zahl abgespeichert wird.

Logische Formeln überprüfen logische Bedingungen. Diese können entweder wahr (logisch 1) oder falsch (logisch 0) sein.

z.B. = (A6 > A4) + 1

liefert den Wert 2, wenn A6 > A4 und den Wert 1, wenn A6 ≤ A4. Logische Bedingungen können über logische Operatoren (UND; ODER; NICHT) verknüpft werden.

z.B. = WENN(UND(D31>C7;D32>C7); „Ja"; „Nein")

Funktionen (Bild 1) sind von der Anwendung zur Verfügung gestellte Formeln, die teilweise sehr komplizierte Berechnungen erlauben. Der Anwender muss sich um die richtige Programmierung der jeweiligen Formel nicht mehr kümmern. So kann mit der Funktion MAX z.B. das Maximum einer Zahl aus einem Bereich oder einer Anzahl von Zahlen herausgefunden werden. Zu jeder Funktion existiert eine Beschreibung der Syntax, damit der Anwender die Parameter der Funktion im richtigen Format und in der richtigen Reihenfolge eingeben kann.

Grundsätzlich bestehen Formeln somit aus **Operanden** (z.B. D2, 1.15) und **Operatoren** (z.B. + , <). Finden sich in den Formeln keine Klammern, so entscheidet die **Priorität (Bild 2)** über die Reihenfolge der auszuführenden Operationen. So liefert die Formel

= 7 + 4 * 9 – 3

das Ergebnis 40, da zuerst multipliziert und dann addiert und subtrahiert wird. Klammern unterlaufen die Reihenfolge. Es werden die Klammern immer von innen nach außen berechnet. So liefert die Formel

= (7 + 4) * (9 – 3) oder (7 + 4) * 9 – 3

einmal 66 bzw. 96 als Ergebnis.

Bei der Eingabe von Formeln ist strengstens darauf zu achten, dass die Syntax der Formel (z.B. Anzahl der Klammern ist immer gerade) bzw. die Syntax der Funktion an sich stimmen und dass das Format des jeweiligen Datentyps (z.B. Zahl, Datum, Text) richtig gewählt ist, da die Sofware sonst Fehlermeldungen ausgibt.

Operator	Beispiel	Bedeutung	Priorität
Bereichsoperatoren			
:	B3:B7	Bereich	1
Leer	B3:E8 C4:F12	Schnittmenge	2
;	B3:B12;C3:C12	Vereinigung	3
Arithmetische Operatoren			
–	–(5*2)	Vorzeichen	4
%	10 %	Prozent	5
^	5^2	Potenzierung	6
*	5*6	Multiplikation	7
/	6/3	Division	7
+	7+4	Addition	8
–	4–2	Subtraktion	8
Verkettungsoperator			
&	B2&B3	Textverkettung	9
Vergleichsoperatoren			
=	B5=B7	gleich	10
<=	B5<=B7	kleiner/gleich	10
>=	B5>=B7	größer/gleich	10
<>	B5<>B7	ungleich	10

Bild 2: Operatoren

Bei großen Zahlenmengen lassen sich mit der tabellarischen Darstellung der Werte sehr schlecht Entwicklungstendenzen, Abweichungen vom Mittelwert, Maximal- und Minimalwert usw. veranschaulichen. Hier bieten sich Diagramme zur grafischen Darstellung an. Die Parameter, die zur Erstellung eines Diagrammes eingestellt werden müssen bzw. können, sind:

- der Diagrammtyp (Säule, Kreis usw.),
- der darzustellende Datenbereich,
- die Skalierung der Achsen (linear, auf- bzw. absteigend, logarithmisch),
- die Beschriftung der Achsen,
- die Angabe des Diagrammtitels.

Die Tabellenwerte, auf die sich das Diagramm bezieht, sind dynamisch mit dem Diagramm verknüpft, sodass sich automatisch das Diagramm ändert, falls sich ein Wert in der Tabelle ändert **(Bild 1)**.

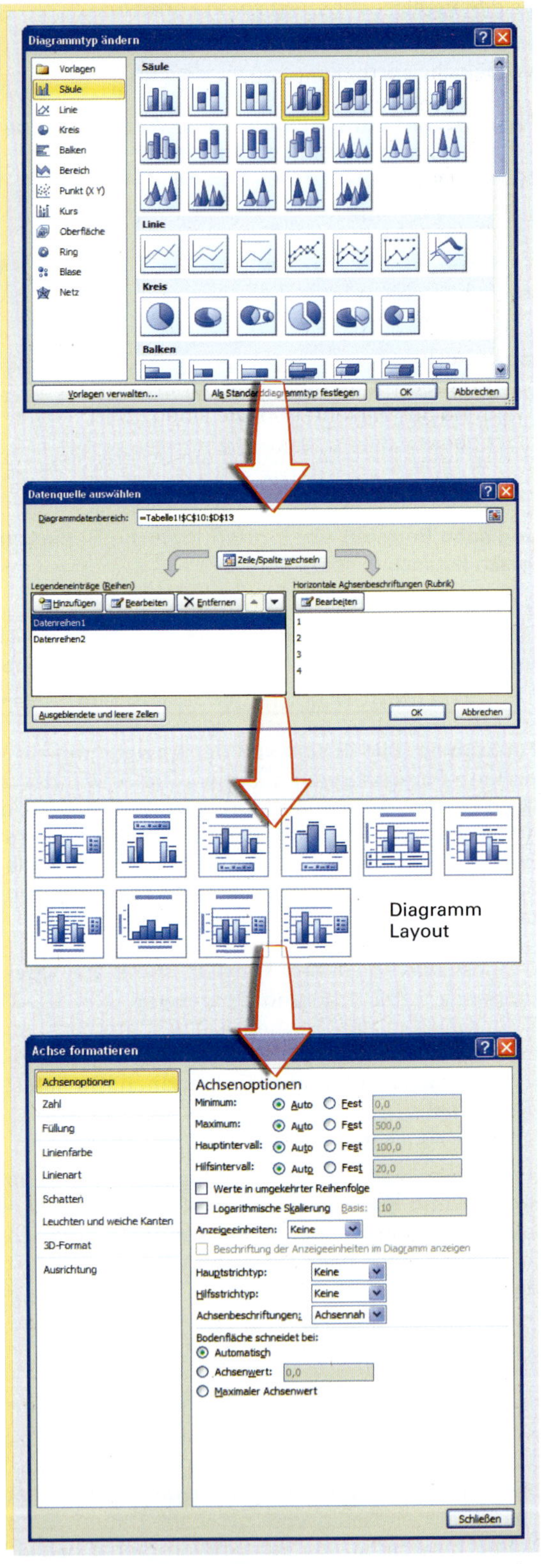

Bild 1: Diagramm-Assistent

Arbeitsauftrag:

1. a) Konstruieren Sie zwei Spalten, in die Sie jeweils zufällig 20 Messwerte zwischen 100 und 102 (Mehrfachnennungen möglich) eintragen und von diesen Messreihen jeweils den arithmetischen Mittelwert, den Minimal- und Maximalwert mithilfe von Funktionen bestimmen. Die Formeln für die zweite Spalte sollten kopiert werden.

   b) Recherchieren Sie in diesem Zusammenhang die Begriffe „Range" und „Standardabweichung" aus der Statistik.

2. Schreiben Sie in eine beliebige freie Zelle den Wert 101 und kontrollieren Sie, ob Ihre oben errechneten Werte größer, gleich oder kleiner als 101 sind. Geben Sie dies in jeweils einer Zelle pro Messreihe aus. Auch hier sollten die Formeln für die zweite Reihe durch Kopieren erzeugt werden.

3. Welchen Wert liefert folgender Ausdruck?

   $= (8 \cdot 4 - 3) \cdot (5 - 2 \cdot 3)$

4. Welchen Wert liefert folgender Ausdruck?

   WENN(UND(ODER(B8>B7;B6>B7));
   (UND(B6>B5;B3<B4));"ja";"nein")
   mit B3 = 3; B4 = 4 usw.

5. Stellen Sie die in Arbeitsauftrag 1 konstruierten Messreihen mithilfe eines Diagrammes dar.

6. Suchen Sie Diagramme, die eine logarithmische Skalierung der Achsen besitzen. Erläutern Sie die Vorteile.

1.2.3 Präsentationssoftware

Wurden früher Vorträge durch Auflegen von Overhead-Folien grafisch unterstützt, übernimmt dies heute vielfach die Präsentationssoftware, die eine erstellte Präsentation z.B. mithilfe eines Beamers (lichtstarker Projektor für PCs) den Zuhörern vorführt. In Anlehnung an die Overhead-Technik werden auch in der Präsentationssoftware die einzelnen Bildschirmdarstellungen als **Folien (Bild 1)** bezeichnet.

Durch die OLE-Funktionalität der Office-Pakete können problemlos Objekte von anderen Anwendungen in die Präsentation eingebaut werden (ein Diagramm aus der Tabellenkalkulation, eine Grafik oder ein Formular aus einer Datenbanksoftware usw.). Weiterhin ist es möglich, Sound- und Videoeffekte mit einzubauen. Die fertige Präsentation kann als Handout an die Teilnehmer verteilt werden. Es lassen sich zur jeweiligen Folie Notizen abspeichern, die sich der Präsentierende ausdrucken kann, damit er während des Vortrages über zusätzliche Informationen verfügt.

Beim Vorführen der Präsentation kann festgelegt werden, ob die gesamte oder nur ein Teil der Präsentation (sogenannte zielgruppenorientierte Präsentation) gezeigt wird. Weiterhin ist es möglich, die Maus während der Präsentation wie einen „Stift" zu benutzen, um auf der Folie zusätzliche Erläuterungen einzeichnen zu können. Beim nächsten Laden der Folie sind diese dann wieder verschwunden.

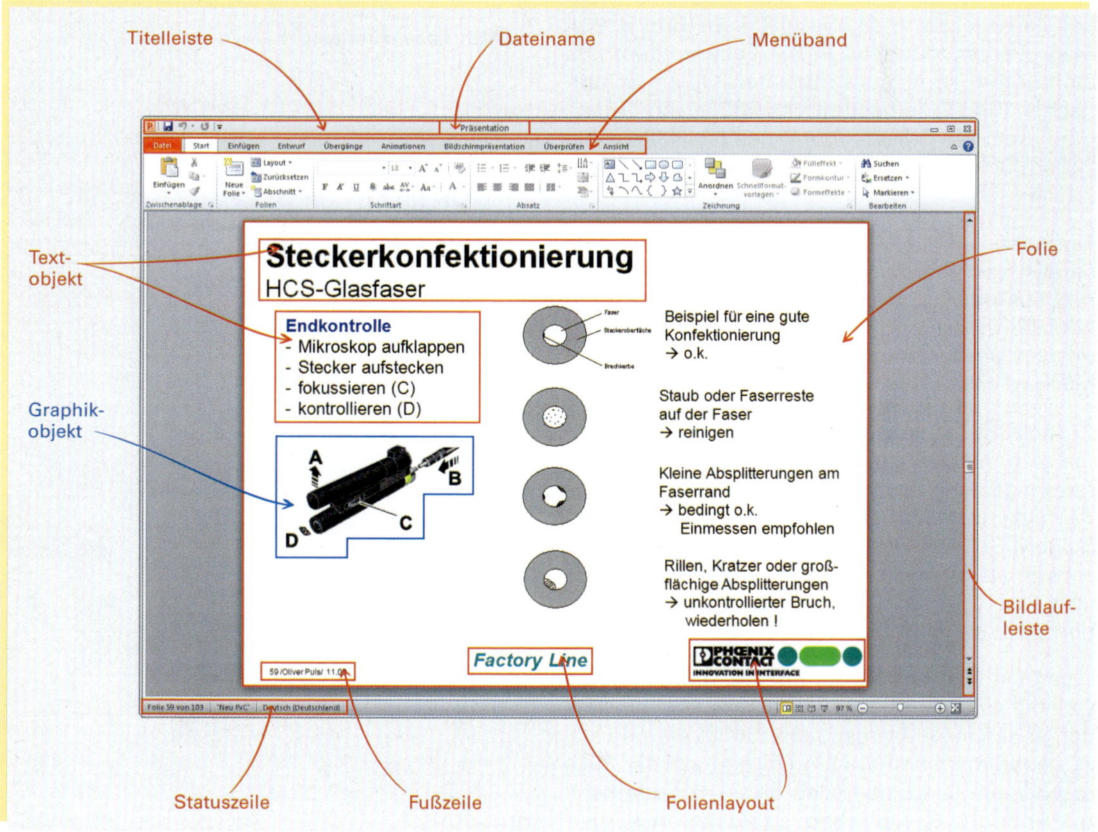

Bild 1: Anwendungsfenster der Präsentationssoftware

Für das Erstellen der Folien sind Grundkenntnisse in einer Textverarbeitungssoftware von Vorteil. Ähnlich wie bei der Textverarbeitung lassen sich hier die Folien mit einem einheitlichen Layout versehen. So kann das Seitenlayout (Blattgröße, Hoch- oder Querformat, automatische Nummerierung, einheitliche Hintergrundfarbe, Firmenlogo bzw. -name) für alle Folien gleich eingestellt werden. Weiterhin kann eine Kopf- und Fußzeile (z.B. mit Datum und Nummerierung) eingefügt werden. Auch die Zeichenformatierung kann für die gesamte Präsentation einheitlich gestaltet werden.

Die Möglichkeit, die Präsentation mit einer Titelfolie zu versehen oder mithilfe der Autokorrektur Tippfehler zu vermeiden, erleichtert das Erstellen einer anspruchsvollen Präsentation.

Die wichtigsten einzustellenden Parameter bei einer Präsentation sind:

- die Folienübergänge zwischen den einzelnen Folien,
- die Reihenfolge und der zeitliche Ablauf der Elemente auf der jeweiligen Folie,
- die Effekte, mit denen die Elemente auf der jeweiligen Folie dargestellt werden.

Die Folienübergänge (d.h. Übergangsart incl. Option) zwischen den einzelnen Folien können automatisch nach einer bestimmten einzustellenden Zeit oder per Mausklick erfolgen **(Bild 1)**. Will man „Verzweigungen" in die Folienreihenfolge einbringen, kann man mit interaktiven Schaltflächen **(Bild 2)** zu bestimmten Folien „springen" oder auch die Präsentation beenden, falls diese Schaltflächen während der Präsentation betätigt werden.

Ferner besteht die Möglichkeit, Audio- und Videodateien „auf Knopfdruck" abzuspielen. Auch können aus der Präsentation heraus Links zu Internetseiten oder andere Anwendungen gestartet werden, um zusätzliche Erläuterungen zur Präsentation zu ermöglichen.

Gerade beim Anzeigen von externen Inhalten (d.h. Inhalte, die nicht direkt in der Präsentation gespeichert sind) ist es wichtig, diese beim „Umzug" auf einen anderen PC oder beim Sichern/Speichern auf ein weiteres Medium mitzunehmen bzw. die entsprechenden Dateipfade anzupassen, da sonst die Links in der Präsentation nicht mehr „funktionieren".

Weiterhin sind bestimmte Effekte, mit denen die Objekte einer Folie eingeblendet werden einstellbar, sogenannte Animationen. So ist es möglich, zu bestimmen, von wo die Objekte auf der Folie erscheinen. Das Einblenden dieser Objekte kann mit Sound (z.B. Klatschen, Explosion usw.) verknüpft werden. Nach dem Platzieren des Objektes auf der Folie kann bestimmt werden, ob und wie es ausgeblendet wird **(Bild 3)**.

Auf diesem Weg ist es auch möglich, animierte Diagramme (z.B. Verkaufszahlen 1. bis 4. Quartal nacheinander anzeigen) oder animierte Formeln (z.B. Erläuterung von Teilbereichen bei umfangreichen Gleichungen) zu erzeugen.

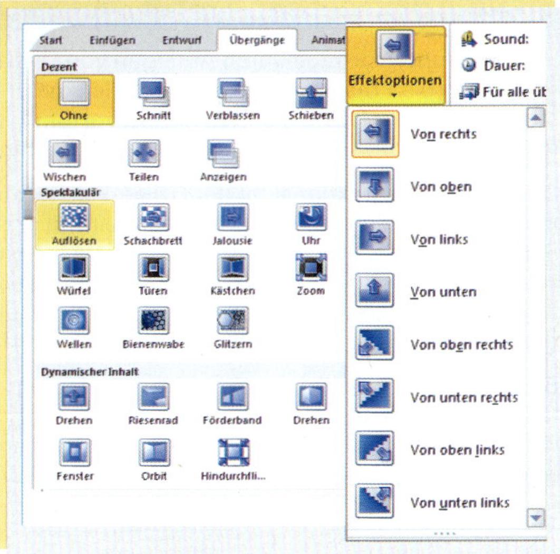

Bild 1: Folienübergang

Bild 2: Interaktive Schaltflächen

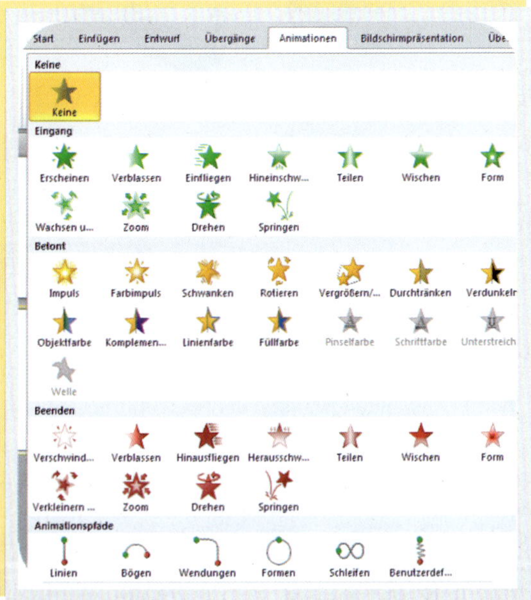

Bild 3: Animationen

Die Reihenfolge und der zeitliche Ablauf der auf der jeweiligen Folie vorhandenen Objekte bestimmt z.B. ob die gesamte Folie sofort eingeblendet wird oder ob sich die Folie mit jedem Mausklick weiter entwickelt. So kann der Benutzer die Schlagworte aus seinem Vortrag parallel auf der Folie mit einem Mausklick hinzufügen lassen **(Bild 1)**.

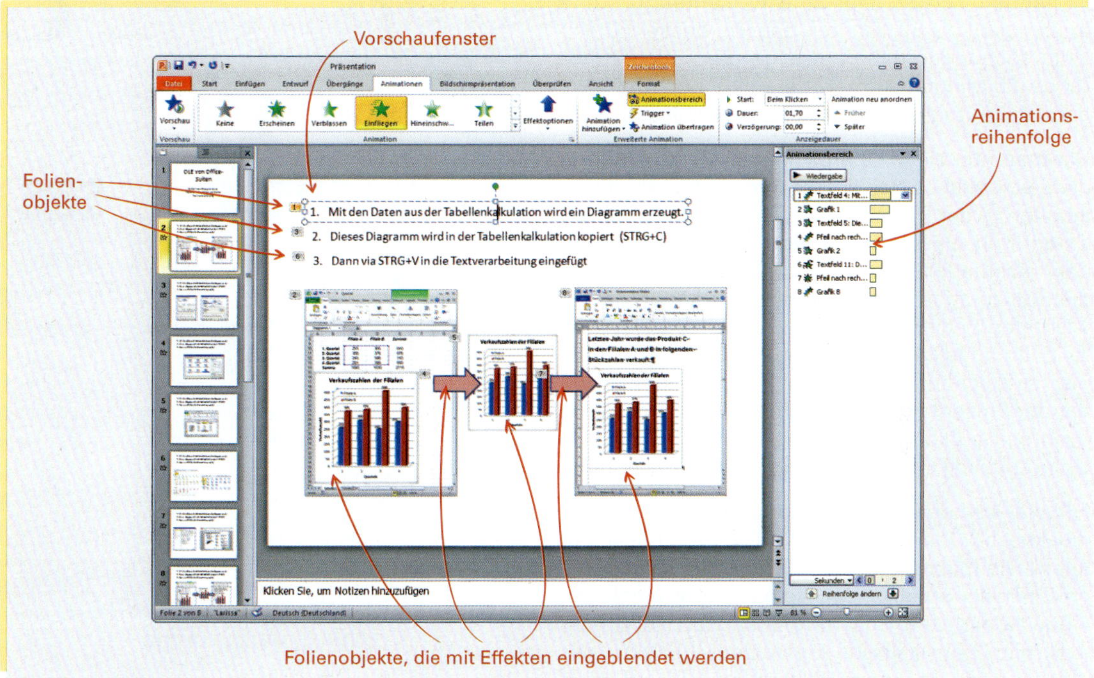

Bild 1: Animierte Folie

Die vielen Möglichkeiten, die eine Präsentationssoftware heutzutage bietet, verleiten viele Anfänger dazu, zu viele Effekte in eine Präsentation einzubauen und den Zuhörer damit zu überfordern. Die Präsentationssoftware ist und bleibt lediglich ein Hilfsmittel, mit dem Vorträge wirkungsvoll unterstützt werden. Sie entbindet den Anwender nicht davon, sich an grundlegende didaktische (Didaktik lat. Unterrichtslehre) und designtechnische Vorgaben zur Erstellung einer solchen Präsentation zu halten. Drei wichtige Phasen sollte jede Präsentation durchlaufen: die **Vorbereitungsphase,** die **Durchführungsphase** und die **Auswertungsphase.**

Vorbereitungsphase

Grundsätzlich sollten in der Vorbereitungsphase Überlegungen angestellt werden, die sich mit den **Zielen** beschäftigt, die diese Präsentation erreichen möchte. Will sie z.B. informieren, will sie Entscheidungen herbeiführen oder will sie ein Produkt zum Verkauf anbieten? Eine weitere wichtige Zielfrage beschäftigt sich mit der Zielgruppe. Die Präsentation muss adäquat auf die Zielgruppe ausgerichtet sein **(Bild 2).** Dies bedeutet, dass z.B. ein schwieriges technisches Problem je nach Zuhörerschaft entsprechend vereinfacht dargestellt wird.

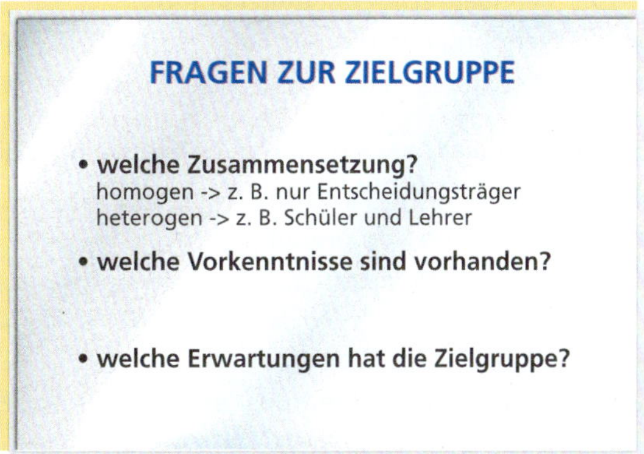

Bild 2: Ausrichtung auf Zielgruppen

In der Vorbereitungsphase einer Präsentation werden sämtliche wichtig erscheinende Informationen (Bilder, Broschüren, Bücher, Internetlinks usw.) zuerst einmal nur gesammelt **(Bild 1).** Danach sollten Überlegungen hinsichtlich der zur Verfügung stehenden Zeit stehen. Eine Präsentation sollte maximal 50 bis 60 Minuten dauern; besser kürzer. Untersuchungen haben gezeigt, dass sich Zuhörer ca. 20 Minuten konzentrieren können und dass dann die Aufnahmefähigkeit stark nachlässt.

Hat man nun einen Überblick über die Inhalte und die Zeit, bietet es sich an, die Informationen, die zu Inhalten in der Präsentation werden sollen, in drei Kategorien einzuordnen. **Muss-Inhalte** dürfen in der Präsentation nicht fehlen. **Soll-Inhalte** ergänzen die Präsentation und fallen nur unter bestimmten wichtigen Bedingungen weg (z.B. unvorhersehbarer Zeitmangel). **Kann-Inhalte** (z.B. detaillierte technische Zeichnungen, Spezialinformationen usw.) hat der Präsentator „in der Hinterhand", um damit eventuell aufkommende Fragen schnell und mit Unterstützung von Folien beantworten zu können.

Für die Aufbereitung der Inhalte spielen weitere didaktische Überlegungen, die sich damit beschäftigen, wie man die Inhalte aufbereiten sollte, eine große Rolle. So ist es für viele Zuhörer einfacher, einen komplexen Zusammenhang zu verstehen (z.B. eine physikalische Gesetzmäßigkeit), wenn dieser zuerst an einem Beispiel erklärt und dann erst die komplexe allgemein gültige Aussage erwähnt wird (induktives Vorgehen). Weitere didaktische Grundprinzipien sind in **Bild 2** aufgeführt.

Bild 1: Ideensammlung

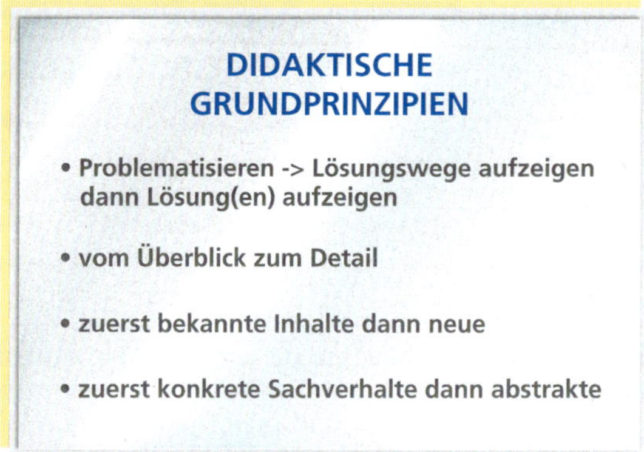

Bild 2: Didaktische Grundprinzipien

Durchführungsphase

Ist der grobe inhaltliche und zeitliche Rahmen abgesteckt, sollten Überlegungen zur Gliederung der Präsentation folgen. Jede Präsentation besteht aus drei Teilen **(Bild 3).** In der **Eröffnung** erfolgt:

- die Begrüßung der Zuhörer
- die Vorstellung der eigenen Person
- die Nennung des Themas und
- die Beschreibung des Ablaufs der Präsentation

Ein sicherer und überzeugender Auftritt gelingt bei Betrachtung folgender Punkte:

- gewissenhafte Vorbereitung
- offene, dem Publikum zugewandte Körperhaltung
- langsame, ruhige Bewegungen
- Wechsel des Sprachtempos (erzeugt Dynamik, verhindert Monotonie)
- keine Füllworte wie „äh, mhm" verwenden

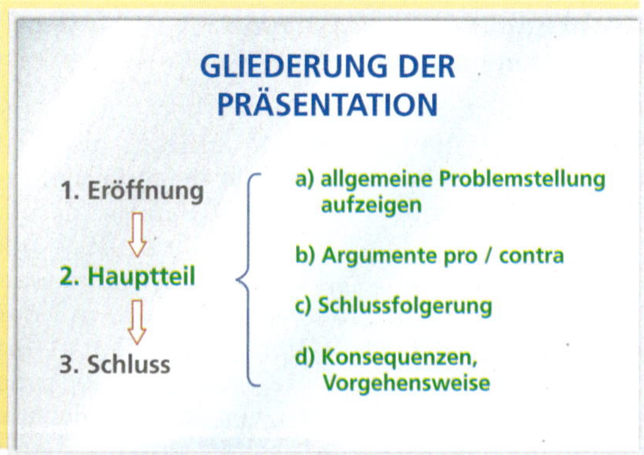

Bild 3: Gliederung der Präsentation

Es bietet sich eine motivierende **Einleitung** an, mit der der Präsentator auf sich aufmerksam macht und der Zuhörer „angelockt" wird.

Der **Hauptteil** der Präsentation beschäftigt sich mit dem eigentlichen Thema und sollte ebenfalls eine in sich logische Gliederung aufweisen **(Bild 3, Seite 50)**.

In der **Schlussphase** der Präsentation sollte nochmals das Wesentliche zusammengefasst und das Ergebnis herausgestellt werden. Ein geschicktes Abrunden des Vortrages ist möglich, wenn nochmals eine Brücke zum Einstieg geschlagen werden kann. Danach sollte zur Diskussion übergeleitet werden, indem man Fragen an die Zuhörer stellt oder um Feedback bittet. Eine optimal vorbereitete Präsentation hält für mögliche, auftretende Fragen schon visualisierte Lösungen bzw. Erklärungen bereit. Dies ist natürlich nur in begrenztem Maße möglich.

Die zeitliche Gewichtung der einzelnen Phasen beträgt ungefähr 15% für die Eröffnung, 75% für den Hauptteil und 10% für den Schluss.

Bild 1: Behaltensquote

Auswertungsphase

Es erfolgt eine Auswertung der Fragen:

- War die Zeiteinteilung in Ordnung?
- Was war gut, was war schlecht?
- Wie waren die organisatorischen Bedingungen?
- Waren die Unterlagen für die Zuhörer ausreichend?
- Was kann noch verbessert werden?

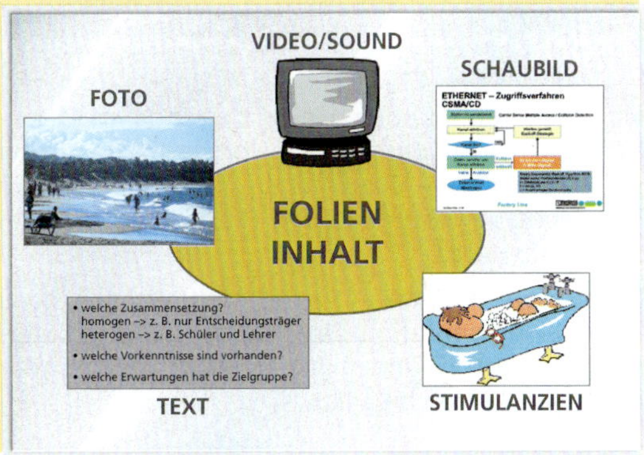

Bild 2: Folieninhalt

Visualisierung

Soll die Präsentation erfolgreich verlaufen, muss sie so dargeboten werden, dass möglichst viele Sinne angesprochen werden **(Bild 1)**. Für die Präsentation bedeutet dies, dass der Vortrag durch Texteinblendungen (z.B. Schlagworte) und durch Bilder (Fotos, Zeichnungen usw.) ergänzt wird, um die Aufmerksamkeit der Zuhörer zu erhöhen und dadurch die zu vermittelnden Inhalte längerfristig zu verankern. Auch wirken Präsentatoren durch eine gute Visualisierung kompetenter.

Der Folieninhalt besteht grundsätzlich aus fünf verschiedenen Typen von Objekten **(Bild 2)**. Zur Veranschaulichung von Organisationsstrukturen und Abläufen eignen sich sogenannte Flowcharts. Mathematische Formeln, trockene Zahlenreihen und Tabellen lassen sich am besten in Diagrammen darstellen **(Bild 3)**.

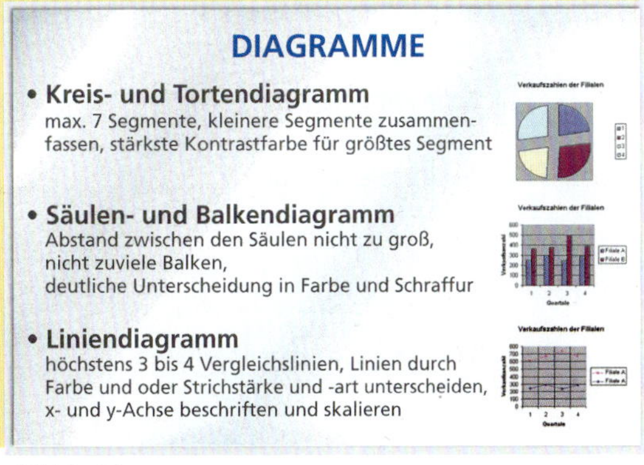

Bild 3: Diagrammarten

Bei Fotos, Videos und Sound besteht die Gefahr, dass zuviel Information auf einmal auf den Zuhörer einströmt. Der Einsatz dieser Medien sollte deshalb nur sehr dosiert erfolgen. Ähnlich gut überlegt sollten auch Stimulanzien sein (Cartoons, Zitate, Witze usw.). Hier muss darauf geachtet werden, dass diese Reize nicht lächerlich oder unseriös wirken. Auf der anderen Seite können sie „trockene" Phasen der Präsentation geschickt auflockern.

Viele Präsentationen sind sehr textlastig. Gerade Texte werden aber am wenigsten aufgenommen, weswegen es einige wichtige Punkte zu beachten gilt:

- Nur ein Thema pro Folie
- So wenig Zeilen wie möglich
- Nur Schlagworte, keine ganzen Sätze

Auch das Folienlayout **(Bild 1)** und der Folienaufbau **(Bild 2)** sollten bestimmten Bedingungen genügen, damit eine gewisse Einheitlichkeit der Folien gewährt ist. Darüber hinaus ist es sehr wichtig, den Zuhörer nicht mit zuviel Farb- und Schriftwechsel zu überfordern. Dies führt zum „Abschalten" des Adressaten. Ferner sollte das Präsentieren aller Folien nach einem bestimmten, einheitlichen Schema erfolgen **(Bild 3)**.

Auch durch den Einsatz einer Präsentationssoftware steht immer noch der Vortragende im Mittelpunkt des Geschehens. Die digitale Präsentation ist „lediglich" eine Unterstützung. Ein paar weitere Tipps zur Durchführung einer Präsentation sind in **Bild 4** aufgeführt.

Zusammenfassend kann festgestellt werden, dass bei einer Präsentation die drei Bereiche Textdarstellung, Vortrag und Bild geschickt miteinander verknüpft werden müssen.

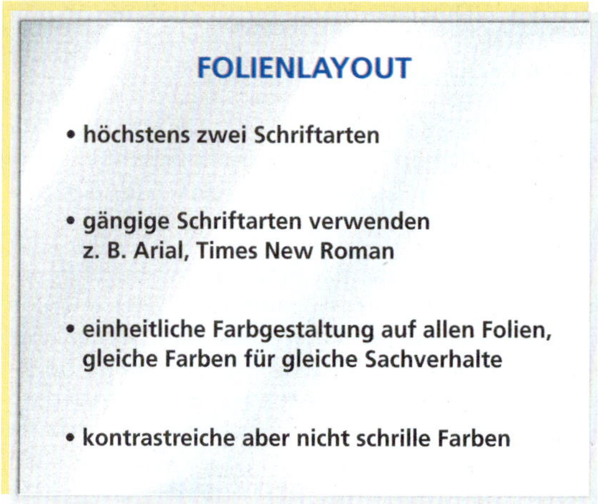

Bild 1: Folienlayout

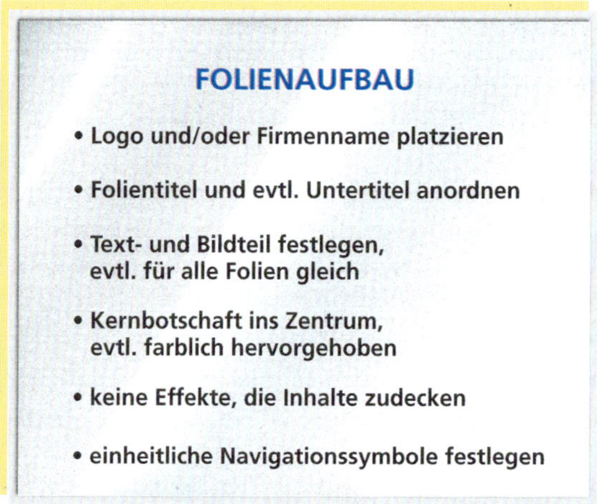

Bild 2: Folienaufbau

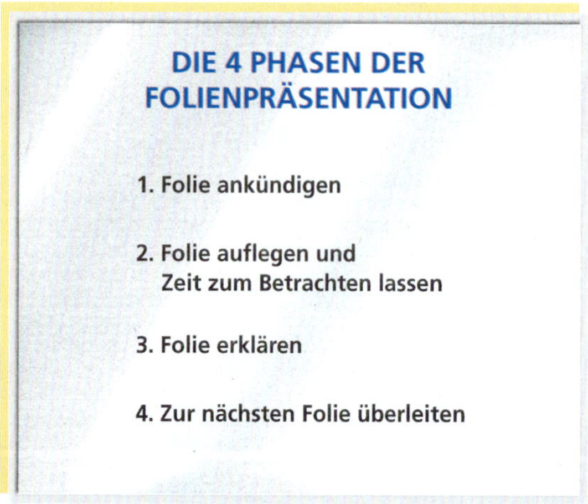

Bild 3: Präsentationsphasen

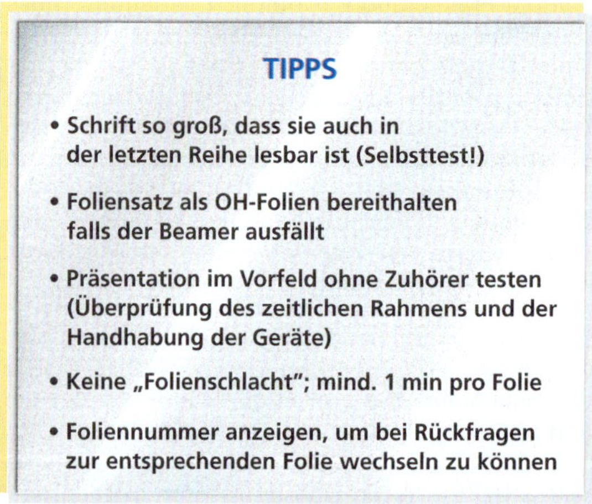

Bild 4: Tipps zur Durchführung

1.2.4 Datenbanksysteme

Mithilfe von Datenbanksystemen werden umfangreiche Datenmengen (Kundenkartei einer Firma, Adressdatei der Mitarbeiter einer Firma, Telefonbuch usw.) gespeichert, verwaltet und ausgewertet. Das **Datenbankprogramm** (Fachausdruck: Datenbankmanagement-System DBMS) gestattet neben der Sortierung der Daten nach bestimmten Kriterien (z. B. alphabetische Sortierung der Namen) auch Abfragen an die Datenbank, sogenanntes Filtern der Daten. So ist es z. B. möglich, alle Teilnehmer in einem bestimmten Ortsnetz aus der Telefondatenbank anzeigen zu lassen. Auch logisch verknüpfte Abfragen sind möglich, z. B. alle Teilnehmer mit Anfangsbuchstabe A, die in einem bestimmten Ortsnetz in der Straße B oder in der Straße C wohnen.

Jede Datenbank besteht somit aus einer Ansammlung von Daten, die nach einer bestimmten Art strukturiert sind. Die Verwaltung dieser Daten erfolgt durch das DBMS. Für einen Nutzer eines Datenbanksystems selbst ist es unwichtig, wie das System die Daten speichert und verwaltet **(Bild 1).**

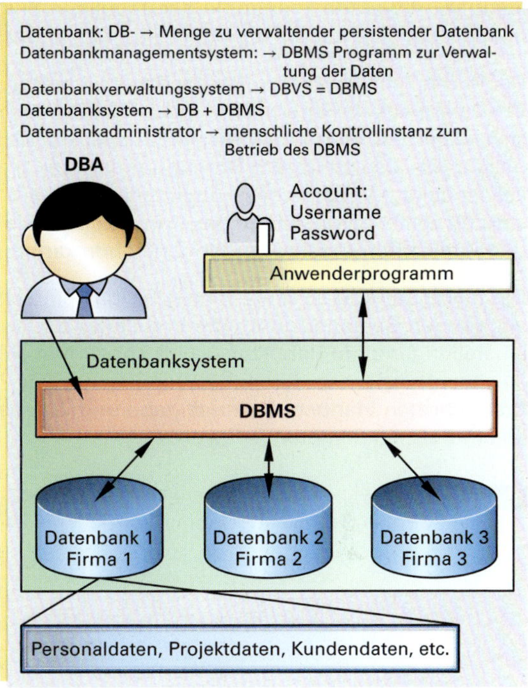

Bild 1: Datenbanksystem

Die Arbeit mit einem Datenbanksystem ist nur dann sinnvoll, wenn gewisse Begrifflichkeiten geklärt und die Grundstrukturen von Datenbanken bekannt sind. Grundlage für die Arbeitsweise von Datenbankprogrammen ist immer noch in den meisten Anwendungsfällen das **relationale Datenbankmodell.** Hier werden alle Daten einer Datei in Form einer oder mehrerer zweidimensionalen Tabellen **(Bild 2)** angeordnet. Die einzelnen Tabellen werden untereinander logisch verknüpft. Dies wird auch als **Relation** (Verhältnis, Zuordnung) bezeichnet. Jede Zeile der Tabelle wird **Datensatz** (Tupel) genannt. Dieser Datensatz hat bestimmte Eigenschaften (Name, Vorname Straße usw.), die in den Spalten der Tabelle zu finden sind.

Die Spalten werden auch als **Datenfeld** bzw. **Attribut** bezeichnet **(Bild 2).** Der Inhalt eines ganzen Datenfeldes/Attributes nennt sich **Domäne.**

Kundennummer	Name	Vormane	Straße	PLZ	Wohnort	
787943	Nikolaus	Georg	Flossweg 57a	22010	Hamburg	
787944	Guth	Uwe	Holzstr. 17	77830	München	Datensatz
			Datenfeld			

Bild 2: Datentabelle

Grundsätzlich darf eine Datenbank keine zwei identischen Datensätze enthalten, da die Zuordnung eindeutig sein muss. Die Reihenfolge der Datensätze spielt keine Rolle, weil es keine Beziehung zwischen den einzelnen Datensätzen gibt. Dies ist nicht zu verwechseln mit Abfragen oder Sortieren der Datenbank, wodurch natürlich nach der Abfrage bzw. Sortierung die Daten in einer bestimmten Reihenfolge vorliegen. Diese Reihenfolge ergibt sich aber erst durch die Abfrage bzw. die Sortierung. Bildlich kann man sich eine Datenbankdatei als ungeordnete Menge von Datensätzen vorstellen, aus der Teilmengen (sortiert oder unsortiert) gefiltert werden können.

In einer Datenbank werden Tabellen über Primär-Fremdschlüsselverbindungen verknüpft. Unter dem Primärschlüssel versteht man das Datenfeld, mithilfe dessen die Datensätze in der Tabelle eindeutig identifiziert werden können. In der Tabelle in **Bild 2, Seite 53,** wäre dies die Kundennummer, während in **Bild 1** die Inventarnummer der Primärschlüssel ist.

Der Primärschlüssel kann sich auch aus mehreren Datenfeldern zusammensetzen. So kann z.B. bei einer CD-Datenbank der Interpret und der CD-Titel zusammen als Primärschlüssel verwendet werden. Sollte sich keines der vorgesehenen Datenfelder für die Vergabe eines Primärschlüssels eignen, fügt man am besten ein Zusatzfeld zum Durchnummerieren ein und vergibt hierauf den Primärschlüssel. Grundsätzlich ist bei der Vergabe des Primärschlüssels zu beachten, dass mit möglichst wenig Zeichen gearbeitet werden sollte, da die Länge des Primärschlüssels einen sehr entscheidenden Einfluss auf die Zeitdauer der durchzuführenden Operationen haben kann.

Die heutigen Office-Pakete bieten für das einfache Erstellen einer Datenbank sogenannte Assistenten an, die den Bediener durch die Erstellung führen und mit von der Software vorgegebenen Standardeinstellungen dem Benutzer Arbeit abnehmen. Für einfache Anwendungen ist das Erstellen mit einem solchen Assistenten durchaus ausreichend. Das Arbeiten mit Datenbanken geschieht prinzipiell in den drei Schritten Planung, Dateneingabe und Datenauswertung. Die Arbeit mit einem Assistenten soll an einem Beispiel demonstriert werden.

Beispiel: Die PCs einer Abteilung einer Firma sollen zwecks einfacher Inventarisierung in einer Datenbank aufgelistet werden. Die Inventarnummer soll der Primärschlüssel sein.

Labor_PC

Primärschlüssel

Feldname	Felddatentyp	
Inventarnummer	Zahl	Firmenstandard 6 stellig
Inventardatum	Datum/Uhrzeit	
Mainboard Typ	Text	Hersteller, Chipsatz, Formfaktor
CPU	Text	Hersteller Beziechnung und Taktfrequenz
RAM-Speicher	Text	in GB
Graphikkarte	Text	Hersteller, Bezeichnung und GB
Sound	Text	onboard / Karte
Gehäuse	Text	Laptop; Desktop; Mini-Tower; Midi-Tower; Big-Tower
Watt-Zahl Netzteil	Zahl	in Watt
Festplatte 1 Speicher	Zahl	in GB
Festplatte 2 Speicher	Zahl	in GB
USB 3_0	Ja/Nein	
DVD ROM	Ja/Nein	
Brenner	Ja/Nein	
3,5 Zoll Diskettenlaufwerk	Ja/Nein	
Netzwerkkarte	Ja/Nein	
Geschwindigkeit Netz	Text	in MBit
Bios	Text	
Betriebssystem	Text	
Office-Paket	Text	
PC_Nummer	Text	

Anmerkung: Die verschiedenen Datenfelder einer Tabelle werden hier beim Entwurf der Datenbank von der Software in einer Spalte dargestellt. Dies geschieht nur der besseren Darstellung wegen und widerspricht nicht der zeilenweise Darstellung jedes Datensatzes.

Bild 1: Planung einer Datenbank

Bei der Planung der Datenbank wird der grundsätzliche Aufbau festgelegt; d.h. es wird bestimmt, aus welchen Datenfeldern die Datenbank bestehen soll und welcher Datentyp (Text, Zahl, Datum, Ja/Nein usw.) in dem jeweiligen Datenfeld stehen muss. Der Datentyp ist wichtig, da hiermit festgelegt wird, welche Operationen möglich sind. So erlauben der Datentyp „Zahl" und der Datentyp „Datum" z.B. Rechen- und Vergleichsoperationen (etwa alle PCs, die nach einem bestimmten Datum gekauft wurden oder alle PCs, die mehr als 4 GB RAM haben). Der Datentyp „Text" dagegen erlaubt keine Vergleichsoperationen.

Zur übersichtlichen Darstellung und Eingabe der Daten bieten heutige Datenbankprogramme sogenannte Formulare an, mit deren Hilfe sich die Eingabe der Daten vereinfacht. Es ist mit solchen Formularen möglich, dem Benutzer schon gewisse Werte vorzugeben (z.B. Gehäusetyp: Mini-, Midi-, Big-Tower, Notebook, Desktop) oder bei Ja/Nein-Entscheidungen durch Setzen einer Markierung die Eingabe zu vereinfachen. Weiterhin kann ein Wert, der sehr häufig einzugeben ist, als Standardwert vorgegeben werden. Auch ist es möglich, Eingaben mit einer Gültigkeitsregel zu überprüfen (z.B. ob die Inventarnummer sechsstellig ist). Hier können durch mathematische Operationen wie Plus/Minus, Kleiner/Größer und Bool'sche Verknüpfungen wie Und/Oder, logische Ausdrücke erzeugt werden, mithilfe derer das Programm überprüft, ob die Eingabe der Gültigkeitsregel entspricht. Wird diese Regel verletzt, erfolgt eine Fehlermeldung **(Bild 1)**.

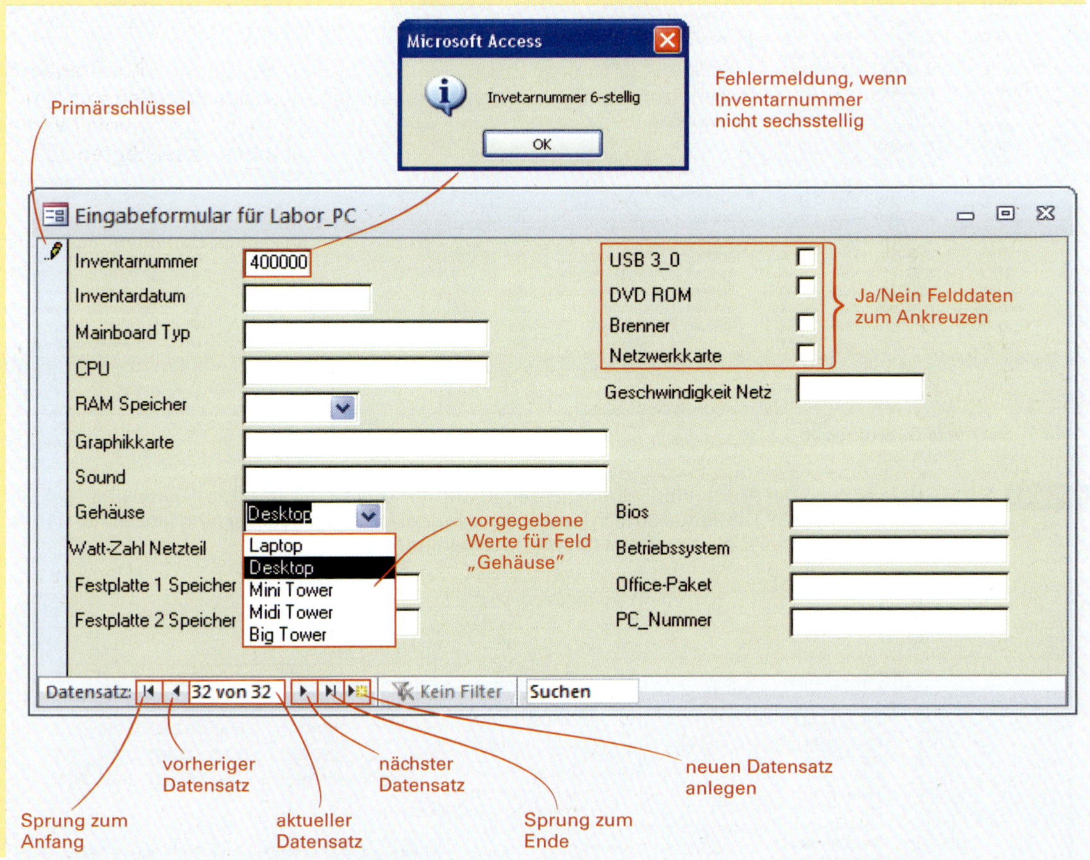

Bild 1: Formular zur Dateneingabe

Sind dann alle Datensätze eingegeben, können sie einfach in der Tabellen- oder Formularansicht sortiert werden. In diesen Ansichten erscheinen allerdings alle Datensätze der Tabelle **(Bild 1, Seite 56)**, wobei einzelne Felder temporär ausgeblendet werden können.

Sollen aus den Datensätzen einer Tabelle nach bestimmten Kriterien Teilmengen herausgefiltert werden, müssen Abfragen an die Tabelle generiert werden. Für Anfänger stellt die Software einen Abfrageassistenten zur Verfügung, der hilft, komplexe Abfragen an die Tabelle zu erzeugen. Im Wesentlichen können durch Abfragen Datenfelder aus der zu untersuchenden Tabelle ausgewählt (d.h., in einer Abfrage müssen nicht alle Felder einer Tabelle erscheinen) und für diese Felder einzeln Kriterien festgelegt werden. Diese Kriterien sind im Prinzip logische Ausdrücke, die UND-verküpft sind. Die Gesamtheit aller Kriterien – also die Abfrage – kann somit pro Datensatz den Wert „wahr" (d.h., der Datensatz bzw. eine Teilmenge davon erscheint in der Abfrage) oder „falsch" (d.h., der Datensatz bzw. eine Teilmenge davon erscheint nicht in der Abfrage) annehmen **(Bild 2, Seite 56)**.

Beispiel: Der Abteilungsleiter braucht eine Aufstellung **aller** PCs nach Anschaffungsdatum geordnet.

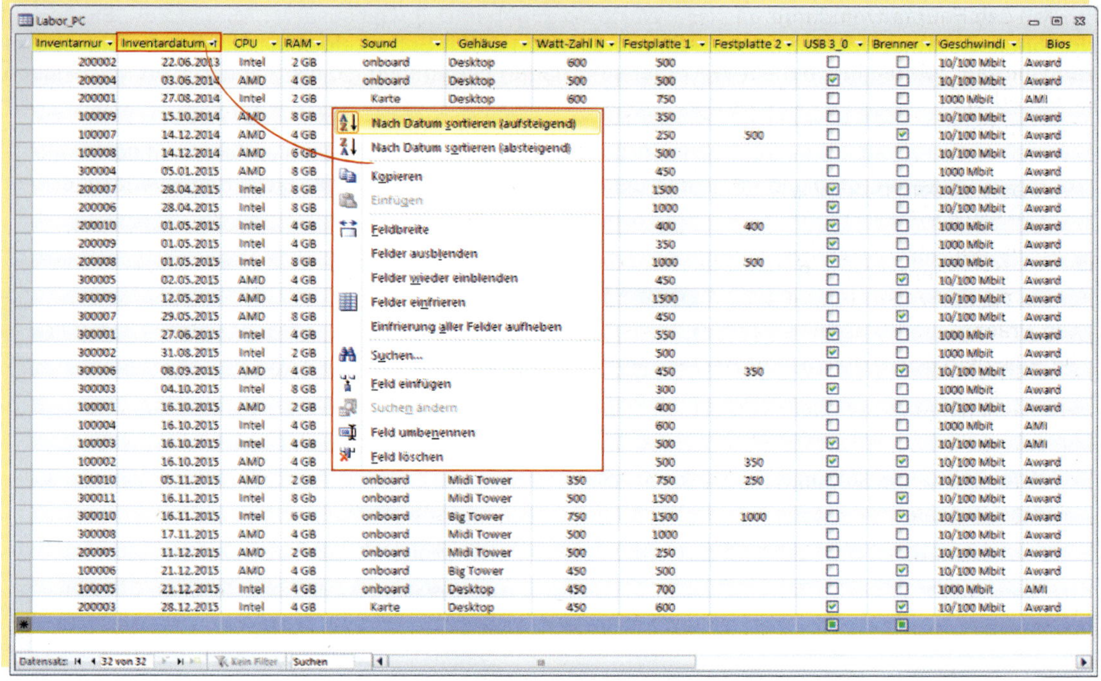

Bild 1: Sortierte Datentabelle

Beispiel: Zwecks Überprüfung der Abschreibungsmöglichkeiten will der Abteilungsleiter eine Aufstellung aller Midi Tower PC, die vor dem 31. Dezember 2015 inventarisiert wurden. Als Ausgabebildschirm interessiert ihn nur die Inventarnummer, die PC-Nummer und das Inventarisierungsdatum.

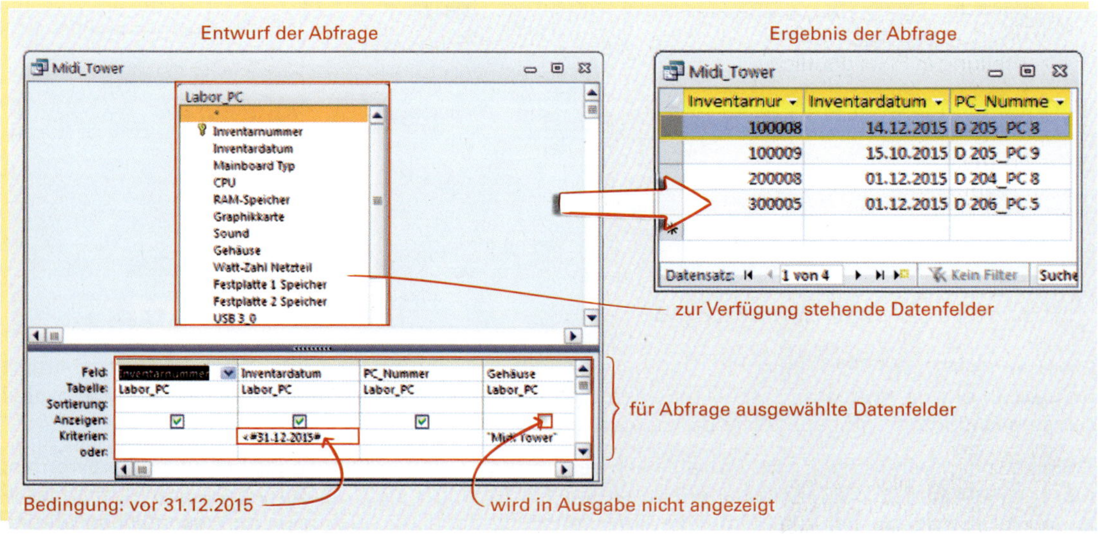

Bild 2: Abfrage mit Ergebnis

Sollen umfangreichere Datenbanken geplant werden, ist das alleinige Arbeiten mit dem Assistenten nicht mehr ausreichend, denn es müssen gewisse Bedingungen für Datenbanken beachtet werden. Auf diese Bedingungen wie Normalisierung, Kardinalitäten und deren Auflösung (n:m) etc. zur Datenbankplanung kann im Rahmen dieses Buches nicht eingegangen werden.

1.3 Ergänzende Software

Neben den Hauptanwendungen Textverarbeitung, Tabellenkalkulation und Präsentation ist zur Erstellung umfangreicher Projektbeschreibungen eine Bildbearbeitungssoftware und eine Software zur Unterstützung der Projektplanung notwendig.

1.3.1 Bildbearbeitung

„Ein Bild sagt mehr als tausend Worte". Jede technische Dokumentation (z.B. betrieblicher Auftrag für die Facharbeiterprüfung), jede Homepage und jede Präsentation beinhalten zum besseren Verständnis neben Text auch Grafiken, z.B. Fotos aus einer Digitalkamera, Technologieschemas; Cliparts, Screenshots usw. **(Bild 1).**

Beim Einbau solcher Grafiken in eine Dokumentation oder eine Präsentation gilt es, auf folgende Kriterien zu achten:

- Grafikformat (Vektor- oder Pixelgrafik)
- tatsächliche Größe und Auflösung
- Farben
- evtl. Kompression

Beim Darstellen als Bitmap wird das Bild in gleich große Quadrate, sogenannte Pixel, unterteilt. Jedem dieser Pixel wird eine Farbe zugeordnet. Bei ausreichender Auflösung (d.h. genügend kleinen Pixeln) verschmelzen die Pixel zu einem Bild, ohne dass die Augen die einzelnen Pixel erkennen. Vergrößert man das Bild aber stark genug, so ist die Aufteilung in Pixel deutlich zu erkennen **(Bild 2).**

Bei den Vektorgrafiken werden nicht die einzelnen Bildpunkte abgespeichert, sondern mathematische Formeln, die die geometrischen Figuren und deren Farbfüllung beschreiben. Eine Vektorgrafik-Datei enthält somit Befehle, die die Software ausführen muss, um das Bild zu zeichnen **(Bild 3).**

Tabelle 1: Vergleich Bitmap – Vektorgrafik

	Bitmaps	Vektorgrafik
Anwendung	■ Fotos ■ Grafiken	■ technische Zeichnungen
Vorteile	wird von fast allen grafikfähigen Programmen unterstützt	keine Qualitätsverluste beim Vergrößern
Nachteile	Bildinformation liegt in digitalisierter Form vor	Nur mit spezieller Software editierbar
Dateiformat	jpg, bmp, png, tiff, eps, gif	z.B. odg ObenOffice Draw

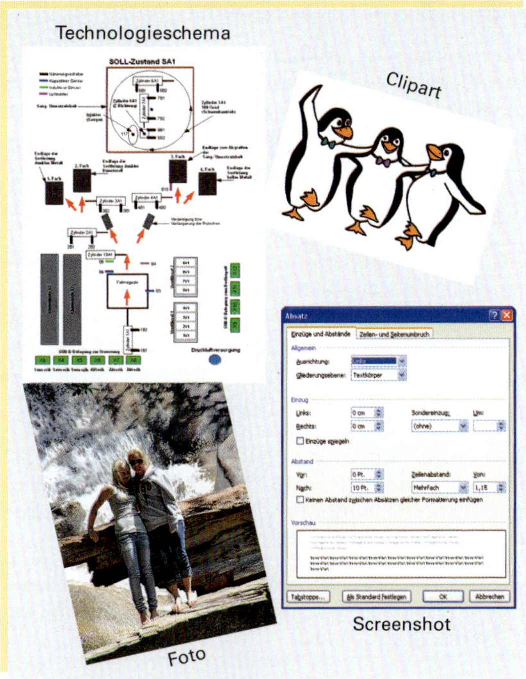

Bild 1: Unterschiedliche Grafiken

Bild 2: Pixelgrafik

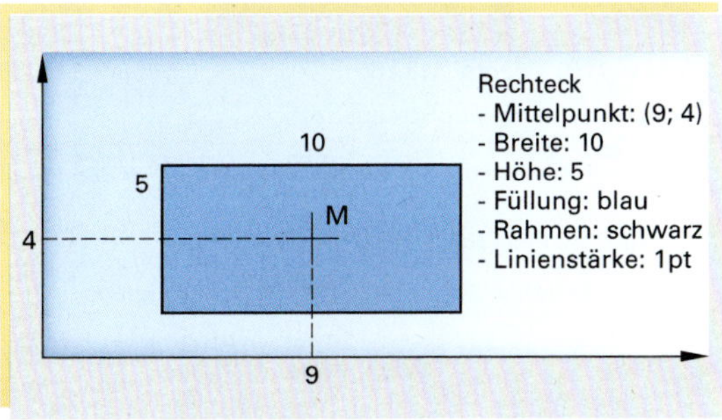

Bild 3: Vektorgrafik

Die Größe einer Rastergrafik (z.B. Foto in 10 cm x 15 cm) gibt an, wie groß die Grafik bei einem auf 100% skalierten Ausdruck wird.

Die Punktdichte, umgangssprachlich oft als Auflösung eines Bildes bezeichnet, ist eine weitere wichtige Eigenschaft einer Pixelgrafik **(Bild 1)**. Die gängigsten Einheiten sind:

- dpi (dots per inch; Bildpunkte pro Zoll),
- ppi (pixel per inch)

Die Farb- und Helligkeitswerte (auch Farbtiefe genannt) von digitalen Bildern werden bei Pixelgrafiken innerhalb der Pixel und bei Vektorgrafiken innerhalb jedes farbdefinierten Vektors gespeichert. Jedes Pixel bzw. jeder Vektor enthält eine festgelegte Anzahl der maximal möglichen Abstufungen **(Bild 2)**. Am gebräuchlichsten ist der RGB-Farbraum (Rot; Grün, Blau) mit 8 Bit pro Kanal, entsprechend $(2^8)^3$ = 16.777.216 (ca. 16,7 Millionen) theoretisch möglichen Farben; auch als „true color“ (engl. Echtfarben) bezeichnet.

Bild 1: Unterschiedliche Auflösungen

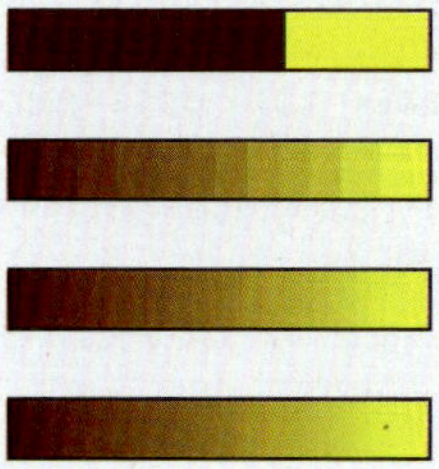

Bild 2: Unterschiedliche Farbtiefen

Je größer die Auflösung, je größer die Grafik und je größer die Farbtiefe, desto mehr Speicherbedarf hat die Grafik **(Bild 3)**.

Mithilfe komplizierter mathematischer Modelle lassen sich Pixelgrafiken komprimieren. Dies ist allerdings mit Verlusten an der Bildqualität verbunden. Heutige Grafikprogramme gestatten ein stufenloses Komprimieren, wobei in einem Vorschaufenster die Qualität des Ergebnisses begutachtet werden kann.

8 Bit (Graustufen)
72 dpi
227 x 248 Pixel
8 cm x 8,75 cm

Foto (55 kB)

8 Bit Farbtiefe
72 dpi
284 x 425 Pixel
10 cm x 15 cm

Foto (118 kB)

24 Bit Farbtiefe
96 dpi
385 x 507 Pixel
10,2 cm x 13,4 cm

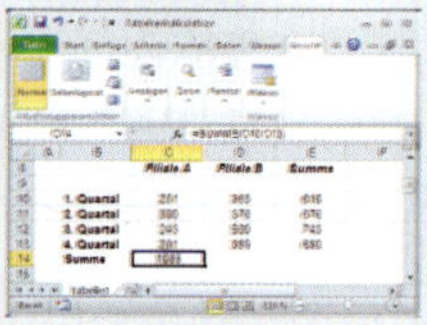

Screenshot (571 kB)

72 dpi, 24 Bit Farbtiefe
20 cm x 30 cm, 567 x 850 Pixel

Foto (1,4 MB)

Beispielrechnung am Screenshot

Breite: $10{,}2\ \text{cm} \times \frac{1\ \text{inch}}{2{,}54\ \text{cm}} \times 96\ \frac{\text{Pixel}}{\text{inch}} = 385\ \text{Pixel}$; Höhe: $13{,}4\ \text{cm} \times \frac{1\ \text{inch}}{2{,}54\ \text{cm}} \times 96\ \frac{\text{Pixel}}{\text{inch}} = 507\ \text{Pixel}$

Gesamtzahl Pixel = 385 x 507 = 195195 Pixel

Speicherbedarf = Gesamtanzahl Pixel x Farbtiefe x $\frac{1\ \text{Byte}}{8\ \text{Bit}}$

Screenshot = 195195 Pixel x $\frac{24\ \text{Bit}}{\text{Pixel}} \times \frac{1\ \text{Byte}}{8\ \text{Bit}}$ = 585585 Byte ≙ 571,8 kB ≙ 0,56 MB (Umrechnungsfaktor 1024 = 2^{10}) unkomprimiert als Bitmap

Bild 3: Auswirkung von Auflösung, Größe und Farbtiefe einer Pixelgrafik auf den Speicherbedarf

Bei Pixelgrafiken ist es wichtig, mit welchen Eigenschaften die Originaldatei vorliegt. Danach richten sich die Anwendungsmöglichkeiten der Grafik. So kann mit einer Internetgrafik (2 cm x 3 cm, 8 Bit Farbtiefe und 50ppi; Speicherplatz 1 kB) keine DIN A4-Seite bedruckt werden. Genauso wenig sinnvoll ist es, ein Foto einer digitalen Spiegelreflexkamera (5184 Pixel x 3456 Pixel, 72 dpi und 24 Bit Farbtiefe; Speicherplatz (komprimiert): 6 MB) in eine Internetseite zu integrieren.

Bild 1: Retuschieren einer Pixelgrafik

Die gängigen Grafikprogramme sind heute in der Lage, Auflösung, Größe und Farbtiefe von Pixelgrafiken zu verändern. Das Abspeichern in unterschiedlichen Grafikformaten bzw. das Komprimieren ist ebenfalls integriert. Daneben erlauben sie das Zuschneiden, d.h. es wird nur ein Ausschnitt aus einer vorhandenen Grafik verwendet. Auch ist es möglich, störende Inhalte eines Fotos zu entfernen **(Bild 1)**. Bei Blitzlichtaufnahmen lassen sich rote Augen entfernen.

Vektorgrafiken eignen sich zur Erstellung von Technologieschemas. Hier werden meist nur einfache geometrische Formen (z.B. Rechtecke, Quadrate usw.), Text und Symbole (z.B. Blockpfeile und Linien usw.) genutzt, um Energie-, Informations- und Material- bzw. Werkstückflüsse aufzuzeigen. Diese geometrischen Formen werden dann mit Farbe gefüllt (gleichmäßig oder mit einem Farbverlauf) und durch Linien eingerahmt **(Bild 2)**. Die Größe einer Vektorgrafik ist ohne Qualitätsverlust skalierbar, da die mathematische Beschreibung der geometrischen Objekte durch einen Formfaktor beliebig vergrößert bzw. verkleinert werden kann. Der Speicherbedarf einer solchen Vektorgrafik ist im Allgemeinen sehr gering.

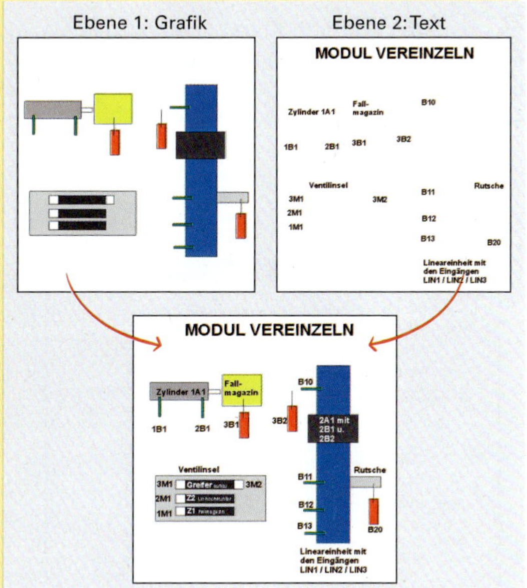

Bild 2: Vektorgrafik mit mehreren Ebenen

Heutzutage bietet zwar schon jede Textverarbeitungssoftware eine Möglichkeit zur Erzeugung von Vektorgrafiken. Dies ist für einfache Anwendungen hilfreich. Will man allerdings komplexere Technologieschemas erzeugen, sind die Fähigkeiten dieses Werkzeuges nicht ausreichend. Man kann z.B. die Grafik nicht als eigene Datei abspeichern. Auch sind wichtige Techniken, die das Erzeugen komplexerer Grafiken vereinfachen, wie das Arbeiten mit verschiedenen Ebenen (engl. Layer) **(Bild 2)** nicht vollständig integriert.

1.3.2 Erzeugung von PDF-Dokumenten

Im Internet ist es immer wieder erforderlich, Dokumente zwischen verschiedenen Plattformen auszutauschen. Das Unternehmen Adobe Systems entwickelte das **P**ortable **D**ocument **F**ormat (PDF) mit dem Ziel, ein plattformunabhängiges Dateiformat für Dokumente zu schaffen. Erstmals wurde dieses Format 1993 veröffentlicht.

Dieses Dokumentenformat ermöglicht es, Dateien unabhängig vom Anwendungsprogramm, vom Betriebssystem oder von der Hardwareplattform weiterzugeben. Der Nutzer der PDF-Datei soll immer das Dokument in der Form betrachten bzw. ausdrucken können, die der Autor festgelegt hat. Die typischen Konvertierungsprobleme (wie z.B. veränderter Seitenumbruch oder andere Schriftart), die beim Austausch zwischen verschiedenen Anwendungsprogrammen entstehen können, entfallen.

Für die Verteilung elektronischer Dokumente hat sich das PDF-Format mittlerweile als offener de-facto-Standard weltweit etabliert. Alle Schriften, Formatierungen, Farben und Grafiken jedes Ausgangsdokumentes werden beibehalten, unabhängig von der Anwendung und der Plattform, die zur Erstellung verwendet wurden. Es existieren verschiedene, kostenlose PDF-Reader (z.B. Adobe Reader, Foxit-Reader), mit denen PDF-Dokumente angezeigt werden können. Moderne Browser sind alle in der Lage, die PDF-Dokumente direkt anzuzeigen, ohne einen externen PDF-Reader öffnen zu müssen.

Außerdem verfügt PDF über notwendige Leistungsmerkmale für elektronische Dokumente wie:

- Integration von Multimedia-Elementen (z.B. Audio, Video, Animationen). Durch die Adobe-Flash-Unterstützung im Adobe Reader ist auch kein zusätzlicher Player erforderlich.
- Hypertext Links ermöglichen die Navigation innerhalb des Dokumentes (z.B. anklickbare Inhaltsverzeichnisse oder miniaturisierte Seitenvorschauen **(Bild 1)**). Viele Hersteller bieten ihre Handbücher bzw. Bedienungsanleitungen zum Download als PDF-Dateien an.
- Es lassen sich komplette Formulare (z.B. Meldung eines Versicherungsschadens) erzeugen, die dann auf elektronischem Weg zum Herausgeber zurückgesendet werden können.
- Die Anzeige des PDF-Dokumentes ist frei skalierbar, da PDF vektorbasiert ist.

Es existieren auf dem Markt sowohl freie als auch kostenpflichtige Softwareprodukte, mit denen sich PDF-Dateien erzeugen lassen. Man kann die erzeugte Datei verschlüsseln, um etwa das Kopieren von Inhalten oder das Ausdrucken nicht zuzulassen **(Bild 1)**. Die Schutzmechanismen sind jedoch nicht sehr zuverlässig und lassen sich relativ leicht überwinden.

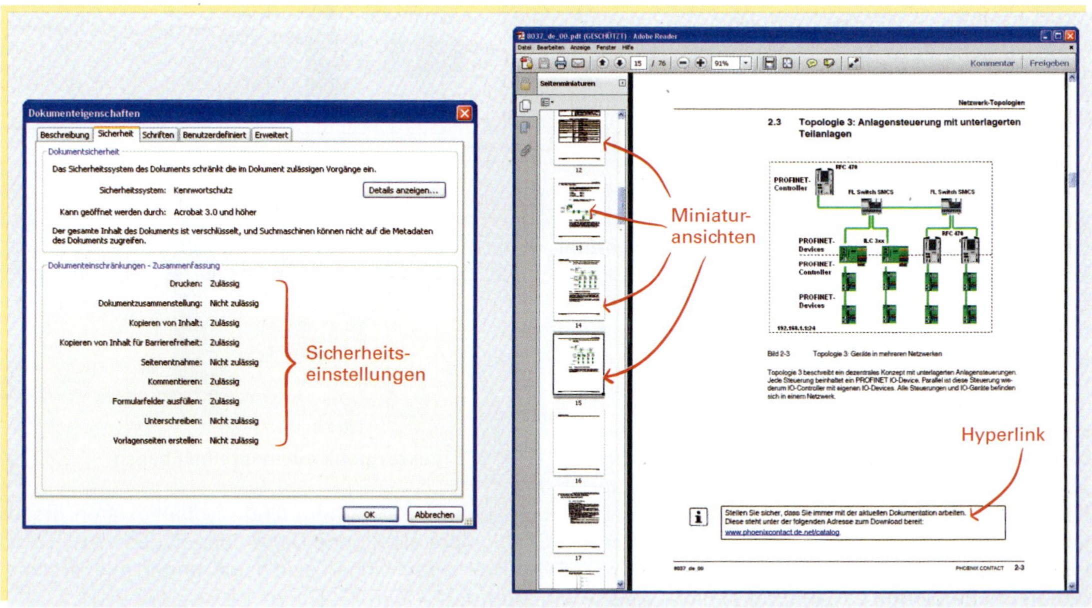

Bild 1: PDF-Dokument

1.3.3 Projektmanagement

Jedes Projekt, das sich über einen längeren Zeitraum hinzieht, bedarf der Zeitplanung. Großprojekte werden mit entsprechend mächtiger Software (z.B. MSProject, OpenProj) geplant. Um diese Tools anwenden zu können, bedarf es allerdings umfangreicher Schulungen. Dies würde den Rahmen dieses Buches sprengen. Für kleinere Projekte gibt es durchaus einfachere Werkzeuge, die den Ansprüchen genügen.

Grundziel einer jeden Projektplanung ist es, ein möglichst genaues Modell des Projektablaufes zu erstellen. Dieses Modell beinhaltet alle Aktivitäten und deren Reihenfolge. Für Projekte mit einer geringen bis mittleren Anzahl von Aktivitäten eignet sich das GANTT-Diagramm, auch Balkendiagramm genannt. Im Gantt-Diagramm werden die Aktivitäten eines Projektes tabellarisch aufgeführt. Die einzelnen Aktivitäten werden dann entlang einer Zeitachse mit einem waagrechten Balken visualisiert; die Länge eines Balkens gibt somit die Dauer der entsprechenden Aktivität wieder **(Bild 1).**

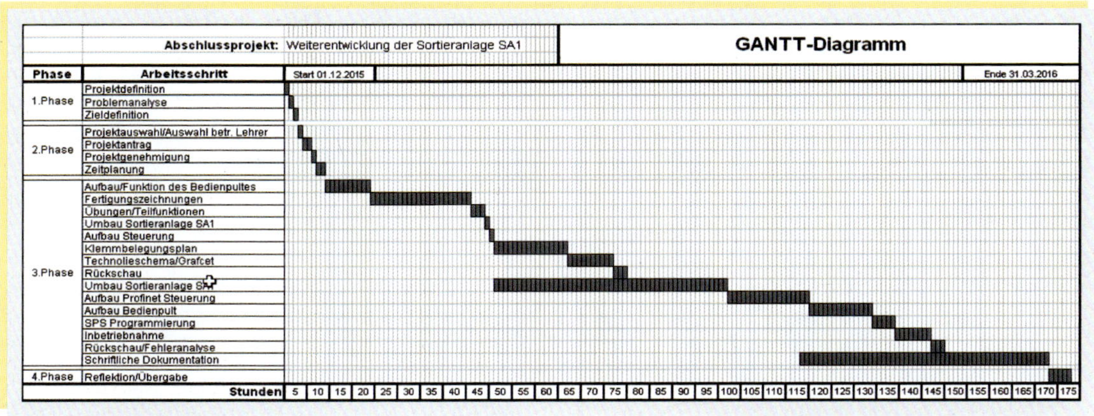

Bild 1: Gantt-Diagramm

Gantt-Diagramme sind sehr übersichtlich und erlauben eine unmittelbare Aussage über die Zeitdauer der einzelnen Aktivitäten und des Gesamtprojektes. Von Nachteil ist, dass man nicht erkennen kann, ob z.B. parallel laufende Aktivitäten miteinander verknüpft sind.

Die Abhängigkeiten zwischen den einzelnen Aktivitäten können mit dem Verfahren der Netzplantechnik dargestellt werden. Der Netzplan ist sehr verständlich und aussagekräftig, da er einen hervorragenden Überblick über die Gesamtheit der Aktivitäten eines Projektes und deren Abhängigkeiten gibt.

Vorab erfasst man die einzelnen Vorgänge und deren Dauer tabellarisch **(Tabelle 1).** Danach wird der Netzplan erstellt, in dem jede der einzelnen Aktivitäten als Netzplanknoten (Kästchen) aufgezeichnet wird. An definierten Positionen wird eine Beschreibung, Dauer, frühester Beginn, frühestes Ende, spätester Beginn, spätestes Ende notiert. Ferner gibt es Felder für den Gesamtpuffer und den freien Puffer **(Bild 2).**

Die einzelnen Kästchen werden durch Pfeile verbunden, wodurch die Abhängigkeiten zwischen den Aktivitäten sichtbar werden. Die Pufferzeiten berechnen sich, in dem man zum frühesten Beginn einer Aktivität dessen Dauer addiert. Man erhält somit den frühesten Endzeitpunkt, welcher wieder den frühesten Beginn der nächsten Aktivität darstellt. Diese Vorwärtskalkulation wird bis zur letzten Aktivität durchgeführt. Von dort beginnt man durch Rückwärtskalkulation, um durch Differenzbildung zwischen frühestem und spätestem Beginn die Gesamtpufferzeiten auszurechnen **(Bild 1, Seite 62).**

Tabelle 1: Überblick Aktivitäten

Profinet-Steuerung und WLAN Accesspoint		
	Kurzzeichen	Dauer
Herstellen der beiden Träger		
Alu-Vierkantrohr sägen, T-Träger zusammenbauen; Maschine einrichten	01	1
Lochblech zuschneiden, kanten und Zusammenbau; Maschine einrichten	02	1
Profinet Hardware anbringen		
Tragschienen ablängen und auf Lochblech anbringen	11	0,5
Kabelkanal schneiden und anbringen	12	0,5
Hardware anbringen und verdrahten	13	6
WLAN Accesspoint		
Tragschienen ablängen und auf Lochblech anbringen	21	0,5
Kabelkanal schneiden und anbringen	22	0,5
Hardware anbringen und verdrahten	23	3
Inbetriebnahme Profinet	30	2
Inbetriebnahme WLAN	40	1
Projekt Sortieranlage		
Prozessdatenzuordnung inkl. Fehlersuche	51	1
Programmierung in PCWorx	52	4
Fehlersuche bzw. Feinjustage der Anlage	53	2
Dokumentation	60	3
Summe		26

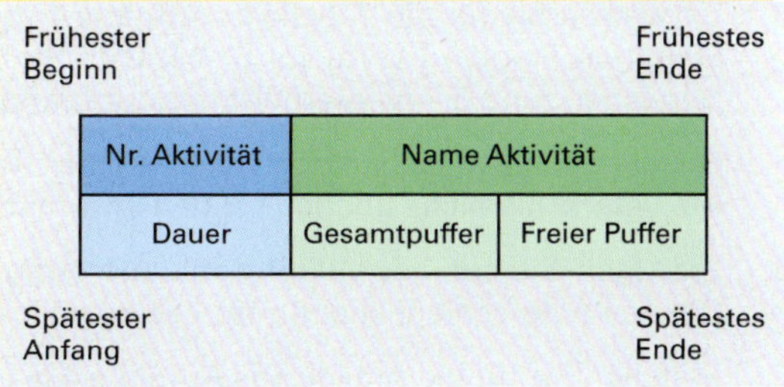

Bild 2: Netzplanknoten

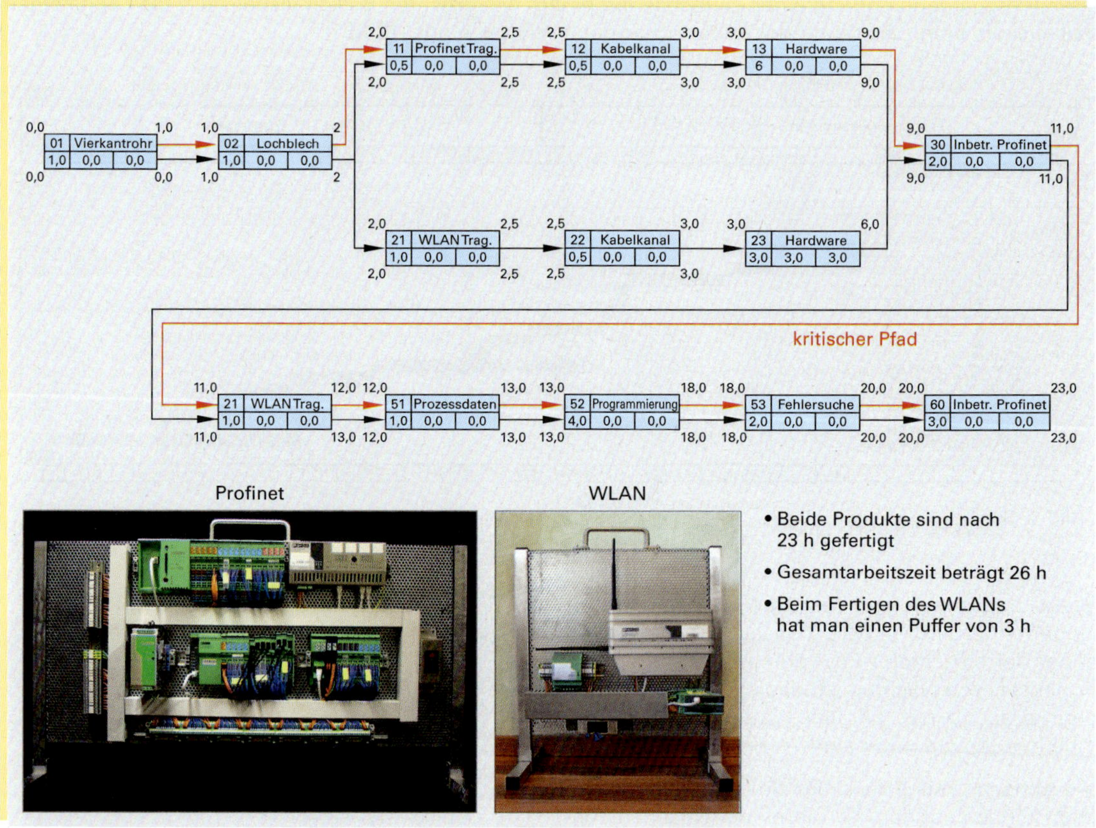

Bild 1: Netzplan

Mithilfe des Netzplans lässt sich auch der kritische Pfad aufzeigen. Es ist die Abfolge von Aktivitäten, bei deren zeitlicher Änderung sich der Endtermin verschiebt. Im Netzplan findet sich der kritische Pfad als Kette der Aktivitäten, die in der Summe die längste Dauer aufweist **(Bild 1).**

Arbeitsauftrag:

1. Erstellen Sie eine Datenbank mit allen Adressen der Ausbildungsfirmen in Ihrer Klasse, damit bei schriftlichen Mitteilungen für die ganze Klasse ein Serienbrief entworfen werden kann. Legen Sie einen Primärschlüssel fest.
2. Erstellen Sie eine Datenbank aller PCs, die in zwei verschiedenen Laboren vorhanden sind. Sortieren Sie diese Daten nach verschiedenen Kriterien.
3. Entwerfen Sie für die Tabelle in Aufgabe 1 und 2 je ein Eingabeformular. Geben Sie für bestimmte Eingaben Standardwerte vor und lassen Sie für einige Angaben nur Zahlenwerte aus bestimmten Bereichen zu (z. B. Inventarnummer nur fünfstellig).
4. Erstellen Sie ein Technologieschema einer Anlage Ihrer Wahl mithilfe einer Vektorgrafik. Erzeugen Sie unterschiedliche Ebenen für den Informations-, den Energie- und den Werkstückfluss.
5. Erzeugen Sie aus der Vektorgrafik aus Aufgabe 4 einmal eine Bitmap- und einmal mehrere JPG-Dateien unterschiedlicher Kompressionsstufen und vergleichen Sie Qualität und Speicherplatz.
6. Erstellen Sie für die Anlage aus Aufgabe 4 je ein GANTT-Diagramm und einen Netzplan und konvertieren Sie beide in eine zweiseitige PDF-Datei.

1.4 Einführung in die Programmierung

1.4.1 Programmiersprachen

Tabelle 1: Programmiersprachen

niedere	höhere
Maschinensprache	C; C++
Assembler	Java

Programmiersprachen bilden die wichtigste Schnittstelle zwischen Benutzern und Computern. Übergibt dieser einem Computer eine Aufgabe zur Bearbeitung, muss er diese Aufgabe in einer Programmiersprache formulieren. Grundsätzlich können die Programmiersprachen in **höhere** Programmiersprachen und **niedere** Programmiersprachen eingeteilt werden **(Tabelle 1)**. Die Maschinensprache ist eine bitorientierte Sprache und in der Regel auf eine Prozessorfamilie (z.B. AMD oder Intel) zugeschnitten. Da sie für die Menschen sehr schwer zu verstehen ist, wurde die **Assembler-Sprache** entwickelt, die erkennen lässt, was ein Befehl bedeutet. Sollen z.B. zwei Zahlen, die im Register A (10110101) und Register B (11100110) eines Prozessors stehen, addiert werden, dann heißt die Anweisung: ADD A, B. Da wir Menschen mit dem PC Aufgaben und Probleme lösen wollen, sind Sprachen entwickelt worden, die Probleme beschreiben und sich nicht an Prozessoren orientieren. Solche prozessorunabhängige und problemorientierte Hochsprachen unterscheiden sich im Zeichensatz (Alphabet), im Lexem (Wort einer Programmiersprache, z.B. and), der Syntax (Grammatik), die der Programmiersprache Struktur verleiht und der Semantik, die die Bedeutung der syntaktischen Einheiten beschreibt. Während C++ und Java universelle, objektorientierte Hochsprachen sind, ist SQL (Structured Query Language) eine speziell für Datenbanken bzw. Datenbankabfragen entwickelte Hochsprache. Als **Objekt** wird dabei ein Gegenstand, der durch Attribute (Eigenschaften) und Methoden (Operationen die mit dem Objekt durchgeführt werden können) bestimmt ist, bezeichnet. Jedoch müssen Hochsprachen nicht immer Anweisungen enthalten, stattdessen können sie auch auf grafischen Programmieransätzen beruhen. Als Beispiel ist die in der Automatisierungstechnik verwendete Programmiersprache STEP 7 zu nennen, die u.a. eine grafische Oberfläche zum Programmieren (Funktionsplan) anbietet. Damit diese Hochsprachen auf verschiedenen Betriebssystemen und Prozessoren ausgeführt werden können, sind **Compiler** (Übersetzer) notwendig. Sie überprüfen bei der Übersetzung des Quellcodes, z.B. in C++ geschrieben, in die Maschinensprache die Exaktheit der Syntax **(Bild 1)**.

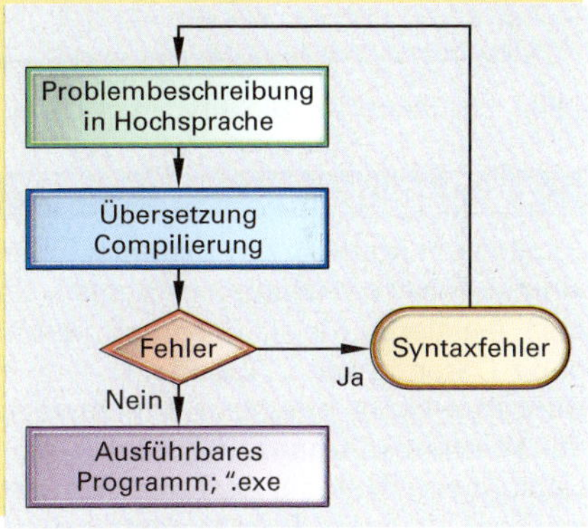

Bild 1: Compilierung

```
Anweisung 1; int a;                          }
Anweisung 2; cout <<"Bitte...eingeben";      }
Anweisung 3; cin >> a;                       } Lösungs-
–                                            } Algo-
–                                            } rithmus
Anweisung N; cout <<"Ergebnis";              }
```

Bild 2: Algorithmus

1.4.2 Der Algorithmus

Ein Programm einer Hochsprache besteht im einfachsten Fall aus einer Folge von Anweisungen bzw. Befehlen an einen PC. Eine endliche Folge solcher eindeutigen Anweisungen an den PC zur Lösung eines Problems nennt man Algorithmus bzw. Lösungsalgorithmus, also eine Berechnungsvorschrift **(Bild 2)**.

1.4.3 Allgemeiner Aufbau eines Programms

Im Allgemeinen sind Programme nach folgendem Muster aufgebaut **(Bild 3)**:

① Anweisungen an den Compiler, der den Quellcode übersetzt

② Festlegung der gültigen Variablen (lokale, globale)

③ Bekanntgabe der Standardfunktionen, diese Funktionen sind in Bibliotheken ④ zusammengefasst

⑤ Das Hauptprogramm zur Lösung eines Problems

⑥ Definition der angewandten Funktionen

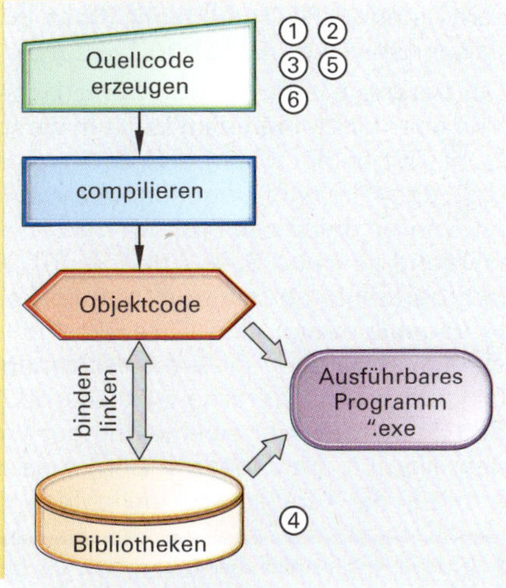

Bild 3: Programmaufbau

1.4.4 Datentypen und Variablen

Das Abspeichern und Verarbeiten von Daten ist eine grundlegende Aufgabe von Programmen. Daten, Werte werden in der Regel über die Tastatur, in Eingabebaugruppen eingegeben und in einem Programm verarbeitet. In vielen Programmiersprachen dienen Variable dazu, Werte zu speichern und sind somit Platzhalter für einen beliebigen Wert, z.B. für ein Rechenergebnis. Variable haben einen Namen, einen gültigen Bezeichner, der beliebige Werte speichern kann, wie ganze Zahlenwerte (Integer Zahlen, int), Gleitkommazahlen (Fließpunktzahlen; float) oder Zeichenketten (String). In den unterschiedlichen Programmiersprachen wird zunächst festgelegt, welche Art von Wert eine Variable speichert, also der Datentyp der Variablen.

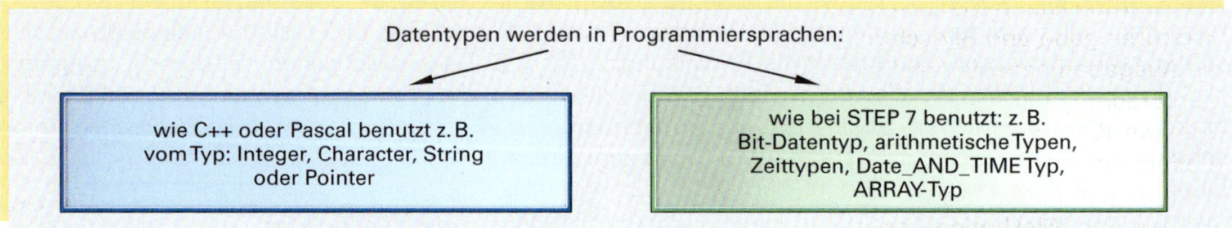

Bild 1: Nutzung von Datentypen

1.4.5 Datentypen

Ähnlich der Mathematik, die unterschiedliche Zahlenmengen kennt (Natürliche Zahlen, Ganze Zahlen etc.), existieren für die Programmierung verschiedene Datenformate **(Tabelle 1)**. Der **numerische Datentyp** kennt nur reine Zahlenwerte. Arbeiten Variable nur mit **ganzen Zahlen** dann handelt es sich um einen Integer-Datentyp **(Datentyp int),** der als Zwei- oder Vier-Byte-Datentyp verarbeitet wird (abhängig vom Betriebssystem/Compiler). Der int-Datentyp ist standardmäßig vorzeichenbehaftet. Unsigned steht für eine vorzeichenlose Variable, signed für eine vorzeichenbehaftete. Im **Datentyp char** können ganzzahlige Werte bzw. Zeichen abgelegt werden. Da der Datentyp char eine Größe von einem Byte hat, kann er nur 256 unterschiedliche Werte speichern. Um genauere Berechnungen durchführen zu können, werden in Variablen Zahlenwerte mit Nachkommastellen verwendet. Dies führt zum Datentyp **Fließpunktzahl, (float, double, long double).** Die Darstellung der Werte erfolgt in Exponentialschreibweise z.B. $2.5 \cdot 10^{12} \rightarrow 2.5$ E+12.

Tabelle 1: Datentypen

Name	Größe	Wertebereich
int, short	2 Byte	–32768 bis +32767
int, long	4 Byte	–2147483648 bis +2147483647
signed short int	2 Byte	–32768 bis +32767
unsigned short int	2 Byte	0 bis 65535
char	1 Byte	–128 bis 127
unsigned char	1 Byte	0 bis 255
float	4 Byte	–3.4 E-38 bis 3.4 E+ 38
double	8 Byte	–1.7 E-308 bis 1.7 E+ 308
long double	10 Byte	–1.1 E-4932 bis 1.1 E+ 4932

Der **Datentyp bool** (Wahrheitswert) ist eine spezielle Form des Integer-Datentyps, der nur die zwei Werte true oder false annehmen kann. In verschiedenen Programmiersprachen, so z.B. bei C++ oder bei Step 7 steht für true der Wert 1 und für false der Wert 0. Sollen Folgen von Zahlen oder Zeichen z.B. 148975320 bzw. dgh47bel04hf, sogenannte Zeichenketten, eines bestimmten Datentyps gespeichert oder bearbeitet werden, benutzen Programmiersprachen unterschiedliche Begriffe. Pascal nutzt den Begriff **String,** während C++ und Step 7 den Begriff **Array** (Feld, Reihe) kennen (ein- und mehrdimensionale Arrays). In Programmen bzw. Programmblöcken stehen häufig Anweisungen, die anweisen, auf eine bestimmte Variable zuzugreifen. Dies geschieht durch die **Zeigervariable,** auch **Zeiger** genannt. Verweist z.B. ein Zeiger auf die Adresse einer Variablen, wird der Wert dieser Variablen ausgelesen und der gleiche Programmblock verarbeitet diese neue Variable.

Bild 2 zeigt den Aufbau einer Integer-Variablen mit dem Namen Durchmesser. Der „Adressoperator" ermittelt die Adresse einer beliebigen Variablen.

Zeiger speichern Adressen von Variablen.
Variablen speichern Werte.

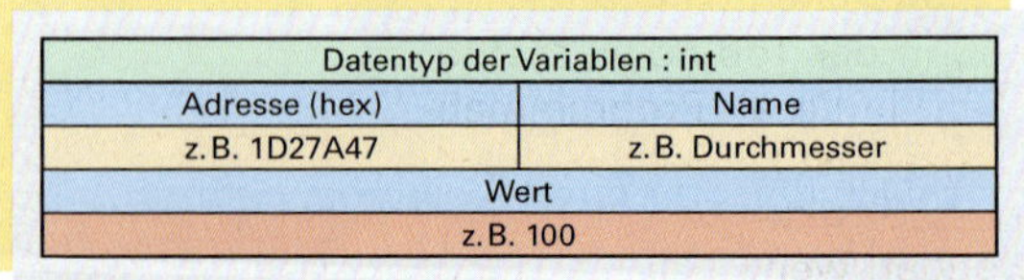

Bild 2: Aufbau einer Variablen

Der **Datentyp Konstante** sind Variable, die ihren Wert nicht verändern. Um eine Variable zu einer Konstante zu machen, ist „const" vor die Variable zu schreiben **(Bild 1)**. Unter anderem unterscheidet man folgende Arten von Konstanten:

- Integer-Konstanten
- Gleitpunkt- bzw. Fließpunkt-Konstanten
- Zeichen- und Stringkonstanten

cont int Zahl = 111
Der Integervariablen mit dem Namen Zahl, hat den konstanten Wert 111

cont float Pi = 3.14159f
Der Fließpunktkonstanten Pi hat den konstanten Wert 3.14159;
f zeigt an, dass 3.14159 Fließpunktzahl ist.
const char Zeichen = 'A'

Bild 1: Bilden einer Konstanten

1.4.6 Ein- und Ausgabe bei Hochsprachen

Die Kommunikation Mensch, Programm, PC geschieht über Tastatureingabe und Bildschirmausgabe. Hierzu dienen Ein- und Ausgabemechanismen **(Tabelle 1),** die je nach Programmiersprache durch Funktionen (C; C++) oder Methoden von Objekten (C#) zur Verfügung gestellt werden (siehe 1.4.1). Wiederkehrende gleichlautende Programmabschnitte können zu einem Funktionsblock, einer **Funktion** zusammengefasst werden. **Methoden** beschreiben die Operationen, wie Addieren oder Vergleichen, die mit den Objekten durchgeführt werden können.

Tabelle 1: Sprach-Ein-/Ausgabe

Sprache	Ausgabe	Eingabe
C++	Cout; << (Character output)	Cin; >> (Character input)
C#	WriteLine()	ReadLine()

1.4.7 Verknüpfung von Datentypen

Datentypen werden in Hochsprachen mit Operatoren verknüpft. Jedoch sind die unterschiedlichen Datentypen zu unterscheiden (ob Integer oder float z. B.). Es gibt Operatoren für:

- die Grundrechnungsarten (Addition, Subtraktion, Multiplikation, Division),
- das schrittweise Auf- bzw. Abwärtszählen (Inkrement- und Dekrementoperatoren),
- die Modulo-Berechnung (liefert den Rest einer Integer-Division),
- die Durchführung von Vergleichen (kleiner, kleiner gleich, größer, größer gleich, ungleich, gleich),
- die Durchführung von logischen Verknüpfungen (UND, ODER, NEGATION),
- die Zuweisung bzw. den Zuweisungsoperator =; z. B. x = 7.

Des Weiteren kennen Hochsprachen Bit-Operatoren (Operatoren die auf Bitebene arbeiten um z. B. zwei Integer-Zahlen zu vergleichen) und Schiebeoperatoren (Schieben von Bits bei Integer-Werten z. B. in Schieberegistern).

1.4.8 Programmentwicklung

Die Entwicklungsphasen eines Programms lassen sich wie folgt, einteilen in:

- Die Problembeschreibung, Aufgabenstellung.
- Die Analyse des Problems: Welche Eingangsdaten stehen zur Verfügung, welche Ausgangsdaten sind erwünscht, welche Verarbeitung legt man zugrunde?
- Die Lösungsverfahren des Problems mittels Algorithmus, der problemorientiert und somit programmiersprachenunabhängig sein sollte.
- Die grafische Darstellung des Lösungsverfahrens durch (genormte) Symbolik.
- Die Umsetzung in die entsprechende Hochsprache mit Programmtest und Dokumentation.

Wie in der Top-down-Methode aufgelistet **(Bild 2),** kann der Lösungsalgorithmus als Programmablaufplan dargestellt werden. Diese Darstellungsart ist zu wählen, wenn im Algorithmus mit Sprüngen gearbeitet wird. Struktogramme werden beim Entwickeln des Algorithmus verwendet, wenn die Programmiersprache strukturiertes Programmieren zulässt, wie z. B. Pascal oder C++.

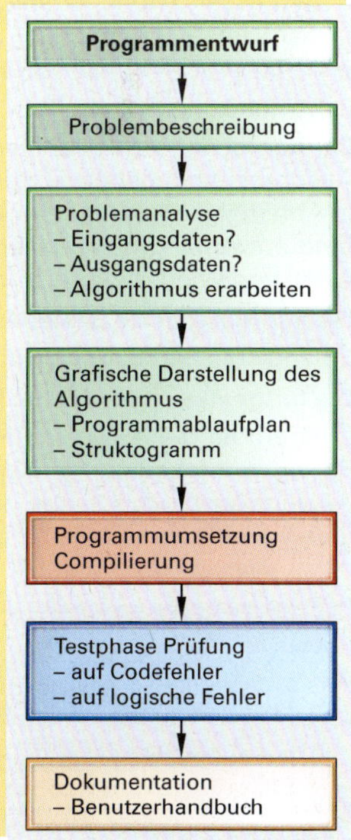

Bild 2: Top-Down-Methode

1.4.9 Darstellungsarten von Algorithmen

Man kennt in der Programmierung drei Elementaralgorithmen, aus denen alle mehr oder weniger umfangreichen Algorithmen zusammengesetzt werden wie z. B. Sortieralgorithmen:

1. Elementare Anweisungen, 2. Auswahlanweisungen, 3. Wiederholungsanweisungen.

Algorithmische Grundstrukturen:

Die Folgeanweisung, **Sequenz**

Bei der Sequenz handelt es sich um Anweisungen, die sequenziell ohne Verzweigung oder Wiederholung abgearbeitet wird (auch blockweise) **(Bild 1).**

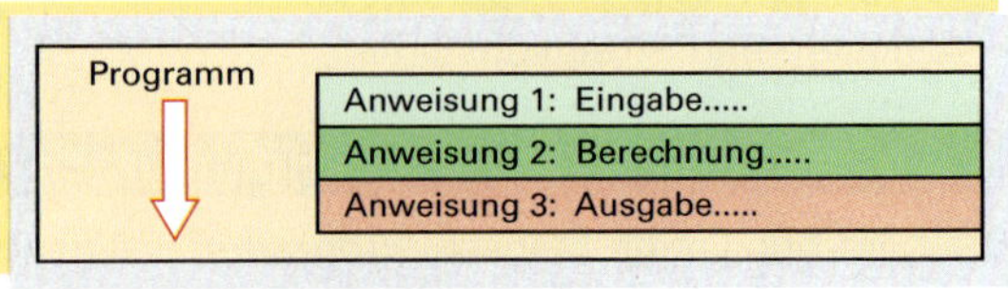

Bild 1: Struktogramm Sequenz

Die Verzweigung, **Selektion**

Bei jeder Selektion erfolgt eine Überprüfung der Erfüllung einer Bedingung. In Abhängigkeit des Ergebnisses werden die entsprechenden Anweisungen ausgeführt. Bei der **einseitigen** Selektion (if-Abfrage) wird die Anweisung ausgeführt, wenn die Bedingung erfüllt ist, andernfalls geschieht „nichts" **(Bild 2).** Bei der **zweiseitigen** Selektion (if-else-Abfrage) werden beide Zweige abgearbeitet. Wenn Bedingung erfüllt:

Dann (= Ja) Anweisung 1 ausführen
Sonst (= Nein) Anweisung 2 ausführen **(Bild 3).**

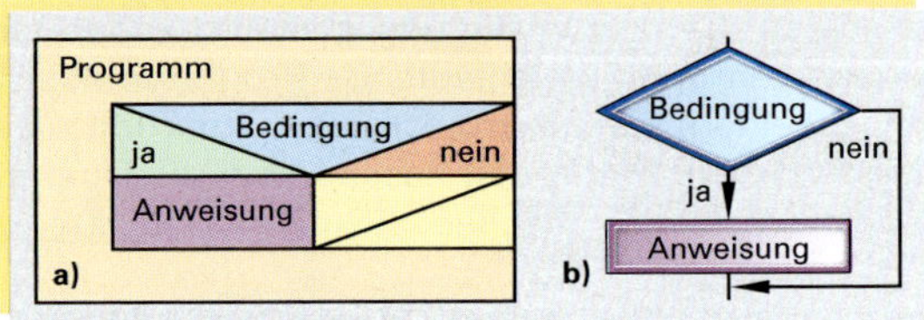

Bild 2: a) Struktogramm
b) PAP einer einseitigen Selektion

Anstelle einer Einzel-Anweisung kann auch ein ganzer Block von Anweisungen eingesetzt werden. Wenn bestimmte Anweisungen mehrmals hintereinander auszuführen sind, wobei sich einzelne Parameter ändern, bietet sich die Schleifenstruktur an. Folgende **Schleifen** kennt man:

- In Pascal/Delphi: **while-, repeat-, until-, for-Schleife**
- In Java/C/C++: **while-, do while- und for-Schleife**

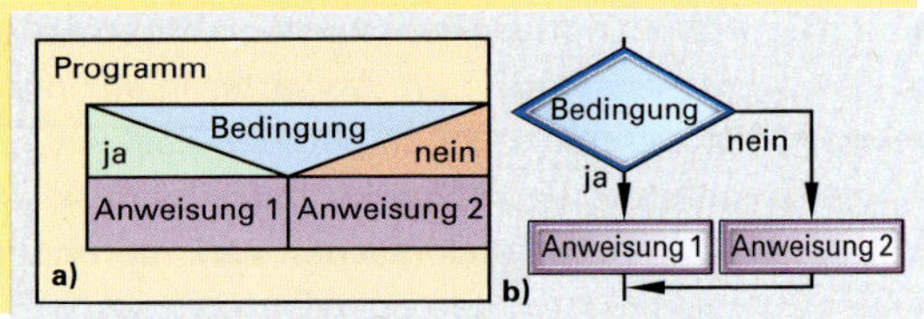

Bild 3: a) Struktogramm
b) PAP einer zweiseitigen Selektion

Schleifen können kopf-, fuß- oder zählergesteuert sein.

Bei den genannten Schleifen ist immer eine Bedingung (logischer Ausdruck) angegeben, unter der die Wiederholung Gültigkeit hat. In Abhängigkeit des Zeitpunktes der Bedingungsprüfung, nach Prüfung am Anfang bzw. am Ende des Wiederholvorgangs, sind zwei Arten von Wiederholungsanweisungen zu unterscheiden:

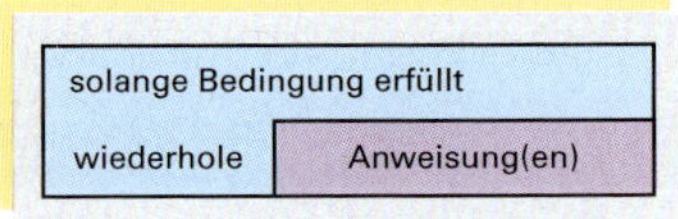

Bild 4: kopfgesteuerte Schleife

Die kopfgesteuerte Schleife: (Bild 4)

Solange die Bedingung erfüllt ist, wiederhole die Anweisung(en)

Die fußgesteuerte Schleife: (Bild 5)

Wiederhole die Anweisung(en) solange die Bedingung erfüllt ist. Bei der kopfgesteuerten Repeat-Schleife wird die Anweisung, der Anweisungsblock solange wiederholt, wie die Bedingung wahr ist. Eine Variable zum Zählen muss selbst verwaltet werden **(Bild 6).**

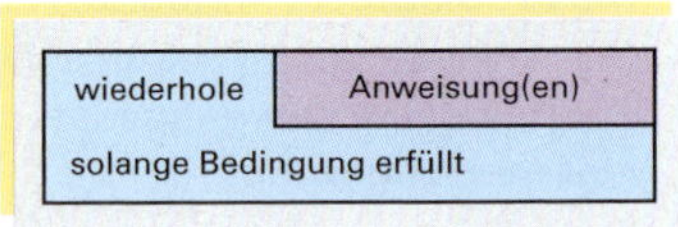

Bild 5: fußgesteuerte Schleife

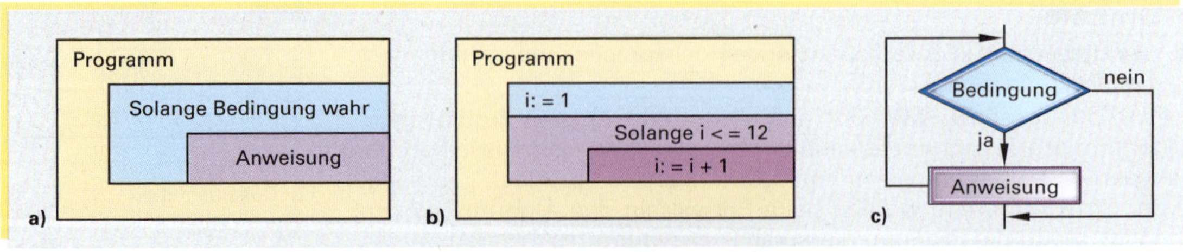

Bild 6: While-Schleife kopfgesteuert; a) Struktogramm; b) Beispiel; c) PAP

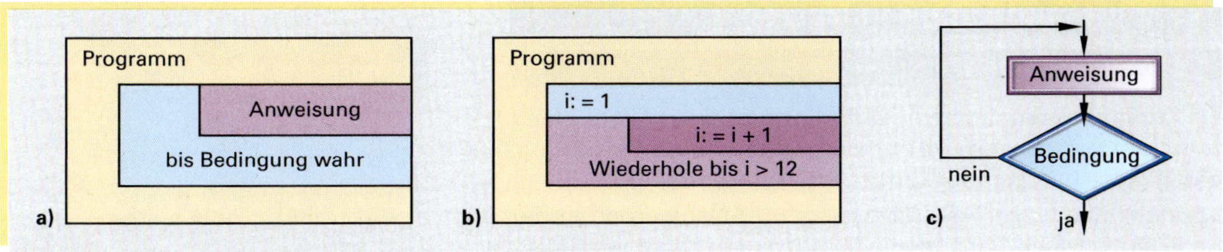

Bild 1: Repeat-Schleife a) Struktogramm; b) Beispiel; c) PAP

Bei der fußgesteuerten Repeat-Schleife wird die Anweisung, der Anweisungsblock in der Schleife wiederholt, bis die Bedingung wahr ist. Eine Variable zum Zählen muss selbst verwaltet werden **(Bild 1)**.

Die **FOR-Schleife** ist eine zählergesteuerte Schleife. In der Regel läuft ein Zähler beginnend bei einem definierten Anfangswert bis zu einem definierten Endwert in einer bestimmten Schrittweite **(Bild 2)**.

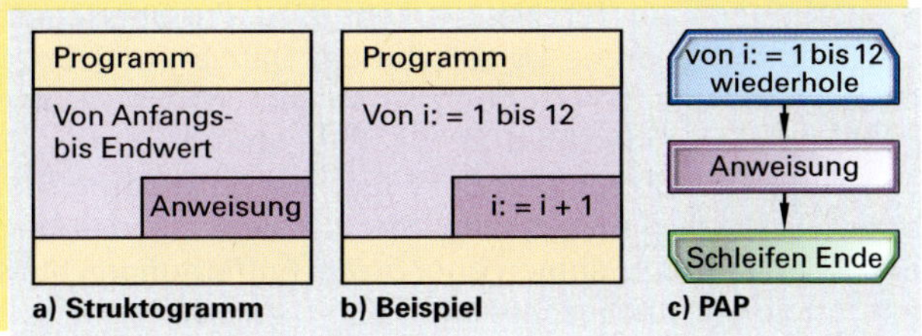

Bild 2: For-Schleife

Zur Vereinfachung eines Programms können Unterprogramme genutzt werden. Sie dienen dazu, Programmteile, die an mehreren Stellen (nahezu) identisch verwendet werden, durch einen einzelnen Aufruf zu ersetzen. Sie werden durch ein Schlüsselwort eingeleitet. Das eigentliche Programm ist in Hauptprogramm und Unterprogramm aufgeteilt **(Bild 3)**.

Parameter können an ein Unterprogramm über eine definierte Schnittstelle, die Parameterliste, übergeben werden.

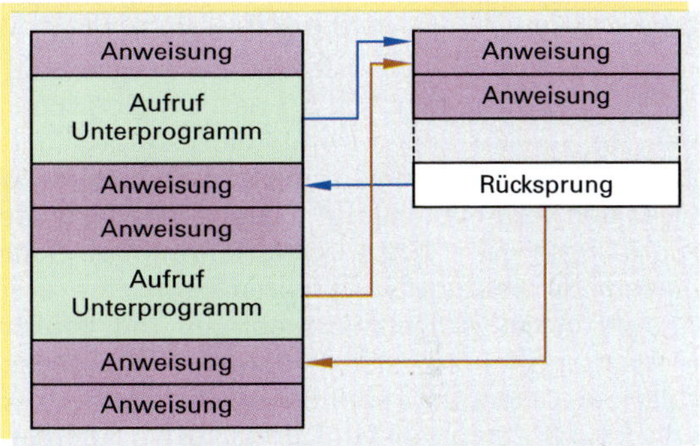

Bild 3: Programmieren mit Unterprogramm

1.4.10 Programmbeispiel:

Es sollen vereinzelte Kugeln **(Bild 4)** gezählt und in einer Vorrichtung abgelegt werden. Entwickeln Sie einen Algorithmus zum Zählen der Kugeln.

Bild 5 zeigt ein Struktogramm für den Algorithmus, **Bild 6** den entsprechenden Programmablaufplan PAP.

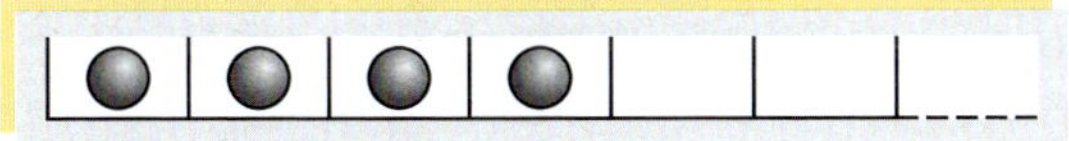

Bild 4: Anzahl Kugeln

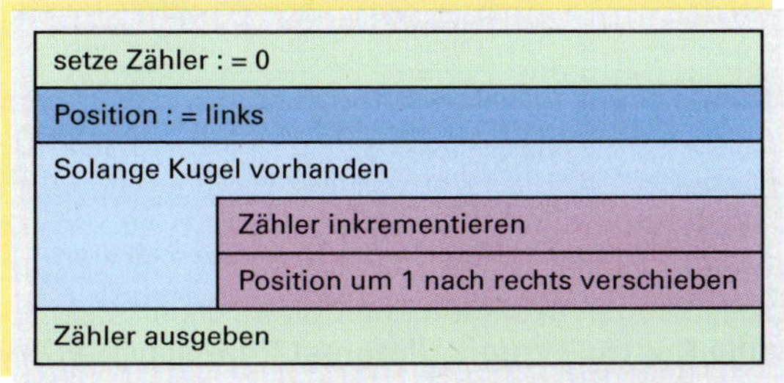

Bild 5: Struktogramm, kopfgesteuerte Schleife

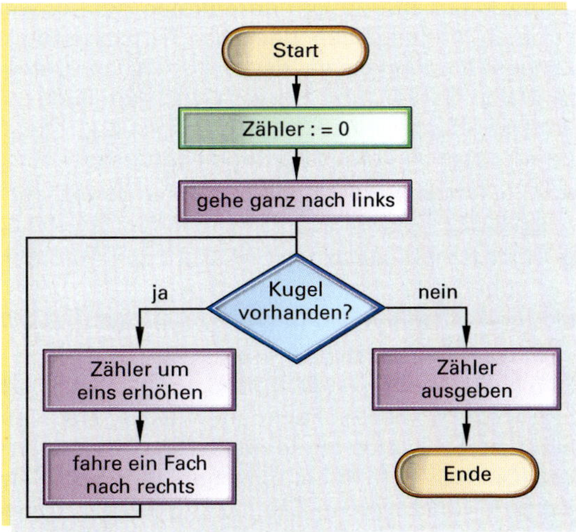

Bild 6: Programmablaufplan

1.5 Kommunikation in Netzen

1.5.1 Grundlagen

Ein Kommunikationsnetz stellt die Ende-zu-Ende-Verbindung zwischen Endteilnehmern und deren Geräten zur Verfügung, damit diese miteinander kommunizieren können **(Bild 1).**

Lokale Netze (Local Area Networks = LANs) werden in der Regel in einzelnen Gebäuden oder auf einem einzelnen Gelände eingesetzt und ermöglichen die interne Kommunikation. **Weitverkehrsnetze** (WANs) umfassen ein großes geografisches Gebiet und verbinden Städte und Länder miteinander.

Lokale Netze umfassen Computer, Netzkarten, Netzmedien, Steuerungsgeräte für Netzverkehr und Peripheriegeräte. LANs ermöglichen es Unternehmen, Dateien und Drucker effizient intern zur Verfügung zu stellen. WANs verbinden LANs untereinander **(Bild 2),** diese wiederum ermöglichen den Zugriff auf Computer oder Fileserver an anderen Standorten. Da WANs die Netzteilnehmer z. B. eines Landes verbinden, können Unternehmen über große Entfernungen hinweg Informationen austauschen.

Die **Topologie** definiert die Struktur des Netzes. Sie besteht aus zwei Teilen: aus der **physikalischen Topologie,** dem eigentlichen Verkabelungsplan (Medien), und aus der **logischen Topologie,** die den Zugriff auf die Medien durch die Hosts definiert. Die am häufigsten verwendeten physikalischen Topologien zeigt **Bild 3.** Aus technologischer Sicht können alle verschiedenen Kombinationen aus logischen und physikalischen Topologien sinnvoll und realisierbar sein. Am weitesten verbreitet in lokalen Netzen (LAN) ist der Medienzugriff nach dem CSMA/CD-Verfahren (vgl. Seite 578). Bei diesem Medienzugriffsverfahren kann eine große Anzahl Knoten in einem Netzwerksegment mit konkurrierenden Medienzugriffen zu einer entsprechenden starken Reduzierung der Datenübertragungsrate führen. Im „worst case" erlischt der Datentransfer. Der große Vorteil dieses Verfahrens ist, dass keine alleinstehende steuernde oder regelnde Instanz im Netzwerk vorhanden ist.

Damit Mitarbeiter in Firmenzentralen oder in weltweit verstreuten Außenstellen oder per Fernkommunikation von Zuhause aus, ungeachtet dessen, ob sich die Daten auf einem zentralen Server oder Servern von Abteilungen befinden, arbeiten können, müssen sie sofortigen Zugriff auf benötigte Daten erhalten. Voraussetzungen dafür sind:

- Miteinander verbundene LANs, die Zugriff auf Computer oder Dateiserver an anderen Standorten ermöglichen.
- Hohe Bandbreite in den LANs, um den Anforderungen der Endbenutzer gerecht zu werden.
- Unterstützungstechnologien, die auf den WAN-Dienst ausgedehnt werden können.

Durch das Trennen und Organisieren der Netzwerkaufgaben in einzelne Schichten/Funktionen lassen sich neue Anwendungen problemlos implementieren. Das **OSI-Referenzmodell** (**O**pen **S**ystem **I**nterconnection) unterteilt Netzwerkfunktionen in sieben Kategorien, die als Schichten bezeichnet werden. Die Funktionen des **Transmission Control Protocol/Internet Protocol (TCP/IP)-Modells** sind in vier Schichten unterteilt (**Bild 4**, siehe auch Seite 575).

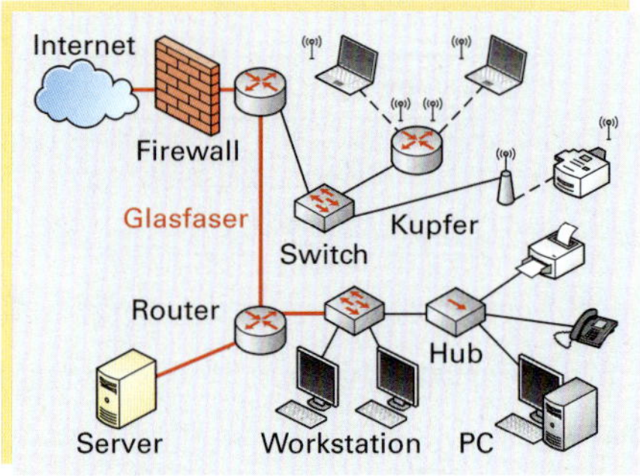

Bild 1: Kommunikationsnetz

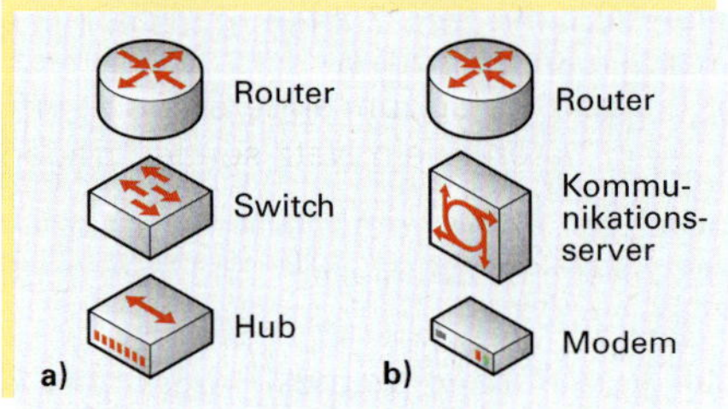

Bild 2: Verbindungsgeräte a) für LANs; b) für WANs

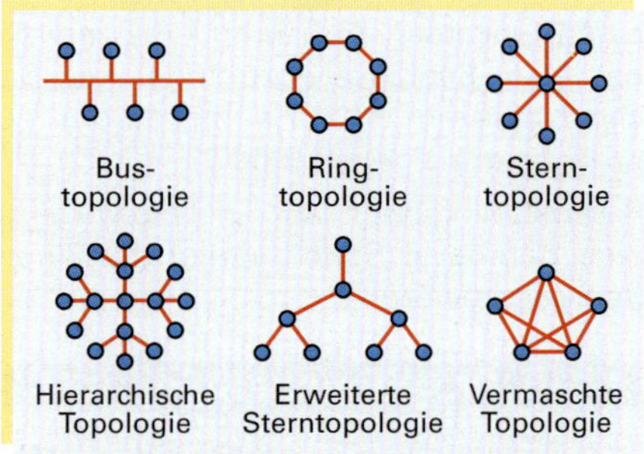

Bild 3: Physikalische Netztopologien

OSI-Schichten-Modell	TCP/IP-Protokoll-Architektur
Anwendungs-Schicht	Anwendungs-Schicht
Darstellungs-Schicht	
Sitzungs-Schicht	
Transport-Schicht	Host-to-Host-Transport-Schicht
Vermittlungs-Schicht	Internet-Schicht
Sitzungs-Schicht	Netzschnittstelle (Netzwerkkarte)
Bildübertragungs-Schicht	

Bild 4: Modelle der Netzwerkschichten

Die genannten Modelle beschreiben, wie von Anwendungsprogrammen auf unterschiedlichen Computern Daten über ein Netzmedium transportiert werden. Die zu sendenden Daten wandern durch die Schichten eines sendenden Host A nach unten zur Netzschnittstelle, wo der Medienzugriff erfolgt. Die Medienschnittstelle von Host B empfängt die binären Signale, die von Schicht zu Schicht weiter nach oben zur Anwendungs-Schicht gereicht werden. Jede Host-Schicht hat eine primäre Aufgabe, die sie ausführen muss und darin besteht, mit der gleichrangigen Schicht eines anderen Host zu kommunizieren. So kommuniziert die Internet-Schicht von Host A, mit der Internet-Schicht von Host B **(Bilder 1 und 2).** Wenn ein Gerät in einem Ethernet-Netz Daten an ein anderes Gerät senden möchte, kann es mithilfe seiner MAC-Adresse (Media Access Control), physikalische Hardware-Adresse, einen Kommunikationspfad zum anderen Gerät öffnen. Wenn die Sendestation Daten in ein Netz sendet, tragen die Daten die MAC-Adresse der Zielstation mit sich. Während diese Daten über die Netzmedien transportiert werden, prüft die Netzkarte in jedem Gerät des Netzes, ob ihre MAC-Adresse mit der physikalischen Zieladresse des Frames übereinstimmt. Wenn die Adressen nicht übereinstimmen, ignoriert die Netzkarte den Frame, und der Frame bewegt sich zur nächsten Station im Netz **(Bild 2).** Stimmen die Adressen jedoch überein, erstellt die Netzkarte eine Kopie des Frames, und übergibt diese der Sicherungs-Schicht des Computers, in dem sie sich befindet. Die Internet-Schicht bestimmt den besten Weg, um Daten vom Sender zum Empfänger zu übertragen. In dieser Schicht arbeiten Router und das IP (Internet Protocol), welches die logische Adressierung durchführt. Während die Hardware-Adresse der Netzschnittstelle eindeutig festgelegt ist, kann sich ihre logische Adresse ändern.

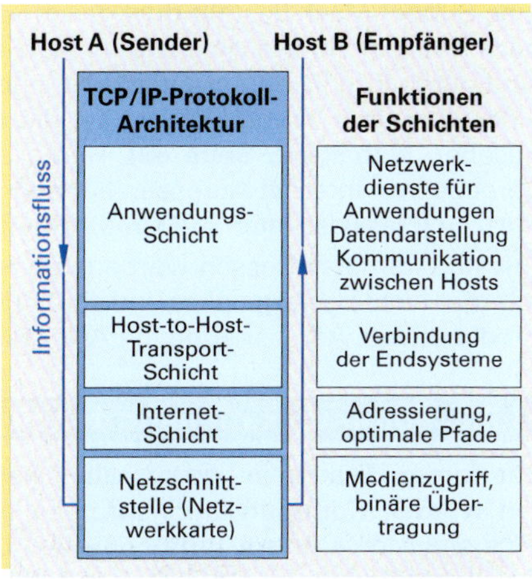

Bild 1: Kommunikationsablauf in Netzen

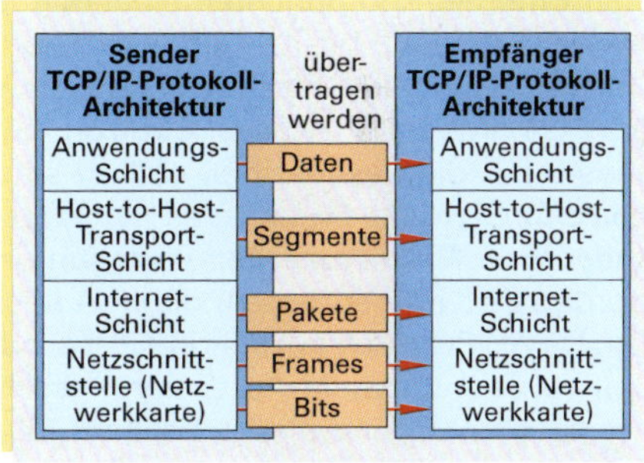

Bild 2: Kommunikation in den Schichten

In der Regel setzen sich Netze aus mehreren Segmenten zusammen **(Bild 3).** Die Kommunikation in einem solchen Netz soll anhand der Telefonnummer erläutert werden. Eine Telefonnummer besteht aus einer Vorwahl für das Teilnetz und einer Teilnehmernummer, der Hostadresse. Bei einem Ortsgespräch entfällt die Vorwahl, die Vermittlungsstelle, der Router, wird nicht benötigt. Die Kommunikation erfolgt im gleichen Teilnetz. Die IP-Adresse ist ähnlich aufgebaut und besteht aus zwei Teilen:

- der **Netzwerk-ID** (entspricht der Vorwahl), gibt das entsprechende Subnet an **(Tabelle 1),**
- der **Host-ID** (Teilnehmernummer) kennzeichnet eine einzelne Netzwerkkarte.

Um zu erkennen, wo die Netz-ID endet und die Host-ID beginnt, ist zusätzlich zur IP-Adresse die **Subnet-Mask** anzugeben. Diese ist ein Bitmuster, das Teile der IP-Adresse von links nach rechts maskiert, um den Netz- und Hostanteil einer IP-Adresse zu kennzeichnen.

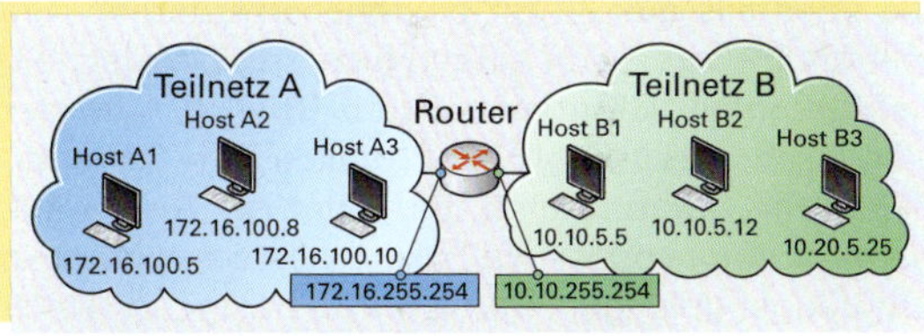

Bild 3: Segmente eines Gesamtnetzes

Tabelle 1: IP-Adresse mit Subnet-Mask

	IP-Adresse 172.16.100.8			
	Netz-ID		Host-ID	
dezimal	172	16	100	8
binär	1010 1100	0010 000	0110 0100	0000 1000
dezimal	255	255	0	0
binär	1111 1111	1111 1111	0000 0000	0000 0000
	Subnet-Mask 255.255.0.0			

Tabelle 2: IP-Adress-Klassen

Klasse	Netz-ID	Subnet-Mask	Anzahl der Netze	Anzahl der Hosts
A	0 – 126	255.0.0.0	126	16 777 216
B	128.0 – 191.255	255.255.0.0	16 384	65 536
C	192.0.0 – 223.255.255	255.255.255.0	2 097 152	256

Eine Subnet-Mask besteht dual gesehen, aus einer Folge von Einsen und Nullen. Der Wechsel von Eins nach Null gibt an, wie viele Bits zur Netz-ID (Einsen) und zur Host-ID (Nullen) gehören. Internetanschlüsse sind durch ihre IP-Adresse weltweit eindeutig und werden durch eine zentrale Vergabestelle, dem Provider, vergeben. Früher wurden für die zu vergebenden IP-Adressen die Adressklassen A, B,und C vorgesehen **(Tabelle 2, Seite 69).** Heute erfolgt die Vergabe von Internet-Adressen anhand von CIDR-Masken (Classless Internet-Domän-Routing).

Private Internet-Adressen werden von Routern im Internet nicht weitergeleitet und sind prädestiniert für die private Adressierung in LANs **(Tabelle 1).**

Tabelle 1: Private IP-Adressen

10.0.0.0 bis 10.255.255.255; etwa 16 Millionen Hosts adressierbar
172.16.0.0 bis 172.31.255.255; etwa 1 Millionen Hosts adressierbar
192.168.0.0 bis 192.168.255.255; etwa 65500 Hosts adressierbar

1.5.2 Kommunikationsprotokolle

Zur Kommunikation in und zwischen Netzsegmenten werden Kommunikationsprotokolle wie TCP (Transmission Control Protocol) oder UDP (User Datagram Protocol) und IP (Internet Protocol) verwendet **(Bild 1).** Damit Netzteilnehmer wie PCs oder Ethernet-Komponenten eindeutig identifiziert werden können, besitzt jede Komponente eine weltweit einmalige Hardware-Adresse, die MAC-Adresse (Medium Access Control). Sie besteht aus 48 Bit, die hexadezimal codiert sind wie z.B.: A5:26:C2:BF:05:90. Damit jedes Hardware-Gerät mit anderen in Netzsegmenten kommunizieren kann, werden Softwareadressen, die IP-Adressen benötigt. Das IP-Protokoll in Version 4, IPv4, oder Version 6, IPv6, legt dazu ein Adressierungsschema fest, das bei IPv4 32 Bit umfasst, bei IPv6 128 Bit. Damit in Netzen mit IPv4-Adressierung die Netzsegmente identifiziert werden können, ist die Subnetmaske, die ebenfalls aus 32 Bit besteht, erforderlich. Sie teilt die IP-Adresse in einen Netz- und ein Netzteilnehmeranteil (Geräteanteil) auf **(Bild 2).** Wie der Name schon sagt, ist IP ein Protokoll zum Transportieren von Datenpaketen und dient zur Wegewahl, dem Routing, sodass die Pakete zum gewünschten Empfänger gelangen. Damit die übertragenen Datenpakete in der richtigen Reihenfolge und komplett beim Empfänger ankommen, ist TCP verantwortlich. TCP ist auch für die sichere Übertragung der Daten verantwortlich und stellt Fehlerkontroll- und Fehlerkorrektur-Mechanismen zur Verfügung. Da ein Netzteilnehmer in der Regel nur eine einzige Adresse hat, jedoch mehrere Dienste wie z.B. FTP oder IMAP zum Datenaustausch gleichzeitig nutzt, ist eine zusätzliche Kennung der Dienste erforderlich. Dies geschieht über **Ports** bzw. **Portnummern.** Es stehen 65536 Ports zur Verfügung: die **Well Known Ports** (Port 0 bis 1023) stehen für systemnahe Dienste zur Verfügung wie z.B. TELNET (bietet die Möglichkeit der Fernwartung vernetzter Rechner im Textmodus), die **Registered Ports** (von 1024 bis 49151), die für Anwendungshersteller zur Verfügung stehen, wenn sie eigene Protokolle bei der IANA (Internet Assigned Numbers Authority) registrieren lassen und die **Private Ports** (von 49151 bis 65535), die variabel einsetzbar sind. Während TCP ein verbindungsorientiertes Protokoll ist, das zwischen zwei Kommunikationspartnern mittels Three-Way-Handshake eine Verbindung gezielt auf- und abbaut, arbeitet UDP verbindungslos, jedoch mit den gleichen Ports.

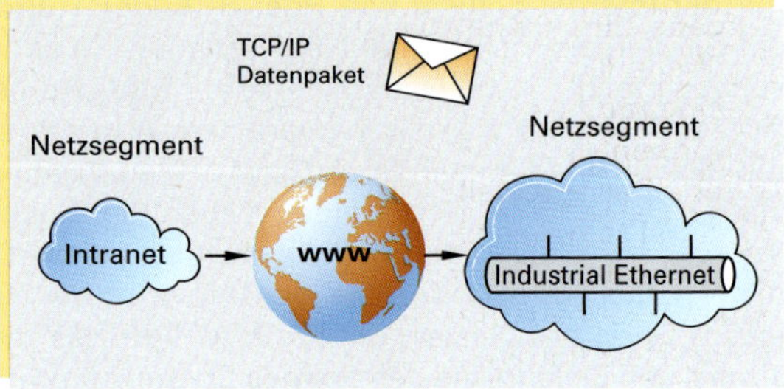

Bild 1: Kommunikation in Netzsegmenten

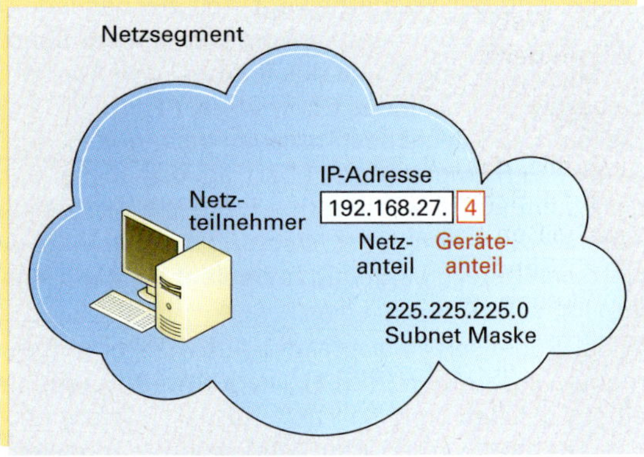

Bild 2: IP-Adresse mit Subnetmaske

Gegenüberstellung TCP – UDP

Das TCP-Protokoll:

- führt eine Fehlerkontrolle sowie -korrektur durch,
- quittiert die beim Empfänger eingehenden Datenpakete, wodurch Paketverluste erkannt werden (der Sender sendet „verlorene" Paket erneut),
- bringt die beim Empfänger eintreffenden Teilpakete in die korrekte Reihenfolge, sodass die vom Sender abgesandte Datei der empfangenen entspricht.

Das UDP-Protokoll (**U**ser **D**atagram **P**rotocol)

UDP ist wie TCP ein Transportprotokoll für Datenpakete, leistet aber nicht die oben angeführten Punkte, die TCP auszeichnen. Dies müssen auf UDP aufsetzende Protokolle (Anwendungsebene) leisten. Jedoch ist die Übertragungsgeschwindigkeit von Paketen mit UDP schneller, da ein gezielter Verbindungsaufbau fehlt.

Die genannten Kommunikationsprotokolle weisen erhebliche Sicherheitsprobleme auf, sodass Integrität, Vertraulichkeit, Verbindlichkeit und Authenzität von Daten sowie deren Verfügbarkeit bedroht sind. Diesen Gefahren kann man durch **Firewall**-Technologie entgegentreten. Firewalls haben die Aufgabe durch Kontroll- und Filtereinrichtungen das Weiterleiten von Datenpaketen zu verhindern, die eine mögliche Bedrohung für Daten und Netzkomponenten beinhalten. Das Firewall-Prinzip ist so zu gestalten, dass jeglicher Datenverkehr vom internen Netz (Intranet) zu einem externen Netz über das Word Wide Web (WWW) und umgekehrt durch die Firewall zu leiten ist **(Bild 1)**.

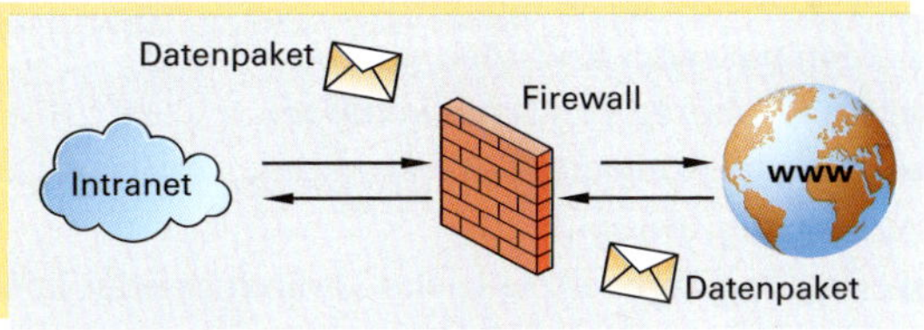

Bild 1: Paketfilterung durch Firewall

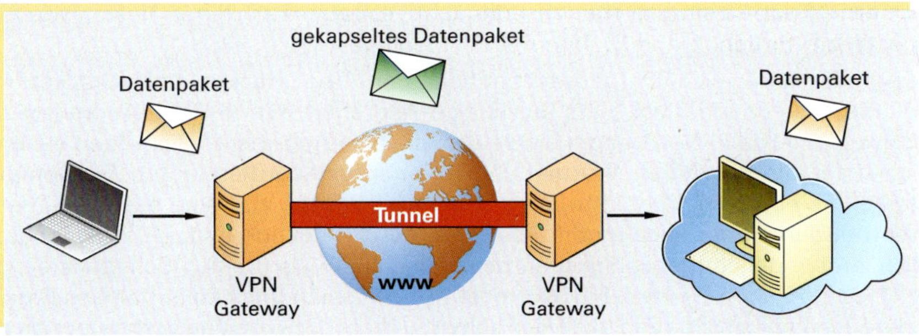

Bild 2: VPN-Tunneling

Firewalls, die auf der 3. und 4. Schicht des OSI-Referenz-Modells (Open Systems Interconnection, siehe auch Kap. 12.1) arbeiten, heißen Paketfilter, solche, die auf der 7. Schicht filtern, heißen Application-Level-Gateways. Will ein Außendienstmitarbeiter auf das Intranet seiner Firma zugreifen, bietet sich für eine sichere Kommunikation eine VPN-Verbindung, ein Virtual-Private-Network (virtuelles privates Netz) an. Durch diese Technologie werden die Kommunikationsdaten verschlüsselt übertragen, die Kommunikationspartner authentifiziert, sowie die Vertraulichkeit der Daten garantiert. Auch die privaten Intranetadressen bleiben durch diese Technologie bei der Kopplung an ein öffentliches Netz privat, für außenstehende nicht ersichtlich. Ein mit VPN einhergehender Begriff ist **Tunneling.** Durch Tunneling werden Datenpakete am Tunnelanfang gekapselt und am Ende entpackt. Das Protokoll, das zurzeit für das Tunneling eingesetzt wird, ist IPsec (Internet Protocol Security), ein Sicherheitsprotokoll. Als Übertragungsnetz kann jedes beliebige Netz dienen. In der Regel wird das Internet verwendet **(Bild 2).**

1.5.3 Bedrohung von Netzen und Computern

Die Notwendigkeit (von Firmen) im Internet präsent zu sein bzw. über das Netz zu kommunizieren führt zu **Gefahrenquellen** durch:

- Anbieten von Informationen (Firmendaten auf Webserver),
- Nutzen vorhandener Dienste (FTP Server) im Internet,
- Zusammenschluss von Firmennetzen über das öffentliche Netz (Firmennetze an unterschiedlichen Standorten).

Mögliche Gefahren, Risiken:

- Unerlaubtes Herunterladen, (Diebstahl) sensibler Daten wie Firmen-Know-How, Produktionsdaten oder Zukunftsstrategien von (internen) Rechnern.
- Veränderungen oder Manipulationen von Daten sowie deren Fälschungen.
- Beeinträchtigung und Störung der internen und externen Kommunikation.
- Blockieren von Produktionsrechnern, Leitsystemen, übergeordneten Rechnersystemen und Diensten.
- Bei Übernahme eines Rechners durch einen Angreifer, kann dessen Konfiguration verändert und schädliche Software installiert werden. Der übernommene Rechner kann auch als Plattform für weitere (illegale) Angriffe, Handlungen (Verteilung illegaler Software, oder deren Kopierung) genutzt werden.

Angriffsarten und Angreifer

Ein **passiver Angriff** ist ein nicht autorisierter Zugriff bzw. Zugriffsversuch auf ein Netzwerk oder einen PC. Dadurch wird eine unautorisierte Informationsgewinnung versucht, wodurch die Vertraulichkeit der Daten verloren geht. **Aktive Angriffe** verfolgen die unautorisierte Modifikation von Daten (Datenobjekten), womit die Datenintegrität und dadurch eventuell die Verfügbarkeit eines Systems bzw. eines Prozesses in Kauf genommen wird.

Zu den **passiven Angriffen** gehört:

- Das Abhören von Datenleitungen,
- Das unautorisierte Lesen von Daten z. B. aus Dateien, Datenbanken.

Aktive Angriffe sind:

- Das unautorisierte gezielte Verändern oder Löschen von Daten,
- Das Schreiben in Dateien.

Interne Angriffe sind solche, die intern stattfinden, also von Benutzern im internen Netz.

Externe Angriffe sind solche, die von nicht vertrauenswürdigen Netzen wie z. B. dem Word Wide Web, gestartet werden.

Angreifer lassen sich übergeordnet mit den Begriffen **„Hacker"** und **„Cracker"** kategorisieren. Heute sind die Bezeichnungen **Black Hats** (böswillige Angreifer), **White Hats** (Angreifer), die auf Sicherheitslücken, Schwachstellen in Netzwerken hinweisen, die also Angriffsmöglichkeiten bieten, üblich. Angreifer benutzen unter anderem **Viren, Würmer** und **Trojaner** für Angriffsattacken. Ein **Computervirus** ist eine Befehlsfolge, die ein Wirtsprogramm, eine ausführbare Datei z. B. eine exe-Datei, benötigt. Viren können sich reproduzieren aber auch modifizieren und durch Infektion anderer Wirtsprogramme verbreiten. Zusätzlich zu den genannten Fähigkeiten beinhalten Viren auch einen Schadensteil, der durch einen Auslöser, z. B. Datum, aktiviert wird. Ein **Wurm** ist ein eigenständiges ablauffähiges Programm, das keinen „Wirt" benötigt. Er besitzt die Fähigkeit sich selbst zu reproduzieren und verbreitet sich durch Kopieren auf andere Rechner innerhalb eines Netzes. Sein **Schadensteil** beinhaltet die gleichen Bedrohungen wie die Viren, also den Verlust der Integrität, der Vertraulichkeit aber auch der Verfügbarkeit von Daten und Systemen. Ein **trojanisches Pferd** ist ein Programm, das oberflächlich betrachtet Vertrauen erweckt, beim genaueren Hinschauen jedoch durch ein verborgenes Schadensteil ergänzt ist. So können verborgene Eigenschaften in einen Computer implementiert werden, um Daten aufzuzeichnen, zu manipulieren oder unbemerkt und unautorisiert Daten zu kopieren und zum Angreifer zu senden, oder Systemfunktionen so zu verändern, dass der Angreifer zusätzliche Zugriffsrechte auf weitere Dateien erhält. **Mögliche Gegenmaßnahmen:** Sensible Daten wie Passwörter auf sichere externe Medien abspeichern, oder Daten verschlüsselt ablegen.

Schutzmechanismen vor Viren und Würmern sind präventive Maßnahmen wie Beschränkungen von Schreibberechtigungen, Verschlüsselung von Daten, Verbot von USB-Sticks sowie Verwendung digitaler Fingerabdrücke und Werkzeuge (Tools) zur Erkennung eines Virenbefalls, wie z. B. Virenscanner.

Die Folgen solcher Angriffe können zu juristischen Schwierigkeiten für private Personen oder Unternehmen, aber auch zu finanziellen Verlusten sowie Image-Schäden führen.

Arbeitsauftrag:

1. Recherchieren Sie die Bedeutung der Abkürzungen FTP und IMAP.
2. Welche Well Known Ports sind FTP und IMAP zugeordnet?
3. Recherchieren Sie den Begriff IP-Spoofing. Um welche Angriffsart handelt es sich dabei?
4. Wie bezeichnet man die logische Adresse und die Hardware-Adresse eines Netzteilnehmers?
5. In Tabelle 1, Seite 69, ist die Subnetmaske 255.255.255.0 angegeben. Welche Bedeutung hat diese?
6. Ein Netzteilnehmer hat die IP-Adresse 193.147.27.153 und die Subnetmaske 255.255.255.0. In welchem Netz befindet sich der Teilnehmer und welche Adresse hat er?
7. Recherchieren Sie welche IP-Adressen Klassen unter IPv4 zur Verfügung stehen und ordnen Sie jeder IP-Klasse die default-Subnetmaske zu.
8. Was erreicht man durch eine VPN-Verbindung?
9. Welche Aufgaben übernehmen Firewalls bei einem Datentransfer?

2 Technische Kommunikation

Für den planmäßigen Ablauf aller Fertigungs- und Montagearbeiten in einem Betrieb werden an unterschiedlichen Stellen vielfältige Informationen benötigt. Diese Informationen müssen so gestaltet sein, dass sie vom jeweiligen Empfänger fehlerfrei verstanden und für die weitere Verwendung eingesetzt werden können.

Unter Technischer Kommunikation versteht man die Bearbeitung, Weiterleitung und Speicherung technischer Informationen.

Technische Kommunikation kann stattfinden zwischen Menschen, aber auch zwischen Menschen und Maschinen sowie zwischen unterschiedlichen Maschinen **(Bild 1).** Neben der Sprache werden dabei verschiedene andere Kommunikationsmittel zum Informationsaustausch benutzt.

Die wichtigsten Kommunikationsmittel sind:

- Technische Zeichnungen
- Pläne
- Diagramme
- Stücklisten
- Tabellen
- Programme

Für die Herstellung, Montage und Wartung mechatronischer Systeme sind nach wie vor die Technischen Zeichnungen in unterschiedlichen Formen das wichtigste Kommunikationsmittel.

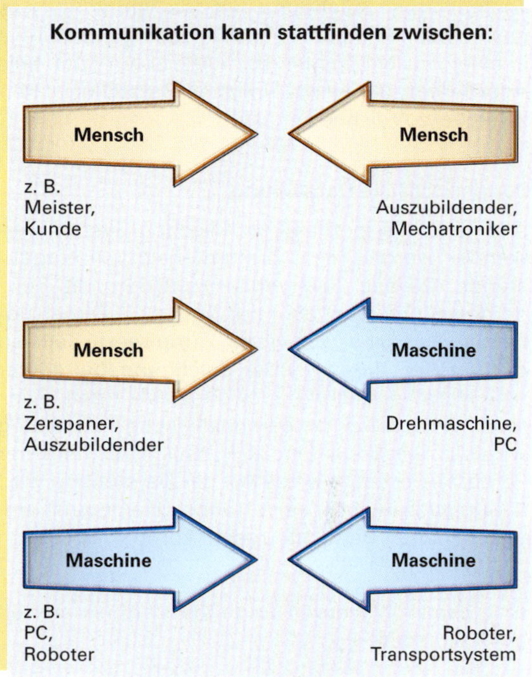

Bild 1: Kommunikationsmöglichkeiten

2.1 Die Technische Zeichnung als Kommunikationsmittel

Technische Zeichnungen sind grafische Dokumente, die alle für die Herstellung eines Einzelteils, einer Baugruppe oder eines kompletten Produktes notwendigen Informationen enthalten.

An die Technische Zeichnung, die z.B. die zur **Herstellung eines Werkstückes** erforderlichen Informationen und Anweisungen speichert, werden andere Anforderungen gestellt als an die Zeichnung, die den **Einbau** dieses Werkstückes in ein komplexes mechatronisches System dokumentiert. Folglich gibt es unter dem Oberbegriff Technische Zeichnung auch ganz unterschiedliche Arten von Darstellungen.

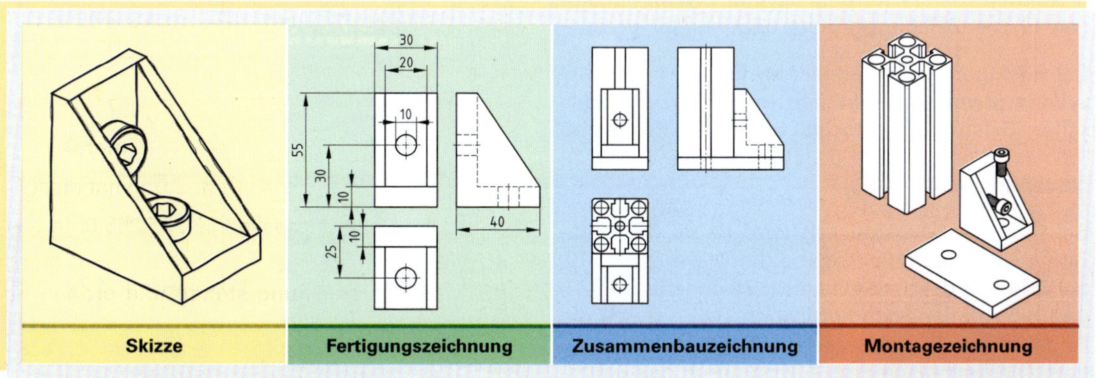

Bild 2: Unterschiedliche Zeichnungsarten

2.1.1 Darstellungsarten

Je nach Verwendungszweck und Aufgabe der Technischen Zeichnung ist es sinnvoll, das darzustellende Teil bzw. die darzustellenden Teile in einer Ansicht, in mehreren Ansichten oder, falls erforderlich, in einer räumlichen Darstellung (Perspektive) zu zeichnen.

Perspektivische Darstellung

Alle Teile, die in einem technischen System verwendet werden, sind dreidimensionale Gegenstände. Da das Zeichenblatt, auf dem die Teile dargestellt werden, aber nur über zwei Dimensionen verfügt, ist es schwierig, komplizierte Teile so darzustellen, dass für jeden Zeichnungsbetrachter eine klare Vorstellung über die Gestalt des Teiles möglich ist. Durch die perspektivische Darstellung wird ein räumlicher Eindruck ähnlich wie bei einer Fotografie erzeugt. Diese Art der Darstellung wird häufig auch in Form einer Handskizze genutzt, um ungeschulten Betrachtern eine komplizierte Form zu beschreiben.

Grundsätzlich werden folgende Perspektivarten unterschieden:

- Die isometrische Projektion
- Die dimetrische Projektion
- Die Kavalier-Projektion
- Die Kabinett-Projektion

Die Unterschiede der einzelnen Projektionsarten bestehen in den Winkeln der Achsen, auf denen die Länge und die Breite des Teiles dargestellt werden sowie den Darstellungslängen der Werkstückkanten, die auf diesen Achsen liegen **(Bild 1)**.

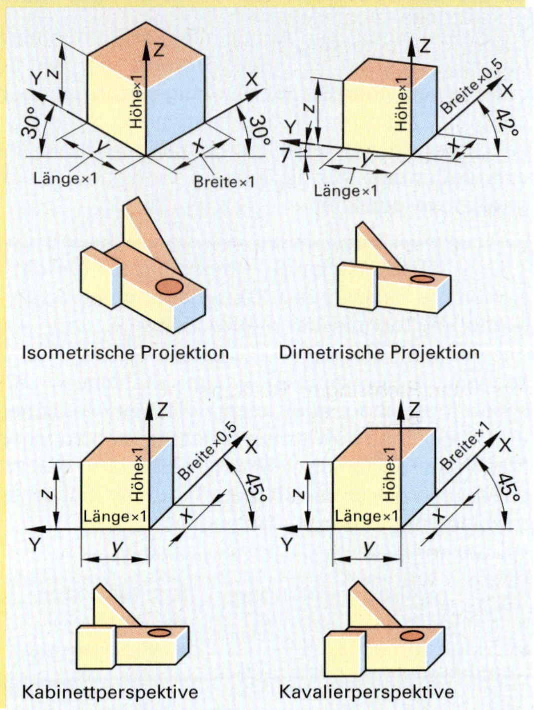

Bild 1: Perspektivarten

Darstellung in einer Ansicht

Als Ansicht wird die Projektion einer Seite eines dreidimensionalen Körpers auf eine zweidimensionale Ebene (Zeichnungsblatt) bezeichnet.

Bei flächigen Teilen, einfachen Quadern und bei zylinderförmigen Drehteilen (rotationssymmetrischen Teilen) genügt meist **eine** solche Projektion um die alternativfreie Darstellung des Teiles zu gewährleisten **(Bild 2)**.

Bei flächigen Werkstücken wird dabei die dritte Dimension durch die Angabe der Dicke (z. B. $t=3$), bei Quadern durch das Quadrat-Zeichen (z. B. □20) und bei rotationssymmetrischen Teilen durch die Angabe des Durchmessers (z. B. Ø18) dokumentiert. Die Bauteilsymmetrie wird durch das Eintragen der Mittellinie (Symmetrieachse) dargestellt.

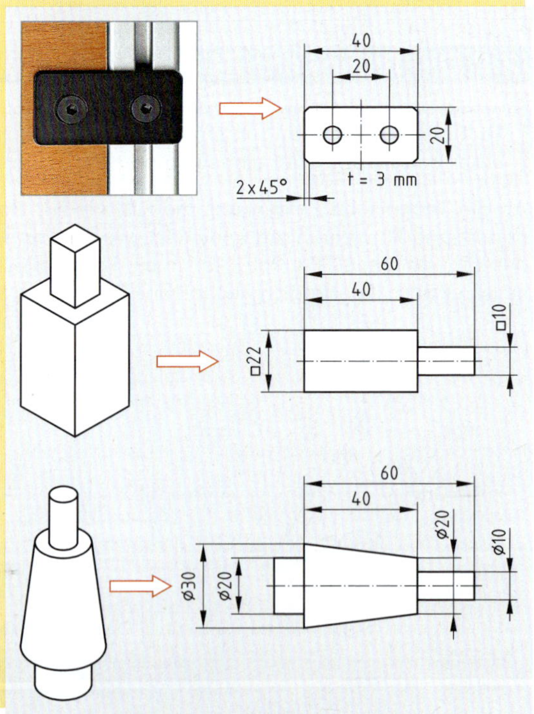

Bild 2: Darstellungen in einer Ansicht

Darstellung in mehreren Ansichten

Bei komplexeren Teilen ist die Darstellung einer Projektionsansicht nicht mehr ausreichend, um die Körperform eindeutig zu beschreiben. In diesem Falle muss das Werkstück in **mehreren** Ansichten dargestellt werden. Grundlage der Darstellung in mehreren Ansichten ist die rechtwinklige Parallelprojektion **(Bild 3).** Nach DIN 5 sind die möglichen Ansichten eines Bauteiles in sechs Blickrichtungen festgelegt:

Ansicht in Richtung a: Vorderansicht

Ansicht in Richtung b: Draufsicht

Ansicht in Richtung c: Seitenansicht von links

Ansicht in Richtung d: Seitenansicht von rechts

Ansicht in Richtung e: Rückansicht

Ansicht in Richtung f: Untersicht **(Bild 1)**

Die Anordnung der einzelnen Ansichten in Bezug zur Vorderansicht wird in der Projektionsmethode festgelegt und durch ein entsprechendes Symbol gekennzeichnet **(Bild 2).** In den europäischen Ländern wird überwiegend nach der Projektionsmethode 1, in außereuropäischen Ländern häufig nach der Methode 3 gearbeitet.

Unabhängig von der Projektionsmethode gilt der folgende Grundsatz:

> Ein Werkstück wird immer nur in so vielen Ansichten dargestellt, wie zum eindeutigen Erkennen und Bemaßen erforderlich sind.

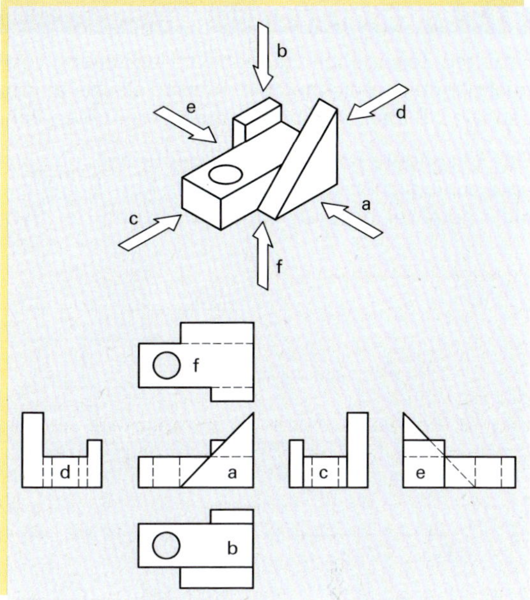

Bild 1: Projizierte Ansichten

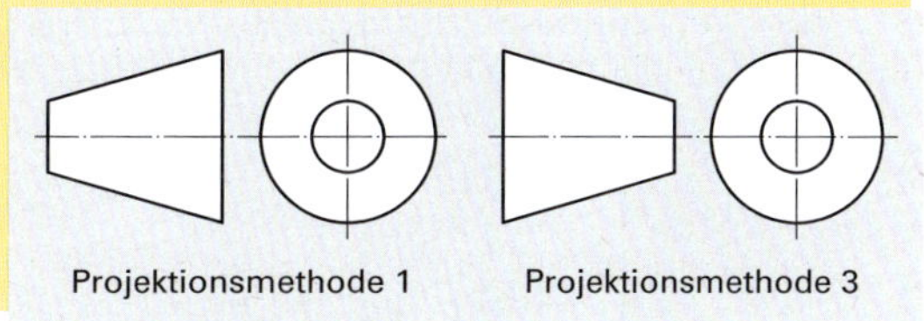

Bild 2: Projektionsmethoden

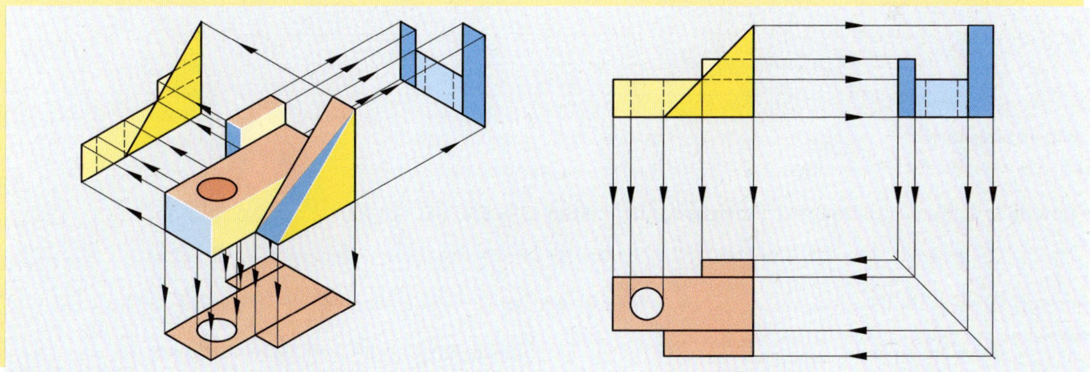

Bild 3: Grundlagen der rechtwinkligen Parallelprojektion

Arbeitsauftrag:

Erstellen Sie von dem rechts abgebildeten Teil eine Technische Zeichnung mit allen möglichen Ansichten.

Arbeiten Sie dabei nach den Projektionsmethoden 1 und 3.

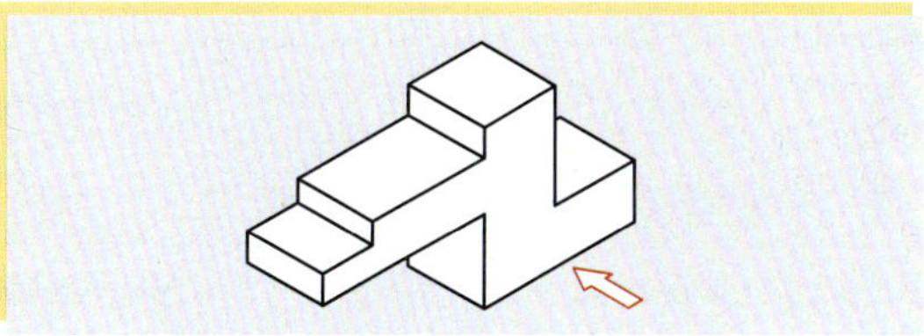

2.1.2 Einzelteil-Zeichnungen

Einzelteil-Zeichnungen dienen zur Herstellung von Werkstücken. Sie werden häufig auch als Fertigungszeichnungen bezeichnet. Sie müssen alle zur alternativfreien Herstellung von Teilen erforderlichen Angaben wie z. B. Maßangaben, Angaben zur Oberflächenbeschaffenheit, Werkstoffangaben u. a. beinhalten.

Eine besondere Bedeutung bei der Erstellung von Fertigungszeichnungen kommt der Verwendung von unterschiedlichen **Linienarten** zu. In Kombination mit der **Linienbreite** ist die Linienart ein wichtiger Informationsträger, der Aufschluss über Konturen, Symmetrien, Bauteilmaße u. a. gibt **(Bild 1)**.

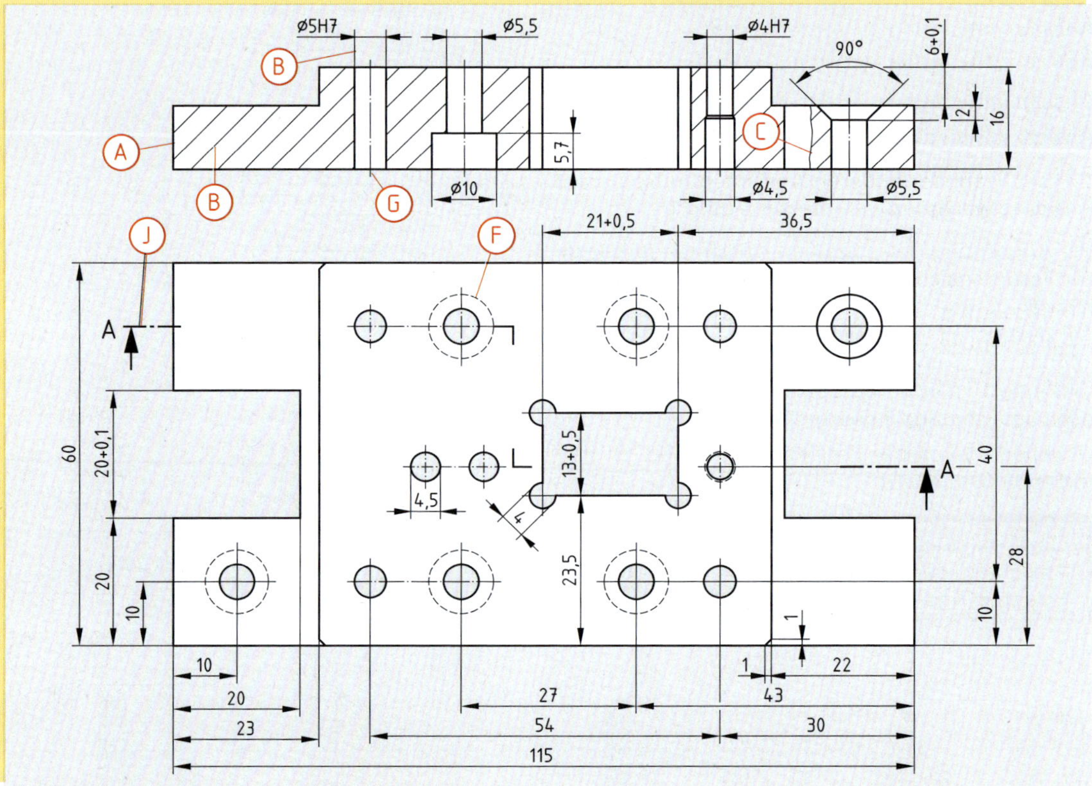

Bild 1: Linienarten

Tabelle 1: Linienarten und ihre Einsatzmöglichkeiten (DIN EN ISO 128-20)

	Linienart	Einsatzbeispiele
A	Breite Volllinie	Sichtbare Kanten und Umrisse, nutzbare Gewindelängen
B	Schmale Volllinie	Maß- und Maßhilfslinien, Schraffuren, Gewindegrund
F	Strichlinie, schmal	Verdeckte Kanten und verdeckte Umrisse
G	Strichpunktlinie, schmal	Mittellinien, Symmetrielinien, Lochkreise
J	Strichpunktlinie, breit	Kennzeichnung von Schnittverläufen
K	Strich-Zweipunkt-Linie, schmal	Umrisse abgrenzender Teile
C, D	Freihandlinie	Begrenzung von abgebrochenen Ansichten

Werkstücke mit prismatischer Grundform

Mit Ausnahme gegossener oder geschmiedeter Teile werden Werkstücke aus „Halbzeugen" hergestellt. Dies sind für prismatische Werkstücke platten- oder profilartig gewalzte, gegossene, gepresste oder gezogene Werkstoffe **(Bild 1)**, die durch vielfältige Bearbeitungsverfahren in die gewünschte Form gebracht werden. Obwohl oftmals die Ursprungsform nach der Bearbeitung fast nicht mehr erkennbar ist, kann diese für die Vorstellung der einzelnen Ansichten eine große Hilfe sein. Prismatische Werkstücke werden als Fertigungszeichnung in verschiedenen Ansichten (siehe Seite 75) dargestellt. Dabei wird die aussagekräftigste Ansicht als Vorderansicht gewählt **(Bild 2)**.

Bei der Wahl der anderen Ansichten muss darauf geachtet werden, dass durch die jeweilige Ansicht auch zusätzliche, neue Informationen über die Werkstückform vermittelt werden. So ist es z. B. bei unbearbeiteten Profilen häufig so, dass Vorderansicht und die Draufsicht identisch sind. Eindeutige Aussagen über die Profilansicht lassen sich somit nur aus der Seitenansicht ermitteln **(Bild 3)**.

Mithilfe von **Projektionslinien** werden die Breitenmaße in die Draufsicht und, falls erforderlich, in die Untersicht übertragen. In der gleichen Weise werden die Höhenmaße in die erforderlichen Seitenansichten projiziert. Über eine unter 45° gelegte Hilfslinie (Umlenklinie) kann aus den sich ergebenden Schnittpunkten die jeweils fehlende Ansicht entwickelt werden **(Bild 3, Seite 78)**.

Sind die darzustellenden Werkstücke in einzelnen Ansichten symmetrisch, so wird dies durch das Eintragen von Symmetrieachsen angedeutet **(Bild 4)**.

Zeichenregeln für Symmetrieachsen sind:

- Die Symmetrieachse wird durch eine Mittellinie (schmale Strichpunktlinie) gekennzeichnet.
- Die Länge der Striche richtet sich nach der Größe des Werkstückes.
- Symmetrieachsen beginnen und enden stets mit einem Strich, der die äußeren Werkstückkanten um ca. 3 mm überragt.
- Mittellinien schneiden die Werkstückkanten immer mit einem Strich.
- Ist ein Werkstück in zwei Richtungen symmetrisch, so wird dies durch ein Mittellinienkreuz gekennzeichnet.

Die Regeln über die Mittellinien gelten auch, wenn die Form einseitig geringfügig in ihrer Symmetrie verändert wird.

Bild 1: Halbzeuge

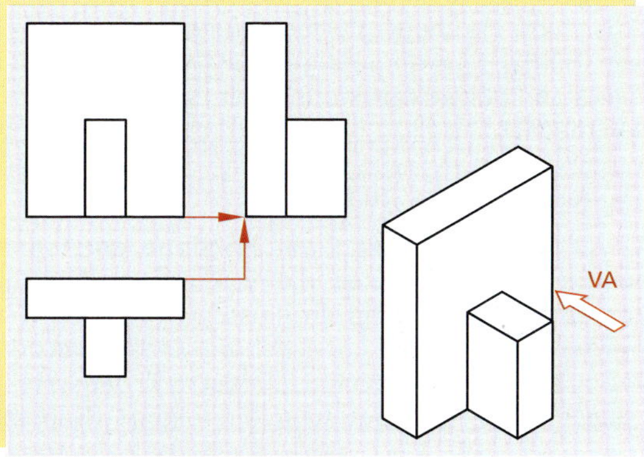

Bild 2: Wahl der Vorderansicht

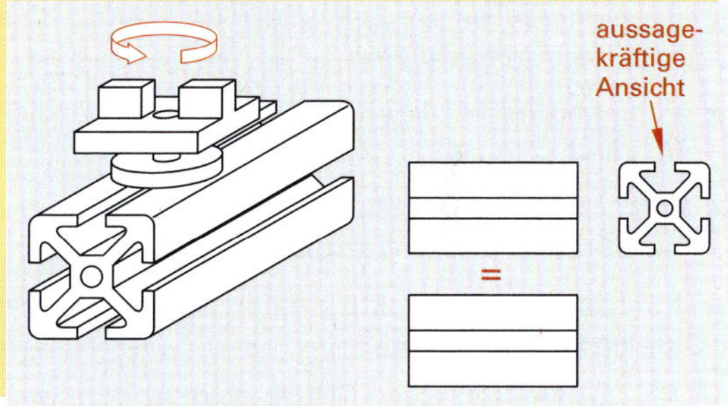

Bild 3: Zusätzliche Ansicht

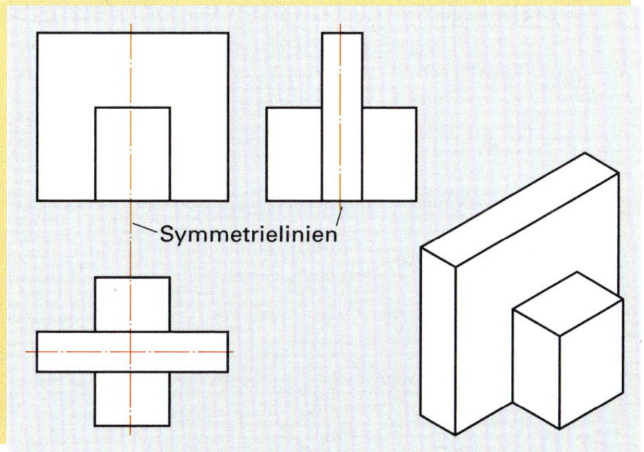

Bild 4: Symmetrisches Werkstück

Bearbeitungsformen an prismatischen Grundformen

Die vielen möglichen Veränderungen an der Form des Halbzeuges lassen sich auf einige wenige grundsätzliche Arten reduzieren. In der Fachsprache der Technischen Zeichnung werden diese als Ausklinkung, Abschrägung, Außen- und Innenrundung, Durchbruch, Nut und Bohrung bezeichnet **(Bild 1)**.

Unterschiedliche Bearbeitungen wie z.B. Abschrägung und Ausklinkung können in einzelnen Ansichten durchaus gleiche Darstellungen bewirken **(Bild 2)**. Eine eindeutige Gestaltsaussage lässt sich dann nur in Verbindung mit anderen Ansichten machen.

Darstellung verdeckter Kanten

Durch die Bearbeitung der Rohlinge entstehen häufig Werkstückkanten, die nicht in allen Ansichten auch sichtbar sind. In diesem Falle wird von verdeckten Kanten gesprochen. Diese werden durch schmale Strichlinien (Linientyp F) dargestellt **(Bild 3)**. Für die Eintragung gelten folgende Regeln:

- Die einzelnen Striche sind gleich lang und werden von kurzen Lücken unterbrochen.
- Die Länge der einzelnen Striche richtet sich nach der Größe der Zeichnung und kann bis zu max. 10 mm betragen.
- Volllinien haben beim Zeichnen grundsätzlich Vorrang.
- Die schmalen Strichlinien werden ganz an die Körperkanten herangezogen.
- Stoßen zwei verdeckte Kanten aneinander, so bilden sie eine Ecke.
- Als Verlängerung von Körperkanten beginnen die Strichlinien mit einer Lücke.

Arbeitsauftrag:

Erstellen Sie von den unten abgebildeten Teilen Einzelteilzeichnungen in jeweils drei Ansichten.

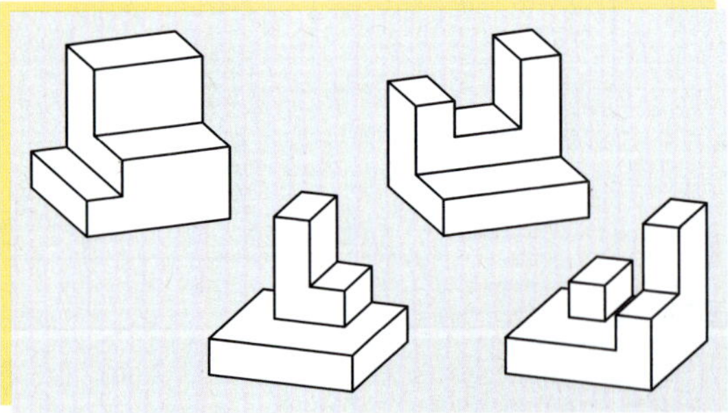

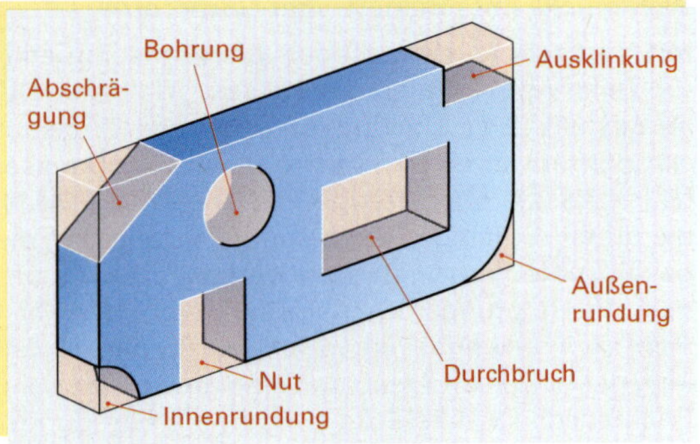

Bild 1: Bearbeitung an Halbzeugen

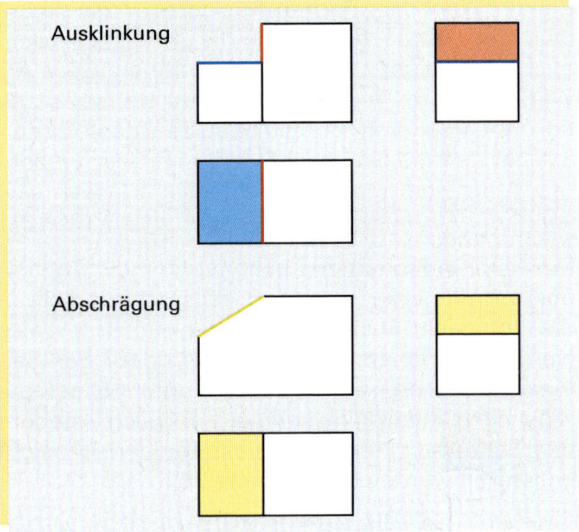

Bild 2: Bearbeitungsergebnisse

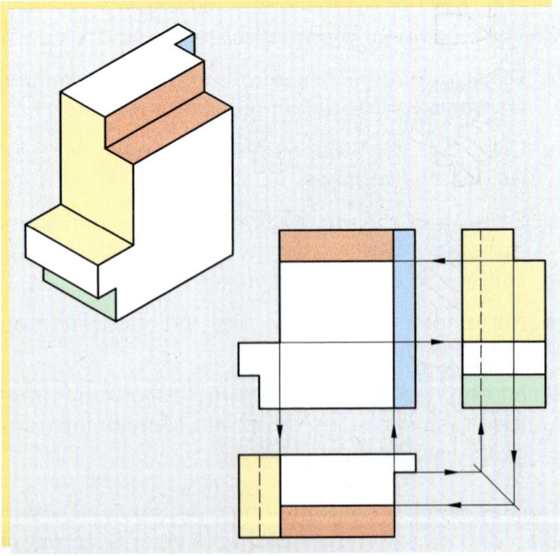

Bild 3: Ansichten mit verdeckten Kanten

Werkstücke mit zylindrischer Form

Zur Darstellung unbearbeiteter zylindrischer Werkstücke genügt in der Regel eine Ansicht (siehe Seite 77). Durch Bearbeitung der Form können jedoch sehr komplexe Veränderungen entstehen, die weitere Ansichten erforderlich machen. Dabei sind die Veränderungen sowohl von der Richtung als auch von der Art der Bearbeitung abhängig. Eine parallel zur Hauptachse verlaufende prismatische Ausklinkung z.B. verursacht wesentlich geringere und leichter darstellbare Formveränderungen **(Bild 1a)** als etwa eine rechtwinklig zur Hauptachse, außermittig schräg eindringende Bohrung oder schräg angesetzte Ausklinkungen **(Bild 1b)**.

In der Regel ist es nicht die Aufgabe des Mechatronikers, diese kompliziert zu erzeugenden Durchdringungskurven zu zeichnen. Er muss vielmehr in der Lage sein, diese zu erkennen und aus ihrer Form auf mögliche Bearbeitungen Rückschlüsse ziehen zu können. Selbst die normalerweise für die Zeichnungserstellung zuständigen Technischen Produktdesigner bzw. Technischen Systemplaner (früher: Technischer Zeichner) werden heute in zunehmendem Maße durch CAD-Systeme (CAD = computer aided design) bei der Entwicklung und Darstellung dieser Kurven entlastet **(Bild 2)**.

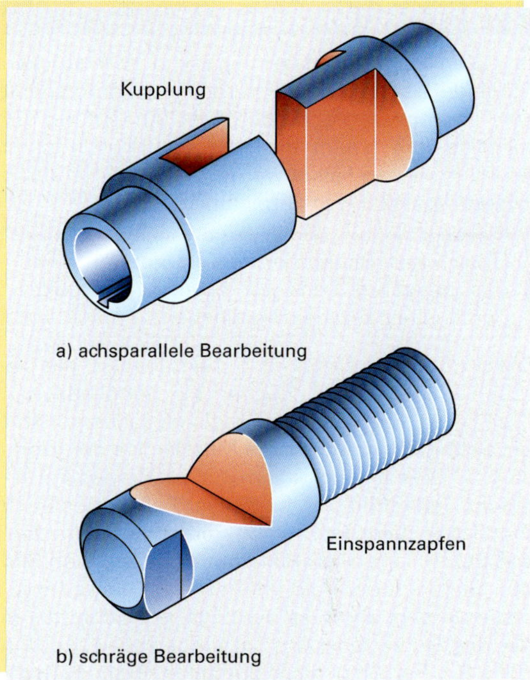

Bild 1: Zylindrische Werkstücke

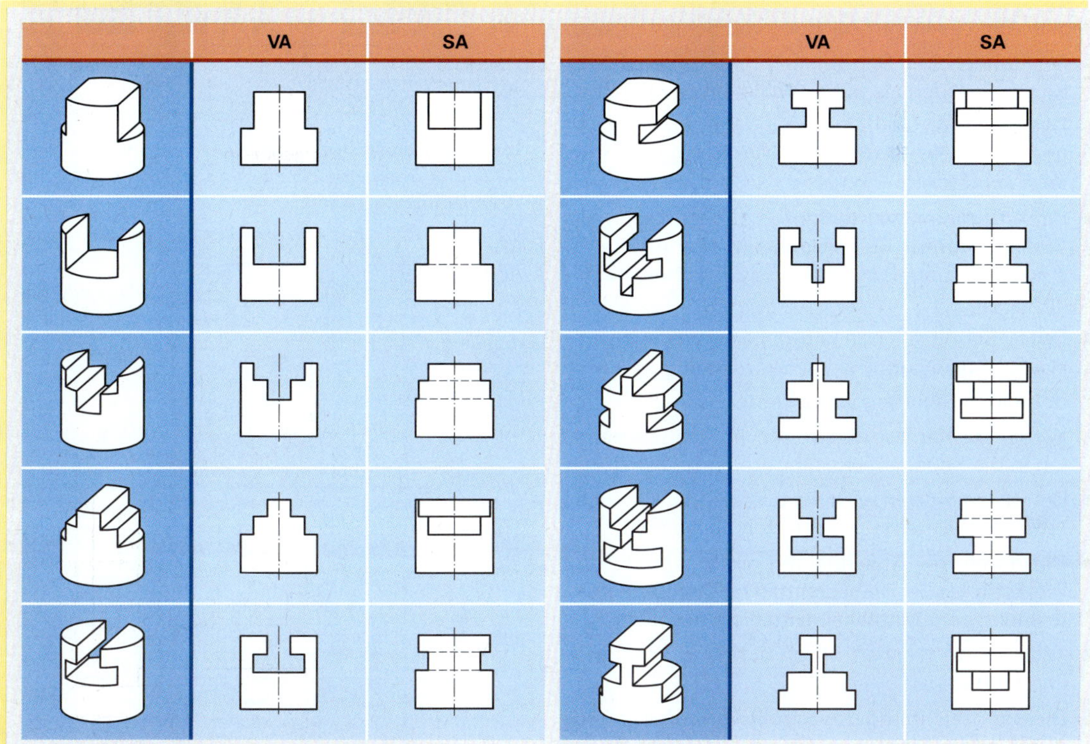

Bild 2: Zylindrische Körper mit Ausklinkungen

2.1.3 Schnittdarstellungen

In vielen Fällen ist das Innere von Werkstücken durch die Darstellung der verdeckten Kanten nicht sehr aussagekräftig, da durch die Anhäufung der gestrichelten Linien die Übersichtlichkeit stark leidet. In diesen Fällen werden Werkstücke durch Schnittdarstellungen gezeichnet.

> Unter einer Schnittdarstellung versteht man das **gedachte** Zerlegen eines Werkstückes durch eine oder mehrere Ebenen.

Diese Ebenen werden als Schnittebenen, die dadurch entstandenen Flächen als Schnittflächen bezeichnet **(Bild 1a)**. In den meisten Fällen verläuft die Schnittebene durch die Mittelachse der Werkstücke. Dies gilt vor allem für rotationssymmetrische Teile **(Bild 1b)**. In diesem Falle ist es auch möglich nur eine der beiden Hälften zu schneiden. Das Ergebnis wird als **Halbschnitt** bezeichnet **(Bild 1b)**. Sollen andere als die mittlere Ebene dargestellt werden, so muss die Lage des Schnittes in die ungeschnittene Ansicht eingetragen werden **(Bild 1d)**. Bei einer nicht durchgehenden Schnittebene müssen darüber hinaus auch die jeweiligen Wendepunkte der Schnittverläufe gekennzeichnet werden. Teilbereiche eines Werkstückes werden in Form eines Teilschnittes dargestellt **(Bild 1c)**.

Regeln zum Lesen und Zeichnen von Schnitten sind:

- Die durch den Schnitt sichtbar gewordenen Kanten werden als breite Volllinien gezeichnet.
- Die Schnittfläche, also der Bereich, der mit der gedachten Schnittebene in Berührung kommt, wird schraffiert.
- Schraffurlinien werden durch parallele schmale Volllinien unter 45° dargestellt. Die Abstände sind gleich und von der Größe der Schnittfläche abhängig.
- Durch Schnittflächen laufen keine Volllinien.
- Die Schnittflächen eines Werkstückes sind in derselben Richtung schraffiert.
- Verdeckte Kanten dürfen nur in Ausnahmefällen in die Schnittfläche eingezeichnet werden.
- Bei Halbschnitten wird die untere oder die rechte Werkstückhälfte geschnitten dargestellt.
- Die durch das Abschneiden eines Viertels des Werkstückes bei Halbschnitten entstehende Kante entlang der Mittellinie wird nicht gezeichnet.
- Teilschnitte werden durch schmale Freihandlinien begrenzt.
- Die Kennzeichnung des Schnittverlaufes erfolgt durch breite Strichpunktlinien und große Buchstaben.

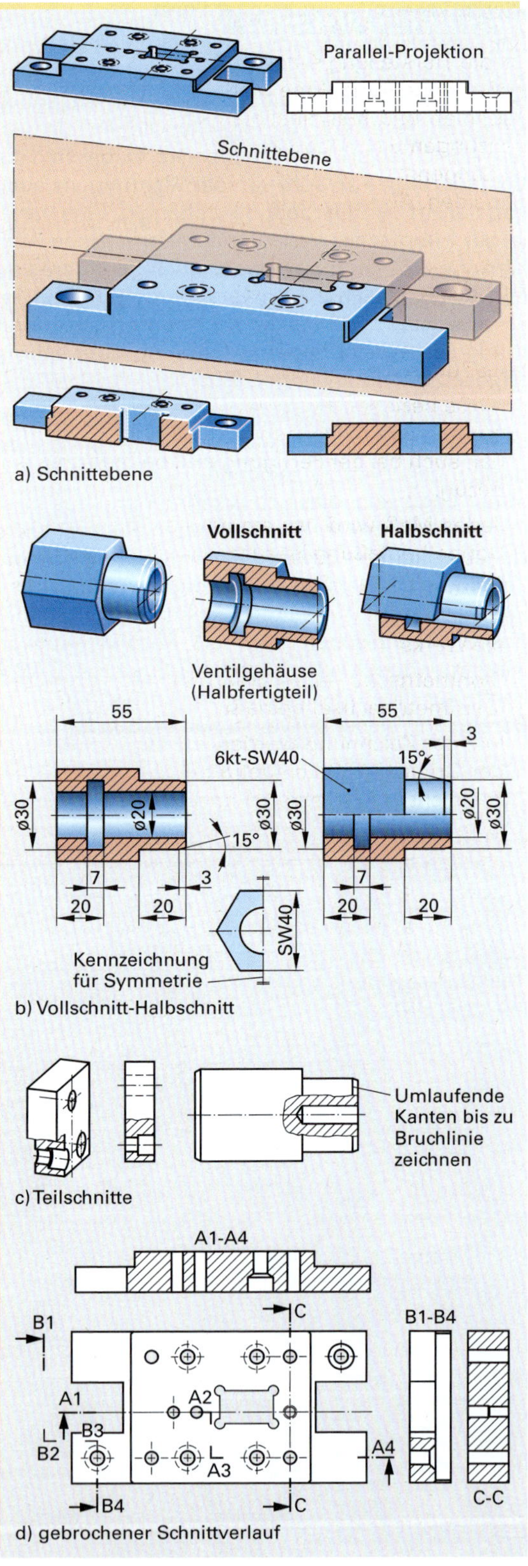

Bild 1: Schnittdarstellungen

2.1.4 Bemaßung von Einzelteilen

Für die Herstellung eines Teiles ist neben der eindeutigen Darstellung vor allem die Bemaßung von großer Bedeutung. Eine Maßeintragung besteht aus der Maßhilfslinie, der Maßlinie und der Maßzahl. Maßlinien und Maßhilfslinien sind schmale, durchgezogene Volllinien. Sie sollen von den Körperbegrenzungen einen Abstand von mindestens 10 mm und untereinander von mindestens 7 mm haben. Bei Längenmaßen werden sie parallel zu den Körperkanten eingetragen und sollen sich möglichst nicht schneiden. Als Maßbegrenzungen dienen im Bereich der Mechanik Maßpfeile **(Bild 1)**.

Die Anordnung der Maße ist sehr umfangreichen Regeln unterworfen, die nach DIN 406-11 genormt sind. Aus diesem Grund können hier auch nur die Wichtigsten ausgeführt werden.

Bemaßungsregeln:

- Maße beziehen sich immer auf **Maßbezugselemente** wie z.B. Flächen oder Kanten. Diese dienen auch bei der Fertigung und beim Prüfen als Bezug.
- Jedes Maß wird nur einmal eingetragen, eine Doppelbemaßung ist zu vermeiden.
- Bei der Darstellung eines Teiles in mehreren Ansichten sind die Maße dort einzutragen wo die Werkstückform am besten erkennbar ist.
- Symmetrische Teile werden über die Mittellinie (Symmetrieachse) bemaßt.
- In einer Zeichnung werden die Maße immer in der Originalgröße eingetragen, auch wenn das Teil nicht im Maßstab 1:1 gezeichnet wurde.
- Maße, die sich bei der Fertigung ergeben, werden nicht oder als Hilfsmaße in Klammern gezeichnet.
- Kettenmaße sind zu vermeiden, da sie aus Toleranzgründen zu Fertigungsfehlern führen können.
- Die Maßhilfslinien von Winkelbemaßungen zeigen zum Scheitelpunkt des Winkels, die Maßlinien werden in diesem Falle als Kreisbogen gezeichnet.
- Bei der Bemaßung von Durchmessern ist das Ø-Zeichen einzufügen und zwar unabhängig davon, ob die Kreisform erkennbar ist oder nicht.
- Die Bemaßung von Radien ist abhängig vom zur Verfügung stehenden Platz durchzuführen. In allen Fällen ist der Radienangabe ein R voranzustellen.
- Wenn die Lage des Radiusmittelpunktes eindeutig ist, kann auf seine Angabe verzichtet werden. Andernfalls muss er angegeben und bemaßt werden.
- Sind mehrere Radien gleich groß, muss eine Bemaßung nicht erfolgen. In diesem Falle reicht die Textangabe „alle nichtbemaßten Radien = ... mm" aus.

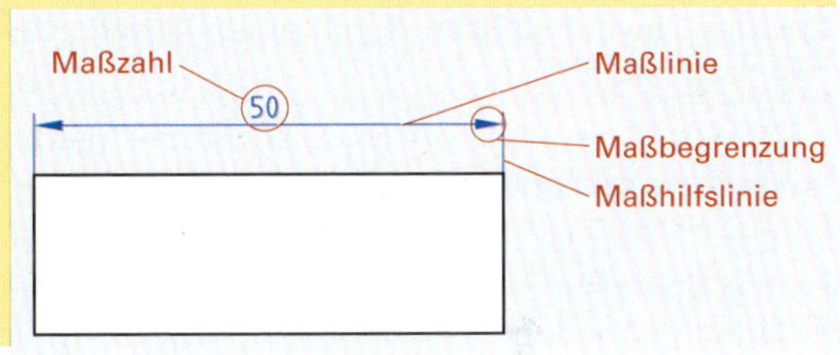

Bild 1: Maßbegrenzungen

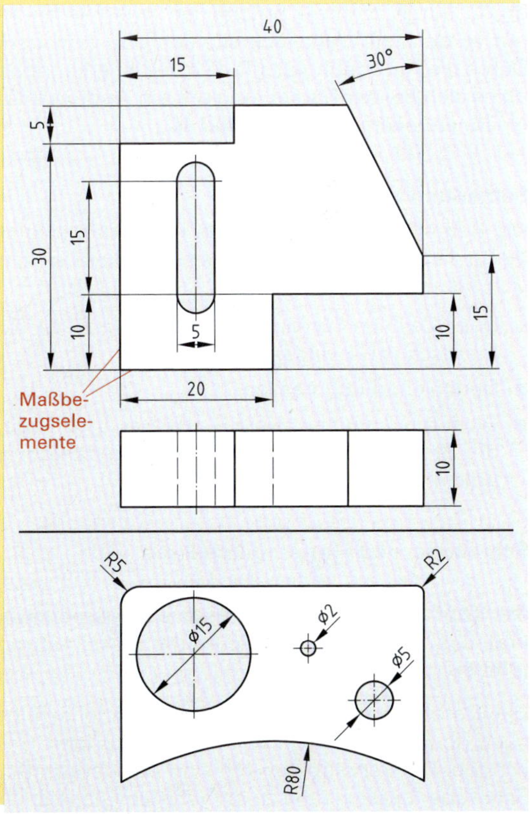

Bild 2: Bemaßungsregeln

2.1.5 Gewindedarstellung

Die exakte Darstellung von Gewinden ist in Technischen Zeichnungen nicht möglich. Sie werden deshalb vereinfacht dargestellt. Dabei wird weder das Gewindeprofil noch die Steigung gezeichnet. Bei Außengewinden wird der Gewindegrund durch eine dünne Volllinie und die Gewindespitzen durch ein breite Volllinie angedeutet. Bei Innengewinden ist die Darstellung umgekehrt **(Bild 1).** Der Gewindeabschluss wird durch eine breite Volllinie dargestellt.

In der Seitenansicht werden der Gewindegrund bzw. die Gewindespitzen durch einen Dreiviertelkreis dargestellt.

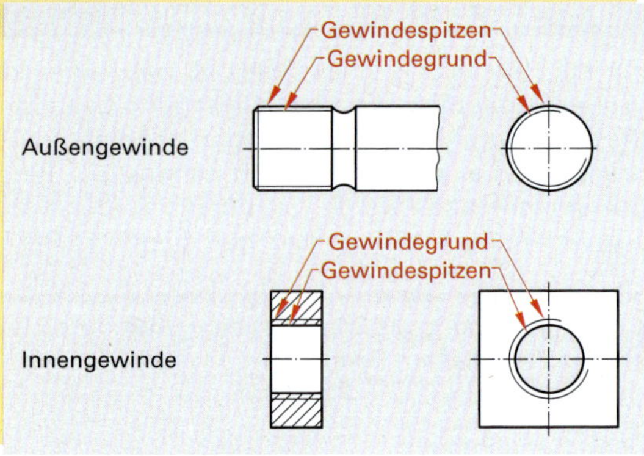

Bild 1: Gewindedarstellung

Gewindedarstellung im Schnitt

Bei der Schnittdarstellung eines Gewindes müssen die Schraffurlinien immer bis zu den breiten Volllinien gezeichnet werden. Dies gilt sowohl für Außen- als auch für Innengewinde **(Bild 2).**

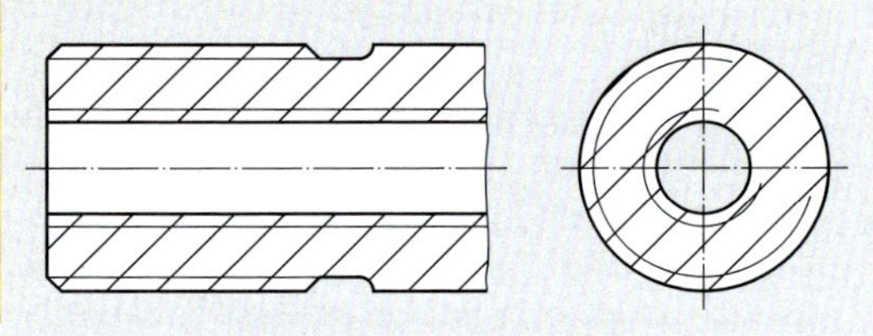

Bild 2: Gewindedarstellung im Schnitt

Verdeckte Gewinde

Sind Außen- oder Innengewinde durch andere Teile verdeckt, so sind Gewindespitzen und Gewindegrund durch schmale Strichlinien, wie alle anderen verdeckten Werkstückteile auch, zu zeichnen. Durch die Anordnung des ¾-Kreises ist erkennbar, ob es sich bei der Darstellung um ein Außen- oder ein Innengewinde handelt **(Bild 3).**

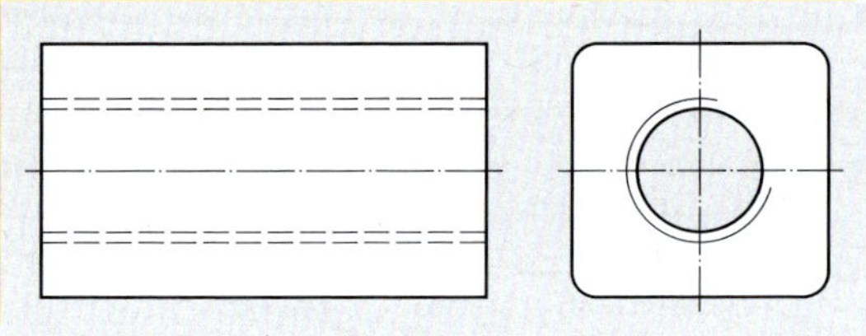

Bild 3: Verdeckte Gewinde

Bemaßung von Gewinden

Die Bemaßung von genormten Gewinden erfolgt durch das Eintragen von Kurzzeichen. Diese setzen sich zusammen aus

- Dem Zeichen für die Gewindeart (z. B. M für metrisches Gewinde)
- Dem Nenndurchmesser
- Weiteren Angaben wie z. B. die Gewindelänge, die Steigung oder die Richtung der Steigung **(Bild 4)**

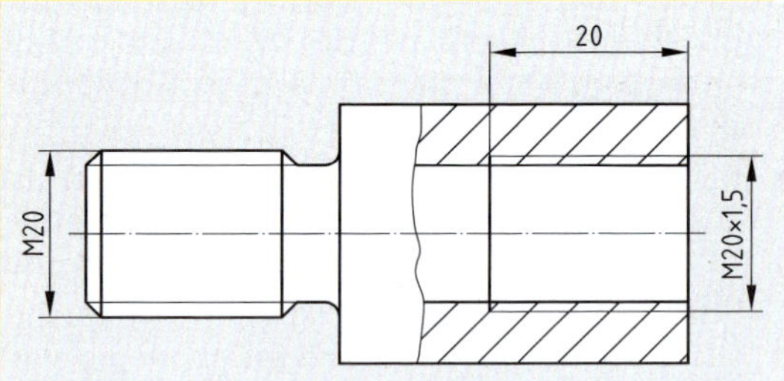

Bild 4: Bemaßung von Gewinden

Schrauben- und Mutterndarstellung

Neben den Gewinden ist bei Schrauben vor allem der Kopf ein wichtiges Unterscheidungsmerkmal und das Kernstück der Schraubenbezeichnung **(Bild 5).**

Die Darstellung der Schraubengewinde erfolgt nach denselben Regeln wie bei den übrigen Gewinden. Die Schraubenmaße sind der genormten Schraubenbezeichnung zu entnehmen (siehe auch Tabellenbuch).

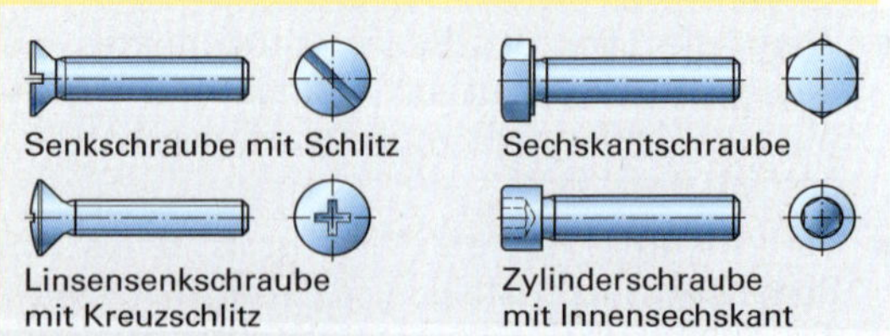

Bild 5: Schraubenarten

2.1.6 Genormte Einzelheiten

Ebenso wie die Darstellung von Schrauben und Muttern unterliegen auch andere genormte Einzelheiten wie z.B. Senkungen, Freistiche, Rändel, Zentrierungen bestimmten Darstellungsregeln.

Darstellung von Freistichen

Absätze von Wellen und Gewindeausläufe können aus Fertigungsgründen und dürfen aus Festigkeitsgründen niemals exakt scharfkantig sein. Anstelle des scharfkantigen Überganges tritt in der Regel ein genormter Freistich **(Bild 1)**. Die genaue Darstellung des Freistiches erfordert sehr viel Aufwand. Aus diesem Grunde genügt meist die vereinfachte Darstellung nach DIN 509 bzw. DIN 76 für Gewinde **(Bild 2)**.

Die Maße für die Freistiche sind abhängig von der Belastung und dem Wellendurchmesser. Sie sind im Einzelfall dem Tabellenbuch zu entnehmen. Die maßgenaue Herstellung von Freistichen ist durch die Verbreitung von CNC-gesteuerten Drehmaschinen wesentlich einfacher geworden.

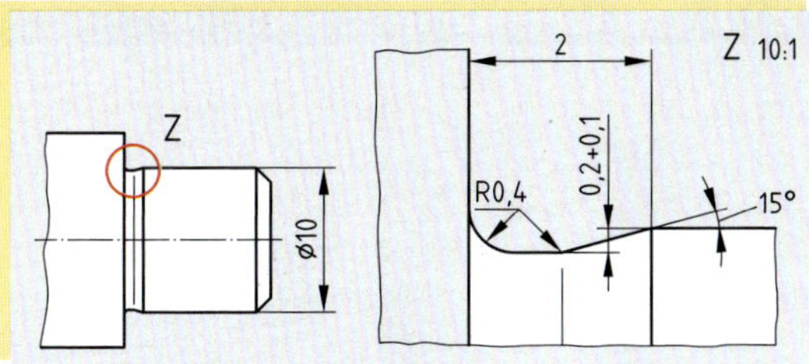

Bild 1: Freistich am Wellenabsatz

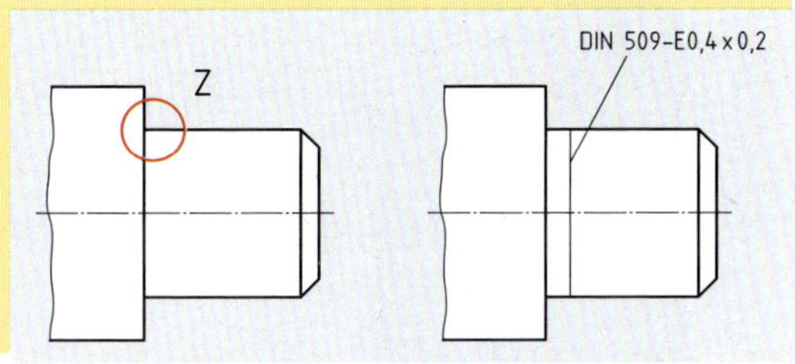

Bild 2: Vereinfachte Darstellung von Freistichen

Darstellung von Rändel

Zur besseren Handhabung von Teilen, die von Hand betätigt werden müssen, wie z.B. Stellschrauben, Handräder, werden diese mit Rändel versehen. Die exakte Darstellung von Rändeln ist durch die Verzerrung der gebogenen Oberflächen nur sehr schwer möglich. Sie werden deshalb vereinfacht dargestellt. Die Informationen über ihre genaue Beschaffenheit ist in der Bezeichnung enthalten **(Bild 3)**.

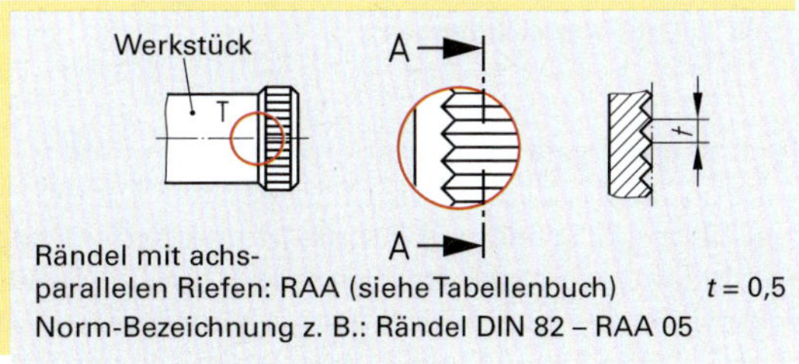

Bild 3: Rändel nach DIN 82

Darstellung von Zentrierbohrungen

Zentrierbohrungen dienen zum Spannen von Drehteilen zwischen Spitzen. Sie sind genormt und können unterschiedliche Formen besitzen. Nach DIN 332 können sie in der Zeichnung ebenfalls vereinfacht dargestellt werden **(Bild 4)**. Die genauen Maße sind dem Tabellenbuch zu entnehmen.

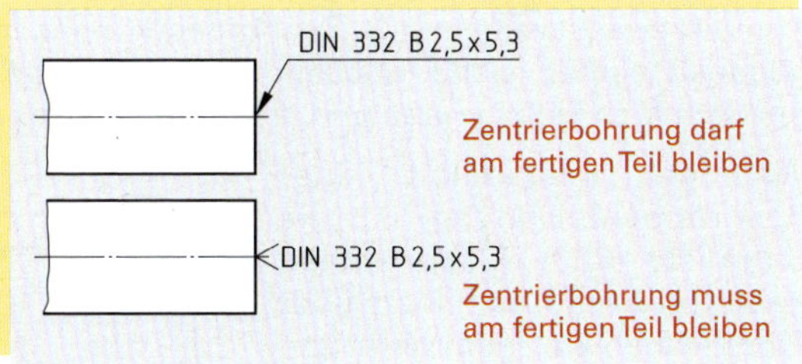

Bild 4: Zentrierbohrungen

Arbeitsauftrag:

1. Welche Kommunikationsmittel, die in der Technik benutzt werden, gibt es? Nennen Sie jeweils ein Beispiel aus Ihrem Ausbildungsbetrieb.
2. Welche Arten von Technischen Zeichnungen kennen Sie? Beschreiben Sie sinnvolle Einsatzmöglichkeiten.
3. Welcher Grundsatz gilt für die Anzahl der dargestellten Ansichten in Technischen Zeichnungen?
4. Welchen Zweck erfüllen Schnittdarstellungen?
5. Nennen Sie die wichtigsten Bemaßungsregeln, die bei Technischen Zeichnungen in der Mechanik einzuhalten sind.
6. Wie werden Innen- und Außengewinde dargestellt?

2.1.7 Gruppenzeichnungen

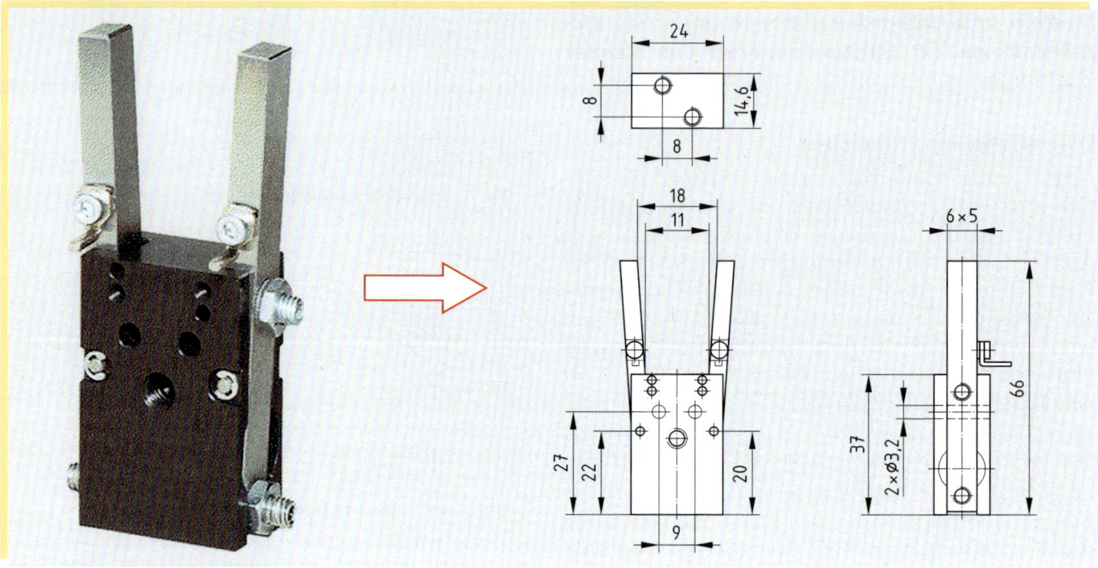

Bild 1: Gruppenzeichnungen

Technische Systeme bestehen immer aus mehreren Einzelteilen oder Baugruppen (Subsystemen), die ganz unterschiedliche Aufgaben erfüllen. Für die Fertigung der Einzelteile ist die Fertigungszeichnung die maßgebliche Grundlage, für die Montage der Baugruppen oder des Gesamtsystemes sind jedoch Gruppen- oder Gesamtzeichnungen die Grundlage **(Bild 1).** Sie zeigen die zu einer Baugruppe oder zu einem kompletten System zusammengefassten Teile in ihrer räumlichen Lage zueinander. Dazu gehören neben allen Einzelteilen auch die genormten Teile wie Scheiben, Schrauben, Stifte, Federn usw. Der Aufbau und die Funktion der dargestellten Baugruppe sollen aus der Gruppenzeichnung erkennbar sein.

Die Regeln der Darstellung sind für Gruppen- und Gesamtzeichnungen dieselben wie für die Einzelteile. Komplizierte Einzelteile (z.B. Zahnräder) können in einer genormten, vereinfachten Darstellung wiedergegeben werden (siehe Tabellenbuch). Die Bemaßung von Baugruppen und Gesamtsystemen wird auf die wichtigen Einbaumaße und die für die Funktion erforderlichen Maße beschränkt.

Wichtiger Bestandteil einer Baugruppenzeichnung ist die Stückliste **(Bild 2).** Sie enthält neben den Informationen über Einzelteilnamen, -nummern und -werkstoffen auch die Anzahl der jeweils verwendeten Teile. Die in der Stückliste enthaltenen Positionen sind in der Gruppen- oder Gesamtzeichnung durch Positionsnummern gekennzeichnet. Die Stückliste kann bei kleineren Zeichnungen Bestandteil des Schriftkopfes sein; bei sehr umfangreichen Zeichnungen wird die Stückliste als separates Blatt geführt.

Die Form der Stückliste ist nach DIN ISO genormt.

Pos.	Menge	Benennung	Sachnummer
1	1	Gehäuse	AZY 12070
2	2	Arm	BARM 180
3	2	Schaltnocken	ANOCK 123
4	4	Membran	BGUM 189
5	2	Sonderstifte	SOST 180
6	2	Sechskantschraube ISO 4017-M8 × 16	ISO 0816
7	4	Scheibe DIN 125 A 8,4	SCH 180
8	4	Sicherungsscheibe	SI 180
9	1	Druckfeder	FD 180 li
10	1	Druckfeder	FD 180 re
11	3	Gewindestift M4	GS 180-4

Bild 2: Stückliste

2.2 Tabellen und Diagramme

Neben der Technischen Zeichnung dienen vor allem Tabellen und unterschiedliche Formen von Diagrammen zur Verdeutlichung technischer Zusammenhänge.

2.2.1 Tabellen

In Tabellen wird die Zuordnung von Zahlenwerten in übersichtlicher Form dargestellt **(Bild 1)**. Durch den Tabellenkopf und die Vorspalte wird die Tabelle gegliedert. Durch waagrechtes und senkrechtes Verfahren in den jeweiligen Spalten und Zeilen werden die gesuchten Zahlenwerte ermittelt.

Bestell-Nr.	Bezeichnung	Hub [mm]	Schließkraft [N]	Öffnungskraft [N]	F_A [N]	M_X [Nm]	M_Y [Nm]
GP30	Parallel-Greifer	5	85,52	77,02	80	2	2
GP45	Parallel-Greifer	5	106,24	143,46	160	4	4
GH6040	Großhub-Greifer	40	114,60	142,22	500	35	35
GH6060	Großhub-Greifer	60	114,60	142,22	500	35	35
GH6080	Großhub-Greifer	80	114,60	142,22	500	35	35

Bild 1: Beispiel für Tabelle

2.2.2 Diagramme

Diagramme sind grafische Darstellungen in einem Koordinatensystem. Mit ihrer Hilfe werden wertmäßige Zusammenhänge zwischen veränderbaren Größen bildhaft dargestellt.

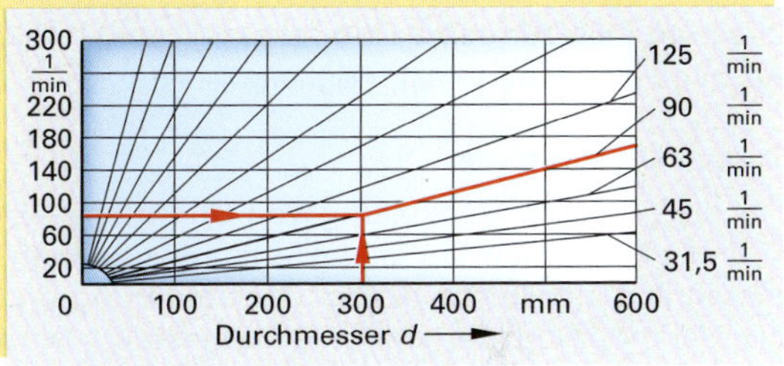

Bild 2: Diagramm mit linearen Achsen

Kartesisches Koordinatensystem

Zwei rechtwinklig zueinander stehende Achsen bilden die Grundlage dieses Koordinatensystemes. Im Schnittpunkt der waagrechten **Abszisse** und der senkrechten **Ordinate** liegt der Nullpunkt des Koordinatensystemes. Positive Werte werden von hier aus nach rechts bzw. nach oben, negative Werte nach links bzw. nach unten abgetragen. Zum Abtragen der Werte müssen die Achsen mit Zahlenskalen versehen werden. Diese sind meist **linear (Bild 2),** in seltenen Fällen auch logarithmisch **(Bild 3)**. Die dargestellten Kennlinien (Graphen) geben durch ihren Verlauf den funktionalen Zusammenhang der veränderbaren Größen an.

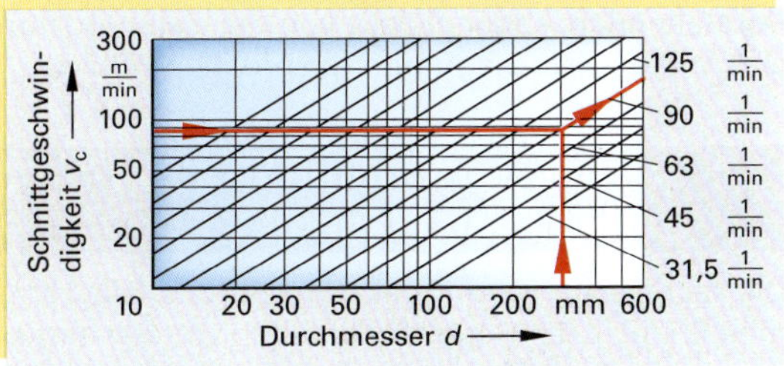

Bild 3: Diagramm mit logarithmischen Achsen

Polarkoordinatensystem

Im Polarkoordinatensystem wird eine Kreisfläche mit einer 360°-Teilung versehen. Der Winkel 0° wird dabei der vom Mittelpunkt waagerecht nach rechts gehenden Achse zugeordnet. Die positiven Winkel werden von dort aus entgegen dem Uhrzeigersinn, negative Winkel im Uhrzeigersinn gezählt **(Bild 4)**.

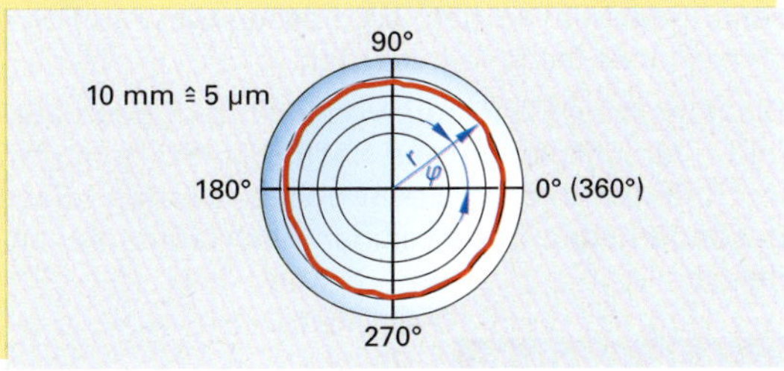

Bild 4: Diagramm mit Polarkoordinatensystem

Flächendiagramme

Für die anschauliche Darstellung einfacher Veränderungen oder anteilmäßiger Zusammensetzungen eignen sich die verschiedenen Flächendiagramme. In Balken- und Säulendiagrammen **(Bild 5)** werden in der Regel auf der senkrechten Achse die Mengenangaben abgetragen. Die waagrechte Achse beinhaltet die Angaben, die einander gegenübergestellt werden sollen.

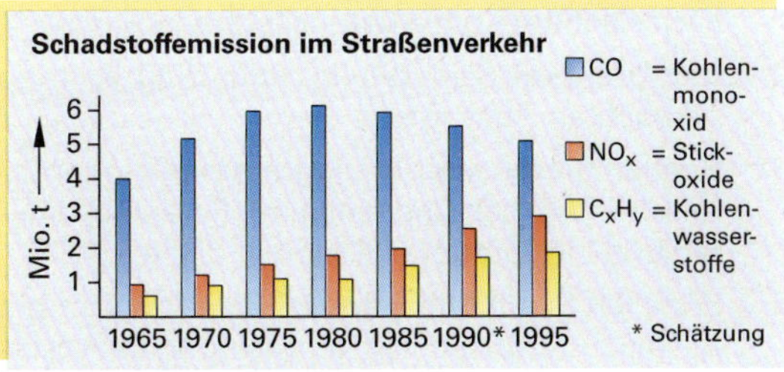

Bild 5: Flächendiagramm

2

Im **Kreisdiagramm** sind die anteilmäßigen Aufteilungen über die Größe der Flächenanteile dargestellt **(Bild 1)**. Die gesamte Kreisfläche entspricht dabei einem Anteil von 100%. Wird die Kreisfläche perspektivisch dargestellt und in die Höhe gezogen, so spricht man von einem Torten- oder Kuchendiagramm.

Beim **Sankey-Diagramm** werden die anteilmäßigen Zusammensetzungen auf die Ausgangsbreite des Diagrammes bezogen **(Bild 2)**.

Sankey- und Kreisdiagramme dienen hauptsächlich der Visualisierung von Veränderungen und Zusammensetzungen. Eine exakte, qualitative Aussage ist nur begrenzt möglich.

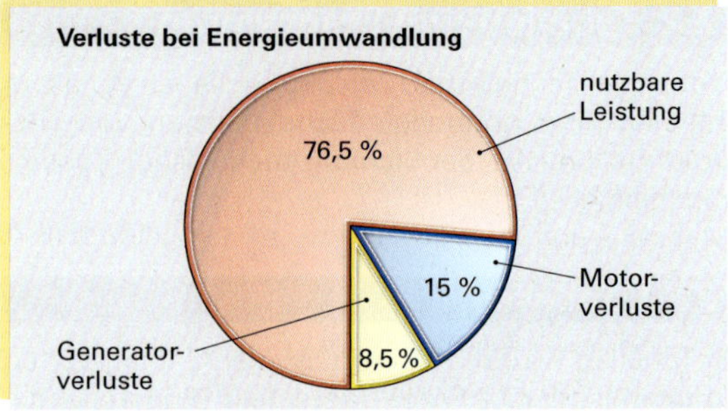

Bild 1: Kreisdiagramm

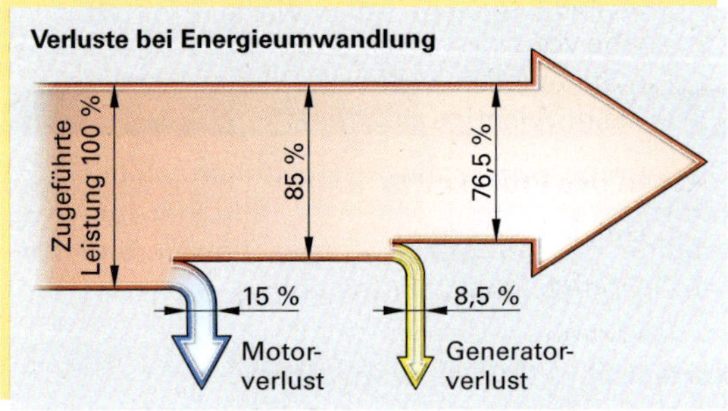

Bild 2: Sankey-Diagramm

Zustandsdiagramme

Für die grafische Darstellung von Steuerungsabläufen eignen sich vor allem Zustandsdiagramme. In ihnen wird der Ablauf der Steuerung und die Verknüpfung der Bauteile dargestellt. Wird ausschließlich der Ablauf in Abhängigkeit von dem jeweiligen Schritt gezeigt, so spricht man dies in einem Weg-Schritt-Diagramm **(Bild 3)**; bei der Darstellung in Abhängigkeit von der Zeit wird von einem Weg-Zeit-Diagramm gesprochen **(Bild 4)**.

2.3 Technische Kommunikation mithilfe von Plänen

Die technische Kommunikation mittels Diagrammen findet in der Regel unabhängig von der eingesetzten Gerätetechnik statt. Sollen jedoch spezielle gerätetechnische und schaltungstechnische Informationen (E-Technik, Pneumatik, Hydraulik usw.) weitergegeben werden, so müssen diese in Form eines Planes festgelegt werden.

Die Regeln zur Erstellung von Elektro-, Pneumatik- und Hydraulikplänen sind nach DIN ISO genormt. Im Rahmen dieses Fachbuches werden diese Besonderheiten im jeweiligen Fachkapitel behandelt.

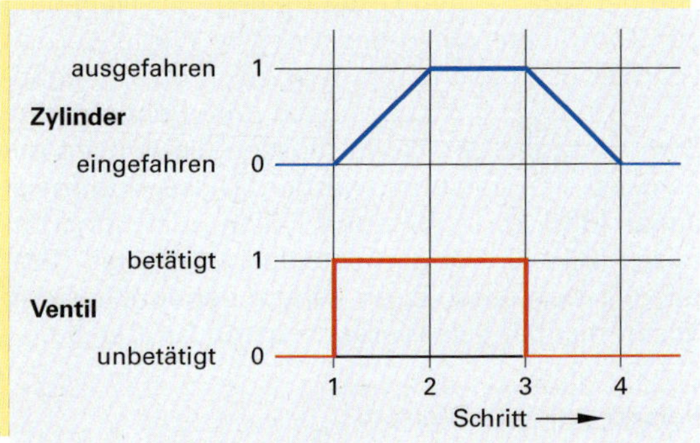

Bild 3: Weg-Schritt-Diagramm

Arbeitsauftrag:

1. Suchen Sie im Tabellenbuch mindestens fünf unterschiedliche Diagramme mit linearem, kartesischem Koordinatensystem.
2. Interpretieren Sie die in den Diagrammen gemachten Aussagen.
3. Suchen Sie jeweils ein Diagramm mit logarithmischen Achsen und eines mit Polarkoordinaten und interpretieren Sie auch diese.
4. Erstellen Sie mithilfe eines Office-Programms Balken- und Tortendiagramme über die Altersverteilung Ihrer Klassenkameraden.

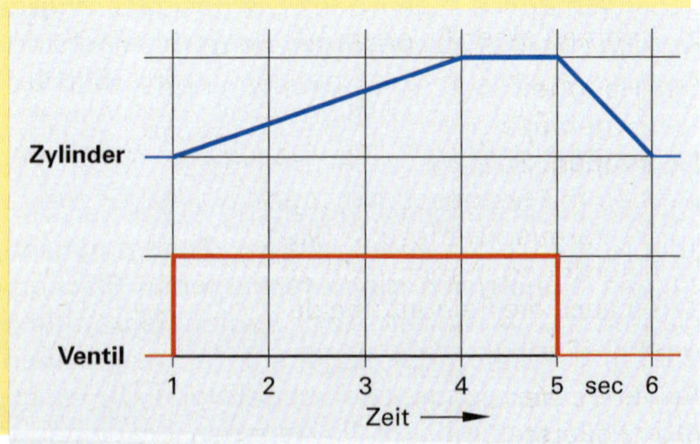

Bild 4: Weg-Zeit-Diagramm

2.4 Die Sprache als Kommunikationsmittel

Neben allen Hilfsmitteln, die die Technische Kommunikation erleichtern, bleibt die Sprache, also das gesprochene und geschriebene Wort, ein unersetzliches Kommunikationsmittel. Immer häufiger müssen qualifizierte Arbeitskräfte in der Lage sein, dieses Kommunikationsmittel professionell einzusetzen. Sei es in der direkten Absprache mit anderen Mitarbeitern, Auftraggebern und Kunden oder in Form von Protokollen, Referaten und Projektarbeiten; überall ist es erforderlich, sich präzise und strukturiert ausdrücken zu können.

2.4.1 Das Erstellen von Protokollen

Aufgabe von Protokollen ist es, den Inhalt und den Verlauf bestimmter Ereignisse wie Teamsitzung, Gespräche, Unterrichtsstunden, Konferenzen, Tagungen u.a. festzuhalten, damit diese zu einem späteren Zeitpunkt nachvollziehbar und die Ergebnisse nachzulesen sind. Außerdem können anhand der Protokolle auch Personen, die nicht an dem Ereignis teilnehmen konnten, über die Ergebnisse informiert werden. Als Übergabe- bzw. Abnahmeprotokolle dienen sie auch zu Dokumentationszwecken bei der Übergabe von Maschinen und Anlagen. Protokolle werden in sachlicher Form entweder in ganzen Sätzen oder in Stichworten verfasst. Die Zeitform kann die Gegenwart (Präsens) oder die Vergangenheit (Präteritum) sein. Wichtige Redebeiträge können wörtlich zitiert werden.

Formen des Protokolles (Bild 1)

Grundsätzlich werden zwei Formen des Protokolles unterschieden:

- das **Verlaufsprotokoll**
- das **Ergebnisprotokoll**

Im Verlaufsprotokoll werden alle wichtigen Einzelheiten und der gesamte Verlauf des Ereignisses wiedergegeben. Dabei werden auch die wichtigsten Äußerungen aufgeführt.

Im Ergebnisprotokoll dagegen sind nur die Ergebnisse wie z.B. Anträge, Beschlüsse, Vereinbarungen, Abmachungen, festgehalten. In der Regel ist das Ergebnisprotokoll erheblich kürzer als das Verlaufsprotokoll aber auch nicht so aussagekräftig bezüglich der Wege, die zu einer Entscheidung geführt haben.

Aufbau eines Protokolles (Bild 1)

Protokolle erhalten einen Protokollkopf (Vorspann), einen Hauptteil und am Ende des Protokolles das Datum, den Ort und die Unterschrift des Protokollanten. Im Protokollkopf sind normalerweise das Thema des Ereignisses, der Ort, das Datum und die Zeit sowie die Namen der Teilnehmer aufgeführt. Bei größerer Teilnehmerzahl werden diese im Rahmen einer Anwesenheitsliste genannt.

Der Hauptteil fasst die wichtigsten Beiträge bzw. die Ergebnisse in chronologischer Reihenfolge zusammen. Sehr oft gehen den Ereignissen Einladungen mit festgesetzten Tagesordnungspunkten (TOP) voraus. In diesen Fällen bestimmen diese Tagesordnungspunkte den zeitlichen Verlauf und somit auch die Reihenfolge der Dokumentation der Ergebnisse.

Am Ende des Protokolles stehen das Datum der Protokollerstellung und die Unterschrift des Protokollanten.

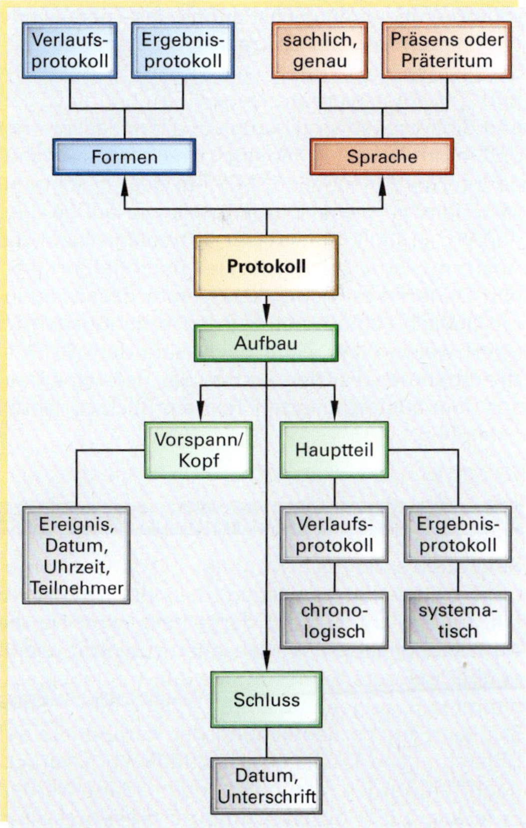

Bild 1: Protokoll

Erstellung eines Protokolles

Protokolle werden auf der Grundlage von schriftlichen Aufzeichnungen gemacht. Diese erstellt der Protokollant während des Ereignisses. Dazu muss er die Fähigkeit besitzen, schon während der Sitzung Wichtiges von Unwichtigem zu unterscheiden und das Wichtige in Stichpunkten mit hoher Schreibgeschwindigkeit so zu notieren, dass er diese Notizen später noch lesen kann. Dabei ist durchaus sinnvoll, gebräuchliche Abkürzungen und Zeichen (z. B. = , →) zu verwenden. Im Bedarfsfall kann der Protokollant die Redner um Wiederholung oder genaue Formulierung bitten. Die endgültige Erstellung des Protokolles erfolgt heute normalerweise mit einem Textverarbeitungssystem am PC. Über die Form der Veröffentlichung bzw. Verteilung des Protokolles wird vor der Protokollerstellung entschieden. Häufig muss das Protokoll durch den Vorsitzenden oder die gesamte Teilnehmergruppe genehmigt werden.

2.4.2 Referate und Vorträge

Ein Referat ist ein sachlicher Vortrag zu einem bestimmten Thema. Der Anlass für ein Referat kann z. B. die Weitergabe von erarbeitetem Wissen sein. So ist es denkbar, dass sich ein Mitglied eines Projektteams intensiv über die Eigenarten einer bestimmten Steuerungsart informiert und die gewonnenen Erkenntnisse in Referatsform an die anderen Teammitglieder weitergibt. Voraussetzung für das Gelingen eines Referates ist also immer die Auseinandersetzung mit einem Thema. Grundlage des Referatvortrages ist in der Regel die schriftliche Ausarbeitung des Referates **(Bild 1).**

2.4.3 Referaterstellung

Der erste Schritt bei der Erstellung eines Referates ist immer die genaue Festlegung des Themas und die Eingrenzung des Zeitrahmens. Steht das Thema fest, so muss Informationsmaterial beschafft und gesichtet werden. Neben Firmenunterlagen und Bibliotheken sind heute vor allem das Internet und in größeren Firmen auch das Intranet wichtige Informationsquellen. Mithilfe des gesichteten Materiales wird eine Grobstruktur (vorläufige Gliederung) erstellt. Auf dieser Grundlage kann die Ausformulierung des Referates durchgeführt werden. Dabei ist es wichtig, dass Texte, die aus anderen Quellen entnommen wurden, ordnungsgemäß zitiert werden. Die Zitierregeln sind dem DUDEN zu entnehmen. Für den Vortrag des Referates kann aus dem ausformulierten Text ein Stichwortzettel entstehen.

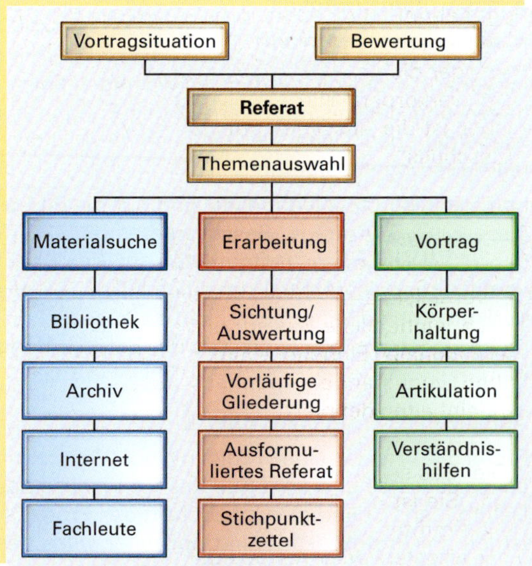

Bild 1: Überblick Referat

2.4.4 Der Vortrag des Referates

Referate werden nicht vorgelesen sondern vorgetragen. Dabei ist es wichtig, dass das Thema für die Zuhörer interessant dargestellt wird. Da die Auffassungsgabe des Menschen zunimmt, wenn er über mehrere Sinnesorgane Informationen aufnimmt (z. B. Augen und Ohren – siehe Bild 1, Seite 51), kann zur Verdeutlichung der Kernpunkte auf Hilfsmittel wie Tafeln, Overheadfolien u. a. zurückgegriffen werden. In zunehmendem Maße werden Referate auch durch Computerpräsentationen (siehe auch Kap. 1.2.3) unterstützt. Beim Vortrag selbst sollten die in der nebenstehenden Übersicht dargestellten Regeln beachtet werden.

Regeln für den Vortrag eines Referates

- möglichst frei sprechen
- langsam, laut und deutlich reden
- Pausen einbauen
- Stimmlage variieren
- auf Körperhaltung achten
- Blickkontakt zu Zuhörern halten
- nicht gegen Tafel sprechen

3 Prüftechnik

Für die Fertigung von Bauteilen aber auch für deren Montage ist die Überprüfung der geforderten Eigenschaften unerlässlich. Dazu zählen vor allem die in der Technischen Zeichnung angegebenen **Maße,** die **Qualität der Oberflächen** und die Einhaltung der gewünschten **Form.** Zu diesem Zweck wird mit geeigneten Mitteln der tatsächliche Wert (Istwert) mit dem gewünschten Wert (Sollwert) verglichen.

Unter **Prüfen** versteht man das **Vergleichen** eines tatsächlichen Zustandes mit einem gewünschten Zustand **(Bild 1).**

Wird beim Prüfen die zu prüfende Größe mit ihrer Einheit verglichen, so wird dieser Vorgang als **Messen** bezeichnet. Dies geschieht mit geeigneten **Messgeräten.** Das Ergebnis des Messvorganges ist das **Istmaß (Bild 2 und Bild 3).**

Beim **Lehren** dagegen wird die zu prüfende Größe mit einer Lehre verglichen, die das gewünschte Maß oder die gewünschte Form, also den **Sollzustand,** verkörpert **(Bild 4).** Das Ergebnis dieses Vorganges ist die Aussage „gut“, „Nacharbeit“ oder „Ausschuss“.

3.1 Längen- und Winkelprüfung

Um vergleichbare Werte zu erhalten, ist es erforderlich, einheitliche Basisgrößen festzulegen. Im internationalen Einheitensystem SI sind insgesamt sieben voneinander unabhängige Basisgrößen und -einheiten definiert.

Die Basiseinheit der Länge ist das Meter (m). Sie ist nach der Weglänge, die von einer bestimmten Wellenart in einer Zeiteinheit zurückgelegt wird, festgelegt.

Um bei bestimmten Anwendungen nicht zu große oder zu kleine Werte zu erhalten, wird von der Möglichkeit Gebrauch gemacht, die Zahlenwerte durch geeignete Vorsätze zu verkleinern oder zu vergrößern. In der Mechanik sind dies **c**m und **m**m, bei kleineren Werten, wie z.B. Rauheitsangaben, aber auch µm.

Die Einheit für Winkel ist der Grad (°). Ein Grad ist der 360ste Teil eines Vollkreises.

Die Unterteilung von Graden erfolgt in dezimale Teile oder in Minuten (′) und Sekunden (″).

1° = 60′ 1′ = 60″ 30′ = 0,5°

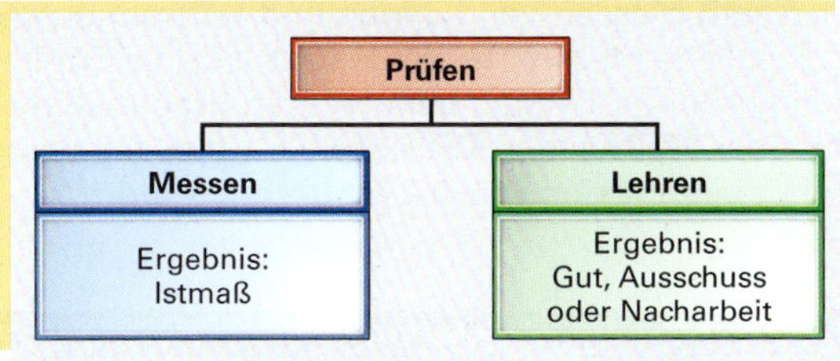

Bild 1: Einteilung des Prüfens

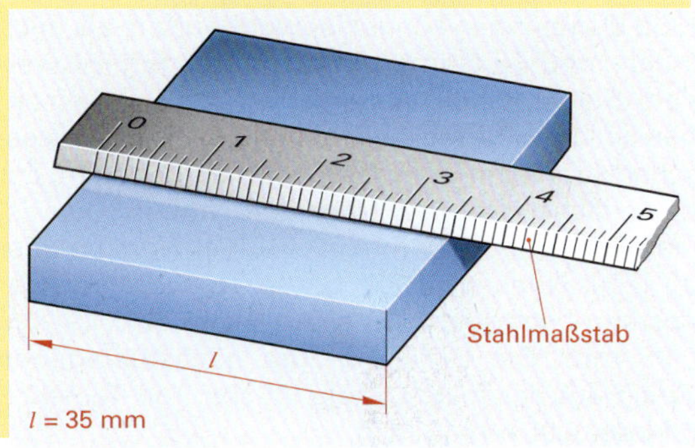

Bild 2: Messen

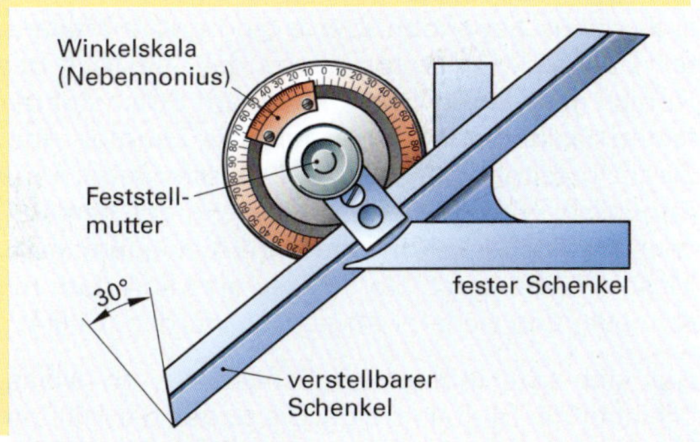

Bild 3: Winkelmessung

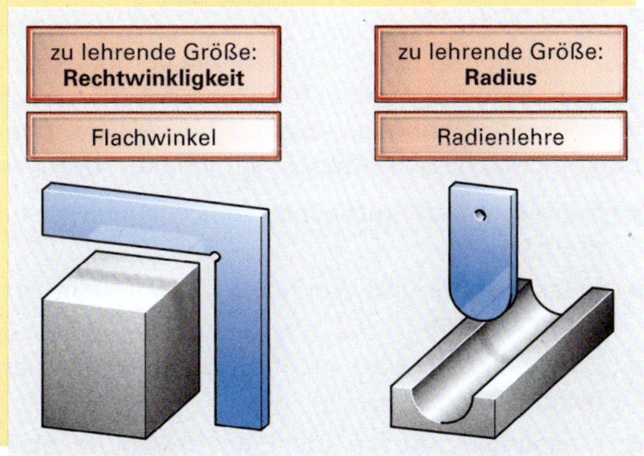

Bild 4: Lehren

3.2 Mechanische Prüfmittel

Abhängig von der geforderten Genauigkeit werden zum Messen von Längen und Winkeln unterschiedliche Messmittel eingesetzt. Für die Ermittlung größerer Längen benutzt man **Stahlmaßstäbe** oder **Maßbänder**. Die erzielbare Ablesegenauigkeit beträgt damit ca. 0,2 bis 0,5 mm **(Bild 1)**.

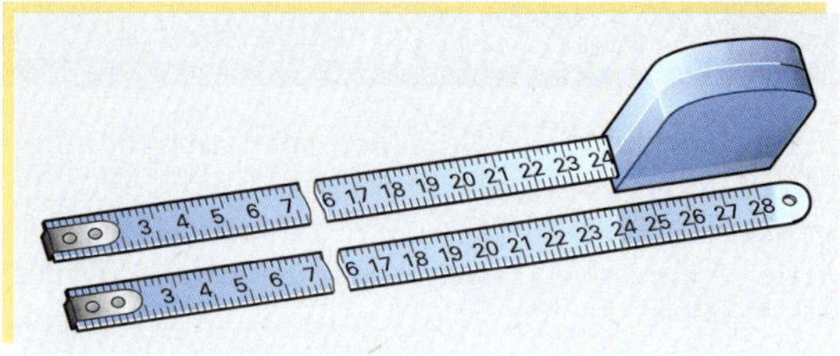

Bild 1: Stahlmaßbänder

3.2.1 Messschieber

Vielseitiger einsetzbar und auch genauer als Maßbänder und Stahlmaßstäbe sind Messschieber **(Bild 2)**. Mit ihnen können sowohl Außen- als auch Innen- und Tiefenmessungen durchgeführt werden. Sie bestehen aus einem festen und einem beweglichen Messschenkel. Auf dem festen Messschenkel ist eine Millimeter-Skala aufgebracht, der bewegliche Schenkel trägt den Nonius. Dies ist eine Teilung von 19 mm in 10 (10er-Nonius) oder 20 (20er-Nonius) gleich große Teile. Der Strichabstand beträgt also 19/10 = 1,9 mm bzw. 19/20 = 0,95 mm. Die Differenz zum nächstgelegenen Strich auf der festen Skala ist somit je Teilstrich 0,1 oder 0,05 mm **(Bild 3)**.

Zum Ablesen des eingestellten Wertes wird der Nullstrich des Nonius als Komma betrachtet. Die links davon liegenden Werte sind ganze Millimeter. Danach wird rechts davon der Teilstrich des Nonius gesucht, der sich mit einem Strich auf der festen Skala deckt. Dieser gibt die Zehntel- oder Zwanzigstelmillimeter an. Bei Messschiebern mit Rundskala wird die Längsbewegung des beweglichen Messschenkels in eine Zeigerbewegung einer Messuhr übersetzt. Der Messwert kann dadurch schneller und sicherer abgelesen werden **(Bild 4)**.

Die sicherste Ablesemöglichkeit bieten Messschieber mit Digitalanzeige. Sie zeigen die Millimeter, Zehntel- und Hundertstelmillimeter in Ziffern an **(Bild 4)**. Messschieber reichen in vielen Fällen im Bereich der Mechatronik aus, um Längen- und Durchmessermessungen in der vorgesehenen Genauigkeit durchzuführen. Um die vom Messgerät zur Verfügung gestellten Genauigkeiten auch ausnützen zu können, müssen bei der Handhabung jedoch gewisse **Regeln** eingehalten werden:

- Die Mess- und Prüfflächen müssen sauber und gratfrei sein.
- Messschieber und Werkstück dürfen nicht verkantet werden.
- Die Messkraft darf nicht zu groß, aber auch nicht zu klein sein.
- Messungen dürfen nicht an bewegten oder erwärmten Teilen durchgeführt werden.

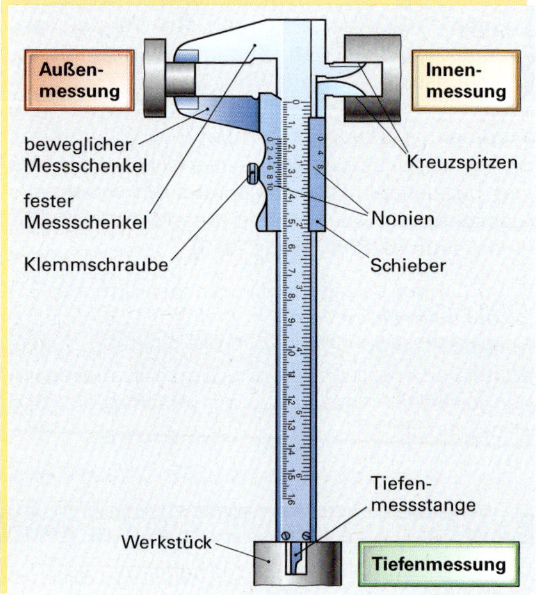

Bild 2: Universalmessschieber

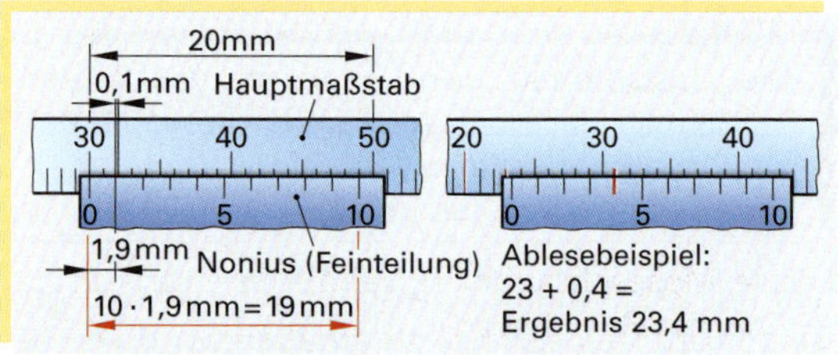

Bild 3: Nonius: Aufbau und Ablesung

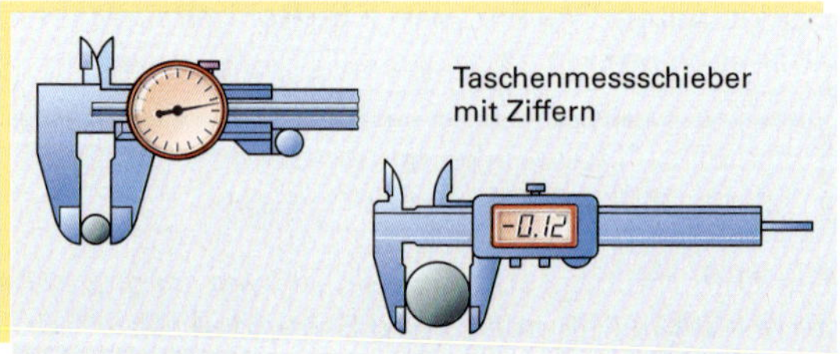

Bild 4: Messschieber mit Rundskala und Digitalanzeige

3.2.2 Messschrauben

Messschrauben werden dort verwendet, wo die Messgenauigkeit von Messschiebern nicht ausreicht. Ihre Ablesegenauigkeit beträgt 0,01 mm. Sie sind in verschiedenen Ausführungen für Innen- und Außenmessungen erhältlich. Der Messbereich der Messschrauben ist im Vergleich zu den anderen mechanischen Messmitteln klein, so dass sie im Bedarfsfalle in unterschiedlichen Größen vorhanden sein müssen. In der Regel sind die verfügbaren Messschrauben in 25-mm-Sprüngen gestuft.

Das Messprinzip besteht darin, dass die erforderliche Linearbewegung der beweglichen Messfläche über die Drehbewegung einer Messspindel erreicht wird. Die Steigung der Spindel beträgt meist 0,5 mm. Dies bedeutet, dass bei einer vollen Umdrehung der Spindel der bewegliche Zylinder einen Weg von 0,5 mm zurücklegt. Befindet sich auf der Hülse, mit der die Drehbewegung durchgeführt wird, eine Skala mit 50 gleichen Teilen, so entspricht jeder Teilstrich = 0,5 mm : 50 = 0,01 mm **(Bild 1)**.

Bei der Ablesung der Messschraube werden die ganzen und die halben Millimeter auf der feststehenden Skala abgelesen. Die auf der drehbaren Skalentrommel abgelesenen Hundertstelmillimeter werden zu diesem Wert addiert **(Bild 2 und 3)**. Um die unterschiedlichen Messkräfte bei der Handhabung auszugleichen, verfügen alle Messschrauben über eine **Rutschkupplung.** Wie bei den Messschiebern, so sind auch die Messschrauben mit digitaler Anzeige erhältlich **(Bild 1)**.

Arbeitsregeln beim Messen mit Messschrauben:

- Die Mess- und Prüfflächen müssen sauber und gratfrei sein.
- Das Verkanten von Werkstück oder Messschraube ist zu vermeiden.
- Die vorgeschriebene Bezugstemperatur ist einzuhalten.
- Die Messschraube ist beim Messvorgang nur über die Rutschkupplung zu betätigen.

3.2.3 Messuhren

Bei Messuhren **(Bild 4)** wird die Linearbewegung eines Messbolzens über ein Getriebe (meist Zahnrad und -stange) in die kreisförmige Bewegung eines Messzeigers umgeformt. Dabei bewirkt ein Liniearweg von einem Millimeter eine volle Drehbewegung. Ist die Skala der Messuhr in 100 gleiche Teile geteilt, so beträgt die Ablesegenauigkeit somit: 1 mm : 100 = 0,01 mm. Auch Messuhren werden heute häufig mit digitaler Anzeige verwendet.

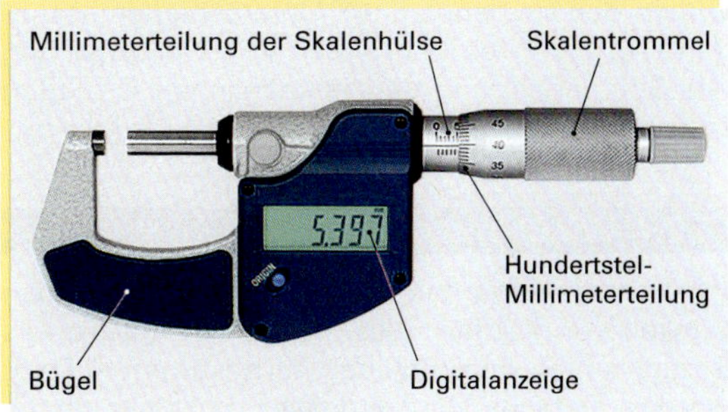

Bild 1: Aufbau einer Bügelmessschraube

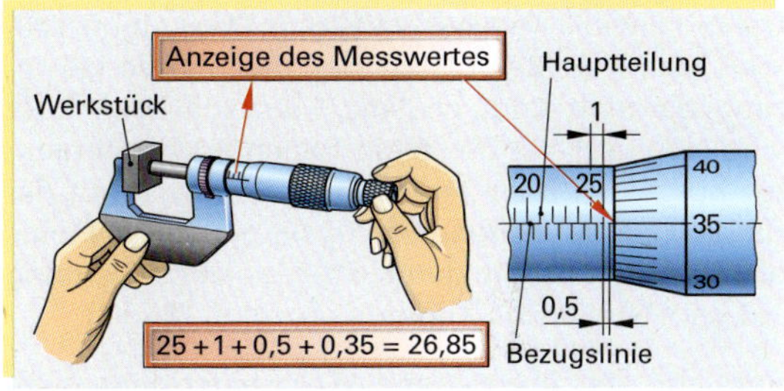

Bild 2: Ablesen einer Bügelmessschraube

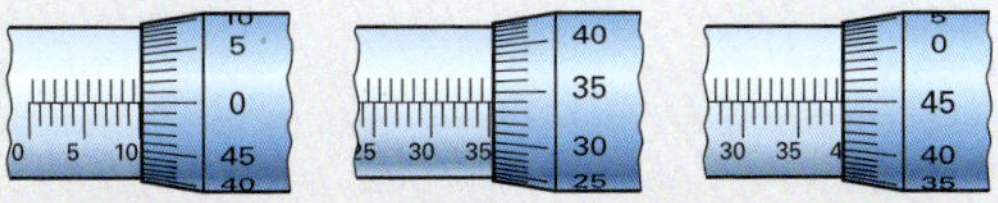

Anzeige an der Messhülse:	Anzeigenwert		
	10	35	38
	0,0	0,0	0,5
Skalentrommel:	0,00	0,34	0,45
Messwert in mm:	10,00	35,34	38,95

Bild 3: Ablesebeispiel

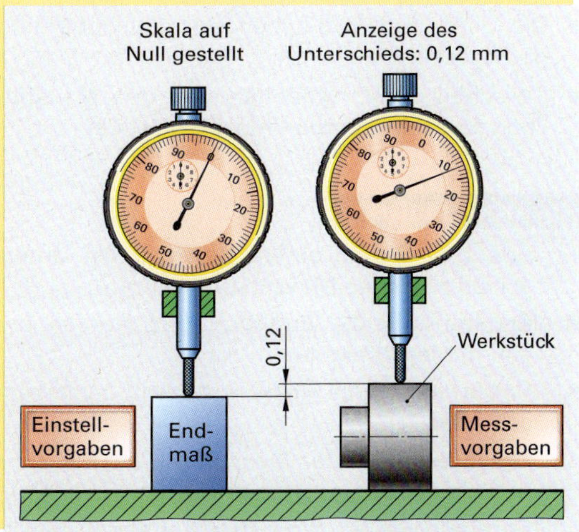

Bild 4: Unterschiedsmessen mit Messuhren

Oft werden sie benutzt, um Unterschiedsmessungen z. B. zwischen Endmaßen (Maßverkörperung des Sollmaßes) und den tatsächlichen Istmaßen festzustellen.

3.2.4 Winkelmesser

Winkelmesser werden benötigt um die Lage (den Winkel) von Kanten oder Flächen in Relation zu Bezugskanten oder -flächen zu bestimmen. Dazu werden einfache Winkelmesser mit einer relativ geringen Genauigkeit oder Universalwinkelmesser mit einer Ablesegenauigkeit von 5′ benutzt.

Universalwinkelmesser verfügen über einen Teilkreis von 4 x 90° = 360° der die Maßverkörperung darstellt und, wie die Messschieber, über eine Noniusskala. Diese sind nach 5 Winkelminuten aufgelöst. Beim Ablesen werden erst auf der Hauptskala, ausgehend von 0°, bis zur 0 des Nonius die Winkelgrade und dann in der gleichen Richtung auf dem Nonius die Minuten ermittelt **(Bild 1).**

Vorsicht: der abgelesene Wert entspricht nicht immer direkt der Anzeige. Beim stumpfen Winkel ergibt sich dieser aus der Differenz von 180° minus dem Ablesewinkel **(Bild 2).**

Wesentlich leichter abzulesen sind Winkelmesser mit digitaler Ziffernanzeige. Bei ihnen kann der gemessene Winkel wahlweise in Winkelgrade, -minuten und -sekunden oder als Dezimalgrade abgelesen werden **(Bild 3).**

Wie bei den anderen Messgeräten, so sind auch bei der Arbeit mit Winkelmessern **Arbeitsregeln** einzuhalten:

- Die Messschenkel müssen rechtwinklig zu den Prüfflächen stehen
- Die Mess- und Prüfflächen müssen sauber und gratfrei sein
- Zwischen den Prüfflächen und den Messflächen darf kein sichtbarer Lichtspalt sein

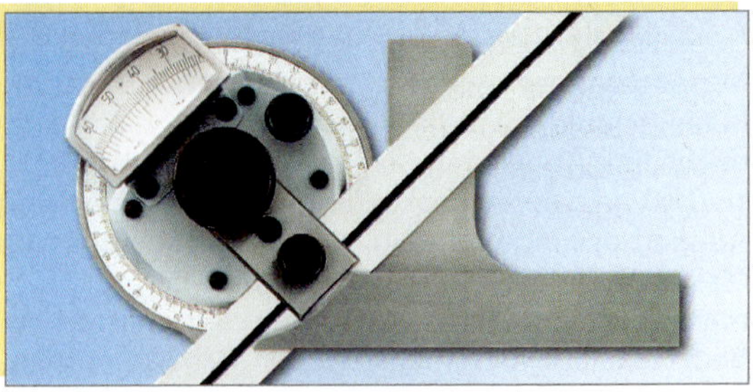

Bild 1: Universalwinkelmesser

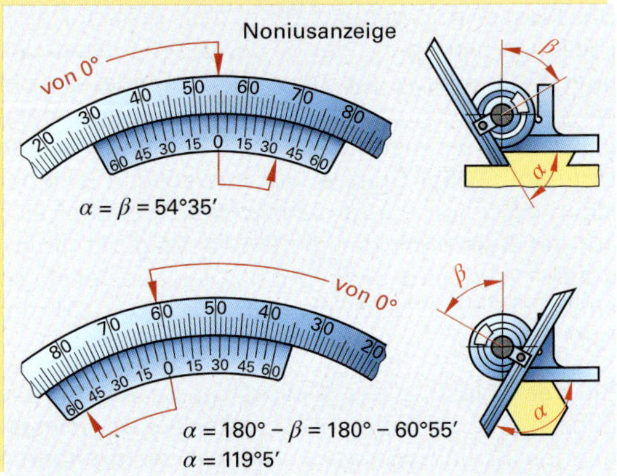

Bild 2: Winkelanzeigen

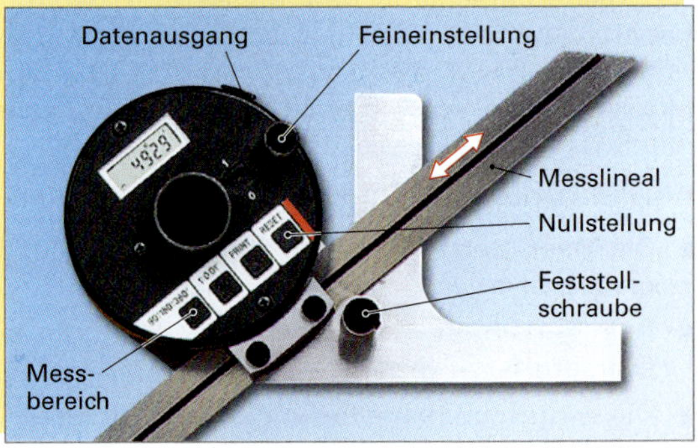

Bild 3: Universalwinkelmesser mit Ziffernanzeige

Arbeitsauftrag:

1. Erläutern Sie an einem Beispiel den Unterschied zwischen Messen und Lehren.
2. Erklären Sie die Funktion des Nonius bei einem Messschieber.
3. Worin besteht das Messprinzip der Bügelmessschraube?
4. Beschreiben Sie das Messprinzip der Messuhr und eine Form der Umsetzung.
5. Ermitteln Sie für die nebenstehenden Messbeispiele die Messwerte.

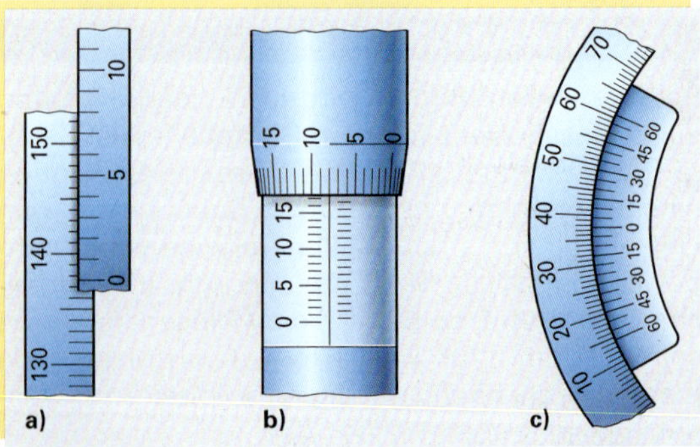

3.3 Pneumatische Messgeräte

Beim pneumatischen Messen werden Druck- oder Durchflussänderungen zur Bestimmung von Längenänderungen benutzt. Die Verfahren werden als Druck- oder Volumenmessverfahren bezeichnet **(Bild 1).**

Ändert sich der Abstand eines Werkstückes zu einer Messdüse durch Veränderung seiner Abmessungen, so ändert sich auch der **Druck** der ausströmenden Luft. Diese Druckänderungen werden über ein Manometer auf eine Längenskala übertragen **(Bild 2).** Beim **Volumen**messverfahren werden die durch die Veränderung des Abstandes hervorgerufenen Änderungen der Durchflussmenge ermittelt und in eine Längenskala umgeformt.

Der Skalenwert von pneumatischen Messgeräten beträgt meist 0,001 mm, die Messgenauigkeit liegt bei 0,01 mm. Da für jedes zu prüfende Maß ein extra Messwertaufnehmer benötigt wird, eignet sich dieses Verfahren nicht für Einzelprüfungen. Es wird vielmehr in der Serienprüfung eingesetzt. Die Vorteile liegen in der hohen Messgenauigkeit, der Tatsache, dass durch die unter Druck stehende austretende Luft die Messstelle gesäubert wird, und dass durch die berührungslose Messung keine Beschädigung der Werkstücke möglich ist.

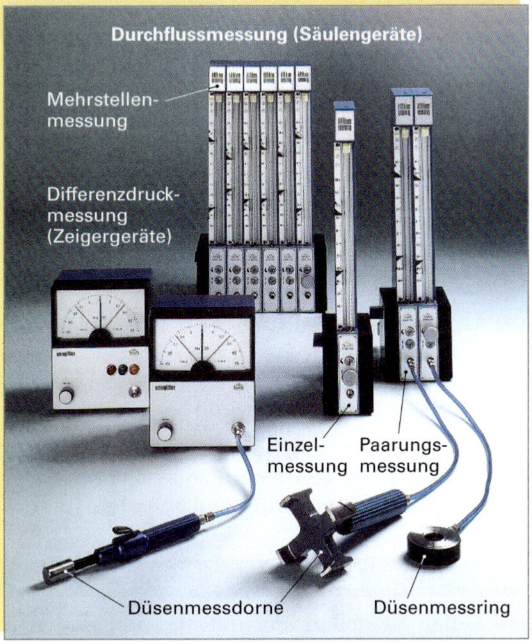

Bild 1: Pneumatische Messgeräte

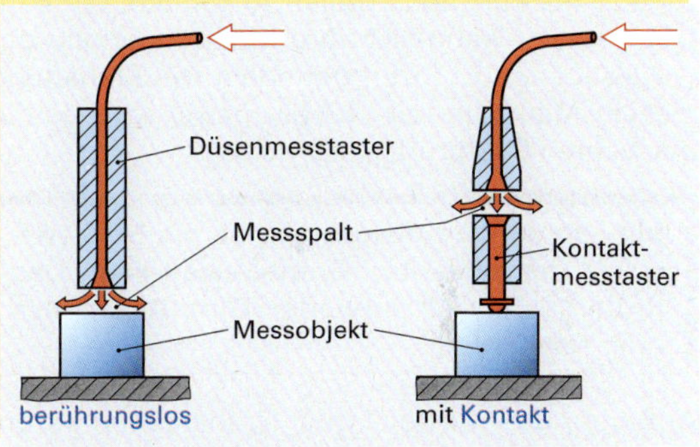

Bild 2: Messgrößenaufnehmer

3.4 Elektrische Messgeräte

Elektrische Messgeräte bestehen aus dem Messwertaufnehmer (Taster), dem Messwertwandler und dem Anzeigegerät.

Das Messprinzip von elektrischen Messgeräten liegt darin, dass mechanisch abgetastete Messgrößen in elektrische Signale umgeformt werden. Dies geschieht meist durch das Ausnutzen der Induktivitätsänderung. Dabei ist der Taster mit einem Eisenkern verbunden, der zwischen zwei Spulen beweglich gelagert ist. Die Bewegung des Tasters hat Veränderungen der elektrischen Spannungen in den Spulen zur Folge (siehe Seite 302 ff.). Diese werden als Signal erfasst, verstärkt und über geeignete Geräte angezeigt. Die Messgenauigkeit beträgt ca. 0,001 mm **(Bild 3).**

Vorteile der elektrischen Messgeräte:

- Sehr großer Messbereich
- Hohe Messgenauigkeit
- Erfassung und Nutzung der Daten in Rechnern und Steuerungen
- Leichte Handhabung, da die Messwerte in der Regel digital angezeigt werden

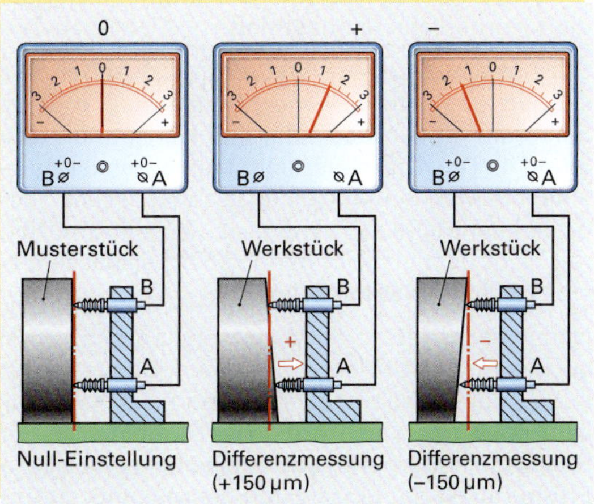

Bild 3: Elektrisches Messen

3.5 Elektronische Messgeräte

Auf der Basis von opto-elektronischen Wegmesssystemen arbeiten die elektronischen Messgeräte. Ein beweglicher Abtastkopf fährt dabei über einen Glasmaßstab und erfasst die zurückgelegten Wegabschnitte (Inkremente). Der Glasmaßstab ist in sehr kleinen Abschnitten in lichtdurchlässige und lichtundurchlässige Abschnitte unterteilt. Die von der Optik erfassten Signale werden elektronisch verarbeitet **(Bild 1)**.

Die Anzeigegenauigkeit beträgt bei opto-elektronischen Wegmesssystemen 0,001 mm. Die Auswerteelektronik ermöglicht wahlweise ein inkrementales oder absolutes Messen von Längen.

Opto-elektronische Wegmesssysteme sind in CNC-gesteuerten Bearbeitungsmaschinen und in Koordinatenmesseinrichtungen enthalten **(Bild 2)**.

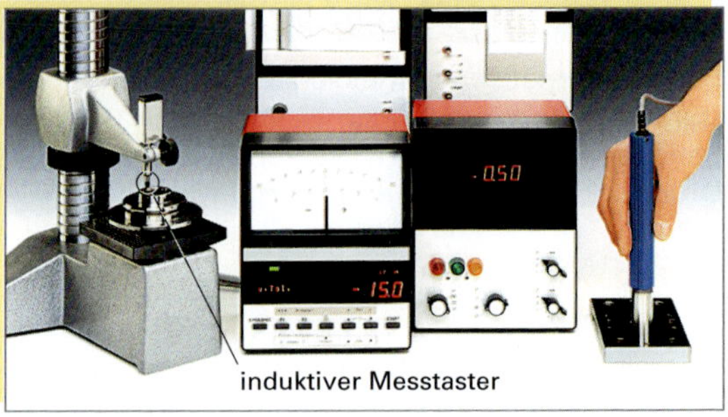

Bild 1: Elektronisches Messgerät

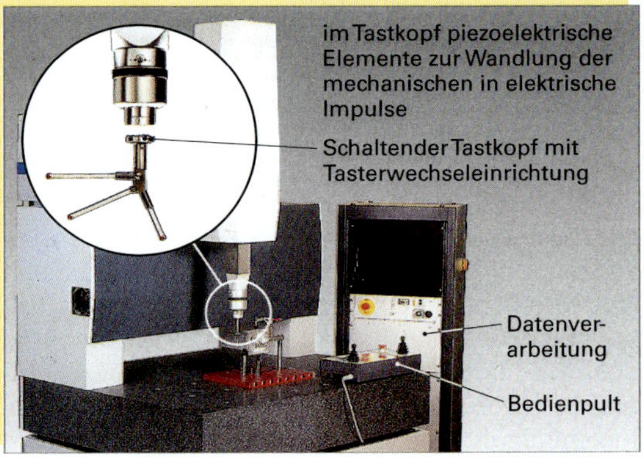

Bild 2: Koordinatenmessmaschine

3.6 Prüfen mit Lehren

Bei vielen Bauteilen, die mit anderen Bauteilen zusammen eine Baugruppe bilden ist vor allem wichtig, dass sie „passen", um somit die ihnen zugedachte Funktion erfüllen zu können. Die Bauteile passen, wenn sich ihre Maße innerhalb der vorgesehenen Grenzen befinden. Die Einhaltung dieser „Maßhaltigkeit" (Grenzmaße) wird häufig mit Lehren überprüft.

> Mit Lehren wird festgestellt, ob ein Maß zwischen den erlaubten Grenzwerten liegt. Das Prüfergebnis ist entweder **Gut, Ausschuss** oder **Nacharbeit.**

Außenmaße werden mit Grenzrachenlehren, Innenmaße mit Grenzlehrdornen überprüft. Die Gutseiten verkörpern bei Außenmessungen das zulässige Höchstmaß und bei Innenmessungen das erforderliche Mindestmaß.

Die Ausschussseiten verkörpern bei Außenmessungen das erforderliche Mindestmaß und bei Innenmessungen das zulässige Höchstmaß **(Bild 3 und 4)**. Die Ausschussseite bei Lehren ist durch eine rote Markierung gekennzeichnet. Ist ein Überprüfen der Maße nicht möglich, weil die Grenzlehren nicht über bzw. in den Prüfkörper passen, ist eine Nacharbeit erforderlich.

Neben dem Prüfen von Maßen eignen sich Lehren auch zum Überprüfen von Formen. Da die Lehren immer nur ein Nennmaß verkörpern, ist ihr Einsatz sehr stark begrenzt. Durch die zunehmende Verbreitung modernerer und vielseitig einsetzbarer Prüfmittel ist der Einsatz von Lehren stark zurückgehend.

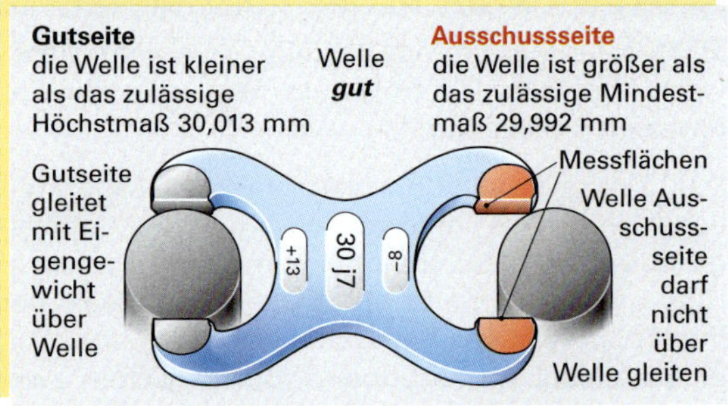

Bild 3: Grenzrachenlehre zum Passmaß 30 j7

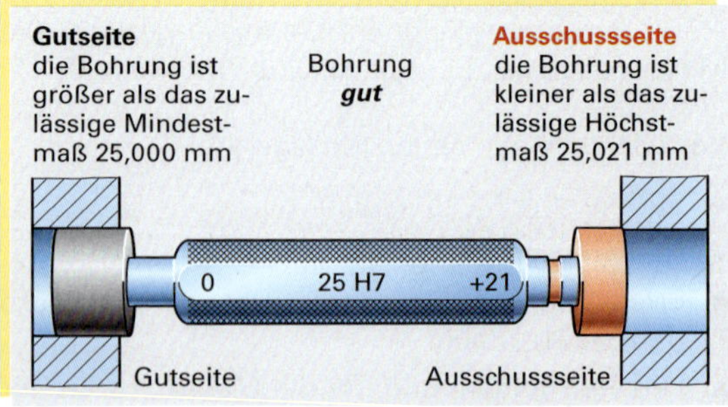

Bild 4: Grenzlehrdorn zum Passmaß 25H7

3.7 Prüfung von Oberflächen

Neben der Einhaltung der Maße ist vor allem auch die Erzeugung einer geforderten Oberflächengüte wichtig bei der Herstellung von Einzelteilen. So kann z.B. die Schnittfläche eines Aluminiumprofiles, das im Einbau durch eine Kunststoffkappe verdeckt ist, relativ rau sein, die Oberfläche einer Bohrung jedoch, in der sich ein beweglicher Bolzen befindet, darf nur eine viel geringere Rauheit aufweisen.

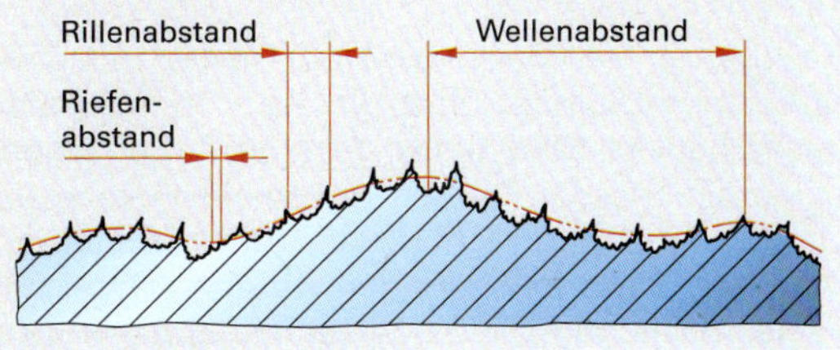

Bild 1: Istprofil (P-Profil)

3.7.1 Grundbegriffe der Oberflächenprüfung

Wie bei den Bauteilmaßen, so spricht man auch bei den Oberflächen von einem Soll- und einem Ist-Zustand.

Die Solloberfläche ist die durch die Zeichnungsangaben vorgegebene Werkstückoberfläche. Die Istoberfläche ist die tatsächlich vorliegende und durch messtechnische Verfahren nachprüfbare Oberfläche.

> Bei der Oberflächenprüfung wird durch messtechnische Verfahren ein Oberflächenprofil (Istprofil = P-Profil) ermittelt **(Bild 1).**

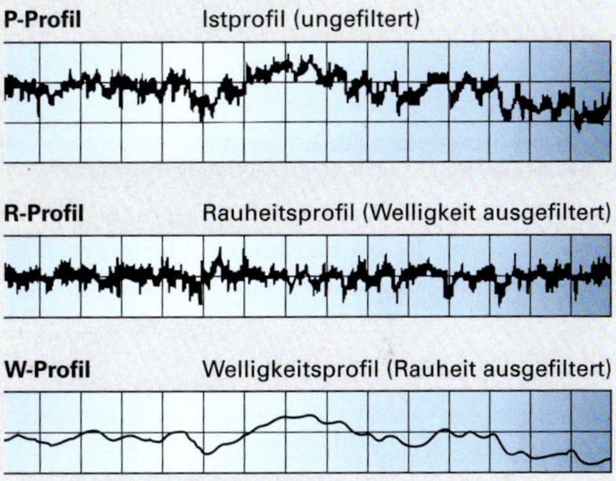

Bild 2: Oberflächen-Profildiagramme

Wird die Rauheit der Oberfläche ausgefiltert, so erhält man das Welligkeitsprofil (W-Profil). Die Ausfilterung der Welligkeit ergibt ein Rauheitsprofil (R-Profil) der Oberfläche **(Bild 2).**

Fertigungstechnisch bedingt weichen die Istoberflächen in unterschiedlichen Charakteristiken von der in der Zeichnung geforderten Idealform ab. In DIN 4760 sind mögliche **Gestaltsabweichungen** in sechs Ordnungen klassifiziert **(Bild 3).**

Gestaltabweichung		Beispiele	Ursache
1. Ordnung		Unebenheit Unrundheit	Durchbiegung Führungsfehler
2. Ordnung		Wellen	Schwingungen
3. Ordnung	Rauheit	Rillen	Vorschub
4. Ordnung	Rauheit	Riefen Schuppen	Spanbildung
		Gefüge	Kristallisationsvorgänge
		Gitteraufbau	Entkohlung Enthärtung

Bild 3: Gestaltsabweichungen

3.7.2 Oberflächenprüfverfahren

Zur Ermittlung der Oberflächengüte stehen unterschiedliche Verfahren zur Verfügung. Sie werden abhängig von der betrieblichen Gegebenheit und den messtechnischen Erfordernissen ausgewählt.

Sichtprüfung

Bei der Sichtprüfung wird die Oberfläche eines Werkstückes mit Oberflächen-Vergleichsmustern verglichen **(Bild 4).** Dabei wird mit dem Fingernagel abwechselnd über die Vergleichsmuster und die Werkstückoberfläche gestrichen. Durch dieses subjektive Prüfverfahren lassen sich von geübten Anwendern noch Rauheitsunterschiede von max. 0,002 mm feststellen.

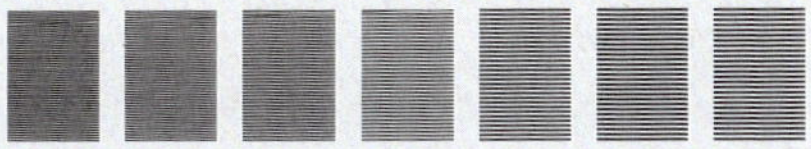

Längsdrehen II							
R_p µm	5	10	15	25	35	80	125
R_a µm	2,5	4	6	10	15	35	50
R_z µm	8	12	23	37	53	110	160

Bild 4: Oberflächen-Vergleichsmuster

Tastschnittverfahren

Bei diesem Verfahren wird ein Taster mit einer Spitze aus Diamant über die zu prüfende Oberfläche bewegt **(Bild 1)**. Die Tastspitze führt dabei, entsprechend der Rauheit der Werkstückoberfläche, Bewegungen rechtwinklig zur Vorschubrichtung aus. Diese Bewegungen werden erfasst und in elektrische Signale umgewandelt und somit zur Anzeige nutzbar gemacht **(Bild 2)**.

Neben den beschriebenen Rauheitsmessgeräten gibt es noch Geräte, die nach dem opto-elektronischen Prinzip arbeiten. Diese sind jedoch in ihrem Einsatz auf spezialisierte Fachbetriebe oder -abteilungen beschränkt.

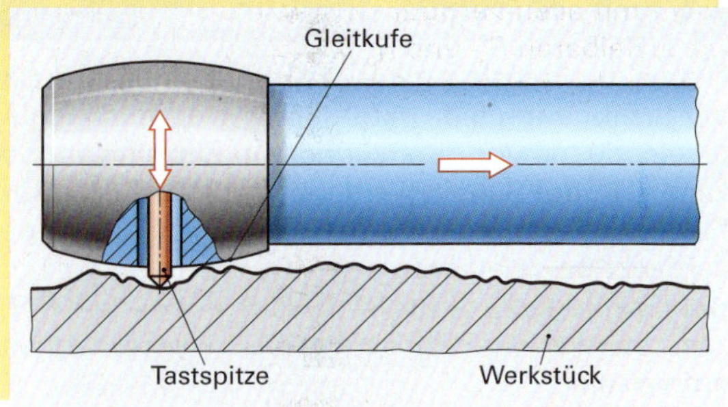

Bild 1: Kufen-Tastsystem

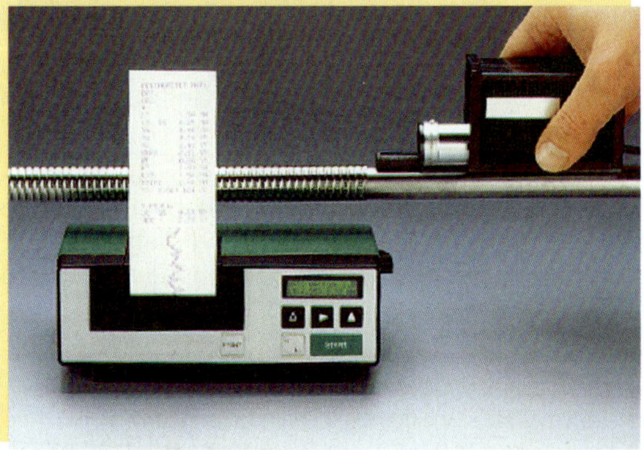

Bild 2: Oberflächenmessung

3.7.3 Rauheitsmessgrößen

Die Angabe der Oberflächenrauheit erfolgt grundsätzlich in µm (= Tausendstel Millimeter). Dabei werden folgende Angaben unterschieden:

Maximale Rautiefe R_{max}

In ihr wird der größte Z-Abstand auf der ganzen Messstrecke dargestellt **(Bild 4)**.

Gemittelte Rautiefe R_z

Das ist der Mittelwert aus fünf Einzelrautiefen Z1 bis Z5. Dazu wird die gesamte Messstrecke in fünf gleiche Teile geteilt. Für jeden Abschnitt wird dabei die größte Rautiefe R_{max} ermittelt **(Bild 3)**.

Mittenrauwert R_a

Er entspricht dem Mittelwert aller Abweichungen von der Mittellinie **(Bild 4)**.

Glättungstiefe R_p

Dies ist der Abstand der höchsten Profilspitze zur Mittellinie **(Bild 4)**.

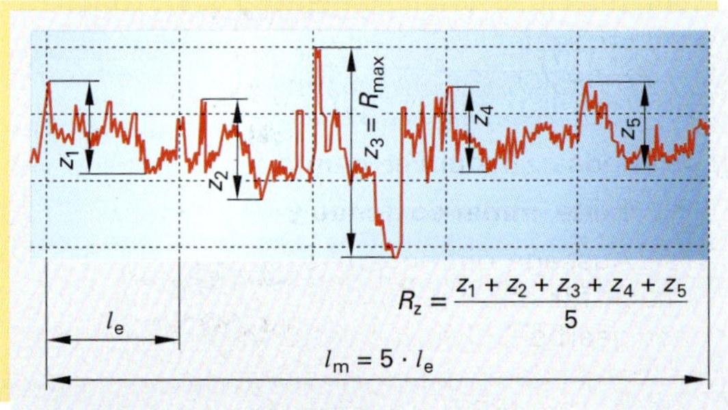

Bild 3: Gemittelte Rauheit R_z

Die Gebrauchseigenschaften von Werkstücken werden zum Teil direkt durch ihre Oberflächengüten bestimmt. Beeinflusst wird die Qualität der Oberfläche vor allem durch folgende Faktoren:

- Fertigungsverfahren
- Wirkpaar (Werkzeug und Werkstück)
- Schnittdaten
- Qualität der Fertigungsmaschine
- Sorgfalt bei der Herstellung

In der Serienfertigung werden die Einzelteile heute in der Regel nach einem exakten Prüfplan an eigens dafür geschaffenen Arbeitsplätzen geprüft.

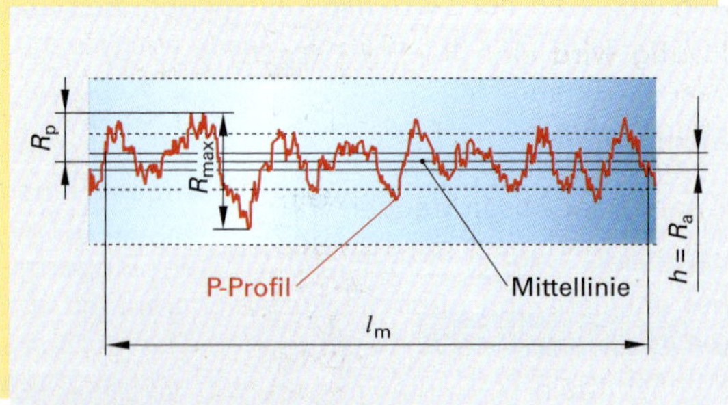

Bild 4: Mittenrauwert R_a, Rautiefe R_{max} und Glättungstiefe R_p

Nicht mit allen Fertigungsverfahren können beliebige Rauheitswerte erreicht werden. In **Tabelle 1** sind die erzielbaren R_a- und R_z-Werte den gängigen Fertigungsverfahren zugeordnet. Weitere Werte sind dem Tabellenbuch zu entnehmen.

Tabelle 1: Rauheitswerte ausgewählter spanender Verfahren

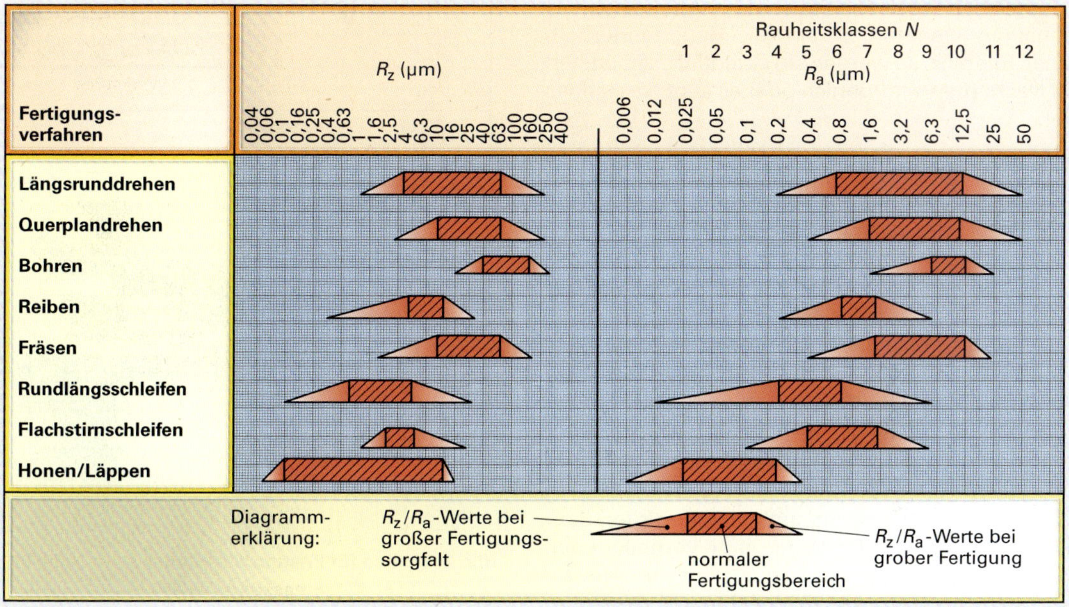

3.7.4 Angabe von Oberflächengüten in Technischen Zeichnungen

Ein Grundsatz in der Fertigung lautet:

„Arbeite immer so genau wie erforderlich".

Diese Aussage gilt sowohl für die Maßhaltigkeit als auch für die Oberflächenbeschaffenheit. Wie genau gearbeitet werden muss, ist den genormten Angaben in den Technischen Zeichnungen zu entnehmen. Die dafür verwendeten Symbole geben hauptsächlich Aufschluss über die Rauheit und gegebenenfalls über das Herstellungsverfahren **(Bild 1)**.

Häufig wird eine Rauheitsangabe für das ganze Werkstück angegeben. Stellen, die davon abweichende Rauheitsmerkmale aufweisen, müssen dann separat gekennzeichnet werden. Bei der Angabe der Gesamtrauheit werden diese Angaben dann in Klammern gesetzt **(Bild 1)**.

Arbeitsauftrag:

Ermitteln Sie aus **Bild 1** die geforderten Rauheitswerte und ordnen Sie diese den geeigneten Fertigungsverfahren zu.

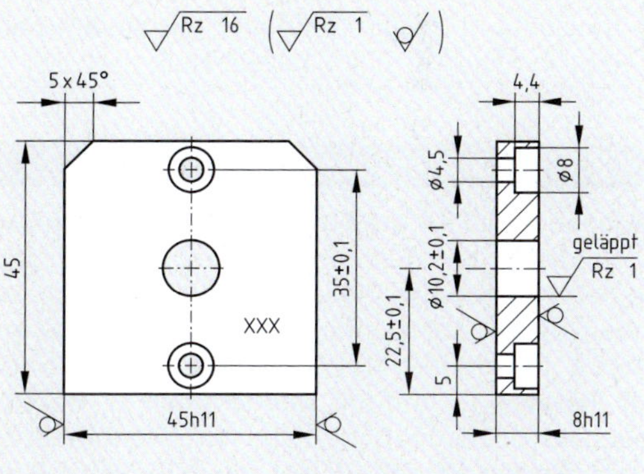

Symbol	Erklärung
geläppt Rz 1	Spanend durch Läppen hergestellt. Gemittelte Rauhtiefe $R_z \leq 1$ µm
Rz 16	Größte Rauhtiefe R_z = 16 µm
	Nicht behandelte Oberfläche

Bild 1: Fertigungszeichnung mit Rauheitsangaben

3.8 Toleranzen und Passungen

Die Sollmaße eines Werkstückes und die Beschreibung der Oberfläche stellen den angestrebten Idealfall dar. Tatsächlich weichen aber alle Werkstücke nach der Bearbeitung mehr oder weniger von diesem Sollzustand ab. Die Größe der Abweichung ist im Wesentlichen vom Fertigungsprozess abhängig. Liegen diese Abweichungen innerhalb einer Toleranz, so werden sie akzeptiert, ansonsten ist Nacharbeit erforderlich oder es liegt Ausschuss vor.

> Die aus Fertigungs- und Kostengründen akzeptierte Abweichung des Istzustandes vom Sollzustand wird als **Toleranz** bezeichnet.

Die Größe der Toleranz wird hauptsächlich von der Funktion des Bauteiles bestimmt **(Bild 1 und 2)**. So werden beispielsweise untergeordnete Bauteile eines Gestelles mit größeren Toleranzen versehen als Bauteile, die für die weitgehend spielfreie Bewegung von Teilen verantwortlich sind. Als Grundsatz gilt: Die Toleranz muss so groß wie funktionstechnisch möglich sein.

Die nach diesen Gesichtspunkten gefertigten Bauteile sind dann in der Lage, ihrer vorgesehenen Funktion gerecht zu werden und mit anderen zusammenzupassen, d.h. eine geeignete Passung zu bilden.

> Als **Passung** wird der gewünschte Zusammenbauzustand zweier Bauteile, die zusammen eine Funktion erfüllen, bezeichnet.

3.8.1 Maßtoleranzen

Ausgangmaß für die Fertigung von Werkstücken sind die in der Technischen Zeichnung festgelegten **Nennmaße.** Diese dürfen sich jedoch, wie oben beschrieben, innerhalb bestimmter **Grenzmaße** bewegen. Als Grenzmaße werden das **Höchstmaß G_o** und das **Mindestmaß G_u** bezeichnet. Das Höchstmaß wird aus dem Nennmaß und dem **Oberen Abmaß *ES* (*es*)**, das Mindestmaß aus dem Nennmaß und dem **Unteren Abmaß *EI* (*ei*)** gebildet. Die Differerenz aus Höchstmaß und Mindestmaß ist die **Maßtoleranz *T* (Bild 3)**.

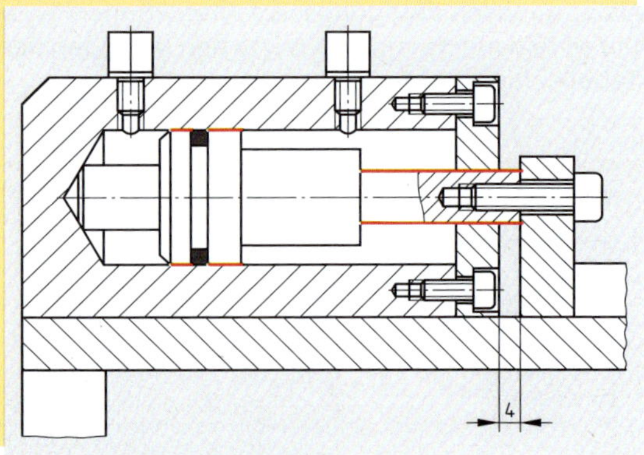

Bild 1: Pneumatikzylinder

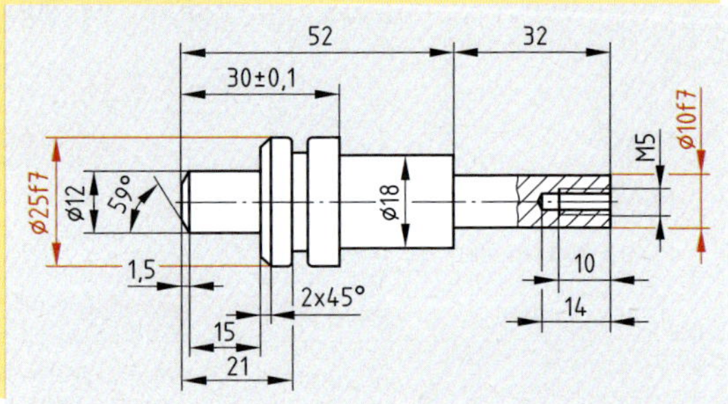

Bild 2: Kolben für Pneumatikzylinder

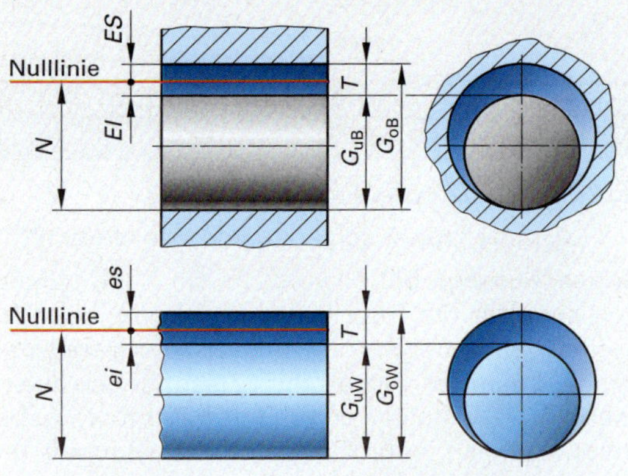

N	Nennmaß	ES	Oberes Abmaß (Bohrung)
G_o	Höchstmaß	EI	Unteres Abmaß (Bohrung)
G_u	Mindestmaß	es	Oberes Abmaß (Welle)
T	Toleranz	ei	Unteres Abmaß (Welle)

(franz.: ES = écart supérieur, EI = écart inférieur)

Bild 3: Grundbegriffe bei Toleranzen

Beispiel: Eine Bohrung mit dem Nennmaß Ø 100 mm hat die Abmaße ES = 30 µm und EI = – 60 µm. Zu berechnen sind G_{oB}, G_{uB} und T_B:

$G_{oB} = N + ES = 100\text{ mm} + 0{,}030\text{ mm} = 100{,}030\text{ mm}$

$G_{uB} = N + EI = 100\text{ mm} - 0{,}060\text{ mm} = 99{,}940\text{ mm}$

$T_B = G_{oB} - G_{uB} = 100{,}030\text{ mm} - 99{,}940\text{ mm} = 0{,}090\text{ mm}$

Eine Welle hat das Nennmaß Ø 22 mm und die Grenzmaße G_{oW} = 22,015 mm und G_{uW} = 21,995 mm. Wie groß sind es, ei und T_w?

$es = G_{oW} - N = 22{,}015\text{ mm} - 22\text{ mm} = 0{,}015\text{ mm}$

$ei = G_{uW} - N = 21{,}995\text{ mm} - 22\text{ mm} = -0{,}005\text{ mm}$

$T_w = es - ei = 0{,}015\text{ mm} - (-0{,}005\text{ mm}) = 0{,}020\text{ mm}$

Die Größe der Toleranz (des Toleranzfeldes) ist im Wesentlichen abhängig von der Funktion, die das Bauteil in der Baugruppe erfüllen muss und von der Größe des Nennmaßes.

> Je kleiner das Toleranzfeld, desto größer die Qualität.

Die Toleranzqualitäten werden nach DIN ISO in 18 Abstufungen mit den Zahlen 01...18 in Toleranzgrade unterteilt. Die Toleranzgröße 01 ist für ein bestimmtes Nennmaß die kleinste, die Angabe 18 charakterisiert die größte zulässige Toleranz **(Bild 1)**.

> Die Qualität eines Passmaßes wird durch seinen Toleranzgrad mit den **Zahlen 01...18** gekennzeichnet.

Neben der Qualität spielt vor allem die Lage des Toleranzfeldes zum Nennmaß (Nulllinie) eine wichtige Rolle. So muss z. B. ein Bauteil, das unbedingt mit einem anderen beweglich verbunden werden muss, ein Toleranzfeld unterhalb der Nulllinie, und ein Teil, das auf keinen Fall beweglich gelagert sein darf, ein Toleranzfeld oberhalb des Nennmaßes erhalten.

> Die Lage des Toleranzfeldes zur Nulllinie wird durch **Buchstaben** verschlüsselt **(Bild 2)**.

Die Zuordnung von Toleranzgrad und die Lage des Toleranzfeldes zu den einzelnen Nennmaßen sind in Tabellen (siehe Tabellenbuch) festgehalten.

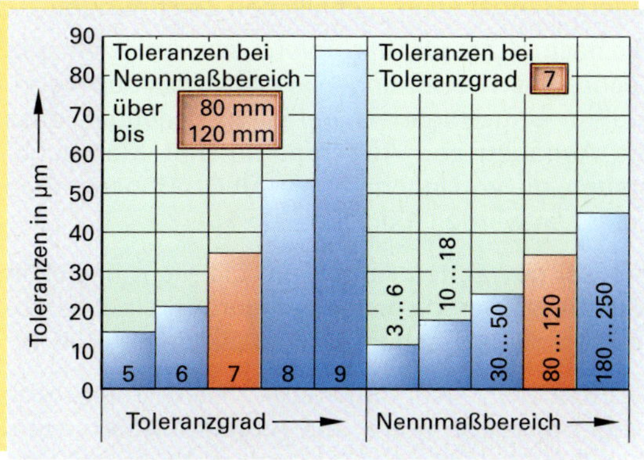

Bild 1: Zusammenhang zwischen Toleranzgrad und Nennmaßbereich

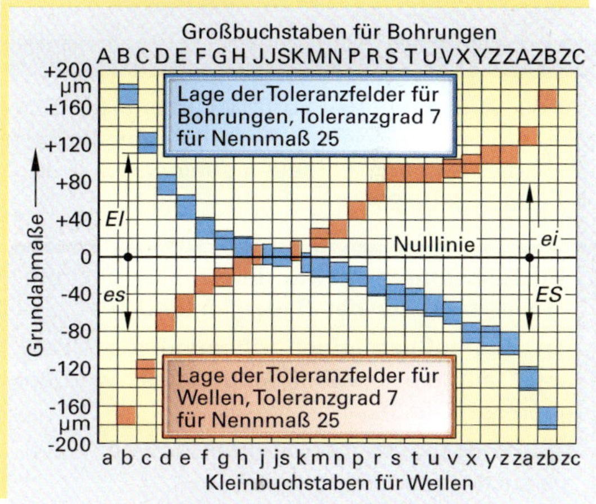

Bild 2: Lage des Toleranzfeldes zur Nulllinie

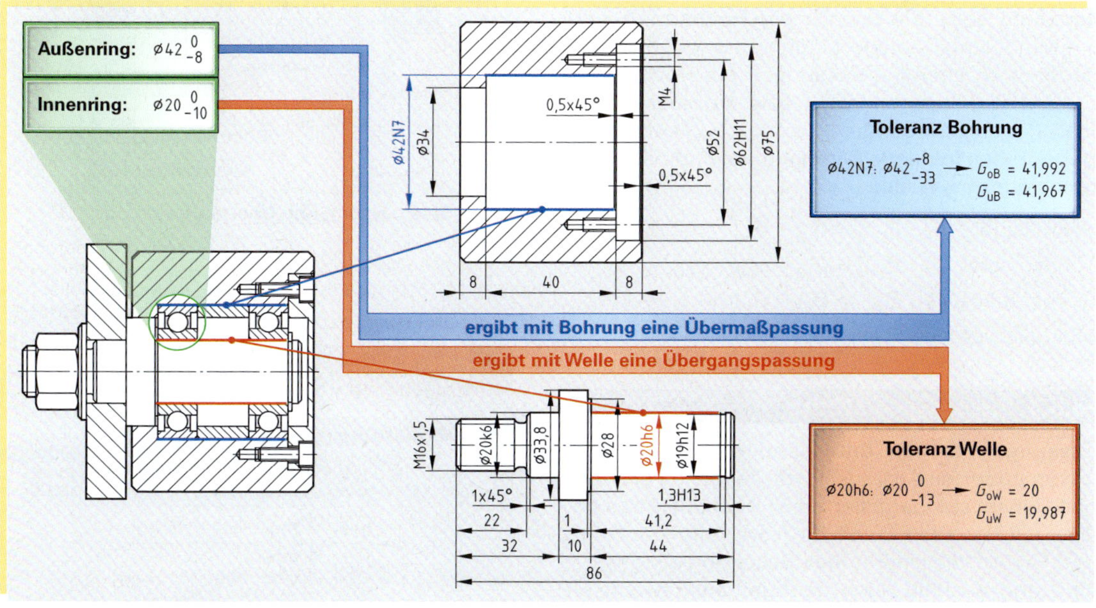

Bild 3: Beispiele für Toleranzfeldlagen

Toleranzangaben in Technischen Zeichnungen

Die nach ISO gewählten Toleranzen werden in den Technischen Zeichnungen als Zusatz zu den Nennmaßen eingetragen. Dabei ist zu beachten, dass die Angaben von Außenmaßen mit Kleinbuchstaben, die von Innenmaßen mit Großbuchstaben versehen werden **(Bild 1).**

Bei **frei gewählten Abmaßen,** die nicht nach der ISO-Klassifizierung festgelegt wurden, sind die Abmaße direkt hinter dem Maß zu platzieren **(Bild 1).**

Werden bei Zeichnungsmaßen keine Toleranzen eingetragen, so gelten die **Allgemeintoleranzen.** Ihre Größe richtet sich nach dem Nennmaß und der Toleranzklasse (fein, mittel, grob und sehr grob).

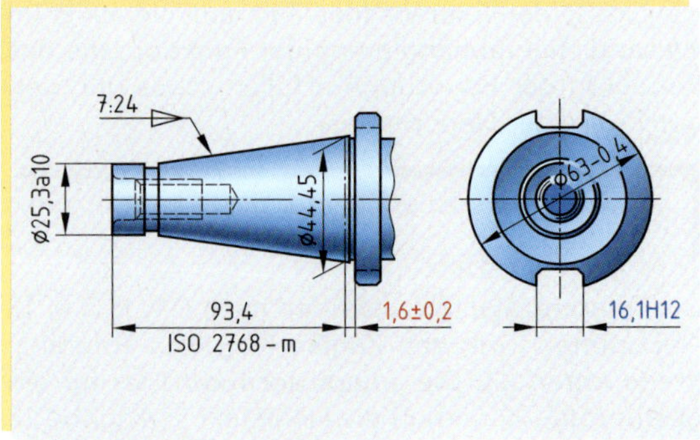

Bild 1: Toleranzangaben

3.8.2 Passungen

Erst der Zusammenbau von zwei tolerierten Bauteilen ergibt eine Passung. Passungen bestimmen somit den Sitz von Bauteilen zueinander **(Bild 2 und Bild 3, Seite 99).**

> **Spielpassungen** gewährleisten immer ein „Spiel" zwischen den Bauteilen **(Bild 3).**
>
> Bei **Übermaßpassungen** tritt immer ein „Übermaß" auf, die zu verbindenden Teile werden gepresst **(Bild 3).**
>
> **Übergangspassungen** können sowohl Spiel als auch Übermaß ermöglichen.

Da beide zu fügenden Teile mit einer Maßtoleranz versehen sind, die jeweils ein Höchstmaß und ein Mindestmaß toleriert, kann auch bei den sich dadurch ergebenden Passungen ein Höchstspiel P_{SH} und ein Mindestspiel P_{SM} bzw. ein Höchstübermaß $P_{ÜH}$ und ein Mindestübermaß $P_{ÜM}$ entstehen. Dabei gelten folgende Bedingungen (Index B: Bohrung, Index W: Welle):

Höchstspiel $P_{SH} = G_{oB} - G_{uW}$

Mindestspiel $P_{SM} = G_{uB} - G_{oW}$

Höchstübermaß $P_{ÜH} = G_{uB} - G_{oW}$

Mindestübermaß $P_{ÜM} = G_{oB} - G_{uW}$

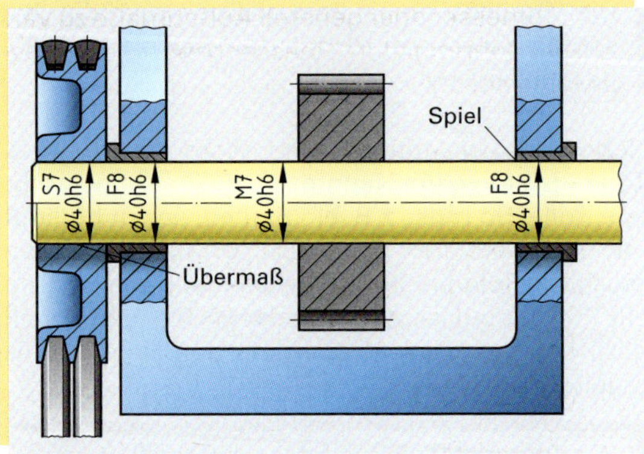

Bild 2: Passungsarten

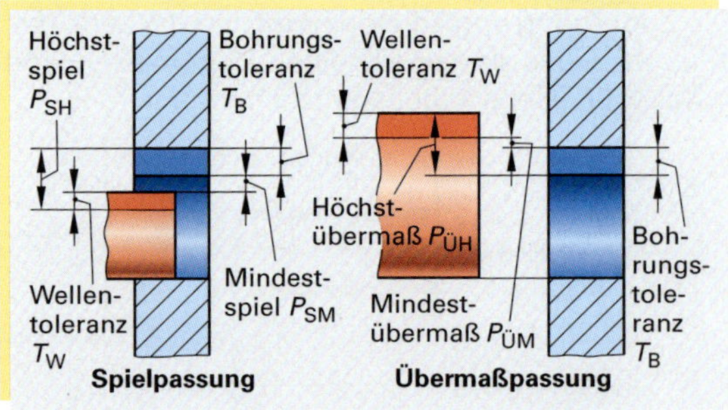

Bild 3: Spielpassung und Übermaßpassung

3.8.3 Passungssysteme

Passungen dienen unter anderem auch dem unkomplizierten Austausch von Teilen, da die Teile nach einem standardisierten System toleriert sind. Dies gilt vor allem auch für Normteile wie Stifte und Federn, die einer hohen Belastung ausgesetzt sind und deshalb auch häufiger ausgewechselt werden müssen.

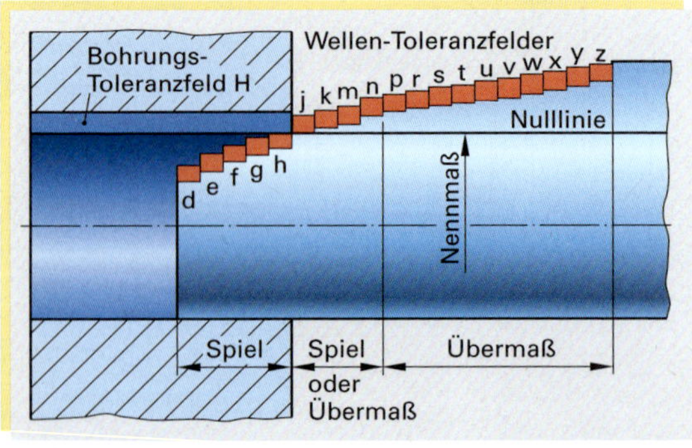

Bild 4: Passungssystem Einheitsbohrung (Schema)

Um die verschiedenen Passungsarten zu erreichen, sind grundsätzlich zwei Arten möglich.

1. Die Bohrung erhält ein Standardabmaß, bei dem die Lage des Toleranzfeldes immer konstant **(H)** ist. In diesem Falle müssten die Passungsarten über die Toleranzfeldlagen der Wellen erreicht werden. Man spricht dann vom System **Einheitsbohrung (Bild 4, Seite 100).**
2. Die Lage des Toleranzfeldes der Welle bleibt konstant **(h)** und die Lage der Toleranzfelder der Bohrungen wird verändert. Dieses System wird als System **Einheitswelle** bezeichnet **(Bild 1).**

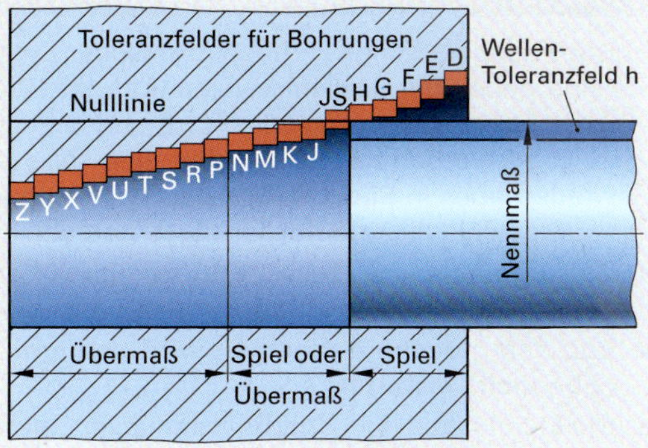

Bild 1: Passungssystem Einheitswelle (Schema)

In der Fertigung ist es weitaus einfacher, die Wellendurchmesser oder generell Außenmaße zu variieren als Bohrungsdurchmesser bzw. Innenmaße. Aus diesem Grund wird das System Einheitsbohrung wesentlich häufiger angewandt.

Arbeitsauftrag:

Die Abbildung zeigt mehrere Einzelteile, die zu einer Baugruppe zusammengefügt werden sollen. Markieren Sie die Fügeflächen und ermitteln Sie mithilfe des Tabellenbuches die jeweiligen Passungen. Bestimmen Sie dazu die Passmaße und die Passungsart.

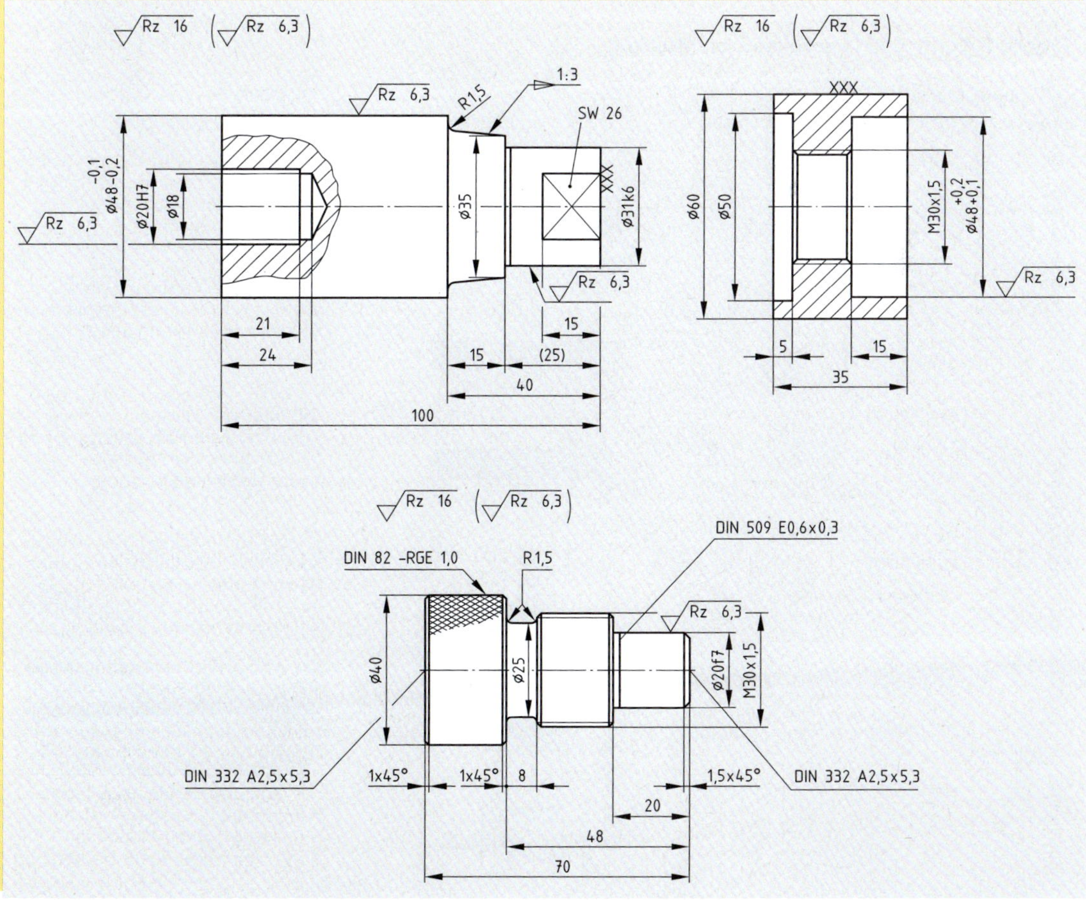

3.8.4 Form- und Lagetoleranzen

Für die Funktionsfähigkeit mechatronischer Systeme sind neben den Maßtoleranzen und der Oberflächengüte vor allem auch die Form und die Lage wichtig. So werden z.B. an die einzelnen Teile des Gewindetriebes in **Bild 1** neben der Maßhaltigkeit ganz unterschiedliche Anforderungen gestellt.

- Die rundlaufenden Teile müssen ausreichend **„rund"** sein
- Von den geraden Führungen wird genügende **„Ebenheit"** erwartet
- Die Planflächen der Lagerböcke müssen **„parallel"** sein
- Die Verbindungsbohrungen müssen die geforderte **„Winkligkeit"** zur Auflagefläche aufweisen

Alle diese Anforderungen an die **Form und Lage** sind den Fertigungszeichnungen zu entnehmen und im Bedarfsfalle zu prüfen.

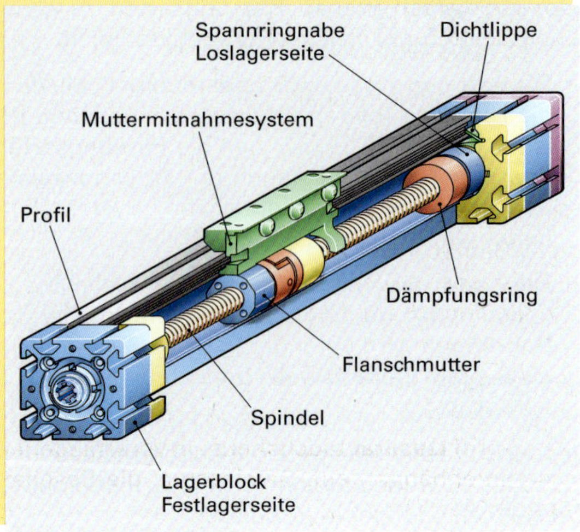

Bild 1: Gewindetrieb

Durch die Form- und Lagetoleranz wird der Bereich definiert, innerhalb dessen sich jeder Punkt des tolerierten Elementes befindet.

Die Symbolik **(Tabelle 1)** und die Eigenschaften der Form- und Lagetoleranzen sind in DIN ISO 1101 festgelegt (siehe auch Tabellenbuch).

Tabelle 1: Form- und Lagetoleranzen (Auszug)

	Sinnbild und tolerierte Eigenschaft		Toleranzzone	Anwendungs-Beispiele Zeichnungsangabe	Erklärung
Formtoleranzen	—	Geradheit	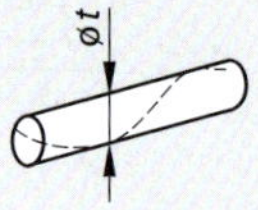	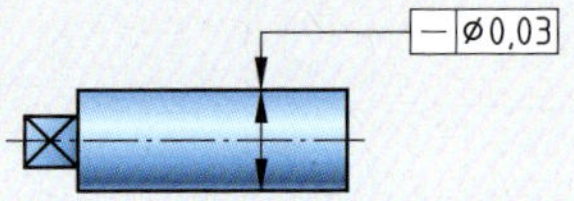	Die Achse des zylindrischen Teiles des Bolzens muss innerhalb eines Zylinders vom Durchmesser t = 0,03 mm liegen.
Formtoleranzen	⏥	Ebenheit	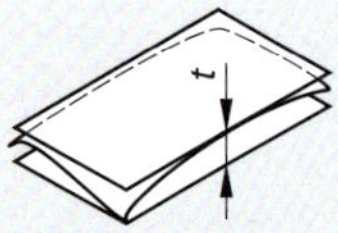	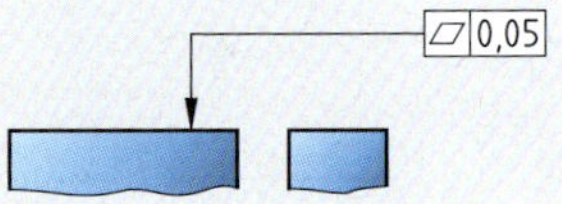	Die tolerierte Fläche muss zwischen zwei parallelen Ebenen vom Abstand t = 0,05 mm liegen.
Richtungstoleranzen (Lage)	//	Parallelität		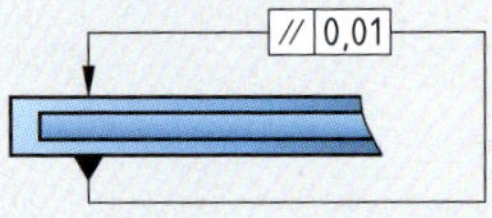	Die tolerierte Fläche muss zwischen zwei zur Bezugsfläche parallelen Ebenen vom Abstand t = 0,01 mm liegen.
Richtungstoleranzen (Lage)	⊥	Rechtwinkligkeit	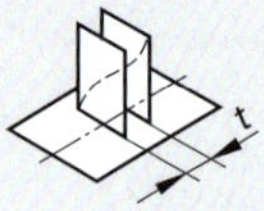	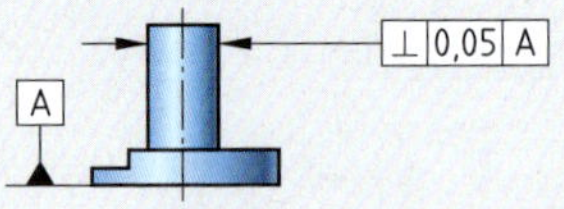	Die tolerierte Achse muss zwischen zwei parallelen, zur Bezugsfläche A und zur Pfeilrichtung senkrechten Ebenen vom Abstand t = 0,05 mm liegen.
Richtungstoleranzen (Lage)	∠	Neigung (Winkligkeit)	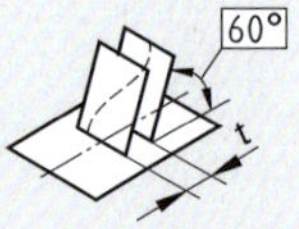	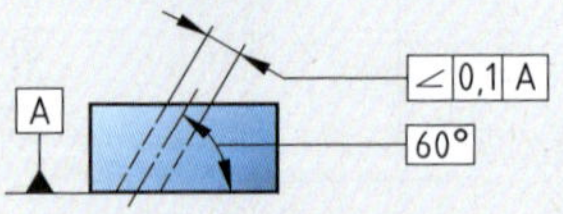	Die Achse der Bohrung muss zwischen zwei zur Bezugsfläche A im Winkel von 60° geneigten und zueinander parallelen Ebenen vom Abstand t = 0,1 mm liegen.
Lauftoleranz	↗	Rundlauf	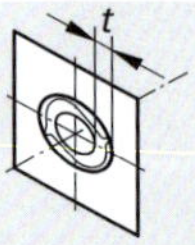	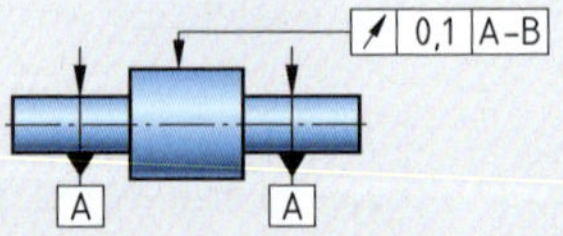	Bei Drehung um die Bezugsachse AB darf die Rundlaufabweichung in jeder senkrechten Meßebene t = 0,1 mm nicht überschreiten.

4 Qualitätsmanagement

In vielen Produktionshallen von Industrieunternehmen sind heute Schautafeln, Hinweise und Übersichten zum Thema „Qualität" für jeden sichtbar aufgehängt. Mitarbeiter sollen dadurch in ihrem Qualitätsbewusstsein bestärkt werden und den Kunden soll signalisiert werden, dass der Betrieb um bestmögliche Qualität bemüht ist. Qualität und vor allem das systematische Bemühen um Qualität sind jedoch Begriffe, die sich nicht ausschließlich auf größere Unternehmen beschränken. Qualität ist ebenso für jeden Betrieb im Bereich der Mechatronik von existentieller Bedeutung. In vielen Bereichen herrscht heute ein intensiver Verdrängungswettbewerb und ein massiver Konkurrenzkampf, sodass die Zufriedenheit der Kunden zur Überlebensversicherung auch der Betriebe geworden ist.

4.1 Der Qualitätsbegriff

Der Begriff **Qualität** taucht heute in verschiedenen Zusammenhängen auf. So sind u.a. die Beschaffenheit, der Wert und die Güte eines Produktes wie z.B. die Qualitäts- und Toleranzklassen von Schrauben, die Qualitätsbezeichnungen von Stählen und die umgangssprachliche Unterscheidung in 1A- und 1B-Qualität Ausdruck vom unterschiedlichen Gebrauch des gleichen Begriffes. In der Norm DIN 55350 ist der Begriff Qualität folgendermaßen definiert:

> Qualität ist die Gesamtheit der Merkmale und Merkmalswerte eines Produktes oder einer Dienstleistung bezüglich ihrer Eignung, festgelegte und vorausgesetzte Erfordernisse zu erfüllen.

Diese sehr allgemeine Formulierung lässt sich verständlicher durch den einfacheren Satz ausdrücken: Qualität ist, was den Kunden zufriedenstellt. In der Tat steht neben anderen Aspekten bei allen Qualitätsüberlegungen die „Kundenzufriedenheit" an herausgehobener Stelle. Sie ist das eigentliche Ziel der Arbeit jedes Industriebetriebes. Betriebe, die sich am Markt behaupten wollen, müssen qualitätsfähig sein und nach dem Leitsatz handeln:

> Der Kunde soll wiederkommen, nicht das Produkt.

Wiederkehrende Kunden sind gleichbedeutend mit mehr Aufträgen, wiederkehrende Produkte sind in der Regel mit Reklamationen, Nacharbeit, Preisminderung, Rechtsstreit oder anderem verbunden. Qualität entsteht jedoch nicht von selbst, sie muss in einem vielschichtigen Prozess geplant, erzeugt und immer wieder geprüft werden **(Bild 1)**. Neben der Qualität des Produktes ist vor allem die Qualität der Dienstleistung und die Betriebskultur sowie das Management der Firma von entscheidender Bedeutung für die Qualität eines Betriebes **(Bild 2)**.

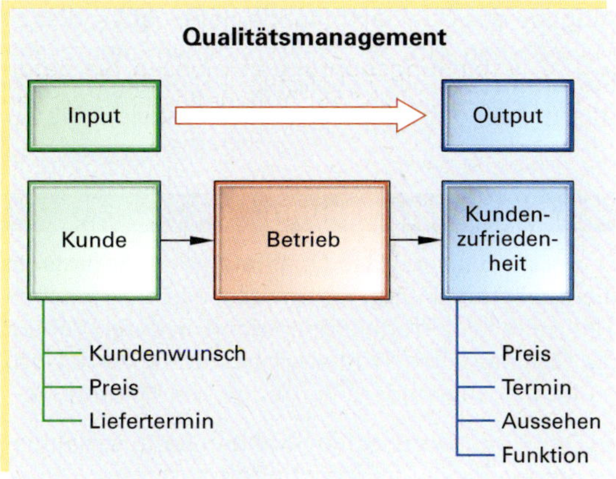

Bild 1: Qualitätsmanagement

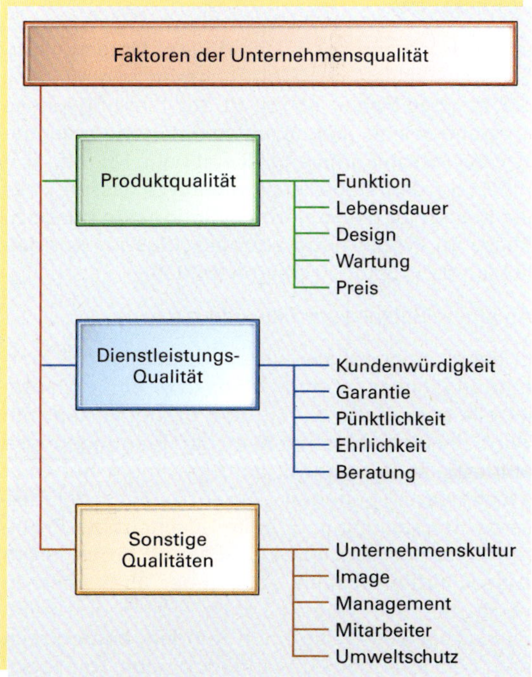

Bild 2: Qualität eines Unternehmens

4.2 Aufgaben des Qualitätsmanagements

Der Begriff „Management" bedeutet frei übersetzt „etwas zuwege bringen", Qualitätsmanagement kann also sinngemäß mit „Qualität zu Wege bringen, Qualität bewerkstelligen" definiert werden. Tatsächlich nutzt es nichts oder nur sehr wenig, wenn in einem Betrieb einzelne Maßnahmen im Sinne einer Erhöhung der Qualität getroffen werden. Erst die Summe von aufeinander abgestimmten Maßnahmen ermöglicht eine kontinuierliche Qualitätssteigerung.

Die erforderlichen Maßnahmen werden dabei in den Gebieten:

Qualitätsplanung → Qualitätslenkung → Qualitätsprüfung → Qualitätsverbesserung

über alle Abteilungs- und Bereichsgrenzen hinweg getroffen **(Bild 1)**.

Aufgabe des Qualitätsmanagements ist es, diese Maßnahmen zu koordinieren. Die Summe aller dieser Maßnahmen wird als Qualitätsmanagementsystem bezeichnet. Ein solches QM-System kann nur funktionieren, wenn alle Beteiligten, unabhängig von ihrer Aufgabe und Stellung im Betrieb, angefangen vom Auszubildenden im ersten Ausbildungsjahr bis zum Betriebsinhaber am gleichen Strang ziehen.

4.2.1 Qualitätsplanung

Der erste Baustein des Qualitätsmanagements ist die Qualitätsplanung. Sie umfasst alle planerischen Tätigkeiten vor Produktionsbeginn, in deren Verlauf die Qualität eines Produktes bestimmt wird. Dazu gehören insbesondere Vorgänge, die sich mit:

- Den Kundenwünschen und den daraus resultierenden Produkteigenschaften
- Der technischen Durchführbarkeit dieser Anforderungen und ihrer Prüfung
- Den materiellen, personellen und finanziellen Ressourcen

eines Unternehmens beschäftigen. Untersuchungen in verschiedenen Unternehmen zeigten, dass die meisten Fehler schon in der Planungsphase entstanden sind, jedoch erst in der Fertigungsphase oder im schlimmsten Fall erst beim Kunden korrigiert werden. Dabei ist es wichtig zu wissen, dass die Kosten für die Fehlerbeseitigung von Phase zu Phase im **Produktentstehungszyklus** im Normalfall um den Faktor 10 steigen **(Bild 2)**.

An einem Beispiel wird dies deutlich:

In der Planungsphase werden durch einen Übermittlungsfehler in einer Maßskizze einer Montagezelle zwei Maße (Länge und Breite) vertauscht. Wird dieser Fehler noch in der Planungsphase entdeckt, so kann er mit ganz geringem Aufwand (Nachmessen) behoben werden. Selbst in der Phase der Herstellung (z.B. beim Zuschnitt der Profilrohre) ist der entstandene Schaden durch falsch zugeschnittene Profile zwar teuer aber noch zu verkraften. Wird dieser Fehler jedoch erst beim Einbau der Zelle, also beim Kunden, bemerkt, ist damit ein enormer Aufwand (doppelter Transport, Demontage, neuer Zuschnitt, evtl. sogar komplet-

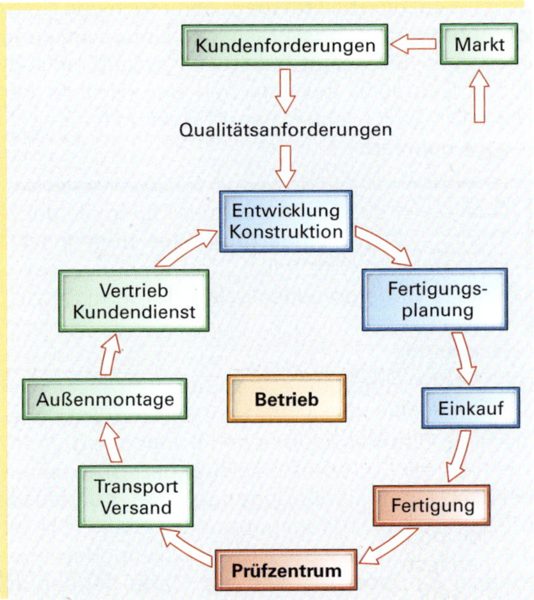

Bild 1: Qualitätskreis

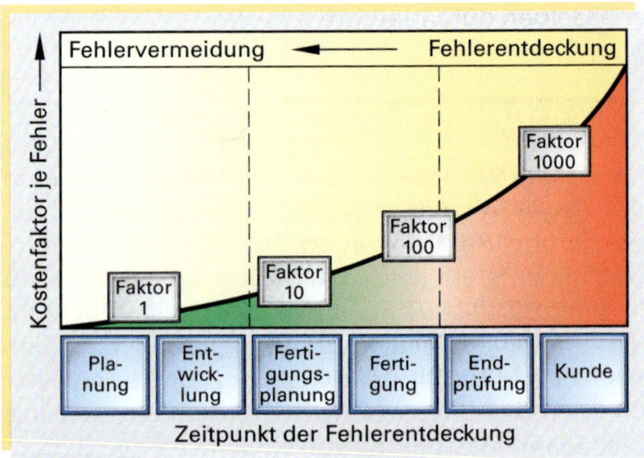

Bild 2: Zehnerregel für Fehlerkosten

te Neuanfertigung) und damit eine Explosion der Kosten entstanden. Der Imageschaden für den Betrieb ist dabei in Zahlen gar nicht messbar.

4.2.2 Qualitätslenkung

Der Weg eines Produktes (z.B. Montagezelle) vom Kundenwunsch (Sollwert) über den Fertigungsprozess bis zum abnahmereifen Endzustand lässt sich in einem Regelkreis darstellen **(Bild 1)**. Während der Fertigung ist das Produkt vielfältigen Störeinflüssen ausgesetzt, die den Prozess und damit die Qualität negativ beeinflussen können. Man bezeichnet diese Störgrößen als die „7 M":

Mensch
Maschine
Material
Milieu (Umwelt)
Methode
Messbarkeit
Management

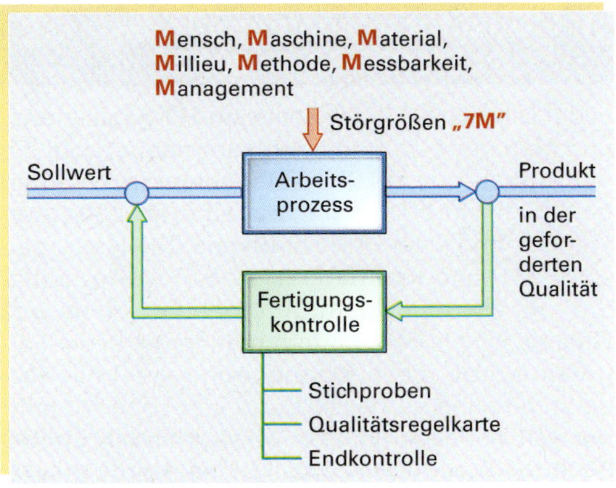

Bild 1: Qualitätsregelkreis

Ziel der Qualitätslenkung muss es sein, den Einfluss dieser Störgrößen so weit wie möglich zu verringern. Für den Betrieb im Bereich der Mechatronik kann dies z.B. die Bereitstellung von geeignetem Werkzeug, Maschinen und Messmitteln aber auch die Qualifizierung der Mitarbeiter sein, z.B. SPS-Lehrgänge.

4.2.3 Qualitätsprüfung

In den Bereich der Qualitätsprüfung fallen in einem Betrieb alle Maßnahmen, mit denen festgestellt wird, ob ein Produkt den festgelegten Anforderungen genügt.

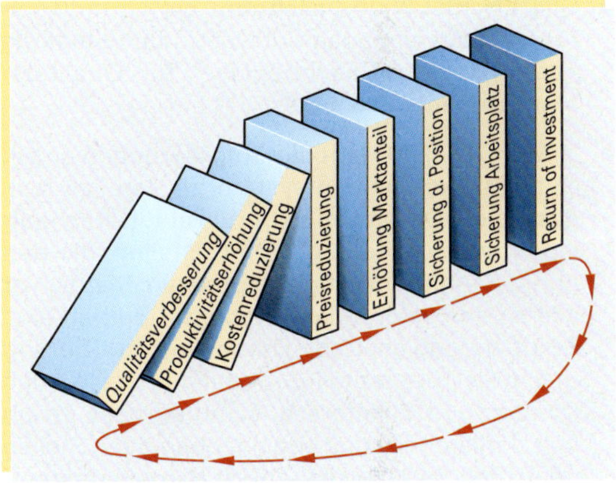

Bild 2: Kettenreaktion durch Qualitätsverbesserung

In der industriellen Serienfertigung werden diese für jedes Teil und jede Baugruppe in exakten Prüfplänen festgelegt und dokumentiert. Bei Einzelfertigung oder Kleinserienproduktion ist dies in der Form nicht sehr zweckmäßig. Gleichwohl sollten auch hier schon in der Planungsphase Überlegungen zu Prüfmaßnahmen erfolgen. Hierdurch wird vor allem festgelegt, was, wie, womit, wann und durch wen geprüft wird. Die Prüfungen werden sowohl im laufenden Fertigungsprozess als auch nach Beendigung desselben durchgeführt.

4.2.4 Qualitätsverbesserung

Ziel eines konsequenten Qualitätsmanagements muss die kontinuierliche Verbesserung der Qualität (aus Japan als „Kaizen" bekannt) sein. Dies gilt für alle Bereiche des Betriebes. Qualitätsverbesserung kann erreicht werden durch Maßnahmen, die die Mitarbeiter betreffen oder Maßnahmen, die das Produkt bzw. den Kundenservice betreffen. Während sich die Maßnahmen am Produkt meist durch konstruktive Verbesserungsvorschläge oder Verbesserung der Fertigungs- und Prüfverfahren erreichen lassen, spielen bei den beteiligten Mitarbeitern verschiedene Aspekte eine Rolle. In erster Linie sind hier die Motivation, die Kommunikations- und Teamfähigkeit aller Beteiligten und das Betriebsklima zu nennen. Hochmotivierte Mitarbeiter, die sich mit dem Betrieb identifizieren sind eher zu qualitativ hochwertiger Arbeit bereit, als solche, die ihre Arbeit ausschließlich als Geldbeschaffungsmaßnahme sehen. Die so erreichte Qualitätsverbesserung kann in vielen Betrieben eine sehr fruchtbare Kettenreaktion auslösen **(Bild 2).**

4

4.3 Qualitätsmanagement nach DIN EN ISO 9000:2015

In der DIN EN ISO 9000-Reihe sind Organisations- und Managementmodelle zusammengefasst, die bei Aufbau von Qualitätsmanagementsystemen behilflich sind. Die Normenreihe ist 1987 entstanden und sowohl als deutsche (DIN), europäische (EN) und internationale (ISO) Norm gültig. Sie sagt allerdings dem Unternehmen nicht, was Qualität ist, sie liefert nur den Rahmen. In der Folgezeit wurde diese Normenreihe kontinuierlich verändert und verbessert und steht seit November 2015 in der aktuellsten Version als DIN EN ISO 9000:2015 zur Verfügung. Diese Norm ersetzt alle Vorgängernormen.

Die Normenreihe DIN EN ISO 9000-Familie setzt sich im Wesentlichen aus vier Teilen zusammen, die allgemeingültig aufgebaut sind **(Bild 1)**:

- DIN EN ISO 9000 beschreibt die Grundlagen für Qualitätsmanagementsysteme und legt die Terminologie (= Fachbegriffe) für Qualitätsmanagementsysteme fest.
- DIN EN ISO 9001 legt die Anforderungen an ein Qualitätsmanagementsystem für den Fall fest, dass eine Organisation ihre Fähigkeiten darlegen muss, Produkte bereitzustellen, die den Kundenanforderungen entsprechen. Dies ist vor allem dann erforderlich, wenn der Betrieb eine **Zertifizierung** anstrebt. Durch die Zertifizierung macht der Betrieb allen Beteiligten, also auch Kunden und Zulieferern, sichtbar, dass er ein funktionierendes und von unabhängigen Stellen geprüftes (auditiertes) Qualitätsmanagementsystem besitzt **(Bild 2)**. Dies ist heute vor allem für Zulieferbetriebe, die mit großen Firmen z.B. aus der Automobilindustrie zusammenarbeiten, unerlässlich.
- DIN EN ISO 9004 stellt einen Leitfaden zur Verfügung, mit dessen Hilfe die Leistungsfähigkeit und Effizienz des Qualitätsmanagementsystems untersucht werden kann.

Mit der DIN EN ISO 19011:2018 steht darüber hinaus eine Anleitung für das Auditieren von Qualitäts- und Umweltmanagementsystemen zur Verfügung.

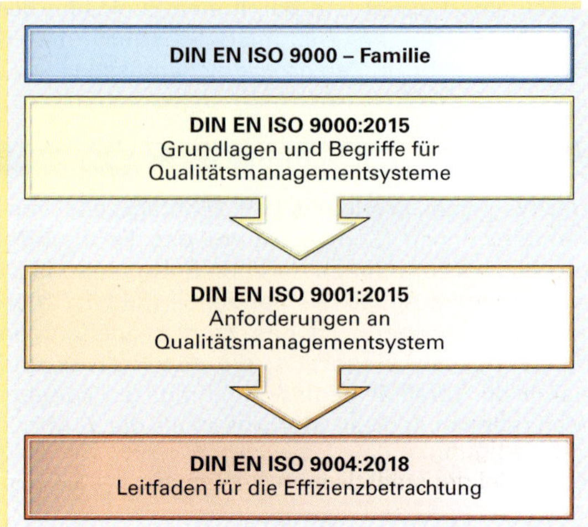

Bild 1: Teile der DIN EN ISO 9000-Reihe

TÜV CERT

ZERTIFIKAT

Die TÜV-Zertifizierungsgemeinschaft e.V.
- TÜV CERT -
bescheinigt hiermit, dass das Unternehmen

Mustermann GmbH
6800 Mannheim

für den Geltungsbereich

Werk:
Produktlinien

ein Qualitätssicherungssystem eingeführt hat und anwendet.

Durch ein Audit am 24.05.2008, Bericht-Nr. QS-M-92/234 wurde der Nachweis erbracht, dass die Forderungen der

DIN ISO 9001

erfüllt sind.

Dieses Zertifikat ist gültig bis
30. Juni 2010
Zertifikat-Register-Nr.
70 100 234

Bonn, am 12. Juni 2018 — TÜV SÜDWEST — Mannheim, am 12. Juni 2018

TÜV CERT Präsidium — Zertifizierungsstelle

Bild 2: Beispiel eines Zertifikates

4.4 Qualität ist nicht nur Chefsache

Qualität muss in einem Betrieb an herausragender Stelle stehen. Die Betriebe der Industrie und des Handwerks haben auch in der Vergangenheit schon gute Qualität geliefert. Neu ist nur die systematische Vorgehensweise auf allen Ebenen eines Betriebes. Qualität kann nur entstehen, wenn alle Mitarbeiterinnen und Mitarbeiter sich über die Bedeutung ihrer Arbeit im Klaren sind und diese, auch wenn sie noch so klein ist, exakt und gewissenhaft ausführen. Dies kann im Einzelfall durchaus mit erhöhtem Einsatz und Engagement verbunden sein, dient letztlich aber der Erhaltung von Arbeitsplätzen.

4.5 Statistisches Qualitätsmanagement

Nicht immer können alle produzierten Teile einer exakten Überprüfung und somit einer kontinuierlichen Qualitätsüberwachung (KQÜ) unterzogen werden. So ist z.B. bei der Serien- und Massenfertigung eine 100-Prozent-Prüfung meist aus Kosten- und Zeitgründen nicht möglich. Für diesen Fall wurden statistische Methoden zur Auswertung von Stichproben entwickelt. Durch Stichproben werden Ergebnisse und auch Teilergebnisse von Fertigungsprozessen ermittelt. Dadurch werden auch wertvolle Informationen gesammelt, mit denen ein Fertigungsprozess ständig optimiert werden kann. Ziel der statistischen Qualitätsüberwachung ist es:

- Qualitätsmängel während der Fertigung festzustellen
- Durch Gegenwirkung die Mängel zu beseitigen **(Bild 1)**

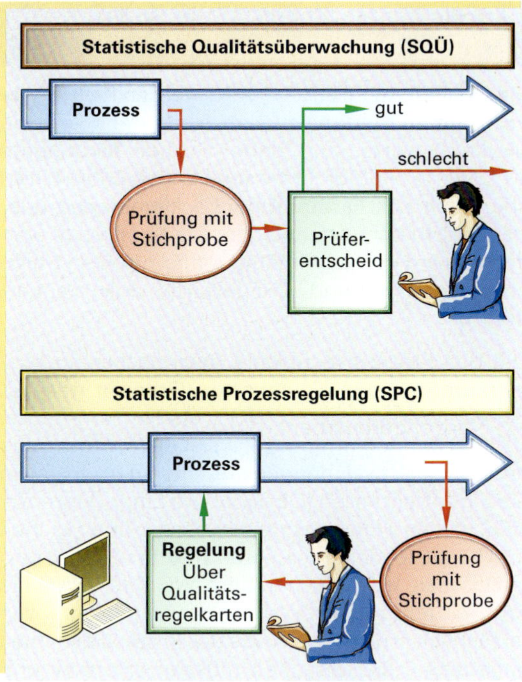

Bild 1: Qualitätsüberwachung und -regelung

4.5.1 Zufällige und systematische Fehler

Auf den Fertigungsprozess wirken sehr viele Bedingungen ein. Dabei wird unterschieden in zufällige und systematische Einflüsse. Als zufällige Einflüsse werden alle Einflüsse bezeichnet, die unregelmäßig und meist unvorhersehbar auftreten wie z. B.:

- Temperaturschwankungen beim Messen
- Unterschiede in der Materialzusammensetzung
- Spannungsdifferenzen

Systematische Einflüsse sind z.B.

- Prüfmittelfehler
- Fehler im Schneidwerkzeug
- Bestimmbare Temperaturabweichungen zu bestimmten Zeiten

Zufällige Einflüsse erzeugen zufällige Fehler, die nur berücksichtigt werden können, systematische Einflüsse erzeugen systematische Fehler, die ermittelt und durch Eingriffe in den Prozess abgestellt werden können **(Bild 1)**. Zufällige und systematische Fehler überlagern sich **(Bild 2)**.

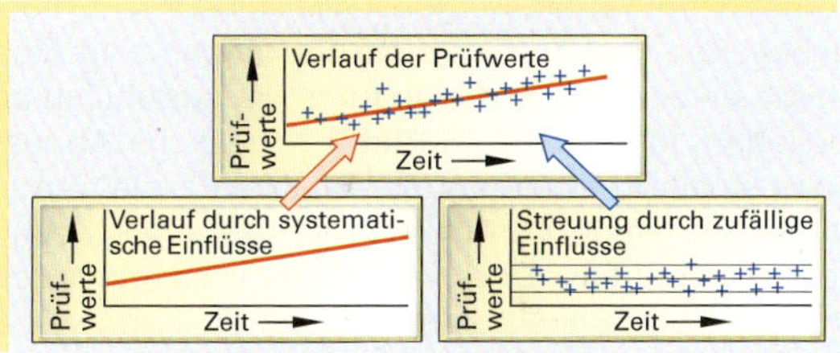

Bild 2: Überlagerung von Einflüssen

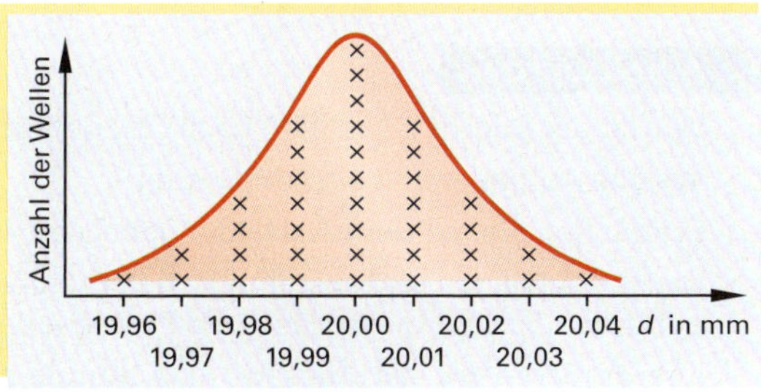

Bild 3: Gauß'sche Glockenkurve

4.5.2 Gauß'sche Normalverteilung

Der Mathematiker C. F. Gauß entdeckte, dass bei zufälligen Einflüssen bestimmte Merkmale immer um einen Mittelwert herum schwanken. Das nach ihm benannte Fehlerverteilungsgesetz ergibt eine Glockenkurve **(Bild 3)**. Bei einem Messwert von 20 mm würde die Verteilung der zufälligen Einflüsse ein Fertigungsergebnis wie in **Bild 3** dargestellt ergeben.

4.5.3 Qualitätsregelkarten als Instrument der Qualitätskontrolle

Mit Qualitätsregelkarten (QRK) werden **Kennwerte** bestimmter **Merkmalswerte** fortlaufend erfasst. Merkmalswerte sind dabei vorher festgelegte Messwerte wie Durchmesser, Längen oder Winkel aber auch z.B. Farbtöne bei Lackieranlagen oder Härtewerte bei Härteanlagen. Die Kennwerte werden anhand von regelmäßig entnommenen Stichproben ermittelt und in Regelkarten dokumentiert **(Bild 1)**.

Um den Prozess rechtzeitig beeinflussen zu können, werden den Kennwerten Grenzen gesetzt. Bei den Warngrenzen (OWG = obere Warngrenze, UWG = untere Warngrenze) weist der Prozess noch erträgliche Abweichungen auf. Um ein Abdriften in die Eingriffsgrenzen (OEG = obere Eingriffsgrenze, UEG = untere Eingriffsgrenze) besser überwachen und damit schneller reagieren zu können, wird normalerweise bei Erreichen der OWG oder UWG die Prüffrequenz erhöht. Werden die Eingriffsgrenzen tatsächlich erreicht, so muss der Prozess eventuell angehalten, die Ursachen müssen erforscht und gegebenenfalls die Einstellgrößen verändert werden.

Anhand der Qualitätsregelkarte lassen sich von geschulten Fachkräften viele Störungen und Einflüsse erkennen und die dadurch erzeugten Fehler beheben. In der QRK in **Bild 2** z.B. ist die Abnutzung eines Drehmeißels als Ursache für die trendartige Zunahme des Durchmessers eines Drehteiles erkennbar. Durch das Auswechseln oder Wenden der Schneidplatte werden die Kennwerte wieder in den normalen Bereich zurückgeführt, der Fertigungsprozess kann fortgesetzt werden.

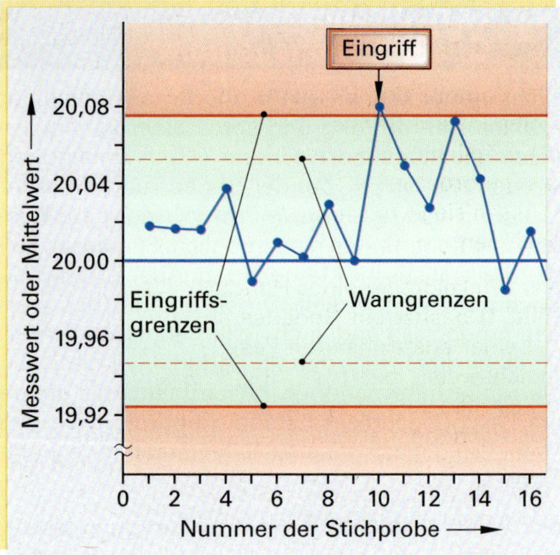

Bild 1: Qualitätsregelkarte (allgemeiner Aufbau)

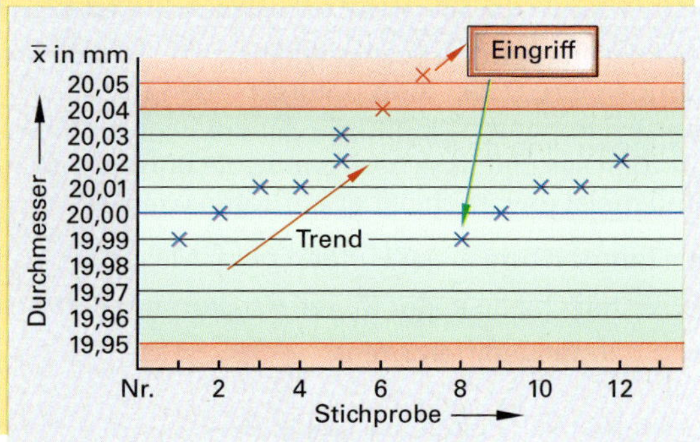

Bild 2: Abbild eines Trends

Arbeitsauftrag:

1. Wie ist der Begriff „Qualität" nach DIN definiert?
2. Welche Aufgaben hat ein QM-System?
3. Erforschen Sie in Ihrem Ausbildungsbetrieb, wo und wie die Qualitätsprüfung stattfindet.
4. Welche zufälligen und systematischen Ereignisse stellen für die in Ihrem Ausbildungsbetrieb durchgeführten Fertigungsprozesse ein Problem dar?
5. Interpretieren Sie die Aussage „Der Kunde soll wiederkommen, nicht das Produkt" in Bezug auf Ihren Ausbildungsbetrieb.
6. Die Auswertung von Messwerten ergab folgende Messwerte:

24,97	25,00	24,99	25,02	25,00
24,98	25,01	25,00	25,03	25,01
25,01	24,98	24,99	25,01	25,00
25,02	24,99	25,00	24,99	

Übertragen Sie diese Messwerte in ein Diagramm und ermitteln Sie daraus die Normalverteilung.

5 Werkstofftechnik

Alle Bauteile und Elemente von mechatronischen Anlagen und Geräten bestehen aus Werkstoffen, die möglichst so ausgewählt worden sind, dass sie den geforderten Funktionen gerecht werden. Dazu müssen sie jeweils über bestimmte Eigenschaften verfügen.

Der Winkelgreifer eines Handhabungsgerätes z. B. **(Bild 1)** besitzt ein Gehäuse aus Aluminium, das bei einer ausreichenden Festigkeit und Härte vergleichsweise leicht ist. Seine Funktionsteile wie die Greifbacken und der Hubkolben sind aus einem oberflächengehärteten Stahl, der besonders verschleißfest ist. Von den Rückstellfedern wird eine hohe Elastizität verlangt. Sie werden deshalb aus Federstahl gewickelt. Die Dichtungen und Dämpfungselemente dagegen sollen die Fähigkeit besitzen, sich an andere Werkstoffe anzuschmiegen. Sie werden aus dafür geeigneten Kunststoffen hergestellt.

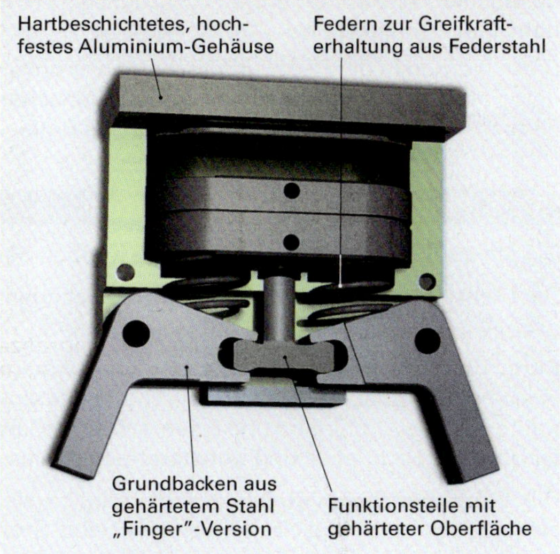

Bild 1: Winkelgreifer

5.1 Einteilung der Werkstoffe

Die Vielzahl der in der Praxis vorkommenden Werkstoffe wird nach ihrer Zusammensetzung in drei Gruppen eingeteilt **(Bild 2)**.

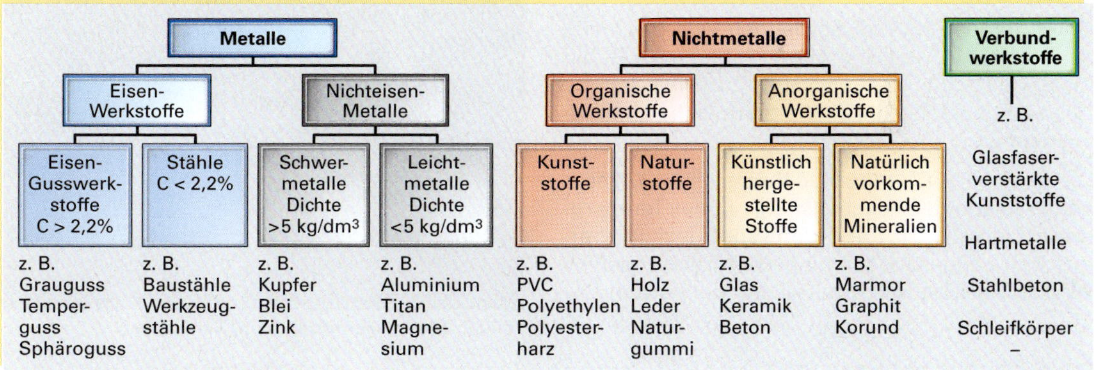

Bild 2: Einteilung der Werkstoffe

Als **Eisenwerkstoffe** werden dabei alle Werkstoffe bezeichnet, die auf der Basis von Eisen entstanden sind, also alle Stähle und Gusseisenwerkstoffe.

Die **Nichteisenmetalle** sind alle metallischen Werkstoffe, die kein Eisen enthalten. Sie werden bei einer Dichte von mehr als 5 kg/dm³ als **Schwermetalle** und bei einer Dichte von weniger als 5 kg/dm³ als **Leichtmetalle** bezeichnet.

Die Gruppe der **Nichtmetalle** wird in organische Werkstoffe, das sind Kunststoffe oder Naturstoffe und in anorganische Werkstoffe, das sind künstlich hergestellte Stoffe und natürlich vorkommende Mineralien eingeteilt.

Aus zwei oder mehr Einzelstoffen werden **Verbundwerkstoffe** hergestellt, die heute sehr viel Anwendung finden.

5.2 Eigenschaften von Werkstoffen

Wie am Beispiel des Greifers (siehe Seite 107) beschrieben, werden an die eingesetzten Werkstoffe ganz unterschiedliche Anforderungen bezüglich ihrer Eigenschaften wie z. B. große Härte, geringes Gewicht, hohe Elastizität gestellt.

Diese werden in der Regel unterschieden in physikalische, mechanisch-technologische, chemisch-technologische und fertigungstechnische Eigenschaften. Daneben spielen die Umweltverträglichkeit und wirtschaftliche Gesichtspunkte eine große Rolle.

5.2.1 Physikalische Eigenschaften

Die physikalischen Eigenschaften beschreiben den physikalischen Zustand eines Stoffes.

Die **Dichte** gibt die Masse eines Stoffes bezogen auf eine Volumeneinheit an. Sie wird mit der Formel $\varrho = m/V$ ermittelt und besitzt die Einheit kg/dm³. Sie ist somit ein wichtiges Vergleichsmaß.

Durch die **elektrische Leitfähigkeit** wird die Fähigkeit eines Stoffes beschrieben, den elektrischen Strom in sich weiterzuleiten. Gute elektrische Leiter sind Kupfer, Silber, Aluminium und Eisen, schlechte Leiter oder gar Nichtleiter sind Kunststoffe und Glas.

Die **Wärmeleitfähigkeit** beschreibt, ähnlich der elektrischen Leitfähigkeit, die Fähigkeit von Stoffen, die Wärme weiterzuleiten.

Gute Wärmeleiter, wie z. B. Stahl, fühlen sich bei einer Raumtemperatur von 20 °C meist kalt an, da sie die Körperwärme sofort weiterleiten und in den Werkstoff abgeben. Bei schlechten Wärmeleitern, wie etwa Holz, ist dies nicht der Fall, sodass der subjektive Eindruck eines „warmen" Werkstoffes entsteht **(Bild 1)**.

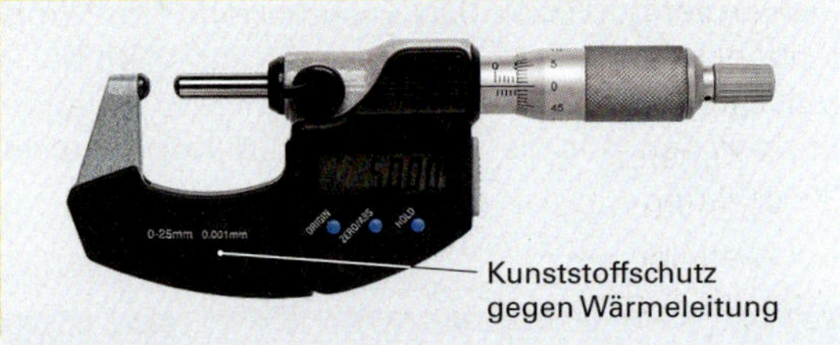

Bild 1: Kunststoff als Wärmeleitungsschutz

Unter Temperatureinfluss dehnen sich die meisten Stoffe aus, was zu großen Problemen z. B. bei Messwerkzeugen führen kann. Ein Maß für die Ausdehnungsfähigkeit ist die **thermische Längenausdehnung.**

Die tatsächliche Wärmeausdehnung eines Körpers hängt ab von der Ausgangslänge l_0, der Temperaturdifferenz $(\vartheta_2 - \vartheta_1)$ und dem spezifischen thermischen Längenausdehnungskoeffizient α seines Werkstoffes. Sie wird ermittelt mit der Formel:

$$\Delta l = \alpha \cdot l_0 \cdot (\vartheta_2 - \vartheta_1) \text{ [mm]}$$

Bild 2: Metallschmelzen beim Schweißen

Der **Schmelzpunkt** eines Stoffes gibt die Temperatur an, bei der er schmilzt. Er spielt vor allem bei Metallen eine Rolle **(Bild 2)**. Bei den meisten Nichtmetallen dagegen ist ein Schmelzpunkt nicht ermittelbar, da sie aus dem festen Zustand heraus zu brennen beginnen.

Auch die **Magnetisierbarkeit** ist eine Eigenschaft, die ausschließlich den Metallen vorbehalten ist. Magnetisierbar sind Werkstoffe dann, wenn sie durch äußere Einflüsse in die Lage versetzt werden, ein sie durchdringendes Magnetfeld zu verstärken (s. Seite 300). In der Gruppe der Metalle sind nur die Eisenwerkstoffe sowie Nickel und Cobalt magnetisierbar **(Bild 3)**.

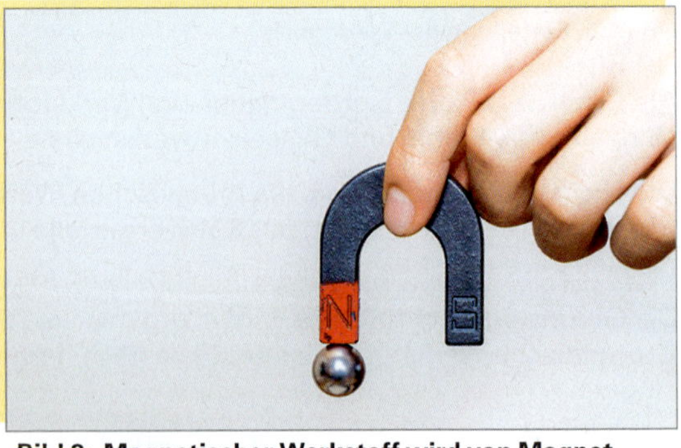

Bild 3: Magnetischer Werkstoff wird von Magnet angezogen

5.2.2 Chemisch-technologische Eigenschaften

Die chemisch-technologischen Eigenschaften beschreiben die Werkstoffzusammensetzung sowie die stoffliche Umwandlungen der Stoffe durch die Wirkung der sie umgebenden Stoffe und Umweltbedingungen.

Die werkstoffverändernden Vorgänge laufen unter normalen Umweltbedingungen relativ langsam ab. Die Einwirkung von Wärme und/oder aggressiver Chemikalien, wie z.B. Säuren, kann die Zerstörungszeit massiv verändern.

Der Gehalt der einzelnen, im Werkstoff enthaltenen Elemente wird durch die **chemische Zusammensetzung** bestimmt. Die Angaben erfolgen in Prozent.

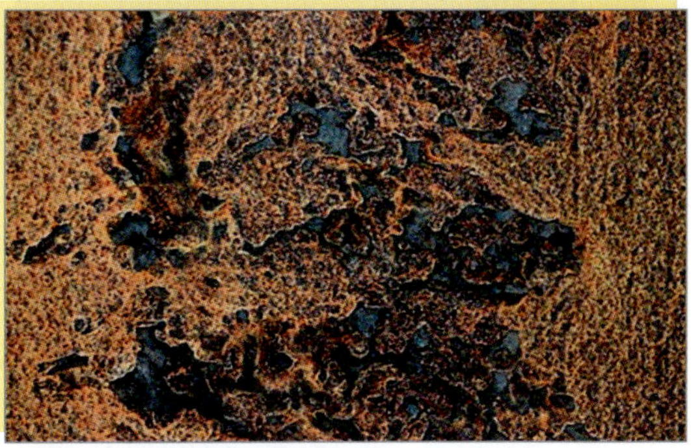

Bild 1: Korrosion bei Stahl

Durch Korrosion werden auf chemischem oder elektrochemischem Wege die Oberflächen von Werkstoffen zerstört **(Bild 1)**. Den Widerstand, den die Werkstoffe dagegen setzen, bezeichnet man als **Korrosionsbeständigkeit.**

Bei vielen Werkstoffen ist es wichtig, dass sie hitzebeständig sind. Neben den Metallen werden vermehrt auch Kunststoffe entwickelt, die ebenfalls über eine hohe **Hitzebeständigkeit** verfügen und somit für Rohrleitungen und Gleitwerkstoffe verwendet werden können.

Bei Metallen spielt die chemische Eigenschaft **Brennbarkeit** kaum eine Rolle. Bei der Ver- und Bearbeitung von Kunststoffen muss jedoch beachtet werden, dass diese meist leicht brennbar sind.

5.2.3 Mechanisch-technologische Eigenschaften

Durch die mechanisch-technologischen Eigenschaften wird das Verhalten der Werkstoffe unter der Einwirkung von mechanischen Kräften beschrieben. Eine der wichtigsten mechanisch-technologischen Eigenschaften ist die **Festigkeit (Tabelle 1)**.

> Neben der Festigkeit sind es vor allem die **Härte, Elastizität, Sprödigkeit** und **Zähigkeit,** die die Eigenschaften eines Werkstoffes charakterisieren.

Tabelle 1: Beanspruchung von Bauteilen

Belastung	Zug	Druck	Abscherung	Biegung	Verdrehung	Knickung
	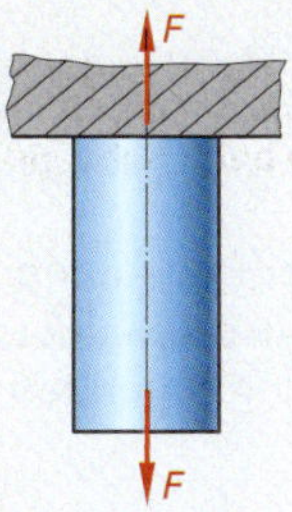	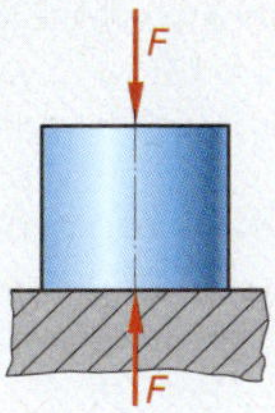	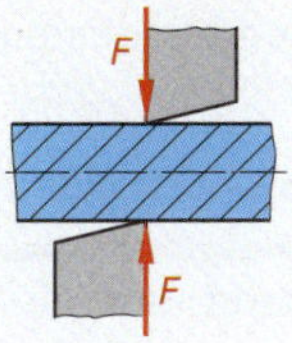	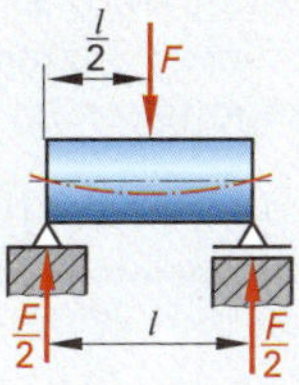	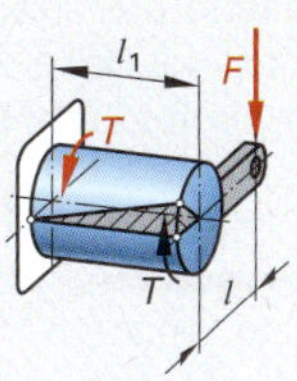	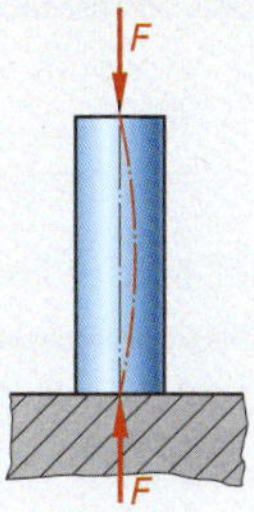
Wirkung	Verlängerung	Verkürzung	Abscherung	Biegung	Verdrehung	Ausknickung
Beispiel	Seile, Aufhängungen, Schrauben	Auflager, Gestelle, Maschinenbetten	Schrauben, Bolzen, Nieten	Achsen, Wellen	Bohrer, Wellen, Säulen	Säulen
Geforderte Festigkeit	Zugfestigkeit	Druckfestigkeit	Scherfestigkeit	Biegefestigkeit	Torsionsfestigkeit	Knickfestigkeit

> Unter der Festigkeit eines Stoffes versteht man den maximalen Widerstand, den er äußeren Verformungskräften bis zu seiner Zerstörung entgegensetzt.

Diese Kräfte können unterschiedliche Beanspruchungen auslösen **(Tabelle 1, Seite 111).** So beanspruchen Kräfte, die an dem Werkstoff ziehen, seine Zugfestigkeit. Dies ist vor allem bei Bauteilen der Fall, die zur Aufhängung bestimmter Teile dienen. Kräfte die auf den Werkstoff drücken, wie z. B. die Maschinenaufbauten auf die Maschinenständer, beanspruchen seine Druckfestigkeit und Kräfte, die versuchen, den Stoff zu verdrehen, seine Torsionsfestigkeit. Träger, die einseitig eingespannt sind oder auf zwei Auflagern liegen, werden auf ihre Biegefestigkeit belastet.

Die am häufigsten benötigten Werte sind die Zugfestigkeit R_m sowie die Streckgrenze R_e **(Bild 1).**

> $R_m = F_m/S$ $\qquad$ $R_e = \sigma_{zzul} \cdot \nu$

Dabei ist F_m die maximale Zugkraft in N, S der Querschnitt in mm² der Probe und ν die Sicherheitszahl.

Die Zugfestigkeit der meisten Werkstoffe ist bekannt. Sie kann Tabellen entnommen werden (siehe Tabellenbuch) und dient hauptsächlich dazu, die maximale Belastbarkeit von Bauteilen oder den erforderlichen Querschnitt zu ermitteln. Da die Bauteile in der Regel jedoch nicht bis zur äußersten Belastungsgrenze belastet werden dürfen, da sonst die Gefahr des Reißens besteht, muss mit einem geeigneten Sicherheitsfaktor ν gerechnet werden. Dieser gewährt z. B. bei Stahl eine Sicherheit unterhalb der Streckgrenze und ist abhängig vom Belastungsfall und vom Einsatzgebiet (siehe Tabellenbuch).

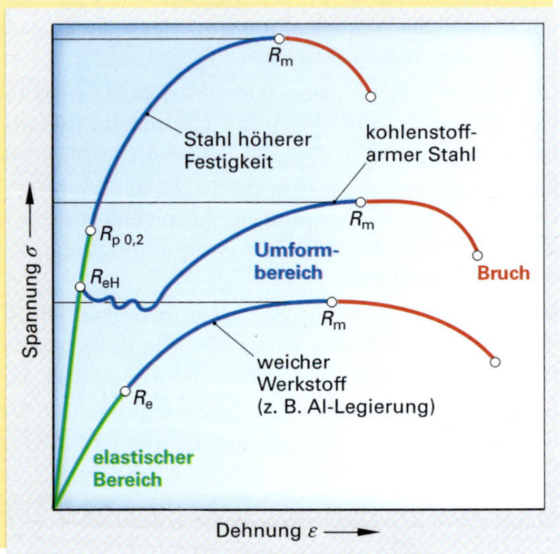

Bild 1: Spannungs-Dehnungs-Schaubilder

Beispiel: Eine Zugstange mit einer Streckgrenze bei R_e = 300 N/mm² soll mit einer Kraft von 5000 N belastet werden. Welchen Durchmesser muss diese Stange besitzen, wenn mit zweifacher Sicherheit gearbeitet werden soll.

Lösung: $R_e = \sigma_{zzul} \cdot \nu$ $\qquad$ $\sigma_{zzul} = \frac{F_{zul}}{S} = \frac{F_{zul} \cdot 4}{d^2 \cdot \pi}$

$$\sigma_{zzul} = \frac{R_e}{\nu} = \frac{300\ \text{N}}{\text{mm}^2 \cdot 2} = 150\frac{\text{N}}{\text{mm}^2} \qquad d = \sqrt{\frac{F_{zul} \cdot 4}{\sigma_{zzul} \cdot \pi}} = \sqrt{\frac{5000\ \text{N} \cdot \text{mm}^2}{150\,\text{N} \cdot \pi}} = \mathbf{6{,}5\ mm}$$

Arbeitsauftrag:

An einer Lasche aus Flachstahl wird ein Handhabungsgerät befestigt. Über welche Zugfestigkeit muss das Material bei zweifacher Sicherheit mindestens verfügen, wenn das Gewicht des Handhabungsgerätes mit 2000 N angegeben ist und die Lasche einen Querschnitt von 5 mm × 40 mm hat?

Neben der Festigkeit ist in vielen Fällen die **Härte** von Werkstoffen von großer Bedeutung.

> Unter der Härte versteht man den Widerstand, den ein Körper einem eindringenden Körper entgegensetzt.

Aluminium, Kupfer und die meisten Kunststoffe sind weiche Werkstoffe, Stähle und Hartmetalle dagegen besitzen eine große Härte. Kann ein Werkstoff nach einer Verformung wieder seine Ausgangsform annehmen, so ist er **elastisch,** wie wir das bis zu einer gewissen Grenze z. B. von Sägeblättern kennen. Kann diese Formveränderung nicht rückgängig gemacht werden, spricht man von einer **plastischen** Verformung. Beides sind Eigenschaften, die für die funktionsabhängige Auswahl von Werkstoffen von großer Bedeutung sind. Ist ein Werkstoff **spröde,** so wird er sich nicht verformen lassen und bei schlagartiger Belastung brechen. Ein typischer Vertreter dieser Werkstoffe ist Glas. **Zähe** Werkstoffe wie beispielsweise nicht rostender Stahl hingegen versuchen plastischen Verformungen großen Widerstand entgegenzusetzen, können jedoch nur schwer zerstört werden.

5.2.4 Fertigungstechnische Eigenschaften

Die fertigungstechnischen Eigenschaften sind für die Auswahl bestimmter Fertigungsverfahren von großer Bedeutung. Dabei muss unterschieden werden, ob es sich um die Herstellung von Halbzeugen handelt, von der der Mechatroniker nicht betroffen ist, oder um Fertigung von Werkstücken und Teilen, die vom Mechatroniker durchgeführt werden muss. Dementsprechend sind die folgenden fertigungstechnischen Eigenschaften zu beachten:

Bild 1: Zerspanen durch Fräsen

Die **Spanbarkeit** gibt darüber Aufschluss, wie gut sich ein Werkstoff durch spanende Bearbeitung wie z.B. Bohren, Drehen oder Fräsen bearbeiten lässt **(Bild 1).** Gut spanbar sind, abhängig von ihrer Zusammensetzung, in der Regel alle Metalle. Durch die Anpassung der Schneidenform und der Schnittbedingungen kann dies noch beeinflusst werden. Beeinflussbare Schnittbedingungen sind vor allem die Schnittgeschwindigkeit, die Zustellung und der Vorschub (s. Seite 179 ff.) sowie der Einsatz von Kühlschmierstoffen. Nicht spanbar sind ganz weiche Stoffe wie Gummi oder spröde Stoffe wie Glas.

Bild 2: Schweißen von Aluminium

Die **Schmiedbarkeit** ist eine Eigenschaft, die ausschließlich den Stählen und einigen Aluminium- und Kupferlegierungen vorbehalten ist. Sie spielt jedoch für die Berufspraxis des Mechatronikers kaum eine Rolle.

Häufiger dagegen ist die **Schweißbarkeit** von Stoffen erforderlich und zwar immer dann, wenn Werkstücke untrennbar durch Schweißen gefügt werden müssen (s. Seite 224 ff.). Schweißbar sind unlegierte und legierte Stähle mit geringem Kohlenstoffgehalt, Aluminium- und Kupferlegierungen und einige Kunststoffe **(Bild 2).**

Reicht die Grundhärte eines Werkstoffes für einen speziellen Anwendungsfall nicht aus, so kann durch das Wärmebehandlungsverfahren Härten die Grundhärte erhöht werden. Dieses Verfahren setzt allerdings die **Härtbarkeit** des Stoffes voraus. Diese ist vom Kohlenstoffgehalt des Stoffes abhängig. Härtbar sind bestimmte Stahlsorten sowie Aluminiumlegierungen.

5.2.5 Ökologische Eigenschaften

In zunehmendem Maße spielen neben den klassischen Werkstoffeigenschaften auch ökologische Gesichtspunkte bei der Bewertung von Stoffen eine große Rolle. So ist z.B. der Werkstoff Aluminium als Verkleidungswerkstoff von Häusern sehr umstritten, da der für die Herstellung erforderliche Energieaufwand diesen Einsatz kaum noch rechtfertigt. Neben dem **Energieaufwand** für die Herstellung sind es vor allem die beim Herstellungsprozess von Stoffen anfallenden **Umweltbelastungen** durch Gase und Staub, die in die Bewertung mit einbezogen werden müssen. Schon bei der Konstruktion von Produkten wird heute größter Wert auf die spätere **Entsorgung (Bild 3)** bzw. **Wiederverwertbarkeit** der verwendeten Stoffe geachtet.

Bild 3: Entsorgungsproblem von Elektronikschrott

5.3 Aufbau metallischer Stoffe

Aufgrund ihrer vielfältigen Eigenschaften werden in mechatronischen Systemen sehr häufig metallische Werkstoffe eingesetzt. Dies ist vor allem dort der Fall, wo hohe Festigkeitswerte in Verbindung mit guten fertigungstechnischen Eigenschaften erforderlich sind.

5.3.1 Innerer Aufbau der Metalle

Die Eigenschaften der Metalle werden durch ihren inneren Aufbau bestimmt **(Bild 1)**. Betrachtet man die Oberfläche eines Metalles durch ein hochauflösendes Elektronenmikroskop, so kann man seinen strukturierten Aufbau erkennen. Die Metallionen, das sind die kleinsten Bausteine der Metalle, werden umgeben von zusammenhängenden Elektronenwolken. Durch sie werden die Metallteilchen zusammengehalten, und durch sie erhalten sie auch ihre Festigkeit.

Da die Elektronen der Elektronenwolken frei beweglich sind, sind Metalle gute elektrische Leiter. Würde man die Mittelpunkte der Metallionen zeichnerisch verbinden, so ergäben die Verbindungslinien ein räumliches Gitter, das als **Kristallgitter** bezeichnet wird.

5.3.2 Kristallgitterarten

Die Metallgitter entstehen beim Abkühlen der Schmelze. Im flüssigen Zustand sind die Metallionen noch frei beweglich und ungebunden. Erst beim Abkühlen nehmen sie feste Plätze ein, die Kristallbildung beginnt. Die Kristalle wachsen langsam bis das Metall schließlich vollkommen erstarrt. Die entstandenen Kristalle, auch Körner genannt, stoßen an der Korngrenze zusammen. Grundsätzlich sind drei verschiedene Kristallgittertypen möglich.

Das **kubisch-raumzentrierte** Kristallgitter **(Bild 2)** hat die Metallionen so geordnet, dass ihre Mittelpunkte einen Würfel bilden. In der Mitte des Würfels befindet sich noch ein zusätzliches Ion. Solche Kristallgitter sind z.B. bei Eisen unter 911 °C, Chrom, Vanadium und Wolfram gegeben.

Beim **kubisch-flächenzentrierten** Kristallgitter **(Bild 3)** ist der Grundkörper, d.h. die gedachte Verbindung der Ionenmittelpunkte, ebenfalls ein Würfel. Zusätzliche Ionen befinden sich in den Zentren der seitlichen Begrenzungsflächen. Eisen über 911 °C, Aluminium, Nickel und Kupfer besitzen solche Kristallgitter.

Hexagonale Kristallgitter **(Bild 4)** liegen dann vor, wenn die Metallionen auf den Ecken eines Sechseckprismas platziert sind. Magnesium, Zink und Titan besitzen solche Gitter.

Bild 1: Aluminiumgefüge

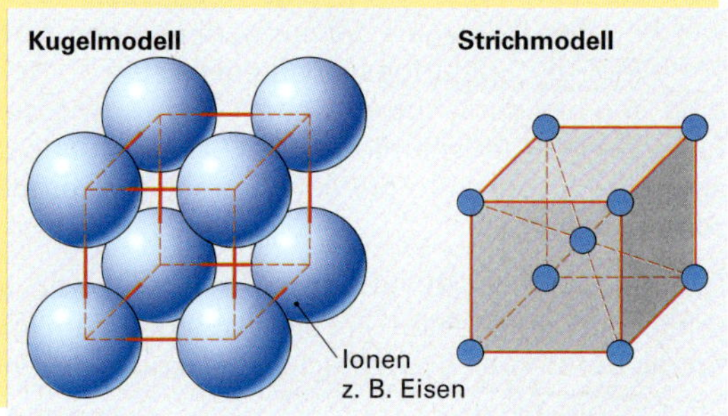

Bild 2: Kubisch-raumzentriertes Kristallgitter

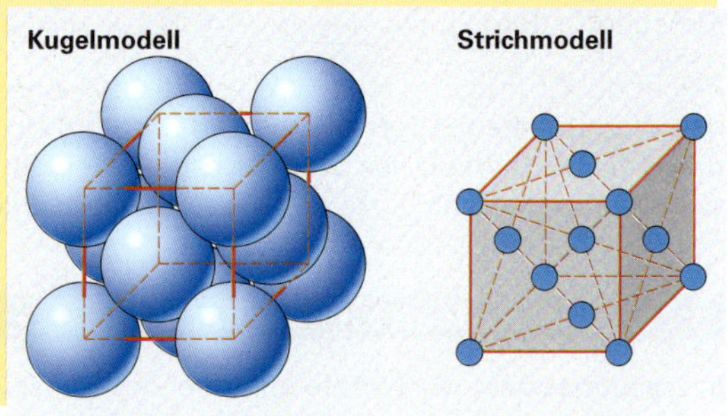

Bild 3: Kubisch-flächenzentriertes Kristallgitter

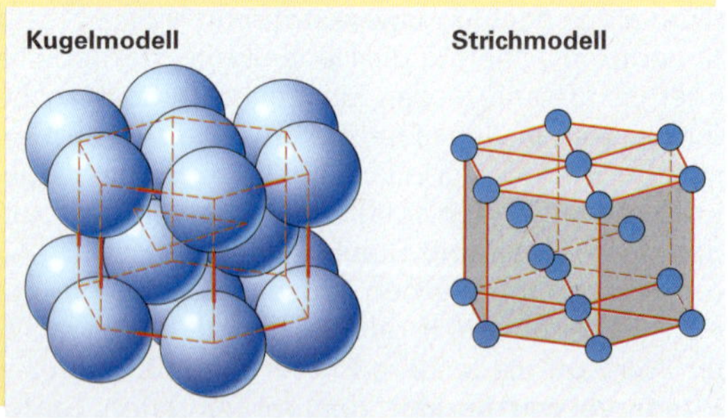

Bild 4: Hexagonales Kristallgitter

5.4 Eisen- und Stahlwerkstoffe

Vom einfachen Baustahl bis zum hochlegierten Spezialstahl sind heute auf dem Markt sehr viele Eisen- und Stahlwerkstoffe erhältlich. Der Unterschied zwischen Stahl- und Eisenwerkstoffen liegt im Kohlenstoffgehalt.

Als Stahl werden alle ohne Nachbehandlung in warmem oder kaltem Zustand umformbaren Eisenwerkstoffe mit einem Kohlenstoffgehalt von bis zu 2,06% bezeichnet.

Eisen- und Stahlwerkstoffe werden erzeugt, indem dem im Hochofen aus Eisenerzen erzeugten Roheisen der relativ hohe Kohlenstoffanteil reduziert und die Eisenbegleiter wie Silicium, Mangan, Phosphor und Schwefel durch unterschiedliche Verfahren entzogen werden. Das dadurch erhaltene Produkt ist Stahl. Je nach verbleibendem Kohlenstoffgehalt ist Stahl leicht umformbar bis hart, schmiedbar und härtbar. Der Kohlenstoffgehalt spielt bei der Einsatzeignung und bei der Normung eine bestimmende Rolle.

Stähle werden als „Halbzeuge" in unterschiedlichen Formen und Profilen zur Weiterverarbeitung zur Verfügung gestellt (siehe Tabellenbuch). Die Stähle- und Eisenwerkstoffe werden eingeteilt nach ihrer Verwendung, nach ihrer Zusammensetzung oder nach Güteklassen.

5.4.1 Einteilung nach der Verwendung

Nach den geeigneten Verwendungsbereichen kann die Einteilung in Baustähle, Werkzeugstähle und Eisen-Gusswerkstoffe erfolgen **(Bild 1)**.

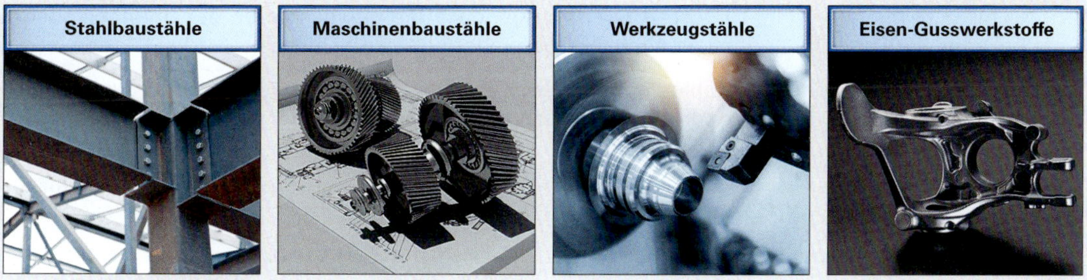

Bild 1: Einteilung von Eisen- und Stahlwerkstoffen

Das Basismetall aller Stahl- und Eisenwerkstoffe ist das Eisen (Fe). Enthält der Werkstoff darüber hinaus ausschließlich noch Kohlenstoff (C) in unterschiedlichen, die Eigenschaften beeinflussenden Mengen, so ist dies ein **unlegierter Stahl.** Der Kohlenstoffgehalt liegt bei den Baustählen zwischen 0,1% und 0,6%, bei den Werkzeugstählen zwischen 0,35% und 1,5% und bei den Eisen-Gusswerkstoffen zwischen 2,8% und 3,6%. Durch unterschiedliche Zusetzung verschiedener Legierungselemente wie z.B. Chrom, Mangan, Molybdän, Vanadium, können die Eigenschaften zusätzlich erheblich beeinflusst werden **(Bild 2).** In diesem Falle spricht man von **legierten Stählen.** Betragen die Legierungsbestandteile mehr als 5%, wie z.B. bei den nicht rostenden Stählen, werden diese als **hochlegierte Stähle** bezeichnet.

Bild 2: Einfluss von Legierungselementen auf die Eigenschaften von Stählen

5.4.2 Einteilung nach Güteklassen

Aufgrund ihrer gewährleisteten Gebrauchseigenschaften und der Genauigkeit der Zusammensetzung werden Stähle unterschieden in Grundstähle (unlegiert), Qualitätsstähle (unlegiert und legiert) und Edelstähle (unlegiert und legiert).

Grundstähle sind Stahlsorten, an die keine besonderen Qualitätsanforderungen gestellt werden. Ihre Zusammensetzung und ihre Eigenschaften bewegen sich in relativ großen Grenzen. Verwendet werden sie u.a. im Stahlbau als warmgewalzte Profile sowie als gezogener Rundstahl.

Qualitätsstähle besitzen gewährleistete Gebrauchseigenschaften. An sie werden höhere Anforderungen gestellt als an die Grundstähle. Sie sind begrenzt für die Wärmebehandlung und bestimmte Umformverfahren geeignet. Eingesetzt werden sie bei höheren Festigkeitsanforderungen wie z.B. beim Bau von Druckbehältern oder zum Tiefziehen von Blechen im Karosseriebau.

Edelstähle sind besonders reine Stähle, deren Zusammensetzung genau bestimmt ist. Unlegiert sind sie gut umformbar und schweißbar, als legierte Stähle werden sie verwendet als Werkzeugstähle, Schnellarbeitsstähle und Anwendungen, bei denen hohe Festigkeitswerte verlangt sind wie z.B. Wälzlagerkugeln. Als hochlegierte Stähle sind sie als nicht rostende Stähle bekannt. Fälschlicherweise werden jedoch häufig alle Edelstähle als nicht rostend bezeichnet.

5.4.3 Normung von Eisen- und Stahlwerkstoffen

Welcher Werkstoff für einen bestimmten Anwendungsfall verwendet werden muss, wird in der Regel vom Konstrukteur entschieden und ist vom Mechatroniker aus der Stückliste oder dem Schriftfeld in der Zeichnung zu entnehmen. In einzelnen, untergeordneten Fällen wird diese Entscheidung auch vom Mechatroniker selbst getroffen. Dies setzt aber voraus, dass die Eigenschaften der unterschiedlichen Stähle bekannt sind, und dass vor allem auch ihre Bezeichnungen entschlüsselt werden können.

Die traditionelle Bezeichnung der Stähle orientierte sich an dem Verwendungszweck und den damit verbundenen Eigenschaften. Sie wurden entweder nach der Zugfestigkeit oder ihrer chemischen Zusammensetzung bezeichnet.

Beispiel für Zugfestigkeit:	St 37:	Baustahl mit einer Mindestzugfestigkeit von 370 N/mm².
Beispiel für chem. Zusammensetzung:	20CrMo4:	Baustahl mit 0,2 % C, 1 % Cr und unbestimmte Menge Molybdän

Diese Bezeichnungsart ist in vielen Werkstätten noch anzutreffen, entspricht jedoch nach einer Übergangsfrist bis 1992 nicht mehr der Norm (siehe Tabellenbuch).

Bezeichnungen nach DIN EN 10027 (siehe auch Tabellenbuch)

Die Europa-Norm 10027 lässt grundsätzlich zwei Möglichkeiten der Bezeichnung zu:

1. Bezeichnung durch **Kurznamen** mit den beiden Varianten:
   a) Kurznamen, die Hinweise auf die Verwendung und die mechanischen oder physikalischen Eigenschaften der Stähle enthalten (Gruppe 1).
   b) Kurznamen, die Hinweise auf die chemische Zusamensetzung enthalten (Gruppe 2).
2. Bezeichnung mit **Werkstoffnummern.**

Bezeichnungen durch Kurznamen:

Die Kurznamen aus der **Gruppe 1** setzen sich zusammen aus einem Hauptsymbol und einem Zusatzsymbol. Das Hauptsymbol enthält die Angaben über die Stahlgruppe **(Tabelle 1)** und eine Zahl, die die für diese Stahlgruppe typische Eigenschaftsgröße bestimmt.

Tabelle 1: Beispiele für Hauptsymbole

S	Stähle für den allgemeinen Stahlbau
E	Maschinenbaustähle
P	Stähle für den Druckbehälterbau
L	Stähle für Leitungsrohre

Beispiel: Die Kurzbezeichnung eines unlegierten Baustahles nach DIN EN 10 027 lautet: **S235JR**

S: unlegierter Baustahl
235: Streckgrenze R_e = 235 N/mm²
JR: Kerbschlagarbeit 27J bei 20 °C

Die Kurznamen der **Gruppe 2** sind ähnlich den bisherigen Normen aufgebaut. Das Hauptsymbol besteht hier aus der Angabe des Kohlenstoffgehaltes und bei legierten Stählen zusätzlich aus der Angabe der Legierungselemente. Die Kennzahlen für die Legierungselemente werden mit unterschiedlichen Faktoren belegt **(Tabelle 1).** Dem Hauptsymbol können darüber hinaus noch Zusatzsymbole aus Buchstaben und Zahlen folgen.

Unlegierte Stähle beginnen immer mit dem Symbol C für Kohlenstoff und der Kennzahl für den Kohlenstoffanteil. Die folgenden Zusatzsymbole wie z.B. R oder E bestimmen den maximalen Schwefelgehalt.

Beispiel: Die Kurzbezeichnung eines unlegierten Vergütungsstahles: **C45E**

C45: C-Gehalt 45/100 = 0,45%
E: maximaler Schwefelgehalt

Niedriglegierte Stähle enthalten Legierungsbestandteile, die jeweils unter 5% liegen. Der Kohlenstoffgehalt wird ohne den vorangestellten Buchstaben C direkt in 1/100% angegeben **(Bild 1).** Es folgen die Angaben der Legierungsbestandteile mit den jeweiligen verschlüsselten Prozentangaben.

Hochlegierte Stähle sind Stähle, die mindestens einen Legierungsbestandteil mit über 5% besitzen. Sie sind erkennbar an einem vorangestellten X **(Bild 2).** Bei den hochlegierten Stählen werden die Prozentangaben **nicht** mit einem Faktor belegt.

Bezeichnungen von Gusseisenwerkstoffen setzen sich nach diesem System zusammen aus dem Hauptsymbol für den Gusseisenwerkstoff **(Tabelle 2)** und der Angabe der Gebrauchseigenschaft.

Bezeichnungen durch Werkstoffnummern:

Vor allem für den Einsatz in EDV-Systemen besser geeignet ist die Bezeichnung der Werkstoffe durch Nummern. Dabei wird jedem Werkstoff eine fünfstellige Nummer zugeteilt, die bei Bedarf auf sieben Stellen erweitert werden kann **(Tabelle 3).**

Tabelle 1: Umrechnungsfaktoren

Kennzahlfaktor 4	Cr	Ni	Mn	Co	Si	W
Kennzahlfaktor 10	Al	Cu	Mo	Ta	Ti	V
Kennzahlfaktor 100	C	P	S	N	Ce	

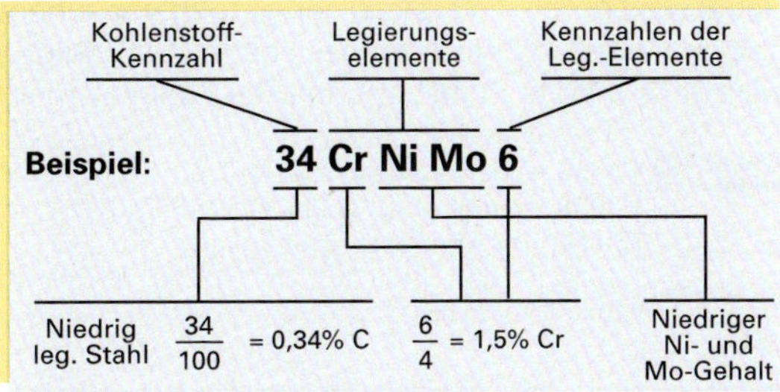

Bild 1: Kurznamen mit Zusammensetzungsangaben für niedriglegierten Stahl

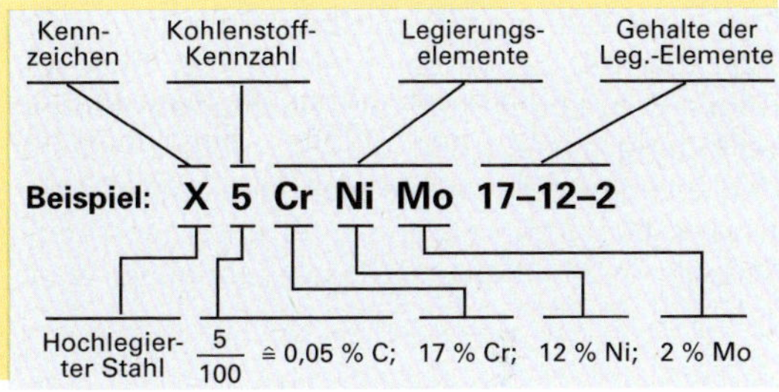

Bild 2: Kurznamen mit Zusammensetzungsangaben für hochlegierten Stahl

Tabelle 2: Kennbuchstaben für Gusswerkstoffe

G	Gusswerkstoff
GG	Gusseisen mit Lamellengrafit (Grauguss)
GGG	Gusseisen mit Kugelgrafit
GGL	Austenitisches Gusseisen mit Lamellengrafit
GGK	Kokillen-Gusseisen
GH	Hartguss
GS	Stahlguss
GSZ	Schleuder-Stahlguss
GTS	nicht entkohlend geglühter (schwarzer) Temperguss
GTW	entkohlend geglühter (weißer) Temperguss

Tabelle 3: Stahlgruppennummern DIN EN 10027 (Auszug)

Gruppennummer	Stahlgruppe für unlegierte Stähle
00, 90	Grundstähle
	Qualitätsstähle
01, 91	Allgemeine Baustähle mit R_m < 500 N/mm²
06, 96	Stähle mit im Mittel ≥ 0,55% C oder R_m ≥ 700 N/mm²
	Edelstähle
10	Stähle mit besonderen physikalischen Eigenschaften
12	Maschinenbaustähle mit ≥ 0,50% C
Gruppennummer	**Stahlgruppe für legierte Stähle**
	Qualitätsstähle
08, 98	Stähle mit besonderen physikalischen Eigenschaften
	Edelstähle
20 ... 28	Werkzeugstähle
40 ... 46	nicht rostende Stähle
50 ... 84	Bau-, Maschinenbau- und Behälterstähle

Dabei wird durch die erste Ziffer, gefolgt von einem Punkt, die Werkstoffhauptgruppe gekennzeichnet. Die beiden nächsten Ziffern kennzeichnen die Stahlgruppe. Durch die beiden letzten Ziffern, die Zählnummer, wird der konkrete Stahl benannt. Die Zählnummer wird von der Europäischen Stahlregistratur vergeben.

Beispiel: **1.8550** ist der Stahl 34 Cr Al Ni 7, ein Stahl, aus dem z. B. Spindeln für Werkzeugmaschinen hergestellt werden.
1.0038 ist der Stahl S235JRG2 (RSt 37-2), ein beruhigt vergossener Baustahl der Gütegruppe 2 mit ca. 360 N/mm² Mindestzugfestigkeit.
1.4541 ist der Stahl X6CrNiTi18-10, ein nichtrostender, austenitischer Stahl mit einer Zugfestigkeit von 520 ... 720 N/mm².

5.4.4 Wichtige Stähle und Eisenwerkstoffe (Auswahl)

Unlegierte Baustähle:

Dies sind Stähle mit mittlerer Festigkeit und Streckgrenze. Sie werden meist in Profilform als Träger, Rohre oder Rund- und Rechteckprofile zur Verfügung gestellt. Für die Wärmebehandlung sind unlegierte Baustähle nicht geeignet. Da sie schweißbar sind, werden sie für untergeordnete Bauteile im Stahlbau und Maschinenbau verwendet.

Schweißgeeignete Feinkornbaustähle:

Schweißgeeignete Feinkornbaustähle besitzen eine hohe Festigkeit und Streckgrenze sowie eine sehr gute Schweißeignung. Sie werden deshalb bevorzugt im Maschinen-, Stahl- und Apparatebau eingesetzt. Die höhere Festigkeit wird durch Legierungsbestandteile Mangan, Nickel und Chrom erreicht. Feinkornbaustähle müssen wegen des feinen Gefüges sorgfältig bearbeitet werden.

Vergütungsstähle:

Unter Vergüten versteht man das Härten mit anschließendem Anlassen. Hierfür eignen sich aufgrund der Zusammensetzung die Vergütungsstähle, die unlegiert oder legiert sein können. In vergütetem Zustand besitzen sie eine hohe Festigkeit und ausreichende Zähigkeit für den Einsatz z. B. als Zahnräder, Schrauben, Muttern, Wellen.

Automatenstähle:

Automatenstähle sind Stähle, die sich für die spanende Herstellung von Teilen in großen Serien eignen. Durch die Legierung mit Schwefel oder Blei wird eine gute Zerspanbarkeit erreicht. Die Späne werden dadurch kurzbrüchig. Die Festigkeit wird durch den Schwefelzusatz kaum beeinflusst. Ihr Kohlenstoffgehalt liegt zwischen 0,09 % und 0,45 %. Automatenstähle mit einem C-Gehalt von mehr als 0,3 % sind vergütbar.

Federstähle:

Bauteile, die in vergütetem Zustand über ein großes elastisches Formveränderungsvermögen verfügen müssen, werden aus Federstahl hergestellt. Dies sind hauptsächlich alle Arten von Federn wie z.B. Schraubenfedern, Tellerfedern, Blattfedern. Unlegierte Federstähle haben einen C-Gehalt von 0,5% bis 0,8%. Legierte Federstähle enthalten meist Silizium aber auch Chrom und Vanadium.

Einsatzstähle:

Einsatzstähle sind Stähle mit einem geringen Kohlenstoffgehalt unter 0,22%. Um die Festigkeit und Härte im Randbereich zu erhöhen werden sie durch Einsatzhärten in der Randschicht aufgekohlt und dadurch in diesem Bereich härtbar. Da der Kern der Werkstücke davon nicht betroffen wird, kann dieser zäh bleiben. Sie eignen sich daher für den Einsatz z.B. als Zahnräder, Wellen, Steuerkurven.

Nitrierstähle:

Ein ähnlicher Effekt wie bei den Einsatzstählen durch das Aufkohlen wird bei den Nitrierstählen durch das Einbringen von Stickstoff in die Randschicht erreicht. Dadurch erhält man eine temperaturstabile Nitritschicht, die eine hohe Härte garantiert. Nitrierstähle sind mit Aluminium, Chrom, Molybdän, Vanadium, Niob oder Titan legierte Stähle.

Nicht rostende Stähle:

Dies sind hochlegierte Stähle mit einem Chromgehalt von mindestens 13% und einem Nickelgehalt von ca. 10%. Der Kohlenstoffgehalt ist meist sehr gering (unter 0,1%). Sie sind zähelastisch und besitzen eine mittlere Festigkeit. Ihr typisches Merkmal ist die dauerhafte Korrosionsbeständigkeit. Sie sind in der Praxis unter dem Namen „Edelstahl rostfrei" bekannt.

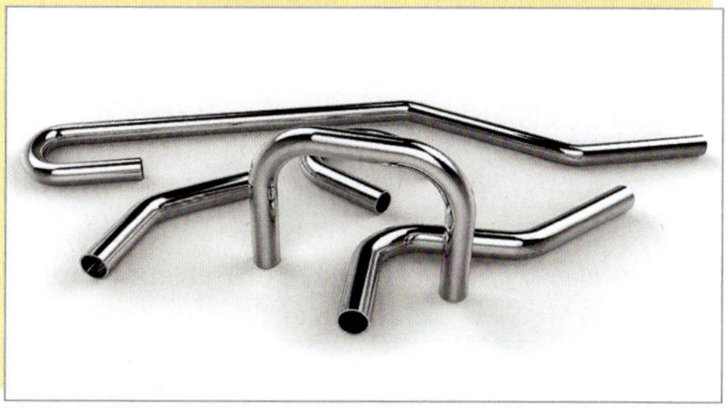

Werkzeugstähle:

Aus Werkzeugstählen werden ganz unterschiedliche Werkzeuge zum Bearbeiten wie z.B. Biegen, Tiefziehen, Spanen sowie für die Handhabungstechnik und die Messtechnik gemacht. Abhängig von ihrer Zusammensetzung werden sie eingeteilt in unlegierte, niedriglegierte und hochlegierte Werkzeugstähle. Nach ihrem Verwendungszweck wird unterschieden in Kaltarbeitsstähle, Warmarbeitsstähle und Schnellarbeitsstähle.

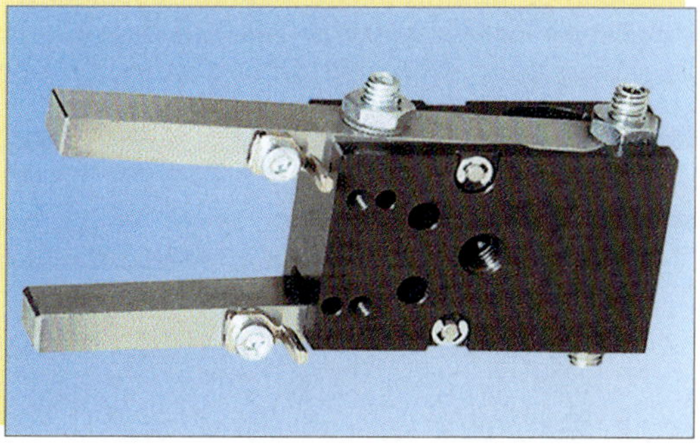

Gusseisen mit Lamellengrafit:

Teile, die eine komplizierte Form haben und deshalb nur sehr schwer spanend herstellbar sind, werden meist aus Gusseisen gegossen. Gusseisen mit Lamellengrafit ist Eisen mit einem Kohlenstoffgehalt von 2,6% bis 3,6%, in dem der Kohlenstoff in Lamellenform als Grafit abgelagert ist. Da dies wie ein Gleitmittel wirkt, ist der Einsatz als Lagerböcke u.a. geeignet.

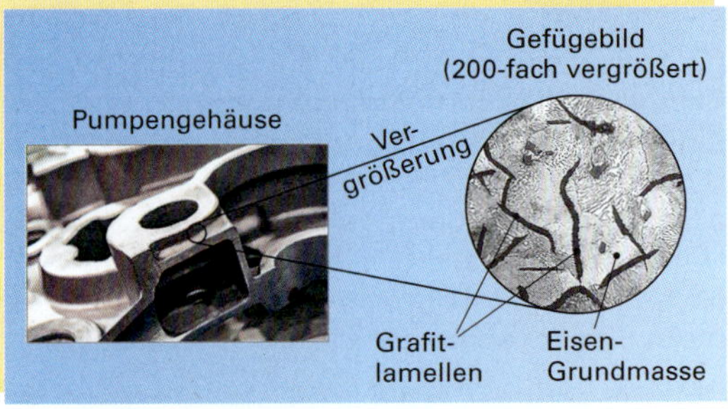

Gusseisen mit Kugelgrafit:

In Kugelform ist der Grafit in diesem Gusseisen abgelagert. Dadurch wird eine wesentlich höhere Festigkeit erreicht. Erreicht wird diese Ablagerungsform durch das Zulegieren von Magnesium in die Gussschmelze. Der auch Sphäroguss genannte Werkstoff wird zu Gussteilen verarbeitet, die hohen Schlag- und Stoßbelastungen ausgesetzt sind wie z.B. Motorgehäuse, Zahnräder.

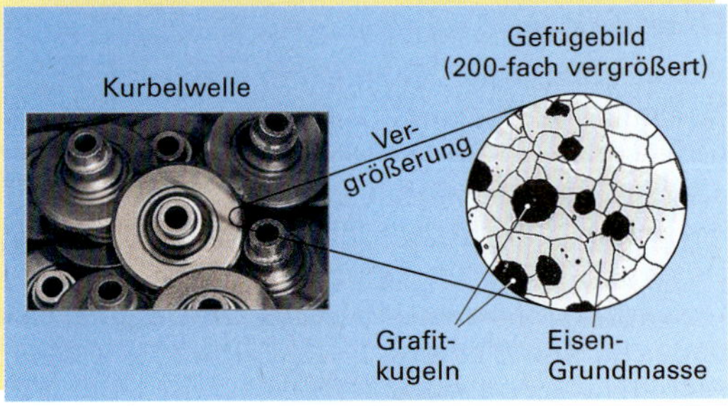

Temperguss:

Aus Temperguss werden Gussteile wie Rohrfittings, Hebel, Pleuel u.a. hergestellt, die besonders zäh sein müssen. Diese Zähigkeit wird durch eine besondere Glühbehandlung nach dem Gießen, dem Tempern, erreicht. Beim Tempern werden die Gussteile in sauerstoffabgebender (weißer Temperguss) oder neutraler Umgebung (schwarzer Temperguss) geglüht.

Stahlguss:

Stahlguss ist in Formen gegossener Stahl. Dies wird immer dort gemacht, wo die Eigenschaften von Stahl mit den günstigen Herstellungsbedingungen des Gießens kombiniert werden müssen wie z.B. bei Motorblöcken, Verdichtergehäusen, Turbinenschaufeln. Nach dem Gießen werden die Gussteile geglüht. Sie besitzen annähernd die gleiche Festigkeit wie der entsprechende Walzstahl.

Die oben aufgeführten Stahl- und Gusseisenwerkstoffe stellen nur eine kleine, typische Auswahl der möglichen Eisenwerkstoffe dar. Auf dem Markt sind heute eine Vielzahl unterschiedlicher Stahl- und Gusswerkstoffe erhältlich. Die vollständige Kenntnis darüber ist jedoch für den Mechatroniker nicht erforderlich und würde auch den Rahmen dieses Buches sprengen.

Arbeitsauftrag:

Definieren Sie die folgenden Bezeichnungen von Stahl- und Eisenwerkstoffen und ordnen Sie diese den oben aufgeführten Sorten zu:

1. S420N	2. 9S20	3. C10E	4. 31CrMo12
5. C22	6. C75E	7. C55U	8. 120WV4
9. HS12-1-4-5	10. GS-70	11. GTW-40-5	12. GS-17CrMo 5 5

5.5 Nichteisenmetalle

Neben den Eisenwerkstoffen werden in mechatronischen Anlagen und Geräten noch sehr viele andere Metalle, die Nichteisenmetalle, eingesetzt. So sind z.B. die Profile, die in vielen automatisierten Arbeitsplätzen zum Einsatz kommen **(Bild 1)**, in der Regel aus Aluminium, die Führungsbuchsen von Spindeln aus Kupfer-Zinn-Legierungen und viele Verrohrungen aus Kupfer hergestellt.

Nichteisenmetalle sind alle reinen Metalle außer Eisen und alle Legierungen von Metallen, bei denen der Eisenanteil nicht größer als alle anderen Anteile ist.

Nichteisenmetalle werden unterschieden in Leichtmetalle und Schwermetalle. Maßgebend für diese Unterscheidung ist die Dichte der Stoffe.

Leichtmetalle besitzen eine Dichte von weniger als 5 kg/dm³, Schwermetalle von mehr als 5 kg/dm³.

Die für den Mechatroniker wichtigsten Nichtmetalle sind Kupfer und Aluminium mit ihren jeweiligen Legierungen. In der Praxis werden die Nichteisenmetalle selten in ihrer Reinform sondern meist als Legierungen eingesetzt, da durch bestimmte Legierungen die Eigenschaften der Werkstoffe gezielt verändert und damit für den speziellen Anwendungsfall angepasst werden können.

5.5.1 Kupfer und Kupferlegierungen

Kupfer ist ein Schwermetall mit einer Dichte von 8,92 kg/dm³ **(Tabelle 1)**. Als **Reinkupfer** wird es hauptsächlich dort verwendet, wo eine hohe Wärmeleitfähigkeit und elektrische Leitfähigkeit gefordert wird **(Bild 2)**. Dies ist z.B. bei Wärmetauschern aber auch bei elektrischen Leitungen der Fall. Wegen der guten Lötbarkeit ist Kupfer auch als Rohrleitungswerkstoff geeignet. Für die zerspanende Bearbeitung ist Kupfer aufgrund seiner hohen Zähigkeit nicht geeignet.

Kupfer-Zink-Legierungen

Kupfer-Zink-Legierungen (frühere Bezeichnung: Messing) wird für viele mechanische Kleinteile in der Feinmechanik und der Elektroindustrie verwendet **(Bild 3)**. Sie sind gut gießbar und bei entsprechend hohem Zinkgehalt (Zn) auch gut umformbar (ca. 30 %) und zerspanbar (über 37 %). Durch das Zulegieren von Aluminium, Eisen, Nickel und Mangan wird die Zugfestigkeit erhöht.

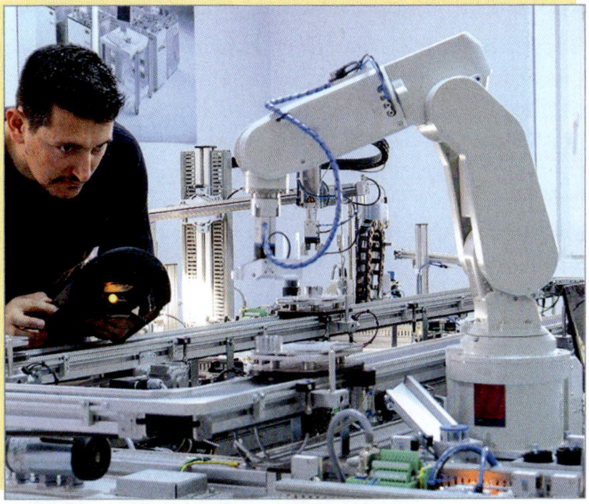

Bild 1: Anlage aus Aluminium-Profilen

Tabelle 1: Kennwerte von Kupfer

Dichte	8,9 kg/dm³
Schmelzpunkt	1083 °C
Zugfestigkeit	warmgewalzt 200 … 300 N/mm²; kaltverfestigt bis 600 N/mm²
Bruchdehnung	50 … 35 %; kaltverfestigt 2 %

Bild 2: Anwendung von Reinkupfer

Bild 3: Anwendungen von Kupfer-Zink-Legierungen

5

Kupfer-Zinn-Legierungen

Besser bekannt unter dem Namen „Bronze" sind die Kupfer-Zinn-Legierungen. Der Zinngehalt (Sn) beträgt zwischen 2% und 15%. Andere Legierungsbestandteile wie z.B. Blei, Zink oder Nickel kommen nur in geringen Bestandteilen zum Einsatz. Die Festigkeit von CuSn-Legierungen ist höher als die von CuZn-Legierungen und liegt zwischen 350 N/mm² und 410 N/mm².

Sie sind gut gießbar, korrosionsbeständig und werden wegen ihrer sehr guten Gleiteigenschaften bei Gleitlagerbuchsen und Lagerschalen eingesetzt **(Bild 1)**.

Bild 1: Lagerteile aus CuSn

Tabelle 1: Kennwerte von Aluminium

Dichte	2,7 kg/dm³
Schmelzpunkt	658 °C
Zugfestigkeit	gegossen 90 ... 120 N/mm² weich geglüht 65 N/mm² hart gewalzt 150 ... 230 N/mm²
Dehnung	25 ... 3%

5.5.2 Aluminium und Aluminiumlegierungen

Aluminium ist ein Leichtmetall mit einer Dichte von 2,7 kg/dm³ **(Tabelle 1)**. Sein silberähnliches Aussehen und die glänzende Oxidschicht geben ihm den Charakter eines dekorativen Werkstoffes.

In seiner Reinform ist es für technische Anwendungen nicht tauglich. Seiner gesundheitlichen Unbedenklichkeit wegen wird es allenfalls für Lebensmittelverpackungen und Behälter eingesetzt. Seinem relativ hohen Energieaufwand für die Erzeugung und den damit verbundenen Kosten sowie Umweltbelastungen steht eine fast hundertprozentige Recyclebarkeit gegenüber.

Aluminiumlegierungen

Durch die Zulegierung geringer Bestandteile kann die Einsatztauglichkeit für die Technik erreicht werden. So erhöhen z.B. schon geringe Zusätze von Magnesium und Silicium die Festigkeit des Werkstoffes erheblich.

Die Kombination der positiven Eigenschaften von Aluminium-Legierungen wie die geringe Dichte, die Korrosionbeständigkeit, die hohe Festigkeit, das dekorative Aussehen und die gute Bearbeitbarkeit machen diesen Werkstoff in vielen Bereichen zu einem wertvollen Material **(Bild 2)**.

Bild 2: Aluminiumprofile

Aluminiumlegierungen werden unterschieden in **Guss- und Knetlegierungen.** Hauptlegierungselement der Gusslegierungen ist Silizium. Gusslegierungen werden zu Fertigteilen wie z.B. Gehäuse, Zylinderköpfe u.a. verarbeitet, die nur noch geringe Nacharbeit erfordern.

Aluminium-Knetlegierungen haben als Hauptbestandteile Mangan, Kupfer, Magnesium und Zink. Sie werden zu Halbzeugen wie Blechen, Rohren, und vor allem zu Profilen **(Bild 2)** verarbeitet. Knetlegierungen können in der Regel gut spanend bearbeitet werden. Dabei ist zu beachten, dass die Werkzeuge über die geignete Geometrie **(siehe Seite 176)** verfügen. Die Schnittgeschwindigkeiten sind wesentlich höher als bei der Bearbeitung von Stahl. Auch das Fügen durch Schweißen und Löten ist mit entsprechenden Verfahren **(siehe Seite 223 ff.)** gut möglich.

5.6 Weitere wichtige Metalle

Neben den beschriebenen Metallen Kupfer und Aluminium und deren Legierungen werden noch eine Reihe anderer, für technische Anwendungen nutzbare Metalle und Legierungen eingesetzt. Aufgrund ihrer speziellen Eigenschaften erfüllen sie in Reinform oder als Legierungsbestandteile besondere Aufgaben.

Tabelle 1: Eigenschaften und Verwendung technisch wichtiger Metalle

Metall Kurzzeichen	**Dichte** in kg/dm³	**Schmelztemperatur** in °C	**Besondere Eigenschaften**	**Verwendung**
Niedrig schmelzende Metalle				
Zinn Sn	7,3	232	gut gießbar gut spanlos formbar	Überzüge auf Stahlblech (Weißblech) Legierungselement für CuSn-Legierungen Zinnlegierungen: Lote, z. B. L-Sn 60 Pb
Blei Pb	11,3	327	beständig gegen Schwefelsäure, absorbiert Röntgenstrahlen	Strahlenschutz, Plattierungen, Bleiakkus, Legierungselement für Automatenlegierungen Bleilegierungen: z. B. LgPbSn9Cd (Lagermetall)
Zink Zn	7,1	419	korrosionsbeständig im Freien	Korrosionsschutz (Verzinken), Legierungselement für Al-Legierungen Zinklegierungen: Druckguss, z. B. GD-ZnAl4Cu1
Leichtmetalle				
Magnesium Mg	1,8	650	leichtestes, technisch verwendetes Metall, in Pulverform leicht entzündbar	Legierungselement für Al-Legierungen Mg-Legierungen: Leichtbauteile im Geräte-, Fahrzeug- und Flugzeugbau
Titan Ti	4,5	1727	hohe Festigkeit, zäh, korrosions- und temperaturbeständig, teuer	Mechanisch hochbelastete Leichtbauteile wie Triebwerksschaufeln, Chemieapparate Ti-Legierungen: Hochleistungs-Leichtbauteile
Legierungsmetalle				
Mangan Mn	7,3	1250	hart, spröde	Legierungsmetall für zähharte Stähle
Nickel Ni	8,9	1455	heller Metallglanz, korrosionsbeständig	Schutzüberzüge (Vernickeln), Legierungselement für korrosionsbeständige Stähle
Cobalt Co	8,8	1490	zäh, korrosionsbeständig	Legierungselement für Schnellarbeitsstähle, Bindemetall für Hartmetalle
Vanadium V	6,0	1720	hart, spröde	Legierungselement für zähharte Stähle und Schnellarbeitsstähle
Chrom Cr	7,1	1900	brillanter Metallglanz, korrosionsbeständig	Schutzüberzüge (Verchromen), Legierungselement für nicht rostende Stähle
Hochschmelzende Metalle				
Molybdän Mo	10,2	2600	korrosionsbeständig	Heizleiter, Legierungselement für hitzebeständige Stähle und Schnellarbeitsstähle
Tantal Ta	16,6	3000	zähhart, korrosionsbeständig gegen Säuren	Spezielle Chemieapparate und Geräte Legierungselement für warmfeste Stähle
Wolfram W	19,3	3380	zähhart, warmkorrosionsbeständig gegen Säuren, höchste Schmelztemperatur	Spezielle Chemieapparate, Glühfäden für Glühlampen, Legierungselement für warmfeste Stähle und Schnellarbeitsstähle
Edelmetalle				
Silber Ag	10,5	960	höchste Leitfähigkeit für Elektrizität, Glanz	Elektrische Leitungen und Kontakte Reflektoren, Spiegelbeschichtungen
Gold Au	19,3	1063	dekoratives Aussehen, korrosionsbeständig	Schmuck, Schutzüberzüge für Chemieapparate, Elektrokontakte
Platin Pt	21,5	1773	äußerst korrosionsbeständig gegen Säuren	Tiegel und Kleingeräte für das Chemielabor, Schmuck, Thermoelemente

5.7 Sinterwerkstoffe

Reine Metalle und ihre Legierungen haben nicht immer die gewünschten Eigenschaften. So sollen z. B. Filter **(Bild 1)** für die Ausfilterung des Ölanteiles der entweichenden Luft aus einer pneumatischen Anlage über eine hohe mechanische Festigkeit verfügen, gleichzeitig aber so porös sein, dass sie luftdurchlässig sind. Dies kann durch das Sintern erreicht werden.

Bild 1: **Bauteile aus Sinterwerkstoffen**

> Unter Sintern versteht man das Glühen von gepressten Metallpulvern, bei dem durch Diffusion und Kristallisation ein zusammenhängendes Gefüge entsteht.

5.7.1 Herstellung von Sinterteilen

Das Sintern wird in drei Arbeitsschritten vollzogen **(Bild 2)**:

Schritt 1: Herstellung und Mischung des Pulvers

Aus Metallschmelzen werden durch Zerstäuben oder Verdüsen kleine Metallpulverteilchen erzeugt. Diese werden entsprechend der gewünschten Zusammensetzung gemischt.

Schritt 2: Pressen des Metallpulvers

Mit sehr hohem Druck werden die Pulverteilchen in formgebenden Werkzeugen so stark verdichtet, dass sich an den Berührungsstellen der Werkstoff kaltverfestigt. Durch Verklammerung und Adhäsion erhält der so entstandene Pressrohling einen Zusammenhalt.

Schritt 3: Sintern

Die endgültige, hohe Festigkeit erhält der Pressling durch die anschließende Wärmebehandlung – das Sintern. Dabei kommt es zu Diffusionsvorgängen an den Korngrenzen und zur Rekristallisation der kaltverfestigten Stellen. Die Temperatur liegt ca. 20 % unterhalb der Schmelztemperatur der Metallpulver.

Die Maßhaltigkeit der gesinterten Teile ist sehr hoch. Im Bedarfsfalle können diese jedoch durch Kalibrieren (Nachpressen) auf das erforderliche Maß und die gewünschte Oberflächengüte gebracht werden.

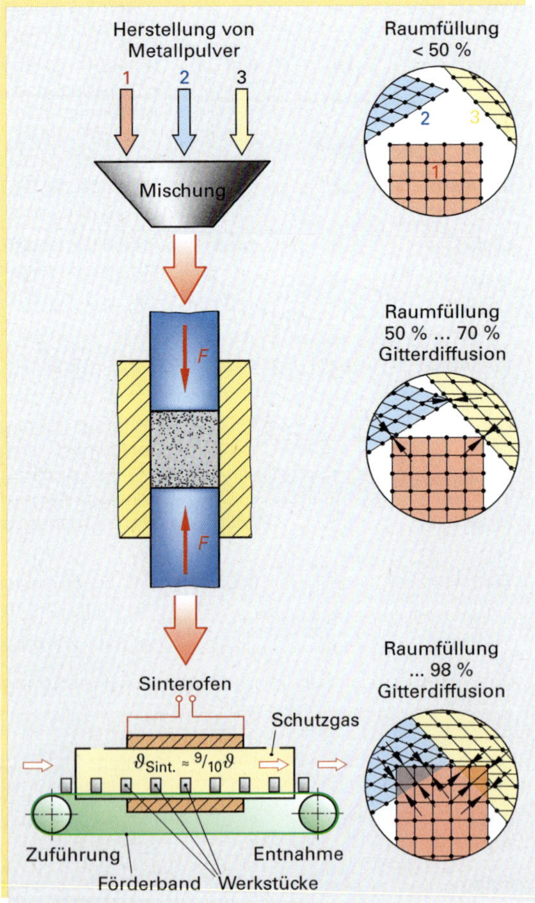

Bild 2: **Herstellung von Sinterwerkstoffen**

5.7.2 Einsatzbereiche von Sintermetallen

Sintermetalle werden eingesetzt für Filter, Schalldämpfer, schmiermittelaufnehmende Lager, Formteile u. a.

5.8 Korrosion

Alle metallischen Werkstoffe verändern durch die Verwendung in freier Umgebung ihr Aussehen. Bei manchen Werkstoffen kann dies durchaus positiv gesehen werden wie z.B. bei Aluminium, bei den meisten jedoch ist das eine negative Erscheinung wie z.B. bei Eisenwerkstoffen. Sie wird als Korrosion bezeichnet.

Als Korrosion wird die Zerstörung der metallischen Werkstoffe durch chemische oder elektrochemische Reaktionen bezeichnet.

Durch die Korrosion entstehen in unterschiedlichen Bereichen jährlich enorme Schäden. Die Anstrengungen, sie zu verhindern erfordern große finanzielle Aufwendungen.

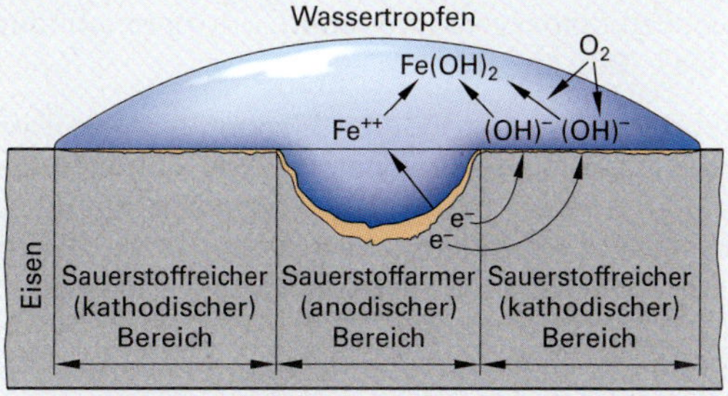

Bild 1: Elektrochemische Vorgänge an feuchten Stahloberflächen

Bild 2: Korrodierte Stahloberfläche

5.8.1 Korrosionsursachen

Die Korrosion kann zwei grundsätzlich unterschiedliche Ursachen haben, nach denen sie auch benannt ist:

- die elektrochemische Korrosion
- die chemische Korrosion

Bei der **elektrochemischen Korrosion** feuchter Stahloberflächen läuft die Korrosion auf der Oberfläche in einer elektrisch leitenden Flüssigkeitsschicht (z.B. Regenwasser, Handschweiß), dem Elektrolyt, ab **(Bild 1).** Dabei binden sich Ionen des Eisens mit Sauerstoffionen, die im Wasser enthalten sind und bilden die nicht gewollte Korrosionsschicht, den Rost **(Bild 2).**

Wird an einer Stelle, an der zwei unterschiedliche Metalle sich berühren, z.B. Stahlgehäuse auf Aluminiumprofil **(Bild 3),** ein Elektrolyt eingebracht, so entsteht ein galvanisches Element. Dieses hat zur Folge, dass sich das nach der Spannungsreihe der Elemente unedlere Metall (siehe Tabellenbuch) zersetzt.

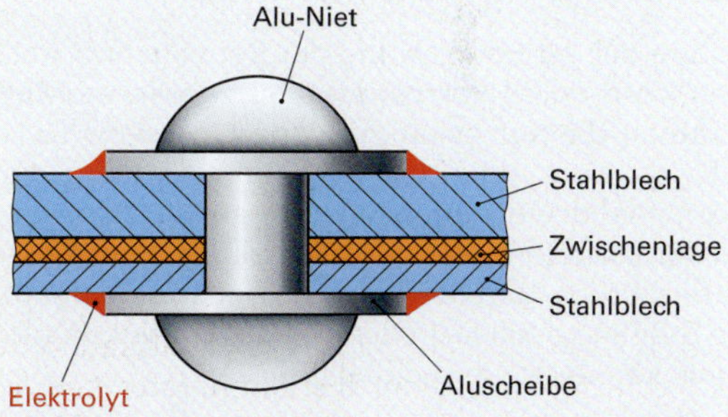

Bild 3: Korrosionselemente

Diese Form der Korrosion ist an vielen Stellen an Maschinen und mechatronischen Anlagen zu finden. So z.B. bei falscher Auswahl von Verbindungselementen (Schrauben, Unterlagscheiben, Nieten u.a.), bei Lagerschalen in Gehäusen oder falsch ausgewähltem Zusatzwerkstoff beim Schweißen.

Beim Schweißen kommt es zu einer **chemischen Korrosion,** der Hochtemperaturkorrosion. Hierbei verbindet sich der Werkstoff direkt mit dem Sauerstoff der ihn umgebenden Luft. Diese hat ein Verzundern der Oberfläche zur Folge, wie es auch z.B. beim Warmwalzen von Stahl noch entsteht **(Bild 4).**

Bild 4: Verzunderte Schmiedestücke

5.8.2 Erscheinungsformen der Korrosion

Die unterschiedlichen Korrosionsursachen können auch zu ganz verschiedenen Korrosionsbildern führen **(Bild 1).**

Neben der gleichmäßigen **Flächenkorrosion** wie wir sie etwa von verrosteten Stahloberflächen kennen, die der Witterung ausgesetzt waren, ist vor allem die **Kontaktkorrosion** zu nennen. Sie tritt überall dort auf, wo zwei unterschiedliche Metalle sich berühren und die Gefahr besteht, dass eine Flüssigkeit diese benetzt. Neben unschönen Korrosionsstellen tritt vor allem eine Veränderung der Auflageflächen auf.

Muldenfraß oder **Lochfraß** nennt man die Erscheinung, die auftritt, wenn sich bei legierten Stählen die Korrosion in die Werkstücktiefe frisst. Sie ist besonders bei stark belasteten Bauteilen gefährlich, da durch sie die belastbare Querschnittfläche kleiner wird.

Bei der **kristallinen Korrosion** entstehen feine Haarrisse, die äußerlich nicht erkennbar sind. Sie vermindern die Festigkeit des Werkstoffes jedoch erheblich und führen nicht selten zum Bruch der Bauteile.

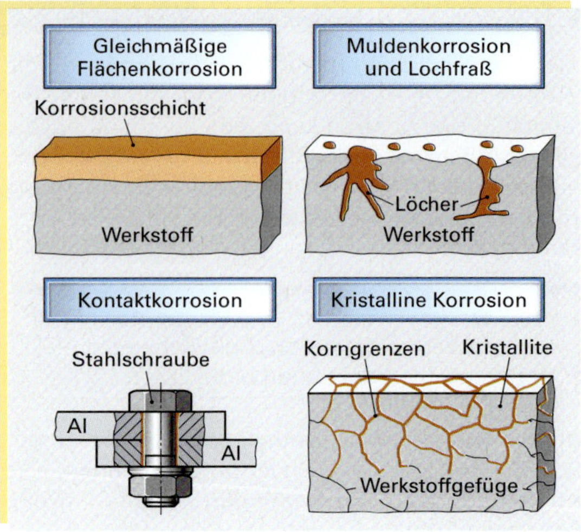

Bild 1: Korrosionsformen

5.8.3 Korrosionsschutzmaßnahmen

Die Korrosion von Bauteilen kann durch verschiedene Maßnahmen verhindert werden:

Schon bei der Entwicklung der Bauteile und Anlagen kann durch **korrosionsschutzgerechte Maßnahmen** die Korrosion verhindert werden. So ist z.B. zur Vermeidung der Kontaktkorrosion eine Kombination von unterschiedlichen Metallen überall dort zu unterlassen, wo ein Elektrolyt mit diesen in Berührung kommen könnte. Ebenso sind unnötige Stöße und Rillen, in denen sich Flüssigkeit sammeln könnte, zu vermeiden **(Bild 2).**

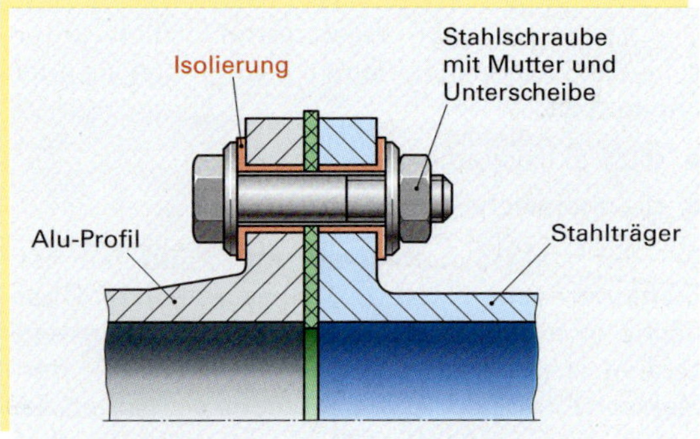

Bild 2: Beispiel für korrosionsschutzgerechte Konstruktion

Besteht die Gefahr, dass eine elektrochemische Korrosion in irgendeiner Form auftritt, so werden die gefährdeten Teile in der Regel durch eine **Oberflächenbeschichtung** geschützt. Dies kann vom einfachen Einfetten bei Teilen, die dem Handschweiß ausgesetzt sind, über einen Korrosionsschutzanstrich bis zur Pulverbeschichtung von Trägern oder Gehäusen reichen.

Häufig werden korrosionsgefährdete Teile auch durch eine galvanische Behandlung, wie z.B. vernickeln, verchromen oder durch Feuerverzinkung von den Elektrolyten getrennt **(Bild 3).** Verletzte Schutzüberzüge sind auf jeden Fall zu erneuern oder auszubessern.

Bild 3: Korrosionsschutz durch Feuerverzinkung

5.9 Kunststoffe

Viele Teile in mechatronischen Anlagen und Geräten sind aus Kunststoffen. Kunststoffe gibt es heute für unzählige Anwendungen, mit sehr unterschiedlichen Eigenschaften und durch unterschiedliche Verfahren hergestellt.

> Als Kunststoffe bezeichnen wir alle synthetisch hergestellten, organischen Werkstoffe.

Die Ausgangsstoffe für die Herstellung von Kunststoffen sind Rohöl oder Erdgas. Durch chemische Umwandlungen (Synthese) entstehen neue Stoffe, die ganz andere Eigenschaften als die Rohstoffe besitzen. Da sie aus naturverwandten Kohlenstoff- bzw. Siliciumverbindungen bestehen, sind es organische Stoffe.

5.9.1 Eigenschaften von Kunststoffen und ihre Verwendungsmöglichkeiten

Kunststoffe sind wie kein anderer Werkstoff in ihren Eigenschaften den geforderten Bedingungen anpassbar. So kann ein Kunststoff z.B. durch entsprechende chemische Behandlung weich, hart oder gar elastisch sein.

Die wichtigsten Eigenschaften:

- elektrisch nicht leitend
- geringe Dichte und damit geringes Gewicht
- korrosionsbeständig
- gut formbar
- vergleichsweise preiswert
- geringe Wärmeleitfähigkeit
- wärme- und kälteisolierend
- einfärbbar
- beständig gegen viele Chemikalien

Aufgrund dieser Eigenschaften sind Kunststoffe vielfältig einsetzbar **(Tabelle 1)**.

Tabelle 1: Typische Eigenschaften und Verwendung der Kunststoffe

Niedrige Dichte: 0,9 kg/dm³ bis 2,2 kg/dm³ **Typische Verwendungen:** Transportbehälter, Tanks, Kanister, Kfz- und Flugzeugteile, Leichtbauelemente, Folien	 Werkzeugkasten	 Kanister	 Folie
Variable, mechanische Eigenschaften: Von hart bis fest und zäh bis weich, sowie leder- oder gummiartig **Gut formbar und bearbeitbar** **Typische Verwendungen:** Maschinenteile, Gehäuse, Polsterungen, Autoreifen	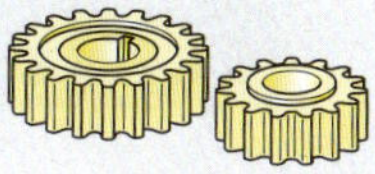 Zahnräder	 Maschinengehäuse	 Schaumstoffe
Elektrisch isolierend (nichtleitend), wärme- und kälteisolierend **Typische Verwendungen:** Isolierungen für Werkzeuge, Elektro-Bauteile, Wärmedämmmaterial	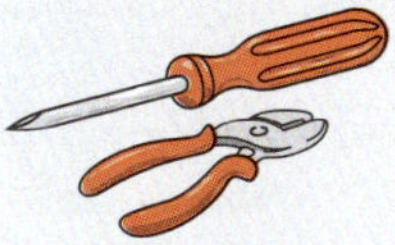 Isoliergriffe	 Elektro-Isolierteile	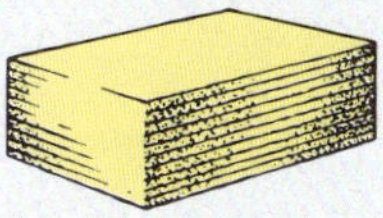 Wärmedämmplatten
Korrosionsbeständig gegenüber vielen Chemikalien und aggressiven Umwelteinflüssen **Typische Verwendungen:** Schutzhandschuhe, Stiefel, Tanks, Rohrleitungen und Gefäße für Chemikalien, Schutzanstriche, Beschichtungen	 Schutzhandschuhe	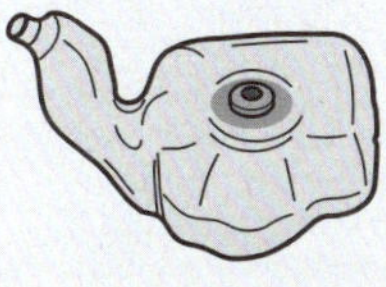 Kraftstofftank	 Beschichtungen

Die Einsetzbarkeit der Kunststoffe ist jedoch begrenzt. Vor allem die geringe Wärmebeständigkeit der meisten Kunststoffe, ihre Unbeständigkeit gegen organische Lösungsmittel und ihre Empfindlichkeit gegen UV-Strahlen verhindern einen noch breiteren Einsatz.

5.9.2 Einteilung von Kunststoffen

Kunststoffe werden nach ihrem Verhalten bei Erwärmung eingeteilt in drei Gruppen. Dabei spielt vor allem die Veränderung der Festigkeit die entscheidene Rolle:

Duroplaste sind bei Raumtemperatur hart und ändern bei Wärmeeinwirkung ihre Eigenschaften nur sehr geringfügig. Ursache dafür ist die engmaschig vernetzte Molekülstruktur. Sie werden bei Wärmeeinwirkung nicht weich, zersetzen sich jedoch bei zu großer Wärme.

Thermoplaste bestehen aus nicht vernetzten Makromolekülen, die fadenförmig angeordnet sind. Sie sind bei Raumtemperatur ebenfalls fest, werden aber bei Erwärmung auf über 100 °C aufgrund der fehlenden Vernetzung umformbar, bei höherer Erwärmung sogar flüssig. Nach der Abkühlung erlangen sie wieder ihre alte Festigkeit.

Elastomere sind gummielastische Kunststoffe, die unter Krafteinwirkung ihre Form verändern. Nach Beendigung der Krafteinwirkung nehmen sie ihre ursprüngliche Form wieder ein.

Tabelle 1: Duroplaste

Name **Kurzzeichen** Handelsnamen	**Eigenschaften**	**Typische Verwendung**	
Phenolharz PF **Harnstoffharz UF** **Melaminharz MF** (Diese Harze werden auch Formaldehydharze genannt)	Farblos bis gelbbraun Bilden glatte Oberflächen Hart und spröde Dichte: rund 1,5 kg/dm³ Beständig gegen kochendes Wasser und Lösungsmittel Unbeständig gegen starke Säuren und Laugen	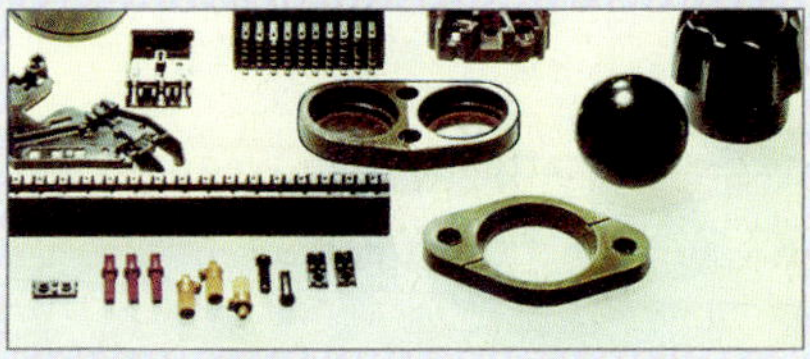 Kleinteile für Pkws und Elektrik	*In reiner Form:* Bindemittel für Holz und Lack *Mit Füllstoffen verstärkt:* Kleinteile für Pkw Elektroteile Laminat-Holzbeschichtungen
Ungesättigtes Polyesterharz UP Palatal Vestopal Legural Polyleit Trevira, Diolen	Farblos, glasklar, gute Haftfähigkeit, gut vergießbar Je nach Herstellung hart-elastisch bis weich-elastisch Dichte: 1,2 kg/dm³ Beständig gegen verdünnte Säuren, Laugen, Salzlösungen und viele Lösungsmittel Zu Fasern verspinnbar	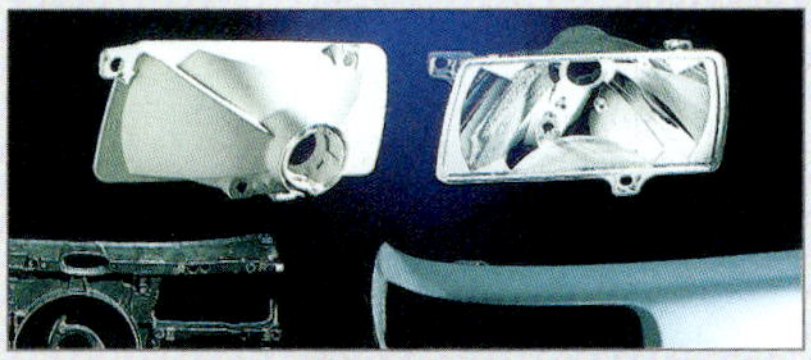 Pkw-Bauteile	*In reiner Form:* Klebeharz und Lackharz *Bindeharz für glasfaserverstärkte Kunststoffe* *Als Fasern:* Gewebe, Schnüre, Seile
Epoxidharz EP Epoxin Araldit Lekutherm Epikote	Farblos bis honiggelb, durchscheinend Gute Haftfähigkeit mit fast allen Werkstoffen, gut vergießbar Hart, zäh, schwer zerbrechlich Dichte: 1,2 kg/dm³ Beständig gegen Säuren, Laugen, Salzlösungen und Lösungsmittel	 Zweikomponenten-Kleber  ICE-Bugnase	*In reiner Form:* Klebeharz und Lackharz *Bindeharz für hochbeanspruchte glasfaserverstärkte Kunststoffe:* Karosserieteile Flugzeugteile
Polyurethanharz PU Moltopren Vulkollan Bayflex Desmodur Lycra	Farblos bis honiggelb, durchscheinend Gute Haftfähigkeit Dichte: 1,26 kg/dm³ Beständig gegen schwache Säuren, Laugen, Salzlösungen und viele Lösungsmittel Je nach Vernetzungsgrad: hart und zähelastisch bis weich und gummielastisch Zu elastischen Fasern verspinnbar	 Lenkradverkleidung  Isolier-Formteile	*In reiner Form:* Laufrollen, Puffer, Stoßstangen Kleber, Lacke *Als Schaumstoff:* Polster- und Isolierschaum *Als Fasern:* Elastische Gewebe und Seile

Tabelle 1: Thermoplaste

Name **Kurzzeichen** Handelsnamen	**Eigenschaften**	**Typische Verwendung**		
Polyethylen **PE** **Polypropylen** **PP** Lupolen Hostalen Vestolen Supralen	Farblos bis milchig weiß, Gleitfähige Oberfläche Dichte: rund 0,92 kg/dm^3 **Weich-PE:** weich und flexibel **Hart-PE:** steif aber flexibel Beständig gegen Waschmittel, Öle, Fette, Säuren und Laugen.	 Behälter	 Biegsame Rohre	**Weich-PE:** Chemikalienflaschen, flexible Rohre, Folien **Hart-PE:** Rohre für Hausabwässer, Behälter, Folien, Haushaltswaren
Polyvinylchlorid **PVC** Vinoflex Hostalit Vestolit Vinnol	Farblos, durchsichtig, Dichte: 1,35 kg/dm^3 **Hart-PVC:** hart, unzerbrechlich **Weich-PVC:** weichgummiartig Beständig gegen Öle, Fette, Säuren und Laugen. Löst sich in den Kaltreinigern Trichlorethylen (Tri) und Tetrachlorkohlenstoff (Tetra).	 Abwasserrohre	 Fensterprofile	**Hart-PVC:** Apparateteile, Rohre, Behälter, Platten, Profile **Weich-PVC:** Kunstleder, Schläuche, Dichtungen
Polystyrol **PS** Polystyrol Hostyren Vestyren Styropor	Farblos, durchsichtig, glasklar, Hart, splittert beim Bruch. Dichte: 1,05 kg/dm^3 Beständig gegen verdünnte Säuren, Laugen und Salzlösungen. Unbeständig gegen Lösungsmittel Zu einem steifen Hartschaum mit einer Dichte von 20 kg/m^3 aufschäumbar.	 Gerätegehäuse	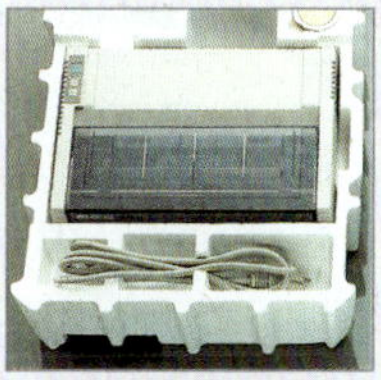 Verpackung	Trinkbecher, Verpackungen, Gehäuse *Polystyrolschaum:* Verpackungen, Wärme- und Kälteisolierungen
Polyamide **PA** Durethan Ultramid Vestamid Degamid Trogamid Perlon, Nylon	Milchig weiß, gleitfähige und verschleißfeste Oberfläche, schall- und schwingungsdämpfend Dichte: 1,14 kg/dm^3 Hohe Festigkeit: bis 70 N/mm^2 Beständig gegen schwache Säuren und Laugen, Salzlösungen, Öle, Lösungsmittel, Benzin Lässt sich zu Fasern verspinnen.	 Maschinengehäuse	 Zahnräder	Zahnräder Lagerschalen Gleitschienen Kurvenscheiben Führungsrollen Maschinengehäuse Kraftstofftanks *Polyamidfasern:* Reißfeste Seile, Schnüre, Gewebe
Acrylglas **(Polymethylmethacrylat)** Plexiglas Plexidur Resartglas	Glasklar, lichtecht, durchlässig für ultraviolettes Licht, Oberflächenglanz Hart, zäh, schwer zerbrechlich, witterungsbeständig Dichte: 1,18 kg/dm^3 Beständig gegen schwache Säuren, Laugen sowie Salzlösungen, Öle und Benzin	 Leuchtenabdeckung	 Schutzbrille	Schutzgläser, Schutzbrillen, Splitterschutz an Werkzeugmaschinen, Durchsichtige Gehäuse, Sicherheits-Verglasungen, Sanitärartikel
Polytetrafluorethylen **PTFE** Teflon Hostaflon TF Fluon	Milchig weiß, wachsartig anzufühlende, gleitfähige Oberfläche Flexibel und zäh, abriebfest Dichte: 2,2 kg/dm^3 **Äußerst chemikalienfest** gegen Säuren, Laugen, Lösungsmittel, Salzlösungen **Temperaturbeständig** von – 150 °C bis + 280 °C	 Bratpfannen-Beschichtung	 Chemiepumpen-Auskleidung	Schalen und Buchsen für wartungsfreie Lager, Pumpengehäuse, Ventilringe, Dichtungen, Beschichtungen. In Pulverform als Schmiermittel.

5

Tabelle 1: Elastomere (Gummi, Kautschuk, Elaste)

Name **Kurzzeichen** Handelsnamen	**Eigenschaften**	**Typische Verwendung**	
Synthese-kautschuk z.B. Styrol-Butadien-Gummi SBR Buna Perbunan Cariflex	Gelb bis dunkelbraun, meistens mit Ruß (schwarz) eingefärbt Je nach Schwefelgehalt hartgummielastisch bis weichgummielastisch Schwingungs- und erschütterungsdämpfend. Abriebfest, hochelastisch	 Autoreifen  Gummihammer	Fahrzeugreifen Radialdichtungen Manschetten Schläuche Schutzkappen Gummifedern Maschinenfüße Faltenbälge Dichtungen
Silicon-kautschuk **SIR** Silicone Silopren Silastic	Milchig weiß, wasserabstoßend, klebstoffabweisend Temperaturbeständig bis + 180 °C Dichte: 1,2 kg/dm³... 2,3 kg/dm³ Beständig gegen Öle, unbeständig gegen Säuren, Laugen, Lösungsmittel. Je nach Herstellung: steif-elastisch bis weich und gummielastisch	 Dichtungen  Fugendichtmasse	Wasserbeständige Isolatoren Gießformen Ölbeständige Dichtungen Elastische Fugenfüllmasse Isolierlacke wasserabstoßende Anstriche

Arbeitsauftrag:

1. Welche Stoffe bezeichnen wir als Kunststoffe?
2. Nennen Sie die für Kunststoffe typischen Eigenschaften.
3. Nach welcher Eigenschaft werden Kunststoffe üblicherweise eingeteilt?
4. In welche drei Gruppen teilt man die Kunststoffe ein?
5. Beschreiben Sie typische Eigenschaften und Einsatzbereiche für Duroplaste, Thermoplaste und Elastomere.
6. Suchen Sie in Ihrer beruflichen Umgebung Kunststoffe und bestimmen Sie diese.
7. Begründen Sie die Auswahl dieser Kunststoffe.
8. Suchen Sie für die gefundenen Kunststoffe geeignete Alternativstoffe.
9. Recherchieren Sie die Unterschiede bei der spanenden Bearbeitung von Kunststoffen im Gegensatz zu Metallen bezüglich der Winkel am Werkzeug und der Einstellgrößen (Vorschub, Schnittgeschwindigkeit, Zustellung.

5.10 Verbundstoffe

Verbundwerkstoffe sind Werkstoffe, die aus mindestens zwei Werkstoffen mit unterschiedlichen Eigenschaften bestehen **(Bild 1)**. Durch den Verbund entstehen veränderte Eigenschaften. Klassische Vertreter der Verbundwerkstoffe sind z.B. Stahlbeton (Stahl besitzt eine hohe Zugfestigkeit, der Beton ist in großen Mengen gut formbar und besitzt eine hohe Druckfestigkeit) oder auch glasfaserverstärkter Kunststoff, wie er schon seit einiger Zeit z.B. im Behälterbau eingesetzt wird. Ziel des Verbundes von Werkstoffen ist es, die guten Eigenschaften einzelner Werkstoffe zu vereinigen. Die nachteiligen Eigenschaften der Grundwerkstoffe können so meist überdeckt werden.

Bild 1: Platten aus geschäumtem Kunststoff

Aufbau von Verbundwerkstoffen

Im Gegensatz zu den Legierungen, bei denen die Grundstoffe gelöst werden, kommen bei den Verbundwerkstoffen die Ausgangsstoffe unverändert, oft in erkennbarer Form vor. Verbundwerkstoffe werden nach der Art, wie die Grundstoffe in den Verbund eingearbeitet werden, eingeteilt in:

- Faserverstärkte Verbundwerkstoffe
- Teilchenverstärkte Verbundwerkstoffe sowie
- Schicht- und Strukturverbundwerkstoffe

Bei faserverstärkten Verbundwerkstoffen wird durch das Einarbeiten von hochfesten Fasern in Kunststoffe die Festigkeit gesteigert. Als Faserwerkstoff kommen dabei meist Glasfasern oder in jüngster Zeit vermehrt Kohlefasern zum Einsatz. Neben der hohen Festigkeit ist vor allem das vergleichsweise geringe Gewicht ein Argument für die Verwendung dieser Stoffe **(Bild 1)**.

Bild 1: Schalen aus faserverstärktem Kunststoff

Teilchenverstärkte Verbundwerkstoffe bestehen aus einer Grundmasse, in die kleine, meist kornförmige Teile eingebracht werden. Dadurch verbessern sich die mechanischen Eigenschaften wie z.B. die Festigkeit, Härte oder Formstabilität. Kunststoffe werden als Grundmasse verwendet z.B. für die Herstellung von Zahnrädern, Schaltern, Gehäusen **(Bild 2)**. Bei Hartmetallen und schneidkeramischen Werkstoffen sowie keramischen Bauteilen **(Bild 3)** dagegen werden sprödharte Karbidteilchen mit einem Bindemittel zu einem Verbundwerkstoff vereint.

Bild 2: Teilchenverstärkte Kunststoffe

Schichtverbundwerkstoffe bestehen aus mehreren Lagen unterschiedlicher Werkstoffe, die durch geeignete Verbindungstechniken (z.B. Kleben oder Walzen) miteinander verbunden werden. Auch dadurch können die ungleichen Eigenschaften der Grundwerkstoffe ausgenützt werden, wie dies z.B. bei Bimetallen oder mit plattiertem Stahlblech im Behälterbau der Fall ist.

Bild 3: Keramik-Bremsscheibe

5.11 Hilfsstoffe

Zusatzstoffe, die zum Gelingen eines Prozesses beitragen, werden als Hilfsstoffe bezeichnet. Abhängig vom Prozess können dies z.B. sein:

- Kühlschmierstoffe beim Spanen
- Lötmittel und Schweißdraht beim Fügen
- Schleifmittel bei der Oberflächenbehandlung
- Schmiermittel beim Transportieren
- Druckluft und Hydrauliköl in Automatisierungseinrichtungen

Beim Einsatz dieser Hilfsstoffe ist großer Wert auf die fachgerechte Auswahl und Anwendung zu legen. Zur Auswahl stehen in der Regel Tabellen und Datenblätter der Hersteller oder Lieferanten zur Verfügung.

5.12 Werkstoffe und Umweltschutz

Sowohl die Herstellung als auch die Verarbeitung der Werkstoffe bringt teilweise erhebliche Belastungen der Umwelt mit sich. So sind bei fast allen Herstellungsprozessen von Metallen und Nichtmetallen enorme Energiemengen erforderlich. Bei der Erzeugung von Eisenwerkstoffen und Kunststoffen ist dabei der Energiebedarf noch erheblich geringer als bei der Aluminium- und Kupfergewinnung **(Tabelle 1)**.

Tabelle 1: Energieverbrauch in kWh zur Erzeugung von 1 t Werkstoff

Werkstoffe	Primärerzeugung	Recyclinggewinnung
Eisen/Stahl	4 300	1 670
Aluminium	18 000	2 000
Kupfer	13 600	1 730
Polyethylen (PE)	3 500	–
Polyvinylchlorid (PVC)	4 000	–

Neben dem hohen Energiebedarf ist vor allem die starke Umweltbelastung durch Abgase und Stäube zu nennen. Durch aufwendige Filteranlagen und umwelttechnische Auflagen ist die Belastung durch Stäube und Abgase in den letzten Jahren auf ein erträgliches Maß reduziert worden. Dennoch ist eine Wiederverwertung von Werkstoffresten und -abfällen für eine Senkung der Umweltbelastung unverzichtbar. Dies erfordert jedoch eine Trennung von Abfällen auch in kleinen Mengen. Nicht verwertbare Reste und Abfälle sind einer umweltgerechten Entsorgung zuzuführen. Grundsätzlich gilt:

Eine Vermeidung ist der Verwertung und eine Verwertung ist der Entsorgung vorzuziehen.

Bei den **Verarbeitungsprozessen** der Werkstoffe treffen unterschiedliche Materialien aufeinander, die in ihrer Wirkung gesundheitsschädlich und umweltbelastend wirken. So können z.B. durch einen Zerspanungsprozess gesundheitsgefährdende Schwermetalle freigesetzt werden, die zu Hautkrankeiten o.Ä. führen. In einem modernen Industriestaat verdampfen jährlich viele tausend Tonnen Kühlschmiermittel und werden so der Umwelt als Belastung zugeführt.

Im Sinne einer möglichst umweltverträglichen Gestaltung der Herstellungs- und Verarbeitungsprozesse ist deshalb die folgende Regel unbedingt zu beachten:

Es sind möglichst nur Werkstoffe und Hilfsstoffe einzusetzen, die gesundheits- und umweltschonend zu erzeugen, zu verarbeiten und zu entsorgen sind.

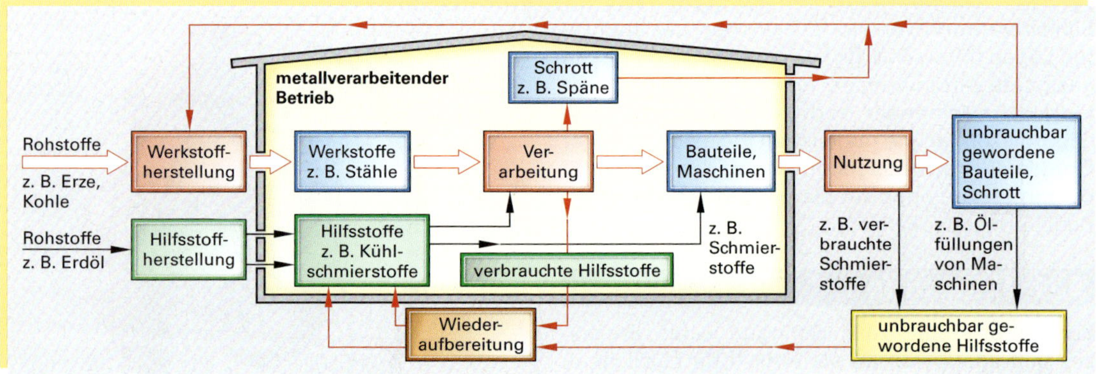

Bild 1: Stoffwege und Recycling der Metallindustrie

Arbeitsauftrag:

Die folgenden Fragen beziehen sich auf den Greifer, der auf der Seite 109 (Bild 1) abgebildet ist.

1. Das Gehäuse und die Greiferbacken sind aus unterschiedlichen Materialien hergestellt. Begründen Sie die unterschiedliche Materialwahl.
2. Die Backen müssen besonders verschleißfest sein. Wodurch kann dies erreicht werden?
3. Aus welchem Stahl könnten die Rückstellfedern gefertigt werden?
4. An welchen Stellen bietet sich der Einsatz von Kunststoffen an?

6 Mechanische Systeme

Im Bereich der Mechatronik sind viele verschiedene Anlagen, Vorrichtungen und Maschinen anzutreffen. Diese können ganz unterschiedliche Aufgaben erfüllen und in ihrer Bauweise sehr verschieden sein. Um sie von Aufgabe und Bauweise unabhängig gemeinsamen Betrachtungen unterziehen zu können werden sie als **Technische Systeme** bezeichnet. Die Grundlage der Technischen Systeme sind in der Regel die **mechanischen Systeme.** Diese werden heute in vielen Fällen durch elektrische, pneumatische oder hydraulische Systeme ergänzt.

6.1 Grundlagen des Systemgedankens

Mithilfe des Systembegriffes werden Technische Systeme mit ihren Eigenschaften beschrieben.

Ein Technisches System ist ein abgegrenztes Gebilde, das eine zuvor festgelegte Funktion erfüllt.

Technische Systeme werden durch die folgenden Elemente festgelegt:

- Die Systemgrenzen
- Die Eingangsgrößen mit ihren Eigenschaften
- Die Ausgangsgrößen mit ihren Eigenschaften
- Die Teilsysteme innerhalb der Systemgrenzen mit ihren Eigenschaften
- Die Systemumwelt

Am Beispiel eines einfachen Roboters soll dies verdeutlicht werden:

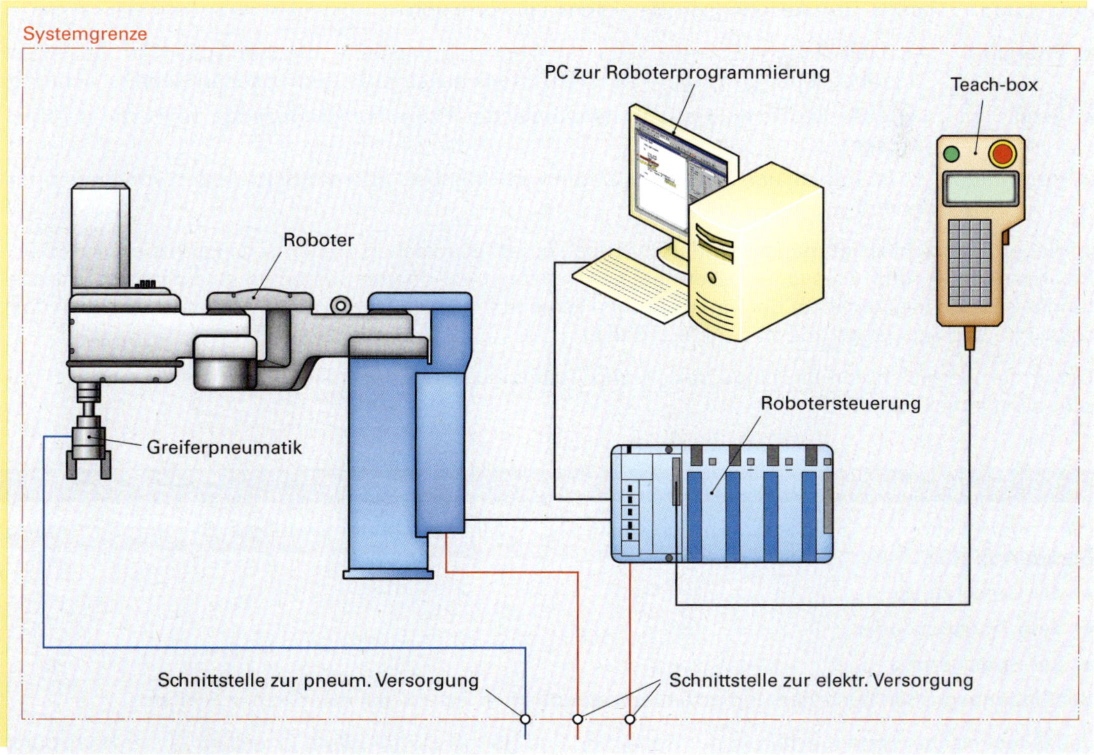

Bild 1: Roboter-System

6.1.1 Die Systemgrenzen

Das System ist über seine Systemgrenzen von der Systemumgebung abgegrenzt. Diese werden oftmals auch als **Schnittstellen** bezeichnet. Der Roboter **(Bild 1)** z. B. ist auf der Eingangsseite über die Netzkabel mit der Energieversorgung verbunden. Sollte der Greifer des Roboters pneumatisch betätigt werden, so ist eine weitere Schnittstelle zur Druckluftversorgung einzurichten. Das Teilsystem (Subsystem) Steuerung übernimmt die Koordinierung der Roboterbewegungen. Es hat damit eine genau abgrenzbare Teilfunktion des gesamten Systems.

Ein Gesamtsystem besteht in der Regel aus mehreren Subsystemen (z. B. Antrieb, Steuerung, Messeinrichtungen). Die Subsysteme stehen meist in funktionalen Beziehungen untereinander und zum Gesamtsystem. Sie besitzen für sich eine Systemumgebung und eigene Systemgrenzen. So sind beim Roboter z. B. die Schnittstellen zu den Eingabegeräten und zur Ansteuerung der Stellmotoren die Abgrenzung zur Systemumgebung.

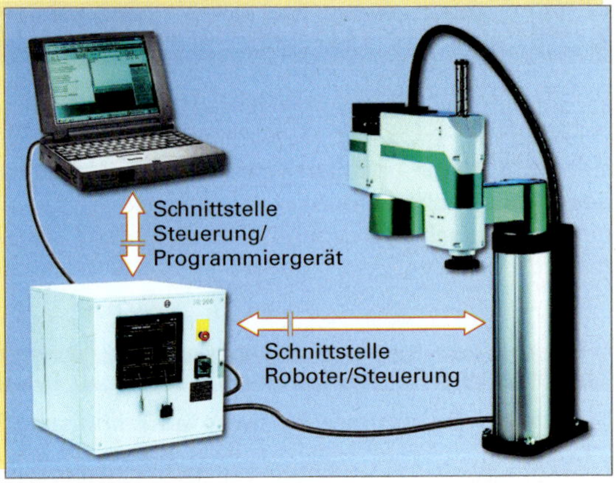

Bild 1: Roboter-Schnittstellen

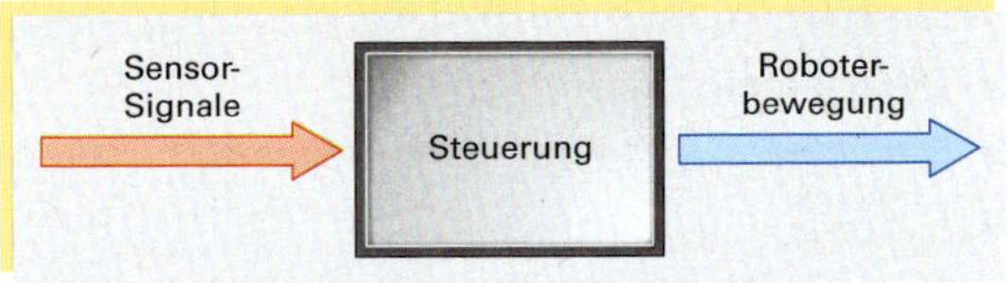

Bild 2: Robotersteuerung als Black Box

6.1.2 Die Ein- und Ausgangsgrößen

Das Technische System steht über seine Eingangs- und Ausgangsgrößen in Verbindung mit der Systemumgebung. Eingangs- und Ausgangsgrößen können in Form von

- **Energie** (z. B. elektrische Energie bei einer Werkzeugmaschine, mechanische Kraft bei einem handbetriebenen Wagenheber, Luftdruck bei einer pneumatischen Hebevorrichtung)
- **Stoff** (z. B. Rohstoffe bei verfahrenstechnischen Prozessen, Halbzeuge bei Fertigungsprozessen)
- **Information** (z. B. Signale von Sensoren, Daten von Eingabegeräten, Stellbefehlen von Bedienpersonal)

vorliegen. Vernachlässigt man den inneren Aufbau eines technischen Systems, so kann dieses als Black Box gesehen werden. Dies ist vor allem bei der Neukonstruktion von Systemen eine wichtige Betrachtungsweise, da hier zunächst der innere Aufbau keine Rolle spielt. Das System wird ausschließlich über seine Ein- und Ausgangsgrößen definiert **(Bild 2).**

Durch den Vergleich von Eingangsgrößen und Ausgangsgrößen lässt sich die Funktion eines technischen Systems bestimmen.

6.1.3 Haupt- und Teilfunktionen eines technischen Systems

Die Hauptfunktion eines technischen Systems steht im Mittelpunkt der jeweiligen Systembetrachtung. Sie kann in

- **der Umsetzung,**
- **dem Transport oder**
- **der Speicherung**

der Eingangsgrößen bestehen und erfüllt den eigentlichen Zweck des technischen Systems.

Jedes technische System erfüllt in der Regel nur eine Hauptfunktion. Zum Erreichen dieser Hauptfunktion werden innerhalb des Systems eine Reihe von Teilfunktionen erfüllt.

Tabelle 1: Funktionen von technischen Systemen

Ein- und Ausgangsgrößen \ Funktion	Umsetzung	Transport	Speicherung
Energie	Eine Energieart wird in eine andere Energieart umgewandelt. **Beispiel:** elektrische Energie wird in einem Elektromotor in Bewegungsenergie umgewandelt.	Energie wird von einem Ort an einen anderen transportiert. **Beispiel:** Ein unter Druck stehendes Medium, z.B. Luft oder Hydrauliköl, wird über Druckleitungen an seinen Einsatzort transportiert.	Energie wird zur weiteren Verwendung gespeichert. **Beispiel:** In einem Druckluftspeicher wird komprimierte Luft für die Betätigung von Pneumatikanlagen gespeichert und bereitgestellt.
Stoff	Ein Stoff wird durch Änderung seiner Zusammensetzung oder seiner äußeren Form umgewandelt. **Beispiel:** In Raffinerien wird aus Erdöl Benzin hergestellt.	Ein Stoff wird durch Veränderung seiner Lage oder seines Ortes transportiert. **Beispiel:** Roboter transportieren Teile von einer Position an eine andere.	Stoffe werden in geeigneten Lagersystemen für die weitere Verwendung gelagert. **Beispiel:** In einem Hochregallager werden Bauteile bis zum Abruf gelagert.
Information	Informationen werden in ihrer Form verändert. **Beispiel:** Eine Fotozelle nimmt ein optisches Signal auf und wandelt es in ein elektrisches um.	Informationen werden von einer Stelle an eine andere transportiert. **Beispiel:** Der Sensor an einem Förderband stellt ein ankommendes Paket fest. Dieses Signal wird in eine transportierbare Form gewandelt und über Datenleitungen an die Steuerung gemeldet.	Informationen werden in geeigneten Speichermedien gespeichert. **Beispiel:** CD-Rom zur Speicherung von Daten.

Der Roboter **(Bild 2)** erfüllt die Hauptfunktion der **Stoffumsetzung,** indem die Lage und der Ort von gegriffenen Teilen verändert wird.

Die Erfüllung der Hauptfunktion ist aber an den Ablauf verschiedener **Teilfunktionen** gebunden. Diese Teilfunktionen werden in der Regel auch von abgrenzbaren Teilsystemen übernommen. Dabei ist sehr häufig die Funktionsart der einzelnen Teilsysteme unterschiedlich und unterscheidet sich auch von der Art der Hauptfunktion.

In den Motoren, die den Roboterarm bewegen, wird z.B. elektrische Energie in Bewegungsenergie umgewandelt **(Bild 1).** Die Funktionsart ist also der Gruppe Energieumsetzung zuzuordnen.

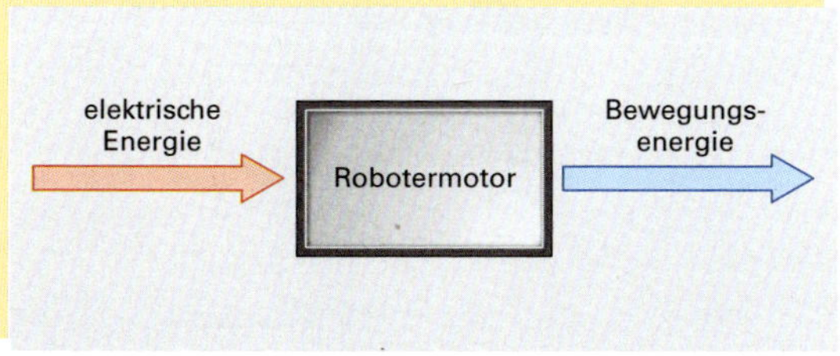

Bild 1: Schema des Subsystems Robotermotoren

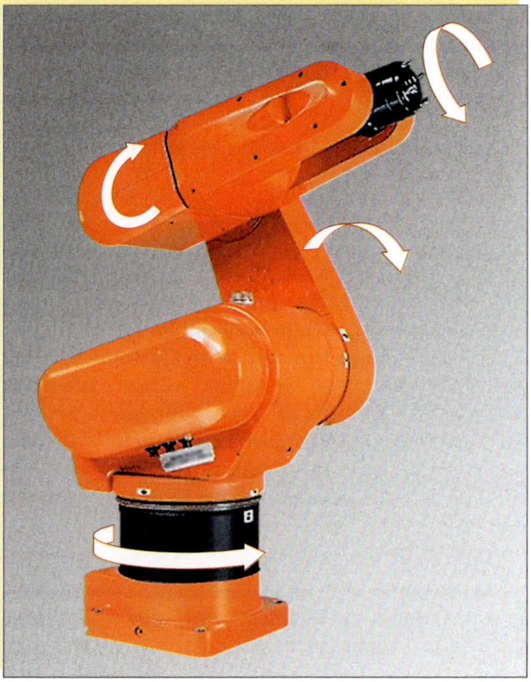

Bild 2: Subsysteme Robotermotoren

In der Steuerung werden von der Zentraleinheit empfangene Befehle verarbeitet und in Stellbefehle umgesetzt **(Bild 1)**. Die Teilfunktion des **Subsystems** Steuerung besteht somit darin, Informationen umzusetzen.

Die Zentraleinheit schließlich übernimmt die Funktion, Informationen aufzunehmen, in einem Programm zu verarbeiten und an die Steuerung weiterzugeben. Je nach Ausbaustufe des Roboters sind noch diverse andere Subsysteme wie z.B. Messsysteme, Linearbewegungssysteme, Greifsysteme **(Bild 2)** zu erkennen. Nur durch das koordinierte Zusammenspiel dieser Subsysteme kann die oben beschriebene Hauptfunktion erfüllt werden. Wo immer dabei Stoffe und Energien umgesetzt, transportiert oder gespeichert werden, spielt die Mechanik und somit die **mechanische Systemtechnik** eine herausragende Rolle.

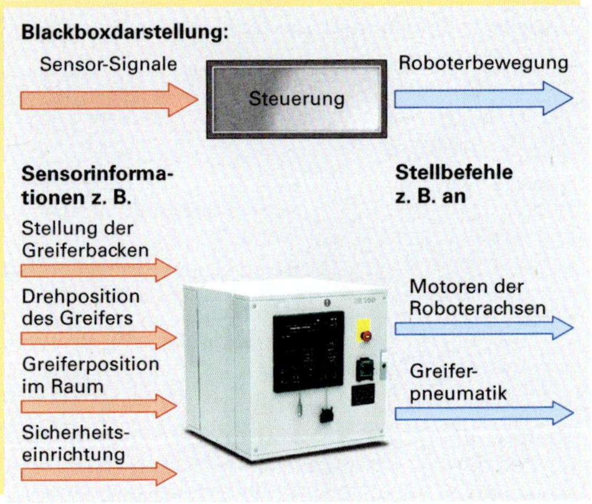

Bild 1: Subsystem Steuerung

6.2 Physikalische Grundlagen von mechanischen Systemen

In allen Fällen der Stoffumsetzung wird Arbeit verrichtet. Der Greifer des Roboters z.B. wird durch Pneumatikzylinder betätigt, indem der Kolben des Zylinders entlang eines bestimmten Weges eine Kraft ausübt. Er verrichtet Arbeit.

Bild 2: Subsystem Greifer

6.2.1 Mechanische Arbeit

Sind die Richtungen von Kraft und Weg identisch, gilt:

Arbeit = Kraft · Weg

$W = F \cdot s$ $\qquad 1\,\text{J} = 1\,\text{Nm}$

Kraft ist das Produkt aus der Masse m und der Beschleunigung a:

$F = m \cdot a$ $\qquad 1\,\text{N} = \dfrac{1\,\text{kg} \cdot \text{m}}{\text{s}^2}$

Da die Einheit der Kraft Newton[1)] (N) und die Einheit des Weges Meter (m) ist, ergibt sich daraus eine zusammengesetzte Maßeinheit Newtonmeter (Nm). Die Einheit 1 Nm wird auch als Joule bezeichnet. Arbeit kann nur verrichtet werden, wenn die erforderliche Energie zur Verfügung steht. So kann der Greifer seine Haltearbeit nur erfüllen, wenn die Energie in Form von komprimierter Luft vorhanden ist, die Bewegung der Motoren kann nur erfolgen, wenn elektrische Energie bereitgestellt wird **(Bild 3)**.

Als Energie bezeichnet man die Fähigkeit, Arbeit zu verrichten.

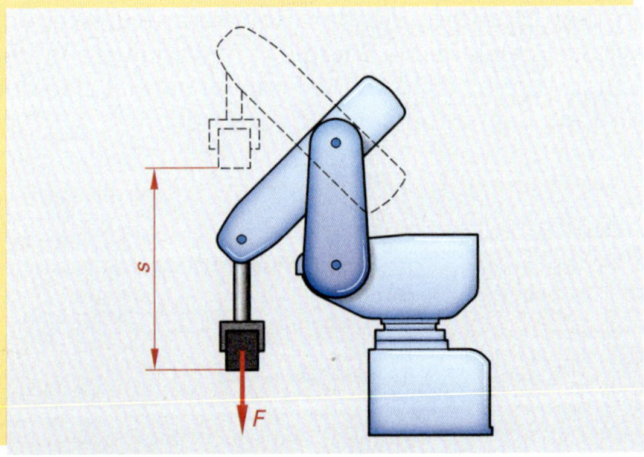

Bild 3: Robotergreifer als Arbeitseinheit

1) nach Sir Isaac Newton (1643 bis 1727)

Man unterscheidet mechanische, elektrische, chemische und thermische Energie. An dieser Stelle soll jedoch ausschließlich die mechanische Energie behandelt werden.

Die mechanische Energie wird unterschieden in:

- Lageenergie (Potenzielle Energie) **(Bild 1)** und
- Bewegungsenergie (Kinetische Energie) **(Bild 2)**

Energie wird uns in unterschiedlichen Formen zur Verfügung gestellt. Sie kann nicht geschaffen, aber auch nicht vernichtet werden. Sie wird zur technischen Verwendung nur umgewandelt. Bei der Umwandlung von Energie entstehen so genannte „Energieverluste". Diese Bezeichnung ist nicht korrekt, da damit nur der Teil der Energie gemeint ist, der der angestrebten Nutzung nicht zur Verfügung steht. So wird z.B. bei allen mechanischen Umwandlungsprozessen durch die Reibung mechanische Energie in nicht gewünschte Wärmeenergie umgewandelt. Diese Wärmeenergie wird als Verlust bezeichnet **(Bild 3)**.

Mechanische Arbeit tritt in der Mechanik z.B als Hubarbeit, als Federspannarbeit oder als Beschleunigungsarbeit auf.

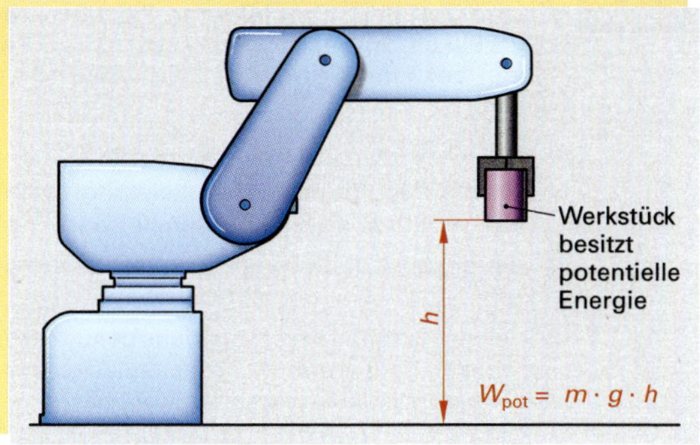

Bild 1: Potenzielle Energie

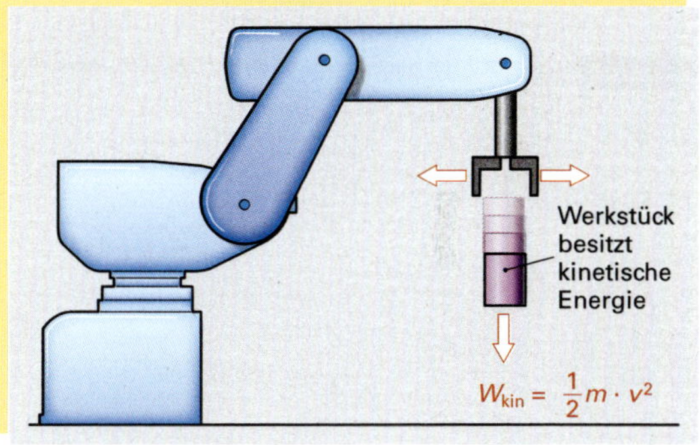

Bild 2: Kinetische Energie

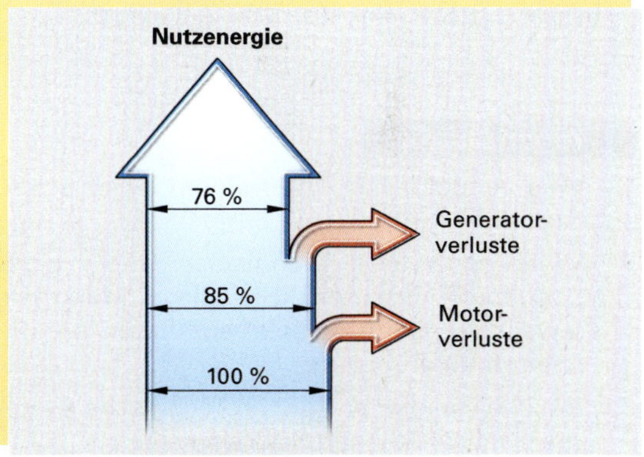

Bild 3: Energieumwandlung

6.2.2 Mechanische Leistung und Wirkungsgrad

Erst in Bezug auf die benötigte Zeit lassen sich Aussagen über den wirtschaftlichen Nutzen und die Leistungsfähigkeit von mechanischen Systemen machen.

Leistung ist der Quotient aus Arbeit und Zeit.

$$\text{Leistung} = \frac{\text{Arbeit}}{\text{Zeit}}$$

$$P = \frac{W}{t} = \frac{F \cdot s}{t} \qquad 1\,\text{W} = \frac{1\,\text{J}}{\text{s}} = \frac{1\,\text{Nm}}{\text{s}}$$

Die Einheit der Leistung ist das Watt (W)[1].

Wie schon erwähnt, können mechanische Systeme die ihnen zugeführte Energie und somit auch die Leistung nicht vollständig nutzen. Der Grad der Ausnutzung der zugeführten Leistung bestimmt den Wirkungsgrad des Systems.

Der Wirkungsgrad eines Systems gibt das Verhältnis von Ausgangsleistung zu Eingangsleistung an.

$$\text{Wirkungsgrad} = \frac{\text{Ausgangsleistung}}{\text{Eingangsleistung}}$$

$$\eta = \frac{P_{ab}}{P_{zu}}$$

Da die Maßeinheiten der Leistung gekürzt werden, ist der Wirkungsgrad eine dimensionslose Zahl, die häufig auch in Prozent angegeben wird.

1) James Watt (1736 bis 1819)

Beispiel: Mit dem in **Bild 1** abgebildeten Fördermittel sollen Pakete mit einem Gewicht von 250 N einzeln auf eine Höhe von 2,5 m befördert werden.

a) Welche Arbeit wird dabei verrichtet?

b) Wie groß ist die erbrachte Leistung, wenn die benötigte Zeit 5 Sekunden beträgt?

c) Wie groß ist die mittlere Hubgeschwindigkeit?

d) Welche Ausgangsleistung muss der Elektromotor haben, wenn das mechanische System einen Wirkungsgrad von 0,78 hat?

e) Ändern sich die Werte für die Arbeit und die Leistung, wenn die Fördereinrichtung durch einen Schrägaufzug mit gleicher Geschwindigkeit **(Bild 2)** ersetzt wird?

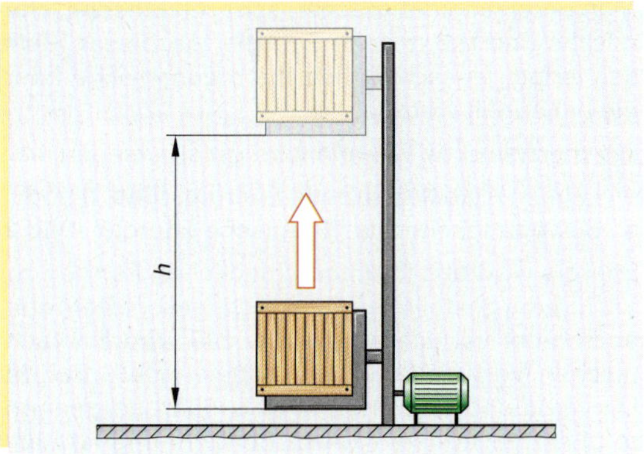

Bild 1: Geradaufzug

Lösung: geg.: $F = 250$ N, $s = 2{,}5$ m, $t = 5$ s, $\eta = 0{,}78$

a) $W = F \cdot s = 250\text{ N} \cdot 2{,}5\text{ m} = 625\text{ Nm}$

b) $P = \frac{W}{t} = \frac{625\text{ Nm}}{5\text{ s}} = 125\frac{\text{Nm}}{\text{s}} = 125\text{ W}$

c) $v = \frac{s}{t} = \frac{2{,}5\text{ m}}{5\text{ s}} = 0{,}5\frac{\text{m}}{\text{s}}$

d) $\eta = \frac{P_{ab}}{P_{zu}} \quad P_{zu} = \frac{P_{ab}}{\eta} = \frac{125\text{ W}}{0{,}78} = 160{,}26\text{ W}$

e) Der Wert für die Hubarbeit ändert sich nicht, da die Masse (und damit die erforderliche Kraft) und die Hubhöhe sich nicht ändern. Der Wert für die Leistung nimmt ab, da bei längerer Strecke und bei gleichbleibender Geschwindigkeit sich die Zeit erhöht.

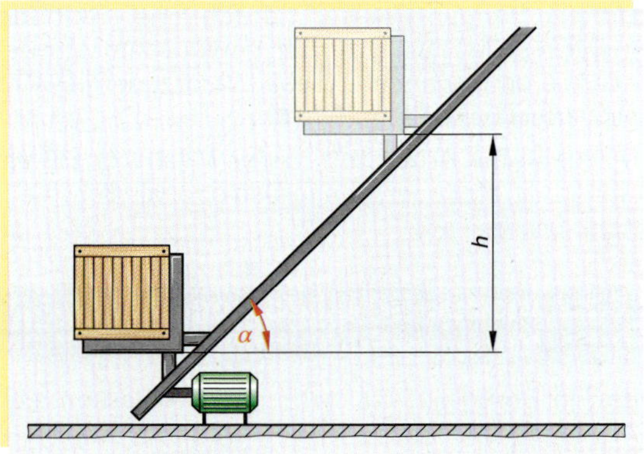

Bild 2: Schrägaufzug

Arbeitsauftrag:

1. Was versteht man unter einem Technischen System?
2. Wodurch werden Technische Systeme beschrieben? Erläutern Sie diese Merkmale jeweils an einem Beispiel aus Ihrem beruflichen Umfeld.
3. Welche Funktionen können Technische Systeme erfüllen? Nennen Sie Beispiele.
4. Erklären Sie die Begriffe Arbeit, Leistung und Wirkungsgrad.
5. Beschreiben Sie anhand der Berechnungsformel für den Wirkungsgrad, welchen höchsten Wert dieser einnehmen kann. Begründen Sie diese Aussage.
6. Für den abgebildeten Gabelstapler sind folgende Werte zu bestimmen:
   a) die erforderliche Arbeit
   b) die aufzubringende Leistung
   wenn eine Last von 1000 kg in 20 Sekunden auf eine Höhe von 1,50 m gehoben werden soll.

6.3 Funktionseinheiten von mechanischen Systemen

Wie zu Beginn dieses Kapitels beschrieben, dient die Systembetrachtung der Untersuchung der Aufgaben von Technischen Systemen, unabhängig von der gerätetechnischen Ausführung. Sind diese Aufgaben durch die Gegenüberstellung von Ein- und Ausgangsgrößen bekannt, so muss zur technischen Realisierung die „black-box" durch technische Geräte ersetzt werden. Das Technische System bekommt einen Namen wie z. B. Werkzeugmaschine, Montagestation, Hebevorrichtung o. Ä. und die erforderlichen Subsysteme werden als **Funktionseinheiten** bezeichnet **(Bild 1).** Funktionseinheiten können folgende Aufgaben erfüllen:

- **Antreiben:** Durch Antriebe wird zugeführte Energie in die erforderliche Form umgeformt und bereitgestellt (z.B. Elektromotoren, Hydromotoren)
- **Energieübertragung:** Die bereitgestellte Energie wird verteilt und angepasst (z. B. Getriebe, Verbindungen)
- **Arbeiten:** Die zur Verfügung gestellte Energie wird zum Verrichten von Arbeit ausgenutzt (z. B. Werkzeuge, Hebezeuge)
- **Steuern und Regeln:** Der Energie-, Stoff- und Informationsfluss wird kontrolliert (z. B. SPS, Industrie-PC, Schalteinrichtungen)
- **Tragen und Stützen:** Die anderen Funktionseinheiten werden aufgenommen, getragen und in die Funktionslage gebracht (z. B. Gestelle, Lager, Führungen)

Viele dieser Funktionseinheiten werden von Zulieferern komplett zur Verfügung gestellt. Die Aufgabe des Mechatronikers besteht in diesem Falle eventuell in der Dimensionierung, Auswahl, fachgerechten Montage und Anbindung an die anderen Funktionseinheiten. Häufig werden die Funktionseinheiten auch als **Baugruppen** bezeichnet. Funktionseinheiten bzw. Baugruppen bestehen in der Regel aus einzelnen **Bauelementen.**

Bild 1: Funktionseinheiten eines mechatronischen Systems

6.3.1 Funktionseinheiten zum Antreiben

Die Funktionseinheiten zum Antreiben, häufig auch Antriebseinheiten genannt, haben die Aufgabe, die zum Betrieb des Systems erforderliche Energie bereitzustellen. Dies geschieht überwiegend durch Umformen einer Energieform in eine andere. Beim Elektromotor **(Bild 1)** wird die elektrische Energie in Bewegungsenergie umgeformt (siehe Kapitel 9.2).

Bei pneumatischen Antriebsgliedern, wie z.B. Druckluftmotoren **(Bild 2)**, Schwenkmotoren, Druckluftzylinder wird die Energie der gespeicherten Druckluft in lineare oder rotatorische Bewegungsenergie umgeformt (siehe Kapitel 10.4.4.3).

Nach dem gleichen Prinzip arbeiten auch hydraulische Antriebseinheiten. Hier werden geradlinige oder kreisförmige Bewegungen durch das Umformen von der in der Hydraulikflüssigkeit gespeicherten Energie erzeugt (siehe Kapitel 10.6.3).

Antriebseinheiten, die chemische Energie in Bewegungsenergie umwandeln, wie dies z.B. bei Verbrennungsmotoren der Fall ist, werden im Bereich der Mechatronik nur äußerst selten eingesetzt.

Bild 1: Funktionseinheit Elektromotor

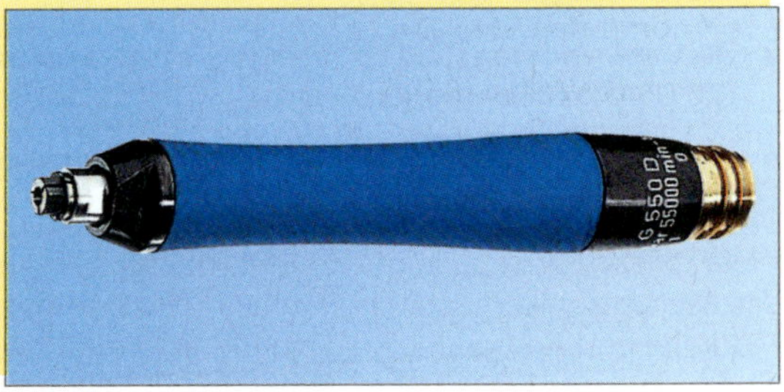

Bild 2: Druckluftmotor

6.3.2 Funktionseinheiten zur Energieübertragung

Die von den oben beschriebenen Antriebseinheiten bereitgestellte Bewegungsenergie wird meist in rotatorischer Form an die Systeme weitergegeben. Durch Wellen bzw. Kupplungen kann die Drehbewegung im Verhältnis 1:1 übernommen werden. Im Gegensatz zu den Achsen, die nur zum Tragen dienen, übertragen Wellen Drehmomente **(Bild 3)**.

> Das Produkt aus Kraft und Hebelarm ist das Drehmoment.

Drehmoment = Kraft · Hebelarm

$$M = F \cdot l$$

Als Hebelarm wird dabei der senkrechte Abstand von der Wirkungslinie der Kraft zum Drehpunkt definiert **(Bild 4)**.

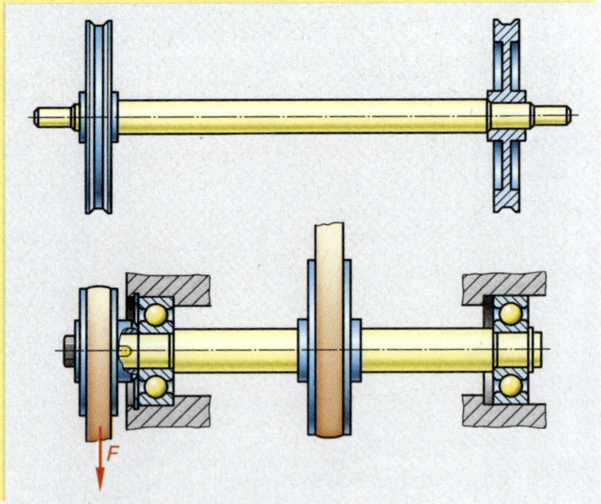

Bild 3: Achsen und Wellen

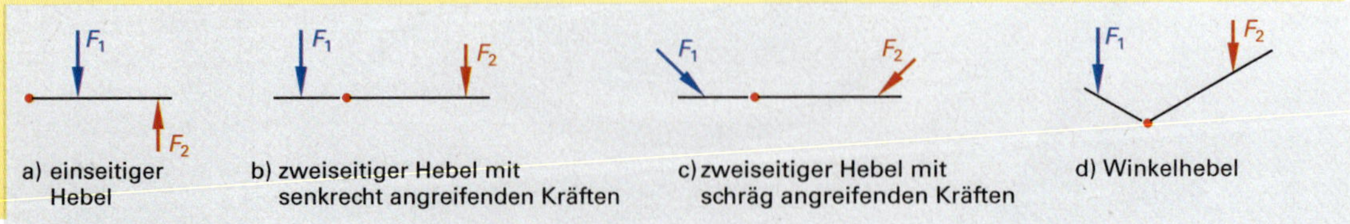

Bild 4: Hebelarten

6.3.2.1 Wellen

Wellen werden unterschieden in **starre Wellen, biegsame Wellen** und **Gelenkwellen.** Da sie Kräfte und damit Drehmomente übertragen, werden sie auf Verdrehung (Torsion) und Biegung belastet **(siehe Seite 111).**

Bei starren Wellen besitzen die An- und die Abtriebseite dieselbe Position und Lage. Gelenkwellen dagegen lassen eine Veränderung der Lage auch während des Betriebes zu.

Die starren Wellen werden unterschieden nach ihrer Bauform:

Glatte Wellen besitzen durchgehend einen gleichen Querschnitt und dienen zum Übertragen von Drehmomenten über große Entfernungen.

Abgesetzte Wellen (Bild 1) haben unterschiedliche Durchmesser. Dies dient vor allem der Montage von Lagern, Zahnrädern u.a., da die unterschiedlichen Durchmesser ein verwechslungsfreies Montieren ermöglichen.

Gekröpfte Wellen ermöglichen eine Umwandlung von Drehbewegungen in geradlinige Bewegungen und umgekehrt. Als Kurbelwellen werden sie z.B. in Kolbenpumpen eingebaut **(Bild 2).**

Form- und Profilwellen (Bild 3) besitzen an ihrem Umfang z.B. Zahn- oder Polygonprofile. Sie sind dadurch bereits für die Aufnahme von Zahnrädern o.Ä. vorbereitet und zur Übertragung großer Drehmomente geeignet.

Biegsame Wellen sind zum Übertragen kleiner Drehmomente geeignet **(Bild 4).** Sie sind durch übereinander gewickelte Drahtlagen gekennzeichnet und werden z.B. als Tachometerwellen verwendet.

Gelenkwellen können im Betrieb den Abstand und die Lage von Antrieb- und/oder Abtriebseite geringfügig korrigieren **(Bild 5).**

Bild 1: Abgesetzte Welle

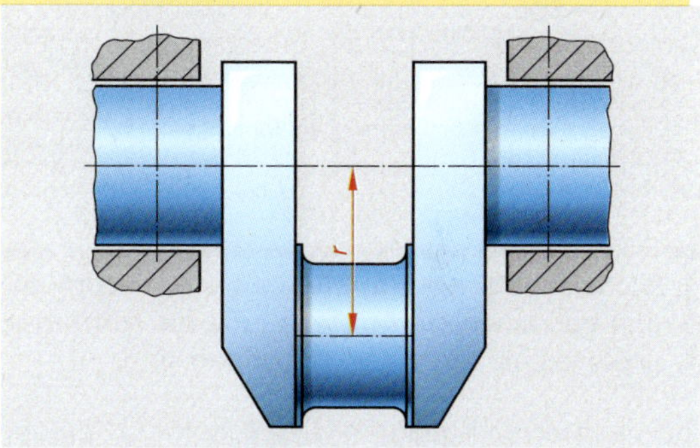

Bild 2: Gekröpfte Welle

Bild 3: Profilwellen

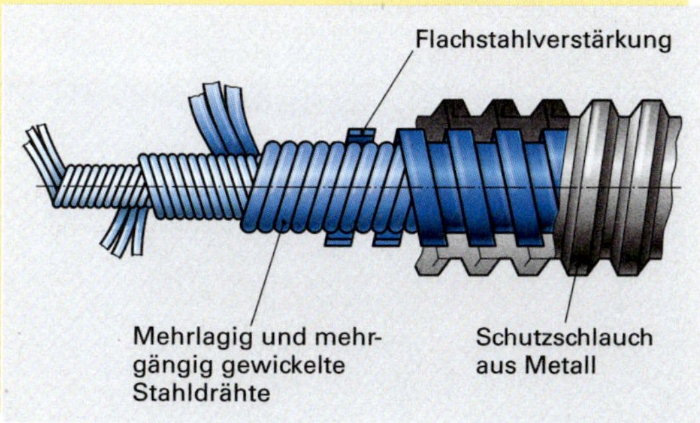

Bild 4: Biegsame Welle

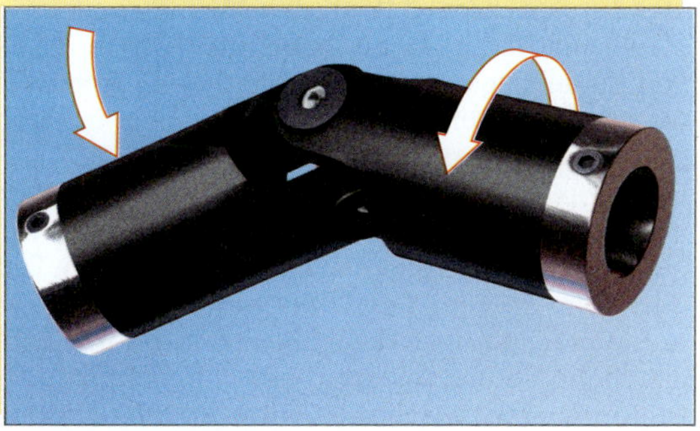

Bild 5: Gelenkwelle

6.3.2.2 Kupplungen

Aneinanderstoßende Wellen werden durch Kupplungen verbunden. Diese übertragen dabei Drehmomente. Sie können je nach Bauart kleinere Stöße abfangen und geringfügige Wellendifferenzen ausgleichen.

Nach ihrer Art und Funktion werden Kupplungen folgendermaßen eingeteilt:

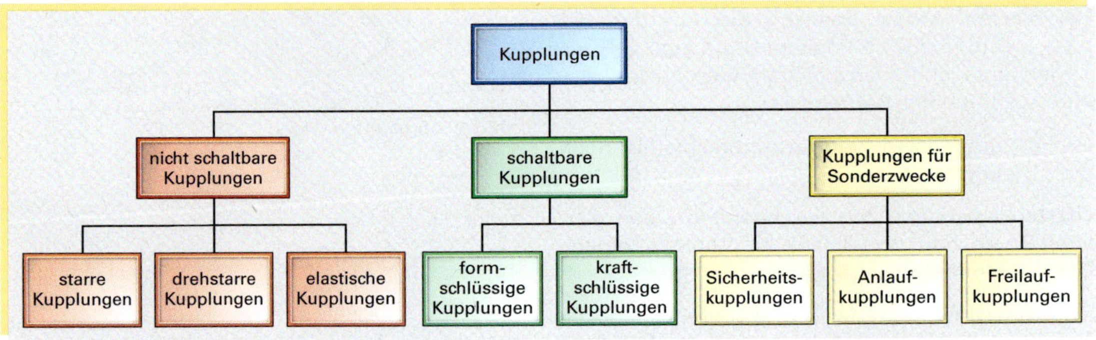

Nicht schaltbare Kupplungen sind Kupplungen bei denen die Antriebs- und die Abtriebswelle fest miteinander verbunden sind.

Bei der **starren Kupplung** (z.B. Scheibenkupplung, **Bild 1**) werden die beiden fluchtenden Wellen fest miteinander verbunden. Ein Ausgleich von Wellenversetzungen ist nicht möglich.

Drehstarre Kupplungen erlauben geringe Ausgleichbewegungen der Wellen wie sie etwa aufgrund von Durchbiegungen entstehen können. Bei der Bogenzahnkupplung z.B. werden die beiden Wellenenden mit einer balligen Außenverzahnung versehen, die in die Innenverzahnung eines Gehäuses eingreift **(Bild 2)**. Zu den drehstarren Kupplungen können auch die Gelenkwellen **(siehe Seite 141)** gezählt werden.

Neben der Korrektur geringfügiger radialer und axialer Wellenversetzung können die **elastischen Kupplungen** Stöße und Schwingungen dämpfen. Dies geschieht durch die Verwendung von elastischen Werkstoffen im Bereich der Übertragungsstellen. Auf dem Gebiet der Mechatronik sind elastische Kupplungen hauptsächlich in Form von Metallbalgkupplungen **(Bild 3)** eingesetzt. So werden z.B. häufig Kugelumlaufspindeln in Koordinatentischen oder CNC-Maschinen durch Metallbalgkupplungen mit dem Servomotor verbunden. Dadurch ist eine ruckfreie und gleichmäßige Bewegung auch bei geringen Drehzahlen möglich. Das Drehmoment wird dabei über besonders geformte Metallbälge übertragen. Durch die Form wird eine hohe Verdrehfestigkeit gewährleistet, sodass Drehmomente zwischen 0,1 Nm bis 4000 Nm übertragen werden können.

Bild 1: Scheibenkupplung

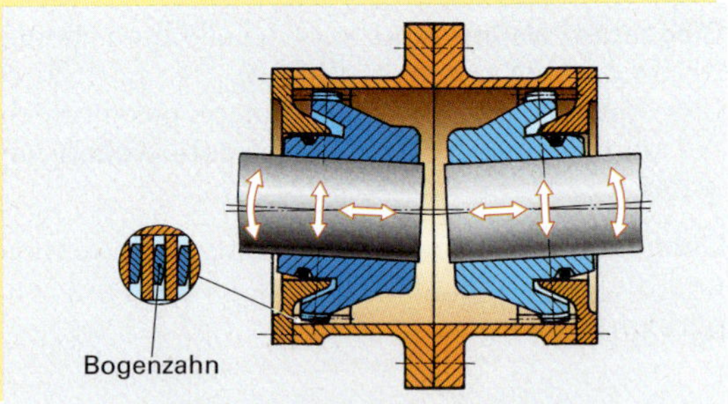

Bild 2: Bogenzahnkupplung

Bild 3: Metallbalgkupplung

Schaltbare Kupplungen ermöglichen ein zeitweises Trennen der Wellen und damit ein Unterbrechen der Drehmomentübertragung im Stillstand oder im Betrieb.

Sie können entweder formschlüssig oder kraftschlüssig **(siehe Seite 209 ff.)** arbeiten.

Bei **formschlüssigen Kupplungen (Bild 1)** übertragen ineinandergreifende Formteile (Klauen oder Zähne) das Drehmoment. Formschlüssige Kupplungen dürfen nur im Stillstand geschaltet werden.

Soll die Momentübertragung durch **Kraftschluss** erfolgen, so muss durch eine äußere Kraft die Reibungskraft zwischen den Berührungsflächen erhöht werden. Dies kann durch Federkraft, Spannhebel, hydraulisch oder auch durch elektromagnetische Betätigung geschehen.

Besonders geeignete Belagflächen erhöhen zusätzlich die Reibung. Wird durch konstruktive Maßnahmen darüber hinaus die Anzahl der Reibflächen erhöht, so können noch größere Drehmomente übertragen werden **(Bild 2)**.

Bei den Kupplungen für Sonderzwecke sind vor allem die **Sicherheitskupplungen** von großer Bedeutung. Sie haben die Aufgabe, die Drehmomentübertragung zu unterbrechen, wenn ein zulässiges Drehmoment überschritten wird. Dies geschieht im einfachsten Fall durch einen Abscherstift bei einer formschlüssigen Verbindung **(Bild 3)**. Aufgabe des Stiftes ist es, beim Überschreiten eines maximalen Drehmomentes an einer Sollbruchstelle abzuscheren.

Rutschkupplungen sind wie Lamellenkupplungen aufgebaut **(Bild 4)**. Das übertragbare Drehmoment wird durch die Anpresskraft der Reibscheiben eingestellt.

Häufig ist es erforderlich, Kraftmaschinen im Leerlauf anlaufen zu lassen und erst beim Erreichen einer bestimmten Drehzahl andere Funktionsgruppen „zuzuschalten". Für diesen Fall sind Anlauf- oder Freilaufkupplungen **(Bild 5)** geeignet. Sie können z.B. auf dem Prinzip der Fliehkraft aufgebaut sein. Dabei werden mit zunehmender Drehzahl die Reibelemente nach außen gegen die Wand eines Gehäuses gepresst, das dann bei ausreichender Anpresskraft die Bewegung annimmt.

Freilaufkupplungen sind in Freilaufnaben, wie sie vom Fahrrad bekannt sind, eingebaut. Dabei werden bei einer Drehzahldifferenz von Außen- und Innenwelle Kugeln so gegen die Wände gepresst, dass es zu einer Drehmomentübertragung kommt **(Bild 5)**.

Bild 1: Klauenkupplung

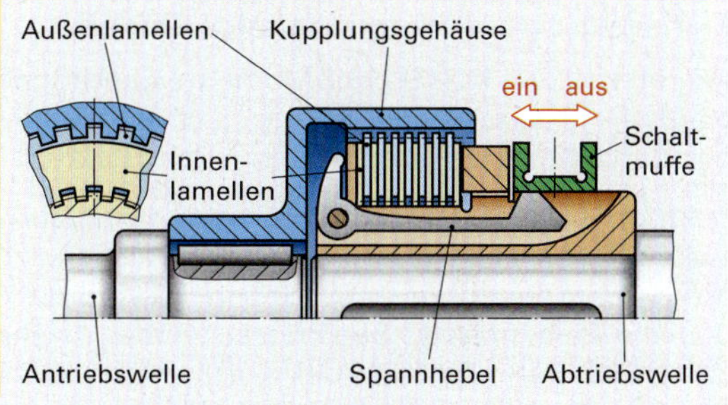

Bild 2: Mehrscheibenkupplung

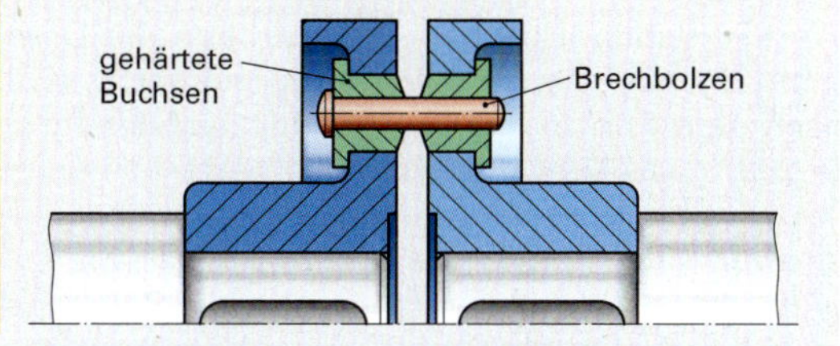

Bild 3: Brechbolzenkupplung

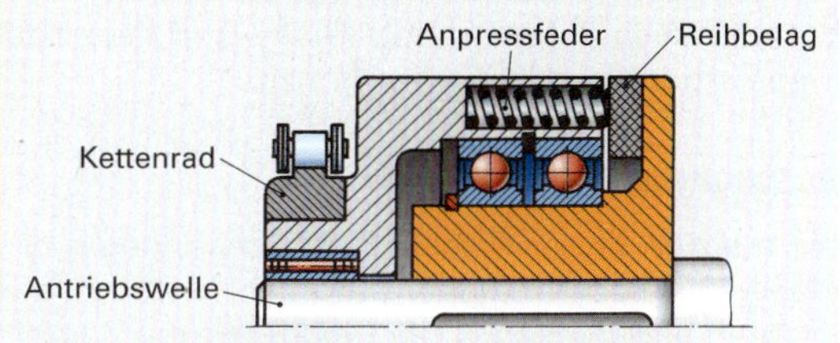

Bild 4: Rutschkupplung

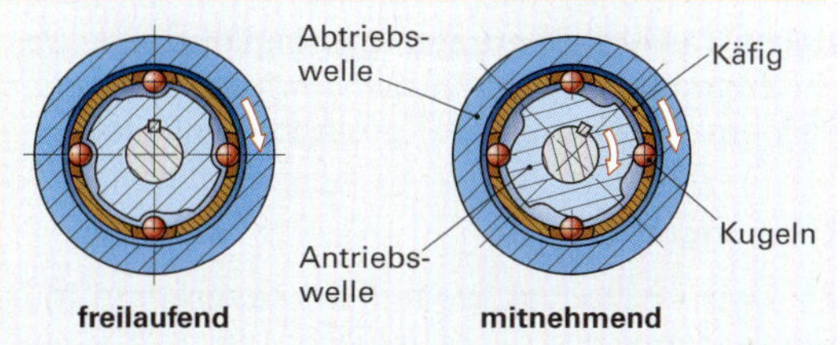

Bild 5: Freilaufnabe

6

6.3.2.3 Getriebe

Ist die vom Antrieb zur Verfügung gestellte Drehbewegung aufgrund ihrer Drehfrequenz oder des Drehmomentes nicht direkt nutzbar, muss diese über ein Getriebe umgeformt werden.

Getriebe übertragen Energie und können Drehfrequenzen, Drehrichtungen und Drehmomente umformen.

Getriebe können nach verschiedenen Merkmalen unterschieden werden:

Nach der konstruktiven Gestaltung unterscheidet man **Räder-, Kurven-** und **Kurbelgetriebe,** nach der Kraftübertragung **kraftschlüssige** und **formschlüssige Getriebe,** nach der Übersetzung und nach der Schaltbarkeit **schaltbare, nicht schaltbare** und **stufenlos einstellbare Getriebe.**

Kraftschlüssige und formschlüssige Getriebe

Wie überall, wo Kräfte oder Momente übertragen werden müssen, geschieht dies auch bei Getrieben durch Kraftschluss oder durch Formschluss.

Beim kraftschlüssigen Übertragen wird die Reibung zwischen den sich berührenden Teilen ausgenutzt. Diese kann durch die Anpresskraft (Normalkraft) und die Reibungszahl beeinflusst werden **(siehe Seite 152).** Beim Erhöhen der Normalkraft erhöht sich allerdings auch die Belastung der Lager und der Wellen. Kraftschlüssige Getriebe sind z.B. die Keilriemengetriebe und Reibradgetriebe **(Bild 1).**

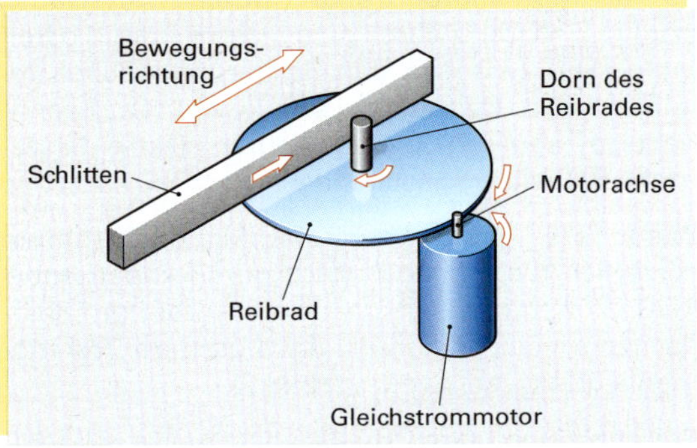

Bild 1: Prinzip eines Reibradgetriebes (kraftschlüssig)

Wo die Reibungskraft zum Übertragen der Drehmomente nicht mehr zuverlässig ausreicht, wird nach dem Prinzip des Formschlusses **(siehe Seite 209)** gearbeitet. Formschluss herrscht überall dort, wo die Konturen der sich berührenden Teile sich verkanten **(Bild 2).** Die Grenzen dieser Übertragungsart liegen demzufolge nicht in der Reibungskraft, sondern in der Festigkeit der beanspruchten Bauteile.

Bild 2: Zahnradgetriebe (formschlüssig)

Formschlüssige Getriebe sind alle Zahnradgetriebe, aber auch Zahnriemengetriebe und Kettengetriebe arbeiten nach diesem Prinzip.

Rädergetriebe

Die meisten in der Mechatronik verwendeten Getriebe sind Rädergetriebe. Dazu zählen neben den Zahnradgetrieben auch die Reibräder und Zugmittelgetriebe **(Bild 3).** Als Zugmittelgetriebe werden alle Rädergetriebe bezeichnet, bei denen die Radpaare nicht unmittelbar miteinander in Berührung stehen. Die Kraftübertragung erfolgt **mittelbar** über ein Zugmittel. Als Zugmittel werden Flachriemen, Keilriemen, Zahnriemen, Ketten u.a. eingesetzt.

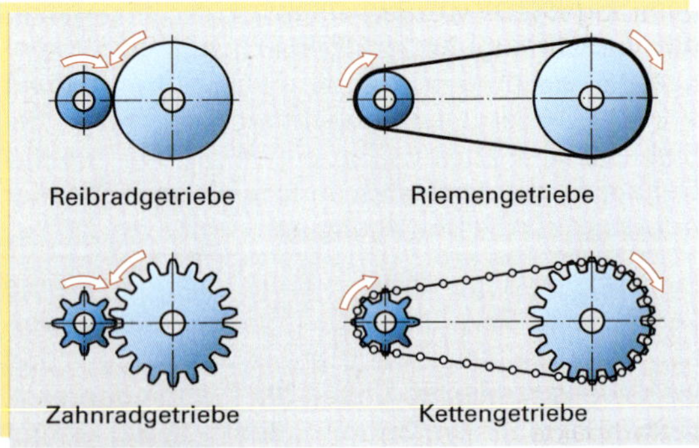

Bild 3: Rädergetriebe

Zahnradgetriebe

Bei zwei ineinander greifenden Zahnrädern müssen die Zähne und die Zahnlücken gleich groß sein. Die wichtigsten Maße beim Zahnrad sind die Teilung p, der Modul m und die Zähnezahl z. Die Teilung gibt den Abstand von Zahnmitte zu Zahnmitte gemessen als Bogenmaß auf dem Teilkreis an. Mit der Zähnezahl z multipliziert ergibt sich der Umfang des Teilkreises. Um den Teilkreisdurchmesser d zu erhalten muss dieses Maß durch π geteilt werden:

$$d = \frac{U}{\pi} = \frac{z \cdot p}{\pi}$$

Da π eine Zahl mit unendlich vielen Stellen ist, würde beim Dividieren durch π für den Teilkreisdurchmesser d ein unendlicher Bruch entstehen, was eine exakte Zahnradfertigung unmöglich machen würde. Aus diesem Grund wird für den Quotienten aus p/π eine glatte Zahl, der Modul m, festgelegt. Dadurch ergibt sich für den Teilkreisdurchmesser die Formel:

$$d = z \cdot m$$

Der Modul ist genormt und hat die Einheit mm. Die Veränderung des Moduls wirkt sich auf die Zahnradgröße aus **(Bild 1)**.

Um Reibung zu vermindern muss zwischen dem Zahnkopf eines Zahnrades und dem Zahnfuß des Gegenrades ein Kopfspiel c vorhanden sein. Mit Zähnezahl, Modul und Kopfspiel lassen sich alle erforderlichen Zahnradmaße bestimmen (siehe Tabellenbuch und **Bild 2**).

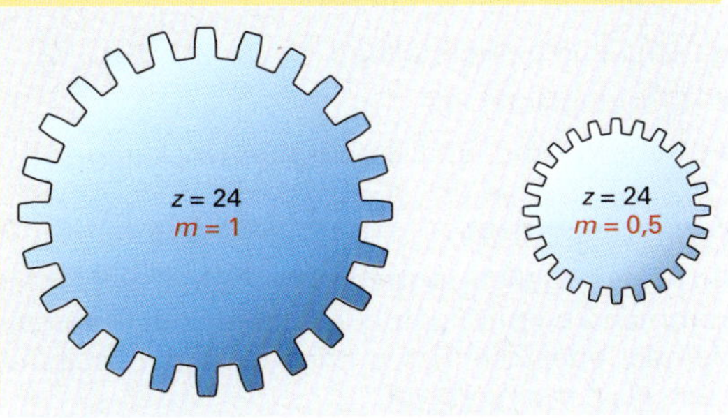

Bild 1: Veränderung durch Variation von *m*

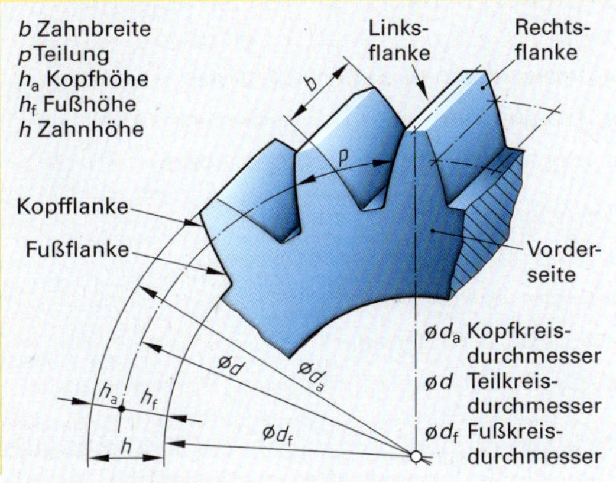

Bild 2: Abmessungen am Zahnrad

Beispiel: Von dem nebenstehenden Stirnradgetriebe sind die eingetragenen Maße bekannt:

Zu berechnen sind die zur Bestellung eines Ersatzrades z_2 fehlenden Maße.

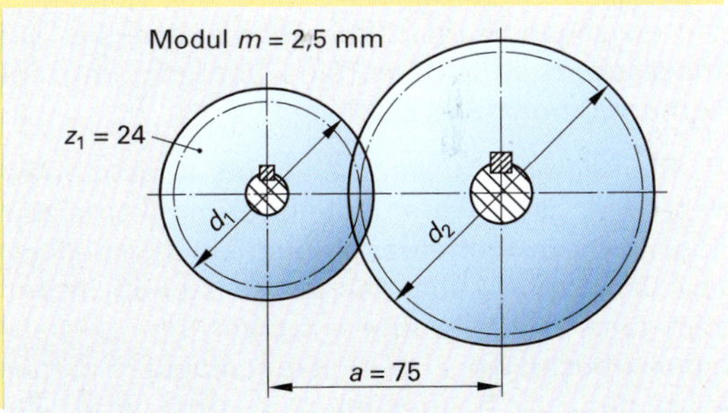

Lösung: $a = \frac{m \cdot z_1}{2} + \frac{m \cdot z_2}{2} = \frac{m\,(z_1 + z_2)}{2}$

$$z_2 = \frac{2 \cdot a}{m} - z_1 = \frac{2 \cdot 75\ \text{mm}}{2{,}5\ \text{mm}} - 24$$

$$z_2 = 36$$

Zahnradgetriebe werden eingeteilt nach der Lage der Verzahnung in innen- und außenverzahnte Räder, nach dem Verlauf der Zähne in gerad-, schräg- und bogenverzahnte Räder und nach der Lage der Achsen zueinander in Stirnrad-, Kegelrad-, Schraubrad- und Schneckenradgetriebe eingeteilt **(Bild 3)**. Eine Sonderform stellt das Zahnstangengetriebe dar. Bei ihm wird die Drehbewegung in eine Linearbewegung (oder umgekehrt) gewandelt.

Die Vorteile von Zahradgetrieben sind:

- Kompakte Bauweise
- Große Kraftübertragung möglich

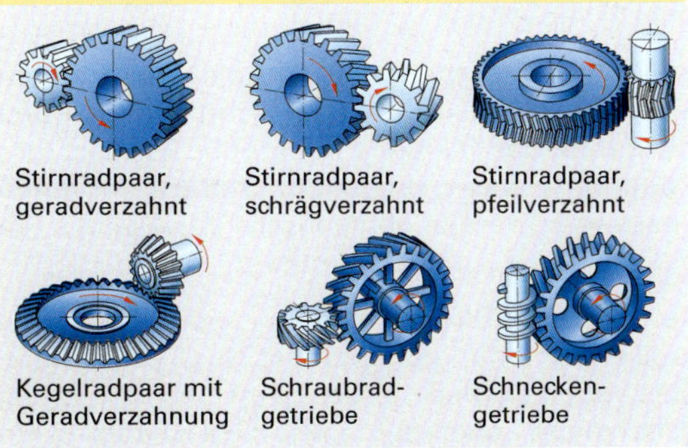

Bild 3: Grundformen von Zahnradgetrieben

Als Nachteile sind zu nennen:

- Aufwendige Herstellung
- Wartungsintensiv
- Hohe Wärme- und Geräuschentwicklung

Zugmittelgetriebe

An vielen Stellen in mechatronischen Systemen kommen Zugmittelgetriebe, z. B. in Form von Keilriemen- oder Zahnriementrieben **(Bild 1)**, seltener auch als Kettentrieb vor.

Die Vorteile von Zugmittelgetrieben:

- Größere Entfernungen können überbrückt werden
- Preiswerter als Zahnradgetriebe
- Geräuscharm
- Schlupffrei (außer Riementrieben)

Die Nachteile sind:

- Kraftübertragung nicht so groß
- Höherer Verschleiß
- Größerer Platzbedarf
- Große Lagerbelastung durch Vorspannung

Keilriementriebe übertragen die Drehmomente über die Reibungskräfte, die zwischen Riemen und Riemenscheibe wirken (Kraftschluss). Die Reibungskraft kann beeinflusst werden durch die Anpresskraft (Normalkraft) und die Reibungszahl zwischen Riemen und Riemenscheibe. Die Anpresskraft wird durch eine Vorspannung des Riemens erhöht **(Bild 2)**.

Als Riemenmaterial kommen heute Kunststoffgewebe oder gewebeummantelte Gummikerne zum Einsatz. Diese Stoffe garantieren einen möglichst geräuscharmen Lauf. Keilriemen stehen in verschiedenen Ausführungen zur Verfügung (siehe Tabellenbuch), wobei der leistungsfähige Schmalkeilriemen am häufigsten eingesetzt wird. Zur Übertragung großer Drehmomente können auch mehrere Keilriemen oder Mehrrippenkeilriemen **(Bild 3)** verwendet werden.

Bei Zahnriementrieben erfolgt die Drehmomentübertragung zusätzlich zum Kraftschluss durch die Zähne des Riemens noch über Formschluss. Dadurch können erheblich größere Momente übertragen werden ohne auf die Vorteile des Riementriebes verzichten zu müssen.

Kettentriebe **(Bild 4)** werden verwendet, wenn große Entfernungen und große Drehmomente übertragen werden müssen. Zum Einsatz kommen dabei meist Gelenkketten, wie sie als Fahrradkette bekannt sind. Die Reibung kann vermindert wer-

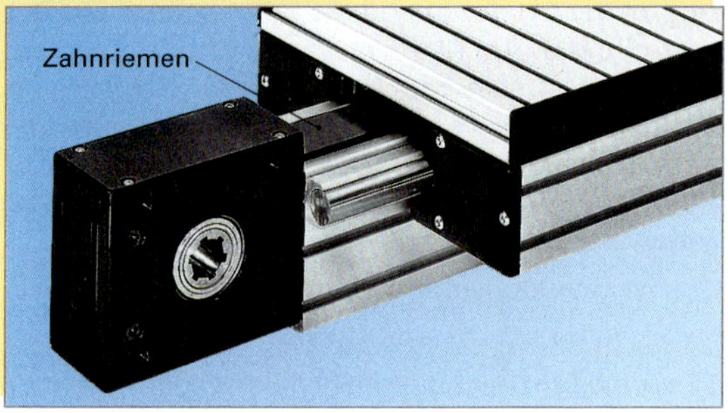

Bild 1: Zahnriementrieb

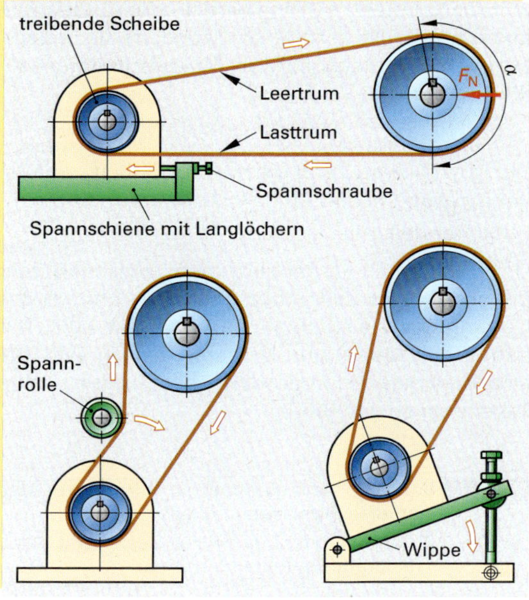

Bild 2: Riemenspannvorrichtungen

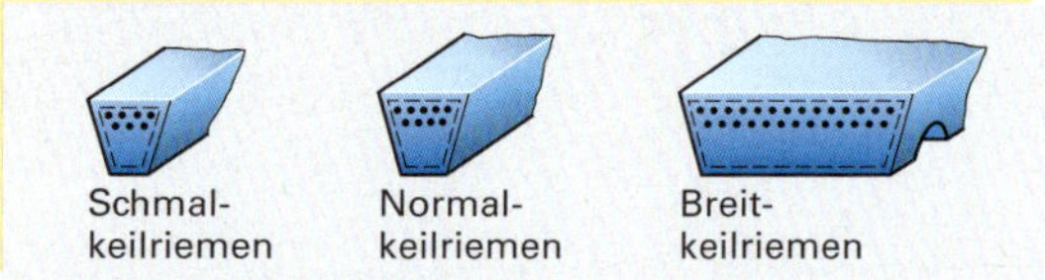

Bild 3: Keilriemenarten

Bild 4: Kettengetriebe

den durch die Verwendung von Rollenketten. Der Betrieb von Kettentrieben ist wesentlich geräuschvoller als von Riementrieben. Dafür arbeiten sie schlupffrei und gewährleisten somit eine sichere Übersetzung. Die Kettenräder müssen in ihren Abmessungen der Kette angepasst sein.

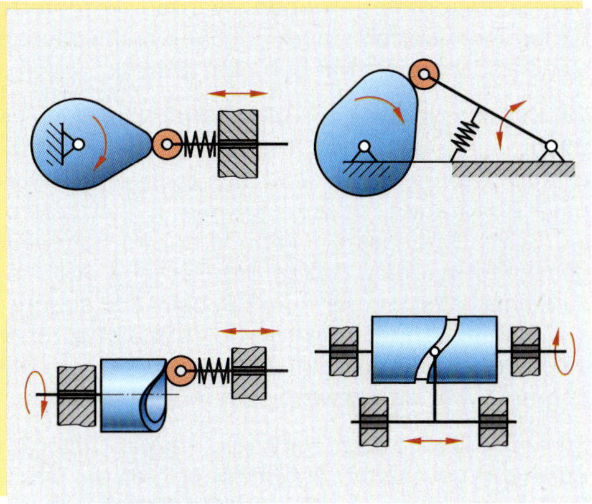

Bild 1: Kurvengetriebe

Kurvengetriebe und Kurbelgetriebe

Durch Kurvengetriebe werden gleichförmige Bewegungen in ungleichförmige, hin- und hergehende oder schwingende Bewegungen umgewandelt **(Bild 1)**. Sie sind überall dort im Einsatz, wo sich wiederholende Bewegungen in großer Anzahl vorkommen. Das bekannteste Anwendungsbeispiel ist sicher die Steuerung der Ein- und Auslassventile des Verbrennungsmotors über die Nockenwelle. Aber auch in der mechanischen Fertigung z.B. beim zyklischen Einpressen von Hülsen können Kurvengetriebe eingesetzt werden **(Bild 2)**. Ihr Vorteil liegt in der großen Präzision und Wiederholgenauigkeit ungleichförmiger Bewegungen. Der hohe Herstellungsaufwand und die relativ geringe Flexibilität sind als Nachteile zu nennen.

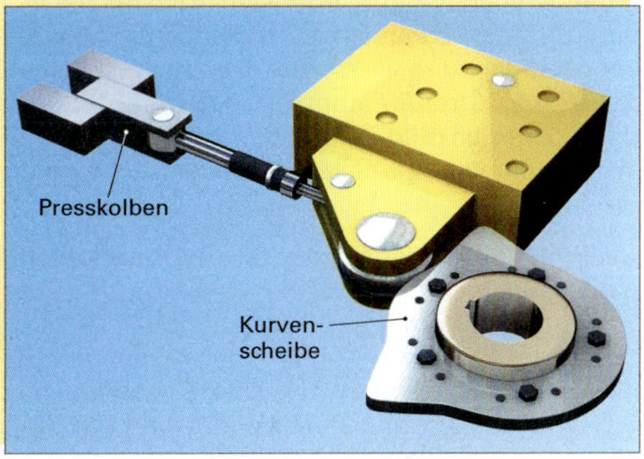

Bild 2: Kurvengetriebe in Taktmontage

Kurbelgetriebe wandeln gleichförmige Rotationsbewegungen in hin- und hergehende Bewegungen um. Im Bereich der Mechatronik sind sie vor allem von den Kolbenverdichtern in der Pneumatik bekannt **(siehe Seite 439)**.

Nicht schaltbare, schaltbare und stufenlos einstellbare Getriebe

Wie schon erwähnt, ist es die Hauptaufgabe der Getriebe, Drehmomente zu übertragen und Drehzahlen zu verändern. In manchen Fällen wird dies durch ein feststehendes Räder- oder Keilriemenscheibenpaar realisiert **(Bild 3)**. Änderungen der Abtriebsdrehzahl erfordern eine Veränderung der Antriebsdrehzahl. Eine Veränderung innerhalb des Getriebes ist nicht möglich. In diesem Falle spricht man von nicht schaltbaren Getrieben.

Bild 3: Nichtschaltbares Getriebe

Sehr viel häufiger besteht jedoch die Anforderung, die Drehzahlen und Drehmomente, je nach Betriebsbedingung zu ändern. So sind z.B. bei einer Bohrmaschine bei gleichbleibender Antriebsdrehzahl je nach Bohrerdurchmesser und Werkstoff ganz unterschiedliche Drehzahlen an der Bohrspindel erforderlich.

Dieser Umstand ist nur durch schaltbare Getriebe oder stufenlos veränderbare Getriebe zu realisieren. Veränderungen der Drehzahlen und Drehmomente werden durch die Durchmesser bzw. Zähnezahlen der miteinander im Eingriff befindlichen Räder beeinflusst. Bei schaltbaren Getrieben handelt es sich in der Regel um Zahnradgetriebe. Hier können die Räderpaarungen nach zuvor festgelegten Abstufungen verändert werden. Schaltbare Getriebe sind meist als Schieberäder- oder Kupplungsgetriebe ausgelegt.

Bei Schieberädergetrieben werden komplette Rädersätze verschoben und mit unterschiedlichen Gegenrädern in Eingriff gebracht **(Bild 1)**.

Bei Kupplungsgetrieben **(Bild 2)** befinden sich alle Räderpaare ständig im Eingriff. Die Drehmomente und Kräfte werden aber nur über das Räderpaar übertragen, dessen Kupplung eingerastet ist. Beide Getriebearten können nur im Stillstand geschaltet werden. Sollen die Getriebe auch im Lauf geschaltet werden, wie z. B. beim Kfz, so müssen Zahnrad und Schaltmuffe (Kupplung) über eine spezielle Einrichtung auf die gleiche Drehzahl gebracht werden (Synchronisation).

Stufenlos einstellbare Getriebe werden nicht im Stillstand geschaltet. Bei ihnen erfolgt die Drehmomentübertragung kraftschlüssig über Zugmittel oder Reibkörper. Bei den stufenlos veränderbaren Zugmittelgetrieben werden die Abstände der Scheibenhälften der Riemenscheiben mechanisch variiert. Dadurch ändern sich die für die Übersetzungsberechnung wirksamen Durchmesser (siehe Seite 149). Drehmomente und Drehfrequenzen verändern sich **(Bild 3)**. Als Zugmittel werden Breitkeilriemen oder spezielle Lamellenketten verwendet.

Bei Reibrädergetrieben werden die Drehmomente mittels aneinander reibenden Wälzkörpern übertragen. Die Wälzkörper können dabei einfache Scheiben, aber auch Kugeln oder Kegel sein. Bei einfachen Reibscheiben, wie sie z. B. bei manchen Säulenbohrmaschinen verwendet werden **(Bild 4)** wird die Position der Abtriebsscheibe zur Achse der Antriebsscheibe verändert. Dadurch ergibt sich eine Durchmesserveränderung und damit eine Änderung der Übersetzung.

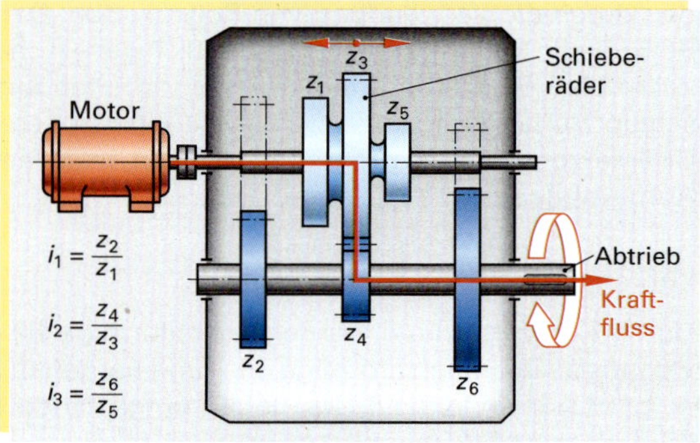

Bild 1: Schieberädergetriebe

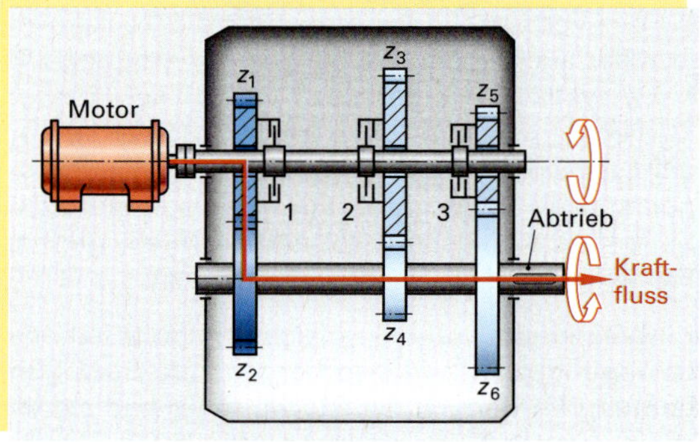

Bild 2: Kupplungsgetriebe

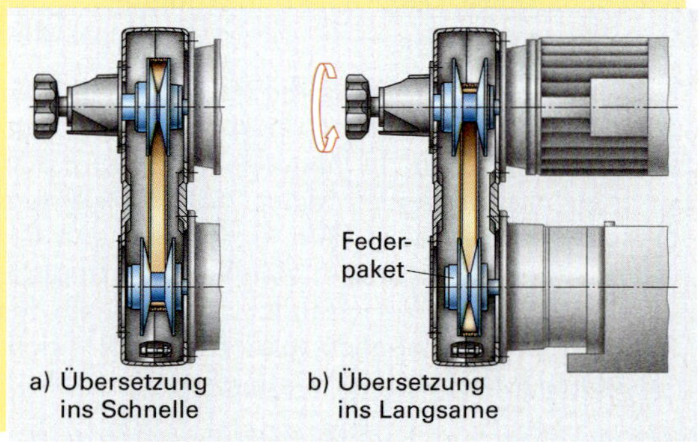

Bild 3: Lamellenkettengetriebe

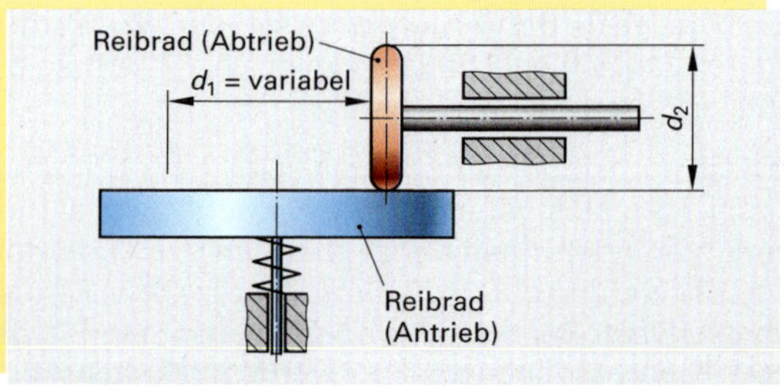

Bild 4: Reibradgetriebe

6.3.2.4 Kenngrößen von Getrieben

Bei allen Reibrad-, Zahnrad- und Zugmittelgetrieben sind die Umfangsgeschwindigkeiten der miteinander verbundenen Räder identisch. Ebenso sind die übertragenen Kräfte unverändert, wenn sie von einem Rad an das andere übergeben werden. Daraus lassen sich folgende Formeln ableiten:

$$v_1 = v_2 \qquad n_1 \cdot \pi \cdot d_1 = n_2 \cdot \pi \cdot d_2 \qquad \frac{n_1}{n_2} = \frac{d_2}{d_1}$$

Das Verhältnis von n_1 zu n_2 bei einstufigen Übersetzungen wird als **Übersetzungsverhältnis *i*** bezeichnet. Bei Zahnrädern kann der Durchmesser *d* durch $m \cdot z$ ersetzt werden (siehe Seite 149). In der dann entstehenden Gleichung:

$$n_1 \cdot z_1 \cdot m = n_2 \cdot z_2 \cdot m$$

kann *m* gekürzt werden.

Für das Übersetzungsverhältnis i ergibt sich dann die Formel

$$\frac{n_1}{n_2} = \frac{z_2}{z_1}$$

Berechnung des Übersetzungsverhältnisses:

$$i = \frac{n_1}{n_2} \qquad i = \frac{d_2}{d_1} \qquad i = \frac{z_2}{z_1}$$

In vielen Fällen werden mehrstufige Getriebe zum Erreichen der gewünschten Übersetzungsverhältnisse eingesetzt **(Bild 1)**. Zur Berechnung werden die Räder fortlaufend mit Indizes belegt. Für die einzelnen Getriebeteile können Teilübersetzungen gebildet werden:

$$i_1 = \frac{z_2}{z_1} = \frac{n_1}{n_2} \qquad i_2 = \frac{z_4}{z_3} = \frac{n_3}{n_4}$$

Das Produkt der Teilübersetzungen ergibt die Gesamtübersetzung i

$$i = i_1 \cdot i_2 = \frac{z_2}{z_1} \cdot \frac{z_4}{z_3} = \frac{n_1}{n_2} \cdot \frac{n_3}{n_4}$$

Da die Räder 2 und 3 und falls vorhanden 4 und 5 bzw. 7 und 8 usw. immer fest mit jeweils einer Welle verbunden sind, müssen auch die Drehfrequenzen der entsprechenden Räder gleich groß sein. Da die gleich großen Drehfrequenzen jeweils im Zähler und im Nenner stehen, können sie gekürzt werden. Übrig bleibt somit die Formel für das

Gesamtübersetzungsverhältnis:

$$i = \frac{n_a}{n_e} \qquad i = i_1 \cdot i_2 \ldots$$

Wie schon erwähnt, sind neben den Umfangsgeschwindigkeiten auch die Kräfte an der Übergabestelle gleich groß (siehe Seite 148). Da die Kräfte jedoch mit unterschiedlichen Durchmessern gepaart sind, ergeben sich auch Unterschiede in den Drehmomenten.

Getriebe sind Drehmomentwandler.

Da die Drehmomente sich wie die Durchmesser bzw. die Zähnezahlen verhalten, ergibt sich für die Übersetzung folgende Formel:

$i = \frac{M_2}{M_1}$ daraus folgt ein Abtriebsmoment

$M_2 = M_1 \cdot i$ dies ist jedoch nur ein theoretischer Wert, da die im Getriebe auftretende Reibung nicht berücksichtigt wurde.

Die durch die Reibung verursachten Verluste werden durch den Wirkungsgrad η berücksichtigt. Durch den Einsatz des Wirkungsgrades ergibt sich ein tatsächliches Abtriebsmoment von:

$$M_2 = M_1 \cdot i \cdot \eta$$

Tabelle 1: Getriebekennzeichnung

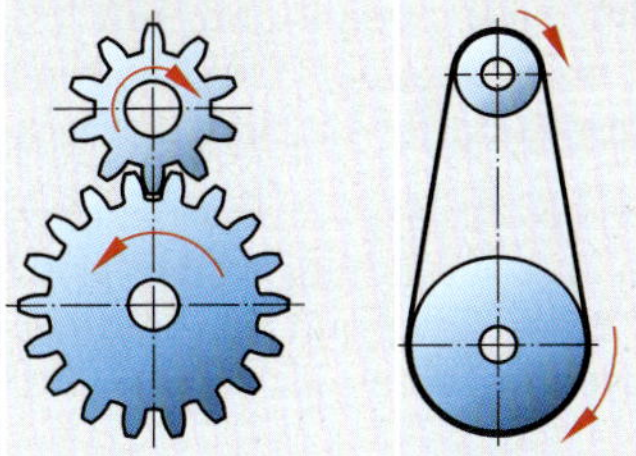

	Zahnradgetriebe		Riementrieb	
Größen	Eingang	Ausgang	Eingang	Ausgang
Drehzahl n	n_1	n_2	n_1	n_2
z, d	z_1	z_2	d_1	d_2
M, P	M_1, P_1	M_1, P_2	M_1, P_2	M_2, P_2

Beispiel: Das treibende Rad eines einstufigen Zahnradgetriebes hat die Zähnezahl $z_1 = 32$ und die Drehzahl $n_1 = 440$ 1/min. Das getriebene Zahnrad besitzt $z_2 = 80$ Zähne.

Zu berechnen sind die Drehzahl n_2 und das Übersetzungsverhältnis i.

Lösung: $\frac{n_1}{n_2} = \frac{z_2}{z_1}$

$$n_2 = \frac{z_1 \cdot n_1}{z_2} = \frac{32 \cdot 440 \frac{1}{\text{min}}}{80} = 176 \frac{1}{\text{min}}$$

$$i = \frac{z_2}{z_1} = \frac{80}{32} = \frac{2,5}{1}$$

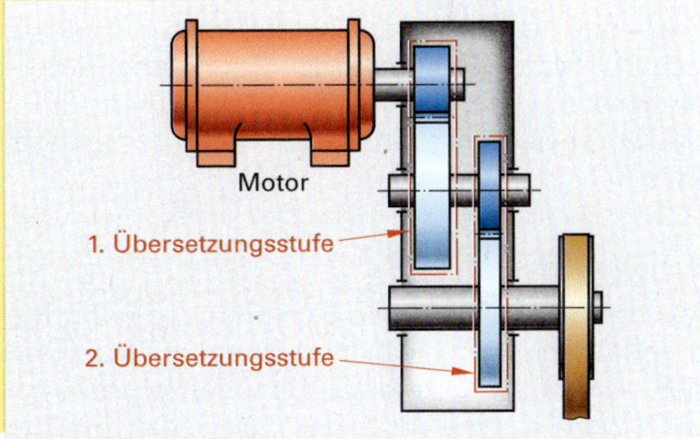

Bild 1: Mehrstufiges Getriebe

Beispiel: Von einem zweistufigen Zahnradgetriebe sind die Zähnezahlen $z_1 = 25$, $z_2 = 50$, $z_3 = 42$, $z_4 = 63$ bekannt. Zu berechnen ist das Übersetzungsverhältnis für den Fall, dass das Zahnrad z_1 auf der Motorwelle gefestigt ist.

Lösung: $i = \frac{z_2}{z_1} \cdot \frac{z_4}{z_3} = \frac{50 \cdot 63}{25 \cdot 42} = \frac{3}{1}$

6.3.2.5 Linearantriebe

In mechatronischen Systemen werden viele Bewegungen linear, d.h. geradlinig ausgeführt. Dies sind vor allem Hubbewegungen und Transportbewegungen, so wie sie bei Handhabungsgeräten oder Bearbeitungsstationen **(Bild 1)** erforderlich sind.

In den meisten Fällen, mit Ausnahme der Linearantriebe mit Pneumatik- oder Hydraulikzylinder wird die Linearbewegung durch Umformung einer Drehbewegung erzeugt.

Bild 1: Bearbeitungsstation mit Linearantrieb

Gewindespindeln

Antriebe mit Gewindespindeln sind Bewegungsgewinde. Dabei wird eine Mutter durch die Drehbewegung der Spindel linear bewegt. Werden dazu Trapezspindeln verwendet, entsteht eine relativ hohe Reibung.

Da Trapezspindeln ein bestimmtes Spiel besitzen müssen, ergibt sich bei Änderung der Bewegungsrichtung das unerwünschte **Umkehrspiel.** Der Einsatz der Trapezspindel ist daher aus Genauigkeitsgründen begrenzt.

Spielfrei lässt sich mit Kugelgewindetrieben arbeiten. Bei ihnen wälzen sich Kugeln durch Laufrillen in der Spindel und der Mutter und anschließend durch einen Rückführkanal wieder zurück **(Bild 2).** Aufgrund der hohen Genauigkeit werden Kugelgewindetriebe z.B. für die Vorschubantriebe in NC-Maschinen oder Koordinatentischen verwendet.

Bild 2: Kugelgewindetrieb

Zahnstangentrieb

Zur Übertragung großer Kräfte, weniger zur genauen Positionierung werden Zahnstangentriebe eingesetzt. Hierbei wird eine Zahnstange durch die Drehbewegung eines Zahnrades verschoben **(Bild 3).**

Bild 3: Zahnstangentrieb

Bandgetriebe

Mit der Bewegung eines Flachriemens beim Riemengetriebe kann die Linearbewegung eines Bandes oder einer Kette eines Bandgetriebes verglichen werden. Eine Welle des Getriebes wird über einen Elektromotor angetrieben und bewegt das auf der Welle befindliche Band, welches über eine zweite Welle oder Achse umgelenkt wird **(Bild 4).**

Eingesetzt werden Bandgetriebe hauptsächlich im Bereich des Materialflusses als Transportbänder. Die Positioniergenauigkeit hängt von der Bandkonstruktion und dem Elektromotor bzw. dem nachgeschalteten Getriebe ab. Durch geeignete konstruktive Maßnahmen können Bandgetriebe auch um Ecken gelenkt werden.

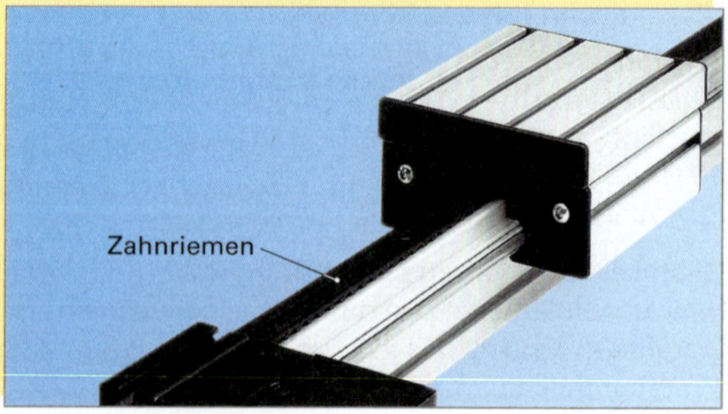

Bild 4: Bandgetriebe

6.3.3 Funktionseinheiten zum Arbeiten

Die Funktionseinheiten zum Arbeiten sind die Teilsysteme eines technischen Systems, die zur Erfüllung der eigentlichen Hauptfunktion unerlässlich sind. So ist dies z.B. bei einer hydraulischen Biegeeinrichtung der Arbeitszylinder **(Bild 1)** mit seinem entsprechend geformten Biegewerkzeug, bei einem Roboter zur Bestückung von Leiterplatten der Greifarm mit dem entsprechenden Greifer und bei einer CNC-Fräsmaschine die Aufnahme- und Spannvorrichtung für das Fräswerkzeug.

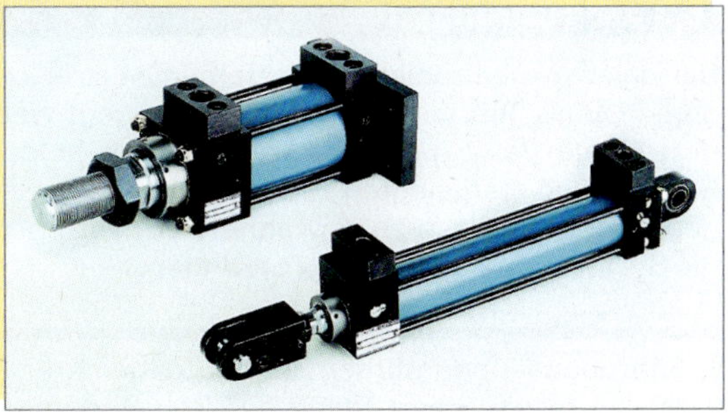

Bild 1: Arbeitszylinder als Arbeitselement

6.3.4 Funktionseinheiten zum Stützen und Tragen

Die Aufgabe der Funktionseinheiten zum Stützen und Tragen besteht darin, die in einem Technischen System vorhandenen Subsysteme aufzunehmen und sie in der erforderlichen Funktionslage zu halten. Diese Aufgabe erfüllen vor allem Gestelle und Gehäuse, aber auch Achsen, Lager und Führungen übernehmen diese Funktion.

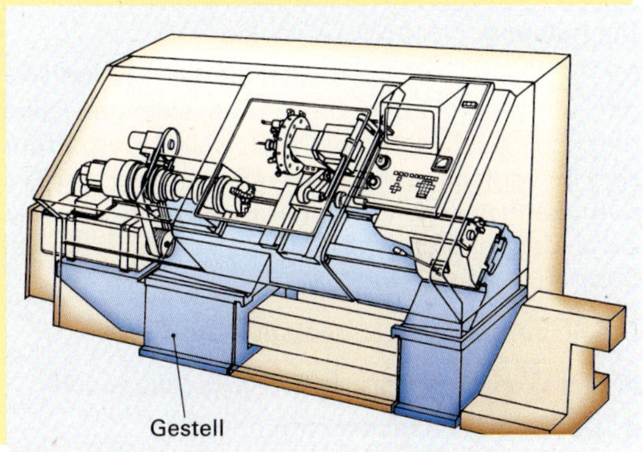

Bild 2: Maschinengestell

6.3.4.1 Gehäuse und Gestelle

Gehäuse und Gestelle tragen die einzelnen Baugruppen und Bauteile und übernehmen die auftretenden Kräfte. Dabei spielt es keine Rolle, ob die Baugruppen starr mit dem System verbunden sind oder ob sie beweglich gelagert sein müssen. Je nach Anwendungsfall können dabei große statische Kräfte durch die Gewichtskräfte und dynamische Belastungen durch Schwingungen o.Ä. auftreten. Gehäuse und Gestelle von Werkzeugmaschinen z.B. **(Bild 2)** sind diesen Belastungen ebenso ausgesetzt wie Gestelle von Montageeinrichtungen **(Bild 3)**.

Um diesen Beanspruchungen standzuhalten, müssen die Gestelle eine große Steifigkeit besitzen. Diese wird durch Auswahl geeigneter Werkstoffe oder durch konstruktive Maßnahmen erreicht (z.B. Diagonalverstrebung in **Bild 3**).

Maschinengestelle für Werkzeugmaschinen werden als Guss- oder Schweißkonstruktionen erstellt. Die erforderliche Steifigkeit wird z.B. durch das Einfügen von Rippen bei Gusskonstruktionen oder die Profilierung der verwendeten Bleche bei Schweißkonstruktionen geschaffen.

Gestelle von Montageeinrichtungen u.Ä. werden heute meist aus Aluminiumprofilen hergestellt. Diagonale Verstrebungen und der Aufgabe entsprechende Profildimensionen sind für die Stabilität verantwortlich.

Bild 3: Gestell für Montageeinheiten

6.3.4.2 Führungen

Bei vielen mechatronischen Systemen ist es erforderlich, dass Teilsysteme geradlinig bewegt werden. Diese Bewegungen vollziehen sich in der Regel in eng festgelegten Grenzen mit hoher Genauigkeit. Um diese zu gewährleisten, verfügen die Systeme über geeignete Führungen.

> Führungen übernehmen die Aufgabe, Kräfte von beweglichen Teilen auf Gehäuse und Gestelle zu übertragen und die beweglichen Teile exakt geradlinig zu führen.

Die Reibung

Immer wenn zwei Teile aufeinander bewegt werden, entsteht Reibung. Diese kann in einigen Fällen durchaus erwünscht sein (z. B. Keilriemen, Bremsen) im vorliegenden Falle der Bewegung von Systemteilen ist sie eher hinderlich. Durch verschiedene Maßnahmen wird deshalb versucht, die Reibung zu vermindern.

Die Reibungskraft ist abhängig von:

- Der Werkstoffpaarung (siehe Tabellenbuch)
- Der Oberflächenbeschaffenheit
- Der Normalkraft F_N
- Der Reibungsart (siehe Versuch)
- Dem Schmierzustand (siehe Versuch)

Als **Normalkraft** wird die senkrecht auf die Oberfläche treffende Kraft bezeichnet. Sie ist abhängig von der Gewichtskraft des Körpers und der Neigung der Oberfläche.

Die Reibungskraft zwischen starren Körpern wird nach folgender Formel berechnet (siehe auch Kapitel 14.1.2):

$$F_R = F_N \cdot \mu$$

μ_H: Haftreibung
μ_G: Gleitreibung
μ_R: Rollreibung

Beispiel: Zwei Stäbe werden durch eine Schraubenverbindung gefügt.

Welche Anpresskraft F_N muss durch die Schrauben erreicht werden, wenn bei einer Reibungszahl $\mu = 0.2$ eine Zugkraft F_R von 4 kN zwischen den Stäben übertragen werden soll?

Lösung:

$$F_R = F_N \cdot \mu$$

$$F_N = \frac{F_R}{\mu} = \frac{4\ \text{kN}}{0{,}2} = 20\ \text{kN}$$

Versuch 1:

Ein Holzklotz wird mit einem Kraftmesser über eine Oberfläche gezogen.

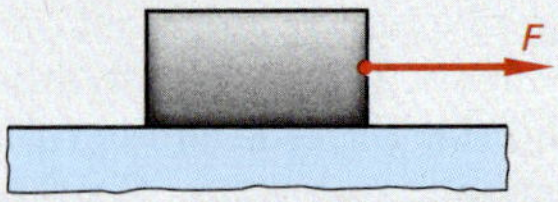

Beobachtungen:

Die Kraft, die zum Ingangsetzen der Bewegung erforderlich ist, ist größer als die eigentliche Bewegungskraft.

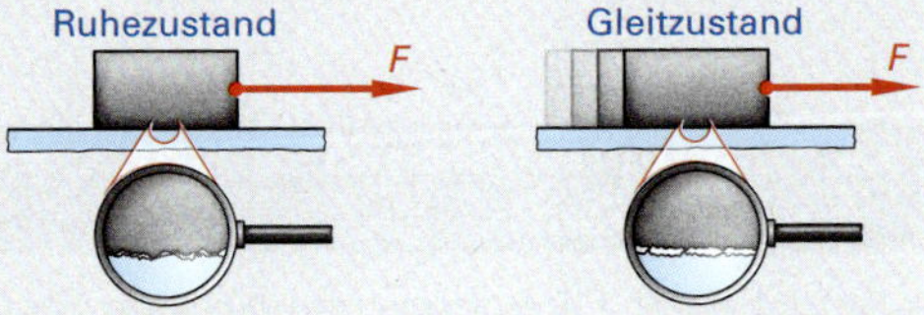

Erklärung:

Im Ruhezustand können sich „Spitzen" der Oberflächen ineinander verhaken.

Im Gleitzustand gleiten die Spitzen der Oberflächen aufeinander.

Versuch 2:

Der Holzklotz wird durch einen gleichschweren Zylinder ersetzt.

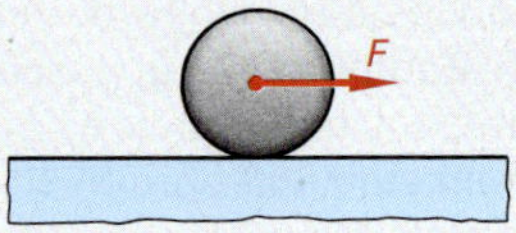

Beobachtung:

Zum Bewegen des Zylinders ist eine wesentlich geringere Kraft erforderlich. Die **Rollreibung** ist geringer als die Gleitreibung.

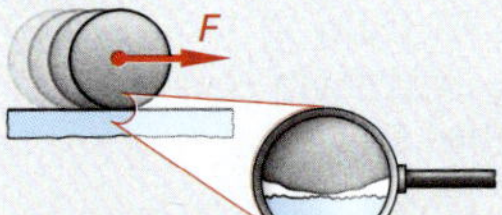

Erkenntnis:

Ruhende Körper unterliegen der **Haftreibung,** bewegte Körper der **Gleitreibung** und rollende Körper der **Rollreibung.**

Versuch 3:

Der Holzklotz wird mit verschiedenen Zusatzgewichten belastet. Die erforderliche Zugkraft wird gemessen.

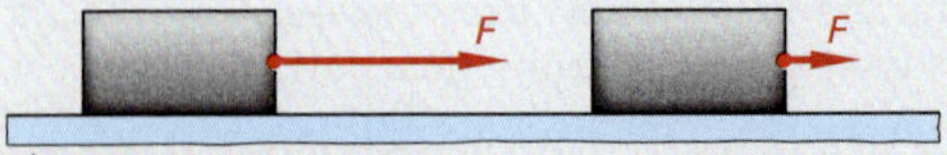

Beobachtung:

Die erforderliche Bewegungskraft steigt proportional zur Normalkraft (in diesem Falle = Gewichtskraft).

Arten von Führungen

Führungen werden hauptsächlich nach der **Form der Führungsbahn** und der **Art der Reibung** unterschieden.

Im klassischen Maschinenbau sind vor allem die Flachführung, die V-Führung, die Schwalbenschwanzführungen und die Rundführung anzutreffen **(Bild 1).**

Flachführungen sind am einfachsten herzustellen, haben aber den Nachteil, dass sie nur Kräfte, die senkrecht zur Führungsbahn wirken, aufnehmen können. Das Abheben des Gleitkörpers wird durch die Montage von Schließleisten verhindert. Durch Verschieben der Nachstellleisten wird das Führungsspiel verändert.

V-Führungen werden meist in Verbindung mit Flachführungen als kombinierte Führung eingesetzt. Sie können auch kleine Querkräfte aufnehmen. Durch ihre Form ist gewährleistet, dass sie sich bei Abnutzung selbst nachstellen.

Schwalbenschwanzführungen vereinen die Vorteile der V- und der Flachführungen. Sie können je nach Dimensionierung große Normal- und Querkräfte aufnehmen. Ein Abheben des Gleitkörpers ist aufgrund der Form nicht möglich, sodass die Halteleisten entfallen. Durch Nachstellleisten kann das Führungsspiel reguliert werden. Der Nachteil der Schwalbenschwanzführung liegt im hohen Herstellungsaufwand.

Rundführungen sind dagegen sehr leicht herstellbar. Sie lassen im Gegensatz zu den anderen Führungen auch Bewegungen um den Führungskörper herum zu, wie dies z.B. bei der Säulenbohrmaschine möglich ist. Sind diese Drehbewegungen unerwünscht, so kann dies durch das Anbringen von Nuten verhindert werden.

In der Regel sind die genannten Führungen als **Gleitführungen** ausgelegt. Das bedeutet, dass der Gleitkörper direkt auf der Führungsbahn gleitet. Um die dabei auftretende Reibung zu verringern, müssen diese mit geeigneten Schmierstoffen geschmiert werden. Häufig werden die Gleitbahnen auch mit Kunststoffbelägen versehen **(Bild 2).** Diese besitzen gute Gleit- und Dämpfungseigenschaften. Da außerdem bei den verwendeten Kunststoffen die Haft- und die Gleitreibungszahl nahezu identisch sind, wird das unerwünschte Ruckgleiten (Slip-Stick-Effekt), das bei niedrigen Geschwindigkeiten auftritt, verhindert.

Eine andere Möglichkeit, die Reibung zu verringern, besteht bei **hydrostatisch** geschmierten Gleitführungen. Hierbei wird den Gleitstellen über ein Leitungssystem unter Druck stehendes Öl

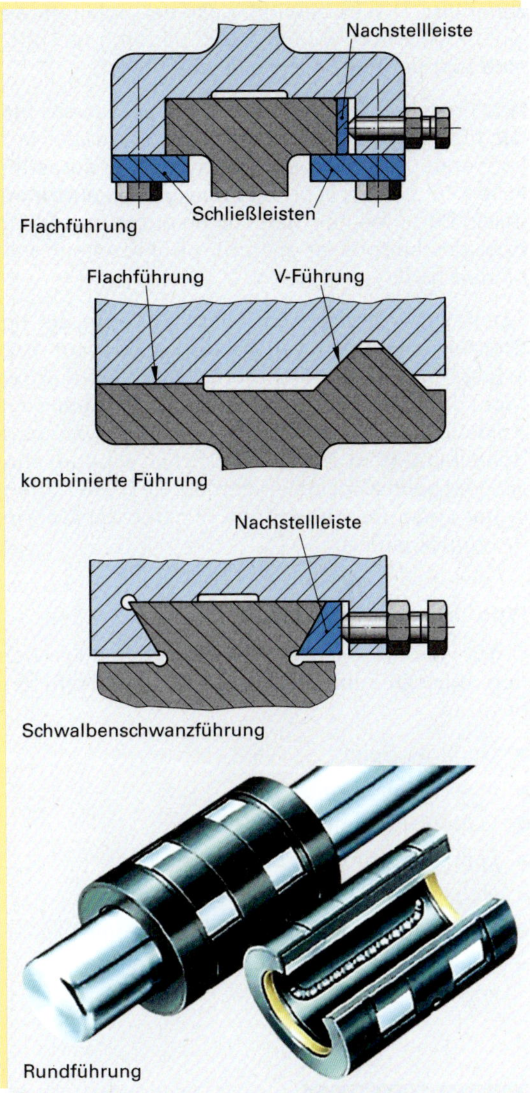

Bild 1: Arten von Führungen

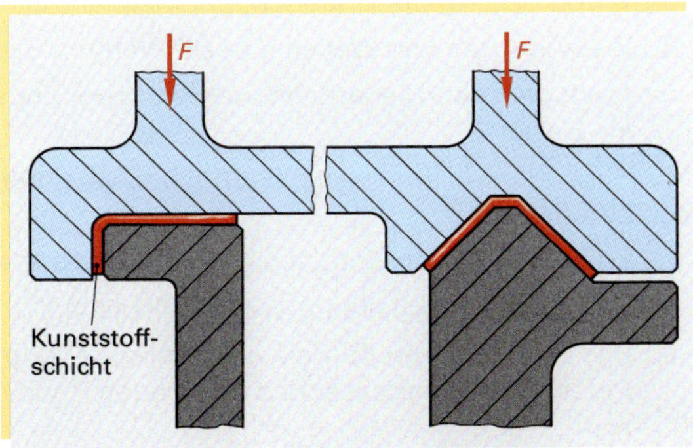

Bild 2: Beschichtete Führungsbahnen

zugeführt. Dieses bewirkt, dass der Schlitten auf einem Ölfilm „schwimmt" und dadurch nur noch eine sehr geringe Reibung ausübt **(Bild 1)**.

Noch geringer ist die Reibung bei **aerostatischen** Gleitführungen. Hier wird an Stelle eines Öles Luft verwendet. Bei hydrostatischen und bei aerostatischen Führungen kann kein Ruckgleiten auftreten, da ein Berühren der Gleitflächen durch den Ölfilm bzw. das Luftpolster schon im Ruhezustand verhindert wird.

Ebenfalls wesentlich geringere Reibung als bei Gleitführungen tritt bei **Wälzführungen** auf. Hier erfolgt die Kraftübertragung über Wälzkörper. Dies können sowohl Zylinder als auch Kugeln sein. Anstelle der Gleitreibung erfolgt die geringere Rollreibung **(Bild 2)**. Die Wälzkörper werden, ähnlich wie beim Kugelgewindetrieb, über ein Kettensystem oder über integrierte Rückführkanäle wieder zurückgeführt.

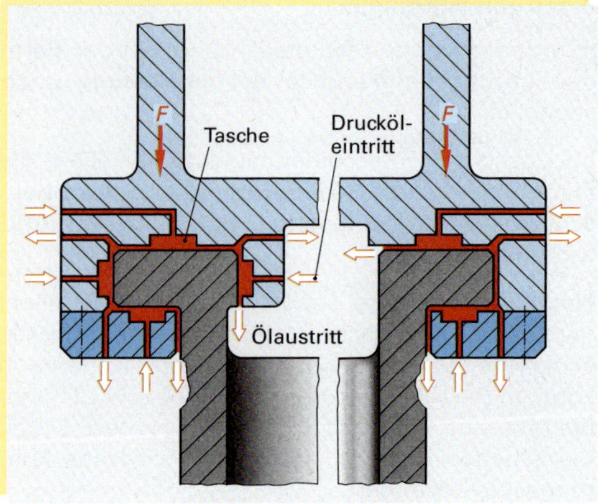

Bild 1: Hydrostatische Schmierung

Anforderungen an Führungen

Um den an sie gestellten Aufgaben gerecht zu werden, müssen Führungen folgende Eigenschaften besitzen:

- Geringes Spiel
- Hohe Genauigkeit
- Geringe Reibung
- Gute Dämpfungseigenschaften
- Hohe Biege- und Torsionsfestigkeit
- Einfache Schmier- und Wartungsmöglichkeiten
- Abdichtung gegen das Eindringen von Fremdkörpern

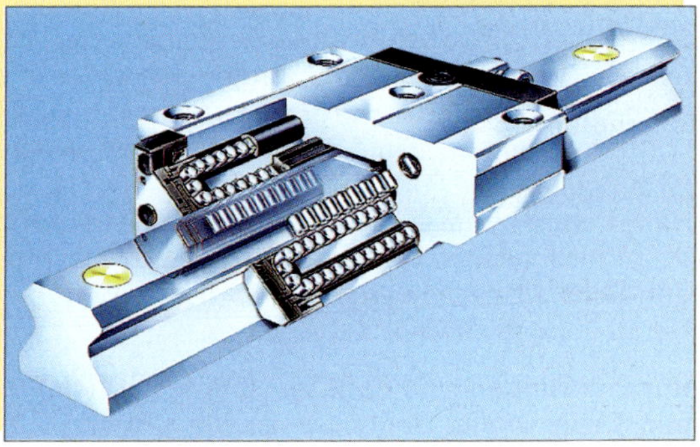
Bild 2: Wälzführung

Arbeitsauftrag:

1. Welche Aufgaben übernehmen die Funktionseinheiten in mechanischen Systemen?
2. Nennen Sie die Funktionseinheiten zum Antreiben.
3. Worin besteht der Unterschied zwischen Achsen und Wellen?
4. Welche Arten von Wellen gibt es? Nennen Sie jeweils ein Einsatzbeispiel.
5. Nach welchen Merkmalen werden Kupplungen unterschieden? Nennen Sie zu jeder Kupplungsart ein Beispiel.
6. Suchen Sie in Ihrem Ausbildungsbetrieb unterschiedliche Kupplungen und begründen Sie die jeweilige Auswahl.
7. Erläutern Sie den Unterschied zwischen kraftschlüssigen und formschlüssigen Getrieben.
8. Wann werden schaltbare, wann nicht schaltbare und wann stufenlos einstellbare Getriebe eingesetzt?
9. Das angetriebene Rad eines Zahnriemengetriebes hat einen Durchmesser von 80 mm. Wie groß muss der Durchmesser des treibenden Rades sein, wenn eine Übersetzung von 2.5/1 erzielt werden soll?
10. Welche Aufgaben übernehmen Führungen in mechanischen Systemen?

6.3.4.3 Lager

Lager haben die Aufgabe, sich drehende Teile zu tragen und zu führen. Im Bereich der Mechatronik sind dies fast ausschließlich umlaufende Achsen und Wellen. Sie werden eingeteilt:

- nach der Reibungsart in Gleit- und Wälzlager **(Bild 1a)**
- nach der auf das Lager wirkenden Kraft in Radial- und Axiallager **(Bild 1b)**
- nach der Beweglichkeit in der axialen Richtung in Fest- und Loslager **(Bild 1c)**

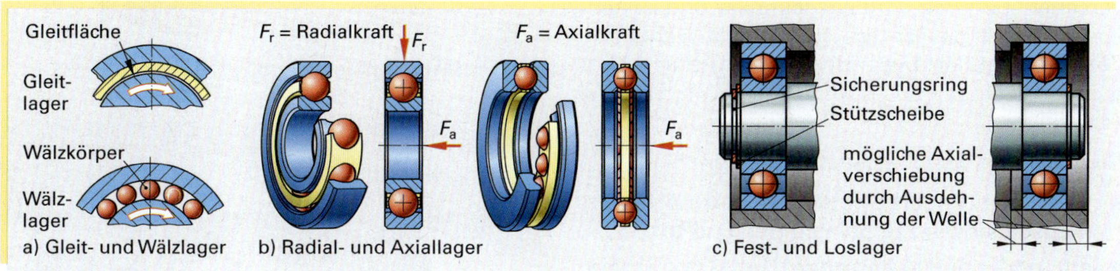

Bild 1: Lagerarten

Radial- und Axiallager

Als Radiallager werden alle Lager bezeichnet, die quer zur Längsachse wirkende Kräfte aufnehmen. Entlang der Längsachse wirkende Kräfte sind Axialkräfte. Lager, die diese Kräfte aufnehmen können, sind Axiallager **(Bild 1b)**.

Gleitlager

Gleitlager nehmen Zapfen von Wellen oder Achsen in Lagerschalen auf. Die dabei auftretende Reibung wird durch ausreichende Schmierung reduziert und somit der Verschleiß gemindert.

Durch die Schmierung können drei unterschiedliche Reibungszustände eintreten:

- Trockenreibung
- Mischreibung und
- Flüssigkeitsreibung **(Bild 2)**

Die Trockenreibung tritt bei einfachen Gleitlagern im Anfahrzustand oder bei ganz geringen Drehzahlen auf, da der Schmierfilm dabei der hohen Lagerkraft ausweicht.

Bei höheren Drehzahlen wird der Schmierfilm durch den sich drehenden Zapfen mitbewegt und es findet keine direkte Berührung von Feststoffen mehr statt. Es kommt zur Mischreibung oder Flüssigkeitsreibung (**hydrodynamische** Schmierung).

Durch geeignete Maßnahmen, wie z.B. das Einpumpen von Drucköl, wird der Zustand der Flüssigreibung auch schon im Stillstand erreicht. In diesem Fall spricht man von einer **hydrostatischen** Schmierung **(Bilder 3 und 4)**.

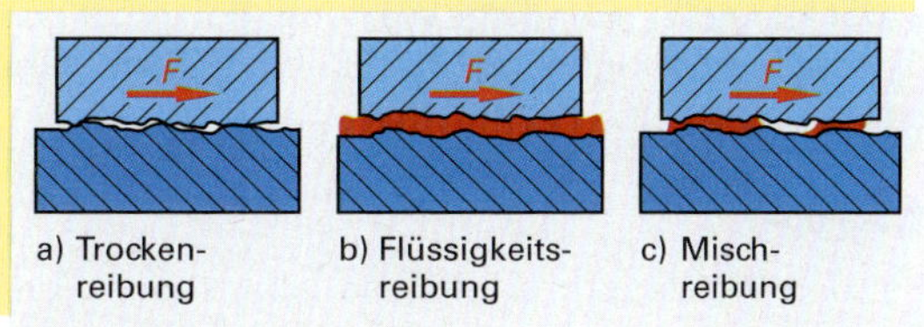

Bild 2: Reibungszustände

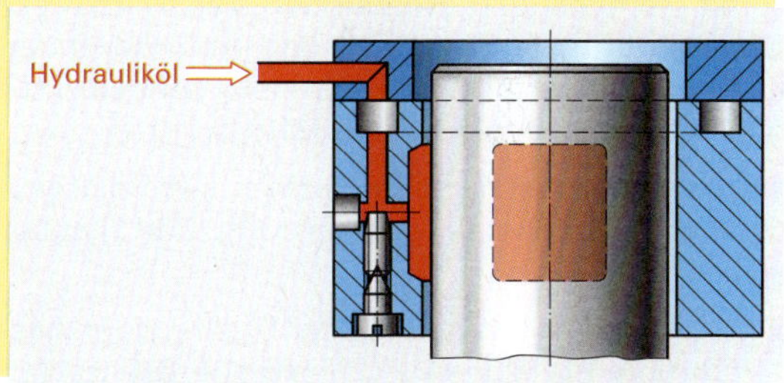

Bild 3: Hydrostatisch geschmiertes Radiallager

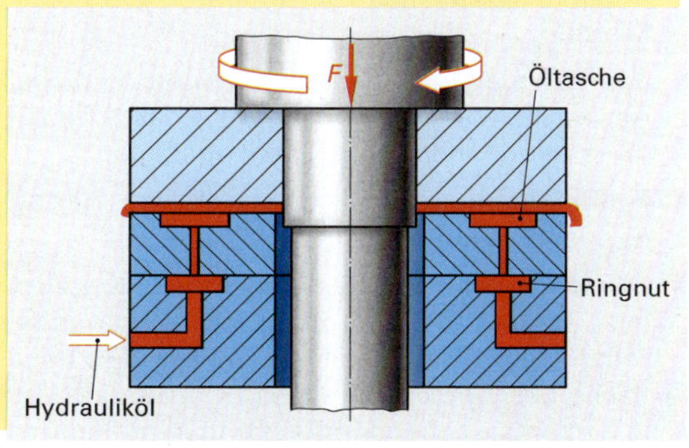

Bild 4: Hydrostatisch geschmiertes Axiallager

Die Reibung kann darüber hinaus auch durch eine geeignete Werkstoffwahl beeinflusst werden. Der Zapfen der Achse oder Welle besteht in der Regel aus verschleißfestem, gehärtetem Stahl. Die tragenden Teile der Lager werden häufig aus druckfesten Werkstoffen wie Gusseisen oder Stahl hergestellt **(Bild 1)**. Um den Verschleiß zu reduzieren, werden diese mit Lagerbuchsen bzw. Lagerschalen aus Werkstoffen mit guten Gleiteigenschaften versehen. Dadurch wird ein schneller und kostensparender Austausch ermöglicht. Als Werkstoffe dazu eignen sich besonders Sintermetalle aber auch Legierungen aus Kupfer, Zinn, Zink, Blei und Aluminium.

Gleitlager werden eingesetzt bei Lagern

- mit hohen Lagerbelastungen und hoher Betriebsdauer wie z.B. bei Pumpen und Turbinen
- mit geringer Drehfrequenz und stoßartigen Belastungen wie z.B. Pressen

Im Vergleich zu den Wälzlagern sind sie preiswert in der Herstellung und der Wartung. Bei günstigen Einsatzbedingungen ist ihre Lebensdauer sehr lang.

Wälzlager

Bei den Wälzlagern erfolgt die Übertragung der Kräfte über unterschiedlich gestaltete Wälzkörper. Diese rollen sich zwischen zwei Ringen (Radiallager) bzw. Scheiben (Axiallager) ab und erzeugen somit die günstigere Rollreibung. Als Wälzkörper kommen je nach Einsatzfall und Anforderungen Kugeln, Zylinderrollen, Kegelrollen, Tonnenrollen oder Nadelrollen zum Einsatz **(Bild 2)**.

Wälzlager werden nach der Form des Wälzkörpers und der aufzunehmenden Belastung **(Bild 3)** unterschieden in:

- **Rillenkugellager** in ein- oder zweireihiger Ausführung. Sie eignen sich für hohe Drehzahlen bei mittleren radialen und ganz geringen axialen Kräften
- **Axialrillenkugellager** zur Aufnahme von axialen Kräften
- **Schrägkugellager,** die durch einen seitlichen Absatz (Schulter) etwas höhere Axialkräfte aufnehmen können als die Rillenkugellager
- **Pendelkugellager** zur Überwindung geringfügiger Fluchtungsfehler
- **Zylinderrollen-, Axialzylinderrollen, Kegelrollen-, Tonnen-, Pendelrollen-** und **Axialpendelrollenlager,** die aufgrund der größeren Auflagefläche der Wälzkörper allesamt größere Kräfte in den entsprechenden Richtungen aufnehmen können

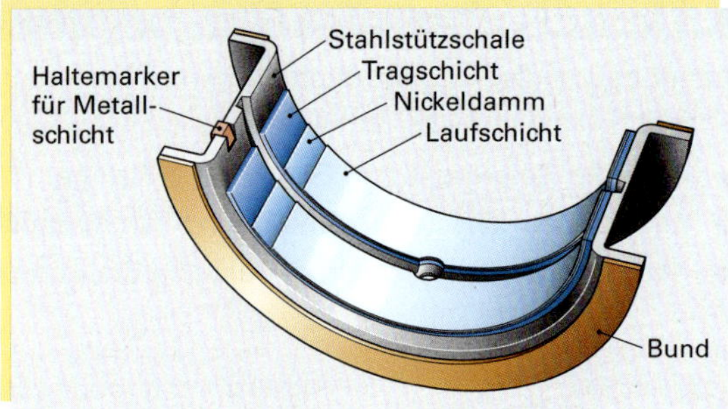

Bild 1: Mehrstofflager

Bild 2: Wälzkörper

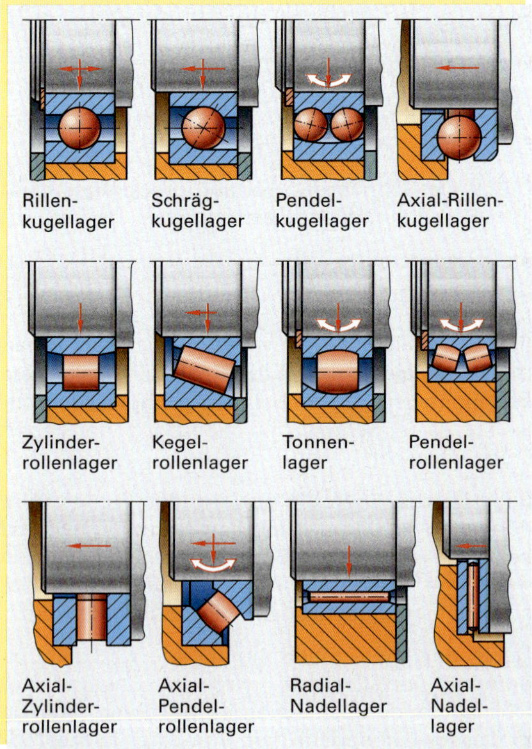

Bild 3: Lagerarten

- **Radial-** und **Axialnadellager.** Diese benötigen den geringsten Einbauraum und können eventuell auch ohne Laufring eingebaut werden

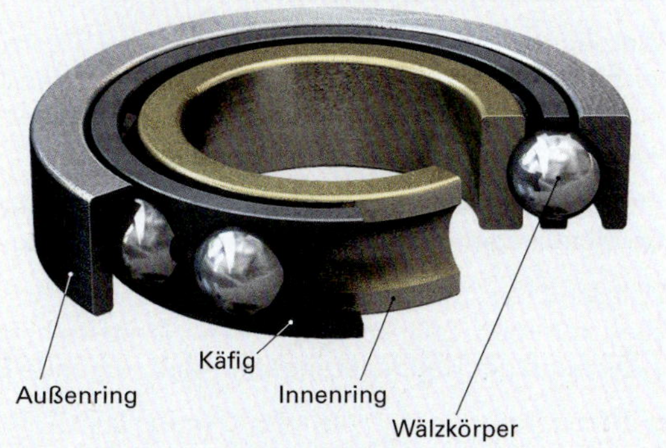

Bild 1: Wälzlageraufbau

Der Aufbau von Wälzlagern

Radiallager bestehen mit Ausnahme bestimmter Nadellager immer aus zwei Laufringen, dem Außen- und dem Innenring, und den dazwischen laufenden Wälzkörpern. Bei Axiallagern treten an die Stelle der Laufringe zwei Laufscheiben. Die Wälzkörper sind aus gehärtetem, geschliffenen und poliertem Stahl. Sie werden in Laufkäfigen auf Abstand gehalten **(Bild 1).**

Fest- und Loslager

Lager und die von ihnen getragenen Achsen und Wellen werden sehr häufig hohen Temperaturen ausgesetzt. Bei ausschließlich festen Lagerungen kann dies durch die daraus resultierenden Ausdehnungen zu Spannungen führen. Aus diesem Grund werden Wellen meist durch ein Fest- und ein Loslager getragen **(Bild 2).** Beide Lager können Radialkräfte aufnehmen. Das Festlager übernimmt die Axialkräfte, das Loslager kann in Achsrichtung auftretende Längenänderungen aufnehmen. Bei Loslagern verfügt der äußere Lagerring in der Regel über ein geringes Spiel. Zylinderrollenlager ohne Bord und Nadellager können die Ausdehnungsbewegungen der Welle zwischen Ring und Wälzkörper ausführen.

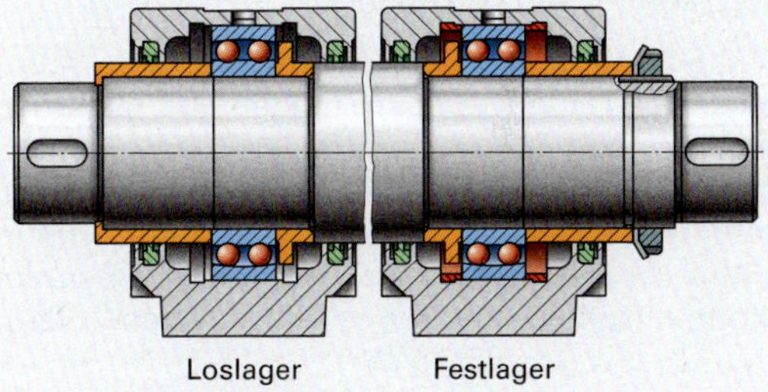

Bild 2: Fest- und Loslager

Auswahl und Normung von Wälzlagern

Wälzlager sind Massenprodukte mit hohen Genauigkeiten. Bei der Auswahl der Lager spielen verschiedene Kriterien eine Rolle. An erster Stelle steht dabei sicher die Lagerbelastung bedingt durch Größe und Richtung der auftretenden Kräfte und die Einbaumaße. Daneben sind die garantierte Laufzeit und Eigenschaften wie Geräuscharmut, Ausgleichfähigkeit für Fluchtfehler usw. von Bedeutung.

Schrägkugellager DIN 628 - 7205
DIN Bezeichnung
Lagerart 7
Durchmesserreihe 2
Bohrungskennzahl 05 = 05 · 5 = 25

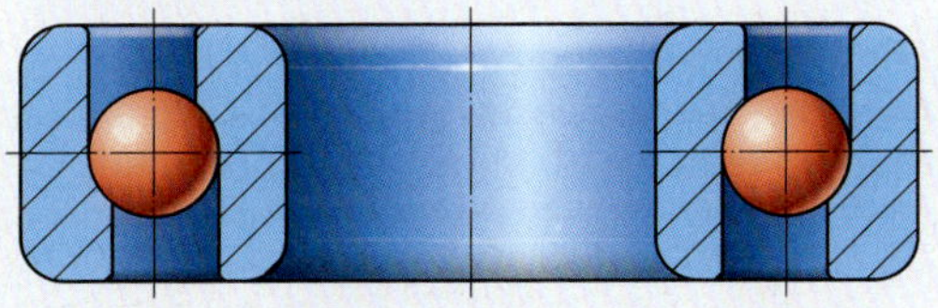
Bild 3: Normbeispiel für Lager

Damit die Austauschbarkeit von Wälzlagern garantiert ist, unterliegen sie strengen Normierungsregeln. Die äußeren Abmessungen Lagerbohrung, Außendurchmesser und Lagerbreite sind nach DIN genormt **(Bild 3).** Dadurch ist es möglich, ein Rillenkugellager z. B. durch ein Zylinderrollenlager zu ersetzen. Das Kurzeichen für Wälzlager besteht aus drei Teilen:

- Das **Vorsetzzeichen** bezeichnet Teile von kompletten Lagern wie z. B. R-Ring mit Wälzkörpersatz
- Das **Basiskennzeichen** beinhaltet die Kennbuchstaben und -ziffern für Lagerreihe und die Lagerbohrung
- Das **Nachsetzzeichen** kann zusätzliche Angaben über äußere Form, Abdichtung, Toleranzen u. a. enthalten (vgl. Tabellenbuch)

Aufbewahrung von Wälzlagern

Wälzlager werden vor dem Verpacken in ein Korrosionsschutzöl getaucht. Dieses Spezialöl verharzt und verhärtet nicht. Es verhält sich gegenüber den Lagerfetten neutral und bietet somit einen optimalen Schutz. Aus diesem Grund müssen die Wälzlager bis zu ihrem Einbau in der Originalverpackung gelagert werden **(Bild 1)**.

Wenn möglich sollten Wälzlager, vor allem solche mit großem Durchmesser und entsprechend großem Gewicht, liegend gelagert werden, damit auch kleinste Unwuchten verhindert werden.

Während der Aufbewahrung dürfen sie nicht mit aggresiven Stoffen wie Säuren oder Laugen in Berührung kommen. Ebenso sind direkte Sonneneinstrahlung und Schwitzwasserbildung zu verhindern. Entsprechend der Herstellerangaben sind folgende Bedingungen einzuhalten:

- Temperatur von + 7 bis + 25 °C (max. 30 °C)
- Temperatursprünge Tag/Nacht < 8 °C
- Relative Luftfeuchtigkeit < 65 %

Bei Einhaltung dieser Bedingungen garantieren die meisten Hersteller unbeschädigte Konservierung und somit zulässige Lagerzeit von fünf Jahren.

Schmierung von Wälzlagern

Der Schmierstoff hat die Aufgabe, eine Trennschicht zwischen den abrollenden und gleitenden Teilen eines Wälzlagers zu bilden. Dadurch sollen die Reibung und der Verschleiß minimiert werden. Außerdem soll das Lager durch die Schmiermittel vor Korrosion geschützt werden. Bei einer Ölumlaufschmierung kann zusätzlich noch Wärme abgeführt werden **(Bild 2)**.

Schmiermittel verlieren durch Alterung und Beanspruchung ihre Gebrauchseigenschaften. Durch Nachschmierung oder Schmierstoffwechsel (Wartung) können diese Eigenschaften auch wieder verbessert werden. Dabei dürfen jedoch nur die vom Hersteller vorgesehenen Fette oder Öle verwendet werden **(Bild 3)**.

Schmierfette sind auf Seifenbasis hergestellt. Sie bestehen aus Mineral- oder Syntheseölen, die mit bestimmten Seifen verdickt werden.

Schmieröle sind normalerweise Mineralöle, in wenigen Fällen auch synthetische Öle, da diese erheblich teurer sind. Mineralöle werden aus Erdöl hergestellt. Durch verschiedene Additive (Zusätze) können einzelne Eigenschaften wie Alterungsbeständigkeit, Korrosionsschutz u.a. verbessert werden.

Die **Auswahl des Schmierstoffes** richtet sich nach verschiedenen Kriterien. Dabei spielen die Betriebstemperatur, Belastung und Drehzahl, die Lagergröße, die Feuchtigkeit und die Schmutzbelastung eine große Rolle. Für den Einsatz von Fetten spricht vor allem die einfache Wartung und Abdichtung. Die Ölschmierung dagegen hat den Vorteil, dass alle Stellen des Lagers gleichmäßig von Öl erreicht werden. Dem stehen Probleme der Abdichtung als Negativfaktor gegenüber.

Bild 1: Aufbewahrung von Wälzlagern

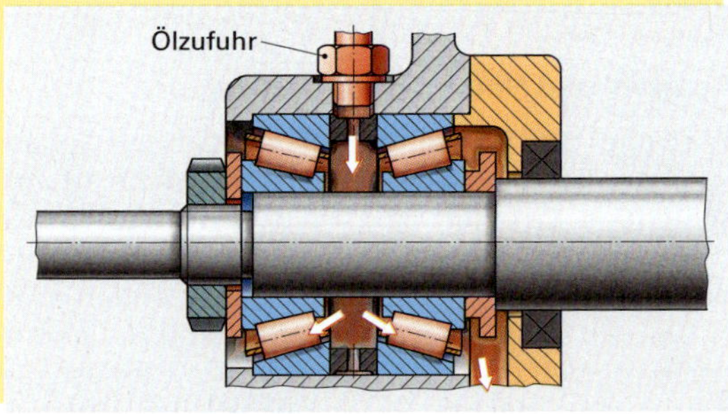

Bild 2: Ölumlaufschmierung

Bezei. Arcanol	Farbkennzeichn. RAL	Verdicker	Grundölvisko. b. 40 °C mm^2/s	Gebr.-temp. °C	Hauptcharakteristik	Anwendungsbereich
L78V	1018 zinkgelb	Lithiumseife	ISO VG 100	−30… +130	Standardfett für Lager ø *D* ≤ 62 mm	kleine E-Motoren, Land- u. Baumaschinen, Haushaltsger.
L71V	4008 signalviolett	Lithiumseife	ISO VG 100	−30… +140	Standardfett für Lager ø *D* > 62 mm	große E-Motoren, Kfz-Radlager, Lüfter
L135V	2000 gelborange	Lithiums. m. EP-Zusatz	85	−40… +150	Spezf. f. h. Drehzahl h. Belastu. h. Temp.	Walzwerke, Bauma., Kraftfahrz., Schienenfahrz.

Bild 3: Lagerschmierstoffe

Montage von Wälzlagern

Wälzlager können ganz unterschiedliche Bauarten und Größen besitzen. Aus diesen Gründen können sie auch nicht alle nach der gleichen Methode montiert werden. Grundsätzlich wird beim Einbau und beim Ausbau unterschieden zwischen:

- mechanischen
- hydraulischen
- thermischen Verfahren der Montage

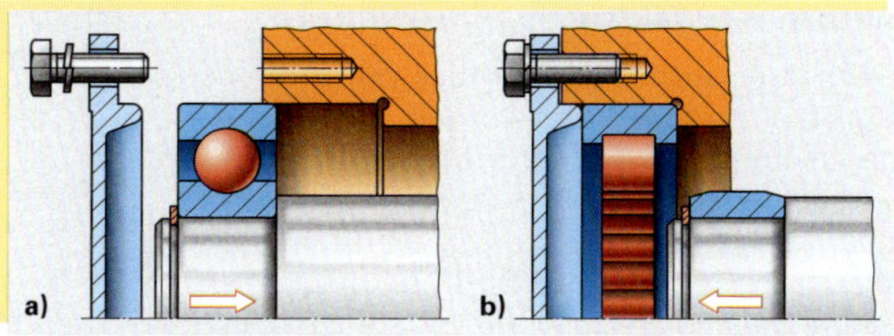

Bild 1: Lagermontage

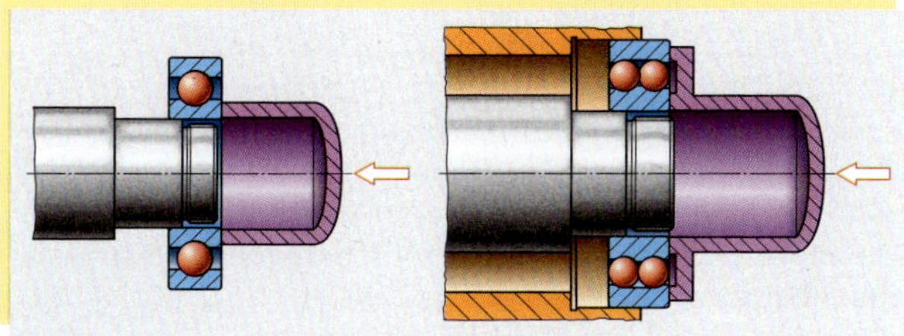
Bild 2: Lagermontage mit Schlagbuchse

Einbau von Wälzlagern

Beim Einbau von zerlegbaren Lagern können die Ringe einzeln montiert werden. Durch eine schraubende Bewegung werden die Teile dann vorsichtig zusammengebracht **(Bild 1b).** Nicht zerlegbare Lager werden immer zuerst am fest angepassten Ring gefügt und dann mit der anderen Passstelle vereint **(Bild 1a).**

Bei der Montage des Lagers ist vor allem darauf zu achten, dass die Einpresskraft gleichmäßig wirkt und somit ein Verkanten des Lagers verhindert wird. Die Kraft darf dabei nicht über die Wälzkörper übertragen werden. Um dies zu erreichen, stehen verschiedene Hilfsmittel und Werkzeuge zur Verfügung. Die Lagerringe mit dem Festsitz werden entweder mit Schlagbüchsen oder Montagescheiben **(Bild 2),** mit mechanischen oder hydraulischen Pressen **(Bild 3)** oder nach einer Aufweitung durch Erwärmung aufgebracht.

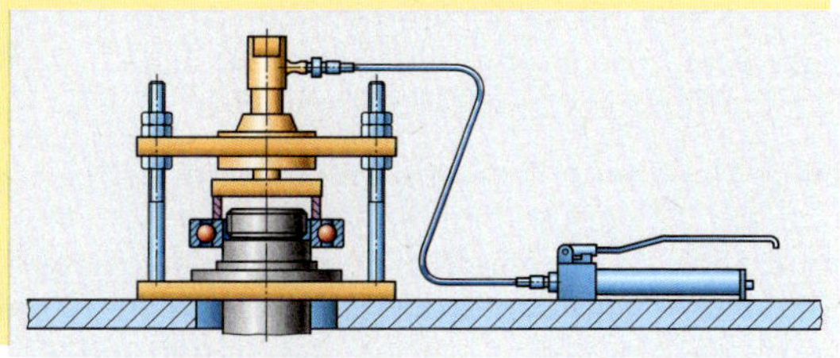
Bild 3: Hydraulische Presse

Beim Aufweiten durch Erwärmen darf die Temperatur 100 °C nicht überschreiten. Behelfsmäßig kann zur Erwärmung eine temperaturgeregelte Heizplatte benutzt werden. Dabei muss das Lager jedoch mehrmals gewendet werden, damit eine gleichmäßige Erwärmung erreicht wird.

Besser geeignet ist das Erwärmen im Ölbad, in Heißluftöfen oder in speziellen, induktiv arbeitenden Anwärmgeräten **(Bild 4).** Besitzen die Wälzlager eine kegelige Bohrung, so werden sie mithilfe einer Nutmutter direkt auf die Kegelfläche des Wellenzapfens aufgepresst.

Bild 4: Anwärmgerät

Ist der Wellenzapfen nicht kegelförmig (Kegel 1:12), so muss das Lager mittels eines Abziehringes eingepresst werden. Durch das Aufpressen auf den Kegel wird der Innenring aufgeweitet und das Lagerspiel verringert. Die Lagerluft muss mit einer Lehre gemessen und nach den Herstellerangaben eingestellt werden **(Bild 5).**

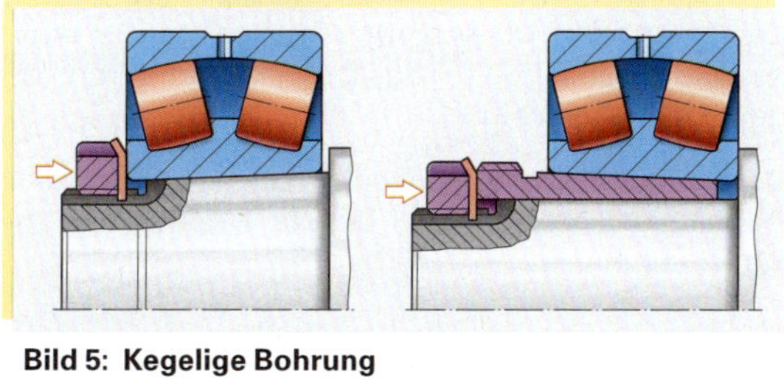
Bild 5: Kegelige Bohrung

6

Ausbau von Wälzlagern

Beim Ausbau der Lager muss mit großer Sorgfalt vorgegangen werden, da weder Lagerringe noch die Zapfenoberfläche verletzt werden dürfen. Dabei muss vermieden werden, dass die Kraft über die Wälzkörper übertragen wird. Bei nicht zerlegbaren Lagern erfolgt der Lagerausbau in umgekehrter Reihenfolge wie der Einbau.

Kleine Lager werden meist mit mechanischen Abziehvorrichtungen **(Bild 1)** abgezogen. Durch konstruktive Maßnahmen (geringe Durchmesserdifferenz, Abziehnuten in der Welle) wird das Ansetzen der Vorrichtungen erleichtert. Im Behelfsfalle können kleine Lager auch mit einem weichen Metalldorn und leichten Hammerschlägen ausgebaut werden.

Wesentlich einfacher und exakter erfolgt der Ausbau mit einer mechanischen oder hydraulischen Presse **(Bild 3)**. Bei ihr tritt an die Stelle des spindelgetriebenen Abziehers eine Vorrichtung, die durch hydraulischen Druck gleichmäßig bewegt wird.

Liegt der Innenring am Wellenbund an und sind keine Abziehnuten vorhanden, so muss das Lager mithilfe eines Spezialabziehers **(Bild 1 links und Bild 3)** abgezogen werden. Dabei wird ein Klemmring gegen den Innenring des Lagers verspannt und kann somit diesen Ring mitsamt dem Lager herausziehen.

Ebenso wie beim Einbau können auch beim Ausbau verschiedene thermische Verfahren angewandt werden. Die Innenringe können durch geeignete, vorher erwärmte Anwärmringe oder durch induktive Erwärmung **(Bild 2)** auf eine Temperatur von ca. 100 °C gebracht werden. Die dadurch eintretende Aufweitung ermöglicht ein leichteres Abziehen der Lager.

Beim Hydraulikverfahren **(Bild 4)** wird zwischen die Passflächen Öl eingepresst. Dadurch wird die Berührung der Passteile weitgehend aufgehoben. Mit geringem Kraftaufwand können die Lager entfernt werden. Voraussetzung für den Einsatz des Hydraulikverfahrens sind allerdings entsprechende konstruktive Maßnahmen im Vorfeld. So müssen die Passflächen für das Drucköl durch Bohrungen zugänglich sein.

Die für den jeweiligen Fall geeigneten Ein- und Ausbauverfahren sind in **Tabelle 1, Seite 161,** zusammengefasst.

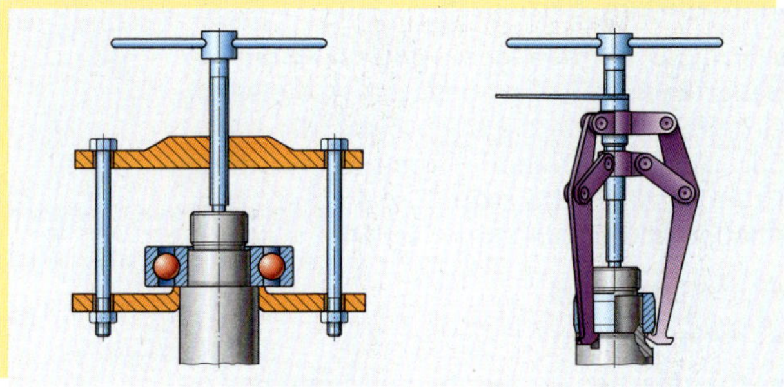

Bild 1: Abziehvorrichtungen

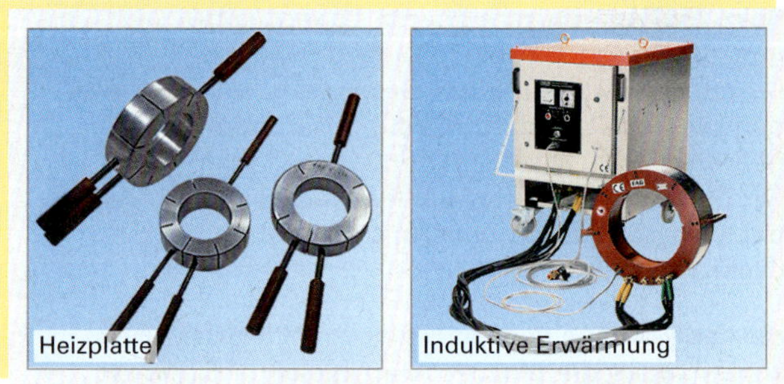

Bild 2: Aufwärmeinrichtungen

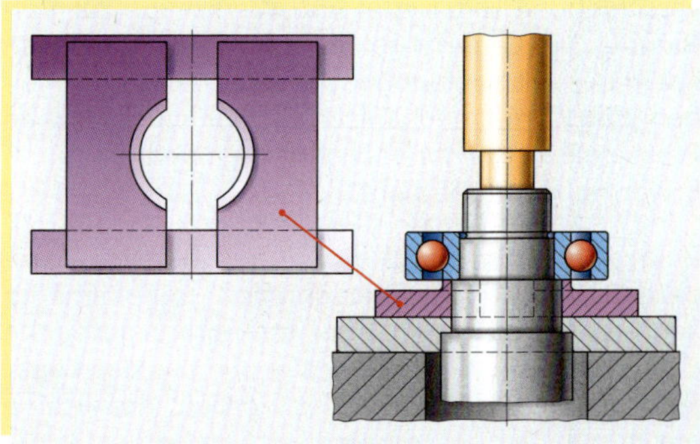

Bild 3: Hydraulische Presse

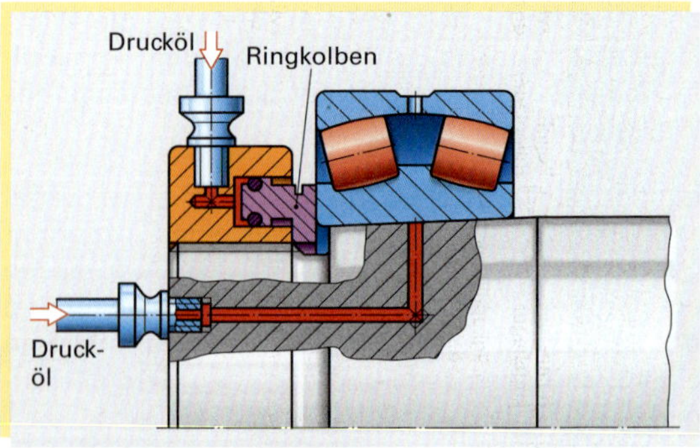

Bild 4: Hydraulikverfahren

Tabelle 1: Werkzeuge und Verfahren für Wälzlagermontage

Lagerbauart	Lagerbohrung	Lagergröße	Einbau mit Anwärmen	Einbau ohne Anwärmen	Einbau Hydraulikverfahren	Ausbau mit Anwärmen	Ausbau ohne Anwärmen	Ausbau Hydraulikverfahren
Rillenkugellager; Kegelrollenlager; Schrägkugellager, Spindellager; Tonnenlager; Vierpunktlager; Pendelrollenlager; Pendelkugellager	zylindrisch	klein / mittelgroß / groß	Induktives Anwärmgerät (klein–groß); Ölbad (klein–groß); Heizplatte (klein–mittelgroß); Heißluftschrank, Wärmeschrank (klein–mittelgroß)	Hammer und Schlagbüchse (klein–mittelgroß); Mechanische und hydraulische Pressen (klein–groß)			Hammer und Dorn (klein); Abziehvorrichtung (klein–mittelgroß); Mechanische und hydraulische Pressen (klein–groß)	Hydraulikverfahren (mittelgroß–groß)
Zylinderrollenlager; Nadellager	zylindrisch	klein / mittelgroß / groß	Induktives Anwärmgerät (klein–mittelgroß); Induktive Vorrichtung (mittelgroß–groß); Ölbad (klein–groß); Heizplatte (klein–mittelgroß); Heißluftschrank, Wärmeschrank (klein–mittelgroß)	Hammer und Schlagbüchse (klein–mittelgroß); Mechanische und hydraulische Pressen (klein–groß)		Anwärmring (klein–mittelgroß); Induktive Vorrichtung (mittelgroß–groß)	Abziehvorrichtung (klein–mittelgroß); Mechanische und hydraulische Pressen (klein–groß)	Hydraulikverfahren (mittelgroß–groß)
Axial-Rillenkugellager; Axial-Schrägkugellager; Axial-Zylinderrollenlager; Axial-Pendelrollenlager	zylindrisch	klein / mittelgroß / groß	Induktives Anwärmgerät (klein–groß); Ölbad (klein–groß); Heizplatte (klein–mittelgroß); Heißluftschrank, Wärmeschrank (klein–mittelgroß)	Hammer und Schlagbüchse (klein–mittelgroß); Mechanische und hydraulische Pressen (klein–groß)			Abziehvorrichtung (klein–mittelgroß); Mechanische und hydraulische Pressen (klein–groß)	
Pendelkugellager, Pendelkugellager mit Spannhülse; Tonnenlager, Tonnenlager mit Spannhülse; Pendelrollenlager, Pendelrollenlager mit Spannhülse, Pendelrollenlager mit Abziehhülse; Spannhülse; Abziehhülse	kegelig	klein / mittelgroß / groß		Doppel-Hakenschlüssel (klein); Mutter und Hakenschlüssel (mittelgroß); Mutter und Montageschrauben (groß); Achskappe (klein–groß); Ringkolbenpresse (klein–groß)	Hydraulikverfahren (mittelgroß–groß)		Hammer und Dorn (klein–mittelgroß); Mutter und Montageschrauben (mittelgroß–groß); Ringkolbenpresse (klein–groß)	Hydraulikverfahren (mittelgroß–groß)
Zylinderrollenlager, zweireihig	kegelig	klein / mittelgroß / groß		Mutter und Hakenschlüssel (klein–mittelgroß); Mutter und Montageschrauben (mittelgroß–groß); Ringkolbenpresse (klein–groß)	Hydraulikverfahren (mittelgroß–groß)		Abziehvorrichtung (klein); Mutter und Montageschrauben (mittelgroß–groß); Mechanische und hydraulische Pressen (klein–groß)	Hydraulikverfahren (mittelgroß–groß)

Symbole: Induktives Anwärmgerät; Heizplatte; Heißluftschrank, Wärmeschrank; Ölbad; Induktive Vorrichtung; Anwärmring; Hammer und Schlagbüchse; Mechanische und hydraulische Pressen; Doppel-Hakenschlüssel; Mutter und Hakenschlüssel; Mutter und Montageschrauben; Achskappe; Ringkolbenpresse; Hammer und Dorn; Abziehvorrichtung; Hydraulikverfahren

6

Arbeitsauftrag:

Beim Bau von Automatisierungsanlagen ist es oft erforderlich, aus einem Hauptwellenstrang Teilmomente zu entnehmen. Für diese Aufgabe ist u. a. das nebenstehende Kegelradgetriebe **(Bild 1)** vorgesehen. Bearbeiten Sie dazu folgende Aufgaben:

1. Erstellen Sie eine detaillierte Funktionsbeschreibung des Getriebes.
2. Finden Sie die Normbezeichnungen für die mit Positionsnummern gekennzeichneten Teile **(Bild 2)**.
3. Begründen Sie die Auswahl der Wälzlager.
4. Welche Passung empfehlen Sie für den Sitz der Lager?
5. Welche Funktion erfüllen die Teile 4?
6. Diskutieren Sie die Befestigung des Kegelrades 10 auf der Welle 12.
7. Erstellen Sie einen Plan zur Demontage des Getriebes.

Bild 1: Kegelradgetriebe

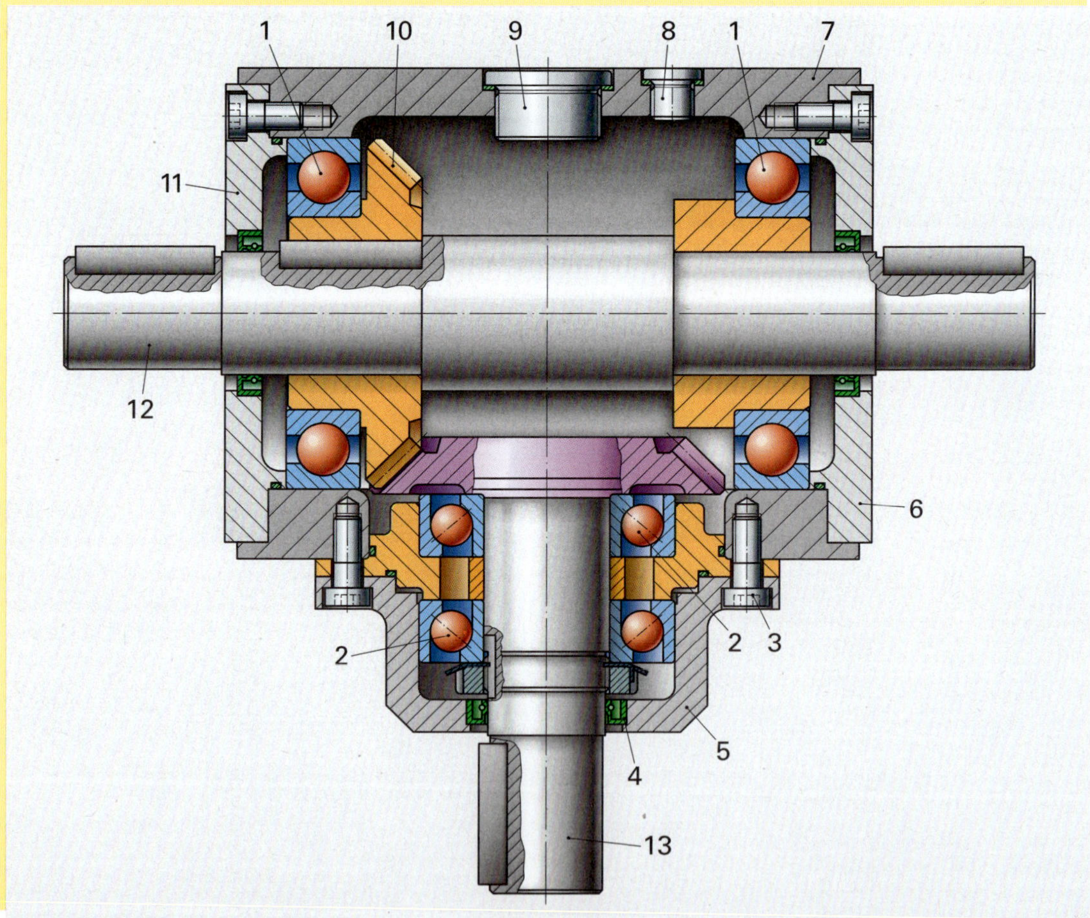

Bild 2: Kegelradgetriebe im Schnitt

7 Herstellen mechanischer Systeme (Fertigungstechnik)

Die in der Mechatronik verwendeten Bauteile und Baugruppen werden auf recht unterschiedliche Art und Weise hergestellt bzw. gefertigt. Der Bereich der Technik, der sich damit befasst, wird als Fertigungstechnik bezeichnet.

Die Fertigungstechnik beschäftigt sich mit den Methoden, Verfahren und Einrichtungen für die Herstellung technischer Produkte.

Die meisten Produkte durchlaufen vom Rohzustand bis zum Gebrauchszustand mehrere Arbeitsgänge.

7.1 Grundlagen der Fertigungstechnik

Zur wirtschaftlichen Fertigung eines Produktes müssen verschiedene Fragen beantwortet werden:

- Welches **Fertigungsverfahren** ist zur Herstellung eines bestimmten Teiles aus einem festgelegten Werkstoff geeignet?
- Welche **Fertigungseinrichtungen** stehen dazu zur Verfügung bzw. sind sinnvoll?
- Welche **Fertigungsmittel** werden benötigt?
- Welche **Fertigungshilfsmittel** sind erforderlich?

Grundlage für die Beantwortung der Fragen ist die Festlegung auf ein bestimmtes Fertigungsverfahren. Das nebenstehende Beispiel **(Bild 1)** zeigt eine Auswahl von Fertigungsverfahren, die auch für den Mechatroniker von großer Bedeutung sind.

Bild 1: Bauteil als Ergebnis von Fertigungsprozessen

7.2 Die Fertigungshauptgruppen

Die möglichen Fertigungsverfahren sind nach DIN 8580 in sechs Hauptgruppen zusammengefasst **(Tabelle 1)**.

Tabelle 1: Fertigungshauptgruppen nach DIN 8580

Form					
schaffen	ändern			beibehalten	
Hauptgruppe 1 **Urformen**	Hauptgruppe 2 **Umformen**	Hauptgruppe 3 **Trennen**	Hauptgruppe 4 **Fügen**	Hauptgruppe 5 **Beschichten**	Hauptgruppe 6 **Stoffeigenschaft ändern**
schaffen	beibehalten	vermindern	vermehren		beibehalten vermindern vermehren
Zusammenhalt					

Die Hauptgruppen unterscheiden sich danach

- Ob der Zusammenhalt aufgehoben oder hergestellt wird
- Wie die geometrische Form des festen Körpers geschaffen wird
- Ob und wie sich die Stoffeigenschaften des Produktes ändern.

Fertigungshauptgruppen	Art der Fertigung	Einzelne Verfahren
1 Urformen		
■ Die Form des festen Körpers wird geschaffen ... ■ Der Zusammenhalt der Stoffteilchen wird hergestellt ...	■ aus dem festen (pulverigen) Zustand: ■ aus dem flüssigen oder teigigen Zustand: ■ aus dem gasförmigen Zustand: ■ aus dem ionisierten Zustand:	■ Sintern von Metallpulvern, Pressen von Kunstharzen; ■ Gießen, Spritzen und Schäumen; ■ Aufdampfen; ■ Additive Fertigungsverfahren (3D-Druck) ■ Galvanoplastik.
2 Umformen		
■ Die Form des festen Körpers wird plastisch geändert ... ■ Der Zusammenhalt der Stoffteilchen und die Massen bleiben erhalten ...	■ durch Zugkraft: ■ durch Druckkraft: ■ durch Zug- und Druckkraft: ■ durch Schubkraft: ■ durch ein Biegemoment:	■ Streckrichten, Weiten, Tiefen; ■ Walzen, Schmieden, Einprägen; ■ Tiefziehen, Walzziehen; ■ Verdrehen, Durchsetzen; ■ Biegen, Runden, Wickeln.
3 Trennen		
■ Die Form des Werkstücks wird geändert, die Endform ist in der Ausgangsform enthalten ... ■ Der Zusammenhalt der Stoffteilchen wird aufgehoben ...	■ durch Zerteilen: ■ durch Spanen: ■ durch Abtragen: ■ durch Zerlegen: ■ durch Reinigen:	■ Abschneiden, Reißen, Brechen; ■ Bohren, Stoßen, Sägen, Schleifen; ■ Brennschneiden, Ätzen, Erodieren; ■ Auseinanderschrauben, Aushaken; ■ Bürsten, Strahlen, Waschen.

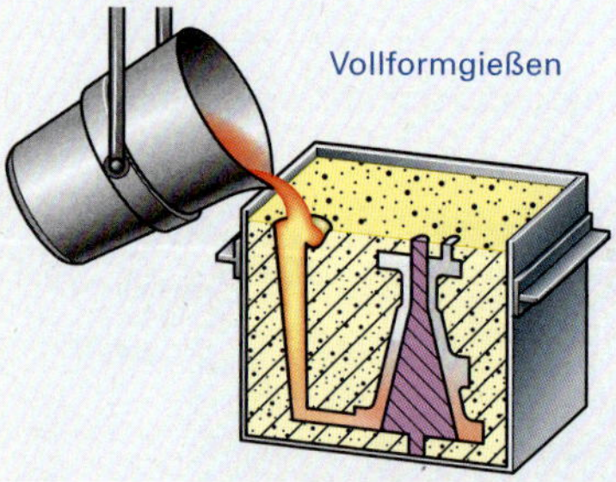
Vollformgießen

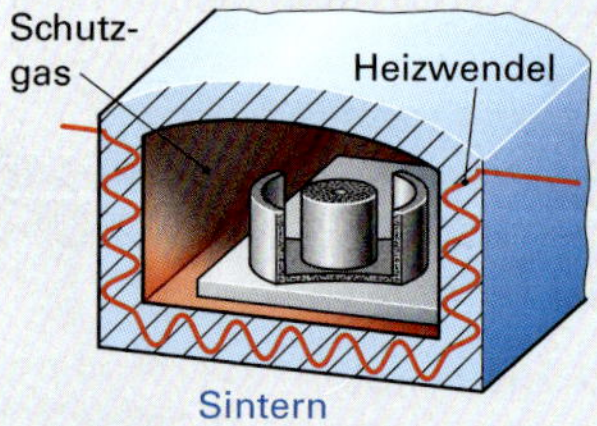

Sintern

Aufdampfen
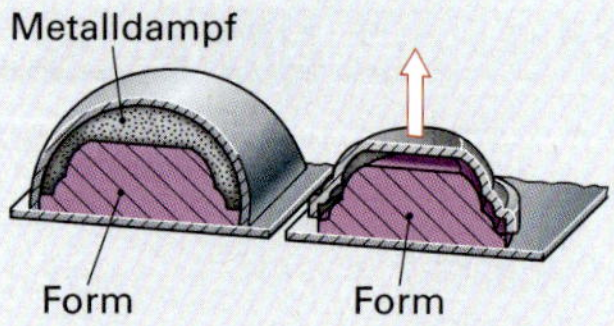

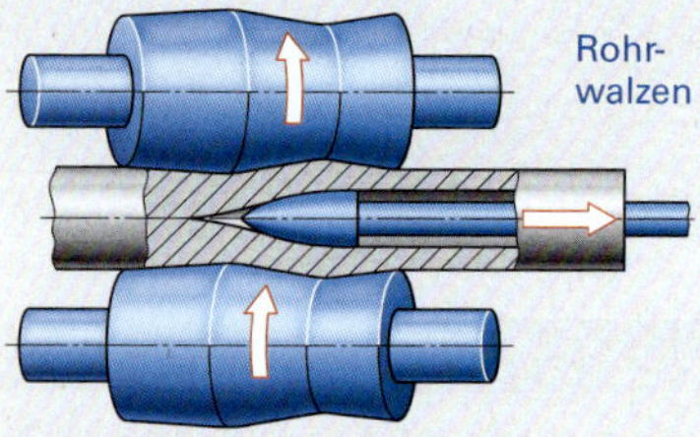
Rohrwalzen

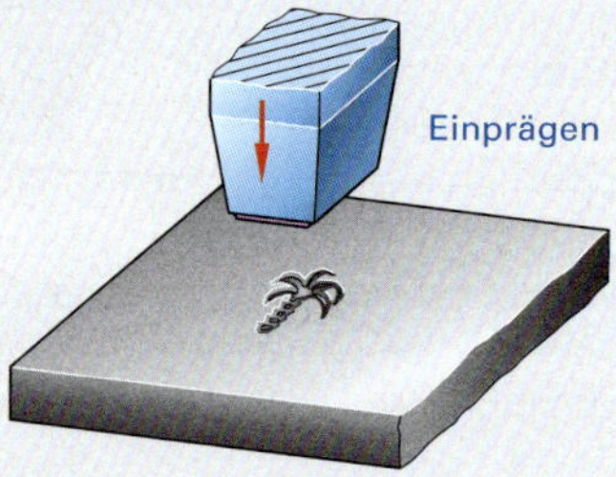
Einprägen

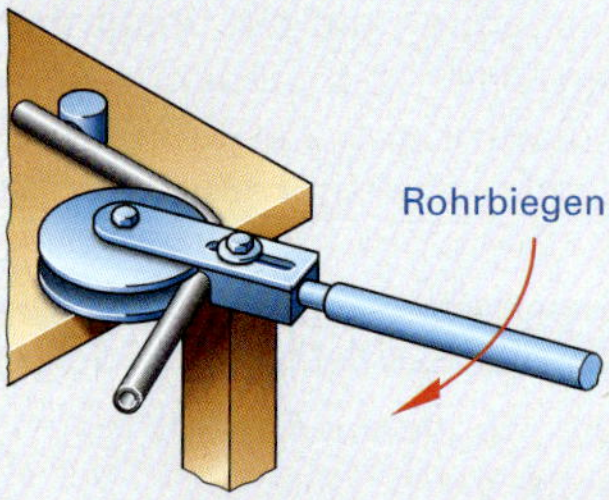
Rohrbiegen

Planschleifen
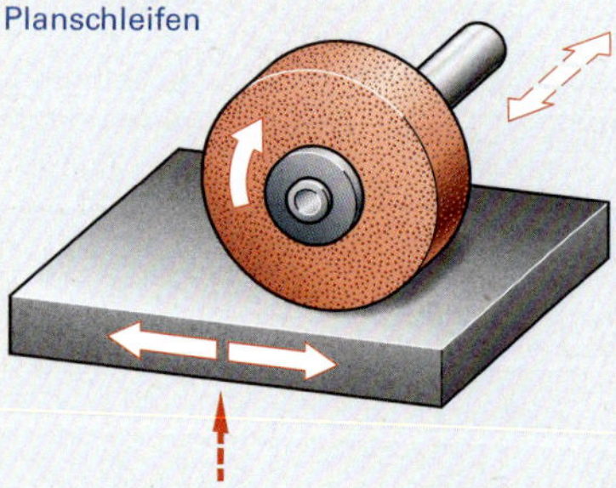

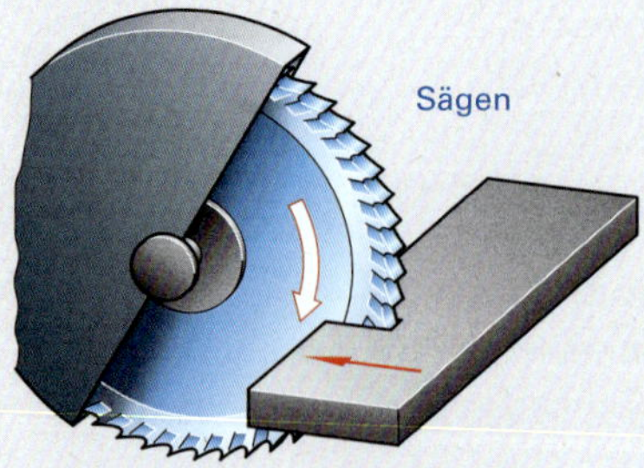
Sägen

Brennschneiden
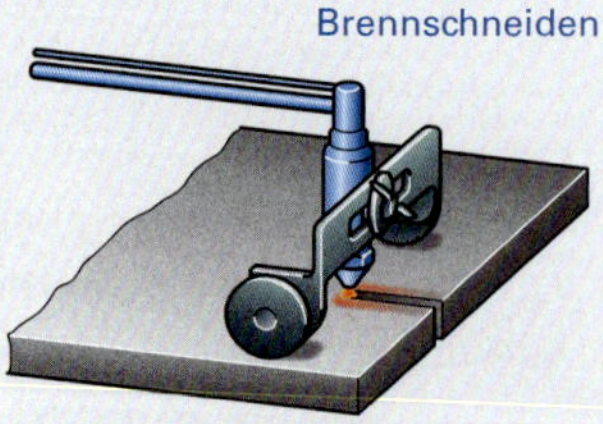

4 Fügen

- Eine neue feste Form wird geschaffen durch Zusammenbringen mehrerer Werkstücke oder mit formlosem Stoff ...
- Der Zusammenhalt der Stoffteilchen wird im Ganzen vermehrt oder auch örtlich neu geschaffen ...

- durch Zusammenlegen:
- durch Füllen:
- durch An- und Einpressen:
- durch Urformen:
- durch Umformen:
- durch Stoffverbinden:

- Einlegen, Ineinanderschieben;
- Einfüllen, Tränken;
- Verschrauben, Klemmen;
- Ausgießen, Umgießen;
- Falzen, Vernieten, Verlappen,
- Schweißen, Löten, Kleben.

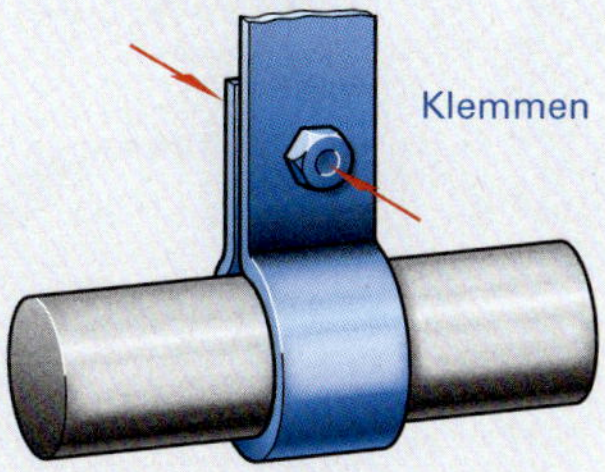
Klemmen

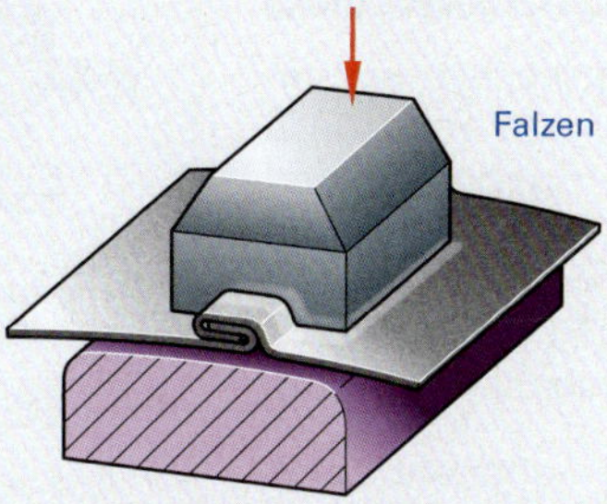
Falzen

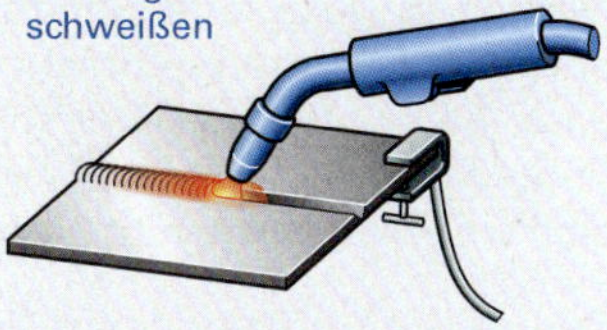
Schutzgasschweißen

5 Beschichten

- Ein neuer Zusammenhalt der Stoffteilchen wird hergestellt ...
- Stoffteilchen werden auf einen festen Körper aufgebracht ...

- aus dem gas- oder dampfförmigen Zustand:
- aus dem flüssigen, breiigen oder pastenförmigen Zustand:
- aus dem ionisierten Zustand:
- aus dem festen (körnigen oder pulverigen) Zustand:

- Aufdampfen;
- Anstreichen, Spitzlackieren, Auftragschweißen;
- Galvanisieren;
- Pulveraufspritzen, Hammerplattieren.

Aufschmelzen
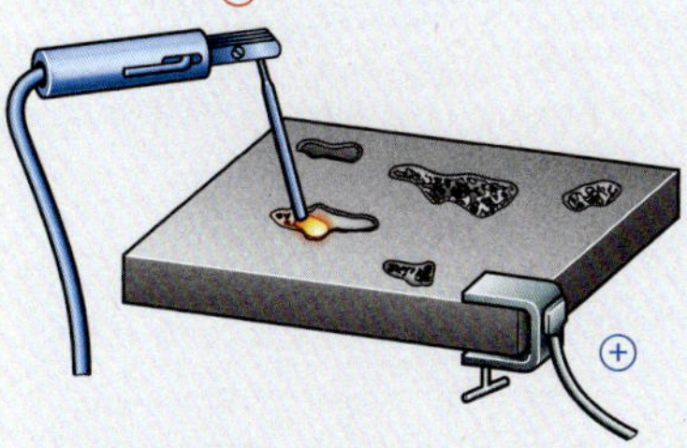

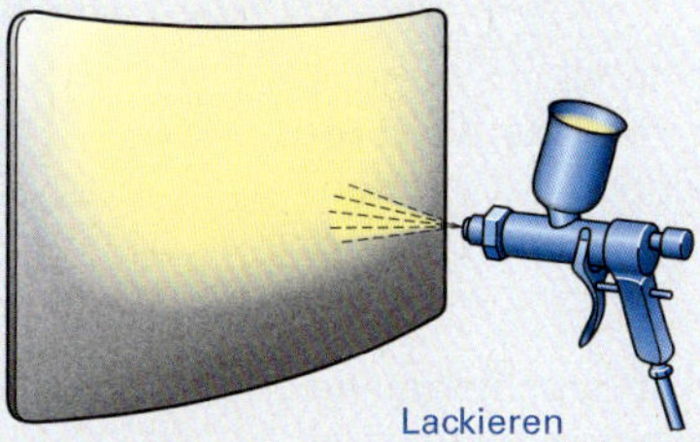
Lackieren

Galvanisieren
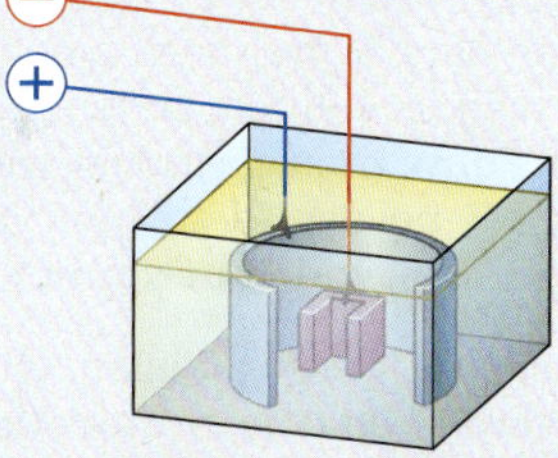

6 Stoffeigenschaft ändern

- Die feste Form des Werkstücks bleibt erhalten ...
- Die Lage der Stoffteilchen ändert sich und damit ändern sich die Eigenschaften des Werkstoffs ...

- durch Umlagern von Stoffteilchen:
- durch Aussondern von Stoffteilchen:
- durch Einbringen von Stoffteilchen:

- Glühen, Härten, Anlassen, Vergüten, Magnetisieren;
- Entkohlen, Tempern;
- Aufkohlen (Zementieren), Nitrieren.

Flammhärten
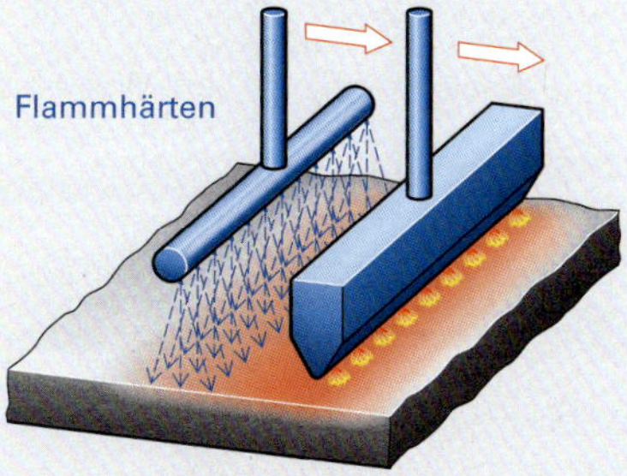

Magnetisieren
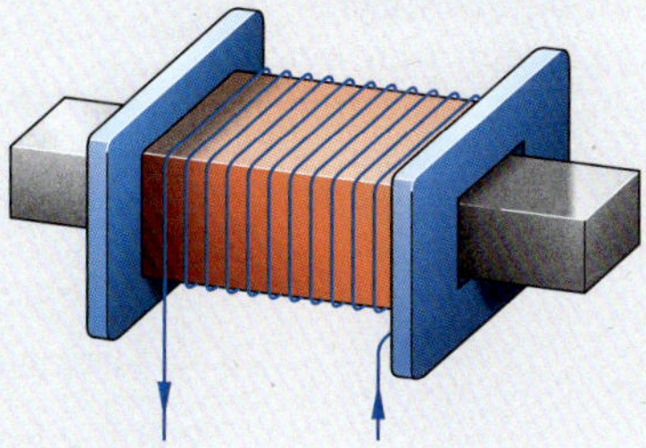

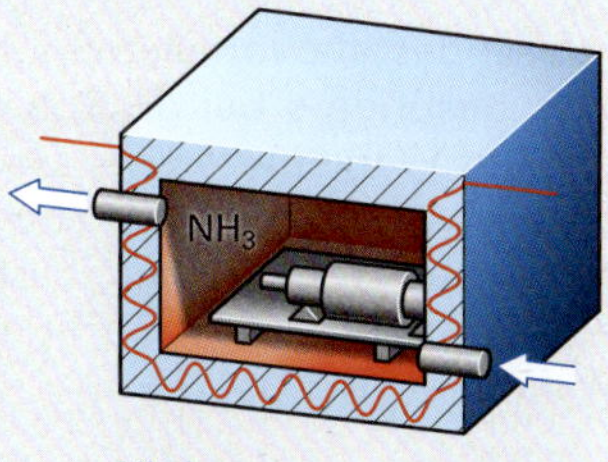

Nitrieren

7

7.3 Das Urformen

Die beiden wichtigsten Urformverfahren sind das Gießen (flüssiges Metall) und das Sintern (Metallpulver). Beim Urformen wird ein formloser Stoff in eine bestimmte Form gebracht. Es werden somit Zusammenhalt und Form geschaffen.

7.3.1 Urformen durch Gießen

Ausgangsstoff für das Fertigungsverfahren Gießen sind immer Metalle in flüssiger Form. Diese werden in geeignete Hohlformen gegossen und dort zum Erstarren gebracht. Als Ergebnis stehen dann mehr oder weniger form- und maßgenaue Rohteile zur Verfügung, die in der Regel erst durch eine weitere Bearbeitung verwendbar sind **(Bild 1).**

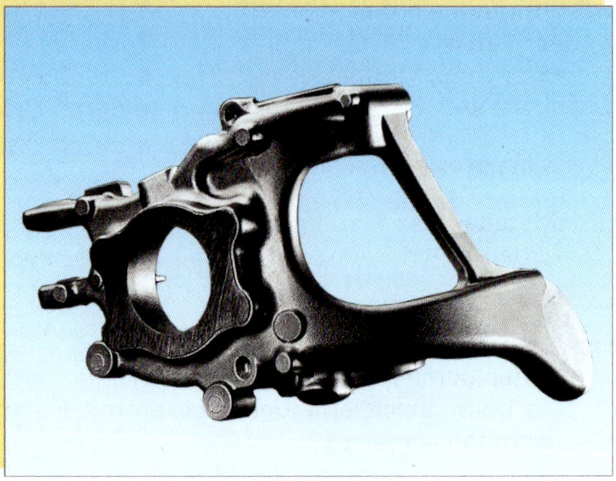

Bild 1: Gussstück aus Stahlguss

Der größte Aufwand beim Gießen entsteht durch die Erzeugung der negativen Gießformen. Diese können aus Sand oder aus hitzebeständigem Stahl hergestellt sein. Für die Herstellung der Sandform wird ein zusätzliches **Modell** benötigt, das die zu erzeugende Form verkörpert. Da die Metalle sich beim Abkühlen zusammenziehen, müssen die Modelle und Formen um die „Schwindmaße" vergrößert werden. Die Schwindmaße sind materialabhängig und werden vom „Modellbauer" ermittelt.

Kann eine Form nur zu einem einmaligen Abguss verwendet werden, spricht man von einer **verlorenen Form;** kann sie immer wieder benutzt werden, wie z. B. bei der Herstellung von Aluminium-Spritzgussteilen, von **Dauerformen.**

Auch bei den Modellen wird unterschieden in **verlorene** und **Dauermodelle**. Dauermodelle sind meist aus Holz. Sie werden vom „Modellbauer" gefertigt und dienen der Herstellung von Sandformen. Zur Erzeugung von Hohlformen müssen vor dem Abguss noch Kerne in die Form eingebracht werden **(Bild 2).** Verlorene Modelle sind aus Wachs oder bei ganz großen Formen aus Styropor o. Ä. Sie werden nach dem „Einsanden" aus der Form herausgeschmolzen.

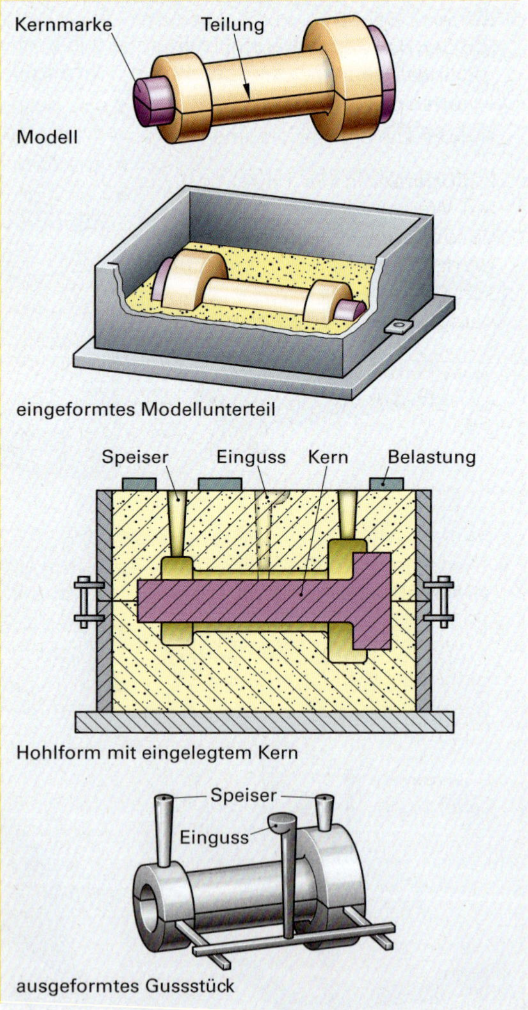

Bild 2: Prinzip des Gießens am Beispiel Handformen

Der Vorteil des Gießens gegenüber anderen Verfahren besteht vor allem in der Materialersparnis, was besonders bei großen Stückzahlen und bei großen Werkstücken ins Gewicht fällt. Da durch moderne Gießverfahren auch eine hohe Genauigkeit erzielt werden kann, wird das Gießen häufig als wirtschaftliches Fertigungsverfahren angewandt.

Nachteilig beim Gießen ist, dass nicht alle Werkstoffe gießtauglich sind.

7.3.2 Urformen durch Sintern

Beim Sintern werden pulverförmige Metalle unter hohem Druck in eine bestimmte Form gepresst. Dadurch sind komplizierte Formteile in hoher Stückzahl und Genauigkeit herstellbar **(Bild 1).**

Das Sintern erfolgt in verschiedenen Stufen:

a) **Herstellen des Metallpulvers:** Die Metallpulver werden durch Zerstäuben der Metallschmelze erzeugt.

b) **Mischen der Metallpulver:** Die einzelnen Pulver werden gemischt und zum Erleichtern des Gleitens beim anschließenden Pressen mit einem Gleitmittel versetzt.

c) **Pressen der Form:** Unter sehr hohem Druck werden die Pulvermischungen in Form gepresst.

d) **Sintern:** Bei 50% ... 90% der Schmelztemperatur der Ausgangsmetalle werden die Presslinge einer Wärmebehandlung unterzogen. Dabei erhalten die Teile durch Diffusion an den Berührungsstellen ihre endgültige Festigkeit.

e) **Kalibrieren:** In der Regel besitzen die gesinterten Werkstücke eine hohe Maßgenauigkeit. In besonderen Fällen reicht diese nicht aus. Die Werkstücke werden dann durch ein Nachpressen (Kalibrieren) auf die gewünschte Maßgenauigkeit gebracht **(Bild 2).**

Die Eigenschaften der gesinterten Werkstücke sind von verschiedenen Faktoren abhängig. So spielen vor allem die verwendeten Werkstoffe aber auch die Pressdrücke und die Sintertemperaturen eine Rolle. Durch niedrige Pressdrücke entstehen poröse und durch hohe Pressdrücke sehr dichte Werkstoffe.

Poröse Werkstoffe eignen sich hervorragend für den Einsatz als Filter- oder als Lagerwerkstoffe. Die Lagerwerkstoffe werden vor ihrem Einbau in Öl getränkt. Das in den Poren gespeicherte Öl tritt bei Erwärmung des Lagers aus und dient als Schmiermittel **(Bild 3).**

Die Vorteile gesinterter Werkstoffe liegen hauptsächlich darin, dass die Bauteile im Gegensatz zu gegossenen Teilen einbaufertig, in hoher Präzision und Maßhaltigkeit sowie wirtschaftlich in großer Stückzahl hergestellt werden können. Durch die hohe Presskraft ist der Einsatz auf kleinere Werkstücke begrenzt. Die hohen Kosten für die Pressform und die Einschränkungen in der Formgebung durch den Wegfall von Hinterschneidungen sind ebenfalls als Nachteil zu nennen.

Bild 1: Gesinterte Teile

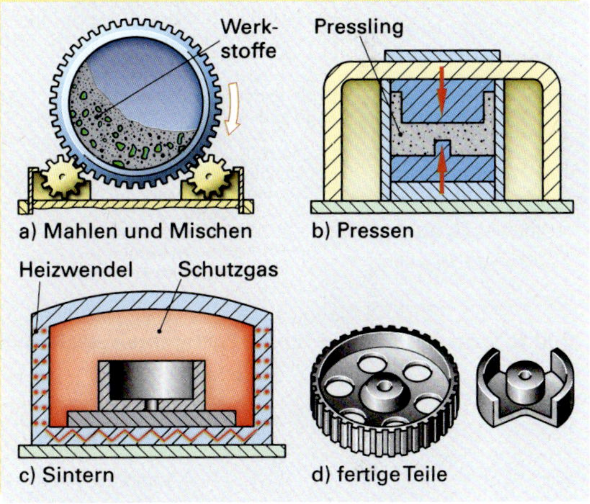

Bild 2: Herstellungsprozess beim Sintern

Bild 3: Gesinterte Filter und Lager

7

7.3.3 Additive Fertigungsverfahren (3-D-Druck)

Als additive Fertigungsverfahren werden alle Verfahren bezeichnet, bei denen das Material Schicht für Schicht gezielt aufgetragen wird und so das Bauteil seine dreidimensionale Gestalt annimmt. Die Basis ist dabei immer ein 3-D-Datenmodell, das mithilfe eines geeigneten Computerprogrammes (3-D-CAD-System) erzeugt wird. Umgangssprachlich werden additive Fertigungsverfahren auch als **3-D-Druck-Verfahren** bezeichnet, wobei der 3-D-Druck nur eines von vielen Verfahren der Additiven Fertigung darstellt. Die Anfänge dieser Technologie gehen auf die achtziger Jahre des vorigen Jahrhunderts zurück, wo erstmals die Verfahren der **Stereolithografie** und des **Lasersinterns** vorgestellt und angewandt wurden. Heute gibt es, abhängig vom Aggregatzustand des Ausgangswerkstoffes, eine Vielzahl von Verfahren. Das Ausgangsmaterial kann dabei in flüssiger bzw. pastoser Form, oder in fester Form als Pulver, Filament oder Folie vorliegen. Nach VDI 3405 lassen sie sich wie folgt gliedern **(Bild 1)**.

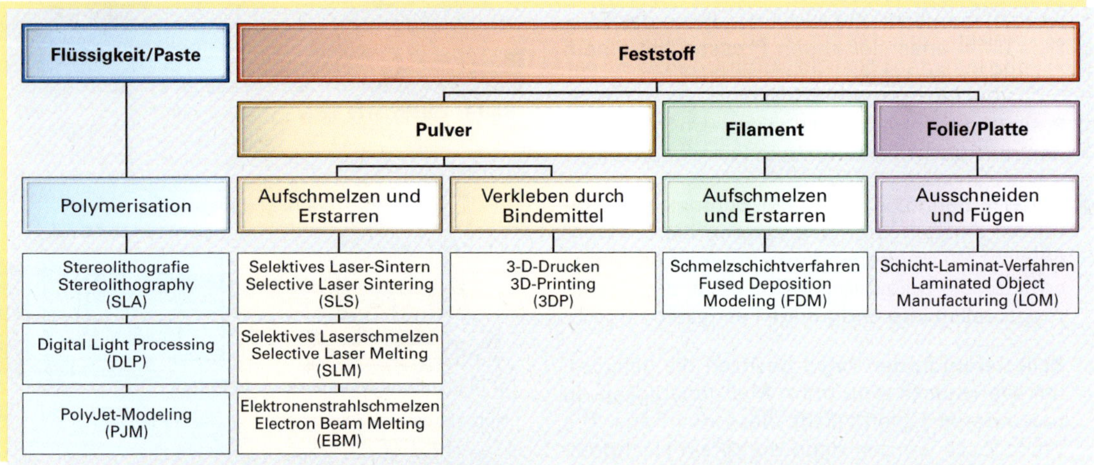

Bild 1: Einteilung der additiven Fertigungsverfahren abhängig vom Aggregatzustand des Werkstoffes

Die wichtigsten Verfahren sind heute	
für Metalle	Selektives Laserschmelzen, Elektronenstrahlschmelzen, selektives Lasersintern, 3-D-Drucken
für Polymere und Keramik	selektives Lasersintern, 3-D-Drucken
für flüssige Kunstharze	Stereolithografie und Polyjet-Modeling
für Kunststoffe	Fused Deposition Modeling, 3-D-Drucken, Lasersintern

Anhand der derzeit meist verwendeten Verfahren, der **Stereolithografie,** des **selektiven Lasersinterns** und des **3-D-Druckes** sollen hier stellvertretend die Verfahrensprinzipien beschrieben werden.

Bei der **Stereolithografie** wird ein bei Licht aushärtender Kunststoff (Photopolymer, z.B. Acryl- oder Epoxidharz) von einem durch einen Computer gezielt bewegten Laserstrahl in dünnen Schichten von 0,05 bis 0,25 mm ausgehärtet. Dies geschieht in einem Bad mit Basismonomeren[1] **(Bild 2)**.

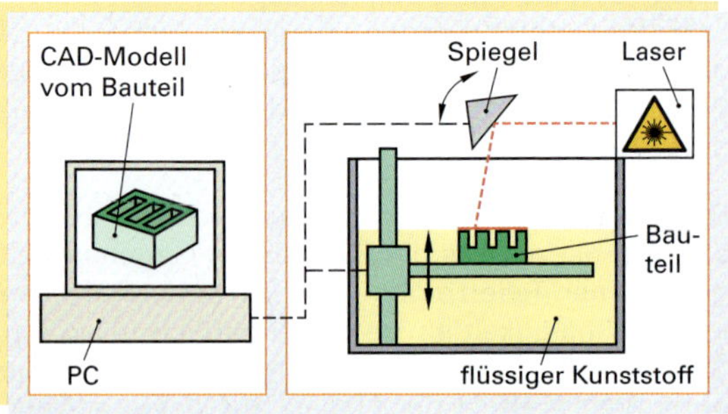

Bild 2: Stereolithografie

[1] Monomere (griech. mono „ein, einzel" meros „Teil") sind niedermolekulare, reaktionsfähige Moleküle, die sich zu molekularen Ketten oder Netzen zusammenschließen können.

Nach jedem Schritt wird das Werkstück in die Flüssigkeit abgesenkt und auf die Position zurückgefahren, die um den Betrag einer Schichtstärke unter der vorherigen liegt. Der flüssige Kunststoff über dem Teil wird dann durch einen Wischer bzw. Rakel, gleichmäßig verteilt. Dann fährt ein Laser auf der neuen Schicht über die Flächen, die ausgehärtet werden sollen. Nach dem Aushärten erfolgt der nächste Schritt, sodass nach und nach ein dreidimensionales Modell entsteht **(Bild 1)**.

Beim **selektiven Lasersintern** kommt ein CO_2-Laser zum Einsatz. Der pulverförmige Werkstoff ist ein Kunststoff, ein kunststoffbeschichteter Formsand, ein Metall- oder ein Keramikpulver. Das Pulver wird auf eine Bauplattform vollflächig in einer Dicke von 1 bis 200 μm aufgebracht. Die Schichten werden durch eine Ansteuerung des Laserstrahles schrittweise in das Pulverbett gesintert oder eingeschmolzen. Die Bauplattform wird nun abgesenkt und eine neue Schicht aufgezogen. Die Energie, die vom Laser zugeführt wird, wird vom Pulver absorbiert und führt zu einem lokal begrenzten Sintern von Partikeln. Sintern bedeutet dabei, dass einzelne Pulverkörnchen an ihren Randzonen ohne Druck miteinander verschmolzen werden **(Bild 2)**.

Bild 1: Stereolithografie-Teil

Durch zielgenaues Punkt-für-Punkt-Auftragen von flüssigem Binder und Pulver bzw. Pulvergemischen (Metall, Kunststoff, Keramik) wird beim **3-D-Drucken** das Bauteil aufgebaut. Durch Zugabe von Stützmaterial kann die Festigkeit der Teile erheblich erhöht werden.

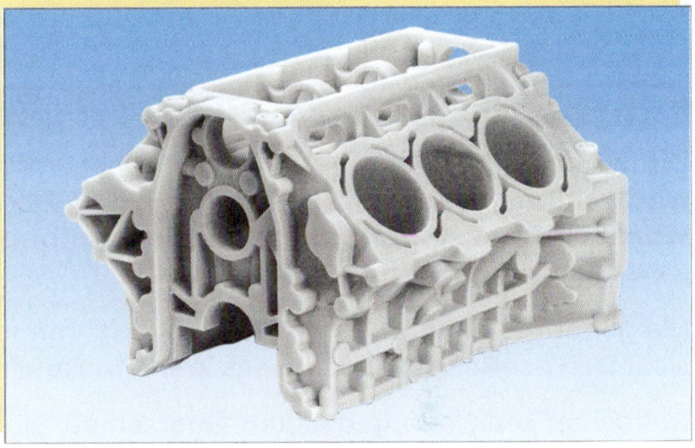

Bild 2: Selektives Sinter-Teil

Vorteile von additiven Fertigungsverfahren

- das aufwendige Herstellen von Werkzeugen entfällt
- geringe Maschinenrüstzeiten
- Verkürzung von Produktentwicklungszyklen
- keine Werkstoffabfälle
- komplizierte Werkstückkonturen herstellbar
- Hohlformen herstellbar
- in der Regel keine Nachbearbeitungen erforderlich
- hohe Genauigkeiten sind erzielbar

Nachteile der additiven Fertigungsverfahren

- teure Maschinen und Programme erforderlich
- nicht alle Werkstoffe bearbeitbar

Heute werden die Verfahren des 3-D-Druckes sowohl für die Herstellung von Modellen, Prototypen und Einzelstücken als auch für die Serienfertigung eingesetzt. Die Haupteinsatzgebiete sind:

- Modellbau
- Maschinenbau
- Luft- und Raumfahrttechnik
- Medizin- und Zahntechnik
- Bioprinting

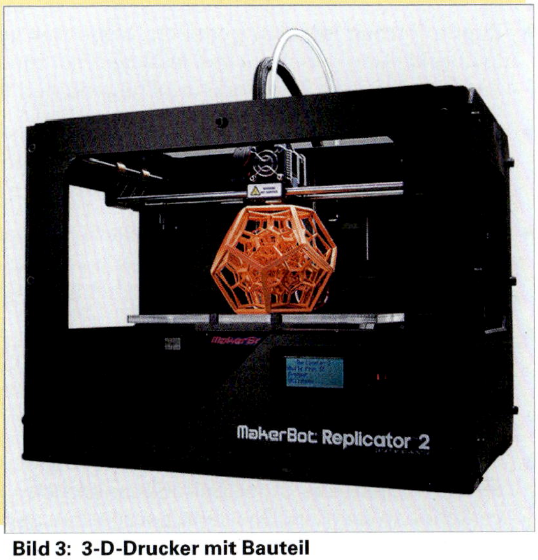

Bild 3: 3-D-Drucker mit Bauteil

7.4 Umformen

Die Fertigungsverfahren des Umformens werden oft auch als „spanlose Formgebung" bezeichnet, weil bei ihnen kein Werkstoff abfällt. Das Volumen des Rohteils bleibt im Fertigteil erhalten. Die Formgebung geschieht durch Einwirkung äußerer Kräfte, wobei häufig die Form des Werkstücks im Werkzeug enthalten ist. Voraussetzung für die Anwendung der Umformverfahren ist die Eigenschaft der meisten Metalle, sich plastisch (bildsam) verformen zu lassen.

Umformen ist Fertigen durch plastisches Ändern der Form des festen Körpers unter Einwirkung äußerer Kräfte.

Wichtige technologische Merkmale der Umformverfahren:

- Die Anzahl der Arbeitsvorgänge ist geringer als bei den Fügeverfahren.
- Die Werkstoffausnutzung ist besser als bei den spanenden Verfahren. Dies und die kostengünstigere Großserienfertigung machen Umformverfahren wirtschaftlicher.
- Manche Umformverfahren bewirken höhere Werkstückfestigkeiten als jedes andere Verfahren.

7.4.1 Einteilung der Umformverfahren

Die wichtigsten Faktoren, von denen das Umformen beeinflusst wird, sind die **Temperatur** (Kaltumformen, Warmumformen), die **Werkstückform** (Massivumformen, Blechumformen) und die Beanspruchungsart im Gefüge des Werkstoffs.

Die genormte Einteilung der Umformverfahren in DIN 8582 richtet sich nach der **Beanspruchung des Werkstückquerschnitts.**

Betrachtet man den gedachten Querschnitt eines Stabstahls, so kann man erkennen, wie sich die Werkstoffteilchen je nach Richtung der aufgebrachten Kraft gegeneinander verschieben **(Bild 1):**

- **Zugumformen** ist dann gegeben, wenn das gesamte Werkstück in Zugrichtung gedehnt wird. In dieser Richtung verschieben sich auch die Teilchen des Werkstoffs gegeneinander **(Bild 2).**
- **Druckumformen** findet statt, wenn das gesamte Werkstück in Richtung der Kraft gestaucht wird. Die Teilchen des Werkstücks verschieben sich so gegeneinander, dass es breiter wird **(Bild 3).**
- **Zugdruckumformen** ist ein komplizierter Vorgang, bei dem durch die Führung des Werkstoffs im Werkzeug Teile des Werkstücks gestaucht und andere gedehnt werden **(Bild 4).**
- **Biegeumformen** erfolgt dann, wenn die Verformung im Wesentlichen durch eine Biegebeanspruchung bewirkt wird. Eine gedachte Achse des Werkstücks wird dabei um einen bestimmten Winkel abgebogen **(Bild 5).**
- **Schubumformen** geschieht, wenn zwei benachbarte Querschnitte des Werkstücks unter Schubbeanspruchung gegeneinander verschoben werden. Das kann parallel zueinander erfolgen (Verschieben) oder in einem Winkel zueinander (Verdrehen, **Bild 6**).

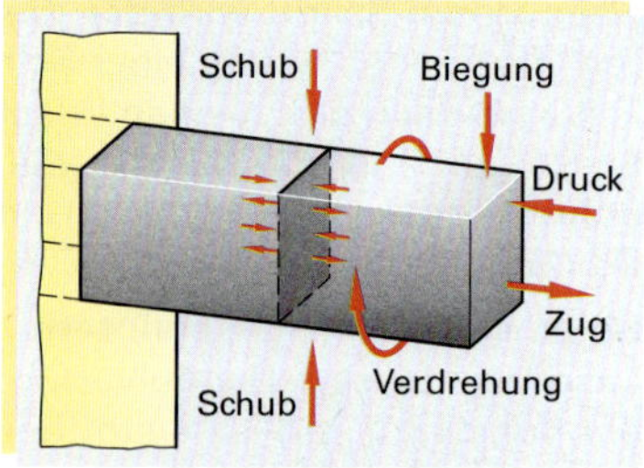

Bild 1: Beanspruchung des Werkstückquerschnitts

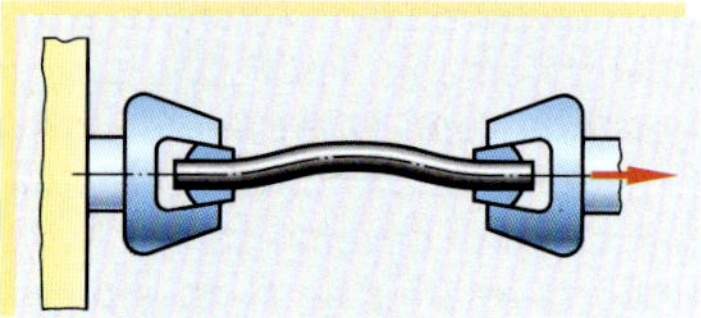

Bild 2: Zugumformen: Streckrichten

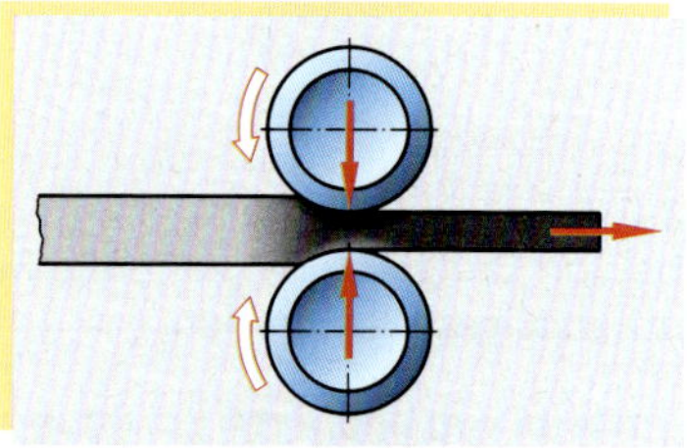

Bild 3: Druckumformen: Walzen von Blech

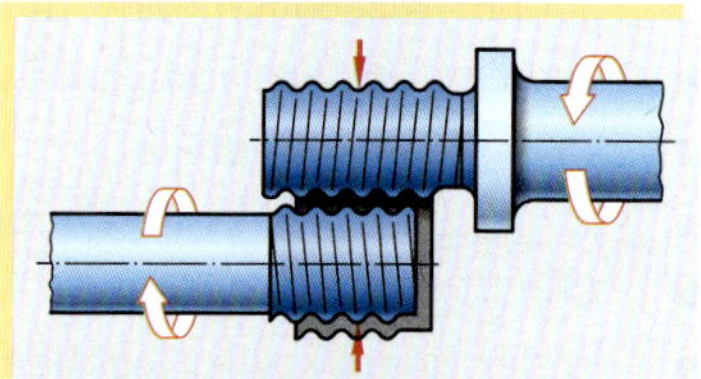

Bild 4: Zugdruckumformen: Gewindedrücken

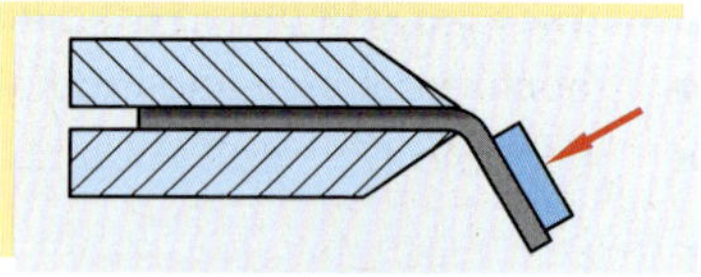

Bild 5: Biegeumformen: Schwenkbiegen

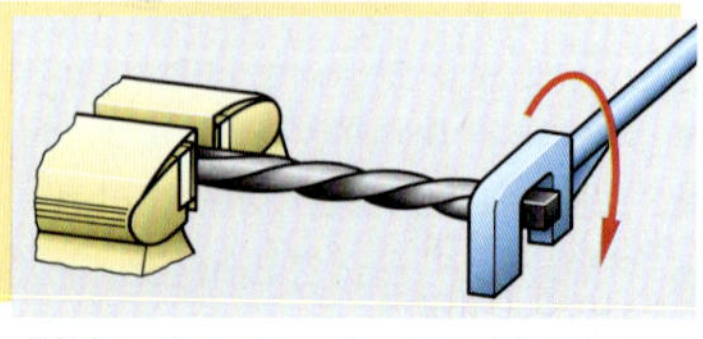

Bild 6: Schubumformen: Verdrehen

7.4.2 Biegen

Das vom Mechatroniker am häufigsten benötigte Verfahren der spanlosen Fertigung ist das **Biegeumformen.** Aus Blechen, Rohren und Profilen werden Behälter, Abdeckungen, Konstruktionsteile und vieles andere mehr hergestellt.

7.4.2.1 Technologische Grundlagen

Während beim Zug- oder Druckumformen das gesamte Werkstück verformt wird, verändert sich beim Biegen nur ein Teil des Werkstücks, die Biegezone.

In einem Versuch wird ein Stab mit quadratischem Querschnitt aus weichem Metall fest eingespannt und durch eine sich langsam vergrößernde Kraft um 90° abgebogen. Die obere Seite dehnt sich ohne zu reißen. Die untere Seite wird gestaucht **(Bild 1).** Die äußeren Fasern des Werkstoffs werden verlängert, die inneren Fasern verkürzt. Dazwischen liegt eine unveränderte neutrale Zone, die „Neutrale Faser".

> Beim Biegen wird ein Teil des Werkstücks auf Zug, der andere auf Druck beansprucht.

Wird ein Blechstreifen eingespannt und durch eine Kraft etwas gebogen, federt er nach Entlastung in die Ausgangslage zurück **(Bild 2).** Erst nach stärkerer Belastung biegt er sich weiter durch und bleibt abgebogen **(Bild 3).** Auch hier ist nach Entlastung eine geringe **elastische Rückfederung** eingetreten.

Damit ein Werkstück gebogen werden kann, muss die Elastizitätsgrenze des Werkstoffs überschritten werden, darf seine Bruchgrenze nicht erreicht werden und muss der Werkstoff ausreichend dehnbar sein. Zum Biegen geeignete Werkstoffe sind weicher Stahl, Kupfer, Zink, Aluminium, Magnesium und ihre Legierungen.

Wird ein Blechstreifen um eine scharfe Kante gebogen, können an der äußeren Biegelinie kleine Risse auftreten **(Bild 4).** Wird das gleiche Blechstück jetzt hochkant eingespannt, wird eine wesentlich größere Kraft zum Umbiegen als vorher benötigt. Auch hier können an der Biegelinie wieder Risse auftreten **(Bild 5).**

> Beim Biegeumformen darf ein bestimmter **Mindestbiegeradius** nicht unterschritten werden.

Die zulässigen Mindestbiegeradien wurden in Versuchen ermittelt **(Tabelle 1, Seite 173).** Sie sind abhängig von der Art des Werkstoffs und der Querschnittshöhe. Bei Konstruktionen zum Stützen und Tragen wird Durchbiegung durch Verwendung hoher Querschnitte verhindert **(Bild 6).**

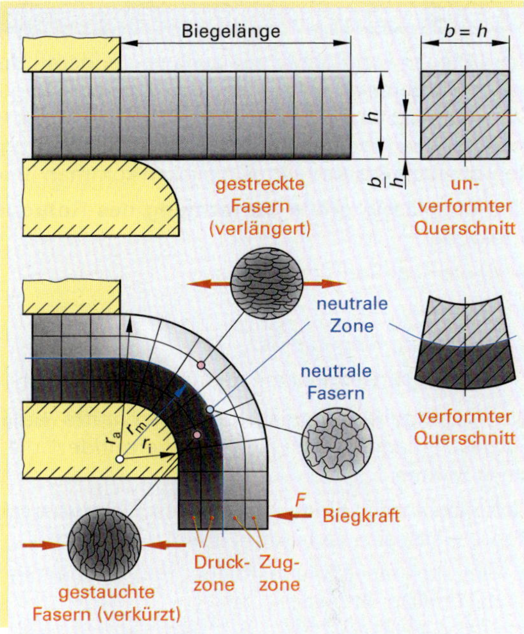

Bild 1: Werkstoffbeanspruchung beim Biegen

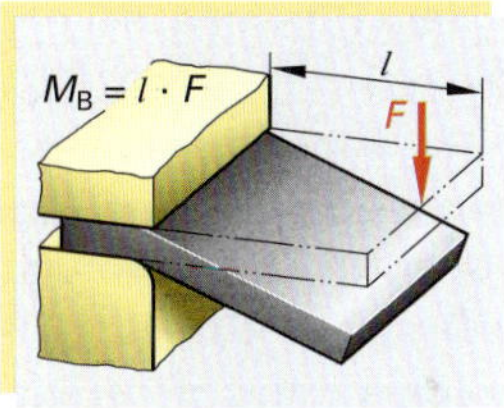

Bild 2: Rückfederung im elastischen Bereich

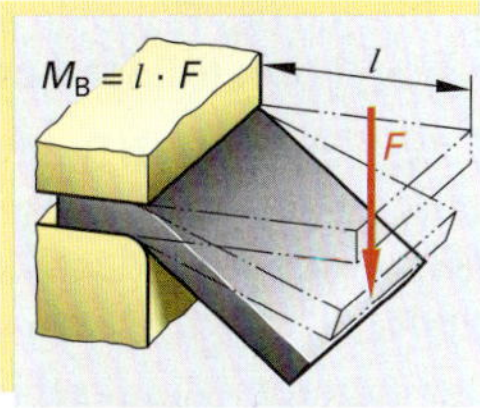

Bild 3: Bleibende Verformung im plastischen Bereich

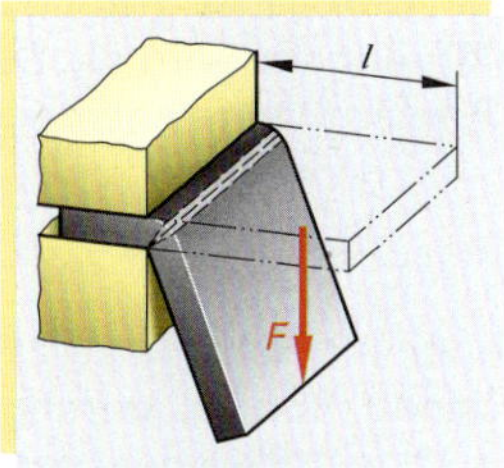

Bild 4: Biegen mit kleinem Biegeradius

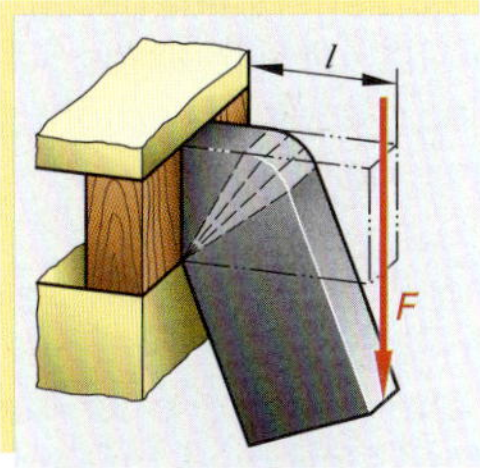

Bild 5: Biegen mit hohem Werkstückquerschnitt

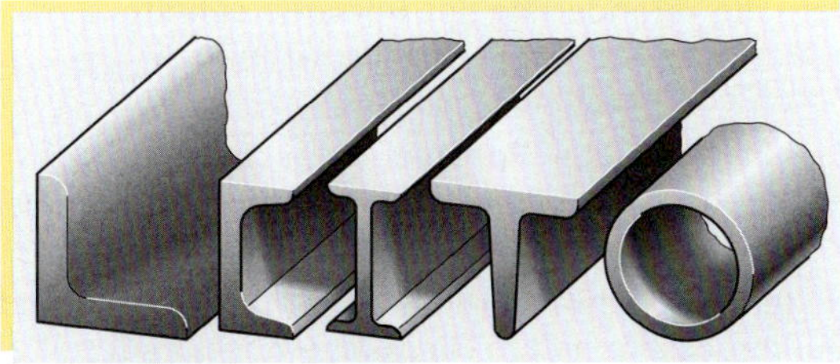

Bild 6: Biegesteife Profile

7.4.2.2 Biegen von Rohren

Beim Biegen von Rohren wie auch von anderen **Hohlprofilen** liegen die Streckungszone mit den Zugspannungen und die Stauchungszone mit den Druckspannungen in den vergleichsweise dünnen Wandungen. So kann es zur Verringerung des Rohrquerschnitts und zum Einknicken kommen **(Bild 1)**.

Eine **unzulässig große Verformung des Rohrquerschnitts** erfolgt bei

- zu großem Rohrdurchmesser,
- zu dünnen Rohrwänden,
- zu kleinem Biegeradius,
- zu geringer Dehnbarkeit des Werkstoffs.

Die Verringerung eines Rohrquerschnitts behindert die durchströmende Flüssigkeit und vermindert die Festigkeit eines Rohres.

Einknicken oder Einquetschen des Biegequerschnitts von Rohren lässt sich verhindern durch

- Einhalten eines Mindestbiegeradius, abhängig von Material und Durchmesser,
- Füllen des Hohlraums mit einer nicht zusammendrückbaren Masse, einer Zugfeder oder einem Dorn **(Bilder 2 und 4)**,
- Biegen der Rohre in einer dem Durchmesser entsprechenden Form **(Bilder 4 und 5)**.

Bei **geschweißten Rohren** muss außerdem beachtet werden, dass die Schweißnaht in der neutralen Zone liegt. So lässt sich verhindern, dass Zug- oder Druckbeanspruchungen die wenig elastische Schweißnaht zerstören können **(Bild 3)**.

Der genaue **Mindestbiegeradius** muss den Hinweisen der Hersteller entnommen werden. Er beträgt bei Stahlrohren ungefähr das Zehnfache und bei Kupferrohren das Dreifache des Außendurchmessers. Beim **Warmbiegen** kann der Mindestbiegeradius geringer sein. Durch Erwärmung des Rohrs, meist mithilfe eines Schweißbrenners, wird die Dehnbarkeit des Werkstoffs erhöht. Die **Anwärmlänge** entspricht der Biegezone.

Biegevorrichtungen

Freies Biegen von Hand oder im Schraubstock wird nur behelfsmäßig oder bei dünnen Rohren durchgeführt. In Werkstätten oder auf Montagestellen werden einfache Biegevorrichtungen eingesetzt **(Bilder 4 und 5)**. Durch einen Handhebel wird das Biegemoment aufgebracht. Der Biegewinkel ist genau einstellbar. Auswechselbare Rollen verhindern die Veränderung des Rohrquerschnitts.

Rohrbiegemaschinen

Die **hydraulische Rohrbiegemaschine** arbeitet mit einer handbetriebenen Pumpe. Ihr Kolben drückt das Biegesegment mit dem Rohr an die Gegenlager **(Bild 5)**.

Höhere Biegekräfte für Rohre mit größeren Wandstärken und Durchmessern liefern **Ringbiegemaschinen** mit angetriebenen Profilwalzen.

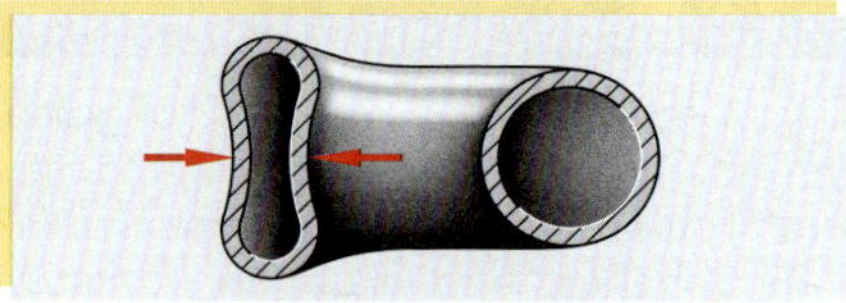

Bild 1: Stark verformter Rohrquerschnitt

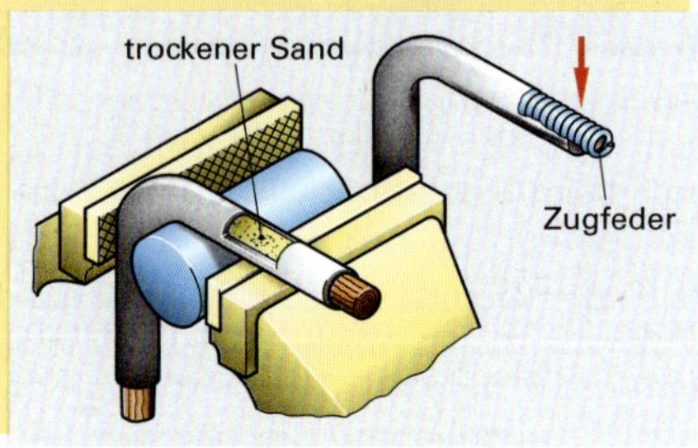

Bild 2: Freies Biegen von Rohren mit Füllung

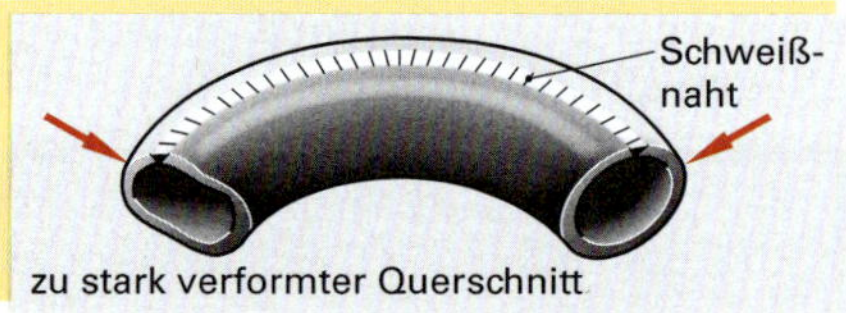

Bild 3: Lage der Schweißnaht beim Biegen

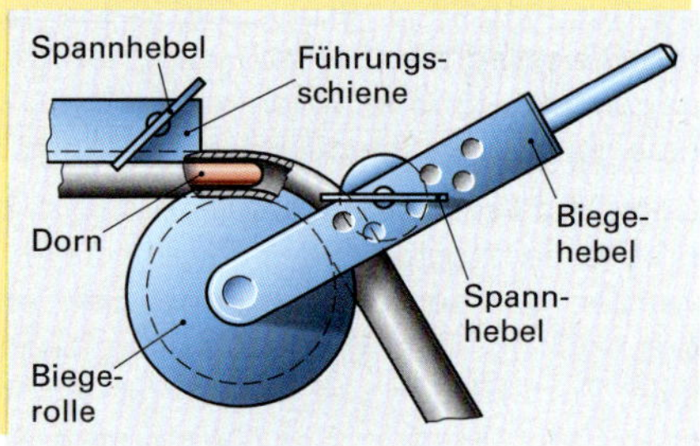

Bild 4: Rohrbiegevorrichtung

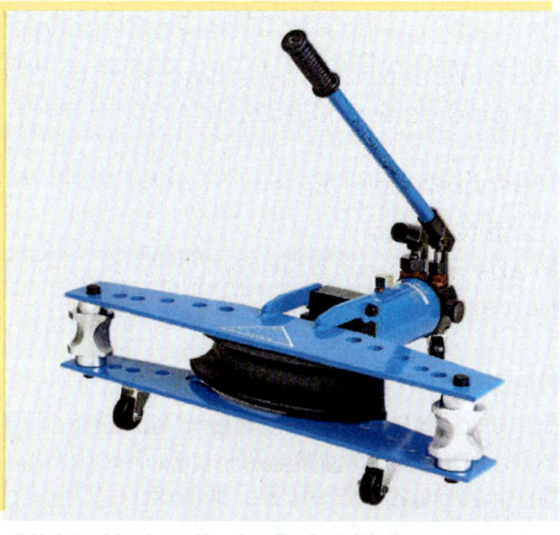

Bild 5: Hydraulische Rohrbiegemaschine mit auswechselbaren Segmenten

Biegen von Blechen

Der größte Teil der verarbeiteten Bleche wird gebogen. Als vorgeformtes Halbfertigprodukt (Halbzeug) erlangt Blech durch den Walzvorgang besondere Eigenschaften, die immer zu beachten sind.

Der Einfluss der Walzrichtung

Beim Kaltwalzen erhält das Blech ein nach der Walzrichtung ausgerichtetes Werkstoffgefüge. Für einen Versuch werden aus einer Blechtafel drei Rechtecke herausgeschnitten **(Bild 1)**. Man biegt sie im Schraubstock hin und her **(Bild 2)**. Blech ① zeigt zuerst kleine Risse **(Bild 3)**. Am längsten widersteht der Streifen ② der Belastung. Beim Biegen von Blech sollte möglichst senkrecht zur Walzrichtung gebogen werden. Muss ein Werkstück in mehreren Richtungen gebogen werden, legt man die Biegekante schräg zur Walzrichtung.

> Werden beim Biegen von Blech genaue Biegewinkel verlangt, muss die Rückfederung durch Überbiegen ausgeglichen werden.

Der Rückfederungswinkel ε beträgt 1% ... 3% des Biegewinkels α. Seine Größe hängt ab von der Blechdicke, dem Biegewinkel, dem Biegeradius (folgende Seite) und der Elastizität des Werkstoffs.

Der Biegeradius

Wenn Bleche scharfkantig abgebogen werden, besteht stets die Gefahr, dass sie an der Biegekante durch zu starkes Strecken einreißen **(Bild 3)**. Deshalb ist zu beachten:

> Beim Biegen von Blechen ist ein Mindestbiegeradius einzuhalten. Seine Größe ist vom Werkstoff, dessen Festigkeit und Dehnbarkeit sowie von der Walzrichtung und der Blechdicke abhängig.

Die Mindestbiegeradien der wichtigsten Blechsorten sind genormt (**Tabelle 1** und Tabellenbuch).

Verfahren des Biegeumformens

Behälter, Profile, Abdeckungen und andere Bauteile aus Blech erhalten ihre Form durch verschiedene Verfahren des Biegeumformens.

Biegen von Hand

Es wird in Werkstätten und auf Baustellen bei Einzelfertigung und Reparaturarbeiten durchgeführt. Dünne Bleche und empfindliche Werkstoffe (z.B. Kupfer) werden mit Holz- oder Kunststoffhämmern bearbeitet **(Bild 1, Seite 174)**.

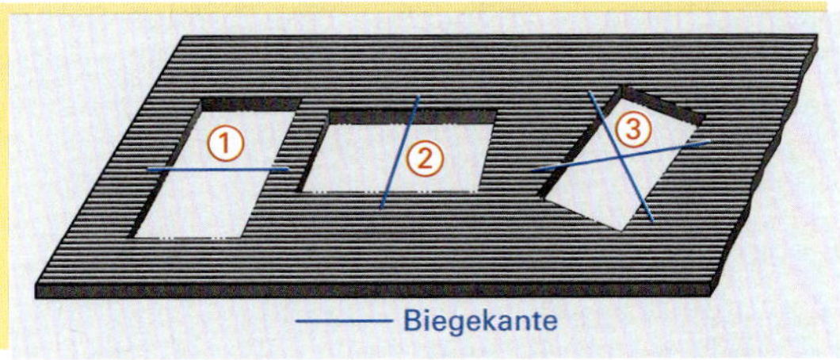

Bild 1: Berücksichtigung der Walzrichtung von Blech

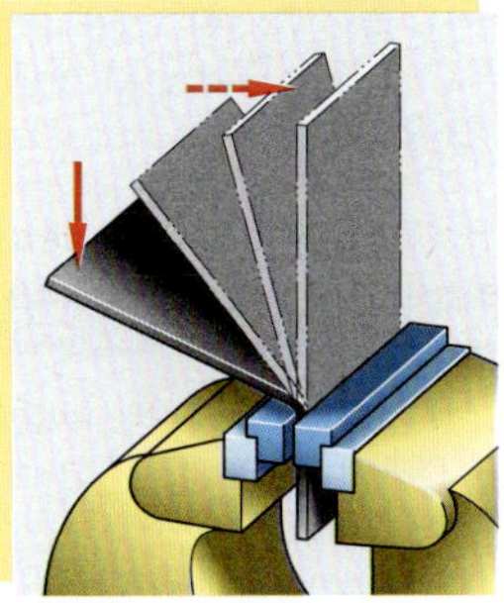

Bild 2: Biegeversuch

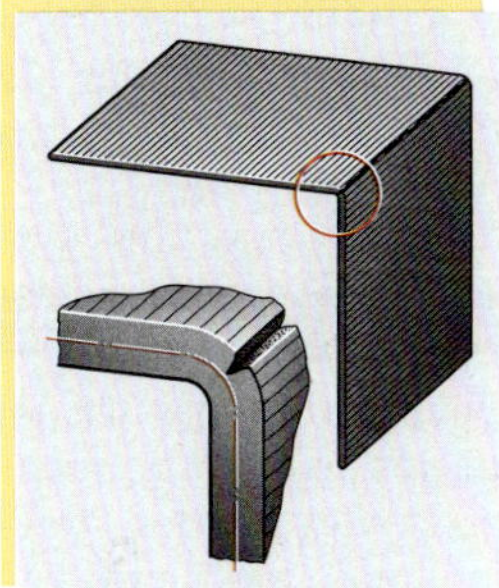

Bild 3: Riss in der Biegekante bei falscher Biegerichtung oder zu kleinem Biegeradius

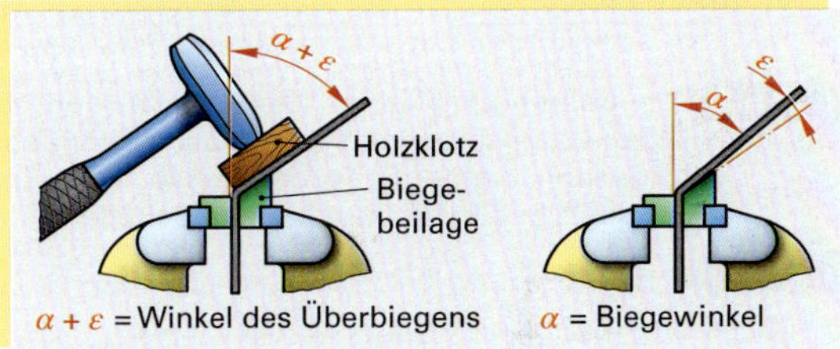

Bild 4: Elastische Rückfederung

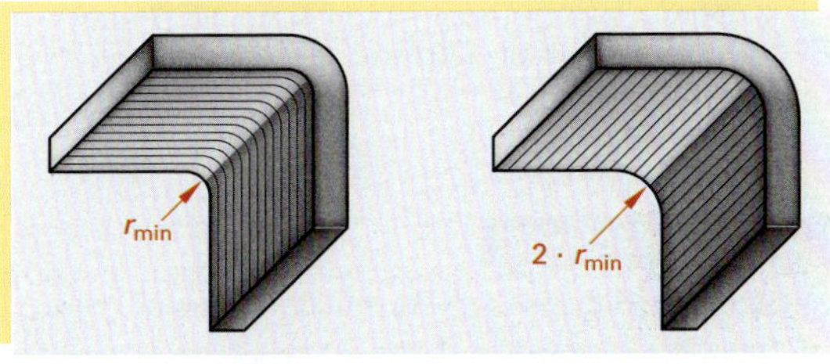

Bild 5: Mindestbiegeradius und Walzrichtung

Tabelle 1: Mindestbiegeradien beim Kaltbiegen von Stahlblech, Beispiele (Auszug aus DIN 6935)

Blechdicke s [mm]					
Mindestfestigkeit in N/mm²	≤ 1	> 1 ... 1,5	> 1,5 ... 2,5	> 2,5 ... 3	> 3 ... 4
Mindestbiegeradius r_{min} [mm]					
bis 380	1	1,6	2,5	3	5
≤ 390 390 ... 490	1,2	2	3	4	6

Spannschienen ermöglichen eine genaue Biegelinie auch bei breiten Blechen **(Bild 2).** Biegebeilagen sind nötig für genaues Formbiegen und schützen das Blech vor Beschädigungen **(Bild 3).**

Biegen mit Maschinen

Man unterscheidet Freies Biegen und Gesenkbiegen **(Bild 4 und 5).** Beim Freien Biegen wird die Werkstückform frei ausgeformt. Für kompliziertere Formen, z.B. die Schelle in **Bild 4,** bedeutet das mehrere Arbeitsgänge. Beim Gesenkbiegen wird das Werkstück zwischen Biegestempel und Gesenk (Matrize) geformt **(Bild 5).** So ist nur ein Arbeitsgang nötig.

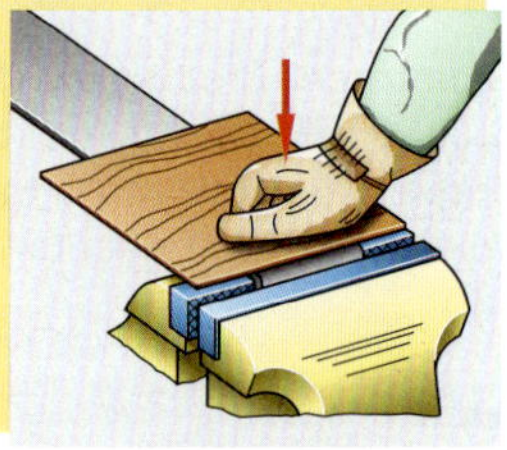

Bild 1: Biegen mit Handkraft

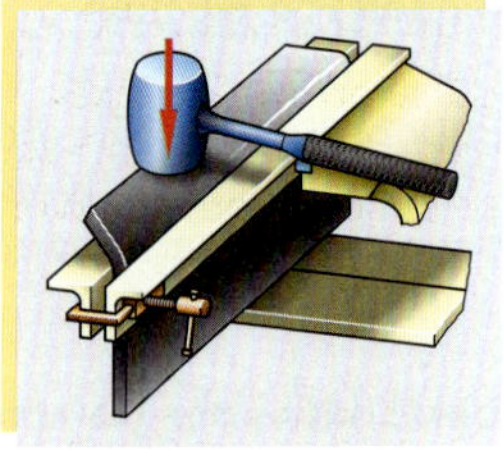

Bild 2: Spannschiene

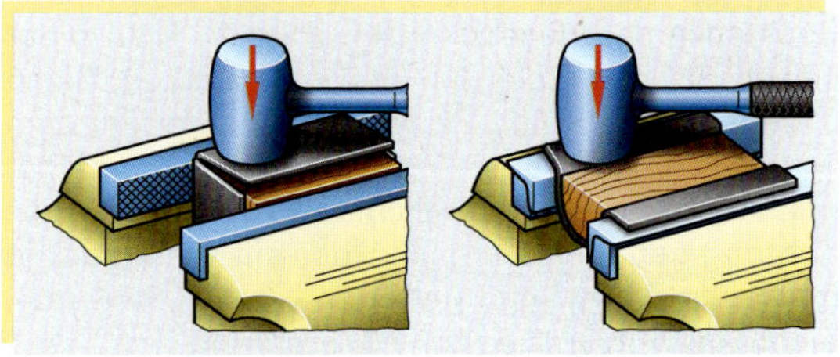

Bild 3: Biegebeilagen

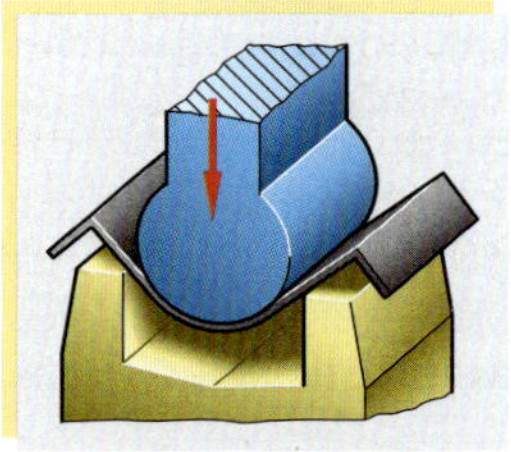

Bild 4: Freies Biegen einer Schelle

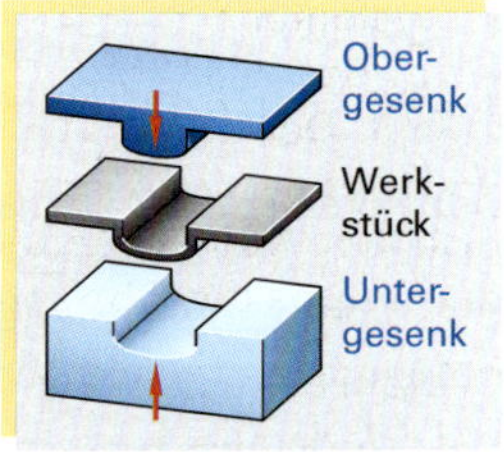

Bild 5: Gesenkbiegen einer Schelle

7.4.2.3 Zuschnittlängen

Bevor ein Werkstück gebogen wird, muss die Länge des Zuschnitts, auch gestreckte Länge genannt, errechnet werden. Bei den grundlegenden Überlegungen auf Seite 171 wurde erkannt, dass beim Biegen nur eine neutrale Faser oder Zone unverändert bleibt. Deshalb gilt:

> Die Zuschnittlänge ist gleich der Länge der neutralen Faser.

Beispiel: Zur Befestigung eines Rohres werden 4 Schellen entsprechend der nebenstehenden Zeichnung benötigt. Zu berechnen sind die Zuschnittlängen für die einzelnen Schellen.

Lösung: $l = 2\,l_1 + 2\,l_2 + 2\,l_3 + l_4$

$l_1 = 40\text{ mm} - R = 40\text{ mm} - 6\text{ mm} = 34\text{ mm}$

$l_2 = \pi \cdot 2\,r_2 \cdot 0{,}25 = \pi \cdot 2 \cdot 9\text{ mm} \cdot 0{,}25 = 14{,}1\text{ mm}$

$l_3 = 20\text{ mm} - R = 20\text{ mm} - 6\text{ mm} = 14\text{ mm}$

$l_4 = \pi \cdot 2\,r_4 \cdot 0{,}5 = \pi \cdot 2 \cdot 33\text{ mm} \cdot 0{,}5 = 103{,}7\text{ mm}$

$L = 2 \cdot 34\text{ mm} + 2 \cdot 14{,}1\text{ mm} + 2 \cdot 14\text{ mm} + 103{,}7\text{ mm}$

$L = 227{,}9\text{ mm}$, gewählt: 228 mm

$r_4 = 30\text{ mm} + 3\text{ mm} = 33\text{ mm}$

$r_2 = 6\text{ mm} + 3\text{ mm} = 9\text{ mm}$

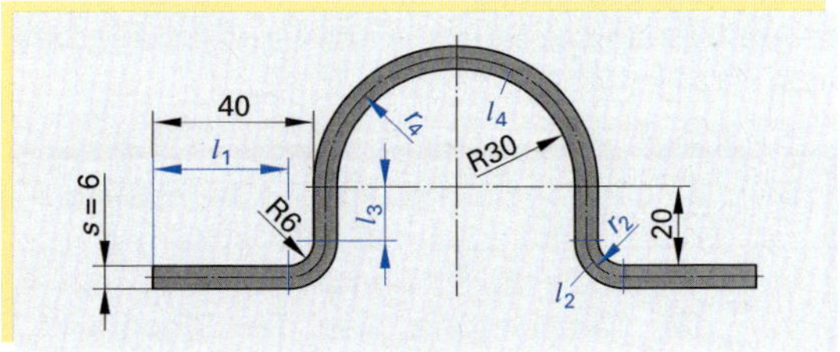

Arbeitsauftrag:

1. Welche Eigenschaften müssen Bleche haben, um gut umformbar zu sein?
2. Welche Bedeutung haben Streckgrenze und Bruchgrenze für das Biegen von Blech?
3. Erklären Sie die Entstehung der Walzfaserstruktur und ihre Bedeutung für das Biegen!
4. Was bedeutet die Rückfederung von gebogenem Blech?
5. Wie kann man trotz Rückfederung genaue Winkel biegen?
6. Erklären Sie die Bildung von Haarrissen an der Außenseite und von Quetschfalten an der Innenseite falsch gebogener Bleche!
7. Warum darf der Mindestbiegeradius nicht unterschritten werden?
8. Welche Werkstoff- und Werkstückkenngrößen beeinflussen den Mindestbiegeradius?
9. Welche technischen Vorteile besitzt das Gesenkbiegen gegenüber dem freien Biegen?
10. Weshalb wird freies Biegen oft dem Gesenkbiegen vorgezogen?
11. Welche Biegevorrichtungen werden zum Biegen von Rohren verwendet?

7.5 Trennen

Bei allen Werkstücken, die durch Fertigungsverfahren der dritten Hauptgruppe, das Trennen, hergestellt werden, ist die Form des Fertigteils im Rohteil enthalten. Das heißt, dass bei diesen Verfahren überflüssige Teile abgetrennt werden, bis die gewünschte Endform entstanden ist. Je nach der Art und Weise, wie das Material abgetrennt wird, unterscheidet man die folgenden Gruppen von **Trennverfahren:**

Tabelle 1: Trennen

Zerteilen	Spanen		Abtragen	Zerlegen	Reinigen	Evakuieren
– Schneiden – Lochen – Brechen – Reißen	– Meißeln – Sägen – Bohren – Hobeln – Räumen – Honen	– Feilen – Schaben – Drehen – Stoßen – Schleifen – Läppen	– Erodieren – Elysieren – Brennschneiden – Elektronenstrahl-abtragen	– Auseinander-schrauben	– Bürsten – Strahlen – Waschen	– Auspumpen – Entleeren

7.5.1 Grundlagen der mechanischen Trennverfahren

Beim **Zerteilen** entsteht ein Werkstoffrest in vorher festgelegter Form. Dagegen ist beim **Spanen** die Form des Werkstoffrestes, des Spans, nicht festgelegt. Der unnötige Werkstoff wird mechanisch abgetrennt. Verfahren, bei denen auf nicht mechanischem Weg Werkstoff entfernt wird, gehören in die Gruppe des **Abtragens.**

Sowohl beim Zerteilen als auch beim Spanen wird ein **Werkzeug** benötigt, dessen Schneide oder **Schneiden** den Werkstoff abtrennen und damit den ursprünglichen Zusammenhalt der Moleküle des Werkstoffs zerstören. Bei aller Vielfalt der Gestalt und Funktion haben diese Werkzeuge eine geometrische Eigenschaft gemeinsam:

> Die Grundform jedes mechanischen Trennwerkzeuges ist der Keil.

Schon das erste künstliche Werkzeug, das zu Beginn der menschlichen Kulturgeschichte benutzt wurde, hatte diese Keilform **(Bild 1).** Nach dem Prinzip der Schiefen Ebene wird dadurch die Kraft der Hand oder der Maschine umgelenkt und vergrößert, wie auf der folgenden Seite dargestellt wird. Außerdem müssen zwei weitere Bedingungen erfüllt werden, bevor die keilförmige Schneide in den Werkstoff eindringt:

- Die Werkzeugschneide muss härter sein als der Werkstoff des Werkstücks.
- Die über das Werkzeug wirkende Trennkraft muss größer sein als die Zusammenhaltskraft der Moleküle des Werkstoffs.

Diese Regeln begreift jeder, der versucht hat, mit einem Messer Holz oder Stein zu schneiden.

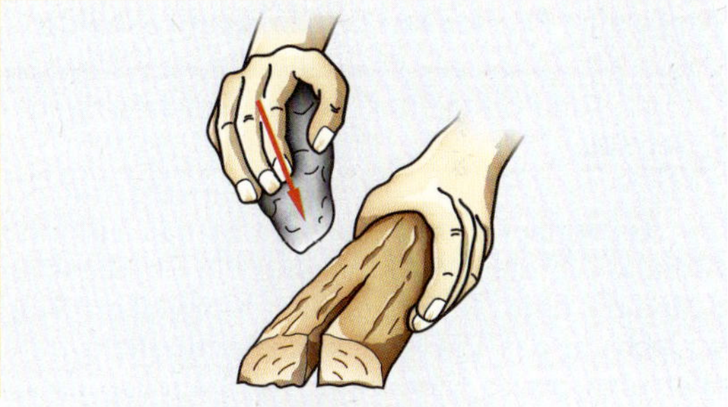

Bild 1: Zerteilen mit dem Faustkeil

Bild 2: Zerteilen (Schneiden) mit dem Seitenschneider

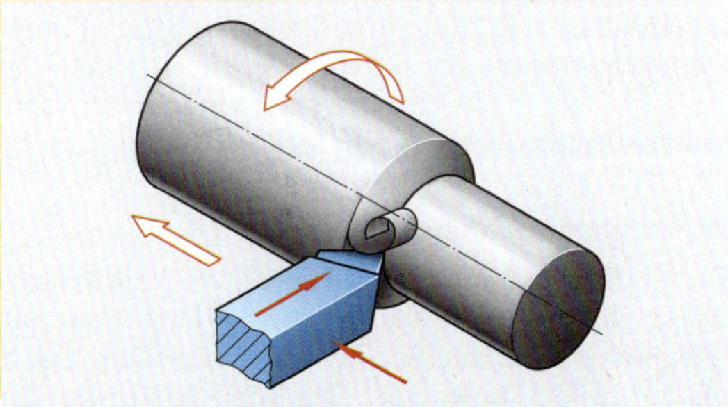

Bild 3: Spanen mit dem Drehmeißel

7.5.2 Spanen

Das im Arbeitsbereich des Mechatronikers am häufigsten benötigte Verfahren des Trennens ist das Spanen.

Beim Spanen werden Werkstoffteilchen mit einer Schneide vom Werkstückrohteil abgetragen. Der Zerspanungsvorgang kann mit **geometrisch bestimmter Schneidenform** durchgeführt werden. Die Form der Schneide ist dann genau festgelegt. Die einzelnen Schritte des Abtragvorgangs sind so exakt bestimmbar.

Bei den Spanverfahren mit **geometrisch unbestimmten Schneiden** kann sich die Schneidenform auch während des Bearbeitungsvorgangs verändern.

Übersicht: Spanen, die wichtigsten Verfahren

mit geometrisch bestimmter Schneide		mit geometrisch unbestimmter Schneide
■ Meißeln	■ Räumen	■ Schleifen
■ Sägen	■ Drehen	■ Honen
■ Feilen	■ Bohren	■ Läppen
■ Schaben	■ Senken	■ Strahlspanen
■ Hobeln	■ Fräsen	
■ Stoßen		

Winkel und Flächen an der Werkzeugschneide

> Die Grundform jeder Werkzeugschneide ist der **Keil.**

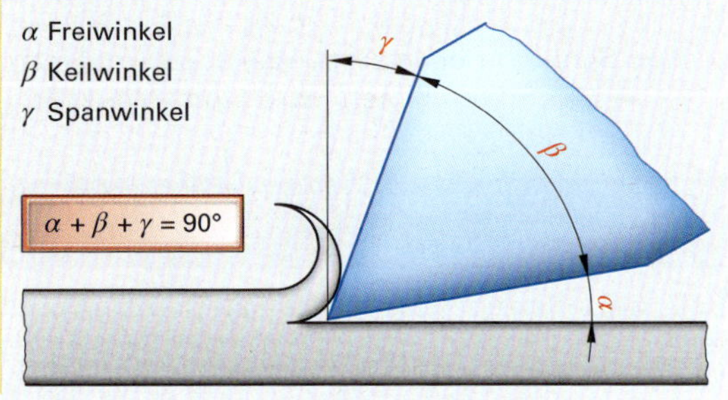

Bild 1: Winkel an der Werkzeugschneide

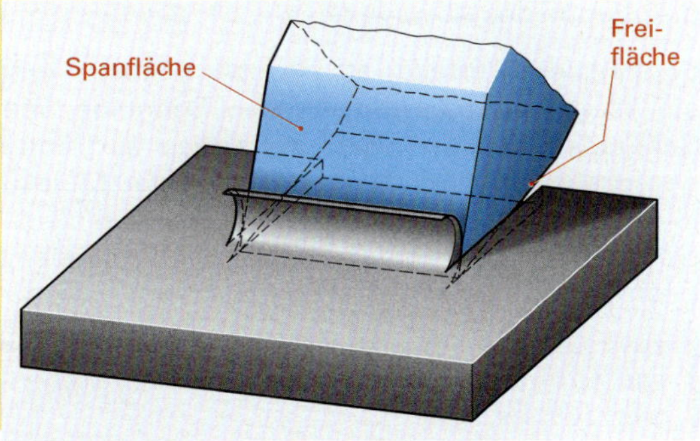

Bild 2: Flächen an der Werkzeugschneide

Der **Keilwinkel** β (beta) bestimmt das Eindringverhalten in den Werkstoff und die Stabilität der Schneide **(Bild 1)**. Ein großer Keilwinkel dringt schlecht in das Werkstück ein, ermöglicht dafür aber eine große Standzeit. Die Standzeit ist die Zeit, in der das Werkzeug den Werkstoff bearbeitet, bis es nachgeschliffen werden muss. Werkzeuge mit großem Keilwinkel eignen sich für harte Werkstoffe.

Durch die Stellung der keilförmigen Schneide zum Werkstück ergeben sich noch weitere Winkel. Der Winkel zwischen Keil und Schnittfläche (neu bearbeitete Fläche) ist der **Freiwinkel** α (alpha). Er vermindert die Reibung zwischen Werkzeug und Werkstück. Der Werkstoff wölbt sich durch den Bearbeitungsvorgang auf und federt nach, harte Werkstoffe entsprechend weniger als weiche. Bei harten Werkstoffen ist daher die Reibung geringer, der Freiwinkel kann hier klein gehalten werden. Die Fläche am Schneidkeil, die den Freiwinkel begrenzt, wird als **Freifläche** bezeichnet **(Bild 2)**.

Die Fläche am Werkzeugkeil, an der der Span entlanggleitet, nennt man **Spanfläche.** Zwischen Spanfläche und einer gedachten Ebene senkrecht zur Schnittfläche liegt der **Spanwinkel** γ (gamma). Er beeinflusst die Spanbildung und die Spanabfuhr. Für weiche Werkstoffe wählt man einen großen Spanwinkel. Dadurch wird die Spanabfuhr verbessert. Alle drei Winkel an der Schneide sind voneinander abhängig. So ergibt ein großer Spanwinkel einen entsprechend kleineren Keilwinkel. Die Summe aller drei Winkel am Werkzeugkeil ist immer 90°.

Wirkung des Schneidkeils

Durch die Größe des Spanwinkels wird die Wirkung des Schneidkeils festgelegt. Schließt sich der Spanwinkel an den Keilwinkel an und ergänzt ihn zusammen mit dem Freiwinkel zu einem rechten Winkel, so bezeichnet man den Spanwinkel als positiv. Der **Schnittwinkel** δ (delta) = $\alpha + \beta$ ist in diesem Fall kleiner als 90° **(Bild 1, Seite 177)**. Die Schneide dringt unter diesen Gegebenheiten leicht in das Werkstück ein und schert den Span nach oben ab. Dieses Werkzeug hat eine **schneidende Wirkung.**

Ist dagegen der Schnittwinkel δ größer als 90° und überdeckt somit den Spanwinkel, so wird der Spanwinkel negativ **(Bild 1).** Die Werkzeugschneide schabt kleine Späne von der Werkstückoberfläche ab. Das Werkzeug hat also eine **schabende Wirkung.** Werkzeuge mit schneidender Wirkung können viel Werkstoff abtragen, schabende Werkzeuge eignen sich besonders für die Feinbearbeitung.

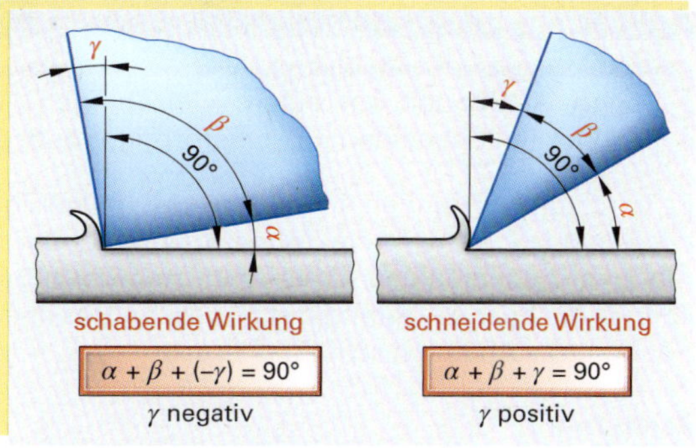

Bild 1: Wirkungen am Schneidkeil

Spanbildung

Der Spanungsvorgang beginnt zunächst damit, dass der Schneidkeil den Werkstoff anstaucht, es kommt zu einer plastischen Verformung. Dringt das Werkzeug weiter in den Werkstoff ein, entsteht vor der Schneide ein voreilender Riss. Das jetzt entstehende Spanteilchen wird vom Werkzeug abgeschert und anschließend hochgeschoben. Das nächste Spanteilchen schließt sich an, es entsteht ein Span **(Bild 2).**

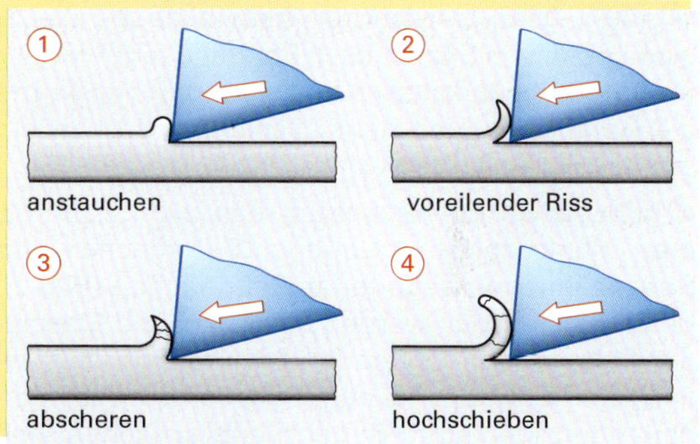

Bild 2: Spanvorgang

Spanarten

Je nach Werkstoffart des Werkstückes und Größe des Spanwinkels entstehen verschiedene Spanarten **(Bild 3).** Bei kleinem Spanwinkel wird das Werkstück stark angestaucht, es ist ein hoher Kraftaufwand erforderlich und es bildet sich ein tiefer Riss. Der entstehende Span wird **Reißspan** genannt, er bröckelt leicht ab und es entsteht eine raue Oberfläche. Besonders bei harten und spröden Werkstoffen bildet sich dieser Span. Er ist meist unerwünscht.

Bild 3: Spanarten

Bei einem Spanwinkel von 5° bis 25° und zähen Werkstoffen entsteht ein **Scherspan.** Meist sind es kleine, glatte, abgescherte Späne. Wegen der dadurch bedingten geringen Unfallgefahren wird dieser Span bevorzugt. Mit zunehmender Schnittgeschwindigkeit beginnt der Scherspan zu fließen, dabei wird die Oberflächenqualität verbessert.

Weiche Werkstoffe wie Kupfer, Aluminium oder Blei werden mit einem kleinen Keilwinkel, einem großen Spanwinkel und oft auch mit hoher Schnittgeschwindigkeit bearbeitet. Dabei bildet sich ein **Fließspan.** Das Werkstück wird nur geringfügig angestaucht, es ist wenig Kraftaufwand erforderlich und es entsteht nur ein kleiner voreilender Riss. Die bearbeitete Oberfläche ist glatt. Der Fließspan ist endlos und deshalb wegen der möglichen Beschädigung der Maschine und des Werkzeughalters sowie der Verletzungsgefahr ungünstig.

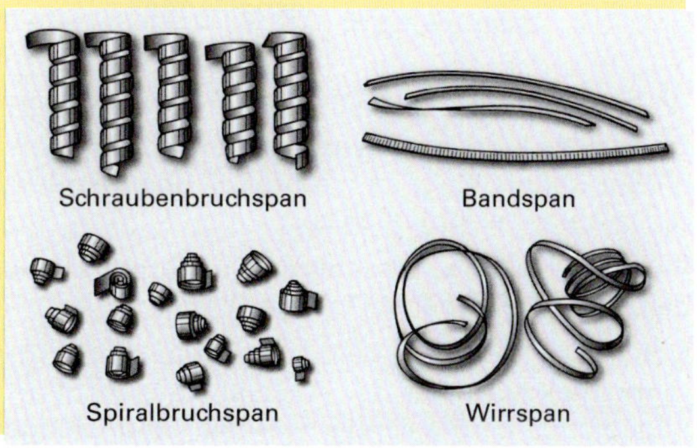

Bild 4: Spanformen der Fließspäne

Spanformen

Besonders Fließspäne bilden unterschiedliche Formen **(Bild 4).** Bandspäne und Wirrspäne sind wegen ihres hohen Raumbedarfs unerwünscht. Durch Schraubenspäne werden in der Nähe stehende Personen gefährdet. Günstige Spanformen haben Schraubenbruchspäne und Spiralbruchspäne. Besonders geformte Werkzeuge, niedrige Schnittgeschwindigkeiten oder Automatenlegierungen führen zum Abbrechen der Späne.

7.5.3 Sägen

Sägen ist Spanen mit einem vielzahnigen Werkzeug geringer Schnittbreite und geometrisch bestimmten Schneiden mit kreisförmiger oder gerader Schnittbewegung.

Es wird zum Abtrennen sowie zum Herstellen von Nuten und Schlitzen angewendet. Die Säge besitzt ein Sägeblatt, an dem die Zähne hintereinander angeordnet sind **(Bild 1)**. Während beim Meißeln nur mit einer Schneide gearbeitet wird, sind beim Sägen mehrere Zähne gleichzeitig im Eingriff. Dadurch können die Späne während des Sägeschnittes nicht abgeführt werden. Es muss ein entsprechend großer Spanraum vorhanden sein **(Bild 3)**.

Zahnform

Die Grundform des Sägezahns entspricht der Keilform des Meißels. Die Winkel der Schneiden sind abhängig vom zu bearbeitenden Werkstoff. Für harte Werkstoffe benötigt man einen großen Keilwinkel (50°). Dafür werden der Freiwinkel und der Spanraum kleiner. Maschinensägeblätter haben meist einen positiven Spanwinkel. Bei Handsägeblättern besteht durch die stets wechselnden Schnittkräfte die Gefahr des Einhakens. Deshalb wird hier ein Spanwinkel von 0° gewählt.

Grundsätzlich unterscheidet man zwei Zahnformen: **Winkelzähne** mit ebenen Zahnflächen und **Bogenzähne** mit gebogenen Zahnflächen **(Bild 2)**. Beide Zahnformen werden bei Hand- und Maschinensägeblättern verwendet. Die Wahl der vorteilhaftesten Zahnform ist abhängig von dem zu bearbeitenden Werkstoff. Bogenzähne erreichen eine höhere Schnittleistung und können größere Kräfte aufnehmen als Winkelzähne.

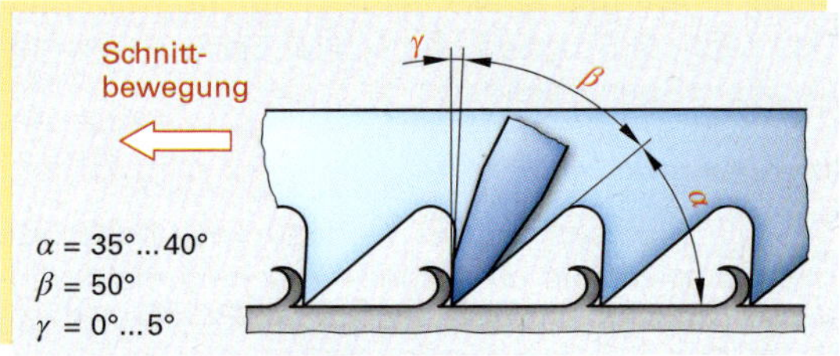

Bild 1: Winkel am Sägezahn

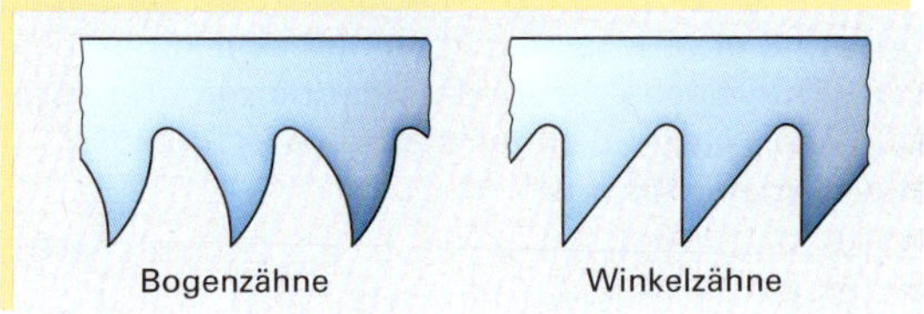

Bild 2: Zahnformen

Zahnteilung

Die Größe des Spanraumes ist abhängig von der Zahnform, den Winkeln an der Schneide und vom Abstand der Zähne zueinander. Je dichter die Zähne beieinander sind, desto kleiner wird der Spanraum. Den Abstand zwischen zwei Zahnspitzen nennt man Zahnteilung. Sie berechnet sich:

$$\textbf{Zahnteilung} = \frac{\textbf{Bezugslänge}}{\textbf{Zähnezahl}}$$

Die Bezugslänge ist bei Sägen meist 1 inch = 25,4 mm.

Für **weiche Werkstoffe** verwendet man Sägen mit großer Zahnteilung, da ein großer Spanraum zur Späneabfuhr erforderlich ist.

Harte Werkstoffe werden von Sägen mit kleiner Zahnteilung bearbeitet **(Tabelle 1)**.

Neben der Härte des Werkstoffes muss auch die **Werkstückdicke** bei der Auswahl des richtigen Sägeblattes berücksichtigt werden. Sind weniger als drei Zähne im Eingriff, hakt die Säge vor allem bei Handsägen leicht ein. Mit kombinierten Sägeblättern (Sägeblätter mit zunehmender Teilung) wird das Einhaken beim Anschneiden verhindert. Häufig beginnt die Teilung bei 32 Zähnen und vergrößert sich bis zum Blattende auf 20 Zähne pro inch Sägeblattlänge.

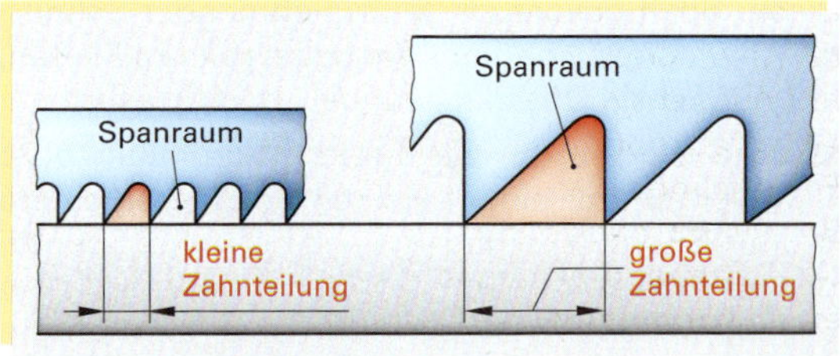

Bild 3: Zahnteilung

Tabelle 1: Einteilung der Sägen

Einteilung	Zähnezahl	Zahnteilung	Anwendung
grob	16	$\frac{25\text{ mm}}{16} = 1{,}56\text{ mm}$	Kupfer, Aluminium
mittel	22	$\frac{25\text{ mm}}{22} = 1{,}14\text{ mm}$	Stahl
fein	32	$\frac{25\text{ mm}}{32} = 0{,}78\text{ mm}$	dünnwandige Rohre, Hartguss

Freischneiden

Beim Sägen erwärmen sich das Sägeblatt und das Werkstück durch Reibung. Wäre der Sägespalt genau so breit wie das Sägeblatt, so würde die Säge nach kurzer Zeit durch die Wärmedehnung und durch die entstandenen Späne festklemmen. Deshalb muss die Säge **frei schneiden,** das heißt, der Sägespalt muss breiter sein als das Sägeblatt **(Bild 1).** Handsägeblätter für harte Werkstoffe sind meist gewellt: das Sägeblatt wird auf der Zahnseite wellenlinienförmig gebogen. Bei Bandsägeblättern werden die Zähne geschränkt: ein Zahn wird vom Sägeblatt aus nach links gebogen, der nächste nach rechts. Kreissägeblätter sind nur für weiche Werkstoffe geschränkt. Sie werden häufig hinterschliffen oder es werden Zähne aus Hartmetall eingesetzt, die breiter sind als das Sägeblatt.

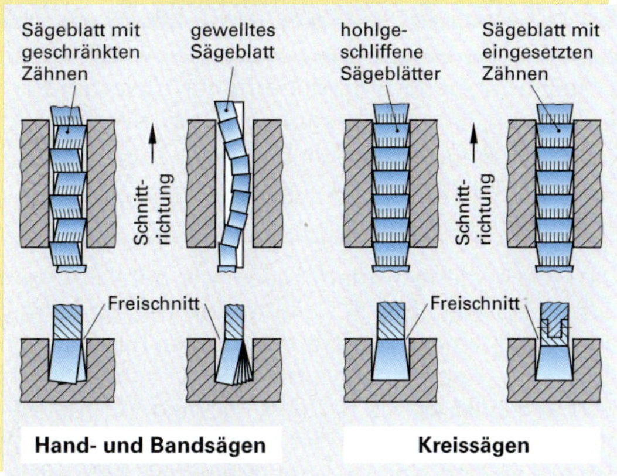

Bild 1: Freischneiden

Handsägen

Im Maschinenbau werden vorwiegend **Bügelsägen** verwendet. Sie bestehen aus dem Spannbügel, dem zwischen Heftkloben und Spannkloben eingespannten Sägeblatt und dem Heft **(Bild 2).**

Die Sägeblätter lassen sich einfach auswechseln. Zum Teil sind sie beidseitig verzahnt, sodass sie gewendet werden können.

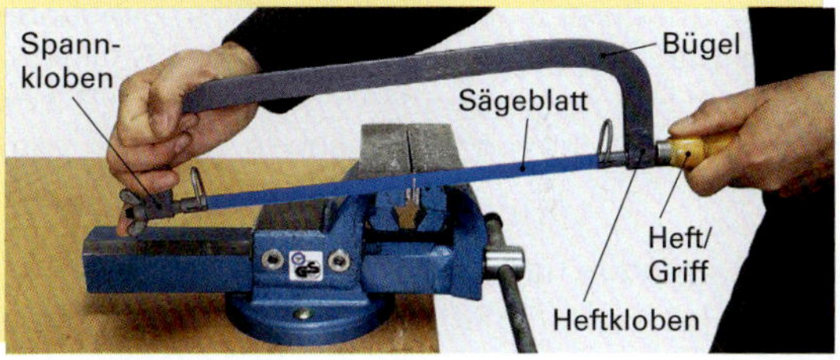

Bild 2: Bügelsäge

Maschinensägen

Mit der **Maschinenbügelsäge** und der **Maschinenkreissäge** werden Profile, Rohre und Stangenmaterial auf die entsprechende Länge zugeschnitten. Sie eignen sich für Einzel- und Serienfertigung.

Die **Kreissäge (Bild 3)** ermöglicht eine hohe Umfangsgeschwindigkeit. Sie benötigt keinen Leerhub und erreicht daher hohe Zerspanleistungen. Allerdings können größere Werkstücke nur mit sehr großen Sägeblattdurchmessern auf entsprechenden Maschinen bearbeitet werden. Formschnitte und Einzelarbeiten werden mit der **Bandsäge** ausgeführt. Ein endlos verschweißtes Sägeband ermöglicht wie bei der Kreissäge einen kontinuierlichen Schnitt.

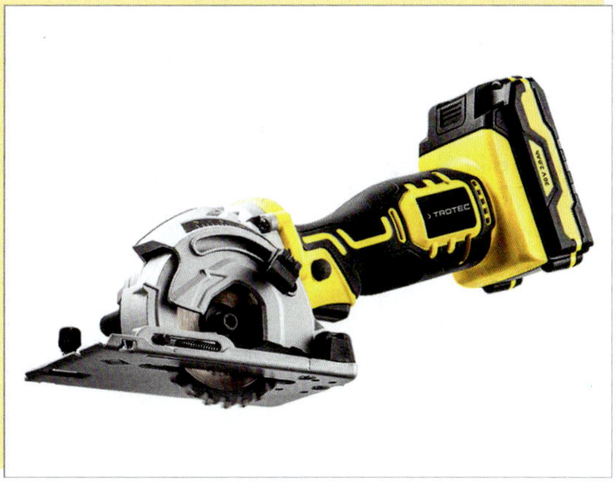

Bild 3: Kreissäge

Arbeitsauftrag:

1. Welche Maße müssen verändert werden, um den Spanraum zu vergrößern?
2. Warum benötigt man beim Sägen einen großen Spanraum?
3. Wie bestimmt man die Zahnteilung einer Säge?
4. Wodurch wird das Klemmen des Sägeblattes verhindert?
5. Wann besteht die Gefahr, dass die Sägezähne einhaken?
6. Bei welchen Sägen entfällt der Leerhub?

Unfallverhütung

- Sägeblätter immer fest einspannen.
- Maschinensägeblätter vor dem Einbau auf Risse prüfen. Besonders bei Kreissägen können lose Teile weggeschleudert werden.
- Keine Maschinenabdeckungen entfernen.
- Beim Handsägen gegen Ende des Schnittes Druck verringern um ein Abgleiten zu verhindern.

7.5.4 Feilen

> Feilen ist Spanen mit wiederholter, meist geradliniger Schnittbewegung. Das Werkzeug besitzt eine Vielzahl dicht hinter- und nebeneinanderliegender, geometrisch bestimmter Schneidzähne.

Die Feile besteht aus dem Feilenheft, der Angel und dem Feilenblatt **(Bild 1)**. Feilenzähne können gefräst oder gehauen werden. **Gefräste Feilen** haben einen positiven Spanwinkel und somit schneidende Wirkung **(Bild 2)**. Sie werden vorwiegend für weiche Werkstoffe verwendet, weil sie einen großen Spanraum und einen kleinen Keilwinkel haben. Bei harten Werkstoffen entstehen kleinere Späne. Man benötigt Feilen mit großem Keilwinkel und kleinem Spanraum. Diese Eigenschaften erfüllen **gehauene Feilen (Bild 2).** Sie haben einen negativen Spanwinkel und dadurch schabende Wirkung. In der Praxis spricht man nicht von Feilenzähnen, sondern vom Hieb einer Feile.

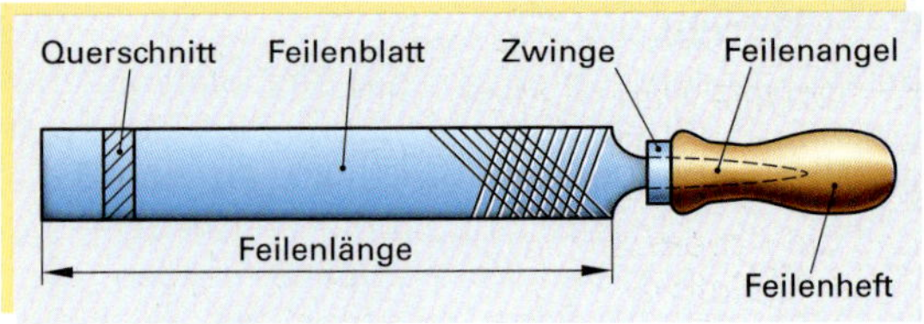

Bild 1: Flachfeile

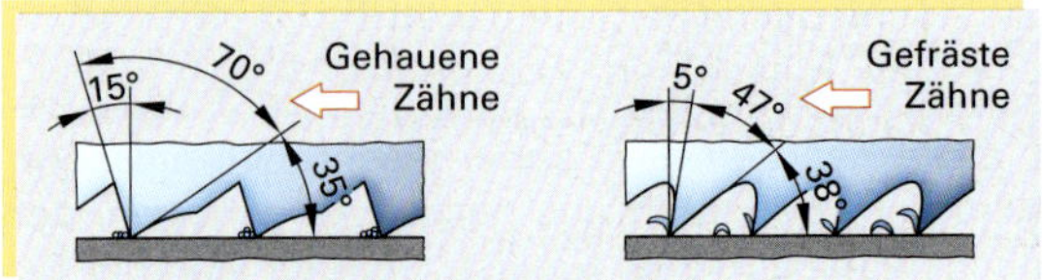

Bild 2: Gehauene und gefräste Zähne

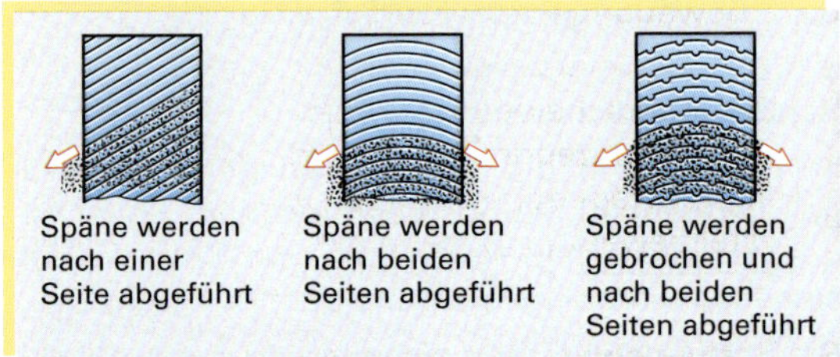

Bild 3: Hiebanordnung

Hiebanordnung und Hiebarten

Einhiebige Feilen **(Bild 3)** haben zur Spanabfuhr einen schrägen Hieb, das heißt, alle Feilenzahnreihen stehen unter einem Winkel zur Feilenachse. Durch den schrägen Hieb neigt die Feile dazu, seitlich zu verlaufen. Beim **gebogenen Hieb** werden die Späne nach beiden Seiten geführt. Auch hier sind Spanbrechernuten eingefräst.

Gehauene Feilen haben einen **Kreuzhieb** oder **Doppelhieb (Bild 1).** Der Oberhieb (der zweite Hieb) hat hierbei eine kleinere oder größere Hiebteilung als der Unterhieb und ist unter einem anderen Winkel aufgebracht, damit keine Riefen entstehen. Die Kreuzhiebfeilen greifen leichter als einhiebige Feilen.

Feilenbezeichnung	Kurzbezeichnung	Querschnittsform	Werkstück
Flachstumpfe Werkstattfeile	A		
Flachspitze Werkstattfeile	B		
Dreikant-Werkstattfeile	C		
Vierkant-Werkstattfeile	D		
Halbrunde Werkstattfeile	E		
Runde Werkstattfeile	F		

Bild 4: Feilenformen (Auszug)

Hiebteilung und Feilenformen

Die Hiebteilung ist ein Maß für den Abstand der einzelnen Hiebe. Sie ist gleich der Anzahl der Hiebe pro Bezugslänge. Die Bezugslänge ist im Allgemeinen 10 mm. Die **Schlichtfeile** wird zur Herstellung maßgenauer Werkstücke mit glatter Oberfläche verwendet. Sie hat eine größere Hiebteilung als die Schruppfeile. Die **Schruppfeile** eignet sich besonders für große Spanabnahme bei gleichzeitig geringer Anforderung an die Oberflächenqualität.

Je nach Hiebteilung und Länge des Feilenblattes werden die Feilen nach Hiebnummern eingeteilt. **Tabelle 1** zeigt den Zusammenhang zwischen Oberflächenqualität, Hiebteilung und Feilenlänge.

Tabelle 1: Hiebteilung

Oberflächenangaben in der Zeichnung	Schruppen ▽		Schlichten ▽▽	Feinschlichten ▽▽▽
Nach DIN EN ISO 1302	25 ...	3,2	6,3 ... 0,8	1,6 ... 0,2
Hieb-Nr.	1	2	3	4
Hiebteilung bei Feilenlänge 100 mm	17	23	28	34
Hiebteilung bei Feilenlänge 250 mm	8	13	17	21

Es gibt eine Reihe von verschiedenen Feilenformen. Am häufigsten wird die flachstumpfe Werkstattfeile eingesetzt. Zur Herstellung besonderer Werkstückformen werden Feilen mit dazu passenden Querschnitten verwendet. **Bild 4** zeigt eine Übersicht einiger Werkstattfeilen. Mit ihnen lassen sich vor allem Nuten und Vertiefungen herausarbeiten.

7.5.5 Spanende Fertigung mit Werkzeugmaschinen

Nahezu alle Werkstücke werden heute mit Maschinen gefertigt. Dadurch werden gegenüber dem Spanen von Hand die Herstellungsgenauigkeit und die Arbeitssicherheit erhöht sowie die Kosten durch Verkürzung der Bearbeitungszeit erheblich reduziert. Die Vielzahl der verschiedenen Werkstückformen und Werkstoffarten erfordert viele unterschiedliche Fertigungsverfahren mit entsprechenden Maschinen. Die nebenstehende Übersicht nennt die wichtigsten Verfahren.

Übersicht: Maschinelle Spanungsverfahren

mit geometrisch bestimmten Schneiden		mit geometrisch unbestimmten Schneiden
■ Bohren	■ Fräsen	■ Schleifen
■ Senken	■ Hobeln	■ Honen
■ Reiben	■ Stoßen	■ Läppen
■ Drehen	■ Räumen	■ Gleitspanen

Bewegungen an Werkzeugmaschinen

Wie beim Spanen von Hand sind bei den maschinellen spanenden Fertigungsverfahren verschiedene Bewegungen erforderlich **(Bild 1)**.

Man unterscheidet vier Arten von Bewegungen an Werkzeugmaschinen: die Schnitt- oder Hauptbewegung, die Vorschubbewegung, die Zustellbewegung und die Anstellbewegung.

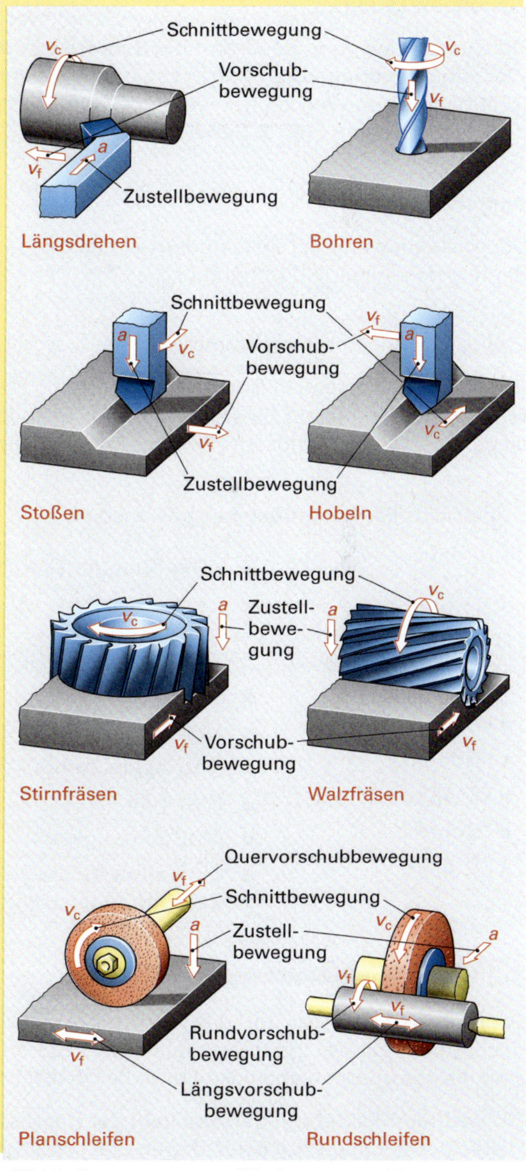

Bild 1: Bewegungen an Werkzeugmaschinen

Schnittbewegung (Hauptbewegung)

Die Spanabnahme erfolgt durch die Schnittbewegung. Sie kann **kreisförmig** sein wie beim Drehen oder **geradlinig** wie beim Stoßen. Sie wird entweder vom Werkzeug wie beim Stoßen oder vom Werkstück wie beim Drehen ausgeführt. Die Größe der Schnittbewegung wird durch die **Schnittgeschwindigkeit v_c** angegeben.

Die Geschwindigkeit gibt an, welcher Weg *s* in einer bestimmten Zeiteinheit *t* zurückgelegt wurde.

$$\text{Geschwindigkeit} = \frac{\text{Weg}}{\text{Zeit}} \qquad v = \frac{s}{t}$$

Bei Drehbewegungen bedeutet dies:

Geschwindigkeit = Umfang · Drehfrequenz

$$v_c = d \cdot \pi \cdot n$$

Die Drehfrequenz *n* gibt dabei die Anzahl der Umdrehungen in 1/min an.

Die Schnittgeschwindigkeit ist die Geschwindigkeit, mit der der Span vom Werkstück abgetrennt wird. Sie wird im Allgemeinen in m/min gemessen, beim Schleifen in m/s, da hier sehr große Schnittgeschwindigkeiten erreicht werden. Die Wahl der Größe der Schnittgeschwindigkeit ist abhängig von Werkzeug, Werkstück, Kühlmittel, Leistung und Aufbau der Werkzeugmaschine. Die geeigneten Werte können aus Tabellen abgelesen werden.

Durch die Schnittbewegung allein würde nur eine einmalige Spanabnahme erfolgen. Für die fortwährende Zerspanung ist eine zweite Arbeitsbewegung erforderlich, die Vorschubbewegung.

Vorschubbewegung

Die Vorschubbewegung sorgt für eine stetige oder schrittweise Spanabnahme. Sie kann kontinuierlich erfolgen, wie beim Drehen, Fräsen, Bohren oder in Schritten, wie beim Hobeln und Stoßen. Die Vorschubbewegung wird senkrecht zur Schnittbewegung durch das Werkzeug (z.B. beim Drehen) oder durch das Werkstück (z.B. beim Fräsen) ausgeführt. Sie bestimmt die **Spanbreite.**

Die Größe des **Vorschubs** f ist von der geforderten Oberflächenqualität, der Zerspanungsmenge (Spanvolumen) und der Leistung der Maschine abhängig. Der Vorschub wird in mm pro Umdrehung oder Hub angegeben und als **Vorschubgeschwindigkeit** v_f in mm/min gemessen.

Wenn die Leistung der Maschine vergrößert wird, wird auch die **Zerspanungskraft** an der Werkzeugschneide, mit der der Span abgenommen wird, größer. Dann kann unter sonst gleichen Bedingungen auch der Vorschub vergrößert werden, was wiederum zu einer größeren **Zerspanungsmenge** führt.

Zustellbewegung

Die Zustellbewegung bestimmt die **Schnitttiefe** a_p, d.h., wie tief das Werkzeug pro Arbeitsgang in das Werkstück eindringt. Sie verläuft senkrecht zur Vorschubbewegung. Die **Zustellung** a, gemessen in mm, ist abhängig von Werkzeug, Werkstück, geforderter Oberflächenqualität, Art der Einspannung und Leistung der Maschine **(Bild 1, Seite 183).**

Anstellbewegung

Die Anstellbewegung führt vor dem Zerspanvorgang das Werkzeug an das Werkstück heran. Sie wird in der Regel im Eilgang durchgeführt.

Einflussgrößen der Zerspanung

Vor jedem maschinellen Bearbeitungsvorgang steht die Frage nach dem günstigsten **Bearbeitungsverfahren** und den besten **Einstellwerten** für Schnitttiefe, Vorschub und Schnittgeschwindigkeit. Deshalb ist es wichtig, alle Einflussgrößen der Zerspanung zu kennen **(Übersicht).**

Übersicht: Einflussgrößen beim Zerspanen

Der **Spanungsvorgang** wird beeinflusst von

Bearbeitungsverfahren	Werkzeugmaschine	Werkzeug	Werkstück
z.B. ▪ **Fräsen** ▪ **Hobeln** ▪ **Stoßen** ▪ **Bohren** ▪ **Drehen**	▪ Größe ▪ Antriebsart ▪ Antriebsleistung ▪ Starrheit ▪ Maßgenauigkeit ▪ Einstellwerte des Zerspanungsvorgangs	▪ Schneidenwerkstoff ▪ Form ▪ Standzeit	▪ Werkstoff ▪ Abmessungen ▪ Oberflächengüte

Bearbeitungsverfahren

Die Form und der Werkstoff des Werkstückes sowie die im Betrieb vorhandenen Anlagen und Maschinen bestimmen, mit welchem Bearbeitungsverfahren ein Werkstück gefertigt wird. Bei der Endbearbeitung sind die geforderte Genauigkeit und die Oberflächenqualität mitentscheidend.

Ein wichtiger Faktor bei der **Auswahl der Bearbeitungsmaschine** ist die Wirtschaftlichkeit. So kann ein Werkstück durchaus auf einer älteren und leistungsschwächeren Hobelmaschine gefertigt werden, wenn das günstigere CNC-Bearbeitungszentrum schon voll ausgelastet ist.

Werkzeugmaschine

Die Werkzeugmaschine wirkt durch veränderbare und feste Einflussgrößen auf den Zerspanvorgang ein. Die Größe, Antriebsart, Antriebsleistung, Starrheit der tragenden Teile und die erreichbare Maßgenauigkeit sind jeder Maschine durch die Konstruktion vorgegeben und somit nicht veränderbar.

Die einstellbaren Größen, die **Schnittbedingungen**, sind **Schnitttiefe a_p**, **Vorschub f** und **Schnittgeschwindigkeit v_c**. Sie bestimmen vor allem die Oberflächengüte, die Schnittleistung und die Standzeit des Werkzeuges.

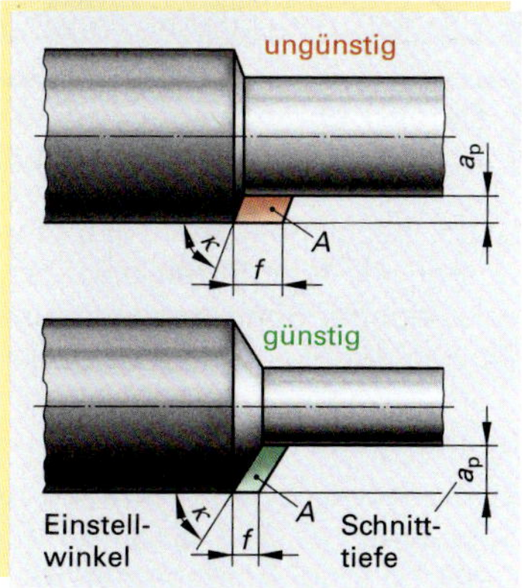

Bild 1: Flächengleiche Spanungsquerschnitte

Das Produkt aus Schnitttiefe und Vorschub ergibt den **Spanungsquerschnitt *A***. Größe und Form des Spanungsquerschnittes beeinflussen vor allem die Standzeit. Ein schmaler, langer Spanungsquerschnitt entsteht aus einem kleinen Vorschub und einer großen Schnitttiefe. Diese Form ist günstiger als ein flächengleicher, breiter und kurzer Spanungsquerschnitt **(Bild 1)**. Dort ist der Schnittdruck größer. Dadurch entsteht mehr Wärme, die wegen der kleineren Kontaktfläche schlechter abgeführt wird.

Eine geringe Oberflächenrauheit wird erzielt durch kleinen Vorschub, geringe Schnitttiefe und hohe Schnittgeschwindigkeit, allgemein **Schlichten** genannt. Großer Vorschub, große Schnitttiefe und geringe Schnittgeschwindigkeit erzeugen eine raue Oberfläche, diese Spanabnahme heißt **Schruppen.**

Werkzeug

Für Werkzeuge werden unterschiedliche **Schneidstoffe** verwendet: unlegierter Werkzeugstahl, Schnellarbeitsstahl, Hartmetall, Oxidkeramik und Diamant. Schneidstoffe für sehr hohe Schnittgeschwindigkeiten, wie Oxidkeramik, sind teuer; unlegierter Werkzeugstahl dagegen ist billig, hat jedoch eine geringere Standzeit. Das bedeutet, die Wahl des optimalen Werkzeugmaterials wird oft nach wirtschaftlichen Gesichtspunkten getroffen.

Durch den Einsatz von **Kühlschmiermitteln** können die Schnittleistung und die Standzeit des Werkzeugs erhöht werden. Aber nicht nur auf die Schneidstoffe kommt es an, auch Form, Abmessungen, Winkel an der Schneide, Einstellwinkel und die Schnittgeschwindigkeit beeinflussen die Zerspanung.

Werkstück

Zu den wichtigsten Einflussgrößen des Zerspanvorganges gehören die **Eigenschaften des zu bearbeitenden Werkstoffes.** Harte Werkstoffe und Werkstoffe mit großer Festigkeit erfordern einen sehr harten Schneidstoff und eine große Schnittkraft. Weiche Werkstoffe, wie z.B. Aluminium, werden mit hoher Schnittgeschwindigkeit bearbeitet.

Auch die **Abmessungen** des Werkstücks beeinflussen die Zerspanung: lange Teile federn leichter und müssen besonders aufgespannt werden. Oft entstehen durch die Bearbeitung Schwingungen, die zu einer mangelhaften Oberfläche führen. Außer einer geeigneten Aufspannung wird dies durch kleine Schnitttiefe, kleine Schnittkraft und hohe Schnittgeschwindigkeit vermieden.

Arbeitsauftrag:

1. Unterscheiden Sie Hauptbewegung, Vorschubbewegung, Zustellbewegung und Anstellbewegung.
2. Welches Bauteil (Werkzeug oder Werkstück) führt beim Drehen, Bohren, Walzfräsen oder Rundschleifen jeweils die Schnittbewegung aus und welches Bauteil die Vorschubbewegung?
3. In welchen Einheiten wird die Schnittgeschwindigkeit gemessen?
4. Welche Größen beeinflussen den Zerspanungsvorgang?
5. Beschreiben Sie den Einfluss des Verhältnisses der Härten von Schneidstoff und Werkstoff auf die Zerspanungsmenge und die Spangröße.
6. Erläutern Sie anhand Ihrer Kenntnisse der Reibung, welchen Einfluss Kühlschmiermittel auf die Schnittleistung und die Standzeit der Werkzeuge haben.
7. Erklären Sie den Begriff Anstellbewegung.
8. Nennen Sie die wichtigsten Schneidstoffe.

7.5.6 Bohren

Durch Bohren werden spanend zylindrische Löcher (Bohrungen) hergestellt oder erweitert.

Dabei bezeichnet man das Herstellen von Bohrungen als **Vollbohren** und das Erweitern schon vorhandener Bohrungen als **Aufbohren.** Auch das Senken und Reiben zählen zu den Bohrverfahren.

Bohrvorgang

Zwei Bewegungen bewirken beim Bohren die Spanabnahme **(Bild 1).** Der Bohrer wird über Motor, Getriebe und Bohrspindel in Drehung versetzt und führt infolgedessen die kreisförmige **Schnittbewegung** (Hauptbewegung) aus. Zur Erzeugung des Schneidendrucks, welcher erst zur Spanbildung führt, wird die Bohrspindel über Handhebel, Zahnrad und Zahnstange in Richtung Bohrerachse gedrückt, wobei die Drehachse des Bohrers und die Achse der erzeugten Innenfläche fluchten. Diese Bewegung ist die geradlinige **Vorschubbewegung.**

Da beide Arbeitsbewegungen gleichzeitig stattfinden, dringen beide Keilschneiden des Spiralbohrers spanabhebend in den Werkstoff ein **(Bild 2).**

Bohren ist Zerspanen mit kreisförmiger Schnittbewegung. Die Vorschubbewegung verläuft geradlinig in Richtung der Bohrungsachse.

Bohrwerkzeug

Der **Spiralbohrer,** eigentlich ein Wendelbohrer, ist das am häufigsten verwendete Bohrwerkzeug. Seinen Aufbau kann man sich folgendermaßen verdeutlichen:

In einen zylindrischen Rohling aus Schnellarbeitsstahl werden zwei wendelförmige Nuten gefräst. Die Steigung der Nut legt den Drallsteigungswinkel und damit den wirksamen **Spanwinkel** γ fest **(Bilder 2 und 3).** Bezogen auf das Werkzeug heißt er Seitenspanwinkel γ_f. Der genutete Rohling würde bei Drehung in einer Bohrung starke Reibung verursachen. Deshalb erzeugt man durch Hinterfräsen längs der Spannuten die (relativ schmalen) Führungsfasen mit den **Nebenschneiden,** wodurch sich die Reibung verringert. Außerdem führen die Fasen den Bohrer in der Bohrung. An ihnen wird der Bohrerdurchmesser gemessen **(Bild 1, Seite 185).**

Die **Hauptschneiden** am Bohrer entstehen durch kegelförmiges Anschleifen des genuteten Rohlings. Der dadurch gebildete **Spitzenwinkel** σ (sigma) bestimmt die Länge L der Schneiden. Die Hauptschneiden werden gleichzeitig hinterschliffen, damit sie in den Werkstoff eindringen können. So entstehen die **Freiflächen (Bild 3).**

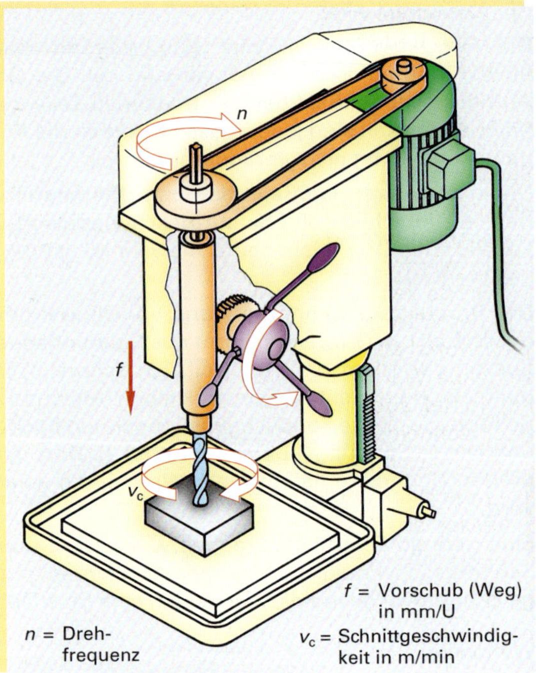

Bild 1: Bohrvorgang

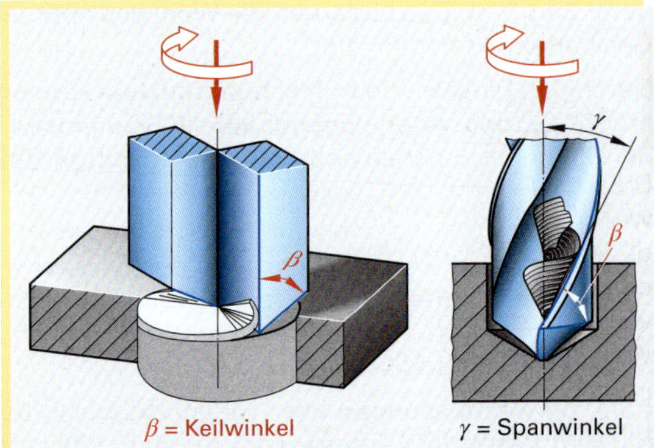

Bild 2: Entstehung der Keilschneiden am Spiralbohrer

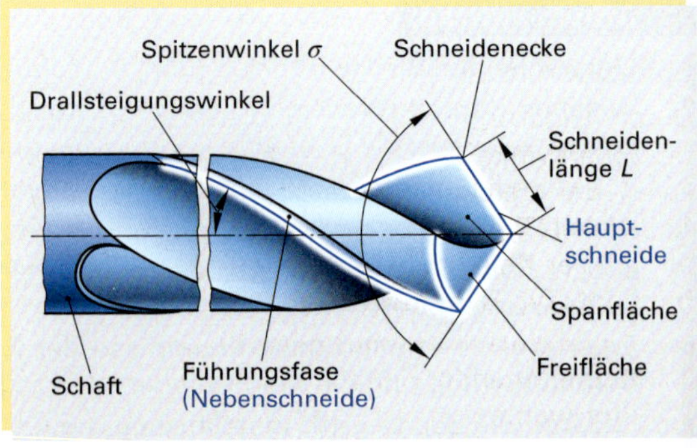

Bild 3: Bohreraufbau

Der **Freiwinkel** α legt die Neigung der Freiflächen fest, der **Keilwinkel** β begrenzt die Größe des Schneidenwinkels. Bezogen auf das Werkzeug heißen sie Seitenfreiwinkel α_f und Seitenkeilwinkel β_f **(Bild 1)**.

Spitzenwinkel

Bei größerem Spitzenwinkel σ eines Bohrers sind die Schneidenkeile stabiler, da die Hauptschneiden kürzer werden. Die Bruchgefahr vermindert sich. Die Größe des Spitzenwinkels hängt von der Härte und der Wärmeleitfähigkeit des zu bearbeitenden Werkstoffs ab. Die bei der Spanabnahme entstehende Wärme wird mit den Spänen und dem Kühlmittel, aber auch über das Werkstück und die Hauptschneiden **(Bild 2)** abgeleitet.

> Lange Werkstückschneiden leiten die Wärme besser ab. Die Gefahr der Überhitzung der Hauptschneiden verringert sich.

Querschneide und Vorschubkraft

Die Freiflächen bilden mit den Hauptschneiden eine Querschneide, deren Länge von der Kerndicke k (Seele) des Bohrers und dem Winkel ψ (psi = 55°) zwischen Quer- und Hauptschneide abhängig ist **(Bild 1)**.

> Mit zunehmendem Bohrerdurchmesser nimmt die Länge der Querschneide zu, die nötige Vorschubkraft erhöht sich stark.

Dies ist auf den negativen Querschneidenspanwinkel zurückzuführen, der lediglich eine schabende Schneidenwirkung zulässt. Die Folge ist, dass etwa 60% der gesamten Vorschubkraft darauf verwendet werden müssen, die Schneiden in das Werkstück eindringen zu lassen.

Daher wird zur **Verringerung der Vorschubkraft** bei Bohrungen über 10 mm Durchmesser entweder vorgebohrt, die Querschneide ist dann nicht mehr im Eingriff oder die Bohrerspitze erhält einen speziellen Anschliff **(Bild 3)** um die Querschneide zu verkleinern.

Spiralbohrertypen

Durch Änderung des Drallnutenwinkels und damit des Spanwinkels γ ändert sich auch der Keilwinkel β. Bei weichen Werkstoffen wird ein kleiner Keilwinkel (Typ W), bei harten Werkstoffen werden ein großer Keilwinkel und ein kleiner Spanwinkel benötigt (Typ H in **Bild 4**).

> Mit zunehmender Härte des zu bohrenden Werkstoffs wählt man Bohrer mit kleinerem Drallnutenwinkel und damit größerem Keilwinkel.

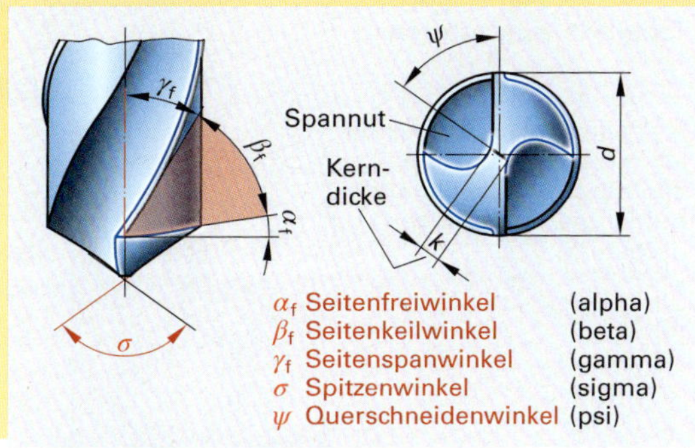

Bild 1: Winkel am Spiralbohrer

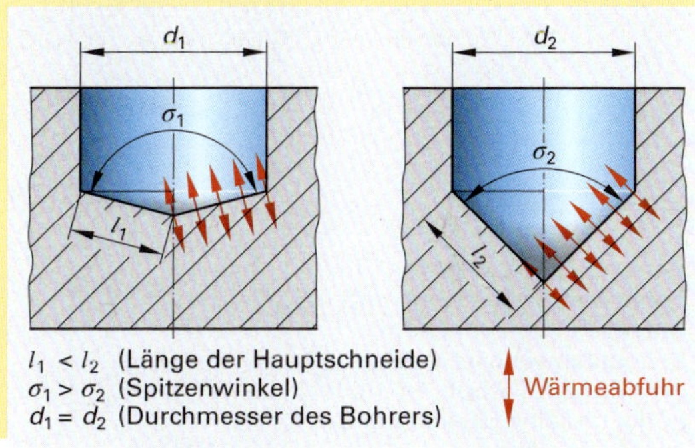

Bild 2: Wärmeabfuhr bei unterschiedlichen Spitzenwinkeln

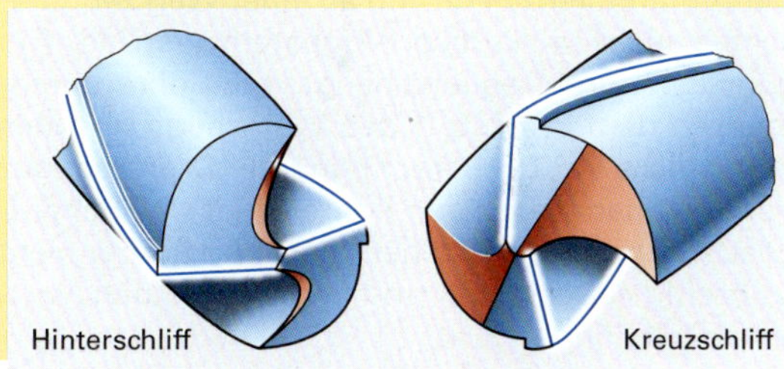

Bild 3: Verkleinern der Querschnitte

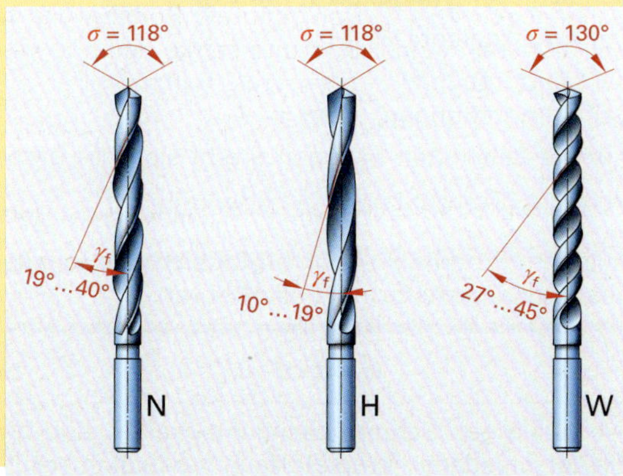

Bild 4: Spiralbohrertypen, Spitzen- und Drallwinkel

7

Tabelle 1: Bohrerarten

Einsatzmöglichkeiten	Bohrertyp		Werkstoff
Festlegen von Bohrungsmitten mit engen Lagetoleranzen, Zentrieren von Wellenmitten, Aufnahmezentrierungen von Exzentern.	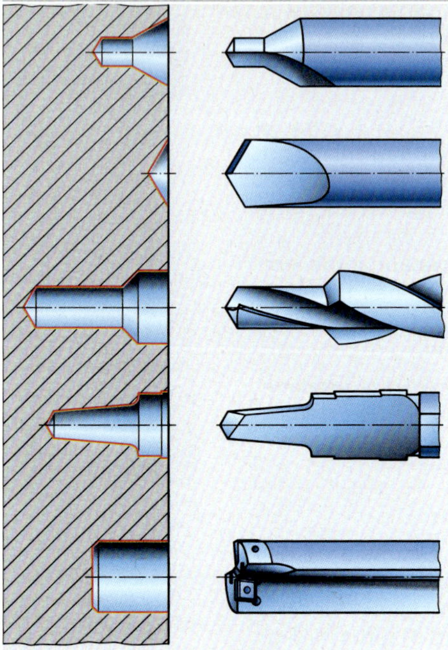	**Zentrierbohrer** (DIN 333)	HSS
		NC-Anbohrer	HSS HM
Bohrungen mit verschiedenen Ansätzen in einem Arbeitsgang (z. B. ansenken und entgraten).		**Stufenbohrer** (DIN 8374)	HSS HM
		Flachformbohrer	HSS HM
Wirtschaftliches Bohren mit hoher Zerspanleistung, guter Standzeit und einfachem Schneidenwechsel. Außerdem ist kein Vorbohren mehr nötig, da keine Querschneide vorhanden ist.		**Wendeplattenbohrer**	HM

Schnittgeschwindigkeit beim Bohren

Die Drehfrequenzen dürfen an einer Werkzeugmaschine nicht willkürlich eingestellt werden. Die günstigste Drehfrequenz hängt vom Bohrerdurchmesser, dem Werkstoff des Werkzeugs und des Werkstücks ab. Zur Berechnung der Drehfrequenz benötigt man die für den Bohrer zulässige Schnittgeschwindigkeit, die sichert, dass der Bohrer nicht frühzeitig verschleißt und trotzdem noch wirtschaftlich bohrt.

Die Geschwindigkeit der Schneidenecke in Richtung der Schnittbewegung bezeichnet man als **Schnittgeschwindigkeit v_c (Bild 1).**

Der zurückgelegte Weg ist

bei 1 Umdrehung $s = \pi \cdot d \cdot 1$ in m,
bei x Umdrehungen $s = \pi \cdot d \cdot x$ in m.

Auf die Zeiteinheit bezogen ergibt sich die Drehfrequenz (Drehzahl n in $\frac{1}{\text{min}}$ oder min^{-1}).

Aus dem Produkt $\pi \cdot d \cdot n$ ergibt sich die Schnittgeschwindigkeitsformel beim Bohren:

$$v_c = \pi \cdot d \cdot n$$

Die zulässigen Schnittgeschwindigkeiten sind für die verschiedenen Werkstoffe in Versuchen ermittelt worden **(Tabelle 2).**

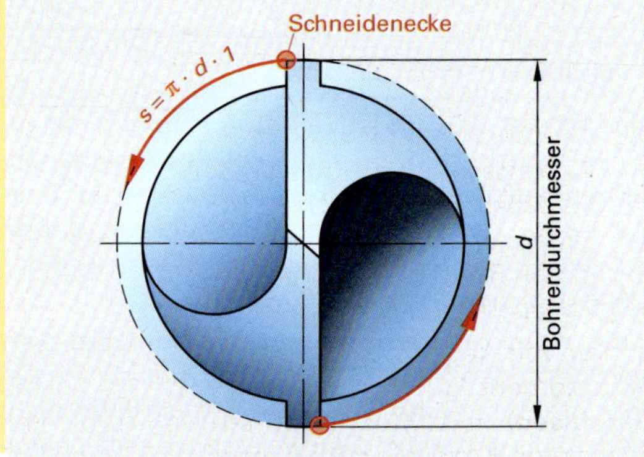

Bild 1: Weg der Schneidenecke bei einer Umdrehung

Tabelle 2: Schnittgeschwindigkeit und Vorschub

Werkstoff	Schnittgeschwindigkeit v_c in m/min HSS	HM	Vorschub f in mm
St bis R_m = 400 N/mm²	25	80	0,04 ... 0,8
= 600	22	60	
= 800	18	40	0,03 ... 0,6
GG, GT, GS	15 ... 25	40 ... 70	0,05 ... 1,0
Werkzeugstahl	5 ... 10	20 ... 30	0,025 ... 0,5
Cu-Zn-Legierung	30 ... 80	80 ... 125	0,05 ... 1,0
Al-Legierung	35 ... 150	100 ... 200	0,05 ... 1,0

Ist die **zulässige Schnittgeschwindigkeit** einer Tabelle entnommen worden, lässt sich die günstigste **Drehfrequenz** mithilfe der Schnittgeschwindigkeitsformel errechnen:

$$n = \frac{v_c}{\pi \cdot d}$$

Zur Bestimmung der richtigen Drehfrequenz des Bohrers benötigt man immer die zulässige Schnittgeschwindigkeit und den Bohrerdurchmesser.

Kann die errechnete Drehfrequenz nicht am Getriebe der Bohrmaschine eingestellt werden, wird immer mit der nächst niedrigeren Drehfrequenz gebohrt.

In der Regel ermittelt man jedoch die Drehfrequenz aus einem Schnittgeschwindigkeitsdiagramm **(Bild 1).**

Bei kleinem Bohrerdurchmesser wird eine große Drehfrequenz eingestellt!

Bei großem Bohrerdurchmesser wird eine kleine Drehfrequenz eingestellt!

Spannen der Werkzeuge

Der Einspannschaft des Spiralbohrers ist bis zum Bohrerdurchmesser von ca. 10 mm zylindrisch. Ist der Durchmesser größer, werden die Werkzeuge mit einem kegeligen Einspannschaft versehen.

Die Kraftübertragung erfolgt bei zylindrischem Schaft kraftschlüssig über ein Dreibacken- oder ein **Schnellspannfutter.** Genaue Bohrungen werden dabei nur erreicht, wenn der Bohrer auf dem Grund des Bohrfutters aufsitzt und fest und zentrisch gespannt wird **(Bild 2).**

Bohrer mit kegeligen Schäften übertragen das Drehmoment kraftschlüssig. **Morsekegel (Reduzierhülsen)** mit Morseschäften 2-6 (d.h. mit genormten Kegelwinkeln) passen den Bohrer an die jeweilige Bohrspindel an. Beim Spannen mit Kegelschäften ist darauf zu achten, dass der Austreiblappen nicht verkantet und sich keine Späne zwischen Hülse und Bohrer befinden **(Bild 3).** Bohrer mit Morsekegelschäften können auch auf Werkzeugmaschinen mit Steilkegel durch den Einsatz von Zwischenhülsen gespannt werden.

Spannen der Werkstücke

Ab 8 mm Bohrungsdurchmesser sind Werkstücke gegen Herumreißen zu sichern. Dies geschieht bei kleineren Werkstücken mit dem **Maschinenschraubstock.** Er wird, wenn nötig, auf dem Bohrmaschinentisch befestigt **(Bild 1, Seite 188).**

Beispiel: Vorschubauswahl für Bohrerdurchmesser 10 mm, Werkstoff Fe 360 B, ergibt eine Schnittgeschwindigkeit von v_c = 25 m/min **(Tabelle 2, Seite 186)** und einen Vorschub von f = 0,04 mm ... 0,8 mm; gewählt 0,4 mm. Die aus dem Diagramm ermittelte Drehzahl beträgt n = 900 1/min.

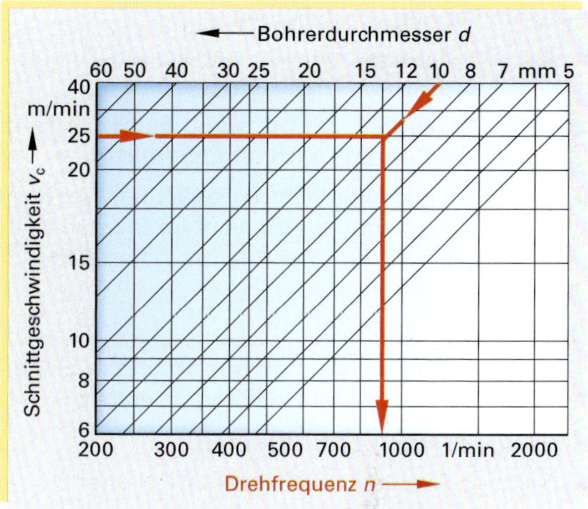

Bild 1: Schnittgeschwindigkeitsdiagramm

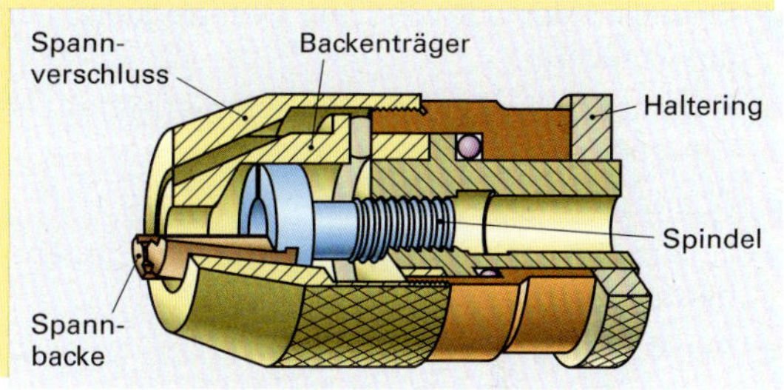

Bild 2: Schnellspannfutter

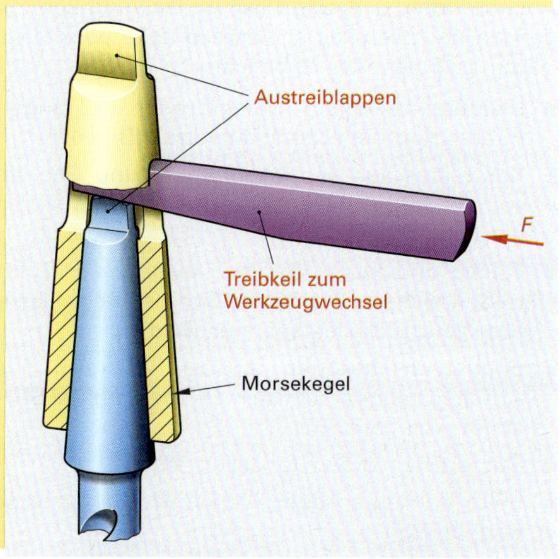

Bild 3: Bohrer mit Kegelschaft und Morsekegel – Lösen mittels Treibkeil

Große Werkstücke sind mithilfe von **Spanneisen, Spannschrauben** und **Spannunterlagen** direkt auf den Bohrmaschinentisch zu spannen.

Runde Werkstücke werden in ein **Bohrprisma** gelegt und mit einem Bügelspanneisen fixiert **(Bild 1)**.

Spannfehler und deren Folgen:

- Die Durchgangsbohrung hat keinen Auslauf; der Bohrtisch wird beschädigt.
- Das Werkstück biegt sich beim Bohren durch; die Bohrung wird unrund **(Bild 2)**.
- Die Winkligkeit wird nicht beachtet; die Bohrungsachse befindet sich nicht im rechten Winkel zur Oberfläche (Lagetoleranzfehler, **Bild 3**).

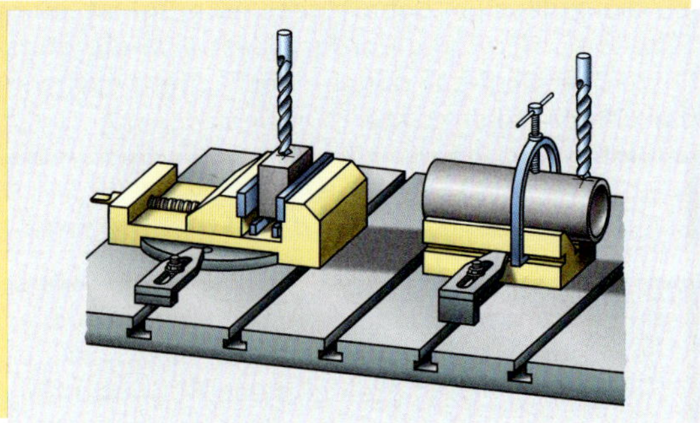

Bild 1: Bohren im Maschinenschraubstock und mit Bohrprisma

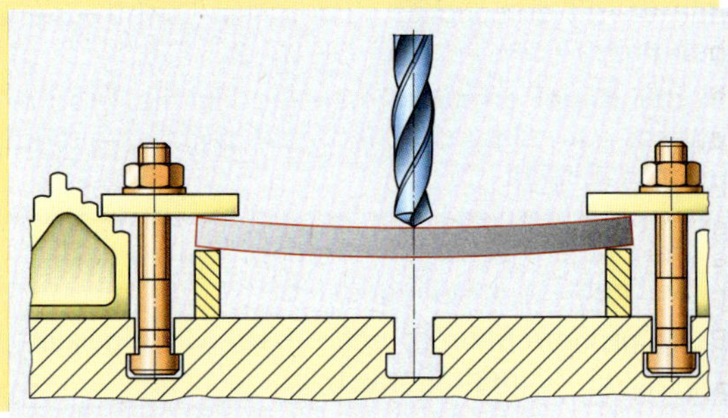

Bild 2: Spannfehler: Durchbiegung

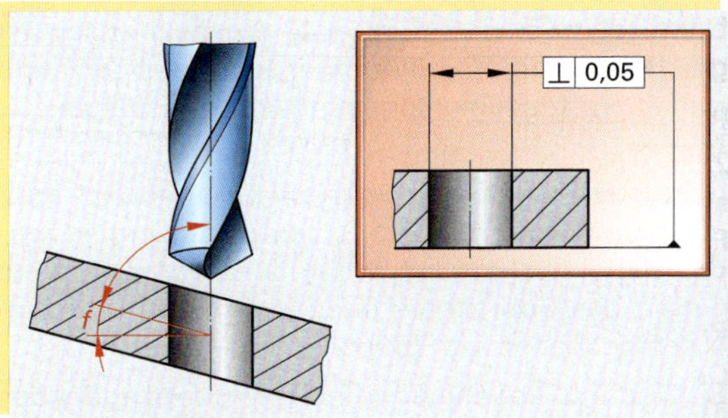

Bild 3: Lagetoleranzfehler

Arbeitsregeln beim Bohren

Genaue Bohrungen werden nur durch die Einhaltung der wesentlichen Arbeitsregeln erzielt:

- Genaues Anreißen und Körnen
- Richtige Auswahl des Bohrers (N, H oder W)
- Sicheres Einspannen und genaues Ausrichten des Werkzeugs und Werkstücks
- Einstellen der notwendigen Drehfrequenz und des Vorschubs
- Falls nötig, geeignetes Kühlschmiermittel verwenden
- Spanabfuhr gewährleisten
- Lochstiche nach Anbohren prüfen und gegebenenfalls korrigieren
- Alle Bohrungen entgraten

Unfallverhütung

Auch bei den sichersten Bohrmaschinen können durch Unachtsamkeit schwere Unfälle passieren. Darum ist Folgendes zu beachten:

- Kleidung mit engen Ärmeln tragen. Bei langen Haaren Kopfbedeckung aufsetzen **(Bild 4)**!
- Keiltreiber aus der Bohrspindel und Schlüssel auf dem Bohrfutter nach Gebrauch sofort herausnehmen!
- Flache und kurze Werkstücke gegen Herumreißen sichern. Ab 8 mm Bohrerdurchmesser alle Werkstücke festspannen **(Bild 4)**.
- Schutzvorrichtungen müssen während des Arbeitens angebracht sein. Riemen nur bei Stillstand umlegen!
- Bohrspäne mit dem Pinsel entfernen!
- Beim Bohren spröder Werkstoffe Schutzbrille tragen!
- Fehler an Teilen der elektrischen Ausrüstung sofort melden!

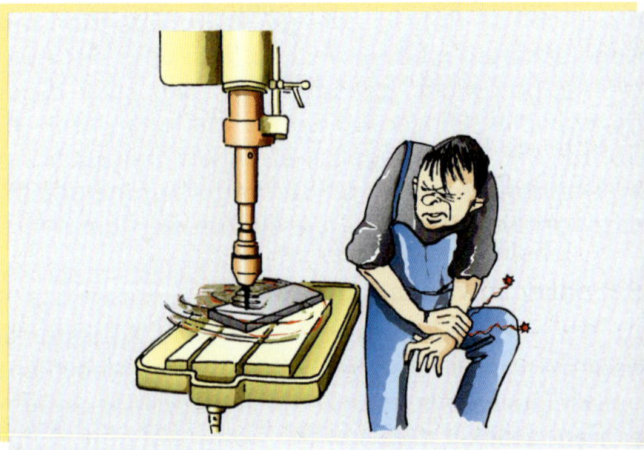

Bild 4: Unfallverhütung beim Bohren

7.5.7 Senken

Für das Entgraten, Profilsenken (kegelig und zylindrisch) und Planen (Ein- und Ansenken) sind besondere Bohrverfahren entwickelt worden.

Senken entspricht einem Bohrvorgang zur Erzeugung von Zylinder- oder Kegelflächen in Richtung der Bohrungsachse **(Bilder 2 und 5)** und von Planflächen rechtwinklig zur Bohrungsachse **(Bild 3)** mit dementsprechenden Werkzeugen.

Arten und Verwendung von Senkern

Das im Beispiel **(Bild 1)** dargestellte Werkstück wird nach dem Vorbohren mit verschiedenen Senkern bearbeitet **(Bilder 2 bis 5)**. Die Werkzeuge bestehen aus HSS-Stahl oder Hartmetall.

Aufbohren

Eine vorhandene Bohrung wird mit einem **Spiralsenker** (Aufbohrer, drei und mehr Schneiden) aufgebohrt **(Bild 2)**. Dabei werden die Maß- und Formgenauigkeit, sowie die Oberflächengüte der Bohrung erhöht.

Plansenken

Mit dem **Plansenker** (Flachsenker) wird am Werkstück eine Planfläche angesenkt **(Bild 3)**. Sie dient häufig als Auflagefläche für Schrauben und Muttern bei sonst im Rohzustand belassener Oberfläche. Es gibt Plansenker mit und ohne Führungszapfen.

Planeinsenken

Zylindrische Einsenkungen werden mit dem **Flachsenker** (Zapfensenker) ausgeführt **(Bild 4)**. Es gibt **Flachsenker** mit festem und auswechselbarem Führungszapfen.

Profilsenken

Der **Kegelsenker** fertigt kegelige Profilsenkungen **(Bild 5)**. Der Senkwinkel ist für Nieten 75°, 60° oder 45°, für Senkschrauben 90° und 120° und zum Entgraten 60°. Je nach Ausführung kann der Kegelsenker eine, drei oder viele Schneiden besitzen.

Die **Senkarbeiten** lassen sich auf allen Bohr-, Fräs- und Drehmaschinen durchführen.

Arbeitsregeln

- Kleine Drehfrequenzen einstellen (Schnittgeschwindigkeit $v_c = 0{,}2 \cdot v_c$-Bohrer bis $0{,}5 \cdot v_c$-Bohrer), beim Spiralsenker $v_c = v_c$-Bohrer!
- Senker mit zylindrischem Schaft bis auf den Grund des Spannfutters einspannen.
- Gleiche Kühlmittel wie beim Bohren verwenden, jedoch nur bei Auf- und Einsenkungen kühlen!
- Vorschub kann größer als beim Bohren gewählt werden (vor allem beim Aufsenken).

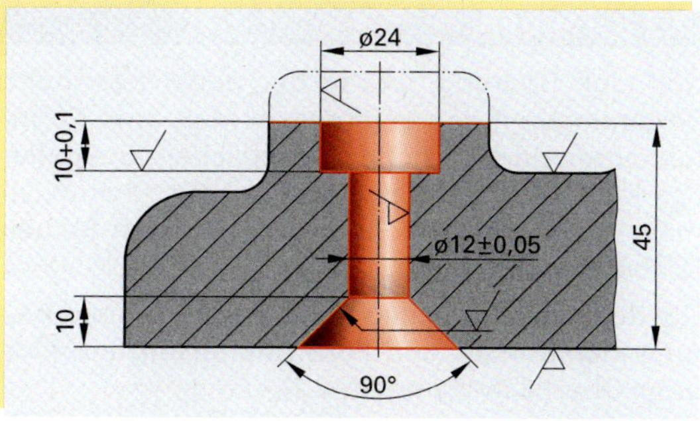

Bild 1: Durch Bohren und Senken zu bearbeitendes Werkstück aus Grauguss

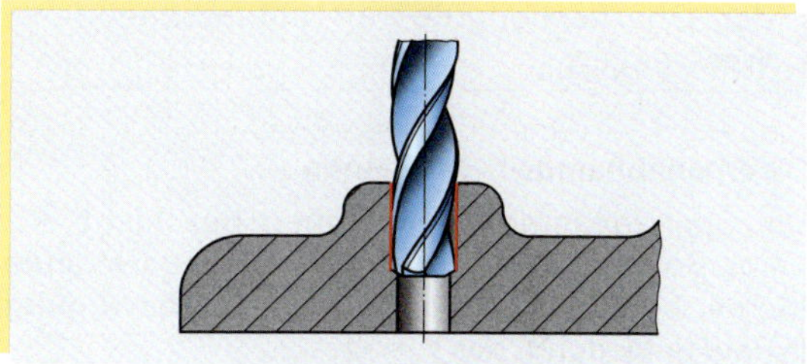

Bild 2: Aufbohren mit dem Spiralsenker

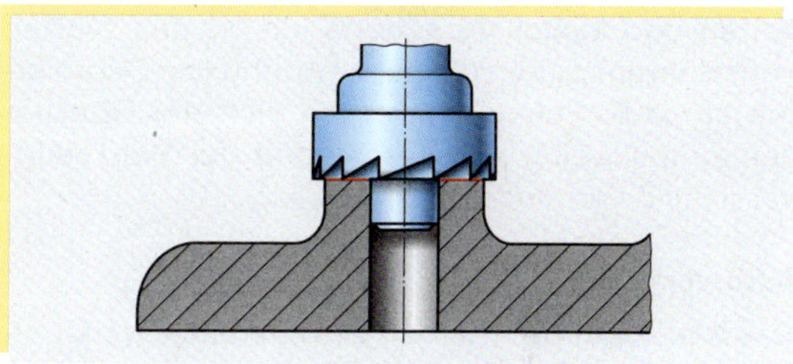

Bild 3: Planansenken mit dem Plansenker

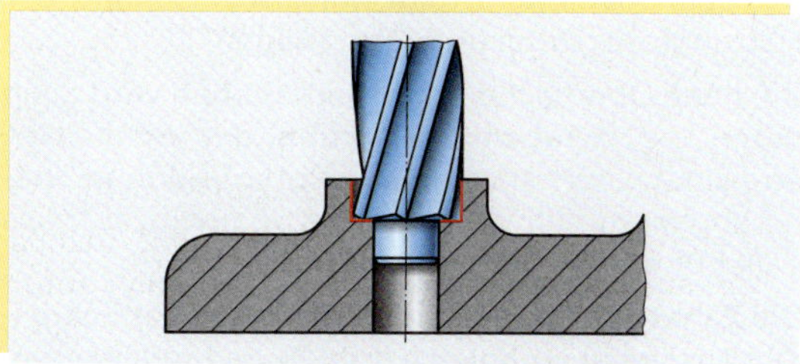

Bild 4: Planeinsenken mit dem Flachsenker

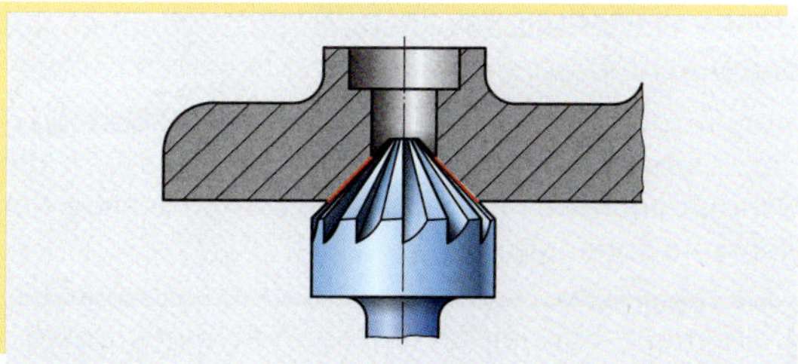

Bild 5: Profilsenken mit dem Kegelsenker

7.5.8 Reiben

Soll eine Bohrung, wie in der nebenstehenden Zeichnung, mit den geforderten Maß- und Formtoleranzen und der hohen Oberflächengüte gefertigt werden, so ist dies durch Bohren allein nicht mehr möglich. Die Bohrung muss durch Reiben feinbearbeitet werden.

Die Bohrungen erhalten durch diese Feinbearbeitung **kleine Maß- und Formtoleranzen** und eine **hohe Oberflächengüte (Bild 2).**

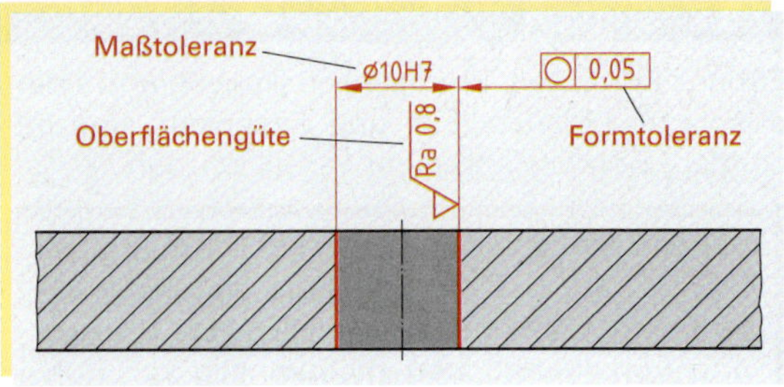

Bild 1: Geriebene Bohrung

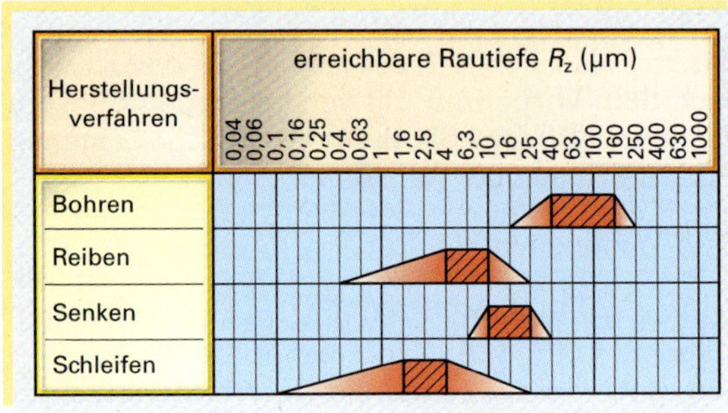

Bild 2: Vergleich erreichbarer Rautiefen

Reiben entspricht einem Bohrvorgang mit sehr geringer Spandicke zwecks Erhöhung der Oberflächengüte mit entsprechenden Werkzeugen.

Die Spanabnahme beim Reiben

Die Spanabnahme beim Reiben geschieht wie beim Bohren und Senken durch die **drehende** (Schnittbewegung) und die **Vorschubbewegung** (axiale Bewegung) des Werkzeugs.

Die Erzeugung einer hohen Oberflächengüte durch Reiben erfordert **niedrige Schnittgeschwindigkeiten** und **kleine Vorschübe** (ca. 1/4 des Wertes vom Bohren). Durch die Verwendung von Schmiermitteln, z.B. Schneidöl, lassen sich die Oberflächengüten weiter verbessern und der Werkzeugverschleiß vermindern.

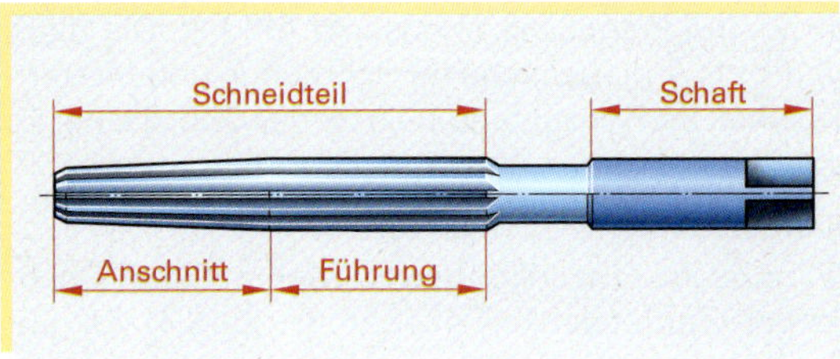

Bild 3: Aufbau einer Handreibahle

Reibwerkzeug

Das Werkzeug zum Reiben wird Reibahle genannt. Der spanende Teil der Reibahle ist der Schneidenteil. Er besteht aus Anschnitt und Führungsteil. Die Spanabnahme erfolgt nur am Anschnitt, der Führungsteil glättet und führt **(Bild 3).**

Die hohe Oberflächengüte beim Reiben wird auch durch die **schabende Wirkung** der Schneiden erreicht. Es dürfen vom Werkstoff nur dünne Späne abgenommen werden. Der Spanwinkel muss daher 0° oder negativ sein **(Bild 4).**

Die **Zahnteilung** ist bei der Anordnung der Schneiden am Umfang **ungleich (Bild 4),** dadurch werden Rattermarken vermieden (kein Eingriff der nachfolgenden Schneide an derselben Stelle). Trotzdem stehen sich jeweils zwei Schneiden gegenüber, um den Durchmesser der Reibahle messen zu können.

Nur vorgebohrte Löcher können gerieben werden. Dabei sind die Bearbeitungszugabe und die Schneidenanzahl immer vom Durchmesser der Reibahle abhängig.

Je mehr Schneiden vorhanden sind, desto besser wird die Formgenauigkeit.

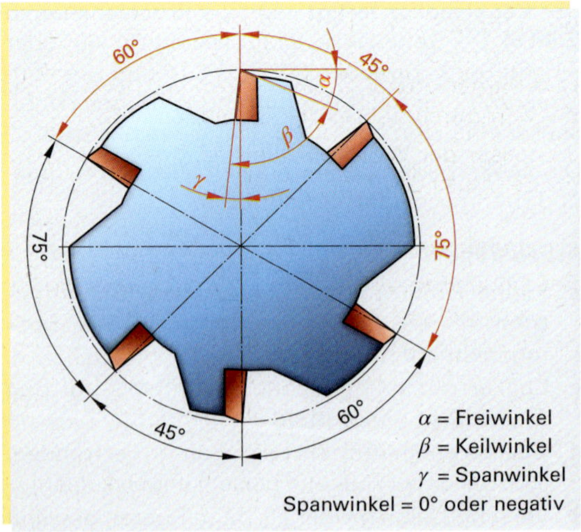

Bild 4: Teilung und Winkel an der Reibahle

7.5.9 Gewindeschneiden

Gewinde werden für unterschiedliche Funktionen benötigt und gefertigt. Sie dienen z. B. bei Schrauben (Außengewinde) und Muttern (Innengewinde, **Bild 1**) zur Verbindung von Werkstücken oder, z. B. bei Spindeln (meist mit Trapezgewinde), zum Bewegen von Maschinenteilen gegeneinander.

Kennzeichnend für jedes Gewinde sind folgende Größen:

- Das Profil (Spitzgewinde, Trapezgewinde, ...)
- Die Steigung
- Die Gangzahl (ein- oder mehrgängig)
- Die Gangrichtung (Rechts-/Linksgewinde)

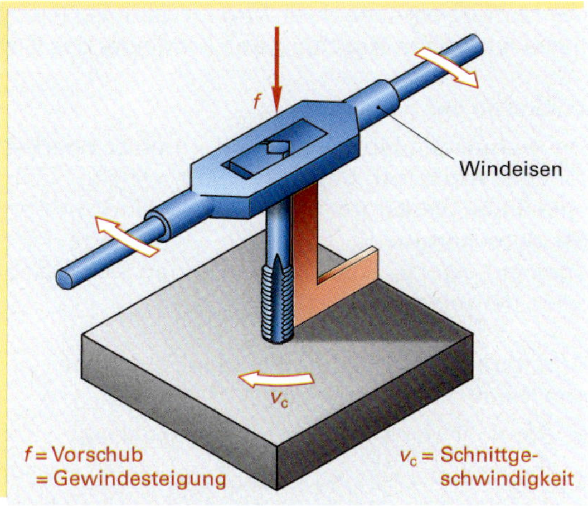

Bild 1: Gewindeschneiden von Hand

Unabhängig davon gibt es noch weitere Unterscheidungskriterien, welche bei der Auswahl von Gewinden hilfreich sind, wie die **Lage** des Gewindes (Innen- oder Außengewinde) und die jeweilige **Verwendung** des Gewindes (Befestigungs- oder Bewegungsgewinde).

In der Gewindefertigung gibt es eine kaum noch zu überschauende Anzahl spanender und auch spanloser Herstellverfahren.

Bei der spanenden Gewindeherstellung, dem Gewindeschneiden, werden Gewindegänge auf Bolzen oder in Bohrungen mit ein- oder mehrschneidigen Werkzeugen gefertigt.

Innengewindeschneiden von Hand

Die **spanabnehmende Bewegung** setzt sich zusammen aus einer Drehbewegung des Gewindebohrers (Hauptbewegung) und einer **Axialbewegung** in die Bohrung hinein (Vorschubbewegung). Der kegelige Anschnitt des Werkzeugs und die Steigung der Gewindegänge bewirken eine allmähliche Vertiefung bis zur endgültigen Profilform **(Bild 2)**.

Beim Innengewindeschneiden wird der Werkstoff durch den Gewindebohrer zum größten Teil geschnitten, es findet also eine überwiegend spanende Bearbeitung statt. Ein Rest des Werkstoffs wird verdrängt (spanlos), er staucht sich auf **(Bild 2)**. Deshalb muss der Durchmesser des **Kernlochbohrers** immer etwas größer (0,2 mm ... 0,4 mm) als der Kerndurchmesser des Gewindes sein.

Je besser der Werkstoff fließt (z. B. Al, Cu), desto größer muss das Kernloch werden.

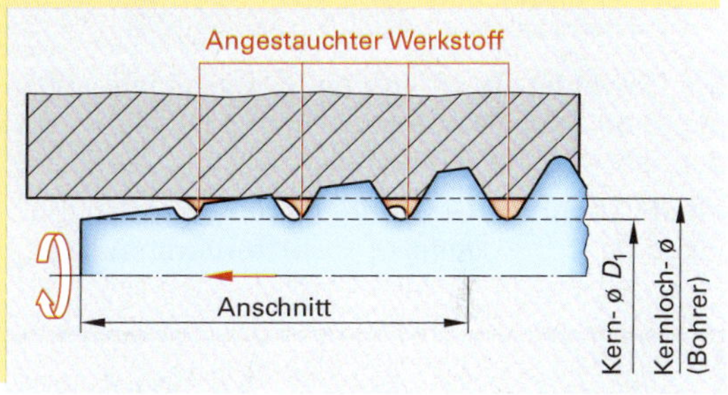

Bild 2: Spanungsvorgang Innengewindeschneiden

Gewindebohrer

Satzgewindebohrer (dreiteilig oder zweiteilig für Feingewinde), **Muttergewindebohrer** und **Maschinengewindebohrer** sind die gebräuchlichsten Bohrerarten bei der Gewindeherstellung. Sie bestehen meistens aus HSS-Stahl oder aus Hartmetall.

Beim Satz- und Muttergewindebohrer wird die Schnittbewegung von Hand ausgeführt. Der Satzgewindebohrer schneidet das Gewindeprofil in zwei bzw. drei Arbeitsgängen **(Bild 3)**.

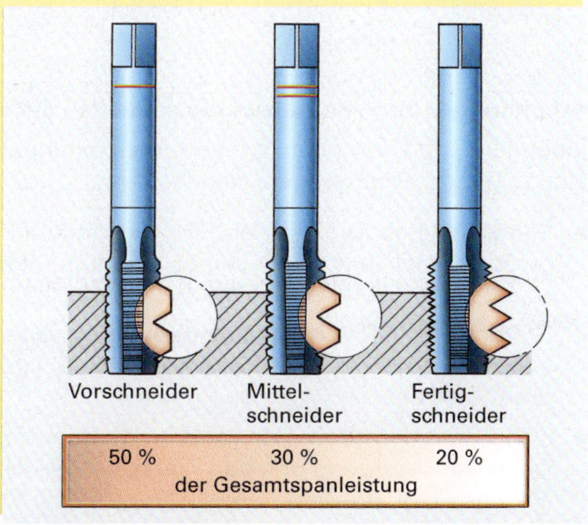

Bild 3: Satzgewindebohrer

Der Muttergewindebohrer wird für geringe Gewindetiefen (bis 1,5 · Gewindedurchmesser) eingesetzt. Er hat einen langen Anschnitt und schneidet das Gewinde in einem Arbeitsgang **(Bild 1).**

Winkel an der Schneide

Die Schneidengeometrie wird vom zu bearbeitenden Werkstoff bestimmt. Für weiche, langspanende Werkstoffe (z.B. Al, Cu) sind größere Spanbrechernuten erforderlich als für harte, kurzspanende Werkstoffe. Dadurch ändert sich gleichzeitig der Spanwinkel γ **(Tabelle 1).**

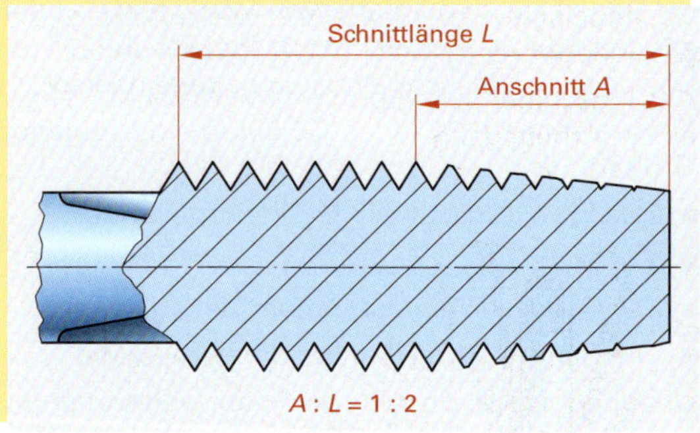

Bild 1: Muttergewindebohrer

Tabelle 1: Winkel am Gewindebohrer

Werkstoff	Fe 360 B ... Fe 690	GG	Al
γ = Spanwinkel	10° ... 12°	4° ... 6°	16° ... 22°

Arbeitsregeln zum Innengewindeschneiden von Hand

- Bohrloch mit Kegelsenker 90° ansenken.
- Gewindebohrer Nr. 1 ins Bohrloch einsetzen und anschneiden.
- Rechtwinkligkeit zum Werkstück prüfen.
- Den Gewindebohrer unter gleichmäßigem Druck beider Hände mit dem Windeisen drehen.
- Ausreichend Kühl-/Schmierstoff verwenden.
- Bei Schwergängigkeit kurzes Zurückdrehen des Gewindebohrers, damit die Späne brechen.
- Die Reihenfolge der Satzgewindebohrer beachten.
- Bei Grundlöchern Spänestau vermeiden und vorsichtig bis zum Grund drehen.

Die **Gewindetiefe** ist von der Kernlochtiefe abhängig. Sind keine Angaben zur Kernlochtiefe vorhanden, lässt sich die Bohrlochtiefe wie folgt berechnen:

Mindestbohrlochtiefe = Gewindetiefe + 0,7 · Kernlochbohrerdurchmesser

$$l_{min} = l_{Gew} + 0{,}7 \cdot d_{Bohrer}$$

Beispiel:

l_{min} = 15 mm + 0,7 · 6,8 mm

l_{min} = **19,76 mm**

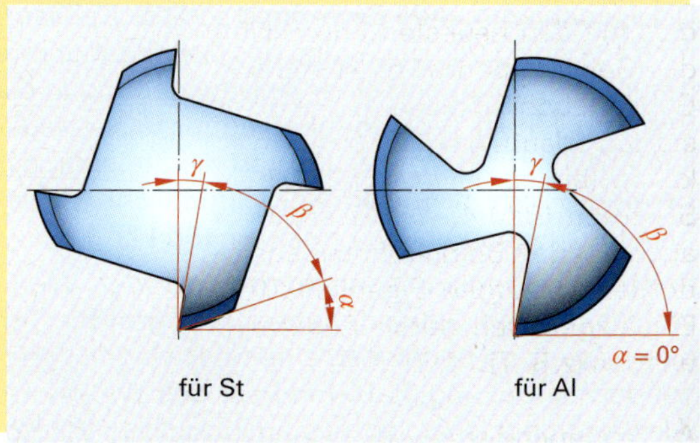

Bild 2: Winkel am Gewindebohrer

Arbeitsregeln zum Innengewindeschneiden auf der Bohrmaschine

Innengewinde kann man mit dem Maschinengewindebohrer auf der Bohrmaschine schneiden. Dabei sind folgende **Arbeitsregeln** zu beachten:

- Keinen Vorschub einstellen. Der Gewindebohrer zieht sich aufgrund seiner Steigung von selbst in das Werkstück.
- Die Bohrmaschine muss Rechts- und Linkslauf haben, denn der Bohrer muss wieder zurückgedreht werden.
- Kühl-/Schmiermittel verwenden (Schneidöl). Dabei das Werkzeug und den Werkstoff berücksichtigen (vgl. Bohren).
- Die Schnittkraft muss zur Vermeidung von Bohrerbrüchen möglichst einstellbar sein. Mit einem Gewindeschneidapparat, der in die Bohrspindel gesteckt werden kann, lässt sich die Schnittkraft einstellen und der Rücklauf schaltet sich selbsttätig ein (Grundlöcher!).
- Auf die richtige Schnittgeschwindigkeit achten $\left(\text{Richtwerte: St} \mathrel{\hat{=}} 12\,\frac{\text{m}}{\text{min}},\ \text{GG} \mathrel{\hat{=}} 8\,\frac{\text{m}}{\text{min}}\right)$.
- Den richtigen Gewindebohrer auswählen.

Maschinengewindebohrer

Maschinengewindebohrer unterscheiden sich durch rechts- und linksgedrallte Spannuten **(Bilder 1 und 2). Linksgedrallte Bohrer** führen die Späne nach unten ab (geeignet für Durchgangsbohrungen). **Rechtsgedrallte Bohrer** ziehen die Späne aus der Bohrung heraus (geeignet für Grundlöcher).

Gewindelängen bis maximal 1 · Gewindedurchmesser lassen sich rationell mit einem **Maschinenkombigewindebohrer** herstellen **(Bild 3).**

Alle Maschinengewindebohrer haben einen **kurzen Anschnitt** und schneiden das Gewinde meistens in einem Arbeitsgang.

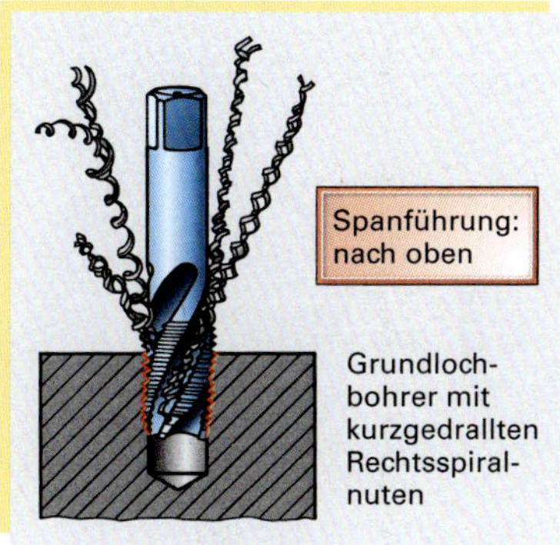

Bild 1: Maschinengewindebohrer mit Rechtsdrall

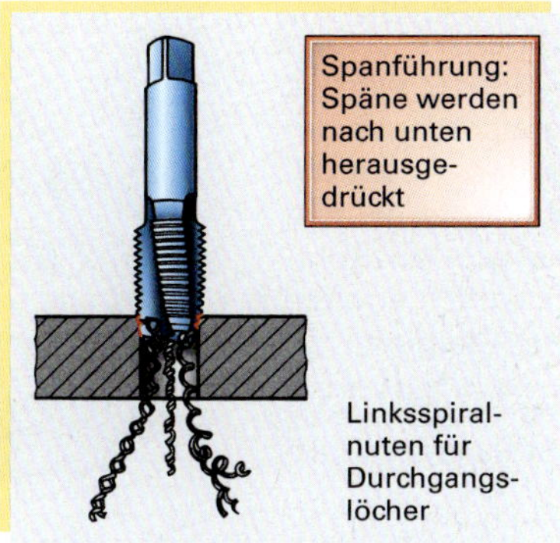

Bild 2: Maschinengewindebohrer mit Linksdrall

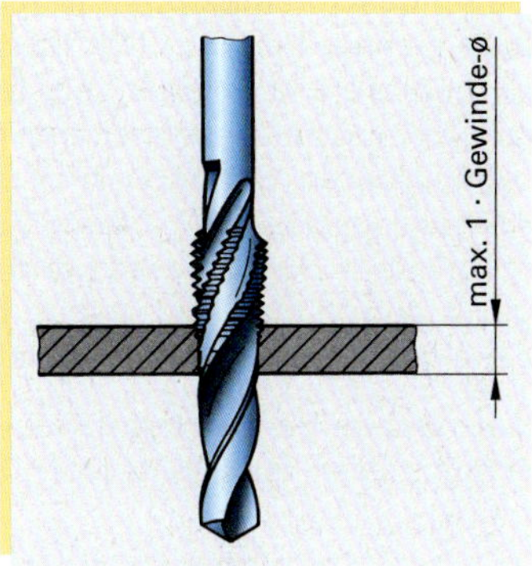

Bild 3: Maschinenkombigewindebohrer

War die Gewindeherstellung lange Zeit ein sehr zeitraubendes und damit teures Verfahren, so ist dies mit den neuesten Entwicklungen im Bereich der Gewindebohrer nicht mehr so. Beschichtete Gewindebohrer, teilweise mit Innenkühlung ausgestattet, erlauben relativ hohe Schnittgeschwindigkeiten (bis ca. 50 m/min!) bei gleichzeitig hoher Standzeit **(Bild 4).** Die Beschichtung besteht wie auch bei den Spiralbohrern aus Titan-Nitrid (TiN), dessen sehr gute Eigenschaften in bestimmten Einsatzgebieten durch Zusätze noch verbessert werden (z. B. TiCN, TiAlN).

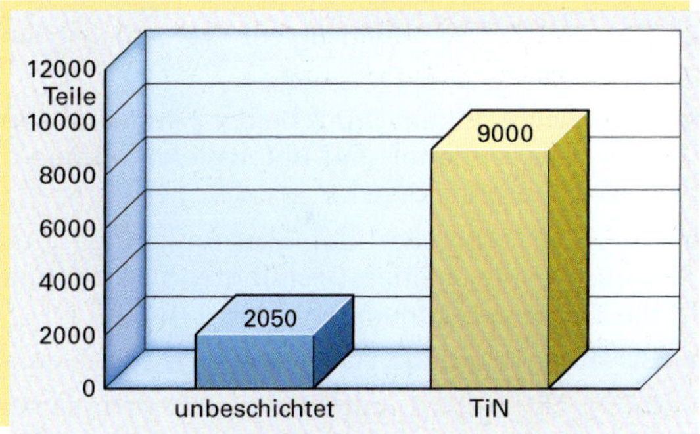

Bild 4: Vergleich der Standzeiten

Außengewindeschneiden von Hand

Zum Schneiden der Außengewinde von Hand verwendet man Schneideisen **(Bild 5)** und Gewindeschneidkluppen.

Wie beim Innengewindeschneiden tritt auch beim Spanen mit dem Schneideisen, nachdem der größte Teil des Gewindeprofils eingeschnitten ist, ein Stauchen des Werkstoffs auf. Der Bolzendurchmesser muss deshalb einen etwas kleineren Durchmesser haben als der zu schneidende Gewindedurchmesser (0,1 mm ... 0,3 mm). Außerdem muss der Bolzen zum geraden Ansetzen des Schneideisens angefast werden **(Bild 1, Seite 194).**

> Je stärker der Werkstoff aufstaucht (fließt), desto kleiner muss der Bolzendurchmesser im Verhältnis zum Kerndurchmesser sein!

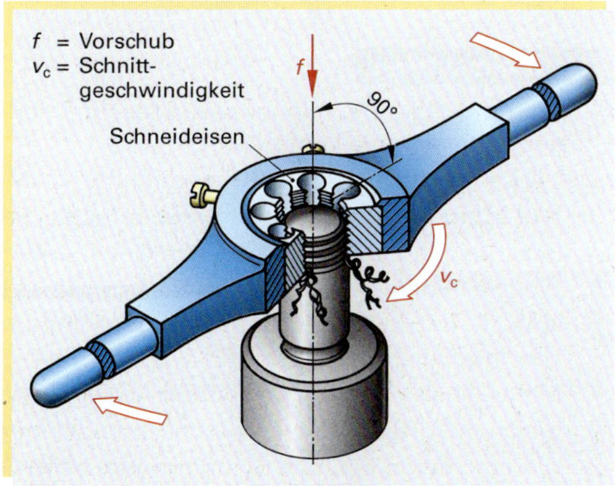

Bild 5: Außengewindeschneiden von Hand

Werkzeuge zum Außengewindeschneiden

Bei **Gewindeschneideisen (Bild 2)** wird das vollständige Gewinde in einem Arbeitsgang geschnitten. Die geschlitzte Ausführung **(Bild 3)** lässt sich zentrisch verstellen. Eine Einflussnahme auf den Gewindedurchmesser ist dadurch in engen Grenzen möglich. Schneideisen sind nur bis ca. 16 mm Gewindedurchmesser einsetzbar, da große Zerspanarbeit geleistet werden muss.

Gewindeschneidkluppen (Bild 4) haben verstellbare Schneidbacken. Die Spanabnahme erfolgt in mehreren Arbeitsgängen. Die Messer werden zum Vor- und Nachschneiden verstellt. Wegen der regulierbaren Spanabnahme werden Gewindeschneidkluppen für größere Gewinde verwendet (ab 12 mm Durchmesser und bei großen Rohrgewinden, z.B. R1 1/4), sowie bei verschiedenen Gewindedurchmessern mit gleicher Steigung.

Der **Schneidenwerkstoff** für Außengewindeschneideisen ist meistens HSS-Stahl oder Hartmetall.

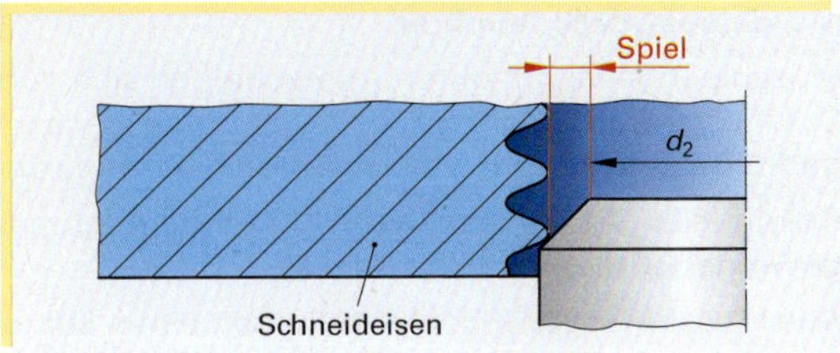

Bild 1: Fasendurchmesser am Bolzen

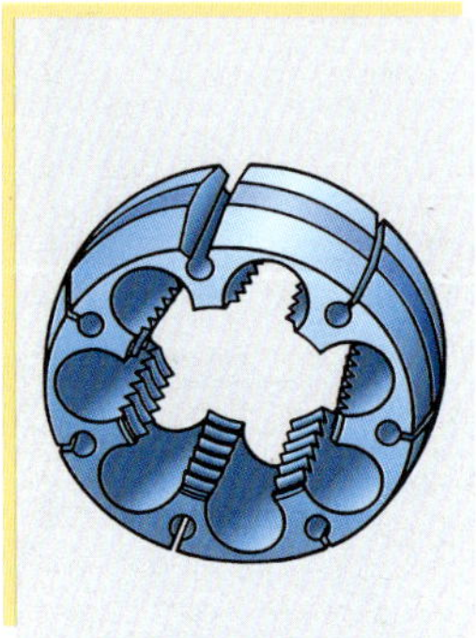

Bild 2: Geschlossenes Schneideisen

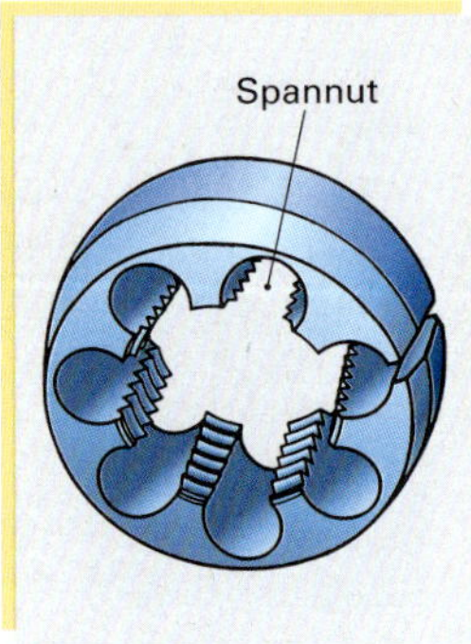

Bild 3: Geschlitztes Schneideisen

Arbeitsregeln zum Außengewindeschneiden

- Bolzen zum Ansetzen des Schneideisens anfasen.
- Schneideisen rechtwinklig zur Werkstückachse aufsetzen.
- Bei gleichmäßigem Druck beider Hände auf den Schneideisenhalter und unter gleichmäßigem Drehen anschneiden.
- Durch Unterbrechen des Spanungsvorganges und mit einer halben Drehung zurück werden die Späne gebrochen.
- Bis zur angegebenen Gewindelänge schneiden.
- Beim Schneiden mit Schneidöl schmieren (Beachten Sie die zu schneidenden Werkstoffe!).
- Größere Gewinde mit der Gewindeschneidkluppe in mehreren Arbeitsgängen schneiden.

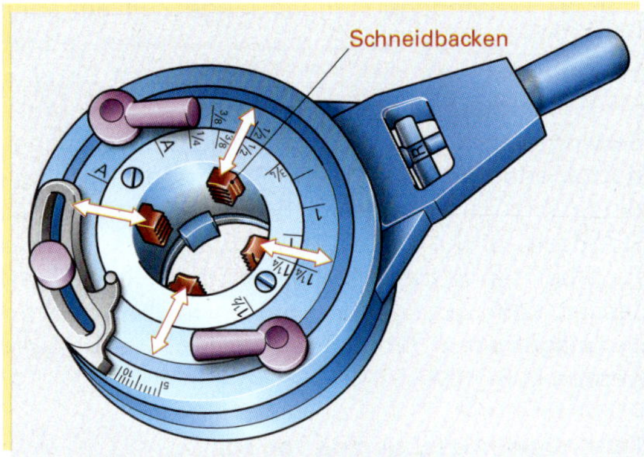

Bild 4: Gewindeschneidkluppe

Arbeitsauftrag:

1. Warum erfolgt beim Innengewindeschneiden mit einem Gewindebohrer neben der Spanabnahme auch eine geringe Umformung?
2. Wieso werden Gewindebohrer mit unterschiedlichen Spanwinkeln hergestellt?
3. Warum muss ein Kernloch immer tiefer als die nutzbare Gewindetiefe gebohrt werden?
4. Beschreiben Sie unterschiedliche Gewindebohrertypen und erklären Sie deren Einsatzbereich!
5. Welche Punkte sind bei der Herstellung eines Innengewindes von Hand zu beachten?
6. Warum muss beim Außengewindeschneiden der Bolzendurchmesser immer kleiner als der Gewindedurchmesser sein?
7. Mit welchen Werkzeugen können Außengewinde von Hand geschnitten werden?
8. Welchen Vorteil haben Gewindeschneidkluppen gegenüber Schneideisen?
9. Warum verwendet man Schmiermittel beim Gewindeschneiden?
10. Nennen Sie Möglichkeiten zur Prüfung des fertig geschnittenen Gewindes.

7.5.10 Drehen

Durch Drehen können Wellen, Bolzen, Scheiben, Spindeln, Buchsen und auch Gewinde hergestellt werden. Die so gefertigten Werkstücke besitzen kreisförmige oder kreisringförmige Querschnitte. Sie sind zylindrisch, kegelig oder kugelförmig **(Bild 1)**.

Bild 1: Durch Drehen gefertigte Werkstücke

Drehvorgang – Drehverfahren

Drehen ist Spanen mit kreisförmiger Schnittbewegung und quer zur Schnittrichtung liegender Vorschubbewegung.

Dabei werden die **Schnittbewegung (Hauptbewegung) vom Werkstück** und die **Vorschubbewegung(en) vom Werkzeug** ausgeführt **(Bild 2)**.

Nach der Vorschubrichtung des Werkzeugs, des Drehmeißels, in Bezug auf die Werkstückachse unterscheidet man **Längs- und Querdrehen,** in Bezug auf die Bearbeitungsstelle **Innen- und Außendrehen (Bild 3).**

Das **Längsdrehen** (Längs-Runddrehen) erfolgt in Richtung der Werkstückachse. Die Zustellbewegung geht in Richtung der Werkstückmitte (x-Achse), der Vorschub in Richtung der z-Achse **(Bild 2).**

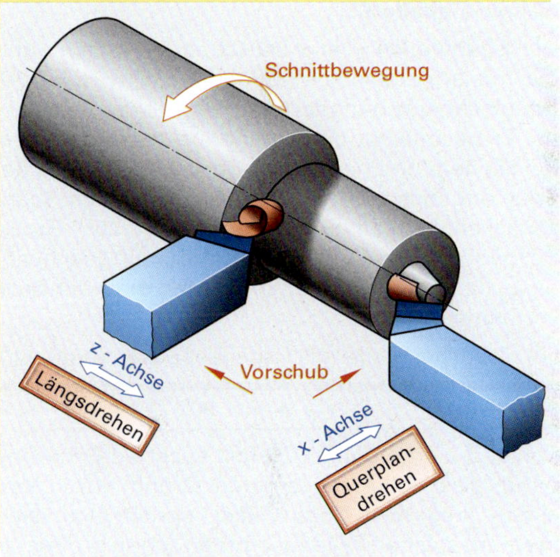

Bild 2: Längs- und Quer-Plandrehen

Beim **Quer-Plandrehen** (Abdrehen von Stirnflächen) wird quer zur Werkstückachse mit dem Planvorschub gearbeitet. Die Zustellung geschieht in Richtung der z-Achse, der Vorschub in Richtung der x-Achse **(Bild 2).**

Die gleichen Arbeitsbewegungen wie beim Plandrehen werden auch beim **Einstechen** (Drehen ringförmiger Nuten) und beim Abstechen (Abtrennen des Werkstücks) ausgeführt.

Weitere Drehverfahren sind **Formdrehen** (z.B. Kegeldrehen), **Schraubdrehen** (Gewindeschneiden) und **Profildrehen.**

Nach Spanabnahme und Oberflächengüte unterscheidet man das **Schruppen,** bei dem mit größtmöglichem Vorschub und hoher Schnittgeschwindigkeit möglichst viel Werkstoff abgespant wird (Ziel: rasche Annäherung an die Werkstückform) und das **Schlichten.** Hierbei wird bei hoher Drehfrequenz und mit kleinem Vorschub nur eine geringe Werkstoffmenge zerspant (Ziel: maßgenaues Herstellen der Werkstückform). Das große Zerspanvolumen beim Schruppen wird mit einer relativ rauen Oberfläche „erkauft", während beim Schlichten wesentlich glattere Oberflächen entstehen.

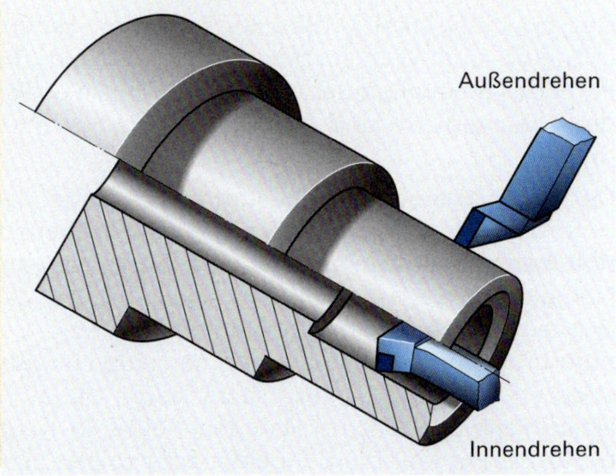

Bild 3: Innen- und Außendrehen

Drehwerkzeug

Beim Drehen kommt ein **einschneidiges Werkzeug** mit **geometrisch bestimmter Schneide** zum Einsatz, der **Drehmeißel.**

Die Schneide des Drehmeißels entspricht einer Keilspitze. Der **Keilwinkel β** wird von der (Haupt-) **Freifläche und der Spanfläche** gebildet **(Bilder 1 und 2).** Seine Größe richtet sich nach dem zu bearbeitenden Werkstoff und der geforderten Oberflächengüte **(Tabelle 1).**

> Ein kleiner Keilwinkel erleichtert das Eindringen der Schneide in den Werkstoff, ist aber weniger stabil und birgt die Gefahr des Schneidenbruchs.

Der **Freiwinkel α** verringert die Reibung zwischen Werkstoff und Werkstück. Er ist von 5° bis 12° zu wählen **(Tabelle 1).**

Der **Spanwinkel γ** liegt zwischen Spanfläche und der (meist parallel zur Auflageebene in Höhe der Hauptschneide befindlichen) Werkzeugbezugsebene. Er beeinflusst unter anderem den Spanfluss. Bei kleinem und negativem Spanwinkel γ wird der Span angerissen (Reißspan). Bei mittlerem Spanwinkel entsteht ein Scherspan (γ = 5°... 25°). Große Spanwinkel (γ > 25°) und hohe Schnittgeschwindigkeiten erzeugen Fließspäne und sind daher zu vermeiden.

Für diese drei Winkel gilt folgender Zusammenhang:

$$\alpha + \beta + \gamma = 90°$$

Dieser Zusammenhang liefert auch die Erklärung dafür, dass man bei einigen Drehmeißeln von einem **„negativen Spanwinkel"** spricht ($\alpha + \beta$ sind in einem solchen Falle zusammen schon größer als 90°; siehe auch **Bild 1, Seite 177**).

Der **Eckenwinkel ε** entsteht zwischen Hauptschneide und Nebenschneide des Drehmeißels. Er ist beim Schruppdrehmeißel 90° und größer **(Bild 3).**

Der **Einstellwinkel χ (Bild 3),** zwischen Hauptschneide und Werkstückachse, beeinflusst die Form des Spanungsquerschnittes sowie die Größe der Vorschubkraft und die Richtung des Schnittdrucks.

Der **Neigungswinkel λ** bestimmt die Lage der Hauptschneide in Bezug auf das Werkstück und beeinflusst den **Spanablauf.** Bei positivem Neigungswinkel beginnt der Anschnitt an der Schneidenecke, der Spanablauf ist günstig. Bei unterbrochenem Schnitt nimmt man einen ungünstigeren Spanablauf, verursacht durch negative Neigungswinkel an der Hauptschneide, in Kauf. Dafür kommt hier die Schneidenecke zuletzt zum Schnitt und verschleißt deshalb langsamer.

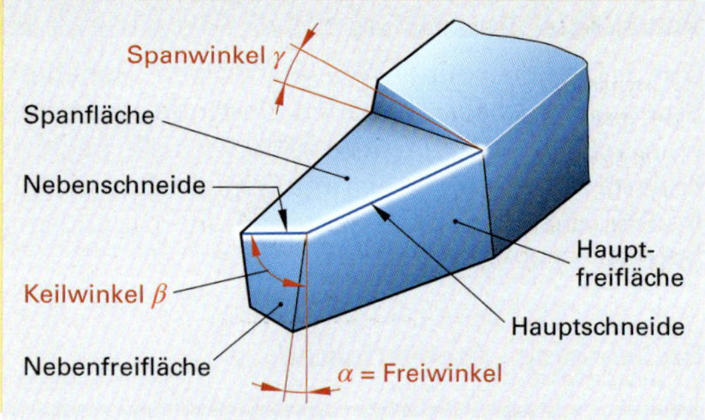

Bild 1: Winkel und Flächen am Drehmeißel

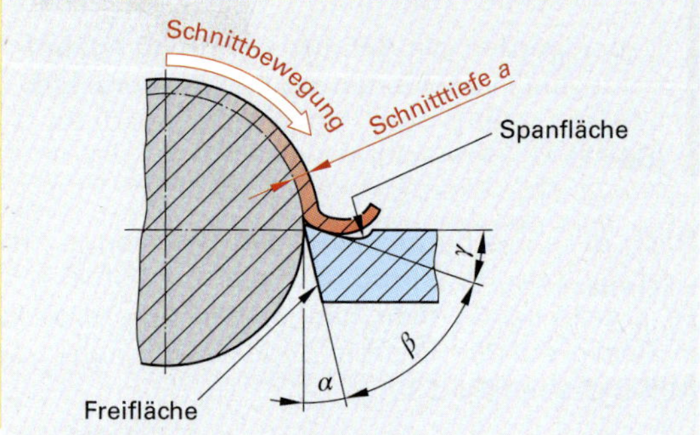

Bild 2: Spanabnahme beim Drehen

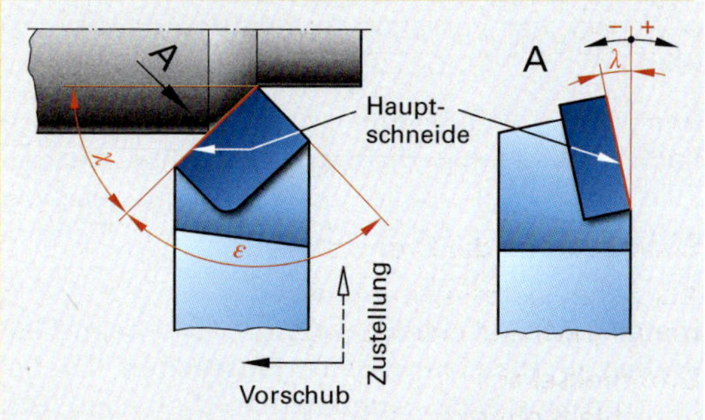

Bild 3: Einstellwinkel an der Drehmeißelschneide

Tabelle 1: Richtwerte für Span- und Freiwinkel am Drehmeißel

Werkstoff	Freiwinkel α	Spanwinkel γ	Schneidstoff
St bis R_m = 500 N/mm²	6° ... 8°	12° ... 14°	HSS
	5° ... 8°	10° ... 15°	HM
St bis R_m = 900 N/mm²	6° ... 8°	8° ... 10°	HSS
	5° ... 8°	6° ... 10°	HM
GG	6° ... 8°	0°	HSS
	5° ... 8°	0° ... 5°	HM
Cu-Zn-Leg.	6° ... 8°	0°	HSS
	5° ... 8°	0° ... 10°	HM
Kunststoffe	10° ... 12°	8° ... 12°	HSS
	8° ... 10°	10° ... 12°	HM

Übersicht: Drehmeißelarten

Abgesetzter Seitendrehmeißel

Wird zur Schlichtbearbeitung beim Längs- und Querdrehen eingesetzt.

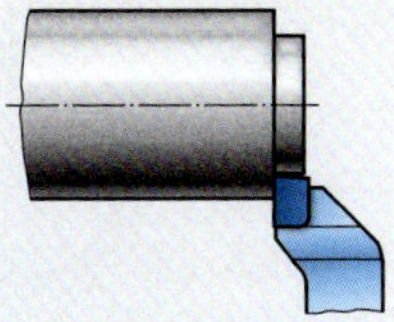

Abgesetzter Stirndrehmeißel

Dient zur groben Spanabnahme von Stirnflächen (Querdrehen).

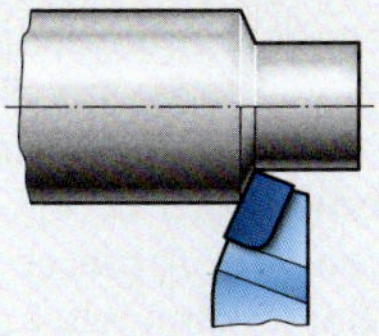

Gerader Drehmeißel

Eignet sich für Schrupparbeiten beim Längsdrehen.

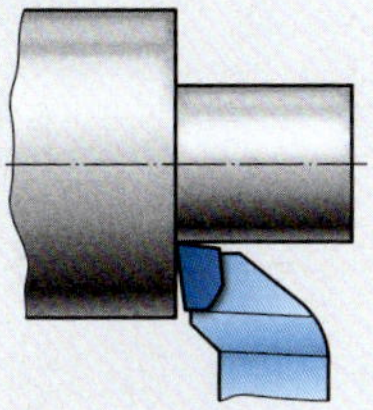

Gebogener Drehmeißel

Einsatz bei groben Schrupparbeiten zum Längs- und Querdrehen.

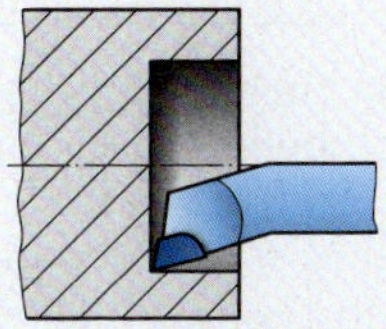

Abgesetzter Eckdrehmeißel

Wird zur Schlichtbearbeitung von innen nach außen, beim Längsrunddrehen und zum Eckenausdrehen verwendet.

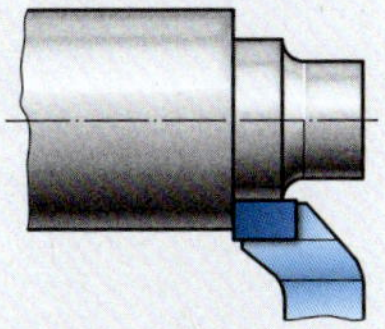

Stechdrehmeißel

Eingesetzt als Stechdrehmeißel: für Nuten am Umfang. Eingesetzt als Abstechdrehmeißel: zum Abdrehen von Werkstücken.

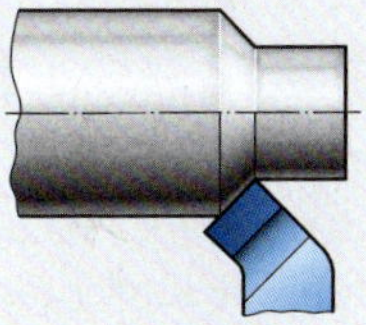

Innen-Eckdrehmeißel

Eingesetzt zum Ausdrehen und Schlichten von abgesetzten Bohrungen (Plan- und Seitenflächen).

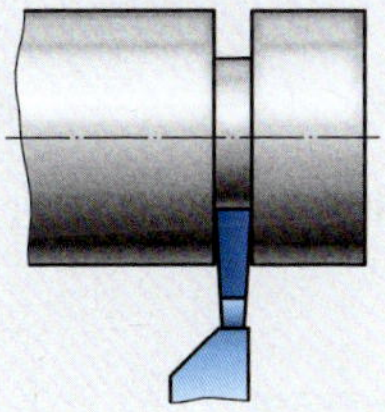

Innen-Drehmeißel

Einsatz zum Ausdrehen von Bohrungen (Schruppen und Schlichten).

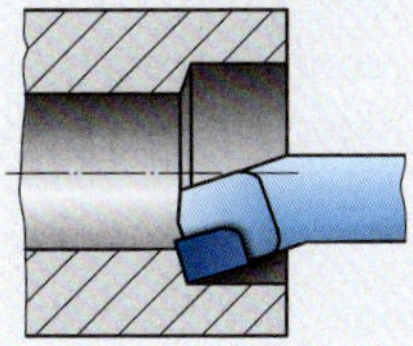

Schneidstoffe der Drehmeißel

Als Schneidstoffe kommen beim Drehen überwiegend Hochleistungsschnellarbeitsstahl (HSS), Hartmetall (HM) und oxidkeramische Schneidstoffe zum Einsatz.

Drehmeißel aus HSS sind zäh und hart und für fast alle Drehaufgaben geeignet. Sie können bei starkem Verschleiß ohne große Mühe nachgeschliffen werden. Allerdings lassen sie eine Bearbeitung der Werkstücke nur mit relativ niedrigen Schnittgeschwindigkeiten zu, da ihre Schnittleistung bei Temperaturen oberhalb 600 °C stark nachlässt (geringe Warmfestigkeit).

Hartmetallbestückte Drehmeißel lassen höhere Schnittgeschwindigkeiten zu. Die Warmfestigkeit dieses Schneidstoffs liegt bei ca. 900 °C. Er wird meist als Wendeschneidplatte auf einen Drehmeißelschaft geklemmt **(Bild 1)** oder durch Hartlöten mit diesem verbunden.

Bild 1: Meißelhalter mit Wendeschneidplatte

Oxidkeramische Schneidstoffe (aus AlO_3) sind extrem hart und verschleißfest, aber sehr stoßempfindlich. Bei sehr hohen Schnittgeschwindigkeiten können Schneidentemperaturen bis 1300 °C erreicht werden. Auch diese Schneidstoffe werden als Wendeschneidplatten eingesetzt.

Kühl- und Schmiermittel senken die Reibung und die Standzeit der Werkzeuge lässt sich bei gleicher Schnittgeschwindigkeit erhöhen. Bei Hartmetallwerkzeugen muss allerdings (wenn überhaupt gekühlt wird) eine ununterbrochene Kühlung gewährleistet sein, um Abkühlungsspannungsrisse zu vermeiden.

Schnittgeschwindigkeit beim Drehen

Beim Drehen wird der Span mit der **Schnittgeschwindigkeit v_c** abgetrennt. Die Schnittgeschwindigkeit entspricht der Umfangsgeschwindigkeit des Werkstücks am Eingriffspunkt des Drehmeißels **(Bild 1)**. Sie ist abhängig vom **Werkstückdurchmesser *d*** an der Zerspanstelle und der **Drehfrequenz der Arbeitsspindel *n*** (siehe Beispiel und **Bild 2**) und kann wie folgt berechnet werden:

$v_c = \pi \cdot d \cdot n$ v in m/min

Sie ist beim Längsdrehen konstant, ändert sich jedoch beim Querdrehen bis auf v_c = 0 m/min im Zentrum des Werkstücks **(Bild 1)**, wenn die Drehfrequenz *n* konstant gehalten wird. Die **zulässige Schnittgeschwindigkeit** beim Spanen des Werkstücks ist aus Tabellen zu entnehmen. Diese ist in Versuchen ermittelt worden.

Die Schnittgeschwindigkeit hängt von folgenden Vorgaben ab:

- dem Werkstoff des Werkzeugs,
- der gewünschten Standzeit des Werkzeugs,
- dem Vorschub,
- der Schnitttiefe,
- dem Werkstoff des Werkstücks,
- der gewünschten Oberflächengüte und
- der Kühlung.

Zu hohe Schnittgeschwindigkeiten überlasten den Drehmeißel. Durch Reibungswärme kommt es zu frühzeitigem Verschleiß.

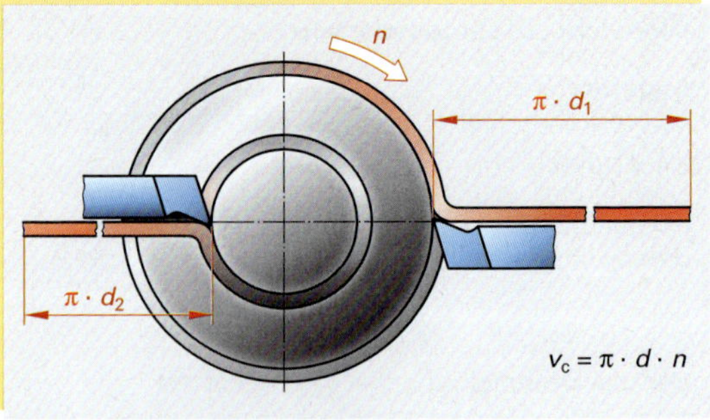

Bild 1: Veränderungen der Schnittgeschwindigkeit bei gleichbleibender Drehfrequenz beim Querdrehen

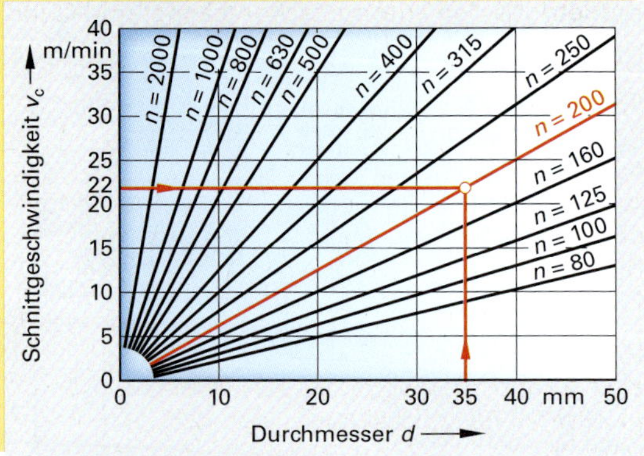

Bild 2: Ermittlung der Arbeitsspindeldrehfrequenz *n* in min⁻¹

Beispiel: Die Drehfrequenz der Arbeitsspindel muss eingestellt werden.

Gegeben: v_c = 22 m/min, d = 35 mm
Gesucht: n = ? 1/min

a) Berechnung:

$$n = \frac{v_c}{d \cdot \pi}$$

$$n = \frac{22\ \text{m/min}}{0{,}035\ \text{m} \cdot \pi} = \mathbf{200{,}08\ min^{-1}}$$

b) Aus der Netztafel ermittelt:

$\mathbf{n = 200\ min^{-1}}$

Beachten Sie: Lässt sich die errechnete Drehfrequenz nicht einstellen, so wird die nächst kleinere gewählt!

Vorschub und Spanungsquerschnitt

Der **Vorschub *f*** beeinflusst die Oberflächengüte der Drehfläche beträchtlich. Zum Schlichten werden daher kleine Vorschübe (0,05 mm/U bis 2,2 mm/U), zum Schruppen größere Vorschübe gewählt. Mit größerem Vorschub erhöht sich beim Schruppen auch das Spanvolumen.

Aus dem **Vorschub *f*** und der **Schnitttiefe a_p** ergibt sich der **Spanungsquerschnitt *A* (Bild 3)**, der in seiner Form auch durch den Einstellwinkel $\varkappa$ beeinflusst wird **(Bild 3, Seite 196)**.

$A = f \cdot a_p$ A in mm²

Der Spanungsquerschnitt und damit das Spanvolumen sind von der Leistungsfähigkeit und der Stabilität der Drehmaschine, außerdem vom Schneidstoff des Drehmeißels abhängig.

Günstige Spanungsquerschnitte werden durch eine große Schnitttiefe bei gleichzeitig kleinem Vorschub (Verhältnis etwa 3 : 1 bis 8 : 1) erzielt.

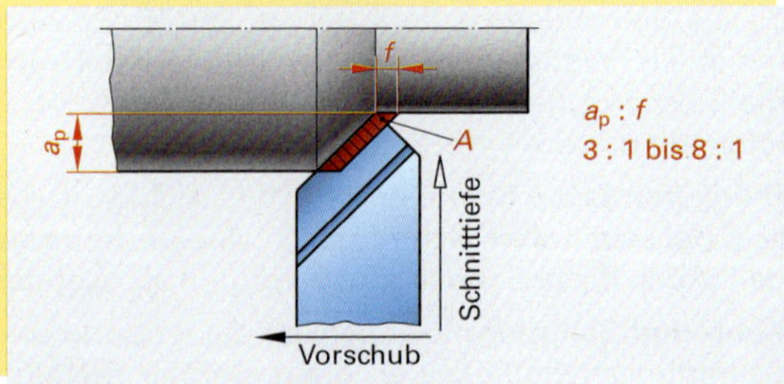

Bild 3: Spanungsquerschnitt

Drehmaschinen

Den verschiedenen Anforderungen entsprechend, die heute in der Fertigung an Drehmaschinen gestellt werden, gibt es unterschiedliche Bauarten, z.B. Spitzendrehmaschinen, kurvengesteuerte Drehautomaten, CNC-Drehautomaten, flexible Drehzellen, Senkrecht-(Karussell-)Drehmaschinen. Nach dem jeweiligen Einsatzbereich werden Universal- und Sonderdrehmaschinen unterschieden. Beispielhaft seien hier eine „klassische" Leit- und Zugspindeldrehmaschine **(Bild 1)** erläutert und deren Weiterentwicklung zu einer CNC-Drehmaschine (siehe Kap. 7.7). Beide stehen stellvertretend für Universaldrehmaschinen, was bedeutet, dass fast alle Dreharbeiten auf einer solchen Maschine ausgeführt werden können.

Die **Leit- und Zugspindeldrehmaschine** wird für die Einzelteilfertigung und auch für kleine Serien eingesetzt. Sie ist in mehrere Baugruppen gegliedert. Der **Spindelstock** nimmt den Hauptantrieb (Elektromotor) und die Arbeitsspindel auf. Außerdem ist in ihm das Hauptgetriebe, welches der Umwandlung der Drehfrequenz dient, untergebracht. Das Hauptgetriebe treibt gleichzeitig das Nebengetriebe (Vorschubgetriebe) an, das den jeweiligen Dreharbeiten entsprechende Vorschubeinstellungen erlaubt. Über das Vorschubgetriebe wird die **Zugspindel** in Bewegung versetzt, die wiederum über ein Schneckenradgetriebe den automatischen Längs- und Quervorschub antreibt.

Die **Leitspindel** dient dem Gewindeschneiden. Sie wird über eine einrückbare Schlossmutter mit dem Werkzeugschlitten in Eingriff gebracht.

Der **Werkzeugschlitten (Bild 2)** nimmt den Drehmeißel auf und führt ihn. Er ist als Kreuzschlitten ausgeführt und kann von Hand mittels Ritzel und Zahnstange auf dem Drehmaschinenbett (in Richtung der Z-Achse) verschoben werden.

In der **Schlossplatte** befinden sich die Triebwerkteile zum Bewegen des Werkzeugschlittens in Längs- und Querrichtung.

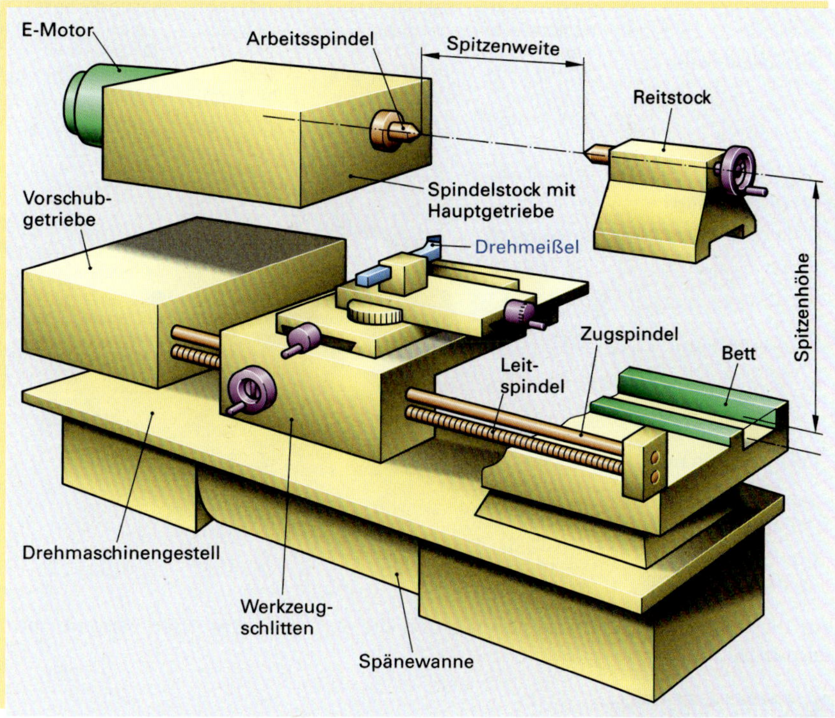

Bild 1: Wesentliche Baugruppen der Zug- und Leitspindeldrehmaschine (schematisch)

Der **Querschlitten** wird durch eine Gewindespindel bewegt und führt die Planbewegung aus (X-Achse).

Der **Oberschlitten** nimmt das Werkzeug auf und ist mit dem Querschlitten durch eine Drehscheibe verbunden, sodass er, z.B. zum Kegeldrehen, schräg gestellt werden kann.

Der **Reitstock (Bild 1)** dient als Gegenlager bei der Bearbeitung längerer Werkstücke und zur Aufnahme von Werkzeugen, z.B. Bohrer, Reibahle und Senker.

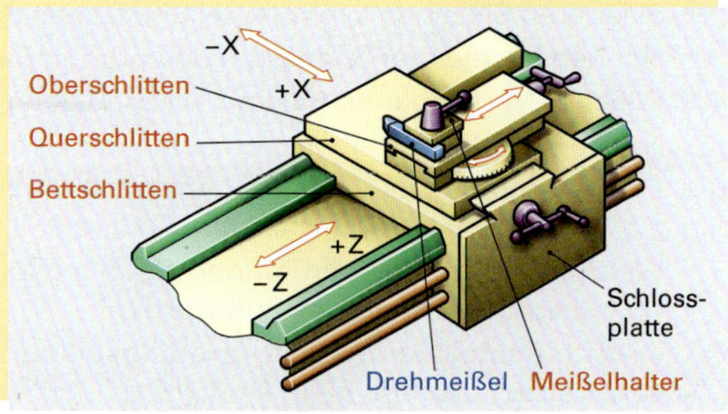

Bild 2: Werkzeugschlitten

Arbeitsbeispiel DREHEN – Arbeitsregeln

Unter dem Gesichtspunkt der rationellen Fertigung sollte man sich auch in der Einzelteilfertigung und bei Kleinserien einen Fertigungsplan erstellen.

Dabei sind folgende Punkte zu beachten:

- Möglichst wenige Werkzeuge einsetzen.
- Das Werkstück so wenig wie möglich ein- und umspannen.
- Mit optimalen Drehzahl- und Vorschubeinstellungen arbeiten.
- Gute Standzeit der Werkzeuge erreichen.

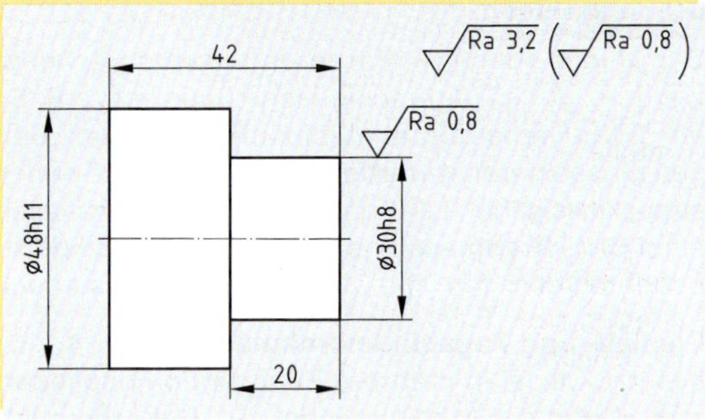

Bild 1: Bolzen

Tabelle 1: Fertigung eines Bolzens

	1	2	3	4	5	6
Arbeitsschritte	In das Dreibackenfutter spannen, Stirnfläche planen (Schlichten)	Vordrehen auf Maß Ø 31 mm (Schruppen)	Feindrehen auf Maß Ø 30 h8 mm (Feinschlichten)	Fertigdrehen auf Maß Ø 48 h11 mm (Schlichten)	Bolzen auf Länge 43 mm abstechen (Abstechen)	Stirnfläche auf Länge 42 mm plandrehen (Schlichten)
Arbeitsvorgang (Skizze)	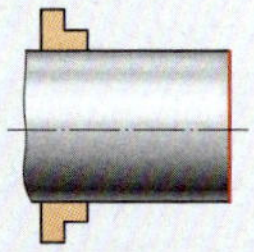	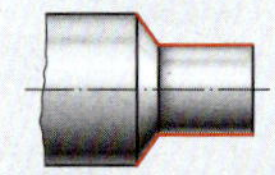	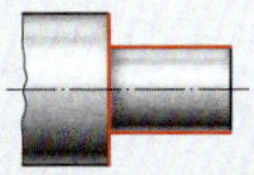	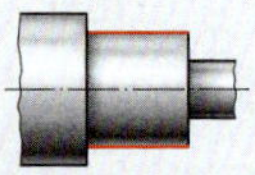	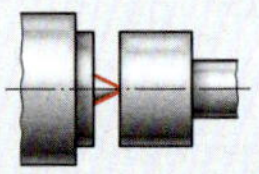	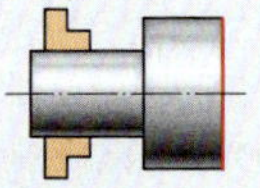
Werkzeug-Form	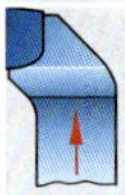		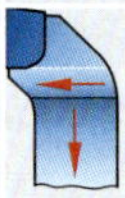	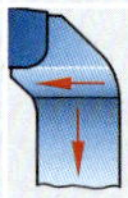		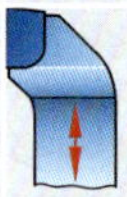
Schneidstoff	HM	HM	HM	HM	HSS	HM
Vorschub *f* in mm/U	0,1	0,4	0,05	0,1	0,8	0,1
Schnittgeschwindigkeit v_c in m/min	280	200	280	280	24	280
Drehfrequenz *n* in 1/min	1600	1250	2500	1600	160	1600

Vor dem Aus- bzw. Umspannen werden die Durchmesser oder Längen mit den erforderlichen Messzeugen geprüft.

Arbeitsauftrag:

1. Erklären Sie fachlich korrekt das Schruppen und Schlichten beim Drehen. Nutzen Sie neben den allgemeinen Aussagen auch die Größen v_c und f zur Erklärung.
2. Skizzieren Sie einen Drehmeißel und tragen Sie Frei-, Keil- und Spanwinkel in die Skizze ein.
3. Nennen Sie die drei Spanarten und ordnen Sie diese den jeweiligen Spanwinkeln zu.
4. Welchen Vorteil bieten Hartmetallschneiden gegenüber HSS-Drehmeißeln?
5. Nennen Sie die Vorgaben, von denen die Schnittgeschwindigkeit abhängt.
6. Zur Bestimmung der Drehfrequenz (n) der Arbeitsspindel einer Drehmaschine gibt es bei bekanntem „v_c" und „d" zwei Möglichkeiten. Erklären Sie beide Varianten.
7. Welche Größen bestimmen den Spanungsquerschnitt und wie sollten diese für einen günstigen Spanungsquerschnitt gewählt werden?
8. Welche Bauteile einer Leit- und Zugspindeldrehmaschine realisieren den automatischen Längs- sowie Quervorschub beim Drehen?
9. Stellen Sie einen Arbeitsplan für ein selbst gewähltes Drehteil nach oben ausgeführtem Beispiel auf.

7.5.11 Fräsen

Durch Fräsen kann man ebene und gekrümmte Flächen, Profile, Zahnräder, Nuten und Gewinde herstellen.

> Fräsen ist Spanen mit einem **mehrschneidigen Werkzeug** und **kreisförmiger Schnittbewegung** zur Erzeugung beliebiger Werkstückoberflächen.

Fräswerkzeuge

Das Werkzeug, der **Fräser,** hat die Konturen eines walzenförmigen Körpers **(Bild 1).**

Die Hauptschneiden sind die **Umfangsschneiden,** sie liegen auf der Mantelfläche des gedachten Zylinders. Die Nebenschneiden, die **Stirnschneiden,** befinden sich auf der Kreisfläche.

Die **Fräserschneide** hat die Form eines Keils **(Bild 2).** Innerhalb des von der Werkstückoberfläche und der Fräserachse gebildeten rechten Winkels (90°) kann man deutlich den **Keilwinkel** β, den **Freiwinkel** α mit der Freifläche und den **Spanwinkel** γ mit der **Spanfläche** erkennen.

Der **Neigungswinkel** λ (Drallwinkel) zeigt die Neigung der Schneidkante gegenüber der Fräserachse **(Bild 3).** Wenn $\lambda = 0°$ ist, dringt die Schneidkante nicht schlagartig, sondern allmählich in die Werkstückoberfläche ein. Die Größe der Winkel α, β und γ richtet sich nach dem zu bearbeitenden Werkstoff.

Die **Schneidenzahl** hängt auch vom Material des Werkstücks ab. Bei weicheren Werkstoffen entstehen große Spanmengen. Deshalb müssen die Zahnlücken, in denen die Späne transportiert werden, größer sein als bei härteren Stoffen. Bei gleichem Fräserdurchmesser gilt:

Weiche Werkstoffe:	Große Zahnlücken kleine Zähnezahl
Harte Werkstoffe:	Kleine Zahnlücken große Zähnezahl

Die Hersteller unterscheiden deshalb die **Typen N** (normal), **W** (weich) und **H** (hart, **Bild 4**).

Als **Schneidstoff** wird in der Regel **Schnellarbeitsstahl** (Schnellschnittstahl **HSS**) verwendet. Er besitzt die wegen des unterbrochenen Schnittes nötige Zähigkeit und Temperaturwechselbeständigkeit. **Hartmetall (HM)** wird für Schneidplatten an Messerköpfen **(Übersicht, Seite 203)** und Wendeschneidplatten bei Fräsköpfen **(Übersicht, Seite 203)** verwendet.

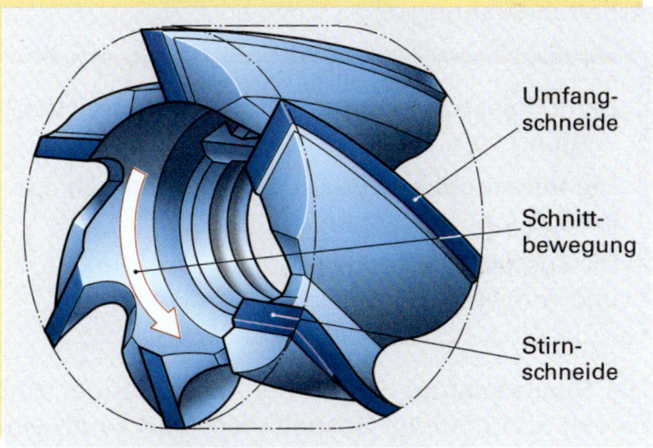

Bild 1: Walzenstirnfräser

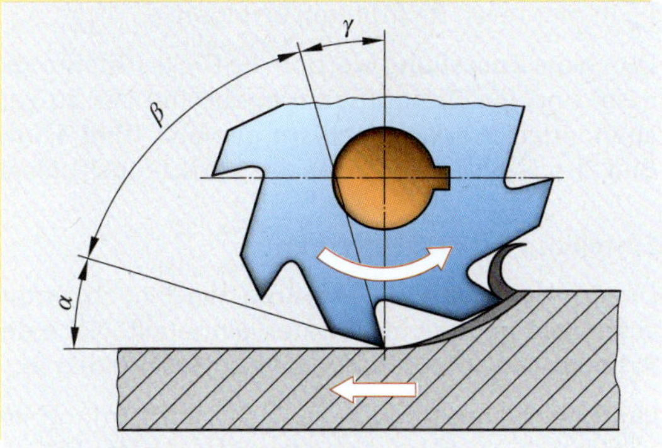

Bild 2: Winkel an der Fräserschneide

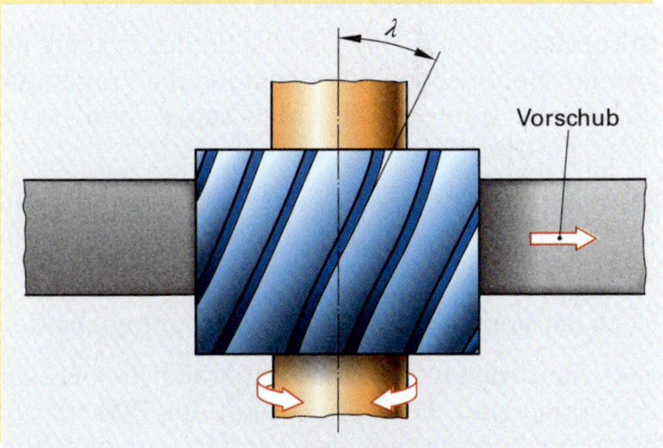

Bild 3: Neigungswinkel am drallverzahnten Fräser

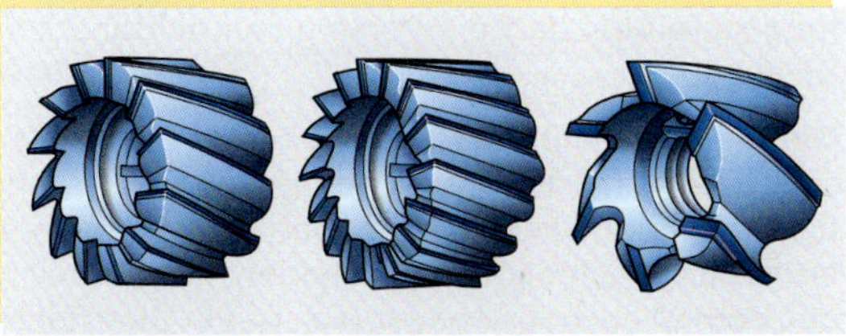

Bild 4: Fräser Typ N, Typ H und Typ W

Arbeitsbewegungen

> Beim Fräsen wird die kreisförmige **Schnittbewegung** vom Werkzeug ausgeführt.
>
> Die **Vorschubbewegungen** erfolgen durch das Werkstück.
>
> Die **Zustellbewegungen** können vom Werkstück und vom Werkzeug durchgeführt werden.

Die **Spanabnahme** durch die nacheinander zum Einsatz kommenden Schneiden erfährt kaum eine Unterbrechung **(Bild 1 und Bild 2).**

Die **Vorschubbewegung** wird in der Regel in einer Richtung durchgeführt, kann aber auch gleichzeitig in mehreren Richtungen erfolgen.

Durch die **Zustellung** werden die Dicke (Spanungstiefe) und die Breite (Spanungsbreite) der zu zerspanenden Werkstoffschicht gewählt **(Bild 1 und Bild 2),** soweit es die Größe des Werkzeugs zulässt.

Einteilung der Fräsverfahren

Die Vielfalt der Fräsverfahren wird nach unterschiedlichen Gesichtspunkten eingeteilt. Nach der **Arbeitsweise des Fräsers** wird unterschieden in:

Umfangsfräsen (Walzfräsen): Die am Umfang liegenden Hauptschneiden erzeugen die Werkstückoberfläche. Die Späne haben einen kommaförmigen Querschnitt **(Bild 1).** Die Achse des Fräsers liegt parallel zur bearbeiteten Fläche.

Stirnfräsen: Die an der Stirnfläche des Fräsers liegenden Nebenschneiden erzeugen die Werkstückoberfläche **(Bild 2).** Die Fräserachse steht senkrecht zur Oberfläche.

Stirn-Umfangsfräsen: Die Werkstückoberfläche wird gleichzeitig von den Haupt- und Nebenschneiden erzeugt **(Bild 3).**

Nach der **Vorschubrichtung** werden unterschieden:

Gleichlauffräsen: Im Eingriffsbereich der Fräserschneiden sind die Drehrichtung des Fräsers und die Vorschubrichtung des Werkstücks gleichgerichtet **(Bild 4).** Der Werkstoff wird an der Stelle des größten Spanquerschnitts angeschnitten. Weil der Fräser versucht, das Werkstück in Vorschubrichtung zu reißen, darf die Vorschubeinrichtung kein Spiel haben.

Gegenlauffräsen: Im Eingriffsbereich der Fräserschneiden sind die Drehrichtung des Fräsers und die Vorschubbewegung des Werkstücks einander entgegengerichtet. Die Schneiden gleiten leicht auf dem Werkstück, bevor sie in die Oberfläche eindringen **(Bild 5).**

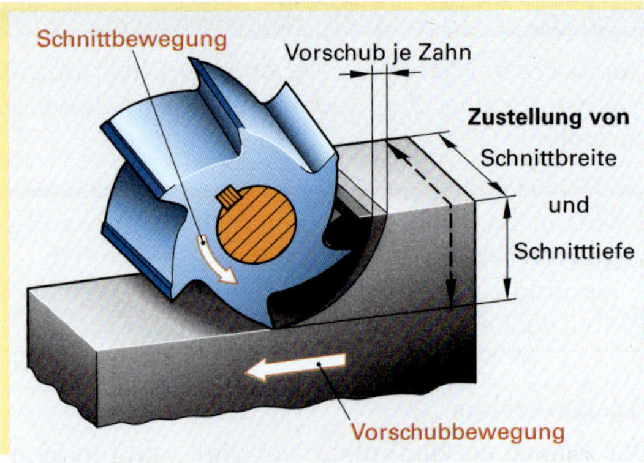

Bild 1: Bewegungen beim Umfangsfräsen (Walzfräsen)

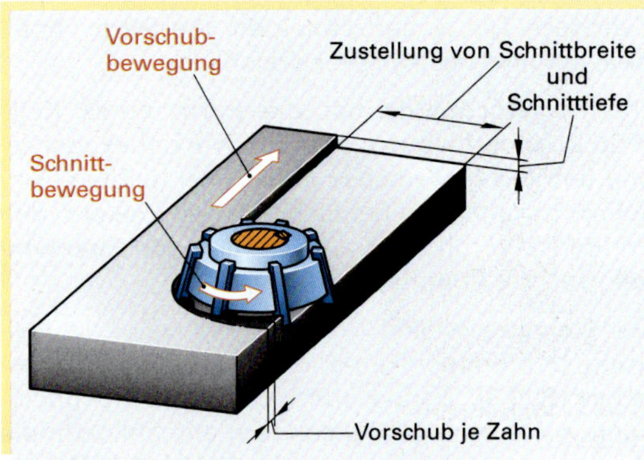

Bild 2: Bewegungen beim Stirnfräsen

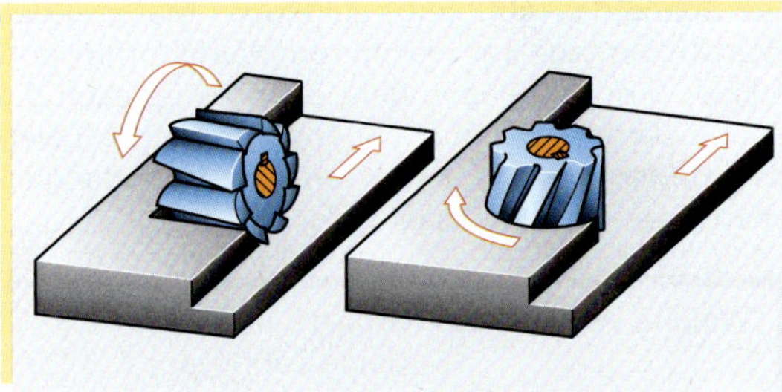

Bild 3: Stirn-Umfangsfräsen (Walzstirnfräsen)

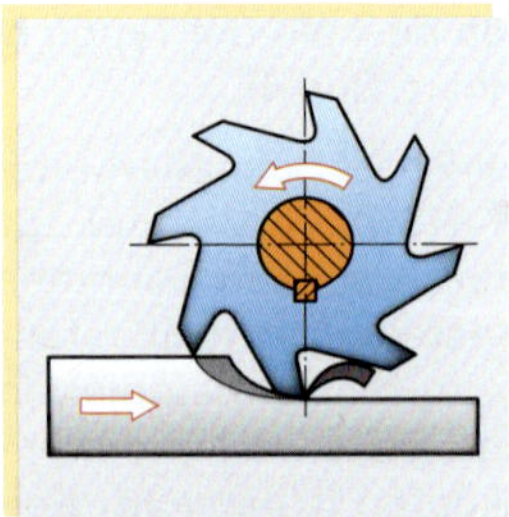

Bild 4: Gleichlauffräsen

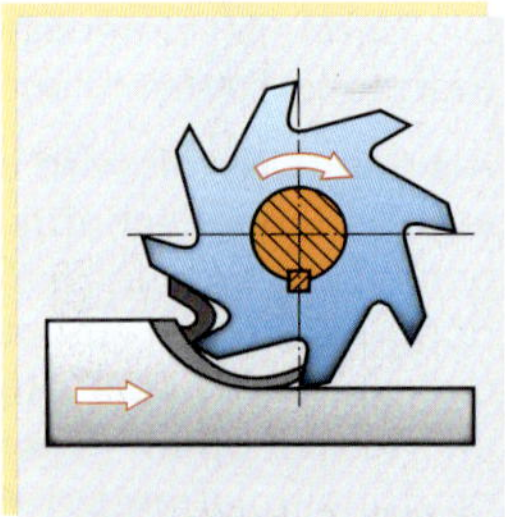

Bild 5: Gegenlauffräsen

Beim Gegenlauffräsen werden die Schneiden schneller stumpf als beim Gleichlauffräsen. Am Ende des Spanvorganges ist die Schnittkraft am größten und wird danach schlagartig Null. Das kann zu Schwingungen führen, die sich durch Rattermarken (kleine Furchen) bemerkbar machen. Vorteilhaft ist das Gegenlauffräsen nur, wenn harte Oberflächen (bei Guss- und Schmiedestücken) bearbeitet werden müssen.

Nach der beabsichtigten Form des **Werkstücks** werden unterschieden:

- Planfräsen zur Erzeugung ebener Flächen (z.B. **Bild 8**)
- Satzfräsen, wobei mehrere Scheibenfräser **(Bild 6)** auf einen Dorn gespannt werden **(Bild 2, Seite 204)**
- Profilfräsen (z.B. **Bild 4 und Bild 5**)
- Formfräsen, wobei die Vorschubbewegung durch Steuereinrichtungen gesteuert wird **(Bild 12)**

Arten der Fräser

Unterscheiden kann man Fräswerkzeuge nach ihrem konstruktiven Aufbau in **Aufsteckfräser** (Bild 1, Bild 2, ...), **Schaftfräser** (Bild 9, Bild 10, ...) und **Messerköpfe** (Bild 8) sowie **Fräsköpfe** (Bild 7). Nach der Herstellungsart werden **spitzgezahnte** (Bild 1, Bild 2), **hinterdrehte** (Bild 4) sowie **Fräser** mit **eingesetzten Schneiden** (Bild 7, Bild 8) unterschieden.

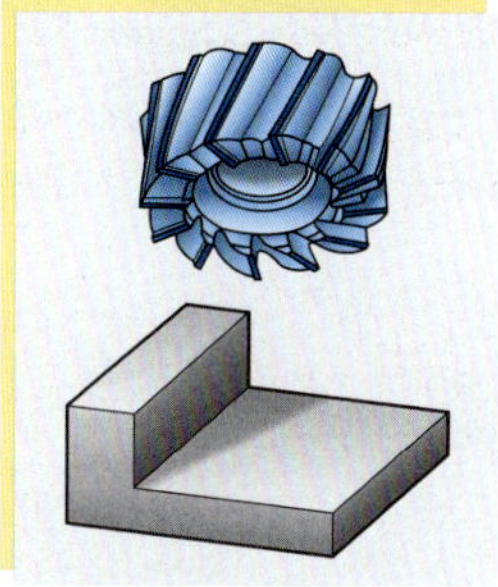

Bild 1: Walzenstirnfräser

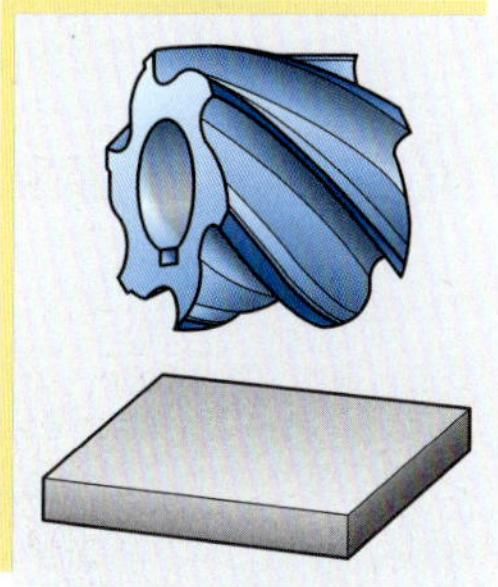

Bild 2: Walzenfräser

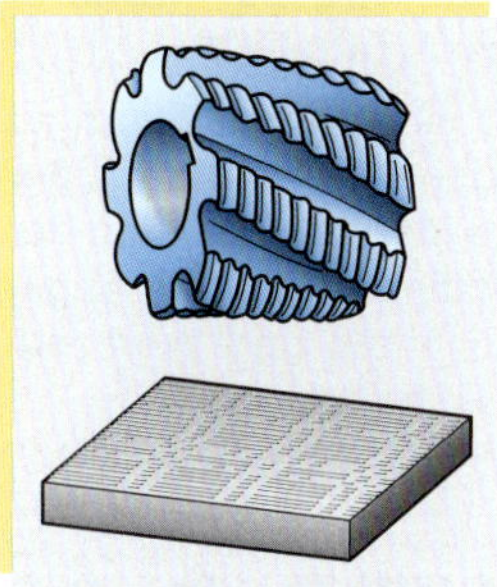

Bild 3: Walzenfräser mit Schruppgewinde

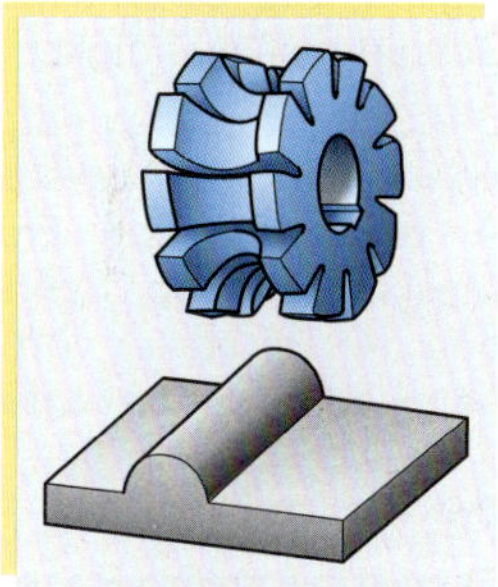

Bild 4: Halbkreisformfräser

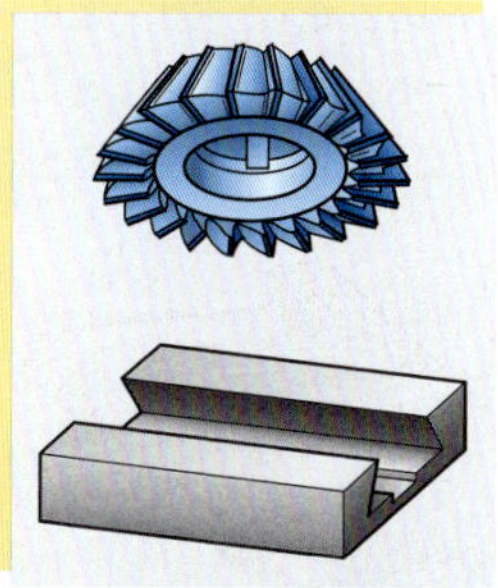

Bild 5: Winkelstirnfräser

Bild 6: Scheibenfräser kreuzverzahnt

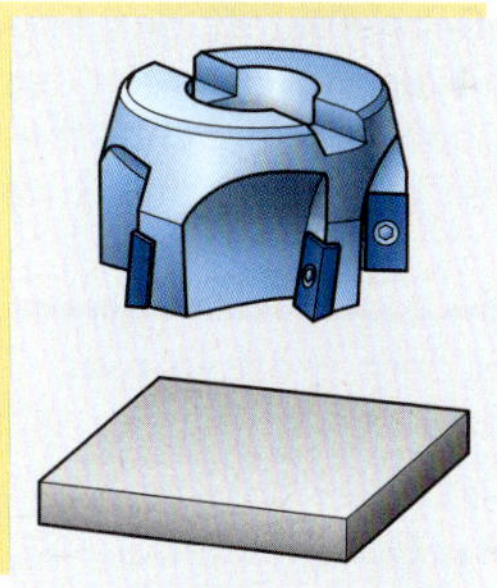

Bild 7: Fräskopf mit eingesetzten Wendeschneidplatten

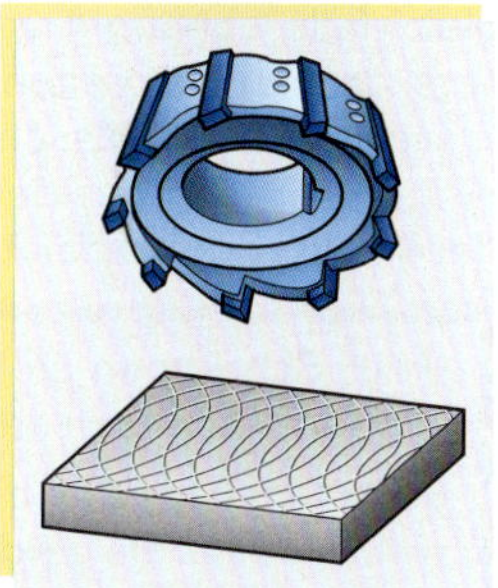

Bild 8: Messerkopf

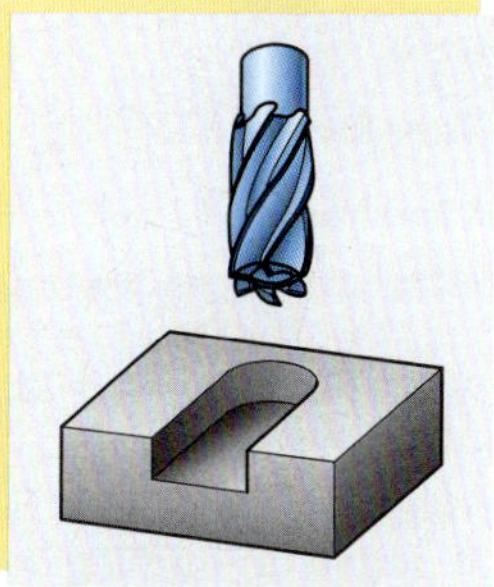

Bild 9: Schaftfräser

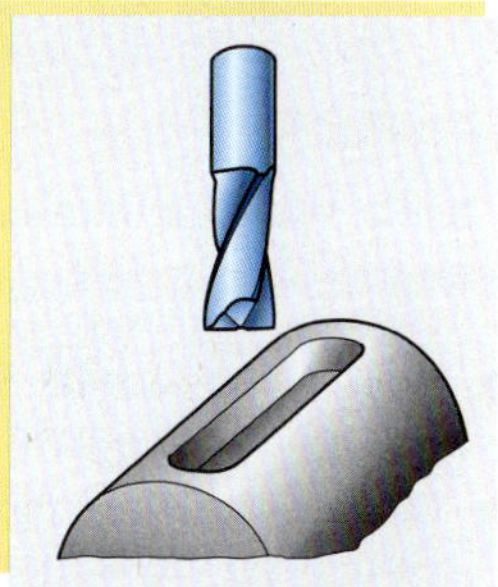

Bild 10: Langlochfräser

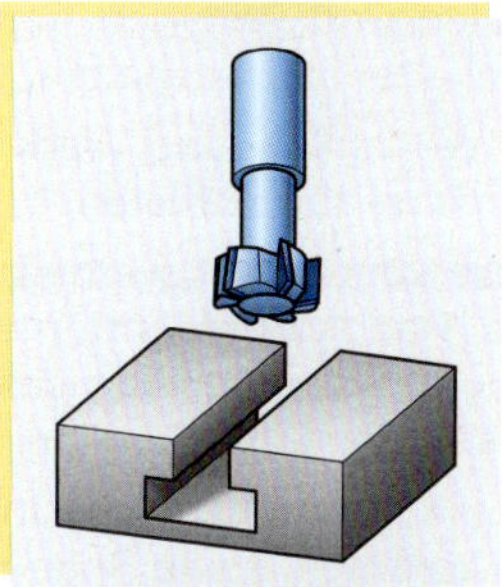

Bild 11: Schaftfräser für T-Nuten

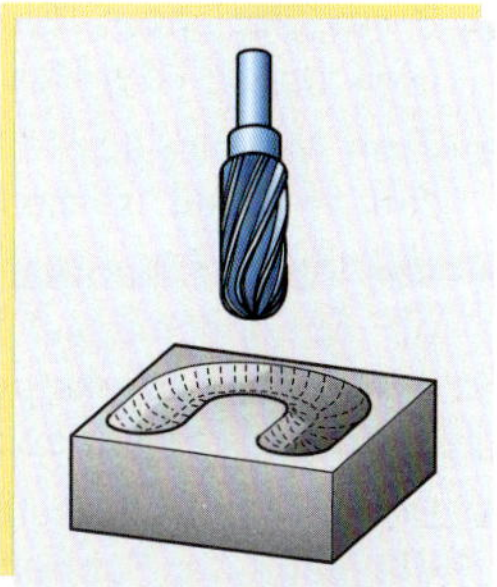

Bild 12: Gesenkfräser

Arbeit an Fräsmaschinen

Die am weitesten verbreitete Bauart ist die **Konsolfräsmaschine (Bild 1).**

Je nach Lage der Spindel zum Aufspanntisch unterscheidet man dabei **Waagerechtfräsmaschinen** (zum Umfangsfräsen, **Bild 2**) und **Senkrechtfräsmaschinen** (zum Stirnfräsen).

Einen **schwenkbaren Spindelkopf** haben Universalfräsmaschinen **(Bild 1),** ausgerüstet mit zwei Spindeln und vielseitig schwenk- und verstellbarem Tisch. **Universalwerkzeugfräsmaschinen** sind außerdem noch zum Bohren und Stoßen ausrüstbar.

Die Schnittgeschwindigkeit

Sie wird in m/min angegeben. Die Standzeit des Werkzeugs sinkt mit steigender Schnittgeschwindigkeit. Die Oberflächengüte wird bei größerer Schnittgeschwindigkeit besser **(Tabelle 1).**

Die Schnittgeschwindigkeit ist abhängig vom zu bearbeitenden Werkstoff, dem Schneidstoff, der Art des eingesetzten Fräsers, der Konstruktion der Maschine und den Schnittbedingungen. Die Angaben der Hersteller von Maschinen und Werkzeugen sind deshalb sorgfältig zu beachten.

Der Vorschub

Er wird in mm pro Fräserzahn oder als Vorschubgeschwindigkeit in mm/min angegeben. Der zu wählende Vorschub wie auch die Schnitttiefe sind gleichfalls abhängig vom Schneidstoff des Fräsers, dem zu bearbeitenden Werkstoff, der Art des Fräsers und der Maschine sowie den Schnittbedingungen. Entscheidend ist die benötigte **Güte der Werkstückoberfläche.**

Beim **Schruppen** soll mit dem größten möglichen Vorschub gearbeitet werden.

Beim **Schlichten** ist ein so kleiner Vorschub zu wählen, dass die geforderte Oberflächenqualität erreichbar ist.

Unfallverhütung

- Beim Einrichten, Einstellen und Reinigen der Maschine ist der Hauptschalter auszuschalten.
- Zum Messen sowie bei Werkstück- und Werkzeugwechsel, ist die Maschine abzuschalten.
- Vor Inbetriebnahme muss kontrolliert werden, ob Spannschlüssel und Handkurbel entfernt wurden, ob Werkstücke und Spannzeuge nicht mit den Werkzeugen zusammenstoßen können.
- Bei laufender Maschine nie mit den Händen in die Nähe der Schneiden kommen, keine Späne mit Pinseln oder ähnlichen Hilfsmitteln entfernen. Keine Schutzvorrichtungen entfernen.
- Beim Arbeiten an Fräsmaschinen muss enganliegende Kleidung getragen werden.
- Beim Fräsen kurzspanender Werkstoffe (z.B. Grauguss) muss man sich gegen umherfliegende Späne durch eine Schutzbrille sichern. Besser sind Schutzhauben und ähnliche Vorrichtungen.

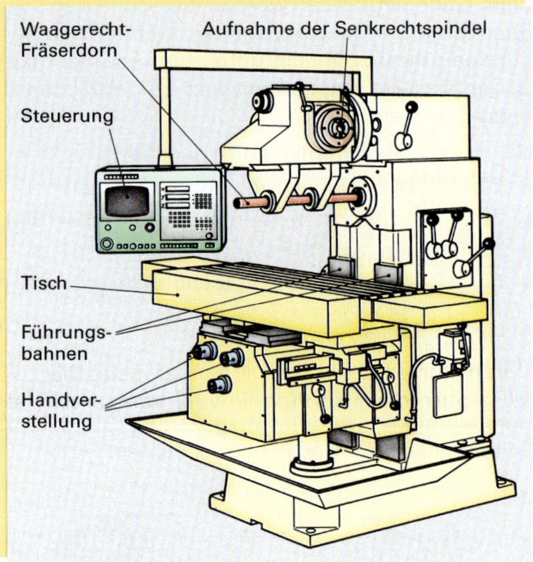

Bild 1: Universalfräsmaschine

Tabelle 1: Richtwerte für v_c und f_z für Fräsköpfe mit Hartmetall-Wendeschneidplatten (Auszug)

Art der Bearbeitung		Unleg. Stahl R_m bis 700 N/mm²	Leg. Stahl R_m bis 1000 N/mm²	Gusseisen bis 180 HB
Vorfräsen	v_c	100 ... 200	60 ... 200	70 ... 140
	f_z	0,1 ... 0,4	0,1 ... 0,4	0,1 ... 0,5
Fertigfräsen	v_c	100 ... 300	80 ... 220	90 ... 300
	f_z	0,1 ... 0,3	0,06 ... 0,3	0,1 ... 0,25

Bild 2: Waagerechtfräsen mit Satzfräser

Auswahl des Verfahrens

Unter wirtschaftlichen Gesichtspunkten ist das Stirn-Umfangsfräsen dem Umfangsfräsen vorzuziehen.

Die Hauptschneiden am Umfang des Werkzeugs nehmen die Späne ab, während die Nebenschneiden die Werkstückoberfläche glätten. Dadurch, dass gleichzeitig Gleichlauf- und Gegenlaufwirkungen entstehen, wird die Maschine gleichmäßig belastet **(Bild 1)**. Die Antriebsleistung kann geringer sein als beim Umfangsfräsen, weil der Fräser durch kurzes Einspannen stärker belastbar ist. Walz-Stirnfräser können sowohl waagerecht als auch senkrecht eingespannt werden.

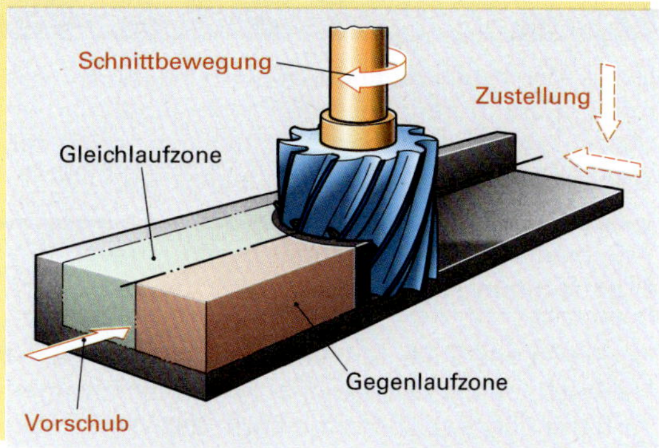

Bild 1: Bewegungen beim Stirn-Umfangsfräsen

Auswahl der Fräser

Je kleiner der Außendurchmesser des Fräsers ist, desto geringer wird das erforderliche Drehmoment und somit die Belastung der Frässpindel. Außerdem sind zu berücksichtigen:

- Form und Oberflächengüte des Werkstücks
- Schneidstoff und Zähnezahl des Fräsers
- Fräsverfahren und Vorschubrichtung

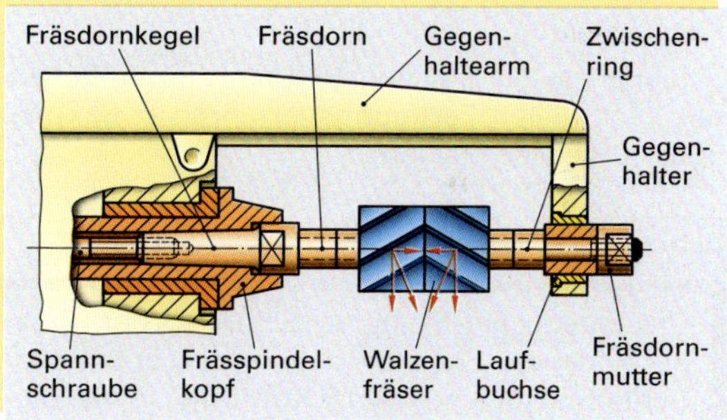

Bild 2: Einspannung der Walzenfräser

Aufspannen der Fräser

Zum Ein- und Aufspannen der Fräser verwendet man besondere **Spannzeuge.** Dazu gehören Fräsdorne mit Ringen, Aufsteckdorne, fliegende Dorne und Spannfutter **(Bilder 2, 3, 4)**. Um bei Walzenfräsern ein Durchbiegen der Welle zu verhindern, muss der Fräsdorn in einem Gegenhalter gelagert werden **(Bild 2)**.

Drallverzahnte Fräser müssen so aufgespannt werden, dass die auftretende Axialkraft in Richtung der Spindel wirkt **(Bild 3, Seite 201)**. Werden zwei Walzfräser entgegengesetzter Drallrichtung miteinander kombiniert, müssen sie so aufgespannt werden, dass sich die Axialkräfte gegenseitig aufheben.

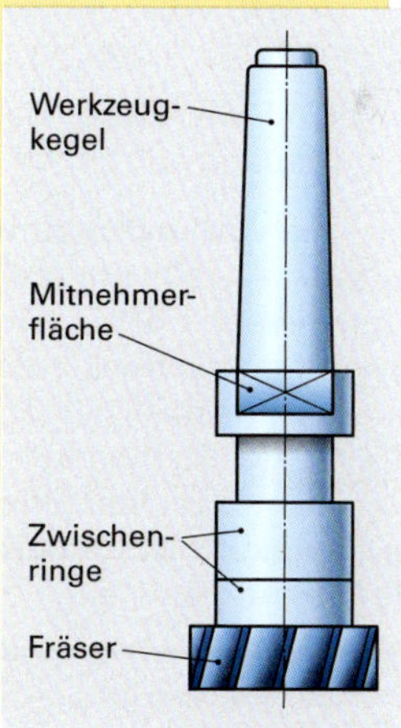

Bild 3: Aufsteckdorn für Schaftfräser

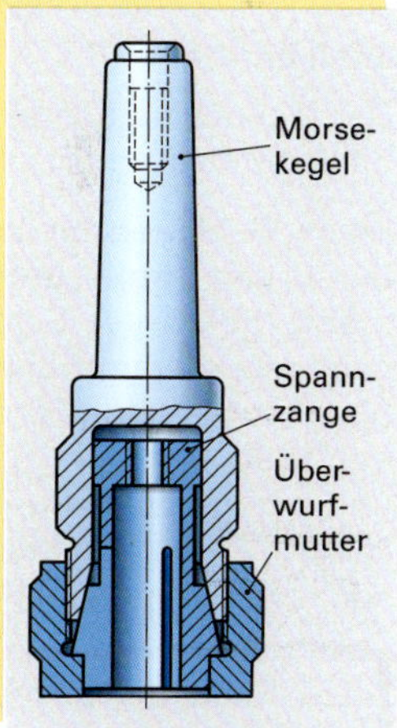

Bild 4: Spannfutter für Schaftfräser

Arbeitsregeln

- Vor dem Spannen müssen die Werkstücke entgratet werden, um eine sichere Auflage zu gewährleisten.
- Die Spannmittel müssen der Form und der Größe des Werkstücks entsprechen.
- Die Werkstücke müssen starr, möglichst tief und nahe am Ständer gespannt werden.
- Kleine und kurze Werkstücke werden im Maschinenschraubstock gespannt, größere direkt auf dem Maschinentisch.
- Der Durchmesser des Aufspanndorns ist möglichst groß zu wählen um seine Durchbiegung gering zu halten.
- Beim Aufspannen ist darauf zu achten, dass die Passfedern, die den Fräser auf dem Fräsdorn mitnehmen, sicher gelagert sind.
- Fräser sind rechtzeitig nachzuschleifen.

7

7.5.12 Schleifen

Durch die verschiedenen Schleifverfahren lassen sich ebene und gekrümmte Flächen sowie regelmäßige und unregelmäßige Profile herstellen und bearbeiten. Das Schleifwerkzeug besteht aus einer Vielzahl kleiner, sehr harter Schleifkörner. Sie haben eine unregelmäßige Gestalt und werden durch ein Trägermaterial, die Bindung, zusammengehalten.

Schleifen ist ein spanendes Fertigungsverfahren mit vielschneidigen Werkzeugen und geometrisch unbestimmten Schneiden zur Erzeugung vielfältiger Werkstückoberflächen.

Häufig ist das Schleifen die abschließende **Feinstbearbeitung** zur Erzeugung von Oberflächen mit sehr kleinen Rautiefen sowie hoher Maß- und Formgenauigkeit, nachdem durch andere spanende Fertigungsverfahren die geometrische Form des Werkstücks erzeugt wurde.

Schleifen dient auch der Wiederherstellung der Zerspanungseigenschaften trennender Werkzeuge durch Scharfschleifen, dem **Nachschleifen** abgestumpfter Schneiden.

Schleifen ist das wichtigste Verfahren zum **Entgraten** nach vielen Fertigungsverfahren (z.B. Gussputzen, Blechschneiden).

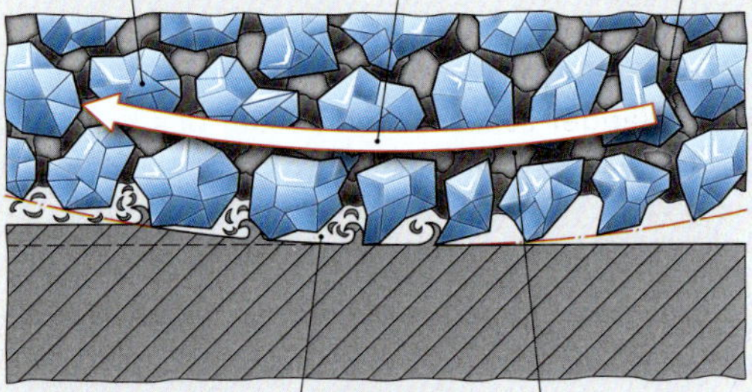

Bild 1: Bestandteile des Gefüges von Schleifkörpern

Schleifwerkzeuge

Die Eigenschaften eines Schleifkörpers aus gebundenem Schleifmittel werden durch das **Schleifmittel** und seine **Körnung** sowie die **Bindung** und ihre Festigkeit **(Härte)** und das **Gefüge** bestimmt **(Bild 1).**

Schleifmittel

Der eigentliche **Schneidstoff** sind die Körner des Schleifmittels, die die Werkstoffspäne abtrennen.

Beim Schleifen geschieht die **Spanabnahme** durch eine große unbestimmte Anzahl unregelmäßig geformter Schneiden dieser Körner. Bei genügender Vergrößerung kann man jedoch auch hier die ungefähre Form eines Schneidkeils erkennen **(Bild 2).** In der Regel sind der **Keilwinkel** β und der **Freiwinkel** α größer als ein rechter Winkel ($\alpha + \beta > 90°$) und der **Spanwinkel** γ ist **negativ,** sodass sich eine **schabende Wirkung** einstellt.

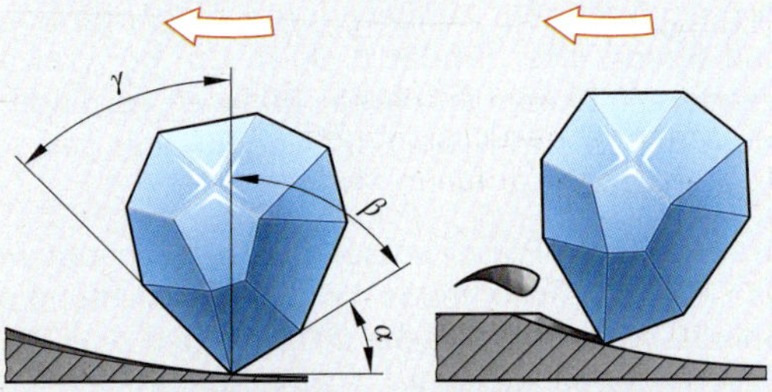

Bild 2: Winkel am Schleifkorn bei Spanabnahme

Das **Schleifmittel** muss wesentlich härter sein als der zu zerspanende Werkstoff.

Verwendet werden entweder natürlich vorkommende oder künstlich hergestellte Mineralien. Das sind Korund (Kurzzeichen A), Siliciumkarbid (C), Bornitrid (B) und Diamant (D). Jeder Schleifkörper enthält nur Schleifmittel einheitlicher Korngröße **(Tabelle 1).**

Durch die **Korngröße** werden die Zerspanleistung und die Oberflächengüte beeinflusst.

Tabelle 1: Kennziffern für die Korngröße

Körnung		Einsatz
grob	4 5 6 7 8 10 12 14 16 20 24	Schruppen
mittel	30 36 40 46 54 60	Schlichten
fein	70 80 90 100 120 150 180 220	
sehr fein	150 180 220 240	Fein- und Feinst-schleifen
staubfein	230 240 280 320 360 400 500 600 800 1000 1200 1500 2000	

Die Bindung

Das Bindemittel hält die Schleifkörner zusammen **(Tabelle 1)**. Wenn diese stumpf geworden sind, sollen sie ausbrechen. Brechen sie zu schnell aus, nutzt sich die Schleifscheibe zu rasch ab. Ist die Bindung zu fest, werden die Körner zu stumpf und die Temperaturen zu hoch.

Die **Härte** eines Schleifkörpers ist ein Maß für die Kraft, mit der die Schleifkörner durch das Bindemittel festgehalten werden.

Der **Härtegrad** muss bei der Auswahl der Schleifscheibe dem Werkstoff angepasst werden (**Tabelle 2**). Bei harten und spröden Werkstoffen stumpfen die Schleifkörner schneller ab, deshalb müssen sie leichter aus der Bindung herausbrechen können. Bei weichen und zähen Werkstoffen bleiben die Körner länger scharf. Deshalb gilt für die Auswahl von Schleifscheiben:

Harte Werkstoffe – weiche Schleifscheiben
Weiche Werkstoffe – harte Schleifscheiben

Gefüge

Die räumliche Verteilung von Schleifkörnern, Bindemittel und Poren bildet das Gefüge (die Struktur) des Schleifkörpers **(Tabelle 3)**. Die Kennziffern zeigen die **Porosität,** also ob der Schleifkörper ein geschlossenes oder offenes Gefüge besitzt.

Die **Auswahl des Gefüges** muss die anfallende Spanmenge berücksichtigen **(Bild 1, Seite 206)**. Je mehr Späne anfallen, desto größer müssen die Poren sein.

Beim Nassschliff kann durch größere Poren mehr Kühlflüssigkeit an die Eingriffsstelle transportiert werden. Das erhöht die Zerspanungsleistung.

Dichte Scheiben haben eine größere Härte und nutzen sich nicht so schnell ab. Jedoch können sie sich leichter mit Spänen zusetzen und müssen öfter abgerichtet werden.

Die Form der Schleifkörper

Die Einteilung der Schleifkörper erfolgt nach der geometrischen Grundform und der Art der Einspannung (Schleifscheiben – Bohrung; Schleifstifte – Schaft) **(Bild 1)**.

Am häufigsten werden gerade Schleifscheiben verwendet, die neben der normalen Walzenform auch profiliert sein können **(Bild 2)**.

Tabelle 1: Bindemittel für Schleifkörper

Art der Bindung	Kurzzeichen	Eigenschaften und Anwendung
keramisch	V	Die gebräuchlichste, unempfindlich gegen Wasser, Öl und Wärme, unelastisch und spröde.
Gummi	R	Sehr elastisch und zäh, für hohe Umfangsgeschwindigkeiten, wärmeempfindlich, geeignet für Nassschliff, geringe Leistung.
Gummi faserstoffverstärkt	RF	
Kunstharz	B	Gebräuchlichste elastische Bindung, hohe Festigkeit, Zähigkeit, für dünne Scheiben und hohe Umfangsgeschwindigkeiten.
Kunstharz faserstoffverstärkt	BF	
Metall	M	Hohe mechanische- und Verschleißfestigkeit, wenig stoßempfindlich.

Tabelle 2: Kennbuchstaben für die Härte von Schleifscheiben

A	B	C	D	M	N	W	X	Y	Z

äußerst weich .... mittel .... äußerst hart

Tabelle 3: Kennziffern für das Gefüge von Schleifkörpern

0	1	2	3	4	5	6	7	8	9	10	11	12	... 99

dichtes geschlossenes Gefüge......offenes Gefüge
kleine Poren .... große Poren

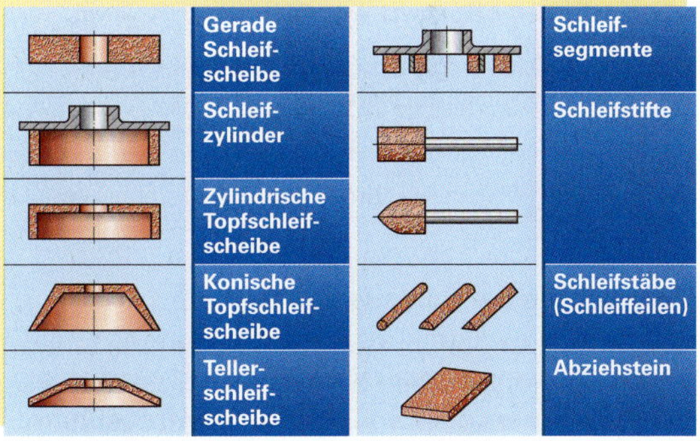

Bild 1: Grundformen von Schleifscheiben

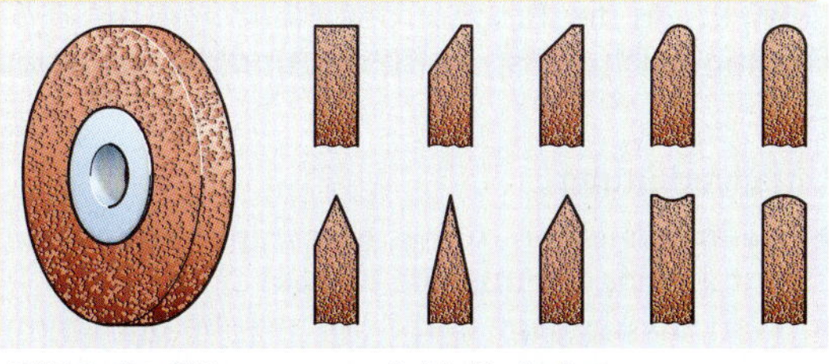
Bild 2: Profilformen von Schleifscheiben

Bezeichnung der Schleifwerkzeuge

Einteilung und Bezeichnung der Schleifkörper sind genormt, alle notwendigen Angaben sind auf den Etiketten der Schleifscheiben zu finden. Zunächst wird die Grundform aufgeführt, dann kommen die Abmessungen und dann der Schneidstoff **(Tabelle 1)**.

Für Schleifbänder, Schleifpapier und weitere Schleifmittel gelten ähnliche Regeln.

Tabelle 1: Schema für die Bezeichnung genormter Schleifkörper (Beispiel, Kurzform)

Form AbmessungWerkstoff

7 400 x 100 x 127 A 60 K 8 V 35

- ISO-Grundform — 7
- Außendurchmesser d_1 = 400 mm — 400
- Scheibenbreite b = 100 mm — 100
- Bohrungsdurchmesser d_2 = 127 mm — 127
- Schleifmittel A (Korund) — A
- Körnung (Sieb mit 60 Maschen je Zoll) — 60
- Härtegrad K = weich — K
- Gefügekennziffer 8 (mittel) — 8
- Bindung V (keramisch) — V
- Zulässige Umfangsgeschwindigkeit 35 m/s — 35

Zerspanungsvorgang

Die **Schnittbewegung** wird durch das Werkzeug, im Allgemeinen Schleifscheibe genannt, ausgeführt. Die Vorschub- und Zustellbewegungen geschehen in der Regel über das Werkstück **(Bild 1)**. Durch die **Zustellung** werden die **Schnitttiefe** bzw. die Schnittbreite festgelegt. Soll durch Schleifen lediglich die Oberflächengüte verbessert werden, braucht die Schleifscheibe die Werkstückoberfläche nur leicht zu berühren.

Die im Vergleich zu anderen spanenden Verfahren wesentlich höhere Schnittgeschwindigkeit führt zu **hohen Temperaturen** während der Spanabnahme. Dabei können die Späne schmelzen und verglühen (Schleiffunken).

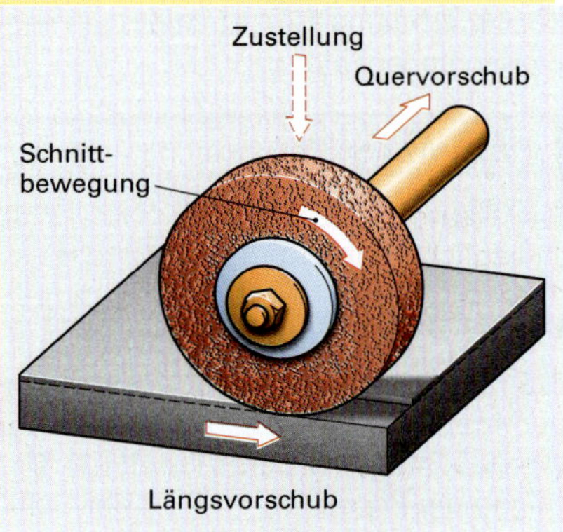

Bild 1: Der Zerspanungsvorgang beim Plan-Umfangsschleifen

Arbeit mit Schleifwerkzeugen

Schleifscheiben besitzen wegen ihrer Struktur eine verhältnismäßig geringe Zugfestigkeit. Damit sie durch die **Fliehkräfte** nicht auseinander gerissen werden, muss die Umfangsgeschwindigkeit begrenzt werden.

Tabelle 2: Zulässige Umfangsgeschwindigkeit von Schleifscheiben

Farbstreifen	blau	gelb	rot	grün
v in m/s	50	63	80	100

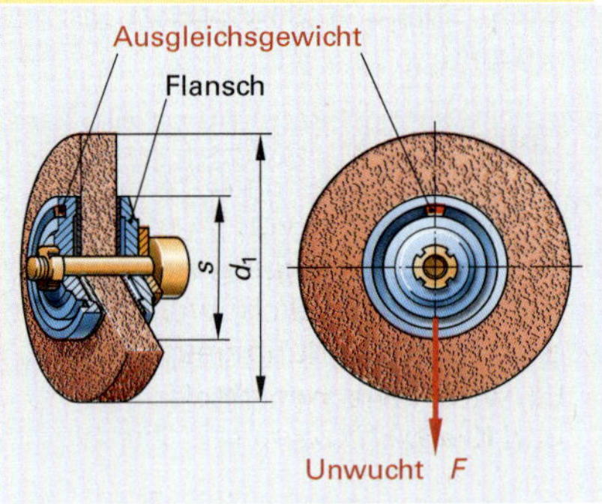

Bild 2: Aufspannen und Auswuchten einer Schleifscheibe

Auswuchten der Schleifscheiben

Wegen der ungleichmäßigen Massenverteilung (Unwucht) in den Schleifscheiben entstehen ungleichmäßige Fliehkräfte. Sie würden die Lager der Schleifmaschine, die Qualität der Schleifarbeit und den Verschleiß der Scheibe ungünstig beeinflussen. Deshalb wird auf **Auswuchtgeräten** die Lage der Unwucht festgestellt. Dann ordnet man Ausgleichsgewichte in der Ringnut des Flansches an, dass ein labiles Gleichgewicht entsteht **(Bild 2)** und die Scheibe ruhig läuft.

Unfallverhütung

- Beim Schleifen ohne Maschinenabdeckung immer eine Schutzbrille tragen!
- Werkstückauflage und Schutzhaube dürfen nur bei stehender Maschine nachgestellt werden!
- Spalt zwischen Scheibe, Werkstückauflage und Schutzhaube täglich kontrollieren **(Bild 1)!**
- Beim Trockenschleifen den anfallenden Staub nach Möglichkeit absaugen!

7.6 Fügen

Einzelne Werkstücke oder Bauteile werden mithilfe der Fügeverfahren zur gewünschten Endform zusammengesetzt. Dadurch entstehen funktionstüchtige Apparate, Baugruppen oder Maschinen **(Bild 1).**

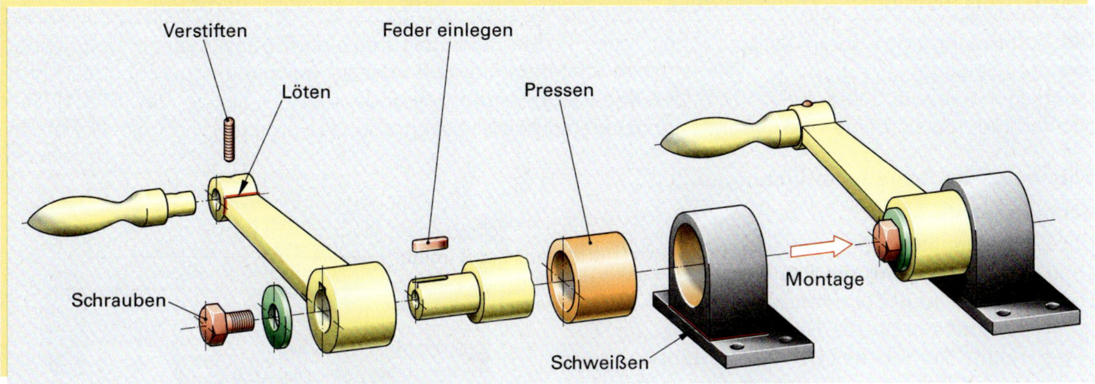

Bild 1: Zusammenwirken einzelner Fügeverfahren bei der Herstellung einer Baugruppe

7.6.1 Einteilung und Wirkweise

Die Bauteile können je nach Verbindungsart beweglich oder fest zusammengehalten werden.

- **Bewegliche Fügeverbindungen**, z.B. Gewindespindeln, ermöglichen ein gegenseitiges Verschieben der Einzelteile oder Baugruppen.
- **Feste Fügeverbindungen** können lösbar oder unlösbar sein. In beiden Fällen wird ein Verschieben der Einzelteile gegeneinander verhindert.
- **Lösbare Verbindungen:** Die verbundenen Teile lassen sich **ohne Zerstörung** des Verbindungsmittels trennen.
- **Unlösbare Verbindungen:** Die verbundenen Teile lassen sich nur **durch Zerstörung** des Verbindungsmittels voneinander trennen **(Bild 2).**
  Die **Kraftübertragung** zwischen den einzelnen Teilen wird möglich, weil der Kraftfluss durch die Fügeverbindung geschlossen wird.
  Es wird zwischen **Stoffschluss, Formschluss** und **Kraftschluss** unterschieden **(Bild 3).**
- **Stoffschlüssige Verbindungen:** Dabei werden die **Werkstoffe** der zu verbindenden Teile miteinander **vereinigt.**
- **Formschlüssige Verbindungen:** Dazu ist das Ineinanderpassen von Formflächen der Bauteile und der Verbindungselemente erforderlich.
- **Kraftschlüssige Verbindungen:** Sie entstehen durch das Zusammenpressen der Oberflächen.

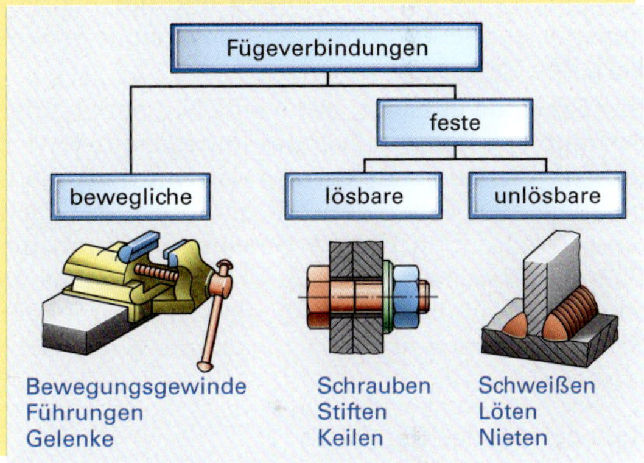

Bild 2: Einteilung der Fügeverbindungen

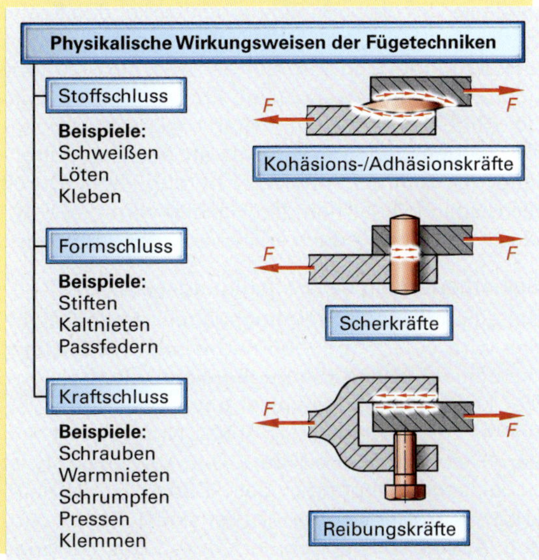

Bild 3: Einteilung der Fügetechniken nach Wirkweise

7

7.6.2 Schraubverbindung

Sollen sich Einzelteile wieder von einander lösen lassen, so ist Schrauben oft die beste oder die einzig mögliche Verbindungstechnik.

Durch das Schrauben werden Bauteile durch Kraftschluss lösbar miteinander verbunden.

Die Verbindung wird durch Verschrauben eines Außengewindes mit einem passenden Innengewinde erreicht. Gewinde können in den Werkstücken eingearbeitet sein oder es werden entsprechende Verbindungselemente wie Schraubenbolzen, Unterlegscheiben und Schraubenmuttern verwendet **(Bild 1)**. Fast alle Verbindungselemente sind genormt und können durch Massenproduktion preiswert hergestellt werden.

Wirkweise der Schraubverbindungen

Schraubenlinie

Die Schraubenlinie eines Gewindes entspricht der Linie, die entsteht, wenn man ein rechtwinkliges Dreieck um einen Zylinder wickelt **(Bild 2)**. Seine Hypotenuse stellt die Schraubenlinie dar. Die waagerechte Kathete des Dreiecks entspricht dem Umfang des Zylinders $U = \pi \cdot d$. Die senkrechte Kathete wird die **Steigung *P*** des Gewindeganges genannt. Der vom Kreisumfang und der Schraubenlinie gebildete Winkel ist der **Steigungswinkel α** des Gewindes.

Das **Gewinde** entsteht, wenn eine Nut entlang der Schraubenlinie in den Zylinder eingeschnitten wird **(Bild 3)**. Die Querschnittsform der Nut muss dem gewünschten Gewindeprofil entsprechen. Nach einer Umdrehung ist das Gewindeprofil um die Steigung *P* weitergerückt. Aus der Schraubenlinie ist ein Schraubengang entstanden. Die Anzahl der Schraubengänge richtet sich nach der gewünschten Gewindelänge.

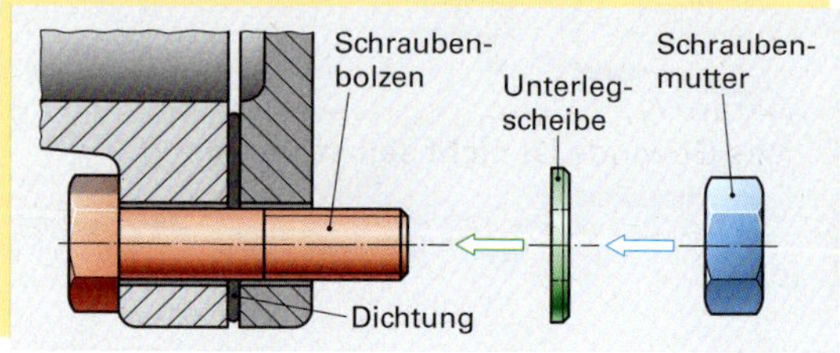

Bild 1: Prinzip des Verschraubens

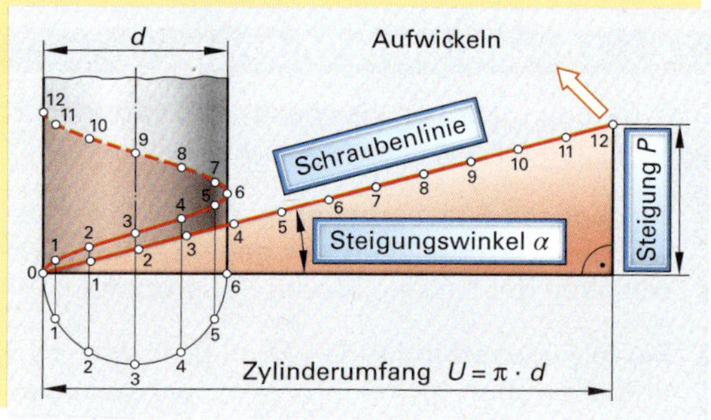

Bild 2: Schraubenlinie

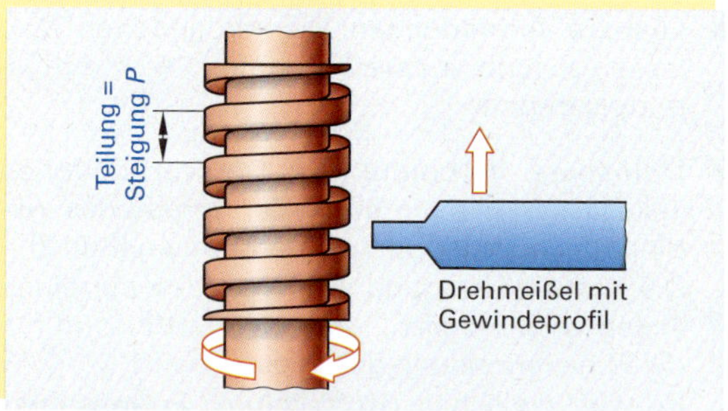

Bild 3: Entstehung eines Gewindes

Keilwirkung des Gewindes

Wird eine Schraubenmutter auf einen Schraubenbolzen gedreht, so gleitet sie entlang der Schraubenlinie. Um die beim Schrauben wirkenden Kräfte zu verdeutlichen, betrachtet man ein kleines Stück aus der Mutter und dem Bolzen. Wird die Schraube gedreht, gleiten zwei schiefe Ebenen gegeneinander **(Bild 4)**. Ohne äußere Kräfte würde das obere Teil wegen der Abtriebskraft an der Schraubenlinie des Schraubenbolzens herabgleiten. Durch die Reibkraft zwischen den Flächen wird diese Abwärtsbewegung jedoch erschwert oder verhindert.

Selbsthemmung des Befestigungsgewindes

Bei einem kleinen **Steigungswinkel α** des Gewindes wird eine Schraubenmutter **nicht selbsttätig** die schiefe Ebene (Schraubenlinie) hinabgleiten. Der kleine Steigungswinkel bewirkt eine im Verhältnis zur Gewichtskraft große Normalkraft und damit eine große Reibkraft. Die Abtriebskraft ist bei diesen Bedingungen klein **(Bild 4)**. Ist die Reibkraft F_R größer als die Abtriebskraft F_A, so wird eine Abwärtsbewegung verhindert. Das Gewinde ist dann **selbsthemmend**.

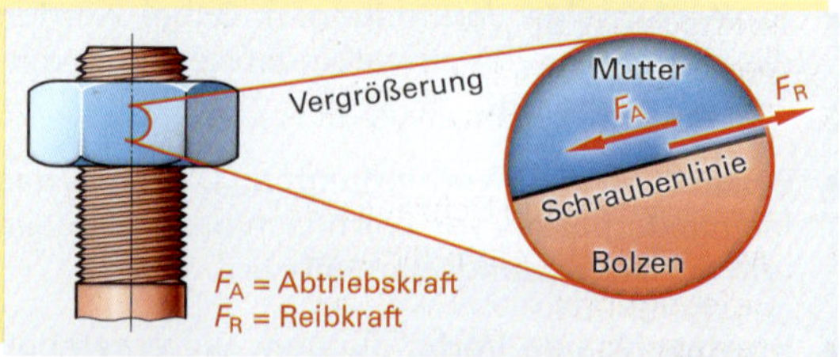

Bild 4: Keilwirkung am Gewinde

> Befestigungsschrauben sind selbsthemmend, sie haben einen kleinen Steigungswinkel.

Der Steigungswinkel des Gewindes von Befestigungsschrauben beträgt etwa 3°...1°. Unter normalen Bedingungen können sich diese Schrauben nicht von alleine lösen.

Bewegungsgewinde

Wird der Steigungswinkel α der Schraubenlinie größer, so vermindert sich die Normal- und damit die Reibkraft. Die Abtriebskraft wird dagegen größer **(Bild 1)**. Ist die Abtriebskraft F_H größer als die Reibkraft F_R, so erfolgt eine Abwärtsbewegung. Dieses Gewinde ist **nicht selbsthemmend.**

> Bewegungsgewinde haben einen großen Steigungswinkel.

Kraftübersetzung bei Befestigungsschrauben

Durch Befestigungsschrauben werden kraftschlüssige Verbindungen hergestellt. Die Bauteile müssen so stark zusammengepresst werden, dass sie sich nicht gegeneinander verschieben lassen. Die dazu erforderlichen großen Spannkräfte werden mithilfe der Kraftübersetzung nach zwei physikalischen Prinzipien erzeugt: der **Hebelwirkung** und der **schiefen Ebene (Bild 2).**

Kraftübersetzung durch Hebelwirkung

Die Hebelwirkung wird beim Gebrauch eines Schraubenschlüssels ausgenutzt. Mit einem entsprechend langen Hebel können bei geringen Anzugskräften große Spannkräfte erreicht werden.

Kraftübersetzung durch schiefe Ebene

Mit Hilfe der schiefen Ebene der Schraubenlinie lassen sich große Lasten mit verhältnismäßig kleinen Kräften aufwärts bewegen. Es wird dabei eine mechanische Arbeit verrichtet. Die Anwendung dieser Erkenntnis auf das Schrauben führt zur Berechnung der **Anzugskraft F_2 (Bild 3):**

Arbeitsauftrag:

1. Erklären Sie den Unterschied zwischen lösbaren und unlösbaren Fügeverbindungen! Ordnen Sie den beiden Gruppen je 3 Fügeverfahren zu!
2. Was wird jeweils unter einer stoff-, form- und kraftschlüssigen Verbindung verstanden? Ordnen Sie den Gruppen jeweils 3 Fügeverfahren zu!
3. Zählen Sie die Einzelteile einer Schraubverbindung auf!
4. Wie entsteht die Schraubenlinie?
5. Welche unterschiedlichen Merkmale haben Befestigungs- und Bewegungsgewinde?
6. Nennen Sie die physikalischen Prinzipien, mit deren Hilfe die Kraftübersetzung erfolgt!

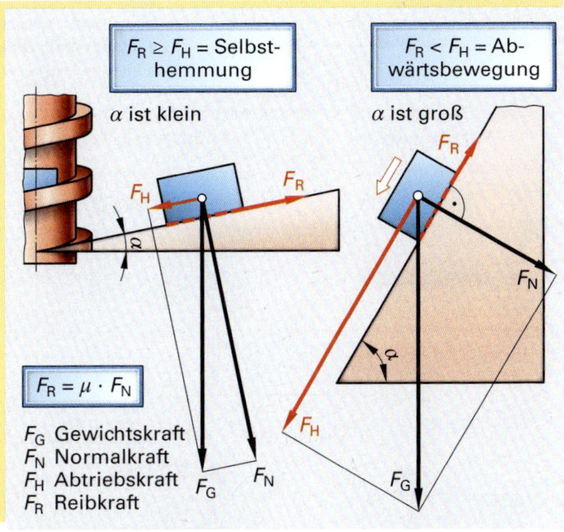

Bild 1: Kräfteverteilung

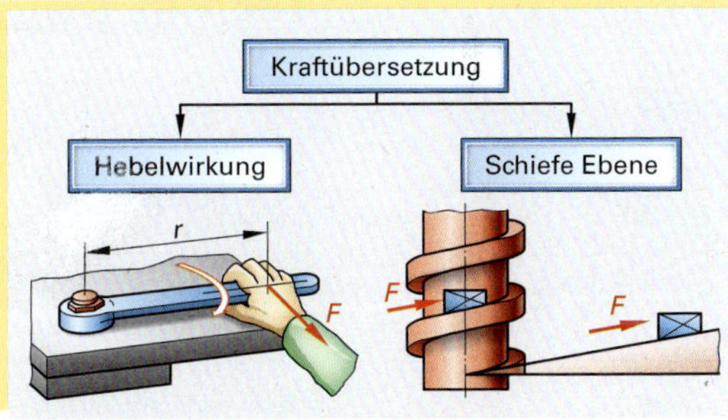

Bild 2: Erzeugung der Spannkräfte

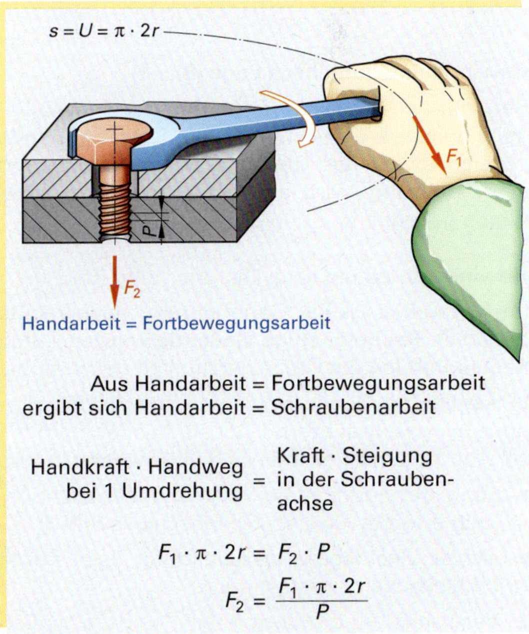

Bild 3: Festziehen einer Schraube

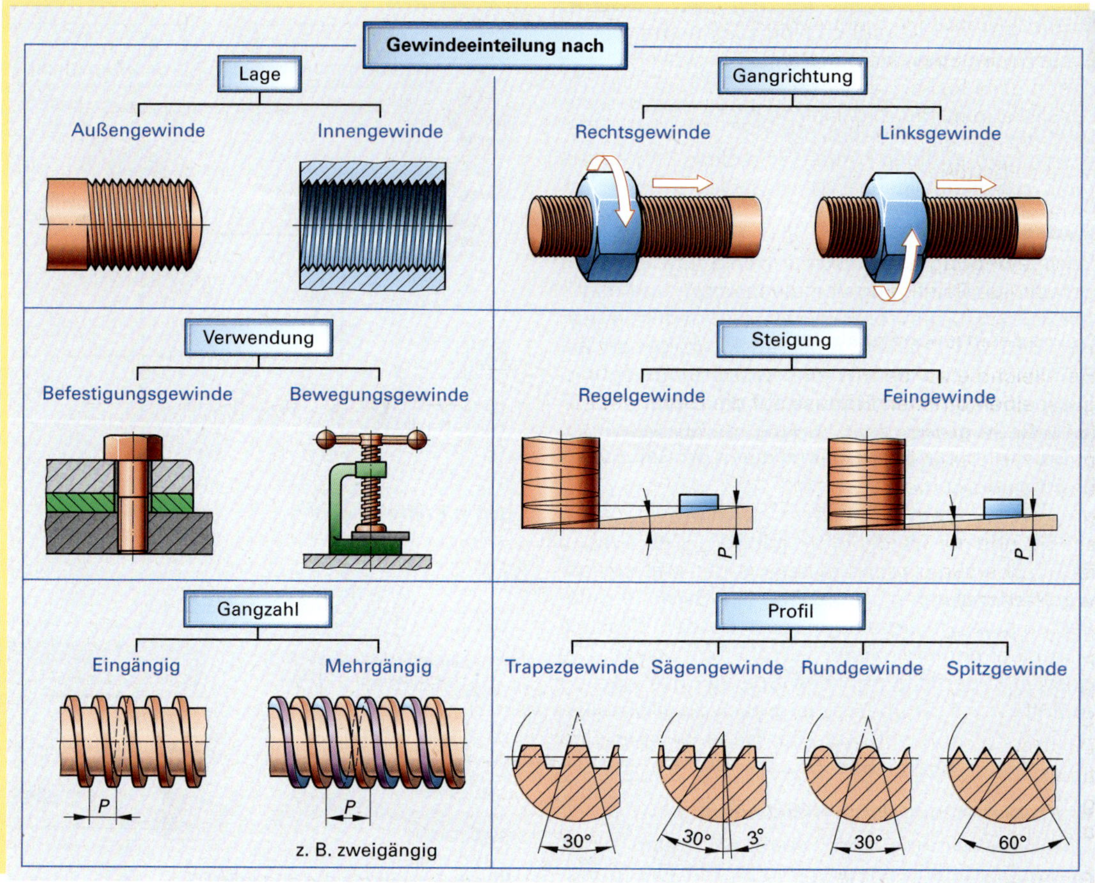

Bild 1: Übersicht und Einteilung der Gewindearten

Gewindeeinteilung nach Lage (Bild 1)

Befindet sich das Gewinde am Mantel eines Zylinders, wird es als **Außen-** oder **Bolzengewinde** bezeichnet. Ist das Gewinde an der Innenwand einer Bohrung, wird es **Innen-** oder **Muttergewinde** genannt.

Gewindeeinteilung nach Gangrichtung (Bild 1)

Im Normalfall ist die Gangrichtung nach rechts gerichtet. **Rechtsgängige Gewinde** werden durch Rechtsdrehung (im Uhrzeigersinn) eingeschraubt.

Linksgängige Gewinde werden durch Linksdrehung eingeschraubt und nur in Ausnahmefällen verwendet. Linksgewinde sind üblich wenn:

- Längsbewegungen bei vorgegebener Drehrichtung erforderlich sind (Spannschloss **Bild 3**)
- sich ein Rechtsgewinde selbsttätig lösen würde (Schleifscheibenbefestigung)
- Verwechslungen vermieden werden sollen (Anschlüsse von Propangasflaschen)

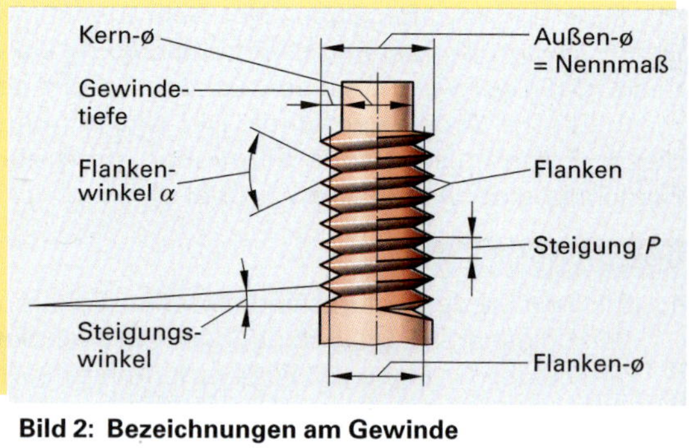

Bild 2: Bezeichnungen am Gewinde

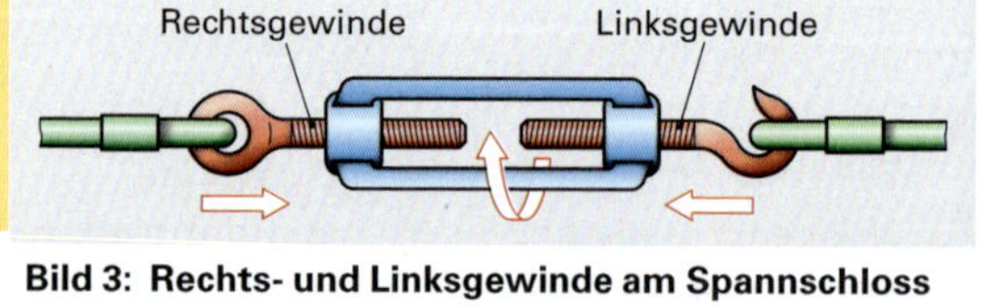

Bild 3: Rechts- und Linksgewinde am Spannschloss

Gewindeeinteilung nach Verwendung

Befestigungsgewinde haben Schrauben, mit denen Teile lösbar verbunden werden sollen. Diese Schrauben müssen sich fest anziehen lassen und dürfen sich unter normalen Bedingungen nicht selbsttätig lösen.

Bewegungsgewinde dienen dazu, drehende Bewegungen in geradlinige umzuwandeln. Die Drehbewegung einer Spindel wird z.B. in eine geradlinige Bewegung umgewandelt.

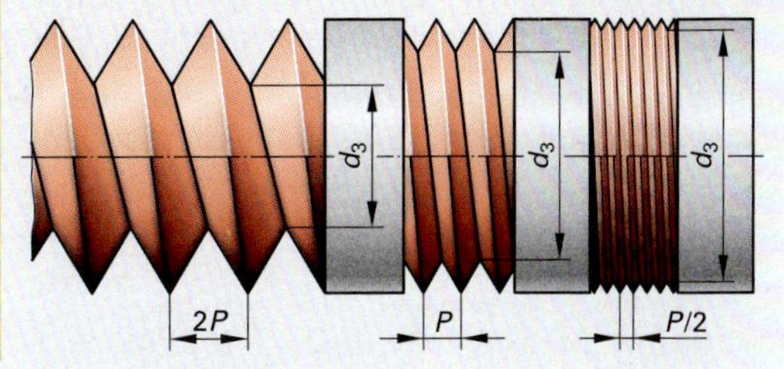

Bild 1: Abhängigkeit der Gewindetiefe von der Gewindesteigung

Gewindeeinteilung nach der Steigung

Bei gleichbleibendem Flankenwinkel hat die Steigung einen direkten Einfluss auf die Gewindetiefe **(Bild 1)**. Je größer die Steigung ist, desto größer muss die Gewindetiefe sein und umso kleiner ist der Kerndurchmesser d_3. Mit zunehmender Steigung vermindern sich somit der belastbare Querschnitt und die Tragfähigkeit der Schraube. Dieses ist u.a. bei Gewinden auf dünnwandigen Rohren von Bedeutung.

Gewinde mit kleineren Steigungen als beim Regelgewinde werden **Feingewinde** genannt. Der kleinere Steigungswinkel bewirkt, dass sich die Schraube bei Erschütterungen nicht so leicht löst. Deshalb eignet sich dieses Gewinde gut als Befestigungsgewinde. Allerdings hat der kleinere Steigungswinkel je Umdrehung auch einen kürzeren axialen[1] Weg zur Folge.

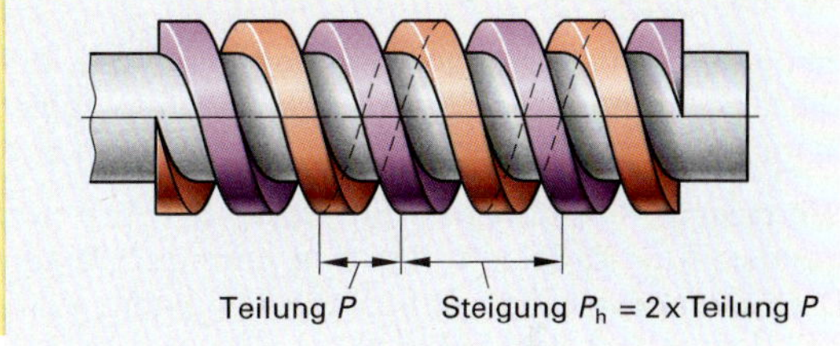

Bild 2: Zweigängiges Gewinde

Gewindeeinteilung nach der Gangzahl

Sollen bei wenigen Umdrehungen lange axiale Wege erzielt werden, empfiehlt sich ein **mehrgängiges Gewinde.** Es hat mehrere, regelmäßig versetzte Gewindeanfänge. Die Gewindegänge laufen parallel nebeneinander **(Bild 2)**. Je mehr Gänge, desto größer wird die Steigung, ohne dass die Gewindetiefe verändert wird. Mehrgängige Gewinde sind Bewegungsgewinde, z.B. bei Spindelpressen und Schnecken.

Tabelle 1: Normung der Gewindebezeichnung

Gewindeprofil	Kurzzeichen	Gewindebezeichnung (Beispiele)
Spitzgewinde		
Metrisch	M	M 10
Feingewinde	M	M 10 x 1
Withworth-Rohrgewinde	R	R 3/4 EN 10226-1
Trapezgewinde	Tr	Tr 20 x 4
Sägengewinde	S	S 20 x 2
Rundgewinde	Rd	Rd 8 x $\frac{1}{10}$
Linksgewinde	LH[2]	M 20-LH
Mehrgängiges Gewinde	P	Tr 30 x 16 P2

Gewindeeinteilung nach dem Profil

Entsprechend den unterschiedlichen Anforderungen beim Einsatz der Gewinde wurden verschiedene Gewindeprofile entwickelt und genormt. Die genormte Gewindebezeichnung enthält das Kurzzeichen für das Profil und das Nennmaß. Gegebenenfalls werden auch Steigung, Gangrichtung und bei Sondergewinden die DIN-Nummer angegeben. Für ein genormtes Gewinde, von dem Profil, Nenndurchmesser und Steigung bekannt sind, lassen sich die weiteren Gewindemaße berechnen oder Tabellen entnehmen **(Tabelle 1).**

Das Trapezgewinde wird vorwiegend für Bewegungsgewinde verwendet. Sein Gewindeprofil ist trapezförmig ausgebildet und hat einen Flankenwinkel von 30°. Trapezgewinde sind beidseitig axial belastbar. Das Gewinde hat Spitzenspiel und wird an den Gewindeflanken geführt.

Bezeichnungsbeispiel Tr 36 x 6 P3: Dieses mehrgängige Trapezgewinde hat einen Außendurchmesser von 36 mm, eine Gewindesteigung von 6 mm, eine Teilung von 3 mm und ist damit 2-gängig.

[1] axial: in Richtung der Achse [2] left hand

Sägengewinde ist besonders für größere einseitig wirkende axiale Belastung geeignet. Die tragende Flankenseite steht annähernd senkrecht zur Schraubenachse.

Rundgewinde ist unempfindlicher gegenüber Beschädigung und Verschmutzung. Daher wird es überwiegend für Armaturen, Eisenbahnkupplungen, Glühlampenfassungen usw. eingesetzt.

Alle **Spitzgewinde** haben kleine Steigungswinkel und dienen als Befestigungsgewinde. Ihr Gewindeprofil ist dreieckig ausgeformt. Der Flankenwinkel beträgt bei Metrischen Gewinden 60° und bei Whitworthgewinden 55°.

Metrisches ISO-Gewinde (ISO = International Organization for Standardization = Internationale Normgemeinschaft). Es ist zwischen Regel- und Feingewinde zu unterscheiden.

Regelgewinde werden durch das Profilkurzzeichen mit dem Nenndurchmesser eindeutig angegeben.

Die Angaben über die Größe der Steigung müssen Tabellen entnommen oder mit Formeln errechnet werden.

Feingewinde haben gegenüber dem Regelgewinde bei gleichem Nenndurchmesser kleinere Steigungen. Diese Steigungen sind in Auswahlreihen festgelegt. Das Steigungsmaß ist in der Gewindebezeichnung in mm zusätzlich mit anzugeben (z.B. M 20 x **1,5**).

Whitworth-Rohrgewinde für **Gewinderohre und Fittings** nach DIN EN 10226-1, z.B. bei der Versorgungsleitung Druckluft, hat eine geringe Steigung und kann als ein Feingewinde angesehen werden. Die Gewindeverbindung besteht aus einem zylindrischen Innengewinde und einem kegeligen Außengewinde (Kegel 1 : 16) **(Bild 1).**

Durch die Kombination des zylindrischen Innengewindes mit dem kegeligen Außengewinde ist gewährleistet, dass die Rohrverbindung zum größten Teil schon durch die Pressung von Metall auf Metall abgedichtet wird. Ein Dichtungsmittel wird beim Verschrauben mit eingezogen. Es soll kleine Unregelmäßigkeiten der Gewindeoberfläche ausgleichen und zusätzlich abdichten.

Die Maße dieses Gewindes müssen Tabellen entnommen werden. Die Nenngröße des Gewindes bezieht sich nicht auf den Außendurchmesser des Gewindes, sondern auf die **Nennweite DN** (französisch: **d**iamètre **n**ominal) des Rohres. Sie ist nur ungefähr gleich der lichten Weite des Rohres und dient als Kenngröße für zueinander passende Teile.

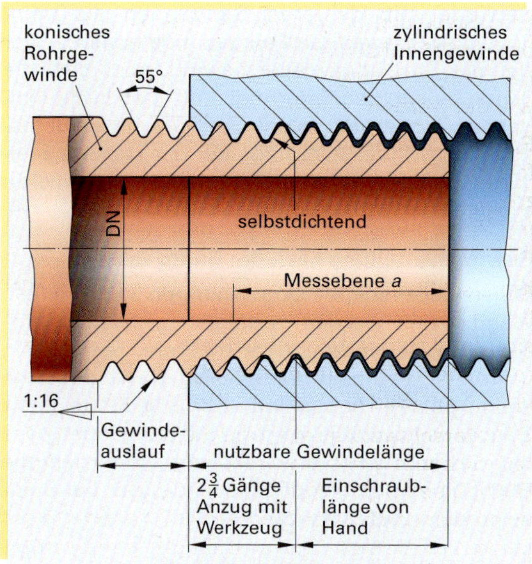

Bild 1: Withworth-Rohrgewindeverbindung

Arbeitsauftrag:

1. Zählen Sie 6 unterschiedliche Merkmale auf, nach denen Gewinde eingeteilt werden können.
2. Formulieren Sie einen Merksatz über den Zusammenhang zwischen Steigung und Gewindetiefe.
3. Aus welchem Grund ist die Selbsthemmung bei Feingewinden größer als bei Regelgewinden?
4. Wozu werden mehrgängige Gewinde verwendet?
5. Nennen Sie die Angaben, die eine Gewindebezeichnung enthalten muss.
6. Nennen Sie 3 Gewindeprofile und geben Sie die jeweiligen Merkmale an.
7. Erklären Sie, warum Whitworth-Rohrgewinde für dichte Verbindungen geeignet sind.

Beispiel zur Schraubenberechnung:

Das Anzugsmoment einer Schraube M10 (1,5 mm Steigung) soll 50 Nm betragen. Der Schraubenschlüssel hat eine wirksame Hebellänge von 150 mm.

Handkraft $F_1 = \frac{M}{r} = \frac{50\ \text{Nm}}{0{,}15\ \text{m}} = \mathbf{333\ N}$

Kraft in der Schraubenachse $F_2 = \frac{F_1 \cdot \pi \cdot 2r}{P}$

$$F_2 = \frac{333\ \text{N} \cdot 3{,}14 \cdot 300\ \text{mm}}{1{,}5\ \text{mm}} = \mathbf{209\ 124\ N}$$

Elemente der Schraubverbindungen

Schraubenformen

Die Anforderungen an das Verbindungselement Schraube sind sehr unterschiedlich, wodurch die Vielzahl der verschiedenen Schrauben begründet sind. Sie unterscheiden sich durch Kopfform, Schaftabmessung, Schraubenende, Gewindeart und Gewindeform **(Bild 1)**.

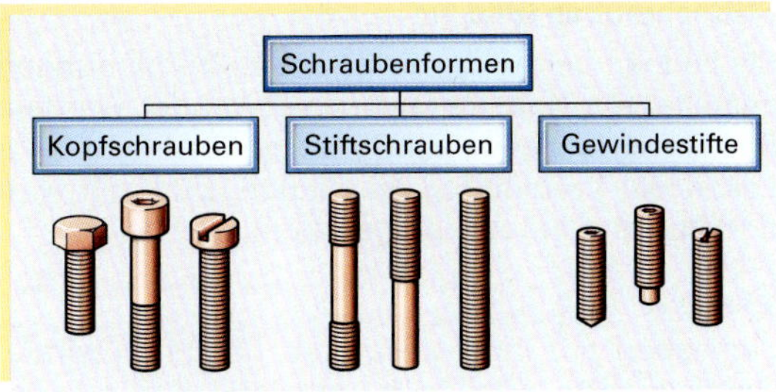

Bild 1: Einteilung der Schrauben nach ihrer Form

Kopfschrauben

Zu den wichtigsten Kopfschrauben gehören: Sechskant- und Vierkantschrauben, Zylinderschrauben mit Innensechskant sowie Innensechsrund-, Schlitz- und Kreuzschlitzschrauben.

Sechskantschrauben sind die am häufigsten verwendeten Kopfschrauben **(Bild 2 links)**.

Vierkantschrauben (Bild 2 Mitte) benötigen gegenüber Sechskantschrauben kleinere Schlüsselweiten, da die Ansatzflächen für den Gabelschlüssel größer sind. Allerdings vergrößert sich der Verdrehwinkel beim Nachfassen mit dem Schlüssel gegenüber der Sechskantschraube von 60° auf 90°. An schlecht zugänglichen Stellen können deshalb Vierkantschrauben nicht verwendet werden.

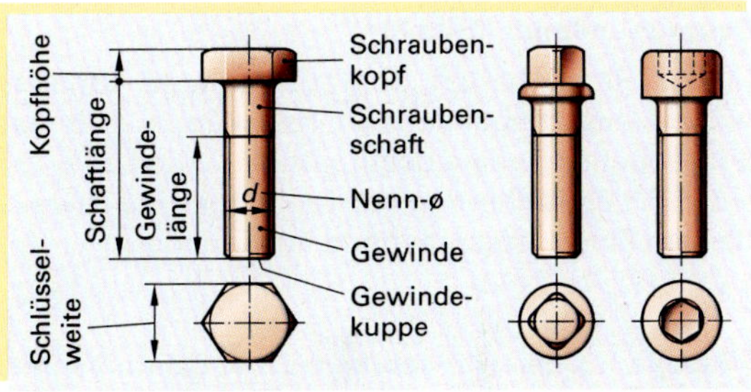

Bild 2: Sechskant-, Vierkant- und Innensechskantschraube (Inbus)

Schlitzschrauben gibt es mit verschiedenen Kopfformen. Sie werden mit Schraubendreher angezogen. Infolge der kleinen Hebelwirkung sind mit ihnen nur geringere Klemmkräfte zu erzielen **(Bild 4)**.

Kreuzschlitzschrauben lassen sich wegen der größeren Mitnahmflächen fester anziehen. Sie eignen sich infolge der besseren Schraubendreherführung auch sehr gut für maschinelles Festziehen und Lösen **(Bild 4)**.

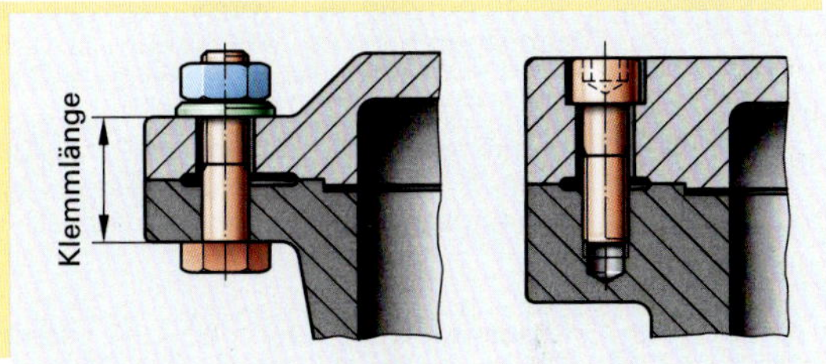

Bild 3: Konstruktive Gestaltung

Zylinderschrauben mit Innensechskant (Bild 2, rechts) benötigen beim Anziehen und Lösen wenig Platz. Diese Schrauben werden auch verwendet, wenn kleine Schraubenabstände erforderlich sind. Ein Versenken des Kopfes ergibt glatte Werkstückoberflächen. Bei rotierenden Teilen wird dadurch die Verletzungsgefahr vermindert **(Bild 3)**.

Zylinderschrauben mit Innensechsrund sind unter dem Handelsnamen Torx bekannt **(Bild 5)** und eine Weiterentwicklung des „Inbus“. Es können höhere Drehmomente übertragen werden, da die Kräfte des Werkzeuges im Schraubenkopf weniger punktuell angreifen.

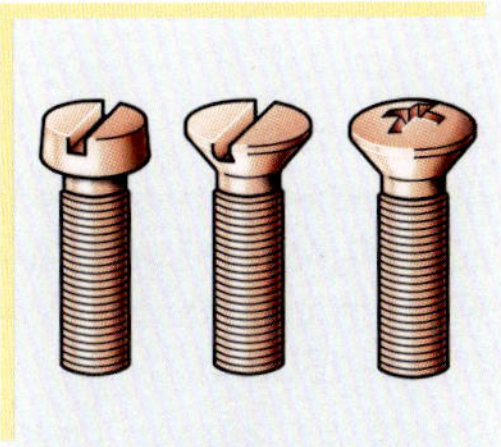

Bild 4: Schlitz- und Kreuzschlitzschrauben

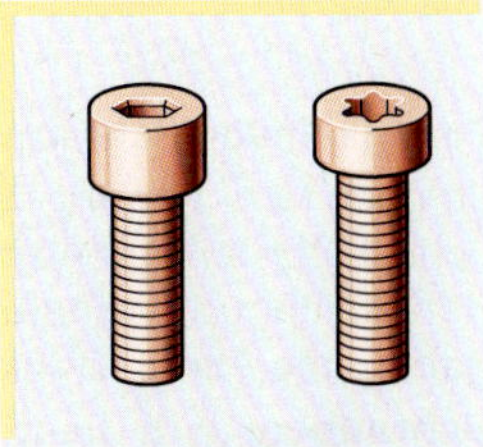

Bild 5: Innensechskant- und Innensechsrundschraube

Kopfschrauben für Sonderzwecke

Blechschrauben (Bild 6) und **Schneidschrauben (Bild 7)** sind gehärtet bzw. einsatzgehärtet. Sie formen sich ihr Muttergewinde selbst und eignen sich zum Verbinden von Blechen.

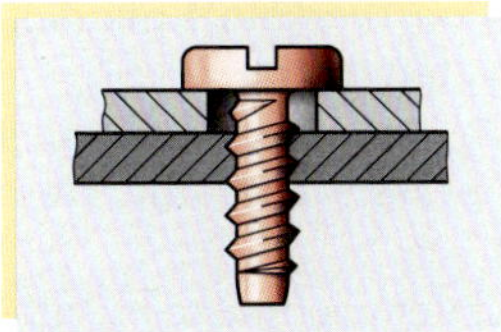

Bild 6: Blechschraube

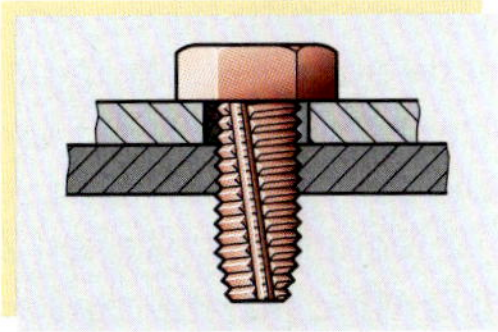

Bild 7: Schneidschraube

Stiftschrauben (Bild 1)

Sie können bei häufig zu lösenden Verbindungen anstelle von Kopfschrauben verwendet werden. Das Einschraubende der Stiftschraube bleibt beim Lösen der Verbindung im Bauteil. Dadurch wird dort das Muttergewinde geschont.

Gewindestifte (Bild 2)

Sie haben auf ihrer gesamten Länge Gewinde. Gewindestifte werden hauptsächlich zur Lagesicherung von Stellringen, Lagerbuchsen usw. verwendet.

Schraubenenden (Bild 3)

In der Regel haben Schraubenenden (Bolzenenden) eine Kegel- oder Linsenkuppe. Hat das Schraubenende eine bestimmte Funktion zu erfüllen, z. B. Lagesicherung von Stellringen, so ist es zu diesem Zweck entsprechend ausgebildet.

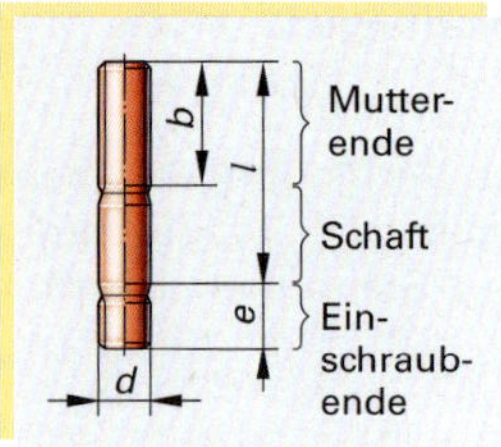

Bild 1: Stiftschraube

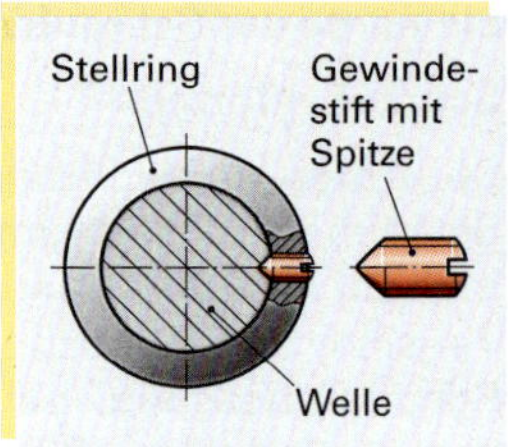

Bild 2: Gewindestift

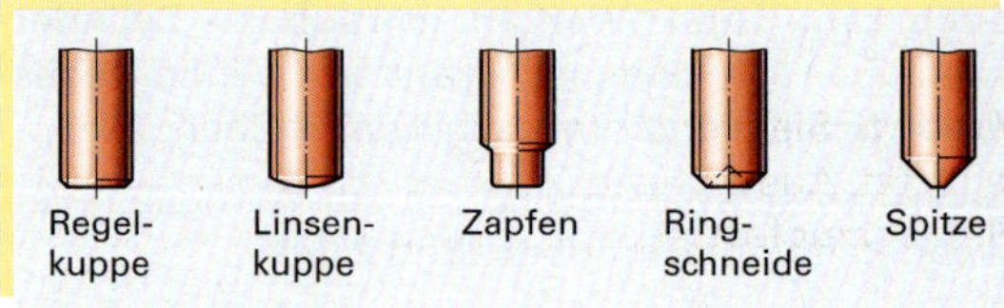

Bild 3: Schraubenenden

Tabelle 1: Übersicht gebräuchlicher Schraubenmuttern

Verbindungs-element	Beschreibung	Verbindungs-element	Beschreibung
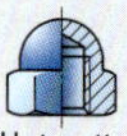 Hutmutter DIN 1587	**Hutmuttern** schützen das Gewinde vor Beschädigungen und vermindern die Verletzungsgefahr.	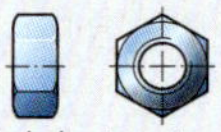 Sechskantmutter EN ISO 4034	**Sechskantmuttern** werden am häufigsten verwendet. Ihre Höhe ist in Normalausführung 0,8 · Nenndurchmesser.
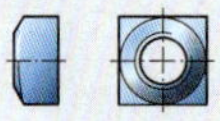 Vierkantmutter DIN 557	**Vierkantmuttern** haben größere Ansatzflächen für den Gabelschlüssel, jedoch einen ungünstigeren Verdrehwinkel.	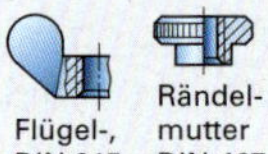 Flügel-, DIN 315, Rändelmutter DIN 467	**Flügel- und Rändelmuttern** werden von Hand angezogen. Sie eignen sich nur für niedrig belastbare Verbindungen.
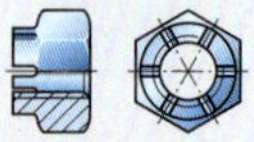 Kronenmutter DIN 935	**Kronenmuttern** werden mit passenden Splinten gegen Verstellung gesichert, z. B. Radlager beim Pkw. Sie werden mit 6 oder 10 Schlitzen, d. h. für 60° oder 36° Nachstellung, verwendet.	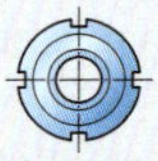 Nutmutter DIN 1804	**Nutmuttern** haben meist Feingewinde und sind besonders zum Einstellen des axialen Spiels von Lagern und Wellen geeignet.

Festigkeit von Schrauben und Muttern

Je nach Verwendungszweck werden unterschiedliche Anforderungen an ihre Festigkeit gestellt. Zur Kennzeichnung erhalten sie verschlüsselte Angaben über ihre Festigkeitsklasse **(Bild 4).**

Schrauben: Ihre **Festigkeitsklasse** zeigen zwei Zahlen, die durch einen Punkt getrennt sind.

Die **Mindestzugfestigkeit R_m** in N/mm² erhält man, wenn die erste Zahl mit 100 multipliziert wird.

Die Mindestzugfestigkeit gibt die Kraft je mm² Querschnittsfläche an, die ein Werkstoff mindestens ohne Zerstörung aushalten muss.

Die **Mindeststreckgrenze R_e** in N/mm² ergibt sich durch Multiplikation der ersten Zahl mit dem 10-fachen der zweiten Zahl.

Die **Mindeststreckgrenze** ist der wichtigste mechanische Kennwert der Schraube.

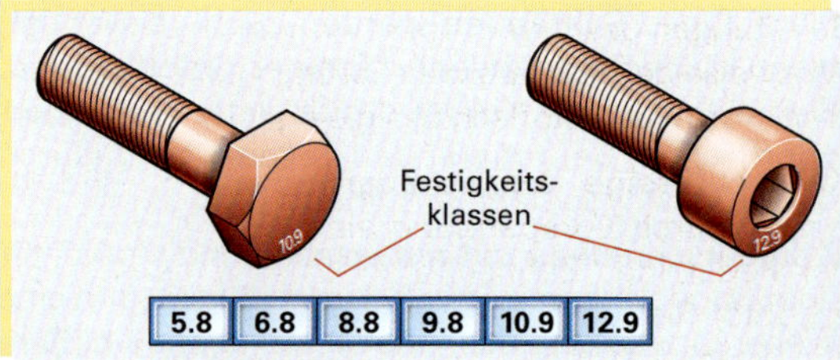

Bild 4: Festigkeitsklassen bei Schrauben

Beispiel: Die Mindestzugfestigkeit R_m und die Mindeststreckgrenze R_e einer Schraube mit der Festigkeitsklasse 9.8 sind zu ermitteln.

Lösung:

$$R_m = 9 \cdot 100 \frac{\text{N}}{\text{mm}^2} = \mathbf{900\ \frac{N}{mm^2}}$$

$$R_e = 9 \cdot 8 \cdot 10 \frac{\text{N}}{\text{mm}^2} = \mathbf{720\ \frac{N}{mm^2}}$$

Bei Belastung unterhalb der Streckgrenze, also innerhalb des elastischen Bereichs, verhält sich die Schraube wie eine starke Zugfeder **(Bild 1).** Bei Zugbeanspruchung wird sie geringfügig länger. Bei Entlastung nimmt sie ihre ursprüngliche Länge ein.

Wird durch die Zugbeanspruchung die Streckgrenze überschritten, wird die Schraube merklich länger und bleibend verformt. Die Presskraft zwischen den Bauteilen wird geringer und die Schraube kann sich lösen. Der Schraubenquerschnitt muss so groß gewählt werden, dass die maximal auftretende Beanspruchung unterhalb der Streckgrenze bleibt.

Muttern: Sie werden nur durch eine Zahl gekennzeichnet. Aus ihr lässt sich, wie bei Schrauben, die **Mindestzugfestigkeit R_m** ermitteln.

Für besondere Anforderungen gibt es noch hochfeste, warmfeste oder korrosionsbeständige Schrauben und Muttern.

Unterlegscheiben

Unterlegscheiben sollen eine Beschädigung der Werkstückoberflächen verhindern. Bei geschmiedeten, gewalzten oder gegossenen Bauteilen wird durch Scheiben die Auflage der Mutter und des Schraubenkopfes verbessert. Die Anpresskraft wird dadurch gleichmäßiger auf die Unterlage verteilt.

Schräge Flächen müssen durch schräge Unterlegscheiben ausgeglichen werden **(Bild 2).** Für U-Träger werden Vierkantscheiben mit zwei Rillen, für I-Träger mit einer Rille verwendet.

Schraubensicherungen

Durch Erschütterung, Temperaturschwankung und wechselnde Beanspruchung kann sich eine Schraubverbindung selbsttätig lösen. Sie muss bei diesen Belastungen besonders gesichert werden. Nach der Wirkweise der Schraubensicherung werden diese in kraft-, form- und stoffschlüssig eingeteilt.

Kraftschlüssige Schraubensicherungen (Bild 3) wirken durch Vorspannung eines federnden Teils bei Federring, Zahnscheibe usw., oder infolge erhöhter Reibung. Diese wird z.B. durch Einlegen von Kunststoffringen, veränderte Steigungen oder Verspannung mit Gegenmuttern hervorgerufen.

Formschlüssige Schraubensicherungen stellen ein Hindernis für das selbsttätige Losdrehen dar. Allerdings wird dadurch ein leichtes Lockern der Verbindungen nicht verhindert **(Bild 4).**

Stoffschlüssige Schraubensicherungen werden in der Regel durch Verkleben des Gewindes mit flüssigem, aushärtbarem Kunststoff erreicht **(Bild 5).**

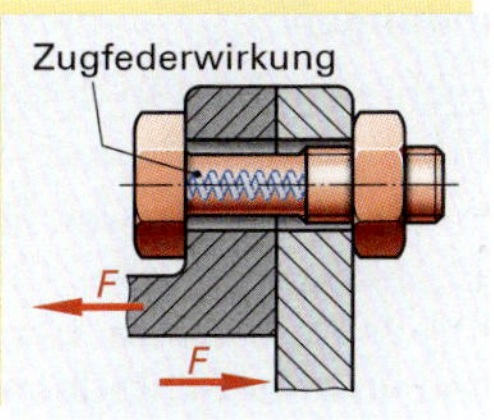

Bild 1: Schematische Darstellung der Federwirkung einer Schraubverbindung

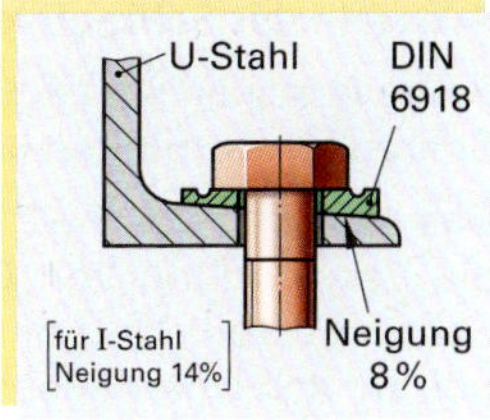

Bild 2: Scheibe für U-Stahl

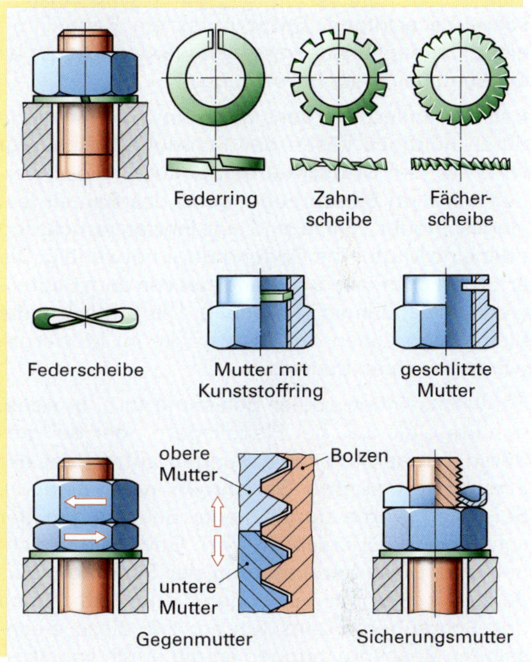

Bild 3: Kraftschlüssige Schraubensicherungen

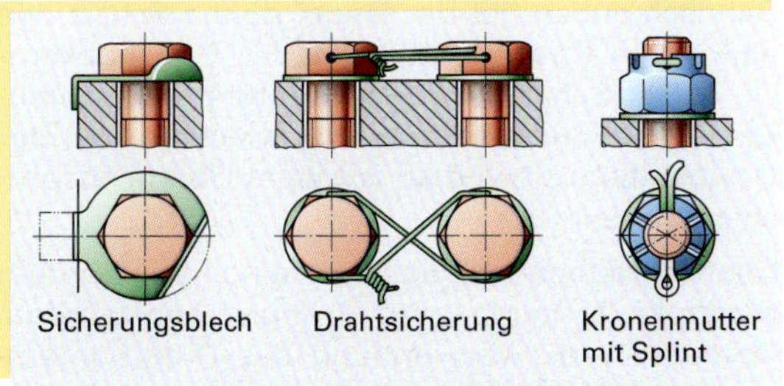

Bild 4: Formschlüssige Schraubensicherungen

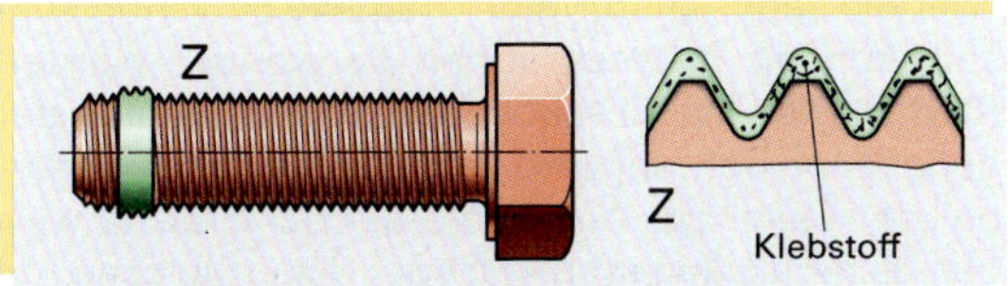

Bild 5: Stoffschlüssige Schraubensicherung

7

Auswahl der Schraubverbindungen

Bauteile lassen sich auf verschiedene Arten durch Schrauben verbinden **(Bild 1)**.

Das einfachste und wirtschaftlichste Verfahren ist die Verwendung von **Durchsteckschrauben.** Die Schraubverbindung besteht aus dem Schraubenbolzen, den Unterlegscheiben und der Schraubenmutter. Die zu verbindenden Werkstücke erhalten Durchgangslöcher.

Ist es aus bestimmten Gründen (Platzmangel usw.) nicht möglich, eine Schraubenmutter zu verwenden, so kann die Verbindung durch eine **Einziehschraube** erfolgen. Dafür muss ein Bauteil mit einem Innengewinde versehen werden. Dieses ist aufwendiger in der Herstellung.

Soll verhindert werden, dass ein Innengewinde durch häufiges Lösen der Schraube beschädigt wird, werden **Stiftschrauben** benutzt. Diese werden mit dem Einschraubende in das Bauteil fest eingeschraubt. Hierzu sind eine Einziehvorrichtung oder eine Mutter mit Gegenmutter notwendig. Die erforderliche Einschraublänge ist von dem Bauteilwerkstoff abhängig **(Tabelle 1).** Die Stiftschraube bleibt beim Lösen der Werkstücke im Muttergewinde des einen Bauteils.

Bei wechselnder axialer Belastung (d.h. in Achsrichtung), die z.B. bei Pleuellagern oder bei größeren Temperaturschwankungen auftritt, ist der Einsatz von starren Schrauben nicht sinnvoll. Bei ihnen würde durch starke Belastungen der schwächste Querschnitt (im Gewindebereich) gedehnt. Diese Verlängerung der Schraube würde zum Lösen der Verbindung oder zum Bruch des Schraubenbolzens führen. Für diese wechselnden Beanspruchungen ist die durch konstruktive Gestaltung wesentlich haltbarere hochfeste **Dehnschraube** entwickelt worden **(Bild 2).** Bei den Dehnschrauben hat der lange, dünne Schaft den geringsten Querschnitt (90% des Gewindekern-Ø). Dieser Schaft wird bei Belastung der Schraube gedehnt und bei Entlastung wieder kürzer. Der Gewindebereich wird so vor einer Überbeanspruchung geschützt.

Dehnschrauben müssen mit einer bestimmten Klemmkraft (Vorspannung) angezogen werden. Deshalb ist die Verwendung des Drehmomentschlüssels erforderlich.

Wenn der Schraubenschaft Scherkräfte aufnehmen oder die Lagesicherung der Bauteile gewährleisten soll, können **Passschrauben** verwendet werden **(Bild 3).** Die Passschraubverbindung ist infolge der geriebenen Bohrung und der hochwertigen Schraube sehr teuer. Zur Aufnahme der Scherkräfte werden daher oft **Spannhülsen** oder **Scherbuchsen** mit Durchsteckschraube verwendet.

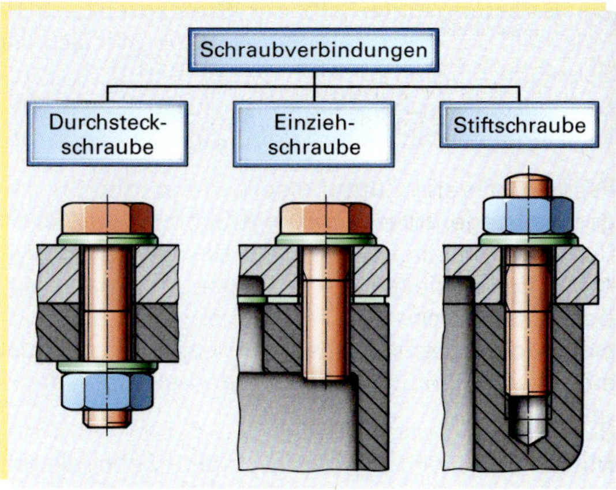

Bild 1: Arten der Schraubverbindungen

Tabelle 1: Einschraublänge *e* bei Stiftschrauben

Einschrauben in Stahl	$e \approx d$
Einschrauben in Al-Legierung	$e \approx 2\,d$
Einschrauben in Gusseisen	$e \approx 1{,}25\,d$
Einschrauben in Weichmetall	$e \approx 2{,}5\,d$

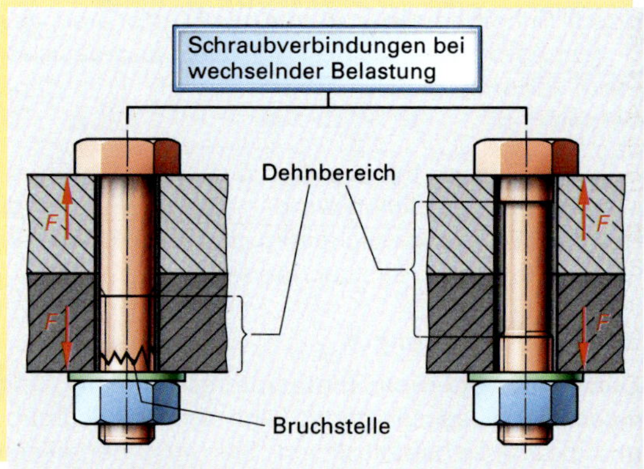

Bild 2: Starrschraube und Dehnschraube

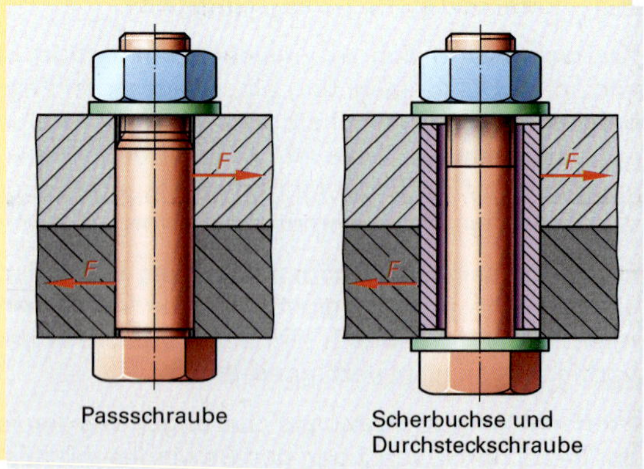

Bild 3: Aufnahme von Scherkräften

7.6.3 Stift- und Bolzenverbindung

Durch das Verstiften werden Bauteile mittels Formschluss lösbar miteinander verbunden

Passstifte verbinden Maschinenteile, die eine genaue Lage zueinander erhalten sollen. Diese Bauteile sind so gegen ein Verschieben gesichert. Auch können sie nach Demontage leicht wieder in die ursprüngliche Position gebracht werden. Die eigentliche Kraftübertragung erfolgt häufig durch eine zusätzliche Schraubverbindung **(Bild 1).**

Befestigungsstifte können kleinere Kräfte übertragen. Es lassen sich so auf einfache und kostengünstige Art feste und bewegliche Verbindungen herstellen **(Bild 1).**

Abscherstifte schützen Maschinen bei Überbeanspruchung. Sie werden als Sollbruchstelle z.B. zwischen Antriebs- und Arbeitsspindel eingebaut. Bei Überlastung wird nur der Abscherstift (Sollbruchstelle) zerstört **(Bild 1).**

Für die unterschiedlichen Anforderungen steht eine große Anzahl verschiedener genormter Stifte zur Verfügung. Die gebräuchlichsten Stifte sind: Zylinder-, Kegel-, Kerb- und Spannstifte **(Bild 2).**

Zylinderstifte können als Pass-, Befestigungs- und Abscherstifte verwendet werden. Sie unterscheiden sich durch ihre Passmaße, die an der Form der Stiftenden erkennbar sind **(Bild 3).**

Bezeichnungsbeispiel für einen Zylinderstift von 8 mm Ø und 50 mm Länge mit Linsenkuppe:

Zylinderstift ISO 2338-8 m6 x 50

Zylinderstifte in der Ausführung m6 werden hauptsächlich als Passstifte, die in der Ausführung h8 und h11 als Befestigungsstifte verwendet. Für Grundlöcher gibt es Zylinderstifte mit Längsrille (zum Entweichen der Luft) und mit Innengewinde (zum Herausziehen des Stiftes) **(Bild 4).**

Zylinderstifte erfordern bis auf die Ausführung h11 geriebene Bohrungen. Die zu verbindenden Bauteile müssen im montierten Zustand gebohrt und gerieben werden. Um eine genaue Auflage zu gewährleisten, sind die Bohrungen der einzelnen Teile vor der Fertigmontage zu entgraten. Vor dem Einschlagen sollte der Stift eingefettet werden. Hierdurch wird ein Fressen, d.h. ein Kaltverschweißen, verhindert.

Kegelstifte dienen in erster Linie zur Befestigung. Sie haben ein genormtes Kegelverhältnis von 1 : 50, d.h. auf 50 mm Kegellänge ändert sich der Durchmesser um 1 mm.

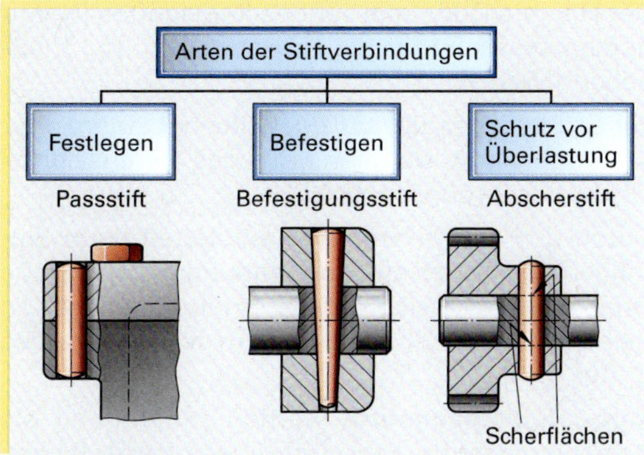

Bild 1: Stiftverbindungen

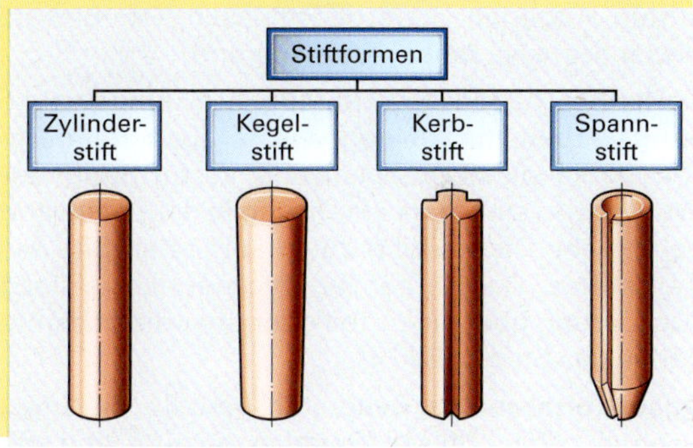

Bild 2: Stiftformen

Zylinderstifte – Form des Stiftendes	Passmaß
mit Linsenkuppe	m 6
Kegelkuppe	h 8
keine Kuppe	h 11
Linsenkuppe mit Kegelansatz	m 6

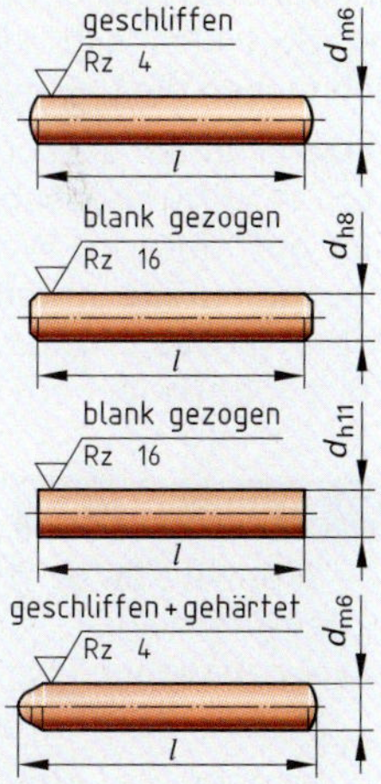

Bild 3: Einteilung der Zylinderstifte

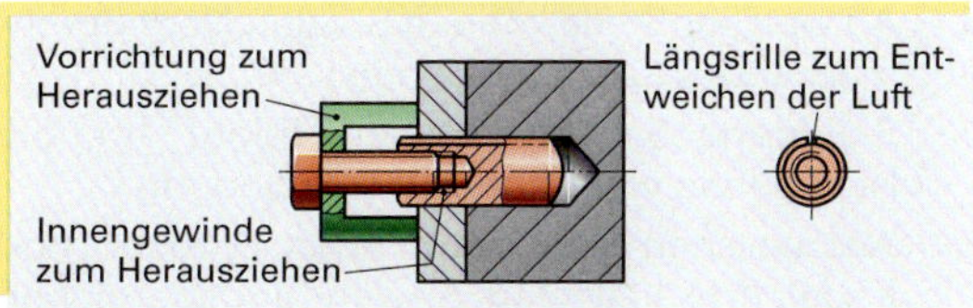

Bild 4: Zylinderstift für Grundlöcher

7

Der kleinere Durchmesser des Kegelstiftes (Nenndurchmesser) ist für die Normbezeichnung maßgebend **(Bild 1).**

Für Grundlöcher gibt es Kegelstifte mit Innen- oder Außengewinde. Dadurch wird das Herausziehen des Stiftes ermöglicht **(Bild 2).**

Durch den schlanken Kegel entstehen beim Eintreiben des Stiftes an den Wandungen sehr große Druckkräfte. Die sich daraus ergebenden großen Reibungskräfte führen zu einem festen Sitz des Stiftes **(Bild 3).**

Kerb- und Spannstifte werden zunehmend als Befestigungsstifte, Passstifte, aber auch als Bolzen verwendet **(Bild 6).** Ihr Vorzug liegt darin, dass die Bohrungen nicht wie bei den Zylinder- und Kegelstiften aufgerieben werden müssen. Der Einsatz dieser Stifte ist daher kostensparend.

Kerbstifte haben am Umfang drei eingewalzte Längskerben mit kleinen wulstartigen Rändern. Durch die plastisch-elastische Verformung der Wulste wird eine starke Pressung in der Lochwand verursacht. Dieses führt zu einem festen Sitz des Kerbstiftes. Die Kerben erstrecken sich je nach Ausführung über einen Teil oder über die gesamte Länge des Stiftes **(Bild 4).**

Spannstifte sind aus Federstahl gerollte, in Längsrichtung offene Hülsen. Spiralspannstifte sind spiralförmig aufgewickelt und können stärker belastet werden. Man bezeichnet Spannstifte auch als Spannhülsen **(Bild 5).** Durch das Eintreiben wird der Stift elastisch zusammengedrückt und legt sich fest an die Lochwandung an.

Bolzen können als abgewandelte Form der zylindrischen Stifte angesehen werden. Mit ihnen lassen sich auf einfache Weise zueinander bewegliche Maschinenteile miteinander verbinden **(Bild 7).** Bolzen gibt es in unterschiedlichen Ausführungen, z. B. mit Splintlöchern und mit Kopf.

Arbeitsauftrag:

1. Wie unterscheidet man Stifte nach ihrem Einsatzbereich?
2. Wozu dienen Passstifte und Abscherstifte?
3. Welche Stiftformen werden unterschieden?
4. Nennen Sie Gründe, weshalb Zylinderstifte für Grundlöcher mit einer Längsrille und einem Innengewinde vorgesehen sind.
5. An welcher Stelle können Sie den Nenndurchmesser des Kegelstiftes messen?
6. Schildern Sie den Arbeitsablauf für die Herstellung einer Kegelstiftverbindung.
7. Aus welchen Gründen werden Zylinder- und Kegelstifte in vielen Anwendungsbereichen von den Kerb- und Spannstiften verdrängt?

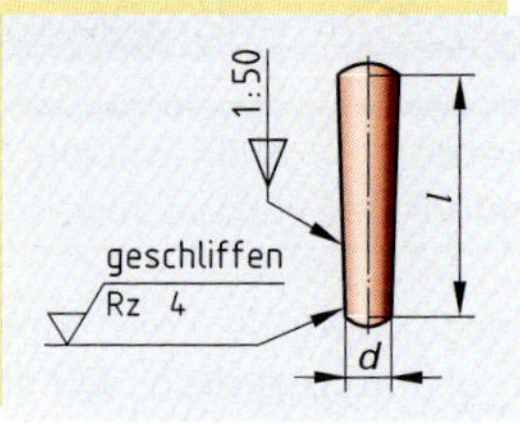

Bild 1: Kegel

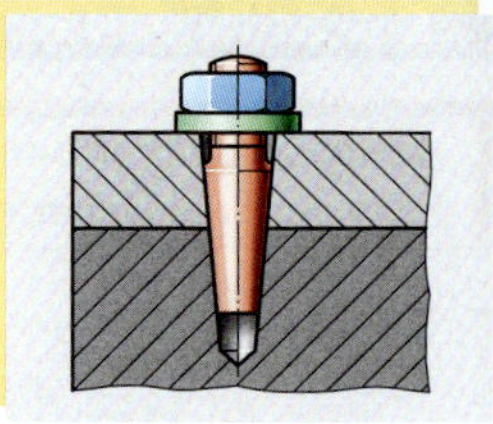
Bild 2: Kegelstift für Grundlöcher

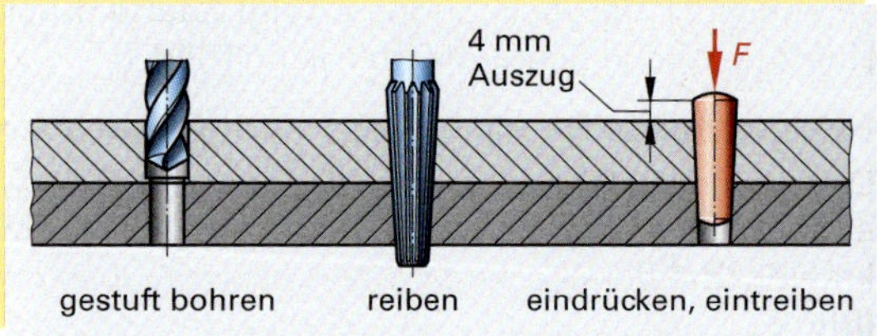

Bild 3: Einbaubeispiel für einen Kegelstift

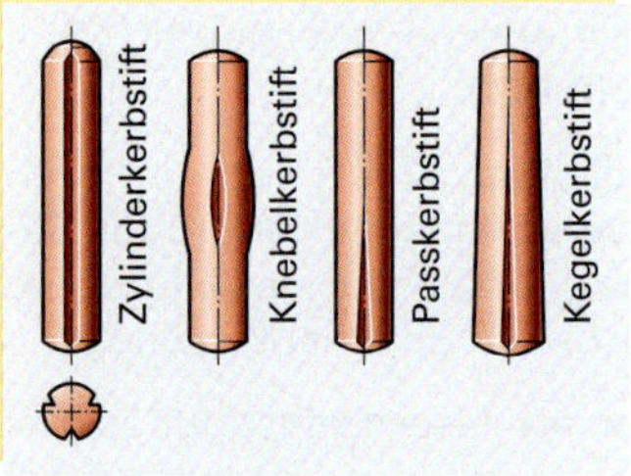

Bild 4: Kerbstifte

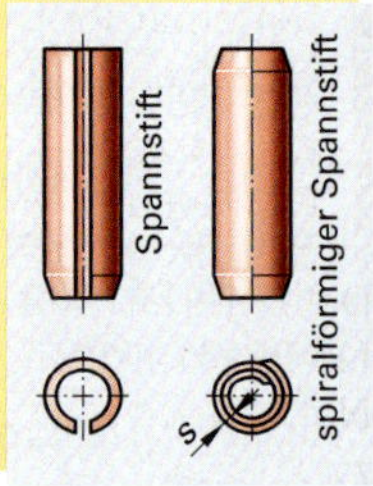

Bild 5: Einteilung der Spannstifte

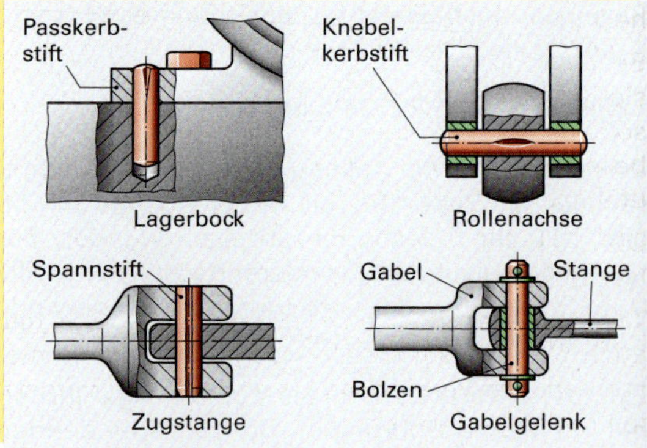

Bild 6: Anwendungsbeispiel für Kerb-Spannstift und Bolzen

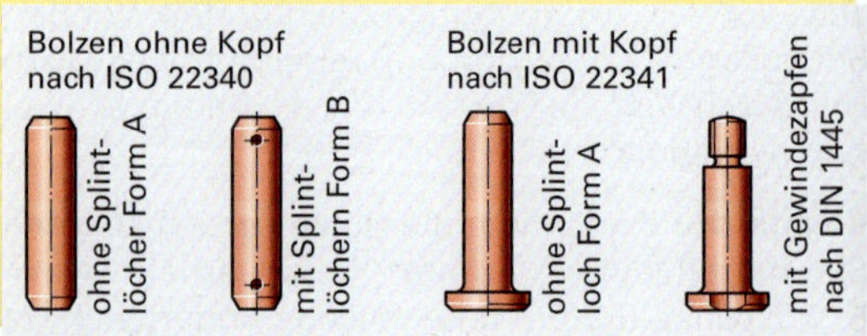

Bild 7: Bolzen

7.6.4 Keilverbindung

Durch Keilverbindungen werden Bauteile mittels Kraftschluss lösbar miteinander verbunden.

Zur Übertragung von größeren Drehmomenten zwischen einer Welle und einer Nabe sind Schrauben und Stifte nicht geeignet. Es können dann Keilverbindungen verwendet werden. Das ist z.B. bei Schwermaschinen der Fall. Der Keil wird in die passenden Nuten der zu verbindenden Welle und Nabe eingetrieben. Die Nutentiefen sind genormt. Die Nabennut muss eine dem Keil entsprechende Neigung haben.

Die geringe Neigung des Keils bewirkt, dass aus einer kleinen Eintreibkraft F_1 eine große Normalkraft F_N und damit eine große Reibkraft F_R entsteht **(Bild 5)**.

Zahnräder, Riemenscheiben usw. brauchen bei einer Keilverbindung nicht gegen ein Verschieben gesichert zu werden.

Keile tragen nur unten und oben auf den Reibflächen und haben ein seitliches Spiel.

Das Eintreiben des Keils hat aufgrund der großen Normalkräfte ein Verspannen zwischen Welle und Nabe zur Folge **(Bild 6)**. Dieses Verspannen führt zwar einerseits zu einem festen Sitz der Nabe andererseits aber zu einer geringfügigen Verschiebung der Mittelachsen und damit zur Exzentrizität der Verbindung. Hierdurch kann eine Unwucht entstehen, die Schwingungen bewirken kann.

Bei einer eventuellen Überlastung der kraftschlüssigen Verbindung legt sich der Keil an eine Nutseite an und wird dann zusätzlich auf Abscherung beansprucht. Die Keilverbindung ist dann kraft- und formschlüssig **(Bild 5)**.

Die wichtigsten Keilformen sind Einlege-, Treib-, Nasen- und Tangentkeile **(Bilder 1 bis 4)**.

Tangentkeile eignen sich für hohe, stoßartige, und auch für wechselnde Übertragung von Drehmomenten. Die Verbindung beruht auf zwei versetzten Keilpaaren **(Bild 3)**.

Arbeitsauftrag:

1. Erklären Sie, weshalb Keilverbindungen kraftschlüssig sind.
2. Für welche Anwendungsbereiche eignen sich Keilverbindungen?
3. Wie groß ist die genormte Neigung des Keiles?
4. Skizzieren Sie die Kraftwirkung und Kraftübertragung an einer Keilverbindung.
5. Weshalb ist eine axiale Sicherung gegen Verschieben bei einer Keilverbindung überflüssig?

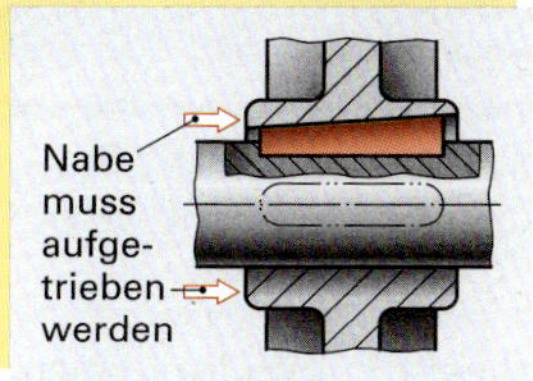

Bild 1: Einlegekeil

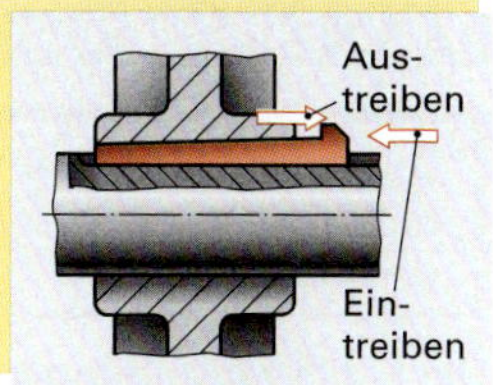

Bild 2: Nasenkeil

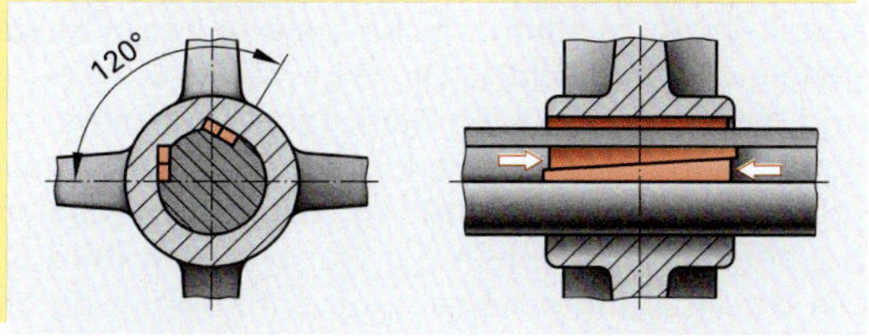

Bild 3: Tangentkeile

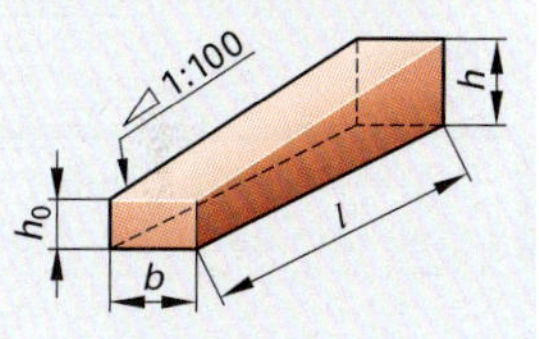

$$\angle 1:100 = \frac{h - h_0}{l} = \frac{8\text{ mm} - 7{,}4\text{ mm}}{60\text{ mm}}$$

Bild 4: Maße am Keil

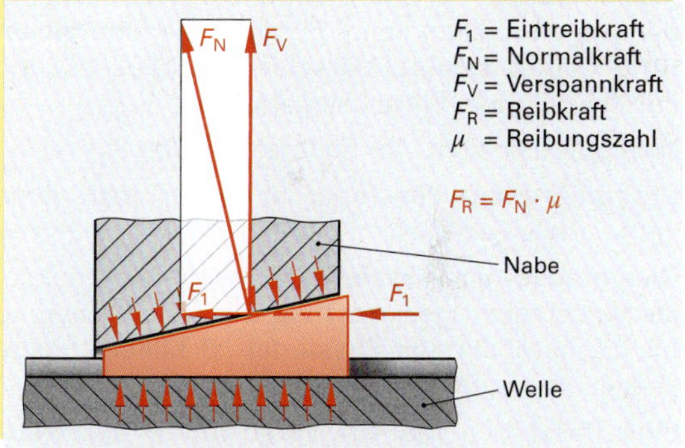

Bild 5: Kraftwirkung bei einer Keilverbindung

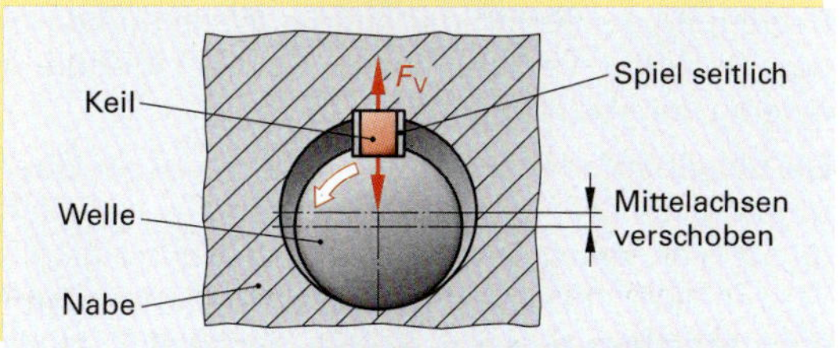

Bild 6: Verschiebung der Mittelachse bei der Keilverbindung (übertrieben gezeichnet)

Bezeichnungsbeispiele für Keile von 10 mm Breite, 8 mm Höhe und 60 mm Länge:

Einlegekeil:	Keil DIN 6886-A 10 x 8 x 60
Treibkeil:	Keil DIN 6886-B 10 x 8 x 60

7

7.6.5 Federverbindung

> Durch das Einlegen von Federn werden Bauteile mittels Formschluss lösbar miteinander verbunden.

Die Federverbindung wird sehr häufig im Maschinenbau verwendet, da sie auch für schnell drehende Wellen und Naben geeignet ist. Die Passfeder ähnelt im Aussehen dem Keil, sie hat aber keine geneigte Fläche **(Bild 1).** Die Wirkweisen von Feder und Keil unterscheiden sich deshalb grundsätzlich voneinander. Die Federverbindung wirkt als reine **Mitnehmerverbindung**, da ihre parallelen Seitenflächen an denen der Nut anliegen **(Bild 2).** Die Übertragung der Drehmomente erfolgt durch **Formschluss,** die Feder wird auf Abscherung und Flächenpressung beansprucht. Das übertragbare Drehmoment ist gegenüber der Keilverbindung geringer.

> Die Federverbindung trägt an den Seitenflächen und hat in der Höhe Spiel.

Dadurch verhindert man ein gegenseitiges Verspannen von Welle und Nabe und erhält einen gleichmäßigen Rundlauf. Damit die Nabe nicht auf der Welle rutschen kann, benötigt sie eine **Sicherung gegen axiales Verschieben.** Dieses kann durch Stellringe, Stifte usw. erfolgen.

Man unterscheidet vier Federarten **(Bild 3):**

Die **rundstirnige Passfeder** ist die am häufigsten verwendete Federart.

Die **geradstirnige Passfeder** muss gegen ein axiales Verschieben gesichert werden. Die Wellennut für die geradstirnige Passfeder ist billiger herzustellen als diejenige für die rundstirnige.

Eine Passfeder, die ein Verschieben der Nabe auf der Welle ermöglicht, wird auch **Gleitfeder** genannt **(Bild 4).** Durch sie wird z.B. eine axiale Bewegung der Zahnräder auf der Welle und damit das Schalten verschiedener Übersetzungen in einem Getriebe möglich.

Die **Scheibenfeder (Bild 5)** eignet sich gut zur Übertragung von Drehmomenten bei kegeligen Wellen, da sie sich selbsttätig auf die Nabennut einstellt. Wegen ihrer Kreissegmentform und der damit erforderlichen tieferen Nut in der Welle ist die Belastbarkeit der Verbindung eingeschränkt.

Profilwellen und Profilnaben stellen eine besondere Ausführungsart der formschlüssigen Federverbindung dar **(Bild 6).** Bei ihnen wird die Übertragung der Kraftmomente auf den gesamten Umfang verteilt. Dieses erhöht die Belastbarkeit und verbessert die Rundlaufeigenschaft der Bauteile.

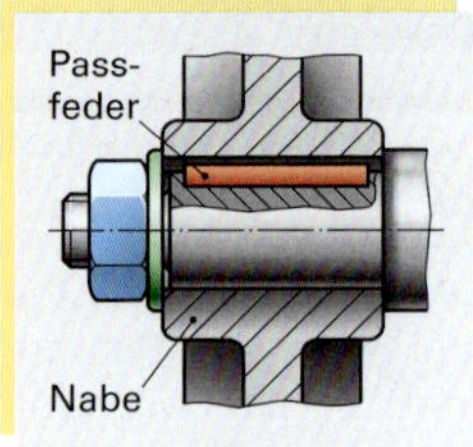

Bild 1: Federverbindung

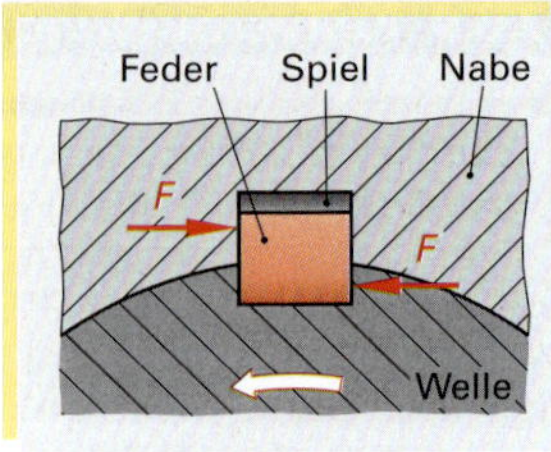

Bild 2: Wirkung der Federverbindung

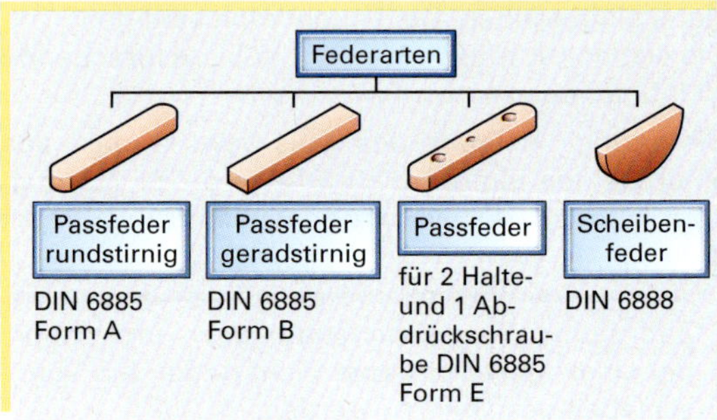

Bild 3: Federarten

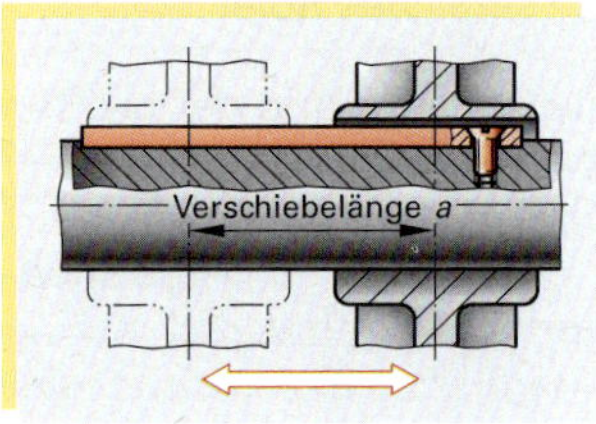

Bild 4: Gleitfederverbindung

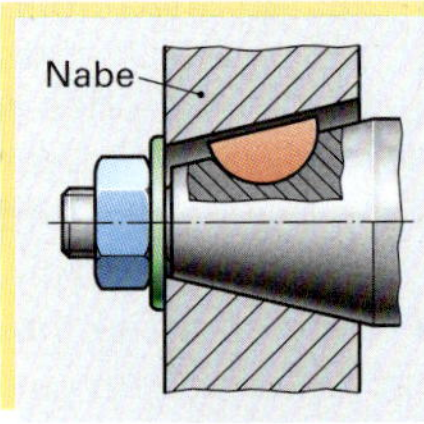

Bild 5: Scheibenfederverbindung

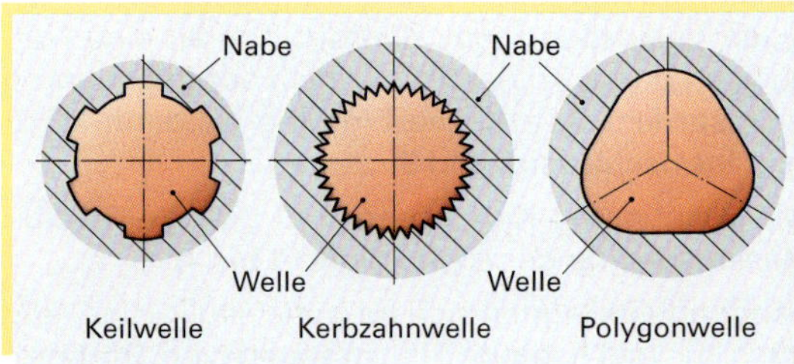

Bild 6: Profilwellen

Arbeitsauftrag:

1. Worin unterscheidet sich die Feder vom Keil?
2. Erklären Sie die Kraftübertragung bei einer Federverbindung.
3. Vergleichen Sie die Rundlaufeigenschaften bei einer Keil- und einer Federverbindung.
4. Weshalb müssen Naben gegen axiales Verschieben auf der Welle zusätzlich gesichert werden?
5. Zählen Sie die vier Federarten auf.
6. Wozu werden Gleitfedern benötigt?

7.6.6 Löten

Durch das Löten lassen sich Metalle mittels Stoffschluss unlösbar miteinander verbinden.

Die Grundwerkstoffe und ein leicht schmelzender Zusatzstoff, das Lot, werden auf die Arbeitstemperatur des Lotes erwärmt. Dabei bleibt der Werkstoff der zu verbindenden Teile im festen Zustand und das Lot wird flüssig. Beim Abkühlen erstarrt das Lot und verbindet die zusammengelegten Bauteile.

Der Einsatzbereich des Lötens reicht von der handwerklichen Reparatur bis zur Massenfertigung.

Löten hat folgende Vorzüge:

- Durch Löten können problemlos auch verschiedenartige Metalle miteinander verbunden werden.
- Infolge der geringen Arbeitstemperaturen ergeben sich große Vorteile beim Fügen von Teilen mit geringen oder unterschiedlichen Wanddicken. Auch die Gefahr der Zerstörung der Teile durch Gefügeveränderung, Wärmespannung und Verwerfung wird vermindert **(Bild 1 und Bild 2).**
- Lötverbindungen sind weit gehend dicht gegenüber Dämpfen und Flüssigkeiten.

  Anwendungsbeispiele: Behälter, Rohr-Installationen **(Bild 2).**
- Lötverbindungen besitzen im Allgemeinen eine gute elektrische Leitfähigkeit.

  Anwendungsbeispiele: Elektromotorenbau, Verlöten von Stromverbindern und gedruckten Schaltungen (Platinen).
- Das Lötverfahren lässt sich oft leicht automatisieren **(Bild 3).**

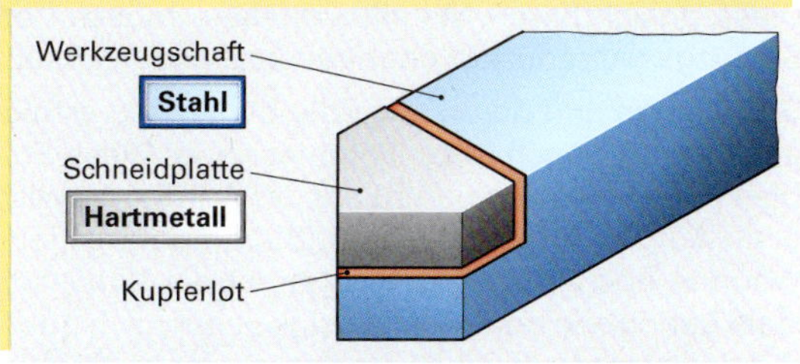

Bild 1: Löten von verschiedenartigen Metallen

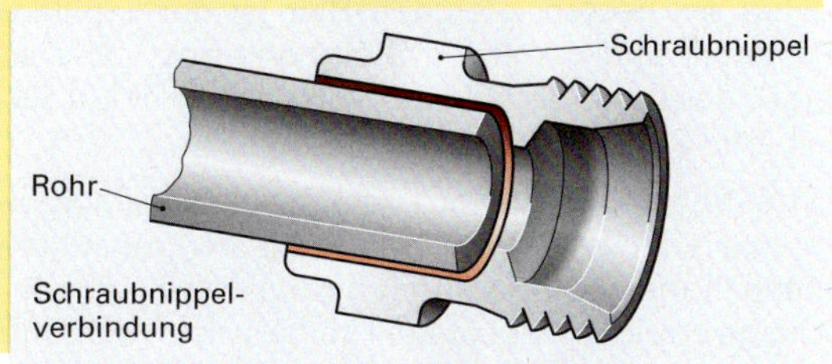

Bild 2: Löten von dichten Teilen mit unterschiedlicher Wanddicke

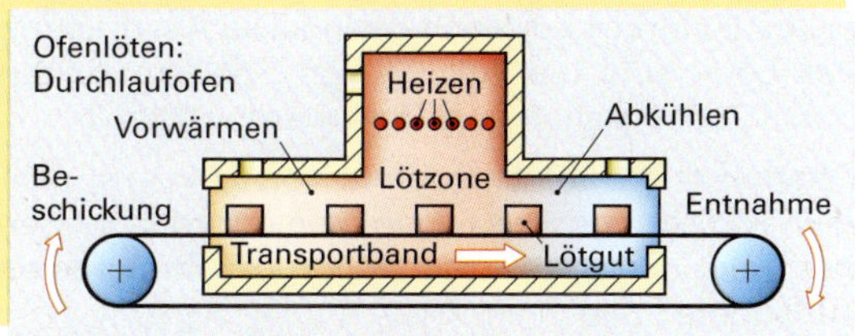

Bild 3: Automatisiertes Lötverfahren

Vorgänge beim Löten

Eine Lötverbindung entsteht in drei Phasen **(Bild 4).** Wird flüssiges Lot auf einen metallisch sauberen und auf Arbeitstemperatur erwärmten Grundwerkstoff gebracht, so kommt es zu einer **Benetzung.** Es setzt eine innige **Berührung** zwischen Zusatzstoff und Grundwerkstoff ein. Gleichzeitig kommt es zum **Fließen** des Lotes. Ein Tropfen flüssiges Lot breitet sich aus unter Vergrößerung seiner Oberfläche und fließt in kleinste Zwischenräume. Gleichzeitig erfolgt eine **Legierungsbildung** zwischen Grundwerkstoff und Lot.

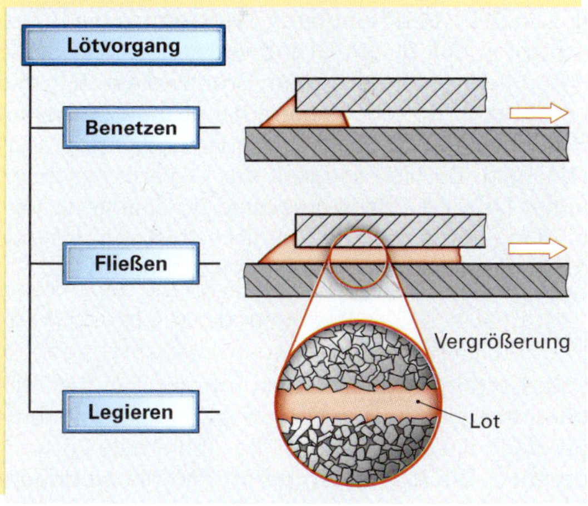

Bild 4: Phasen des Lötvorgangs

Um die auf **Adhäsion** (Anhangskraft) beruhende Benetzung überhaupt zu ermöglichen, muss das flüssige Lot in unmittelbaren Kontakt mit dem Grundwerkstoff gebracht werden. Schon eine geringe Bedeckung des festen Metalls mit Fremdstoffen oder eine Umhüllung des flüssigen Lotes mit Oxid verhindert eine direkte Berührung und macht die Lotverbindung unmöglich.

Auch nach mechanischer oder chemischer Vorbehandlung zum Löten bilden sich bei Raumtemperaturen sofort Oxidschichten.

Diese unsichtbaren Metalloxidbeläge müssen entweder durch Erhitzen der Werkstücke und Lote in Schutzgasen reduziert oder von passenden Lösungsmitteln (Flussmitteln) aufgelöst werden.

Das Fließen und damit auch die Benetzung erfolgen bei hinreichend engen **Lötspalten** sowohl in waagerechter als auch in senkrechter Lage. Diese Erscheinung ist auf die Kapillarwirkung zurückzuführen. Die **Kapillarwirkung** beruht auf der Adhäsion zwischen Flüssigkeiten und festen Oberflächen (Spaltwänden). Aufgrund der Adhäsion (Bindung zwischen verschiedenen Stoffen) steigt die Flüssigkeit an den Wänden hoch. In engen Röhren ist die Kohäsion stark genug, die restliche Flüssigkeit mit nach oben (Bindung innerhalb eines Stoffes) zu ziehen **(Bild 1)**.

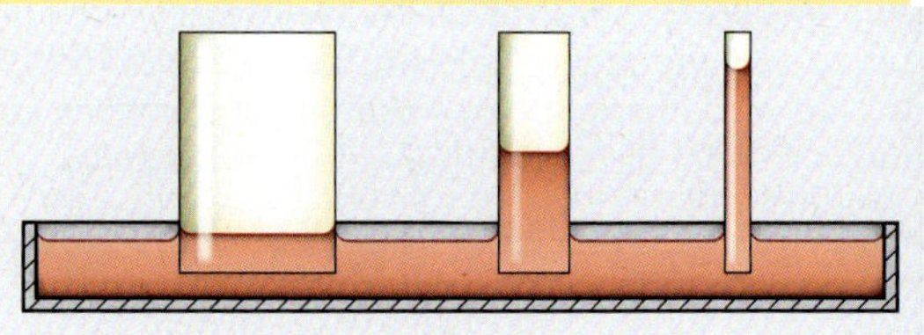

Bild 1: Kapillarwirkung

Spaltbreiten von 0,05 mm bis 0,2 mm sind zum Löten am besten geeignet. Hier ist der kapillare Fülldruck und damit die Steighöhe des Lotes so groß, dass sich die Spalten von selbst mit Lot füllen **(Bild 2)**.

In der Betriebspraxis wird infolge der Oberflächenrauigkeit der zu verbindenden Teile der günstigste Lötspalt meist schon durch normale Auflage oder Anlage erreicht. Der Lötspalt sollte sich in Richtung des Lotweges nicht erweitern, weil dadurch der Weiterfluss des Lotes behindert wird.

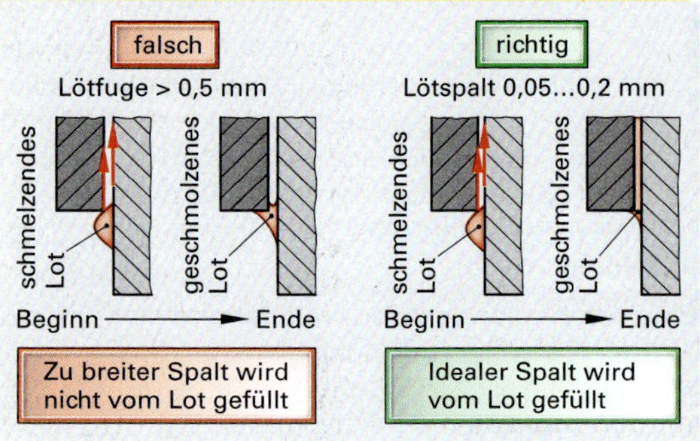

Bild 2: Kapillarwirkung beim Spaltlöten

Im Spaltbereich von 0,2 mm bis 0,5 mm ist der kapillare Fülldruck nur noch gering. Die Ausbreitung des Lotes und die Füllung von Spalten können durch Zufälligkeiten behindert werden **(Bild 3)**.

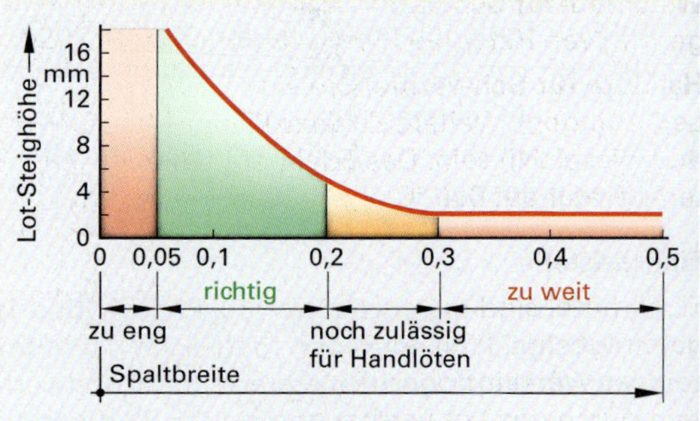

Bild 3: Zusammenhang zwischen Spaltbreite und Steighöhe beim Löten

Oberhalb einer Lötstellenbreite von 0,5 mm spricht man von Lötfuge. Das Fugenlöten erfordert wegen des geringen kapillaren Fülldrucks meist eine besondere Löttechnik.

Die Phase der **Legierungsbildung** erfolgt, sobald das Lot die Oberfläche benetzt hat. Die Atome des flüssigen Lotes diffundieren (wandern) in die Randschichten des festen Grundwerkstoffes. Ebenfalls diffundieren Atome aus dem Grundwerkstoff in das Lot **(Bild 4)**. Diesen Vorgang nennt man **Diffusion.** Die Tiefe der Diffusion ist material- und temperaturabhängig. Da die Festigkeit der Legierungsschicht höher ist als die des Lotes, sind durchlegierte Verbindungen mit geringer Lotdicke stärker belastbar. Auch deshalb strebt man enge Spaltbreiten an.

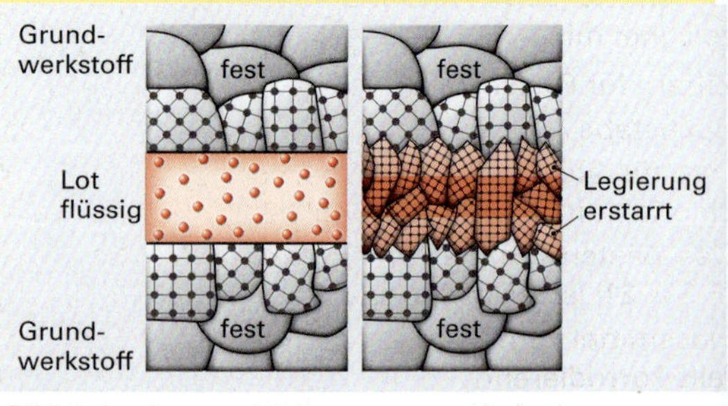

Bild 4: Legierungsbildung

Löttemperatur

Löten erfolgt in einem bestimmten Temperaturbereich. Seine untere Grenze ist die „Arbeitstemperatur“, die obere Grenze die „maximale Löttemperatur“. Die **Arbeitstemperatur** ist die niedrigste Oberflächentemperatur des Bauteils, bei der das Lot benetzt, fließt und legiert.

Über die **maximale Löttemperatur** hinaus ist ein einwandfreies Löten nicht mehr möglich. Um den Legierungsvorgang zu begünstigen, soll nach dem Löten die Arbeitstemperatur je nach Lot noch 15 bis 60 Sekunden gehalten werden. Beim Abkühlen und Erstarren des Lotes muss die Lötstelle erschütterungsfrei bleiben.

Lötverfahren

Die Höhe der Arbeitstemperatur grenzt die beiden Verfahren Weichlöten und Hartlöten gegeneinander ab.

Beim **Weichlöten** (bis 450 °C) ist die Verbindungsstelle weich und nicht für große Kraftübertragungen geeignet. Dieses liegt an der niedrigen Arbeitstemperatur, bei der sich nur eine geringe Legierungsschicht bilden kann. Außerdem ist die Festigkeit der hauptsächlich verwendeten Blei-Lote gering. Die niedrige Arbeitstemperatur macht die Lötnaht sehr wärmeempfindlich. Durch Weichlöten werden daher nur selten Eisenwerkstoffe verbunden. Bei Kupfer, Zinn, Zink und deren Legierungen wird Weichlöten sehr häufig zum Verbinden und Abdichten eingesetzt. Das Einlöten elektronischer Bauelemente erfolgt im Weichlötverfahren.

Hartlöten (ab 450 °C) eignet sich zum Verbinden von legierten und unlegierten Stählen, Hartmetallen, Edelmetallen, Grauguss, Temperguss und Kupfer. Die Fügestelle ist fest und biegsam. Sie kann, richtige Ausführung vorausgesetzt, hoch belastet werden. Bei NE-Metallen ist die Festigkeit der Lötnaht oft größer als die des Grundwerkstoffes.

Lote

Für alle Lote gilt:

- Ihr Schmelzpunkt ist stets niedriger als der Schmelzpunkt der Grundwerkstoffe.
- Sie sind besonders dünnflüssig.
- Sie verbinden sich gut mit anderen metallischen Werkstoffen.

Die Lote werden nach ihrer Arbeitstemperatur in Weich- und Hartlote eingeteilt.

Die **Auswahl des Lotes** sollte mithilfe von Normtabellen erfolgen. Aus ihnen sind Zusammensetzung, Schmelzbereiche, Arbeitstemperaturen und Anwendungshinweise zu entnehmen.

Das Löten von Leichtmetallen ist problematisch, da sich die Oxidhaut an der Lötstelle nur schwer entfernen lässt. Deshalb sind Kleben oder Schweißen in vielen Fällen einfacher einzusetzen.

Nach DIN EN ISO 3677 werden die Kurzzeichen für Hartlote mit einem vorgestellten B versehen. Im zweiten Teil der Kurzbezeichnung werden die wesentlichen Legierungsbestandteile als chemische Symbole mit den prozentualen Anteilen angegeben. Bei den Hartloten wird allerdings nur der Prozentsatz des Hauptbestandteils genannt, sie beinhalten dafür als dritten Teil noch den Schmelztemperaturbereich in °C. Bei Weichloten für Elektronik-Bauteile steht nach dem zweiten Teil ein „E".

Weichlote für Schwermetalle sind überwiegend Legierungen aus Zinn (Sn) und Blei (Pb), denen zur Steigerung von Härte und Festigkeit oft Antimon (Sb), Silber (Ag), Kupfer (Cu) und Zink (Zn) zugegeben wird.

Hartlote für Schwermetalle sind überwiegend Kupfer-Zink-Legierungen oder Silberlote (Kupfer-Silber-Legierungen). Weitere Zusätze können Cadmium (Cd), Phosphor (P), Silicium (Si), Mangan (Mn), Zinn (Sn) und Nickel (Ni) sein. Das Edelmetall Silber (teilweise bis 85 % Anteil) senkt als Lotbestandteil die Arbeitstemperatur auf 600 °C ... 870 °C (siehe Tabellenbuch).

Flussmittel

Flussmittel sind nichtmetallische Stoffe. Wenn die Werkstoffoberflächen ausreichend mechanisch vorgereinigt sind, können Flussmittel oder Schutzgase die Oxidhaut beseitigen. Damit dem Lot das Benetzen der Werkstoffoberfläche ermöglicht wird, muss das Flussmittel sich durch das Lot verdrängen lassen **(Bild 1)**. Zur Vermeidung von Korrosion müssen die Flussmittelreste nach dem Löten von der Lötstelle entfernt werden.

Flussmittel zum Weichlöten werden nach DIN EN 29454 gekennzeichnet mit:

Ziffern für Flussmitteltyp, -basis und -aktivator.

Buchstabe A für flüssig, B für fest und C für pastenförmig.

Das für stark oxidierte Oberflächen geeignete Lötwasser (Zinkchlorid) mit der Bezeichnung 3.2.2.A (F-SW 11) wirkt zersetzend.

Das pastenförmige für Kupferlötungen geeignete Lötfett 2.2.1.C (F-SW 21) ist leicht korrodierend.

Flussmittel zum Hartlöten sind meist Borverbindungen und ebenfalls korrodierend. Es gibt sie für unterschiedliche Wirktemperaturbereiche (z. B. F-SH2 von 750 °C ...1100 °C).

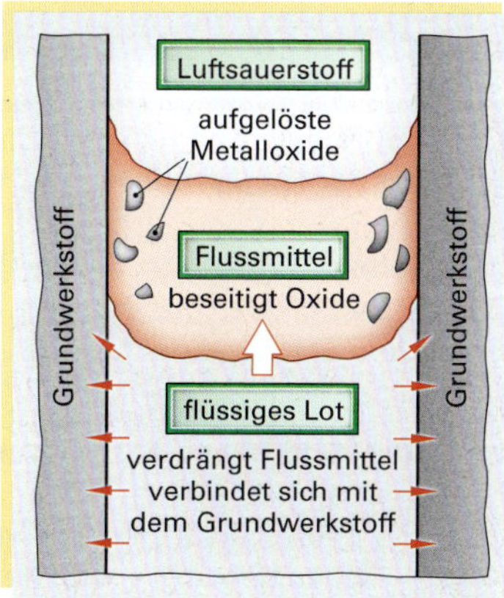

Bild 1: Wirkung des Flussmittels

Arbeitstechniken beim Löten

Unabhängig vom Lötverfahren und vom Anwendungsfall sind beim Löten bestimmte Arbeitsschritte einzuhalten:

- Die zu verbindenden Flächen müssen mechanisch oder chemisch von Oxid-, Staub- und Fettschichten befreit werden. Dies geschieht in der Regel durch Reiben mit Schmirgel o.Ä., in seltenen Fällen auch durch geeignete Säuren.
- Das Flussmittel wird aufgetragen. Dies ist natürlich nicht erforderlich, wenn das Flussmittel in pastöser oder in Pulverform bereits in das Lot eingearbeitet ist, wie es bei fast allen Elektroloten der Fall ist.
- Die Lötstelle wird mit einem geeigneten Werkzeug gleichmäßig erwärmt.
- Das Lot wird mit der Lötstelle in Verbindung und zum Schmelzen gebracht.
- Die Lötstelle wird gegebenenfalls gesäubert, indem die Reste des Flussmittels beseitigt werden.

Erwärmen der Lötstelle

Zum Weichlöten von Hand werden im Bereich der Mechanik wie z.B. zum Herstellen von Verrohrungen, häufig Flammen verwendet, die aus einem Brenngas-Luft-Gemisch bestehen. Im Bereich der Elektrotechnik und Elektronik werden dagegen meist Lötstationen eingesetzt, die einen elektrisch beheizten Lötkolben als Wärmeträger benutzen **(Bild 2)**. Der Vorteil dieses Verfahrens besteht darin, dass die Wärme ganz gezielt eingebracht werden kann, wie dies z.B. beim Bestücken von Leiterplatten erforderlich ist.

Beim maschinellen Weichlöten werden die zu verlötenden, Teile in einer Vorwärmstation erwärmt und dann über eine Welle aus Lötzinn gezogen **(Bild 3)**.

Zum Erwärmen von Hartlötstellen, wie es im Bereich der Mechatronik weniger häufig angewandt wird, werden fast ausschließlich Lötflammen aus Schweiß- oder Hartlötbrennern benutzt **(Bild 1)**.

Bild 1: Gasflamme zum Hartlöten

Bild 2: Lötstation zum Weichlöten

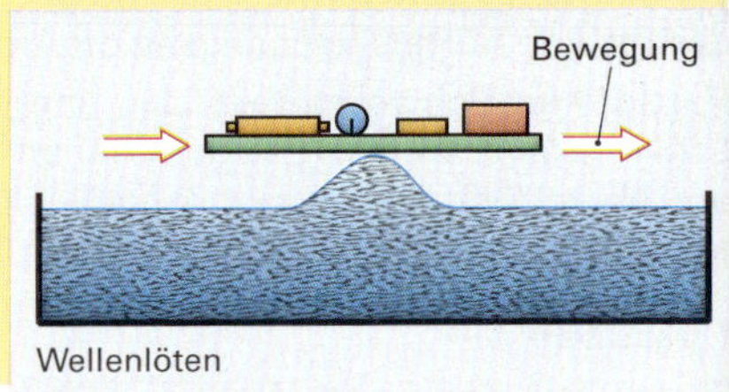

Bild 3: Wellenlöten

7.6.7 Schweißen

> Durch Schweißen lassen sich Werkstoffe mittels Stoffschluss unlösbar miteinander verbinden.

Die Werkstoffe werden an der Verbindungsstelle erwärmt, bis sie teigig oder flüssig sind und sich vereinigen lassen. Nach dem Erstarren der Schmelze sind die Bauteile durch ein gemeinsames Gefüge miteinander verbunden.

Um den vielfältigen Anforderungen zu entsprechen, wurden mehr als 100 unterschiedliche Schweißverfahren entwickelt. Je nach Ablauf des Schweißvorganges unterscheidet man zwischen den Press- und den Schmelzschweißverfahren **(Bild 4)**.

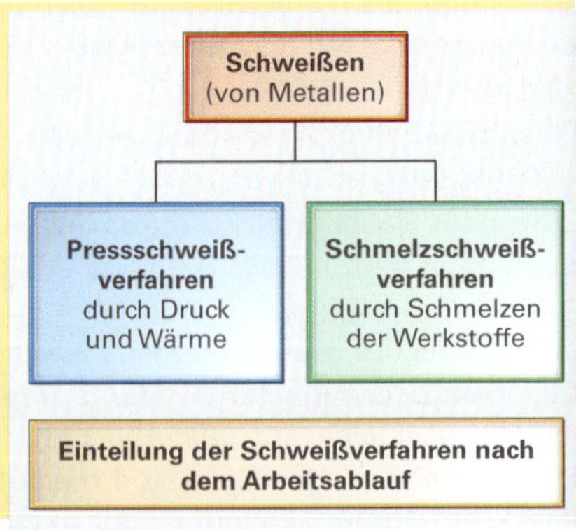

Bild 4: Übersicht Schweißen

Pressschweißverfahren

Durch die Pressschweißverfahren werden die Grundwerkstoffe an den Verbindungsstellen bis zum teigigen Zustand erwärmt und zusammengepresst. Die Bauteile brauchen an den Berührungsflächen nicht geschmolzen zu werden. Zusatzstoffe sind nicht erforderlich.

> Bei den Pressschweißverfahren erfolgt die Vereinigung der Werkstoffe durch Einwirkung von Wärme und Druck.

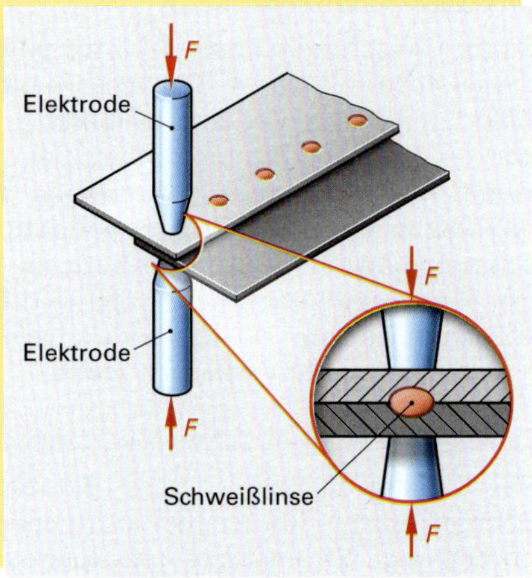

Bild 1: Punktschweißen als Beispiel aus der Gruppe der Pressschweißverfahren

Beim Punktschweißen **(Bild 1)** werden übereinander liegende dünne Bleche oder Drähte mit einzelnen Schweißpunkten verbunden. Zwei gegenüber liegende Kupferelektroden drücken die Teile zusammen und übertragen den Strom. An den Berührungspunkten verschweißen die Bauteile bei ausreichender Erwärmung unter Druck. Die Druckwirkung wird beibehalten, bis die Schweißstelle erkaltet ist. Dieses Verfahren wird sehr häufig im Karosserie- und Gerätebau angewendet. Mechatroniker werden mit den Verfahren des Pressschweißens selten als Anwender, häufiger als Betreuer oder Instandhalter von Pressschweißanlagen, wie sie z. B. in Kfz-Fertigungsanlagen eingesetzt werden, konfrontiert.

Schmelzschweißverfahren

Die Grundwerkstoffe werden an der Verbindungsstelle bis auf Schmelztemperatur erwärmt. Im flüssigen Zustand kommt es dann zu einer Vermischung der Grundwerkstoffe. Zum Auffüllen der Schweißfuge wird meistens noch ein artgleicher Zusatzwerkstoff mit eingeschmolzen. Bei der Erstarrung bilden die Grundwerkstoffe und der Zusatzwerkstoff ein gemeinsames Gefüge.

> Beim Schmelzschweißen erfolgt die Vereinigung durch Vermischen der verflüssigten Werkstoffe.

Schmelzschweißverfahren **(Bild 2)** werden nach der Methode der Wärmezufuhr unterteilt. Die beiden bedeutendsten Arten sind das Gasschmelzschweißen und die Lichtbogenschmelzschweißverfahren.

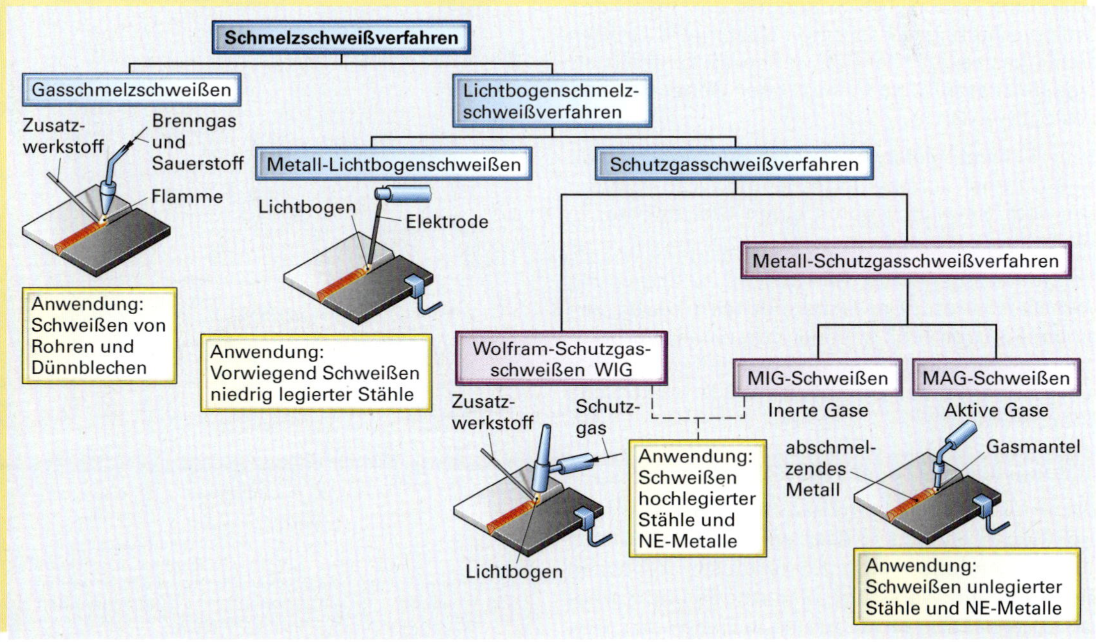

Bild 2: Einteilung wichtiger Schmelzschweißverfahren

Das Gasschmelzschweißen

Beim Gasschmelzschweißen wird die Verbindungsstelle mit einem Schweißbrenner erwärmt **(Bild 1)** Mit seiner Hilfe wird die benötigte Schmelzwärme durch Verbrennen eines Sauerstoff-Gas-Gemisches erzeugt. Als Brenngas wird dabei hauptsächlich Acetylen verwendet. Das Gasschmelzschweißen spielt im Bereich der Mechatronik eine untergeordnete Rolle und kommt fast ausschließlich dort zur Anwendung, wo keine elektrische Energie zur Verfügung steht.

Lichtbogen-Schmelzschweißverfahren (Bild 2)

Bei diesem Verfahren wird die erforderliche Schmelzwärme durch einen elektrischen Lichtbogen erzeugt. Stromstärke und Spannung werden durch Schweißstromerzeuger entsprechend den Anforderungen verändert. Der Unterschied bei den Verfahrensgruppen liegt im Wesentlichen in der Art, wie die Schweißschmelze vor der Luftzufuhr geschützt wird. Beim Metalllichtbogenschweißen erfolgt dieses normalerweise durch ummantelte Zusatzschweißstäbe. Bei den Schutzgasschweißverfahren werden hierfür verschiedene Schutzgase eingesetzt.

Alle diese Verfahren haben wichtige Gemeinsamkeiten. Hierzu gehören die Schweißstromerzeuger, Vorgänge im Lichtbogen und die Unfallverhütung.

Schweißstromerzeuger

Der zum Schweißen erforderliche Strom muss eine hohe, verstellbare Stromstärke und eine niedrige Spannung haben. Die Spannung darf nach den Unfallverhütungsvorschriften bestimmte Größen nicht übersteigen. Der Schweißstrom kann mittels Transformator, Gleichrichter oder Generator hergestellt werden.

Beim **Schweißgleichrichter** wird der zunächst von einem Transformator umgespannte Wechselstrom aus dem Netz noch durch einen Gleichrichter in Gleichstrom umgewandelt.

Der Schweißgenerator **(Bild 3)** dient zur Erzeugung von Gleichstrom. Der Generator wird häufig von einem Elektromotor, seltener von einem Verbrennungsmotor angetrieben und wandelt die mechanische Energie der Drehbewegung in elektrische Energie um.

Bildung des Lichtbogens (Bild 4)

Die erforderliche Schmelzwärme wird in einem Lichtbogen erzeugt. Dieser entsteht, wenn nach kurzem Antippen ein „Kurzschluss" zwischen Elektrode und Werkstück, also Anode und Kathode, eine Elektronenwanderung in Gang setzt. Dieser Elektronenfluss wird auch nach dem Abheben

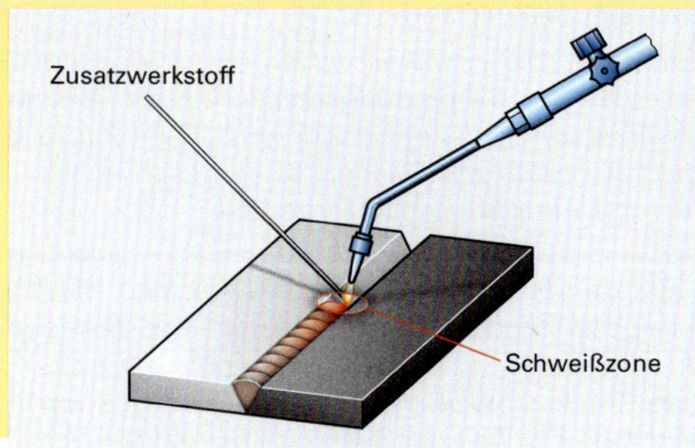

Bild 1: Gasschmelzschweißen

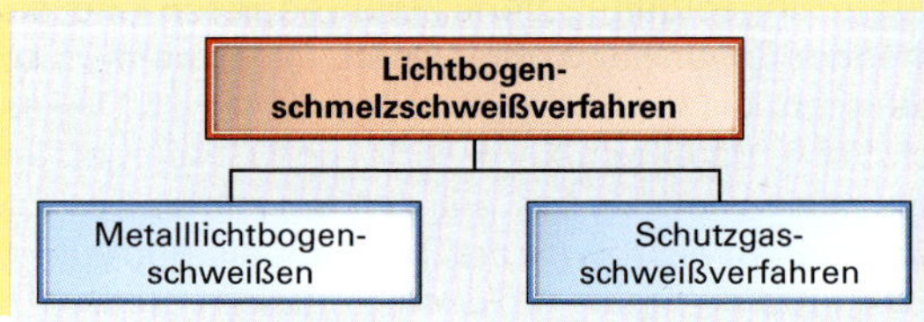

Bild 2: Einteilung der Lichtbogen-Schmelzschweißverfahren

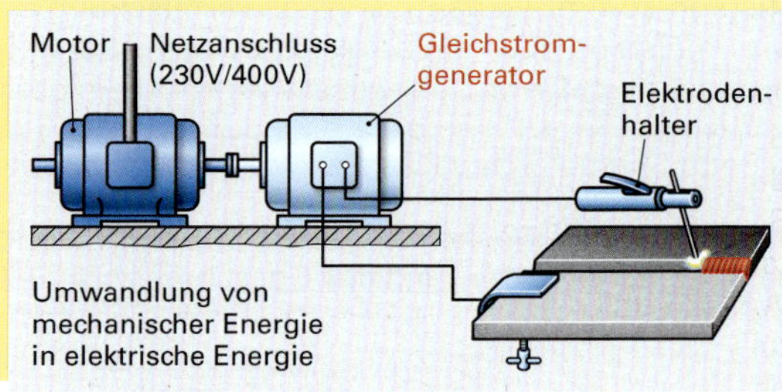

Bild 3: Schweißgenerator

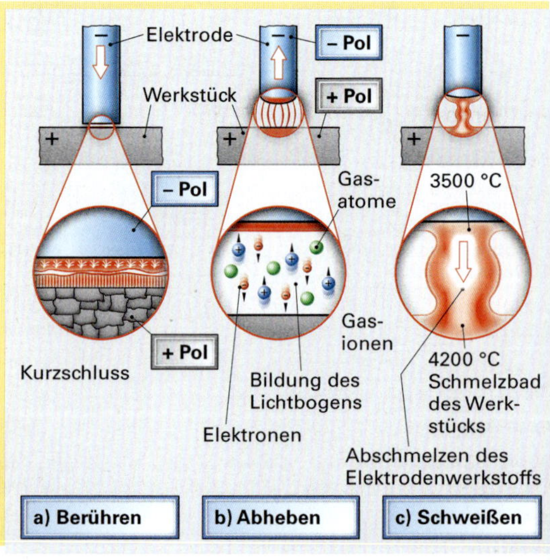

Bild 4: Vorgänge im Lichtbogen

der Schweißelektrode bei einem geringen Luftspalt durch einen dann entstehenden Lichtbogen fortgesetzt. Es kommt zu einem „Aufprall" der Elektronen in großer Zahl auf der zu erwärmenden Fläche mit hoher kinetischer Energie. Die dabei entstehende Wärmeenergie reicht aus, um Schmelztemperaturen von über 4000 °C zu erreichen.

Schutzgas-Schweißverfahren

Hierbei unterscheidet man Metall- und Wolframschutzgasschweißen. Bei diesen Verfahren wird durch bestimmte Gase das Schmelzbad vor den schädlichen Einflüssen der Luft abgeschirmt. Als Schutzgas werden inerte Gase (Edelgase), aktive oder Mischgase verwendet. Aktive und Mischgase haben gegenüber den inerten Schutzgasen den Nachteil, dass sie mit dem Schmelzbad reagieren und die mechanischen Gütewerte der Schweißnaht vermindern können. Diese Nachteile lassen sich aber teilweise durch eine entsprechende Zusammensetzung des Schweißzusatzdrahtes ausgleichen. Die Schutzgasschweißverfahren haben das Gasschmelzschweißen nahezu vollständig verdrängt.

Metallschutzgasschweißen (Bild 1)

Bei diesem Verfahren brennt ein Gleichstromlichtbogen zwischen der abschmelzenden nackten Drahtelektrode und dem Bauteil. Für die positiv gepolte Elektrode wird ein auf Drahtspulen gewickelter Schweißdraht von 0,8 mm bis 2,4 mm Durchmesser verwendet. Ein Drahtvorschubgerät schiebt den Draht entsprechend seiner Abschmelzgeschwindigkeit durch die Schweißpistole. Der Schweißstrom wird in der Schweißpistole kurz vor dem Lichtbogen über Schleifkontakte zum Schweißdraht geleitet. Eine eingebaute Luft- oder Wasserkühlung vermindert die Erwärmung der Schweißpistole. Das Metallschutzgasschweißen wird nach dem Einsatz der Schutzgasarten unterteilt.

Beim Metall-Inert-Gas-(MIG-)Schweißen werden inerte Gase, vorwiegend Argon, als Schutzgas verwendet. Dieses Edelgas ist zwar teuer, ermöglicht aber gute Schweißverbindungen. Besonders bei mittleren und dicken Blechen werden hohe Schweißleistungen erreicht. Eingesetzt wird das MIG-Verfahren für Edelstähle, NE- und Leichtmetalle.

Beim Metall-Aktiv-Gas-(MAG-)Schweißen werden preisgünstigere Aktivgase, sehr häufig Kohlendioxid (CO_2) oder Mischgase eingesetzt. Ansonsten entspricht es in Technik und Anwendung dem MIG-Verfahren. Angewandt wird das MAG-Schweißen vorwiegend bei niedrig- und unlegierten Stählen, besonders im Karosseriebau zum Schweißen von dünnen Blechen.

Wolframschutzgasschweißen (Bild 2)

Beim Wolfram-Inert-Gas-(WIG-)Schweißen brennt der Lichtbogen zwischen einer nicht abschmelzenden Wolframelektrode und dem Werkstück. Zusatzwerkstoffe können seitlich zugeführt werden. Durch dieses Verfahren werden vorwiegend bei hochlegierten Stählen, Nichteisen- und Leichtmetallen gute, gleichmäßige Schweißnähte gefertigt.

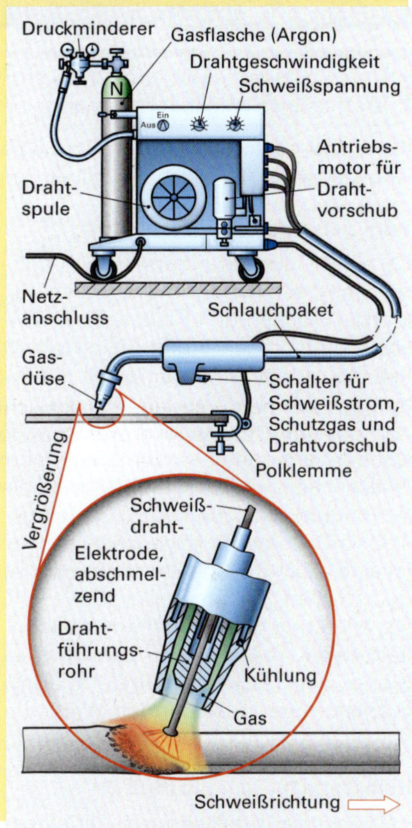

Bild 1: Schema einer MIG-, MAG-Schweißanlage (Metall-Inert-Gas und Metall-Aktiv-Gas)

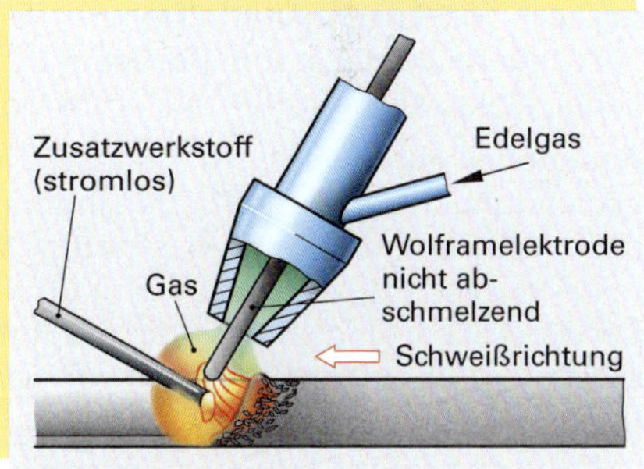

Bild 2: WIG-Verfahren (Wolfram-Inert-Gas)

Unfallverhütung beim Schweißen

- Schweißgeräte dürfen nur von dafür ausgebildeten Personen bedient werden.
- Zum Schutz der Augen muss eine Schweißbrille oder ein Schutzschild benutzt werden.
- Handschuhe und Lederschürze schützen vor heißen Metallspritzern.
- Die entstehenden Gase müssen abgesaugt werden.

7.6.8 Kleben

Durch Kleben lassen sich Werkstoffe mittels Stoffschluss unlösbar miteinander verbinden.

Kleben hat heute in der Technik große Bedeutung erlangt und ergänzt die bisher üblichen Fügeverfahren.

Wirkweise der Klebeverbindung

Bei einer Klebeverbindung wirken Kohäsionskräfte zwischen den Klebstoffteilchen sowie Adhäsionskräfte zwischen den Klebstoff- und Werkstoffteilchen. Bei porösen Stoffen wie Holz, Papier, Textilien u.a. dringt der Klebstoff in die Poren ein und es kommt zu einer zusätzlichen mechanischen Verzahnung **(Bild 1)**. Dadurch wird eine hohe Festigkeit der Verbindung erreicht. Bei Klebern für glatte Oberflächen, wie bei Stahl, wird die Festigkeit der Verbindung nur durch die Adhäsions- und Kohäsionskräfte bewirkt. Voraussetzung für das Kleben ist eine gleichmäßige Benetzung der zu verbindenden Flächen (s. Löten). Der Kleber muss sich gut verteilen und darf keine Perlen bilden. Die **Festigkeit der Klebestelle** ist von dem verwendeten Kleber, der Beschaffenheit der Klebeflächen, dem Werkstoff der zu klebenden Werkstücke und von der Beanspruchungsart abhängig.

Klebstoffe für Metalle (Bild 2)

Bei **Lösungsmittelklebern** ist der Klebstoff in einem Lösungsmittel gelöst. Die zu klebenden Bauteile müssen das Lösungsmittel verdunsten lassen oder der Kleber muss vor dem Verbinden völlig abgelüftet sein. Mit Lösungsmittelklebern können daher vorwiegend Metalle mit porösen Stoffen (Holz, Leder, einige Kunststoffe) verklebt werden.

Reaktionskleber werden bei reinen Metall-Klebeverbindungen verwendet. Bei ihnen tritt durch chemische Vorgänge eine Aushärtung ein, die eine feste Verbindung zur Folge hat (vgl. Kunststoffe). Bei der Aushärtung werden die monomeren Klebstoffmoleküle zu Ketten und Netzen verbunden.

Kleber, bei denen die Aushärtung bei Raumtemperatur eintritt, werden auch **Kaltkleber** genannt **(Bild 3)**. Zu ihnen gehören die **Zweikomponenten-Kleber,** d.h. zur Aushärtung wird der Kleber mit einer zweiten Komponente, dem Härter vermischt **(Bild 4)**. Da die Aushärtung nach dem Vermischen allmählich beginnt, muss der Kleber umgehend verarbeitet werden. Die Zeit, in der man den angemischten Kleber verarbeiten kann, bezeichnet man als **Topfzeit.** Sie wird vom Hersteller angegeben. Bei einigen Kaltklebern lässt sich die Aushärtungszeit durch Erwärmung vermindern.

Kleber, die zur Aushärtung Wärme und Druck erfordern, bezeichnet man als **Warmkleber**.

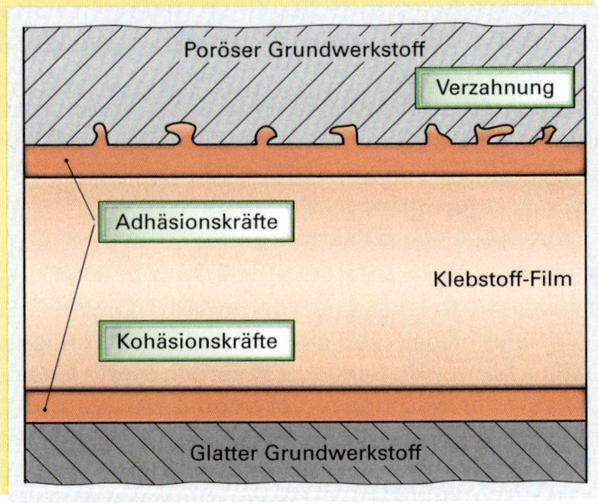

Bild 1: Kräfte in der Klebeverbindung (Schema)

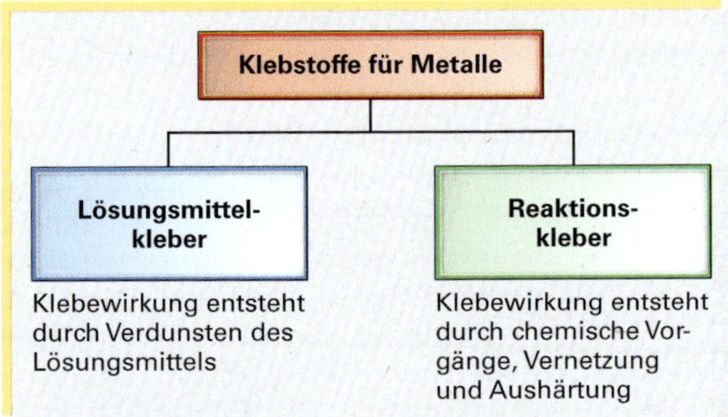

Bild 2: Einteilung der Klebstoffe nach ihrer chemischen Wirkung

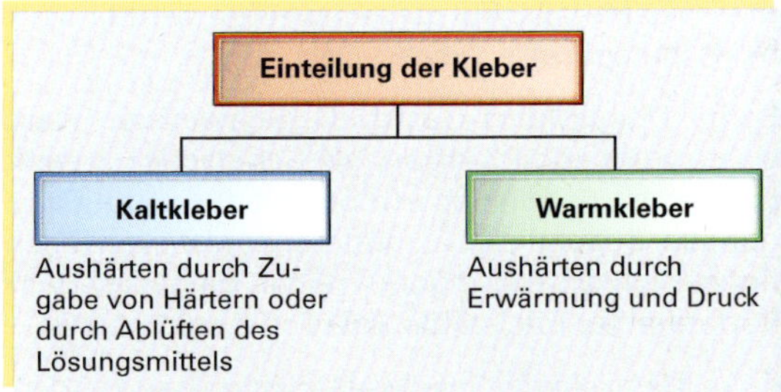

Bild 3: Einteilung der Kleber nach Verarbeitungstemperatur

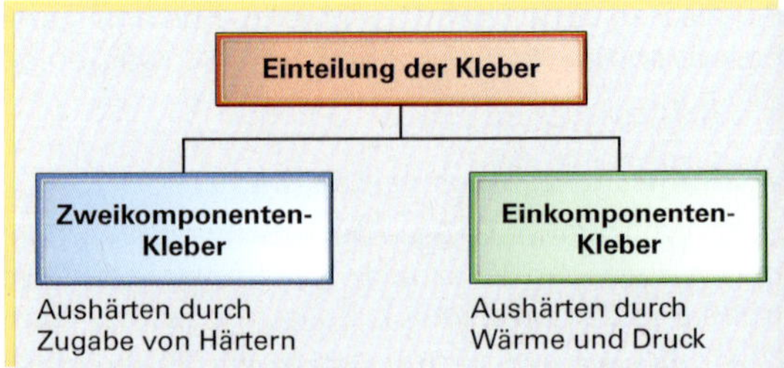

Bild 4: Einteilung der Kleber nach der Zahl der Komponenten

Warmkleber gehören zur Gruppe der **Einkomponenten-Kleber,** in denen schon alle Bestandteile gemischt enthalten sind. Sie erreichen eine etwa doppelt so hohe Festigkeit wie Kaltkleber, erfordern aber einen hohen technischen Aufwand, um die Aushärtung durch Erwärmung unter Druck ablaufen zu lassen.

Die in der Praxis eingesetzten technischen Metallklebstoffe sind zumeist Reaktionskleber und bestehen hauptsächlich aus vier Klebstoffsystemen **(Tabelle 1).** Aus den Handelsnamen ist die Zusammensetzung des Klebers nicht ersichtlich. Die Hersteller der Klebstoffe bieten meist technische Klebstoffe an, die für einen speziellen Anwendungszweck optimiert sind. Um besondere Eigenschaften zu bekommen, werden häufig mehrere Klebstoffsysteme vermischt.

Tabelle 1: Klebstoffsystem für Metallklebungen (Reaktionskleber), Beispiele

Klebstoffsystem (chemische Grundstoffe)	**Handelsnamen** (für Kleinpackungen)	**Härtetemperatur**
Epoxidharze mit Polyaminen	Uhu-Plus Uhu-Endfest 300 Henkel Stabilit	Raumtemperatur
Epoxidharze mit Carbonsäureanhydriden	Henkel Metallon	über 100 C°
Polyurethane	Henkel Macroplast UK	Raumtemperatur
Acrylverbindungen	Henkel Metallon LA	Raumtemperatur

Gestaltung und Herstellung der Klebeverbindung

Die Eigenschaft des Klebers, dessen Zugfestigkeit z.B. nur bei etwa 10% derjenigen von Stahl liegt, muss bei der konstruktiven Gestaltung von Klebeverbindungen beachtet werden. Beanspruchungen der Klebeflächen auf asymmetrischen Zug, Schälung oder Spaltung sollten verhindert werden **(Bild 1 und Bild 2).**

Torsion und **Scherung** sind für Klebeverbindungen geeignete Beanspruchungsarten.

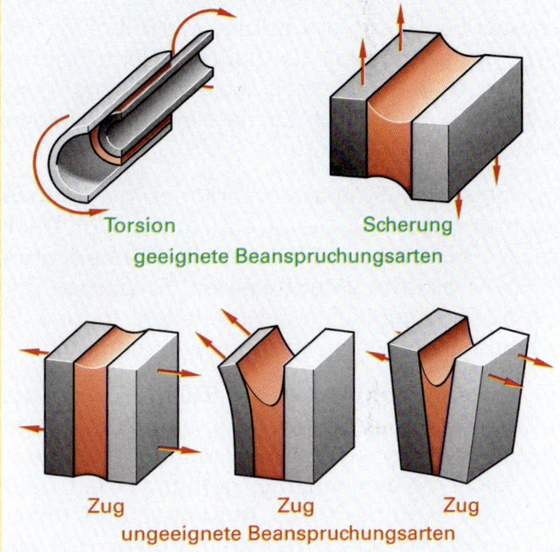

Bild 1: Beanspruchungen von Klebefugen

Die wichtigsten **Arbeitsgänge** bei der Herstellung einer Klebeverbindung sind:

- Vorbereiten der Klebestellen
- Mischen und Dosieren des Klebers
- Auftragen des Klebstoffs
- Zusammendrücken der Werkstücke
- Aushärten der Klebeschicht

Zur Vorbereitung der Klebestellen sind die Oberflächen zu entfetten und durch Schleifen usw., bei hohen Ansprüchen auch durch Sandstrahlen, mechanisch aufzurauen. Geeignet sind auch chemische Verfahren wie Beizen und Elektrolyse mit nachfolgend gründlichem Abspülen.

Beim Mischen und Dosieren müssen die Verarbeitungsrichtlinien des Klebstoffherstellers beachtet werden. Der Klebstoff ist sofort nach dem Mischen mit Pinsel, Spachtel oder Dosiergerät dünn auf der Klebefläche zu verteilen. Die Werkstücke müssen nach dem Zusammenpressen gegen Verschieben gesichert werden. Vor dem Gebrauch ist eine ausreichende Aushärtezeit einzuhalten.

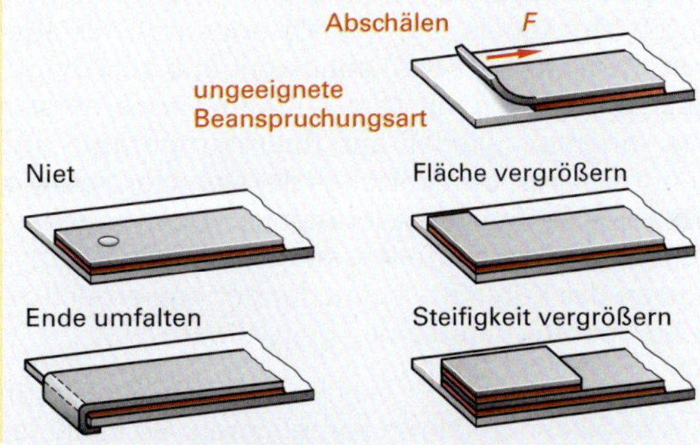

Bild 2: Konstruktive Gestaltung zur Vermeidung von Beanspruchung auf Schälung

7.6.9 Pressverbindungen

Dieses Fügeverfahren beruht auf einer Presspassung, also auf einem Übermaß zwischen dem Innen- und dem Außenteil. Bei dieser Verbindung entsteht eine elastische Verformung der Werkstoffe. Sie bewirkt hohe Reibungskräfte und macht es möglich, große Drehmomente und Axialkräfte **kraftschlüssig** zu übertragen ohne ein zusätzliches Verbindungsmittel.

Nach Abhängigkeit von der Temperatur bei der Herstellung der Verbindung unterscheidet man verschiedene Arten **(Bild 1).**

Längspressverbindungen (Bild 2) werden bei Raumtemperatur durch axiales Einpressen der Welle in die Bohrung erzielt. Die Welle muss eine leichte Fase (bis 5°) haben, um ein zu starkes Glätten der Werkstoffoberflächen zu vermeiden. Ein wiederholtes Lösen und Fügen der Verbindung hat eine starke Reduzierung der Haftkraft zur Folge. Leichtes Einfetten vom Bolzen mit Rüböl verhindert das „Festfressen" der Bauteile. Beim Einpressen durch z.B. Hammerschläge, Schraubstock und Presse ist darauf zu achten, dass es nicht zu einem Verkanten der Welle kommt.

Werden durch Temperaturveränderung Bauteile geschrumpft oder gedehnt, spricht man von **Querpressverbindungen**. Die Bauteile können ohne große Axialkräfte gefügt werden. Erwärmen und besonders Unterkühlen der Bauteile erfordert die Beachtung von Unfallverhütungsvorschriften.

Bei **Schrumpfverbindungen (Bild 3)** wird das Außenteil gleichmäßig, z.B. durch Wärmeplatte, Ölbad oder Brenner, erwärmt, dehnt sich aus und kann leicht mit dem Innenteil gefügt werden. Beim Abkühlen schrumpft das Außenteil und presst sich auf die Wellenoberfläche. Probleme bei dieser Verbindung können durch die Temperaturhöhe mit der Gefahr der Gefügeveränderung, des Verziehens und des Verzunderns (ab 250 °C) auftreten.

Bei **Dehnverbindungen (Bild 4)** wird das Innenteil durch Trockeneis (ca. –70 °C) oder mit flüssiger Luft (Stickstoff –194 °C) abgekühlt und schrumpft. Nach dem Fügen mit dem Außenteil erwärmt sich das Innenteil wieder auf Raumtemperatur und dehnt sich aus. Den Vorteilen der Dehnverbindung, z.B. keine Gefügeveränderungen bei wärmebehandelten (gehärteten) Teilen, stehen die relativ hohen Kosten des Kühlmittels und der geringe erreichbare Temperaturunterschied gegenüber.

In besonderen Fällen lassen sich das Schrumpf- und das Dehnverfahren kombinieren. So kann das Außenteil erwärmt und das Innenteil abgekühlt werden.

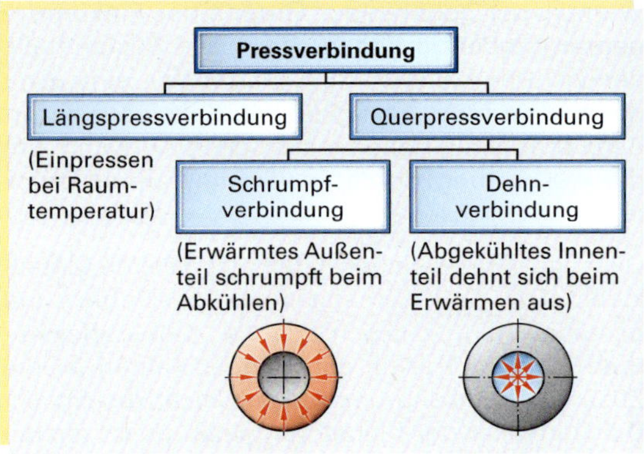

Bild 1: Pressverbindungen

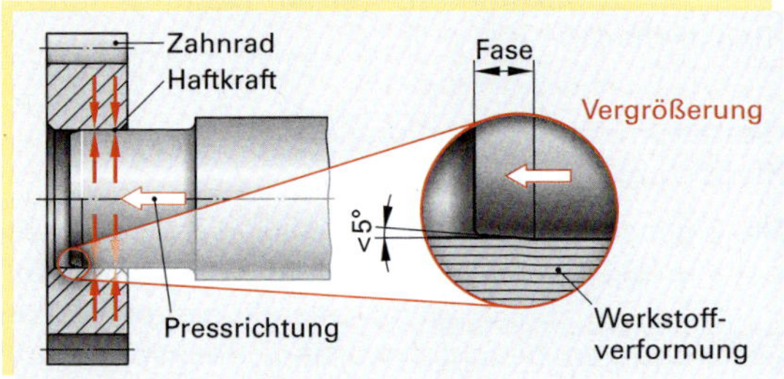

Bild 2: Längspressverbindung

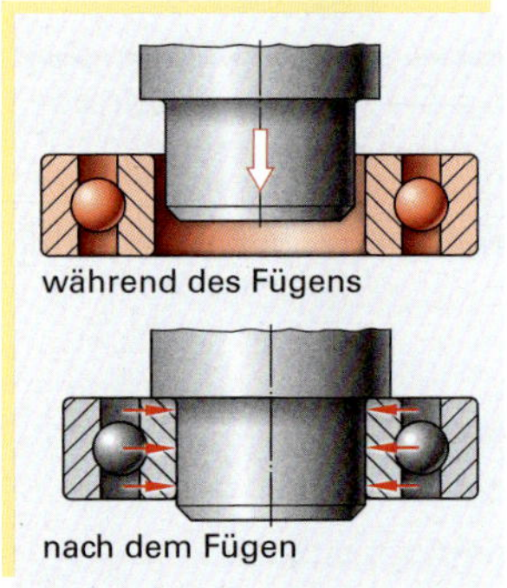

Bild 3: Schrumpfverbindung

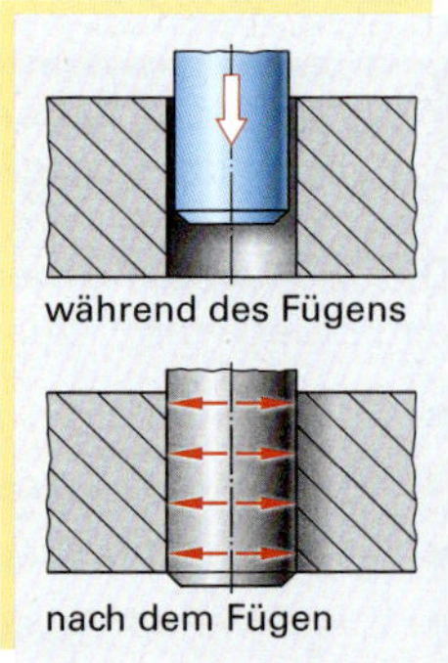

Bild 4: Dehnverbindung

Beispiel: Berechnen der Fügetemperatur

Ein Zahnrad soll mit einer Welle Ø 30 H7/s6 durch eine Dehnverbindung gefügt werden. Das Spiel beim Fügen soll 10 µm betragen. Auf welche Temeratur muss die Welle abgekühlt werden? Raumtemperatur 20 °C.

$\Delta d = d_0 \cdot \alpha \cdot \Delta T$

$\Delta T = \dfrac{\Delta d}{d_0 \cdot \alpha}$

$\Delta T = \dfrac{0{,}058 \text{ mm} \cdot \text{K}}{30 \text{ mm} \cdot 0{,}000012}$

$\Delta T = 161 \text{ K}$

$\alpha = 0{,}000012 \ \dfrac{1}{\text{K}}$ (Tab.)

Ø 30 H7 $+^{21}_{0}$ (Tab)

Ø 30 s6 $^{+48}_{+35}$

$0{,}010$
$+\ 0{,}048$
$\Delta d = 0{,}058$

Die Welle muss auf –141 °C abgekühlt werden. Diese Minustemperatur ist nur mit flüssiger Luft (–194 °C Stickstoff) oder flüssigem Sauerstoff (–183 °C) erreichbar.

7.6.10 Klemm- und Quetschverbindungen

Vor allem im Bereich der Elektrotechnik sind neben den beschriebenen klassischen Fügetechniken in den letzten Jahren eine Reihe von Verbindungsmöglichkeiten entwickelt und verbreitet worden.

So werden z.B. die einzelnen Teile von Kabelkanälen für die Verwahrung von Leitungen in aller Regel nicht mehr geschraubt, sondern an dafür vorgesehenen Stellen verhakt **(Bild 1)**. Diese Form der Verbindung wird als **Schnappverbindung** bezeichnet und gehört zur Gruppe der lösbaren Verbindungen.

Ebenfalls lösbar sind die unterschiedlichen Arten der **Klemmverbindungen (Bild 2)**, die meist auf der Basis einer Schraubverbindung funktionieren.

Im Gegensatz dazu wird die Haltekraft bei den **Federklemmverbindungen** durch die Federwirkung eines gebogenen Metallbügels erzeugt **(Bild 3)**. Diese Art der Verbindung wird häufig zum Anschließen von dünnen Kupferdrähten verwendet. Zum Anschließen des Leiters, z.B. an eine Leiterschiene, wird dabei die Käfigfeder heruntergedrückt und der abisolierte Kupferdraht in die Öffnung eingeführt. **Käfigzugfeder-Verbindungen** sind sehr einfach zu lösen, trotzdem aber fast wartungsfrei und vor allem rüttelsicher.

Auch die **Steckverbindungen** an Leiterplatten unterliegen den Gesetzmäßigkeiten der Fügetechnik. Sie bestehen aus einer Messer- und einer Federleiste. Die Messerleiste wird dabei an die Leiterplatte und die Federleiste an den Aufbaurahmen montiert. Typische Anwendungsbeispiele dafür sind Grafikkarten oder andere Einsetzkarten, wie wir sie in den PCs verwenden.

Eine sichere Verbindung von Kupferdrähten in den dafür vorgesehenen Anschlussstellen wird z.B. über Aderendhülsen erreicht. Diese Hülsen werden in einer Quetschverbindung mittels geeignetem Werkzeug auf den Drähten angebracht **(Bild 4 und 5)**. In der Praxis wird diese Technik, die als unlösbar eingestuft wird, auch als Pressen oder Crimpen (to crimp (engl.) = pressen) bezeichnet.

Arbeitsauftrag:

1. Wodurch unterscheidet sich das Weichlöten vom Hartlöten?
2. Welcher physikalische Unterschied besteht zwischen dem Löten und dem Schweißen?
3. Beschreiben Sie die Vorgänge beim Löten und Schweißen.
4. Welche Arbeitsregeln sind beim Löten zu beachten?

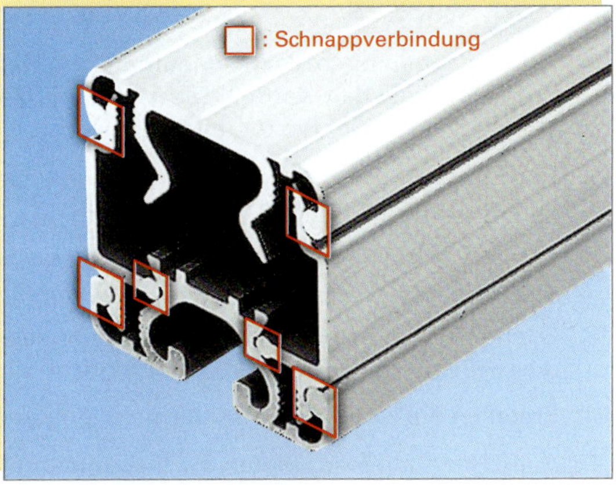

Bild 1: Schnappverbindung

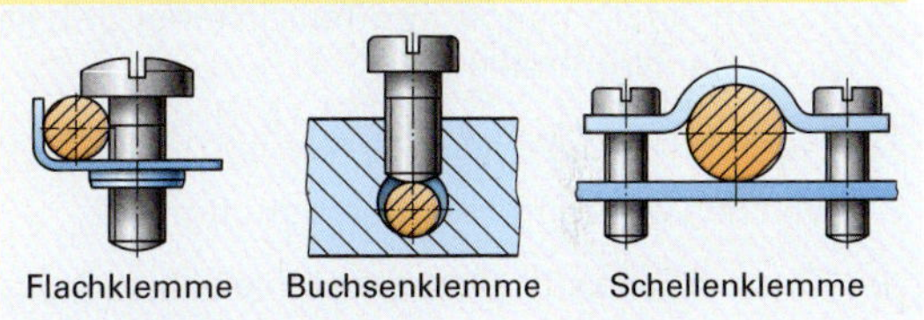

Bild 2: Klemmenarten

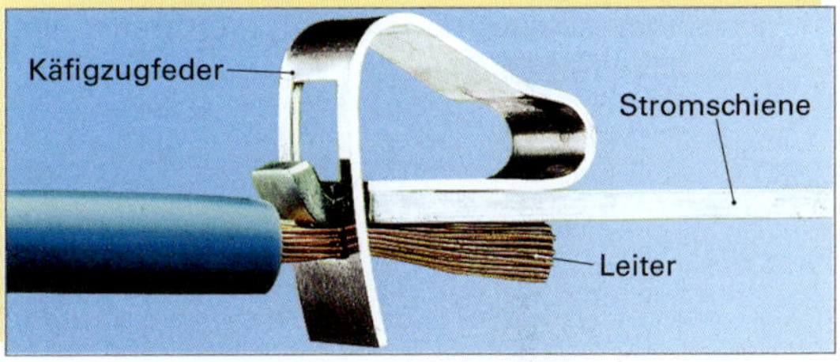

Bild 3: Käfigzugfeder-Anschlusssystem

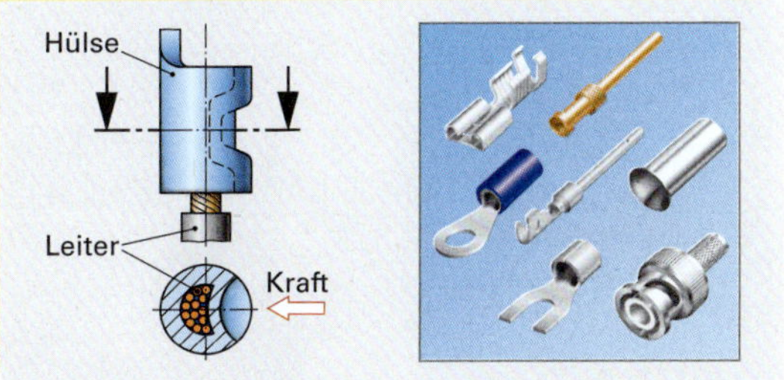

Bild 4: Quetschverbindung

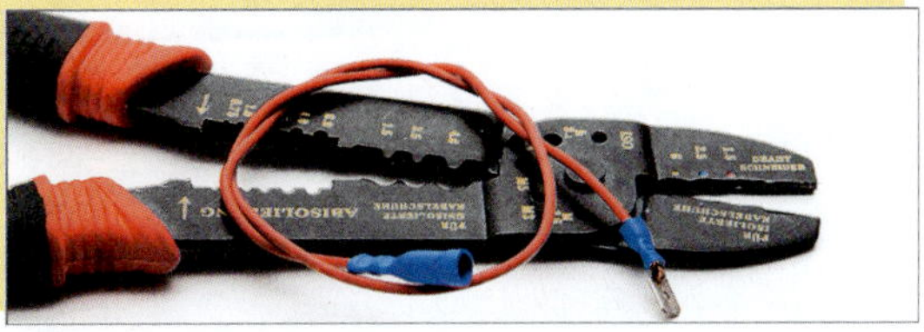

Bild 5: Quetschzange

Arbeitsauftrag:

Für das abgebildete elektropneumatische Handhabungsgerät **(Bild 1)** soll ein Tisch aus Aluminium-Profilen hergestellt werden. Die Maße der Grundplatte sind 300 mm × 600 mm. Sie besitzt an ihrer Unterseite ein 50er Raster mit 8 mm Nut.

1. Erstellen Sie eine Handskizze für das Gestell. Untersuchen Sie dabei mehrere Gestaltungsalternativen und entscheiden Sie sich für eine. Begründen Sie Ihre Wahl.
2. Wählen Sie aus einem Profilkatalog eines Profillieferanten ein geeignetes Profil aus. Nutzen Sie gegebenenfalls die Internetinformationen der Hersteller.
3. Suchen Sie die erforderlichen Verbindungselemente heraus. Beachten Sie dabei, dass der Tisch eine ausreichend hohe Stabilität gegen horizontal wirkende Kräfte aufweist.
4. Erstellen Sie eine Zusammenbauzeichnung und die erforderlichen Einzelteilzeichnungen.
5. Viele Profilhersteller bieten für die Zeichnungserstellung Unterstützung durch leicht handhabbare CAD-Programme, die im Internet oder auf einer CD-ROM zur Verfügung gestellt werden. Nutzen Sie diese, wenn Sie die Gelegenheit dazu haben.
6. Fassen Sie die benötigten Teile in einer Stückliste zusammen. Achten Sie dabei auf die Normbezeichnung der Normteile.
7. Legen Sie fest, welche Fertigungsverfahren für die Herstellung erforderlich sind.
8. Welche Werkzeuge werden benötigt?
9. Für zwei Teile soll exemplarisch ein Arbeitsplan für die Fertigung erstellt werden. Legen Sie darin die jeweiligen Tätigkeiten und die dazu erforderlichen Werkzeuge fest.
10. Erstellen Sie einen Arbeitsfolgeplan für die Montage der Einzelteile.
11. Erzeugen Sie mit dem CAD-System eine Montagezeichnung (Explosionszeichnung) des von Ihnen entwickelten Tisches.

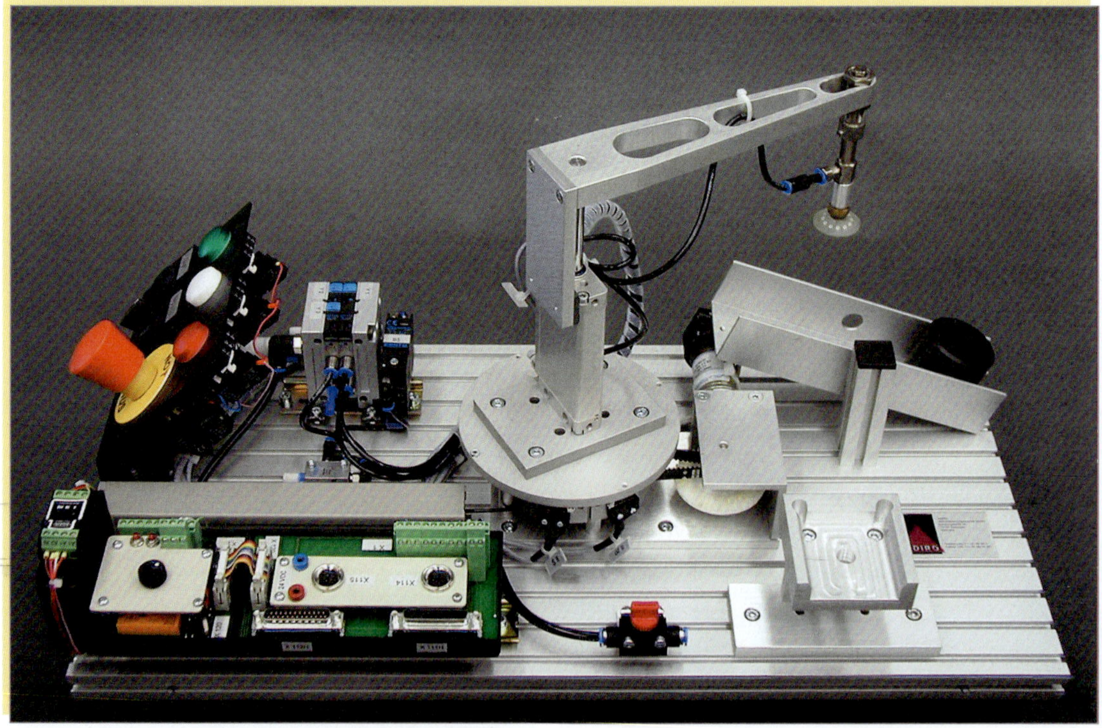

Bild 1: Elektropneumatisches Handhabungsgerät

7.7 Fertigungsautomatisierung

7.7.1 Historische Entwicklung

Eine wichtige historische Rationalisierungsmaßnahme – nach F. W. Taylor (1856–1915) und H. Ford (1863–1947) – war die Einführung der Fließbandfertigung **(Bild 1)** bei der *Ford Motor Company* ca. 1914. Der Produktionsprozess wurde in kleinste Schritte zerlegt; jeder Arbeiter war Spezialist, d.h. er führte nur wenige Handgriffe durch. Automatisiert war der Transport des Autos auf einem Band. Dadurch wurde die Zeit für eine Chassismontage von 12,5 h auf 1,5 h gesenkt. Die Fließbandfertigung war zu Beginn des 20. Jahrhunderts gang und gäbe. Bei dieser Art der Rationalisierung war die Flexibilität gleich Null.

Bild 1: Fließbandfertigung

Durch den Zweiten Weltkrieg konzentrierte sich der Großteil der industriellen Fertigung auf den Rüstungsbereich. Nach dem Zweiten Weltkrieg waren in Deutschland ca. 90% der Industrie zerstört. Der Bedarf an zivilen Produkten war groß, und es konnte somit in großen Serien geplant werden. Betrachtet man die Entwicklung der Produktivität und der Flexibilität in der industriellen Fertigung nach dem Zweiten Weltkrieg, so kann man sie grob in 5 Schritte einteilen **(Bild 2)**.

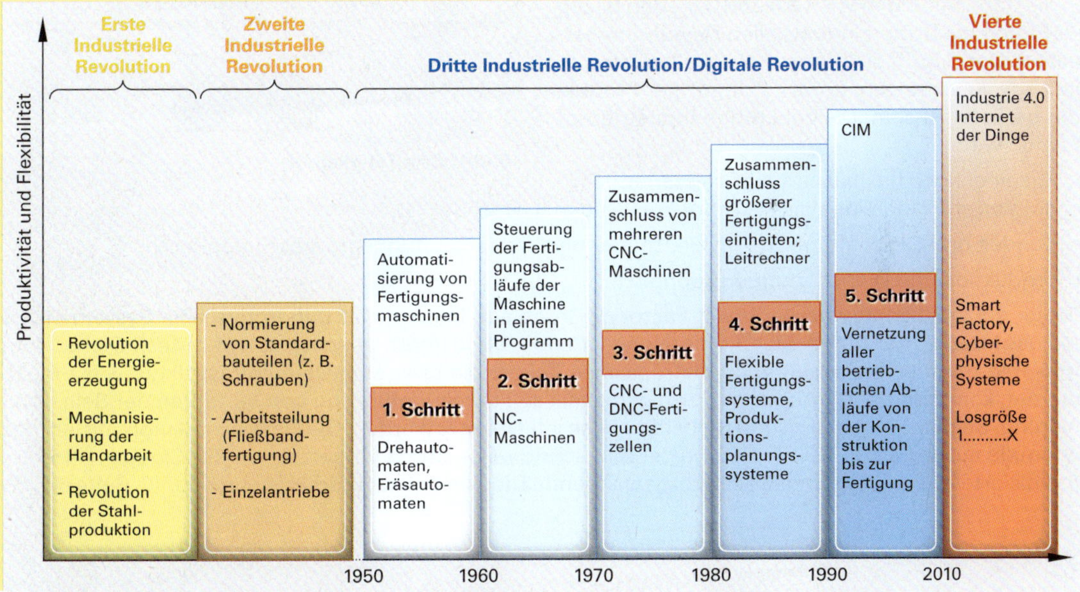

Bild 2: Entwicklung der Produktivität und Flexibilität

In den ersten beiden Schritten war die Steigerung der Produktivität vorrangiges Ziel der Veränderungen. Man erzielte große Fortschritte bei der Spindel- und der Schnittleistung. Gleichzeitig wurde durch automatischen Werkstück- und Werkzeugwechsel rationalisiert. Hierdurch sanken die Nebenzeiten (z.B. Rüstzeiten) und die Hauptzeiten stiegen an. Die Nebenzeiten waren allerdings immer noch relativ hoch. Im dritten und vierten Schritt wurden durch Verlagerung der Rüstzeiten in die Hauptzeiten durch unterbrechungslosen Programmwechsel, automatische Werkzeugverwaltung, automatische Werkstück- und Werkzeugzubringung usw. auch die Nebenzeiten drastisch verkürzt. Durch diese Maßnahmen minimierten sich die Stillstandszeiten der teuren Maschinen. Des Weiteren wurden Nacht- und Wochenendschichten fast ohne Personal ermöglicht.

Im fünften Schritt begann die Vernetzung des Betriebes über Computer; als Schlagwort gilt **CIM** (**C**omputer **I**ntegrated **M**anufacturing). Die Maschinen fertigen zwar äußerst schnell, aber neben dem Materialfluss kommt zusehends auch ein großer Daten- bzw. Informationsfluss (Arbeitspapiere, Zeichnungen etc.) zum Tragen. CIM versucht, bisherige manuelle Tätigkeiten zur Informationsübertragung zu eliminieren. Die verschiedenen Tätigkeiten unter CIM werden auch unter dem Begriff **CAx** (Tätigkeiten, vom Computer unterstützt, **C**omputer **A**ided) zusammengefasst **(Bild 1).** Diese Entwicklungen sind möglich gewesen, da es riesige Fortschritte im Bereich der Computertechnologien (Prozessoren, Datennetze usw.) gab, die große Auswirkungen auf die Automatisierungstechnik hatten.

Neben der Steigerung der Produktivität wird zunehmend auch die Flexibilität wichtig. Immer häufiger sollen die Produkte auf einer Maschine gefertigt werden, sodass sogenannte Bearbeitungszentren, die mehrere Fertigungsverfahren beherrschen, weiter verbreitet werden.

Die Bezeichnung **Industrie 4.0** soll – in Anlehnung an die Bezeichnungen WEB 2.0 und 3.0 – den Bezug zur Ersten bis Dritten Industriellen Revolution herstellen. Der Begriff zielt darauf ab, die Industrie in die Lage zu versetzen, für die Zukunft der Produktion gerüstet zu sein. Die zukünftige Industrieproduktion wird:

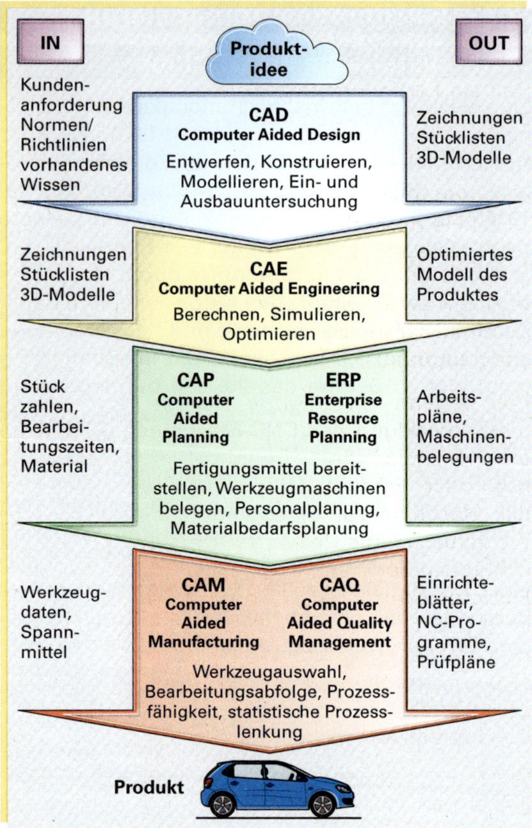

Bild 1: CAx-Tätigkeiten

- mit einer hoch flexibilisierten (Großserien-) Produktion stark individualisierte Produkte fertigen (Losgröße = 1),
- Kunden und Geschäftspartner in Geschäfts- und Wertschöpfungsprozesse integrieren,
- Produktion und Dienstleitungen koppeln.

Ziel ist die intelligente Fabrik **(Smart Factory).** Grundlage hierfür sind **Cyberphysische Systeme (CPS)** und das **Internet der Dinge.** Ein CPS bezeichnet den Verbund informatischer, software-technischer Komponenten mit mechanischen und elektronischen Teilen, die über eine Dateninfrastruktur, wie z.B. das Internet, kommunizieren. Automatisierungstechnik soll durch Einführung von Verfahren der Selbstoptimierung, Selbstkonfiguration und Selbstdiagnose intelligenter werden. Die klassische Automatisierungspyramide aus Industrie 3.0 wird aufgelöst und schrittweise durch vernetzte – in der Cloud –, dezentral organisierte bzw. sich teilweise selbstorganisierende Dienste ersetzt **(Bild 2)** (siehe Kap. 13, Seite 605 ff.).

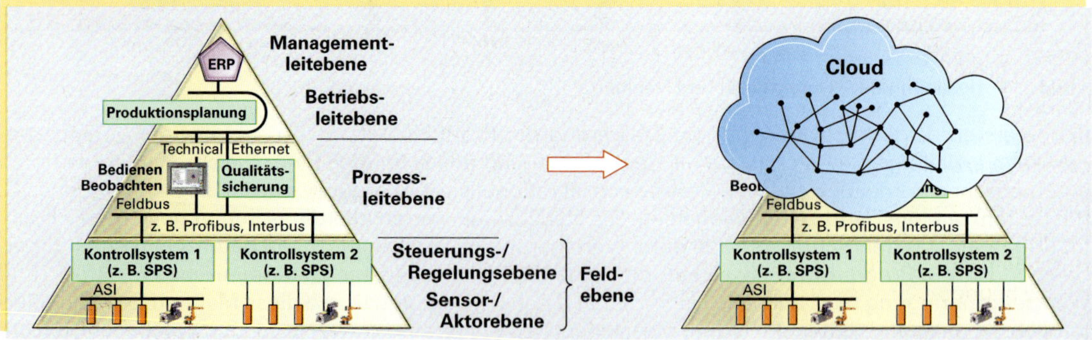

Bild 2: Von der Automatisierungspyramide zu Industrie 4.0

7.7.2 Bausteine der Fertigungsautomatisierung

Soll ein Fertigungsprozess automatisiert werden, sind davon die folgenden drei Bereiche betroffen:

- Automatisierte Bearbeitung,
- Automatisierter Werkstücktransport von Maschine zu Maschine,
- Automatisierter Informationsfluss.

In einem ersten Schritt wurde bei der Fertigungsautomatisierung der eigentliche Bearbeitungsvorgang automatisiert.

Hier begann in der Mitte des 20. Jahrhunderts die Entwicklung der **CNC-Maschine**[1] **(Bild 1)** für ein spezielles Fertigungsverfahren (z.B. Drehen oder Fräsen). Die Bewegungsabläufe an der Maschine zur Erzeugung der gewünschten Werkstückgeometrie werden durch ein Programm erzeugt. In der Weiterentwicklung wurden weitere Fertigungsverfahren auf den CNC-Betrieb umgestellt (z.B. Stanzen, Laserschneiden, Brennschneiden). Bei der klassischen CNC-Maschine handelt es sich um eine Stand-alone-Maschine, an der Werkzeug-, Werkstück- und Programmwechsel manuell durchgeführt werden.

Wird an einer CNC-Maschine der Werkzeug-, Werkstück- und Programmwechsel automatisiert und ist eine 4D- bzw. 5D-Steuerung vorhanden, um eine 4- bzw. 5-Seiten-Bearbeitung zu ermöglichen, spricht man von einem **Bearbeitungszentrum (Bild 2).** Die benötigten Werkzeuge sind in einem Werkzeugspeicher untergebracht und werden durch entsprechende Anweisungen im Programm automatisch in die Arbeitsspindel eingewechselt. Meist können alle am Werkstück anfallenden Zerspanungsarbeiten (Drehen, Fräsen, Gewindeschneiden usw.) auf dem Bearbeitungszentrum durchgeführt werden.

Wird das Bearbeitungszentrum erweitert, sodass z.B. über einen Palettenspeicher für die Bearbeitung genügend Teile für einen zeitlich begrenzten bedienerlosen Betrieb zur Verfügung stehen, spricht man von einer **Fertigungszelle (Bild 3).** Meist ist hier auch eine Maßüberwachung der Werkstücke integriert. Durch eine Schnittkraftüberwachung wird im Bedarfsfalle ein automatischer Werkzeugtausch durchgeführt.

Die Grenze zwischen Bearbeitungszentrum und Fertigungszelle verwischt immer stärker, da viele Hersteller ihre Bearbeitungszentren modular bis zur Fertigungszelle erweiterbar anbieten.

[1] CNC: Computerized Numerical Control

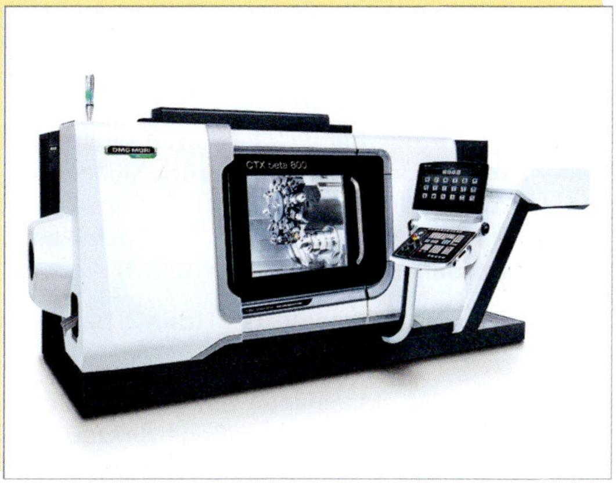

Bild 1: CNC-Maschine

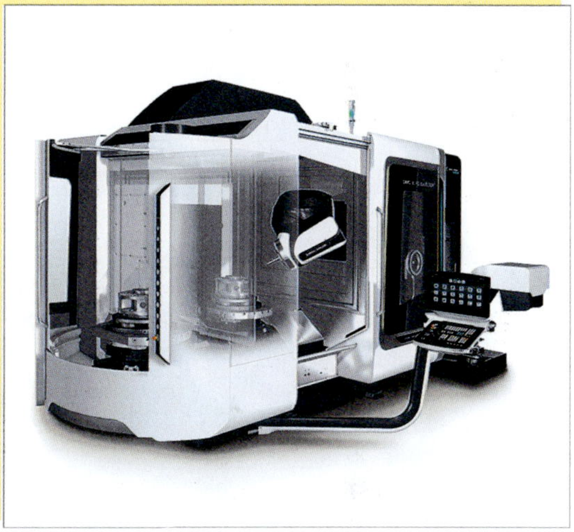
Bild 2: Bearbeitungszentrum

Bild 3: Fertigungszelle

Flexible Fertigungssysteme ermöglichen den ständigen Wechsel der Bearbeitungsverfahren und die Variation von Losgrößen. Sie sind somit in der Lage, unterschiedliche Werkstücke in beliebiger Reihenfolge zu bearbeiten. Das Fertigungsprinzip besteht häufig darin, dass mehrere sich ergänzende und sich ersetzende Maschinen gekoppelt werden, damit das ganze System bei Ausfall einer Maschine produktiv bleiben kann **(Bild 1)**.

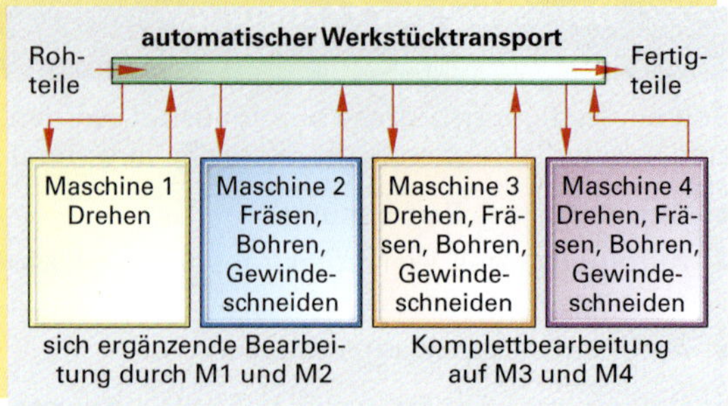

Bild 1: Fertigungsprinzip in FFS

Flexible Fertigungssysteme (FFS) (Bild 2) bestehen grundsätzlich aus:

- Mehreren CNC-Maschinen mit automatischen Werkzeugwechslern und großen Werkzeugspeichern,
- Automatischer Be- und Entladung der Werkstücke,
- Automatischem Werkstücktransport,
- Einem übergeordneten Leitsystem.

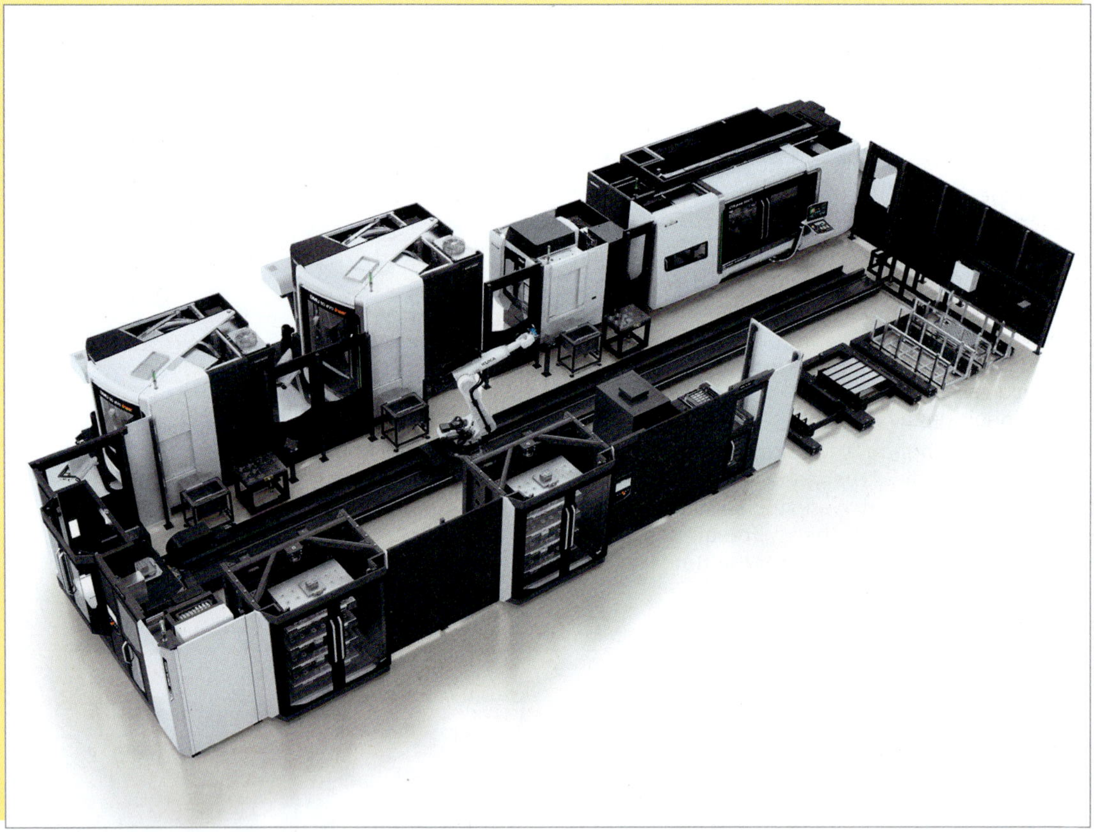

Bild 2: Flexibles Fertigungssystem

Das ausführliche Behandeln der Thematik Fertigungsautomatisierung mit weiteren Themen wie Werkstücktransport- und Handhabungssysteme, Werkzeugverwaltung, FFS-Leitrechner, flexible Taktstraßen usw. würde den Rahmen dieses Buches bei weitem sprengen. Deswegen werden in den beiden folgenden Kapiteln die CNC-Maschinen – die ja die wichtigsten Bausteine der Flexiblen Fertigungssysteme (FFS) darstellen – und die Industrieroboter – als interessantesten Vertreter der automatischen Handhabungssysteme – behandelt.

7.8 CNC-Steuerungen

Der Wunsch, schwere, unangenehme Arbeit auf Maschinen zu übertragen und zu automatisieren ist schon sehr alt. Die ersten mechanischen Steuerungen gehen bis in das 18. Jahrhundert zurück

7.8.1 Historische Entwicklung

1805 stellte Joseph-Maria Jacquard einen Webstuhl vor, der mithilfe von Lochkarten gesteuert wurde **(Bild 1).** Informationen über das zu webende Muster wurden dem Webstuhl über hölzerne, gelochte Streifen zugeführt, die mit Nadeln abgetastet wurden **(Bild 2).** Sollte das zu webende Muster geändert werden, mussten andere Lochkarten erstellt werden.

Bild 1: Lochkartengesteuerter Webstuhl

Schon Mitte des 20. Jahrhunderts suchte man nach Werkzeugmaschinen, die sich durch Zahlen steuern lassen. Alle Fertigungsangaben liegen nämlich als Zahlenwerte vor; z.B. Vorschub, Schnittgeschwindigkeit, Geometrie des Werkstückes. Häufig war sogar die theoretische mathematische Bahnbeschreibung möglich (z.B. komplizierte Flugzeugteile), jedoch das bisherige Fertigen mithilfe von Kopierschablonen zu ungenau.

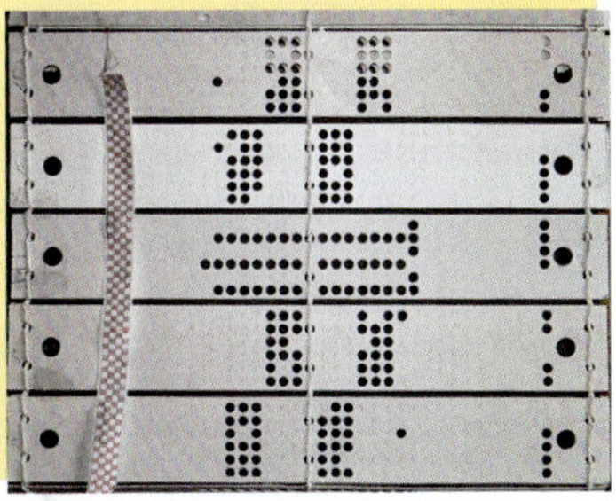

Bild 2: Lochkarten für Webstuhl

Unmittelbar nach dem zweiten Weltkrieg wurden die ersten **NC**-Werkzeugmaschinen (**N**umerical **C**ontrol, d.h. Numerische Steuerung) am Massachusetts Institute of Technology (MIT) in den USA entwickelt. Ziel war es, Flugzeugpropeller, Rotorblätter für Hubschrauber, Elemente von Flugzeugtragflächen und andere Teile mit einer komplexen Geometrie präzise herzustellen. Die für diesen Zweck entwickelten Steuerungen ermöglichten den mit Servo- und Schrittmotoren angetriebenen Maschinenachsen ein exaktes Anfahren der angegebenen Punkte. Bei den ersten Maschinen wurden die erforderlichen Daten mit den von den Webstühlen bekannten Lochstreifen eingegeben **(Bild 3).** Da es keinen Programmspeicher gab, erfolgte das Einlesen und das Abarbeiten der Anweisungen satzweise, d.h., erst wenn eine Anweisung vollständig abgearbeitet war, konnte die nächste Anweisung eingelesen und verarbeitet werden.

Mit zunehmender Weiterentwicklung der Halbleitertechnologie entwickelten sich ab Mitte der 1970er Jahre die NC-Steuerungen zu **CNC**-Steuerungen (**C**omputerized **N**umerical **C**ontrol, d.h. rechnergestützte numerische Steuerung) durch Integration von Mini- und Mikrocomputern weiter. Die Computer hatten einen eigenen Programmspeicher und erlaubten es, Programmteile oder auch ganze Programme zu laden. Zusammen mit der zunehmenden Rechenleistung konnten damit komplexere Werkzeugwege berechnet und immer mehr Achsen gleichzeitig angesteuert werden, sodass auch komplexere Werkstücke gefertigt werden konnten. Zudem konnten die Vorschubgeschwindigkeiten deutlich erhöht werden, da die Steuerungen durch „Vorauslesen" im Programm Kenntnis über einen Teil der zu bearbeitenden Geometrie erhielten und die Beschleunigungen der Achsen darauf abstimmen konnten. Auch die von PCs bekannten Möglichkeiten der Dateneingabe über eine Tastatur, durch Datenträger oder über Datennetze sind bei CNC-Steuerungen möglich.

Bild 3: CNC-Steuerung mit Lochstreifenleser

Heute gibt es keine klassischen NC-Maschinen mehr, deshalb sind die Begriffe NC und CNC heutzutage als Synonyme (gleichbedeutend) anzusehen.

Auch Werkzeugmaschinen werden zunehmend vernetzt. Früher erhoffte man sich große Einsparpotenziale dadurch, dass nach dem **DNC-Prinzip** (**D**irect **N**umerical **C**ontrol) nur auf einem Server oder Zentralrechner die umfangreichen Bahninterpolationen für mehrere NC-Maschinen berechnet werden müssen. Die einzelnen NC-Maschinen waren nur noch mit einer „Rumpfsteuerung", die nicht mehr voll funktionsfähig war, ausgestattet.

Dies schien damals sinnvoll, weil die für die Interpolationen erforderlichen Steuerungen teuer waren. Da die früheren NC-Maschinen keinen eigenen Programmspeicher hatten, mussten sie satzweise vom DNC-Rechner versorgt werden. Hier trat schon bei der Datenversorgung ein Problem auf. Darüber hinaus hat der rasche Preisverfall im Computerbereich bei gleichzeitig stark gestiegenem Leistungsvermögen der Hardware dieses Konzept endgültig zum Scheitern verurteilt.

Heute versteht man unter DNC **D**istributed **N**umerical **C**ontrol. Dies bedeutet, dass mehrere Rechner bzw. Werkzeugmaschinen über ein LAN (**L**ocal **A**rea **N**etwork) verteilt sind **(Bild 1)**. Typische Funktionen eines solchen DNC-Systems sind:

- Verwaltung, Speicherung und Verteilung der Programme, Werkzeugdaten, Korrekturwerte; teilweise sogar vollautomatisch. Die Verwaltung von 10 000 verschiedenen Programmen ist heutzutage keine Seltenheit mehr.
- Überwachung des Fertigungsprozesses und Führen eines Logbuches, um Unregelmäßigkeiten erkennen zu können.
- Versorgung einzelner CNC-Maschinen bei Programmüberlänge nacheinander mit den entsprechenden Programmteilen, um eine kontinuierliche Bearbeitung zu gewährleisten.
- Rückübertragung korrigierter Programme und Daten zwecks zentraler Verwaltung, um die Fertigung zu optimieren.
- Steuerung des Materialflusses.
- Maschinendatenerfassung (MDE) **(Bild 2)**. Maschinendaten sind Daten, die die spezifische Maschine betreffen (z. B. Wartungstermine, Lebensdauer, Fertigungsgenauigkeiten).
- Betriebsdatenerfassung (BDE). Betriebsdaten sind im Produktionsprozess anfallende Daten, die den Prozessablauf beschreiben (z. B. Termine, Stückzahlen, Anwesenheitszeiten).

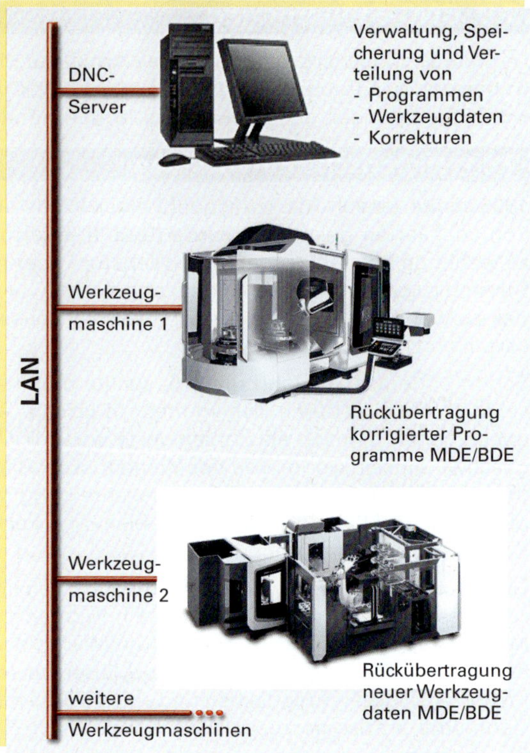

Bild 1: DNC

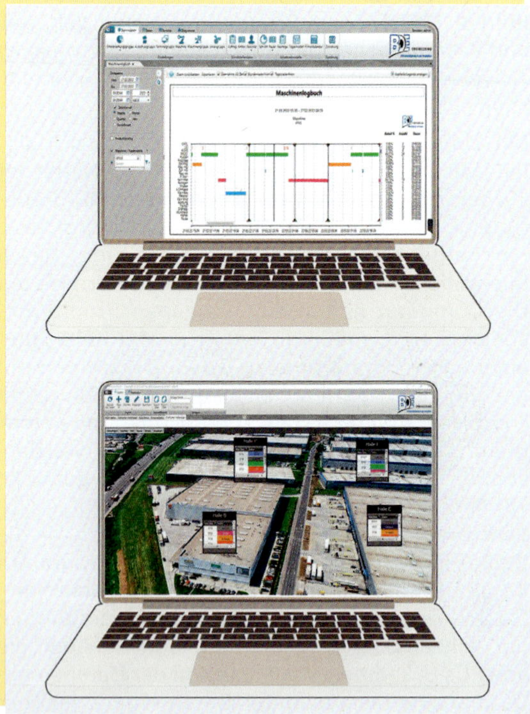

Bild 2: MDE/BDE

7.8.2 Merkmale von CNC-Maschinen

Folgende Merkmale sind typisch für heutige CNC-Maschinen:

- Die Fertigung eines Werkstückes erfolgt mithilfe eines **Programmes,** welches in einem Speicher abgelegt ist und zur Bearbeitungszeit aufgerufen wird. In diesem Programm sind alle notwendigen Bearbeitungsangaben wie z.B. Geometrie des Werkstückes, Vorschub, Schnittgeschwindigkeit, Kühlmittel ein/aus, Werkzeuge und Werkzeugwechsel als Anweisungen vorhanden. Die Eingabe dieses Programmes erfolgt entweder über ein Maschinenbedienfeld **(Bild 1),** einen externen PC, Speichermedien mit USB-Anschluss oder ein Netzwerk (LAN).
- Alle Bewegungseinheiten (wie z. B. Achsen, Spindeln, Werkzeugwechselsystem) besitzen einen eigenen Antrieb **(Einzelantrieb).**
- Jede Positionier- bzw. Verfahrachse hat einen eigenen **Lage- und Geschwindigkeitsregelkreis. (Bild 4)**
- Durch Verwendung von spielfreien **Kugelumlaufspindeln (Bild 3)** in den Vorschubachsen kann im Gegen- und Gleichlauf gefertigt werden. Das bei Trapezspindeln auftretende „Umkehrspiel" entfällt nahezu vollständig.
- Auch die **Hauptspindel** besitzt einen in der Drehzahl stufenlos **regelbaren Antriebsmotor (Bild 4),** sodass bei sich ändernden geometrischen Bedingungen, wie z. B. beim Plandrehen die Schnittgeschwindigkeit – über die entsprechende Veränderung der Drehzahl der Spindel – konstant gehalten werden kann.
- Durch **automatische Werkzeugwechselsysteme (Bild 2)** sind programmgesteuerte Werkzeugwechsel möglich. Dadurch kann eine einzelne Maschine länger ohne Bedienereingriff laufen bzw. ein Bediener kann mehrere Maschinen bedienen. Verschlissene Werkzeuge werden durch neue ersetzt.

Bild 1: Bedienfeld

Bild 2: Werkzeugrevolver

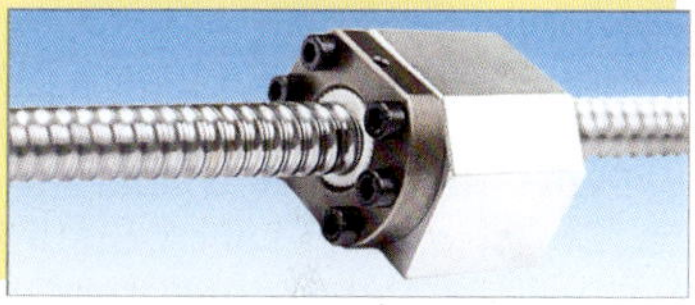

Bild 3: Kugelgewindetrieb

7

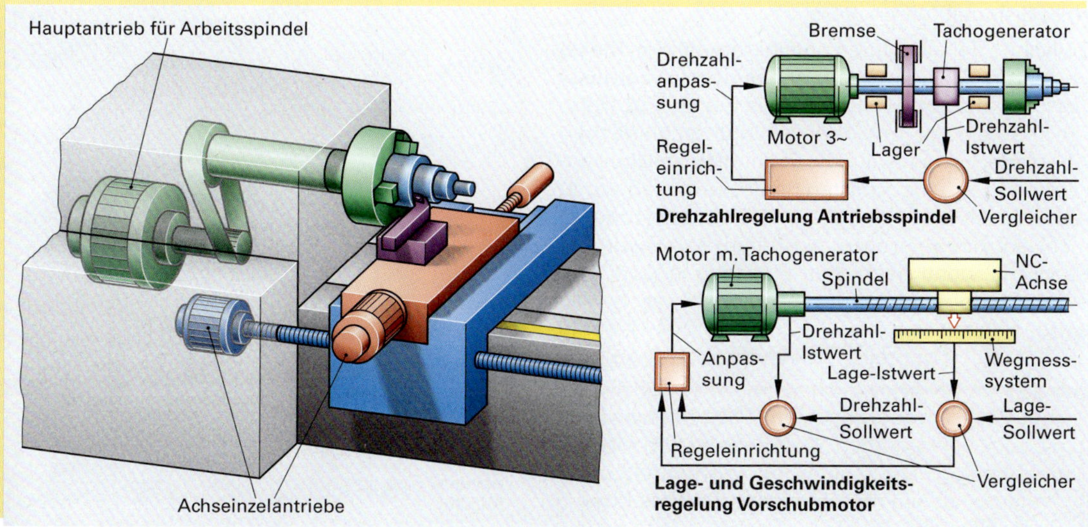

Bild 4: Antriebe einer CNC-Maschine

7.8.3 Wegmesssysteme

CNC-Maschinen benötigen für jede geregelte Achse ein Wegmesssystem, welches elektronisch auswertbare Messsignale liefert. Die Auswahl des geeigneten Messsystems erfolgt nach mehreren Kriterien: maximaler Verfahrweg, maximale Verfahrgeschwindigkeit der Achse, Genauigkeit, einfache Anbaumöglichkeit und Kosten. Wegmesssysteme arbeiten nach unterschiedlichen Verfahren **(Bild 1).**

Beim **direkten Messverfahren** erfolgt die Messwertaufnahme direkt am Maschinenschlitten, während beim **indirekten Messverfahren** z.B. an der Vorschubspindel gemessen wird **(Bild 2).**

Beim **analogen Messverfahren** entspricht jede Position einem bestimmten Wert einer physikalischen Größe (z.B. Phasenverschiebung von zwei Spannungen). Beim **digitalen Messverfahren** ist der Messbereich in festgelegte, zählbare Schritte unterteilt.

Das **inkrementale Wegmesssystem** misst den Zuwachs (Inkrement) vom vorherigen Stand aus gesehen **(Bild 3).** Beim **absoluten Messverfahren** steht der Positionswert unmittelbar nach dem Einschalten zur Verfügung.

> Bei inkrementalen Wegmesssystemen muss nach dem Einschalten zuerst ein Referenzpunkt angefahren werden.

Absolute Messverfahren sind dort notwendig, wo Probleme nach einer Unterbrechung auftreten, weil die Maschine neu referenziert werden müsste. So ist es z.B. sehr zeitaufwendig, wenn ein Schweißroboter in der Karosserie eines Pkw nach einer Unterbrechung von Hand wieder referenziert werden muss, da die automatische Referenzfahrt zu Kollisionen führen würde.

Zwischen den absoluten und inkrementalen Messverfahren sind die **pseudoabsoluten Wegmesssysteme** anzuordnen **(Bild 4).** Sie haben eine Referenzmarkenspur mit definiert unterschiedlichen Abständen. Somit kann die Position nach Überfahren von zwei benachbarten Referenzmarken ermittelt werden und das Wegmesssystem braucht nicht an den Referenzpunkt gefahren zu werden. Es reicht, wenn nach dem Einschalten zwei aufeinander folgende Referenzmarken überfahren werden, damit sich das Wegmesssystem wieder in einer definierten Stellung befindet.

> Die Programmierung von CNC-Maschinen ist vom verwendeten Wegmesssystem völlig unabhängig. Die Steuerung verrechnet alle Angaben auf ein maschinenspezifisches Koordinatensystem.

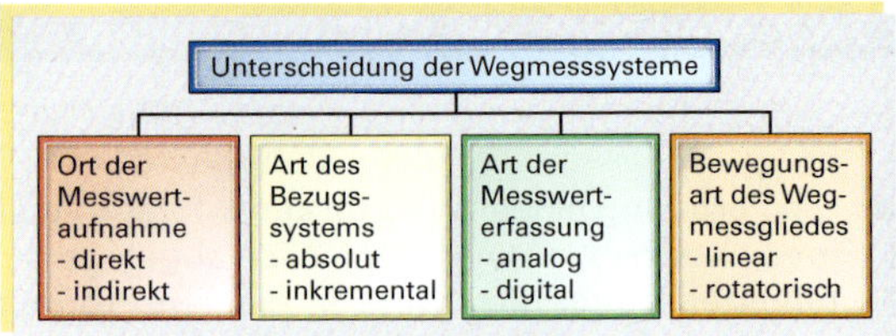

Bild 1: Überblick Wegmesssysteme

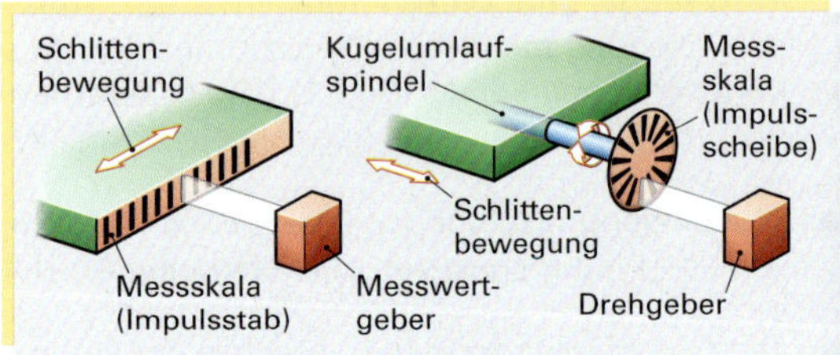

Bild 2: Direkte und indirekte Wegmessung

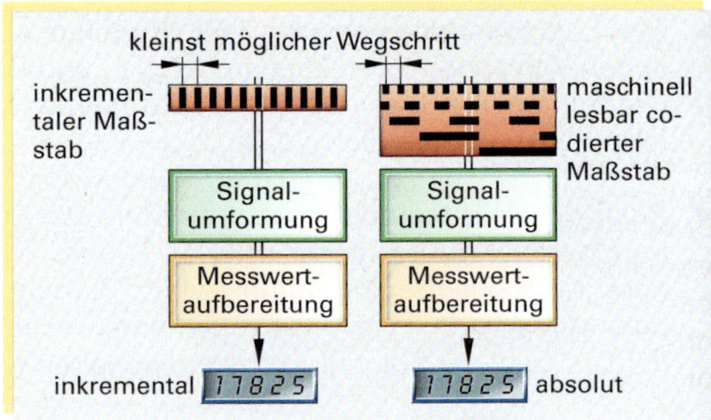

Bild 3: Inkremental/Absolut

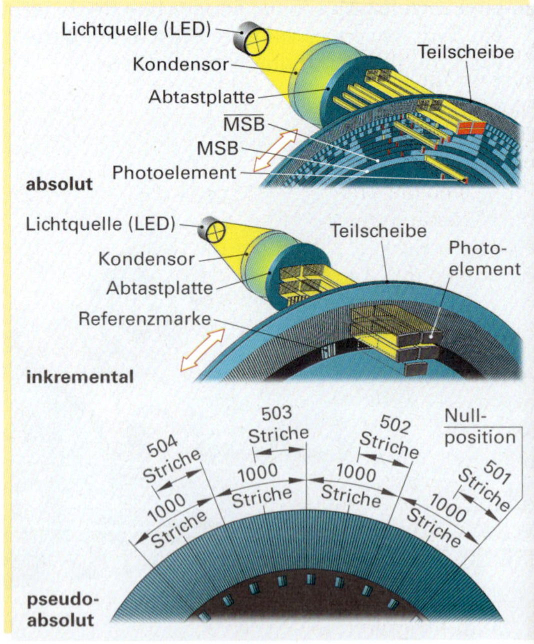

Bild 4: Wegmesssysteme

7.8.4 Positionsangabe und Koordinatensystem

Um die Lage eines starren Körpers (z.B. Fräser, Drehmeißel, Schweißzange eines Roboters) im Raum eindeutig zu beschreiben, werden insgesamt sechs voneinander unabhängige Angaben benötigt. Dies sind zum einen die Positionsparameter (z.B. x, y und z). Zusätzlich sind noch Orientierungsangaben (z.B. Rotationen A, B und C um die jeweilige x-, y- und z-Achse) notwendig **(Bild 1).** Somit setzt sich jede exakte **Lageangabe** eines starren Körpers im Raum aus drei **Positionsparametern** und drei **Orientierungsparametern** zusammen. Je nachdem wie komplex die Bewegung der CNC-Maschine im Raum sein muss, wird eine unterschiedliche Anzahl von voneinander unabhängigen Achsen benötigt. Bei der 2D-Steuerung sind somit nur Lageänderungen in einer Ebene möglich, während eine 3D-Steuerung Lageänderungen im Raum ermöglicht. Ab der 4D-Steuerung kommen zur räumlichen Position noch Orientierungsänderungen hinzu.

An vielen CNC-Maschinen wird das kartesische Koordinatensystem benutzt, um die Position zu beschreiben; für die drei zusätzlichen Orientierungsangaben werden dann meistens die Drehungen um die jeweiligen Achsen angegeben **(Bild 2).**

Der Einfachheit halber seien die folgenden Ausführungen auf 3D-Steuerungen eingeschränkt. Jede der drei Achsen hat ein Wegmesssystem. Normalerweise schneiden sich die Wegmesssysteme im **Maschinennullpunkt M (Bild 3).** Dieser Nullpunkt wird vom Hersteller festgelegt und ist vom Maschinenbediener nicht beeinflussbar. Bei Drehmaschinen liegt er meistens auf der Spindelachse an der Anschlagfläche des Spannfutters **(Bild 3).** Bei Fräsmaschinen ist die Lage herstellerabhängig.

Ist in der Steuerung kein Werkzeug aktiv, beziehen sich sämtliche Positionsangaben der CNC-Maschine auf den **Werkzeugträgerbezugspunkt T (Bild 3).**

Verwendet der Maschinenhersteller ein inkrementales Wegmesssystem für seine Achsen und ist der Maschinennullpunkt von der Maschine nicht anfahrbar (z.B. Drehmaschine mit Nullpunkt im Drehfutter), definiert der Hersteller im Verfahrbereich der Maschinen einen neuen Punkt, den **Referenzpunkt R (Bild 3).** Von diesem Punkt sind die Abstände in x-, y- und z-Richtung zum Maschinennullpunkt genau bekannt. Nach dem Einschalten der Maschine verfährt eine vom Hersteller programmierte Prozedur die Maschine auf den Referenzpunkt. Da die Abstände in x-, y- und z-Richtung zum Maschinennullpunkt exakt bekannt sind, ist die Steuerung somit über ihre Position im Raum informiert.

Abhängig von der Form des Werkstückes wird für jedes Teil ein **Programm-** (oder Werkstück-) **Nullpunkt** festgelegt. In diesem Punkt liegt der Koordinatennullpunkt, von dem aus die Wege in den einzelnen Achsen programmiert werden.

Aus Sicherheitsgründen ist festgelegt, dass sich das Werkzeug beim Verfahren in positiver Achsrichtung vom Werkstück wegbewegt **(Bild 4).** Ferner gilt:

> Beim Programmieren wird angenommen, dass alle Vorschubbewegungen vom Werkzeug ausgeführt werden.

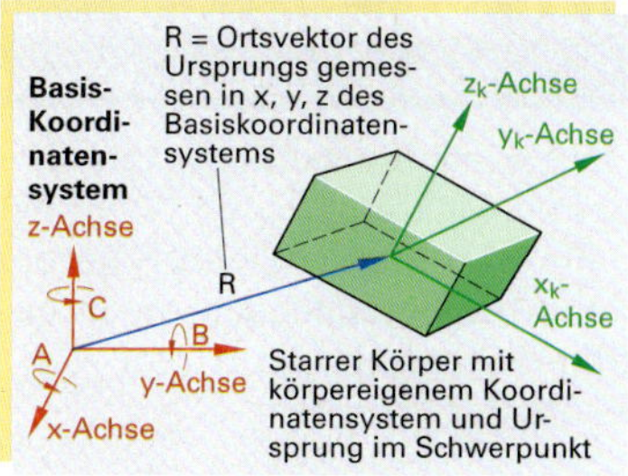

Bild 1: Freiheitsgrade

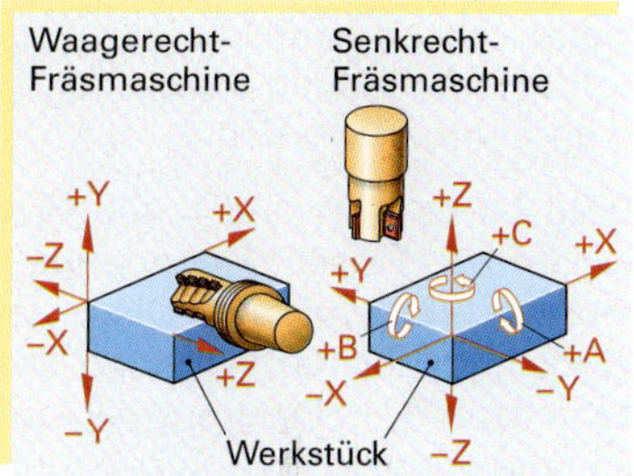

Bild 2: Kartesische Koordinatensysteme

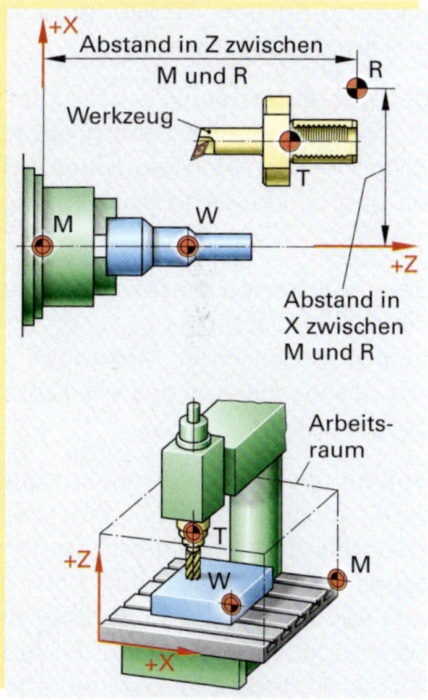

Bild 3: Bezugspunkte

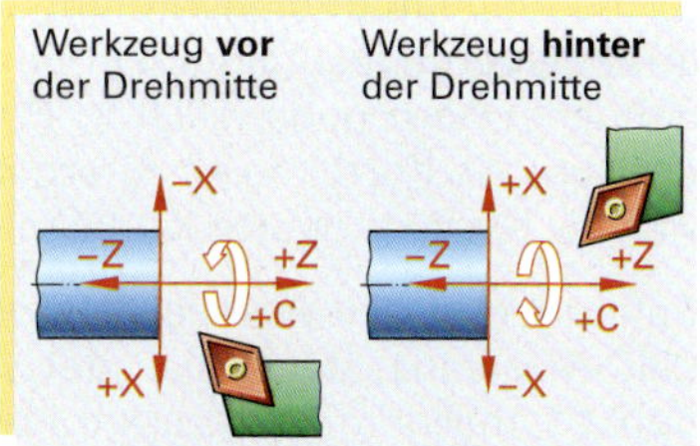

Bild 4: Drehmaschinenkoordinaten

7.8.5 Werkzeugvermessung und Werkzeugkorrekturen

Nach dem Einschalten der CNC-Maschine und dem bei inkrementalen Wegmesssystemen (siehe Seite 242) notwendigen Referenzieren der einzelnen Maschinenachsen deckt sich der Werkzeugträger-Bezugspunkt T mit den programmierten Koordinatenwerten.

Wird ein Werkzeug in die Spindel eingespannt, muss die Steuerung alle Verfahranweisungen beim Zerspanen auf die Werkzeugschneide korrigieren. Damit kann die vorgegebene Werkstückkontur unabhängig vom eingesetzten Werkzeug programmiert werden.

Dazu ist es notwendig, die **Werkzeugkorrekturwerte** (z.B. Fräsen: Fräserlänge und Fräserdurchmesser) zu ermitteln. Diese Werte werden im **Werkzeugspeicher** abgelegt. Die CNC-Steuerung kann dann beim Programmablauf darauf zugreifen und die notwendigen Korrekturen berechnen. Der Programmierer braucht sich um diese Verrechnungen nicht mehr zu kümmern. Auch bei nachträglichem Werkzeugwechsel müssen nur die Korrekturwerte für das Werkzeug, nicht jedoch das Programm geändert werden.

Bei der **externen Werkzeugvermessung** erfolgt die Werkzeugvermessung außerhalb. Zu diesem Zweck werden die Werkzeuge z.B. auf einem Werkzeugvoreinstellgerät **(Bild 1)** eingespannt und vermessen.

Bei der **internen Werkzeugvermessung (Bild 2)** ist die CNC-Maschine mit einer optischen Messeinrichtung oder einer Messdose ausgestattet, welche das Vermessen des Werkzeuges in der Maschine ermöglicht.

Beiden Werkzeugvermessungsarten ist gemeinsam, dass hierdurch Werkzeugkorrekturwerte ermittelt werden, die der Steuerung in den Werkzeugspeicher übergeben werden. Man ermittelt den Abstand des Schneidenbezugspunktes P zum Werkzeugbezugspunkt E (Querablage x, Längenkorrektur z) **(Bild 3)**. Hierbei ist auf die Vorzeichen der Korrekturwerte zu achten. Falsche Vorzeichen können zu einem Maschinencrash führen. Die Vorzeichendefinition zur Ermittlung der Korrekturwerte ist steuerungsabhängig. In **Bild 4** soll das Koordinatensystem gedanklich in P verschoben werden, um die Korrekturen zu ermitteln. Es ergeben sich die Korrekturwerte X + 85 mm und Z + 41 mm.

Befindet sich das Werkzeug in der Aufnahme der CNC-Maschine, deckt sich der Werkzeugbezugspunkt E mit dem Werkzeugträger-Bezugspunkt T **(Bild 4)**.

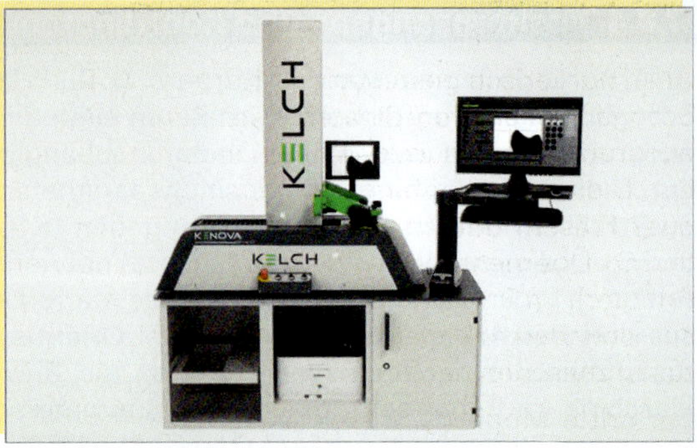

Bild 1: Externe Werkzeugvermessung

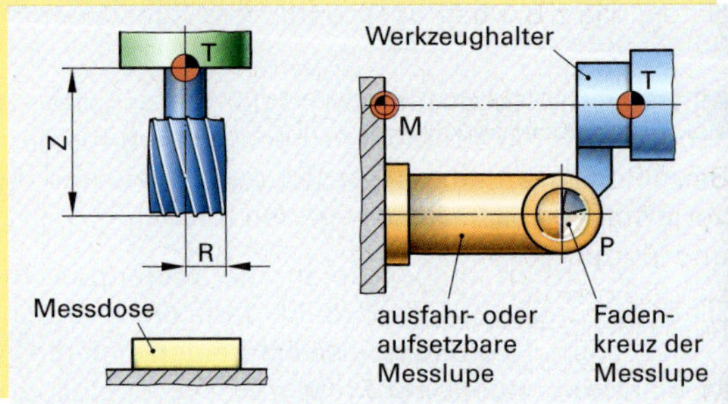

Bild 2: Interne Werkzeugvermessung

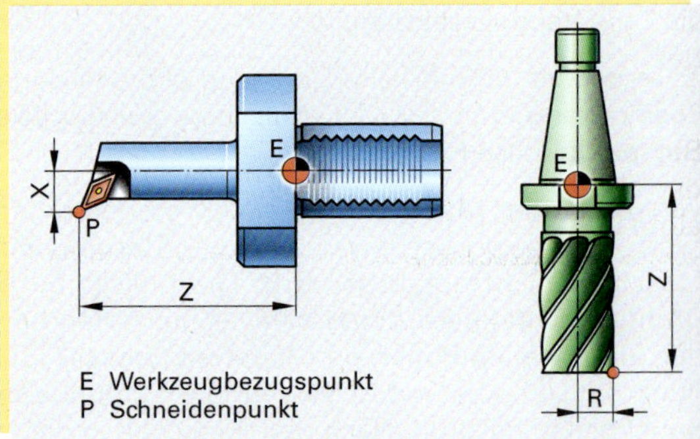

Bild 3: Werkzeugkorrekturwerte

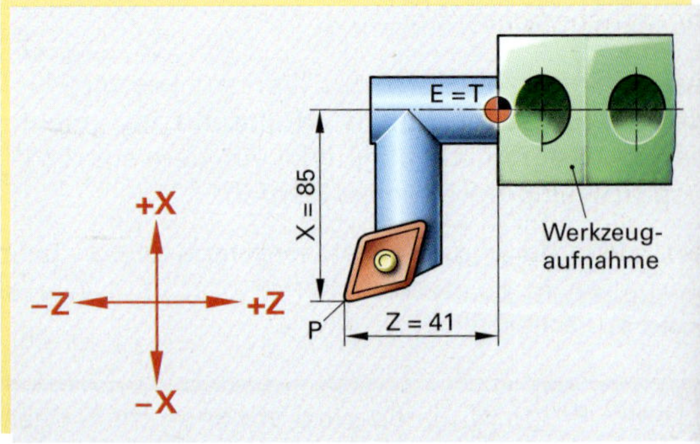

Bild 4: Korrekturwerte eines Drehmeißels

7.8.6 Steuerungsarten

Allen numerisch gesteuerten Maschinen ist gemeinsam, dass man, bezogen auf ein Koordinatensystem, Punkte und eventuell auch Orientierungen im Raum definiert. Diese Definition geschieht entweder durch direkte Angabe der exakten Koordinaten (z.B. beim Drehen oder Fräsen) oder durch Teachen (d.h. Anfahren der Raumpunkte und Übernehmen der dadurch gewonnenen Koordinaten beim Roboter). Im Programm selbst wird dann durch die Eingabe der entsprechenden Anweisung festgelegt, auf welchem Weg (z.B. Gerade, Kreis) zwischen den Punkten zu verfahren ist.

Die dritte Möglichkeit ist die Festlegung von Bahnform und -geschwindigkeit durch das sogenannte Play-Back-Verfahren. Dies kommt sehr häufig bei Lackierrobotern zum Einsatz. Der Bediener verfährt den Roboter von Hand und die Steuerung speichert alle Daten, wie z.B. Positionen und Verfahrgeschwindigkeiten.

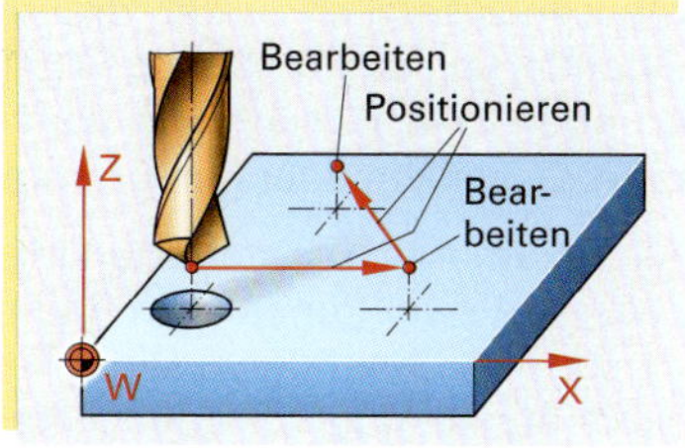

Bild 1: Punktsteuerung

7.8.6.1 Punktsteuerung

Beim Punktsteuerungsverhalten **(Bild 1)** wird – meist im Eilgang – vom Start- zum Zielpunkt verfahren. Der Weg zwischen Anfangs- und Endpunkt ist nicht exakt vorsehbar. Mit reinen Punktsteuerungen werden einfache Roboter, NC-Bohrmaschinen, Stanz- oder Punktschweißmaschinen ausgerüstet.

Man unterscheidet zwei Punktsteuerungsverhalten. Beim **asynchronen Punktsteuerungsverhalten** werden die zu verfahrenden Achsen gleichzeitig mit maximaler Geschwindigkeit verfahren. Sind die zu verfahrenden Wege der einzelnen Achsen unterschiedlich lang, so sind die Verfahrzeiten der einzelnen Achsen bei gleicher Maximalgeschwindigkeit ebenfalls unterschiedlich und somit erreichen die Achsen meist nicht gleichzeitig den Endpunkt.

Beim **synchronen Punktsteuerungsverhalten** erreichen die Achsen den Endpunkt auch bei unterschiedlich langen Verfahrwegen der einzelnen Achsen gleichzeitig. Dies wird durch Anpassung der einzelnen Achsgeschwindigkeiten erreicht. Die Achse mit der längsten Verfahrzeit wird dabei zur Führungsachse. Die anderen Achsen verringern ihre Geschwindigkeit so, dass sich alle gleich lange bewegen.

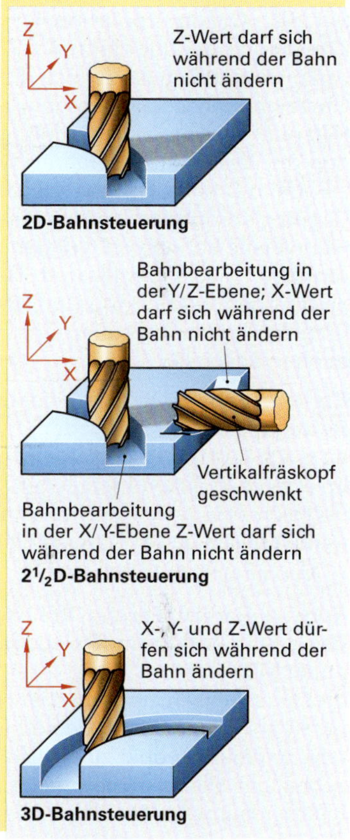

Bild 2: Bahnsteuerungen

7.8.6.2 Bahnsteuerung

Bei der Bahnsteuerung können koordinierte Bewegungen in zwei oder mehr Achsen zur selben Zeit ausgeführt werden.

Liegen die abzufahrenden Bahnen nur in einer Ebene, spricht man von **2D-Bahnsteuerungen** (zweidimensional). Hier können zwei Achsen gleichzeitig, aufeinander abgestimmt bewegt werden. Es gibt Steuerungen, die zwar immer nur in einer Ebene interpolieren können, dies aber in verschiedenen Ebenen. Diese Steuerungen werden **$2^1/_2$D-Steuerungen** genannt. Hierbei können jeweils nur zwei von drei Achsen gleichzeitig, aufeinander abgestimmt bewegt werden. Die Ebenenauswahl **(Bild 2 und 3)** wird vom Bediener getroffen.

Mit einer **3D-Steuerung** (dreidimensional) können räumliche Bewegungen ausgeführt werden. Hierbei ist es möglich, drei Achsen gleichzeitig, aufeinander abgestimmt zu bewegen **(Bild 2)**.

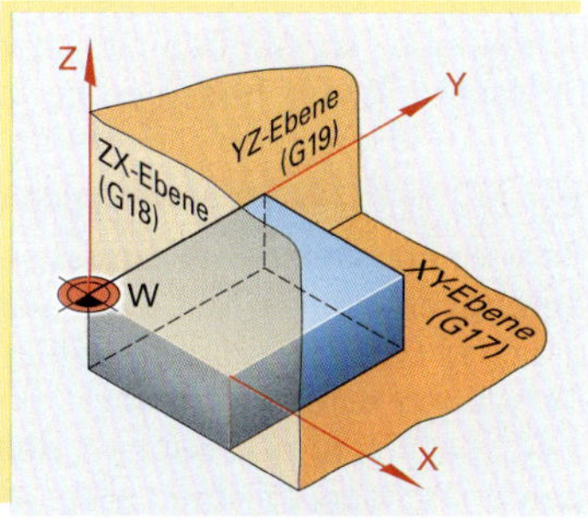

Bild 3: Ebenenauswahl

Müssen zusätzlich zu den drei translatorischen Achsen X, Y und Z auch noch rotatorische Achsen zur Orientierung des Werkzeuges geregelt werden, spricht man je nach Achsenanzahl von **4D-** bzw. **5D-Steuerungen (Bild 1)**. Hierdurch wird die Fertigung von komplexen Werkstückgeometrien wie Spritzgussformen, Gesenken oder gekrümmten Turbinenschaufeln möglich.

Allen numerisch gesteuerten Maschinen mit Bahnsteuerung ist gemeinsam, dass sie für die Bewegung zwischen zwei Punkten im Raum auf einer vorgeschriebenen Bahn einen **Interpolator** zur Berechnung dieser Bahn benötigen. Dieser ermittelt alle auf dieser mathematisch definierten Bahn liegenden Zwischenpunkte und führt dabei die einzelnen zu verfahrenden Achsen entsprechend der Raumkurve.

Bei der **Linearinterpolation** wird zwischen Anfangs- und Endpunkt eine Gerade gefahren. Der Interpolator braucht keine weiteren Angaben, um die Zwischenpunkte zu berechnen; z.B. beim Drehen/Fräsen: G01; beim Roboter: Linear.

Bei der **Kreisinterpolation** wird ein Kreis bzw. Kreissegment abgefahren. Hierzu ist neben Anfangs- und Endpunkt noch die Drehrichtung (im Uhrzeigersinn oder entgegen) und entweder ein Hilfspunkt auf dem Kreis oder der Mittelpunkt, um den der Kreisbogen gefahren werden soll, nötig; z.B. beim Drehen/Fräsen: G02/G03; beim Roboter: Circular. Kompliziert werden diese Berechnungen, wenn in die Bahnberechnungen noch die Orientierung des Fräsers (bei 4D- und 5D-Steuerungen) mit einbezogen werden müssen. **Bild 2** erläutert die unterschiedlichen Steuerungsarten mithilfe von ebenen Bespielen.

Kurve 1: Bahnsteuerung; Linearinterpolation:
Bewegung auf einer Geraden;
da $s_x > s_y$ und beide Achsen zum gleichen Zeitpunkt im Endpunkt ankommen sollen, müssen v_x und v_y ungleich sein ($v_x > v_y$). Lässt man die Beschleunigungsphasen außer Acht, so gilt:

$v_x = const$ und $v_y = const$

Kurve 2: Bahnsteuerung; Kreisinterpolation:
Bewegung auf einem Kreisbogen um den Mittelpunkt M2;
da beide Achsen zum gleichen Zeitpunkt im Endpunkt ankommen sollen, sind hier v_x und v_y ebenfalls ungleich, wobei zusätzlich $v_x \neq const$ und $v_y \neq const$ gilt. Wie man bei v_y sieht, erfolgt sogar eine Richtungsumkehr des Geschwindigkeitsvektors.

Kurve 3: Punktsteuerung (synchron):
Bewegung zweier rotatorischer Achsen;
beide Achsen haben einen unterschiedlichen Weg zurückzulegen; sie fahren mit unterschiedlichen, aber konstanten Geschwindigkeiten (ohne Betrachtung der Beschleunigungs- bzw. Bremsphase) und kommen gleichzeitig im Ziel an.

Kurve 4: Punktsteuerung (asynchron):
Bewegung zweier linearer Achsen;
anfänglich fahren beide Achsen gleichzeitig mit gleicher Geschwindigkeit (Steigung der Geraden 45°), dann erfolgt nur noch eine Bewegung der *x*-Achse bis zum Erreichen des Zielpunktes; die beiden Achsen kommen somit nicht zum gleichen Zeitpunkt im Endpunkt an.

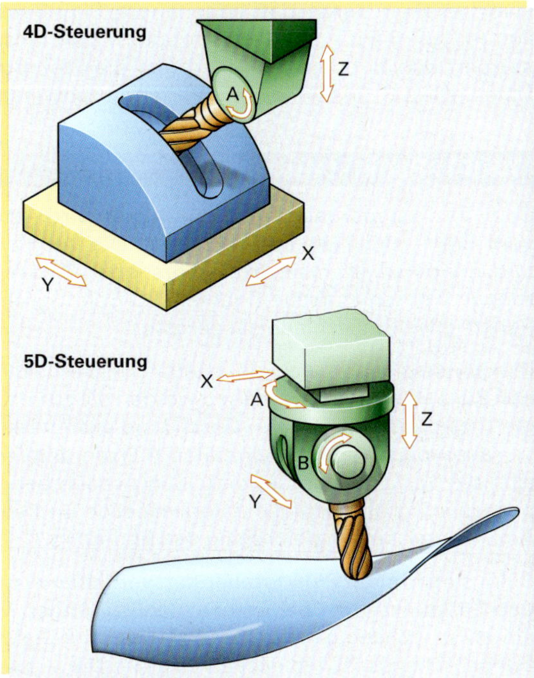

Bild 1: Bahnsteuerungen

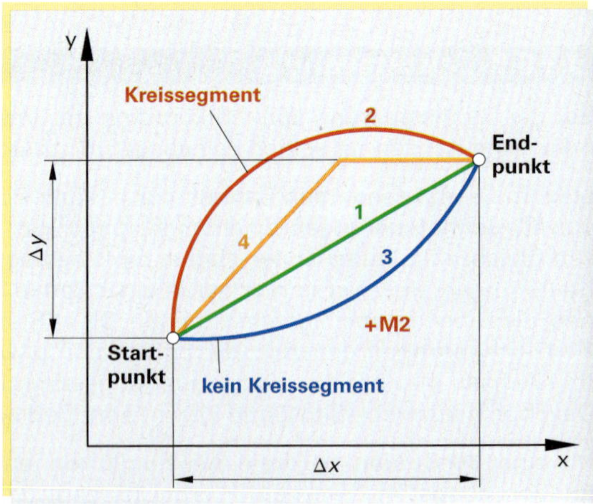

Bild 2: Unterschiedliche Steuerungsarten

Arbeitsauftrag:

1. Erarbeiten Sie Vor- und Nachteile der direkten und indirekten Wegmessung.
2. Erarbeiten Sie Vor- und Nachteile der absoluten und inkrementalen Wegmessung.
3. Erarbeiten Sie den Unterschied zwischen einer konventionellen Fräs- oder Drehmaschine und einer CNC-Maschine hinsichtlich Anzahl der Motoren und der Anzahl der Getriebe.
4. Erklären Sie die Begriffe Punktsteuerung, Streckensteuerung und Bahnsteuerung (hier speziell: 2D-, $2^1/_2$D-, 3D-, 4D- und 5D-Steuerung).
5. Begründen Sie, wie viele Antriebsmotoren die jeweiligen Steuerungen aus Frage 4 brauchen.
6. Erklären Sie den Begriff Interpolator. Nennen Sie drei Interpolationsarten. Erläutern Sie die Problematik anhand einer Geraden.
7. Für welche der in Frage 4 genannten Steuerungen braucht man Interpolatoren? (Begründung)
8. Welche Steuerungsart ist mindestens erforderlich, wenn eine Kugel gedreht werden soll?
9. Erläutern Sie das Geschwindigkeitsverhalten der zu steuernden Achsen in Frage 8.
10. Bestimmen Sie die Koordinaten des Werkstücknullpunktes in Maschinenkoordinaten **(Bild 1 und 2).**
11. Bestimmen Sie die Koordinaten des Fräsermittelpunktes in Maschinenkoordinaten, wenn die Anweisung lautet; *Fahre auf X30, Y20, Z-10* **(Bild 2).**
12. Ermitteln Sie die Werkzeugkorrekturwerte (Bild 3) für beide Werkzeuge nach **Bild 4, Seite 244.**
13. Wie wirkt sich ein Vertauschen der Vorzeichen bei der Werkzeugkorrektur aus?
    a) Erstellen Sie eine Skizze.
    b) Ermitteln Sie die Koordinaten in Maschinenkoordinaten mithilfe von **Bild 3 und Bild 1.**
14. Skizzieren Sie Werkstücke, die mit einer 3D-, 4D- und einer 5D-Steuerung gefräst werden müssen.
15. Wozu und wann benötigen CNC-Maschinen einen Referenzpunkt?
16. Erläutern Sie den Begriff Resolver.
17. Recherchieren Sie, welche Antriebsmotoren bei Spindelantrieb und Vorschubantrieb zum Einsatz kommen. Führen Sie Vor- und Nachteile der verschiedenen Typen tabellarisch auf.
18. Recherchieren Sie im Internet bei Herstellern von absoluten Wegmesssystemen, welche maximalen Längen bei linearen Systemen möglich sind und wie breit eine Einzelspur ist.

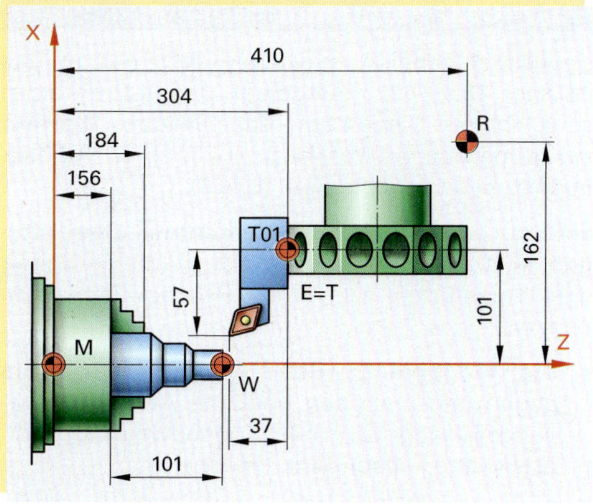

Bild 1: Koordinatenberechnung Drehen

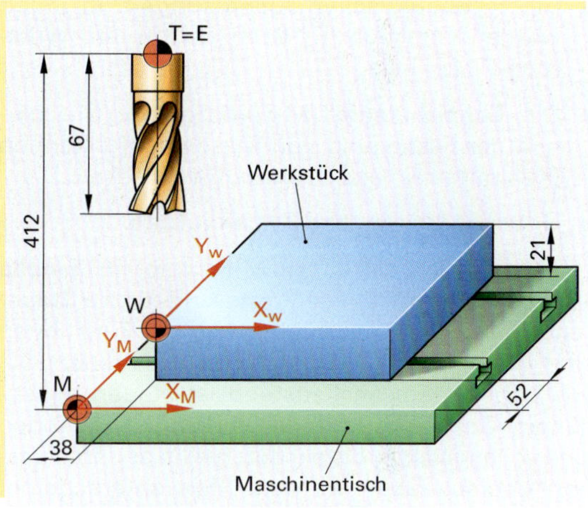

Bild 2: Koordinatenberechnung Fräsen

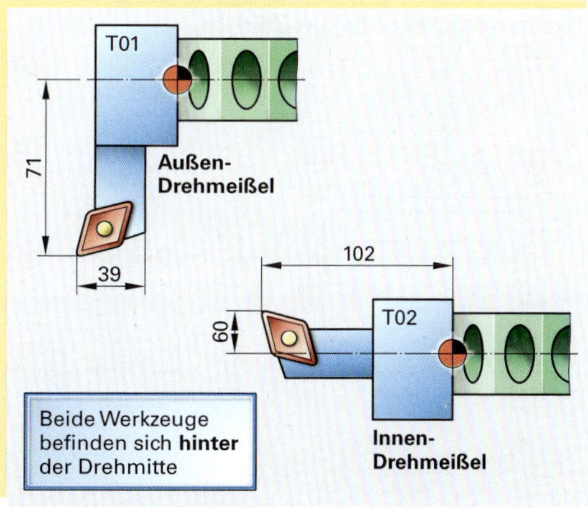

Bild 3: Werkzeugkorrektur

7.8.7 CNC-Programm

Der grundlegende Aufbau eines CNC-Programmes ist nach DIN 66025 festgelegt. Jedes Programm setzt sich aus **Sätzen** und jeder Satz aus **Wörtern** zusammen. Jedes Wort besteht aus einem **Adressbuchstaben** und einer **Zahl (Bild 1).**

Ein Satz beginnt mit der **Satznummer.** Dieser folgen, in Wörtern angegeben, alle für die Fertigung des Werkstückes relevanten Bearbeitungsangaben, wie:

- Die **Wegbedingungen (G-Funktionen).** Sie geben Informationen über die Art der Bewegung (Eilgang, Vorschub, Kreisbewegung, Radiuskorrektur, absolut/inkremental, etc.)
- Die **geometrischen Daten** (X; Y, Z, I, J usw.). Sie dienen der Steuerung der Achsbewegungen (Positionsangaben)
- Die **technologischen Anweisungen.** In ihnen werden Vorschub (F), Drehzahl (S) und Werkzeug (T) festgelegt.
- Die **Schaltbefehle (M-Funktionen).** Sie dienen der Festlegung von Maschinenfunktionen (Kühlmittel ein/aus, Werkzeugwechsel etc.)
- **Unterprogramm- und Zyklenaufrufe.**

Leider sind nicht alle G- und M-Funktionen **(Tabelle 1 und 2)** genormt. Einige Werte sind für die Steuerungshersteller frei verfügbar. Manche Funktionen sind direkt mit dem Einschalten aktiv (z.B. G90, G40). Dieser Einschaltzustand ist steuerungsabhängig. Gespeichert (modal) wirkende Funktionen sind so lange aktiv, bis sie durch eine andere Funktion überschrieben werden. Man unterscheidet Haupt- und Folgesätze. Auch die Koordinatenangaben sind bei den meisten Steuerungen **modal** wirksam (Ausnahme: Kreisinterpolation); d.h. ändert sich ein Koordinatenwert nicht, kann die erneute Angabe entfallen **(Bild 2):**

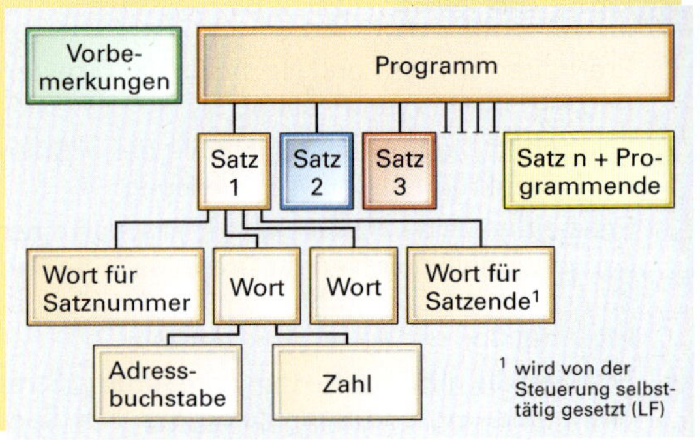

Bild 1: Programmaufbau

Tabelle 1: G-Funktionen (Auswahl)

Code	Bedeutung
G00	Positionieren im Eilgang
G01	Geradeninterpolation
G02	Kreisinterpolation im Uhrzeigersinn
G03	Kreisinterpolation im Gegenuhrzeigersinn
G17	Ebenenauswahl xy (Fräsen)
G18	Ebenenauswahl xz (Fräsen)
G22	Unterprogrammaufruf
G40	Aufheben der Werkzeugbahnkorrektur
G41	Werkzeugbahnkorrektur, Werkzeug links
G42	Werkzeugbahnkorrektur, Werkzeug rechts
G54	Nullpunktverschiebung
G90	Absolute Maßangaben
G91	Inkrementale Maßangaben
G95	Vorschub in mm/U (Drehen)
G96	konstante Schnittgeschwindigkeit in mm/U (Drehen)

Tabelle 2: M-Funktionen (Auswahl)

Code	Bedeutung
M03	Spindel EIN, Rechtslauf
M04	Spindel EIN, Linkslauf
M05	Spindel STOP
M06	Werkzeugwechsel
M08	Kühlmittel EIN
M09	Kühlmittel AUS
M30	Programmende mit Rücksetzen

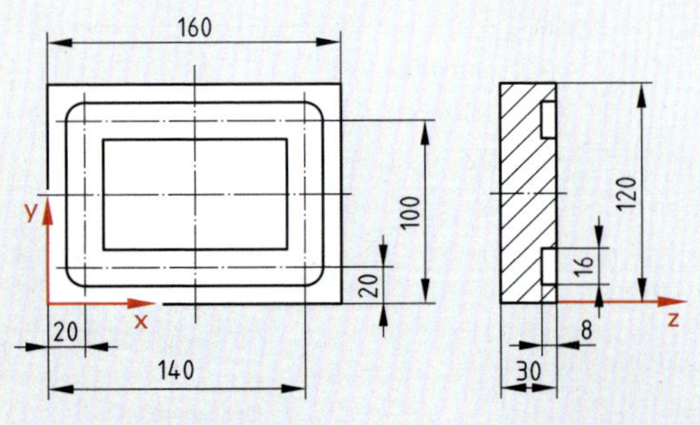

Arbeitsplan

1. Verfahren im Eilgang auf X20/Y20/Z1
2. Einstechen im Vorschub auf X20/Y20/Z–8
3. Fahren im Vorschub auf Y100
4. Fräsen im Vorschub auf X140
5. Fräsen im Vorschub auf Y20
6. Fräsen im Vorschub auf X20
7. Freifahren auf Z1

Programm (nur Geometrie)

N1	G0	X20	Y20	Z1
N2	G01			Z–8
N3			Y100	
N4		X140		
N5			Y20	
N6		X20		
N7	G0			Z1

Bild 2: Programmbeispiel

Absolutes und inkrementales Programmieren

Beim **absoluten Programmieren** (G90) beziehen sich alle Positionsangaben auf den **Werkstücknullpunkt.** Dieser wird vor der eigentlichen Programmierung in Abhängigkeit der Werkstückgeometrie festgelegt. Er liegt bei fertigungsgerecht bemaßten Zeichnungen im Schnittpunkt der Maßbezugsflächen. Häufig ist dies die linke untere Ecke eines Werkstücks **(Bild 1)**. An dieser Stelle wird noch einmal die fertigungsgerechte Bemaßung von Werkstücken deutlich: Alle Maßangaben können von der Zeichnung ohne weitere Berechnungen in das CNC-Programm übernommen werden. Das erleichtert die Programmmierarbeit erheblich und ermöglicht auch den Maschinenbauern, den Ablauf des Programms leicht nachzuvollziehen.

Beim inkrementalen Programmieren (G91) beziehen sich alle Positionen auf die **aktuelle Position** des Werkzeugs. Die Verfahrwege werden dann unter Berücksichtigung des Vorzeichens immer vom aktuellen Punkt als Ausgangspunkt angegeben **(Bild 2)**.

> G90, absolutes Programmieren, heißt:
> *Fahre **auf** den Punkt, z. B. X20 Y20*
>
> G91, inkrementales Programmieren, heißt:
> *Fahre **um** X20 mm und Y20 mm.*

Beide Verfahren haben ihre sinnvollen Anwendungsbereiche:

- Absolut: Komplexe Konturen, bei denen sich evtl. das eine oder andere Maß noch nachträglich ändert.
- Inkremental: Unterprogramme, die die gleiche Bearbeitung an verschiedenen Stellen des Werkstückes durchführen.

Polarkoordinaten (Bild 3)

Einen Punkt in der Ebene kann man durch seinen Ortsvektor r und den Winkel α dieses Ortsvektors zu einer Nulllinie (meistens die positive X-Achse) darstellen. Dadurch erhält man Polarkoordinaten. Die Transformationsgleichungen ergeben sich durch einfache geometrische Herleitungen. Es gilt:

Pol. → Kart. $x = r \cdot \cos\alpha$ und $y = r \cdot \sin\alpha$

Kart. → Pol. $r = \sqrt{x^2 + y^2}$ und $\alpha = \arcsin(y/x)$

Beim Umrechnen von Polar- in kartesische Koordinaten muss darauf geachtet werden, dass der Winkel immer von der Nulllinie gemessen wird **(Bild 3)**. Beim Umrechnen von kartesischen in Polarkoordinaten treten Eindeutigkeitsprobleme (sin-Funktion) auf.

Geradeninterpolation (G01)

Bei der Geradeninterpolation berechnet die Steuerung zwischen dem Istpunkt und dem Zielpunkt eine Gerade und verfährt zum Zielpunkt in der program-

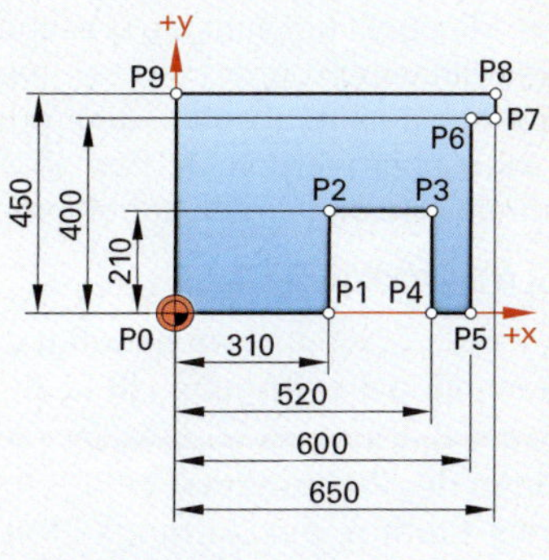

Steuerung steht beim Start in P0

Punkt	Koordinaten absolut	
	x	y
P1	310	0
P2	310	210
P3	520	210
P4	520	0
P5	600	0
P6	600	400
P7	650	400
P8	650	450
P9	0	450
P0	0	0

Bild 1: Absolute Maßangabe

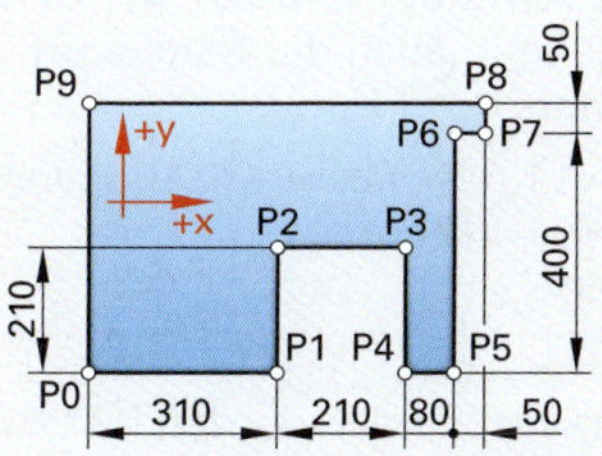

Steuerung steht beim Start in P0

Punkt	Koordinaten inkremental	
	x	y
P1	310	0
P2	0	210
P3	210	0
P4	0	−210
P5	80	0
P6	0	400
P7	50	0
P8	0	50
P9	−650	0
P0	0	−450

Bild 2: Inkrementale Maßangabe

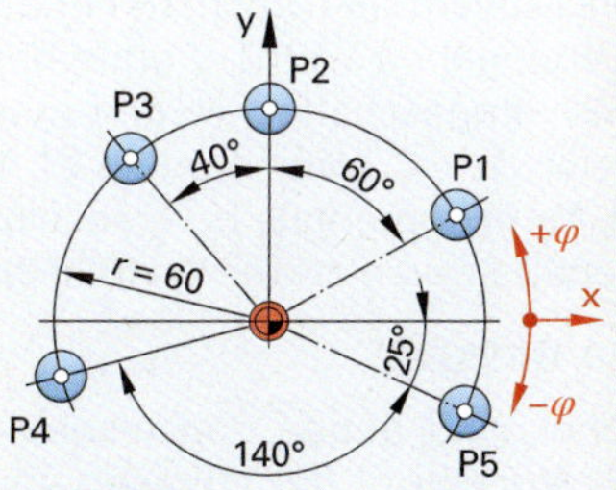

Polarkoordinaten		
Punkt	r	φ
P1	60	30°
P2	60	60°
P3	60	130°
P4	60	135° oder −165°
P5	60	335° oder −25°

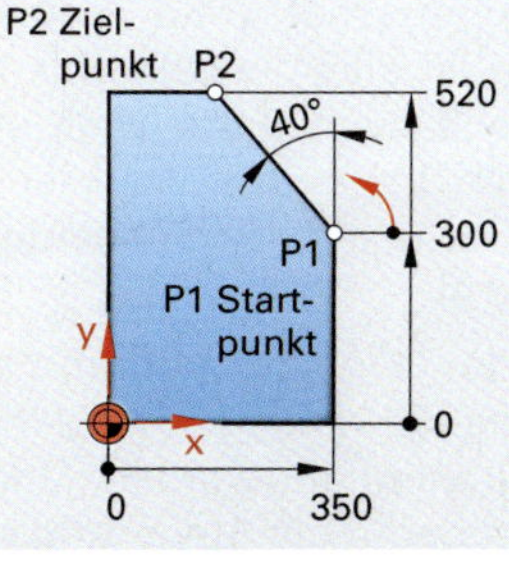

Anfahren des Zielpunktes P2:

Polarwinkel	Zielkoordinate
$\varphi = 130°$	y = 520

(„gemischte" Angaben)

Bild 3: Polarkoordinaten

mierten Vorschubgeschwindigkeit. Da der Steuerung der momentane Istpunkt bekannt ist, brauchen nur die Zielpunktkoordinaten programmiert zu werden **(Bild 1)**. Der Zielpunkt kann absolut (G90) oder inkremental (G91) angegeben werden. Bei Bemaßungen mit Toleranz wird die Toleranzmitte angefahren.

Kreisinterpolation (G02/G03)

Bei kreisförmigen Verfahrbewegungen benötigt die Steuerung zur Berechnung drei Angaben **(Bild 2)**:

- Die **Koordinaten des Zielpunktes**
  Beim Vollkreis stimmt der Anfangs- mit dem Endpunkt überein. Da er aber während der Kreisbewegung verlassen wird, muss er trotzdem programmiert werden.
- Die **Koordinaten des Kreismittelpunktes**
  Viele Steuerungen verlangen hier die inkrementale Angabe des Mittelpunktes über die Parameter I, J, K (für x-, y- bzw. z-Richtung). Alternativ zum Mittelpunkt kann bei den meisten Steuerungen auch der Radius programmiert werden.
- Den **Drehsinn** des Kreises bzw. Kreisbogens
  im Uhrzeigersinn → G02
  im Gegenuhrzeigersinn → G03

Beachte: Die Parameter I, J und K werden fast ausschließlich inkremental angegeben.

Gemischte Angaben

Heutige Steuerungen erlauben fast ausnahmslos Mischformen von absoluter und inkrementaler Maßangabe. Auch die Angaben in kartesischen und Polarkoordinaten können in beliebiger Reihenfolge erfolgen. So kann bei aktivem G90 durchaus ein Zielpunkt inkremental angegeben werden, ohne dass umständlich mit G91 umgeschaltet werden muss **(Bild 3)**. Die Parameter X, Y, Z können durch XI, YI, ZI bzw. XA, YA, ZA für inkrementale bzw. absolute Angabe nur in diesem Satz ersetzt werden **(Bild 3)**.

Bahnkorrektur (G40/G41/G42)

Im Werkzeugspeicher sind neben den technologischen Daten (z.B. Vorschub) beim Fräsen auch Werkzeuglänge und -durchmesser **(Bild 3)** abgelegt. Beim Drehwerkzeug ist dies die Querablage, die Längenkorrektur **(siehe auch Seite 244)**, der Schneidenradius und die Lage des Werkzeugschneidenpunktes P_O in Bezug auf den Schneidenradiusmittelpunkt M **(Bild 4)**.

Beim Programmieren der Werkstückgeometrie werden die vom Werkzeug anzufahrenden Positionen (**X-**, **Y-** und **Z**-Koordinaten) angegeben. Ohne weitere Angaben verfährt damit die Steuerung so, dass beim Fräsen der Frässermittelpunkt und beim

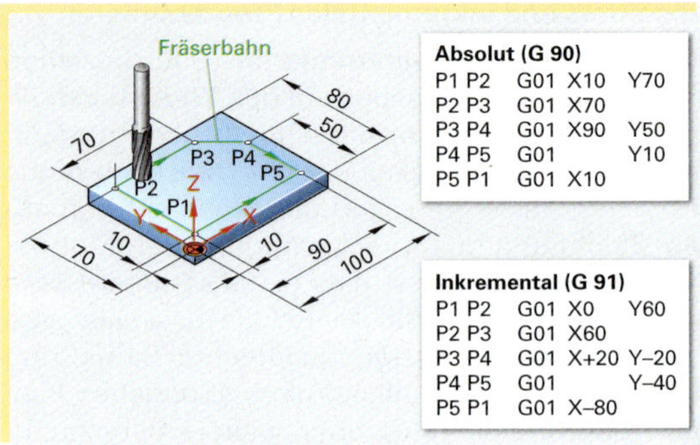

Bild 1: Geradeninterpolation

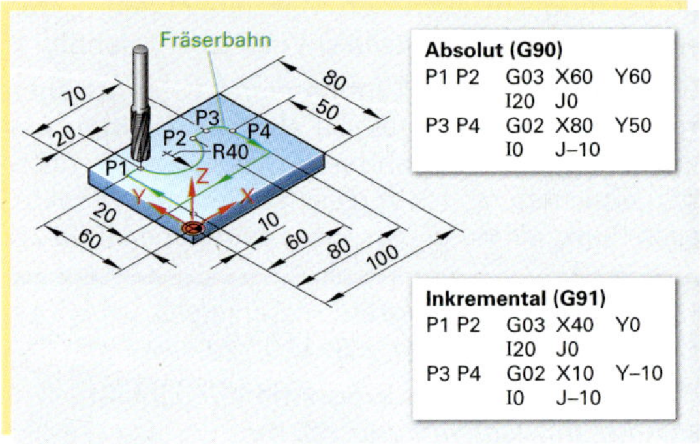

Bild 2: Kreisinterpolation

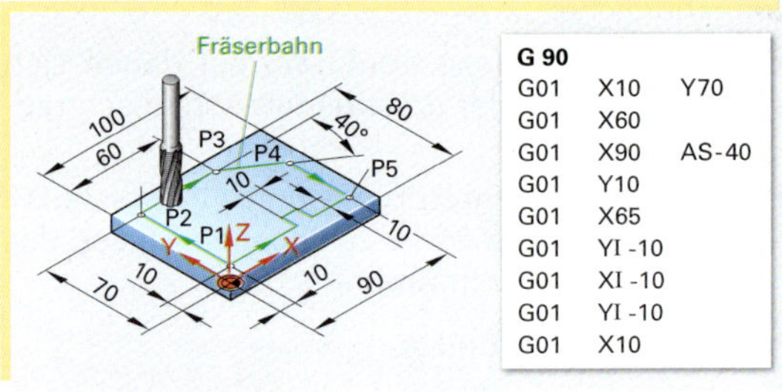

Bild 3: Mischform

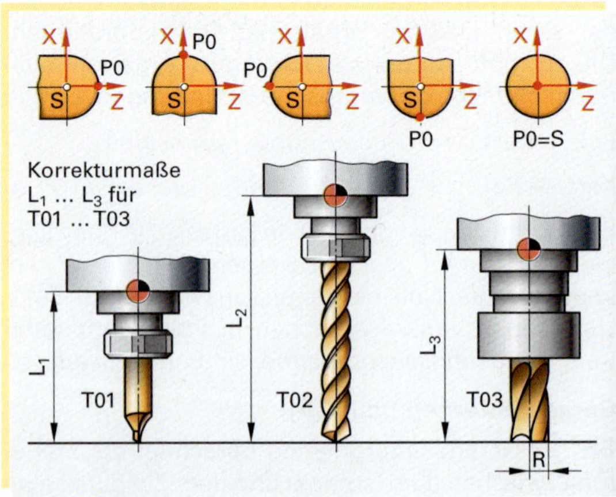

Bild 4: Werkzeugkorrektur

Drehen der Schneidenpunkt P_O als Bezugspunkte gesetzt werden **(Bild 4, Seite 250)**.

Beim Fräsen von Nuten wird die Fräsermittelpunktsbahn programmiert. Dies entspricht somit dem Werkzeugschneidenpunkt. Sind aber Innen- oder Außenkonturen zu fräsen, muss der Fräser um seinen Radius versetzt werden **(Bild 1)**.

Die Erzeugung dieser **Äquidistanten** übernimmt die Steuerung. Es wird lediglich die Kontur programmiert und hierzu die Maße aus der Zeichnung ohne zusätzliche Berechnungen übernommen. Neben dem Radius, der im Werkzeugspeicher abgelegt ist, und, falls erforderlich, dem Schlichtaufmaß, muss der Steuerung noch mitgeteilt werden, ob sich der Fräser links (G41) oder rechts (G42) – in Vorschubrichtung – von der Kontur bewegt **(Bild 1)**. Die Funktion G40 hebt die Bahnkorrektur auf.

Beim Drehen treten ähnliche Probleme auf. Der Werkzeugschneidenpunkt P_O, auf den sich ohne Bahnkorrektur alle Verfahranweisungen beziehen, ist ein theoretischer Punkt, da das Drehwerkzeug an der Schneide einen Radius hat. Beim achsparallelen Plan- oder Längsdrehen – also in x- bzw. z-Richtung – schneidet das Werkzeug exakt. Bei nicht achsparallelen Verfahrbewegungen ergeben sich Konturabweichungen durch den Schneidenradius **(Bild 2)**. Die Bahnkorrektur – beim Drehen Schneidenradiuskompensation (SRK) genannt – korrigiert die Bahn, so dass kein Auf- bzw. Untermaß mehr gefertigt wird **(Bild 3)**.

- **G41** → Werkzeug in Vorschubrichtung **links** von der Kontur.
- **G42** → Werkzeug in Vorschubrichtung **rechts** von der Kontur.
- **G40** → Aufheben der Bahnkorrektur

Bei nicht geradlinigen Bewegungen (z. B. kreisförmig) ist diese korrigierte Bahn keine Äquidistante **(Bild 2)**.

Schlichtaufmaß beim Fräsen (Bild 4)

Das Verrechnen des Schlichtaufmaßes auf die Konturgeometrie beim Schruppen übernimmt ebenfalls die Steuerung. Für jedes Werkzeug existieren im Werkzeugspeicher Korrekturdatensätze, mit denen die Werkzeugdaten (z. B. Radius, Länge) verändert werden können. Im CNC-Programm wird dann das Werkzeug mit der gewünschten Korrektur aufgerufen. Fürs Schruppen hinterlegt man Werte, die um das Aufmaß größer als das tatsächliche Werkzeug sind. Bei aktiver Bahnkorrektur wird somit die Kontur mit Schlichtaufmaß erzeugt, ohne dass die Konturgeometrie umgerechnet werden muss. Für das Schlichten entsprechen die Korrekturwerte wieder den tatsächlichen Werkzeugwerten.

Beim Drehen ist dies nicht so einfach möglich. Deshalb existieren hier fertige Abspanprogramme, die Schlichtaufmaße berücksichtigen.

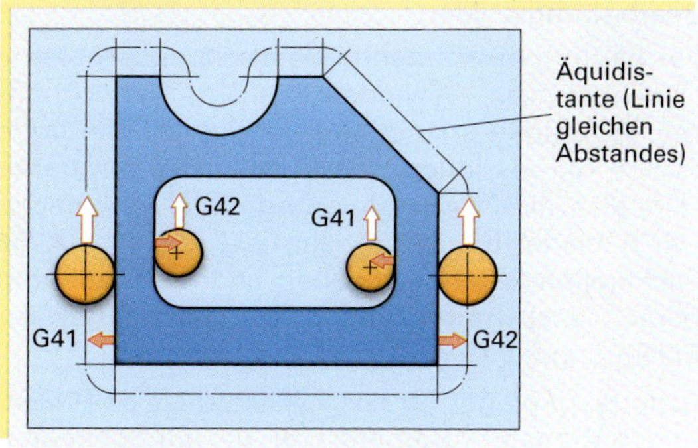

Bild 1: Bahnkorrektur beim Fräsen

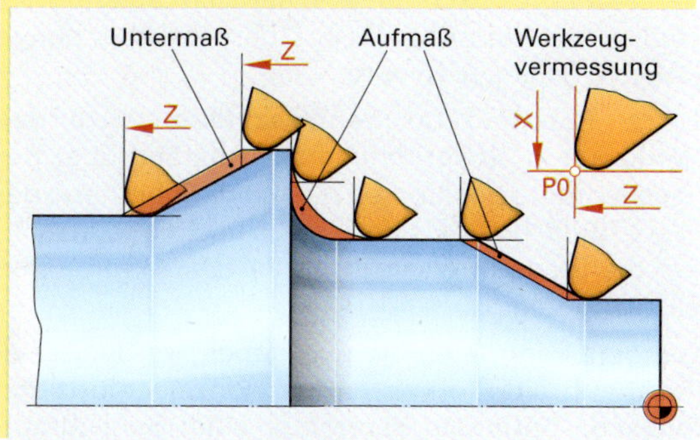

Bild 2: Konturabweichung

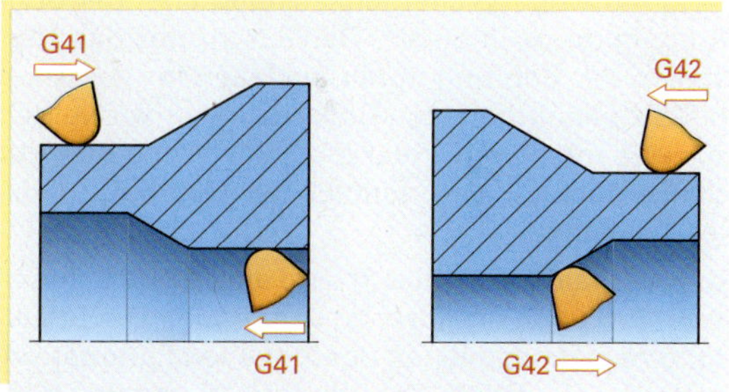

Bild 3: Schneidenradiuskompensation

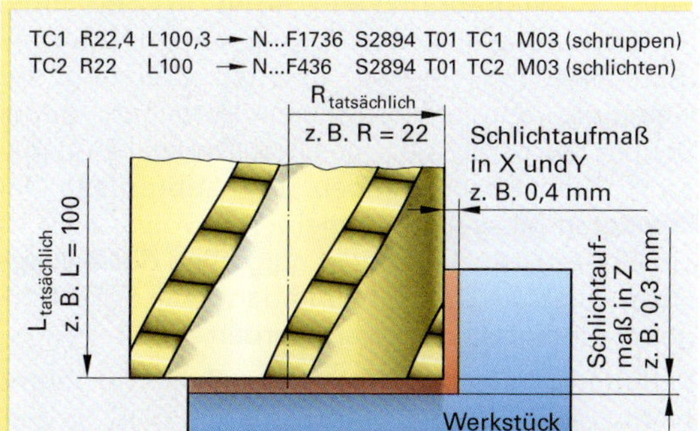

Bild 4: Schlichtaufmaß

Bearbeitungszyklen

Für häufig vorkommende Bearbeitungsprobleme (Taschenfräsen, Gewindeschneiden, Tieflochbohren, Abspanen etc.) bieten heutige Steuerungen fertige G-Funktionen, sog. **Zyklen,** an, mit deren Hilfe sich die Programmierung stark vereinfacht. Der Bediener braucht durch diese Zyklen nur die wichtigsten Daten anzugeben und die Steuerung berechnet die notwendigen Zwischenschritte zur Erzeugung der Geometrie.

Grundsätzlich gilt für alle Zyklen, dass es Pflicht- und optionale Parameter für die Eingabe gibt. Diese optionalen Parameter sind meist mit Standardwerten vorbesetzt. Leider sind diese Zyklen herstellerspezifisch unterschiedlich ausgeführt, sodass hier ein prinzipieller Überblick über einige PAL-Zyklen gegeben wird.

Beim **Rechteck-Taschenfräszyklus** wird das Werkzeug in einem definierten Abstand über der Taschenmitte positioniert. Durch die Übergabe der Werte **(Bild 1)** mittels des Zyklus (hier G 72) errechnet die Steuerung sämtliche Verfahrbewegungen selbstständig.

Gängige Parameter, die übergeben werden, sind: Taschenbreite, -höhe, -tiefe, Einzelschnitttiefe. Typische optionale Parameter sind: Schlichtaufmaß, Eckenradius, Vorschub und Drehzahl.

Beim **Tiefloch-Bohrzyklus (Bild 2)** wird das Werkzeug mit einem Sicherheitsabstand über der Bohrungsmitte positioniert. Danach erfolgt das Herstellen der Bohrung durch Zustellen im Vorschub bis zur Schnitttiefe des Bohrers, kurze Verweilzeit zum Spanbrechen, Rückzug über Werkstück zur Spanabfuhr (Eilgang), Eintauchen (Eilgang), Zustellen (Vorschub) usw.

Der **Abspanzyklus (Bild 3)** wird an Drehmaschinen zum Vor- und Fertigdrehen verwendet. Die Steuerung berechnet mit den übergebenen Parametern, wie z.B. Schnitttiefe, Schlichtaufmaß und den Konturdaten die Schnittaufteilung. Die Kontur kann auch als Unterprogramm abgelegt werden.

Beim **Gewindedrehzyklus (Bild 4)** berechnet die Steuerung aus der vorgegebenen Drehzahl (Schnittgeschwindigkeit) und der Steigung des Gewindes den erforderlichen Vorschub. Jeder Schnitt wird mit der gleichen Drehzahl ausgeführt. Zum Beschleunigen und Abbremsen der bewegten Massen (Drehmeißel, Revolver etc.) ist ein Ein- bzw. Auslauf notwendig. Sind diese Wege klein, muss die Drehzahl und damit die Vorschubgeschwindigkeit verringert werden.

Parametrierung und Aufruf der Zyklen erfolgen beim Fräsen in zwei verschiedenen CNC-Sätzen. In einem Satz wird über den Zyklusaufruf (z.B. Taschenfräszyklus G72) die zu fertigende Geome-

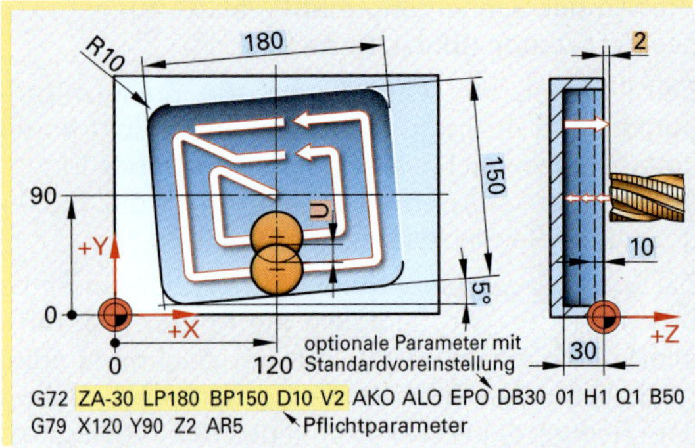

Bild 1: Taschenzyklus

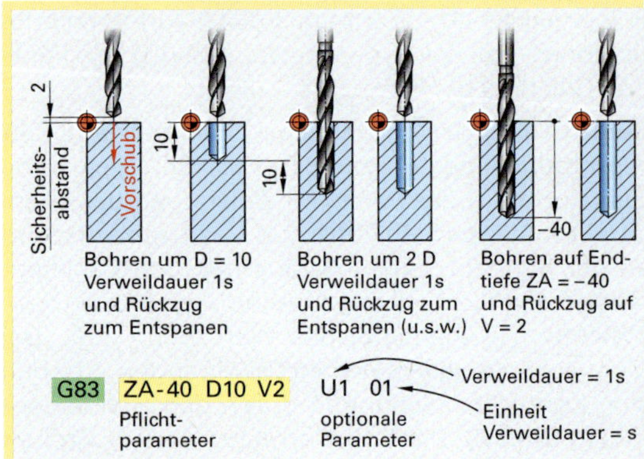

Bild 2: Bohrzyklus

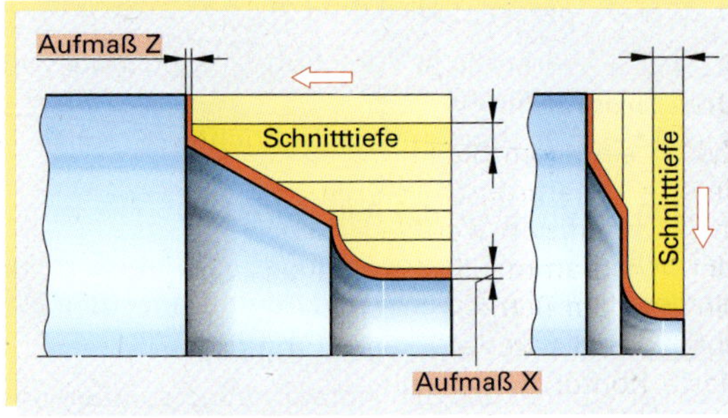

Bild 3: Abspanzyklus

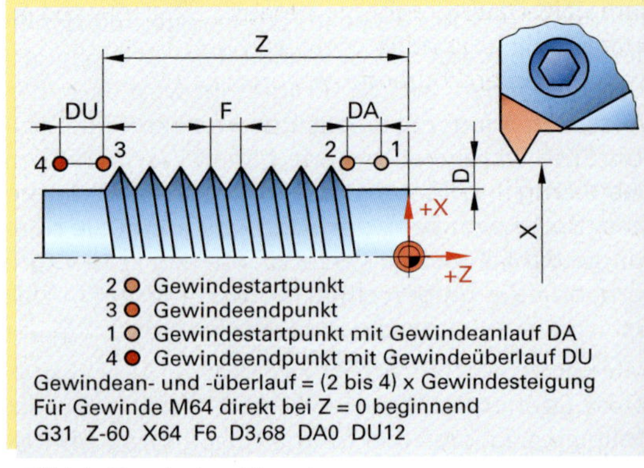

Bild 4: Gewindezyklus

trie festgelegt. Im zweiten Satz wird dann der Zyklus aufgerufen. Dieser Aufruf dient dem Positionieren des Werkzeuges und des abzuarbeitenden Zyklus. Die in PAL zur Verfügung stehenden Zyklenaufrufe sind in **Bild 1** erläutert.

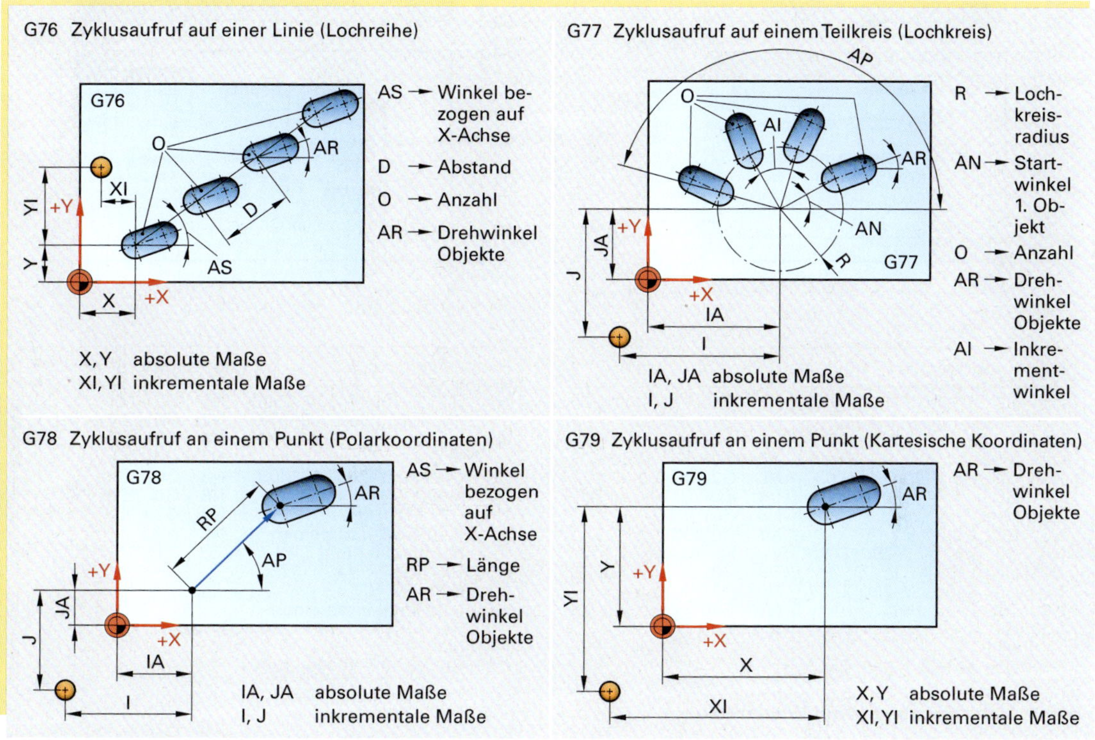

Bild 1: Zyklenaufrufe beim Fräsen nach PAL

Unterprogramme

Zyklen sind vom Steuerungshersteller fertig mitgelieferte Unterprogramme, die vom Bediener nicht mehr modifiziert werden können. Diese Standard-Unterprogramme decken Aufgabenstellungen ab, die in jedem Betrieb vorkommen. Für Bearbeitungsaufgaben, die werkstückspezifisch sind (z.B. komplizierte Kontur) bieten alle Steuerungshersteller die Möglichkeit, dass der Programmierer eigene Unterprogramme generieren kann. Diese werden dann aus dem CNC-Hauptprogramm heraus aufgerufen. Es ist auch möglich, aus einem Unterprogramm heraus ein weiteres Unterprogramm aufzurufen (Schachtelung).

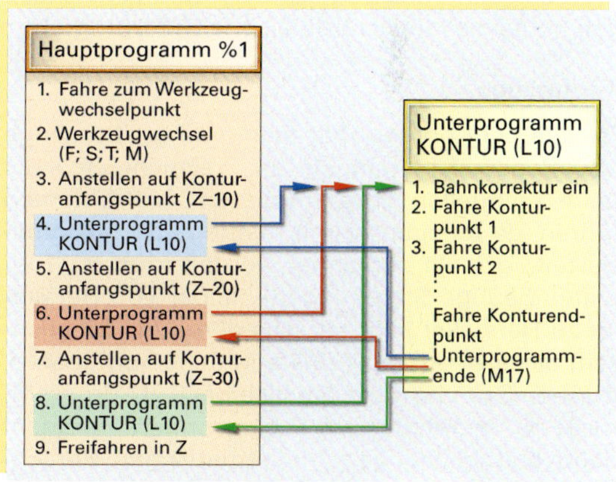

Bild 2: Unterprogrammtechnik

Müssen z.B. auf einer Fräsmaschine tiefe Außenkonturen erzeugt werden, die nicht mit einer Zustellung in Z-Richtung gefertigt werden können, so bietet es sich an, die Kontur als Unterprogramm zu schreiben und im Hauptprogramm die Positionierung auf der entsprechenden Z-Ebene vorzunehmen und dann jeweils nur noch das Unterprogramm für die Kontur aufzurufen **(Bild 2 und Bild 1 links, Seite 254).**

Heutige Steuerungen bieten die Möglichkeit, beim Unterprogrammaufruf (G22) die Anzahl der Wiederholungen des Unterprogrammes anzugeben (z.B. G22 L10 H2; d.h. UP L10 zweimal hintereinander aufrufen). Dadurch kann man Fertigungsvorgänge, die sich in gleichen Abständen wiederholen, mit nur einem Unterprogrammaufruf mit entsprechenden Wiederholungen abarbeiten **(Bild 1 rechts, Seite 254).** Hierbei müssen im Unterprogramm allerdings die Verfahrbewegungen inkremental programmiert werden.

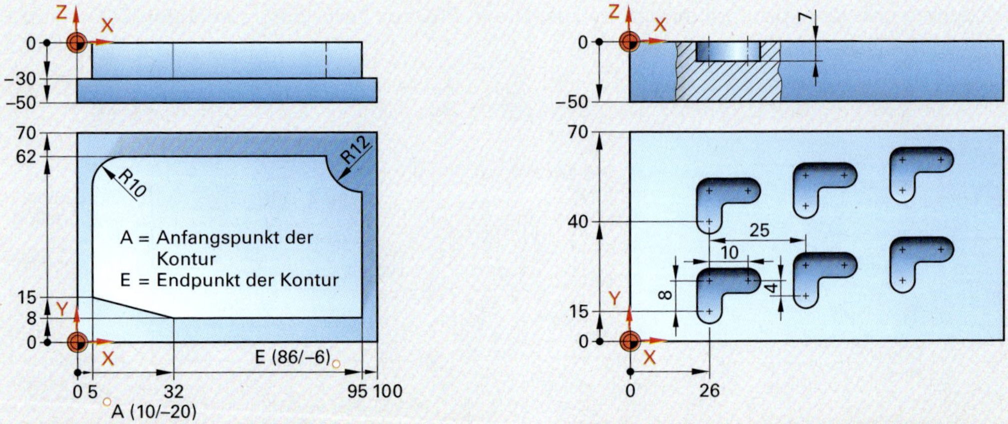

Hauptprogramm %1

```
N1   G0  X-100 Y-100 Z500
         (Werkzeugwechselpunkt)
N2         F...  S...T01  M06
     M03
N3   G0  X10 Y-20  Z1  M03
N4   G0                Z-10
     M08
N5   G22 L10     H1
N6   G0  X10     Y-20  Z-20
N7   G22 L10     H1
N8   G0  X10     Y-20  Z-30
N9   G22 L10     H1
N10  G0                Z1
     M09
N11  G0  X-100 Y-100 Z500
```

Unterprogramm (L10)

```
N1   G42
N2   G01  X32  Y8
N3   G01  X95
N4   G01       Y50
N5   G02  X83  Y62
     I0   J12
N6   G01  X15
N7   G03  X52  Y5
     I0   J-10
N8   G01       Y15
N9   G01  X86  Y-6
N10  G40
N11  M17
```

Hauptprogramm %2

```
N1   G0  X-100 Y-100 Z500
         (Werkzeugwechselpunkt)
N2         F...  S...T01  M06
     M03
N3   G0  X10 Y-20  Z1  M03
     M08
N4   G22 L20 H3
     (L20 4mal hintereinan-
     der durchlaufen)
N5   G0  X26    Y40
N6   G22 L20 H3
     (L20 4mal hintereinan-
     der durchlaufen)
N7   M09
N8   G0  X-100 Y-100 Z500
```

Unterprogramm (L20)

```
N1   G91
N2   G01  Z-8
N3   G01  Y8
N4   G01  X10
N5   G01  Z8
N6   G0   X15  Y-4
N7   G90
N8   M17
```

Bild 1: Unterprogramme mit Wiederholung

In den vorherigen Unterprogrammen waren feste Zahlenwerte (inkremental oder absolut) eingetragen. Müssen geometrisch ähnliche Konturen oder Ausfräsungen gefertigt werden, bieten moderne Steuerungen heute die Möglichkeit, eigene Unterprogramme mit Variablen (R-Parametern) zu schreiben.

Konturzüge

Gerade bei Konturen hat man häufig Übergänge (z. B. Radien, Übergangsfasen, Freistiche etc.), die beim manuellen Programmieren zu Problemen führen, da Hilfspunkte mit mathematisch komplizierten Formeln berechnet werden müssen. Hier bieten heutige Steuerungen – leider von Hersteller zu Hersteller sehr verschieden – die Möglichkeit, diese Übergangspunkte mithilfe von geometrischen Grundkörpern (ähnlich bei CAD-Programmen) zu ermitteln. Der Programmierer braucht dann die schwierigen mathematischen Berechnungen nicht mehr durchzuführen; dies erledigt die Steuerung **(Bild 2)**.

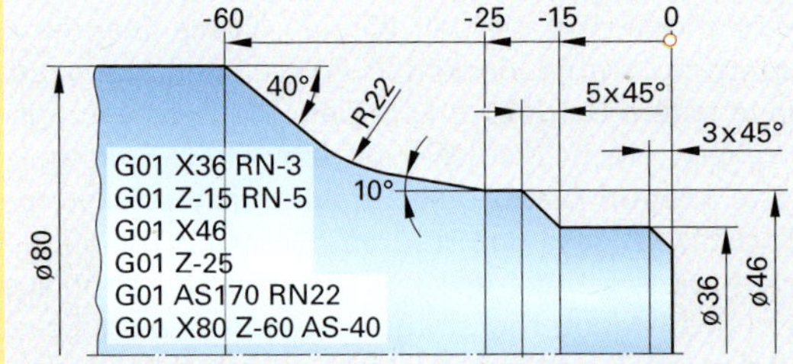

Bild 2: Konturzüge

Polarkoordinaten

Auch sie erleichtern die Eingabe von Werten. An Stelle des x- und y-Wertes eines Punktes werden ein Winkel – meist positiv linksdrehend von der x-Achse gerechnet – und der Radius eines Punktes eingegeben. Unregelmäßige Lochbilder lassen sich somit sehr einfach beschreiben **(Bild 3)**.

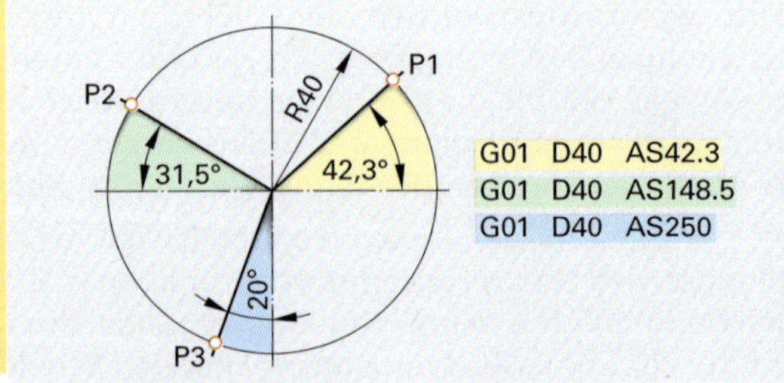

Bild 3: Polarkoordinaten

Programmbeispiel Fräsen

Das Werkstück aus **Bild 1** soll auf einer CNC-Fräsmaschine gefertigt werden. Die einzusetzenden Werkzeuge **(Tabelle 1)** befinden sich entsprechend ihrer Nummerierung in einem Werkzeugmagazin mit automatischem Werkzeugwechsler.

Die Schnittdaten **(Tabelle 2)** wurden aus Datenblättern der Werkzeughersteller entnommen. **Tabelle 3** zeigt ein steuerungsspezifisches CNC-Programm.

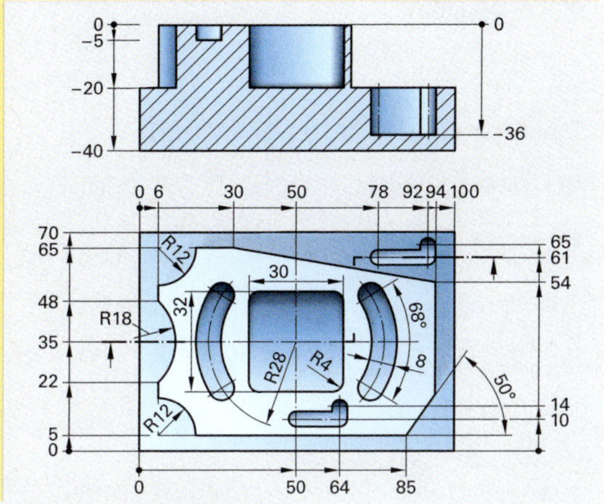

Bild 1: Fräswerkstück

Tabelle 1: Werkzeuge

Nr.	Erläuterung	
T01	Schaftfräser Ø 22 HCl P20 Z = 3	
T02	Nutenfräser Ø 8 HSS Z = 2	
T03	Nutenfräser Ø 6 HSS, beschichtet Z = 2	

Tabelle 2: Arbeitsplan

Arbeitsgang	Werkzeug	v_c [m/min] n [1/min]	f_z [mm] v_f [mm/min]
1 Kontur schruppen	T01 (Phantom)	200 2894	0,2 1736
2 Kontur schlichten	T01	200 2894	0,05 436
3 Kreissegment-taschen	T02	43 1710	0,1 342
4 Längsnuten	T03	70 3714	0,1 743

Tabelle 3: CNC-Programm

```
N1   G0 X0 Y0 Z100
N2   F1736 S2894 T01 TC1 M06 M03
N3   {SCHRUPPEN MIT SCHLICHTAUFMAß}
N4   G0 X-20 Y-20 Z0 M08
N5   G22 L01 H2
N6   G0 Z1 M09
N7   F436 S2894 T01 TC2 M03
N8   {SCHLICHTEN}
N9   G0 Z-10 M08
N10  G22 L01 H1
N11  G0 Z1 M09
N12  G0 X0 Y0 Z100
N13  F342 S1710 T02 TC1 MO6 M03
N14  {RECHTECKTASCHE}
N15  G0 X50 Y35 Z1 M08
N16  G72 ZA-20 LP30 BP32 D5 V1
N17  G79 X50 Y35 Z1
N18  {KREISSEGMENTTASCHEN}
N19  G0 X73.21 Y19.34 Z1
N20  G01 Z-5
N21  G03 X73.21 Y50.66 I-23.21 J15.66
N22  G01 Z1
N23  G0 X26.79 Y19.35
N24  G01 Z-5
N25  G02 X26.79 Y50.66 I23.21 J15,66
N26  G01 Z1 M09
N27  G0 X0 Y0 Z100
N28  F743 S3714 T03 TC1 MO6 M03
N29  G0 X78 Y61 Z1
N30  {LÄNGSNUTEN}
N31  G0 Z-19 M08
N32  G01 Z-20
N33  G22 L02 H2
N34  G0 Z1
N35  G0 X50 Y10
N36  G01 Z0
N37  G22 L02 H2
N38  G0 Z1 M09
N39  G0 X0 Y0 Z100 M30
```

L01

```
N1   G91
N2   G0 Z-10
N3   G90
N4   G42
N5   G01 X6 Y5
N6   G01 X85
N7   G01 X94 AS50
N8   G01 Y54
N9   G01 X30 Y65
N10  G01 X18
N11  G02 X6 Y53 I-12 J0
N12  G01 Y48
N13  G02 X6 Y22 I-12.45 J-13
N14  G01 Y17
N15  G02 X18 Y5 I0 J-12
N16  G01 Y-20
N17  G40
N18  G01 X-20 Y-20
N19  M17
```

L02

```
N1   G91
N2   G01 Z-4
N3   X14
N4   Y4
N5   Z-4
N6   Y-4
N7   X-14
N8   G90
N9   M17
```

7

Programmbeispiel Drehen

Das Drehteil aus **Bild 1** soll auf einer CNC-Drehmaschine gefertigt werden. Die einzusetzenden Werkzeuge **(Tabelle 1)** befinden sich entsprechend ihrer Nummerierung in einem Werkzeugrevolver mit automatischem Werkzeugwechsler. Die Schnittdaten **(Tabelle 2)** wurden aus Datenblättern der Werkzeughersteller entnommen. **Tabelle 3** zeigt ein steuerungsspezifisches CNC-Programm.

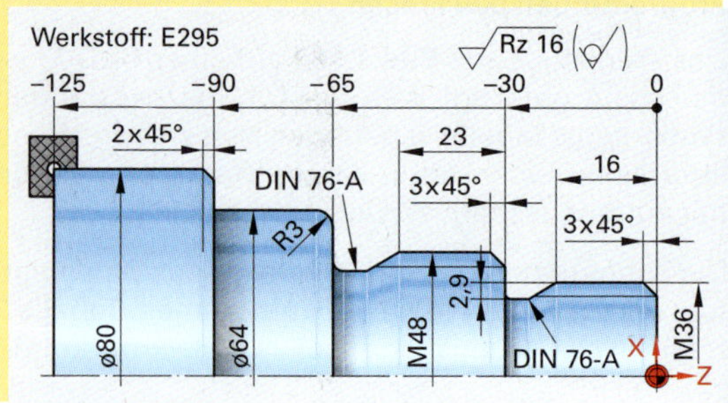

Bild 1: Drehteil

Tabelle 1: Werkzeuge

Werkzeug	Benennung	
T...	NC-Anbohrer Ø 16 HSS, rechts	
T01	Plandrehmeißel r_2 0,8 HC-P20, links	
T02 T03	Seitenandrehmeißel r_2 0,6 Seitenandrehmeißel r_2 0,4 HC-P20, links, 55°	
T04	Gewindedrehmeißel HC, rechts	 über Kopf gespannt
T...	Spiralbohrer Ø 10 HSS, rechts	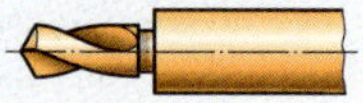

Tabelle 2: Einrichteblatt (vereinfacht)

Nullpunktverschiebung: X0 Z200		Drehteil		
Arbeitsgang	Werkzeug	r_ε in mm	v_c in m/min	f in mm
1 Planen	T01	0,8	280	0,5
2 Außenkontur vordrehen (schruppen)	T02	0,6	280	0,5
3 Außenkontur fertigdrehen (schlichten, Gewindefreistiche	T03	0,4	350	0,07
4 Gewinde drehen	T04		150	4 bzw. 8

Tabelle 3: CNC-Programm

```
     HAUPTPROGRAMM
N1   Programmanfang
N2   G54 G90 G18
N3   ; Werkzeugwechsel
N4   G96 F0.5 S280 T1 TC1 M4 M8
N5   ; STIRNFLäCHE PLANEN
N6   G00 Z0 X85
N7   G01 X-0.8
N8   G01 ZI0.5
N9   G00 X85
N10  ; KONTUR SCHRUPPEN
N11  G81 D3 H3 AZ0.1 AX0.4 AE2 AS93 AV1 O2
N12  G22 L1
N13  G80
N14  M14 H1
N15  ; KONTUR SCHLICHTEN
N16  ; Werkzeugwechsel
N17  G96 F0.07 S280 T2 TC1 M4 M8
N18  G00 Z1 X-0.4
N19  G01 Z0
N20  G01 X34
N21  G01 Z1
N22  G0 X30
N23  G01 Z0
N24  G22 L1
N25  G14 H1
N26  ; GEWINDE DREHEN
N27  ; Werkzeugwechsel
N28  G97 F4 S1326 T4 TC1 M4 M8
N29  ;M36
N30  G31 Z-28 X36 F4 D2 ZS0 XS36 DA3 DU1 Q6 O1 H14
N31  G97 S995
N32  ;M48
N33  G31 Z-63 X48 F5 D2.5 ZS-30 XS48 DA3 DU1 Q7 O1 H14
N34  ; PROGRAMMENDE IM WERKZEUGWECHSELPUNKT
N35  G14 H1
N36  M30
```

```
     UNTERPROGRAMM L1
N1   G01 Z0 X30
N2   G42 X33
N3   G01 X35.8 Z-3
N4   G01 Z-20
N5   G85 Z-30 X36 I2.9 K12
N6   G01 X47.8 RN-3
N7   G01 Z-52.5
N8   G85 Z-65 X48 I3.5 K14
N9   G01 X64 RN3
N10  G01 Z-90
N11  G01 X80 RN-2
N12  G01 Z-100
N13  G01 G40 XI3
N14  M17
```

Arbeitsauftrag:

1. Geben Sie die Reihenfolge der Adressbuchstaben bei der CNC-Programmierung nach DIN 66025 an.
2. Programmieren Sie die Übungsaufgabe in **Bild 2, Seite 248** in G91.
3. Ermitteln Sie die Polarkoordinaten des Lochkreises in **Bild 1.**
4. Rechnen Sie die in Aufgabe 3 ermittelten Polarkoordinaten in kartesische Koordinaten um. Berechnen Sie dann aus diesen wieder die anfänglichen Polarkoordinaten. Welche Probleme können auftreten?
5. Bestimmen Sie die G-Funktion und die Kreisparameter in **Bild 2** in G90.
6. Programmieren Sie die Kreisbewegung in **Bild 2** in G91.
7. Was versteht man unter modalen G-Funktionen? Nennen Sie einige Beispiele.
8. Erstellen Sie ein CNC-Programm zu **Bild 4.** Nur die Kontur programmieren. Einmal in G90 und einmal G91.
9. Fertigen Sie ein CNC-Programm zu **Bild 3.** Schlichtaufmaß 0,2 mm; Werkzeugwechselpunkt X0, Y0 und Z500. Fräserdurchmesser 10 mm; HSS; rechtsdrehend, mit Kühlung, einmal mit G90 und einmal mit G91.
10. Erläutern Sie mithilfe einer Steuerung aus ihrem Betrieb einen Abspanzyklus beim Drehen. Präsentieren Sie die Erläuterungen mittels einer Präsentationssoftware Ihren Mitschülern.
11. Konstruieren Sie ein eigenes Unterprogramm mit mindestens 4 R-Parametern und zeigen Sie anhand von verschiedenen Aufrufen die unterschiedlichen Werkstücke auf.
12. Erarbeiten Sie im Team einen tabellarischen Vergleich von Steuerungen verschiedener Hersteller hinsichtlich der G-Funktionen und deren Parameter.

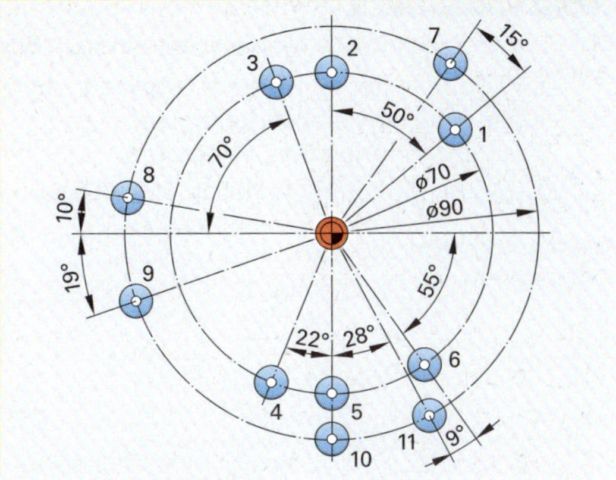

Bild 1: Polarkoordinaten

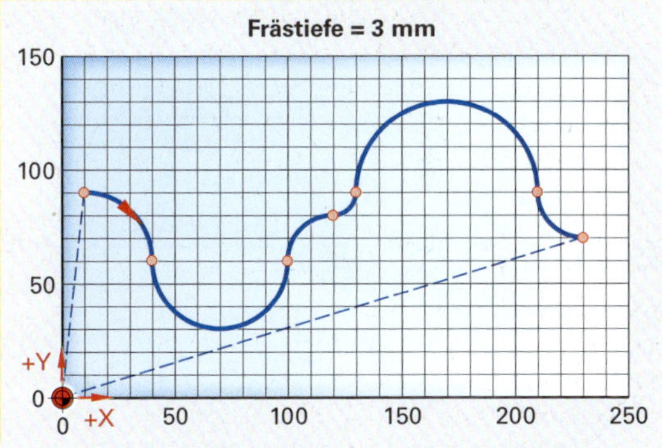

Bild 2: Kreisinterpolation

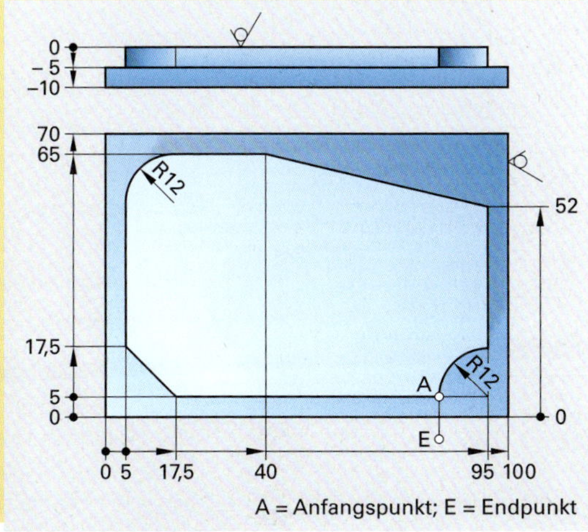

Bild 3: Fräswerkstück

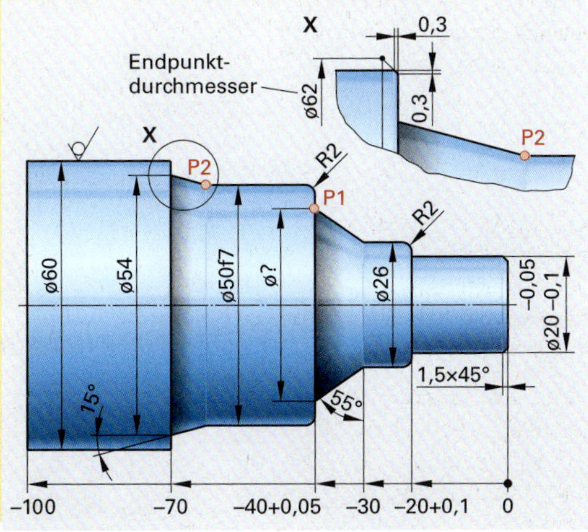

Bild 4: Drehteil

Arbeitsauftrag: (Fortsetzung)

13. Erstellen Sie jeweils für die Werkstücke in **Bild 1 bis Bild 4**:
    - eine Tabelle der einzusetzenden Werkzeuge mit deren Schnittdaten
    - einen tabellarischen Arbeitsplan
    - das dazugehörige CNC-Programm
14. Warum benötigt man beim Gewindedrehen einen Ein- und Auslauf?
15. An welchem Punkt steht das Werkzeug am Ende eines Bearbeitungszyklus?

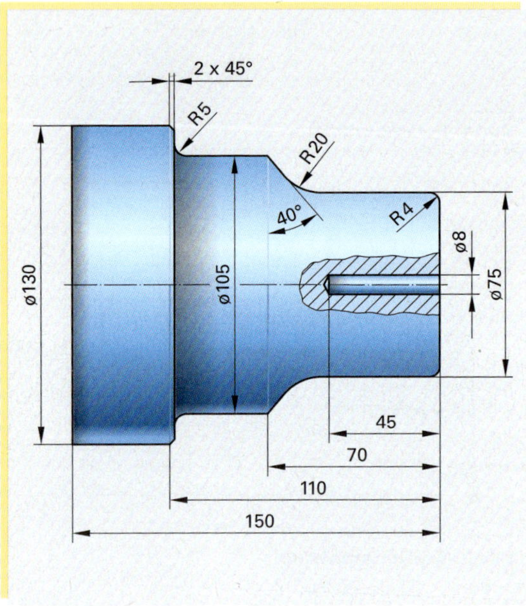

Bild 1: Werkstück 1

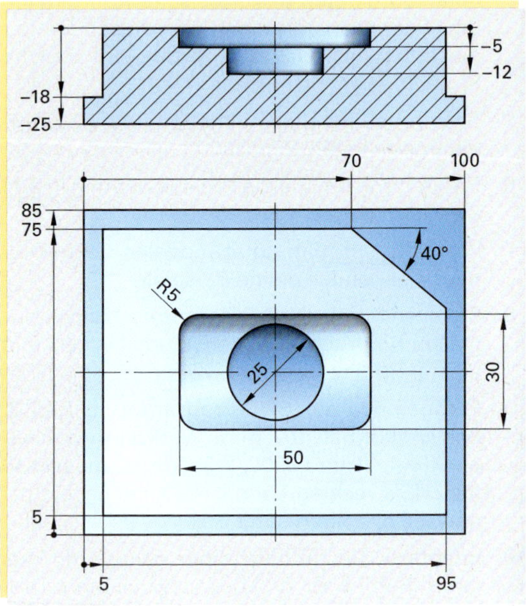

Bild 2: Werkstück 2

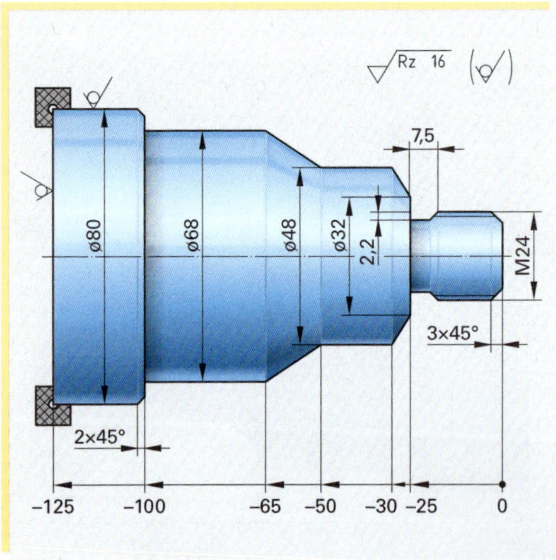

Bild 3: Werkstück 3

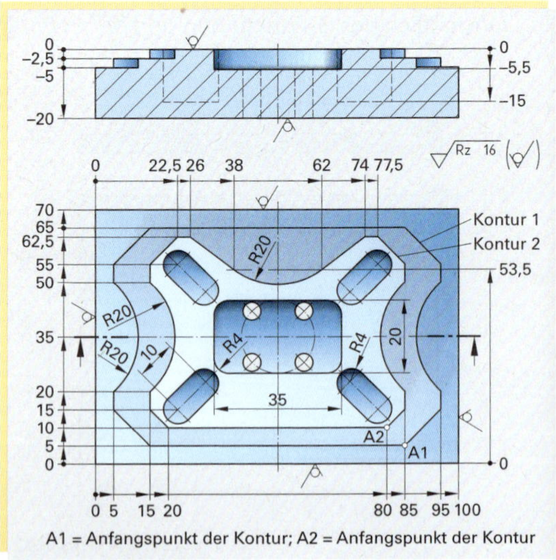

Bild 4: Werkstück 4

7.8.8 Programmieren von CNC-Fertigungsmaschinen

Die Rentabilität von CNC-Maschinen in einem Betrieb hängt zu einem großen Teil von der Leistungsfähigkeit des verwendeten Programmiersystems ab. Gerade im Zuge der Flexibilisierung muss ein CNC-Programm für ein bestimmtes Werkstück schnell und fehlerfrei zur Verfügung gestellt werden. Heutige Steuerungen sind so leistungsfähig, dass während einer laufenden Bearbeitung neue Programme erstellt bzw. geladen und somit die Stillstandszeiten der Maschine minimiert werden.

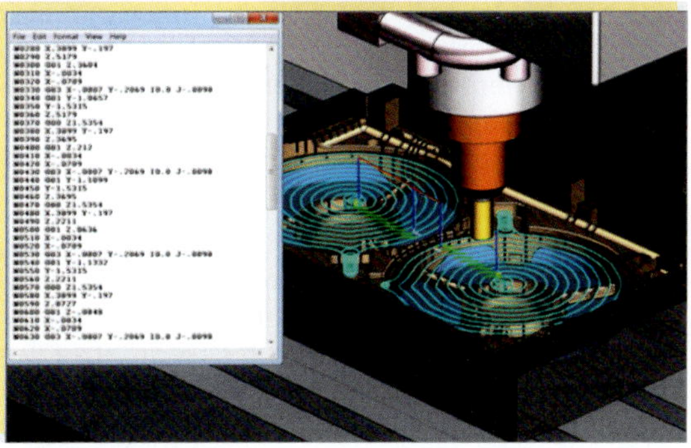

Bild 1: Simulation

Unabhängig vom Programmierverfahren bieten heute alle Steuerungshersteller an ihrer Steuerung die Möglichkeit, den programmierten Fertigungsprozess zu simulieren **(Bild 1).** Dies hat den großen Vorteil, dass im Vorfeld falsche Bewegungen (z.B. Fahrt im Eilgang in das Werkstück) oder das Verwenden von falschen Werkzeugen erkannt und dadurch teuere Kollisionen mit Werkzeug- und Werkstückbeschädigungen vermieden werden. Viele Simulationen erlauben das Einbinden und Darstellen der Spannmittel, sodass auch hier vor der Fertigung sehr einfach und effektiv festgestellt werden kann, ob es zu Kollisionen zwischen Spannmittel und Werkzeug kommt bzw. ob das Werkzeug ein Spannmittel „bearbeitet". Man unterscheidet folgende drei Programmierverfahren **(Bild 2):**

- Manuelle Programmierung
- Werkstattorientierte Programmierung (WOP)
- Programmieren mit einem Programmiersystem (CAM-System)

Beim **manuellen Programmieren** beschreibt der Programmierer die Fertigungsaufgabe im NC-Code. Im Normalfall bieten die Steuerungen keine grafische Unterstützung zur Erzeugung von Konturpunkten. Der Programmierer muss alles selbstständig berechnen; er programmiert die Werkzeugbewegungen. Für komplexe mehrdimensionale Werkstücke scheidet dieser Weg zu programmieren vollkommen aus. Diese Art zu programmieren findet sich noch an älteren CNC-Maschinen.

In Betrieben mit einem umfangreichen Maschinenpark, wo CNC-Maschinen unterschiedlicher Hersteller für unterschiedliche Fertigungsverfahren von komplexen Werkstücken programmiert werden müssen,

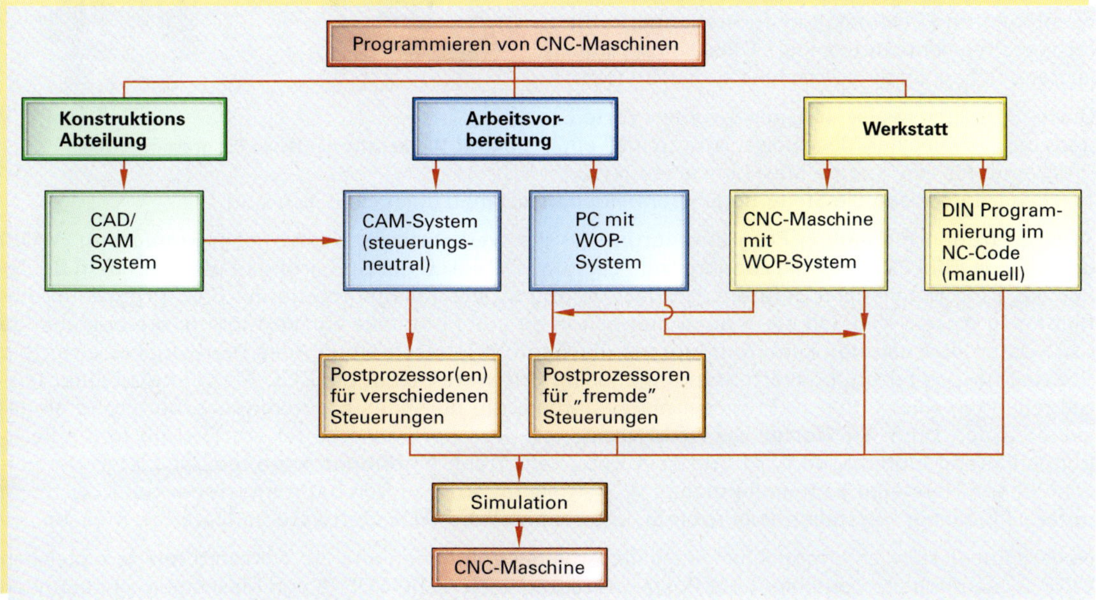

Bild 2: Unterschiedliche Programmierverfahren

wird das CNC-Programm sehr häufig mit einem „neutralen" **Programmiersystem (Bild 1)** erstellt. Dies hat den Vorteil, dass sich die Programmierer in der Arbeitsvorbereitung nicht für jede Maschine und jeden Hersteller in deren Steuerungs-Software einarbeiten müssen. Alle anfallenden Programmieraufgaben werden auf dem gleichen System erledigt.

Kennzeichen dieser Programmiersysteme ist, dass nicht mehr wie bei der manuellen Programmierung die Werkzeugbewegungen programmiert werden, sondern zuerst die Geometrie des Werkstückes. Danach erfolgt die Auswahl der erforderlichen Werkzeuge und die Vorgabe der Arbeitsabläufe. Liegen die Informationen über die Werkstückgeometrie in Form von 3-D-Modellen des Werkstücks (CAD-Daten) vor, wie dies mittlerweile üblich ist, dann können diese direkt in das CAM-System übernommen werden. Die Programmierung der Geometrie des Werkstücks in der Arbeitsvorbereitung entfällt dann.

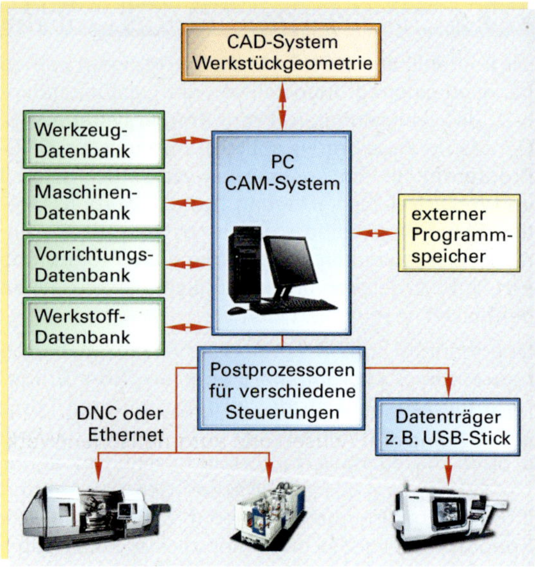

Bild 1: CNC-Programmiersystem

Unter Berücksichtigung der Rohteilgeometrie und der Werkstückgeometrie generiert das CAM-System die Werkzeugbewegungen dann selbst. Die erzeugten Werkzeugbewegungen enthalten noch nicht maschinenspezifische und noch keine steuerungsspezifischen Informationen. Die relevanten Informationen über die Maschinengeometrie (z.B. welche Rotationsachsen sind an der Maschine vorhanden und müssen angesprochen werden) und die Steuerung werden von dem sogenannten **Postprozessor** erzeugt. Bei dem Postprozessor handelt es sich um ein Programm, das die maschinen- und steuerungsspezifischen Werkzeugbewegungen und Technologieinformationen in ein fertiges Programm umwandelt. Dieses Programm ist dann genau auf eine Maschine zugeschnitten.

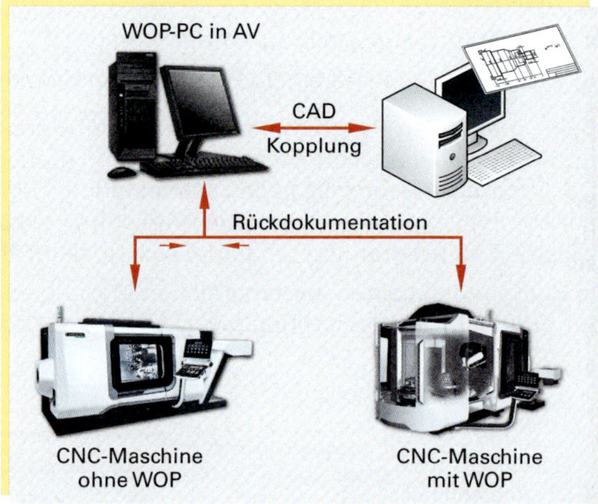

Bild 2: Werkstattorientierte Programmierung

Diese Vorgehensweise hat den großen Vorteil, dass bei Ausfall einer Maschine relativ schnell ein Programm für eine andere Maschine erzeugt werden kann, auch wenn die Steuerungen der beiden Maschinen unterschiedlich sind.

Aus der frühen manuellen Programmierung ist die **werkstattorientierte Programmierung** (WOP) gewachsen **(Bild 2)**. Durch die zunehmende Leistungsfähigkeit der Steuerungen wird hier dem Bediener auch die Möglichkeit geboten, grafisch interaktiv die Teilegeometrie ins CNC-Programm einfließen zu lassen. Vielfach steht auch hier schon eine Schnittstelle zur Verfügung, die bestehende CAD-Daten übernehmen kann und hieraus die Geometriebeschreibung des Werkstückes ermittelt. Speziell für das Fertigungsverfahren angepasste Software macht die CNC-Maschine zu einer leistungsfähigen Alternative zu Programmiersystemen, die durchaus produktionsvorbereitend eingesetzt werden kann. Ein Vorteil dieser Methode ist, dass der Facharbeiter vor Ort mit in die Fertigungsplanung einbezogen wird und sein Expertenwissen einbringen kann. Leider bieten die verschiedenen Hersteller kein einheitliches WOP-Konzept an. Dadurch hat man wieder bei Maschinen unterschiedlicher Hersteller das Problem, unterschiedliche WOP-Software bedienen zu müssen.

Neuere Entwicklungen ermöglichen, dass die Arbeitsvorbereitung und die Werkstatt mit dem gleichen WOP-System arbeiten und hier über Postprozessoren auch nicht WOP-fähige Maschinen eingebunden werden. Dies würde über kurz oder lang die „neutralen" Programmiersysteme überflüssig machen.

7.8.9 Beispiele numerisch gesteuerter Fertigungsmaschinen

Im Zuge der Automatisierung hat die CNC-Maschine in fast allen Fertigungsverfahren Einzug gehalten. Es wurden CNC-Maschinen entwickelt, deren Steuerungen speziell für das jeweilige Fertigungsverfahren angepasst wurden. Diese Maschinen stellen die Basis einer modernen, flexiblen Fertigung dar. Da diese Maschinen oft im vollautomatischen Betrieb arbeiten müssen, sind die Steuerungen häufig mit Zusatzfunktionen (z.B. Werkzeugüberwachung, Temperaturkompensation) ausgerüstet.

Heutige **Fräsmaschinen** sind bis zu einer mittleren Baugröße fast alle mit Bahnsteuerungen für mindestens drei Achsen und automatischen Werkzeugwechselsystemen ausgerüstet **(Bild 1)**.

Mit **Bearbeitungszentren** (mind. drei NC-Achsen) können viele Zerspanungsaufgaben in einer Aufspannung durchgeführt werden (Fräsen, Bohren, schräges Bohren, Gewindeschneiden usw.). Neben leistungsfähigen Werkzeug-Wechselsystemen sind sie mit einem automatischen Werkstück-Wechselsystem ausgerüstet, um die Stillstandzeiten möglichst gering zu halten **(Bild 3)**. Als Werkstück-Wechselsysteme sind heute meist sogenannte Palettenwechsler eingesetzt. Auf ihnen werden die Werkstücke aufgespannt und dann in einem Palettenbahnhof „geparkt“. Die 5-Seiten-Bearbeitung ist durch eine **horizontal-vertikal schwenkbare Spindelachse** möglich **(Bild 2)**.

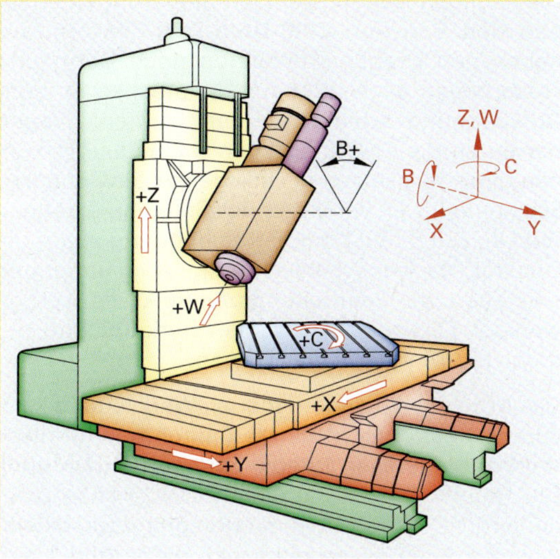

Bild 1: 5-Achsen-Fräsmaschine

Bild 2: Schwenkbare Spindelachse

Bild 3: Bearbeitungszentrum

Die heutigen leistungsfähigen Steuerungen erlauben den Bau von **CNC-Dreh-Fräs-Zentren,** wo neben den Drehbearbeitungen noch Bohr- und Fräsarbeiten auch quer zur Hauptachse in einer Aufspannung erledigt werden können. Wegen der durch die CNC möglichen Bahnplanung können diese Maschinen auch kegelige Gewinde und Flächen mit sich verändernder Steigung erzeugen **(Bild 4).** Durch die Komplettbearbeitung steigt die Qualität, da keine Fehler durch Umspannungen entstehen, die Bearbeitungszeit sinkt, es werden weniger Fertigungsmaschinen benötigt und dadurch reduzieren sich die Kosten.

Das Arbeiten mit angetriebenen Werkzeugen setzt voraus, dass entsprechende Aufnahmen für diese Werkzeuge (Fräser, Bohrer etc.) vorhanden sind. Die Hauptspindel lässt sich als NC-Achse positionieren (C-Achse) bzw. mit geregelter Geschwindigkeit drehen. Es ergeben sich die in **Bild 1** aufgeführten Bearbeitungsmöglichkeiten.

Ein um 90° schwenkbarer Werkzeugkopf **(Bild 2)** ermöglicht sowohl eine radiale als auch axiale Bearbeitung mit feststehenden bzw. angetriebenen Werkzeugen. Drehmaschinen mit zwei Spindeln (Haupt- und Gegenspindel) sowie zwei Revolverköpfen **(Bild 3)** sind für die Fertigung mittlerer bis großer Serien geeignet, da mit zwei Werkzeugen gleichzeitig gearbeitet werden kann. Weitere Merkmale, die den Automatisierungsgrad erhöhen, sind:

- Numerisch gesteuerter Reitstock und Lünette
- Automatischer Backenwechsel
- Werkstückspeicher mit automatischer Zufuhr (Stangenmagazin)
- Automatische Werkzeugüberwachung (Bruch und Verschleiß)

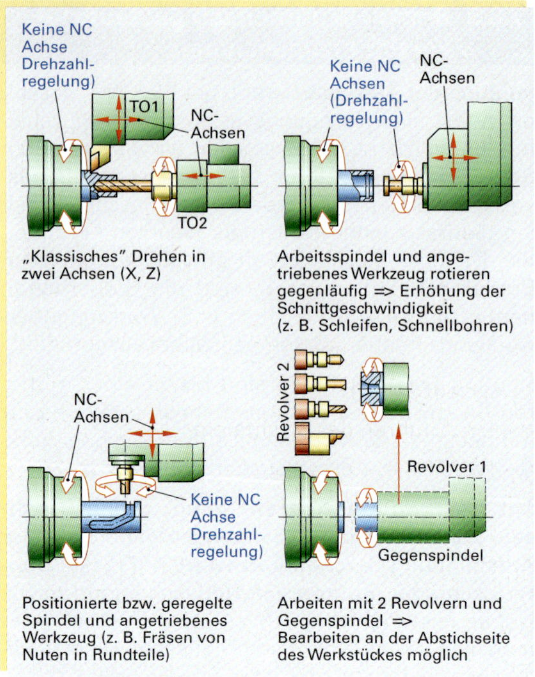

Bild 1: Angetriebene Werkzeuge

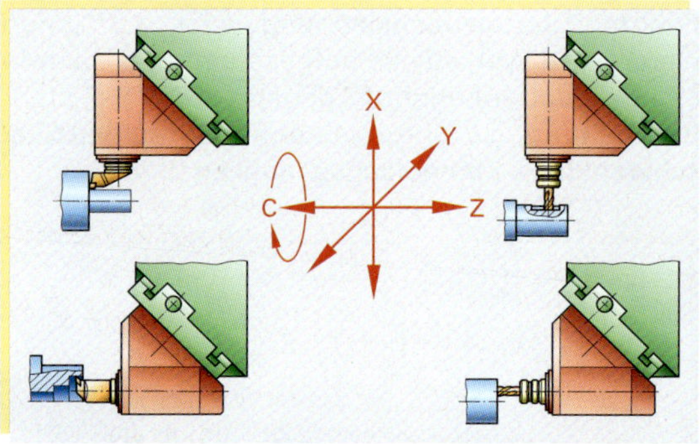

Bild 2: Schwenkbarer Werkzeugkopf

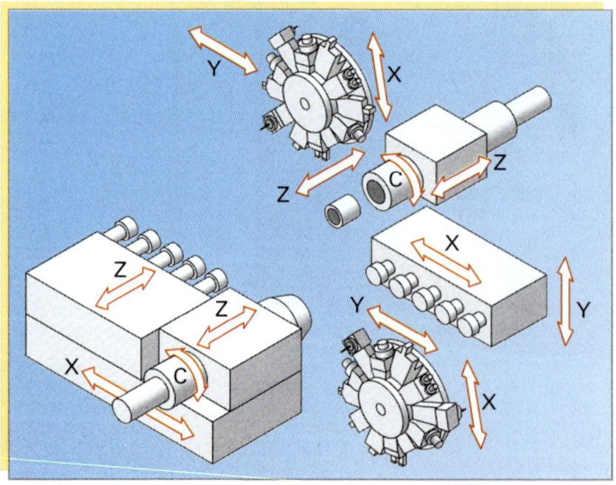

Bild 3: Maschinen mit zwei Revolverköpfen

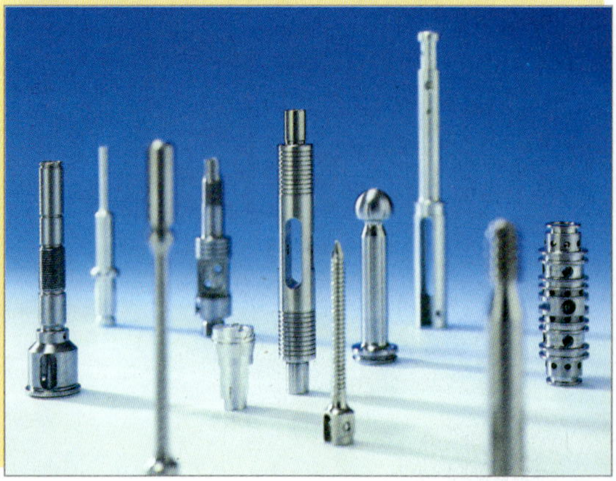

Bild 4: Teilespektrum eines Bearbeitungszentrums

Das Fertigen von Zahnrädern mit bestimmten Verfahren auf konventionellen Maschinen mit mechanischen Steuerungen erfordert, dass das richtige Drehzahlverhältnis zwischen Werkstück und Werkzeug über Getriebe mit Wechselrädern eingestellt ist. So müssen für jeden neuen Zahnradtyp im Normalfall die Übersetzungen geändert werden, was zu hohen Stillstandszeiten führt.

Heutige **Verzahnmaschinen (Bild 1)** haben sechs und mehr NC-Achsen, wobei die Steuerung die komplizierte Bahnplanung übernimmt.

Auch in der Blechbearbeitung werden CNC-Maschinen verstärkt eingesetzt. In **Blechbearbeitungszentren** wird

- das Zuführen der Blechtafeln,
- das Stanzen,
- das anschließende Biegen und
- das evtl. erforderliche Fügen

automatisiert. Damit lassen sich einbaufertige Werkstücke herstellen **(Bild 2)**.

Zum Einsatz in solchen Zentren kommen Multi-Tool-Werkzeuge **(Bild 3)**. Mehrere Werkzeuge befinden sich in einer Aufnahme. Das entsprechende Stanzwerkzeug wird durch Rotation der Aufnahme in Bearbeitungsstellung gebracht, wobei sich die Bearbeitungszeit bei Werkstücken mit unterschiedlichen Löchern stark verringert, da der Werkzeugwechsel entfällt.

Komplizierte Verrohrungen wie sie z.B. im Fahrzeug- und im Flugzeugbau benötigt werden, können auf CNC-Rohrbiegemaschinen hergestellt werden.

Bild 1: Verzahnmaschine

Bild 2: Endprodukt Blechbearbeitung

Bild 3: Multi-Tool-Werkzeug

Auch in der **Lasertechnik** hält die NC-Technik Einzug und verknüpft die Vorteile der Lasertechnik (hochwertige Schnittgüte, geringe Rautiefe und hohe Schneidgeschwindigkeit) mit den Vorzügen der numerischen Bahnplanung.

Laser (engl.: **L**ight **A**mplification by **S**timulated **E**mission of **R**adiation; dt.: Lichtverstärkung durch stimulierte Emission von Strahlung) beruhen auf dem Prinzip, Elektronen in den Atomhüllen durch Anregung auf höhere Energiezustände anzuheben. Beim „Zurückspringen" der Elektronen von diesen instabilen Bahnen wird Licht bestimmter Frequenz frei. Dieses Licht unterscheidet sich von herkömmlichen Lichtquellen dadurch, dass es trotz der großen Intensität fast parallel ist (nur wenige Bogenminuten Divergenz). Durch eine nachgeschaltete Optik wird der Laserstrahl umgelenkt und fokussiert.

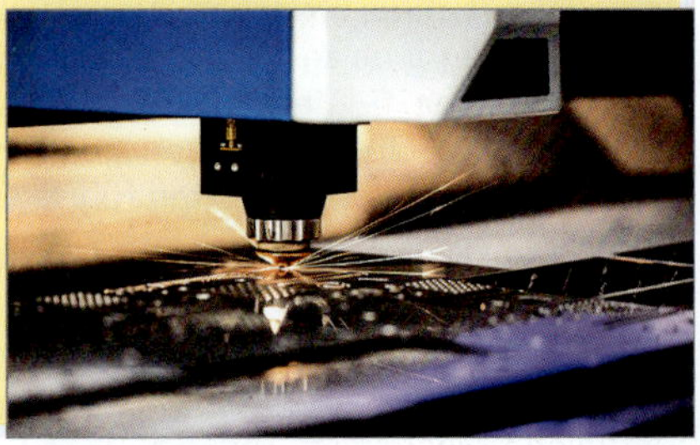

Bild 1: Laserbohren

Typische Einsatzbereiche der Laser sind:

- Laserfräsen
- Laserschweißen
- Laserbohren
- Gravieren
- Schneiden
- Stereolithografie

Beim Laserbohren können kleinste Durchmesser (bis zu 10 µm) und beim Laserfräsen feinste Strukturen **(Bilder 1 und 2)** ausgearbeitet werden.

Bild 2: Laserfräsen

Bei den **additiven Fertigungsverfahren** (sogenannte **Rapid Technologies** wie das Lasersintern, die Stereolithografie oder der 3-D-Druck) werden aus den vorhandenen CAD-Daten direkt Volumenmodelle schichtweise (ca. 0,1 mm) computergesteuert aus einem oder mehreren flüssigen oder festen Werkstoffen (z. B. Kunststoffe, Kunstharze, Keramiken oder Metalle) erzeugt (**Bild 3,** siehe auch Seite 168 f.).

Mithilfe des **Drahterodierens (Bild 3)** können komplexe Konturen aus Stahlplatten wirtschaftlich herausgeschnitten werden. Die Verfahrwege des Drahtes werden von einer CNC-Steuerung bestimmt. Der Draht wirkt dabei als Elektrode. Zwischen ihm und dem Werkstoff kommt es dabei zu einem Funkenüberschlag, der die Trennung bewirkt.

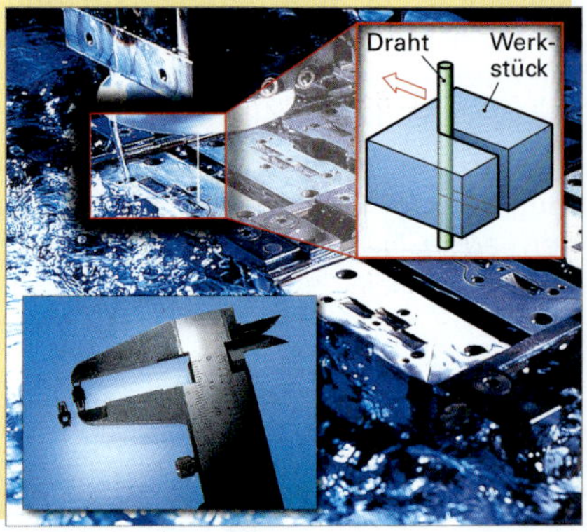

Bild 3: Drahterodieren

Ebenso durch CNC-Steuerungen bewegt werden die Schneidköpfe von **Brennschneid-** bzw. **Plasmaschneidmaschinen** und die Strahlköpfe von **Wasserstrahlschneidanlagen (Bild 4).** Hier werden mit Wasser, dem ein abrasives Mittel, wie z.B. Granatsand, beigemischt wird, unter hohem Druck (bis 9000 bar) ebenfalls komplexe Formen ausgeschnitten. Durch Schwenken des Kopfes ist es auch möglich, dreidimensionale Formen auszuschneiden.

Bild 4: Wasserstrahlschneiden

Steigende Komplexität der Werkstücke und gleichzeitig steigende Qualitätsansprüche führten auch im Bereich der Qualitätskontrolle zur Einführung von CNC-Technik.

Die Universal-Messmaschine ist meist eine dreiachsige CNC-Maschine und wird als **3D-Messmaschine (Bild 1)** bezeichnet. Für spezielle Messaufgaben (z.B. Verzahnungen, Form- und Lage) gibt es Sonderbauformen **(Bild 1).**

Das wesentlichste Element einer Messmaschine ist – neben der Steuerung – der Messkopf. Je nach Messprinzip (berührend mittels eines Tastkopfes oder berührungslos durch eine optische Messeinrichtung) **(Bild 3)** fährt er die zu messenden Positionen an, an denen die Steuerungssoftware dann einen Vergleich zwischen Ist- und Sollwert ziehen kann.

In den Messprogrammen solcher Messmaschinen können komplexe Messvorgänge (Maßhaltigkeit, Form und Lage) abgespeichert werden, die die Maschine dann selbstständig abarbeitet (z.B. Vermessung eines Motorblockes).

Die implementierte Software ist in der Lage, alle notwendigen mathematischen Berechnungen (Toleranzen, statistische Größen usw.) durchzuführen und damit ein Messprotokoll zu erstellen, welches die Qualität dokumentiert.

Die Erstellung des Messablauf-Programmes erfolgt auf der Maschine an einem Musterwerkstück. Ähnlich den CNC-Maschinen in der Fertigung haben auch die Messmaschinen Messzyklen, die die Erstellung des Messprogrammes für den Bediener vereinfachen **(Bild 2).**

Portalmessmaschine

Horizontal-Arm Maschine

Bild 1: Messmaschinen

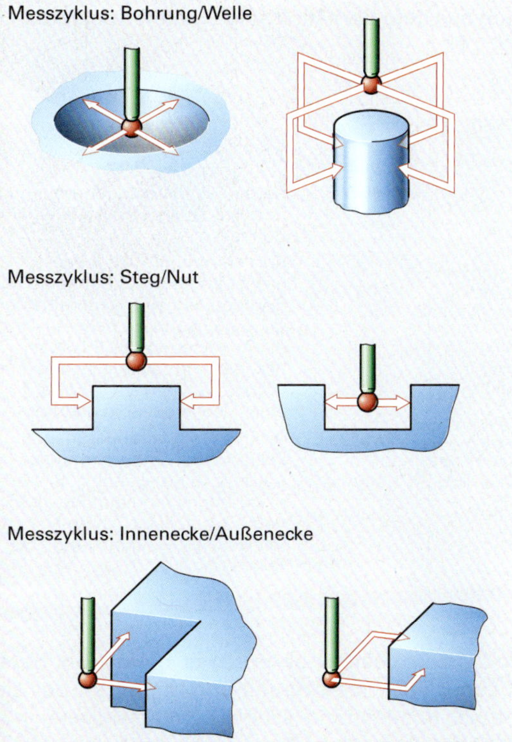

Bild 2: Messzyklen

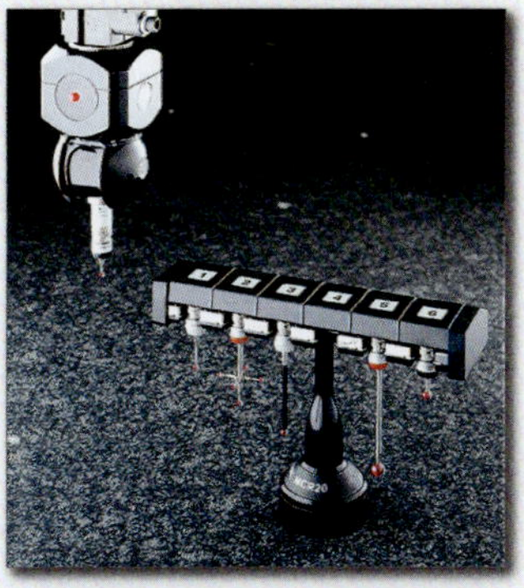
tahiles (berührendes) Messen mit Tastern

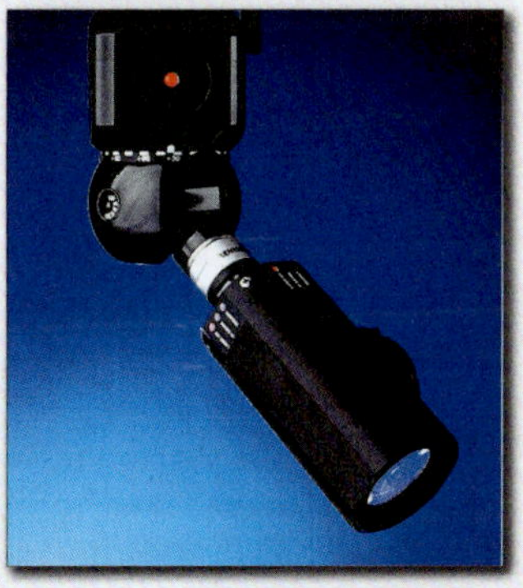
optisches (berührungsloses) Messen mit Lasern

Bild 3: Messprinzipien

7.9 Handhabungstechnik und Robotertechnik

Das Handhaben ist ein wichtiger Teil des Automatisierens und eine Teilfunktion des Materialflusses **(Bild 1)**.

> Die VDI-Richtlinie 2860 versteht unter Handhaben das Schaffen, definierte Verändern oder vorübergehende Aufrechterhalten einer vorgegebenen räumlichen Anordnung von geometrisch bestimmten Körpern.

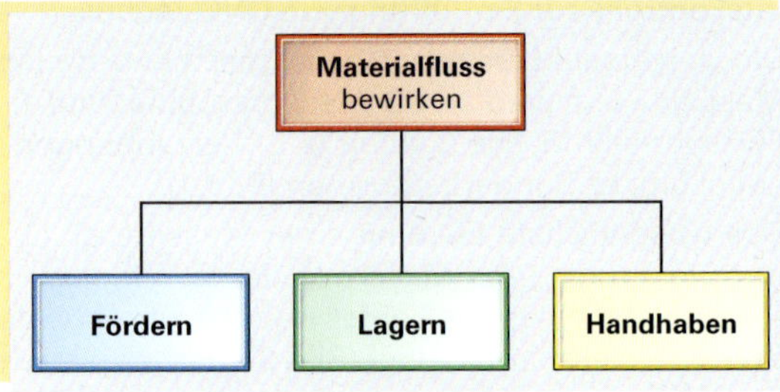

Bild 1: Teilfunktionen Materialfluss

Die räumliche Anordnung eines starren Körpers ergibt sich aus seinen sechs **Freiheitsgraden,** die dieser Körper im Raum hat **(Bild 2).** Es sind dies drei **translatorische** Freiheitsgrade (z. B. x-, y- und z-Koordinaten seines Schwerpunktes) und die drei **rotatorischen** Freiheitsgrade (z. B. Rotationswinkel um die x-, y- und z-Achse). Die translatorischen Angaben werden auch als **Position** des Körpers bezeichnet, während die rotatorischen Angaben als **Orientierung** bezeichnet werden. Fasst man alle sechs Angaben zusammen, spricht man von der **Lage** des Körpers im Raum.

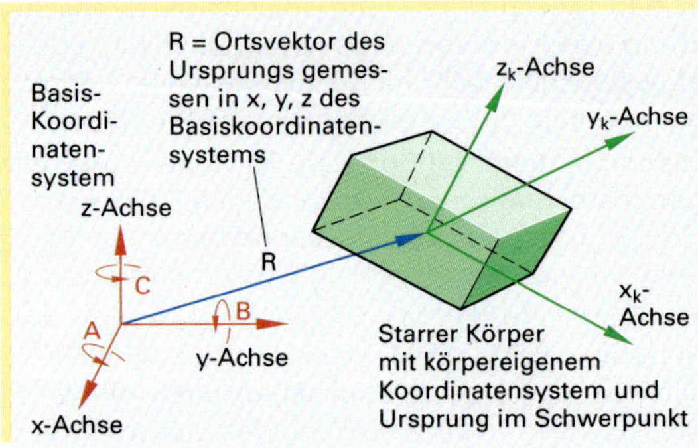

Bild 2: Freiheitsgrade eines starren Körpers

Eine wichtige Kenngröße zur Beschreibung von Handhabungsaufgaben ist der **Ordnungszustand OZ** eines starren Körpers. Er gibt an, in wie vielen von max. sechs möglichen (drei translatorische und drei rotatorische) Freiheitsgraden ein Körper bestimmt ist **(Bild 3).** Der Ordnungszustand OZ setzt sich aus dem Verhältnis von Orientierungsgrad **OG** zu **Positionsgrad PG** zusammen.

Positionsgrad		**Orientierungsgrad**	
PG	Erläuterung	OG	Erläuterung
3	Ursprung des körpereigenen Koordinatensystems in allen drei Achsrichtungen x, y und z bzgl. des Basiskoordinatensystems bekannt	3	Orientierung des starren Körpers in allen drei Rotationsachsen bestimmt
2	Ursprung des körpereigenen Koordinatensystems in zwei von drei Achsrichtungen bzgl. des Basiskoordinatensystems bekannt	2	Orientierung des starren Körpers in zwei von drei Rotationsachsen bestimmt
1	Ursprung des körpereigenen Koordinatensystems in einer von drei Achsrichtungen des Basiskoordinatensystems bekannt	1	Orientierung des starren Körpers in einer von drei Rotationsachsen bestimmt
0	Ursprungsposition des körpereigenen Koordinatensystems unbekannt	0	Orientierung des starren Körpers unbekannt

Beispiele:

OZ = 0/0	Körper ist völlig ungeordnet im Raum, z. B. Werkstücke in einem Bunker.
0/0 < OZ < 3/3	Körper befindet sich teilgeordnet im Raum, z. B. haben Sprudelflaschen in einem Kasten OZ = 2/3, wenn sie beliebig – auf die Ausrichtung des Etikettes bezogen – im Kasten stehen; ein Würfel mit OZ = 2/1 liegt auf einer Ebene beliebig gedreht.
OZ = 3/3	völlig geordnet im Raum; d. h. Position und Orientierung des Körpers sind bekannt, z. B. Werkstück eingespannt auf Frästisch oder Sprudelflaschen im Kasten mit definierter Ausrichtung des Etiketts.

Bild 3: Positions- und Orientierungsgrad

Der Unterschied zwischen Handhaben und Fördern/Lagern besteht darin, dass beim Handhaben geometrisch bestimmte Körper bewegt werden und somit auch die Orientierung dieser Körper eine Rolle spielt. Beim Fördern/Lagern können auch geometrisch unbestimmte Dinge (z. B. Flüssigkeiten oder Gase) bewegt werden, deren Orientierungsgrad eine nur untergeordnete Rolle spielt. Im Folgenden sei nun die weitere Untergliederung des Begriffes Handhaben vorgestellt.

7.9.1 Handhabungseinrichtungen

Handhabungseinrichtungen sind technische Gerätschaften zur Realisierung von Handhabungsaufgaben. Oft ist eine eindeutige Zuordnung des Gerätes zu einer der fünf Teilfunktionen nach VDI 2860 (Speichern, Mengen verändern, Bewegen, Sichern und Kontrollieren) nicht möglich, da mehrere dieser Funktionen ausgeführt werden. Am Beispiel des Industrieroboters zeigt sich, dass er z. B. einerseits Werkstücke handhaben kann (Teilfunktionen „Bewegen“ und „Menge verändern“) und andererseits ein Werkstück an eine Poliermaschine halten kann (Teilfunktion „Halten“). Daher legt man eine Hauptfunktion für das jeweilige Handhabungsgerät fest und ordnet diese Hauptfunktion dann entsprechend der **Tabelle 1** ein.

Tabelle 1: Hauptfunktionen von Handhabungseinrichtungen

Einrichtungen zum Speichern	Einrichtungen zum Verändern von Mengen	Einrichtungen zum Bewegen	Einrichtungen zum Sichern	Einrichtungen zum Kontrollieren
■ Gurt ■ Palette ■ Magazin	■ Vereinzelungseinrichtung ■ Zuteiler ■ Weiche	■ Dreheinrichtung ■ Ordnungseinrichtung ■ Industrieroboter	■ Greifer ■ Aufnahme ■ Spanner	■ Prüfeinrichtung ■ Messeinrichtung ■ Sensor

Handhabungseinrichtungen sind somit nicht immer nur „High Tech“-Produkte, sondern durchaus auch einfache, konventionelle Vorrichtungen. Sie müssen nicht zwingend eine eigene elektronische Steuerung (Controller) enthalten, sondern können auch durch einfache mechanische Maßnahmen (z. B. Endschalter, Nockensteuerung) gesteuert werden.

Handhabungseinrichtungen zum Bewegen werden nach VDI 2861 in verschiedene Gruppen eingeteilt **(Bild 1)**.

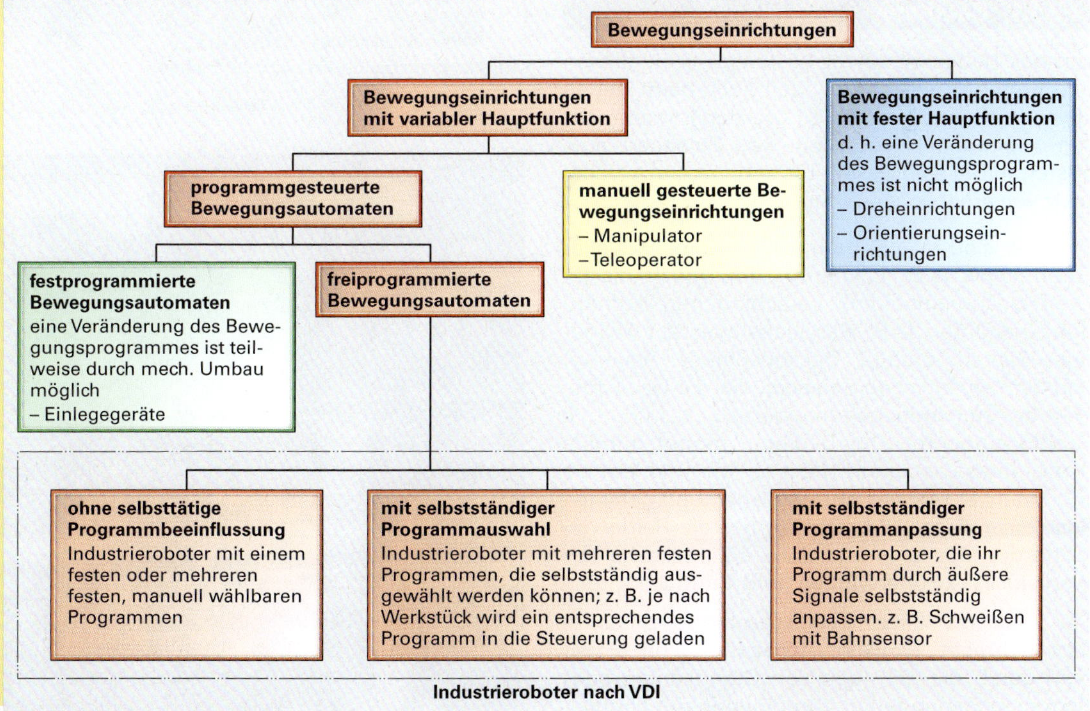

Bild 1: Einteilung der Bewegungseinrichtungen

Bewegungseinrichtungen mit fester Hauptfunktion erfüllen im Allgemeinen nur eine der Teilfunktionen des Handhabens. Oft sind dies Spezialgeräte, die im Bereich der Serienfertigung zum Einsatz kommen.

Bewegungseinrichtungen mit variabler Hauptfunktion sind fähig, mehrere Teilfunktionen des Handhabens auszuführen. Diese Gruppe wird weiter unterschieden in manuell gesteuerte und programmgesteuerte Bewegungseinrichtungen.

Bei **manuell gesteuerten Bewegungseinrichtungen** (z.B. Manipulatoren, Balancer) erzeugt der Bediener die Bewegungen direkt; d.h. es ist keine Elektronik vorhanden, die die Bewegungsabläufe speichert und kontrolliert.

Bei **programmgesteuerten Bewegungseinrichtungen** werden die Bewegungen durch ein Programm erzeugt, welches entweder mechanisch gespeichert (z.B. Nockenscheibe oder Kurvenscheibe) oder elektronisch gespeichert (EPROM, EEPROM) vorliegt. Die programmgesteuerten Bewegungseinrichtungen werden noch weiter hinsichtlich ihrer Programmänderung unterschieden. Eine der wichtigsten Bewegungseinrichtungen dieser Gruppe ist der Industrieroboter.

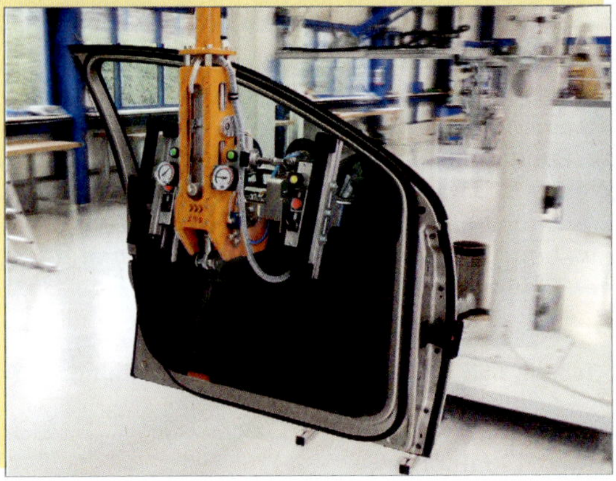

Bild 1: Pneumatischer Türeneinbaugreifer

Bild 2: Elektrische Teleskophubachse

7.9.1.1 Balancer

Um das Heben schwerer Lasten zu ermöglichen und Ermüdungserscheinungen auch beim Heben kleiner Lasten zu vermeiden, werden immer mehr Arbeitsplätze mit Hebehilfen – sog. Balancer – ausgestattet. Sie sind für die Ergonomie am Arbeitsplatz von erheblicher Bedeutung.

Balancer sind eine Kombination aus individueller Greiftechnik (z.B. Vakuumgreifer, mechanische Greifer, Dreheinheiten), verschiedenen Aufhängungsvarianten (z.B. Radialausleger zur Wand- oder Säulenmontage, Deckenschienensysteme) und dem eigentlichen Balancer, der die Gewichtskraft des zu handhabenden Werkstückes über die Greifer aufnimmt. Der Bediener nimmt mithilfe des Gerätes Lasten auf, setzt sie um und legt sie wieder ab. Er braucht zum Bewegen und genauen Positionieren des Werkstückes nur die Reibungskräfte der Mechanik und die Trägheitskräfte des Werkstückes zu überwinden **(Bild 1 und 2)**.

Die Traglast wird hierbei elektrisch oder pneumatisch erbracht. Größere Arbeitsbereiche erzielt man durch die Montage von Standsäulen oder Deckenabhängungen in Kombination mit Laufwägen und Schienensystemen **(Bild 3)**.

Bild 3: Parallelogramm-Manipulator

7.9.1.2 Manipulatoren

Dies sind Handhabungsgeräte, deren Bewegungsabläufe manuell – also durch einen Bediener – gesteuert werden **(Bild 1)**. Sie sind somit nicht programmierbar. Sie kommen häufig zum Handhaben von unhandlichen (schweren und/oder heißen) Werkstücken zum Einsatz (z.B. Gesenkschmieden).

Bild 1: Manipulator

7.9.1.3 Teleoperatoren

Darunter versteht man ferngesteuerte Manipulatoren **(Bild 2)**. Sie kommen überwiegend dann zum Einsatz, wenn der Kontakt zum Handhabungsobjekt

- lebensgefährlich ist (z.B. Kerntechnik, Entschärfen von Bomben und Munition),
- für Menschen unmöglich ist bzw. nur mit großem technischen Aufwand durchführbar (z.B. Tiefsee, Kanalisation)

Der Bediener kommuniziert häufig mithilfe eines Kamerasystems, um ein möglichst realistisches Bild von der Umgebung zu erhalten. Auch diese Handhabungsgeräte sind im Allgemeinen nicht programmierbar.

Bild 2: Teleoperator

7.9.1.4 Modulare Systeme

Diese Handhabungsgeräte können aus rotatorischen und linearen Antrieben und verschiedenen Greifsystemen je nach Anforderungsprofil modular zusammengebaut werden **(Bild 3)**. Die Steuerung erfolgt entweder einfach über Endschalter oder über elektronische Steuerungen, die programmierbare Verfahrwege ermöglichen. Hierzu sind dann Wegmesssysteme auf den einzelnen Antrieben notwendig, sodass hierdurch CNC-Systeme entstehen.

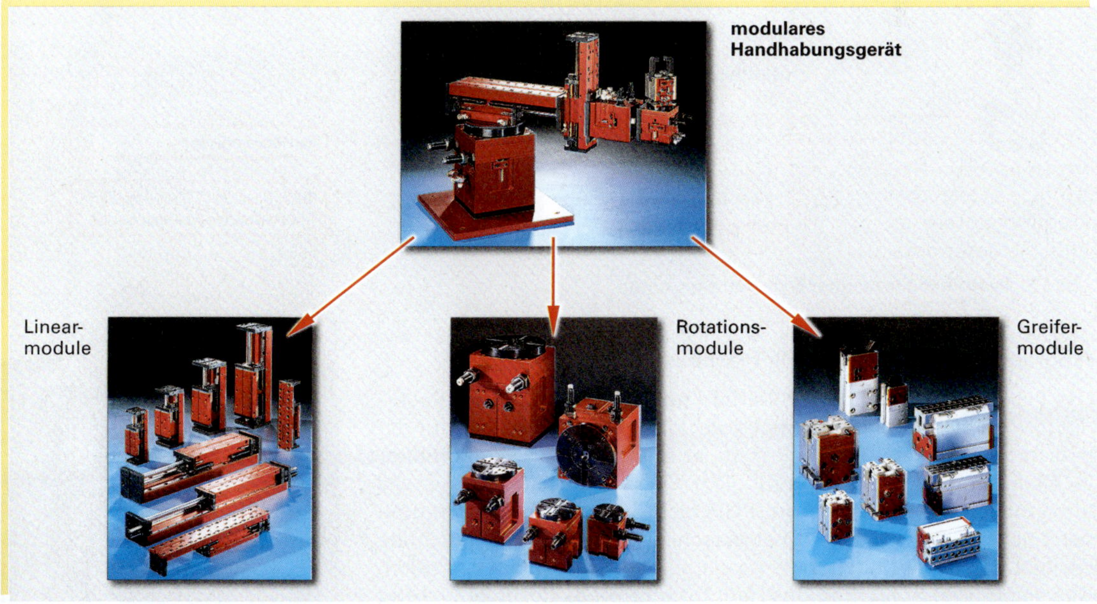

Bild 3: Modulare Handhabungssysteme

7.9.1.5 Industrieroboter

Der Industrieroboter (IR) ist mit das universellste – und auch teuerste – Handhabungsgerät. Die International Federation of Robotics (IFR) definiert einen Industrieroboter folgendermaßen:

Ein Industrieroboter (IR) ist ein universelles Handhabungsgerät mit mindestens drei Achsen, dessen Bewegungsmuster frei programmierbar ohne mechanische Hilfsmittel entsteht. Es kann ein Endeffektor z. B. ein Greifer oder ein Werkzeug angebracht werden.

Er hat eine CNC-Steuerung zur Bahnplanung und kann aus der Umgebung mithilfe von Sensoren Informationen gewinnen, die er in seinem Programm verarbeitet. Seine Bewegungen im Raum werden durch ein Programm vorgeschrieben und können relativ schnell ohne mechanische Veränderungen abgeändert werden. Durch seinen hohen Flexibilisierungsgrad ist der IR geradezu prädestiniert, im Bereich der flexiblen Fertigung Aufgaben zu übernehmen, da die Produktpalette der Betriebe immer breiter bei gleichzeitig kleiner werdenden Losgrößen wird. Die wichtigsten Komponenten, aus denen ein IR besteht, sind in **Bild 1** aufgeführt:

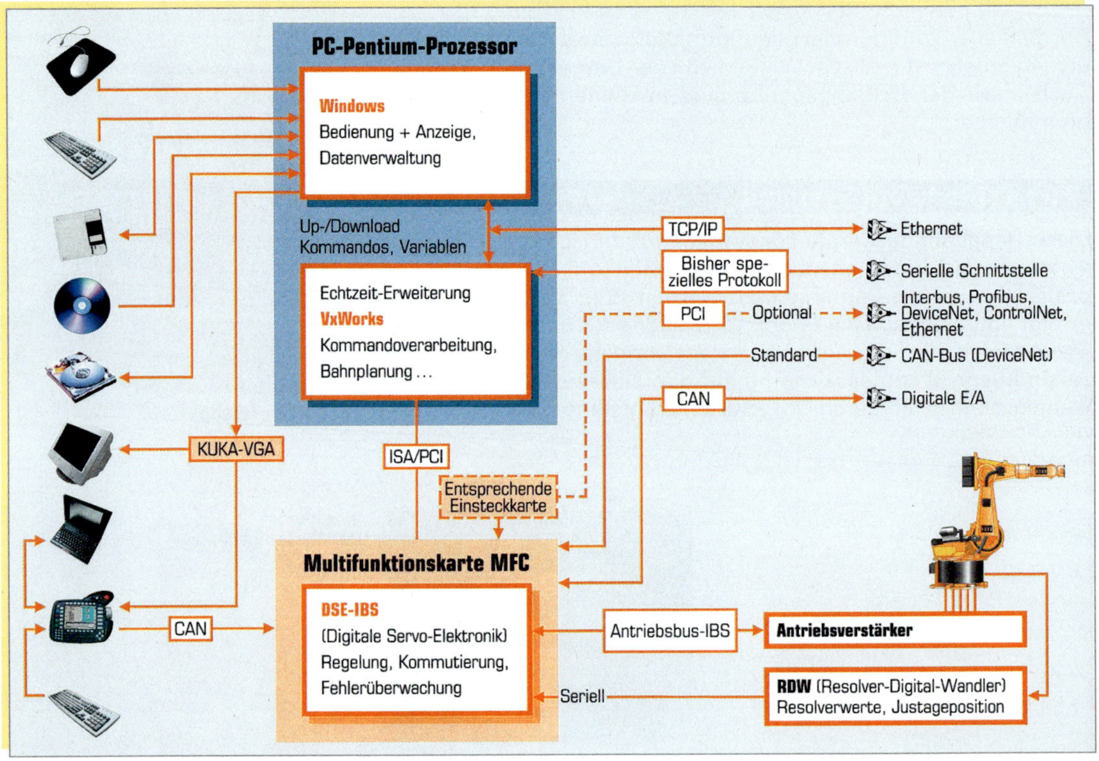

Bild 1: Systemkonzept einer Robotersteuerung

Programmierhandgerät (PGH)/Teachbox (Bild 2)

Das PGH kann als Teil der Steuerung gesehen werden. Es ist allerdings eine typische IR-Komponente, die z. B. CNC-Bearbeitungsmaschinen nicht haben. Im Prinzip ist über das PGH ein kompletter Dialog mit der Steuerung möglich. Oft ist dies allerdings etwas umständlich, da der Editor am PGH nicht für größere Programme geeignet ist. Das PGH wird hauptsächlich während des Teachens benutzt, um die Arbeitspunkte für den Bewegungsablauf zu finden. Das eigentliche Schreiben des Hauptprogrammes geschieht häufig mithilfe eines Editors im PC.

Bild 2: Teachbox

Steuerung und Software

Die Roboter-Steuerung ist vergleichbar mit den CNC-Steuerungen von Bearbeitungsmaschinen (Fräsen, Drehen etc.). Sie stellt also gewissermaßen das „Herz" bzw. das „Gehirn" des gesamten Roboters dar.

Die Hauptaufgaben der Roboter-Steuerung – auch RC *(Robot Control)* genannt – sind:

- Achsregelung (Geschwindigkeit und Lage)
- Bahninterpolation (z.B. linear oder kreisförmig)
- Koordinatentransformation (z.B. Raumkoordinaten in Gelenkkoordinaten)
- Kommunikation mit den Schnittstellen (z.B. Ein- und Ausgänge; Feldbussysteme)
- Kommunikation mit externem PC
- Kommunikation mit dem PGH
- Programmverwaltung (z.B. speichern und editieren)

Gerade die Koordinatentransformation und die Bahninterpolation sind sehr rechenintensive Vorgänge, die auch noch möglichst schnell durchgeführt werden müssen, damit die Sollwerte an die Regeleinrichtung möglichst häufig weitergegeben und mit den Istwerten verglichen werden können. So entsteht eine bahngenaue, zitterfreie Bewegung.

Wegen der Vielzahl der anfallenden Aufgaben gehen viele Roboterhersteller dazu über, die Steuerung mit mehreren Prozessoren zu bestücken **(Bild 1)**.

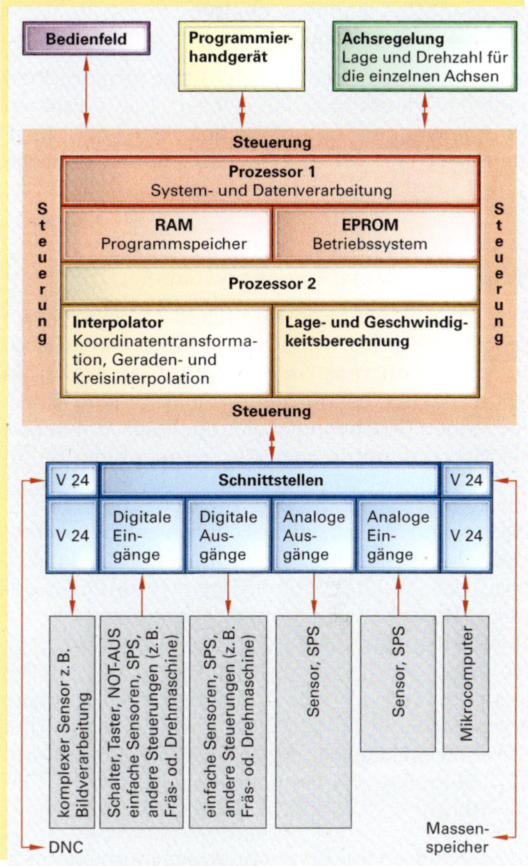

Bild 1: Robotersteuerung

Endeffektor (Bild 2)

Mit dieser Teilkomponente wird die eigentliche Handhabungsaufgabe durchgeführt. Man unterteilt die Effektoren in die Hauptgruppen Greifer und Werkzeuge.

Es gibt vom einfachen Greifer (mit den beiden Zuständen auf und zu) bis hin zu komplexen Greifsystemen, die sensorgeführt eine Bearbeitung durchführen, eine breite Palette von Anwendungen. Eingesetzte Werkzeuge sind z.B. Schweißzangen oder Messsysteme. Digitalkamerasysteme mit Bildverarbeitungssoftware (sogenannte Vision-Systeme) zur Lage- und Objekterkennung sowie zur Objektvermessung werden ebenfalls häufig von IR geführt. Damit ist es möglich, zufällig auf einem sich bewegenden Förderband befindliche Teile zu greifen und weiterzugeben.

Die Flexibilität wird häufig durch Wechselsysteme erhöht. Dies sind Vorrichtungen zum automatischen Austausch des Endeffektors.

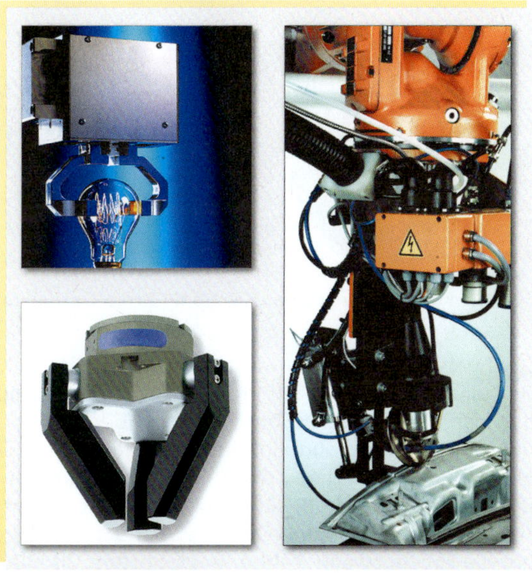

Bild 2: Endeffektoren

Kinematik/Bewegungseinheiten (Gelenke und Achsen)

Jede Roboterkinematik besteht aus rotatorischen und/oder translatorischen Achsen. Die jeweiligen Konfigurationen unterscheiden sich z.B. bzgl. Steifigkeit und Arbeitsraum und haben dadurch jeweils bestimmte Einsatzgebiete.

Wegmesssysteme/Antriebssysteme

Alle angetriebenen Achsen eines IR besitzen ein eigenes Wegmesssystem (vgl. Seite 242), das in einen Positionsregelkreis integriert ist. Weiterhin gibt es bei den bahngesteuerten IR für jede Achse auch einen Geschwindigkeitsregelkreis, um neben der Bahngeometrie auch die vorgegebene Bahngeschwindigkeit zu regeln.

Die meisten IR besitzen die Möglichkeit, auf mathematisch definierten Bahnen im Raum zu fahren. Dazu ist eine Bahnsteuerung erforderlich. Um solche Raumkurven fahren zu können, müssen im allgemeinen Fall alle Achsen des IR getrennt bzgl. Weg und Geschwindigkeit geregelt werden. Dies bedeutet, dass für jede Achse des IR eine eigene Antriebseinheit zur Verfügung stehen muss. Hier kommen meistens Elektromotoren (Gleichstrom-Servoantriebe und Drehstromantriebe) zum Einsatz **(Bild 1)**.

Diese Motoren **(Bild 1)** zeichnen sich durch geringe Massen und somit kleinen Massenträgheitsmomenten aus. Dies ist wichtig, da die Massen der Folgeachsen mitbewegt werden müssen.

Bild 1: Drehstrom-Servoantrieb mit Hohlläufermotor

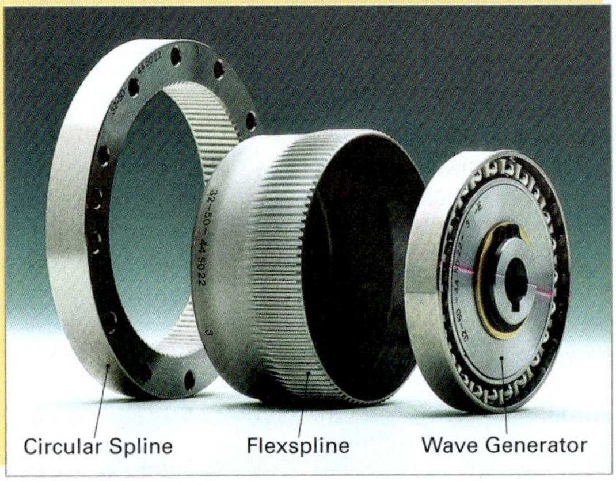

Bild 2: Harmonic-Drive-Getriebe

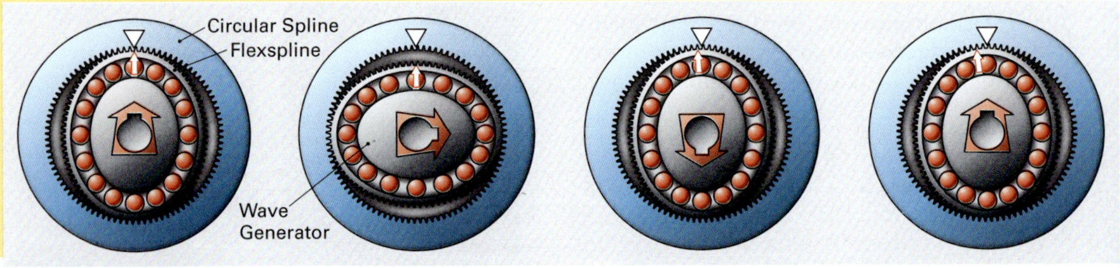

Bild 3: Funktionsweise des Harmonic-Drive-Getriebes

Die Drehzahl der Elektromotoren wird meist mit einem Harmonic-Drive-Getriebe **(Bild 2)** angepasst. Der elliptische Wave Generator als angetriebenes Teil verformt über das Kugellager den Flexspline, der sich in den gegenüberliegenden Bereichen der großen Ellipsenachse mit dem innenverzahnten, fixierten Circular Spline im Eingriff befindet. Mit Drehen des Wave Generators verlagert sich die große Ellipsenachse und damit der Zahneingriffsbereich. Da der Flexspline zwei Zähne weniger als der Circular Spline besitzt, vollzieht sich nach einer halben Umdrehung des Wave Generators eine Relativbewegung zwischen Flexspline und Circular Spline um die Größe eines Zahnes und nach einer ganzen Umdrehung um die Größe zweier Zähne. Bei fixiertem Circular Spline dreht sich der Flexspline als Abtriebselement entgegengesetzt zum Antrieb **(Bild 3)**.

Harmonic-Drive-Getriebe besitzen durch ihre Spielfreiheit in der Verzahnung eine Positioniergenauigkeit von weniger als einer Winkelminute und eine Wiederholgenauigkeit von wenigen Winkelsekunden. Mit nur drei Bauteilen werden Untersetzungen von 50 : 1 bis 320 : 1 bei Wirkungsgraden bis zu 85% erreicht. Da die Kraftübertragung über einen großen Zahneingriffsbereich erfolgt, können Harmonic-Drive-Getriebe höchste Spitzendrehmomente übertragen. Diese Getriebe weisen über dem gesamten Drehmomentbereich eine hohe Torsionssteifigkeit auf. Sie sind nicht selbsthemmend und sind sowohl im Untersetzungs- als auch im Übersetzungsbetrieb einsetzbar.

Peripherie

Kaum eine Roboteranwendung kommt ohne Sensoren, d.h. ohne Informationen aus der Applikationsumgebung, aus. Externe Sensoren, die über die Schnittstellen mit der Steuerung gekoppelt sind, liefern programmbeeinflussende Parameter zur Steuerung (z.B. Werkstück vorhanden oder nicht, Positionskorrekturen durch Andrucksensor beim Schleifen, sensorgeführtes Schweißen).

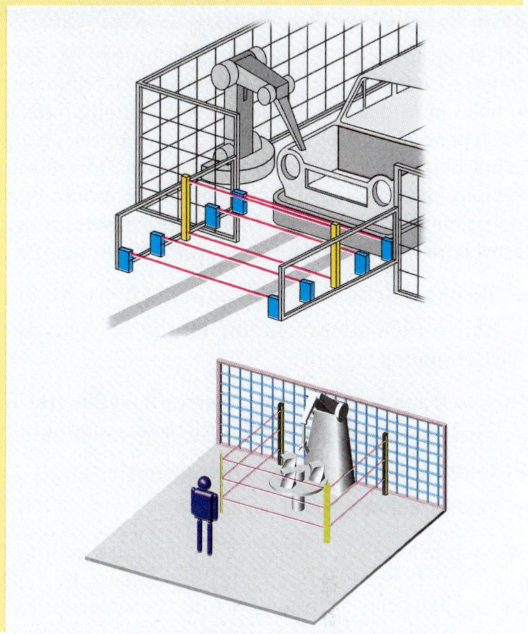

Bild 1: Sicherheitseinrichtungen

Weiterhin liefern externe Sensoren Informationen zur Sicherheit von Mensch, Maschine und Produktionsgut, denn Industrieroboter sind Bewegungsautomaten mit mehreren freiprogrammierbaren Achsen. Die dadurch mögliche freie Raumbewegung des Roboters kann in seinem Gefahrenbereich (Hüllfläche des Roboterbewegungsraumes) durch energiereiche Bewegungen, wie hohe Verfahrgeschwindigkeit und/oder Bewegung großer Massen, zu roboterspezifischen Unfällen führen. So sind Bewegungsverlauf und Bewegungsstart von Robotern aufgrund ihrer freien Programmierbarkeit schwierig vorherzusagen, zumal sich aufgrund von Produktions- und Umgebungsbedingungen Variablen des Roboterprogramms ändern können. Man muss Sicherheitseinrichtungen einbauen, die zum sofortigen Abschalten der Anlage führen, wenn eine Person in den Gefahrenbereich kommt **(Bild 1)**.

Dies sind in der Regel:

- Lichtschranken
- Schaltmatten
- Identitätskontrollen

> Werker, die in der Nähe von Roboterapplikationen arbeiten, müssen vor den von diesen Anlagen ausgehenden Gefahren geschützt werden.

Neben den wichtigen Kriterien wie Steuerungsart, Anzahl und Art der Schnittstellen (Bus, analog/digital) gibt es mechanische Kenngrößen nach VDI, die eine einheitliche Bewertung unterschiedlicher Robotersysteme zur Verfügung stellen **(Tabelle 1)**.

Tabelle 1: Kenngrößen eines Industrieroboters (nach VDI-Richtlinie 2861)

Geometrische Kenngrößen	Belastungs-Kenngrößen	Kinematische Kenngrößen	Genauigkeits-Kenngrößen
■ Mechanische Systemgrenzen ■ Raumaufteilung ■ Arbeitsbereich	■ Nennlast ■ Maximale Nennlast ■ Maximallast ■ Nennmoment ■ Nenn-Massenträgheitsmoment	■ Geschwindigkeit ■ Beschleunigung ■ Überschwingweite ■ Ausschwingzeit ■ Verfahrzeit ■ Zykluszeit	■ Wiederholgenauigkeit (Position und Orientierung) ■ Wiederholgenauigkeit (Bahn)

7.9.2 Kinematik des Roboters

Der kinematische Aufbau eines Roboters ist durch die Anordnung und die Anzahl der an der Bewegung beteiligten Achsen bestimmt. Achsen sind geführte, unabhängig voneinander angetriebene Glieder. Diese Achsen dienen beim Industrieroboter dazu, dass der Endeffektor (Werkstück/Werkzeug des Roboters) im Raum bewegt werden kann. Hilfseinrichtungen am Roboter, wie z.B. Greifer, zählt man nicht zu den Achsen. Man unterscheidet **rotatorische** und **translatorische** Achsen **(Bild 1).** Rotatorische Achsen werden unterteilt in:

- **Vertikale** Achsen bzw. **fluchtende** Achsen
- **Horizontale** oder nicht **fluchtende** Achsen (Achsen, die in einem Drehgelenk liegen)

Bei den translatorischen Achsen gibt es die drei Teilgruppen:

- **Verschiebeachsen,** die nicht fluchtend sind
- **Teleskopachsen,** die fluchtend sind
- **Verfahrachsen,** z.B. Linearschlitten

Je nach Hersteller ergeben sich, was die äußere Gestalt des Roboters betrifft, unterschiedliche Bauweisen. Um die einzelnen Roboter vergleichbar zu machen und das Wesentliche ihrer Kinematik herauszustellen, werden kinematische Ersatzbilder erstellt. In der VDI-Richtlinie 2861 (Kinematikbeschreibung von Industrierobotern) sind die Symbole für die Achsen, für Effektoren und das Fundament aufgeführt.

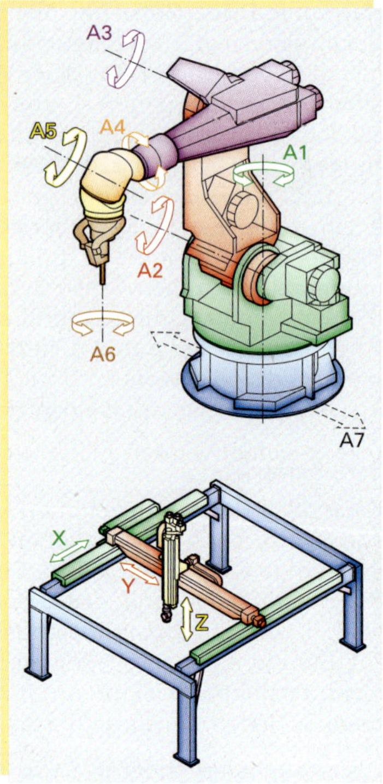

Bild 1: Roboterachsen

Diese kinematischen Ersatzbilder verdeutlichen, dass bei der oben beschriebenen Einteilung immer zwei Angaben für eine Achse gemacht werden. Auf der einen Seite ist durch diese Einteilung eindeutig festgelegt, ob sich die Achse linear oder rotatorisch bewegt. Des Weiteren ist aber auch etwas über das Gelenk, das bei rotatorischen Achsen vorhanden sein muss, ausgesagt. Die Drehbewegung der Achse kann bei der fluchtenden Achse einmal um sich selbst erfolgen oder bei der nicht fluchtenden einmal um das Gelenk herum **(Bild 1 und 2).**

Achsen	Symbol	Symbol mit Angabe der Bewegungsmöglichkeit
Translationsachse fluchtend (Teleskop)		
Translation nicht fluchtend		
Verfahrachse		
Rotationsachse fluchtend		
Rotation nicht fluchtend		
Werkzeuge		Klebepistole, Schweißzange
Greifer		Vakuumgreifer, Parallelgreifer
Kennzeichnung von Systemgrenzen		kurzer Trennstrich bedeutet echte Schnittstelle (z. B. auswechselbare Werkzeuge
Trennung zwischen Haupt- und Nebenachsen		Hauptachse, Nebenachse

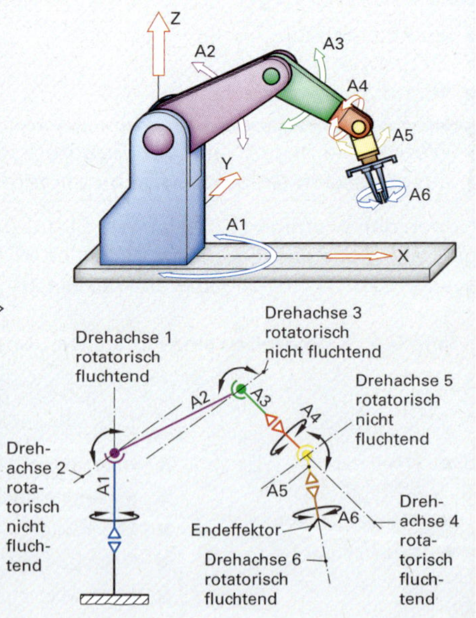

Bild 2: Kinematisches Ersatzschaltbild

7.9.2.1 Getriebefreiheitsgrad

Beschreibt man die Bewegung eines Körpers im Raum, wird sehr häufig die vereinfachende Annahme gemacht, dass es sich bei dem Körper um einen Massenpunkt handelt. Dies ist eine sehr einschränkende – auch nur theoretisch mögliche – Vereinfachung, da ein Punkt bekanntlich keine räumliche Ausdehnung und somit natürlich auch keine Masse hat. Diese Vereinfachung ist dann vertretbar, wenn nur die Momentangeschwindigkeit bzw. die zurückgelegte Strecke bestimmt werden soll und dadurch die Ausdehnung des bewegten Körpers im Raum uninteressant ist.

Somit sind zur eindeutigen Beschreibung der Lage eines Massenpunktes lediglich die drei Koordinaten x, y und z notwendig. Schwieriger wird es, wenn die räumliche Ausdehnung des bewegten Körpers beachtet werden muss; wie z.B. bei Bewegungen von Werkstücken im Raum.

> Der Freiheitsgrad f ist die Anzahl der möglichen unabhängigen Bewegungen. Demnach hat ein im Raum frei beweglicher starrer Körper maximal den Freiheitsgrad $f = 6$, der sich aus drei translatorischen und drei rotatorischen Bewegungsmöglichkeiten zusammensetzt.

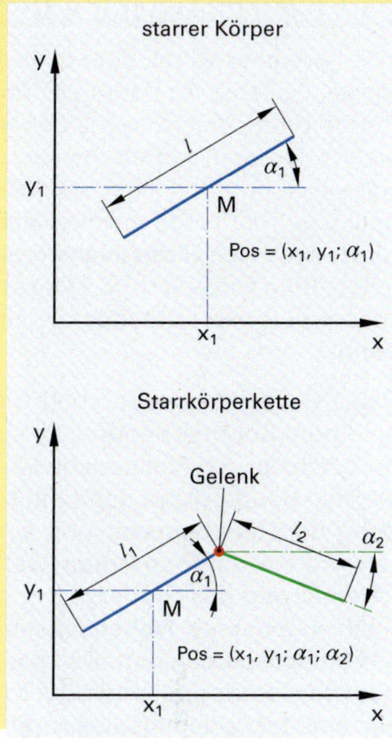

Bild 1: Freiheitsgrad

Im Unterschied zum Freiheitsgrad eines starren Körpers (vgl. Seite 265) ist der Begriff des **Getriebefreiheitsgrades** bzw. der Freiheitsgrad eines Systems von starren Körpern zu sehen. Es handelt sich dabei um mehrere hintereinander oder parallel zueinander angeordnete starre Körper, die über Gelenke verbunden sind. Ein solches System von starren Körpern wird häufig auch als Starrkörperkette bezeichnet (z. B. Achsen eines Roboters).

Ein ebener Stab hat drei Freiheitsgrade. Dies sind bei gegebener Stablänge l z.B. die Koordinaten seines Mittelpunktes M (x_1, y_1) zur Beschreibung der Lage des Stabes. Zur Beschreibung der Orientierung dient der Winkel α_1 **(Bild 1).**

Diese Art, die Lage und die Orientierung des Stabes zu beschreiben, ist völlig willkürlich. Es existieren noch andere Möglichkeiten, die Position zu beschreiben (z.B. Bezugspunkt ein Stabende). Aber allen diesen Möglichkeiten ist gemeinsam, dass sie drei voneinander unabhängige Parameter benötigen, um die Position in der Ebene festzulegen.

Sind zwei ebene Stäbe mit einem Gelenk miteinander verbunden, welches eine Rotationsbewegung erlaubt, (sogenannte Starrkörperkette), haben sie somit den Getriebefreiheitsgrad vier; d.h. es sind zur eindeutigen Beschreibung der Lage dieser Starrkörperkette in der Ebene – bei bekannten Längen l_1 und l_2 der Stäbe – lediglich die Angabe des Mittelpunktes des Stabes l_1 (M (x_1, y_1)) und der Orientierungswinkel α_1 notwendig. Zur Beschreibung des Stabes 2 genügt der Winkel α_2, der die Orientierung von Stab 2 beschreibt **(Bild 1).**

Je nach Art der Gelenke (rotatorisch oder translatorisch, Anzahl der Bewegungsmöglichkeiten) können somit unterschiedliche Starrkörperketten mit unterschiedlichen Getriebefreiheitsgraden konstruiert werden **(Bild 2).**

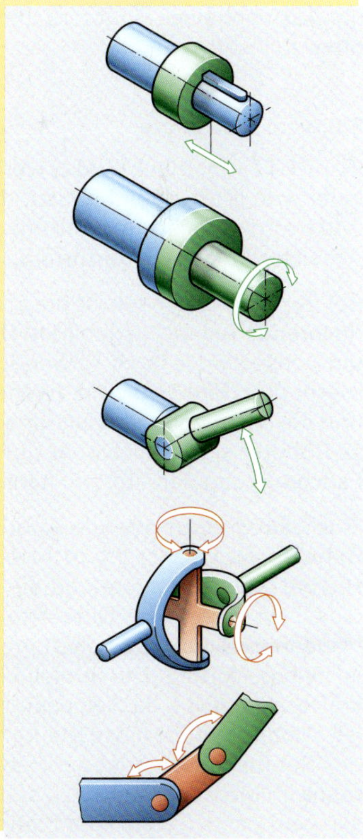

Bild 2: Gelenkarten

7.9.2.2 Bauarten und Arbeitsräume

Wie bereits erwähnt, sind 6 Freiheitsgrade nötig, um einen starren Körper beliebig im Raum anzuordnen. Dies hat zur Folge, dass ein Roboter mindestens sechs Achsen benötigt, um ein Werkstück bzw. ein Werkzeug in seinem Arbeitsraum beliebig anordnen zu können. Hat ein Roboter weniger als diese sechs Achsen, kann er nicht jede beliebige Raumlage nachvollziehen. Ebenfalls wurde schon aufgeführt, dass sich diese sechs Freiheitsgrade in zwei Gruppen unterteilen. Eine Gruppe (x, y, z) fasst man unter dem Begriff Positionen zusammen, während man die andere Gruppe (A, B, C) Orientierung nennt.

Diese Einordnung wird auch für eine erste Einteilung der Achsen an einem Roboter benutzt. Es sind für einen Roboter zuerst einmal drei Achsen zur Positionsbeschreibung notwendig. Diese Achsen werden Hauptachsen genannt. Mithilfe der kinematischen Beschreibung der **Hauptachsen** kann eine erste Unterscheidung der Robotersysteme vorgenommen werden **(Bild 1).** Zur Herstellung der Orientierung des Greifers bzw. des Werkzeuges braucht man dann noch sogenannte **Nebenachsen,** auch – in Analogie zum Menschen – **Handachsen** genannt. Die Hauptachsen eines Roboters bestehen aus translatorischen und/oder rotatorischen Achsen. Die Nebenachsen sind fast ausnahmslos rotatorische Achsen.

Eine räumliche Form der Begrenzungen entsteht, wenn die Hauptachsen in ihren Maximal- bzw. Minimalstellungen verfahren werden. Dadurch ergibt sich der **Arbeitsraum** des Roboters. Größe und Form dieses Arbeitsraumes sind ein entscheidendes Kriterium für die Auswahl eines Roboters, um ein gegebenes Handhabungsproblem zu lösen.

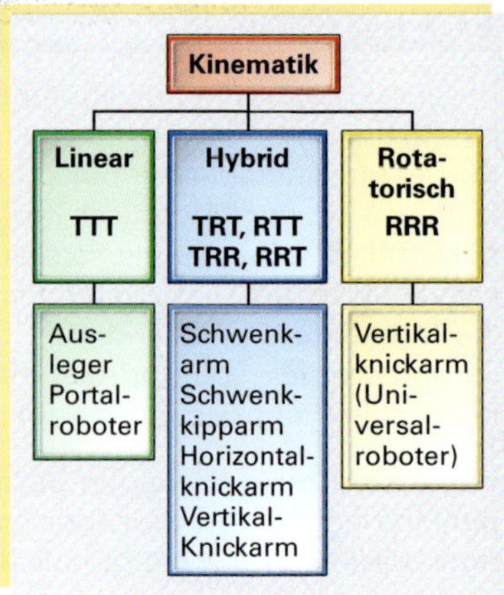

Bild 1: IR-Einteilung aufgrund der Hauptachsen

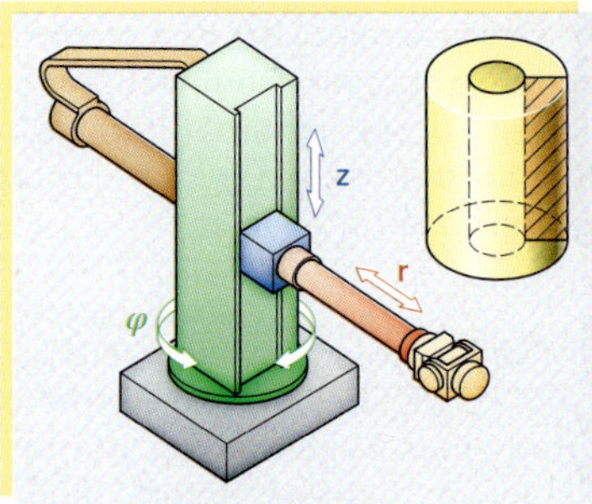

Bild 2: RTT-Kinematik

Schwenkarmroboter

IR mit RTT-Kinematik **(Bild 2)** werden hauptsächlich zum Be- und Entladen von Maschinen benutzt, da sie eine große Reichweite haben und trotzdem relativ schnell um die erste Achse drehen können. Der Arbeitsraum ist zylinderförmig.

Bei der RRT-Kinematik ist die erste Achse ebenfalls als rotatorischfluchtende Achse ausgebildet. Die Bauformen der zweiten und dritten Achse sind je nach Anwendungsfall verschieden. Es gibt Industrieroboter **(Bild 3),** die die zweite Achse rotatorisch, nicht fluchtend und die dritte Achse translatorisch (teleskop) aufgebaut haben. Diese Roboter eignen sich sehr gut für das Bahnschweißen, wie es im Fahrzeug- und Behälterbau häufig vorkommt.

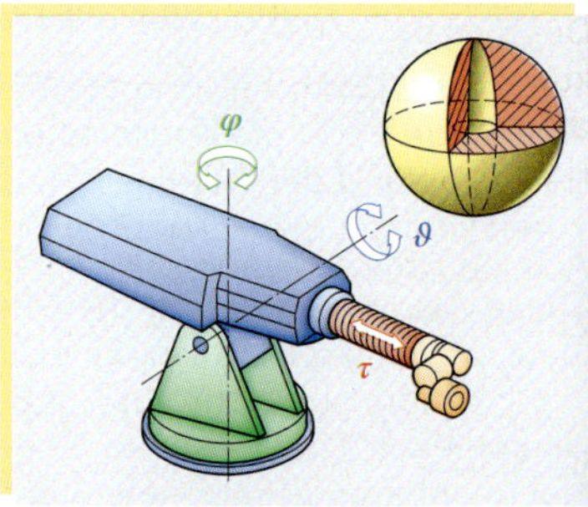

Bild 3: RRT-Kinematik

Eine häufig anzutreffende Anordnung in der RRT-Kinematik ist ein Roboter mit waagrechtem Arm, der sog. **SCARA**-Roboter **(Bild 4).** Hierbei liegen die erste und die zweite rotatorische, nicht fluchtende Achse waagrecht. Die dritte Achse, eine Linearachse, dient zur Höheneinstellung. Der entstehende Arbeitsraum dieser Kinematik ist zylinderförmig. Durch diese Kinematik werden sehr hohe Fügekräfte ermöglicht, da die gesamte Anordnung mechanisch sehr steif ist. Weiterhin führt diese Steifigkeit zu einer sehr hohen Genauigkeit des Roboters. Somit ist der Hauptanwendungsbereich dieser Kinematik im Montagebereich zu sehen. Durch hohe Wiederholgenauigkeit werden im Bereich der Platinenbestückung z. B. fast ausschließlich SCARA-Roboter eingesetzt.

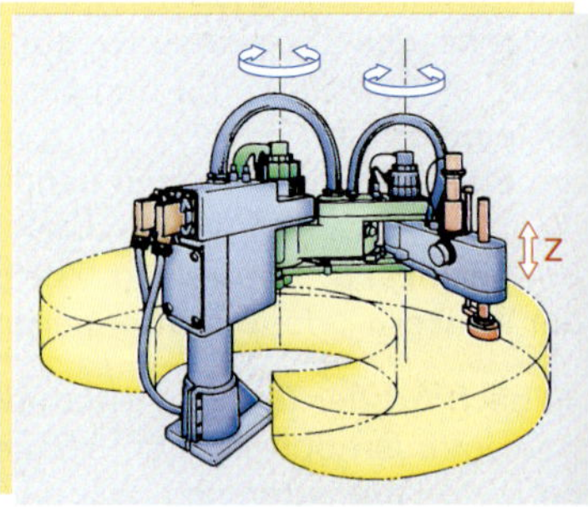

Bild 4: Scara-Roboter

Lineararm-Roboter/Portalroboter

Der Lineararm-Roboter besitzt drei translatorische Hauptachsen und somit eine TTT-Kinematik **(Bild 1).** Diese Anordnung hat einen kubischen Arbeitsraum.

Eine weit verbreitete Realisierung des TTT-Roboters ist die Portalbauweise. Diese Art eignet sich sehr gut für Transportaufgaben über größere Strecken, da die entstehenden mechanischen Beanspruchungen gut über das Portalfundament abgefangen werden können. Ferner sind lange translatorische Achsen messtechnisch einfacher zu handhaben als entsprechende rotatorische Achsen. Baut man zu den drei Achsen noch Nebenachsen ein, so können mit dieser Art von Roboter auch Fügearbeiten, die nicht genau in einer der drei Hauptachsenrichtungen liegen, durchgeführt werden. Diese Applikation kann z.B. zwei Fertigungsmaschinen miteinander verknüpfen, die ein Werkstück nacheinander bearbeiten **(Bild 4).** Das Ein- und Ausspannen in das jeweilige Maschinenfutter übernimmt der Portalroboter. Ein weiterer Vorteil dieser Anordnung ist, dass sich der Roboter oberhalb der Applikation befindet und somit der Bodenbereich und der Bereich vor den einzelnen Maschinen frei zugänglich ist.

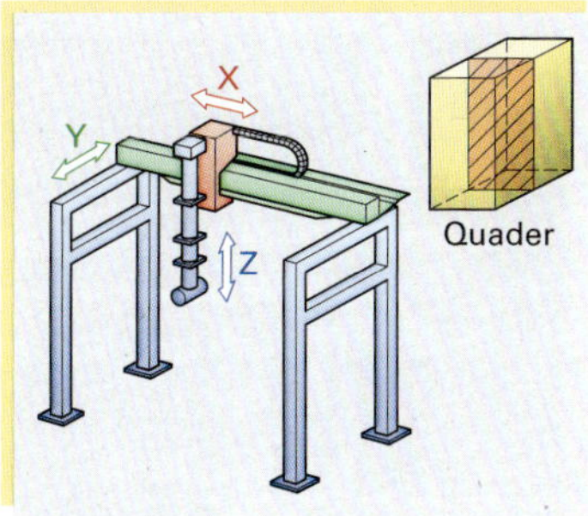

Bild 1: Portalroboter

Knickarm-Roboter

Bei Knickarm-Robotern **(Bild 2),** auch Gelenkarm-Roboter genannt, sind alle Hauptachsen als rotatorische Achsen ausgeführt (RRR-Kinematik). In fast allen Fällen ist die erste Achse eine fluchtende Achse, während die Achsen zwei und drei nicht fluchtend sind. Im Vergleich zu den anderen Kinematiken hat die RRR-Kinematik den Vorteil, dass sie bezüglich ihres Arbeitsraumes den geringsten Platzbedarf hat und des Weiteren für schnelle Bewegungen die kleinsten Beschleunigungskräfte benötigt. Durch die RRR-Kinematik ist es diesen Robotern ohne weiteres möglich, über Kopf zu arbeiten. Der durch die Anordnung der Achsen entstehende Arbeitsraum ist kugelförmig. Durch die Kinematik ist dieser IR in vielen Bereichen der Automatisierung einsetzbar (Schweißen, Montage, Bearbeiten, Handhaben allgemein usw.).

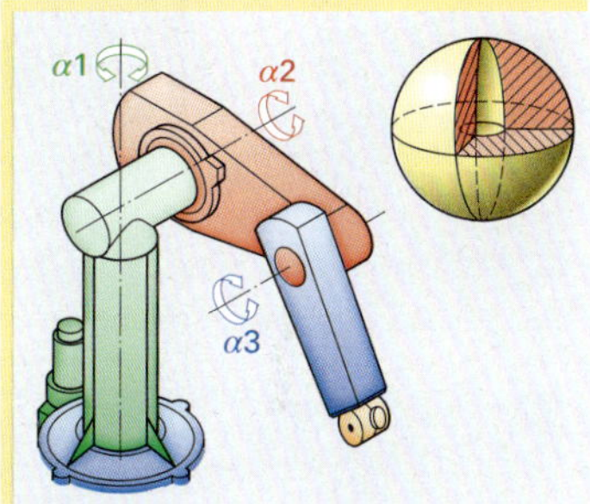

Bild 2: Knickarm-Roboter

Achsen zur Herstellung der Orientierung/Handachsen

Zur Herstellung der Orientierung eines Handhabungsobjektes wird häufig die Kombination Achse 4 rotatorisch fluchtend, Achse 5 rotatorisch nicht fluchtend und Achse 6 rotatorisch fluchtend benutzt **(Bild 3).**

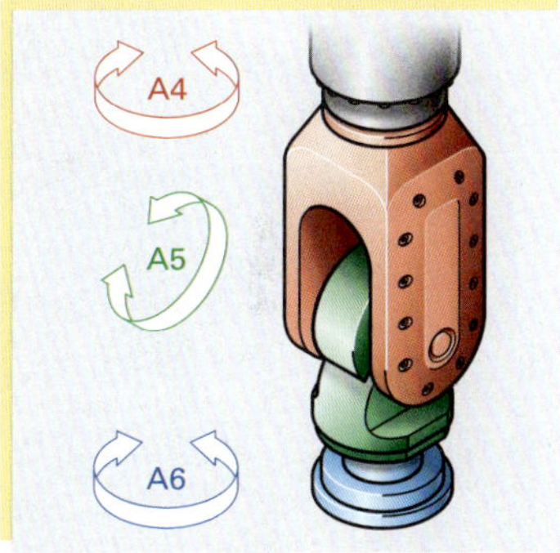

Bild 3: Handachsen

Bild 4: Anwendungsbeispiele

Handhaben von PKW-Stoßfängern

Handhaben von PKW-Motorblöcken

Punktschweißen

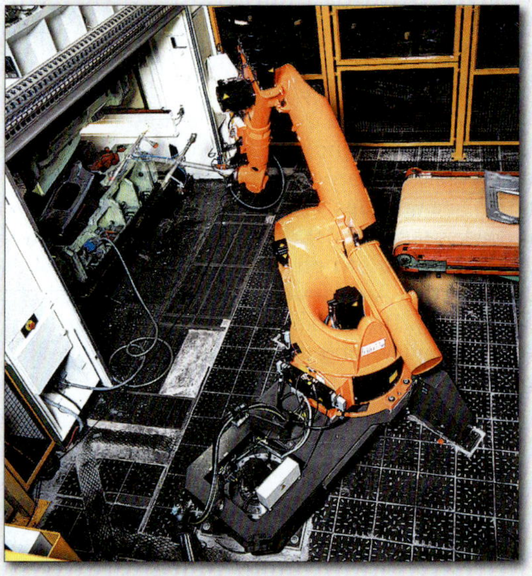
Handhaben von Karosserieteilen

Bild 1: Anwendungsbeispiele

Arbeitsauftrag:

1. Erläutern Sie die unterschiedlichen Achsarten eines Industrieroboters.
2. Erläutern Sie die Begriffe *Freiheitsgrad im Raum* und *Getriebefreiheitsgrad.* Gehen Sie dabei auch auf die Unterschiede zwischen einem starren Körper und einem Massenpunkt beim Begriff des Freiheitsgrades ein.
3. Geben Sie den Getriebefreiheitsgrad von drei gelenkig miteinander verbundenen Stäben (ebenes Problem) an. (Skizze!)
4. Zeichnen Sie das kinematische Ersatzschaltbild für einen Scara-Roboter mit rotatorisch nicht fluchtender vierter Achse und rotatorisch fluchtender fünfter Achse.
5. Beschreiben Sie Roboteranwendungen aus Ihrer Firma.

7.9.3 Roboter-Steuerung

Beim Erstellen eines Programmes für einen Industrieroboter werden – anders als z.B. beim Programmieren einer CNC-Fräsmaschine – die Raumpunkte fast immer durch **Teachen** gefunden und abgespeichert. Dies geschieht dadurch, dass der Bediener den IR – meist mit Hilfe eines Joysticks an dem Programmierhandgerät – an die entsprechenden Punkte (inkl. Orientierung) der Applikation fährt und diese abspeichert.

Wie bereits erwähnt, braucht man zur Beschreibung von solchen Bewegungen starrer Körper ein Koordinatensystem, mithilfe dessen Position und Orientierung eindeutig angegeben werden können. Grundsätzlich gibt es mehrere Koordinatensysteme, die dafür infrage kämen. Das in der Technik wohl am häufigsten benutzte ist das **kartesische Koordinatensystem (Bild 1).** Dies bedeutet, dass sich der Bediener des IR in diesem Koordinatensystem am schnellsten zurecht findet. Deswegen bieten fast alle Roboterhersteller das kartesische Koordinatensystem als **Basiskoordinatensystem** – auch **Weltkoordinatensystem** genannt – an **(Bild 1).**

Als Bezugspunkt zur Angabe der Position dient häufig der sogenannte **Tool Center Point** (TCP), der in der Mitte des Greifers liegt. Zur Beschreibung der Orientierung des Greifers wird ein weiteres Koordinatensystem durch den TCP gelegt und damit die Orientierungswinkel zum Basiskoordinatensystem beschrieben. Die Lage eines starren Körpers, den ein Greifer festhält, wird somit durch die sechs Parameter beschrieben

$$\mathbf{BK} = (x\,[\text{mm}];\ y\,[\text{mm}];\ z\,[\text{mm}];\ a\,[°];\ b\,[°];\ c\,[°])$$

Soll diese Lage nun von einem sechsachsigen Knickarmroboter eingenommen werden, entsteht folgendes Problem. Dieser IR hat nur rotatorische Achsen; d.h. seine sechs Gelenkwerte sind jeweils Winkelangaben. Dies bedeutet, dass die Weltkoordinatenparameter in die Gelenkwinkel umgerechnet werden müssen; durch die sogenannte **Koordinatentransformation (Bild 3).** Die Angaben in Gelenkwinkel werden als **Gelenk-, Achs-** oder **Roboterkoordinaten** bezeichnet **(Bild 2).**

$$\mathbf{GK} = (\alpha\,[°];\ \beta\,[°];\ \gamma\,[°];\ \delta\,[°];\ \varepsilon\,[°];\ \varphi\,[°])$$

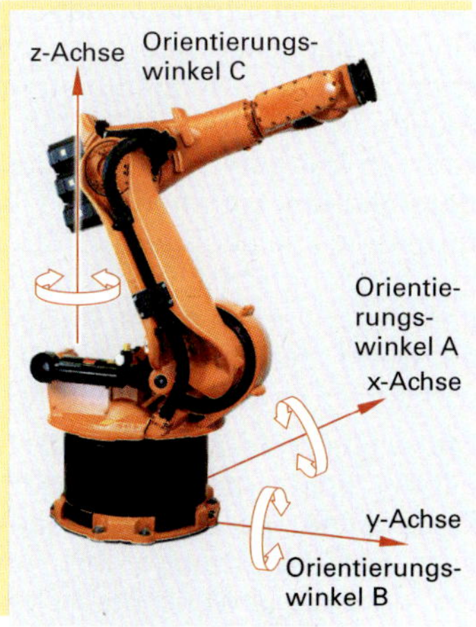

Bild 1: Weltkoordinaten

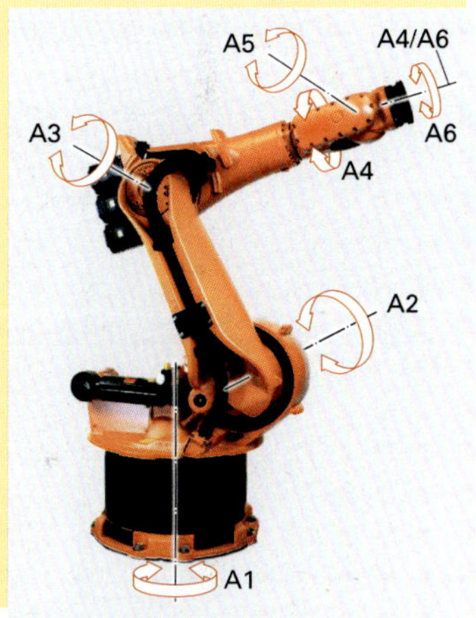

Bild 2: Achskoordinaten

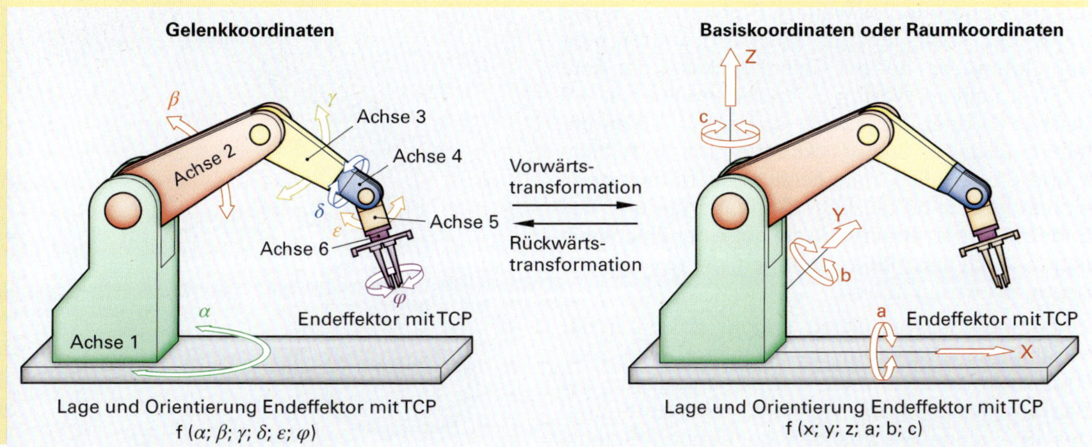

Bild 3: Koordinatentransformation

7

Die Koordinatentransformation **(Bild 1)** erfordert einen erheblichen Rechenaufwand und benötigt entsprechende Rechenleistung. Speichert die Steuerung die Raumlagen in Weltkoordinaten, kann es bei gewissen Achsstellungen zu **Mehrdeutigkeiten** kommen. Dies ist auf die Transformationsgleichungen zurückzuführen, da hier mit trigonometrischen Funktionen (z. B. Sinus) gerechnet werden muss. Diese Funktionen haben aufgrund der Periodizität als Umkehrfunktion (z. B. arcsin bzw. $\sin^{-1}$) mehrere Lösungen.

Die wichtigsten Mehrdeutigkeitsstellungen sind Ellbow up/down und Front-/Backside **(Bild 2)**. Zur Lösung dieser Problematik werden zusätzliche Parameter eingeführt, um zu gewährleisten, dass die gewünschte Achsstellung eindeutig angefahren wird. Eine weitere Mehrdeutigkeit bei sechsachsigen Knickarmrobotern ist Flip/No Flip. Hier können die Achsen 4 und 5, jeweils um 180° gedreht, die gleiche absolute Position durch zwei verschiedene Gelenkwerte erreichen.

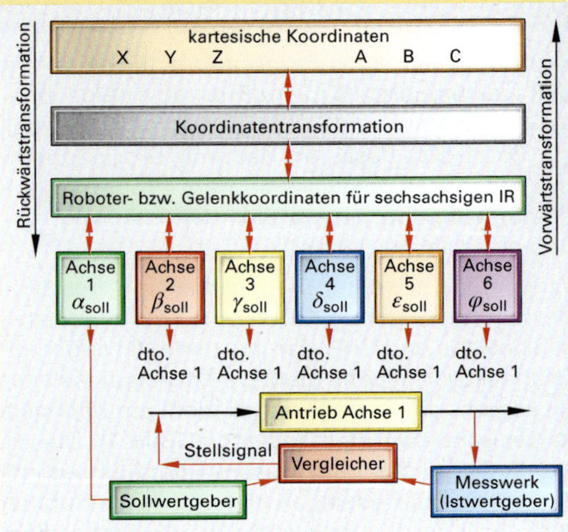

Bild 1: **Koordinatentransformation**

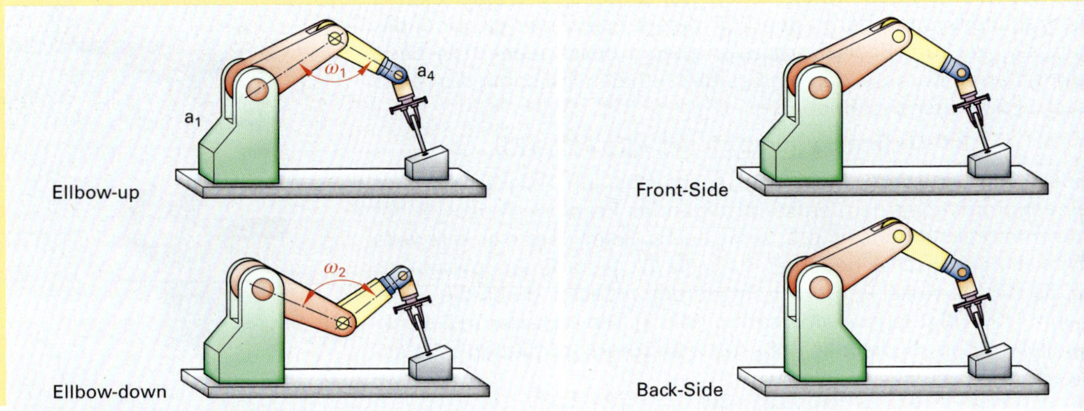

Bild 2: Mehrdeutigkeiten

Singularitäten wie die **Alpha 5/0°**-Situation stellen die Steuerung vor weitere Probleme. In **Bild 3** muss der sechsachsige Knickarmroboter eine Bahn fahren, bei der der Gelenkwinkel α_5 der Achse 5 vom einem Wert $\alpha_5 > 0$ zu einem Wert $\alpha_5 < 0$ wechselt – oder umgekehrt, so wird $a_5 = 0$ durchlaufen. In dieser Stellung können nun die Achsen 4 und 6 unendlich viele Stellungskombinationen einnehmen, ohne die Lage und Orientierung des Endeffektors zu ändern, da sie auf einer Fluchtlinie liegen. Auch hier gibt es Routinen, die zu einer eindeutigen Lösung führen.

Zusammenfassend ist zu sagen, dass bei der Vorwärtstransformation die gesuchten Welt- bzw. Basiskoordinaten immer – unabhängig von der Bauform (Achsanzahl, Achsart, Achsanordnung) des IR – eindeutig aus den gegebenen Gelenk- bzw. Achskoordinaten bestimmbar sind.

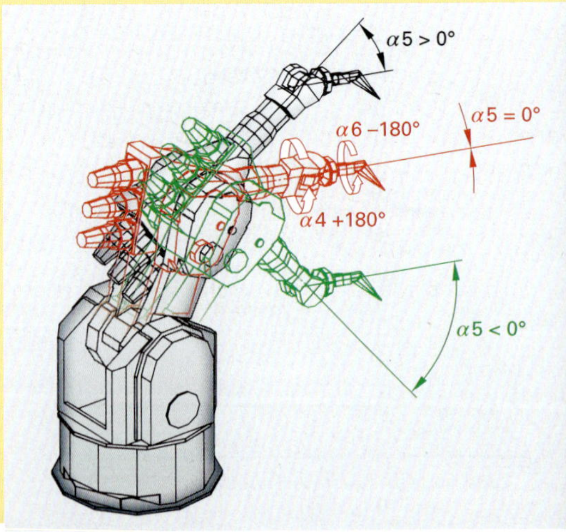

Bild 3: Singularität

Anders verhält es sich bei der Rückwärtstransformation. Hier ist das Problem nur speziell für den jeweiligen IR lösbar. Es entstehen Mehrdeutigkeiten, wenn die Berechnung eine begrenzte Anzahl von gleichwertigen Lösungen ergibt. Es entstehen Singularitäten, wenn die Berechnung unendlich viele Lösungen ergibt. Der Programmierer muss bei der Erstellung des Roboterprogrammes auf die richtige Konfiguration achten.

Ein weiteres Koordinatensystem, das beim Teachen zur Anwendung kommt, ist das **Greiferkoordinatensystem**. Wenn Raumgeraden parallel oder rechtwinklig zur Werkzeug- bzw. Greiferorientierung realisiert werden müssen, z.B. ein Werkstück in eine schräg im Raum liegende Bohrung (d.h. Mittelpunktsachse der Bohrung stimmt nicht mit einer Achse X, Y oder Z der Weltkoordinaten überein) einführen, dann ist es fast unmöglich, dieses Problem in Welt- oder Gelenkkoordinaten zu lösen. Es müssen nämlich hier beim Teachen mehrere Achsen gleichzeitig bewegt werden **(Bild 1)**.

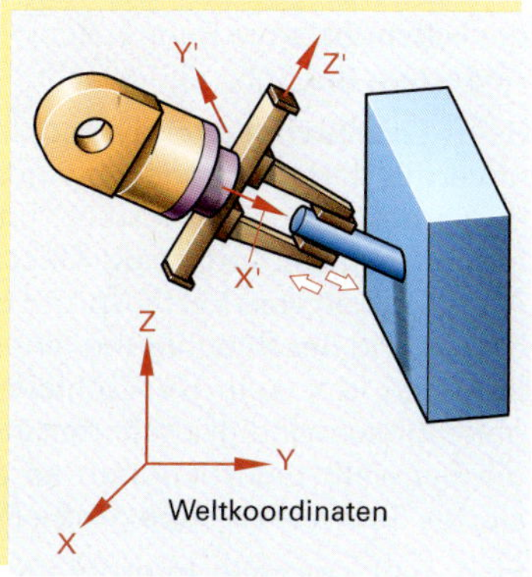

Bild 1: Greiferkoordinaten

In diesem Fall wird ein Koordinatensystem in den Greifer (in **Bild 1** X′, Y′ und Z′) gelegt. Meistens benutzt man ein kartesisches Raumkoordinatensystem, bei dem der Koordinatennullpunkt mit dem TCP übereinstimmt und die drei senkrechten Koordinatenachsen so angeordnet sind, dass eine genau in verlängerter Greiferrichtung zeigt. Die Verfahrbewegungen beim Teachen erfolgen dann in Richtung dieser Koordinatenachsen.

Im Gegensatz zu z.B. CNC-Fräsmaschinen, die meist mit 3D-Steuerungen auskommen, treten beim IR häufig mehr als drei Achsen auf. Dies hat zur Folge, dass die Koordinatenangaben für Roboter schwieriger zu verstehen sind. Prinzipiell sei darauf hingewiesen, dass die Verwendung der unterschiedlichen Koordinatensysteme

- Weltkoordinaten
- Gelenkkoordinaten
- Greiferkoordinaten

nur beim Teachen der Arbeitslagen wichtig ist. Die Steuerung gibt sowieso immer die Achswerte (bei rotatorischen Achsen Winkel und bei translatorischen Achsen Strecken) an die Lageregelung aus. Jedes der drei Koordinatensysteme hat in der Praxis seine speziellen Anwendungsvorteile.

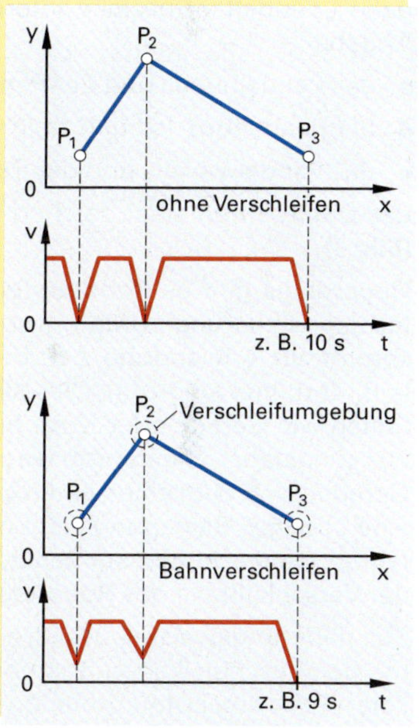

Bild 2: Bahnverschleifen

Roboterspezifische Bahninterpolatoren

Neben den „klassischen" Interpolatoren für Gerade und Kreis gibt es bei Robotersteuerungen spezifische Interpolatoren, wie z.B. das **Verschleifen.** Beim „normalen" Abfahren einer Folge von Punkten im Raum wird jeder Punkt, der angegeben ist, exakt in seinen Koordinaten und Orientierungen angefahren. Dies bedeutet für die Lageregelung, dass die Bahngeschwindigkeit in den Punkten immer Null ist **(Bild 2)**. Oft handelt es sich hier lediglich um Zwischenpunkte, die man nicht exakt treffen muss; sie dienen z.B. nur zum Umfahren eines Hindernisses. Man ist also durchaus bereit, zugunsten der Schnelligkeit Abstriche an der Genauigkeit zu akzeptieren.

Das **Bahnverschleifen** ermöglicht bezüglich der Geschwindigkeit und der Orientierung einen stetigen Übergang von einem programmierten Bahnsegment in das andere. Damit wird die Bewegung harmonischer. Ferner geht hiermit eine 10- bis 15-prozentige Zeitersparnis einher **(Bild 2).** Durch das Verschleifen der Roboter-Bewegung braucht die Steuerung die Bewegung nicht bis zum Stillstand ($v = 0$ m/s) herabzubremsen, sondern kann, wenn der Verschleifradius erreicht ist, die Richtung für den nächsten Punkt harmonisch ändern. Je nach Hersteller ist der Verschleifradius softwareseitig vorgegeben oder frei (in technisch sinnvollen Grenzen) programmierbar.

Ein anderes Verschleifen wird angewendet, wenn z.B. bei einer Schweißkonstruktion eine Schweißnaht hergestellt werden soll, die nicht nur entlang einer Geraden liegt, sondern mehrere Knickpunkte hat. Ein Bahnverschleifen wäre hier nicht durchführbar. Einmal würden die Zwischenpunkte nicht exakt, je nach Einstellung des Verschleifradius, getroffen werden, zum andern würde sich in der Nähe der Hilfspunkte die Bahngeschwindigkeit des TCP ändern, was einer Änderung der Schweißvorschubgeschwindigkeit entspräche.

Beim **Geschwindigkeitsverschleifen (Bild 1)** wird im Idealfall mit unverminderter Bahngeschwindigkeit des TCP im Überschleifpunkt durch den programmierten Punkt gefahren. Dies ist jedoch nicht immer möglich, sodass die Geschwindigkeit im Überschleifpunkt in Abhängigkeit vom Verfahrprofil und der programmierten Geschwindigkeit und Beschleunigung einen Wert zwischen Null (exaktes Positionieren, d.h. kein Überschleifen) und v_{soll} (ideales Überschleifen ohne Geschwindigkeitsänderung) annimmt. Grundsätzlich sollten die Schweißkonstruktionen so ausgelegt sein, dass ein automatisiertes Schweißen ohne große Probleme möglich ist.

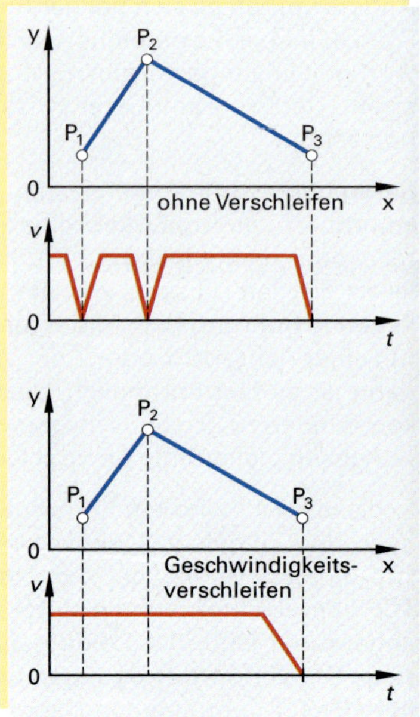

Bild 1: Geschwindigkeitsverschleifen

Eine sehr spezielle Interpolationsart ist das **Pendeln.** Sie hat ihr hauptsächliches Einsatzgebiet beim Bahnschweißen. Hier ist es häufig notwendig, dass das Schweißwerkzeug um eine Mittelpunktsbahn „pendelt". Spezielle Interpolatoren vereinfachen z.B. durch Angabe

- des Pendelhubes und der Pendelfrequenz,
- der Pendelform (sinusförmig, rechteckig, dreieckig),
- des Pendelwinkels und der Pendelebene

das Durchführen einer solchen Pendelbewegung beim Schweißen **(Bild 2).**

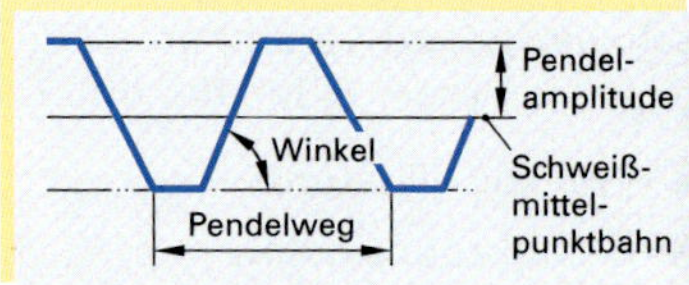

Bild 2: Pendeln

Neuerdings gibt es Robotersteuerungen mit völlig neu konzipierter Bahnsteuerung durch die sogenannte **Spline-Interpolation.** Sie kommt zur Anwendung z.B. beim Lackieren von Freiformflächen (z.B. Kotflügel am Auto). Dies sind gekrümmte Flächen im Raum, die nicht durch mathematische Funktionen wie Gerade oder Kreis beschrieben werden können. Solche komplizierten Raumkurven können nur „ungefähr" abgefahren werden. Eine Möglichkeit wäre hier das Beschreiben mit sehr vielen kleinen Geraden, was zum einen einen erheblichen Teach-Aufwand zur Folge hätte. Zum anderen wird hierdurch eine „eckige" Bewegung erzeugt, die beim Versuch mit relativ konstanter Bahngeschwindigkeit zu verfahren, wieder zu sehr starken Beschleunigungssprüngen der Antriebe und somit zu großen Belastungen der Verschleißteile des Roboters führt.

Zur näherungsweisen Beschreibung einer solch gekrümmten Bahn mithilfe von Splines (speziellen mathematischen Näherungsfunktionen) sind weniger Positionen erforderlich als mit herkömmlicher Zirkular- bzw. Linear-Interpolation. Dadurch sind komplexe Bahnbewegungen (z.B. Freiformflächen oder komplexe Konturen) mit erheblich niedrigerem Teach-Aufwand programmierbar. Mit einher geht eine minimierte Maschinenbelastung durch harmonische Bahnübergänge, die keine Beschleunigungssprünge erzeugen. Weiterhin erlaubt die Anwendung der Spline-Interpolation eine höhere Bahngeschwindigkeit ohne dadurch Genauigkeitsverluste zu erzeugen.

Arbeitsauftrag:

1. Welche Mehrdeutigkeiten können bei einem sechsachsigen Knickarmroboter durch Anbringen einer siebten Achse (Verfahrachse) entstehen?
2. Geben Sie für den IR in Aufgabe 1 einmal die Gelenkkoordinaten und einmal die Weltkoordinaten an. Geben Sie auch die richtigen physikalischen Einheiten an.
3. Skizzieren Sie die Mehrdeutigkeitsstellung Flip/No Flip an einem sechsachsigen Knickarmroboter.
4. Skizzieren Sie das Geschwindigkeitsprofil der x- und y-Achsen einer zweidimensionalen Bahnsteuerung in einem v-t-Diagramm für eine Vollkreisbewegung.

7.9.4 Programmierung von IR

Analog zur Programmierung von Werkzeugmaschinen muss die Bewegungsaufgabe bzw. Handhabungsaufgabe in einzelne Sequenzen zerlegt und über geeignete Programmierverfahren als Programm für die jeweilige Robotersteuerung erstellt werden. Die Programmierung der Robotersteuerung hat einen wesentlichen Einfluss auf die Leistungsfähigkeit eines Industrieroboters. Um Rüst- und Umrüstzeiten zu minimieren, muss die Programmierung möglichst einfach und übersichtlich und mit wenig Aufwand durchführbar sein.

Beispiel: Ein Werkstück soll von einer Ablageposition zu einem Werkstückträger transportiert und dort abgelegt werden.

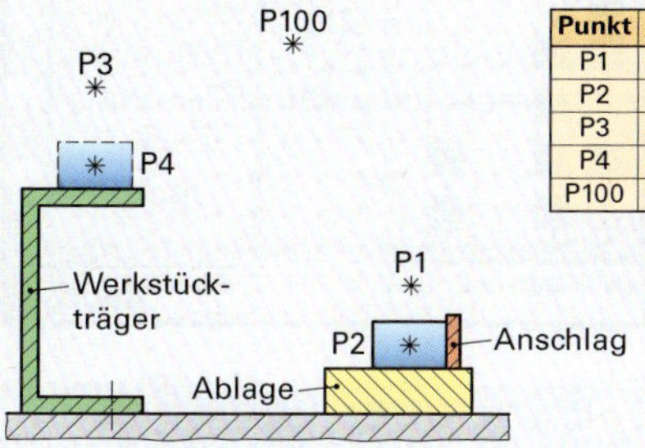

Punkt	Kommentar
P1	Anfahrposition Ablage
P2	Greifposition Ablage
P3	Anfahrposition Werkstückhalter
P4	Ablageposition Werkstückhalter
P100	Rückzugspunkt

Programmablaufplan	Roboterprogramm
START	Wird automatisch eingefügt
P1	MOVE P1
Greifer auf	GRIPPER 1
P2	MOVE P2
Greifer zu	GRIPPER 0
P1	MOVE P1
P3	MOVE P3
P4	MOVE P4
Greifer auf	GRIPPER 1
P3	MOVE P3
P100	MOVE P100
ENDE	Wird automatisch eingefügt

Bild 1: Pick & Place-Übung

Roboterprogramme sollen:

- leicht erstellbar
- einfach anzupassen
- leicht optimierbar
- schnell und einfach korrigierbar sein.

Grundsätzlich sind bei der Roboterprogrammierung zwei Phasen zu unterscheiden. Einmal sind die Punkte (inkl. Orientierung) an der Applikation zu bestimmen und abzuspeichern. Zum anderen werden im eigentlichen Programm die Verfahrwege, Beschleunigungen und Geschwindigkeiten zwischen diesen Punkten festgelegt (linear, zirkular), eventuelle Unterprogramme erstellt und die Kommunikation mit den E/As (Ein-Ausgabeeinheiten) aufgebaut. Informationstechnisch gesehen sind die Punktangaben im Hauptprogramm Variablen, die mit Werten gefüllt werden müssen **(Bild 1)**.

Das Finden der Punkte geschieht in der Praxis häufig durch Teachen des IR direkt vor Ort an der Applikation. Zum anderen bieten heutige Roboterhersteller Simulationssoftware **(Bild 2)** an, mithilfe derer die ganze Roboterzelle am PC „eins zu eins" abgebildet werden kann. Hier liegen dann die Punkte schon durch die Simulation vor. Eine Simulation hat den Vorteil, dass der Hersteller schon vor Inbetriebnahme wichtige Betrachtungen an seiner Applikation wie Kollisionsbetrachtungen, Taktzeitermittlung, Ausfallssimulationen usw. durchführen kann. In der Praxis muss dann allerdings beim realen Einbau der IR noch „nachgeteacht" werden.

Eine Variante, bei der sowohl die Punkte als auch die Verfahrwege mit den jeweiligen Beschleunigungen und Geschwindigkeiten in einem Arbeitsgang ermittelt werden, ist das **Play-Back-Verfahren.** Hier wird der IR bei abgeschalteten Antrieben vom Bediener entlang der zu programmierenden Bahn geführt. Während dieser Phase werden in einem festgelegten Zeittakt alle für die Wiedergabe der Bahn notwendigen Daten gespeichert. Diese Art zu programmieren kommt hauptsächlich bei Beschichtungsrobotern zur Anwendung **(Bild 3)**.

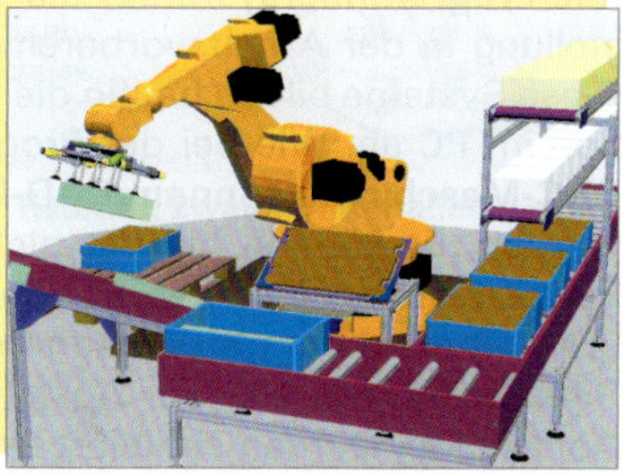

Bild 2: Programmsimulation

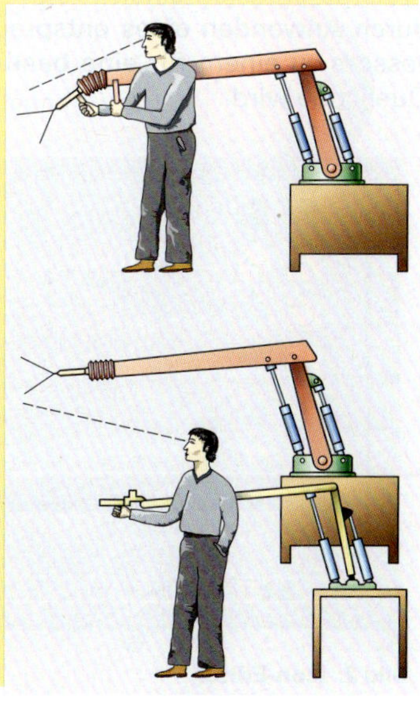

Bild 3: Playback-Verfahren

8.1 Das Bohr'sche Atommodell

Alle auf der Erde vorkommenden Stoffe bestehen aus Molekülen, die ihrerseits aus einzelnen Atomen zusammengesetzt sind. Die physikalischen Eigenschaften der Atome und deren Verhalten untereinander werden durch ihre Bestandteile bestimmt.

Das Atommodell, welches von Niels Bohr[1] entwickelt wurde, geht von einem Modell aus, das im Zentrum einen Atomkern besitzt. Dieser wiederum besteht aus Neutronen und Protonen. Auf konzentrischen Kreisen um den Atomkern kreisen Elektronen in unterschiedlichen Abständen. Man spricht hierbei von Schalen **(Bild 1)**, weshalb das Bohr'sche Atommodell auch als Schalenmodell bezeichnet wird.

Alle auf der Erde vorkommenden Elemente sind in einem System, dem Periodensystem der Elemente, nach Atomaufbau und Atomgewicht eingeordnet.

Neutronen sind elektrisch neutral. Im Verhältnis zu Protonen und Elektronen besitzen sie eine sehr große Masse. Sie befinden sich im Atomkern **(Bild 2)**.

Protonen sind elektrisch positiv geladen. Atome bestehen im Atomkern aus Neutronen und Protonen meistens gleicher Anzahl.

Elektronen sind elektrisch negativ geladen. Sie kreisen auf unterschiedlichen Schalen um den Atomkern **(Bild 3)**. Die Anzahl der Elektronen ist im Normalfall gleich der Anzahl der Protonen. Das Atom ist nach außen hin elektrisch neutral.

- Neutronen sind elektrisch neutral.
- Protonen sind elektrisch positiv geladen.
- Elektronen sind elektrisch negativ geladen.

Protonen und Elektronen weisen eine jeweils gleich große Ladung von $e = \pm 1{,}602 \cdot 10^{-19}$ C (C = Coulomb, 1 C = 1 As) auf.

Die elektrische Ladung ist die Elektrizitätsmenge, die sich auf der Oberfläche eines Körpers befindet. Die kleinste in der Natur vorkommende Elektrizitätsmenge ist die Elementarladung.

Im Folgenden wird am Beispiel eines Natriumatoms der Aufbau von Atomen genauer untersucht. Das Natriumatom besteht im Kern aus elf Protonen und elf Neutronen. Um den Atomkern kreisen insgesamt elf Elektronen. Das Verdienst von Nils Bohr war es nun, genau diese Bestandteile eines Atoms zu beschreiben und ihren Aufenthaltsort in seinem Modell festzulegen, sodass das Verhalten der Elemente physikalisch erklärt werden kann.

Die physikalischen (elektrischen) Eigenschaften von Atomen werden durch den Atomaufbau bestimmt.

[1] Nils Bohr: dänischer Physiker (1885 –1962)

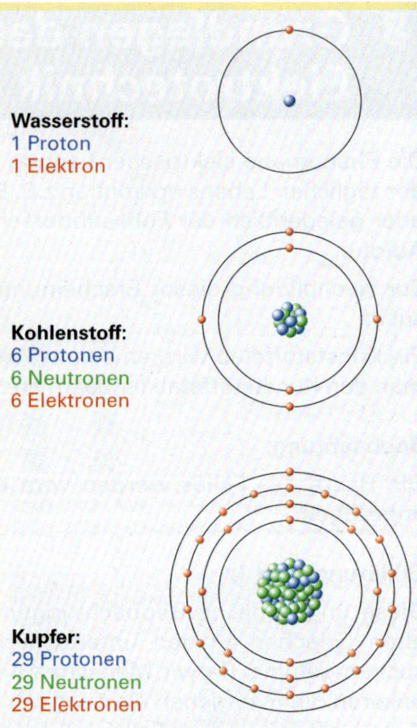

Bild 1: Atomaufbau

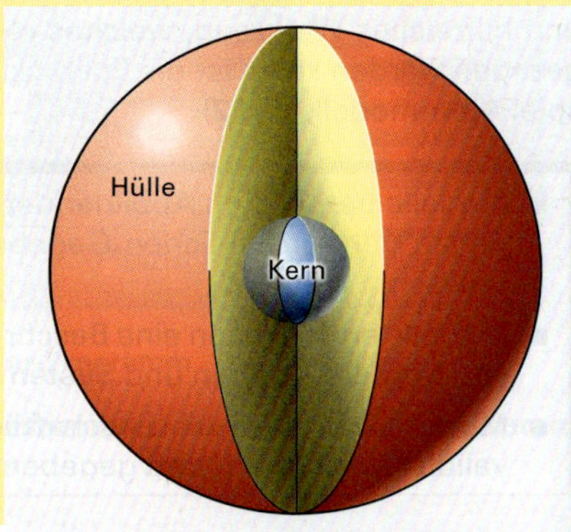

Bild 2: Atommodell

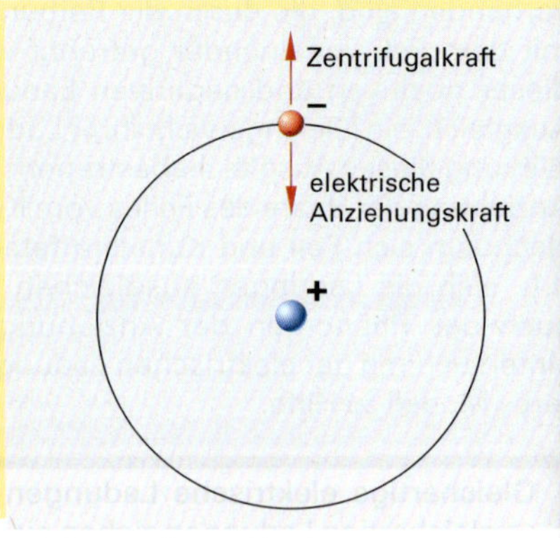

Bild 3: Kräfte und Ladungen

8.2 Ladungstrennung

Beim Reiben des Felles an dem Kunststoffstab werden Ladungen getrennt. Zur vereinfachten Darstellung der Ladungstrennung wird das Modell eines Natriumatoms herangezogen **(Bild 1).** Entzieht man dem Natriumatom ein Elektron, so überwiegen die positiven Ladungsträger (Protonen). Das Atom ist somit elektrisch positiv geladen. Erhält im Gegensatz hierzu ein Natriumatom ein Elektron mehr, so verfügt es über mehr negative als positive Ladungsträger. Das Atom ist dann elektrisch negativ geladen **(Bild 2).**

Unter dem Mikroskop betrachtet, würde ein sehr kleiner Ausschnitt des Felles und des Kunststoffstabes wie zwei sich gegenüberliegende Flächen erscheinen. Im Ausgangszustand sind Fell und Kunststoffstab nach außen hin elektrisch neutral **(Bild 3).** Durch Reibung werden von einem Kunststoffstab, Elektronen auf das Fell übertragen. Die eingesetzte mechanische Arbeit wurde offensichtlich in Ladungstrennungsarbeit umgesetzt **(Bild 4).** Je mehr Reibung, d.h. Ladungstrennungsarbeit verrichtet wird, desto stärker wird das Fell von dem Kunststoffstab angezogen. Aus diesem Zusammenhang lässt sich eine erste Definition der elektrischen Spannung ableiten:

> Die **elektrische Spannung** ist ein Maß für die Ladungstrennungsarbeit je Ladung.
>
> Spannung = Potentialunterschied

Durch das Einsetzen der Formelzeichen erhält man:

$U = W/Q$

U = elektrische Spannung

W = Ladungstrennungsarbeit

Q = elektrische Ladung (für den Spezialfall $Q = -1{,}602 \cdot 10^{-19}$ As setzt man das Formelzeichen e ein)

Die elektrische Ladung Q repräsentiert in diesem Fall die Elementarladung eines Elektrons ($e = -1{,}602 \cdot 10^{-19}$ As). Die mechanische Arbeit W ist hier die Reibung ($[W]$ = Nm = kg m^2/s^2). Dadurch ergibt sich für die elektrische Spannung folgende Einheit:

$$[U] = \frac{\text{kg} \cdot \text{m}^2}{\text{As}^3}$$

Zu Ehren des italienischen Physikers Volta wurde für die Einheit der elektrischen Spannung der Buchstabe V eingeführt.

$$[U] = \text{V (sprich: Volt)}$$

Durch stärkere Reibung des Felles am Kunststoffstab erhöht sich die Anziehungskraft, die vom Kunststoffstab auf die Haare des Felles wirkt. Die größere Anziehungskraft kann nur durch ein größeres Ausgleichsbestreben der gegensätzlichen Ladungen hervorgerufen werden. Da mehr Reibung (Ladungstrennungsarbeit) zu einer größeren elektrischen Spannung führt, kann eine weitere Definition der elektrischen Spannung festgelegt werden:

> Elektrische Spannung ist das Ausgleichsbestreben gegensätzlicher Ladungen.

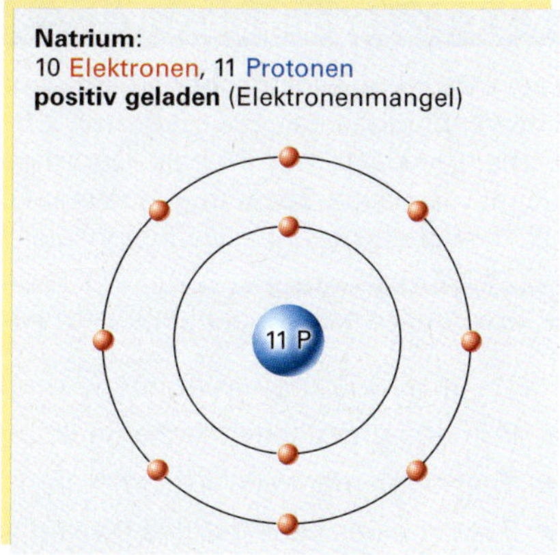

Bild 1: Natriumatommodell

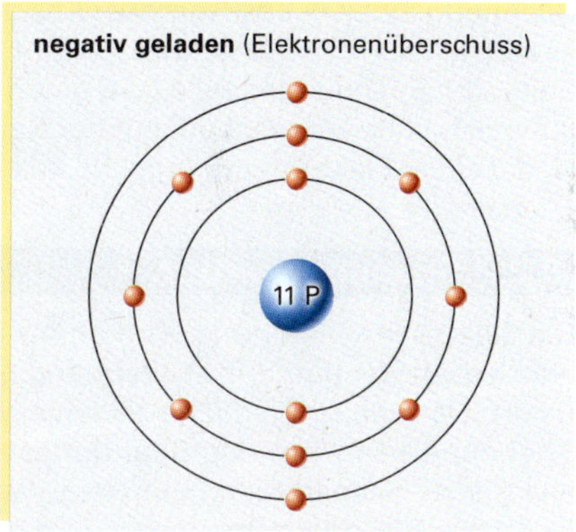

Bild 2: Elektronenüberschuss

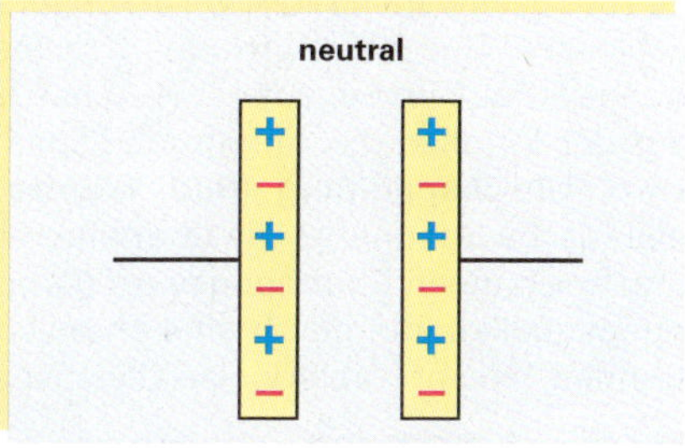

Bild 3: Ohne Ladungstrennung

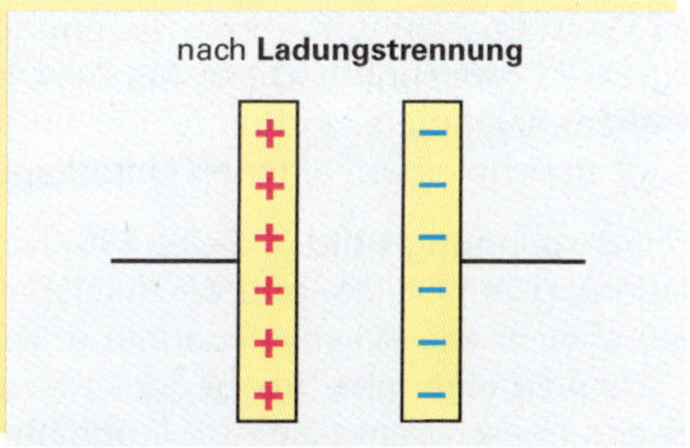

Bild 4: Ladungstrennung

8

8.2.1 Erzeugung elektrischer Spannung

Die Erzeugung elektrischer Spannung basiert immer auf der Umwandlung einer Energieform, z.B. mechanische Energie (Arbeit), in elektrische Energie. Derartige Energiewandler **(Bild 1)** nennt man auch Spannungsquellen. Für die Quellenspannung gilt die bereits bekannte Definitionsgleichung: $U = W/Q$.

Spannungsquellen stellen elektrische Energie bereit.

Heute übliche Energiewandler (Spannungsquellen) sind:

- Primärelement (chemische Reaktion) **(Bild 2)**
- Thermoelemente (Wärmewirkung)
- Zünder eines Feuerzeuges (Kristallverformung)
- Induktionsspule (Induktion)
- Fotoelement (durch Lichteinwirkung)

Spannungsquellen besitzen zwei Anschlüsse. Diese Anschlüsse werden als Pole bezeichnet. Es gibt einen Minuspol auf der Seite der Spannungsquelle, die einen Elektronenüberschuss aufweist, und einen Pluspol auf der Seite der Spannungsquelle, die einen Elektronenmangel besitzt **(Bild 3)**.

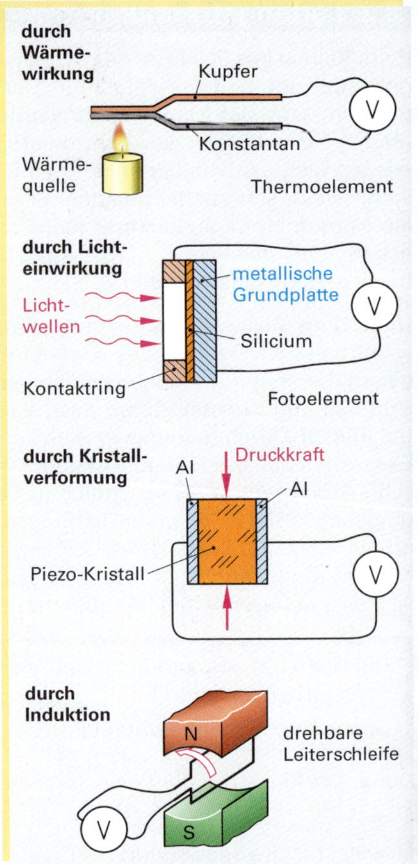

Bild 1: Einige Arten der Ladungstrennung

Bild 2: Primärelemente

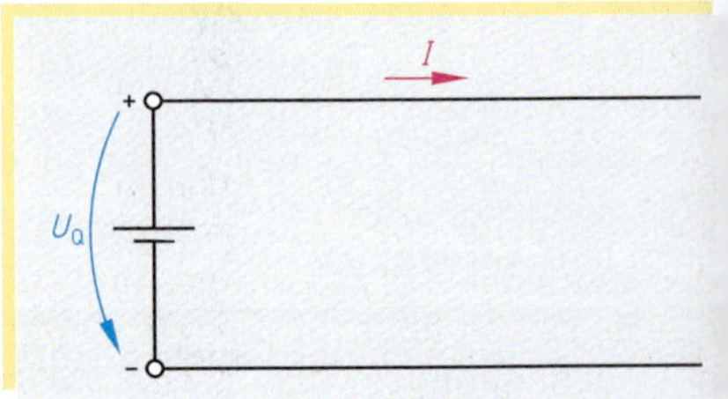

Bild 3: Symbol Primärelement

8.2.2 Spannungsarten

Die elektrische Spannung wird außer über ihren Spannungswert zusätzlich durch ihr zeitabhängiges Verhalten charakterisiert. Der unterschiedliche zeitliche Verlauf der elektrischen Spannung kann bei der Spannungserzeugung, oder durch elektrische Schaltungen festgelegt werden. Der zeitliche Verlauf der elektrischen Spannung wird unter Zuhilfenahme spezieller Messinstrumente, wie z.B. dem Oszilloskop gezeigt. Ein Oszilloskop misst grundsätzlich nur elektrische Spannungen. Es wird dazu parallel zum Verbraucher (Widerstand etc.) angeschlossen. Der Bildschirm des Oszilloskopes zeigt den Spannungsverlauf, wobei auf der X-Achse der zeitliche Verlauf und auf der Y-Achse die Amplitude (Spannungswert) dargestellt wird. **Gleichspannung (Bild 1, Seite 289)** bezeichnet eine elektrische Spannung, die über einen längeren Zeitraum kontinuierlich einen Spannungswert (Amplitude) aufweist. Spannungsquellen, die durch eine chemische Reaktion Ladungen trennen, sind normalerweise Gleichspannungsquellen.

Beispiele hierfür sind Batterien wie Taschenlampenbatterien, Autobatterien usw.

Wechselspannungen (Bild 2, Seite 289) ändern im Gegensatz zu Gleichspannungen ihren Spannungswert im Laufe relativ kurzer Zeitabschnitte. Diese Art elektrischer Spannung besitzt weitere Merkmale und ist technisch von großer Bedeutung, sodass sie in einem eigenen Unterkapitel besprochen wird.

Mischspannung (Bild 3, Seite 289) ist das Resultat der Überlagerung von Gleich- und Wechselspannung. Mischspannung ist, ähnlich wie Wechselspannung, leicht an ihrem zeitlichen Verlauf zu erkennen. Im Gegensatz zu einer reinen Wechselspannung schwankt die Amplitude (Spannungswert) nicht um einen Nullpunkt.

8.3 Elektrischer Strom

Elektrischer Strom wird zum Transport der elektrischen Energie benötigt. Verbindet man eine Glühlampe über Kupferdrähte mit einer Batterie, so leuchtet die Lampe. Die in der Batterie gespeicherte Energie wird offensichtlich über die Kupferdrähte zur Glühlampe transportiert und dort in Licht umgewandelt.

Elektrische Spannung ist das Ausgleichsbestreben gegensätzlicher elektrischer Ladungen. In der Spannungsquelle herrscht an einem Pol (Anschluss) ein Überschuss an Elektronen und an dem anderen Pol ein Elektronenmangel. Schließt man den Stromkreis von der Spannungsquelle über die Kupferleitungen und die Glühlampe, so wandern Elektronen von einem Pol der Spannungsquelle durch die Kupferleitung **(Bild 4)** und durch die Glühlampe. Ein elektrischer Strom fließt durch die Glühlampe. Die Glühlampe leuchtet.

Elektrischer Strom ist die gerichtete Bewegung von Ladungen.

Die Elektronen werden von der Spannungsquelle über den geschlossenen elektrischen Stromkreis von einem Pol der Spannungsquelle zum anderen Pol der Spannungsquelle verschoben. Der elektrische Stromkreis wird von der Spannungsquelle über elektrische Leiter (z. B. Kupferdraht) zur Glühlampe und von da aus wieder über elektrische Leiter zur Spannungsquelle zurück geschlossen.

Elektrische Leiter sind Materialien, die frei bewegliche Ladungsträger (z. B. Elektronen) besitzen.

Jeweils ein Elektron, welches von der Seite der Spannungsquelle mit einem Elektronenüberschuss wegwandert, besetzt genau eine freie Stelle auf der Seite der Spannungsquelle mit einem Elektronenmangel.

Die Anzahl der wegfließenden und die Anzahl der ankommenden Ladungsträger (Elektronen) müssen an der Spannungsquelle immer gleich groß sein.

Elektrischer Strom geht nicht „verloren" und wird nicht verbraucht.

In der Spannungsquelle findet durch den elektrischen Strom ein Ladungsausgleich statt, dadurch sinkt die elektrische Spannung der Spannungsquelle **(Bild 1, Seite 290)**. Diesem Effekt kann nur durch erneute Ladungstrennung entgegengewirkt werden **(Bild 2, Seite 290)**. Bei einer Taschenlampenbatterie erfolgt die kontinuierliche Umwandlung chemischer Energie in Ladungstrennungsarbeit. Dies ist bekannterweise ein endlicher Prozess, dessen Ende am Erlöschen der Glühlampe festzustellen ist. Aus elektrotechnischer Sicht ist durch den Ladungsausgleich die Spannung der Batterie (Spannungsquelle) soweit abgesunken, dass entweder kein, oder ein nur noch sehr geringer Strom fließt. Die Glühlampe leuchtet infolgedessen nicht mehr oder nur noch sehr schwach.

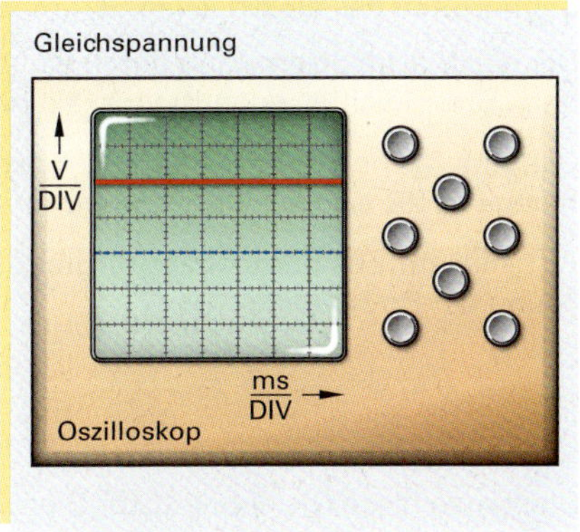

Bild 1: Gleichspannung

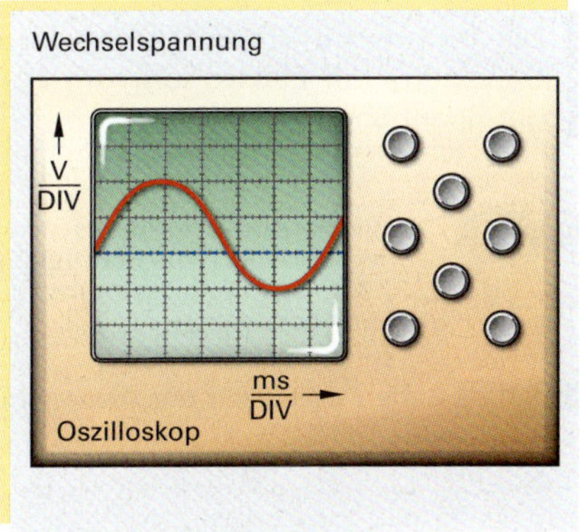

Bild 2: Wechselspannung

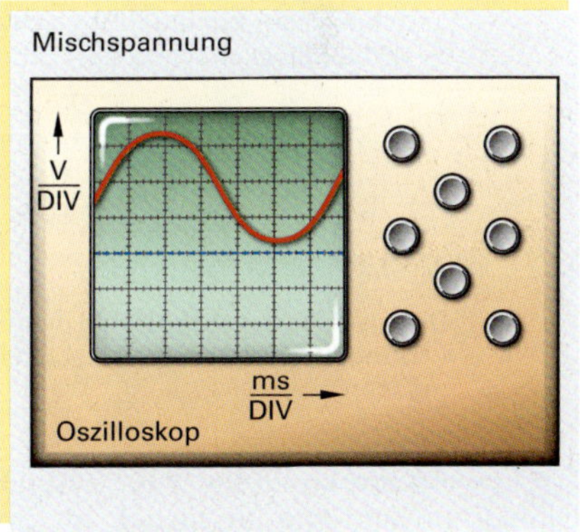

Bild 3: Mischspannung

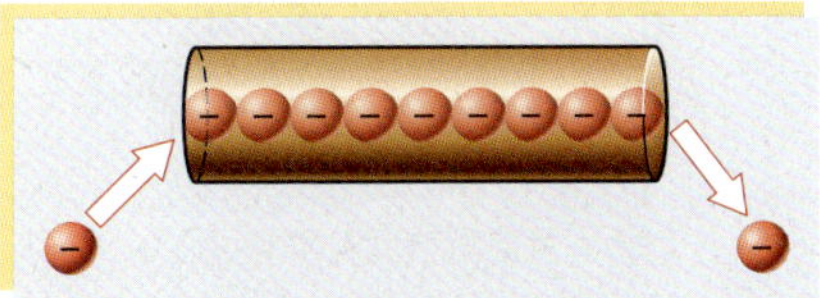

Bild 4: Ladungsträgertransport im Leiter

8

Kenngrößen des elektrischen Stromes

Der elektrische Strom kann durch die Angaben „Stromstärke" und „Stromdichte" quantitativ exakt beschrieben werden.

Die elektrische Stromstärke I ist proportional zur Ladungsmenge Q, die sich in einem Leiter pro Zeiteinheit bewegt.

Aus diesem Zusammenhang ergibt sich die Definitionsgleichung der Stromstärke:

$$I = \frac{Q}{t} \qquad [I] = \frac{\text{As}}{\text{s}}$$

Die Einheit der Stromstärke ist das Ampere[1] $[I] = \text{A}$

Stellt man diese Gleichung nach Q um, erhält man:

$$Q = I \cdot t$$

Stromrichtung:
Die technische Stromrichtung ist entgegengesetzt der Bewegung der Elektronen vom Plus-Pol zum Minus-Pol der Spannungsquelle **(Bild 3)**.

Beispiel: Zur Verdeutlichung dieser Angaben nehmen wir die Ladungsmenge einer handelsüblichen Mignonzelle Q = 0,133 Ah, die in einer leistungsstarken Taschenlampe eingebaut ist, zur Hilfe.

Lösung: Gehen wir davon aus, dass ein Strom von 1 A fließt, so ergibt sich:

$$t = \frac{Q}{I} \qquad t = \frac{0{,}13\ \text{Ah}}{1\ \text{A}}$$

$$t = 0{,}13\ \text{h} = 7{,}98\ \text{min} = 487{,}8\ \text{s}$$

Die kleinste mögliche Ladungsmenge eines Ladungsträgers beträgt $e = 1{,}602 \cdot 10^{-19}$ As. Die Anzahl N der bewegten Ladungsträger bei einer Stromstärke von I = 1 A in der Zeit t = 487,8 s lässt sich nun berechnen:

$$Q = I \cdot t \qquad N = \frac{Q}{e}$$

$$N = \frac{I \cdot t}{e} \qquad N = \frac{1\ \text{A} \cdot 487{,}8\ \text{s}}{1{,}602 \cdot 10^{-19}\ \text{As}}$$

$$N = 3{,}045\ 10^{21}$$

Dies ist eine extrem hohe, nicht vorstellbare Anzahl von Ladungsträgern, die im geschlossenen Stromkreis fließen müssen.

Die Leitung der Ladungsträger von der Spannungsquelle zur Glühlampe und wieder zurück zur Spannungsquelle erfolgt im einfachsten Fall über elektrisch leitende Metalldrähte. Die Ladungsträger, welche gleichzeitig durch einen Leiter fließen, müssen sich praktisch gleichmäßig über den Leiterquerschnitt verteilen. Diese Verteilung ist die Stromdichte.

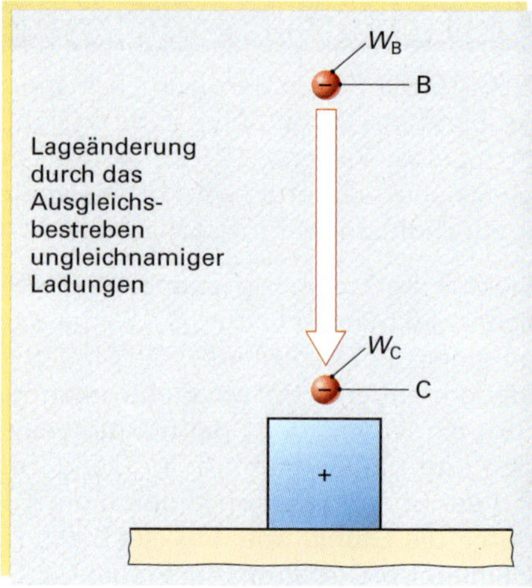

Bild 1: Ladungsausgleich

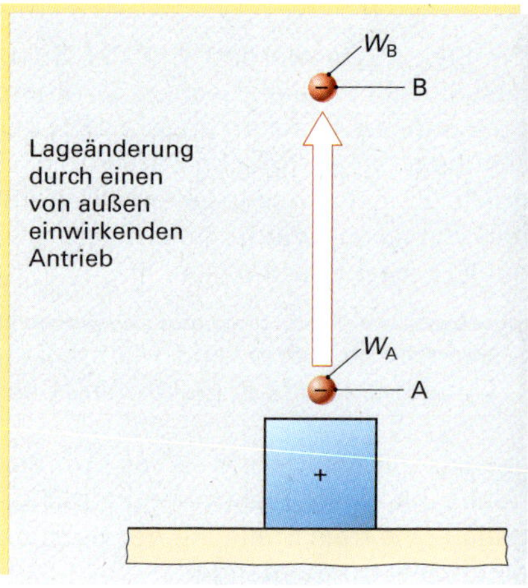

Bild 2: Ladungstrennung

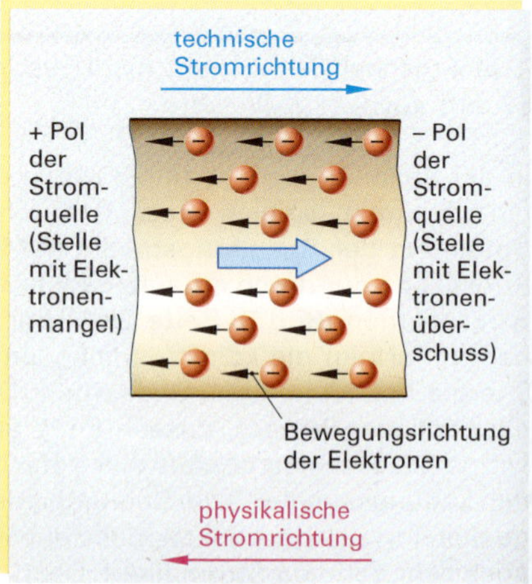

Bild 3: Stromrichtung

[1] André Marie Ampère: franz. Physiker und Mathematiker (1775–1836)

Die **Stromdichte J** ist die auf den Leiterquerschnitt A bezogene Stromstärke I.

Definition der Stromdichte **(Bild 1)**:

$$J = \frac{I}{A}$$

Die Einheit für die Stromdichte ergibt sich aus den bisher bekannten Einheiten:

$$[J] = \frac{\text{A}}{\text{mm}^2}$$

Die Stromdichte ist verantwortlich für die Erwärmung eines stromdurchflossenen Leiters. Diesen Zusammenhang kann man leicht nachvollziehen, wenn man sich vorstellt, dass mit steigender Stromdichte die Reibung der Ladungsträger infolge des „Platzmangels" immer mehr steigt **(Bild 2)**. Diese „Reibung" bewirkt die Erwärmung des Leiters, die bei genügend großer Stromdichte zum Schmelzen der Leitungen führen kann **(Brandgefahr!) (Tabelle 1)**.

Technisch wird der Effekt einer sehr hohen Stromdichte in Glühlampen ausgenutzt. Eine Glühlampe besitzt einen dünnen Draht, der sich infolge der hohen Stromdichte bis zum Glühen erhitzt. Die Glühlampe leuchtet.

Beispiel: Wie groß ist die Stromdichte in der Drahtwendel **(Bild 3)** einer Glühlampe mit einer Leistungsaufnahme von 100 W, wenn der Wolframdraht einen Durchmesser von 24 µm aufweist? Die Stromstärke im Drahtwendel beträgt 434,78 mA.

gegeben: $d = 24\ \mu\text{m}$
$I = 434{,}78\ \text{mA}$

gesucht: J

Lösung: $A = \frac{d^2 \cdot \pi}{4}$

$$A = \frac{(24\ \mu\text{m})^2 \cdot \pi}{4} = 4{,}524 \cdot 10^{-10}\ \text{m}^2 = 4{,}524 \cdot 10^{-10}\ (1000\ \text{mm})^2$$

$$A = 452{,}4 \cdot 10^{-6}\ \text{mm}^2$$

$$J = \frac{I}{A}$$

$$J = \frac{434{,}78\ \text{mA}}{452{,}4 \cdot 10^{-6}\ \text{mm}^2} = 961{,}05\ \frac{\text{A}}{\text{mm}^2}$$

8.4 Der elektrische Widerstand

Ladungsträger, die sich durch einen Werkstoff bewegen, werden mehr oder weniger in ihrem Fluss behindert. Diese Behinderung ist die Folge der Reibung zwischen den Ladungsträgern (z.B. Elektronen) und den Atomen des Werkstoffes (z.B. metallischer Leiter). Die Elektronen bewegen sich auf einem „Zickzack"-Kurs zwischen den Atomen des elektrischen Leiters, sie erfahren dabei einen Widerstand in ihrer Bewegung.

Durch die Erhöhung der Temperatur eines Leiterwerkstoffes werden zusätzlich die Atome des Leiters zu Schwingbewegungen angeregt. Dies hat zur Folge, dass die Ladungsträger noch stärker in ihrer Bewegung behindert werden, da noch mehr Kollisionen stattfinden.

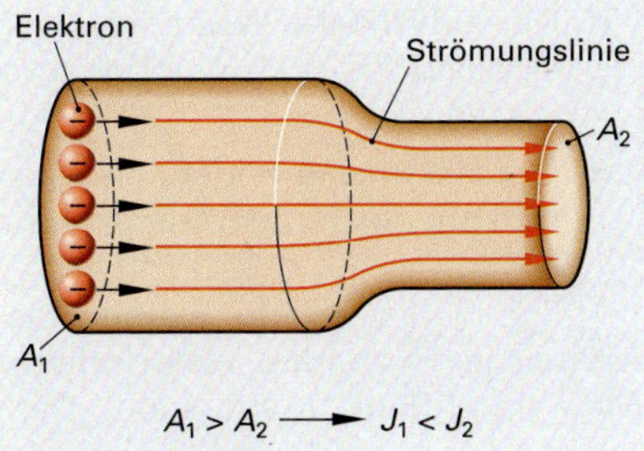

Bild 1: Stromdichte

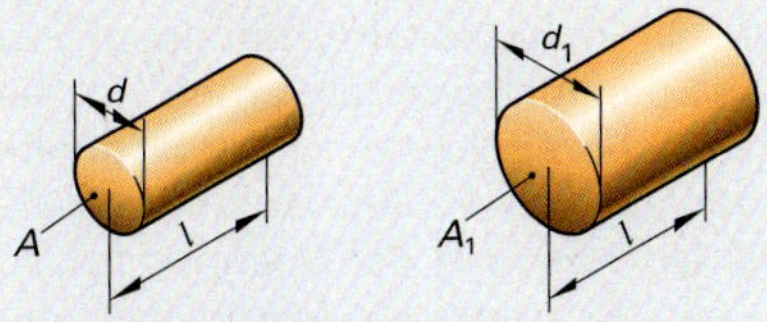

d	Drahtdurchmesser	$d_1 = 2d$
$A = \frac{d^2\pi}{4}$	Drahtquerschnittsfläche	$A_1 = \frac{d_1^2\pi}{4}$ $A_1 = \frac{4d^2\pi}{4}$
$A_0 = d \cdot \pi \cdot l$	Drahtoberfläche	$A_{01} = d_1 \cdot \pi \cdot l$ $A_{01} = 2d \cdot \pi \cdot l$

Verdoppelung des Drahtdurchmessers:

- Vervierfachung der Drahtquerschnittsfläche, aber nur
- Verdoppelung der Drahtoberfläche

Bild 2: Geometrie eines Leiters

Bild 3: Drahtwendel in Lampe

Tabelle 1: Zulässige Stromdichte Q (nach VDE 0289 Teil 4 bei Verlegung von Instakabel)

I [A]	A [mm²]	J [A/mm²]
16,5	1,5	11
30	4	7,5
53	10	5,3

- Der **elektrische Widerstand** ist die Eigenschaft eines Werkstoffes, sich dem elektrischen Strom zu widersetzen.
- Der elektrische Widerstand steigt bei elektrischen Leitern mit der Temperatur an.

Im folgenden Versuch werden die Beziehungen zwischen elektrischer Spannung, elektrischem Strom und elektrischem Widerstand **(Bild 1)** untersucht. Der Versuchsaufbau **(Bild 2)** besteht aus einer Spannungsquelle mit einer einstellbaren Spannung von $U = 0$ V ... 9 V und einem langen Draht, der auf einen Zylinder gewickelt ist als Widerstand.

Die Stromstärke wird mit einem Strommessgerät bestimmt. Die Spannungswerte werden eingestellt und dann jeweils die dazugehörenden Werte der Stromstärke am Strommessgerät abgelesen (siehe Anmerkung zur Messtechnik). Danach folgt die Übertragung der Spannungswerte und der Stromstärken in ein Spannungs-Strom-Diagramm **(Bild 3)**, Widerstand-Strom-Diagramm **(Bild 1, Seite 293)** und Widerstand-Spannungs-Diagramm **(Bild 2, Seite 293)**.

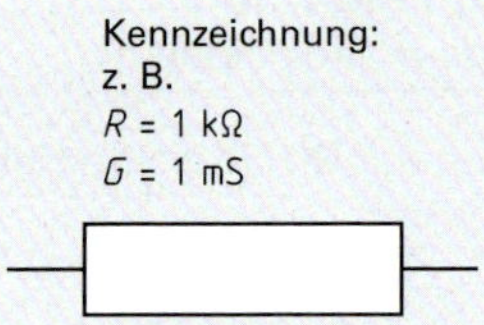

Bild 1: Schaltzeichen eines Widerstandes

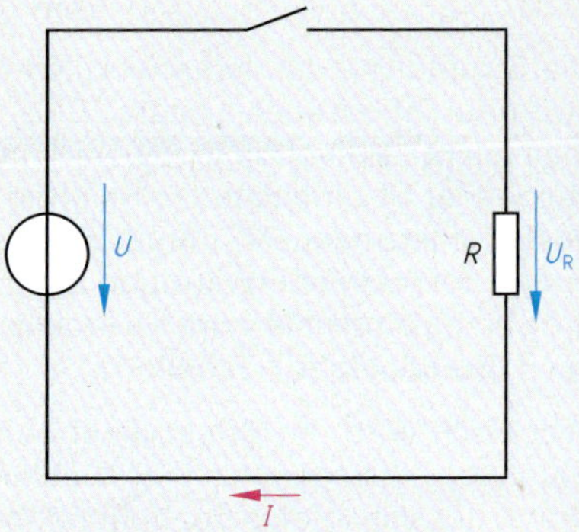

Bild 2: Strom und Spannungen im einfachen Stromkreis

Anmerkung zur Messtechnik

Strommesser werden immer in Reihe zu einem Verbraucher geschaltet.

Spannungsmesser werden immer parallel zu einem Verbraucher geschaltet.

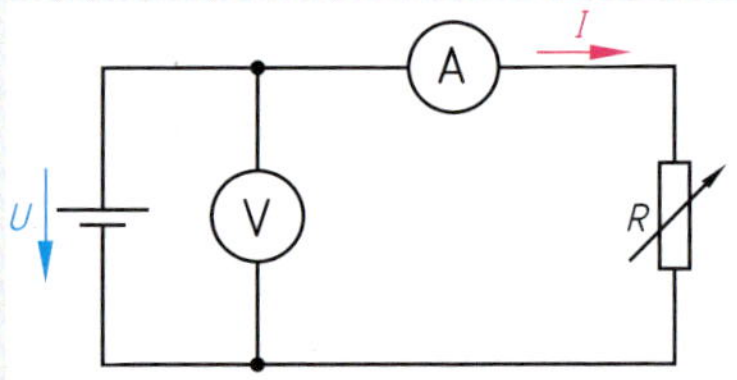

8.5 Das Ohm'sche Gesetz

Das sich ergebende U-I-Diagramm zeigt eine Gerade. Wie aus der Mathematik bekannt ist, bedeutet dies, dass die aufgetragenen Größen, also der elektrische Strom I und die elektrische Spannung U, proportional zueinander sind **(Bild 3)**.

$$U \sim I$$

Das Proportionalitätszeichen kann durch ein Gleichheitszeichen ersetzt werden, wenn ein Proportionalitätsfaktor eingeführt wird.

$$U = K \cdot I$$

Dieser Proportionalitätsfaktor ist der elektrische Widerstand R. Die Einheit des elektrischen Widerstandes ergibt sich aus der Betrachtung der Einheiten der Spannung U und des Stromes I:

$$K = \frac{U}{I}$$

Das **Ohm'sche Gesetz** lautet:

$$\boldsymbol{R = \frac{U}{I}} \qquad [R] = \frac{\text{V}}{\text{A}} = \Omega$$

Der elektrische Widerstand R ist der Proportionalitätsfaktor zwischen der Spannung U und der Stromstärke I.

Die Einheit für den elektrischen Widerstand $[R]$ = V/A wird zu Ehren des Physikers Ohm[1] mit dem griechischen Buchstaben Ω (Omega) bezeichnet (Ω sprich Ohm).

Werkstoffe, die einen kleinen elektrischen Widerstand aufweisen, behindern den Fluss des elektrischen Stromes nur wenig, sie besitzen einen guten Leitwert. Der Leitwert ist das Pendant zum elektrischen Widerstand.

U in V	I in A
6	0,02
12	0,04
18	0,06
24	0,08

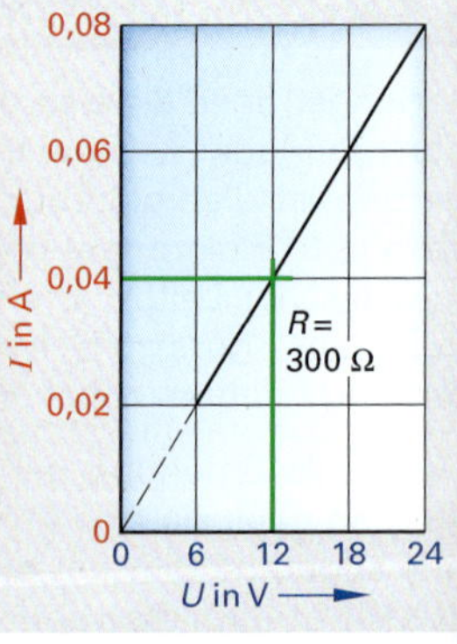

Bild 3: Spannungs-Strom-Diagramm

[1] Georg Simon Ohm: deutscher Physiker (1787–1854)

Definition des Leitwertes G:

Der **Leitwert** ist der reziproke Wert des Widerstandes.

$$G = \frac{1}{R} \quad \text{bzw.} \quad G = \frac{I}{U}$$

$$[G] = \frac{1}{\Omega} \quad \text{bzw.} \quad [G] = \frac{\text{A}}{\text{V}}$$

$[G] = \text{S}$ (S sprich Siemens[1])

Auch bei dieser Einheit wurde ein vereinfachtes Einheitszeichen (S) eingeführt.

8.6 Elektrische Arbeit und elektrische Leistung

In den vorangegangenen Überlegungen wurde bereits der Zusammenhang zwischen der elektrischen Spannung U und der elektrischen Ladungsmenge Q aufgezeigt:

$$U = \frac{W}{Q}$$

Die Umstellung der Formel nach der elektrischen Arbeit W ergibt:

$$\text{I.} \quad W = U \cdot Q.$$

Die Ladungsmenge Q verhält sich proportional zu dem elektrischen Strom I und zur Zeit t, wie schon bekannt ist:

$$\text{II.} \quad Q = I \cdot t$$

Ersetzt (substituiert) man die Ladung Q in Gleichung I durch den Ausdruck von Gleichung II erhält man eine formale Beschreibung der **elektrischen Arbeit:**

$W = U \cdot I \cdot t$ $\quad [W] = \text{A} \cdot \text{V} \cdot \text{s} = \text{Ws}$

W sprich Watt[2]

Die elektrische Arbeit W wächst mit der Zeit, der elektrischen Spannung und dem elektrischen Strom proportional an.

Die Angaben zur umgesetzten elektrischen Energie in den „Stromrechnungen" der EVUs (Energieversorgungsunternehmen), welche jeder Haushalt und jeder Betrieb erhält, beziehen sich üblicherweise auf die Einheit kWh (Kilowattstunde):

$$1\ \text{kWh} = 3\,600\,000\ \text{Ws}$$

Die elektrische Arbeit und die elektrische Leistung unterscheiden sich, analog zur mechanischen Arbeit im Bezug zur mechanischen Leistung, nur durch den Faktor Zeit. Jeder weiß aus eigener Erfahrung, dass man die Anstrengung, um eine Aufgabe zu erledigen, bei Verkürzung der zur Verfügung stehenden Zeit erhöhen muss. Die Leistung verhält sich umgekehrt proportional zur Zeit **(Bild 3)**.

[1] Werner v. Siemens: deutscher Erfinder (1816–1892)
[2] James Watt: englischer Erfinder (1736–1819)

R in Ω	I in A
300	0,08
240	0,10
150	0,16
100	0,24

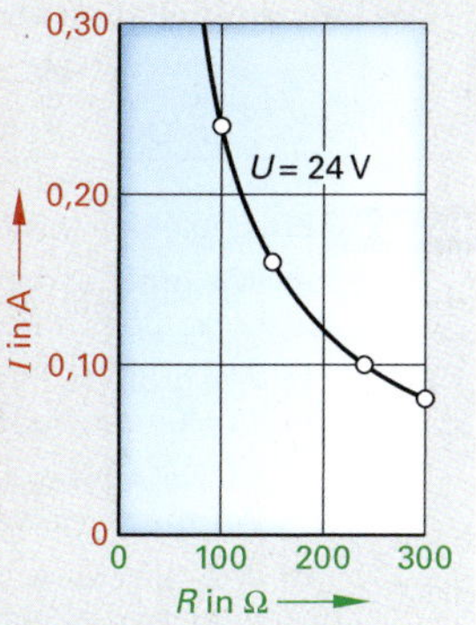

Bild 1: Strom in Abhängigkeit vom Widerstand

R in Ω	U in V
120	6
240	12
300	15
480	24

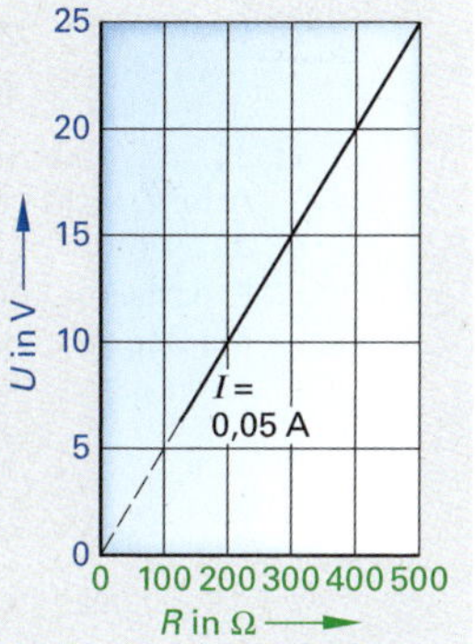

Bild 2: Spannung in Abhängigkeit vom Widerstand

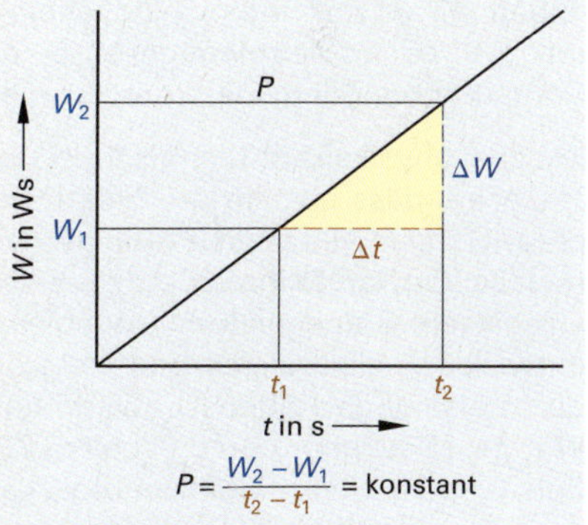

Bild 3: Elektrische Leistung

Arbeitsauftrag:

Berechnen Sie den Strom I, der in der Schaltung aus **Bild 2, Seite 292** fließt, wenn der Schalter geschlossen wurde.

Geg.: $U = 9\ \text{V}$ $\quad R = 300\ \Omega$

Überprüfen Sie das Ergebnis anhand der **Tabelle, Seite 292.**

Die **Leistung P** ist elektrische Arbeit W pro Zeitdauer t.

$$P = \frac{W}{t} \qquad [P] = \frac{\text{Ws}}{\text{s}} = \text{W}$$

Beispiel: Ein Lötkolben besitzt die Aufschrift 100 W, 230 V **(Bild 1)**.

a) Wie groß ist der elektrische Strom I der beim Betrieb des Lötkolbens durch die Netzleitung fließt?

b) Wie groß ist die elektrische Arbeit W, wenn der Lötkolben 15 Minuten betrieben wird?

c) Ist die Aussage „die elektrische Arbeit ist gleich der in Wärme umgewandelten Energie" richtig?

d) Wie viel Euro muss man an das EVU (Energieversorgungsunternehmen) bezahlen, wenn 1 kWh 0,25 € kostet (t = 15 Min.)?

Lösung: a) $I = \frac{P}{U}$ $\qquad I = \frac{100\ \text{W}}{230\ \text{V}} = 0{,}435\ \text{A}$

b) $W = P \cdot t$ $\qquad W = 100\ \text{W} \cdot 15 \cdot 60\ \text{s} = 90\ \text{kWs}$

$W = 25\ \text{Wh} = 0{,}025\ \text{kWh}$

c) Ja, da elektrische Arbeit, analog zur mechanischen Arbeit, nicht verloren geht, sie kann lediglich umgewandelt werden.

Elektrische Energie und elektrische Arbeit sind synonyme Begriffe.

d) Kosten $k = \frac{0{,}25\ €}{\text{kWh}}$ Gesamtkosten GK = ?:

$\text{GK} = W \cdot k \qquad \text{GK} = 0{,}025\ \text{kWh} \cdot \frac{0{,}25\ €}{\text{kWh}}$

GK = 0,00625 € = 0,625 Cent

8.7 Wirkungsgrad

Im täglichen Leben und in der Umgebung des Mechatronikers haben wir es mit unterschiedlichen elektrischen Geräten zu tun, z.B. einem Akkuladegerät, einem Fernsehgerät, einem Computer oder dem Elektromotor eines Förderbandes.

Welche physikalisch-technische Gemeinsamkeit, außer der Tatsache, dass es sich um Elektrogeräte handelt, verbindet diese Geräte? Alle diese Produkte der Elektroindustrie erwärmen sich im Laufe ihres Betriebes. Bei einem Computer wird aus diesem Grund ein Kühlluftgebläse eingebaut. Die Wärmeentwicklung elektrischer und elektronischer Geräte folgt aus der meist ungewollten Umwandlung elektrischer Arbeit in Wärme. Misst man zum Beispiel die Stromstärke I = 1 A in der Zuleitung zu einem Elektromotor, kann man mit der Versorgungsspannung U = 230 V die Leistungsaufnahme berechnen:

$$P = U \cdot I \qquad P = 230\ \text{V} \cdot 1\ \text{A} = 230\ \text{W}$$

Die zugeführte Leistung P_{zu} = 230 W wird teilweise in sogenannte Verlustleistung P_V (Wärme, mechanische Reibung usw.) umgewandelt **(Bild 2)**. Die Nutzleistung bzw. abgegebene Leistung P_{ab} welche an der Welle des Elektromotors messbar ist, berechnet sich:

$$P_{ab} = P_{zu} - P_V$$

Sie ist immer kleiner als die zugeführte Leistung.

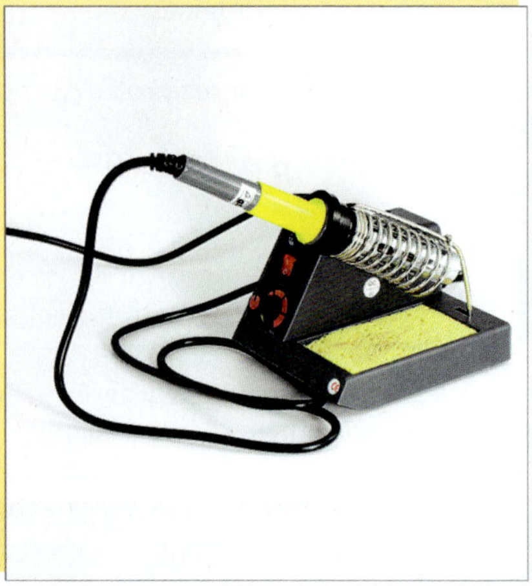

Bild 1: Elektrischer Verbraucher

Tabelle 1: Beispiele elektrischer Verbraucher

Bezeichnung	Leistung in Watt
Lötkolben	ca. 20 – 1200
Elektromotor (Kreissäge)	ca. 2 000 – 10 000
Herdplatte	ca. 1 000 – 2 000
Bohrmaschine	ca. 300 – 2 000
Glühlampe	ca. 10 – 500
Computer	ca. 60 – 300
Schweißgerät	ca. 1000 – 10 000
Drehmaschine	ca. 2000 – 15 000
Elektromotor (Kfz)	ca. 25 000 – 50 000
Heißklebepistole	ca. 110 – 1500

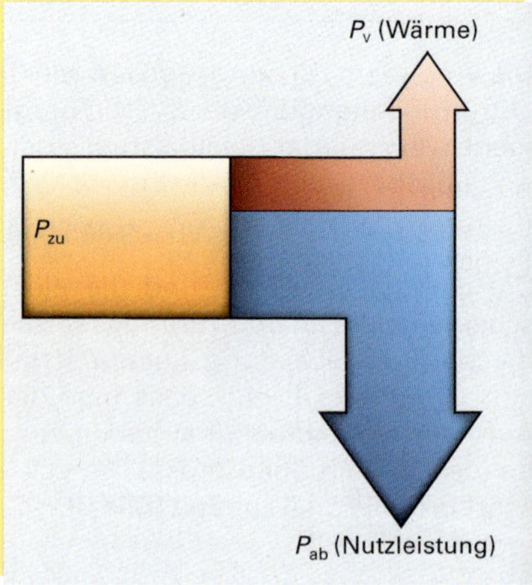

Bild 2: Zusammensetzung der Leistung

Der Wirkungsgrad η beschreibt das Verhältnis der abgegebenen Leistung zur zugeführten Leistung:

$$\eta = \frac{P_{ab}}{P_{zu}} \qquad [\eta] = 1 \text{ (sprich eta)}$$

Je kleiner die Verlustleistung, desto besser ist der Wirkungsgrad. Der Wirkungsgrad ist immer < 1.

8.8 Elektrisches Feld

Das elektrische Feld ist eine elektrische Erscheinung, die bei räumlicher Anordnung von elektrischen Leitern und Nichtleitern auftritt **(Bild 1)**.

Als Nichtleiter werden Werkstoffe bezeichnet, die einen sehr großen Widerstand R aufweisen. Beispiele für Nichtleiter sind Luft, Kunststoffe, Holz, Papier usw.

Die Anordnungen in einer Art „Sandwich-Schichtung" aus Leiter–Nichtleiter–Leiter **(Bild 2)** nennt man auch Kondensatoranordnung. In der Darstellung ist das Modell eines elektrischen Feldes zwischen zwei flächigen Leiterplatten dargestellt.

Ein Feld ist ein Raum, in welchem jedem Punkt ein Wert einer physikalischen Größe zugeordnet ist, wie z. B. das Temperaturfeld eines Zimmers, das Gravitationsfeld der Erde usw.

Die Erscheinung elektrischer Felder und deren Wirkung können wir Menschen nur indirekt erkennen. Ein einfaches und sicherlich jedem bekanntes Phänomen ist der Funkenüberschlag beim Angreifen einer Zimmertürklinke. Dies ist für uns Menschen relativ unangenehm, aber weitestgehend unschädlich.

Wie ist dieses Phänomen zu erklären?

Durch Reibung der Schuhe mit dem Teppich des Fußbodens erfolgt eine Ladungstrennung, es entsteht eine elektrische Spannung. Stellen wir uns eine Großaufnahme unserer Hand vor, kurz bevor sie die Türklinke berührt. Mit etwas Phantasie zeigt die Großaufnahme zwei gegenüberliegende flächige Leiterplatten (Hand und Türklinke). Die Luft dient hier als Nichtleiter.

Infolge der Ladungstrennung besteht ein Ladungsunterschied (Potenzialunterschied) zwischen der Hand und der metallischen Türklinke. Die elektrische Spannung bewirkt zusammen mit der Anordnung Hand (Leiter) – Luft (Nichtleiter) – Türklinke (Leiter) ein elektrisches Feld. Die Wirkung dieses elektrischen Feldes erkennt man daran, dass Ladungsträger Q durch die aus dem elektrischen Feld resultierende Kraft F von der Hand zur Türklinke transportiert werden. Wir spüren dies an dem „elektrischen Schlag" bzw. an dem Funkenüberschlag.

Die aus dem **elektrischen Feld** resultierende Kraft bezogen auf die Ladungsmenge Q steigt proportional zum elektrischen Feld an **(Bild 3)**.

$$E = \frac{F}{Q}$$

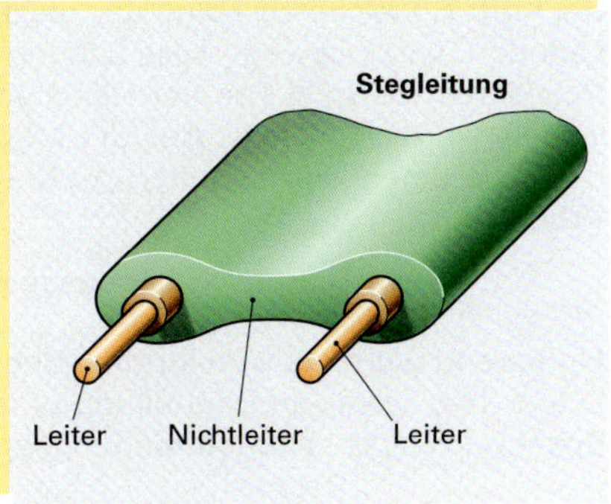

Bild 1: Elektrische Leitung

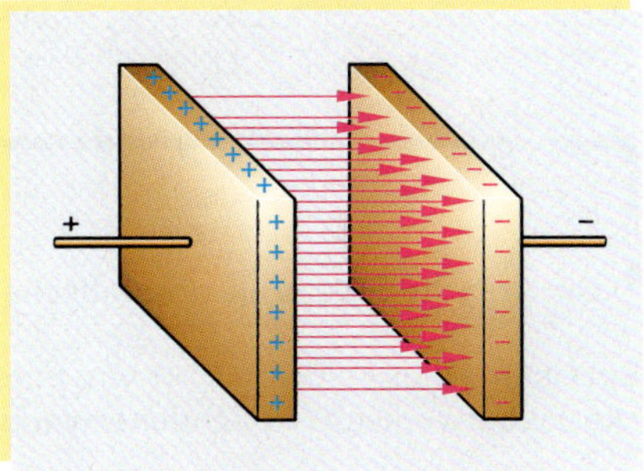

Bild 2: Kondensatoranordnung

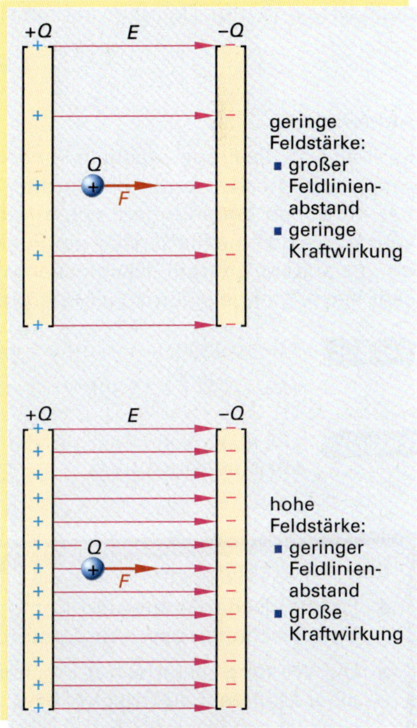

Bild 3: Elektrisches Feld

8

Die Kraft F, welche als Folge des elektrischen Feldes auf eine Ladung Q wirkt, bewegt diese Ladung entlang eines Weges s. In unserem Beispiel von der Hand über die Länge des Luftspaltes bis zur Türklinke. Aus der Mechanik kennen wir noch den Zusammenhang zwischen der Kraft F, dem Weg s und der Arbeit W:

$$W = F \cdot s \qquad \text{daraus folgt: } F = \frac{W}{s}$$

Einführend wurde das Phänomen der elektrischen Spannung U und ihrer formalen Darstellung untersucht. Die elektrische Spannung ist die Ladungstrennungsarbeit W je Ladung Q:

$$U = \frac{W}{Q} \qquad \text{daraus folgt: } Q = \frac{W}{U}$$

Jetzt können wir die bekannten Formeln einsetzen:

$$E = \frac{F}{Q} \qquad E = \frac{W}{s} \cdot \frac{U}{W}$$

Aufgabe:

Wie groß ist das elektrische Feld, wenn auf eine Probeladung Q eine Kraft $F = 0{,}528$ pN wirkt?

Lösung:

Geg.: $Q = e = 1{,}6 \cdot 10^{-19}$ As
$F = 0{,}528$ pN

Ges.: E, $[E]$

$$E = \frac{F}{Q} = \frac{0{,}528 \cdot 10^{(-12)}\,\text{kgm}}{\text{s}^2 \cdot 1{,}6 \cdot 10^{(-19)}\,\text{As}}$$

$$E = 3{,}29\ 10^6 \frac{\text{kg} \cdot \text{m}}{\text{As}^3}$$

$$E = 3{,}29\ 10^6 \frac{\text{kg} \cdot \text{m}}{\text{As}^3}$$

$$E = 3{,}3\ \text{M}\frac{\text{V}}{\text{m}}$$

$$E = \frac{U}{s} \qquad [E] = \frac{\text{V}}{\text{m}}$$

Die Ursache für das elektrostatische (temporäre, konstate) Feld ist die elektrische Spannung U.

Ein elektrisches Feld von $E = 1$ V/m entsteht dann, wenn eine Spannung von $U = 1$ V über eine Isolierstrecke (Isolierwerkstoff = Nichtleiterwerkstoff) von 1 m anliegt.

Zum Vergleich:

Nehmen wir an, dass in unserem Beispiel von oben eine Spannung von ca. $U \approx 10\,000$ V über der Hand und der Türklinke anliegen. Beim Überschlag des Funkens betrug der Abstand von der Hand zur Türklinke noch ca. $s = 10$ mm. Damit errechnet sich die elektrische Feldstärke zu:

$$E = \frac{U}{s} = \frac{10000\ \text{V}}{10 \cdot 10^{-3}\ \text{m}} = \frac{1000000\ \text{V}}{\text{m}}$$

Anmerkung:

Es stellt sich die Frage, weshalb Funkenüberschläge, als Ursache von sehr großen elektrischen Feldstärken, uns Menschen unter bestimmten Umständen nicht schaden. Laborversuche haben gezeigt, dass bei statischen Entladungen, wie im obigen Beispiel, zwar sehr große Spannungen anliegen, aber nur sehr kleine Ströme fließen. Da der Funkenüberschlag nur eine sehr kurze Zeit anhält, kann daraus auf die umgewandelte Energie geschlossen werden. Auf den menschlichen Körper wird in diesem Fall nur eine sehr kleine Menge elektrischer Energie wirken.

Beispiel: $U = 10\,000$ V $\qquad I = 1$ nA $\qquad t = 0{,}1$ s

$$W = U \cdot I \cdot t = 10\,000\ \text{V} \cdot 1 \cdot 10^{-9}\ \text{A} \cdot 0{,}1\ \text{s} = 1\ \mu\text{Ws}$$

Lösung: Die elektrische Energie, die bei einem Funkenüberschlag bei $U = 10\,000$ V in 0,1 s übertragen wird, beträgt 1 µWs.

ESD (Electrostatic Discharge)

- Elektronische Geräte und Komponenten müssen durch Verwendung von ESD-Schutzbändern, Spezialschuhen usw. vor Zerstörung geschützt werden (siehe Seite 401)!
- Die Wirkung elektrischer Erscheinungen auf den menschlichen Organismus hängt immer von einer Mehrzahl elektrischer bzw. physikalischer Größen ab und ist oftmals nicht abschätzbar. Sie kann im schlimmsten Falle zum Tode führen!

Betrachten wir noch einmal zwei sich gegenüberliegende flächig ausgedehnte Leiter, die durch einen Nichtleiter, z. B. Luft getrennt sind **(Bild 1)**. Auf der einen Elektrode (negativ geladene Leiterfläche) wurden Elektronen aufgebracht, auf der anderen Elektrode (positiv geladene Leiterfläche) wurde die gleiche Anzahl Elektronen abgezogen. Der **Verschiebungsfluss** im Nichtleiter zwischen den Leiterflächen verhält sich proportional zur Ladungsmenge Q auf den Elektroden (Leitern).

Je kleiner die Fläche der Elektroden desto größer erscheint die Ladungsdichte bei gleichbleibendem Verschiebungsfluss. Hieraus definiert man die Verschiebeflussdichte:

$$D = \frac{Q}{A} \qquad [D] = 1\,\frac{\text{As}}{\text{m}^2}$$

> Unterschiedliche Nichtleiter, als isolierendes Material zwischen den Leitern, beeinflussen die Größe des elektrischen Feldes verschieden stark.

Um diesen Zusammenhang darzustellen untersuchte man das Verhältnis der Verschiebungsflussdichte zur elektrischen Feldstärke. **Bild 2** zeigt den Verlauf der Feldstärke und somit auch den Verlauf des Verschiebeflusses zwischen zwei Leitern. Den Quotienten bezeichnet man mit dem griechischen Buchstaben ε (epsilon):

$$\varepsilon = \frac{D}{E} \qquad [\varepsilon] = \frac{\text{As}}{\text{m}^2} \cdot \frac{\text{m}}{\text{V}} \qquad = \frac{\text{As}}{\text{Vm}}$$

Für die Permittivität ε (früher auch Dielektrizität genannt) fand man folgende Gesetzmäßigkeit:

$$\varepsilon = \varepsilon_0 \cdot \varepsilon_r$$

Die Permittivität setzt sich aus einem absoluten Anteil ε_0 und einem materialabhängigen relativen Anteil ε_r zusammen.

$$\varepsilon_0 = 8{,}854 \cdot 10^{-12}\,\frac{\text{As}}{\text{Vm}}$$

Die relative Permittivität (Durchdringbarkeit) besitzt die Einheit 1, sie ist ein reiner Faktor (siehe Tabellenbuch).

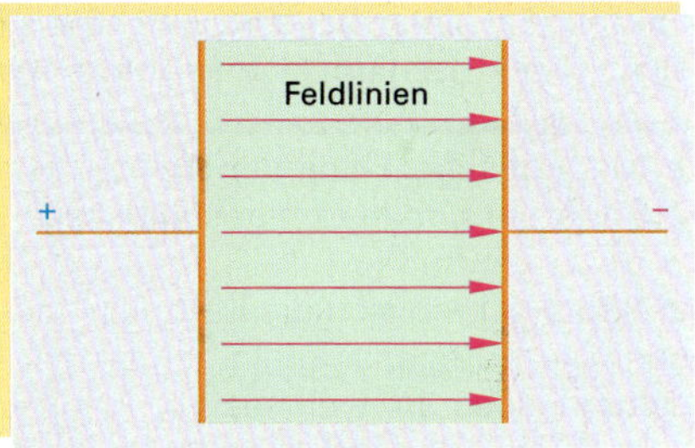

Bild 1: Sonderfall homogenes Feld

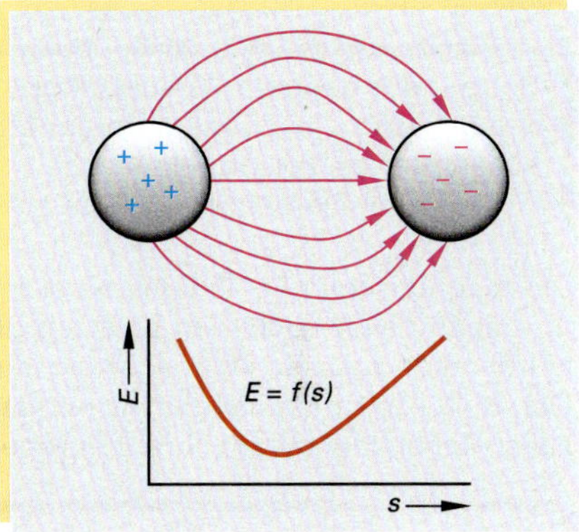

Bild 2: Feldstärkenverlauf

Bild 3: Magnetkran

8.9 Magnetisches Feld

Ein magnetisches Feld kann genau wie ein elektrisches nur indirekt sichtbar gemacht werden. Das magnetische Feld wirkt ohne materielle Verbindung auf bestimmte Körper bzw. Materialien. Diese Kraftwirkung kann leicht anhand von z. B. Kompassnadeln oder Hubvorrichtungen wie Magnetkräne **(Bild 3)** gezeigt werden. In der Elektrotechnik nutzt man eine physikalische Erscheinung zur Erzeugung magnetischer Felder:

> Elektrische Ströme, d. h. bewegte elektrische Ladungen, verursachen ein magnetisches Feld in ihrer Umgebung.

Die konzentrische (kreisförmige) Anordnung der Eisenspäne um den stromdurchflossenen Leiter verdeutlicht die Vorstellung von magnetischen Feldlinien **(Bild 4)**. Man geht in der Elektrotechnik von dem Modell aus, dass das magnetische

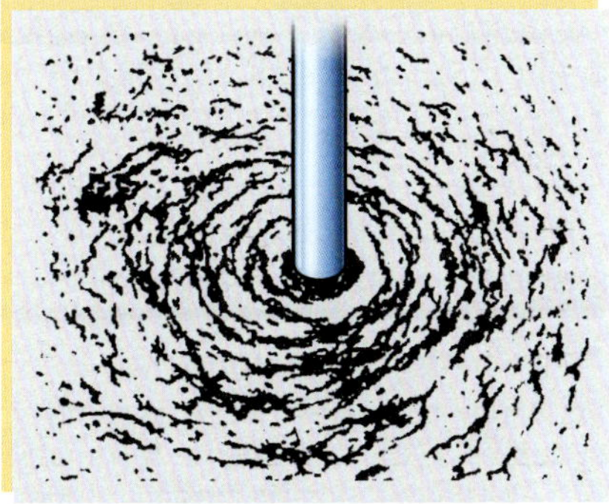

Bild 4: Kreisförmige Ausrichtung von Eisenspänen um einen stromdurchflossenen Leiter

8

Feld aus Feldlinien besteht, welche in sich geschlossen sind und sich konzentrisch um einen stromdurchflossenen Leiter legen.

> Magnetische Feldlinien haben keinen Anfang und kein Ende, sie sind in sich geschlossen.

In **Bild 1** richten sich die Kompassnadeln alle in eine Richtung aus. Die Kompassnadeln zeigen die Richtung des magnetischen Feldes an, welches vom Nordpol (rot gekennzeichnet) zum Südpol verläuft. Das physikalische Modell eines Permanentmagneten (Dauermagnet) geht von einer Vielzahl sehr kleiner Elementarmagnete aus, welche alle gleichmäßig ausgerichtet sind.

> Permanentmagnete (Dauermagnete) entstehen durch Ausrichtung der Elementarmagnete eines ferromagnetischen Stoffes. Ferromagnetische Stoffe behalten die Ausrichtung der Elementarmagnete auf Dauer bei **(Bild 2).**

Die magnetischen Feldlinien, die sich um einen stromdurchflossenen Leiter ausbilden besitzen gleichermaßen eine Verlaufsrichtung. Diese Beobachtung des dänischen Physikers Oersted[1] kann man sich leicht mit der sogenannten Rechte-Faust-Regel oder auch Schraubenregel einprägen:

> Greift man um einen stromdurchflossen Leiter mit der rechten Hand so, dass der Daumen in Richtung des elektrischen Stromes zeigt, so zeigen die gekrümmten Finger die Verlaufsrichtung der magnetischen Feldlinien an **(Bild 3).**

8.9.1 Magnetische Kreise

In der Technik wird das Phänomen, dass sich um stromdurchflossene Leiter ein Magnetfeld bildet, mittels sogenannter Spulen ausgenutzt. Der einfachste Aufbau einer Spule besteht aus einem isolierten Leiter (z. B. Kupferdraht), der auf einem Kunststoffstab aufgewickelt ist. Da die Leiterschleifen alle parallel liegen und somit alle magnetischen Feldlinien in gleicher Richtung verlaufen, ergibt sich ein gesamtes Magnetfeld einer Spule **(Bild 4).**

> Ein magnetischer Kreis **(Bild 4)** beschreibt den für die Ausbreitung der magnetischen Feldlinien vorgesehenen Raum.

8.9.2 Grundgrößen des magnetischen Feldes

Magnetische Durchflutung

Jede bewegte elektrische Ladung verursacht ein magnetisches Feld. Die elektrische Stromstärke I ist proportional zu der Anzahl der elektrischen Ladungsträger e^-, die pro Zeiteinheit bewegt werden.

[1] Hans Christian Oersted: dänischer Physiker (1777–1851)

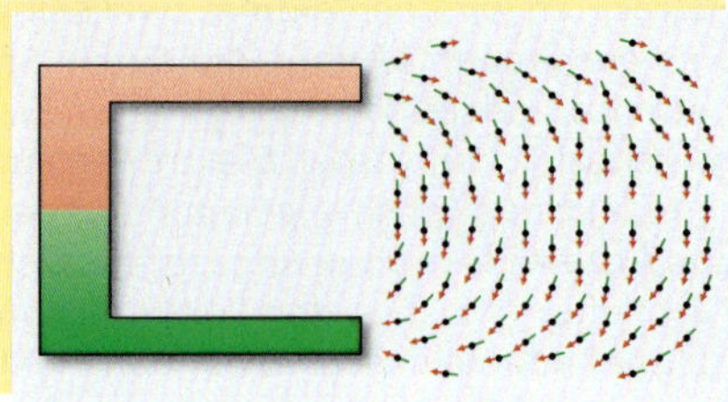

Bild 1: Ausrichtung von Kompassnadeln

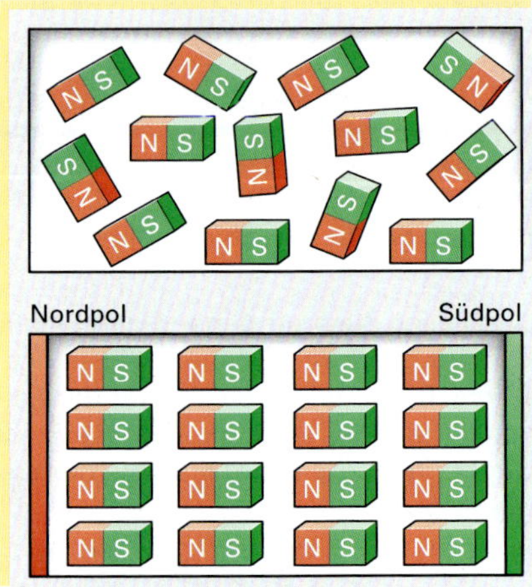

Bild 2: Ausrichtung von Elementarmagneten

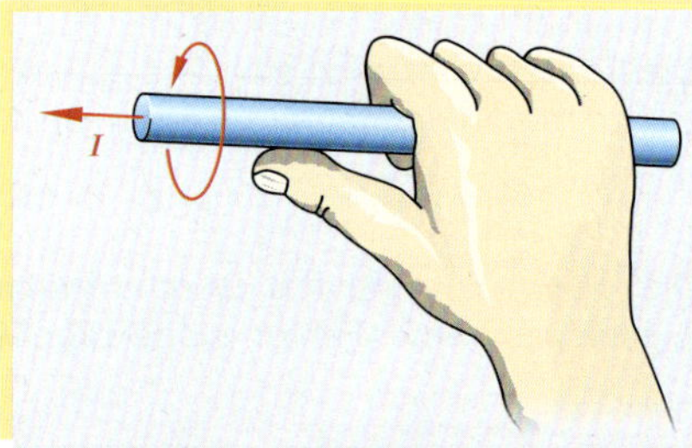

Bild 3: Stromrichtung und Drehsinn der magnetischen Feldlinien

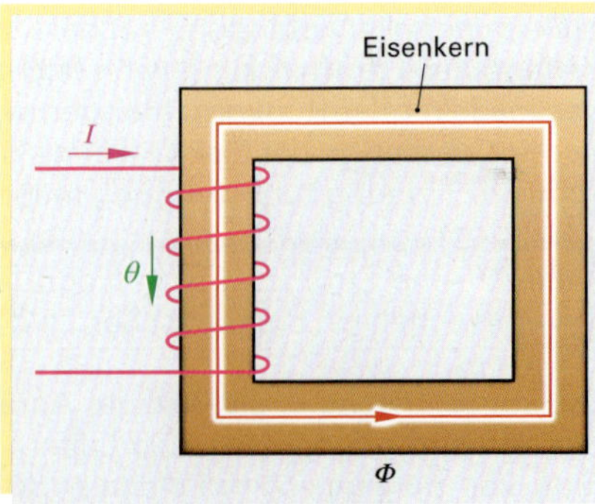

Bild 4: Magnetischer Kreis

Die Größe des *gesamten* magnetische Feldes wächst proportional mit der Stromstärke und der Anzahl parallel liegender Leiterwicklungen N auf dem Spulenkörper **(Bild 1).** Das Produkt aus der Stromstärke I und der Anzahl der Windungen einer Spule N nennt man magnetische Durchflutung. Sie wird mit dem Formelzeichen Θ (Theta) bezeichnet.

$$\Theta = I \cdot N \qquad [\Theta] = \text{A}$$

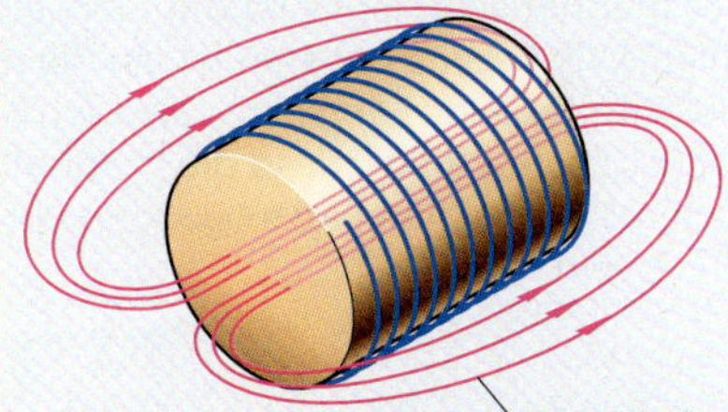

Bild 1: Magnetische Feldlinien einer Spule (in sich geschlossen)

Magnetische Feldstärke

Die magnetische Feldstärke ist eine rein rechnerische Größe, die keine Auswirkung auf die Stärke des Magnetfeldes hat. Man nennt die magnetische Feldstärke auch magnetische Erregung. Sie wird zur einfacheren Berechnung magnetischer Felder in Spulen und anderen Bauelementen herangezogen.

Die **magnetische Feldstärke** ***H*** entspricht der magnetischen Durchflutung bezogen auf eine mittlere Feldlinienlänge l_m: $H = \dfrac{\Theta}{l_m}$

$[H] = \dfrac{\text{A}}{\text{m}}$ **(Bild 2 und 3)**

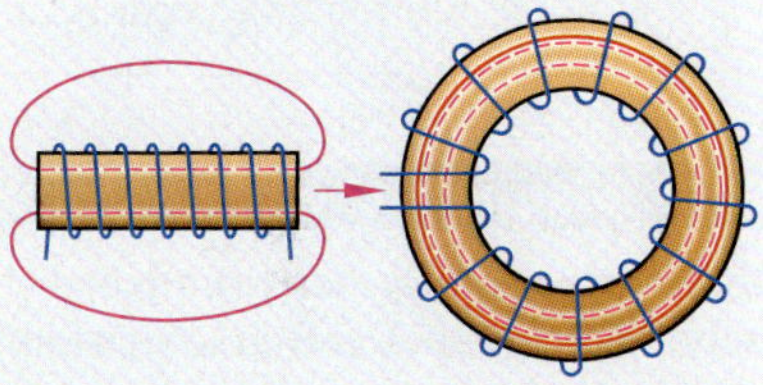

Bild 2: Mittlere Feldlinienlänge

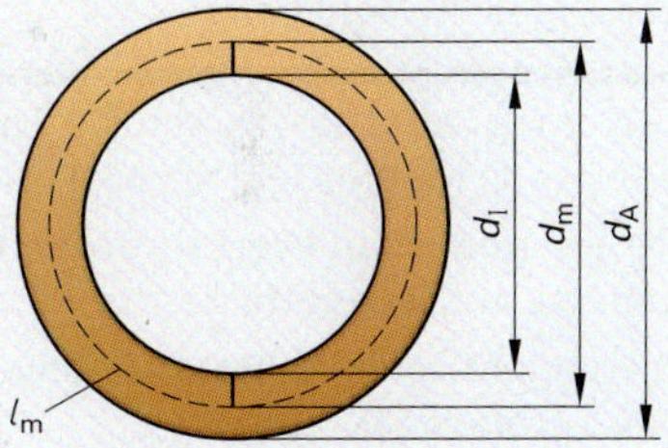

Bild 3: Berechnung der mittleren Feldlinienlänge

Magnetische Flussdichte und Permeabilität

Die Querschnittsfläche einer Spule zeigt die mögliche Durchdringungsfläche für die magnetischen Feldlinien. Je mehr Feldlinien pro Fläche auftreten, desto dichter liegen diese. Die magnetische Flussdichte steigt somit proportional mit der magnetischen Durchflutung und mithin mit der magnetischen Flussdichte. Nun muss nur noch geklärt werden, wie sich das Material des Spulenkernes, welches von den magnetischen Feldlinien durchdrungen wird, auf die Flussdichte auswirkt. In diesem Zusammenhang spricht man von der magnetischen Durchlässigkeit (Permeabilität) μ von Materialien. Die Permeabilität eines leeren Raumes (Vakuum) ist eine Feldkonstante:

$$\mu_0 = 1{,}256 \cdot 10^{-6} \frac{\text{Vs}}{\text{Am}}$$

Die relative Permeabilität μ_r beschreibt den Faktor, um welche die magnetische Durchlässigkeit eines Stoffes besser ist als bei Vakuum. Die Permeabilität μ wird üblicherweise als Produkt der relativen Permeabilität μ_r und der absoluten Permeabilität μ_0 angegeben:

$$\mu = \mu_0 \cdot \mu_r$$

Die **magnetische Flussdichte** verändert sich in Abhängigkeit zur magnetischen Feldstärke und in Abhängigkeit zur magnetischen Durchlässigkeit eines Stoffes:

$B = \mu \cdot H \qquad [B] = \dfrac{\text{Vs}}{\text{m}^2} = 1\ \text{T}$ (T sprich Tesla[1])

Tabelle 1: Relative Permeabilität

Stoff	μ_r
Luft	1,0000004
Kupfer	0,99999
Transformatorenblech	8000

[1] Nicola Tesla, kroatischer Physiker, der in den USA tätig war (1856–1943)

8

Magnetischer Fluss

Der magnetische Fluss ist definiert als die Summe aller Feldlinien. Wie bereits bekannt ist, ist die magnetische Flussdichte die Summe aller Feldlinien bezogen auf die Durchdringungsfläche. Daraus folgt, dass die magnetische Flussdichte gleich dem magnetischen Fluss bezogen auf die Durchdringungsfläche A sein muss:

$$B = \frac{\Phi}{A}$$

Durch einfaches Umstellen der Formel für die magnetische Flussdichte erhält man den Zusammenhang für die **Wirkungsgröße** im magnetischen Kreis, den magnetischen Fluss Φ **(Bild 1).**

Der **magnetische Fluss** ist die Gesamtheit aller Feldlinien in einem magnetischen Kreis. Er stellt die Wirkungsgröße im magnetischen Kreis dar.

$\Phi = B \cdot A$ $[\Phi] = \text{Vs} = \text{Wb}$ (sprich Weber[1])

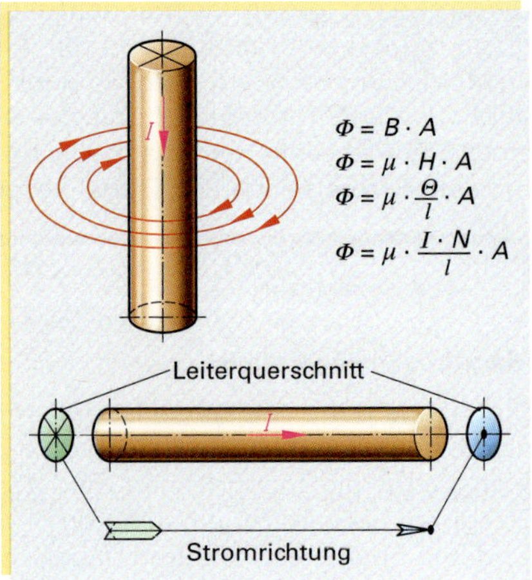

Bild 1: Formaler Zusammenhang magnetischer Größen

Beispiel: Eine Luftspule, Querschnitt A = 10 cm², mittlere Feldlinienlänge 25 cm, trägt eine Spule mit 1000 Windungen, die vom Strom I = 1 A durchflossen wird.

Wie groß sind Feldstärke, Flussdichte und Fluss?

Lösung: Geg.: $A = 10\ \text{cm}^2$, $l_m = 25\ \text{cm}$, $N = 10\,000$, $I = 1\ \text{A}$

Ges.: H, B, Φ

$$H = \frac{I \cdot N}{l_m} = \frac{1\ \text{A} \cdot 10000}{25\ \text{cm}} = 400\frac{\text{A}}{\text{cm}}$$

$$= 40\,000\frac{\text{A}}{\text{m}}$$

$$B = \mu_0 \cdot H = 1{,}256 \cdot 10^{-6}\frac{\text{Vs}}{\text{Am}} \cdot 40\,000\frac{\text{A}}{\text{m}} = 0{,}05\frac{\text{Vs}}{\text{m}^2}$$

$$\Phi = B \cdot A = 0{,}05\frac{\text{Vs}}{\text{m}^2} \cdot 25 \cdot 10^{-4}\ \text{m}^2$$

$$= 1{,}25 \cdot 10^{-4}\ \text{Vs}$$

8.9.3 Magnetische Werkstoffe

Werkstoffe beeinflussen grundsätzlich den Verlauf der magnetischen Feldlinien. Die Stärke des Einflusses variiert allerdings in einem sehr großen Bereich. Eisen, Nickel und Kobalt führen zu einer Verstärkung des Magnetfeldes. Diese Werkstoffe nennt man **ferromagnetische** Werkstoffe. Andere Werkstoffe, wie z.B. Aluminium, verstärken das Magnetfeld nur sehr gering, solche Werkstoffe verhalten sich **paramagnetisch. Diamagnetische** Werkstoffe, wie z.B. Kupfer, zerstreuen das sie durchdringende Magnetfeld, sodass es gegenüber Vakuum sogar abgeschwächt wird.

Ferromagnetische Werkstoffe verstärken das sie durchdringende Magnetfeld. $\mu_r >> 1$

Paramagnetische Werkstoffe haben einen sehr geringen Einfluss auf Magnetfelder. $\mu_r > 1$

Diamagnetische Werkstoffe schwächen Magnetfelder ab. $\mu_r < 1$ **(Tabelle 1).**

Die Permeabilitätszahlen leitender Materialien, wie z.B. Aluminium und Kupfer, liegen im Allgemeinen nahe eins ($\mu_r = 1$).

Leiterwerkstoffe besitzen ein sehr ähnliches magnetisches Verhalten wie Luft.

Tabelle 1: Werkstoffeinordnung (Auszug)

Ferromagnetisch	Paramagnetisch	Diamagnetisch
Fe, Co, Ni, Ferrite	Al, Mn, Cr, W	Cu, Zn, Ag, Wasser
5 ... 9 · 10³	ca. 1,0001 – 1,001	ca. 0,9999

Nur ferromagnetische Stoffe haben eine sehr große magnetische Durchlässigkeit. Deshalb sind diese Werkstoffe für technische Anwendungen, die einen großen Magnetfluss benötigen, besonders wichtig. Ferromagnetische Stoffe erlauben es, den Magnetfluss in einen konstruktiv vorgegeben Verlauf zu zwängen. Diese Eigenschaft ferromagnetischer Stoffe wird bei der Konstruktion von z.B. Generatoren, Transformatoren und Elektromotoren ausgenutzt.

Ferromagnetische Werkstoffe werden zum Aufbau magnetischer Kreise verwendet.

[1] Wilhelm Eduard Weber: deutscher Physiker (1804–1891)

8.9.4 Magnetisierung ferromagnetischer Werkstoffe

Ferromagnetische Werkstoffe verstärken das sie durchdringende Magnetfeld. Der Grund für diese Verstärkung liegt in der Magnetisierung dieser Werkstoffe, wie z.B. Eisen. Bringt man ferromagnetische Werkstoffe in ein Magnetfeld, richten sich die im Werkstoff enthaltenen Elementarmagnete in Richtung des Feldlinienverlaufes aus. Es findet eine Magnetisierung des ferromagnetischen Stoffes statt, der das ursächliche Magnetfeld verstärkt. Die Ausrichtung der Elementarmagnete (Magnetisierung) ferromagnetischer Stoffe verläuft nicht abrupt oder etwa linear. Bei kleiner Stromstärke durch die Spule und somit kleiner Durchflutung, bzw Feldstärke, steigt die Magnetisierung des Eisenkerns nahezu proportional an. Steigt die Feldstärke weiter bis zu großen Werten an, sinkt die Magnetisierung des Eisenkerns ab, es wird ein sogenannter magnetischer Sättigungspunkt (Punkt A, **Bild 1**) erreicht. Die Abbildung zeigt den Verlauf der Neukurve.

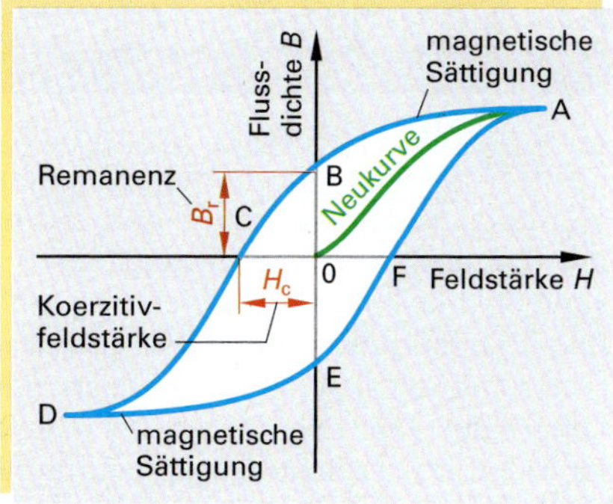

Bild 1: Hysteresekurve

> Magnetische Kreise werden **nicht** im Sättigungsbereich betrieben, um den Aufwand an elektrischer Energie gering zu halten.

Schaltet man den Spulenstrom ab, sodass die Feldstärke $H = 0$ erreicht, kehren einige der Elementarmagneten des Eisenkerns in ihre Ausgangslage zurück. Das bedeutet, dass sich die Magnetisierung des Eisenkerns bis auf einen Restmagnetismus (Remanenz, Punkt B) verringert.

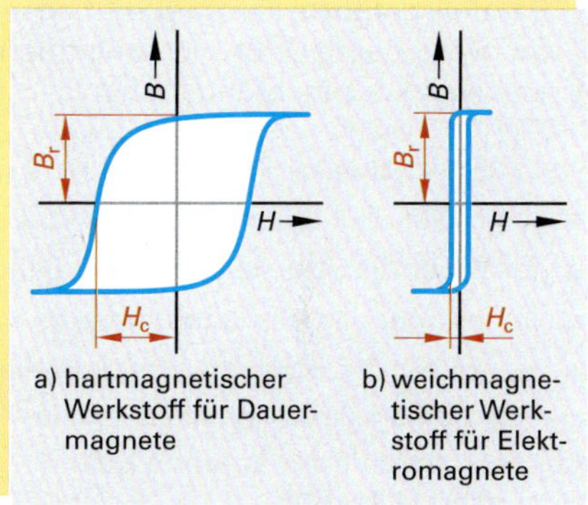

Bild 2: Hystereseschleifen

> Bei sogenannten Dauermagneten verbleibt nach der Erstmagnetisierung eine große Remanenz.

Erzeugt man mit der Spule eine Gegenfeldstärke durch Umkehrung der Stromrichtung, so findet eine Entmagnetisierung des Eisenkernes statt. Die (Gegen-)Feldstärke, die zur Beseitigung der Remanenz aufgewendet werden muss, wird als Koerzitivfeldstärke (Punkt C) bezeichnet.

> Der Restmagnetismus kann mittels der Koerzitivfeldstärke gelöscht werden.

Vergrößert man die Feldstärke über die Koerzitivfeldstärke hinaus, gelangt man wiederum in einen magnetischen Sättigungsbereich (Punkte A und D, **Bild 1**). Wird der Strom in der Spule abgeschaltet und $H = 0$, reduziert sich die Magnetisierung des Eisenkerns wiederum auf einen bestimmten Remanenzwert (Punkt E). Jetzt kann zum zweiten Mal die Stromrichtung in der Spule gedreht werden, wodurch eine Feldstärke (Koerzitivfeldstärke) erzeugt wird, die den Restmagnetismus auf Null reduziert (Punkt F). Wird die Stromstärke weiter erhöht, ergibt sich eine Feldstärke, die größer ist als die Koerzitivfeldstärke. Die Magnetisierung läuft auch hier wieder in die magnetische Sättigung (Punkt A). Die so genannte **Hystereseschleife (Bild 2)** hat sich geschlossen.

Durch ständige Änderung der Stromrichtung in der Spule, durchläuft die Magnetisierung des Eisenkerns zyklisch die Hystereseschleife. Die andauernde Umkehrung der Ausrichtung der Elementarmagnete führt zu Reibung, die eine Erwärmung des Eisenkerns zur Folge hat.

> Kontinuierliche Ummagnetisierung magnetischer Werkstoffe führt zur Umwandlung elektrischer Energie in Wärmeenergie.

Je geringer die Koerzitivfeldstärke, desto geringer sind die Ummagnetisierungsverluste. Werkstoffe mit geringer Koerzitivfeldstärke (kleine Fläche der Hysteresekurve) heißen **weichmagnetisch.** Werkstoffe **(Bild 2)** mit großer Koerzitivfeldstärke (große Fläche der Hysteresekurve) heißen **hartmagnetisch,** dies sind z.B. Dauermagnete.

8.9.5 Kraftwirkung auf parallel verlaufende stromdurchflossene Leiter

Zwei parallel verlaufende stromdurchflossene Leiter **(Bild 1)** besitzen jeweils ein eigenes Magnetfeld. Wie bereits oben erläutert, bildet sich um einen stromdurchflossenen Leiter ein Magnetfeld. Die Richtung der magnetischen Feldlinien kann bei bekannter Stromrichtung mithilfe der „Rechte-Faust-Regel" bestimmt werden. Bei gleicher Stromrichtung in den Leitern heben sich die magnetischen Feldlinien zwischen den Leitern auf. Fließt der Strom in den Leitern in entgegengesetzter Richtung verdichten sich die magnetischen Feldlinien zwischen den Leitern.

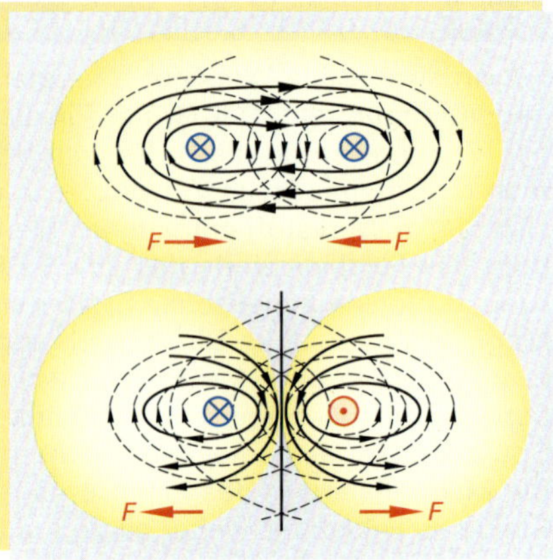

Bild 1: Stromdurchflossene Leiter

> Parallel geführte stromdurchflossene Leiter ziehen sich an, wenn deren Stromrichtung übereinstimmt; bei gegensinniger Stromrichtung stoßen sie sich ab **(Bild 1).**

Die auf die Leiter wirkende Kraft wird umso größer

- je größer die Leiterströme I_1 und I_2 sind
- je länger die Strecke ist, die die Leiter parallel verlaufen
- je geringer der Abstand der Leiter voneinander ist
- je größer die magnetische Durchlässigkeit (Permeabilität) des Stoffes zwischen den Leitern ist (bei Luft $\mu_r \cong 1$).

Für zwei parallel verlaufende Leiter ergibt sich die auf die Leiter wirkende Kraft F:

$$F = \frac{\mu_0}{2\,\pi} \cdot \frac{l}{a} \cdot I_1 \cdot I_2$$

l = Leiterlänge, a = Leiterabstand

Analog zu diesen Betrachtungen kann sehr einfach die Richtung der auf einen Leiter wirkenden Kraft bestimmt werden, welche sich in einem Magnetfeld befindet **(Bild 2).**

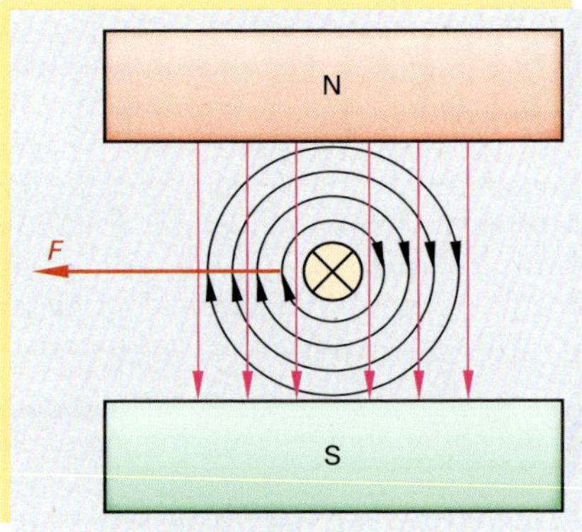

Bild 2: Kraftwirkung auf stromdurchflossene Leiter im Magnetfeld

8.9.6 Elektromagnetische Induktion

Stromdurchflossene Leiter werden von einem Magnetfeld umgeben. Dieses Magnetfeld ändert sich, wenn sich der Strom durch den Leiter ändert.

Dieser Vorgang ist umkehrbar, indem der Leiter, bzw. die Spule einem sich **ändernden Magnetfeld** ausgesetzt wird **(Bild 3).** Das wechselnde Magnetfeld bewirkt eine Spannung im Leiter. Man sagt, es wird eine elektrische Spannung *induziert*. Die induzierte Spannung steigt

- mit zunehmender Windungszahl N
- mit Zunahme der Änderung des Magnetflusses
- mit Verringerung der Zeit für eine bestimmte Änderung des Magnetflusses.

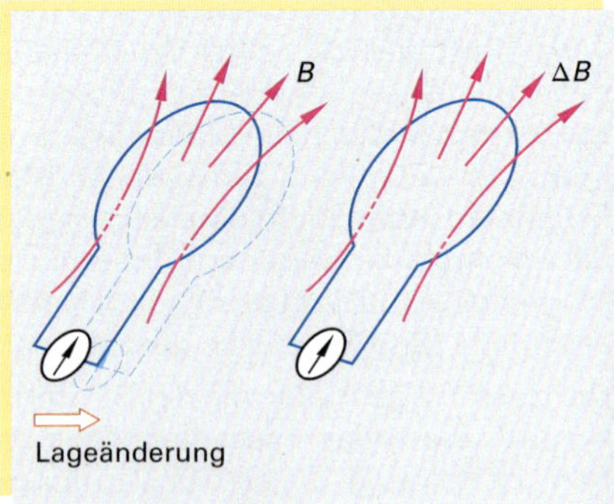

Bild 3: Induktion

> In einem Leiter wird eine elektrische Spannung induziert, wenn dieser von einem sich ändernden Magnetfeld durchsetzt wird oder sich die wirksame Fläche im Magnetfeld ändert.

Diese physikalische Erscheinung kann leicht mithilfe eines Fahrraddynamos demonstriert werden. Der Aufbau eines Fahrraddynamos besteht aus einem Permanentmagneten der sich innerhalb einer Spule (Leiterschleife) dreht. Im Stand dreht sich der Permanentmagnet nicht, es findet keine Magnetfeldänderung statt, sodass keine Spannung induziert wird. Die Lampen am Fahrrad leuchten nicht. Bei langsamer Fahrt dreht sich der Permanentmagnet langsam, das Magnetfeld um die Spule ändert sich auch nur langsam, folglich wird eine kleine Spannung induziert **(Bild 1).** Die Lampen am Fahrrad leuchten nicht sehr hell. Mit zunehmender Geschwindigkeit ändert sich das Magnetfeld stärker, die induzierte Spannung steigt und somit leuchten auch die Fahrradlampen heller. Formal fasste diesen Zusammenhang der englische Physiker Faraday[1] in dem sogenannten **Induktionsgesetz** zusammen:

$$U_i = N \frac{\Delta \Phi}{\Delta t}$$

Ersetzt man den magnetischen Fluss $\Phi = B \cdot A$ erhält man zwei Arten der Induktion:

Induktion der Bewegung:
(konstante Magnetflussdichte B, variable Fläche A)

$$U_i = -N \cdot B \cdot \frac{\Delta A}{\Delta t} \text{ (Bild 2)}$$

Induktion der Ruhe:
(variable Magnetflussdichte B, konstante Fläche A)

$$U_i = -N \cdot A \cdot \frac{\Delta B}{\Delta t}$$

Δt: Zeit, innerhalb derer eine Änderung geschieht

Jede Spannung besitzt eine Polarität, die einem durch diese Spannung getriebenem Strom eine bestimmte Richtung vorgibt. Dies gilt für die Induktionsspannung:

- Die Arbeit (Energie), die mithilfe der Induktionsspannung verrichtet werden kann, ist vom Betrag her höchstens gleich groß wie die eingesetzte Energie die zur Erzeugung der Induktionsspannung aufgewendet wurde
- Energie ist eine Erhaltungsgröße; sie kann nicht erzeugt werden sondern nur in andere Formen umgewandelt werden → Energieerhaltungssatz
- Da der Energieerhaltungssatz gilt, muss das Magnetfeld des von der Induktionsspannung getriebenen Stromes (Induktionsstrom) in der Leiterschleife seinem Erregermagnetfeld entgegenwirken

Lenz'sche Regel[2]: Der Induktionsstrom ist so gerichtet, dass er seiner Erregerursache, der Magnetflussänderung, entgegenwirkt.

Kraftwirkung im Magnetfeld

Bewegt man einen Leiter durch ein Magnetfeld, werden die in ihm enthaltenen freien Elektronen an ein Leiterende verschoben. Das hat zur Folge, dass an einem Leiterende ein Elektronenüberschuss und am anderen Leiterende ein Elektronenmangel herrscht. Die Kraft, die die Elektronen zu einem Leiterende hin bewegt nennt man:

Lorenzkraft F (für $B \perp v$):

$$F = B \cdot Q \cdot v \qquad [F] = \frac{\text{Vs}}{\text{m}^2} \cdot \text{As} \cdot \frac{\text{m}}{\text{s}} = \frac{\text{kgm}}{\text{s}^2}$$

v = Bewegungsgeschwindigkeit
B = Flussdichte
Q = elektrische Ladung

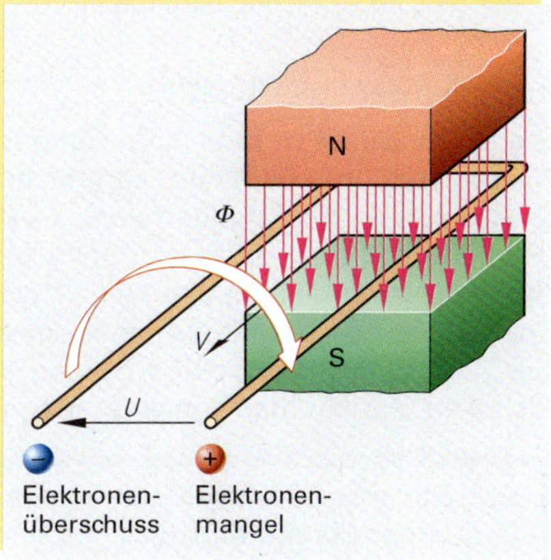

Bild 1: Leiterschleife im Magnetfeld

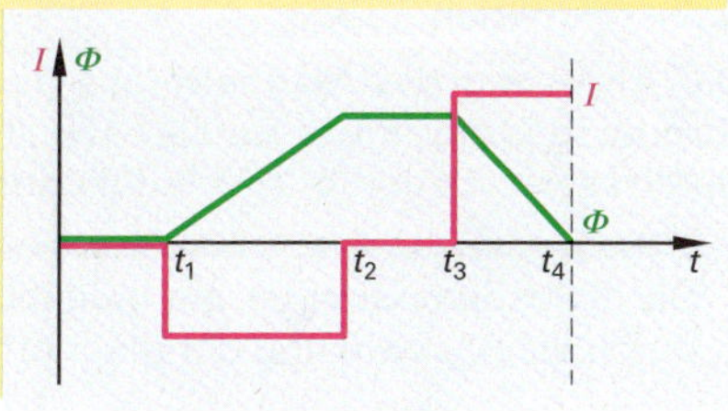

Bild 2: Induktionsgesetz

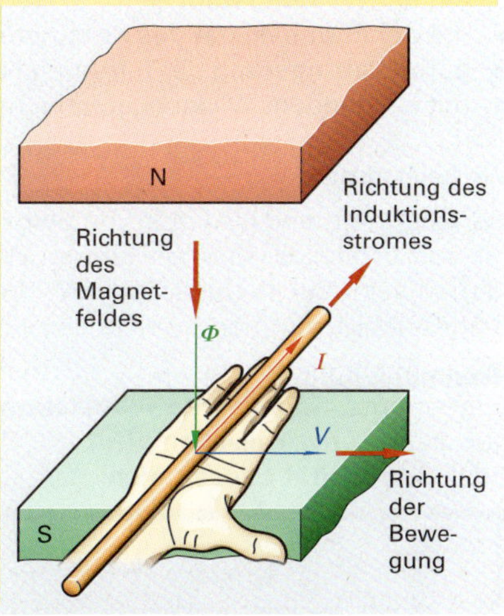

Bild 3: „Rechte-Hand-Regel"

8

[1] Michael Faraday: englischer Physiker (1791–1876)
[2] Heinrich Friedrich Emil Lenz: russischer Physiker (1804–1865)

Induktion der Bewegung

Die Fläche, die vom Magnetfluss durchsetzt wird, ändert sich um $\Delta A = l \cdot \Delta s$ **(Bild 1)**.

$$U_i = -N \cdot B \cdot \frac{\Delta A}{\Delta t} \qquad U_i = -N \cdot B \cdot l \cdot \frac{\Delta s}{\Delta t}$$

$$U_i = -N \cdot B \cdot l \cdot v$$

l magnetisch wirksame Leiterlänge
Δs Weg im Betrachtungszeitraum

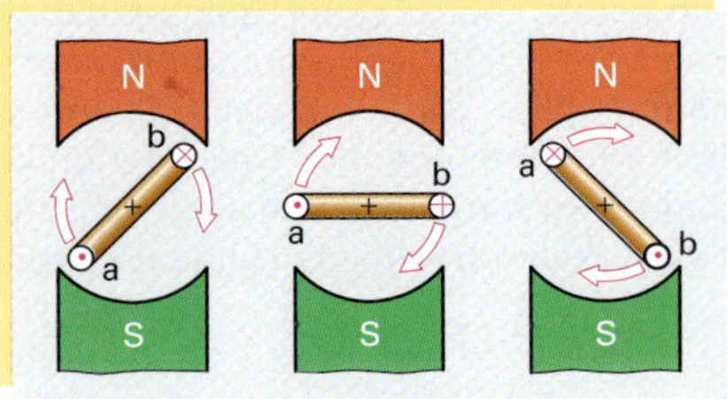

Bild 1: Induktion der Bewegung

Induktion der Ruhe (Bild 2)

Bleibt die Spule in ihrer Lage unverändert und variiert das Magnetfeld um die Spule, spricht man von Ruheinduktion. Die Änderung des Magnetfeldes kann z.B. durch eine Spule (Primärspule) über einen magnetischen Kreis auf eine zweite Spule (Sekundärspule) übertragen werden. Das Prinzip eines **Transformators** beruht auf einer solchen Anordnung. Liegen die Wicklungen der beiden Spulen auf ein und demselben Eisenkern spricht man von einer **magnetischen Kopplung**.

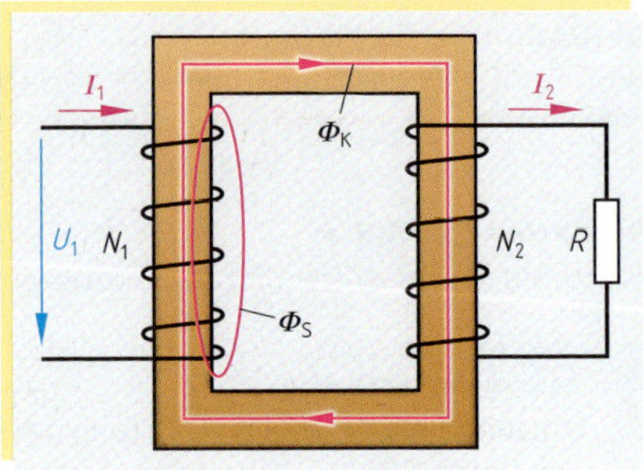

Bild 2: Induktion der Ruhe

Der Stromänderung in der ersten Spule folgt ein sich änderndes Magnetfeld, welches seinerseits in der zweiten Spule aufgrund der magnetischen Kopplung, eine Spannung induziert. Diese Erscheinung nennt man Induktion.

Selbstinduktion

Die Änderung des Magnetfeldes einer Spule infolge einer Stromänderung in der Spule bewirkt rückwirkend in dieser Spule selbst wiederum eine Induktionsspannung.

Die Selbstinduktion ist die Induktionsspannung, welche durch die Rückwirkung der Magnetflussänderung erzeugt wird.

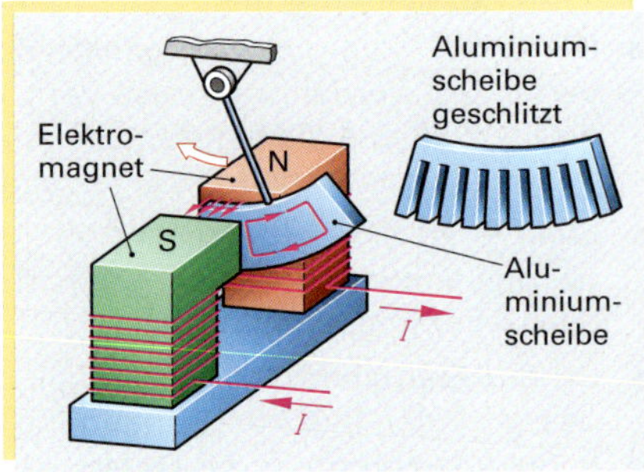

Bild 3: Schema einer Wirbelstrombremse

Die Selbstinduktion hängt ausschließlich von den Spulendaten ab, sie steigt

- mit der Windungszahl N
- mit der Permeabilität des Kernmaterials μ_r
- durch Verringerung der mittleren Feldlinienlänge l_m
- mit steigendem Wicklungsquerschnitt A

Wirbelströme

Wirbelströme sind die Folge von Selbstinduktionsspannungen in elektrischen Leitern, Eisenkernen usw., die zu Kurzschlussströmen führen. Wirbelströme können eine Ursache für die Erwärmung von Eisenkernen sein. Zur Reduktion der Wirbelströme in Transformatorkernen werden lamellierte Eisenkerne eingesetzt (zusammengesetzte einzelne Bleche).

In einem Magnetfeld bewegte elektrische Leiter bzw. Metallteile werden gemäß dem Lenz'schen Gesetz abgebremst. Sogenannte Wirbelstrombremsen **(Bild 3)** bei z.B. Fahrzeugen oder Seilbahnen basieren auf diesen physikalischen Effekten. Die Spulendaten fasst man formal als Selbstinduktionskoeffizient oder **Induktivität** L zusammen:

$$L = N^2 \cdot \mu_0 \cdot \mu_r \cdot \frac{A}{l_m} \qquad [L] = \frac{\mathrm{Vs}}{\mathrm{A}} = \mathrm{H}\ (\text{Henry}^{1)})$$

1) Joseph Henry: amerikanischer Physiker (1797–1878)

Wie bereits gezeigt wurde, ist der magnetische Fluss:

$$\Phi = \frac{\mu \cdot A \cdot I \cdot N}{l_m} \qquad \text{und} \qquad \Delta\Phi = \frac{\Delta I \cdot \mu \cdot A \cdot N}{l_m}$$

Ersetzt man $\Delta\Phi$ in der Formel für das Induktionsgesetz $U_i = -N\frac{\Delta\Phi}{\Delta t}$ erhält man:

$$U_i = -N\frac{\Delta I \cdot N \cdot \mu \cdot A}{\Delta t\, l_m} = \frac{\Delta I}{\Delta t}\,\frac{N^2 \cdot \mu_0 \cdot \mu_r \cdot A}{l_m} \quad (\text{mit } \mu = \mu_0 \cdot \mu_r)$$

$$U_i = -L\frac{\Delta I}{\Delta t} \qquad [U_i] = \text{V}$$

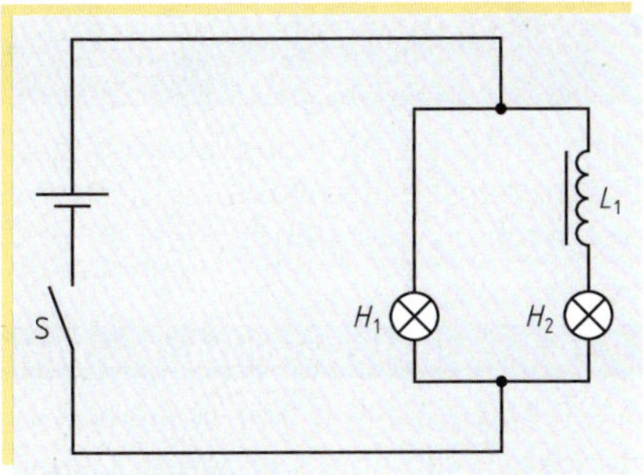

Bild 1: Gemischte Schaltung mit Spule und Lampen

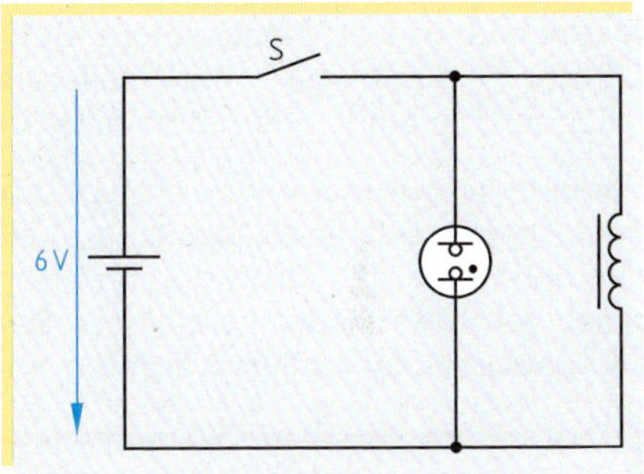

Bild 2: Parallelschaltung von Glimmlampe und Spule

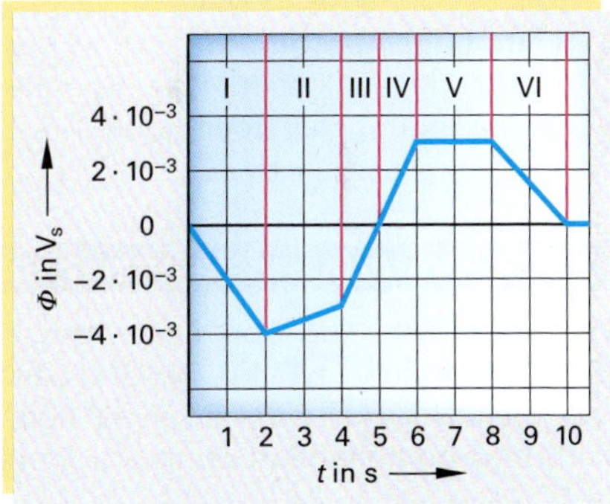

Bild 3: Verlauf des magnetischen Flusses

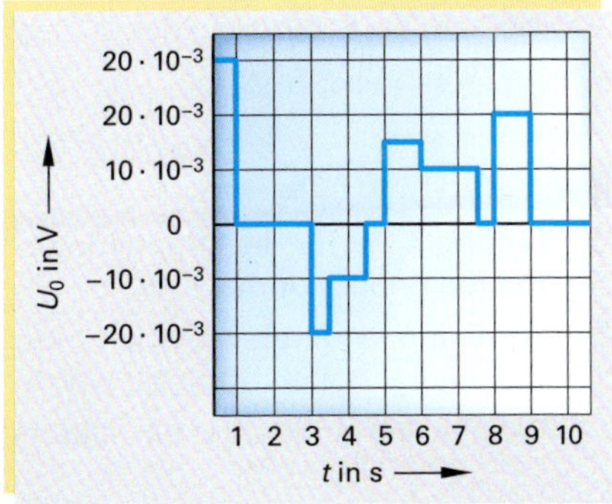

Bild 4: Verlauf einer Induktionsspannung

Arbeitsauftrag:

1. Untersuchen Sie das zeitliche Verhalten der Lampe H_1 und der Lampe H_2, welche in Reihe zu einer Spule mit Eisenkern liegt **(Bild 1).**

   Welche Schlussfolgerung ergibt sich aus den Beobachtungen beim Schließen bzw. beim Öffnen des Schalters S?

2. Die Glühlampe in **Bild 2** besitzt eine Zündspannung von 100 V.

   Stellen Sie zunächst eine Vermutung an, welches Verhalten die Schaltung im Einschaltmoment (S wird geschlossen) und im Ausschaltmoment (S wird geöffnet) zeigt.

   Überprüfen Sie Ihre Vermutung anhand des Versuchsaufbaus.

3. Berechnen Sie die induzierte Spannung in einer Spule mit 100 Windungen, wenn sich der magnetische Fluss entsprechend der Abbildung in **Bild 3** ändert.

4. Zeichnen Sie den Verlauf des magnetischen Flusses, welcher den in der Abbildung dargestellten Spannungsverlauf induziert **(Bild 4).**

   Betrachten Sie den gesamten Zeitraum von 10 s. Die eingesetzte Spule besitzt 60 Windungen. Der magnetische Fluss bei $t = 0$ beträgt $0{,}6\ 10^{-3}$ Vs.

5. Wie groß ist die mittlere Feldlinienlänge einer Spule aus Kupferdraht, wenn folgende Werte gegeben sind:

   $U_i = 10\,000$ V $\quad N = 1000 \quad A = 0{,}8\ \text{mm}^2 \quad \frac{\Delta I}{\Delta t} = 50\ \mu\text{A/s}$

6. Ermitteln Sie aus einem Tabellenbuch die relative Permeabilität von Keramik (Al_2O_3) und von Hexaferrit (HF 8/22, DIN 17410). Um wie viel Prozent unterscheidet sich die induzierte Spannung U_i zweier Spulen, die sich nur im Werkstoff des Spulenkerns unterscheiden (Keramik, Herxaferrit).

8

8.10 Grundschaltungen elektrischer Widerstände

Die technische Nutzung elektrischer Stromkreise setzt das Zusammenschalten von elektrischen Bauelementen, wie z.B. elektrischer Widerstände voraus.

8.10.1 Widerstandsbauelemente im Stromkreis

In der Elektrotechnik werden in fast allen Schaltungen Widerstandsbauelemente eingesetzt. Dabei unterscheidet man zwischen **Festwiderständen** und **veränderlichen Widerständen.**

Festwiderstände bestehen meistens aus einem Porzellan-, Kunststoff- oder Glasträger, der mit einer dünnen Kohle-, Metalloxid- oder Metallschicht überzogen ist. Auf diese Schicht folgt dann noch eine isolierende Schicht eines nichtleitenden Materials, wie z.B. Kunststoff.

Veränderliche Widerstände (Potentiometer), wie z.B. Schiebe- oder Drehwiderstände, besitzen einen zusätzlichen Abgriff, der die Länge des stromdurchflossenen Widerstandsmateriales vergrößert oder verkleinert. Dadurch kann der Widerstandswert linear variiert werden.

Messung von Strom und Spannung (Bild 1):

Strommessgeräte müssen vom zu messenden Strom durchflossen werden; das Strommessgerät wird zum Verbraucher in Reihe geschaltet.

Spannungsmessgeräte werden parallel zu den Verbrauchern angeschlossen; das Spannungsmessgerät misst den Spannungsfall über einem Widerstand.

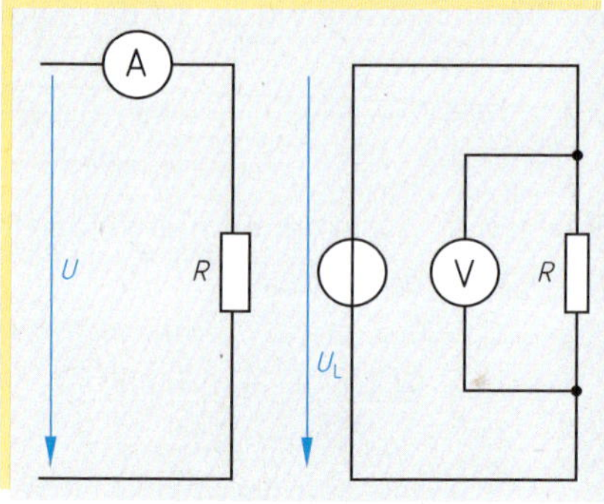

Bild 1: Messung von Strom und Spannung

Tabelle 1: Widerstandsfarbtabelle

Kennfarbe	1. Ring (Wert der 1. Ziffer)	2. Ring (Wert der 2. Ziffer)	3. Ring (Multiplikator)	4. Ring (Toleranz)
keine	–	–	–	± 20%
silber	–	–	10^{-2}	± 10%
gold	–	–	10^{-1}	± 5%
schwarz	0	0	10^{0}	–
braun	1	1	10^{1}	± 1%
rot	2	2	10^{2}	± 2%
orange	3	3	10^{3}	–
gelb	4	4	10^{4}	–
grün	5	5	10^{5}	± 0,5%
blau	6	6	10^{6}	–
violett	7	7	10^{7}	–
grau	8	8	10^{8}	–
weiß	9	9	10^{9}	–

8.10.2 Widerstandskennzeichnung

Die Kennzeichnung von Festwiderständen wird durch die IEC[1])-Normreihen, z.B. E6, E12 und E24 festgelegt. Bei den aufgezählten Normreihen werden auf den Widerstandskörper vier Farbringe oder vier Farbpunkte aufgebracht **(Bild 2 und Tabelle 1).**

Zur Bestimmung des Widerstandswertes der IEC-Normreihen E48, E96 und E192 ist das Aufbringen eines fünften Farbringes erforderlich. Zur Ermittlung des Widerstandswertes sei an dieser Stelle auf entsprechende Tabellenbücher verwiesen.

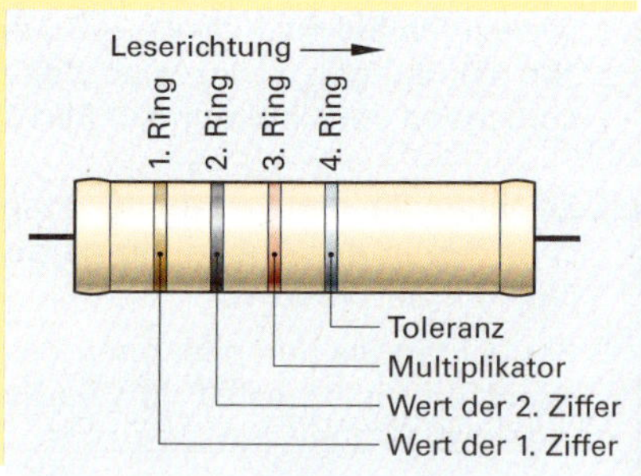

Bild 2: Widerstandskennzeichnung

Arbeitsauftrag:

1. Ermitteln Sie für die abgebildeten Widerstände der Reihe E12 die Widerstandswerte.
2. Für einen Widerstand von 10 kΩ ± 5% sollen die Kennzeichnungsfarben ermittelt werden.
3. Welche Farbringe trägt ein Widerstand mit 3,3 kΩ ±10%?

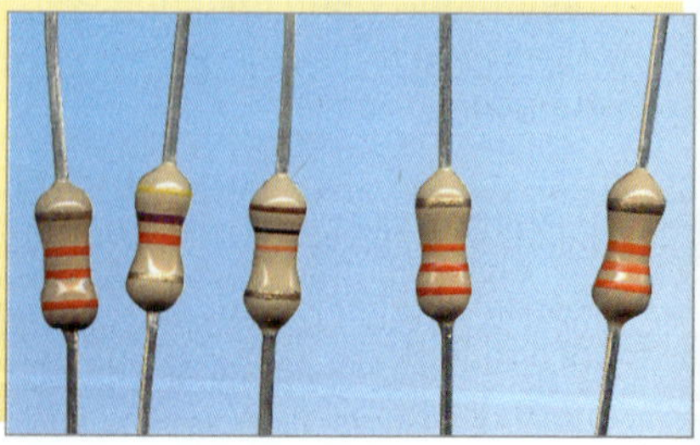

1) International electronical commission (www.iec.org)

8.10.3 Reihenschaltung von Widerständen

In einer Reihenschaltung von Widerständen werden alle Widerstände vom selben Strom durchflossen. Vor und nach den Widerständen ist die Stromstärke I gleich groß **(Bild 1)**.

> Die Stromstärke I ist innerhalb einer Reihenschaltung an jeder Stelle im Stromkreis gleich groß.

Wie man aus den Messwerten des Versuchsaufbaus erkennen kann, ergibt sich für die Spannungen folgende Abhängigkeit:

$$U = U_1 + U_2$$

Dies gilt auch für n Widerstände:

$$U = U_1 + U_2 + U_3 + \ldots + U_n$$

Da die Stromstärke überall gleich groß ist, kann unter Anwendung des Ohm'schen Gesetzes der Gesamtwiderstand berechnet werden:

$$R_{ges} = R_1 + R_2 + \ldots + R_n \qquad \frac{U}{I} = \frac{U_1}{I} + \frac{U_2}{I} + \ldots + \frac{U_n}{I}$$

> Der Gesamtwiderstand in einer Reihenschaltung ist gleich der Summe der Einzelwiderstände.

Der Gesamtwiderstand einer Schaltung beschreibt den Widerstand, der die Spannungsquelle belastet. Er kann in einem Ersatzschaltbild als Widerstand R_{ges} dargestellt werden **(Bild 2)**.

Unter der Bedingung, dass in einer Reihenschaltung der Strom $I = I_1 = I_2 = I_3$ ist ergibt sich eine Verhältnisgleichung der Spannungen und Widerstände:

$$I_1 = I_2 \qquad \frac{U_1}{R_1} = \frac{U_2}{R_2} \qquad \frac{U_1}{U_2} = \frac{R_1}{R_2}$$

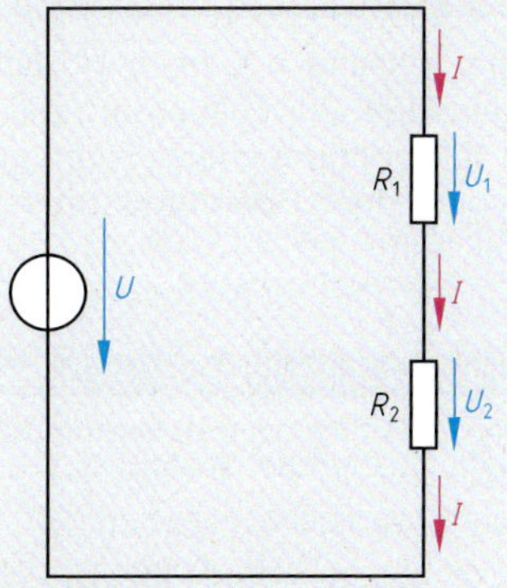

Beispiel:
Geg.: $R_1 = 100$, $R_2 = 150$, $U = 12\,V$
Messwerte:
Alle Strommessgeräte zeigen einen Wert von $I_1 = I_2 = I_3 = 48$ mA an. Die Spannungsmessgeräte zeigen für $U_1 = 4{,}8\,V$ und für $U_2 = 7{,}2\,V$ an.

Bild 1: Reihenschaltung von Widerständen

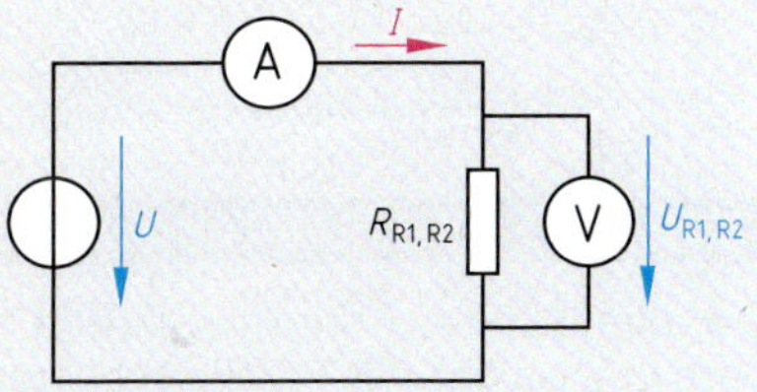

Bild 2: Ersatzschaltbild

> In einer Reihenschaltung stehen die Spannungen im gleichen Verhältnis wie die dazugehörenden Widerstände.

Durch einfache Erweiterung der Verhältnisgleichung stellt sich das Verhältnis von Widerständen und den dazugehörenden Leistungen dar:

$$\frac{I}{I} \cdot \frac{U_1}{U_2} = \frac{R_1}{R_2} \qquad \frac{P_1}{P_2} = \frac{R_1}{R_2}$$

> Der Leistungsumsatz und die zugehörenden Widerstände sind in der Reihenschaltung proportional.

$$U = U_1 + U_2 + \ldots + U_n \qquad U \cdot I = U_1 \cdot I + U_2 \cdot I + \ldots + U_3 \cdot I \qquad P = P_1 + P_2 + \ldots + P_n$$

> Die Gesamtleistung in der Reihenschaltung von Widerständen ist gleich der Summe der Einzelleistungen.

Arbeitsauftrag:

Messen und berechnen Sie alle Ströme, Spannungen und Leistungen in einem Netzwerk, welches aus drei in Reihe geschalteten Widerständen besteht. $U_0 = 12\,V$, $R_1 = 1\,k\Omega$, $R_2 = 2\,k\Omega$, $R_3 = 3\,k\Omega$

Alternativ kann auch eine Simulationssoftware zum Einsatz kommen.

8.10.4 Maschensatz (zweites Kirchhoff'sches Gesetz)

In einer Masche, d.h. in einer Reihenschaltung elektrischer Bauelemente, ist die Summe der Einzelspannungen Null. Zur Festlegung der Vorzeichen wird für eine Masche zunächst ein Umlaufsinn festgelegt **(Bild 1)**. Spannungsfälle (Spannungspfeile), die im Umlaufsinn der Masche abfallen, erhalten ein positives Vorzeichen; Spannungspfeile entgegen des Maschenumlaufes erhalten entsprechend ein negatives Vorzeichen:

$$U_1 + U_2 - U_0 = 0 \qquad\qquad U_1 + U_2 + \ldots + U_n = 0$$

Beispiel zum 2. Kirchhoff'schen Gesetz:

Zu berechnen sind alle Teilspannungen, Teilströme und Leistungen der nebenstehenden Schaltung.

Folgende Werte sind gegeben:

$U = 60$ V, $U_2 = 20$ V, $R_1 = 1$ kΩ.

Die Werte sind

a) durch die Anwendung des Ohm'schen Gesetzes

b) unter Zuhilfenahme der Verhältnisgleichungen zu ermitteln.

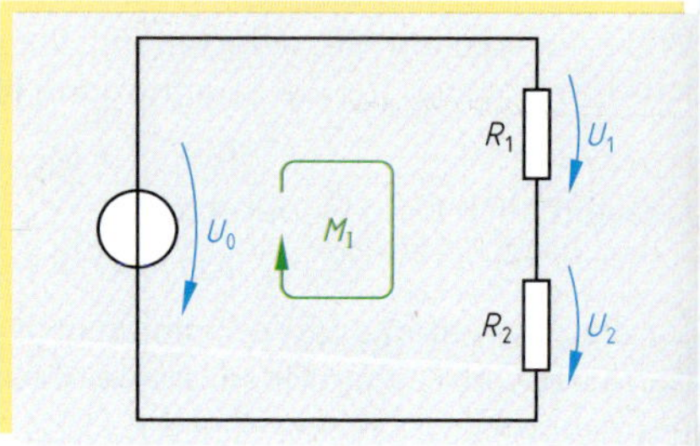

Bild 1: Maschenumlauf

Lösung:

a)
$$U_1 = U_0 - U_2 = 60\text{ V} - 20\text{ V} = 40\text{ V}$$
$$I = \frac{U_1}{R_1} = \frac{40\text{ V}}{1\text{ K}\Omega} = 40\text{ mA}$$
$$P = U \cdot I = 60\text{ V} \cdot 40\text{ mA} = 2{,}4\text{ W}$$
$$P_1 = U_1 \cdot I = 40\text{ V} \cdot 40\text{ mA} = 1{,}6\text{ W}$$
$$P_2 = U_2 \cdot I = 20\text{ V} \cdot 40\text{ mA} = 0{,}8\text{ W}$$
$$R_2 = \frac{U_2}{I} = \frac{20\text{ V}}{40\text{ mA}} = 500\ \Omega$$

b)
$$U_1 = U_0 - U_2 = 60\text{ V} - 20\text{ V} = 40\text{ V}$$
$$\frac{U_0}{U_2} = \frac{R_1 + R_2}{R_2} = 1 + \frac{R_1}{R_2}$$
$$R_2 = \frac{R_1}{\frac{U_0}{U_2} - 1} = \frac{1\text{ k}\cdot\Omega}{\frac{60\text{ V}}{20\text{ V}} - 1} = 500\ \Omega$$

Leistungsberechnung siehe Lösung Teilaufgabe a)

8.10.5 Parallelschaltung von Widerständen

Die abgebildete Anordnung **(Bild 2)** zeigt anschaulich die Verhältnisse bei der Parallelschaltung von Widerständen. Es ergibt sich:

$$I = I_1 + I_2 + I_3 \qquad U = U_1 = U_2 = U_3$$

Die Schaltung ließe sich beliebig erweitern. Dadurch würden sich die grundsätzlichen Verhältnisse der Spannungen und Ströme nicht verändern.

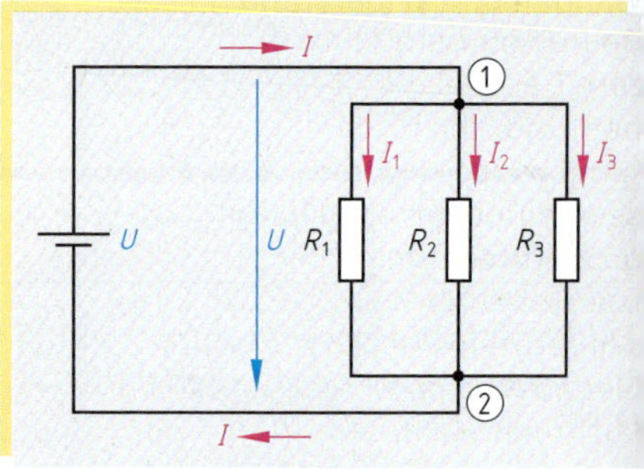

Bild 2: Parallelschaltung von Widerständen

> In einer Parallelschaltung von Widerständen ist der Spannungsabfall über allen Widerständen gleich groß.
>
> Die Summe der Teilströme ist gleich dem Gesamtstrom.

$$\frac{R_1}{R_2} = \frac{I_2}{I_1}$$

Unter Anwendung des Ohm'schen Gesetzes erhält man aufgrund dieser Gesetzmäßigkeiten:

$$\frac{I}{U} = \frac{I_1}{U} + \frac{I_2}{U} + \ldots + \frac{I_n}{U}$$
$$\frac{1}{R_{ges}} = \frac{1}{R_1} + \frac{1}{R_2} + \ldots + \frac{1}{R_n}$$

Das Verhältnis von Stromstärke zum Spannungsabfall, d.h. den Kehrwert (reziproker Wert) des Widerstandes, nennt man Leitwert (siehe Seite 285).

Die Einführung des Leitwertes erleichtert die Berechnung der elektrischen Größen in der Parallelschaltung von Widerständen.

Messübung:

Geg.: $R_1 = 10\ \Omega$ $R_2 = 30\ \Omega$ $R_2 = 180\ \Omega$
$U = 12$ V

Messergebnisse Knotenpunkt 1:

$I = 1{,}667$ A $I_1 = 1{,}2$ A $I_2 = 0{,}4$ A
$I_3 = 66{,}67$ mA

Messergebnisse Knotenpunkt 2:

$I = 1{,}667$ A $I_1 = 1{,}2$ A $I_2 = 0{,}4$ A
$I_3 = 66{,}67$ mA

$$R_{ges} = \frac{U}{I} \qquad R_{ges} = \frac{12\text{ V}}{1{,}667\text{ A}} = 7{,}2\ \Omega$$

In einer Parallelschaltung ist der Gesamtleitwert gleich der Summe der Einzelleitwerte.

$$G_{ges} = G_1 + G_2 + \ldots + G_n$$

Für die Berechnung einer Parallelschaltung mit nur zwei Widerständen kann eine vereinfachte Formel angewendet werden:

$$\frac{1}{R_{ges}} = \frac{1}{R_1} + \frac{1}{R_2} \qquad \frac{1}{R_{ges}} = \frac{R_1 + R_2}{R_1 \cdot R_2} \qquad R_{ges} = \frac{R_1 \cdot R_2}{R_1 + R_2}$$

Da der Spannungsabfall über allen Widerständen gleich groß ist, folgt:

$$\frac{I_1 \cdot U}{I_2 \cdot U} = \frac{G_1}{G_2} = \frac{R_2}{R_1} \qquad \frac{P_1}{P_2} = \frac{G_1}{G_2} = \frac{R_2}{R_1}$$

In einer Parallelschaltung verhalten sich Leistung und Leitwert proportional; somit stehen Leistung und die zugehörigen Widerstände in einem umgekehrt proportionalen Verhältnis.

8.10.6 Knotenpunktregel (erstes Kirchhoff'sches Gesetz)

In einer Parallelschaltung verzweigt sich der Strom an den Knotenpunkten. Wie man aus den Messergebnissen **(Bild 2, Seite 308)** der Messschaltung herauslesen kann, ist die Summe der Teilströme gleich dem Gesamtstrom.

Unter der Voraussetzung, dass alle auf einen Knotenpunkt zufließenden Ströme ein positives Vorzeichen erhalten und alle wegfließenden Ströme ein negatives Vorzeichen erhalten, gilt unter Beachtung der Vorzeichen:

$$I_1 + I_2 + I_3 + \ldots + I_n = 0$$

8.11 Grundlagen der Wechselstromtechnik

Wechselspannungen und Wechselströme sind in nahezu allen Bereichen der Elektrotechnik und Elektronik vorzufinden, wie zum Beispiel der Energieverteilung, den Anlagen und Maschinen und der Nachrichtentechnik. Die physikalische Betrachtungsweise und die mathematische Behandlung von Wechselspannungen und Wechselströmen unterscheiden sich zum großen Teil erheblich von denen der Gleichspannungstechnik. Die Abbildung einer Wechselspannung mittels eines Oszilloskopes zeigt den Unterschied zu einer Gleichspannung. Ein Oszilloskop ist ein Messinstrument, mit dem der zeitliche Verlauf einer elektrischen Spannung dargestellt werden kann.

Wechselspannungen bzw. Wechselströme sind physikalische Größen, deren Werte sich innerhalb eines Zeitabschnittes verändern **(Bild 2)**.

8.11.1 Erzeugung von Wechselspannungen und Begriffsdefinitionen

Die Erzeugung einer Wechselspannung kann mit einem einfachen Versuch dargestellt werden. Wie im **Bild 3** zu sehen ist, benötigt man einen Permanentmagneten und eine Leiterschleife mit einer Kurbel zum Drehen der Schleife. Die Schleifringe stellen den elektrischen Kontakt zu der Leiterschleife her. Das Ergebnis der Rotationsbewegung der Leiterschleife im Magnetfeld des Permanentmagneten kann mittels eines Oszilloskopes dargestellt werden.

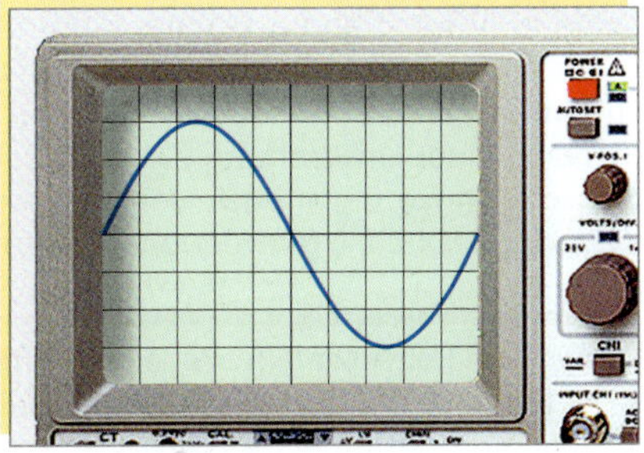

Bild 1: Wechselspannung auf Oszilloskop

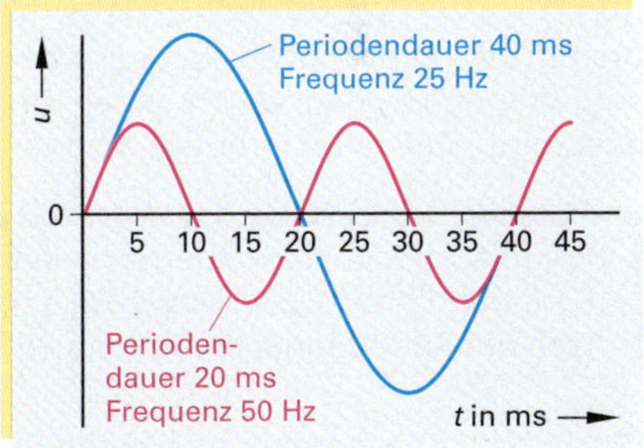

Bild 2: Wechselspannungen

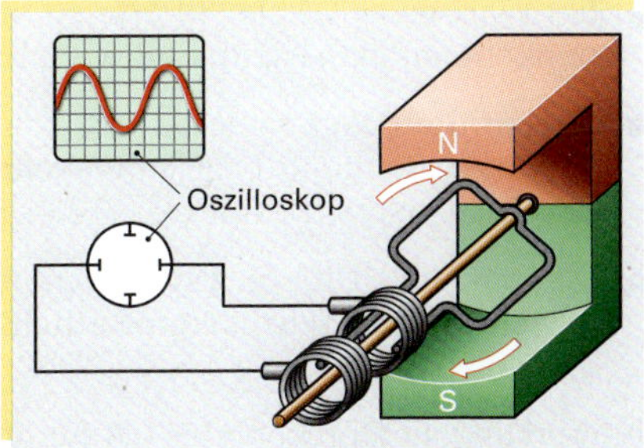

Bild 3: Erzeugung einer Wechselspannung

Eine gleichförmig oder gleichmäßig rotierende Leiterschleife in einem Magnetfeld erzeugt eine Wechselspannung **(Bild 1)**.

Das Induktionsgesetz besagt, dass in einem Leiter eine elektrische Spannung induziert wird, wenn er von einem sich ändernden Magnetfeld durchsetzt wird. In unserem Versuchsaufbau ändert sich das Magnetfeld des Permanentmagneten natürlich nicht. In diesem Fall variiert das Magnetfeld, welches die Leiterschleife durchdringt, dadurch, dass die von der Leiterschleife aufgespannte Fläche im Magnetfeld sich ändert. Dieser Zusammenhang wurde bereits oben als Bewegungsinduktion beschrieben (konstante Magnetflussdichte B, variable Fläche A).

$$\Phi = B \cdot A$$

$$U_i = -N \frac{\Delta \Phi}{\Delta t} \qquad U_i = -N \cdot B \frac{\Delta A}{\Delta t}$$

Durch die kontinuierliche Rotation der Leiterschleife ergibt sich zu jedem Zeitpunkt eine unterschiedliche, von der Leiterschleife aufgespannte Fläche, die vom Magnetfeld des Permanentmagneten durchdrungen wird. Somit ergeben sich zu jedem Zeitpunkt t andere Werte für den Faktor $\Delta A/\Delta t$ **(Bild 2)**. Nach einer Umdrehung (Drehwinkel $\alpha = 360°$) wiederholen sich die Werte der induzierten Spannung (unter der Voraussetzung, dass die Drehfrequenz konstant bleibt).

Wird die Leiterschleife mit einer konstanten Geschwindigkeit in einem **homogenen** Magnetfeld bewegt, so erzeugt dies eine **periodische** (sich wiederholende) sinusförmige Wechselspannung.

Anstatt des Drehwinkels kann auf der X-Achse auch die Zeit aufgetragen werden, da für einen Drehwinkel von 360° eine bestimmte Zeitdauer benötigt wird.

Periodische Signale wiederholen sich nach der Zeitdauer T (Periodendauer). Der Drehwinkel der Leiterschleife beträgt nach der Periodendauer T genau 360°.

Wechselgrößen werden mit kleinen Buchstaben gekennzeichnet **(Bild 3)**:

- Ein Wert einer Wechselgröße zu einem bestimmten Zeitpunkt nennt man Momentanwert, z. B. u oder i.
- Den größten Wert einer Wechselspannung in positiver oder negativer Richtung bezeichnet man als $\hat{u}$ (sprich u Dach) oder als u_s (sprich u Spitze).
- Die maximale Differenz zwischen dem größten und kleinsten Wert einer Wechselgröße heißt u_{ss} (sprich U Spitze-Spitze).

Anmerkung: Entsprechendes gilt für die Bezeichnung anderer Wechselgrößen.

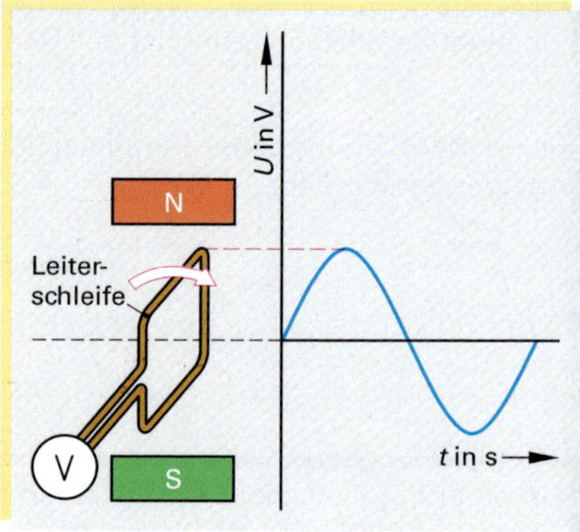

Bild 1: Leiterschleife im Magnetfeld

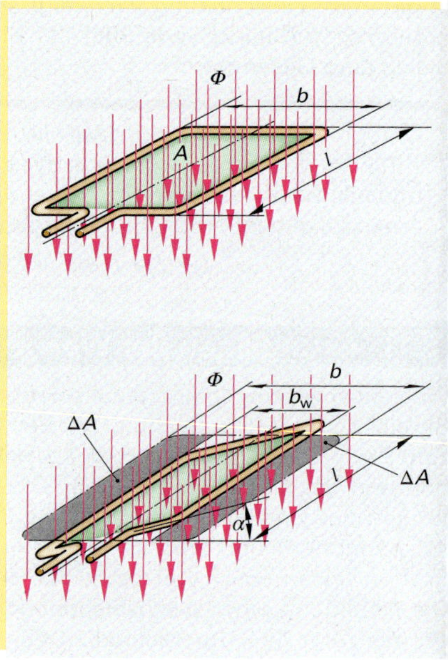

Bild 2: Wirksame Fläche

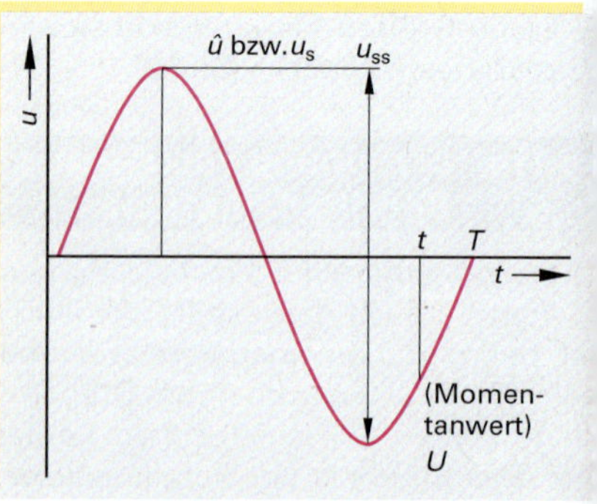

Bild 3: Sinusförmige Wechselgrößen und ihre charakteristischen Werte

8.11.2 Zeiger zur Darstellung von Wechselgrößen

Die Behandlung von Wechselgrößen erfordert besondere Hilfsmittel, die eine einfache mathematische Darstellung ermöglichen. Hierzu verwendet man das Modell der projizierten Leiterschleife, die eine Kreisbahn durchläuft. Wir betrachten nur den oberen Teil der Leiterschleife **(Bild 1)**. Der Radius des Rotationskreises stellt den Zeiger dar. Zu jedem Zeitpunkt t (X-Achse) ergibt die Projektion der Zeigerspitze, bei einer von links einfallenden Lichtquelle, einen Momentanwert (Y-Achse). Dieser kann über die Sinusfunktion mathematisch berechnet werden.

Verläuft die Drehbewegung mit einer konstanten Geschwindigkeit, ergeben die projizierten Momentanwerte einen sinusförmigen Verlauf. Anstatt der Zeit t kann auch der Drehwinkel α des Zeigers auf der X-Achse aufgetragen werden **(Bild 2)**.

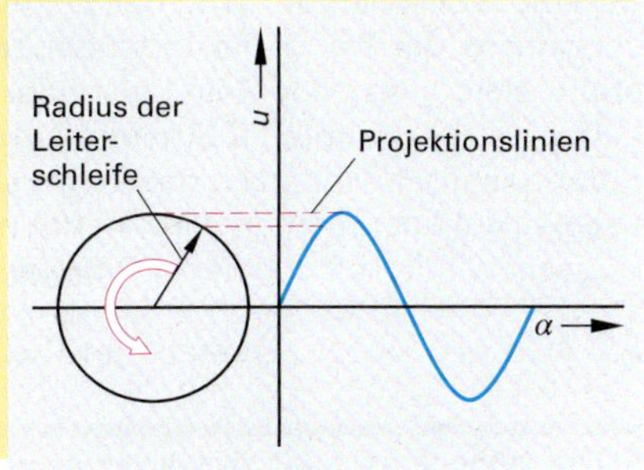

Bild 1: Projektion einer rotierenden Leiterschleife

Der Momentanwert einer Wechselgröße lässt sich durch die Angabe der dazugehörenden Zeigerlänge und des Drehwinkels α, bzw. der Zeit t, exakt beschreiben.
Der Drehwinkel α bzw. die Zeit t heißt „Phase".
Die Zeigerlänge wird als „Betrag" bezeichnet.

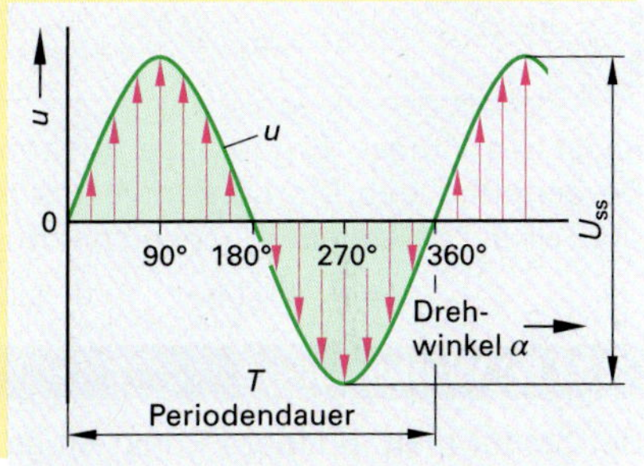

Bild 2: Induzierte Spannung in Abhängigkeit vom Drehwinkel

In unserem Beispiel ist der Betrag des Zeigers, also die Länge des Zeigers und die Drehfrequenz konstant. Dies hat eine harmonische und periodische Schwingung zur Folge **(Bild 2)**. Somit kann für jeden Drehwinkel α und z.B. der Zeigerlänge $\hat{u}$ der dazugehörige Momentanwert u berechnet werden: $u = \hat{u} \cdot \sin \alpha$

8.11.3 Frequenz und Periodendauer

Periodische Schwingungen zeigen nach einer vollen Periode den exakt gleichen Verlauf. Eine volle Schwingung einer Periode benötigt die Zeit T (Periodendauer) für einen Durchlauf. Danach beginnt die nächste Periode, deren Anfangspunkt sich durch die gleiche Amplitude (z.B. Spannungswert) und die gleiche Verlaufsrichtung wie bei der ersten Periode auszeichnet. Die Anzahl der Perioden pro Sekunde ist die Frequenz f **(Tabelle 1)**.

$$f = \frac{1}{T} \qquad [f] = \frac{1}{s} = \text{Hz (Hertz)}^{1)}$$

Beispiele bekannter Frequenzen	
Herzschlag des Menschen	ca. 1 Hz
Versorgungsnetz der Bundesbahn	16 ²/₃ Hz
Flugzeug (Bordversorgung)	400 Hz
Frequenz im Inneren eines Mikrowellenherdes	ca. 2,455 GHz

8

8.11.4 Kreisfrequenz

Die Einteilung eines Kreises in 360 gleich große Abschnitte ist die bekannte Unterteilung der Winkel im Gradmaß. Zur Berechnung des Weges der Zeigerspitze, d.h. den Umfang des Kreisbogens mit dem Radius r, ist das Gradmaß nicht direkt anwendbar. Die Verwendung des Bogenmaßes bringt hier einige Vorteile. Es wird ein Einheitskreis definiert, der den Radius $r = 1$ besitzt. Die Größe des mit konstanter Geschwindigkeit rotierenden Zeigers beträgt somit $r = 1$. Der Umfang des Einheitskreises beträgt

$U = d \cdot \pi = 2 \cdot r \cdot \pi = 2 \cdot 1\,\pi = 2 \cdot \pi$

Der Radius des Einheitskreises ist $r = 1$ $\qquad 360° \mathrel{\hat{=}} 2 \cdot \pi\,\text{rad} \qquad [\text{rad}] = 1$

Das Bogenmaß gibt die Länge des Kreisbogens an, welche die Spitze des Radius (Zeiger) von einem Schenkel zu einem zweiten Schenkel überstreicht.

Kreisfrequenz ω (Winkelgeschwindigkeit): $\qquad \omega = 2 \cdot \pi \cdot f \qquad [\omega] = \frac{1}{s}$

[1] Heinrich Hertz: Deutscher Physiker (1857–1894)

Bei einer vollen Umdrehung des Zeigers um 360° bzw. um 2 π, verstreicht die Zeit T (Periodendauer). Die Geschwindigkeit ergibt sich, ganz allgemein, aus einer Wegstrecke, die innerhalb einer bestimmten Zeitdauer zurückgelegt wurde. Da die Rotationsgeschwindigkeit des Zeigers vorgibt, wie schnell ein Drehwinkel überstrichen wird, nennt man diese auch die Winkelgeschwindigkeit ω (griech: Omega).

$\omega = \frac{2\pi}{T}$ Ersetzt man $T = \frac{1}{f}$ ergibt sich:

Die Winkelgeschwindigkeit ω ist proportional zur Anzahl der Umdrehungen pro Sekunde (Frequenz) und zu der von der Zeigerspitze überstrichenen Kreisbogenlänge (Rotation um den Winkel α in der Zeit t):

$\omega = \frac{\alpha}{t}$ $\alpha = \omega \cdot t$ (α im Bogenmaß)

Fasst man diese Ergebnisse zusammen und setzt sie zur Berechnung des Momentanwertes harmonischer Wechselgrößen ein (z.B. einer Wechselspannung), so folgt:

$$u = \hat{u} \cdot \sin(\omega \cdot t) = \hat{u} \cdot \sin(2\pi \cdot f \cdot t)$$

8.11.5 Wellenlänge

Betrachtet man in einem Punkt eines Leiters innerhalb eines geschlossenen Stromkreises den Verlauf einer harmonischen Wechselgröße, ergibt sich ein sinusförmiger zeitabhängiger Verlauf. Nach der Periodendauer T beginnt jeweils eine neue Schwingung. Die Wellenlänge beschreibt die räumliche Ausbreitung einer Wechselgröße, bzw. die Fortpflanzungsgeschwindigkeit einer Welle, somit die Geschwindigkeit mit der der Energietransport erfolgt. Während der Periodendauer T legt die Welle die Wellenlänge λ zurück. Die Ausbreitung erfolgt unter optimalen Bedingungen mit Lichtgeschwindigkeit ($c_0 \cong 300\,000$ km/s). Die Wellenlänge λ **(Bild 1)** wird mit zunehmender Frequenz kleiner.

Wellenlänge: $\lambda = \frac{c}{f}$ $[\lambda] = \text{m}$

Die Ausbreitungsgeschwindigkeit kann in vielen Fällen näherungsweise gleich der Lichtgeschwindigkeit c_0 gesetzt werden. Auf einer zweiadrigen Leitung beträgt sie nur z.B. 80% (oder weniger) der Lichtgeschwindigkeit, d.h. etwa 240000 km/s. Das Verhältnis von Ausbreitungsgeschwindigkeit zur Lichtgeschwindigkeit heißt Verkürzungsfaktor.

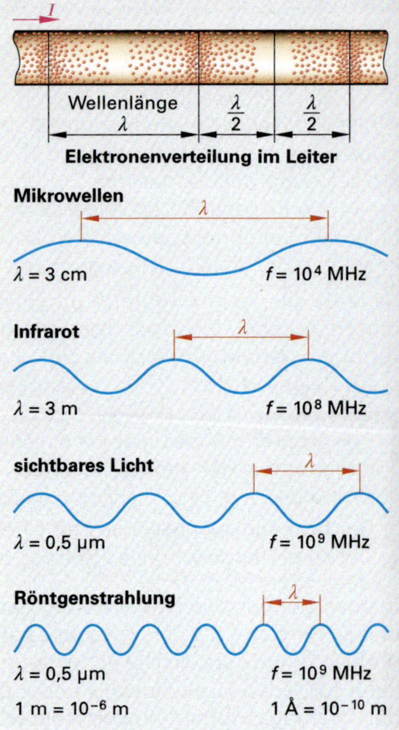

Bild 1: Elektronenverteilung und Wellenlängen

Beispiel zur Berechnung der Wellenlänge:

Geg.: $c = c_0 \cong 300\,000$ km/s
$f_1 = 50$ Hz, $f_2 = 100$ MHz

Geg.: $\lambda_1, \lambda_2, T_1, T_2$

Lösung:

$\lambda_1 = \frac{c_0}{f_1}$

$\lambda_1 = \frac{300\,000\text{ km/s}}{50\text{ Hz}}$

$\lambda_1 = 6000$ km

$T_1 = \frac{1}{f_1} = \frac{1}{50\text{ Hz}} = 20$ ms

$\lambda_2 = \frac{c_0}{f_z}$

$\lambda_2 = \frac{300\,000\text{ km/s}}{100\text{ MHz}} = 3$ m

$T_2 = \frac{1}{f_2} = \frac{1}{100\text{ MHz}} = 10$ ns

8.11.6 Effektivwert

Der Effektivwert (von lat. effectivus = bewirkend) ist eine weitere Größe zur einfacheren Beschreibung von Wechselgrößen. Man stelle sich vor, eine Elektroheizung wird mit Wechselstrom betrieben. Die Heizleistung änder sich somit entsprechend dem Verlauf des Wechselstromes.

Der Effektivwert einer Wechselgröße gibt eine Gleichgröße an, die dieselbe Wärmewirkung hervorruft. Der Effektivwert ist definiert:

$$U = \frac{\hat{u}}{\sqrt{2}} \qquad I = \frac{\hat{i}}{\sqrt{2}}$$

Leistung im Wechselstromkreis (Wirkwiderstände)

Betrachtet man Wechselstromkreise, die nur aus rein ohmschen Widerständen bestehen, lässt sich die Leistung unter Zuhilfenahme der Effektivwerte **(Bild 1)** für Strom und Spannung sehr einfach berechnen. Das Produkt von Spannung und Stromstärke ergibt auch im Wechselstromkreis die elektrische Leistung. Da aber Stromstärke und Spannung zeitlich nicht konstant sind müssen zu jedem Zeitpunkt *t* die entsprechenden Momentanwerte miteinander multipliziert werden. Die resultierende Wechselstromleistung „pulsiert", d.h. sie ist zeitlich nicht konstant **(Bild 2).** Für den technischen Einsatz (z.B. Elektroradiator) ist die äquivalente Gleichstromleistung wesentlich aussagekräftiger, da diese zeitlich konstant ist. Das Produkt der Effektivwerte von Spannung und Stromstärke ergibt die äquivalente Gleichstromleistung für den Fall, dass sich im Stromkreis nur ohm'sche Widerstände befinden.

$P = U_{eff} \cdot I_{eff}$

Im Falle sinusförmiger Wechselgrößen

$$P = \frac{\hat{u}}{\sqrt{2}} \cdot \frac{\hat{\imath}}{\sqrt{2}} \qquad P = \frac{\hat{u} \cdot \hat{\imath}}{2} \qquad = \frac{P_s}{2}$$

Ein ohm'scher Widerstand *R* wird in der Wechselspannungstechnik **Wirkwiderstand** genannt.

Signalform	Crest-faktor	Effektiv-wert
Sinus 	$\sqrt{2} = 1{,}41$	$U = \frac{\hat{u}}{\sqrt{2}}$
Dreieck, Sägezahn 	$\sqrt{3} = 1{,}73$	$U = \frac{\hat{u}}{\sqrt{3}}$
Rechteck 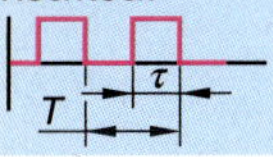	1 ... 10 (je nach Tastgrad)	$U = \sqrt{\hat{u}^2 \cdot \frac{\tau}{T}}$

Bild 1: Effektivwerte

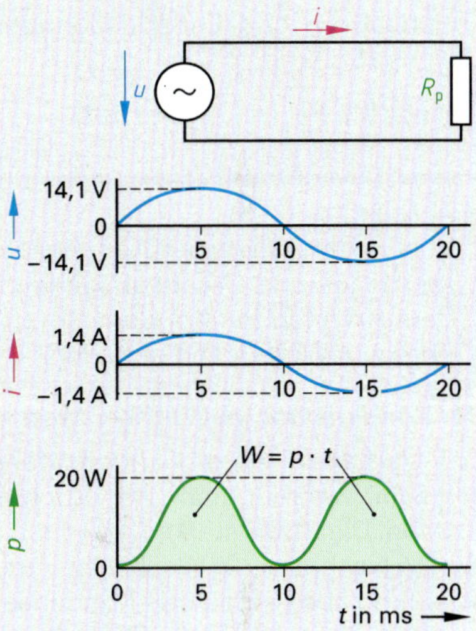

Bild 2: Wechselstromleistung

8.12 Der Kondensator im Stromkreis

Der Kondensator im Gleichstromkreis

Aus den Betrachtungen des elektrischen Feldes sind bereits einige Eigenschaften des Plattenkondensators bekannt. Auf diesen Grundlagen soll aufgebaut werden.

Das Verhalten eines Kondensators im Gleichstromkreis **(Bild 3)** wird anhand des einfachen Versuches verdeutlicht. Der Kondensator ist zu Beginn des Versuches nicht geladen.

Wird nun die Gleichspannungsquelle durch Betätigen des Schalters geschlossen, fließen vom Minuspol der Quelle Ladungsträger auf eine Platte des Kondensators, während auf der anderen Platte des Kondensators Ladungsträger abgezogen werden. Der Kondensator lädt sich kontinuierlich auf. Die Spannung über dem Kondensator steigt, bis sie den Spannungswert der Quelle erreicht hat. Da sich während des Ladevorgangs die Spannungsdifferenz zwischen der Quellenspannung und der Kondensatorspannung stetig verringert, verringert sich auch der Ladestrom. Das Messdiagramm zeigt die Kondensatorspannung und den Verlauf der Stromstärke während des Ladevorganges. Der Ladevorgang des Kondensators folgt einer e-Funktion[1]. Der maximale Ladestrom i_c des Kondensators wird beim Start des Ladevorganges nur durch den Vorwiderstand *R* begrenzt. Die Ladedauer des Kondensators verlängert sich, je größer *R* und je größer die Kapazität *C* des Kondensators ist.

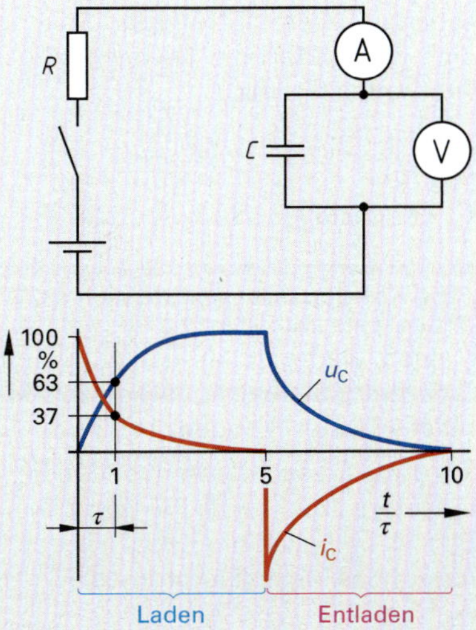

Bild 3: Kondensator im Gleichstromkreis

[1] nach Leonhard Euler: Schweizer Mathematiker (1707–1783)

Ein Maß für die Ladezeit ist die Zeitkonstante τ:

$$\tau = R \cdot C \qquad [\tau] = \frac{V}{A} \cdot \frac{As}{V} = s$$

Im Einschaltaugenblick fließt kurzzeitig ein Strom in der Stärke I_0:

$$I_0 = \frac{U}{R}$$

Ladestrom und Ladespannung beim Kondensator im Gleichstromkreis:

$$i_c = (e^{-t/\tau}) \cdot \frac{U}{R} \qquad \text{mit} \qquad \tau = R \cdot C$$

$$u_c = U \cdot (1 - e^{-t/\tau})$$

Faustformel: Ein Kondensator ist nach ca. 5 τ nahezu vollständig geladen.

Entladestrom und Entladespannung beim Kondensator im Gleichstromkreis:

$$i_c = -(e^{-t/\tau}) \cdot \frac{U_C}{R} \qquad u_c = U \cdot e^{-t/\tau}$$

Achtung:
Von einem geladenen Kondensator können Gefahren für Menschen und Geräte ausgehen. Deshalb sollte man vor dem Arbeiten mit Kondensatoren diese über einen hochohmigen Widerstand entladen.

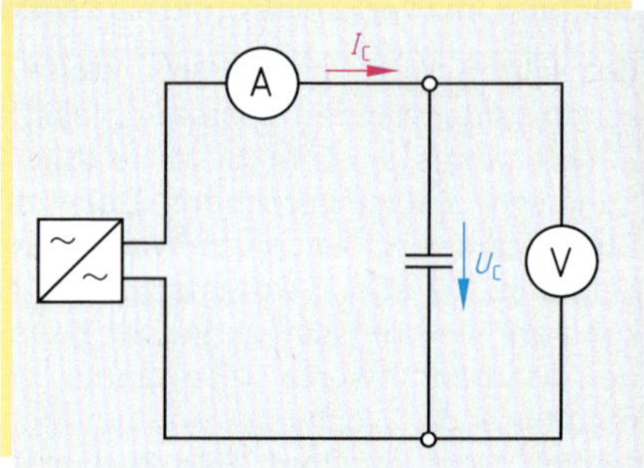

Bild 1: Kondensator im Wechselstromkreis

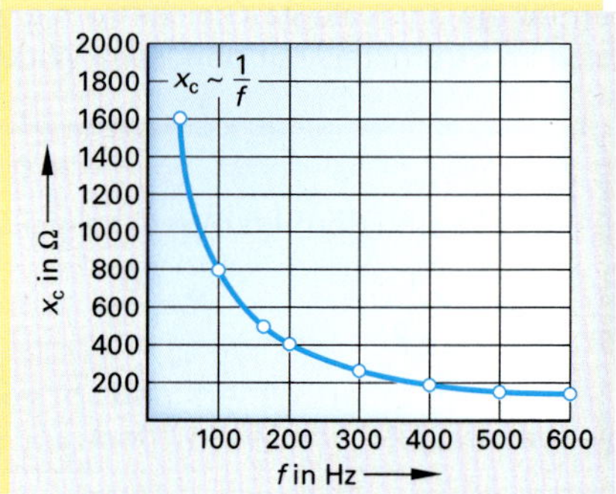

Bild 2: Blindwiderstand in Abhängigkeit von der Frequenz

Bild 3: Blindwiderstand in Abhängigkeit von der Kapazität *C*

Der Kondensator im Wechselstromkreis (Bild 1)

Das Verhalten eines Kondensators im Wechselstromkreis soll zunächst rein qualitativ durch einen Versuch dargestellt werden. Die Stromstärke I_C wird mit dem Amperemeter beobachtet. Nachdem die Wechselspannungsquelle an die Reihenschaltung aus Lampe und Kondensator angeschlossen wurde leuchtet diese, d. h. es fließt ein Strom i_c.

Im Folgenden wird der Zusammenhang zwischen Wechselstromstärke und Wechselspannungsstärke am Kondensator untersucht. Das Messdiagramm zeigt eine proportionale Abhängigkeit von Strom und Spannung am Kondensator, d. h. auch hier gelten die Gesetzmäßigkeiten entsprechend dem Ohm'schen Gesetz.

$$X_c = \frac{U_c}{I_c} \qquad [X_c] = \Omega$$

X_c = Kapazitiver Blindwiderstand

Ein Kondensator verhält sich im Wechselstromkreis wie ein Widerstand (Blindwiderstand).

In einem weiteren Versuch wird die Frequenz *f* der Spannungsquelle variiert, die Spannung *U* sowie die Kapazität *C* bleiben konstant. Das Messdiagramm zeigt, dass der Blindwiderstand X_c des Kondensators mit steigender Frequenz in einem nichtlinearen Verhältnis abnimmt **(Bild 2)**.

Das dritte Messdiagramm bildet die Abhängigkeit des Blindwiderstandes X_c von der Kapazität *C* des Kondensators ab, d. h. die Frequenz *f* und die Spannung *U* der Spannungsquelle wurden konstant gehalten **(Bild 3)**. Lediglich die Kapazität des Kondensators *C* variiert. In diesem Versuch zeigt sich ein ähnlicher Verlauf des Messdiagrammes. Mit steigender Kapazität *C* sinkt der Blindwiderstand X_c.

$$X_c \sim \frac{1}{f \cdot C}$$

Führt man eine Konstante ein, die sich durch genauere Auswertung der Messergebnisse ermitteln lässt, kann man das oben beschriebene Verhältnis als Gleichung darstellen.

> Blindwiderstand des Kondensators:
>
> $X_c = \frac{1}{2 \cdot \pi \cdot f \cdot C}$ Mit $\omega = 2 \cdot \pi \cdot f \cdot C$ erhält man $X_c = \frac{1}{\omega \cdot C}$

Im Gleichstromkreis fließt nur im Ein- und Ausschaltmoment ein Strom, der elektrische Ladungen zu- bzw. abführt.

$$Q = I \cdot t = C \cdot U$$

Wird ein Kondensator hingegen an eine sinusförmige Wechselspannung angeschlossen, so fließt ständig ein Strom. Die Spannungsänderung der Wechselspannung Δu im Zeitraum Δt bewirkt eine Ladungsänderung Δq:

$$\Delta q = i_c \cdot \Delta t = C \cdot \Delta u_c \qquad i_c = \frac{C \cdot \Delta u_c}{\Delta t} \curvearrowright u_c = \frac{\Delta i_c \cdot \Delta t}{C}$$

Die Spannungsänderungsgeschwindigkeit $\Delta u_c/\Delta t$ ist somit maßgebend für die Größe des Lade- bzw. Entladestromes des Kondensators. Hieraus folgt, dass beim Maximalwert der Spannung ($\Delta u_c/\Delta t = 0$) die Stromstärke Null ist. Erreicht die sinusförmige Wechselspannung ihren Nulldurchgang, weist die Spannungsänderungsgeschwindigkeit $\Delta u_c/\Delta t$ ein Maximum auf. Die Stromstärke erreicht ihren Scheitelwert **(Bild 1)**.

> Der Strom eilt beim idealen Kondensator im Wechselstromkreis der Spannung um $\varphi = 90° \frac{\pi}{2}$ voraus.

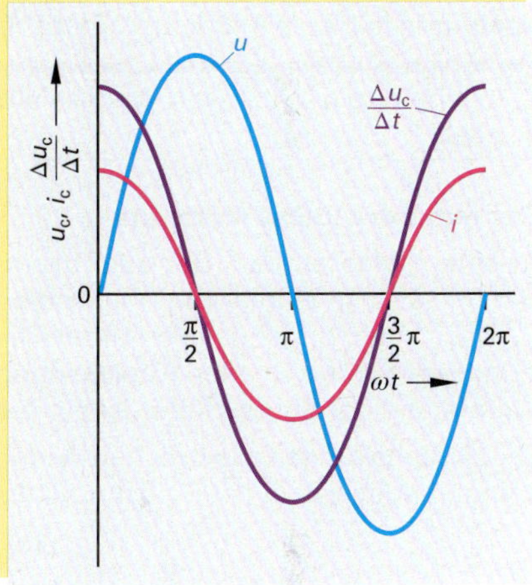

Bild 1: Phasenverschiebung

Leistung

Zur Berechnung der Leistung, die der Kondensator im Wechselstromkreis umsetzt, müssen die jeweiligen Augenblickswerte betrachtet werden.

> Da Strom und Spannung um 90° phasenverschoben sind, verläuft die Leistungskurve beim Kondensator zu gleichen Teilen im positiven und negativen Bereich. Die mittlere Wirkleistung ist somit Null!

Bei einem idealen Kondensator wird *keine* elektrische Energie in Wärme umgewandelt, da in der positiven Halbwelle Energie aufgenommen wird, die dann in der negativen Halbwelle wieder abgegeben wird.

> Das Produkt der Effektivwerte des Stromes I_c und der Spannung U_c wird kapazitive Blindleistung Q_c genannt.
>
> $Q_c = U_c \cdot I_c$ $[Q_c]$ = var (Volt-Ampere-reaktiv)

8.13 Die Spule im Stromkreis

Die Spule im Gleichstromkreis

Spulen können ganz unterschiedliche Bauformen haben **(Bild 2)**. Das elektrische Verhalten einer Spule im Gleichstromkreis ist mit dem einer langen Leitung vergleichbar. Lässt man das Transientenverhalten (elektrische Eigenschaften im Einschaltmoment) außer Betracht, so zeigt eine Spule die charakteristischen Merkmale eines rein ohm'schen Widerstandes.

$$R = \frac{\varrho \cdot l}{A}$$

Bild 2: Spulen in unterschiedlichen Bauformen

Die Spule im Wechselstromkreis

Analog zum Lade- und Entladeverhalten des Kondensators verläuft das Lade- und Entladeverhalten der Spule. Man erhält qualitativ die Lade- und Entladekurve der Spule, indem man die Achsenbezeichnungen austauscht, den Diagrammverlauf an der X-Achse spiegelt ($I \rightarrow -U$, $U \rightarrow -I$) und die Kapazität C durch die Induktivität L ersetzt. Zur Vereinfachung der Betrachtung geht man zunächst von einer idealen Spule im Wechselstromkreis aus **(Bild 1)**. Die Spule wird von einem sinusförmigen Wechselstrom durchflossen, der einen sinusförmigen magnetischen Fluss Φ zur Folge hat. Die Flussänderung bewirkt, wie bereits oben beschrieben, eine Induktionsspannung:

$$U_i = -N \cdot \frac{\Delta\Phi}{\Delta t}$$

Die Selbstinduktionsspannung ist entsprechend der Lenz'schen Regel der angelegten Spannung entgegengerichtet. Da für die Selbstinduktionsspannung die magnetische Flussänderungsgeschwindigkeit maßgebend ist, ergibt sich eine zeitliche Verschiebung zwischen Strom und Spannung. D.h. der elektrische Strom und der magnetische Fluss sind in Phase (zeitgleich), die Flussänderung ist maximal, wenn der magnetische Fluss beim Nulldurchgang ist und somit im Bezug auf den magnetischen Fluss (bzw. auf den Strom) um 90° voreilend. Die Selbstinduktionsspannung berechnet sich aus der Windungszahl und der Flussänderungsgeschwindigkeit, allerdings mit negativem Vorzeichen, also um 180° phasenverschoben. Da die Selbstinduktionsspannung ihrer Erregerspannung entgegen wirkt, muss die Erregerspannung in Phase mit der magnetischen Flussänderungsgeschwindigkeit sein. Daraus folgt:

> In einem rein induktiven Wechselstromkreis (ideale Spule) eilt der Strom der Spannung um $\varphi = 90°$ nach.

Der induktive (Blind-)Widerstand

In einem Messaufbau, der aus Strom-, Spannungsmessgerät und einer Spule aufgebaut ist, werden die Messwerte einmal mit angeschlossener Gleichspannungsquelle und einmal mit angeschlossener Wechselspannungsquelle ermittelt. Die Berechnung des Widerstandes zeigt, dass bei identischen Spannungswerten der Quellen (Gleichspannung und Effektivwert der Wechselspannung) der Wechselstromwiderstand der Spule größer ist als der Gleichstromwiderstand.

Die Ursache für den zusätzlichen Widerstand, der die Spule im Wechselstromkreis dem Strom entgegenbringt, findet sich in der Selbstinduktionsspannung.

$$u_i = -L \cdot \frac{\Delta i}{\Delta t}$$

Wie bereits am Anfang des Kapitels beschrieben wurde, wirkt die Selbstinduktionsspannung ihrer Erregerspannung entgegen. Bei der idealen Spule ist die „wirksame Spannung" gleich der Differenz aus Quellenspannung und Selbstinduktionsspannung **(Bild 2)**. Den Widerstand, der infolge der Selbstinduktionsspannung scheinbar der Spule beaufschlagt wird, nennt man induktiver Blindwiderstand X_L. Der induktive Blindwiderstand steigt proportional mit der Selbstinduktionsspannung u_i, somit mit steigender Induktivität L und mit steigender Stromänderungsgeschwindigkeit, also mit der Frequenz f, bzw. mit der Kreisfrequenz ω der angelegten Wechselspannung.

> Induktiver Blindwiderstand:
> $X_L = \omega L = 2 \cdot \pi \cdot f \cdot L$ $\quad [X_L] = \frac{1}{s} \cdot \frac{Vs}{A} = \frac{V}{A}$

> Leistung: Da der Strom **durch** die Spule und der Spannungsabfall **über** der Spule um 90° phasenverschoben sind, verläuft die Leistung zu gleichen Teilen im positiven und im negativen Bereich. Bei einer idealen Spule im Wechselstromkreis beträgt die mittlere Wirkleistung Null.

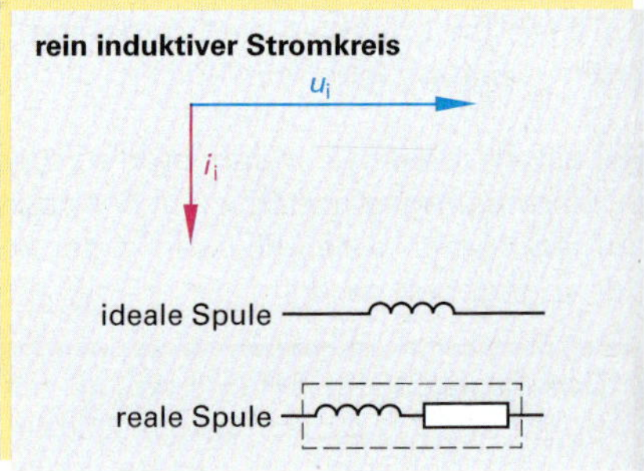

Bild 1: Reale/ideale Spule

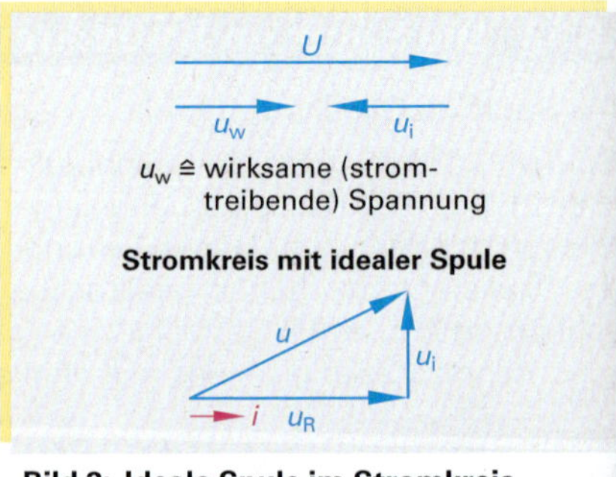

Bild 2: Ideale Spule im Stromkreis

8.14 Dreiphasenwechselstrom (Drehstrom)

Im Drehstromnetz werden drei jeweils um 120° phasenverschobene Wechselspannungen verwendet. Man bezeichnet diese verketteten Spannungen auch als **Dreiphasenwechselspannung.**

8.14.1 Spannungserzeugung

Dreiphasenwechselspannung wird durch einen Drehstromgenerator erzeugt **(Bild 1)**.

Ein drehbar gelagerter Elektromagnet (Läufer) wird von drei räumlich um je 120° versetzten Spulen (Wicklungen) umgeben.

Wenn sich der Elektromagnet dreht, dann dreht sich auch das von ihm erzeugte Magnetfeld mit ihm. Dies nennt man ein **Drehfeld**.

Das Drehfeld erzeugt in jeder Spule eine Spannung durch Induktion.

Da die Spulen räumlich versetzt sind, entstehen die Spannungen nacheinander. Die Spannungen sind aufgrund der Geometrie genau um 120° versetzt (phasenverschoben).

Die Phasenverschiebung kann z.B. mit dem Oszilloskop gemessen werden.

Üblicherweise werden die drei Spannungen in einem gemeinsamen Liniendiagramm dargestellt.

Bei einer Netzfrequenz von 50 Hz beträgt die zeitliche Verschiebung der Spannungen genau 6,67 ms **(Bild 2)**.

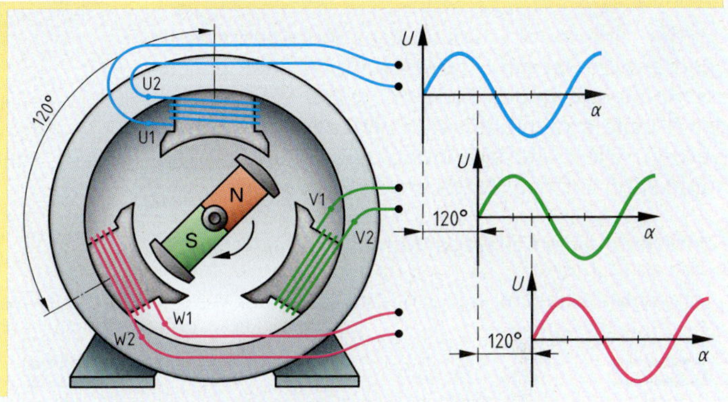

Bild 1: Erzeugung von Dreiphasenwechselspannung

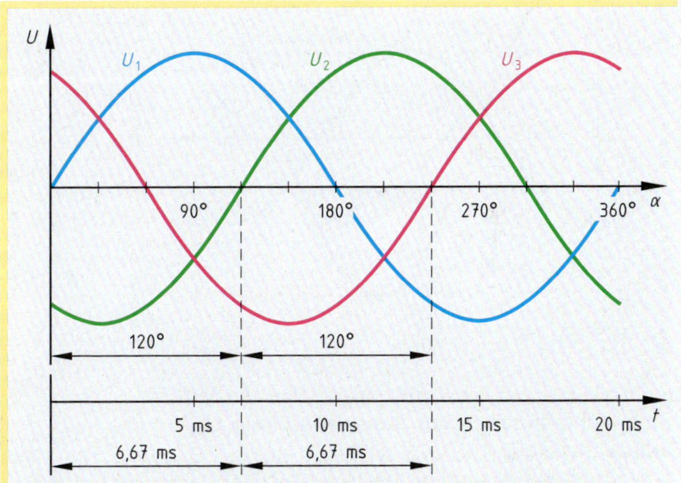

Bild 2: Liniendiagramm der phasenverschobenen Spannungen

8.14.2 Verkettung

Eigentlich müssten für die drei erzeugten Wechselspannungen auch 6 Leiter verwendet werden (jeweils ein L und ein N). Durch Verkettung der Spulen kann man aber 2 Leiter einsparen.

Die Spulenenden werden dafür im sogenannten **Sternpunkt** zusammen geschaltet **(Bild 3)**.

Am Sternpunkt kann dann der Neutralleiter **N** angeschlossen werden.

Im Drehstromnetz werden die drei spannungsführenden Leiter mit **L1, L2** und **L3** bezeichnet.

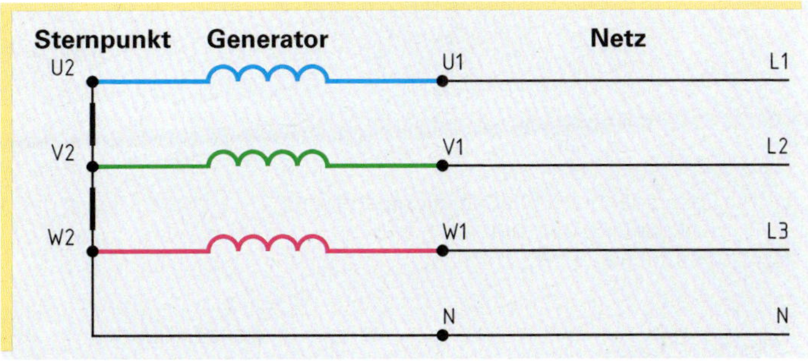

Bild 3: Verkettung

Durch die Verkettung sind im Drehstromnetz zwei unterschiedliche Spannungen verfügbar **(Bild 1)**:

- **Leiterspannung U** (Außenleiterspannung): $U = U_{12} = U_{23} = U_{31} = 400\ \text{V}$
- **Strangspannung U_{Str}**: $U_{Str} = U_{1N} = U_{2N} = U_{3N} = 230\ \text{V}$ (Spannungswerte für das 400 V/50 Hz Netz in Deutschland)

Da der Sternpunkt des Netzes normalerweise geerdet wird, ist die Strangspannung auch gleich der Spannung gegen Erde (U_0 = 230 V). Anstelle des N-Leiters kann dann ein PEN-Leiter mitgeführt werden. Die Leiterspannung (Außenleiterspannung) kann auf zwei Arten ermittelt werden:

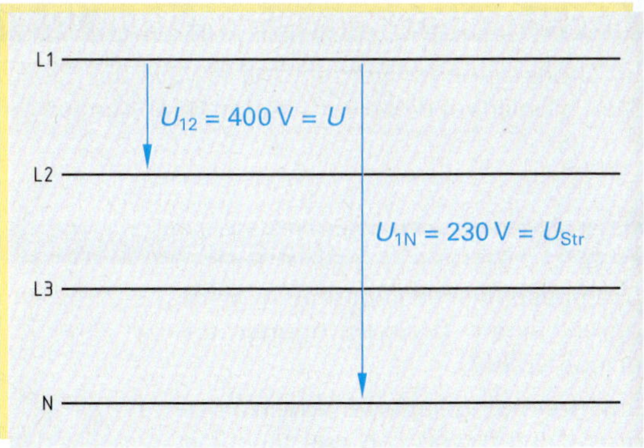

Bild 1: Leiterspannung und Strangspannung

Berechnung der Leiterspannung (Außenleiterspannung)

Augenblickswerte: durch Subtraktion der Werte im Liniendiagramm

Beispiel: $u_{12}(t) = u_{1N}(t) - u_{2N}(t)$

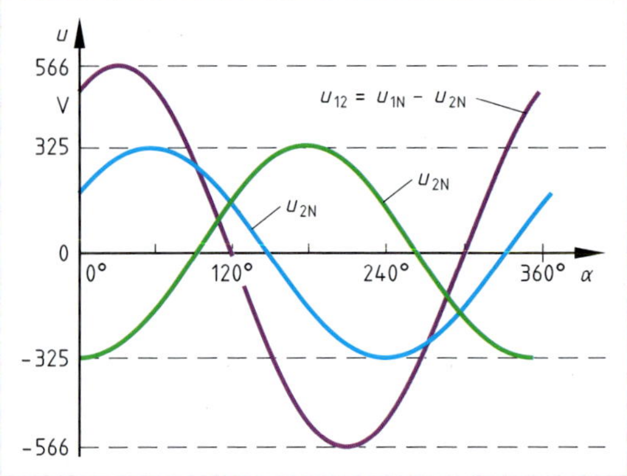

Effektivwerte: durch geometrische Subtraktion der Zeiger.[1)]

Beispiel: $\underline{U}_{12} = \underline{U}_{1N} - \underline{U}_{2N}$

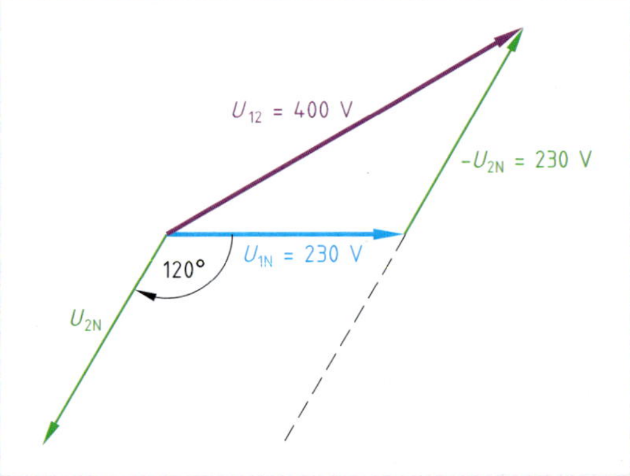

Der **Verkettungsfaktor** beschreibt das Verhältnis von Leiterspannung U zu Strangspannung U_{Str} im Drehstromnetz:

Verkettungsfaktor

$$\sqrt{3} = \frac{U}{U_{Str}} = \frac{400\ \text{V}}{230\ \text{V}}$$

$$U = \sqrt{3} \cdot U_{Str} \qquad U_{Str} = \frac{U}{\sqrt{3}}$$

U Leiterspannung (Außenleiterspannung, verkettete Spannung

U_{Str} Strangspannung

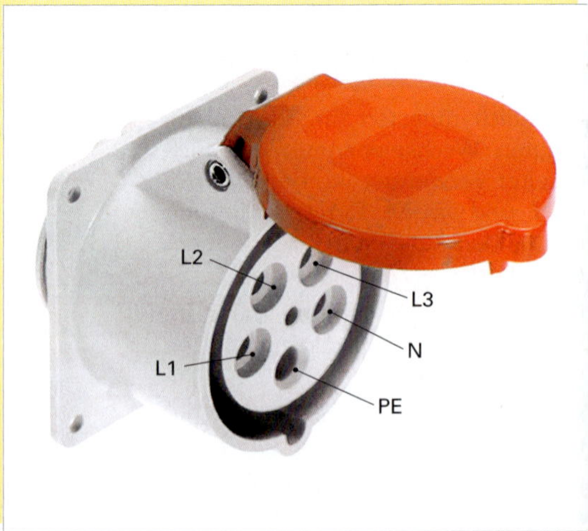

Bild 2: CEE-Drehstromsteckdose

1) Zeiger haben einen Betrag und eine Richtung (Winkel) und werden mit einem Unterstrich gekennzeichnet

8.14.3 Verbraucherschaltungen im Drehstromnetz

Drehstromverbraucher können entweder in Sternschaltung (Y) oder in Dreieckschaltung (△) betrieben werden. Die Last sollte immer möglichst gleichmäßig auf die drei Phasen aufgeteilt werden. Wenn alle drei Lastwiderstände gleich groß sind, spricht man von **symmetrischer Belastung.**

8.14.3.1 Sternschaltung (Y)

Sternschaltung bei symmetrischer Belastung

Bild 1 zeigt eine Sternschaltung mit 3 gleichen Verbraucherwiderständen (ohmsche Last).

Die **Leiterströme** sind hier alle gleich groß:

$I_1 = I_2 = I_3 = I$

Außerdem sind sie auch gleich den Strömen in den Widerständen. Diese werden **Strangströme** I_{Str} genannt:

$I_1 = I_2 = I_3 = I_{Str}$

Die Spannung an den Widerständen heißt **Strangspannung** U_{Str} und ist um den Faktor $1/\sqrt{3}$ kleiner als die Leiterspannung.

$$U_{Str} = \frac{U}{\sqrt{3}}$$

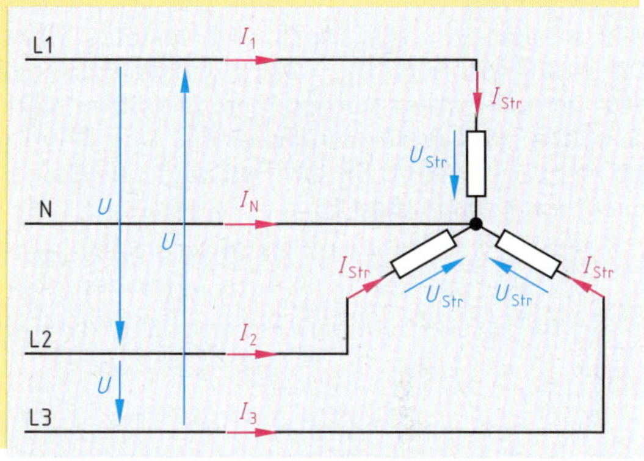

Bild 1: Spannungen und Ströme in der Sternschaltung

Die drei Leiterströme fließen im Sternpunkt zusammen. Aufgrund der Phasenverschiebung ergibt die Summe der Ströme jedoch Null. Der Neutralleiter führt daher keinen Strom und kann entfallen. Dies kann durch Berechnung des Neutralleiterstroms auf zwei Arten gezeigt werden:

Berechnung des Neutralleiterstromes

Augenblickswerte: durch Addition der Werte im Liniendiagramm.

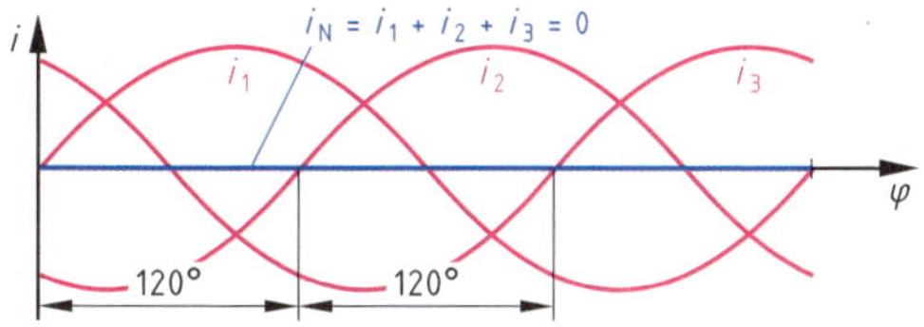

Effektivwerte: durch geometrische Addition der Zeiger: $\underline{I}_N = \underline{I}_1 + \underline{I}_2 + \underline{I}_3$

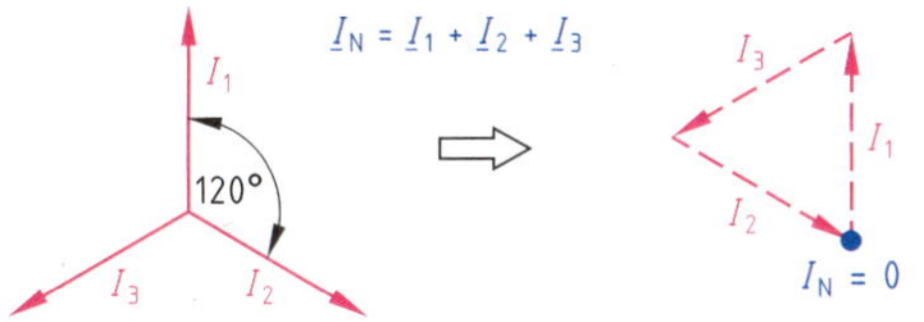

Die Spannungen in der Sternschaltung können auch als Zeigerdiagramm dargestellt werden **(Bild 2)**.

Formeln für die Sternschaltung:

$$U_{Str} = \frac{U}{\sqrt{3}} \qquad I = I_{Str} = \frac{U_{Str}}{R} \qquad I_N = 0$$

U_{Str}	Strangspannung in V
U	Leiterspannung in V
I	Leiterstrom in A
I_{Str}	Strangstrom in A
R	Strangwiderstand in Ω
I_N	Strom im Neutralleiter (Sternpunkt)

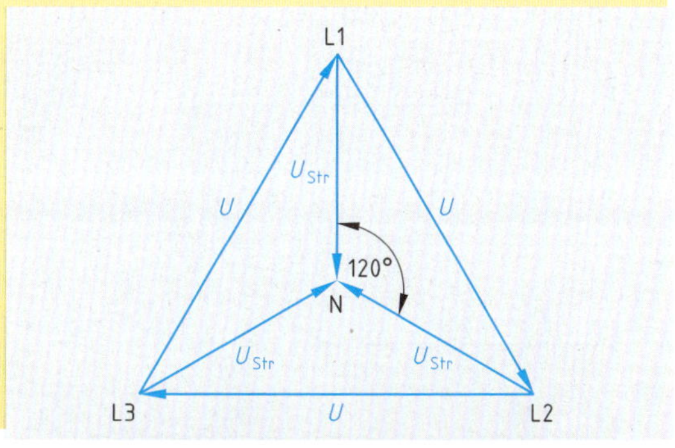

Bild 2: Zeigerdiagramm der Spannungen in der Sternschaltung

Sternschaltung bei unsymmetrischer Belastung

Unsymmetrische Belastung entsteht, wenn an den drei Phasen unterschiedliche Wirkwiderstände oder auch Verbraucher mit unterschiedlichem Leistungsfaktor $\cos\varphi$ angeschlossen werden. Man unterscheidet zwei Fälle:

- Vierleitersystem: Der Neutralleiter ist am Sternpunkt angeschlossen.
- Dreileitersystem: Kein Neutralleiter vorhanden.

Vierleitersystem

Bild 1 zeigt ein unsymmetrisch belastetes Vierleitersystem. Die Strangspannung U_{Str} = 230 V und die Phasenverschiebung 120° sind vom Netz vorgegeben. Die Stromstärken ergeben sich aus den Widerstandswerten. Der Neutralleiterstrom ist nicht mehr Null. Er kann anhand des Zeigerdiagramms bestimmt werden **(Bild 2)**.

Unsymmetrische Belastung im Vierleitersystem:
Neutralleiterstrom $I_N \neq 0$

Der Strom im Neutralleiter ist umso größer, je unterschiedlicher die Widerstandswerte sind. Um einen großen Strom im Neutralleiter zu vermeiden, sollten in elektrischen Anlagen die Wechselstromverbraucher möglichst gleichmäßig auf die drei Phasen aufgeteilt werden.

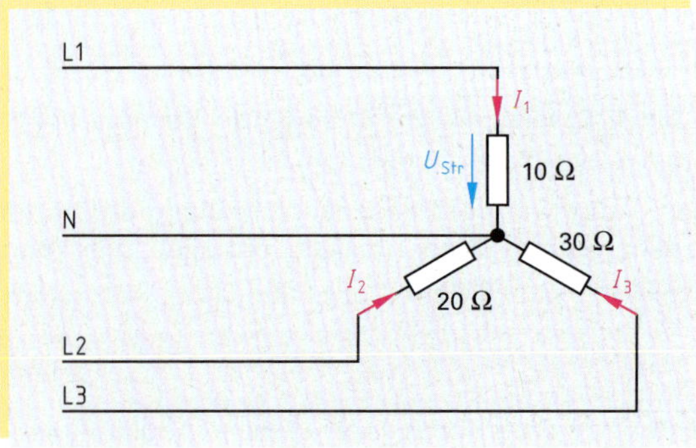

Bild 1: Unsymmetrische Last im Vierleitersystem

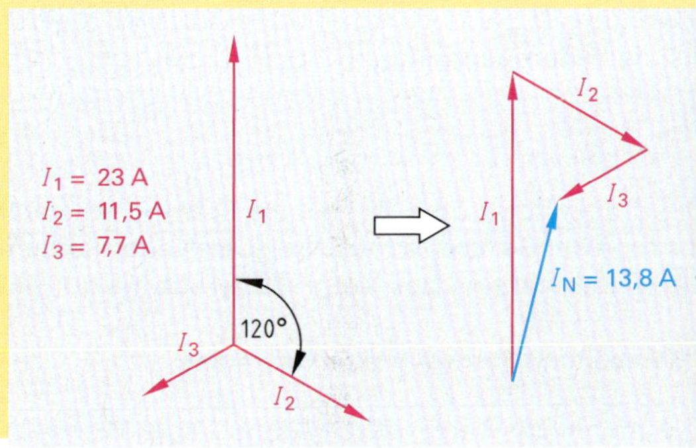

Bild 2: Bestimmung des Neutralleiterstroms

Dreileitersystem

Im Dreileitersystem **(Bild 3)** sind die Leiterspannungen U vom Netz vorgegeben. Die unsymmetrische Belastung führt jedoch zu einer Veränderung der Größe und Phasenlage der Strangspannungen. Es können Unter- oder **Überspannungen** auftreten. Im Zeigerdiagramm treffen sich die Spannungen nicht mehr im Mittelpunkt. Dies bezeichnet man als Sternpunktverschiebung **(Bild 4)**.

Unsymmetrische Belastung im Dreileitersystem:
Phasenverschiebung $\varphi \neq 120°$
Spannung am Verbraucher
$U_{Str} \neq 230$ V

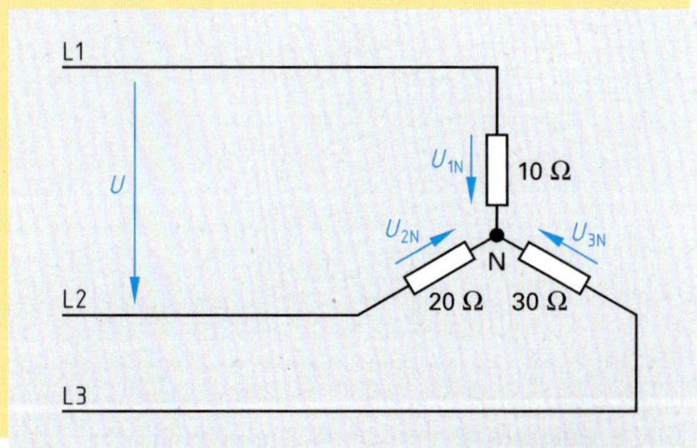

Bild 3: Unsymmetrische Last im Dreileitersystem

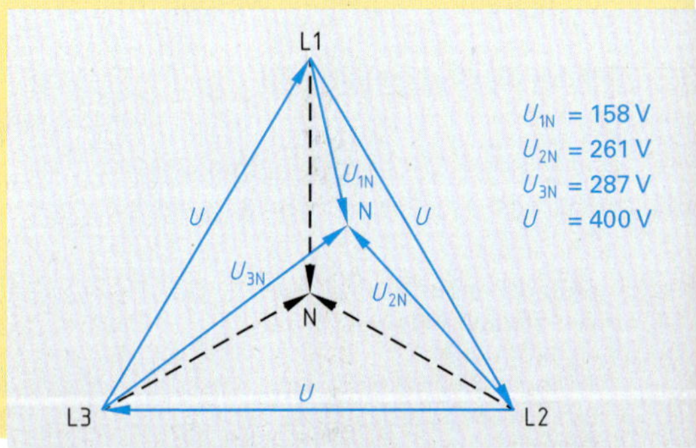

Bild 4: Spannungen und Sternpunktverschiebung

8.14.3.2 Dreieckschaltung (△)

Dreieckschaltung bei symmetrischer Belastung

Bild 1 zeigt eine Dreieckschaltung mit drei gleichen Verbraucherwiderständen (ohmsche Last).

Aufgrund der Anordnung sind die Strangspannungen hier immer gleich den Leiterspannungen:

$$U_{Str} = U$$

Die Leiterströme teilen sich in den Knotenpunkten auf, sodass die Strangströme immer kleiner als die Leiterströme sind:

$$I_{Str} = \frac{I}{\sqrt{3}}$$

Ein Leiterstrom ergibt sich immer aus der geometrischen Differenz zweier Strangströme. Wenn die Verbraucher wie in **Bild 1** Wirkwiderstände sind, haben die Ströme die gleiche Phasenlage wie die durch das Netz vorgegebenen Spannungen. Die Verhältnisse können als Zeigerdiagramm **(Bild 2)** dargestellt werden.

Es ergibt sich:

$$\frac{I_1}{2} = I_{Str} \cdot \cos 30° = I_{Str} \cdot \frac{\sqrt{3}}{2} \quad \rightarrow \quad I_1 = \sqrt{3} \cdot I_{Str}$$

Formeln für die Dreieckschaltung:

$$U_{Str} = U \qquad I_{Str} = \frac{I}{\sqrt{3}} \qquad I_{Str} = \frac{U_{Str}}{R}$$

U_{Str}	Strangspannung in V
U	Leiterspannung in V
I	Leiterstrom in A
I_{Str}	Strangstrom in A
R	Strangwiderstand in Ω

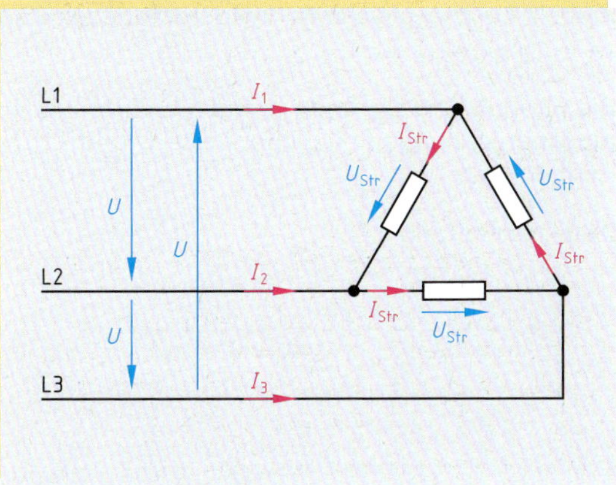

Bild 1: Dreieckschaltung

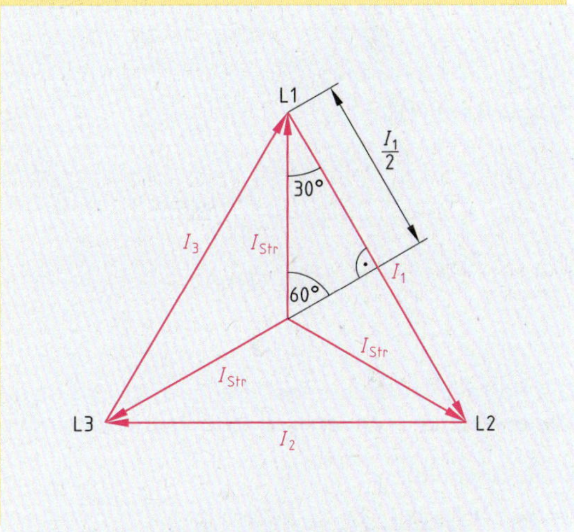

Bild 2: Zeigerdiagramm der Ströme in der symmetrisch belasteten Dreieckschaltung

Dreieckschaltung bei unsymmetrischer Belastung

Bei unsymmetrischer Last ergeben sich aufgrund der gleichen Strangspannungen unterschiedliche Strangströme. Wenn die Verbraucher Wirkwiderstände sind, haben diese Ströme jedoch die gleiche Phasenlage wie die Strangspannungen.

Die geometrische Addition ergibt jedoch abweichende Phasenlagen für die Leiterströme **(Bild 3)**.

Unsymmetrische Belastung in Dreieckschaltung:

Leiterströme sind nicht mehr um 120° phasenverschoben.

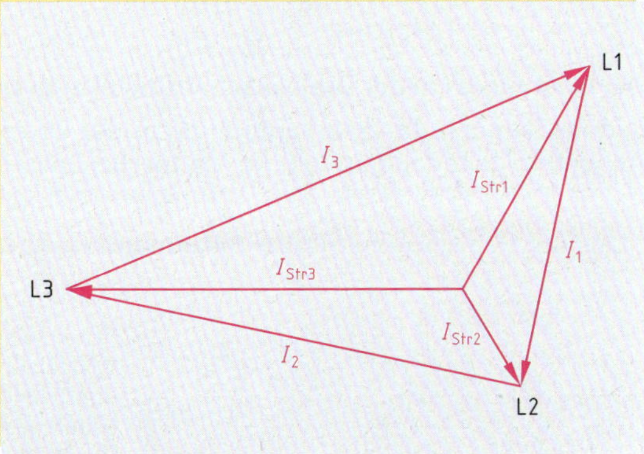

Bild 3: Beispiel für Ströme bei unsymmetrischer Belastung

8.14.4 Leistungen im Drehstromnetz

Unabhängig von der Schaltungsart ergibt sich die Gesamtleistung aus der Summe der drei Strangleistungen. Für drei gleiche Wirkwiderstände gilt also

$P_{Gesamt} = 3 \cdot P_{Str} = 3 \cdot U_{Str} \cdot I_{Str}$.

Die Strangwerte U_{Str} und I_{Str} sind am Verbraucher meist schwer zu messen. Daher ist es üblich, für Leistungsberechnungen die Leiterwerte U und I zu verwenden. Je nach Schaltung ergeben sich folgende Herleitungen:

Dreieckschaltung

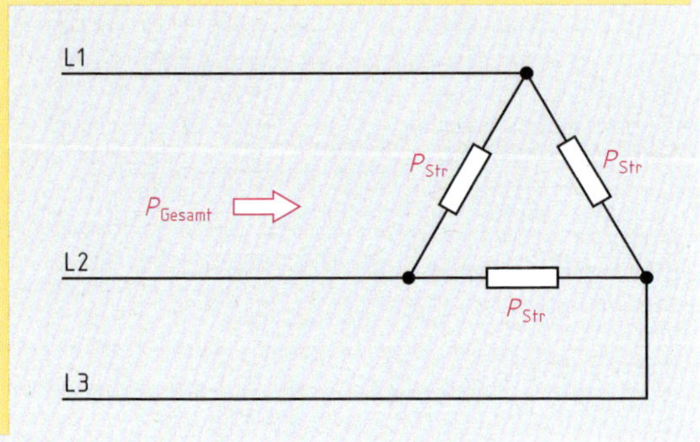

$$P_{Gesamt} = 3 \cdot P_{Str} = 3 \cdot U_{Str} \cdot I_{Str}$$

mit $U_{Str} = U$ und $I_{Str} = \frac{I}{\sqrt{3}}$ folgt:

$$P_{Gesamt} = 3 \cdot U \cdot \frac{I}{\sqrt{3}} = \sqrt{3} \cdot U \cdot I$$

Sternschaltung

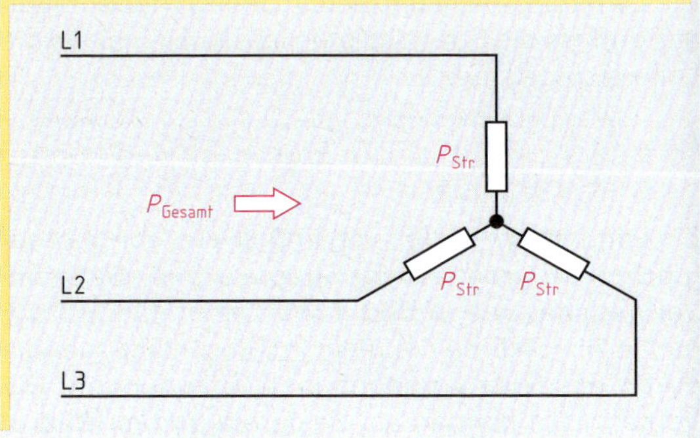

$$P_{Gesamt} = 3 \cdot P_{Str} = 3 \cdot U_{Str} \cdot I_{Str}$$

mit $U_{Str} = \frac{U}{\sqrt{3}}$ und $I_{Str} = I$ folgt:

$$P_{Gesamt} = 3 \cdot \frac{U}{\sqrt{3}} \cdot I = \sqrt{3} \cdot U \cdot I$$

Die Formeln zu Leistungsberechnung sind also bei Stern- und Dreieckschaltung gleich. Bei gleichen Widerständen ergeben sich jedoch unterschiedliche Werte für die Gesamtleistung:

Dreieckschaltung:

$$P_{Str} = U_{Str} \cdot I_{Str} = \frac{U^2_{Str}}{R}$$

$$\rightarrow P_{Str} = \frac{U^2}{R} \quad (\text{mit } U_{Str} = U)$$

$$\rightarrow P_{Gesamt} = 3 \cdot P_{Str} = 3 \cdot \frac{U^2}{R}$$

Sternschaltung:

$$P_{Str} = U_{Str} \cdot I_{Str} = \frac{U^2_{Str}}{R}$$

$$\rightarrow P_{Str} = \frac{U^2}{3 \cdot R} \quad (\text{mit } U_{Str} = \frac{U}{\sqrt{3}})$$

$$\rightarrow P_{Gesamt} = 3 \cdot P_{Str} = \frac{U^2}{R}$$

Die Leistung ist in der Dreieckschaltung also dreimal so groß wie in der Sternschaltung.

Jedoch ist auch die Stromaufnahme in der Dreieckschaltung dreimal höher als in der Sternschaltung. Allgemein gelten folgende Formeln für die Gesamtleistung bei symmetrischer Belastung:

Leistungen bei symmetrischer Belastung:

$S = \sqrt{3} \cdot U \cdot I$
$P = \sqrt{3} \cdot U \cdot I \cdot \cos\varphi$
$Q = \sqrt{3} \cdot U \cdot I \cdot \sin\varphi$
$P_{\Delta} = 3 \cdot P_{Y}$
$I_{\Delta} = 3 \cdot I_{Y}$

S Scheinleistung in VA
P Wirkleistung in W
Q Blindleistung in var
U Leiterspannung in V
I Leiterstrom in A

φ Phasenverschiebungswinkel
P_{Δ} Wirkleistung in Dreieckschaltung
P_{Y} Wirkleistung in Sternschaltung
I_{Y} Stromaufnahme in Sternschaltung
I_{Δ} Stromaufnahme in Dreieckschaltung

Arbeitsauftrag:

1. Ein unbelasteter Spannungsteiler wird an einer Spannungsquelle mit 9 V gespeist **(Bild 1)**. Über den Widerstand $R_1 = 4{,}7\ \Omega$ soll der Spannungsfall 3 V betragen. Wie groß muss R_2 gewählt werden?

2. Bei einem belasteten Spannungsteiler **(Bild 2)** beträgt die Versorgungsspannung 12 V. Wie groß müssen R_1 und R_2 gewählt werden, wenn $U_2 = 0{,}7$ V, $I_L = 6$ mA und $q_i \cdot \frac{I_q}{I_L} = 5$ betragen?

3. An ein Drehstrom-Vierleiternetz 400/230 V **(Bild 3)** sind drei gleich große Heizwiderstände R eines Wärmespeichers in Stern geschaltet. Die Anschlussleistung des Speichers beträgt 24 kW. Berechnen und übertragen Sie die Werte in **Bild 3:**

3.1 die Spannung, die an jedem Heizwiderstand anliegt.

3.2 die Leistung, die ein Strang besitzt, Strangleistung.

3.3 die Stromstärke, die durch jeden Heizwiderstand fließt.

3.4 die Stromstärken in den Zuleitungen.

4. Die aufgenommene Leistung einer an Drehstrom angeschlossenen Lackieranlage beträgt am 400/230-V-Netz in Sternschaltung 18 kW. Der Neutralleiter ist angeschlossen.

4.1 Welche elektrische Größe ändert sich beim Ausfall eines Heizwiderstandes (defekt)?

4.2 Auf welchen Wert ändert sich diese Größe?

5. Ein Drehstromnetz mit der Leiterspannung 400 V ist mit drei Widerständen von je 38 Ω in Dreieckschaltung belastet **(Bild 4)**. Berechnen Sie:

5.1 die Strangspannungen.

5.2 die Strangströme.

5.3 die Leiterströme.

6. Die Heizwiderstände eines Heizofens einer automatisierten Lackieranlage können sowohl in Stern- als auch in Dreieck an das Drehstromnetz 400/230 V angeschlossen werden. Die Widerstände haben einen Wert von je 45 Ω. Berechnen Sie:

6.1 die Stromstärken in den Strängen für Stern- und Dreieckschaltung.

6.2 die Stromstärken in den Leitern für Stern- und Dreieckschaltung.

6.3 die Gesamtleistung für Stern- und Dreieckschaltung.

6.4 Welchen Zusammenhang erkennen Sie für den gleichen „Verbraucher“ in Bezug auf:

a) Leiterstromstärke für Stern- und Dreieckschaltung (Formelangabe)?

b) Gesamtleistung für Stern- und Dreieckschaltung (Formelangabe)?

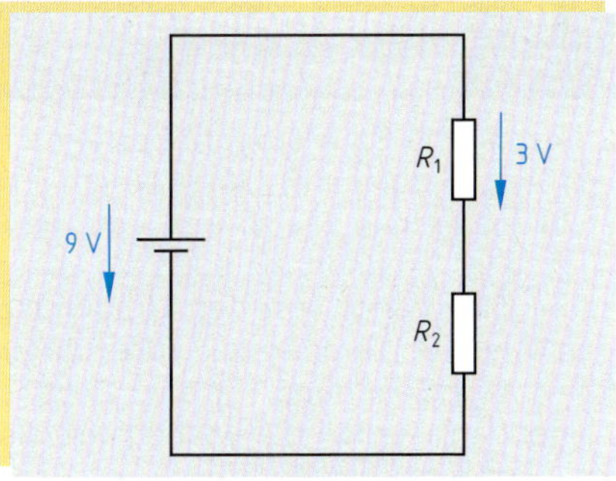

Bild 1: Unbelasteter Spannungsleiter

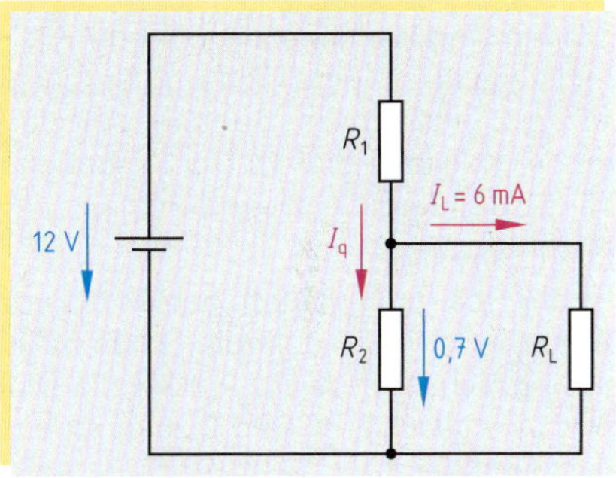

Bild 2: Belasteter Spannungsleiter

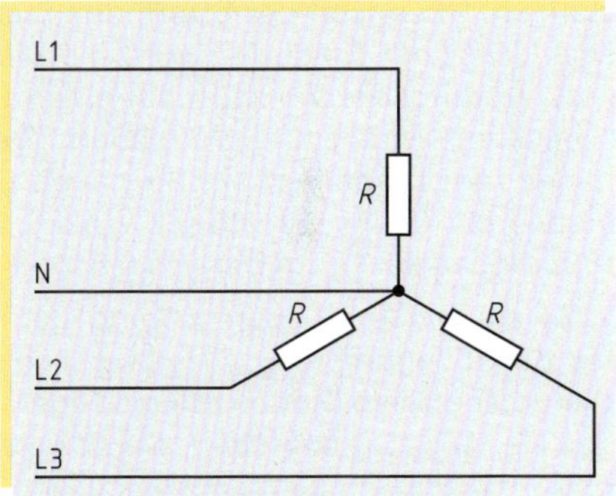

Bild 3: Belastetes Vierleiternetz

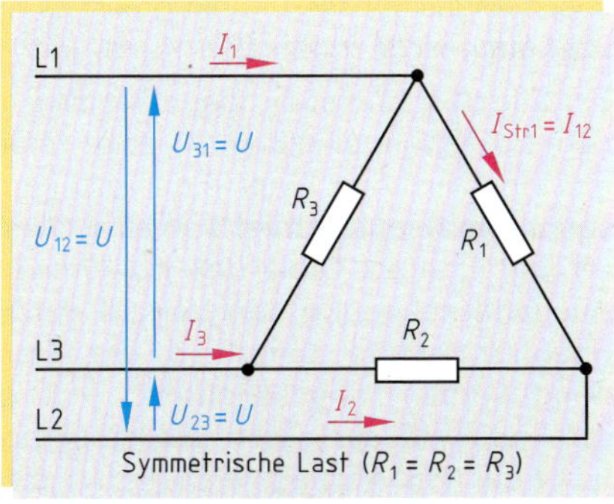

Bild 4: Dreieckschaltung, symmetrische Last

8.15 Grundlagen elektronischer Bauelemente

Elektronische Bauelemente bestehen in der Regel aus sog. Halbleitern. Unter einem Halbleiter versteht man einen Festkörper, den man sowohl als Nichtleiter (Isolator) als auch als Leiter betrachten kann. Dies hängt von den Umgebungsbedingungen wie z.B. Temperatur, zugeführter Energie in Form von Spannung, Strom, Licht, usw. ab. Im Folgenden werden die wichtigsten elektronischen Bauelemente erläutert.

8.15.1 Die Diode

Dioden sind Halbleiterbauelemente, die den Strom meistens nur in eine Richtung durchlassen. Sie besitzen 2 Anschlüsse, genannt Anode (A) und Kathode (K) **(siehe Bild 1).** Der Kathodenanschluss ist häufig auf dem Gehäuse durch einen Ring gekennzeichnet.

Ist der Spannungsabfall, gemessen von der Anode zu Kathode, $U_{AK} > 0$ ist die Diode in Durchlassrichtung geschaltet; ist $U_{AK} < 0$ ist die Diode in Sperrrichtung geschaltet. **Bild 2** zeigt eine typische Diodenkennlinie.

Der Durchlassstrom steigt bei Spannungen oberhalb der Durchlassspannung U_D sehr schnell, sehr stark an. Übersteigt der Strom den maximal zulässigen Wert der Diode I_{max} wird die Diode zerstört. Dies wird üblicherweise durch einen in Reihe geschalteten Widerstand verhindert. Der Wert U_D hängt vom Diodentyp ab. So haben Germaniumdioden ein U_D im Bereich 0,2 V bis 0,4 V und Siliziumdioden ein U_D im Bereich 0,5 V bis 0,8 V.

Wird die Diode in Sperrrichtung betrieben, fließt bis zur Spannung $-U_{sperr\,max}$ praktisch kein Strom. Werden normale Dioden mit niedrigeren Spannungen als $-U_{sperr\,max}$ betrieben, werden sie zerstört.

Viele Geräte werden durch Verpolschutzdioden geschützt **(Bild 3).** Wird das Gerät korrekt an die DC Versorgung angeschlossen, funktioniert es; wird es falsch angeschlossen, funktioniert es nicht, es wird aber auch nicht zerstört.

Ein anderes Anwendungsgebiet sind sog. Gleichrichterschaltungen. **Bild 4** zeigt einen Einweggleichrichter. Aus einer sinusförmigen Eingangsspannung (blaue Kurve) soll eine Gleichspannung erzeugt werden. Ohne den Kondensator hätte die Ausgangsspannung den Verlauf der roten Kurve; Spannungswerte unterhalb der Durchlassspannung werden „abgeschnitten". Mit dem Kondensator wird dieser durch die erste positive Halbwelle auf den Wert $U_{aus} = U_{ein} - U_D$ geladen. In dem Moment, in dem $U_{ein} - U_{aus} < U_D$ wird, sperrt die Diode und der Kondensator entlädt sich über den

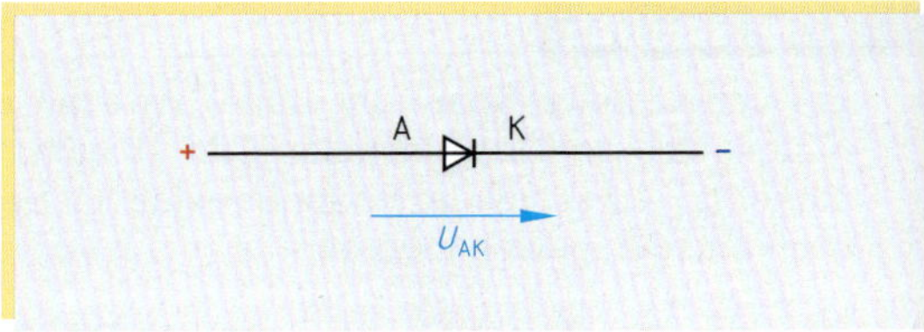

Bild 1: Schaltsymbol einer Diode

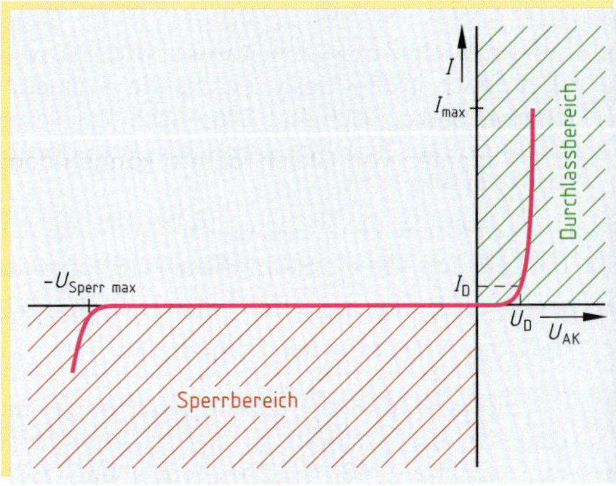

Bild 2: Diodenkennlinie

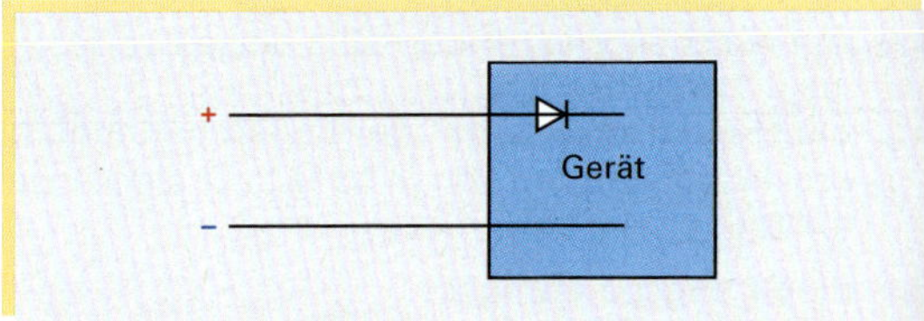

Bild 3: Verpolschutzdiode

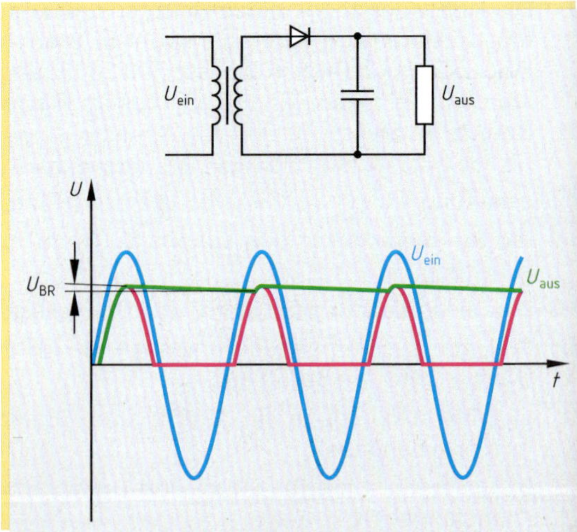

Bild 4: Einweggleichrichter

Widerstand. Die Geschwindigkeit, mit der er dies tut, wird durch die Zeitkonstante $\tau = R \cdot C$ bestimmt. Diese Zeitkonstante bestimmt die sog. Restwelligkeit U_{BR}, d.h. die Differenz zwischen der minimalen und maximalen Ausgangsspannung.

Um diesen Vorgang effektiver zu gestalten, können Mittelpunktgleichrichter **(Bild 1)** oder Brückengleichrichter **(Bild 2)** eingesetzt werden. Der Mittelpunktgleichrichter besteht aus 2 Dioden, setzt aber einen Transformator mit Mittelpunktanzapfung voraus. Der Brückengleichrichter besteht aus 4 Dioden, die in der sog. Graetz-Schaltung zusammengeschaltet sind. Hier ist keine Mittelanzapfung des Transformators notwendig.

Weitere Varianten von Gleichrichtern können dem Tabellenbuch Mechatronik entnommen werden.

Ein weiteres Anwendungsbeispiel für Dioden ist die sogenannte Freilaufdiode. Wird im **Bild 3** der Schalter geöffnet, erzeugt die Spule eine Spannungsspitze U. Ist diese höher als die Durchbruchspannung U_D wird die Diode leitend und die Höhe der Spannungsspitze auf U_D begrenzt.

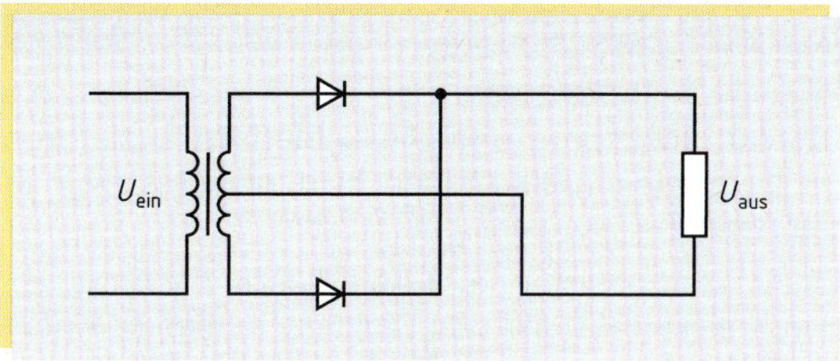

Bild 1: Mittelpunktgleichrichter

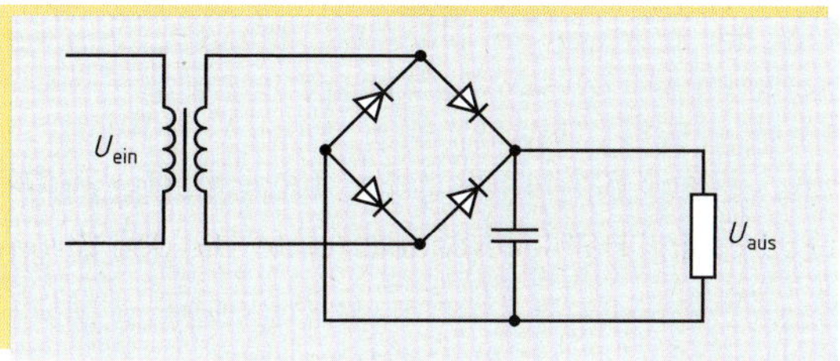

Bild 2: Brückengleichrichter

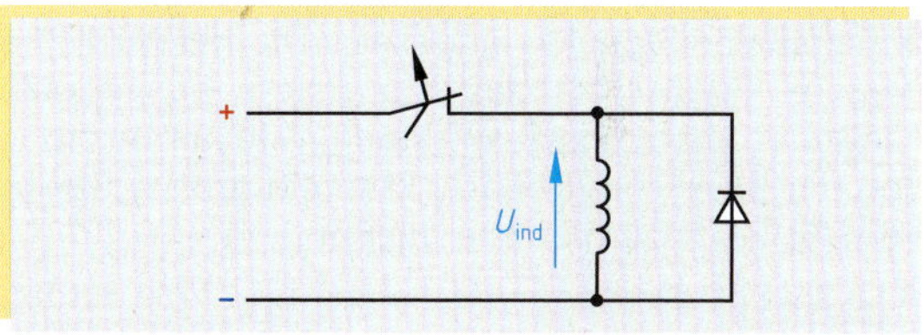

Bild 3: Freilaufdiode

8.15.1.1 Die Zener-Diode

Bei der Zener-Diode (kurz Z-Diode) handelt es sich um eine spezielle Ausprägung einer Diode. Das Schaltsymbol und die Kennlinie sind in **Bild 4** dargestellt. Eine Z-Diode wird in Sperrrichtung betrieben. Genau wie bei einer „normalen" Diode steigt der Sperrstrom bei Unterschreitung des Wertes $-U_{sperr\,max}$ sehr stark an ($\Delta U/\Delta I \rightarrow 0$). Im Gegensatz zu einer „normalen" Diode ist dieser Wert mit U_Z definiert. Die Z-Diode geht, sofern der maximale Sperrstrom nicht überschritten wird, bei Unterschreitung dieses Wertes nicht kaputt.

Zener-Dioden werden z.B. als Überspannungsschutz eingesetzt **(Bild 5).** So lange die Eingangsspannung den Wert U_Z nicht überschreitet, fließt über die Z-Diode praktisch kein Strom. Wird der Wert U_Z überschritten, wird die Z-Diode leitend und hält die Spannung näherungsweise konstant.

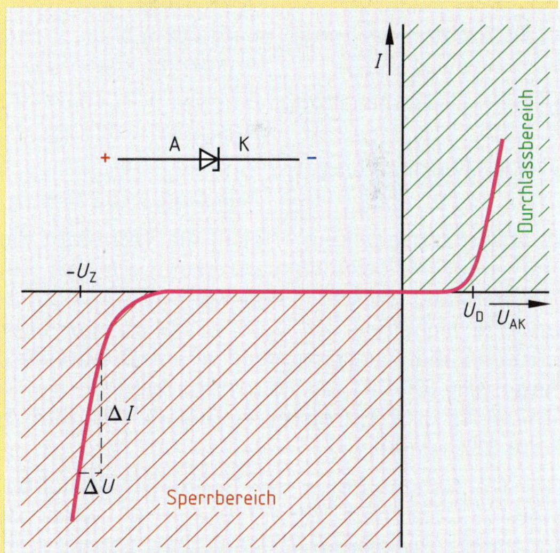

Bild 4: Kennlinie und Schaltsymbol einer Zener-Diode

8.15.1.2 Die Leuchtdiode

Eine Leuchtdiode, auch Luminiszenzdiode oder LED (Light Emitting Diode) genannt, wird in Durchlassrichtung betrieben **(Bild 1, Seite 326).** Fließt Strom durch eine LED, so emittiert sie Licht, das in Abhängigkeit des verwendeten Halbleitermaterials vom Infrarot- bis zum Ultraviolettbereich reichen kann. Häufig werden LEDs, die Licht im sichtbaren Bereich emittieren, eingesetzt um Zustände wie z.B. Spannung ein, Sensor bedämpft, u. a. anzuzeigen. Auch in der Kfz-Technik finden sie Anwendung, z.B. als Signalleuchten (z.B. Bremslicht).

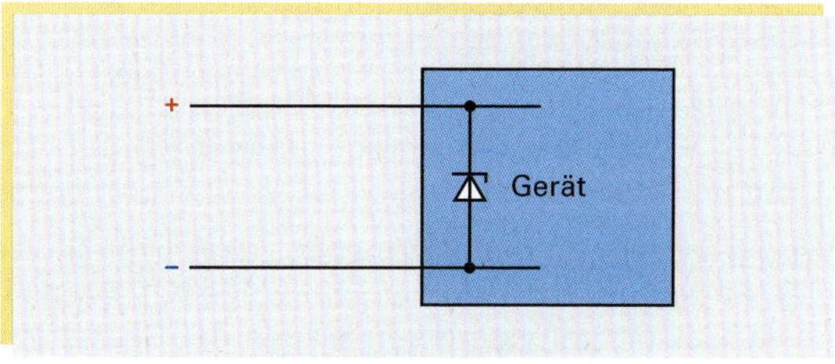

Bild 5: Überspannungsschutz

8.15.2 Der Transistor

Prinzipiell gibt es zwei Arten von Transistoren; die Bipolartransistoren und die Feldeffekttransistoren (FET). Beide unterscheiden sich grundsätzlich in der Art der Ansteuerung.

Ein Bipolartransistor hat 3 Anschlüsse, die Basis (B), den Kollektor (C) und den Emitter (E) **(Bild 2).** Findet die Ansteuerung über die Basis statt, muss bei einem npn-Transistor die Basis positiver sein als der Emitter bzw. der Kollektor, um einen Stromfluss I_{BE} von der Basis zum Emitter bzw. I_{BC} Basis-Kollektor zuzulassen. Bei einem pnp-Transistor ist es genau umgekehrt.

Um einen Bipolartransistor hinsichtlich seiner Funktionsfähigkeit zu überprüfen kann man mit einem Vielfachmessinstrument messen, ob die Basis-Emitter-Diode und die Basis-Kollektor-Diode das korrekte Diodenverhalten aufweist.

Der Bipolartransistor wird z.B. zum Verstärken oder Schalten von Signalen eingesetzt. Hierbei wird eine weitere Eigenschaft des Transistors ausgenutzt. Fließt bei einem npn-Transistor ein kleiner Strom I_B von der Basis zum Emitter, kann ein großer Strom vom Kollektor zum Emitter fließen.

Bild 3 zeigt die Kennwerte eines npn-Transistors. Sie können in drei verschiedenen Grundschaltungen betrieben werden:

- die Emitterschaltung; Eingang = U_{BE}, Ausgang = U_{CE}
- die Kollektorschaltung; Eingang = U_{CB}, Ausgang = U_{CE}
- die Basisschaltung; Eingang = U_{BE}, Ausgang = U_{CB}.

In der Emitterschaltung erreicht der Transistor die größtmögliche Leistungsverstärkung. Da der Zusammenhang zwischen den Kennwerten normalerweise nichtlinear ist, wird das Verhalten über ein Kennlinienfeld, bestehend aus 4 Quadranten, dargestellt **(Bild 4).** Im Folgenden wird die Funktionsweise des Transistorverstärkers aus **Bild 1, Seite 327,** erläutert.

Der Transistor wird in der Emitterschaltung betrieben. Über den Vorwiderstand R_V wird ein konstanter Basisstrom I_B eingestellt. Dieser wird bei Verstärkerschaltungen so gewählt, dass er ungefähr in der Mitte des Ausgangskennlinienfeldes liegt **(Bild 2,** nächste Seite).

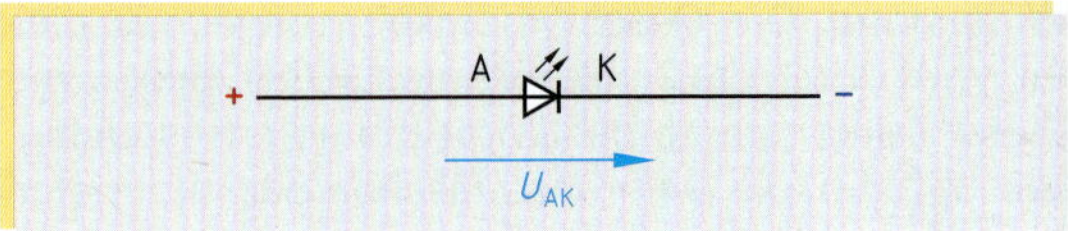

Bild 1: Schaltsymbol einer Leuchtdiode

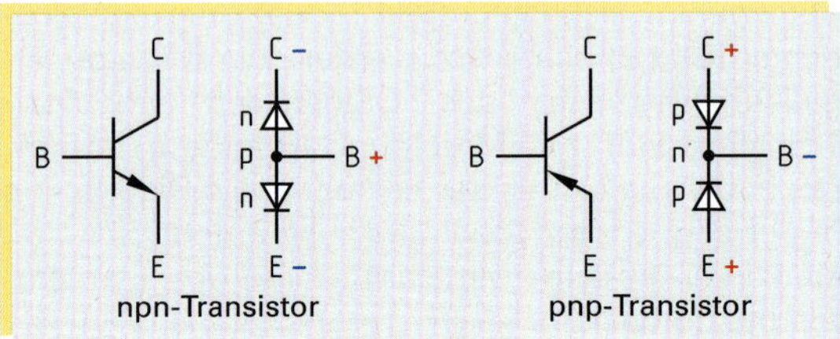

Bild 2: Schaltsymbole von Bipolartransistoren

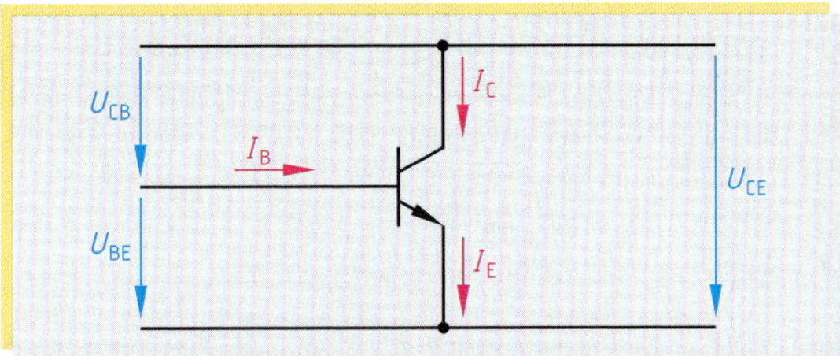

Bild 3: Kennwerte eines Bipolartransistors

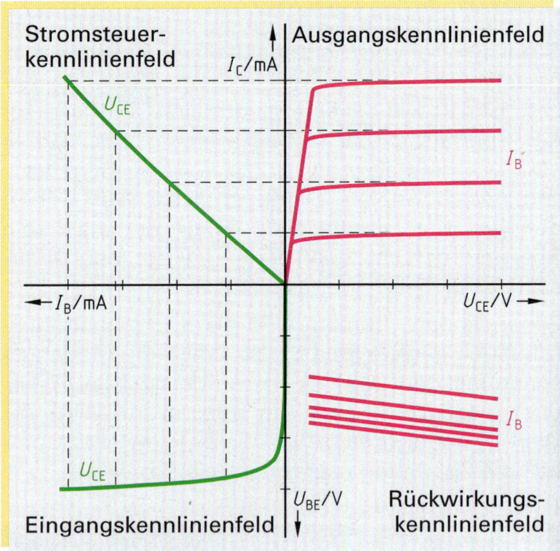

Bild 4: Das Transistorkennlinienfeld

Über den Kollektorwiderstand R_C wird die Arbeitsgerade definiert, die nun den genauen Arbeitspunkt im Ruhezustand festlegt. Der Wert für R_C ergibt sich aus dem maximal zulässigen Strom I_C des Transistors (bei U_{CE} = 0 V) und der Versorgungsspannung U_B. Den zweiten Punkt der Arbeitsgeraden findet man, wenn der Transistor gesperrt ist (I_C = 0 mA). Dann ist die Spannung $U_{CE} = U_B$.

Wird jetzt dem Eingangssignal U_e zusätzlich ein Wechselsignal überlagert, ändert sich der Strom I_B, was eine Änderung von I_C und U_{CE} zur Folge hat. Da schon kleine Basisstromänderungen eine große Änderung des Kollektorstroms und somit auch der Spannung U_{CE} zur Folge haben, findet sowohl eine Spannungs- als auch eine Stromverstärkung statt **(Bild 2, Seite 327).**

Die in **Bild 1** dargestellte Grundschaltung hat einige Nachteile. So hängt beispielsweise der Arbeitspunkt sehr stark von der Temperatur ab. Da der Transistor sich im laufenden Betrieb selbst erwärmt, würde sich der Arbeitspunkt verschieben. Weiterhin wird der Transistor zur Verstärkung von Wechselspannungssignalen eingesetzt. Das bedeutet, dass die Eingangsspannung U_e häufig keine Gleichspannungsanteile enthält. Wenn sie jedoch Gleichspannungsanteile enthalten sollte und diese sich nur ein wenig ändern, hätte auch dies eine Verschiebung des Arbeitspunktes zur Folge. Deshalb wird der Transistorverstärker häufig mit Stromgegenkopplung, wie in **Bild 3** dargestellt, eingesetzt.

Der Arbeitspunkt wird hier über den Basisspannungsteiler, bestehend aus R_1 und R_2 eingestellt. Der Widerstand R_E dient ausschließlich der Stabilisierung des Arbeitspunktes. Der Kondensator C_E verhindert, dass vorhandene Wechselspannungsanteile den Arbeitspunkt verschieben. Der Kondensator C_{K1} verhindert, dass evt. vorhandene Gleichspannungsanteile im Eingangssignal das selbe tun. Der Kondensator C_{K2} verhindert, dass Gleichspannungsanteile an die an den Ausgang angeschlossene Komponente weitergegeben werden.

Der Transistor kann auch als elektronischer Schalter eingesetzt werden. Die Grundschaltung ist identisch mit **Bild 4** (vorige Seite). Der Unterschied besteht darin, dass die Eingangsspannung nur zwei Zustände annehmen kann; „vorhanden" und „nicht vorhanden". Ist sie nicht vorhanden, ist $U_{BE} = 0$ und der Transistor sperrt, U_{CE} hat ihren maximalen Wert. Ist sie vorhanden, muss über den Vorwiderstand R_V der Strom I_B so eingestellt werden, dass die Spannung U_{CE} möglichst klein wird. Der Widerstand R_C verhindert wieder, dass der maximal zulässige Strom I_C überschritten wird. Wie sich das Ganze in der Kennlinie darstellt zeigt **Bild 4**.

Andere Transistortypen können dem Tabellenbuch Mechatronik entnommen werden.

8.15.3 Bauelemente der Leistungselektronik

Die Leistungselektronik befasst sich mit dem Schalten, Steuern (z.B. Phasenanschnittsteuerung) und Umformen (Wechselstromsteller) elektrischer Energie mithilfe elektronischer Bauelemente.

Wesentliche Bauelemente, sind **(s. Bild 1,** nächste Seite):

- Leistungsdiode
- Diac (Diode Alternating Current Switch)
- Triac (Triode Alternating Current Switch)
- Thyristor (steuerbare Diode)
- GTO (Gate Turn Off Thyristor), abschaltbarer Thyristor
- IGBT (Isulated Gate Bipolar Transistor)

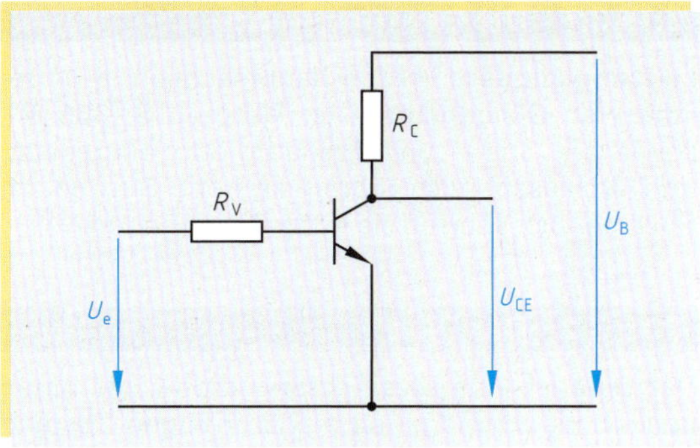

Bild 1: Der Transistorverstärker

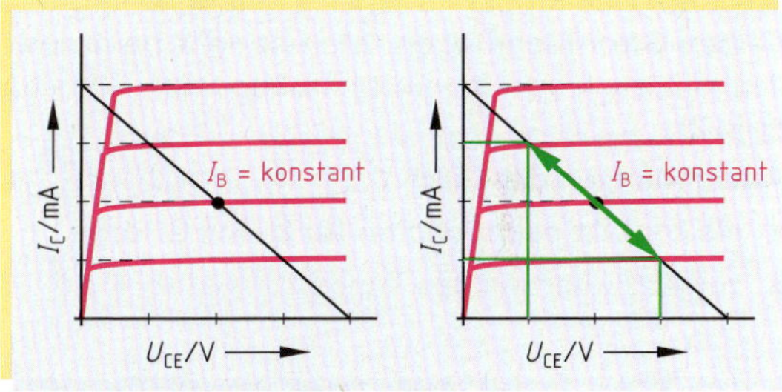

Bild 2: Arbeitspunkteinstellung

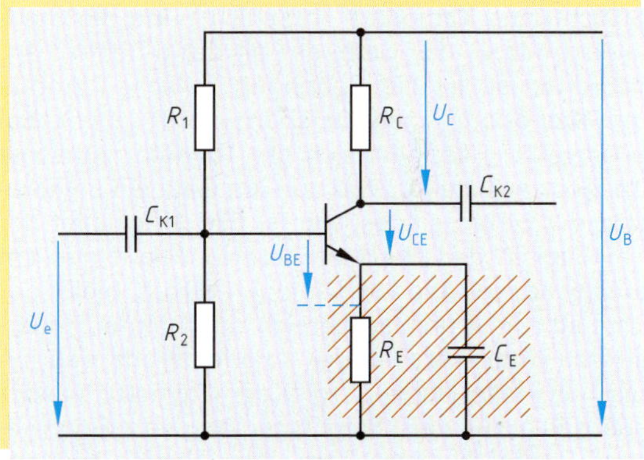

Bild 3: Transistorverstärker mit Stromgegenkopplung

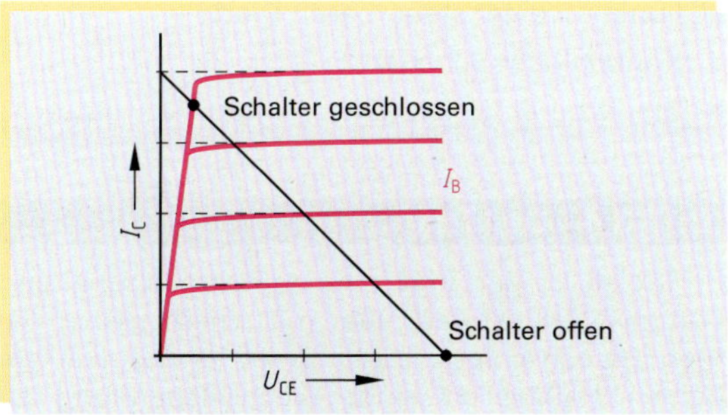

Bild 4: Transistor als Schalter

8.15.3.1 Die Leistungsdiode

Leistungsdioden werden hauptsächlich in ungesteuerten Gleichrichtern (s. Motoren S. 355 ff.), sowie als Sperr- und Freilaufdiode eingesetzt. Im Durchlassbereich führen sie hohe Ströme, im Sperrbereich sperren sie hohe Spannungen.

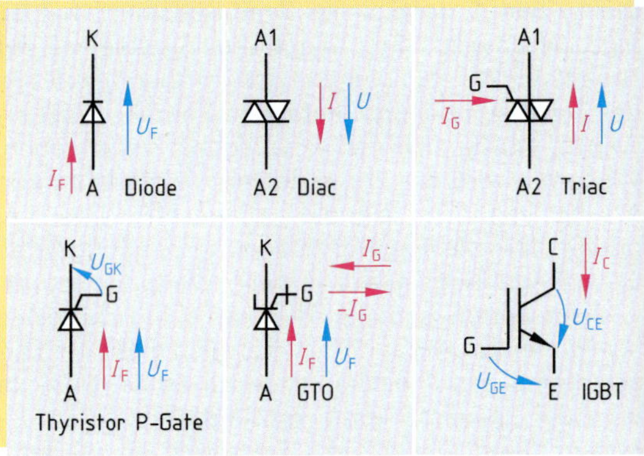

Bild 1: Bauelemente der Leistungselektronik

8.15.3.2 Der Diac

Der **Diac** ist eine Zweirichtungsdiode, die einen hochohmigen und einen niederohmigen Zustand annimmt. Er schaltet bei der Durchbruchspannung U_D vom hochohmigen in den niederohmigen, beim Unterschreiten von I_H wieder in den hochohmigen Zustand. Das Kippen in einen Zustand erfolgt bei beiden Stromrichtungen. Man spricht beim Diac deshalb auch von einem bidirektionalen Schalter **(Bild 2).**

Anwendungen des Diacs:

- als kontaktloser Schalter für kleine Ströme
- zur Ansteuerung des Triacs

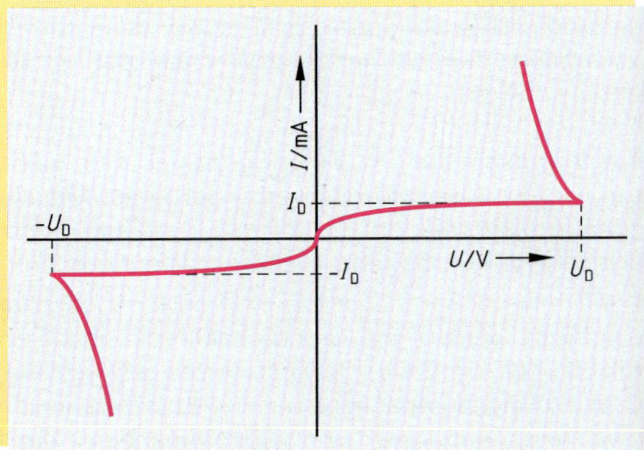

Bild 2: Kennlinie des Diacs, D_U Durchbruchspannung

8.15.3.3 Der p-Gate-Thyristor

Der p-Gate-Thyristor, eine rückwärts sperrende Triode, besitzt drei Anschlüsse, die Anode A (p-Schicht), die Kathode K (n-Schicht) und die Steuerelektrode G, das Gate, das an der n-Schicht angeordnet ist. Ist die Spannung zwischen Anode und Kathode U_{AK} negativ, sperrt der Thyristor. Bei positiver U_{AK} befindet sich der Thyristor zunächst im Blockierzustand. Wird nun am Gate ein entsprechender Strom eingespeist **(s. Bild 3)** schaltet der Thyristor in den Durchlassbereich. Fließt nun ein ausreichender Anoden-Kathoden-Strom, bleibt der Thyristor im Durchlassbereich auch ohne Steuerstrom. Unterschreitet der Anodenstrom den typischen Haltestrom I_H, wird der Thyristor wieder sperrfähig. **Hinweis:** Beim Übergang vom Sperrbereich in den Durchlassbereich muss eine gewisse Schonzeit berücksichtigt werden.

Anwendungsgebiet des Thyristors:

- Funktion einer steuerbaren Diode
- Kontaktloser Schalter
- Steuerbarer Gleichrichter (s. Kapitel Motoren)

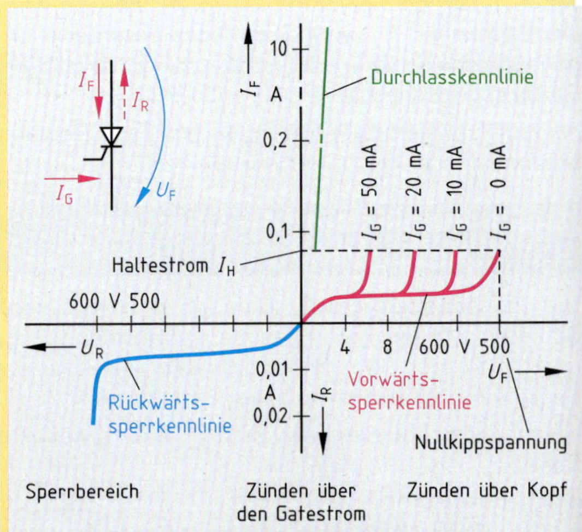

U_F = Spannung in Durchlassrichtung (forward)
I_H = Strom in Durchlassrichtung
U_R = Spannung in Sperrrichtung (reverse)
I_C = Strom in Sperrrichtung

Bild 3: Thyristor-Kennlinienfeld

8.15.3.4 Der Triac

Prinzipiell ist der **Triac** eine Antiparallelschaltung von zwei Thyristoren, aber mit einem gemeinsamen Gateanschluss. Dadurch ist es möglich die beiden Halbwellen einer Wechselspannung zu steuern (Kennlinie siehe Tabellenbuch).

Anwendungsgebiete des Triacs:

- Lichtsteuerung (Phasenanschnitt, Dimmer)
- Drehzahlsteuerung, Wechselstromsteller (s. Kapitel Motoren)
- Steuerung von Elektrowärmegeräten
- nahezu leistungslose Steuerung von Wechselstromleistung

Hinweis: Triac-Schaltungen müssen in jedem Fall mit Kondensatoren und Drosseln entstört werden, da sie durch das Verformen von Strom- und Spannungssignalen **(Bild 1)** Oberwellen erzeugen, die Frequenzen erreichen, die den Rundfunkbereich stören können. Der abschaltbare Thyristor **GTO** ist ein Thyristor, der durch einen negativen Gatestrom abgeschaltet werden kann. Dadurch wird der GTO von einem Arbeitspunkt A_1 im Durchlassbereich in einen Arbeitspunkt A_2 im Blockierbereich geschaltet **(s. Bild 2).** Da der GTO einen besonderen Schichtenaufbau besitzt, verträgt dieser Thyristortyp die notwendig hohen Löschströme. Daher ist er besonders geeignet für Gleichstromsteller (s. Kapitel Motoren).

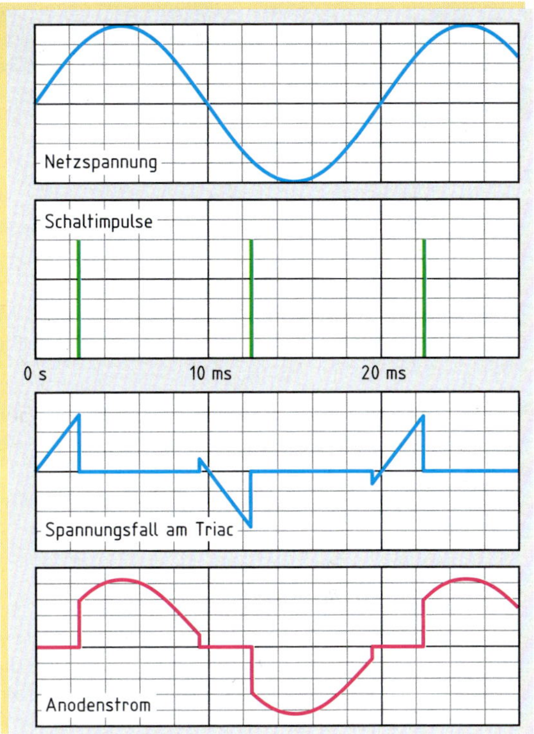

Bild 1: Diac-Ansteuerung mit Strom- und Spannungsverlauf

8.15.3.5 Der Insulated Gate Bipolar Transistor

Der **Insulated Gate Bipolar Transistor IGBT** ist im Grundaufbau ein MOS-FET, aber mit besonderen Eigenschaften. Dadurch vereinigt er die nahezu leistungslose Ansteuerung, MOS-FET-Eigenschaft und den geringen Durchlasswiderstand eines bipolaren Transistors. Im Gegensatz zum MOS-FET unterscheidet sich sein Schaltverhalten dadurch, dass ein IGBT im eingeschalteten Zustand einen geringen Spannungsfall aufweist **(s. Bild 3).**

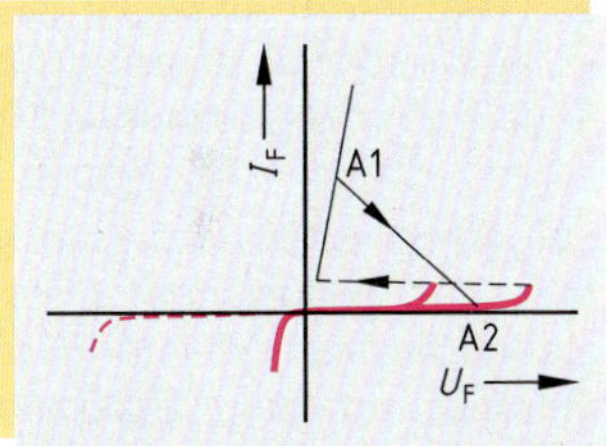

Bild 2: Arbeitsweise des GTO

Anwendungsgebiete des IGBT:

- In Schweißgeräten zur Erzeugung des Schweißstromes
- Getaktete Stromversorgungsgeräte
- AC- und DC-Motorsteuerungen
- Frequenzumrichter in der Antriebstechnik
- Gleichstromsteller und Wechselrichter
- in Schaltznetzteilen für größere Leistungen
- Für die Drehzahlregelung von Motoren, durch ändern der Frequenz
- Zündschaltungen z.B. Kfz-Elektronik
- Windkraft- und Solaranlagen

Hinweis: Da der IGBT zu den elektrostatisch gefährdeten Bauelementen gehört, sind die elektrostatischen Bedingungen wie Erdungsband und leitfähige Schuhe beim Umgang mit einzuhalten.

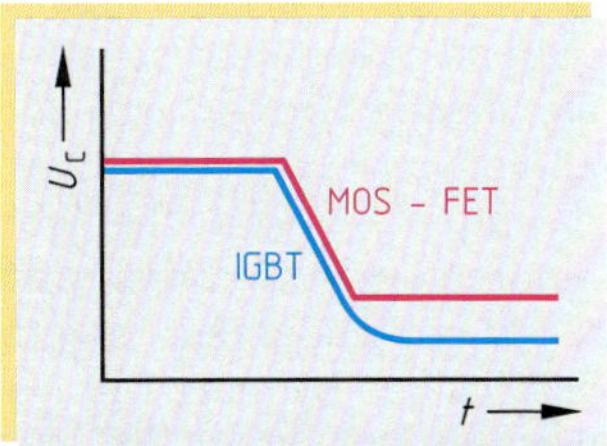

Bild 3: Einschaltvorgang IGBT

Arbeitsauftrag:

1. Wie ist die Leitungsdiode im Sperrbereich vorgespannt?
2. Wie muss der Thyristor vorgespannt sein, damit er durch einen Zündimpuls leitend wird? Welche Anodenströme sind möglich?
3. Welche Eigenschaften hat ein Triac im Hauptstromkreis?
4. Skizzieren Sie eine Halbbrücke aufgebaut mit IGBTs (s. Motoren) und erläutern Sie die Schaltung (Impulsdiagramm).

8.16 Grundlagen der elektrischen Messtechnik

8.16.1 Erfassung elektrischer Größen: Messgeräte

Die menschlichen Sinnesorgane sind nicht in der Lage, die elektrische Spannung oder die elektrische Stromstärke direkt zu erfassen. Das indirekte Messen der elektrischen Größen setzt eine Umwandlung in andere physikalische Größen voraus. Die Anzeige dieser Größen kann entweder in analoger (griech. stufenlos) **(Bild 1)** oder digitaler (griech. abgestuft, in Ziffern) **(Bild 3)** Form geschehen. Die indirekte Messung der elektrischen Spannung und des elektrischen Stromes birgt zwangsläufig verschiedene Fehlerquellen:

- Verluste bei der Umwandlung der physikalischen Größen
- Anzeigefehler durch Abstufung der Messwerte
- Ablesefehler (Parallaxenfehler)

Messgeräte werden durch ihren Innenwiderstand R_i charakterisiert.

Bild 1: **Zeiger-Vielfachmessgerät**

Zeigermesswerke

Zeigermesswerke **(Bild 2)** wandeln elektrische Größen (Energie) entweder elektromagnetisch oder elektrodynamisch in mechanische Größen (Drehmoment) um. Durch diese Drehbewegung wird eine Feder gespannt. Ein Zeiger folgt der Drehbewegung, sodass anhand einer Skala der entsprechende Wert abgelesen werden kann.

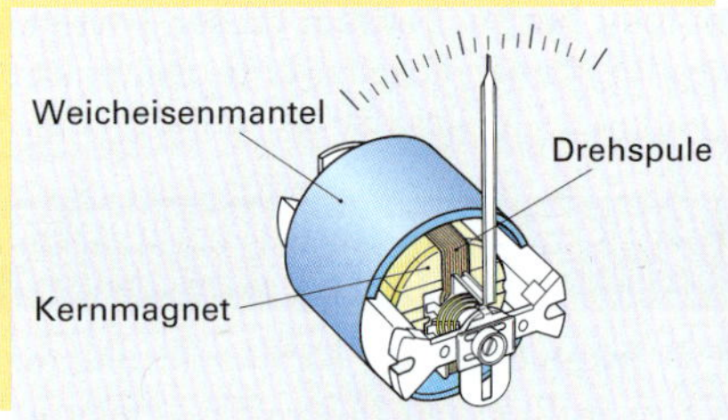

Bild 2: **Drehspulmesswerk**

> Infolge von Nichtlinearitäten und äußeren Einflüssen (Temperatur usw.) ist die Anzeigegenauigkeit im oberen Drittel der Skala am größten. Der Innenwiderstand variiert über verschiedene Messbereiche zum Teil sehr stark.

Zeigermesswerke können mit entsprechendem Aufbau zur Messung elektrischer Größen dienen, wie z.B. zur Widerstandsmessung, Leistungsmessung, Frequenzmessung, Energiemessung (Elektrizitätszähler).

Digitalmultimeter (Bild 3)

Digitalmultimeter – digitale Vielfachmessgeräte – wandeln unter Zuhilfenahme eines Analog-Digital-Umformers **(Bild 4)** die analogen elektrischen Größen in entsprechende digitale elektrische Größen um, sodass diese von einer Anzeige als Zahlenwerte dargestellt werden können. Digitalmultimeter erzeugen keine mechanischen (Reibungs-)Verluste und verhindern durch die Ziffernanzeige Parallaxefehler. Dadurch entfallen zwei mögliche Fehlerquellen, welche das Messergebnis verfälschen können. Der Messfehler eines digitalen Vielfachmessgerätes hängt im Wesentlichen von der Qualität des Analog-Digital-Umsetzers ab. Das Digitalmultimeter verfügt über keine mechanischen Bauelemente und bereitet die Messgrößen mit elektronischen Filtern und Verstärkern auf.

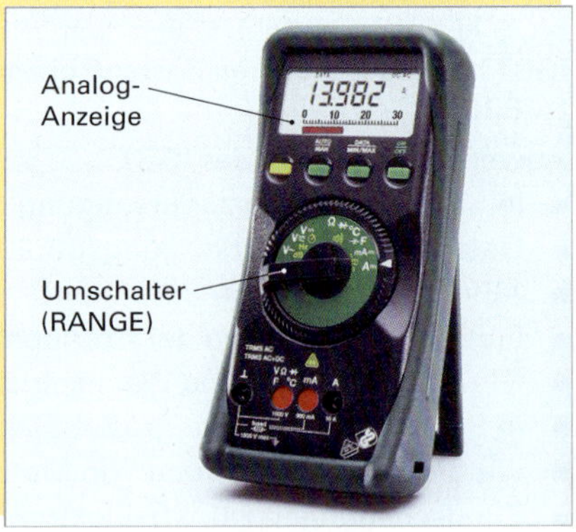

Bild 3: **Digitalmultimeter**

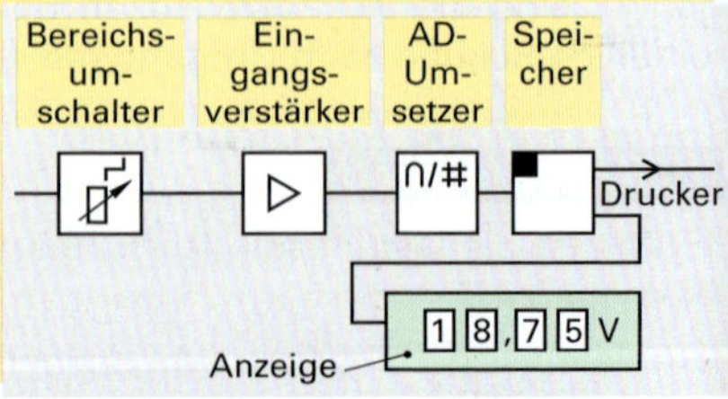

Bild 4: **Blockschaltbild eines Digitalmultimeters**

> Beim Digitalmultimeter ist der Eingangswiderstand (Innenwiderstand) über alle Spannungsmessbereiche konstant, er weist einen hohen Wert auf.

8.16.2 Messung der elektrischen Spannung

Für die Messung der elektrischen Spannung muss das Spannungsmessgerät bzw. das Digitalmultimeter parallel zu dem zu ermittelnden Spannungsfall angeschlossen werden **(Bild 2)**. Berechnet man den Spannungsfall über R_2 ohne die Beeinflussung durch das Spannungsmessgerät, ergibt sich folgender formaler Zusammenhang aus den Spannungs- und Widerstandsverhältnissen:

$$U_2 = \frac{U_G}{(R_1 + R_2)} \cdot R_2 \qquad \textbf{(Bild 1)}$$

Der Spannungsfall über R_2 verändert sich durch den Einfluss des Innenwiderstandes R_{2iV} des Spannungsmessgerätes. Zur Ermittlung des verfälschten Messergebnisses muss in die Formel zur Berechnung von U_2 R_2 durch R_{2iV} ersetzt werden:

$$\frac{1}{R_{2iV}} = \frac{1}{R_2} + \frac{1}{R_{iV}}$$

je größer R_{iV} desto geringer ist dessen Anteil an R_{2iV}, und desto geringer ist der Messfehler, der durch den Innenwiderstand des Messgerätes erzeugt wird.

> Der Innenwiderstand des Spannungsmessgerätes muss sehr viel größer sein als der des betrachteten Widerstandes.

8.16.3 Messung des elektrischen Stromes

Zur Messung des elektrischen Stromes in einem Stromkreis muss der elektrische Strom durch das Strommessgerät geleitet werden, d.h., das Messgerät muss in Reihe geschaltet werden. Die elektrische Stromstärke im Stromkreis **(Bild 3)** wird durch den Innenwiderstand des Strommessgerätes beeinflusst. Diese Veränderung führt zu Messfehlern.

- Berechnung der Stromstärke ohne Verfälschung durch das Strommessgerät:
$$I = \frac{U_G}{(R_1 + R_2)}$$
- Berechnung der Stromstärke, die sich ergibt, wenn der Innenwiderstand R_A des Strommessgerätes berücksichtigt wird:
$$I = \frac{U_G}{(R_1 + R_2 + R_{iA})}$$

> Der Innenwiderstand R_{iA}des Strommessgerätes sollte möglichst klein sein.

Zeigermesswerke müssen stets fachgerecht benutzt werden **(Tabelle 1)**. Besonders bei der Strom-, Leistungs- und Energiemessung sind die Sicherheitsvorschriften des Herstellers laut Datenblatt zu beachten. Da für die Messung der elektrischen Stromstärke das Messgerät in den Messkreis „eingebaut" werden muss, ist es in den meisten Fällen besser, einen berührungslosen Zangenstrommesser einzusetzen.

> Zur Vermeidung von Mess- und Anzeigefehlern sind bei der Verwendung von Messgeräten die Bedienungsanleitung und die Sinnbilder der Skala **(Tabelle 1)** zu beachten.

Tabelle 1: Sinnbilder auf der Skala

	Für Gleichstrom und Wechselstrom		Nennlage 30° geneigt
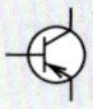	Messgerät mit Verstärker		Prüfspannungszeichen: Die Ziffer im Stern bedeutet die Prüfspannung in kV (Stern ohne Ziffer 500 V Prüfspannung)
	Senkrechte Nennlage		
	Waagerechte Nennlage		Achtung (Gebrauchsanweisung beachten)
	Drehspulmesswerk mit Dauermagnet, allgemein		Abschirmung gegen magnetische Felder
	Drehspulmesswerk mit Gleichrichter	1,5	Klasse, bezogen auf Messbereichsendwert

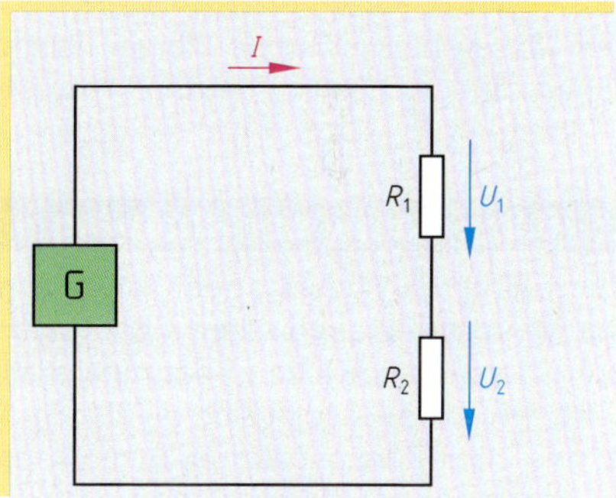

Bild 1: Einfache Reihenschaltung von Widerständen

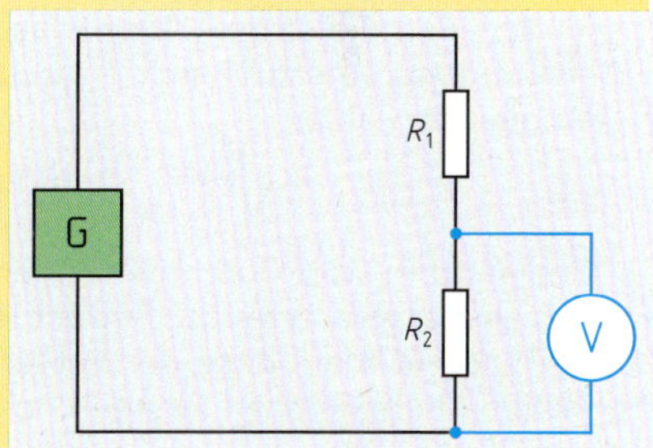

Bild 2: Spannungsmessung

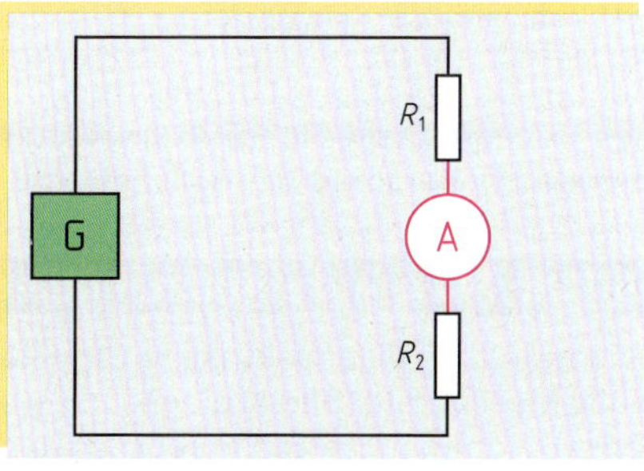

Bild 3: Strommessung

8.16.4 Spannungsfehlerschaltung

Die Spannungsfehlerschaltung wird zur indirekten Widerstandsbestimmung verwendet. Bei dieser Schaltung wird der Strom gemessen, der tatsächlich durch den zu bestimmenden Widerstand fließt. Daher auch der Name der Schaltung: Stromrichtig- bzw. Spannungsfehlerschaltung **(Bild 1)**.

Fehlerbehaftete Berechnung des zu bestimmenden Widerstandes:

$$R = \frac{U_{Mess}}{I_{Mess}}$$

Daraus ergibt sich der relative Fehler:

$$f = \frac{(U_{Mess} - U_R)}{U_R} \cdot 100\ \%$$

> Die Spannungsfehlerschaltung wird zur Bestimmung großer Widerstände verwendet.

Der Messfehler ist umso kleiner, je größer die Differenz zwischen dem zu bestimmenden Widerstand R und dem Innenwiderstand R_{IA} des Strommessgerätes ist.

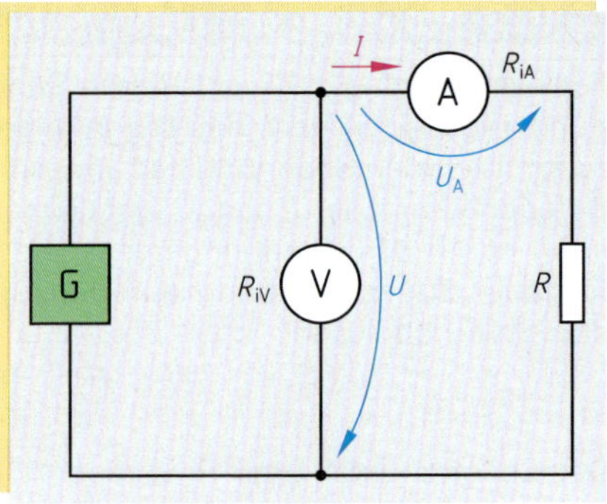

Bild 1: Spannungsfehlerschaltung

8.16.5 Stromfehlerschaltung

Zur indirekten Widerstandsbestimmung kann die Anordnung der Messgeräte auch so erfolgen, dass die gemessene Spannung dem tatsächlichen Spannungsfall entspricht. Die gemessene Stromstärke setzt sich bei der Stromfehlerschaltung **(Bild 2)** aus zwei Zweigströmen zusammen: Teilstrom durch den zu bestimmenden Widerstand und den Teilstrom durch das Spannungsmessgerät.

$$R = \frac{U_{Mess}}{(I_{Mess} - I_V)}$$

Lässt man den Teilstrom durch das Spannungsmessgerät außer Betracht, so ergibt sich ein relativer Messfehler bzw. systematischer Fehler:

$$f = \frac{(I_{Mess} - I_R)}{I_R}\ 100\ \%$$

Der Fehlerstrom wird durch den Innenwiderstand des Spannungsmessgerätes erzeugt. Betrachtet man das Ohm'sche Gesetz, erkennt man, dass der Fehlerstrom sich umgekehrt proportional zum Innenwiderstand des Spannungsmessgerätes verhält.

> Die Stromfehlerschaltung wird zur Bestimmung kleiner Widerstände verwendet.

Bei der Stromfehlerschaltung muss der Innenwiderstand R_{IV} des Spannungsmessgerätes im Vergleich zu dem zu bestimmenden Widerstand R möglichst groß sein.

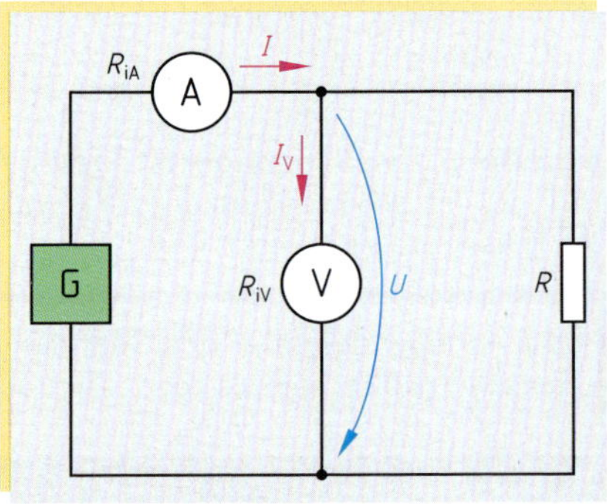

Bild 2: Stromfehlerschaltung

Beispiel:

Geg.: $I_{mess} = 0{,}24\ A$, $U_{mess} = 80\ V$

$R_{IV} = 1\ M\Omega$

Lös: $I_V = \frac{U}{R_{IV}} = \frac{80\ V}{1\ M\Omega} = 0{,}08\ mA$

$$R_v = \frac{1}{R_{iV}} = \frac{80\ V}{(240\ mA - 0{,}08\ mA)} = 330\ \Omega$$

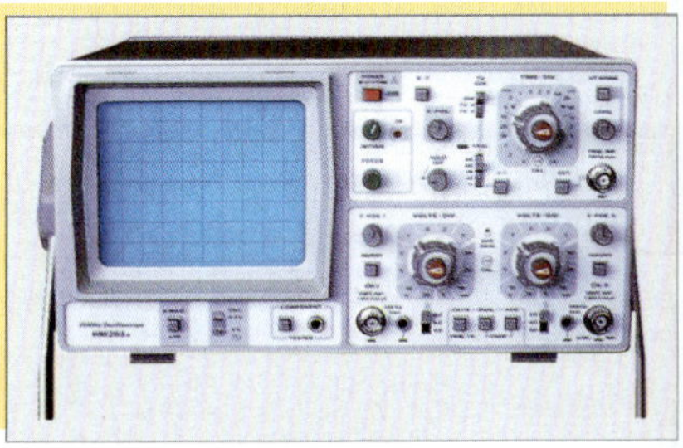

Bild 3: Analog-Oszilloskop

8.16.6 Messung zeitabhängiger elektrischer Größen

Will man beliebige elektrische Signale unabhängig von deren zeitlichen Varianz messen, müssen spezielle Messgeräte **(Bild 3)** eingesetzt werden. Multimeter (digital oder analog), welche üblicherweise zum Einsatz kommen, setzen voraus, dass die entsprechende Signalform bekannt ist und am Multimeter vorgegeben wird. Üblich sind Einstellungsmöglichkeiten für Gleich- und für Wechselgrößen.

Bei den Wechselgrößen wird standardmäßig von harmonischen, periodischen, sinusförmigen Wechselgrößen ausgegangen.

> Multimeter (analog oder digital) zeigen stets den Effektivwert der zu messenden periodischen elektrischen Wechselgröße an. Die gängigen Multimeter sind im Allgemeinen für sinusförmige Wechselgrößen ausgelegt.

Elektrische Messgeräte berechnen entsprechend dem Crestfaktor den Effektivwert (vgl. Kapitel 8.11.6). Deshalb muss vor der Messung der zeitliche Verlauf der Messgröße bekannt sein und entsprechend eingestellt werden.

Messung elektrischer Größen mit dem Oszilloskop

Mit einem Oszilloskop können zeitabhängige elektrische Spannungen dargestellt werden (lat. oscillare = schwingen, griech. scope = Gesichtsfeld). Ein Oszilloskop kann generell nur elektrische Spannungen messen und darstellen.

Der Momentanwert der Spannung berechnet sich aus der Multiplikation der Einheiten in DIV in Y-Richtung (Amplitude) mit dem Messbereich (V/DIV). Die Periodendauer T berechnet sich durch die Multiplikation der abgelesenen Signallänge in DIV nach einer Periode, mit dem eingestellten Bereich (s/DIV). Die Frequenz f ist ist der reziproke Wert der Periodendauer $f = 1/T$.

Zur Darstellung elektrischer Stromstärke muss ein (rein Ohm'scher) Shuntwiderstand bekannter Größe zur Abbildung verwendet werden. Die Momentanwerte der Stromstärke berechnen sich entsprechend dem Ohm'schen Gesetz:

$$i = \frac{u_{Mess}}{R_{Shunt}}$$

Funktionsprinzip eines Oszilloskopes (Bild 1)

Ein Oszilloskop nutzt die Eigenschaften einer Braun'schen Röhre. Bei dieser wird ein Elektronenstrahl durch elektrische Felder in X- und Y-Richtung abgelenkt. Der Elektronenstrahl trifft dann auf eine Fläche (Glaskolben), die an den Stellen aufleuchtet, welche von dem Elektronenstrahl getroffen werden. Zur Darstellung des Verlaufs einer elektrischen Spannung folgt die periodische Ablenkspannung (X-Ablenkung) des Elektronenstrahles einer Sägezahnform. Die Periodendauer der Sägezahnspannung entspricht der Zeitbasis. Die zu messende Spannung wird über einen Verstärker zur Y-Ablenkung des Elektronenstrahls genutzt. Um ein stehendes Abbild des Verlaufs der Messspannung zu erhalten, muss der Startzeitpunkt der Sägezahnspannung durch die Messspannung ausgelöst werden.

> Das Auslösen der Zeitablenkung durch ein Auslösesignal nennt man Triggern.

Messung der Phasenverschiebung

Schließt man das Oszilloskop so an, dass eine Messspannung die Auslenkung des Elektronenstrahles in Y-Richtung bewirkt und die andere Messspannung die Auslenkung des Elektronenstrahles in X-Richtung bewirkt, bilden sich bei sinusförmigen Spannungen gleicher Frequenz sogenannte Lissajous-Figuren ab **(Tabelle 1)**.

Phasenverschiebung **(Bild 2)**: $\sin \varphi = \frac{a}{b}$ $\quad \cos \varphi = \sqrt{1 - \left(\frac{a}{b}\right)^2}$

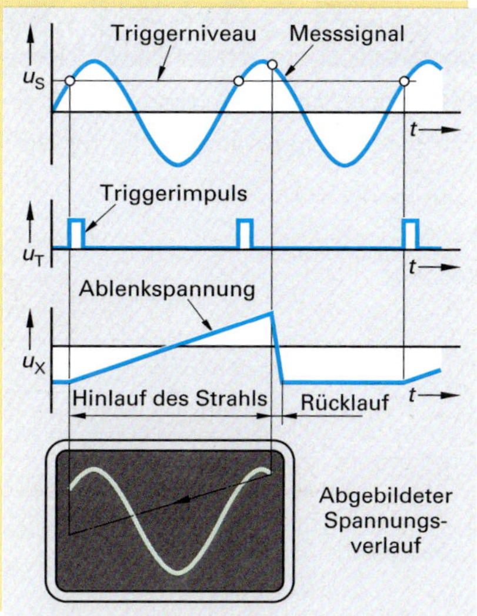

Bild 1: Triggerfunktion beim Oszilloskop

Tabelle 1: Lissajous-Figuren

Schirmbild	Auswertung
	$U = U_n$ $f = f_n$ $\varphi = 0°$
	$U = U_n$ $f = f_n$ $\varphi = 30°$
	$U = U_n$ $f = f_n$ $\varphi = 90°$ oder $\varphi = 270°$
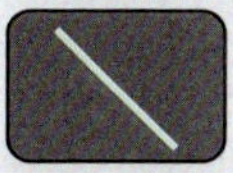	$U = U_n$ $f = f_n$ $\varphi = 180°$
	$U = U_n$ $f = 2 \cdot f_n$
	$U = U_n$ $f = ½ \cdot f_n$

U = Messspannung, f = Messfrequenz, U_n = Vergleichsspannung, f_n = Vergleichsfrequenz, φ = Phasenverschiebnungswinkel

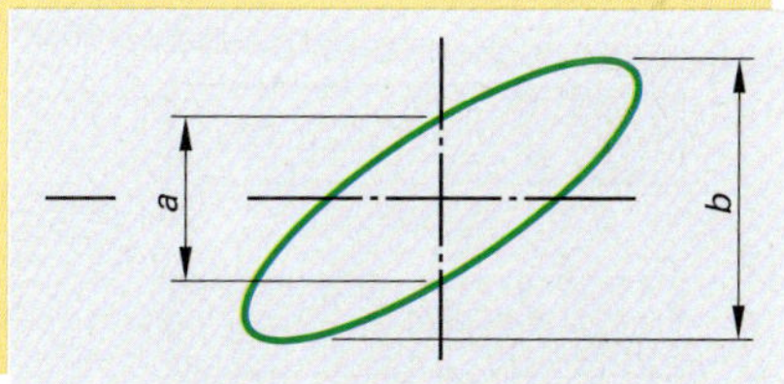

Bild 2: Faktoren zur Berechnung der Phasenverschiebung

8

9 Elektrische Maschinen

Elektrische Maschinen dienen zur Erzeugung, Übertragung und Nutzung elektrischer Energie.

Sie sind **Energiewandler,** die für die Energieübertragung die Eigenschaften des **magnetischen Feldes** nutzen.

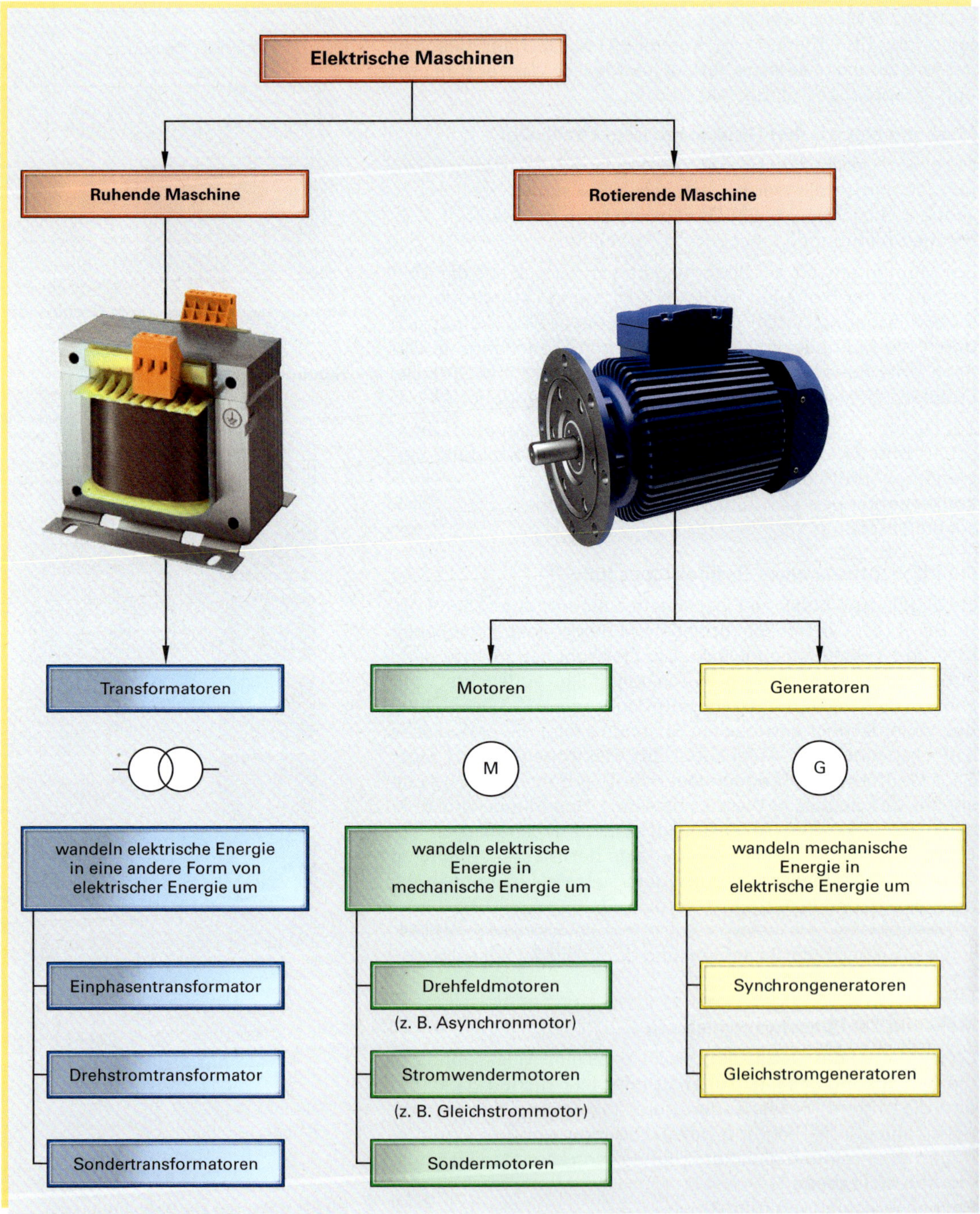

Bild 1: Arten von elektrischen Maschinen

9.1 Transformatoren

Transformatoren wandeln eine Wechselspannung einer bestimmten Größe in eine andere Wechselspannung um (z.B. 230 V in 24 V). Die Frequenz bleibt dabei unverändert. Die Funktionsweise eines Transformators beruht auf dem Prinzip der **elektromagnetischen Induktion** (→ Erzeugung von Spannung mithilfe eines Magnetfeldes).

9.1.1 Aufbau und Wirkungsweise

Grundsätzlich besteht ein Transformator (Einphasentransformator) aus zwei Kupferdrahtspulen, die auf einem gemeinsamen Eisenkern angebracht sind. Die Eingangswicklung bezeichnet man als Primär- und die Ausgangswicklung als Sekundärwicklung. Die beiden Wicklungen haben keine elektrische Verbindung. Dies bezeichnet man als **galvanische Trennung.**

Funktionsweise (Bild 1)

① Wird eine Wechselspannung U_1 am Eingang angelegt, dann fließt ein **Wechselstrom** I_1 in der Primärwicklung. Der Wechselstrom erzeugt ein magnetisches Feld in der Primärwicklung.

② Das Magnetfeld wird durch den Eisenkern verstärkt und zur Sekundärwicklung geführt. Man bezeichnet es als **magnetisches Wechselfeld**, da es seine Größe und Richtung mit der Frequenz der Eingangsspannung ändert.

③ Wenn das magnetische Wechselfeld die Sekundärwicklung durchsetzt, entsteht dort eine Spannung U_2 durch Induktion. Diese Spannung hat die gleiche Frequenz wie die Eingangsspannung. Die Größe der Spannung richtet sich nach dem Verhältnis der Windungszahlen N_1/N_2.

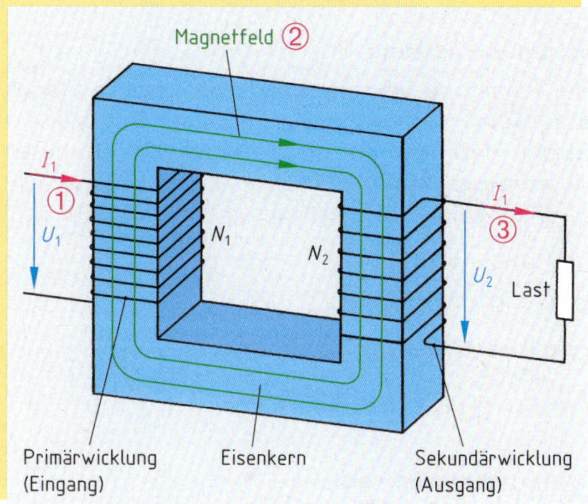

Bild 1: Funktionsprinzip des Transformators

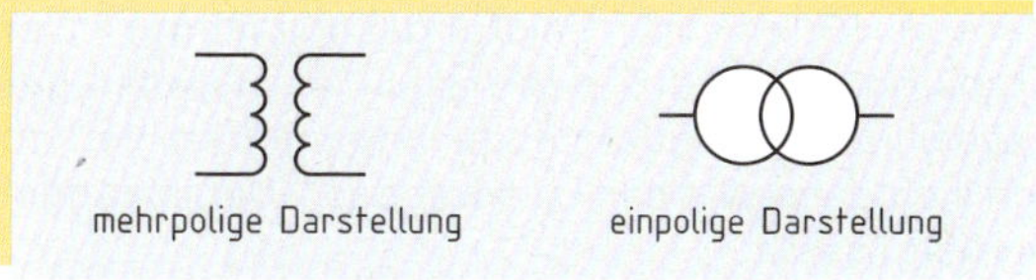

Bild 2: Schaltzeichen des Transformators

Transformatorenhauptgleichung

Die Ausgangsspannung des unbelasteten Transformators (Leerlaufspannung) lässt sich mit der Transformatorenhauptgleichung berechnen. Die Gleichung beschreibt die Induktionswirkung der Sekundärspule bei Sinusform durch Kenngrößen des magnetischen Kreises.

Die Induktionswirkung ist umso größer, je höher die Frequenz, also die Änderungsgeschwindigkeit des magnetischen Feldes ist. Weiterhin hängt die Größe der Ausgangsspannung auch von der Stärke des Magnetfeldes und der Anzahl der Windungen ab.

$$U_0 = 4{,}44 \cdot \hat{B} \cdot A_{Fe} \cdot f \cdot N$$

U_0 Leerlaufspannung
$\hat{B}$ magnetische Flussdichte
A_{Fe} Eisenquerschnitt
f Frequenz
N Windungszahl

9.1.2 Übersetzungsverhältnis

Das Übersetzungsverhältnis (Übersetzung *ü*) bezeichnet das Verhältnis von Eingangsspannung U_1 zur Ausgangsspannung U_2.

Spannungsübersetzung

Beim unbelasteten idealen Transformator entspricht *ü* dem Verhältnis der Windungszahlen N_1/N_2 **(Bild 1)**. Die höhere Spannung liegt immer an der Seite mit der größeren Windungszahl an.

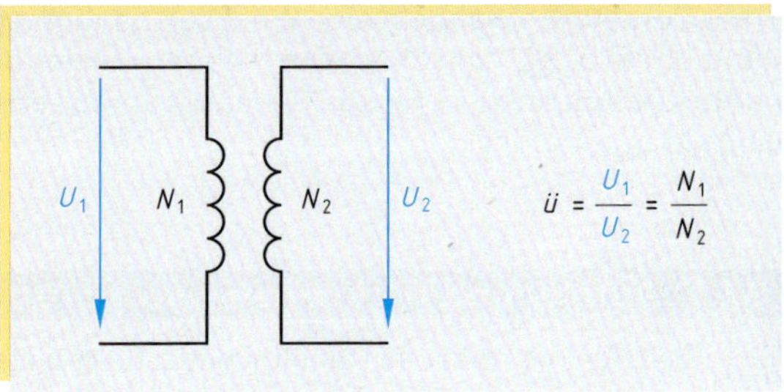

Bild 1: Spannungsübersetzung im Leerlauf

> **Idealer Transformator:** verlustfreier Transformator mit vollständiger magnetischer Kopplung (alle von Spule 1 erzeugten Feldlinien durchsetzen auch Spule 2)

Stromübersetzung

Bei Belastung verhalten sich die Ströme jedoch umgekehrt zu den Windungszahlen. Der größere Strom fließt also auf der Seite mit der kleineren Windungszahl **(Bild 2)**. Dies lässt sich bei Betrachtung der Leistungsübertragung erklären **(Bild 3)**:

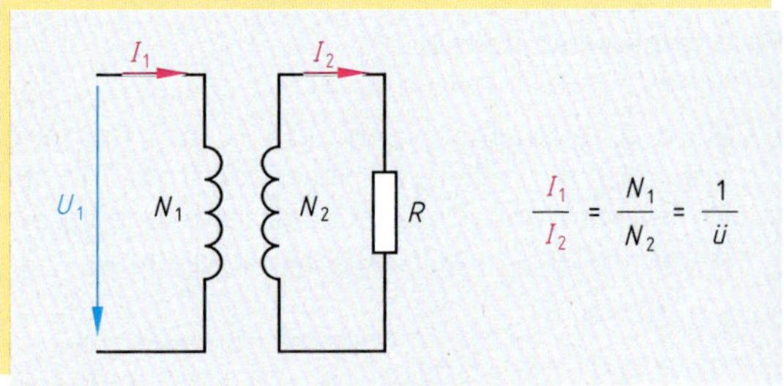

Bild 2: Stromübersetzung bei Belastung

Leistung am Eingang: $P_1 = U_1 \cdot I_1$

Leistung am Ausgang: $P_2 = U_2 \cdot I_2$

Es gilt beim idealen Transformator:

$$P_1 = P_2 \rightarrow U_1 \cdot I_1 = U_2 \cdot I_2 \rightarrow \frac{I_1}{I_2} = \frac{U_2}{U_1} = \frac{1}{ü}$$

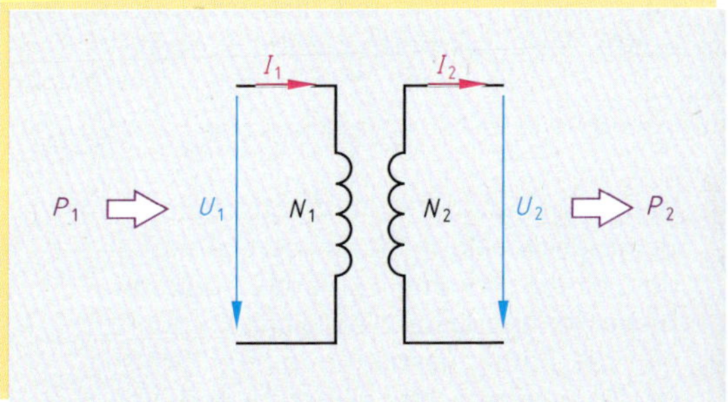

Bild 3: Leistungen beim idealen Transformator

Widerstandsübersetzung

Transformatoren werden z.B. in der Informationstechnik auch benutzt, um den Widerstand eines Verbrauchers an den der Spannungsquelle anzupassen (Stichwort: Leistungsanpassung). Der Transformator wird dann auch als **Übertrager** bezeichnet. Die Widerstände (Impedanzen) verhalten sich dann wie das Quadrat des Übersetzungsverhältnisses:

$$Z_1 = \frac{U_1}{I_1}\ ; \quad Z_2 = \frac{U_2}{I_2} \quad \Rightarrow \quad \frac{Z_1}{Z_2} = \frac{U_1}{U_2} \cdot \frac{I_2}{I_1} = 2$$

Formeln für den idealen Transformator:

Spannungen:	$\frac{U_1}{U_2} = \frac{N_1}{N_2}$	$ü = \frac{U_1}{U_2}$
Ströme:	$\frac{I_1}{I_2} = \frac{N_2}{N_1}$	$ü = \frac{I_2}{I_1}$
Widerstände:	$\frac{Z_1}{Z_2} = \frac{N_1^2}{N_2^2}$	$ü = \sqrt{\frac{Z_1}{Z_2}}$

- U_1 Eingangsspannung
- U_2 Ausgangsspannung
- N_1 Windungszahl der Eingangswicklung
- N_2 Windungszahl der Ausgangswicklung
- $ü$ Übersetzungsverhältnis
- I_1 Stromstärke der Eingangswicklung
- I_2 Stromstärke der Ausgangswicklung
- Z_1 Eingangsscheinwiderstand
- Z_2 Ausgangsscheinwiderstand

9.1.3 Verluste und Wirkungsgrad

Bei realen Transformatoren treten neben den ohmschen Verlusten in den Wicklungen (Kupferverluste P_{VCu}) auch durch das Magnetfeld verursachte Verluste im Eisenkern auf (Eisenverluste P_{VFe}). Die gesamte Verlustleistung besteht also aus zwei Teilen **(Bild 1)**:

$P_V = P_{VFe} + P_{VCu}$.

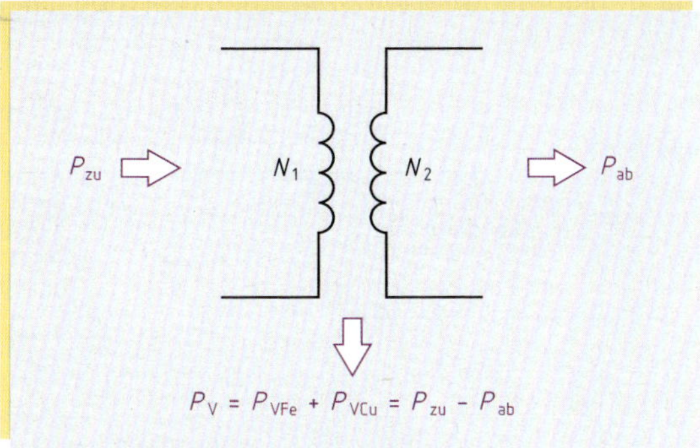

Bild 1: Verluste am Transformator

Kupferverluste P_{VCu} (Wicklungsverluste): Der Widerstand der Kupferwicklungen verursacht Wärmeverluste, die von der Größe des Stromes abhängig sind. Diese Verluste lassen sich nur durch Querschnittsvergrößerung oder Kühlung der Spulen verringern. Die Größe der Kupferverluste kann bei kurzgeschlossener Ausgangswicklung bestimmt werden (Kurzschlussversuch Kap. 9.1.5).

Eisenverluste P_{VFe}: Sie werden durch das Magnetfeld verursacht und sind unabhängig von der Belastung des Transformators. Die Verluste können bei unbelastetem Transformator direkt gemessen werden (Leerlaufversuch).

Die Eisenverluste bestehen aus zwei Teilen:

Ummagnetisierungsverluste (Hystereseverluste):

Aufgrund des Wechselstromes ändert auch das Magnetfeld ständig seine Richtung. Der Eisenkern wird also ständig ummagnetisiert. Diese Verluste lassen sich nicht vermeiden.

Wirbelstromverluste: Da der Eisenkern auch ein elektrischer Leiter ist, wird nicht nur in den Spulen, sondern auch im Eisenkern eine Spannung induziert.

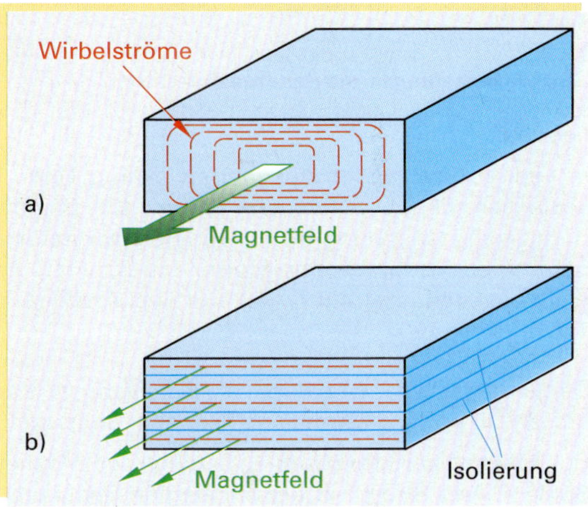

Bild 2: Wirbelströme im a) massiven und b) geblechten Eisenkern

Dadurch entstehen kreisförmige Ströme (Wirbelströme), welche wiederum Wärmeverluste verursachen **(Bild 2a)**.

Diese Verluste lassen sich verringern, wenn man den Eisenkern aus vielen Schichten isolierter Bleche herstellt. Es entstehen dann wesentlich kleinere Ströme **(Bild 2b)**. Die Wirbelstromverluste steigen mit der Frequenz an. Daher werden bei Transformatoren für hohe Frequenzen (z. B. in Schaltnetzteilen) keine Bleche mehr verwendet, sondern besonders verlustarme eisenhaltige Werkstoffe (Ferrite).

Wirkungsgrad: Der Wirkungsgrad η (sprich: *„Eta"*) eines Transformators ist stark von der Art und der Größe der Belastung abhängig.

Je besser der Leistungsfaktor ($\cos \varphi$) der angeschlossenen Verbraucher ist, desto besser ist der Wirkungsgrad. Aufgrund der Eisenverluste ist der Wirkungsgrad in unbelastetem Zustand am schlechtesten.

Transformatorwirkungsgrad und Verlustarten:

$$\eta = \frac{P_{ab}}{P_{zu}} = \frac{P_{ab}}{P_{ab} + P_{VFe} + P_{VCu}}$$

$$P_V = P_{VFe} + P_{VCu}$$

$$P_V = P_{zu} - P_{ab}$$

η	Wirkungsgrad
P_{ab}	abgegebene Leistung
P_{zu}	zugeführte Leistung
P_V	Verlustleistung
P_{VFe}	Eisenverlustleistung
P_{VCu}	Kupferverlustleistung

9.1.4 Betriebsverhalten

Bei Transformatoren wird zwischen drei möglichen Betriebsarten unterschieden **(Bild 1)**.

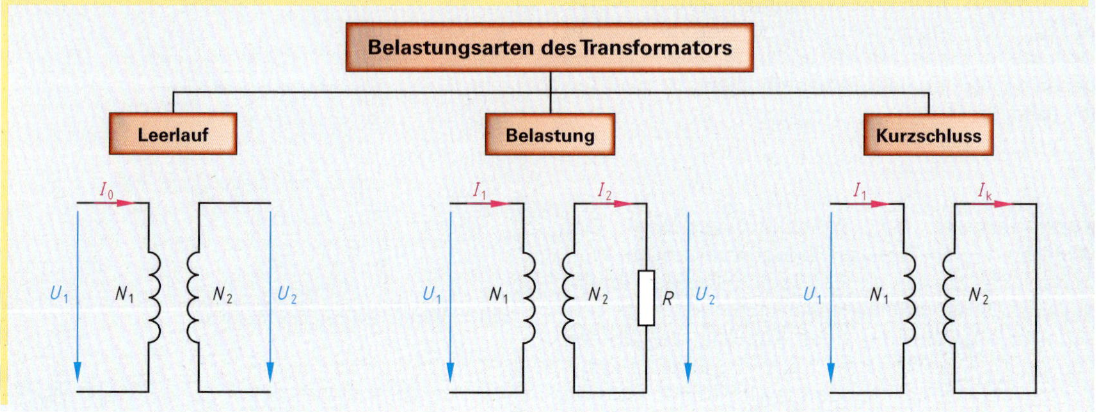

Bild 1: Belastungsarten des Transformators

Leerlauf

In Leerlauf ist an der Ausgangswicklung keine Last angeschlossen. Es fließt dort kein Strom. Am Eingang liegt die Bemessungsspannung U_1 an. Der Transformator verhält sich dann wie eine Spule mit großer Induktivität. Am Eingang fließt ein **Leerlaufstrom I_0**, der aus zwei Anteilen besteht:

$I_0 = I_v + I_m$ **(Bild 2)**.

Der **Verluststrom I_v** wird durch die Eisenverluste (Kap. 9.1.3) verursacht. Er erzeugt Wärme und hat daher ohmsches Verhalten.

Der **Magnetisierungsstrom I_m** erzeugt das Magnetfeld in der Spule. Dieser Strom eilt der angelegten Spannung U_1 um 90° nach.

Da beide Stromanteile zusammen auftreten, ist die Phasenverschiebung φ des realen Trafos im Leerlauf zwar sehr groß, jedoch immer kleiner als 90°. Der Leistungsfaktor cos φ hat dann einen Wert von ca. 0,2.

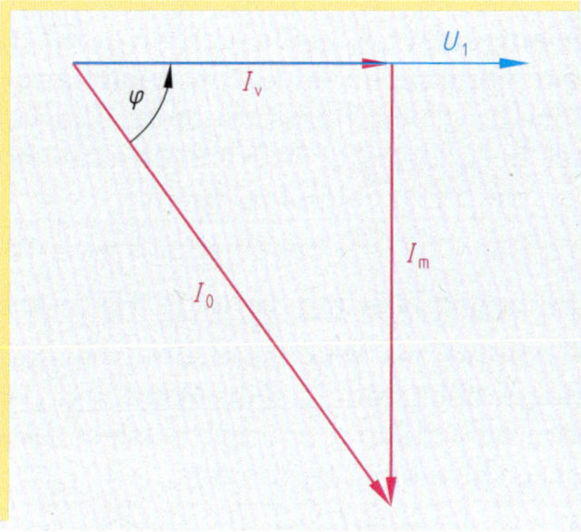

Bild 2: Zusammensetzung des Leerlaufstromes

Belastung

Wird am Ausgang eine Lastwiderstand angeschlossen, entsteht durch den Laststrom I_2 ebenfalls ein Magnetfeld. Dieses Magnetfeld wirkt dem Magnetfeld der Spule 1 entgegen (Lenz'sche Regel). Um das Magnetfeld der Spule 1 aufrechtzuerhalten, erhöht sich der Eingangsstrom I_1.

Die Höhe der Ausgangsspannung U_2 ist von der Größe des Laststromes und der Art der Belastung abhängig **(Bild 3)**. Bei kapazitiver Last kann die Ausgangsspannung sogar höher als die Leerlaufspannung U_{20} sein, da der Trafo und der Kondensator einen Reihenschwingkreis bilden.

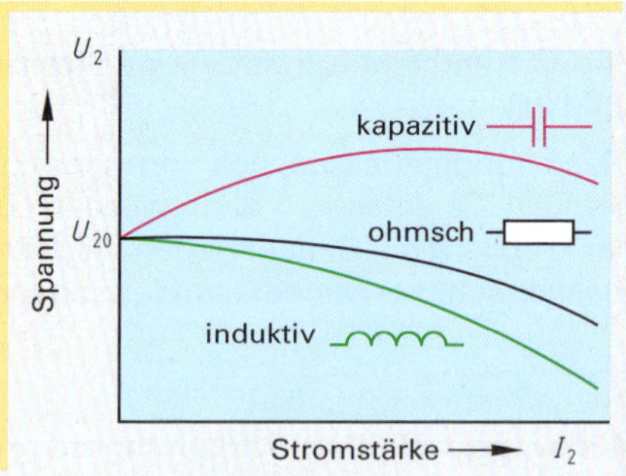

Bild 3: Ausgangsspannung in Abhängigkeit von der Belastung

Kurzschluss

Wird ein Transformator im laufenden Betrieb kurzgeschlossen, tritt am Ausgang zunächst ein Stoßkurzschlussstrom i_s auf. Die Stromstärke hängt vom Innenwiderstand des Trafos und der im Schaltaugenblick vorhandenen Magnetisierung im Eisenkern ab. Der Strom ist maximal, wenn die Magnetisierung maximal ist. Wegen der Phasenverschiebung ist dies der Fall, wenn im Schaltaugenblick die Ausgangsspannung gleich Null ist.

Nach wenigen Perioden sinkt der Wert des Kurzschlussstromes auf den Wert des Dauerkurzschlussstromes I_{kd} **(Bild 1)**. Der Dauerkurzschlussstrom hängt vom Innenwiderstand des Transformators ab und kann bei gegebener relativer Kurzschlussspannung berechnet werden (Kap 9.1.5).

> Gefährlich hohe Kurzschlussströme treten bei Transformatoren mit kleinem Innenwiderstand (kleiner relativen Kurzschlussspannung) auf.

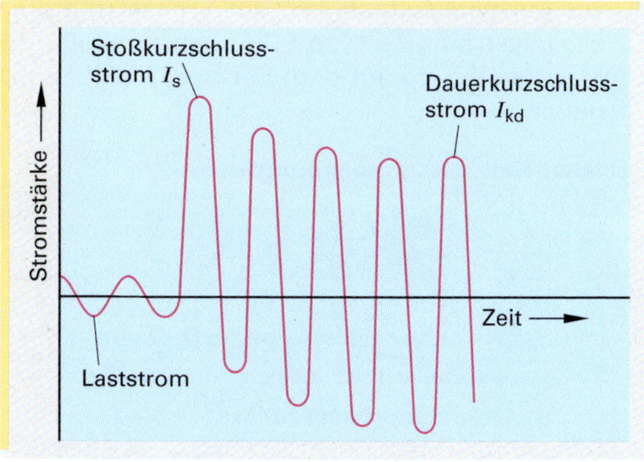

Bild 1: Stromverlauf bei Kurzschluss

Einschaltströme

Beim Einschalten eines Transformators kann der Strom auf der Eingangsseite bis zum 10-fachen des Bemessungsstromes ansteigen. Die Stromstärke hängt von der Vormagnetisierung des Kernes im Schaltaugenblick ab und kann auch bei unbelastetem Transformator sehr hoch sein.

Die Stromstärke ist besonders hoch, wenn im Eisenkern ein Restmagnetismus vorhanden ist und die Netzspannung im Schaltaugenblick gleich Null ist.

Um hohe Einschaltströme zu verhindern, werden Transformatorschaltrelais (Trafosanfteinschalter) verwendet, die den Eisenkern vor dem Zuschalten der Netzspannung gezielt vormagnetisieren.

9.1.5 Kennwerte

Die wichtigsten Kenngrößen des Transformators sind auf dem Leistungsschild **(Bild 2)** zu finden.

① Die Bemessungsspannungen und Bemessungsströme sind für Primärseite (links) und Sekundärseite (rechts) angegeben.

② Die Bemessungsleistung ist als Scheinleistung in VA angegeben, da die Aufteilung der Leistung in Wirkleistung *P* und Blindleistung *Q* von der Art der Belastung abhängt.

③ Die relative Kurzschlussspannung u_k beschreibt das Verhalten des Transformators bei Belastung.

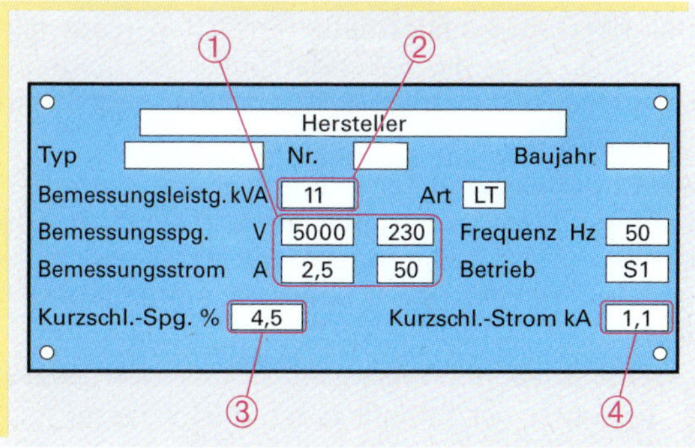

Bild 2: Leistungsschild eines Einphasentransformators

> Die **relative Kurzschlussspannung u_k** ist ein Maß für den Innenwiderstand des Transformators. Je kleiner u_k ist, desto spannungssteifer ist der Transformator.

Die Kurzschlussspannung wird im Kurzschlussversuch gemessen **(Bild 3)**: Bei kurzgeschlossener Ausgangswicklung wird die Eingangsspannung langsam erhöht, bis der Nennstrom I_{1N} fließt. Die dabei anliegende Eingangsspannung ist die Kurzschlussspannung U_k.

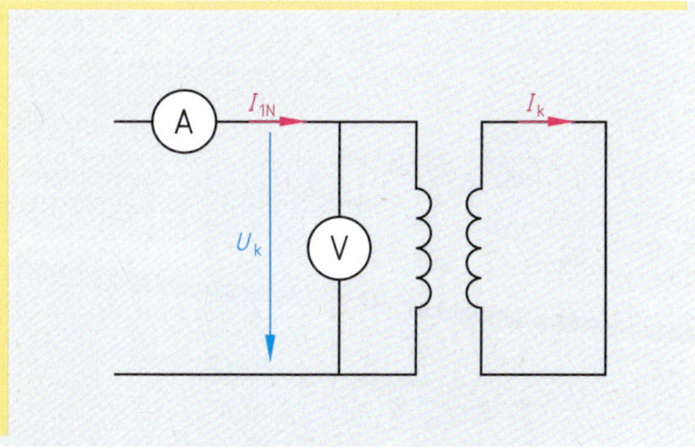

Bild 3: Messung der Kurzschlussspannung

Bezieht man die Kurzschlussspannung auf die Bemessungsspannung U_{1N}, so erhält man die relative Kurzschlussspannung u_k in %. Diese ist ein Maß für den Innenwiderstand des Transformators und wird als Kenngröße auf dem Leistungsschild angegeben.

Ein kleiner Wert von u_k bedeutet, dass der Transformator einen kleinen Innenwiderstand besitzt. Er ist dann **spannungssteif**, d.h. seine Ausgangsspannung sinkt bei Belastung wenig ab.

④ Die Kurzschlussfestigkeit des Transformators ist ein wichtiger Kennwert. Der Wert des Dauerkurzschlussstroms I_{kd} (Kap 9.1.5) kann mithilfe der relativen Kurzschlussspannung berechnet werden. Manchmal wird auf dem Leistungsschild auch die maximale Kurzschlussdauer in Sekunden angegeben.

relative Kurzschlussspannung

$$u_k = \frac{U_k}{U_{1N}} \cdot 100\,\%$$

u_k	relative Kurzschlussspannung in %
U_k	gemessene Kurzschlussspannung in V
U_{1N}	Transformator-Bemessungsspannung in V

Dauerkurzschlussstrom

$$I_{kd} = \frac{I_N}{u_k} \cdot 100\,\%$$

I_{kd}	Dauerkurzschlussstrom in A
I_N	Bemessungsstrom in A
u_k	relative Kurzschlussspannung in %

Transformatoren mit kleiner Kurzschlussspannung besitzen einen großen Kurzschlussstrom.

9.1.6 Magnetische Kopplung und Streuung

Wenn ein Wechselstrom durch die Primärspule fließt, wird ein Magnetfeld erzeugt, das man durch Feldlinien darstellen kann. Die Gesamtheit der Feldlinien wird als **magnetischer Fluss** Φ bezeichnet. Wenn der gesamte erzeugte magnetische Fluss die Ausgangswicklung durchsetzt, erreicht man eine 100%ige Kopplung der beiden Spulen. Dies ist jedoch nur ein theoretischer Fall beim idealen Transformator.

Beim realen Transformator erreichen nicht alle Feldlinien auch die Sekundärspule. Der magnetische Fluss teilt sich auf in Koppelfluss und Streufluss **(Bild 1)**.

Als **Streufluss** wird der Teil bezeichnet, der außerhalb des Eisenkerns durch die Luft verläuft. Um den Streufluss zu verringern, werden die Wicklungen des Transformators übereinander angebracht **(Bild 2)**.

Je kleiner der Streufluss ist, desto besser ist die magnetische Kopplung und desto kleiner ist die Kurzschlussspannung des Transformators.

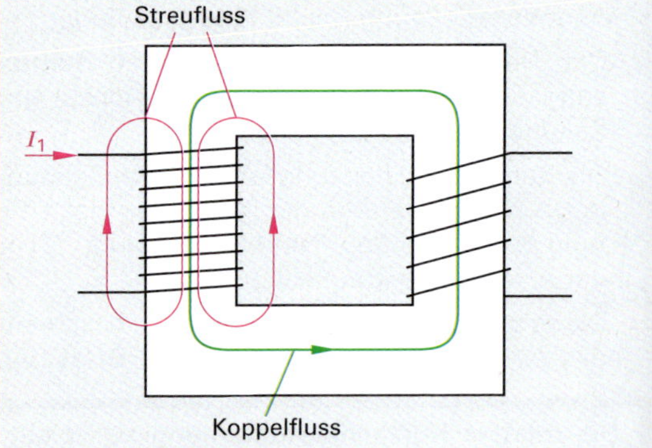

Bild 1: magnetischer Fluss

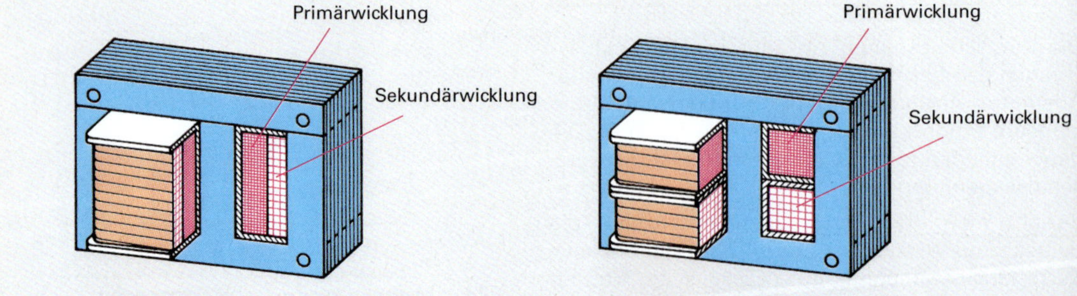

Zylinderwicklungen
- geringer Streufluss
- niedrige Kurzschlussspannung

Scheibenwicklungen
- mittlerer Streufluss
- hohe Kurzschlussspannung

Bild 2: Wicklungsanordnungen und Streufluss

9.1.7 Bauformen von Transformatoren

Grundsätzlich unterscheidet man zwischen Einphasentransformatoren und Drehstromtransformatoren. Eine besondere Rolle spielen die Einphasen-Kleintransformatoren, die auch in vielen Haushaltsgeräten eingebaut sind.

9.1.7.1 Kleintransformatoren

Transformatoren mit einer Bemessungsleistung bis 16 kVA und einer Eingangsspannung bis 1000 V werden als Kleintransformatoren bezeichnet.

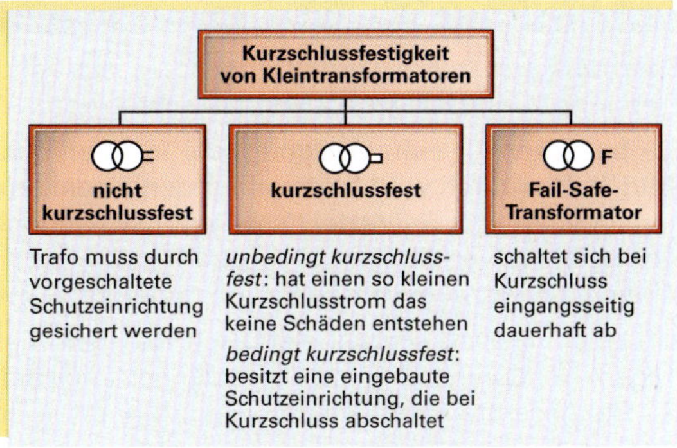

Bild 1: Bildzeichen zur Kurzschlussfestigkeit nach DIN EN 61558 (VDE 0570)

Nach DIN EN 61558 werden Kleintransformatoren nach ihrer Kurzschlussfestigkeit eingeteilt **(Bild 1)**:

Die Spannungsangaben auf dem Leistungsschild gelten bei Kleintransformatoren für den Betrieb unter Last (bei Bemessungsleistung) und einen cos φ von 1. Im Leerlauf ist die Ausgangsspannung je nach Bauart bis zu 20% höher.

Steuertransformatoren

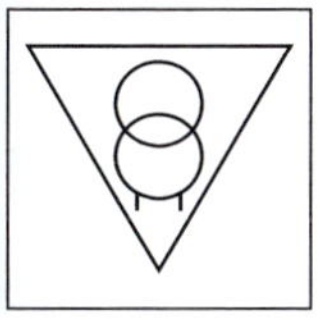

Steuertransformatoren haben bei induktiver Last einen geringen Spannungsfall. Sie dienen zur Speisung von Hilfsstromkreisen **(Bild 2).**

Nach DIN VDE 0113 muss ein Steuertransformator vorgesehen werden, wenn in Anlagen mehr als 5 elektromagnetische Betätigungsspulen (z.B. Schütze) verwendet werden oder Steuer- und Meldegeräte außerhalb von Schaltschränken angebracht sind.

Bild 2: Steuertransformator 230 V/24 V zur Versorgung von Steuerkreisen

Trenntransformatoren

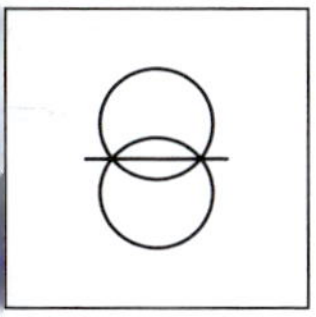

Trenntransformatoren besitzen eine besonders starke Isolierung zwischen Eingangs- und Ausgangswicklung **(Bild 3).**

Sie werden zur elektrischen Trennung von Stromkreisen verwendet. Durch die Trennung wird die Gefahr eines Stromschlags, bei gleichzeitiger Berührung von Erde und unter Spannung stehenden Teilen, verringert. Mit Trenntransformatoren kann die Schutzmaßnahme „Schutztrennung" erfüllt werden.

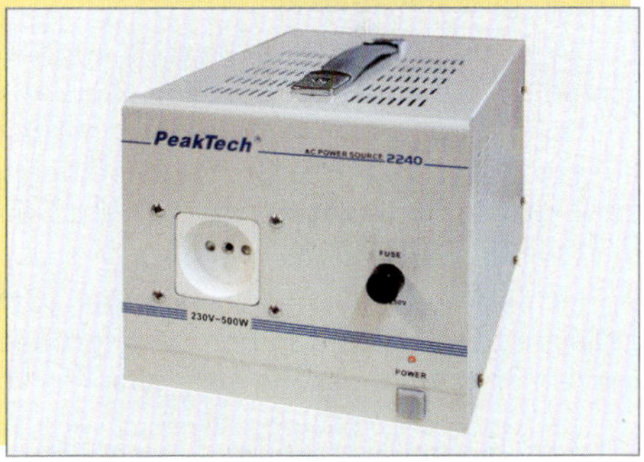

Bild 3: Trenntransformator für Labore/Werkstätten

Sicherheitstransformatoren

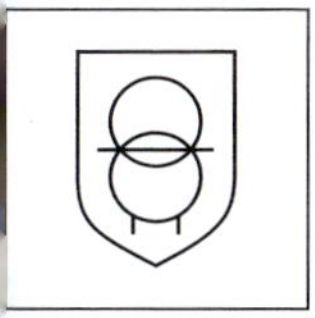

Sicherheitstransformatoren (Schutztransformatoren) sind Transformatoren zur Versorgung von SELV- und PELV-Stromkreisen **(Bild 4).** Sie besitzen eine besonders starke Isolierung zwischen Eingangs- und Ausgangswicklung und sind kurzschlussfest. Die Ausgangsspannung beträgt maximal 50 V. Mit Sicherheitstransformatoren kann die Schutzmaßnahme „Schutzkleinspannung" erfüllt werden.

Bild 4: Sicherheitstransformator als Reiheneinbaugerät

9

9.1.7.2 Spartransformator

Spartransformatoren werden eingesetzt, falls auf die galvanische Trennung vom speisenden Netz verzichtet werden kann.

Sie besitzen nur eine Wicklung, die in zwei Teile aufgeteilt ist **(Bild 1)**. Hierdurch wird Material für den Eisenkern und die Wicklung gespart. Der Spareffekt verringert sich jedoch bei größeren Übersetzungsverhältnissen. Spartransformatoren sind nur bis zu einem Übersetzungsverhältnis von ungefähr 3:1 wirtschaftlich.

Die Leistung wird sowohl elektrisch als auch magnetisch übertragen. Der durch Induktion übertragene Anteil heißt Bauleistung S_B. Die gesamte übertragene Leistung nennt man Durchgangsleistung S_D.

Die Formeln für das Übersetzungsverhältnis des idealen Transformators gelten weiterhin.

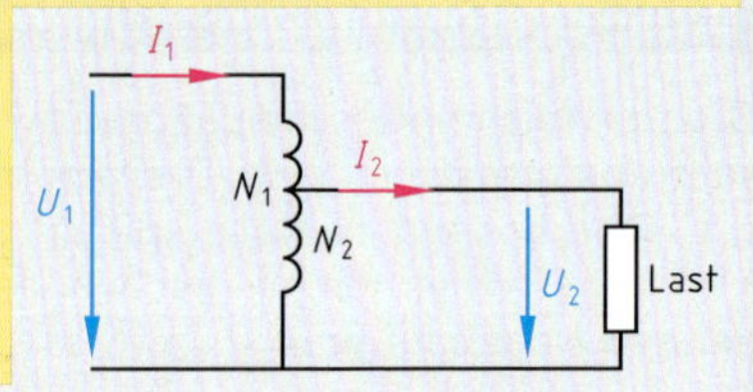

Bild 1: Spartransformator mit Last

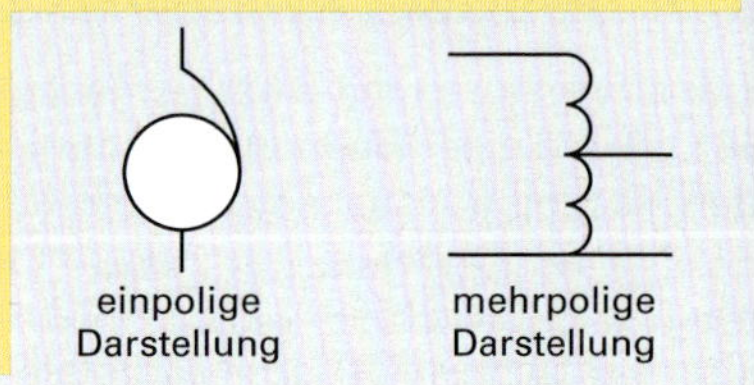

Bild 2: Schaltzeichen Spartransformator

Bauleistung und Durchgangsleistung

$U_1 > U_2$: $$S_B = \frac{U_1 - U_2}{U_1} \cdot S_D$$

$U_2 > U_1$: $$S_B = \frac{U_2 - U_1}{U_2} \cdot S_D$$

$$S_B = U_2 \cdot I_2$$

S_B Bauleistung
S_D Durchgangsleistung
U_1 Eingangsspannung
U_2 Ausgangsspannung
I_2 Ausgangsstrom

Da keine galvanische Trennung besteht, dürfen Spartransformatoren nicht zur Erzeugung von Schutzkleinspannungen verwendet werden.

9.1.7.3 Drehstromtransformatoren

Grundsätzlich kann man zur Übertragung von Drehstrom drei einzelne Einphasentransformatoren verwenden. Üblicherweise werden jedoch alle Wicklungen auf einen gemeinsamen Dreischenkelkern aufgebracht **(Bild 3)**.

Die Wicklungen der drei Phasen können unterschiedlich verschaltet werden. Hierbei werden die Schaltungen auf der **Oberspannungsseite** (= höhere Spannung) mit Großbuchstaben und auf der **Unterspannungsseite** (= kleinere Spannung) mit Kleinbuchstaben bezeichnet.

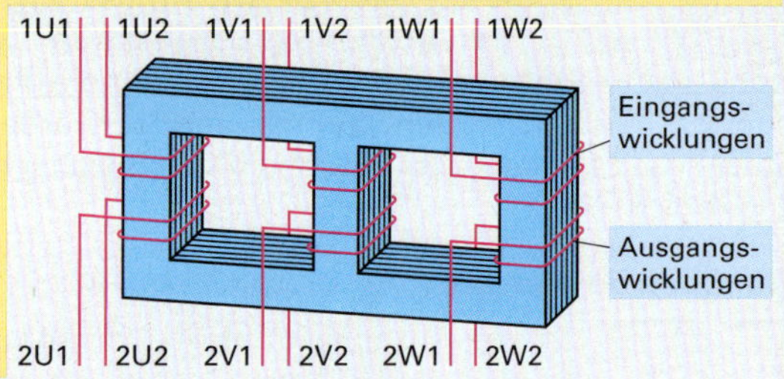

Bild 3: Drehstromtransformator mit Dreischenkelkern

Je nach Kombination der Schaltungen **(Schaltgruppen)** ergeben sich unterschiedliche Übertragungseigenschaften. Die Zahl in der Schaltgruppe gibt die Phasenverschiebung φ zwischen Oberspannungs- und Unterspannungsseite als Vielfaches von 30° an. Beispiel: Dy5 = Dreieck-Stern mit φ = 150°

Tabelle 1: Übliche Schaltgruppen für Drehstrom-Leistungstransformatoren

Schaltgruppe	Zeigerbild Oberspannung	Schaltungsbild Oberspannung	Schaltungsbild Unterspannung	Zeigerbild Unterspannung	Übersetzung $U_1 : U_2$	Schaltzeichen	Anwendung
Yy0	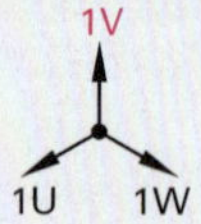	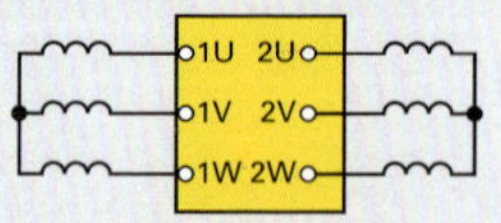		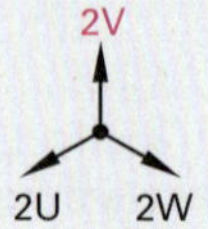	$\frac{N_1}{N_2}$	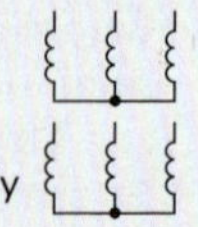	Hochspannungsnetze
Dy5	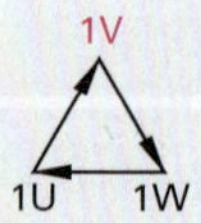	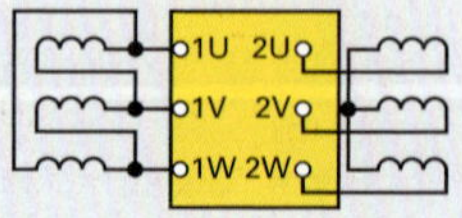		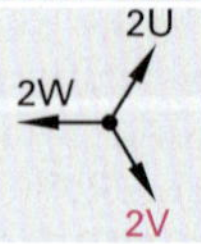	$\frac{N_1}{\sqrt{3} \cdot N_2}$	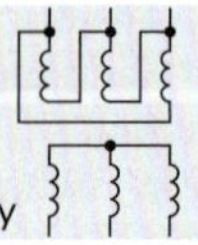	Kraftwerke Umspannwerke

9.2 Elektrische Antriebe

Wurden früher Maschinen wie z.B. Drehmaschinen oder Ständerbohrmaschinen mit einem einzigen, zentralen Antrieb ausgerüstet, der die mechanische Bewegung über Getriebe und Transmissionen **(Bild 1)** zu den Arbeitsmaschinen brachte, so prägen heute die drehzahlveränderbaren Einzelantriebe (mit eventuell mechanischer Kopplung), bestehend aus Hard- und Software-Komponenten, die Antriebslösungen. Die Hardewarekomponenten, bestehend aus Elektromotor, Getriebe, Arbeitsmaschine und elektronischem Stellglied werden dabei durch die Software ergänzt. Diese liefert die dezentrale Intelligenz und gleicht Unzulänglichkeiten wie z.B. inkonstante Drehzahl im Hardwareteil aus **(Bild 2)**. Um dem Anspruch der heutigen Automatisierung nachzukommen, führt der Weg von der zentralen Energieumwandlung weg, hin zur dezentralen Wandlung speziell angepasster Motoren-Module (z.B. Antriebe mit Frequenzumrichter). Unterstützt durch elektronische Schaltungen mit Dioden Transistoren und Thyristoren übernehmen diese dezentralen Systeme immer mehr Aufgaben, die früher durch übergeordnete Leitsysteme wahrgenommen wurden. Damit können die Ansprüche wie exaktes Positionieren, oder Gleichlaufen in den immer komplexer werdenden Produktionsprozessen ohne mechanische Koppelelemente, verschleißfrei und damit ohne Wartung erfüllt werden.

Der **Aufbau** eines drehzahlvariablen elektrischen Antriebs besteht aus den Komponenten **(Bild 3)**:

- Stellglied, Filter (elektronischer Teil)
- Motor
- Getriebe, Last (mechanischer Teil)

Als Motoren für drehzahlvariable Antriebe werden sowohl Drehstrom- als auch Gleichstrom-Motoren verwendet. Der Gleichstrommotor benötigte früher einen mechanischen Stromwendeapparat, der starkem Verschleiß unterlag, womit ein permanenter Wartungsaufwand verbunden war. Durch netzgeführte Stromrichter **(Bild 4a)** kann heute die Ankerspannung des Gleichstrommotors und damit die Drehzahl in weiten Bereichen nahezu verlustfrei verstellt werden. Ebenso kann auch über den Ankerstrom das Drehmoment geregelt oder begrenzt werden. In den Arbeitsprozessen können dadurch Maschinen sanft und ruckfrei anlaufen, die vorgewählte Drehzahl lastunabhängig konstant gehalten und mit hoher Dynamik gearbeitet werden. Der Drehstrommotor mit Kurzschlussläufer überträgt die elektrische Leistung mithilfe des Drehfeldes vom Ständer verschleißfrei auf den Läufer. Dabei ist der Motor an die vom Netz fest vorgegebene Drehzahl gebunden. Die Drehzahlvarianz erhält der Drehstrommotor durch einen Frequenzumrichter

Bild 1: **a) Antrieb** **b) Transmission**

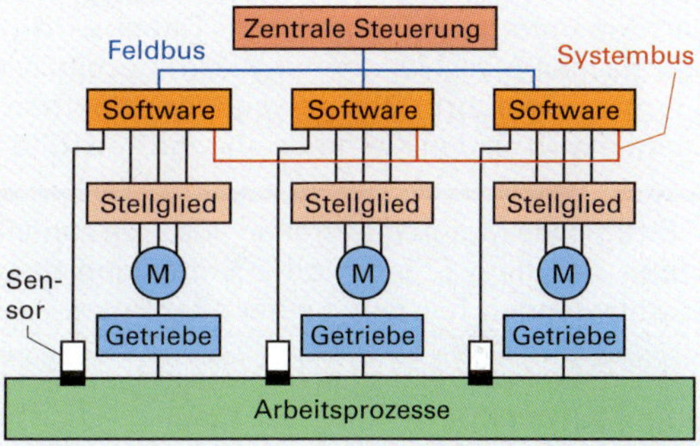

Bild 2: Dezentrale intelligente Antriebstechnik

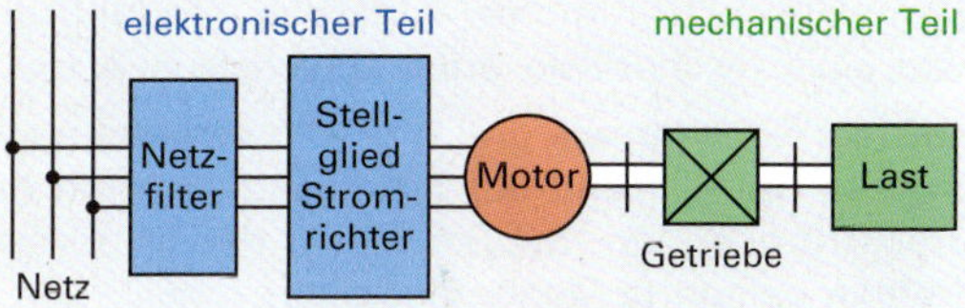

Bild 3: Drehzahlvariabler Antrieb; Prinzip

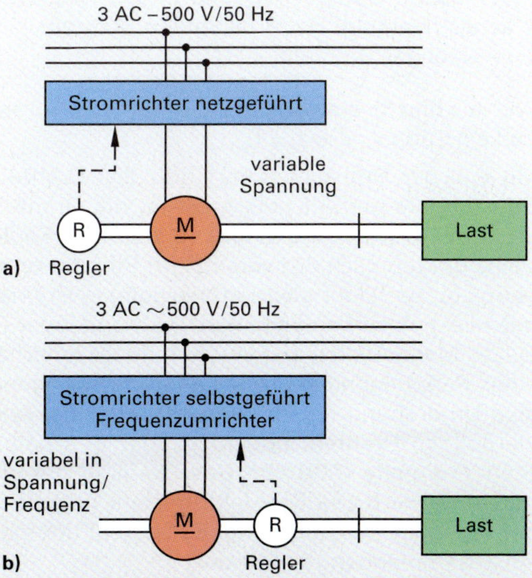

Bild 4: Drehzahlvariabler Antrieb:
a) Gleichstrom; b) Wechselstrom

(Bild 4b), Seite 343), sodass die Drehzahl eines jeden Drehstromnormmotors im Drehzahlstellbereich beliebig einstellbar ist. Der Frequenzumrichter ermöglicht auch eine optimale Anpassung an die Charakteristik der Arbeitsmaschine.

9.2.1 Grundlagen elektrischer Maschinen

Elektrische Maschinen sind elektromagnetische Energiewandler, die als Motoren oder Generatoren eingesetzt werden. Im Motorbetrieb entnehmen sie dem Netz elektrische Energie und geben mechanische Energie an der Welle ab. Zum Abbremsen rotierender Bewegungen wird in der Automatisierung wie auch im Fahrzeugbau häufig der Generatorbetrieb eingesetzt. Dabei wird der elektrischen Maschine an der Welle mechanische Energie zugeführt. Die gewandelte elektrische Energie wird an den Klemmen abgegriffen **(Bild 1)**.

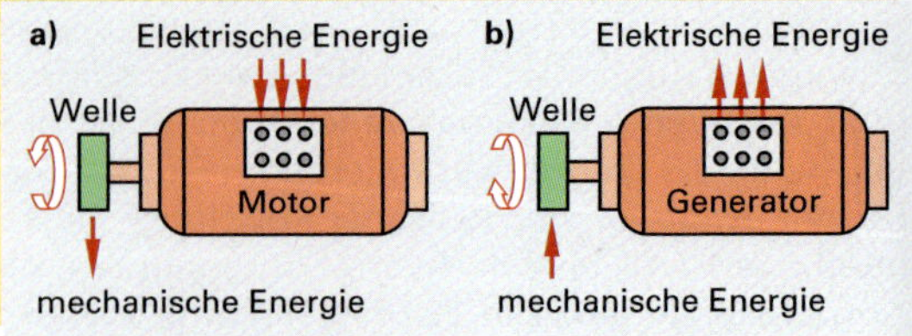

Bild 1: Energiewandlung
a) Motorprinzip; b) Generatorprinzip

> Elektrische Motoren bestehen aus dem ruhenden Teil, dem Ständer oder Stator und dem umlaufenden Teil, dem Läufer oder Rotor.

Das Grundprinzip eines jeden elektrischen Motors beruht auf der Kraftwirkung des magnetischen Feldes auf einen stromdurchflossenen Leiter **(Bild 2)**. Bei Wechselstrommotoren wird das magnetische Feld, das Wechselfeld, durch Wechselstrom erzeugt. Beim Gleichstrommotor wird das magnetische Feld, ein statisches Feld, durch Gleichstrom erzeugt.

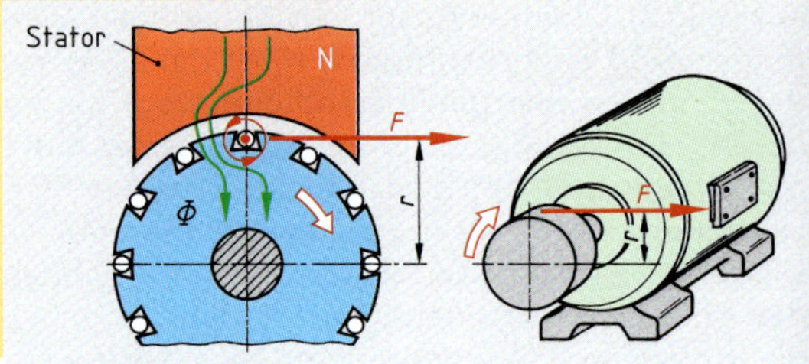

Bild 2: Kraftentstehung und Drehmoment am Rotor

Auftrag: Schalten Sie drei um 120° versetzt angeordnete Spulen (**Bild 3a)** Sternschaltung) an das Drehstromnetz an. Stellen Sie in der Mitte eine drehbar gelagerte Magnetnadel auf.

> Drehstrom erzeugt in drei räumlich um 120° versetzten Spulen ein rotierendes magnetisches Drehfeld. Bei drei Spulen entsteht ein zweipoliges Drehfeld.

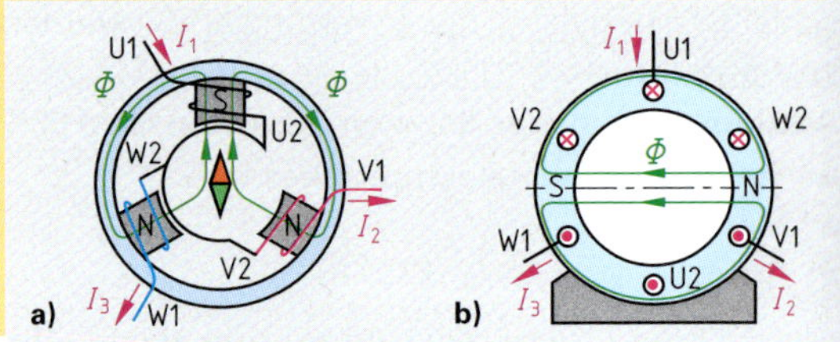

Bild 3: a) Magnetisches Drehfeld;
b) zweipoliges Drehfeld

Wie aus **Bild 3b** ersichtlich, bildet sich ein Nordpol und ein Südpol, also $p = 1$.

Mit welcher Drehzahl rotiert nun das Drehfeld? Oder anders gefragt, wie groß ist die Drehfelddrehzahl? Werden wie in **Bild 4a** statt drei Spulen sechs um räumlich 60° versetzt im Ständer untergebracht, so bildet sich ein vierpoliges Drehfeld mit zwei Polpaaren aus ($p = 2$). Während jeder Pol dieses Magnetfeldes bei einem Polpaar innerhalb einer Periodendauer eines Leiterstromes genau eine Umdrehung macht, wandert jeder Pol beim vierpoligen Drehfeld nur noch über den halben Ständerumfang **(Bild 4b)**. Das Drehfeld hat also nur noch die halbe Drehfelddrehzahl gegenüber der zweipoligen Anordnung. Es besteht demnach ein Zusammenhang zwischen:

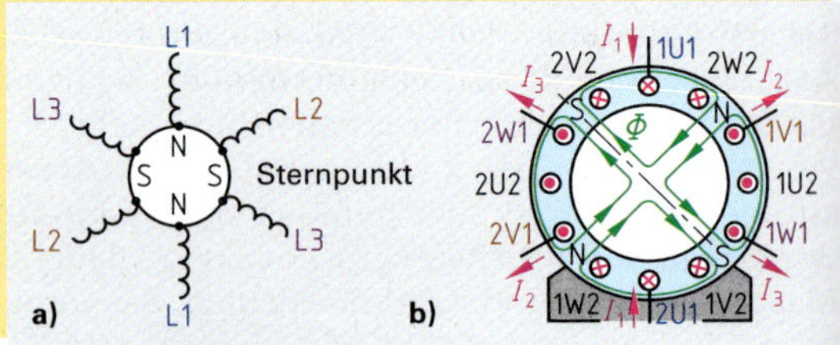

Bild 4: a) Spulenanordnung für zwei Polpaare;
b) vierpoliges Drehfeld

Drehfelddrehzahl n_S, Netzfrequenz $f = 1/T$ und der Polpaarzahl p **(nebenstehende Formel)**.

$$n_s = \frac{f}{p}; \quad [n_s] = s^{-1}; \quad n_s = \frac{f}{p} \cdot 60; \quad [n_s] = min^{-1};$$

Die Drehfelddrehzahl n_S wird durch die Netzfrequenz f und die Polpaarzahl p bestimmt.

Bild 1 veranschaulicht den Zusammenhang zwischen Drehfelddrehzahl und Netzfrequenz bei einem zweipoligen Drehfeld. Während einer Periode T dreht sich das Polpaar genau um 360°, es macht eine Umdrehung.

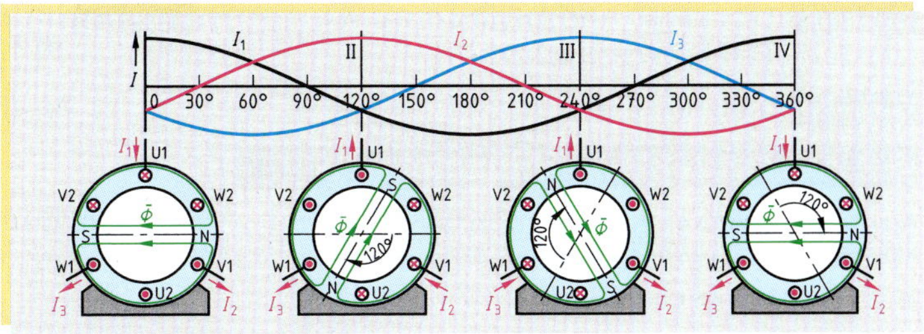

Bild 1: Rotation des Polpaars

Neben der Drehfelddrehzahl gibt es eine weitere wichtige Kenngröße elektrischer Maschinen, das Drehmoment. Da die Läuferwicklung auf dem gesamten Umfang des Rotors verteilt ist, wirkt auf jeden dieser Leiter eine Kraft, da sie vom Strom durchflossen werden **(Bild 2)**. Die Kraft F greift nicht im Mittelpunkt des Rotors, sondern im Abstand r an.

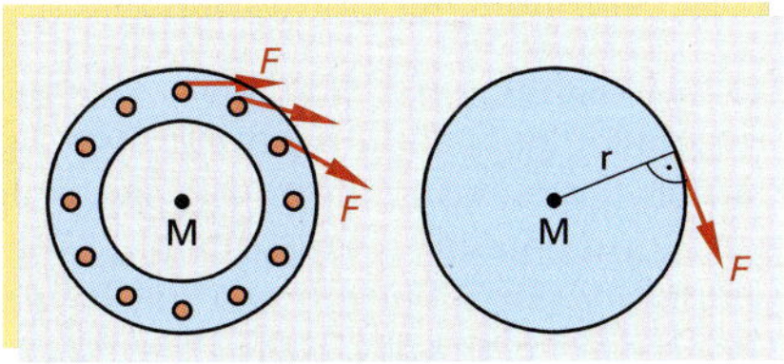

Bild 2: Entstehung des Drehmomentes *M*

> Drehmoment M = Kraft F x Abstand r
> $M = F \times r$; $[M]$ = Nm (Newtonmeter)

Alle elektrischen Maschinen besitzen ein **Leistungsschild.** Dieses hat den Charakter eines Dokuments und beinhaltet alle wichtigen Kenngrößen einer Maschine, u. a. Bemessungswerte wie Bemessungsstrom I_N oder Bemessungsdrehzahl n_N. Dies sind Werte, für die die Maschine vom Hersteller bemessen ist. Ist keine Betriebsart angegeben, so ist die Maschine für die Betriebsart Dauerbetrieb (S1) ausgelegt **(Bild 3)**. Elektrische Maschinen werden im Betrieb je nach Arbeitsprozess unterschiedlich belastet. Die VDE-Bestimmungen weisen insbesondere für Elektromotoren 10 Betriebsarten, S1 bis S10, aus. Bei der Betriebsart Dauerbetrieb liegt eine konstante Belastung der Maschine vor. Die Zeitspanne ist so lange, dass der thermische Beharrungszustand erreicht wird. Die Betriebsart S2 beschreibt den Kurzzeitbetrieb, S3 den periodischen Aussetzbetrieb **(Bild 5)**.

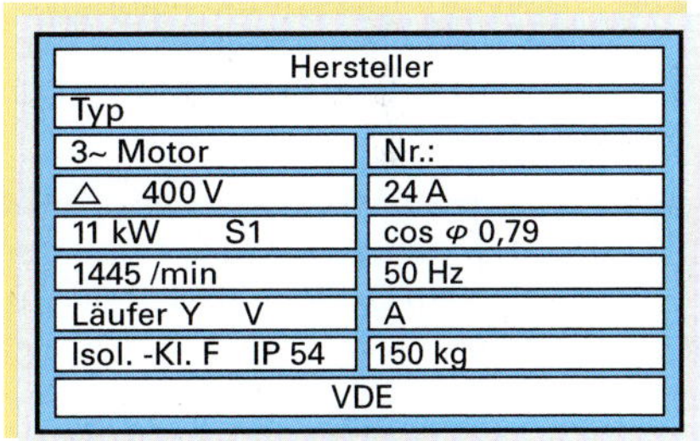

Bild 3: Leistungsschild

Wie **Bild 4** zeigt, geben elektrische Maschinen nicht nur mechanische Arbeit (Belastung) ab, es entstehen bei der Energieumwandlung auch Verluste. Ein Maß für die Gesamtverluste einer Maschine ist der Wirkungsgrad η (eta).

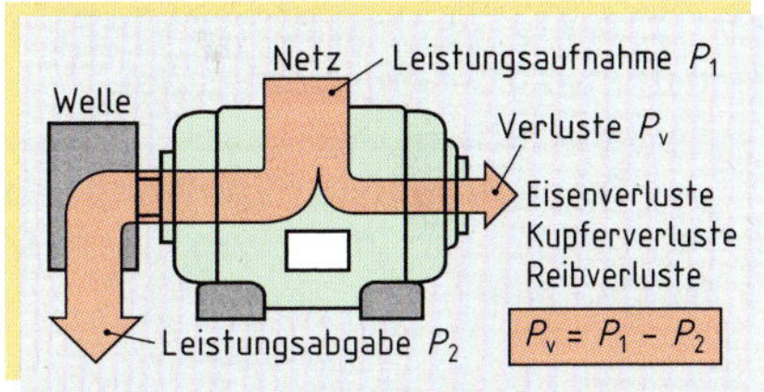

Bild 4: Leistungsfluss eines Elektromotors

> Der Wirkungsgrad ist das Verhältnis von der abgegebenen zur aufgenommenen Leistung **(Bild 4)**.

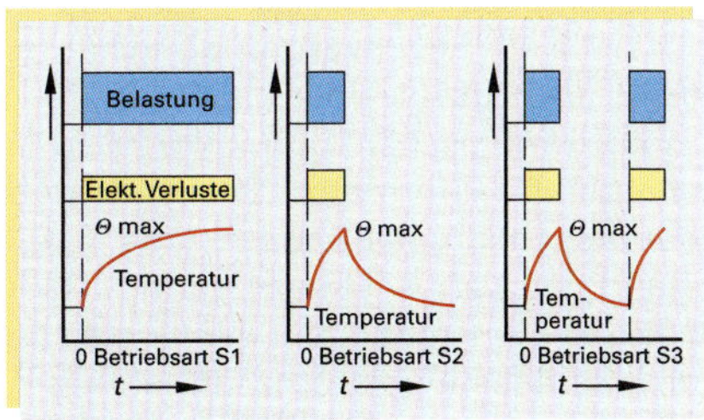

Bild 5: Betriebsarten

Da das Drehmoment nicht auf dem Leistungsschild angegeben ist, muss dieses errechnet werden:

$$\text{Wirkungsgrad} = \frac{\text{abgegeben Leistung}}{\text{aufgenommene Leistung}}; \ \eta = \frac{P_2}{P_1}$$

$P = \frac{W}{t}$ mit $W = F \cdot s$ folgt: $P = \frac{F \cdot s}{t}$; mit

$v = \frac{s}{t}$ ergibt sich: $P = F \cdot v$;

da hier v die Rotationsgeschwindigkeit ist gilt:

$v = 2 \cdot \pi \cdot r \cdot n$; eingesetzt: $P = F \cdot 2 \cdot \pi \cdot r \cdot n$.

Da $M = F \cdot r$ erhält man: $P = 2 \cdot \pi \cdot M \cdot n$

$$M = \frac{P}{2 \cdot \pi \cdot n}; \ [M] = ; \ = \frac{W}{\frac{1}{s}} \cdot s = \text{N} \cdot \text{m}$$

Für die Leistungsaufnahme bei Drehstrom gilt:

$P_1 = \sqrt{3} \cdot U \cdot I \cdot \cos\varphi$ für Motor **Bild 3** folgt:

$P_1 = \sqrt{3} \cdot 400\text{ V} \cdot 24\text{ A} \cdot 0{,}79$

$P_1 = 13135{,}87\text{ W}$

$P_1 = 13{,}14\text{ kW}$

Beispiel: Leistungsschild Angaben:
$P_n = 11$ kW; $n_N = 1445$ min^{-1}

Gesucht: Drehmoment M_N

Lösung: $M = ; \frac{P_n}{2\pi \cdot n_N}$ $M = \frac{11000 \text{ W} \cdot 60 \text{ s}}{2 \cdot \pi \cdot 1445}$

$M = 72{,}73$ Ws $= 72{,}73$ Nm

9.2.2 Drehstromasynchronmotoren

Asynchronmotoren zeichnen sich durch einfachen, betriebssicheren und preiswerten Aufbau aus. Je nach Aufbau des Läufers unterscheidet man:

- Käfig- oder Kurzschlussläufermotor **(Bild 1)**
- Schleifringläufermotor **(Bild 2)**

Beim Anschluss an Dreiphasen-Wechselspannung induziert das Ständerdrehfeld eine Spannung im Läufer, die einen Läuferstrom zur Folge hat. Dieser Strom erzeugt seinerseits ein Magnetfeld, das wiederum ein Drehmoment zur Folge hat. Dieses Drehmoment bewirkt, dass sich der Läufer in Richtung des Ständerdrehfeldes dreht. Der Läufer kann aber nie die Ständerdrehfeldzahl erreichen (Flussänderung wäre gleich null), sonst würde die induzierte Spannung im Läufer null und somit auch das Drehmoment.

Die Schlupfdrehzahl Δn kennzeichnet die Differenz zwischen Drehfelddrehzahl n_s und Läuferdrehzahl n.

$$\Delta n = n_s - n \qquad s = \frac{n_s - n}{n_s} \cdot 100\ \%$$

Die Schlupfdrehzahl wird meist in Prozent angegeben und als Schlupf s bezeichnet.

Das Ständerdrehfeld nimmt den Läufer immer nur asynchron mit, was dem Motor den Namen gibt.

Das Betriebsverhalten des Asynchronmotors wird im Wesentlichen durch die Läuferform geprägt. Kurzschlussläufer werden u.a. als Rundstabläufer oder als Stromverdrängungsläufer hergestellt **(Bild 3)**. Prinzipiell verhält sich der Asynchronmotor im Einschaltaugenblick, also im Stillstand, wie ein Transformator. Der Rundstabläufer wirkt hauptsächlich als Induktivität, der Wirkwiderstand des Käfigs ist sehr gering. Dadurch eilt der hohe Läuferstrom (kann den 8- bis 10-fachen Wert des Bemessungsstroms annehmen) der Läuferspannung um nahezu 90° nach. Diese Phasenlage überträgt sich auch auf die Ständerspannung und den Ständerstrom. Der Leistungsfaktor cos φ wird dadurch nahezu null. Der Motor nimmt kaum Wirkleistung auf. Durch diese Phasenverschiebung heben sich die Einzeldrehmomente gegenseitig auf, und dies umso mehr, je mehr sich cos φ dem Wert null nähert.

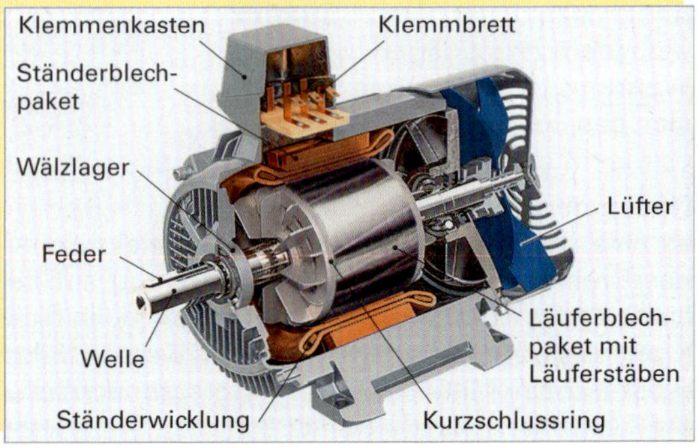

Bild 1: Drehstrom-Kurzschlussläufermotor

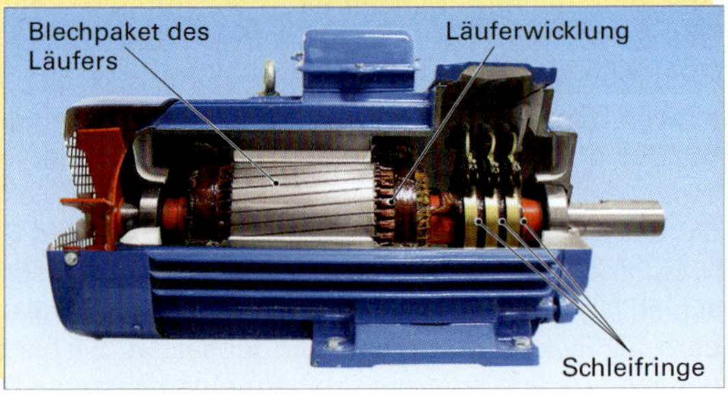

Bild 2: Schleifringläufer

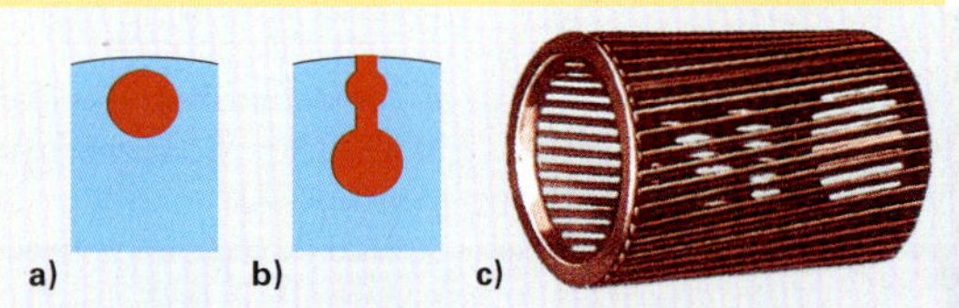

Bild 3: Nutformen a) Rundstab-, b) Doppelnut- (Stromverdrängung), c) Käfigläufer

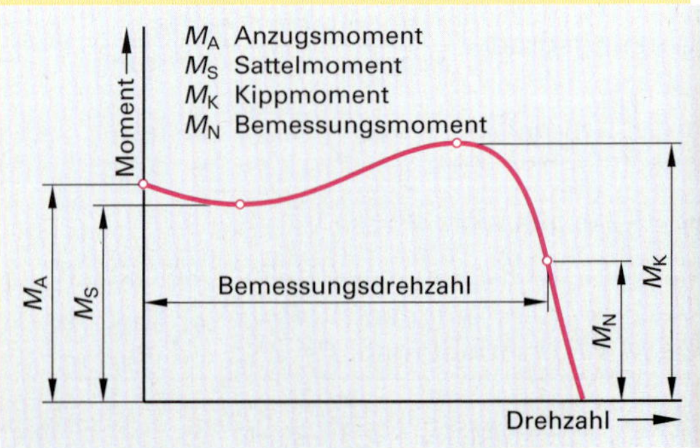

Bild 4: Drehmomentkennlinie, Asynchronmotor

Mit steigender Drehzahl nimmt der Leistungsfaktor zu, was bedeutet, dass die Phasenverschiebung zwischen Läuferspannung und -strom abnimmt. Folglich steigt das Drehmoment des Asynchronmotors.

> Das Drehmoment des Asynchronmotors ist drehzahlabhängig; der Rundläufer besitzt trotz hohen Anlaufstromes ein geringes Anzugsmoment.

Den Zusammenhang von Drehmoment und Drehzahl veranschaulicht die Drehmomentkennlinie **(Bild 4, Seite 346)**. Das **Anzugsmoment** M_A ist das Drehmoment, das der Motor beim Anlaufen abgibt. **Das Sattelmoment** M_S ist das kleinste Drehmoment während des Anlaufs. Beim **Bemessungsmoment** M_N gibt der Motor seine Bemessungsdrehzahl (Nenndrehzahl) n_n ab. Das **Kippmoment** M_K ist das größte Drehmoment, das der Motor abgeben kann. Übersteigt das Drehmoment aufgrund zu hoher Belastung das Kippmoment, kippt der Motor, d.h., er bleibt stehen.

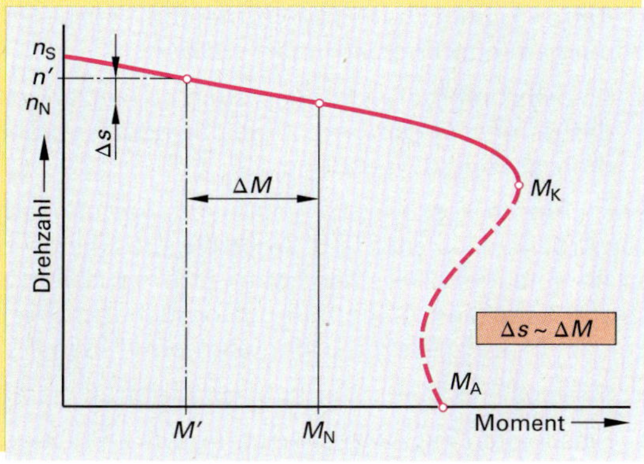

Bild 1: Belastungskennlinie, Asynchronmotor

Das Verhalten des Motors bei Belastung wird deutlicher, wenn die Drehzahl in Abhängigkeit vom Drehmoment dargestellt wird **(Bild 1)**. Im linearen Bereich der Kennlinie fällt die Drehzahl nur geringfügig ab. Eine Belastungsänderung ΔM in diesem Bereich führt zu proportionaler Änderung der Schlupfdrehzahl Δs. Wird die Belastung so groß, dass das Kippmoment erreicht wird, sinkt die Drehzahl auf null. Da der Leistungsfaktor $\cos \varphi$ und der Wirkungsgrad η belastungsabhängig sind, sollte das Produkt dieser beiden Größen möglichst groß sein.

> Asynchronmotoren sind so ausgelegt, dass das Produkt aus $\cos \varphi$ und η maximal ist.

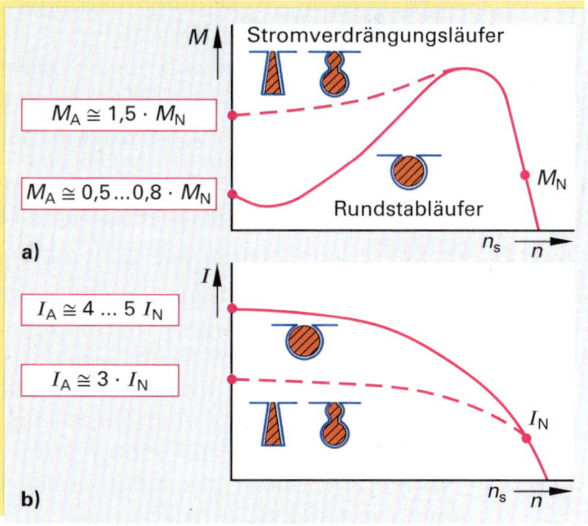

Bild 2: Gegenüberstellung Rundstab – Stromverdrängungsläufer
a) M-n-Kennlinien b) Stromkennlinien

Asynchronmotoren sollten an den Leistungsbedarf einer Arbeitsmaschine angepasst sein. Ist der Motor unterbelastet, hat er in der Regel einen niedrigeren Wirkungsgrad. Was ist aber konstruktiv möglich, um den hohen Anlaufstrom zu verringern? Im Einschaltaugenblick sollte der Läuferwiderstand einen möglichst hohen Wirkwiderstand, aber einen geringen induktiven Widerstand besitzen. Die Phasenverschiebung wäre somit gering, der Motor hätte ein starkes Anzugsmoment. Für den Dauerbetrieb sollte die Läuferwicklung, der Verluste wegen, einen geringen Wirkwiderstand, jedoch einen größeren induktiven Widerstand besitzen. Die konstruktive Lösung ist der Stromverdrängungsläufer (Nutform s. **Bild 3b** vorige Seite). Die etwas dünneren Leiterstäbe des Läufers sind für den Anlauf konzipiert, die etwas tiefer liegenden dickeren Stäbe werden überwiegend für den Dauerbetrieb genutzt.

> Asynchronmotoren mit Stromverdrängungsläufer besitzen ein hohes Anzugsmoment bei geringem Anlaufstrom **(Bild 2a, b)**.

Die Drehrichtung des Asynchronmotors ist leicht veränderbar. Wird der Motor so an das Netz angeschlossen, dass die Außenleiter L1, L2 und L3 mit den Motorklemmen U1, V1 und W1 verbunden sind, dann dreht der Motor im Rechtslauf. Werden zwei Außenleiter vertauscht angeschlossen, so dreht der Motor im Linkslauf.

> Blickt der Betrachter auf die Motorwelle und dreht sich diese im Uhrzeigersinn, dann dreht der Motor im Rechtslauf, Drehrichtung gegen den Uhrzeigersinn bedeutet Linkslauf.

9

Im betrieblichen Einsatz ist darauf zu achten, dass die auf dem Leistungsschild angegebenen Bemessungsgrößen eingehalten werden.

- Bei Überschreitung von U_N steigt der Strom I nahezu proportional zur Spannungserhöhung, dadurch steigt die Erwärmung des Motors, die Wicklung kann zerstört werden.
- Bei zu geringer Netzspannung und gleicher Last steigt I_N, was zu Isolationsschäden der Wicklung führen kann. Um dies zu vermeiden, müssen die Belastung und die Leistung proportional zur Spannungsminderung verringert werden.
- Asynchronmotoren können auch an Netzen mit 40 Hz bis 60 Hz angeschlossen werden. Dabei bleibt das Bemessungsmoment gleich, jedoch verändern sich proportional mit der Frequenz die Drehfelddrehzahl und die Leistung.

Asynchronmotoren sind preisgünstig, wartungsarm und funkstörfrei. Sie kommen zum Einsatz als Antrieb von Arbeitsmaschinen (z.B. Werkzeugmaschinen) bei kleiner bis mittlerer Leistung. Da Asynchronmotoren im Anlaufaugenblick einen hohen Strom aus dem Netz aufnehmen (4- bis nahezu 10-fachen Bemessungsstrom), kann dies zu Spannungseinbrüchen im Versorgungsnetz führen. Technische Anschlussbedingungen der Elektrizitätsversorgungsunternehmen (EVU) für Einzelmotoren legen Leistungsgrenzen fest für:

- direktes Einschalten; erlaubt für Motoren bis zu einer Leistung von etwa 4 kW
- Einschalten mit Anlassverfahren wie z.B. Anlasstransformator oder Stern-Dreieck-Schaltung.

Beim Stern-Dreieck-Anlaufverfahren (bis etwa 11 kW Leistung) läuft der Motor in Sternschaltung an. Dadurch verringert sich die Strangspannung auf das 0,58-Fache der Leiterspannung, ebenso der Leiterstrom. Das Anzugsmoment vermindert sich auf ein Drittel. Daher muss bei diesem Anlassverfahren auf folgende Bedingungen geachtet werden:

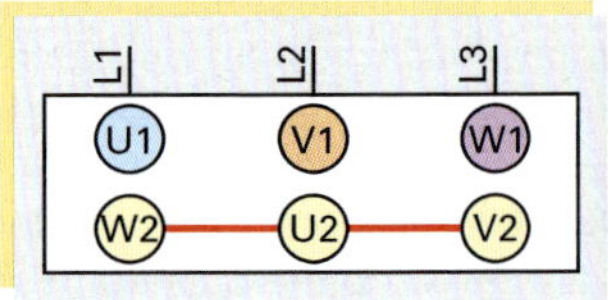

Bild 1: Sternschaltung

Anlassbedingungen für Stern-Dreieck-Anlauf:

- Das Umschalten von Stern auf Dreieck darf erst erfolgen, wenn der Motor seine Bemessungsdrehzahl erreicht hat **(Bilder 1 und 2)**.
- Der Motor darf in der Anlaufphase nicht mit Volllast belastet werden.
- Motoren müssen die Spannungsangabe 400/690 V auf dem Leistungsschild haben. Die kleinere Spannungsangabe kennzeichnet die maximale Spannung der Motorwicklung. In Sternschaltung ist die Motorwicklung für eine Spannung von 690 V geschaltet, wegen des Verkettungsfaktors $\sqrt{3}$ liegt aber an der Motorwicklung nur 690 V/$\sqrt{3}$ = 400 V an. Hat der Motor seine Bemessungsdrehzahl erreicht, wird er in Dreieck geschaltet. Seine Wicklung liegt nun an der Spannung von 400 V.

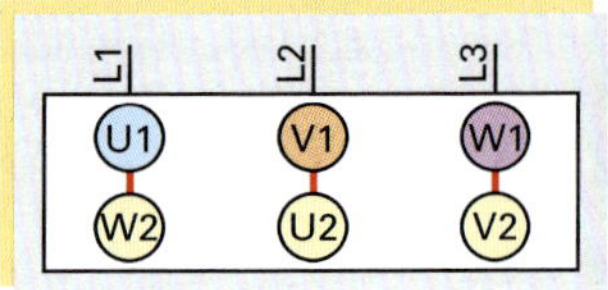

Bild 2: Dreieckschaltung

> Asynchronmotoren mit der Spannungsangabe 400/690 V dürfen im Stern-Dreieck-Verfahren anlaufen **(Bild 3)**. Motoren mit der Spannungsangabe 230/400 V sind nur für Sternschaltung geeignet (Y/Δ Verfahren würde den Motor zerstören).

Zum Schutz des Asynchronmotors werden Motorschutzschalter bzw. Motorschutzrelais (Bimetallauslöser) sowie elektromagnetische Schnellauslöser (Kurzschlussstromauslöser) eingesetzt.

Beim Schleifringläufermotor sind die Anfänge der Läuferstränge mit Schleifringen verbunden, die isoliert auf der Läuferwelle sitzen **(Bild 2, Seite 346)**. Durch diese konstruktive Maßnahme können veränderbare Widerstände in den Läuferkreis geschaltet werden.

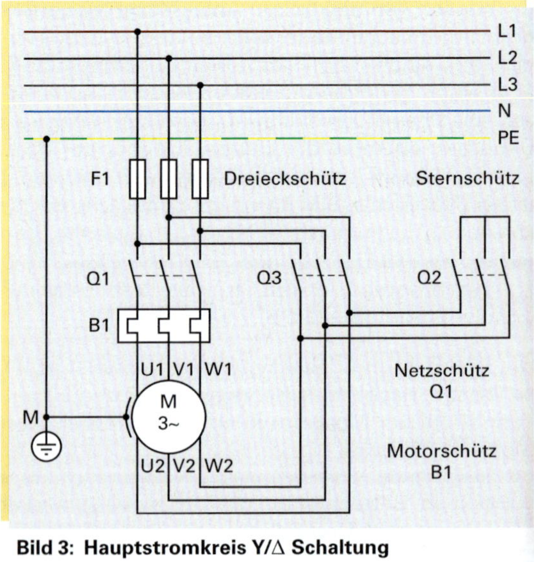

Bild 3: Hauptstromkreis Y/Δ Schaltung

Diese Anlasswiderstände bewirken einen geringen Anlaufstrom bei kräftigem Anlaufmoment. Nach Erreichen der Bemessungsdrehzahl werden die Widerstände kurzgeschlossen, sodass die Läuferwicklungsstränge ebenso wie beim Kurzschlussläufermotor arbeiten **(Bild 1)**.

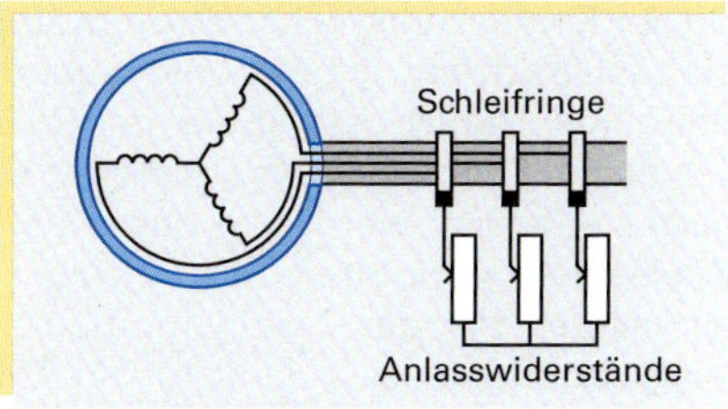

Bild 1: Schleifringläufer

Der Asynchronmotor kann auch an **Einphasen-Wechselspannung** betrieben werden. Der Motor kann jedoch nicht selbstständig anlaufen, er benötigt eine Anlassmöglichkeit, z.B. die **Steinmetzschaltung**. Wie **Bild 2** zeigt, benötigt der Motor, dessen Ständerwicklung für 230/400 V ausgelegt ist (Dreieckschaltung), einen Betriebskondensator C_B (C_B = 70 µF/kW) zum Anlaufen.

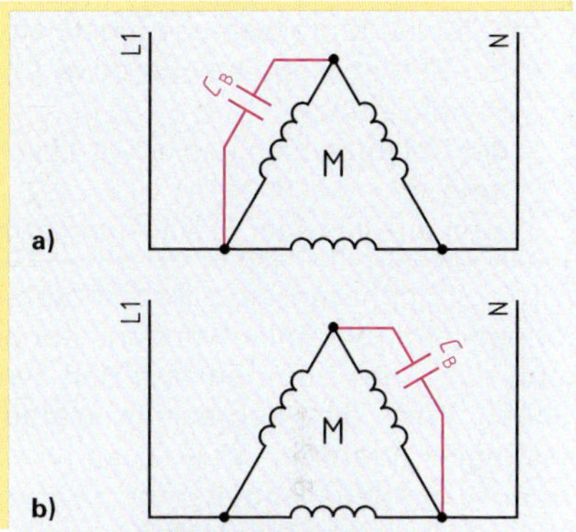

Bild 2: Steinmetzschaltung
a) Motor-Linkslauf
b) Motor-Rechtslauf

> Durch die Steinmetzschaltung kann der Asynchronmotor an Einphasenwechselspannung betrieben werden. Das Anlaufmoment beträgt jedoch nur noch 30% des Moments, das der Motor an Dreiphasen-Wechselspannung entwickelt. Die Leistung sinkt auf etwa 80% der Bemessungsleistung.

> Um das Anlaufverhalten zu verbessern, wird während der Anlaufphase dem Betriebskondensator ein Anlaufkondensator C_A ($C_A = 2\ C_B$) parallel geschaltet.

Arbeitsauftrag:

1. Beschreiben Sie den Aufbau des Asynchronmotors.
2. Weshalb weisen Asynchronmotoren einen Schlupf auf?
3. Welchen Einfluss hat die Belastung auf den Schlupf beim Asynchronmotor?
4. Skizzieren Sie die M-n-Kennline eines Asynchronmotors, tragen Sie M_N, M_A, M_K und M_S ein und erläutern Sie diese Momente.
5. Worin unterscheiden sich konstruktiv Kurzschluss- und Schleifringläufer?
6. Bei welcher Belastung haben Asynchronmotoren ihr günstigstes Betriebsverhalten?
7. Wie sind Motorklemmen bei Stern- bzw. Dreieckschaltung beim Asynchronmotor zu verdrahten?
8. Durch welche Schaltungsmaßnahme können Asynchronmotoren am Einphasennetz betrieben werden?

9.2.3 Einphasen-Wechselstrommotoren

Nicht überall steht ein Dreiphasen-Wechselspannungsnetz zur Verfügung. Als Antriebsmaschine kann dann ein Asynchronmotor mit all seinen Vorteilen als Wechselstrom-Asynchronmotor eingesetzt werden. In seinem Ständer sind zwei Wicklungsstränge untergebracht, die sogenannte Hauptwicklung mit den Anschlussbezeichnungen U1 und U2 und die Hilfswicklung mit Z1 und Z2. Die Hilfswicklung ist räumlich gegenüber der Hauptwicklung versetzt angeordnet **(Bild 3)**.

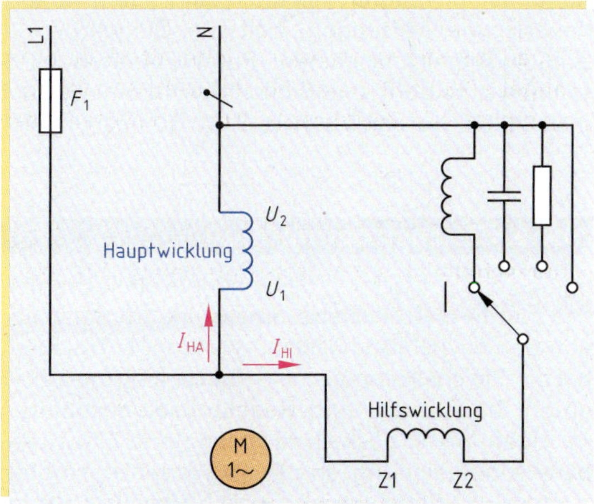

Bild 3: Einphasen-Wechselstrommotor

> Beim Einphasen-Wechselstrommotor entsteht ein Drehfeld durch Reihenschaltung:
> - einer Spule
> - eines Kondensators
> - eines Ohm'schen Widerstandes zur Hilfswicklung

Da der Einphasen-Wechselstrommotor mit Widerstandshilfsstrang einen hohen Anlaufstrom und derjenige mit Drosselspule im Hilfsstrang ein schlechteres Anzugsmoment als der Kondensatormotor aufweist, werden in der Regel Einphasen-Wechselstrommotoren mit Betriebskondensator eingesetzt. Um das Anzugsmoment zu erhöhen, kann dem Betriebskondensator ein Anlaufkondensator parallel geschaltet werden **(Bild 1)**.

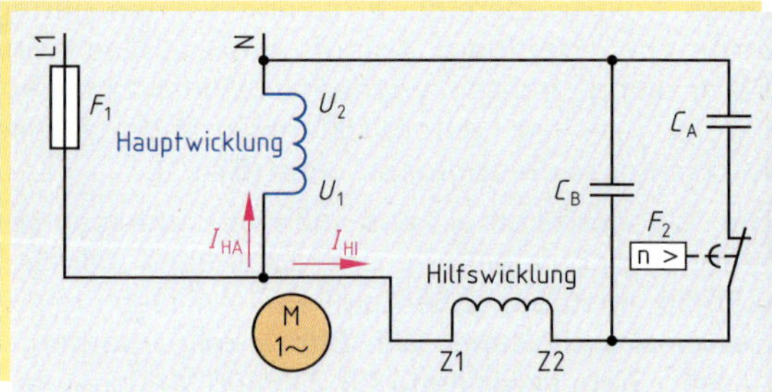

Bild 1: Einphasen-Motor mit Betriebs- und Anlaufkondensator und Fliehkraftschalter F_2

> Dimensionierung der Kondensatoren:
> Je Kilowatt Motorbemessungsleistung sollte
> - der Betriebskondensator etwa 1 bis 1,3 kvar Blindleistung
> - der Anlaufkondensator etwa 4 kvar Blindleistung
>
> wegen unzulässiger Erwärmung aufnehmen.

Wird der Einphasen-Asynchronmotor mit Betriebskondensator und Anlaufkondensator ausgestattet, kann das Anlaufmoment auf den zwei- bis dreifachen Wert des Bemessungsanlaufmomentes gesteigert werden. Den Zusammenhang von Anlauf-, Betriebskondensator, Drehmoment und Drehzahl veranschaulicht **Bild 2**.

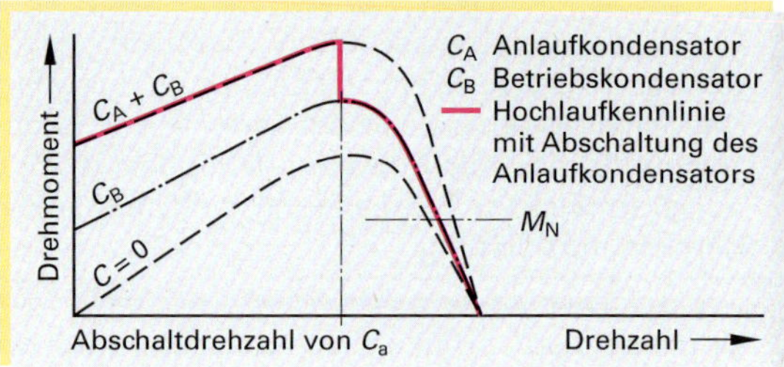

Bild 2: Momentenkennlinie/Kondensatormotor

> Mit Betriebs- und Anlaufkondensator kann der Einphasen-Asynchronmotor unter Last anlaufen.

Zur Änderung der Drehrichtung beim Einphasen-Asynchronmotor wird die Stromrichtung in der Hilfswicklung (Z1, Z2) umgekehrt **(Bild 3)**. Durch die Kapazitätsangabe auf dem Leistungsschild ist der Kondensatormotor leicht von anderen Motoren zu unterscheiden **(Bild 4)**.

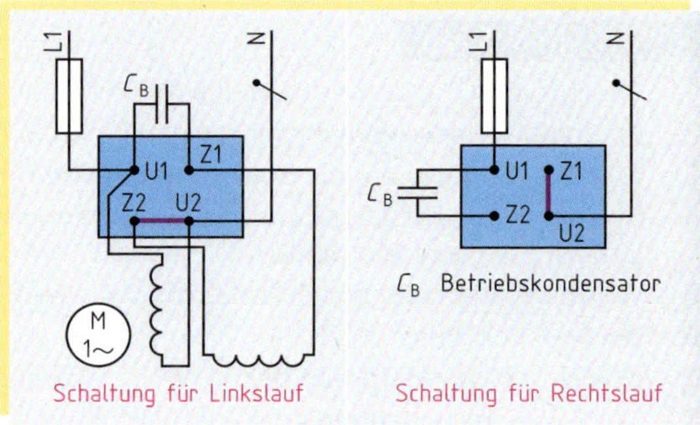

Bild 3: Drehrichtungsumkehr

> Einphasenmotoren haben ein elliptisches Drehfeld, Dreiphasenmotoren ein kreisrundes.

Kondensatormotoren zeichnen sich durch hohe Laufruhe und Lebensdauer sowie Wartungsfreiheit aus. Sie werden in Haushaltsmaschinen (z. B. Aufschnittmaschinen), Pumpenantrieben, Werkzeug- und Baumaschinen (z. B. Bohr- und Schleifmaschinen) als auch in Rasenmähern eingesetzt. Sie werden bis etwa 2 kW Bemessungsleistung gebaut.

1445 /min	50 Hz
1,5 µF	A

Bild 4: Teil des Motorschildes eines Kondensatormotors

9.2.4 Gleichstrommotoren

Infolge der Entdeckung des magnetischen Drehfeldes wurde die Gleichstrommaschine immer mehr von der Asynchronmaschine verdrängt. Trotzdem hat die Gleichstrommaschine **(Bild 5)** aufgrund ihrer guten Steuerungs- und Regelungseigenschaften überlebt und ist deshalb für bestimmte Einsatzgebiete von Bedeutung, so z. B. als Walzenzugsmotor, zum Hauptspindelantrieb bei NC-Maschinen oder als Vorschubantrieb bei Werkzeugmaschinen zum

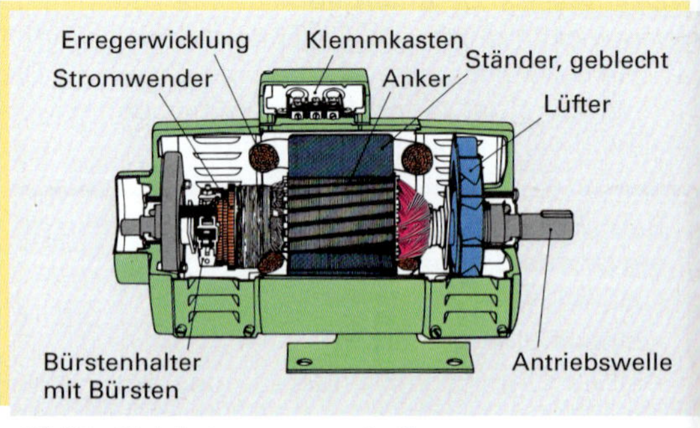

Bild 5: Gleichstrommotor; Aufbau

Positionieren, wo sie als Gleichstromservomotoren zum Einsatz kommen, sowie als Kleinmotoren im Wattbereich in Kinderspielzeugen, Rasierapparaten und als Scheibenwischermotoren. Gleichstrommotoren sind in der Regel Außenpolmaschinen, d.h., die Magnetpole sind im Ständer angeordnet. Diese Magnetpole können:

- gleichstromerregt (Motoren über 10 kW)
- permanenterregt (mit Dauermagneten) sein.

Im Wesentlichen besteht ein Gleichstrommotor aus:

- einem ruhenden Magneten, dem Ständer
- einer drehbaren Spule, dem Anker, auch Läufer genannt
- dem Kollektor, auch Stromwender genannt **(Bild 1)**.

Dem Läufer wird der Strom mechanisch über Kohlebürsten, die auf dem Kollektor schleifen, zugeführt. Der Stromwender sorgt dafür, dass der Strom in der Ankerwicklung unter den Polen immer in gleicher Richtung fließt. Die Bürstenhalter stehen in der Regel in der geometrisch neutralen Zone zwischen den Polen.

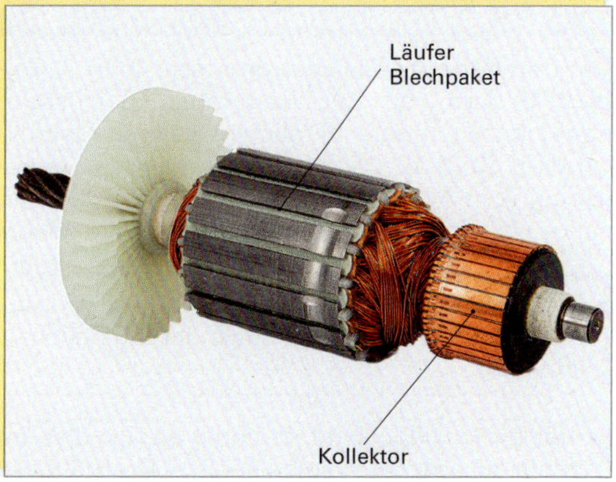

Bild 1: Läufer eines Gleichstrommotors

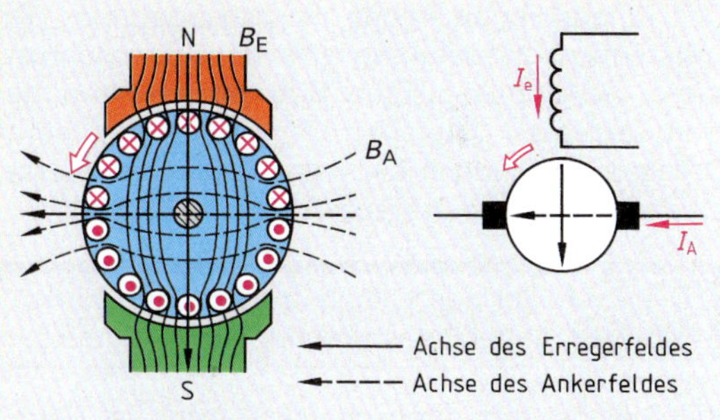

Bild 2: Erregerfeld B_E und Ankerfeld B_A (Linkslauf)

9.2.4.1 Wirkungsweise von Gleichstrommotoren

Die vom Gleichstrom durchflossene Erregerwicklung baut das Erregermagnetfeld auf, das sich über den Anker schließt. In diesem Magnetfeld befindet sich die drehbare Ankerwicklung, die vom Gleichstrom I_A durchflossen wird. In ihr wird das Ankerfeld hervorgerufen. Sowohl Erreger- als auch Ankerfeld überlagern sich und bilden ein resultierendes Gesamtfeld. Dieses bewirkt am Ankerumfang ein Drehmoment **(Bild 2)**. Die Drehbewegung endet jedoch in der neutralen Zone, Ankerfeld und Erregerfeld haben dort gleiche Richtung, das Drehmoment ist null. Kann sich der Läufer durch seine anfängliche Bewegungsenergie über die neutrale Zone hinausbewegen, muss die Stromrichtung in der Ankerwicklung und damit das Ankerfeld umgepolt werden, um eine kontinuierliche Drehbewegung zu erhalten. Somit haben die Ankerspulen unter demselben Magnetpol stets die gleiche Stromrichtung. Die Umpolung der Stromrichtung übernimmt der Stromwender.

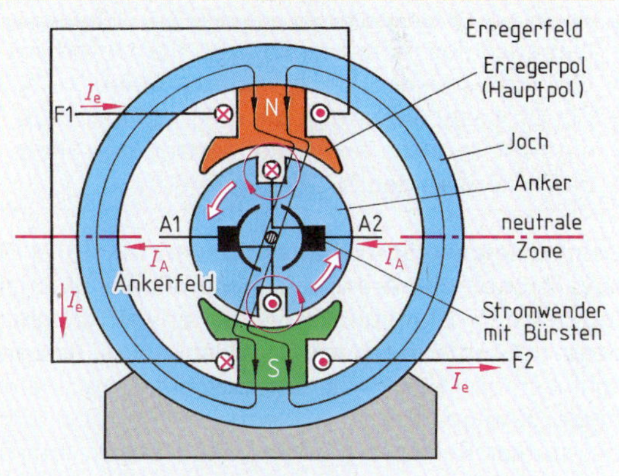

Bild 3: Fremderregter Gleichstrommotor Linkslauf

Folge der Stromrichtungsumkehr ist eine im Anker entstehende Selbstinduktionsspannung, die Stromwendespannung, die die Stromwendung behindert. Damit diese sogenannte Ankerrückwirkung in der Regel bei großen Ankerströmen möglichst aufgehoben wird, werden Kompensationswicklungen in die Hauptpole (ab ca. 1 kW) eingebaut. Je höher die Spulenzahl der Ankerwicklung ist, desto gleichmäßiger ist das Drehmoment und umso runder dreht der Motor.

Bei Gleichstrommotoren wird das Drehmoment durch das Erreger- und Ankermagnetfeld erzeugt.

9

9.2.4.2 Arten von Gleichstrommotoren

Der **fremderregte Gleichstrommotor (Bild 3, Seite 351)** wird von zwei separaten Gleichspannungsnetzen unterschiedlicher Spannungshöhe versorgt **(Bild 1)**. Da der Erregerstrom I_E unabhängig vom Ankerstrom I_A ist, ist das Erregerfeld nahezu konstant. Für das Drehmoment gilt: $M \sim I_A$.

> Die Drehzahl des fremderregten Gleichstrommotors bleibt bei Belastungsänderung nahezu konstant.

Ist der Motor unbelastet, befindet er sich also im Leerlauf, so erreicht er seine höchste Drehzahl, die Leerlaufdrehzahl n_0.

Beim **Gleichstromnebenschlussmotor** sind Anker- und Erregerwicklung parallel geschaltet. Beide Wicklungen liegen an der gleichen Spannung. Bei konstanter Netzspannung weist der Nebenschlussmotor etwa das gleiche Betriebsverhalten des fremderregten Gleichstrommotors auf, seine Drehzahl fällt jedoch bei Belastung etwas stärker ab als die des fremderregten Motors **(Bild 2)**.

> Die Drehzahl des Gleichstromnebenschlussmotors fällt bei Belastung nur geringfügig ab.

Bei Gleichstromnebenschlussmotoren ist darauf zu achten, dass eine zu starke Erregerfeldschwächung oder gar eine Unterbrechung des Erregerfeldes während des Betriebes vermieden wird.

> Nebenschlussmotoren können bei Unterbrechung des Erregerkreises „durchgehen", d.h., die Drehzahl übersteigt die mechanisch zulässige Obergrenze. Am Anker auftretende Fliehkräfte können den Motor zerstören.

Beim **Gleichstromreihenschlussmotor (Bild 3)** sind Erreger- und Ankerwicklung in Reihe geschaltet. Beide Wicklungen werden daher vom gleichen Strom durchflossen. Im Gegensatz zum Nebenschlussmotor besitzt der Reihenschlussmotor eine niederohmige Erregerwicklung. Der Motor nimmt bei starker Belastung einen hohen Strom auf. Er entwickelt daher ein hohes Drehmoment.

> Reihenschlussmotoren haben von allen Gleichstrommotoren das größte Anzugsmoment.

Beim Hochlaufen ohne Belastung nehmen Ankerstrom und damit auch Erregerstrom mit zunehmender Drehzahl ab. Die Schwächung des Erregerfeldes steigert die Drehzahl bis zur Motorzerstörung.

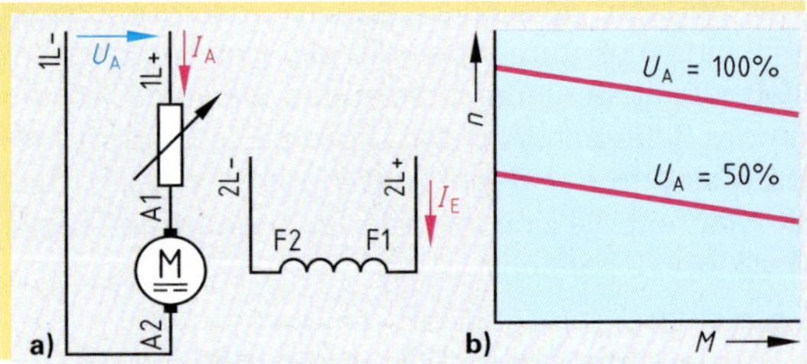

Bild 1: a) Fremderregter Gleichstrommotor; A1; A2 Ankerwicklung F1; F2 Erregerwicklung fremderregt b) Drehzahl-Moment-Kennlinien

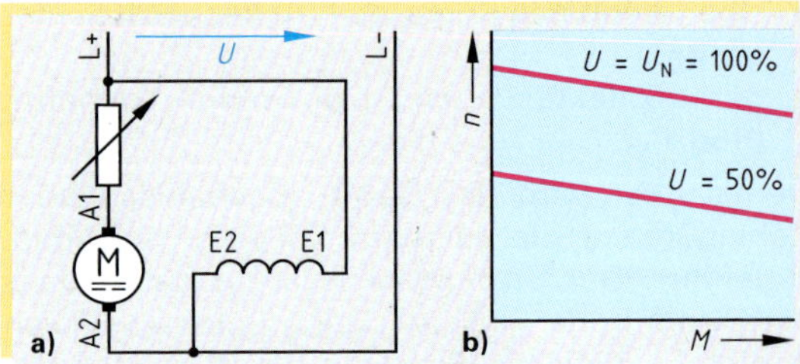

Bild 2: a) Nebenschlussmotor A1; A2 Ankerwicklung E1; E2 Nebenschlusswicklung b) Drehzahl-Moment-Kennlinien

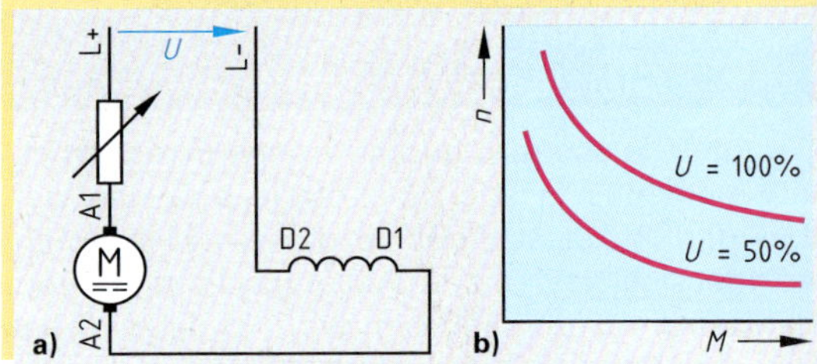

Bild 3: a) Reihenmotor A1; A2 Ankerwickung D1; D2 Nebenschlusswicklung b) Drehzahl-Moment-Kennlinien

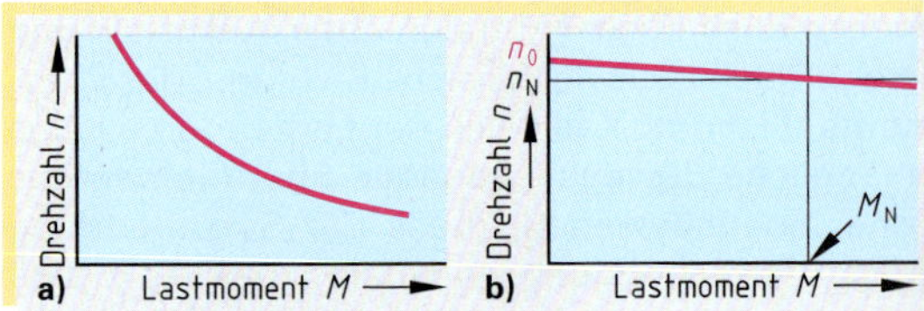

Bild 4: Belastungskennlinie des a) Reihenschlussmotors b) des fremderregten Motors

Fremderregte Motoren werden dort eingesetzt, wo eine konstante Drehzahl erforderlich ist, z.B. bei Werkzeugmaschinen und Förderanlagen.

Nebenschlussmotoren finden dort Anwendung, wo nur eine Spannungsquelle zur Verfügung steht, sonst entspricht ihr Einsatzgebiet dem des fremderregten Motors.

Reihenschlussmotoren werden unter anderem für Elektrofahrzeuge wie Straßenbahn, Fernbahnen und Elektrokarren eingesetzt.

Gleichstromreihenschlussmotoren gehen im Leerlauf durch. Deshalb sind sie starr mit der Last zu verbinden.

Wie aus **Bild 4, Seite 352,** zu ersehen ist, ist die Drehzahl des Reihenschlussmotors stark lastabhängig, wohingegen der fremderregte Motor eine stabile, nahezu lastunabhängige Drehzahl aufweist.

Zur Drehrichtungsumkehr von Gleichstrommotoren wird der Ankerstrom umgepolt.

Wie einleitend erwähnt, zeichnet sich der Gleichstrommotor durch gute Steuer- und Regelbarkeit aus. Dies soll im Folgenden am fremderregten Motor (bzw. Nebenschlussmotor) **(Bild 1)** gezeigt werden.

Die Drehzahl eines fremderregten Motors ergibt sich zu:

$n = \frac{U_A - R_A \cdot I_A}{c \cdot \Phi}$; mit: n: = Drehzahl; U_A = Ankerspannung

R_A = Ankerwiderstand; I_A = Ankerstrom; U_A = Quellenspannung; c = Motorkonstante; Φ = magnetischer Fluss.

Unter Verwendung der Gleichung für das innere Drehmoment M_i

$M_i = \frac{c \cdot \Phi \cdot I_A}{2\pi}$; und der Gleichung für n, erhält man folgende Gleichung:

$$n \frac{U_A}{c \cdot \Phi} = -M \frac{2\pi (R_A + R_V)}{(c \cdot \Phi)^2}$$

mit: $M = M_i$ (ohne Verluste); R_V Vorwiderstand.

Aus der letzten Gleichung geht hervor, dass die Drehzahl des fremderregten Motors durch die Größen R_V, U_A und $c \cdot \Phi$ verändert werden kann.

Zur Drehzahländerung wird ein Vorwiderstand **(Bild 2)** in Reihe mit R_A geschaltet und variiert. Dabei werden die Größen $c \cdot \Phi$ und U_A auf ihrem Bemessungswert ϕ_N und U_{AN} konstant gehalten.

Die Veränderung des Ankerwiderstandes durch R_V wirkt sich nur auf die Steigung der Kennlinie aus. Die Leerlaufdrehzahl n_{oN} bleibt unverändert (Bild 3).

Aufgrund des schlechten Wirkungsgrades wird diese Art der Drehzahlveränderung nur bei Kleinmaschinen eingesetzt.

Bei der Drehzahlverstellung durch Veränderung der Ankerspannung U_A behält der Erregerfluss seinen Bemessungswert. Die Ankerspannung kann zwischen null Volt und der maximalen Ankerspannung U_{AN} verstellt werden. Dies geschieht heute nur noch mit elektronischen Spannungsstellern (siehe unten).

Die Drehzahlveränderung durch Variation der Ankerspannung beim fremderregten oder Nebenschlussmotor geschieht im sogenannten Ankerstellbereich.

Im Ankerstellbereich ändert sich die Drehzahl proportional mit der Ankerspannung **(Bild 4)**. Da aber der magnetische Fluss Φ konstant gehalten wird, ist das Drehmoment M proportional dem Ankerstrom I_A, $M \sim I_A$.

Bei der Drehzahlsteuerung mithlfe des Erregerfeldes ist $R_V = 0\ \Omega$ und $U_A = U_{AN}$, die Ankerspannung gleich der Bemessungsspannung. Das Erregerfeld kann durch Variation des magnetischen Flusses im Bereich

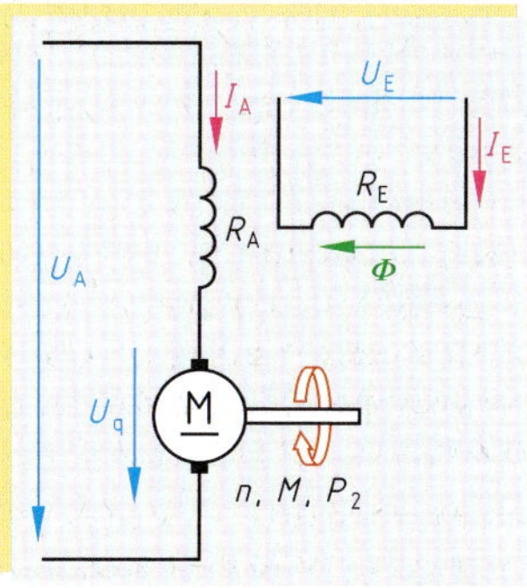

Bild 1: Motor fremderregt

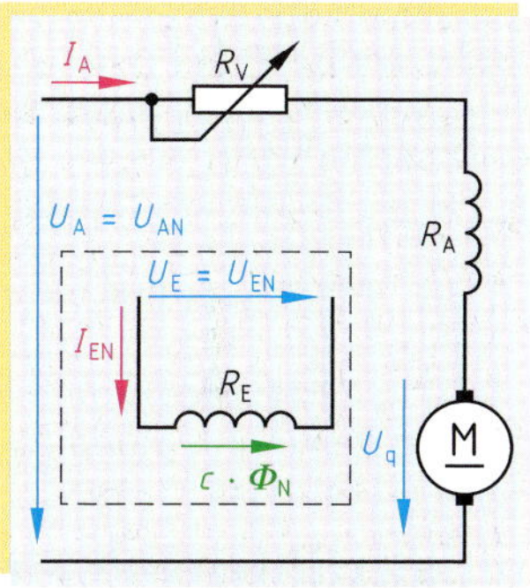

Bild 2: Motor mit Vorwiderstand

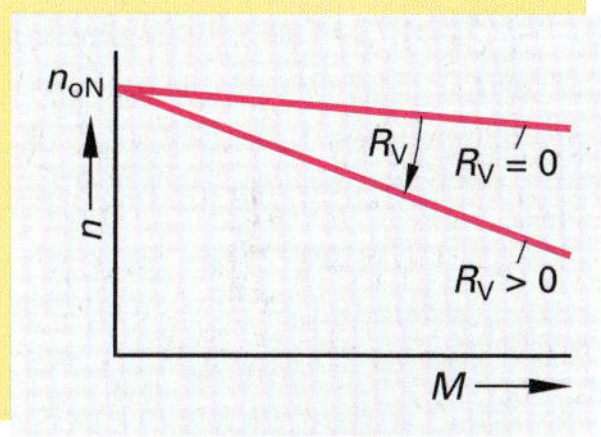

Bild 3: Drehzahl/Drehmoment-Kennlinie

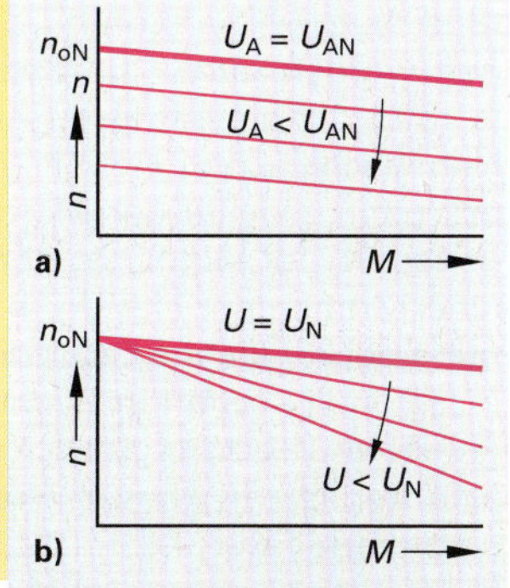

Bild 4: *M/n*-Kennlinie
a) fremderregter Motor
b) Nebenschlussmotor

$\Phi_{Remax} \leq \Phi \leq \Phi_N$ verändert werden. Durch diese Schwächung des Erregerfeldes steigt die Drehzahl des Motors über die Bemessungsdrehzahl n_N. Sie variiert zwischen $n_N \leq n \leq n_{max}$. Da im Feldschwächbetrieb bei konstantem Moment der Strom I_A im Anker ansteigt, ist auf Strombegrenzung zu achten **(Bild 1)**. Wegen der zulässigen Wicklungserwärmung im Anker, der über einen längeren Zeitraum nur Betrieb mit Nennstrom erlaubt, darf die Maschine im Feldschwächbetrieb nicht mehr mit Nennmoment belastet werden.

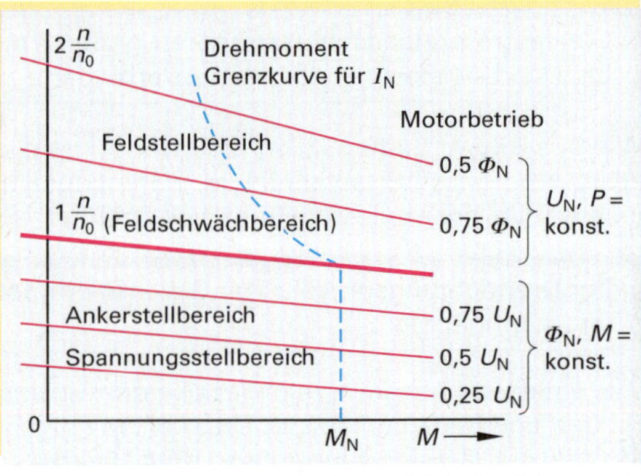

Bild 1: Drehzahlerhöhung durch Feldschwächung

> Im Feldstellbereich wird das Erregerfeld geschwächt, wodurch die Drehzahl des Motors über die Bemessungsdrehzahl gesteigert werden kann (2- bis 4-mal n_N). Zu beachten ist, dass das maximal zulässige Drehmoment abnimmt. Ursache hierfür ist der maximale Ankerstrom, der nicht überschritten werden darf.

In der Praxis werden bei Arbeitsmaschinen die Methoden der Ankerspannungs- und der Feldverstellung miteinander kombiniert, womit eine Drehzahlverstellung in einem weiten Drehzahlstellbereich möglich ist.

9.2.4.3 Spannungsstellung bei vorhandenem Wechselspannungsnetz

Oftmals bietet sich für Gleichstrommotoren nur eine Spannungsversorgung aus dem vorhandenen Wechselspannungsnetz an, sodass Stromrichter benötigt werden. **Bild 2** zeigt den prinzipiellen Aufbau eines stromrichtergespeisten fremderregten Nebenschlussmotors. Der Stromrichter G1 dient der Spannungsversorgung der Erregerspule (F1; F2), G2 zur Versorgung der Ankerwicklungen. Für G1 kann eine halbgesteuerte (bei Motoren mit kleinerer Leistung) oder eine vollgesteuerte Wechselstrombrücke eingesetzt werden **(Bild 3)**. Für den Stromrichter G2 werden in der Regel Drehstrombrückengleichrichter in B6C-Schaltung eingesetzt **(Bild 4)**. Die Thyristoren in den Brückenschaltungen werden durch die Steuer- und Regeleinheit (s. Bild 2) mit Impulsen angesteuert. Wird der Nebenschlussmotor über eine B6C-Brücke gesteuert, dann arbeitet der Motor im 2Q-Betrieb. Dies bedeutet, der Motor hat zwei Drehrichtungen und eine Momentenrichtung, bzw. umpolbare Spannung bei konstanter Stromrichtung. Da Werkzeugmaschinen sowohl in Rechts- als in Linkslauf mit geführter Bremsung arbeiten, ist der 4Q-Antrieb erforderlich. In dieser Betriebsart arbeitet der Antrieb mit zwei Drehrichtungen und zwei Drehmomentrichtungen. Hierfür ist ein Stromrichter erforderlich, der aus zwei antiparallel geschalteten B6C-Brücken besteht **(Bild 3b)**.

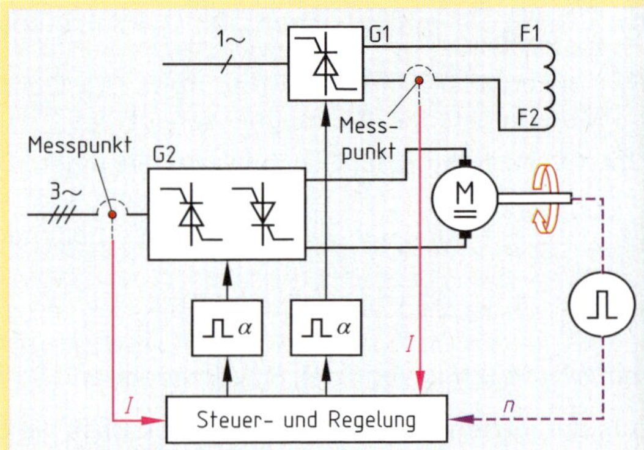

Bild 2: Prinzip der Spannungsstellung des fremderregten Motors

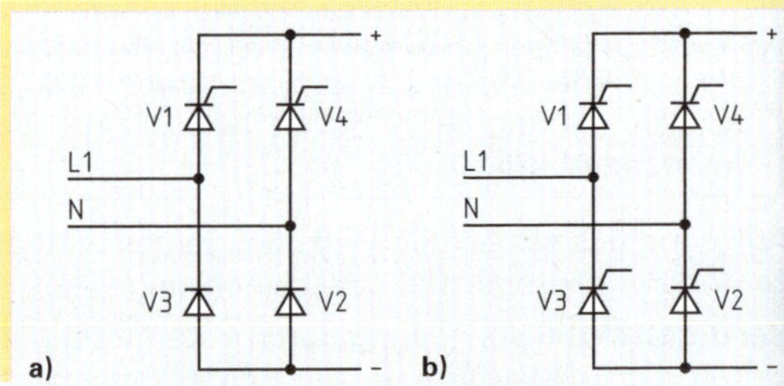

Bild 3: **a) halbgesteuerte Brücke**
b) vollgesteuerte Brücke (B2C)

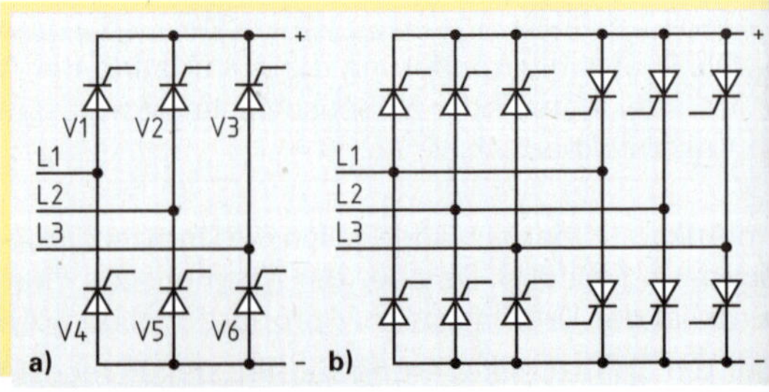

Bild 4: **a) B6C-Brücken**
b) Antiparallelschaltung zweier B6C-Brücken

Ein Stromrichter formt ein Wechselspannungssystem mit fester Frequenz und Amplitude in ein Gleichspannungssystem mit variabler Amplitude um. **Bild 1** zeigt das Prinzip des netzgeführten Stromrichters mit vier Schaltern (Ventilen) V1–V4. In der ersten positiven Halbwelle der Netzspannung U_1 sind V1 und V4 geschlossen in der darauf folgenden negativen Halbschwingung sind V2 und V3 geschlossen. Dadurch fließt der Laststrom I_L stets in der gleichen Richtung.

Bild 2 zeigt, dass die sinusförmige Netzspannung U_1 durch die Ventile abschnittsweise so an die Last gelegt wird, dass die Stromrichtung in der Last gleich bleibt. Die Höhe des Mittelwertes der Gleichspannung U_2 an der Last ist vom Steuerwinkel α abhängig. Dieser Steuerwinkel wird ab dem natürlichen Zündzeitpunkt (Nulldurchgang der Spannung) des Ventils (Diode, Thyristor) gezählt. Je kleiner der Steuerwinkel α ist, umso größer ist die Spannung U_2.

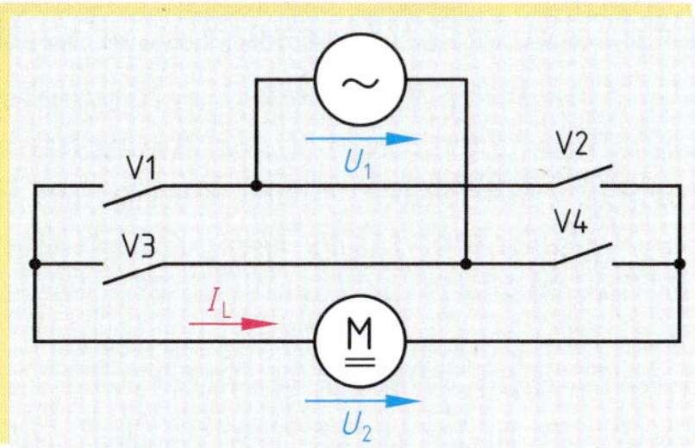

Bild 1: Stromrichterprinzip

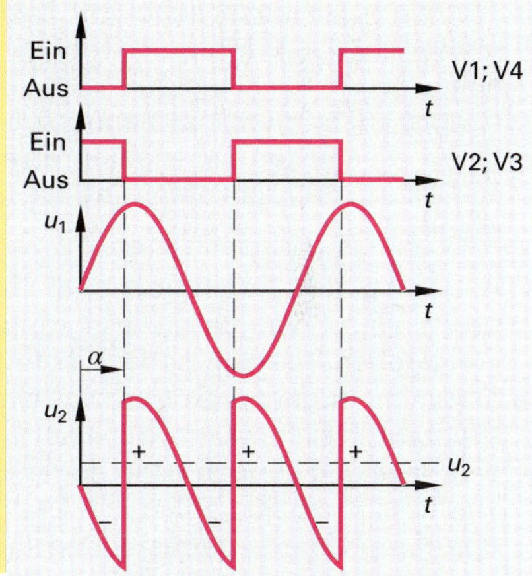

Bild 2: Arbeitsweise des Stromrichters mit Spannungsverlauf

Die Nebenschlussmaschine kann in vier Quadranten **(Bild 3)**, abhängig vom Steuerwinkel (von 0° – 360°) betrieben werden.

- Bei Steuerwinkel zwischen 0°< α < 90° spricht man vom Gleichrichterbetrieb, es fließt Energie vom Netz über den Stromrichter in den Motor.
- Liegt der Steuerwinkel zwischen 90° < α < 180°, kehrt die Gleichspannung das Vorzeichen um. Da der Strom wegen der Ventilwirkung seine Richtung beibehält, kehrt sich der Energiefluss um. Es fließt Energie von der Gleichstromseite über den Stromrichter in das Wechselstromnetz. Man spricht hier vom Wechselrichterbetrieb. Voraussetzung dafür ist, dass die Gleichstromseite Energie abgeben kann, was beim Abbremsen der Maschine der Fall ist. Mit dem Steuerwinkel lässt sich somit die Energierichtung beeinflussen. Um auch die negative Stromrichtung zuzulassen, muss ein weiterer Stromrichter antiparallel geschaltet werden.

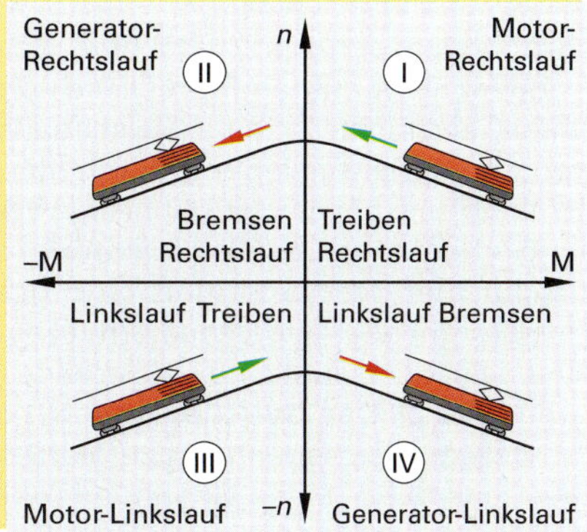

Bild 3: Quadrantenbetrieb eines Motors

9.2.5 Veränderung der Drehfelddrehzahl bei Asynchronmotoren

Die Antwort auf steigende Anforderungen der Automatisierung nach Maschinen, die einerseits immer wirtschaftlicher herzustellen sind, andererseits aber auch immer mehr Produktivität bieten sollen, lautet freie Kombination von Leistungs- und Regelungsperformance, sowie ein- bzw. mehrachsige Antriebslösungen mit überlagerter Bewegungssteuerung. Asynchronmaschinen in Verbindung mit Frequenzumrichtern bieten heute unter anderem folgende Funktion für den Maschinen- und Anlagenbau:

- Drehzahl-Momenten-Regelung,
- geregelte Ein-/Rückspeisung zur Vermeidung unerwünschter Netzrückwirkungen,
- Positionierfunktionen,
- Anlauffunktionen,
- Energierückführung im Bremsbetrieb,
- Steigerung der Energieeffizienz bei elektrischen Antrieben (Frequenzumrichter können dazu beitragen, die Verluste von Asynchronmotoren, die im Teilbereich arbeiten, zu reduzieren (Eisenverluste)).

9.2.5.1 Prinzip des Frequenzumrichters

Wie bereits im Kapitel Asynchronmaschinen dargelegt, ist die Drehzahl des Läufers einer Drehfeldmaschine (Synchron- oder Asynchronmotor) abhängig von der Drehzahl des Drehfeldes n_f im Ständer. Das Ständerdrehfeld wiederum ist abhängig von der Frequenz f der speisenden Spannung und der Polpaarzahl p des Motors. So resultiert aus der Gleichung $n_f = f/p$, dass sich die Drehzahl einer Drehfeldmaschine durch die Frequenz der speisenden Spannung verändern lässt, da die Polpaarzahl einer Maschine eine feste bauspezifische Größe ist. Da jedoch Amplitude und Frequenz eines Versorgungsnetzes feste Größen sind, wird der Motor mit einer festen netzorientierten Drehzahl laufen. Bei Asynchronmaschinen ist der Schlupf (lastabhängige Größe) noch zu berücksichtigen, der den relativen Unterschied zwischen Drehfelddrehzahl und Läuferdrehzahl beschreibt.

Eine Änderung der Drehzahl des Läufers (bei konstantem Lastmoment) kann demnach nur erfolgen durch:

- Änderung der Polpaarzahl der Maschine über polumschaltbare Motoren in bestimmten Verhältnissen (z.B. Dahlandermotor; Drehzahlverhältnis 1: 2). Hiermit lassen sich Motoren mit bis zu vier festen Drehzahlen erreichen. Eine stufenlose Drehzahlsteuerung ist jedoch nicht möglich.
- Änderung der Amplitude und Frequenz der speisenden Spannung. Diese können beliebig vorgegeben werden, sodass eine Drehstrommaschine in gewissen Grenzen eine beliebige Drehzahl erreichen kann. Mit einer entsprechenden Regelung können dann sogar, unabhängig vom Lastmoment, beliebige Drehzahlen des Rotors und die Lagepositionen (an-)gefahren werden.

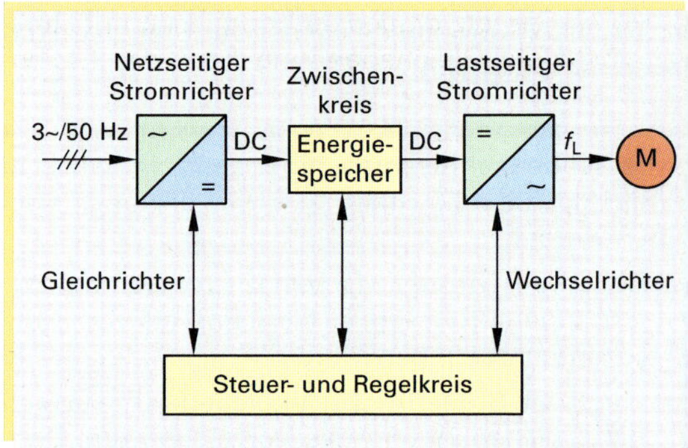

Bild 1: Prinzipschaltbild des Frequenzumrichters

Ein **Frequenzumrichter** in der Zuleitung des Motors **(Bild 1)** verfügt über die Eigenschaft, die Amplitude und die Frequenz der speisenden Spannung beliebig zu verändern und diese dem Motor zur Verfügung zu stellen.

Dem Dreiphasen-Netz wird eine Spannung der Frequenz 50 Hz entnommen. Diese wird dann über einen Gleichrichter in eine Gleichspannung umgewandelt und anschließend durch einen Wechselrichter in eine beliebige dreiphasige Wechselspannung umgeformt. **Der Gleichrichter** ist als Brückengleichrichter geschaltet und kann gesteuert (mit Thyristoren) oder ungesteuert (mit Dioden) ausgeführt sein. Er erzeugt eine pulsierende Gleichspannung **(Bild 2)**. **Der Zwischenkreis** hat die Aufgabe die wellige Gleichspannung zu glätten. Dies kann einerseits durch einen Spannungszwischenkreis- bzw. U-Umrichter oder einen Stomzwischenkreis- bzw. I-Umrichter geschehen **(Bild 3)**.

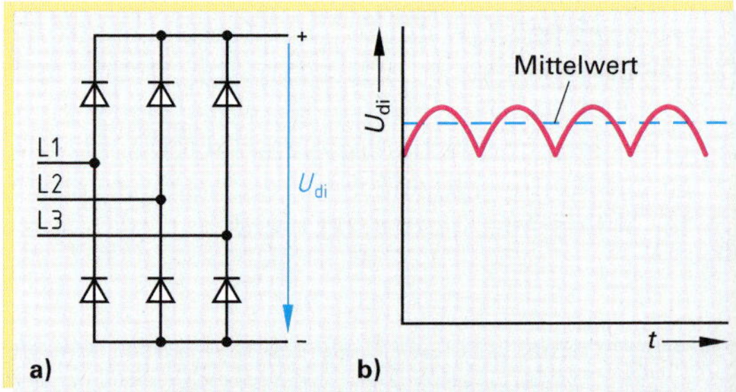

Bild 2: a) Brückengleichrichter ungesteuert (6BU); b) pulsierende Gleichspannung U_{di}

In den heutigen Frequenzumrichtern werden aus Kostengründen U-Umrichter eingesetzt.

Der Glättungsvorgang durch die Kondensatoren wird durch die exponentielle Entladekurve der Kondensatoren erreicht, was wie eine Verzögerung auf den Abfall der Spannung wirkt **(Bild 1, Seite 357)**.

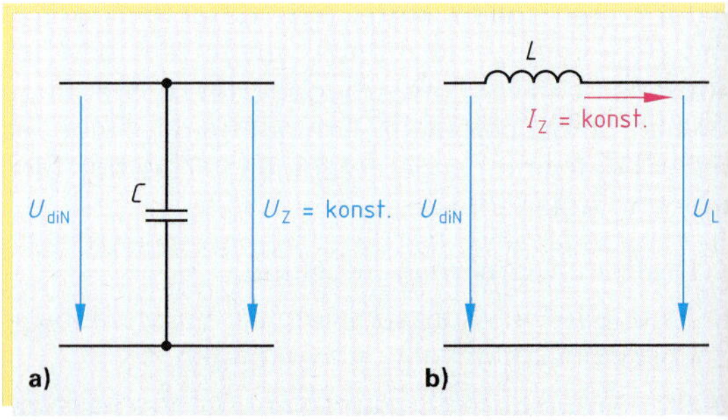

Bild 3: a) U-Umricher; b) I-Umrichter

Zur Erhöhung der Spannungsfestigkeit wird eine Kondensatorbatterie verwendet, die aus zwei in Reihe geschalteten Elektrolytkondensatoren besteht. Parallel zu den Kondensatoren werden sogenannte Ausgleichs- oder Symmetriewiderstände geschaltet, die dafür Sorge tragen, dass die beiden Kondensatoren gleichmäßig geladen werden. Damit die Belastung der Kondensatoren beim Einschalten möglichst gering ist, wird zur Strom- bzw. Überstrombegrenzung ein Ladewiderstand dem Zwischenkreis vorgeschaltet. Nach Ablauf einer festen Zeit wird über die Ansteuerelektronik dieser durch ein Schaltrelais überbrückt, um unnötige Verluste zu vermeiden **(Bild 2).** Der **Wechselrichter** ist das letzte Glied des Frequenzumrichters. Hier wird die Gleichspannung bzw. der Gleichstrom wieder in eine Wechselgröße umgeformt. Die Hauptkomponenten des Wechselrichters sind gesteuerte Halbleiter, die paarweise in drei Zweigen angeordnet sind **(Bild 3).** In den letzten Jahren wurden die Thyristoren in den Wechselrichtern durch „moderne" Transistoren wie:

- bipolare Transistoren (LTR)
- unipolare Transistoren (MOS-FET)

Schaltsymbol eines MOSFET mit den Anschlüssen (S)ource, (D)rain und (G)ate

- Insulated-Gate-Bipolare Transistoren (IGBT)

Schaltsymbol eines IGBT mit den Anschlüssen (E)mitter, (C)ollector und (G)ate

ersetzt.

Diese Bauteile zeichnen sich gegenüber dem Thyristor dadurch aus, dass sie jederzeit leiten oder sperren können, während der Thyristor erst dann sperrt, wenn durch ihn kein Strom mehr fließt. Folglich konnte der Bereich der Schaltfrequenz des Wechselrichters von 300 Hz auf 15 kHz erweitert werden. Damit sind nahezu sinusförmige Motorströme erreichbar. Auch die Motorgeräusche und die Verluste haben sich dadurch verringert, einhergehend mit einer hohen Rundlaufgüte auch bei kleinen Drehzahlen. Diese Bauteile verursachen auch geringere Schaltverluste, was zu einem besseren Gesamtwirkungsgrad des Antriebssystems führt.

Der Wechselrichter in **Bild 4** besteht aus drei Halbbrücken, gebildet mit je zwei IGBT. Diese drei Halbbrückenzweige erzeugen die Spannungen auf den drei Ausgangsphasen L1, L2 und L3.

Diese Halbbrücken werden wie folgt EIN bzw. AUS geschaltet:

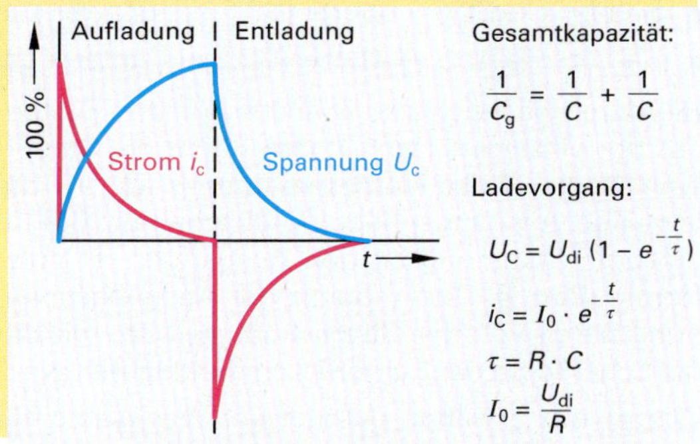

Bild 1: Spannungs-/Stromverlauf am Kondensator des Zwischenkreises

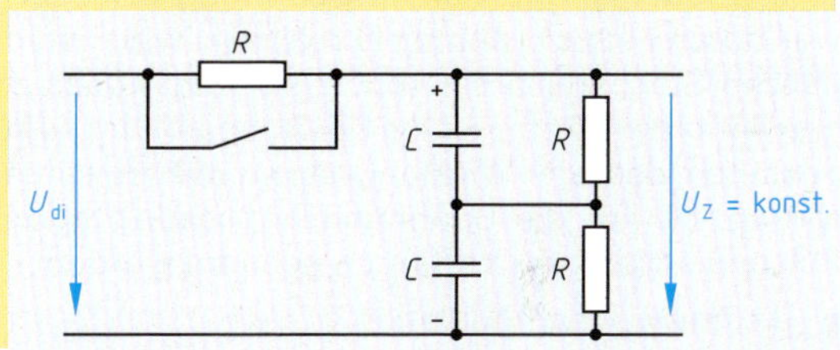

Bild 2: Zwischenkreis mit Ladewiderstand; U-Umrichter

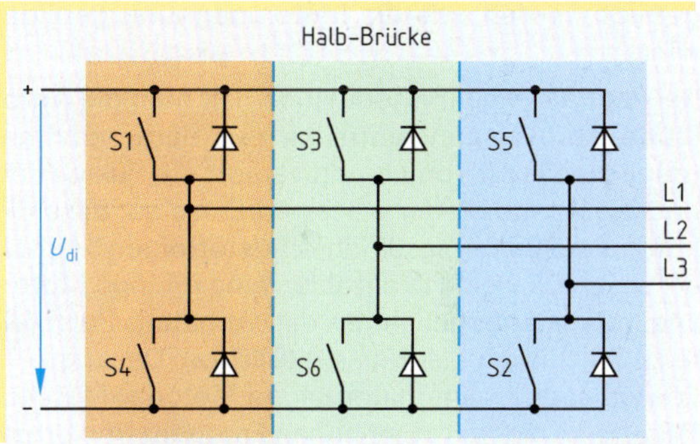

Bild 3: Prinzipschaltung eines Wechselrichters mit drei Halbbrücken

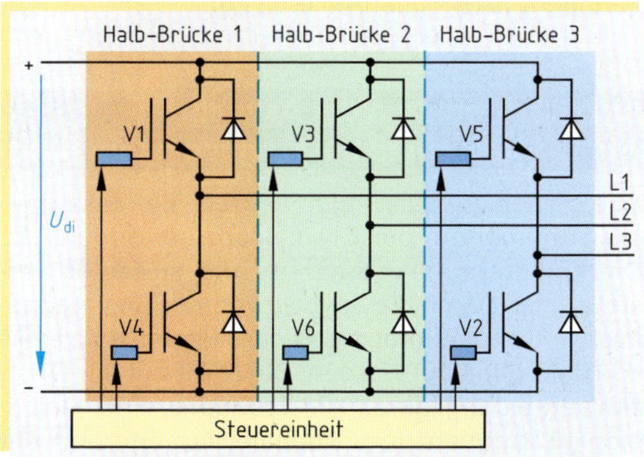

Bild 4: Wechselrichter mit drei Halbbrücken und Freilaufdioden

- Halbbrücke EIN → oberer IGBT ein, unterer aus
- Halbbrücke AUS → oberer IGBT aus, unterer ein

Hierdurch lässt sich also über das Auf- und Zusteuern der einzelnen Transistoren durch die Steuereinheit die Zwischenkreisspannung U_Z an die jeweilige Ausgangsphase durchschalten. Die so erzeugte Spannung an den Ausgängen ist pulsförmig **(Bild 1)**. Die Frequenz der Ausgangsspannung hängt von der Geschwindigkeit ab, mit der die Schaltfolge der Halbbrücken durchlaufen wird.

Wie bereits erwähnt, bereitet der Wechselrichter aus der konstanten Zwischenkreisspannung U_Z die frequenzvariable Ausgangsspannung durch Pulsen auf. Da der Betrieb einer Drehfeldmaschine eine frequenzproportionale Spannung erfordert, was durch eine *U*/*f*-Kennlinie realisiert wird, ist im ganzen Stellbereich ein konstanter Hauptfluss zu gewährleisten. Dabei ist die Speisespannung so zu gestalten, dass der Wicklungsstrom nahezu sinusförmig ist. Für die Spannungsanpassung durch Pulsung sollen zwei Verfahren genannt werden:

- die Pulsweitenmodulation,
- die Spannungszeigermodulation.

An der Pulsweitenmodulation soll exemplarisch gezeigt werden, wie die Motorspannung gebildet wird.

Bei der Puls-Weiten-Modulation hält man die Amplitude der Ausgangsimpulse auf dem maximal möglichen Wert von U_Z und variiert die Pulsweiten und die Abstände der einzelnen Pulse so, dass die integrale Spannung einen sinusförmigen Verlauf aufweist. Da kleine Drehzahlen eine geringe Motorspannung benötigen, muss das Verhältnis Pulsbreite zu Pulslücken niedrig sein **(Bild 2a)**. Da zu große Lücken aber zu einem unruhigen Motorlauf führen, taktet man hier mit einer hohen Frequenz und erhält viele schmale Pulse. Bei hohen Drehzahlen kann man die Pulsfrequenz nicht beliebig steigern. Man geht also zu breiteren Pulsen über und erhält somit geringere Taktfrequenzen **(Bild 2b)**.

9.2.5.2 Verhalten der Asynchronmaschine bei Frequenzsteuerung

Aus obigen Ausführungen wissen Sie, dass über die Veränderung der Drehfeldspeisefrequenz die Drehfelddrehzahl verlustarm und stufenlos verstellbar ist. Damit die Asynchronmaschine magnetisch optimal arbeitet, muss der magnetische Fluss konstant gehalten werden. Daher ist bei der Drehzahlverstellung durch die Frequenz eine gleichsinnige, frequenzproportionale Veränderung der Speisespannung nötig. **Bild 3** zeigt die Verhältnisse bei *U*/*f*-Kennliniensteuerung.

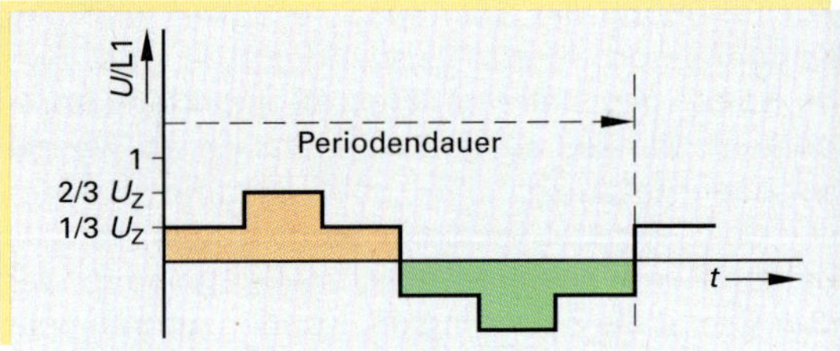

Bild 1: Pulsförmige Ausgangsspannung einer Halbbrücke

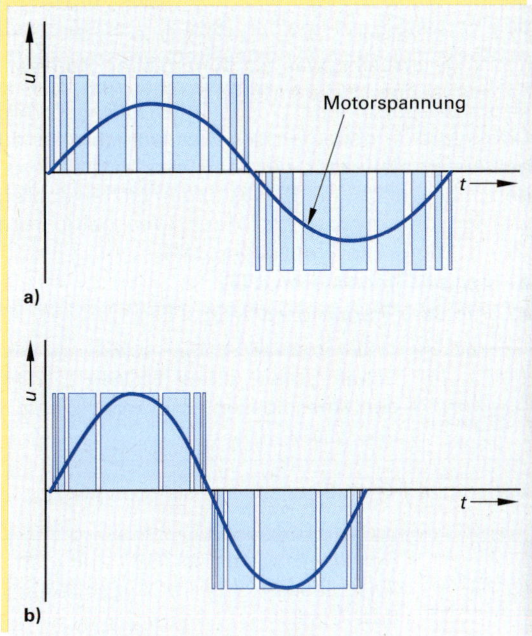

Bild 2: a) Motorspannung für niedrige Drehzahl
b) Motorspannung für hohe Drehzahl

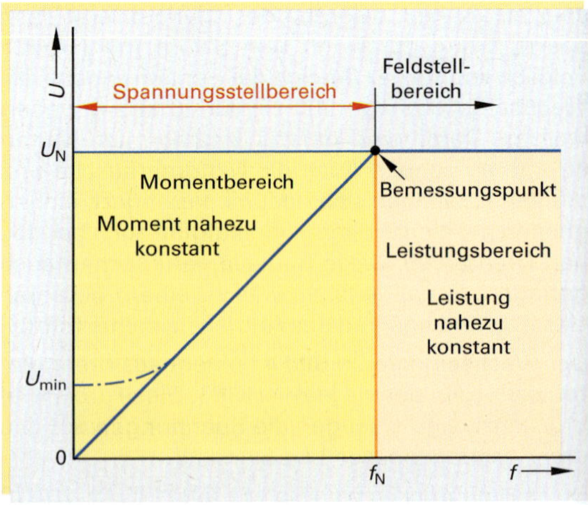

Bild 3: *U*/*f*-Steuerkennlinie der Asynchronmaschine

Im Bemessungspunkt hat der Motor Bemessungsspannung und -frequenz. Soll die Drehzahl weiter erhöht werden, muss die Frequenz steigen, ohne dass die Spannung proportional steigt. Der Motor arbeitet nun im geschwächten Feldbereich. Der *U*/*f*-Kennlinie ist weiter zu entnehmen, dass bei kleiner werdender Frequenz auch die Motorspannung sinkt. Um ein Absinken des Magnetisierungszustandes zu verhindern, wird die Spannung im unteren Frequenzbereich auf U_{min} angehoben, was als **Boost** bezeichnet wird. Belastungsänderungen des Asynchronmotors erfordern kurzzeitig höhere Drehmomente und damit höhere Ströme.

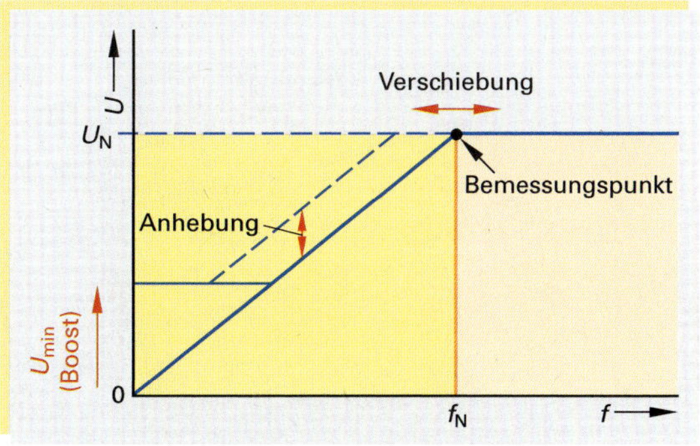

Bild 1: Anhebung der *U*/*f*-Steuerkennlinie

Dies wird durch dynamisches Anheben der *U*/*f*-Kennlinie erreicht, was als **dynamische Kompensation** bezeichnet wird **(Bild 1)**. Eine Variante dieser Kompensation ist die **Auto-Boost-Funktion** (z. B. bei Bandziehanlagen, Wickelanlagen).

Einstellungsmöglichkeiten am Umrichter:

- *U*/*f*-Kennlinienauswahl (Festlegung der Eckfrequenz)
- U_{min} Spannungsanhebung; Boost
- Schlupfkompensation

→ Bremsbetrieb
→ Rechts-Linksumschaltung
→ Hoch-Ablauf-Zeiten

9.2.6 Servoantriebe

Sevoantriebe haben hauptsächlich Positionieraufgaben wie z. B. in Werkzeugmaschinen, Industrierobotern und Bestückungsautomaten. Hier sind innerhalb vorgegebener Zeiten Maschinenteile längs definierter Bahnen zu bewegen und mit definierter Genauigkeit in ihre Endlage zu bewegen. Dabei werden an Positioniergenauigkeit und Dynamik höchste Anforderungen gestellt.

Anforderungen an Servosysteme

- großer Drehzahlstellbereich (0,01 bis 10000 min-1)
- gute Rundlaufeigenschaften bei allen Drehzahlen
- großes Drehmoment (Anlaufmoment bis 500 Nm)
- hohe Dynamik (Spitzendrehmoment bis 6 M_0)
- hohe Kurzzeit-Überlastbarkeit
- hohe Schutzart des Motors
- Nennleistung ca. 100 W bis ca. 20 kW
- hohe Positionier- und Wiederholgenauigkeit

Wie **Bild 1, Seite 361** zeigt, besteht ein Servo Antrieb in der Regel aus:

- Sollwertgeber (Automatisierungsrechner z. B. NC-Steuerung),
- Regler (Strom-, Lage-, Drehzahl-Regler) digital; analog,
- Energiesteller (Leistungsteil), Leistungshalbleiter, Umrichter,
- Energiewandler (Motor); Gleichstrommotor, Synchronmotor, Asynchronmotor, Schrittmotor,
- Messsystem bzw. Gebersystem (z. B. Tachogenerator, Inkrementalencoder, Resolver);

Diese genannten Komponenten bilden mit mechanischen Übertragungselementen wie Getriebe (rotierend oder linear) ein eng verknüpftes System, dessen Komponenten als Einheit zu betrachten sind **(Bild 2)**.

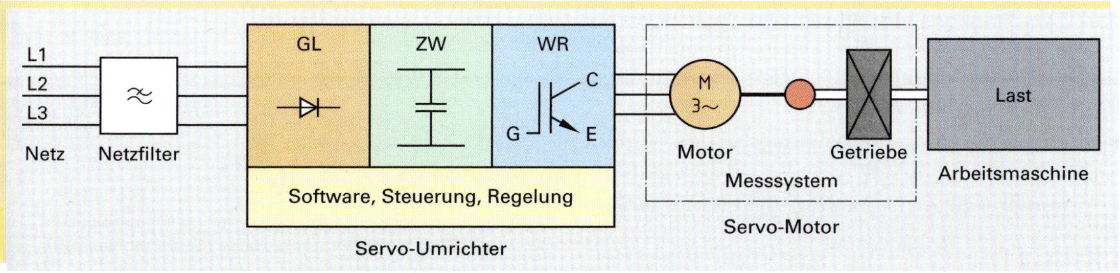

Bild 2: Blockschaltbild eines Servoantriebs

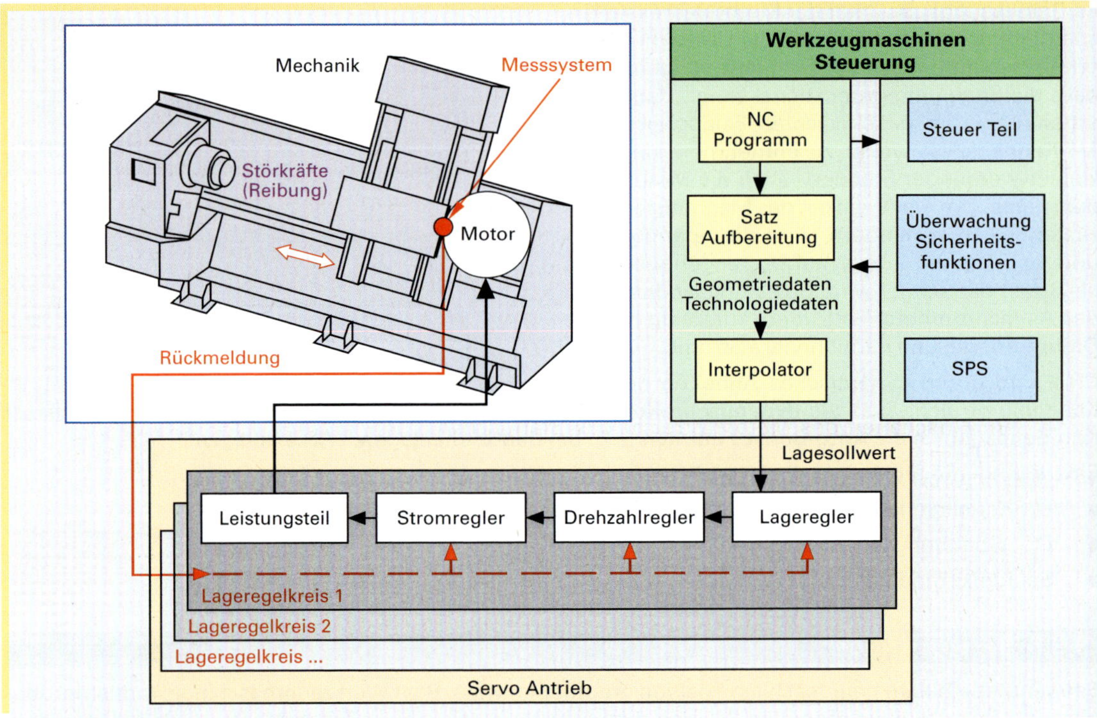

Bild 1: Werkzeugmaschine mit Servo-Antrieb für Vorschub

Der **Servo-Umrichter** ist ein bestimmender Faktor für die Qualität des Servoantriebs. Die ihm zugrunde liegende Software kann Unzulänglichkeiten des Servomotors (unrundes Laufen) und im mechanischen Übertragungssystem (Lageabweichung) ausgleichen. Als **Servo-Motoren** können Asynchron-, permanenterregte Synchron-, bürstenlose Gleichstrom-, permanenterregte Gleichstrom- und Schrittmotoren zum Einsatz kommen, wobei sich in jüngster Zeit die Asynchron- und Synchronmotoren durchgesetzt haben.

Die Genauigkeit des Servosystems **(Bild 1)** ist abhängig vom Zusammenspiel von Mechanik und Elektronik **(Bild 2)**. Der Servoantrieb arbeitet umso exakter, je präziser die Rückmeldung von der Mechanik ist. Je genauer z. B. die Läuferposition durch Geber (Inkrementalgeber oder Resolver etc.) erfasst wird, desto höher die Präzision des Servosystems.

Da z. B. bei Robotern oder Werkzeugmaschinen mechanische Bewegungen abgebremst werden müssen, arbeiten umrichtergespeiste Servomotoren in der Regel im Generatorbetrieb. Dabei speisen sie Energie in den Servoumrichter zurück. Der Wechselrichter arbeitet nun als Gleichrichter (Inversbetrieb) und speist elektrische Energie in den Zwischenkreis ein **(Bild 3)**. Die Zwischenkreisspannung ist aber der Bauteile wegen zu begrenzen, da sie sonst zerstört werden können. Diese Begrenzung erfolgt durch:

- Einschalten eines Bremswiderstandes (Verlustbremsen)
- Energierückspeisen ins Netz (Nutzbremsen)

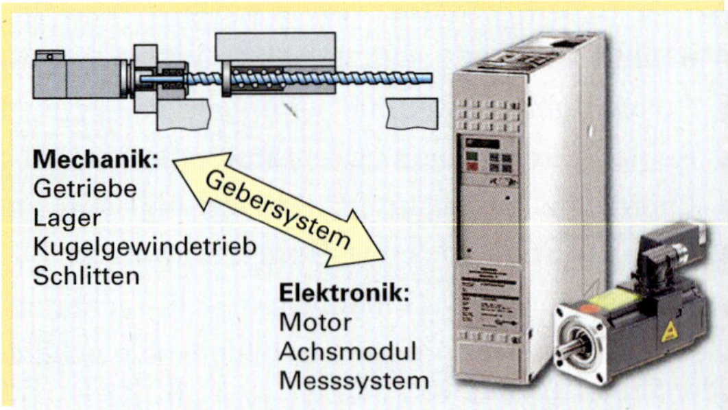

Bild 2: Mechanik und Elektronik eines Servosystems

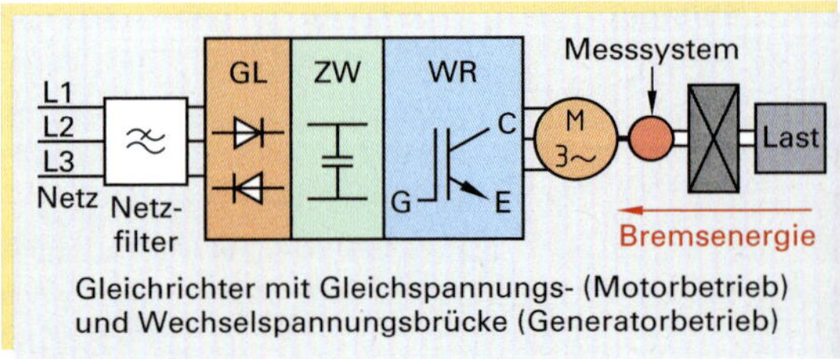

Bild 3: Nutzbremsung Servo-Antrieb

Durch die im Servoumrichter enthaltenen Antriebsregler werden auch Sicherheits-Funktionalitäten wie sicherer Halt, sicher begrenzte Drehzahl oder sicheres Stillsetzen ermöglicht.

Wechselrichtergespeiste **Synchronmaschinen** werden heute vorwiegend als hochdynamische oder drehmomentstarke Antriebe z. B. für Werkzeugmaschinen oder Fahrzeuge verwendet. Die Eigenschaften dieser Maschinen werden vor allem durch ihren Magnetkreis und die Leistungsfähigkeit des Wechselrichters bestimmt. Prinzipiell besteht ein Synchronmotor aus:

- Ständer mit Drehstromwicklung zur Erzeugung des magnetischen Drehfeldes wie bei der Asynchronmaschine
- Läufer mit Permanentmagneten oder mit einer Erregerwicklung, der über Schleifringe Gleichstrom zugeführt wird (wirkt als Elektromagnet, Polrad, **Bild 1**).

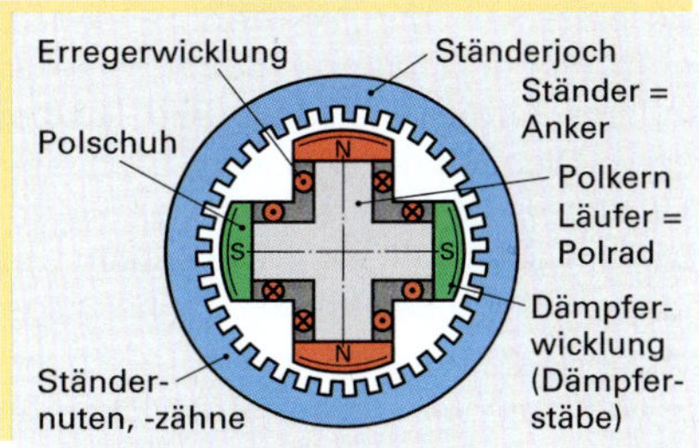

Bild 1: Prinzipaufbau eines Synchronmotors

Nach dem Einschalten des Motors erreicht das Ständerfeld sofort die Drehzahl entsprechend der Polzahl und der Netzfrequenz. Da die Pole des Läufers von den Gegenpolen des Ständerdrehfeldes angezogen und kurz darauf von dessen gleichartigen Polen wieder abgestoßen werden, laufen Synchronmotoren nicht von allein an.

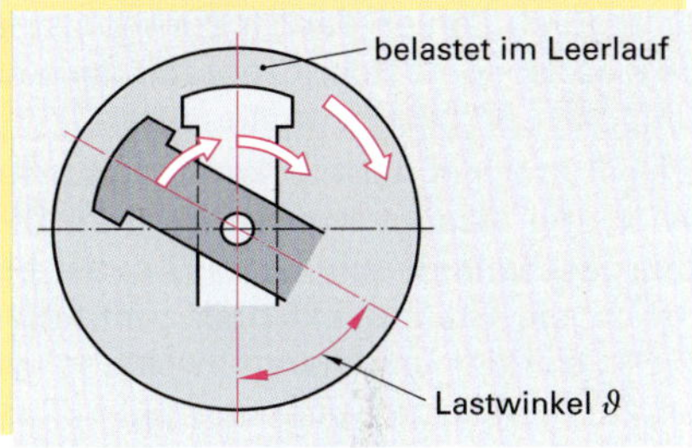

Bild 2: Lastwinkel beim Synchronmotor

Durch eine Kurzschluss-Dämpferwicklung im Läufer kann der Synchronmotor wie ein Asynchronmotor hochlaufen. Hat der Läufer annähernd die Drehfelddrehzahl erreicht, so synchronisieren sich beide Drehfelder und der Rotor dreht ebenfalls mit der Drehfelddrehzahl. Wird der Läufer an der Welle mit einem Drehmoment belastet, wird er gegenüber dem Drehfeld um den Lastwinkel elastisch zurückgeschoben, behält aber die Drehfelddrehzahl bei (Schlupf $s = 0\%$) **Bild 2**.

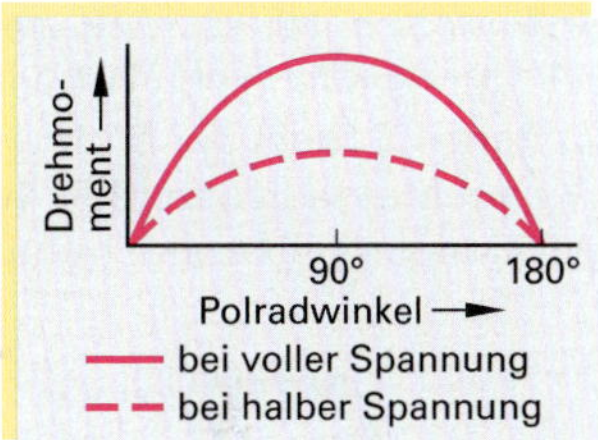

Bild 3: Drehmoment in Abhängigkeit vom Lastwinkel

Das größte Drehmoment (Kippmoment) des Motors wird zwischen zwei Ständerpolen entwickelt (Lastwinkel 90° bei zweipoliger Maschine), denn der in Drehrichtung voreilende Pol zieht das Polrad nach und der nacheilende Pol schiebt. Bei Belastung über das Kippmoment löst sich die magnetische Verbindung zwischen Stator und Polrad. Der Läufer fällt außer Tritt und bleibt stehen **(Bild 3)**. Das Hochfahren und Synchronisieren des Synchronmotors kann eleganter mit einem Frequenzumrichter erfolgen. Mit dessen Hilfe kann der Motor aus dem Stillstand langsam auf Nenndrehzahl gebracht werden, um dann zu synchronisieren. Ein Drehgeber (Resolver) misst ständig die Motorstellung, woraus die Steuerelektronik die tatsächliche Drehzahl ermittelt.

9.2.7 Schrittmotoren

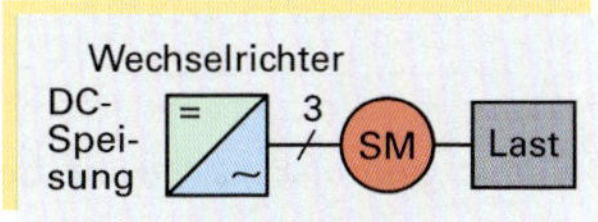

Bild 4: Schematischer Schrittantrieb

Schrittmotoren werden in der Antriebs- und Steuerungstechnik für das schnelle und exakte Positionieren von Vorschubeinrichtungen in Montagelinien, Bestückungsautomaten, Robotern, CNC-Werkzeugmaschinen u.a. eingesetzt. Sie zeichnen sich aus durch lange Lebensdauer, Wartungsfreiheit, gutes Positionierverhalten, digitale Ansteuerung, großen Drehzahlstellbereich, konstante Drehzahlen bei konstanten Steuerfrequenzen und hohe Haltestrommomente bei Läuferstillstand.

Bild 5: Hybridmotor, handelsüblich

Je nach Aufbau unterscheidet man **Reluktanz-, Permanentmagnet-** und **Hybrid-Schrittmotoren (Bild 5)**. Da der Hybridmotor die Vorteile des Reluktanz- (kleine Schrittwinkel) und des Permanentmagnetmotors (großes Drehmoment) vereint, wird er heute fast ausschließlich eingesetzt. Schrittmotoren werden mit Gleichspannungsimpulsen angesteuert. Der Rotor dreht sich mit jedem Impuls um einen genau festgelegten Winkel, den sogenannten Schritt.

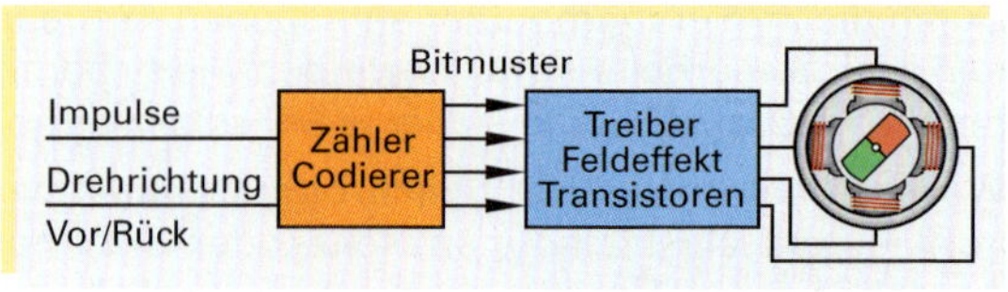

Bild 1: Schematischer Aufbau des Schrittantriebes

Die einzelnen Impulse werden einer Codierschaltung zugeführt, die mit jedem weiteren Impuls ein anderes Bitmuster erzeugt **(Bild 1).** Über Treiberstufen werden dann mit diesem Bitmuster die Spulen des Stators angesteuert. Hat der Stator 4 Spulen, ist das Bitmuster 4 Bit breit. Die Spulen werden nacheinander in einer bestimmten Reihenfolge eingeschaltet, ein Statordrehfeld entsteht, dem der Rotor folgt.

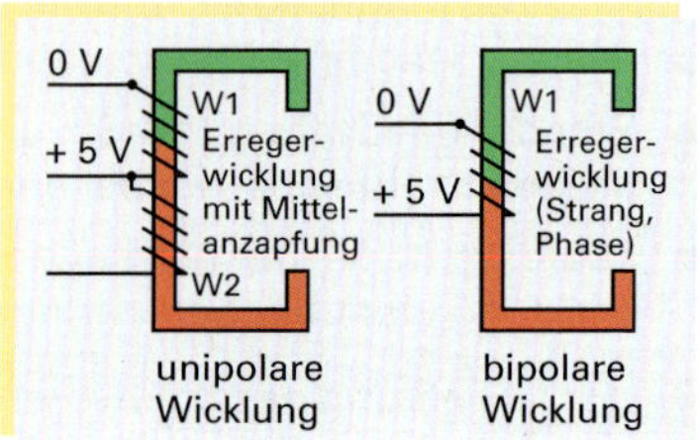

Bild 2: Erzeugung Statormagnetfeld

Je nachdem wie die 4 Statorwicklungen geschaltet werden, ob einzeln, paarweise in Reihe oder parallel, kann ein Schrittmotor 4, 5, 6 oder 8 Anschlusskabel haben. Die Steuerelektronik versorgt diese Anschlüsse in der richtigen Reihenfolge mit dem entsprechenden Bitmuster. Schrittmotoren können genau definierte Positionen einfach durch Zählen der Steuerimpulse anfahren. Der in **Bild 5, Seite 361,** abgebildete Schrittmotor besitzt sechs Anschlüsse. Er ist daher unipolar und bipolar ansteuerbar.

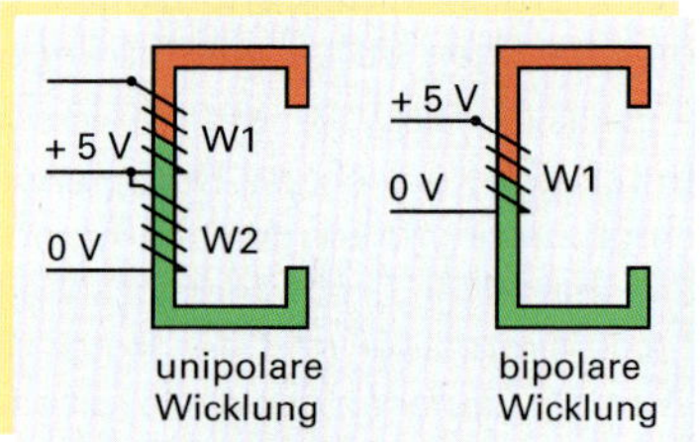

Bild 3: Umpolung Statormagnetfeld

Das Statormagnetfeld kann durch eine unipolare oder bipolare Wicklung erzeugt werden **(Bild 2).** Die Umpolung des Magnetfeldes geschieht dadurch, dass bei der bipolaren Wicklung der Strom, durch die Steuerelektronik umgepolt, in umgekehrter Richtung fließt. Bei der unipolaren Wicklung wird W2 an Spannung gelegt, an W1 liegt keine Spannung **(Bild 3).** Beim unipolaren Schrittmotor wird jede Wicklung nur in einer Stromrichtung durchflossen. Damit der in **Bild 4a** abgebildete zweistrangige unipolare Schrittmotor um 45° nach rechts dreht, muss das Ende der Wicklung von W4 auf Masse gelegt werden, wodurch die Wicklung W4 aktiv wird **(Bild 4b).** Soll der Schrittmotor um weitere 45° nach rechts drehen, muss der Wicklungsanfang von W1 von Masse getrennt werden **(Bild 4c).** Um weitere 45° dreht der Motor, wenn die Wicklungsenden von W2 und W4 auf Masse liegen **(Bild 4d).** Das Bitmuster für Linksdrehung, wie also die Steuerspannungen an die Wicklungen bei Drehrichtungsumkehr angelegt werden müssen, zeigt **Bild 5.**

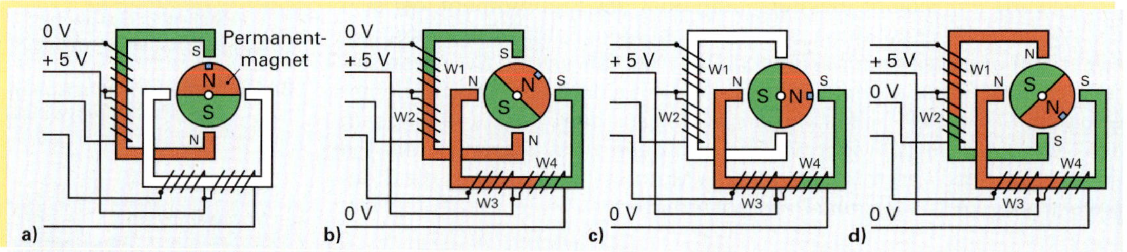

Bild 4: Unipolarer 2-Strang-Schrittmotor; Rechtslauf; Halbschrittbetrieb

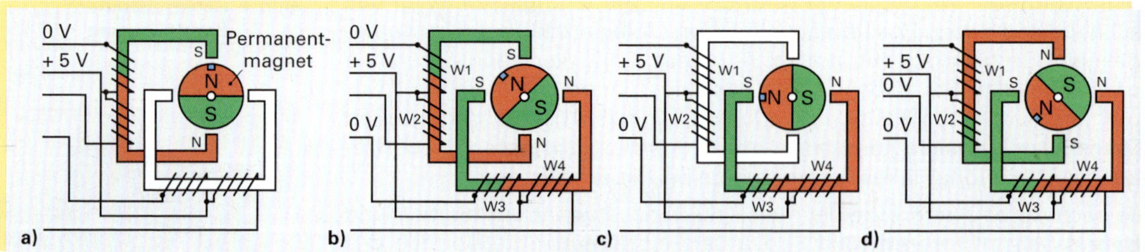

Bild 5: Unipolarer 2-Strang-Schrittmotor; Linkslauf; Halbschrittbetrieb

Halbschrittbetrieb bedeutet, dass der Schrittwinkel des Schrittmotors 45° beträgt. Arbeitet der Motor im **Vollschrittbetrieb,** beträgt der Schrittwinkel 90°, was bedeutet, dass der Motor 4 Schritte zu einer vollen Umdrehung benötigt. Im Halbschrittbetrieb benötigt er dazu 8 Schritte.

Auf **Seite 362** wurde erwähnt, dass ein Schrittmotor 4, 5, 6 oder 8 Anschlusskabel haben kann. Im **Bild 1** wird gezeigt, wie die Kabel an Spannung zu legen sind, damit der Schrittmotor unipolar oder bipolar betrieben werden kann.

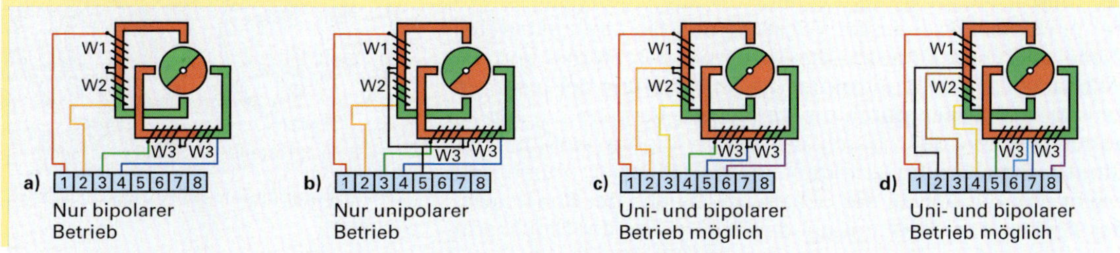

Bild 1: Anschluss eines Schrittmotors bei 4, 5, 6 oder 8 Anschlusskabeln

Zur **Herabsetzung des Schrittwinkels,** z. B. auf 4,5°, auf 1/10 des Halbschrittes, kann der Rotor des Schrittmotors mit einem Zahnradgetriebe mit dem Übersetzungsverhältnis 10:1 verbunden werden. Die vom Getriebe bedingte Drehrichtungsumkehr wird durch Rückwärtsdrehen des Motors ausgeglichen. Im Halbschrittbetrieb muss nun der Motor 8x10 = 80 Schritte ausführen, für eine Umdrehung des zweiten Zahnrades. Durch die Erhöhung der Genauigkeit um das 10-fache und zur Erhaltung des Drehmomentes am zweiten Zahnrad, ist auch die Schrittfrequenz um das 10-fache zu erhöhen. Alternativ dazu könnte der zweipolige Magnetläufer durch einen zwanzigpoligen ersetzt werden, der bei 80 Schritten pro Umdrehung einen Schrittwinkel von 4,5° aufweist. Bei Schrittmotoren sind üblich:

- **1 Polschuhpaar** → 4 Schritte je Umdrehung → 90° je Schritt
- **20 Polschuhpaare** → 80 Schritte je Umdrehung → 4,5° je Schritt
- **24 Polschuhpaare** → 96 Schritte je Umdrehung → 3,75° je Schritt
- **50 Polschuhpaare** → 200 Schritte je Umdrehung → 1,8° je Schritt
- **100 Polschuhpaare** → 400 Schritte je Umdrehung → 0,9° je Schritt

Die Werte gelten für Vollschrittbetrieb. Bei Halbschrittbetrieb verdoppeln sich die Schrittzahlen bzw. halbiert sich die Gradzahl je Schritt.

Bei all den beschriebenen Schrittbetrieben dreht sich der Motor bei jedem Schaltvorgang ruckartig um einen bestimmten Winkel weiter. Beim **Mikroschritt-Betrieb** werden die Wicklungsströme nicht ein- und ausgeschaltet, sondern ändern sich kontinuierlich in Form einer Sinus- bzw. Cosinuskurve. Dabei entstehen keine ruckartigen Bewegungen an der Motorwelle. Das Drehmoment des Motors hängt nur vom Strom ab und ist daher nicht kleiner als beim Voll- und Halbschrittbetrieb.

Siehe Medienpaket in der Europathek.

Beispiel: Berechnen Sie den Schrittwinkel des in **Bild 1a** abgebildeten Schrittmotors. Der Läufer hat die Polpaarzahl $p = 1$, die Phasenzahl $m = 2$.

Lösung: $\alpha = \frac{360°}{2 \cdot p \cdot m}$; $\alpha = \frac{360°}{2 \cdot 1 \cdot 2} = 90°$

9.2.8 EC-Motoren – Motoren mit elektronischer Kommutierung

EC-Motoren sind permanent erregte bürstenlose Synchronmotoren. Sie werden daher auch als **BLDC-Motoren** (**b**rush**l**ess **DC**) bezeichnet. Das Funktionsprinzip entspricht dem des Gleichstrom-Nebenschluss-Motors. Das Drehmoment wird über die Flussverkettung des Permanentmagneten mit dem Motorstrom erzeugt. EC-Motoren sind nicht netzgeführt und benötigen für ihre Funktion eine Kommutierungselektronik. Dafür muss ihre Rotorposition durch Hallsensoren erfasst werden. Da sie keinen Kommutator und keine Kommutatorbürsten besitzen, habe sie eine lange Lebensdauer. Sie laufen synchron, d.h., das rotierende Statorfeld ist immer in Phase mit dem Rotor. Das Drehmoment ist proportional zum Strom.

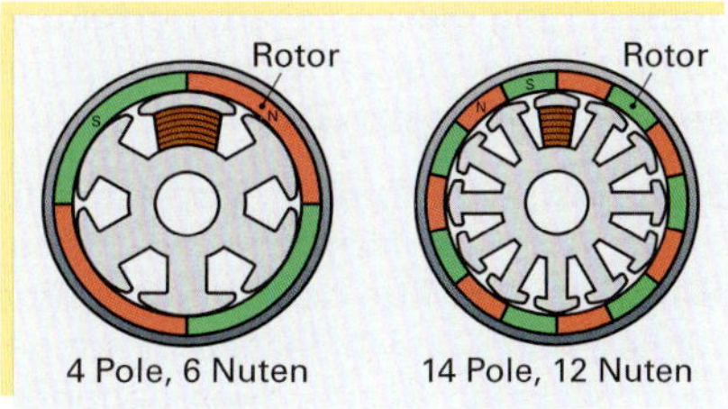

Bild 2: Außenläufer – Motor-Aktivteile

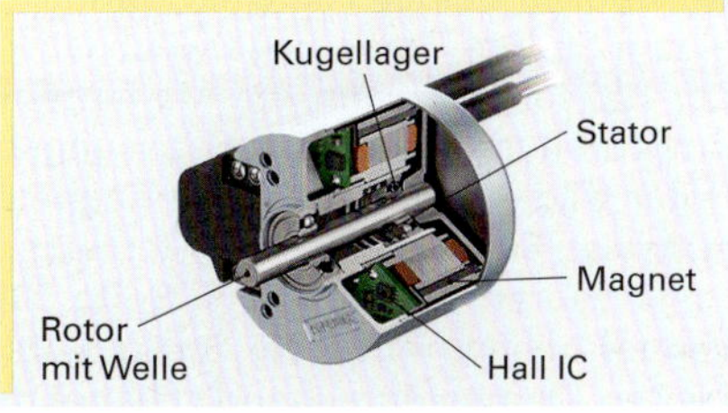

Bild 3: Außenläufer – Schnittbild

Die EC-Motoren unterscheiden sich grundsätzlich in ihrer Bauart. Man unterscheidet **Außenläufermotoren (Bild 2 und 3, Seite 363)** in verschiedenen Baureihen und **Innenläufermotoren (Bild 1 und 2).** Weitere Unterscheidungsmerkmale liefern der prinzipielle Aufbau der Wicklung und die Motoraktivteile. Diese sind unter anderem die Nutenzahl des Stators und die Polpaarzahl des Magnetrotors. Die **Ansteuerung der Motoren** kann grundsätzlich durch die einfachere Variante der **Blockkommutierung** oder durch die aufwendigere Variante der **Sinuskommutierung** erfolgen. Bei der Blockkommutierung ergibt sich die Anzahl der Schaltimpulse aus der Phasenzahl der Wicklung und der Polzahl des Rotors. Bei der Sinuskommutierung erfolgt die Kommutierung des Stromes in allen drei Wicklungsphasen kontinuierlich. Hierbei werden aufbauend auf einem kontinuierlichen Sinus/Cosinus-Sensorsignal die drei Wicklungsphasen durch eine hochfrequente PWM-Modulation (**P**uls**w**eiten-**M**odulation) mit jeweils phasenversetzten Sinusströmen bestromt, was ein ruhigeres Laufverhalten und niedrigere Drehzahlen ermöglicht.

Beim **Innenläufer** sind die Magnete direkt auf der Welle montiert. Der Rückschluss besteht aus einem laminierten Eisenpaket um die Eisenverluste klein zu halten. Innen am Stator-Paket ist die Wicklung angebracht. Die Lagerung der Welle befindet sich in den beiden Flanschen, die das Gehäuse abschließen. Die Erfassung der Rotorlage erfolgt über Magnet-Sensoren (Hallsensoren) im Hauptfeld oder im Feld eines Steuermagneten. Damit sich der Rotor eines EC-Motors ständig dreht, muss der Strom in der Wicklung gewendet werden. Bei Gleichstrommotoren herkömmlicher Bauweise erfolgt dies auf mechanischem Wege mittels Kommutator und Bürsten. Diese mechanische Stromwendung wird beim EC-Motor durch **elektronische Kommutierung** mittels kontaktloser, elektronischer Schaltung ersetzt. Die über den Umfang des Stators verteilten Wickelpakete sind über je einen oder mehrere elektronische Schalter mit einer Spannungsquelle verbunden. Die Ansteuerung dieser Schalter erfolgt in Abhängigkeit von der Rotorstellung. Zur Erfassung der Rotorposition werden Hallsensoren eingesetzt **(Bild 3).**

Die **prinzipielle Funktionsweise** eines EC-Motors wird an einem Außenläufermotor mit 3-phasiger Wicklung erklärt **(Bild 4).** In der Mitte des Motors befindet sich die Motorwelle mit Lagerung, sowie der Stator mit der 3-phasigen Wicklung. Jede Wicklung besitzt zwei gegenüberliegende Polschuhe. Die digitalen Hallsensoren liegen zwischen den Polschuhen und dienen zur Positionserfassung des Rotors. Der Hallsensor gibt einen hohen Signalpegel, 1-Pegel, ab, wenn ein Nordpol in seiner Nähe ist, einen niedrigen, 0-Pegel, bei einem Südpol. Einen Pegelwechsel von „0“ nach „1“ meldet der Hallsensor, wenn ein Magnetpolwechsel aufgrund der Rotordrehung in seinem Erfassungsbereich stattfindet. Der Rotor trägt einen Permanentmagneten, der z. B. 4-Polpaare aufweist. Soll der Motor im Uhrzeigersinn drehen, wobei die Hallsensoren den in **Bild 1, Seite 365,** dargestellten Pegelverlauf haben, muss der Strom von Phase 1 nach Phase 2 fließen. Dementsprechend schaltet die Kommutierungselektronik an Phase 1 den Pluspol und an Phase 2 den Minuspol

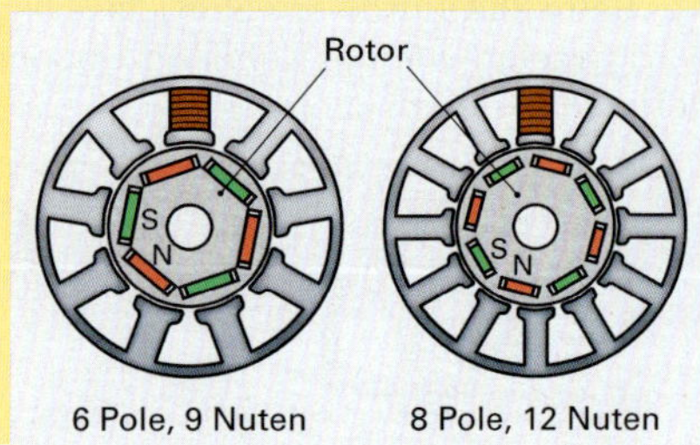

Bild 1: Innenläufer – Motor-Aktivteile

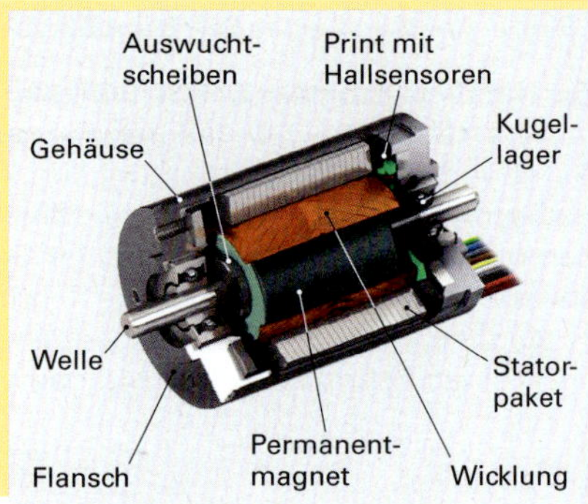

Bild 2: Innenläufer – Schnittbild

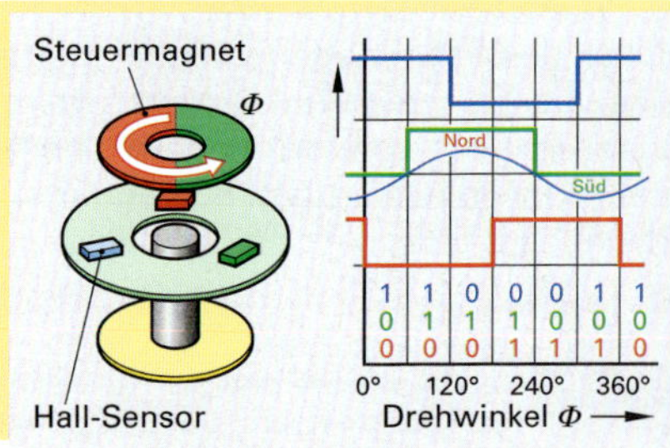

Bild 3: Lageerfassung des Rotors durch Hallsensoren; Impulsdiagramm

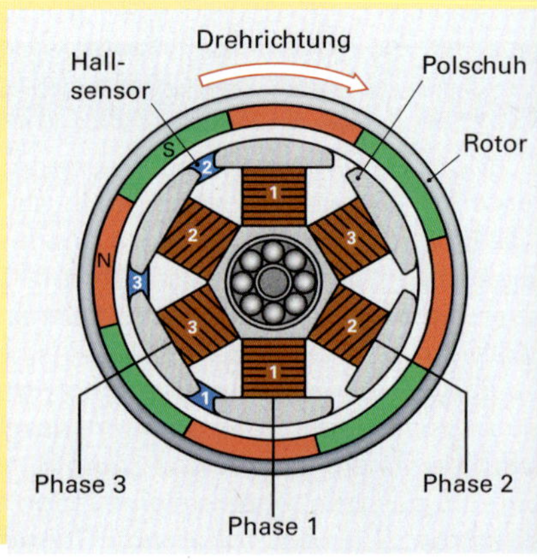

Bild 4: Aufbau EC-Außenläufer

an **(Bild 2)**. Der Stromfluss, durch nun an Spannung liegenden Phasen, erzeugt um die Polschuhe in Phase 1 Nordpole und in Phase 2 Südpole.

Die magnetische Wechselwirkung zwischen Stator- und Rotorfeld bewirkt ein Drehmoment im Uhrzeigersinn. **Bild 2** zeigt die magnetischen Wechselwirkungen und das daraus resultierende Drehmoment. Nach einem Drehwinkel von 15° steht der Hallsensor 3 dem Südpol gegenüber, er liefert ein „0"-Signal an seinem Ausgang. Die Kommutierungselektronik schaltet um **(Bild 3)**, der Rotor dreht weiter. Die Kommutierungselektronik bestromt die Phasen je 15° so, dass der Motor kontinuierlich dreht. Eine vollständige Kommutierungssequenz besteht aus sechs Kommutierungsintervallen, wobei der Rotor einen Drehwinkel von 90° vollzogen hat (6 · 15° = 90°). Der Hauptunterschied eines mehrpoligen Motors zu einem Motor mit nur einem Polpaar ist im Kommutierungswinkel zu sehen. Dieser beträgt bei einem EC-Motor mit einem Polpaar 60°. Bei mehrpoligen EC-Motoren berechnet sich der Kommutierungswinkel φ = 60° dividiert durch die Anzahl der Polpaare des Rotors p. Will man bei einem mehrpoligen EC-Motor dieselbe Nenndrehzahl n_N wie bei einem EC-Motor mit einem Polpaar erreichen, muss die Kommutierungsfrequenz um den Faktor p höher sein.

Das Ziel jeder **elektrischen Kommutierung** ist, die Spannung so an die Phasen anzulegen, dass ein maximales Drehmoment im EC-Motor entsteht, was durch die senkrechte Orientierung der Magnetfelder von Permanentmagnet und Wicklung erreicht wird. Bei der Blockkommutierung bleibt das Drehmoment innerhalb eines Kommutierungsintervalls nicht konstant, es variiert leicht. Dies kann dazu führen, dass Vibrationen oder hörbare Geräusche festzustellen sind. Bei sehr tiefen Drehzahlen dreht der Motor eventuell nicht gleichmäßig. Die **Sinuskommutierung** ermöglicht einen gleichmäßigen Motorbetrieb und erzielt eine bessere Motorausnutzung (bis zu 5% mehr Drehmoment). Dazu muss aber die Rotorlage sehr genau bekannt sein. Daher werden pro Umdrehung in der Regel 2000 Punkte erfasst. Dies erfolgt mit einem Encoder mit 500 Impulsen.

Bild 4 zeigt, wie ein EC-Motor über eine Kommutierungslogik und Leistungsendstufe, an einer **Zwischenkreis-Gleich-**

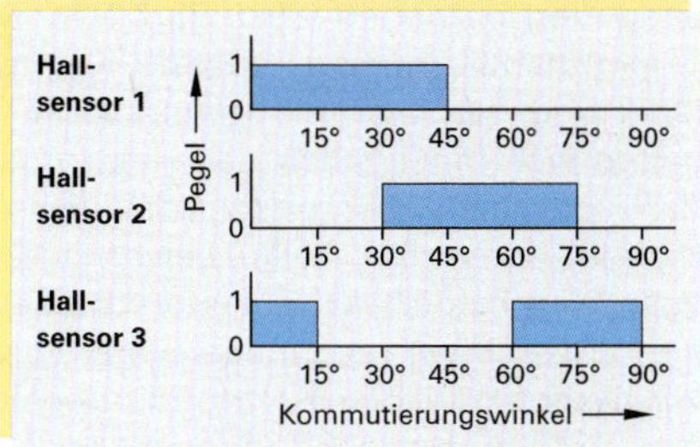

Bild 1: Pegelabgabe der Hallsensoren

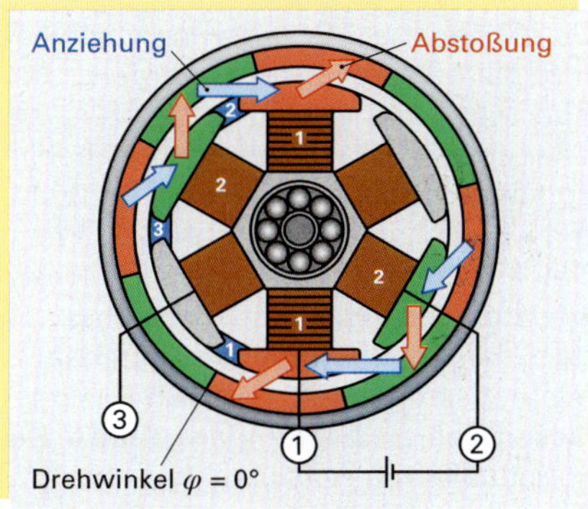

Bild 2: Drehmomentrichtung

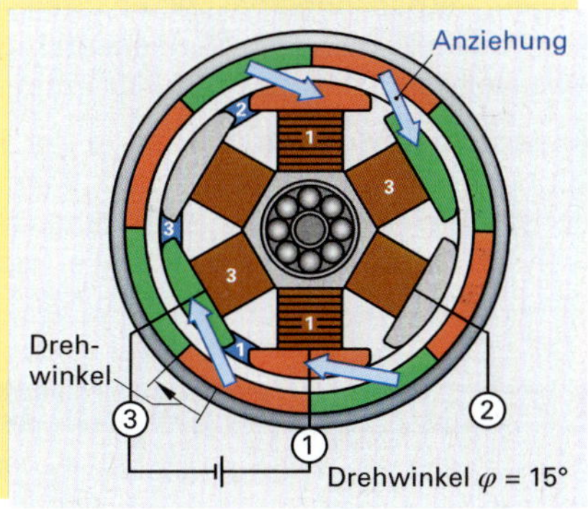

Bild 3: Motordrehung

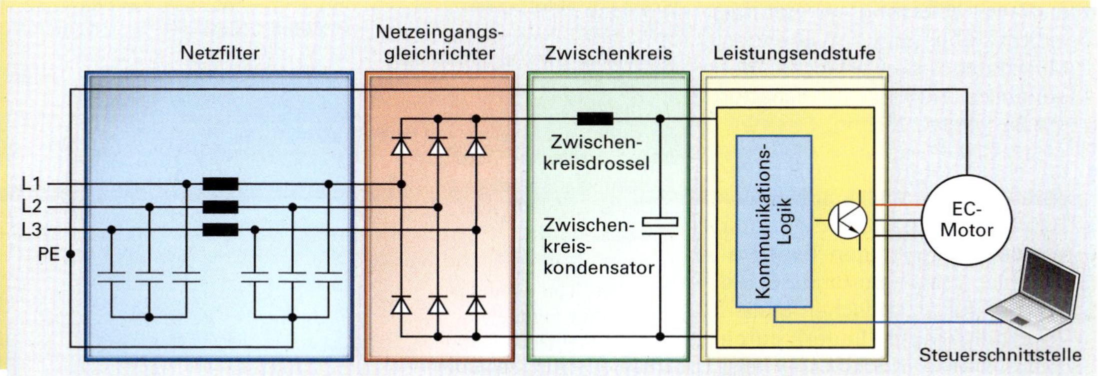

Bild 4: EC-Motor-Anschluss am 3~-Netz

9

spannung betrieben wird. **Bild 1** verdeutlicht das Zusammenwirken von Endstufe, Kommunikationslogik und Blockkommutierung. EC-Motoren verhalten sich hinsichtlich der elektromagnetischen Verträglichkeit (EMV) prinzipiell kritischer als Asynchronmotoren. Die in der Leistungsendstufe eingesetzten Feldeffekttransistoren erzeugen durch die notwendigen schnellen Schaltvorgänge, hervorgerufen durch die Kommutierungslogik, höherfrequente Störaussendungen als auch Stromoberschwingungen, die sich störend auf das speisende Netz, hier 3~-Netz, auswirken.

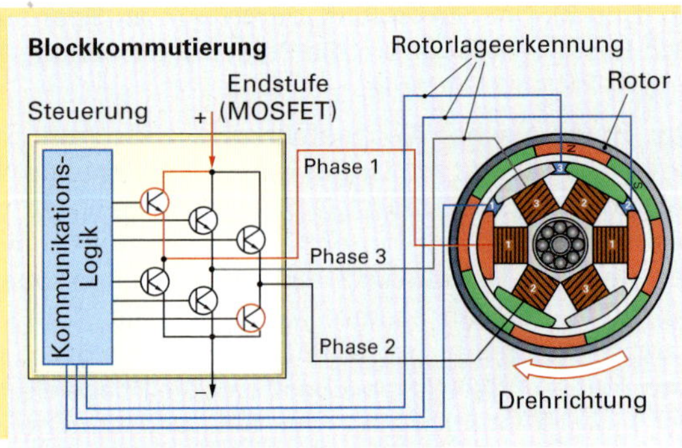

Bild 1: Ansteuerung der Endstufe durch die Kommutierungslogik

So müssen bei EC-Motoren verschiedene Entstörmaßnahmen eingesetzt werden. Um die Stromoberschwingungen zu reduzieren, werden aktive oder passive Oberschwingungsfilter im Zwischenkreis eingesetzt. Passive Filter sind in der Regel Spulen, sogenannte Drosseln mit großer Induktivität. Diese werden nur bei einphasig gespeisten EC-Motoren mit kleiner Leistung bis etwa 200 W eingesetzt. Alternativ sind aktive Oberschwingungsfilter einsetzbar. Solche Filter werden durch spezielles Verschalten von Glättungskondensatoren erzielt. Diese aufwendig zu bauenden Filter erzielen einen guten Leistungsfaktor, in der Regel bis 0,98. Ferner sorgen diese dafür, dass der aufgenommene Strom nahezu in Phase mit der Netzspannung ist; es entsteht somit kein Blindleistungsanteil, der zwischen Erzeuger und „Verbraucher" pendelt. Hochfrequente Störaussendungen lassen sich am Netzeingang **(Bild 4, Seite 365)** durch Netzfilter reduzieren. Dies geschieht durch Entstörkondensatoren zwischen den Phasen sowie zwischen Phase und Neutralleiter. Meist liegt die Gesamtkapazität der Netzfilter zwischen einigen 10 nF bis zu wenigen µF.

Eingesetzt werden **EC-Innenläufer-Motoren,** wo hohe Dynamik benötigt wird, z. B. bei Förderantrieben, -rollen, Verpackungsmaschinen, Stellantrieben, in der Industrieautomatisierung (Robotik), Medizin- und Textiltechnik. Bei einer Nennspannung von max. 48 V kann mit ihnen eine Abgabeleistung bis 750 W, eine Nenndrehzahl bis zu 30000 1/min und ein Nennmoment von bis zu 1,8 Nm erreicht werden.

Außenläufer-Motoren werden in der Regel bei Ventilatoren-, Lüftungsanwendungen wie z. B. Radialventilatoren für Reinraumtechnik, Klimageräten für Rechenzentren, Kühlung im IT- und Telekommunikationsbereich, Gebläsen in Abzugshauben und nicht zuletzt für Ventilatoren zur Wohnungsbelüftung, verwendet. Bei 48-V-Nennspannung erreichen sie eine Nennleistung bis 125 W bei einer max. Nenndrehzahl von bis zu 4000 1/min und einem Nennmoment von bis zu 0,3 Nm.

9.2.9 Schutz elektrischer Antriebe

Elektrische Maschinen sind in der Regel vor thermischer Überlastung zu schützen. Hierfür gibt es Schutzeinrichtungen wie:

- stromabhängige Schutzgeräte, die die Wicklungstemperatur indirekt über den zufließenden Maschinenstrom erfassen, sogenannte Motorschutzschalter mit Bimetallauslösung.
- temperaturabhängige Schutzgeräte, die die Wicklungstemperatur direkt z. B. über die in der Wicklung eingebauten Temperaturfühler erfasst. So kann z. B. die Temperatur an kritischen Stellen (Wicklungsköpfe, Lager) durch Thermistoren (Kaltleiter) erfasst werden **(Tabelle 1)**.

Tabelle 1: Übersicht Motorschutz

Schutz des Motors bei	mit Bimetall	mit Kaltleiter	mit Bimetall und Kaltleiter
Überlastung im Dauerbetrieb	+	+	+
langen Anlauf- und Bremsvorgängen	(+)	+	+
Schaltung auf blockierten Läufer (ständerkritischer Motor)	(+)	+	+
Schaltung auf blockierten Läufer (läuferkritischer Motor)	(+)	(+)	(+)
Einphasenlauf	+	+	+
unregelmäßigem Aussetzbetrieb	–	+	+
zu hoher Schalthäufigkeit	–	+	+
Spannungs- und Frequenzschwankungen	+	+	+
erhöhter Kühlmitteltemperatur	–	+	+
behinderter Kühlung	–	+	+

Nach DIN EN 60034-5 sind weitere Schutzarten für elektrische Maschinen festgelegt. Gekennzeichnet sind diese Schutzarten durch zwei Kennziffern, wobei die erste Ziffer den Berührungs- und Fremdkörperschutz und die zweite den Schutz gegen Wasser festlegt **(Tabelle 1)**.

Tabelle 1: Auswahl von Schutzarten elektrischer Maschinen erste und zweite Kennziffer

Erste Kennziffer	**Schutzgrad** (Berührungs- und Fremdkörperschutz)
0	Kein besonderer Schutz
1	Schutz gegen Eindringen von festen Fremdkörpern mit einem Durchmesser größer als 50 mm (große Fremdkörper)[1] Kein Schutz gegen absichtlichen Zugang, z. B. mit der Hand, jedoch Fernhalten großer Körperflächen
2	Schutz gegen Eindringen von festen Fremdkörpern mit einem Durchmesser größer als 12 mm (mittelgroße Fremdkörper)[1] Fernhalten von Fingern oder ähnlichen Gegenständen
3	Schutz gegen Eindringen von festen Fremdkörpern mit einem Durchmesser größer als 2,5 mm (kleine Fremdkörper)[1), 2] Fernhalten von Werkzeugen, Drähten oder Ähnlichem von einer Dicke größer als 2,5 mm
4	Schutz gegen Eindringen von festen Fremdkörpern mit einem Durchmesser größer als 1 mm (kornförmige Fremdkörper)[1), 2] Fernhalten von Werkzeugen, Drähten oder Ähnlichem von einer Dicke größer als 1 mm
5	Schutz gegen schädliche Staubablagerungen. Das Eindringen von Staub ist nicht vollkommen verhindert; aber der Staub darf nicht in solchen Mengen eindringen, dass die Arbeitsweise des Betriebsmittels beeinträchtigt wird (staubgeschützt)[3] Vollständiger Berührungsschutz
6[4]	Schutz gegen Eindringen von Staub (staubdicht) Vollständiger Berührungsschutz

[1] Bei Betriebsmitteln der Schutzgrade 1 bis 4 sind gleichmäßig oder ungleichmäßig geformte Fremdkörper mit drei senkrecht zueinander stehenden Abmessungen größer als die entsprechenden Durchmesser-Zahlenwerte am Eindringen gehindert.

[2] Für die Schutzgrade 3 und 4 fällt die Anwendung dieser Tabelle auf Betriebsmittel mit Abflusslöchern oder Kühlluftöffnungen in die Verantwortung des jeweils zuständigen Fachkomitees.

[3] Für den Schutzgrad 5 fällt die Anwendung dieser Tabelle auf Betriebsmittel mit Abflusslöchern in die Verantwortung des jeweiligen Fachkomitees.

[4] In der EN 60034-5 ist dieser Schutzgrad für umlaufende elektrische Maschinen nicht definiert

Zweite Kennziffer	**Schutzgrad** (Wasserschutz)
0	Kein besonderer Schutz
1	Schutz gegen tropfendes Wasser, das senkrecht fällt. Es darf keine schädliche Wirkung haben (Tropfwasser).
2	Schutz gegen tropfendes Wasser, das senkrecht fällt. Es darf bei einem bis zu 15° gegenüber seiner normalen Lage gekippten Betriebsmittel (Gehäuse) keine schädliche Wirkung haben (schrägfallendes Tropfwasser).
3	Schutz gegen Wasser, das in einem beliebigen Winkel bis 60° zur Senkrechten fällt. Das Wasser darf keine schädliche Wirkung haben (Sprühwasser).
4	Schutz gegen Wasser, das aus allen Richtungen gegen das Betriebsmittel-Gehäuse spritzt. Es darf keine schädliche Wirkung haben (Spritzwasser).
5	Schutz gegen einen Wasserstrahl aus einer Düse, der aus allen Richtungen gegen das Betriebsmittel (Gehäuse) gerichtet wird. Das Wasser darf keine schädliche Wirkung haben (Strahlwasser).
6	Schutz gegen schwere See oder starken Wasserstrahl. Wasser darf nicht in schädlichen Mengen in das Betriebsmittel (Gehäuse) eindringen (Überfluten).
7	Schutz gegen Wasser, wenn das Betriebsmittel (Gehäuse) unter festgelegten Druck- und Zeitbedingungen in Wasser getaucht wird. Wasser darf nicht in schädlichen Mengen eindringen (Eintauchen).
8[1]	Das Betriebsmittel (Gehäuse) ist geeignet zum dauernden Untertauchen in Wasser bei Bedingungen, die durch den Hersteller zu beschreiben sind (Untertauchen).

[1] Dieser Schutzgrad bedeutet normalerweise ein luftdicht verschlossenes Betriebsmittel. Bei bestimmten Betriebsmitteln kann jedoch Wasser eindringen, sofern es keine schädliche Wirkung hat.

Gleichstrom- und Drehstrommaschinen werden oft in IP 23 innenbelüftet oder in IP 44 bzw. IP 54 oberflächenbelüftet ausgeführt. In Schutzart IP 44 oder IP 54 sind sie erheblich größer und somit teurer als in IP-23-Ausführung, bezogen auf das gleiche Wellendrehmoment.

Strombemessung für Asynchronmotoren:

Die Anschlussleitungen sind entsprechend DIN EN 60204-1 zu bemessen. Beim Anschluss am Klemmbrett sind die Anschlussleitungen mit Leitungsschuhen passend zu den Abmessungen der Klemmenbolzen auszuwählen. Die Strombelastbarkeit nach DIN EN 602011 für PVC-isolierte Leitungen mit Kupferleiter bei einer Umgebungstemperatur 40 °C und Verlegeart C (Kabel und Leitungen an Wänden und Kabelpritschen) zeigt Tabelle 1.

Korrekturfaktoren bezüglich Umgebungstemperatur (≠ 40 °C) und Verlegeart sind der DIN EN 602011 zu entnehmen.

Tabelle 1: Querschnitte für Motorzuleitungen

I_{eff} in [A] Verlegeart bei 40 °C				Erforderlicher Querschnitt A in [mm²]
B1	B2	C	E	
10,4	6,9	11,7	11,5	1
13,5	12,2	15,2	16,1	1,5
18,3	16,5	21	22	2,5
25	23	28	30	4
32	29	36	37	6
44	40	50	52	10
60	53	66	70	16
77	67	84	88	25
97	83	104	114	35
–	–	123	123	50
–	–	155	155	70
–	–	192	192	95
–	–	221	221	120

Bauformen

Die Bauformen elektrischer Maschinen sind in DIN EN 60034-7; VDE 0530-7 festgelegt. Eine Auswahl unterschiedlicher Bauformen zeigt **Tabelle 2**.

Tabelle 2: Bauformen elektrischer Maschinen nach EN 60034-7

Bauform		Erklärung				
Kurzzeichen	Bild	Lagerung	Ständer (Gehäuse)	Welle	Allgemeine Ausführung	Befestigung oder Aufstellung
IM[1] B3	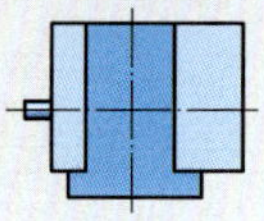	2 Lagerschilde	mit Füßen	freies Wellenende	keine	Aufstellung auf Unterbau
IM B6	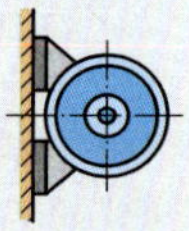	2 Lagerschilde	mit Füßen	freies Wellenende	Bauform B3, nötigenfalls Lagerschilde um 90° gedreht	Befestigung an der Wand
IM B7	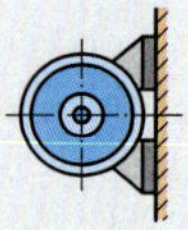	2 Lagerschilde	mit Füßen	freies Wellenende	Bauform B3, nötigenfalls Lagerschilde um 90° gedreht	Befestigung an der Wand
IM B8	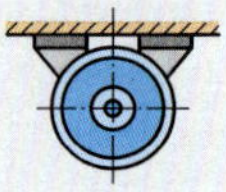	2 Lagerschilde	mit Füßen	freies Wellenende	Bauform B3, nötigenfalls Lagerschilde um 180° gedreht	Befestigung an der Decke
IM V1	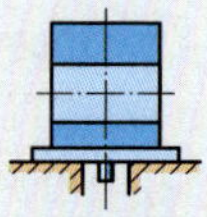	2 Lagerschilde	ohne Füße	freies Wellenende	Befestigungsflansch in Lagernähe auf Antriebsseite, Zugang von der Gehäuseseite	Flanschenanbau unten
IM V5	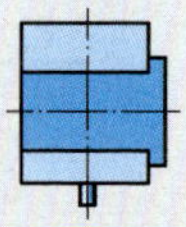	2 Lagerschilde	mit Füßen	freies Wellenende	keine	Befestigung an der Wand oder auf Unterbau

[1] IM International Mounting/internationale Montage

9.2.10 Einsatz eines variablen Antriebes in einer Applikation

Aufgabenstellung: Das Verschieben eines Gegenstandes von einer Bandpalette in eine exakte Endposition **(Bild 1)** soll automatisiert werden. Durch Optimierung der Positioniereinheit ergibt sich der in **Bild 2** dargestellte Verlauf von Geschwindigkeit und Beschleunigung. So erreicht der Motor z.B. am Ende des Zeitintervalls 0-t_1 (0,4 s) die Geschwindigkeit v = 0,6 m/s. Die Beschleunigung ist in diesem Zeitraum konstant mit a = 1,5 m/s². Die Positioniereinheit soll an einem 400-V-/50-Hz-Netz betrieben werden. Mithilfe einer Bemessungssoftware (z.B. Tools Sizer Fa. Siemens) kann der Motortyp bestimmt werden. Dazu sind folgende Daten festzulegen:

- Applikation (Fahrwerk; **Bild 1**)
- Mechanik (Eigenmasse; Durchmesser des Antriebs; Wirkungsgrad)
- Fahrkurven **(Bild 2)**
- Getriebedaten (Anbaugetriebe: Planetengetriebe)
- Lastspieldaten **(Bild 3)**
- Leistungsdaten (z.B. effektives Moment, mittlere Drehzahl etc.)
- Antriebssystem Regelungsart Servo
- Basisdaten 1: Motorgeber, Kühlart, Bremsart
- Motorgrundtyp (Servogetriebemotor mit Planetengetriebe)
- Basisdaten 2 (z.B. Rundlauftoleranz, Schutzart)
- Motorenliste (Geberauswertung; Bestelldaten)

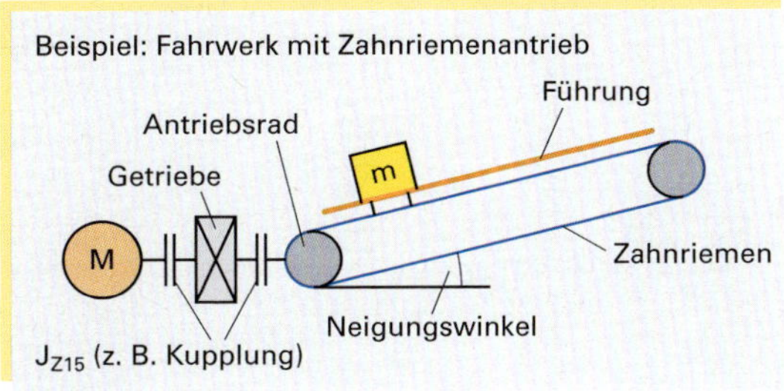

Bild 1: Fahrwerk

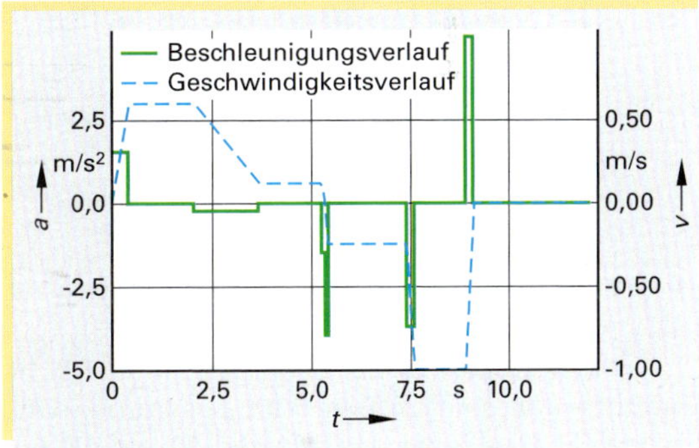

Bild 2: Fahrkurven

Aufgrund der eingegebenen Daten schlägt die Software für diese Applikation mehrere mögliche Servomotoren vor. Folgende Motordaten werden ausgegeben:

- Stillstandsmoment 1,60 Nm
- Stillstandsstrom 2,25 A
- Bemessungsdrehzahl 6000 1/min
- Maximalstrom I_{max} 1,70 A
- Bemessungsstrom 1,55 A
- Bemessungsmoment 1,10 Nm

In **Bild 4** ist deutlich zu erkennen, dass das Spitzenlastmoment wie auch das relative Lastmoment bei Effektivstrom unterhalb der Spannungsgrenzkurve liegt. Ebenso liegen die kritischen Momentpunkte unterhalb der Dauerbetriebskurve S1. Somit ist der Motor für die Applikation ausreichend dimensioniert.

Als Leistungsteil **(Bild 1, Seite 370)** wird ein Modul mit folgenden Kennwerten ausgewiesen:

- Bemessungsstrom 3,00 A
- Spitzenstrom 6,00 A
- Verfügbarer Strom 3,00 A
- Verfügbarer Spitzenstrom 6,00 A

Für den Zwischenkreis ZK werden folgende Werte angegeben:

- Erforderliche ZK-Leistung gesamt: 0,06 kW
- Erforderliche ZK-Leistung max.: 0,47 kW

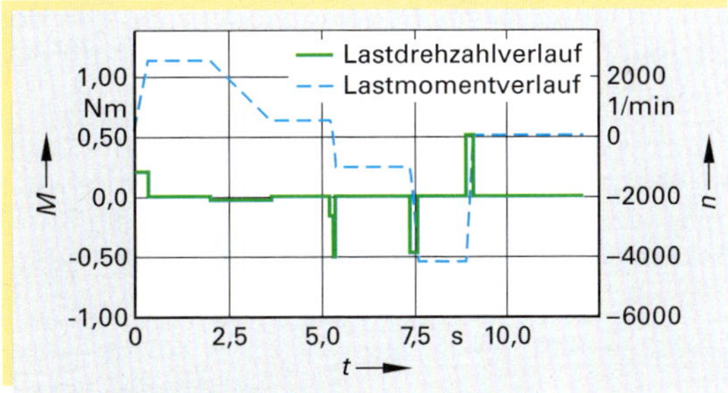

Bild 3: Lastspieldaten

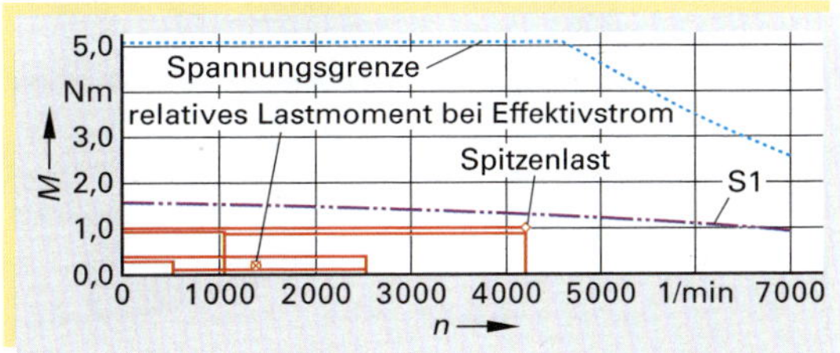

Bild 4: Motorkennlinien

Die Anschlusspläne für die ausgewählten Einheiten zeigen **Bild 1** und **Bild 2**:

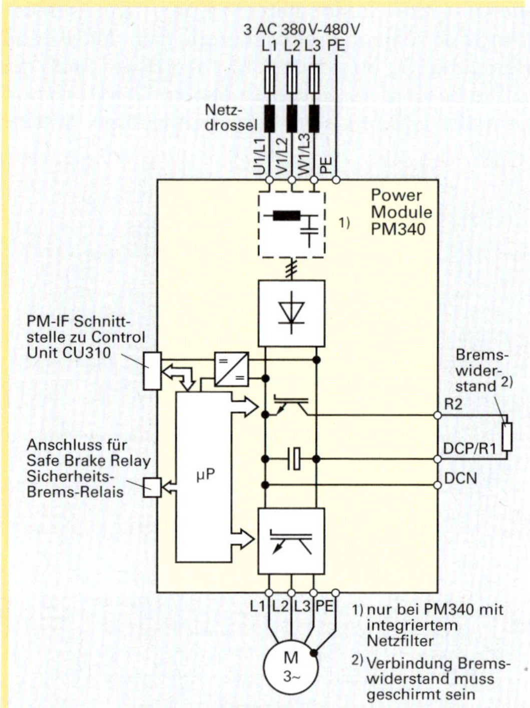

Bild 1: Exemplarischer Anschlussplan Power Module PM340

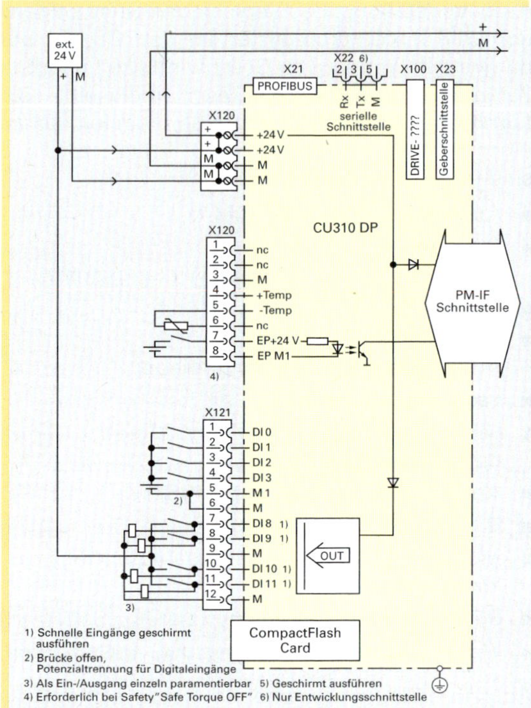

Bild 2: Anschlussplan Control Unit CU310 DP

Die in den **Bildern 1 bis 3** dargestellten Einzelkomponenten sind im **Bild 5** im Zusammenhang dargestellt. Das Power Module PM340, ein AC-AC-Umrichter, kommuniziert über die PM-IF-Schnittstelle mit der Control Unit CU310 DP. Diese Control Unit ist eine zentrale Regelungsbaugruppe, in der die Regelungs- und Steuerungsfunktionen für das Power Module realisiert sind.

PM-IF (Power Module Interface) ist die Schnittstelle, über die Umrichter und Regelungsbaugruppe miteinander kommunizieren. Bild 4 zeigt die Kompaktbauweise von Control Unit und Powermodul.

Bild 3: Motor

Bild 4: Control Unit

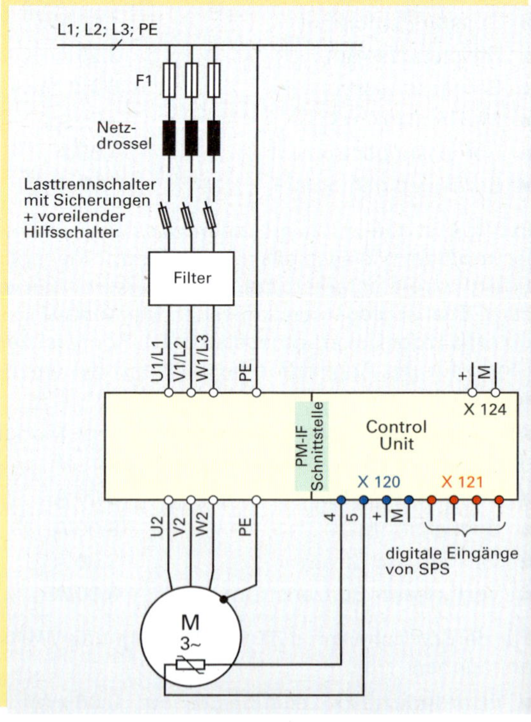

Bild 5: Verdrahtung CU310 DP und PM340

Arbeitsauftrag:

1. Ein Drehstrom-Kurzschlussläufermotor wird am Netz 3 x 400 V, 50 Hz betrieben. Seine zulässige Strangspannung beträgt 230 V.

1.1. Wie müssen die Wicklungen am Klemmbrett geschaltet werden?

1.2. Zeichnen Sie das Motorklemmbrett mit Klemmenbezeichnungen, Brücken und Netzanschluss für Rechtslauf.

2. Ein Drehstromkurzschlussläufermotor mit dem Leistungsschild **Bild 1** wird mit Bemessungsleistung betrieben und treibt eine Arbeitsmaschine über eine Riemenscheibe mit 120 mm Durchmesser an.

2.1. Bestimmen Sie Polzahl und Schlupf.

2.2. Berechnen Sie die auf dem Leistungsschild fehlende Stromangabe für Sternbetrieb.

2.3. Berechnen Sie den Motorwirkungsgrad.

2.4. Bestimmen Sie das Drehmoment.

2.5. Welche Kraft *F* wirkt am Umfang der Riemenscheibe?

Hersteller	
3~ Motor	Nr.:
△ /Y 400 V/690 V	10,7 A / .... A
5,5 kW S1	cos φ 0,88
1450 /min	50 Hz
Is. Kl. B IP 54	DIN VDE 0530

Bild 1: Leistungsschild

3. Nennen Sie die Betriebsart für den Motor **Bild 1** und den Schutzumfang gegen Berühren, Fremdkörper sowie gegen Eindringen von Wasser.

4. Wie unterscheiden sich Gleichstromnebenschlussmotor und Gleichstromreihenschlussmotor

4.1. im Drehzahlverhalten bei Laständerung und Leerlauf,

4.2. im Aufbau der Erregerwicklungen,

4.3. bei Unterbrechung der Erregerwicklung?

5. Aus welchen Komponenten besteht ein drehzahlvariabler Antrieb?

5.1. Welche Motoren sind für drehzahlvariable Antriebe einsetzbar?

5.2. Welche Arten von Frequenzumrichter gibt es?

5.3. Aus welchen Komponenten ist der Frequenzumrichter aufgebaut?

5.4. Welche Aufgaben übernimmt der Zwischenkreis?

5.5. Erläutern Sie den Begriff Boost.

6. Skizzieren Sie den prinzipiellen Aufbau eines Servo-Antriebs.

6.1. Welche Motorarten sind als Servo-Motor einsetzbar?

6.2. Welche Abhängigkeit wird in Motor-Fahrkurven dargestellt?

9.3 Elektromagnetische Verträglichkeit (EMV)

Elektromagnetische Wellen sind, ohne dass der Mensch sie wahrnimmt, fester Bestandteil des täglichen Lebens. Rundfunk, Fernsehen und Handys sind z.B. drei Anwendungen, die sich ihrer bedienen. So groß der Nutzen elektromagnetischer Wellenausbreitungen auch ist, so unangenehm bzw. gefährlich können ihre Wirkungen sein, wenn sie ungewollt auf Menschen oder lebenswichtige Geräte treffen **(Tabelle 1)**. Nicht umsonst ist die Handybenutzung in Krankenhäusern und Flugzeugen untersagt. Zur Einhaltung der Vorschriften und Richtlinien bedient man sich der speziellen EMV-Messtechnik. Die CE-Kennzeichnung wurde als wichtiges Instrument für das Funktionieren des freien Warenverkehrs innerhalb des europäischen Binnenmarktes eingeführt. Mit dem Anbringen des CE- Zeichens (Abkürzung für Conformité Européen, europäische Normierung) an einem Gerät bzw. Produkt wird durch den Hersteller die Übereinstimmung mit allen für dieses Gerät anzuwendenden Richtlinien der Europäischen Union (EU) bestätigt. Die EMV-Richtlinie legt für alle elektrischen Geräte Grenzwerte fest. Dies betrifft sowohl die Strahlung, die von dem Gerät ausgeht, als auch die Strahlung, die das Gerät aushält, ohne dass Funktionsstörungen bei beiden Geräten (Sender und Empfänger) auftreten. So soll verhindert werden, dass sich zum Beispiel eine automatisierte Anlage und ein Computer gegenseitig stören.

Das CE-Zeichen muss seit 1. Januar 1996 auf allen elektrischen Geräten sichtbar angebracht werden. Damit erklärt der Hersteller, dass dieses Gerät den Richtlinien der Europäischen Union bezüglich EMV entspricht.

Elektromagnetische Verträglichkeit (EMV) liegt vor, wenn ein Gerät:

1. andere Geräte nicht stört, also Störaussendungsgrenzwerte eingehalten werden,
2. von anderen Geräten nicht gestört wird, also störfest ist.

EMV in diesem Sinne verursacht keine Beeinflussung biologischer Systeme.

Nicht kennzeichnungspflichtige Komponenten sind beispielsweise alle Arten von OEM-Baugruppen (Original Equipment Manufacturer), wie z.B. spezielle PC-Karten, Maschinensteuerungen oder Controller-Boards, die ausschließlich an Unternehmen zur Weiterverarbeitung (also zum Einbau in ein größeres System) geliefert werden. In diesem Fall ist der weiterverarbeitende Hersteller für die Einhaltung der EMV-Vorschriften eigenverantwortlich.

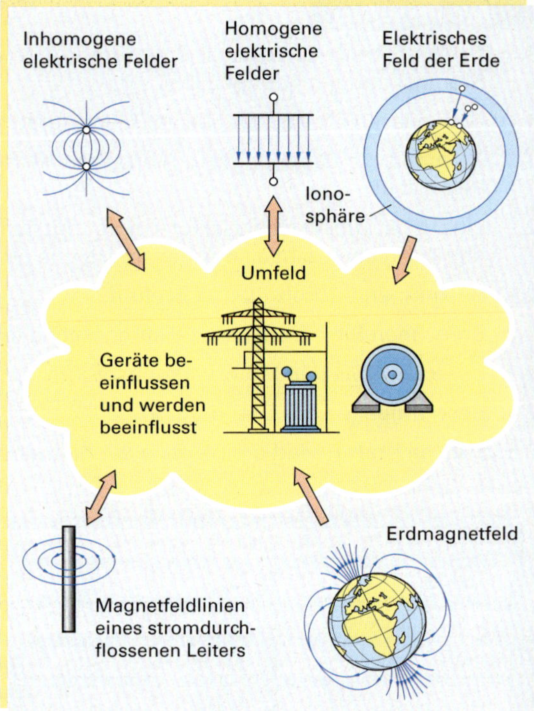

Bild 1: Elektromagnetische Störfelder

Tabelle 1: Wirkung elektrischer Felder

Elektrische Felder	Effekt
Statische elektrische Felder	Aufrichten der Haare, Elektrisierung und Entladung
Niederfrequente Felder	Reizwirkungen auf Sinnes-, Nerven- und Muskelzellen
Hochfrequente Felder	Thermische Erwärmung, Erwärmung bestimmter Körperteile durch Absorption elektromagnetischer Strahlung

Tabelle 2: Produkte, deren Betrieb duch elektromagnetische Felder nicht beeinträchtigt werden darf

(a) private Ton- und Fernsehrundfunkempfänger,
(b) Industrieausrüstungen,
(c) mobile Funkgeräte,
(d) kommerzielle mobile Funk- und Funktelefongeräte,
(e) medizinische und wissenschaftliche Apparate und Geräte,
(f) Informationstechnologische Geräte,
(g) Haushaltsgeräte und elektronische Haushaltsausrüstungen,
(h) Funkgeräte für die Luft- und Seeschifffahrt,
(i) elektronische Unterrichtsgeräte,
(j) Telekommunikationsnetze und -geräte,
(k) Sendegeräte für Ton- und Fernsehrundfunk,
(l) Leuchten und Leuchtstofflampen

Um ein weitestgehend ungestörtes Mit- und Nebeneinander von elektronischen Geräten zu gewährleisten, hat der Gesetzgeber ein umfangreiches Vorschriften- und Normungswerk geschaffen, das EMV-Gesetz (EMVG) vom November 1992. Dieses EMVG ist seit dem 01.01.1996 uneingeschränkt in Deutschland gültig und setzt EU-Recht in deutsches Recht um. In ihm sind Grenzwerte für Emissionen elektrischer und magnetischer Felder und Störfestigkeit festgelegt. Die Einhaltung dieser Normen kann durch Messungen z. B. in einem EMV-Messlabor überprüft werden. Weltweit gelten die IEC Normen, für die EU sind die europäischen Normen (EN), welche von der CENELEC definiert werden, maßgebend.

Nach CENELEC (European Committee for Electrotechnical Standardization, Europäisches Komitee für Elektrotechnische Normung) werden drei Arten von Normen unterschieden:

Tabelle 1: Normen

Basic-Normen	Die Grundnormen definieren Mess- und Prüfverfahren für verschiedene EMV-Phänomene.
Generic-Normen	Die Fachgrundnormen legen minimale Anforderungen für Geräte in einer gewissen Umgebung fest. Sie definieren nach welchen Basic-Normen getestet wird und bei welchen Prüfgrößen.
Produktnormen	Für spezifische Produkte (zum Beispiel „Informationstechnische Einrichtungen") gibt es Produktnormen, welche die Prüfanforderungen angeben. Die Produktnorm hat vor der Generic-Norm Vorrang.

Wie schon erwähnt, kennzeichnet das **CE-Kennzeichen** ein Produkt, das von einem Hersteller aus seiner Sicht die Sicherheits- und Gesundheitsanforderungen der jeweils zutreffenden Richtlinien der Europäischen Normungsorganisation erfüllt. Durch die Ausstellung einer **Konformitätserklärung** muss der Hersteller dies dokumentieren. Inhaltlich enthält die Konformitätserklärung das Fabrikat mit Typenbezeichnung und Hersteller sowie die Aufzählung der betroffenen (EU-)Richtlinien und (EU-)Normen oder nationalen Normen.

Die CE-Kennzeichnung gilt nur für solche Produkte, die in den Anwendungsbereich einer EU-Richtlinie fallen. Ohne CE-Kennzeichen dürfen entsprechende Anlagen, Bauteile, Geräte und Produkte nicht in den Verkehr gebracht werden.

Das CE-Kennzeichen ist jedoch kein Qualitäts- oder Gütezeichen.

Tabelle 2: Auszug aus dem Amtsblatt der Europäischen Union

Europäische Normungsorganisation	Bezug und Titel der Norm (Bezugsdokument)
CENELEC DIN EN 61000-3-3 VDE 0838-3	Elektromagnetische Verträglichkeit (EMV) – Teil 3-3: Grenzwerte – Begrenzung von Spannungsänderungen, Spannungsschwankungen und Flicker (elektrische Störung anderer Verbraucher = FLICKER) in öffentlichen Niederspannungs-Versorgungsnetzen für Geräte mit einem Bemessungsstrom ≤ 16 A je Leiter, die keiner Sonderanschlussbedingung unterliegen (IEC 61000-3-3)
CENELEC DIN EN 61000-6-1 VDE 0839-6-1	Elektromagnetische Verträglichkeit (EMV) – Teil 6-1: Fachgrundnormen – Störfestigkeit – Wohnbereich, Geschäfts- und Gewerbebereiche sowie Kleinbetriebe (IEC 61000-6-1:1997 (modifiziert))
CENELEC DIN EN 61131-2 VDE 0411-500	Speicherprogrammierbare Steuerungen – Teil 2: Betriebsmittelanforderungen und Prüfungen (IEC 61131-2:1992)

9.3.1 EMV-Messungen

Zur Überwachung der Grenzwerte werden folgende Prüfungen und Messungen durchgeführt:

Störfestigkeitsprüfung (nach DIN EN 61000 Teil 4)

- gegen Entladung statischer Elektrizität bis 16 kV (Teil 4-2)
- gegen elektromagnetische Felder von 27 MHz bis 1000 MHz, bei einer elektrischen Feldstärke bis zu 10 V/m (Teil 4-3)
- gegen schnelle transiente (zeitlich vorübergehend) Störgrößen (Brust) bei 5 kHz bis 4 kV (Teil 4-4)
- gegen leitungsgeführte Störgrößen mit Frequenzen von 0,25 MHz bis 230 MHz, bei einer Spannung bis 30 V (Teil 4-6)
- gegen Magnetfelder energietechnischer Frequenz bei 50 Hz bis zu einer magnetische Feldstärke 300 A/m (Teil 4-8)

Störaussendungsmessungen

- Störspannungsmessung (bis 500 A pro Außenleiter)
- Störleistungsmessung
- Störstrahlungsmessung
- Messung der Einfügungsdämpfung
- Störstrahlung magnetisch

  Messung von Oberschwingungen und Flicker

  Prüfungen und Messungen werden sowohl im Prüflabor als auch vor Ort durchgeführt

Bild 1: TP-Kabel

9.3.2 EMV-Schutzmaßnahmen

- Erdung (durch großflächige Masse, z.B. durch Festschrauben an metallische Montageplatte des Schaltschrankes)
- Schirmung (der Schirm eines Zuleitungskabels mit einer Metallklemme als Erdverbindung; z.B. bei Twisted Pair-Kabel, TP-Kabel, **Bild 1**)
- Filterung (Ein EMV-Filter ist grundsätzlich ein Tiefpass aus Widerstand und Kondensator, **Bild 2**)

  R = Widerstand
  C = Kondensator
  U_e = Eingangsspannung (frequenzbehaftet)
  U_a = Ausgangsspannung

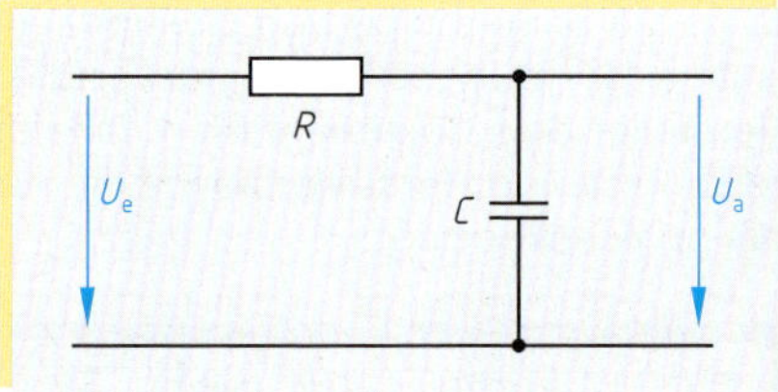

Bild 2: Tiefpass

Elektrische und magnetische Felder stehen in engem Zusammenhang. Elektrische Felder bewegen elektrische Ladungen, bewegte elektrische Ladungen erzeugen magnetische Felder und magnetische Wechselfelder erzeugen elektrische Felder (Induktion). Diese wechselseitige enge Verknüpfung ist umso stärker, je schneller die Feldänderungen erfolgen, je höher also die Frequenz ist. Bei hohen Frequenzen über 30 kHz kann daher das elektrische und das magnetische Feld nicht mehr einzeln betrachtet werden. Man spricht nun von elektromagnetischen Feldern.

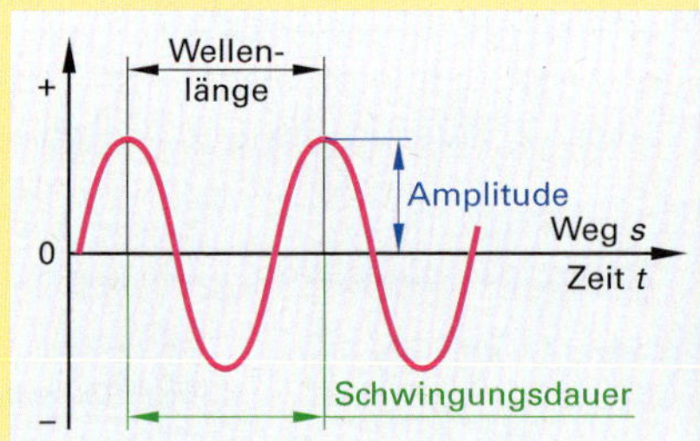

Bild 3: Zeitlicher Verlauf einer sinusförmigen Welle

Elektromagnetische Felder können sich von der Quelle, z.B. einer Antenne, lösen und sich im Raum über große Entfernungen ausbreiten. Diese Eigenschaft wird zur Übertragung von Informationen z.B. beim Mobilfunk genutzt. Die Intensität der Welle kann an jedem Ort als elektrische und/oder magnetische Feldstärke angegeben werden. Die einfachste und zugleich am häufigsten vorkommende Wellenform ist die sinusförmige Welle **(Bild 3)**.

Neben der sinusförmigen Welle werden in der Technik auch andere Wellentypen wie Rechteckimpulse oder modulierte Signale eingesetzt **(Bild 4)**.

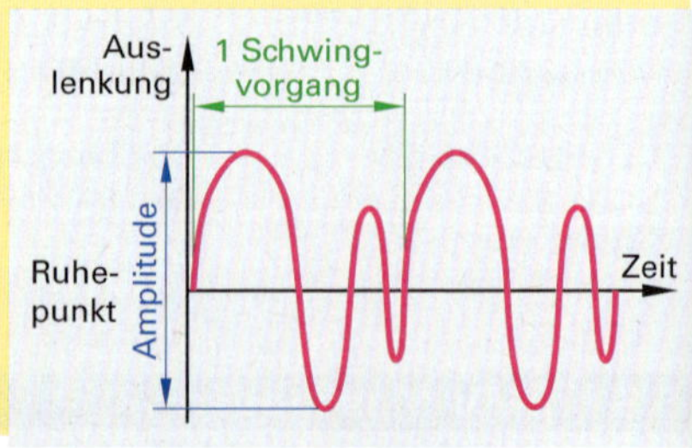

Bild 4: Moduliertes Signal

9.3.3 Frequenzspektrum elektromagnetischer Felder

Elektromagnetische Wellen bzw. Felder und Strahlen umfassen einen weiten Frequenzbereich **(Bild 1)**.

Als **Niederfrequenz** wird der Bereich bis etwa 100 kHz bezeichnet, der **Hochfrequenzbereich** umfasst den Bereich von 100 kHz bis 300 GHz. Der Bereich von 300 MHz bis 300 GHz wird als **Mikrowellenbereich** bezeichnet.

Die ionisierenden UV-, Röntgen- oder Gamma-Strahlen tragen eine hohe elementare Energie und können die Bindungen zwischen Atomen und Molekülen im Körper auflösen.

Tabelle 1 zeigt Abstrahlungsquellen elektromagnetischer Wellen mit Amplituden- (A), Frequenz- (F) und Phasenmodulation (P).

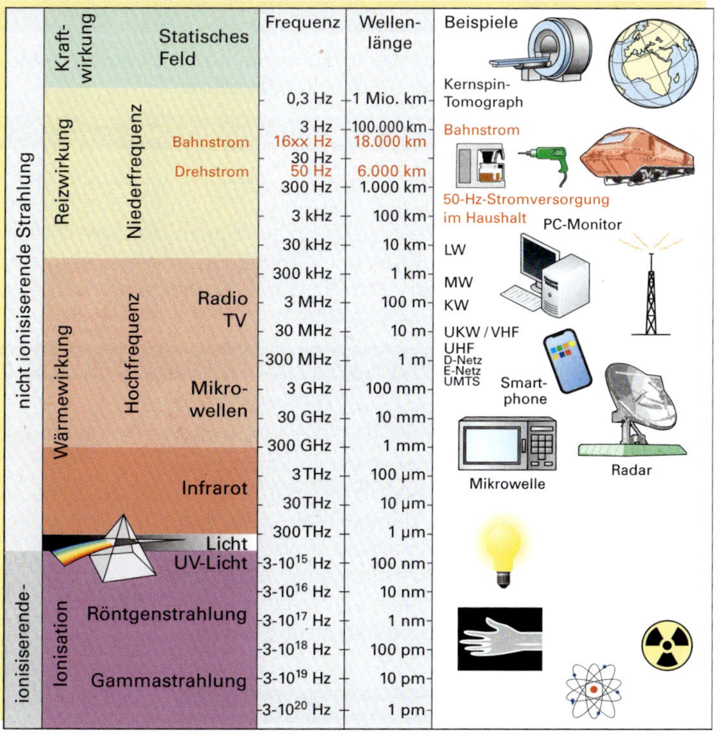

Bild 1: Frequenzspektrum ionisierender und nichtionisierender Strahlen

Tabelle 1: Funksendeanlagen mit Frequenzbereich und Sendeleistung

Quelle	Frequenz/ Modulation A, F, P	Abstand	Typische Werte für die Exposition	Bemerkungen
Mittelwelle	1,4 MHz (A)	50 m 300 m	21 W/m² 537 W/m²	Leistung 1,8 MW
Kurzwelle	6 – 10 MHz (A)	50 m 220 m	2 W/m² 20 W/m²	Leistung 750 kW
CB-Funk, Walkie-Talkies	27 MHz (A)	5 cm 12 cm	bis 200 W/m² bis 20 W/m²	Leistung wenige Watt
Rundfunksender (UKW)	87,5 – 108 MHz (F)	ca. 1,5 km	< 0,05 W/m²	bis 100 kW
VHF-TV UHF-TV	174 – 216 MHz (A, F) 470 – 890 MHz (A, F)	ca. 1,5 km ca. 1,5 km	< 0,02 W/m² < 0,005 W/m²	100 – 300 kW Leistung bis 5 MW
Mobilfunk D-Netz	900 MHz (P)	2 – 5 km	< 10 W/m²	
Sendemasten D-Netz	900 MHz (P)	> 50 m	< 0,01 W/m² < 0,001 W/m²	im Freien in Gebäuden
Mobilfunk E-Netz Handys	1,8 GHz (P)	1-5 km	< 5 W/m²	
Sendemasten E-Netz	1,8 GHz (P)	> 10 m	< 0,05 W/m² < 0,0005 W/m²	im Freien in Gebäuden
Mobilfunk UMTS Handys	1,8 – 2 GHz (P)	2 – 50 cm	< 10 W/m²	Schätzung
Sendemasten UMTS	1,8 – 2 GHz (P)	> 50 m	< 0,05 W/m²	Schätzung
Schnurlose Telefone	1,9 GHz (P)	1 – 5 cm	< 0,5 W/m²	
HF-Belastung in Ballungsgebieten	Rundfunk-, Fernsehsender Mobilfunk		0,0005 W/m² 0,1 – 0,4 W/m²	Durchschnittswert an einigen Orten in Großstädten der BRD (1985)
Mikrowellenkochgerät	2,45 GHz (ohne)	0,3 m 0,5 m 1 m	< 10 W/m² < 5 W/m² < 1 W/m²	Worste case angenommen, d.h. 50 W/m² in 5 cm Abstand erreicht
Diebstahlsicherung	0,9 – 10 GHz (P, A, F)		< 0,002 W/m²	im Nutzstrahl
Verkehrsradar	0 – 35 GHz (P)	3 m 10 m	< 0,25 W/m² < 0,01 W/m²	Leistung 0,5 – 100 mW
Flugüberwachungs- und Militärradars	1 – 10 GHz (P)	0,1 – 1 km > 1 km	0,1 – 10 W/m² < 0,5 W/m²	Leistung 0,2 – 20 kW

9.4 Schutzmaßnahmen

In der Elektrotechnik werden alle Vorkehrungen zum Schutz von Menschen und Tieren gegen einen elektrischen Schlag als **Schutzmaßnahmen** bezeichnet.

9.4.1 Sicherheit in Niederspannungsanlagen

Pro Jahr verlieren in der Bundesrepublik Deutschland ca. 60 Menschen ihr Leben durch einen Unfall mit elektrischem Strom. Etwa 80 % der Stromunfälle finden im privaten Umfeld statt. Die Gründe dafür sind meist Unachtsamkeit, Unwissenheit und auch nicht fachgerechte, meist von Laien errichtete, elektrische Anlagen. Im gewerblichen Bereich liegen die Gründe häufig in einsetzender Routine und der Tatsache, dass „noch nie etwas passiert ist". Die Gefährlichkeit einer Körperdurchströmung ist von der Stromstärke und der Einwirkdauer abhängig **(Bild 2)**.

9.4.1.1 Wirkungen des elektrischen Stroms auf den Organismus

Die Nervensignale aller Lebewesen sind Stromimpulse vom Gehirn zu den Muskeln. Externe Ströme **(Bild 1)** verursachen im Körper physiologische Wirkungen, wie zu Beispiel Muskelverkrampfungen, Herzkammerflimmern und Atemstillstand. An den Stromein- und Austrittsstellen sind physikalische Wirkungen in Form von Verbrennungen sichtbar. Im Körper selbst sind chemische Wirkungen in Form von Flüssigkeitsverlusten durch Zersetzung die Folge.

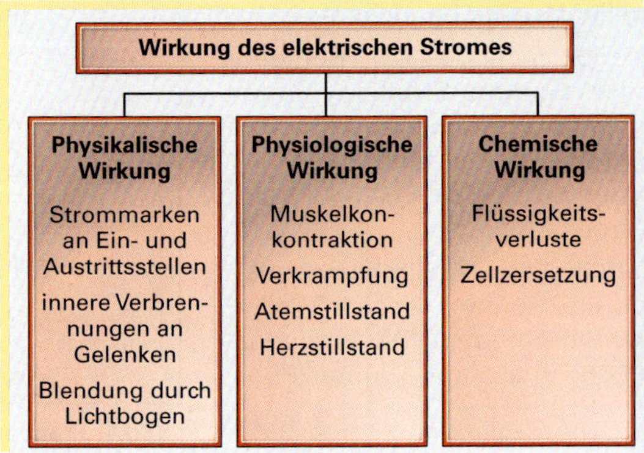

Bild 1: Wirkungen des elektrischen Stromes

9.4.1.2 Fünf Sicherheitsregeln

Das sichere Arbeiten an elektrischen Anlagen wird durch die Einhaltung der 5 Sicherheitsregeln gewährleistet. Diese sind in DIN VDE 0105 und **DGUV** Vorschrift 3 (**D**eutsche **G**esetzliche **U**nfall**v**ersicherung) beschrieben. Im Niederspannungsbereich bis U_N = 1 kV finden meist nur die ersten drei Sicherheitsregeln Anwendung.

Das **Freischalten** muss allpolig, in der Regel am Überstromschutzorgan, erfolgen. Bei Schmelzsicherungen wird der Schmelzeinsatz entnommen. Oftmals bleibt dadurch auch die Schraubkappe demontiert. Hierbei besteht jedoch die Gefahr, dass am Fußkontakt Spannung führende Teile berührt werden können. Bei automatischen Sicherungen wird der Kipphebel nach unten umgelegt. An manchen Anlagen kann das Freischalten auch über einen Hauptschalter erfolgen.

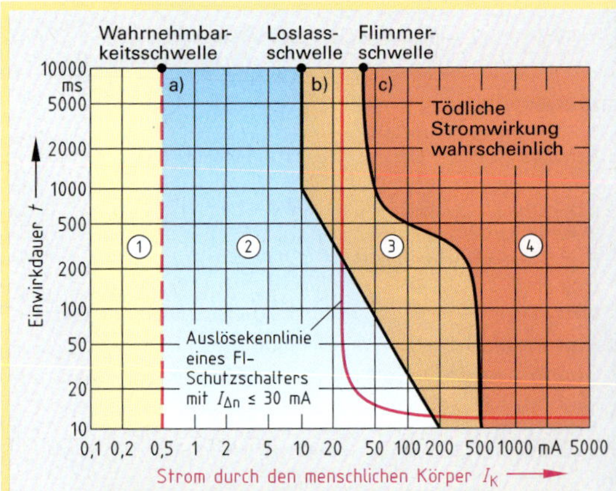

Bereich	Körperreaktionen
①	Keine Reaktion des Körpers
②	Keine gefährliche Wirkung
③	Gefahr von Herzkammerflimmern
④	Herzkammerflimmern ist möglich

Bild 2: Wirkungsbereiche bei Wechselstrom nach IEC 479

Für jedes Überstromschutzorgan existieren sichere Lösungen zum **Schutz gegen Wiedereinschalten**. Das Symbol „NICHT SCHALTEN" gemäß DGUV Information 211-041 ist hierbei immer klar erkennbar. Erfolgt das Freischalten über einen Leitungsschutzschalter, so bietet jeder namhafte Hersteller eine individuelle Lösung für sein Produkt zum Schutz gegen Wiedereinschalten **(Bild 1, Seite 377)** an. Diese sind farblich sehr auffällig. Sie werden auf den Leitungsschutzschalter aufgesetzt und durch ein kleines Bügelschloss gesichert. Somit kann ein versehentliches Wiedereinschalten ausgeschlossen werden. Ebenfalls universell einsetzbar sind Klebeetiketten mit dem Symbol „NICHT SCHALTEN". Der zum Wiedereinschalten berechtigte Facharbeiter trägt seinen Namen auf dem Klebeetikett ein.

Weiterhin sind zahlreiche Warnschilder **(Bild 2)** als Schutz gegen Wiedereinschalten verfügbar. Diese können beispielsweise mit Magnetklebestreifen an der Verteilertür angebracht werden.

Erfolgt das Freischalten über einen Hauptschalter, so lässt sich mit einem handelsüblichen Bügelschloss das Wiedereinschalten recht wirksam verhindern.

Spannungsfreiheit feststellen

Weshalb muss nach dem Freischalten und dem Schutz gegen Wiedereinschalten noch die Spannungsfreiheit festgestellt werden? Hierfür gibt es ein breites Spektrum an Gründen:

- War das Überstromschutzorgan richtig beschriftet?
- Sind die Revisionsunterlagen aktuell?
- Existieren unbekannte Querverbindungen?
- Wurde ein Kabel oder eine Leitung verwechselt?
- Sind geladene Kondensatoren im Gerät verbaut?
- Ist eine Ersatzstromversorgung vorhanden?
- ...

Vom **Feststellen der Spannungsfreiheit** ist unsere Gesundheit und auch unser Leben abhängig. Daher sind im Niederspannungsbereich bis 1000 Volt ausschließlich zweipolige Spannungsmessgeräte zulässig. Vor jedem Gebrauch sind die Spannungsmessgeräte durch den Nutzer zu überprüfen. Dies kann sehr einfach an einer Schuko-Steckdose erfolgen.

Das **Erden und Kurzschließen** erfolgt in der Regel bei Arbeiten an Mittel- und Hochspannungsanlagen. Damit ein Erdungs- und Kurzschließseil fachgerecht angebracht werden kann, müssen an der elektrischen Anlage Erdungsfestpunkte oder Kugelfestpunkte vorhanden sein. Das **Erden und Kurzschließen** freigeschalteter Zuleitungen, welche über NH-Sicherungen geführt sind, kann mithilfe von NH-Erdungspatronen **(Bild 3)** erfolgen.

Befinden sich im Gefahrenbereich aktive Teile, so sind diese mit nitrosaminfreien Isoliermatten nach EN 61112 (VDE 0682-511) gemäß der fünften Sicherheitsregel, **Benachbarte unter Spannung stehende Teile abdecken oder abschranken,** abzudecken. Zur Befestigung der Isoliermatten werden nach VDE 0680 geprüfte Kunststoffklemmen verwendet.

Zur Vermeidung von Stromunfällen sind die Fünf Sicherheitsregeln immer anzuwenden.

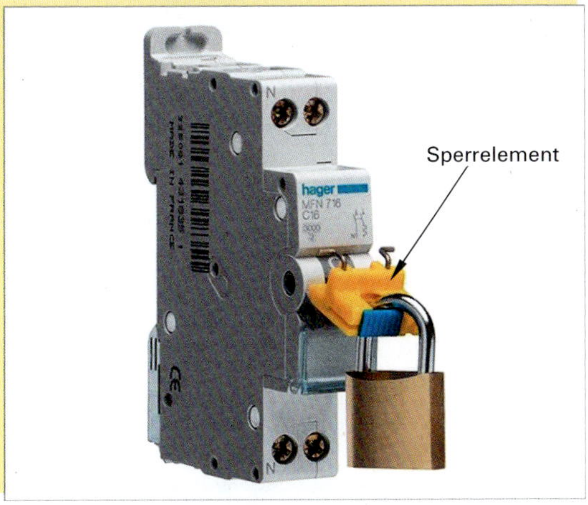

Bild 1: LSS mit Sperrelement

Bild 2: Nicht schalten

Bild 3: NH Erdungspatrone

9.4.1.3 Hilfsmaßnahmen bei Unfällen

Sollte trotz der Einhaltung der 5 Sicherheitsregeln **(Seite 379, Bild 1)** ein Mensch einen Stromunfall erleiden, so darf dieser – sofern er sich noch im Fehlerstrom befindet – durch den Ersthelfer nicht berührt werden. Um Folgeunfälle zu vermeiden, muss zuerst die Spannungsversorgung abgeschaltet werden. Danach wird bei dem Verunfallten die Atmung kontrolliert und bei Bedarf die Wiederbelebung eingeleitet. Bei allen Stromunfällen müssen Spätfolgen durch Funktionsstörungen des Herzens befürchtet werden. Diese Tatsache macht eine ärztliche Vorstellung unumgänglich **(Bild 1)**.

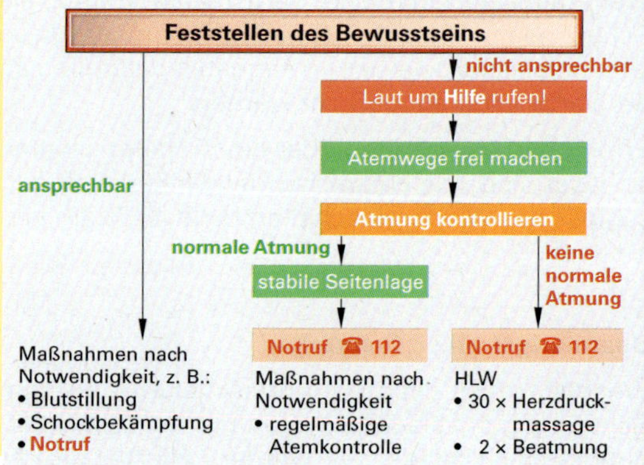

Bild 1: Elektrische Unfälle

9.4.1.4 Direktes und indirektes Berühren

In der DIN VDE 0100-200 sind die Begriffe **direktes Berühren** und **indirektes Berühren** definiert:

Beim **direkten Berühren (Bild 2a)** kommt der menschliche Körper mit einem betriebsmäßig unter Spannung stehenden Teil in Kontakt.

Das **indirekte Berühren (Bild 2b)** wird meist durch einen Isolationsfehler oder einen Körperschluss ermöglicht. Dadurch liegt an betriebsmäßig spannungsfreien Teilen, beispielsweise Gehäuse, eine Spannung an.

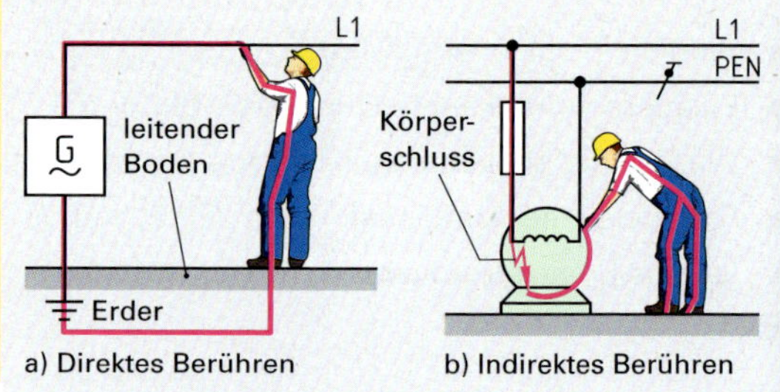

Bild 2: Direktes und indirektes Berühren

9.4.1.5 Fachbegriffe

Elektrische Betriebsmittel	Elektrische Betriebsmittel erzeugen, übertragen, verteilen und wenden elektrische Energie an.
Elektrische Verbrauchsmittel	Elektrische Verbrauchsmittel wandeln elektrische Energie in eine andere Energie (kinetische Energie, Wärmeenergie, ...) um.
Aktive Teile	An aktiven Teilen liegt im ungestörten Betrieb eine Spannung an.
Leiter	Leiter transportieren die elektrische Energie. In der Regel sind Leiter aus Kupfer.
Körper	Ist ein leitfähiges berührbares Teil eines elektrischen Betriebsmittels.
Körperschluss	Stellt eine ungewollte Verbindung zwischen einem Leiter und einem Körper her.
Kurzschluss	Stellt eine ungewollte, nahezu widerstandslose, Verbindung zwischen den zwei Polen einer Spannungsquelle dar.
Außenleiterschluss	Stellt eine ungewollte, nahezu widerstandslose, Verbindung zwischen zwei oder mehreren Außenleitern dar.
Erdschluss	Stellt eine ungewollte elektrische Verbindung zum Erdpotenzial dar.
Isolationsfehler	Fehlerhafter Zustand der Isolierung eines aktiven Teiles.
Fehlerstrom	Durch einen Isolationsfehler zum Fließen kommender Strom.
Schleifenimpedanz	Summe aller Impedanzen, die sich im Fehlerstromkreis befinden.

9.4.2 Sicherheitsbestimmungen für Niederspannungsanlagen

Die Muskeln aller Lebewesen werden vom Gehirn über elektrische Impulse aktiviert. Gehirnströme liegen im Bereich von Nano Ampere (10^{-9} A). Ein Strom mit einer Stärke von $I = 1$ A ist also 1 Milliarde mal stärker als Hirnströme! Wie im Bild 2 auf Seite 376 dargestellt, haben bei Menschen externe Ströme, abhängig von der Einwirkzeit, unterschiedliche Folgen. Stromstärken über 30 mA können bereits zum Tode führen.

Um elektrische Gefährdungen zu vermeiden, wurde daher für das Errichten, Ändern, Instandsetzen und Warten von elektrischen Anlagen ein umfassendes Vorschriftenwerk erlassen. Daher wird im § 49 des **En**ergie**w**irtschafts**g**esetzes (EnWG) auf die Einhaltung des VDE-Regelwerkes hingewiesen. Die Deutsche Gesetzliche Unfallversicherung hat für dort versicherte Personen unter anderem für Arbeiten an elektrischen Anlagen zahlreiche Vorschriften und Regeln veröffentlicht. Für alle Menschen in der Bundesrepublik Deutschland sind die technischen Regeln für Arbeitsstätten der **B**undesanstalt für **A**rbeitsschutz **u**nd **A**rbeitsmedizin **(BAUA)** verbindlich.

Bild 1: Fünf Sicherheitsregeln

9.4.2.1 Zulässige Berührungsspannung

Der Stromfluss durch den menschlichen Körper ergibt sich aus der Berührungsspannung und dem Körperwiderstand **(Bild 2)**. Dieser ist unter anderem vom Stromweg durch den Körper abhängig. Neben dem eigentlichen Körperwiderstand R_K, sind auch die Übergangswiderstände $R_{Ü1}$ und $R_{Ü2}$ an den Ein- und Austrittsstellen von großer Bedeutung. Die Übergangswiderstände hängen beispielsweise stark von der Hautbeschaffenheit ab. Bei trockener Haut sind diese höher als bei feuchter Haut. Es wäre falsch, anzunehmen, dass Schuhe mit Gummisohle/Turnschuhe oder ein Betonboden einen unendlich hohen Übergangswiderstand besitzen. Auch hier kann es zu lebensgefährlichen Körperdurchströmungen kommen.

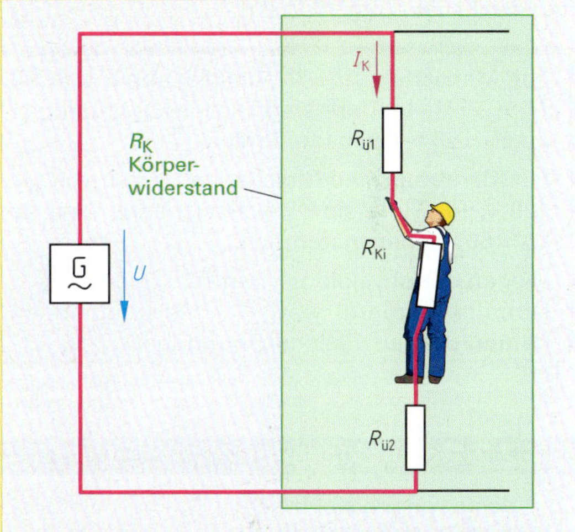

$$R_K = R_{ü1} + R_{Ki} + R_{ü2}$$

$R_{ü1}$ Leiter-Körper-Widerstand
R_{Ki} Körperinnenwiderstand
$R_{ü2}$ Körper-Leiter-Widerstand
R_K Körperwiderstand

Bild 2: Körperwiderstand

Liegen keine exakten Werte vor **(Bild 3)**, so wird als pauschaler Wert des menschlichen Körperwiderstandes $R_K = 1$ kΩ angenommen. Die maximal zulässige Berührungsspannung für Wechselspannung errechnet sich damit mithilfe des ohm'schen Gesetzes:

$$U_B = R_K \cdot I_K = 1000\,\Omega \cdot 0{,}05\,A = 50\,V$$

Da Gleichstrom den Rhythmus des Herzens weniger beeinflusst, beträgt hier die maximale Berührungsspannung 120 Volt.

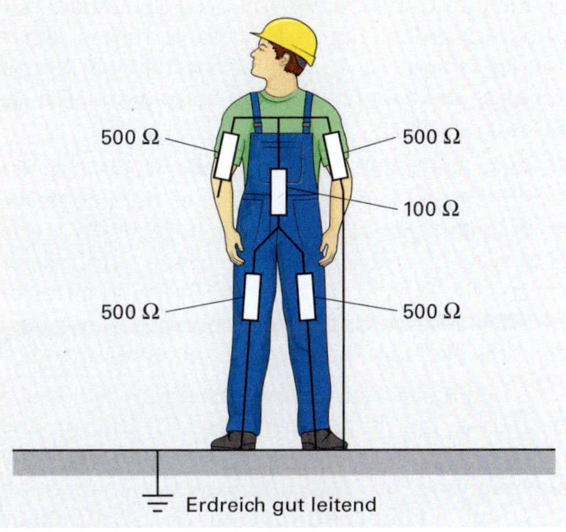

Bild 3: Mensch aus Teilwiderständen

Vor dem Arbeiten an elektrischen Anlagen müssen diese immer frei geschaltet werden. Das Arbeiten unter Spannung ist nur in wenigen Ausnahmen möglich. Dazu wird unter anderem eine Zusatzausbildung gemäß der DIN VDE 0105 und der DGUV Regel 103-011 benötigt.

> Ohne Zusatzausbildung und ohne Arbeitsauftrag und Einweisung ist das Arbeiten unter Spannung verboten.

Da bei Tieren die Übergangswiderstände häufig sehr gering sind, beispielsweise bei Kühen in der Stallhaltung, beträgt hier die zulässige Berührungsspannung für Wechselspannung 25 Volt und für Gleichspannung 60 Volt.

> Für Menschen sind Wechselspannungen ab U_B = 50 V, für Tiere sind Wechselspannungen ab U_B = 25 V lebensgefährlich.
>
> Für Menschen sind Gleichspannungen ab U_B = 120 V, für Tiere sind Wechselspannungen ab U_B = 60 V lebensgefährlich.
>
> Wegen der physiologischen Wirkungen (Herzkammerflimmern) sind Wechselspannungen gefährlicher als Gleichspannungen.

9.4.2.2 Schutzklassen

Zum Schutz gegen elektrischen Schlag sind für alle elektrischen Betriebsmittel in der DIN EN 61140 drei Schutzklassen definiert. Die Schutzklasse beschreibt Maßnahmen gegen gefährliche Berührungsspannungen an Teilen, welche im regulären Betrieb nicht unter Spannung stehen.

Bei Betriebsmitteln der Schutzklasse I sind alle leitfähigen Gehäuseteile mit dem Schutzleitersystem verbunden. Berührt ein fehlerhaftes aktives Teil leitfähige Gehäuseteile, entsteht ein Körperschluss. Das Überstromschutzorgan schaltet den Stromkreis ab.

Elektrische Betriebsmittel mit einer doppelten oder verstärkten Isolierung entsprechen der Schutzklasse II. In der Kennzeichnung nach IEC 60417 **(Tabelle 3)** wird dies durch zwei Quadrate symbolisiert. Ortsveränderliche elektrische Betriebsmittel der Schutzklasse II (Bsp.: Handbohrmaschine) besitzen meist keinen Anschluss für einen Schutzleiter.

Mit Schutzkleinspannung arbeiten elektrische Betriebsmittel der Schutzklasse III. Die maximalen Versorgungsspannungen betragen bei Wechselspannung 50 Volt und bei Gleichspannung 120 Volt. Lebensbedrohliche Körperdurchströmung sind dadurch ausgeschlossen.

Tabelle 1: VDE-Prüfzeichen (nach VDE 0024)

Bildzeichen	Bezeichnung und Beispiele
D V E	VDE-Zeichen für elektrotechnische Erzeugnisse, z. B. Installationsschalter und Elektrogeräte
VDE	VDE-Elektronik-Prüfzeichen für Bauelemente und Baugruppen der Elektronik, z. B. Netzteile und Stromrichter
schwarz rot	VDE-Kennfaden für isolierte Leitungen und Kabel zur Herstellung nach nationaler Norm
◁VDE▷	VDE-Kabelzeichen für Aderleitungen, isolierte Leitungen, Kabel und Installationsrohre
	VDE-Funkschutzzeichen für Elektrogeräte
GS geprüfte Sicherheit	VDE-GS-Zeichen nach dem Gerätesicherheitsgesetz für geprüfte Elektrogeräte, z. B. elektrische Werkzeuge

Tabelle 2: CEE-Prüfzeichen (nach VDE 0024)

Bildzeichen	Bezeichnung und Anwendungen
◁VDE▷◁HAR▷	VDE-Harmonisierungskennzeichen für isolierte Leitungen und Kabel
schwarz rot gelb	VDE-Harmonisierungskennfaden für isolierte Leitungen und Kabel
	CEE-Prüfzeichen für Geräte und Installationsmaterial nach CEE-Bestimmungen
CE	CE-Kennzeichnung für Industrieerzeugnisse, die den einschlägigen Gemeinschaftsvorschriften in Europa entsprechen

Tabelle 3: Kennzeichnung der Schutzklassen (nach IEC 60417)

Schutzklasse	Kennzeichen	Verwendung bei Schutzmaßnahme:
I		Mit Schutzleiter (Betriebsmittel ist mit Schutzleitersystem der Anlage verbunden, z. B. Elektromotor)
II		Doppelte oder verstärkte Isolierung, früher: Schutzisolierung (Betriebsmittel mit Basisisolierung und zusätzlicher oder verstärkter Isolierung, z. B. Leuchten)
III		Kleinspannung (Anschluss nur an SELV- und PELV-Stromkreise, siehe Seite 392, z. B. für Fassleuchten)

9.4.2.3 IP Schutzarten

Im Gegensatz zur Schutzklasse, welche den Schutz gegen gefährliche Berührungsspannungen beschreibt, kann über die Schutzart die Eignung von elektrischen Betriebsmitteln in unterschiedlichen Umgebungsbedingungen bestimmt werden. Im Beschreibungssystem des IP[1] -Codes werden dazu zwei Kennziffern und zwei Kennbuchstaben, in der Regel ohne Zwischenraum, verwendet.

> Ein Berührungs- und Fremdkörperschutz sowie ein Wasserschutz ist für alle elektrischen Betriebsmittel abhängig von ihrem Aufstellungsort erforderlich.

Mit der ersten Kennziffer wird der Schutz gegen Berührung und Fremdkörper, mit der zweiten Kennziffer der Schutz gegen Wasser **(Bild 2)** beschrieben. An der dritten Stelle gibt der erste Kennbuchstaben Auskunft über den Zugang zu aktiven Teilen, an der vierten Stelle gibt der zweite Kennbuchstabe Auskunft über Prüfungen. Sehr häufig wird die Schutzart jedoch nur durch die beiden Kennziffern beschrieben.

Schutzkontaktsteckdosen **(Bild 1)** für den Innenbereich besitzen mindestens die Schutzart IP20, Steckdosen für den Außenbereich besitzen mindestens die Schutzart IP44. Für den industriellen Bereich sind Stecker und Kopplungen mit den Schutzklassen IP 68 und IP 69 verfügbar.

Bild 1: Schukosteckdosen mit Schutzart IP 20 und IP44

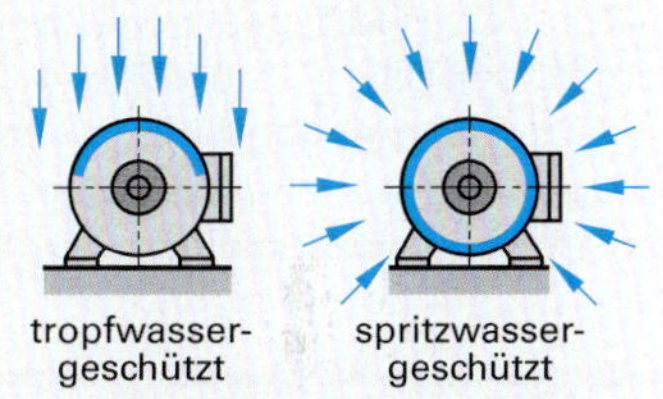

Bild 2: Schutzarten gegen das Eindringen von Wasser

Tabelle 1: Schutzarten elektrischer Betriebsmittel

Erste Kennziffer	Schutzgrad: Berührungs- und Fremdkörperschutz	Bildzeichen	Zweite Kennziffer	Schutzgrad: Wasserschutz	Bildzeichen
0	Kein besonderer Schutz	–	0	Kein besonderer Schutz	–
1	Schutz gegen Eindringen fester Fremdkörper mit einem Durchmesser ≥ 50 mm.	–	1	Schutz gegen senkrecht tropfendes Wasser.	tropfwassergeschützt IP X1
2	Schutz gegen Eindringen fester Fremdkörper mit einem Durchmesser ≥ 12,5 mm.	–	2	Schutz gegen senkrecht tropfendes Wasser, Betriebsmittel bis 15° geneigt.	–
3	Schutz gegen Eindringen fester Fremdkörper mit einem Durchmesser ≥ 2,5 mm.	–	3	Schutz gegen Sprühwasser (Regen) bis zu einem Winkel von 60° zur Senkrechten.	sprühwassergeschützt (regengeschützt) IP X3
4	Schutz gegen Eindringen fester Fremdkörper mit einem Durchmesser ≥ 1 mm.	–	4	Schutz gegen Spritzwasser aus allen Richtungen.	spritzwassergeschützt IP X4
5	Schutz gegen Staubablagerung (staubgeschützt). Vollständiger Berührungsschutz.	staubgeschützt IP 5X	5	Schutz gegen Strahlwasser (Düse) aus allen Richtungen.	strahlwassergeschützt IP X5
6	Schutz gegen Eindringen von Staub (staubdicht). Vollständiger Berührungsschutz.	staubdicht IP 6X	6	Schutz gegen starken Wasserstrahl oder schwere See aus allen Richtungen.	–
			7	Schutz gegen Wasser bei Eintauchen des Betriebsmittels unter Druck-, Zeitbedingungen.	wasserdicht IP X7
			8	Schutz gegen Wasser bei dauerndem Untertauchen des Betriebsmittels.	druckwasserdicht IP X8 ...bar
			9	Geschützt gegen Hochdruck und hohe Strahlwassertemperaturen.	–

Wird neben den Kennbuchstaben IP nur eine Kennziffer für den Schutzgrad benötigt, so ist anstelle der fehlenden Kennziffer ein X zu setzen, z. B. IP X4 oder IP 3X.

3. Stelle, z. B. IP 23C
A Schutz gegen Zugang mit dem Handrücken
B Schutz gegen Zugang mit dem Finger
C Geschützt gegen Zugang mit Werkzeugen
D Geschützt gegen Zugang mit Draht

4. Stelle, z. B. IP 23CS
H Betriebsmittel für Hochspannung
M Geprüft auf Wassereintritt bei laufender Maschine
S Geprüft auf Wassereintritt bei stehender Maschine
W Geeignet bei festgelegten Witterungsbedingungen

[1] IP = International Protection (ISO 20653)

9.4.2.4 Arbeiten an elektrischen Anlagen

Die Ursachen für Elektrounfälle liegen mit Unkenntnis, Überschätzung und Routine oftmals beim Menschen. Daher muss vor Beginn von Arbeiten an elektrischen Anlagen eine Einweisung des Arbeitsverantwortlichen durch den Anlagenverantwortlichen stattfinden. Dieser ermittelt alle mit dem Arbeitsauftrag verbundenen Gefahren und weist die Elektrofachkräfte für die Montage ein.

> Das Arbeiten unter Spannung ist grundsätzlich verboten.

Da an elektrischen Anlagen nur im spannungsfreien Zustand **(Bild 1)** gearbeitet werden darf, müssen gemäß der DIN VDE 0105 und DGUV Vorschrift 3 die fünf Sicherheitsregeln **(siehe Bild 1, Seite 379)** zwingend eingehalten werden. Nach Beendigung der Arbeiten werden diese in umgekehrter Reihenfolge wieder aufgehoben.

> In wenigen Ausnahmefällen ist das Arbeiten unter Spannung **(Bild 1)** für besonders weitergebildete Elektrofachkräfte **(Bild 2)** erlaubt.

Sind Betriebsunterbrechungen nicht umsetzbar, so ist in diesen Ausnahmefällen das Arbeiten unter Spannung ($U_{AC} > 50$ V, $U_{DC} > 120$ V) zulässig. Für die Ausbildung und Ausrüstung der dafür eingesetzten Elektrofachkräfte sind die DGUV Regel 103-011 und die DIN VDE 0105-100 einzuhalten **(Bild 2)**.

Bild 1: Schild Arbeiten unter Spannung

Bild 2: Persönliche Schutzausrüstung für Arbeiten unter Spannung

9.4.2.5 Personen der Elektrotechnik

Der Unternehmer muss sicherstellen, dass die von ihm für das Errichten, Ändern, Warten, Instandhalten und Prüfen von elektrischen Anlagen eingesetzten Personen dafür befähigt sind. Die Qualifikation von Personen der Elektrotechnik ist in fünf Ebenen aufgeteilt **(Bild 3)**.

Übersicht: Bestimmungen, rechtliche Vorschriften

- Unfallverhütungsvorschrift „Elektrische Anlagen und Betriebsmittel" (DGUV-Vorschrift 3)
- Arbeitsschutzgesetz (ArbSchG)
- Betriebssicherheitsverordnung (BetrSichV)
- Technische Regeln für Betriebssicherheit (TRBS1203)
- DIN VDE-Bestimmungen (DIN VDE 0105-100)
- DIN VDE-Bestimmungen (DIN VDE 1000-10)
- DGUV Grundsatz 303-001
- DGUV Information 203-002

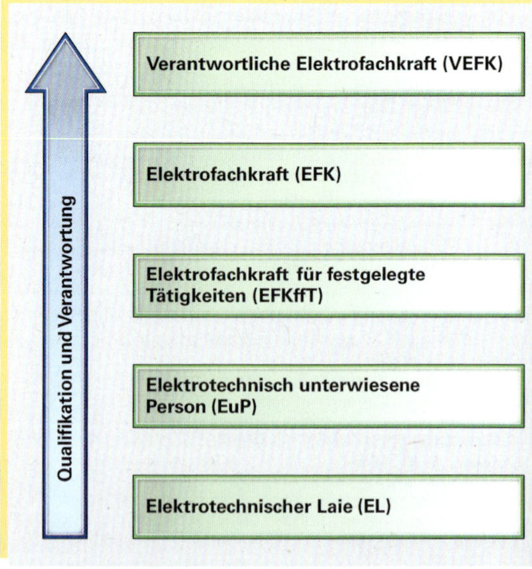

Bild 3: Qualifizierte Personen in der Elektrotechnik

Tabelle 1: Personen der Elektrotechnik

Arbeitsschutzgesetz, Betriebssicherheitsverordnung
DIN VDE 1000-10, DIN VDE 0105-100
DGUV Vorschrift 1, DGUV Vorschrift 3,
DGUV Grundsatz 303-001 (bisher BGG 944), DGUV Information 203-002 (bisher BGI 548)
TRBS 1203

Person	Elektronischer Laie	**E**lektrotechnisch **u**nterwiesene **P**erson **(EuP)**	**E**lektro**f**ach**k**raft **f**ür festgelegte **T**ätigkeiten **(EFKffT)**	**E**lektro**f**ach**k**raft **(EFK)**	**V**erantwortliche **E**lektro**f**ach**k**raft **(VEFK)**
Ausbildung	keine	Ausbildung in einem zeitlich begrenzten Rahmen von 1 bis 2 Tagen (abhängig von der Personengruppe und Einsatzgebiet)	Umfassende theoretische und praktische Ausbildung, welche mit einer Prüfung (Theorie und Praxis) abgeschlossen wird.	Gesellen- oder Facharbeiterbrief in einem anerkannten Ausbildungsberuf, Handwerks- oder Industriemeister, staatlich geprüfter Techniker, Bachelor, Master oder Ingenieur	Handwerks- oder Industriemeister, staatlich geprüfter Techniker, Bachelor, Master oder Ingenieur
Qualifikationsebene	keine	Kennt die Gefahren des elektrischen Stromes, Belehrung über Schutzeinrichtungen und Schutzmaßnahmen	Ausbildungsinhalte: Grundlagen der Elektrotechnik, Gefahren des elektrischen Stromes, Schutzmaßnahmen bei indirektem Berühren, Potenzialausgleich, Prüfung der Schutzmaßnahmen, Messung des Potenzialausgleichs, Unfallverhütung/ Unfallmeldung, Grundlagen Erste Hilfe, Betriebsspezifische elektrotechnische Anforderungen	Entsprechend den Ausbildungs- und Prüfungsordnungen der links ausgeführten Aus-, Weiterbildungen und Studienordnungen	Entsprechend den Ausbildungs- und Prüfungsordnungen der links aufgeführten Weiterbildungen und Studienordnungen.
Einsatz/Tätigkeit	Bestimmungsgemäße Verwendung elektrischer Anlagen und Betriebsmittel.	Einfache Prüfungen und Wartungsarbeiten, welche durch eine Elektrofachkraft übertragen werden und unter der Leitung und Aufsicht durch diese Elektrofachkraft erfolgen.	Einfache Prüfungen und Wartungsarbeiten, welche durch eine Elektrofachkraft übertragen werden und unter der Leitung und Aufsicht durch diese Elektrofachkraft erfolgen.	Aufgrund der fachlichen Ausbildung, Kenntnissen und Erfahrungen, kann die Elektrofachkraft mögliche Gefahren der ihr übertragenen Arbeiten beurteilen. Die FK kann mit Arbeiten an elektrischen Anlagen bis 1500 V DC und 1000 V AC betraut werden.	Die verantwortliche Elektrofachkraft vertritt die Aufgaben des Unternehmers. Die Aufgaben durch die Übertragung der Unternehmerpflichten sind auszugsweise aufgeführt: Fachlicher und disziplinarischer Vorgesetzter der Elektrofachkräfte, Anlagen- und Arbeitsverantwortlicher, Auswahl geeigneter Arbeits- und Aufsichtskräfte, Beaufsichtigung von Arbeits- und Aufsichtskräften, Planung und Projektierung elektrischer Anlagen, Bereitstellung elektrotechnischer Regeln (VDE Bestimmungen), Unterweisung organisieren, Aus- und Weiterbildung abwickeln

9.4.2.6 Fehlerarten in elektrischen Anlagen

Trotz sorgfältiger Installation unter Einhaltung aller fachlichen Vorschriften können in elektrischen Anlagen und elektrischen Betriebsmitteln Isolationsschäden auftreten. Ursachen dafür können beispielsweise mechanische Beschädigung, Vibrationen oder auch Materialalterung sein. In **Bild 1** sind mögliche Fehlerarten aufgeführt:

Ein **Kurzschluss** ist eine leitende Verbindung zwischen betriebsmäßig zueinander unter Spannung stehenden aktiven leitfähigen Teilen. Dabei befindet sich kein Lastwiderstand im Fehlerstromkreis.

Ein **Körperschluss** ist eine leitende Verbindung zwischen einem betriebsmäßig aktiven leitfähigen Teil und einem leitfähigen Teil des elektrischen Betriebsmittels, welches berührt werden kann.

Ein **Leiterschluss** ist die fehlerhafte Verbindung von elektrischen Leitern, sofern sich im Fehlerstromkreis noch der Lastwiderstand ganz oder in Teilen befindet.

Als **Erdschluss** wird eine nicht beabsichtigte leitfähige Verbindung zwischen betriebsmäßig zueinander unter Spannung stehenden aktiven leitfähigen Teilen und dem Erdpotential bezeichnet.

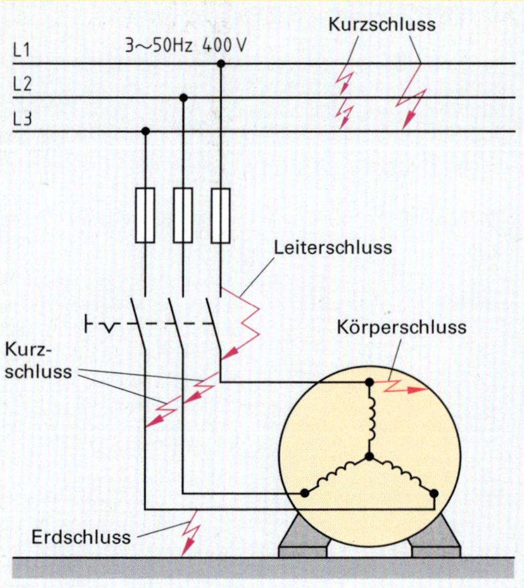

Bild 1: Fehlerarten

9.4.2.7 Spannungen im Fehlerfall

Im Kapitel 9.4.2.1 wurde bereits die Festlegung der **Berührungsspannung U_B (Bild 2)** erläutert. Anstelle von U_B ist auch die Bezeichnung U_T (engl.: touch) geläufig. International wird für die **dauerhaft zulässige Berührungsspannung U_L** (engl.: limit) verwendet.

Bei elektrischen Spannungstrichtern **(Bild 3)** im Erdreich, wie diese beispielsweise durch eine defekte Freileitung hervorgerufen werden können, ist die **Schrittspannung U_S** von großer Relevanz. Diese wird in einem Meter Abstand gemessen. Dies entspricht etwa der Schrittlänge eines Menschen.

Tabelle 1: Grenzwerte U_L für Berührungsspannungen

■ für Menschen	AC 50 V DC 120 V
■ Kinderspielzeuge	AC 25 V
■ Kesselleuchten	DC 60 V
■ Badewannen, Duschen	AC 12 V
■ für medizinische Geräte, die in den Körper des Menschen eingeführt werden	AC 6 V

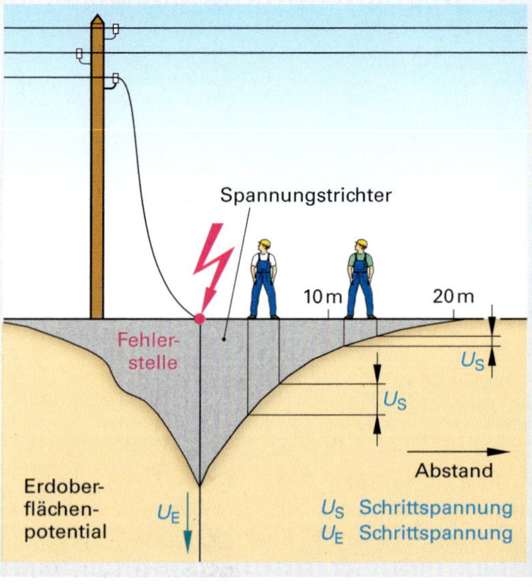

Bild 2: Spannungsverlauf nach Bruch einer Freileitung

Arbeitsauftrag:

1. Nennen Sie die fünf Sicherheitsregeln in der richtigen Reihenfolge.
2. Erläutern Sie die Begriffe Schutzart und Schutzklasse.
3. Beschreiben Sie die Eigenschaften der Schutzart IP 67.
4. Erläutern Sie die Begriffe a) Kurzschluss, b) Körperschluss, c) Leiterschluss, d) Erdschluss.
5. Geben Sie den Grenzwert der zulässigen Berührungswechselspannung U_B an.
6. Geben Sie den Grenzwert der zulässigen Berührungsgleichspannung U_B an.

9.4.3 Prinzip der dreifachen Sicherheit

In vielen technischen Bereichen kommt das Prinzip der dreifachen Sicherheit zur Anwendung. Sollte die erste Schutzvorrichtung versagen, sorgt eine zweite Schutzvorrichtung für die notwendige Sicherheit. Eine dritte Schutzeinrichtung sichert den sehr unwahrscheinlichen Fall ab, dass die beiden ersten Schutzeinrichtungen versagen.

Das Präventionskonzept zum Schutz gegen elektrischen Schlag ist in der DIN VDE 0100-410 beschrieben. Auch hierbei gilt das Prinzip der dreifachen Sicherheit **(Bild 1)**. Dieses besteht grundsätzlich aus dem **Basisschutz** und dem **Fehlerschutz**. Mit zusätzlichen Schutzmaßnahmen wird die Sicherheit weiter erhöht.

Mit dem **Basisschutz** wird das **direkte Berühren** von aktiven, im störungsfreien Zustand unter Spannung stehenden Teilen der elektrischen Anlage verhindert. Ein Beispiel dafür ist die Basisisolierung.

Mit dem **Fehlerschutz** wird sichergestellt, dass beim Versagen des Basisschutzes keine gefährliche Berührungsspannung an leitfähigen Teilen entstehen kann. Dies erfolgt beispielsweise durch die automatische Abschaltung der Stromversorgung durch Überstromschutzorgane. Der Fehlerschutz ist eine Schutzmaßnahme gegen **indirektes Berühren**.

Das Versagen der Basisschutzvorkehrungen und/oder das Versagen der Fehlerschutzvorkehrungen kann durch einen **zusätzlichen Schutz** kompensiert werden. Dieser bietet darüber hinaus eine erhöhte Sicherheit bei besonderen Personengefährdungen und bei Sorglosigkeit beim Nutzen von elektrischen Anlagen.

Fehlerstromschutzschalter **(RCD** = **R**esidual **C**urrent Protective **D**evice) mit einem Differenzstrom von $I_{\Delta N}$ = 0,03 A sind ein Beispiel für zusätzliche Schutzeinrichtungen. Wie aus der Bezeichnung „zusätzlicher Schutz" zu entnehmen ist, ersetzen zusätzliche Schutzeinrichtungen weder den Basis- noch den Fehlerschutz. Sie ergänzen diese.

Die Kombination von Leitungsschutz- und Fehlerstromschalter (siehe Seite 394 RCBO) vereinen den Fehlerschutz und den zusätzlichen Schutz in einem Gerät.

Für keine technische Anlage kann eine 100%ige Sicherheit garantiert werden. Trotz aller Schutzvorrichtungen bleibt immer ein Restrisiko **(Bild 2)** bestehen. Das Prinzip der dreifachen Sicherheit reduziert meistens jedoch das Risiko eines elektrischen Schlages in einen vertretbaren Bereich.

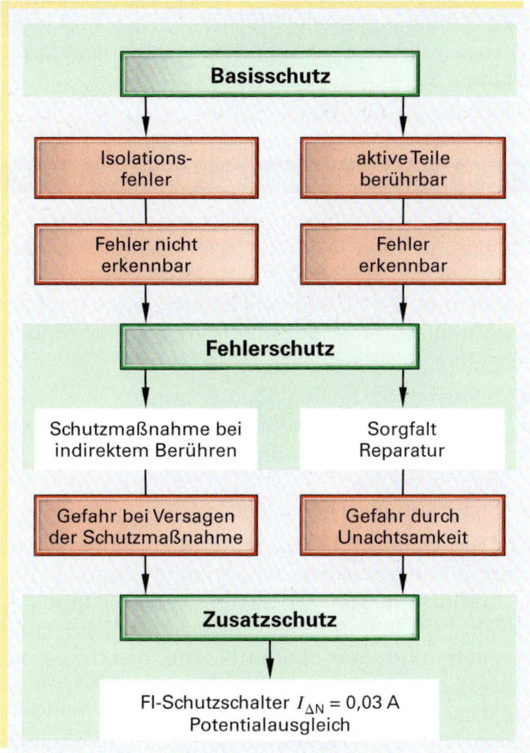

Bild 1: Prinzip der dreifachen Sicherheit

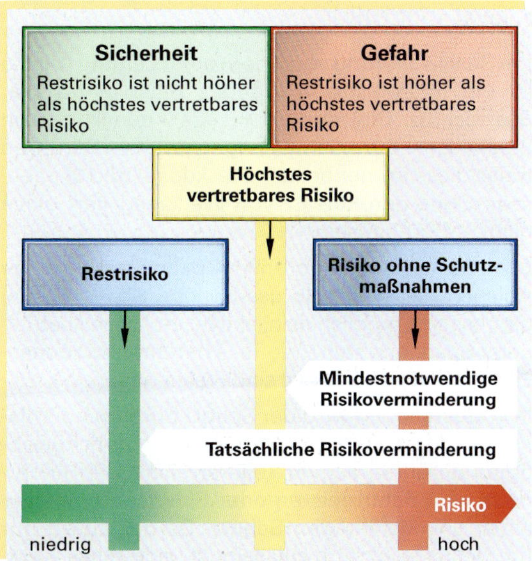

Bild 2: Risikobetrachtung

9.4.4 Schutz gegen elektrischen Schlag

Die Anwendung und die Koordinierung von den Schutzmaßnahmen zum Schutz gegen elektrischen Schlag sind in der DIN VDE 0100-410 beschrieben. Diese kann als „Sicherheitsgrundnorm" betrachtet werden.

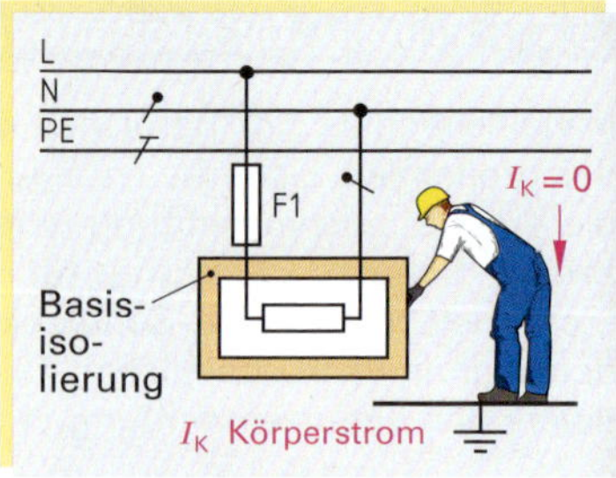

Bild 1: **Schutz durch Basisisolierung**

9.4.4.1 Schutz gegen direktes Berühren (Basisschutz)

Alle Schutzmaßnahmen, welche das Berühren von aktiven spannungsführenden Teilen durch Menschen und Tiere verhindern, werden nach DIN VDE 0100-410 als Basisschutz **(Bild 1)** bezeichnet. Dieser kann als Schutz gegen direktes Berühren aus einer oder mehreren Vorkehrungen bestehen. Beispielsweise zählen dazu:

- Schutz durch Isolierung
- Schutz durch Umhüllung oder Abschrankung
- Schutz durch Anordnung außerhalb des Handbereiches
- Schutz durch Hindernisse

Können weder unbeabsichtigt noch mutwillig im Normalbetrieb aktive, spannungsführende Teile berührt werden, so besteht ein vollständiger Schutz. Ist dies der Fall, dürfen die elektrischen Anlagen und Betriebsmittel von elektrotechnischen Laien bedient werden. In abgeschlossenen elektrischen Betriebsstätten, zu denen elektrotechnische Laien keinen Zugang haben, ist auch ein teilweiser Schutz gegen unabsichtliches oder zufälliges Berühren zulässig.

Bild 2: **Schutz durch Basisisolierung aktiver Teile**

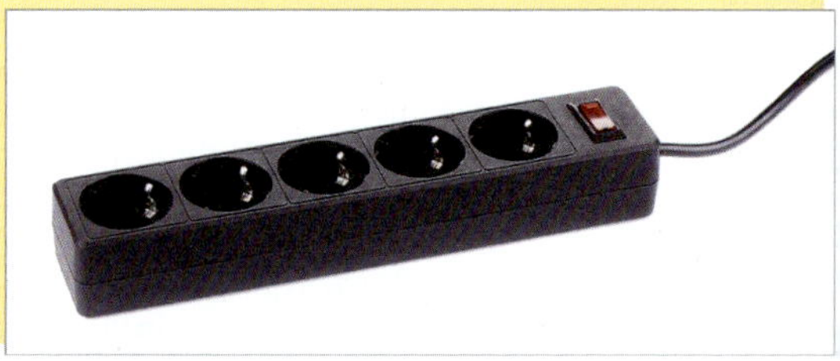

Bild 3: **Schutz durch Abdeckung**

> Überschreitet die Bemessungsspannung 25 Volt AC oder 60 Volt DC, ist zum Schutz gegen direktes Berühren ein Basisschutz zwingend erforderlich.

Die Basisisolierung von Adern einer Leitung **(Bild 2)** ist ein überall anzutreffendes Beispiel für den Basisschutz. Gleiches gilt für die Abdeckung von Steckdosen. Zum Schutz gegen direktes Berühren muss diese immer bei der Steckdose **(Bild 3)** dabei sein. Ohne den Einsatz von Werkzeug darf diese nicht entfernbar sein.

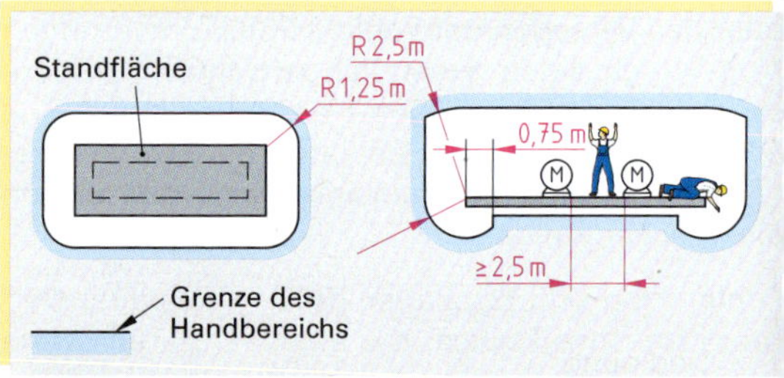

Bild 4: **Handbereich**

Beim Schutz durch Anordnung spannungsführender Anlagenteile außerhalb des Handbereiches **(Bild 4)** darf es nicht möglich sein, aktive, im Normalbetrieb unter Spannung stehende Teile berühren zu können. Ein Anwendungsbeispiel sind Freileitungen.

In Trafostationen wird der Schutz durch Hindernisse oder Abschrankung **(Bild 5)** gegen unbeabsichtigtes Berühren aktiver Teile erreicht. Die Hindernisse, wie Schutzleisten oder Schutzgitter, bieten einen unvollständigen Schutz. Da der Zutritt nur für Elektrofachkräfte zulässig ist, sind diese werkzeuglos entfernbar.

Bild 5: **Schutz durch Hindernis**

9.4.4.2 Schutz gegen indirektes Berühren (Fehlerschutz)

Versagt der Basisschutz durch einen Isolationsfehler teilweise oder ganz, so besteht für Menschen und Nutztiere die Gefahr eines elektrischen Schlages. Dies gefährdet die Gesundheit und kann sogar tödlich enden. Daher muss bei Betriebsspannungen über 50 V AC der fehlerhafte Stromkreis abgeschaltet werden.

> Für Schuko-Steckdosenstromkreise beträgt nach DIN VDE 0100-410 die maximal zulässige Abschaltzeit 0,4 Sekunden.

Abhängig vom Netzsystem werden dazu Neutralleiter und Schutzleiter angeordnet und verlegt. Über den Schutzleiter werden alle berührbaren metallischen Anlagenteile mit der Haupterdungsschiene verbunden.

> In jedem Kabel und in jeder Leitung zu einem elektrischen Betriebsmittel muss ein Schutzleiter (PE) mitgeführt werden.

Liegt nun ein aktives, spannungsführendes Anlagenteil an einem mit der Haupterdungsschiene verbundenen metallischen Teil an **(Bild 1** Körperschluss), so schließt sich der Fehlerstromkreis über den Anlagenerder R_A. Aufgrund der Niederohmigkeit wird der Fehlerstrom I_F sehr groß. Dies garantiert ein schnelles Abschalten der Überstromschutzorgane.

In besonderen Anlagen, beispielsweise für Beatmungsgeräte in Krankenhäusern, dürfen bei einem Isolationsfehler die Stromkreise nicht abgeschaltet werden. Die Sicherheit für den Menschen wird in solchen Fällen über ein spezielles Netzsystem **(Bild 4, Seite 389)** erreicht. Der Isolationsfehler muss jedoch durch eine Schutzeinrichtung erkannt und durch ein Signal mitgeteilt werden.

Besitzt eine Verbraucheranlage keinen Anlagenerder (Fundamenterder), so besteht bei einer Beschädigung des PEN in der Zuleitung die Gefahr, dass die Schutzmaßnahmen gegen direktes Berühren den Fehlerstromkreis nicht abschalten. Gefährliche Berührungsspannungen würden über den Schutzleiter an allen elektrischen Geräten anliegen.

> Ein fachgerecht errichteter Anlagenerder garantiert im Fehlerfall das Auslösen der Überstromschutzeinrichtungen.

Bei Isolationsfehlern (Körperschluss) wird der Fehlerstromkreis von den defekten elektrischen Betriebsmitteln, über den Schutzleiter und den Anlagenerder bis zur Sekundärwicklung des Transformators geschlossen. Die Summe der ohm'schen und induktiven Widerstände in diesem Fehlerstromkreis wird als **Schleifenimpedanz** Z_S bezeichnet.

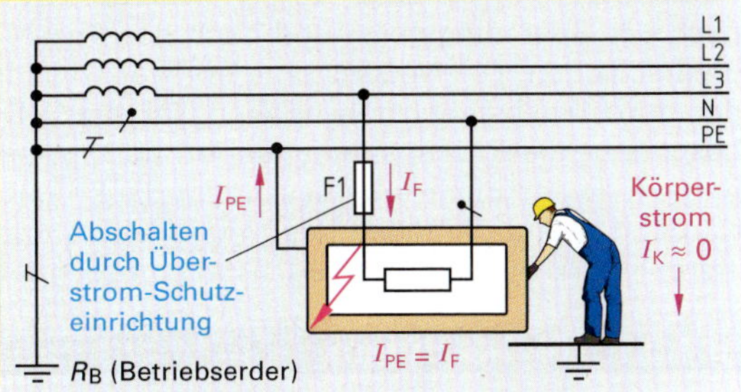

Bild 1: Schutz durch Abschalten bei Körperschluss

Schutzpotentialausgleich über Haupterdungsschiene

- Fundamenterder bzw. Blitzschutzerder
- Blitzschutz- und Überspannungsschutzeinrichtungen
- Leitfähige Rohr- und Leitungssysteme [Heizung, Gas, Wasserzufluss und -abfluss]
- Leitende Teile der Gebäudekonstruktion [Stahlarmierung, Aufzugsschienen, Lüfter- und Klimakanäle]
- Erdungsleitung für Antennen
- Erdungsleitung für Fernmeldeanlagen
- Funktionserdungsleiter von IT-Anlagen
- Schutzleiter der Elektroanlage [PEN-Leiter bei TN-System bzw. PE-Leiter bei TT-System

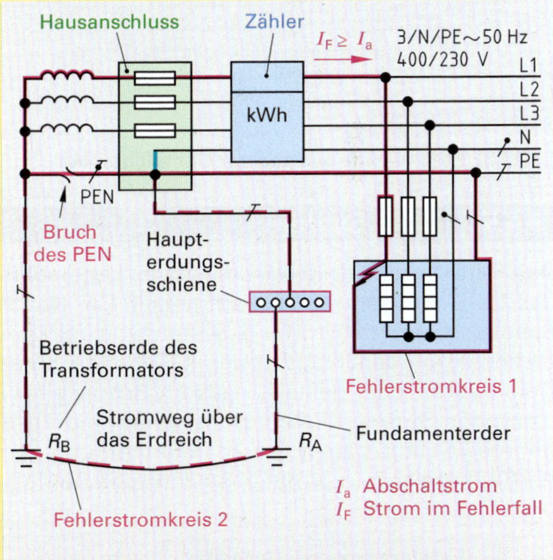

Fehlerstromkreis 2 mit PEN-Unterbrechung	Fehlerstromkreis 1 mit fehlerfreiem PEN-Leiter
Transformator → Hinleitung (L1) → Fehlerstelle → Gehäuse → Rückleitung PE → Haupterdungsschiene → Fundamenterder → Erdreich → Betriebserde → Sternpunkt	Transformator → Hinleitung (L1) → Fehlerstelle → Gehäuse → Rückleitung (PE und PEN) → Sternpunkt (Transformator)

Bild 2: Schutz durch Erdung im TN-C-S-Netz

9

9.4.5 Netzsysteme

Stromversorgungsysteme werden nach der Art der Erdverbindung, nach der Spannungsform und nach der Anzahl der aktiven Leiter unterschieden. Die Netzsysteme im Niederspannungsbereich werden durch Buchstaben beschrieben **(Tabelle 1).** Der erste Buchstabe beschreibt die Erdungsbedingungen der speisenden Stromquelle und der zweite Buchstabe beschreibt die Erdungsbedingungen der Körper. Die Anordnungen des Neutralleiters und des Schutzleiters werden durch einen dritten Buchstaben beschrieben.

Tabelle 1

T	direkte Erdung eines Punktes
I	Isolierung aktiver Teile von der Erde
C	Neutralleiter und Schutzleiter sind in einem Leiter kombiniert
S	Neutralleiter und Schutzleiter sind getrennt

9.4.5.1 TN-C-S-Sytem

Das TN-C-S System **(Bild 2)** ist im Niederspannungsnetz sehr weit verbreitet. Dabei ist der Sternpunkt des Transformators über den Betriebserder und die Körper der Kundenanlage über den Anlagenerder geerdet. In den Leitungen zwischen der Transformatorstation und den versorgten Gebäuden ist neben den drei Außenleitern ein PEN-Leiter verlegt. Dieser erfüllt eine Doppelfunktion als Neutralleiter und Schutzleiter. Die Auftrennung des PEN-Leiters in PE- und Neutralleiter erfolgt aus Gründen der Elektromagnetischen Verträglichkeit (EMV) bevorzugt gleich nach dem Eintritt der Versorgungsleitung in das Gebäude **(Bild 1).**

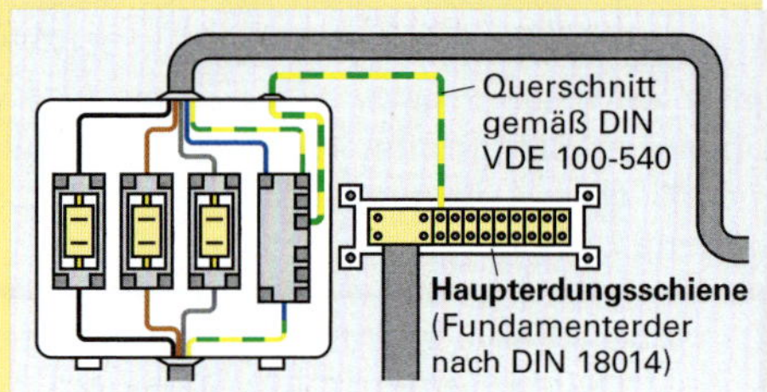

Bild 1: Auftrennung PEN-Leiters im TN-C-S-System

Bild 2: TN-C-S-Netz gestreckter Übersichtsplan

9.4.5.2 TN-S-System

Das TN-S-System **(Bild 4)** ist mit einem Unterschied identisch wie das TN-C-S System **(Bild 2)** aufgebaut. Der Neutralleiter und der Schutzleiter werden im TN-S-System von der Transformatorstation bis zur Kundenanlage getrennt **(Tabelle 1;** s = separat) geführt. Damit wird sicher gestellt, dass im Schutzleiter keine vagabundierenden Ströme fließen. Daher bietet ein TN-S-System einen höheren Schutz gegen Störspannungen und somit eine höhere Verfügbarkeit für informationstechnische Betriebsmittel.

Bild 3: 5-polige Stromschienen im TN-S-System

Bild 2: TN-S-Netz gestreckter Übersichtsplan

9.4.5.3 TT-System

Bei TT-Systemen **(Bild 2)** wird auf eine Leitungsverbindung des Schutzleiters zwischen der Transformatorenstation und der Kundenanlage verzichtet. Dies birgt den Vorteil, dass keine Ausgleichsströme zwischen Betriebs- und Anlagenerder fließen können.

Ein wesentlicher Nachteil ist jedoch, dass oftmals der Erdungswiderstand nicht niedrig genug ist, um damit die Schutzmaßnahme Schutzerdung zu realisieren. Daher betreiben derzeit nur noch wenige **V**ersorgungs**n**etz**b**etreiber (VNB) TT-Systeme.

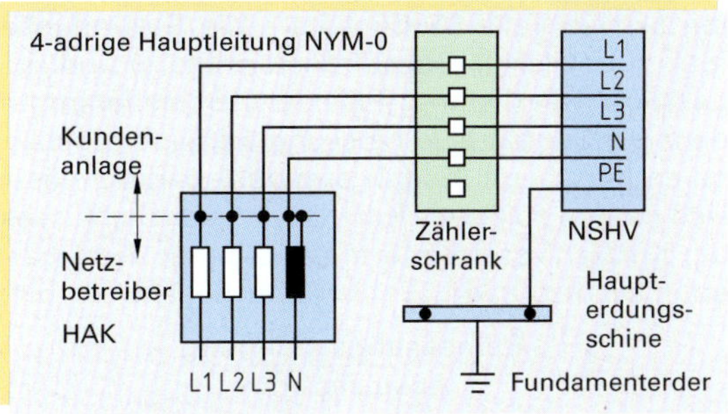

Bild 1: Elektrischer Gebäudeanschluss im TT-System

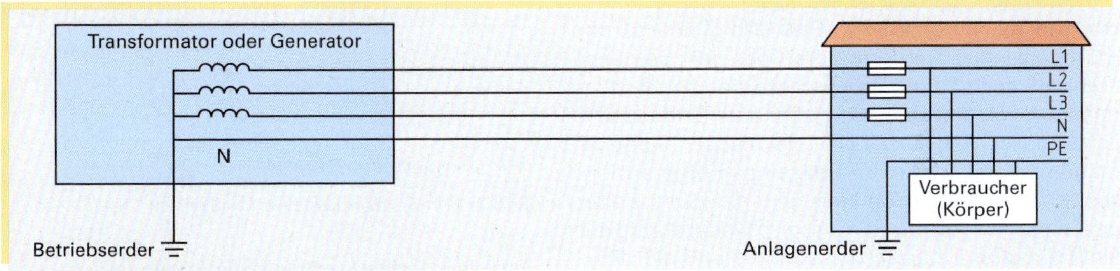

Bild 2: TT-Netz gestreckter Übersichtsplan

9.4.5.4 IT-System

In besonderen Anwendungsfällen, beispielsweise in Operationssälen **(Bild 3)**, ist es notwendig, dass Stromkreise mit fehlerhaften elektrischen Betriebsmitteln nicht automatisch abgeschaltet werden. Diese Forderung kann beispielsweise in IT-Systemen **(Bild 4)** realisiert werden. Dabei wird die Sekundärseite des Transformators bzw. des Generators nicht geerdet. Bei dem Körperschluss eines elektrischen Betriebsmittels wird dadurch kein Fehlerstromkreis geschlossen und es fließt somit kein Fehlerstrom, welcher zur Abschaltung des Überstromschutzorganes führen würde. Zur Versorgung von Gebäuden werden IT-Systeme nicht eingesetzt.

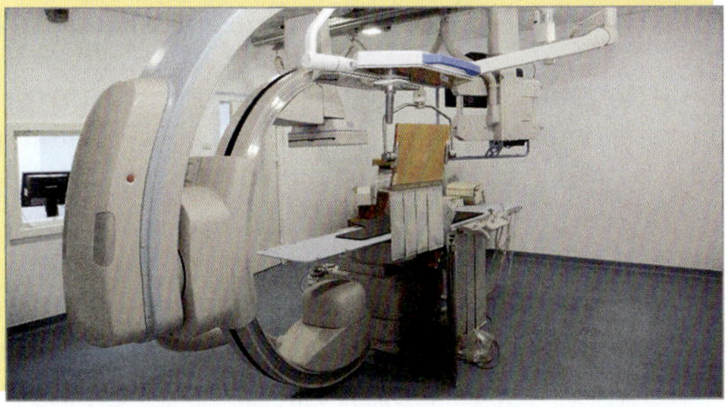
Bild 3: Anwendungsbeispiel für ein IT-System im OP-Raum

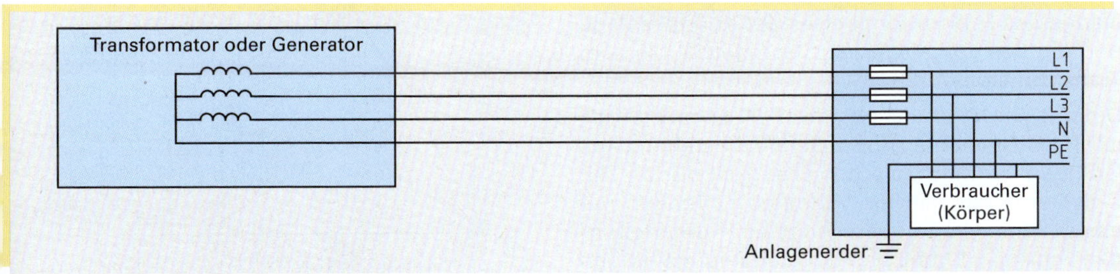

Bild 4: IT-Netz gestreckter Übersichtsplan

9.4.5.5 Schleifenimpedanz Z_S

Zur Schleifenimpedanz gehören die ungeerdeten aktiven Teile (Außenleiter), die Stromquelle (Sekundärwicklung des Transformators) und die geerdete Rückleitung (PEN). Die Schleifenimpedanz wird durch eine Messung mit einem geeigneten Messgerät **(Bild 1)** ermittelt. Dadurch lässt sich für den Fall eines Kurz- oder Körperschlusses der Kurzschlussstrom ermitteln. Damit das Überstromschutzorgan im Fehlerfall sicher auslöst, gilt:

$$Z_S \leq \frac{\text{Bemessungsspannung}}{\text{Auslösestrom}}$$

9.4.5.6 Schutz im TN-Netz

Die Einbindung des Erdreiches ist ein zentrales Merkmal von TN-Netzen **(Bild 2)**. Dies erfolgt sowohl am Sternpunkt des Tranformators über den Betriebserder als auch beim Verbraucher über den Fundamenterder als Anlagenerder. Über den PE- und PEN-Leiter müssen die Körper aller elektrischen Betriebsmittel verbunden sein. Im Falle eines Körperschlusses wird der Fehlerstromkreis über den Schutzleiter geschlossen. Aufgrund dessen Niederohmigkeit fließt ein großer Kurzschlussstrom I_K und die Überstromschutzeinrichtung wird ausgelöst.

Der Kurzschlussstrom I_K ist abhängig von Schleifenimpedanz Z_S.

Die Dimensionierung der Leiterquerschnitte und der Überstromschutzeinrichtungen der elektrischen Anlage muss so erfolgen, dass die in der DIN VDE 0100-410 maximal zulässigen Abschaltzeiten **(Tabelle 2)** eingehalten werden. Für Endstromkreise mit einem Bemessungsstrom bis einschließlich 32 A betragen diese Wechselspannungen von:

$120\ \text{V} \leq U_0 \leq 230\ \text{V} \rightarrow 0{,}4\ \text{s}$ und
$230\ \text{V} \leq U_0 \leq 400\ \text{V} \rightarrow 0{,}2\ \text{s}$

Das TN-Netz verhindert auch das Entstehen von gefährlichen Berührungsspannungen U_B. Mit der „Spannungswaage" **(Bild 3)** kann die Einhaltung der für Wechselspannung maximal zulässigen Berührungsspannung $U_B = 50$ V eingehalten werden.

Die Schleifenimpedanz Z_S beinhaltet alle Widerstände des Fehlerstromkreises der Kundenanlage und die des vorgelagerten Stromnetzes bis zum Transformator.

Durch eine Unterbrechung des PEN-Leiters würde im TN-C-Netz eine große Gefahr bestehen. Aus Gründen der mechanischen Festigkeit dürfen TN-C-Systeme nur mit fest verlegten Leitungen mit einem Mindestaderquerschnitt bei Kupferleitungen von $A_{CU} = 10 \text{mm}^2$ und bei Aluminiumleitungen von $A_{Alu} = 16\ \text{mm}^2$ errichtet werden.

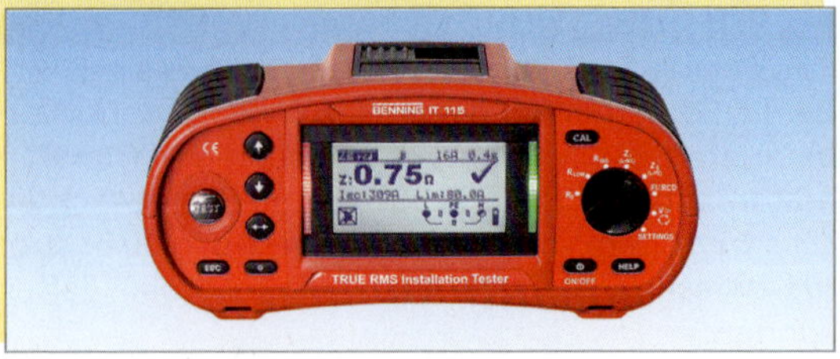

Bild 1: Messgerät Schleifenimpedanz

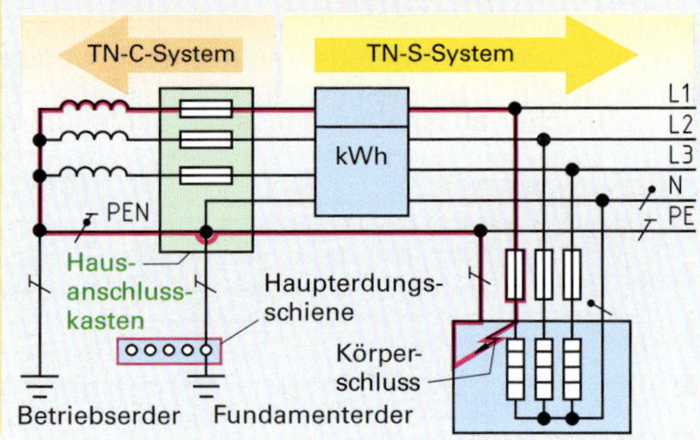

Bild 2: Fehlerstromkreis im TN-System

Tabelle 1: Zulässige Schutzeinrichtungen

im TN-S-System	im TN-C-System
■ Überstrom-Schutzeinrichtungen und ■ Fehlerstrom-Schutzeinrichtungen (RCDs)	■ nur Überstrom-Schutzeinrichtungen, z.B. Schmelzsicherungen, Leitungsschutzschalter (keine RCDs)

Tabelle 2: Maximale Abschaltzeiten im TN-System (nach DIN VDE 0100, Teil 410)

Stromkreis	Nennwechselspannung U_0	Abschaltzeit t_a
Endstromkreise*) mit einem Bemessungsstrom bis einschließlich 32 A	50 V < U_0 ≤ 120 V 120 V < U_0 ≤ 230 V 230 V < U_0 ≤ 400 V U_0 > 400 V	0,8 s 0,4 s 0,2 s 0,1 s
Verteilungsstromkreise	–	5 s

*) Endstromkreis, an dem direkt ein Stromverbrauchsmittel oder Steckdosen angeschlossen sind.
U_0 Nennwechselspannung zwischen Außenleiter und Erde

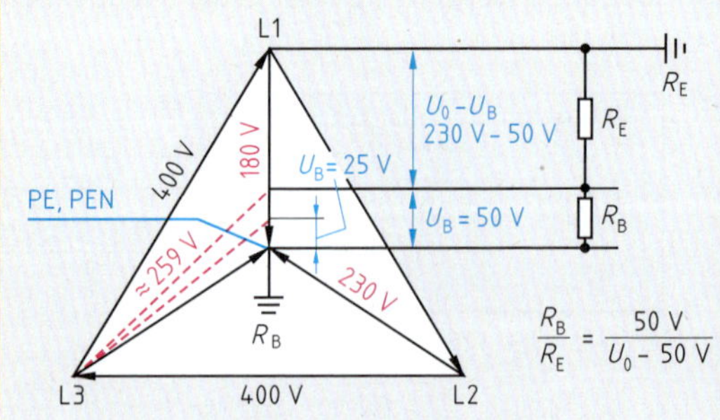

Bild 3: Spannungswaage im TN-System

9.4.5.7 Schutz im TT-Netz

Im TT-Netz **(Bild 1)** wird der PEN-Leiter des Versorgungssystems über den Betriebserder und der PEN-Leiter über den Anlagenerder geerdet. Es besteht jedoch keine Leitungsverbindung zwischen den beiden PEN-Leitern.

> Aus einem Körperschluss wird im TT-Netz ein Erdschluss.

Damit im Fehlerfall die Überstromschutzorgane im TT-Netz in der nach DIN VDE 0100-410 vorgegebenen Zeit sicher abschalten, muss die Schleifenimpedanz Z_S kleiner als der Quotient der Nennwechselspannung U_0 und dem Abschaltstrom der Überstromschutzeinrichtung I_A sein. Für Endstromkreise mit einem Bemessungsstrom bis einschließlich 32 A betragen die zulässigen Abschaltzeiten für Wechselspannungen von:

$120\,V \leq U_0 \leq 230\,V \rightarrow 0{,}2\,s$ und

$230\,V \leq U_0 \leq 400\,V \rightarrow 0{,}07\,s$

Da die Summe der Widerstände im Fehlerstromkreis für ein sicheres Auslösen der Überstromschutzorgane häufig zu groß ist, sorgt ein Fehlerstromschutzschalter (RCD) für die notwendige Sicherheit. Dieser schaltet einen Fehlerstromkreis bis zu einer Summe der Widerstände R_A der Erder und des Schutzleiters sicher ab. Die maximal zulässigen Werte sind in der **Tabelle 1** aufgeführt. Daher eignen sich Fehlerstromschutzschalter als zusätzliche Schutzmaßnahme im TT-Netz sehr gut.

> In TT-Netzen erhöhen Fehlerstromschutzschalter als zusätzlicher Schutz die Sicherheit.

Bei einer Reihenschaltung von Fehlerstromschutzschaltern wird durch den Einsatz von zeitverzögerten Fehlerstromschutzschalter vom Typ S die notwendige Selektivität erreicht.

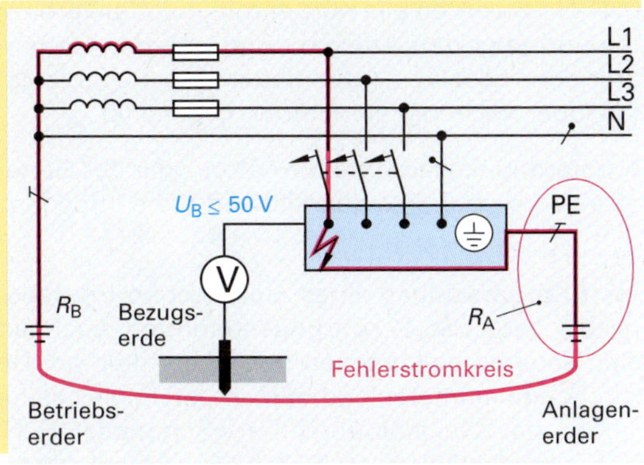

Bild 1: Schutz durch Abschalten im TT-System

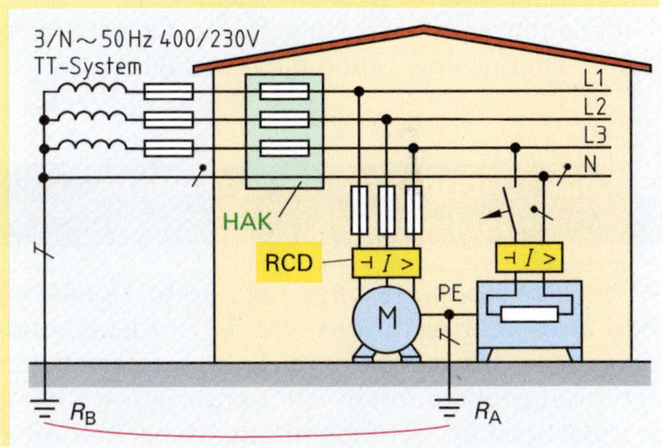

Bild 2: Verbraucheranlage im TT-System mit RCD

Tabelle 1: Höchstwerte für Erdungswiderstände R_A

RCD mit $I_{\Delta N}$	Erdungswiderstand R_A in Ω bei: $U_L = 50$ V	$U_L = 25$ V
0,01 A	5000	2500
0,03 A	1665	832
0,3 A	165	82
0,5 A	100	50

9.4.5.8 Schutz im IT-Netz

IT-Netze **(Bild 3)** kommen dann zum Einsatz, wenn der erste einzelne Körperschluss eines elektrischen Betriebsmittels keine Folgen haben und auch nicht zum Abschalten des Stromkreises führen darf. Dies ist beispielsweise in Operationsräumen, auf Intensivbehandlungsstationen, im Bergbau und in Hüttenwerken der Fall.

> In IT-Netzen führt ein einzelner Körperschluss nicht zum Abschalten des Stromkreises.

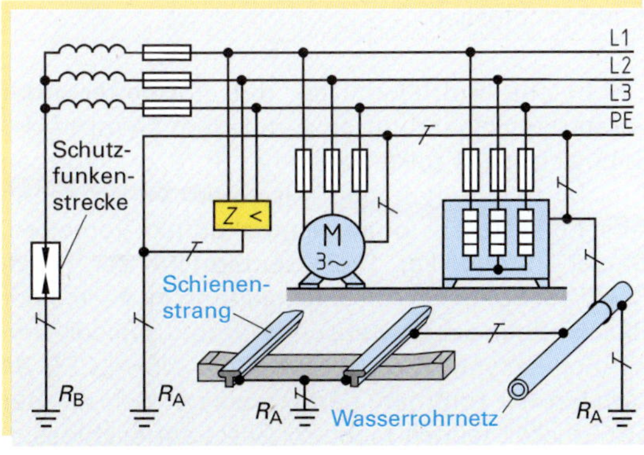

Bild 3: Schutz im IT-System

9

Im IT-Netz werden alle Körper miteinander verbunden und über den Anlagenerder geerdet. Gegenüber dem oder den Außenleitern wird eine Isolationsüberwachungseinrichtung geschaltet.

Der Sternpunkt des Transformators oder des Generators wird über eine ausreichend hohe Impedanz geerdet.

Beim Körperschluss eines elektrischen Betriebsmittels liegt die Berührungsspannung auch an allen anderen elektrischen Betriebsmitteln an. Da kein Potentialunterschied besteht, stellt dies keine Gefahr da. Die Isolationsüberwachungseinrichtung zeigt den Fehler an. Somit kann beispielsweise eine Operation beendet werden. Danach wird der Fehler behoben. Treten jedoch zwei Körperschlüsse bei zwei unterschiedlichen elektrischen Betriebsmitteln auf, so erfolgt durch die Isolationsüberwachungseinrichtung die Abschaltung.

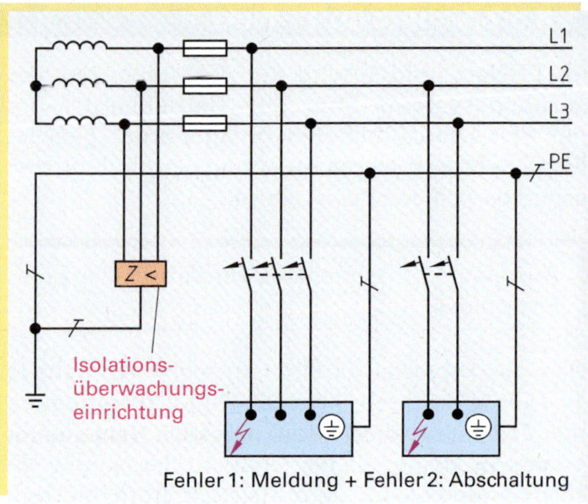

Bild 1: IT-System mit 2 Fehlern

9.4.5.9 Doppelte oder verstärkte Isolierung

Durch eine doppelte oder verstärkte Isolierung **(Bild 2)** wird erreicht, dass bei einem Isolationsfehler der Basisisolierung keine gefährlichen Berührungsspannungen an berührbaren Teilen des elektrischen Betriebsmittels Menschen oder Tiere gefährden können. Um dies sicherzustellen, ist neben der Isolierung aller aktiven spannungsführenden Teile eine zweite, fest eingebaute Isolierung vorhanden.

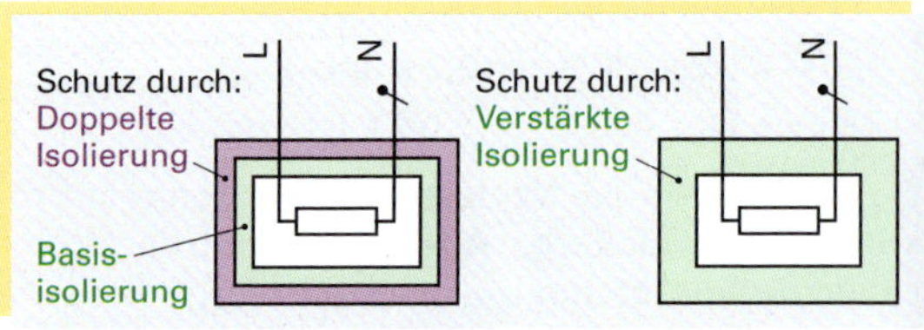

Bild 2: Arten der Isolierung

Diese kann, am Beispiel einer elektrischen Bohrmaschine **(Bild 3),** aus einem Getriebe mit Kunststoffzahnrädern bestehen. Im Symbol der Schutzklasse II ist die doppelte Isolierung durch zwei Quadrate **(Bild 4)** dargestellt.

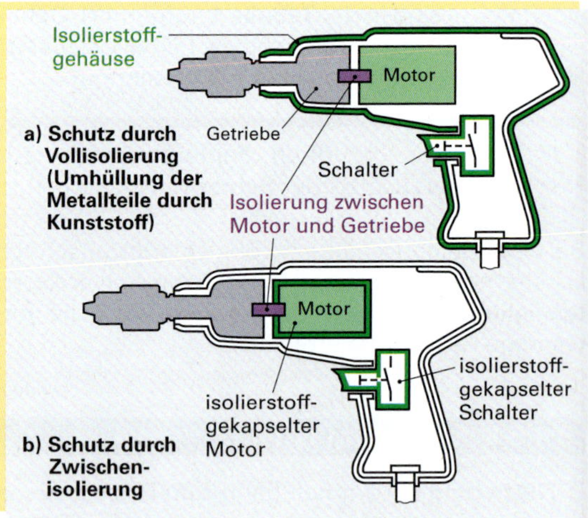

Bild 3: Bohrmaschine mit verstärkter Isolierung

> An elektrische Geräte mit doppelter oder verstärkter Isolierung wird kein Schutzleiter (PE) angeschlossen.

Elektrische Betriebsmittel mit doppelter oder verstärkter Isolierung sind mit dem Symbol der Schutzklasse II gekennzeichnet. Ihre zweiadrigen Anschlussleitungen sind mit einem vergossenen Anschlussstecker ohne Schutzkontakt versehen. Dieser Eurostecker Typ C entspricht der Norm CEE 7/16. Sollte die Anschlussleitung im Falle einer Beschädigung ausgetauscht werden müssen und ein Schutzkontaktstecker Typ F der Norm CEE 7/4 zum Einsatz kommen, dann muss der Schutzleiter am Stecker, jedoch nicht im Gerät angeschlossen werden.

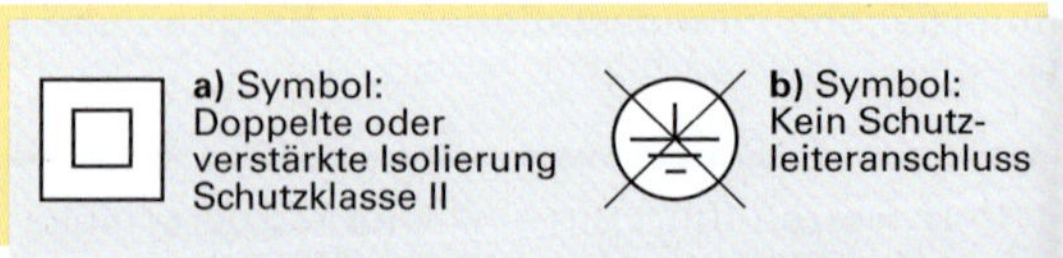

Bild 4: Symbole für „Doppelte oder verstärkte Isolierung"

9.4.5.10 Schutztrennung

Mithilfe der Schutztrennung **(Bild 1)** wird ein elektrisches Betriebsmittel über einen Trenntransformator galvanisch vom Sternpunkt des speisenden Netzes getrennt.

An einen Trenntransformator darf nur ein elektrisches Betriebsmittel angeschlossen werden.

Aus einem Körperschluss können daher kein Erdschluss und auch keine gefährlichen Berührungsspannungen entstehen.

Am Trenntransformator und an den Steckvorrichtungen darf kein Schutzleiter (PE) angeschlossen werden.

Die Schutztrennung wird beispielsweise bei Arbeiten im Innern von Metallbehältern **(Bild 2)** oder auch bei Reparaturarbeiten angewendet.

9.4.5.11 Schutz durch Schutzkleinspannung

Bei der Verwendung von Schutzkleinspannungen wäre ein direktes Berühren von aktiven, unter Spannung stehenden Teilen aufgrund der geringen Spannung ungefährlich.

Kleinspannungen der Schutzklasse III sind in der Gruppe 700 der VDE 0100 bei Wechselspannungen $\leq 50\ V_{AC}$ und bei Gleichspannungen $\leq 120\ V_{DC}$ festgelegt und werden mit ELV (**E**xtra **L**ow **V**oltage) abgekürzt.

Es werden drei Varianten eingesetzt:

Die Sekundärstromkreise sind bei Schutzkleinspannungen **(Bild 3) SELV** (**S**afety **E**xtra **L**ow **V**oltage) galvanisch von der Spannungsversorgung getrennt. Angeschlossene elektrische Betriebsmittel sind nicht geerdet.

Im Gegensatz dazu werden Sekundärstromkreise bei Funktionskleinspannungen mit sicherer Trennung **(Bild 4) PELV** (**P**rotective **E**xtra **L**ow **V**oltage) geerdet. Dies wird beispielsweise in Telekommunikationsanlagen angewendet.

Die Funktionskleinspannung ohne sichere Trennung **FELV** (**F**unctional **E**xtra **L**ow **V**oltage) besitzt keine galvanische Trennung von der Spannungsversorgung. Die angeschlossenen elektrischen Betriebsmittel sind geerdet. Im Fehlerfall erfolgt die automatische Abschaltung im Primärstromkreis.

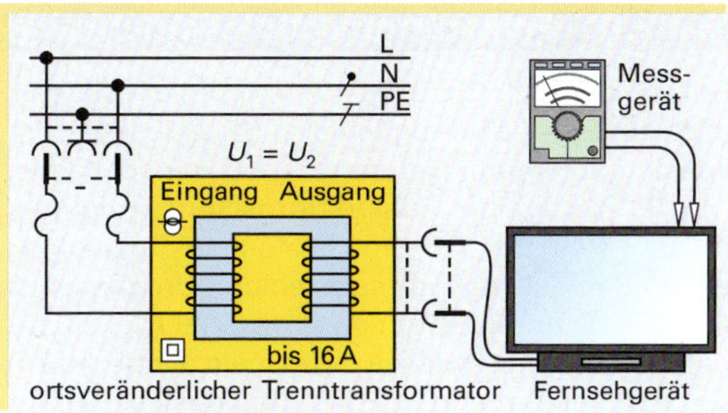

Bild 1: Schutztrennung

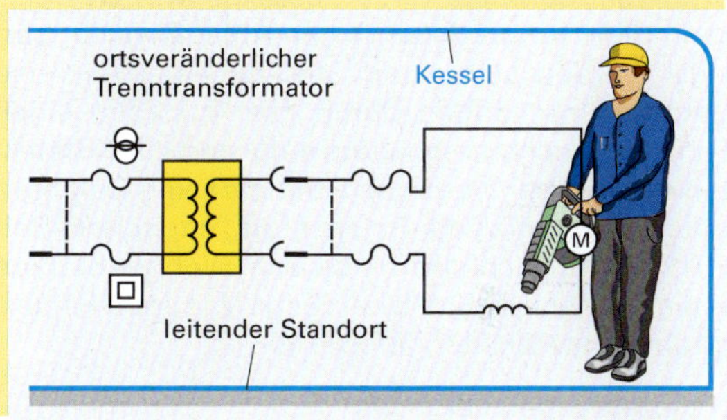

Bild 2: Schutztrennung bei besonderer Gefährdung

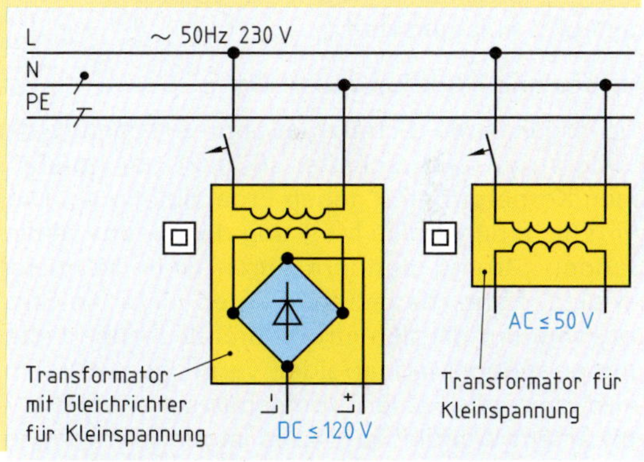

Bild 3: Transformatoren für SELV-Stromkreise

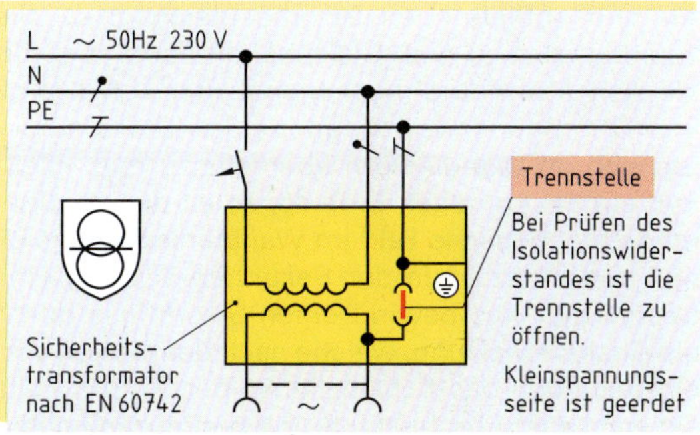

Bild 4: Spannungsquelle für PELV-Stromkreis

9.4.5.12 Fehlerstromschutzeinrichtungen

Gemäß der DIN VDE 0100 410 müssen alle für elektrotechnische Laien zugängliche Steckdosenstromkreise mit einem Nennstrom bis einschließlich $I_N = 32$ A mit einer Fehlerstromschutzeinrichtung (**RCD** = **R**esidual **C**urrent Protective **D**evice) mit einem Bemessungsdifferenzfehlerstrom geschützt sein. Der Differenzstrom darf maximal $I_{\Delta N} = 30$ mA betragen. Es ist zulässig, dass ein Fehlerstromschutzschalter mehrere Endstromkreise schützt.

Die Installation von kombinierten Fehlerstrom-/Leitungsschutzschaltern RCBOs (**RCBO** = **R**esidual current operated **C**ircuit **B**reaker with **O**vercurrent) führt zur größtmöglichen Anlagenverfügbarkeit. Werden Licht- und Steckdosenstromkreise getrennt, so können durch das Auslösen eines Fehlerstromschutzschalters aufgrund eines defekten elektrischen Verbrauchsmittels keine Gefahren durch den Ausfall der Beleuchtung entstehen. Seit 2018 ist für Lichtstromkreise in Wohngebäuden ebenfalls ein zusätzlicher Schutz durch Fehlerstromschutzschalter gefordert.

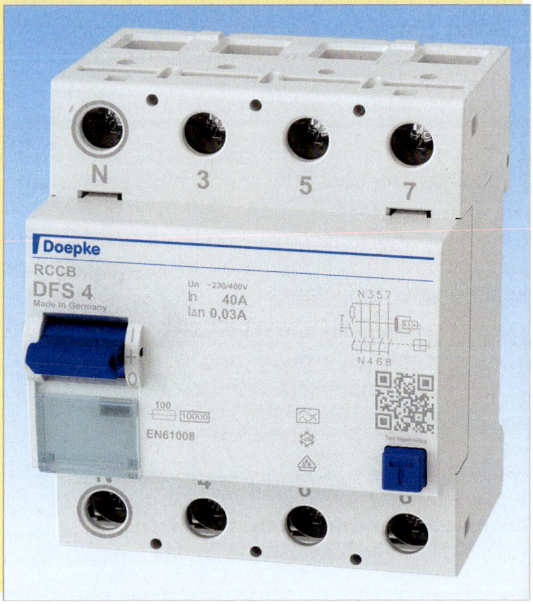

Bild 1: RCD 4-polig

Hauptaufgaben der RCDs

Beim Versagen von Vorkehrungen des Basisschutzes und/oder des Fehlerschutzes dienen Fehlerstromschutzschalter **(Bild 1)** als zusätzlicher Personen- und Anlagenschutz.

In einem Stromkreis darf ein RCD als zusätzlicher Schutz niemals als alleinige Schutzmaßnahme eingesetzt werden.

Aufbau und Funktion von RCDs

Als ergänzende Schutzmaßnahme schaltet der Fehlerstromschutzschalter **(Bild 2)** bei gefährlichen Körperströmen gegen Erde allpolig ab. Dies wird nicht durch eine Messung der zu- und abfließenden Ströme, sondern durch einen Vergleich erreicht. Näher betrachtet werden nicht die Ströme, sondern die den stromdurchflossenen Leiter umgebenden Magnetfelder verglichen. Erreicht wird dies bei Fehlerstromschutzschalter Typ A mit einem Wandlerkern. Dies ist ein ferromagnetischer Ring, durch welchen alle Außenleiter und der Neutralleiter durchgeführt werden. Fließt nun kein Strom gegen Erde ab, so ist die Summe der zu- und abfließenden Ströme gleich groß. Sie addieren sich zu null. Gleiches gilt dann auch für die den stromdurchflossenen Leiter (L1, L2, L3 und N) umgebenden Magnetfelder. Diese addieren sich im Wandlerkern ebenfalls zu null. Fließt nun ein Strom gegen Erde ab, so ist das resultierende magnetische Feld im Wandlerkern ungleich null und induziert in der Sekundärwicklung eine Spannung. Dies bewirkt einen Stromfluss durch die Auslösewicklung, welche nach definierten Voreinstellungen das Schaltschloss betätigt und alle aktiven Leiter abschaltet. Somit begrenzen Fehlerstromschutzschalter den Fehlerstrom, der durch

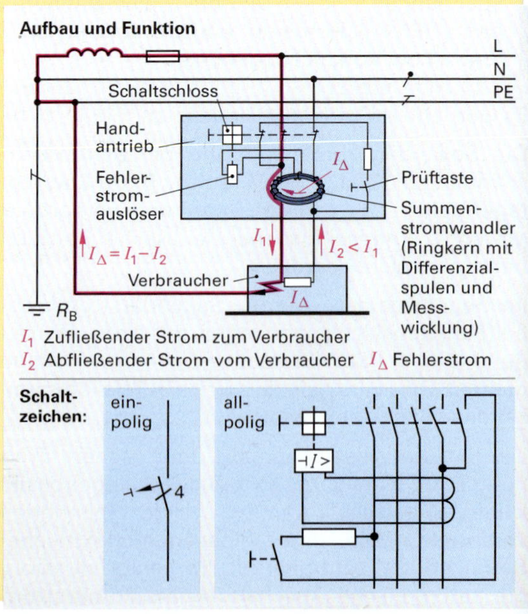

Bild 2: Aufbau, Funktion und Schaltzeichen einer RCD

einen Menschen fließt, auf einen ungefährlichen Wert und auf eine ungefährliche Zeitdauer.

Fehlerstromschutzschalter vom Typ AC können nur für die Erfassung von rein sinusförmigen Wechselfehlerströme eingesetzt werden. Bei pulsierenden Gleichfehlerströme kann es zu Fehlauslösungen, bzw. zu Nichtauslösungen kommen. Entsprechend der DIN VDE 0100-530 kann dieser Gerätetyp in Deutschland nicht zur Realisierung der zusätzlichen Schutzmaßnahme Fehlerstromschutz eingesetzt werden. Standardmäßig werden daher Fehlerstromschutzschalter vom Typ A **(Bild 1)** für die Erfassung für Fehlerströme mit einer Frequenz von 50 Hz und 60 Hz sowie für pulsierenden Gleichfehlerströme eingesetzt.

An jedem Fehlerstromschutzschalter ist eine manuelle Prüfeinrichtung angebracht. Diese dient lediglich dazu, die mechanische Auslösefähigkeit des Fehlerstromschutzschalters zu testen.

Die Prüftaste T kann keinesfalls als Funktionstest der Schutzeinrichtung, bzw. zur Überprüfung der Einhaltung der Auslösezeiten angesehen werden.

Durch Betätigung der Prüftaste T wird über einen Widerstand ein Außenleiter vor dem Summenstromwandler mit dem Neutralleiter nach dem Summenstromwandler elektrisch verbunden. Bedingt durch diesen Bypass sind die Ströme und somit auch die magnetischen Flüsse im Wandlerkern ungleich Null. Das Schaltschloss wird betätigt und der Fehlerstromschutzschalter schaltet ab. Wird ein vierpoliger Fehlerstromschutzschalter an Wechselspannung betrieben, so ist darauf zu achten, dass der Außenleiter L1 passend zur Prüfeinrichtung angeschlossen ist. Ansonsten ist diese unwirksam.

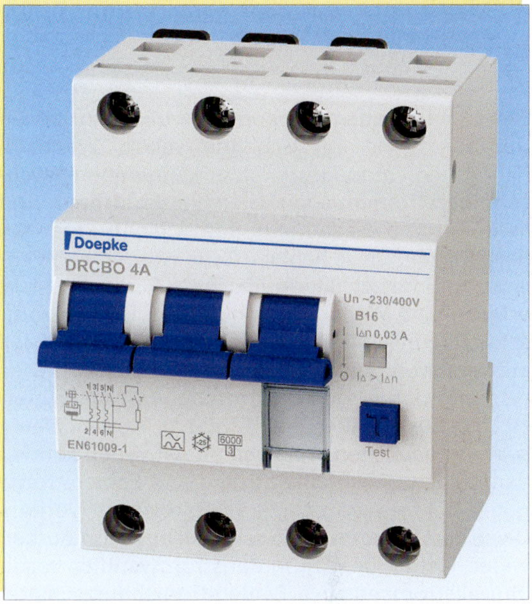

Bild 1: Kombination von Leitungsschutzschalter und Fehlerstromschutzschalter (RCBO)

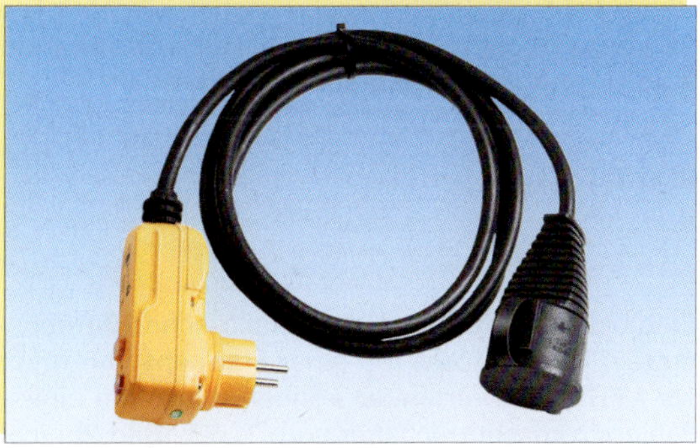

Bild 2: Personenschutzverlängerung mit Fehlerstromschutzschalter (PRCD)

Die Prüfung der Schutzmaßnahme kann nur durch eine Prüfung nach DIN VDE 0100-600 erfolgen.

Die wohl bedeutendste elektrische Kenngröße bei einen netzspannungsunabhängigen Fehlerstromschutzschalter (RCD) ist sicherlich der Differenzfehlerstrom $I_{\Delta N}$.

Personenschutz		Brandschutz /Anlagenschutz		
$I_{\Delta N}$ = 10 mA	$I_{\Delta N}$ = 30 mA	$I_{\Delta N}$ = 100 mA	$I_{\Delta N}$ = 300 mA	$I_{\Delta N}$ = 500 mA

Bis zu einem Differenzfehlerstrom $I_{\Delta N}$ = 30 mA kann der Fehlerstromschutzschalter (RCD) für den Personenschutz eingesetzt werden. Schutzgeräte mit größerem Differenzfehlerstrom sind für den Anlagen- und Brandschutz konzipiert.

Mit dem Bemessungsstrom I_N wird angegeben, welche Stromstärke der Fehlerstromschutzschalter (RCD) dauerhaft führen kann. Folgende Ausführungen sind verfügbar: 10 A, 13 A, 16 A, 20 A, 25 A, 32 A, 40 A, 63 A, 80 A, 100 A und 125 A. Die Einhaltung des maximal zulässigen Bemessungsstroms I_N wird durch eine Überstromschutzeinrichtung gewährleistet. Fehlerstromschutzschalter schalten bei Fehlerströmen zwischen dem 0,5-fachen und dem ganzen Wert des Differenzfehlerstrom $I_{\Delta N}$ sicher ab.

RCD Typ B

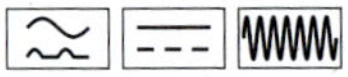

Die zunehmende Verwendung von elektrischen Betriebsmitteln mit Schaltnetzteilen, Wechselrichter und Frequenzumrichter kann neben Wechselfehlerströmen auch Gleichfehlerströme und Fehlerströme bestehend aus Mischfrequenzen hervorrufen. Diese Fehlerströme werden von Fehlerstromschutzschaltern des Typs AC und A nicht erfasst. Eine Weiterentwicklung der Fehlerstromschutztechnik für die Erfassung aller potenziell auftretenden Fehlerströme war notwendig. Dies erfolgte durch den allstromsensitiven Fehlerstromschutzschalter Typ B **(Bild 1)**. Neben Wechsel- und gepulsten Wechselfehlerströmen können damit auch Gleichfehlerströme und Fehlerströme mit Mischfrequenzen bis 1 kHz erfasst werden. Diese Eigenschaften spiegeln sich auch am Aufbau wider. Neben dem Summenstromwandler verfügen allstromsensitive Fehlerstromschutzschalter zusätzlich über eine Auslöseelektronik mit integriertem Netzteil zur Fehlerstromdetektion. Analog zu Fehlerstromstromschutzschaltern vom Typ AC und A ist beim Typ B ebenfalls eine Prüfeinrichtung zur manuellen Betätigung vorhanden.

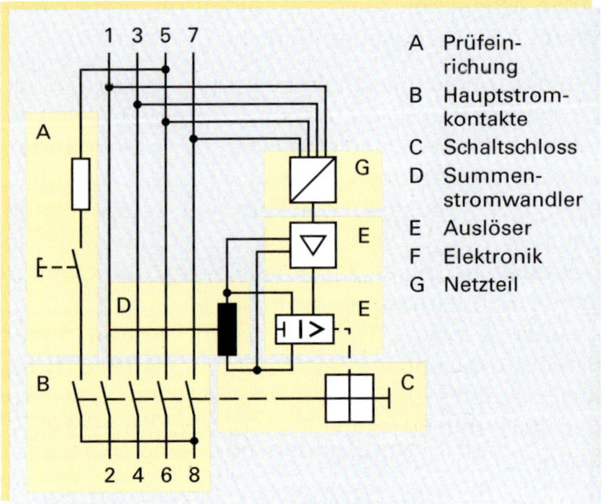

Bild 1: Aufbau und Funktion RCD Typ B

RCD Typ B+

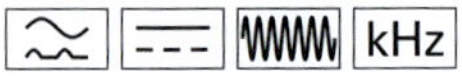

Sind bei der Verwendung von elektrischen Betriebsmitteln Fehlerströme mit einer Frequenz von mehr als 1 kHz zu erwarten, so können diese von einem Fehlerstromschutzschalter vom Typ B **(Bild 2)** nicht zuverlässig detektiert werden. Bis zu einer Fehlerstromfrequenz von 20 kHz decken Fehlerstromschutzschalter vom Typ B+ diesen Bereich ab.

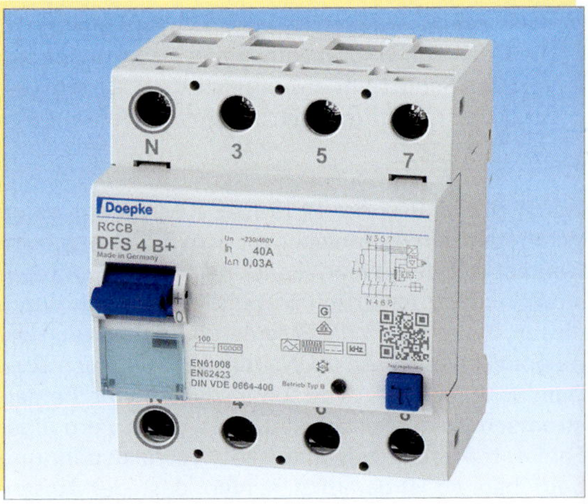

Bild 2: RCD Typ B+

RCD Typ F

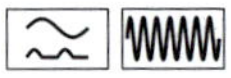

Für den sicheren Personen- und Anlagenschutz bei Wechselfehlerströmen und pulsierenden Fehlerströmen mit mehreren Frequenzanteilen, wobei der Hauptfrequenzanteil bei 50 Hz liegt, werden Fehlerstromschutzschalter vom Typ F **(Bild 3)** eingesetzt. Durch die Verwendung von Frequenzumrichtern für die Drehzahlsteuerung sind Waschmaschinen, Trockner, Geschirrspüler, Heizungspumpen, Wärmepumpen u.s.w. potenzielle Einsatzgebiete. Wichtig ist jedoch, zu beachten, dass Fehlerstromschutzschalter vom Typ F keine Gleichfehlerströme erkennen.

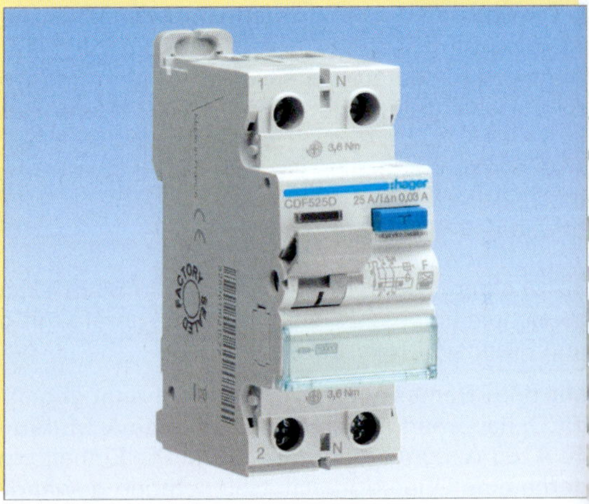

Bild 3: RCD Typ F

9.4.6 Prüfung elektrischer Betriebsmittel

Vor der ersten Inbetriebnahme und in regelmäßigen Abständen müssen alle ortsfesten und ortsveränderlichen elektrischen Anlagen und Betriebsmittel fachgerecht geprüft werden. Grundsätzlich besteht eine Prüfung aus drei Bestandteilen, dem Besichtigen, dem Erproben und dem Messen. Somit werden Gefahren für Menschen, Nutztiere, Anlagen und Geräte möglichst gering gehalten und eine hohe Anlagenverfügbarkeit gewährleistet.

> Bei der Prüfung von elektrischen Anlagen und ortsfesten elektrischen Betriebsmitteln wird zwischen Erstprüfungen und wiederkehrenden Prüfungen unterschieden.

Die Notwendigkeit der Prüfungen ergibt sich aus den gesetzlichen Vorschriften **(Übersicht 1)**. Aus dem Arbeitsschutzgesetz und der Betriebssicherheitsverordnung heraus ergibt sich für den Unternehmer die Pflicht, Gefährdungsbeurteilungen zu erstellen. Daraus abgeleitet können die zeitlichen Abstände der Prüffristen verändert werden.

9.4.6.1 Erstprüfung von ortsfesten elektrischen Anlagen und Betriebsmitteln

In der DIN VDE 0100-600 ist die Erstprüfung von ortsfesten elektrischen Anlagen und Betriebsmitteln beschrieben. Die prüfende Person muss nach der **T**echnische **R**egel für **B**etriebs**s**icherheit **TRBS** 1203 zur Prüfung befähigt sein.

> Die Erstprüfung von elektrischen Anlagen und ortsfesten elektrischen Betriebsmitteln besteht aus Besichtigen, Erproben und Messen.

Bei der Besichtigung werden die normgerechte Errichtung und der Zustand der elektrischen Anlage und der ortsfesten elektrischen Betriebsmittel überprüft. Dies umfasst beispielsweise die korrekte Auswahl von Kabel und Leitungen, deren Aderquerschnitte und die Abstimmung mit den installierten Überstromschutzorganen. Es wird auf offensichtliche Beschädigungen geachtet.

Anschließend wird die Funktion der elektrischen Anlage bzw. des ortsfesten elektrischen Betriebsmittels getestet. Hierbei sollen eventuell vorhandene Probleme festgestellt werden, welche durch eine reine Sichtprüfung nicht erkannt werden würden. Beim Erproben werden insbesondere auch die Funktion von Schutz-, Melde und Anzeigegeräten getestet. Die Ergebnisse der Erprobung werden protokolliert.

Übersicht 1: Gesetzliche Vorschriften

- Arbeitsschutzgesetz (ArbSchG)
- Betriebssicherheitsverordnung (BetrSichV)
- Energiewirtschaftsgesetz (EnWG)
- Geräte- und Produktsicherheitsgesetz (GPSG)
- Arbeitsstättenverordnung (ArbStättV)
- Technische Regeln für Betriebssicherheit (TRBS)
- Technische Regeln für Anlagensicherheit (TRAS)
- Vorschriften und Regeln der Deutschen Gesetzlichen Unfallversicherung (DGUV)

Übersicht: Gefährdungsermittlung – Prüfung

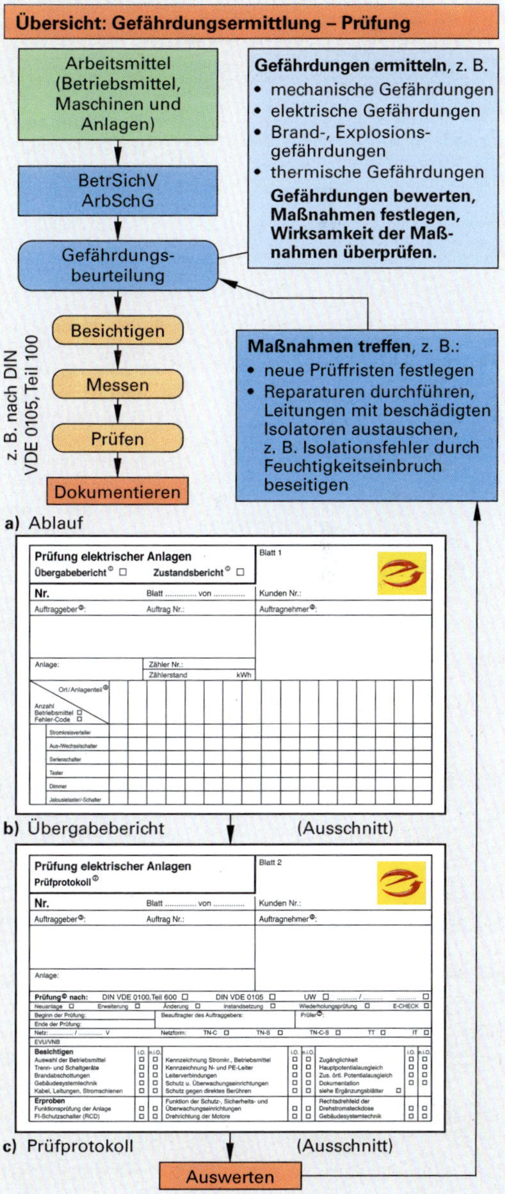

a) Ablauf

b) Übergabebericht (Ausschnitt)

c) Prüfprotokoll (Ausschnitt)

Bei der anschließenden Messung müssen die Messgeräte den Anforderungen der DIN VDE 0413 entsprechen. Beim Messen werden physikalische Daten ermittelt, welche eine Beurteilung der Anlagensicherheit unter Fehlerbedingungen ermöglicht. Alle gemessenen physikalischen Daten werden in einem Prüfprotokoll dokumentiert und dem Kunden/Anlagenbetreiber übergeben.

Übersicht: Prüfungen in elektrischen Anlagen nach DIN VDE 0100, – 600

Prüfen

Besichtigen – Hinweise →

- Durchführen der Besichtigung vor dem Erproben und Messen bei vollständig abgeschalteter Anlage.
- Prüfen fest angeschlossener elektrischer Betriebsmittel auf:
  - Sicherheitsanforderungen, z. B. VDE-, CEE-Prüfzeichen,
  - korrekte Auswahl und Errichtung,
  - die Sicherheit beeinträchtigende Beschädigungen.
- Vorhandensein von Abdeckungen, Umhüllungen, Hindernissen.
- Auswahl der Leitungen und Kabel nach Verlegeart, Strombelastbarkeit und zulässigem Spannungsfall.
- Auswahl der Schutz- und Überwachungseinrichtungen und Einstellung des Auslösestromes.
- Auswahl der Betriebsmittel bezogen auf äußere Einflüsse.
- Durchgehende farbliche Kennzeichnung und Anschluss von Neutralleiter, Schutzleiter und PEN, ordnungsgemäße Leiterverbindungen.
- Vorhandensein von Schaltungsunterlagen und Warnhinweisen.
- Kennzeichnung der Stromkreise und Betriebsmittel in der Anlage und in Schaltplänen.
- Leichte Zugänglichkeit zur Bedienung, Inspektion und Wartung.

Erproben und Messen – Hinweise →

- Schutzleiter, Schutzpotenzialausgleich und zusätzlicher Schutzpotenzialausgleich: Prüfen auf durchgehende Verbindung.
- Isolationswiderstand der elektrischen Anlage: Messen zwischen aktiven Leitern und Erde.
- Schutztrennung, SELV- und PELV-Stromkreise: Prüfen der sicheren Trennung.
- Nicht leitende Umgebung: Widerstandsmessung.
- Schleifenimpedanz: Messen, Berechnen und Bewerten des Kurzschlussstromes, Prüfen des Kurzschlussstromes und des Auslösestromes der Schutzeinrichtungen in Stromkreisen mit Schutz durch automatische Abschaltung der Stromversorgung (TN-, TT- und IT-System).
- Besichtigen und Erproben der Fehlerstrom-Schutzeinrichtungen (RCDs).
- Spannungsfall: Ermitteln des Spannungsfalls.
- Erdungswiderstand: Messen.
- Spannungspolarität: Prüfen.
- Einpolige Schalter dürfen nur im Außenleiter eingebaut sein: Prüfen.
- Drehfeldrichtung: Prüfen des Rechtsdrehfeldes bei Drehstromsteckvorrichtungen.
- Betätigen von Schutzeinrichtungen, Verriegelungsschaltungen bei Antrieben: Funktionsprüfungen, fehlerfreies Arbeiten von Steuerungen.
- Anlagen der Gebäudetechnik, z. B. KNX-Anlagen prüfen.

Prüfprotokoll – Hinweise →

- Dokumentieren des Prüfergebnisses der Erstprüfung, nach Instandsetzung oder Änderung sowie nach Wiederholungsprüfungen.
- Festhalten aller ermittelten Ergebnisse, z. B. Anlage, Prüfling, Prüfdatum, eventuell Prüfintervalle, Ergebnisse der Sichtprüfung und der Messungen.
- Ausführliches Anfertigen des Prüfprotokolls, da es später bei Reklamationen oder im Schadensfalle zur Beweisführung dienen kann.

Prüffristen – Hinweise →

- Elektrische Anlagen und Betriebsmittel unterliegen einer Alterung und betriebsbedingtem Verschleiß, sodass Prüfungen wiederholt werden müssen.
- Zur Sicherheit elektrischer Anlagen in Gewerbebetrieben sind nach DGUV, Vorschrift 3 Prüffristen festgeschrieben.
- Für das Prüfen privater Anlagen ist der E-Check nützlich.

9.4.6.2 Wiederkehrende Prüfungen von elektrischen Anlagen und ortsfesten Betriebsmitteln

In der DIN VDE 0105 sind die wiederkehrenden Prüfungen von ortsfesten elektrischen Anlagen und Betriebsmitteln beschrieben. Die prüfende Person muss nach TRBS 1203 zur Prüfung befähigt sein **(siehe Übersicht Seite 383).**

> Der ordnungsgemäße Zustand von elektrischen Anlagen und ortsfesten elektrischen Betriebsmitteln muss in regelmäßigen Abständen überprüft werden.

Die DGUV Vorschrift 3 legt für die wiederkehrenden Prüfungen ein Zeitintervall von vier Jahren fest. Der Unternehmer kann dieses Zeitintervall aufgrund einer durchgeführten Gefährdungsbeurteilung den örtlichen Bedingungen anpassen.

Das Ziel der wiederkehrenden Prüfungen ist die Beurteilung der Sicherheit unter Fehlerbedingungen. Daher werden insbesondere der Schleifenwiderstand, der Schutzleiterwiderstand, der Auslösefehlerstrom von Fehlerstromschutzschaltern und, falls vorhanden, der Ansprechwert von Isolations-Überwachungseinrichtungen überprüft.

Ein wesentlicher Unterschied zur Erstprüfung besteht darin, dass neben der wiederkehrenden Prüfung auch Stichprobenprüfungen zulässig sind. Die Stichproben müssen jedoch so gewählt werden, dass Schlüsse auf den ordnungsgemäßen Zustand der gesamten elektrischen Anlage gezogen werden können.

Tabelle 1: Prüfungen und Prüffristen für elektrische Anlagen und Betriebsmittel (nach DGUV, Vorschrift 3)

Anlagen/Betriebsmittel	Prüffrist	Art der Prüfung
Elektrische Anlagen und Betriebsmittel allgemein.	Vor der ersten Inbetriebnahme sowie nach jeder Erweiterung, Änderung und Instandsetzung.	Auf ordnungsgemäßen Zustand prüfen, wenn keine Bescheinigung des Errichters vorliegt.
Elektrische Anlagen und ortsfeste elektrische Betriebsmittel.	Mindestens alle 4 Jahre (durch Elektrofachkraft).	Auf ordnungsgemäßen Zustand prüfen.
Ortsveränderliche elektrische Betriebsmittel, Anschluss- und Verlängerungsleitungen mit Steckvorrichtungen.	Alle 6 Monate (soweit benutzt). Richtwert auf Baustellen 3 Monate (durch Elektrofachkraft).	Auf ordnungsgemäßen Zustand prüfen.
Fehlerstrom-Schutzeinrichtungen bei nicht stationären Anlagen.	Mindestens einmal im Monat (durch Elektrofachkraft).	Auf Wirksamkeit überprüfen.
Fehlerstrom-Schutzeinrichtungen ■ bei stationären Anlagen, ■ bei nichtstationären Anlagen.	Arbeitstäglich. Mindestens alle 6 Monate (durch Benutzer).	Betätigen der Prüfeinrichtungen.
Spannungsprüfer, isolierte Werkzeuge und isolierende Schutzeinrichtungen.	Vor jeder Benutzung (durch Benutzer).	Auf augenfällige Mängel und einwandfreie Funktion prüfen.

9.4.6.3 Prüfen der Schutzleiter und Potentialausgleichsleiter

Damit im Fall eines Körperschlusses keine gefährlichen Berührungsspannungen entstehen und durch den Fehlerstrom das Überstromschutzorgan in der vorgeschriebenen Zeit auslösen kann, müssen die Schutzleiterverbindungen niederohmig sein.

Die Messung **(Übersicht, Seite 398)** erfolgt im spannungsfreien Zustand nach dem Errichten, Erweitern oder Instandsetzen von elektrischen Anlagen, sowie in regelmäßigen, festgelegten Zeitabständen.

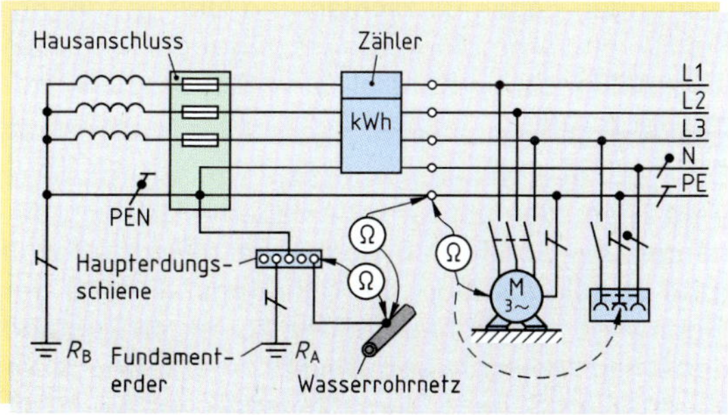

Bild 1: Messen von Schutzleiterverbindungen

9.4.6.4 Messung der Isolationswiderstände in elektrischen Anlagen

Thermische, chemische und mechanische Einflüsse können Veränderungen von Isolationseigenschaften bewirken. Daher werden die Isolationswiderstände nach der Trennung vom Netz mithilfe eines Isolationsmessgerätes mit einer größeren Prüfspannung als die Betriebsspannung geprüft. In Stromkreisen mit Nennspannung ≤ 500 V sollten die Isolationswiderstände mindesten 1 MΩ betragen.

9.4.6.5 Prüfung der Schutzmaßnahmen SELV

Bei den Schutzmaßnahmen SELV, PELV und Schutztrennung muss die sichere galvanische Trennung der Stromkreise durch eine Messung überprüft werden. Durch eine Messung muss nachgewiesen werden, dass die maximal zulässigen Spannungswerte **(Tabelle 1)** eingehalten werden. Der Isolationswiderstand aller aktiven Teile wird gegen Erde gemessen. Bei PELV-Stromkreisen wird für die Messung die Erdung aufgehoben.

9.4.6.6 E-Check als Gütesiegel für die Elektroanlage

In der DGUV Vorschrift 3 wird für den gewerblichen Bereich gefordert, dass elektrische Anlagen und ortsfeste elektrische Betriebsmittel in Zeitintervallen von 4 Jahren geprüft werden müssen. Dadurch wird gewährleistet, dass gefährliche Mängel an elektrischen Anlagen rechtzeitig entdeckt und damit die Anlagensicherheit und die Verfügbarkeit erhöht werden.

Der E-Check ist eine anerkannte, normgerechte Prüfung der elektrischen Anlage und aller elektrischen Geräte im Haus. Dabei wird geprüft, ob sich die elektrischen Anlagen und Geräte in einem ordnungsgemäßen Zustand im Sinne der aktuellen VDE-Bestimmungen befinden. Neben den Schutzeinrichtungen in den Verteilungen und allen elektrischen Geräten werden auch alle Schutzeinrichtungen gegen Blitzschlag und Überspannung, die Rauchwarnmelder, die Bewegungs- und Präsenzmelder sowie Kontroll- und Sicherheitssysteme überprüft.

Die Prüfung wird durch Anbringen der Prüfplakette **(Bild 2)** an allen geprüften Anlagenteilen, Komponenten und Geräten, sowie durch ein Prüfprotokoll **(Bild 3)** dokumentiert. Im Schadensfall kann der Eigentümer der Immobilie den korrekten Zustand der Anlage belegen. Damit schützt der E-Check vor eventuellen Schadensersatzansprüchen von Versicherungen.

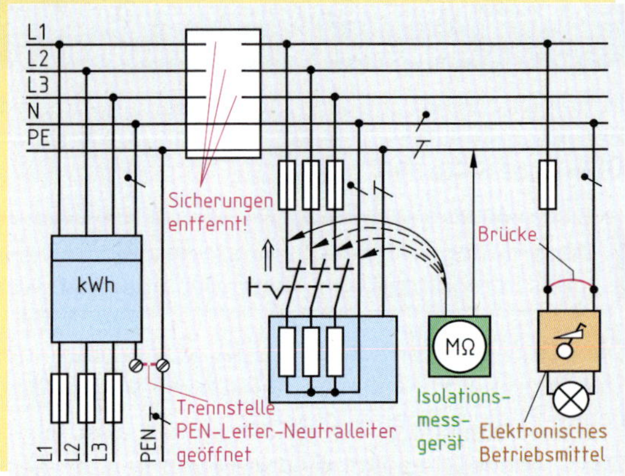

Bild 1: Messen des Isolationswiderstandes

Tabelle 1: Prüfungen bei Kleinspannung und Schutztrennung (nach DIN VDE 0100, Teil 600)

Schutzmaßnahmen	Anforderungen an die Prüfung
Kleinspannung ■ SELV-Stromkreise ■ PELV-Stromkreise	■ Messen der Nennspannung: AC: $U_N \leq$ 50 V bzw. 25 V DC: $U_N \leq$ 120 V bzw. 60 V ■ Messen des Isolationswiderstandes aktiver Leiter gegen Erde
Schutztrennung ■ ein Betriebsmittel ■ mehrere Betriebsmittel	■ Messen des Isolationswiderstandes aktiver Leiter gegen Erde ■ Messen der Schleifenimpedanz ■ Abschaltung bei Doppelfehler: Fehlerstrom $I_F \geq$ Abschaltstrom I_a

Den E-Check sollte man alle 4 Jahre von einem Elektrofachbetrieb durchführen lassen.

Bild 2: E-Check-Prüfplakette

Bild 3: Prüfprotokoll (E-Check)

9.4.7 Überspannungen und Störspannungen

Elektrische Betriebsmittel werden durch den Einsatz von elektronischen Halbleiterbauteilen immer komfortabler und smarter. Leider werden diese gegenüber Überspannungen auch störanfälliger **(Bild 1)**.

Bild 1: Gefahrenzeichen für ESD-gefährdete Bauteile

9.4.7.1 Elektrostatische Aufladung

Reibt man zwei Isolatoren aneinander, so werden durch mechanische Reibung auf atomarer Ebene Elektronen aus dem Verbund gelöst. Vergleichbar dem Versuch im Physikunterricht mit dem Tierfell und dem Kunststoffstab ist das Laufen über einen synthetischen Teppich **(Bild 2)**. Auch hier werden Elektronen durch mechanische Reibung verschoben.

Statische Aufladungen entstehen durch mechanische Ladungstrennungen.

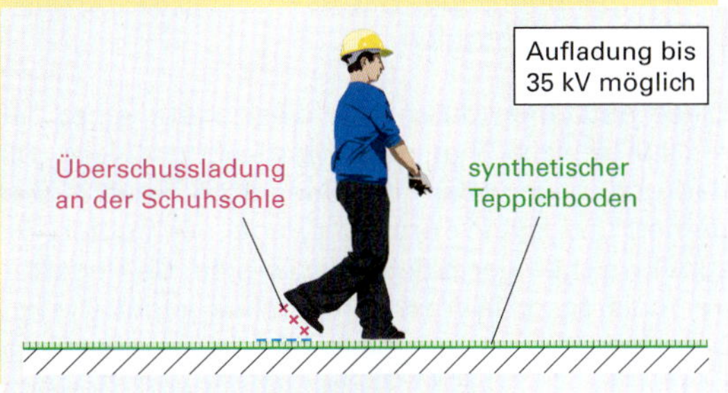

Bild 2: Elektrostatische Aufladung

Bei Messungen wurden statische Aufladungen mit bis zu 35 kV gemessen. Aufgrund der geringen Entladungsenergie sind diese für Menschen und Tiere ungefährlich. Elektronische Bauteile können jedoch durch eine einfache Berührung durch die elektrotechnische Entladung (**ESD** = **e**lectro**st**atic **d**ischarge) zerstört werden. Um dies zu vermeiden, sollten **e**lektrostatisch **g**efährdete **B**augruppen und Bauelemente **(EGB)** so lange als nur möglich in der originalen Verpackung belassen werden. Bei der Verarbeitung müssen zur Vermeidung von statischen Aufladungen leitfähige Boden- und Tischmatten eingesetzt werden.

Potenzialfreie Erdungsmaßnahmen verhindern Schäden durch statische Aufladungen.

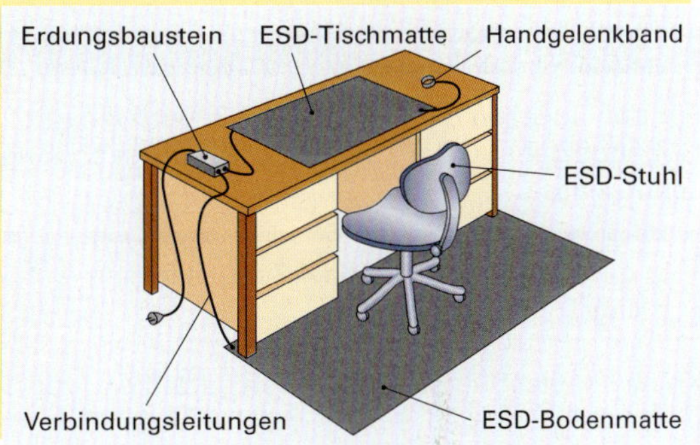

Bild 3: ESD-Arbeitsplatz mit Erdungsbaustein

Die Verarbeitung von ESD-Bauelemente erfolgt an dafür geeigneten Montageplätzen **(Bild 3)**, welche elektrostatische Entladungen verhindern. Die mitarbeitenden Personen werden zusätzlich über ein Handgelenkband mit einer potentialfreien Erde verbunden. Zur Vermeidung von statischen Aufladungen durch das Laufen tragen die Mitarbeiter Schuhe mit ESD-Sohlen. Andere Schuhe werden mit ESD-Sohlenableitbändern nachgerüstet.

9.4.7.2 SEMP

Neben den statischen Überspannungen können diese auch durch Schalthandlungen (**SEMP** = **s**witching **e**lectromagnetic **p**ulse) im Mittel- und Niederspannungsnetz entstehen. Im gewerblichen Bereich passiert dies durch das Abschalten von induktiven Verbrauchern, Schaltfunken an Schaltkontakten und das Bürstenfeuer **(Bild 4)** großer elektrischer Maschinen. Im privaten Bereich sind die steigende Anzahl von Schaltnetzteilen (**SMPS** = **s**witch **m**ode **p**ower **s**upply) häufig die Ursachen von Überspannungen. Durch induktive Einkopplungen (Selbstinduktion) erreichen die Überspannungen dabei Werte von mehreren tausend Volt.

Bild 4: Bürstenfeuer

9.4.7.3 LEMP

Auch durch Blitze **(Bild 1)** **(LEMP** = **l**ightning **e**lectro**m**agnatic **p**ulse) entstehen Überspannungen, welche in allen Bereichen der Elektrotechnik Schäden verursachen können. Im statistischen Mittel findet pro Quadratkilometer Fläche der Bundesrepublik Deutschland ein Blitzeinschlag pro Jahr statt.

> Die Spannung eines Blitzes kann bis zu 100 Millionen Volt betragen.

Blitze entstehen durch das Überlagern einer kalten Luftschicht über eine warme Luftschicht. Die dadurch nach oben beschleunigte Feuchtigkeit gefriert und fällt in Form von Hagel nach unten. Bis zum Erreichen der Erdoberfläche sind die Hagelkörner meist schon in Wassertropfen aufgetaut. Die Reibung beim Aufsteigen und Herabfallen der Feuchtigkeit ist die Ursache der Ladungstrennung. Der Ausgleich der Ladungstrennung wird als Blitz sichtbar.

Bild 1: Wolke-Erde-Blitz

9.4.7.4 Blitzschutz

Für den äußeren Blitzschutz **(Bild 2)** wird ein mit Fangstangen konstruierter Faraday'scher Käfig um das Gebäude gebaut. Der Maschenabstand ist abhängig von der durch die Risikobeurteilung festlegten Blitzschutzklasse.

> In der DIN VDE 0185 sind 4 Schutzklassen festgelegt.

Keine der vier **Blitzschutzklassen** garantiert jedoch einen vollständigen Schutz. Auch bei der Schutzklasse 1 bleibt ein Restrisiko für Schäden durch einen Blitzeinschlag bestehen.

> Mit dem Maschenverfahren oder dem Schutzwinkelverfahren oder der Blitzkugel kann der äußere Blitzschutz dimensioniert und bewertet werden.

Beim **Maschenverfahren** wird der Schutz mit Verringerung der Maschenweite der Fangleitungen des Faraday'schen Käfig größer. In der Blitzschutzklasse 1 beträgt die maximale Maschenweite 5 m, in der Blitzschutzklasse 4 sind maximal 20 m zulässig. Werden beispielsweise für Dachaufbauten Fangstangen verwendet, so ergibt sich nach dem **Schutzwinkelverfahren** aus der Höhe der Fangstange **(Bild 3)** der sich ausbildende Schutzwinkel. Sehr anschaulich ist das **Blitzkugelverfahren**. Dabei wird maßstabsgetreu eine Kugel über das zu schützende Gebäude gerollt. Der Radius der Kugel ist von der Blitzschutzklasse vorgegeben. An keiner Stelle darf dabei die Blitzkugel das Gebäude direkt, sondern nur den äußeren Blitzschutz berühren.

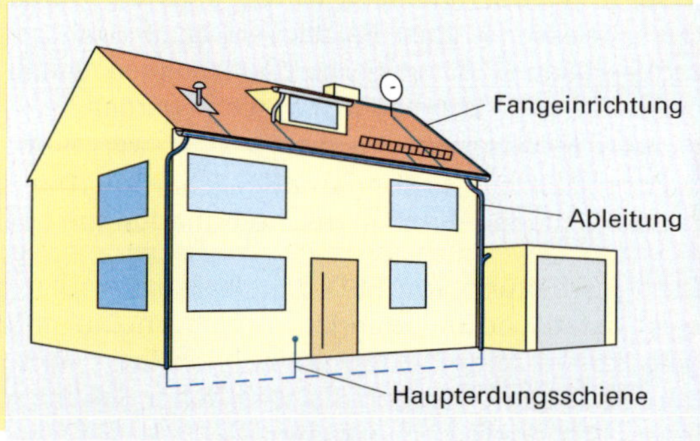

Bild 2: Äußerer Blitzschutz

Bild 3: Fangstange zum Schutz einer SAT-Anlage

9.4.7.5 Schutz gegen Überspannung

Damit die galvanischen, kapazitiven und induktiven Einkopplungen von Blitzen (LEMP) und die Folgen von Schaltüberspannungen (SEMP) keine Schäden an elektrischen Betriebsmitteln verursachen, werden Überspannungsableiter eingesetzt.

Nach den DIN VDE 0185 beträgt die maximal zu erwartende Blitzstromstärke 200.000 A. Um solche Stromstärken sicher beherrschen zu können, wird ein kaskadierter, dreistufiger innerer Blitzschutz benötigt.

> Der innere Blitzschutz besteht aus:
> Ableiter Typ 1 Blitzschutz
> Ableiter Typ 2 Überspannungsschutz
> Ableiter Typ 3 Geräteschutz

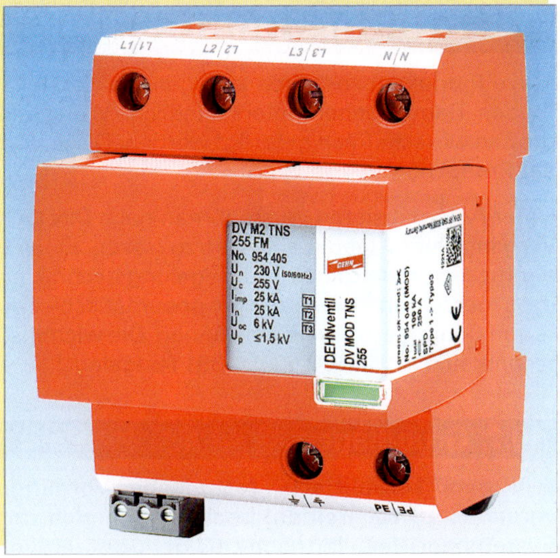

Bild 1: Ableiter Typ 1

Typ 1 Ableiter (Bild 1) beinhalten in der Regel Trennfunkenstrecken. Damit lassen sich große Ströme sicher beherrschen. Sie werden meist im Bereich der Energieversorgung installiert.

Typ 2 Ableiter (Bild 2) beinhalten in der Regel Varistoren. Diese spannungsabhängigen Widerstände haben ein gutes Ansprechverhalten. Sie werden meist in Verteilungen installiert.

Bild 2: Ableiter Typ 2

Kombiableiter vereinen Ableiter vom Typ 1 und 2 in einem Gehäuse. Diese eignen sich besonders für Wohngebäude und werden oftmals auf dem Sammelschienensystem vor dem Zähler montiert.

Typ 3 Ableiter (Bild 3) bestehen in der Regel aus Dioden. Sie sprechen sehr schnell auf Überspannungen an, können jedoch nur kleine Ströme ableiten. Sie werden sehr nahe bei den zu schützenden Geräten installiert.

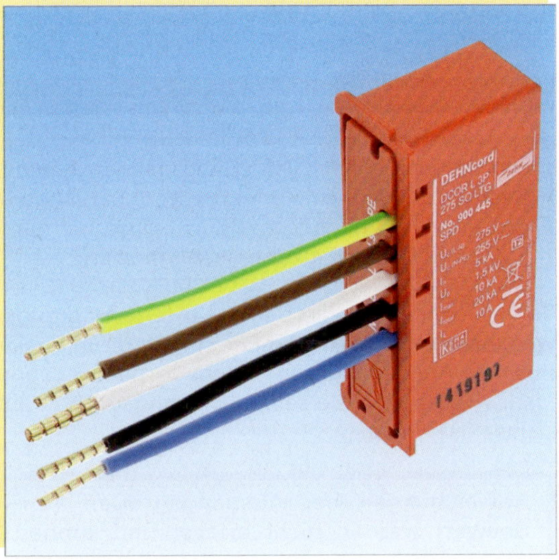

Bild 3: Ableiter Typ 3

Der innere Blitzschutz muss Überspannungen auf maximal 1,5 kV reduzieren. Dies ergibt sich entsprechend der DIN VDE 0100-443 aus der Stehstoßspannungsfestigkeit von empfindlichen elektrischen Betriebsmitteln.

> Blitz- und Überspannungsschutzanlagen müssen auf Basis der Risikobeurteilung geplant und errichtet werden.

Bei den im Handel angebotenen Vielfachsteckdosen mit Überspannungsschutz gilt es zu beachten, dass diese elektrischen Betriebsmittel nur dann wirksam schützen, wenn das dreistufige Schutzkonzept realisiert ist. Eine Steckdosenleiste mit einem Typ 3 Ableiter kann allein keinen umfassenden Geräteschutz bei einem Blitzeinschlag gewährleisten.

10 Steuerungstechnik

Kurze Produktlebenszeiten zwingen die Hersteller in fast allen Bereichen zu flexiblen Produktionsmethoden. Damit können unterschiedliche Werkstücke, in beliebiger Reihenfolge und in wechselnden Losgrößen wirtschaftlich gefertigt werden. Diese Vorgaben sind nur durch Automatisierung eines Großteils der Produktion zu erreichen.

Unter Automatisieren versteht man nach DIN IEC 60050-351 das Einsetzen technischer Mittel, um einen Vorgang selbstständig ablaufen zu lassen. Einen großen Anteil an der Automatisierung eines Prozesses nimmt die Steuerungs- und Regelungstechnik ein. Produktionsprozesse werden hierbei so konzipiert, dass mechanische, elektrische, pneumatische oder hydraulische Einheiten selbstständig – häufig mithilfe von Computern – arbeiten können. Die wichtigsten Begriffe der Steuerungstechnik und der Regelungstechnik sind in DIN IEC 60050-351 festgelegt.

10.1 Grundlagen

Will man komplizierte technische Vorgänge vereinfacht beschreiben, bedient man sich des Systembegriffes, der nach DIN genormt ist (vgl. Kap. 6).

Ein System ist eine Anordnung von Gebilden, die miteinander in Beziehung stehen, wobei diese Anordnung durch bestimmte Vorgaben von der Umgebung abgegrenzt wird.

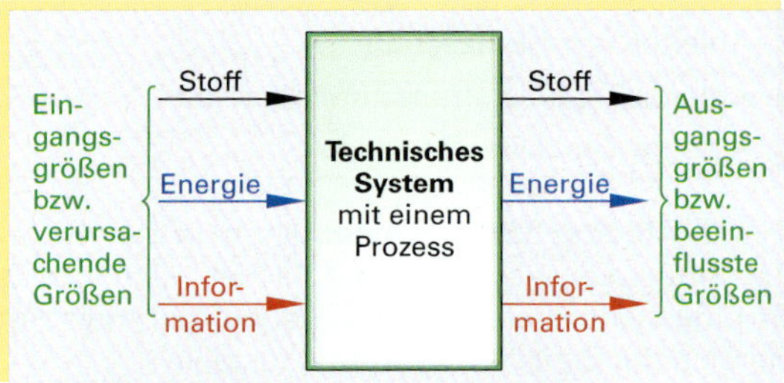

Bild 1: Allgemeines technisches System

Durch einen Prozess – also die Vorgänge im System – werden Stoff, Energie und Informationen transportiert, umgeformt oder gespeichert **(Bild 1 und 2).** Große Systeme können durch das Zusammenlegen von kleineren Systemen gebildet werden (vgl. Kap. 6).

Hinsichtlich der Vorgänge im System unterscheidet man, ob diese gesteuert (d.h. ohne Vergleich von Soll- und Istwert der Ausgangsgrößen) oder geregelt (d.h. mit Vergleich von Soll- und Istwert) werden.

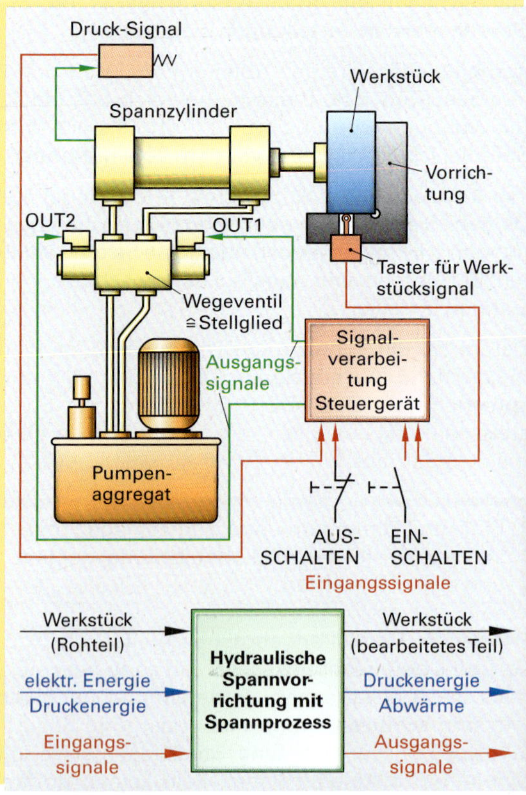

Bild 2: Technisches System Hydraulische Spannvorrichtung

10.1.1 Steuervorgänge

Das Steuern ist nach DIN ein Vorgang in einem System, bei dem eine oder mehrere Eingangsgrößen die Ausgangsgrößen aufgrund der Systemgesetzmäßigkeiten beeinflussen.

Kennzeichnend ist hierbei der offene Wirkungsweg, bei dem die von den Eingangsgrößen beeinflussten Ausgangsgrößen nicht fortlaufend und nicht wieder über die selben Eingangsgrößen auf sich selbst wirken.

Abweichungen der Ausgangsgrößen vom Sollwert werden nicht erfasst und können somit nicht korrigiert werden.

Ein solch gesteuertes System kann noch detaillierter in **Signalglied, Steuerglied, Stellglied** und **Arbeitsglied** aufgegliedert werden **(Bild 1).** Auch der Signalfluss geht entsprechend vom Signal- über Steuer- und Stellglied zum Arbeitsglied.

Häufig werden an den Signal- und Steuergliedern einer Steuerung kleinere Spannungen bzw. Drücke als beim Stell- und Arbeitsglied verwendet. Man spricht in diesem Zusammenhang von einem **Signalteil** und einem **Leistungsteil** einer Steuerung **(Bild 1).** Dies bringt vor allem bei großvolumigen Arbeitsgliedern und langen Steuerleitungen Vorteile. Die Signalglieder und die entsprechenden Leitungen können in ihren Abmaßen klein gehalten werden, lediglich das Stellglied muss den Kenndaten des Arbeitsgliedes angepasst werden. In den pneumatischen, elektropneumatischen bzw. elektrohydraulischen Steuerungen hat das Stellglied auch die Funktion einer Schnittstelle zwischen Signal- und Leistungsteil, da hier die Ausgangssignale – die aus logisch verknüpften Eingangssignalen entstehen – vom Signal- in den Leistungsteil übergeben werden.

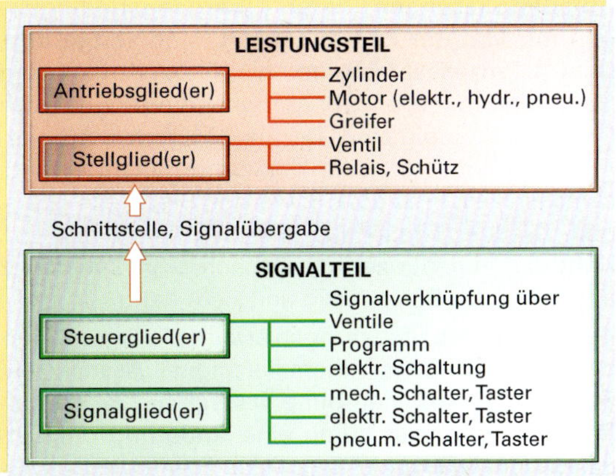

Bild 1: Steuerkette

Beispiel einer Steuerung

In **Bild 2** wird eine Tür pneumatisch geöffnet und geschlossen. Dazu existieren auf jeder Wandseite je ein Schalter zum Öffnen (–SF1; –SF4) und zum Schließen (–SF2; –SF3). Ferner sind Sensoren (–BG1; –BG2) angebracht, die die jeweilige Endlage des Zylinders überprüfen.

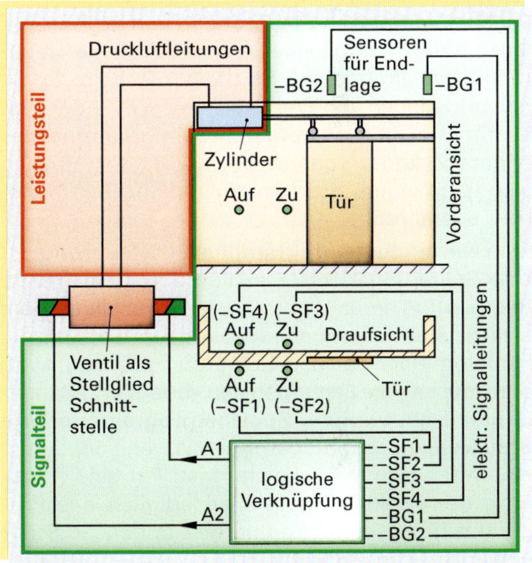

Bild 2: Türsteuerung (Systemskizze)

10.1.2 Einteilung von Steuerungen

Die Einteilung von Steuerung erfolgt nach verschiedenen Gesichtpunkten **(Bild 3).**

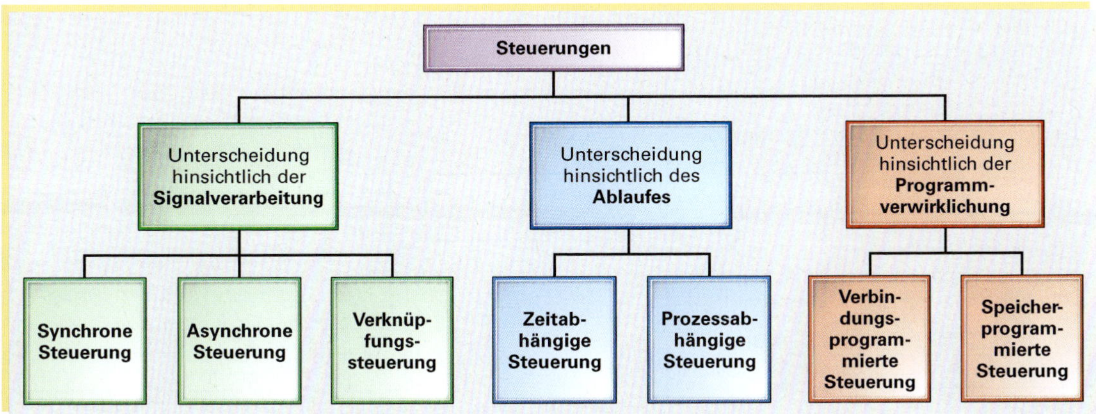

Bild 3: Kriterien zur Unterscheidung von Steuerungen nach DIN IEC 60050-351

Ablaufsteuerungen, deren Übergangsbedingungen nur von der Zeit abhängen, sind **zeitgeführt (Bild 1). Prozessabhängige** Ablaufsteuerungen sind Steuerungen, deren Übergangsbedingungen vom Prozess abhängig sind. Der nachfolgende Arbeitsschritt beginnt erst, wenn der vorhergehende abgeschlossen ist. In **Bild 2** z. B. werden Blechteile gebogen. Zylinder 1 fährt aus und biegt das Blech vor, zieht dann wieder zurück. Danach fährt Zylinder 2 aus, biegt das Blech fertig und zieht dann zurück.

Bei **synchronen** Steuerungen erfolgt die Signalverarbeitung synchron zu einem Taktsignal. **Asynchrone** Steuerungen arbeiten ohne Taktsignal. Die Signaländerung wird nur durch eine Änderung der Eingangssignale ausgelöst. In vielen Steuerungen werden die Eingangssignale nach bestimmten logischen Vorgaben miteinander kombiniert. In diesem Fall spricht man von **Verknüpfungsteuerungen (Bild 3).**

Bei sehr komplexen Steuerungen von großen Anlagen treten häufig beide Formen der Ablaufsteuerungen zusammen auf. So muss z. B. beim Spannen und Kleben von Werkstücken ein Zylinder eine bestimmte Zeit ausgefahren sein, während der andere Zylinder spannt. Beide Zylinder müssen also nach einem bestimmten Ablaufschema ein- bzw. ausfahren.

Eine **verbindungsprogrammierte Steuerung** ist eine Steuerung, deren Funktion durch bestimmte Bauteile und deren Verbindungen (Druckleitungen, elektrischen Leitungen) vorgegeben ist. Soll die Funktion einer solchen Steuerung geändert werden, müssen die Leitungen neu verlegt und Bauteile getauscht werden. **Speicherprogrammierbare Steuerungen** sind Steuerungen, deren Funktion in einem Programm gespeichert ist. Für eine Änderung der Funktion muss hier lediglich das Programm umgeschrieben und neu in den Speicher geladen werden **(Bild 4).**

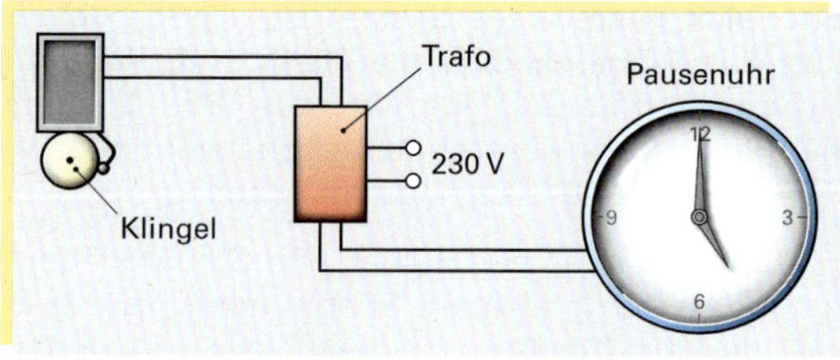

Bild 1: Zeitsteuerung

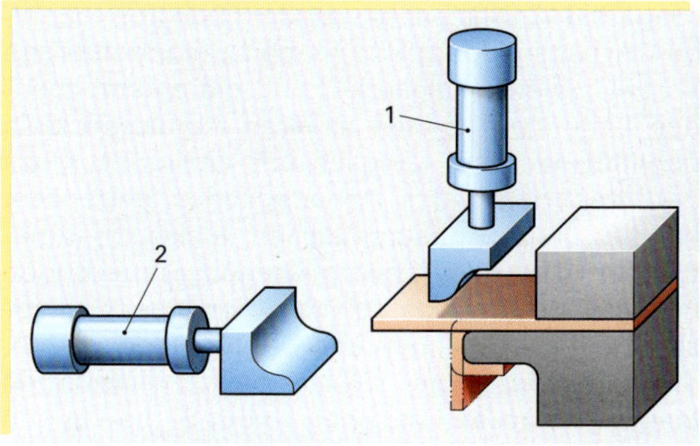

Bild 2: Ablaufsteuerung

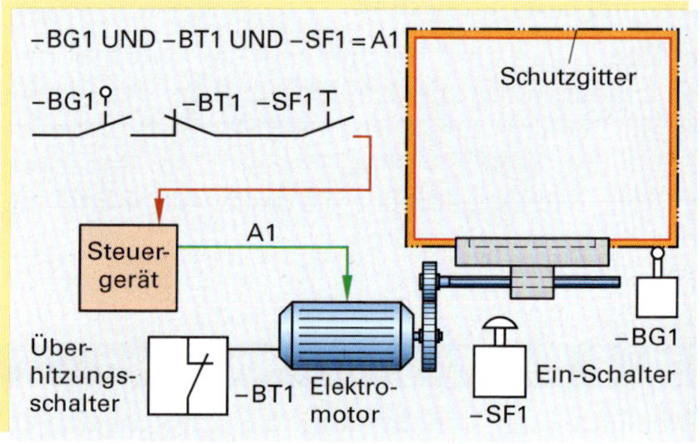

Bild 3: Verknüpfungssteuerung

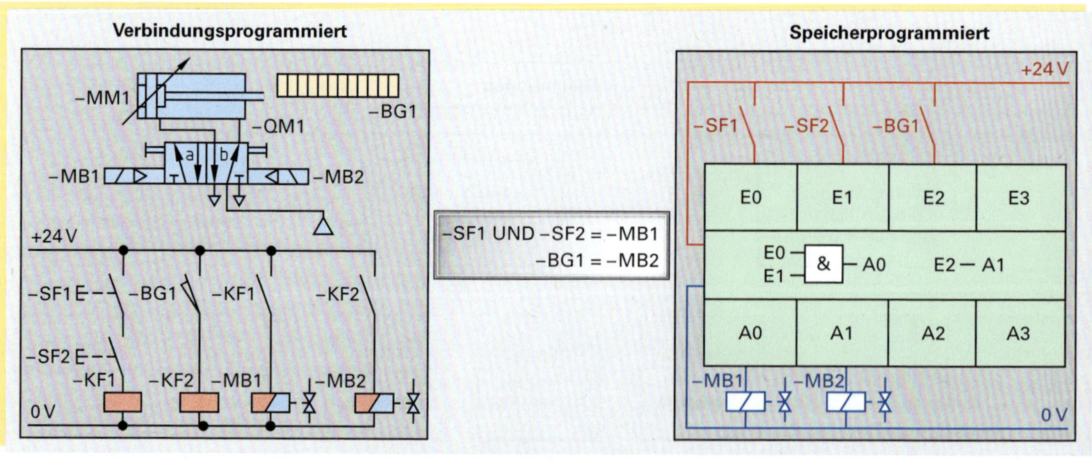

Bild 4: Unterscheidung hinsichtlich der Programmierung

10.1.3 Regelungsvorgänge

Muss z.B. im Zuge einer Produktionsautomatisierung die Temperatur in einem Ofen exakt eingehalten werden, so kann dies nicht mit einer Steuerung realisiert werden. Hier muss die Ausgangsgröße (Temperatur) fortwährend kontrolliert und bei Abweichungen vom Sollwert in den Prozess eingegriffen werden (zu kalt → Heizung ein; Temperaturobergrenze erreicht → Heizung aus).

Wird bei einem Vorgang der Istwert durch Nachstellen dem Sollwert angeglichen, so spricht man von einer **Regelung (Bild 1).**

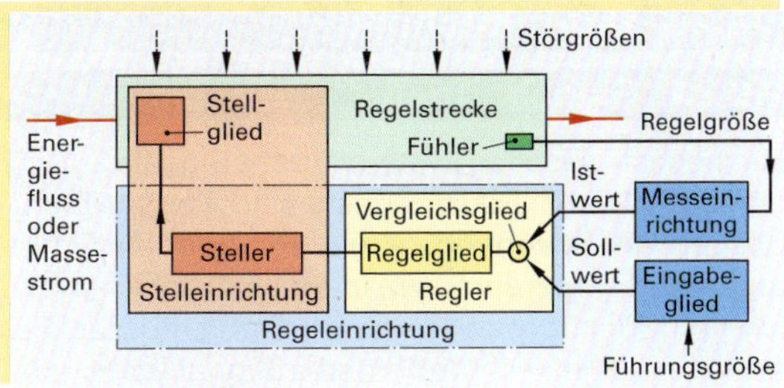

Bild 1: Regelkreis

> Die Regelung ist ein Vorgang, bei dem fortlaufend eine Größe – die Regelgröße – erfasst, mit einer anderen Größe, der Führungsgröße, verglichen und im Sinne einer Angleichung an die Führungsgröße beeinflusst wird.
>
> Kennzeichen für das Regeln ist der geschlossene Wirkungsablauf, bei dem die Regelgröße im Wirkungsweg des Regelkreises sich selbst fortlaufend beeinflusst.

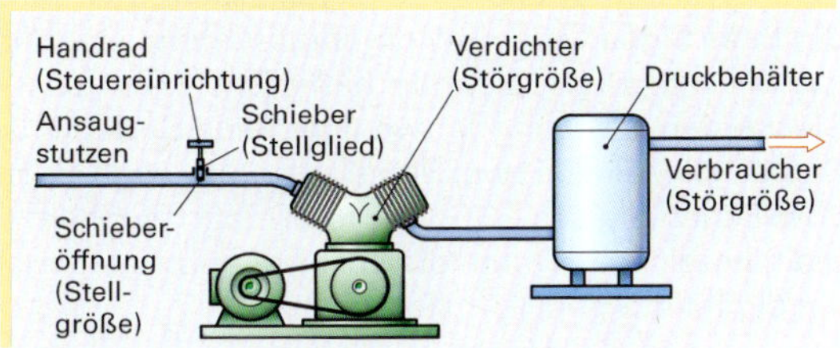

Bild 2: Steuerung des Druckes

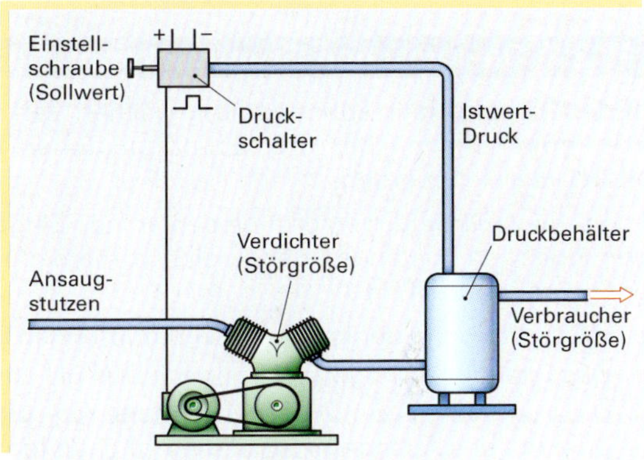

Bild 3: Regelung des Druckes

Der Unterschied zwischen Steuern und Regeln soll an einem Beispiel verdeutlicht werden. Mithilfe einer Steuer- **(Bild 2)** bzw. einer Regeleinrichtung **(Bild 3)** ist der Druck in einem Druckbehälter einzustellen. Steuert man die Ansaugmenge durch Öffnen bzw. Schließen des Schiebers kann ein bestimmter Druck im Druckbehälter eingestellt werden. Treten jedoch Störungen wie etwa großer Verbrauch ein, hat dies keinen Einfluss auf die Schieberstellung. Dies hat zur Folge, dass der Druck stark abfallen kann. Bei einem im Behälter entstehenden Überdruck wird der Verdichter ebenfalls nicht abgeschaltet.

Regelt man den Druck im Behälter, so ist zusätzlich ein Bauteil notwendig, das den Istdruck mit dem Solldruck vergleicht und bei Differenz nachregelt. In diesem Fall ist dies der Druckschalter. Er gewährleistet, dass z.B. bei plötzlichem starkem Verbrauch durch den kurzzeitigen Druckabfall der Kompressor angeschaltet wird und sich somit der gewünschte Druck wieder einstellt. Bei Erreichen des eingestellten Maximaldruckes schaltet der Druckschalter den Kompressor ab.

> Steuerungen werden dann eingesetzt, wenn Störgrößenänderungen vernachlässigbar sind. Regelungen machen dann Sinn, wenn eben diese Störgrößen die Ausgangsgrößen stark beeinflussen und deren Auswirkungen nicht vernachlässigbar sind.

Arbeitsauftrag:

1. Führen Sie die Steuerung in **Bild 2, Seite 406** als zeitgeführte Steuerung aus und erläutern Sie die Unterschiede zur prozessabhängigen Steuerung.
2. Nennen und beschreiben Sie aus Ihrem betrieblichen Alltag weitere Regelungen.
3. Entwerfen Sie ein Beispiel, einmal als Steuerung und einmal als Regelung. Erläutern Sie den Unterschied.
4. Beschreiben und erläutern Sie Steuerungen aus Ihrem betrieblichen Umfeld.

10.2 Digitaltechnik

10.2.1 Signalformen

Ein mechatronisches System nimmt Signale auf, verarbeitet diese und gibt Signale aus. Diese Signale sind Messgrößen, die als elektrische Größen wie Spannung, Strom etc. oder als Größen wie Weg, Drehmoment, Temperatur usw. in mechatronischen Systemen gemessen werden. Zur Informationsverarbeitung müssen diese Messgrößen als analoges, digitales oder binäres Signal vorliegen **(Bild 1).** Ein **analoges Signal** stellt eine physikalische Größe wie z.B. die Spannung in Abhängigkeit von der Zeit dar. Dabei kann diese Größe jeden beliebigen Wert innerhalb ihrer physikalischen Grenzen annehmen. Ein **digitales Signal** ist eine Momentaufnahme einer physikalischen Größe. Die Messwerte können nun nicht mehr jeden Wert annehmen. Sie werden in mehr oder weniger feine Stufen unterteilt. Ein **binäres Signal** hat lediglich zwei Signalzustände: High-Pegel (logisch „1") und Low-Pegel (logisch „0"). Der Informationsgehalt wird als Bit (binary digit) bezeichnet. Durch die Zusammenfassung mehrerer Bit entsteht ein digitales Signal (8 Bit ist ein Byte).

In der Praxis werden für H- und L-Pegel bestimmte Spannungsbereiche zugelassen **(Bild 2).** Diese sind vom elektronischen Aufbau der binären Schaltelemente abhängig (s. Schaltkreisfamilien).

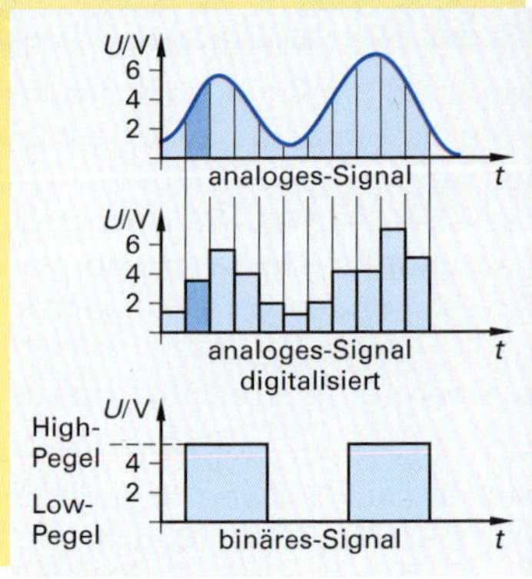

Bild 1: Signalformen

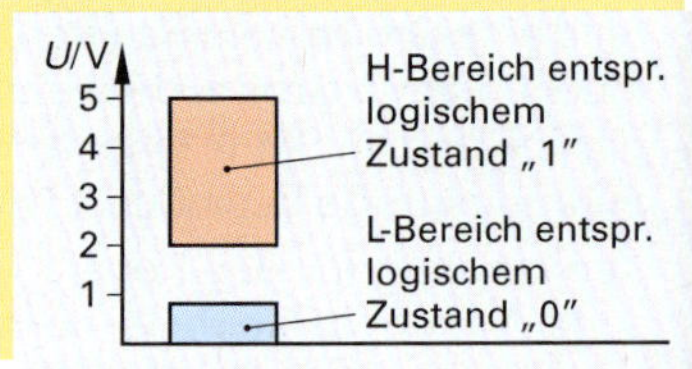

Bild 2: Pegelbereiche

10.2.2 Die logischen Grundverknüpfungen

In der Digitaltechnik können alle logischen Verknüpfungen durch Zusammenschalten der drei Grundfunktionen **UND, ODER** und **NICHT** realisiert werden.

Logische Verknüpfungen ordnen den an den Eingängen E anliegenden logischen Zuständen genau eine vorhersagbare logische Ausgangsgröße A zu **(Bild 3).**

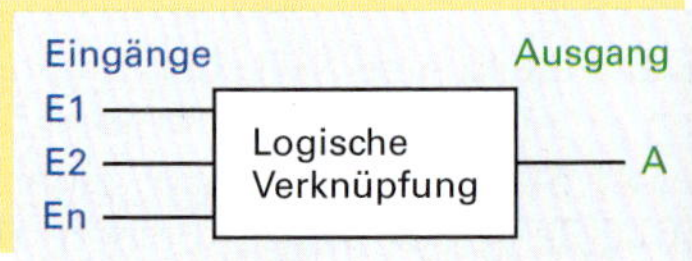

Bild 3: Logisches Verknüpfungssymbol

Eine Beschreibung der logischen Verknüpfungen ist möglich durch:

- Das Funktions-, Logiksymbol nach DIN EN 60617-12
- Die Funktions- und Wahrheitstabelle (sie gibt den logischen Zustand des Ausgangs für alle möglichen logischen Eingangskombinationen an)
- Die Funktionsgleichung
- Das Impulsdiagramm, den Signal-Zeit-Plan, in dem der zeitliche Zusammenhang zwischen Ein- und Ausgangsvariablen dargestellt wird
- Anweisungsliste oder Kontaktplan (nur bei speicherprogrammierbaren Steuerungen)

Um den logischen Zustand zwischen den Eingangsvariablen und der Ausgangsvariablen übersichtlich beschreiben zu können, wird eine Betriebsmittelkennzeichnung durchgeführt. Die Zuordnung der Signalzustände zu den Variablen wird in der Tabelle eingetragen **(Tabelle 1).**

Tabelle 1: Zuordnungstabelle

Eingangsvariable	Betriebsmittelkennzeichnung	logischer Zustand
E1	Schutzgitter geschlossen	E1 = 1
E2	Schalterstellung EIN	E2 = 1
Ausgangsvariable		
A	Motor Presse läuft	A1 = 1

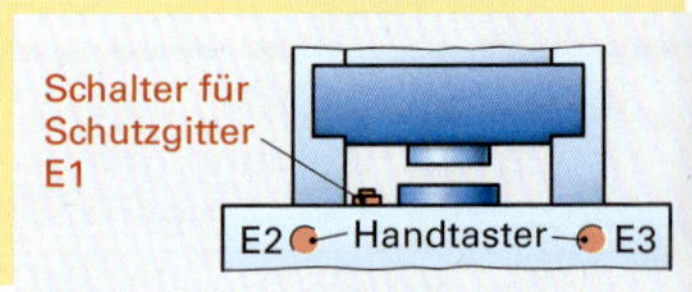

Bild 4: Pneumatische Presse

Die **UND-Funktion** (Konjunktion)

Logisches Zeichen ∧; *

Beispiel 1: Aus Sicherheitsgründen darf eine Presse erst anlaufen, wenn das Schutzgitter geschlossen (E1 betätigt) ist und der Handtaster E2 betätigt wird **(Bild 4).**

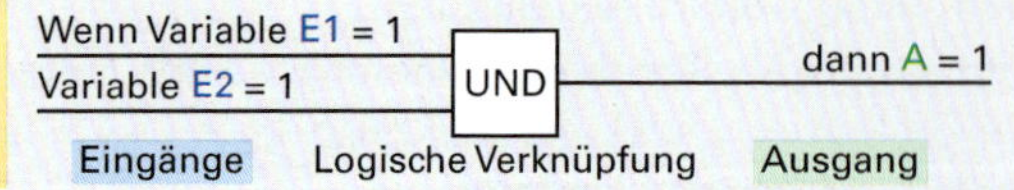

Gelesen:
Wenn E1 = 1
UND E2 = 1,
dann ist A = 1

$E1 \wedge E2 = A$
$E1 * E2 = A$
Funktionsgleichung

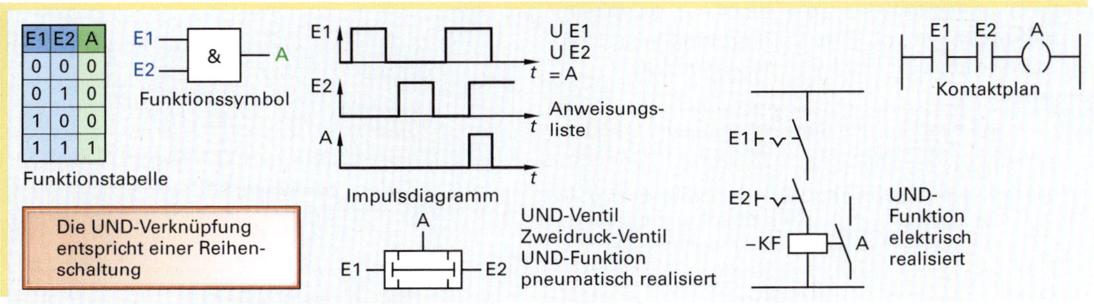

E1	E2	A
0	0	0
0	1	0
1	0	0
1	1	1

Bild 1: Darstellung der UND-Verknüpfung

Die **ODER-Verknüpfung** (Disjunktion)

Beispiel 2: Die Presse **(Bild 4, Seite 402)** kann anlaufen, wenn der Taster E2 ODER E3 betätigt wird. (Das Schutzgitter ist bereits geschlossen.)

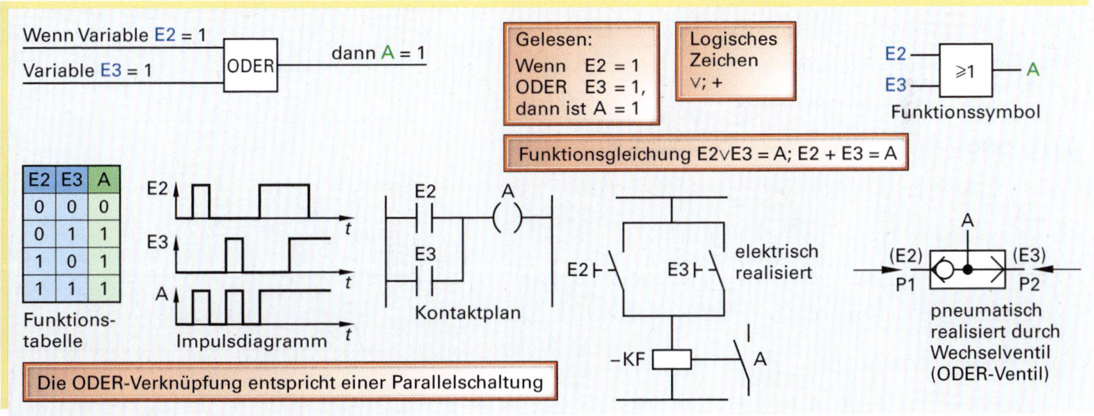

E2	E3	A
0	0	0
0	1	1
1	0	1
1	1	1

Bild 2: Darstellung der ODER-Verknüpfung

Die **NICHT-Funktion** (Negation)

Beispiel 3: Der Eingriff in eine Presse wird durch einen Lichtvorhang überwacht. Die Presse kann zufahren, wenn alle Lichtachsen frei, also nicht unterbrochen sind.

Bei der NICHT-Funktion ist der Ausgang logisch „1", wenn die Eingangsvariable den Wert logisch „0" hat und umgekehrt. Die Ein- und Ausgangsvariablen verhalten sich entgegengesetzt.

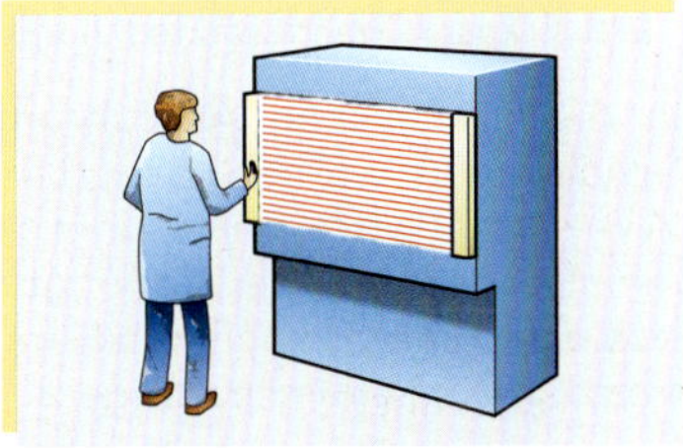

Bild 3: Presse mit Lichtvorhang

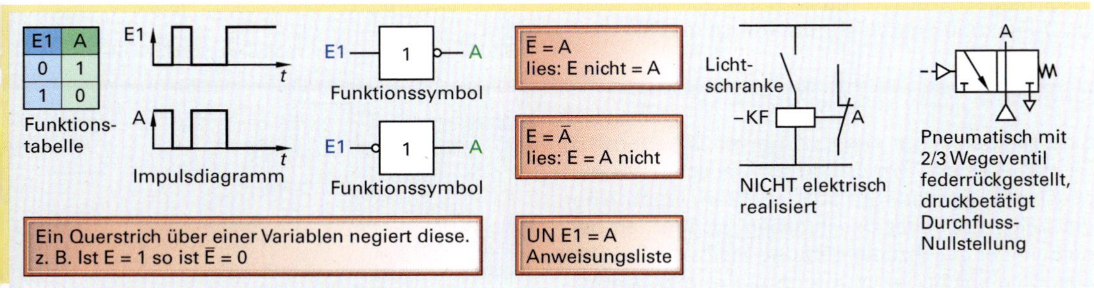

E1	A
0	1
1	0

Bild 4: Darstellung der NICHT-Funktion

In der Digitaltechnik kommen nicht nur die reinen Grundfunktionen vor. Eine Verknüpfung setzt sich meist aus mehreren Funktionen zusammen.

Beispiel: Ein Schiebetor kann sowohl von der Wohnung als auch an der Einfahrt gesteuert werden. Das Tor schließt, wenn der Taster –SF1 (Wohnung) oder der Taster –SF2 (Tor) betätigt wird und der Endschalter –BG1 (nichtbet. Öffner → log. Zustand = 1) nicht betätigt und die Lichtschranke (–KG) nicht unterbrochen ist.

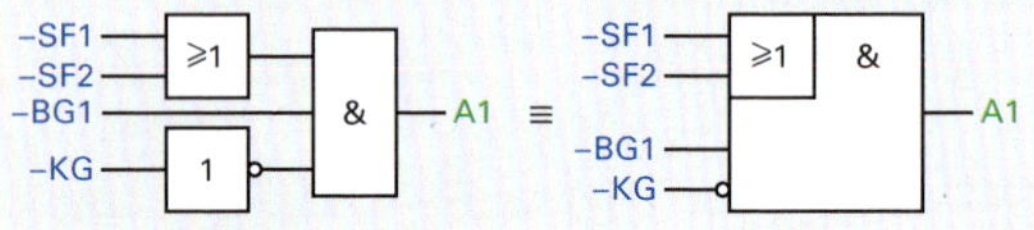

Funktionsgleichung: $(S1 \vee S2) \wedge E1 \wedge \overline{LS} = A1$

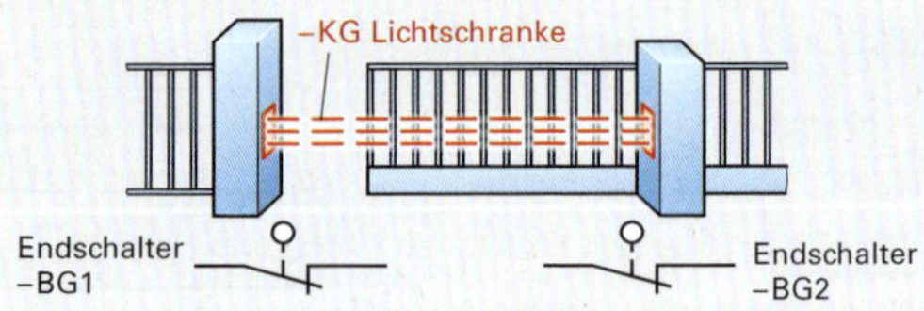

Zuordnungstabelle

Eingangsvariable Betriebsmittel

		Kennzeichnung	log. Zustand	
E1	Taster –SF1	betätigt	–SF1	= 1
E2	Taster –SF2	betätigt	–SF2	= 1
E3	Endschalter –BG1	betätigt	–BG1	= 0
E4	Endschalter –BG2	betätigt	–BG2	= 0
E5	–KG	unterbrochen	–KG	= 1
Ausgangsvariable				
A1	Motor Tor auf	Motor läuft	A1	= 1

Bild 1: Torsteuerung

Die UND-Funktion und die ODER-Funktion können auf mehrere Eingänge erweitert werden.

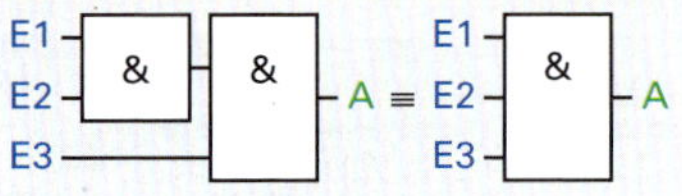

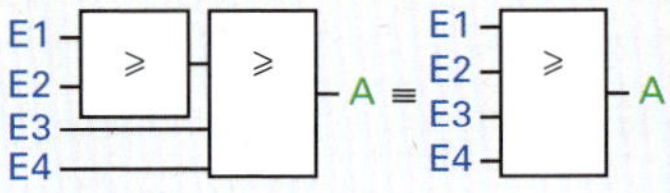

Bild 2: UND- und ODER-Funktion mit mehreren Eingängen

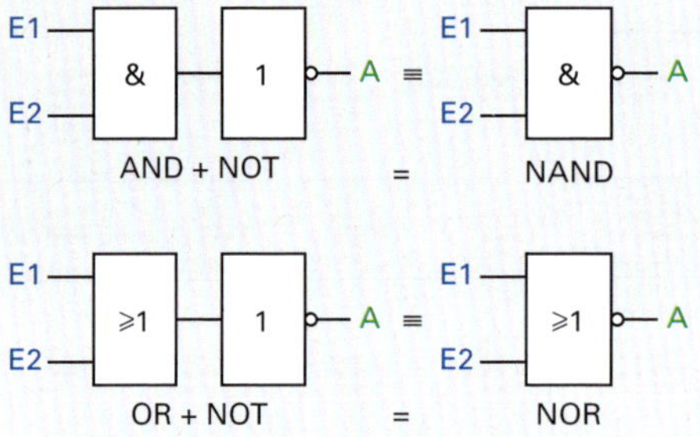

E1	E2	A1
0	0	1
0	1	1
1	0	1
1	1	0

E1	E2	A
0	0	1
0	1	0
1	0	0
1	1	0

Funktionstabellen

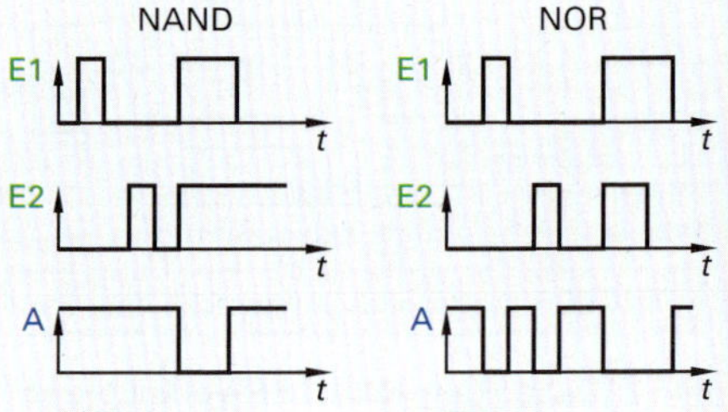

$\overline{E1 \wedge E2} = A$ $\overline{E1 \vee E2} = A$

Bild 3: Zusammengesetzte Funktionen

In der praktischen Ausführung von logischen Schaltungen werden häufig nur NAND-Gatter bzw. NOR-Gatter verwendet. Obwohl dadurch mehr einzelne Gatter benötigt werden, ergeben sich wegen der einfacheren Herstellung der Gatter trotzdem Kosteneinsparungen.

Aus der Funktionstabelle für die NAND-Funktion ist ersichtlich, dass die Ausgangsvariable A nochmals negiert werden muss, damit sie mit A der UND-Funktion übereinstimmt **(Bild 4 und 5)**.

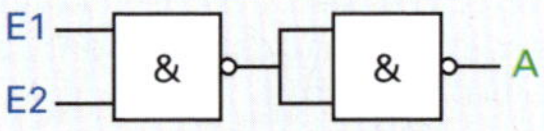

$A = \overline{\overline{E1 \wedge E2}} = E1 \wedge E2$

Bild 4: UND-Funktion realisiert durch NAND-Gatter

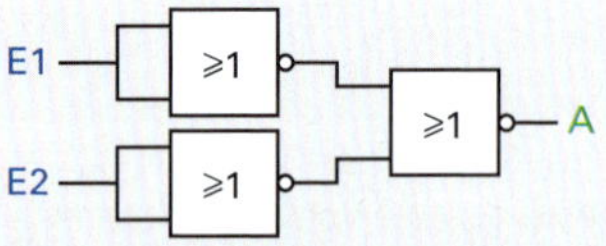

$A = \overline{\overline{E1} \vee \overline{E2}} = E1 \wedge E2$

Bild 5: UND-Funktion realisiert durch NOR-Gatter

Spezielle logische Verknüpfungen

Eine Meldeleuchte kann von zwei Schaltern E1, E2 mit je einem Öffner und einem Schließer eingeschaltet werden. Sie soll leuchten, wenn einer der beiden Schalter geschlossen ist. Werden beide Schalter gleichzeitig betätigt, bleibt die Leuchte aus. Eine solche Verknüpfung nennt man **Antivalenz** oder **Exklusive ODER (Bild 6)**.

E1	E2	A
0	0	0
0	1	1
1	0	1
1	1	0

Funktionstabellen

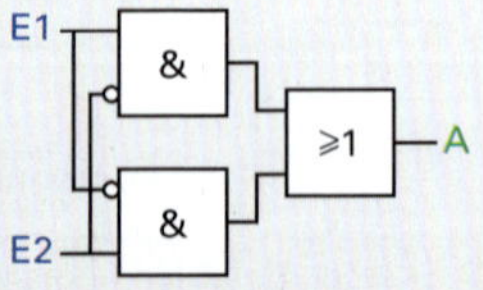

$E1 \wedge \overline{E2} \vee \overline{E1} \wedge E2 = A$

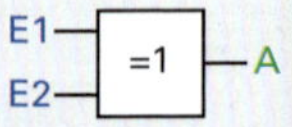

Antivalenz/ Exklusiv ODER

Bild 6: Antivalenz-Funktion

Bei der Exklusive-ODER-Verknüpfung ist die Ausgangsvariable A logisch „1“, wenn beide Eingangsvariablen ungleich sind. Sollen nun bei einer logischen Schaltung zwei Eingänge auf Gleichheit abgefragt werden, ist der Ausgang der Funktionstabelle von **Bild 6, Seite 410,** zu negieren **(Bild 1).** Hierfür ist eine **Äquivalenz-Verknüpfung** einzusetzen. Sie führt am Ausgang logisch „1“, wenn die Eingangsvariablen gleich, also äquivalent sind.

E1	E2	A
0	0	1
0	1	0
1	0	0
1	1	1

Funktionstabelle

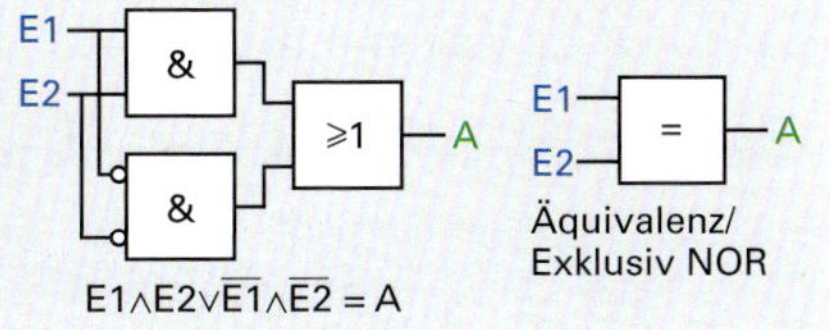

Bild 1: Äquivalenz-Funktion

$\overline{\text{Äquivalenz}} = \text{Antivalenz}$

10.2.3 Elektronische Schaltkreisfamilien

Damit aus Logikbausteinen Schaltnetze aufgebaut werden können, müssen diese übereinstimmen in:

- Der Betriebsspannung
- Der Schalt- und Signallaufzeit
- Der Höhe der Ein- und Ausgangspegel
- Der Höhe des Störabstandes

Funktionstabelle Tri-State

EN1	E1	E2	A
1	x	x	Z
0	0	0	1
0	0	1	1
0	1	0	1
0	1	1	0

Z: = hochohmiger Zustand
x: = beliebig, „1“; „0“

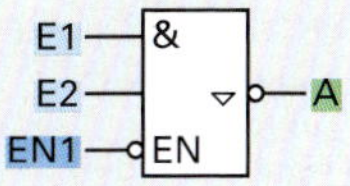

Bild 2: Tri-State-Baustein

Unbenutzte Eingänge (Bild 3)

Unbenutzte Eingänge in Schaltnetzen sind auf entsprechendes Potenzial zu legen; ein nicht benutzter UND-Eingang auf H-Pegel, ein freier ODER-Eingang auf L-Pegel. Solche Eingänge kann man auch mit benutzten Eingängen desselben Gliedes verbinden.

Arbeitsauftrag:

1. Realisieren Sie eine ODER-Funktion durch NAND-Gatter.
2. Bilden Sie die ODER-Funktion durch NOR-Gatter nach.

Parallelschaltung von TTL-Ausgängen (Open-Kollektor-Ausgang)

Zur Anpassung von TTL-Schaltungen an Schaltkreise mit höherer Betriebsspannung zum direkten Ansteuern von Relais, werden Logikglieder mit offenem Ausgang verwendet. Der Ausgang wird über Pull-up-Widerstände an die Steuerspannung U_s angeschlossen. Solche Logikbausteine werden durch eine Raute im Schaltsymbol gekennzeichnet. Der Strich unter der Raute weist auf den offenen Kollektor hin. Durch Parallelschalten von Ausgängen mit offenem Kollektor erhält man eine UND-Verknüpfung, die als Phantom-UND oder Wired AND (verdrahtetes UND) bezeichnet wird **(Bild 4).**

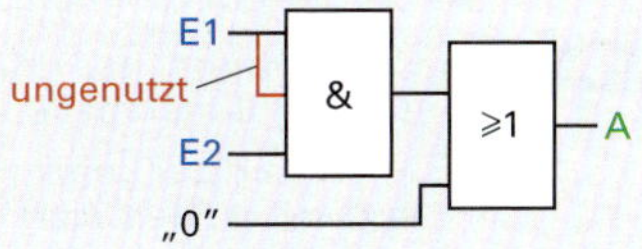

Bild 3: Unbenutzte Eingänge

Tri-State-Ausgang (Bild 2)

Logikglieder mit Tri-State-Ausgang haben neben dem logischen Ausgangszustand H und L einen dritten Zustand, in dem der Ausgang hochohmig ist. Diese Bausteine besitzen einen Freigabeeingang EN (enable = befähigen), über den der Ausgang gesteuert wird. Eingesetzt werden solche Glieder u. a. in der Microcomputertechnik (Speicher SRAM).

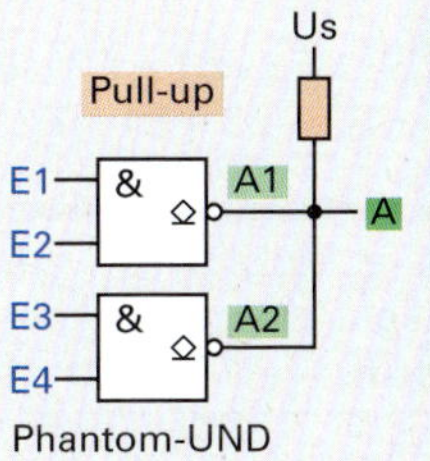

A1	A2	A
0	0	0
0	1	0
1	0	0
1	1	1

Funktionstabelle Wired AND

Bild 4: Verdrahtetes UND

Der Lastfaktor elektronischer Logikglieder (Bild 5)

Sowohl die Eingänge als auch die Ausgänge von Logikgliedern sind nicht beliebig belastbar. Bei Überlast sinkt die Ausgangsspannung unzulässig stark ab, sodass die Funktion des Gatters nicht mehr zu gewährleisten ist. Für Logikglieder werden zwei Lastfaktoren angegeben:

- Der Eingangslastfaktor F_I, genannt Fan in
- Der Ausgangslastfaktor F_O, genannt Fan out

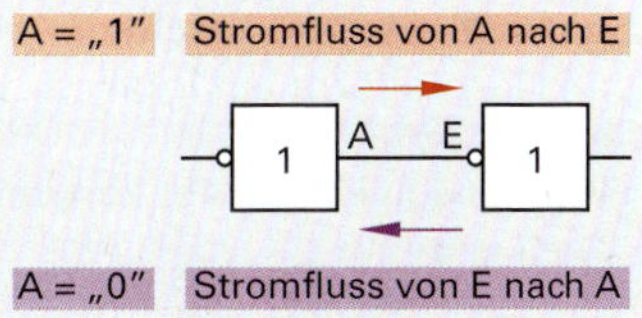

Bild 5: Stromfluss in Abhängigkeit vom Ausgangssignal

Der Eingangslastfaktor F_I, (Fan in) ist abhängig von der Schaltkreisfamilie. Für TTL-Standard beträgt $F_I = 1$. $F_I = 5$ bedeutet den fünffachen Wert für den Strom. Der Ausgangslastfaktor F_O (Fan out) gibt an, wie viele Eingänge maximal an den Ausgang eines Gatters angeschlossen werden dürfen. Für TTL-Standard beträgt $F_O = 10$.

10

Bei **L-Niveau** am Ausgang hat A einen Pegel von 0,4 V, 16 mA fließen in den Ausgang hinein. Bei **H-Niveau** liegen an A 2,4 V an und 16 mA fließen aus A heraus.

Tabelle 1: Überblick der Schaltkreisfamilien

Technologie	Bezeichnung	Grundfunktion	Betriebsspannung	Eingangsspannung „1“	Eingangsspannung „0“	Ausgangsspannung „1“	Ausgangsspannung „0“	Laufzeit je Gatter	Verlustleistung je Gatter	Ausgangsbelastbarkeit
Transistor Transistor Logik	TTL	NAND	5 V	2,0 V	0,8 V	3,3 V	2,4 V	10 ns	20 mW	12 mW
Schottky TTL	TTL	NAND	5 V	2,0 V	0,8 V	3,3 V	0,5 V	2,5 ns	15 mW	12 mW
Low Power Schottky	LPS	NAND	5 V	2,0 V	0,8 V	3,3 V	0,5 V	7 ns	4 mW	40 mW
Oxidierte komplementäre Feldeffekt Transistor Logik	C-MOS	NOR NAND	3 V ... 15 V	Von der Betriebsspannung abhängig				50 ns	10 mW, von Taktfrequenz abhängig	5 mW

10.2.4 Entwerfen logischer Verknüpfungsschaltungen

Durch ODER-Verknüpfung aller Logikgleichungen für A1 = 1 erhält man die Gesamtverknüpfung. Dies ist die **Disjunktive Normalform.**

Beispiel: An den Eingängen E1, E2 und E3 einer Steuerung liegen nebenstehende Signale an **(Bild 1a)**. Welche logischen Verknüpfungen müssen erfolgen, damit an ihrem Ausgang A1 die geforderte Impulsfolge auftritt?

Lösung: 1. Übertragung des Impulsdiagrammes in die Funktionstabelle.

2. Aufstellen der Logikgleichung für jede Zeile, in der A1 den Wert logisch „1“ annimmt.

Dies ergibt folgende Funktionsgleichung:

Funktionsgleichung der disjunktiven Normalform

$$A1 = \overline{E1} \wedge E2 \wedge \overline{E3} \vee E1 \wedge E2 \wedge \overline{E3} \vee \overline{E1} \wedge \overline{E2} \wedge E3 \vee E1 \wedge \overline{E2} \wedge E3 \vee E1 \wedge E2 \wedge E3$$

Eine zweite Möglichkeit zum Auffinden der Funktionsgleichung bietet die **konjunktive Normalform.**

Dabei werden die Zeilen einer Funktionstabelle durch UND verknüpft, deren Ausgangsvariable den Wert logisch „0“ haben. Während bei der disjunktiven Normalform die Eingänge auf logisch „1“ abgefragt werden, geschieht dies bei der konjunktiven Normalform auf logisch „0“.

Funktionsgleichung der konjunktiven Normalform

$$A1 = (E1 \vee E2 \vee E3) \wedge (\overline{E1} \vee E2 \vee E3) \wedge (E1 \vee \overline{E2} \vee \overline{E3})$$

Hier müssen Klammern gesetzt werden, da die UND-Verknüpfung die höhere Rechenart (Priorität) gegenüber der ODER-Verknüpfung ist.

UND vor ODER

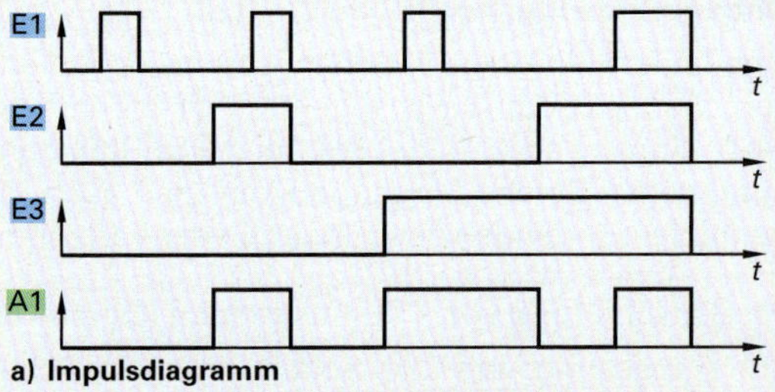

a) Impulsdiagramm

E3	E2	E1	A1	Logikgleichung
0	0	0	0	
0	0	1	0	
0	1	0	1	$A1 = \overline{E1} \wedge E2 \wedge \overline{E3}$
0	1	1	1	$A1 = E1 \wedge E2 \wedge \overline{E3}$
1	0	0	1	$A1 = \overline{E1} \wedge \overline{E2} \wedge E3$
1	0	1	1	$A1 = E1 \wedge \overline{E2} \wedge E3$
1	1	0	0	
1	1	1	1	$A1 = E1 \wedge E2 \wedge E3$

b) Funktionstabelle

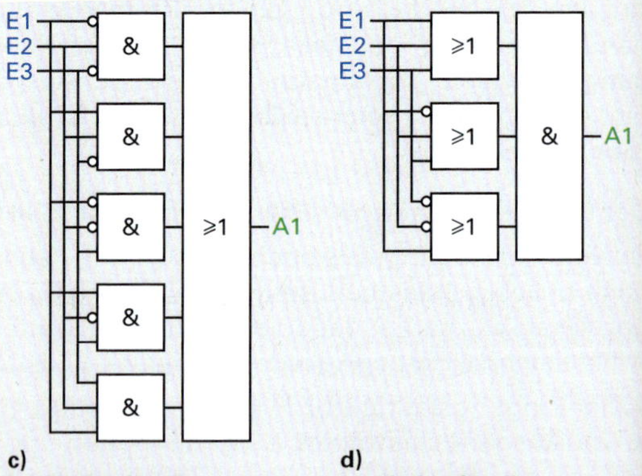

c) Logikplan für die disjunktive Normalform

d) Logikplan für die konjunktive Normalform

Bild 1: Schaltungsentwurf: a) Impulsdiagramm, b) Funktionstabelle, c) und d) Schaltungen

Arbeitsauftrag:

1. Für das Füllen einer Tankanlage darf immer nur aus zwei von drei Bunkern Treibstoff einlaufen, um ein Überladen der Tankanlage zu vermeiden.
   a) Erstellen Sie für diesen Sachverhalt die Funktionstabelle und entwickeln Sie daraus die Funktionsgleichung für die disjunktive und die konjunktive Normalform.
   b) Geben Sie den Logikplan für die beiden Normalformen an.
2. Wann führen die Ausgänge A1 und A2 aus den Schaltbeispielen aus Bild 1 „1"-Signal **(Bild 1)**?
3. Wie verhalten sich die Ausgänge nach einmaligem Betätigen des Tasters E1?
4. Welche Auswirkung hat das gleichzeitige Betätigen der Taster E1 und E2?
5. Welche praktische Bedeutung haben die Logikschaltungen?

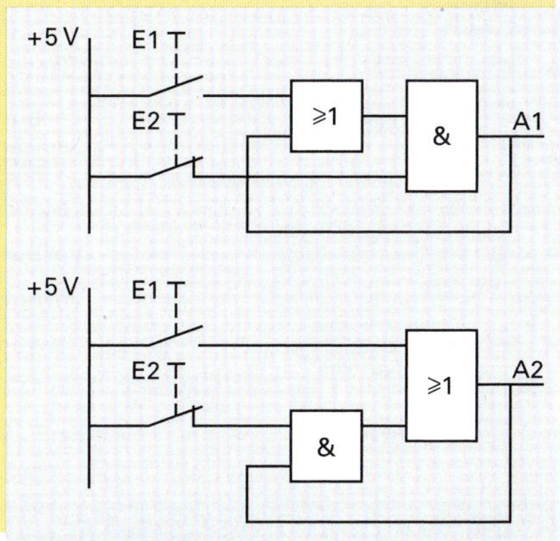

Bild 1: Schaltbeispiele

10.2.5 Vereinfachung von Funktionsgleichungen

Die auf Seite 401 aufgestellte Funktionsgleichung (Disjunktive Normalform) ist nicht die Minimalform. Generell ergibt sich bei der Entwicklung von Logikschaltungen nicht immer die Minimalform. Oftmals kann die Logikschaltung mit wesentlich weniger Logikverknüpfungen realisiert werden. Hilfreich sind hierbei die Schaltalgebra und das Karnaugh-Veitch-Diagramm (KV-Diagramm).

Tabelle 1: Regeln der Schaltalgebra

Vereinfachung der UND-Verknüpfung

$E1 \wedge 1 = E1$

$E1 \wedge 0 = 0$

$E1 \wedge E1 = E1$

$E1 \wedge \overline{E1} = 0$

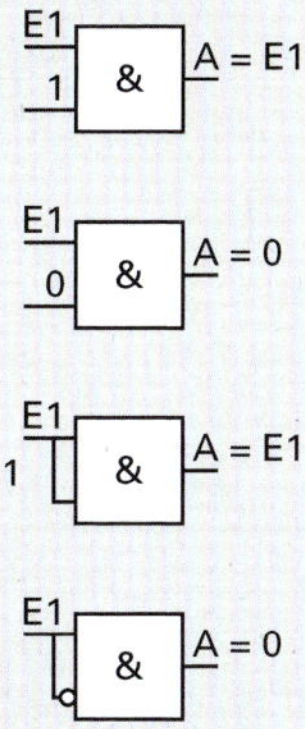

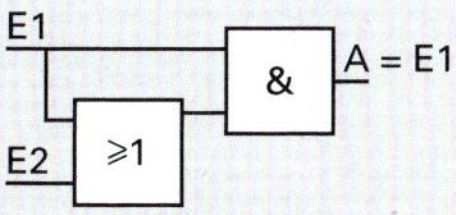

$E1 \wedge (E1 \vee E2) = E1$

Vereinfachung der ODER-Verknüpfung

$E1 \vee 1 = 1$

$E1 \vee 0 = E1$

$E1 \vee E1 = E1$

$E1 \vee \overline{E1} = 1$

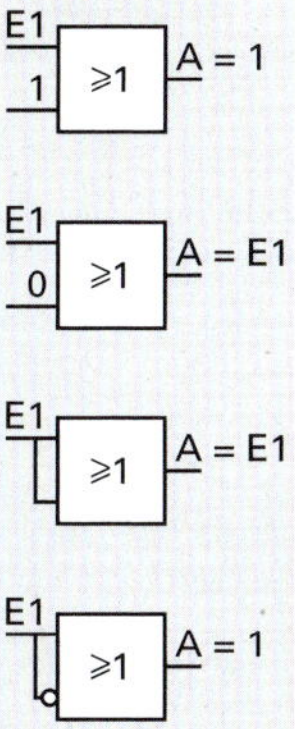

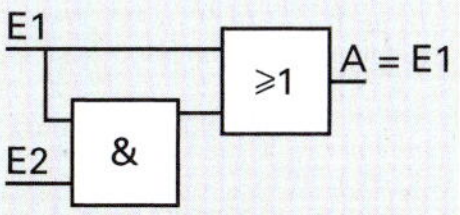

$E1 \vee (E1 \wedge E2) = E1$

Gesetze der Schaltalgebra

UND vor ODER
$E1 \vee E2 \wedge E3 = E1 \vee (E2 \wedge E3)$

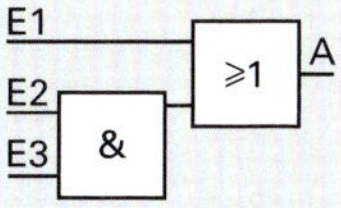

Kommutativ Gesetz
$E1 \wedge E2 = E2 \wedge E1$
$E1 \vee E2 = E2 \vee E1$

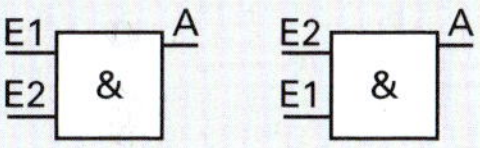

Assoziativ Gesetz
$E1 \wedge (E2 \wedge E3) = (E1 \wedge E2) \wedge E3$
$E1 \vee (E2 \vee E3) = (E1 \vee E2) \vee E3$

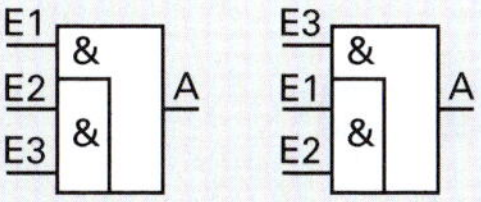

Distributiv Gesetz
$(E1 \wedge E2) \vee (E1 \wedge E3) = E1 \wedge (E2 \vee E3)$
$(E1 \vee E2) \wedge (E1 \vee E3) = E1 \vee (E2 \wedge E3)$

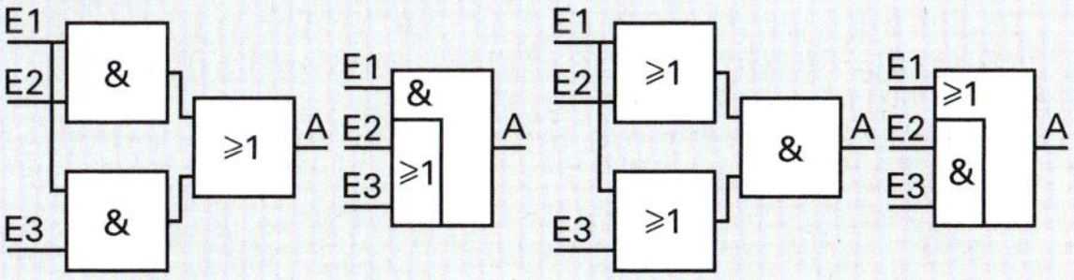

Gesetze von De Morgan

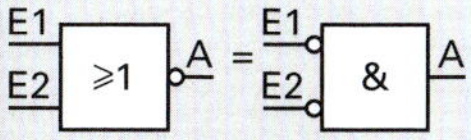

$\overline{E1 \vee E2} = \overline{E1} \wedge \overline{E2}$

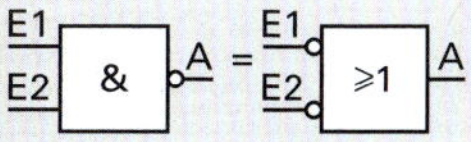

$\overline{E1 \wedge E2} = \overline{E1} \vee \overline{E2}$

NAND ersetzt ODER

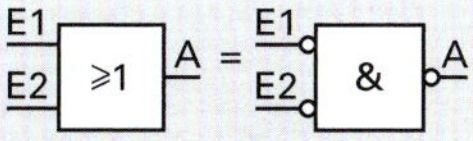

$E1 \vee E2 = \overline{\overline{E1} \wedge \overline{E2}}$

NOR ersetzt UND

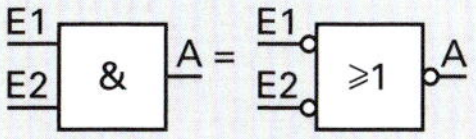

$E1 \wedge E2 = \overline{\overline{E1} \vee \overline{E2}}$

Doppelte Negation

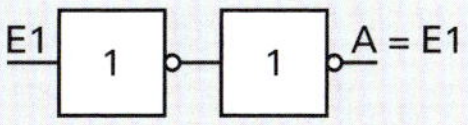

$\overline{\overline{E1}} = E1$

Durch die angegebenen Gesetze lässt sich jede logische Schaltung nur mit einem Gatter-Typ z. B. mit NAND-Gattern aufbauen.

10

Beispiel: Zu vereinfachen ist folgende Funktionsgleichung **(Bild 1)**:

$A = E1 \wedge \overline{E2} \vee \overline{E1} \wedge \overline{E2} \vee \overline{E1} \wedge E2$	$\overline{E2}$ ausklammern (Distributiv-Gesetz anwenden)
$A = \overline{E2} \wedge (E1 \vee \overline{E1}) \vee \overline{E1} \wedge E2$	Vereinfachung der Oderverknüpfung $(E1 \vee \overline{E1}) = 1$
$A = \overline{E2} \wedge 1 \vee \overline{E1} \wedge E2$	Vereinfachung $\overline{E2} \wedge 1 = \overline{E2}$
$A = \overline{E2} \vee \overline{E1} \wedge E2$	$\overline{E2} \vee (\overline{E1} \wedge E2)$ ($\overline{E2}$ einklammern)
$A = (\overline{E2} \vee \overline{E1}) \wedge (\overline{E2} \vee E2)$	Vereinfachung der Oderverknüpfung $(\overline{E2} \vee E2) = 1$
$A = (\overline{E2} \vee \overline{E1}) \wedge 1$	Vereinfachung $\overline{E1} \wedge 1 = \overline{E1}$
$A = \overline{E2} \vee \overline{E1} = \overline{\overline{\overline{E2} \vee \overline{E1}}}$	Anwendung der Gesetze von De Morgan
$A = \overline{\overline{\overline{E2} \vee \overline{E1}}} = \overline{\overline{\overline{E2}} \wedge \overline{\overline{E1}}} = \overline{E2 \wedge E1}$	De Morgan (dopp. Verneinung hebt sich auf)
$A = \overline{E2 \wedge E1} = \overline{E1 \wedge E2}$	Kommutativ-Gesetz

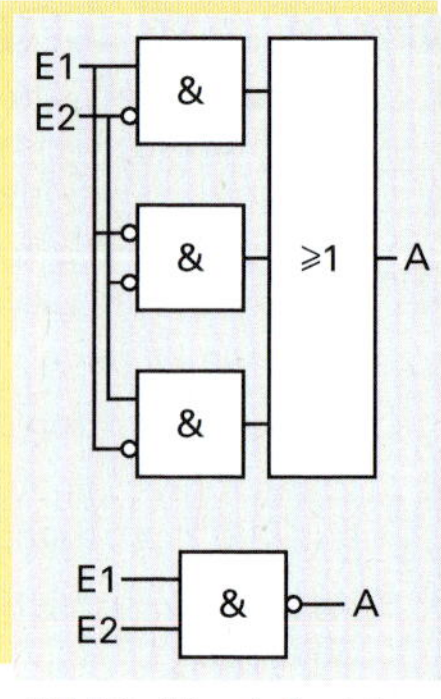

Bild 1: Vereinfachte Schaltung

10.2.6 Minimierung mit KV-Diagramm

Karnaugh-Veitch entwickelten eine grafische Darstellung der disjunktiven Normalform, aus der die vereinfachte Schaltfunktion abzulesen ist. Das Diagramm enthält ebenso viele Felder wie eine Funktionstabelle Zeilen hat. Diese Zeilen werden bestimmten Feldern zugeordnet.

Die Felder sind so angeordnet, dass sich benachbarte Felder in nur einer Variablen unterscheiden.

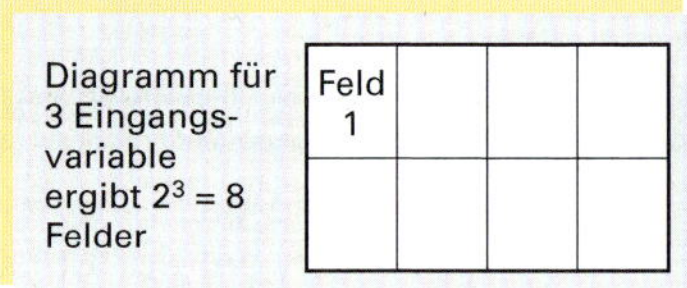

Bild 2: Felder einer KV-Tafel

Zeile	c	b	a	
0	0	0	0	$\overline{a} \wedge \overline{b} \wedge \overline{c}$
1	0	0	1	$a \wedge \overline{b} \wedge \overline{c}$
2	0	1	0	$\overline{a} \wedge b \wedge \overline{c}$
3	0	1	1	$a \wedge b \wedge \overline{c}$
4	1	0	0	$\overline{a} \wedge \overline{b} \wedge c$
5	1	0	1	$a \wedge \overline{b} \wedge c$
6	1	1	0	$\overline{a} \wedge b \wedge c$
7	1	1	1	$a \wedge b \wedge c$

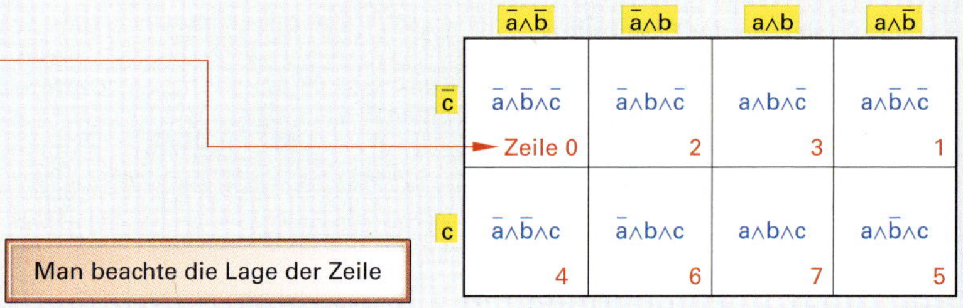

Bild 3: Lage der Zeilen in der KV-Tafel

Beispiel: Die nebenstehende Funktionstabelle **(Bild 4)** ist mittels KV-Diagramm nach folgender Vorgehensweise zu vereinfachen.

1. Entsprechend der Anzahl der Zeilen der Funktionstabelle ist eine KV-Tafel mit 8 Feldern zu erstellen.
2. In die entsprechenden Felder des KV-Diagramms sind die logischen Zustände der Ausgangsvariablen A einzutragen.
3. Benachbarte Felder mit logisch „1" werden in einer Schleife zusammengefasst.
4. Eine Schleife kann ein Einzelfeld, zwei Felder, vier Felder acht Felder, also 2^n Felder umschließen ($n \in \mathbb{N}$).
5. Ein Feld kann auch in mehrere Schleifen eingebunden sein.
6. Auch Randfelder können benachbart sein.
7. Vereinfachung der Schleife: $\overline{E1} \wedge E2 \wedge \overline{E3} \vee E1 \wedge E2 \wedge \overline{E3} = E2 \wedge \overline{E3}$
   Schleife: $E1 \wedge E2 \wedge E3 \vee E1 \wedge \overline{E2} \wedge E3 = E1 \wedge E3$
   Schleife: $\overline{E1} \wedge \overline{E2} \wedge E3 \vee E1 \wedge \overline{E2} \wedge E3 = \overline{E2} \wedge E3$
8. Die minimierte Funktionsgleichung erhält man durch ODER-Verknüpfung der drei Schleifenergebnisse
   $A = E1 \wedge E3 \vee E2 \wedge \overline{E3} \vee \overline{E2} \wedge E3$

E3	E2	E1	A1	Logikgleichung
0	0	0	0	
0	0	1	0	
0	1	0	1	$A1 = \overline{E1} \wedge E2 \wedge \overline{E3}$
0	1	1	1	$A1 = E1 \wedge E2 \wedge \overline{E3}$
1	0	0	1	$A1 = \overline{E1} \wedge \overline{E2} \wedge E3$
1	0	1	1	$A1 = E1 \wedge \overline{E2} \wedge E3$
1	1	0	0	
1	1	1	1	$A1 = E1 \wedge E2 \wedge E3$

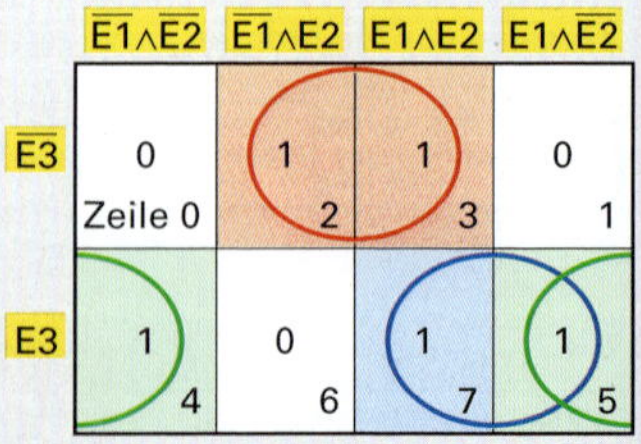

Bild 4: Vereinfachung mit KV-Tafel

KV-Diagramm für 4 Eingangsvariable

Die Weiche einer Sortieranlage wird von 4 Sensoren (E1 bis E4) gesteuert. Sie lenkt den Materialfluss zur Bearbeitungsstation A1 und zur Station A2. Anhand des Impulsdiagramms ist eine minimale Logikschaltung für beide Weichenstellungen zu entwerfen.

Vorgehensweise:

1. Impulsdiagramm in Funktionstabelle übertragen.
2. Funktionstabelle in KV-Diagramm eintragen.
3. Felder durch Schleifen zusammenfassen.
4. Funktionsgleichung durch ODER-Verknüpfung der Schleifen aufstellen.
5. Gleichung durch Logikschaltung darstellen.

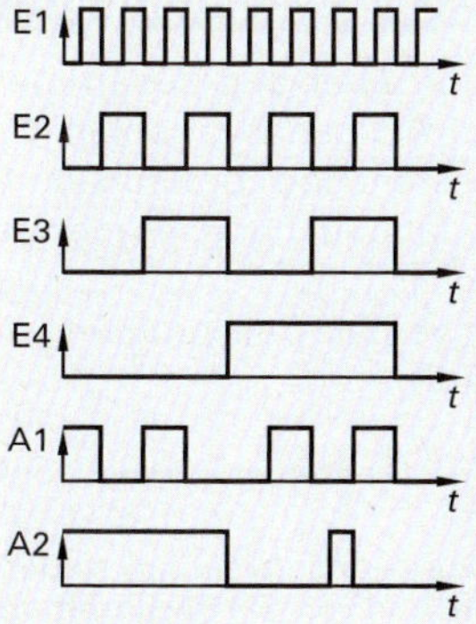

Zeile	E4	E3	E2	E1	A1	A2
0	0	0	0	0	1	1
1	0	0	0	1	1	1
2	0	0	1	0	0	1
3	0	0	1	1	0	1
4	0	1	0	0	1	1
5	0	1	0	1	1	1
6	0	1	1	0	0	1
7	0	1	1	1	0	1
8	1	0	0	0	0	0
9	1	0	0	1	0	0
10	1	0	1	0	1	0
11	1	0	1	1	1	0
12	1	1	0	0	0	0
13	1	1	0	1	0	1
14	1	1	1	0	1	0
15	1	1	1	1	1	0

Funktionstabelle

Bild 1: Arbeitsweise der Sortieranlage

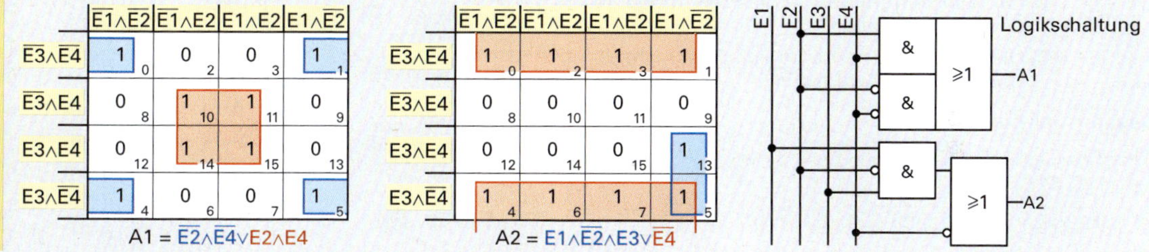

Bild 2: Minimierung

Das KV-Diagramm vereinfacht Gleichungen, wenn logische „1"-Werte der Zielfunktion zusammenzufassen sind. Anzustreben sind möglichst große Schleifen. Die Gleichung der Zielfunktion muss alle „1"-Werte enthalten, auch solche, die nicht in einer Schleife liegen.

Belanglose Zeilen einer Funktionstabelle

Der Öltank eines Heizkraftwerkes wird von zwei Zuleitungen (Z1 und Z2) gespeist. Die Ölstände minimal, normal und maximal werden von Sensoren (S1, S2, S3) überwacht. Sinkt der Ölstand unter den Minimalwert, öffnen Zulauf Z1 und Z2. Wird der Maximalwert erreicht, sind Z1 und Z2 geschlossen. Sinkt der Ölstand zwischen Minimal- und Normalhöhe, ist Z1 geöffnet. Über Normalwert fließt durch Z2 Öl ein.

Zu entwerfen ist eine minimale Logikschaltung.

Die in der Funktionstabelle mit belanglos markierten Zeilen sind Eingangskombinationen, die nicht auftreten können. Sie beeinflussen daher die gesuchte Schaltung nicht. In der Funktionstabelle wird für die Ausgangsvariable ein x eingetragen. x kann den Wert „0" oder „1" annehmen. Dieses x wird auch in die KV-Tafel übertragen und mit dem Wert belegt („0" oder „1"), der die meisten Felder in einer Schleife ermöglicht.

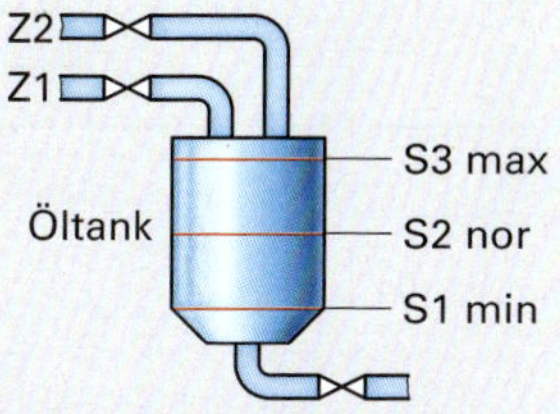

Zeile	S3	S2	S1	Z1	Z2	
0	0	0	0	1	1	
1	0	0	1	1	0	
2	0	1	0	x	x	← belanglos
3	0	1	1	0	1	
4	1	0	0	x	x	← belanglos
5	1	0	1	x	x	← belanglos
6	1	1	0	x	x	← belanglos
7	1	1	1	0	0	

Bild 3: Tankanlage

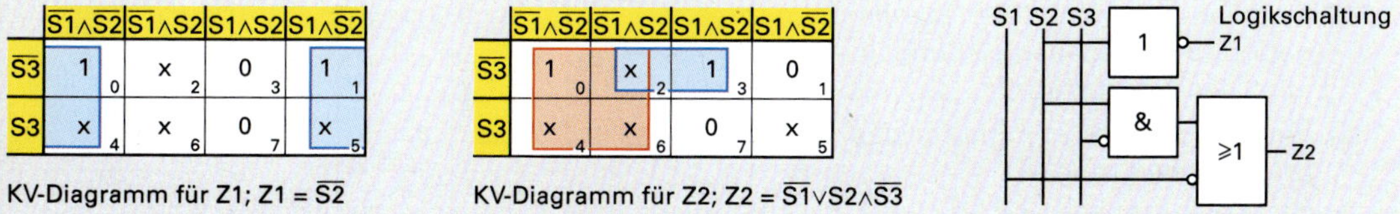

Bild 4: Minimierung

10.2.7 Analyse logischer Schaltungen

Die Analyse gibt Auskunft über den Zusammenhang von Eingangs- und Ausgangsvariablen. Der Ausgangspunkt ist die bestehende Logikschaltung, die zu untersuchen ist. Untersuchungsergebnisse können sein: Funktionsgleichung, Funktionstabelle, Impulsdiagramm und verbale Beschreibung der logischen Schaltung **(Bild 1)**.

Aufgabe: Zu analysieren ist nebenstehende Logikschaltung.

Gesucht sind: Funktionsgleichung, -tabelle, Impulsdiagramm und verbale Beschreibung.

Lösung:
1. Zerlegung der Gesamtschaltung in Teilfunktionen (hier F1... F4), beginnend in der Nähe der Eingänge.
2. Für jede Teilfunktion ist die Funktionsgleichung aufzustellen.
3. Die Teilfunktionen sind zur Gesamtfunktion zusammenzufassen.

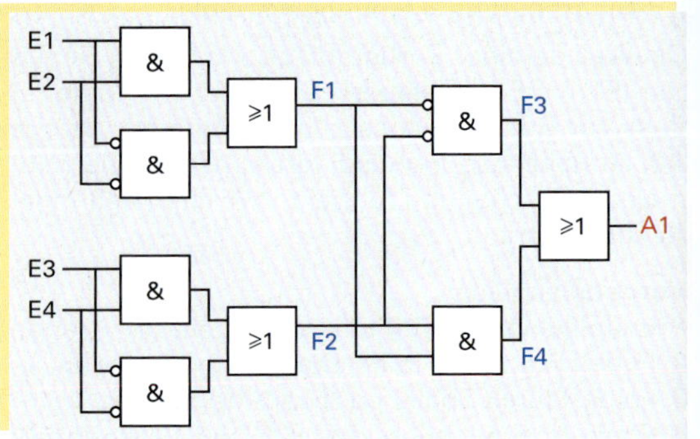

Bild 1: Logische Schaltung

Teilfunktionen:

$F1 = E1 \wedge E2 \vee \overline{E1} \wedge \overline{E2}$

$F2 = E3 \wedge E4 \vee \overline{E3} \wedge \overline{E4}$

$F3 = \overline{F1} \wedge \overline{F2}$

$F4 = F1 \wedge F2$

Gesamtfunktion:

$A1 = F3 \vee F4$

$A1 = \overline{F1} \wedge \overline{F2} \vee F1 \wedge F2$

$A1 = (\overline{E1 \wedge E2 \vee \overline{E1} \wedge \overline{E2}}) \wedge (\overline{E3 \wedge E4 \vee \overline{E3} \wedge \overline{E4}}) \vee (E1 \wedge E2 \vee \overline{E1} \wedge \overline{E2}) \wedge (E3 \wedge E4 \vee \overline{E3} \wedge \overline{E4})$

Tabelle 1: Funktionstabelle

Zeile	E4	E3	E2	E1	F1	F2	F3	F4	A1
0	0	0	0	0	1	1	0	1	1
1	0	0	0	1	0	1	0	0	0
2	0	0	1	0	0	1	0	0	0
3	0	0	1	1	1	1	0	1	1
4	0	1	0	0	1	0	0	0	0
5	0	1	0	1	0	0	1	0	1
6	0	1	1	0	0	0	1	0	1
7	0	1	1	1	1	0	0	0	0
8	1	0	0	0	1	0	0	0	0
9	1	0	0	1	0	0	1	0	1
10	1	0	1	0	0	0	1	0	1
11	1	0	1	1	1	0	0	0	0
12	1	1	0	0	1	1	0	1	1
13	1	1	0	1	0	1	0	0	0
14	1	1	1	0	0	1	0	0	0
15	1	1	1	1	1	1	0	1	1

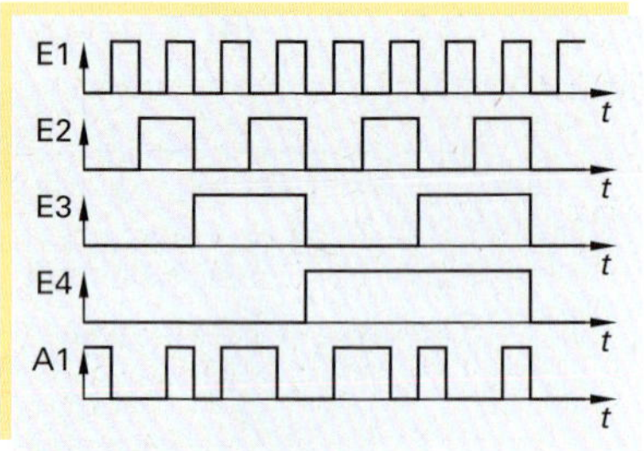

Beschreibung:

A1 führt 1-Signal, wenn eine gerade Anzahl von Eingängen auf logisch „1" liegen.

Die Abfrage kein Eingang auf logisch „1" wird nicht unterdrückt.

Arbeitsauftrag:

1. Vereinfachen Sie nebenstehende KV-Diagramme und geben Sie jeweils die minimale Funktionsgleichung und die dazugehörige Logikschaltung an.

2. Die Datenübertragung von 4 Bit (a, b, c, d) soll durch eine Schaltung überwacht werden. Diese Logikschaltung liefert am Ausgang eine logische 1, wenn von den 4 Bits eine ungerade Anzahl den Wert 1 hat.
   a) Fertigen Sie die Funktionstabelle an.
   b) Erstellen Sie anhand der Tabelle die dazugehörige Funktionsgleichung in der disjunktiven Normalform.
   c) Vereinfachen Sie mithilfe des KV-Diagramms, falls möglich.
   d) Zeichnen Sie den Logikplan für die Funktionsgleichung.

	$\overline{S1} \wedge \overline{S2}$	$\overline{S1} \wedge S2$	$S1 \wedge S2$	$S1 \wedge \overline{S2}$
$\overline{S3}$	1 (0)	0 (2)	0 (3)	0 (1)
S3	0 (4)	1 (3)	1 (7)	0 (5)

	$\overline{S1} \wedge \overline{S2}$	$\overline{S1} \wedge S2$	$S1 \wedge S2$	$S1 \wedge \overline{S2}$
$\overline{S3}$	1 (0)	1 (2)	0 (3)	1 (1)
S3	0 (4)	1 (6)	0 (7)	0 (5)

	$\overline{E1} \wedge \overline{E2}$	$\overline{E1} \wedge E2$	$E1 \wedge E2$	$E1 \wedge \overline{E2}$
$\overline{E3} \wedge \overline{E4}$	0 (0)	0 (2)	1 (3)	1 (1)
$\overline{E3} \wedge E4$	1 (8)	1 (10)	0 (11)	0 (9)
$E3 \wedge E4$	1 (12)	1 (14)	0 (15)	0 (13)
$E3 \wedge \overline{E4}$	0 (4)	0 (6)	1 (7)	1 (5)

	$\overline{E1} \wedge \overline{E2}$	$\overline{E1} \wedge E2$	$E1 \wedge E2$	$E1 \wedge \overline{E2}$
$\overline{E3} \wedge \overline{E4}$	0 (0)	0 (2)	0 (3)	0 (1)
$\overline{E3} \wedge E4$	1 (8)	0 (10)	0 (11)	1 (9)
$E3 \wedge E4$	1 (12)	0 (14)	1 (15)	1 (13)
$E3 \wedge \overline{E4}$	0 (4)	1 (6)	1 (7)	1 (5)

10.2.8 Speicherfunktionen

Ein Motor soll durch kurzzeitiges Betätigen des Eintasters –SF1 eingeschaltet und durch kurzes Betätigen des Austasters –SF0 ausgeschaltet werden.

> Eine Speicherfunktion liegt vor, wenn der Signalzustand eines kurzzeitig auftretenden Eingangssignales dauerhaft festgehalten und am Ausgang abgebildet wird.

Durch Betätigen von –SF1 wird der Speicher gesetzt (–KF1 = 1). Durch Rückführung der Ausgangsvariable (rot) muss die Einschaltbedingung nicht mehr erfüllt sein. Der Zustand des Eingangssignals ist gespeichert. Wird –SF0 betätigt, so ist die UND-Verknüpfung nicht mehr erfüllt und die Ausgangsvariable nimmt den Wert logisch „0" an **(Bild 1)**.

> Schaltungen, die (Eingangs-)Signale speichern, bezeichnet man als bistabile Kippstufen (bistabil = zwei stabile Zustände) oder Flipflops (FF).

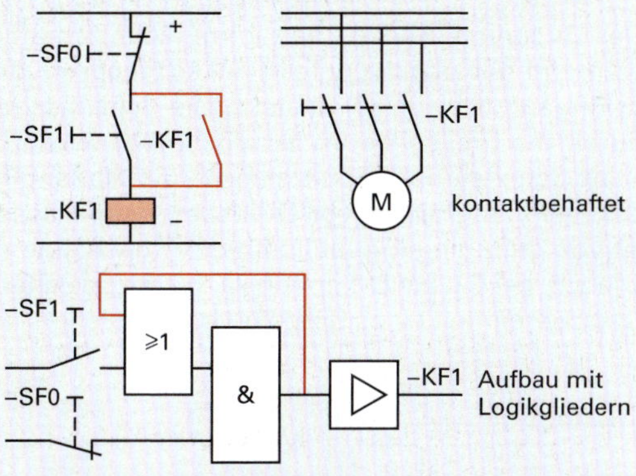

Eingänge		Ausgang
–SF1	–SF0	A; Motor
0	0	1 wenn –SF1 vorher betätigt 0 wenn –SF0 vorher betätigt
0	1	0 rücksetzen
1	0	1 setzen
1	1	unbestimmt

Bild 1: Speicherfunktion

Bistabile Kippstufen

Bistabile Kippstufen **(Bild 2)** haben zwei stabile Schaltzustände: den Zustand gesetzt A = 1 und den Zustand zurückgesetzt A = 0. Beide Zustände schließen sich aus. Ist eine bistabile Kippstufe gesetzt, sind weitere Setzsignale unwirksam. Entsprechendes gilt für den Rücksetzzustand. „1"-Signal am Setz- und Rücksetzeingang ist zu vermeiden, da nicht eindeutig vorhersagbar ist, welcher Logikpegel sich am Ausgang des Flipflops einstellt, wenn beide Eingänge von „1" nach „0" wechseln.

Liegt sowohl am S- als auch am R-Eingang eine „0" an, bleibt der Ausgang des Flipflops unverändert. Das Flipflop befindet sich im Speicherzustand.

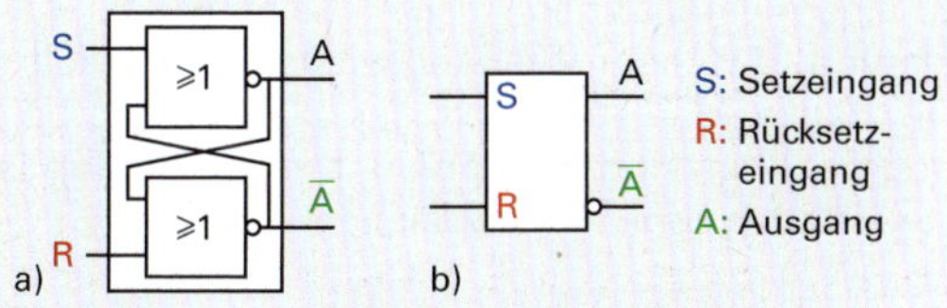

RS-Flipflop a) realisiert mit NOR-Gattern; b) Schaltzeichen

S	R	A
0	0	speichern
0	1	0
1	0	1
1	1	unbestimmt

Funktionstabelle

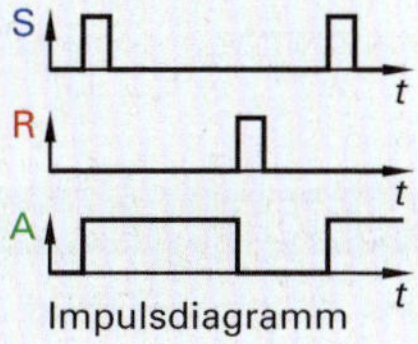

Impulsdiagramm

Bild 2: Bistabile Kippstufe

RS-Flipflop mit vorrangigem Setzen oder Rücksetzen

In der Praxis, insbesondere in der SPS-Technik, werden Speicherbausteine benötigt, die einen eindeutigen Ausgangspegel annehmen, wenn am Setz- und Rücksetz-Eingang gleichzeitig „1"-Signal anliegt. Bei **vorrangigem Rücksetzen** ist A = „0", wenn S = „1" und R = „1". Bei **vorrangigem Setzen** ist A = „1", wenn S = „1" und R = „1" **(Bild 3)**.

Speicherbausteine mit Steuereingang

Speicherbausteine, insbesondere in der Computertechnik, müssen gezielt ansprechbar sein. Erreicht wird dies durch einen zusätzlichen Eingang, den Steuer- oder Takteingang. Über diesen Takteingang kann je nach Wunsch die am Speicherbaustein anliegende Information gespeichert oder gesperrt, d.h. nicht gespeichert werden.

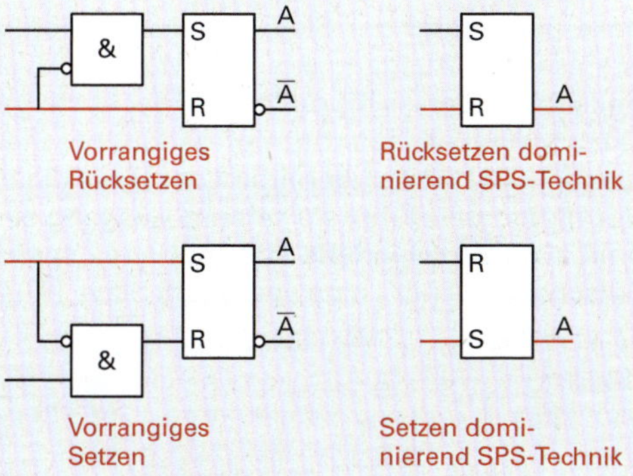

Bild 3: RS-Speicherarten

D-Flipflop mit dynamischer Ansteuerung

Das D-Flipflop **(Bild 1)** übernimmt die Information am Ausgang, die während der positiven Taktflanke (Wechsel von „0" nach „1") am D-Eingang (D = delay) ansteht. Die dynamische Ansteuerung wird durch die Pfeilspitze im Schaltsymbol gekennzeichnet. Die Ziffer 1 im Schaltsymbol kennzeichnet die Abhängigkeit von Takt- und Dateneingang. Die 1 vor D besagt, dass dieser Eingang abhängig ist von dem Eingang, bei dem die 1 nach einem Buchstaben steht, wie z.B. bei C1. Ein D-Flipflop kann 1 Bit speichern. Es ist die kleinste Speichereinheit eines Schreib-Lese-Speichers (RAM).

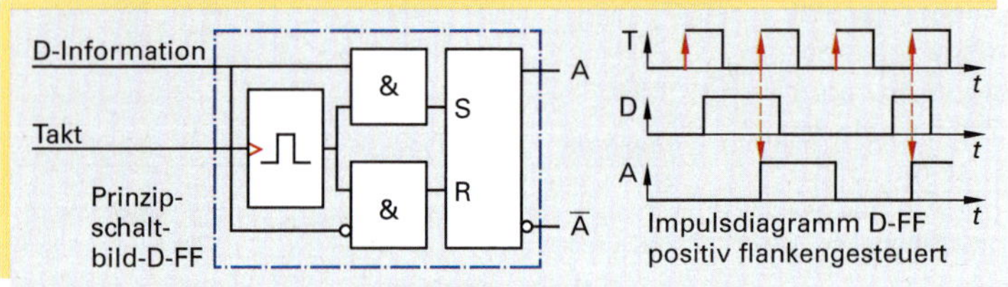

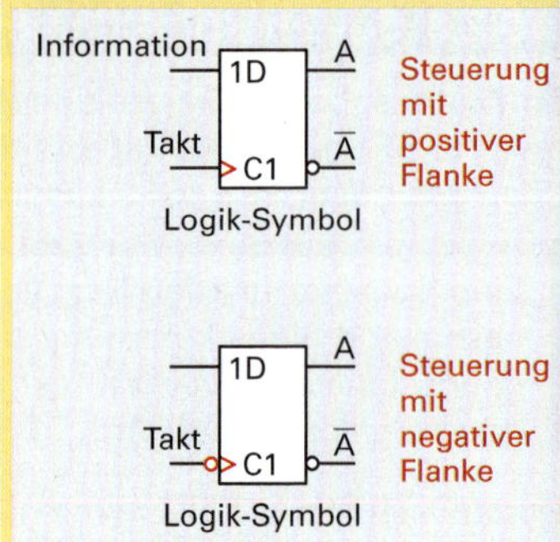

Bild 1: D-Flipflop

JK-Flipflop

Das JK-Flipflop **(Bild 2)** ist ein dynamisch gesteuerter Speicherbaustein mit dem J-Eingang zum Setzen und dem K-Eingang zum Rücksetzen des Ausgangs A. Wie aus dem Impulsdiagramm ersichtlich, führt eine logische „1" an den Informationseingängen J und K zu einem eindeutigen Ausgangssignal. Ist J = K = 1, so toggelt das Flipflop, d.h. sein Ausgangszustand wechselt mit jeder positiven Taktflanke. Man sagt auch, das JK-Flipflop arbeitet im Toggle Mode (toggle = hin- und herkippen). Das JK-Flipflop ist ein einflankengesteuerter dynamischer Speicher.

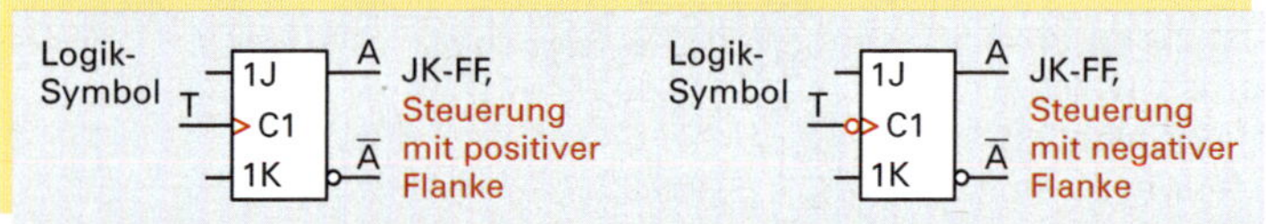

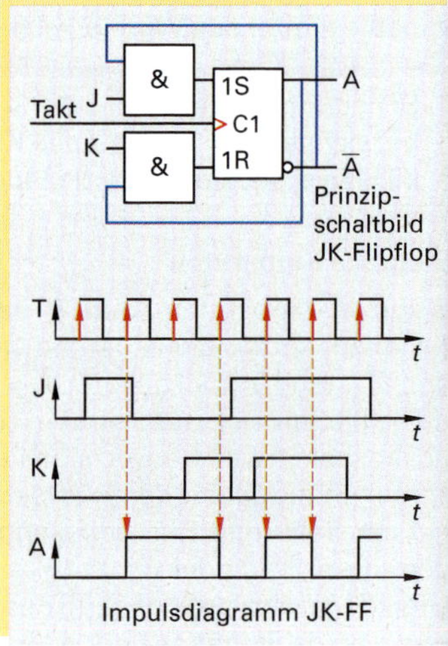

Bild 2: JK-Flipflop

10.2.8.1 JK-Master-Slave-Flipflop (JK-MS-FF)

Das JK-MS-FF **(Bild 3)** besteht aus zwei dyamisch gesteuerten JK-Flipflops, die in Reihe geschaltet sind. Die Speicherinformationen liegen an den Eingängen des Masters an, die gespeicherte Information wird durch den Slave ausgegeben. Während das Master-Flipflop mit der positiven Taktflanke die Information am J- und K-Eingang speichert, ist das Slave-Flipflop gesperrt. Erst mit der negativen Taktflanke übernimmt der Slave die Information vom Master und gibt sie an seinem Ausgang aus. Das Master-Slave-Flipflop ist ein **zweiflankengesteuertes Kippglied.** Mit der ansteigenden Taktflanke wird die am Master anliegende Information zwischengespeichert, mit der fallenden Taktflanke übernimmt der Slave die zwischengespeicherte Information und führt sie seinem Ausgang zu. Das JK-MS-FF kann somit **zwei verschiedene Informationen speichern;** eine im Master (Zwischenspeicher), eine andere im Slave (Ausgangsspeicher).

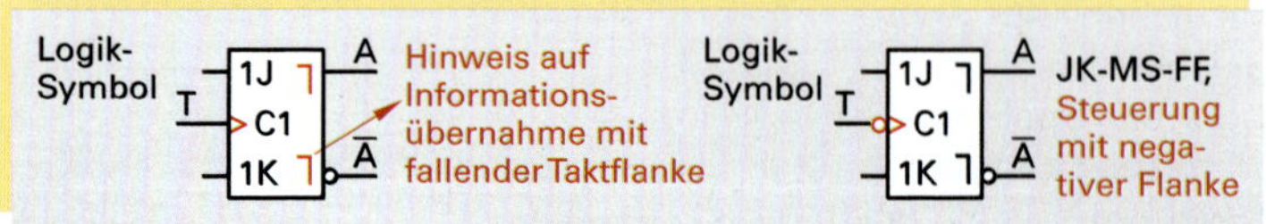

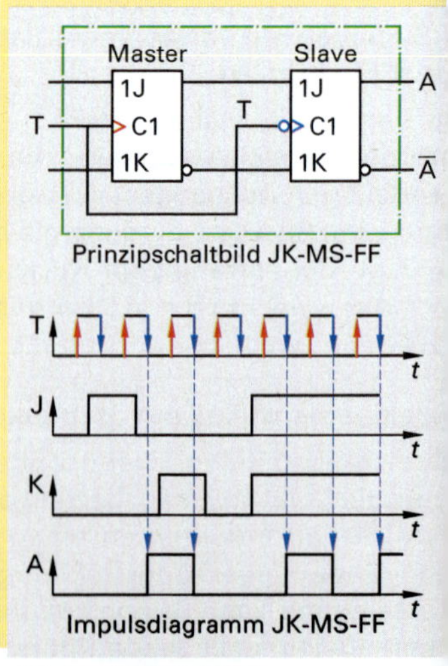

Bild 3: JK-MS-Flipflop

10.2.8.2 JK-Master-Slave-Flipflop mit statischen Eingängen

Statische Eingänge sind taktunabhängig und reagieren auf einen Signalzustand („0"-Zustand oder „1"-Zustand). Diese zusätzlichen Steuereingänge S (Setzen) und R (Rücksetzen) sind gegenüber den dynamischen Eingängen dominierend.

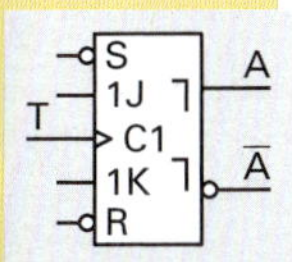

Logik-Symbol

R = S = 1 Die statischen Eingänge sind unwirksam, das JK-MS-FF arbeitet taktabhängig.

S = 0, R = 1 Der Ausgang des JK-MS-FF wird auf „1" gesetzt, die dynamischen Eingänge sind unwirksam (blaue Senkrechte **Bild 1**).

S = 1, R = 0 Der Ausgang des JK-MS-FF wird auf „0" gesetzt, J- und K-Eingang sind unwirksam (rote Senkrechte **Bild 1**).

In der IC-Technik werden JK-Flipflops als auch JK-Master-Slave-Flipflops zum Aufbau von Zählerbausteinen eingesetzt.

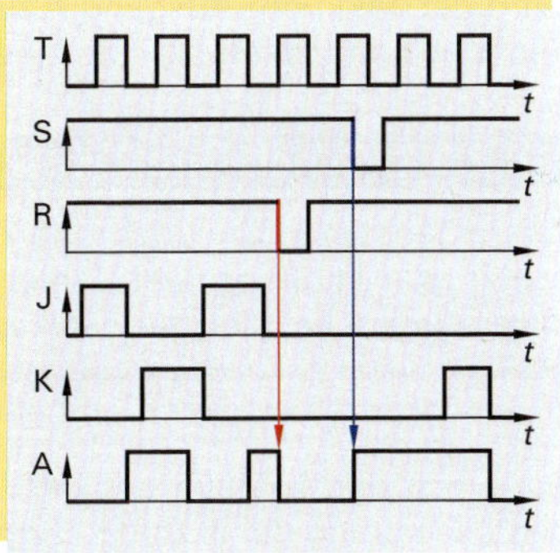

Bild 1: Impulsdiagramm

10.2.9 Zähler

In der Praxis werden Zähler beim Zählen von Impulsen und Stückzahlen eingesetzt, sowie zur Anzeige und Festlegung von Wegen und Längen. Typische Einsatzgebiete sind Papier-, Textil-, Metall- und Verpackungsindustrie **(Bild 2)**. Prinzipiell unterscheidet man zwischen Anzeigezählern und Zählern mit einstellbarem Vorwahlwert, dem Sollwert. Bei Anzeigezählern werden die Eingangsimpulse gezählt und zur Anzeige gebracht. Bei Vorwahlzählern (programmierbaren Zählern) wird über Codierschalter (Ansteuereingänge) ein beliebiger Sollwert in den Zähler eingegeben (einprogrammiert). Erreichen die zu zählenden Eingangsimpulse den Sollwert, so schaltet der Zähler z. B. ein Ausgangsrelais. Wird zu einer gespeicherten Zahl durch einen Zählimpuls eine 1 addiert und das Ergebnis erneut gespeichert, so handelt es sich um einen **Vorwärts-** oder **Aufwärtszähler.** Bei **Rückwärts-** oder **Abwärtszählern** wird eine 1 von der gespeicherten Zahl subtrahiert. Da bistabile Kippstufen 1 Bit speichern, können durch entsprechendes Zusammenschalten solcher Bausteine Zählschaltungen aufgebaut werden. Die Anzahl der benötigten Kippstufen ist von der zu speichernden Zahl, dem Zählergebnis abhängig.

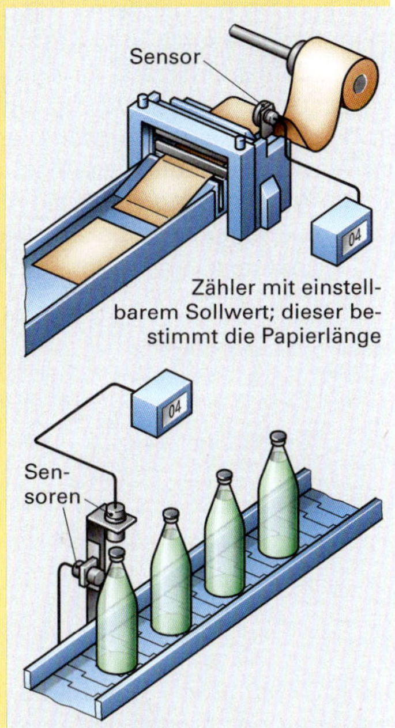

Bild 2: Anzeigezähler

10.2.9.1 Asynchrone Zähler

Schaltet man Flipflops so hintereinander, dass der Ausgang der niederwertigsten Bitstelle die nachfolgende, nächst höherwertigere Bitstelle ansteuert und erhöht sich das Zählerergebnis nach jedem Taktimpuls, dann bezeichnet man eine solche Zählschaltung als asynchroner Vorwärtszähler. Mit drei in Reihe geschalteten Master-Slave-Flipflops **(Bild 3)** können acht Impulse gezählt werden. Mit der fallenden Flanke des achten Impulses sind alle Flipflops zurückgesetzt. Die höchste Zahl, die angezeigt wird, ist die Dualzahl D = 111, die der Dezimalzahl 7 entspricht. Da der Zähler acht verschiedene Zählzustände hat, bezeichnet man ihn als Modulo-8-Zähler. Ein Asynchronzähler mit n in Reihe geschalteten JK-MS-FF kann 2^n Impulse zählen. Seine größte darstellbare Dualzahl hat den Wert $2^n - 1$.

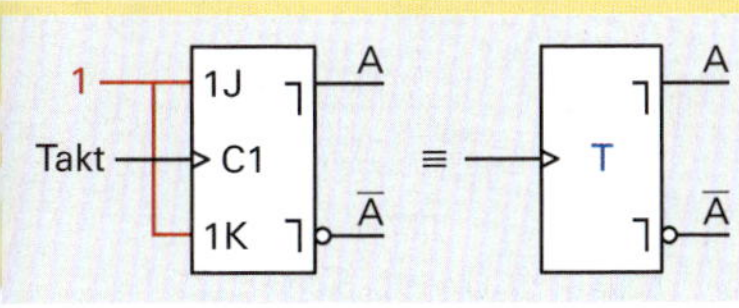

Liegen die Dateneingänge eines JK-MS-FF auf „1", dann toggelt der Ausgang bei jedem Takt. Ein solches Kippglied wird als T-FF bezeichnet.

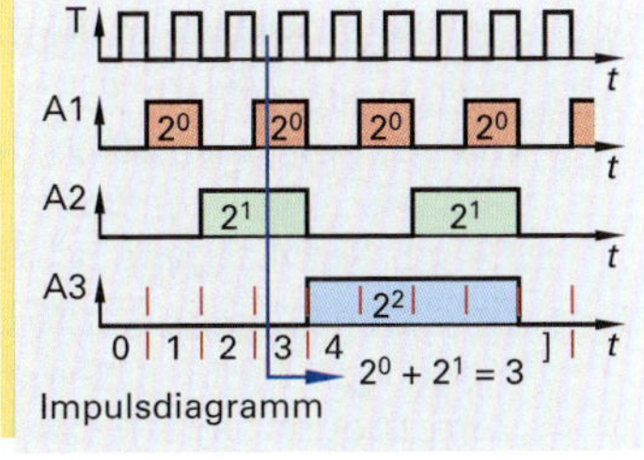

Bild 3: Asynchron-Zähler

10

Wird der Takt vom Ausgang $\overline{A}$ zur Ansteuerung der nachfolgenden Flipflops benutzt, erhält man einen **Rückwärtszähler (Bild 1).**

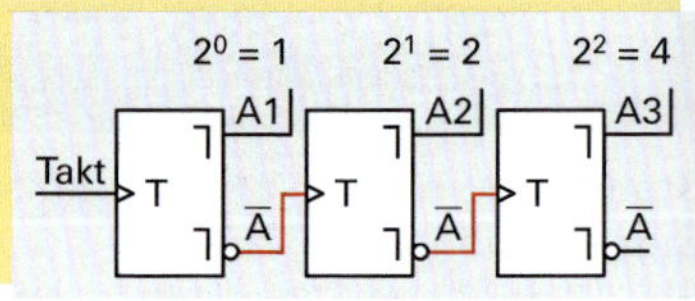

Bild 1: Modulo-8-Rückwärtszähler

10.2.9.2 Synchrone Zähler

Charakteristisch für synchrone Zähler ist die gleichzeitige Ansteuerung aller Flipflops. Der Zählertakt ist daher höher als bei Asynchronzählern bei gleicher Zählkapazität **(Bild 2).**

Synchronzähler zählen schneller als Asynchronzähler.

Die synchrone Ansteuerung der Flipflops verlangt eine entsprechende Beschaltung der J- und K-Eingänge. Dadurch wird sichergestellt, dass nur die Flipflops ihren Ausgangszustand ändern, damit die Zählfolge exakt ist. Beim synchronen Modulo-8-Rückwärtszähler werden die negierten Ausgänge zur Beschaltung der entsprechenden J- und K-Eingänge benutzt. In der Praxis baut man heute kaum noch synchrone Zähler direkt auf, da eine Vielzahl solcher Zähler als integrierte Bausteine (ICs) zur Verfügung stehen. Solche ICs werden durch Blockschaltbilder dargestellt. Diese bestehen aus einem Steuerblock und einem oder mehreren Ausgangsblöcken. Im Steuerkopf wird die Art der Ansteuerung sowie die Abhängigkeit der Ein- und Ausgänge von Steuereingängen gekennzeichnet. Hierfür werden Kennzahlen und Buchstaben verwendet. Der Ausgangsblock enthält die Flipflops.

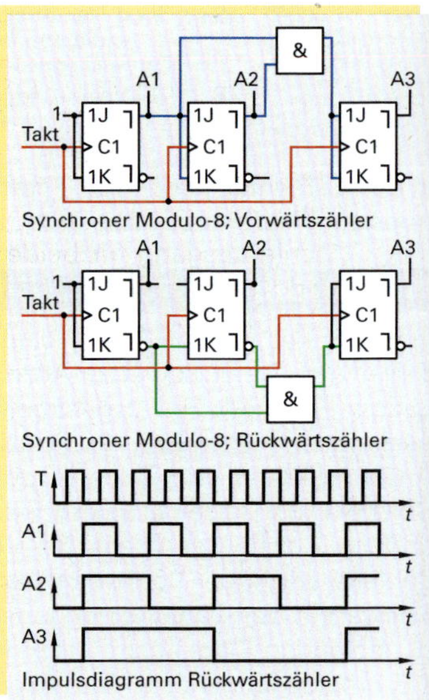

Bild 2: Synchrone Zähler

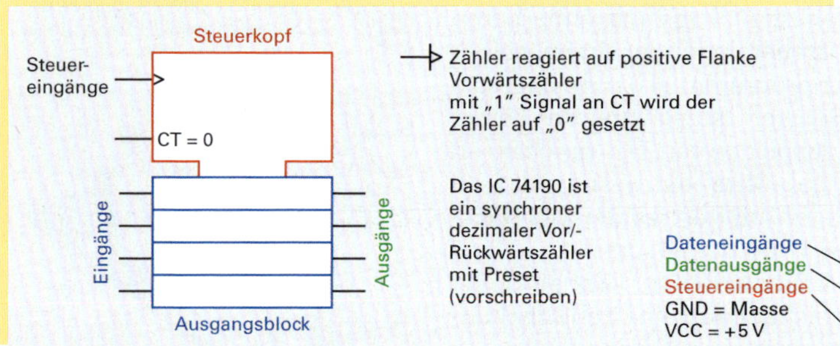

Das IC 74190 **(Bild 1 und Bild 3, Seite 421)** enthält einen programmierbaren synchronen dezimalen Zähler, der im BCD-Code aufwärts (vorwärts) oder abwärts (rückwärts) zählt.

Informationen der Buchstaben und Ziffern im Steuerblock **(Bild 2, Seite 421):**

CTR DIV 10; Zähler/Teiler; zählt zehn Impulse

Pin 4 Der Eingang G1 ($\overline{CE}$; Count Enable, Taktfreigabe); ist mit dem Eingang CLK (Clock, Takt) Pin 14 und mit dem Ausgang Pin 13 ($\overline{RC}$, Ripple Clock, asynchroner Takt) UND verknüpft.

Pin 5 Eingang zur Wahl der Zählrichtung; liegt an $\overline{U}$/D (Down, M2; Up M3) ein „0"-Signal, so ist die Zählrichtung aufwärts, mit „1"-Signal an $\overline{U}$/D ist die Zählrichtung abwärts.

Pin 14 Takteingabe (CLK); Zähler zählt abwärts, wenn $\overline{CE}$ und $\overline{U}$/D mit „0" belegt sind (1,2–); er zählt aufwärts, wenn $\overline{CE}$ mit „0" und $\overline{U}$/D mit „1" belegt ist (1,3+). Außerdem wirkt CLK durch G4 auf den Ausgang $\overline{RC}$ Pin 13.

Pin 11 Über den Eingang $\overline{S}$ (C5) wird die Information an den Dateneingängen D0 bis D3 vom Zähler übernommen, der Zähler wird programmiert. Dies geschieht durch ein kurzzeitiges „0"-Signal am $\overline{S}$-Eingang (Laden asynchron).

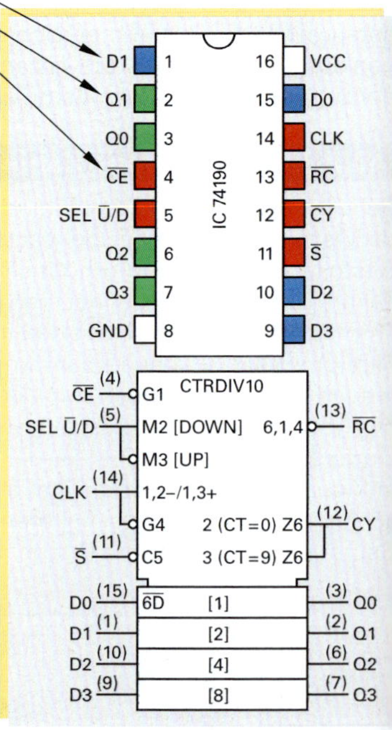

Bild 3: IC-74190-Schaltzeichen

Pin 12 Der Ausgang CY gibt ein „1"-Signal aus, wenn beim Abwärtszählen ($\overline{U}$/D = „0") der kleinste (CT = 0) und beim Aufwärtszählen ($\overline{U}$/D = „1") der höchste Zählerwert (CT = 9) erreicht ist. Z6 zeigt an, dass dieser Ausgang intern mit Ausgang Pin 13 ($\overline{RC}$) verbunden ist.

Pin 13 Liegt an $\overline{CE}$ und an CLK „0"-Signal, dann liegt am Ausgang $\overline{RC}$ das inverse Signal vom Ausgang CY (Pin 12) an. Der Ausgang $\overline{RC}$ wird zur Kaskadierung von Zählern verwendet. Er liefert die Zählimpulse für die nächst höhere Zählstufe.

INPUT				OUTP./FUNCT.					
$\overline{CE}$	S	SEL $\overline{U}$/D	CLK	Q3	Q2	Q1	Q0	CY	$\overline{RC}$
L	H	L	ſ	L	L	L	L	L	H
X	L	X	X	load				L	H
H	H	X	X	no change				L	H
L	H	L	ſ	count up				L	H
L	H	H	ſ	count down				L	H
L	H	L	ſ	H	L	L	L	L	H
L	H	L	ſ	H	L	L	H	⎍	⊔

Bild 1: Steuertabelle IC 74190

Informationen der Buchstaben und Ziffern im Ausgangsblock:

Pin 15 Zählereingang mit D-Funktion für die Voreinstellung des Zählers mit der Wertigkeit $2^0 = 1$. Übernahme der Voreinstellung wenn $\overline{S}$ (Pin 11) mit „0"-Signal belegt ist. Für die übrigen Eingänge gilt die Wertigkeit in der eckigen Klammer.

Pin 3 Zählerausgang für beide Zählrichtungen mit der Wertigkeit 1; der Ausgangsblock enthält Master-Slave-FFs; Kennzeichen hierfür ist die fallende Taktflanke. Die übrigen Ausgänge Q1 bis Q3 besitzen die angegebene Wertigkeit.

Buchstaben(N)	Bedeutung
C	Steuerung
EN	Freigabe
G	UND
M	Modus
N	Negation
R	Rücksetzen
S	Setzen
V	ODER
Z	Verbindung

Bild 2: Kennbuchstaben gesteuerter Ein- und Ausgänge

Mehrstufige Zähler (Zähldekaden) erhält man durch **Kaskadieren** (Hintereinanderschalten) von Zählerbausteinen. Die abgebildete dreistufige Zählerdekade **(Bild 3)** ist als Aufwärtszähler verdrahtet. Nach dem Rücksetzen aller Flipflops (Initialisierung) würde der Zähler von 0 bis 999 zählen. Die Freigabe $\overline{CE}$ (Pin 4) der Zehnerstelle erfolgt durch den Übertrag $\overline{RC}$ (Pin 13) der Einerstelle.

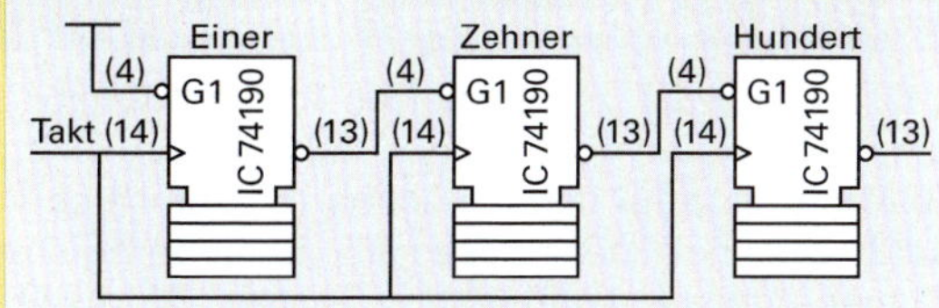

Bild 3: Dreistufige Zählerdekade, vereinfachte Darstellung

Arbeitsauftrag:

1. Worin unterscheiden sich statisch gesteuerte und dynamisch gesteuerte Kippglieder? Warum werden sehr oft dynamische und keine statischen Eingänge benutzt?
2. Wie viele Informationen können in einem JK-Master-Slave-Flipflop gespeichert sein? Begründen Sie Ihre Aussage.
3. Worin liegt der Unterschied zwischen einem synchronen und einem asynchronen Zähler? Nennen Sie Vor- und Nachteile beider Schaltvarianten.
4. Analysieren Sie die Abb. a, indem Sie das Impulsdiagramm zeichnen.
   Wofür kann diese Schaltung eingesetzt werden?
5. Abb. b zeigt die Impulsfolge am Takteingang und am Ausgang A eines JK-Master-Slave-FF. Welche Informationen bzw. Impulsfolgen müssen am 1J- und 1K-Eingang anliegen (siehe nebenstehendes Bild)?

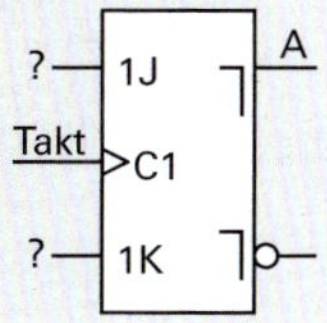

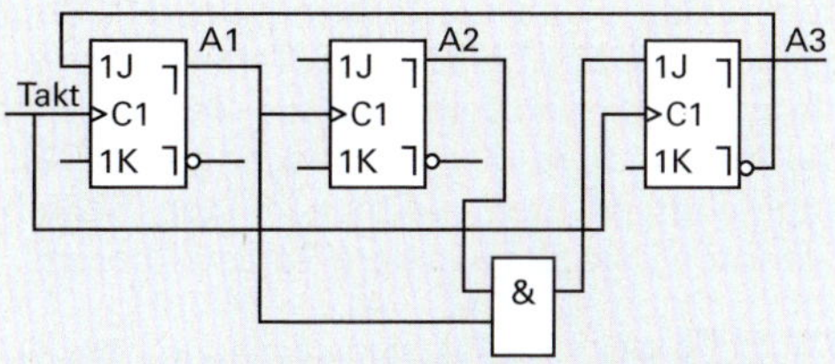

a) nichtbeschaltete Eingänge liegen auf „1"

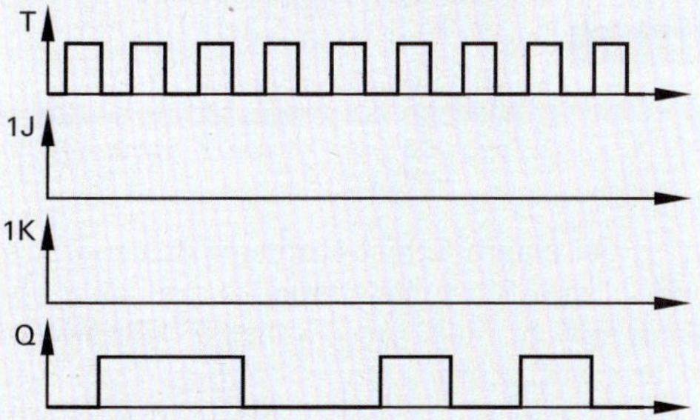

b) Impulsdiagramm

10.2.9.3 Register

Register sind schnelle Mehrbit-Speicher (4 Bit bis 64 Bit) für geringe Datenmengen. Die Speicherung der Informationen erfolgt kurzzeitig in binärer Form. Dabei steht jedem Informationsbit eine Speicherzelle zur Verfügung. Die Festlegung, in welcher Speicherzelle eine Information abgelegt wird, erfolgt durch eine feste zeitliche Reihenfolge von Datenein- und -ausgängen. Register benötigen daher keine Adresse zum Schreiben bzw. Lesen der Informationen.

Tabelle 1: Einteilung der Register nach dem Datenformat

Registerart	Dateneingabe	Datenausgabe
Schieberegister (SR)	seriell	seriell
SR als Seriell-Parallel-Wandler	seriell	parallel
SR als Parallel-Seriell-Wandler	parallel	seriell
Speicherregister	parallel	parallel

10.2.9.4 Schieberegister (Prinzip)

Lassen sich die gespeicherten Informationen in einem Register durch einen Befehl von einem Speicherplatz auf den benachbarten verschieben, so bezeichnet man dieses als Schieberegister. Schieberegister können diskret mit JK-MS-FFs aufgebaut werden bzw. liegen als ICs vor. Das in **Bild 1** dargestellte Schieberegister hat eine Speicherkapazität von 3 Bit. Aus dem Impulsdiagramm **(Bild 2)** wird deutlich, dass bei jeder fallenden Taktflanke die Information von einer Speicherzelle in die benachbarte verschoben wird. Bei Sperrung des Taktes bleibt die Information des Registers gespeichert. Erst bei erneuter Taktfreigabe werden die Informationen Zelle für Zelle weitergeschoben. Die Information, die am Ausgang des Registers angelangt ist, geht beim nächsten Schiebetakt „verloren", sie fällt aus dem Register heraus.

Aufgabe: Wie viele Taktsignale sind erforderlich, um die Information 101 **(Bild 3)** in das 3-Bit-Schieberegister einzuspeichern?

Lösung: 3 Taktsignale sind erforderlich:
1. Takt: LSB = 1 → 1 an A1
2. Takt: LSB = 1 → 1 an A2 und 0 → A1
3. Takt: LSB = 1 → 1 an A3 und 0 → A2 und MSB = 1 → A1

Wird bei einem Schieberegister das zuerst eingeschriebene Bit auch wieder zuerst ausgegeben, dann spricht man von einem FIFO-Register (First in first out). Zum taktunabhängigen Löschen des Registers wird der Lösch-Eingang kurzzeitig an Masse gelegt.

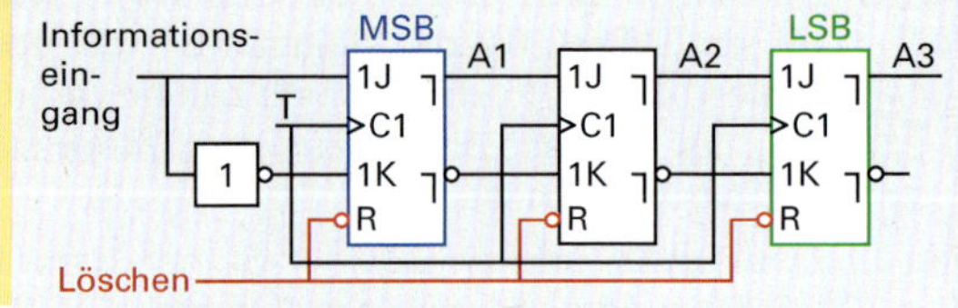

Bild 1: 3-Bit-Schieberegister
MSB: Most significant Bit, höchstwertiges Bit;
LSB: Least significant Bit, niedrigstwertiges Bit

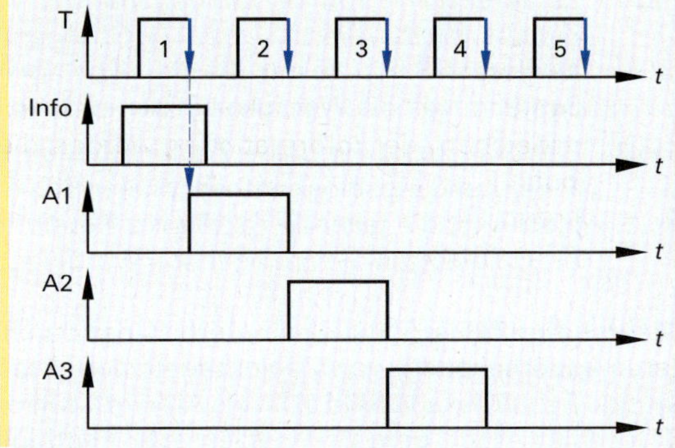

Bild 2: Impulsdiagramm 3-Bit SR

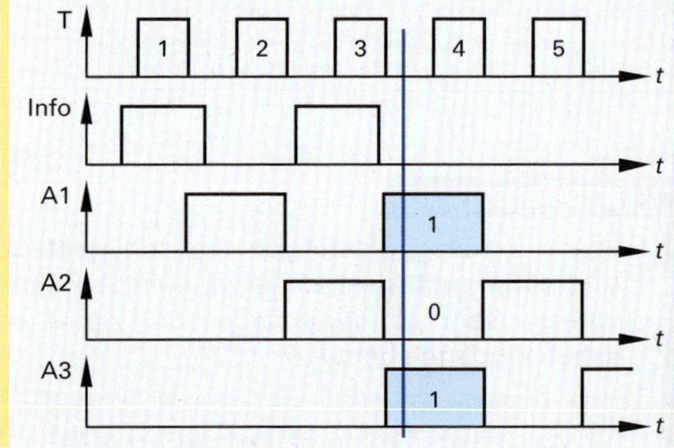

Bild 3: Eingabe der Information 101

SRG = Schieberegister
8 = Bit-Angabe
Die Dateneingabe erfolgt über A, B. Die Daten werden mit der positiven Taktflanke an CLK eingelesen und intern weitergeschoben. Nach dem 8-ten Takt erscheint die 1-te eingelesene Information am Ausgang Q.

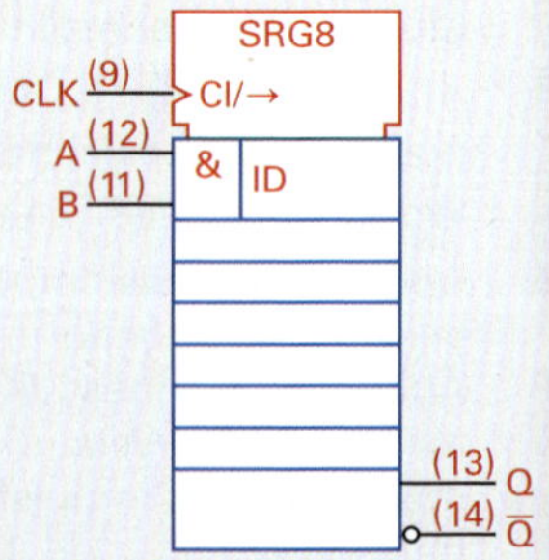

Bild 4: 8-Bit-Schieberegister mit serieller Ein- und Ausgabe, IC 7491

Ein häufig eingesetztes 8-Bit-Schieberegister mit serieller Ein- und Ausgabe ist das IC 7491 **(Bild 4, Seite 422)**.

Werden A1, A2 und A3 des 3-Bit-Schieberegisters als zusätzliche Ausgänge benutzt, so kann die im Register gespeicherte Information parallel, d.h. alle Speicherzellen gleichzeitig, ausgelesen werden.

Ein **Schieberegister,** bei dem die Informationen seriell eingelesen und parallel ausgegeben werden, wird als **Seriell-Parallel-Wandler (Bild 1)** bezeichnet. Bei der Parallelausgabe wird der Takt gesperrt, damit die Registerinformationen nicht verfälscht werden. **Schieberegister,** die als **Parallel-Seriell-Wandler** arbeiten, erhalten ihre zu speichernden Informationen zeitgleich, also parallel. Zum Einspeichern der Informationen werden die taktunabhängigen Eingänge benutzt. Bei Taktfreigabe werden die eingeschriebenen Informationen Bit für Bit ausgegeben, also seriell.

Speicherregister sind Register, die Informationen parallel einlesen und parallel ausgeben können. Diese Register werden mit JK-MS-FFs mit zusätzlichen statischen Eingängen aufgebaut. Über diese statischen Eingänge werden die Informationen direkt in die FFs eingeschrieben **(Bild 2)**. Weiterhin ist bei solchen Speicherregistern auch eine serielle Datenein- und -ausgabe möglich.

Bidirektionale (zwei entgegengesetzte Richtungen) Schieberegister sind Register, die durch entsprechende Ansteuerung ihre gespeicherten Informationen mit jedem Schiebetakt entweder um eine Bitstelle nach rechts oder nach links verschieben. Das abgebildete IC 74194 **(Bild 3)** ist ein 4-Bit bidirektionales Schieberegister. Seine Betriebsart wird über S0 und S1 eingestellt **(Bild 4)**. D0 bis D3 sind die Informationseingänge, Q0 bis Q3 die Ausgänge. Liegt an S0 „1“-Signal und an S1 „0“-Signal, so werden die Daten am seriellen Eingang DSR übernommen und die übrigen geladenen Daten mit jeder positiven Taktflanke um eine Bitstelle nach rechts verschoben. Der momentane Registerinhalt ist an den Ausgängen verfügbar. Mit S0 = „0“ und S1 = „1“ werden die Daten nach links verschoben. Serieller Eingang ist hierfür DSL. Sind S0 und S1 = „0“, dann führt das Schieberegister keine Funktion aus. Der Löscheingang $\overline{CLR}$ muss bei allen Betriebsarten auf „1“-Signal liegen. Ein „0“-Signal an $\overline{CLR}$ löscht alle internen FFs und bringt damit alle Ausgänge auf logisch „0“.

Anwendung von Registern

In der Mikrocontroller-Technik werden Register z.B. als Datenpuffer oder Bustreiber verwendet. In der SPS-Technik kommen sie als FIFO, LIFO (Last in first out) oder zur Speicherung von Daten für Datenbausteine zur Anwendung.

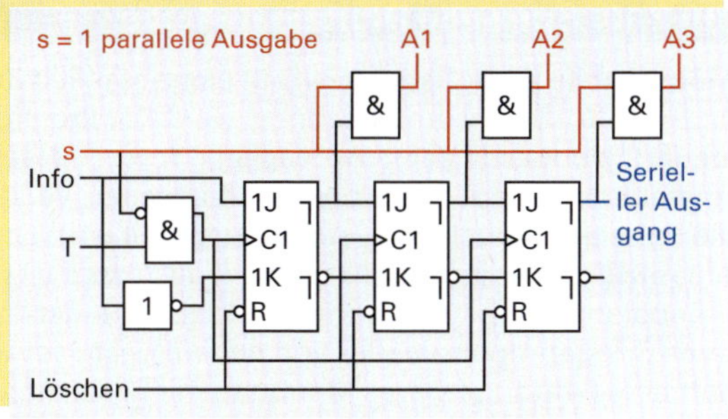

Bild 1: 3-Bit-Serien-Parallel-Wandler

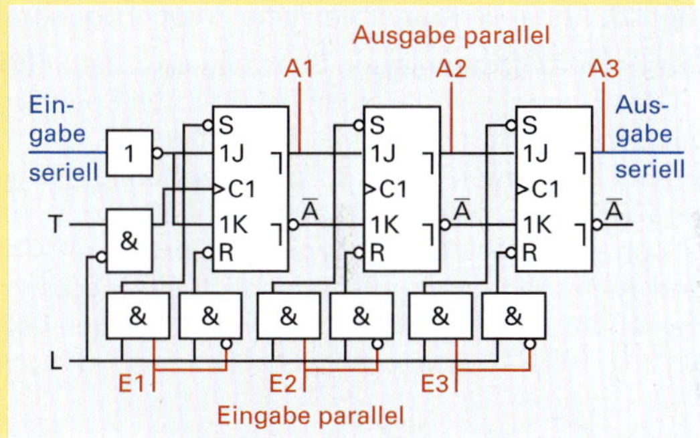

Bild 2: 3-Bit-Speicher-Register

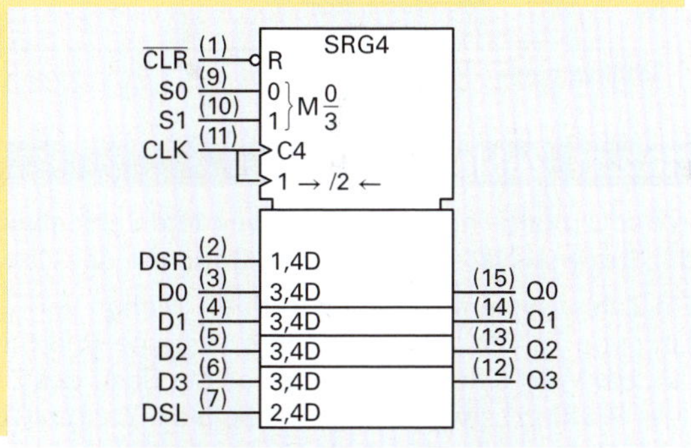

Bild 3: IC 74194 bidirektionales Schieberegister mit paralleler Datenein- und -ausgabe

CLK	MODE S0	MODE S1	$\overline{CLR}$	FUNCTION
X	L	L	H	no change
ʃ	H	L	H	shift right (DSR to Q0)
ʃ	L	H	H	shift left (DSL to Q3)
ʃ	H	H	H	parallel load
X	X	X	L	clear

Bild 4: Übersicht der Funktionen des IC 74194

10.2.10 Spezielle Digitalbausteine

Monostabile Kippglieder besitzen einen stabilen Zustand, die Ruhelage mit „0"-Signal am Ausgang A **(Bild 1)**. Wird das Monoflop angesteuert, kippt es in seine Arbeitslage, A = „1". Nach Wegnahme der Ansteuerung kippt das Monoflop nach einer Verzögerungszeit t_v in die Ruhelage zurück. Die Verzögerungszeit ist in Grenzen einstellbar. Als **retriggerbar** (triggern = starten, auslösen) bezeichnet man eine monostabile Kippstufe, wenn die Verzögerungszeit durch einen weiteren Triggerimpuls wieder von neuem gestartet wird. Das IC 74122 enthält ein retriggerbares Monoflop mit Löscheingang.

Die **A-stabile Kippstufe** hat keinen stabilen Zustand. Sobald die Versorgungsspannung an ein solches Glied gelegt wird, findet ein ständiger Wechsel von „0"- und „1"-Signal an seinem Ausgang statt **(Bild 2)**. A-stabile Kippstufen sind Frequenzgeneratoren.

Der **Schmitt-Trigger** ist ein Schwellwertschalter **(Bild 3)**. Überschreitet das Eingangssignal einen bestimmten Spannungspegel, schaltet der Schmitt-Trigger in seine Arbeitslage („1" an A), unterschreitet er einen bestimmten Pegel, so kippt der Schmitt-Trigger in seine Ruhelage. Das Umschalten erfolgt sprunghaft. Seine Ausgangsspannung ist somit rechteckförmig. Typisch beim Schmitt-Trigger ist, dass Ein- und Ausschaltpegel unterschiedlich sind. Dies wird als Hysterese (Schaltdifferenz zwischen EIN- und AUSpegel) bezeichnet.

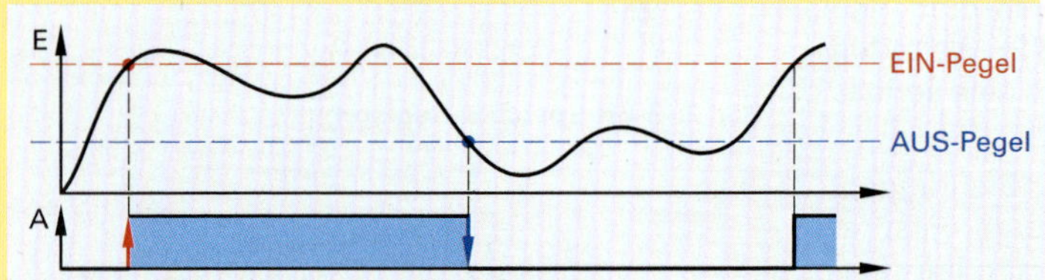

Schaltverhalten des Schmitt-Triggers

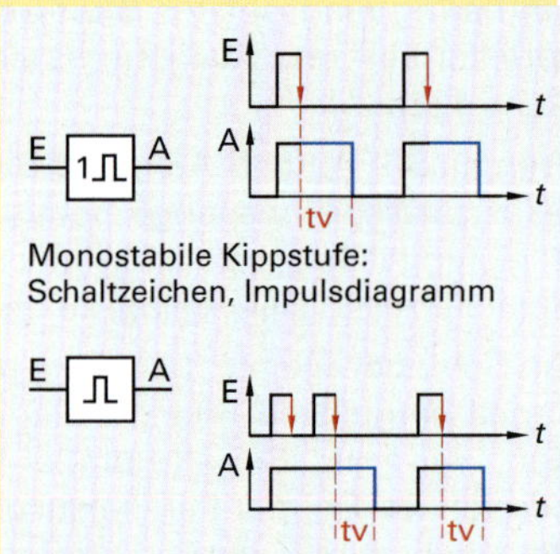

Monostabile Kippstufe: Schaltzeichen, Impulsdiagramm

Monostabile Kippstufe: retriggerbar Schaltzeichen, Impulsdiagramm

Bild 1: Monostabile Kippstufe

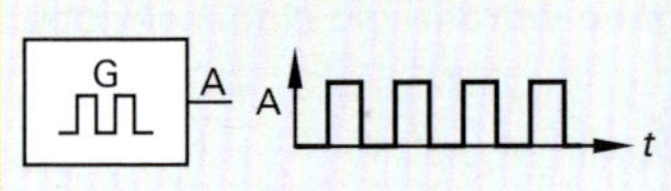

Bild 2: A-stabile Kippstufe: Schaltzeichen

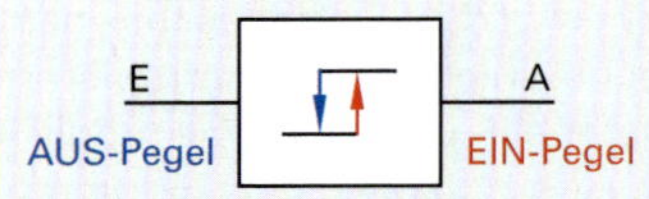

Bild 3: Schmitt-Trigger: Schaltzeichen

10.2.11 Zahlensysteme

In der Digitaltechnik häufig verwendete Zahlensysteme sind:
das **Dezimalsystem,** das **Dualsystem** und das **Hexadezimalsystem.**

Ein Zahlensystem ist eine geordnete Menge von Ziffern zur Darstellung von Zahlen. Oben erwähnte Systeme sind Stellenwertsysteme, d. h. der Wert einer Ziffer hängt von der Basis des Zahlensystems und ihrer Position bzw. Stellung innerhalb der Zahl ab **(Tabelle 1).** Die Basis eines Zahlensystems ist gleich der Anzahl der verwendeten Ziffern. Der Wert einer Stelle ergibt sich durch Multiplikation der Ziffer mit dem Potenzwert der Stelle. Der Potenzwert einer Stelle ist abhängig von der Basis und ihrer Stellennummer n, links oder rechts vom Komma einer Zahl. Der Zahlenwert ist die Summe aller Stellenwerte. Da in den oben genannten Systemen gleiche Ziffern verwendet werden, ist es notwendig, das momentan betrachtete System mit einem Index zu kennzeichnen, um Verwechslungen zu vermeiden ($1110_{(10)}$ ist eine Dezimalzahl; $1110_{(2)}$ ist ein Dualzahl). Das **Dezimalsystem** verwendet die Ziffern 0 bis 9 und hat somit die Basis 10. Im **Dualsystem** werden nur die Ziffern 0 und 1 verwendet, was zur Basis 2 führt. Computer verarbeiten Dualzahlen mit 16, 32 und mehr Stellen. Da solche Ziffernfolgen unübersichtlich sind, wird das Dualsystem durch das **Hexadezimalsystem** ersetzt, da dieses höhere Stellenwerte aufweist. Das Hexadezimalsystem verfügt über 16 Ziffern; dies sind die Dezimalziffern 0 bis 9 und die Buchstaben A bis F **(s. auch Bild 1, Seite 425).**

Tabelle 1: Zahlencodes

	Dezimalsystem	Dualsystem	Hexadezimalsystem
Ziffern	0 bis 9	0 und 1	0 bis 9, A bis F
Basis	10	2	16

Zahlensysteme: Ziffern, Basis

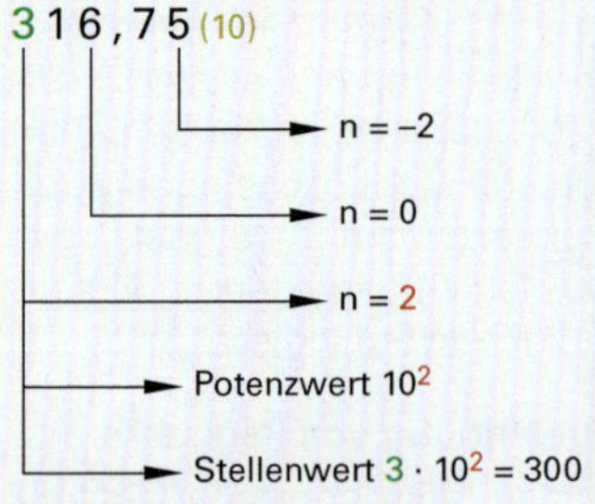

0 bis 9; A = 10; B = 11; C = 12; D = 13; E = 14; F = 15
Hexadezimalziffern

Umwandlung von Dezimalzahlen in Dualzahlen

Die Dezimalzahl wird durch die Basis der Dualzahl dividiert. Das Ergebnis wird als ganze Zahl mit Rest notiert. Die erhaltene ganze Zahl wird wieder durch 2 dividiert, das Ergebnis erneut als ganze Zahl mit Rest aufgeschrieben. Die Division geschieht so lange, bis die ganze Zahl 0 wird. Die Restzahlen von „unten nach oben" gelesen ergibt die Dualzahl, die der Dezimalzahl entspricht.

Beispiel: Die Zahl $71_{(10)}$ soll in eine Dualzahl umgewandelt werden.

Lösung:
71 : 2 = 35 Rest 1 LSB (Least Significant Bit)
35 : 2 = 17 Rest 1 (niederwertigstes Bit)
17 : 2 = 8 Rest 1
8 : 2 = 4 Rest 0
4 : 2 = 2 Rest 0
2 : 2 = 1 Rest 0
1 : 2 = 0 Rest 1 MSB Most Significant Bit)

$71_{(10)} = 1000111_{(2)}$

Hexadezimal-system			Dezimal-system			Dualsystem				
16^2 256	16^1 16	16^0 1	10^2 100	10^1 10	10^0 1	2^4 16	2^3 8	2^2 4	2^1 2	2^0 1
		0			0	0	0	0	0	0
		1			1	0	0	0	0	1
		2			2	0	0	0	1	0
		3			3	0	0	0	1	1
		4			4	0	0	1	0	0
		5			5	0	0	1	0	1
		6			6	0	0	1	1	0
		7			7	0	0	1	1	1
		8			8	0	1	0	0	0
		9			9	0	1	0	0	1
		A		1	0	0	1	0	1	0
		B		1	1	0	1	0	1	1
		C		1	2	0	1	1	0	0
		D		1	3	0	1	1	0	1
		E		1	4	0	1	1	1	0
		F		1	5	0	1	1	1	1
	1	0		1	6	1	0	0	0	0

Bild 1: Gegenüberstellung der Zahlensysteme

Umwandlung von Dualzahlen in Hexadezimalzahlen

Die Dualzahl wird von rechts beginnend, also beim niederwertigsten Bit, in Vierergruppen aufgeteilt. Anschließend wird jede Vierergruppe, auch Tetrade genannt, in eine Hexadezimalziffer umgewandelt. Fehlende Ziffern in einer Tetrade werden mit Nullen aufgefüllt. Soll eine **Hexadezimalzahl** in eine **Dualzahl** umgewandelt werden, so wird für jede Hexadezimalziffer die entsprechende vierstellige Dualzahl angegeben **(Bild 2).**

$1101101_{(2)}$ Umwandlung in eine Hexadezimalzahl

110'1101 $0110_{(2)} = 6_{(10)}$ $1101_{(2)} = D_{(16)}$

$0110'1101_{(2)} = 6D_{(16)}$

7EA(16) Umwandlung in eine Dualzahl

$7_{(16)} = 0111_{(2)}$ $E_{(16)} = 1110_{(2)}$ $A_{(16)} = 1010_{(2)}$

$7EA_{(16)} = 11111101010_{(2)}$

Bild 2: Umwandlung von Zahlensystemen

10.2.12 Codes

Ob Informationen per Internet, durch Printmedien oder Funk übertragen werden, für alle Kommunikationsformen müssen Zeichensätze verwendet werden. Solche Zeichensätze können Ziffern eines Zahlensystems oder Buchstaben eines Alphabetes sein. Soll die gleiche Information per Internet und Zeitung verbreitet werden, so ist diese durch zwei verschiedene Zeichensätze darzustellen.

Ein Code ist eine Vorschrift für eine eindeutige Zuordnung zwischen zwei Mengen von Zeichen.

In der Technik werden folgende Codes unterschieden **(Bild 3):**

Numerische Codes dienen zur Darstellung von Ziffern und Zahlen.
Alphanumerische Codes ermöglichen die Codierung von Ziffern, Buchstaben und Sonderzeichen wie z. B. %, & u. a.

Bei den numerischen Codes unterscheidet man unter anderem:
Zifferncodes codieren jede Ziffer einer Zahl wie z. B. der BCD-Code (**B**inär **C**odierte **D**ezimalzahl).
Bei **Wortcodes** wird jede Zahl als ganzes codiert, wie beim Dualcode.
Einschrittige Codes; diese Codes zeichnen sich dadurch aus, dass benachbarte Codezeichen sich nur in einer Bitstelle unterscheiden. Dadurch kann beim Übergang von einem Codezeichen zum benachbarten ein falsches Codezeichen erkannt werden. Der Gray-Code ist ein solcher Code. Er wird in der Sensorik, bei Drehgebern, eingesetzt.

Dezimal-ziffern	Dual-code	BCD-code	Gray-code
0	0000	0000	0000
1	0001	0001	0001
2	0010	0010	0011
3	0011	0011	0010
4	0100	0100	0110
5	0101	0101	0111
6	0110	0110	0101
7	0111	0111	0100
8	1000	1000	1100
9	1001	1001	1101
10	1010	Pseudo-tetraden	1111
11	1011		1110
12	1100		1010
13	1101		1011
14	1110		1001
15	1111		1000

(pseudo = vorgetäuscht)

Bild 3: Zahlencode

10

Der **ASCII-Code** (American Standard Code for Information Interchance) ist ein **alphanumerischer Code,** der in der Computer-Technik eingesetzt wird.

10.2.13 Codewandler

Codewandler wandeln eine z.B. im Dezimalcode dargestellte Information in einen anderen Code, etwa den BCD-Code (**B**inär **C**odierte **D**ezimalzahl) um. Codewandler sind für die gebräuchlichsten Umsetzungen **(Bild 1)** in der Technik als IC im Handel erhältlich. **Bild 2** zeigt das IC-74147. Dieses IC kann u.a. als Dezimal-BCD-Wandler genutzt werden. D1 bis D9 sind die Eingänge, A0 bis A3 die Ausgänge. Das IC-7442 wandelt einen Standard-BCD-Code mit 4 Bit in eine Dezimalziffer von 0 bis 9 um. Dezimalziffern werden in der Technik durch 7-Segment-Anzeigen (Segmente a bis g) dargestellt. Für deren Ansteuerung werden BCD-7-Segment-Decoder/Anzeigetreiber benötigt. Das IC-7448 ist ein solcher Baustein.

Dezimal → BCD-Wandler
BCD → Dezimal-Wandler
BCD → 7 Segment-Wandler

Bild 1: Wandlerarten

Funktionstabelle IC 7448

Dezimal/ Funktion	Eingänge C	C	B	A	$\overline{BI}$	Ausgänge a	b	c	d	e	f	g
	L	L	L	L	H	H	H	H	H	H	H	L
1	L	L	L	H	H	L	H	H	L	L	L	L
2	L	L	H	L	H	H	H	L	H	H	L	H
3	L	L	H	H	H	H	H	H	H	L	L	H
4	L	H	L	L	H	L	H	H	L	L	H	H
5	L	H	L	H	H	H	L	H	H	L	H	H
6	L	H	H	L	H	L	L	H	H	H	H	H
7	L	H	H	H	H	H	H	H	L	L	L	L
8	H	L	L	L	H	H	H	H	H	H	H	H
9	H	L	L	H	H	H	H	H	L	L	H	H
10	H	L	H	L	H	L	L	L	H	H	L	H
11	H	L	H	H	H	L	L	H	H	L	L	H
12	H	H	L	L	H	L	H	L	L	L	H	H
13	H	H	L	H	H	H	L	L	H	L	H	H
14	H	H	H	L	H	L	L	L	H	H	H	H
15	H	H	H	H	H	L	L	L	L	L	L	L
BI	X	X	X	X	L	L	L	L	L	L	L	L

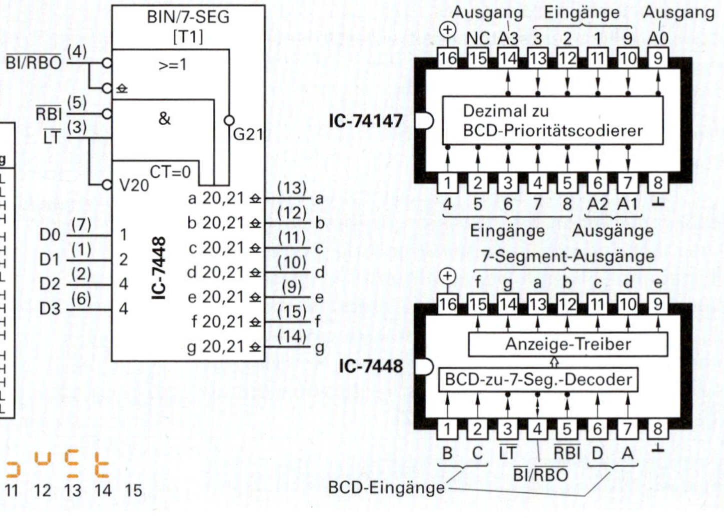

Bild 2: Verschiedene ICs

10.2.14 Signalumsetzer

Viele physikalische Größen wie Temperatur, Druck oder Zeit treten meist in analoger Form auf. Größe und Form dieser Signale müssen an die digitalen Pegel der Prozessortechnik, Rechnersysteme, SPS angepasst werden, damit sie verarbeitbar sind. Andererseits liegen sehr viele Informationen in digitaler Form vor, sie sind in dieser Form einfacher speicherbar als analoge Signale. Damit wir digitale Signale interpretieren können, müssen sie wieder in analoge Signale wie Spannung oder Strom zurückgewandelt werden. **Analog-Digital-Umsetzer** kommen bei der Signalerfassung zum Einsatz. Sie wandeln analoge Signale in digitale Signale um. **Digital-Analog-Umsetzer** setzen digitale Signale in analoge um. Sie werden häufig in der Signalausgabe verwendet. Ein analoges Signal, ein Spannungssignal, setzt sich aus sehr vielen Einzelwerten zusammen. Um dieses Signal zu digitalisieren, müsste jedem Spannungswert ein eigenes Codewort zugewiesen werden. Der technische Aufwand für eine solche Analog-Digital-Umsetzung wäre viel zu kostspielig. Daher wird der gesamte Spannungsbereich, in dem das Signal verläuft, in einzelne Schritte unterteilt, man sagt quantisiert.

Quantisierung	8 bit	10 bit	12 bit	14 bit	16 bit
Quantisierungsschritte	256	1024	4096	16384	65536
LSB für den Spannungsbereich von 0 bis 10 V	31,9 mV	9,76 mV	2,44 mV	610 µV	153 µV

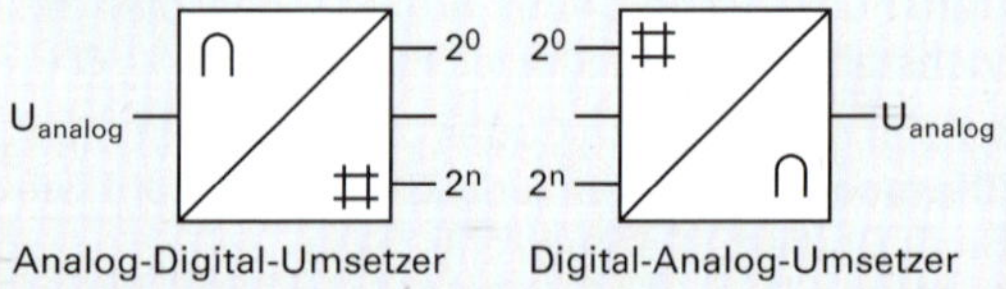

Bild 3: Signalumsetzer

Analoge Signale werden in ihrer Amplitude quantisiert. Der kleinste unterscheidbare Amplitudenwert ist das LSB (Least Significant Bit). Aus der **Tabelle von Bild 3, Seite 426** wird deutlich, je mehr Bits zur Quantisierung eines Spannungsbereiches zur Verfügung stehen, umso kleiner wird das LSB.

Beispiel: Ein Spannungsbereich von 0 V bis 10 V soll mit einem 3-Bit AD-Umsetzer digitalisiert werden.

Lösung: Mit 3 Bit lassen sich 8 verschiedene Bit-Kombinationen angeben. Das LSB-Bit entspricht einem Spannungswert von

$$\frac{10\ \text{V}}{2^3} = \frac{10\ \text{V}}{8} = 1{,}25\ \text{V}$$

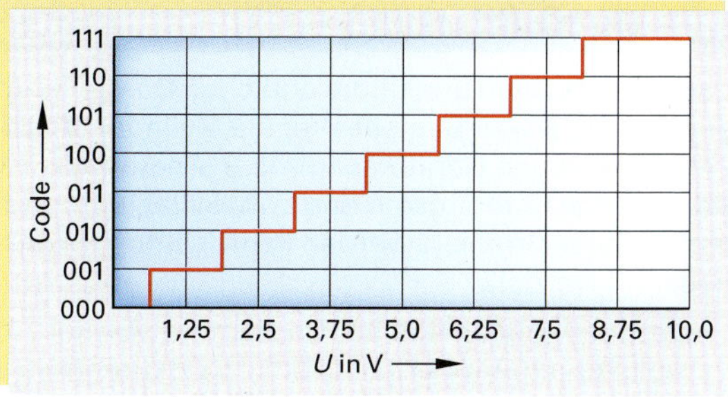

Bild 1: 3-Bit-AD-Umsetzung

Jedem Vielfachen von 1,25 V wird ein 3-stelliges Codewort zugeordnet. Für den Spannungsbereich von 10 V entsteht somit eine Umsetzungskennlinie in Form einer Treppenkurve **(Bild 1)**. Digital-Analog-Umsetzer (DAU) wandeln ein binäres Datenwort, meist eine Dualzahl, in eine analoge Größe, Spannung oder Strom um. Die von einem Dualzähler ausgegebenen Dualzahlen werden dem DA-Umsetzer zugeführt, der analog zu jedem Zählerstand die entsprechende Ausgangsspannung U_a bildet **(Bild 2)**. Aufgrund der schrittweisen Änderung der Dualzahl kann sich auch die Ausgangsspannung nur schrittweise um jeweils eine Spannungsstufe ändern **(Bild 3)**.

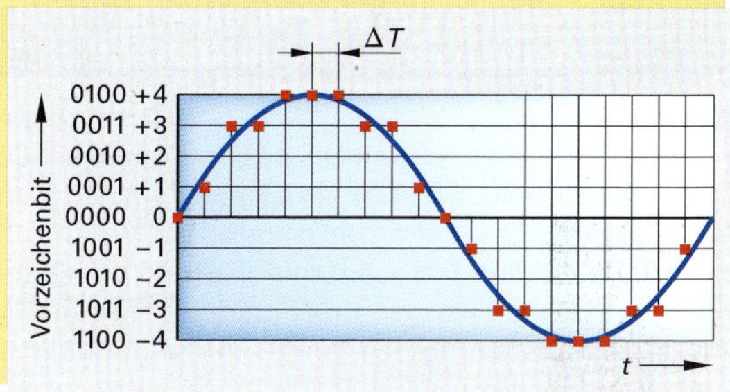

Bild 2: AD-Umsetzung einer Wechselspannung. Das MSB ist das Vorzeichenbit.

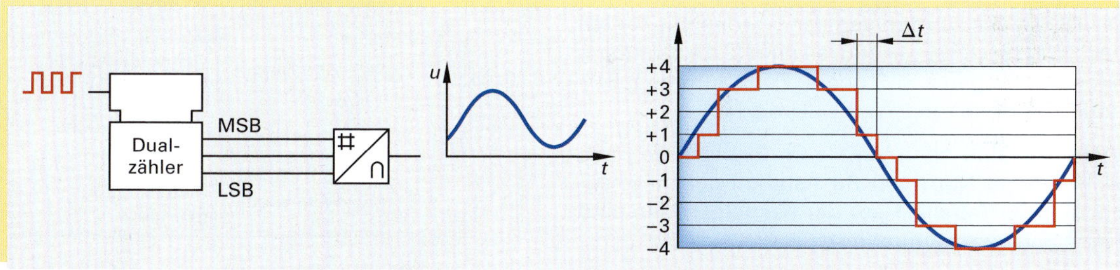

Bild 3: DA-Umsetzung eines Datenwortes in eine sinusförmige Wechselspannung

Arbeitsauftrag:

1. Welche Arten von Schieberegistern gibt es?
2. Beschreiben Sie die Arbeitsweise eines SR-Schieberegisters mit seriellem Ein- und Ausgang.
3. In der SPS-Technik werden FIFO-Speicher verwendet. Wie arbeiten diese Speicher?
4. Worin unterscheiden sich monostabile und A-stabile Kippstufen?
5. Wie arbeitet ein Schmitt-Trigger?
6. Wandeln Sie die Dezimalziffer 43 in eine Dualzahl um.
7. Wandeln Sie die Hexadezimalzahl A3F in eine Dualzahl um.
8. Was versteht man unter einem Code?
9. Beschreiben Sie den Unterschied zwischen einem alphanumerischen und einem numerischen Code.
10. Wofür wird ein BCD-Sieben-Segment-Wandler eingesetzt?
11. Welche Signalumsetzer gibt es? Geben Sie jeweils ein Beispiel an.
12. Ein Spannungsbereich von 20 V soll mit 4 Bit digitalisiert werden. Entwickeln Sie das entsprechende Diagramm.

10.3 Zeichnerische Darstellung von Steuerungen

Zur vereinfachten und übersichtlichen Darstellung von Steuerungen werden Schaltpläne angefertigt, die aus Symbolen der Bauteile (Ventile, Zylinder etc.) bestehen. Mithilfe solcher Schaltpläne werden Anlagen in der jeweiligen Gerätetechnik (z.B. Pneumatik, Hydraulik) projektiert bzw. dokumentiert. Anwendungsprogramme unterstützen den Entwickler während der Projektierung, in dem die Funktion der Steuerung am Rechner simuliert werden kann. Dadurch können Planungsfehler schon vor dem Aufbau der Anlage beseitigt werden.

Weiterhin erstellen solche Programme von fertig konzipierten Schaltungen komplette Stücklisten. Zur Vervollständigung der technischen Dokumentation verdeutlichen GRAFCET-Pläne bei Ablaufsteuerungen die Steuerung mit ihren Schritten und Weiterschaltbedingungen.

10.3.1 Bild- und Schaltzeichen der Bauteile von pneumatischen und hydraulischen Steuerungen

Bei Wegeventilen, die Start, Stop und Durchflussrichtung der Luft bzw. des Öls bestimmen, werden die unterschiedlichen Schaltmöglichkeiten durch verschiedene Quadrate dargestellt. Ein Ventil mit zwei Schaltstellungen hat somit zwei und ein Ventil mit drei Schaltstellungen drei Quadrate **(Tabelle 1).** An die Schaltstellung des Ventils in Ausgangsstellung werden die Anschlussleitungen gezeichnet. Ein Wegeventil wird nach der Anzahl der äußeren gesteuerten Anschlüsse und nach der Anzahl der Schaltstellungen benannt **(Bild 1).** Ein Beispiel zeigt **Bild 2.**

Die Anschlüsse an den Ventilen werden mit Zahlen nach DIN ISO 5599 gekennzeichnet (Druckzufuhr 1, Arbeitsleitungen z.B. 2 und 4, Entlüftungen z.B. 3 und 5, Steuerleitungen z.B. 12 und 14).

Vielerorts sind noch Ventile im Einsatz, die nach einer älteren Norm mit Buchstaben gekennzeichnet sind. In **Tabelle 1** auf der nächsten Seite sind beide Schemata aufgeführt.

Tabelle 1: Darstellung von Ventilen

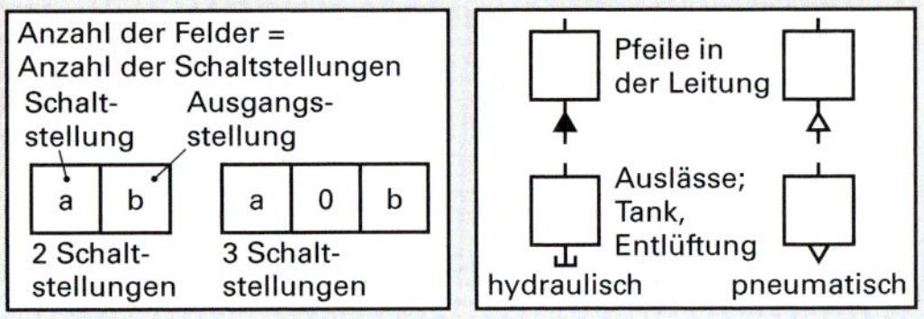

Symbol	Benennung	Ausgangsstellung
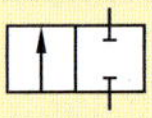	2/2-Wegeventil	geschlossen
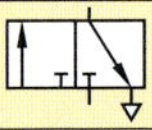	3/2-Wegeventil	geschlossen
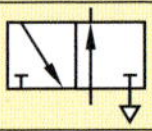	3/2-Wegeventil	geöffnet
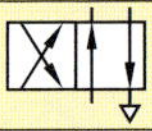	4/2-Wegeventil	1 Leitung belüftet 1 Leitung entlüftet
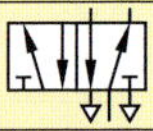	5/2-Wegeventil	1 Leitung belüftet 1 Leitung entlüftet
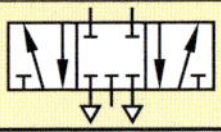	5/3-Wegeventil	Mittelstellung geschlossen

Bild 1: Verschiedene Wegeventile

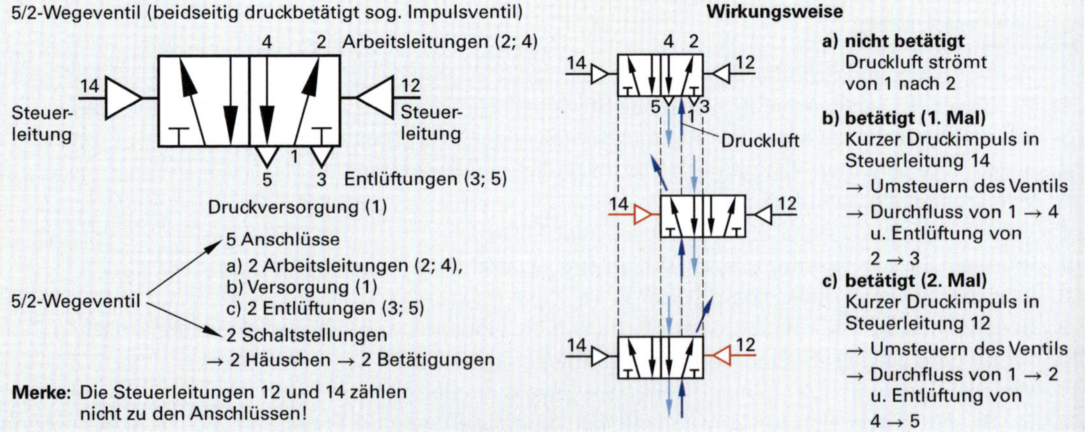

Bild 2: Bezeichnung und Wirkungsweise des 5/2-Wegeventils

Neben den Schaltstellungen und den Bezeichnungen der Anschlüsse müssen bei einem Ventil auch die Betätigungsarten **(Tabelle 2)** angegeben werden. Exakterweise braucht man für jede mögliche Schaltstellung eine Betätigungsart. In der Praxis sind allerdings Kurzfassungen möglich. So meint die Bezeichnung *elektromagnetisches 5/2-Impulsventil,* dass das Ventil beidseitig elektromagnetisch umgesteuert wird.

Tabelle 1: Kennzeichnung von Wegeventilen

Anschluss	Alte Norm	Kennzeichnung nach DIN ISO 5599: 3/2-Wegeventil handbetätigt federrückgestellt 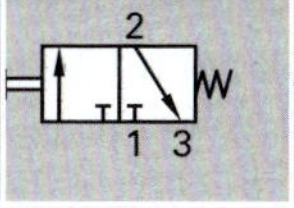	5/2-Wegeventil beidseitig pneumatisch betätigt 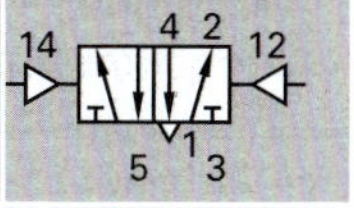
Druckversorgung	P	1	1
Arbeitsleitung	A	2	2
Arbeitsleitung	B	–	4
Entlüftung	R	3	3
Entlüftung	S	–	5
Steueranschluss	Z	–	12
Steueranschluss	Y	–	14

Die Schaltstellung, die ein Ventil nach dem Einschalten des Netzdruckes einnimmt, nennt man **Ausgangsstellung.** Sie ist dem Schaltplan zu entnehmen. Ventile mit Federrückstellung oder definierter Mittelstellung haben eine **Ruhe-** bzw. **Nullstellung.** In den Schaltplänen werden die Leitungen an das Feld der Ausgangs- bzw. Nullstellung angeschlossen. Da es Ventile ohne definierte Nullstellung gibt (z.B. 5/2 Impulsventil), müssen sie vor dem Einbau in eine definierte Schaltstellung gebracht werden. Bei Ventilen, die in der Ausgangsstellung betätigt sind, werden die Leitungen an die Schaltstellung herangezogen und ein Betätigungssymbol an die betätigte Seite gezeichnet. Die vereinfachte Darstellung weiterer Elemente einer Steuerung zeigt **Tabelle 3.**

Tabelle 2: Betätigungsarten (Auszug)

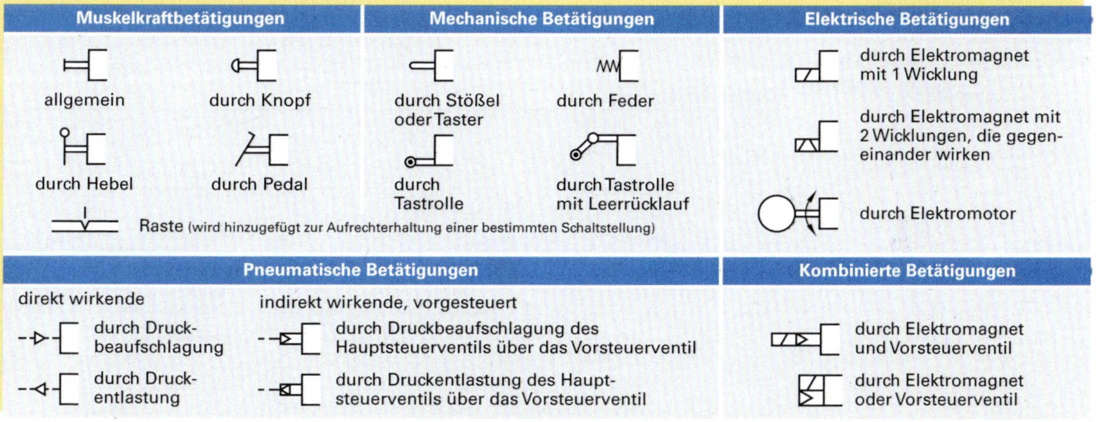

Tabelle 3: Schaltzeichen der Pneumatik und Hydraulik

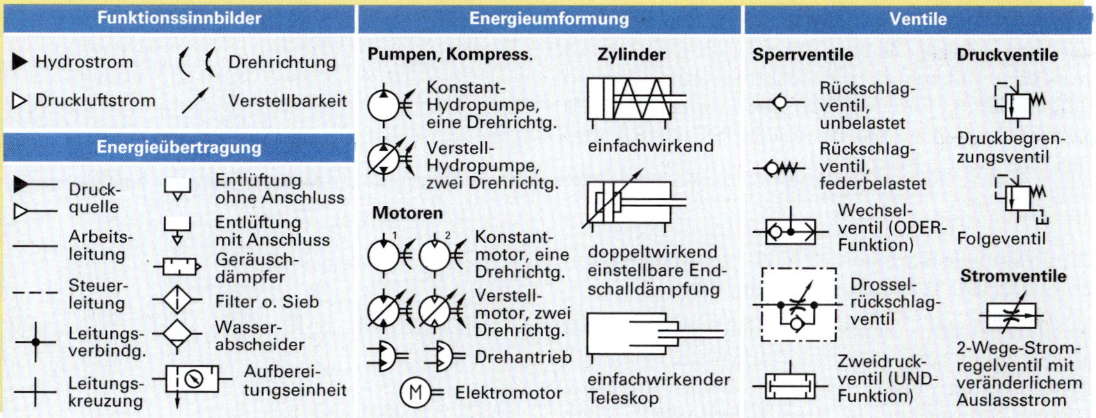

10

10.3.2 Schaltpläne

In Schaltplänen stellt man die Steuerung mithilfe genormter Bauteilsymbole dar. Somit ist die gerätetechnische Ausführung (z.B. pneumatisch, elektropneumatisch oder hydraulisch) festgelegt. Heutzutage unterstützen CAD-Programme das Entwerfen von Schaltplänen, wobei gleichzeitig die Funktion des Schaltplanes simuliert werden kann.

Häufig vervollständigen **Lagepläne** die Betriebs- und Montageanleitungen. Diese Lagepläne ergänzen die Dokumentationsunterlagen einer Anlage, da sie in vereinfachter Form die räumliche Lage der Bauelemente der Steuerung darstellen **(Bild 1)**.

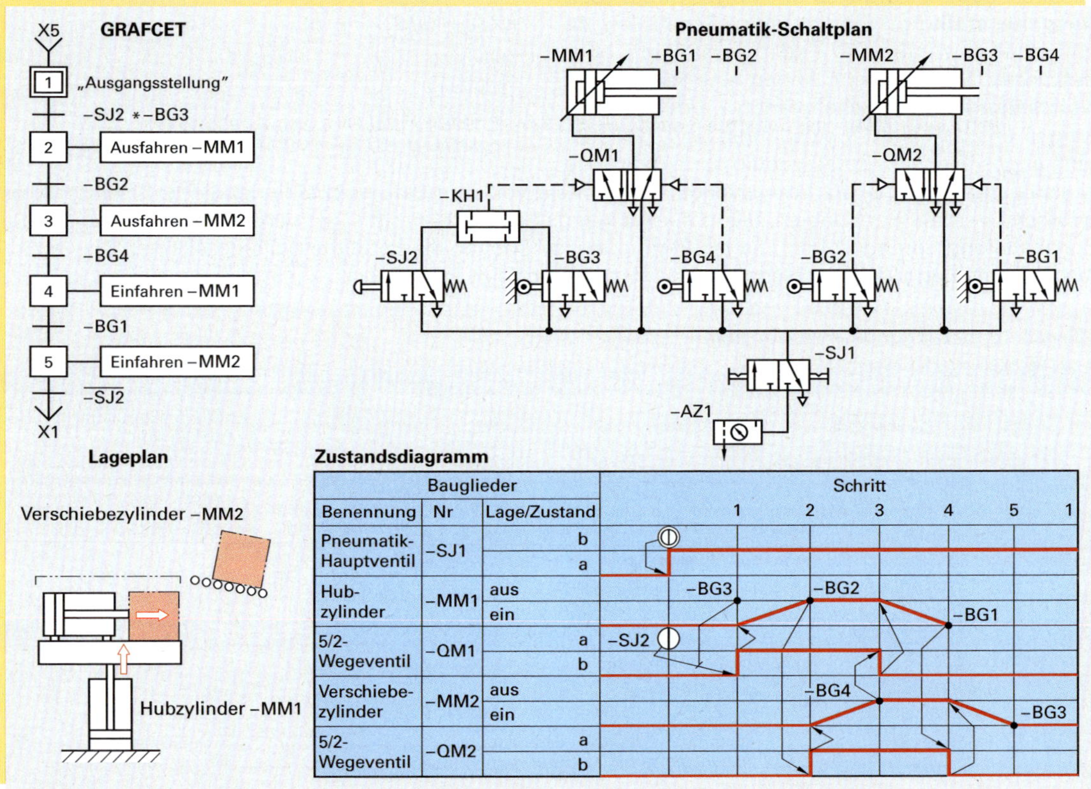

Bild 1: Lageplan, Schaltplan GRAFCET und Zustandsdiagramm einer Hubeinrichtung

Leider findet man in technischen Dokumentationen unterschiedliche Versionen für die Darstellung von pneumatischen und elektropneumatischen Schaltplänen. Eine immer noch anzutreffende Kennzeichnung ist die nach DIN ISO 2019-1 und DIN ISO 2019-2 **(Bild 2)**. **Beide DIN-Normen wurden ersatzlos zurückgezogen und sind deshalb nicht mehr gültig.**

Gültig sind die Normen ISO 1219-1 (grafische Symbole) und ISO 1219-2 (Referenzangaben).

Auch elektropneumatische Schaltpläne liegen häufig noch nach der alten Norm vor. Hier gilt ebenfalls, dass die Darstellung für den pneumatischen Teil ungültig ist **(Bild 1, Seite 431)**. Auch

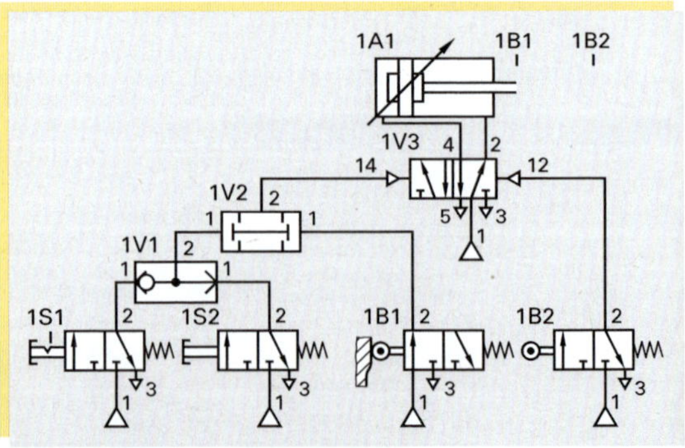

Bild 2: Pneumatischer Schaltplan

hier werden für die elektrischen Bauteile Klassifizierungskennungen mit einem Buchstaben (z. B. B = Sensor) verwendet.

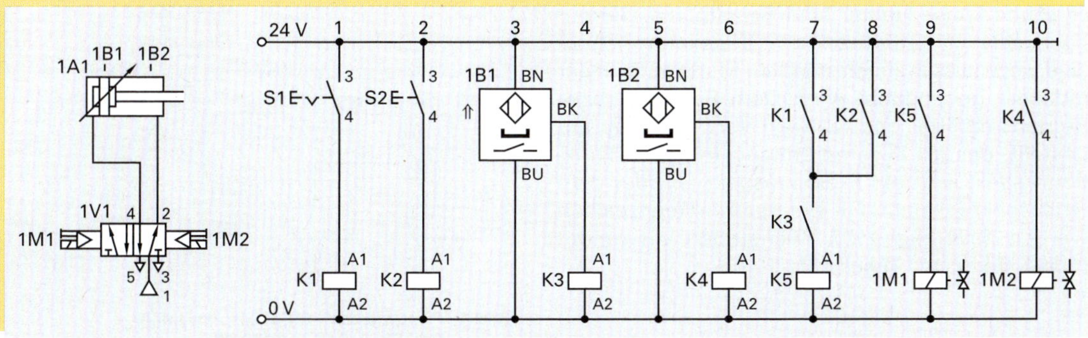

Bild 1: Elektropneumatischer Schaltplan nach DIN ISO 1219-2:1995-12 und EN 81346-2:2009-10 (veraltet)

In der neuesten Form der ISO 1219-2:2012-09 wurde auf den Kennbuchstaben verzichtet und jedes Bauteil erhält einen Bezeichnungsschlüssel **(Bild 2).** Dieser Schlüssel muss mit einem Rahmen versehen sein. Schaltkreisnummern werden für die verschiedenen Steuerketten (= Schaltkreise) vergeben. Innerhalb eines Schaltkreises werden die Baulemente fortlaufend von unten nach oben und von links nach rechts nummeriert.

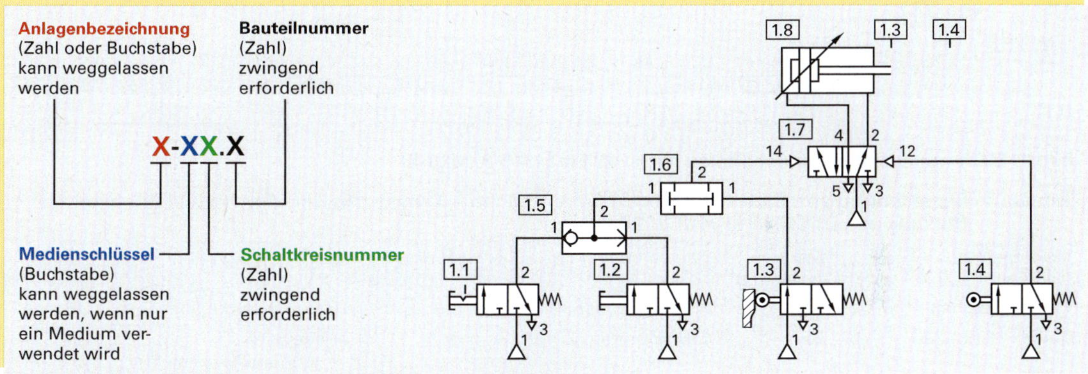

Bild 2: Pneumatischer Schaltplan nach ISO 1219-2:2012-09

Elektropneumatische Pläne nach den aktuellsten Normen für den pneumatischen (ISO 1219-2) und elektrischen Teil (DIN EN 81346-2:2020-10; Referenzierung der elektrischen Bauteile durch zwei Buchstaben und ein Vorzeichen), ergeben somit eine gemischte Kennzeichnung **(Bild 3).**

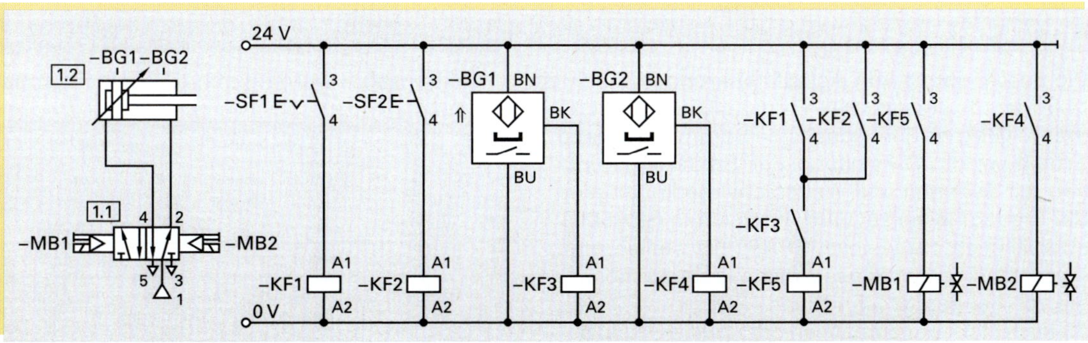

Bild 3: Elektropneumatischer Schaltplan nach ISO 1219-2:2012-09 und DIN EN 81346-2:2020-10

Der Bezeichnungsschlüssel der ISO 1219:2012-09 lässt außerdem keine aussagekräftige Kennzeichnung der Funktion eines Bauteils zu. Übersichtlicher und konsequenter sind Schaltpläne, die nur nach DIN EN 81346-2:2020-10 gekennzeichnet sind, so, wie es in zunehmendem Maße auch in der Industrie gehandhabt wird. Dem Referenz- bzw. Betriebsmittelzeichen wird ein Vorzeichen vorangestellt, das im Zusammenhang mit dem Funktionsaspekt (=), dem Produktaspekt (–) oder dem Ortsaspekt (+) steht. Für die Referenzkennzeichen werden bevorzugt zwei Buchstaben verwendet **(Bild 1, Bild 2** und **Tabelle 1).**

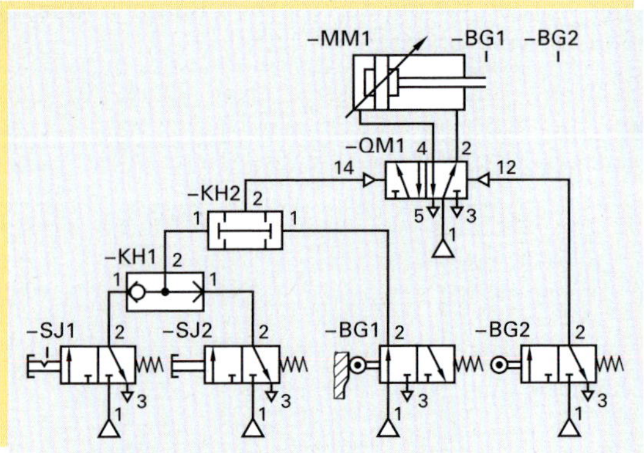

Bild 1: Pneumatischer Schaltplan nach DIN EN 81346-2:2020-10

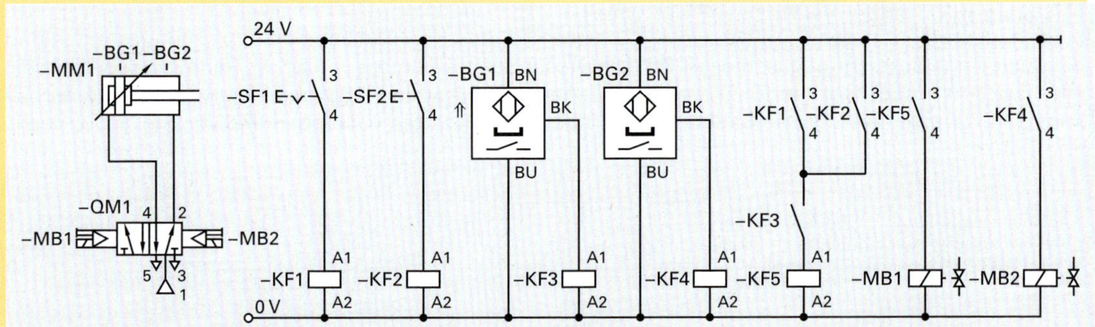

Bild 2: Elektropneumatischer Schaltplan nach DIN EN 81346-2:2020-10

Tabelle 1: Bezeichnung von Bauelementen in Schaltplänen – Kennzeichnung durch zwei Buchstaben (Auszug aus DIN EN 81346-2:2020-10)

Bauelemente	Kenn-zeichnung	Bauelemente	Kenn-zeichnung	Bauelemente	Kenn-zeichnung
Wartungseinheit	AZ	Fluidregler, Ventilblock	KH	Trennschalter (elektrisch)	QB
Durchflusssensor	BF	Elektromotor	MA	Wegeventil (Pneumatik/Hydraulik)	QM
Endschalter	BG	Betätigungsspule (z. B. Ventilspule)	MB	Rückschlagventil	RM
Drucksensor	BP	Pneumatik-/Hydraulikzylinder	MM	Hydraulische/pneumatische Drossel	RN
Pumpe	GP	Meldelampe, LED	PF	Drosselrückschlagventil	RZ
Lüfter, Kompressor	GQ	Anzeigeinstrument	PG	Taster (elektrisch)	SF
Hilfsschütz, Regler, Relais	KF	Leistungsschütz	QA	Handbetätigte Ventile	SJ

10.3.3 GRAFCET

Die Beschreibung von Ablaufsteuerungen durch einen Funktionsplan wurde durch eine neue europäische Norm ersetzt. DIN EN 60848 „GRAFCET" (franz.: **GRA**phe **F**onctionelle de **C**ommande **E**tape **T**ransition; dt.: Darstellung der Steuerungsfunktion mit Schritten und Weiterschaltbedingungen). Der Steuerungsablauf wird durch einen GRAFCET übersichtlich dargestellt. GRAFCETs stellen eine eigenständige Planungsart dar und sind unabhängig von der gerätetechnischen Ausführung (pneumatisch elektropneumatisch oder hydraulisch) der Anlage **(Bild 3).**

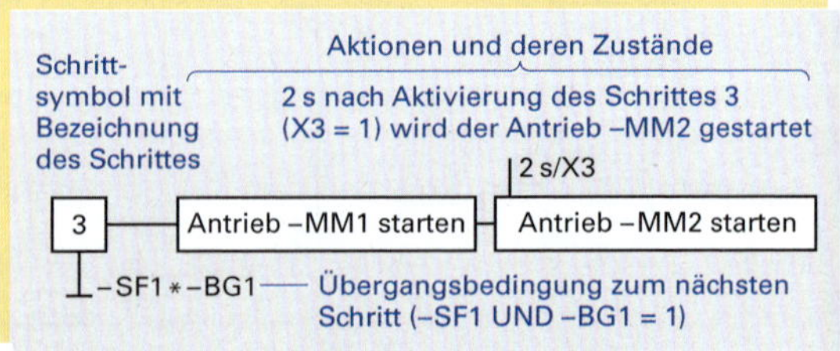

Bild 3: Beispiele für Schritte und Schrittmerker

Der Aufbau eines GRAFCETs geschieht mit genormten Symbolen **(Bild 3, Seite 432).** Enthalten sind:

- Die **Schritte,** denen eine oder mehrere Aktionen zugeordnet sind. Jeder Schritt wird durch ein Rechteck dargestellt, welches durch eindeutige alphanumerische Zeichen einen eindeutigen Namen erhält. Zu einem Schritt können – müssen aber nicht – eine oder mehrere Aktionen gehören.
- Die **Übergangsbedingungen (Transitionen),** mit denen die Bedingungen für den Übergang vom vorherigen zum nächsten Schritt angegeben werden.
- Die **Wirkverbindungen,** die Schritte und Transitionen miteinander verbinden. Pfeile werden nur dann eingetragen, wenn die Wirkungsrichtung nicht von oben nach unten geht.
- Die **Kommentare** – wenn gewünscht. Sie stehen in Hochkommas.

Um den schrittweisen Ablauf einer Steuerung zu gewährleisten, gelten folgende Regeln:

1. In dem meisten Fällen ist ein Startschritt – auch Initialschritt bzw. Anfangsschritt genannt – vorhanden. Er wird durch einen doppelten Rahmen dargestellt und kennzeichnet den Zustand der Steuerung.
2. Um einen fehlerfreien Ablauf der Steuerung zu gewährleisten, müssen sich Schritt und Transition immer abwechseln.
3. Es ist immer nur ein Schritt aktiv, außer in Ausnahmefällen.
4. Von einem zum nächsten Schritt wird nur dann geschaltet, wenn der vorherige Schritt aktiv UND die Transition erfüllt ist.
5. Ablaufstrukturen können verzweigt und wieder zusammengeführt werden.

Beispiel: Werkstücke **(Bild 1)** werden durch den Hubzylinder –MM1 angehoben und in der oberen Endlage durch den Verschiebezylinder –MM2 verschoben. Danach zieht –MM1, dann –MM2 zurück. Die Endlagen der beiden Zylinder werden durch Grenztaster erfasst.

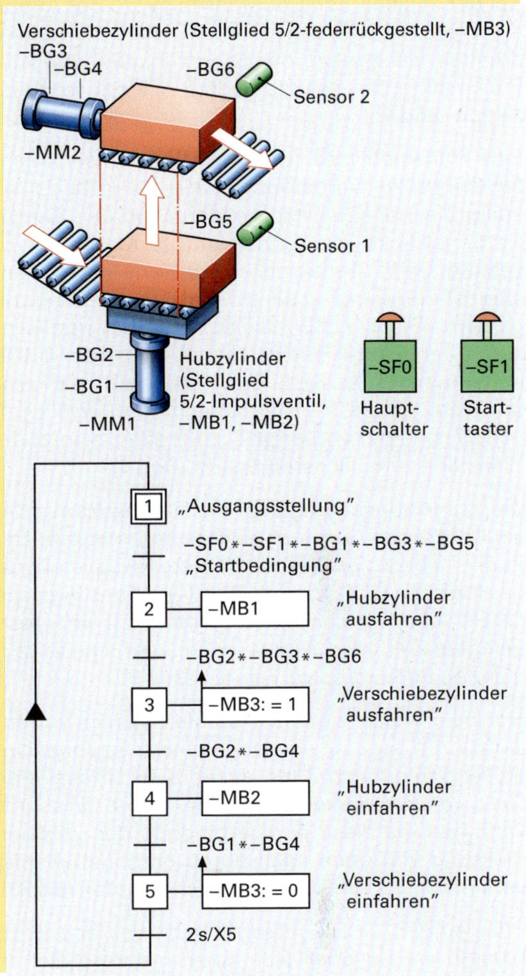

Bild 1: Lageplan und GRAFCET einer Hubeinrichtung

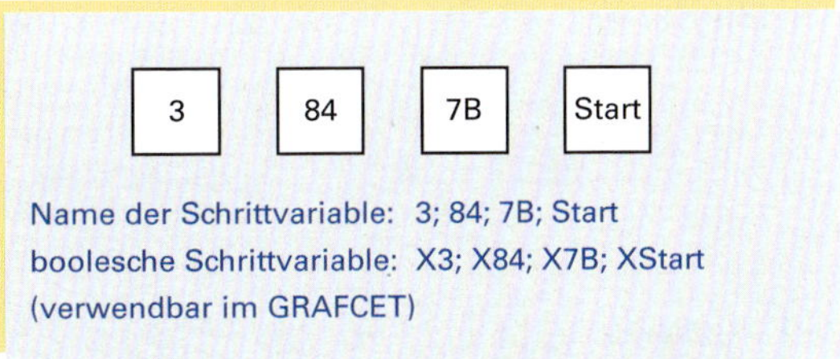

Bild 2: Beispiele für Schritte und Schrittmerker

Der Zustand eines Schrittes kann durch seine Schrittvariable (z. B. X2; X ≙ Bool) abgefragt und dargestellt werden. Diese Variable ist vom Typ BOOL (d. h. Wert 0 od. 1; bzw. FALSE oder TRUE). Hat die Variable den Wert 0, ist der Schritt inaktiv, hat sie den Wert 1, ist der Schritt aktiv **(Bild 2).**

Jedem Schritt können eine oder mehrere Aktionen zugeordnet werden. Diese werden ausgeführt, wenn der Schritt aktiv ist. Die Reihenfolge der Darstellung stellt keinen zeitlichen Ablauf dar **(Bild 1, Seite 434).** Aktionen können entweder kontinuierlich oder speichernd ausgeführt werden. Bei der kontinuierlichen Ausführung wird der Aktion der Wert 1 (TRUE) zugewiesen, nur solange der Schritt aktiv ist **(Bild 1, Seite 434).** Kontinuierliche Aktionen können durch logische Bedingungen erweitert werden **(Bild 2, Seite 434).**

Bei der speichernden Ausführung wird der Aktion der Wert 1 (TRUE) zugewiesen; dieser Wert bleibt erhalten, auch wenn der Schritt inaktiv wird. Zur Rücknahme des Befehls bedarf es einer weiteren Aktion **(Bild 4)**.

Eine Transition wird durch eine Linie im senkrechten Winkel zur Verbindung zweier Schritte dargestellt. Die Transition kann benannt werden. Dieser Name ist links anzuordnen und in Klammern zu setzten. Jede Transition besteht aus einer Transitionsbedingung – auch Übergangsbedingung genannt. Sie ist ein boolscher Ausdruck und kann somit den Wert 0 oder 1 bzw. FALSE oder TRUE annehmen. Diese Bedingung steht auf der rechten Seite. Ist die Transitionsbedingung erfüllt (=1; =TRUE) und der vorherige Schritt aktiv, erfolgt die Transition zum nächsten Schritt **(Bild 4)**.

Die Transitionsbedingung kann in Textform oder als bool'scher Ausdruck angegeben werden. Der Punkt (*) bzw. das Sternchen (Asteriskus) steht für das logische UND und das Plus (+) für das logische ODER. Soll in den nächsten Schritt nach einer festgelegten Zeit geschaltet werden, wird eine zeitabhängige Bedingung verwendet **(Bild 5)**.

Normalerweise werden Abläufe zyklisch durchlaufen; d.h. sie sind eine sogenannte Schleife. Um diese Schleifenstruktur abzubilden, muss eine Linie von der letzten Transition zum Startschritt verlaufen. Da diese Wirkverbindung der üblichen Richtung von oben nach unten entgegengesetzt verläuft, muss ein Pfeil angebracht werden **(Bild 3)**.

Wird ein GRAFCET unterbrochen, weil er z.B. zu kompliziert ist oder sich über mehrere Seiten erstreckt, muss die Unterbrechungsstelle durch das Kennzeichen des Zielschrittes und der Seitennummer, an der er erscheint, gekennzeichnet werden **(Bild 3)**.

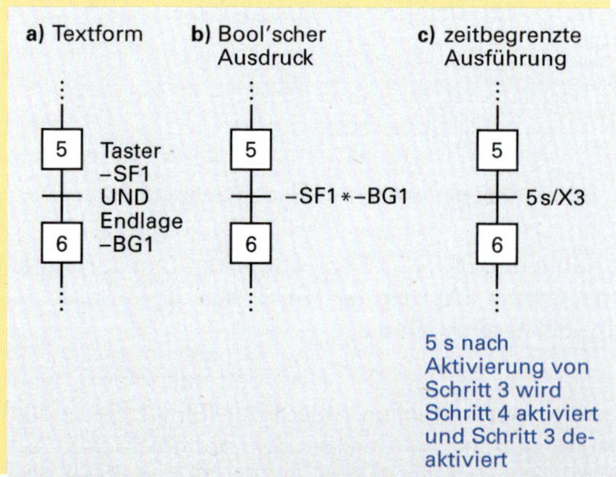

Bild 5: Transitionsbedingungen

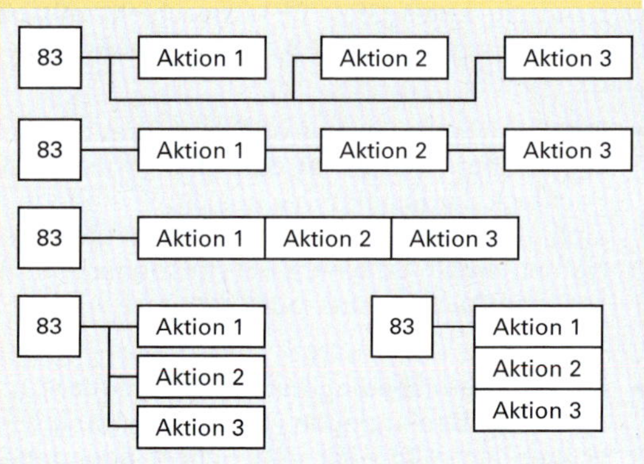

Bild 1: Darstellung der Aktionen eines Schrittes

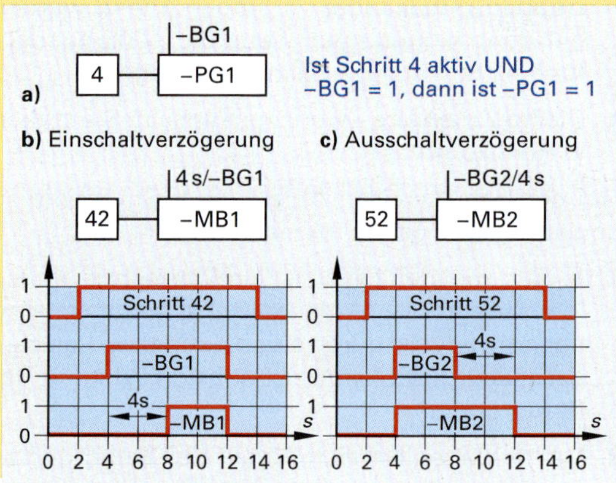

Bild 2: Kontinuierliche Aktionen eines Schrittes

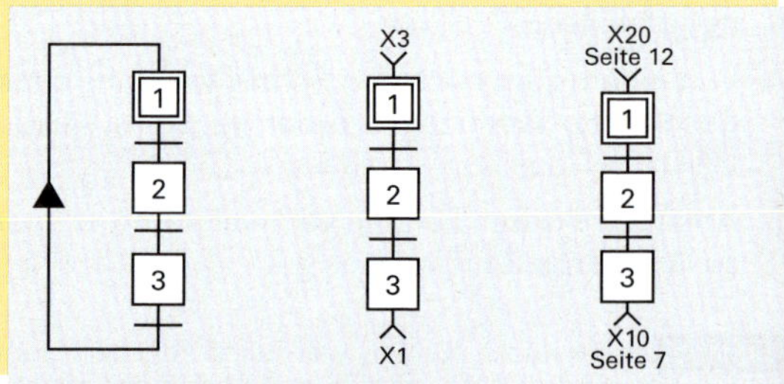

Bild 3: Rückführung und Sprünge

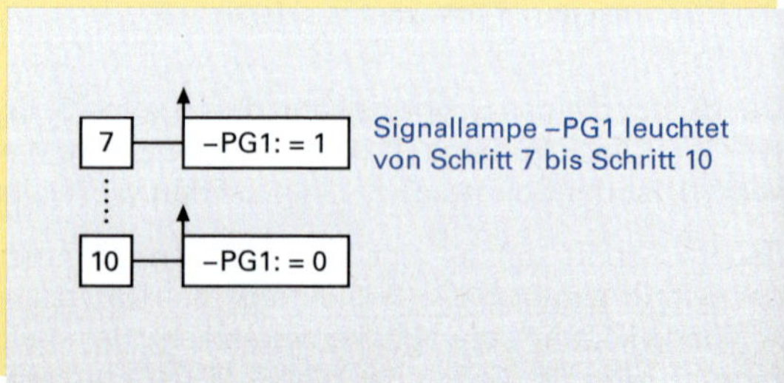

Bild 4: Speichernde Aktion

In vielen automatisierten Abläufen kommen Auswahlverzweigungen vor. Wird z. B. nach bestimmten Kriterien sortiert, so darf aus mehreren Möglichkeiten nur genau eine aktiv werden. Bei dieser Ablaufauswahl spricht man von einer **alternativen Verzweigung.** Hier folgen zwei oder mehrere Transitionen einem Schritt. Da nur einer der Teilabläufe aktiv sein darf, müssen sich die Transitionsbedingungen gegenseitig ausschließen. Die einzelnen Teilabläufe können unterschiedlich lang sein. Ein Alternativzweig beginnt und endet immer mit einer Transition **(Bild 1).**

Neben den Auswahlstrukturen gibt es sehr häufig Strukturen, in denen mehrere Teilprozesse parallel ausgeführt werden; sogenannte **parallele Verzweigungen (Bild 2).** Bei einem Rundschalttisch mit verschiedenen Bearbeitungsstationen z. B. wird an jedem Bearbeitungsplatz eine eigenständige Schrittkette parallel zu den anderen abgearbeitet. Parallele Schrittketten

- werden gleichzeitig durch eine gemeinsame Transition, die vor dem Synchronisationszeichen (Doppelbalken) steht, aktiviert. Sie werden alle gleichzeitig voneinander unabhängig abgearbeitet.
- werden alle gleichzeitig durch eine gemeinsame Transaktion nach dem Synchronisationszeichen deaktiviert. Erst wenn alle parallelen Teilabläufe ganz bearbeitet sind (d. h. alle letzten Schritte der Teilabläufe aktiv) und die nach dem Doppelbalken folgende Transition den Wert 1 hat, wird in den nächsten Schritt geschaltet.

Makroschritte erlauben eine Grob-Fein-Strukturierung eines Ablaufes; der GRAFCET wird hierdurch übersichtlicher. In einem Makroschritt ist eine Teilstruktur (Expansion) eines GRAFCETs zusammengefasst. Der erste und der letzte Schritt der Expansion haben den gleichen Namen wie das Makro beginnend mit einem E bzw. einem S **(Bild 3).**

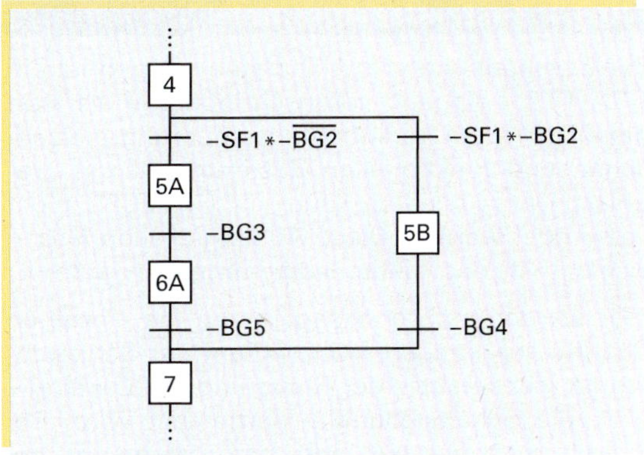

Bild 1: Alternative Verzweigung

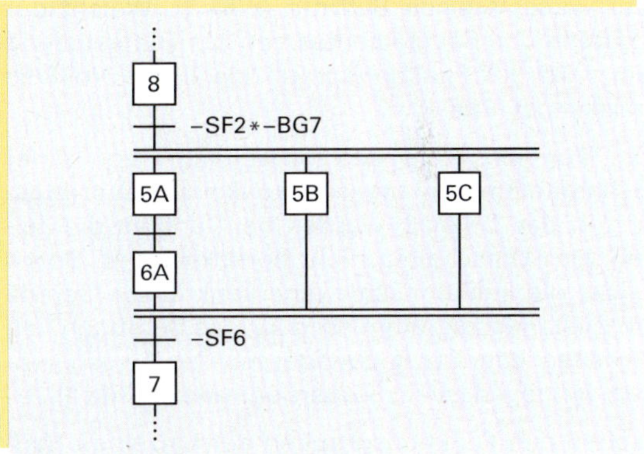

Bild 2: Parallele Verzweigung

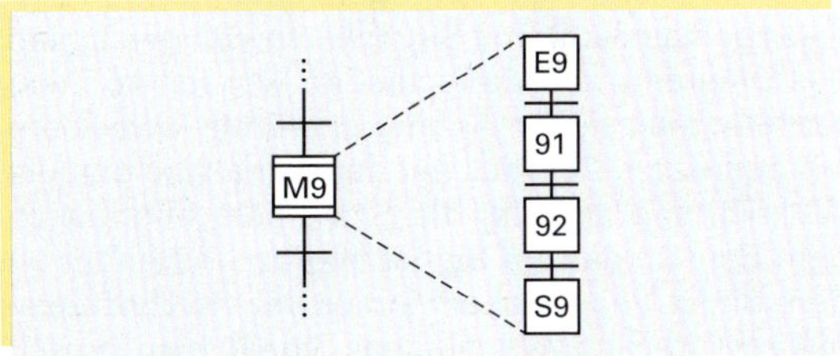

Bild 3: Makroschritt

Arbeitsauftrag:

1. Skizzieren Sie nach der Vorgabe von **Bild 2, Seite 428,** ein 5/3-Wegeventil
   a) mit Sperr-Mittelstellung und
   b) mit Schwimmmittelstellung.

2. Die Maschine in **nebenstehendem Bild** dient zum Ablängen von Blech.
   a) Erstellen Sie einen GRAFCET.
   c) Erstellen Sie einen pneumatischen Schaltplan.

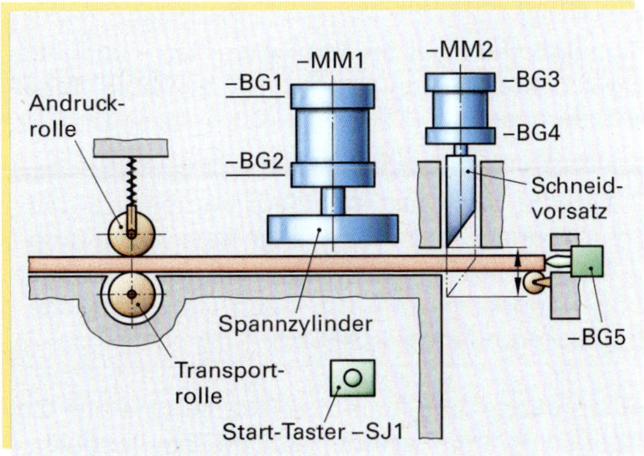

10.3.4 Zustandsdiagramme

Zur Beschreibung von Ablaufsteuerungen ist ein GRAFCET zwingend vorgeschrieben. Muss man bei einer reinen Verknüpfungssteuerung die zeitlichen und funktionellen Zusammenhänge graphisch verdeutlichen, kann ein GRAFCET nicht verwendet werden. Diese Abhängigkeiten lassen sich mithilfe des **Zustandsdiagrammes** erläutern.

Hier werden auf der Waagrechten die einzelnen Schritte aufgetragen, während auf der Senkrechten für jedes Bauteil der Steuerung der Zustand – bzw. die Schaltstellung – dargestellt wird. Bei Zylindern ist dies *aus-* oder *eingefahren* und bei Ventilen *betätigt* oder *nicht betätigt*. Ein Funktionsgraph kennzeichnet den Schaltzustand während der verschiedenen Schritte **(Bild 1)**. Weicht der Zustand des Bauelementes von der Ruhestellung ab, wird der Funktionsgraph als breite Volllinie gezeichnet **(Bild 1)**.

Bei Ventilen stellt das Umschalten von einer Schaltstellung in die andere kein Steuerungsschritt dar. Deshalb werden bei Ventilen die Zeiten zum Umschalten nicht berücksichtigt. Somit bildet die Funktionslinie eine senkrechte Gerade im Zustandsdiagramm **(Bild 2)**. Das Betätigen von Arbeitsgliedern (z.B. Zylinder ein- bzw. ausgefahren) hingegen ist ein Steuerungsschritt **(Bild 1)**.

Neben den Funktionsgraphen der einzelnen Bauelemente der Steuerung werden noch **Signallinien** eingezeichnet. Diese verdeutlichen die Abhängigkeiten (logische Verknüpfungen) der einzelnen Signale zueinander. Damit Signallinien von den Linien des Diagrammes unterschieden werden können, zeichnet man sie am Anfang und Ende jeweils um 45° abgesetzt. Der Pfeil auf der Signallinie gibt die Wirkrichtung an; d.h. die Signallinie beginnt an dem Bauteil, das ein Signal abgibt, und endet an dem Bauteil, an welchem ein weiterer Schritt ausgelöst wird. Sind verschiedene Signallinien logisch verknüpft, so wird dies z.B. durch einen Strich (UND-Verknüpfung) bzw. einen Punkt (ODER-Verknüpfung) verdeutlicht.

Signalglieder einer Steuerung werden – unabhängig von ihrer Ausführung – durch Symbole **(Tabelle 1)** dargestellt.

> Mithilfe des Zustandsdiagrammes werden funktionale Zusammenhänge einer Steuerung dargestellt. Für Ablaufsteuerungen dient das Zustandsdiagramm nur noch als zusätzliche Erläuterung zum GRAFCET.

Ausführliche Angaben zur Erstellung eines Zustandsdiagrammes finden sich im Tabellenbuch.

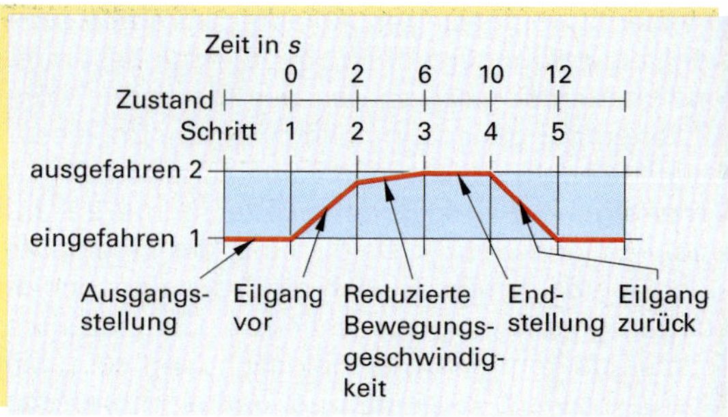

Bild 1: Funktionslinien bei einer Zylinderbewegung

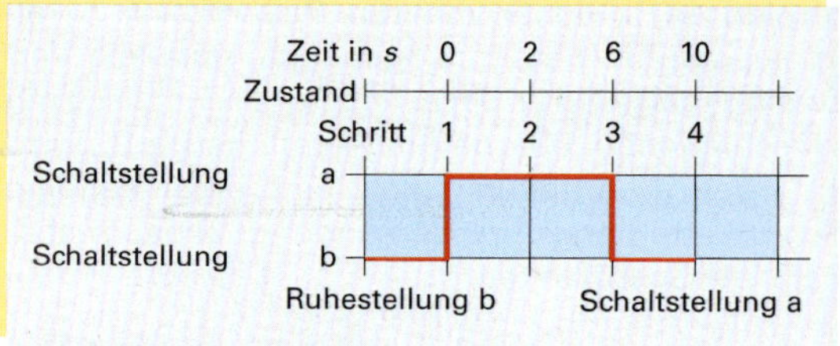

Bild 2: Funktionslinien bei einem Ventil mit 2 Schaltstellungen

Tabelle 1: Schaltzeichen in Zustandsdiagrammen (Auswahl)

Signalglieder (muskelkraftbetätigt)			
	EIN		ZWEIHAND-EINRÜCKUNG
	AUS	E A	WAHL-SCHALTER
	EIN/AUS		
	AUTOMATIK		GEFAHREN-ABSCHALTUNG
Signallinien und Signalverknüpfungen			
	Signallinien		UND-Bedingung
	Signal-verzweigung		ODER-Bedingung

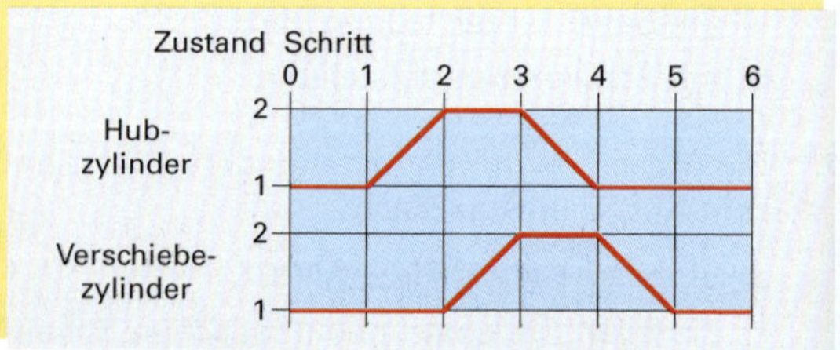

Bild 3: Vereinfachtes Zustandsdiagramm der Hubeinrichtung von Seite 432

10.4 Pneumatik

In der Pneumatik wird Druckluft (d.h. verdichtete atmosphärische Luft) sowohl für den Signal- als auch den Leistungsteil einer Steuerung verwendet. Druckluft als Medium für die Steuerungen wird hauptsächlich im Bereich der sog. „kleinen Automation" in der industriellen Fertigung eingesetzt, da solche Steuerungen preisgünstig sind. Daneben gibt es noch explosionsgefährdete Bereiche z.B. unter Tage oder in Raffinerien, in denen aus Sicherheitsgründen nur mit Druckluft gearbeitet werden darf.

Vorteile der Pneumatik

- Luft ist einfach zu verdichten, zu speichern und zu verteilen.
- Geschwindigkeiten/Kräfte an Zylindern und Drehzahlen/Drehmomente an Motoren sind einfach einzustellen.
- Pneumatische Steuerungen sind einfach zu warten, betriebssicher und haben eine lange Lebensdauer.
- Druckluftgeräte sind bis zum Stillstand überbelastbar.
- Druckluftsteuerungen können in feuer- und explosionsgefährdeten Bereichen eingesetzt werden.
- Kurze Ansprechzeiten und hohe Schalthäufigkeit sind möglich.

Nachteile der Pneumatik

- Schmutz, Wasser und Öl müssen abgetrennt werden (hohe Kosten).
- Wegen der Kompressibilität der Luft ist eine gleichförmige Bewegung nur schwer zu realisieren.
- Da der Betriebsdruck unter 10 bar liegt, sind nur kleine Kolbenkräfte erreichbar; bzw. für große Kolbenkräfte sind große Zylinderdurchmesser notwendig.
- Zylinder können nur mithilfe von Festanschlägen in genaue Positionen gefahren werden.
- Ausströmende Luft macht Lärm und ist durch den Ölnebel gesundheitsgefährdend.

10.4.1 Physikalische Grundlagen

Die uns umgebende Luft setzt sich aus Stickstoff (77,1%), Sauerstoff (20,8%), Wasserdampf (1,1%); Argon (0,9%) und 0,1% Wasserstoff, Kohlendioxid und anderen Edelgasen zusammen. Die die Erde umgebende Atmosphäre drückt mit ihrer Gewichtskraft auf uns und erzeugt so den Umgebungsdruck, der sich nach allen Seiten gleichmäßig ausbreitet. In unserer Höhenlage beträgt er ca. 1013 hPa. Der Umgebungsdruck p_{amb} nimmt aufgrund der kleiner werdenden Luftsäule mit steigender Höhe stetig ab (auf dem Mount Everest mit ca. 8850 m Höhe beträgt der Umgebungsdruck nur noch ca. 500 hPa).

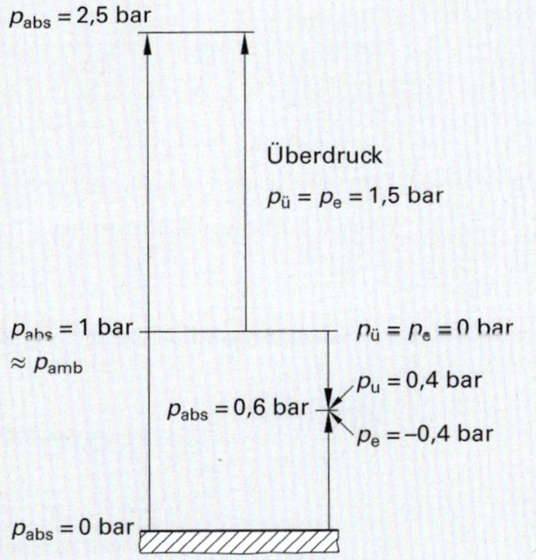

Index abs	≙	absoluter Druck
Index ü	≙	Überdruck
Index u	≙	Unterdruck
Index amb	≙	Umgebungsdruck (ambient ≙ umgebend)
Index e	≙	Überdruck (exedens ≙ überschreitend)

$p_e = p_{abs} - p_{amb}$

positiv → $p_e = p_ü$

negativ → $-p_e = p_u$

Weitere Beispiele für p_{amb} = 1 bar

a) p_{abs} = 3,8 bar
→ p_e = 2,8 bar = $p_ü$

b) p_{abs} = 0,82 bar
→ p_e = −0,18 bar
→ p_u = 0,18 bar = $-p_e$

Einheiten:

a) SI
$[p] = 1\,\frac{N}{m^2} = 1$ Pa (Pascal)
1 bar ≙ 10^5 Pa

b) Amerika.
PSI ≙ Poud per Square Inch
1 bar ≙ 14,5 psi

c) **Alte Einheiten:**
1 kp ≙ 9,81 N
1 at ≙ $1\,\frac{kp}{cm^2}$
1 atü ≙ Atmosphärenüberdruck

Bild 1: Druckgrößen

Gasgesetze

Der Druck von einem in einem Behälter eingeschlossenen Gas wird durch die sich bewegenden Moleküle bzw. Atome erzeugt, in dem diese auf die Behälterwand prallen. Der physikalische Zustand von Luft in einem geschlossenen Behälter ist durch die drei Zustandsgrößen:

- Temperatur T (in Kelvin)
- Druck p (in N/m^2)
- Volumen V (in m^3)

bestimmt bzw. beeinflussbar.

Wird das Volumen in einem geschlossenen Behälter (d.h. Luft kann weder entweichen noch zugeführt werden) von V_1 auf V_2 bei konstanter Temperatur verkleinert, so steigt der Druck in gleichem Maß von p_1 auf p_2. Es ergibt sich das **BOYLE-MARIOTT**'sche Gesetz.

Eine Erhöhung der Gastemperatur in einem geschlossenen Behälter von T_1 auf T_2 (bei konstantem Druck) hat eine proportionale Vergrößerung des Volumens von V_1 auf V_2 zur Folge **(1. Gesetz von GAY-LUSSAC).**

Erhöht man in einem geschlossenen Behälter die Gastemperatur von T_1 auf T_2 (bei konstantem Volumen), so erhöht sich der Druck proportional von p_1 auf p_2. Diese Zusammenhänge ergeben das **2. Gesetz von GAY-LUSSAC.**

Diese drei Gesetzmäßigkeiten **(Bild 1)** zusammengefasst, führen zur **allgemeinen Gasgleichung** für abgeschlossene Gase.

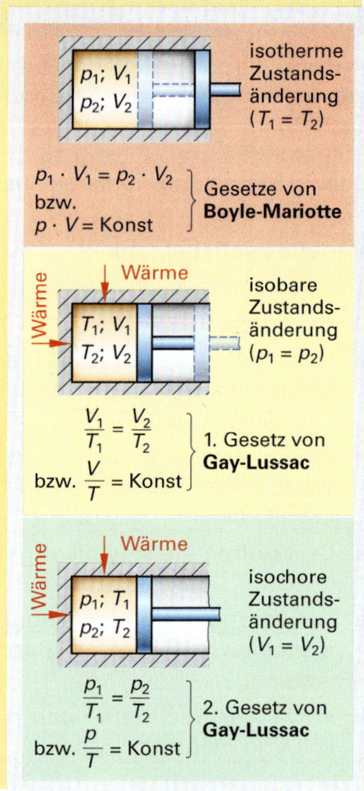

Bild 1: Gasgesetze

$$\frac{p \cdot V}{T} = \text{konstant} \quad \text{bzw.} \quad \frac{p_1 \cdot V_1}{T_1} = \frac{p_2 \cdot V_2}{T_2}$$

Bei bewegten Fluiden und Gasen unterscheidet man zwei Strömungsarten. Die **laminare** Strömung **(Bild 2)** ist gleichgerichtet, hat geringe Druckverluste und einen geringen Wärmeübergang. Die **turbulente** Strömung **(Bild 3)** hat Verwirbelungen, die zu größerem Druckabfall und großem Wärmeübergang führen.

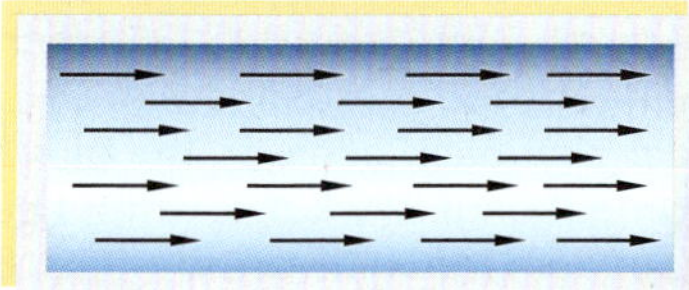

Bild 2: Laminare Strömung

Bild 3: Turbulente Strömung

Für den Volumenstrom q_v[1] bewegter Fluide und Gase ergibt sich:

Volumenstrom = Querschnittsfläche · Strömungsgeschwindigkeit

$$q_v = A \cdot v$$

$$[q_v] = \frac{m^3}{s}$$

Da der Volumenstrom bei laminarer Strömung überall konstant sein muss **(Bild 4)**, erhält man für veränderliche Strömungsquerschnitte:

$$q_v = \text{konstant}$$

$$V_1 = V_2$$

$$A_1 \cdot v_1 = A_2 \cdot v_2$$

bzw. $$\frac{A_1}{A_2} = \frac{v_2}{v_1}$$

Das Verhältnis der Querschnittsflächen ist umgekehrt proportional zu dem Verhältnis der Geschwindigkeiten.

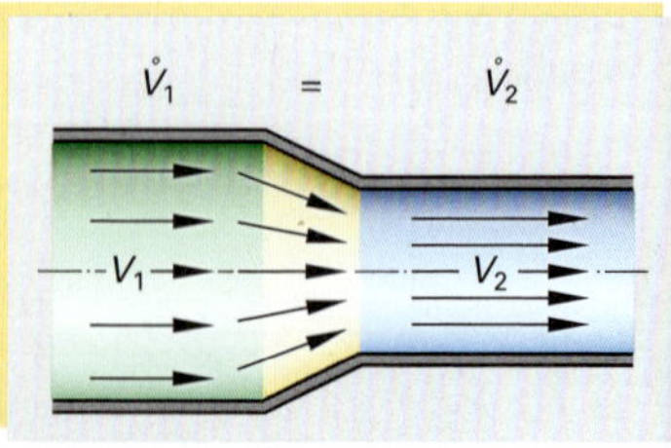

Bild 4: Volumenstrom

[1] Formelzeichen für Volumenstrom q_v nach DIN 1304-1 genormt. In vielen Herstellerunterlagen wird auch Q verwendet.

10.4.2 Verdichter

Verdichter, auch Kompressoren genannt, sind Arbeitsmaschinen, die Gase fördern bzw. bis zu hohen Drücken (ca. 400 bar) verdichten. Verdichter werden nach dem Funktionsprinzip in zwei Klassen eingeteilt **(Bild 1)**.

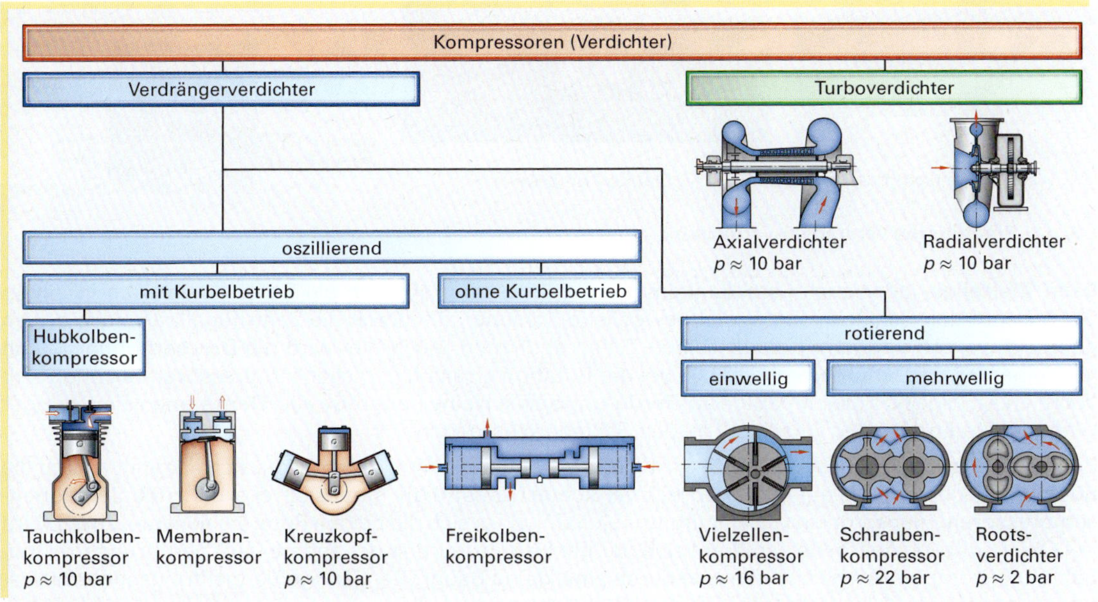

Bild 1: Kompressoren und deren Arbeitsbereiche

Turboverdichter (bzw. **dynamische Verdichter**) beschleunigen mithilfe von Schaufeln auf sogenannten Laufrädern das zu verdichtende Gas und erhöhen damit den Druck. Diese Bauart kommt bei großen Fördermengen und kleinen Drücken zum Einsatz. Bei Verdichtern, die nach der **Verdränger-Bauart** arbeiten, wird ein Anfangsvolumen durch Krafteinwirkung kontinuierlich verkleinert und damit der Druck erhöht. Diese Bauart kommt bei kleinen Fördermengen und großen Drücken zum Einsatz.

Viele in Industrie und Handwerk verwendeten Druckluftanwendungen liegen im Bereich bis maximal 15 bar. Als Verdichter kommen ein- und zweistufige Kolbenkompressoren, ein- und zweistufige Schraubenkompressoren und Rotationsverdichter zum Einsatz.

Bei **Hubkolbenkompressoren (Bild 2)** wird durch den sich auf- und ab bewegenden Kurbeltrieb Luft angesaugt bzw. verdichtet und dann ausgestoßen. Diese Vorgänge werden von Ein- und Auslassventilen gesteuert. Mit Hubkolbenkompressoren lassen sich hohe Wirkungsgrade und hohe Drücke erzielen.

Bei den **Tauchkolbenkompressoren** ist der Kolben direkt über die Pleuelstange mit der Kurbelwelle verbunden. **Membrankompressoren** funktionieren ähnlich wie Hubkolbenkompressoren. Hier ist der Kolben durch eine Membran ersetzt. Membrankompressoren haben oft große Zylinderdurchmesser, einen kurzen Hub und sind noch bei kleinen Liefermengen und kleinen Drücken wirtschaftlich.

Durch paralleles Anordnen mehrerer Zylinder **(Bild 3)** kann die produzierte Luftmenge erhöht werden. Schaltet man mehrere Verdichterstufen hintereinander, erhöht sich der Enddruck.

Rotatorische Verdränger-Verdichter (Bild 1, Seite 440) saugen die Luft in Kammern, die sich durch die Drehbewegung verkleinern und damit den Druck in der Luft erhöhen.

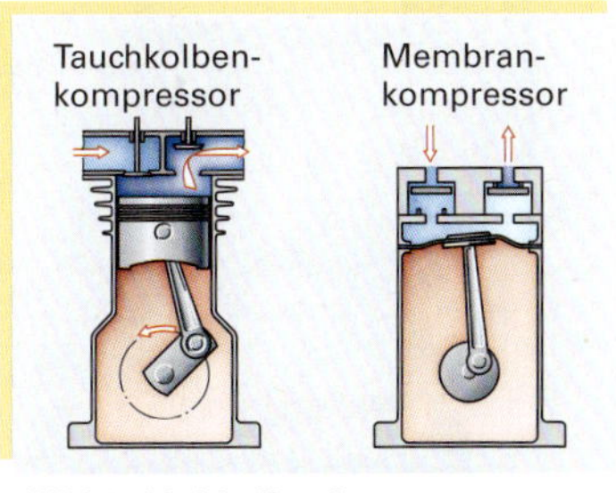

Bild 2: Hubkolbenkompressoren

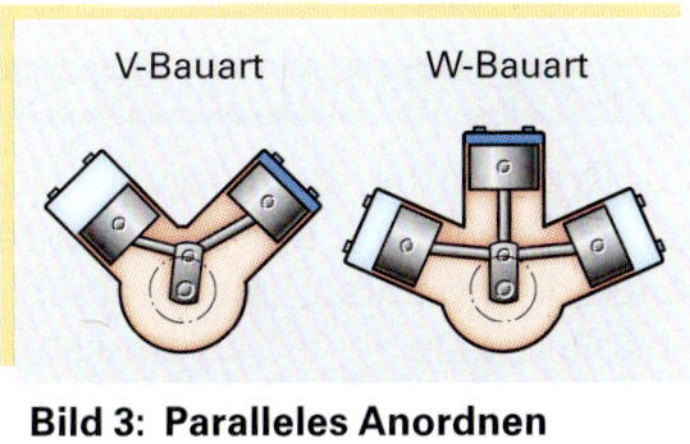

Bild 3: Paralleles Anordnen mehrerer Zylinder

10

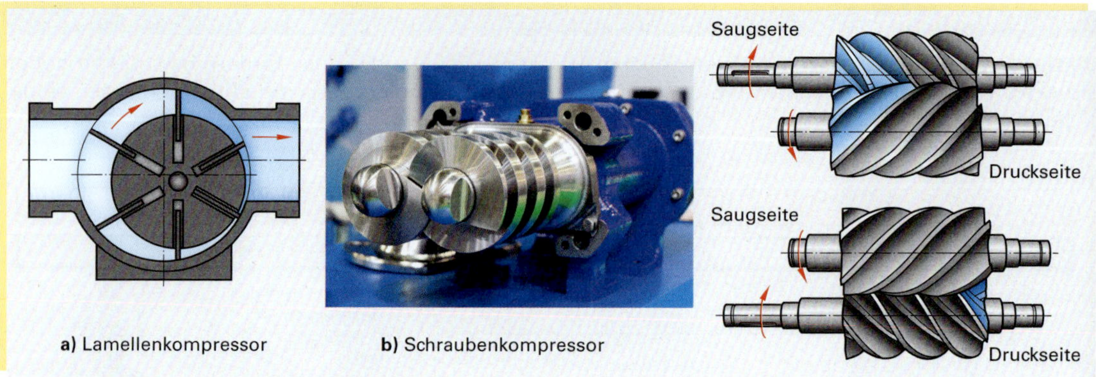

Bild 1: Rotatorische Verdränger-Verdichter

Beim **Vielzellen-** oder auch **Lamellenkompressor (Bild 1a)** dreht sich ein Rotor exzentrisch in einem Gehäuse. In den Schlitzen sind radial bewegliche Schieber, die durch die Zentrifugalkraft nach außen gedrückt werden und damit die einzelnen Zellen abdichten. Auch hier wird die Druckerhöhung durch Verkleinerung des Volumens einer Zelle bei der Rotation erreicht. Lamellenkompressoren zeichnen sich durch eine ruhige und gleichmäßige Luftförderung sowie kleine Baugröße aus. Dem stehen ein niedriger Wirkungsgrad und hoher Verschleiß an den Schiebern entgegen.

Beim **Schraubenkompressor (Bild 1b)** wird die angesaugte Luft in Kammern, die sich ebenfalls durch die Rotation verkleinern, bis auf den Enddruck verdichtet. Konstruktiv gibt es ölfrei arbeitende Schraubenkompressoren. Hier sorgt ein Gleichlaufgetriebe dafür, dass sich die beiden Rotoren nicht berühren. Wird mit Öleinspritzung gearbeitet, so dreht sich nur der Hauptrotor und der andere läuft berührungsfrei mit. Schraubenkompressoren zeichnen sich durch eine kleine Baugröße, geringe Verdichtungsendtemperaturen und gleichmäßige Luftförderung aus. **Bild 2** zeigt den Aufbau eines solchen Schraubenkompressors und erklärt das prinzipielle Funktionsprinzip.

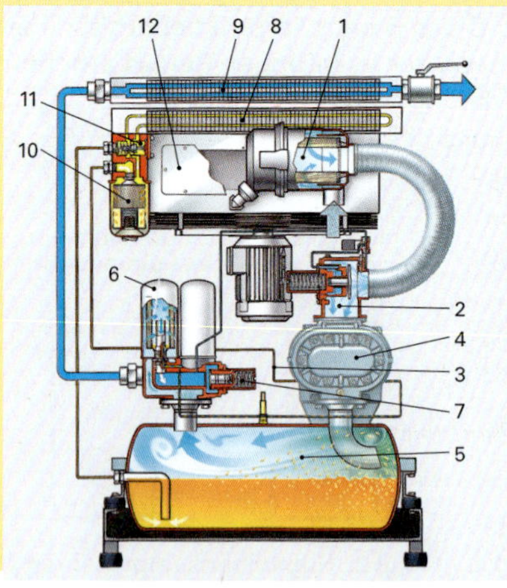

1 = Ansaugfilter mit Papier-Mikrofiltereinsatz
2 = Multifunktions-Ansaugregler
3 = Öleinspritzung
4 = Verdichterstufe
5 = Ölabscheidebehälter
6 = Ölabscheidepatrone
7 = Mindestdruck-Rückschlagventil
8 = Ölkühler
9 = Nachkühler parallel zum Kühlluftstrom
10 = Mikrofilter
11 = Thermostatventil
12 = Reinigungsöffnung

Schraubenkompressoren saugen Luft über den Ansaugfilter (1) mit Mikrofiltereinsatz, Staubzyklon und Verschmutzungsanzeige an. Nach Passieren des Ansaugreglers (2) strömt die Luft zum Verdichten in die Verdichterstufe (4).
In den Verdichtungsraum wird kontinuierlich gekühltes Öl (3) mit ca. 55 °C dosiert eingespritzt. Das Öl nimmt die beim Verdichtungsvorgang entstehende Wärme auf und erwärmt sich auf ca. 85 °C. Die maximale Verdichtungsendtemperatur darf nach EG-Maschinenrichtlinien 110 °C betragen. Im kompinierten Druckluft-/Ölabscheide-Behälter 5 wird das Öl aus der Druckluft weitestgehend abgeschieden. Der Ölfeinabscheider (6) übernimmt die Restabscheidung so sorgfältig, dass der Restölgehalt in der Druckluft danach nur noch ca. 1-3 mg/m³ beträgt. Die Druckluft gelangt dann über ein Mindestdruck-Rückschlagventil (7) in den Druckluftnachkühler (9) und wird hier auf die günstige Temperatur von nur ca. 8 °C über Ansaugtemperatur abgekühlt und danach über das Absperrventil ins Betriebs-Druckluftnetz geleitet. Das im Ölabscheider separierte Öl wird in einem reichlich dimensionierten Ölkühler (8) von 85 °C auf 55 °C zurückgekühlt. Es passiert einen Ölfilter mit Austauschpatrone (10). Im Ölkreislauf ist zusätzlich ein Thermostatventil (11) angeordnet, das kaltes Öl am Ölkühler vorbei direkt wieder zur Stufe (4) führt.

Bild 2: Baugruppen eines Verdichters

10.4.3 Druckluftaufbereitung und -verteilung

Zur Drucklufterstellung wird Umgebungsluft in den Verdichter angesaugt und verdichtet. Diese Umgebungsluft enthält immer Verunreinigungen wie Feststoffe (Ruß, Staub), Wasser und evtl. Öle. Je nach Anwendung entstehen unterschiedliche Anforderungen an die Druckluft (z. B. ungereinigte Blasluft oder absolut trockene, ölfreie und sterile Druckluft). Die Qualität der Druckluft wird in der ISO 8573-1 in Qualitätsklassen eingeteilt. Hier wird festgelegt, welche Verschmutzungen und welcher Wasser- bzw. Ölgehalt in den jeweiligen Druckluftklassen zulässig sind **(Tabelle 1, Seite 441)**.

Tabelle 1: Einteilung der Güteklassen

Klasse	Anzahl der Partikel				Feuchtigkeit (dampfförmig) °C	Gesamtölgehalt (flüssig und gasförmig) mg/m³
	≤ 0,1 µ	0,1 µ < d ≤ 0,5 µ	0,5 µ < d ≤ 1,0 µ	1,0 µ < d ≤ 5,0 µ		
0	besser als 1 und gesondert zu vereinbaren					
1	n.V.	100	1	0	≤ −70	≤ 0,01
2	–	100000	1000	10	≤ −40	≤ 0,1
3	–	–	10000	500	≤ −20	≤ 1
4	–	–	–	1000	≤ +3	≤ 5
5	–	–	–	20000	≤ +7	–

Je nach geforderter Qualitätsklasse **(Tabelle 1 und Tabelle 2)** sind die unterschiedlichsten Filtermechanismen **(Bild 1)** einzusetzen:

- Massenkraftfilter (Filtern von größeren Teilchen durch die Zentrifugalkraft)
- Fein- und Feinstfilter (1 bis 0,01 µm Porenweite)
- Membrantrockner zur Reduzierung der Feuchtigkeit
- Sinterfilter mit 5 µm bis 40 µm Porenweite
- Aktivkohlefilter (absorbiert Öldämpfe)

Die aufbereitete Druckluft erreicht über Ringleitungen **(Bild 2)** die Entnahmestellen.

Anforderungen an das Druckluftnetz

- Druckluftversorgung möglichst als Ringleitung auslegen, damit im Reparaturfall Versorgung gewährleistet ist.
- Leitungsquerschnitte groß genug
- Verzweigungen immer oben anschließen (Kondenswasser)
- Mit Gefälle verlegen (ca. 1 %) und am tiefsten Punkt Möglichkeit für Kondensatableitung schaffen.

Kompressorbedingte Druckunterschiede und lange Leitungen führen zu Druckschwankungen, die evtl. zu Funktionsstörungen führen können. Deshalb verwendet man häufig am Verbrauchspunkt eine Aufbereitungseinheit **(Bild 3)**, die aus einem Druckregler mit integriertem Filter und evtl. einem Öler besteht.

Hand-Einschaltventile be- bzw. entlüften eine Anlage. Aus Sicherheitsgründen sollten solche Ventile abschließbar sein, damit nur autorisierte Personen die Anlage wieder unter Druck setzen können.

Tabelle 2: Empfohlene Druckluftqualitätsklassen nach VDMA 15390

Anwendung	Feste Verunreinigung	Feuchtigkeit für Umgebungstemperatur > 3 °C	Gesamtölgehalt
Bergbau	3	4	3
Nahrungsmittelindustrie			
Steuerluft	2	4	3
Tankentleerung	1	4	1
Getränkeindustrie			
Steuerluft	2	4	1
Verpackungsvorgänge	1	4	1
Metallverarbeitung			
Steuerluft	2	4	2
Ausblasen von Formen	3	4	3
Gießerei			
Steuerluft	2	4	2
Kernschießen	3	4	2–3
Chemische Industrie			
Steuerluft	2	4	2
Förderluft	2	4	1

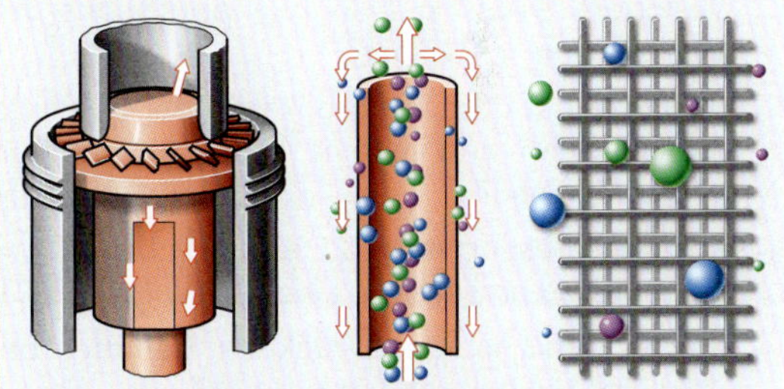

Bild 1: Verschiedene Filterarten

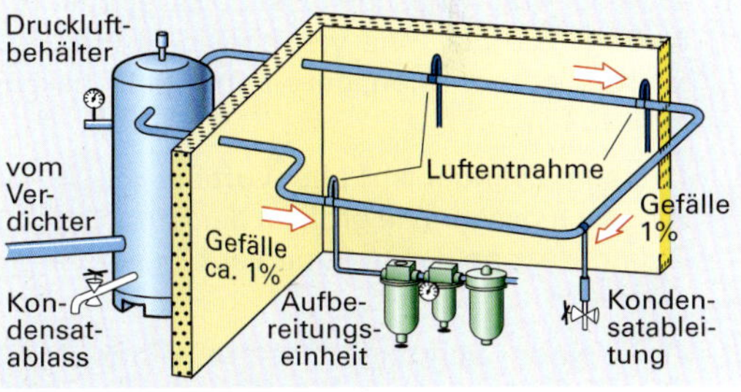

Bild 2: Druckluftverteilung

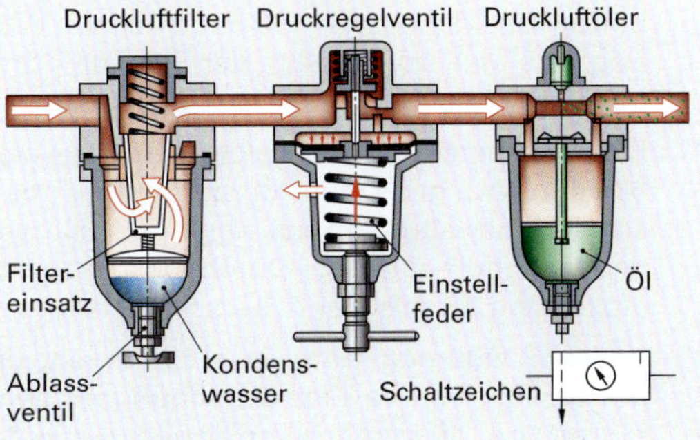

Bild 3: Aufbereitungseinheit

Durch den Einsatz von Druckregelventilbatterien **(Bild 1)** werden aus einem Hauptstrang unterschiedliche Nebenstränge mit unterschiedlichen Drücken aufgebaut.

Daneben gibt es Druckaufbauventile, die den Druck nach Druckbeaufschlagung langsam – z.B. nach einem Not-Aus – aufbauen. Dadurch werden unkontrollierte Bewegungen vermieden.

Meist sind diese Ventile mit einer Schnellentlüftung ausgestattet, sodass es in Not-Aus-Situationen möglich ist, die Anlage schnell zu entlüften. Eine Zusammenfassung der Luftaufbereitungsmöglichkeiten zeigt **Bild 2.**

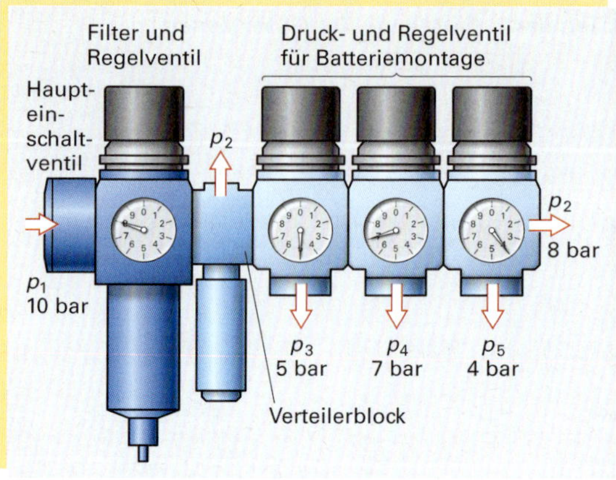

Bild 1: Druckluftregel- und -verteilstation

Arbeitsauftrag:

1. Welchem Druck p_{abs} in hPa entspricht der Druck von $p_e = 1{,}25$ bar?
2. Wie groß ist der Überdruck und der absolute Druck in 18 m und in 40 m Wassertiefe (in bar, hPa und in psi)?
3. Ein Kompressor saugt 2290 l Luft bei p_{amb} = 1 bar an und presst sie in einen Kessel von 200 l.
   a) Wie groß ist der Druck im Behälter bei gleich bleibender Temperatur?
   b) Wie groß ist der Druck im Behälter, wenn sich die Luft von 20° C auf 50° C erwärmt?
4. Eine Sauerstoffflasche fasst 50 l. Der Fülldruck beträgt 200 bar. Wie viel Liter Gas (bei p_{amb}) wurden entnommen, bei einem Restdruck von p_e = 10 bar?
5. In einem Zylinder ist 1 Liter Luft bei p_{amb} = 1 bar eingeschlossen. Wie groß ist der Unterdruck im Zylinder, wenn das Volumen auf 3 Liter vergrößert wird?
6. Aus einer Schutzgasflasche einer MAG-Schweißanlage mit einem Volumen von 50 Litern wurden bei einer Schweißarbeit 4360 Liter entnommen. Der Anfangsdruck in der Flasche betrug laut Manometer 190 bar. Welchen Wert zeigt das Manometer nach der Schweißarbeit bei p_{amb} = 1 bar an?
7. Eine Pumpe liefert einen Volumenstrom von 60 l/min. Wie groß muss der Innendurchmesser der Rohrleitung mindestens gewählt werden, damit die zulässige Durchflussgeschwindigkeit von 3,5 m/s nicht überschritten wird?
8. Welcher Volumenstrom ist erforderlich, um mit einem Zylinder eine Vorschubgeschwindigkeit von 110 m/min zu erreichen, wenn der Zylinderdurchmesser 100 mm beträgt?

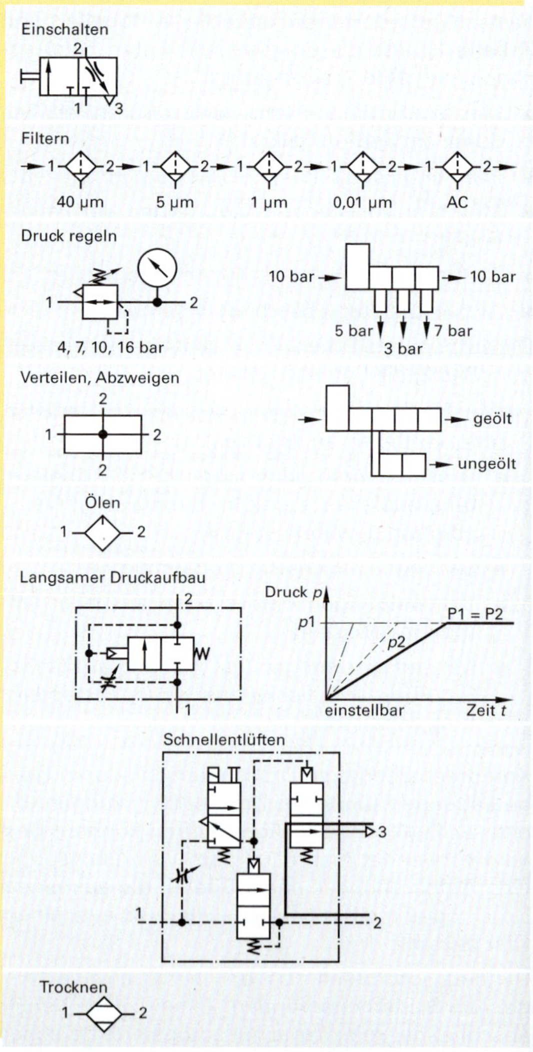

Bild 2: Luftaufbereitungsmöglichkeiten

10.4.4 Arbeitsglieder

Pneumatische Arbeitsglieder, auch Aktoren genannt, sind entweder Zylinder für geradlinige Bewegungen oder Motoren und Schwenkantriebe für Drehbewegungen.

10.4.4.1 Druckluftzylinder

Druckluftzylinder führen hin- und hergehende Bewegungen aus. Haupteinsatzgebiete sind das Heben, das Verschieben oder das Spannen von Werkstücken.

Der **einfachwirkende** Zylinder **(Bild 1)** wird durch Druckbeaufschlagung einer Kolbenseite ausgeschoben. Eine eingebaute Feder auf der anderen Seite schiebt den Kolben dann nach erfolgter Entlüftung wieder zurück. Dieser Zylinder kann nur bei der Bewegung gegen die Feder Arbeit verrichten. Je nach Bauart ist dies die Ausfahr- oder die Einfahrbewegung. Der Kolben des **doppeltwirkenden** Zylinders **(Bild 2)** wird durch wechselnde einseitige Druckbeaufschlagung bewegt. Da die Fläche eines Kolbenbodens um die Fläche der Kolbenstange verringert ist, hat der doppeltwirkende Zylinder unterschiedliche Kräfte beim Ein- und Ausfahren. Pneumatische Greifer **(Bild 3)** haben das gleiche Wirkprinzip wie ein doppeltwirkender Zylinder.

Dämpfungen vermeiden das schlagartige Einfahren in die Endlage. Kurz vor Erreichen der Endlage wird das Entweichen der Luft über die Mittelbohrung durch den Dämpfungszapfen verhindert. Sie kann dann nur noch durch einen einstellbaren Drosselspalt strömen. Somit wird der Kolben elastisch abgebremst und fährt sanft in seine jeweilige Endlage. Wird in den Kolbenboden noch ein Permanentmagnet engebracht, sind über Reedkontakte, die außen befestigt werden, die beiden Endlagen des Zylinders feststellbar. Dies spart Einbauplatz, da die Endlagensensoren nicht separat montiert werden müssen.

Je nach Funktion und Anbaumöglichkeit werden Zylinder unterschiedlich befestigt **(Bild 4)**.

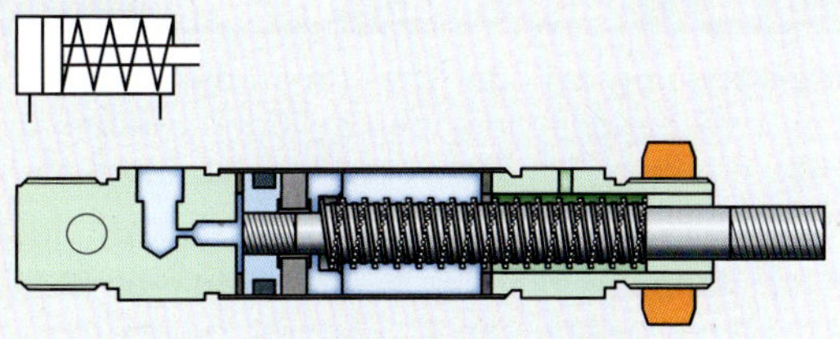

Bild 1: Einfachwirkender Zylinder

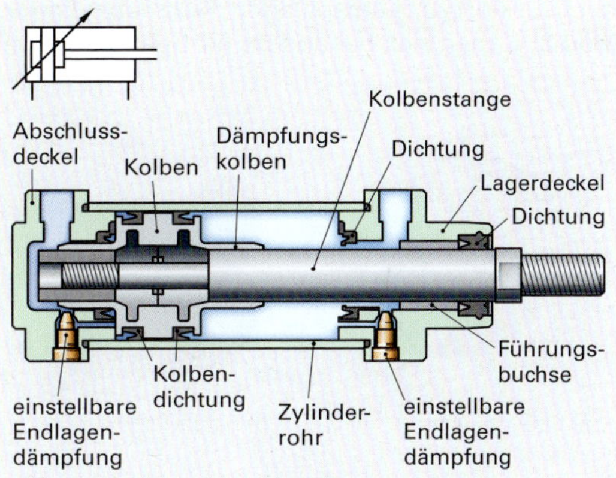

Bild 2: Doppeltwirkender Zylinder

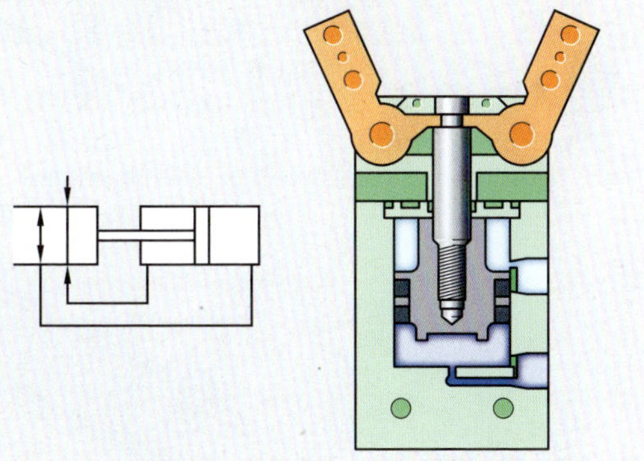

Bild 3: Pneumatischer Greifer

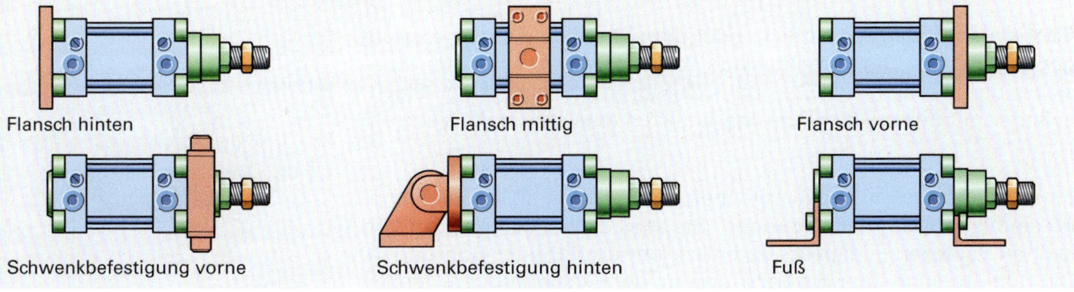

Bild 4: Beispiele für Befestigungsarten von Druckluftzylindern

10.4.4.2 Zylindersonderbauarten

Mehrstellungszylinder erhält man durch das Aneinanderflanschen von zwei doppeltwirkenden Zylindern. Haben die Zylinder gleichen Hub, ergeben sich drei verschiedene und bei ungleichem Hub vier Schaltstellungen **(Bild 1)**.

Einen **doppeltwirkenden Mehrfachzylinder (Bild 2)** erhält man durch Aneinanderreihen von 2, 3 oder 4 Zylindern mit gleichem Kolbendurchmesser und gleichem Hub. Hierdurch kann die Verschiebekraft um 2-, 3- bzw. 4-fache gesteigert werden. Durch die interne Druckluftverteilung sind nur 2 Anschlüsse notwendig, um alle Zylinder mit Druckluft zu beaufschlagen. **Kurzhubzylinder** und **Spannmodule (Bild 2)** eignen sich besonders für Spannaufgaben.

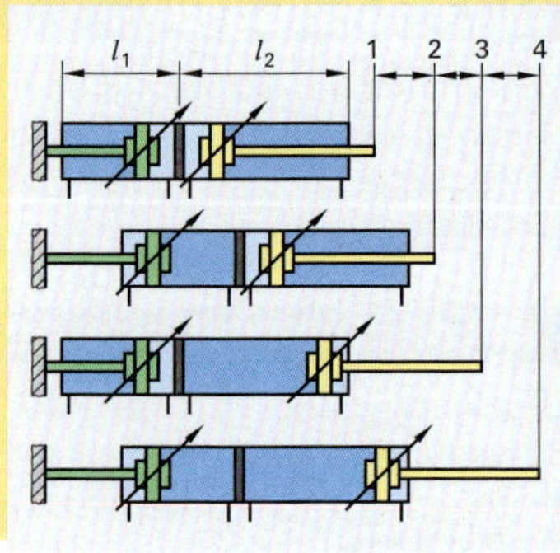

Bild 1: Mehrstellungszylinder

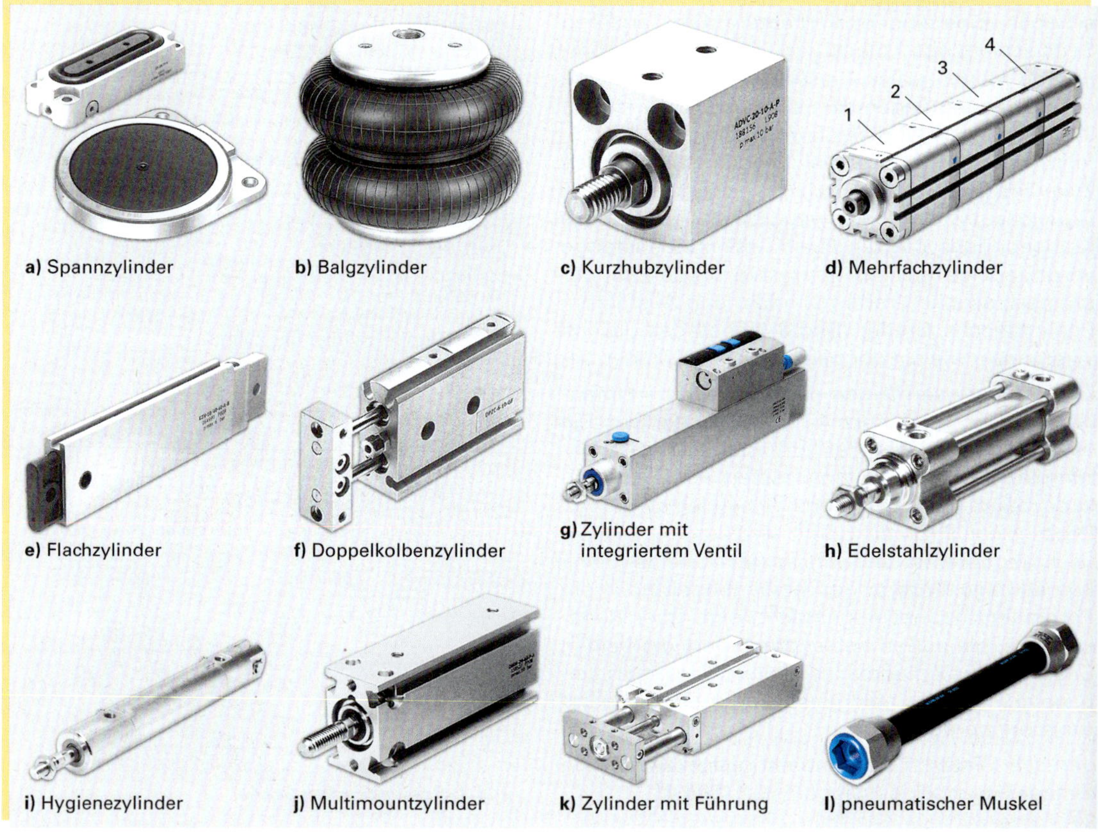

Bild 2: Zylindersonderbauarten

Flachzylinder (Bild 2) – einfach- oder doppeltwirkend – können dicht gepackt werden. Durch rechteckige Kolbenstangen sind sie verdrehsicher und werden zum Stempeln, Zuführen etc. eingesetzt. **Flachzylinder mit integrierter Führung** besitzen eine sehr hohe Verdrehsicherheit.

Einschraubzylinder (Bild 3) mit einem durchgängigen Außengewinde sind zum Klemmen, Spannen, Stoppen oder Positionieren von kleinen Bauteilen geeignet. Die Luftzufuhr erfolgt über Bohrungen. Die Hublage kann über die Veränderung der Einschraubtiefe variiert werden.

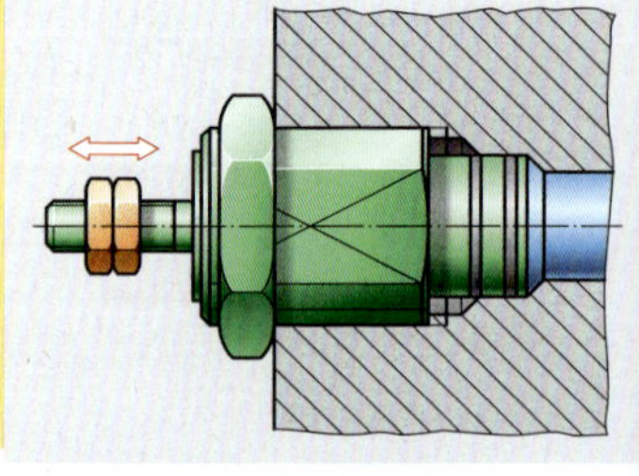
Bild 3: Einschraubzylinder

Mithilfe von **Stopperzylindern (Bild 1)** werden auf Transportlinienwerkstückträger gestoppt. Durch Druckbeaufschlagung fährt der Kolben ein. Die zulässige kinetische Aufprallenergie an der Kolbenstange ($E_{kin} = {}^1/_2\, m\, v^2$) darf nicht überschritten werden, um den Zylinder nicht zu beschädigten.

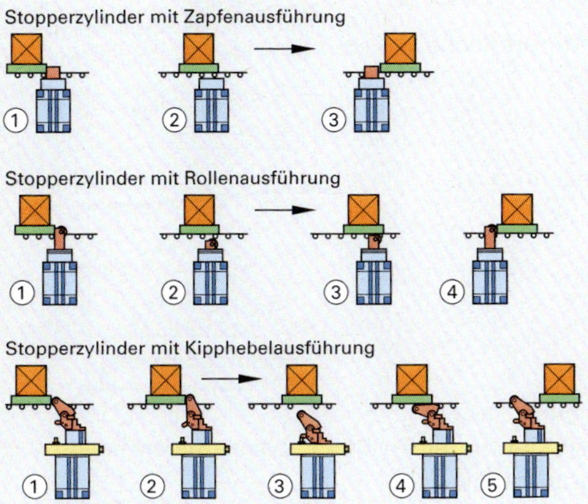

① Stoßartiges Abbremsen durch Kolbenstange
② Durch Betätigung des Zylinders Werkstückträger freigeben
③ Steuerung hält den Kolben nieder bis Werkstückträger passiert

① Stoßartiges Abbremsen durch Kolbenstange
② Durch Betätigung des Zylinders Werkstückträger freigegeben
③ Ausfahren des Zylinders bis Rolle am Werkstückträger anliegt. Der Werkstückträger bewegt sich weiter.
④ Nach Passieren des Werkstückträgers fährt der Zylinder in die vordere Endlage

① Gedämpftes Abbremsen durch einen Stoßdämpfer und Verriegeln des Kipphebels, damit der Stoßdämpfer den Werkstückträger nicht zurückschiebt
② Durch Betätigen des Zylinders wird der Werkstückträger freigegeben
③ Ausfahren des Zylinders bis Kipphebel am Werkstückträger anliegt. Der Werkstückträger bewegt sich weiter.
④ Nach Passieren des Werkstückträgers fährt der Zylinder in die vordere Endlage

Bild 1: Funktionsweise der Stopperzylinder

Beim **Schwenkantrieb (Bild 2)** wird das Drehmoment von einem Schwenkflügel, der direkt auf der Antriebswelle sitzt, erzeugt. Der Schwenkwinkel ist, je nach Variante, meist bis ca. 180° stufenlos einstellbar. Mit diesen Antrieben werden kleine Drehmomente erzeugt. Da sie keine Endlagendämpfung – höchstens Dämpfungsringe – besitzen, sollten die zu bewegenden Massen klein sein. Diese Schwenkantriebe besitzen eine hohe Wiederholgenauigkeit und übertragen die Kraft spielfrei. Als Zusatzbauteil lässt sich z.B. ein Freilauf an den Antrieb bringen. Somit lassen sich stufenlos einstellbare Taktvorschübe realisieren.

Bild 2: Schwenkantrieb

Drehzylinder (Bild 3) sind ähnlich einem doppeltwirkenden Zylinder, nur dass hier die Bewegung des Kolbens auf eine Zahnstange übertragen wird. Diese Zahnstange dreht ein nach außen geführtes Ritzel. Die Hersteller bieten Drehzylinder in festen Winkel an; z.B. 90°; 180°; 270° und 360°. Die Variation des Kolbenhubes ermöglicht Zwischengrößen. Wird das Ritzel von zwei parallelen Zylindern angetrieben, verdoppelt sich das Drehmoment.

Bild 3: Drehzylinder

Schwenk-Linear-Einheiten (Bild 4) stellen eine Kombination aus doppeltwirkendem Zylinder und Schwenkzylinder dar. Die Drehbewegung ist meist stufenlos einstellbar. Die Schwenk- und die Linearbewegung sind einzeln oder gemeinsam ansteuerbar. Sie kommen in Handhabungsaufgaben, bei denen gedreht und verschoben werden muss, zum Einsatz.

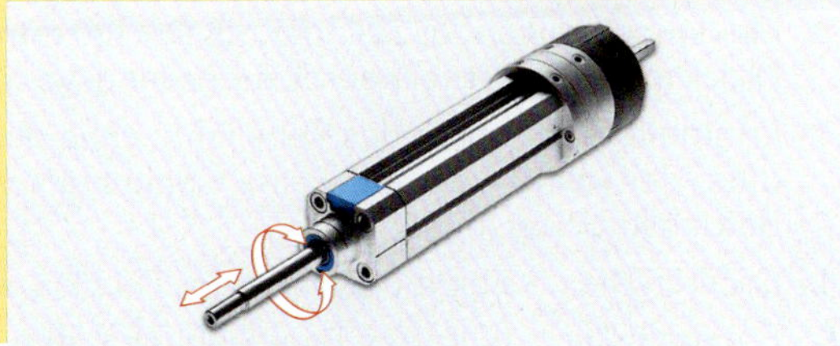

Bild 4: Schwenk-Linear-Einheit

Zylinderberechnung

Der Zylinderinnendruck breitet sich gleichmäßig in allen Richtungen aus. Da auf der entlüfteten Kolbenseite immer der Umgebungsdruck p_{amb} wirkt, erzeugt nur der Überdruck p_e die wirksame Kolbenspannkraft F im aus- bzw. eingefahrenen Zustand.

Durch Umstellen der Formel $p_e = F/A$ erhält man die theoretische Kolbenkraft **(Bild 1):**

$$F = p_e \cdot A \qquad [F] = \text{N};\ [p] = \text{N/m}^2;\ [A] = \text{m}^2$$

In der Praxis treten Reibungsverluste auf. Sie berücksichtigt man entweder durch einen Wirkungsgrad η (ca. 90 %)

$$F = p_e \cdot A \cdot \eta \qquad [\eta] = 1$$

oder durch Subtraktion der Reibkraft F_R.

$$F = p_e \cdot A - F_R \qquad (F_R \approx 10\,\%)$$

Die Verschiebekraft eines Zylinders beträgt ca. 70 % seiner Druckkraft in der jeweiligen Endlage. Die Kraftangaben der Zylinder findet man entweder im Datenblatt des Zylinders oder in Diagrammen der Zylinderhersteller.

Bei großen Hüben werden auch die Kolbenstangen entsprechend länger. Dies hat zur Folge, dass im ausgefahrenen Zustand unter Kraftwirkung die Gefahr des Ausknickens der Kolbenstange besteht **(Bild 1).** Mithilfe von Herstellertabellen lassen sich Mindestdurchmesser für Kolbenstangen in Abhängigkeit von der Kraft ablesen (vgl. Tabellenbuch). Ab einer gewissen Zylindergröße können über die Kolbenstange auch Querkräfte **(Bild 1)** aufgenommen werden. Sind im Datenblatt keine maximalen Querkräfte angegeben, so sollte diese Belastung vermieden werden.

Zur Auslegung des Verdichters einer Druckluftanlage muss der Luftverbrauch der angeschlossenen Arbeitsglieder bekannt sein. Dieser Volumenstrom der Luft wird auf den Normaldruck $p_{amb} \approx 1$ bar der angesaugten Luft bezogen. Der Luftverbrauch hängt von der Kolbenfläche A, dem Hub s, der Hubzahl n und dem Verhältnis von Über- zu Umgebungsdruck ab **(Bild 3).** Bei fast allen Herstellern wird der Luftverbrauch nicht in der SI-Einheit m³/s sondern in l/min angegeben. Für doppeltwirkende Zylinder kann in erster Näherung der Luftverbrauch für Vor- und Rückhub gleichgesetzt werden. Sind genauere Angaben notwendig, muss die Kolbenstange berücksichtigt werden.

Viele Hersteller von Pneumatikzylindern bieten in ihren Datenblättern den spezifischen Luftverbrauch q an. Er gibt meistens den Luftverbrauch in Liter pro cm Hub an. Somit kann mit einer Tabelle (siehe Tabellenbuch) der Luftverbrauch nur in Abhängigkeit vom Kolbendurchmesser dargestellt werden.

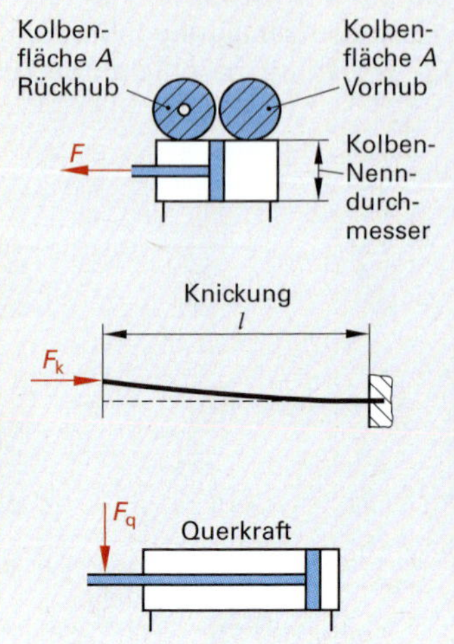

Bild 1: Zylinderberechnung

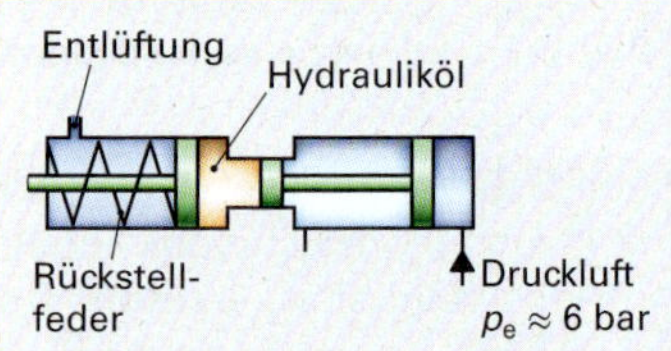

Bild 2: Druckübersetzer

$$Q = A \cdot s \cdot n \cdot \frac{p_e + p_{amb}}{p_{amb}}$$

$$Q = q \cdot n \cdot s$$

Bild 3: Luftverbrauch

Arbeitsauftrag:

1. Welcher Druck muss mindestens beim Einfahren eines doppeltwirkenden Zylinders vorhanden sein, damit eine Spannkraft von 2300 N erzeugt werden kann? (D = 80 mm; d = 25 mm; η = 90 %)
2. Ein doppeltwirkender Zylinder mit D = 100 mm soll eine Spannkraft von 2 kN erzeugen. Auf welchen Druck muss das Druckbegrenzungsventil vor dem Zylinder eingestellt werden?
3. Ermitteln Sie mithilfe des Tabellenbuches den Nenndurchmessers eines doppeltwirkenden Zylinders, der beim Ausfahren eine Spannkraft von mind. 4,8 kN bei 88 % Wirkungsgrad und 6 bar Betriebsdruck erzeugt.
4. Erklären Sie die Funktionsweise des Druckübersetzers in **Bild 2.**
5. Ermitteln Sie mithilfe des Tabellenbuches den Mindestkolbenstangendurchmesser für eine Hubkraft von 6 kN und einer Hublänge von 400 mm.

6. Erläutern Sie die Funktionsweise eines Mehrfachzylinders (Tandemzylinders) mit 2 bzw. 3 bzw. 4 hintereinander geschalteten Zylindern.
7. Erläutern Sie den Aufbau und die Funktionsweise von Doppelkolbenzylindern.
8. Vergleichen Sie die Daten eines Doppelkolbenzylinders mit denen eines einfachen doppeltwirkenden Zylinders gleichen Nenndurchmessers.
9. Beschreiben Sie den Aufbau und die Funktionsweise von kolbenstangenlosen Zylindern.
10. Ermitteln Sie mithilfe des Tabellenbuches den Luftverbrauch eines doppeltwirkenden Zylinders mit den technischen Daten $D = 70$ mm, $s = 80$ mm; $p_e = 6$ bar, $p_{amb} = 1$ bar bei 75 Hüben pro Minute und vergleichen Sie diese Werte mit den nach der Formel errechneten.
11. Aus einer Leckstelle, deren Querschnitt einem kreisrunden Loch von 0,6 mm Durchmesser entspricht, entweichen 12 Liter Luft je Minute. Wie viel Euro Verlust entstehen im Jahr, wenn 1 m^3 Luft den Betrieb 3 Cent kosten?
12. Was versteht man unter dem spezifischen Luftverbrauch?
13. Ermitteln Sie mithilfe des Tabellenbuches für einen Kolbendurchmesser $D = 60$ mm mit einem Hub von 30 mm den spezifischen Luftverbrauch q und den Luftverbrauch für 600 Hübe/min.
14. Mithilfe des doppeltwirkenden Zylinders wird durch das Zahnstangengetriebe (siehe **Bild**) eine Drehbewegung erzeugt. Bekannt sind:

    Modul $m = 2{,}5$ mm; Zähnezahl $z = 36$; Betriebsdruck $p_e = 4$ bar; Hub $s = 25$ mm; Hubzahl $n = 35$/min; Kolbendurchmesser $D = 70$ mm.

    Berechnen Sie:

    a) den Luftverbrauch in 8 h bei einem Nutzungsgrad von 90%.
    b) die Kraft F in der Zahnstange bei einem Wirkungsgrad von 90%.
    c) das Drehmoment des Zahnrades.
    d) den Drehwinkel α.

10.4.4.3 Druckluftmotoren

Zur Erzeugung von Drehbewegungen werden im Allgemeinen Elektromotoren eingesetzt. Braucht man hohe Startdrehmomente, hohe Drehzahlen, Überlastsicherheit und Explosionsschutz, werden Pneumatikmotoren verwendet.

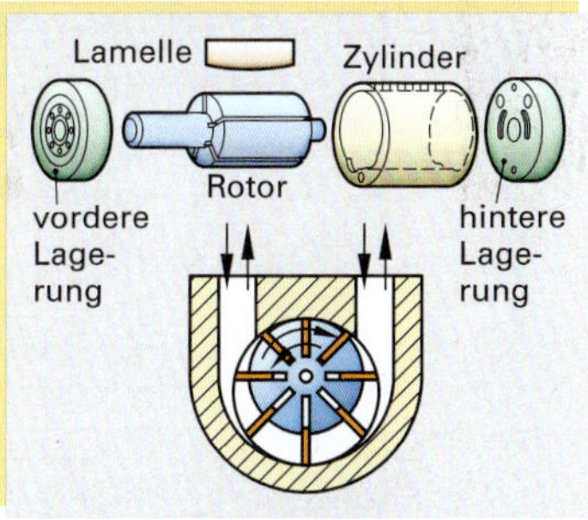

Bild 1: Lamellenmotor

Der Lamellenmotor **(Bild 1)** ist unter den Druckluftmotoren führend. Er ist einfach aufgebaut, robust, wartungsarm und kann im Normalfall bis zum Stillstand überbelastet werden. Lamellenmotoren werden als Schlag-, Winkel- bzw. Drehschrauber, Bohrsenker und Bohr-, Gewindeschneid-, Schleif- und Graviermaschinen eingesetzt.

Die Lamellen dichten bei laufendem Motor durch die Fliehkraft die Kammern gegeneinander ab. Diese Abdichtung ist allerdings schon beim Anlaufen notwendig, obwohl hier noch keine Fliehkraft wirkt. Deshalb werden die Lamellen im Bereich des Einlasses mit Druckluft unterblasen und gewähren damit eine Abdichtung auch im Stillstand. Eine andere konstruktive Maßnahme, um die Abdichtung beim Anfahren zu gewährleisten, ist der Einbau von Federn, die die Lamellen gegen das Gehäuse drücken.

Die Drehzahlen des Rotors liegen zwischen 10 000 min^{-1} und 100 000 min^{-1}. Durch Planetengetriebe werden diese Drehzahlen in den meisten praktischen Anwendungen verkleinert (bis zu 5 min^{-1}). Die Planetengetriebe können meist aus Baukastensystemen der Hersteller variiert werden, sodass für einen Motor mehrere Drehzahlvarianten zur Verfügung stehen. Um das zulässige maximale Drehmoment im Betrieb nicht zu überschreiten, werden meist Überlastkupplungen eingebaut. Die Leistungen von Lamellenmotoren liegen zwischen ca. 0,02 Watt und 5000 Watt.

Im Diagramm in **Bild 1, Seite 448,** ist das Leistungs- und Drehmomentverhalten und der Luftverbrauch des reglerlosen Druckluftmotors dargestellt. Drehmoment und Leistung sind von der Motordrehzahl abhängig. Jeder Motor hat seine eigene, spezifische Kennlinie. Es können somit Leistung und Drehmoment über der Drehzahl abgelesen werden. Umgekehrt ergibt sich bei bekannter Belastung die Drehzahl des Motors aus der Kennlinie.

Weichen die geforderten Daten von den Nenndaten des Motors (d.h. 100%) ab, so lässt sich mithilfe des in **Bild 2** dargestellten Diagrammes der einzustellende Betriebsdruck für einen Motor bestimmen.

Beispiel: Für einen Druckluftmotor mit $M_{nenn} = 10{,}5$ Nm und einer $n_{nenn} = 500\ \text{min}^{-1}$ ist der einzustellende Druck, für $n = 320\ \text{min}^{-1}$ bei $M = 8{,}8$ Nm zu berechnen.

Lösung:

$$y = \frac{M_{\text{gef, Motor}} \cdot 100\%}{M_{\text{nenn, Motor}}} = \frac{8{,}8\ \text{Nm} \cdot 100\%}{10{,}5\ \text{Nm}} = 83{,}3\%$$

$$x = \frac{n_{\text{gef, Motor}} \cdot 100\%}{n_{\text{nenn, Motor}}} = \frac{320\ \text{min}^{-1} \cdot 100\%}{500\ \text{min}^{-1}} = 68\%$$

Nach **Bild 2** ergibt sich $p = 4{,}2$ bar.

Beim einzustellenden Druck am Motor ergibt sich auch ein Druckabfall in der Zuleitung.

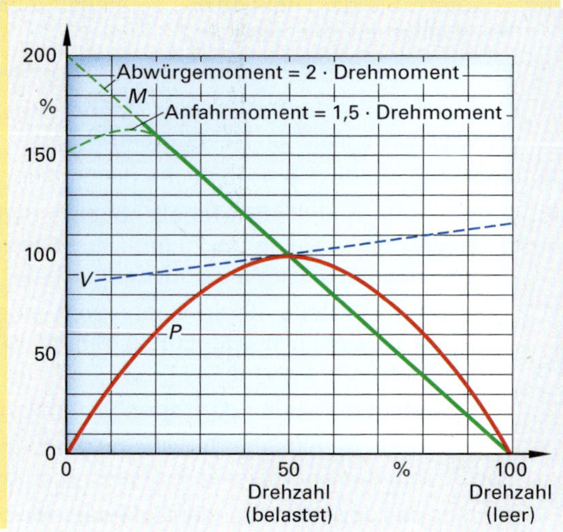

Bild 1: Diagramme

Beispiel: Durch einen Pneumatikschlauch mit $d_i = 13$ mm strömt eine Luftmenge von $\dot{V} = 3\ \text{m}^3/\text{min}$. Die Schlauchlänge beträgt 6 m. Wie groß ist der Druck am Ende des Schlauches, wenn mit 6,5 bar eingespeist wird? Wie ändert sich der Druckverlust bei Verwendung eines Schlauches mit $d_i = 15$ mm?

Lösung: In Bild 2 liest man einen Druckabfall für $d_i = 13$ mm auf 100 m Leitung von 30 bar ab:

$$\Delta p = \frac{\Delta p_{100} \cdot l_{\text{schlauch}}}{100\ \text{m}} = \frac{30\ \text{bar} \cdot 6\ \text{m}}{100\ \text{m}} = 1{,}8\ \text{bar}$$

Bei $d_i = 15$ mm ist $p = 0{,}9$ bar.

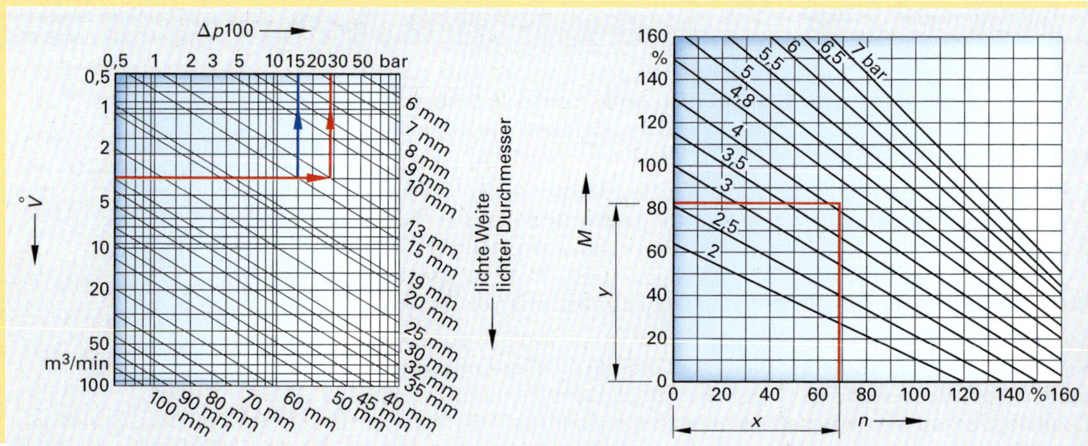

Bild 2: Druckdiagramme

Arbeitsauftrag:

1. Ein Motor benötigt 3,6 m³/min und muss mit einem Druck im Bereich von 4,4 bar bis 4,6 bar betrieben werden. Bislang verband ein Schlauch von 12 m Länge mit der NW 19 mm den Motor mit der Ringleitung. Welcher Druck war am Druckregler an der Ringleitung für diesen Zustand einzustellen? Wegen Umbauarbeiten an der Anlage wird ein Motor mit 5,0 m³/min Luftverbrauch, der im Bereich von 5,5 bar bis 5,7 bar betrieben werden muss, eingebaut. Reicht die Nennweite der Zuleitung noch aus, wenn an der Ringleitung maximal 6 bar zur Verfügung stehen?
2. Wie groß ist der einzustellende Druck für eine Drehzahl $n = 550\ \text{min}^{-1}$ und ein Drehmoment $M = 20$ Nm bei einem Druckluftmotor mit $M_{nenn} = 28{,}2$ Nm und $n_{nenn} = 750\ \text{min}^{-1}$?
3. Erläutern Sie Einsatzbereiche von Druckluftmotoren in Ihrem Betrieb.

10.4.5 Pneumatische Ventile

Die Druckluftübertragung zum Aktor erfolgt über Leitungen. Um am Aktor die geforderte Größe (z.B. Kraft, Drehmoment) zu erhalten, werden Ventile als Energiesteuerelemente eingebaut. Diese Ventile steuern und regeln gegebenenfalls die Druckluft. Nach ihrer Funktion werden sie in Wegeventile, Sperrventile, Druckventile und Stromventile unterteilt.

10.4.5.1 Wegeventile

Durch Wegeventile werden Start, Stop und Durchflussrichtung der Druckluft in einer pneumatischen Steuerung bestimmt. Dadurch werden Aktoren (z.B. Zylinder, Motoren) und die Schaltstellung anderer Wegeventile gesteuert. Es werden zwei grundsätzliche Bauformen unterschieden

Bei **Sitzventilen** dichten entweder Kugeln (Kugelsitzventile; **Bild 1**) oder Teller (Tellersitzventile; **Bild 2**) die Ventilsitze ab. Wird der Ventilstößel betätigt, so wird die Entlüftung von 2 nach 3 verschlossen und die Druckluft kann von 1 nach 2 strömen.

Bei **Schieberventilen** steuern Kolben, die in Längsrichtung verschoben werden, den Durchfluss der Druckluft **(Bild 3)**. Der Steuerkolben kann durch Druckbeaufschlagung auf die Steuerleitung 12 oder auf die Steuerleitung 14 verschoben werden. Dadurch strömt die Arbeitsluft einmal von 1 nach 2 (bei Druck auf 12) und einmal von 1 nach 4 (bei Druck auf 14) **(Bild 4)**. Zum Umschalten genügt ein kurzzeitiger Impuls auf die entsprechende Steuerleitung. Das Ventil speichert dann die entsprechende Schaltstellung so lange, bis ein Gegenimpuls erfolgt. Bei den Impulsventilen ist zu beachten, dass sie keine definierte Grundstellung besitzen.

Sitzventile

- haben kleine Betätigungswege und deswegen eine kurze Ansprechzeit
- verschleißen wenig und sind schmutzunempfindlich
- erfordern große Betätigungskräfte und müssen deshalb bei großen Nennweiten vorgesteuert werden

Schieberventile

- haben wegen des größeren Betätigungsweges längere Ansprechzeiten
- verschleißen mehr, da sie schmutzempfindlich sind.
- erfordern geringe Betätigungskräfte

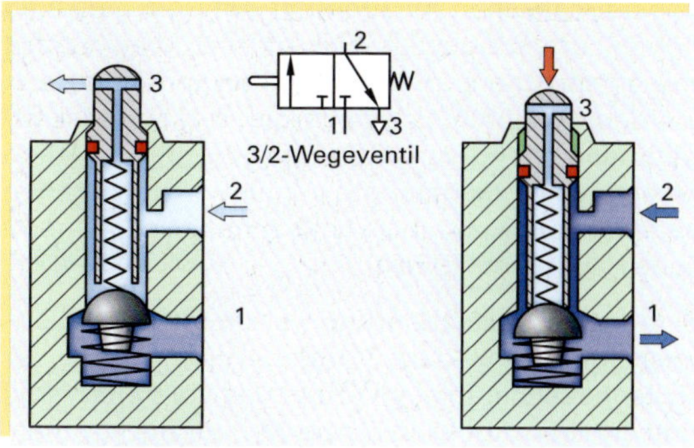

Bild 1: Kugelsitzventil

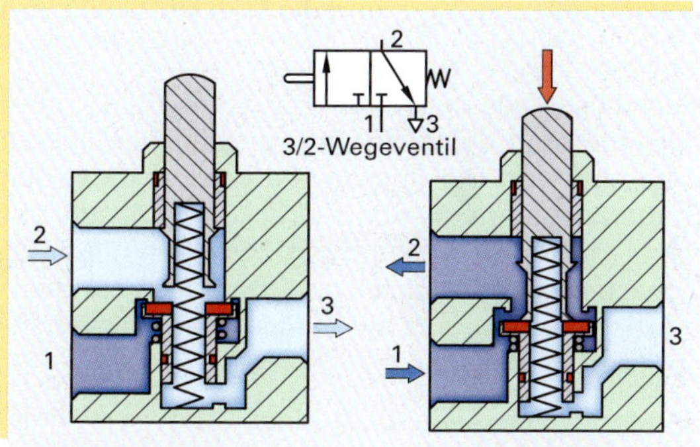

Bild 2: Tellersitzventil

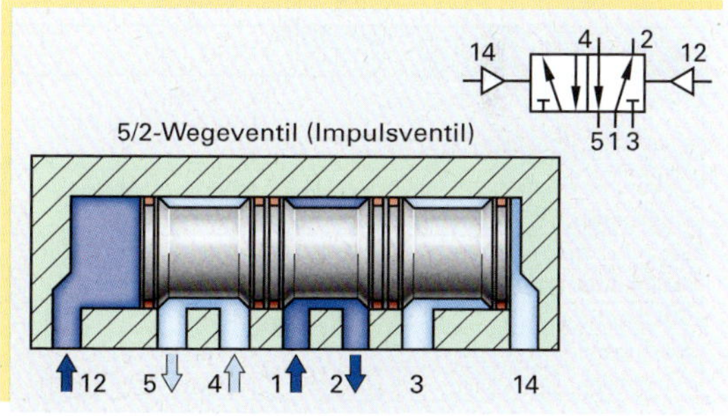

Bild 3: Längsschieberventil

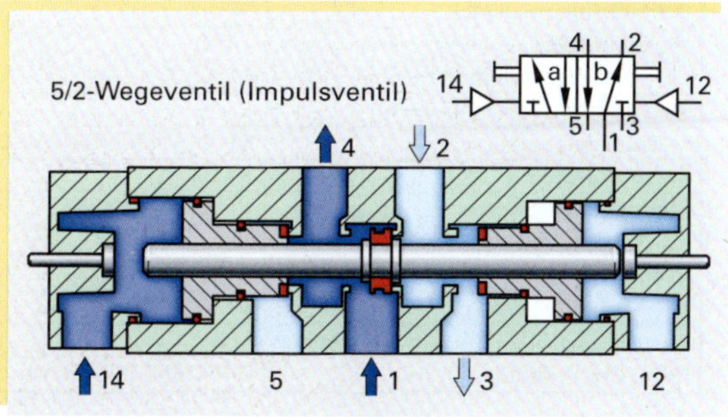

Bild 4: Schwebetellersitzventil

10

In pneumatischen Anlagen mit Aktoren, die einen hohen Luftverbrauch haben, müssen Wegeventile mit entsprechend großen Nennweiten eingesetzt werden, wodurch sich auch die Betätigungskräfte entsprechend vergrößern. In solchen Anlagen kommen indirekt betätigte Ventile zum Einsatz. Ein sogenanntes Vorsteuerventil schaltet das eigentliche Hauptventil **(Bild 1)**.

Eine kleine Zusatzbohrung verbindet den Druckanschluss 1 mit dem Vorsteuerventil. Wird der Rollenhebel betätigt, so öffnet das Vorsteuerventil und die Druckluft kann bis zur Membrane strömen. Diese bewegt sich nach unten und schließt über einen Teller die Entlüftungsmöglichkeit von 3 nach 2. Dann wird mithilfe des großen Stößels der zweite Ventilteller geöffnet und die Druckluft kann von 1 nach 2 strömen.

Nach Lösen des Rollenhebels wird der Raum über der Membran durch die Bohrung im Ventilhebel druckentlastet. Die Rückstellfeder kann dann den Steuerkolben nach oben drücken und schließt dabei zuerst die Verbindung zwischen 1 und 2. Danach wird von 3 nach 2 entlüftet. Das Vorsteuerprinzip lässt sich auf die verschiedensten Betätigungsarten anwenden.

Bild 2 zeigt ein Datenblatt eines 3/2-Wegeventils, aus dem konstruktive Merkmale wie Anschlussgewinde usw. hervorgehen.

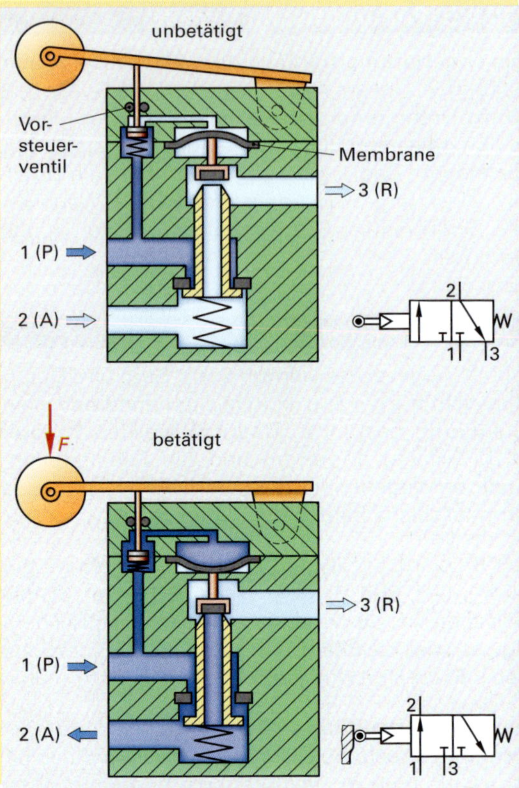

Bild 1: Vorsteuerprinzip

Merkmal	Wert
Schaltfunktion Symbol	3/2-Wegeventil, Grundstellung gesperrt
Schaltfunktion Kurzbeschreibung	3/2
Strömungsrichtung reversibel	nein
Funktionsprinzip	Schieber
Form Funktionselement	Kolben
Abluft drosselbar	nein
Steuerart	indirekt
Stelleigenschaft	monostabil
Rückstellart	pneumatische Feder
Steuerhilfsluft extern	ja
Befestigungsart	Schraubbefestigung
Nennweite	8 mm
Betriebsdruck minimal	–0,9 bar
Betriebsdruck maximal	10 bar
Umgebungstemperatur minimal	– 5 °C
Umgebungstemperatur maximal	50 °C
Mediumstemperatur minimal	– 5 °C
Mediumstemperatur maximal	50 °C
Steuerdruck min.	2,5 bar
Steuerdruck maximal	10 bar
Nenngröße Schlauchanschluss Druckluft- und Arbeitsleitung	8 mm
Nenngröße Entlüftung	M8
Anschlussgewinde Steuerh. Entlüftung	M 5
Norm Steckerbild	DIN 43650-1 Gerätesteckdose

Merkmal	Wert
Betätigung/Rückstellung	Spule vorgesteuert, dominant/pneum. Betätigung
Handhilfsbefestigung	Stoßend, selbstrückstellend/drehend, rastend
Schaltzustandsanzeige	nein
Werkstoff Deckel	PA
Werkstoff Gehäuse	Aluminium-Druckguss
Werkstoff Dichtungen	NBR
Produktgewicht	0,15 kg
Normal-Nenn-Durchfluss 1 - 2	850 l/min
Normal-Nenn-Durchfluss 2 - 3	850 l/min
Schaltzeit EIN/UM (dom)	28 ms
Schaltzeit AUS/UM	18 ms
Spannungsart	DC
Nenn-Gleichspannung	24 V
Nenn-Leistung (DC)	1,5 W
Einschaltdauer Magnet	100 %
Betriebsmedium	gefilterte (40 µm) Druckluft
Steuermedium	gefilterte (40 µm) Druckluft
Schutzart	IP65

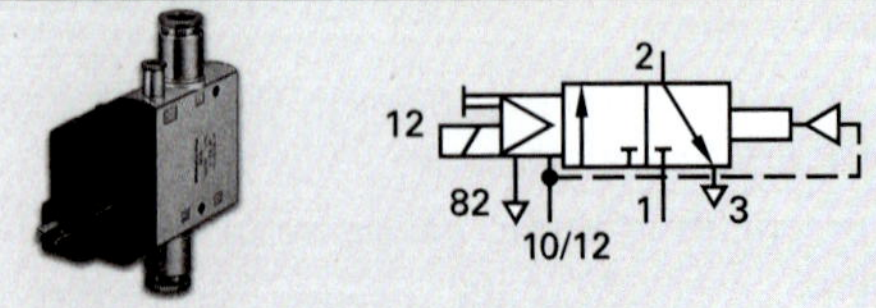

Bild 2: Datenblatt

10.4.5.2 Sperr- und Stromventile

Sperrventile beeinflussen die Richtung der Druckluft; z.B. Rückschlagventil, Wechselventil und Zweidruckventil. **Stromventile** beeinflussen die Durchflussmenge. Das wichtigste Stromventil ist das Drosselventil. Relativ häufig findet man Kombinationen von Sperr- und Stromventilen.

Rückschlagventile (Bild 1) sperren den Durchfluss in einer und geben ihn in der anderen Richtung frei. Sie verhindern bei Spannzylindern den plötzlichen Spanndruckabfall im Zylinder bei Druckausfall.

Wechselventile (Bild 2) erfüllen in pneumatischen Steuerung die Funktion des logischen ODER-Gliedes. Sie besitzen zwei Eingänge (10, 11) und einen Ausgang (2). Die Druckluft strömt zum Ausgang, wenn eine der beiden Eingangsleitungen oder beide gleichzeitig unter Druck stehen. **Zweidruckventile (Bild 2)** erfüllen in pneumatischen Steuerungen die Funktion des logischen UND-Gliedes. Zweidruckventile besitzen zwei Steueranschlüsse (10, 11) und einen Ausgang (2). Die Druckluft strömt nur zum Ausgang, wenn beide Steuereingänge unter Druck stehen. Sowohl beim Zweidruck- als auch beim Wechselventil ist konstruktiv gewährleistet, dass keine Druckluft von einer Steuerleitung in die andere strömen kann.

Das **Drosselrückschlagventil (Bild 3)** stellt eine Kombination von Drossel- und Rückschlagventil dar. In einer Strömungsrichtung ist eine stufenlose Regulierung des Durchflusses möglich, während in der Gegenrichtung die Druckluft freien Durchgang hat. Diese Ventile werden zur Beeinflussung von Kolbengeschwindigkeiten eingesetzt.

Das **Verzögerungsventil (Bild 4)** setzt sich aus einem Drosselrückschlagventil, einem 3/2-Wegeventil und einem Speicher zusammen. Steht an Steuereingang 12 Druckluft an, so füllt sich – je nach Drosselstellung – der Speicher mehr oder weniger schnell. Ist der notwendige Steuerdruck vorhanden, schaltet das Ventil. Die Zeit zum Aufbau des Schaltdruckes nennt man Zeitverzögerung des Ventils. Bei Entlüftung schaltet das Ventil in die Ausgangsstellung, wobei auch der Speicher geleert wird.

Ein rasches Entlüften von Leitungen ermöglichen **Schnellentlüftungsventile (Bild 5).** Dabei wird nicht bis zum Stellglied entlüftet, sondern direkt am Schnellentlüftungsventil. Das Ventil sitzt direkt am Arbeitsglied, wodurch der Entlüftungsweg möglichst kurz gehalten wird. Durch diese Ventile werden größere Kolbengeschwindigkeiten durch schnelleres Entlüften erreicht.

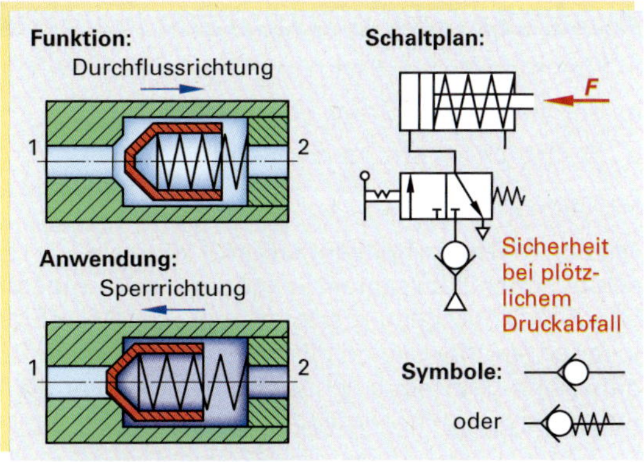

Bild 1: Rückschlagventil

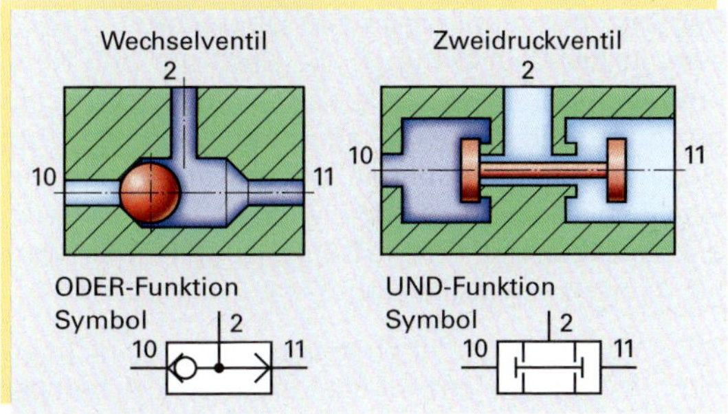

Bild 2: Logikventile

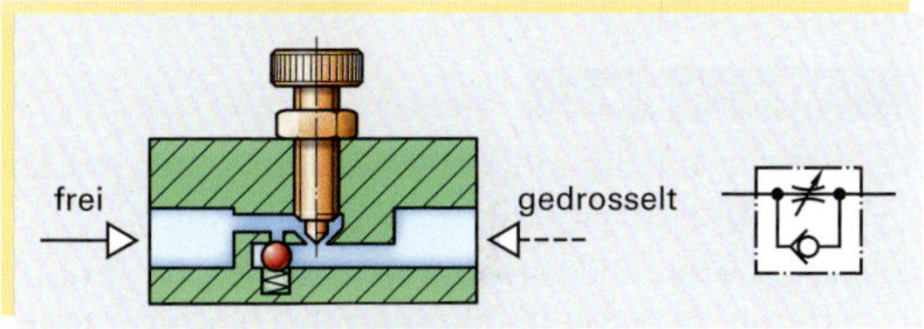

Bild 3: Drosselrückschlagventil

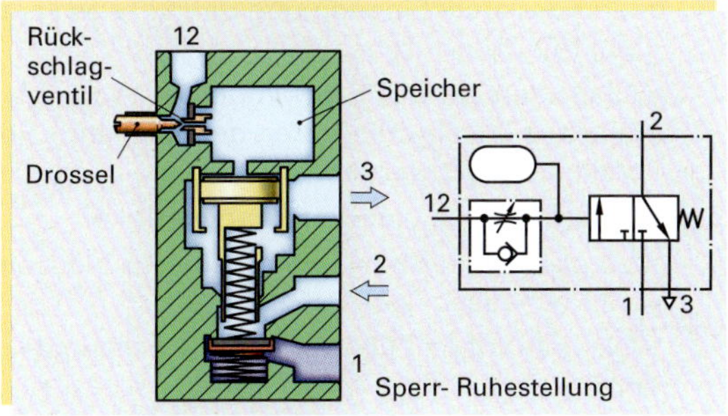

Bild 4: Verzögerungsventil

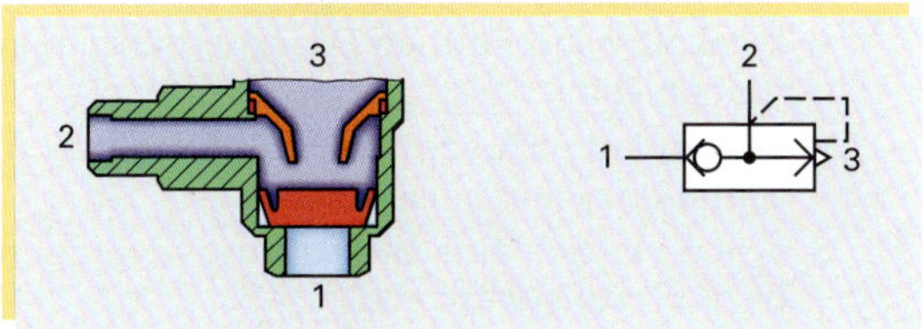

Bild 5: Schnellentlüftungsventil

10.4.5.3 Pneumatische Druckventile

In Pneumatikanlagen wird mithilfe der Druckventile

- der anstehende Druck oder
- der Druck der strömenden Luft

beeinflusst.

Mit einem **Druckregelventil (Bild 1)** kann ein vom Primärdruck unterschiedlicher konstanter Sekundärdruck eingestellt und geregelt werden. Die Regelung erfolgt über eine Membran und eine Feder. In jeder Wartungseinheit findet sich ein solcher Druckregler. Außerdem kann über ein solches Druckregelventil die Kolbenkraft eines Zylinders geregelt werden.

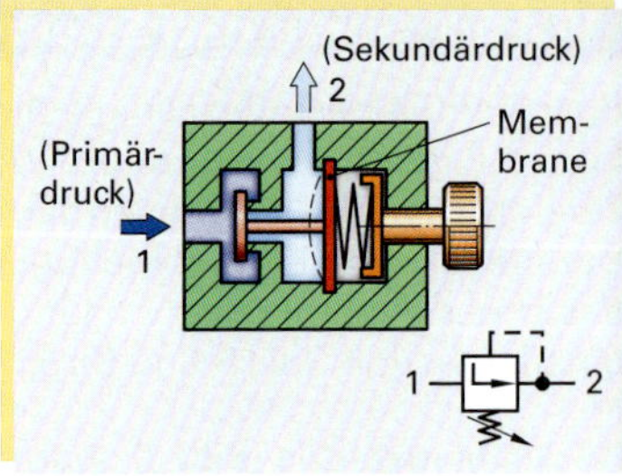

Bild 1: Druckregelventil

Druckbegrenzungsventile und **Zuschaltventile** – auch **Folgeventile** genannt – sind vom Funktionsprinzip ähnlich **(Bild 2).** Beim Druckbegrenzungsventil wird beim Überschreiten des einstellbaren Druckes in der Druckseite (1) die Kraft auf den Kolben größer als die entgegen gerichtete Federkraft. Dadurch wird eine Entlüftung (Leitung 3 in **Bild 2**) zum Umgebungsdruck geöffnet. Der Druck kann sich nun solange abbauen, bis der eingestellte Druck unterschritten ist. Dann schließt das Ventil wieder, da die Federkraft nun größer als die Druckkraft ist. Solche Begrenzungsventile werden hauptsächlich als Sicherheitsventile eingesetzt.

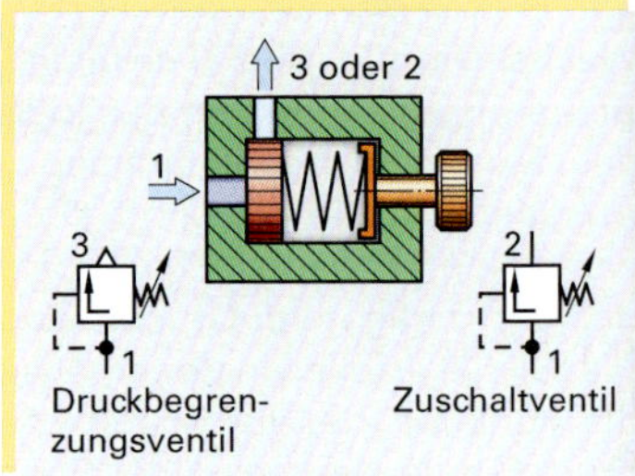

Bild 2: Folgeventil

Beim Folgeventil oder Zuschaltventil wird nicht entlüftet. Durch Öffnen des Kolbens strömt die Luft in eine Arbeitsleitung (Leitung 2 in **Bild 3**). Diese Leitung geht meist an die Steuerleitung eines Wegeventils, um diese zu schalten.

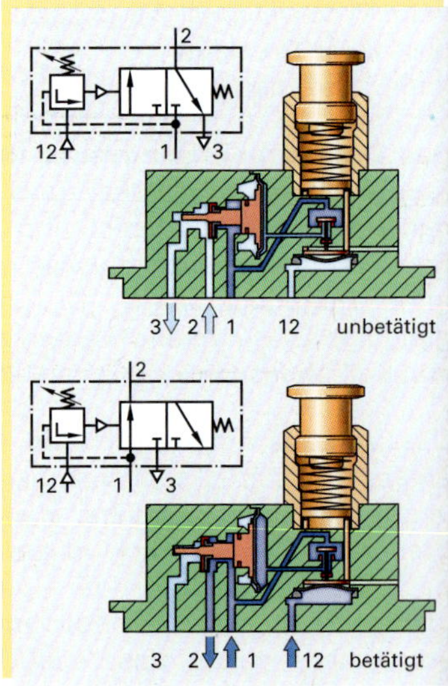

Bild 3: Druckschaltventil

Arbeitsauftrag:

1. Skizzieren Sie ein Verzögerungsventil mit Durchfluss-Nullstellung und beschreiben Sie die Funktion.
2. Skizzieren Sie ein pneumatisches 5/2-Impulsventil (Schieberventil) mit Handhilfsbetätigung und Vorsteuerung
3. Wieso kann durch ein Zweidruck-Ventil Luft strömen, wenn zuerst der erste Eingang und dann etwas später der zweite Eingang mit Druckluft beaufschlagt wird?
4. Wieso kann die ODER-Funktion des Wechselventils nicht durch einfaches Zusammenführen der Ausgänge von zwei 3/2-Wegeventilen ersetzt werden?
5. Beschreiben Sie die Steuerung in **Bild 4.**
6. Was passiert in **Bild 4,** wenn die Anschlüsse beim Rückschlagventil vertauscht werden?
7. Welche Aufgaben übernehmen Druckventile in Pneumatikanlagen?
8. Erklären Sie die Funktionsweise des Druckregelventils in **Bild 5** bei Druckschwankungen.
   a) Weshalb schreibt man Druckbegrenzungsventile bei Steuerungen vor?
   b) Wie ändert sich der Sekundärdruck, wenn man die Einstellschraube weiter einschraubt?
   c) Wie wirkt sich eine verklemmte bzw. gebrochene Feder auf die Funktionsweise aus?
   d) Erklären Sie die Notwendigkeit der Bohrungen „3“.

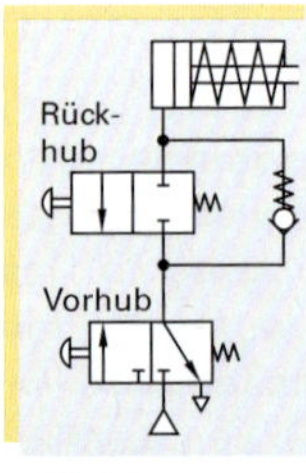

Bild 4

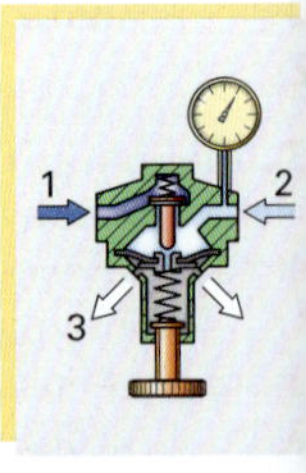

Bild 5

10.4.6 Grundschaltungen

Müssen komplexere Schaltungen entworfen werden, so sind Kenntnisse über die unterschiedlichen Eigenschaften der pneumatischen Elemente unerlässliche Voraussetzungen. So sollten die konstruktiven Unterschiede (z. B. Schieber- und Sitzventile) und die daraus resultierenden Eigenheiten wie Umschaltverhalten (schleichend oder sprungartig) bekannt sein. Weiterhin sind die Eigenschaften der Ventile hinsichtlich Betätigungsart, Betätigungskraft und Durchströmverhalten wichtige Voraussetzungen für den Aufbau von funktionsfähigen Schaltungen. Die Analyse verschiedenster Schaltpläne zeigt, dass sie sich immer wieder aus den folgenden Grundschaltungen zusammensetzen.

10.4.6.1 Einfacher Vor- und Rücklauf bei Zylindern

Eine der elementarsten Aufgaben in der Pneumatik ist es, einen Zylinder (einfach- oder doppeltwirkend) aus- und wieder einfahren zu lassen. Hierzu gibt es die verschiedensten Möglichkeiten.

Direkte Ansteuerung eines einfachwirkenden Zylinders

Der Zylinder –MM1 fährt bei Betätigung des 3/2-Wegeventils –SJ1 aus. Wird –SJ1 nicht mehr betätigt, so fährt es in seine Ausgangsstellung zurück (Rückstellfeder). Der Zylinder –MM1 fährt ebenfalls federrückgestellt in seine Ausgangslage; d.h., der Zylinder erreicht nur seine vordere Endlage, wenn für die Zeitdauer des Ausfahrens –SJ1 betätigt ist **(Bild 1)**.

Die direkte Ansteuerung sollte nur gewählt werden, wenn kein zu großes Zylindervolumen vorliegt und der Schaltvorgang nur von einem Signalglied aus gesteuert wird. Sie ist allerdings kostengünstiger als die indirekte Ansteuerung, da man nur ein 3/2-Wegeventil braucht.

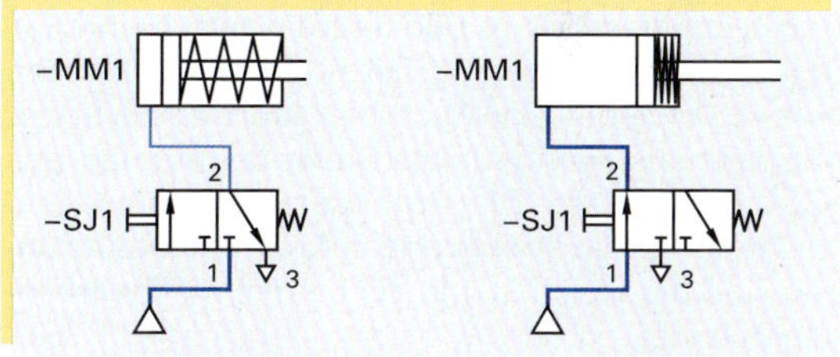

Bild 1: Direkte Ansteuerung eines einfachwirkenden Zylinders

Indirekte Ansteuerung eines einfachwirkenden Zylinders

Diese Steuerung **(Bild 2)** hat die gleiche Funktionsweise wie die obige, wobei hier ein druckbetätigtes 3/2-Wegeventil als Stellglied zusätzlich eingebaut ist. Die indirekte Ansteuerung bringt vor allem bei großvolumigen Zylindern Vorteile, da das Signalglied –SJ1 klein dimensioniert werden kann (somit Gewinn an Handlichkeit und kurze Schaltzeiten). Nur das Stellglied –QM1 (auch Leistungsventil genannt) ist den Zylinderabmessungen und Durchflussmengen anzupassen. Des Weiteren kann man mit kleinen Signalleitungen von –SJ1 nach –QM1 arbeiten. Es sind dann lediglich die kurzen Zuleitungen zum Stellglied –QM1 den Zylinderkenndaten entsprechend zu dimensionieren. Diese kurzen Strecken haben den Vorteil, dass der Totraum entsprechend klein wird und sich damit auch der Luftverbrauch minimiert.

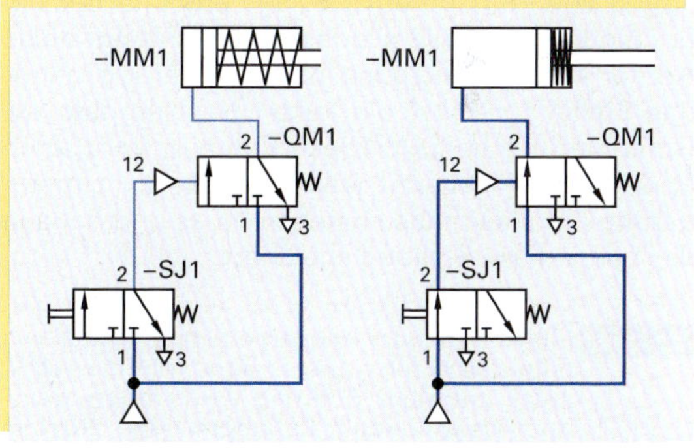

Bild 2: Indirekte Ansteuerung eines einfachwirkenden Zylinders

Direkte Ansteuerung eines doppeltwirkenden Zylinders

In **Bild 3** fährt der Zylinder –MM1 bei Betätigung des 5/2-Wegeventils aus und durch Umschalten wieder ein. Hier könnte auch ein 4/2-Ventil zum Einsatz kommen. Dieses wird nur über einen Ausgang entlüftet und es ist nicht mehr möglich, wie beim 5/2-Ventil die Abluft von Vor- und Rücklauf getrennt zu erfassen.

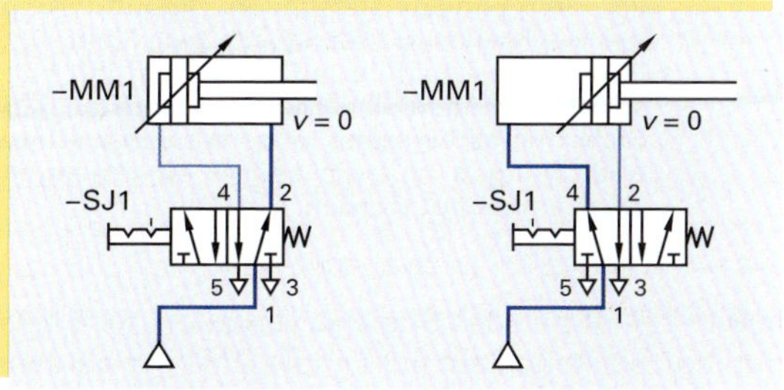

Bild 3: Direkte Ansteuerung eines doppeltwirkenden Zylinders

Im Unterschied zum einfachwirkenden Zylinder braucht der doppeltwirkende für den Vor- und den Rückhub je eine Druckbeaufschlagung. Dadurch muss das zugehörige Stellglied zwei gesteuerte Druckluftausgänge besitzen. Das am häufigsten eingesetzte Stellglied ist ein 5/2-Wegeventil. Es besitzt 2 Arbeitsleitungen (2; 4), 2 Entlüftungen (3; 5) und einen Anschluss zur Druckluftzufuhr (1). In der einen Schaltstellung strömt Luft von 1 → 2 und es wird über 4 → 5 entlüftet. In der anderen strömt Luft von 1 → 4, es wird über 2 → 3 entlüftet. Je nach Betätigungsart ergeben sich mehrere Möglichkeiten der Ansteuerung. Grundsätzlich besteht auch die Möglichkeit, den Vor- und Rücklauf mit zwei getrennten 3/2-Wegeventilen zu steuern, wobei hierbei aber Signalüberschneidungen (siehe auch Kapitel 10.4.6.6) beachtet werden müssen.

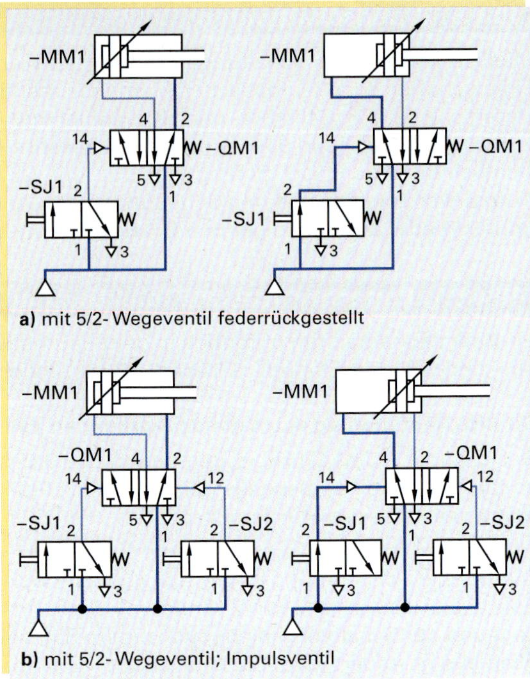

Bild 1: Indirekte Ansteuerung eines doppeltwirkenden Zylinders

Indirekte Ansteuerung eines doppeltwirkenden Zylinders

Der Zylinder –MM1 in **Bild 1a** fährt aus, wenn das Signalglied –SJ1 betätigt ist und nach Loslassen von –SJ1 wieder ein. Auch hier fährt der Zylinder nur ganz aus, wenn für die Dauer des Ausfahrens –SJ1 betätigt ist. Die grundsätzlichen Vor- und Nachteile für die direkte und indirekte Ansteuerungen sind die gleichen wie die beim einfachwirkenden Zylinder.

Zu der Steuerung in **Bild 1b** gibt es keine direkte Alternative. Der Zylinder –MM1 fährt bei Betätigung von –SJ1 bis zur Endlage aus und nur bei Betätigung von –SJ2 wieder ein. Man nennt diese Art der Ansteuerung auch Impulssteuerung, da für das Stellglied –QM1 ein kurzer Druckimpuls zur Umsteuerung genügt. Diese Ventilart wird auch Speicherventil genannt, weil das Signal zur Umsteuerung nur als Impuls anstehen muss und danach das Ventil diese Stellung speichert.

Beispiel: Ein vorhandener Handarbeitsplatz **(Bild 2)** soll teilweise automatisiert werden. In ein Werkstück mit einer Bohrung wird mittels eines doppeltwirkenden Zylinders eine Buchse eingepresst. Das Ausfahren des Zylinders geschieht durch Betätigung eines Tasters. Das Einfahren soll automatisch nach Erreichen der vorderen Endlage stattfinden. Die Zuführung der Buchsen und Werkstücke geschieht von Hand. **Diese Ausführung der Steuerung entspricht nicht den Sicherheitsvorschriften. Zur Sicherheitssteigerung müssen noch weitere Bedingungen, auf die später eingegangen wird, eingebaut werden.**

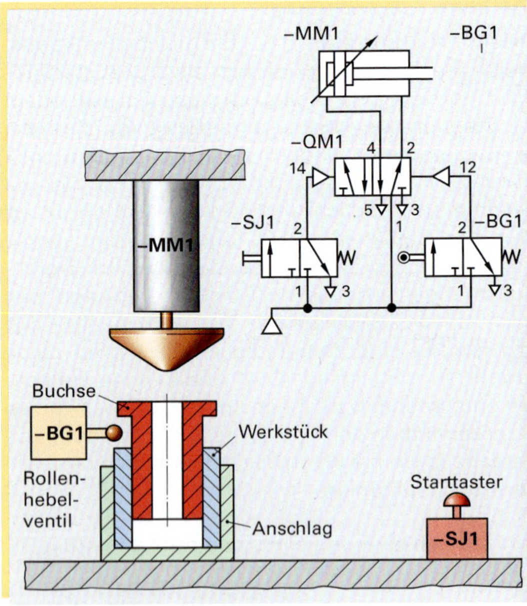

Bild 2: Einpressvorrichtung

In **Bild 2** zeigt sich das Speicherverhalten des 5/2-Ventils –QM1. Wird –SJ1 bis zum Erreichen der Endlage betätigt, so stehen am 5/2-Ventil –QM1 auf beiden Seiten die Drücke zum Umsteuern an. Eine Umsteuerung kann erst erfolgen, wenn –SJ1 losgelassen wird. Das 5/2-Impulsventil ist also ein Speicher mit dominantem Verhalten für das zuerst ankommende Signal.

Fixieren und Anhalten in Zwischenstellungen

Bei der Schaltung in **Bild 1** ist es möglich, durch Tippbetrieb sowohl im Vor- (mit –SJ1) als auch im Rückhub (mit –SJ2) den Zylinder in beliebigen Lagen anzuhalten und zu fixieren. Als Stellglied kommt hier ein 5/3-Wegeventil mit Sperr-Mittelstellung zum Einsatz. Die beiden anderen Schaltstellungen des Stellgliedes sind die gleichen wie bei einem 5/2-Wegeventil. Die beiden Federn bringen das nicht betätigte Ventil in die Mittelstellung und gewährleisten somit eine definierte Nullstellung.

Zu dieser Schaltung ist zu sagen, dass die exakte Positionierung einer Zylinderstange mithilfe der Pneumatik wegen der Kompressibilität der Luft nicht möglich ist. Beim 5/3-Wegeventil mit Sperr-Ruhestellung wird der Zylinder in der Ruhestellung von –QM1 fixiert; d.h. er ist nicht verschiebbar. Benutzt man ein 5/3-Wegeventil mit Schwimm-Ruhestellung, so ist der Zylinder in der Ruhestellung von –QM1 verschiebbar.

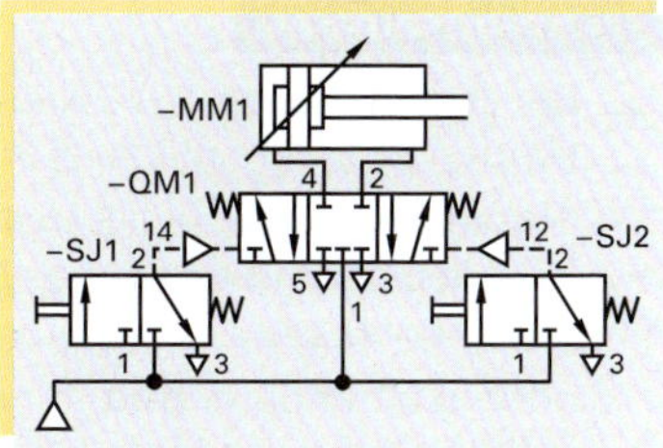

Bild 1: Fixieren und Anhalten

10.4.6.2 Geschwindigkeitsbeeinflussung

In vielen praktischen Anwendungen muss die Aus- und/oder die Einfahrgeschwindigkeit des Zylinders einstellbar sein.

Beispiel: Die Aufgabe von Seite 453 wird so erweitert, dass die Ausfahrgeschwindigkeit des Zylinders einstellbar und die Einfahrgeschwindigkeit möglichst groß ist **(Bild 2)**.

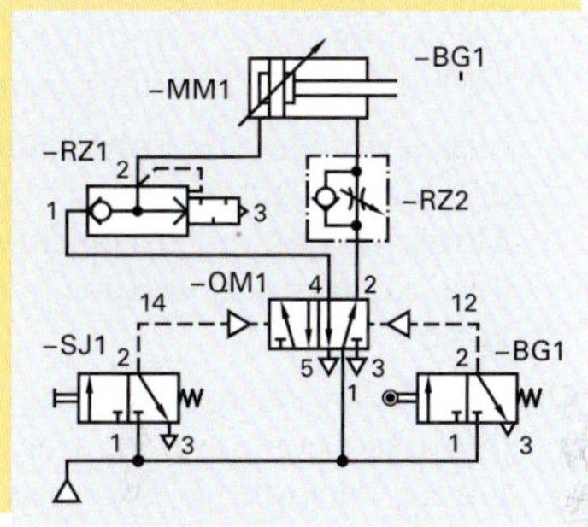

Bild 2: Einpressvorrichtung

Die Beispielaufgabe zeigt, dass es grundsätzlich zwei verschiedene Möglichkeiten gibt, die Geschwindigkeit zu beeinflussen. Einerseits wird versucht, die Kolbengeschwindigkeit möglichst **groß** zu machen, während andererseits die Geschwindigkeit **zu verringern** ist.

Schnellentlüftungsventile stellen rein steuerungstechnisch die einzige Möglichkeit dar, die Geschwindigkeit zu erhöhen. Sollte dies nicht ausreichen, so müssen andere Ventile (mit größeren Anschlussquerschnitten) eingebaut werden.

Zur Verringerung der Geschwindigkeit kommen hauptsächlich **Drosselrückschlagventile** zum Einsatz. Je nach Einbaustelle unterscheidet man Abluft- und Zuluftdrosselung.

Die **Zuluftdrosselung (Bild 3)** sollte möglichst nicht angewendet werden, da schon kleine Lastschwankungen starke Unregelmäßigkeiten in der Kolbenbewegung zur Folge haben können.

Wird mit der **Abluftdrosselung (Bild 3)** gearbeitet, so bewegt sich der Kolben zwischen zwei Luftpolstern (dem der Zuluft und dem der Abluft). Er wird dadurch geführt und bewegt sich gleichmäßig. Aus diesem Grund wird die Abluftdrosselung bevorzugt angewendet. Bei kurzhubigen Zylindern ist die Abluftdrosselung nicht anwendbar, da sich hier kein genügend großes Luftpolster aufbauen kann.

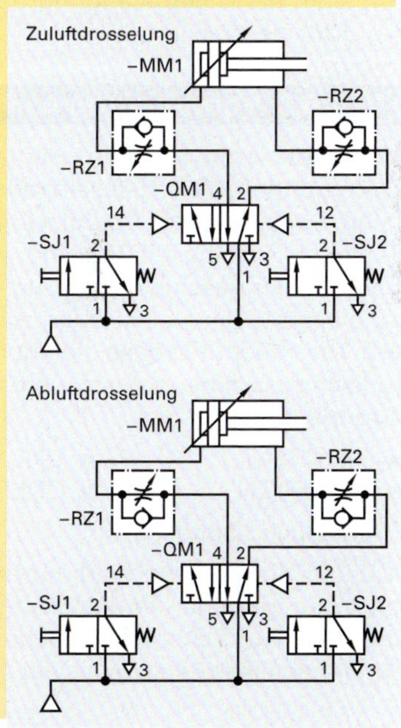

Bild 3: Zu- und Abluftdrosselung

Bei einfachwirkenden Zylindern kann der Vorhub nur durch die Zuluft gedrosselt werden, während der Rückhub durch Abluft gedrosselt wird **(Bild 4)**. Weiterhin besteht die Möglichkeit, auch Geschwindigkeitsänderungen während des Hubes zu erreichen. In **Bild 1** auf der nächsten Seite fährt der Kolben zuerst mit Maximalgeschwindigkeit aus, bei Betätigung des Drosselrückschlagventils wird die Abluft gedrosselt und somit die Ausfahrgeschwindigkeit reduziert. Der Rückhub erfolgt mit Maximalgeschwindigkeit.

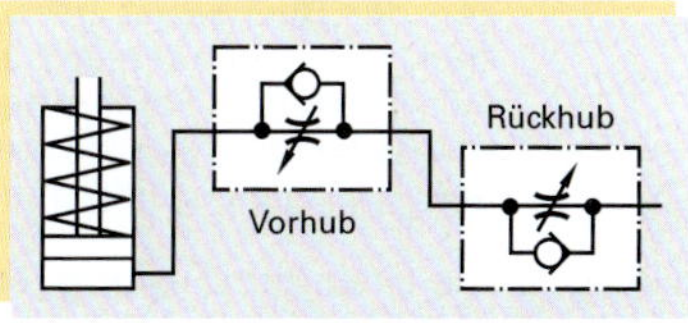

Bild 4: Drosselung einfachwirkender Zylinder

10

Arbeitsauftrag:

1. Beurteilen Sie, ob das Fixieren und Anhalten eines doppeltwirkenden Zylinders mit zwei 3/2-Wegeventilen Sinn macht.
2. Entwerfen Sie einen Schaltplan für einen einfachwirkender Zylinder, der mit einem 5/2-Wegeventil gesteuert werden soll.
3. Erläutern Sie, ob sich die Kolbenstange in nebenstehendem **Bild** in der Ausgangsstellung bewegen lässt. Wie verhält sich die Kolbenstange bei Schalterbetätigung?

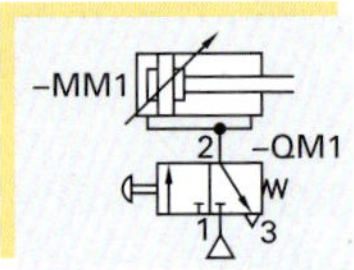

4. Warum baut man die Drossel zur Steuerung der Kolbengeschwindigkeit nicht vor dem Stellglied, sondern nach dem Stellglied ein?
5. Skizzieren Sie eine Schaltung, in der ein doppeltwirkender Zylinder bis zur Mitte seines Vorhubes mit reduzierter und ab der Mitte mit maximaler Geschwindigkeit ausfährt. Präsentieren Sie Ihre Lösung und vergleichen Sie unterschiedliche Lösungsansätze.
6. Die Druckluft muss in einer Leitung in beiden Richtungen gedrosselt werden. Es stehen aber nur Drosselrückschlagventile zur Verfügung. Zeichnen Sie den Schaltplan.
7. Entwerfen Sie für folgendes Problem einen Schaltplan: Ein Motor mit Rechts- und Linkslauf soll von Hand gesteuert werden. Bei Nichtbetätigung des Ventils muss die Bewegung des Motors blockiert sein.

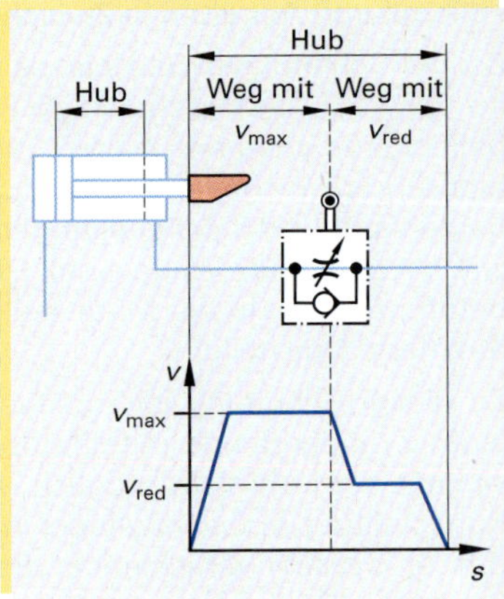

Bild 1: Geschwindigkeitsbeeinflussung

Tabelle 1: Identität

Schaltalgebra	Logikplan	Wertetabelle
Funktionsgleichung E1 = A1 E1 gleich A1	E1 → [=] → A1	E1 | A1 0 | 0 1 | 1

10.4.6.3 Verknüpfung von Signalen

In komplexeren Steuerungsanlagen gibt es sehr häufig mehrere Bedingungen, die erfüllt sein müssen, um ein Arbeitsglied anzusprechen. So darf z. B. ein Spannzylinder erst dann ausfahren, wenn zwei Taster gleichzeitig betätigt sind, ein Teil in der Spannstation liegt, das Schutzgitter geschlossen ist etc. Das Stellglied (z. B. 5/2-Wegeventil) zu diesem Zylinder hat aber nur je einen Anschluss zum Umsteuern. Dies bedeutet, dass die notwendigen Signale zur Umsteuerung logisch zusammengefasst werden müssen. Man unterscheidet vier Grundverknüpfungen:

- IDENTITÄT
- NEGATION
- UND
- ODER

(siehe auch Kapitel 10.2).

Mithilfe dieser Grundverknüpfungen lassen sich sämtliche komplexeren logischen Verknüpfungen zusammenstellen. Die Identität ist schon auf Seite 453 vorgestellt worden. Sie bedeutet, dass bei Anstehen eines Einssignals ein Ausgang gesetzt wird **(Tabelle 1)**.

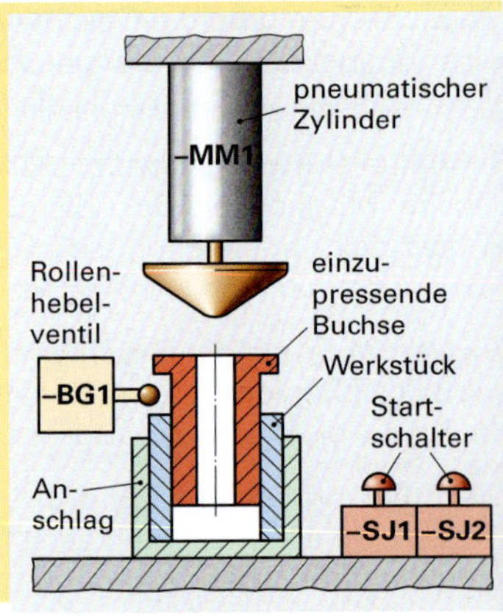

Bild 2: Einpressvorrichtung

UND-Verknüpfung

Beispiel: Der Anschlag für die Aufnahme des Werkstückes zum Einpressen der Buchse ist geändert worden. Es muss gewährleistet sein, dass der Werker beim Einpressen der Buchse die Hände außerhalb des Gefahrenbereiches hat. Deswegen darf der doppeltwirkende Zylinder nur ausfahren, wenn zwei Schalter –SJ1 und –SJ2 gleichzeitig gedrückt sind **(Bild 2)**.

Die logische Grundbedingung lautet, dass am Ausgang A1 nur dann ein Einssignal anliegt, wenn an beiden Eingangssignalen E1 und E2 auch ein Einssignal ansteht **(Tabelle 2)**.

Tabelle 2: UND-Verknüpfung

Schaltalgebra	Logikplan	Wertetabelle
Funktionsgleichung E1∧E2 = A1 E1 UND E2 gleich A1 ∧ Zeichen für die UND-Verknüpfung	E1, E2 → [&] → A1	E1 | E2 | A1 0 | 0 | 0 1 | 0 | 0 0 | 1 | 0 1 | 1 | 1

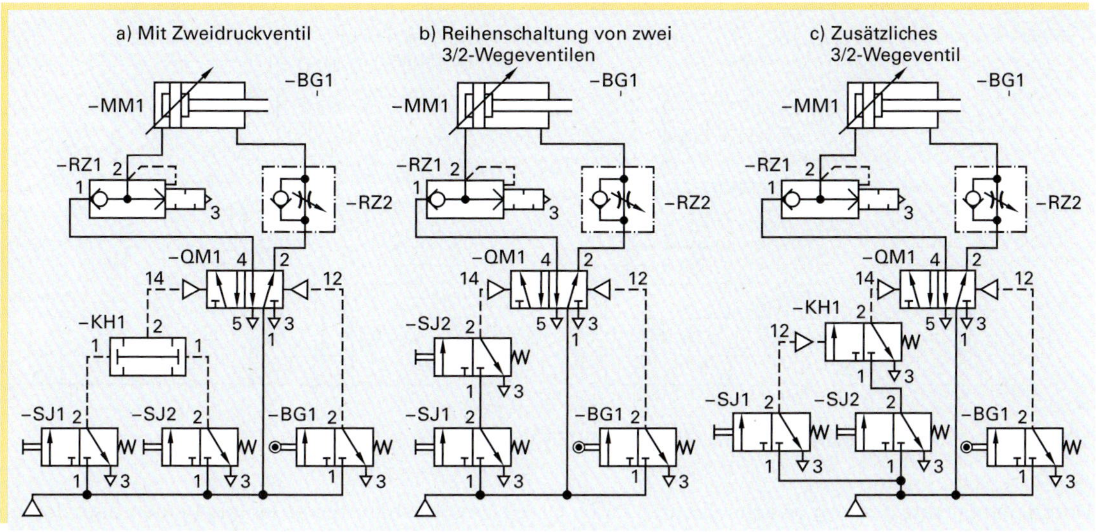

Bild 1: UND-Verknüpfung

Durch den Einsatz des sogenannten **Zweidruckventils** (auch UND-Ventil genannt) werden die beiden Signale von –SJ1 und –SJ2 logisch so zusammengefasst, dass das Stellglied –QM1 nur dann umschaltet, wenn –SJ1 **UND** –SJ2 betätigt sind **(Bild 1a)**. Hier können die Signale von –SJ1 und –SJ2 noch in anderen Signalverknüpfungen verarbeitet werden. Allerdings kommt am Ausgang des Zweidruckventils immer das schwächere und langsamere der beiden vorhandenen Eingangssignale an.

Die preiswerteste Methode ist die Reihenschaltung von zwei 3/2-Ventilen. Hierdurch kann dann allerdings das Eingangssignal von –SJ2 nicht mehr in anderen logischen Verknüpfungen eingearbeitet werden, da es nur bei Betätigung von –SJ1 Energie hat **(Bild 1b)**.

Die zusätzliche Verwendung eines druckbetätigten 3/2-Ventils ist einerseits teuer. Andererseits besitzt diese alle Vorteile der Zweidruckventil-Lösung und gewährleistet zusätzlich, dass bei unterschiedlich starken Eingangssignalen das schwächere am Anschluss 12 von –KH1 und das stärkere am Anschluss 1 von –KH1 angeschlossen werden kann. So erscheint am Ausgang von –KH1 immer das stärkere Signal **(Bild 1c)**.

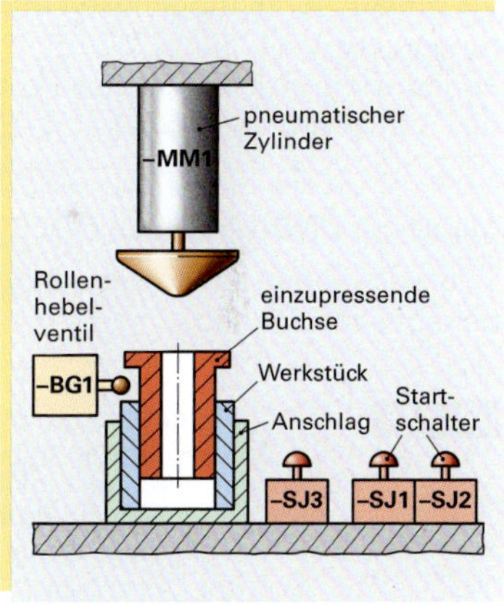

Bild 2: Einpressvorrichtung

ODER-Verknüpfung

Beispiel: Die Aufgabenstellung muss weiter ausgebaut werden, da sich konstruktive Probleme am Grenztaster –BG1 für die Rückfahrt ergaben. Dieser Grenztaster löste häufig trotz Erreichen der Endlage nicht aus. Da der Taster schwer zugänglich ist, war es sehr aufwendig, den Zylinder wieder einfahren zu lassen. Es soll nun ein weiterer Taster zugeschaltet werden, von dem aus der Zylinder auch zum Einfahren gebracht werden kann; d.h. –BG1 oder –SJ3 lassen den Zylinder –MM1 einfahren **(Bild 2)**.

Die logische Grundbedingung lautet, dass am Ausgang A1 dann ein Einssignal anliegt, wenn entweder an E1 ODER E2 ODER an beiden Eingangssignalen ein Einssignal ansteht **(Tabelle 1)**.

Für das obige Beispiel (ODER-Verknüpfung) ergeben sich in der Ausführung zwei Lösungsmöglichkeiten, die auf der nächsten Seite beschrieben sind.

Tabelle 1: ODER-Verknüpfung

Schaltalgebra	Logikplan	Wertetabelle
Funktionsgleichung E1 ∨ E2 = A1 E1 oder E2 gleich A1 ∨ Zeichen für ODER-Verknüpfung	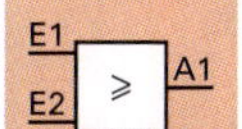 	E1 E2 A1 0 0 0 1 0 1 0 1 1 1 1 1

10

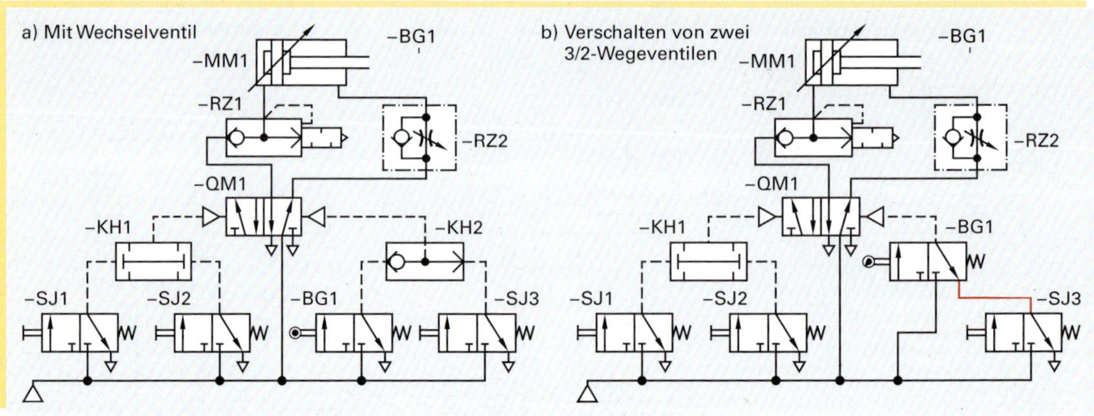

Bild 1: Verschiedene Lösungsmöglichkeiten einer ODER-Verknüpfung

Durch den Einsatz des sog. **Wechselventils** (auch ODER-Ventil genannt) werden die beiden Signale von –BG1 und –SJ3 so zusammengefasst, dass das Stellglied –QM1 dann umschaltet, wenn –BG1 ODER –SJ3 betätigt sind. In dieser Lösungsvariante können die Signale von –BG1 und –SJ3 noch in anderen Signalverknüpfungen verarbeitet werden **(Bild 1a)**.

Das Verschalten von zwei 3/2-Ventilen stellt eine weitere grundsätzliche Lösungsvariante dar, die gerätetechnisch billiger ist **(Bild 1b)**. Sie hat aber auch den Nachteil, dass das Signal von –SJ3 an die Entlüftung von –BG1 angeschlossen werden muss. Dies erfordert, dass an –BG1 der Schalldämpfer ab- und eine Verschlauchungsmöglichkeit angebaut werden muss. Auch steht –BG1 nicht für andere Signalverknüpfungen zur Verfügung. Würde das Signal von –BG1 nach dem Ventil für andere Signalverknüpfungen abgegriffen, so brächte dies Probleme mit sich, da an dieser Stelle nicht eindeutig gewährleistet ist, ob das Signal von –BG1 oder von –SJ3 kommt.

Mehrfach UND/Mehrfach ODER

Wie weiter oben schon angedeutet, entspricht die reine Zweihandlösung noch nicht den heutigen Sicherheitsbestimmungen.

Beispiel: Die Aufgabenstellung soll weiter ausgebaut werden. Der Zylinder –MM1 darf nur ausfahren, wenn er in der hinteren Endlage (–BG2) ist und wenn – wie bisher – zwei Schalter –SJ1 und –SJ2 betätigt sind. Außerdem wird für Linkshänder ein weiterer Handtaster –SJ4 benötigt, der ebenfalls wie –SJ3 das Zurückfahren des Zylinders gewährleistet, wenn –BG1 hängt. –SJ4 soll nur auf der anderen Seite von –SJ3 liegen, damit der Linkshänder nicht ständig umgreifen muss.

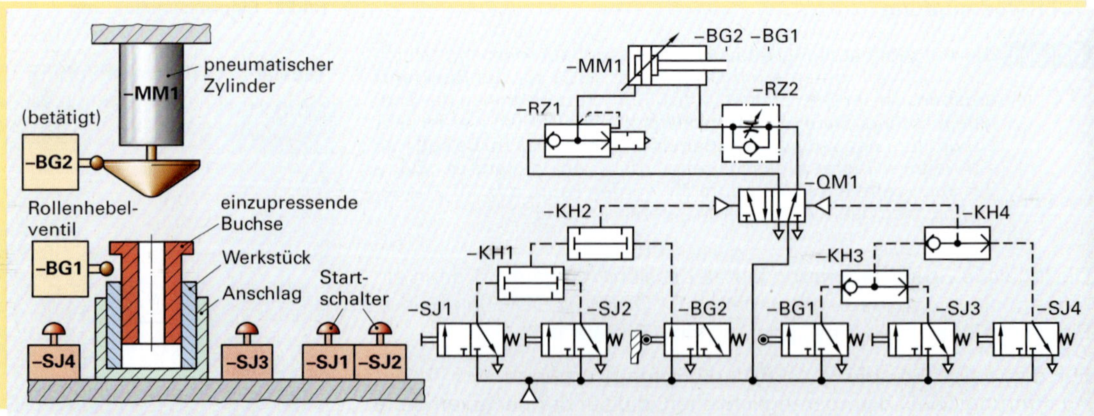

Bild 2: Mehrfach UND/ODER

Da sowohl das Wechsel- als auch das Zweidruckventil nur zwei Anschlussmöglichkeiten für Eingänge haben, müssen bei der logischen Verknüpfung von mehr als zwei Signalen mehrere solcher Ventile wie in **Bild 1** geschaltet werden.

Sind mehr als drei Signale logisch zu verknüpfen, so ergeben sich grundsätzlich zwei Arten für den Aufbau **(Bild 1)**. Obwohl beide Verschaltungsmöglichkeiten logisch völlig identisch sind, sollte die linke in **Bild 1** demonstrierte Art gewählt werden, da hierbei gewährleistet ist, dass alle Eingangssignale durch ungefähr gleich viele Ventile strömen und damit auch die gleichen Verluste erleiden. Ein absolut symmetrischer Aufbau ist allerdings nur bei einer geraden Anzahl von Eingangssignalen möglich.

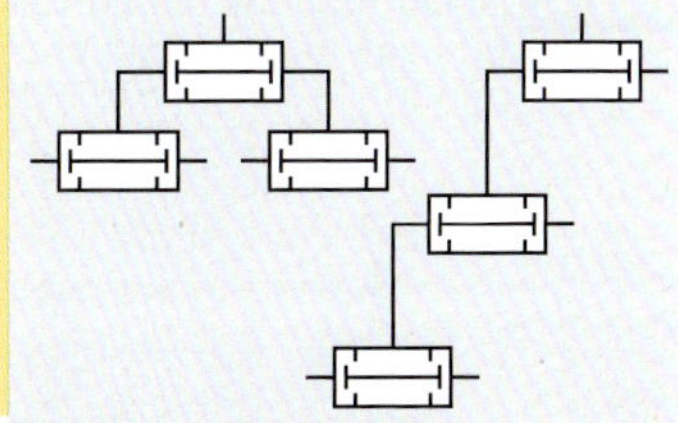

Bild 1: Mehrfach UND

Negation

Die vierte Grundverknüpfung ist die Negation. Die logische Grundbedingung lautet, dass am Ausgang A1 nur dann ein Einssignal vorhanden ist, wenn am Eingang E1 kein Einssignal ansteht (und umgekehrt) **(Tabelle 1)**.

In der Pneumatik wird diese Grundverknüpfung fast immer mit einem 3/2-Wegeventil mit Durchfluss-Ruhestellung realisiert. Die Ansteuerung erfolgt direkt oder indirekt.

Tabelle 1: Negation

Schaltalgebra	Logikplan	Wertetabelle
Funktionsgleichung $\overline{E1} = A1$ E1 nicht gleich A1 oder $E1 = \overline{A1}$ E1 = gleich nicht A1	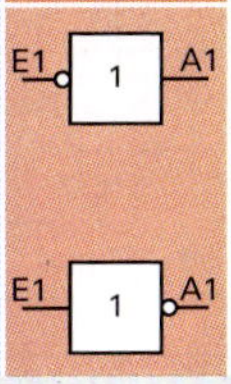	E1 / A1: 0 / 1; 1 / 0

E1	A1
0	1
1	0

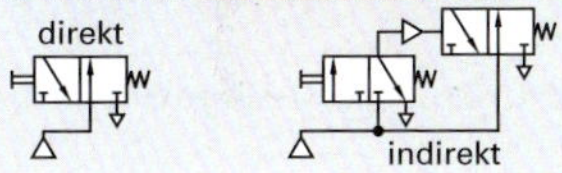

Arbeitsauftrag:

1. Zeichnen Sie einen Schaltplan für einen doppeltwirkenden Zylinder mit folgenden Aus- und Einfahrbedingungen:
   (E1 und E2) oder (E3 und $\overline{E4}$) = Vorhub
   E5 oder E6 = Rückhub
2. Ein doppeltwirkender Zylinder soll bei Knopfdruck auf einen Schalter so lange ein- und wieder ausfahren bis der Schalter nicht mehr betätigt ist. Zeichnen Sie den Schaltplan.
3. Wieso macht es keinen Sinn, eine ODER-Verknüpfung von zwei Eingangssignalen durch eine T-Verbindung der beiden Ausgänge der 3/2-Signalglieder zu realisieren?
4. Wie kann die UND-Verknüpfung auch mit zwei 3/2-Wegeventilen realisiert werden?
5. Zeichnen Sie die Wertetabelle
   a) E1 oder E2 = A1
   b) E1 oder E2 und $\overline{E3}$ = A1
6. Beschreiben Sie nebenstehendes Bild in Worten.
7. Erläutern Sie welches der zwei Eingangssignale am Ausgang des Zweidruckventils bzw. Wechselventils ankommt, wenn
   a) die beiden Eingangssignale zeitlich versetzt ankommen;
   b) die beiden Eingangssignale unterschiedlichen Druck haben.

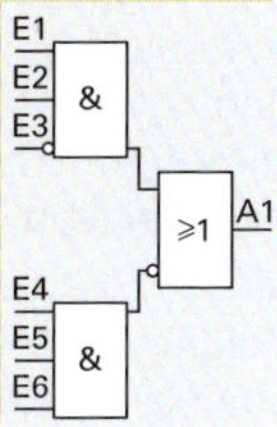

10.4.6.4 Druckabhängige Steuerungen

Sollen bestimmte Vorgänge oder Größen in einer Steuerung druckabhängig sein, wird das **Druckzuschaltventil** – auch **Folgeventil** genannt – verwendet. Da am Folgeventil keine Entlüftung vorhanden ist, wird das Folgeventil in der Praxis mit einem Wegventil kombiniert **(Bild 2)**. Je nachdem, ob das kombinierte Wegventil in Ruhestellung geschlossen oder offen ist, schaltet diese Einheit bei Erreichen des eingestellten Druckes am Anschluss 12 zu oder ab.

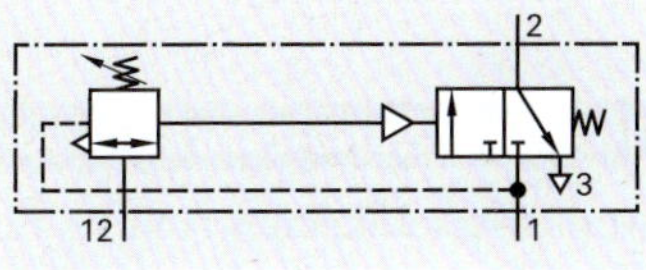

Bild 2: Folgeventil

Eine Sonderbauart stellt das **Vakuumschaltventil (Bild 3)** dar. Sobald das Vakuum (Unterdruck) am Anschluss 12 den eingestellten Wert erreicht hat, schaltet das kombinierte Wegventil. Dieses Ventil kommt z.B. bei Vakuumsaugern zum Einsatz, wenn erst bei Erreichen eines bestimmten Unterdruckes – entspricht der Saugkraft – weitergeschaltet werden darf.

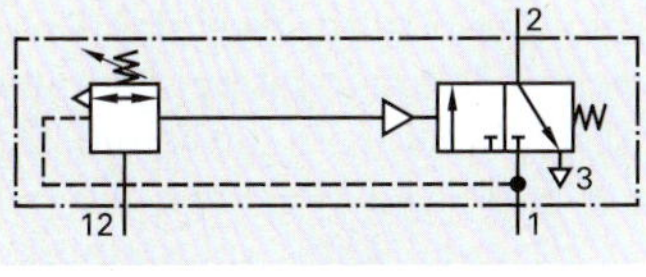

Bild 3: Vakuumschaltventil

Beispiel: Die Aufgabenstellung soll weiter ausgebaut werden. Der Zylinder –MM1 soll bei Erreichen der vorderen Endlage und bei Erreichen eines bestimmten einstellbaren Druckes, der ein wenig unterhalb des Anlagendruckes liegt, zurückfahren **(Bild 1)**.

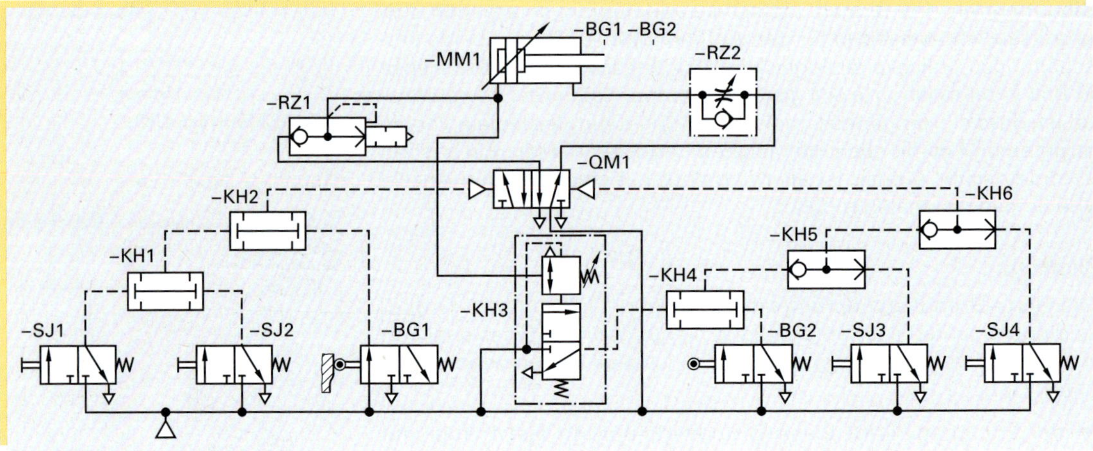

Bild 1: Druckabhängige Steuerung

In der Steuerung in **Bild 1** baut sich der maximale Druck im Zylinder –MM1 erst bei Erreichen der vorderen Endlage auf. Um sicher zu stellen, dass die Endlage auch erreicht ist, wird sie zusätzlich über den Grenztaster –BG2 abgefragt. Somit fährt der Zylinder –MM1 automatisch wieder ein, wenn der Anpressdruck und die vordere Endlage erreicht ist, oder wenn –SJ3 oder –SJ4 gedrückt werden. Hierdurch wird gewährleistet, dass der Zylinder –MM1 immer mit der gleichen Kraft das Werkstück aus der Aufgabenstellung einpresst.

Folgeventile – ohne kombiniertes Wegeventil – werden einerseits auch als Druckbegrenzungsventile eingesetzt. Bei Erreichen des zulässigen Maximaldruckes bläst das Ventil ins Freie ab. Andererseits kommen sie auch als reine Druckregelventile zum Einsatz **(Bild 2)**.

Es bleibt anzumerken, dass der einzustellende Schaltdruck beim Folgeventil immer kleiner oder höchstens gleich dem Arbeitsdruck sein kann.

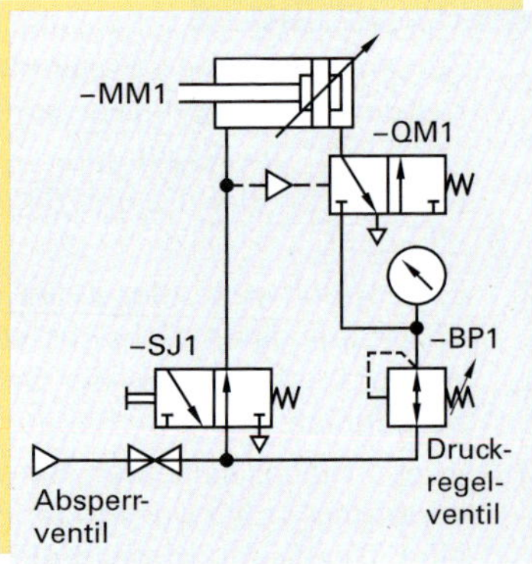

Bild 2: Druckbegrenzung

10.4.6.5 Schaltverzögerung

Grundsätzlich setzen sich pneumatische Zeitglieder aus Wegeventilen, Drosselrückschlagventilen und einem kleinen Luftbehälter zusammen **(Bild 3 und 4)**. Sobald der Druck im Behältervolumen dem erforderlichen Schaltdruck zur Umsteuerung des Wegeventils entspricht, wird umgeschaltet. Die Zeit zum Druckaufbau im Behältervolumen wird über das Drosselrückschlagventil eingestellt. Ein solches Zeitglied ist bei fast allen Herstellern als feste Kombination im Lieferspektrum enthalten. Deswegen wird es in Schaltplänen mit einer strichpunktierten Linie gekennzeichnet. Je nach Kombination der Bauteile kann man unterschiedliche Zeitverhalten erzeugen **(Bild 1, Seite 461)**.

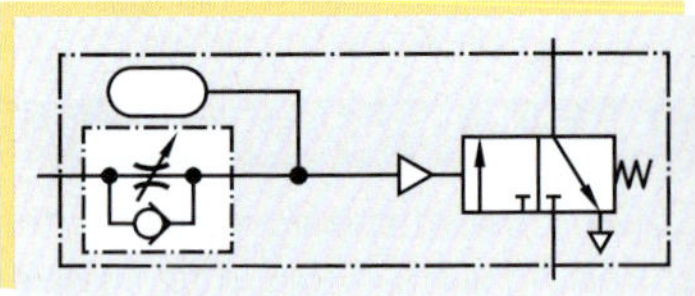

Bild 3: Verzögerungsventil, in Ruhestellung gesperrt

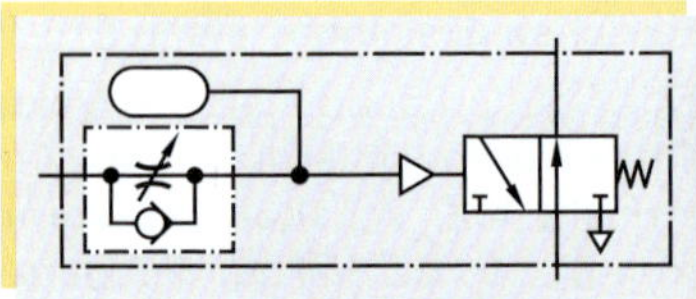

Bild 4: Verzögerungsventil, in Ruhestellung geöffnet

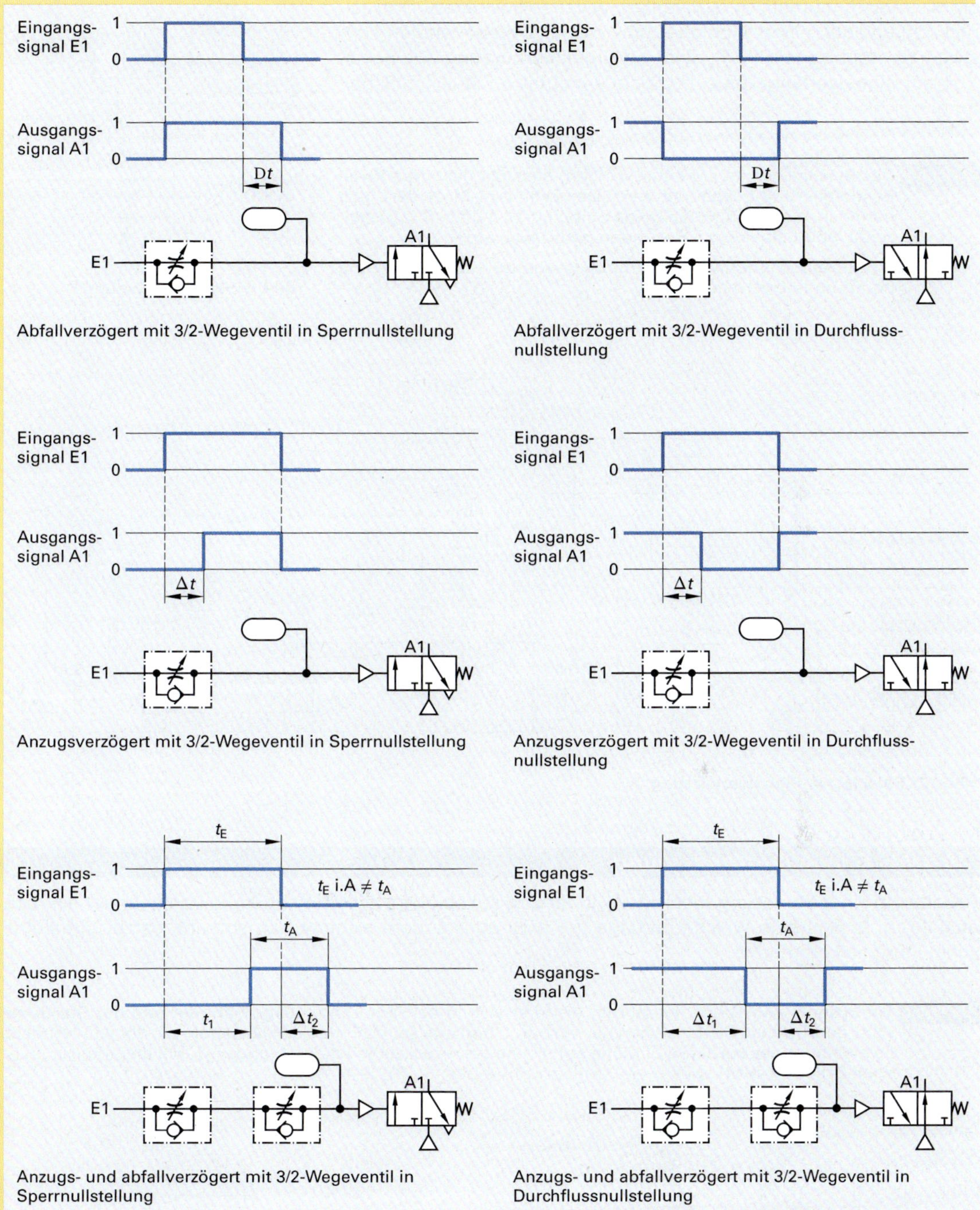

Abfallverzögert mit 3/2-Wegeventil in Sperrnullstellung

Abfallverzögert mit 3/2-Wegeventil in Durchflussnullstellung

Anzugsverzögert mit 3/2-Wegeventil in Sperrnullstellung

Anzugsverzögert mit 3/2-Wegeventil in Durchflussnullstellung

Anzugs- und abfallverzögert mit 3/2-Wegeventil in Sperrnullstellung

Anzugs- und abfallverzögert mit 3/2-Wegeventil in Durchflussnullstellung

Bild 1: Verschiedene Schaltverzögerungen

Arbeitsauftrag:

Ein doppeltwirkender Zylinder, der in einer Klebepresse zwei zu klebende Teile aufeinanderpresst, fährt aus, wenn zwei Taster –SJ1 und –SJ2 betätigt sind. Nach Erreichen der vorderen Endlage (die Endlage muss abgefragt werden) fährt er automatisch nach 10 s bis 20 s (Zeit einstellbar) wieder ein. Entwerfen Sie den Schaltplan. Diskutieren Sie verschiedene Lösungsmöglichkeiten.

Ein weiteres pneumatisches Zeitglied, welches aus einem Drosselrückschlagventil, einem Speicher und zwei 3/2-Wegeventilen konstruiert werden kann **(Bild 1)**, dient zur **Signalverkürzung.** Die Schaltung zur **Signalverlängerung** entspricht der abfallverzögerten Schaltung.

Beispiel: Das Beispiel soll so erweitert werden, dass die bisherige Zweihandsteuerung ausgebaut wird. Der Zylinder –MM1 darf jetzt nur noch ausfahren, wenn beide Schalter –SJ1 und –SJ2 gleichzeitig innerhalb von 0,5 Sekunden gedrückt werden.

Damit sollen unerlaubte Manipulationen zur Taktverkürzung unterbunden werden **(Bild 2)**.

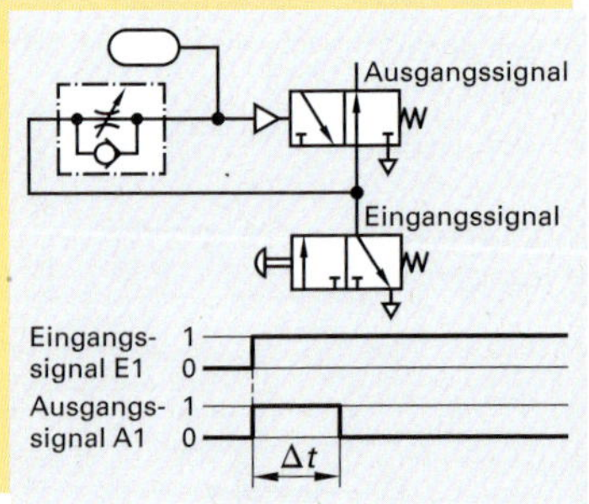

Bild 1: Signalverkürzung

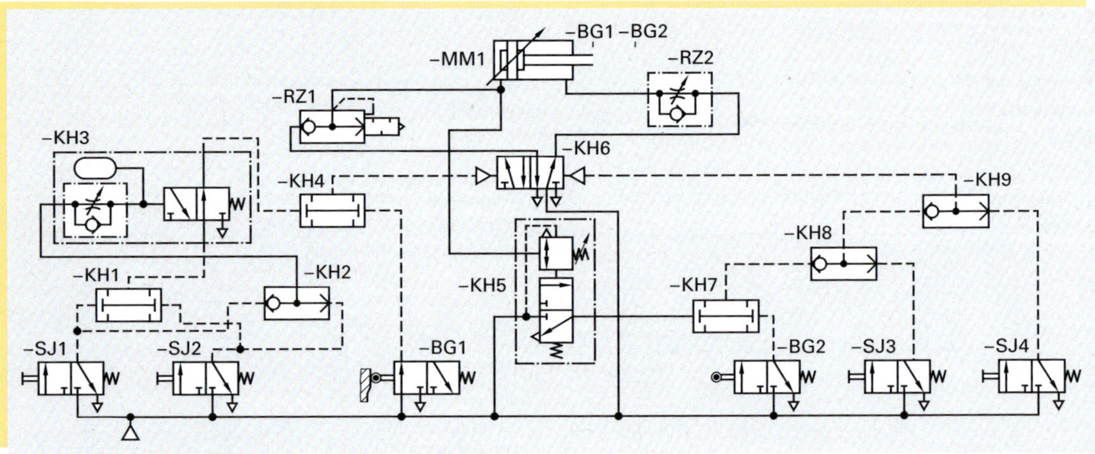

Bild 2: Beispiel zur Signalverkürzung

10.4.6.6 Signalüberschneidung

Arbeiten in einer Steuerung mehrere Zylinder und sollen diese Zylinder abhängig voneinander ein- bzw. ausfahren, je nachdem welche Endlage der eine oder andere erreicht hat, so kann es zu Signalüberschneidungen kommen.

Beispiel: Ein Zylinder –MM1 soll ausfahren, wenn er sich in der hinteren Endlage befindet und der Starttaster –SJ1 gedrückt ist. Bei Erreichen der vorderen Endlage soll Zylinder –MM2 ausfahren, der wiederum bei Erreichen seiner vorderen Endlage sofort wieder zurückzieht. Ist der Zylinder –MM2 eingefahren, fährt auch Zylinder –MM1 wieder ein. (Kurzschreibweise: 1+, 2+, 2–, 1–)

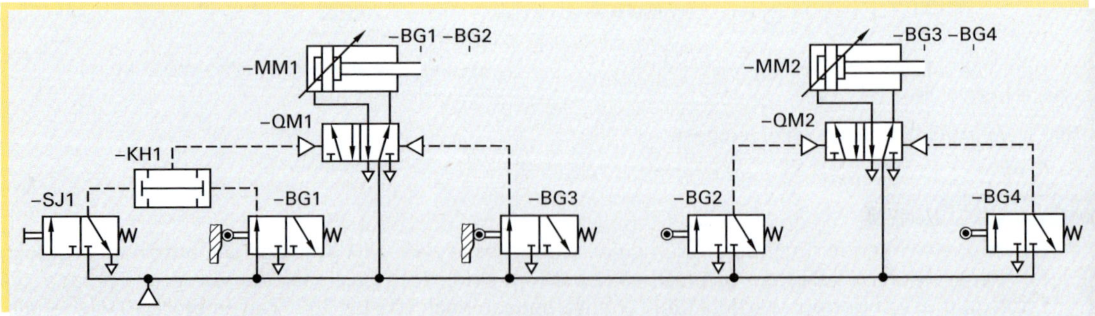

Bild 3: Signalüberschneidung

Wird –SJ1 gedrückt und ist –MM1 in der hinteren Endlage (d.h. –BG1 ist betätigt), so steht ein Umschaltsignal an –QM1 an. Dieses Stellglied kann aber nicht umschalten, da schon ein Signal von –BG3 (betätigt durch hintere Endlage von –MM2) ansteht und da beide Signale gleich „stark" sind **(Bild 1)**. Simuliert man die Steuerung weiter, so zeigt sich eine weitere Überschneidung an –QM2. Ist –MM1 ausgefahren, so erzeugt er – wie gefordert – am Rollenhebelventil –BG2 ein Signal für –MM2 zum Ausfahren. Beim Erreichen der vorderen Endlage von –MM2 wird –BG4 zum Einfahren von –MM2 betätigt und damit soll das Umschalten von –QM2 erreicht werden. Auch dieses Umschalten kann nicht erfolgen, da das Signal von –BG2 noch ansteht **(Bild 2)**.

Hier zeigt sich das immer wieder in der Steuerungstechnik auftretende Problem der **Signalüberschneidung**. Dies erfordert, dass nicht benötigte Signale von z.B. betätigten Grenztastern, Handtastern,

- unterdrückt oder
- abgeschaltet

werden müssen, da sonst das Gegensignal nicht wirksam werden kann.

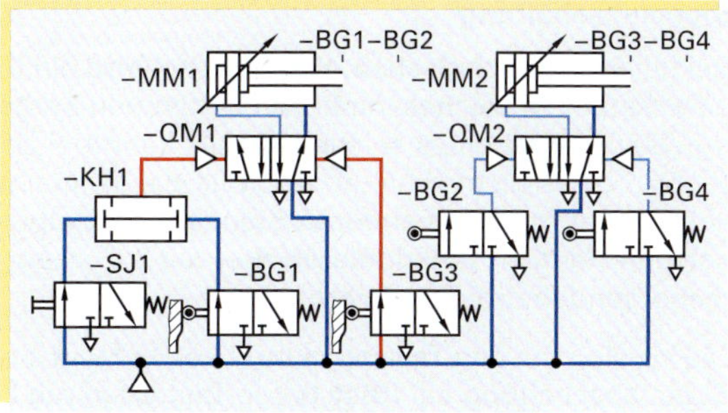

Bild 1: Signalüberschneidung an –QM1

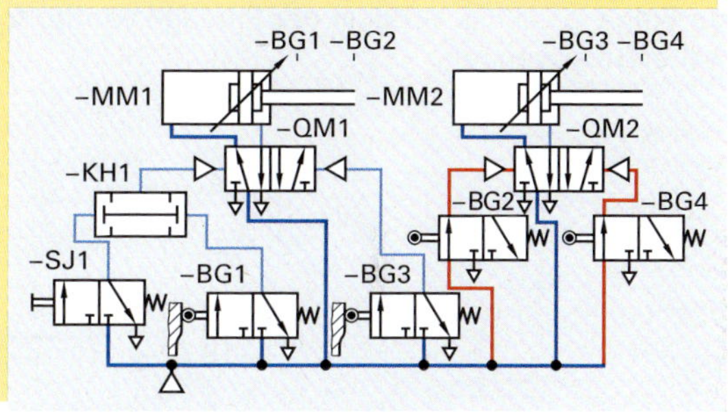

Bild 2: Signalüberschneidung an –QM2

Signalunterdrückung

Normalerweise ist bei einem 5/2-Impulsventil die Kraft zum Umsteuern auf der linken die gleiche wie auf der rechten Seite. Bei der Signalunterdrückung wird die physikalische Gesetzmäßigkeit ausgenutzt, dass unterschiedliche Drücke auf gleichen Flächen unterschiedliche Kräfte erzeugen oder man erzeugt bei gleichem Druck mit verschieden großen Flächen unterschiedliche Kräfte. Dadurch kann ein bereits anstehendes Signal durch ein stärkeres unterdrückt werden.

Zur Erzeugung unterschiedlicher Drücke werden Druckregelventile, die den Druck nach dem Ventil verringern, eingebaut. Um unterschiedliche Kräfte bei gleichem Druck zu erzeugen, kommen spezielle Ventile, die unterschiedlich große Steuerflächen haben, zum Einsatz **(Bild 3)**.

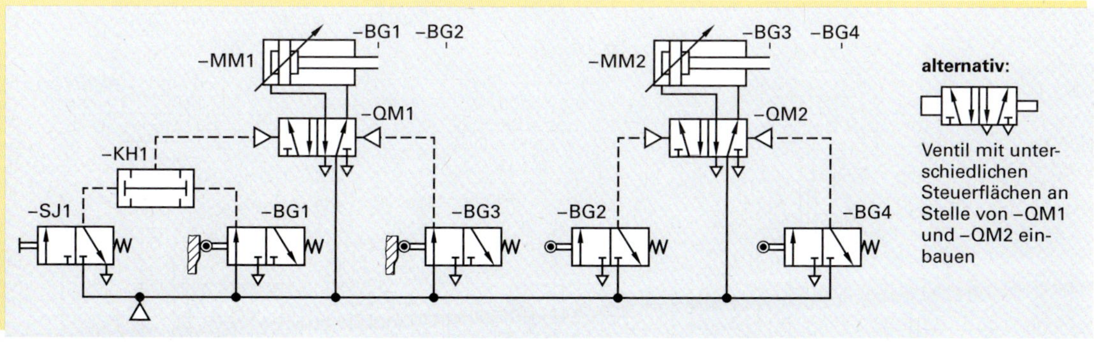

Bild 3: Signalunterdrückung durch unterschiedliche Kräfte auf den Steuerkolben

Logisch sind beide Funktionsarten gleich. Sie haben allerdings den Nachteil, dass bei dauernd anstehendem „schwachen" Signal nach Wegfall des „starken" Signals doch das „schwache" wieder wirksam ist. Diese Variante bietet im obigen Beispiel nur eine Lösung für die Signalüberschneidung an –QM2. Das Problem an –QM1 wird nicht beseitigt, da es zu einer oszillierenden, d.h. hin- und hergehenden Bewegung des Zylinders –MM1 kommt und die Steuerung nicht wie gewünscht funktioniert.

Signalabschaltung

Bei der **gerätetechnischen** Abschaltung wird ein Kurzimpulsgeber mit mechanischer Signalabschaltung eingesetzt. Ein solches Ventil ist nicht in den Endlagen, sondern nur in der Mitte des Schaltweges betätigt. Der Einsatz eines solchen Ventils kann bei zu hohen Betätigungsgeschwindigkeiten zu Problemen führen, da es nicht schaltet. Auch ist das Signal nach der Betätigung nicht mehr vorhanden und kann somit nicht mehr mit anderen Signalen verknüpft werden. Grundsätzlich würde das obige Beispiel mit solchen Ventilen funktionieren. Bei der **schaltungstechnischen** Signalabschaltung unterscheidet man die folgenden drei Prinzipien:

Die Version mit den **Tastrollen mit Leerrücklauf** stellt die schaltungstechnisch einfachste Möglichkeit der Signalabschaltung dar **(Bild 1).** Die Tastrollen mit Leerrücklauf arbeiten nur in einer Betätigungsrichtung (im Schaltplan angezeigt). Diese Lösungsvariante findet man häufig nur noch in älteren Anlagen, da die Leerrücklaufrolle störanfällig ist. Des weiteren kann die Tastrolle nicht exakt in der jeweiligen Endlage angebracht werden, sondern muss immer vor Erreichen der jeweiligen Endlage fixiert werden. Dies hat zur Folge, dass das Ventil in der Endlage wieder frei ist und somit keine Möglichkeit besteht, das Signal weiterzuverwenden.

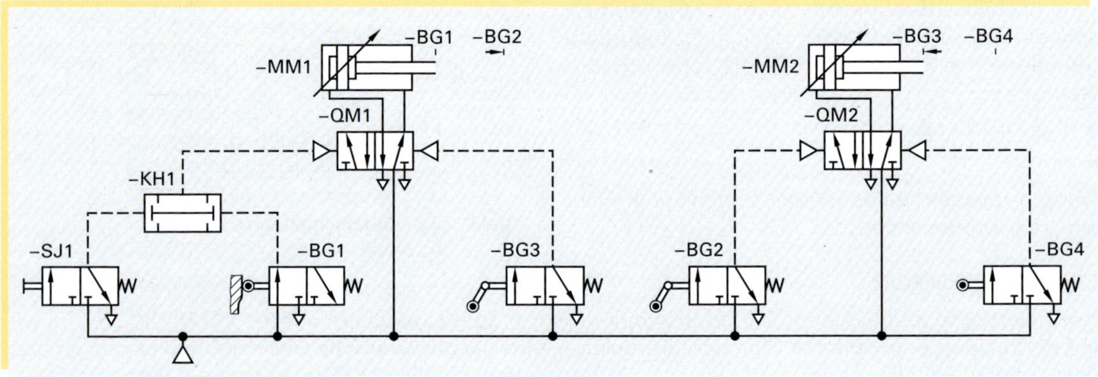

Bild 1: Signalabschaltung durch Tastrollen mit Leerrücklauf

Bei der **Signalabschaltung durch Signalverkürzung (Bild 2)** werden die von –BG2 und –BG3 anstehenden Signale durch den Einbau je eines pneumatischen Zeitgliedes zur Signalverkürzung nicht mehr dauerhaft an das Stellglied weitergegeben. Die Signale von –BG2 und –BG3 werden je nach Drosselung verkürzt. Im Vergleich zur Lösung mit Tastrollen ist diese Variante teurer dafür aber auch nicht störanfällig.

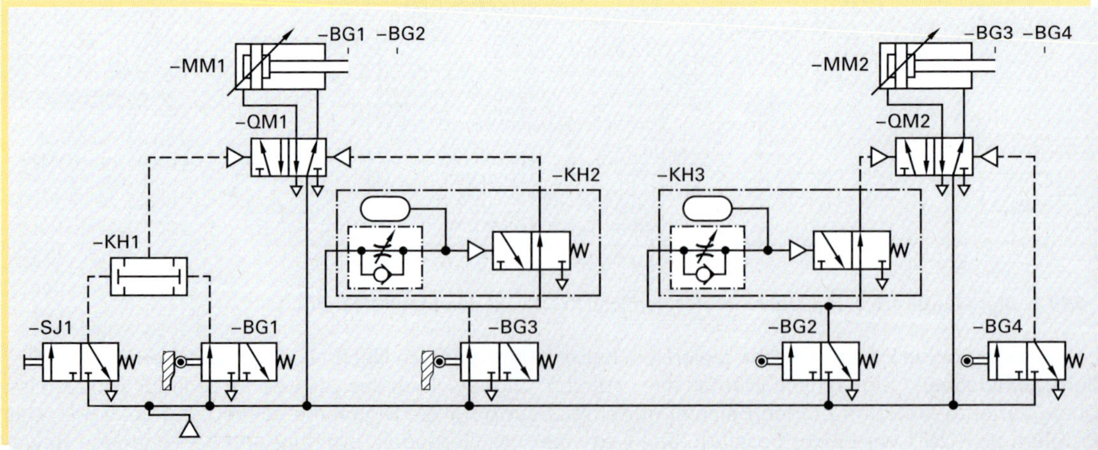

Bild 2: Signalabschaltung durch Signalverkürzung

Die **Signalabschaltung durch Umschaltventile** – auch **Kaskadensteuerung** genannt – **(Bild 1)** ist die in der Praxis am häufigsten gebrauchte Lösung. Das Umschaltventil –KH2 be- oder entlüftet die Verteilerstränge und schaltet dadurch die Stellglieder –QM1 und –QM2.

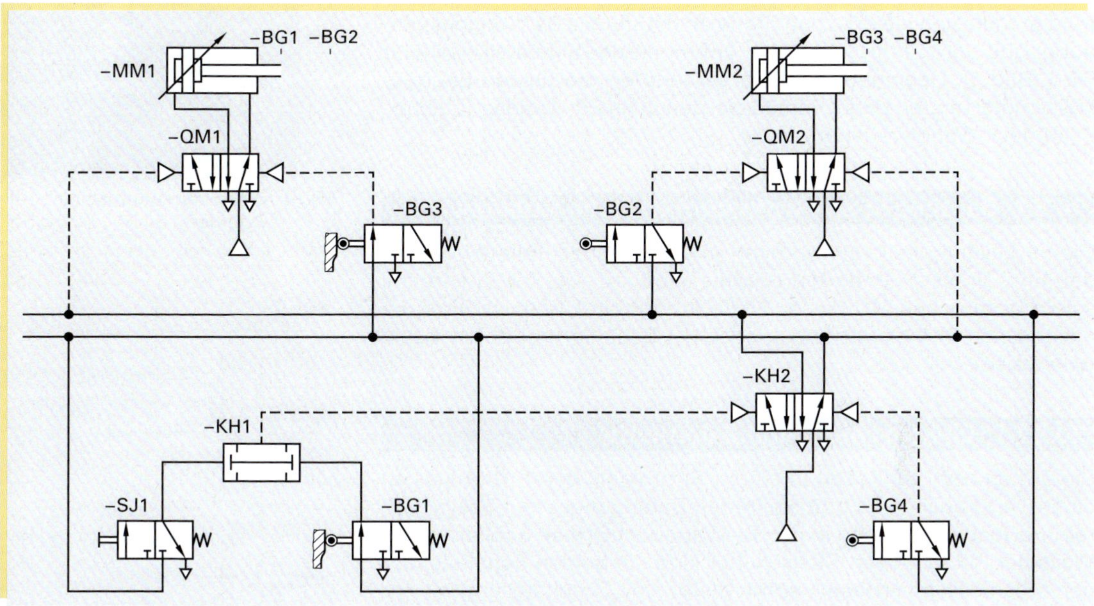

Bild 1: Signalabschaltung durch Umschaltventile (Kaskadensteuerung)

Arbeitsauftrag:

1. Folgende pneumatische Steuerung mit dem Ablauf

   1+; 1–; 2+; 2–

   soll aufgebaut werden.

   Der Zylinder –MM1 fährt nach Betätigung des Startschalters –SJ1 aus, allerdings muss gewährleistet sein, dass sich der Zylinder – MM2 in der hinteren Endlage befindet. Weiterhin darf der Zylinder –MM1 nur zurückziehen, wenn sicher ist, dass Zylinder –MM2 in der hinteren Endlage ist.
2. Vervollständigen Sie den Pneumatikplan zu Aufgabe 1 in nebenstehendem **Bild** einmal mit
   a) 3/2-Rollenhebel-Ventilen zur Endlagenerfassung.
   b) 3/2-Tastrollen-Ventile zur Endlagenerfassung.
   c) Signalverkürzung durch Signalabschaltung.
   d) Signalabschaltung durch ein Umschaltventil.
3. Zeichnen Sie zu jeder dieser Steuerungen ein Weg-Schritt-Diagramm.

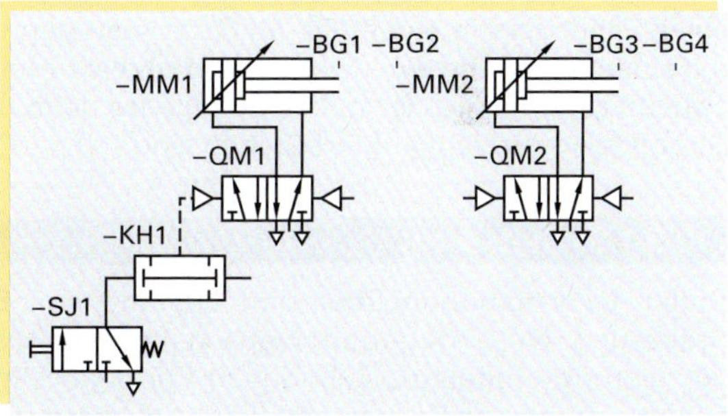

4. Erläutern Sie mithilfe dieser Steuerung den Begriff Signalüberschneidung.
5. Erläutern Sie, was passiert, wenn die Rückholfeder in –SJ1 gebrochen ist.
6. Was passiert, wenn bei der Kaskadensteuerung die Anschlüsse für das Umschaltventil vertauscht werden?
7. Analysieren Sie, was passiert, wenn während des Arbeitszyklus –SJ1 unbeabsichtigt gedrückt wird.
8. a) Erläutern Sie die Schaltung von **Bild 2, Seite 460.**
   b) Welche Funktion hat das Ventil –KH2?

10.5 Elektropneumatik

In der Industrie kommt häufig eine Kombination von Elektrik und Pneumatik, die sogenannte **Elektropneumatik** zum Einsatz. Hierbei übernimmt die Pneumatik den Leistungsteil einer Steuerung, während mithilfe von elektrischen Signalen (häufig mit 24 V Gleichspannung) und deren logischen Verknüpfungen der Signalteil gestaltet wird **(Bild 1)**. Geeignete Bauteile verknüpfen die beiden Energiekreise miteinander. Diese Ventile werden auch EP-Wandler (**E**lektro-**P**neumatik-Wandler) genannt.

Bild 1: Elektropneumatischer Zylinder

10.5.1 Bauteile in elektropneumatischen Anlagen

Die im Leistungsteil verwendeten pneumatischen Teile wie Zylinder und Drossel- und Sperrventile sind im Kapitel Pneumatik schon besprochen. An dieser Stelle erfolgt ein Überblick über die elektrischen und elektropneumatischen Bauteile und deren Funktionsweise.

10.5.1.1 Elektrische Eingabeelemente

Sie öffnen bzw. schließen in einem Stromkreis den Stromfluss zu einem Verbraucher. Es gibt sie in den Betätigungsarten **Stellschalter** und **Tastschalter** und in den Bauvarianten **Öffner, Schließer** und **Wechsler (Bild 2)**. Beim Stellschalter sind die beiden Schaltstellungen mechanisch verriegelt, somit bleibt eine Schaltstellung bis zur erneuten Betätigung des Schalters erhalten. Der Taster öffnet bzw. schließt nur für die Dauer der Betätigung. Beim Schließer ist der Stromkreis im unbetätigten Zustand unterbrochen, während beim Öffner der Stromkreis im unbetätigten Zustand geschlossen ist. Der Wechsler vereinigt sowohl die Funktion eines Öffners als auch die eines Schließers in einem Gerät. Setzt man den Wechsler ein, um mit einer Betätigung einen ersten Stromkreis zu schließen und einen zweiten zu öffnen, so ist zu beachten, dass beim Umschalten beide Stromkreise kurzzeitig unterbrochen sind.

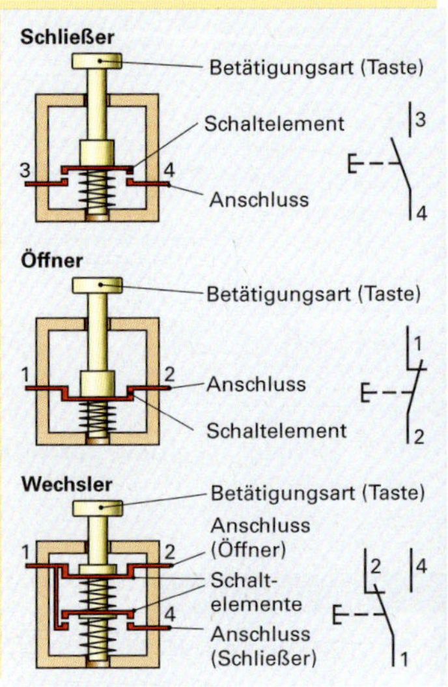

Bild 2: Elektrische Eingabeelemente

10.5.1.2 Sensoren

Sollen Informationen über den Zustand von Bauteilen an die Steuerung weitergegeben werden (z.B. Werkstück in Spannvorrichtung eingelegt, Zylinder in Endlage, Materialerkennung, Überwachung von Druck und Füllstand), werden häufig Sensoren eingesetzt. Diese basieren auf unterschiedlichen Messprinzipien, deren ausführliche Beschreibung – und weitere Sensoren – findet man in Kapitel 10.7.

Ein **mechanischer Grenztaster (Bild 3)** wird eingesetzt, wenn das Erreichen einer bestimmten Position eines Werkstückes oder Maschinenteils an die Steuerung signalisiert werden muss. Der Grenztaster ist meist als Wechsler ausgelegt, damit er die Funktionen Öffnen, Schließen und Wechseln von Stromkreisen ausführen kann.

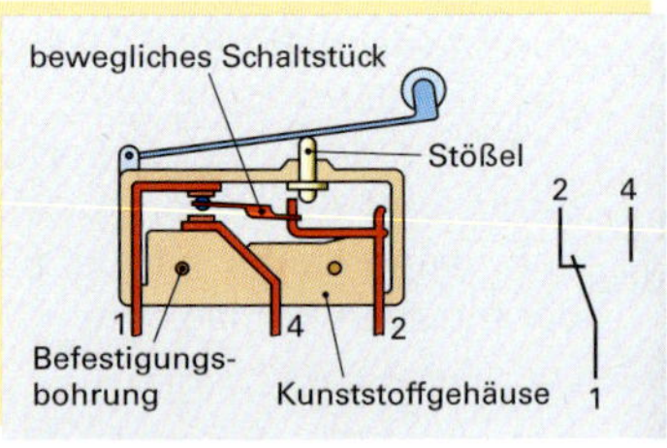

Bild 3: Grenztaster

Druckschalter (Bild 4) öffnen, schließen oder wechseln bei Erreichen eines voreingestellten Druckes Stromkreise. Der Eingangsdruck wirkt auf eine Kolbenfläche und erzeugt eine Druckkraft. Dieser Druckkraft wirkt eine durch eine Feder einstellbare Kraft entgegen. Ist die Druckkraft größer als die Federkraft, wird der Kontakt betätigt. Neuere Bauformen sind **Membrandruckschalter,** die elektronisch schalten.

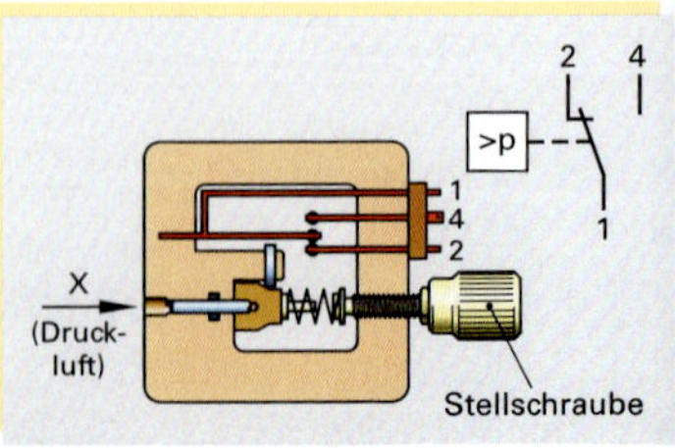

Bild 4: Druckschalter

Berührungslose, magnetische Näherungsschalter, auch **Reedkontakte (Bild 1)** genannt, werden sehr häufig eingesetzt, um die Endlagen von Zylindern abzufragen. Meist ist direkt am Gehäuse des Reedkontaktes eine Leuchtdiode angebracht, die den Schaltzustand des Kontaktes anzeigt. Wichtige Eigenschaften sind:

- Sie benötigen – im Gegensatz zu mechanischen Grenztastern – keine äußere Betätigungskraft
- Kurze Schaltzeit von ca. 0,2 ms
- Wartungsfreiheit
- Hohe Lebensdauer
- Begrenzte Ansprechempfindlichkeit
- Nicht einsetzbar an Orten mit starken Magnetfeldern
- Geringes Einbauvolumen

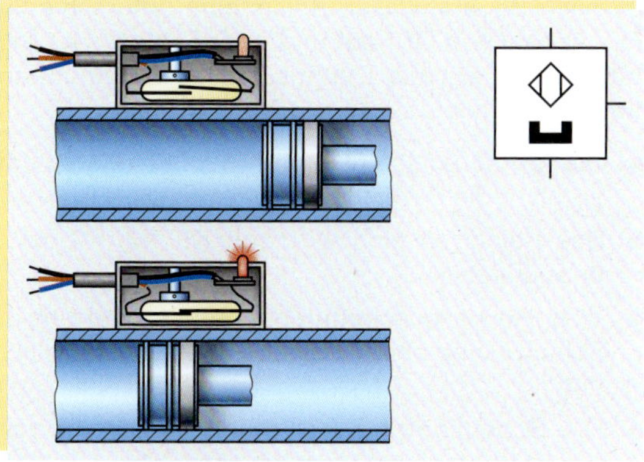

Bild 1: **Magnetischer Näherungsschalter (Reedkontakt)**

Tritt ein äußerer Magnet in das Wirkungsfeld der inneren Kontaktzungen, bewegen sich diese und können – je nach Bauform – einen Stromkreis öffnen, schließen oder wechseln.

Der Magnet ist häufig schon im Kolbenboden integriert, sodass lediglich die Reedkontakte außen angebracht werden müssen.

10.5.1.3 Relais und Schütz

Relais bzw. Schütze **(Bild 2)** sind beides Schalter mit elektromagnetisch betätigten Kontakten. Fließt ein Strom durch die Erregerspule (Anschlüsse A1 und A2), so wird der bewegliche Anker angezogen und die Kontakte betätigt. Wird der Stromdurchfluss an der Erregerspule unterbrochen, stellt eine Feder den Anker wieder in die Ausgangsstellung.

Relais und Schütze funktionieren nach dem gleichen Prinzip und werden in Schaltplänen identisch dargestellt. Mit Relais schaltet man relativ kleine Leistungen (bis ca. 1 kW) und mit Schützen die größeren Leistungen.

Mit Relais können Stromkreise potenzialfrei geschaltet werden; d.h. die Kontakte können in Stromkreisen mit unterschiedlichen Potenzialen angeschlossen sein.

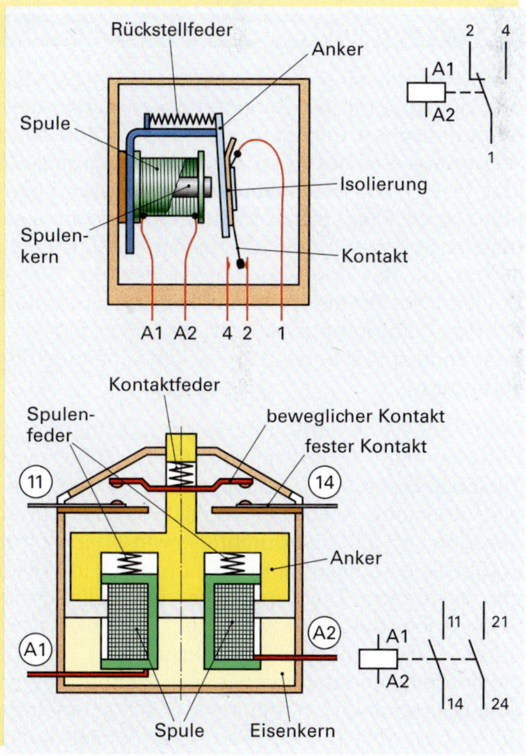

Bild 2: **Relais bzw. Schütz**

Relais werden für unterschiedliche Regelungs-, Steuer- und Überwachungsfunktionen eingesetzt:

- Sie stellen die Schnittstelle zwischen Signal- und Leistungsteil dar
- Bei Relais können unterschiedliche Spannungspotenziale für Signal- und Leistungsteil verwendet werden
- Relais können Gleich- und Wechselspannung trennen
- Relais können der Signalvervielfachung dienen
- Relais können Signale verzögern (Zeitrelais).

Je nach Bauart weisen Relais eine unterschiedliche Anzahl von Öffnern und/oder Schließern und/oder Wechslern aus. Die Anschlussbezeichnungen **(Bild 1)** am Relais sind genormt:

- Die Spulenanschlüsse für den Erregerstrom erhalten die Bezeichnung A1 und A2.
- Das Relais an sich wird mit K1, K2, K3 usw. bezeichnet.
- Vom Relais geschalteten Kontakte werden in Schaltplänen ebenfalls mit K1, K2 usw. bezeichnet.
- Die Schaltkontakte bei Relais werden durch zweistellige Kennziffern gekennzeichnet, wobei die erste Stelle (Ordnungsziffer) zur Durchnummerierung dient. Die zweite Stelle (Funktionsziffer) gibt die Art des Kontaktes an.

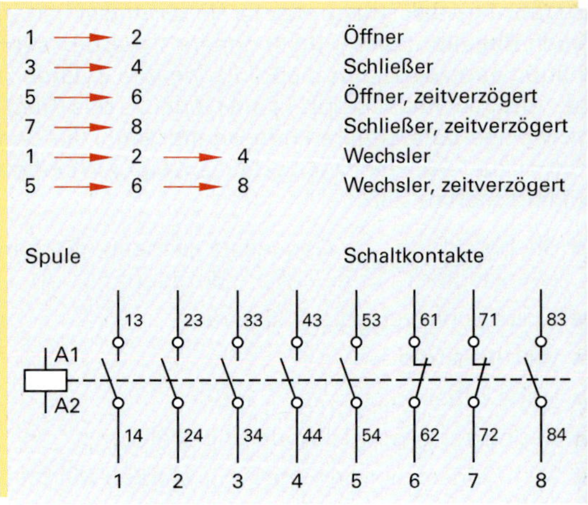

Bild 1: Anschlussbezeichnungen

10.5.1.4 Magnetventile

Magnetventile sind elektropneumatische Wandler und bilden somit die Schnittstelle zwischen dem pneumatischen und dem elektrischen Teil einer Steuerung. Sie bestehen aus einer Magnetspule (das elektrische Schaltelement) und einem Pneumatikventil. Fließt durch die Magnetspule ein elektrischer Strom, wird ein elektromagnetisches Feld aufgebaut, das den Spulenanker bewegt. Dieser Spulenanker ist mit dem Ventilstößel verbunden, der den Luftdurchfluss steuert, indem er Schieber oder Ventilstößel bewegt und so die Schaltstellung verändert.

Beim 3/2-Wegeventil mit Federrückstellung in **Bild 2** ist in der Grundstellung kein Durchfluss von 1 nach 2. Erst durch das Erregen der Magnetspule wird über den Anker der Ventilstößel nach oben gezogen und gibt den Durchfluss von 1 nach 2 frei. Weiterhin wird die Entlüftungsbohrung 3 im Anker von der oberen Dichtung abgesperrt. Fließt kein Strom mehr durch die Spule geht der Anker nach unten und sperrt den Durchfluss von 1 nach 2; gleichzeitig kann dann von 3 nach 2 entlüftet werden. Die Handhilfsbetätigung ist durch einen drehbaren Exzenter, der auf den Ankerflansch wirkt, ausgeführt.

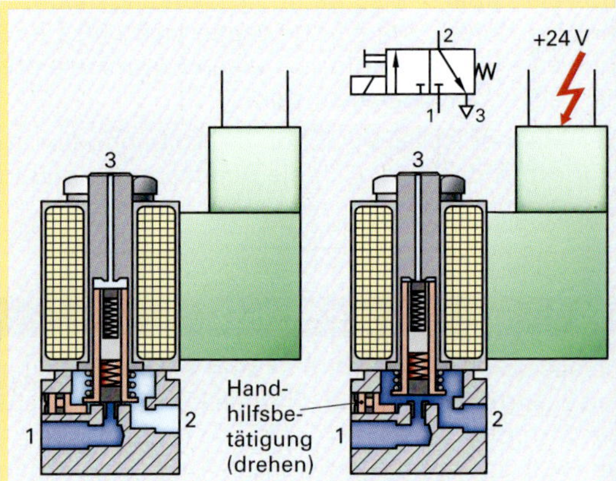

Bild 2: Elektromagnetische Betätigung

Auch in der Elektropneumatik finden sich Ventile mit Vorsteuerung. Dies hat den Vorteil, dass die Magnetspule klein dimensioniert werden kann. Damit einher geht ein geringer Stromverbrauch und somit eine geringe Leistungsaufnahme. **Bild 3** zeigt das Funktionsprinzip. Ein elektrisches Signal betätigt den Anker, dieser wiederum öffnet das Vorsteuerventil und dies gibt den Druck auf den Steuerkolben zum Umschalten des Ventils frei.

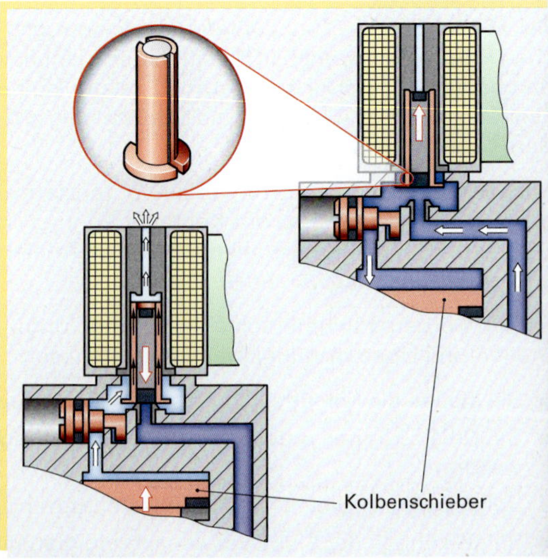

Bild 3: Vorsteuerung

Beim 3/2-federrückgestellten Magnetventil mit Vorsteuerung **(Bild 1)** ist in der Grundstellung der Durchfluss von 1 nach 2 gesperrt, während von 3 nach 2 entlüftet werden kann. Der Druck an 1 steht sowohl an der Zuhaltefläche links als auch vor der Ankerdichtung an. Durch Erregen der Magnetspule wird der Anker nach links gezogen und die Ankerdichtung abgehoben. Dadurch strömt Druckluft auf die Steuerfläche und drückt den Steuerkolben nach rechts. Damit wird Durchfluss von 1 nach 2 erzeugt (die zweite Schaltstellung des Ventils) und die Entlüftung von 3 nach 1 gesperrt.

Wird das Steuersignal weggenommen, wird über die Rückstellfeder und den an der Zuhaltefläche anstehenden Druck der Steuerkolben nach links in die Grundstellung verschoben und das Vorsteuerventil entlüftet über eine Bohrung im Anker über den Anschluss 82. Die Handhilfsbetätigung hebt mechanisch die Ankerdichtung an und ermöglicht über diesen Weg das Beaufschlagen der Steuerfläche mit Druckluft.

Das federrückgestellte 5/2-Magnetventil mit Vorsteuerung **(Bild 2)** unterscheidet sich nur im Ventilkörper (5/2-Ventil) von obigem Ventil. Für beide Ventile gilt, dass die Magnetspule solange erregt sein muss, wie die zweite Schaltstellung benötigt wird.

Das 5/2-Wege-Magnetimpulsventil **(Bild 3)** hat das gleiche Vorsteuerprinzip wie die vorigen Ventile, besitzt aber keine definierte Grundstellung. Hier genügt ein kurzer Impuls für die Magnetspule, um das Ventil dauerhaft in eine andere Schaltstellung zu bringen. Auch bei diesem Ventil ist – ähnlich wie beim pneumatischen Impulsventil – beim Einbau darauf zu achten, in welcher Schaltstellung sich das Ventil befindet.

Beim 5/3-Wege-Magnetventil (in Ruhestellung gesperrt) mit Vorsteuerung **(Bild 4)** ist in der Grundstellung der Durchfluss von 1 nach 2 und von 1 nach 4 gesperrt. Die Verbindungsbohrung zwischen beiden Ankerdichtungen steht unter Druck über den Anschluss 1. Durch Erregen eines Magnetventils greift wieder das Vorsteuerprinzip und der Steuerkolben wird in die entsprechende Schaltstellung geschoben. Nach Wegnahme der Magneterregung ermöglicht die Zentrierfeder am Steuerkolben wieder die Mittelstellung. Das betätigte Vorsteuerventil entlüftet entweder über 82 oder 84. Bei diesem Ventil ist zu beachten, dass das Steuersignal für Y1 bzw. Y2 für die gesamte Arbeitsbewegung anstehen muss; dies ist also kein Impulsventil mit Speicherverhalten. Wird das Steuersignal weggenommen, geht das Ventil in die Mittelstellung.

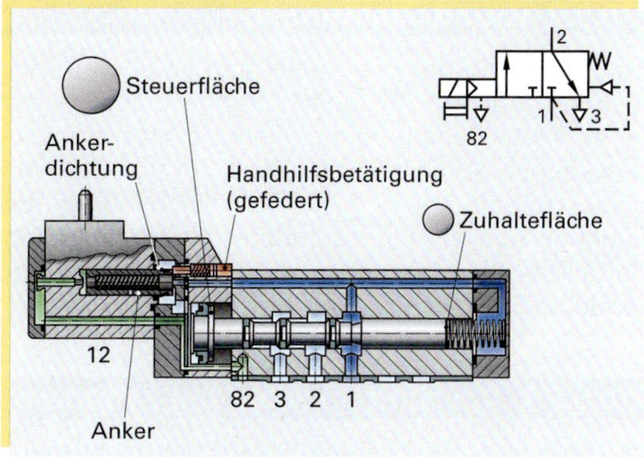

Bild 1: 3/2-Magnetventil; federrückgestellt und vorgesteuert

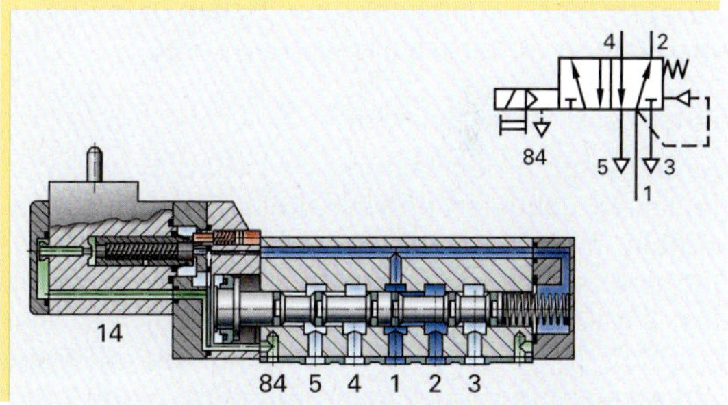

Bild 2: 5/2-Magnetventil; federrückgestellt und vorgesteuert

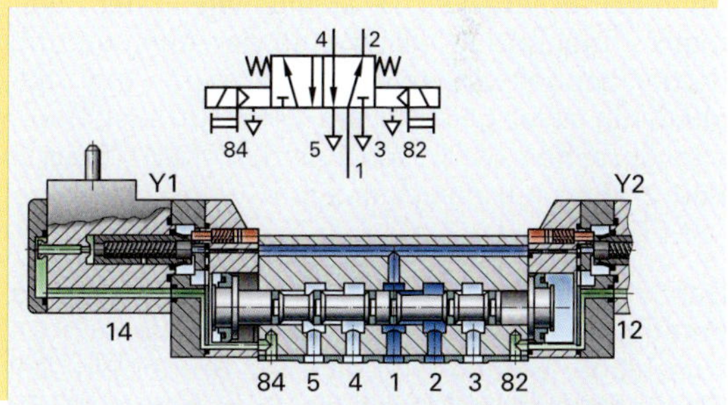

Bild 3: 5/2-Magnetimpulsventil mit Vorsteuerung

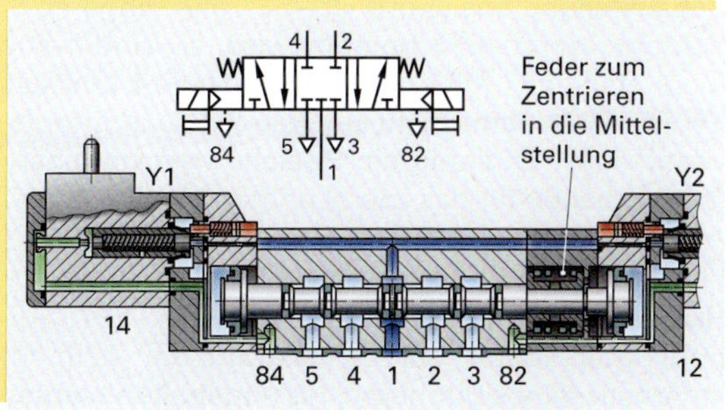

Bild 4: 5/3-Magnetventil mit Vorsteuerung

10.5.2 Grundschaltungen

Ebenso wie in der Pneumatik gibt es auch in der Elektropneumatik Grundschaltungen, aus denen komplexere Schaltungen zusammengesetzt werden können. Auch hier gilt wieder für den Entwurf dieser Schaltungen, dass das Wissen über die Funktion und die Eigenschaften der eingesetzten Bauteile vorhanden sein muss, um eine funktionierende und sichere Steuerung zu entwerfen.

10.5.2.1 Vor- und Rücklauf bei Zylindern

Im Gegensatz zur Pneumatik wird hier nicht mehr auf die direkte Ansteuerung eingegangen, da in der Praxis fast ausschließlich die indirekte mithilfe eines Relais verwendet wird. Dies hat den Vorteil, dass das Schaltsignal des Relais in mehrere Strompfade weitergeleitet werden kann.

Einfachwirkender Zylinder

Bei Betätigung des Tasters –SF1 **(Bild 1)** wird das Relais –KF1 aktiviert und schaltet somit den Relaiskontakt im Strompfad 2, der wiederum das Magnetventil –MB1 am Stellglied –QM1 betätigt und das 3/2-Wegventil zum Umsteuern bringt. Der Zylinder –MM1 fährt bei Betätigung von –SF1 aus und erreicht nur dann seine Endlage, wenn –SF1 für die Dauer des Ausfahrens betätigt wird.

Doppeltwirkender Zylinder

Auch hier ergeben sich – ähnlich wie in der Pneumatik – mehrere Möglichkeiten der Ansteuerung, da der doppeltwirkende Zylinder durch ein Stellglied mit zwei gesteuerten Druckluftausgängen angesprochen wird. Der Zylinder –MM1 fährt in **Bild 2 oben** nur dann ganz aus, wenn der Taster –SF1 für die Zeit des Ausfahrens gedrückt ist.

Der Zylinder –MM1 in **Bild 2 unten** fährt bei Impulsbetätigung von –SF1 ganz aus und danach bei kurzzeitiger Betätigung von –SF2 wieder ein. Das 5/2-Wegeventil –QM1 ist ein Speicherventil. Ein nur kurzer elektrischer Impuls genügt, um das Ventil umzusteuern, da das Ventil nach dem Impuls die Schaltstellung speichert. Ist –SF1 allerdings noch betätigt, wenn –SF2 betätigt wird, so sind beide Magnetspulen –MB1 und –MB2 aktiviert und das Ventil –QM1 kann nicht umsteuern. Das Impulsventil –QM1 ist somit ein Speicher mit dominantem Verhalten für das zuerst ankommende Signal.

Fixieren und Anhalten in Zwischenstellungen

Hier kann durch Tippbetrieb auf Taster –SF1 (Vorhub) oder Taster –SF2 (Rückhub) der Zylinder innerhalb seines Hubbereiches angehalten werden **(Bild 3)**.

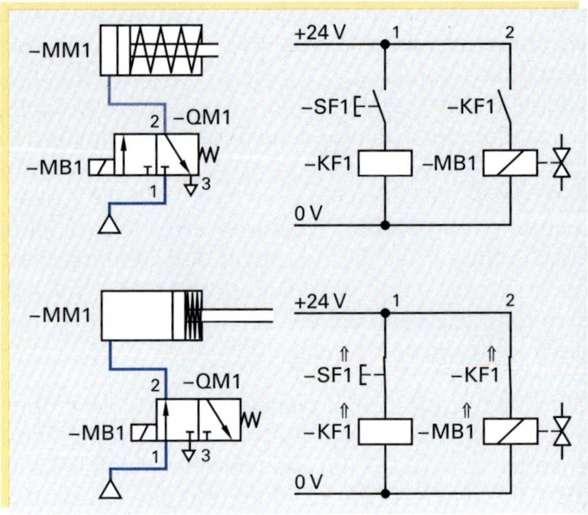

Bild 1: Einfachwirkender Zylinder mit 3/2-Magnetventil; federrückgestellt

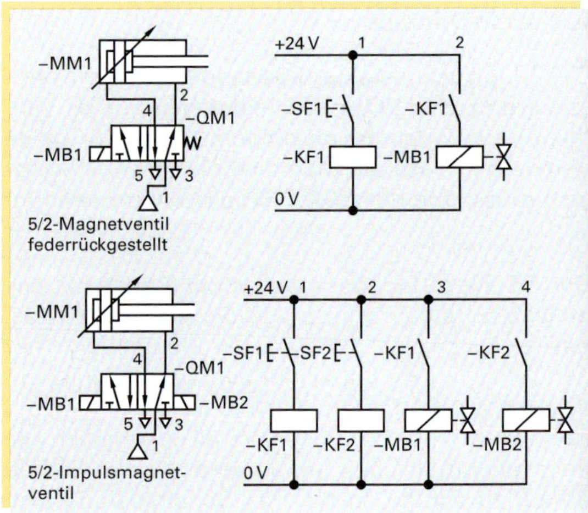

Bild 2: Doppeltwirkender Zylinder

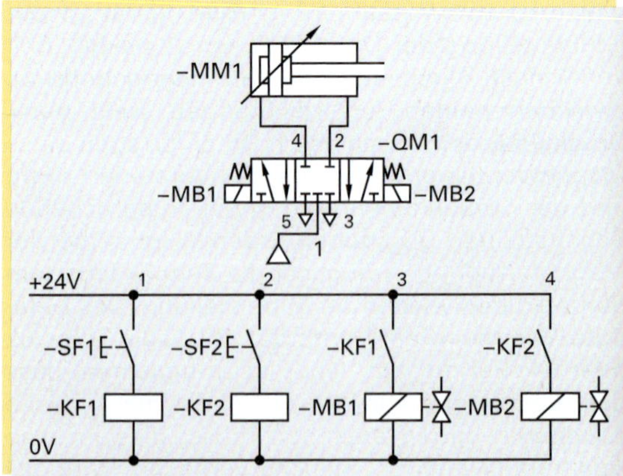

Bild 3: Doppeltwirkender Zylinder mit 5/3-Magnetventil

Geschwindigkeitsbeeinflussung

Die Geschwindigkeitsbeeinflussung erfolgt nicht im elektrischen Signalteil, sondern im pneumatischen Leistungsteil **(Bild 1).** Es gelten somit die gleichen Aussagen wie im Kapitel Pneumatik.

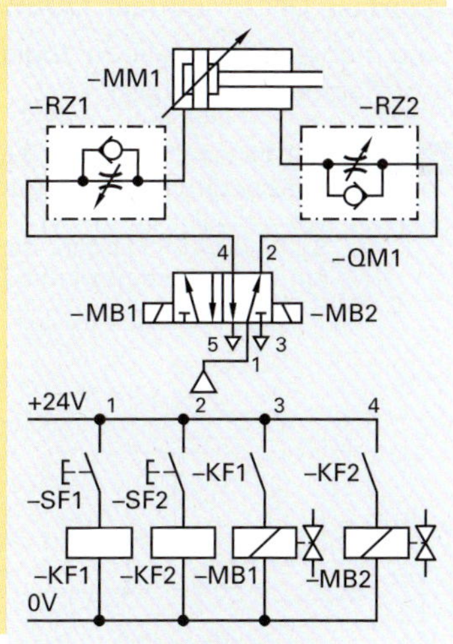

Bild 1: Geschwindigkeitsbeeinflussung

10.5.2.2 Verknüpfung von Signalen

Auch in den elektropneumatischen Steuerungen geschieht die logische Verknüpfung der Signale im Signalteil. Im Gegensatz zur Pneumatik sind hier allerdings keine zusätzlichen Ventile (z. B. UND-Ventil) notwendig. Die logischen Verknüpfungen erfolgen über die schaltungstechnischen Verbindungen der einzelnen Signalelemente. Es werden auch hier die vier Grundverknüpfungen IDENTITÄT, UND, ODER und NEGATION unterschieden.

Identität

Bei Anstehen eines Einssignals (–SF1 bzw. –SF2 betätigt) wird ein Ausgang gesetzt **(Bild 1).**

UND-Verknüpfung

Die logische Grundbedingung lautet auch hier allgemein, dass an einem Ausgang A1 nur dann ein Einssignal anliegt, wenn an beiden Eingangssignalen E1 UND E2 auch ein Einssignal ansteht. Im Stromlaufplan in **Bild 2** ist dies durch eine Reihenschaltung von –SF1 und –SF2 verwirklicht.

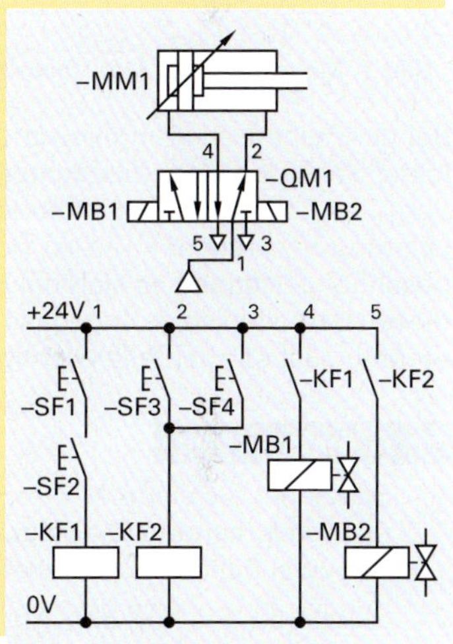

Bild 2: UND- bzw. ODER-Verknüpfung

ODER-Verknüpfung

Die logische Grundbedingung lautet allgemein, dass an einem Ausgang A1 ein Einssignal anliegt, wenn entweder an E1 ODER E2 ODER an beiden Eingangssignalen ein Einssignal ansteht. Im Stromlaufplan in **Bild 2** ist dies durch eine Parallelschaltung von –SF3 und –SF4 verwirklicht.

Negation

Elektrotechnisch wird die Negation durch einen Öffner realisiert.

Eine Zusammenfassung der Grundverknüpfungen zeigt **Tabelle 1.**

Tabelle 1: Zusammenfassung der Grundverknüpfungen

Verknüpfung / Erläuterung	IDENTITÄT	UND	ODER	NICHT
Logikplan	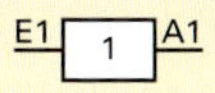	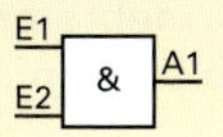	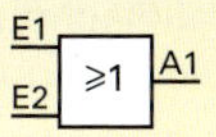	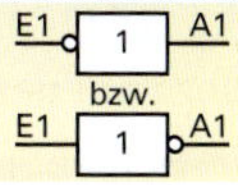
Schaltung	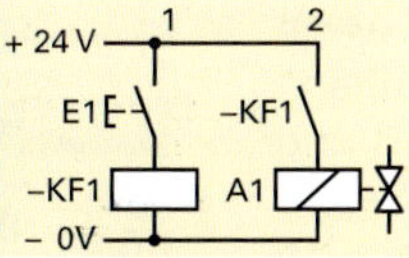	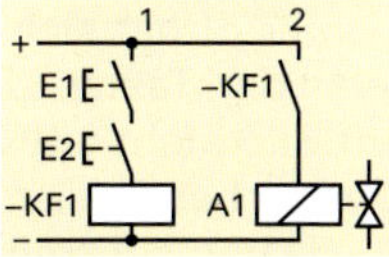	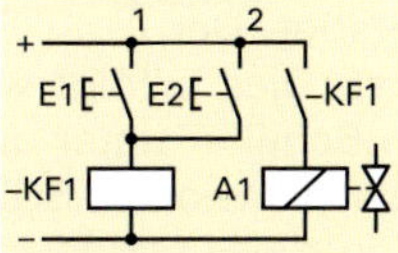	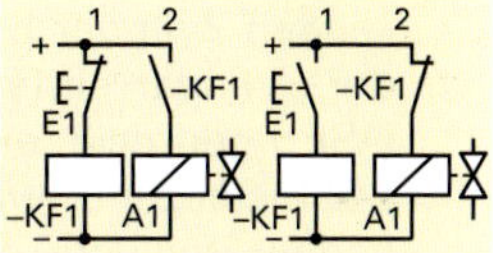
Impulsdiagramm	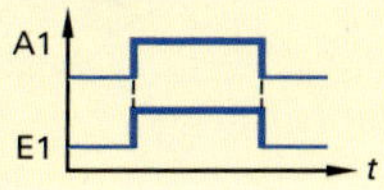	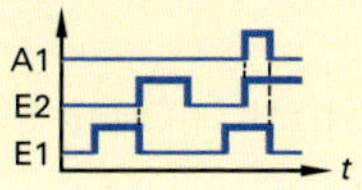	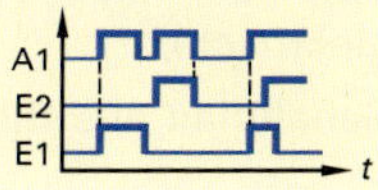	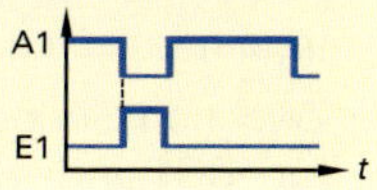

Mehrfach UND/Mehrfach ODER

Sind mehrere Signalglieder logisch mit und/oder zu verknüpfen, so geschieht dies durch weitere Reihen- bzw. Parallelschaltungen.

Beispiel: Der Zylinder –MM1 darf nur ausfahren, wenn er in der hinteren Endlage (–BG1) ist und wenn –SF1 und –SF2 betätigt sind. Außerdem wird für Linkshänder ein weiterer Handtaster –SF4 benötigt, der ebenfalls wie –SF3 das Zurückfahren des Zylinders gewährleistet, wenn –BG2 hängt. –SF4 soll nur auf der anderen Seite von –SF3 liegen, damit der Linkshänder nicht ständig umgreifen muss. Des weiteren soll die Ausfahrgeschwindigkeit des Zylinders einstellbar und die Einfahrgeschwindigkeit möglichst groß sein (siehe S. 457, Bild 2).

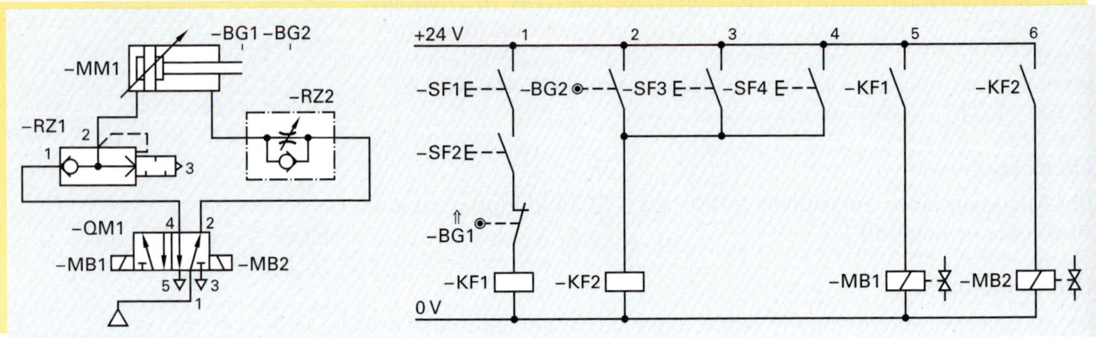

Bild 1: Mehrfach UND/Mehrfach ODER

Bei der Reihenschaltung von mehreren Signalgliedern, die selbst Leistung verbrauchen (z.B. Reedkontakte, Sensoren), ist zu beachten, dass die Summe der Spannungsabfälle an den einzelnen Signalgliedern das Relais noch schalten lässt. Bei der Parallelschaltung von mehreren Signalgliedern, die selbst Leistung verbrauchen, ist zu beachten, dass die Summe der Ströme nicht das nachfolgende Relais beschädigt. Handelt es sich bei den Signalgliedern um Taster oder Schalter, ist der Spannungsabfall an diesen Bauteilen so gering, dass obige Auswirkungen vernachlässigt werden können. In diesem Zusammenhang ist es ebenfalls wichtig, ob die Sensoren als 2-Draht- oder 3-Draht-Sensoren ausgeführt sind.

Arbeitsauftrag:

1. Skizzieren Sie einen elektropneumatischen Schaltplan für einen einfachwirkenden Zylinder, der bei gleichzeitiger Betätigung von zwei Schaltern ausfährt und selbstständig wieder einfährt.
2. Skizzieren Sie für den im nebenstehenden Bild gegebenen Logikplan den Stromlaufplan.

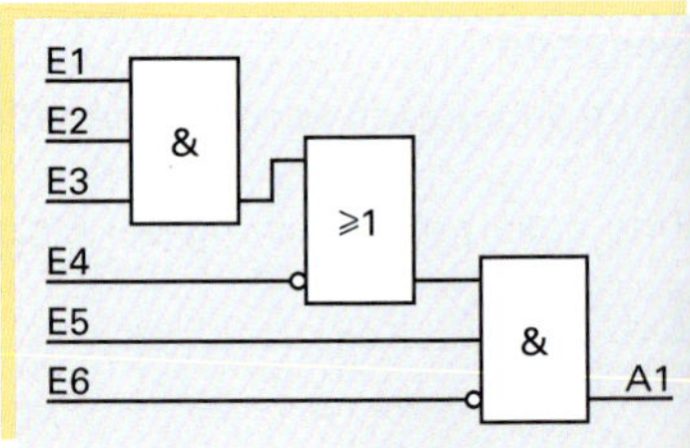

3. a) Führen Sie in Ihrem Elektropneumatik-Labor einen Versuch zur Ermittlung der minimalen Schaltspannung eines Relais durch.
   b) Vergleichen Sie diesen Wert mit dem des Herstellers.
4. Ermitteln Sie von Relais aus Ihrem Labor die maximale Stromaufnahme.
5. Wie wirkt sich die Parallelschaltung von mehreren Verbrauchern auf den Gesamtwiderstand in diesen Strompfaden aus?
6. Ein Schieber einer Abfüllanlage wird durch einen doppeltwirkenden Zylinder betätigt. Der Abfülltrichter öffnet sich, wenn der Zylinder einfährt. Dies erfolgt wenn der Taster „Füllen" (–SF1) gedrückt, ein Behälter unter dem Silo steht (–BG1) und der Taster zur Gewichtskontrolle (–BG2) nicht betätigt ist. Zeichnen Sie den Logikplan, die Funktionstabelle und den Schaltplan (pneumatisch und elektrisch).

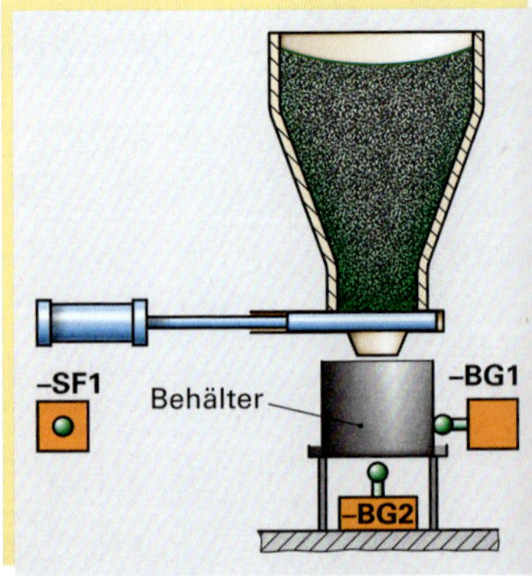

7. Zeichnen Sie den Schaltplan aus **Bild 1** mit 3-Draht-Sensoren für –BG1 und –BG2.

Druckabhängige Steuerungen

Werden in elektropneumatischen Schaltungen pneumatische Signale (hier der Druck) in elektrische umgewandelt, bedient man sich sogenannter Druckschalter.

Beispiel: Das Beispiel soll so ausgebaut werden, dass der Zylinder –MM1 erst bei Erreichen der vorderen Endlage und bei Erreichen eines bestimmten einstellbaren Druckes, der ein wenig unterhalb des Anlagendruckes liegt, zurückfährt (Skizze siehe Bild 2, Seite 457; Lösung: **Bild 1**).

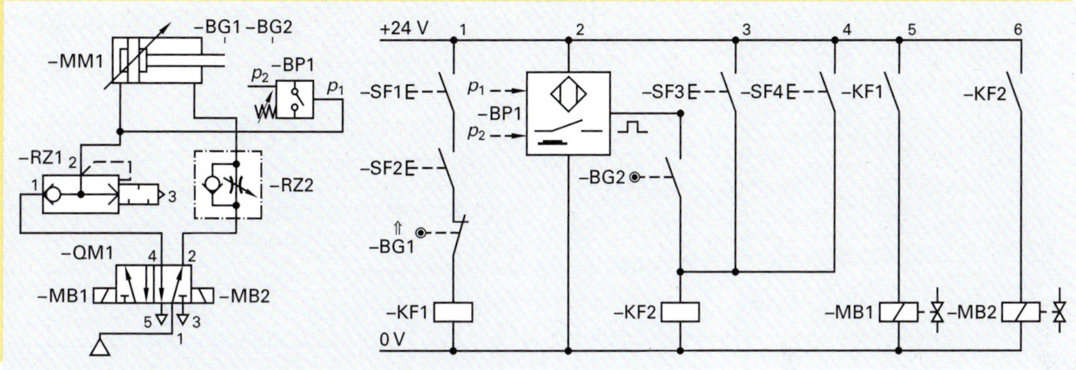

Bild 1: Druckabhängige elektropneumatische Steuerung

10.5.2.3 Schaltverzögerung

Zeitglieder in elektropneumatischen Schaltungen werden über **abfall-** und **anzugverzögerte** Relais realisiert.

Der Strom fließt innerhalb über einen einstellbaren Widerstand R1 und lädt einen Kondensator C auf. Ist dessen Schaltspannung erreicht, so schaltet das Relais. Die Diode D sperrt nur in eine Richtung, sodass der Strom von A1 über R1 fließen kann. Die Zeit, die der Kondensator zum Aufladen bis zur Schaltspannung braucht, wird über den Widerstand R1 eingestellt. Diese Zeit nennt man **Ansprech-** bzw. **Anzugverzögerung (Bild 2).**

Bei der **Abfall-** bzw. **Rückfallverzögerung (Bild 2)** sperrt die Diode in die andere Richtung. Damit schaltet das Relais sofort nach Strombeaufschlagung und der Kondensator C lädt sich auf. Nach Öffnen des Stromweges von A1 entlädt der Kondensator C über den einstellbaren Widerstand R1 und hält dadurch das Magnetfeld in der Spule eine gewisse Zeit aufrecht.

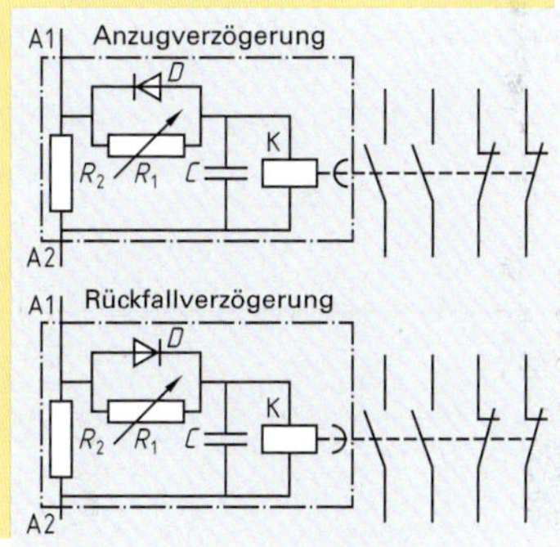

Bild 2: Schaltverzögerung

Beispiel: Im Beispiel wird die bisherige Zweihandlösung ausgebaut. Der Zylinder darf nur noch ausfahren, wenn beide Schalter –SF1 und –SF2 gleichzeitig innerhalb von 0,5 Sekunden gedrückt werden. Damit sollen unerlaubte Manipulationen zur Taktverkürzung unterbunden werden **(Bild 3).**

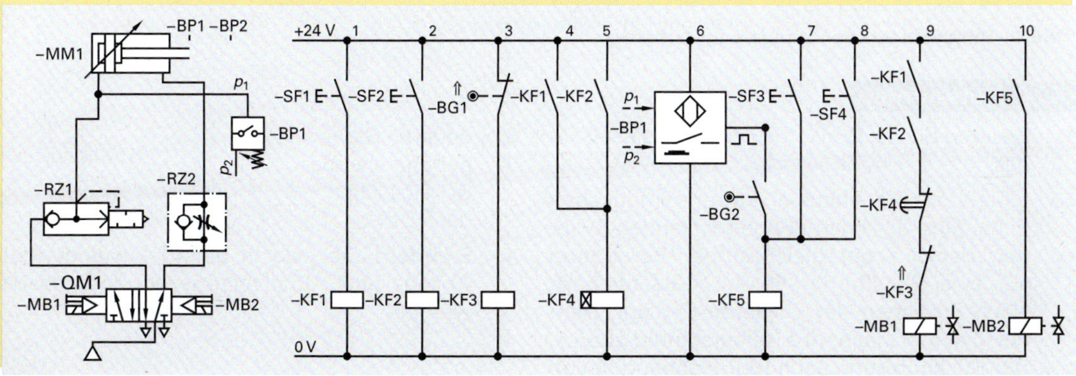

Bild 3: Schaltplan

Auch in der Elektro-Pneumatik ergeben sich wieder – ähnlich wie in der Pneumatik – durch Kombination von Ansprech- und Rückfallverzögerung mit Öffnern oder Schließern unterschiedliche Verzögerungsverhalten **(Bild 1)**.

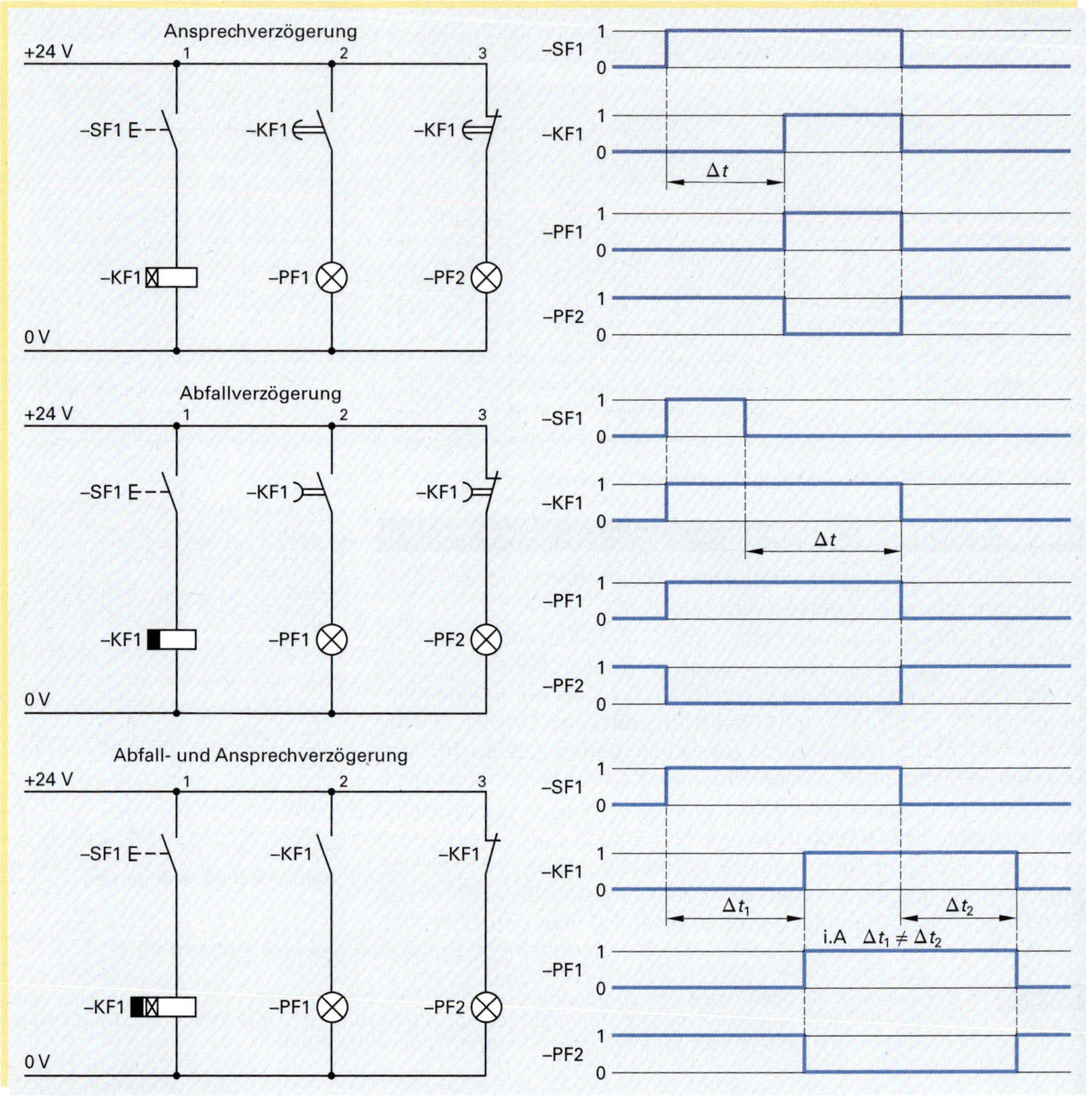

Bild 1: Unterschiedliche Verzögerungsverhalten

Arbeitsauftrag:

1. Erklären Sie die Wirkungsweise eines RC-Gliedes.
2. Skizzieren Sie einen elektropneumatischen Schaltplan für einen doppeltwirkenden Zylinder, der nur bei gleichzeitiger Betätigung von zwei Schaltern –SF1 und –SF2 ausfährt. Nach Erreichen der vorderen Endlage zieht der Zylinder nach 10 s selbstständig zurück. Der Rückhub kann auch (zeitunabhängig) von einem Schalter –SF3 ausgelöst werden.
3. Erklären Sie nebenstehende Schaltzeichen nach DIN.

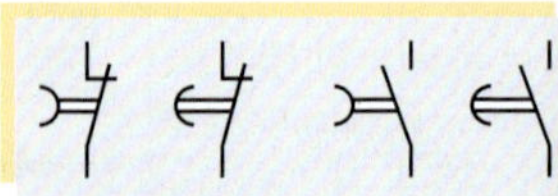

4. Erläutern Sie, wie in der Elektropneumatik Anzug- und Abfallverzögerungen realisiert werden.

10.5.2.4 Selbsthaltung

Häufig müssen in elektropneumatischen Steuerungen Impulssignale in Dauersignale umgewandelt werden. Gerade bei Magnetventilen mit Federrückstellung ist dies notwendig, da der Umsteuervorgang nur für die Dauer der Betätigung aufrecht erhalten bleibt. Ist die Betätigung nicht mehr vorhanden, so stellt die Feder das Ventil in die Grundstellung. Soll ein doppeltwirkender Zylinder nur mittels eines Impulses ein- bzw. ausfahren, so kann dies grundsätzlich mithilfe eines 3/2- bzw. 5/2-Impulsventils gelöst werden.

Wenn ein Wegeventil mit Federrückstellung zum Einsatz kommen muss, so ist eine sogenannte **Selbsthaltung** notwendig, die den kurzzeitigen Impuls in einen Dauerimpuls umwandelt **(Bild 1).**

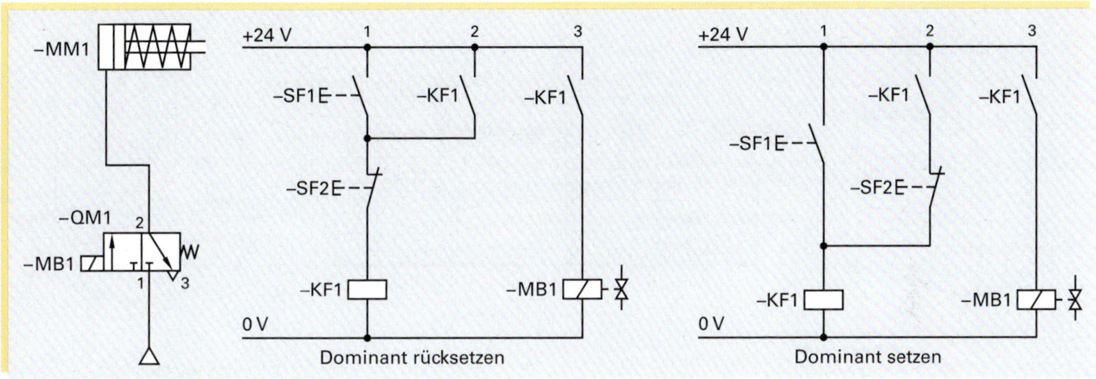

Bild 1: Selbsthaltung

Wird –SF1 betätigt, so schließt sich Strompfad 1 und das Relais –KF1 schaltet. Da das Relais mehrere als Öffner/Schließer/Wechsler ausgelegte Kontaktbahnen hat, besteht die Möglichkeit, auf der einen Seite einen Schließer zur Betätigung des Magnetventils –MB1 zu benutzen (Strompfad 3). Andererseits wird ein zweiter Schließerkontakt in Strompfad 2 parallel zu –SF1 angeschlossen. Dadurch hält das Relais sich selbst, auch wenn –SF1 nicht mehr betätigt ist.

Um diese Selbsthaltung zu lösen, wird der Öffner –SF2 benötigt. Je nachdem, ob er in Strompfad 2 oder in Strompfad 1 verschaltet ist, unterscheidet man zwischen **dominant setzen** (bei gleichzeitigem Betätigen von –SF1 und –SF2 ist Relais –KF1 erregt) bzw. **dominant rücksetzen** (–KF1 bleibt spannungslos).

Arbeitsauftrag:

1. Entwickeln Sie die Selbsthaltung ohne –SF2 und erläutern Sie das dabei entstehende Problem.
2. Ein doppeltwirkender Zylinder soll bei kurzzeitiger Betätigung von –SF1 ausfahren und bei kurzzeitiger Betätigung von –SF2 wieder einfahren. Lösen Sie die Aufgabe einmal mit und einmal ohne Selbsthaltung. Begründen Sie, ob ein Bediener im Normalbetrieb einen Unterschied zwischen beiden Steuerungen feststellen kann. Vergleichen Sie das Notaus-Verhalten beider Steuerungen.
3. Entwickeln Sie den Funktionsplan (Logikplan) einer Selbsthaltung „dominant setzen“ und einer mit „dominant rücksetzen“.
4. Erstellen Sie den Logikplan für die rechts abgebildete Steuerung.
5. Erstellen Sie die Steuerung für den nebenstehenden Logikplan.

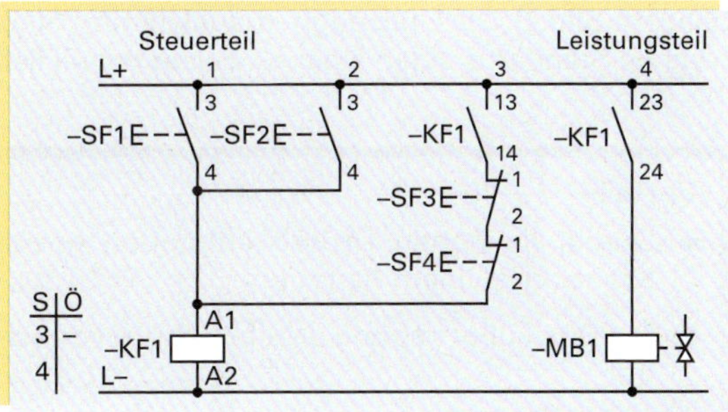

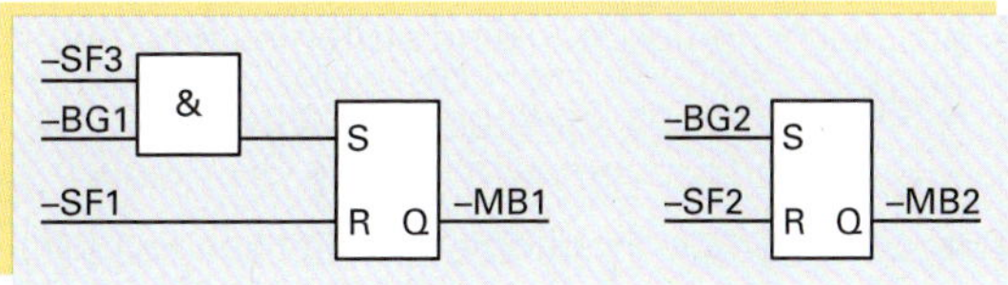

10.6 Hydraulische Steuerungen

In der Hydraulik (griech. hydor = Wasser, Flüssigkeit) werden zum Erzeugen von Kräften, Bewegungen oder Drehmomenten Flüssigkeiten (Fluide) – meist Öle – benutzt, welche dabei unter hohem Druck stehen. Dabei können sowohl lineare als auch rotierende Bewegungen erzeugt werden. Die übertragene Energie wird geregelt oder gesteuert. Die durch den hohen Druck entstehenden großen Kräfte bzw. Drehmomente werden hauptsächlich im Leistungsteil der Steuerungen bzw. Regelungen eingesetzt. Im Steuerungsteil kommen mechanische oder elektrische Komponenten zum Einsatz.

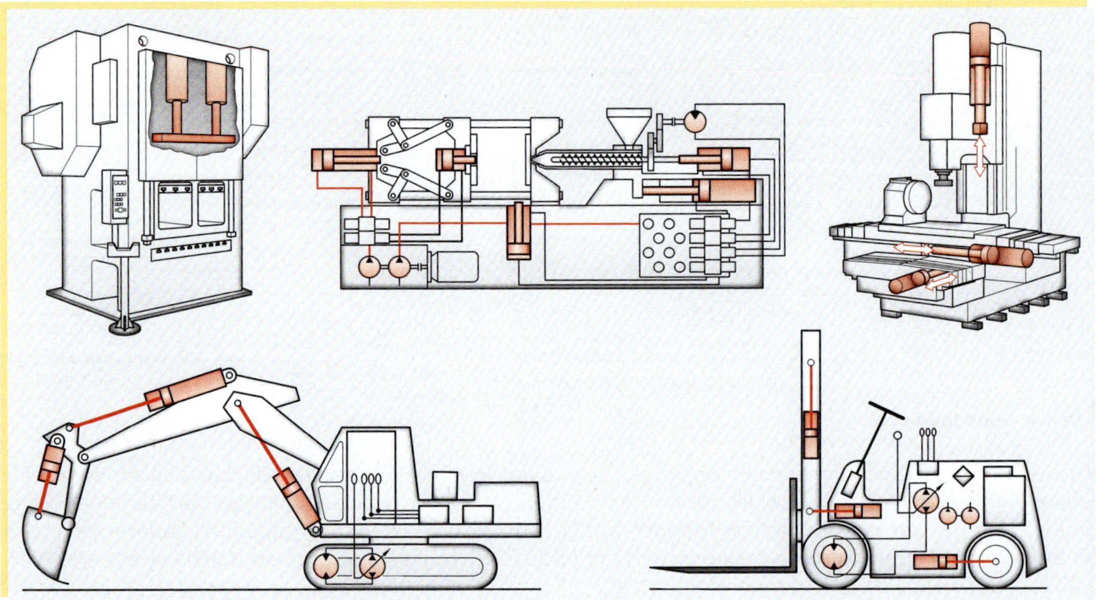

Bild 1: Anwendungsbeispiele für den Einsatz von Hydraulik

Bei Werkzeugmaschinen wird die Hydraulik zum Spannen von Werkstücken bzw. Werkzeugen (z.B. Spritzgusswerkzeuge in Spritzgießmaschinen) und bei Vorschubsteuerungen sowie bei Spindelantrieben genutzt. Ein weiterer großer Verbreitungsbereich der Hydraulik findet sich bei Pressen (siehe Kap. 14). Bei Land- und Baumaschinen wird die Hydraulik zum Fahrantrieb, zum Heben und zum Greifen benutzt **(Bild 1)**. Die Flugzeughydraulik nimmt eine Sonderstellung ein und hat wegen ihres hohen technischen Standards einen eigenen Zweig entwickelt.

Vorteile

- Durch die hohen Drücke entstehen große Kräfte auf kleinem Raum
- Die Druckübertragung erfolgt nahezu verlustfrei
- Hydraulische Bauteile sind überlastsicher; d.h. eine hohe Belastung ist auch im Stillstand möglich
- Geschwindigkeiten sind stufenlos einstellbar
- Gleichförmige Bewegungen sind wegen der geringen Kompressibilität des Öls möglich
- Sehr genaue Positioniermöglichkeit (± 1 µm)

Nachteile

- Durch den hohen Druck des Öls entstehen Unfallgefahren
- Entstehung von Lärm durch Pumpen und Schaltgeräusche
- Durch austretendes Lecköl entsteht Brandgefahr und Umweltverschmutzung
- Geringere Kolbengeschwindigkeiten als in der Pneumatik
- Temperaturabhängigkeit der Viskosität (Fließeigenschaft) des Öls
- Begrenzte Energiespeicherungsmöglichkeit (durch Gas z.B. in Blasenspeicher)

10.6.1 Hydraulische Kreisläufe

Anders als in der Pneumatik, wo die Luft nach ihrer Arbeitsverrichtung über Schalldämpfer in die Umgebung abgeführt wird, muss sich in der Hydraulik das Fluid in einem Kreislauf bewegen. Von einer Hydraulikpumpe wird es über Schlauchleitungen und Ventile zu den Aktoren (Zylinder oder Motoren) geführt, um von da aus wieder in einen Tank zurückzufließen. In einer hydraulischen Anlage wird von einer Pumpe (Druckerzeugung) mechanische Energie in hydraulische umgewandelt. Diese hydraulische Energie wird zum Aktor transportiert und dort wieder in mechanische Arbeit umgewandelt. Kernstück jeder Hydraulikanlage ist das **Hydraulikaggregat,** das meist als selbstständige Baugruppe aus Antriebsmotor, Pumpe, Behälter für die Flüssigkeit, Druckbegrenzungsventil und Rücklauffilter besteht. Man unterscheidet zwei verschiedene Ausführungen des hydraulischen Kreislaufes.

Offener Hydraulikkreislauf (Bild 1)

Die Pumpe fördert in der Kreuz- bzw. Parallelstellung des 5/3-Wegventils Hydrauliköl unter Druck zum Aktor (Zylinder bzw. Motor) und erzeugt hierdurch eine Bewegung, während das drucklose Öl im Rücklauf über einen Filter zum Tank strömt. In der Mittelstellung des 5/3-Wegventils öffnet bei Erreichen des eingestellten Maximaldruckes am Druckbegrenzungsventil (DBV) dieses Ventil und das Öl strömt über das DBV zurück in den Tank.

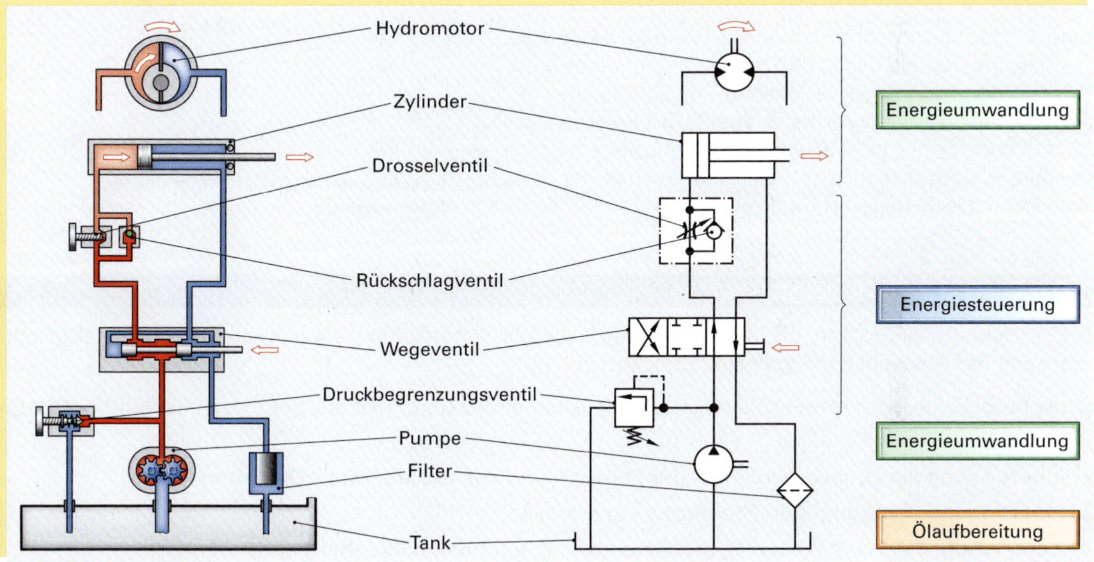

Bild 1: Hydraulikanlage

Druckerzeugerstationen sind sehr häufig zugekaufte Fertigbauteile für eine Hydraulikanlage und schon herstellerseitig mit einem Druckbegrenzungsventil zum Schutze ausgerüstet. Schaltet man nun der Druckerzeugerstation mit integriertem DBV ein zweites DBV parallel **(Bild 2),** kann man mit dem integrierten DBV den maximal zulässigen Anlagendruck einstellen, während über das äußere DBV der Arbeitsdruck vorgegeben werden kann. Der Arbeitsdruck ist somit immer kleiner gleich dem Maximaldruck in der Druckerzeugerstation. Am Manometer 1 kann der Druck, der durch die äußere Last entsteht, abgelesen werden, während am Manometer 2 der Druck, der durch den Fließwiderstand beim Ölumlauf entsteht, ersichtlich ist.

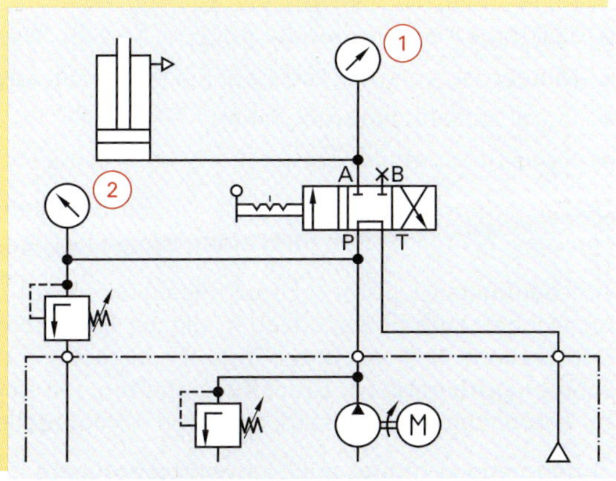

Bild 2: Pumpenumlaufschaltung

10

Geschlossener Hydraulikkreislauf

Geschlossene Hydraulikkreisläufe **(Bild 1)** finden sich häufig bei rotatorisch wirkenden Aktoren (z.B. Motoren). Der Volumenstrom – und damit die Fließrichtung – ist schnell umzusteuern. Zur Steuerung von Hydraulikzylindern mit ungleichen Kolbenflächen eignet sich diese Kreislaufart nicht, da die unterschiedlichen Fluidmengen beim Vor- bzw. Rücklauf im Kreislauf nicht gut ausgeglichen werden können.

Bild 1 zeigt das grundlegende Funktionsprinzip. Die Pumpe erzeugt einen Fluidkreislauf, der den Motor antreibt. Bei Überschreiten des Anlagendruckes öffnet das Druckbegrenzungsventil und das Hydrauliköl strömt im kleinen Kreislauf. Ein Rückschlagventil sichert die Fließrichtung. Diese Lösung ist nicht praxisgerecht, da hiermit die Ölverluste nicht ausgeglichen werden können.

Eine Verbesserung bringt hier der Einbau einer zusätzlichen Pumpe **(Nr. 3, Bild 2),** die Öl über einen Filter in den Hauptkreis drücken kann. Sie gleicht entstandene Leckageverluste aus. Mithilfe des DBV 1 wird der Arbeitsdruck im Hauptkreis eingestellt, während das DBV 2 den Lieferdruck der Speisepumpe (3) in den Hauptkreis regelt.

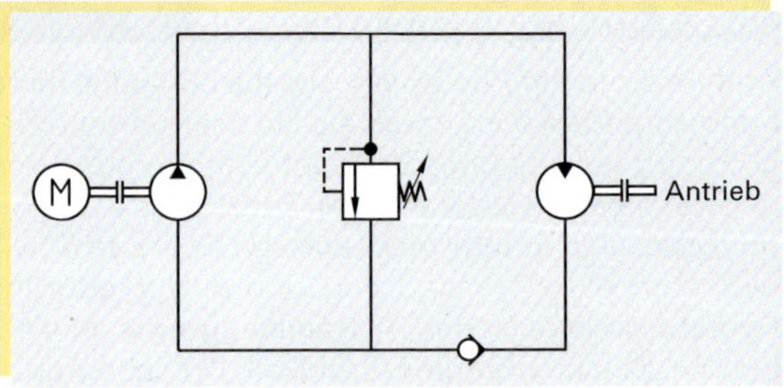

Bild 1: Geschlossener Hydraulikkreislauf

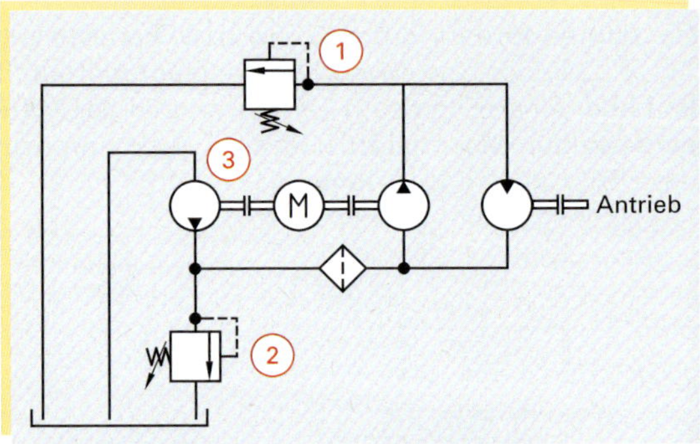

Bild 2: Geschlossener Hydraulikkreislauf mit Speisepumpe

10.6.2 Hydraulikflüssigkeiten

Die störungsfreie Funktion, die Lebensdauer und die Wirtschaftlichkeit einer Hydraulikanlage hängt sehr stark von der Auswahl der Hydraulikflüssigkeit ab.

Druckflüssigkeiten in hydraulischen Anlagen müssen unterschiedliche Aufgaben erfüllen und bestimmten Anforderungen genügen:

- Übertragung der Druckenergie von der Pumpe zum Arbeitsglied (Motor, Zylinder)
- Übertragung der Signale zur Steuerung von Ventilen
- Schmierung der beweglichen Hydraulikbauteile (z.B. Kolben, Schiebergleitflächen)
- Ausgleich der Temperaturunterschiede im Hydrauliksystem
- Schutz der Hydraulikbauteile vor Korrosion
- Forttragen von Verunreinigungen (Abrieb), Wasser und Luft zum Filter bzw. Tank
- Minderung von Druckstößen, die bei Schaltvorgängen entstehen
- Luftabscheidung ermöglichen
- Keine Schaumbildung

Diesen Anforderungen muss die Druckflüssigkeit bei sehr verschiedenen Drücken, Temperaturen und Fließgeschwindigkeiten über einen möglichst langen Zeitraum gerecht werden.

Am häufigsten kommen Druckflüssigkeiten auf der Basis von Mineralölen, die man als Hydrauliköle bezeichnet, zum Einsatz. Neben diesen Hydraulikölen finden sich in Bereichen mit erhöhter Brandgefahr (z.B. im Bergbau unter Tage, Druckgussmaschinen, Schmiedepressen, Walzstrassen) sogenannte **schwer entflammbare Druckflüssigkeiten,** die sich – bzw. der Hydraulikdampf – bei Leckagen oder Leitungsbrüchen nicht an stark erhitzten Anlagenteilen entzünden können.

Zunehmend kommen auch **umweltschonende, biologisch abbaubare Druckflüssigkeiten** zum Einsatz (z.B. bei mobilen Hydraulikaggregaten in der Land- und Forstwirtschaft). Hier ist im Leckagefall keine

Kontaminierung (Verunreinigung) der Umwelt zu befürchten, da diese Druckflüssigkeiten biologisch abbaubar sind.

Nach DIN 51524 Teil 1 bis 3 gliedern sich die **Hydrauliköle (Tabelle 1)** in drei Klassen.

Hydrauliköle der Klasse **HL** sind Mineralöle mit Zusatzwirkstoffen, die den Korrosionsschutz und die Alterungsbeständigkeit erhöhen. Hydrauliköle der Klasse **HLP** sind Mineralöle wie aus der Klasse HL, wobei hier noch zusätzlich durch weitere Additive der Verschleißschutz erhöht ist. Öle der Klasse **HV** haben gegenüber Ölen der Klasse HLP durch Zusätze ein verbessertes Viskositäts-Temperaturverhalten.

Bei schwer entflammbaren **Hydraulikflüssigkeiten (Tabelle 2)** unterscheidet man wasserhaltige und wasserfreie, synthetische Druckflüssigkeiten (d.h. künstlich hergestellt, kein Naturprodukt). Die schwer entflammbaren Druckflüssigkeiten werden in den VDMA-Blättern 24317 und 24320 beschrieben. Flüssigkeiten der Klasse **HFA** sind Öl in Wasser-Emulsionen mit einem Wassergehalt von 80% bis 98%, während die Klasse **HFB** Wasser in Öl-Emulsionen sind mit einem Wassergehalt von 40%.

Glykol-Wasser-Gemische mit einem Wassergehalt zwischen 35% und 55% bilden die Klasse **HFC**. Wasserfreie Flüssigkeiten, die synthetisch auf der Basis von Phosphorestern oder chlorierten Kohlenwasserstoffen hergestellt werden, bilden die Klasse **HFD**.

Aufgrund des gestiegenen Umweltbewusstseins und behördlicher Auflagen bieten immer mehr Hersteller von Hydraulikflüssigkeiten biologisch abbaubare Druckflüssigkeiten an **(Tabelle 3)**. Man unterscheidet drei Klassen.

Die Klasse der **HPG**-Flüssigkeiten sind wasserfrei und werden künstlich aus Polyglykolen hergestellt. Ihre Eigenschaften sind ähnlich denen der Hydrauliköle. Sie sind nicht mit diesen Mineralölen mischbar.

Tabelle 1: Hydrauliköle

Bezeichnung	Anwendungsbereiche
HL	Anlagen, in denen hohe thermische Beanspruchungen auftreten oder Korrosion durch Wasserzutritt möglich ist.
HLP	wie HL-Öl, außerdem für Anlagen, in denen bauart- oder betriebsbedingt eine höhere Mischreibung auftritt.
HV	wie HLP-Öl, Einsatz bei stark wechselnden und tiefen Umgebungstemperaturen.

Tabelle 2: Schwer entflammbare Hydraulikflüssigkeiten

Bezeichnung	VDMA-Einheitsblatt Nr.	Zusammensetzung	Wassergehalt in %
HFA	24 320	Öl-Wasser-Emulsion	80 ... 98
HFB	24 317	Wasser-Öl-Emulsion	40
HFC	24 317	wässrige Lösungen, z.B. Wasser-Glykol	35 ... 55
HFD	24 317	wasserfreie Flüssigkeit, z.B. Phosphatester	0 ... 0,1

Tabelle 3: Biologisch abbaubare Hydraulikflüssigkeiten

Bezeichnung	Eigenschaften
HPG	Künstlich hergestellt (aus Polyglykolen), wasserfrei und biologisch abbaubar. Ähnliche Eigenschaften wie Hydraulikflüssigkeiten auf Mineralölbasis; nicht mit Mineralöl mischbar.
HTG	Auf der Basis pflanzlicher Öle (z.B. Rapsöl) hergestellt, biologisch gut abbaubar, nicht wasserlöslich, mit Mineralöl mischbar, eingeschränkter Temperatureinsatzbereich und eingeschränkte Alterungsbeständigkeit im Vergleich zu Mineralölen.
HT	Künstlich hergestellt (synthetische Ester), biologisch bestens abbaubar, nicht wasserlöslich. Ähnliche Eigenschaften wie Hydraulikflüssigkeiten auf Mineralölbasis.

10

Bei den Flüssigkeiten der **HTG**-Klasse bilden pflanzliche Öle (z.B. Rapsöl) die Basis. Sie sind mit Hydraulikölen der Klasse HL, HLP und HV mischbar, wodurch sich aber die biologische Abbaubarkeit reduziert. Wasserunlösliche, künstlich auf Esterbasis hergestellte Druckflüssigkeiten finden sich in der Klasse **HT**. Sie sind ebenfalls biologisch bestens abbaubar. Die Flüssigkeiten der Kategorien HPG, HTG und HT sind alle als **nicht wassergefährdend** (früher Wassergefährdungsklasse 0) eingestuft.

Hydraulik-Öle altern unter dem Einfluss von chemischen Veränderungen, die durch hohe Temperaturen und die katalytische Wirkung von Metallen entsteht. Verunreinigungen durch Wasser, Rost, Abrieb, Staub etc. fördern ebenfalls diesen Alterungsprozess.

Untersuchungen zeigen, dass viele Ausfälle von hydraulischen Anlagen auf Benutzung einer falschen Druckflüssigkeit oder schlechte Qualität der Druckflüssigkeit (z.B. zu alt) zurückzuführen sind. Aus diesem Grund sollten die Empfehlungen der Hersteller von Hydraulikbauteilen bzw. -anlagen für die Auswahl und Wartung der richtigen Hydraulikflüssigkeit beachtet werden.

Viskosität

Die wohl wichtigste Kenngröße einer Hydraulikflüssigkeit ist die kinematische Viskosität ν. Unter dieser versteht man die Zähflüssigkeit oder Gießbarkeit der Flüssigkeit. Die Viskosität kann mithilfe eines Kugelviskosimeters **(Bild 1)** ermittelt werden. Hierbei wird die „Fallzeit" ermittelt, die eine genormte Kugel braucht, um eine bestimmte Fallhöhe in der zu messenden Flüssigkeit, zu durchrollen (Schiefstehen des Fallrohres). Die hierbei ermittelte Zeit ist proportional zur dynamischen Viskosität η

$$[\eta] = \mathrm{Pa} \cdot \mathrm{s} = \mathrm{N} \cdot \mathrm{s/m^2}.$$

Daraus errechnet sich die kinematische Viskosität zu

$$\text{kin. Visk.} = \frac{\text{dyn. Viskosität}}{\text{Dichte}} \quad \text{bzw.} \quad \nu = \frac{\eta}{\varrho} \qquad [\nu] = \mathrm{m^2/s}$$

Sie gibt somit Auskunft über die innere Reibung, die beim Fließen überwunden werden muss. Je höher die kinematische Viskosität, desto zähflüssiger ist die Hydraulikflüssigkeit. Es werden nach DIN sechs Viskositätsklassen für Hydraulikflüssigkeiten unterschieden **(Tabelle 1).**

Bild 1: Viskosimeter

Hydraulikflüssigkeiten mit zu niedriger Viskosität (zu dünnflüssig) erhöhen die Leckageverluste und bilden einen zu dünnen Schmierfilm, der den Verschleiß fördert. Flüssigkeiten mit großer Viskosität (dickflüssig) führen durch die große innere Reibung an Drosselstellen zu Druckverlusten. Auch erschweren sie das Abscheiden von Luftblasen und es kann deshalb eher zu Kavitation (s. Seite 483) kommen.

Die Viskosität von Hydraulikflüssigkeiten ist sehr stark druck- und temperaturabhängig **(Bild 2).** Dies ist beim praktischen Einsatz zu berücksichtigen.

Tabelle 1: Viskositätsklassen

ISO-Viskositätsklassen	kinematische Viskosität (mm²/s) bei 40°	
	max.	min.
ISO VG 10	9,0	11,0
ISO VG 22	19,8	24,2
ISO VG 32	28,8	35,2
ISO VG 46	41,4	50,6
ISO VG 68	61,2	74,8
ISO VG 100	90,0	110,0

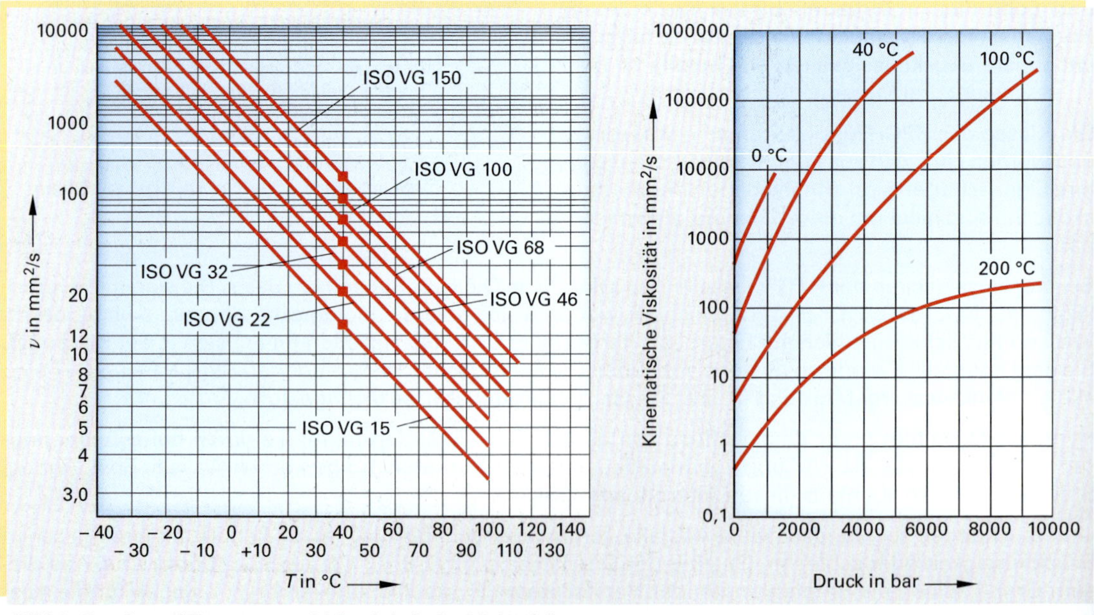

Bild 2: Druck- und Temperaturabhängigkeit der Viskosität

Neben der Viskosität gibt es noch weitere wichtige Eigenschaften von Hydraulikflüssigkeiten, die im praktischen Einsatz eine Rolle spielen.

Bei großen Drücken kann die **Kompressibilität** (Volumenverringerung infolge des hohen Druckes) der Hydraulikflüssigkeit nicht mehr vernachlässigt werden. Es treten dadurch z.B. Ungenauigkeiten beim Positionieren oder bei Steuer- und Regelaufgaben auf. Das **spezifische Gewicht** der Flüssigkeit spielt beim Ansaugen aus dem Tank eine Rolle (je größer die Dichte, desto geringer die mögliche Ansaughöhe). Steht die Druckflüssigkeit im Betrieb unter hoher Temperatur, so ist die Volumenzunahme durch diese Temperaturerhöhung nicht zu vernachlässigen. Die **Schmierfähigkeit** und das **Luftabscheidevermögen** von Hydraulikölen sind ebenfalls zu beachten.

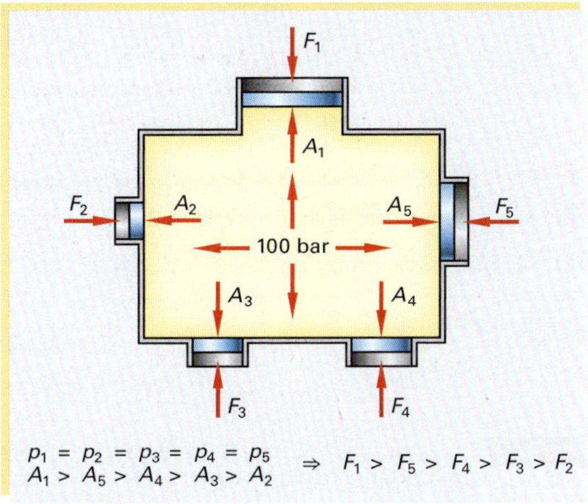

Bild 1: Gesetz von PASCAL

Physikalische Grundlagen

> Der Druck in einem geschlossenen System **(Bild 1)** ist an allen Stellen gleich (Gesetz von PASCAL).

Nach der Gleichung

$$\text{Druck} = \frac{\text{Kraft}}{\text{Fläche}} \quad \text{bzw.} \quad p = \frac{F}{A} \qquad [p] = \text{N/m}^2$$

können somit bei gleichem Innendruck durch unterschiedlich große Flächen unterschiedlich große Kräfte erzeugt werden **(Bild 1).**

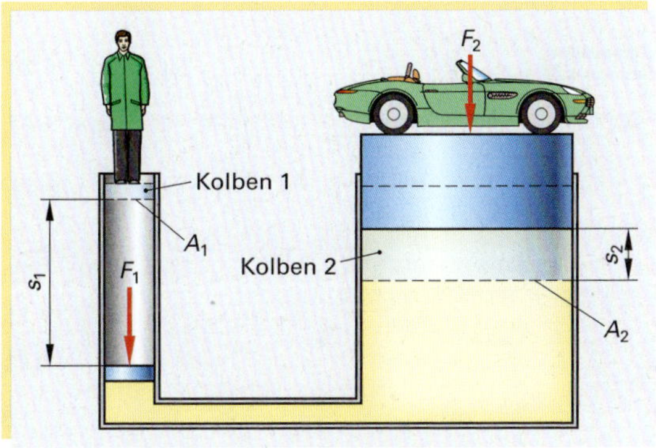

Bild 2: Hydraulischer Wagenheber

Nach diesem Prinzip lassen sich mit kleinen Kräften große Lasten bewegen (z.B. hydraulischer Wagenheber). Da das verdrängte Volumen **(Bild 2)** beim Anheben der Last an beiden Kolben gleich ist, ergeben sich ungleiche Längen für die zurückgelegten Kolbenwege. Es gilt:

$$V_1 = V_2$$

$$\Rightarrow \quad s_1 \cdot A_1 = s_2 \cdot A_2$$

$$\Rightarrow \quad \frac{s_1}{s_2} = \frac{A_2}{A_1}$$

Das Verhältnis der Kolbenwege ist somit umgekehrt proportional dem Verhältnis der Kolbenflächen.

Für die Kräfte gilt:

$$F_1 = p_1 \cdot A_1 \text{ und } F_2 = p_2 \cdot A_2$$

$$\text{mit} \quad p_1 = p_2$$

$$\text{ergibt sich zu} \quad \frac{F_1}{A_1} = \frac{F_2}{A_2}$$

$$\text{bzw.} \quad \frac{F_1}{F_2} = \frac{A_1}{A_2}$$

Das Verhältnis der Kolbenkräfte ist damit proportional zum Verhältnis der Kolbenflächen.

Die an beiden Kolben verrichtete Arbeit ist gleich. Sie berechnet sich zu:

$$\text{Arbeit} = \text{Kraft} \cdot \text{Weg} \qquad W = F \cdot s \qquad [W] = 1\text{ Nm} = 1\text{ J (Joule)}$$

Eine weitere wichtige Kenngröße in Hydraulikanlagen ist der Volumenstrom q_V. Er beschreibt das in einer Zeiteinheit strömende Volumen **(Bild 1)**.

$$q_V = \frac{V}{t} \qquad [q_V] = m^3/s$$

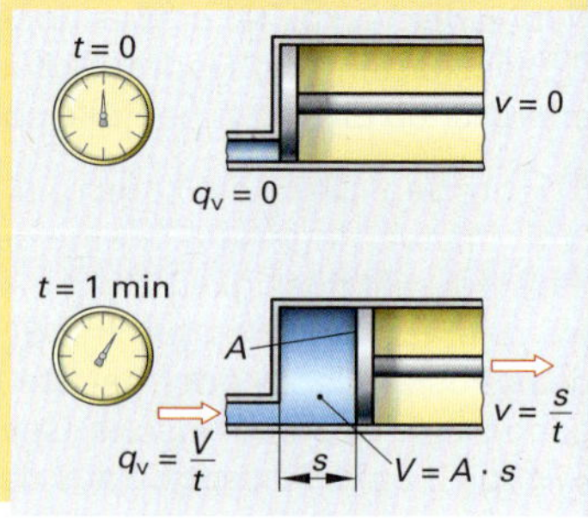

Bild 1: Volumenstrom

Bei einem Zylinder lässt sich somit die Kolbengeschwindigkeit über den Volumenstrom berechnen **(Bild 2)**.

für das Kolbenvolumen gilt: $V = A \cdot s$

somit ergibt sich: $q_V = \frac{A \cdot s}{t} = A \cdot \frac{s}{t}$

bzw. $q_V = A \cdot v$

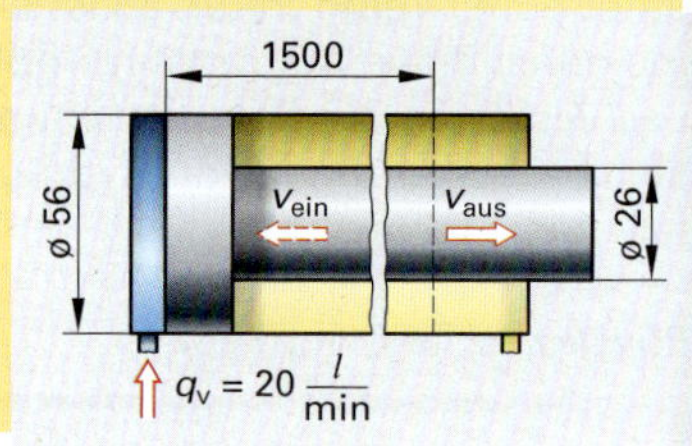

Bild 2: Kolbengeschwindigkeit

Beispiel: Ein Hydraulikzylinder **(Bild 2)** wird von einer Hydraulikpumpe versorgt, die einen Volumenstrom von $q_V = 20$ l/min liefert.

Berechnen Sie:
a) Die Vorlauf- und Rücklaufgeschwindigkeit
b) Die Vorlauf- und Rücklaufzeit.

Lösung:

$$A_{aus} = \frac{d^2 \cdot \pi}{4} = \frac{56^2\ mm^2 \cdot \pi}{4} = 2463\ mm^2 = 0{,}246\ dm^2$$

$$q_V = A_{aus} \cdot v_{aus} \Rightarrow v_{aus} = \frac{q_V}{A_{aus}} = \frac{20 \frac{dm^3}{min}}{0{,}246\ dm^2} \qquad \Rightarrow v_{aus} = 81{,}3 \frac{dm}{min} = 8{,}13 \frac{m}{min}$$

$$A_{ein} = \frac{(D^2 - d^2) \cdot \pi}{4} = \frac{(56^2 - 26^2) \cdot \pi}{4}\ mm^2 = 1932{,}1\ mm^2 \Rightarrow v_{ein} = 103{,}5 \frac{dm}{min} = 10{,}4 \frac{m}{min}$$

$$v_{aus,ein} = \frac{s_{Hub}}{t_{aus,ein}} \Rightarrow t_{aus,ein} = \frac{s_{Hub}}{v_{aus,ein}} \qquad \Rightarrow t_{aus} = \frac{1{,}5\ m}{8{,}13 \frac{m}{min}} \qquad \Rightarrow t_{aus} = 0{,}185\ min = 11{,}1\ s$$

$$\Rightarrow t_{ein} = \frac{1{,}5\ m}{10{,}4 \frac{m}{min}} \qquad \Rightarrow t_{ein} = 0{,}144\ min = 8{,}7\ s$$

Beispiel: Welcher Volumenstrom ist an der Pumpe einzustellen, wenn ein Zylinder mit $d = 100$ mm mit 10 m/min ausfahren soll?

Lösung:

$$A_{aus} = \frac{d^2 \cdot \pi}{4} = \frac{100^2 \cdot mm^2 \cdot \pi}{4} = 7857\ mm^2 \qquad = 0{,}785\ dm^2$$

$$q_V = A \cdot v = 0{,}785\ dm^2 \cdot 100 \frac{dm}{min} \qquad = 78{,}5 \frac{dm^3}{min} \quad \Rightarrow \quad q_V = 78{,}5 \frac{l}{min}$$

Für eine Flüssigkeit, die durch unterschiedliche Querschnitte strömt, gilt die sogenannte **Kontinuitätsgleichung (Bild 3)**.

> Der Volumenstrom einer Flüssigkeit, die durch ein Rohr mit unterschiedlichen Durchmessern strömt, ist an jedem Querschnitt gleich. Die Strömungsgeschwindigkeiten sind somit unterschiedlich.

Dies ist insbesondere zu beachten, da hierdurch die Strömungsgeschwindigkeit im Zylinder (großer Durchmesser) und in der Zuleitung (kleiner Durchmesser) sehr unterschiedlich sein können. Dies muss bei der Dimensionierung der Zuleitung beachtet werden, da die maximale Strömungsgeschwindigkeit im engsten Querschnitt nicht überschritten werden darf.

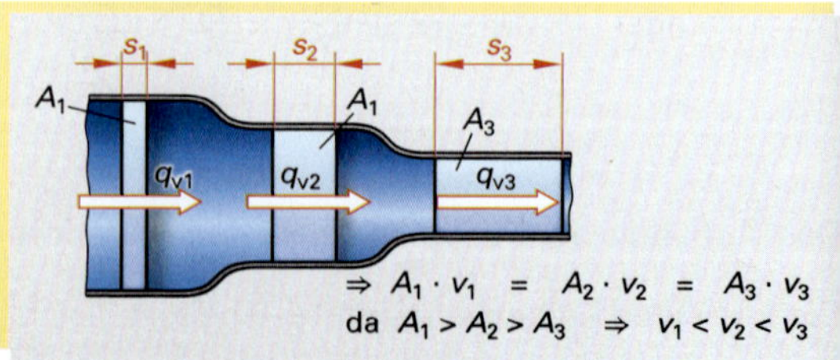

Bild 3: Kontinuitätsgleichung

Arbeitsauftrag:

1. Zählen Sie vier verschiedene Hydraulikanwendungen aus Ihrem betrieblichen Umfeld auf und beschreiben Sie diese Ihren Mitschülern näher. Ermitteln Sie in Ihrer Firma die technologischen Daten zu diesen Anwendungen wie z. B. Anlagendruck, Zylinderkraft, Pumpenart.
2. Erklären und beschreiben Sie den Unterschied zwischen einem geschlossenen und einem offenen Hydraulikkreislauf.
3. Recherchieren Sie die Begriffe „Wassergefährdungsklasse" und „biologisch abbaubar".
4. Berechnen Sie die Volumenänderung einer Hydraulikflüssigkeit ($E = 1{,}4 \cdot 10^4$ bar) bei einem Druckunterschied von 300 bar und einem Ausgangsvolumen von 1 l. Wie groß ist die Wegungenauigkeit bei einem Zylinder mit $d_i = 80$ mm? $\Delta V = V_0 \cdot \frac{1}{E} \cdot \Delta p$
5. a) Wie groß ist die Kraft, die man an einem hydraulischen Wagenheber ($D = 40$ mm und $d = 5$ mm bei einem Öldruck von 8 bar) beim Reifenwechsel aufbringen muss, wenn das Auto insgesamt eine Masse von 1800 kg besitzt und an der Ansatzstelle des Wagenhebers 40 % der Gesamtmasse des Autos gehoben werden müssen?
   b) Wie groß ist der Weg, den man pumpen muss, um die Last 15 cm anzuheben?
6. Eine Hydraulikpumpe liefert einen einstellbaren Volumenstrom von $q_V = 30 \ldots 40$ l/min. Die Anwendung verlangt eine Kolbengeschwindigkeit von 5 m/min. Sie haben Zylinder mit Innendurchmesser $d_1 = 80$ mm; $d_2 = 90$ mm usw. bis $d_5 = 120$ mm zur Verfügung.
   a) Begründen Sie, welchen Zylinder Sie auswählen.
   b) Wie muss dann der Volumenstrom eingestellt werden?
   c) Überprüfen Sie, ob es noch andere Zylindermöglichkeiten gibt, diese konstruktiven Vorgaben zu erreichen.
7. Welcher Volumenstrom muss an einer Hydraulikpumpe eingestellt werden, damit ein Hydraulikzylinder mit dem Innendurchmesser von 80 mm eine Ausfahrgeschwindigkeit von 105 m/min erreicht?
8. Ein Zylinder mit $D = 70$ mm (Kolbenstangendurchmesser $d = 20$ mm) wird von einer Pumpe versorgt, die einen Volumenstrom von $q_V = 20$ l/min liefert. Berechnen Sie für einen Hub von 400 mm:
   a) die Vorlaufgeschwindigkeit
   b) die Rücklaufgeschwindigkeit
   c) die Vorlaufzeit
   d) die Rücklaufzeit
9. Das in **Bild 1** skizzierte hydraulische System ist aus zwei Pumpen aufgebaut. Bei der Eilgangbewegung des Zylinders sind beide Pumpen im Betrieb und bei der Vorschubbewegung nur die Pumpe 1. ($q_{V,\,pumpe1} = 7$ l/min und $q_{V,\,pumpe2} = 22$ l/min). Berechnen Sie:
   a) Die Eilganggeschwindigkeit.
   b) Die Vorschubgeschwindigkeit.
   c) Die Rücklaufgeschwindigkeit, wenn beide Pumpen in Betrieb sind und die Rücklaufgeschwindigkeit, wenn nur die Pumpe 2 in Betrieb ist.
   d) Die Zeiten für einen kompletten Vor- und Rückhub jeweils mit den Rücklaufgeschwindigkeiten aus c).
   e) Wie groß ist die Zeitersparnis in Prozent bzw. in Stunden im Jahr bei 1000 Takten in der Woche?
10. An einer Hydraulikanlage mit einer Pumpe ($q_V = 300$ l/min) ist eine Rohrleitung mit dem Innendurchmesser $d = 50$ mm defekt. Auf Lager sind nur noch Rohre mit $d = 25$, 35, 40, 60 und 80 mm. (Kolbendurchmesser $D = 200$ mm, Kolbenstangendurchmesser $d = 100$ mm)
    a) Wie groß ist die Ausfahrgeschwindigkeit des Kolbens?
    b) Wie groß war die Strömungsgeschwindigkeit beim Ausfahren und Einfahren im alten Rohr?
    c) Welches Rohr dürfen Sie benutzen, wenn die Strömungsgeschwindigkeit im Rohr zwischen 2 m/s und 3 m/s liegen muss?

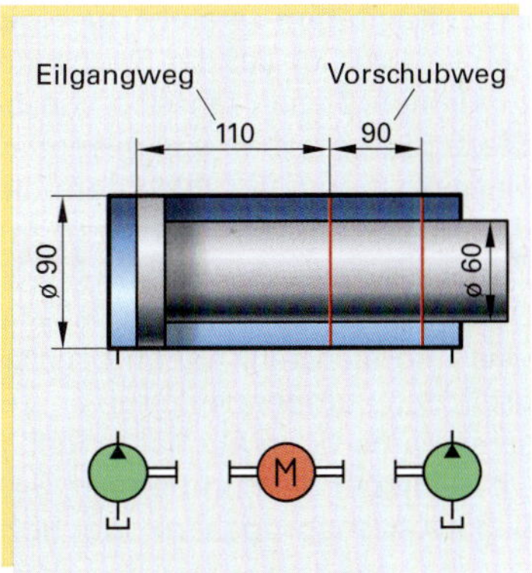

Bild 1: Hydrauliksystem

10.6.3 Hydraulikpumpen und -motoren

Hydromotoren und Pumpen sind hydraulische Bauelemente, in denen mechanische Energie in hydraulische (oder umgekehrt) umgewandelt wird. Man unterscheidet sie hinsichtlich

- der Anzahl der Drehrichtungen (eine oder zwei Drehrichtungen)
- des Verdrängungsvolumens (konstantes Volumen oder verstellbares)
- der Bauart (Zahnrad-, Flügelzellen-, Radialkolbenpumpe etc.)
- der Drehzahl (Schnellläufer mit 1000 min^{-1} bis 4000 min^{-1} oder Langsamläufer mit 50 min^{-1} bis 500 min^{-1}

Viele Pumpen könnten ohne konstruktive Veränderungen auch als Motoren betrieben werden, allerdings sind sowohl die Pumpen als auch die Motoren zur Wirkungsgradverbesserung jeweils leicht modifiziert, sodass dies in der Praxis selten geschieht. Die Darstellung von Pumpen und Motoren in Schaltplänen ist genormt **(Tabelle 1)**.

Tabelle 1: Sinnbilder für Hydraulikpumpen und -motoren

Benennung		Sinnbild
Hydropumpe mit konstantem Verdrängungsvolumen	mit einer Stromrichtung	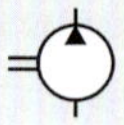
	mit zwei Stromrichtungen	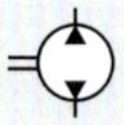
Hydropumpe mit veränderlichem Verdrängungsvolumen	mit einer Stromrichtung	
	mit zwei Stromrichtungen	
Hydromotor mit konstantem Verdrängungsvolumen	mit einer Stromrichtung	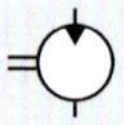
	mit zwei Stromrichtungen	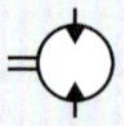
Hydromotor mit veränderlichem Verdrängungsvolumen	mit einer Stromrichtung	
	mit zwei Stromrichtungen	
Hydrostatisches Getriebe	reversierbar[1)]	

Kenngrößen

Das **Förder-** oder **Schluck-** oder **Verdrängungsvolumen V (Bild 1)** gibt das transportierte Volumen pro Umdrehung an. Bei Verstellpumpen bzw. -motoren ist dieser Wert variabel.

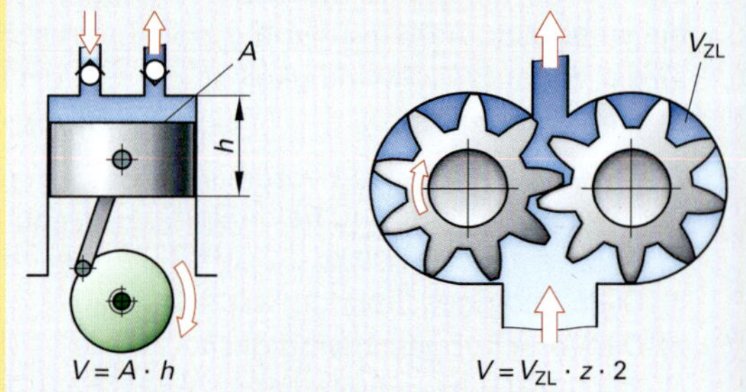

Bild 1: Fördervolumen

Muss die Pumpe die Hydraulikflüssigkeit von oberhalb aus einem Tank ansaugen, ist ein entsprechender Unterdruck auf der Saugseite notwendig. Dieser Unterdruck ist abhängig von der Saughöhe und dem spezifischen Gewicht des Öls. Gängige Werte liegen im Bereich von 0,7 bar bis 0,8 bar absolut.

Beim Unterschreiten des Unterdruckes kann es zu **Kavitationserscheinungen** mit entsprechender Geräuschentwicklung, unruhigem Pumpenlauf und nicht zuletzt zu Beschädigungen der Pumpe kommen.

Unter **Kavitation** versteht man folgenden Vorgang. Durch den zu großen Unterdruck auf der Saugseite lösen sich im Öl gebundene Gase zu kleinen Blasen (ähnlich wie beim Öffnen einer Sprudelflasche). Diese Blasen haben ein wesentlich größeres Volumen als vorher als Flüssigkeit und verschlechtern die Strömungseigenschaften. So verringern sie z.B. den Förderstrom und verschlechtern dadurch den Wirkungsgrad. Weiterhin brechen diese Dampfblasen bei steigendem Druck auf der Druckseite wieder schlagartig zusammen (Implosion), was zu örtlich sehr hohen Druckspitzen führt. Diese Beanspruchung greift den Pumpenwerkstoff an, zernarbt und zerklüftet ihn – bis hin zu schwammartigen Aushöhlungen **(Bild 2)**. Das Problem der Kavitation tritt nicht nur bei Pumpen auf. Es macht sich auch bei Schiffsschrauben, Flugzeugpropellern oder Rohrkrümmungen bemerkbar.

Bild 2: Kavitations-Schaden

1) reversierbar = umkehrbar

Eine weitere wichtige Kenngröße ist der **Betriebsdruck**, für den die Pumpe bzw. der Motor ausgelegt ist. Es werden die folgenden drei Drücke unterschieden **(Bild 1)**.

- **Spitzendruck** p_{spitze}; er darf nur kurzzeitig vorkommen, z.B. kurz vor dem Ansprechen eines Druckbegrenzungsventils.
- **Höchstdruck** $p_{höchst}$; er sollte möglichst nicht überschritten werden und auch nur eine bestimmte maximal zulässige Zeit anliegen
- **Dauerdruck** p_{dauer}, dies ist der Nenndruck bzw. -druckbereich, für den die Pumpe bzw. der Motor vom Hersteller ausgelegt worden ist.

Da sowohl bei den Pumpen als auch bei den Motoren Energien umgewandelt werden, entstehen Verluste. Diese werden durch **Wirkungsgrade** beschrieben.

In Herstellerunterlagen finden sich drei Wirkungsgrade:

- Der **volumetrische Wirkungsgrad** η_v ist eine Kenngröße für innere und äußere Leckverluste.
- Der **hydraulisch-mechanische Wirkungsgrad** η_{hm} beschreibt die Reibungsverluste.
- Der **Gesamtwirkungsgrad** η_t fasst beide Wirkungsgrade zusammen.

Es gilt folgender Zusammenhang:

$$\eta_t = \eta_v \cdot \eta_{hm}$$

Die Hersteller stellen die Werte der Wirkungsgrade meist in Graphiken dar, weil sie von verschiedenen Betriebsparametern (z.B. Drehzahl, Druck, Viskosität, Hubvolumen) abhängig sind **(Bild 2)**.

So steigt – für eine bestimmte Drehzahl – der hydraulisch-mechanische Wirkungsgrad mit steigendem Druck degressiv an, während der volumetrische Wirkungsgrad mit steigendem Druck fast linear fällt. Der Gesamtwirkungsgrad steigt bis zu einem Maximalwert an und fällt danach wieder ab. Der Gesamtwirkungsgrad liegt zwischen ca. 65% bis 90% **(Bild 2a)**.

Bild 2b zeigt die Abhängigkeit des Wirkungsgrades von der Drehzahl bei konstantem Druck. Das Maximum des Gesamtwirkungsgrades liegt bei ca. 1000 min^{-1}, während er davor und danach abfällt.

Bild 2c zeigt die Abhängigkeit des Wirkungsgrades von der Viskosität bei konstantem Druck und konstanter Drehzahl. Hier liegt das Maximum des Gesamtwirkungsgrades bei einer Viskosität von ca. 55 mm^2/s und wird davor und danach kleiner. Die Schwankungen, denen der Wirkungsgrad unterworfen ist, liegen im Bereich 88% bis 90%.

Bild 2d zeigt den Wirkungsgrad einer Verstellpumpe in Abhängigkeit vom Hubvolumen bei konstanter Drehzahl und konstantem Druck. Alle Wirkungsgrade steigen degressiv bis das Fördervolumen dem maximal möglichen entspricht (100%).

Einige Pumpen bzw. Motoren besitzen Anschlüsse, um das anfallende Lecköl aus dem Gehäuse abzuführen. Dieses Lecköl sollte möglichst drucklos zum Tank zurückgeführt werden, um in der Pumpe nicht durch einen „Gegendruck" zu zusätzlichen Verlusten zu führen. Viele Hersteller schreiben einen maximalen Rückstaudruck von ca. 2 bar absolut, d.h. 1 bar Überdruck vor **(Bild 3)**.

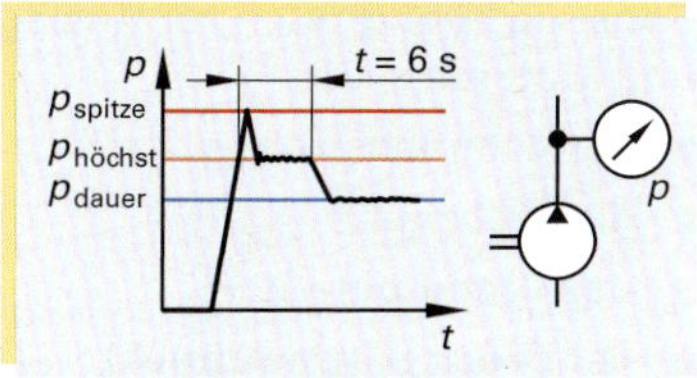

Bild 1: Betriebsdrücke

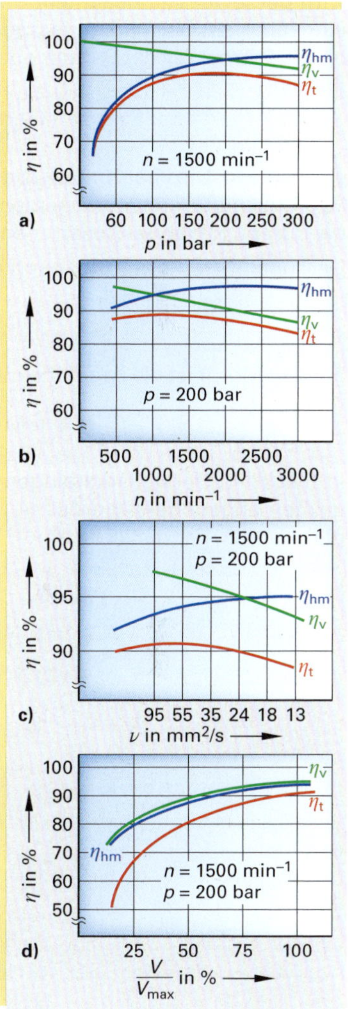

Bild 2: Abhängigkeiten des Wirkungsgrades

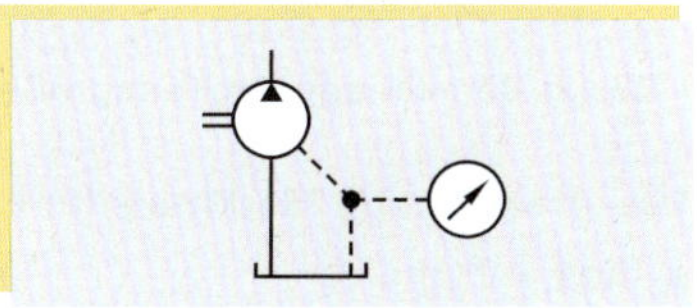

Bild 3: Abfuhr von Lecköl

Sonstige Kenngrößen zur Auslegung von Pumpen und Motoren sind

- der Volumenstrom q_v
- die **Drehzahl** n
- das **Drehmoment** M
- der **Druck** p_e **(Überdruck)**
- die **Leistung** P **(Bild 1).**

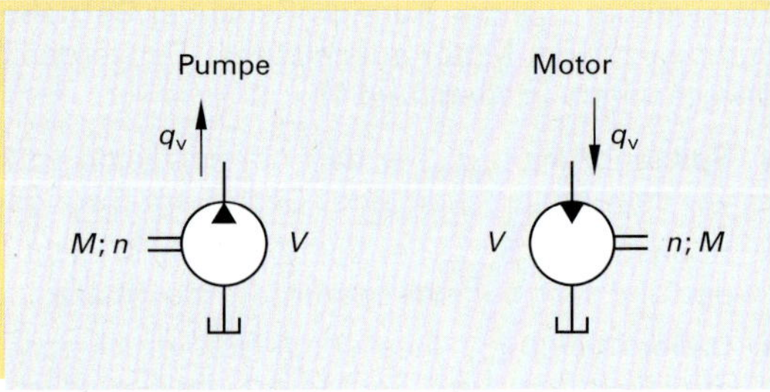

Bild 1: Kenngrößen

In die Formeln zur Berechnung der Kenngrößen wird der jeweils zu beachtende Wirkungsgrad mit eingearbeitet. Der Wirkungsgrad ist – je nach dem, ob die Formel für die Pumpe oder für den Motor gilt – entsprechend der allgemeinen Wirkungsgraddefinition

$$\eta = \frac{\text{abgeführte Energie bzw. Leistung}}{\text{zugeführte Energie bzw. Leistung}}$$

einzusetzen. Dies hat zur Folge, dass sich die Formeln **(Bild 2)** zur Berechnung von Hydraulikpumpen und Hydraulikmotoren unterscheiden müssen. Nimmt man z.B. die Leistungs-Formel $P = p \cdot q_v$, ergibt sich für die Pumpe folgender Zusammenhang:

Die zugeführte Antriebsleistung ist P und $p \cdot q_v$ die Abtriebsleistung. Somit ist der Wirkungsgrad

$$\eta_t = \frac{p_e \cdot q_v}{P} \Rightarrow \text{daraus ergibt sich folgende Beziehung für die Pumpe } P = \frac{p_e \cdot q_v}{\eta_t}$$

Für den Motor ist die zugeführte Antriebsleistung $p \cdot q_v$ und die Abtriebsleistung P. Somit ergibt sich hier

$$\eta_t = \frac{P}{p_e \cdot q_v} \Rightarrow \text{daraus ergibt sich folgende Beziehung für den Motor } P = p_e \cdot q_v \cdot \eta_t$$

In fast allen Herstellerkatalogen werden die Formeln zur Berechnung der oben beschriebenen Kenngrößen angegeben. Hierbei ist zu beachten, ob es sich um Größengleichungen oder um Zahlenwertgleichungen handelt **(Bild 2)**.

Pumpe	**Motor**
$q_v = n \cdot V \cdot \eta_v$	$q_v = \frac{n \cdot V}{\eta_v}$
bzw. $q_v = n \cdot V \cdot \eta_v \cdot 10^{-5}$	bzw. $q_v = \frac{n \cdot V}{\eta_v} \cdot 10^{-1}$
$p_e = \frac{M}{V} \cdot \eta_{hm}$	$p_e = \frac{M}{V \cdot \eta_{hm}}$
bzw. $p_e = \frac{M \cdot \eta_{hm}}{V \cdot 1{,}95}$	bzw. $p_e = \frac{M \cdot 10^4}{V \cdot \eta_{hm} \cdot 1{,}59}$
$P = \frac{p_e \cdot q_v}{\eta_t}$	$P = p_e \cdot q_v \cdot \eta_t$
bzw. $P = \frac{p_e \cdot q_v}{6 \cdot \eta_t} \cdot 10^{-4}$	bzw. $P = \frac{p_e \cdot q_v \cdot \eta_t}{6} \cdot 10^{-4}$
Größengleichung, d.h. Einheiten sind vom „Benutzer" zu klären, z.B. SI-Einheiten.	Zahlenwertgleichung, d.h. Einheiten sind vorgegeben: $[p]$ = bar; $[n]$ = 1/min; $[\eta]$ = %; $[V]$ = cm^3/U; $[q_v]$ = l/min; $[P]$ = KW; $[M]$ = Nm.

Bild 2: Berechnung der Kenngrößen

Weitere wichtige Merkmale für Hydraulikpumpen bzw. -motoren sind:

- die Laufruhe
- die Baugröße
- die Lebensdauer
- die Notlaufeigenschaften

Zahnradpumpen bzw. -motoren

In den Zahnlücken wird Druckflüssigkeit eingeschlossen und vom Saug- zum Druckanschluss gefördert. Sie werden als Innen- und Außenzahnradpumpen gebaut **(Bild 1).** Dieser Konstantpumpentyp ist preisgünstig hat aber eine relativ hohe Geräuschentwicklung.

Zahnradpumpen können zur Steigerung des Druckes „in Reihe" angeordnet werden, d.h., dass bis zu drei Pumpen hintereinander geschaltet werden. DUO-Pumpen sind Zahnradpumpen, bei denen zwei um eine halbe Zahnteilung versetzt angeordnete Zahnradpaare verwendet werden. Dadurch verringert sich die Pulsation des Förderstroms und somit die Geräuschentwicklung der Pumpe erheblich.

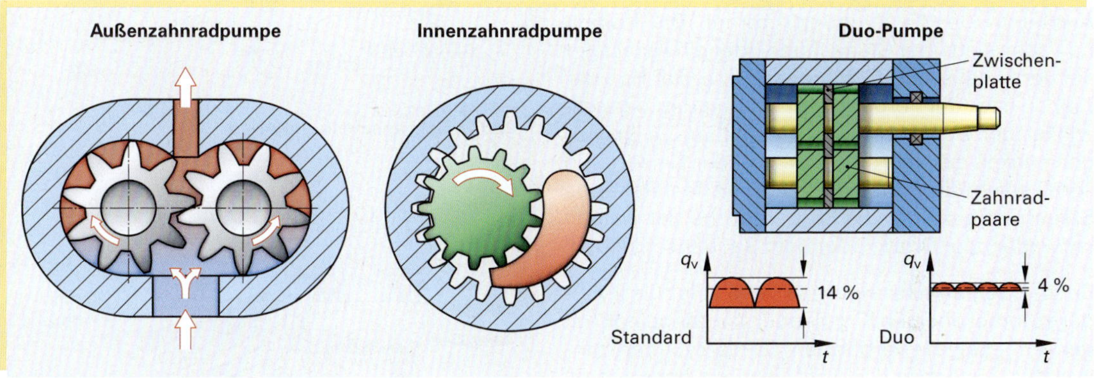

Bild 1: Zahnradpumpen

Radialkolbenpumpen

Die Drehbewegung der Antriebswelle wird über eine Kupplung auf den Zylinderstern übertragen. Dieser rotiert um einen im Gehäuse fest sitzenden Wellenstumpf. Die radial angeordneten Kolben sind beweglich an Gleitschuhen befestigt und können sich auf dem nicht rotierenden Hubring bewegen. Dreht sich der Zylinderstern, führen die Kolben eine Hubbewegung aus, wobei die Hublänge abhängig von der Exzentrizität zwischen Zylinderstern und Hubring ist. Über die beiden gegenüberliegenden Stellkolben kann die Exzentrizität der Pumpe verstellt werden.

Die Radialkolbenpumpe ist somit eine Verstellpumpe. Verstellpumpen haben gegenüber Konstantpumpen den Vorteil, dass sie an den veränderlichen Förderstrom- und Druckbedarf der Verbraucher angepasst werden können. Die Hersteller bieten hierzu je nach Einsatzbereich verschiedene Steuer- bzw. Regeleinrichtungen für die Radialkolbenpumpe an **(Bild 2).**

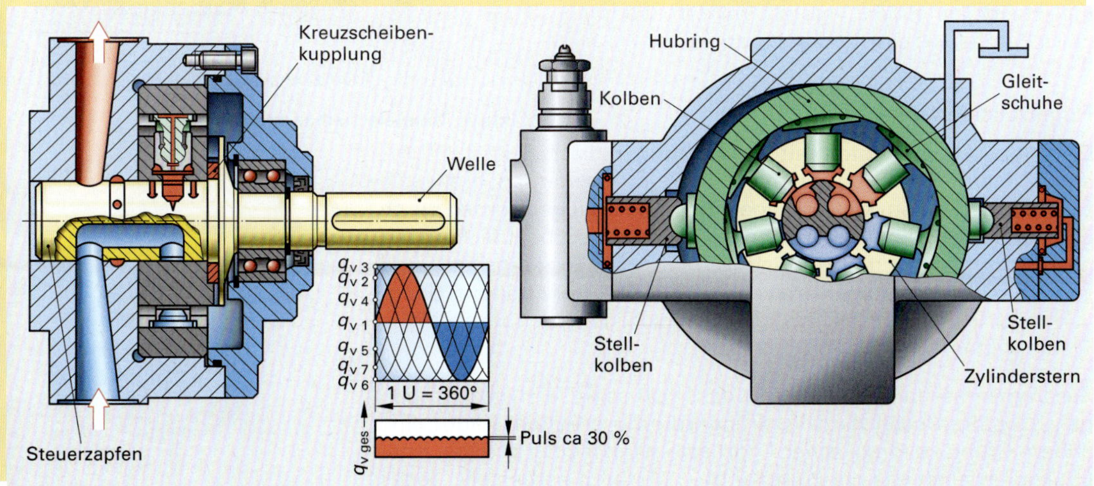

Bild 2: Radialkolbenpumpe

Axialkolbenpumpen und -motoren

Prinzipiell sind hier Kolben zur Druckerzeugung parallel zur Drehachse einer Zylindertrommel angeordnet, wobei die Antriebsdrehbewegung in einen Kolbenhub umgesetzt wird. Es werden drei Konstruktionsprinzipien unterschieden, wobei sich jede dieser Konstruktionen sowohl für den Pump- als auch für den Motorbetrieb eignet.

Bei der **Schrägscheibenpumpe (Bild 1)** dreht die Antriebswelle die Zylindertrommel. Die Kolben bewegen sich über Gleitschuhe oder ein Axiallager auf der feststehenden Schrägscheibe. Der Hub der Kolben bzw. der Förderstrom ist über den Verstellwinkel der Schrägscheibe einstellbar. Je größer der Winkel, desto größer der Hub der Kolben und somit auch die Fördermenge. Eine feststehende Steuerplatte ordnet die Förderströme der Kolben entweder dem Druck- oder dem Sauganschluss zu.

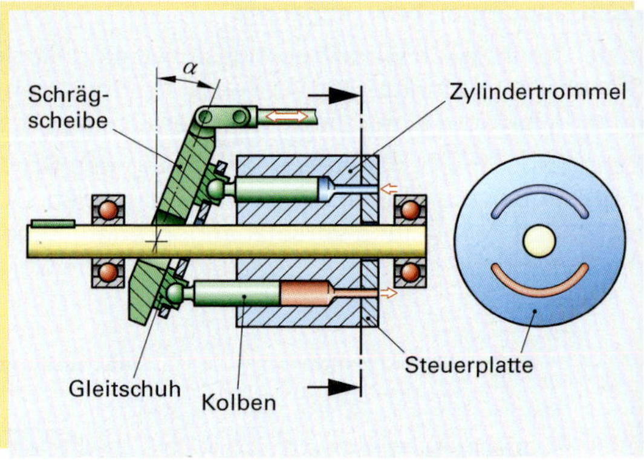

Bild 1: Schrägscheibenpumpe

Bei der **Schrägachsenpumpe (Bild 2)** ist die Zylindertrommel über ein Kugel- oder Kardangelenk mit der Antriebswelle verbunden. Da die Zylindertrommel aus der Achse der Antriebswelle geschwenkt ist, entstehen bei sich drehender Welle Hubbewegungen der Kolben. Das Fördervolumen ändert sich mit dem Schwenkwinkel. Hier gilt ebenso, dass bei Vergrößerung des Schwenkwinkels der Kolbenhub und somit auch der Förderstrom größer werden. Auch hier erfolgt die Zuordnung der Kolben zur Druck- bzw. Saugseite durch eine feststehende Steuerscheibe.

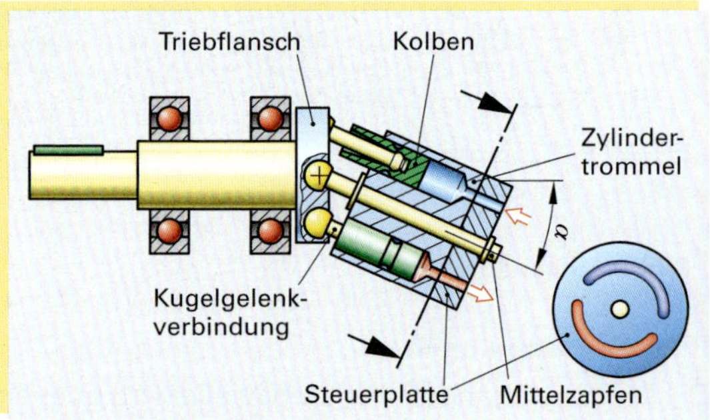

Bild 2: Schrägachsenpumpe

Bei der **Taumelscheibenpumpe (Bild 3)** treibt die Antriebswelle eine Taumelscheibe, die wiederum über ein Axiallager die Kolben in der nicht rotierenden Zylindertrommel betätigt. Bei diesem Prinzip ist keine Steuerscheibe notwendig, da die Zylindertrommel nicht rotiert. Der Winkel der Taumelscheibe kann nicht verstellt werden, wodurch diese Pumpenart eine Konstantpumpe ist.

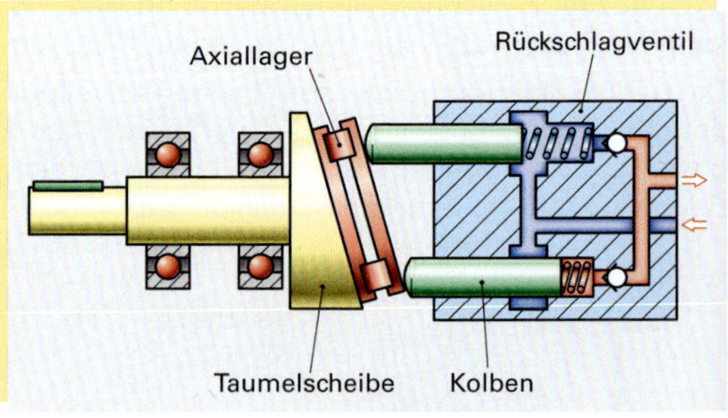

Bild 3: Taumelscheibenpumpe

Flügelzellenpumpen

Ein angetriebener Rotor mit am Umfang radial angeordneten Schlitzen, in denen Flügel geführt werden, dreht sich exzentrisch in einem kreisförmigen Ring. Diese Flügel werden durch die Fliehkraft beim Drehen und durch die Druckbeaufschlagung nach außen gegen den Hubring gedrückt. Die Exzentrizität – und somit das Fördervolumen – ist verstellbar. Die Trennung der Saug- von der Druckseite geschieht über Steuerschlitze in den stirnseitigen Steuerplatten.

Zusammenfassend sei erwähnt, dass faktisch alle Hydropumpen bzw. -motoren nach dem Verdrängerprinzip arbeiten. Kaum eine andere Gruppe hydraulischer Aggregate wird in einer solchen Konstruktionsvielfalt wie die Pumpen bzw. Motoren hergestellt. Jedes dieser Konstruktionsprinzipien hat Vor- und Nachteile.

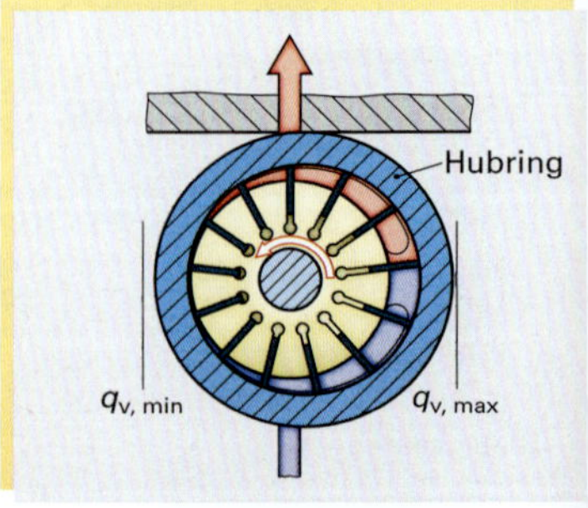

Bild 4: Flügelzellenpumpe

10.6.4 Hydraulikzylinder

Der Hydrozylinder dient zur Erzeugung geradliniger Bewegungen. Nach dem Funktionsprinzip unterscheidet man einfach- und doppeltwirkende Zylinder.

Einfachwirkende Zylinder kommen dort zum Einsatz, wo Arbeit nur in einer Bewegungsrichtung erforderlich ist. Die Rückstellung erfolgt entweder durch die äußere Last oder durch Federrückstellung **(vgl. Tabelle 1)**.

Beim doppeltwirkenden Zylinder **(Bild 1)** strömt beim Ausfahren Drucköl auf den Kolbenboden und schiebt den Kolben aus. Das drucklose Öl auf der Kolbenstangenseite wird dabei in den Tank zurückgefördert. Beim Einfahren kehrt sich der Vorgang um. Bei dieser Ausführung ist die Kraft beim Ausfahren größer als die beim Einfahren, da auf der Kolbenstangenseite die zur Verfügung stehende Fläche um die Querschnittsfläche der Kolbenstange verringert ist. Die Ausfahr- bzw. Einfahrkraft kann bei Hydrozylindern über den gesamten Hub konstant gehalten werden.

Um das schlagartige Aufprallen des Kolbens beim Hubende zu vermeiden, werden Endlagendämpfungen benutzt. Kurz vor Erreichen der jeweiligen Endlage muss das in den Tank zu verdrängende Ölvolumen über eine Drossel entweichen. Je nach konstruktiver Auslegung dieser Drosselstelle ergeben sich unterschiedliche Dämpfungsverhalten **(Bild 2)**.

Eine weitere konstruktive Maßnahme ist der Einbau eines Rückschlagventils, damit beim Anfahren aus der Dämpfung das Öl ungehindert einströmen kann und nicht den „Umweg" über die Drosselung nehmen muss.

Tabelle 1 zeigt die genormten Schaltzeichen der Hydrozylinder für Schaltpläne.

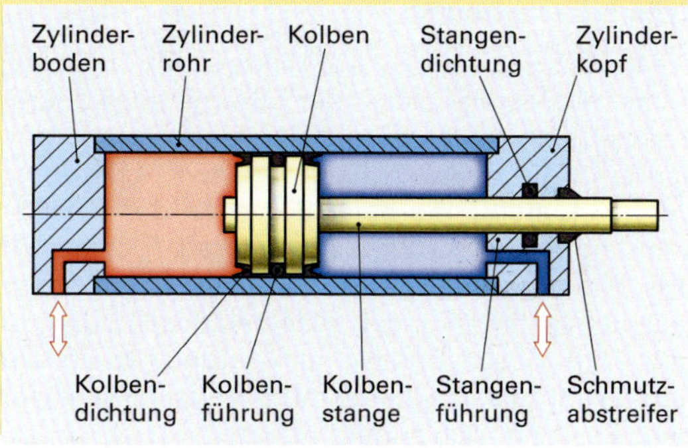

Bild 1: Doppeltwirkender Zylinder

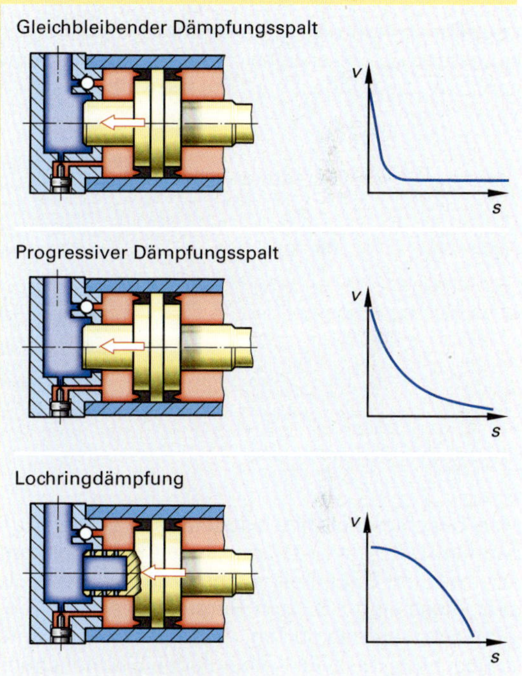

Bild 2: Endlagendämpfung

Tabelle 1: Schaltzeichen für Hydrozylinder

Benennung	Sinnbild	Merkmale	Benennung	Sinnbild	Merkmale
Plungerzylinder	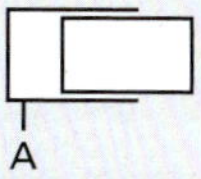	Kraftwirkung nur in einer Richtung Kolben und Stange haben gleichen Durchmesser Bsp.: Radbremszylinder	Gleichgangzylinder mit zweiseitiger Kolbenstange	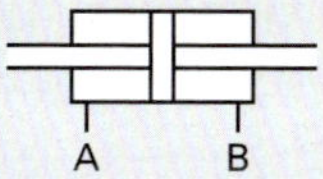	Gleiche Flächen in beiden Wirkrichtungen Bsp.: Lenkungszylinder
Einfachwirkender Zylinder mit einseitiger Kolbenstange	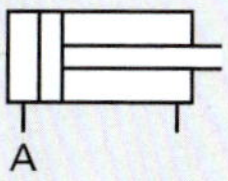	Kraftwirkung nur in einer Richtung Rückstellung durch äußere Kraft	Teleskopzylinder	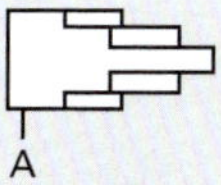	Kurze Bauform bei langem Hub Bsp.: Lkw-Kipper
Doppeltwirkender Zylinder mit einseitiger Kolbenstange	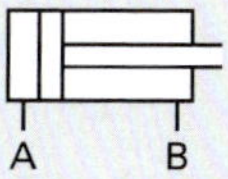	Kraftwirkung in beiden Richtungen Ungleiche Flächen Häufigste Bauform	Sonderzylinder	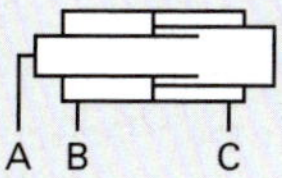	Mehrere wirksame Flächen für Eilgang, Arbeitsgang Bsp.: Pressen

10

Zylinderberechnung

Die **Kraft** F_{zyl}, die ein Hydrozylinder aufbringen soll, muss mindestens gleich der Summe der äußeren Beanspruchungen sein. Beim Heben von Massen sind die äußeren Lasten (Gewichtskraft F_g), die Reibkraft F_R, die beim Bewegen der äußeren Last entsteht, und die Trägheitskraft F_a, die beim Beschleunigen der äußeren Last entsteht, zu beachten (Anmerkung: Bei kleinen Beschleunigungen – d.h. Geschwindigkeitsänderung pro Zeiteinheit – kann die Trägheitskraft vernachlässigt werden). Es ergibt sich somit:

$$F_{zyl} \geq F_g + F_R + F_a \qquad [F] = \text{N}$$

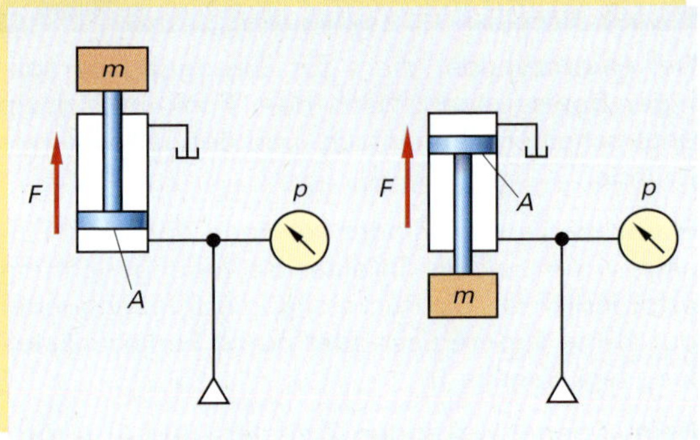

Bild 1: Kräfte am Zylinder

Verrechnet man die inneren Reibungsverluste im Zylinder über den **hydraulisch-mechanischen Wirkungsgrad** η_{hm}, so ergibt sich der mindest vorhandene **Überdruck** p_e (bei gegebenen Zylinderabmessungen) bzw. die mindest vorhandene **Kolbenfläche** A (bei gegebenem Druck) zu:

Größengleichungen	Zahlenwertgleichungen	
$p_e > \dfrac{F_{zyl}}{A \cdot \eta_{hm}}$	$p_e > \dfrac{F_{zyl}}{A \cdot \eta_{hm}} \cdot 10^{-4}$	$A > \dfrac{F_{zyl}}{p_e \cdot \eta_{hm}} \cdot 10^{-4}$
bzw.	mit $A = \dfrac{d^2 \cdot \pi}{4} \cdot 10^{-2}$	$d = \sqrt{\dfrac{4\,A}{\pi}}$
$A > \dfrac{F_{zyl}}{p_e \cdot \eta_{hm}}$	$[p]$ = bar, $[A]$ = cm², $[F]$ = kN, $[\eta_{hm}]$ = %	$[d]$ = mm

Bild 2: Zylinderberechnung

Man beachte auch hier wieder, dass es sich auf der linken Seite um sogenannte Größengleichungen handelt. Der Anwender muss eine Einheitenkontrolle bei der Berechnung vornehmen bzw. darf ohne Kontrolle nur SI-Einheiten einsetzen. Auf der rechten Seite handelt es sich um sog. Zahlenwertgleichungen. Diese sind z.B. vom Hersteller vorgegebene Gleichungen, in die nur die angegebenen Einheiten eingesetzt werden dürfen, da nur dann das Ergebnis in der gewünschten Einheit entsteht. Weiterhin ist zu beachten, dass die Kolbenfläche bei manchen Hydrozylindern auf der Kolbenstangenseite kleiner als auf der Kolbenbodenseite ist.

Der beim Bewegen des Kolbens entstehende Volumenstrom q_v und die Verfahrgeschwindigkeit des Kolbens berechnen sich nach folgenden Formeln:

Größengleichung	Zahlenwertgleichung
$q_v = A \cdot v$	$q_v = A \cdot v \cdot 10^{-1}$
	$A = \dfrac{d^2 \cdot \pi}{4} \cdot 10^{-2}$
	$[d]$ = mm, $[A]$ = cm², $[q_v]$ = l/min, $[v]$ = m/min

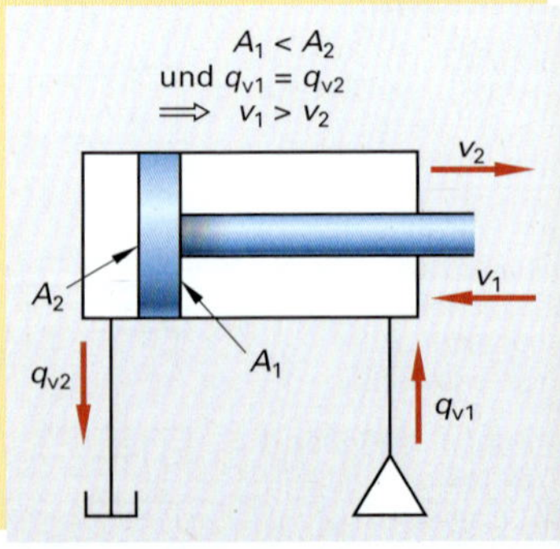

Bild 3: Volumenstrom

Zu beachten ist, dass bei Zylindern mit einseitiger Kolbenstange (d.h. ungleichen Kolbenflächen links und rechts), der Einfahr- und der Ausfahrvolumenstrom ungleich sind **(Bild 3)**.

Je nach Einbau der Hydrozylinder sind **Knickbelastungen** zu beachten, da lange und schlanke Bauteile bei Druckbelastung zum „Knicken“ neigen.

Die Hersteller stellen dem Anwender meist Diagramme zur Verfügung, mit deren Hilfe entweder die maximal zulässige Länge oder die maximal zulässige Zylinderkraft oder der mindest notwendige Kolbenstangendurchmesser ermittelt werden kann. In Anlehnung an die EULER'schen Knickfälle gilt:

$$\text{möglicher Zylinderhub} = \frac{\text{freie Knicklänge}}{\text{Korrekturfaktor}} \quad \text{bzw.:} \quad h = \frac{l_k}{K} \qquad [h] = \text{mm};\ [l_k] = \text{mm};\ [K] = 1$$

Der Korrekturfaktor ist abhängig von der Lastführung **(Bild 1)**, während die freie Knicklänge vom Kolbenstangendurchmesser abhängig ist.

Beispiel 1: Ein Hydrozylinder mit beidseitiger Fußbefestigung und einem Kolbenstangendurchmesser von $d = 70$ mm soll mit einer Zylinderkraft von 80 kN ausfahren. Dabei wird die Last einseitig geführt. Ermitteln Sie die maximal zulässige Hublänge für diesen Zylinder aus Bild 1a.

Lösung: Aus dem zu diesem Zylinder gehörenden Diagramm wird für bei einer Zylinderkraft von 80 kN eine Knicklänge von 3000 mm abgelesen. Diese Knicklänge muss entsprechend der Befestigungsart und der Lastführung korrigiert werden (Bild 1b). Hier erhält man einen Korrekturfaktor von $K = 2$. Somit ergibt sich ein zulässiger Hub von 1500 mm.

Beispiel 2: Ein Hydrozylinder soll mit 10 kN ausfahren. Der konstruktiv notwendige Hub h beträgt 1000 mm. Der Zylinder ist gelenkig befestigt und die Last wird einseitig geführt. Welcher Kolbenstangendurchmesser ist zu wählen?

Lösung: Befestigungsart und Lastführung ergeben mit Diagramm 2 einen Korrekturfaktor von $K = 4$. Somit muss ein Zylinder mindestens eine freie Knicklänge $l_k = K \cdot h = 4 \cdot 1000$ mm $\Rightarrow l_k = 4000$ mm besitzen. Mithilfe des Diagrammes ergibt sich bei einer Kraft von 10 kN und einer freien Knicklänge von 4000 mm ein Kolbenstangendurchmesser zwischen 45 mm und 56 mm. Aus Sicherheitsgründen wird ein Kolbenstangendurchmesser von $d = 56$ mm gewählt.

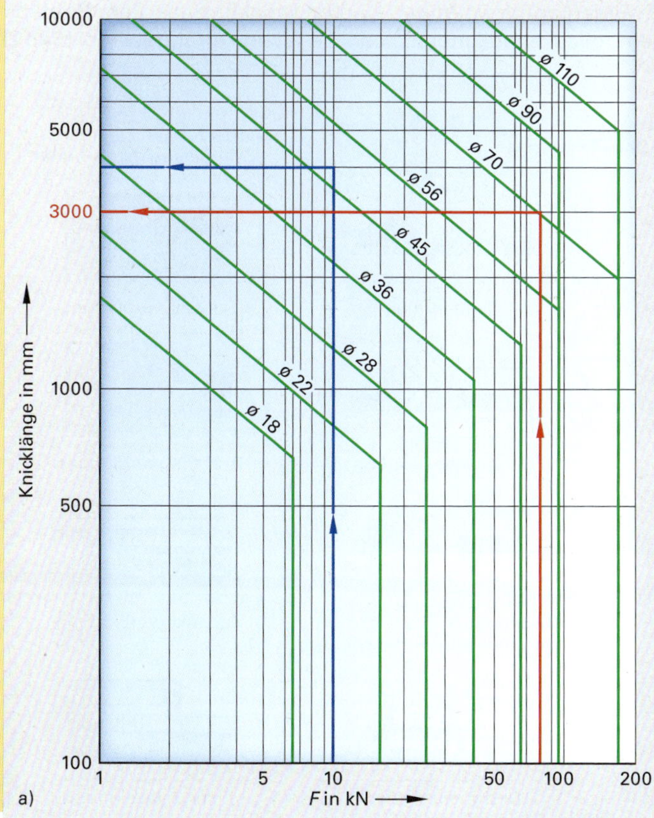

Befestigungsart	Lastführung	Korrekturfaktor K
Schwenkbefestigung hinten		2
		1,5
		4
Schwenkbefestigung mittig		1,5
		1
		3
Schwenkbefestigung vorne		1
		2
Fußbefestigung		0,7
		0,5
		2
Flansch vorne		0,5
		0,7
		2
Flansch hinten		1
		1,5
		4

b)

Bild 1: Diagramm zur Berechnung von Knickbelastungen bei Hydrozylindern

10

Hydrozylinder bewegen häufig große Massen mit entsprechender Geschwindigkeit. Hat der Zylinder eine Endlagendämpfung, werden diese Massen dadurch abgebremst. Die kinetische Energie, die hierbei verzögert wird, darf die zulässige **Dämpfungskapazität** nicht überschreiten. Auch hier bieten die Hersteller Diagramme zur Kontrolle der einzuhaltenden Werte an.

Sind die Bewegungsgeschwindigkeiten der Hydrozylinder kleiner als 0,1 m/s, kann grundsätzlich ohne Dämpfung gearbeitet werden. Im Bereich zwischen 0,1 m/s und 0,3 m/s ist eine Dämpfung notwendig. Liegen die Geschwindigkeiten höher als 0,3 m/s, müssen zusätzliche Maßnahmen (z. B. Absenken der Geschwindigkeit kurz vor Erreichen der Endlage) ergriffen werden. Für die Endlagendämpfung ist ein Druckbegrenzungsventil notwendig **(Bild 1)**.

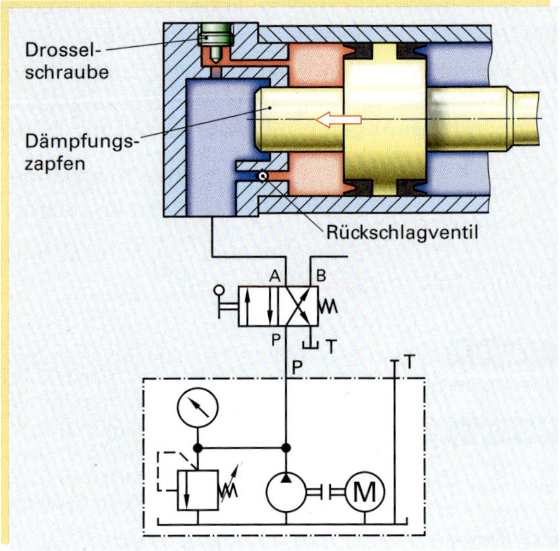

Bild 1: Endlagendämpfung

Dichtungen **(Bild 2)** sind für den Wirkungsgrad einer Hydraulikanlage von großer Bedeutung, da es ihre Aufgabe ist, Leckölverluste zu vermeiden. Diese Leckölverluste haben Druckverluste und somit Leistungsverluste zur Folge. Man unterscheidet:

- **statische Dichtungen,** sie dichten ruhende Teile ab
- **dynamische Dichtungen,** sie befinden sich zwischen sich bewegenden Teilen.

Für die Verbindung von Zylinderrohr und Zylinderkopf bzw. -boden werden je nach verlangtem Betriebsdruck, Preis und den vorhandenen Montagemöglichkeiten unterschiedliche Techniken angewandt **(Bild 2)**.

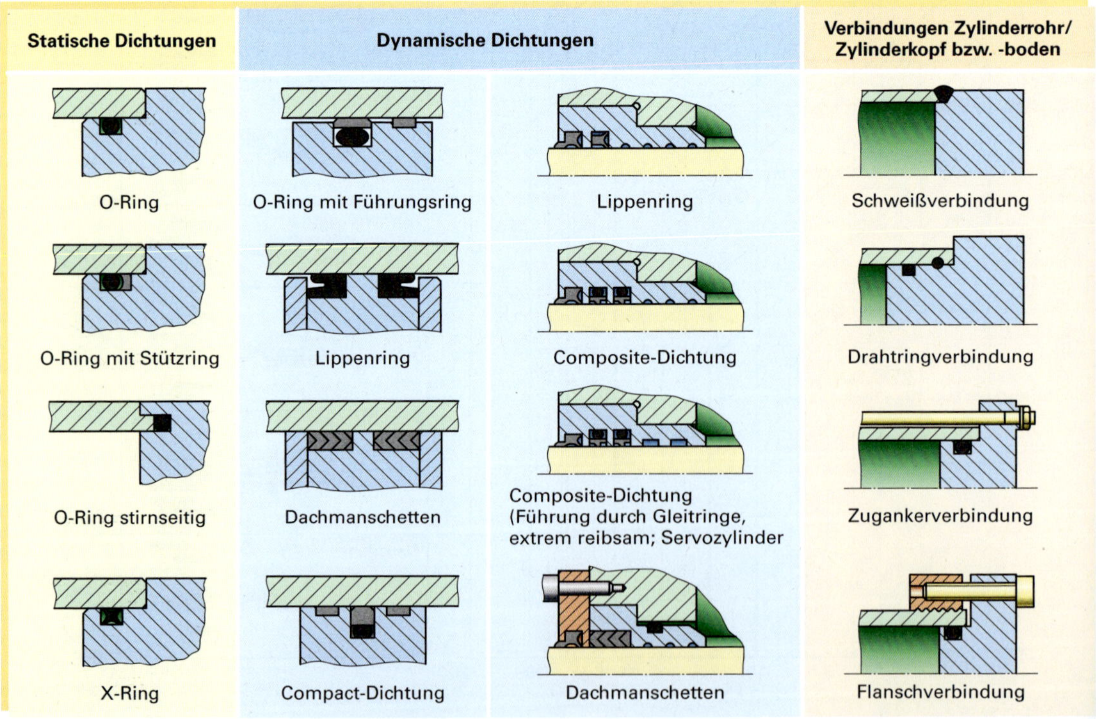

Bild 2: Zylinderdichtungen und -verbindungen

Im **Schwenkmotor (Bild 1)** wird ein Kolben – ähnlich einem Hydrozylinder – durch Druck bewegt. Bei Druckbeaufschlagung über A1 bewegt sich der Kolben zur Endlage E2 (bei Druckbeaufschlagung auf B1 zur Endlage E1), in dem er sich durch das Gewinde G2 um sich selbst dreht. Diese Linear-/Drehbewegung des Kolbens wird durch ein mehrgängiges Gewinde auf der Antriebswelle W in eine zusätzliche Drehbewegung umgeformt. Durch die Gegenläufigkeit der beiden Gewinde G1 und G2 wird somit der einfache Kolbenhub in eine doppelte Winkelbewegung umgesetzt. Die Nullstellung der Antriebswelle kann individuell durch Lösen der Schraube S1 eingestellt werden.

Durch die sehr gute Abdichtung im Kolbenraum können die Schwenkmotoren unter Last in jeder Zwischenstellung eingehalten werden. Die meisten Hersteller bieten Standarddrehwinkel von 90°, 180°, 270° und 360° an. Drehwinkel, die von diesen Werten abweichen, werden durch Variieren der Standardbaulänge erreicht. Dabei wird vom nächstgrößeren Standard-Drehwinkel ausgegangen und der Hubbereich auf den gewünschten Drehwinkel reduziert.

Schwenkmotoren kommen dort zum Einsatz, wo schwere Lasten gedreht werden müssen **(Bild 2)**.

Bei hohen Massenkräften werden die Schwenkmotoren mit Endlagendämpfung ausgeführt **(Bild 3)**. Kurz vor Erreichen der Endlage verschließt der Kolben nacheinander Bohrungen. Nachdem alle Bohrungen zugedeckt sind, kann die Druckflüssigkeit nur noch durch die Bohrung Q mit der einstellbaren Drosselschraube abfließen.

In der Standardbauweise ist durch die beiden gegenläufigen Gewinde ein minimales Spiel erforderlich. Durch einen hydraulisch eingespannten Doppelkolben erreicht man, dass die Gewinde an das jeweilige Gegenstück angelegt werden. Das Spiel ist somit eliminiert.

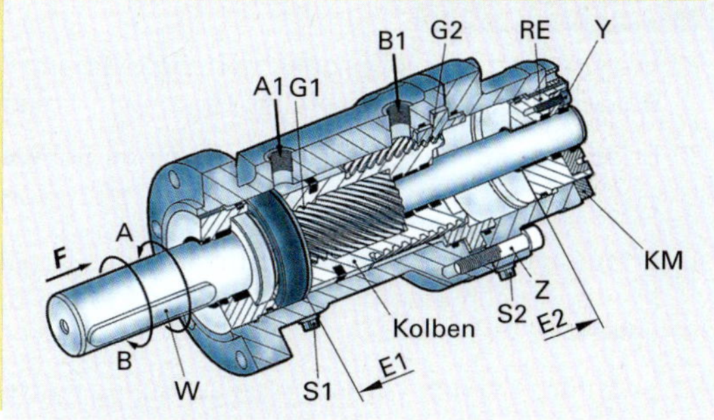

Bild 1: Schwenkmotor

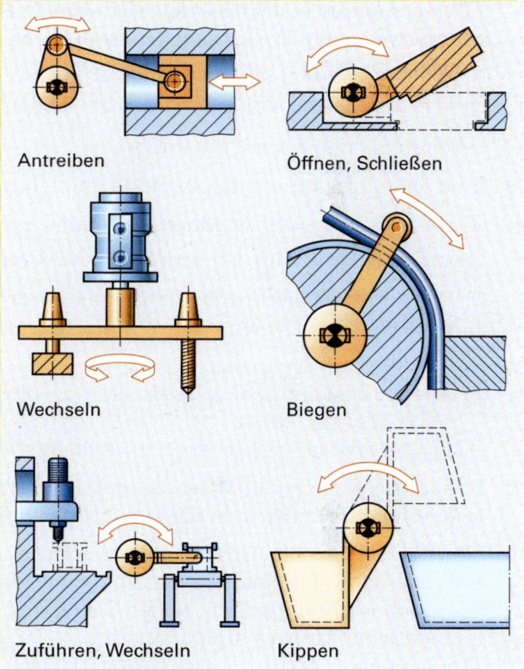

Bild 2: Anwendungen

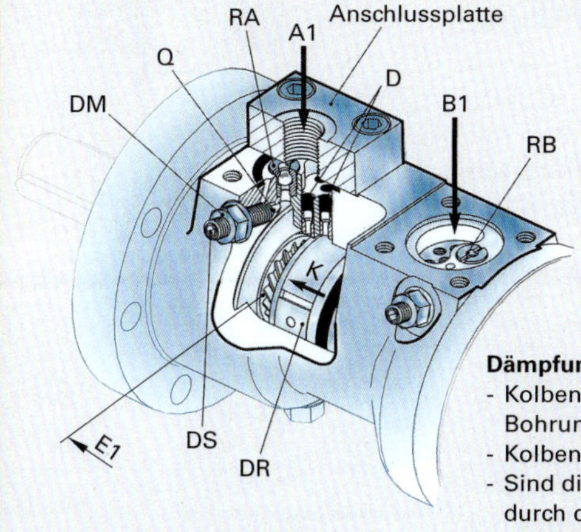

Ausgangsposition:
- Kolben K ist in hinterer Endlage
- A1 unter Druck; B1 drucklos

Umschaltung:
- B1 unter Druck; A1 drucklos
- Kugelrückschlagventil RB öffnet
- durch die über B1 (ohne Anschlussplatte gezeichnet) einströmende Druckflüssigkeit bewegt sich der Kolben K in Richtung vordere Endlage E1
- Kugelrückschlagventil RA geschlossen; Druckflüssigkeit fließt frei durch die Bohrungen D ab

Dämpfungsvorgang:
- Kolben K nähert sich Endlage E1 und verschließt nacheinander die Bohrungen D
- Kolbengeschwindigkeit wird abgebremst
- Sind die Bohrungen D vollständig verdeckt, kann die Druckflüssigkeit nur durch die Bohrung Q mit der verstellbaren Drosselschraube DS entweichen

Bild 3: Endlagendämpfung

Arbeitsauftrag:

1. Warum ist die Ausfahrgeschwindigkeit beim Teleskopzylinder nicht über den ganzen Hub konstant? Zeichnen Sie ein prinzipielles Geschwindigkeits-Hub-Diagramm.
2. Erläutern Sie die Funktionsweise eines Schwenkmotors.
3. Erläutern Sie die v-s-Diagramme bei der Endlagendämpfung.
4. Erläutern Sie das Funktionsprinzip eines Druckübersetzers. Recherchieren Sie (z. B. Schulbibliothek, Internet) nach einem Hersteller und stellen Sie an einer ausgeführten Konstruktion ein Rechenbeispiel vor.
5. Erläutern Sie den Unterschied zwischen Antrieben mit Konstantpumpen und Antrieben mit Verstellpumpen.
6. Ein E-Motor mit einem Wirkungsgrad von 90% hat eine Leistungsaufnahme von 0,8 kW aus dem Netz. Er treibt eine Hydropumpe mit einem Wirkungsgrad von 87% an.
   a) Welche Leistung gibt die Ölpumpe ab?
   b) Wie groß ist der Volumenstrom bei 60 bar?
7. Erklären Sie den Begriff Kavitation.
8. Eine Zahnradpumpe habe folgende Zahnabmessungen:
   Zähnezahl $z_1 = z_2 = 12$; Modul $m = 3$ mm;
   Zahnbreite $b = 18$ mm; Drehzahl $n = 1600$ 1/min
   a) Wie groß ist näherungsweise das Verdrängungsvolumen **(Bild 1)**
   $V = V_{ZL} \cdot z \cdot 2$
   b) Wie groß ist das exakte Verdrängungsvolumen
   $V = b \cdot \pi \cdot a\,(d_k - a) \cdot 2$
   d_k = Kopfkreisdurchmesser; a = Achsabstand
9. Erläutern Sie die Funktionsweise des Sonderzylinders in **Tabelle 1, Seite 489.** Entwickeln Sie eine dazu passende Schaltung.
10. Überführen Sie die Größengleichungen aus diesem Kapitel mit Hilfe der SI-Einheiten in die Zahlenwertgleichungen bei der Zylinderberechnungen und zeigen Sie hiermit die Richtigkeit der angegebenen Umrechnungsfaktoren.
11. Ein Hydrozylinder mit vorderer Flanschbefestigung und einem Kolbenstangendurchmesser von $d = 56$ mm soll mit einer Zylinderkraft von 30 kN ausfahren. Dabei wird die Last einseitig geführt. Ermitteln Sie die maximal zulässige Hublänge für diesen Zylinder.
12. Ein Hydrozylinder soll mit 20 kN ausfahren. Der konstruktiv notwendige Hub h beträgt 500 mm. Der Zylinder ist hinten mit einem Flansch befestigt und die Last wird einseitig geführt. Mit welcher maximalen Zylinderkraft kann bei einem Kolbenstangendurchmesser $d = 56$ mm gerechnet werden?
13. Für eine Axialkolbenpumpe **(Bild 2)** seien folgende Werte gegeben:
    Kolbenanzahl $i = 9$
    Druck $p_e = 50$ bar; Drehzahl $n = 1400$ 1/min;
    Volumenstrom $q_v = 150$ l/min; Wirkungsgrad 80%
    a) Wie groß ist die vom Elektromotor zuzuführende Leistung?
    b) Wie groß ist der erforderliche Schwenkwinkel α, wenn der Lochkreisdurchmesser $d_L = 140$ mm beträgt?

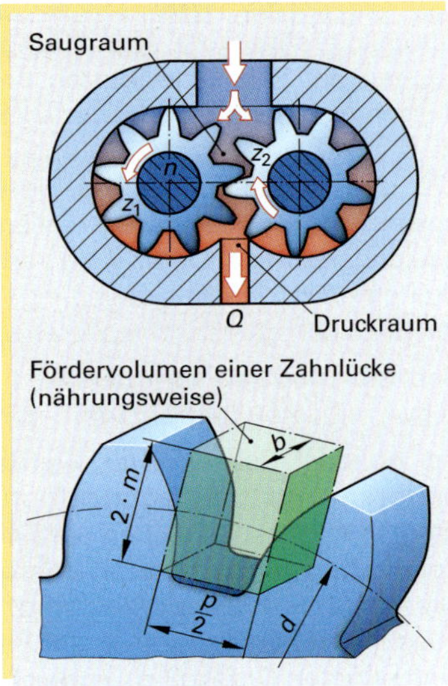

Bild 1

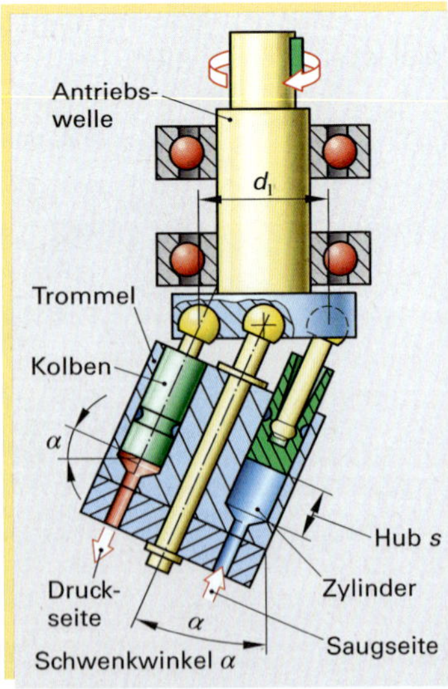

Bild 2

10.6.5 Hydraulikventile

Ventile in Hydraulikanlagen dienen zur Steuerung des Energieflusses. Ferner regeln bzw. steuern sie den Druck, den Volumenstrom (und somit die Strömungsgeschwindigkeit) und die Strömungsrichtung des Hydraulikfluides. Man unterscheidet, je nach Aufgabenstellung innerhalb der Hydraulikanlage, vier Ventilarten **(Bild 1).**

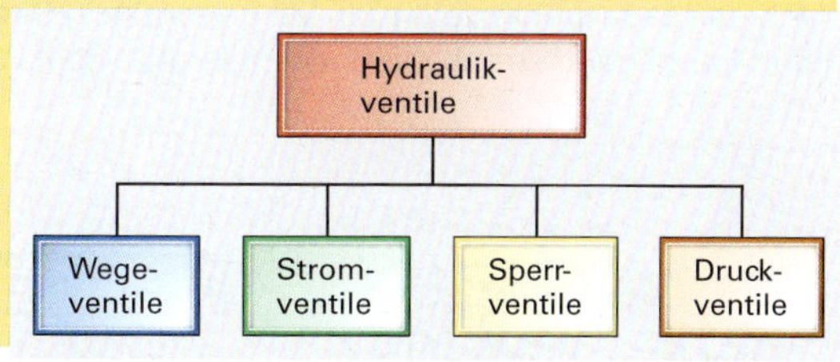

Bild 1: Übersicht Hydraulikventile

10.6.5.1 Wegeventile

Wegeventile steuern die Strömungsrichtung der Druckflüssigkeit, indem sie wechselnd hydraulische Leitungen sperren bzw. freigeben. Hierdurch beeinflussen sie die Bewegungsrichtung und das Positionieren der Arbeitsglieder. Sie wandeln bzw. verstärken Signale (elektrisch, pneumatisch oder manuell) und bilden als Stellglied die Schnittstelle zwischen Signal- und Leistungsteil in der Steuerung.

Die Bezeichnung der Wegventile setzt sich – genau wie in der Pneumatik – aus der Angabe der Anschlüsse und der Angabe der Schaltstellungen zusammen **(Bild 2).**

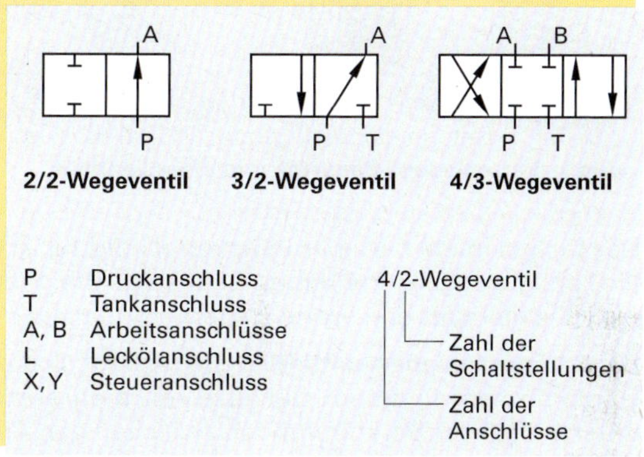

Bild 2: Benennung von Wegeventilen

Äußere Schaltbefehle (sogenannte Betätigungen) bringen die Wegeventile in ihre unterschiedlichen Schaltstellungen. Die Auswahl der Betätigungsart **(Tabelle 1)** richtet sich nach der Aufgabe des Wegeventils. Die Hersteller bieten entsprechend den praktischen Anforderungen vielfältigste Varianten von Ventilkörpern mit entsprechenden Betätigungen an.

Neben diesen sogenannten binären Wegeventilen, die immer eine ganzzahlige Anzahl von Schaltstellungen besitzen, gibt es noch die stetig arbeitenden Wegeventile, die sogenannten **Proportional-** und **Servoventile,** die beliebig viele Zwischenstellungen aufweisen. Diese Ventilart wird hier nicht behandelt.

10

Tabelle 1: Wegeventile und Betätigungen

Wegeventile

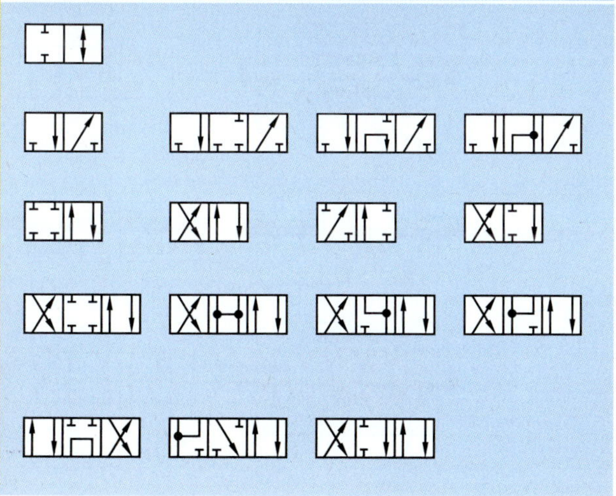

Betätigungen

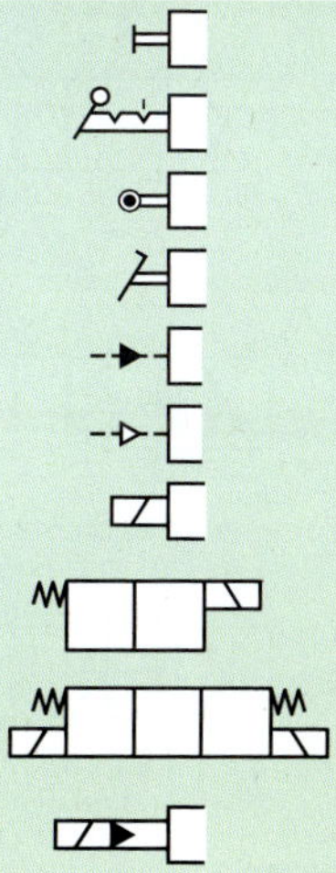

manuell allgemein
Handhebel mit Rastung
Rollenstößel
Pedal
hydraulisch
pneumatisch
elektromagnetisch
Federrückstellung und Elektromagnet
Federzentrierung und Elektromagnet
Vorgesteuert, elektrisch gesteuert, hydraulisch betätigt

Nach der Bauart unterteilt man Wegeventile in Sitz- und Schieberventile, wobei die Schieberventile wieder in Längs- und Drehschieberventile unterteilt werden **(Bild 1).**

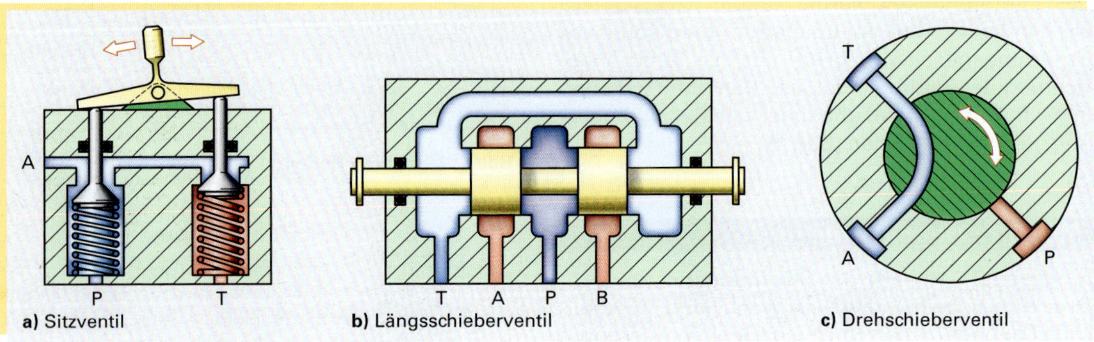

a) Sitzventil **b)** Längsschieberventil **c)** Drehschieberventil

Bild 1: Verschiedene Bauarten von Wegeventilen

Das Dichtelement bei einem **Sitzventil (Bild 1a)** ist entweder eine Kugel, ein Kegel oder ein Teller. Sitzventile können wegen ihrer Bauart höchstens drei Wege öffnen bzw. schließen. Deshalb muss ein Sitzventil, welches mehr als drei Wege steuert, immer aus mehreren Steuerelementen zusammengebaut werden.

Beim **Längsschieberventil (Bild 1b)** bewegt sich ein Ventilschieber (Ventilkolben) mit unterschiedlichen Durchmessern in einem Gehäuse mit mehreren Ringnuten. Je nach Position des Schiebers werden unterschiedliche Verknüpfungen zwischen den Anschlüssen frei bzw. geschlossen.

An einem Längsschieberventil können unterschiedliche Durchflussrichtungen mit dem gleichen Gehäuse erzeugt werden, in dem die Schiebergeometrie variiert wird **(Bild 2).** Dies lässt die Herstellungskosten sinken.

Bei einem **Drehschieberventil (Bild 1c)** dreht sich ein (oder mehrere) Kolben in einer Bohrung und gibt je nach Stellung bestimmte Wege frei bzw. schließt bestimmte Wege.

Tabelle 1 zeigt einen Vergleich zwischen Schieber- und Sitzprinzip.

Tabelle 1: Vergleich Schieber- und Sitzprinzip

Schieberprinzip	Sitzprinzip
Leckölstrom	dichtschließend
schmutzempfindlich	schmutzunempfindlich
einfacher Aufbau auch von Mehrstellungsventilen	aufwändiger Aufbau von Mehrstellungsventilen
Druck ausgeglichen	Druckausgleich muss geschaffen werden
großer Betätigungsweg	kurzer Betätigungsweg

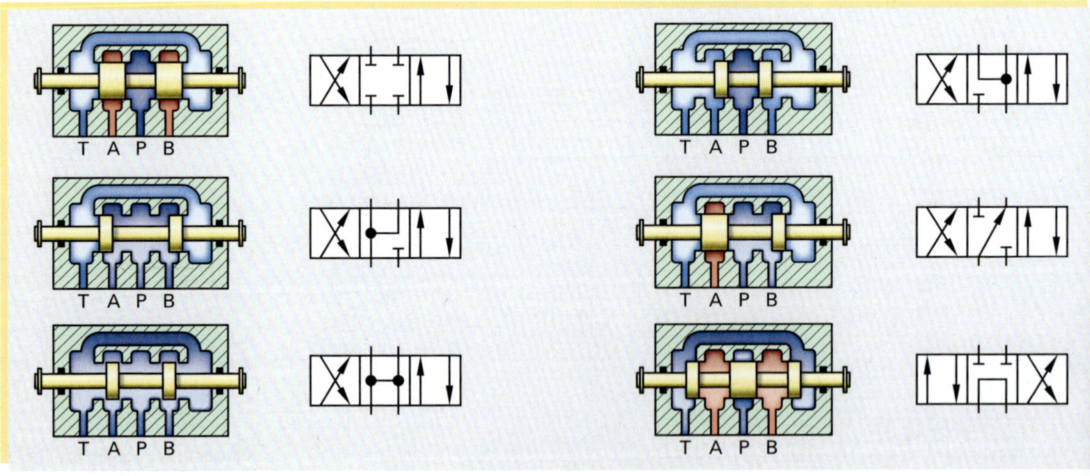

Bild 2: Steuerschieber-Varianten

Eine wichtige Kenngröße bei den Schieberventilen ist die **Kolbenüberdeckung (Bild 1).** Sie bestimmt neben der Leckölrate maßgeblich des Schaltverhalten des Ventils.

Bei der **positiven Schaltüberdeckung (Bild 2a)** sind beim Umschalten kurzzeitig alle Anschlüsse gegeneinander abgesperrt. Somit bricht der Druck nicht zusammen; es entstehen aber Druckspitzen, der Druckaufbau erfolgt schlagartig und somit erfolgt ein heftiges Ansprechen der Arbeitsglieder.

Bei der **negativen Schaltüberdeckung (Bild 2b)** sind alle Anschlüsse kurzzeitig miteinander verbunden. Dies hat zur Folge, dass der Druck kurzzeitig abfällt. Somit kann sich beim Umschalten eine Last bewegen. Es entstehen aber keine Druckspitzen und Schaltschläge beim Umschalten.

Die **Nullüberdeckung** ist für schnelles Schalten und kurze Schaltwege wichtig. Bei der **Druckvoröffnung (Bild 2c)** werden zuerst Pumpe und Zulauf verbunden, bevor der Ablauf zum Tank öffnet. Bei der **Ablaufvoröffnung (Bild 2d)** wird zuerst der Ablauf des Arbeitsgliedes zum Tank entlastet, bevor Zulauf und Pumpe verbunden werden.

Bild 3a zeigt eine negative Schaltüberdeckung am Beispiel eines 3/2-Wegeventils. Der Durchfluss von P nach A wird schon geöffnet, obwohl zwischen A und T die Verbindung noch offen ist. Somit sind kurzzeitig alle Anschlüsse miteinander verbunden. In der Endstellung ist P nach A geöffnet und A nach T geschlossen. Hierdurch wird beim Umschalten entlastet und durch den weichen Druckaufbau erfolgt ein sanftes Anfahren.

In **Bild 3b** wird der Anschluss von P nach A erst geöffnet, wenn der Durchfluss von A nach T geschlossen ist. Dies hat zur Folge, dass der Druck sofort auf den Zylinder wirkt (hartes Anfahren).

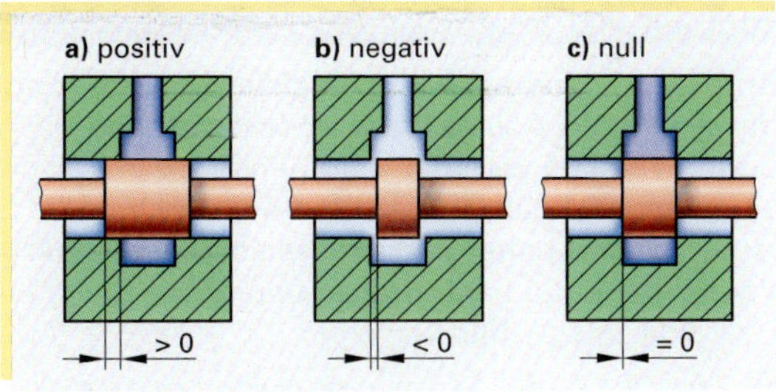

Bild 1: Kolbenüberdeckungen

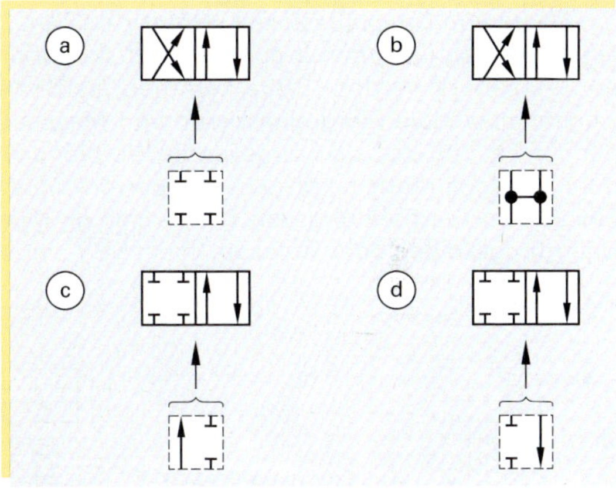

Bild 2: Verschiedene Schaltüberdeckungen

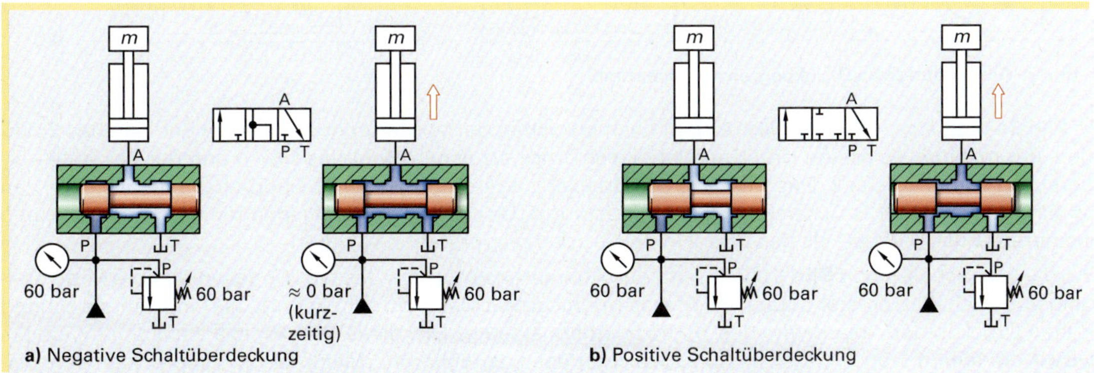

Bild 3: Positive und negative Schaltüberdeckungen beim Anfahren eines Zylinders

Arbeitsauftrag:

1. Bezeichnen Sie in (deutsch und englisch) **Bild 2, Seite 496,** alle Ventilkörper nach ISO 1219-1:2012-06 und erläutern Sie das jeweilige Funktionsprinzip.
2. Zeichnen Sie die Schaltzeichen nach ISO 1219-1:2012-06 für die Ventile in **Bild 1, Seite 496.** Recherchieren Sie die Funktionsweise eines 4/3-Wegventiles als Drehschieberventil.

10.6.5.2 Druckventile

Druckventile haben in Hydraulikanlagen die Aufgabe, den Druck in der gesamten Anlage bzw. in Teilbereichen davon einzustellen. In diesen Ventilen wird der Volumenstrom des Hydraulikfluides durch einen engen Spalt geleitet und hierdurch gedrosselt. Dadurch entsteht vor und hinter der Drosselstelle ein Druckunterschied. Diese Ventile haben je nach Bauart unterschiedliche Funktionen in einer Hydraulikanlage **(Bild 1)**.

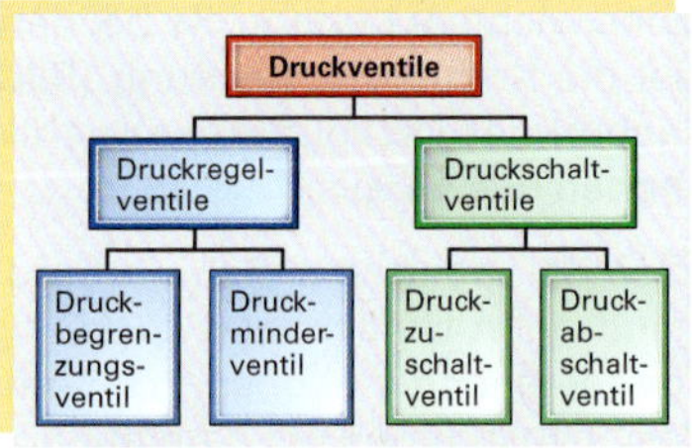

Bild 1: Überblick Druckventile

Das **Druckbegrenzungsventil (DBV)** ist im Ruhezustand geschlossen **(Bild 2)**. Übersteigt die vom Eingangsdruck erzeugte Kraft auf den Ventilkörper die entgegengesetzt wirkende Federkraft, öffnet das Ventil und Druckflüssigkeit strömt zum Tank. Da die Federkraft einstellbar ist, kann somit auch der Druck, bei dem das Ventil öffnet, verändert werden. DBVs kommen als Sicherheitsventile, als Gegenhalteventile (Entgegenwirken von Massenträgheiten bei ziehenden Lasten) und als Bremsventile (Verhindern von Druckspitzen durch Massenträgheitskräfte beim Sperren eines Wegeventils) zum Einsatz. Zur Vermeidung von Druckschwingungen werden häufig Dämpfungskolben oder Drosseln in ein DBV eingebaut.

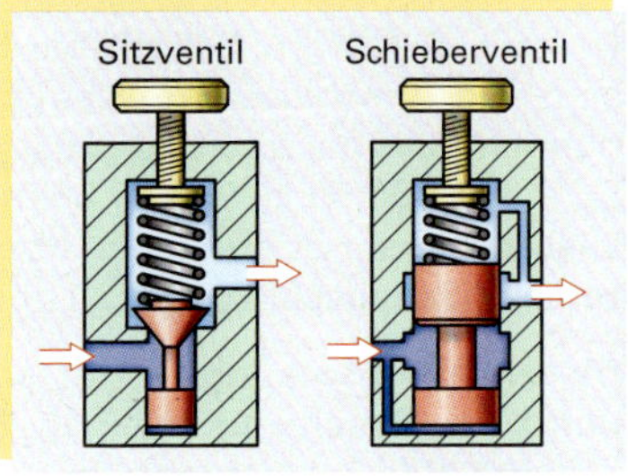

Bild 2: Druckbegrenzungsventil

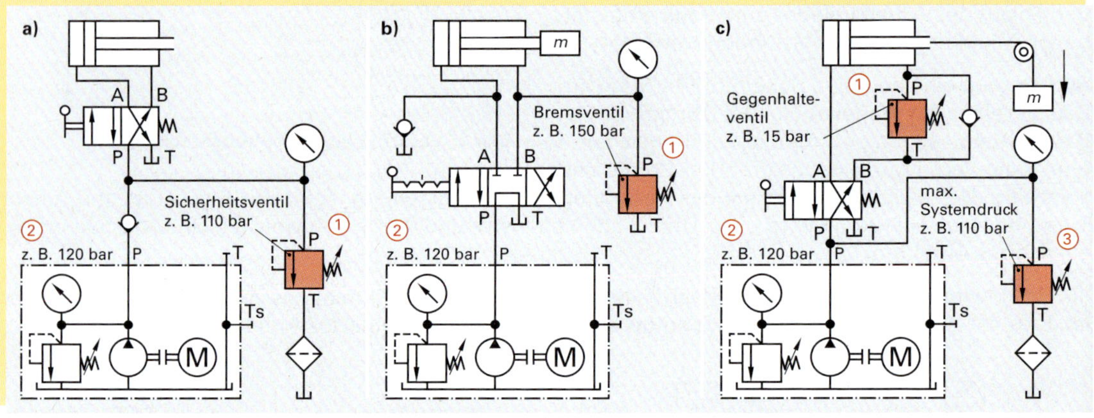

Bild 3: Anwendung von Druckbegrenzungsventilen

In **Bild 3a** baut sich im Hydraulikkreislauf nach Erreichen der vorderen oder hinteren Endlage des Zylinders der maximal zulässige Druck auf. Ist dieser Druck erreicht, öffnet das DBV 1 und der gesamte Förderstrom fließt zum Tank. Das DBV 2 in der Druckerzeugerstation ist ein Sicherheitsventil, welches den Maximaldruck in der Druckerzeugerstation bestimmt. Das DBV 1 in der Anlage regelt immer auf einen kleineren Druck (110 bar) als das DBV 2 in der Druckerzeugerstation (120 bar).

Wird in der Schaltung in **Bild 3b** während des Ausfahrens plötzlich das 4/3-Wegeventil in die Mittelstellung umgeschaltet, entsteht durch die Masse *m* eine große Massenträgheitskraft, die einen entsprechend hohen Druck in der Ablaufseite des Hydrozylinders erzeugt. Um diese Druckspitze abzufangen, ist das DBV 1 eingebaut worden, welches bei Erreichen des einstellbaren „Maximal-Spitzendruckes" (im Beispiel 150 bar) die Verbindung zum Tank öffnet und somit den gefährlichen Druck ableitet. DBV 2 überwacht den Maximaldruck in der Druckerzeugerstation (hier 120 bar).

In **Bild 3c** erzeugt die Masse *m* beim Ausfahren eine zusätzliche Kraft, die den Kolben in die vordere Endlage zieht. Durch das DBV 1 wird auf der Ablaufseite des Zylinders ein Gegendruck erzeugt (hier 15 bar), um eine unkontrollierte Bewegung zu verhindern. Das Überwinden dieses Gegendruckes bedeutet allerdings einen Leistungsverlust. Beim Einfahren des Zylinders wird das DBV 1 durch das Rückschlagventil umgangen. DBV 2 regelt den Maximaldruck der Druckerzeugerstation (120 bar) und DBV 3 den maximalen Systemdruck (110 bar).

Das **Druckminderventil** ist im Ruhezustand geöffnet **(Bild 1).** Über eine Messleitung wird der Druck, der gegen die Stirnfläche des Schiebers drückt, hinter dem Ventil erfasst. Ist die Druckkraft größer als die einstellbare Federkraft, schließt das Ventil. Dieses Ventil reduziert somit den Eingangsdruck auf einen einstellbaren Ausgangsdruck. Druckminderventile werden häufig auch als Druckregelventile bezeichnet.

Der Ausgangsdruck wird über eine Steuerleitung auf die Stirnfläche des Steuerkolbens gegeben. Hier erzeugt dieser Druck eine Gegenkraft zur Federkraft. Übersteigt die Druckkraft die Federkraft, beginnt sich das Ventil zu schließen. Hierdurch verringert sich der Druck auf der Ausgangsseite und somit verkleinert sich auch die Druckkraft auf den Steuerkolben und das Ventil öffnet wieder. Der Ausgangsdruck ist über die Federkraft einstellbar.

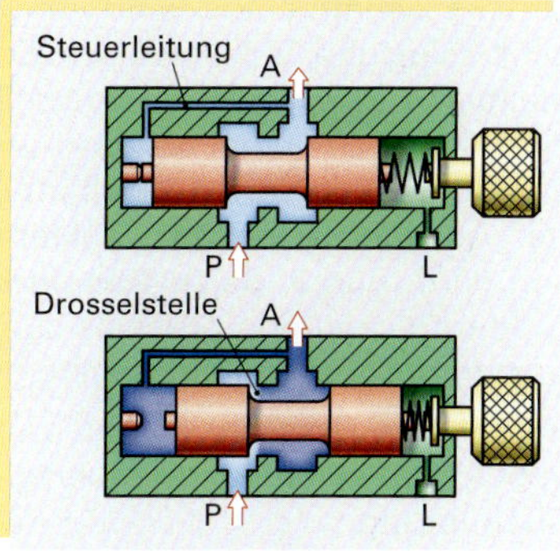

Bild 1: Druckminderventil

Druckminderventile werden eingesetzt, wenn in einer Anlage unterschiedliche Drücke benötigt werden In **Bild 2a** wird der Hydromotor mit dem über das DBV 2 einzustellenden Systemdruck (z.B. 120 bar) betrieben. Das Einfahren bzw. die Kraft in der hinteren Endlage des Zylinders ist über das Druckminderventil DMV 3 einstellbar (z.B. 80 bar). Bei geschlossenem DMV 3 führen Kraftschwankungen von F_{zug} zu unerwünschten Druckerhöhungen am Ausgang A. Durch Einbau eines DBV 4 **(Bild 2b)** können diese Druckerhöhungen abgebaut werden. Eine weitere Lösungsmöglichkeit, diese Druckerhöhungen zu vermeiden, ist die Verwendung eines 3-Wege-Druckregelventils **(Bild 2c).**

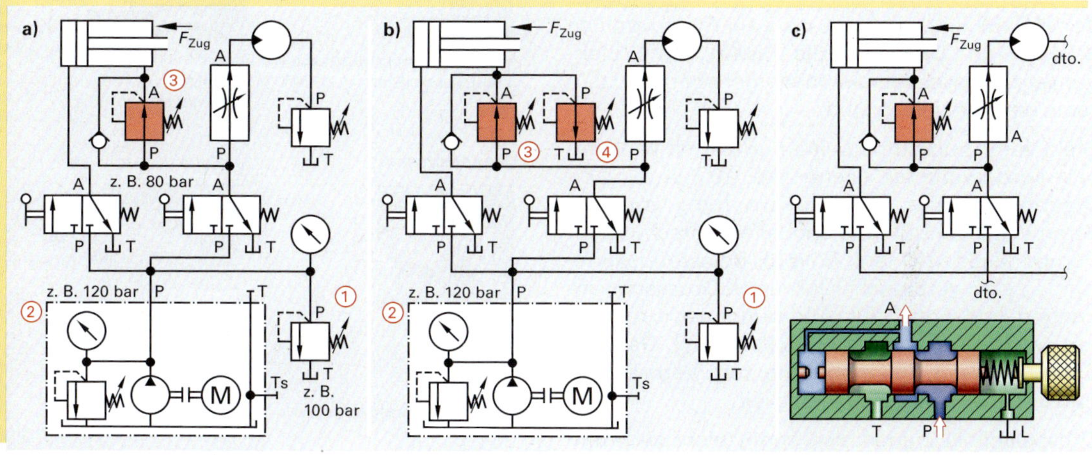

Bild 2: Druckminderung

Druckzuschaltventile (auch **Folgeventile** genannt) sind im Ruhezustand geschlossen. Es werden die beiden folgenden Bauformen unterschieden:

Beim **intern gesteuerten** Ventil (bzw. **eigengesteuerten** Ventil) **(Bild 3a)** wirkt der Druck am Anschluss A auf einen Kolben, der sich bei Erreichen des über die Federkraft einstellbaren Druckes anhebt, und die Verbindung von A nach B freigibt.

Beim **extern gesteuerten** Ventil (auch fremdgesteuertes Ventil genannt) **(Bild 3b)** wird der Steuerdruck aus einem fremden Hydraulikkreis entnommen. Auch hier wird beim Erreichen des einstellbaren Druckes die Verbindung von A nach B freigegeben. Dies nutzt man, um nach einem ersten Schritt einen weiteren folgen zu lassen.

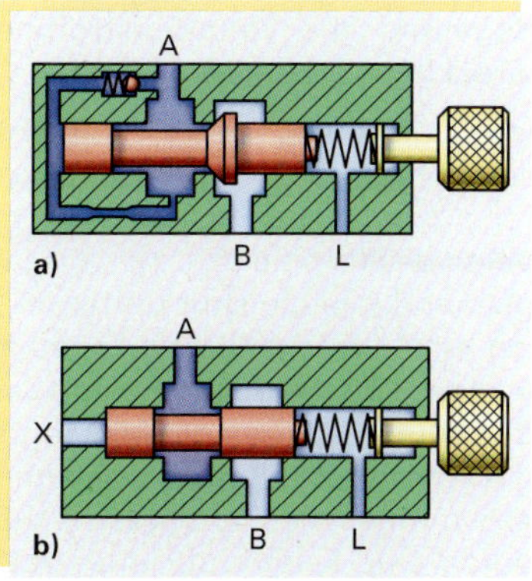

Bild 3: Druckzuschaltventil

Druckabschaltventile sind in Ruhestellung geschlossen und fördern beim Erreichen des einstellbaren Druckes einen Volumenstrom drucklos zum Tank. Gerätetechnisch handelt es sich um ein fremdgesteuertes Zuschaltventil, wobei hier der Ausgang A an die Tankleitung angeschlossen wird **(Bild 3, Seite 499)**. In **Bild 1** fördert die Niederdruckpumpe drucklos zum Tank, wenn ein bestimmter, einstellbarer Systemdruck erreicht ist.

Sowohl die Druckab- als auch die Druckzuschaltventile gibt es mit interner als auch externer Leckölabführung.

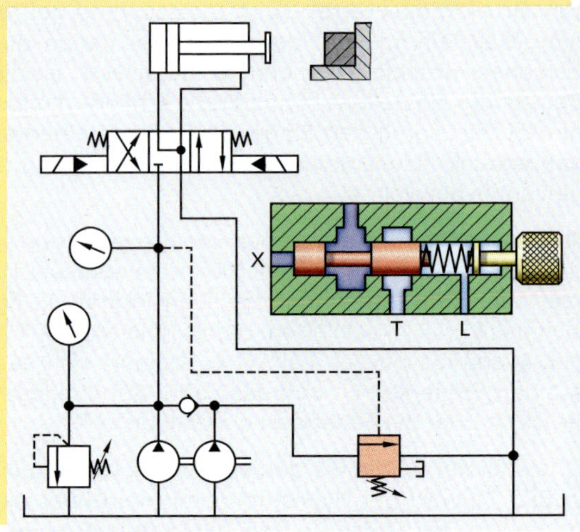

Bild 1: Druckabschaltventil

10.6.5.3 Strom- und Sperrventile

Stromventile kommen dann zum Einsatz, wenn die Geschwindigkeit eines Zylinders oder die Drehzahl eines Motors zu verringern sind. Diese beiden Merkmale sind jeweils vom Volumenstrom abhängig, der somit entsprechend reduziert werden muss. Die Verringerung des Durchflussquerschnittes im Stromventil bewirkt eine Druckerhöhung vor dem Ventil.

Konstruktiv unterscheidet man bei Stromventilen **Blenden-** und **Drosselventile (Bild 2)**, wobei Blendenventile viskositätsunabhängiger aber auch teurer in der Herstellung sind.

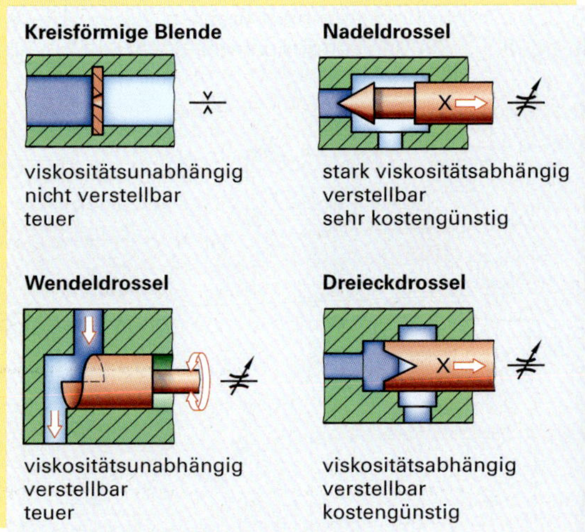

Bild 2: Drosselbauarten

Steht zum Druckaufbau eine Pumpe mit konstantem Fördervolumen (siehe Kap. 10.6.3) zur Verfügung, so öffnet die Druckerhöhung vor dem Stromventil ein DBV und der Lieferüberschuss der Pumpe fließt zum Tank **(Bild 3)**. Belastungsänderungen vom Verbraucher führen zu Druckschwankungen und somit zur Änderung der Druckdifferenz vor und nach dem Drosselventil. Dadurch ändert sich der Volumenstrom zum Verbraucher und auch dessen Geschwindigkeit.

Drosselventile eignen sich somit nicht zum Einstellen eines konstanten Volumenstromes bei sich ändernder Last. An einer Verstellpumpe kann die am Stromventil entstehende Druckdifferenz zur Regelung des Volumenstromes an der Pumpe direkt herangezogen werden.

Ist ein gleichbleibender Volumenstrom trotz wechselnder Belastung gefordert, kommt ein Stromregelventil zum Einsatz **(Bild 1, Seite 501)**. Das Ventil besitzt eine Druckwaage (auch Regeldrossel genannt), die die Druckdifferenz $\Delta p = p_1 - p_2$ an der einstellbaren Blende konstant hält. Die Druckwaage wird an den gleichgroßen Stirnseiten mit den Drücken p_1 (vor der Messdrossel) und p_2 (nach der Messdrossel) beaufschlagt. Da p_2 kleiner als p_1 ist, muss die Druckwaage auf der Seite von p_2 durch eine Federkraft unterstützt werden, damit sie sich im Gleichgewicht befindet.

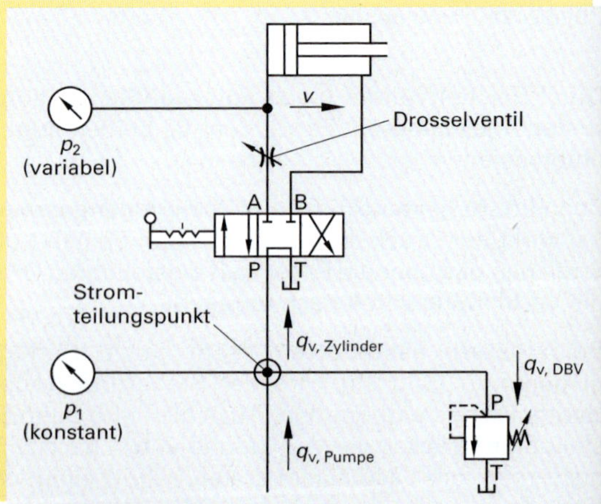

Bild 3: Drosselung

Erhöht sich der Druck p_3 durch Lastschwankung, steigt der Druck p_2 ebenfalls. Somit ändert sich kurzzeitig die Druckdifferenz Δp. Da sich aber hierdurch auch das Gleichgewicht an der Druckwaage ändert ($F_2 > F_1$), öffnet sich diese solange, bis die Druckwaage wieder im Gleichgewicht ist, bzw. Δp wieder den ursprünglichen Wert hat.

Sinkt der Druck p_3 am Ausgang, wird auch Δp kleiner. Dadurch wird F_2 kleiner als F_1 und die Druckwaage verkleinert den Durchlass solange bis wieder Gleichgewicht herrscht und die ursprüngliche Druckdifferenz Δp hergestellt ist. Die selbe Regelfunktion greift auch bei sich ändernden Eingangsdrücken.

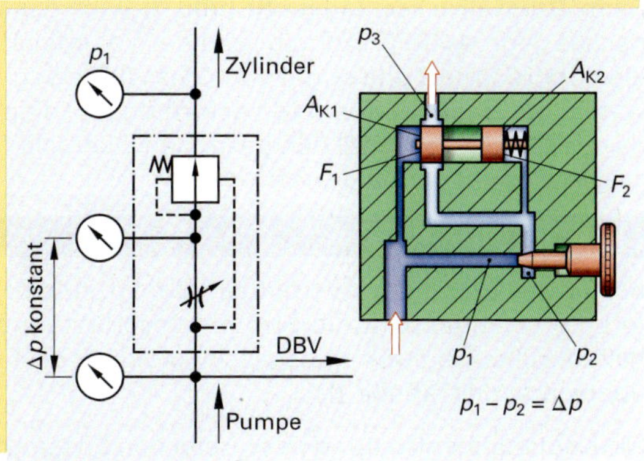

Bild 1: Druckwaage

Sperrventile ermöglichen den Durchfluss der Hydraulikflüssigkeit nur in einer Richtung und sperren den Durchfluss in der Gegenrichtung. Da die Ventile leckölfrei schließen müssen, werden sie in Sitzbauweise in der Bauart Kegel-, Kugel-, Patronen- oder Tellerventil gebaut.

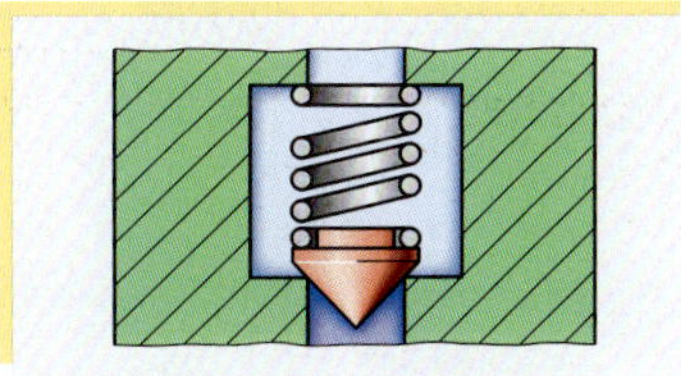
Bild 2: Rückschlagventil

In der einfachen Ausführung als **Rückschlagventil (Bild 3)** verhindert das Ventil, dass z.B. durch eine absinkende Last eine Pumpe angetrieben wird **(Bild 3a)**. Ein weiteres Einsatzgebiet ist als Nachsaugventil bei Pressen **(Bild 3b)** und als Sperrventil zur Umgehung verschmutzter Filter **(Bild 3c und Bild 3e)**. Solche Ventile kommen auch bei der Einspeisung in einen geschlossenen Kreislauf zum Einsatz **(Bild 3d)**. Ein Zylinder, auf den äußere Lasten wirken, kann im Allgemeinen nicht in der Mittelstellung des 5/3-Wegeventils fest in einer Position gehalten werden. Leckagen im Ventil führen dazu, dass sich der Zylinder bewegt (kriecht).

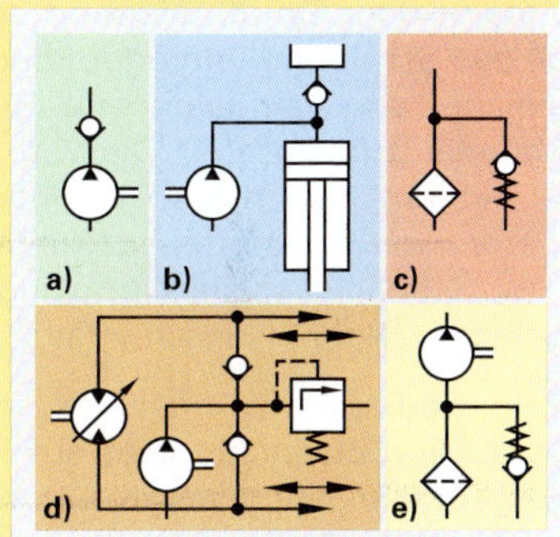

Bild 3: Anwendungen

Dieses Kriechen vermeiden **entsperrbare Rückschlagventile (Bild 4a)**. Sie erlauben einerseits den Durchfluss von A nach B und sperren ihn von B nach A. Sie besitzen einen zusätzlichen Steueranschluss über den sie entsperrt werden können damit sie den Durchfluss wieder freigeben.

Will man eine Absperrung eines Verbrauchers in beide Bewegungsrichtungen erzielen, wird ein entsperrbares Doppelrückschlagventil eingesetzt **(Bild 4b)**.

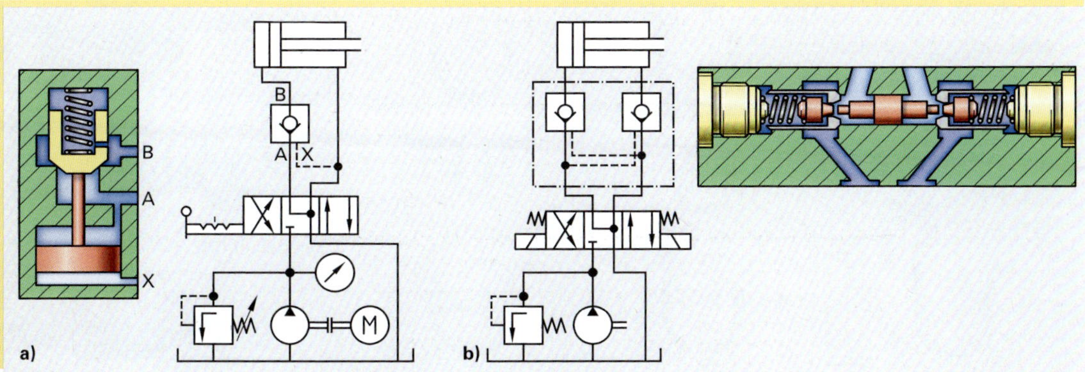

Bild 4: Entsperrbare Rückschlagventile

Beim **Drosselrückschlagventil (Bild 1)** wird der Durchfluss von A nach B gedrosselt. Hierdurch wird der Volumenstrom zum Arbeitselement reduziert und somit auch dessen Bewegungsgeschwindigkeit. In der Gegenrichtung (B nach A) findet keine Drosselung statt, da das Rückschlagventil den gesamten Querschnitt freigibt.

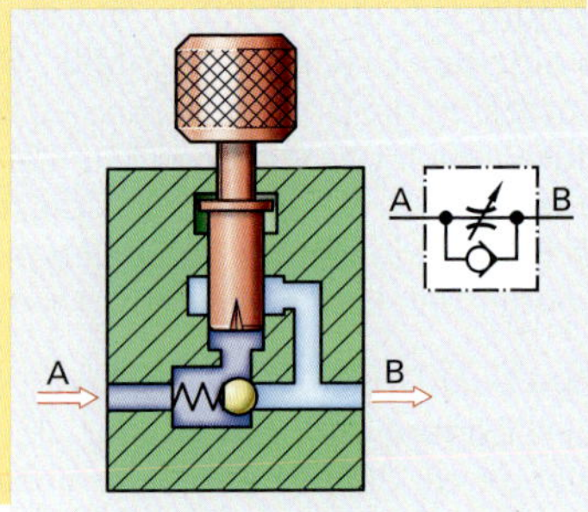

Bild 1: Drosselrückschlagventil

10.6.5.4 Zubehör

Schläuche bzw. Rohre verbinden die einzelnen Hydraulikaggregate untereinander. Um die Strömungsverluste möglichst gering zu halten, sollte die Strömungsgeschwindigkeit bestimmte Werte nicht überschreiten **(Tabelle 1)**.

Tabelle 1: Maximale Strömungsgeschwindigkeit

bis 50 bar Betriebsdruck:	4,0 m/s
bis 100 bar Betriebsdruck:	4,5 m/s
bis 150 bar Betriebsdruck:	5,0 m/s
bis 200 bar Betriebsdruck:	5,5 m/s
bis 300 bar Betriebsdruck:	6,0 m/s

Die Kontinuitätsgleichung beschreibt den Zusammenhang zwischen dem Volumenstrom q_v und der Strömungsgeschwindigkeit v.

$$q_v = A \cdot v \qquad [q_v] = m^3/s; \qquad [A] = m^2; \qquad [v] = m/s$$

Daraus ergibt sich die zulässige Strömungsgeschwindigkeit

$$v = \frac{q_v}{6 \cdot d^2 \cdot \frac{\pi}{4}} \cdot 10^2$$

$[d] = mm$; $[q_v] = l/min]$; $[v] = m/s$

Schlauchleitungen sind flexible Leitungsverbindungen, die insbesondere zwischen beweglichen Geräten zum Einsatz kommen **(Bild 2)**. Die Schlauchseele besteht aus Neopren, synthetischem Gummi oder Teflon während der Druckträger eine Geflechteinlage aus Stahldraht und/oder Polyester oder Rayon ist. Die Geflechteinlage kann mehrlagig sein. Die Oberdecke ist aus abriebfestem Material (z.B. Gummi). Die Verbindungen zu Geräten werden über Armaturen am Schlauchende hergestellt **(Bild 3)**. Schlauchleitungen werden mit Armaturen oder untereinander durch Verschraubungen bzw. Schnellverschlusskupplungen verbunden. Man unterscheidet Schraub-, Rohr-, Flansch-, Ring-, Kupplungs- und Bundanschlüsse.

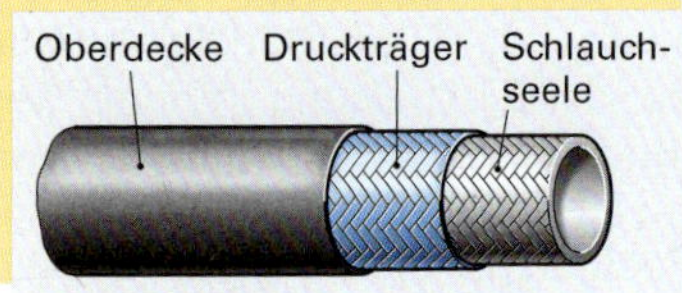

Bild 2: Hydraulikschlauch

Beim Einbau ist zu beachten, dass die richtige Länge verwendet wird, die Schläuche nicht auf Zug beansprucht werden und die Biegeradien genügend groß sind **(Bild 4)**.

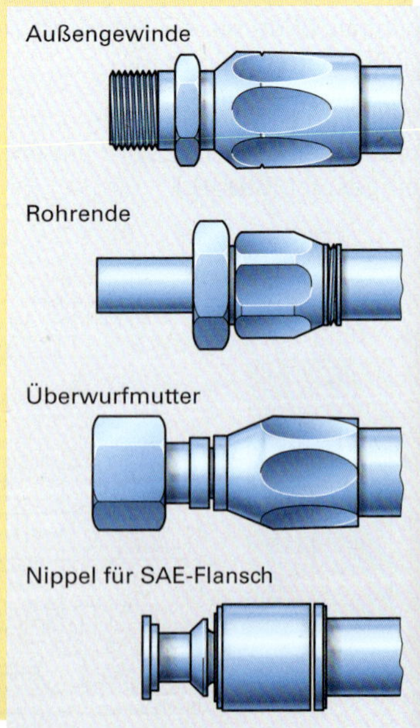

Bild 3: Schlaucharmaturen

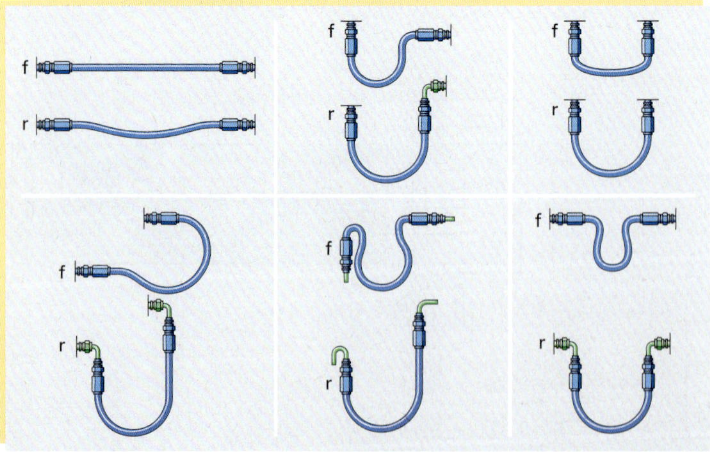

Bild 4: Einbau von Hydraulikschläuchen

Für starre Verbindungen werden nahtlos gezogene Präzisionsrohre nach DIN EN 10305 eingesetzt. Die zulässigen Drücke in Abhängigkeit von der Wandstärke sind in DIN 2445 definiert **(Tabelle 1)**. Hier wird neben dem Nenndruck p_{nom} der maximal zulässige Druck p_{max} angegeben. Der Berstdruck beträgt bei diesen Rohren ca. das 2- bis 3-fache des Nenndruckes.

Tabelle 1: Drücke an Hydraulikrohren

p_{nom} = 100 bar p_{max} = 145 bar		p_{nom} = 160 bar p_{max} = 205 bar		p_{nom} = 250 bar p_{max} = 295 bar		p_{nom} = 320 bar p_{max} = 365 bar		p_{nom} = 400 bar p_{max} = 445 bar	
D	s	D	s	D	s	D	s	D	s
6	1	6	1	6	1	6	1	6	1,5
8	1	8	1	8	1,5	8	1,5	8	2
10	1	10	1	10	1,5	10	1,5	10	2
12	1	12	1,5	12	2	12	2	12	2,5
16	1,5	16	1,5	16	2	16	2,5	16	3
20	1,5	20	2	20	2,5	20	3	20	4
25	2	25	2,5	25	3	25	4	25	5
30	2,5	30	3	30	4	30	5	30	6
38	3	38	4	38	5	38	6	38	8
50	4	50	5	50	6	50	8	50	10

Für die feste Verbindung von Rohren mit Hydraulikaggregaten existieren verschiedene Konstruktionsprinzipien **(Bild 1a bis 1d)**. Ist eine Verbindung zwischen einem ruhenden und einem drehbaren Teil gefordert, werden Drehverbindungen **(Bild 1e)** eingesetzt. Müssen bestimmte Baugruppen häufig getrennt und wieder verbunden werden (z.B. Mobilhydraulik), bieten sich Schnellverschlusskupplungen mit oder ohne Rückschlagventil an **(Bild 1f)**. Das Rückschlagventil ermöglicht das Verbinden ohne Auslaufen der Druckflüssigkeit. Für Leitungsverknüpfungen existieren ebenfalls eine Vielzahl von Varianten **(Bild 2)**.

Weitere wichtige Zubehörteile in einer Hydraulikanlage sind Entlüftungsventile **(Bild 3)** sowie Druck- und Volumenstrommessgeräte.

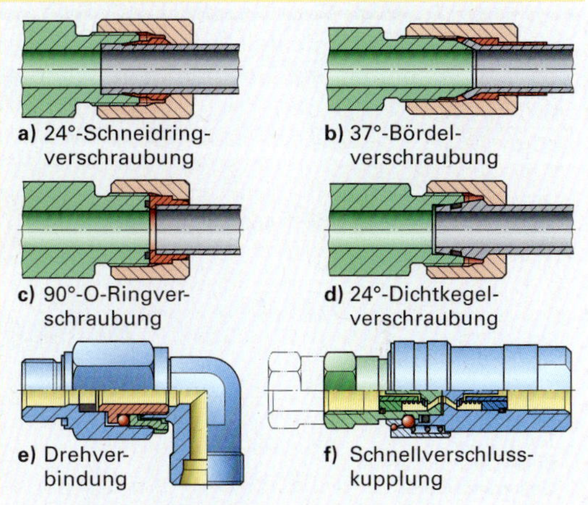

Bild 1: Rohrverschraubungen

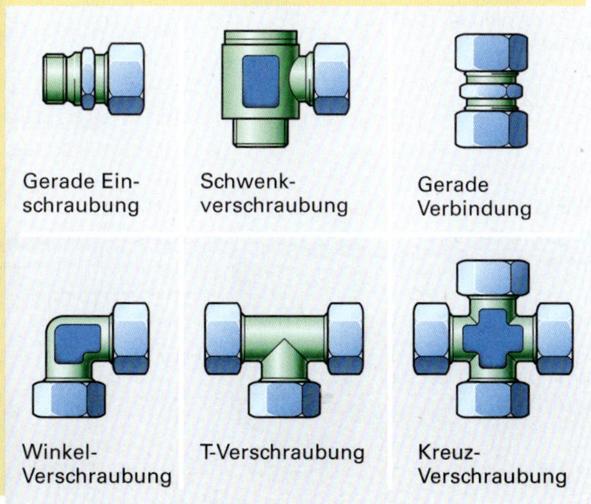

Bild 2: Leitungsverbindungen

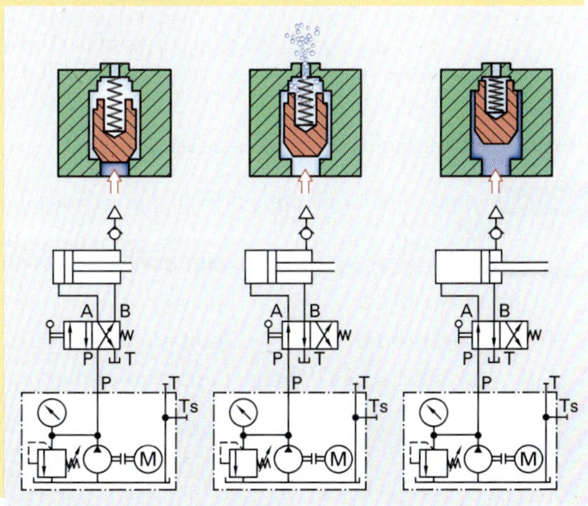

Bild 3: Entlüftungsventile

10

10.7 Sensoren

10.7.1 Bedeutung von Sensoren

Die in der Automatisierung eingesetzten Geräte zur steuerungstechnischen Realisierung von Prozessabläufen wie Hardware-, Software-SPS oder Mikrocontroller, können ihre Aufgabe nur erfüllen, wenn sie zuverlässig mit den erforderlichen Prozessdaten, also mit Informationen wie z.B. Temperatur, zurückgelegtem Weg, oder Winkelgeschwindigkeit versorgt werden.

> Sensoren liefern Prozessinformationen zur Steuerung und Regelung von Prozessabläufen **(Bild 1)**.

Bild 1: Positionserfassung eines Hängeförder-Systems durch Sensoren

Prozessinformationen aus Produktionsabläufen der Verfahrenstechnik oder anderen automatisierten Bereichen liegen meist nicht als elektrische Größen, sondern als Wegabstand, Winkel, Druck oder Füllstand, also als physikalische Größe vor. Damit Prozesse überhaupt automatisch ablaufen können, müssen diese physikalischen Größen messtechnisch erfasst werden.

> Sensoren erfassen nichtelektrische physikalische Größen und wandeln sie in elektrische Größen wie z.B. Spannung um. Eine häufig verwendete Größe ist auch der elektrische Strom (z.B. 4 mA ... 20 mA).

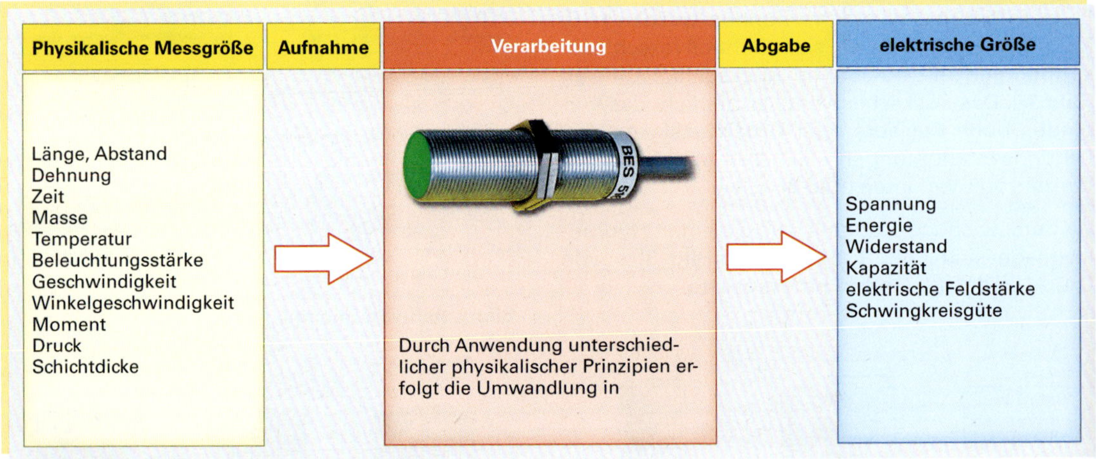

Bild 2: Umwandlung von Prozessmessgrößen

Beispiel: Messen einer nichtelektrischen physikalischen Größe

Messaufgabe: In einer Tankanlage **(Bild 3)** ist die Temperatur der Flüssigkeit im Tank zu messen.

Messobjekt: Flüssigkeit

Messgröße: Temperatur der Flüssigkeit

Physikalisches Prinzip: Temperaturabhängigkeit des Ohm'schen Widerstandes *R* (Messfühler) eines Metalls.

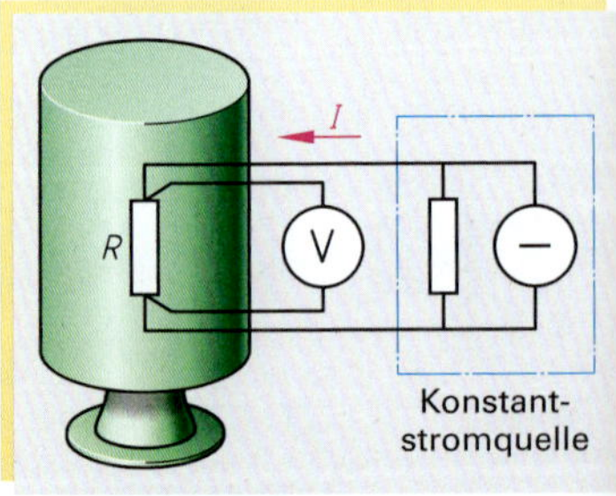

Bild 3: Messwerterfassung

Realisierung des Prinzips:

Erfassung des Spannungsabfalls über dem Widerstand *R*, der unabhängig von seinem Widerstandswert immer vom gleichen Strom durchflossen wird.

> Der Messwertaufnehmer **(Bild 1)** besteht aus dem Messfühler und der Anpass-Elektronik.

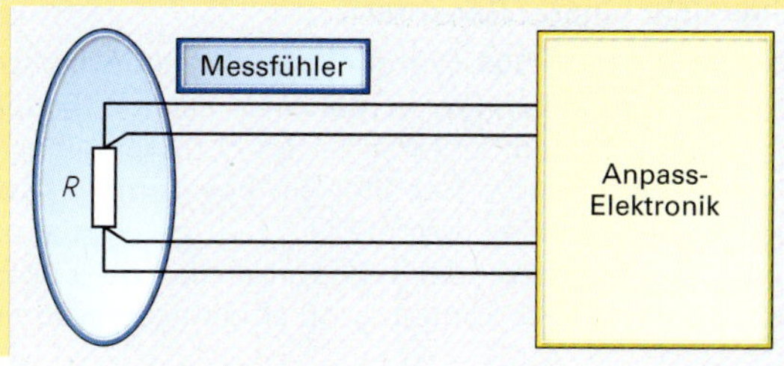

Bild 1: Messwertaufnehmer

Arten von Messfühlern

Zur Erfassung der verschiedenen physikalischen Prozessgrößen werden folgende zwei Arten von Messfühlern eingesetzt:

Passive Messfühler sind Impedanzen in Form von Ohm'schem Widerstand, Induktivität, Kapazität oder Kombinationen davon, die von der zu erfassenden Messgröße verändert werden **(Bild 2).**

> Passive Messfühler benötigen eine Hilfsenergie zur Erzeugung eines elektrischen Signals.

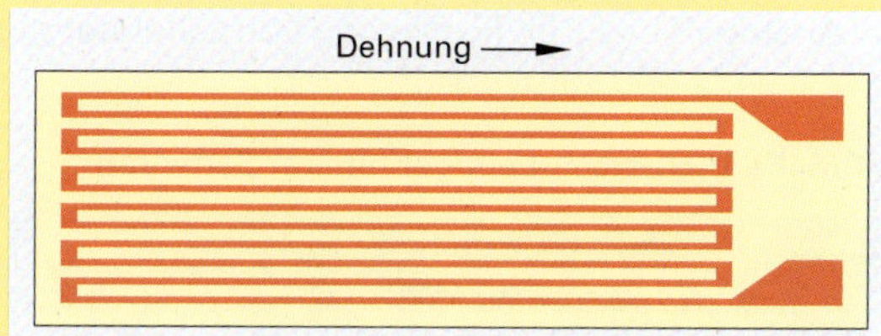

Bild 2: Passiver Messfühler, Dehnungsmessstreifen

Aktive Messfühler formen erfasste nichtelektrische physikalische Größen direkt in elektrische Signale um **(Bild 3).**

> Aktive Messfühler sind Energiewandler, die keine Hilfsenergie benötigen.

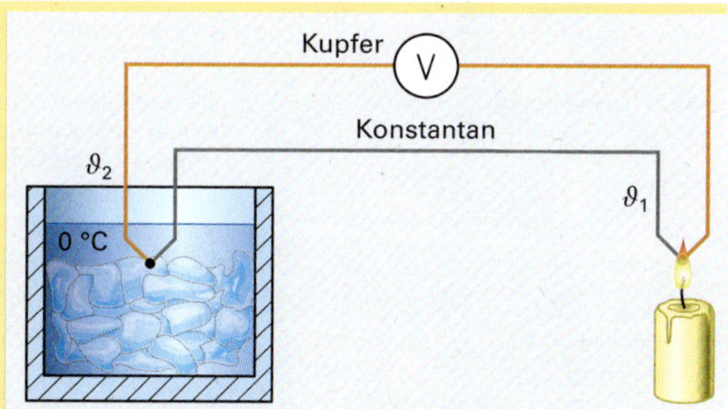

Bild 3: Aktiver Messfühler, Thermoelement

Prinzipiell bestehen Sensoren aus zwei Komponenten, dem Sensorelement und einer Signalverarbeitungskomponente. Diese setzt die Signale des Sensorelementes in elektrische Ausgangssignale um.

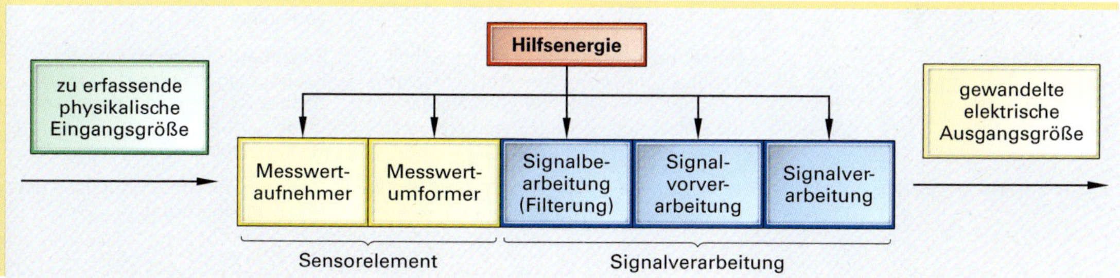

Bild 4: Sensoraufbau

Begriffserläuterungen

Sensor:	Andere Bezeichnungen sind Messwertaufnehmer, Messfühler, Detektor, Messwandler, Messumformer oder Messwertgeber
Initiator:	Näherungsschalter
Näherungsschalter:	Sensor, der nur ein Schaltsignal erzeugt
Sensorelement:	Dies ist der Teil eines Sensors, der die Messgröße erfasst, jedoch keine Signalaufbereitung durchführt
Multisensorsystem:	Ein Sensorsystem besteht aus mehreren gleichartigen oder verschiedenen Sensoren oder Sensorelementen, die gemeinsam eine Aufgabe lösen. So wird z. B. ein Multisensorsystem zur Erfassung von Werkzeugformen eingesetzt.

Übersicht binärer Sensoren

In **Bild 2, Seite 504** wurden verschiedene nichtelektrische Größen aufgelistet, die durch Sensoren erfasst werden können. In mechatronischen Systemen muss z. B. festgestellt werden, ob ein Objekt eine bestimmte Distanz unterschritten hat, was einer groben Distanzmessung gleichkommt, oder ob eine Flüssigkeit in einem Behälter ein bestimmtes Niveau überschritten hat. Andererseits ist aber auch zu überprüfen, ob ein Gewinde geschnitten wurde, oder ob die Schneidwerkzeuge in einer CNC-Maschine nicht abgebrochen oder ausgebrochen sind. Zur Erfassung all dieser verschiedenen Informationen dienen Sensoren. Sie können grob eingeteilt werden in:

- Binäre Sensoren (Ausgangssignal, Schaltsignal EIN/AUS; Spannung 0 V/24 V; Strom 0 mA/20 mA)
- Digitale Sensoren (zahlenmäßiges Erfassen von Wegstrecken, z. B. inkrementale Wegsensoren)
- Analoge Sensoren (Erfassung von zeitabhängigen Größen wie Temperatur, Druck, Dickenmessung)

Tabelle 1: Übersicht einiger binärer Sensoren

Sensortyp	Berührungslos arbeitend	Physikalisches Prinzip	Was wird erfasst, gemessen?
Grenztaster	nein, taktil[1]	Kontakt über Hebelsystem	Distanz, Niveau, Druck
Induktiver Sensor	ja	Sensor erzeugt magnetisches Streufeld. Elektrisch leitendes Material das in dieses Feld gelangt, beeinflusst das Magnetfeld und löst Schaltvorgang aus.	Distanz von Objekten über- oder unterschritten.
Kapazitiver Sensor	ja	Sensor erzeugt elektrisches Streufeld. Abhängig von der Dielektrizitätskonstante ε_r des Objektes das in das Streufeld gelangt, ändert sich die Kapazität des Sensorelementes, wodurch ein Schaltvorgang ausgelöst wird. Kapazitive Sensoren reagieren auch auf Metalle.	Distanz von Objekten über- oder unterschritten, Detektieren, ob ein Objekt in einem begrenzten Raum vorhanden ist, Detektieren, ob ein Metall vorhanden ist.
Optoelektronische Sensoren – Einweglicht-Schranke, – Reflexionslicht-Schranke – Reflexionslicht-Taster	ja	Unterbrechung des Lichtstrahls bei Lichtschranken; Erfassung der Lichtmenge die vom Objekt reflektiert wird bei Lichttastern.	Erkennung ob Objekt in einem bestimmten Raum vorhanden, Distanz von Objekten über- oder unterschritten, Niveau erreicht, Werkstück bearbeitet, z. B. Bohrung vorhanden.
Ultraschallsensor	ja	Durch Aussendung eines kurzen Schallimpulses, der vom Objekt reflektiert wird, kann durch Messung der Schalllaufzeit die Objektdistanz berechnet werden.	Erkennung ob Objekt in einem bestimmten Raum vorhanden, Distanz von Objekten über- oder unterschritten, Niveau erreicht.
Passiv Infrarot-Melder	ja	Erfassung der Toleranz der Wärmestrahlung eines Objektes und Auswertung.	Erkennen, ob Objekt innerhalb des Erfassungsbereichs.

Auffallend ist, dass alle hier aufgelisteten Sensoren bis auf den mechanischen Grenztaster, berührungslos arbeiten. Dieser mechanische Schalter hat jedoch in industriellen Anlagen immer noch große Bedeutung, da er viele Vorteile aufweist. So ist er vergleichsweise preiswert und unbeeinflussbar durch Fremdfelder. Da er keine Hilfsenergie benötigt, ist er überall einsetzbar.

10.7.2 Mechanische Grenztaster (Positionsschalter)

Mechanisch betätigte Grenztaster sind binär arbeitende Schalter. Sie werden eingesetzt bei Aufzügen, Kränen, Werkzeug- und Arbeitsmaschinen, Etagenpressen, Holzbearbeitungsmaschinen, Bandanlagen, usw.

[1] taktil (lat.) = das Tasten, berühren

Ausführungsarten:

- Leichte Ausführung für den Einsatz in Räumen mit geringer Staubentwicklung wie z.B. in Druckern, Kopierern **(Bild 1)**.
- Gekapselte Ausführung für den Maschinen- und Anlagenbau. Bei dieser Art ist das Schaltelement bei allen Typen gleich, es ändert sich nur das Betätigungselement **(Bild 2)**.

Eigenschaften:

- Schalten Gleich- und Wechselstrom unterschiedlicher Spannung bei kleinsten bis größten Leistungen.
- Sie haben eine hundertprozentige galvanische Trennung.
- Sie sind preisgünstiger als berührungslos arbeitende Sensoren.

Reproduzierbarkeit des Schaltpunktes

Dies ist ein Maß für die Genauigkeit des Öffnens bzw. Schließens des Kontaktes einschließlich des mechanischen Systems bei wiederholtem Schalten. Die Reproduzierbarkeit ist bei mechanischen Grenztastern besser als bei jedem berührungslos arbeitenden Initiator.

Betätigung des Grenztasters

Die Betätigung erfolgt über mechanische Vorrichtungen. Dabei ist auf den richtigen Anfahrwinkel und auf die maximal zulässige Anfahrgeschwindigkeit zu achten **(Bild 3)**.

Kontaktprellen

Alle mechanischen Schalter prellen. Das bedeutet, dass das Schaltelement eines Grenztasters beim Schließvorgang mehrmals öffnet und schließt. Ursache hierfür ist die Federwirkung der Kontakte **(Bild 4)**. Zum direkten Ansteuern von Relais spielt das Prellen keine Rolle. Da eine SPS am Eingang über Filter mit einer Zeitkonstanten von 5 ms ... 20 ms verfügt und die Prellzeit von Grenztastern weit unter 5 ms liegt, können sie bedenkenlos an die Eingänge der SPS angeschlossen werden. Bei Zählereingängen einer SPS jedoch führt Kontaktprellen zu Zählfehlern.

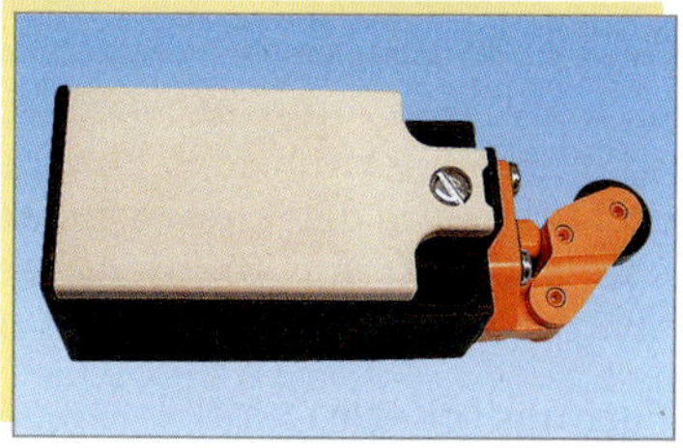

Bild 1: Grenztaster

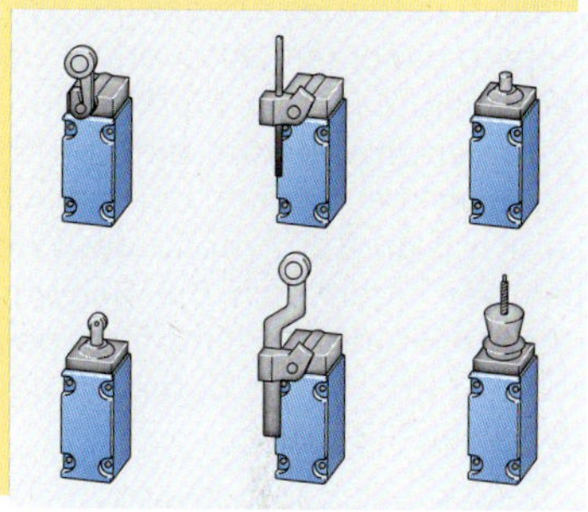

Bild 2: Gekapselte Ausführung mit diversen Betätigungselementen

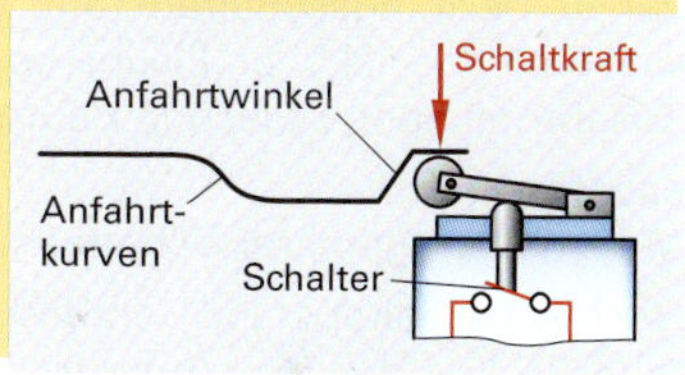

Bild 3: Anfahrwinkel

Häufigster Einsatz der Grenztaster

Oft wird er als **Endabschalter** eingesetzt. Ein Objekt wird pneumatisch, elektromechanisch oder hydraulisch bewegt, der Grenztaster muss beim Erreichen einer bestimmten Position für STOPP sorgen.

Bei Maschinen, z.B. Portal-Krananlagen, bei denen personengefährliche Situationen entstehen können (Überfahren einer Endposition), dienen mechanische Grenztaster als **Sicherheitsschalter (Bild 5)**. Der Grenztaster wird dann meist direkt in den Stromkreis der personengefährdenden Stellglieder eingebaut.

Dabei ist zu beachten:

> Die Trennung bei Einphasensystemen erfolgt immer zweipolig.
>
> Die Trennung bei Dreiphasensystemen erfolgt immer dreipolig.

Statt Grenztaster können auch sicherheitsgerichtete, induktive oder optische Initiatoren mit entsprechender Auswerteeinheit eingesetzt werden.

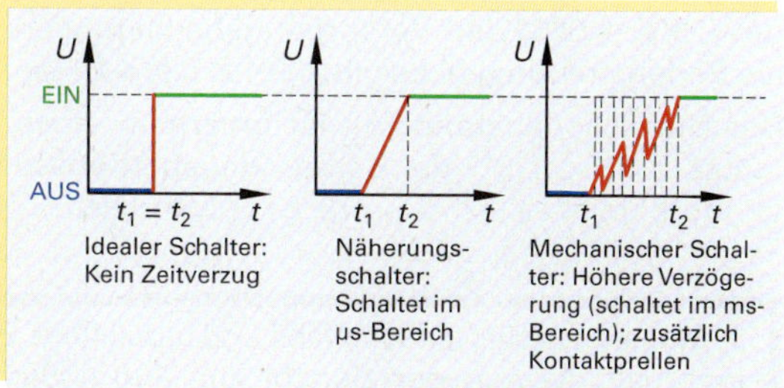

Bild 4: Prellfreies und prellbehaftetes Schalten

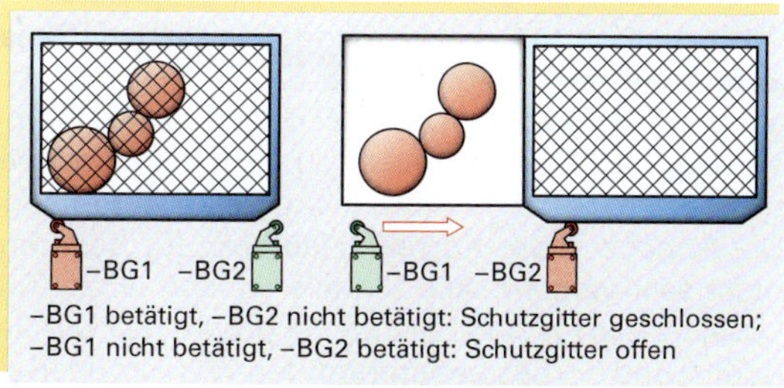

Bild 5: Anwendungsbeispiel: Grenztaster

10.7.3 Induktive Sensoren (Näherungsschalter)

Induktive Sensoren in Form von Initiatoren sind berührungslos arbeitende elektronische Schalter. Sie werden benutzt um Metalle und Graphit zu detektieren. Eingesetzt werden sie u. a. zur Drehzahlüberwachung und Drehzahlmessung **(Bild 1)**, zur Endlagenerfassung und für Impulsabgriffe an rotierenden Maschinen.

Funktionsprinzip

Eine Spule, die Teil eines Oszillators ist, erzeugt ein hochfrequentes magnetisches Streufeld. Kommt ein elektrisch und/oder magnetisch leitendes Objekt ins Streufeld, entstehen Wirbelströme im Objekt, die einen Güteverlust des Schwingkreises hervorrufen. Bei ferromagnetischen Werkstoffen sind es Ummagnetisierungs- und Wirbelstromverluste, die den Güteverlust bewirken. Befindet sich das Objekt außerhalb der kritischen Reichweite, schwingt der Oszillator mit großer Amplitude. Wird die kritische Distanz unterschritten, verringert sich die Schwingungsamplitude. Dieser Einbruch der Amplitude (Bedämpfung des Sensors) wird in einer Schaltstufe erkannt und in der Endstufe des Sensors in ein definiertes Signal umgesetzt **(Bild 2)**.

Schaltabstände

Die Wirbelstromverluste sind vom spezifischen Widerstand und der Permeabilität des zu erfassenden Objektes, dessen Geometrie (Fläche, Dicke) und von der Oszillatorfrequenz abhängig. Weiterhin ist der Bemessungsschaltabstand von der Induktivität der Spule, die sich hinter der aktiven Fläche befindet, abhängig. Somit besteht ein Zusammenhang zwischen Bauform und Schaltabstand **(Bild 3)**.

Faustformel:
Maximal erreichbarer Schaltabstand ≙ halber Sensordurchmesser.

Der Nennschaltabstand Bemessungsschaltabstand (s_n) ist eine Gerätegröße, bei der Exemplarstreuungen und äußere Einflüsse nicht berücksichtigt werden. In den Auswahltabellen wird nur er angegeben.

Der Realschaltabstand (s_r) wird ermittelt bei festgelegten Temperatur- (23 °C + 5 °C) und Versorgungsbedingungen. Er berücksichtigt die Serienstreuungen. Es gilt: $0{,}9 \cdot s_n \leq s_r \leq 1{,}1 \cdot s_n$.

Der Nutzschaltabstand (s_u) ist innerhalb eines zulässigen Spannungs- (85 % ...110 % der Bemessungsbetriebsspannung) und Temperaturbereiches (–25 °C ... 70 °C) gewährleistet.
Es gilt: $0{,}81 \cdot s_n \leq s_u \leq 1{,}21 \cdot s_n$.

s_a wird als gesicherter Schaltabstand bezeichnet. Es ist der Abstand, innerhalb dessen der Sensor mit 100 % Sicherheit schaltet.

10.7.4 Korrekturfaktoren

Alle Angaben zu Schaltabständen induktiver Sensoren basieren auf Betätigungselementen aus E 320 (St37) mit festgelegten Abmessungen (DIN EN 60947-5-2 VDE 0660-208). Elemente aus anderen Werkstoffen führen ebenso zu Schaltabstandsveränderungen wie nicht normgerechte Abmessungen (Kantenlänge, Materialdicke). Die Angabe fester Korrekturfaktoren für bestimmte Werkstoffe ist nicht sachgerecht. Alle Metalle weisen einen Toleranzbereich auf. Ursache hierfür sind die Eigenschaften des Oszillators (Schwingfrequenz) und die des bedämpfenden Werkstoffs (Reinheitsgrad, Struktur, Geometrie, **Bild 4**).

Bild 1: Drehzahlmessung mit Schlitzsensor

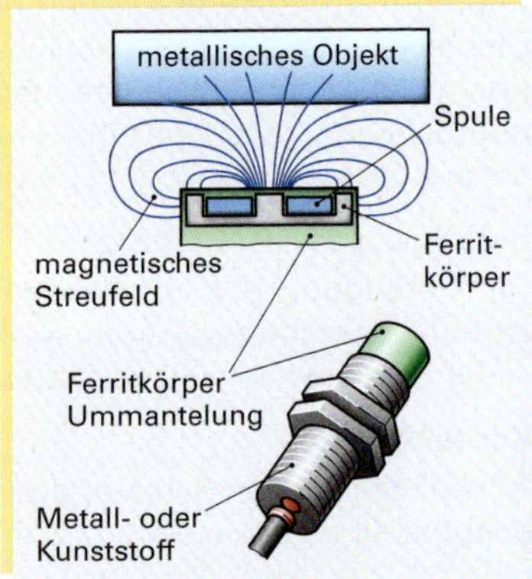

Bild 2: Arbeitsweise des induktiven Sensors

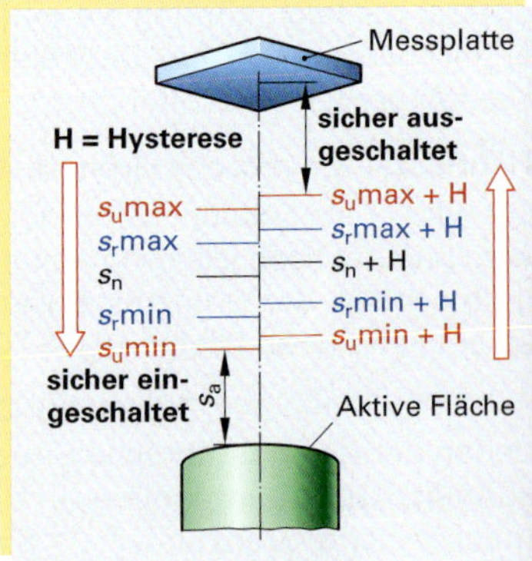

Bild 3: Schaltabstände

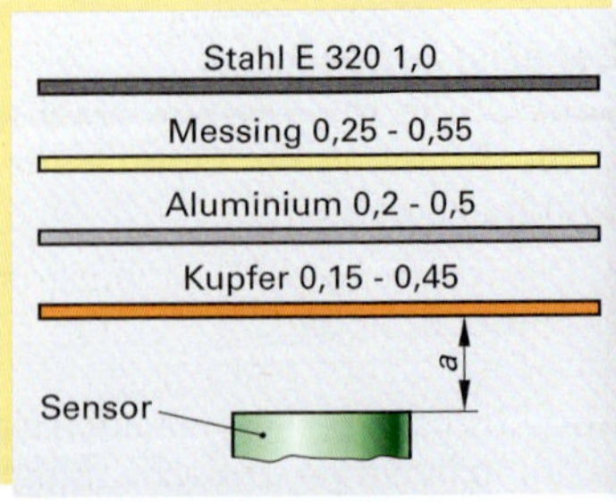

Bild 4: Reduktionsfaktoren

Beeinflussung des Schaltpunktes durch Bedämpfung

Die von Herstellern angegebenen Werte für s_n gelten für die Bewegung der Messplatte in axialer Richtung. Für radiales Nähern ist der Schaltabstand aus speziellen Kurven, die für jeden Sensortyp existieren, abzulesen **(Bild 1)**.

Die y-Achse gibt den Abstand des Schaltpunktes von der aktiven Fläche an. Da bei radialer Näherung der Schaltvorgang bidirektional ausgelöst werden kann, sind die Kurven an der y-Achse gespiegelt.

Beispiel: Durchlaufende Teile auf einem Transportband werden mit einem induktiven Sensor (d der aktiven Fläche = 20 mm, s_n = 15 mm) bei s = 5 mm erfasst. **Bild 2** zeigt die Anfahrkurven des verwendeten Sensors. Einschaltwert: bei 7,6 mm, Ausschaltwert: bei 7,85 mm

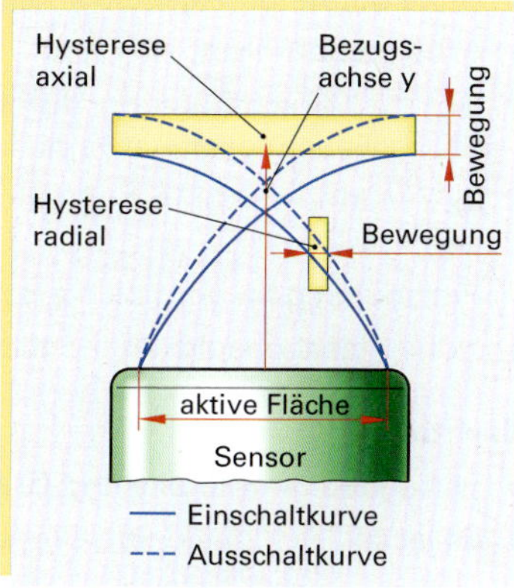

Bild 1: Anfahrkurven

Temperaturdrift

Die angegebenen Schaltabstände beziehen sich auf eine Umgebungstemperatur von 20 °C. Im zulässigen Temperaturbereich von – 25 °C bis + 70 °C variiert der Schaltabstand maximal um ± 10%.

Montagehinweise

Bei radialer Annäherung, dies ist in mehr als 90% aller Applikationen der Fall, sollte der Abstand zwischen Sensor und Objekt ca. 50% des tatsächlichen Schaltabstandes betragen.

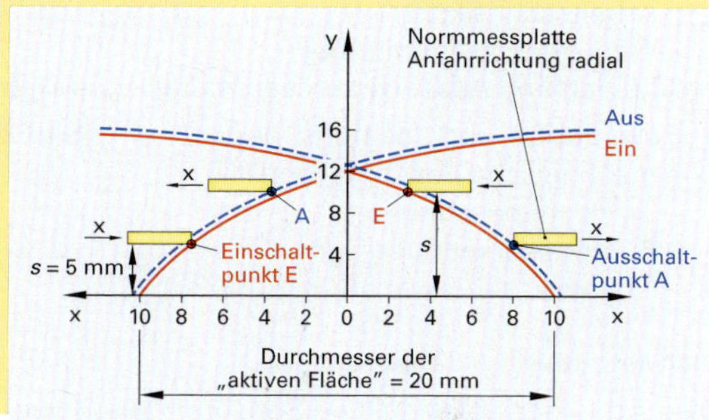

Bild 2: Hysterese, Ein- und Ausschaltwerte

Bündig einbaubare Sensoren

Sie können bis zur aktiven Fläche in Metall eingelassen werden. Der Abstand zu gegenüberliegenden Metallflächen muss ≥ 3 s_n sein. Die Distanz zwischen zwei Sensoren soll ≥ D sein **(Bild 3)**.

Nichtbündig einbaubare Sensoren

Mit ihnen ist ein größerer Schaltabstand (bei gleicher Baugröße) erreichbar (keine Vorbedämpfung). Sie haben im Bereich um die aktive Fläche kein Metallgehäuse (Erkennungsmerkmal). Um den aktiven Bereich ist immer eine Freizone vorzusehen **(Bild 4)**.

Anmerkung: Durch die Vorbedämpfung ist deshalb ein höherer Schaltabstand erzielbar, weil in dem zu erkennenden Objekt weniger Energie umgesetzt werden muss um die Schaltschwelle zu erreichen.

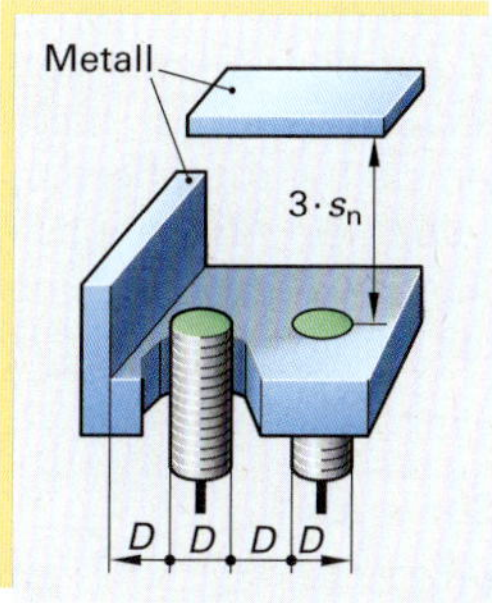

Bild 3: Bündiger Einbau

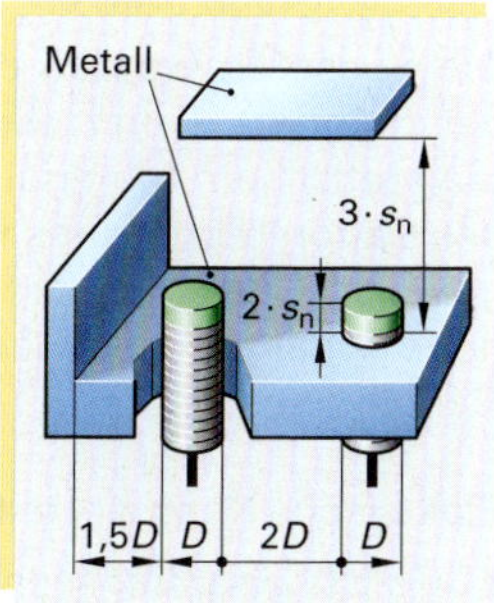

Bild 4: Nichtbündiger Einbau

Gegenüberliegender Einbau

Bei allen induktiven Sensoren ist der Mindestabstand von ≥ 3 D zwischen den aktiven Flächen einzuhalten.

Schaltfrequenz

Sie gibt die maximale Anzahl der Wechsel vom bedämpften zum unbedämpften Zustand je Sekunde an. Je höher die Oszillatorfrequenz, desto schneller kann der Sensor reagieren; je größer der Sensor, desto tiefer die Schaltfrequenz.

Bei bewegten Sensoren ist vor allem das Anschlusskabel gefährdet. Knickbewegungen sollten möglichst vermieden werden. Die Montage im Schlauch ist die bessere Variante **(Bild 5)**.

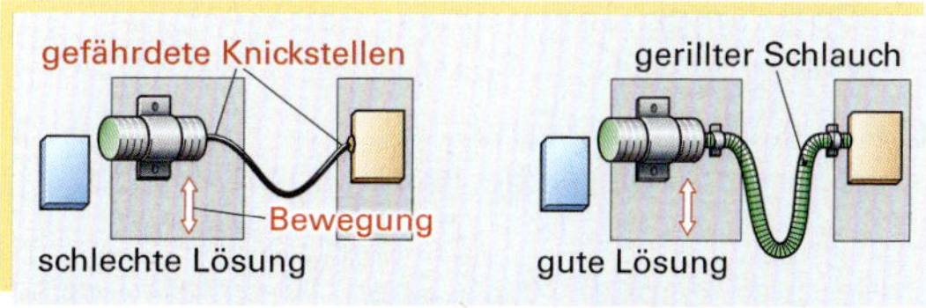

Bild 5: Montagehinweis bei beweglichen Sensoren

Vor- und Nachteile des induktiven Sensors

Vorteile:

- Hohe Zuverlässigkeit bei seltenem und häufigem Schalten
- Hohe Betätigungsgeschwindigkeit (bis 5 kHz)
- Arbeitet berührungslos, keine Rückwirkungen auf das Objekt
- Größte Verschmutzung durch nichtmetallisches Material wie Staub, Feuchtigkeit hat keinen Einfluss auf die Schaltgenauigkeit
- In Zweidrahttechnik herstellbar, da der Stromverbrauch sehr gering ist
- Preisgünstig im Vergleich z.B. zu optischen Sensoren
- Hohe Messgenauigkeit möglich (< 0,01 mm)

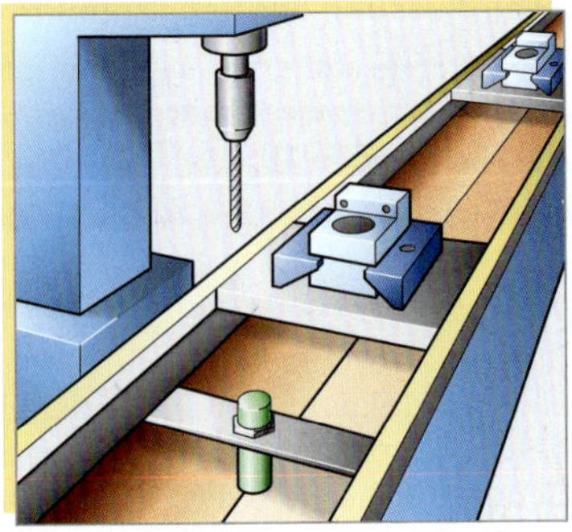

Bild 1: Überwachung automatischer Fertigungsstraßen

Nachteile

- Es können nur Metalle und Graphit detektiert werden
- Es lassen sich nur kleine Objektdistanzen realisieren

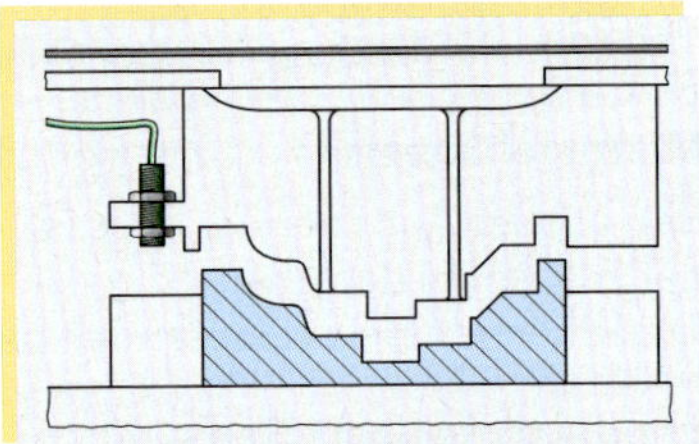

Bild 2: Einsatz in Gefahrenzonen

Anwendungsbeispiele für induktive Sensoren

- Überwachung automatischer Fertigungsstraßen **(Bild 1)**
  - Arbeitsschrittkontrolle
  - Werkstückpositionierung
  - Zählen und Aussortieren von metallischen Objekten
- Bewegungs- und Positionsüberwachung **(Bild 2)**
  - mechanische Positionskontrolle
  - Drehzahlmessung
  - Rotationserkennung
  - Nullpunktsüberwachung (Roboter)

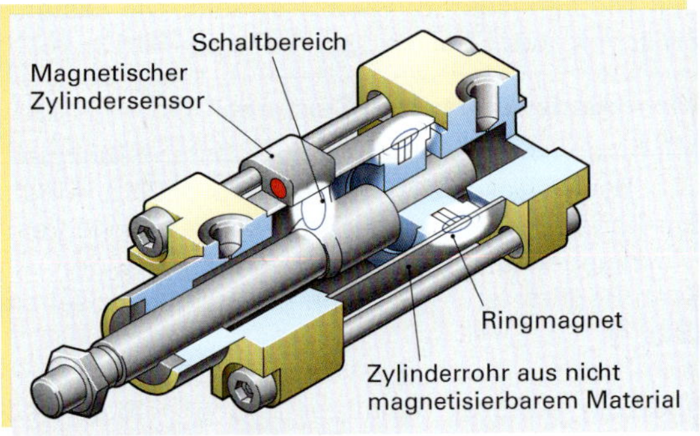

Bild 3: Einsatz magnetinduktiver Sensoren

Magnetinduktive Sensoren

Dies sind spezielle induktive Sensoren, die Bewegungsvorgänge von pneumatischen Zylindern erkennen und die Position der Kolbenstellung exakt erfassen **(Bild 3).**

Die Sensoren werden direkt auf den Zylinderkörper montiert. Durch die Gehäusewand aus nicht magnetischem Material lösen sie bei Annäherung des Dauermagnetrings im Kolben ein Ausgangssignal aus. Diese Sensoren zeichnen sich durch eine hohe Schaltpunktsgenauigkeit ± 0,1 mm (U_B und T_U = const.) aus.

Elektrische Kennwerte für Sensoren

- Gleichspannungssensoren 24V DC
  - Spannungsbereiche 10 V ... 30 V; 10 V ... 60 V; 5 V ... 60 V
- Wechselspannungsversorgung 115 V... 230 V AC
  - Spannungsbereich 98 V ... 253 V AC
  - Frequenz 48 Hz ... 62 Hz
- Allspannungssensoren
  - Spannungsbereiche 10 V ... 30 V DC; 24 V ... 240 V AC

Siehe auch Kapitel 10.7.8 Spannungsversorgung und Lastanschluss.

Arbeitsauftrag:

1. Erklären Sie die Funktionsweise des induktiven Sensors.
2. Auf welche Materialien spricht er an?
3. Wie lautet die Faustformel für den Schaltabstand?
4. Für welchen Werkstoff gilt s_n? Was geschieht bei Verwendung von Messing oder Kupfer?
5. Was bedeutet bündiger Einbau? Welche Abstände sind einzuhalten?
6. Wann ist in einer Anwendung zwingend ein mechanischer Grenztaster vorgeschrieben?
7. Nennen Sie weitere Beispiele für den Einsatz von Sicherheitsgrenztastern.

10.7.5 Kapazitive Sensoren

Beim kapazitiven Sensor bildet ein Kondensator ein weiträumiges elektrisches Streufeld **(Bild 1)**. Dieser Kondensator ist Bestandteil eines Schwingkreises. Der RC-Oszillator beginnt zu schwingen, sobald ein Objekt in das Streufeld gelangt. Die Auswerte-Elektronik des Sensors registriert dies und der Sensorausgang schaltet.

Der Schaltvorgang wird durch die Kapazitätserhöhung des Objektes hervorgerufen.

> Der kapazitive Sensor reagiert auf alle Materialien mit ausreichend großer Dielektrizitätskonstante und auf Metall (siehe **Übersicht**).

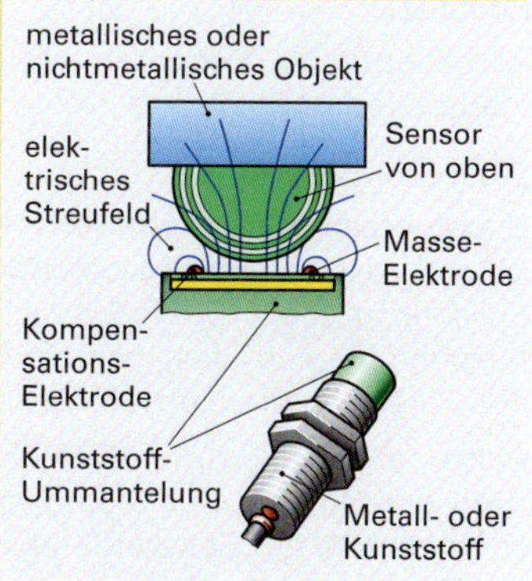

Bild 1: Aufbau

Reproduzierbarkeit des Schaltpunktes

Wird ein Gegenstand axial zur aktiven Fläche bewegt, nimmt die Kapazitätsänderung umgekehrt proportional zum Abstand zu **(Bild 2)**. Die Kapazitätsänderung ist äußert gering, da sie von der Zusammensetzung des Materials als auch von der Oberflächenbeschaffenheit und der Materialtemperatur abhängt. Daher kann nicht mit einer so guten Reproduzierbarkeit des Schaltpunktes wie bei induktiven Sensoren gerechnet werden.

Übersicht: Erfassbare Materialien

- Metall
- fast alle Kunststoffe
- Fette, Öle
- alle wasserhaltigen Stoffe (Lebensmittel)
- alle Alkoholarten, Lösungsmittel
- Glas, Keramik

> Der Einsatz des kapazitiven Sensors liegt im Schalterbereich, da hierbei an die Genauigkeit des Schaltpunktes keine großen Ansprüche gestellt werden.

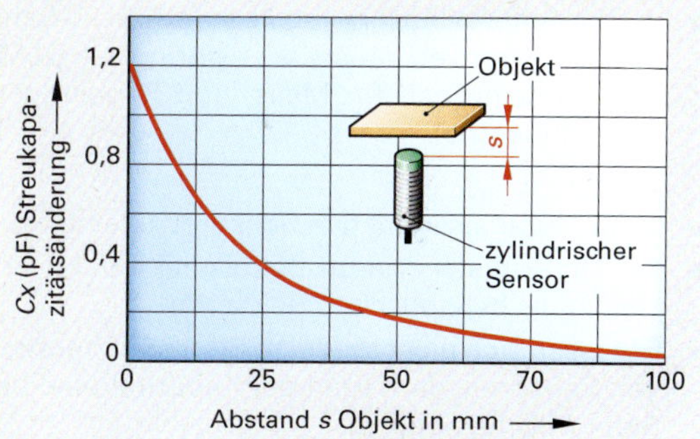

Bild 2: Kapazitätsänderung infolge s

Verschmutzung

Da kapazitive Sensoren auf fast alle Materialien reagieren, kann eine Benetzung, Betauung, Vereisung, oder ähnliche Einflüsse auf der Sensoroberfläche ein Durchschalten des Sensors bewirken. Um dies zu vermeiden sind kapazitive Sensoren mit einer Kompensationselektrode ausgerüstet, sodass nahe an der aktiven Fläche ein feldfreier Bereich entsteht. In diesem können sich Objekte befinden, ohne vom Sensor detektiert zu werden. In der Praxis gelingt dies nicht vollständig, aber ein unerwünschtes Schalten wird so weitgehend verhindert.

Schaltabstände

Bei induktiven Sensoren kann eine Aussage über Normabstände gemacht werden. Bei kapazitiven Sensoren ist dies schwieriger, da der Werkstoffaktor von der relativen Dielektrizitätskonstante ε_r beeinflusst ist und diese variiert. **Bei Metallen** haben kapazitive Sensoren die beste Empfindlichkeit. Ist das leitende Objekt mit der Masse der Sensoren verbunden, so steigt die Empfindlichkeit nochmals an, d.h. der Schaltabstand vergrößert sich.

Bei **nicht leitenden** Objekten ändert sich die Kapazität proportional zu ε_r und zum Abstand zur aktiven Fläche. Sie wird nie größer als bei Metallen.

Tabelle 1: Reduktionsfaktoren

Material	Korrekturfaktor
Wasser	1,0
Alkohol	0,75
Keramik	0,6
Glas	0,5
PVC	0,45
Eis	0,3
Öl	0,28

Tabelle 1 zeigt die Reduktionsfaktoren verschiedener Materialien bei geerdeter Platte.

Einbauart

Alle kapazitiven Sensoren sind für bündigen Einbau in beliebigen Materialien zugelassen.

Einstellhinweise

Die Mehrzahl kapazitiver Sensoren besitzt ein Einstellpotentiometer **(Bild 1)** zur Justage des Schaltabstandes **(Tabelle 1)**. Der Grundabgleich erfolgt auf 0,7 bis 0,8 · s_n. Bei Objekten mit schwacher Beeinflussung (Papier, Glas) kann die Empfindlichkeit durch Rechtsdrehen des Potentiometers erhöht werden.

Achtung! Bei zu empfindlicher Einstellung kann bereits durch Änderung der Umgebungsbedingungen (Temperatur, Luftfeuchte, Verschmutzung) der Sensor durchschalten, oder er bleibt nach einmaliger Betätigung durchgeschaltet.

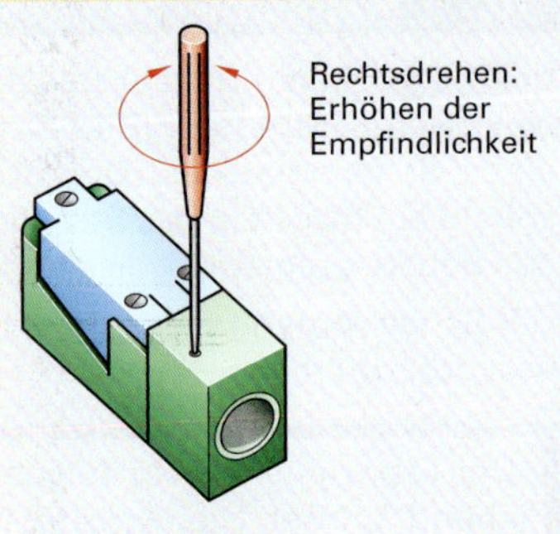

Bild 1: Empfindlichkeitseinstellung

Tabelle 1: Schaltabstände

Sensor Ø	bündiger Einbau	nicht bündiger Einbau
M12	4 mm	
M18	8 mm	bis 10 mm
M30	15 mm	bis 30 mm

Vor- und Nachteile kapazitiver Sensoren

Vorteile:

- Erfasst nahezu alle Materialien, bei Metall ist seine Empfindlichkeit am größten.
- Hohe Zuverlässigkeit bei häufigem oder seltenem Schalten.
- Kein Kontaktprellen bei Transistorausgang.
- Betätigungsgeschwindigkeit größer als bei mechanischen Tastern. Da die maximale Reichweite induktiver Sensoren bei 100 mm, bei kapazitiven Sensoren bei 40 mm liegt, ist die Betätigungsgeschwindigkeit bei beiden gleich schnell.
- Durch Kompensation hat Verschmutzung direkt auf der aktiven Oberfläche des Sensors wenig Einfluss.
- In Zweileitertechnik herstellbar (NAMUR-Sensor für EX-Breich), da der Stromverbrauch sehr gering ist (NAMUR = Normenarbeitsgemeinschaft für Mess- und Regelungstechnik der chemischen Industrie).

Nachteile:

- Er ist teurer als induktive Sensoren (kleine Stückzahl).
- Die Objektdistanz ist größer als bei induktiven Sensoren, jedoch kleiner als bei optischen Sensoren.
- Es lassen sich nicht so kleine Sensoren herstellen wie bei induktiven Sensoren, da wegen der Kapazität eine bestimmte minimale Sensorfläche nötig ist.

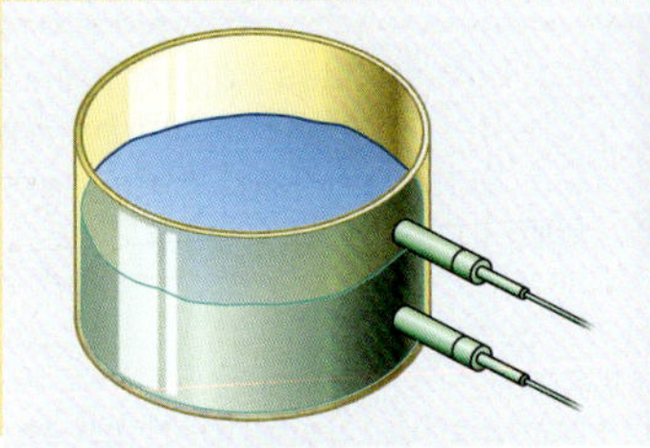

Bild 2: Füllstandsmessung

Typische Einsatzgebiete

- Berührungslose Füllstandsmessung **(Bild 2)**. Durch die Verpackung hindurch wird festgestellt, ob die Flasche gefüllt ist.
- Erfassung von Schüttgut oder Granulat **(Bild 3)**.
- Bandrissüberwachung. Solange eine Papier- oder Kunststoff-Folie nicht reißt, schwingt der Oszillator des Sensors. Reißt die Folie, ist die Kapazität zu gering und demzufolge schwingt der Oszillator nicht **(Bild 4)**.

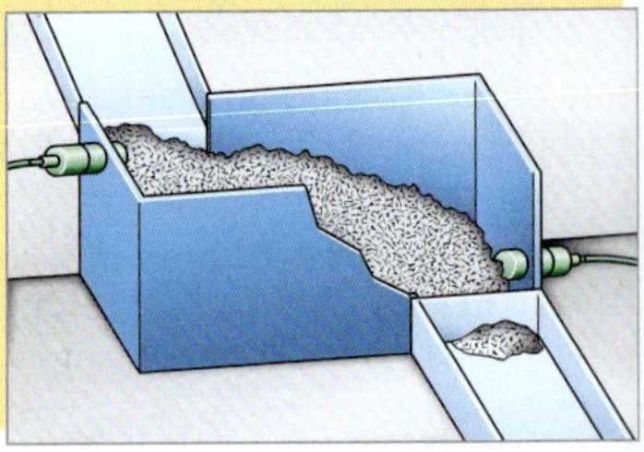

Bild 3: Granulaterfassung

Arbeitsauftrag:

1. Erklären Sie die Funktionsweise des kapazitiven Sensors.
2. Welche Materialien erkennt er?
3. Welcher Unterschied besteht bei der Erfassungsdistanz einer dünnen oder dicken Kunststofffolie?
4. Geben Sie die Erfassungsdistanz eines kapazitiven Sensors als M12- und M30-Typ an.

Bild 4: Bandrissüberwachung

10.7.6 Ultraschall-Sensoren

Schallwellen können sich nur ausbreiten, wenn ein Medium (Gas, Flüssigkeit oder festes Material) vorhanden ist. Die Schallausbreitungsgeschwindigkeit beträgt etwa 340 m/s.

Einsatz und Materialerkennung

Ultraschall-Sensoren sind „Alleskönner". Ob feste, flüssige oder pulverförmige Objekte, alle werden unabhängig von Farbe, Transparenz und Beschaffenheit präzise erkannt. Entscheidend ist die richtige Einjustierung des Objektes und die Anpassung der Sensorempfindlichkeit. Bevorzugt eingesetzt werden sie, wo große Reichweiten und hohe Genauigkeit gefordert werden. Bei staubigen und dunstigen Arbeitsbedingungen sind sie oft die einzige Alternative.

Anmerkung: Ultraschall-Sensoren haben Schwierigkeiten bei der Erkennung von Schaum.

Übersicht 1: Schallbereiche

- Infraschall bis 20 Hz; Wahrnehmung über Körper
- Hörbereich bis etwa 18 kHz; Hörbereich
- Ultraschall, Ausbreitung in Luft bis etwa 1 MHz
- Ultraschall-Sensor, Arbeitsfrequenz bis 400 kHz; Ultraschall ist vom Menschen nicht wahrnehmbar

Übersicht 2: Vorzüge

- objektunabhängige Materialerfassung
- Entfernungsmessung von 6 cm bis 15 m
- Abtastung von Objektkonturen
- Anwendung bei optisch schwer erfassbaren Materialien wie dünne Folien, glasklares Material
- geeignet für raue Umgebung (Dunst, Staub, Nebel)

Erfassungsbereich

Der Ultraschall wird vom Sensor keulenförmig abgestrahlt. Objekte werden nur innerhalb dieser Keule bei radialem oder axialem Eintauchen erfasst. Die Keule ist in mehrere Bereiche eingeteilt **(Bild 1)**:

- Blindzone
  In ihr kann kein Objekt erfasst werden (wegen des Nachschwingens des Wandlers nach Abschaltung der Sendespannung)
- Erfassungsbereich
  Dies ist der auswertbare Bereich, in dem Objekte erfasst und der Abstand zwischen Sensor und Zielobjekt ermittelt wird.
- Schaltfenster
  Bei einigen Sensoren können Fenstergrenzen innerhalb des Erfassungsbereiches definiert werden. Der Schaltausgang wird nur dann gesetzt, wenn sich ein Objekt innerhalb des Fensters befindet.

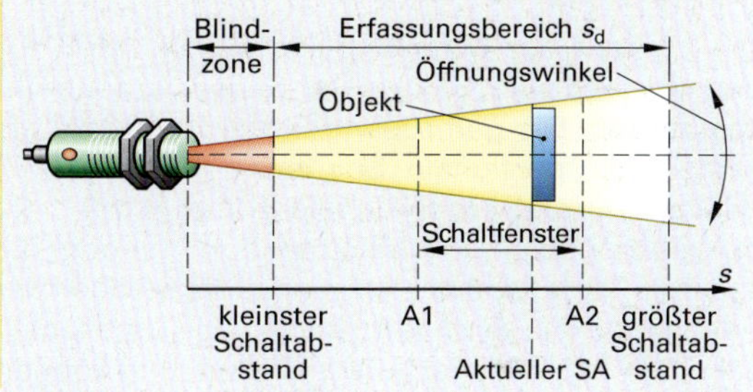

Bild 1: Erfassungsbereich

Funktionsarten

Der Ultraschall-Sensor wertet zum einen die Laufzeit des Schalls **(Bild 2)** zwischen Senden und Empfangen aus (Tastbetrieb), zum anderen kontrolliert er, ob das gesendete Signal empfangen wurde (Schrankenbetrieb).

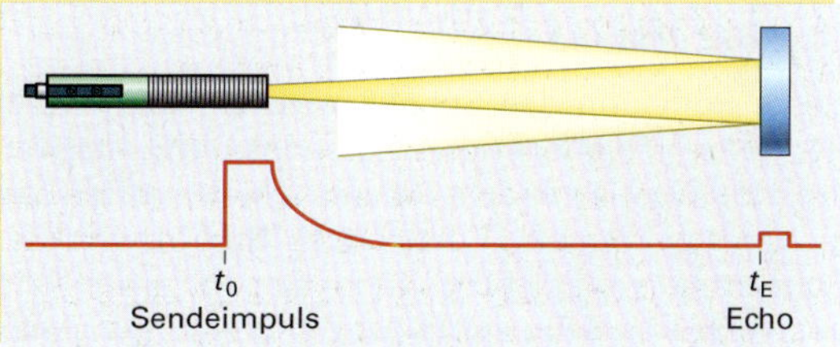

Bild 2: Sendeimpuls und Echo, Laufzeit

Schrankenbetrieb

Beim Schrankenbetrieb werden folgende Betriebsarten unterschieden:

- Die Einweg-Schranke
  Gegenüberliegend sind Sender und Empfänger montiert. Der Ausgang wird aktiv, wenn ein Objekt den Schallstrahl unterbricht. Mit der Einweg-Schranke wird eine hohe Reichweite erreicht. Sie ist direkt mit der Einweg-Lichtschranke vergleichbar **(Bild 3)**.

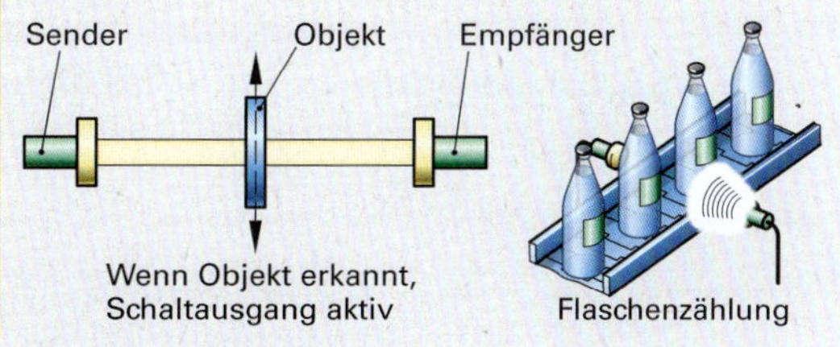

Bild 3: Einweg-Schranke

10

- Die Reflexionsschranke

  Im Fensterbetrieb wird der Sensor so eingestellt, dass der festmontierte Reflektor (z. B. eine Blechfahne) innerhalb des Fensters liegt. Der Sensor liefert ein Signal, sobald das Objekt den Reflektor vollständig abdeckt **(Bild 1)**.

  Einsatz: Bei der Abtastung von Schaumstoff und Objekten mit unregelmäßigen Oberflächen.

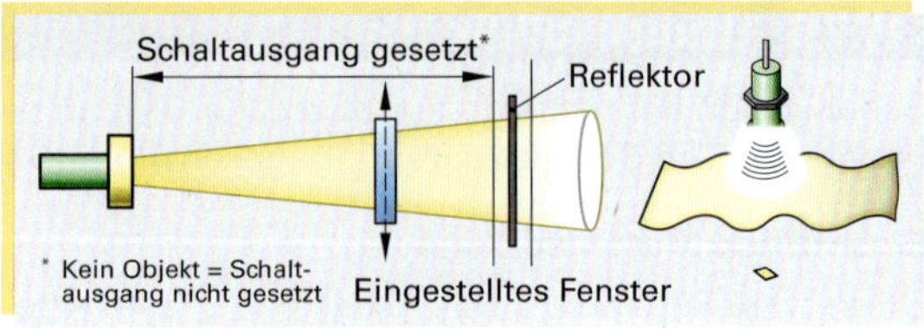

Bild 1: Reflexions-Schranke

- Reflexionstaster (Näherungsschalter)
  Er nützt die Hintergrundausblendung aus **(Bild 2)**. Der Schaltausgang wird aktiv, sobald sich das Objekt innerhalb des eingestellten Schaltabstandes befindet.

  Anwendung: Anwesenheitskontrolle, Zählung von Objekten auf Förderbändern.

  Hinweis: Der Reflexionstaster kann im Fensterbetrieb als auch zur Vordergrundausblendung eingesetzt werden. Mit dieser Ausblendung können Störkanten, die in den Vordergrund des Erfassungsbereichs hineinragen, ausgeblendet werden **(Bild 3)**.

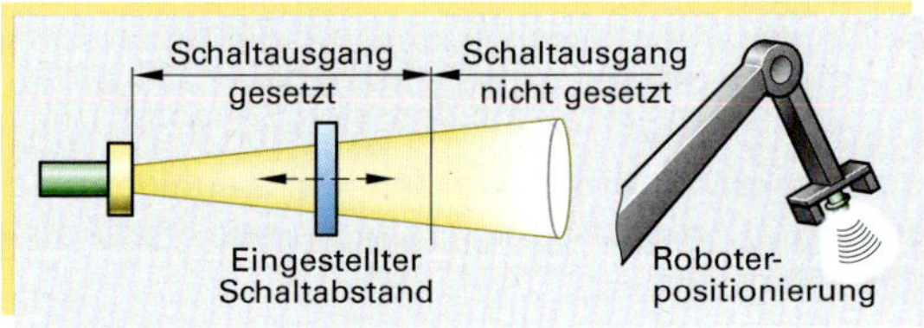

Bild 2: Reflexions-Taster

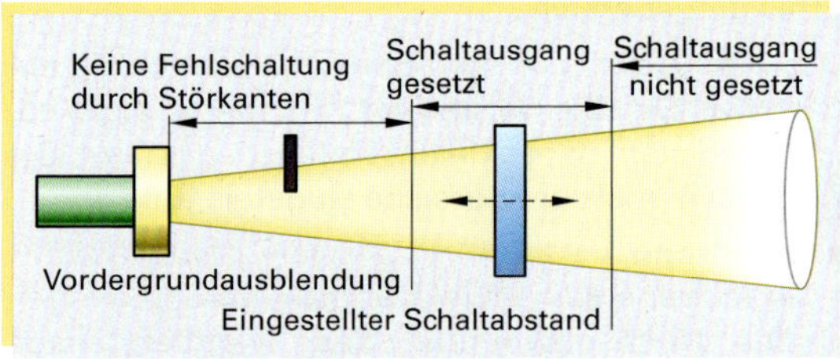

Bild 3: Reflexions-Taster mit Vordergrundausblendung

Analoge Abstandsmessung

Die Laufzeit der Schallimpulse ist das Maß für den Abstand zum Objekt. Der Sensor arbeitet im Tastbetrieb. Die gemessene Entfernung wird als abstandsproportionale Spannung (0 V ... 10 V) oder als abstandsproportionaler Strom (4 mA ... 20 mA) ausgegeben. Über ein Potentiometer oder die Teach-in-Taste kann der Anwender die Steilheit der Ausgangskurve verändern **(Bild 4)**. Alle Ultraschallsensoren mit analoger Abstandsmessung können auch mit Vordergrundausblendung kombiniert werden.

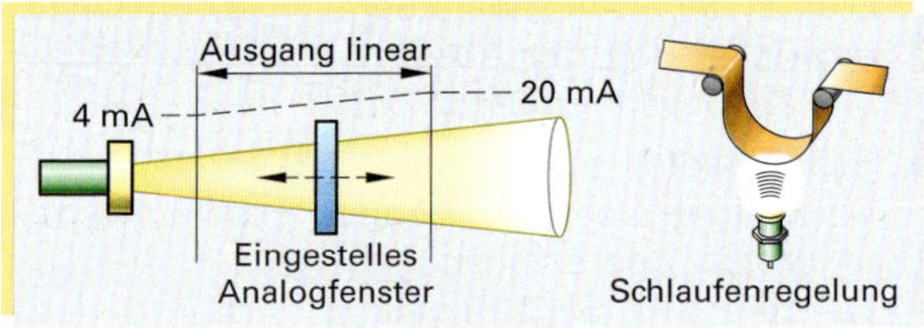

Bild 4: Analoger Ausgangssensor mit Stromausgang

Objekterkennung

Beste Reflexion des Schalls wird erreicht, wenn der Sensor so ausgerichtet ist, dass die Schallwellen möglichst senkrecht auf das Objekt treffen. Ab einem bestimmten Grenzwinkel **(Bild 5)** wird der Schall total weggespiegelt, der Sensor erhält kein auswertbares Echosignal. Ist der Neigungswinkel kleiner als der Grenzwinkel, muss die maximale Reichweite des Sensors experimentell ermittelt werden. Schallabsorbierende Objekte wie Schaumgummi, Gewebe und Materialien mit rauen oder porösen Oberflächen (wie z. B. Sand) reflektieren den Schall diffus und reduzieren den Erfassungsbereich. Watte und ähnliche Stoffe sind kaum bis nicht abtastbar.

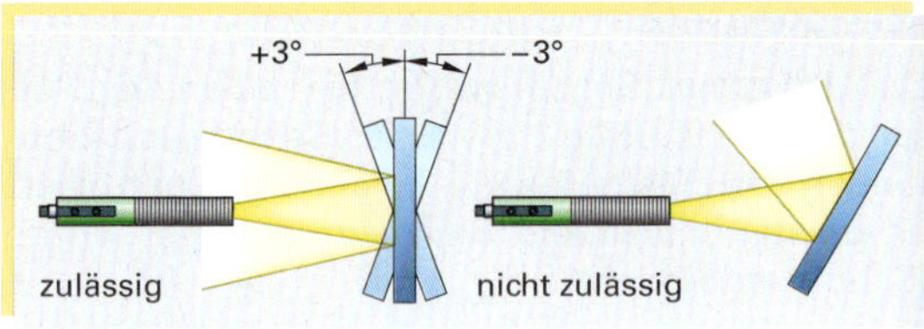

Bild 5: Grenzwinkel

Einbaurichtlinien

Schallsensoren sind so zu montieren, dass sich keine Materialien auf der Wandleroberfläche ansetzen können. Die Reichweite wird dadurch erheblich vermindert.

Bild 6: Wandlerfläche

Störende Reflexionen

Um nichtgewollte Reflexionen auszuschließen, muss zwischen der Schaltkeulenachse und:

- einer parallelen Wand ein Freiraum mit dem Abstand x **(Bild 1)**
- beliebigen anderen Objekten der Abstand y freigehalten werden.

Dabei sind x und y vom Erfassungsbereich abhängig.

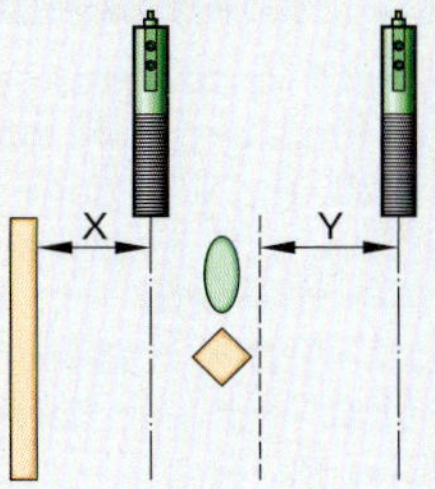

Erfassungsbereich [cm]	X [cm]	Y [cm]
6 - 30	> 3	> 6
20 - 130	> 15	> 30
40 - 300	> 30	> 60
60 - 600	> 40	> 80
80 - 1000	> 70	>150

Bild 1: Abstände

Um eine gegenseitige Beeinflussung von Ultraschallsensoren zu vermeiden, sind Sensoren mit unterschiedlicher Wandlerfrequenz einzusetzen, was in der Regel eine unterschiedliche Reichweite zur Folge hat.

Befestigung

Bei der Montage sind Gummiringe zu verwenden, damit sich bei der Abstrahlung des Schallimpulses die Schwingungen nicht auf die Befestigung übertragen können. Ein dünnes schwingungsfähiges Blech kann ein Objekt vortäuschen, wenn der Sensor auf Empfang geschaltet hat.

Tabelle 1: Gegenüberstellung

	Ultraschallsensoren	Optische Sensoren
Schaltpunkt	Unabhängig von Materialoberfläche, Farbe, Lichtintensität und optischen Kontrasten.	Abhängig von Materialoberfläche, Farbe, Lichtintensität und optischen Kontrasten (nur Lichttaster).
Empfindlichkeit	Unempfindlich gegen Verschmutzung, dadurch wartungsfrei. Empfindlich gegenüber: – Änderungen der Umgebungstemperatur – Änderungen in der Dichte des Mediums z.B. Hochdruck → Änderung der Schaltgeschwindigkeit, die geringfügig höher wird, führt zu Fehlmessungen	Empfindlich gegen Verschmutzung, nicht wartungsfrei. Bei Nebel (höhere Dichte des Medium) kann ein optischer Sensor ausfallen.
Genauigkeit[1)]	> 1 mm	> 0,25 mm
Schaltfrequenz	Liegt bei 8 Hz	Liegt bei 1000 Hz
Beeinflussung durch	Luftturbulenzen (bei $v > 20$m/s) und Lufttemperatur.	Keine Beeinflussung durch Luft und Temperatur.

[1)] Bei Schallsensoren ist die Zeit entscheidend, die ein Objekt mindestens im Erfassungsbereich eines Sensors sein muss, um sicher erkannt zu werden. Diese Zeit wird Reaktionszeit genannt und liegt reichweitenabhängig im Bereich von 35 ms bis 500 ms.

Vor- und Nachteile von Ultraschall-Sensoren

Vorteile:

- Vollständige materialunabhängige Abtastung, ausgenommen Watte und ähnliche Materialien
- Unempfindlich gegenüber Staub, Nebel, Beleuchtung und extremer Verschmutzung
- Echte Distanzmessung möglich

Nachteile:

- Verglichen mit optischen, induktiven und kapazitiven Sensoren langsam
- Haben einen höheren „Stromverbrauch" als optische und einen wesentlich höheren als induktive und kapazitive Sensoren
- In der Regel kein Betrieb in explosionsgefährdeten Räumen möglich
- Keine sehr heißen Objekte abtastbar wegen Schallbrechung an den Luftschichten (Turbulenzen)

Arbeitsauftrag:

1. Mit welchem Sensortyp kann der Ultraschall-Sensor am besten verglichen werden?
2. Erklären Sie, warum ein Ultraschall-Sensor einen Blindbereich aufweist.
3. Was versteht man unter dem Fensterbetrieb?
4. Nennen Sie zwei physikalische Größen, die den aufgenommenen Messwert des Sensors beeinflussen können.
5. Wodurch können störende Schallreflexionen verursacht werden?
6. Was ist bei der Montage von Ultraschall-Sensoren zu beachten?
7. Welchen Abstand muss ein Ultraschall-Sensor mit dem Erfassungsbereich von 40 cm bis 300 cm von einer parallelen Wand haben?

10.7.7 Optische Sensoren

Ein optischer Sensor reagiert auf Veränderungen der empfangenen Lichtmenge. Ein Lichtstrahl wird von der Sendediode ausgesandt und von dem zu erfassenden Objekt unterbrochen (Einweglichtschranke) oder zum Empfänger zurück reflektiert (Reflexionslichtschranke, -taster) Die Änderung der empfangenen Lichtintensität führt zur Betätigung des Schaltausganges **(Bild 1).**

Physikalische Grundlagen

Licht besteht aus elektromagnetischen Wellen, die sich von der Quelle nach allen Seiten ausbreiten, im Vakuum mit Lichtgeschwindigkeit (300 000 km/s). Optische Sensoren arbeiten sowohl mit sichtbarem Licht im Bereich von 400 nm bis 800 nm Wellenlänge, als auch mit Infrarotlicht von 800 nm bis 1000 nm Wellenlänge **(Bild 2).**

Beim Licht unterscheidet man folgende Reflexionsarten **(Bild 3):**

- Spiegelung

  Fällt Licht auf eine Oberfläche mit Spiegelcharakter (z.B. hochpolierte Fläche), wird der Lichtstrahl unter dem gleichen Winkel, wie er zur Senkrechten der Spiegeloberfläche auftrifft, reflektiert.

- Tripelreflexion

  Der Tripelreflektor reflektiert den einfallenden Lichtstrahl parallel versetzt zur Lichtquelle zurück.

- Diffuse Reflexion

  Ist die Oberfläche eines Objektes uneben oder rau, wird der auftreffende Lichtstrahl in alle Richtungen reflektiert. Der Reflexionsverlust ist umso höher, je matter und dunkler die Fläche ist.

- Lichtbrechung

  Tritt ein Lichtstrahl von einem optischen dünneren Medium *n* in ein optisch dichteres Medium *n'*, so wird der Lichtstrahl zum Lot hin gebrochen (und umgekehrt) **(Bild 4).**

- Totalreflexion

  Ein Lichtstrahl, der auf eine Grenzfläche von zwei Medien mit unterschiedlichem Brechungsindex trifft, wird vollständig reflektiert, wenn der Einfallswinkel einen bestimmten Grenzwert nicht übersteigt **(Bild 5).**

- Polarisation

  Fällt unpolarisiertes (in alle Richtungen schwingendes) Licht auf einen Polarisationsfilter, so kann nur das Licht passieren, das in Polarisationsrichtung schwingt.

Bild 1: Arten optischer Sensoren

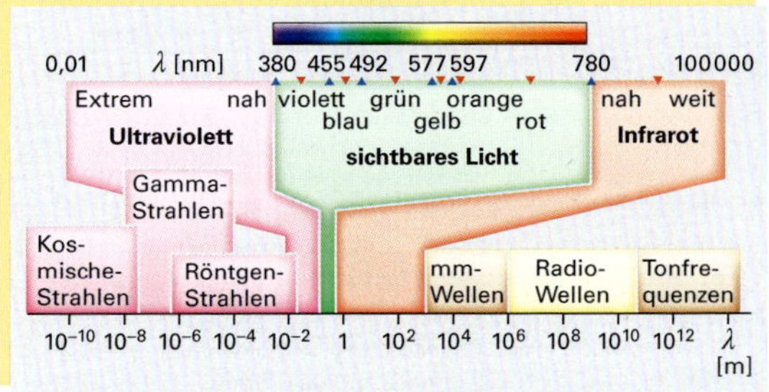

Bild 2: Elektromagnetische Wellen, Licht

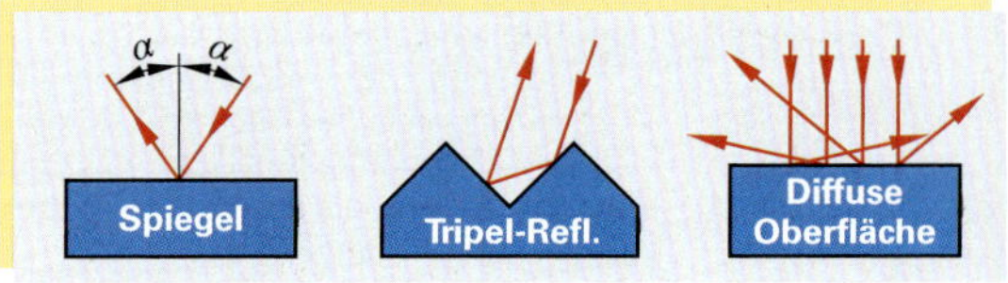

Bild 3: Reflexionsarten

Bild 4: Lichtbrechung

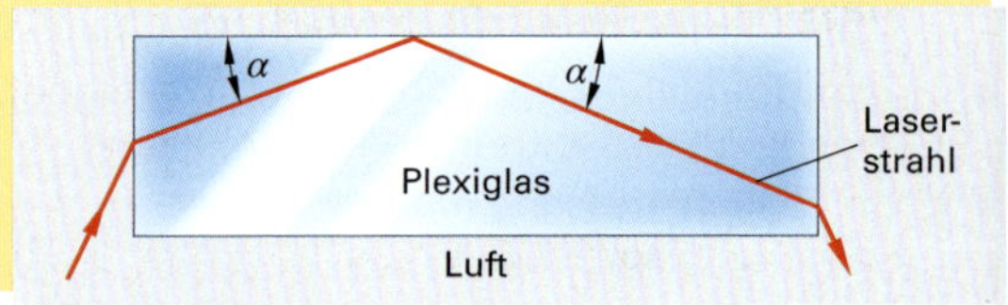

Bild 5: Totalreflexion

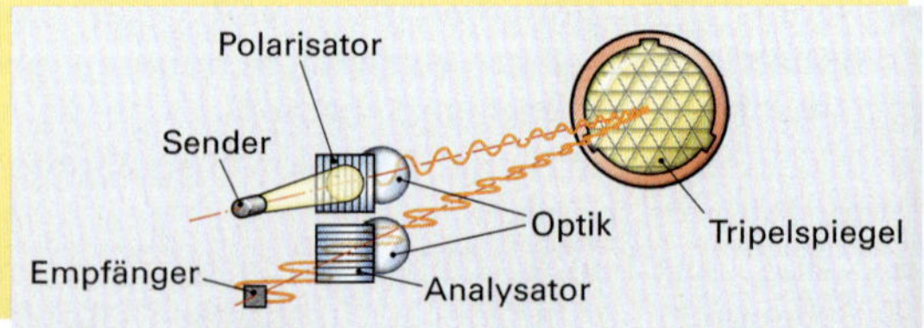

Bild 6: Polarisation

10.7.7.1 Einweg-Lichtschranke

Sender und Empfänger befinden sich in zwei separaten, einander gegenüberliegenden Gehäusen. Wird der Lichtstrahl zwischen Sender und Empfänger unterbrochen, erzeugt der Empfänger ein Schaltsignal.

Funktionsweise

Sender und Empfänger bilden jeweils eine Keule. Je schmaler die Sendekeule, desto größer wird die überbrückbare Distanz, also die Reichweite. Da sich die Keulen zum Erfassen von Objekten überdecken müssen, ist die genaue Justierung von Sender und Empfänger um so schwieriger, je schmaler die Keulen sind **(Bild 1)**.

Reichweite

Damit die Lichtschranke exakt arbeitet, muss immer genügend Licht vom Sender zum Empfänger gelangen. In den technischen Unterlagen von Sensoren sind Diagramme abgebildet, die den Zusammenhang von Funktionsreserve und Reichweite zeigen. Aus **Bild 2** ist zu entnehmen, dass z.B. bei der Reichweite von 4 m der Empfänger 500 mal mehr Licht erhält, als er für das sichere Schalten benötigt. Bei 40 m Reichweite besitzt die **Funktionsreserve** den Wert 1 was bedeutet, dass die Fotodiode gerade noch genügend Licht zum einwandfreien Schalten empfängt. Voraussetzung hierfür sind saubere Linsen und optimale Ausrichtung von Sender und Empfänger.

> Einweglichtschranken erkennen alle Objekte, sofern sie nicht transparent sind.

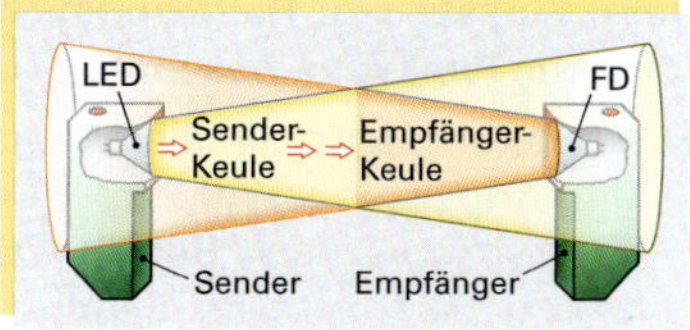

Bild 1: Einweglichtschranke

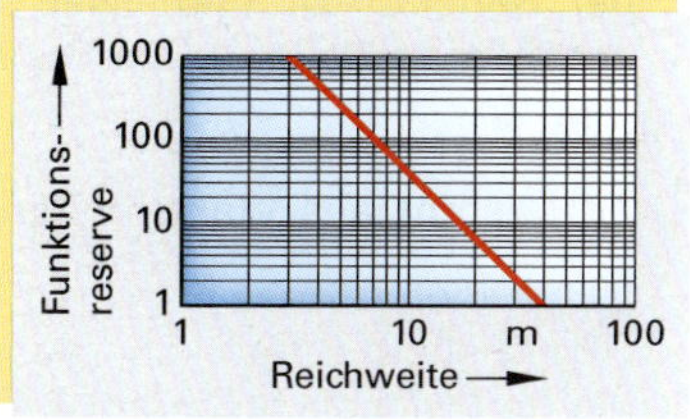

Bild 2: Reichweitenkurve

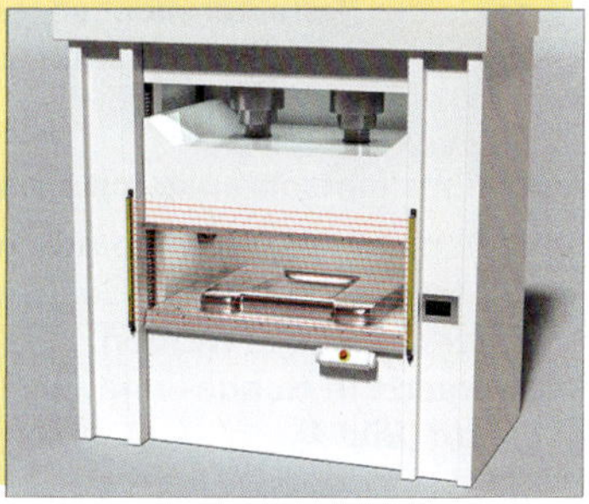
Bild 3: Gefährdungsbereich abgesichert durch Lichtvorhang

Bild 4: Drehzahlerfassung

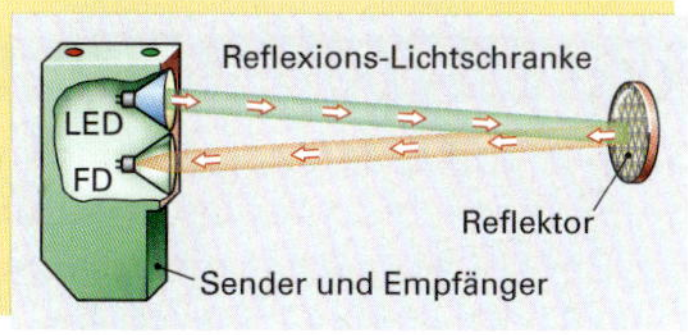

Bild 5: Reflexionslichtschranke

Spezielle Einsatzbereiche

Dürfen Personen in einen Gefährdungsbereich weder eintreten noch hineinreichen, so können diese Bereiche durch Einweglichtschranken oder Lichtvorhänge gesichert werden **(Bild 3)**. Bei Lichtvorhängen, die aus einer Sende- und Empfangsleiste bestehen, sind in der Regel mehrere LEDs (mehr oder weniger dicht) untereinander angeordnet. Diese einzelnen LEDs im Sender werden getaktet angesteuert. Zuerst sendet die oberste LED einen Lichtimpuls aus und es wird geprüft, ob die zugehörige Fotodiode einen Empfangsimpuls erhält. Dann kommt die zweite LED an die Reihe usw. Erhalten alle Fotodioden einen Impuls, befindet sich kein Objekt im Lichtvorhang.

Zur **Erfassung der Drehzahl** oder des Drehwinkels eines Zahnrades kommen Mikro- oder Gabellichtschranken zum Einsatz **(Bild 4)**.

10.7.7.2 Reflexionslichtschranke

Bei diesem Sensortyp befinden sich Sender und Empfänger in einem Gehäuse. Der Reflektor (kann auch eine Folie sein) der gegenüberliegend auf der optischen Achse montiert ist, reflektiert das ausgestrahlte Licht zurück zum Sender **(Bild 5)**.

Funktionsweise

Unterbricht ein Tastobjekt den reflektierten Lichtstrahl, so bewirkt dies eine Änderung des Ausgangssignals.

Reichweite

Aus **Bild 1, Seite 518** geht hervor, dass die Funktionsreserve bei kleiner Distanz gegen Null geht (Blindbereich des Sensors). Ist der Reflektor zu nahe vor dem Sensor montiert, wird zu wenig Licht zum Empfänger reflektiert. Auffallend ist auch die nicht allzu große Funktionsreserve der Reflexionslichtschranke.

Beim Einsatz von Reflexionslichtschranken sind folgende Punkte zu beachten:

- Beachtung des optimalen Abstandes von Sensor und Tripelspiegel; (0,2 m ... 1 m bei Funktionsreservekurve nach **Bild 1**). Das zu erfassende Objekt darf nicht im Blindbereich angeordnet sein, dort kann es nicht detektiert werden.
- Das zu erfassende Objekt darf nicht kleiner als der Reflektor-Durchmesser sein. Andernfalls wird Licht reflektiert; der Sensor schaltet nicht **(Bild 2)**.
- Bei spiegelnden Objekten sollten Polarisationsfilter verwendet werden, oder der Sensor ist so zu montieren, dass er schräg zum spiegelnden Objekt steht. Somit kann das reflektierte Licht die Reflexionslichtschranke nicht beeinflussen **(Bild 3)**.
- Der große Vorteil liegt in der einfachen Montage da der Reflektor nicht senkrecht zum Sensor stehen muss. Es sind Winkelabweichungen bis zu ± 45° realisierbar.

Reflexionslichtschranke mit Polarisationsfilter

Sollen spiegelnde Objekte durch eine Reflexionslichtschranke erfasst werden, müssen Polarisationsfilter eingesetzt werden. Diese sind um jeweils 90° versetzt in Sende- und Empfangsoptik untergebracht **(Bild 4)**.

Funktionsweise

Vom Sender ausgehendes Licht schwingt nach Durchlauf des Polarisationsfilters nur in horizontaler Ebene. Die Empfängeroptik kann nur Licht in vertikaler Schwingungsebene aufnehmen, da der zweite Polarisationsfilter um 90° gedreht ist. Für diese Drehung sorgt der Tripelspiegel. Ideal spiegelnde Objekte drehen die Polarisationsebene um 180°, so dass die horizontale Schwingungsebene erhalten bleibt. Solches Licht sperrt das zweite Filter. Damit wird das spiegelnde Objekt sicher erkannt.

10.7.7.3 Reflexionslichttaster

Sender und Empfänger befinden sich wie bei der Reflexionslichtschranke in einem Gehäuse. Dieser Sensortyp wertet die diffuse Reflexion an der Oberfläche eines Objektes aus. Überschreitet die reflektierte Lichtmenge eine bestimmte Intensität, schaltet der Sensor. Mit einem Potentiometer (Stellschraube am Sensor) ist die Empfindlichkeit variierbar **(Bild 5)**.

Der reflektierte Lichtstrom hängt ab von:

- der Objektdistanz
- der Objektoberfläche (hell, dunkel, glänzend, rau)
- der Objektgröße
- der Einstellung der optimalen Empfindlichkeit

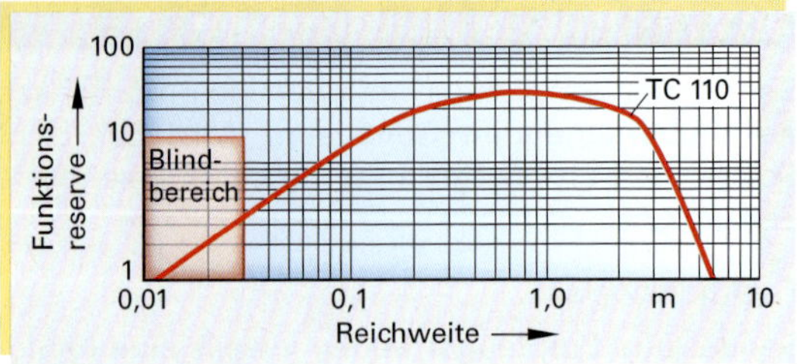

Bild 1: Reichweite

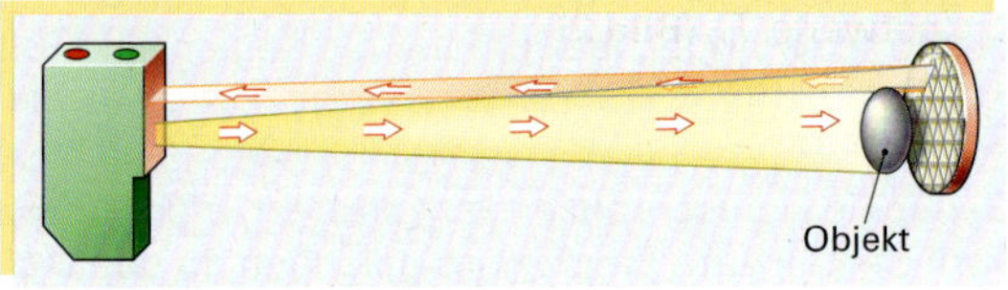

Bild 2: Objekt zu klein

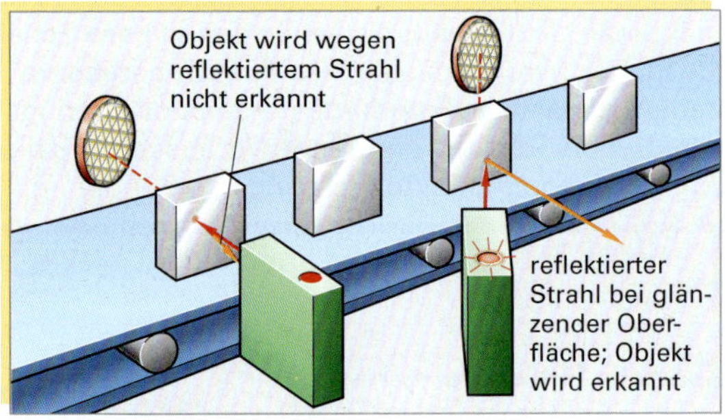

Bild 3: Richtige Justage

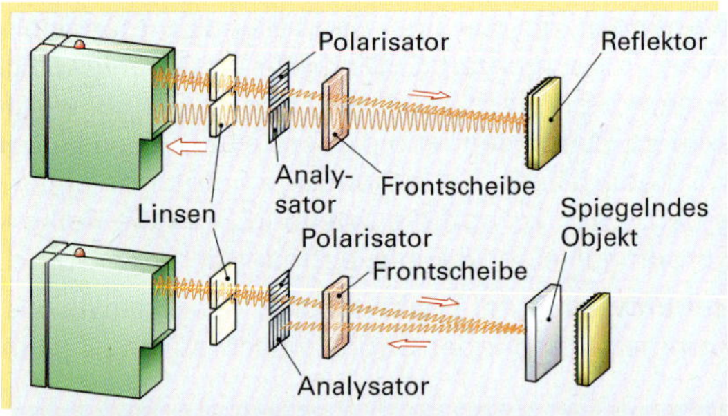

Bild 4: Reflexionslichtschranke mit Polarisationsfilter

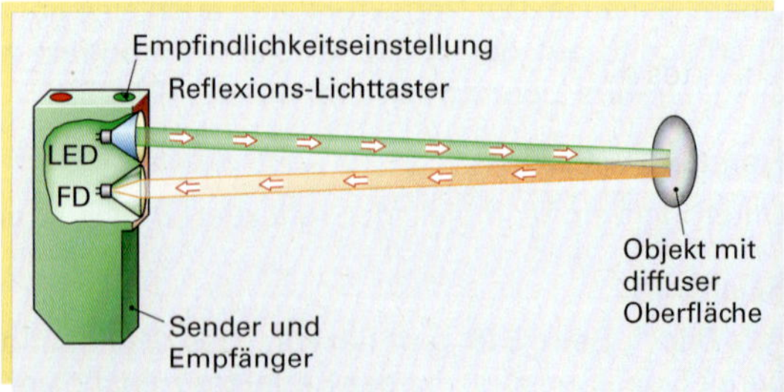

Bild 5: Reflexionslichttaster

Diese wird wie folgt eingestellt:

Die Potentiometer so verdrehen, dass das Objekt in geforderter Entfernung gerade noch erkannt wird, Stellung V1 **(Bild 1)**.

Die Potentiometer so verdrehen, dass der Hintergrund gerade nicht erkannt wird, Stellung V2.

Mittenstellung zwischen V1 und V2 ergibt den besten Störabstand.

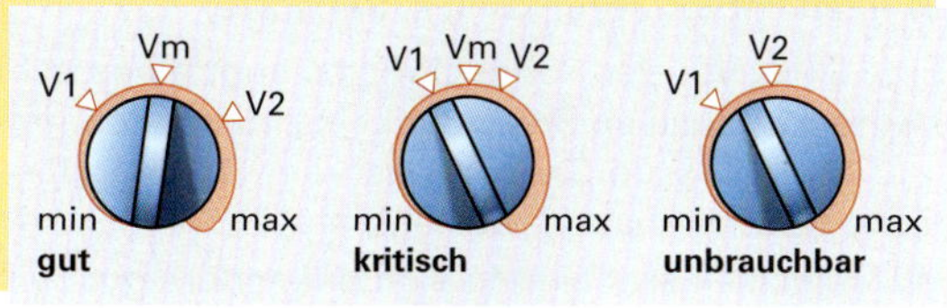

Bild 1: Empfindlichkeitseinstellung

Definitionen:

- Tastweite T_W **(Bild 2)**

Die Tastweite ist die maximal erreichbare Distanz eines Reflexionslichttasters, gemessen auf weißes Kodakpapier, bei idealen Bedingungen (optimal ausgerichtet, keine Verschmutzung) und Funktionsreservefaktor 1,5.

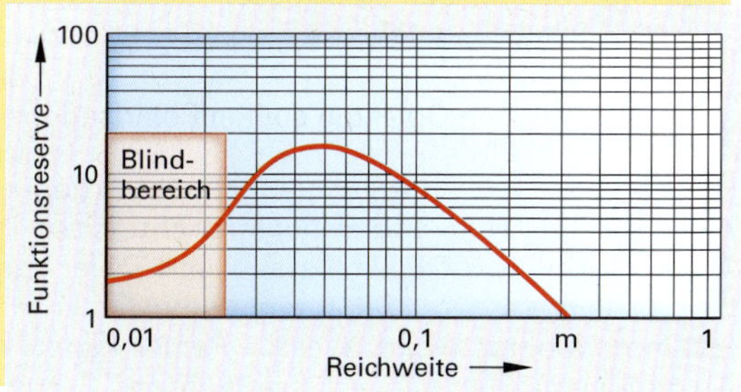

Bild 2: Reichweite

- Tastbereich

Der Tastbereich liegt zwischen Tastweite und Blindbereich.

Aus **Bild 2** geht hervor, dass mit einem Lichttaster keine großen Funktionsreserven zu erreichen sind. Seine Reichweite liegt unter einem Meter.

Ist das zu detektierende Objekt zu klein, so ist der von seiner Oberfläche reflektierte Lichtstrom gering. Es ist eine hohe Empfindlichkeit einzustellen. Eine eventuell hellere Hintergrundfläche kann im ungünstigsten Fall mehr Licht reflektieren als das kleine Objekt. Ein solcher Lichttaster ist dann nicht einsetzbar. Für eine solche Applikation ist ein Lichttaster mit Hintergrundausblendung einzusetzen.

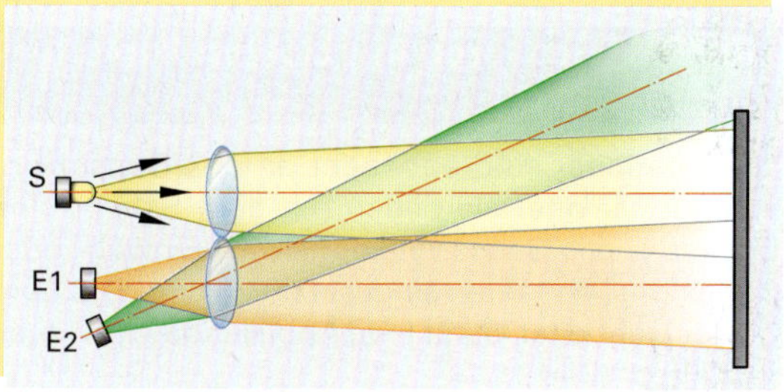

Bild 3: Triangulationsverfahren

10.7.7.4 Reflexionslichttaster mit Hintergrundausblendung

Reflexionslichttaster mit Hintergrundausblendung arbeiten nach dem Triangulations- oder dem Winkellichtverfahren.

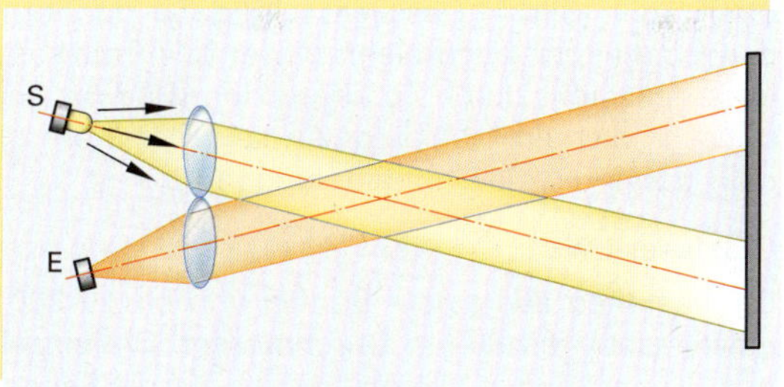

Bild 4: Winkellichtverfahren

Triangulationsverfahren (Bild 3)

Solche Sensoren besitzen einen Sender S und zwei Empfänger (E1 und E2) in einem Gehäuse. Sie werten sowohl die Intensität des reflektierten Lichtstrahles als auch den Einfallswinkel zwischen den Empfängern aus. Die Empfänger E1 und E2 sind so einzustellen, dass bei wachsender Entfernung des Objektes die von E1 empfangene Lichtmenge zunimmt und die von E2 abnimmt. Als maximale Tastweite ist der Punkt definiert, von dem aus E1 und E2 die gleiche Lichtintensität empfangen. Alle Objekte innerhalb dieser Tastweite werden sicher erfasst, außerhalb befindliche werden ignoriert. Ein Einstellrad am Sensor gestattet den Winkel zwischen E1 und E2 zu verdrehen. Damit werden Tastobjekte unabhängig von Größe, Farbe, Oberfläche selbst bei einem nahen hellen Hintergrund sicher erkannt.

Reflexionslichttaster mit Hintergrundausblendung erkennen nicht nur ein Objekt in ihrem Strahlenbereich, sie erkennen auch, ob sich das Objekt an der richtigen Stelle befindet. Somit ist dieser Sensor auch zur Abstandsmessung geeignet.

Winkellichtverfahren (Bild 4, Seite 519)

Eine Linse vor der Sendediode erzeugt einen sehr kleinen, intensiven Brennpunkt in einem bestimmten Abstand vom Sensor. Das vom Objekt reflektierte Licht wird ausgewertet.

Winkellicht-Taster eignen sich besonders gut zum Erfassen von kleinen Objekten, zur Bestimmung von Kanten oder zur Positionierung von durchsichtigen Materialien. Das zu erfassende Objekt darf aber den Schärfentiefebereich des Sensors nicht verlassen **(Bild 1)**.

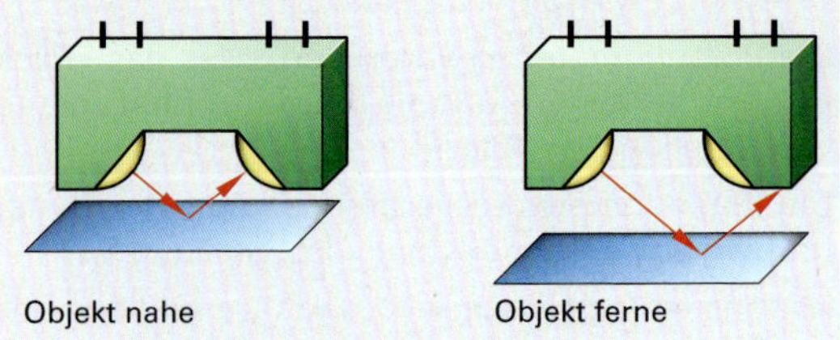

Bild 1: Erfassung kleiner Objekte mithilfe des Winkellichtverfahrens

Tastweitenreduktion

Da Farben Licht unterschiedlich reflektieren, muss die Tastweite von Reflexionslichttastern in Abhängigkeit von Objektabstand und Objektfarbe reduziert werden. **Bild 2** zeigt einen Taster mit 300 mm Nenntastweite. Weißes Papier kann im Abstand von 300 mm erfasst werden. Graues Papier erfährt eine Reduktion der Tastweite von 14 mm und schwarzes Papier eine von 18 mm.

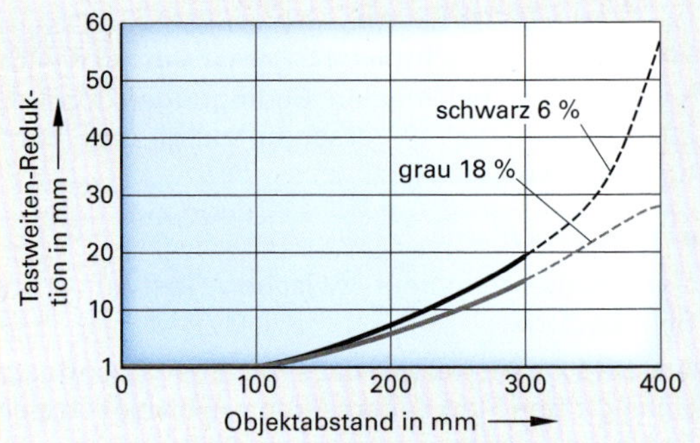

Bild 2: Reichweitenreduktion

10.7.7.5 Sensoren mit Lichtwellenleiter (LWL)

Die Lichtleiter sind entweder an den Sensor anschraubbar oder sie bilden mit dem Sensor eine Einheit. Diese Sensoren können als Einweg- oder Reflexionslichttaster eingesetzt werden. Die Länge der Lichtleiter ist für jede Applikation individuell festlegbar **(Bild 3)**.

Lichtwellenleiter sind lichtdurchlässige Fasern aus Glas oder Kunststoff, die das eingeleitete Licht übertragen **(Bild 4)**. Das Licht folgt dabei der Form des Lichtleiters, auch wenn dieser gekrümmt ist. Dies geschieht durch Totalreflexion **(Bild 5)**. Das optisch „dichtere" Medium ist die Faser (Kern *n*), das „dünnere" die Ummantelung (*n'*).

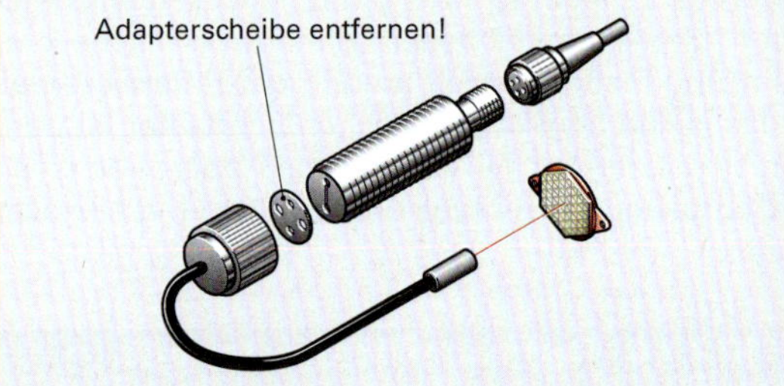

Bild 3: Sensor mit LWL

Glasfaser-LWL

Sie bestehen aus einem Bündel von bis zu 2000 Einzelfasern mit 50 µm Durchmesser. Die einzelnen Fasern können unterschiedlich auf die Sende- und Empfangsoptik verteilt sein. Nach der Anzahl der zur Verfügung stehenden Fasern kann ein entsprechend großer Lichtbündelquerschnitt übertragen werden. Damit erhöht oder verkleinert sich die am Lichtleiterende erreichte Reichweite.

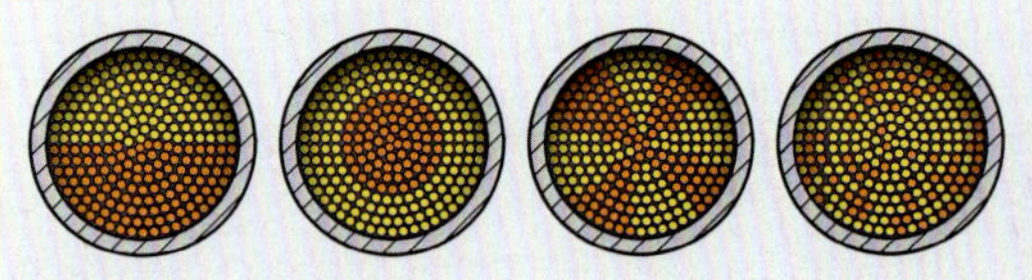

Bild 4: LWL-Querschnitt

Kunststoff-LWL

Sie bestehen aus je einer einzelnen ca. 1 mm ... 2 mm dicken Faser für Sender und Empfänger. Bei gleicher Flexibilität weisen sie einen kleineren Biegeradius als Glasfaser-LWL auf. Jedoch sind ihre optischen Eigenschaften infolge größerer Dämpfung schlechter. Ein weiterer Vorteil gegenüber Glasfaser ist ihre problemlos häufige Biegsamkeit.

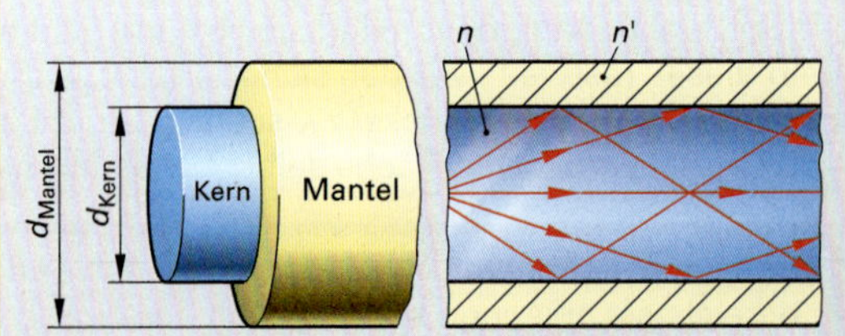

Bild 5: Aufbau des Lichtleiters; Totalreflexion

Anwendungen von LWL

- Erfassung von sehr kleinen Objekten
- Einsatz bei Temperaturen bis 300 °C
- Einsatz in explosionsgefährdeten Räumen
- in Bereichen mit starken magnetischen Feldern

Montagehinweise

Für den Biegeradius ist folgende Faustregel einzuhalten:

Der Biegeradius sollte den 10-fachen Außendurchmesser der Ummantelung nicht unterschreiten **(Bild 2)**.

Im Bereich von 15 mm am Sensor und Lichtleiterkopf darf der Lichtleiter nicht gebogen werden **(Bild 3)**.

Kunststoff LWL dürfen nicht geknickt oder verdrillt werden. Extreme Zugkräfte führen zur Zerstörung.

Der Kontakt mit Benzin und organischen Lösungsmittel ist zu vermeiden.

Teach-IN-Verfahren

Bei verschiedenen Reflexionslichttastertypen wie auch bei Einweg- und Reflexionslichtschranken erfolgt die Einstellung der Schaltpunkte per „Teach-IN". Der Lichttaster z.B. „lernt" die Tastweite, sodass ein optimaler Schaltpunkt in Bezug auf Erkennen des Objektes und der Hintergrundausblendung erfolgt.

Funktionsweise (herstellerspezifisch)

Über Tasten und Leuchtdioden (LEDs) wird der Teach-IN-Vorgang gesteuert und angezeigt.

Soll z.B. ein Objekt in 10 mm Entfernung vom Lichttaster und 60 mm vor der reflektierenden Wand detektiert werden, so wird das Objekt im Abstand von 10 mm vor dem Sensor platziert und die „SET"-Taste kurz gedrückt. Der Lichttaster merkt sich die reflektierte Lichtmenge (Signalpegel S1).

Das Objekt wird entfernt und erneut die „SET"-Taste betätigt, die Lichtmenge des Hintergrundes S2 wird erfasst.

Durch diese beiden Messungen hat der Mikroprozessor des Sensors folgende Punkte festgelegt:

- den Einschaltpunkt
- die Hysterese

Der **Einschaltpunkt** liegt bei 40 mm, dies entspricht der Mitte der erfassten Distanz. Ein Objekt mit der gleichen Oberfläche würde den Ausgang des Sensors durchschalten, jedoch mit blinkender LED, da die Funktionsreserve noch nicht ausreicht.

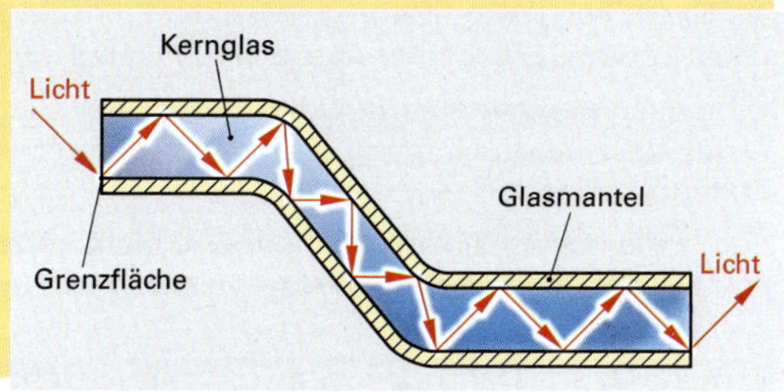

Bild 1: Lichtreflexion im LWL

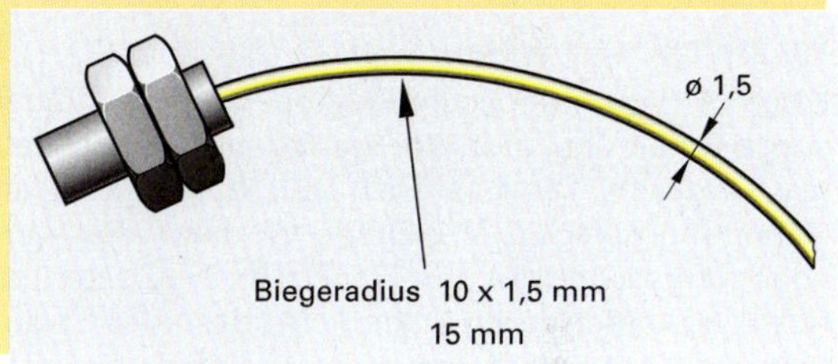

Bild 2: Biegeradius

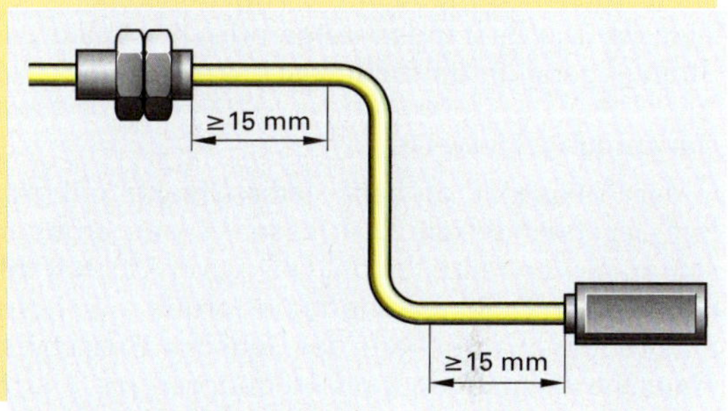

Bild 3: Entfernung Biegeort

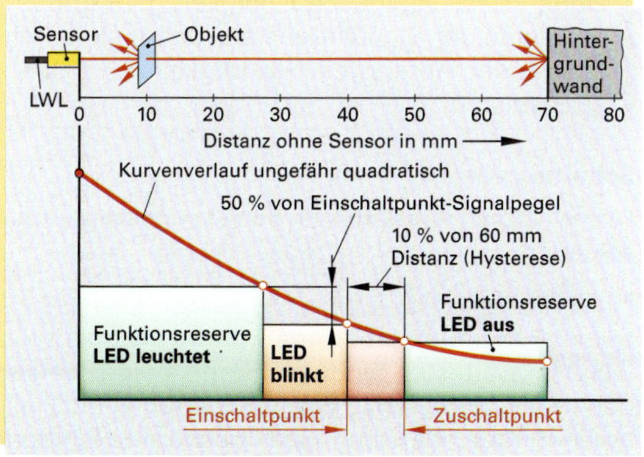

Bild 4: Teach-IN-Verfahren

Wird das Objekt zum Sensor hin verschoben, bis ca. 50% des Signalpegels S1 erreicht sind, geht die LED auf Dauerlicht, d.h. der Signalpegel ist ausreichend. Wird das Objekt ca. 6 mm nach rechts bewegt, schaltet der Sensor aus.

10

Die **Hysterese** (Wegdifferenz zwischen Ein- und Ausschaltpunkt eines Sensors) berechnet der Sensor selbst optimal. Er legt den Ausschaltpunkt bei ca. 10% der Distanz von Objekt und Wand, also 6 mm fest.

Mit diesen berechneten Punkten besitzt der Sensor einen optimalen Störabstand. Somit ist gewährleistet, dass bis zu einem gewissen Verschmutzungsgrad der Optik der Sensor das Objekt immer noch eindeutig erkennt.

Liegen die beiden Einlernpositionen zu dicht nebeneinander, so blinkt die LED. Dies soll dem Anwender signalisieren, dass die Signalreserve bezüglich des Arbeitspunktes keine 50% beträgt.

10.7.7.6 Elektronik von optischen Sensoren

Das **Bild 1** zeigt den prinzipiellen Aufbau eines Sensors. Die dargestellte Ausgangsstufe gilt für alle Initiatortypen, unabhängig vom physikalischen Prinzip, wenn sie in PNP-Technik ausgeführt sind.

Funktionsbeschreibung

Über V1 (Verpolungsschutzdiode) werden Ausgangstransistor V4 und Sensor-Chip mit Spannung versorgt. Erhält die Fotodiode genügend Licht, schaltet V4 durch. Die Last, z.B. ein Relais wird an Spannung gelegt. Die Z-Diode V2 dient als Überspannungsschutz für den Transistor. Die Zustandsanzeige meldet durch Dauerlicht, dass der Strahlengang nicht unterbrochen ist und die Funktionsreserve mindestens den Faktor 1,5 hat. Durch Blinken wird signalisiert, dass der Strahlengang nicht unterbrochen ist, jedoch die Funktionsreserve zu klein ist. Die Zustandsanzeige erlischt sobald der Strahlengang unterbrochen ist.

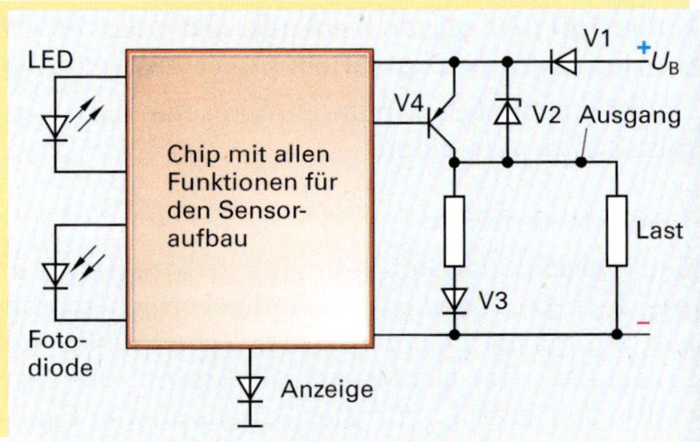

Bild 1: Elektronischer Aufbau eines Sensors

Anwendungshinweise

In der Praxis sind oft sehr kleine Objekte mit großer Geschwindigkeit zu erfassen. Damit ergeben sich kurze Verweilzeiten der Objekte im Lichtstrahl. Eine sichere Objekterkennung erfordert eine hohe Pulsfrequenz (Abtastrate) des Sensors. Typisch bei Transistorausgängen sind Frequenzen bis 1 kHz, spezielle optische Sensoren haben solche bis zu 10 kHz.

> Hohe Erfassungsgeschwindigkeit geht immer zu Lasten der Signalintensität. Damit sinkt bei steigender Anfahrgeschwindigkeit die Erfassungsdistanz.

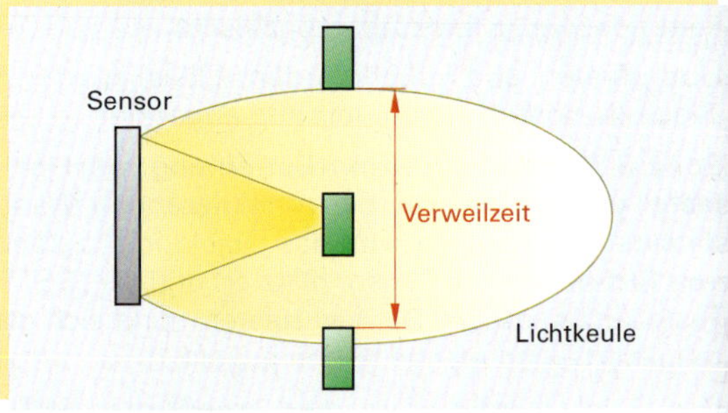

Bild 2: Verweilzeit

Schaltungsarten

Grundsätzlich werden zwei Schaltungsarten unterschieden:

- Hellschaltung

Diese Schaltung ist immer dann anzuwenden, wenn im weitesten Sinne ein Stopp ausgelöst werden muss, wenn sich z.B. ein Schlitten in Endposition befindet, oder wenn eine bestimmte Füllhöhe erreicht ist.

- Dunkelschaltung

Diese Schaltung kommt zum Einsatz, wenn im weitesten Sinne ein Einschaltvorgang auszulösen ist wie z.B. der Start eines Förderbandes beim Beladen.

Tabelle 1: Hellschaltung, Ausgangsverhalten

Lichtempfänger	Last (Verbraucher)
beleuchtet	eingeschaltet
unbeleuchtet	ausgeschaltet

Tabelle 2: Dunkelschaltung, Ausgangsverhalten

Lichtempfänger	Last (Verbraucher)
beleuchtet	ausgeschaltet
unbeleuchtet	eingeschaltet

Vorausfallanzeige (entspricht der Funktionsreserve)

In der Regel kann geringfügige Verschmutzung optischer Sensoren zur Verringerung der Reichweite oder zur Funktionsbeeinträchtigung führen. Bevor es jedoch zu dieser kommt, meldet dies die Vorausfallanzeige (wenn verfügbar) durch eine rot blinkende LED. Durch rechtzeitige Maßnahmen wie Putzen kann diese Beeinträchtigung verhindert werden.

Wiederholgenauigkeit, Reproduzierbarkeit

Tritt ein Objekt in den Lichtkegel des Sensors ein, so soll dieser immer an der gleichen Stelle schalten. Die Lichtschranke leistet dies sehr genau, wenn die Linse nicht verschmutzt ist. Ist in Applikationen eine hohe Wiederholgenauigkeit gefordert, sind Reflexionslichtschranken nur bedingt geeignet, Reflexionslichttaster ohne Hintergrundausblendung sind zu vermeiden, da bereits leichte Verschmutzung den Schaltpunkt verschiebt. In der Regel können Änderungen der Umgebungstemperatur ebenso wie Netzschwankungen den Schaltpunkt beeinflussen. Eine hohe Reproduzierbarkeit wird durch Lichtleiter erreicht.

Einsatz bei Explosionsgefahr

Explosionsgefährdete Bereiche sind Zonen, in denen Gasgemische auftreten. Durch Funken kann es zur Explosion kommen. Optische Sensoren sind für diese Bereiche wegen ihrer Stromaufnahme ungeeignet (außer speziellen NAMUR-Sensoren[1]). Führt man Lichtleiter in den gefährdeten Bereich und montiert die Lichtschranke außerhalb, so ist ihr Einsatz erlaubt.

10.7.7.7 Auswahlkriterien

Für Einweg- und Reflexionslichtschranken ist für den sicheren Betrieb eine gewisse Funktionsreserve erforderlich. Bei Tastern ohne Hintergrundausblendung **(Bild 1)** muss genügend Licht reflektiert werden. Da an vielen Einsatzorten die Luft mit Staub und Öl belastet ist, werden die Linsen der Sensoren beschmutzt. Dadurch reduziert sich die empfangene Lichtmenge, was zur Funktionsbeeinträchtigung der Sensoren führt (s. Vorausfallanzeige). Daher sind Korrekturfaktoren zu berücksichtigen.

Korrekturfaktoren für Umweltbedingungen

In staubfreier Umgebung soll die Lichtschranke eine Funktionsreserve von 1,5 besitzen. Für schmutzige Umgebung sind Sensoren mit entsprechender Funktionsreserve (Faktor) einzusetzen **(Tabelle 1)**.

Korrekturfaktoren für Material(reflexion)

Dieser Faktor ist nur beim Reflexionslichttaster einzusetzen, da er das vom Objekt reflektierte Licht auswertet **(Tabelle 2)**.

Hinweis:

Der Material-Reduktionsfaktor gilt nicht für Taster nach dem Triangulationsverfahren. Hier muss die Tastweitenreduzierung an einem dunklen Objekt abgeklärt werden.

Dimensionierungsbeispiel

Eine Reflex-Lichttaster soll in einer Distanz von ca. 50 mm in leicht staubiger Umgebung Holzpaletten sicher erkennen. Der Hintergrund reflektiert kaum.

Auswahl Taster-Typ:

Es genügt ein Taster ohne Hintergrundausblendung.

Funktionsreserve

Funktionsreserve 20 bedeutet, dass der Sensor 20 mal mehr Licht empfängt, als für seine einwandfreie Funktion nötig wäre.

Funktionsreserve =
Faktor Umwelt × Faktor Material

Tabelle 1: Korrekturfaktoren für Umwelt

Faktoren Umwelt	Verschmutzung auf Linse und Reflektor durch Dunst, Staub, Ölfilm
1,5	staubfrei
5	leicht staubig, ölig; Reinigung regelmäßig
10	ziemlich staubig, ölig, sichtbare Verschmutzung; Reinigung bei Bedarf
50	starke Verschmutzung, Reinigung selten bis nicht

Tabelle 2: Korrekturfaktoren für Material

Faktor	Material
1	Testkarte Kodak
1,5	Zeitung bedruckt
4,5	Holzpaletten sauber
0,6	Aluminium unbehandelt

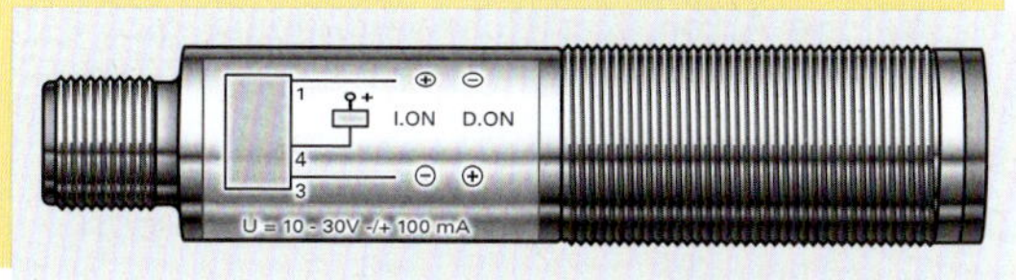

Bild 1: Reflexionslichttaster

[1] NAMUR = Normenarbeitsgemeinschaft für Mess- und Regelungstechnik

Berechnung der minimalen Funktionsreserve:

Bedingungen: leicht staubige Umgebung,
zu erkennendes Material: saubere Holzplatten,
Funktionsreserve = 5 × 4,5 = 22,5 **(siehe Tabelle 1 und 2, Seite 523)**

Aus dem Datenblatt **(Bild 1)** des gewählten Sensors wird bei 50 mm eine Funktionsreserve von 30 abgelesen. Damit ist der Sensor für die Anwendung gut geeignet.

Ein weiteres Auswahlkriterium ist der Erfassungsbereich. Er gibt Aufschluss über den Abstand zwischen Objekt und aktiver Fläche des Sensors, der einen Signalwechsel an seinem Ausgang verursacht.

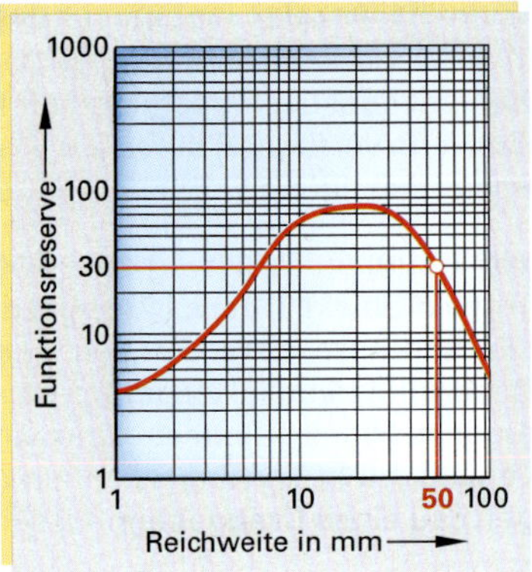

Bild 1: Datenblatt

Begriffsklärungen (Bild 2)

Der **Bemessungsschaltabstand** s_n ist eine Schaltabstandskenngröße ohne Berücksichtigung von Fertigungstoleranzen, Exemplarstreuungen und äußeren Einflüssen, wie z.B. Temperatur und Spannung.

Die **Blindzone** ist der Bereich, zwischen aktiver Fläche und Mindestabstand, in dem ein Objekt nicht erkannt werden kann.

Der **Erfassungsbereich** s_d ist der Raum, in dem der Schaltabstand eines optischen Sensors zur Normmessplatte eingestellt werden kann.

Der **Nutzschaltabstand** s_u ist der zulässige Schaltabstand innerhalb festgelegter Spannungs- und Temperaturgrenzen.

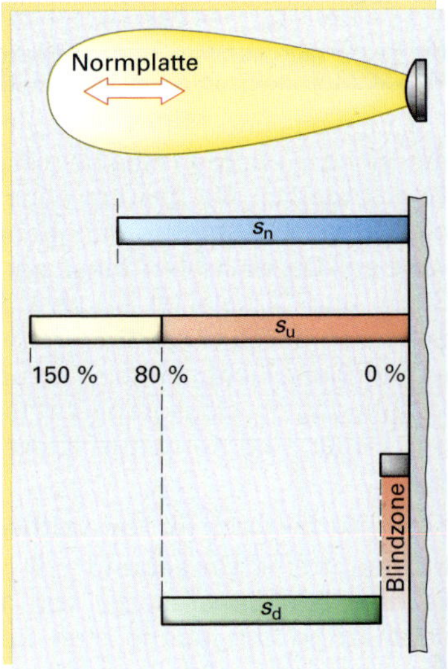

Bild 2: s_n, s_d, s_u

Vor- und Nachteile optischer Sensoren

Vorteile:

- In Schalterausführung arbeiten optische Sensoren rückwirkungsfrei, materialunabhängig und über große Entfernungen
- Sie arbeiten verschleißfrei, solange die Grenzdaten eingehalten werden
- Alle optische Sensoren erzeugen prellfreie Ausgangssignale

Nachteile:

- Zum Betrieb ist Hilfsenergie notwendig
- Fremdlicht und Verschmutzung aller Art können zu Fehlschaltungen führen
- Sie sind in der Regel wesentlich teurer als beispielsweise mechanische Schalter

Arbeitsauftrag:

1. In welche Grundtypen werden die Opto-Sensoren eingeteilt?
2. Mit welchem Sensortyp lässt sich die größte Reichweite erzielen?
3. Warum werden Reflexionslichtschranken mit Polarisationsfilter ausgestattet?
4. Nennen Sie besondere Eigenschaften von Einweg-Lichtschranken.
5. Wie werden Reflexionslichttaster justiert?
6. Erklären Sie die Funktionsweise der Hintergrundausblendung.
7. Welche Arten von Lichtwellenleiter gibt es? Nennen Sie ihre besonderen Eigenschaften.
8. Was bedeutet Hell- bzw. Dunkelschaltung?
9. Welche Einflüsse können optische Sensoren in ihrer Funktionsweise stören?
10. **Bild 3** zeigt die optische Erfassung eines Objektes. Welches optische Prinzip wird hierbei angewandt?

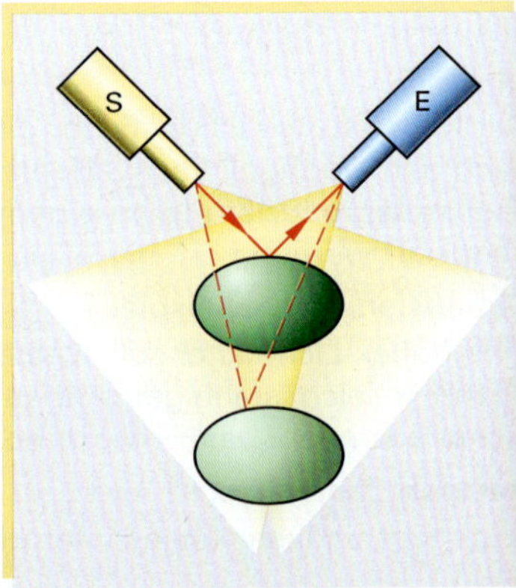

Bild 3: Optische Objekterfassung

10.7.8 Drehgeber als Sensoren zur Weg- und Winkelmessung

Informationen, ob „Roboterarme" ihren vorgeschriebenen Bahnen folgen, ob Werkzeuge ihre Arbeitsposition eingenommen oder ob Transportvorrichtungen ihre Endposition erreicht haben, sind notwendig, um Automatisierungseinrichtungen zu steuern. Sind fest vorgegebene Endlagen oder Referenzpunkte zu überwachen, werden vorzugsweise induktive bzw. kapazitive Näherungsschalter oder optische Sensoren verwendet. Sind translatorische (Translation, lat. = geradlinig fortschreitende Bewegung) und/oder rotatorische Bewegungen mit hoher Genauigkeit und in kurzer Zeit zu erfassen, kommen elektronische Messsysteme wie Drehgeber zum Einsatz. Fast jede lineare Bewegung ist mit einer Drehbewegung (Vorschub mit der Drehung einer Antriebswelle) verknüpft. So kann nahezu jede lineare Bewegung in eine Drehbewegung umgewandelt werden, sodass Drehgeber auch zur Wegmessung eingesetzt werden.

Aufbau eines Drehgebers

Eine Infrarot-Sendediode sendet Licht auf eine Inkrementalscheibe. Eine Optik bündelt diese Strahlen in einen parallelen Lichtstrahl. Dieser durchdringt eine Gitterblende und das Strichgitter der Impulsscheibe. Die hinter der Impulsscheibe liegenden Fotodioden erzeugen einen der Lichtintensität proportionalen Strom, welcher sinusförmig ist. Mit nachgeschalteter Elektronik werden die sinusförmigen Signale in Rechtecksignale umgewandelt. Beim Absolutdrehgeber muss eine Codewandlung durchgeführt werden. Die Ausgangstreiberschaltung bereitet die Signale für 5 V und 24 V auf.

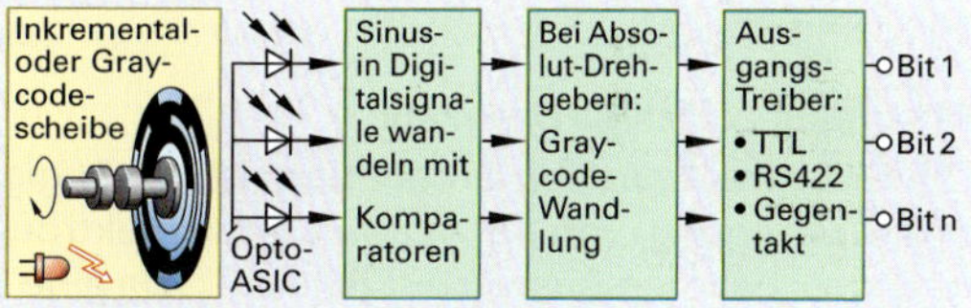

Bild 1: Aufbau eines Drehgebers

Inkrementale – absolute Drehgeber

Entsprechend dem Einsatz von Mess- und Auswerteverfahren unterscheidet man inkrementale und absolute Drehgeber.

Tabelle 1: Drehgeber

Inkremental	Absolut	
Gibt Impulse aus, die mit einer SPS oder einem Zähler erfasst werden können.	Zu jeder Winkelstellung, d. h. zu jedem Schritt der Winkeldrehung wird ein codierter Zahlenwert (Datenwort) in binärer Form ausgegeben. In einer SPS kann dieses Datenwort weiter verarbeitet werden.	
	Singleturn gibt die absolute Position der Drehbewegung aus.	**Multiturn** gibt zusätzlich zur absoluten Position der Drehbewegung die Anzahl der Umdrehungen aus.

Inkrementale Drehgeber

Die Codierscheibe bei inkrementalen Drehgebern besitzt zwei Abtastspuren:

- Eine Spur mit regelmäßigen Hell-Dunkel-Feldern (Strichen). Je höher die Anzahl der Striche, desto höher die Auflösung des Drehgebers, desto mehr Impulse liefert der Geber pro Umdrehung der Scheibe.
- Eine Indexspur, die bei jeder Umdrehung einen einzigen Impuls erzeugt **(Bild 2)**.

Mit einem Sensor kann man die Anzahl der Pulse pro Zeiteinheit und damit die Drehzahl einer Welle errechnen. Es ist jedoch nicht möglich, die Drehrichtung zu erfassen **(Bild 3)**.

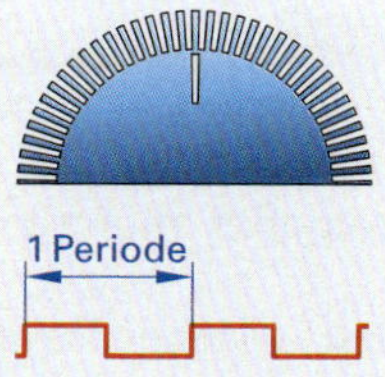

Bild 2: Inkrementalscheibe

$$W_A = \frac{360°}{\text{Pulszahl (PZ)}}$$

PZ: Anzahl der Striche

n: Drehzahl der Antriebswelle (min^{-1})

$$n = \frac{f}{PZ} \cdot 60$$

f: Frequenz

Bild 3: Winkelauflösung W_A

> Der überfahrene Winkel bzw. die zurückgelegte Strecke kann aus der Pulszahl nur dann ermittelt werden, wenn die Drehrichtung bekannt ist.

Drehrichtungserkennung

Zur Drehrichtungserkennung benötigt ein Inkrementalgeber zwei Sensoren.

Aufgrund der beiden Sensoren werden zwei Ausgangssignale geliefert; man spricht von Kanal A und Kanal B. Die Drehrichtung einer Welle wird durch Auswertung der Phasenlage dieser Signale erkannt.

Vorwärtsdrehung: Hierbei bezieht man sich auf die positive Flanke von Kanal A. Diese tritt auf, wenn Kanal B den Signalzustand Null hat.

Rückwärtsdrehung: Diese positive Flanke von Kanal B wird nun ausgewertet **(Bild 1).**

> Durch die Phasenverschiebung der beiden Kanäle ist es möglich, die Drehrichtung zu erkennen.

Eine weitere Variante der Drehrichtungserkennung erfolgt durch die **XOR-Verknüpfung.** Dabei bezieht man sich auf die positive Flanke von Kanal A. **A XOR B = 1 → vorwärts; A XOR B = 0 → rückwärts.**

Bei inkrementalen Drehgebern sind heute bei einer Scheibe von 40 mm Durchmesser maximal 5000 Striche auf dem Umfang möglich. Bei einer Vierfachauflösung (Ausnutzung der steigenden und fallenden Flanke beider Kanäle zur Impulserzeugung) wird eine Umdrehung in 360°/20 000 aufgelöst, was einem Winkel von 0,018° entspricht **(Bild 2).**

Die Auflösung darf nicht mit der Genauigkeit verwechselt werden. Die Genauigkeit eines Inkrementalgebers ist von der Maßhaltigkeit der Strichbreite und des Strichabstandes abhängig (Toleranzen von 10 % sind üblich).

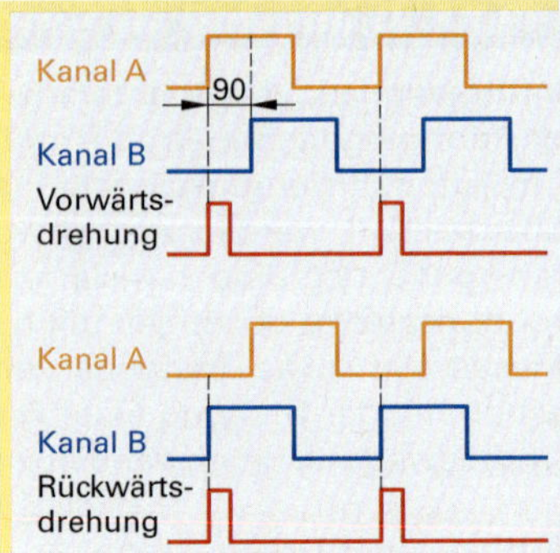

Bild 1: Drehrichtungserkennung

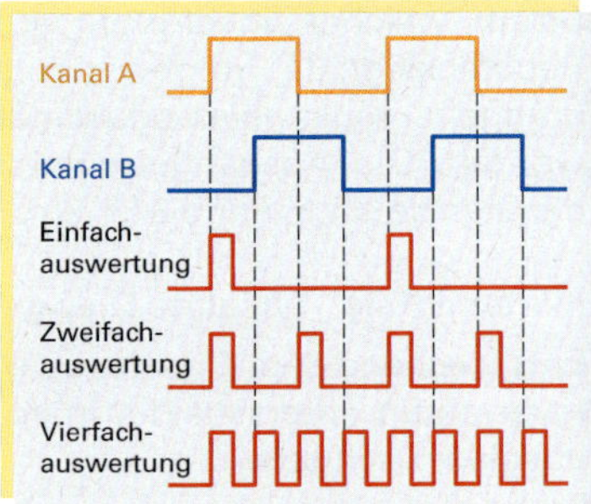

Bild 2: Auswertungen

Maximale zulässige Drehzahl

Die Grenzfrequenz von Drehgebern ist abhängig von der Impulszahl pro Umdrehung, von der verwendeten Elektronik im Geber und der nachgeschalteten Auswerte-Elektronik. Da eine SPS selten Frequenzen über 300 kHz verarbeitet, sollte die Ausgangsfrequenz von Inkrementalgebern auf entsprechende Zähler angepasst sein. Bei 5000 Pulsen/Umdrehung und einer zulässigen Ausgangsfrequenz von 300 kHz ergibt sich eine Drehzahl der Welle von 3600 min^{-1} **(Formel s. Bild 3, Seite 525).**

Absolut-Drehgeber (Bild 3)

Inkrementalgeber verlieren ihre Information beim Ausfall der Versorgungsspannung. Bei Spannungsrückkehr bzw. beim Einschalten muss in einer Initialisierungsphase eine Referenzmarke angefahren werden. Dies ist auch beim Starten eines Roboters zu beobachten, der zuerst einmal langsam seine Achsen in die sogenannte „Home-Position" bewegt. Dadurch werden die entsprechenden Zähler der Inkrementalgeber initialisiert. Der Absolut-Drehgeber braucht keine Initialisierungsfahrt. Er gibt nach dem Einschalten der Spannung den absoluten Drehwinkel, d. h. die Position aus, in der er momentan steht. Das Ausgangssignal liegt in digitaler Form vor. Der Singleturn-Drehgeber hat bis zu 13 Bit/Spuren (1 Bit = 1 Kanal). Multiturn-Absolut-Drehgeber haben bis zu 25 Bit (13 Bit für die Position innerhalb der Umdrehung, 12 Bit für die Anzahl der Umdrehungen).

Häufig verwendet wird der Gray-Code **(Bild 4).** Er ist einschrittig, d. h. beim Übergang von einem zum benachbarten Zustand ändert sich immer nur ein Bit. Dadurch werden Fehlinterpretationen durch Zwischenstände vermieden.

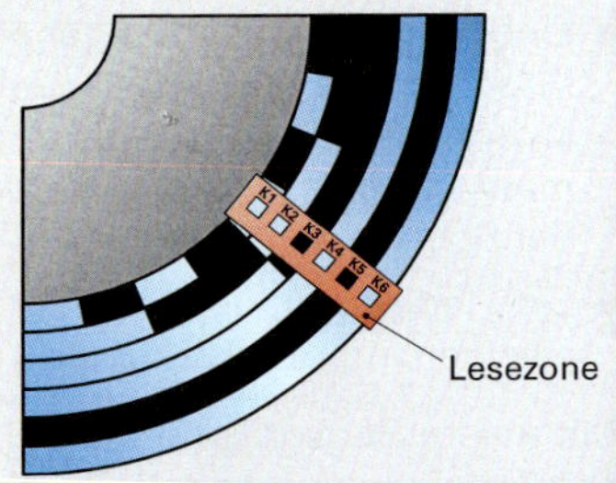

Beispiel: Codierscheibe mit 6 Spuren
Gelesener Codewert (Kanal 1 - 6):
1 – 1 – 0 – 1 – 0 – 1

Bild 3: Spuren Absolutdrehgeber

Bild 4: Codescheibe Gray-Code

Arbeitsauftrag:

1. Warum haben Inkrementalgeber meist zwei Ausgänge mit Impulsfolgen?
2. Erklären Sie den Unterschied zwischen Inkremental- und Absolut-Drehgeber.
3. Was zeichnet den Gray-Code aus?
4. Die Auflösung eines Drehgebers beträgt 2500. Was bedeutet dies?

10.7.9 Spannungsversorgung und Lastanschluss

Die vorgestellten optischen-, induktiven-, kapazitiven- und Ultraschall-Sensoren werden mit Gleichspannung von 24 V DC versorgt. Angeboten werden auch Sensoren für 12 V DC und 48 V DC. Ebenso erhältlich sind Sensoren für Wechselspannung von 24 V AC, 110 V AC und 230 V AC.

DC-Sensoren schalten dann reproduzierbar exakt, wenn die Speisespannung stabil ist. Damit AC-Sensoren exakt arbeiten, dürfen die Oberschwingungen 10% von der Grundschwingung nicht überschreiten **(Bild 1)**.

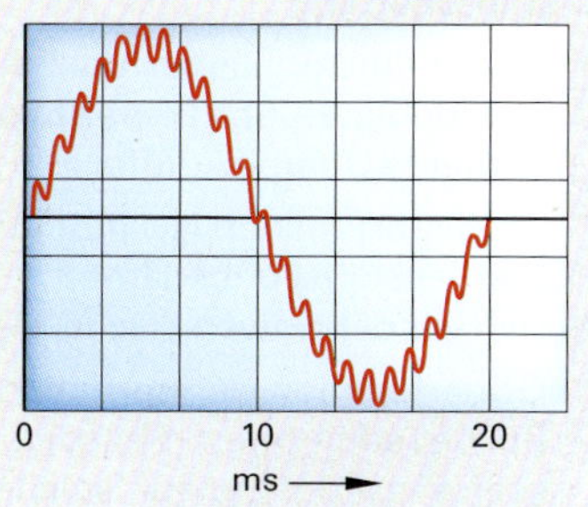

Bild 1: Wechselspannung mit Oberschwingungen

> Sensoren können mit Gleich- und Wechselspannung betrieben werden.

Elektromagnetische Beeinflussung

- Einkopplung von Störungen über das Sensorfeld
  Bei induktiven und kapazitiven Sensoren kann es durch Funkgeräte zu Fehlschaltungen kommen
- Einkopplung über die Speisung
  Durch lange ungeschirmte Sensorleitungen in Kabelkanälen oder Leitungen in direkter Nähe von Starkstromkabeln (Schweißanlagen) können Sensoren zu Fehlschaltungen veranlasst werden.

Sensoren für Gleichspannungsversorgung gibt es in Zwei- und Dreileitertechnik.

Dreileitertechnik (Normalfall)

Die Ausgangsschaltung zur Lastansteuerung ist für obengenannte Sensortypen gleich. Unterschieden werden NPN- und PNP-Schaltungen **(Bild 2)**.

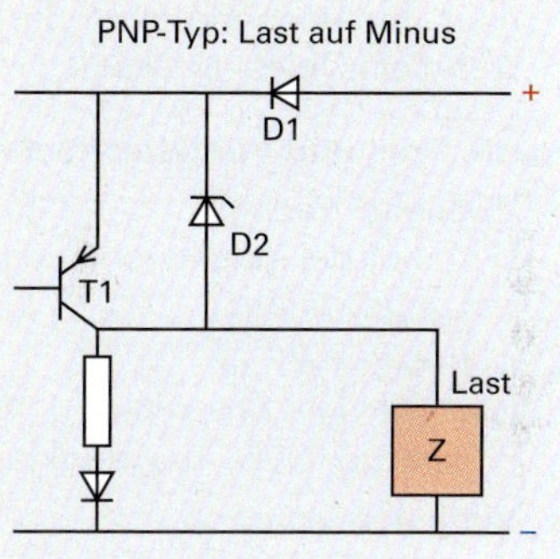

Bild 2: Dreileitertechnik

> Beim NPN-Typ wird die Last nach plus geschaltet.

Zweileitertechnik (Bild 3)

Bei dieser Technik wird der Sensor in Reihe zur Last geschaltet. Zu beachten ist die Polarität des Sensors. Über die beiden Leitungen wird der Sensor mit Strom versorgt und das Schaltsignal übertragen. Anzumerken ist, dass im nichtgeschalteten Zustand der Sensor einen gewissen Strom zieht und im durchgeschalteten Zustand an ihm eine Spannung abfällt.

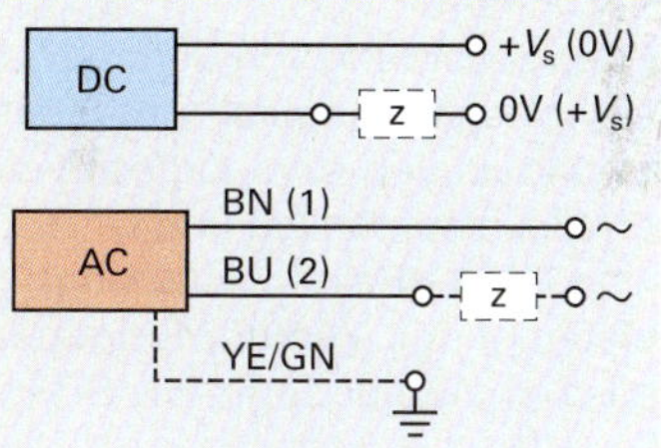

Bild 3: Zweileitertechnik DC/AC

NAMUR Sensoren (Bild 4)

Lediglich induktive und kapazitive Sensoren werden in NAMUR-Technik ausgeführt (Normenarbeitsgemeinschaft für Mess- und Regelungstechnik der chemischen Industrie). Diese Technik wird in explosionsgefährdeten Zonen eingesetzt, da dort Stromstärken bzw. elektrische Leistung auf kleinste Werte zu begrenzen sind. Hierfür stehen eigensichere Schaltverstärker bzw. Interfaces zur Verfügung.

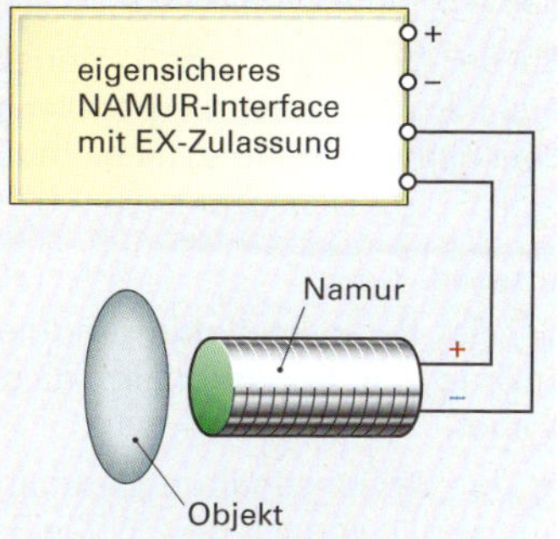

Bild 4: Namur-Sensor in Zweileitertechnik

> Ein Stromkreis ist eigensicher, wenn sein Energiegehalt keinen zündfähigen Funken für explosionsgefährdete Gasgemische hervorrufen kann.

Sensoren für Wechselspannungsversorgung

Am häufigsten wird die 2-Draht-Technik angewendet, wobei die Last über ein Relais geschaltet wird **(Bild 1, Seite 528)**.

10

Lastanschaltung

- Öffner- und Schließerfunktion
  Für induktive und kapazitive Sensoren gelten folgende Übereinkünfte:
  Schließerfunktion NO (normally open)
  Der Sensor ist unbedämpft, kein Objekt befindet sich vor der aktiven Fläche. Der Ausgang offen.
  Öffnerfunktion NC (normally closed)
  Bei unbedämpftem Sensor ist der Ausgang geschlossen, der Sensor ist leitend.
- Bei optischen Sensoren spricht man von Hell- und Dunkelschaltung (s. Kapitel opt. Sensoren).
- Bei Ultraschall-Sensoren werden keine speziellen Begriffe für das Ausgangsverhalten definiert. Ihr Ausgang kann durchgeschaltet sein, wenn ein Objekt erfasst ist, oder umgekehrt.

Zwei-, Drei- und Vierleiter-Technik

- Zweileiter-Technik
  Wird nur bei induktiven und kapazitiven Sensoren angewendet.
- Dreileiter-Technik
  Die Last kann Massebezug (PNP-Ausgang) oder Plusbezug (NPN-Ausgang) haben.
- Vierleiter-Technik
  Dies sind Sensoren mit zwei Ausgängen, wobei einer NC-, der andere NO-Verhalten besitzt. Sie werden in NPN- und in PNP Version angeboten.

Anmerkung:

Unter Beachtung von Bereitschaftsverzögerungen, Gesamtspannungsfall und Leerlaufstrom können mit induktiven bzw. kapazitiven Näherungsschaltern, Lichtschranken und Ultraschallsensoren logische UND- (Reihenschaltung) bzw. ODER- (Parallelschaltung) Verknüpfungen realisiert werden, falls keine Steuerlogik wie SPS vorhanden ist.

Die Praxis hat gezeigt, dass je nach Sensortyp maximal 20 bis 30 Sensoren in Dreileitertechnik parallel geschaltet werden können. Jedoch lassen sich je nach Typ maximal nur 5 bis 10 Sensoren in Reihe schalten.

Bei der Zweileitertechnik können je nach Typ maximal 5 bis 10 Sensoren parallel geschaltet werden. Eine Reihenschaltung ist nicht zu empfehlen (eventuell 2 bis 3 Sensoren).

Gründe:

Bei der Parallelschaltung addieren sich die Restströme der Sensoren im nichtgeschalteten Zustand.

In der Reihenschaltung addieren sich die Spannungsfälle von 1 V bis 2,5 V je Sensor. Es ist darauf zu achten, dass die Last noch einwandfrei arbeiten kann.

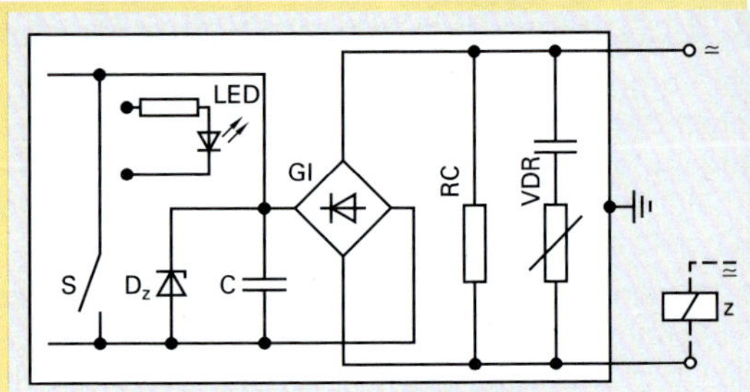

Bild 1: 2-Draht-Technik mit Relaisausgang

NO-Schließerfunktion; immer dann anwenden, wenn ein Start auszulösen ist.

NC-Öffnerfunktion; anzuwenden, wenn ein Stopp auszulösen ist.

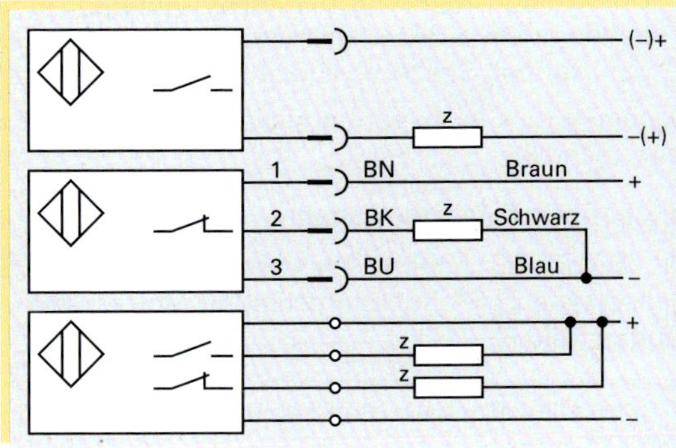

Bild 2: 2-, 3-, 4-Leitertechnik

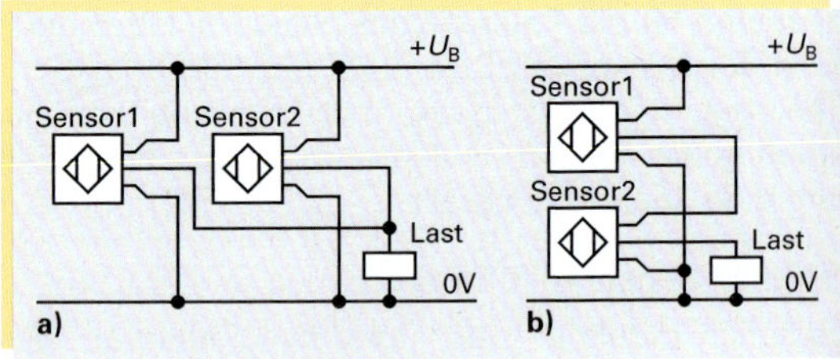

Bild 3: a) Parallelschaltung
b) Reihenschaltung Dreileitertechnik

Arbeitsauftrag:

1. Erläutern Sie die Abkürzungen NC und NO.
2. Ein Opto-Sensor ist hellschaltend, was bedeutet dies?
3. Welche Sensoren können als NAMUR-Sensoren angewandt werden und warum?
4. Skizzieren Sie eine Parallelschaltung von Sensoren in Zwei-Leitertechnik.

10.8 Speicherprogrammierbare Steuerungen SPS

10.8.1 Aufbau und Funktionsweise

Eine SPS nimmt Signale von Sensoren, Tastern, Endschaltern, Lichtschranken oder Inkrementalgebern auf, wertet diese aus, verknüpft sie mittels SPS-Programm, schaltet entsprechend Aktoren und meldet Prozesszustände.

Sie ist das Steuerungselement, das den Betriebsablauf einer Maschine einleitet, überwacht, beeinflusst und definiert beendet. Da die SPS ein mikroprozessorgesteuertes System ist, ist das SPS-Programm zwar fest gespeichert, kann aber jederzeit editiert werden. Durch Hard- und Systemsoftware wird ein strenges EVA-Prinzip **(Bild 1)** realisiert.

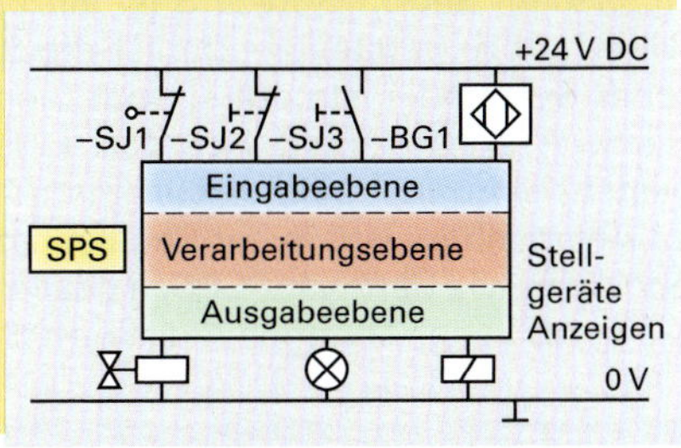

Bild 1: EVA-Prinzip der SPS

10.8.1.1 Kompakte SPS-Steuerungen

Solche Kleinsteuerungen vereinigen sämtliche Hardwarekomponenten **(Bild 2)** in einem Gehäuse. Die Signalverbindungen zur Außenwelt bestehen durch:

- Ausgangs- und Eingangsklemmen für analoge- und digitale Signale
- Programmierschnittstelle

In der zurzeit größten Ausbaustufe (7 Erweiterungsbaugruppen) erreichen diese Steuerungen 128 digitale Eingänge (Input) DI und 120 digitale Ausgänge (Output) DO sowie 28 analoge Ein- und 7 analoge Ausgänge.

Versorgung	DC 24 V	AC 100 V bis 230 V
Eingänge	DC 24 V	DC 24 V
Ausgänge	DC 24 V	Relais

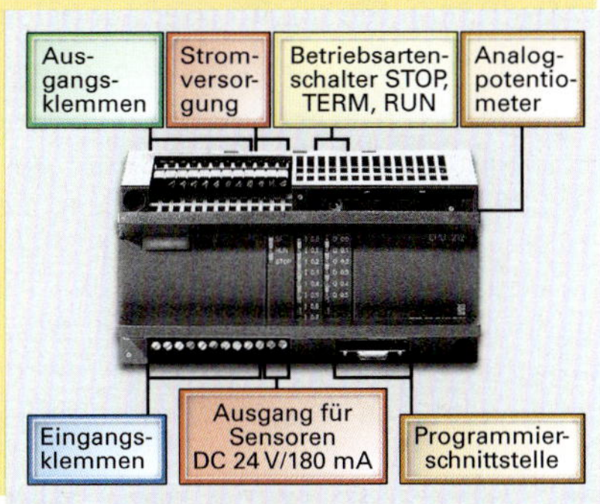

Bild 2: Kompakte SPS

10.8.1.2 Modular aufgebaute SPS-Steuerungen

Prinzipiell sind solche SPS wie folgt aufgebaut: Auf einer Profilschiene ist links die Stromversorgungsbaugruppe montiert. Die CPU steckt immer als zweite Baugruppe rechts neben der Stromversorgung. Ab dem dritten Steckplatz werden die Signalbaugruppen wie digitale Eingänge, digitale Ausgänge oder analoge Baugruppen angeordnet. Insgesamt dürfen rechts neben der CPU maximal 8 Signalbaugruppen gesteckt werden. Durch Erweiterungsbaugruppen können bis zu 64 Baugruppen eingesetzt werden. Die einzelnen Baugruppen werden über den internen Bus miteinander verbunden **(Bild 3)**.

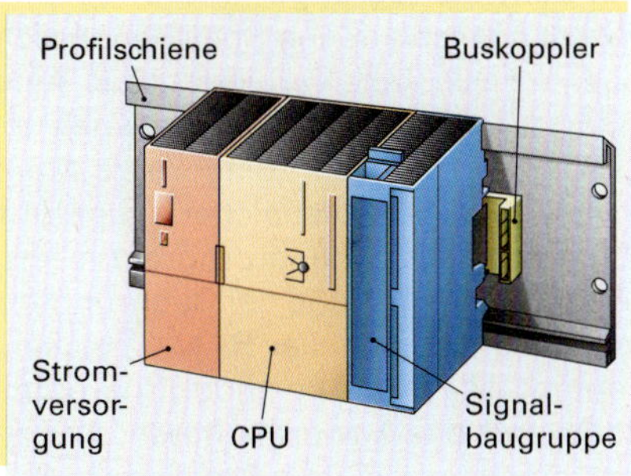

Bild 3: Modulare SPS

10.8.1.3 Industrie-PC (Slot-SPS)

Industrie-PCs (IPC) kommen immer dann zum Einsatz, wenn besondere **Umgebungsbedingungen** herrschen. Hierzu gehören u.a. Staub, Schmutz und Vibration. Sie sind in Slot- CPU-Technik mit TFT-Displays ausgeführt. Je nach Bedienkonzept werden IPCs mit Maussensoren oder Touchscreen ausgestattet. Sie können jederzeit mit PCI-Slots erweitert werden. Eine integrierte Managementsoftware überwacht und protokolliert wichtige Betriebszustände und schützt das System. Eine Slot-SPS ist eine Einsteckkarte für den IPC. Diese Karte stellt eine komplette SPS-CPU dar, mit eigener Firmware und Anwenderspeicher. Zum Prozess hin existiert ein Feldbusanschluss; zum PC hin arbeitet die SPS mithilfe eines dual-ported RAM (Speicher mit wahlfreiem Zugriff von beiden Seiten).

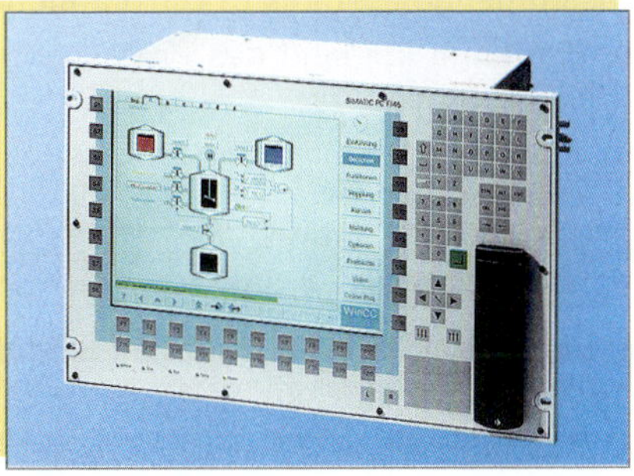

Bild 4: Industrie-PC

10

10.8.1.4 Soft-SPS

Unter dem Begriff Soft-SPS ist ein firmenspezifisches Software-Tool zu verstehen. Ziel ist die Bereitstellung SPS-typischer Systemdienste auf spezifischen (IPC)- oder Standard-Hardwareplattformen. Für den Einsatz solcher Soft-SPS besteht ein unmittelbarer Zusammenhang zur Projektgröße. Im Anlagenbau wird in der Regel auf bewährte Industriekomponenten wie Hardware-SPSen gesetzt. Bei Kleinanlagen und Kleinmaschinen kommen meist Soft-SPSen zum Einsatz.

10.8.1.5 Verdrahtung der SPS

Verdrahten Sie nur im spannungslosen Zustand!

Die CPU wird meist an eine Spannungsquelle mit 24 V DC angeschlossen. Hierzu dient ein Verbindungskamm zur Stromversorgungsbaugruppe. Diese ist an eine Spannungsquelle mit 230 V AC oder 120 V AC anzuschließen (einstellbar an der Stromversorgung). Damit in der CPU gespeicherte Programme und Daten (RAM-Speicher) bei Ausfall der Versorgungsspannung nicht verloren gehen, besitzt jede CPU eine Pufferbatterie. Über eine Programmierschnittstelle erfolgt der Datenaustausch zwischen Programmiergerät und CPU **(Bild 2).**

10.8.1.6 Die CPU (Central Processing Unit)

Die **Zentralbaugruppe (Bild 3)** besteht aus einem Mikroprozessor, verschiedenen Speicherbereichen und einem Systembus, der alle Teile verbindet. Das **Anwenderprogramm** steht sowohl im Ladespeicher als auch im Arbeitsspeicher. Der **Ladespeicher** ist als zusteckbare Memory Card oder als fest integrierter Arbeitsspeicher ausgeführt. In ihm befindet sich das gesamte Anwenderprogramm einschließlich der Baugruppenkonfiguration und der Baugruppenparameter. Der **Arbeitsspeicher,** ein schneller RAM-Speicher, enthält die ablaufrelevanten Teile des Anwenderprogramms, wie den Programmcode und die Anwenderdaten. Der **Systemspeicher** enthält die Variablen, die vom Programm angesprochen werden. Die Variablen (Operanden) sind zu Bereichen (Operandenbereiche) zusammengefasst. Die CPU hat folgende Bereiche:

- **Eingänge** (E); sind das Prozessabbild der Digitaleingabebaugruppen
- **Ausgänge** (A); sind das Prozessabbild der Digitalausgabebaugruppen
- **Merker** (M) sind Informationsspeicher, die im gesamten Programm ansprechbar sind
- **Zeitfunktionen** (T), sind Zeitglieder, zur Realisierung von Überwachungs- und Wartezeiten
- **Zählfunktionen** (Z), sind Softwarezähler; ihre Zählrichtung ist vorwärts oder rückwärts
- **temporäre Lokaldaten** (L), dienen als dynamische Zwischenspeicher während der Bausteinbearbeitung

Hinweis: Die Buchstaben in den Klammern sind die Kurzzeichen der entsprechenden Operanden.

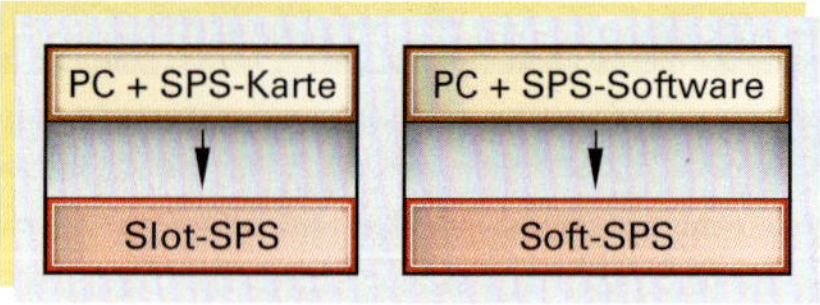

Bild 1: Unterschied Slot-, Soft-SPS

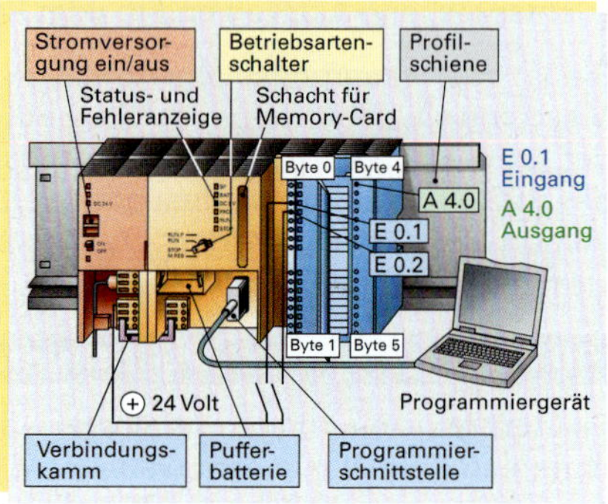

Bild 2: Modularer Aufbau einer SPS

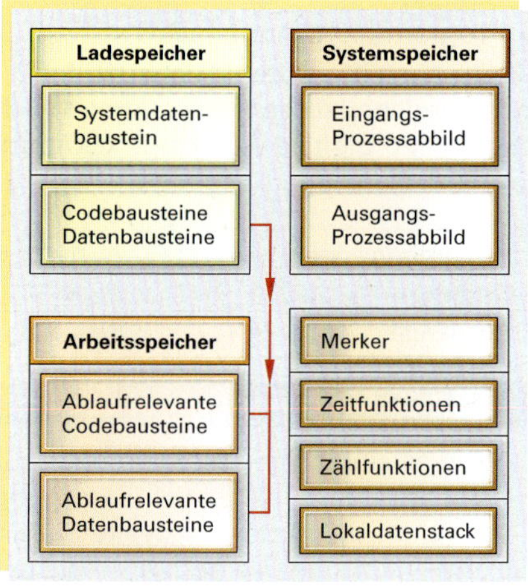

Bild 3: Zentralbaugruppe

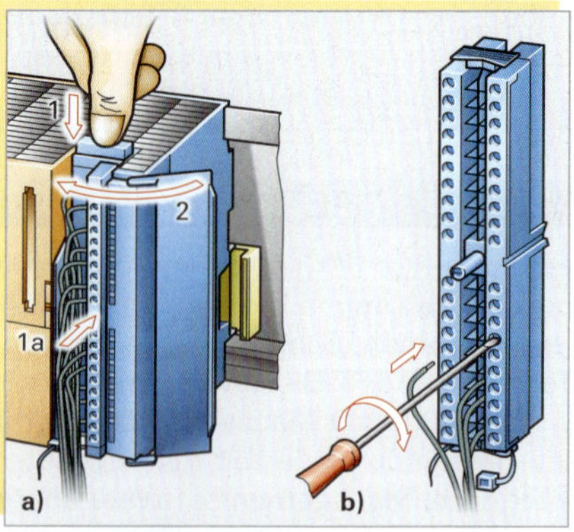

Bild 4: a) Digitale Einbaugruppe mit 16 Eingängen
b) Frontstecker mit 32 Eingängen

10.8.1.7 Programm in CPU laden; urlöschen

Das Laden des Anwenderprogramms in die CPU der SPS setzt voraus, dass die Online-Verbindung Programmiergerät – SPS hergestellt ist. Dies wird in folgendem Beispiel der S7-300 dargestellt **(Bild 1):**

1. Einschalten der Netzspannung am ON/OFF-Schalter der Stromversorgung. Die Diode (rot) an der CPU leuchtet.
2. Der Betriebsartenschalter muss auf „STOP“ stehen; die LED „STOP“ leuchtet rot. Nun wird der Betriebsartenschalter in die Stellung MRES (memory reset) gedreht und für mindestens drei Sekunden in dieser Stellung gehalten, bis die LED „STOP“ langsam rot blinkt. Den Betriebsartenschalter wieder loslassen und nach spätestens drei Sekunden wieder in die Stellung MRES drehen. Blinkt die LED „STOP“ nun schneller, wird die CPU urgelöscht. Falls die LED „STOP“ nicht entsprechend schneller blinkt, muss der beschriebene Vorgang wiederholt werden.
3. Zum Laden des Anwenderprogramms muss der Betriebsartenschalter auf der Position „STOP“ stehen. Mithilfe des Firmware-Managers kann nun das geschriebene Programm in die CPU transferiert werden.
4. Steht der Betriebsartenschalter in der Position „RUN-P“ und die CPU ist betriebsbereit, so leuchtet die LED „RUN“ grün, die LED „STOP“ ist erloschen. Sollte die LED „STOP“ weiter rot leuchten, liegt ein Fehler vor (Behebung s. Diagnosepuffer).
5. Sollen einzelne Bausteine in die CPU übertragen werden, muss der Betriebsartenschalter entweder auf „RUN-P“ oder „STOP“ stehen.

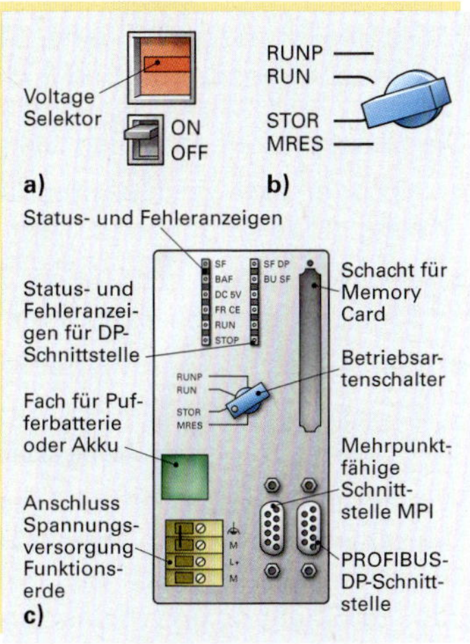

Bild 1: a) Netzspannungsschalter b) Betriebsartenschalter c) Elemente der CPU

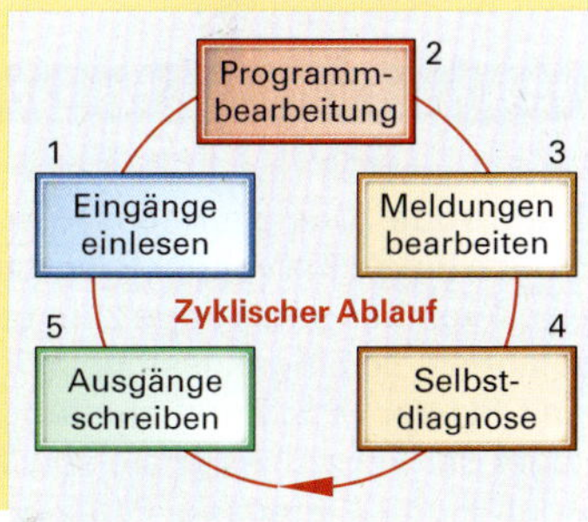

Bild 2: Bearbeitung des Anwenderprogramms

10.8.1.8 Zyklische Bearbeitung des Programmes

Hierfür muss der Betriebsartenschalter (S7-300) in der Stellung „RUN“ stehen. Zunächst lädt das Betriebssystem das Prozessabbild der Digital-Eingänge in die CPU. Das Prozessabbild ist ein bestimmter Speicherbereich im Systemspeicher **(Bild 2, Seite 530),** in dem die Eingänge mit den aktuellen Signalzuständen des Prozesses abgelegt sind. Mit diesen Signalzuständen, also dem PAE arbeitet nun das Anwenderprogramm und verändert Signalzustände im Prozessabbild der Digital-Ausgänge (PAA). Sodann überträgt das Betriebssystem die Signalzustände des Ausgangsprozessabbildes zu den Ausgangsbaugruppen. Erst jetzt wird der Prozess mit den erarbeiteten Daten versorgt. Damit ist ein Programmzyklus abgeschlossen und ein neuer mit der Aktualisierung des Eingangsprozessabbildes beginnt **(Bild 2).**

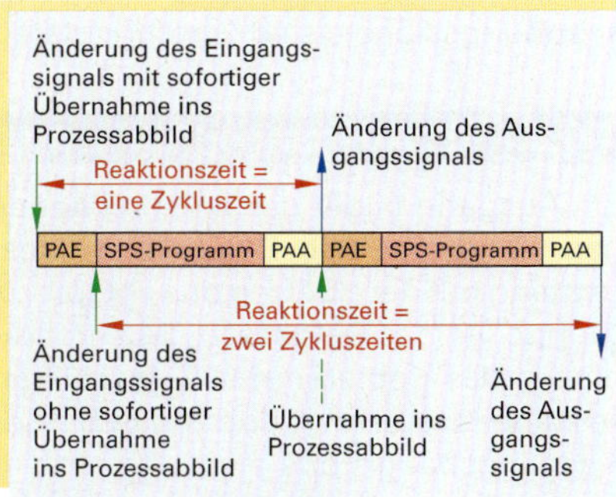

Bild 3: Reaktionszeit

Die SPS bearbeitet das Anwenderprogramm seriell, d.h. Schritt für Schritt ab, beginnend mit der ersten Anweisung. Nachdem die letzte Anweisung ausgeführt ist, beginnt das Programm wieder von neuem. Pro Anweisung benötigt die CPU nur wenige millionstel Sekunden. Als **Zykluszeit** wird die Zeit bezeichnet, die die CPU benötigt um alle Anweisungen des Anwenderprogramms zu bearbeiten (Reaktionszeit ist max. zwei Zykluszeiten, s. **Bild 3**). Die Zykluszeit ist ein Qualitätsmerkmal der SPS. Das Kriterium sind 1000 Zeilen Anweisungsliste eines Anwenderprogramms.

Während die Verarbeitung läuft, kann auf keine Änderung der Eingänge reagiert werden, denn:

- der Signalzustand eines Eingangs ist über einen Programmzyklus gleich. Wenn sich ein Bit auf einer Eingabebaugruppe ändert, wird dies am Anfang des nächsten Programmzyklus übernommen.
- ein mehrfacher Signalwechsel eines Ausgangs während eines Programmzyklus wirkt sich nicht auf das Bit auf der Ausgangsbaugruppe aus, da Ausgänge erst am Ende der Verarbeitung geschaltet werden.

> Die Reaktionszeit (RZ) einer SPS wird maßgeblich von der Zykluszeit bestimmt **(Bild 3, Seite 531).**

Die Reaktionszeit setzt sich zusammen aus:

- ein oder zwei Zykluszeiten (abhängig von der Signaländerung eines Eingangs und der Prozessabbildaktualisierung
- der Verzögerungszeit für die Eingabebaugruppe (beträgt ca. 3 ms um Störsignale zu filtern)
- der Schaltverzögerung der Ausgabebaugruppe

RZ = Filterzeit am Eingang + 1 bzw. 2 mal Zykluszeit + Schaltzeit der Ausgabebaugruppe

Wie bereits erwähnt, enthält das Prozessabbild das Abbild der Digitaleingabe- und Digitalausgabe-Baugruppen. Dementsprechend gliedert sich das Prozessabbild in das Prozessabbild der Eingänge und in das der Ausgänge. Das Eingangs-Prozessabbild wird über den Operandenbereich Eingänge E angesprochen, das Ausgangs-Prozessabbild über den Operandenbereich Ausgänge A. Über die Eingänge und die Ausgänge wird eine Produktionsmaschine oder ein Prozess gesteuert.

10.8.1.9 Eingänge; Eingabebaugruppe

Ein Eingang ist das Abbild eines Bits auf der Digitaleingabe-Baugruppe. Das Betriebssystem der CPU kopiert in jedem Programmzyklus vor der Programmbearbeitung den Signalzustand von der Baugruppe zum Eingangs-Prozessabbild. Somit gelangen die Eingangssignale über die Eingangsbaugruppe in die CPU der SPS. Zur Einhaltung der Toleranz der „0" und „1" Pegel der Eingangssignale sowie zum Schutz der CPU besitzt jeder digitale Eingang Filter, Optokoppler zur galvanischen Trennung und Schwellwertschalter zur Signalaufbereitung **(Bild 1).** Ferner besitzen die Eingabebaugruppen für Gleichspannungssignale Dioden als Verpolungsschutz, für Wechselspannungssignale sind Gleichrichterschaltungen integriert.

10.8.1.10 Ausgänge; Ausgangsbaugruppe

Ein Ausgang bildet das entsprechende Bit auf der Digitalausgabe-Baugruppe ab. Das Setzen eines Ausgangs ist gleichbedeutend mit dem Setzen des entsprechenden Bits auf der Baugruppe. Ist das Bit gesetzt, leuchtet die dazugehörige Leuchtdiode. Das Kopieren der Signalzustände des Ausgangs-Prozessabbildes erfolgt durch das Betriebssystem der CPU. Die Ausgangsbaugruppe stellt die Verbindung zum Prozess her. Einerseits werden Aktoren und Stellglieder des Prozesses wie z.B. Ventile (24 V/500 mA) ein- bzw. ausgeschaltet, andererseits schützen Optokoppler in der Ausgangsbaugruppe diese selbst und damit die CPU (galvanische Trennung von SPS und Prozess). Somit können auftretende Kurzschlüsse in der Aktorik die SPS nicht zerstören **(Bild 3).**

Anmerkung: Aus sicherheitstechnischen Gründen schalten die Ausgangsbaugruppen alle Ausgänge aus, wenn bei Störung der regelmäßige Programmzyklus ausbleibt. Nach Ablauf einer Zykluszeit werden somit SPS und Prozess getrennt. Dadurch werden gefährliche Betriebszustände im Prozess verhindert.

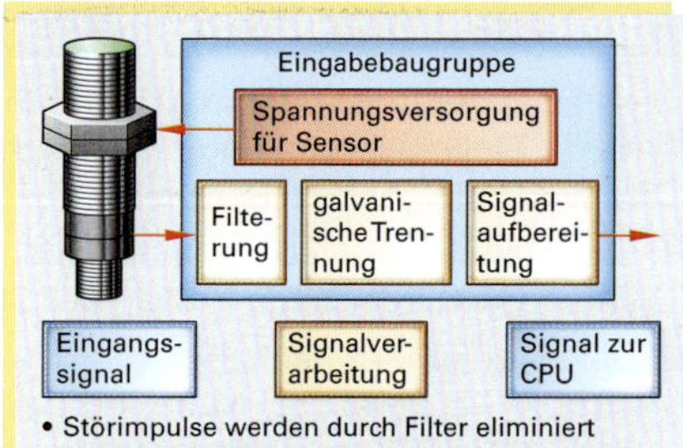

- Störimpulse werden durch Filter eliminiert
- Galvanische Trennung mittels Optokoppler verhindert Störungen über leitende Verbindung in die CPU
- Schwellwertschalter sorgen für eindeutige binäre Signale für die CPU

Bild 1: Eingabebaugruppe einer SPS

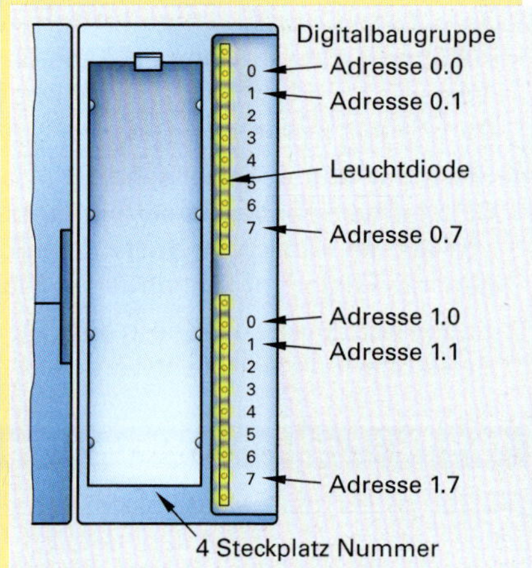

Bild 2: Adress-Nummerierung

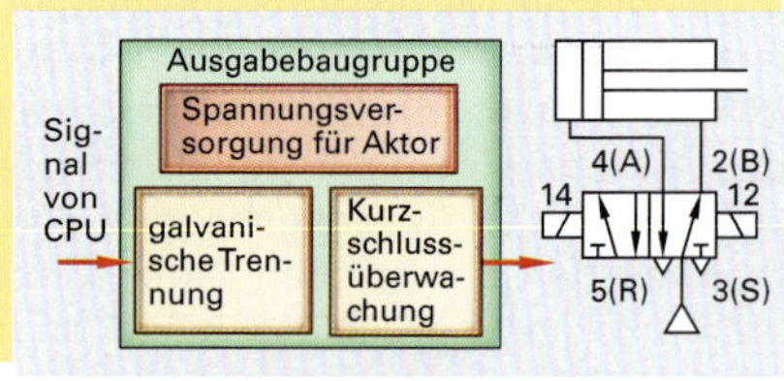

Bild 3: Ausgabebaugruppe einer SPS

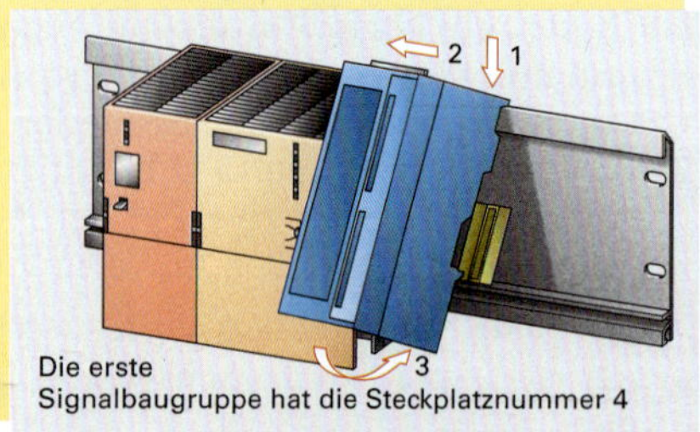

Bild 4: Montage einer Signalbaugruppe Die erste Signalbaugruppe hat die Steckplatznummer 4

10.8.1.11 Merker

Die Merker sind die „Hilfsschütze" der Steuerung. Sie dienen zur Speicherung von binären Signalzuständen und können wie Ausgänge behandelt werden; sie führen jedoch nicht nach außen zum Prozess. Da die Merker im Systemspeicher der CPU liegen, sind sie immer verfügbar. Die Anzahl der verwendbaren Merker ist abhängig von der CPU. Verwendet werden Merker, wenn Zwischenergebnisse über Bausteingrenzen hinweg Gültigkeit haben und in mehreren Bausteinen bearbeitet werden. Remanente Merker sind Merker, die ihren Signalzustand auch im spannungslosen Zustand der SPS beibehalten. Taktmerker haben ein Puls-Pausen-Verhältnis von 1:1 und ändern sich periodisch. Sie können mittels Zeitfunktionen generiert werden bzw. liegen in einem Byte mit festgelegten Frequenzen (z.B. 10 Hz, 5 Hz, 2,5 Hz) vor.

Arbeitsauftrag:

1. Welche Baugruppen gehören zur Grundausstattung einer SPS?
2. Welche Arten von SPS-Typen gibt es?
3. Welche Aufgabe übernehmen Optokoppler in der Ausgabebaugruppe?
4. Die SPS arbeitet zyklisch, was bedeutet dies?
5. Erläutern Sie den Begriff „Zykluszeit" der SPS.
6. Worin unterscheiden sich Soft- und Hardware-SPS?
7. Erläutern Sie den Begriff „Prozessabbild".
8. Was verstehen Sie unter Reaktionszeit?
9. Die Bearbeitung einer Anweisung heutiger SPS beträgt 0,5 μs. Wie oft wird ein Programm mit 1000 Zeilen Anwenderprogramm durchlaufen?

10.8.2 Projektierung

Ein zu automatisierender Prozess untergliedert sich in viele Teilbereiche und Teilprozesse, die miteinander verknüpft, jedoch voneinander unabhängig sind. Eine Applikation kann in folgende Teilaufgaben zerlegt werden:

Hardwareanforderungen, -auswahl:

- Anzahl und Art der Ein- und Ausgänge
- Anzahl und Art der Baugruppen
- Bedien- und Beobachtungssysteme
- Anzahl der Racks (Baugruppenträger)
- Leistungsfähigkeit und Typ der CPU

Softwareanforderungen:

- Programmstruktur
- Programm- und Projektdokumentation
- Datenhaltung für die Applikation
- Konfigurationsdaten

10.8.2.1 Betriebssystem-Software

Jede CPU verfügt über ihr eigenes Betriebssystem wodurch ihr autonomes Arbeiten ermöglicht wird. Sie gehört zum SPS-Lieferumfang. Zu den Aufgaben gehören:

- Anlauf einer SPS nach Spannungswiederkehr
- Ermöglichung des Datenverkehrs mit anderen Baugruppen
- Organisation des freiprogrammierbaren Speichers der CPU (RAM-Speicher)
- Überwachung von Hard- und Software
- Einleitung von Maßnahmen bei Auftreten von Fehlern

10.8.2.2 Anwendersoftware

Zu Erstellung des Anwenderprogramms stehen die in **Bild 1 und 2** dargestellten Programmiersprachen zu Verfügung. Die Anweisungen zum Programmieren in **AWL** muss der Anwender kennen. Informationen über Syntax und Funktionalität kann er der Online-Hilfe der Software entnehmen. Ein **KOP**-Programm besteht aus einzelnen KOP-Elementen, die in Reihe oder parallel zueinander angeordnet sind.

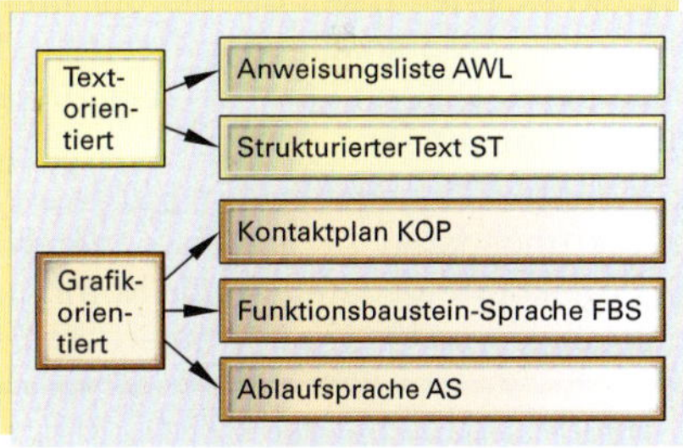

Bild 1: Programmiersprachen (IEC 61131-3)

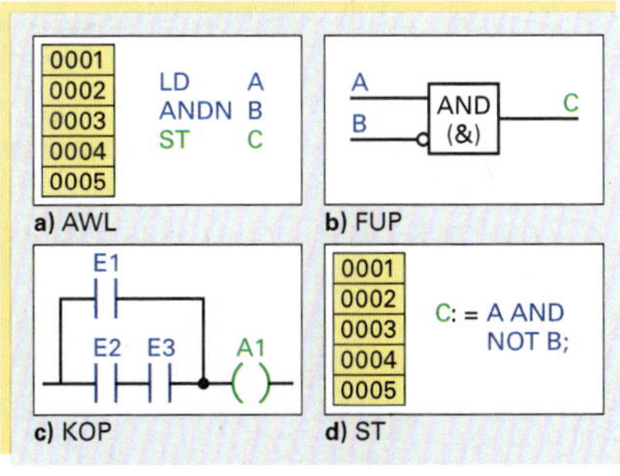

Bild 2: Programmiersprachen

10

Bei der **Funktionsbausteinsprache FBS,** auch **Funktionsplan FUP** genannt, werden die genormten grafischen Funktionssymbole verwendet **(Bild 2, Seite 533).**

Die **Ablaufsprache (AS)** ist ein grafisches Programm-Tool. Mithilfe von Schritten (Aktionen) und Übergangsbedingungen (Transitionen) lassen sich ablauforientierte Problemstellungen lösen. Das Weiterschalten von einem zum nachfolgenden Schritt erfolgt in Abhängigkeit von Bedingungen. Hinter den einzelnen Schritten können sich komplexe Aktionen verbergen, die in einer beliebigen anderen SPS-Programmiersprache formuliert sind. Ein besonderes Merkmal der AS ist die mögliche Parallelisierung von Abläufen mit vollständig unabhängigen Zweigen sowie mit Synchronisationspunkten **(Bild 1).**

Eine Hochsprachen-Programmierung in Pascal oder C ist durch den **Strukturierten Text (ST)** gegeben **(Bild 2, Seite 533).**

Hinweis: Nicht alle SPS-Systeme unterstützen die fünf genannten Programmiersprachen.

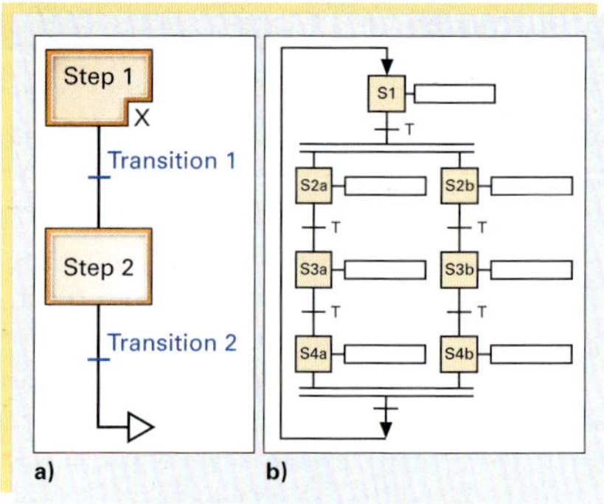

Bild 1: Programmiersprachen:
a) lineares AS
b) verzweigtes AS

10.8.2.3 Programmstruktur

Um einen zu automatisierenden Prozess überschaubar zu gestalten, gliedert man diesen in kleine abgeschlossene Teilprozesse. Einerseits erleichtert dies die Projektierung, andererseits können die Teilprozesse auch von mehreren Personen gleichzeitig programmiert werden. Folglich vereinfachen sich die Programmtests sowie der Service und die Wartung.

> Der gesamte Automatisierungsprozess muss in verschiedene Teilaufgaben zerlegt werden.

Jede dieser Teilaufgaben stellt an das Automatisierungssystem bestimmte Hard- und Softwareanforderungen.

Projekte dienen dazu, die bei der Erstellung einer Automatisierungslösung anfallenden Daten und Programme geordnet abzulegen. Die in einem Projekt zusammengefassten Daten sind insbesondere:

- Konfigurationsdaten vom Hardwareaufbau, sowie Parametrierungsdaten für die verwendeten Baugruppen
- Projektierungsdaten für die Kommunikation über Netze
- Programme für programmierbare Baugruppen

> Hauptaufgabe bei der Erstellung eines Projektes sind:
> - Erfassen von Daten
> - Programmerstellung

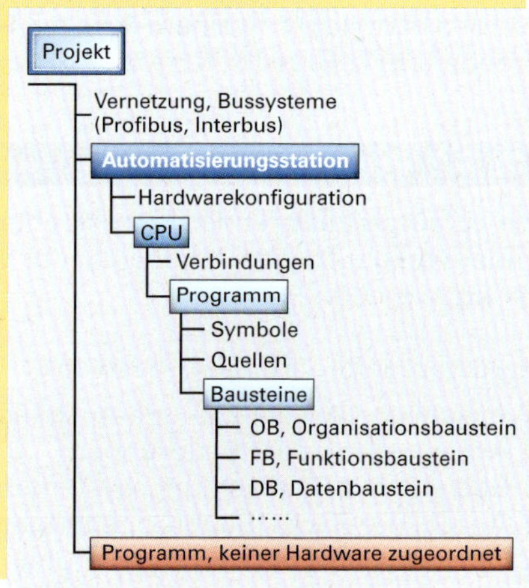

Bild 2: Programmhierarchie

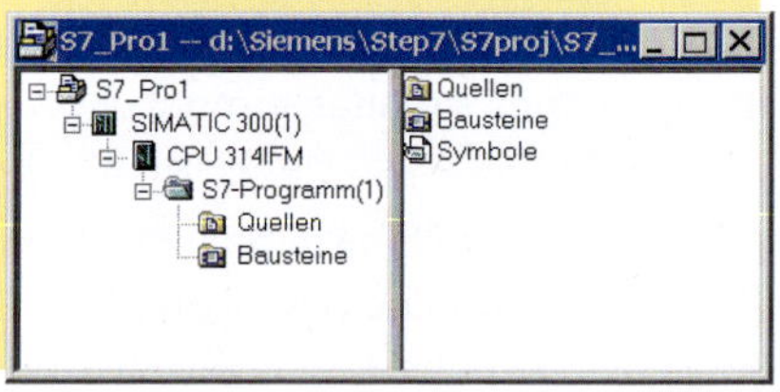

Bild 3: Projektfenster

Am Beispiel eines marktüblichen industriellen SPS-Systems soll die Vorgehensweise einer Projektierung exemplarisch erläutert werden. Daten werden in einem Projekt in Form von **Objekten** abgelegt. Die Objekte sind innerhalb eines Projektes in einer Baumstruktur (Projekthierarchie) angeordnet (ähnlich der Windows-Oberfläche). Das **Projektfenster** auf dem Bildschirm ist zweigeteilt. In der linken Hälfte wird die Baumstruktur des Projektes dargestellt; in der rechten Hälfte wird der Inhalt des links markierten Objektes in der gewählten Ansicht angezeigt (große Symbole, keine Symbole, Liste oder Details). An der Spitze der Objekthierarchie steht hier das Objekt „S7_Pro1" als Symbol für das gesamte Projekt **(Bilder 2 und 3).**

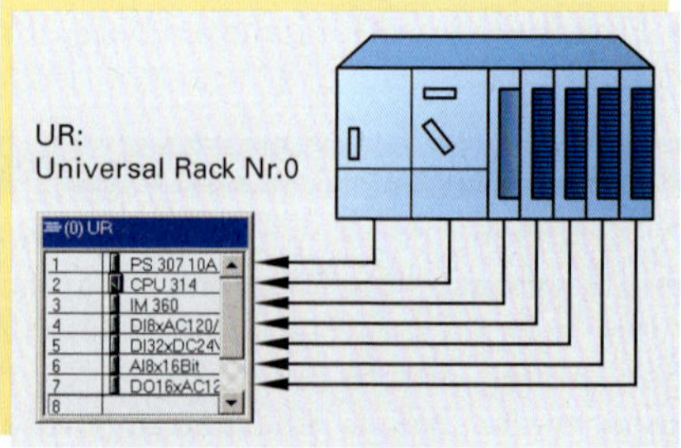

Bild 4: Konfigurationstabelle Baugruppenträger

Das Projektfenster kann zum Anzeigen der Projekteigenschaften benutzt werden und dient als Ordner für Netze (Projektieren von Netzen), Stationen (zum Konfigurieren der Hardware) sowie für S7-Programme (zur Software-Erstellung). Die enthaltenen Objekte werden rechts im Projektfenster angezeigt, wenn das Projektsymbol markiert ist. Die Objekte an der Spitze der Hierarchie (dazu gehören neben den Projekten auch Bibliotheken) bilden die Einstiegspunkte in Dialogfeldern zur Auswahl von Objekten. Zum **Konfigurieren** einer Station sind zwei Schritte vorzunehmen:

1. Markieren der Hardware-Komponenten im Fenster Hardware Katalog.
2. Ziehen der ausgewählten Komponente per „Drag&Drop" in das Stationsfenster **(Bild 1).**

> Das Konfigurieren der Hardware und das Projektieren von Netzen sind nur in der Ansicht „offline" durchführbar.

Baugruppen müssen lückenlos aneinandergereiht werden. **Ausnahme:** Beim Aufbau mit einem Baugruppenträger muss ein Steckplatz der Konfigurationstabelle frei bleiben (reserviert für Anschaltbaugruppe).

Bei S7-300 ist dies der Steckplatz 3. Im tatsächlichen Aufbau existiert keine Lücke, da der Rückwandbus unterbrochen wäre. In STEP 7 werden Baugruppenträger durch Konfigurationstabellen repräsentiert. Diese haben so viele Zeilen wie Baugruppen auf dem realen Baugruppenträger steckbar sind **(Bild 4, Seite 531).** Jeder Ein- und Ausgang einer Baugruppe hat durch den Hardwareaufbau eine vorgegebene **absolute Adresse (Bild 3).** Diese wird direkt d.h. absolut angegeben. Um dem Anwenderprogramm mitzuteilen, dass ein Eingang UND verknüpft werden soll, ist eine **Steueranweisung** zu schreiben. Diese besteht aus einem **Operationsteil** und einem **Operandenteil (Bild 2).**

> Der Operationsteil gibt an, welche Operation mit der Anweisung durchgeführt wird. UND-ODER-Verknüpfungen sind z.B. Operationen. Der Operandenteil gliedert sich in den Kennzeichenteil und den Parameterteil. Operanden sind Ein- und Ausgänge, Merker, Zähler, Zeiten, Datenbausteine oder Funktionsbausteine.

E 1.5 bedeutet: Eingangsbit Nr. 5 im Byte Nr.1
A 4.3 bedeutet: Ausgangsbit Nr. 3 im Byte Nr. 4
FB 21 bedeutet: Funktionsbaustein Nr. 21

Digitaloperanden gibt es als Byte-, Wort- oder Doppelwortoperanden.

Die absolute Programmierung sollte man nutzen, wenn nur wenige Ein- und Ausgänge angesprochen werden.

Die Lesbarkeit von Programmen steigt, wenn die **symbolische Adressierung (Bild 4)** (Motor_VOR) statt der Absolutadressen (A20.5) verwendet wird. Der Anwender bestimmt einen Namen bzw. ein Symbol, das er einer absoluten Adresse zuordnet. Hierbei wird unterschieden zwischen globalen und bausteinlokalen Symbolen.

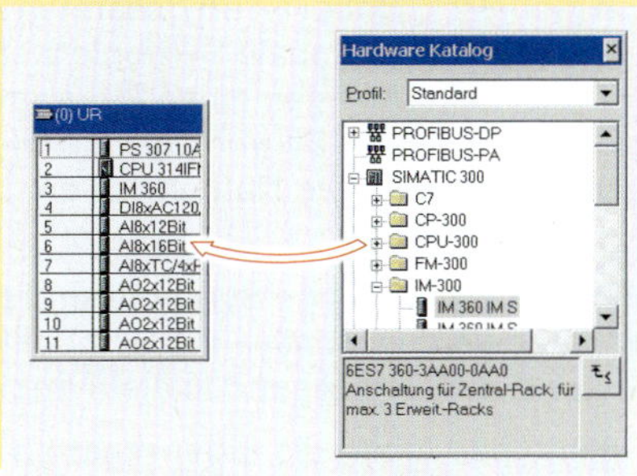

Bild 1: Konfigurieren einer Station

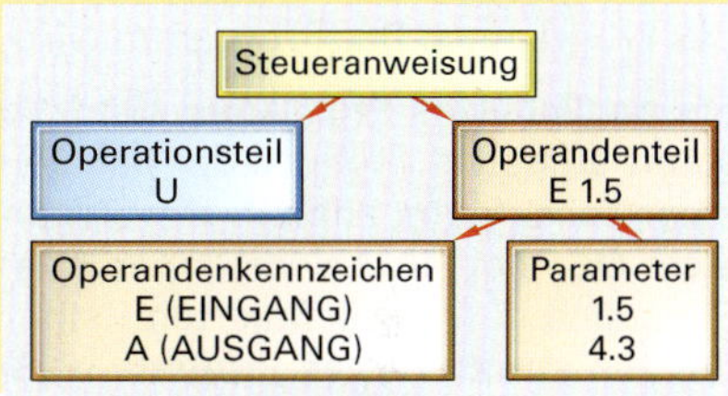

Bild 2: Steueranweisung

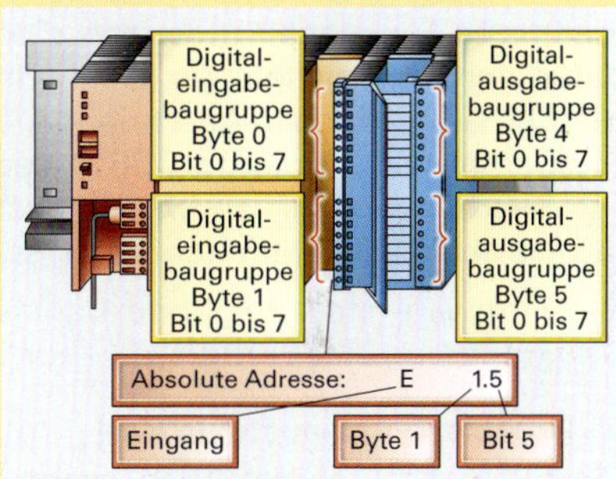

Bild 3: Absolute Adresse

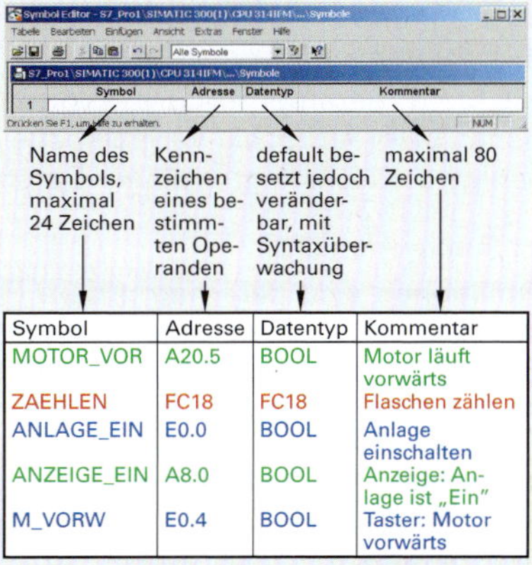

Symbol	Adresse	Datentyp	Kommentar
MOTOR_VOR	A20.5	BOOL	Motor läuft vorwärts
ZAEHLEN	FC18	FC18	Flaschen zählen
ANLAGE_EIN	E0.0	BOOL	Anlage einschalten
ANZEIGE_EIN	A8.0	BOOL	Anzeige: Anlage ist „Ein"
M_VORW	E0.4	BOOL	Taster: Motor vorwärts

Bild 4: Struktur der Symboltabelle

Ein globales Symbol ist im gesamten Anwenderprogramm bekannt und hat in allen Bausteinen die gleiche Bedeutung. Globale Symbole werden in der Symboltabelle definiert. Die Symboltabelle wird automatisch beim Anlegen eines Programms erzeugt. Lokale Symbole sind nur innerhalb eines Bausteines gültig. Das gleiche Symbol, die gleiche Variable kann in einem anderen Baustein mit anderer Bedeutung genutzt werden. Die Namen für die Lokaldaten werden im Deklarationsteil des entsprechenden Bausteines festgelegt.

Hinweis: Mehrdeutige Symbole sind graphisch (Farbe, Schriftart) hervorgehoben und müssen nachbearbeitet werden, sodass die Symbolik eindeutig ist. Die Symboltabelle kann auch mit einem Tabelleneditor (Excel) erstellt und in die Symboltabelle importiert werden.

Datentypen legen die Eigenschaften von Daten fest, d.h. die Darstellung des Inhalts, den zulässigen Wertebereich und die möglichen Operationen. So stellt z.B. eine Variable vom **Datentyp BOOL** ein Bit dar. Das **Anwenderprogramm** kann als *lineares Programm,* als *gegliedertes Programm* oder als *strukturiertes Programm* programmiert sein. Ein **lineares Programm (Bild 1a)** hat eine einfache Struktur (ohne Verzweigungen). Ein einziger Programmbaustein (Organisationsbaustein OB1) enthält alle Anweisungen des Programms. Das Programm wird in jedem CPU-Zyklus zeilenweise abgearbeitet.

Ein **gegliedertes Programm (Bild 1b)** ist in Bausteine aufgeteilt, wobei jeder Baustein die Lösung einer Teilaufgabe enthält. Der Organisationsbaustein OB1 enthält Anweisungen, die die anderen Bausteine in einer definierten Reihenfolge aufrufen. Ein **strukturiertes Programm (Bild 2)** enthält Bausteine mit Parametern, sogenannte parametrierbare Bausteine. Diese Bausteine sind so ausgelegt, dass sie universell einsetzbar sind. Werden z.B. in einem zu steuernden Prozess ähnliche oder identische Funktionen mehrfach eingesetzt, wird dafür eine allgemeingültige Lösung in einen parametrierbaren Baustein geschrieben. Ruft nun das Programm (z.B. durch den OB1) diesen Baustein zur Bearbeitung auf, so wird dieser durch den jeweils aktuellen Parametersatz versorgt.

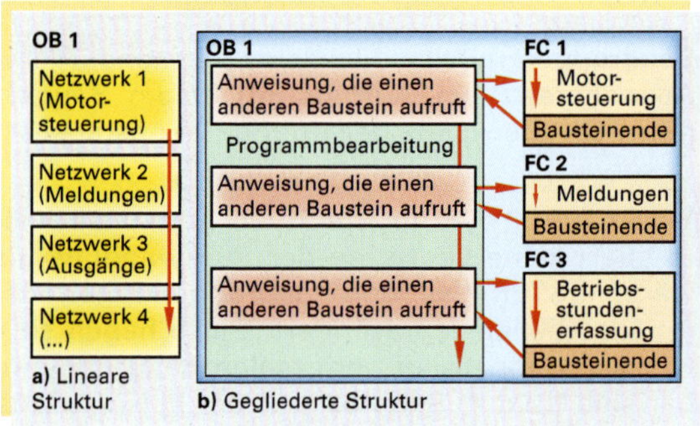

Bild 1: Anwenderprogramm a) Lineare Struktur b) Gegliederte Struktur

Die Firmware stellt folgende Bausteintypen zur Strukturierung eines Programms zur Verfügung:

- **Organisationsbausteine (OB)**

Sie bilden die Schnittstelle zwischen dem Anwenderprogramm und dem Betriebssystem. Der OB1 sorgt für die zyklische Abarbeitung des Hauptprogramms. Andere OBs werden bei speziellen Ereignissen (Alarmen) aufgerufen.

- **Funktionsbausteine (FB)**

Sie sind parametrierbare Programmbausteine denen beim Aufruf ein Variablenspeicher zugewiesen wird. Dieser liegt in einem Datenbaustein.

- **Funktionen (FC)**

Funktionen sind parametrierbare Programmbausteine ohne eigenen Datenbereich (Gedächtnis). SFCs sind vorprogrammierte, getestete Funktionen und im Betriebssystem der CPU integriert.

- **Datenbausteine (DB)**

Sie enthalten die Daten (feste, variable), die von Programmbausteinen weiter verarbeitet werden können **(Bild 3).**

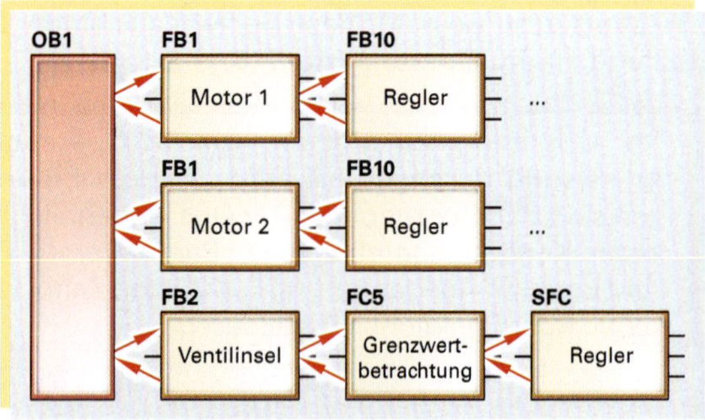

Bild 2: Strukturiertes Anwenderprogramm

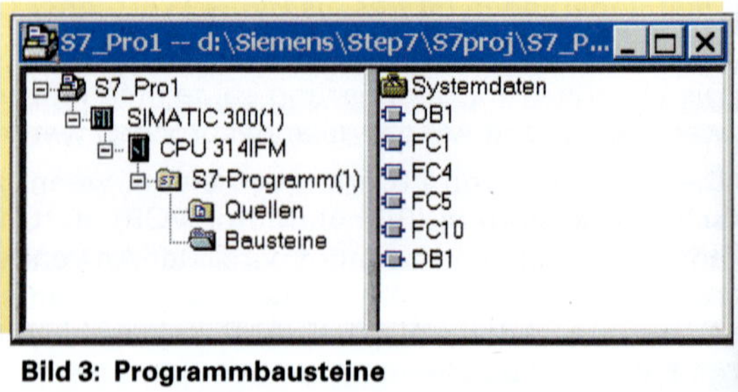

Bild 3: Programmbausteine

10.8.3 Grundfunktionen

Jede Programmiersprache hat Funktionen, die eine Basisfunktionalität darstellen.

Tabelle 1: Basisfunktionen

Basisfunktionen	FUP	KOP
Binäre Verknüpfungen UND; ODER; NICHT; IDENTITÄT	logische Bausteine &	Reihen- bzw. Parallelschaltung von Operanden
Speicherfunktionen	Zuweisung =	Spule (S)
	Speicher-Box; Konnektoren, Flankenauswertung	
Zeitfunktionen	Zeitfunktionen können gestartet, rückgesetzt und abgefragt werden	
Zählfunktionen	setzen und rücksetzen; vorwärts und rückwärts zählen; Abfragen einer Zählfunktion	

Mit der Programmiersprache **KOP** kann die SPS auf Basis von Schütz- und Relais-Steuerungen programmiert werden.

10.8.3.1 Schließerkontakt; Öffnerkontakt

Mit diesen beiden Kontakttypen werden Binäroperanden, deren Adresse über dem Kontakt steht, abgefragt. Ein Schließerkontakt (Kontakt geschlossen → Strom fließt) entspricht der Abfrage des Binäroperanden auf Signalzustand „1“ **(Bild 1).** Führt der abgefragte Operand „1“-Signal, ist der Schließerkontakt aktiviert und es fließt Strom. Die Spule, das Relais ist angesteuert. Ist der Geber (E4) geöffnet, führt E 1.4 „0“-Signal, so fließt kein Strom über den Schließerkontakt. Die Spule schaltet sich nicht ein. Durch einen Öffnerkontakt fließt Strom, wenn der Binäroperator „0“-Signal führt **(Bild 2),** also der Geber E5 nicht betätigt (offen) ist. Wird der Öffnerkontakt betätigt („1“-Signal an E5), öffnet sich der Öffnerkontakt und das Relais fällt ab. Ein Öffnerkontakt fragt den Eingang auf Signalzustand „0“ ab.

10.8.3.2 Binäre Verknüpfungen

Der Funktionsplan (FUP) stellt binäre Funktionen wie UND (NAND) zur Verfügung. Alle Funktionen können (theoretisch) beliebig viele Funktionseingänge aufweisen. Die Anzahl dieser Funktionen ist begrenzt durch die Länge eines Bausteines und durch die Größe des Arbeitsspeichers der CPU. Bevor die Funktionen die Signalzustände miteinander verknüpfen, werden die Binäroperanden an den Eingängen abgefragt. Diese Abfrage kann nach Signalzustand „1“ oder „0“ erfolgen **(Bild 3).**

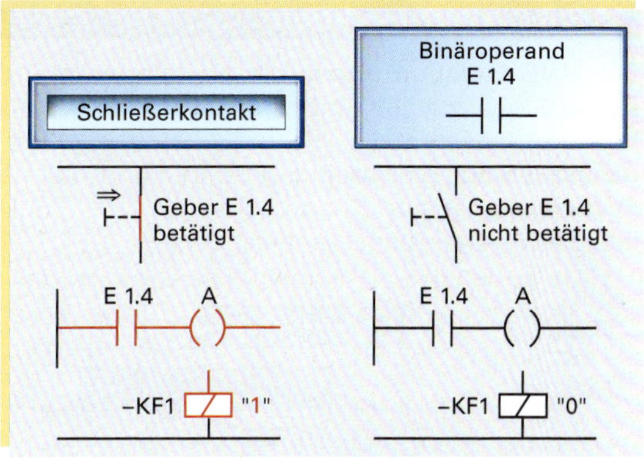

Bild 1: Arbeitsweise eines Schließerkontakts

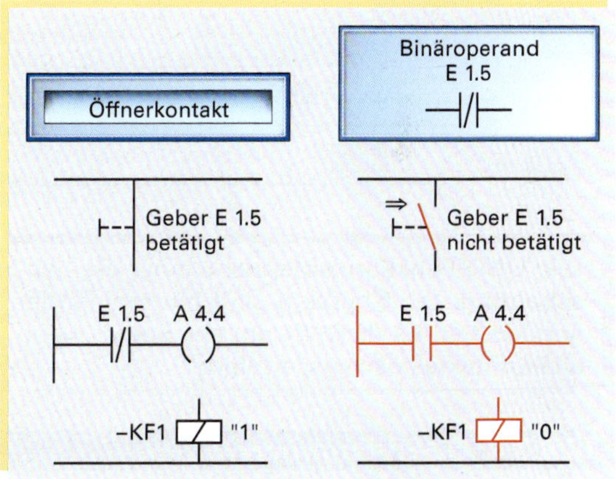

Bild 2: Arbeitsweise eines Öffnerkontaktes

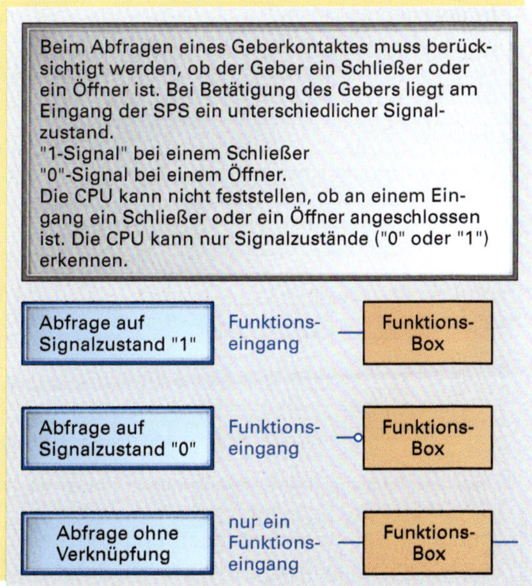

Bild 3: Abfrage binärer Verknüpfungen

10

10.8.3.3 UND-Funktion

Die UND-Funktion verknüpft zwei (oder mehr) binäre Signalzustände miteinander und liefert als Verknüpfungsergebnis „1", wenn beide (alle) Eingangszustände gleichzeitig „1" sind. Führt nur ein Eingangssignal eine „0", so liefert die UND-Funktion das Verknüpfungsergebnis „0".

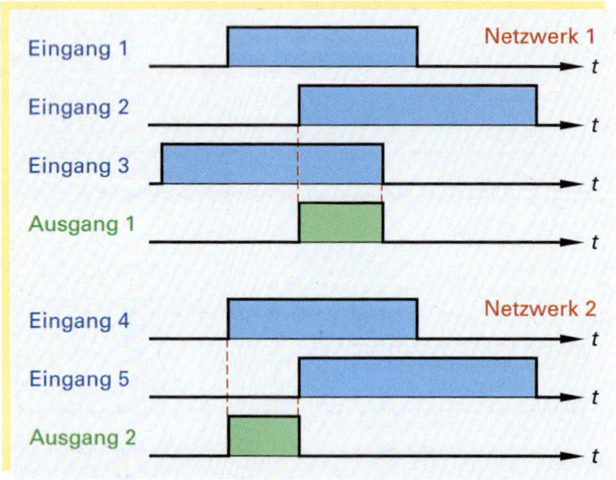

Die UND-Funktion entspricht einer Reihenschaltung. Die Kontakte sind hintereinander angeordnet. Es fließt Strom zur Spule, wenn alle Kontakte geschlossen sind.

10.8.3.4 ODER-Funktion

Die ODER-Funktion verknüpft zwei (oder mehr) binäre Zustände miteinander und liefert als Verknüpfungsergebnis „1", wenn mindestens ein Abfrageergebnis „1" ist.

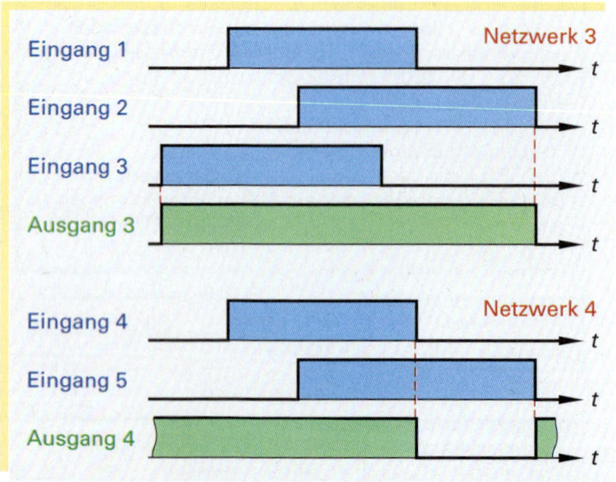

Die ODER-Funktion entspricht einer Parallelschaltung. Die Kontakte liegen parallel zueinander. Zur Spule fließt Strom, wenn einer der Kontakte geschlossen ist.

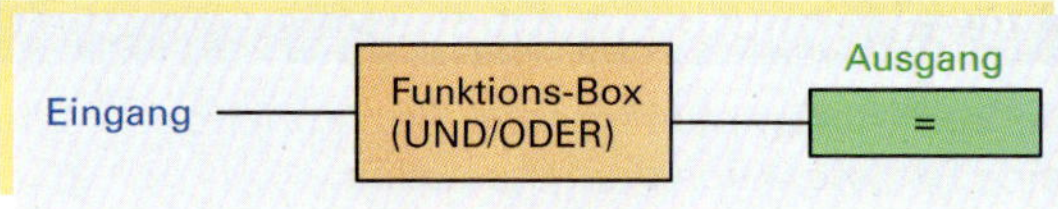

Bild 1: Funktionsbox mit Zuweisung

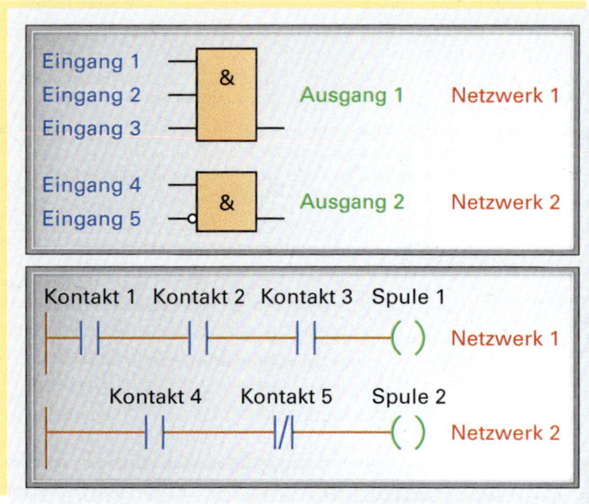

Bild 2: UND-Funktion als FUP und KOP

Die UND-Funktion entspricht einer Reihenschaltung, die Kontakte sind hintereinander angeordnet. Es fließt Strom zur Spule, wenn alle Kontakte geschlossen sind.

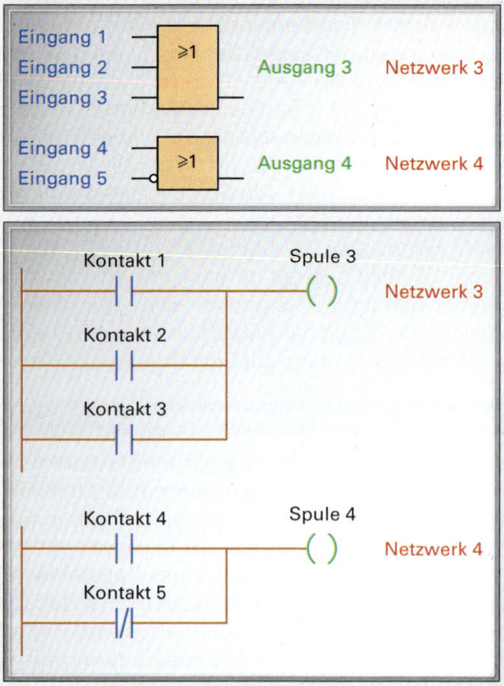

Bild 3: ODER-Funktion als FUP und KOP

Beispiel: Durch eine Linearachse werden Werkstücke positioniert. Eine pneumatische Z-Achse nimmt mittels Greifer Werkstücke auf, die Linearachse verfährt sie in die gewünschte Position. Sowohl die Endlagen der Z-Achse als auch der Lineareinheit sind abzufragen. Dabei dürfen die Endschalter paarweise nicht gleichzeitig betätigt sein. Andernfalls wird die Fehlermeldung „Endschalter Fehler“ ausgegeben (s. Technologieschema).

Geben Sie die Lösung als KOP- und FSB/FUP-Programm an. Die Endschalter sind als Schließer verdrahtet.

E1: Endschalter Lineareinheit links; E2: Endschalter Lineareinheit rechts; E3: Endschalter Z-Achse oben; E4: Endschalter Z-Achse unten.

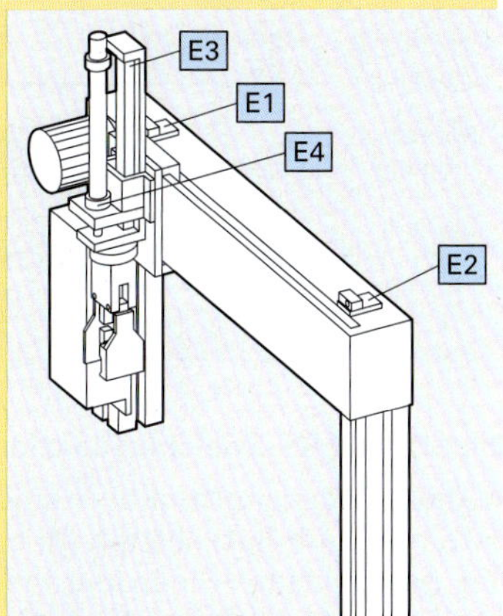

Technologieschema

Lösung:

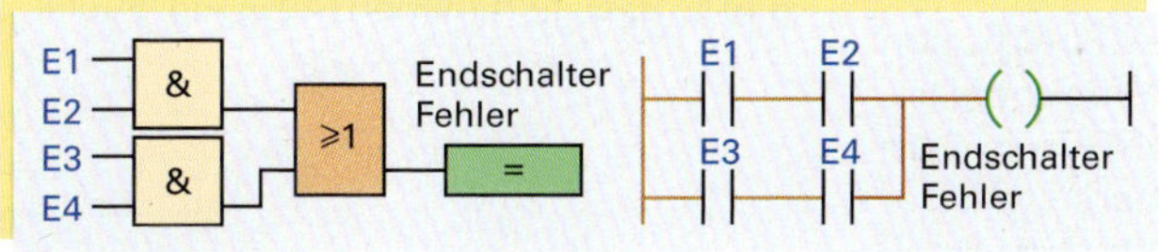

Arbeitsauftrag:

Welche Änderungen sind im obigen Programm vorzunehmen, wenn die Endschalter als Öffner verdrahtet sind?

10.8.3.5 Speicherfunktionen

Die Speicherfunktionen werden im KOP mit der Reihen- und Parallelschaltung von Kontakten, im FUP mit binären Verknüpfungen verwendet. Mit ihrer Hilfe werden in der CPU Verknüpfungsergebnisse gebildet, die die Signalzustände der Binäroperanden beeinflussen. Die **Zuweisungsbox** weist das Verknüpfungsergebnis dem über der Box stehenden Operanden zu. Ist das Verknüpfungsergebnis „1“ so wird der Operand gesetzt, bei „0“ wird der Operand zurückgesetzt. Was beim FUP die Zuweisungsbox ist, entspricht beim KOP der einfachen Spule. Sie bildet den Abschluss eines Strompfades und weist den Stromfluss dem über der Spule stehenden Operanden zu **(Bild 1 und Bild 1, Seite 540)**.

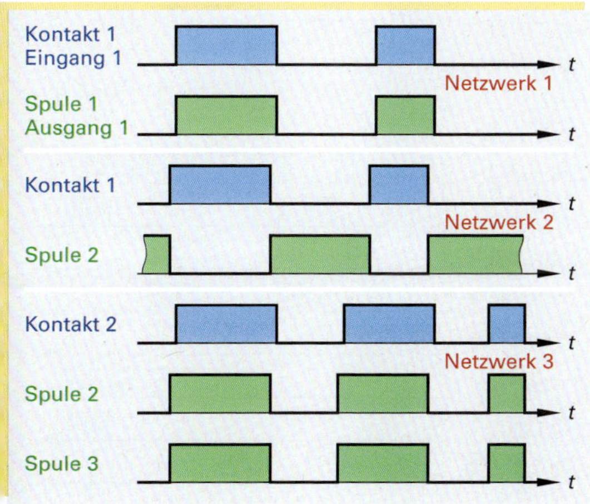

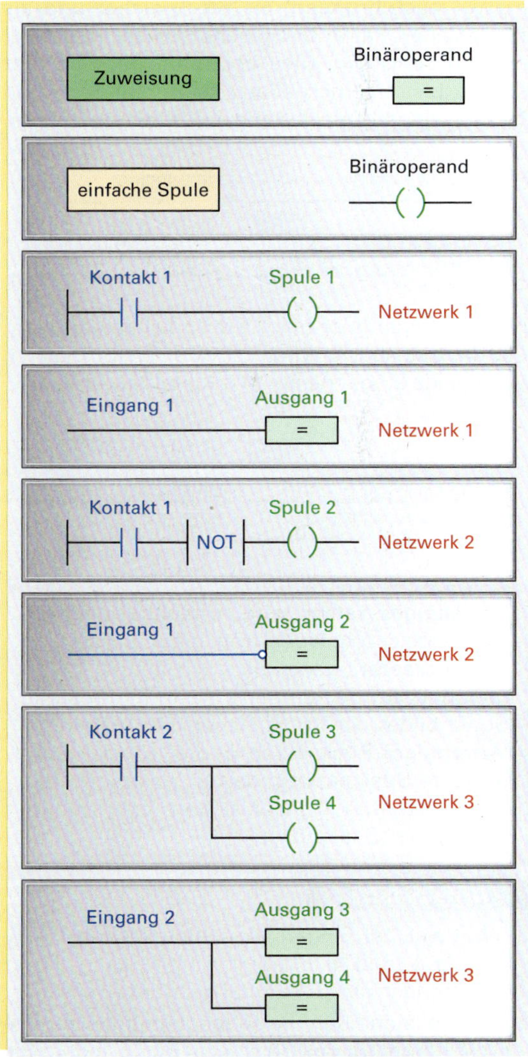

Bild 1: Speicherfunktion (Ausgang, Spule)

10

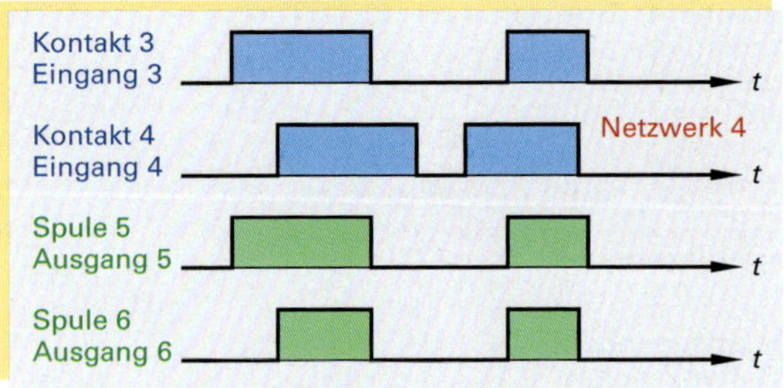

Die SR- und RS-Speicherfunktion (Bilder 2 und 3)

In dieser Speicherfunktion sind die Funktionen Setzen (S) und Rücksetzten (R) zusammengefasst. Der gemeinsame Binäroperand steht über dem Speicher. Am Ausgang A des Speichers steht der Signalzustand des Operanden an, der dem Speicher zugeordnet ist. Die Speicherfunktion gibt es in zwei Ausführungen, als **SR-Speicher** und als **RS-Speicher**. Beim SR-Speicher ist der Rücksetzeingang vorrangig. Dies bedeutet, der Speicher ist oder bleibt zurückgesetzt, wenn am Setz- und Rücksetzeingang gleichzeitig ein „1"-Signal anliegt.

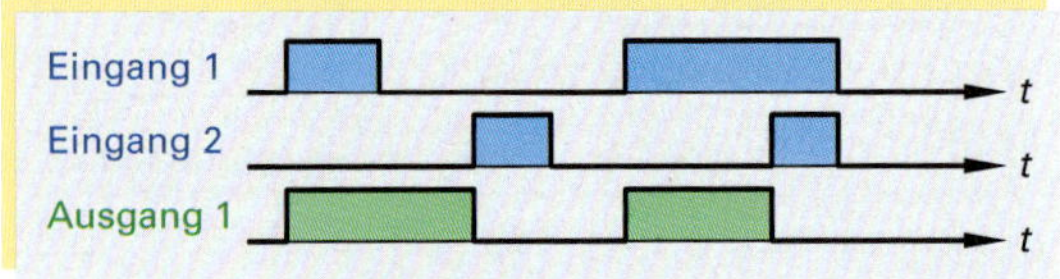

Der Setzeingang ist beim RS-Speicher vorrangig d.h. die Speicherfunktion ist oder bleibt gesetzt, wenn beide Eingänge ein „1"-Signal führen.

Vorrangiges Setzen wird verwendet bei Störmeldespeichern, wenn trotz einer Quittierung am Rücksetzeingang die noch aktuelle Störmeldung am Setzeingang weiterhin ansteht. Sonst bildet der RS-Speicher die Ausnahme. **Vorrangiges Rücksetzen** ist die vorrangig eingesetzte Speicherung, da der zurückgesetzte Signalzustand („0") der sichere bzw. „ungefährlichere" Zustand ist.

Arbeitsauftrag:

1. Mit welcher Eingangskombination führt Ausgang 4 (Bild 4) „1"-Signal? Wie kann dieser Zustand in ein „0"-Signal geändert werden?
2. Vervollständigen Sie nebenstehendes Impulsdiagramm für das Beispiel in **Bild 4,** indem Sie das Ausgangssignal an A4 skizzieren.

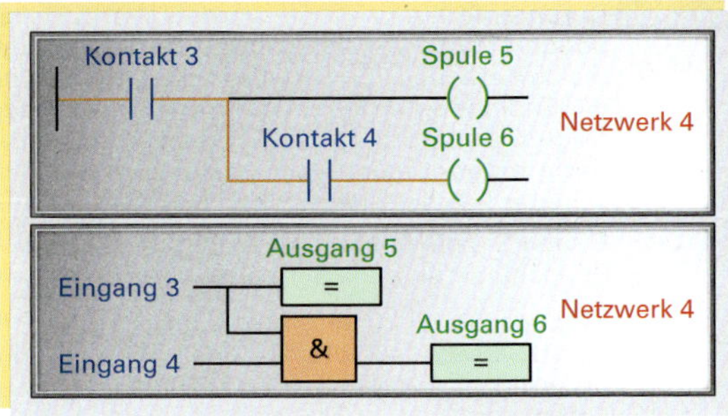

Bild 1: Speicherfunktion (Ausgang, Spule)

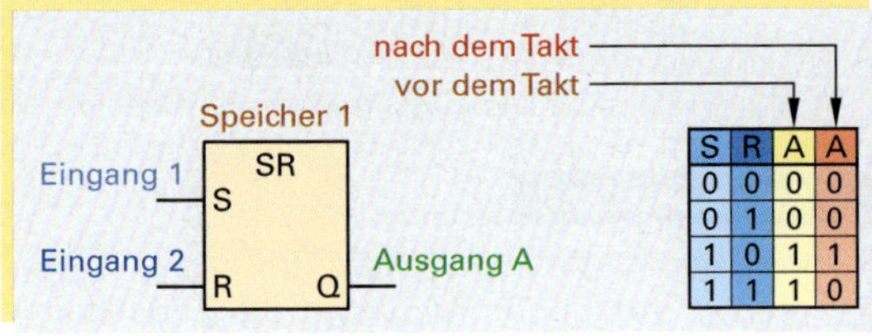

Bild 2: SR-Speicherfunktion

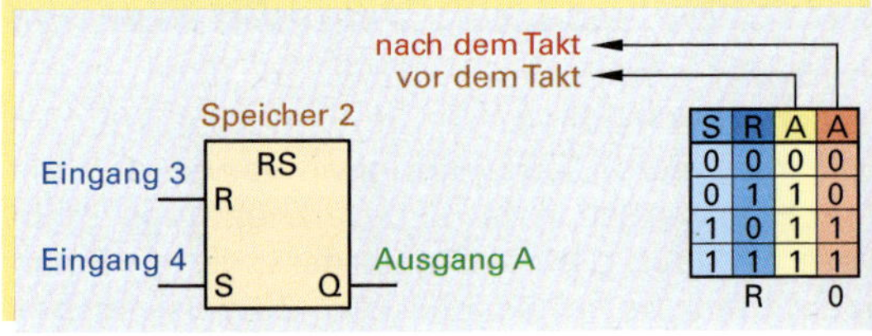

Bild 3: RS-Speicherfunktion

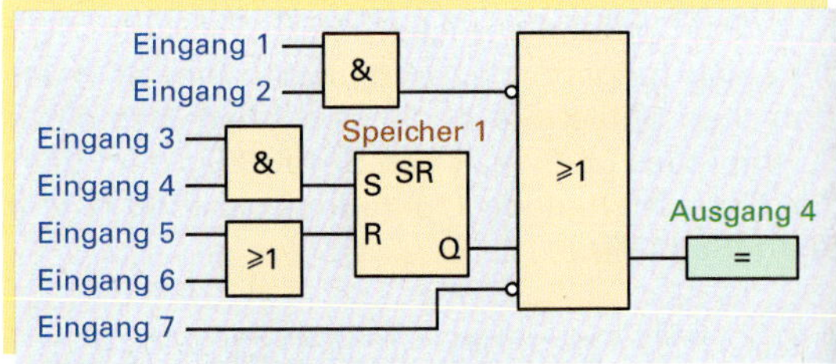

Bild 4: Beispiel zum SR-Speicher

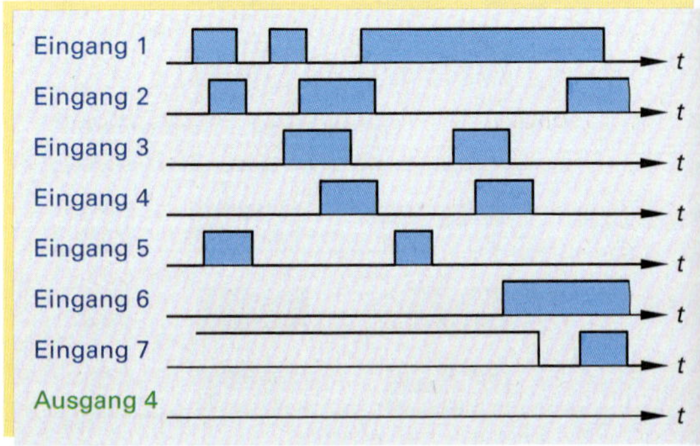

Konnektoren

Der Konnektor ist ein Zwischenspeicher. Im Kontaktplan ist er eine einfache Spule innerhalb eines Strompfades, im Funktionsplan eine einfache Speicherbox innerhalb einer Verknüpfung **(Bild 1)**. Das am Konnektor anstehende Verknüpfungsergebnis wird in dem Binäroperand, der über dem Konnektor steht, gespeichert. Der Binäroperand über dem Konnektor kann an einer anderen Stelle im Programm abgefragt werden. Jedoch darf ein Konnektor keine Verknüpfung bzw. keinen Strompfad abschließen.

Beispiel: Mithilfe zweier Lichtschranken –KG1 und –KG2 wird die Lage eines Blechstreifens in einer Tiefziehpresse überprüft. Ein Initiator I3 prüft ob Blech vorhanden ist. Die Tiefziehpresse soll einen Napf ziehen, wenn das Blech richtig positioniert ist und ein Fußschalter S4 ≙ (E4) betätigt wird. Über den Eingang E5 soll angezeigt werden dass der Blechstreifen in Position liegt; über den Eingang E6 wird signalisiert „Blechstreifen außerhalb Position". **Bild 2** zeigt eine mögliche Lösung im KOP. Wandeln Sie diesen in den entsprechenden FUP um.

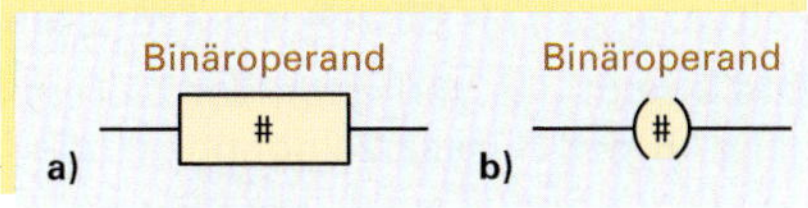

Bild 1: Konnektor-Darstellung a) FUP, b) KOP

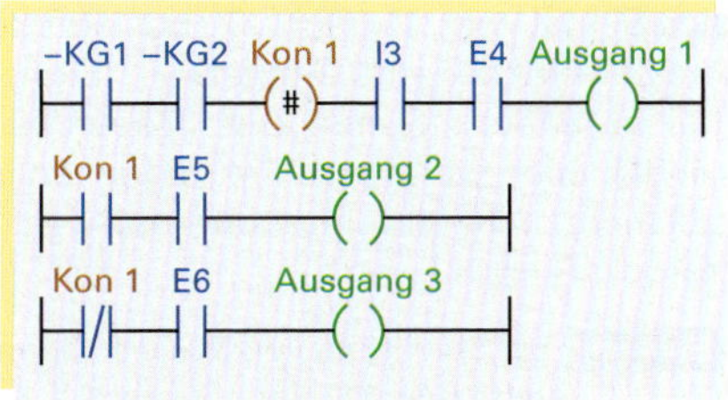

Bild 2: KOP Pressensteuerung

10.8.3.6 Flankenauswertung

Eine Flankenauswertung erfasst die Änderung eines Signalzustandes. Unterschieden wird zwischen positiver und negativer Flankenerkennung. Wechselt der Signalzustand von „0" nach Zustand „1", so liegt eine positive (steigende) Flanke vor. Im umgekehrten Fall eine negative (fallende) Flanke. Eine von der CPU erkannte Flanke setzt die entsprechende Flankenauswertung auf „1". Dieser Signalzustand „1" steht jedoch nur kurzfristig an, in der Regel nur einen Bearbeitungszyklus lang, denn im nächsten Zyklus erkennt die CPU keine Flanke und die Auswertung wird auf „0"-Signal zurückgesetzt. Das Ergebnis einer Flankenauswertung kann direkt mit nachfolgenden binären Verknüpfungen verarbeitet werden. Soll die Flankenerkennung an einer anderen Stelle im Programm verwendet werden, wird es einem Impulsmerker (Zwischenspeicher, Operanden) zugewiesen. Netzwerk 1 zeigt eine direkte Flankenauswertung **(Bild 3)**. Netzwerk 2 zeigt die Flankenauswertung eines Operanden **(Bild 4)**.

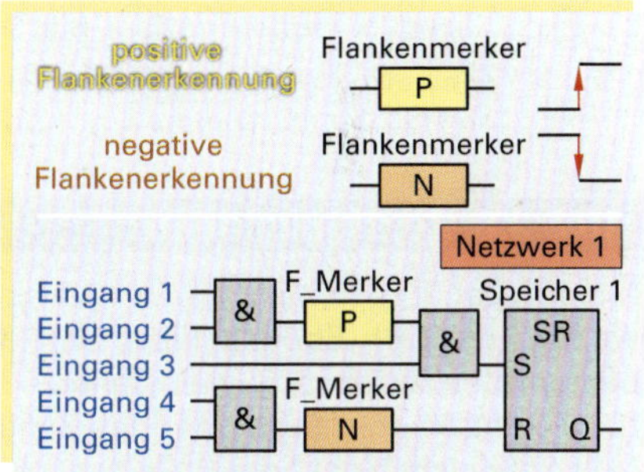

Bild 3: Flankenerkennung des Verknüpfungsergebnisses

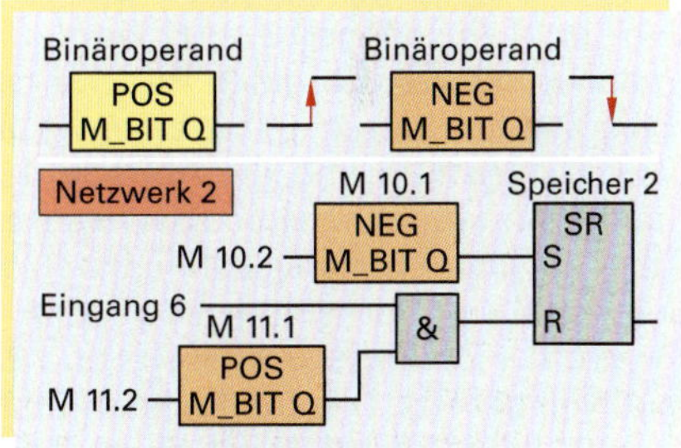

Bild 4: Flankenerkennung eines Operanden

10.8.3.7 Zeitfunktionen

Mithilfe der Zeitfunktionen können Warte- und Überwachungszeiten, Messungen einer Zeitspanne oder die Bildung von Impulsen realisiert werden. Die CPU stellt in der Regel folgende Zeitfunktionen zur Verfügung **(Bild 1 und Bild 1, Seite 542)**:

- Impulsbildung (Timer Typ SI)
- Verlängerter Impuls (Timer Typ SV)
- Einschaltverzögerung (Timer Typ SE)
- speichernde Einschaltverzögerung (Timer Typ SS)
- Ausschaltverzögerung (Timer Typ SA)

Die Ausschaltverzögerung wird gestartet, wenn an ihrem Eingang ein Signalwechsel von „1" nach „0" erfolgt. Alle anderen Zeitfunktionen werden durch einen „0" → „1" Wechsel gestartet.

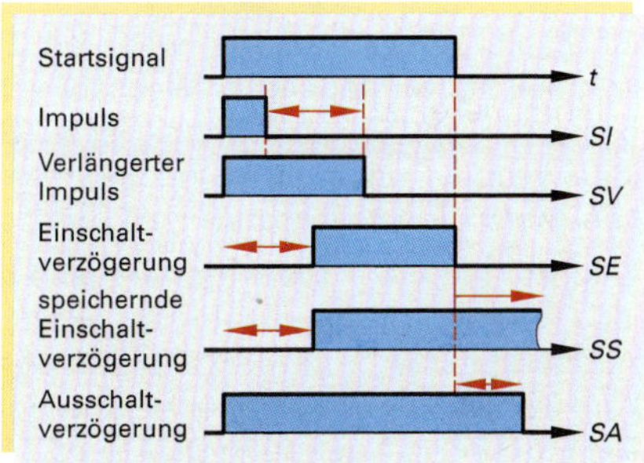

Bild 5: Zeitfunktionen

Zeitverhalten als Einschaltverzögerung

Bild 2 zeigt das Verhalten der Zeitfunktion. S ist der Starteingang, R der Rücksetzeingang, Ti die interne Zeit des Timers und Q der Status am Timerausgang. Gestartet wird der Timer mit einem „1"-Signal an S. Der Q-Ausgang liefert Signalzustand „1", wenn die interne Zeit (einstellbar an TW) abgelaufen ist und an S noch der Signalzustand „1" ansteht. Wechselt an S das Signal von „1" nach „0" bei laufender interner Zeit, stoppt die Zeitfunktion und Q liefert „0"-Signal (2). Ein „1"-Signal an R bei laufender internen Zeit (3) setzt die Zeitfunktion zurück (Q = „0"), auch wenn an S „1"-Signal anliegt. Ein „1"-Signal an R bei nicht mehr laufender internen Zeit (4) setzt die Zeitfunktion zurück (Q = „0").

Beispiel: Zur Steuerung von Mischanlagen werden häufig Zeitverzögerungen benötigt. So soll z. B. die Heizung beim Mischvorgang für 15 Minuten eingeschaltet werden (Simulation 30 s), nachdem der „Taster Steuerung ein" betätigt wurde (Merker M 50.0 = „1") und der Mischbehälter gefüllt ist (Initiator B1 = E0.5 = „0" Öffnerfunktion). **Bild 3** zeigt das Programm.

Hinweis: Die mit ... versehenen Ein- und Ausgänge müssen nicht unbedingt belegt werden.

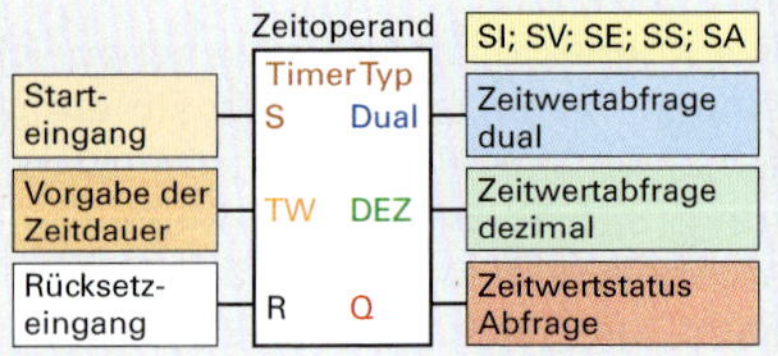

Bild 1: Zeitfunktionsblock

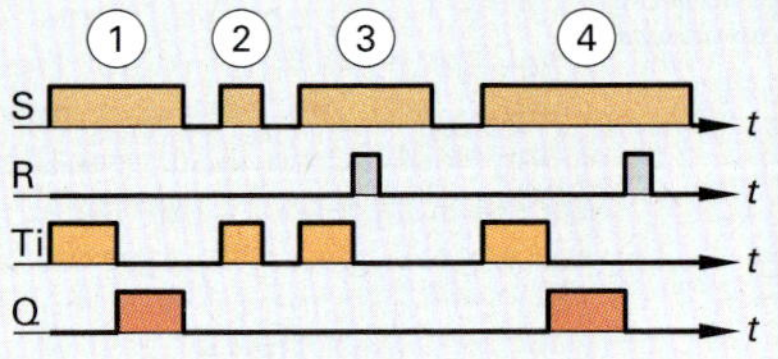

Bild 2: Zeitdiagramm Einschaltverzögerung

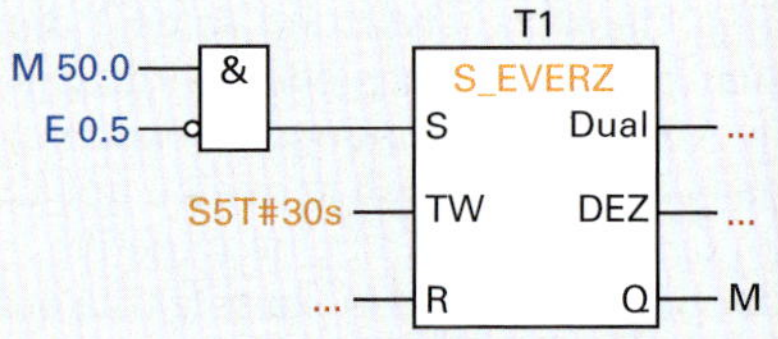

Bild 3: Programmausschnitt mit Einschaltverzögerung

10.8.3.8 Zählfunktionen

Mit den Zählfunktionen kann vorwärts oder rückwärts gezählt werden **(Bild 4)**. Ebenso lässt sich der Zählwert auf einen bestimmten Anfangswert einstellen oder löschen. Die Abfrage der Zählfunktion erfolgt über den Zählerstatus an Q (Zählwert Null oder nicht Null) oder über den aktuellen Zählwert der einmal dual codiert am Ausgang DUAL, oder BCD-codiert an DEZ ansteht.

Bei der Programmierung einer Zählfunktion müssen nicht alle Ein- bzw. Ausgänge benutzt werden. Es genügen die Operationen die z. B. für einen Rückwärtszähler notwendig sind. Dies sind das Setzen (S) auf einen Anfangszählwert, das Rückwärtszählen (ZR) und die Abfrage des Zählerstatus (Q). Ein Zähler wird durch eine positive Flanke am S-Eingang gesetzt. Dadurch übernimmt die Zählfunktion den am ZW-Eingang stehenden Wert (Wertebereich 0 bis 999). Mit einem „1"-Signal an R wird der Zähler zurückgesetzt und damit auch der Zählwert auf Null gesetzt. Die Zählfunktion zählt vorwärts wenn an ZV ein „0" → „1" Wechsel stattfindet. Jede weitere positive Flanke erhöht den Zählwert um eine Einheit, bis der obere Wert 999 erreicht ist. Jede weitere positive Flanke bleibt unberücksichtig. Ein Übertrag findet nicht statt **(Bild 5)**.

Ein Zähler zählt rückwärts, wenn an ZR ein positiver Flankenwechsel stattfindet. Jeder Wechsel verringert den an ZW eingestellten Wert um eine Einheit. Ist die Grenze Null erreicht, zeigt jede weitere Flanke keine Wirkung mehr. Ein Zählen mit negativen Zahlen findet nicht statt. An Q wird der Zählstatus abgefragt.

Q führt „1"-Signal, wenn der aktuelle Zählwert größer als Null ist. Q führt „0"-Signal wenn der aktuelle Zählwert Null ist. Die Ausgänge DUAL und DEZ stellen den aktuellen Zahlenwert zum Zeitpunkt der Abfrage im jeweiligen Code zur Verfügung. Die Ein- und Ausgänge R; DUAL; DEZ brauchen nicht beschaltet zu werden.

Zählfunktionen

Zeichen	Datentyp	Beschreibung
ZV	BOOL	vorwärts
ZR	BOOL	rückwärts
S	BOOL	Setzeingang
ZW	WORD	Vorgabe des Zählwertes
R	BOOL	rücksetzen
DUAL	Word	Zählwert aktuell
DEZ	Word	Zählwert aktuell
Q	BOOL	Zählstatus

Bild 4: Zählfunktion

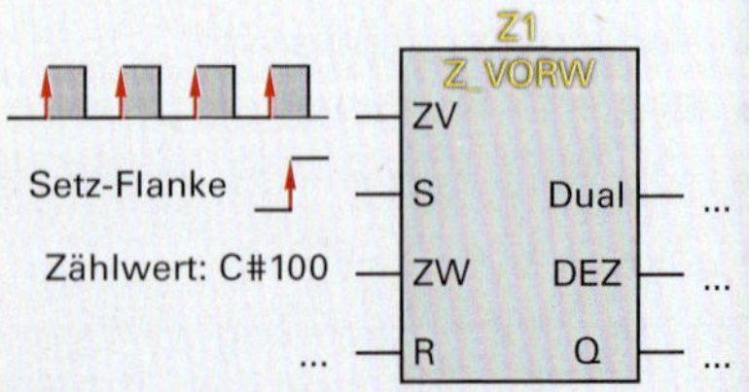

Bild 5: Vorwärtszähler Z1

Beispiel: Mit einem Vereinzelungssystem **(Bild 1)** werden Werkstücke mit einem doppeltwirkenden Zylinder aus dem Fallmagazin geschoben. Die Lineareinheit transportiert die Werkstücke zur Ablage (Rutsche). Da die Rutsche nur fünf Werkstücke aufnehmen kann, sind diese zu zählen. Schreiben Sie ein SPS-Programm, das die Vereinzelung ansteuert und die Ausschübe zählt. Nach fünf Vereinzelungen stoppt der Prozess (Rutsche voll). Der Vorgang kann erneut gestartet werden, wenn die Rutsche leer ist und der Starttaster betätigt wird. Geben Sie für ihr Programm eine Symboltabelle an.

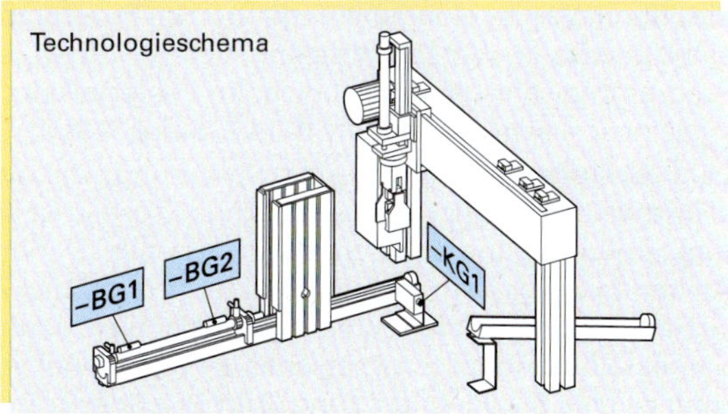

Bild 1: Vereinzelungssystem

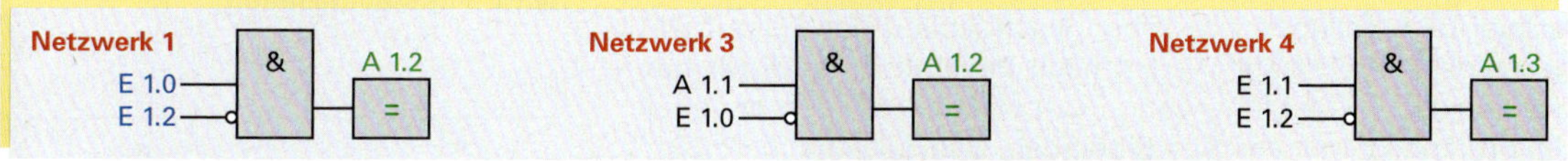

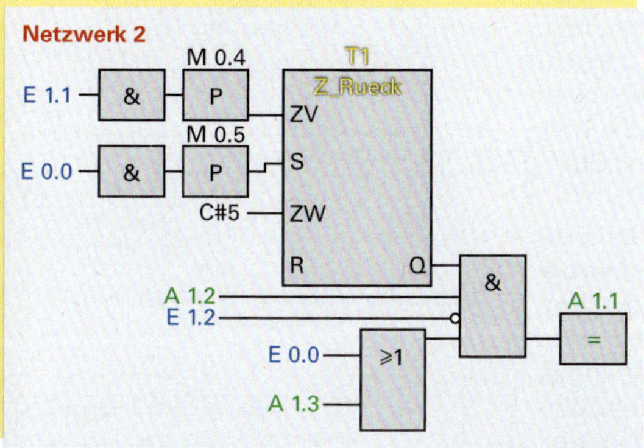

Tabelle 1: Symboltabelle

Symbol	Adresse	Datentyp	Kommentar
–KG1	E 1.0	BOOL	Z1 hintere Endlage
–KG2	E 1.1	BOOL	Z1 vordere Endlage
–KG1	E 1.2	BOOL	Lichtschranke
S1	E 0.0	BOOL	Starttaster
Z1	A 1.0	BOOL	Zylinder 1 ausfahren
Z1	A 1.1	BOOL	Zylinder 1 einfahren
H1	A 1.2	BOOL	Anlage betriebsbereit
H2	A 1.3	BOOL	Werkstück entnehmen

Erläuterung:
Netzwerk 1 Anlage betriebsbereit H1 leuchtet
Netzwerk 2 Automatisches Zählen und Vereinzeln
Netzwerk 3 Zylinder fährt zurück
Netzwerk 4 Werkstück entnehmen H2 leuchtet

10.8.3.9 Vergleichsfunktionen

Beim Einsatz von Zählern wird häufig der eingestellte Zählerstand benötigt um weitere Steuerfunktionen auszulösen. Hierzu dienen Vergleichsfunktionen, die zwei digitale Variable miteinander vergleichen. Dabei können die in **Übersicht 1** dargestellten Paare von numerischen Werten verglichen werden:

Ergibt der Vergleich die Aussage „wahr", so liefert der Vergleicher „1"-Signal, ansonsten „0". Verglichen werden die Eingänge IN1 und IN2 entsprechend folgender Vergleichsart:

Der in **Tabelle 2** abgebildete Vergleicher (CMP) vergleicht Festpunktzahlen (I) auf der Basis von 16 Bit auf Gleichheit (==).

Hinweis: Der Ausgang eines Vergleichers muss immer mit Last beschaltet werden. Die angelegten Variablen müssen den gleichen Datentyp aufweisen wie die Eingänge.

Übersicht 1: Numerische Werte

I	Ganze Zahlen vergleichen (auf Basis 16-Bit Festpunktzahl)
D	Ganze Zahlen vergleichen (auf Basis 32-Bit Festpunktzahl)
R	Gleitpunktzahlen vergleichen (auf 32-Bit Realzahlenbasis)

Tabelle 2: Vergleichsarten

	Q = 1 wenn
==	IN1 ist gleich IN2
<>	IN1 ist ungleich IN2
>	IN1 ist größer als IN2
<	IN1 ist kleiner als IN2
>=	IN1 ist größer gleich IN2
<=	IN1 ist kleiner gleich IN2

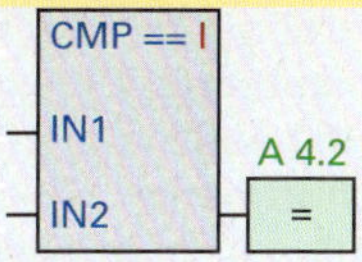

Vergleicher

10.8.4 Ablaufsteuerung

Steuerungen mit vorwiegend kombinatorischen Funktionen oder Zeitfunktionen ohne zwangsläufig schrittweisen Ablauf bezeichnet man als Verknüpfungssteuerungen. Viele zu steuernde Prozesse erfordern einen Ablauf, der einer definierten zeitlichen Reihenfolge unterliegt. So darf z.B. ein Bewegungsvorgang erst dann eingeleitet werden, wenn zuvor ein anderer beendet ist (Förderanlagen). In Verknüpfungssteuerungen wird

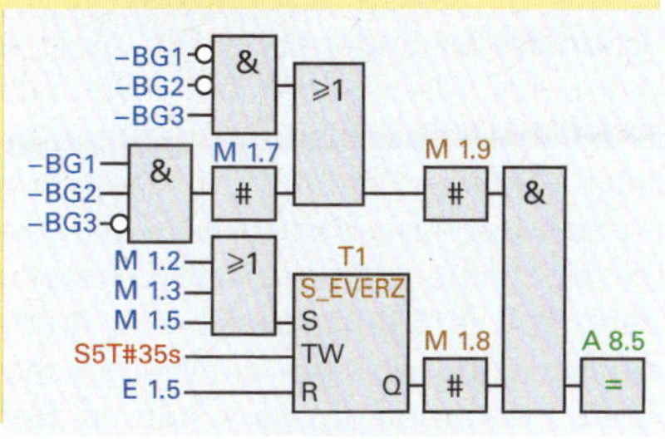

Bild 2: Verknüpfungssteuerung (Schachteltiefe 5)

10

dies durch Verriegelungsbedingungen im Programm gelöst. Ab einer gewissen „Verschachtelungstiefe" werden jedoch diese Programme sehr unübersichtlich. Im Fehlerfall sind daher Serviceeinsätze sehr zeitintensiv **(Bild 2, Seite 543).**

Eine **Ablaufsteuerung** ist eine Steuerung, die zwangsläufig schrittweise abläuft. Der zu steuernde Prozess ist somit in Teilfunktionen, sogenannte Schritte, zu zerlegen. Dadurch wird das Anwenderprogramm logisch strukturiert und das Zusammenwirken der Teilfunktionen kann übersichtlich und anschaulich dargestellt werden. Ein typisches Beispiel einer Ablaufsteuerung ist eine Fördereinrichtung **(Bild 1).** Ist der Transportwagen in Position A (–BG1 = „0") und wird der Starttaster betätigt, wird der Wagen mit Füllgut von Silo A beladen. Das Füllventil M1 ist hierfür 6 Sekunden geöffnet. Nach Ablauf der Füllzeit (M1 geschlossen) fährt der Wagen nach Position B. Bei Erreichen der Position B (Meldung von –BG2) wird der Wagen angehalten und mit Füllgut aus Silo B beladen. Das Füllventil wird für 4 Sekunden geöffnet. Nach Ablauf dieser Zeit (M2 geschlossen) fährt der Wagen nach Position C. –BG3 meldet das Erreichen, der Wagen wird gestoppt und entleert. Hierfür ist eine Vorrichtung am Transportwagen für 12 Sekunden aktiv. Nach Ablauf der Entleerzeit schließt die Vorrichtung, der Wagen fährt zurück in Position A, Meldung durch –BG1. Nach einem erneuten Startbefehl wiederholt sich der Prozesszyklus.

Wie das Beispiel zeigt, sind für das Weiterschalten in den programmmäßig nächsten Schritt, sogenannte **Weiterschaltbedingungen** (Transitionen) erforderlich. Schritte und Transitionen sind durch Wirkungslinien miteinander verbunden. Sind die Transitionen nur von Signalen aus dem Prozess abhängig, nennt man die Ablaufsteuerung prozessgeführt. In zeitgeführten Steuerungen sind die Transitionen von der Zeit abhängig.

Ablaufsteuerungen sind **prozessgeführt,** wenn die Weiterschaltbedingungen von Signalen des zu steuernden Prozesses abhängen. Bei **zeitgeführten** Ablaufsteuerungen sind die Weiterschaltbedingungen nur von der Zeit (Zeitglieder, Zeitwalzen) abhängig (vgl. Kap. 10.1.2).

Beide Formen der Ablaufsteuerung kommen nur selten getrennt vor. Wichtigster Teil einer Ablaufsteuerung ist die **Ablaufkette.** Sie gliedert das Programm in einzelne, zwangsläufig aufeinander folgende **Schritte,** wobei jedem Schritt ein Schrittmerker (SR-Speicher) zugeordnet ist. Den Schritten sind Aktionen zugewiesen, deren Ausführung durch entsprechende Weiterschaltbedingungen (z. B. S1) bestimmt wird **(Bild 3).**

Rechts neben dem Schrittsymbol sind die zugehörigen **Aktionsfelder** angegeben, die Aktionen hervorrufen **(Bild 4).** Aktionen sind entweder aktiv, wenn der Schritt aktiv ist, (nicht gespeichert) oder bleiben über mehrere Schritte aktiv (gespeichert). Aktionen steuern die Stellgeräte, Merker usw. abhängig von der Ablaufkette an. Ablaufketten ermöglichen eine übersichtliche, strukturierte Darstellung des Anwenderprogramms. Die Transitionslinie ist immer zwischen zwei Funktionsschritten und gibt die Weiterschaltbedingung von einem Funktionsschritt zum nächsten an. Rechts der Transitionslinie steht die Weiterschaltbedingung, links ihre Erklärung in Klammer geschrieben; in **Bild 4** (Taster EIN).

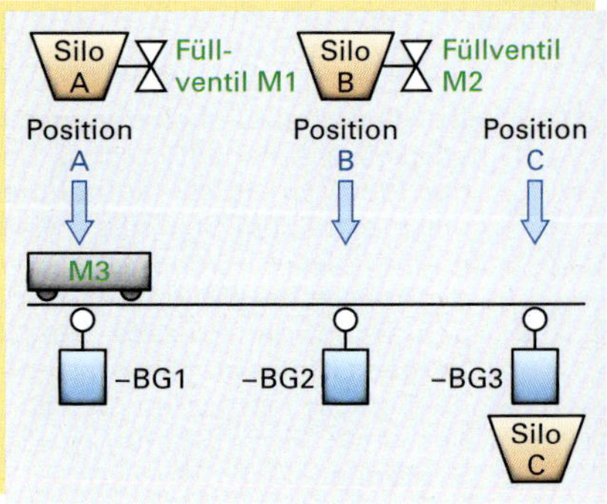

Bild 1: Fördereinrichtung

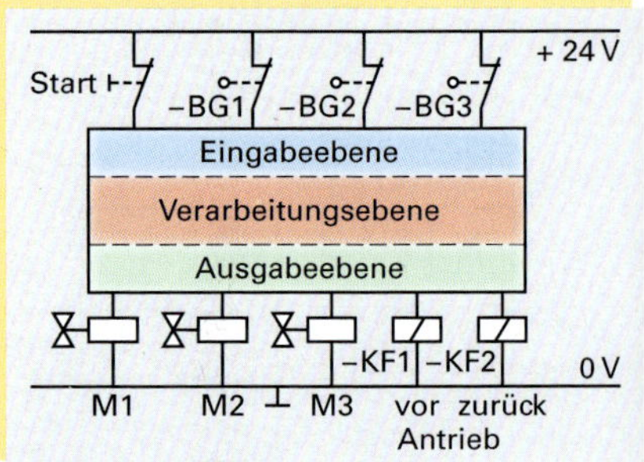

Bild 2: Beschaltung der SPS

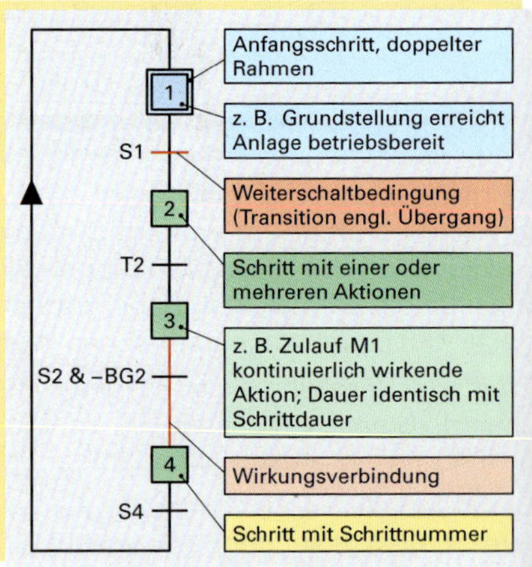

Bild 3: Ablaufkette DIN EN 60848 GRAFCET

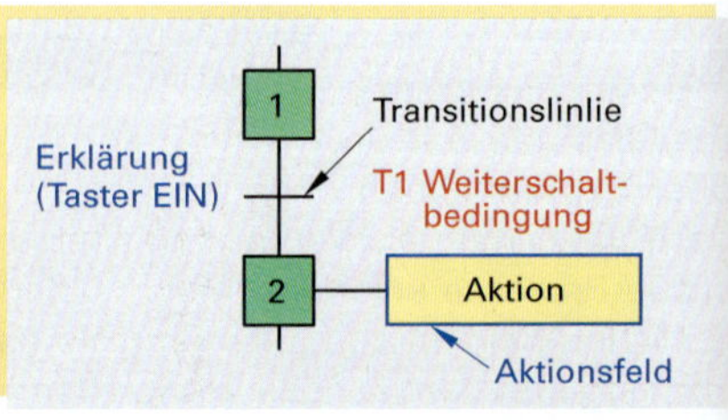

Bild 4: Grundfunktionen und Aktionsfeld

Aktionen (siehe Tabelle 1)

a) **kontinuierlich wirkende Aktion:** Die Dauer der Aktion ist identisch mit der Dauer des Schrittes

b) **kontinuierlich wirkende Aktion mit Bedingung:** Aktion ist so lange aktiv, wie Schritt und Bedingung (C1) erfüllt sind

c) **zeitverzögerte Aktion:** Einschaltverzögerung, die Aktivierung der Aktion erfolgt nach Ablauf einer definierten Zeitspanne; 2 Sekunden (2 s). Danach folgt ein Slash und der mit X gekennzeichnete Schritt

d) **zeitbegrenzte Aktion:** die Aktivierungsdauer der Aktion erfolgt durch Negation von Zeitspanne und Schrittangabe, hier X5

e) **zeitbedingte Zuweisungsbedingung:** Beginn und Dauer der Aktion wird bei der zeitbedingten Zuweisungsbedingung durch eine Variable (z.B. A1) gesteuert

f) **speichernde Aktionen:** Soll ein Aktor (z.B. Ventil) über mehrere Schritte hinweg wirksam sein, wird er durch einen Schritt in dem Modus „speichernd" (:=1) gesetzt. Durch einen späteren Schritt muss der Aktor zurückgesetzt (:=0) werden. Als Speicher dient ein SR-Speicher.

g) **Speicherung der Aktion bei Deaktivierung des Funktionsschrittes:** Bei Deaktivierung des Schrittes wird beschrieben, welcher Wert einer Variablen zugewiesen wird („0" oder „1"). Dieser Wert bleibt gespeichert, bis ihn eine weitere Aktion löscht oder überschreibt

h) **Speicherung der Aktion bei aktivem Schritt**

i) **Speicherung der Aktion, wenn Schritt aktiv und Zeit abgelaufen ist**

j) **Verknüpfung von Aktionen:** Durch einen Schritt können mehrere Aktionen gleichzeitig ausgelöst werden

Tabelle 1: Aktionen

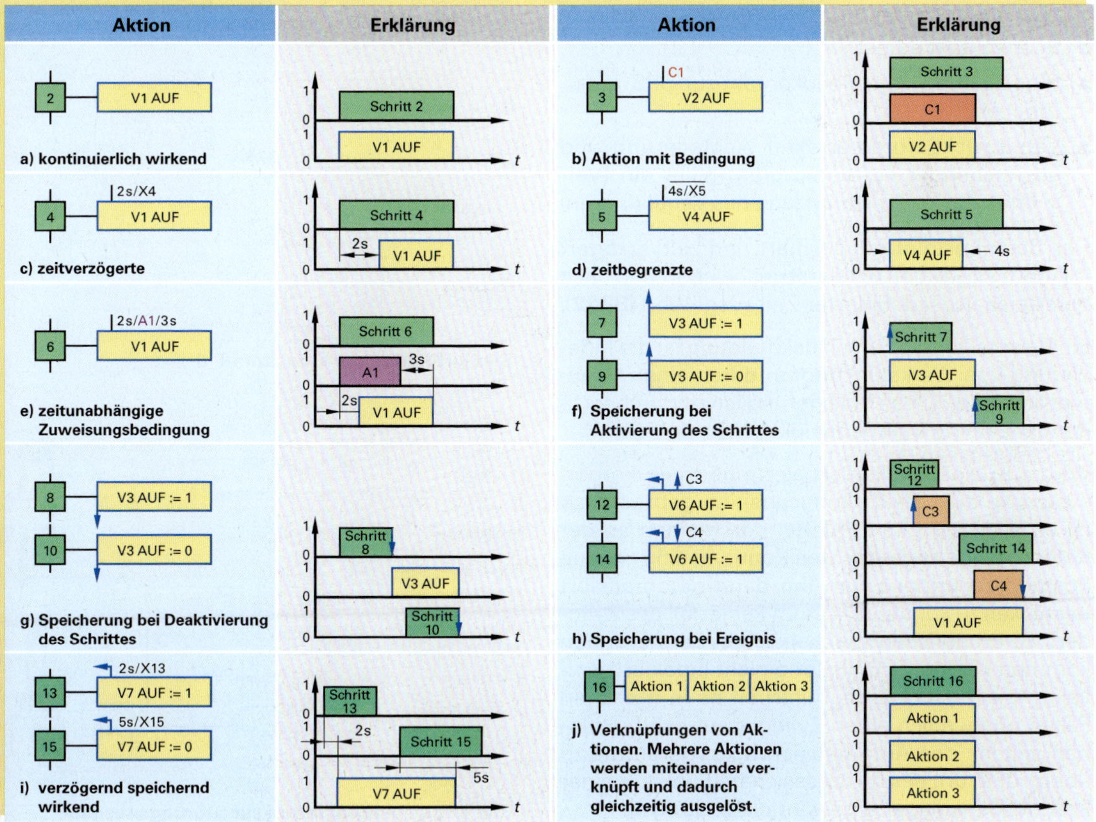

a) kontinuierlich wirkend

b) Aktion mit Bedingung

c) zeitverzögerte

d) zeitbegrenzte

e) zeitunabhängige Zuweisungsbedingung

f) Speicherung bei Aktivierung des Schrittes

g) Speicherung bei Deaktivierung des Schrittes

h) Speicherung bei Ereignis

i) verzögernd speichernd wirkend

j) Verknüpfungen von Aktionen. Mehrere Aktionen werden miteinander verknüpft und dadurch gleichzeitig ausgelöst.

10

10.8.4.1 Prozessüberwachung mit SPS-Programmen (Befehl Fehlerrückmeldung)

In der Regel werden SPS-Programme so geschrieben, dass Störmeldungen durch die SPS dann ausgegeben bzw. angezeigt werden, wenn in einem gesteuerten Prozess innerhalb eines vordefinierten Zeitintervalls keine Rückmeldung erfolgt. Dies soll an folgendem Beispiel verdeutlicht werden:

Ein Zylinder dessen Endlagen mittels Reedkontakte (–BG1 und –BG2) erfasst werden wird durch ein Pneumatikventil von SPS-Ausgängen gesteuert **(Bild 1)**. Die Verfahrzeiten des Zylinders von –BG1 nach –BG2 und von –BG2 nach –BG1 werden als gleich angenommen. Das Ventil wird durch den Schritt 5 der Schrittkette angesteuert. Die Transition T6 **(Bild 3)** um den Schritt 6 zu aktivieren ist abhängig vom Erreichen der Endlage –BG2 des Zylinders.

Erreicht der Zylinder die Endlage –BG2 nicht in dem vorgegebenen Zeitintervall, dann liegt eine Störung vor.

Mögliche Ursachen können sein:

- Luftversorgung unterbrochen
- Zylinder kann mechanisch wegen Hindernis nicht ganz ausfahren
- Reedkontakt defekt
- Signalleitung vom Reedkontakt zur SPS unterbrochen
- Ventil rückt trotz korrekter Ansteuerung und ausreichender Luftversorgung nicht ein (Verschmutzung oder Abnutzung des Ventilinneren)

Der Befehl erfolgt gespeichert und zeitverzögert (SD), d.h. die Aktion wird erst gespeichert und nach Verstreichen der definierten Zeit ausgeführt **(Bild 2)**.

Ein Beispiel für die Fehlerrückmeldung ist die Indexierung von Werkstückträgern durch einen Pneumatikzylinder. Diese Indexierung ist oft durch fertigungsbedingte Maßgenauigkeit erforderlich.

Wird z.B. eine Werkstückpalette über ein Fördersystem in eine Bestückungsposition gebracht, so ist es oft nötig diese Palette, durch einen an der Kolbenstange angebrachten Konus, in eine genaue Position zu bringen, um ihn dann automatisiert bestücken zu können. Da es im Fehlerfall des Zylinders zu erheblichen mechanischen Zerstörungen kommen könnte, (z.B.: Palette nicht indexiert; Kollision mit Bestückungsgreifer) ist es in manchen Fällen nötig, solch einen Zylinder auf Fehlfunktionen seitens des Automatisierungsprogramms zu überprüfen um eine prozesssichere Funktion einer Produktionsanlage zu gewährleisten **(Bild 4)**.

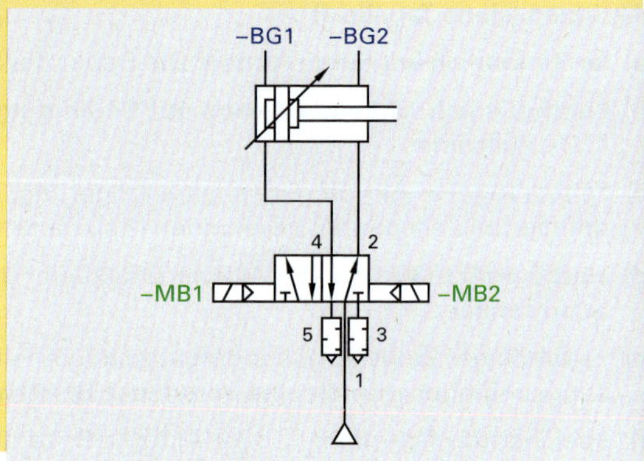

Bild 1: Zylinder gesteuert durch Impulsventil

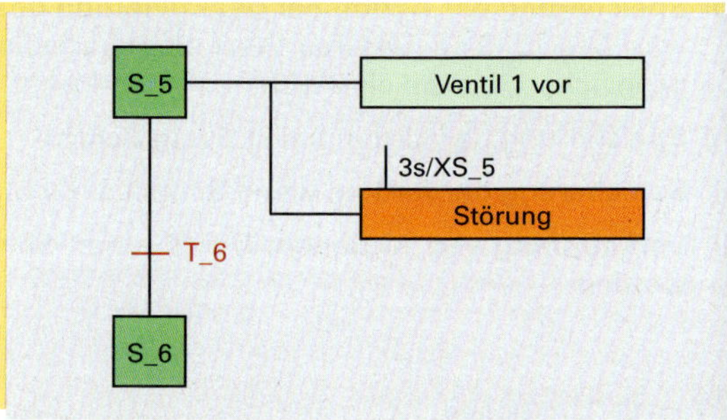

Bild 2: Teil einer Schrittkette mit weiterer Variante der Aktionsverknüpfung

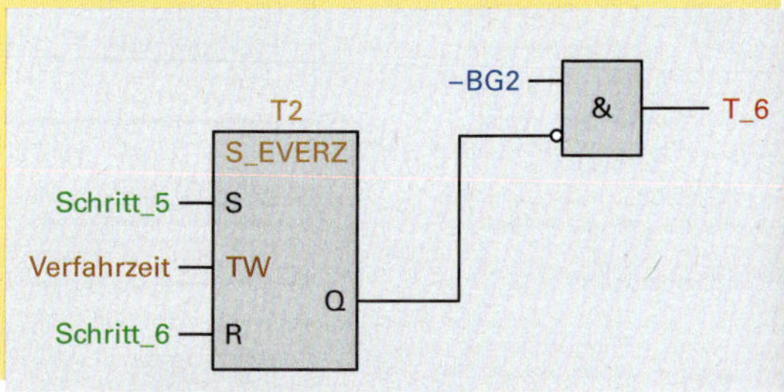

Bild 3: Bildung der Transition T_6

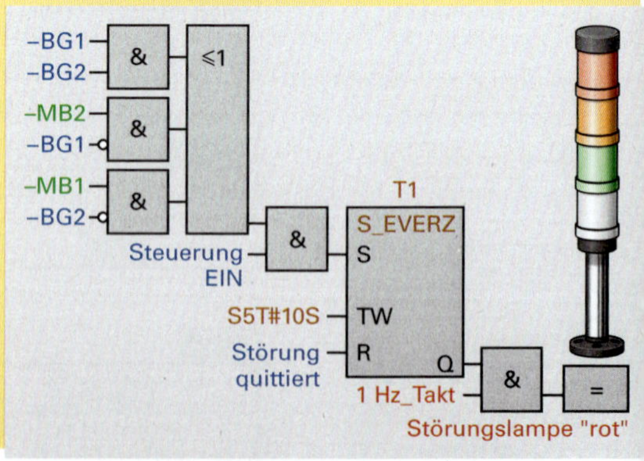

Bild 4: Beispielprogramm zur Störungsausgabe

Regeln zum Programmieren von Ablaufketten

- Eine Ablaufkette besteht aus Schritten und Weiterschaltbedingungen (Transitionen/Übergänge).
- Zwischen zwei Schritten befindet sich eine Transition.
- Schritt und Transition werden durch die Wirkungslinie verbunden. Der Wirkungsablauf ist immer von oben nach unten. Abweichungen sind durch Pfeile zu kennzeichnen.
- Der Anfangsschritt ist zu Beginn (Anfangssituation) einer Ablaufkette ohne Bedingungen aktiv. Er muss nicht am Anfang einer Ablaufkette stehen.
- In linearen Ablaufketten (keine Verzweigungen) ist immer nur ein Schritt aktiv (im Ausnahmefall auch mehrere).
- Der nachfolgende Schritt wird aktiv, wenn der vorherige bereits aktiv UND die Transition erfüllt ist. Der vorherige Schritt bereitet also den nachfolgenden Schritt vor.
- Der nachfolgende Schritt setzt den vorherigen Schritt zurück, sodass immer nur ein Schritt aktiv ist.
- In einem Befehlsfeld sind den Schritten Aktionen zugeordnet, die durch einen Schritt ausgelöst werden.

In **Bild 1** ist die Ablaufkette der Fördereinrichtung **(Bild 1, Seite 544)** dargestellt. Vergleicht man die Verknüpfungssteuerung **(Bild 2, Seite 543)** mit der Ablaufkette, so ist die Übersichtlichkeit und die Struktur des Programms in Ablaufsprache auffallend. Das Anwenderprogramm ist leichter nachvollziehbar und die zugehörige Ablaufkette lässt klar erkennen welche Aufgabe das Steuerungsprogramm erfüllt. Verständlich wird nun auch, weshalb ein Fehler recht schnell gefunden werden kann. Führt z.B. die Weiterschaltbedingung –BG2 „0"-Signal (False), so kann der Schritt 2 nicht gesetzt werden und die Ablaufkette verharrt im Schritt 1. Der Betreuer der Anlage erkennt anhand der Ablaufkette, dass der Fehler bei den Endschaltern zu suchen ist, sofern der Taster –SJ1 ordnungsgemäß schaltet.

Eine Ablaufkette lässt sich durch **übergeordnete Eingänge** gezielt beeinflussen. Wie im **Bild 2** dargestellt, können zu jedem Schritt vier weitere Eingänge führen. Diese Eingänge sind Bestandteil des Betriebsartenteils einer Applikation. Dadurch ist die Schrittkette und damit die Aktionen übergeordnet beeinflussbar. Diese Eingänge sind auf dem Bedienpult der Anlage. Über den Eingang **„Rücksetzen"** (mit „1"-Signal) lassen sich alle Schrittmerker (bis auf den Startschritt) zurücksetzen. Beim Einschalten der SPS können für den ersten Zyklus mit „1"-Signal auf den Rücksetzeingang („Einschaltmerker") der Startschritt gesetzt und alle weiteren Schritte zurückgesetzt werden. Damit wird die Ablaufkette des Anwenderprogramms gezielt in die Grundstellung versetzt. Mit dem Eingang **„Weiterschalten mit Bedingung"** kann man einen beliebigen Schritt (mit „0"-Signal) sperren, obwohl seine Transitionen erfüllt sind. Im Automatikbetrieb (s. Betriebsartenteil) ist dieser Eingang ständig mit „1"-Signal belegt. Ist der Einzelschrittbetrieb auf der Bedienbox eingestellt, muss jeder Schritt durch Betätigung eines Tasters freigegeben werden. Mit dem Eingang **„Weiterschalten ohne Bedingung"** wird ein beliebiger nächster Schritt aktiviert, ohne dass die Transitionen des Schrittes erfüllt sind. Mithilfe des Eingangs **„Freigabe Befehlsausgabe"** kann die Befehlsausgabe gesperrt werden.

Tabelle 1: Symboltabelle

Symbol	Adresse	Datentyp	Kommentar
–SJ1	E 1.0	BOOL	Anlage EIN; Schließer
–BG1	E 1.1	BOOL	Endschalter Pos A Öffner
–BG2	E 1.2	BOOL	Endschalter Pos B Öffner
–BG3	E 1.3	BOOL	Endschalter Pos C Öffner
–QM1	A 1.1	BOOL	Ventil Silo A
–QM2	A 1.2	BOOL	Ventil Silo B
–QM3	A 1.3	BOOL	Ventil Wagen entleeren
–KF1	A 1.4	BOOL	Motorwagen nach rechts
–KF2	A 1.5	BOOL	Motorwagen nach links

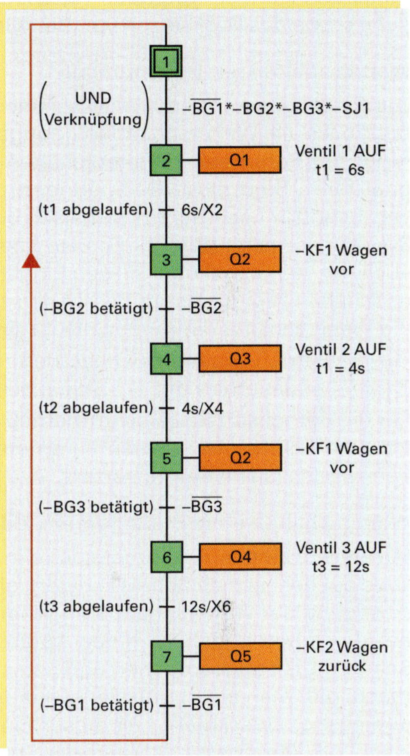

Bild 1: Ablaufkette der Fördereinrichtung nach GRAFCET

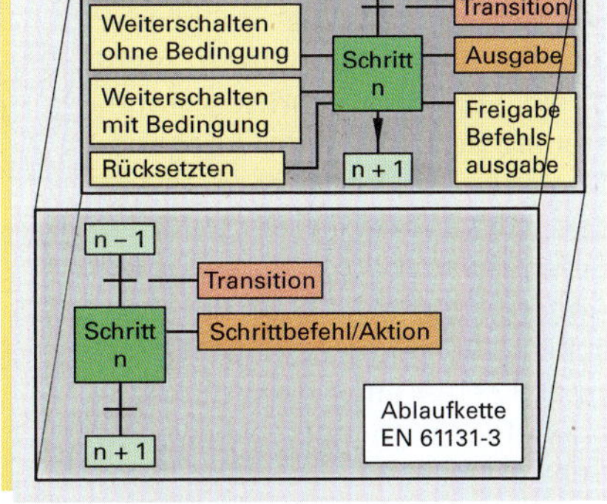

Bild 2: Ablaufkette mit übergeordneten Eingängen

10

Realisierung des Eingangsparameters Rücksetzen

Der übergeordnete Eingangsparameter Rücksetzen setzt alle Schritte einer Ablaufkette zurück; nur der Anfangsschritt der Kette wird aktiv geschaltet. Diesen Vorgang nennt man Initialisierung der Ablaufkette. Er wird zu Beginn der Inbetriebnahme der Applikation durchgeführt. **Bild 1** zeigt die Realisierung des Rücksetzens einer Ablaufkette die mit SR-Speichergliedern aufgebaut ist. Es wird deutlich, dass über die ODER-Verknüpfung am Setzeingang des ersten Schrittes dieser aktiv wird, sobald an Rücksetzen ein „1"-Signal anliegt. Alle weiteren Schritte der Kette werden zurückgesetzt. Des Weiteren kann der Parameter Rücksetzen auch auf die Befehlsausgabe sowie das Rücksetzen von Zeitgliedern verwendet werden.

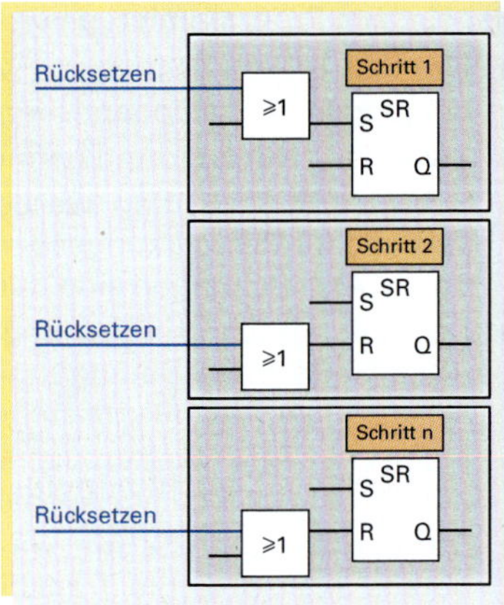

Bild 1: Parameter Rücksetzen

Weiterschalten mit Bedingungen

Der Eingangsparameter Weiterschalten mit Bedingungen setzt voraus, dass alle Weiterschaltbedingungen erfüllt sind UND (Verknüpfung) der Parameter „Weiterschalten mit Bedingung" ein „1"-Signal führt. Sind diese Bedingungen erfüllt, wird von Schritt n nach Schritt n+1,also zum nächsten Schritt geschaltet **(Bild 2).** Ebenso lässt sich aber auch mit „0"-Signal über diesen Eingang das Weiterschalten zum nächsten Schritt sperren, obwohl die Weiterschaltbedingungen erfüllt sind.

Für die Betriebsart Automatikbetrieb muss dieser Parameter dauerhaft mit „1"-Signal belegt sein.

Für die Betriebsart Einzelschrittbetrieb muss jeder einzelne Schritt über diesen Parameter freigegeben werden (siehe Betriebsarten).

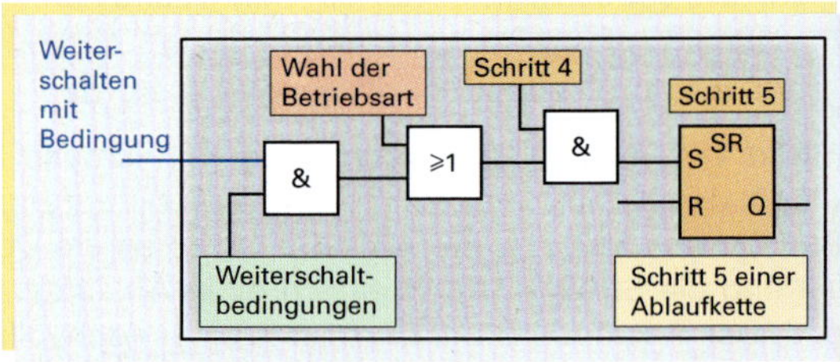

Bild 2: Parameter Weiterschalten mit Bedingung

Weiterschalten ohne Bedingungen (Bild 3)

Mit diesem Eingangsparameter wird in der Ablaufkette nur der nächste Schritt aktiviert, ohne Berücksichtigung der Weiterschaltbedingungen. So kann bei der Inbetriebnahme einer Applikation jeder Schritt gezielt angesprochen und getestet werden. Hierzu gibt man ein Impulssignal auf den Parametereingang. Zweckmäßig ist dieser Eingang auch, wenn z.B. durch eine Störung die Schrittkette an irgendeiner Stelle unterbrochen wurde und nach Schadensbehebung die Applikation in Grundstellung, d.h. mit Schritt 1 starten muss. Hierzu schaltet der Anlagenbediener in den Handbetrieb und taktet die Schrittkette mit „1"-Signal am Parametereingang Weiterschalten ohne Bedingung in den Startschritt.

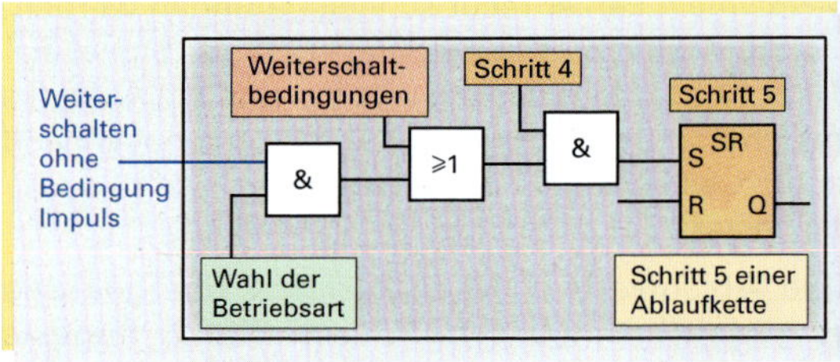

Bild 3: Parameter Weiterschalten ohne Bedingung

Freigabe der Befehlsausgabe

Die Aktoren bzw. die Stellglieder werden im Allgemeinen nicht direkt von den Schritten angesteuert sondern vom Ausgabe-Speicher, insbesondere wenn das Feld a (DIN EN 61131-3) der Befehlsausgabe mit S belegt ist. Andererseits muss auch die Möglichkeit bestehen, ein Stellglied zu aktivieren ohne dass der Aktionsbefehl vom entsprechenden Schritt gesetzt wird. Dies wird durch ein „1"-Signal an Freigabe Befehlsausgabe erreicht **(Bild 4).**

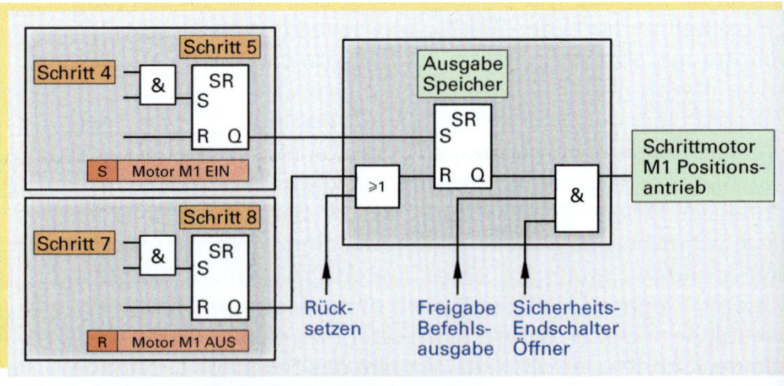

Bild 4: Parameter Freigabe Befehlsausgabe

10.8.4.2 Betriebsarten von Ablaufsteuerungen

Ablaufsteuerungen lassen sich in die Teile:

- Betriebsarten
- Ablaufkette
- Befehlsausgabe
- Melde- und Anzeigeebene untergliedern **(Bild 1)**.

Im Betriebsartenteil des Anwenderprogramms werden die Bedingungen für die einzelnen Betriebsarten festgelegt. Wesentliche Betriebsarten sind:

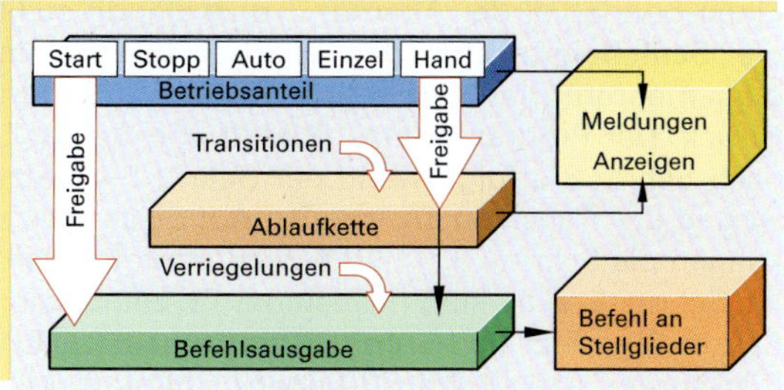

Bild 1: Teile einer Ablaufsteuerung

- Handbetrieb (Einrichtbetrieb)
- Einzelschrittbetrieb
- Automatikbetrieb.

Bei **Handbetrieb** können die einzelnen Stellglieder über den entsprechenden Schritt und den dazugehörigen Schrittbefehl, unabhängig vom Programm, von Hand aktiviert werden. Die Sicherheitsverriegelungen bleiben jedoch weiterhin wirksam. Im **Einzelschrittbetrieb** wird die Ablaufkette von Hand schrittweise weitergeschaltet. Hierfür ist im Bedienfeld sowohl ein Taster als auch eine Schrittanzeige vorgesehen. Die dazugehörigen Befehle können nur durch die Freigabe mittels Taster aktiviert werden. Diese Betriebsart erleichtert die Inbetriebnahme sowie die Fehlersuche. Im **Automatikbetrieb** durchläuft (nach Start der Ablaufkette) die Steuerung selbstständig, ohne Eingriff des Bedieners, die einzelnen Programmschritte. Die Stellgeräte werden von den einzelnen Schritten der Ablaufkette angesteuert.

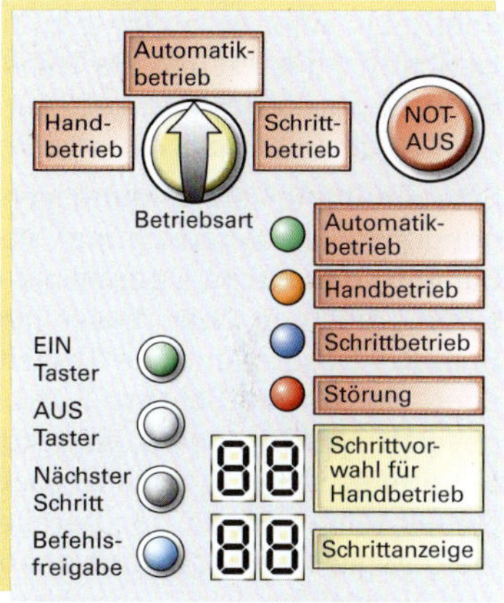

Bild 2: Steuerbox (Beispiel)

10.8.4.3 Grundformen von Ablaufsteuerungen

Je nach Aufgabenstellung kann ein Steuerprogramm als:

- Lineare Ablaufkette
- Ablaufkette mit alternativer Verzweigung
- Ablaufkette mit simultaner Verzweigung

programmiert werden.

Eine Ablaufkette mit linearer Struktur stellt **Bild 1, Seite 537** dar. Merkmal einer linearen Ablaufkette ist, dass jedem Schritt nur eine Transition folgt und jede Transition durch einen Schritt freigegeben wird.

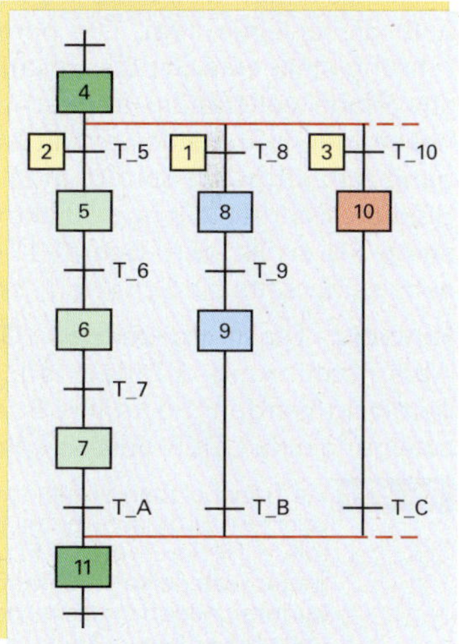

Bild 3: Alternative Verzweigung

Eine **alternative Verzweigung** ist eine **ODER-Verzweigung.** Mit der ODER-Verzweigung kann in der Ablaufkette eine Gabelung in mehrere Zweige vorgenommen werden. Bei der Abarbeitung der Kette kann aber während eines Programmlaufes nur ein Zweig durchlaufen werden (Alternative). Der Beginn einer Zweigauswahl (Sequenz) wird durch eine Waagerechte dargestellt. Für jede Sequenz existiert eine Transition. Eine gemeinsame Transition oberhalb dieser Waagerechten ist nicht zulässig. Ist im Beispiel von **Bild 3** Schritt 4 aktiv und Transition T8 erfüllt („1"-Signal = true) wird Schritt 8 gesetzt und Schritt 4 zurückgesetzt. Die beiden anderen alternativen Zweige können in diesem Zyklus nicht abgearbeitet werden. Beim Zusammenführen alternativer Pfade müssen die Transitionen über der Waagerechten positioniert sein (TA; TB; TC). Danach folgt direkt der nächste Schritt, hier Schritt 11.

> Bei alternativen Verzweigungen ist immer nur genau ein Pfad des Steuerprogramms aktiv. Erfolgt keine Prioritätenvergabe für die einzelnen Zweige, dann wird der erste am weitesten links stehende Weg eingeschlagen. In **Bild 3** wäre dies die Kette mit den Schritten 5; 6; 7.

Hinweis: Für die Bearbeitung der Pfade können **Prioritäten** vom Anwender definiert werden. Die Pfade erhalten dann Zahlen. Der Pfad mit der niedrigsten Ziffer hat die höchste Priorität.

Einen Sonderfall der Alternativverzweigung stellt die **Schleifenstruktur** dar. Hierbei führen ein oder mehrere Pfade zu einem Vorgänger-Schritt zurück. Der Programmfluss **(Bild 1)** von Schritt 5 nach Schritt 3 erfolgt, wenn der Schritt 5 gesetzt ist und die Transition TA true ist. Auf diese Weise können die Schritte 3, 4 und 5 wiederholt werden. Ist Schritt 5 aktiv und Transition T6 wahr, wird Schritt 6 gesetzt und Schritt 5 zurückgesetzt. Ein Rücksprung nach Schritt 3 findet nicht statt. Mithilfe der alternativen Verzweigung können auch Sprungbefehle ausgeführt werden. **Bild 2** zeigt, wie Schritte in einer Ablaufkette zu überspringen sind. Ist Schritt 2 gesetzt und die Transition TB true, wird Schritt 6 gesetzt und Schritt 2 zurückgesetzt. Damit werden die Schritte 3, 4, und 5 übersprungen.

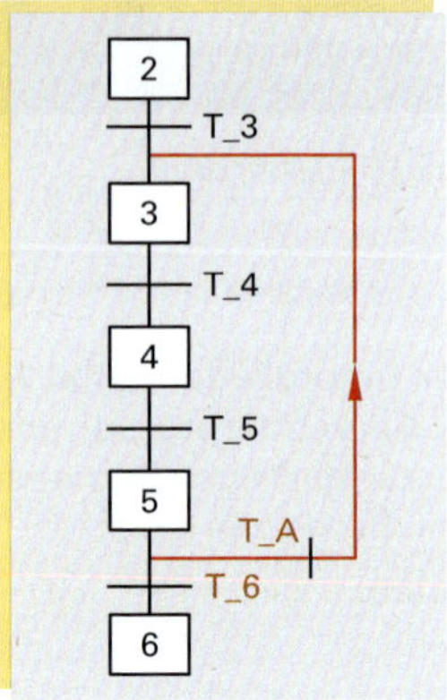

Bild 1: Alternative Schleife

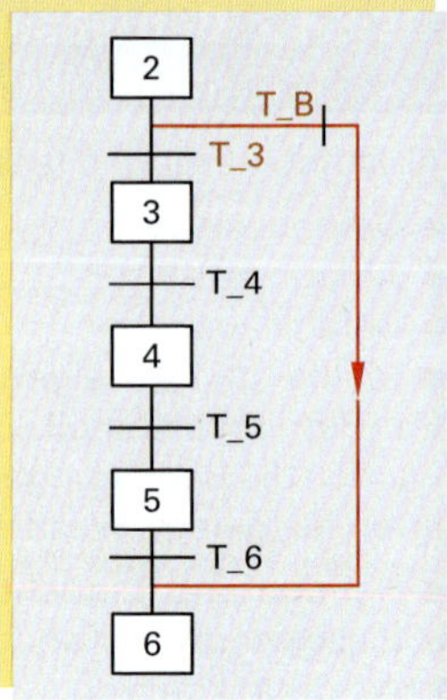

Bild 2: Alternativer Sprung

Eine **simultane** Verzweigung ist eine UND-Verzweigung (parallele Verzweigung), dargestellt in **Bild 3.** Sie wird durch eine Doppellinie und eine gemeinsame Transition über dieser Linie eingeleitet. Ist Schritt 4 gesetzt und die Transition TC ist erfüllt, dann werden die Schritte 5, 8 und 10 gleichzeitig gesetzt. Schritt 4 wird zurückgesetzt, wenn die Schritte 5, 8 und 10 auch tatsächlich gesetzt sind. Die einzelnen Pfade der parallelen Verzweigung werden gleichzeitig, jedoch unabhängig voneinander durchlaufen. Die Zusammenführung der parallelen Pfade wird ebenfalls durch eine Doppellinie gekennzeichnet, wobei die Transition immer unterhalb dieser Linie liegt. Die parallele Zusammenführung stellt eine Synchronisation dar. Erst wenn alle Pfade vollständig abgearbeitet sind und die nachfolgende Transition erfüllt ist, erfolgt der Übergang zum nächsten Schritt. In Bild 3 bedeutet dies: Sind die Schritte 7, 9 und 10 aktiv und ist die Transition T11 erfüllt, wird Schritt 11 gesetzt. Schritt 11 setzt seinerseits die Schritte 7, 9 und 10 zurück.

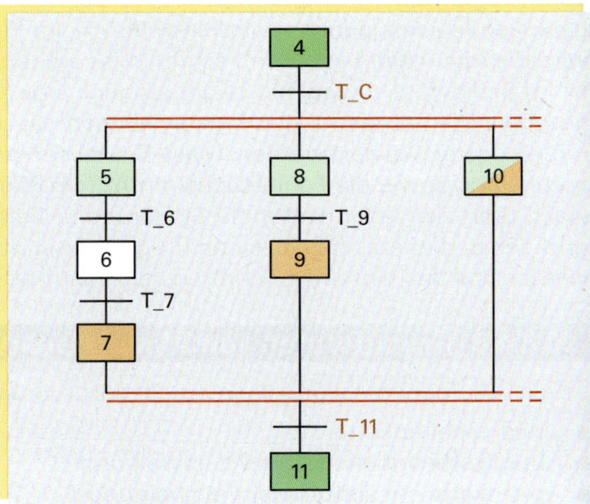

Bild 3: Simultane Verzweigung

Hinweis: Die aufgezeigten Grundformen der Ablaufsteuerung können auch untereinander gemischt werden. So kann z. B. eine parallele Verzweigung eine ODER-Verzweigung beinhalten.

Beispiel: Ein Transportband transportiert Maschinenteile zu einem Spritzautomaten **(Bild 4)**. Die Spritzpistole wird durch die Zweiachsbewegung eines motorgesteuerten Schlittens bewegt. Durch die Motoransteuerung kann der Schlitten mit zwei unterschiedlichen, konstanten Geschwindigkeiten verfahren werden **(siehe Tabelle 1)**.

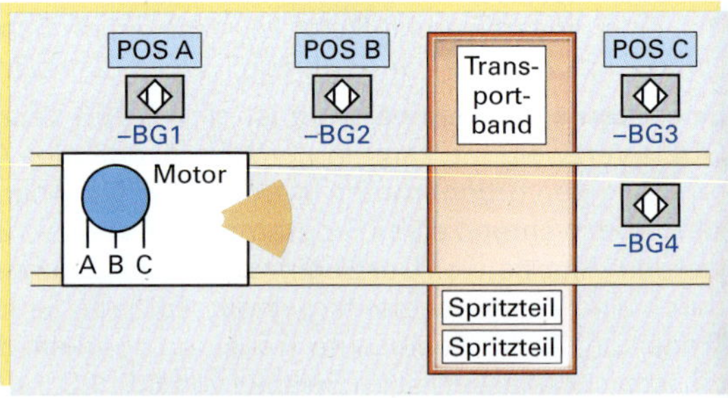

Bild 4: Technologie-Schema Spritzautomat

Nach folgenden Vorgaben ist der Motor anzusteuern:

- Aus der Grundstellung (Position A) wird der Schlitten bewegt.
- Ist der Schlitten in POS A und wird der Start-Taster –SJ1 (Schließer) betätigt, so ist der Spritzautomat betriebsbereit.
- Meldet –BG4, dass ein zu spritzendes Teil vorhanden ist, fährt der Schlitten „schnell" nach rechts.

Tabelle 1: Bewegungsanweisungen

Bewegungsrichtung und Geschwindigkeit	Pluspol an Anschluss	Minuspol an Anschluss
rechts, langsam	A	C
rechts, schnell	A	B
links, langsam	C	A
links, schnell	B	C

- In POS B (Meldung –BG2 = „1"-Signal) beginnt der Spritzvorgang. Dazu fährt der Schlitten zwischen den Positionen B und C je nach Vorgabe in „langsamer" Fahrt hin und her.
- Nach dem letzten Durchlauf fährt der Schlitten „schnell" nach links.
- In POS A (–BG1 = „1"-Signal) wartet der Schlitten auf ein neu zu spritzendes Teil.
- In POS A kann durch Betätigen des Tasters –SJ2 (Öffner) die Anlage ausgeschaltet werden **(Bild 1)**.

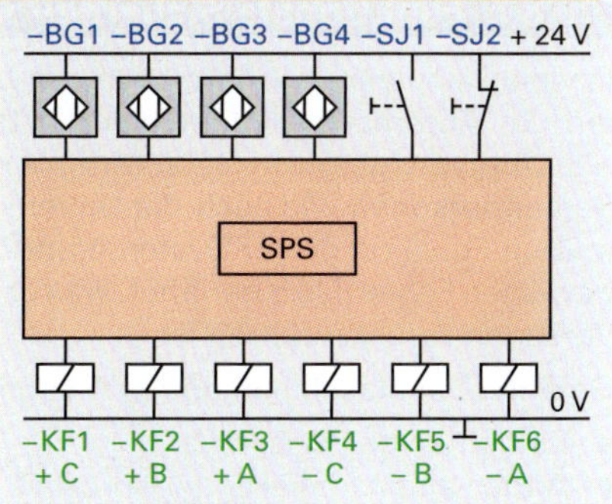

Bild 1: Verdrahtung

Tabelle 1: Symboltabelle

Symbol	Adresse	Datentyp	Kommentar
–BG1	E 1.0	BOOL	Initiator POS A
–BG2	E 1.1	BOOL	Initiator POS B
–BG3	E 1.2	BOOL	Initiator POS C
–BG4	E 1.3	BOOL	Initiator Spritzteil in POS
–SJ1	E 1.4	BOOL	EIN-Taster
–SJ2	E 1.5	BOOL	AUS-Taster
–KF1	A 2.1	BOOL	Motor-Plus-Anschluss C
–KF2	A 2.2	BOOL	Motor-Plus-Anschluss B
–KF3	A 2.3	BOOL	Motor-Plus-Anschluss A
–KF4	A 2.4	BOOL	Motor-Minus-Anschluss C
–KF5	A 2.5	BOOL	Motor-Minus-Anschluss B
–KF6	A 2.6	BOOL	Motor-Minus-Anschluss A

Die Ablaufkette **(Bild 2)** zeigt sowohl die Alternativverzweigung (Sprung von Schritt 4 nach Schritt 7) als auch die Kettenschleife (Rücksprung von Schritt 6 nach Schritt 3 z.B.). Ist die Bedingung Zählwert > 0 erfüllt, fährt der Schlitten ständig von POS B nach POS C und wieder zurück. Beim Zählstand 0 ist die Transition Zählwert = 0 erfüllt, die Schritte 5 und 6 werden übersprungen und Schritt 7 gesetzt.

Das Programm wurde in 8 Teilschritte zerlegt.

- Schritt 1 → Initialisierung
- Schritt 2 → Fahrt nach rechts schnell
- Schritt 3 → Fahrt nach rechts langsam
- Schritt 4 → Zählen der Fahrten nach rechts
- Schritt 5 → Fahrt nach links langsam
- Schritt 6 → Zählen der Fahrten nach links
- Schritt 7 → Fahrt nach links schnell
- Schritt 8 → Nach Ablauf der Zeit T1 ist der Schlitten in der Grundstellung. Hier kann die Anlage durch –SJ2 ausgeschaltet werden.

Merkerbelegung siehe **Bild 3**.

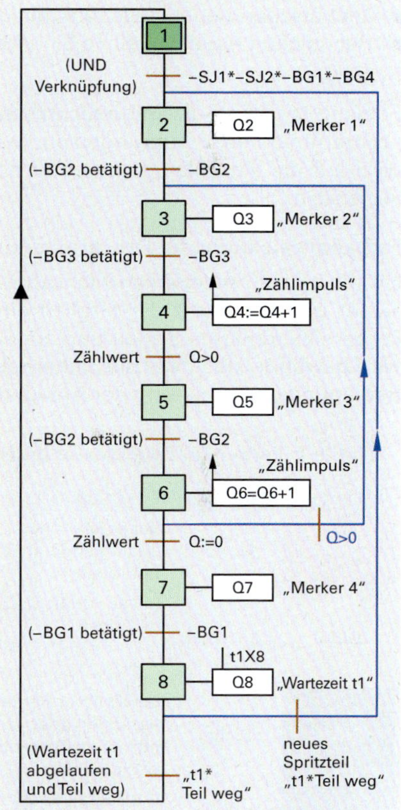

Bild 2: Ablaufkette nach GRAFCET

Bild 3: Merkerbelegung

Arbeitsauftrag:

1. Ändern Sie die Ablaufkette so ab, dass über einen Wahlschalter die Möglichkeit besteht die angelieferten Teile in zwei verschiedenen Farben zu spritzen. Die Reversierbewegungen (Wiederholungen) des Schlittens sind unterschiedlich, da die eine Farbe besser deckt als die zweite. Die Wartezeit T1 soll bei beiden Spritzvorgängen unverändert bleiben. (Lösungshinweis: Simultanverzweigung)
2. Wie viele Schritte können in einer linearen Kette gleichzeitig gesetzt sein?
3. Wann wird von einem Schritt auf den nächsten weitergeschaltet?

10.8.5 Funktionale Sicherheit von Steuerungen

In vielen Anwendungsbereichen wie Maschinen- und Fördertechnik werden Systemen und Komponenten der Automatisierungstechnik (z.B. Sensoren, Lichtvorhänge) sicherheitsrelevante Aufgaben (wie z.B. Überwachung von Gefahrenzonen u.a.) übertragen. Somit hängt das Leben und die Gesundheit der Bedienpersonen wie auch die Unversehrtheit von Anlagegütern und der Umwelt von der ordnungsgemäßen Funktion dieser Systeme und Komponenten ab. Daher ist jede Maschinensteuerung mit einem gewissen Fehlerrisiko behaftet, was ursächlich auf menschliches Fehlverhalten und/oder auf technisches Versagen zurückzuführen ist.

Gefahren an Maschinen und in Anlagen entstehen bei:

- Einrichten der Maschine
- Änderungen im Fertigungsprozess
- Reinigungsarbeiten
- Ausbildung von Bedienpersonal
- Wartung der Maschine bzw. Anlage
- Normalbetrieb

Maßnahmen zur Sicherheit (relativer Begriff: Risiko, das nach Ausführung der Schutzmaßnahmen verbleibt) sind unter dem:

- Technischen Aspekt (wie funktioniert die Sicherheitsmaßnahme?)
- Rechtlichen Aspekt (welche Sicherheitsvorschriften sind einzuhalten?)

zu sehen.

Folgend werden nur einige technische Aspekte im Hinblick auf Speicherprogrammierbare Steuerungen und Verdrahtung betrachtet. Darüber hinaus wird auf die einschlägige Literatur sowie auf Normen und EU-Richtlinien verwiesen.

Bild 1: NOT-AUS-Befehlsgerät verrastend mit Sicherheitsschloss

Farbkennzeichnung für Drucktaster und Leuchtmelder

Um das Zusammenwirken Mensch-Maschine zu erleichtern sind Schalter, Taster und Leuchtmelder farblich eindeutig gekennzeichnet, wobei jeder Farbe eine konkrete Bedeutung zugeordnet ist **(siehe Tabelle 1)**. Dadurch wird gewährleistet, dass die Sicherheit des Bedienpersonals erhöht und die Bedienung und Erhaltung der Anlagen erleichtert werden.

Tabelle 1: Farben für Drucktaster und ihre Bedeutung

Farbe	Bedeutung	Erklärung	Anwendungsbeispiele
ROT	Notfall	bei gefährlichem Zustand oder im Notfall betätigen	NOT-AUS Einleitung von NOT-AUS-Funktionen bedingt für STOP/AUS
GELB	Anormal	bei anormalem Zustand betätigen	Eingriff, um anormalen Zustand zu unterdrücken. Eingriff, um einen unterbrochenen automatischen Ablauf wieder zu starten.
GRÜN	Sicher	bei sicherer Bedienung betätigen oder im normalen Zustand vorzubereiten	START/EIN hierfür jedoch bevorzugt Weiß
BLAU	Zwingend	bei Zustand betätigen, der zwingende Handlung erfordert	Rückstellfunktion
WEISS	keine spezielle Bedeutung zugeordnet	für allgemeine Einleitung von Funktionen außer NOT-AUS (siehe auch Anmerkung)	START/EIN (bevorzugt) STOP/AUS
GRAU			START/EIN STOP/AUS
SCHWARZ			START/EIN STOP/AUS (bevorzugt)

Anmerkung: Wird eine zusätzliche Maßnahme der Kennzeichnung (z.B. Struktur, Form, Lage) zum Kennzeichen von Drucktaster-Bedienteilen verwendet, dürfen dieselben Farben WEISS, GRAU oder SCHWARZ für verschiedene Funktionen verwendet werden wie z.B. WEISS für START/EIN- und STOP/AUS-Bedienteile.

Bild 2: NOT-AUS-Befehlsgerät verrastend

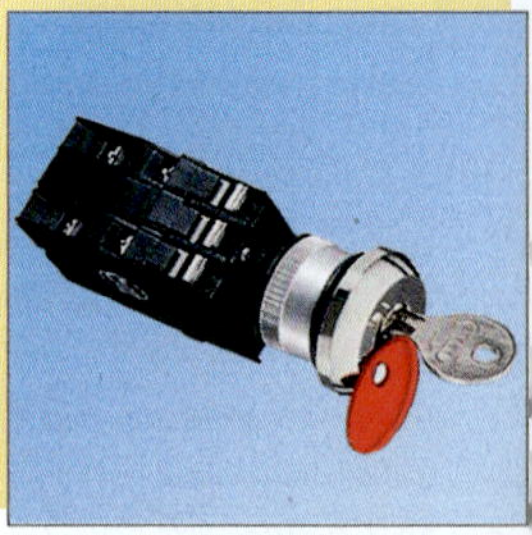

Bild 3: Sicherheitsschloss (mit Schlüsselüberwachung)

Hinweis: Die entsprechenden Normen findet man in DIN EN 60204-1 (VDE 0113 Teil 1) Stand: 10.2014.

Tabelle 1: Farben für Leuchtmelder und ihre Bedeutung

Farbe	Bedeutung	Erklärung	Handlung durch den Bediener	Anwendungsbeispiele
ROT	Notfall	gefährlicher Zustand	Sofortige Handlung um auf gefährlichen Zustand zu reagieren; z.B. durch Betätigung von NOT-AUS	Druck, Temperatur außerhalb sicherer Grenzen; Spannungsfall; Spannungszusammenbruch; Überfahren einer Stop-Position
GELB	Anormal	anormaler Zustand; bevorstehender kritischer Zustand	Überwachen und/oder Eingreifen (z.B. durch Wiederherstellen der beabsichtigten Funktion)	Druck/Temperatur übersteigt normale Bereiche, Auslösen einer Schutzeinrichtung
GRÜN	Sicher	normaler Zustand	optional	Druck/Temperatur innerhalb normaler Bereiche, Ermächtigung erforderlich
BLAU	Zwingend	Anzeige eines Zustandes, der Handlung durch den Bediener erfordert	zwingende Handlung	Anweisung, vorgegebene Werte einzugeben
WEISS	Neutral	Andere Zustände, darf verwendet werden, wenn Zweifel über die Anwendung von ROT, GELB, GRÜN	Überwachen	Allgemeine Informationen

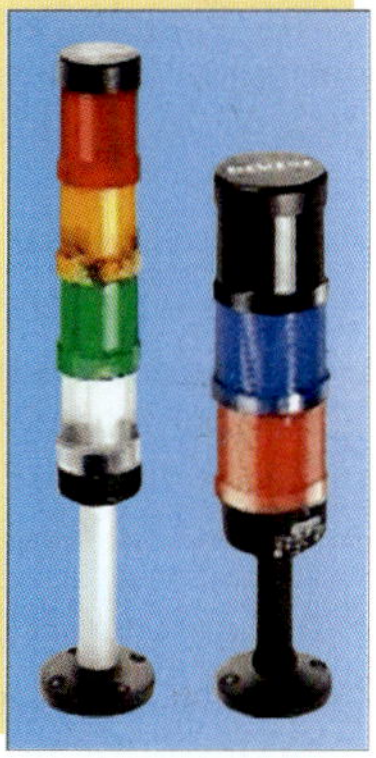
Bild 1: Akustische und visuelle Melde- und Signaleinrichtung

NOT-AUS

NOT-AUS ist eine Handlung, die dazu bestimmt ist, die Versorgung mit elektrischer Energie zu einer ganzen Installation oder zu einem Teil davon abzuschalten, falls ein Risiko für einen elektrischen Schlag oder ein anderes Risiko elektrischen Ursprungs besteht.

Bild 2: Einbauleuchten

Ein Ausschalten im Notfall ist vorzusehen, wo:

- Schutz gegen direktes Berühren (z. B. an Schaltgeräten) nur durch Abstand oder Hindernisse erreicht wird
- Es die Möglichkeit anderer Gefährdungen oder Beschädigungen durch elektrische Energie wie z. B. Drehbewegungen gibt

Geräte für NOT-AUS (Bilder 1 und 2, Seite 552)

- Bei einem Schalten der Kontakte eines NOT-AUS-Gerätes, auch bei einer nur kurzen Betätigung, muss das Befehlsgerät zwangsweise verrasten.
- Es darf nicht möglich sein, dass die Maschine, Anlage von einem entfernten Hauptbedienstand wieder gestartet wird, ohne dass die Gefahr vorher beseitigt wurde. Die Notschalteinrichtung muss **vor Ort** durch eine **bewusste Handlung wieder entriegelt** werden.

Bild 3: Leuchtmelder

Zwangsgeführte Kontaktelemente (Bild 4)

Kombinationen von n Schließer- und m Öffner-Kontaktelementen, die mechanisch so miteinander verbunden sind, dass sie nicht gleichzeitig geschlossen sein können.

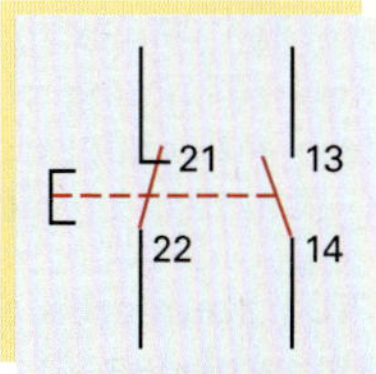

Bild 4: Taster mit zwangsgeführten Kontakten

10

Zwangsöffnung

Öffnungsbewegung, die sicherstellt, dass die Hauptkontakte eines Schaltgerätes die Offenstellung erreicht haben, wenn das Bedienteil in AUS-Stellung steht. Dabei darf die Kontakttrennung nicht über federnde Teile (z. B. einer Feder) erreicht werden. Zwangsöffnung (DIN EN 60947-2) wird in allen Sicherheitskreisen gefordert. Die Notwendigkeit der Zwangsöffnung der Öffnerkontakte in NOT-Situationen ist bei NOT-AUS-Befehlsgeräten zwingend vorgeschrieben (Ruhestromprinzip) **(Bild 5)**.

Ruhestromprinzip

Solange der Ruhestrom fließen kann, ist kein gefährdeter Eingriff erfolgt (Schutztür geschlossen). Die Unterbrechung des Ruhestromes lässt eine Betätigung eines Schaltkontaktes erkennen (Öffnen eines Endschalters) oder signalisiert einen Drahtbruch. Drahtbruchsicherheit liegt vor, wenn Einschaltbefehle durch Schließer und Ausschaltbefehle durch Öffner erfolgen.

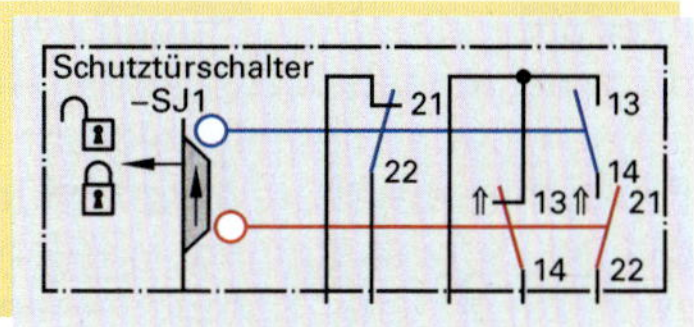

Bild 5: Zwangsöffnung durch Schutztürschalter

Positionsschalter sind Hilfsstromschalter. Sie werden für Stellungsüberwachungen von Schutzeinrichtungen an Arbeitsmaschinen oder als Wegfühler eingesetzt. Aufgrund ihrer Betätigungsart unterscheidet man mechanische Positionsschalter sowie Näherungsschalter induktiver, kapazitiver und optischer Art. Positionsschalter die in sicherheitsbezogenen Stromkreisen eingesetzt werden, müssen über zwangsöffnende Kontakte verfügen **(Bild 1).**

Bild 1: Positionsschalter a) ohne Zuhaltung b) mit Zuhaltung

Sicherheitsrelevante (-bezogene) Steuerungsfunktionen sind Steuerungsfunktionen, die durch ein sicherheitsrelevantes Steuerungssystem ausgeführt werden, um einen sicheren Zustand einer Maschine zu erhalten oder das Entstehen gefährlicher Zustände zu vermeiden.

Betätigen von NOT-AUS-Geräten

NOT-AUS-Befehlsgeräte müssen bei Betätigung den Sicherheitskreis fehlersicher unterbrechen. Dies hat ausschließlich mit Öffnerkontakten zu erfolgen. Ein automatischer Wiederanlauf einer Maschine darf nicht erfolgen, deshalb erfolgt eine Zwangsverrastung am NOT-AUS-Befehlsgerät.

> In SPS-gesteuerten Anlagen müssen sicherheitsrelevante Steuerungsfunktionen unabhängig von der SPS verdrahtet werden. Zusätzlich werden die Schaltzustände von z.B. Sicherheitsverriegelungen oder Hilfsstromschaltern an die SPS gemeldet.

Farbliche Kennzeichnung von Leitungen

Die Kennzeichnung von Leitern ist durch die Norm DIN EN 60204-1 festgelegt. Die Norm lässt jedoch große Spielräume zu. Sie schreibt vor, dass die Leiter an jedem Anschluss in Übereinstimmung mit der technischen Dokumentation identifizierbar sein müssen. Ferner wird vorgeschlagen, dass statt vieler Farben für die Innenverdrahtung einer Maschine eine einheitliche Farbe verwendet werden soll.

- **Schwarz** für Hauptstromkreise (Wechsel- und Gleichstrom)
- **Rot** für Steuerstromkreise (Wechselstrom)
- **Blau** für Steuerstromkreise (Gleichstrom)
- **Orange** für Verriegelungsstromkreise, die von einer externen Stromquelle versorgt werden.

Kennzeichnung Schutzleiter (bindend vorgeschrieben)

Bei farblicher Kennzeichnung muss es die Zweifarbenkombination gelb/grün über die gesamte Leiterlänge sein. Diese Farbkennzeichnung ist ausschließlich dem Schutzleiter vorbehalten.

Kennzeichnung Neutralleiter

Enthält ein Stromkreis einen farblich gekennzeichneten Neutralleiter, muss die Farbe Hellblau verwendet werden. Hellblau darf nicht zur Kennzeichnung von anderen Leitern verwendet werden, wenn die Gefahr der Verwechslung besteht.

Programmierbare Sicherheitssteuerungen

Mit dem Bussystem AS-Interface Safty at Work können sichere Daten und Standarddaten gemeinsam über die gelbe AS-Interface-Leitung übertragen werden. Bestehende Applikationen können um sicherheitsrelevante Funktionen erweitert werden. Für sichere Anwendungen werden zwei zusätzliche Komponenten benötigt: Ein **Sicherheitsmonitor** und **sichere Slaves (Bild 2).**

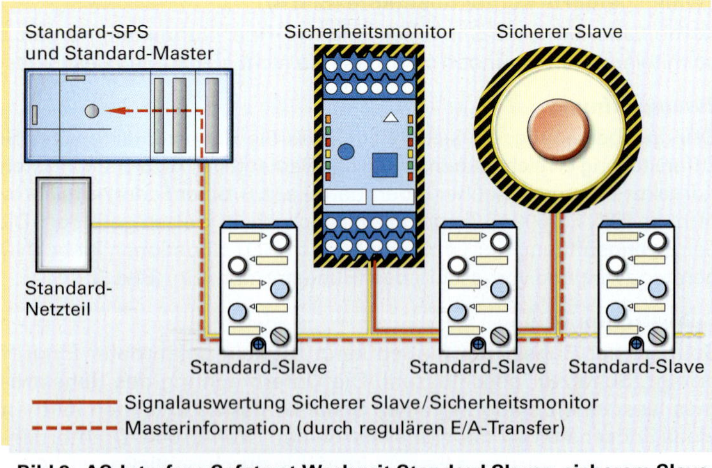

Bild 2: AS-Interface Safety at Work mit Standard Slaves, sicherem Slave und Sicherheitsmonitor

Grundlage für die sichere Datenübertragung ist ein dynamisiertes sicheres Übertragungsprotokoll zwischen dem Sicherheitsmonitor und den sicheren Slaves. In jedem Slave, also auch in den „sicheren" ist eine Codetabelle hinterlegt, sodass der Master diese eindeutig identifizieren kann. Beim ersten Hochfahren eines sicheren Netzes erkennt der Sicherheitsmonitor die sicheren Slaves und speichert die zugehörigen slavespezifischen Codetabellen. Einerseits überwacht der Sicherheitsmonitor die Codesignale von den sicheren Slaves, andererseits überprüft er ständig die korrekte Datenübertragung pro Zyklus zwischen beiden Systemen. Weicht ein gesendeter Codewert vom im Sicherheitsmonitor gespeicherten Wert ab, oder findet eine Zeitüberschreitung statt, so erfolgt am Sicherheitsmonitor die sichere Abschaltung über (2-kanalig ausgeführte) Freischaltkreise.

Für gezieltes Abschalten ist der Codewert „0" reserviert. Wird z.B. ein NOT-AUS-Befehlsgerät betätigt, wird ein „0"-Signal an den Sicherheitsmonitor gesendet, worauf dieser eine sichere Abschaltung über den entsprechenden Freigabekreis vornimmt. Da der AS-Interface-Master zyklisch abfragt, bekommt er und die SPS lediglich die Informationen mitgeteilt. Dadurch kann eine zusätzliche Auswertung der Informationen durch die SPS zu Diagnosezwecken über die entsprechende Maschinensteuerung erfolgen.

Der Sicherheitsmonitor

Der Sicherheitsmonitor ist das Kernstück von Safety at Work **(Bild 3 und 4)**. Die Konfiguration einer sicheren Applikation erfolgt mit einem PC und entsprechender Software. Hierbei können verschiedene anwendungsspezifische Betriebsmodi ausgewählt werden. Dies sind z.B. NOT-AUS-Funktionen, Zuhaltung, Zweihandbedienung sowie die Auswahl von Stopp-Kategorie 0 oder 1. Um die AS-Interface-Diagnosemöglichkeiten voll ausschöpfen zu können, kann der Sicherheitsmonitor wahlweise auch mit AS-Interface-Adresse betrieben werden.

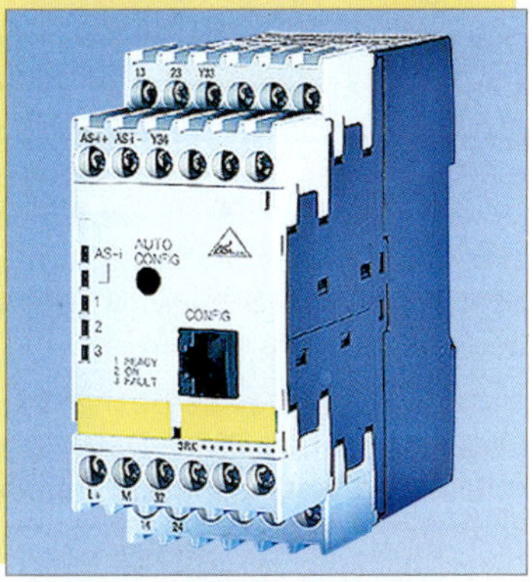

Bild 1: Sicherheitsmonitor

Stopp-Kategorie 0

Ungesteuertes Stillsetzen durch sofortige Abschaltung der Energie zu den Maschinenantriebselementen.

Stopp-Kategorie-1

Gesteuertes Stillsetzen, Energiezufuhr wird erst dann unterbrochen, wenn Stillstand erreicht ist.

Sicherheitsgerichtete Kommunikation kann mit den in **Bild 2** abgebildeten Schaltelementen erfolgen. Für den Positionsschalter gibt es eine spezielle Anschaltbaugruppe. Die Komponenten für die Sicherheitsfunktionen müssen nicht mehr konventionell verdrahtet werden. Auch Lichtgitter und Lichtvorhänge können sicherheitsgerichtet am AS-Interface angebunden werden.

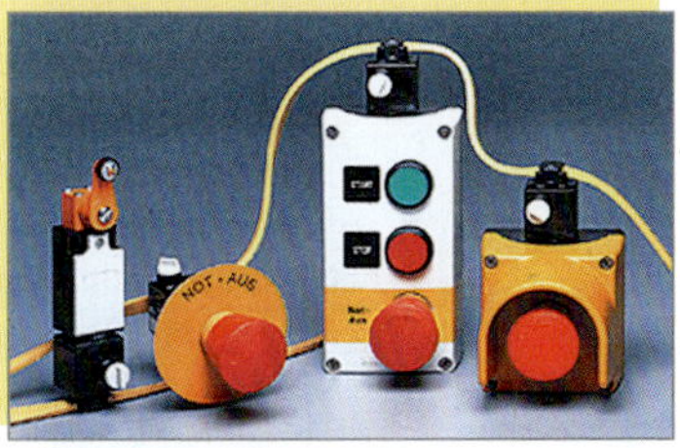

Bild 2: Sichere Slaves

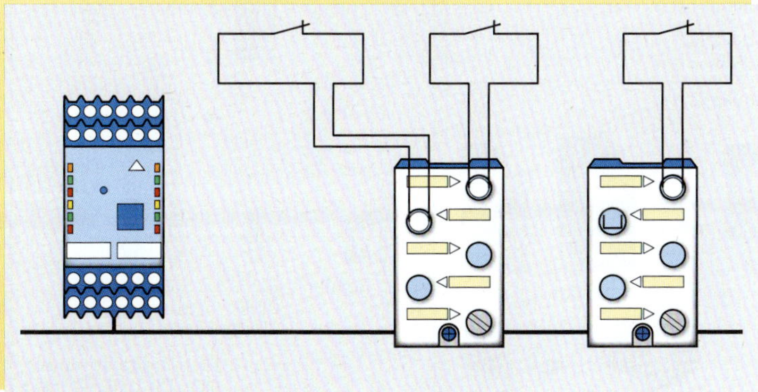

Bild 4: Sicherheitsmonitor mit sicheren Modulen

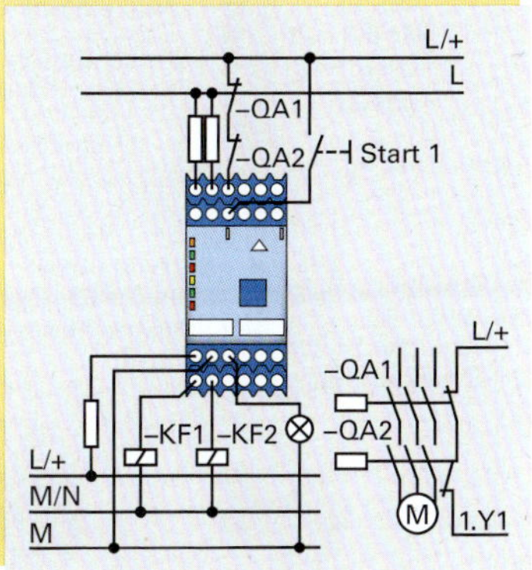

Bild 3: Sicherheitsmonitor mit einem Freigabekreis

10.9 IO-Link

IO-Link ist eine in der IEC 61131-9 spezifizierte Punkt-zu-Punkt-Kommunikationsschnittstelle bis in die unterste Feldebene. Diese standardisierte I/O-Technologie sorgt für eine bessere Nutzung der Funktions- und Leistungsfähigkeit von Sensoren und Aktoren.

10.9.1 Komponenten eines IO-Link-Systems

Grundsätzlich besteht ein IO-Link-System aus den folgenden Komponenten:

- IO-Link-Master
- IO-Link-Device (z.B. Sensoren, RFID-Reader **(siehe Seite 610)**, Ventile, Motorstarter, I/O-Module)
- Ungeschirmte 3- oder 5-Leiter-Standardleitungen
- Engineeringtool zur Projektierung und Parametrierung von IO-Link

Der IO-Link-Master stellt die Schnittstelle zwischen den IO-Link-Devices und dem Automatisierungssystem her. Als Bestandteil eines Peripheriesystems ist der IO-Link-Master entweder im Schaltschrank **(Bild 1)** oder als Remote-I/O, in Schutzart IP65/67, direkt im Feld installiert. Er steuert die Kommunikation mit den angeschlossenen Devices und speichert Parameterdaten und die IODD-Datei (s. 10.9.3). Ein IO-Link-Master kann mehrere IO-Link-Ports (Kanäle) besitzen **(Bild 1, Seite 557)**. An jedem Port ist ein IO-Link-Device anschließbar. Somit ist IO-Link eine Punkt-zu-Punkt-Kommunikation und kein Feldbus. **Die Steuerung** (z.B. SPS) wird verwendet, um den Zustand der Eingänge zu überwachen und den Zustand der Ausgänge zu steuern.

Jedes **IO-Link-Device** besitzt Identifikationsdaten, z.B. eine Typbezeichnung, eine Seriennummer oder Parameterdaten. Diese Daten sind über das IO-Link-Protokoll lesbar. Zusätzlich kann das IO-Link-Device detaillierte Diagnosedaten liefern, die für vorbeugende Wartung und Instandhaltung verwendet werden können.

Die **IODD-Datei (IO Device Description)** enthält eine Gerätebeschreibung und Parameterinformationen über das IO-Link-Device, einschließlich Hersteller, Artikelnummer, Funktionalität.

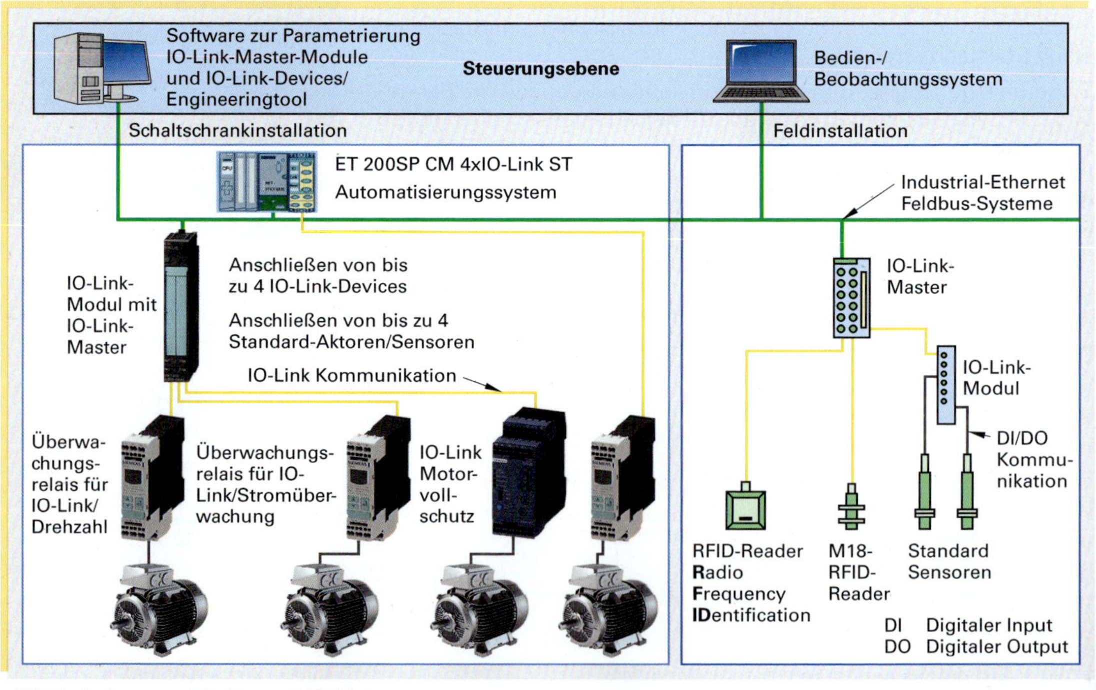

Bild 1: Anlagenarchitektur mit IO-Link

Nach dem Einschalten des Masters befindet sich das Device im Standard I/O Modus (SIO-Modus). Die Ports des Masters können unterschiedlich konfiguriert sein. Ist ein Port auf den SIO-Modus eingestellt, so verhält sich der Master an diesem Port wie ein normaler digitaler Eingang. Ist der Port auf den IO-Link-Modus (Communication Mode) eingestellt, so versucht der Master das angeschlossene IO-Link-Device zu finden („wake up").

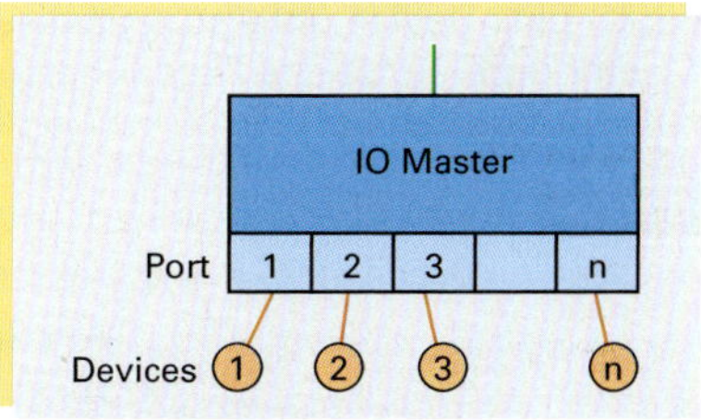

Bild 1: IO-Link-Verbindung

10.9.2 IO-Link-Schnittstelle

IO-Link ist eine serielle bidirektionale Punkt-zu-Punkt-Verbindung für Signalübertragung und Energieversorgung. Für die **Anschlusstechnik** in IP65/67 sind u.a. M12-Steckverbinder definiert worden, wobei Sensoren üblicherweise einen 4-poligen Stecker und Aktoren einen 5-poligen Stecker haben. IO-Link-Master verfügen grundsätzlich über eine 5-polige M12-Buchse.

Die **Anschlussbelegung** ist nach IEC 60974-5-2 spezifiziert **(Bild 2)**.

- Pin 1: → 24V
- Pin 2: → not connected
- Pin 3: → 0V
- Pin 4: → Schalt- und Kommunikationsleitung (C/Q)

Neben der IO-Link-Kommunikation wird auch die Energieversorgung des Devices mit mindestens 200 mA realisiert.

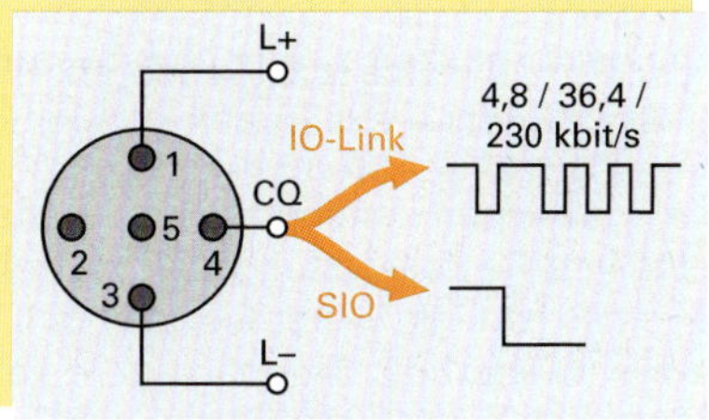

Bild 2: Anschlussbelegung IO-Link-Device

10.9.2.1 Porttypen in IP65/67

Es werden zwei Typen von Ports unterschieden:

Bei **Port Class A (Typ A)** sind die Funktionen der Pins 2 und 5 nicht vorgegeben. Diese Funktionen definiert der Hersteller. Üblicherweise wird Pin 2 mit einem zusätzlichen Digitalkanal belegt **(Bild 3)**.

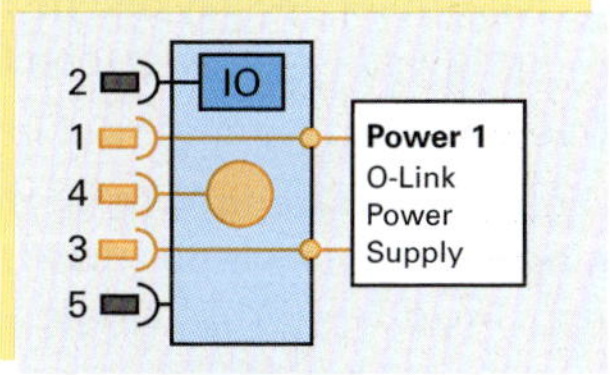

Bild 3: Port-Class A

Die **Port Class B (Typ B)** bietet eine zusätzliche Versorgungsspannung und ist für den Anschluss von Devices geeignet, die einen erhöhten Strombedarf aufweisen. Hierbei wird über die Pins 2 und 5 eine zusätzliche (galvanisch getrennte) Versorgungsspannung bereitgestellt **(Bild 4)**. Die galvanische Trennung erfolgt in den Netzteilen (SELV/PELV) nach den Aufbaurichtlinien der IEC 61010-2-201.

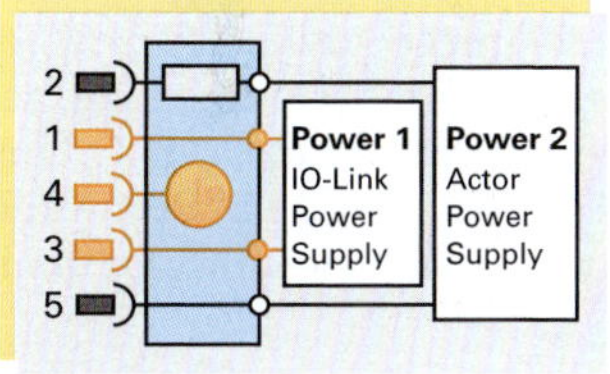

Bild 4: Port-Class B

Die **Verbindung** der Devices mit dem Master wird über maximal 20 m lange, ungeschirmte 3- bzw. 4- oder 5-Leiter-Standardleitungen realisiert. Eine Schirmung oder die Beachtung spezifischer Richtlinien beim Verlegen der Leitungen sind nicht notwendig.

10.9.3 IO-Link-Protokoll

Die IO-Link-Ports des Masters lassen sich in den folgenden **Betriebsarten** betreiben:

- In der Betriebsart **„IO-Link"** befindet sich der Port in der IO-Link-Kommunikation.
- In der Betriebsart **„DI"** verhält sich der Port wie ein Digitaleingang.
- In der Betriebsart **„DQ"** verhält sich der Port wie ein Digitalausgang.
- Die Betriebsart **„Deaktiviert"** ist für unbenutzte Ports verwendbar **(Bild 4)**.

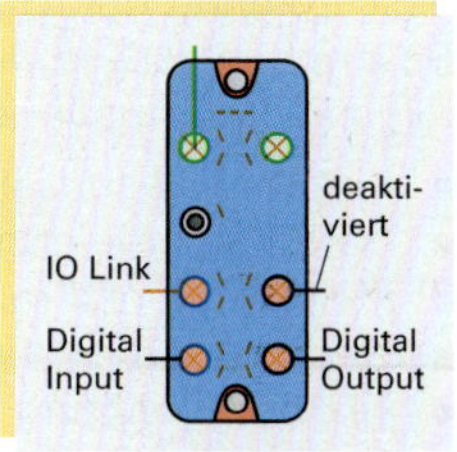

Bild 5: Betriebsarten IO-Link-Master

In der IO-Link-Spezifikation V1.1 sind für die IO-Link-Betriebsart drei Übertragungsgeschwindigkeiten (Baudraten) spezifiziert:

- COM 1 = 4,8 kBaud
- COM 2 = 38,4 kBaud
- COM 3 = 230,4 kBaud

Bei einer Baudrate von 38,4 kBaud und einer Telegrammlänge von 2 Byte liegt die Zykluszeit typischerweise bei etwa 2 ms. Die Zykluszeit setzt sich zusammen aus der Telegrammlänge und den Verzögerungszeiten im Master und im Device.

Ein IO-Link-Device unterstützt ausschließlich eine der definierten Datenübertragungsraten, der IO-Link-Master unterstützt alle Datenübertragungsraten. Er passt sich automatisch an die Datenübertragungsrate vom Device an.

Beispiel: Drucksensor

Angaben zur Schnittstelle des IO-Link-Devices, Drucksensors:

Übertragungstyp	COM2 (38,4 kBaud)
IO Link Revision	V1.1
SDCI Norm (**S**ingle-**d**rop digital **c**ommunication **i**nterface)	EC 61131-9

Die **Reaktionszeit** des IO-Link-Systems gibt Auskunft über die Häufigkeit und Geschwindigkeit der Datenübertragung zwischen Device und Master. In der Gerätebeschreibungsdatei IODD (**IO D**evice **D**escription) des Devices (s. Kap. 10.9.3) ist ein Wert für die minimale Zykluszeit des Devices hinterlegt. Dieser Wert gibt an, in welchen Zeitabständen der Master das Device ansprechen darf. Zusätzlich verfügt der Master über eine interne Bearbeitungszeit, die mit in die Berechnung der Reaktionszeit einfließt. Die **Übertragungsgüte** eines IO-Link-Systemes ist „hoch". Sollten Übertragungen fehlschlagen, so wird das Telegramm noch 2-mal wiederholt. Erst nach dem Fehlschlagen des dritten Wiederholungsversuchs erkennt der IO-Link-Master einen Kommunikationsabbruch und meldet diesen an die übergeordnete Steuerung (z.B. SPS).

Grundsätzlich werden drei **Arten von Daten zwischen IO-Link-Master und -Device** ausgetauscht:

- Prozessdaten → zyklische Daten (Process data Inputs, Output)
- Parameter → azyklische Daten, Device-Parameter (on-request data objects)
- Ereignisse → azyklische Daten (Events)

Das IO-Link-Device sendet immer nur nach einer Aufforderung des IO-Link-Masters.

Die **Prozessdatengröße** ist durch das Device festgelegt. Je Device sind Prozessdaten von 0 bis 32 Byte möglich (jeweils Input und Output). Jeder Port besitzt einen **Wertstatus** (PortQualifier). Der Wertstatus zeigt an, ob die Prozessdaten gültig oder ungültig sind. Dieser Status kann mit den Prozessdaten zyklisch übertragen werden.

Parameter sind Gerätedaten. Dies können Identifikationsdaten und Diagnoseinformationen sein. Gerätedaten können in das Device geschrieben (Write) sowie auch aus dem Device gelesen (Read) werden.

Ereignisse können Fehlermeldungen (z.B. Kurzschluss) und Warnungen/Maintenance-Daten (z.B. Verschmutzung, Überhitzung) sein. Fehlermeldungen werden vom Device über den IO-Link-Master zur Steuerung übertragen. Der IO-Link-Master kann auch seinerseits Ereignisse und Zustände übertragen. Solche Ereignisse sind z.B. Drahtbruch oder Kommunikationsabbruch. Die Übertragung von Device-Parametern oder Ereignissen erfolgt unabhängig von der zyklischen Übertragung der Prozessdaten.

10.9.4 IODD und Engineering

Für jedes IO-Link-Device steht eine elektronische Gerätebeschreibung **die IODD-Datei** zur Verfügung, (**IO D**evice **D**escription). Diese Datei stellt für die Systemintegration folgende Informationen bereit:

- Kommunikationseigenschaften
- Geräteparameter mit Wertebereich und Defaultwert
- Identifikation-, Prozess- und Diagnosedaten
- Gerätedaten
- Textbeschreibung
- Bild des Devices
- Logo des Herstellers **(Bild 1)**

Der Aufbau der IODD ist für alle Devices aller Hersteller gleich. Daher ist die gleiche Handhabung für alle IO-Link-Devices herstellerunabhängig garantiert. Für Devices, die sowohl V1.0 als auch V1.1 Funktionalität unterstützen, stehen zwei unterschiedliche IODD-Versionen zur Verfügung.

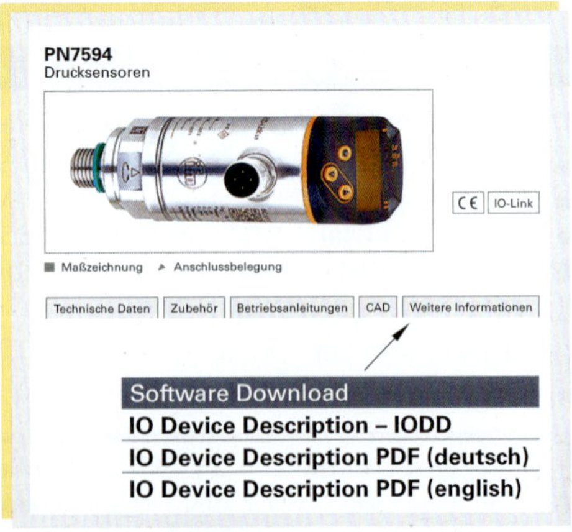

Bild 1: IODD-Datei

Die **IO-Link Konfigurationstools** des Master-Herstellers sind in der Lage, IODDs einzulesen. Zu den wichtigsten Aufgaben des IO-Link-Konfigurationstools gehören:

- die Zuordnung der Devices zu den Ports des Masters
- die Adresszuordnung der Ports innerhalb des Adressbereichs des Masters
- die Parametrierung der IO-Link-Devices

Die an den IO-Link-Master angeschlossenen Devices sind diagnostizierbar. Das IO-Link-Konfigurationstool erlaubt damit eine transparente Darstellung des IO-Link-Systems bis in die übergeordnete Feldebene.

10.9.5 Unterschiede IO-Link-Spezifikation V1.0 und V1.1

Die technische Definition des IO-Link-Systems ist in einer Spezifikation beschrieben. Im ersten Schritt entstand die **Spezifikation Version 1.0**. Die Weiterentwicklung und Funktionserweiterungen des IO-Link-Systems führten zur **Version 1.1**. Die wesentlichen **Erweiterungen der Version 1.1** sind:

- Datenspeicherung für den Device-Tausch im Betrieb (Backup&Restore)
- Datenübertragungsrate 230,4 kBaud ist für IO-Link-Master verpflichtend
- Prozessdatenbreite je Port bis zu 32 Byte

Bei **Kombination von IO-Link-Geräten** sind folgende Punkte zu beachten:

- Am IO-Link-Master nach V1.0 sind ausschließlich IO-Link-Devices nach V1.0 betreibbar.
- Am IO-Link-Master nach V1.1 sind IO-Link-Devices nach V1.0 und V1.1 betreibbar.
- Die Datenspeicherung und die Datenübertragungsrate 230,4 kBaud des IO-Link-Masters nach V1.1 sind nur dann nutzbar, wenn diese Funktionen auch vom IO-Link-Device unterstützt werden (siehe IODD-Datei).

10.9.6 Einbindung des IO-Link-Masters in übergeordnete Feldbusse

Um den **Datenaustausch** zwischen einem IO-Link-Device und der Steuerung, z.B. SPS, zu gewährleisten, werden die IO-Link-Daten vom IO-Link-Master in den eingesetzten Feldbus gemapped (Zuordnen von Daten aus zwei verschiedenen Protokollen). Man spricht hier von einer IO-Link-Abbildung auf den Feldbus. Ist der IO-Link-Master direkt mit einer SPS über einen proprietären Rückwandbus (siehe **Bild 1**) verbunden, werden die IO-Link-Daten auf diesen Bus abgebildet und zur SPS bzw. von der SPS an den IO-Link-Master und weiter in das IO-Link-Device übertragen. IO-Link-Abbildungen sind bereits für den PROFIBUS, für Profinet, INTERBUS, AS-i, und PowerLink spezifiziert.

Prozessdaten vom oder zum IO-Link-Device werden im zyklischen Datenverkehr über den Feldbus bzw. Rückwandbus transportiert. Die Parameterdaten müssen von der SPS explizit angefragt oder, als solche gekennzeichnet, gesendet werden. Zu diesem Zweck wurde in der IO-Link-Spezifikation die iSDU (**i**ndexed **s**ervice **d**ata **u**nit) definiert.

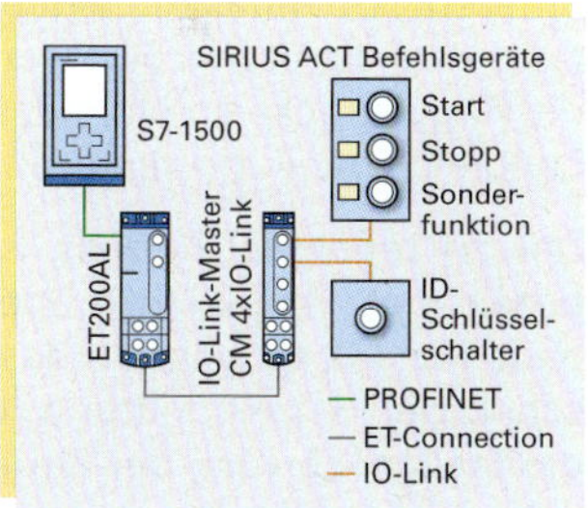

Bild 1: Beispielaufbau

Parameterwerte und Zustände sind in einem IO-Link-Device über Indizes und Subindizes abfragbar. Die Anfragen (Read Write Services) werden im IO-Link-Master auf eine IO-Link spezifische iSDU codiert und über die IO-Link-Schnittstelle zum Device übertragen. In der iSDU wird festgelegt, ob gelesen oder geschrieben wird. Unter Verwendung der Indizes werden die Parameter festgelegt, deren Werte gelesen oder beschrieben werden sollen.

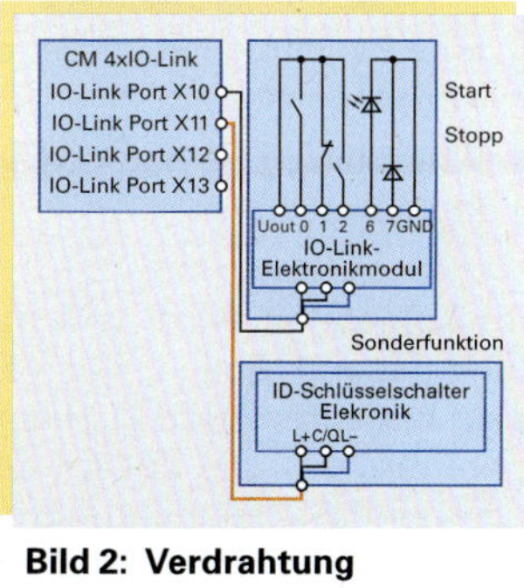

Bild 2: Verdrahtung

Anwendungsbeispiel: Als IO-Controller wird eine SIMATIC S7-1500 Steuerung **(Bild 1)** verwendet. Das ET 200AL-Interfacemodul und das CM 4xIO-Link sind im Feld montiert und über PROFINET an den IO-Controller angebunden. Um die Maschine vor Ort zu bedienen, werden „SIRIUS ACT"-Befehlsgeräte eingesetzt, die über IO-Link an die ET 200AL angeschlossen sind. Dafür sind in den Gehäusen der Befehlsgeräte sogenannte IO-Link-Elektronikmodule eingebaut, die die Signale der Befehlsgeräte auf IO-Link umsetzen. Das Sirius Act Befehlsgerät verfügt über 8 Ein-/Ausgänge, die über das **PCT (P**ort **C**onfiguration **T**ool) frei programmierbar sind. Mit dem SIRIUS ACT ID-Schlüsselschalter wird eine Berechtigungskontrolle für die Bedienung der Maschine realisiert.

11 Regelungstechnik

11.1 Grundbegriffe

Die Begriffe **Steuern** und **Regeln** werden sowohl im täglichen Sprachgebrauch als auch in Verbindung mit technischen Vorgängen häufig verwendet. Der Unterschied wurde in Kapitel 10.1 bereits ausführlich erläutert.

In der Steuerungs- und Regelungstechnik werden die Zusammenhänge zwischen den einzelnen Komponenten mithilfe des sog. Wirkungsplans dargestellt. Auch diese wurden in Kapitel 10.1 schon geklärt.

Bild 1 zeigt den Wirkungsplan einer Regelung in einer etwas anderen Darstellung als in Kapitel 10.1.

Betrachtet man beispielsweise die Temperaturregelung eines Lötbads, ergibt sich folgender Wirkungsplan. Die zu regelnde Größe, die sog. **Regelgröße *x*** (hier Temperatur des Lötzinns) wird über einen Sensor mit der **Führungsgröße *w*** (dem Sollwert, hier gewünschte Temperatur des Lötzinns) verglichen.

So lange keine Störung auftritt ist die Rückführgröße identisch mit der Führungsgröße. Damit ist die **Regeldifferenz *e*** gleich 0. Als Regeldifferenz wird die Differenz zwischen Führungsgröße und Rückführgröße bezeichnet. Wird die Regelgröße aufgrund einer **Störgröße *z*** verändert (hier Abkühlung der Lötzinntemperatur) entsteht eine Regeldifferenz. Über das Regelglied und die Stelleinrichtung wird die **Stellgröße *y*** erzeugt. Diese wirkt auf die Regelstrecke so ein, dass die Regelgröße wieder gleich der Führungsgröße wird.

Der zu regelnde Prozess wird als **Regelstrecke** bezeichnet. Im Falle des oben beschriebenen Lötbads handelt es sich um das Zusammenspiel zwischen der Heizeinrichtung, deren Eingangssignal die Stellgröße y ist, der Regelgröße und der möglichen Störgrößen.

> Eine Regelung hat immer einen geschlossenen Wirkungsweg.
>
> Eine Steuerung hat immer einen offenen Wirkungsweg.

Im Folgenden wird, wie meistens in der Regelungstechnik üblich, der vereinfachte Wirkungsplan betrachtet **(Bild 2)**. Hier wird nur die Regeleinrichtung, d.h. die Zusammenfassung von Regelglied und Stelleinrichtung betrachtet. Der Sensor bzw. Messumformer wird außer acht gelassen.

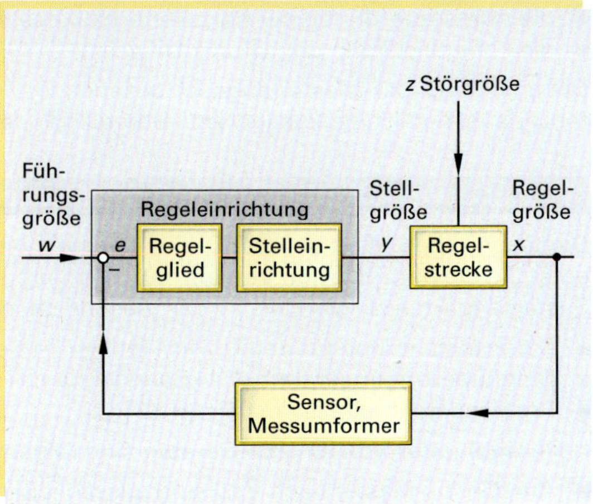

Bild 1: Wirkungsplan einer Regelung

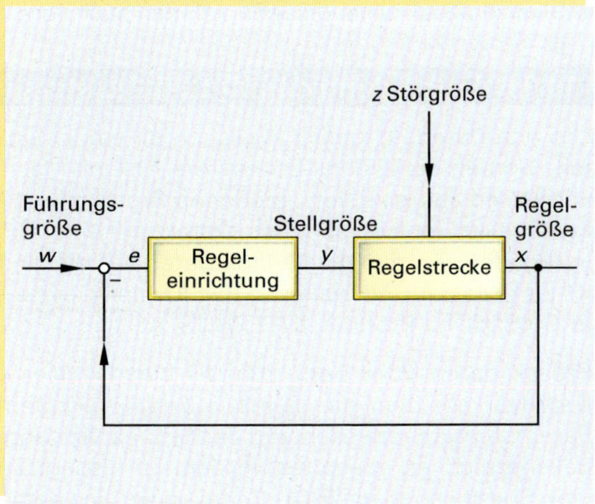

Bild 2: Vereinfachter Wirkungsplan einer Regelung

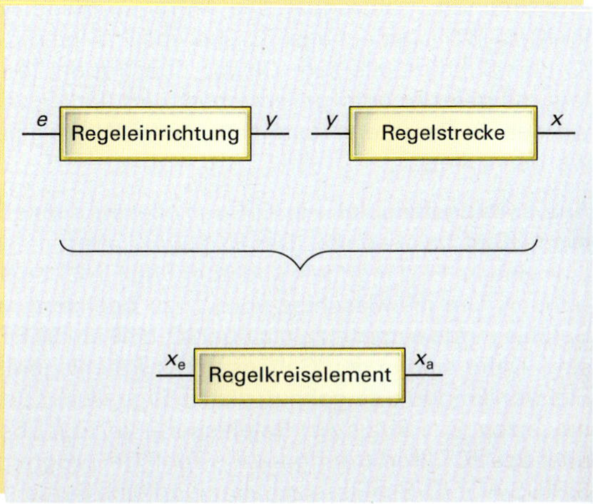

Bild 3: Regelkreiselement

11.2 Regelkreiselemente

Ein Regelkreiselement **(Bild 3, Seite 560)**, d.h. sowohl die Regeleinrichtung als auch die Regelstrecke, werden gekennzeichnet durch:

- die Sprungantwort, d.h. das Verhalten am Ausgang, wenn am Eingang eine sprungförmige Änderung auftritt,
- die Reaktion auf ein sinusförmiges Eingangssignal und
- das Bode-Diagramm, d.h. die logarithmische Darstellung des Amplitudenverhältnisses und der Phasenverschiebung.

Die Regeleinrichtung und die Regelstrecke lassen sich im Allgemeinen durch die im Folgenden beschriebenen Grundkomponenten oder durch deren Kombination beschreiben. Sehr häufig bestehen die Regeleinrichtung und die Regelstrecke aus den gleichen Grundkomponenten. Deshalb werden sie in den folgenden Unterkapiteln auch parallel behandelt.

11.2.1 Proportionalglied ohne Verzögerung (P-Glied)

P-Glieder erzeugen ein Ausgangssignal, das dem Eingangssignal proportional ist. Der Faktor K_P, welcher den Ausgangswert mit dem Eingangswert verknüpft, wird Verstärkungsfaktor genannt. Dies gilt auch, wenn $K_P < 1$ ist und somit eine Dämpfung vorliegt **(Bild 1)**. Er wird ermittelt:

$$K_p = \frac{x_a}{x_e}$$

Der Wert K_P kann dimensionsbehaftet sein. Dies soll an folgendem Beispiel verdeutlicht werden:

Ein Abstandssensor liefert einen Ausgangsstrom $I_A = 0$ mA, wenn der Abstand zwischen Sensor und Objekt 0 mm beträgt. Der gleiche Sensor liefert 20 mA, wenn der Abstand 8 mm beträgt. Die Kennlinie sei linear.

$$K_p = \frac{x_a}{x_e} = \frac{20\text{ mA}}{8\text{ mm}} = 2{,}5\,\frac{\text{mA}}{\text{mm}}$$

Arbeitsauftrag:

Das Getriebe aus **Bild 1** hat eingangsseitig ein Zahnrad mit 150 Zähnen und ausgangsseitig ein Zahnrad mit 50 Zähnen. Ermitteln Sie den Verstärkungsfaktor K_P.

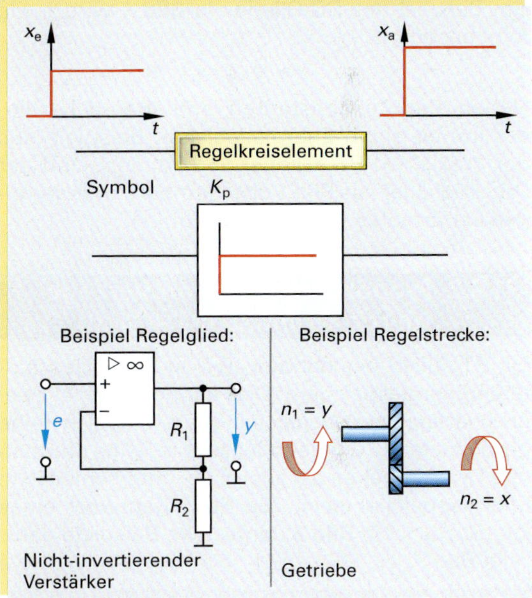

Bild 1: P-Glied

11.2.2 Proportionalglied mit Verzögerung 1. Ordnung (PT_1-Glied)

PT_1-Glieder erzeugen ein Ausgangssignal, das erst nach einer Verzögerungszeit seinen endgültigen Wert annimmt **(Bild 2)**. Die Verzögerungszeit wird durch die Zeitkonstante τ bestimmt.

Die Zeitkonstante τ kann grafisch dadurch ermittelt werden, dass im Ursprung die Tangente an die Kurve angelegt und diese bis zum Endwert verlängert wird. An dem Schnittpunkt zwischen Tangente und

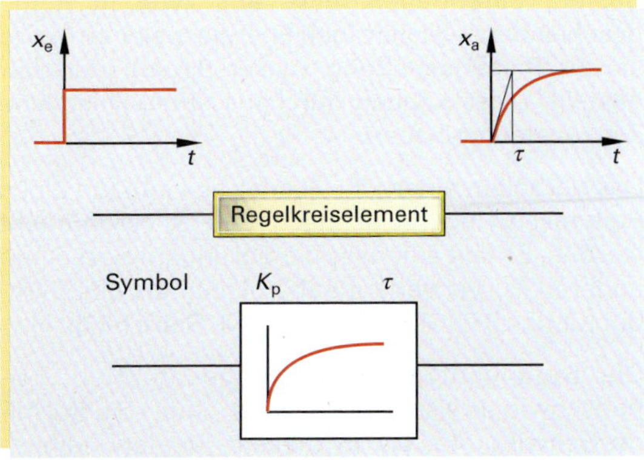

Bild 2: PT_1-Glied

Endwert kann die Zeitkonstante abgelesen werden. In der Praxis kann davon ausgegangen werden, dass der Endwert nach ca. $5 \cdot \tau$ erreicht wird.

Der Verstärkungsfaktor K_P wird, wie beim P-Glied, ermittelt indem man den Endwert zu dem Eingangswert ins Verhältnis setzt.

> PT_1-Glieder werden nicht als Regelglieder eingesetzt, kommen aber als Regelstrecke häufig vor.

Der Zusammenhang zwischen Eingang und Ausgang wird über eine Exponentialfunktion beschrieben.

$$x_a = K_p \cdot \left(1 - e^{-\frac{t}{\tau}}\right) \cdot x_e$$

Am Beispiel des RC-Gliedes in **Bild 1** wird τ wie folgt bestimmt:

$$\tau = R \cdot C$$

Neben der Zeitkonstanten enthalten PT_1-Glieder immer einen Energiespeicher. Beispiele aus der Praxis, wo PT_1-Glieder vorkommen, sind der Druckbehälter aus **Bild 1** oder Temperaturänderungen in Härteöfen bzw. Zinnbädern.

11.2.3 Proportionalglied mit Verzögerung 2. Ordnung (PT_2-Glied)

Ein PT_2-Glied besteht aus zwei in Reihe geschalteten Energiespeichern. Dies können sowohl zwei gleichartige Energiespeicher, wie z. B. zwei in Reihe geschaltete RC-Glieder oder zwei in Reihe geschaltete Druckbehälter, als auch zwei unterschiedliche Energiespeicher sein. Die Sprungantwort eines PT_2-Glieds ist in **Bild 2** dargestellt, Beispiele dafür zeigt **Bild 3.**

> PT_2-Glieder kommen in der Praxis nur als Regelstrecken vor.

Besteht eine Regelstrecke aus zwei in Reihe geschalteten, gleichartigen Energiespeichern, wird sie als Reihenschaltung zweier PT_1-Glieder dargestellt. Diese können durchaus unterschiedliche Zeitkonstanten haben.

Das Verhalten eines PT_2-Gliedes soll anhand eines Reihenschwingkreises nach **Bild 3** verdeutlicht werden. Es fällt auf, dass die Sprungantwort einen anderen Kurvenverlauf haben kann, als das Symbol für das PT_2-Glied **(siehe Bild 1, Seite 563).**

Die Sprungantwort eines ungedämpften Reihenschwingkreises ($R = 0\ \Omega$) ist eine sinusförmige Schwingung. Da in diesem idealen Reihenschwingkreis keinerlei Verluste auftreten, bleibt

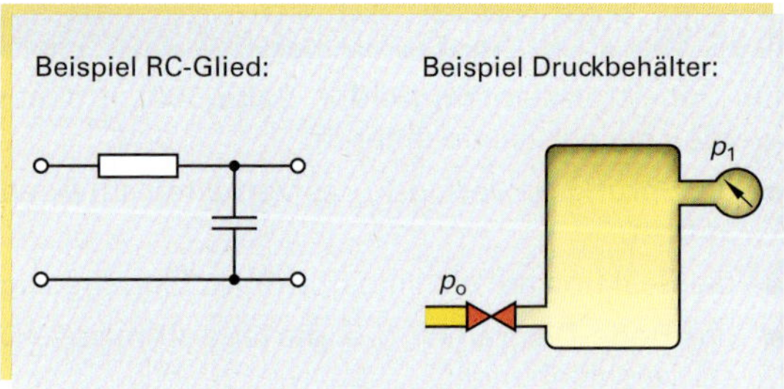

Bild 1: Beispiele PT_1-Glieder

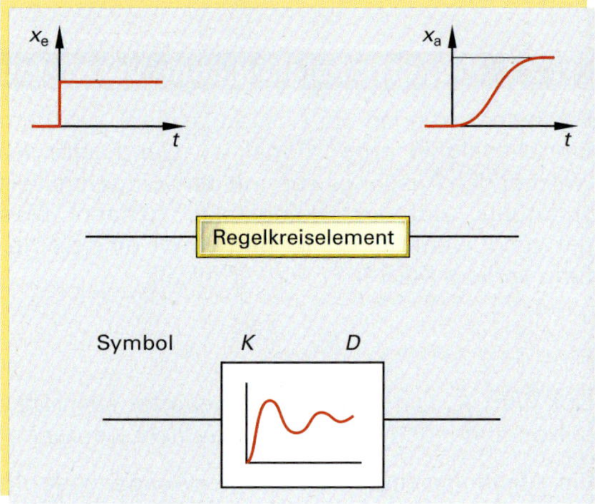

Bild 2: PT_2-Glied

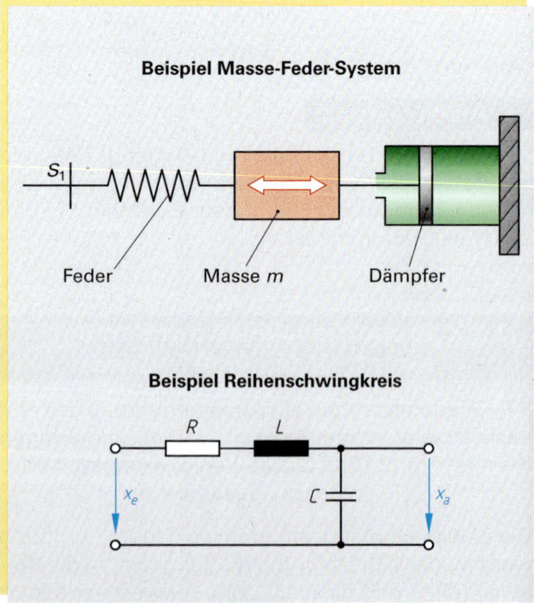

Bild 3: Beispiele PT_2-Glieder

die Schwingung mit gleichbleibender Amplitude erhalten.

Wird ein realer Reihenschwingkreis betrachtet ($R \neq 0\ \Omega$), können zwei Fälle auftreten:

- ein schwingungsfähiges PT_2-Glied
- ein nicht schwingungsfähiges PT_2-Glied

Ein schwingungsfähiges PT_2-Glied ergibt sich immer dann, wenn der Dämpfungswert D zwischen 0 und 1 liegt. Bei Dämpfungswerten > 1 ergibt sich ein nicht schwingungsfähiges PT_2 Glied.

Ein nicht schwingungsfähiges PT_2-Glied kann durch zwei in Reihe geschaltete PT_1-Glieder dargestellt werden.

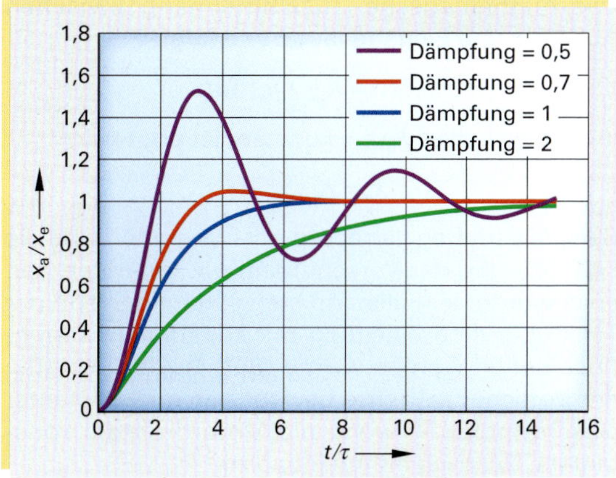

Bild 1: Sprungantworten eines PT_2-Gliedes

Bild 1 zeigt die Sprungantworten für verschiedene Dämpfungswerte. Der Zusammenhang zwischen Ein- und Ausgang wird über folgende Funktion beschrieben:

$$x_a = K\left(1 - \frac{e^{-D\omega_0 t}}{\sqrt{1-D^2}} \sin\sqrt{1-D^2} \cdot \omega_0 t - \varphi\right) \cdot x_e$$

Hierbei ist K der Proportionalitätsfaktor, D die Dämpfung, ω_0 die Kennkreisfrequenz und φ der Phasenverschiebungswinkel. Im Falle eines Reihenschwingkreises berechnen sich die Dämpfung und die Kennkreisfrequenz wie folgt:

$$\omega_0 = \frac{1}{\sqrt{LC}}; \qquad D = \frac{1}{2} \cdot R \cdot \sqrt{\frac{C}{L}}$$

Der Proportionalitätsfaktor bestimmt sich aus dem Verhältnis von Ausgangsgröße x_a zu Eingangsgröße x_e, wenn das System seinen eingeschwungenen Zustand erreicht hat. Bei diesen Werten handelt es sich um die Kenngrößen, die im Symbol in **Bild 2** auf der vorigen Seite angegeben wurden.

Das PT_2-Glied hat in der Regelungstechnik eine besondere Bedeutung. Wenn irgendwie möglich versucht man das Regelkreiselement so zu entwerfen, dass es sich wie ein schwingungsfähiges PT_2-Glied verhält. Jedoch muss darauf geachtet werden, dass das Überschwingen nicht zu groß ausfällt. In der Praxis hat sich z.B. ein Dämpfungsfaktor $D = 0{,}7$ als optimal erwiesen, wenn als maximale Amplitude der gewünschte Endwert + 5% vorgegeben wurde.

11

11.2.4 Integralglied (I-Glied)

I-Glieder **(Bild 2)** kommen sowohl als Regelstrecken als auch als Regeleinrichtung vor. Unter einer Integration versteht man die laufende Aufsummierung des Eingangssignals. Das hat zur Folge, dass bei einem konstanten Eingangssignal das Ausgangssignal stetig zunimmt **(Bild 2)**.

Die Integrationszeitkonstante ist definiert als die Zeit, die vergeht, bis das Ausgangssignal den Wert 1 hat, wenn das Eingangssignal ebenfalls den Wert 1 hat.

Der Integrationsbeiwert K_I ist der Kehrwert der Integrationszeitkonstanten. Dies ist der Wert, der im Symbol angegeben wird.

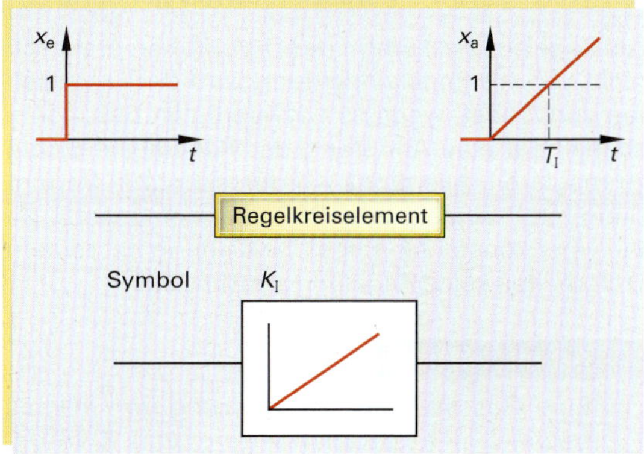

Bild 2: I-Glied

Der mathematische Zusammenhang zwischen Ausgang und Eingang lautet wie folgt:

$$x_a(t) = K_I \cdot \int x_e(t)\,dt$$

In dem Fall, dass $x_e(t)$ = konstant ist ergibt sich:

$$x_a = K_I \cdot x_e \cdot t$$

Beispiele für Regelstrecken mit I-Verhalten sind die Füllhöhe und der Vorschubantrieb. Im ersten Beispiel würde der Füllstand stetig steigen, wenn der Tank über eine Zuleitung mit konstantem Durchfluss befüllt werden würde **(Bild 1)**. Der Schlitten des Vorschubantriebes bewegt sich mit konstanter Geschwindigkeit, wenn die Motordrehzahl konstant ist. Der Weg nimmt stetig zu.

Regeleinrichtungen mit I-Verhalten werden immer dann eingesetzt, wenn nach erfolgter Regelung keine Regelabweichung gewünscht ist.

Arbeitsauftrag:

Ermitteln Sie den Integrationsbeiwert K_I für einen Tank mit einer quadratischen Grundfläche von 1 m², wenn dieser mit einem konstanten Durchfluss von 5 l/s befüllt wird.

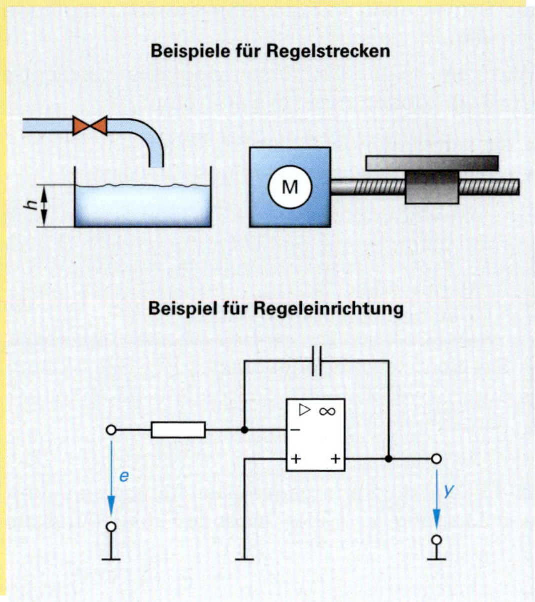

Bild 1: I-Glied

11.2.5 Differenzierglied (D-Glied)

D-Glieder liefern ein Ausgangssignal, das der Steigung des Eingangssignals proportional ist. Wäre das Eingangssignal stetig ansteigend, so hätte dies am Ausgang ein konstantes Ausgangssignal zur Folge **(Bild 2)**. Die Sprungantwort ist nur ein kurzer Impuls zum Zeitpunkt des Auftretens des Sprungs. Ansonsten ist die Steigung des Eingangssignals 0 und somit auch das Ausgangssignal 0. Der Zusammenhang zwischen Ausgang und Eingang lautet wie folgt:

$$x_a(t) = K_D \cdot \frac{\Delta x_e(t)}{\Delta t}$$

Der Wert K_D wird Differenzierbeiwert genannt.

Als Regelstrecke kommt das D-Verhalten praktisch nicht vor. Als Regeleinrichtung wird das D-Verhalten verwendet, wenn es notwendig ist besonders schnell auf eine Änderung der Regelabweichung zu reagieren. Allerdings werden sie nur in Verbindung mit P-Reglern oder PI-Reglern eingesetzt, da bei einer konstanten Regelabweichung bei reinem D-Verhalten keine Regelung stattfindet.

Arbeitsauftrag:

Eine Geschwindigkeitsänderung von 10 m/s bewirkt eine Stromänderung von 5 mA/s. Ermitteln Sie den Differenzierbeiwert.

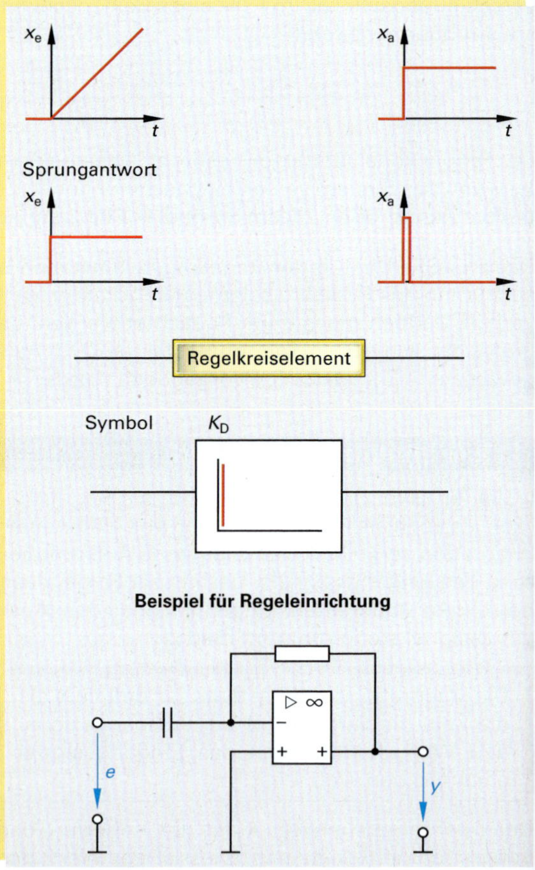

Bild 2: D-Glied

11.2.6 Totzeitglied (T_t-Glied)

Totzeitglieder erzeugen bei einer sprungförmigen Änderung des Eingangssignals nach einer Verzögerung, der sogenannten Totzeit, eine sprungförmige Änderung des Ausgangssignals. Das Ausgangssignal ist gegenüber dem Eingangssignal um die Totzeit verschoben **(Bild 1).**

> Totzeitglieder treten immer bei Signalverarbeitung mit speicherprogrammierbaren Steuerungen oder Computern auf.

Dies hängt damit zusammen, dass aufgrund der Programmabarbeitungszeit in der SPS oder im PC eine Verzögerung zwischen dem Einlesen des Eingangssignals und dem Setzen des Ausgangssignals auftritt.

Beispiele für Regelstrecken, in denen Totzeiten auftreten, sind Förderbänder oder das Mischen von strömenden Flüssigkeiten.

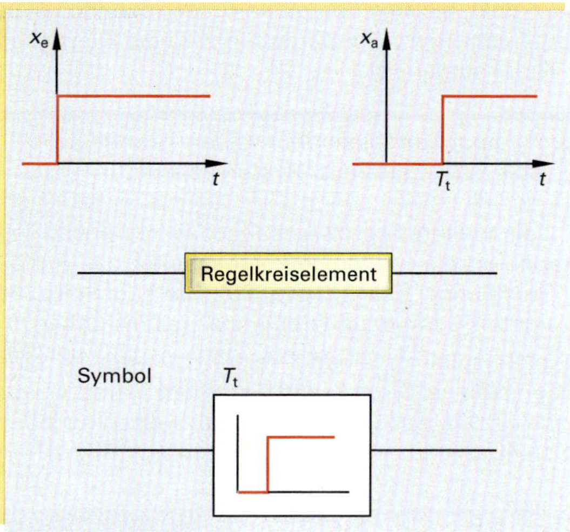

Bild 1: Totzeitglied

11.3 Regeleinrichtungen und Regelglieder

In der Regeleinrichtung wird die Regelabweichung, d.h. die Differenz aus der durch den Messumfor-mer/Sensor umgeformten Regelgröße und der Führungsgröße, verarbeitet und als Stellgröße der Regelstrecke zur Verfügung gestellt. Sie besteht aus dem Regelglied und dem Stellglied **(siehe Bild 1, Seite 560).**

Die Regelglieder, häufig kurz auch nur Regler genannt, werden in folgende Kategorien eingeteilt:

- unstetige Regelglieder
- stetige Regelglieder
- digitale Regelglieder

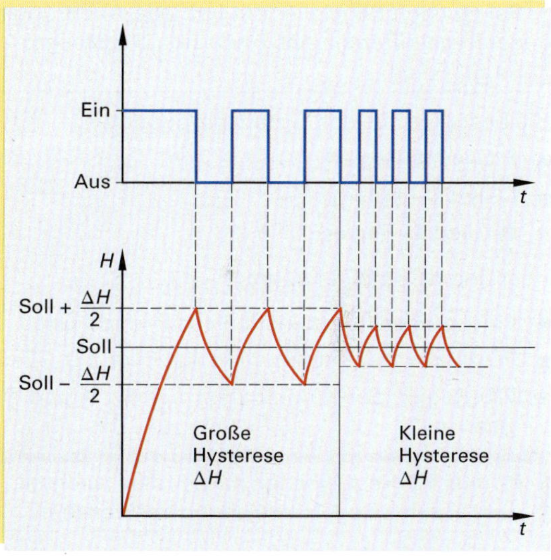

Bild 2: Kennlinie eines Zweipunkt-Regelgliedes

11.3.1 Unstetige Regelglieder

Bei den unstetigen Regelgliedern hat die Stellgröße nur zwei oder drei feste Werte. Man spricht von

- Zweipunktregelgliedern, wenn die Stellgröße zwei feste Werte hat **(Bild 2).**
- Dreipunktregelgliedern, wenn die Stellgröße drei feste Werte hat **(Bild 1, Seite 566).**

Typische Beispiele für Zweipunktregelglieder sind die meisten Heizvorgänge. Wird z.B. ein Ofen, in dem eine Flüssigkeit auf einer nahezu konstanten Temperatur gehalten werden soll, eingeschaltet, wird dieser bis zur eingestellten Temperatur erhitzt. Wird die Temperatur erreicht, wird der Ofen ausgeschaltet. Die Temperatur der Flüssig-

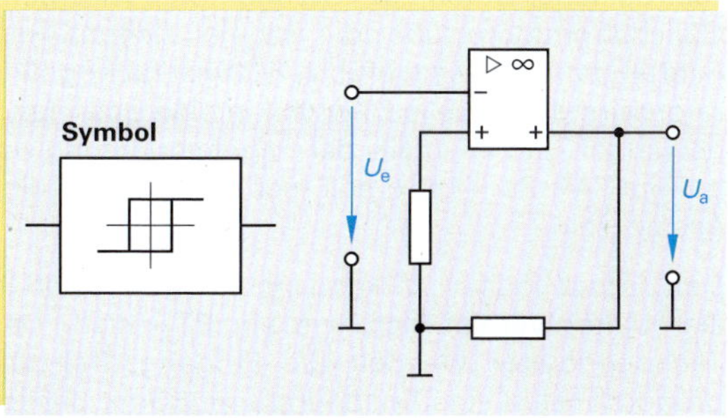

Bild 3: Zweipunktregelglied

keit sinkt, bis ein anderer, darunter liegender Wert unterschritten wird. Daraufhin wird die Flüssigkeit wieder aufgeheizt.

Zweipunktregelglieder weisen grundsätzlich eine Schaltdifferenz (Hysterese) auf.

Ist die Hysterese groß, schaltet das Regelglied seltener, ist die Hysterese klein schaltet das Regelglied häufiger **(Bild 2, Seite 565). Bild 3** auf **Seite 565** zeigt das Symbol und den prinzipiellen Aufbau.

Ein Beispiel für einen Dreipunkt-Regler ist eine Klimaanlage. Diese kennt die Zustände heizen, aus und kühlen. Auch Dreipunktregler weisen für jeden Schaltzustand eine Schaltdifferenz auf **(Bild 1)**.

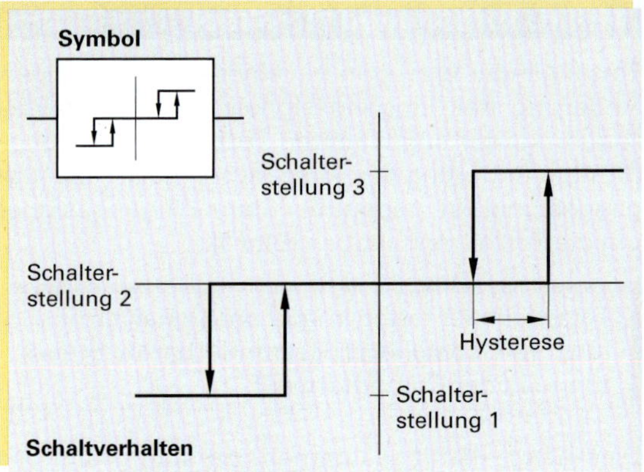

Bild 1: Dreipunktregelglied

11.3.2 Stetige Regelglieder

Stetige Regelglieder weisen kein Schaltverhalten und damit auch keine Hysterese auf.

Bei stetigen Regelgliedern hat jede Änderung der Regeldifferenz eine Änderung der Stellgröße zur Folge.

Sie bestehen aus den Grundkomponenten:

- P-Glied (P-Regler)
- I-Glied (I-Regler)
- D-Glied (D-Regler)

oder deren Kombinationen:

- PI-Regler, der Kombination aus P- und I-Glied
- PD-Regler, der Kombination aus P- und D-Glied
- PID-Regler, der Kombination aus P-, I- und D-Glied

P- und PD-Regelglieder haben den Nachteil, dass sie eine Regelabweichung verursachen.

Dies soll anhand des folgenden Beispiels verdeutlicht werden.

Bild 2 zeigt den prinzipiellen Aufbau einer Drehzahlregelung. Durch ein Potentiometer wird dem Gleichstrommotor über die Regeleinrichtung die Führungsgröße *w* zugeführt. Mittels Tachogenerator wird die aktuelle Drehzahl in eine Spannung gewandelt und ebenfalls der Regeleinrichtung zugeführt. Als Regelglied soll hier ein P-Regler eingesetzt sein.

Den dazugehörigen Wirkungsplan zeigt das **Bild 3**. Der Motor verhält sich wie ein PT_1-Glied. Der Tachogenerator wandelt die Eingangsdrehzahl proportional in eine Spannung um. Damit besitzt er ein P-Verhalten.

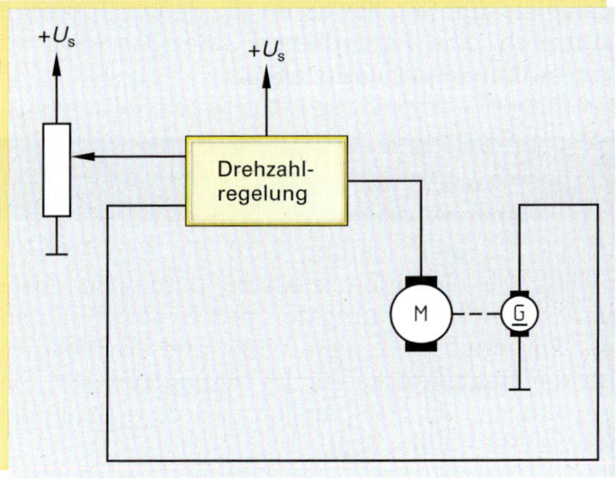

Bild 2: Beispiel Drehzahlregelung

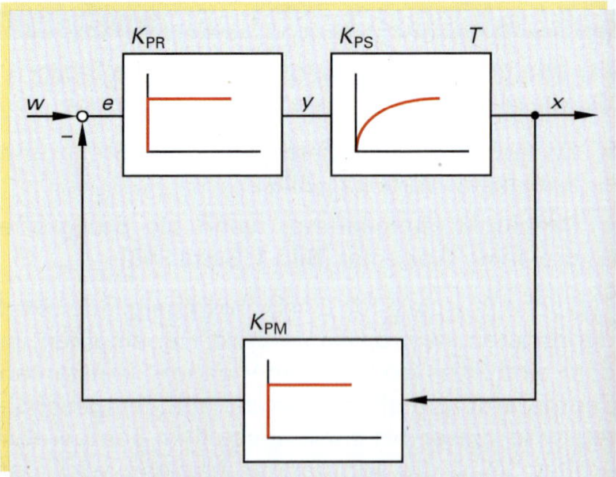

Bild 3: Wirkungsplan der Drehzahlregelung

Die Kenndaten des Gleichstrommotors sind:

K_{PS} = 100 min⁻¹/V; T = 250 ms. Der Kennwert des Tachogenerators ist K_{PM} = 0,01 V/min⁻¹, der Verstärkungsfaktor des P-Regelgliedes ist K_{PR} = 2.

Wird die Führungsgröße auf 6 V eingestellt, ist im ersten Moment die Regeldifferenz e = 6 V, die Stellgröße y = 12 V und der Motor beginnt zu drehen. Dadurch erzeugt der Tachogenerator eine Spannung, die der Regeleinrichtung zurückgeführt wird und somit die Regeldifferenz verringert.

Um das Ganze zu vereinfachen wird im Folgenden nur das statische Verhalten des Regelkreises betrachtet.

In diesem Fall ist:

$$x = K_{PS} \cdot y = K_{PS} \cdot K_{PR} \cdot e$$

Weiterhin ist:

$$e = w - K_{PM} \cdot x$$

Wird dies in die obige Gleichung eingesetzt, ergibt sich:

$$x = K_{PS} \cdot K_{PR} \cdot (w - K_{PM} \cdot x)$$

$$x = K_{PS} \cdot K_{PR} \cdot w - K_{PS} \cdot K_{PR} \cdot K_{PM} \cdot x$$

$$x + K_{PS} \cdot K_{PR} \cdot K_{PM} \cdot x = K_{PS} \cdot K_{PR} \cdot w$$

$$x \cdot (1 + K_{PS} \cdot K_{PR} \cdot K_{PM}) = K_{PS} \cdot K_{PR} \cdot w$$

$$x = \frac{K_{PS} \cdot K_{PR}}{1 + K_{PS} \cdot K_{PR} \cdot K_{PM}} \cdot w$$

Setzt man die oben angegebenen Kennwerte in die Gleichung ein, so erhält man eine Drehzahl von 400 min⁻¹. Würde der Motor ohne Regelkreis betrieben werden, so würde sich bei einer Eingangsspannung von 6 V eine Drehzahl von 600 min⁻¹ einstellen. In diesem Beispiel erzeugt das P-Regelglied eine Regelabweichung von 200 min⁻¹.

Das Problem der bleibenden Regelabweichung wird durch das **PI-Glied** gelöst. **Bild 1** zeigt die Sprungantwort und das Symbol für das PI-Glied.

Während beim P-Glied immer eine Regeldifferenz vorhanden sein muss, sorgt der integrale Anteil des PI-Gliedes dafür, dass die Regeldifferenz vollständig ausgeregelt wird. Damit ist auch die bleibende Regelabweichung 0.

Bild 2 zeigt den prinzipiellen Aufbau eines PI-Gliedes. Der Verstärkungsfaktor K_P ist in diesem Beispiel das Verhältnis R_2/R_1. Die sog. Nachregelzeit T_n errechnet sich aus dem Produkt $R_1 \cdot C$.

Der Nachteil des I-Anteils ist, dass das Gesamtsystem zum Schwingen neigen kann. Bei der Dimensionierung eines PI-Reglers muss darauf besonders geachtet werden.

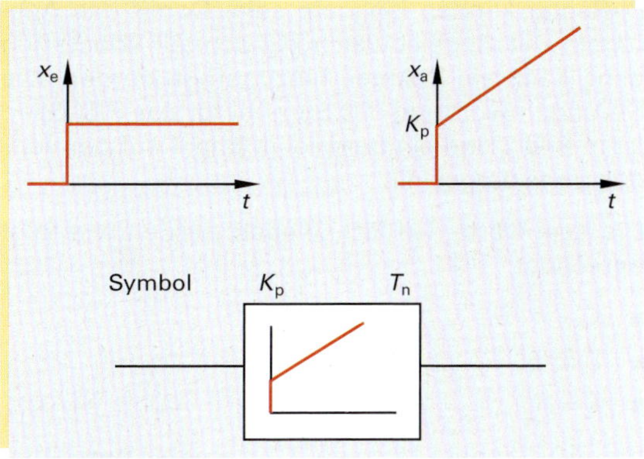

Bild 1: PI-Glied

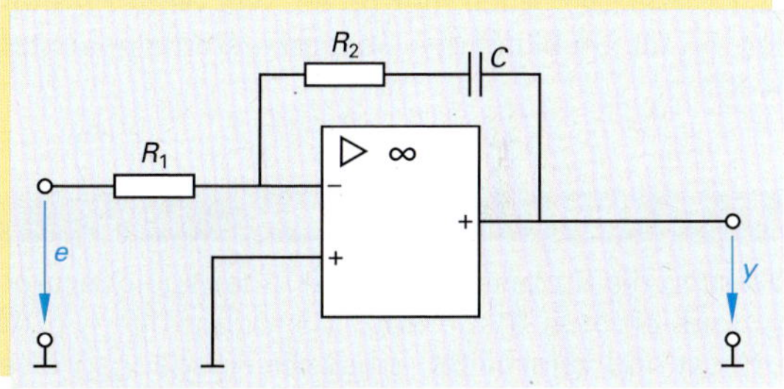

Bild 2: Beispiel für ein PI-Glied

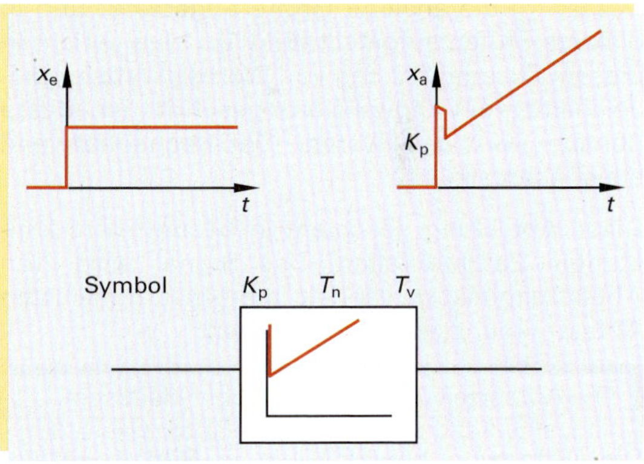

Bild 3: PID-Glied

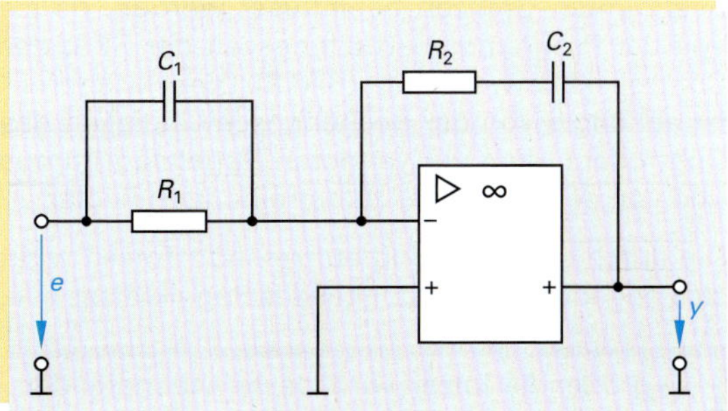

Bild 4: Beispiel für ein PID-Glied

PI-Regler können langsam sein. Damit das Ausregeln der Regelabweichung schnell vonstatten geht, kann ein D-Anteil hinzugefügt werden. Die Sprungantwort und das Symbol für das PID-Glied ist in **Bild 3** und ein Beispiel in **Bild 4** auf der vorigen Seite dargestellt.

Die Kennwerte des PID-Gliedes werden wie folgt berechnet:

- $K_P = R_2/R_1$
- $T_n = R_1 \cdot C_2$
- $T_v = R_2 \cdot C_1$

Bei PID-Gliedern müssen 3 Parameter berechnet und eingestellt werden, was einen gewissen Aufwand bedeutet. Allerdings sind PID-Regler universell einsetzbar. Auch hier muss, wie beim PI-Regler, auf die Stabilität des Gesamtsystems geachtet werden.

11.3.3 Digitale Regelglieder

Werden die Prozessgrößen mit einer speicherprogrammierbaren Steuerung, Mikrocontrollern o.Ä. erfasst und verarbeitet, muss die Ausgangsgröße vor der Verarbeitung von einer analogen in eine digitale Größe gewandelt werden.

Dazu wird die analoge Größe abgetastet und in diskrete Stufen aufgeteilt **(Bild 1)**. Man spricht in diesem Zusammenhang von **Wertdiskretisierung.** Je kleiner ein Digitalisierungsschritt ist, desto genauer wird das System. Der Rechenaufwand steigt ebenfalls.

Diese Abtastung geschieht in bestimmten, konstanten Zeitintervallen. Das Signal wird zum Abtastzeitpunkt gewandelt und bis zum nächsten Abtastzeitpunkt konstant gehalten.

> Die Abtastzeit T_A sollte möglichst klein sein.

Die Abtastung bewirkt, wie in **Bild 1** gezeigt wird, eine Zeitverschiebung in Höhe der halben Abtastzeit. Allerdings kann die Abtastzeit nur in bestimmten Grenzen beeinflusst werden, da sie von der Programmabarbeitungszeit der SPS, des Controllers usw. abhängt **(Bild 2)**. Diese wiederum ist abhängig von der Rechengeschwindigkeit des Controllers, dem verwendeten Regelalgorithmus und von der Anzahl der zu betreibenden Regler.

Die durch die Abtastung auftretende Totzeit wirkt sich negativ auf die Stabilität des Regelkreises aus.

> Je größer die Totzeit wird, desto eher neigt der Regelkreis zum Schwingen.

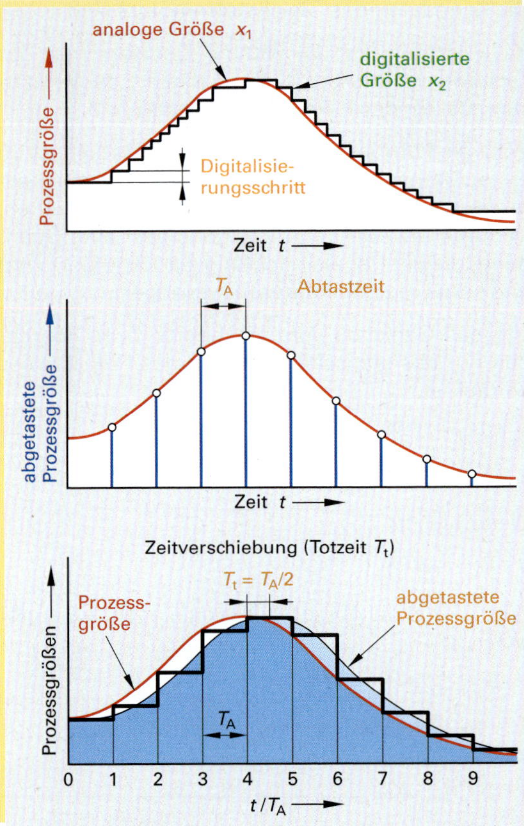

Bild 1: Digitalisierung und Abtastung eines analogen Prozesssignals

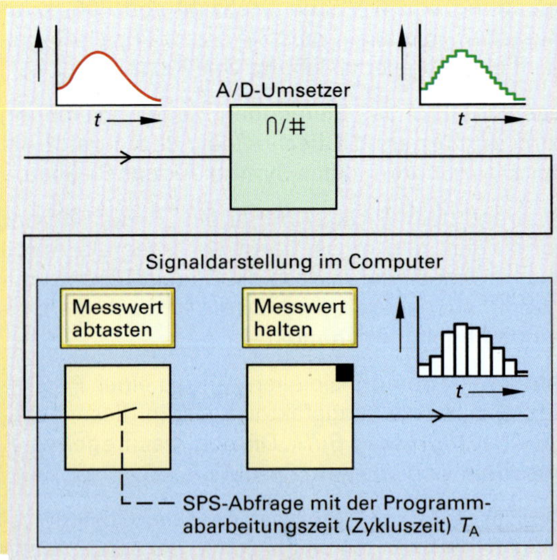

Bild 2: Wirkungsplan für Prozesssignale, die digital verarbeitet werden

11.4 Stabilität von Regelkreisen

Um die Stabilität eines Regelkreises zu untersuchen gibt es verschiedene Verfahren. Im Folgenden wird gezeigt, wie ein Regelkreis mithilfe des Frequenzkennlinien-Verfahrens dimensioniert werden kann.

Die Basis dieses Verfahrens beruht auf dem Bode-Diagramm. Beim Bode-Diagramm wird das Verhältnis von Ausgangsgröße zu Eingangsgröße logarithmisch über der Kreisfrequenz ω (Frequenzgang) und die Phasenverschiebung φ zwischen dem Ausgangs- und dem Eingangssignal ebenfalls über der Kreisfrequenz ω aufgetragen.

Bild 1 zeigt das Bode-Diagramm der Regelstrecke des Beispiels aus Kap. 11.3.2. Allerdings ist hier als Verstärkungsfaktor $K = K_{PS} \cdot K_{PM} = 1$ zugrunde gelegt.

Für den Frequenzgang wird das Verhältnis

$$F(\omega) = 20 \cdot \log \frac{x_a}{x_e} \text{[dB]}$$

aufgetragen. Dieses Verhältnis ist bis zur Grenzkreisfrequenz ω_g ca. 0 dB. Ab diesem Zeitpunkt sinkt das Verhältnis um 20 dB pro Frequenzdekade. Bei der Grenzkreisfrequenz ist die Phasenverschiebung $\varphi = -45°$. Näherungsweise kann man davon ausgehen, dass die Verschiebung eine Frequenzdekade links von ω_g ca. 0° und eine Frequenzdekade rechts von ω_g ca. −90° beträgt. Dies ist das typische Verhalten eines PT_1-Gliedes.

Bild 2 zeigt die Frequenzkennlinie eines PI-Reglers. Dort ist $K_P = 2$ und $T_n = 250$ ms. Für sehr hohe ω-Werte wirkt beim PI-Regler nur noch der P-Anteil. Dieser ist hier 20 log K_P = 6 [dB]. Bis zum Wert $\omega_g = 1/T_n = 4\ s^{-1}$ fällt das Verhältnis um 20 dB pro Frequenzdekade.

Für die Stabilität ist nun der offene Regelkreis entscheidend. Um das Verhalten des offenen Regelkreises zu bestimmen, müssen nur die Frequenz- und Phasengänge der Regelstrecke und des Reglers addiert werden. Dies ist in **Bild 3** dargestellt.

> Ein Regelkreis ist stabil, wenn bei der Durchtrittskreisfrequenz ω_d die Phasenlage $\varphi > -120°$ beträgt.

Ist die Phasenlage im Bereich zwischen −120° bis −180°, tritt eine abklingende Schwingung auf, die umso länger zum Abklingen braucht, je näher man bei −180° liegt. Bei exakt −180° stellt sich eine kontinuierliche Schwingung ein.

Dieses Beispiel zeigt, dass die Regelung einer PT_1-Strecke mit einem PI-Regler vollkommen unproblematisch ist.

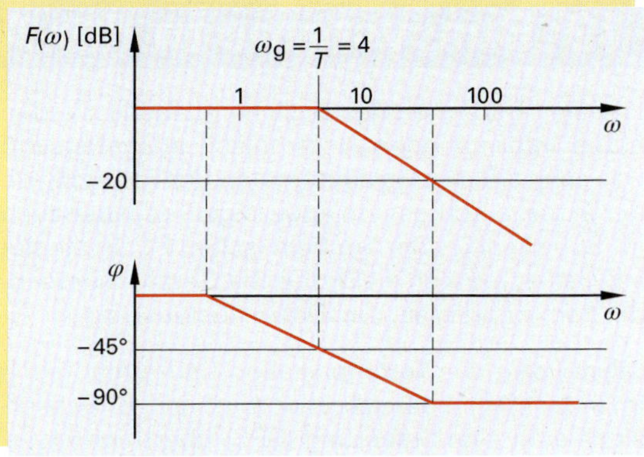

Bild 1: Frequenzkennlinie der Regelstrecke

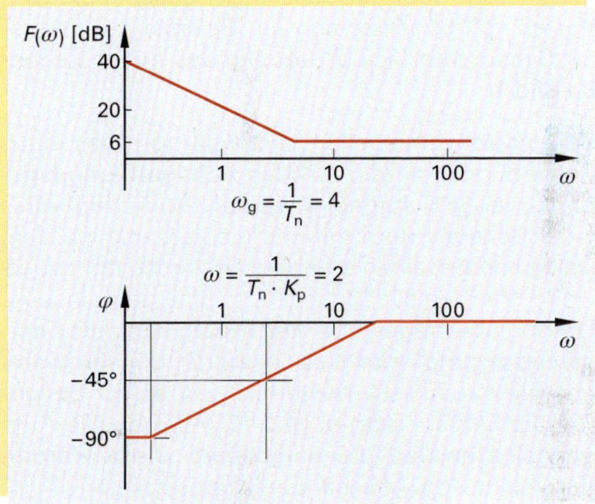

Bild 2: Frequenzkennlinie des Reglers

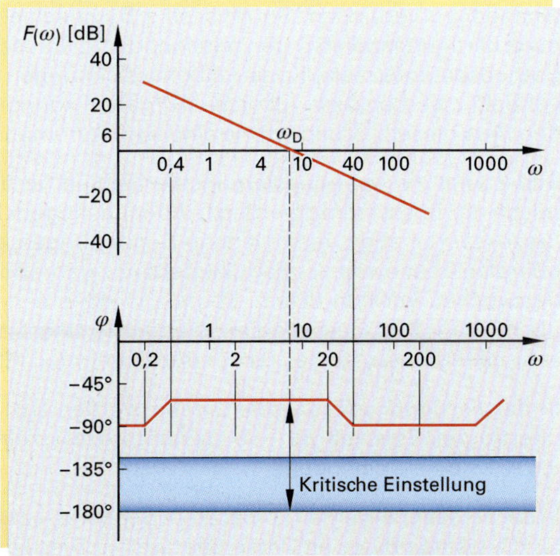

Bild 3: Frequenzkennlinie des offenen Regelkreises

12 Bussysteme in der Automatisierungstechnik

In vielen Bereichen des täglichen Lebens werden heute Informationen elektronisch ausgetauscht. Das kann z.B. am Geldautomaten der Fall sein, wo der aktuelle Kontostand angezeigt wird, aber auch im Supermarkt oder am heimischen PC. In all diesen Fällen müssen elektronische Geräte miteinander kommunizieren, d.h. Daten austauschen.

Diese Form der Kommunikation findet man auch im industriellen Bereich. Hier müssen z.B. Sensorsignale an eine Steuerung (SPS) übertragen werden. Diese Signale werden von der SPS verarbeitet. Die daraus resultierenden Ausgangssignale werden an die Aktoren übertragen. Dies soll nach Möglichkeit über ein Bussystem geschehen. Den Vorteil von Bussystemen am Beispiel des Aktuator-Sensor Interface (AS-i) zeigt das nebenstehende **Bild 1.**

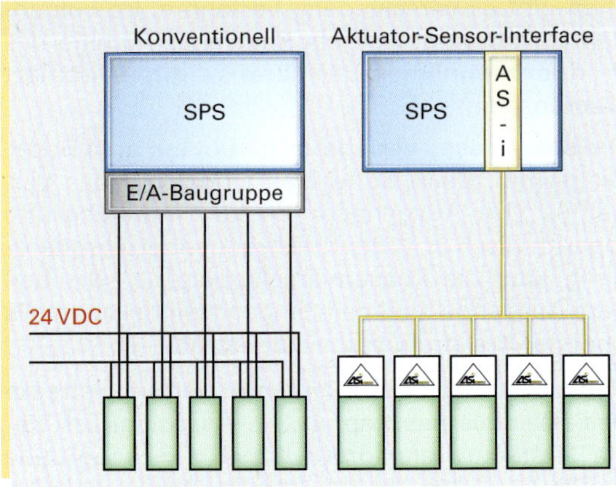

Bild 1: Vergleich konventionelle Verdrahtung mit Bussystemen

Bei der konventionellen Verdrahtung muss jedes Sensorsignal einzeln auf den richtigen Eingangspunkt der SPS aufgelegt werden. Weiterhin muss jeder Sensor extern mit Energie versorgt werden. Dies bedeutet einen erheblichen Verdrahtungsaufwand. Werden alle Signale über eine gemeinsame Leitung übertragen und gleichzeitig noch die Energieversorgung, wird dieser Verdrahtungsaufwand erheblich reduziert. Weiterhin werden für Sensoren die Eingangskarten und für Aktoren die Ausgangskarten der SPS eingespart. Diese werden durch eine sog. Anschaltbaugruppe ersetzt.

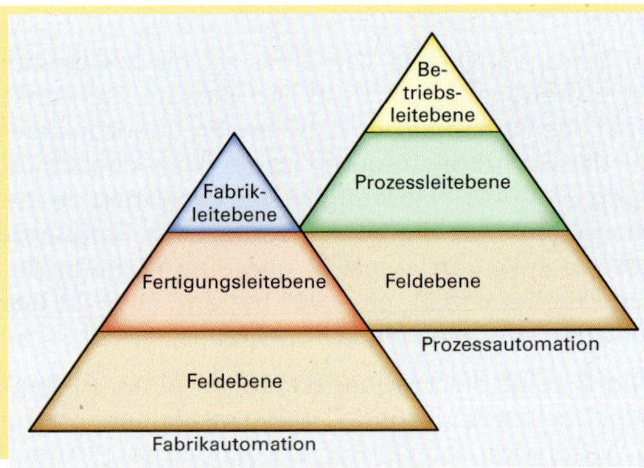

Bild 2: Automatisierungshierarchie

Für einen industriellen Fertigungs- oder Produktionsprozess ist es jedoch nicht ausreichend, nur die Sensoren und Aktoren über ein Bussystem miteinander zu verbinden. So müssen z.B. verschiedene Fertigungszellen Daten miteinander austauschen, es müssen SPS-Programme übertragen werden, Betriebsdaten erfasst, Konstruktionszeichnungen erstellt und gespeichert, Lagerbestände erfasst und verwaltet werden usw. All diese Aufgaben können nicht mit einem einzigen Bussystem bewältigt werden. Aus diesem Grund wurde eine sog. Automatisierungshierarchie eingeführt.

Bild 2 zeigt die Automatisierungshierarchien für die Fabrik- und die Prozessautomation. Die Einsatzbereiche der Bussysteme werden in Ebenen eingeteilt, wobei es für die gleichen Ebenen in der Fabrik- und Prozessautomation verschiedene Benennungen gibt. So spricht man in der Fabrikautomation in der obersten Ebene von der **Fabrikleitebene,** während in der Prozessautomation von der **Betriebsleitebene** gesprochen wird. In diesen Ebenen werden sehr große Datenmengen, jedoch absolut zeitunkritisch übertragen. D.h., dass die Zeit, die für die Übertragung benötigt wird, keine Rolle spielt. Dort kommen sehr häufig Bussysteme aus der Bürokommunikation zum Einsatz.

In der **Fertigungs-/Prozessleitebene** werden z.B. Betriebsdaten, größere SPS- oder CNC-Programme übertragen. Es spielt für den Gesamtprozess keine Rolle, ob die Übertragung eines SPS-Programms 0,5 s, 1 s oder 2 s benötigt.

In der **Feldebene** werden komplexere Sensoren bzw. Aktoren angeschlossen. Es handelt sich hier um Geräte, die wenige Bytes an Daten übertragen. Dies können Antriebe, Stellungsregler, aber auch komplexere Sensoren sein. Manchmal können es aber auch kleinere SPS-Programme sein. In dieser Ebene ist es wichtig zu wissen, wie lange eine Datenübertragung tatsächlich dauert, d.h. die Zeitanforderungen sind hier größer, als in den darüber liegenden Ebenen.

Manchmal wird die Feldebene noch einmal aufgesplittet in die Feldebene und die Sensor-/Aktorebene. In der Sensor-/Aktorebene werden nur sehr kleine Datenmengen ausgetauscht. Das kann so weit gehen, dass nur Schaltsignale von Initiatoren oder für Ventile (Datenvolumen 1 Bit) übertragen werden. Die Zeitanforderungen in dieser Ebene können sehr kritisch sein. Dies soll an folgendem Beispiel **(Bild 1)** verdeutlicht werden:

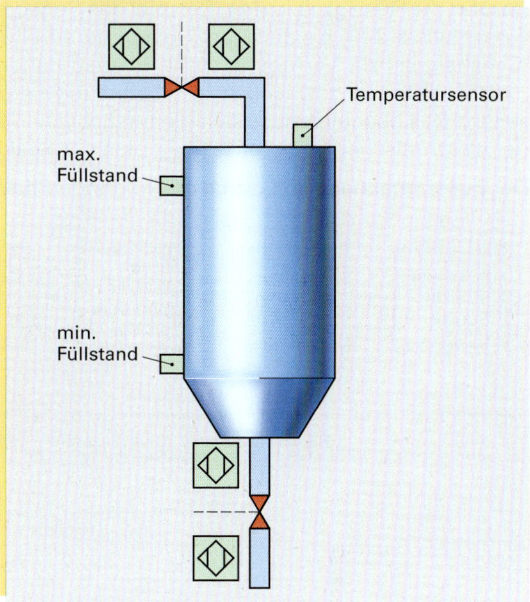

Bild 1: Beispiel Füllstandsmessung

In einem Prozess werden in einem Tank der minimale und der maximale Füllstand gemessen. Der Tank wird über ein Ventil gefüllt und über ein zweites entleert. Betrachtet werden soll die Erfassung des maximalen Füllstandes. Wird der Tank befüllt und der maximale Füllstand wird erreicht, erkennt dies der Sensor „Max. Füllstand". Diese Information, die 1 Bit lang ist, muss vom Sensor über das Bussystem an die SPS übertragen werden. Die Zeitspanne, die das Bussystem für diese Übertragung maximal benötigt, nennt man Zykluszeit.

Unter einer **Zykluszeit** versteht man die Zeit, die maximal für die Übertragung über das Bussystem benötigt wird. Sie wird auch Buszykluszeit genannt.

Ist die Buszykluszeit verstrichen, ist sichergestellt, dass die Information in der SPS verfügbar ist. Allerdings ist diese Information noch nicht verarbeitet. Dazu muss nun berücksichtigt werden, wie die SPS die Information verarbeitet **(s. Seite 531).**

In diesem Beispiel wird nun der ungünstigste Fall betrachtet. Die Information, dass der maximale Füllstand erreicht ist, erreicht die SPS unmittelbar nachdem das Prozessbild der Eingänge (PAE) gelesen wurde. Das bedeutet, dass im aktuellen SPS-Zyklus diese Information nicht verarbeitet wird. Im darauffolgenden SPS-Zyklus erkennt die SPS, dass der maximale Füllstand erreicht ist und ermittelt, dass das Ventil zu schließen ist. Diese Information wird in das Prozessbild der Ausgänge (PAA) geschrieben.

Nun muss diese Information über das Bussystem an das Ventil übertragen werden. Dazu wird nochmals, unter den ungünstigsten Bedingungen, ein Buszyklus benötigt.

Wird dies alles zusammengezählt spricht man von der **elektronischen Reaktionszeit.** Diese setzt sich wie folgt zusammen:

$$T_{R'} = T_{Bus} + 2 \cdot T_{SPS} + T_{Bus}$$

mit $T_{R'}$ = elektronische Reaktionszeit
T_{Bus} = Buszykluszeit
T_{SPS} = Programmabarbeitungszeit der SPS

Die Programmabarbeitungszeit der SPS ist abhängig von der SPS selbst, von der Länge des SPS-Programms und von der Komplexität des Programms. Moderne SPSen erreichen auch bei längeren und komplexeren Programmen durchaus Abarbeitungszeiten von wenigen Millisekunden. Wenn man zu dem Beispiel zurück geht und von einer Buszykluszeit von 5 ms und einer Programmabarbeitungszeit von 15 ms ausgeht, ergibt sich die elektronische Reaktionszeit zu 40 ms.

Um die tatsächliche Reaktionszeit zu ermitteln müssen noch die Verzögerungen durch den Sensor und durch das Ventil berücksichtigt werden.

Berührt die Flüssigkeit in dem Beispiel das Sensorelement des Sensors „Max. Füllstand", verstreicht z.B. eine gewisse Zeit, bis dies vom Sensor verarbeitet und an seiner Schnittstelle als elektronisches Signal (Schaltsignal) zur Verfügung steht. Ebenso dauert es eine gewisse Zeit, bis das Ventil die Information „Ventil schließen" tatsächlich verarbeitet und ausgeführt hat (hauptsächlich mechanische Verzögerungszeiten). Das bedeutet, dass sich die tatsächliche Reaktionszeit T_R aus der Reaktionszeit des Sensors plus der elektronischen Reaktionszeit $T_{R'}$ plus der Reaktionszeit des Ventils zusammensetzt.

Der Zusammenhang soll durch das folgende **Bild 1** nochmals verdeutlicht werden:

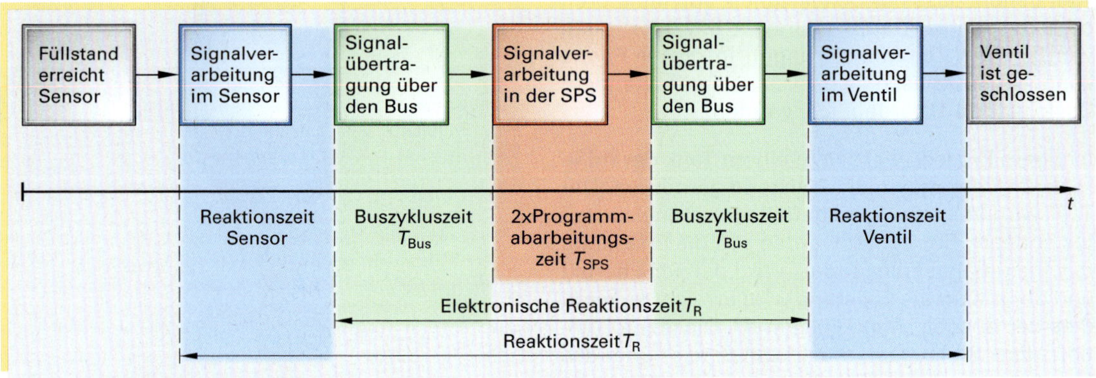

Bild 1: Reaktionszeitermittlung

Ist die Reaktionszeit z.B. 100 ms und der Durchfluss durch das Rohrleitungssystem bekannt, kann man aufgrund der geometrischen Abmessungen des Tanks ermitteln, wie schnell der Füllstand steigt. Geht man einmal davon aus, dass der Füllstand in 100 ms um 10 cm steigt, dann wird in der Praxis der Sensor „Max. Füllstand" so justiert, dass er den maximalen Füllstand 10 cm unterhalb des tatsächlichen maximalen Füllstands meldet. Wäre die Reaktionszeit 200 ms, würde der Sensor so justiert werden, dass er 20 cm unterhalb des maximalen Füllstands anspricht.

Mit diesem Beispiel soll folgendes verdeutlicht werden:

- Es ist sehr wichtig, speziell in der Sensor-/Aktorebene, die Reaktionszeit des Systems zu kennen.
- Die Reaktionszeit muss berechenbar sein. Voraussetzung dafür ist, dass das Zeitverhalten jeder Komponente, die bei der Reaktionszeit eine Rolle spielt, bekannt und berechenbar ist. Das gilt auch für das Bussystem und das SPS-Programm. Im Zusammenhang mit dem Bussystem spricht man von einem deterministischen Bussystem, wenn das Zeitverhalten berechenbar ist. Es gibt durchaus Bussysteme am Markt, die kein deterministisches Verhalten aufweisen und damit keine berechenbare Zykluszeit besitzen.
- Die Buszykluszeit muss meist nicht extrem kurz sein, da sie nur eine von verschiedenen Komponenten ist, die die Reaktionszeit bestimmen. Wichtig ist nur, dass die Buszykluszeit berechenbar ist. So wird in dem Beispiel ein Überlaufen des Fasses einfach dadurch verhindert, dass der Sensor „Max. Füllstand" so justiert wird, dass er den maximalen Füllstand unterhalb des tatsächlichen maximalen Füllstandes meldet.

Man spricht von einem **deterministischen Bussystem,** wenn die Buszykluszeit berechenbar ist.

Arbeitsauftrag:

Gegeben sind folgende Größen: Sensorverzögerung 1 ms; Buszykluszeit 5 ms;
Programmabarbeitungszeit 20 ms; Aktorverzögerung 100 ms.
Ermitteln Sie die Reaktionszeit des Systems.

In den verschiedenen Hierarchieebenen gibt es sehr unterschiedliche Anforderungen an das Bussystem. So wurde festgestellt, dass z.B. in der Fabrik- bzw. Betriebsleitebene sehr große Datenmengen zeitunkritisch übertragen werden müssen, während in der Sensor-/Aktorebene sehr kleine, zeitkritische Datenmengen übertragen werden.

Je höher man in der Automatisierungshierarchie steigt, desto größer werden die zu übertragenden Datenmengen und desto zeitunkritischer wird die Übertragung.

Es gibt heutzutage kein Bussystem, das die Probleme der Fabrik- bzw. Betriebsleitebene (große, zeitunkritische Datenmengen) ebenso gut lösen kann, wie die Probleme der Sensor-/Aktorebene (kleine, zeitkritische Datenmengen). Das ist der Grund, warum am Markt so viele verschiedene Bussysteme eingesetzt werden. **Bild 1** zeigt eine mögliche Automatisierungshierarchie auf der Basis von Bussystemen, die ab Kapitel 12.7 beschrieben werden.

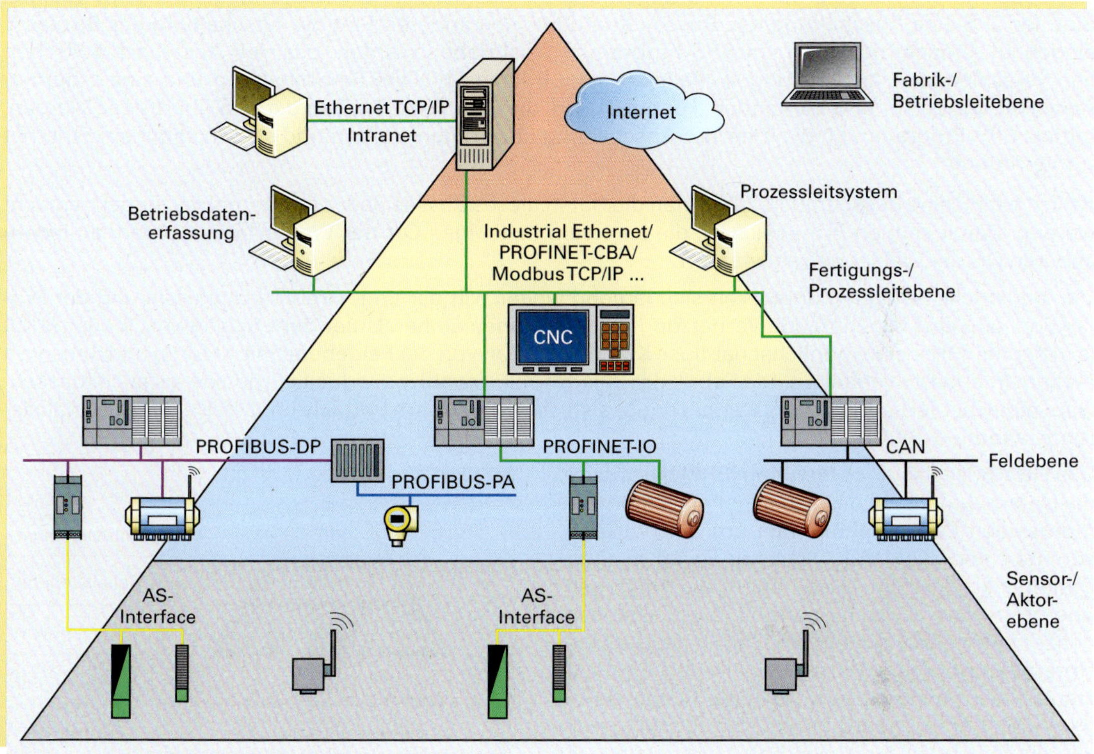

Bild 1: Automatisierungshierarchie

Es sei hier auch der Hinweis erlaubt, dass in der Praxis eine so eindeutige Zuordnung, wie es in **Bild 1** dargestellt ist, nicht möglich ist.

Ein weiterer wichtiger Aspekt ist die Durchgängigkeit der Information. Das bedeutet, dass Daten, die in der Sensor-/Aktorebene erfasst werden, durchaus in der Fabrik-/Betriebsleitebene zur Verfügung stehen müssen.

So ist es z. B. denkbar, dass der Sensor „Min. Füllstand" in dem Beispiel „Füllstandsmessung" erkennt, dass die Flüssigkeit zur Neige geht. Dies kann durch alle Ebenen hindurch der Fabrik-/Betriebsleitebene gemeldet werden. Dort wiederum gibt es eine Abteilung, die Produktionsplanung und Steuerung (PPS) heißt. Diese Abteilung ist verantwortlich dafür, dass das richtige Material zum richtigen Zeitpunkt in der richtigen Menge am richtigen Ort ist. Das bedeutet, dass diese Abteilung eine Bestellung auslösen muss, wenn die Flüssigkeit zur Neige geht. Diese Durchgängigkeit kann mit sog. Gateways erreicht werden **(Bild 2)**.

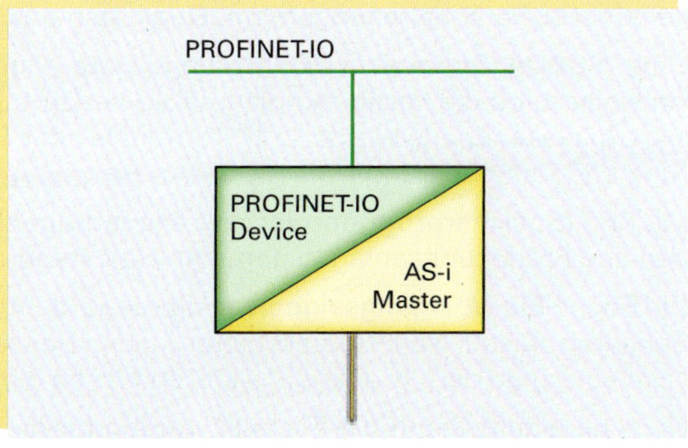

Bild 2: Gateway

Gateways sind Geräte, die die Schnittstellen zwischen zwei unterschiedlichen Bussystemen realisieren.

So ist z.B. das AS-i/PROFINET-Gateway auf der AS-i-Seite der so genannte Master, während es auf der PROFINET-Seite einen PROFINET-Device darstellt. Das bedeutet, dass es Daten, die es vom PROFINET bekommt an die AS-i-Aktoren überträgt und Daten, die es von AS-i-Slaves empfängt über PROFINET an die Steuerung überträgt.

Auch speicherprogrammierbare Steuerungen oder PCs können als Gateways fungieren. Wird in einen Slot der SPS eine Anschaltung des Busses X und in einen anderen Slot die Anschaltung des Busses Y eingebaut, braucht nur noch ein SPS-Programm geschrieben werden, das den Austausch zwischen den verschiedenen Anschaltungen realisiert. Ist z.B. eine PROFINET-Anschaltung und eine Ethernet-Anschaltung in einer SPS vorhanden, können Daten, die über PROFINET an die SPS übertragen werden, mittels SPS-Programm an die Ethernet-Anschaltung übertragen werden und stehen somit am Ethernet zur Verfügung.

Besitzt ein PC eine Busschnittstelle können die Daten dieses Busses über das Internet verfügbar gemacht werden. Damit können Prozessdaten, die an einem beliebigen Ort der Welt erfasst werden, an jedem anderen Ort der Welt abgefragt werden.

Die industrielle Fertigung entwickelt sich laufend weiter. Mit der angestrebten Digitalisierung der Produktion geht eine zunehmende Vernetzung von Maschinen einher. Unter dem Schlagwort Industrie 4.0 (s.a. Kapitel 13) ist eine möglichst nahtlose Kommunikation von der Feldebene mit Aktoren und Sensoren bis zum Internet zu verstehen. Die Fabrik der Zukunft soll sowohl individuelle Produkte als auch Massenware einfacher fertigen können. Daraus ergibt sich eine modernere Betrachtungsweise der Automatisierungspyramide **(Bild 1)**.

Das **Enterprise Resource Planning (ERP)** beschreibt die Unternehmensebene, in welcher ein Unternehmen seinen Einkauf plant, sich um den Vertrieb kümmert und alle dafür wichtigen Daten in einer Datenbank hinterlegt. Hier finden alle wichtigen übergreifenden Entscheidungen statt, die das ganze Unternehmen betreffen. Ziel ist es, dass ein Unternehmen seine Produktion bedarfsgerecht steuern kann und wettbewerbsfähig bleibt. Dafür wird eine ERP-Software benötigt (z.B. SAP), welche die folgenden Aufgaben hat: Materialdisposition, Produktionsplanung, Finanz- und Rechnungswesen, Verkauf, Stücklisten etc.

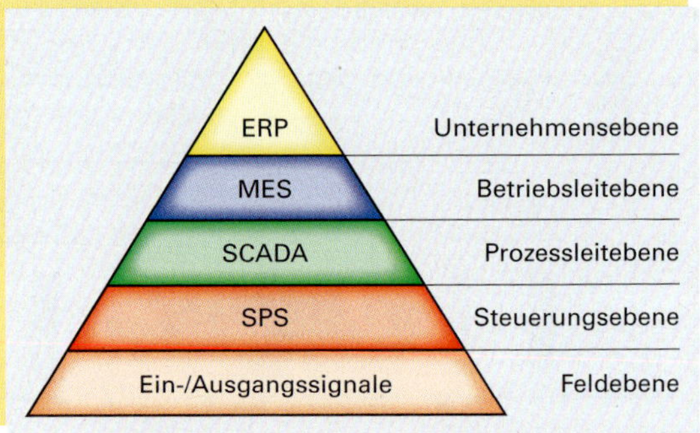

Bild 1: Modernes Fertigungsmanagement nach ISO 62264

Das **Manufacturing Execution System (MES)** wird zur Produktionsplanung und -steuerung benötigt. In dieser Ebene werden die Fertigungsaufträge anhand hinterlegter Stücklisten in Arbeitspläne umgesetzt und der Material- und Maschineneinsatz geplant. Ziele sind neben einer möglichst guten Ausnutzung der Fertigungskapazitäten mit der Vermeidung von Stillstand auch eine Kundenorientierung dahingehend, dass Kundenwünsche leichter umgesetzt werden können. Aufgaben des MES sind: Feinplanung, Maschineneinsatz, Personalmanagement, Qualitätsmanagement etc.

Unter **SCADA (Supervisory Control and Data Acquisition)** versteht man die Prozessleitebene. Hier wird kontrolliert, ob die Fertigung planmäßig verläuft. Produktionsprozesse werden überwacht und visualisiert. In dieser Ebene werden z.B. Terminals oder SPSen eingesetzt. Aufgaben: Planung, Qualitätssicherung und Dokumentation.

Mit **SPS (Speicherprogrammierbare Steuerungen)** ist das Steuern und Regeln von Produktionsmaschinen und Produktionsanlagen gemeint. Hier steuern z.B. SPSen den Fertigungsprozess in Echtzeit.

Die Ebene **Ein-/Ausgangssignale** stellt die Feldebene mit ihren Aktoren (Leuchtmelder, Motoren ...) und Sensoren (Taster, Näherungsschalter ...) dar. Sensoren erfassen elektronische, mechanische und chemische Vorgänge der Produktion, Aktoren führen die Befehle aus.

Nach heutigem Stand der Technik werden für die Automatisierungstechnik Ethernet-basierte Systeme zur Vernetzung verwendet. Über alle Ebenen wird Industrial Ethernet verwendet, von SCADA abwärts kommt z.B. PROFINET oder Modbus TCP zum Einsatz. Die Anbindung von Teilnehmern der untersten Ebene wird je nach Anforderung z.B. mit ASi, IO-Link und/oder PROFINET-IO realisiert. Um die Durchlässigkeit zwischen den Automatisierungsebenen zu erhöhen, gibt es den Lösungsansatz OPC UA (Open Platform Communications Unified Architecture). Dies ist ein Standard, der es den Teilnehmern eines vernetzten Systems erlaubt, Maschinendaten wie Messwerte, Parameter usw. plattformunabhängig zu verstehen und auszuwerten. Ziel ist, in einer vernetzten Welt un-abhängig von Herstellern, Branche, Betriebssystem oder Programmiersprache Daten weiterzugeben. Als Beispiel sei hier die Anwendung von RFID-Tags genannt, die von unterschiedlichen Systemen ausgelesen und beschrieben werden können.

12.1 Kommunikationsmodell

Unabhängig davon, ob Menschen oder Maschinen miteinander kommunizieren, müssen verschiedene Kommunikationsregeln aufgestellt und eingehalten werden. Trifft sich z.B. eine Gruppe von Menschen, muss festgelegt sein, zu welchem Zeitpunkt wer sprechen darf. Normalerweise hören dann die anderen Gruppenmitglieder zu. Weiterhin muss die Sprache definiert sein etc. In der Automatisierungstechnik ist dies ganz genauso. Ein Modell von vielen, das alles regelt, was für die elektronische Kommunikation notwendig ist, ist das ISO/OSI-Referenzmodell, auch 7-Schichten-Modell genannt.

Industrielle Kommunikationssysteme sind, bis auf wenige Ausnahmen, nach dem ISO/OSI-Referenzmodell organisiert.

Doch nutzen die meisten Feldbussysteme nur die Schichten 1, 2 und 7. So nutzt z.B. PROFIBUS keine Netzwerkverwaltung und arbeitet ohne die Schichten 3-5.

Tabelle 1: Das 7-Schichten-Modell

Schicht	Bezeichnung	Beispiel
7	Anwendungsschicht (Application layer)	Dienste http, ftp, PROFInet
6	Darstellungsschicht (Presentation layer)	Datenstrukturen Formate
5	Sitzungsschicht (Session layer)	Interface zur Nutzung logischer Kanäle Steuerung der Verbindung
4	Transportschicht (Transport layer)	Bereitstellung logischer Kanäle Punkt-zu-Punkt-Verbindung, TCP, UDP
3	Vermittlungsschicht (Network layer)	Netzwerkverwaltung Routing, Wegewahl, IP-Protokoll
2	Sicherungsschicht (Data link layer)	Verknüpfungssteuerung LLC
		Medienzugriffssteuerung MAC
1	Bitübertragungs-schicht (Physical layer)	Elektrische Parameter, manchmal auch mechanische Parameter

PROFINET nutzt die Schichten 1–4 und 7 des ISO/OSI Schichten-Modells

Diese von PROFINET genutzten Schichten sind z.B.:

- Schicht 1: Übertragung der Daten über eine Twisted Pair Kupferleitung mit RJ45-Schnittstelle oder per Lichtwellenleiter
- Schicht 2: Zyklischer Datenaustausch anhand der MAC-Adresse
- Schicht 3: Nutzung intelligenter Switche, azyklischer Datenaustausch
- Schicht 4: Z.B. Diagnoseinformationen, dazu wird u.a. das User Datagramm Protokoll UDP verwendet.
- Schicht 7: Anwendungsprogramm

12.2 Topologien

Die Art und Weise, wie man die Teilnehmer miteinander verbindet, nennt man Topologie. Im Wesentlichen gibt es in der Feldbustechnologie 4 Topologien

- Linientopologie
- Baumtopologie
- Ringtopologie
- Sterntopologie

Im Folgenden soll auf die verschiedenen Topologien kurz eingegangen werden.

Bei der **Linientopologie (Bild 1)** teilen sich alle Teilnehmer das Übertragungsmedium. Üblicherweise werden die Teilnehmer über kurze Stichleitungen an die Hauptleitung angeschlossen.

Jeder Teilnehmer kann an jeden anderen Teilnehmer Daten übertragen. Voraussetzung dafür ist, dass jeder Teilnehmer eine eindeutige Adresse besitzt. Diese Adresse darf an einem Bussystem, das eine solche Struktur verwendet, niemals doppelt vorkommen. Bussysteme, die die Linientopologie verwenden sind z.B. der PROFIBUS und das AS-Interface. Später wird erläutert, dass AS-i auch andere Topologien zulässt.

Bei der Linientopologie ist auf die folgenden Punkte zu achten.

Die Anzahl der Busteilnehmer, die an einer Busleitung (Segment) betrieben werden können, ist begrenzt. Üblicherweise werden an einem Segment bis zu 32 Teilnehmer betrieben. Dies resultiert aus der verwendeten Übertragungsphysik der RS485-Schnittstelle.

Der aktuelle Sender stellt im Prinzip nichts anderes dar als eine Spannungsquelle mit einem definierten Innenwiderstand. Da zu keinem Zeitpunkt bekannt ist, welcher Teilnehmer als nächstes angesprochen wird, müssen alle die laufende Übertragung mithören. Das bedeutet, dass sie eine Last für die Quelle darstellen.

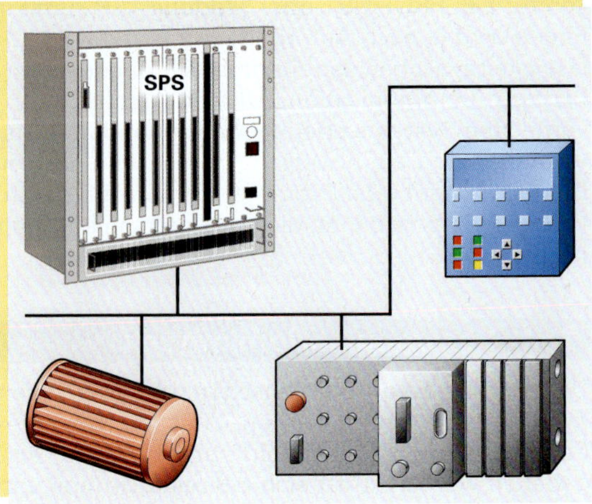

Bild 1: Linientopologie

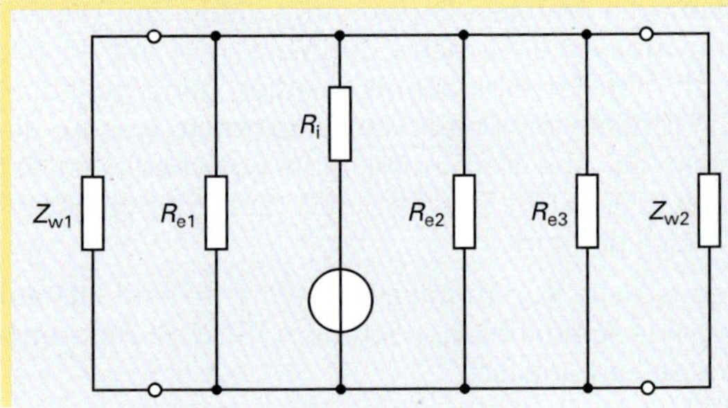

Bild 2: Sender/Empfänger-Verhalten

Erschwerend kommt hinzu, dass das Bussystem in Linientopologie, mit Ausnahme des AS-Interface, an beiden Leitungsenden mit einem Abschlusswiderstand (Z_w in **Bild 2**) versehen werden müssen.

Bei der Linientopologie mit Stichleitungen werden die Abschlusswiderstände an die beiden Enden der Hauptleitung angeschlossen. An Stichleitungen werden niemals Abschlusswiderstände angeschlossen.

Diese Busabschlusswiderstände belasten die Quelle. Betrachtet man nun die RS485-Schnittstelle, kann man zeigen, dass bei genau 32 Teilnehmern Leistungsanpassung herrscht. Werden mehr als 32 Teilnehmer angeschlossen, kann folgendes passieren:

Liegen der Sender und der Empfänger weit auseinander, sinkt aufgrund der zu hohen Quellenbelastung die Ausgangsspannung des Senders. Weiterhin steigt der Spannungsabfall über der Übertragungsleitung. Dies kann dazu führen, dass die Eingangsspannung an weit entfernten Teilnehmern so klein ist, dass diese das Eingangssignal nicht mehr akzeptieren. Damit ist die Kommunikation unterbrochen.

Ist ein Bussystem in der Lage mehr als 32 Teilnehmer zu adressieren, und werden mehr als 32 Teilnehmer betrieben, müssen Repeater eingesetzt werden.

Repeater arbeiten praktisch wie Verstärkerbausteine, die das eingehende Signal empfangen, verstärken und galvanisch getrennt am Ausgang wieder senden. Dieses Prinzip funktioniert in beide Richtungen.

Bei Bussystemen in Linientopologie gibt es einen Zusammenhang zwischen Leitungslänge und Übertragungsrate.

Die meisten Bussysteme verwenden zur Darstellung einer logischen 0 bzw. einer logischen 1 rechteckförmige Signale. Die Leitung, die die Teilnehmer miteinander verbindet, stellt einen Widerstand, eine Induktivität, eine Kapazität und einen Ableitwert dar. Um das Ganze zu vereinfachen, ist in **Bild 1** die Induktivität und der Ableitwert vernachlässigt. Damit stellt die Leitung ein RC-Glied dar.

Erzeugt der Sender einen Wechsel von logisch 0 auf logisch 1, d.h. ein rechteckförmiges Spannungssignal, empfangen die Teilnehmer ein Signal, das der Aufladekurve eines Kondensators entspricht. Jede elektrische Schnittstelle definiert einen Spannungsbereich für die Logische 0 und einen anderen für die logische 1. Wird nun ein solcher Potenzialwechsel vom Sender erzeugt, dauert es die Zeit Δt bis der Empfänger diesen Potenzialwechsel erkennen kann.

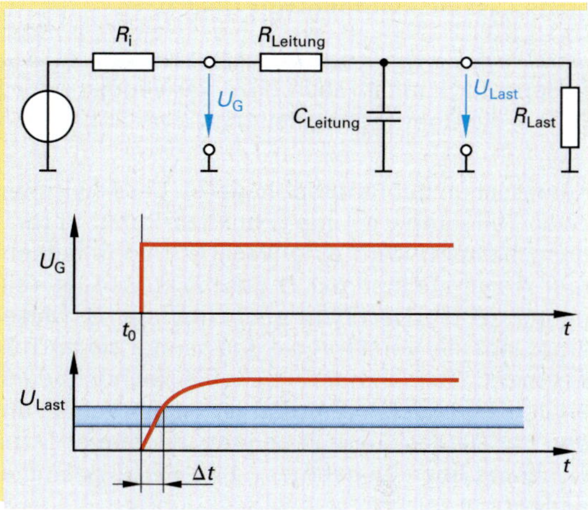

Bild 1: Zusammenhang Übertragungsrate/Leitungslänge

Diese Zeit Δt muss dem Empfänger mindestens zur Verfügung stehen, damit er diesen Wechsel überhaupt erkennen kann.

Wird nun die Übertragungsleitung verlängert, bedeutet das, dass der Leitungswiderstand und die Leitungskapazität steigen. Dadurch wird die Kurve flacher und der Empfänger benötigt mehr Zeit den Potenzialwechsel zu erkennen. Das bedeutet, dass die Übertragungsrate niedriger werden muss.

Dieses, für eine Linientopologie typische Verhalten, soll am Beispiel des PROFIBUS nochmals verdeutlicht werden. Die **Tabelle 1** zeigt den Zusammenhang von Leitungslänge und Übertragungsrate beim PROFIBUS.

Tabelle 1: PROFIBUS

Übertragungsrate [kBit/s]	Max. Leitungslänge je Segment [m]
9,6 ... 93,75	1200
187,5	1000
500	400
1500	200
3000 ... 12000	100

Werden Repeater zur Leitungsverlängerung eingesetzt, kann jedes Leitungssegment die maximale Länge in Abhängigkeit der Übertragungsrate haben.

Werden die Repeater nicht an den Enden des Segments montiert, sondern irgendwo dazwischen, entsteht die **Baumtopologie (Bild 2).** Hierbei handelt es sich nur um eine Erweiterung der Linientopologie.

Da sich bei der Linientopologie alle Teilnehmer ein gemeinsames Übertragungsmedium teilen, muss festgelegt werden, zu welchem Zeitpunkt welcher Teilnehmer Daten übertragen darf. Den Mechanismus, der dies festlegt, nennt man **Buszugriffsverfahren.**

Über das Buszugriffsverfahren wird festgelegt, ob ein Bussystem deterministisch ist, d.h. eine berechenbare Zykluszeit besitzt, oder nicht. Verschiedene Buszugriffsverfahren werden zu einem späteren Zeitpunkt erläutert.

Werden Repeater an den Leitungsenden eingebaut, kann ein neues Segment eröffnet werden. Jedes Segment für sich kann die maximal zulässige Leitungslänge haben. Das bedeutet, dass der

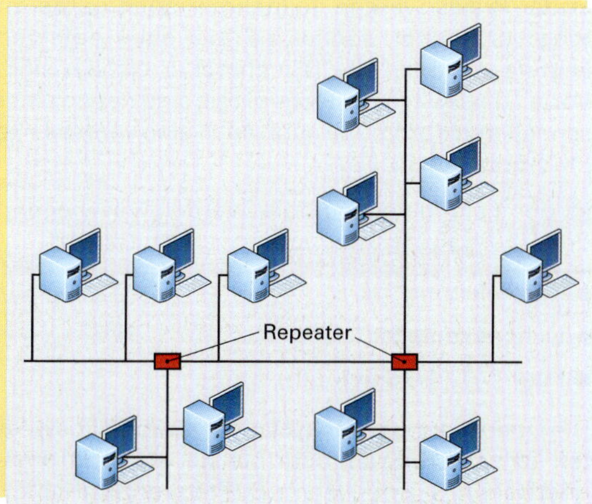

Bild 2: Baumtopologie

Repeater nicht nur zur Erhöhung der Teilnehmerzahlen eingesetzt werden kann, sondern auch zur Verlängerung der Übertragungsleitung.

Eine weitere Form, Teilnehmer miteinander zu verbinden, ist die **Ringtopologie (Bild 1)**.

> Repeater können auch dazu verwendet werden, die Übertragungsleitung zu verlängern.

Kennzeichen der Ringtopologie ist, dass zwischen zwei Teilnehmern eine Punkt-zu-Punkt-Verbindung besteht. Wird eine Nachricht vom Teilnehmer A zum Teilnehmer D geschickt, sendet Teilnehmer A die Nachricht an Teilnehmer B. Dieser empfängt sie, verstärkt sie und sendet sie an Teilnehmer C. Teilnehmer C reicht die Nachricht dann an den eigentlichen Empfänger weiter. Aus Gründen der Datensicherheit sendet Teilnehmer D die Nachricht über Teilnehmer E und F zurück an den Sender.

Der Sender vergleicht nun das gesendete mit dem empfangenen Telegramm. Wenn beide identisch sind kann er sicher sein, dass die Nachricht korrekt bei Teilnehmer D angekommen ist.

> Bei PROFINET werden Ring-, Linien- und Sterntopologie verwendet.

Im PROFINET wird die Datenübertragung anhand von Switchen organisiert.

In der Regel haben moderne PROFINET IO Geräte einen integrierten Switch verbaut. Schaltet man die Teilnehmer hintereinander, ergibt sich eine Linienstruktur **(Bild 2)**. Durch den Einsatz von separaten, meist konfigurierbaren Switchen entsteht eine **Sterntopologie (Bild 3)**.

In der Praxis werden Teilnehmer auch gerne im Ring verschaltet, sodass z.B. bei einer defekten Leitung weiterhin alle Teilnehmer erreichbar sind. Vorteil der Switching-Technologie sind neben einer schnelleren Kommunikation auch eine verbesserte EMV-Robustheit.

In der Feldbustechnologie werden vorwiegend drei Übertragungsmedien verwendet **(Bild 4)**:

- Kupferleitung
- Lichtwellenleiter
- Funk (WLAN, Bluetooth)

Die Übertragung per Funk ist vor allem bei bewegten Teilen (z.B. Kran) oder bei starken elektromagnetischen Störquellen (z.B. Frequenzumrichter) sinnvoll.

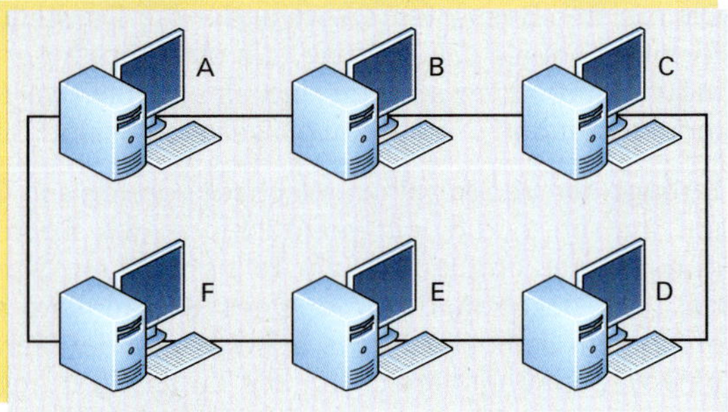

Bild 1: Ringtopologie

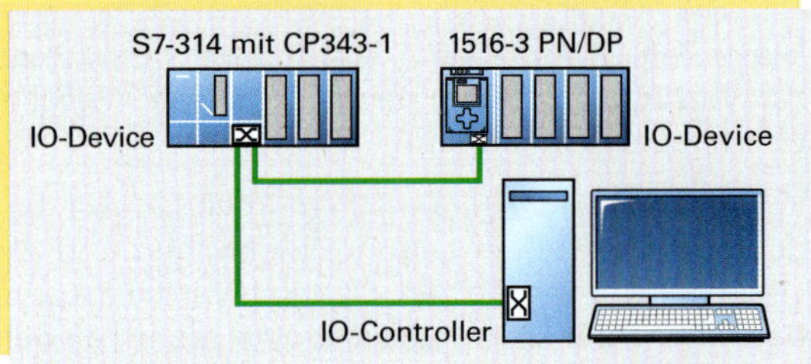

Bild 2: Profinet IO-Konfiguration mit integrierten Switches in Linientopologie.

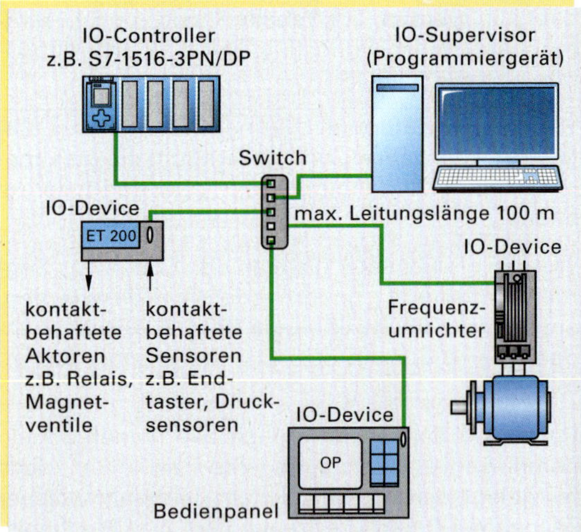

Bild 3: Profinet IO-Konfiguration mit Switch in Sterntopologie

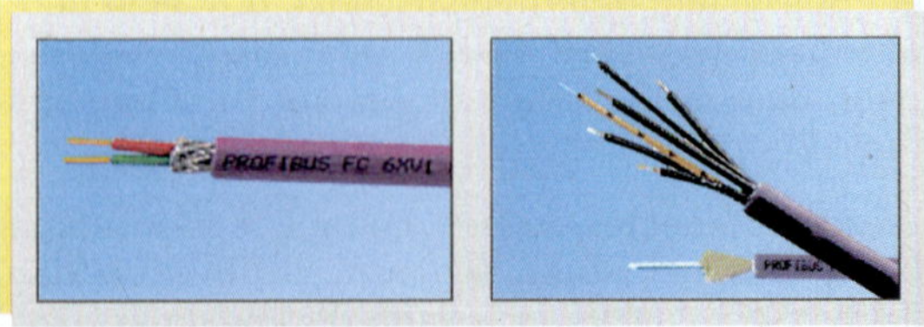

Bild 4: Leitungstypen (Kupferleitung)

Kupferkabel wird meistens in Form einer verdrillten, geschirmten 2-Draht-Leitung (Shielded Twisted Pair, STP) eingesetzt. Das Datensignal wird dann als Spannungsdifferenzsignal zwischen den beiden Adern dargestellt. Die Verwendung des Spannungsdifferenzsignals und die Schirmung sollen verhindern, dass elektromagnetische Felder die Datenübertragung stören.

Solche elektromagnetischen Störungen werden z.B. von Starkstromleitungen, Frequenzumrichtern, Schweißrobotern, Handys u.a. erzeugt. Es muss verhindert werden, dass solche in der Praxis vorkommenden Felder die Datenübertragung negativ beeinflussen.

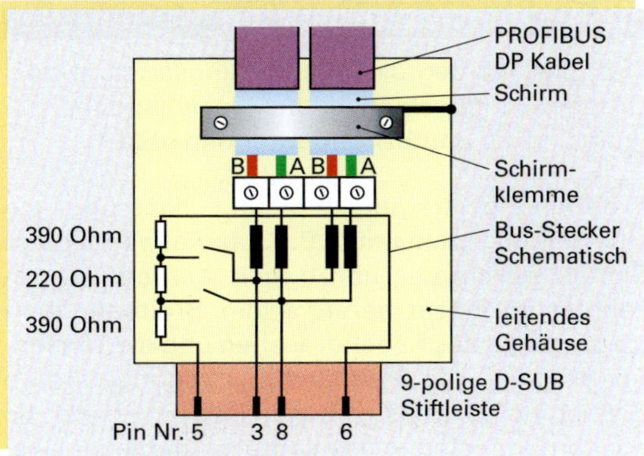

Bild 1: PROFIBUS-DP-Stecker

Bei dem Verlegen der Leitung ist darauf zu achten, dass der Schirm exakt mit der Erdungsklemme verbunden ist.

Werden vorkonfektionierte Kabel eingesetzt, ist der Schirm mit dem metallischen Mantel des Steckers **(Bild 1)** verbunden. Üblicherweise werden 9-polige SUB-D-Verbindungen verwendet. Innerhalb des Gerätes wird dann die Verbindung zur Erde hergestellt. Werden die Kabel selbst konfektioniert, muss darauf geachtet werden, dass die Stecker/Buchsen intern eine Verbindung vom Schirm zum Mantel des Steckers/der Buchse haben. Werden dann die vom Steckerhersteller vorgegebenen Längen für die Abisolierung eingehalten, ist eine saubere Erdung problemlos möglich.

Die Erdung des Schirms ist wegen der elektromagnetischen Verträglichkeit (EMV) notwendig. Diese Erdung hat zur Folge, dass speziell bei weit ausgedehnten Systemen (z.B. zwischen zwei Gebäuden) Potenzialausgleichsleiter verlegt werden müssen. Es kann passieren, dass die Erdpotenziale in zwei Gebäuden unterschiedlich sind. Ist dies der Fall und ist kein Potenzialausgleichsleiter verlegt, fließt ein Ausgleichsstrom über den Schirm. Für diese hohen Ströme ist der Schirm nicht ausgelegt, sodass das Kabel regelrecht verglühen kann. Manche Bussysteme gestatten aus diesem Grund nur die Erdung des Schirms an einem Leitungsende oder schreiben am zweiten Leitungsende eine kapazitive Erdung vor. Wird nur an einem Leitungsende geerdet, ist der EMV-Schutz schlechter als bei der Erdung an beiden Enden. Wird an einem Ende hart und am zweiten kapazitiv geerdet, ist der EMV-Schutz besser als bei der Erdung an nur einem Ende, aber schlechter, als der Schutz bei der Erdung an beiden Enden. Kupferkabel findet man in Verbindung mit allen vorhin beschriebenen Topologien.

Bei PROFINET IO wird standardmäßig eine 4-adrige Kupferleitung verwendet. Diese ist ebenfalls als verdrillte, geschirmte Leitung (ITP, Industrial Twisted Pair) ausgeführt. Gesendet wird über das Leiterpaar TD+ (gelb) und TD– (orange), TD ist die Abkürzung für Transmission Data. Die Daten werden auch hier differentiell übertragen.

Das Empfangspaar heißt Receive Data, RD+ (weiß) und RD– (blau). Aufgrund der Nutzung von Switchen werden keine Abschlusswiderstände benötigt. Der Abstand zwischen den Teilnehmer ist auf 100 m begrenzt.

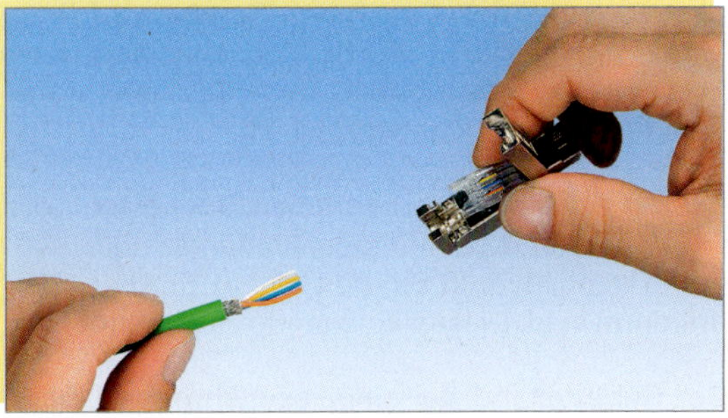

Bild 2: Montage eines PN-Steckers

Lichtwellenleiter werden häufig dann eingesetzt, wenn es Probleme mit

- EMV-Schutz
- Potenzialverschiebungen bei fehlendem Potenzialausgleich
- großen Leitungslängen gibt.

Heute gibt es viele unterschiedliche Lichtwellenleiter am Markt. Es muss unterschieden werden zwischen Glas- und Kunststofflichtwellenleitern. Bei den Glaslichtwellenleitern gibt es sog. Monomode- und Multimodefasern. All diese Lichtwellenleiter unterscheiden sich hinsichtlich der erreichbaren Leitungslängen. Lichtwellenleiter unterliegen keinen praxisrelevanten Einschränkungen hinsichtlich der Übertagungsrate. Allerdings sind sie, speziell wenn sie für große Leitungslängen ausgelegt sind, erheblich teurer als Kupferkabel.

12.4 Übertragungsarten

Prinzipiell werden die Übertragungsarten in zwei Gruppen unterschieden: die Basisbandübertragung und die Breitbandübertragung **(Bild 1)**.

Breitbandübertragung bedeutet, dass über ein Übertragungsmedium (z.B. Koax-Kabel) mehrere Signale gleichzeitig übertragen werden. Die bekanntesten Einsatzbereiche der Breitbandübertragung sind das Kabelfernsehen und die Telefonübertragung. Die Breitbandübertragung wird im Bereich der Feldbussysteme nicht eingesetzt, da die Komponenten relativ komplex und teuer sind.

Basisbandübertragung bedeutet, dass zu einem Zeitpunkt nur ein Signal über das Übertragungsmedium übertragen wird. Damit blockiert eine laufende Datenübertragung alle anderen Teilnehmer, die an dieses Übertragungsmedium angeschlossen sind.

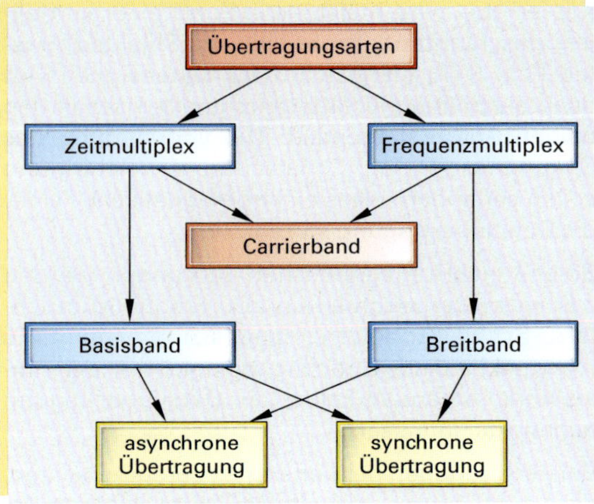

Bild 1: Übertragungsarten

Bei der Basisbandübertragung kann man die Daten synchron **(Bild 2)** oder asynchron **(Bild 3)** übertragen. Synchron bedeutet in diesem Zusammenhang, dass der Sender und der Empfänger synchron zueinander laufen. Voraussetzung dafür ist, dass ein Synchronisierungssignal (Taktinformation) mit übertragen wird. Dieses Problem wird häufig dadurch gelöst, dass eine Taktinformation in das Datensignal „eingearbeitet" ist. Diese Form der Übertragung wird z.B. vom PROFIBUS-PA verwendet.

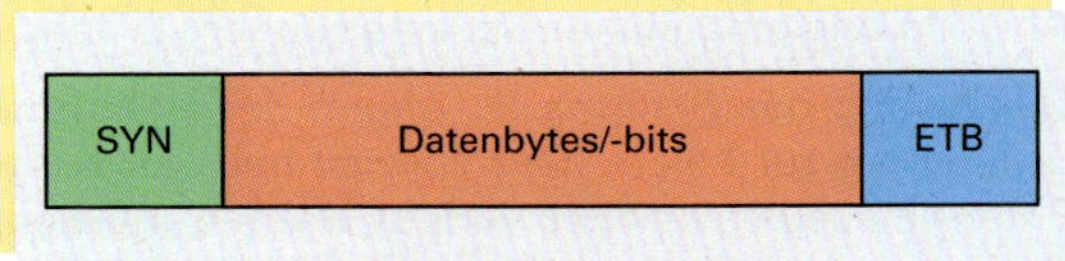

Bild 2: Synchroner Zeichenrahmen

Der Vorteil der synchronen Datenübertragung besteht darin, dass, nachdem Sender und Empfänger synchronisiert wurden, beliebig viele Bytes übertragen werden können, ohne dass eine weitere Synchronisation notwendig ist.

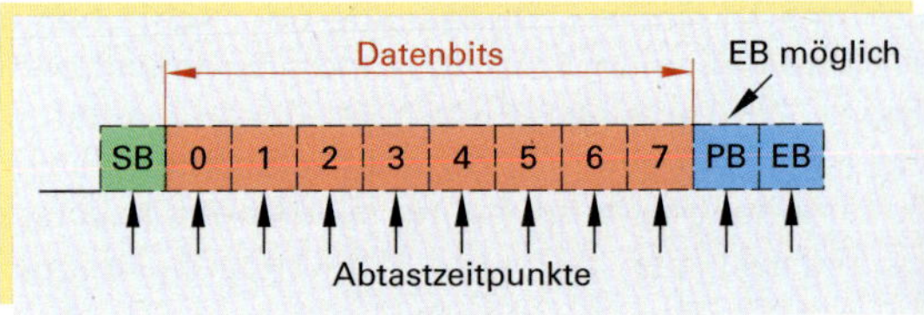

Bild 3: Asynchroner Zeichenrahmen (UART-Character)

Bei der asynchronen Datenübertragung fehlt die Taktinformation. Damit müssen der Sender und der Empfänger in regelmäßigen Abständen neu synchronisiert werden. Dies geschieht dadurch, dass ein Informationsbyte (8 Bit) von einem Startbit (SB), einem Endebit (EB) und i.d.R. einem Paritätsbit (PB) umrahmt sind. Diesen Zeichenrahmen nennt man **UART-Character.**

Der Ruhezustand bei einer asynchronen Übertragung ist definiert und entspricht einem logischen Zustand (z. B. logisch 0). Das Startbit hätte in diesem Beispiel immer den Zustand logisch 1. Damit entsteht immer eine Flanke. Diese Flanke wird vom Empfänger erkannt und damit weiß dieser, dass ein neues Byte übertragen wird.

Voraussetzung dafür, dass die asynchrone Übertragung funktioniert ist, dass Sender und Empfänger auf die gleiche Übertragungsrate (Baudrate, Anzahl der Bits pro Sekunde) eingestellt sind. Damit kennt der Empfänger auch die sog. Bitzeit (= 1/Baudrate). Der Empfänger tastet das Startbit in der Bitmitte ab. Wird der UART-Character verwendet, weiß der Empfänger, dass 9 Datenbits folgen müssen, nämlich die 8 Datenbits und das Paritätsbit. Das letzte, das Endebit muss dem Ruhezustand logisch 0 auf der Übertragungsleitung entsprechen. Ist dies der Fall, hat der Empfänger ein Datenbyte korrekt empfangen und ist, nach einer kurzen Pause, bereit für den Empfang des nächsten Datenbytes.

Die asynchrone Übertragung in Verbindung mit dem UART-Character wird z.B. bei PROFIBUS-DP verwendet. Der Vorteil ist, dass man die Taktinformation nicht mitübertragen muss, der Nachteil liegt darin, dass ein übertragenes Datenbyte aus 11 Bit besteht. Vergleicht man also die synchrone und die asynchrone Datenübertragung müssen bei der synchronen Übertragung bei der gleichen Anzahl von Datenbytes weniger Bits übertragen werden, als bei der asynchronen Datenübertragung. Die synchrone Übertragung ist bei gleicher Baudrate schneller und damit effektiver.

12.5 Buszugriffsverfahren

Unter einem Buszugriffsverfahren versteht man die Festlegung, welcher Teilnehmer zu welchem Zeitpunkt auf das Übertragungsmedium zugreifen darf.

Prinzipiell gibt es wieder zwei Gruppen von Zugriffsverfahren, die sogenannten kontrollierten und die sogenannten zufälligen Buszugriffsverfahren **(Bild 1)**. Bei den kontrollierten Zugriffsverfahren steht vor dem Beginn der Übertragung eindeutig fest, wer die Sendeberechtigung besitzt. Alle anderen Teilnehmer, die keine Sendeberechtigung besitzen, müssen der laufenden Übertragung zuhören. Im Folgenden werden das **Master/Slave-Verfahren (Bild 2)**, das **Token-Prinzip** und das **hybride Zugriffsverfahren** erläutert, die alle zu den kontrollierten Zugriffsverfahren gehören.

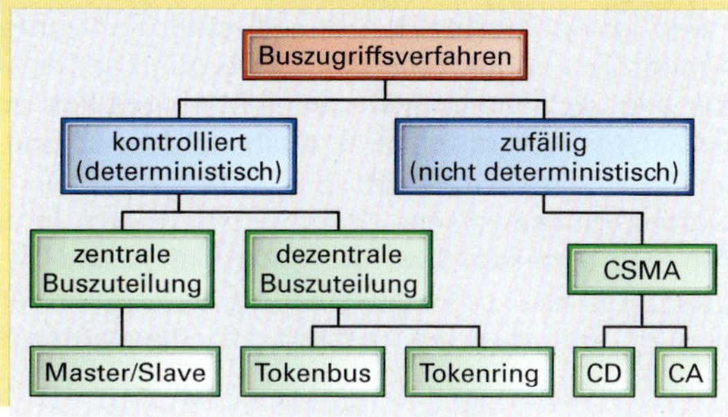

Bild 1: Übersicht Buszugriffsverfahren

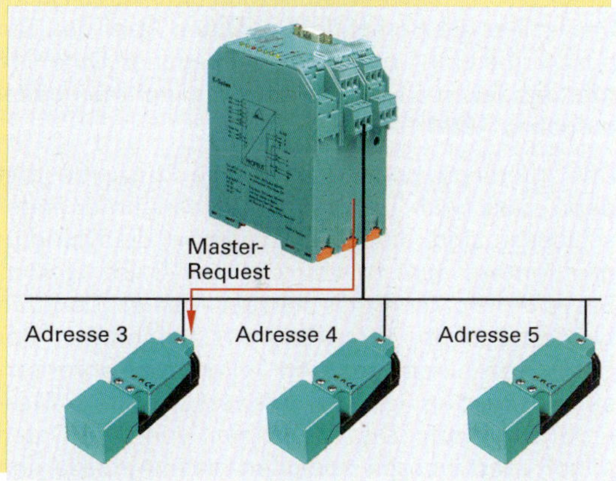

Bild 2: Master/Slave-Prinzip

Bei den zufälligen Zugriffsverfahren hört ein sendewilliger Teilnehmer die Datenleitung ab. Stellt er fest, dass die Leitung frei ist, überträgt er sofort. Falls die Leitung belegt ist, versucht er es zu einem späteren Zeitpunkt noch einmal. Da zu keinem Zeitpunkt bekannt ist, ob die Übertragungsleitung frei ist oder nicht, kann auch keine Übertragungszeit und damit keine Zykluszeit berechnet werden. Feldbussysteme, die ein zufälliges Buszugriffsverfahren verwenden, sind in der Regel nicht deterministisch. VORSICHT! Es gibt, unter bestimmten Voraussetzungen, Ausnahmen.

Bussysteme, die ein solches zufälliges Verfahren verwenden, sind der CAN-Bus und das Ethernet. Die dort verwendeten Mechanismen heißen CSMA/CA bzw. CSMA/CD. Hierbei steht CS für Carrier Sense (Abtastung des Trägermediums) und MA für Multiple Access (mehrfacher Zugriff). Diese beiden Verfahren werden später genauer erläutert.

12.5.1 Master/Slave-Verfahren

Bei diesem Verfahren gibt es genau einen Teilnehmer, der die Kommunikation über die Leitung steuert; den sog. Master. Der Master schickt ein Aufforderungstelegramm, den sog. Master-Request an genau einen Slave. In diesem Master-Request überträgt er gleichzeitig Daten an den Slave. Der angesprochene, und nur dieser, Slave antwortet auf diesen Master-Request mit der sogenannten Slave Response. In dem Antworttelegramm werden die vom Master angeforderten Daten vom Slave an den Master geschickt. Hat der Master das Antworttelegramm erhalten, fordert er die Daten vom nächsten Slave an. Wenn er alle Slaves abgefragt hat, fängt er wieder von vorne an.

Voraussetzung dafür, dass dieses Verfahren einwandfrei funktioniert, ist, dass jeder Teilnehmer eine eindeutige Adresse besitzt. Diese Adresse muss dem Master und jedem Slave während der Inbetriebnahme mitgeteilt werden. Eine Ausnahme bildet hier das AS-i-System, wo der Master keine Adresse besitzt. Bei diesem Verfahren ist es nicht möglich, dass mehrere Teilnehmer mit der gleichen Adresse an der gleichen Übertragungsleitung betrieben werden.

Da bekannt ist, wie viele Teilnehmer der Master abzufragen hat, wie viele Ein- und Ausgangsbytes jeder Slave überträgt und mit welcher Übertragungsrate (Baudrate), kann hier relativ einfach die Zykluszeit berechnet werden. Ein Bussystem, das nach dem Master/Slave-Verfahren arbeitet, ist in der Regel deterministisch (auch hier gibt es Ausnahmen).

Ein Master muss in der Lage sein zu erkennen, ob ein Slave ausgefallen ist und wenn ja, muss er dies melden. Schickt der Master an einen Slave ein Telegramm und es folgt keine Antwort, genauer gesagt, ist die Antwort nicht rechtzeitig da, erkennt der Master daran, dass der Slave ausgefallen ist. Feldbussysteme melden den Ausfall nicht unmittelbar nach dem ersten fehlerhaften Telegramm, sondern sie wiederholen den Kommunikationsversuch mehrfach (z.B. bei AS-Interface 6-mal). Sollte der angesprochene Slave jedes Mal nicht korrekt oder gar nicht geantwortet haben, wird er aus der zyklischen Kommunikation ausgeschlossen und als fehlerhaft gemeldet. Wird der fehlerhafte Slave ausgetauscht, wird auch dies automatisch erkannt und der Master nimmt den Slave automatisch wieder in die zyklische Kommunikation auf. In der Praxis bedeutet dies, dass am Slave maximal die Adresse eingestellt werden muss, alles andere erledigt der Master. Bei dem AS-Interface-System braucht unter der Voraussetzung, dass genau ein Fehler am Bus vorhanden ist, gar nichts gemacht werden. Der Master adressiert den Slave automatisch.

12.5.2 Das Token-Prinzip

Unter einem Token versteht man eine kurze Nachricht. Derjenige Teilnehmer, der das Token momentan besitzt hat die Berechtigung, Daten über den Bus zu übertragen. Alle anderen Teilnehmer sind dann passiv und empfangen die übertragenen Daten. Nach einer zu parametrierenden Zeit muss der Teilnehmer das Token an den nächsten Teilnehmer weiterreichen. Nach diesem Prinzip wird ein logischer Ring aufgebaut **(Bild 1)**.

Der Unterschied zum Master/Slave-Prinzip besteht darin, dass beim Token-Bus nur Teilnehmer angeschlossen sind, die in der Lage sind die Kommunikation auf dem Bus zu steuern. Beim Master/Slave-Prinzip kann dies nur der Master. Dadurch bekommt beim Token-Bus ein Teilnehmer, der Daten von einem anderen Teilnehmer anfordert auch keine unmittelbare Antwort wie beim Master/Slave-Prinzip. Der Teilnehmer, von dem Daten angefordert wurden, speichert diese Anforderung und antwortet, wenn er selbst das Token besitzt.

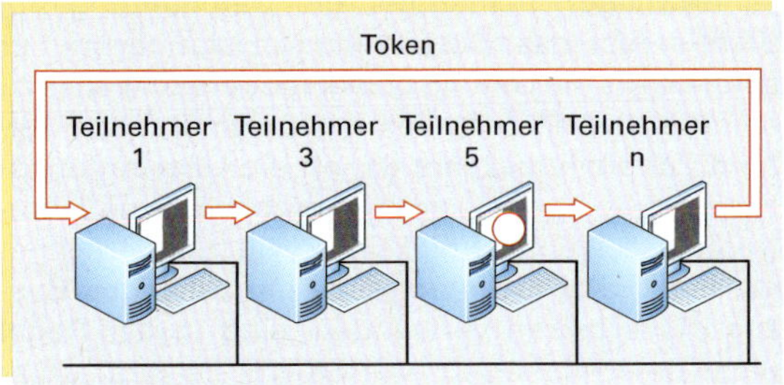

Bild 1: Token-Prinzip

Reine Tokensysteme sind in der industriellen Automatisierungstechnik sehr selten. Was häufiger angetroffen wird ist eine Mischung aus dem Token-Prinzip und dem Master/Slave-Prinzip.

Diese Mischung wird auch hybrides Zugriffsverfahren genannt **(Bild 2)**.

Dabei handelt es sich um ein System, an das mehrere Master und mehrere Slaves angeschlossen sind.

Der Master, der das Token besitzt, organisiert den Datenaustausch mit den Slaves nach dem Master/Slave-Prinzip.

Ist der Datenaustausch beendet gibt er das Token an den nächsten Master weiter. Der wiederum kommuniziert mittels des Master/Slaves-Prinzips mit den Slaves.

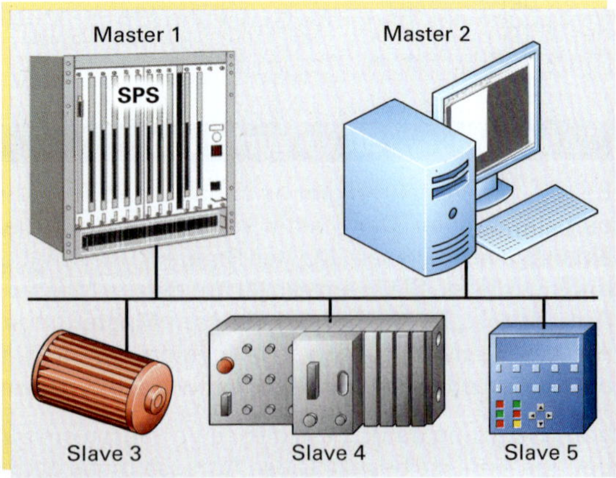

Bild 2: Hybrides Zugriffsverfahren

Dieses Verfahren wird z.B. beim PROFIBUS eingesetzt. Der PROFIBUS kennt zwei unterschiedliche Klassen von Mastern, die sogenannte Master Klasse 1 und Master Klasse 2. Die Master unterschiedlicher Klassen werden z.B. in der Prozessautomation wie folgt eingesetzt:

Der Master Klasse 1 ist verantwortlich für den Austausch der Ein- und Ausgangsdaten. Dieser ist in der Regel in die Steuerung integriert. In **Bild 2, Seite 582,** ist dies der Master 1. Der Master Klasse 2 kann z.B. für Visualisierungszwecke oder zum Einstellen von Messbereichen, Grenzwerten o.Ä. verwendet werden. Dieser wird in **Bild 2, Seite 582,** durch den Master 2 dargestellt.

Normalerweise sind die Master heute so intelligent, dass sie den Anschluss eines neuen Masters automatisch erkennen und mit diesem das Token-Handling ohne Eingriff von außen vereinbaren. In der Praxis bedeutet dies, dass z.B. ein Handprogrammiergerät mit integriertem Klasse-2-Master jederzeit an den PROFIBUS angeschlossen werden kann und damit Einstellungen an den PROFIBUS-Teilnehmern verändert werden können.

12.5.3 Das CSMA-Verfahren

Das Kürzel CSMA steht für *Carrier Sense Multiple Access.* Dabei hört ein sendewilliger Teilnehmer die gemeinsame Busleitung ab *(Carrier Sense)* und sendet sofort, falls diese nicht belegt ist. Sollte die Busleitung durch einen anderen Teilnehmer belegt sein, stellt der sendewillige Teilnehmer seinen Sendewunsch zurück und versucht zu einem späteren Zeitpunkt erneut die Daten zu übertragen *(Multiple Access).* Da ein Teilnehmer nur dann auf die Übertragungsleitung zugreift, wenn er Daten übertragen will, kann im voraus nicht bestimmt werden, welcher Teilnehmer sendet. Damit handelt es sich um ein zufälliges Buszugriffsverfahren. Da auch nicht sichergestellt ist, dass die Busleitung frei ist, wenn ein Sendewunsch besteht, kann auch keine maximale Zeit garantiert werden, innerhalb derer die Daten übertragen werden. Damit ist dieses Verfahren nicht deterministisch und besitzt damit keine berechenbare Zykluszeit.

Es existieren zwei Varianten, den erneuten Buszugriff nach einem gescheiterten Versuch zu regeln:

Bei Variante 1 zieht sich die sendewillige Station für eine zufällig gewählte Zeit zurück und versucht dann den erneuten Zugriff. Ist die Busleitung immer noch oder schon wieder belegt, zieht sich der Teilnehmer erneut für eine zufällig gewählte Zeit zurück, die aber länger als die vorherige Periode ist. Hierbei tritt das Problem auf, dass u.U. ein sendewilliger Teilnehmer sehr lange warten muss, bis er ein freies Trägermedium vorfindet. Das Problem wird umso größer, je stärker das Bussystem ausgelastet ist. Diese Variante wird z.B. von dem in der Bürokommunikation eingesetzten Ethernet verwendet.

Bei Variante 2 hört ein sendewilliger Teilnehmer das Trägermedium ständig ab und sendet sofort, nachdem die laufende Kommunikation abgeschlossen ist. Dadurch entstehen keine Wartezeiten. Hierbei kann es jedoch passieren, dass zwei Sender gleichzeitig mit der Sendung beginnen, da sie beide während der vorherigen Sendung versucht haben, auf den Bus zuzugreifen. Dies hat zur Folge, dass die Sendungen kollidieren und sich gegenseitig zerstören. Ohne Zusatzmaßnahmen würde dies erst erkannt werden, wenn der Empfänger die übertragenen Daten auf Fehler überprüft. Damit ist der Bus für die gesamte Zeit der sich überlagernden Übertragungen belegt und kann nicht anderweitig genutzt werden, die Effizienz sinkt.

Dieses Problem tritt auch bei Variante 1 auf, wenn zwei Teilnehmer quasi gleichzeitig den Bus abhören, ihn für frei befinden und mit der Sendung beginnen. Auch hier gilt, dass mit steigender Busauslastung die Wahrscheinlichkeit einer Kollision steigt.

Kollisionen können bei dem CSMA-Verfahren nicht vermieden werden. Deshalb müssen sie erkannt werden. Prinzipiell funktioniert die Kollisionserkennung folgendermaßen: Der aktuelle Sender vergleicht die gesendeten mit den empfangenen Daten. Unterscheiden sich diese voneinander, ist es zur Kollision gekommen und die Übertragung wird sofort eingestellt. Dieses Verfahren nennt man *Collision Detection,* oder kurz CSMA/CD.

Nach der Kollisionserkennung überträgt der Teilnehmer, der die Kollision erkannt hat, ein kurzes Störsignal *(jam).* Mit diesem Signal informiert er alle anderen Teilnehmer über die erkannte Kollision. Alle sendewilligen Teilnehmer stellen dann ihre Sendung für eine zufällige Zeitdauer zurück und versuchen später erneut den Zugriff.

12.5.4 CSMA/CA

Bei diesem Verfahren hört ein sendewilliger Teilnehmer das Trägermedium wie bei CSMA/CD ab und beginnt die Übertragung, wenn das Medium frei ist. Ist es belegt, wird die laufende Übertragung abgewartet und unmittelbar im Anschluss daran mit der Sendung begonnen, wobei die Sendung ständig überwacht wird. Sollten zwei Teilnehmer gleichzeitig mit der Sendung beginnen, sind Prioritäten vergeben, sodass sich der Teilnehmer mit der niedrigeren Priorität zurückzieht, d.h. seine Übertragung abbricht, da er nicht mehr seine eigene Sendung empfangen hat. Damit wird eine Kollision vermieden *(Collision Avoidance, CA)*.

Ein Telegramm beginnt immer mit der Kennzeichnung des Übertragungsbeginns. Diese Information ist für alle sendewilligen Teilnehmer gleich, sodass sich zwei gleichzeitig auf der Übertragungsleitung befindende Sendungen nicht gegenseitig beeinflussen. Es kann die eigene Adresse des Senders, der sogenannte *Identifier*, folgen. Definiert man einen logischen Zustand als dominant, z.B. „0", den anderen als rezessiv, dominiert der Teilnehmer mit der niedrigeren Adresse. Der Teilnehmer mit der höheren Adresse bricht die Sendung ab und versucht, seine Daten im Anschluss an die jetzt laufende Übertragung zu senden.

Voraussetzung für die Funktionsfähigkeit ist, dass alle Teilnehmer zum gleichen Zeitpunkt das gleiche Bit abtasten. Signallaufzeiten auf der Leitung dürfen keine Rolle spielen.

Dieses Verfahren ist von seiner Grundkonzeption her nicht deterministisch. Jedoch kann durch entsprechende Software erreicht werden, dass sich ein CSMA/CA-basiertes System deterministisch verhält. Ein Beispiel dafür ist das DeviceNet, das auf CAN basiert. CAN nutzt das CSMA/CA-Verfahren; DeviceNet setzt den CAN-Chip als Kommunikationschip ein. Bei DeviceNet kann ein sogenannter Poll I/O-Modus gewählt werden, der eine maximale, berechenbare Zykluszeit garantiert.

12.6 Datensicherheit

Für die Automatisierungstechnik ist die sichere Übertragung von Prozessdaten von entscheidender Bedeutung. In industrieller Umgebung kann es jedoch passieren, dass Daten aufgrund von EMV-Störungen o.Ä. verfälscht werden. Um fehlerhafte Telegramme erkennen zu können werden sogenannte Datensicherungsmechanismen eingesetzt. Diese dienen ausschließlich dazu Fehler zu erkennen, nicht sie zu korrigieren. Es ist viel einfacher, schneller und billiger ein fehlerhaftes Telegramm zu verwerfen und die Daten erneut anzufordern.

Datenbyte								PB
1	0	0	1	0	1	0	1	0
0	1	0	0	1	0	0	1	1
0	0	1	1	0	1	1	0	0
1	0	1	0	0	1	0	0	1
0	1	0	0	1	1	1	0	0

Bild 1: Blocksicherung

Um solche fehlerhaften Telegramme zu erkennen gibt es prinzipiell drei Möglichkeiten:

- Die Signalüberwachung (wird bei z.B. AS-i eingesetzt)
- Die Blocksicherung (wird z.B. bei PROFIBUS-DP eingesetzt)
- Das Cyclic Redundancy Check-Verfahren, kurz CRC-Check (wird z.B. bei PROFINET IO eingesetzt)

Auf die erste Variante wird im Kapitel AS-Interface eingegangen.

Blocksicherung bedeutet, dass jedes Datenbyte durch ein Paritätsbit gesichert wird. Es wird z.B. festgelegt, dass die Summe aller logischen „1" gerade sein muss (siehe auch asynchrone Übertragung).

Das bedeutet, wenn im Datenbyte eine gerade Anzahl „1" vorhanden ist, ist das Paritätsbit „0", ist sie ungerade, dann ist das Paritätsbit „1". Mit diesem einfachen Mechanismus lässt sich mit 100%iger Sicherheit feststellen, dass ein Bit fehlerhaft ist.

Sind jedoch zwei Bit fehlerhaft, kann dies nicht mehr erkannt werden. Die Maßeinheit, die diesen Zusammenhang anzeigt nennt man **Hamming-Distanz** (Hd). Unter der Hamming-Distanz versteht man die Anzahl der 100%ig erkennbaren Fehler plus 1. Mit einem Paritätsbit wird die Hamming-Distanz von 2 erreicht.

Führt man diese Überwachung nicht nur in der Zeile, sondern auch noch in der Spalte durch, spricht man von einer Blocksicherung. In **Bild 1, Seite 584,** wäre z.B. die letzte Zeile das Sicherungswort. Diese wird z.B. bei PROFIBUS eingesetzt. Mit der Blocksicherung wird die Hamming-Distanz von 4 erreicht. Damit werden bis zu drei fehlerhafte Bits im Telegramm mit 100%iger Sicherheit erkannt.

Der CRC-Check

Bei diesem Verfahren wird das zu übertragende Telegramm als Zahl interpretiert. Diese wird durch eine vorher genau definierte andere Zahl, das sogenannte Polynom, geteilt. Bei einer Division entsteht ein Rest. So ist beispielsweise 14 : 3 = 4 Rest 2. Dieser Rest wird zur Datensicherheit hinten an das Telegramm angehängt.

Nachdem der Empfänger beides erhalten hat zieht er vom Wert des Telegramms den Wert des Restes (der als Sicherungswort übertragen wurde) ab. In unserem Beispiel würde er 14 – 2 = 12 rechnen. Diese neue Zahl wird durch das gleiche Polynom geteilt. Der Rest, der dann entsteht muss 0 sein, hier 12 : 3 = 4 Rest 0.

Mit solchen CRC-Checks kann man, je nach Polynom, Hamming-Distanzen von 4 oder 6 erreichen. Chips, die dieses Verfahren realisieren, können fertig gekauft werden.

12.7 AS-Interface

AS-Interface ist, wie der InterBus, der PROFIBUS, CAN und viele andere Bussysteme, ein sogenanntes offenes Bussystem. Das bedeutet, dass man AS-i-Produkte von vielen Anbietern und nicht nur von einem erwerben kann. Weiterhin ist gewährleistet, dass das Bussystem einwandfrei funktioniert, auch wenn man Produkte verschiedener Anbieter an diesem Bus betreibt (Interoperabilität, interoperability). Wird ein Produkt durch ein baugleiches Produkt eines anderen Anbieters ersetzt, so funktioniert auch dieses (Austauschbarkeit, interchangeability).

12.7.1 AS-Interface-Funktionsprinzip

AS-Interface ist ein System, das hauptsächlich für Geräte entwickelt wurde, die ein sehr geringes Datenvolumen übertragen. Darunter zählen z.B. Initiatoren, Schalter und Ventile. Eine Übertragung von Analogwerten ist aber dennoch möglich.

AS-Interface ist ein Master/Slave-System. Ein Master kann, wenn er nach der Spezifikation 2.0 oder niedriger arbeitet, bis zu 31 Slaves verwalten. Die AS-Interface-Spezifikation 2.11 sowie die Spezifikation 3.0 werden in einem gesonderten Kapitel behandelt.

Jeder dieser 31 Slaves stellt genau 4 Bit Daten zur Verfügung.

AS-Interface kennt sogenannte intelligente Slaves, darunter versteht man Sensoren oder Aktoren mit integrierter AS-i-Schnittstelle, und sogenannte Module. Module bilden die Schnittstelle zwischen dem AS-i-System und Standardsensoren bzw. Standardaktoren **(Bild 1).**

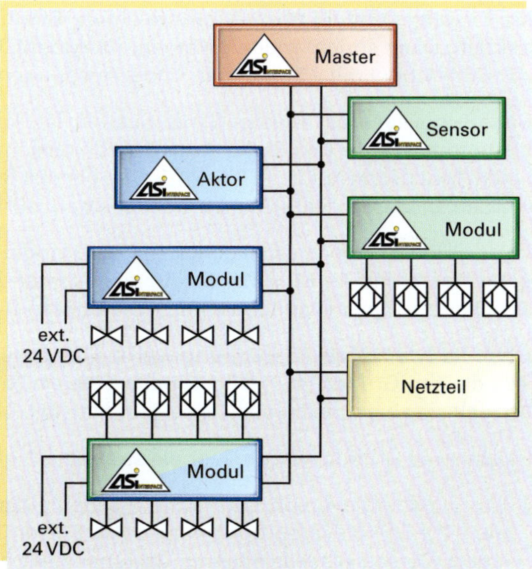

Bild 1: AS-Interface-Struktur

Betrachten wir z.B. einmal einen AS-i-Sensor. Dieser liefert genau 4 Bit Daten. Hier ist z.B. festgelegt, dass das niederwertigste Bit (LSB) D0 immer das Schaltsignal ist. Das Datenbit D1 entspricht immer einem Warnsignal, sofern dieses vom Sensor unterstützt wird. Dieses Warnsignal kann z.B. eine Vorausfallanzeige sein. Das bedeutet, dass

12

der Sensor eine Warnung sendet, bevor er ausfällt. Dies ist z.B. bei optoelektronischen Sensoren sinnvoll, die eine verschmutzte Optik melden oder bei induktiven Sensoren, die eine Dejustage anzeigen. Damit kann das Problem beseitigt werden, bevor der Sensor, und damit die Anlage, ausfällt. Das Datenbit D2 beinhaltet eine Bereitschaftsanzeige, wenn diese Funktion von dem Sensor unterstützt wird. Wird bei einem induktiven Sensor nur die Sensorspule abgeschert, hat dieser einen definierten Ausgangszustand (Schalter offen oder geschlossen). Es ist jedoch nicht bekannt, ob dieses dem aktuellen Status der Anwendung entspricht oder aufgrund eines Fehlers (hier abgescherte Spule) resultiert. Durch das Datenbit D2 kann nun abgefragt werden, ob es sich bei dem Signal um einen Prozesszustand oder um ein Signal handelt, das auf einem Fehler beruht. Das Datenbit D3 ist eine Aufforderung zum Selbsttest.

Bild 1: AS-i Sensor-Profil

Zusätzlich zu den 4 Datenbits unterstützt ein AS-i-Slave 4 Parameterbits. Bei Sensoren ist das Parameterbit P1 immer die Umschaltung zwischen Öffner- und Schließerverhalten. Die anderen 3 Parameterbits können eine Vielzahl unterschiedlicher Funktionen beinhalten, die normalerweise vom Sensortyp und seinem Einsatzgebiet abhängig sind.

Nach dem gleichen Prinzip arbeiten Aktoren, die den AS-i-Chip integriert haben.

Werden nur intelligente AS-i-Teilnehmer nach Spezifikation 2.0 oder niedriger eingesetzt, kann man 31 Slaves an einem Master betreiben. Das bedeutet, dass über die AS-i-Leitung 31 Schaltsignale, 31 Warnsignale usw. übertragen werden können. Dadurch ist das Einsparungspotenzial bezüglich der Hardware eher als gering einzustufen. Wird der Master z.B. direkt in der SPS als Einschubkarte betrieben, werden durch einen Master 4 Eingangskarten oder 4 Ausgangskarten oder eine Mischung aus beiden eingespart. Dies ist der Grund, dass in der Praxis sehr häufig sog. AS-i-Module eingesetzt werden. Dabei handelt es sich um Geräte, die die Schnittstelle zwischen einem Standardsensor bzw. einem Standardaktor und der AS-i-Übertragungsleitung bereitstellen **(Bild 1, Seite 585)**.

Der AS-i-Slave ist also in das Modul integriert und nur das Modul benötigt eine Adresse. Damit stellt auch ein Modul im ersten Schritt genau 4 Bit Daten zur Verfügung. Diese 4 Bit können jetzt allerdings ausschließlich für Signale verwendet werden. So können z.B. an ein Eingangsmodul 4 Standardsensoren angeschlossen werden. In diesem Fall spricht man auch von einem 4E-Modul. Im **Bild 1, Seite 585,** sind die Eingangsmodule grün gekennzeichnet. Das gleiche Prinzip kann auch auf Ausgänge angewendet werden. Dann spricht man von einem 4A-Modul. Weiterhin gibt es auch Mischformen solcher Module, z.B. 2EA-Modul mit 2 Eingängen und 2 Ausgängen.

Da AS-Interface ein Master/Slave-System ist, kann man im Masteraufruf Ausgangsdaten an einen bestimmten Slave und in der Antwort von diesem Slave Eingangsdaten übertragen. Damit können mit einem Modul und nur einer AS-i-Adresse bis zu 4 Bit Eingangsdaten und 4 Bit Ausgangsdaten übertragen werden. In diesem Fall spricht man von einem 4EA-Modul.

Würde eine Anlage ausschließlich mit 4EA-Modulen betrieben werden, könnte man $4 \cdot 31 = 124$ Bit Eingangsdaten und $4 \cdot 31 = 124$ Bit Ausgangsdaten mit einem einzigen AS-i-Master verwalten. Dies entspricht dem Maximalausbau eines AS-Interface-Systems nach Spezifikation 2.0 oder niedriger.

Über die zweiadrige AS-i-Leitung werden die Daten und die Energieversorgung gleichzeitig übertragen. Aus diesem Grunde ist in **Bild 1, Seite 585,** ein Netzteil an die Übertragungsleitung angeschlossen. Es handelt sich hier um ein spezielles AS-i-Netzteil.

Es gibt zwei Gründe, warum hier ein spezielles Netzteil einzusetzen ist:

1. Um die Energieversorgung und die Daten gleichzeitig übertragen zu können, wird eine Gleichspannung zur Energieversorgung eingesetzt. Dieser Gleichspannung ist ein Wechselspannungssignal überlagert. Dieses Wechselspannungssignal stellt das Datensignal dar. Würde man ein Standardnetzteil einsetzen, würde dieses die überlagerte Wechselspannung „herausregeln“. Dies ist bei AS-Interface

nicht erlaubt. Um dies zu verhindern, ist ein spezielles Entkoppelnetzwerk in das AS-i-Netzteil integriert.

2. Standardnetzteile haben normalerweise eine Ausgangsspannung von 24 VDC. Würde man das Netzteil am Anfang einer AS-i-Leitung anschließen, kann es passieren, dass der Spannungsabfall entlang der AS-i-Leitung so groß ist, dass die Eingangsspannung für den letzten Teilnehmer nicht mehr ausreichend wäre. Um diesen Spannungsabfall zu kompensieren haben die AS-i-Netzteile eine Ausgangsspannung von ca. 30,5 VDC.

Auch wenn der Spannungsabfall über der AS-i-Leitung durch die höhere Ausgangsspannung in gewissen Grenzen kompensiert wird, sollte man darauf achten, diesen so niedrig wie möglich zu halten. Dies wird am einfachsten dadurch erreicht, dass man das AS-i-Netzteil dort an die Übertragungsleitung anschließt, wo die höchste Stromaufnahme zu erwarten ist.

> Ein AS-i-Netzteil kann an einer beliebigen Stelle an die AS-i-Übertragungsleitung angeschlossen werden. Es sollte nach Möglichkeit dort angeschlossen werden, wo die höchste Stromaufnahme aus der AS-i-Leitung zu erwarten ist.

AS-i-Netzteile liefern, je nach Ausführung, einen Versorgungsstrom zwischen 2 A und 8 A. Wenn man im Extremfall 124 Aktoren über Module an einem AS-i-Strang betreibt, reichen selbst 8 A nicht aus, um alle diese Aktoren zu versorgen. Deshalb werden Aktoren normalerweise extern versorgt. Diese externe 24 VDC-Versorgung wird an ein Modul mit Ausgängen angeschlossen. Das Modul selbst wird aus AS-i heraus gespeist und schaltet die externe Versorgung auf die Aktoren. Auf die Verdrahtungstechnik wird zu einem späteren Zeitpunkt eingegangen.

> Es ist nicht möglich zwei AS-i-Netzteile an einer AS-i-Übertragungsleitung zu betreiben.

AS-Interface kann ohne Busabschlusswiderstände betrieben werden. In diesem Fall lässt es eine Leitungslänge von 100 m zu. Die Topologie ist dabei relativ beliebig. Nur die Ringtopologie sollte vermieden werden.

AS-Interface kann auch mit einem Busabschlusswiderstand betrieben werden. Dieser wird im Bereich AS-Interface auch Dämpfungselement genannt. Das Dämpfungselement wird so weit wie möglich vom AS-i-Netzteil entfernt montiert. AS-Interface unterscheidet zwischen

- einem passiven Dämpfungselement. Mit diesem sind Leitungslängen bis 200 m möglich.
- einem aktiven Dämpfungselement. Mit diesem sind Leitungslängen bis 300 m möglich.

> Bei AS-Interface kann maximal ein Busabschlusswiderstand eingesetzt werden. Dieser wird so weit wie möglich vom AS-Interface-Netzteil entfernt montiert.

Durch die relativ freie Topologie können Stichleitungen überall dort gesetzt werden, wo sie notwendig und sinnvoll sind. Auch ein Stich von einer Stichleitung ist möglich. Bei der Installation einer AS-i-Anlage muss nur darauf geachtet werden, dass die Summe aller AS-i-Übertragungsleitungen die 100 m nicht überschreitet. Nicht zu berücksichtigen ist die Leitungslänge zwischen einem Modul und einem Standardsensor/-aktor.

Die Leitungslänge kann durch Repeater vergrößert werden. Jedoch wird mit jedem Repeater auch immer ein zusätzliches AS-i-Netzteil benötigt. AS-i erlaubt maximal zwei Repeater in Reihe. Eine andere Lösungsmöglichkeit wird zu einem späteren Zeitpunkt erläutert.

12.7.2 AS-Interface-Verkabelung

Die größte Stärke von AS-Interface ist seine Verdrahtungstechnik. Als Übertragungsleitung kann eine nicht geschirmte, verdrillte 2-Draht-Leitung verwendet werden. Jedoch hat man den größten Nutzen, wenn man die AS-i-typische Flachleitung einsetzt.

Der Vorteil der Flachleitung besteht darin, dass Arbeiten wie das Abisolieren, das Anbringen von Aderendhülsen usw. komplett entfällt. Bei der AS-i-Flachleitung handelt es sich um ein zweiadriges, nicht verdrilltes Kabel, dessen Profil in der AS-i-Spezifikation genau definiert ist.

Die AS-i-Leitung wird in einen Leitungskorb **(Bild 1)** eingelegt. Durch das Profil wird ein Verpolen verhindert. Bei Modulen kann sich dieser Leitungskorb im Modulunterteil befinden. Wird das Moduloberteil auf das Unterteil aufgeschraubt wird der Leitungskorb mit dem eingelegten Kabel nach unten gedrückt und in der neuen Position fixiert. Durch dieses Nachuntendrücken durchdringen Dorne die Isolation der Flachleitung und stellen somit automatisch den Kontakt zur Litze in der Flachleitung her.

Dieses hier beschriebene Prinzip nennt man bei AS-Interface die elektromechanische Schnittstelle, kurz EMS. Üblicherweise ist die AS-i-Leitung gelb. Eine solche EMS-Schnittstelle kann, da sie zwei AS-i-Anschlüsse besitzt, auch gleich als Verteiler eingesetzt werden.

Das gleiche Prinzip der Durchdringungstechnik wird auch für die externe 24-VDC-Versorgung angewendet. Die Versorgungsleitung ist dann schwarz. Die Schnittstelle, die den zusätzlichen Anschluss der 24-VDC-Versorgung erlaubt, nennt man erweiterte elektromechanische Schnittstelle, kurz EEMS.

Eine weitere Besonderheit der Flachleitung ist die sog. Selbstheilung. Wird ein über die EMS-Schnittstelle hergestellter Kontakt wieder geöffnet, schließt sich die gelbe/schwarze Isolation der Flachleitung selbstständig. Nach dem Öffnen der Verbindung ist die alte Kontaktierungsstelle mindestens IP65, d.h. gegen Staub und Spritzwasser geschützt.

In **Bild 1** sind die einzelnen Adern der AS-i-Leitung farblich gekennzeichnet. Braun steht für die Leitung AS-i +; Blau für die Leitung AS-i –.

Bild 3 zeigt das Ersatzschaltbild des Entkoppelnetzwerkes, das im AS-i-Netzteil integriert ist.

Exakter betrachtet, wird das Datensignal an den Spulen dieses Entkoppelnetzwerks erzeugt. Ein AS-i-Sender hebt den Strom auf der AS-i-Leitung an bzw. senkt ihn ab. Dadurch entsteht an den Spulen des Entkoppelnetzwerks das AS-i-typische Spannungssignal ($u_L = -L \cdot \Delta i / \Delta t$).

Wird die Leitung AS-i – (blaue Leitung) an Masse angeschlossen, wird der untere Zweig des Entkoppelnetzwerks kurz geschlossen. Damit kann es passieren, dass die Kommunikation zusammenbricht.

Es ist nicht erlaubt, die Leitung AS-i an ein externes Massepotenzial anzuschließen.

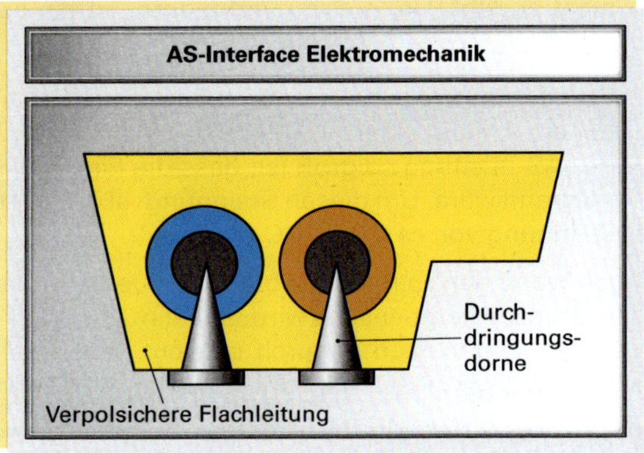

Bild 1: AS-Interface-Elektromechanik

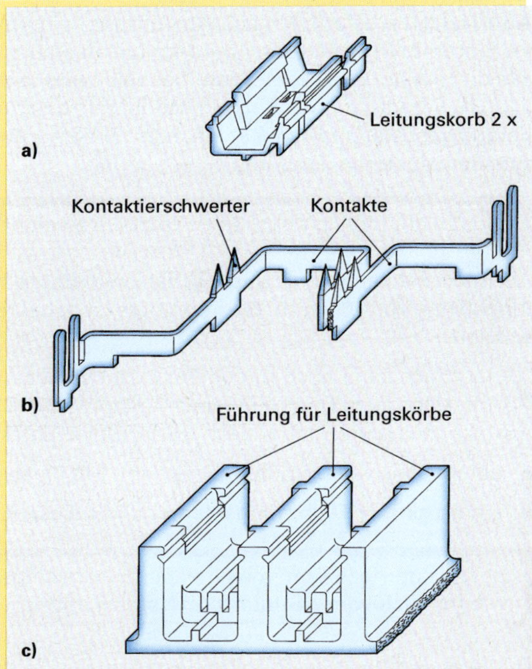

Bild 2: EMS-Schnittstelle

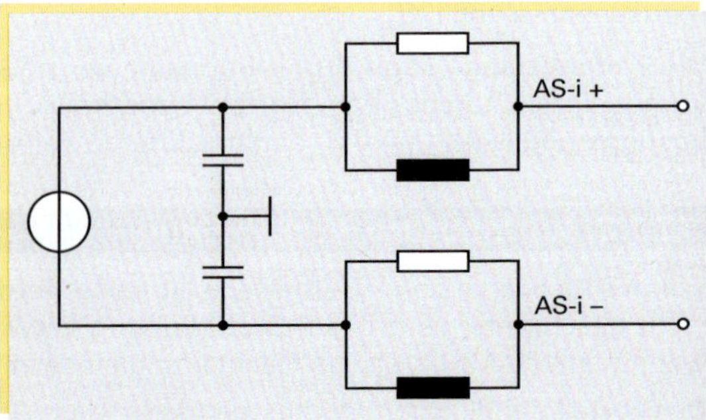

Bild 3: Das Entkoppelnetzwerk

Werden Sensoren oder Aktoren, z.B. Ventilinseln, mit integrierter AS-i-Schnittstelle, sogenannte intelligente Sensoren/Aktoren, angeschlossen, gibt es auch hier unterschiedliche Möglichkeiten, diese AS-i-Teilnehmer direkt an die Flachleitung anzuschließen. Eine Möglichkeit zeigt **Bild 1.**

Standardsensoren und Standardaktoren werden meistens über M8-, M12-Schraubverbindungen oder PG-Verschraubungen in Verbindung mit Käfigzugfederklemmen an die Module angeschlossen. In manchen Fällen sind auch nur einfache Klemmen vorhanden. Dies findet man z.B. dann, wenn das Modul in einem Schaltschrank oder Verteilerkasten eingesetzt werden soll.

Bild 1: Anschluss intelligenter AS-i-Teilnehmer

12.7.3 Inbetriebnahme einer AS-Interface-Anlage

Für die Inbetriebnahme einer AS-Interface-Anlage ist es unerheblich, ob mit einem AS-i-Master oder mit einem Gateway zu einem anderen Bussystem gearbeitet wird.

In der Praxis werden sehr häufig Module **(Bild 2)** eingesetzt. Die Inbetriebnahme von AS-Interface gestaltet sich dann wie folgt:

- Zuerst werden die Modulunterteile am Einsatzort montiert.
- Anschließend wird die AS-Interface-Flachleitung verlegt.
- Werden intelligente Slaves eingesetzt, wird hier der Adapter, falls erforderlich, zwischen AS-i-Flachleitung und Slave montiert.
- Anschließend müssen die AS-i-Slaves adressiert werden.

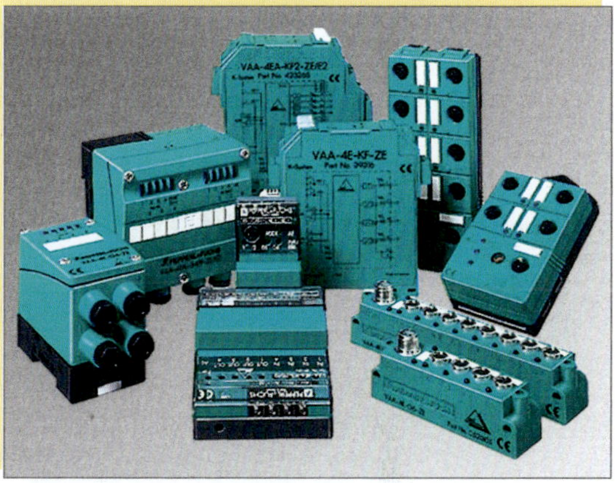

Bild 2: Übersicht Modulbauformen

Dabei ist folgendes zu beachten:

Fabrikneue AS-Interface-Slaves sind auf die Adresse 0 voradressiert. Ausnahmen können hier Produkte sein, die mehr als einen integrierten AS-i-Slave haben (z.B. Ventilinseln mit 8 oder 16 Ventilen, AS-i-Absolutwertgeber). Dann ist die Voradressierung dem Datenblatt zu entnehmen.

Das bedeutet, dass zu Beginn der Inbetriebnahme viele AS-i-Slaves mit Adresse 0 vorhanden sind. Aufgrund der Tatsache, dass AS-i ein Master/Slave-System ist, ist es nicht möglich, sofort alle Slaves an die AS-i-Übertragungsleitung anzuschließen, da der Master dann nicht mehr zwischen den einzelnen Slaves mit gleicher Adresse unterscheiden kann.

AS-Interface-Slaves können auf verschiedene Weisen adressiert werden:

- Verwendung von Tasten, die am Master angebracht sind

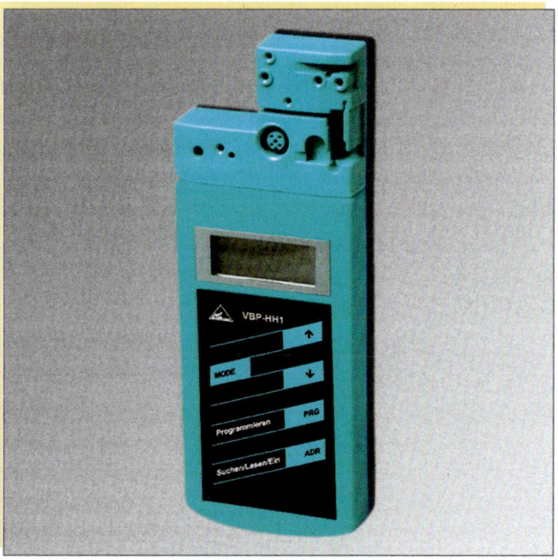

Bild 3: AS-Interface-Adressiergerät

- Verwendung einer Konfigurationssoftware
- Verwendung eines Adressiergeräts **(Bild 3, Seite 589)**

Die ersten beiden Möglichkeiten bedeuten, dass ein Slave mit Adresse 0 an die AS-i-Leitung angeschlossen wird. Anschließend wird die Adresse über die Taster des Masters oder die Konfigurationssoftware geändert. Erst danach kann der nächste AS-i-Slave mit Adresse 0 an die Übertragungsleitung angeschlossen werden. Dies ist in der Praxis ein sehr aufwendiges Verfahren und wird in der Regel nicht angewendet.

Am häufigsten wird jedoch das Adressiergerät eingesetzt. Mithilfe des Adressiergerätes ist es möglich die AS-i-Slaves vor dem Einbau auf die richtige Adresse zu programmieren. Über das Adressiergerät kann es jedoch passieren, dass eine Adresse mehrfach an einen AS-i-Strang vergeben wird. Die Adressiergeräte merken sich nicht, welche Adressen schon vergeben und welche noch frei sind.

Sind alle Adressen eingestellt und alle Slaves an die AS-i-Übertragungsleitung angeschlossen worden, kann die Spannung eingeschaltet werden. Nachdem der AS-i-Master hoch gelaufen ist, wird er einen Konfigurationsfehler melden. Dies liegt daran, dass dieser, sofern er noch fabrikneu ist, noch keine Konfiguration gespeichert hat. Im nächsten Schritt muss dies nachgeholt werden.

Die meisten Master bieten dafür eine Funktion an, mit der die aktuelle Konfiguration, d.h. die Konfiguration, die momentan vorhanden ist, als sogenannte Sollkonfiguration gespeichert wird. Dies geschieht i.d.R. über einen Tastendruck.

Im AS-i-Master wird gespeichert, welche Slaves vorhanden sein sollten, die sogenannte Sollkonfiguration, und welche Slaves tatsächlich vorhanden sind, die aktuelle oder Istkonfiguration. Über einen Vergleich dieser Informationen erkennt der Master, welche Slaves

- fehlen bzw. defekt sind
- zu viel vorhanden sind
- falschen Typs angeschlossen sind.

Um den letzten Punkt erkennen zu können, braucht der Master einige Zusatzinformationen. In jedem Slave wird ein sogenannter Identifikationscode und eine sogenannte E/A-Konfiguration permanent gespeichert. Dies wird während der Produktion des Slaves gemacht und ist durch den Anwender nicht veränderbar. Der Identifikationscode beschreibt, um welchen Typ von AS-i-Slave es sich handelt (z.B. 1_{hex} = AS-i-Sensor, 0_{hex} = Modul). Die EA-Konfiguration beschreibt, wie der Datenport zwischen dem AS-i-Slave und dem eigentlichen Gerät arbeitet. Vorhin wurden am Beispiel des AS-i-Sensorprofils die Bedeutung der Datenbits zwischen dem AS-i-Slave (dem Chip) und dem eigentlichen Sensor beschrieben.

Wird z.B. ein 4EA-Modul eingesetzt, werden die vier AS-i-Datenbits sowohl als Eingangs- als auch als Ausgangsbit verwendet. Wird beispielsweise an eine Adresse, an der ein 2EA-Modul vorhanden sein sollte (Sollkonfiguration) ein 4EA-Modul angeschlossen (Istkonfiguration), erkennt dies der Master an den unterschiedlichen EA-Konfigurationen und gibt eine Fehlermeldung aus. Diese wird z.B. dann am Display in Form der Adresse, die fehlerhaft ist, angezeigt. Weiterhin können mit dem falsch angeschlossenen 4EA-Modul keine Daten ausgetauscht werden, es sei denn, man speichert das neue Modul in der Sollkonfiguration ab.

Wie schon erwähnt, kann ein AS-Interface-Master bis zu 31 Slaves verwalten. Nach der Inbetriebnahme darf kein Slave mit Adresse 0 am Bus vorhanden sein. Damit muss die Adresse 0 im laufenden Betrieb immer frei sein. Dies wird bei AS-Interface für die automatische Adressprogrammierung genutzt.

Fällt im laufenden Betrieb genau ein Slave aus, erkennt dies der Master automatisch. Aufgrund der gespeicherten Sollkonfiguration weiß der Master, an welcher Adresse welcher Typ von AS-Interface-Slave fehlt.

Wird nun der defekte Slave vom Bus getrennt und ein neuer Slave mit Adresse 0 an den Bus angeschlossen, erkennt dies der Master automatisch. Er vergleicht den Identifikationscode des neuen Slaves (Adresse 0) mit dem Identifikationscode des fehlenden Slaves. Sind beide Informationen identisch, vergleicht er die EA-Konfiguration beider Slaves. Sind auch diese identisch, adressiert er automatisch den Slave mit Adresse 0 auf die fehlende Adresse um.

In der Praxis bedeutet dies, dass der defekte Slave nur abmontiert und der neue Slave nur angeschlossen werden muss. Alles andere erledigt das System automatisch. Diesen Vorgang nennt man automatische Adressprogrammierung.

Die automatische Adressprogrammierung funktioniert nur bei genau einem fehlerhaften Slave.

Tritt mehr als ein Fehler gleichzeitig auf, müssen die Slaves, mit Ausnahme des Letzten, von Hand adressiert werden (z.B. durch das Adressiergerät).

Als letzter Punkt für die Inbetriebnahme bleibt noch die Parametereinstellung. Über AS-i-Parameter können verschiedene Slave-Funktionen geändert werden. Z.B. kann bei AS-i-Sensoren über das Parameterbit P1 eine Umschaltung zwischen Öffner- und Schließerverhalten erreicht werden. Diese Parameter können nur mittels Software verändert werden. Eine Änderung z.B. über das Adressiergerät ist nicht möglich, da die Parameterwerte flüchtig im AS-i-Slave gespeichert werden. Wird die Verbindung zwischen dem Adressiergerät und dem AS-i-Slave getrennt, sind die Parametereinstellungen verloren.

12.7.4 Strukturen einer AS-Interface-Anlage

Die Produktvielfalt an AS-Interface-Slaves ist sehr groß.

Da die Übertragungsleitung auf 100 m begrenzt ist, gibt es verschiedene Möglichkeiten, die Entfernung zwischen den Bauteilen zu vergrößern. Neben der bereits besprochenen Möglichkeit eines Busabschlusses werden bei ASi gerne Repeater, oft in Kombination mit einem Busabschluss, verwendet. Zudem kommen Tuner (Verstärker) oder Power-Extender (erlauben einen größeren Abstand zwischen Master und erstem Slave) zum Einsatz.

Aber auch bei den Mastern bzw. Gateways gibt es eine Vielzahl von unterschiedlichen Typen, die sich u.a. in ihrem Einsatzbereich unterscheiden. So bieten manche Hersteller eine Kommunikations-Baugruppe an, die per Rückwandbus mit einer SPS verbunden wird, die handelsübliche SPS kann somit im AS-i-System kommunizieren.

Eine weitere Möglichkeit bieten die reinen AS-Interface-Master. Diese werden in erster Linie für sogenannte Stand-Alone-Applikationen eingesetzt. Sie besitzen eine RS232-, eine RS485- oder eine RJ45-Schnittstelle, über die diese Master konfiguriert werden können. Weiterhin besitzen sie eine SPS-Funktionalität. Das bedeutet, dass mit diesen Mastern die komplette SPS ersetzt wird, das SPS-Programm läuft im AS-i-Master. Die Programmiersprache für das SPS-Programm unterscheidet sich von Anbieter zu Anbieter.

Im Handel sind auch Master erhältlich, die zwei Masterkreise verwalten können. Dadurch kann ein Master mit einer SPS die doppelte Anzahl Slaves abfragen und ansteuern.

Master werden im IP20-Gehäuse für den Einsatz im Schaltschrank und im IP65- oder IP67-Gehäuse für den Einsatz im Feld angeboten. **Bild 1** zeigt einen Master im IP67-Gehäuse. Einsatzgebiet sind kleine, in sich geschlossene Anwendungen, die keinen Datenaustausch mit anderen Komponenten durchführen müssen bzw. Anwendungen, die von ihrem zu verarbeitenden Datenvolumen so klein sind, dass AS-Interface ausreicht, um diese Anwendung zu steuern.

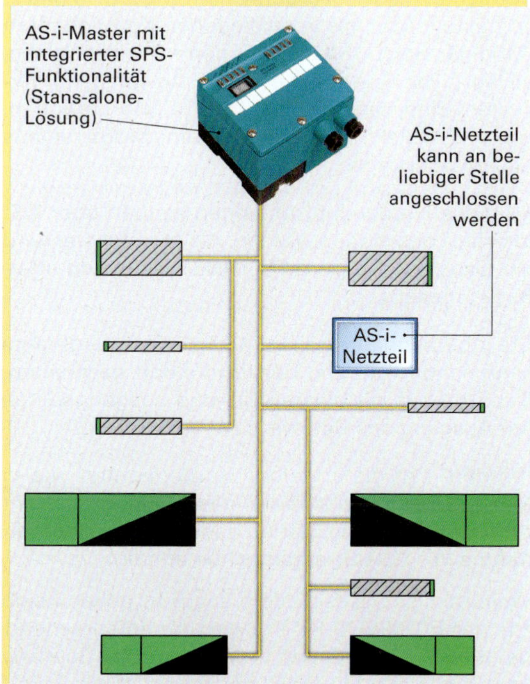

Bild 1: AS-Interface-Struktur 1

Die letzte Möglichkeit bieten Gateways **(Bild 1)**. AS-Interface-Gateways gibt es zu den unterschiedlichsten Bussystemen, z.B. InterBus, PROFIBUS, CAN, PROFINET IO und viele andere. Auf der AS-i-Seite verhalten sie sich wie ein AS-Interface-Master, während sie sich auf der anderen Seite wie ein „normaler" Slave des übergeordneten Bussystems verhalten. Am übergeordneten Bus können durchaus mehrere solcher AS-i-Gateways angeschlossen werden. Natürlich können an diesem übergeordneten Bus auch beliebige andere Komponenten angeschlossen werden.

Viele Hersteller bieten AS-i-Master an, die sowohl als SPS oder als Gateway betrieben werden können, je nachdem, was der Kunde wünscht.

Gateways gibt es ebenfalls im IP20-Gehäuse, wie auch in IP65- oder IP67-Gehäusen. Speziell im letzten Fall kann die Leitungslängenproblematik wie folgt gelöst werden:

Man montiert das Gateway so nah wie möglich am Einsatzort, um die AS-i-Leitungslänge so kurz wie möglich zu halten. Die großen Entfernungen werden dann über das übergeordnete Bussystem überbrückt.

Mithilfe solcher Gateways können Anlagen auch modularisiert werden. Dies soll am Beispiel eines Fördersystems kurz erläutert werden.

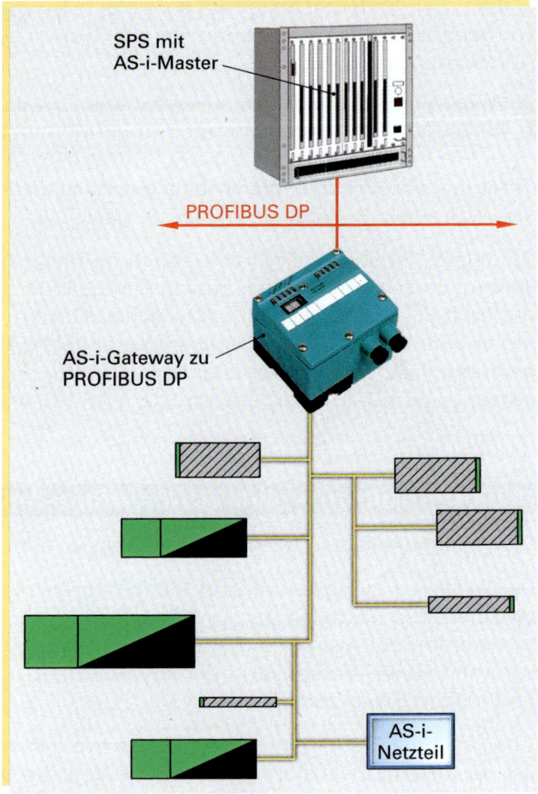

Bild 1: AS-Interface-Struktur 2

Betrachtet man ein Fördersystem wie z.B. in **Bild 2,** so besteht dies aus verschiedenen Komponenten (Module). Solche Module können z.B. eine Weiche, ein Verteiler, eine Kurve etc. sein. An einem Fördersystem sind hauptsächlich binäre Informationen, wie z.B. Objekt anwesend ja/nein, Motor an/aus etc., zu übertragen.

All diese binären Informationen können über AS-Interface übertragen werden. Als AS-i-Master wird ein Gateway, z.B. zum PROFINET oder zum InterBus eingesetzt.

Die Inbetriebnahme eines AS-Interface-Segments kann schon während der Produktion geschehen. Damit stehen alle binären Ein- und Ausgangsdaten am Ausgang des Gateways zur Verfügung.

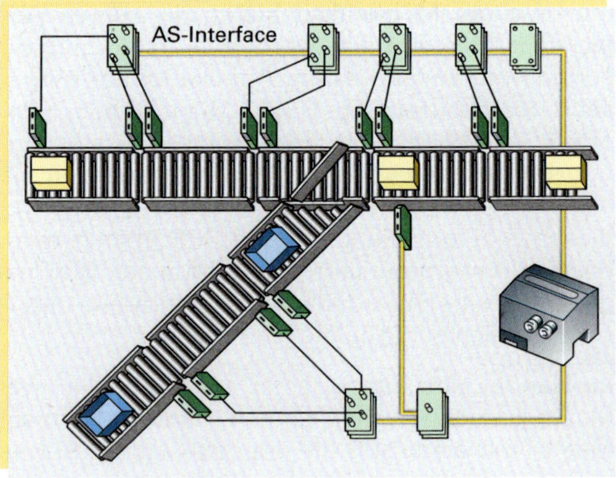

Bild 2: Beispiel Fördersystem 1

Werden jetzt die einzelnen Komponenten wie in **Bild 1, Seite 594** zusammengeschaltet, braucht nur noch der Slave namens AS-i-Gateway am übergeordneten System in Betrieb genommen zu werden. Alle anderen Informationen sind durch die Inbetriebnahme des AS-i-Stranges schon erledigt.

Weiterhin ist dieses System ausgesprochen flexibel. Setzt der Anwender eines solchen Fördersystems z.B. den PROFIBUS-DP ein, wird das entsprechende Gateway verwendet. Wird in einem anderen Fall z.B. der InterBus verwendet, braucht nur das Gateway getauscht zu werden und die Daten stehen auch am InterBus bereit. Einzige Zusatzarbeit ist dann die Speicherung der aktuellen AS-i-Konfiguration in dem neuen Gateway und dies geschieht, wie schon erläutert wurde, mittels Knopfdruck.

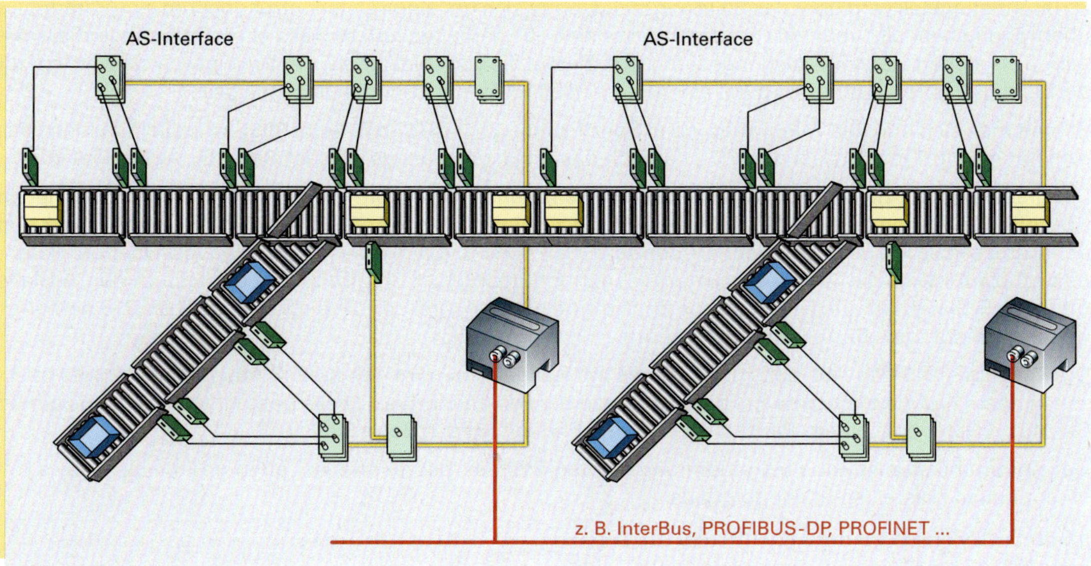

Bild 1: Beispiel Fördersystem 2

12.7.5 Die AS-Interface-Spezifikation 2.11

Das AS-Interface-System wurde durch die neue Spezifikation erheblich in seinem Funktionsumfang erweitert. So wurde u.a. die maximale Anzahl der Teilnehmer auf 62 erhöht, es wurden Funktionen integriert, die eine Analogwertübertragung nach dem „Plug'n'Play"-Prinzip ermöglichen und die Diagnosemöglichkeiten wurden erhöht. Voraussetzung für die Akzeptanz einer solchen Erweiterung ist die Abwärtskompatibilität zur alten Spezifikation, das bedeutet, dass „neue" und „alte" Produkte an einem gemeinsamen Strang betrieben werden können. Wie dies funktioniert, und welche Einschränkungen dadurch entstanden sind, soll im Folgenden untersucht werden.

Erweiterung auf 62 Teilnehmer

AS-Interface arbeitet mit genau einem Telegramm für den Masteraufruf und einem weiteren Telegramm für die Slaveantwort. Die Struktur dieser Telegramme durfte nicht verändert werden, wenn die Kompatibilität erhalten werden sollte. Um zu verstehen, wie mit dem gleichen Telegramm nun doppelt so viele Teilnehmer adressiert werden können, müssen wir uns dieses Telegramm anschauen.

Bild 2 zeigt den Masteraufruf nach der alten Spezifikation. Nach dem Startbit folgt das Steuerbit, das kennzeichnet, ob Daten bzw. Parameter oder ob Konfigurationsdaten (z.B. ID-Code) übertragen werden sollen. Es folgt die angesprochene Adresse. Mit 5 Bit können 32 verschiedene Adressen dargestellt werden, wobei die Adresse 0, wie schon erläutert, eine besondere Bedeutung besitzt.

ST	SB	A4	A3	A2	A1	A0	I4	I3	I2	I1	I0	PB	EB

ST	Startbit	Start des Masteraufrufes (immer "0")
SB	Steuerbit "0":	Daten oder Parameterübertragung
	Steuerbit "1":	Konfigurationsaufruf
A0 ... A4	Adresse 00_{hex}:	Nulladresse für Slaves ohne Betriebsadresse
	01_{hex} ... $1F_{hex}$:	mögliche AS-i Slaveadressen
I0 ... I4	Informationsteil:	SB = "0", I4 = "1": 4 Bit Daten SB = "0", I4 = "0": 4 Bit Parameter SB = "1": 5 Bit Konfigurationsaufruf
PB	Paritätsbit:	Gerade Parität aller Bit ohne Endbit
EB	Endbit:	Ende des Masteraufrufs

Bild 2: Masteraufruf nach Spezifikation 2.0

ST	CB	A4	A3	A2	A1	A0	I4	SEL	I2	I1	I0	PB	EB

Bild 3: Masteraufruf nach Spezifikation 2.11

Im Informationsteil wird über das Bit I4 angezeigt, ob es sich um einen Datenaufruf oder um eine Parameterübertragung handelt, wenn das Steuerbit zuvor eine „0" enthalten hat. Im Falle eines Daten- oder Parameteraufrufs stehen hier 4 Bit Ausgangsdaten, d. h. Daten, die vom Master an den Slave geschickt werden, zur Verfügung. Das Telegramm wird mit einem Paritätsbit und einem Endebit abgeschlossen.

Schaut man sich nun das Telegramm nach Spezifikation 2.11 an **(Bild 3, Seite 593),** so stellt man fest, dass sich nur ein einziges Bit geändert hat, nämlich das Bit I3, das nun als „Select-Bit" SEL verwendet wird.

Bei diesem Select-Bit handelt es sich um ein zusätzliches Adressbit. Bei AS-Interface nach der neuen Spezifikation stehen somit 6 Bit zur Adressierung zur Verfügung. Bei AS-Interface wird jedoch nicht von den Adressen 33, 34 usw. gesprochen, sondern man spricht von A-Slaves und B-Slaves. Über die Datenbits A0 bis A4 wird die Adresse gekennzeichnet und das Select-Bit gibt an, ob es sich um den A-Slave oder den B-Slave handelt. Durch dieses Prinzip sind nur die Adressen 1A bis 31A und 1B bis 31B belegbar, womit man auf max. 62 Teilnehmer kommt.

Die Konsequenz daraus ist, dass neue Slaves mit Ausgängen nur noch max. 3 Ausgangsdatenbits besitzen können. Auf die Slaveantwort hat das Ganze gar keinen Einfluss. Diese besteht weiterhin aus einem Startbit, 4 Datenbits, einem Paritäts- und einem Endebit **(Bild 2, Seite 593).**

Der Kommunikationszyklus bei einem gemischten System, bestehend aus alten und neuen Slaves mit einem neuen Master, sieht wie folgt aus:

Im ersten Zyklus fragt der neue Master die Adressen 10, 11A und 12A ab. Im darauffolgenden Zyklus werden die Daten der Slaves 10, 11B und, damit die Zykluszeit konstant bleibt, 12A abgefragt. Danach folgt wieder 10, 11A und 12A. Die Intelligenz, zu erkennen, ob ein alter Slave oder ein neuer Slave an die Adresse x angeschlossen ist und, falls es sich um einen Neuen handelt, ob die A- und die B-Adresse oder nur eine von beiden belegt ist, ist im Master hinterlegt.

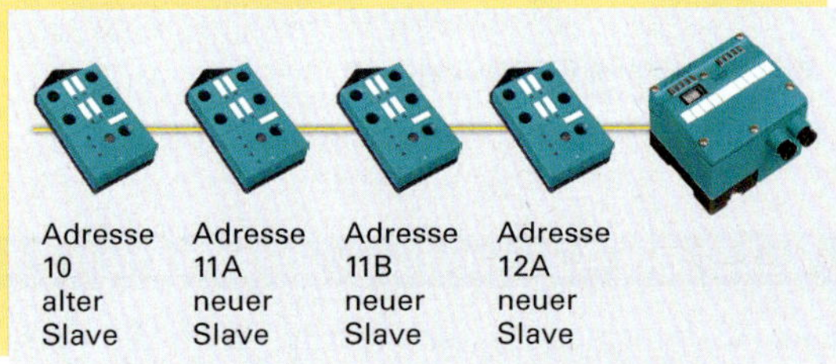

Bild 1: Kommunikationszyklus nach Spezifikation 2.11

> Wird ein Slave nach Spezifikation 2.0 an einem Master nach Spezifikation 2.11 betrieben, beträgt die Zykluszeit maximal 5 ms. Wird nur die A-Adresse oder nur die B-Adresse belegt, beträgt die maximale Zykluszeit ebenfalls 5 ms. Nur wenn beide Adressmöglichkeiten belegt sind, beträgt die Zykluszeit maximal 10 ms.

Die Unterscheidung „alter" und „neuer" Slave geschieht über den Identifikationscode. Neue Slaves, die die A/B-Adressierung unterstützen, haben den ID-Code A_{hex}. Damit tritt allerdings das Problem auf, dass ohne weitere Identifikationsmerkmale ein AS-i-Sensor nicht von einem AS-i-Modul unterschieden werden kann. Aus diesem Grund wurden in der neuen Spezifikation 2.11 neue Identifikationscodes eingeführt, der ID1- und der ID2-Code.

Im ID2-Code steht nun bei neuen Slaves, um welche Art von Slave es sich handelt (Modul, Sensor, Aktor etc.). Der ID1-Code ist beschreibbar. Darin speichert der Slave z. B. ob er die A- oder die B-Adresse besitzt.

Analogwertübertragung über AS-Interface

Eine Übertragung von Analogwerten über AS-Interface war schon immer möglich, jedoch sehr umständlich und relativ langsam. Die neueren Spezifikationen haben die Analogwertübertragung erheblich vereinfacht.

Analoge Daten müssen aufgrund ihrer Größe zerlegt und mit mehreren Aufrufen übertragen werden. Die Daten werden im Master zusammengefügt. Aufgrund dieser Übertragung in mehreren Paketen kann eine Abfrage eines analogen Moduls bis zu 40 ms dauern und ist folglich nicht echtzeitfähig.

Die Abfrage von digitalen Modulen braucht dagegen in der Regel 5 ms bei Single-Slaves und 10 ms bei A/B-Slaves und ist somit echtzeitfähig.

Auch für Slaves, die einen Analogwert übertragen, stehen in der AS-Interface-Slaveantwort nur 4 Bit Daten zur Verfügung. Da ein „digitalisierter Analogwert" normalerweise 12 oder 16 Bit umfasst, müssen diese Daten über mehrere AS-Interface-Zyklen übertragen werden.

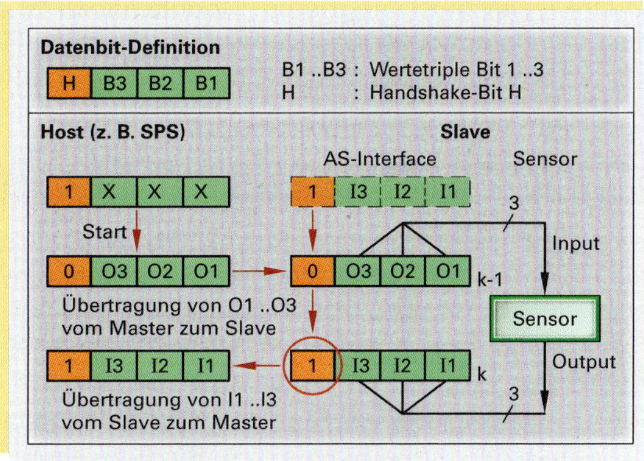

Bild 1: Analogwertübertragung

Das Problem dabei ist, dass im Eingangs- bzw. Ausgangsdatenfeld des Masters auch nur 4 Bit für jeden AS-i-Slave zur Verfügung stehen. Das bedeutet, immer wenn der Master z.B. von einem analogen Sensor einen Teil der Daten empfangen hat, muss er diese Daten erst einmal in einen anderen Bereich „retten", bevor er einen neuen Datenteil anfordern kann. Um zu verhindern, dass ein neuer Datenteil einen alten überschreibt, bevor dieser gerettet wurde, wird ein sogenanntes Handshake-Bit verwendet, über das die Analogwertübertragung gesteuert wurde. Damit stehen nur noch drei Datenbit pro Telegramm für die Analogübertragung zur Verfügung.

Der sogenannte Host, d.h. die SPS oder der PC fordern den Slave auf, sich auf die Übertragung des Analogwertes vorzubereiten. Das bedeutet, dass der Slave seinen aktuellen Wert in einem Zwischenspeicher hinterlegt und einfriert. Hat er diese Aufgabe erledigt, invertiert er das Handshake-Bit I3. Durch die Invertierung erkennt der Host, dass die Arbeit erledigt wurde und fragt nun das erste Wertetripel ab. Empfängt der Master das erste Wertetripel, so muss dies in einen Zwischenspeicher gerettet werden. Hat der Master dieses erledigt, fordert er das zweite Wertetripel an. Der Slave erkennt die Anforderung des neuen Tripels daran, dass das Handshake-Bit, verglichen mit dem vorherigen Telegramm, genau den entgegengesetzten Zustand hat. Ist dies nicht der Fall überträgt er das alte Tripel.

Um nach diesem Prinzip einen 16-Bit-Analogwert zu übertragen sind 7 Zyklen notwendig. In der alten Spezifikation musste dies durch die SPS oder den PC realisiert werden und damit durch den Anwender programmiert werden. Master, die das neue Analogprofil unterstützen haben diese Funktionalität integriert. Sie erkennen über den ID-Code und die E/A-Konfiguration, dass es sich um einen analogen Slave handelt und speichern den kompletten Analogwert in einem separaten Bereich ab, wo er von der SPS, dem PC oder dem übergeordneten Bussystem abgefragt werden kann.

Das Prinzip der Analogwertübertragung ist allerdings erhalten geblieben. Somit muss für Analogwerte mit einer erheblich höheren Zykluszeit gerechnet werden als 5 ms bzw. 10 ms.

12.7.6 Die AS-Interface-Spezifikation 3.0

Mit der Entwicklung der AS-Interface-Spezifikation 3.0 wurden folgende Funktionen neu eingeführt:

- Einführung des 8DI/8DO-Profiles. Damit können mit einem AS-Intersface-Slave 8 digitale Eingänge und 8 digitale Ausgänge betrieben werden. Das bedeutet, dass im Maximalausbau 496 digitale Eingänge und 496 digitale Ausgänge mittels AS-Interface übertragen werden können.
- Die maximale Anzahl von Analogslaves wurde von 31 auf 62 erhöht
- Asynchrones, serielles Protokoll, das mit 50 oder 100 Baud bidirektional einen zusätzlichen Austausch von Daten zwischen Master und Slave gestattet.

12

12.7.7 Die AS-Interface Spezifikation 5

Der Trend in der Automatisierungstechnik geht zurzeit zu Ethernet-basierten Bussystemen, auch in der Feldebene (z.B. PROFINET IO). Um konkurrenzfähig zu bleiben, wurde die neueste Version des AS-Interface entwickelt. Auch ASi-5 bleibt weiterhin abwärtskompatibel, es können somit alle bisher erworbenen und verbauten Bauteile weiter betrieben werden. Lediglich Master oder Gateway müssen getauscht werden. Dazu neu erworbene ASi-5-fähige Bauteile haben eine wesentlich verringerte Zykluszeit von maximal 1,2 ms. Es können 96 Module oder intelligente Slaves adressiert werden, die aktuelle Technik

IO-Link ist leicht zu integrieren. Module haben 16 Anschlüsse, die frei parametrierbar als Eingänge oder Ausgänge genutzt werden können. Die Segmentlänge liegt ohne Hilfsmittel bei 200 m. Alle Vorteile wie z.B. die Schnellverdrahtungstechnik bleiben erhalten.

12.7.8 AS-i-Safety

In der Praxis tritt immer wieder die Frage auf, ob es nicht möglich ist sog. sicherheitsgerichtete Signale wie z.B. Notaus, über AS-Interface zu übertragen. Auch diese Funktion wird von AS-Interface unterstützt.

Für sicherheitsgerichtete Signale müssen spezielle sicherheitsgerichtete Slaves, z.B. Module, eingesetzt werden. Diese sicherheitsgerichteten Slaves kommunizieren „ganz normal" mit dem AS-Interface Master. Die Kommunikation zwischen dem Master und den sicherheitsgerichteten Slaves wird von einem Monitor überwacht **(Bild 1).** Dieser stellt sicher, dass im Falle von

- fehlerhaften Telegrammen
- Telegrammverlusten

die Anlage in den sicheren Zustand gebracht wird.

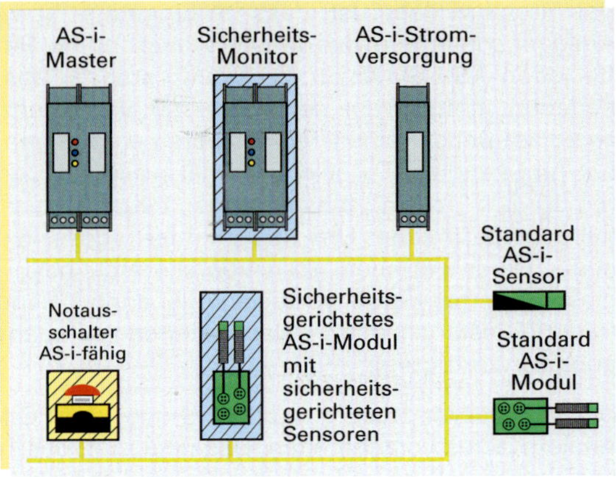

Bild 1: Struktur AS-i-Safety

Dieser Monitor ist für das Erreichen bestimmter Schutzklassen verantwortlich. Standard AS-i- und AS-i-Safety-Komponenten können an einem Segment betrieben werden. Da nach der Spezifikation 2.0 gearbeitet wird, ist die AS-i-Safety mit einer Zykluszeit von max. 5 ms echtzeitfähig.

12.8 PROFIBUS

PROFIBUS bietet in Abhängigkeit des Einsatzbereiches drei verschiedene Kommunikationsprofile an:

- PROFIBUS-FMS
- PROFIBUS-DP
- PROFIBUS-PA

PROFIBUS-FMS ist das universelle Kommunikationsprofil für anspruchsvolle Aufgaben und die erste Entwicklungsstufe des PROFIBUS. FMS steht für **F**ieldbus **M**essage **S**pecification und bietet viele leistungsfähige Funktionen für den Datenaustausch von intelligenten Geräten untereinander. Im Zuge der technischen Weiterentwicklung verliert PROFIBUS-FMS immer mehr an Bedeutung. Heute spielt PROFIBUS-FMS überhaupt keine Rolle mehr und wird durch das Ethernet basierte PROFINET ersetzt.

PROFIBUS-DP, DP steht für **D**ezentrale **P**eripherie, ist das Kommunikationsprofil, das für den schnellen Datenaustausch optimiert ist.

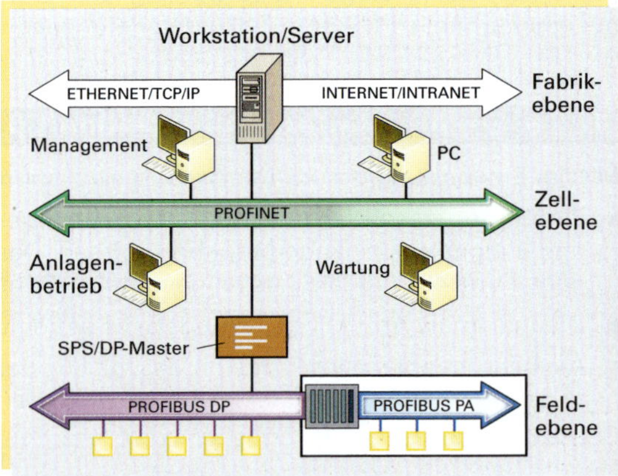

Bild 2: PROFIBUS-Anwendungsgebiete

PROFIBUS-PA ist speziell für den Einsatz in der Prozessautomation entwickelt (PA = **P**rocess **A**utomation). Zwischenzeitlich wurde dieser Bus auch PROFIBUS-MBP genannt. MBP steht für **M**anchester **B**us **P**owered und bezieht sich auf die verwendete Übertragungsphysik. Diese ist in der IEC 61158-2 standardisiert und erlaubt die Übertragung von Daten und Energie über die gleiche Leitung (Bus Powered). Das Datensignal selbst ist Manchester kodiert. Diese Physik kann eigensicher sein und damit in explosionsgefährdeten Bereichen eingesetzt werden.

Über PROFIBUS-DP werden Ein- und Ausgangsdaten binärer und analoger Sensoren und Aktoren übertragen. Der PROFIBUS-Master ist üblicherweise in eine SPS integriert. Es besteht die Möglichkeit, über ein Gateway das AS-Interface an PROFIBUS-DP anzuschließen.

Zurzeit gibt es keinen PROFIBUS-PA-Master. Ein PROFIBUS-PA-Segment wird über einen sogenannten Segmentkoppler eröffnet. Die genauen Aufgaben und Zusammenhänge werden später noch erläutert.

Weiterhin besteht die Möglichkeit PROFIBUS-DP, aber auch andere Kommunikationssysteme, über PROFINET miteinander zu verbinden. Dies kann z.B. über eine SPS, einen PC oder ein Prozessleitsystem (PLS) geschehen, die sowohl eine PROFIBUS-DP als auch eine PROFINET-Schnittstelle besitzen.

12.8.1 PROFIBUS-DP

PROFIBUS-DP nutzt eine RS485-Schnittstelle zur Datenübertragung. Der Zusammenhang zwischen Leitungslänge und Übertragungsrate ist in **Tabelle 1, Seite 577** dargestellt. PROFIBUS-DP lässt auch Stichleitungen zu. **Tabelle 1** zeigt den Zusammenhang zwischen der Übertragungsrate und der maximalen Summe aller Stichleitungslängen.

Beide Enden der Hauptleitung sind mit einem Abschlusswiderstand zu versehen. Dieser Abschlusswiderstand ist häufig in die Stecker, die zur Verbindung der PROFIBUS-Teilnehmer mit der Übertragungsleitung verwendet werden, eingebaut. Dieser kann dann über einen Schalter am Gehäuse zugeschaltet werden.

In vielen Fällen muss die PROFIBUS-Leitung konfektioniert, d.h. der Stecker selbst montiert werden. Dazu wird ein sehr komfortables System, das Fast Connect genannt wird, angeboten.

Wird eine solche Leitung konfektioniert, muss darauf geachtet werden, dass die Abisoliermaße genau eingehalten werden.

Um dies zu gewährleisten wird ein Werkzeug angeboten, an dem man zuerst die Länge des abzuisolierenden Stückes abmisst **(Bild 2)**. Anschließend wird die Leitung in das Werkzeug eingeklemmt und das Werkzeug vier mal um die Leitung gedreht. Wird nun das Werkzeug von der Leitung abgezogen, ist die Leitung komplett und mit den korrekten Maßen abisoliert **(Bild 3)**.

Voraussetzung für ein einwandfreies Funktionieren ist, dass die Leitung exakt rund ist. Um dies zu gewährleisten, wird eine spezielle Leitung für diese Technologie angeboten.

Tabelle 1: PROFIBUS-DP-Stichleitungslängen

Übertragungsrate [kbit/s]	< 93,75	93,75	187,5
Gesamtstichleitungslänge [m]	500	100	50
Übertragungsrate [kbit/s]	500	1500	> 1500
Gesamtstichleitungslänge [m]	20	6,67	0

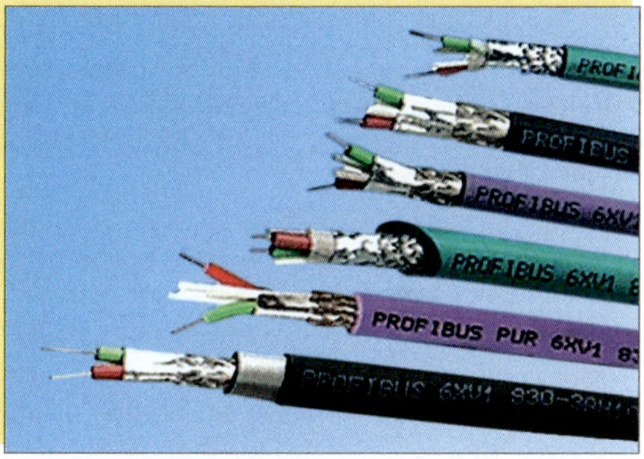

Bild 1: PROFIBUS-Kabel

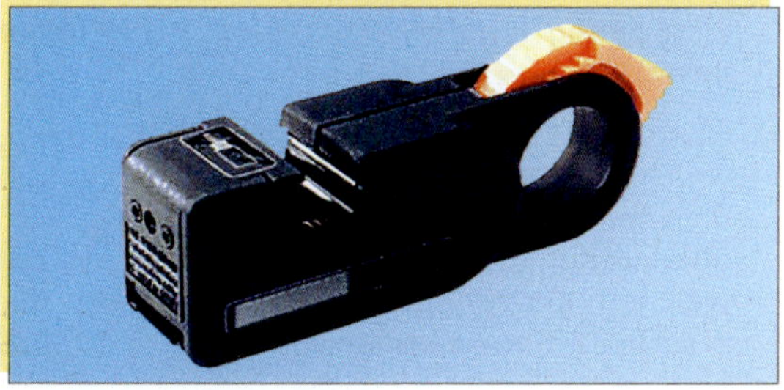
Bild 2: Abisolierwerkzeug

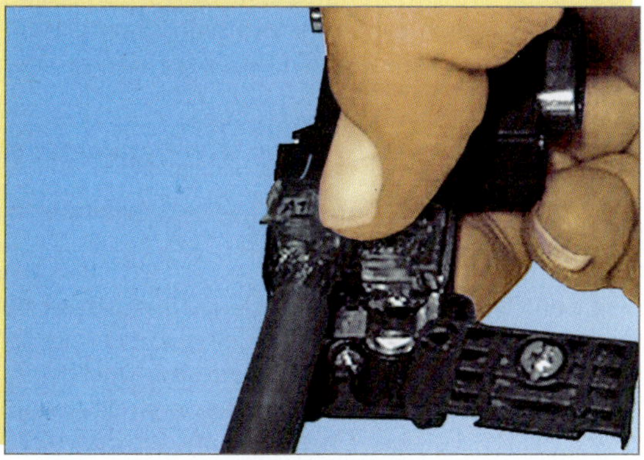
Bild 3: Steckerkonfektionierung

Die Verwendung von Lichtwellenleitern ist ebenfalls möglich. Hierzu gibt es Umsetzer von der RS 485 auf Lichtwellenleiter, sog. Optical Link Modules. Diese arbeiten ähnlich wie Repeater, nur dass sie zusätzlich zur Signalaufbereitung auch eine physikalische Umsetzung vornehmen. Es muss darauf geachtet werden, dass die optische Schnittstelle des Umsetzers zum gewählten Lichtwellenleiter passt.

PROFIBUS-Teilnehmer können sehr unterschiedlich sein.

Die kleinste übertragbare Informationsmenge ist 1 Byte, die größte Informationsmenge besteht aus 244 Byte Eingangs- und 244 Byte Ausgangsdaten pro Slave.

Weiterhin unterstützt PROFIBUS eine Vielzahl an Funktionen. Dem PROFIBUS-Master muss während der Konfiguration mitgeteilt werden, wie groß die zu übertragende Datenmenge für jeden Slave ist und welche Funktionen genutzt bzw. unterstützt werden und welche nicht.

Diese Informationen stehen in der sog. **GSD-Datei** (**G**eneral **S**tation **D**escription). Jeder Anbieter eines PROFIBUS-Slaves muss diese GSD-Datei zur Verfügung stellen. In dieser GSD-Datei sind alle PROFIBUS spezifischen Funktionen und Eigenschaften eines Slaves enthalten. Es handelt sich um eine Art elektronisches Datenblatt.

Wird ein PROFIBUS-Slave zum ersten mal eingesetzt, muss die GSD-Datei in das Konfigurationswerkzeug integriert werden. Dazu werden in der Software entsprechende Funktionen angeboten. Nachdem die GSD-Datei integriert wurde, „kennt" die Software den neuen Slave und dieser kann, unabhängig vom Hersteller der Software oder vom Hersteller des Slaves, mit dieser Software in Betrieb genommen werden.

Für die Inbetriebnahme eines PROFIBUS-Systems müssen aus Sicht der Kommunikation folgende Arbeitsschritte durchgeführt werden:

- Setzen der PROFIBUS-Adresse für alle Master und alle Slaves. Dies geschieht über DIP-Schalter, Drehschalter, Taster o.Ä. Die Masteradresse wird häufig über die Konfigurationssoftware gesetzt.
- Über die Konfigurationssoftware festlegen, welcher PROFIBUS-Slave wie viele Eingangs- und Ausgangsdaten überträgt. Weiterhin wird über die Konfigurationssoftware festgelegt, mit welchen slavespezifischen Parametern der PROFIBUS-Slave arbeiten soll.

Dies soll an einem Beispiel verdeutlicht werden. Bei einem Absolutwertgeber kann über diese Parameter eingestellt werden, wie viele verschiedene Positionen pro Umdrehung erfasst werden sollen, ob der Wert sich erhöht, wenn sich die Welle im Uhrzeigersinn dreht oder wenn sie sich gegen den Uhrzeigersinn dreht usw.

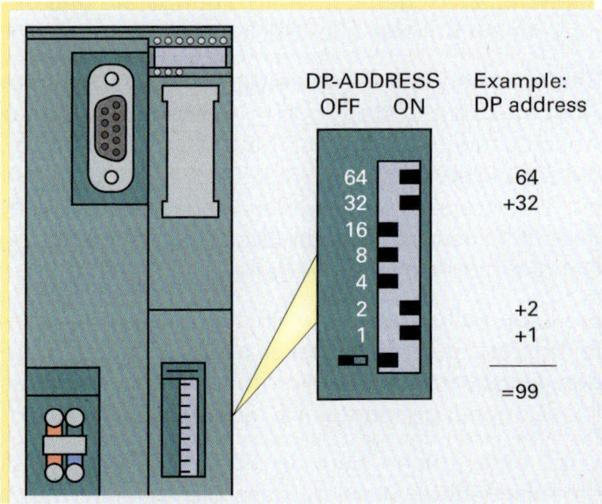

Bild 1: Adressierung eines PROFIBUS-Slaves mit DIP-Schaltern

Diese Parameterwerte werden **User-Parameter** genannt. Die Grundeinstellung bekommt die Konfigurationssoftware aus der GSD-Datei. Werden diese Grundeinstellungen verändert, werden die User-Parameterwerte im PROFIBUS-Master gespeichert. Fällt z.B. der Absolutwertgeber aus und muss getauscht werden, passiert Folgendes:

Vor dem Einbau wird die PROFIBUS-Adresse des defekten Gebers an dem neuen Geber eingestellt. Anschließend wird der Geber eingebaut und an die PROFIBUS-Übertragungsleitung angeschlossen. Wird der Geber im laufenden Betrieb gewechselt, erkennt der PROFIBUS-Master automatisch den „neuen" Teilnehmer. Er überprüft, ob es sich um den richtigen handelt. Ist dies der Fall, überträgt der PROFIBUS-Master die User-Parameter an den Slave. Damit ist gewährleistet, dass der Slave automatisch mit den richtigen Einstellungen arbeitet.

Wird der Austausch bei stillstehender Anlage vorgenommen, erkennt der PROFIBUS-Master den neuen Slave nach dem Wiederanlauf und überträgt die User-Parameter.

Bei PROFIBUS-DP gibt es zwei Weiterentwicklungen:
1. PROFIBUS-DPV1 erlaubt eine azyklische Kommunikation, z.B. eine Übertragung von Parametern.
2. PROFIBUS-DPV2 erlaubt eine Synchronisation, z.B. von Antrieben.

12.8.2 PROFIBUS-PA

Eine PROFIBUS-PA-Struktur zeigt **Bild 1**:

Üblicherweise werden die PROFIBUS-PA-Teilnehmer über kurze Stichleitungen an einen Feldbusverteiler angeschlossen. Der Feldbusverteiler ist über die Hauptleitung mit dem Segmentkoppler verbunden. Von der Funktion her sind diese Verteiler mit AS-i-Modulen vergleichbar. Sie bieten häufig auf der Feldgeräteseite eine Kurzschlussstrombegrenzung. Dies verhindert im Falle eines Kurzschlusses zwischen Feldbusverteiler und Feldgerät, dass das gesamte Segment ausfällt.

PROFIBUS-PA unterstützt eine Gesamtleitungslänge von maximal 1900 m.

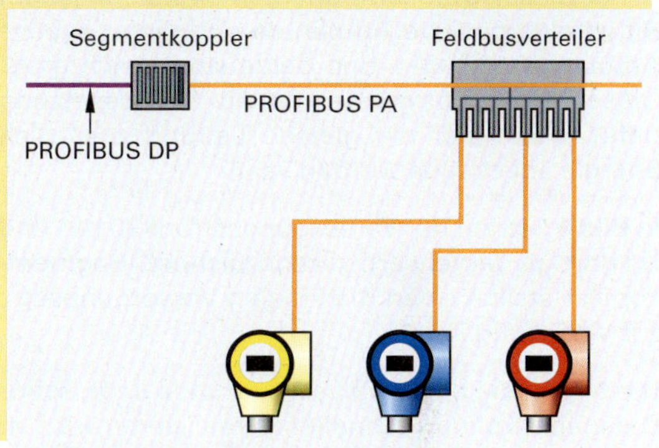

Bild 1: PROFIBUS-PA-Struktur

Die Gesamtleitungslänge ist die Länge der Hauptleitung plus die Summe aller Stichleitungen.

Der Zusammenhang zwischen der maximal zulässigen Stichleitungslänge und der Anzahl der Kommunikationsteilnehmer ist in **Tabelle 1** dargestellt.

Tabelle 1: Maximal zulässige Stichleitungslänge

Kommunikationsteilnehmer	Maximale Stichleitungslänge
1–12	120 m
13–14	90 m
15–18	60 m
19–24	30 m
mehr als 24	1 m

Bei der Bestimmung der maximalen Stichleitungslänge zählt der Segmentkoppler als Kommunikationsteilnehmer.

PROFIBUS-PA läuft in den allermeisten Anwendungen nur in Verbindung mit PROFIBUS-DP. Der PROFIBUS-DP-Master ist gleichzeitig der Master für die PROFIBUS-PA-Feldgeräte. Die Schnittstelle zwischen PROFIBUS-DP und PROFIBUS-PA wird durch den **Segmentkoppler** gebildet.

Der Segmentkoppler übernimmt hierbei folgende Funktionen, die im Folgenden erläutert werden:

- Anpassung der Übertragungsphysik. Bei den heute verfügbaren Segmentkopplern muss auf der PROFIBUS-DP-Seite eine RS485-Schnittstelle verfügbar sein. PROFIBUS-PA verwendet eine Physik gemäß IEC 61158-2.
- Anpassung der Übertragungsgeschwindigkeit. Moderne Segmentkoppler erlauben auf der PROFIBUS-DP-Seite alle Übertragungsraten zwischen 9,6 kBit/s bis 12 Mbit/s. Auf der PROFIBUS-PA-Seite ist eine Übertragungsrate von 31,25 kBit/s festgeschrieben.
- Anpassung von asynchroner Übertragung des PROFIBUS-DP auf synchrone Übertragung des PROFIBUS-PA.
- Aufschalten der Versorgungsspannung auf die PROFIBUS-PA-Übertragungsleitung.

12

PROFIBUS-PA verwendet eine spezielle Übertragungsphysik gemäß IEC 61158-2. Diese basiert auf einer Manchester-Kodierung. Das bedeutet, dass der logische Zustand „0“ oder „1“ durch die Flanke in der Bitmitte dargestellt wird. Eine negative Flanke bedeutet logisch „1“, eine positive Flanke logisch „0“.

Werden zwei gleiche logische Zustände nacheinander übertragen, muss vor dem 2. und jedem nachfolgenden Bit am Anfang des Bits eine positive Flanke gesendet werden, wenn es sich um logische „1" handelt bzw. eine negative Flanke, wenn mehrere logische „0" übertragen werden. Dies zeigt **Bild 1.**

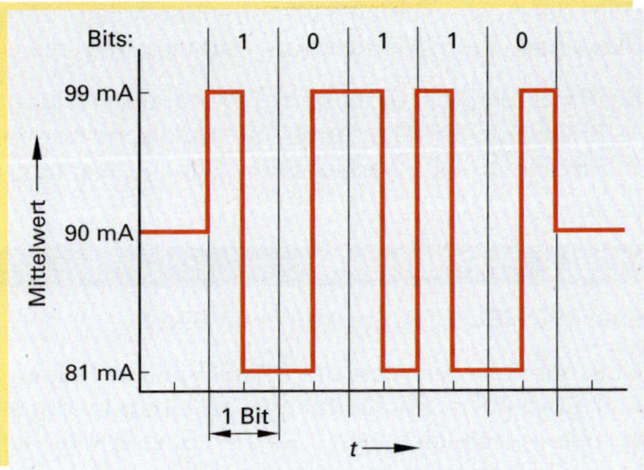

Bild 1: Übertragungsphysik gem. IEC 61158-2

Dadurch wird erreicht, dass das Datensignal keinerlei Gleichstromkomponenten enthält. In jedem Bit ist eine positive Amplitude und eine negative Amplitude enthalten und beide sind gleich groß. Diese Gleichstromfreiheit ist die Voraussetzung dafür, dass über die gleiche Leitung zusätzlich Energie übertragen werden kann.

In **Bild 1** beträgt der Versorgungsstrom 90 mA und ist dort als Mittelwert gekennzeichnet. Segmentkoppler stellen einen maximalen Versorgungsstrom von 1 A und eine Versorgungsspannung von 31 V zur Verfügung.

Die Norm, die dieser Physik zugrunde liegt, schreibt eine Übertragungsrate von 31,25 kBd vor. Um die Datenübertragung schneller zu realisieren wird eine synchrone Datenübertragung eingesetzt. Das Prinzip wurde im Kapitel 12.4 erläutert.

Es gibt heute zwei Arten von Segmentkopplern:

1. transparente Segmentkoppler
2. nicht transparente Segmentkoppler

Bei transparenten Segmentkopplern werden die Telegramme vom Segmentkoppler ohne den Inhalt zu verändern „durchgereicht". Dadurch hat der PROFIBUS-DP-Master das Gefühl, mit einem PROFIBUS-DP-Slave zu kommunizieren. Diese Transparenz hat folgende Vorteile:

- Der Segmentkoppler ist aus Sicht des PROFIBUS-DP-Masters unsichtbar und braucht deshalb nicht konfiguriert und parametriert zu werden. Der Einbau funktioniert nach dem „Plug'n'Play"-Prinzip. Der Segmentkoppler besitzt auch keine PROFIBUS-Adresse.
- Man kann von der PROFIBUS-DP-Seite direkt mit einem PROFIBUS-PA-Slave kommunizieren. Dies ist besonders in der Prozessautomation wichtig, da sich die PROFIBUS-PA-Slaves sehr häufig im explosionsgefährdeten Bereich befinden und der Prozesszustand z.B. an einem Master Klasse 2 visualisiert werden muss oder wo im laufenden Betrieb Parameterwerte verändert werden müssen.
- Jeder PROFIBUS-PA-Slave kann bis zu 244 Byte Eingangs- und 244 Byte Ausgangsdaten übertragen.

Dies ist bei einem nicht transparenten Segmentkoppler nicht der Fall. Der Hauptunterschied liegt darin, dass ein nicht transparenter Segmentkoppler eine PROFIBUS-DP-Adresse besitzt und als PROFIBUS-DP-Slave behandelt wird. Damit ist die Gesamtdatenmenge, die von einem PROFIBUS-PA übertragen werden kann, auf 244 Byte Eingangs- und Ausgangsdaten begrenzt. Werden mehr Daten benötigt, muss ein weiterer Segmentkoppler eingesetzt werden.

Da der nicht transparente Segmentkoppler eine PROFIBUS-DP-Adresse besitzt, muss er auch konfiguriert und parametriert werden, er ist nicht unsichtbar. Jedoch hat dies den Vorteil, dass über eine PROFIBUS-DP-Adresse Daten mehrerer PROFIBUS-PA-Slaves übertragen werden können. Dies ist besonders dann vorteilhaft, wenn viele PROFIBUS-PA-Slaves mit sehr kleinen Datenmengen, z.B. 1, 2 oder 4 Byte betrieben werden sollen.

Besondere Beachtung muss der Dimensionierung eines PROFIBUS-PA-Segments gewidmet werden. Segmentkoppler können den Versorgungsstrom begrenzen. Dies gilt speziell dann, wenn das PROFIBUS-PA-Segment in der Prozessautomatisierung in explosionsgefährdeten Bereichen eingesetzt wird. In diesem Fall kann es sein, dass der Segmentkoppler nur 100 mA Versorgungsstrom zur Verfügung stellt.

Die PROFIBUS-PA-Teilnehmer werden in der Regel aus der PROFIBUS-PA-Übertragungsleitung gespeist. Nur wenn ein Teilnehmer zu viel Strom aus der Feldbusleitung benötigen würde werden sog. Vierleitergeräte eingesetzt. Zwei Leitungen sind dann für die Kommunikation und zwei für die externe Energieversorgung.

Jeder PROFIBUS-PA-Teilnehmer muss mindestens 10 mA Versorgungsstrom aus der Übertragungsleitung entnehmen.

Sehr häufig entnehmen die PROFIBUS-PA-Slaves mehr Strom als 10 mA. Bei Anwendungen außerhalb eines explosionsgefährdeten Bereiches hat das normalerweise keine Auswirkung, die maximale Teilnehmerzahl ist theoretisch auf 32 begrenzt. In der Praxis werden meistens nur zwischen 16 und 23 Teilnehmer an einem Segment betrieben, da ansonsten die zulässige Stichleitungslänge für die Anforderungen dieser Industrie zu kurz wären.

Für Anwendungen im explosionsgefährdeten Bereich kann die Anzahl der Teilnehmer weiter reduziert werden.

Ursprünglich wurden für solche Anwendungen Segmentkoppler mit einer sog. **FISCO** kompatiblen Stromversorgung ausgestattet. **FISCO** steht für **F**ieldbus **I**ntrinsically **S**afe **Co**ncept. Intrinsically safe bedeutet eigensicher. Die Eigensicherheit ist eine Explosionsschutzmethode bei der die maximale Leistung, die im explosionsgefährdeten Bereich auftreten kann, auf ein Maß begrenzt wird, das nicht in der Lage ist die umgebende Atmosphäre zu zünden. Dies gilt auch, wenn bis zu zwei Fehler gleichzeitig auftreten. Dies wird dadurch erreicht, dass

1. die Versorgungsspannung und der Versorgungsstrom in FISCO kompatibler Stromversorgung begrenzt wird und
2. die Energiespeicher im Feld, d.h. die Eingangsinduktivitäten und -kapazitäten der PROFIBUS-PA-Geräte sowie die Induktivitäts- und Kapazitätswerte der PROFIBUS-PA-Übertragungsleitung begrenzt werden.

Typische Werte für FISCO kompatible Stromversorgungen sind 12,8 V Versorgungsspannung und 100 mA Versorgungsstrom.

Entnehmen alle PROFIBUS-PA-Slaves exakt 10 mA Versorgungsstrom können 10 Teilnehmer an einer solchen Stromversorgung betrieben werden. Entnimmt jeder Teilnehmer 12,5 mA reduziert sich die Teilnehmerzahl auf 8.

Weiterhin ist zu berücksichtigen, dass dem letzten PROFIBUS-PA-Teilnehmer eine Versorgungsspannung von mindestens 9 V zur Verfügung steht. Das Problem besteht hier darin, dass durch die Übertragungsleitung ein Spannungsabfall verursacht wird.

Normalerweise darf die Gesamtleitungslänge für PROFIBUS-PA-Anwendungen außerhalb eines explosionsgefährdeten Bereichs 1900 m betragen. Innerhalb eines solchen Bereichs, wenn gem. dem FISCO-Modell installiert wird, darf sie noch 1000 m lang sein, eine Stichleitung gem. FISCO darf nur noch 60 m lang sein. Unter ungünstigen Bedingungen, z.B. alle PROFIBUS-PA-Teilnehmer sind am Leitungsende angeschlossen, kann es passieren, dass die maximalen Leitungslängen nicht erreicht werden können.

Dies soll an einem Beispiel verdeutlicht werden:

Ein Segmentkoppler mit 100 mA Versorgungsstrom liefert minimal 12,8 V Klemmenspannung. Dieser ist in **Bild 1** als Spannungsquelle dargestellt. Ein PROFIBUS-PA-Slave verhält sich wie eine Stromsenke mit konstanter Stromaufnahme. Sind alle Teilnehmer am Leitungsende angeschlossen und beträgt die Stromaufnahme insgesamt 100 mA, soll die maximale Leitungslänge bestimmt werden.

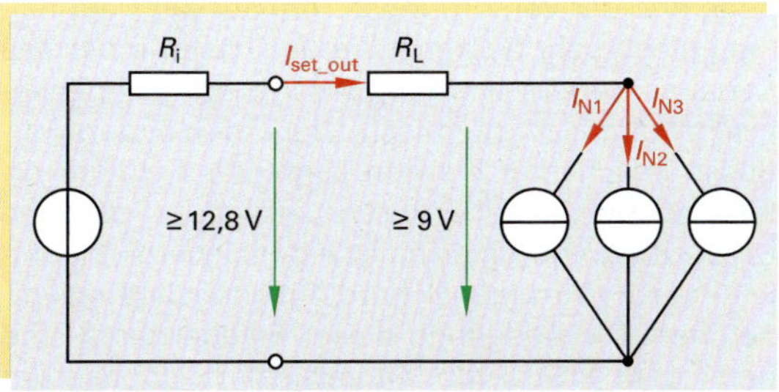

Bild 1: Bestimmung der minimalen Leitungslänge

Eine PROFIBUS-PA-Übertragungsleitung hat typischerweise einen Widerstandsbelag von 44 Ω/km. Es darf über der Übertragungsleitung nur eine Spannung von 3,8 V abfallen. Bei einem Stromfluss von 100 mA darf der Leitungswiderstand 38 Ω betragen. Über den Dreisatz kann nun bestimmt werden, dass die Leitung 38/44 km = 0,863 km lang sein darf, damit die Bedingung, dass am Leitungsende 9 V zur Verfügung stehen müssen, eingehalten wird.

Wird der PROFIBUS-PA in einem explosionsgefährdeten Bereich eingesetzt, muss ein sog. Nachweis der Eigensicherheit geführt werden. Das bedeutet, dass nachgewiesen werden muss, dass die Energiemenge, die max. im Fehlerfall frei werden kann, geringer ist, als die Energie, die zum Zünden des umgebenden Gases notwendig ist.

Der Hauptgrund das FISCO-Modell zu entwickeln war, diesen Nachweis so einfach wie möglich zu gestalten.

Für jedes Gerät, das im explosionsgefährdeten Bereich eingesetzt wird muss eine Baumusterprüfbescheinigung vorliegen. Diese hat der Hersteller dem Anwender zur Verfügung zu stellen. In dieser Baumusterprüfbescheinigung ist enthalten die maximal zulässige Eingangsspannung U_i, der maximal zulässige Eingangsstrom I_i und die maximal zulässige Eingangsleistung P_i.

Das Gleiche gilt für den Segmentkoppler. Hier sind in der Baumusterprüfbescheinigung die maximale Ausgangsspannung U_0, der maximale Ausgangsstrom I_0 und die maximale Ausgangsleistung P_0 angegeben.

Diese dort angegebenen Werte sind von einem unabhängigen, zugelassenen Institut, z.B. der Physikalisch Technischen Bundesanstalt PTB, dem TÜV etc., gemessen und bescheinigt.

Das FISCO-Modell definiert die o. g. Sicherheitsparameter so, dass eine FISCO-kompatible Stromversorgung immer an ein FISCO-kompatibles PROFIBUS-PA-Gerät angeschlossen werden darf.

Wird nun der PROFIBUS-PA im explosionsgefährdeten Bereich eingesetzt, müssen folgende Bedingungen erfüllt sein:

- Jeder PROFIBUS-PA-Teilnehmer, der im explosionsgefährdeten Bereich eingesetzt wird, muss nach dem FISCO-Modell zertifiziert sein. Dies wird explizit in der Baumusterprüfbescheinigung erwähnt.
- Der Segmentkoppler muss nach dem FISCO-Modell zertifiziert sein. Auch hier wird dies explizit in der Baumusterprüfbescheinigung erwähnt.
- Das verwendete Übertragungskabel muss folgende Kennwerte einhalten:
  - Leitungswiderstand : 15 ... 150 Ω/km
  - Induktivitätsbelag : 0,4 ... 1 mH/km
  - Kapazitätsbelag : 40 ... 200 nF/km
- Der Abschlusswiderstand muss nach dem FISCO-Modell zertifiziert sein.

Die Werte des Kabels sind dem entsprechenden Datenblatt zu entnehmen oder vom Lieferanten zu erfragen.

Heute werden PROFIBUS-PA-Anlagen normalerweise nach dem sog. High Power Trunk-Konzept verlegt. Das bedeutet, dass die Versorgungsspannung und der Versorgungsstrom auf der Hauptleitung nicht mehr begrenzt werden. Dafür muss das Kabel so verlegt werden, dass es weder mechanisch, thermisch, chemisch oder durch andere Einflüsse beschädigt werden kann. Als Feldbusverteiler werden Feldbarrieren verwendet, die eine Umsetzung von einer nicht eigensicheren Hauptleitung auf eine eigensichere Ausgangsleitung vornehmen. Die Ausgänge dieser Feldbarrieren sind gem. dem FISCO-Modell zertifiziert, sodass der einfache Nachweis der Eigensicherheit auch hier

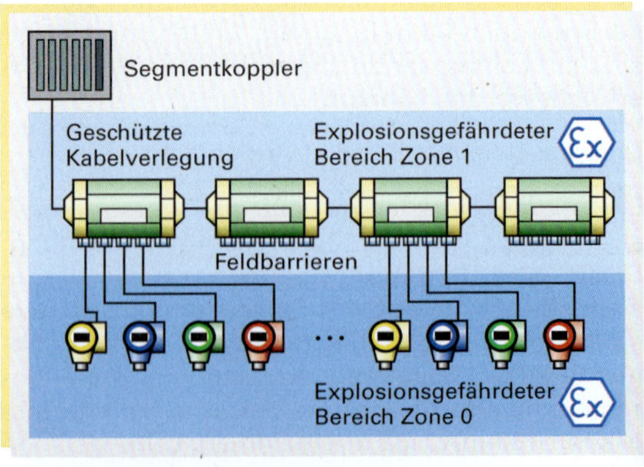

Bild 1: High Power Trunk-Konzept

eingesetzt werden darf.

Der Vorteil des High Power Trunk-Konzepts besteht darin, dass mehr Feldgeräte an einem Segment betrieben werden können. Typischerweise sind dies 16 verglichen mit maximal 10 beim FISCO-Modell. Weiterhin gelten beim High Power Trunk-Konzept die Leitungslängenbeschränkungen des FISCO-Modells nicht.

Beim High Power Trunk-Konzept darf die Gesamtleitungslänge 1900 m betragen. Eine Stichleitung darf bis zu 120 m lang sein.

12.9 Ethernet

Ethernet wurde in den 70er Jahren am Xerox Palo Alto Research Center entwickelt. Die Basis dieser Entwicklung war, dass alle Teilnehmer gleichberechtigt sind. Die Übertragungsrate war ursprünglich 10 Mbit/s. Ethernet verwendet als Buszugriffsverfahren CSMA/CD (siehe Kap. 12.5.3). Durch dieses Zugriffsverfahren konnte es zu Kollisionen von Telegrammen kommen, wodurch Ethernet nicht deterministisch war.

Heute können solche Kollisionen durch den Einsatz der Switching-Technologie vermieden werden. Über die Möglichkeit Telegramme zu priorisieren kann das Ethernet auch deterministisch ausgelegt werden. Weiterhin sind heute Übertragungsraten von 100 Mbit/s, 1000 Mbit/s oder sogar 10 Gbit/s möglich.

Ethernet ist nur auf den Schichten 1 und 2 des ISO/OSI-7-Schichtenmodells definiert **(Bild 1)**. Auch in der industriellen Automatisierungstechnik wird in der Netzwerk- und Transportschicht auf Protokolle wie z. B. das Internet Protocol (IP), das Adress Resolution Protokoll (ARP), Transmission Control Protocol (TCP), User Datagram Protocol (UDP) usw. zurückgegriffen, die schon aus der Bürokommunikation bekannt sind (siehe auch Kap. 1.5.2).

Die verschiedenen Ethernet basierten Anwendungen wie PROFInet, Ethernet IP, EtherCAT, aber auch Modbus TCP/IP sind als Anwendungsschicht der Transportschicht überlagert. Dies funktioniert nach dem gleichen Prinzip wie das „Internet". Dort gibt es u. a.

- das Hypertext Transfer Protocol (HTTP), das hauptsächlich dazu verwendet wird, Daten aus dem World Wide Web (www) in einen Webbrowser zu laden
- das File Transfer Protocol (FTP) zum Übertragen größerer Datenmengen über das Internet
- das Simple Mail Transfer Protocol (SMTP), ein Protokoll zum Übertragen von E-Mails in Computernetzwerken

Als Übertragungsmedium werden Kupferleitungen und Lichtwellenleiter angeboten. Aber auch eine Funkübertragung, wie z. B. beim WLAN, als auch Infrarotübertragung sind möglich. Als Kupferleitungen gibt es Koaxialkabel, die heute in der industriellen Automatisierung fast keine Bedeutung mehr haben, als auch paarweise verdrillte 4-Draht-Leitungen.

Tabelle 1 zeigt eine Übersicht über verschiedene spezifizierte Kabeltypen. Die Zahl am Anfang der Kennzeichnung beschreibt, für welche maximale Übertragungsrate das Kabel zugelassen ist. Es folgt die Bezeichnung „base". Folgt dieser Bezeich-

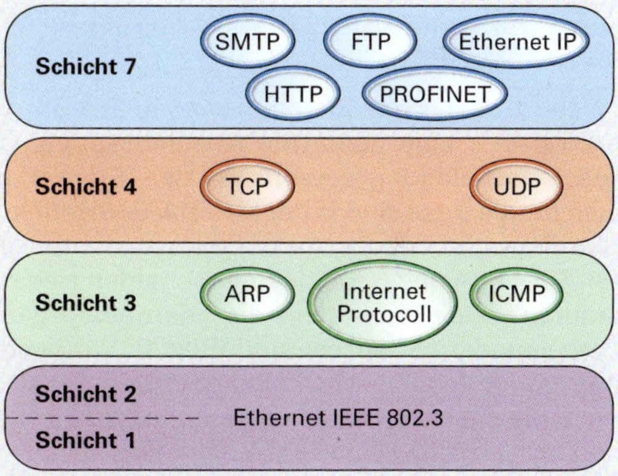

Bild 1: Ethernet im 7-Schichtenmodell

Tabelle 1: Ethernet-Kabeltypen

Koaxialkabel für 10 Mbit/s	10base2 10base5	Thin-Ethernet BNC-Kabel Thick-Ethernet (Yellow cable)
Twisted pair für 10 Mbit/s oder 100 Mbit/s	10baseT-UTP	paarweise verdrillte, ungeschirmte 4-Draht-Leitung
	10baseT/STP	paarweise verdrillte, geschirmte 4-Draht-Leitung
	100baseT-STP	paarweise verdrillte, geschirmte 4-Draht-Leitung
Lichtwellenleiter für 10/100/1000 Mbit/s	10baseF 100baseF 1000baseF	Lichtwellenleiter für 10 Mbit/s Lichtwellenleiter für 100 Mbit/s Lichtwellenleiter für 1000 Mbit/s

12

nung eine Zahl, handelt es sich um ein Koaxialkabel, folgt ein Buchstabe, handelt es sich entweder um eine paarweise verdrillte Kupferleitung (T = twisted) oder um einen Lichtwellenleiter (F = fiber optic).

Auch bei Ethernet gibt es eine maximale Segmentlänge. Des weiteren müssen in Abhängigkeit des Kabeltyps Mindestabstände zwischen zwei Teilnehmern eingehalten werden. Diese Daten sind in **Tabelle 1** enthalten.

Im Fall der 10baseT- bzw. der 100baseT-Leitungen ist der Grund für eine 4-adrige Leitung, dass die Sende- und Empfangsleitung voneinander getrennt sind. Das hat 2 Konsequenzen:

1. Sender und Empfänger können nur über eine Punkt-zu-Punkt-Verbindung miteinander verbunden werden. Um ein Netzwerk aufbauen zu können werden „Busverteiler" benötigt, die, je nach Funktionalität, Hub oder Switch genannt werden (Sterntopologie).
2. Bei diesem Layout ist Ethernet vollduplexfähig, ein Teilnehmer kann gleichzeitig senden und empfangen.

In den meisten Anwendungen wird heute ein ITP- oder STP-Kabel in Verbindung mit einem RJ-45-Stecker zum Anschluss von Ethernet-Teilnehmern verwendet.

RJ steht in diesem Zusammenhang für „registered Jack", eine genormte Anschlussdose. Die Anschlussbelegung sowohl für den Stecker als auch für die Dose sind in der EIA/TIA-568 definiert. Allerdings gibt es zwei Verdrahtungsvarianten; die EIA/TIA-568A und B. Beide unterscheiden sich nur dadurch voneinander, dass die Adernpaare 2 und 3 miteinander vertauscht sind **(Bild 1).** Verwendet man vorkonfektionierte Kabel und das Kabel ist mit 2 gleichen Steckern ausgestattet erhält man ein sog. „Straight-Through"-Kabel. Das bedeutet, dass die Sendeleitung des einen Teilnehmers mit der Sendeleitung des anderen Teilnehmers verbunden wird.

Ist der Stecker des einen Endes nach der EIA/TIA-568A und der Stecker des anderen Endes nach der „B"-Norm erhält man ein „Crossover"-Kabel. Die Sendeleitung des einen Teilnehmers wird jetzt mit der Empfangsleitung des anderen Teilnehmers verbunden.

Bild 2 zeigt typische Einsatzgebiete von Crossover- und Straight-Through-Kabeln. Da ein Straight-Through-Kabel äußerlich nur sehr schwer von einem Crossover-Kabel zu unterscheiden ist unterstützen moderne Ethernetkomponenten die sog. Auto Crossover-Funktion (auch Auto-MDI(X)

Tabelle 1: Ethernet-Leitungslängen/Topologie

	10base5	10base2	ITP	STP	TP-Cord
Übertragungsmedium	Koaxkabel	Koaxkabel	Industrial Twisted Pair	Shielded Twisted Pair	Twisted Pair Patch Kabel
Flexibilität	schlecht	mittel	schlecht	mittel	gut
Abschirmung	zweifach	einfach	zweifach	einfach	einfach
Topologie	Linie	Linie	Stern	Stern	Punkt-zu-Punkt
Maximale Segmentlänge	500 m	185 m	100 m	100 m	10 m
Mindestabstand zwischen zwei Teilnehmern	2,5 m	0,5 m	0,5 m	0,5 m	0,5 m

Pin	EIA/TIA 568A			EIA/TIA 568B		
	Signal	Paar	Farbe	Signal	Paar	Farbe
1	TX+	3	weiß/Streifen grün	Rx+	2	weiß/Streifen orange
2	TX-	3	grün	Rx-	2	orange
3	Rx+	2	weiß/Streifen orange	Tx+	3	weiß/Streifen grün
4		1	blau		1	grün
5		1	weiß/Streifen blau		1	weiß/Streifen blau
6	TX-	2	orange	TX-	3	grün
7		4	weiß/Streifen braun		4	weiß/Streifen braun
8		4	braun		4	braun

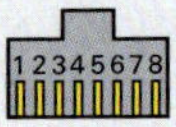

Bild 1: Pinbelegung RJ45-Stecker

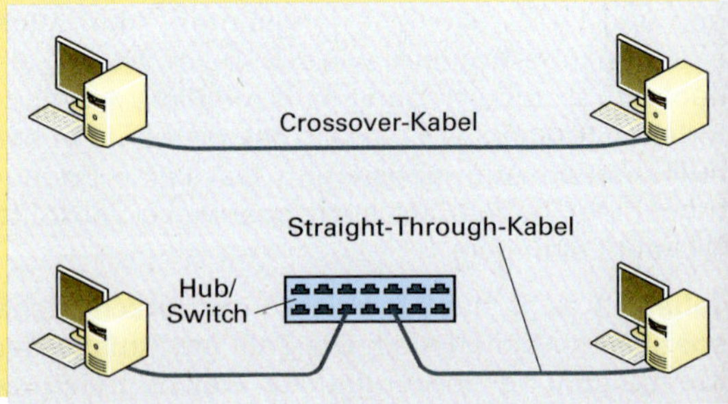

Bild 2: Einsatz von Crossover- und Straigth-Through-Kabeln

genannt). Hier erkennt der Teilnehmer selbstständig die Sende- und Empfangsleitung und stellt sich automatisch darauf ein.

Bei Komponenten, die Auto Crossover beherrschen, ist es egal, ob Straight-Through- oder Crossover-Kabel verwendet werden.

Solche paarweise, verdrillten Kupferleitungen gibt es in unterschiedlichen Qualitäten. Zur Unterscheidung wurden insgesamt 7 Kategorien definiert, wobei die Übertragungsqualität mit aufsteigender Nummer zunimmt. Diese Einteilung bezieht sich ausschließlich auf das Übertragungsverhalten und macht keine Unterscheidung zwischen geschirmten und ungeschirmten Kabeln.

Tabelle 1 zeigt den Zusammenhang zwischen der Kategorie, der maximalen Übertragungsfrequenz und dem Etherneteinsatzgebiet. Solche Kabel werden auch kurz Cat-x-Kabel genannt; Cat (engl.) = Category und x als Bezeichnung der Kategorie.

Werden ITP- oder STP-Kabel eingesetzt, werden die Teilnehmer eines Netzwerkes über sog. Hubs oder Switches miteinander verbunden. Wie in **Tabelle 1, Seite 604** dargestellt, darf die Leitungslänge zwischen einem Hub/Switch und einem Teilnehmer bis zu 100 m betragen. Ein selbstkonfektioniertes Kabel muss mindestens 0,5 m lang sein, um die Forderung bzgl. des minimalen Abstandes zwischen zwei Teilnehmern nach dieser Tabelle zu erfüllen.

Hubs und Switches stellen eine Anzahl von Schnittstellen, sog. Ports zur Verfügung.

Ein Hub **(Bild 1)** sendet ein an einem beliebigen Port empfangenes Telegramm an alle anderen verfügbaren Ports. Es entsteht ein sog. „Shared Medium". Mehrere Teilnehmer teilen sich das Übertragungsmedium. Da Ethernet CSMA/CD als Buszugriffsverfahren verwendet, kann es jetzt zu Kollisionen in diesem Netzwerk kommen. Man spricht in diesem Zusammenhang auch von einer Collision Domain.

Tabelle 1: Zusammenhang Kategorie/Übertragungsrate

Kategorie	Maximale Übertragungsfrequenz [MHz]	Ethernet-Einsatzgebiete
3	16	10Base-T, 100Base-T2, 100Base-T4
4	20	
5	100	100Base-TX, 1000Base-T (eingeschränkt)
5e	100	1000Base-T
6	250	
6e	500	10G Base-T (eingeschränkt)
6a	625	10G Base-T
7	600	

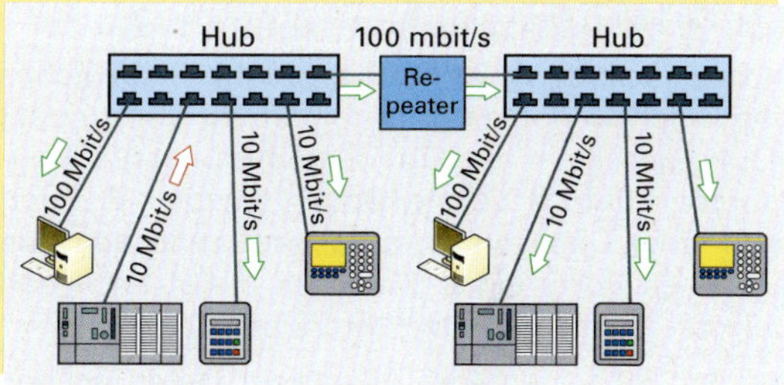

Bild 1: Funktionsweise eines Hub

Eine Collision Domain ist ein Netzwerk oder ein Teil eines Netzwerkes, in dem es zu Kollisionen kommen kann.

Dadurch sind Netzwerke, die mit Hubs arbeiten nicht deterministisch. Wie es zu Kollisionen kommen kann wurde im Kapitel 12.5.3 erklärt. Für Ethernet wurde ein „Kollisionsfenster" auf der Basis einer Übertragungsrate von 10 Mbit/s definiert. Das Kollisionsfenster, d.h. der Zeitraum in dem eine Kollision auftreten kann, ist auf 51,2 µs festgelegt.

Das Kollisionsfenster entsteht durch die Signallaufzeit auf der Leitung. Zur sicheren Kollisionserkennung muss sich das Signal vom 1. bis zum letzten Teilnehmer und wieder zurück ausbreiten können. Das bedeutet, dass die maximale Signallaufzeit auf der Leitung 25,6 µs beträgt. Bei einer typischen Ausbreitungsgeschwindigkeit von 2/3 der Lichtgeschwindigkeit (ca. 200.000 km/s) ergibt sich eine maximale Netzausdehnung von ca. 5000 m.

Um eine Kollision sicher erkennen zu können, muss ein Ethernet-Telegramm mindestens 51,2 µs lang sein. Bei einer Übertragungsrate von 10 Mbit/s beträgt eine Bitzeit 0,1 µs. Es müssen mindestens 512 Bit übertragen werden, um eine Kollision mit 100%iger Sicherheit erkennen zu können. Bei einer synchronen Datenübertragung bedeutet dies 512 bit / 8 = 64 Byte. Tatsächlich ist die minimale Telegrammlänge größer.

Ein Ethernet-Telegramm muss mindestens 72 Byte lang sein. Nicht benötigte Bytes müssen mit Füllbytes, sog. Padding Bytes gefüllt werden.

Aus Kompatibilitätsgründen hat man diese Mindesttelegrammlänge z. B. für 100 Mbit/s-Netzwerke nicht geändert. Daher resultiert aufgrund der 10-fach höheren Übertragungsrate, dass das Kollisionsfenster nur noch 5,12 µs und die Netzausdehnung nur noch 500 m beträgt.

Über Hubs können auch Netzwerkteilnehmer, die mit unterschiedlichen Übertragungsraten arbeiten, miteinander verbunden werden und es können auch LWL-Netze mit Kupferleitungsnetzen verbunden werden.

Im Gegensatz zu Hubs leiten Switches **(Bild 1)** Datenpakete gezielt an den Empfänger weiter. Sie verwalten eine Adresstabelle, in der sie die Adressen der an den Ports angeschlossenen Teilnehmern verwalten. Diese Adresstabelle wird durch Analyse (ARP, das Address Resolution Protocol; siehe Kapitel 1.5.2) selbstständig erlernt. Switches sind in der Lage mehrere Datenflüsse parallel abzuwickeln. Die Teilnehmer arbeiten i. d. R. im Vollduplexbetrieb wodurch Kollisionen vollständig ausgeschlossen sind.

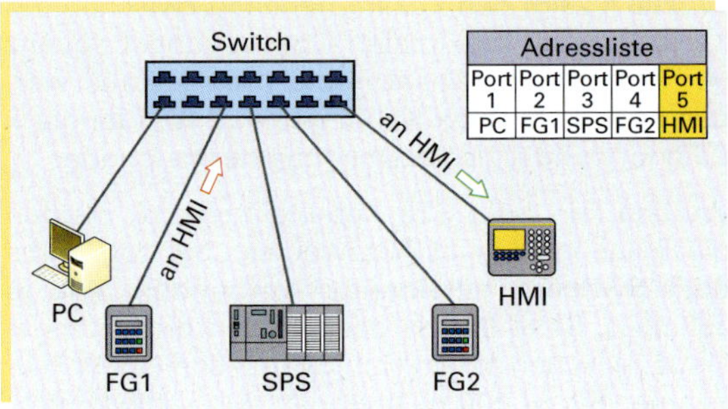

Bild 1: Funktionsweise eines Switches

Damit ist das System deterministisch, solange an einem Port nur ein Teilnehmer angeschlossen ist.

Werden mehrere Teilnehmer an einem Port betrieben, z. B. über einen Hub **(Bild 2)**, entsteht wieder eine Collision Domain.

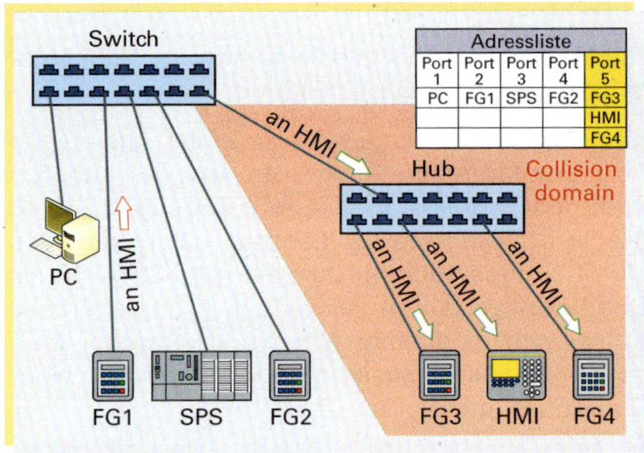

Bild 2: Collision domain

In den meisten Anwendungen werden Switches über Lichtwellenleiter miteinander verbunden. Häufig geschieht dies über eine redundante Ringtopologie **(Bild 3)**. Lokaler Datenverkehr, z. B. innerhalb einer Collision Domain oder zwischen den einzelnen Ports eines Switches bleibt lokal und belastet nicht das weiterführende Netzwerk.

Senden jetzt mehrere Teilnehmer Daten an den gleichen Empfänger kann über Vergabe von Prioritäten die Deterministik für bestimmte Informationen gewährleistet werden. Ansonsten gilt das „FIFO"-Prinzip; First In, First Out.

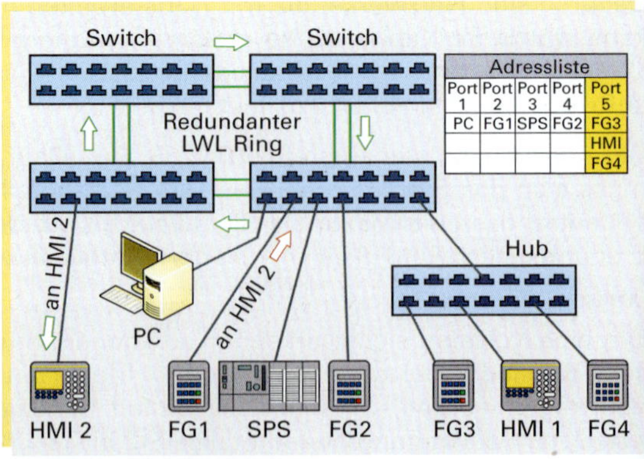

Bild 3: Ethernet-Ring

Ein Ethernet-Telegramm ist aufgebaut, wie in **Bild 1, Seite 607** dargestellt. Dabei handelt es sich um den sog. basic frame. Neben diesem basic frame gibt es noch den Q-tagged und den envelope frame, die hier nicht beschrieben werden.

Das Telegramm beginnt mit einer 7 Byte langen Präambel, die zur Synchronisierung der Teilnehmer dient. Es folgt ein Startzeichen und danach die Ziel und die Quelladresse. Hier werden die MAC ID (siehe Kapitel 1.5.2) des Empfängers und des Senders eingetragen. Es folgt entweder eine Information darüber, wie lang das Telegramm ist oder um welchen Typ es sich handelt.

Ist der hier eingetragene Wert kleiner oder gleich 1500_{dez} bzw. $05DC_{hex}$ handelt es sich um eine Längeninformation, ist der Wert größer oder gleich 1536_{dez} bzw. 0600_{hex} handelt es sich um eine Typinformation. Beispiele für Typen sind 0800_{hex} das IPv4-Protokoll, 0806_{hex} das Address resolution Protocol oder 8892_{hex}, das für PROFINET steht.

Ein Datenfeld muss mindestens 46 Byte und kann maximal 1500 Byte lang sein. Müssen mehr als 1500 Byte Daten übertragen werden, muss dies über mehrere Telegramme verteilt geschehen. Das übergeordnete Protokoll hat dann dafür sorge zu tragen, dass die Daten beim Empfänger in der richtigen Reihenfolge wieder zusammengesetzt werden.

Das Telegramm wird durch eine 4 Byte lange CRC-Prüfsequenz abgeschlossen.

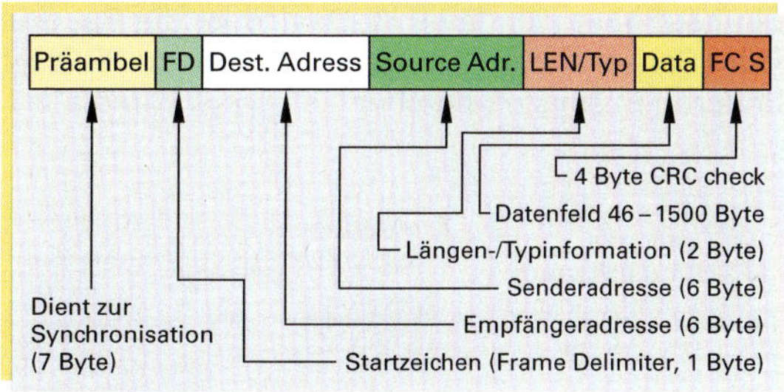

Bild 1: Ethernet-Telegrammrahmen

12.9.1 PROFINET

PROFINET ist ein Ethernet-basierter Standard, der alle industriellen Anwendungsbereiche von der Fertigungs- bis zur Prozessautomatisierung abdecken kann. Das Spektrum reicht von der Übertragung digitaler Schaltsignale bis zur Synchronisierung von Antrieben **(Bild 2)**.

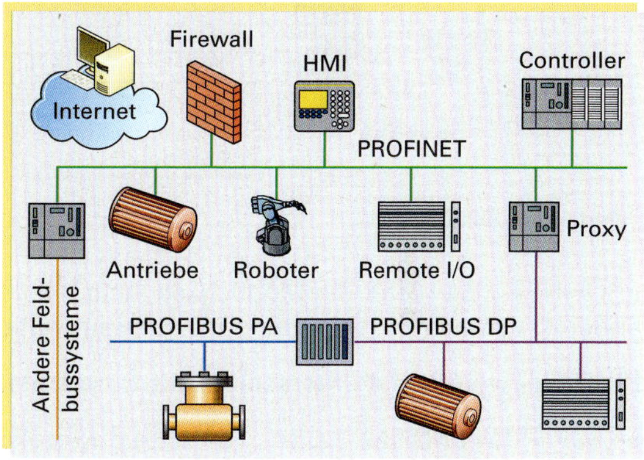

Bild 2: Anwendungsbereiche PROFINET

PROFINET ist als sog. „Switched Ethernet" ausgelegt. Das bedeutet, dass PROFINET-Teilnehmer ausschließlich über Switches an das Netzwerk angeschlossen werden. Diese Switches müssen „Auto Cross Over", „Auto negotiation", das automatische Aushandeln der Übertragungsparameter, sowie die Vollduplexübertragung unterstützen. Als Übertragungsrate ist 100 Mbit/s festgelegt; die Daten können sowohl über Kupferkabel als auch Lichtwellenleiter übertragen werden. Auch die Implementierung drahtloser Technologien wie WLAN und Bluetooth ist möglich.

PROFINET unterscheidet zwischen komponentenbasierter Kommunikation (PROFINET CBA, component based automation) und dem Austausch von Ein- und Ausgangsdaten (PROFINET IO). Als Komponenten versteht man hier Maschinen- oder Anlagenteile, die miteinander vernetzt werden sollen. Eine Übersicht ist in **Bild 3** dargestellt.

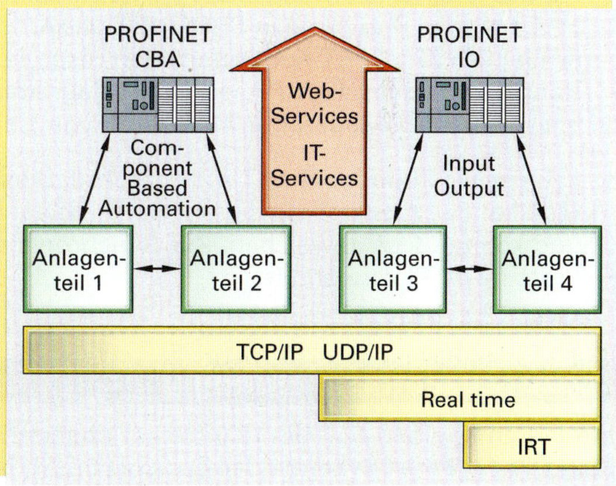

Bild 3: PROFINET-Protokolle

PROFINET-IO ist für die Anbindung der dezentralen Peripherie. Dieses Einsatzgebiet ist vergleichbar mit dem der PROFIBUS-DP **(Bild 1, Seite 608)**.

Allerdings unterscheidet sich die Bezeichnung der Bauteile. Die SPS fungiert als IO-Controller, sie kontrolliert und steuert die Feldgeräte, die nun IO-Devices (z.B. ET200) heißen. Der IO-Supervisor ist ein Programmiergerät oder ein PC, der z.B. für Konfiguration und Diagnose im Netzwerk zuständig ist oder ein neues Programm auf die SPS lädt. Die Kommunikation erfolgt über RT oder IRT. PROFINET IO ist ebenfalls ein offenes Bussystem, die Einbindung der Devices erfolgt anhand einer GSDML (GSD Markup Language).

Ein häufig verwendetes IO-Device ist die Baugruppe ET-200. Anhand einer ET-200 können handelsübliche Sensoren und Aktoren dezentral an PROFINET IO angeschlossen werden. PROFINET IO kann mit anderen Bussystemen über Gateways kombiniert werden.

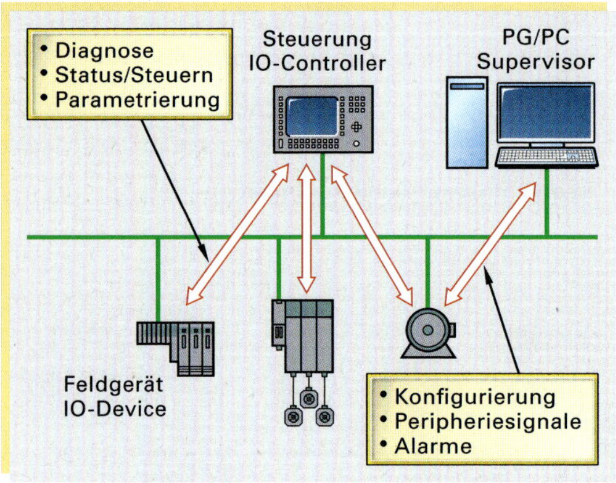

Bild 1: PROFINET IO

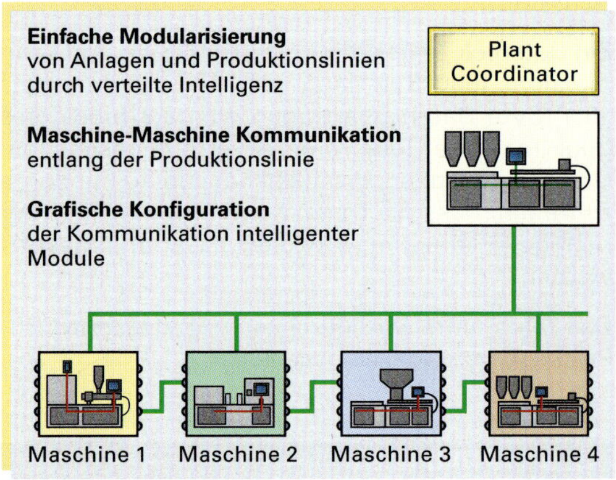

Bild 2: PROFINET CBA

PROFINET CBA bietet die Möglichkeit Anlageteile, die jeweils eine eigene Steuerung besitzen, miteinander zu vernetzen. Hier ist eine RT-Kommunikation, jedoch keine IRT-Kommunikation möglich **(Bild 2).**

PROFINET verwendet unterschiedliche Protokolle für verschiedene Anwendungen:

- TCP/IP für PROFINET-CBA. TCP ist ein Protokoll mit Bestätigung. Somit weiß der Sender, dass die Daten korrekt beim Empfänger angekommen sind.
- UDP/IP für PROFINET-IO. UDP ist ein unbestätigtes Protokoll.
- RT, das Real Time Protokoll. Die RT-Kommunikation stellt die Basis für den Datenaustausch bei PROFINET IO dar. Real-Time in PROFINET basiert darauf, dass innerhalb eines Buszyklusses Zeiten ausschließlich für die RT-Kommunikation reserviert werden. RT-Telegramme werden mit einer höheren Priorität versehen als TCP- oder UDP-Telegramme. Dies verhindert Verzögerungen innerhalb der Switches. Hier sind Zykluszeiten im Bereich von 1 ms bis 10 ms erreichbar.
- IRT, das Isochronous Real Time-Protokoll. Dieses Protokoll ist speziell dazu geschaffen, um Antriebe miteinander zu synchronisieren. Diese Telegramme werden am Anfang des Buszyklus übertragen und können 1 µs abweichen. Zur Synchronisierung wird ein weiteres Protokoll, das Precision Time Protocol (PTP) verwendet.

12.10 Zusammenfassung

Die in den Kapiteln 12.7 bis 12.9 beschriebenen Feldbussysteme stellen nur einen kleinen Teil der am Markt verfügbaren Systeme dar. Die dort beschriebenen Feldbussysteme werden fast ausschließlich in der Fabrikautomatisierung oder in der Prozessautomatisierung eingesetzt.

Ein wichtiges, hier nicht beschriebenes Feldbussystem ist z. B. das **C**ontroller **A**rea **N**etwork (CAN). Der CAN-Bus, der ursprünglich aus der Automobilindustrie kommt wird häufig in Anlagen mit kleiner räumlicher Ausdehnung, wie z. B. Werkzeugmaschinen eingesetzt. Den CAN-Bus gibt es in sehr vielen verschiedenen Ausprägungen, z. B. CANopen, CANrho, CANKingdom. Aber auch Feldbussysteme wie z. B. das DeviceNet basieren auf dem CAN-Bus. Leider hätte es den Rahmen dieses Buches gesprengt, wenn man auf alle diese Varianten eingegangen wäre.

Bei Interesse an diesem System sei hier auf die entsprechende Fachliteratur verwiesen. Die folgende Tabelle vergleicht einige Kenngrößen der Feldbussysteme, auch wenn diese in den vorherigen Kapiteln kaum oder gar nicht zur Sprache kamen.

Tabelle 1: Übersicht

	AS-Interface	InterBus	CAN	PROFIBUS-DP	PROFIBUS-PA	PROFINET IO
Topologie	Linie/Baum	Ring	Linie	Linie	Linie mit Stichleitungen	Stern/Linie
Leitungslänge ohne Repeater	100 m	bis 12,8 km	1 km bei 50 kBd; 40 m bei 1 MBd	1,2 km (93,75 KBd) 400 m (500 kBd) 200 m (1,5 MBd) 100 m (12 MBd)	1900 m bzw. 1000 m bei Ex-Anwendungen	100 m zwischen den Teilnehmern
Datenvolumen	4 Bit Eingang + 4 Bit Ausgang (3 Bit Ausgang nach Spez. 2.11) pro Slave	512 Byte pro System	8 Byte pro Telegramm	244 Byte Eingang + 244 Byte Ausgang pro Slave	244 Byte Eingang + 244 Byte Ausgang pro Slave	255 Byte pro IO-Device
max. Teilnehmerzahl	62	512	unbegrenzt	126	126	begrenzt durch Netzwerkaufbau
Übertragungsrate	167 kBd	500 kBd, 2 MBd	50 kBd bis 1 MBd	9,6 kBd bis 12 MBd	31,25 kBd	100 Mbit/s
Übertragungsverfahren	synchron	synchron	synchron	asynchron	synchron	synchron
Buszugriffsverfahren	Master/Slave	verteiltes Schieberegister	CSMA/CA	Hybrides Zugriffsverfahren	Hybrides Zugriffsverfahren	Provider-Consumer-Verfahren
Physikalische Schicht	30 VDC, 8 A (Versorgung); 3 V_{SS} bis 8 V_{SS} (Datensignal)	RS422 (Fernbus); TTL (Peripheriebus)	RS485 (modifiziert)	RS485	IEC 61158-2	IEC 61158-2

Arbeitsauftrag:

1. Erklären Sie, aus welchen Zeiten sich die elektronische Reaktionszeit zusammensetzt und wie sie berechnet wird.
2. Was ist ein hybrides Zugriffsverfahren und bei welchen Feldbussystemen wird dieses eingesetzt?
3. Erläutern Sie den Begriff „Hamming-Distanz“.
4. Seit der AS-Interface-Spezifikation 2.11 können bis zu 62 Teilnehmer an einem AS-Interface-System betrieben werden. Erläutern Sie, wie die AS-i-Slaves adressiert werden und welche Auswirkungen es hat, wenn „alte“ AS-i-Slaves nach Spezifikation 2.10 oder älter mit „neuen“ AS-i-Slaves nach Spezifikation 2.11 oder höher an einem gemeinsamen Master betrieben werden.
5. Was versteht man bei AS-Interface unter „Automatischer Adressprogrammierung“ und wann wird diese eingesetzt?
6. Welche Übertragungsraten unterstützt PROFIBUS-DP und welche Leitungslängen pro Segment können bei den einzelnen Übertragungsraten maximal realisiert werden?
7. Was ist eine „GSD-Datei“ und wozu wird diese verwendet?
8. Erläutern Sie kurz die gravierenden Unterschiede zwischen PROFIBUS-DP und PROFIBUS-PA.
9. Welches Buszugriffsverfahren wird bei Ethernet verwendet?
10. Erläutern Sie den Begriff „Collission Domain“.
11. Was versteht man unter „Auto Cross Over“?
12. Kann ein Cat 5-Kabel für eine Gigabit-Ethernet-Anwendung verwendet werden? Begründen Sie Ihre Entscheidung.
13. Auf welchen Schichten des ISO/OSI-Referenzmodells (7-Schichten-Modell) ist Ethernet definiert und welche Auswirkungen hat dies?
14. Warum müssen die Daten eines Ethernet-Telegramms mindestens 46 Byte lang sein?

13 Industrie 4.0

In der Industrie 4.0 verzahnt sich die Produktion mit modernster Kommunikations- und Informationstechnik. Technische Grundlage sind intelligente, digital vernetzte Systeme, mit deren Hilfe eine weitestgehend selbstorganisierte Produktion möglich wird. In intelligenten Fabriken, „Smart Factories", kommunizieren und kooperieren nun Menschen, Maschinen, Anlagen, Logistik und Produkte direkt miteinander. Somit können intelligente Wertschöpfungsketten entstehen, die alle Phasen des Lebenszyklus des Produktes umfassen, ausgehend von der Idee des Produktes über die Entwicklung, Fertigung, Nutzung und Wartung bis hin zum Recycling.

Bild 1: Industrie 4.0

13.1 Das nutzen wir bisher

- CNC (Computerized Numerical Control, rechnergestützte numerische- und SPS-Steuerungen)
- CIM (Computer Integrated Manufacturing, rechnerintegrierte Fertigung)
- Vernetzung (Intranet, Internet)
- EDI (electronic datainterchange, elektronischer Datenaustausch)
- RFID (radio-frequency identification, Identifizierung mithilfe elektromagnetischer Wellen, Sender-Empfänger-Systeme zum automatischen und berührungslosen Identifizieren und Lokalisieren von Objekten)
- Einsatz von ERP-Systemen (Enterprise-Resource-Planning-System, Kommunikationstechnik, um rechtzeitig und bedarfsgerecht zu planen und zu steuern)
- MDE (Maschinen-Daten-Erfassung), BDE (Betriebs-Daten-Erfassung)
- Scanner, Pick-by-Light; Pick-by-Voice
- Automatisierte Lager
- Robotik, fahrerlose Transportsysteme
- Ganzheitliche Produktionssysteme

13.2 Das ist neu bei Industrie 4.0

- **Smart Factory**

  Die Zielsetzung von Industrie 4.0 beinhaltet die Realisierung einer intelligenten und selbstorganisierenden Fabrik, der Smart Factory. Innerhalb dieser intelligenten Fabrik soll die zukünftige industrielle Produktion vor allem durch eine hohe Flexibilität und Wandlungsfähigkeit, den effizienten Einsatz von Ressourcen, ergonomisch optimierte Arbeitsbedingungen sowie die Integration von Kunden und Geschäftspartnern in die Wertschöpfungsprozesse gekennzeichnet sein. Die wesentliche Basistechnologie für derartige Entwicklungen stellt eine umfassende Implementierung sogenannter **Cyber-Physischer Systeme** (CPS) (siehe Seite 610) dar. Diese beschreiben eine Verbindung von virtuellen und physischen Produktionselementen, um intelligente und selbstkonfigurierende Fertigungsanlagen sowie die zugehörigen Planungs- und Steuerungssysteme zu entwickeln. Im Mittelpunkt dieses Ansatzes der Smart Factory steht der Mensch, welcher als sogenannter Augmented Operator die Produktion sowie Produktionsabläufe überwachen soll. Dazu dienen IT-basierte Assistenzsysteme wie etwa mobile Endgeräte oder Datenbrillen, wodurch die Sicht auf die reale Fabrik „virtuell" erweitert wird. Die Assistenzsysteme stellen dem Mitarbeiter die gerade benötigten Informationen möglichst einfach, schnell, jederzeit und überall zur Verfügung.

- **Smart Products** (intelligente Produkte)

  Unternehmen, die Industrie 4.0 realisieren, benutzen sogenannte „Smart Products". Die intelligenten Produkte führen etwa mithilfe von winzigen RFID-Chips Daten über Betriebs- und Produktzustände für ihr eigenes virtuelles Abbild mit sich. Sie speichern die Informationen über ihre gesamte Lebensdauer – vom ersten Produktionsschritt über die Nutzung beim Kunden bis hin zum Recycling. Schon der Rohling eines Produktes kennt seinen Auftraggeber, die Auftragsdaten, seinen aktuellen Zustand und die Produktionsschritte, die ihm zum fertigen Produkt noch fehlen. Zum Beispiel kann er den Maschinen selbstständig mitteilen, welche Form er haben muss, oder ob er rot oder blau lackiert werden soll. Auf diese Weise kann ein Kunde sein Produkt viel individueller gestalten, und das bei gleichbleibenden oder sogar geringeren Kosten.

- **Condition Monitoring** (Zustandsüberwachung von Maschinen und Anlagen)

  Darunter versteht man die Online-Verfügbarkeit aller Maschinenwerte zur Fehlersuche, zum Werkzeugverschleiß, zu Standzeiten, zur automatischen Meldung bei Grenzwerteüberschreitung oder zur Generierung der Arbeitsaufträge sowie den zustandsabhängigen Austausch von Komponenten, die Onlinekommunikation mit Herstellern und zur virtuellen Fehlersuche mit Echtdaten.

- **Predictive Maintenance** (Vorausschauende Instandhaltung)

  Ist die Nutzung der per Condition Monitoring erfassten Daten, um die voraussichtliche Entwicklung des künftigen Maschinenzustandes vorherzusagen und um die Planung von Instandhaltungsmaßnahmen zu unterstützen, womit die Senkung der Service- und Instandhaltungskosten beim Kunden einhergeht.

- **Simulation und Überwachung der Produktion**

  Für die Produktionsarbeit in der Industrie 4.0 existiert neben der realen Produktionsstätte ein „digitaler Zwilling" der Smart Factory samt aller Produkte und Ressourcen. Mit dem digitalen Abbild können sämtliche Produktionsprozesse, Produkte und Dienstleistungen virtuell simuliert werden. Der Bildschirm zeigt dann alternative Fertigungsabläufe und das Optimierungspotenzial der Produktionslinien, was zu Produktivitätssteigerungen führen kann. Zusätzlich ist es möglich, die Produktion in Echtzeit aus der Ferne zu steuern und zu überwachen. Zwar gibt es schon heute virtuelle Abbilder realer Fabriken, sie sind allerdings noch nicht in Echtzeit gekoppelt – Veränderungen im virtuellen Abbild führen nicht unmittelbar zu Veränderungen in der realen Fabrik und umgekehrt.

- **Smart Services** (Intelligente Dienstleistungen)

  Industrie 4.0 endet nicht an den Fabriktoren bei der Auslieferung eines Produktes. Intelligente Produkte steuern nicht nur aktiv ihren eigenen Produktionsprozess. Nach Auslieferung an den Kunden sind sie auch Plattform für neue Geschäftsmodelle. Zukünftig wird es Milliarden intelligenter Produkte geben, die während ihrer Nutzungsdauer mit dem Internet verbunden sind und riesige Datenmengen **(Big Data)** über den eigenen Betriebs- und Produktzustand in einer Datencloud abspeichern. Dank der gewonnenen Daten (z. B. durch Sensoren) werden aber nicht nur die Produkte optimiert. Lernende Algorithmen verknüpfen die gelieferten Daten auch zu neuen Informationen **(Smart Data).** Sie sind die Grundlage, um dem Kunden neben dem physischen Produkt auch individuelle datenbasierte Dienstleistungen **(Smart Services)** anzubieten. Beispielsweise kann ein Betreiber von Diagnosegeräten Daten über den gesamten Bestand der in seiner Verantwortung betriebenen Geräte sammeln und auswerten und daraus neue Services, etwa einen Diagnosevorschlag, generieren. Im Vergleich zu gegenwärtigen Geschäftsmodellen wird die zugrundeliegende Datenbasis um ein Vielfaches höher sein.

13.3 Die reale Fabrik und ihr virtuelles Abbild

In Produktionsanlagen, realisiert durch Industrie 4.0, wird der gesamte Produktionsprozess durch einen „digitalen Zwilling" abgebildet werden. Dadurch wird jederzeit der direkte Eingriff in die Fertigung ermöglicht. Reale und virtuelle Produktion verschmelzen zu einem intelligenten Gesamtsystem. Die reale Produktionsstätte wird vollständig auf digitaler Ebene nachgebildet. Somit entsteht ein virtueller Zwilling, der nicht nur die Produktionsanlage mit allen Maschinen visualisiert, sondern auch die dynamischen Abläufe und das Verhalten der Systembestandteile während der Fertigung in Echtzeit wiedergibt.

Bild 1: Virtuelles Abbild

Im virtuellen Zwilling lässt sich der Fertigungsprozess detailliert beobachten. Sensoren geben dabei den Betriebsstatus der einzelnen Arbeitsstationen laufend an das System weiter. Für die Steuerung der Produktion eröffnen sich somit neue Möglichkeiten: Die Produktionsplaner können den Herstellungsprozess im virtuellen Abbild analysieren und dann gegebenenfalls einzelne Schritte optimieren oder neu organisieren. Virtuelles Abbild **(Bild 1)** und reale Produktionsanlage wirken bidirektional zueinander. Auf der virtuellen Ebene kann man in die Produktion eingreifen und Änderungen vornehmen, die sich sofort simulieren lassen. Auch die Änderungen in der realen Anlage können in den digitalen Zwilling eingespielt werden. So könnte der Produktionsleiter beispielsweise weitere Maschinen für die Bearbeitung eines Werkstücks aktivieren oder einen zusätzlichen Arbeitsschritt einbauen, etwa wenn eine Sonderanfertigung verlangt wird. Die Fertigung muss dazu nicht gestoppt und neu konfiguriert werden, vielmehr reagiert das System intelligent auf jede Änderung und organisiert sich neu. Durch die Verschmelzung von realer und digitaler Produktion entsteht ein Gesamtsystem, das sich im laufenden Betrieb selbst überwacht, steuert und korrigiert. Maschinen und Software kommunizieren, soweit erforderlich, unabhängig vom Menschen miteinander und halten so die Produktion in Gang. Sollte beispielsweise eine Störung vorkommen, wie etwa der Ausfall eines Aggregats, kann das System selbstständig entscheiden, wie das Problem zu beheben ist. Der verantwortliche Produktionsleiter sieht dann die Änderung in der Produktion, muss aber nicht selbst eingreifen. Über den digitalen Zwilling, den die Anlage kontinuierlich mit Daten, z.B. Kunden- und Lieferantendaten, füttert, lässt sich die Qualität der Werkstücke und des Endprodukts laufend kontrollieren. Auch die Produktion einer Kleinserie mit individualisierten Einzelstücken lässt sich mithilfe dieses Konzepts schnell realisieren, und zwar so, dass die Gesamtproduktion nur minimal beeinträchtigt wird. Selbst die Herstellung von Einzelstücken (Losgröße-1-Produktion) wird durch den Einsatz von Produktmodellen (CAD-Daten) für die Generierung von Produktionsprogrammen (z.B. NC-Programme) denkbar. Da sich der virtuelle Zwilling bereits bei der Konzeption und beim Bau der Produktionsanlage einsetzen lässt, können noch, bevor das erste reale Werkstück bearbeitet wird, der Produktionsablauf simuliert **(Bild 2)** sowie Schwachstellen gefunden und optimiert werden. Somit wird die Anlage bereits vor der Produktion virtuell in Betrieb genommen und getestet.

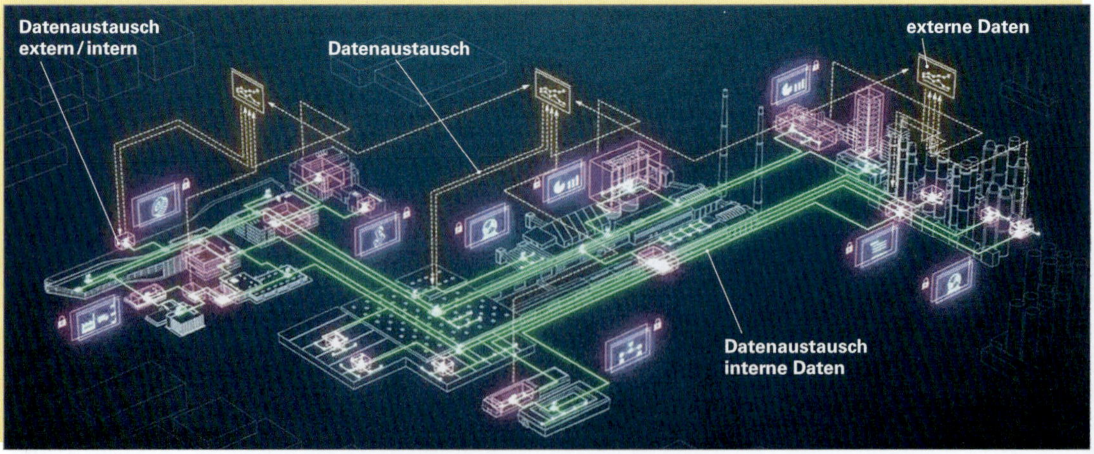

Bild 2: Simulation eines Prozessablaufs mit Datenbahnen

13.4 Einheitliche Standards für die digitale Produktion

Die Schnittstellen von Geräten und Maschinen sind oft nicht kompatibel. Dies gilt sowohl fabrikintern, als auch für die Kommunikation mit Fertigungspartnern außer Haus. So wirkt sich die Gerätevielfalt oft als Produktionsbremse aus. Das Internet der Dinge[1)] und damit IP-Vereinheitlichung lokaler und globaler Kommunikationsinfrastrukturen und Schnittstellen sind Kernbestandteil von Industrie 4.0.

Voraussetzungen für die digitale Produktion sind einheitliche Standards, wie:

- gemeinsame Kommunikationsstrukturen, wie Netzwerk und Protokolle
- gemeinsame Regeln für Cyber-Security[2)] und Datenschutz
- gemeinsame Sprache mit Zeichen, Alphabet, Vokabular, Satzbau, Grammatik

Über Industrie 4.0-Komponenten, die den physischen Aufbau eines Objekts beschreiben, findet die Kommunikation in einem Industrie 4.0-basierten Produktionsumfeld statt. Eine Industrie 4.0-Komponente kann sowohl ein ganzes Produktionssystem, eine Maschine oder eine Arbeitsstation sein. Wichtig ist, dass es von dem Objekt mindestens eine Verbindung zu einem Industrie 4.0-konformen Kommunikationsnetzwerk gibt.

13.5 Aufbau einer Industrie 4.0-Komponente

Die Industrie 4.0-Komponente besteht aus:

- den ersten 4 Schichten des ISO-Referenzmodels **(Bild 1)**
- der Verwaltungsschale

Transportschicht →	Stellt Verbindung von End- zu Endkomponente her, regelt Aufbau, Management, Abbau und Anforderung verlorengegangener Daten. →	TCP/UDP Protokolle
Vermittlungsschicht →	Stellt Dienste zur globalen Adressierung und Wegewahl zur Verfügung →	IP-Adressierung Logische Adressierung
Sicherungsschicht →	Stellt Dienste zur physikalischen Adressierung und Übertragung über Medien zur Verfügung. Regelt den Zugriff auf das Medium. →	Mac-Adressen Physikal. Adressierung
Bitübertragungsschicht →	Definiert die physikalische Darstellung eines Bits, die Normen und Standards der Übertragungsmedien sowie die Technik der Stecker und Schnittstellen. →	Generierung des Signals
Physikalisches Übertragungsmedium z. B. Kupfer, Glasfaser		

Bild 1: Die ersten 4 Schichten des ISO-Models und deren Aufgaben (s. Seite 596 f.)

13.6 Die Verwaltungsschale

Durch den Einsatz von Verwaltungsschalen werden physische Komponenten in virtuelle abgebildet und verwaltet **(Bild 1, Seite 614)**. Sie ist unterteilt in Header und Body. Der Header trägt Informationen zur Identifikation und Bezeichnung des konkreten **Assets**[3)] in der jeweiligen Fabrik und gibt Aspekte zur Verwaltung des Assets vor. Der Body trägt Daten zur Beschreibung der Eigenschaften des konkreten Assets, z.B. eines Bohrautomaten. Grundsätzlich setzt sich die Verwaltungsschale jeweils aus einer Reihe von sogenannten Teilmodellen zusammen. Diese repräsentieren unterschiedliche Aspekte des jeweiligen Assets; sie können z.B. beschreibend sein hinsichtlich **Safety** und/oder **Security,** aber auch verschiedene Prozessfähigkeiten wie Bohren, Fräsen oder Montieren umreißen.

1) Verbund von Maschinen, Objekten, Menschen, Tieren, die mit einer eindeutigen Kennung zu ihrer Identifikation und mit der Fähigkeit ausgestattet sind, Daten über sich selbst und ihre Umwelt innerhalb eines offenen Netzwerks auszutauschen, ohne dass dazu eine Mensch-zu-Mensch oder Mensch-zu-Maschine-Interaktion notwendig ist

2) umfasst sämtliche mit dem Internet und vergleichbaren Netzen verbundene Informationstechnik und schließt darauf basierende Kommunikation, Anwendungen, Prozesse und verarbeitete Informationen mit ein

3) Das Asset ist ein eindeutig identifizierbarer Gegenstand, z.B. Maschinen und ggf. ihre Komponenten, Zuliefermaterial und Produkte, Pläne, Aufträge, Bestellungen etc., das aufgrund seiner Bedeutung in der Informationswelt verwaltet wird.

Eine **Safety-Maßnahme** kann das Verwenden spezieller Steuerungssysteme sein, die den physischen Prozess überwachen und diesen beim Verlassen definierter Schwellwerte unterbrechen oder in einen sicheren Modus versetzen.

Die **Security** hingegen nutzt unter anderem Verschlüsselungstechnologien und Authentifizierungsmechanismen, um die Vertraulichkeit von Daten sicherzustellen oder eine Person oder Maschine zu identifizieren und Berechtigungen (Zugriffsrechte wie Lesen, Schreiben) zu klären.

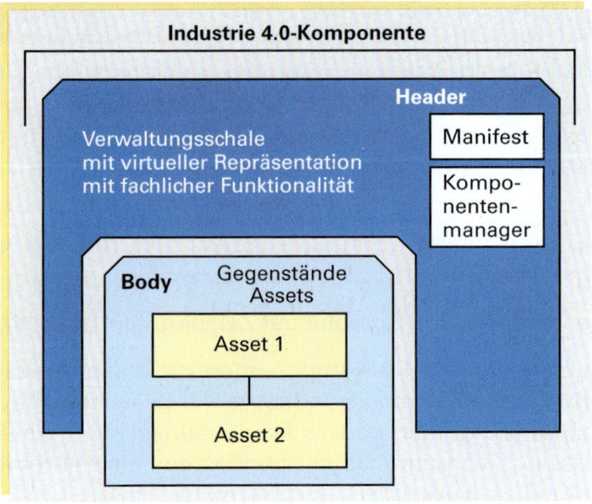

Bild 1: Industrie 4.0-Komponente mit Verwaltungsschale

Die **Verwaltungsschale** speichert nicht nur veränderliche, sondern auch statische Daten über eine Komponente, wie beispielsweise eine Komponenten-ID, CAD-Zeichnungen oder Dokumente, die zur Verwaltung der Schale benötigt werden. Die Struktur einer Verwaltungsschale ist für jede Komponente stets identisch aufgebaut **(Bild 1)**. Sie besitzt einen **Header** mit Manifest und Komponentenmanager sowie einen **Body,** der die Assets enthält. Im Header werden relevante Daten für die gesamte Komponente vorgehalten. So enthält das Manifest z. B. Auskunft über die Fähigkeiten einer Industrie 4.0-Komponente. Durch den Komponentenmanager wird der Body dynamisch an die Komponente mit ihrem Verhalten und ihren Kommunikationsstrukturen angepasst. Wichtig ist, dass zwischen Komponente und Verwaltungsschale keine Eins-zu-eins-Beziehung besteht, sondern eine Komponente diverse Verwaltungsschalen für unterschiedliche Daten und Modelle besitzen kann. Diese verschiedenen Verwaltungsschalen können wiederum in anderen Verwaltungsschalen zusammengefasst und so hierarchisch aufgebaut sowie gegenseitig in Beziehung gebracht werden **(Bild 2)**. Hierdurch kann sowohl ein einzelner Sensor, als auch eine gesamte Maschine oder Fertigungsstraße durch eine Verwaltungsschale abgebildet und verwaltet werden. Eine Komponente, die von einer Verwaltungsschale verwaltet wird, muss stets über eigene Kommunikationsmöglichkeiten verfügen. Aus diesem Grund ist es zwingend erforderlich, dass die verwaltende Komponente immer eine Industrie 4.0-Komponente darstellt. **Bild 2** zeigt einen übergeordneten Gegenstand (z. B. eine Maschine) mit zwei ausgeformten Industrie 4.0-konformen Kommunikationsschnittstellen, sodass sich eine klare logische und physikalische Trennung von übergeordneten und untergeordneten Industrie 4.0-Komponenten ergibt (direkte Verbindung).

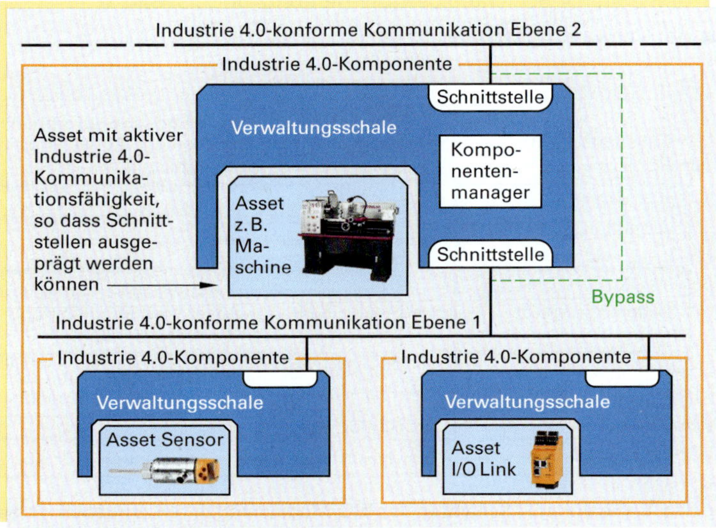

Bild 2: Schachtelung von Verwaltungsschalen

Eine weitere Möglichkeit besteht darin, dass die Industrie 4.0-konforme Kommunikation „oben“ und „unten“ physisch eins sind, aber logisch voneinander getrennt werden (Bypass). Um eine solche logische Zuordnung von „untergeordneten“ Industrie 4.0-Komponenten zu managen, kann die Verwaltungsschale ein geeignetes „Komponenten-Management“ vorsehen. Dieses kann z. B. die Rekonfiguration einer Maschine unterstützen.

13.7 Cyber-Physisches-System, CPS

Über das CPS werden sämtliche Elemente in einem Unternehmen wie Maschinen, Produkte oder Werkstücke vernetzt. Diese Vernetzung wird zum einen durch das **„Internet of Things"**, also der Verbindung über das Internet, und zum anderen durch die Kommunikation und die gegenseitige Koordinierung der Objekte untereinander erreicht. Ein weiteres Hauptmerkmal ist dabei der ständige Austausch der CPS mit virtuell erzeugten Abbildungen und physischen Objekten und Prozessen aus der realen Welt.

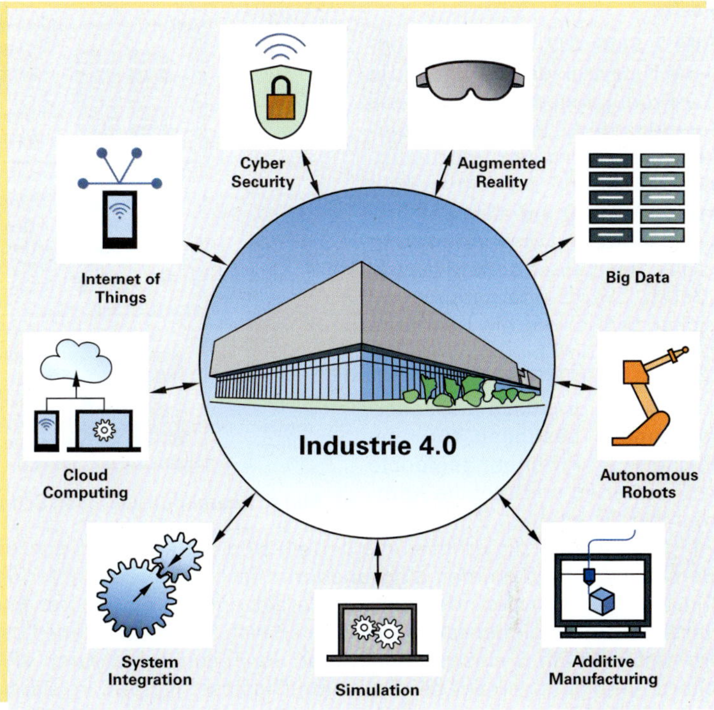

Bild 1: Internet of Things

Ein Cyber-Physisches-System kann in folgende drei Unterpunkte untergeteilt werden:

- Allgegenwärtigkeit der rechnergestützten Informationsverarbeitung
- Internet der Dinge und Dienste
- Cloud-Computing.

Die allgegenwärtige Informationsverarbeitung durch eingebettete Hard- und Software verleiht allen Objekten in einem System, das mit einer entsprechenden Mikroelektronik, Sensorik, Kommunikationsmodulen und Rechenleistungen ausgestattet ist, die Möglichkeit, Informationen und Daten zu verarbeiten und diese zu versenden. Diese Objekte, die mit einer gewissen Intelligenz versehen sind, werden innerhalb der Fertigung als intelligente Produkte, als Produktionsmittel oder sogar als ganze Produktionsmaschinen eingesetzt. Durch die Verknüpfung dieser Objekte mit dem **Internet der Dinge und Dienste** (IoTS) werden sie mit der erforderlichen Kommunikationsfähigkeit ausgestattet. Das Internet der Dinge und Dienste dient als Verbindungselement zwischen den intelligenten physischen Objekten der rechnergestützten Informationsverarbeitung und des Internets.

Für eine erfolgreiche Kommunikation zwischen den Objekten im IoTS muss jedoch zunächst eine eindeutige Identität zugeteilt werden. Durch das Internet Protocol Version 6 (IPv6) erhalten alle Objekte eine eindeutige Adresse bzw. eine Identität zugewiesen. Hierdurch können die Produkte direkt angesprochen, erforderliche Daten erhoben, verarbeitet und als Steuerungsdaten an die Objekte zurückgesendet werden. Die so erreichte Digitalisierung der Produkte erfordert eine weiterentwickelte IT-Struktur im Bereich des Cloud-Computings.

Unter **Cloud-Computing** ist die Bereitstellung einer IT-Infrastruktur für erhöhte Rechenleistungen, Speicherplätze, Anwendungen sowie Dienste als Service über das Internet zu verstehen. Aufgrund der zu Cyber-Physischen-Systemen weiterentwickelten Objekte besteht die Möglichkeit, eine Wartung, Steuerung und Kontrolle in Echtzeit durchzuführen. Mit dieser neuen Fähigkeit gehen die Ansammlung, Analyse und Auswertung von riesigen Datenmengen (Big Data und Analytics) einher. Um für eine funktionsfähige Vernetzung und Kommunikation zwischen den Elementen eines CPS und dem Menschen zu sorgen, ist die Anwendung geeigneter Schnittstellen notwendig.

Zum einen sind hierzu die Maschine-zu-Maschine-Kommunikationsschnittstelle und zum anderen die Mensch-Maschinen-Interaktionen (MMI), wie zum Beispiel die Virtual- oder Augmented-Reality (erweiterte Realität; visuelle Darstellung von Informationen), zu verstehen **(Bild 1, Seite 616)**.

Fazit:

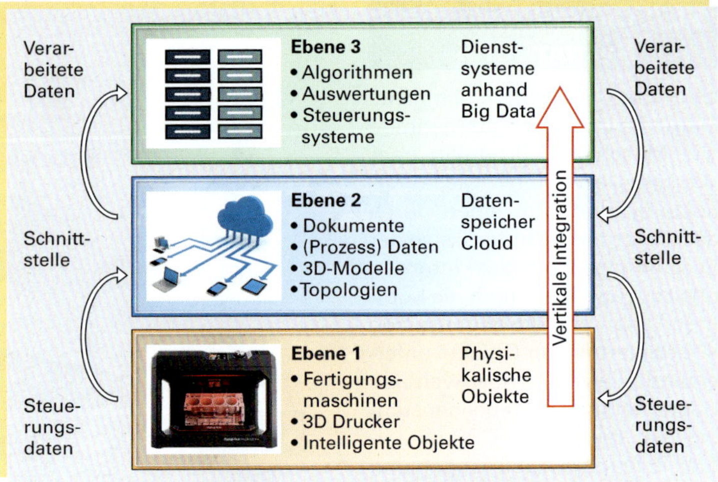

Bild 1: Interaktion zwischen Schnittstelle und Elementen des CPS

Bild 1, Seite 617, zeigt eine mögliche Netzstruktur einer Industrie 4.0-Produktionsstätte. Die Basis für Industrie 4.0 ist die Verfügbarkeit aller relevanten Informationen durch eine anwendungsgerechte Vernetzung aller beteiligter Instanzen[1]. Diese Vernetzung muss flexibel parametrisierbar (Daten, Werte übergeben) und sicher sein sowie die benötigte Dienstqualität[2] bieten. Grundlage dafür sind international standardisierte, drahtlose und leitergebundene Lösungen für eine lokale (z. B. Profinet), regionale (z. B. Intranet) und globale Kommunikation (Internet). Zur Vernetzung von Assets, die großräumig verteilt sind (z. B. über ein ganzes Land) oder die mobil sind (z. B. im Bereich Logistik), kommen aufgrund ihrer flächendeckenden Verfügbarkeit häufig Mobilfunknetze zum Einsatz. Zur nationalen oder globalen Vernetzung von stationären Endpunkten, z. B. Vernetzung mehrerer verteilter Unternehmensstandorte, bieten sich leitergebundene Lösungen an, welche auch das Internet im weitesten Sinne einschließen. Stand der Technik sind durch VPN (Virtual Private Networks) abgesicherte Verbindungen auf der Basis von Glasfaser-Netzen. Im Bereich der lokalen Vernetzung kommen bisher primär verschiedene drahtgebundene Feldbusse und Ethernet[3]-basierte industrielle Kommunikationssysteme zum Einsatz, insbesondere bei Anwendungen mit sehr hohen Anforderungen bezüglich Zuverlässigkeit und Latenzzeiten (Verzögerungszeit, Reaktionszeit). Ferner werden lokale Vernetzungen ergänzt durch vielfältige allgemeine Standards für drahtlose lokale Netze, z. B. Wi-Fi (zertifizierte Funkschnittstelle), DECT (Digital Enhanced Cordless Telecommunications, internationaler Standard für Telekommunikation mittels Funktechnik), Bluetooth oder 6LoWPAN (IPv6 over Low power Wireless Personal Area Network, Kommunikationsprotokoll zur Funkdatenübertragung), die teilweise für den industriellen Einsatz spezifisch modifiziert („gehärtet") sind (z. B. Mehrfachübertragungen zur Erhöhung der Zuverlässigkeit). Das Internet der Dinge und damit die IP-Vereinheitlichung lokaler und globaler Kommunikationsinfrastrukturen und Schnittstellen sind Kernbestandteil von Industrie 4.0. Über Industrie 4.0-Komponenten, die den physischen Aufbau eines Objekts beschreiben, findet die Kommunikation in einem Industrie 4.0 basiertem Produktionsumfeld statt. Wer heute über Industrie 4.0 spricht, setzt die Verarbeitung und Auswertung großer Datenmengen meist stillschweigend voraus. Damit solche Daten innerhalb von Maschinen und Anlagen mit kurzen Latenzzeiten von unter einer Millisekunde und Datenraten bis zu 10.000 Megabit pro Sekunde in eng abgesteckten Funkzellen eine Vielzahl von Geräten gleichzeitig betreiben können, eignet sich der (kommende) 5G-Mobilfunkstandard besonders gut für den Einsatz in vernetzten, adaptiven Produktionsanlagen mit umfangreicher Mess- und Regelungstechnik.

[1] Eine Instanz ist eine organisatorische Einheit innerhalb eines Unternehmens.

[2] Quality of Service; ausgewählter Netzwerkverkehr wird bevorzugt behandelt und diesem eine Mindestbandbreite zugesichert. Vergleiche VOIP (Voice over IP).

[3] Das Ethernet ist eine LAN-Technik, die den Datenaustausch in Form von Datenframes in einem lokalen Netz (LAN) zwischen den angeschlossenen Geräten ermöglicht.

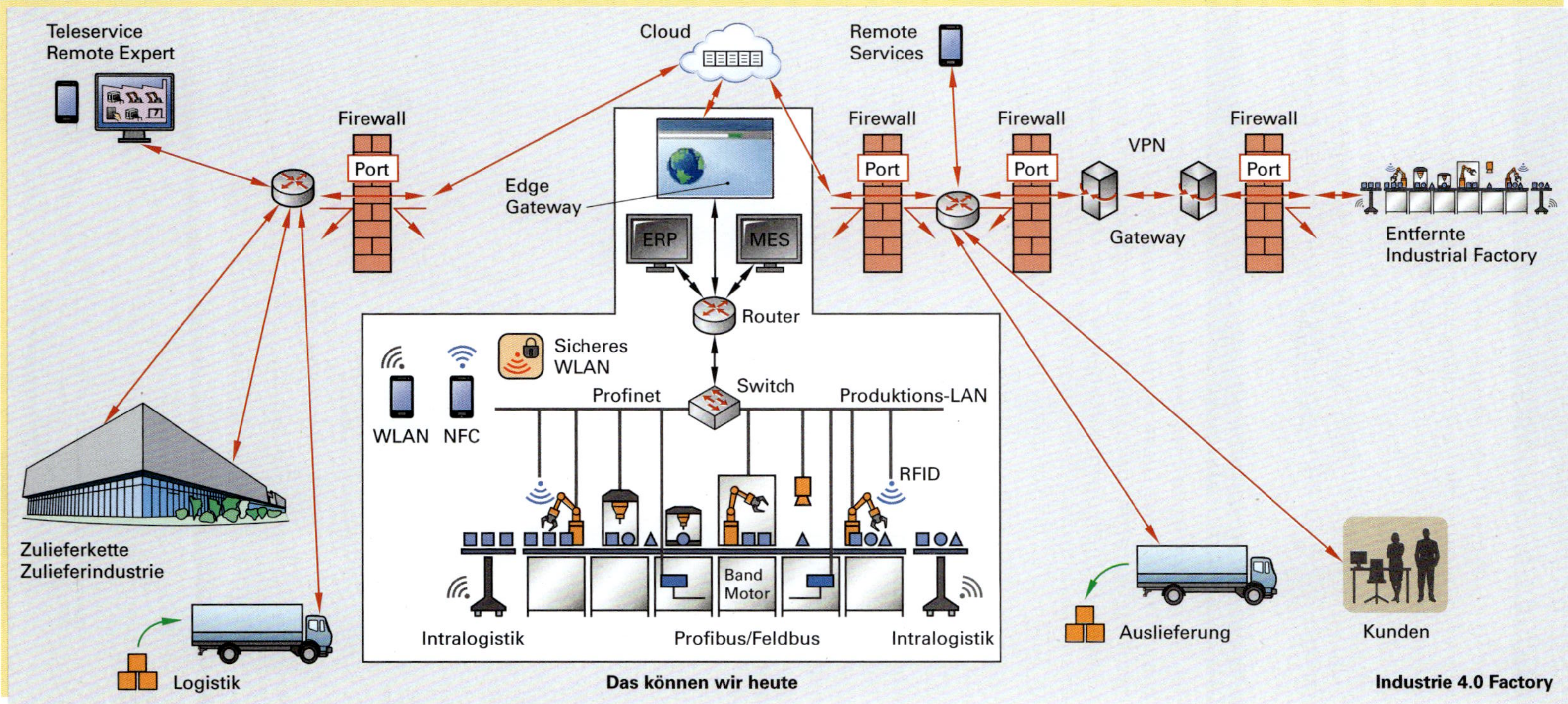

Bild 1: Datenaustausch in einer Industrie 4.0 Produktionsstätte

Teleservice ist der Datenaustausch mit entfernt stehenden technischen Anlagen (Maschinen, Produktionsanlagen, Computern) zum Zweck der Fehlererkennung, Diagnose, Wartung, Datenanalyse oder Optimierung. Die Verbindung zwischen dem Benutzer und der Anlage erfolgt durch Mobilfunknetz und/oder Internet.

Remote Expert gestattet den Kunden, durch virtuelle Interaktion oder Videokonferenz mit Spezialisten, die über ein spezielles Produkt-Know-how verfügen, zu kommunizieren.

Remote Service ist ein Verfahren, über das technische Dienstleistungen mithilfe von Telekommunikationsnetzwerken an einem entfernten Ort erbracht werden.

Gateways vermitteln z. B. zwischen Netzwerken, die unterschiedliche Protokolle verwenden.

Edge Gateway ist die Kommunikationsschnittstelle, mit der Maschinen, Anlagen und andere Geräte Zugriff zum Internet haben.

14 Mechatronische Systeme

Komplexe mechatronische Systeme sind in der Regel Kombinationen aus mechatronischen Teilsystemen. Sie zeichnen sich in überwiegendem Maße durch die Verbindung mehrerer Gerätetechniken aus. Im koordinierten Zusammenwirken der unterschiedlichen Techniken liegt die Problematik komplexer mechatronischer Systeme. So ist es zwingend erforderlich, dass der Mechatroniker alle an einem System beteiligten Gerätetechniken separat und in ihrer Verzahnung mit anderen beherrscht. Am Beispiel einer Laborpresse **(Bild 1)** soll dies verdeutlicht werden. Diese Laborpresse dient zum Herstellen von Pressteilen aus Kunststoff, Gummi u.a. in geringer Stückzahl. Die Verpressung kann heiß oder kalt erfolgen.

14.1 Teilsysteme des mechatronischen Systems

Die Laborpresse besteht aus einem stabilen **mechanischen Teilsystem,** das in vielen Bearbeitungsgängen hergestellt wurde (Gießen, Zerspanen, Fügen usw.) Diese werden nur zu einem Teil vom Mechatroniker selbst ausgeführt, viele Arbeitsgänge vor allem das Gießen und die Zerspanung wurden von „Zulieferern" in anderen Firmen oder anderen Abteilungen durchgeführt. Der Mechatroniker baut die einzeln oder in Baugruppen angelieferten mechanischen Teile zusammen und überprüft die mechanische Funktionsfähigkeit. Dabei sind im Besonderen die Verfahren des Fügens (siehe Kapitel 7) fachgerecht anzuwenden.

Die Aufgabe des mechanischen Systems besteht vor allem darin, die anderen Teilsysteme zu tragen sowie die entstehenden Kräfte aufzunehmen und an die Wirkstelle weiterzuleiten.

Erzeugt werden diese Kräfte in einem **hydraulischen Teilsystem.** Dieses Teilsystem übernimmt sowohl die Funktion der Energiewandlung von elektrischer Energie in Bewegungsenergie als auch die Funktion des Energietransportes mithilfe der Hydraulikleitungen. Im Rahmen der Steuerung der Arbeitszyklen wird auch die Aufgabe der Informationswandlung und des Informationstransportes bewältigt. Hier ist vor allem die sachgerechte Umsetzung der in den Hydraulikplänen geforderten Verbindungen und Anschlüsse vom Mechatroniker gefordert. Dies setzt, wie mehrfach schon erwähnt, die Fähigkeit voraus, Hydraulikpläne lesen und interpretieren zu können.

Aufgabe des **elektropneumatischen Teilsystems** der hydraulischen Presse ist es, die erforderlichen Schutzmaßnahmen gegen unsachgemäße Bedienung, wie z.B. den pneumatisch betriebenen Schutzschirm sowie die automatische Bereitstellung von Kühlplatten, zu ermöglichen. Ebenso wie beim hydraulischen Teilsystem ist auch hier das Verständnis für die Dokumentationsunterlagen von größter Bedeutung. Die pneumatischen Elemente müssen sorgfältig montiert, elektrisch und pneumatisch verbunden sowie justiert werden.

Das **elektrische Teilsystem** übernimmt hauptsächlich Funktionen der Umwandlung, der Verknüpfung, des Transportes und der Speicherung der Signale und Energien. Es umfasst Elemente der Leistungs- und der Signalebene. Dafür sind sowohl Kenntnisse in allen Bereichen der Elektrotechnik als auch der SPS-Technik erforderlich.

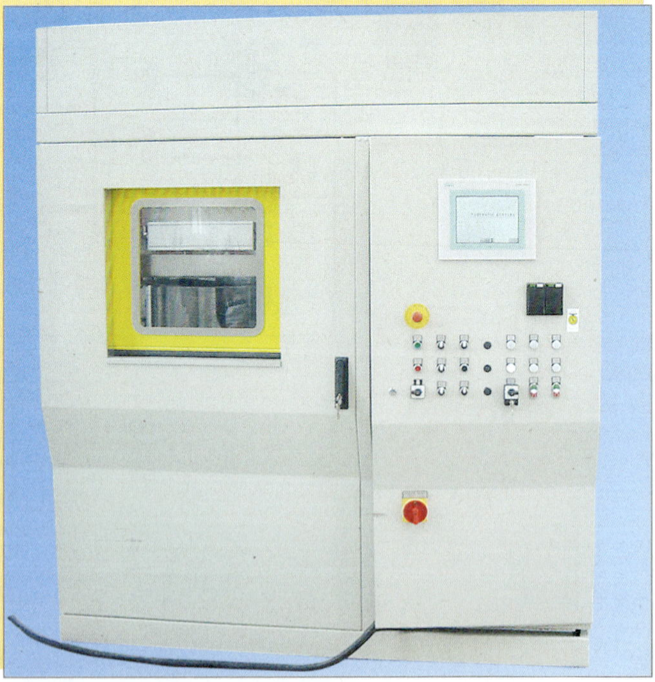

Bild 1: Laborpresse

14.2 Die Komponenten des mechatronischen Systems

Die einzelnen Komponenten eines mechatronischen Systems und deren Zusammenwirken sind am besten an Hand der Beschreibung des Entstehungsprozesses erkennbar. Grundlage für den Zusammenbau durch den Mechatroniker sind, wie bereits beschrieben, umfangreiche Pläne und Zeichnungen.

14.2.1 Das mechanische Teilsystem

Kernstück der hydraulischen Presse sind die obere und die untere Druckplatte, die im Endzustand die Presswerkzeuge aufnehmen. Abhängig vom späteren Einsatz können sie in heizbarer, kühlbarer oder wärmetechnisch unbeeinflusster Version erforderlich sein. Sie werden von den vier Führungssäulen, die auf der Bodenplatte montiert werden, in vertikaler Richtung beweglich aufgenommen und getragen **(Bild 1).** An ihnen findet auch die Ankopplung der hydraulischen Kraft- und Arbeitselemente statt. Alle die genannten Elemente stehen dem Mechatroniker in vorgefertigtem Zustand als Bauelemente oder Baugruppen zur Verfügung. Er ist in diesem Falle ausschließlich für die **fachgerechte Montage** nach Zeichnung **(Bild 1, Seite 620)** verantwortlich.

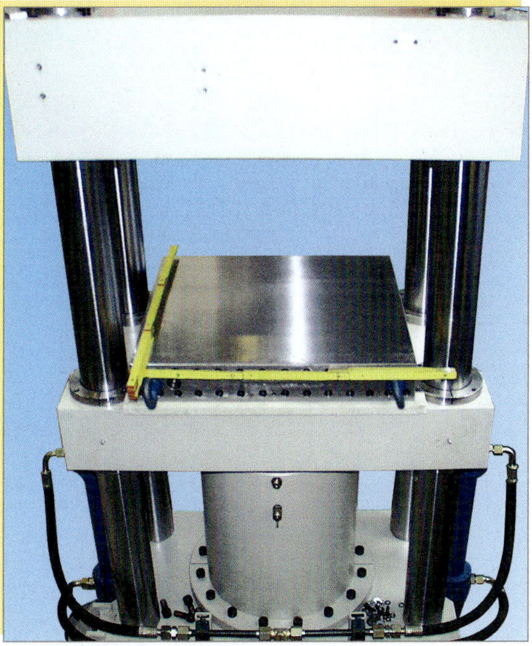

Bild 1: Säulen mit Hauptzylinder

14.2.2 Das hydraulische Teilsystem

Parallel zur mechanischen Fertigung und Montage werden nach Schaltplänen **(Bild 1, Seite 621)** die hydraulischen Bauelemente zu einer Hydraulikeinheit **(Bild 2)** zusammengebaut. Zentrales Element ist dabei der Hauptzylinder, der in diesem Falle bei einem Kolbendurchmesser von 280 mm und einem Kolbenhub von 300 mm für einen Betriebsdruck von 260 bar ausgelegt ist und eine Presskraft von 1600 kN ermöglicht. Zwei seitlich angebrachte Schließzylinder erfüllen die Aufgabe, große Hübe z.B. bei Werkzeugwechsel in kurzer Zeit zu bewältigen. Da die Montage der Zylinder überwiegend mechanische Fertigkeiten erfordert, werden diese auch bei der Erstellung des Säulengestells eingebaut.

Sowohl die Vorfertigung der Hydraulikbaugruppe mit der Hydraulikpumpe und den erforderlichen Hydraulikventilen als auch deren Einbau und Verbindung mit dem mechanischen Teil der hydraulischen Presse stellen an das Verständnis und das handwerkliche Können des Mechatronikers hohe Anforderungen. Da sowohl die Erzeugung der Kraft mittels eines Elektromotors als auch die Umsteuerung der Ventile durch elektrische Signale erfolgt, ist eine Einbindung in das elektrische Teilsystem erforderlich.

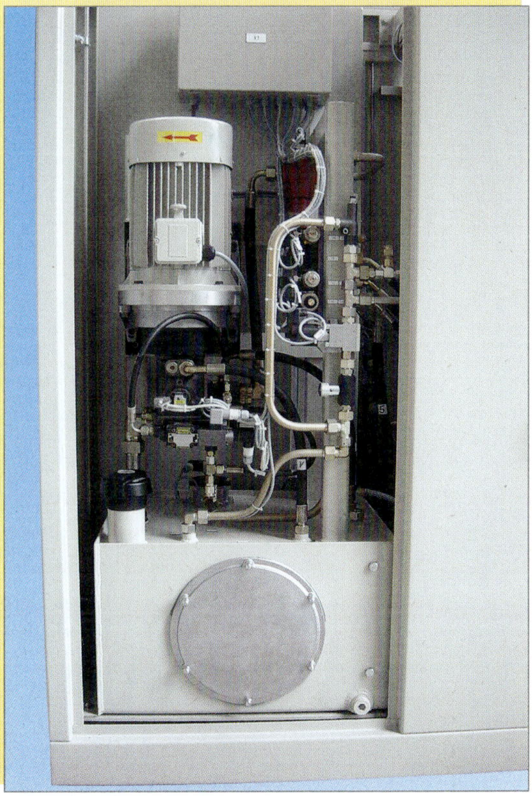

Bild 2: Hydraulikanlage

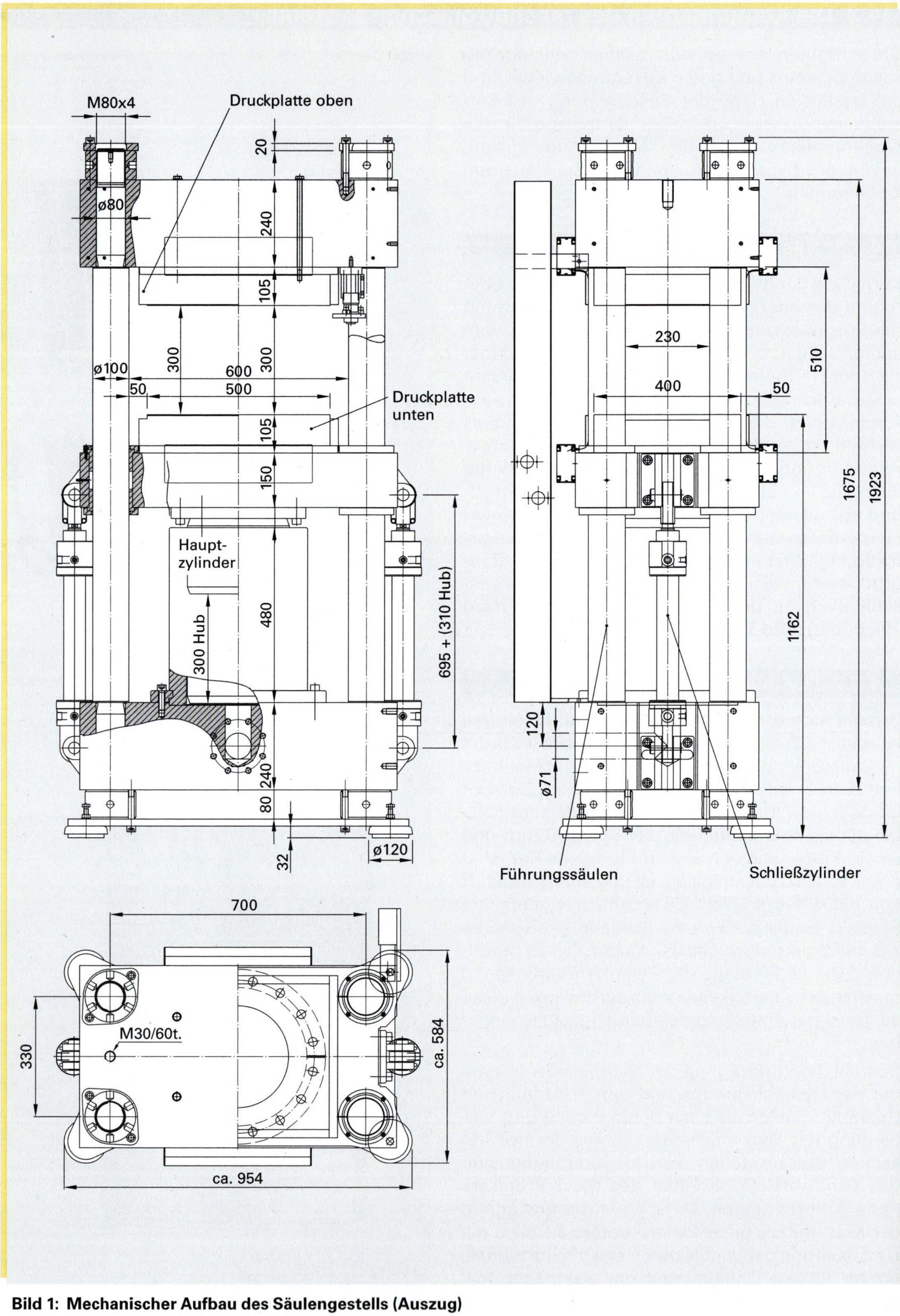

Bild 1: Mechanischer Aufbau des Säulengestells (Auszug)

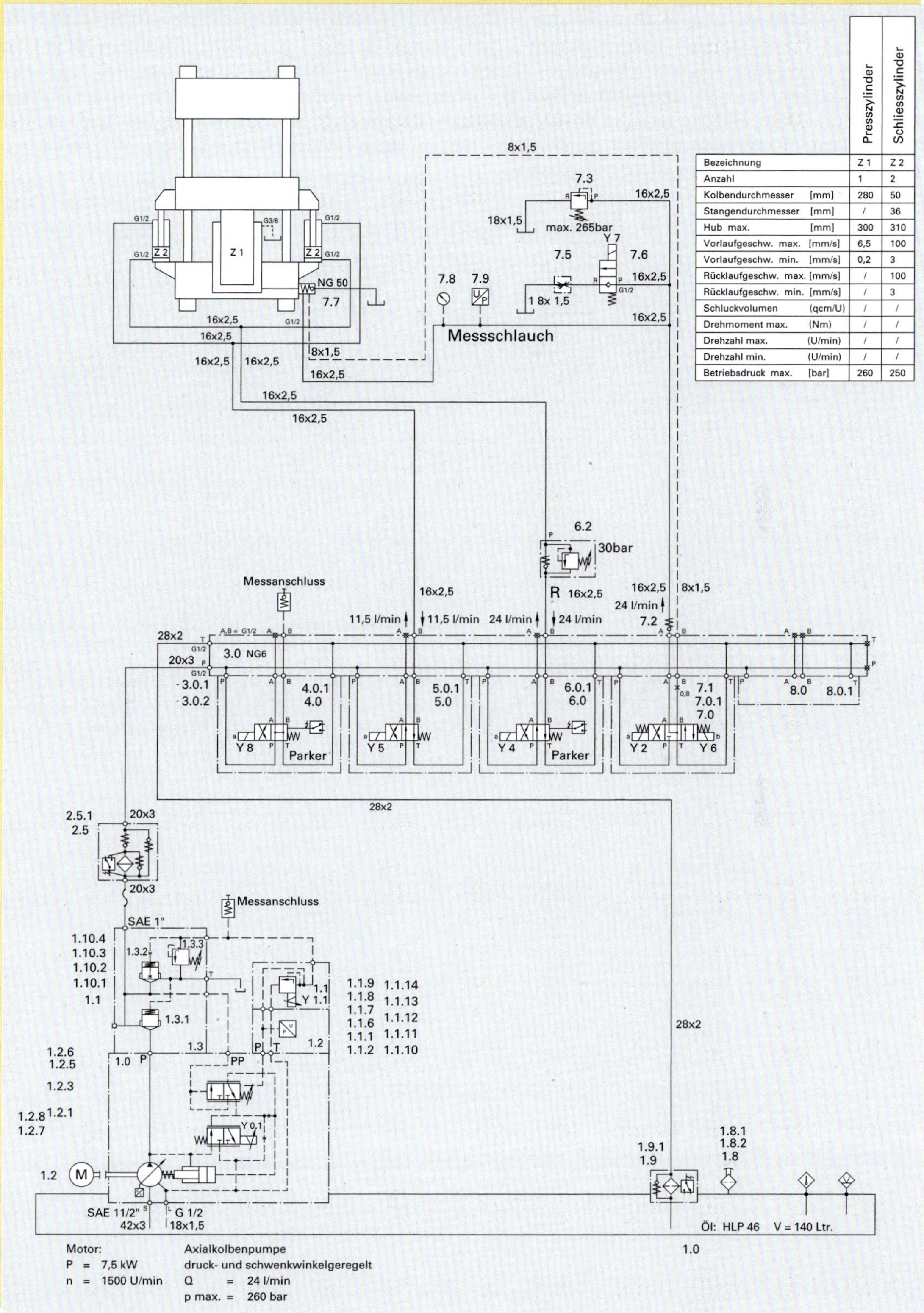

	Presszylinder	Schliesszylinder
Bezeichnung	Z 1	Z 2
Anzahl	1	2
Kolbendurchmesser [mm]	280	50
Stangendurchmesser [mm]	/	36
Hub max. [mm]	300	310
Vorlaufgeschw. max. [mm/s]	6,5	100
Vorlaufgeschw. min. [mm/s]	0,2	3
Rücklaufgeschw. max. [mm/s]	/	100
Rücklaufgeschw. min. [mm/s]	/	3
Schluckvolumen (qcm/U)	/	/
Drehmoment max. (Nm)	/	/
Drehzahl max. (U/min)	/	/
Drehzahl min. (U/min)	/	/
Betriebsdruck max. [bar]	260	250

Bild 1: Hydraulikplan für Presse (Auszug)

14.2.3 Das pneumatische Teilsystem

Die Aufgaben des pneumatischen Teilsystems im vorliegenden Falle sind auf das Öffnen und Schließen des Schutzgitters sowie das Bewegen der KT-Halterung (KT: Kurztakt) beschränkt. Pneumatische Elemente müssen dem Pneumatikplan **(Bild 1)** entsprechend montiert und mit Pneumatikschläuchen verbunden werden. Hierbei sind die Anschlussbezeichnungen exakt einzuhalten. Da das Auslösen der Zylinderbewegungen ausschließlich durch elektromechanische Taster erfolgt, ist auch hier eine Einbindung in das elektrische Teilsystem notwendig.

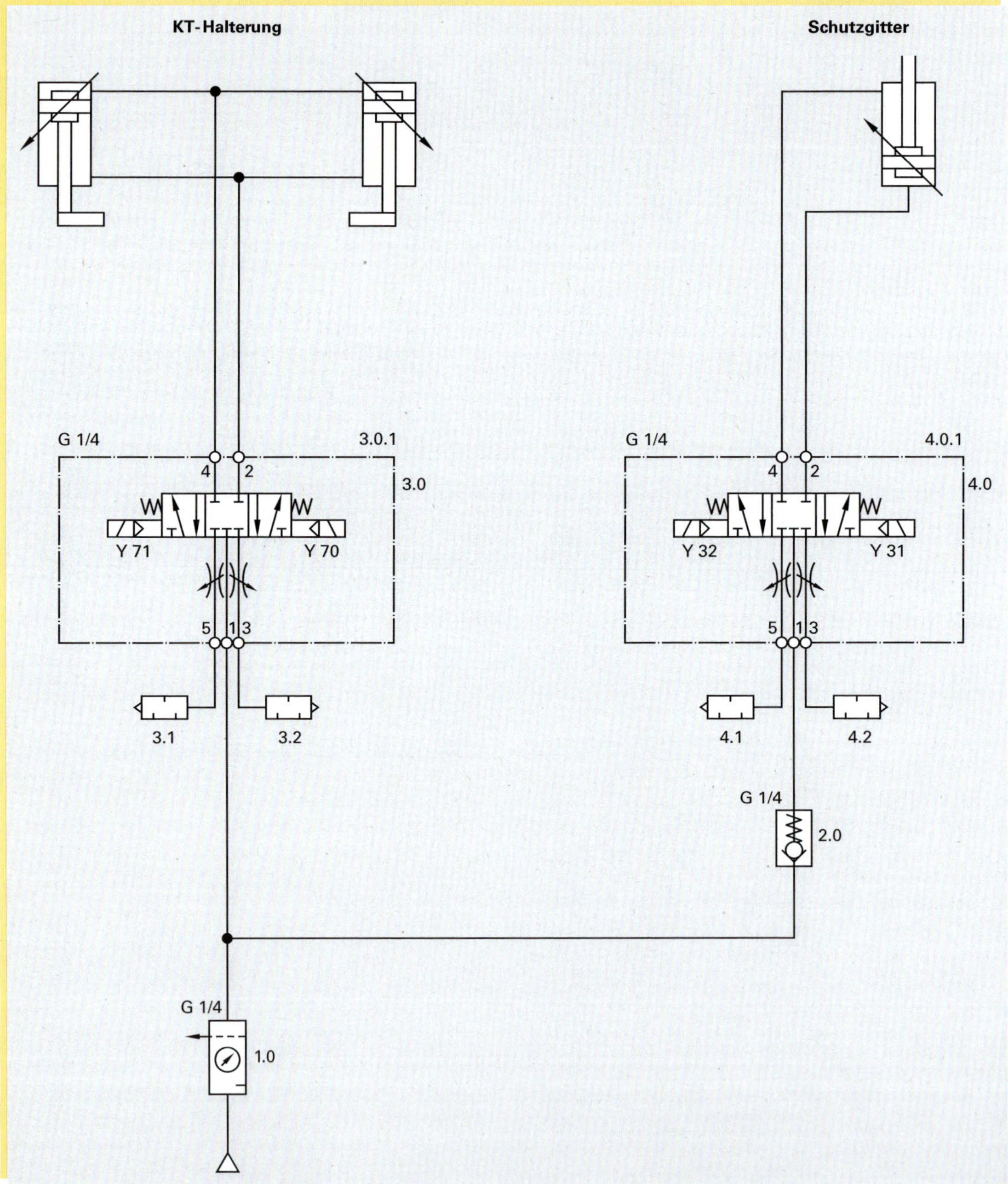

Bild 1: Auszug aus dem Pneumatikplan

14.2.4 Das elektrische Teilsystem

Die Informationsverarbeitung in mechatronischen Systemen wird durch eine an Bewegungsabläufe fest angebundene Verarbeitung von Messdaten und Erzeugung von Eingriffsdaten (z. B. NOT-AUS) bestimmt. Das Zentrum der Informationsverarbeitung der Presse bildet der Schaltschrank **(Bild 1)**.

Im Schaltschrank eingebaut sind:

- Bediengerät
- Steuereinrichtungen wie Rast- und Tastschalter
- Signalmelder
- Linienschreiber
- Montageplatten und Klemmleisten
- Steckverbindungen zu Stellgliedern wie Hydraulikmotor oder „Heizung oben"
- Schnittstelle für die dezentrale Peripherie
- Lüfter zur Kühlung der elektronischen Geräte im Schaltschrank

Damit im Fehlerfall oder bei Störungen des mechatronischen Systems, der Presse, die Ursache schnell gefunden und der Fehler behoben werden kann, ist eine präzise Dokumentation der elektrischen Bauteile, deren Anordnung und Zusammenwirken unabdingbar **(Bild 2)**. Dazu gehören:

- Verdrahtungsplan
- Verdrahtungsfarben
- Exakte Angaben über verwendete Komponenten (z. B. Leistungsangaben Hydraulikmotor oder Nennstrom der Überstromschutzeinrichtungen)
- Klemmenbeschriftung
- Lageplan der verbauten Komponenten wie Montageplatte oder Klemmleiste X7
- Detailpläne wie Potenzialpläne 0 V DC oder + 24 V DC

Auch die steuerungstechnische Seite, die Softwareseite, ist ebenso exakt zu dokumentieren:

- SPS-Typ (hier z. B. S7-315)
- Verwendete Ein- und Ausgangskarten (analog und/oder digital), Steckplatz der Karte
- Spezialkarten (Buskoppler, z. B. für Profibus DP oder AS-Interface)
- Zuordnungsliste (Querverweisliste, Liste, die Auskunft darüber gibt, welches Betriebsmittel welchem Eingang bzw. Ausgang zugeordnet ist)
- Programm (Schrittkette, PAP)

Um im Fehlerfall sagen zu können: Wenn im Stromlaufplan Seite x das Signal von jenem Thermofühler an der Klemme y (Montageplatte, Klemmleiste X7) ansteht, müsste das Schütz K1 z. B. anziehen, muss der Fachmann die genannten Dokumentationen lesen, die technischen Zusammenhänge verstehen und interpretieren können **(Bild 3)**.

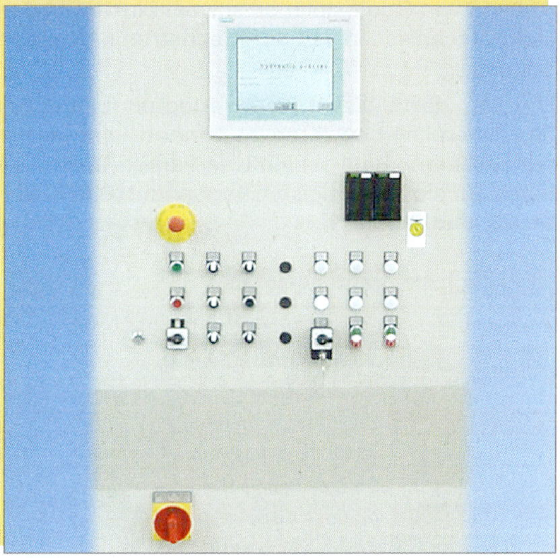

Bild 1: Vorderansicht Schaltschrank

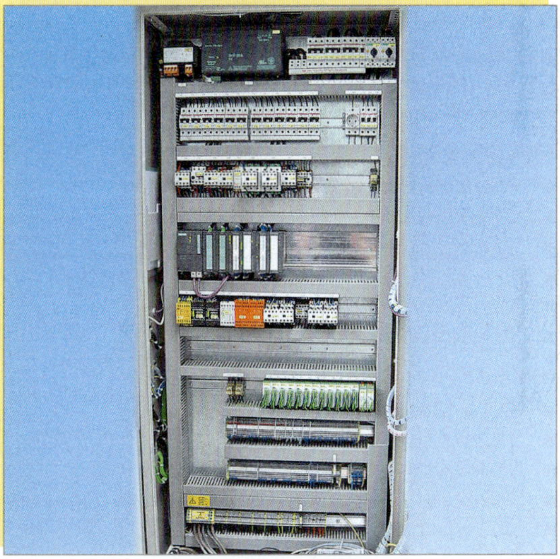

Bild 2: Innenansicht Schaltschrank

Bild 3: Detailansicht Montageplatte

Anhand von Originalplänen soll ein Einblick in den elektrotechnischen Teil der Mechatronik gegeben werden.

Um bei der Vielzahl von verlegten Leitungen den Überblick bewahren zu können, werden im Schaltschrank unterschiedliche Farben beim Auflegen auf die Klemmleisten verwendet **(Bild 3, Seite 623, und Tabelle 1)**.

Tabelle 1: Verdrahtungsfarben

Farbe	Verwendung
schwarz	400 V Hauptstromkreis
blau	N-Leiter
rot	230 V Steuerspannung
blau	+ 24 V Steuerspannung
grau	Geräteeinspeisung
violett / braun	Analoge Ausgänge
grün	Analoge Eingänge
orange	Fremdspannung

Der Schaltschrank ist in verschiedenen Etagen aufgebaut **(Tabelle 2)**. Für ihn (Ss) als auch für den Klemmenkasten (Kk) der dezentralen Peripherie existieren Lagepläne für **(Bild 1)**:

Klemmleisten:

- X0 = Klemmen 400 V AC (Ss)
- X1 = Klemmen 230 V AC (Ss)
- X2 = Klemmen + 24 V DC (Ss)
- X7 = Klemmen dezentrale Peripherie (Kk)
- X8 = Schutzeinrichtungen (Kk)
- X9 = Kontaktschutzleiste (Kk)

Steckverbindungen am Schaltschrank:

- SX1 = Motor
- SX2/SX3 = Heizung oben
- SX4/SX5 = Heizung unten
- SX7 = Hydraulik; überwachte Ventile
- SX8 = Schutzeinrichtung
- SX9 = Endschalter Presse
- SX10 = Busleitung

Der Klemmenkasten **(Bild 2)** der dezentralen Peripherie ist direkt über dem Pressenmotor platziert. In ihm ist die Steuerung der Schutzeinrichtung für die Presse wie auch die Koppelbaugruppe (Profi-Bus) zur SPS untergebracht.

Vorteile der Dezentralisierung:

- deutlich geringerer Teile- und Materialbedarf z.B. für Kabel und Kabeltrassen; vorkonfektionierte Leitungen können zum Einsatz kommen
- große Flexibilität bei Anpassungen und Erweiterungen der Anlage
- keine lange Fehlersuche bei Montage, Inbetriebnahme oder im Servicefall durch umfangreiche Diagnosefunktionen

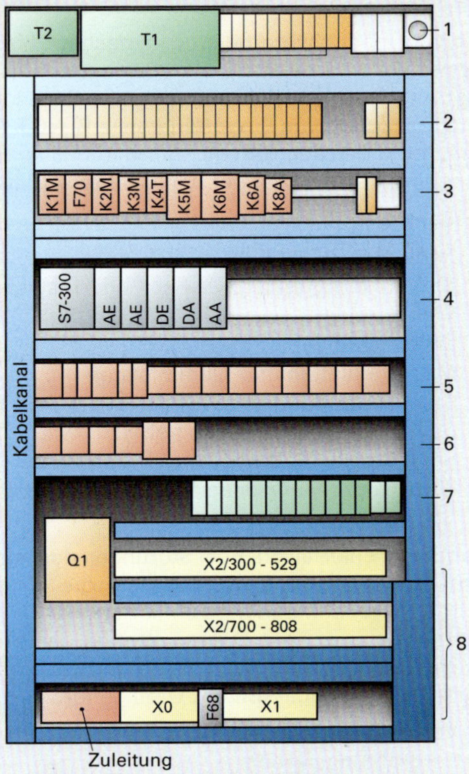

Bild 1: Schaltschrank mit Montageplatte

Tabelle 2: Etagen des Schaltschranks

Etage	Elemente/Bauteile
1	Steuertransformatoren T1; T2
1/2	Überstromschutzorgane
3	Leistungsschütze für Motor
4	SPS-Aufbau
5/6	Steuerschütze/Relais
7	Temperaturspannungswandler Temperaturüberwachung
8	Klemmleisten

Bild 2: Klemmkasten dezentrale Peripherie

Das Steuerpult der Presse ist in der Tür des Schaltschranks eingebaut. Typisch für viele mechatronische Systeme sind die Steuereinrichtungen, die auch bei dieser Presse zum Einsatz kommen.

1 Touch Panel; zur Einstellung von Programm-Parametern wie z.B. Einstellung des Wegeprofils des Pressenhubs
2 Hauptschalter (Rastschalter) zum Einschalten der Pressenanlage
3 NOT-AUS (Schlagpilz)-Rastschalter
4 Linienschreiber zur Aufnahme von Druck- und Temperaturkurven
5 Wahlschalter: Einrichten Hand- oder Automatikbetrieb (Schlüssel-Rastschalter)
6 Steuerung EIN/AUS (Tastschalter mit Signalleuchte)
7 Presse-Motor EIN/AUS (Tastschalter mit Signalleuchte)
8 Automatik-Start (Taster); hierfür muss Wahlschalter 5 auf Automatikbetrieb stehen
9 Störung AUS
10 Schutzgitter schließen/öffnen
11 KT-Halterung AUF/AB
12 Presse schließen/öffnen
13 Kühlen von Hand
14 Heizung EIN nach Kühlen
15 Heizung EIN/AUS
16 Handbetrieb Signalleuchte weiß
17 Signalleuchte Einrichten
18 Signalleuchte Automatik
19 Signalleuchte Ausblasen
20 Heizen
21 Kühlen

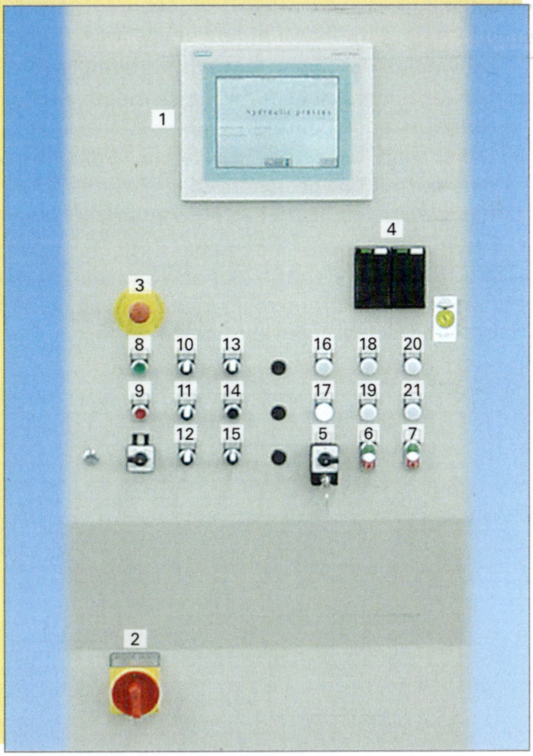

Bild 1: Steuertafel der Presse

Komponenten im Schaltschrank

Auf der Etage 1 **(Tabelle 2, Seite 624)** des Schaltschranks sind die Transformatoren T1 und T2 montiert. Transformator 1, ausgestattet mit Gleichrichtersatz, stellt die 24 V Gleichspannung (DC) zur Verfügung. An der Sekundärseite von Transformator T1 **(Bild 2)** wird die Steuerspannung abgegriffen. T2 muss eingesetzt werden, da der Hydraulikantrieb eine Bemessungsleistung von mehr als 3 kW aufweist.

Bild 2: Steuertrafo T1

Steuertransformatoren werden in der Regel zwischen zwei Außenleiter (L1 und L2) angeschlossen. Dadurch sind sie unabhängig vom Netzsystem einsetzbar. Auf der Sekundärseite können die Steuerstromkreise einseitig geerdet oder ungeerdet (aber dann mit Isolationsüberwachung) betrieben werden. Q4 **(Bild 3)** stellt einen Motorschutzschalter (zweipolige Darstellung) mit thermischer Auslösung zum Schutz der Motorwicklung (Überlastschutz) und magnetischer Auslösung (Kurzschlussschutz) dar. Als Leitungsschutzschalter wird „F67" bezeichnet. Sie sind Schutzeinrichtungen, die man nach einer Auslösung wieder einschalten kann. Der Transformator ist einseitig geerdet.

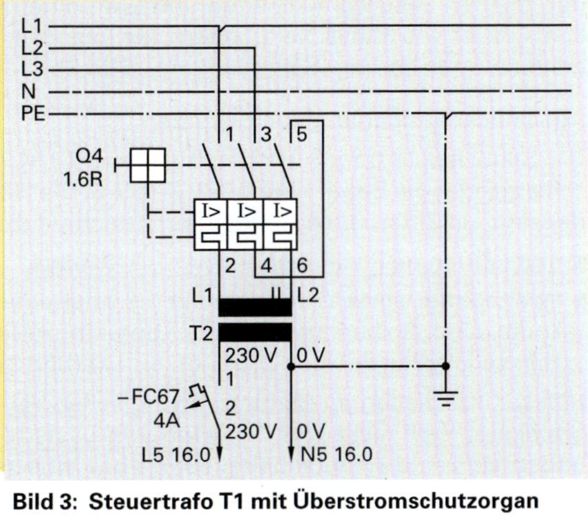

Bild 3: Steuertrafo T1 mit Überstromschutzorgan

Auswahlkriterien der Überstromschutzorgane für Steuerstromkreise:

- Der **Bemessungsstrom** ist auf die Belastbarkeit der Hilfsschaltglieder abzustimmen, sodass ein Verschweißen der Schaltkontakte verhindert wird (Herstellerangaben beachten).
- Die Abschaltzeit bei Kurzschluss muss unter einer Sekunde liegen, sonst könnten undefinierte Steuerungszustände eintreten.
- Selektivität muss gewährleistet sein; die Primärseite des Transformators T2 ist mit Q4 und die Sekundärseite mit F 67 gesichert. Diese Überstromschutzorgane müssen selektiv zueinander sein, damit nur der eventuell fehlerbehaftete Steuerkreis abgeschaltet wird.

Der **Hydraulikantrieb** erfolgt über Lastschütze und wird über Stern-Dreieck-Anlauf eingeschaltet (**Bild 1;** –QA1M, –QA2M, –QA3M). Schütze sind elektromagnetische Schalter mit Rückstellkraft, die mit geringer Hilfsenergie Laststromkreise mehrpolig schließen und öffnen können. Grundsätzlich werden Schütze in Haupt- und Hilfsschütze eingeteilt.

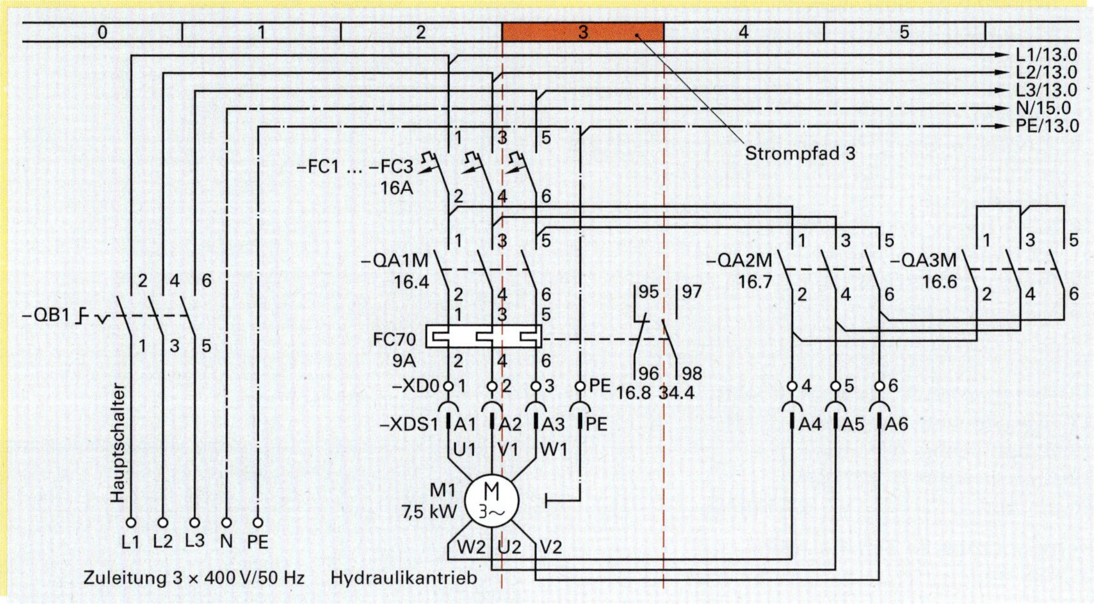

Bild 1: Schaltplan Hydraulikantrieb

Hauptschütze (Kennzeichen –QA), Lastschütze dienen zum Ein-, Aus-, und Umschalten (Stern-Dreieck-Anlauf) des Laststromkreises (Motor M1 **Bild 1**). Sie verfügen über Hauptschaltglieder, die den Laststrom schalten und über eine unterschiedliche Anzahl von Hilfsschaltgliedern für logische Verknüpfungen und Speicherung (Selbsthaltung) **(Bild 2).**

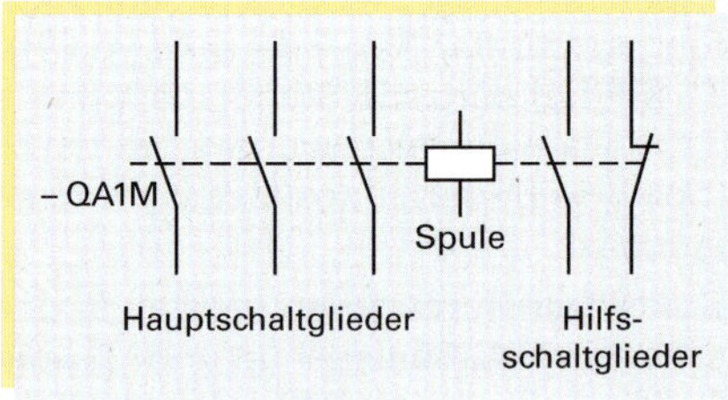

Bild 2: Hauptschütz

Anschlussbezeichnung von Schützen

Die Schützspule trägt die Kennzeichnung A1, A2; die Hauptschaltglieder die Bezeichnung 1-2; 3-4; 5-6. Die Hilfsschaltglieder sind mit Ziffern belegt. Dabei kennzeichnet die:

- erste Ziffer die Positionsnummer 1, 2, 3 usw.
- zweite Ziffer einen Öffnerkontakt 1-2 oder einen Schließerkontakt 3-4. So bedeutet z. B. die Kontaktbezeichnung 21-22: Hilfsschaltglied Position 2 Öffnerkontakt **(Bild 3).**

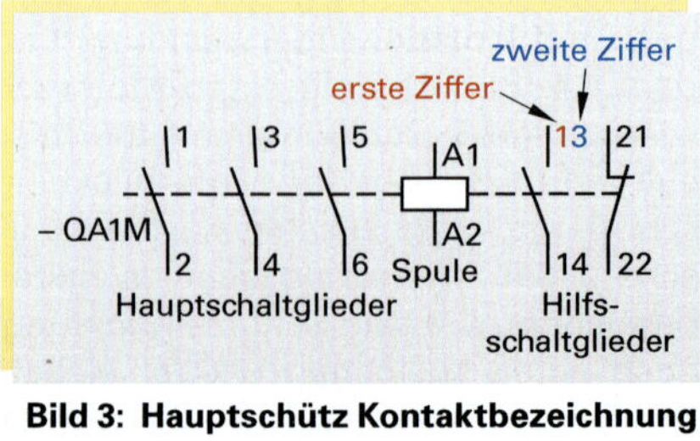

Bild 3: Hauptschütz Kontaktbezeichnung

Hilfsschütze dienen zur Bildung von logischen Verknüpfungen. Sie eignen sich nicht zum Schalten von Lastströmen. Daher haben sie keine Hauptschaltglieder, aber eine relativ große Anzahl von Hilfsschaltgliedern.

Für Schütze zum Schalten von Motoren **(Bild 1)** stehen zwei Arten des Magnetantriebes zur Verfügung:

- konventioneller Antrieb; hierbei wird die Magnetspule direkt über die Anschlüsse A1/A2 mit der Steuerspannung ein- und ausgeschaltet
- elektronischer Antrieb; die Magnetspule wird durch eine vorgeschaltete Steuerelektronik gezielt mit dem benötigten Leistungsbedarf für sicheres Schalten und Halten versorgt.

Schütze sind sowohl mit AC (40 bis 60 Hz) als auch mit DC ansteuerbar. Sie werden mit verschiedenem Zubehör vom Hersteller geliefert **(Bild 2)**.

Bild 1: Schütz 3-polig

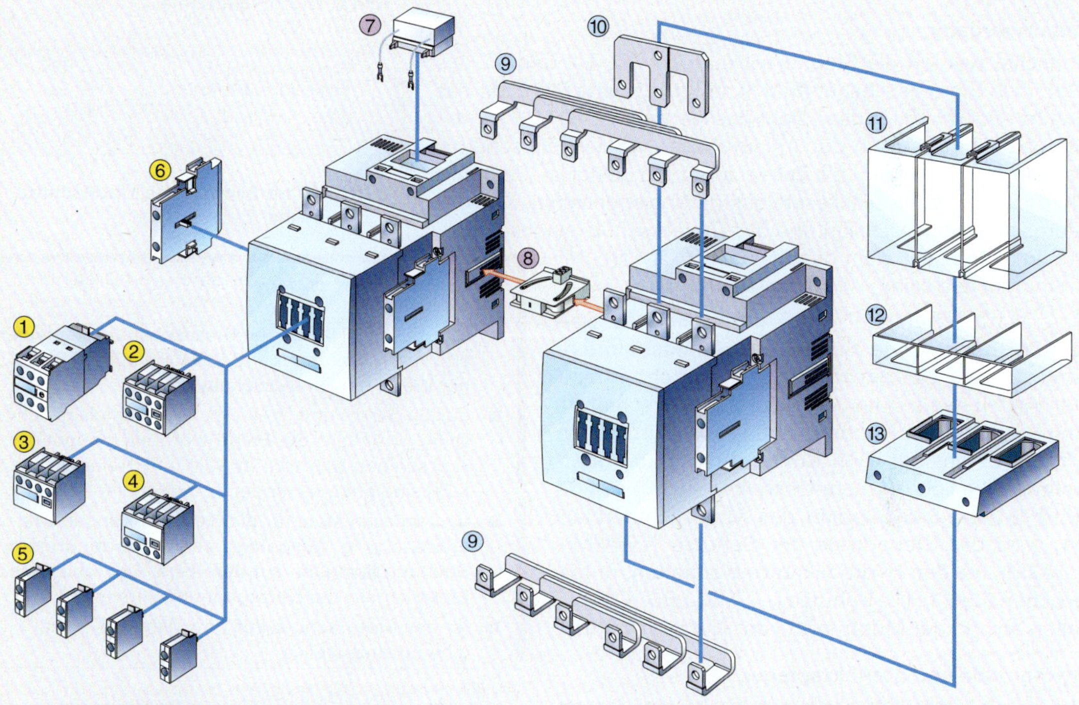

① Hilfsschalterblock, elektronisch verzögert (ansprech- oder rückfallverzögert oder Stern-Dreieck-Funktion)
② 4-poliger Hilfsschalterblock (Anschlussbezeichnungen nach DIN EN 50 012 oder DIN EN 50 005)
③ 2-poliger Hilfsschalterblock, Leitungseinführung von oben
④ 2-poliger Hilfsschalterblock, Leitungseinführung von unten
⑤ 1-poliger Hilfsschalterblock (max. 4 aufschnappbar)
⑥ 2-poliger Hilfsschalterblock, seitlich rechts oder links anbaubar (Anschlussbezeichnungen nach DIN EN 50 012 oder DIN EN 50 005) (gleich für S0 bis S12)
⑦ Überspannungsbegrenzer (RC-Glied) oben an Einschubspule ansteckbar
⑧ Mechanische Verriegelung, seitlich anbaubar
⑨ Verdrahtungsbausteine oben und unten (Reversierbetrieb)
⑩ Parallelschaltverbindung (Sternpunktbrücke), 3-polig, mit Durchgangsloch, unterschiedlich für Baugrößen S6 und S10/S12
⑪ Anschlussabdeckung für Kabelschuh- und Schienenanschluss unterschiedlich für Baugrößen S6 und S10/S12
⑫ Klemmenabdeckung für Rahmenklemme unterschiedlich für Baugrößen S6 und S10/S12
⑬ Rahmenklemmenblock, unterschiedlich für Baugrößen S6 und S10/S12

● Gleiches Zubehör für Baugrößen S0 bis S12
● Gleiches Zubehör für Baugrößen S6 bis S12
● Zubehör unterschiedlich je nach Baugröße

Bild 2: Motorschütz mit Zubehör (Beispiele)

Stern-Dreieck-Anlassverfahren des Hydraulikantriebs

Da der Hydraulikantrieb einen Anlassstrom IA ≤ 60 A hat, kann der Motor über die Stern-Dreieck-Anlassschaltung angefahren werden. Aus diesem Grunde besteht die Wicklung des Motors M1 aus drei voneinander getrennten Wicklungssträngen, die in Stern- oder Dreieckschaltung miteinander verbunden werden können **(Bild 1)**. In **Sternschaltung** beträgt die **Stromaufnahme** des Motors nur **ein Drittel** der Stromaufnahme in Dreieckschaltung. Dadurch wird aber auch in Kauf genommen, dass in der Sternschaltung auch das Drehmoment nur ein Drittel des Momentes bei Dreieckschaltung beträgt. Ebenso verringert sich auch die Leistung des Motors in der Sternschaltung auf ein Drittel der Leistung bei Dreieckschaltung. Daher muss man vor Einsatz des Stern-Dreieck-Anlassverfahrens prüfen, ob das stark herabgesetzte Anzugsmoment ausreicht, um die Arbeitsmaschine, den Hydraulikantrieb darüber anlaufen zu lassen.

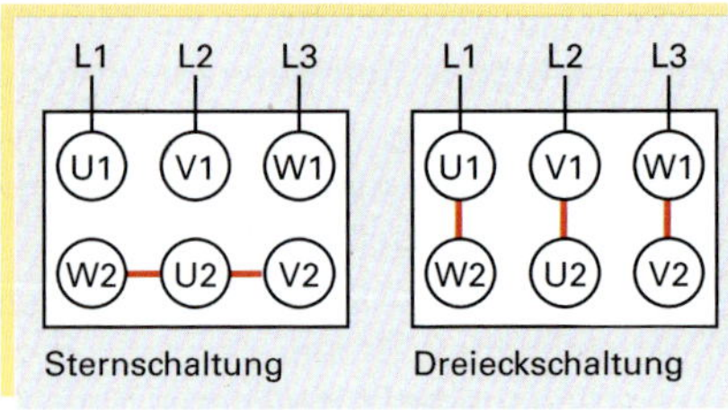

Bild 1: Stern-Dreieck-Schaltung

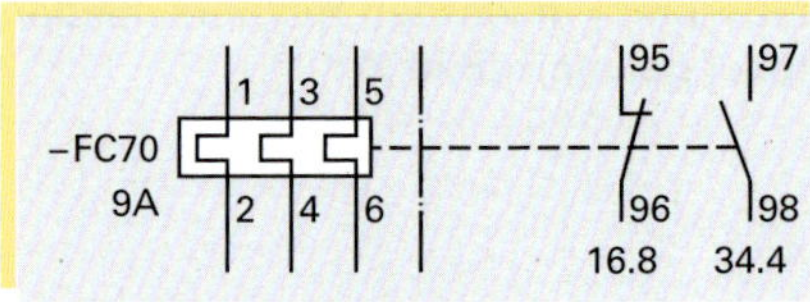

Bild 2: Motorschutzrelais

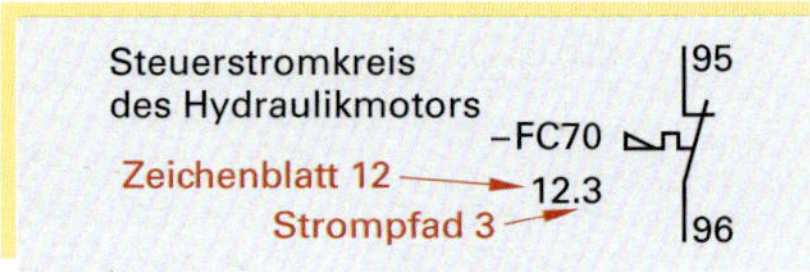

Bild 3: Öffnerkontakt des Motorschutzrelais

Anlassvorgang

Zunächst werden die Ständerwicklungen W2, U2 und V2 des Motors in Stern geschaltet **(Bild 1)**. In **Bild 1, Seite 626** zieht das Schütz –QA3M an. Sodann zieht das Netzschütz –QA1M an, der Motor befindet sich in der Anlaufphase. Mit dem Einschalten des Sternschützes wird die Zeitverzögerung gestartet (Zeitrelais –KF4T **Bild 4**). Ist die Zeit dieser Verzögerung abgelaufen, wird das Sternschütz ausgeschaltet und das Dreieckschütz eingeschaltet. In **Bild 1, Seite 626** zieht das Schütz –QA2M an. Der Motor gibt nun seine volle Nennleistung ab.

Das Motorschutzrelais –FC70/9A **(Bild 1, Seite 626)** besitzt eine thermische Auslöseeinrichtung. Dieses Überstromrelais entspricht in seiner Arbeitsweise der des Motorschutzschalters und wird auf den Nennstrom des zu schützenden Motors eingestellt. Den Kurzschlussschutz übernehmen die Leitungsschutzschalter –FC1 bis –FC3 **(Bild 1, Seite 626)**. Spricht das Motorschutzrelais an, wird der Steuerkreis der Schütze (–QA1M – –QA3M), die den Hydraulikantrieb schalten, unterbrochen **(Bild 3)**. Die Schütze (–QA1M und –QA2M) fallen ab und der Motor wird vom Netz getrennt.

Bei Stern-Dreieck Anlassverfahren von Drehstrommotoren:

- reduzieren sich in der Sternschaltung Anlaufstrom, Drehmoment und Leistung auf ein Drittel der Werte der Dreieckschaltung
- dürfen Stern- und Dreieckschütz niemals gleichzeitig anziehen; die Folge wäre ein dreipoliger Kurzschluss. Sternschütz K3M und Dreieckschütz K2M sind gegeneinander zu verriegeln
- und müssen stets für die Netzspannung in Dreieckschaltung ausgelegt sein. Die niedrigste Spannungsangabe auf dem Leistungsschild des Motors muss der Netzspannung entsprechen
- ist der Motorschutz auf den Wert 0,578-mal I_N (I nenn) einzustellen

Strompfade und Kontaktspiegel

Die schaltungstechnischen Unterlagen der Presse sind in Strompfade aufgeteilt **(Bild 3, Seite 629)**. In **Bild 1, Seite 626** sind z.B. nur die Schützkontakte von –QA1M dargestellt, die Schützspule fehlt. In Stromlaufplänen in aufgelöster Darstellung ist es üblich, Spule und Kontakte eines Schützes getrennt darzustellen. Sie werden in den Strompfaden platziert, in denen sie wirksam sind. Daher erhalten die Betriebsmittel wie auch die Schaltglieder dieser Betriebsmittel die gleiche Kennzeichnung. Aufgrund dieses Sachverhaltes kann leicht festgestellt werden, in welchen Strompfaden die Schaltglieder zu finden sind und zu welchem Schütz sie z.B. gehören. Die einzelnen Strompfade sind nummeriert, wodurch eine gute Übersichtlichkeit der schaltungstechnischen Unterlagen erreicht wird.

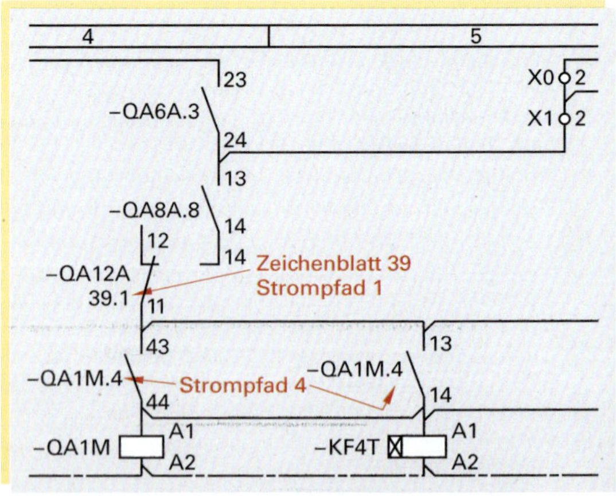

Bild 4: Schließerkontakt von K1M steuert K4T

Der Kontaktspiegel bezieht sich immer auf das Betriebsmittel, unter dem er sich befindet. **Bild 1** zeigt den Kontaktspiegel von Schütz –QA1M. Daraus ist zu entnehmen, dass die Hauptkontakte des Schützes –QA1M auf Blatt 12 im Strompfad 2 und 3 liegen.

Die Schließerkontakte 13, 14 und 43, 44 sind in der vorliegenden Schaltplanseite im Strompfad 5 und 4 zu finden.

Die **Klemmleisten (Bild 1, Seite 624)** sind Bestandteil des Verbindungsplans. In ihm werden Leitungsverbindungen zwischen Betriebsmittel einer Anlage, wie hier der Presse, dargestellt. Die einzelnen Adern werden zu Leitungsbündeln zusammengefasst, wobei jedes Ende einer Leitungsader mit einer Zielangabe versehen ist. Die Klemmen jeder Klemmleiste –XD werden fortlaufend durchnummeriert.

–XD7.3 bedeutet:

Klemmleiste –XD7 – dezentrale Peripherie Klemme 3

Bild 2 verdeutlicht, dass die Klemmenbezeichnung der gleichen Leitungsader für jede Klemmleiste eindeutig sein muss.

Anhand der beschriebenen Schaltungsunterlagen, der Kenntnis und dem Verständnis der technischen Zusammenhänge, können in der Produktion Montagearbeiten parallel durchgeführt werden. Während ein Techniker die Montageplatte bestückt, kann ein anderer die Leitungsbündel verlegen, ein dritter ist z. B. mit dem Klemmkasten der dezentralen Peripherie beschäftigt.

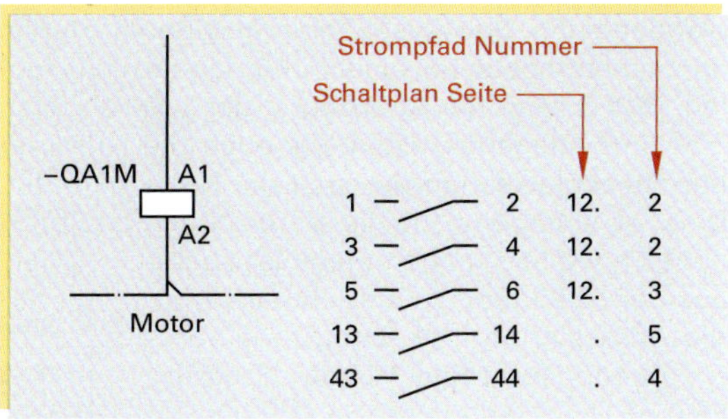

Bild 1: Kontaktspiegel von K1M

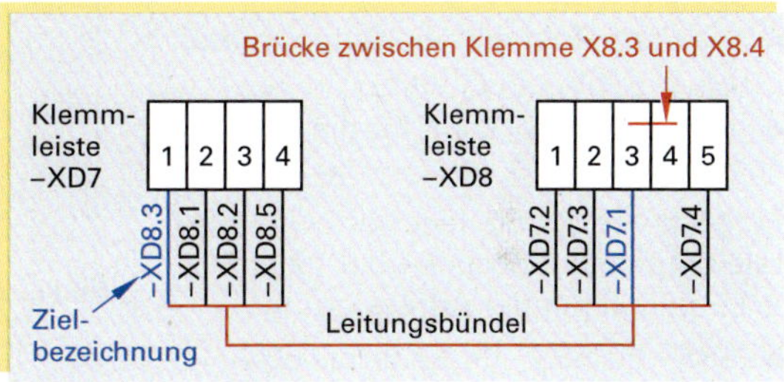

Bild 2: Klemmleisten

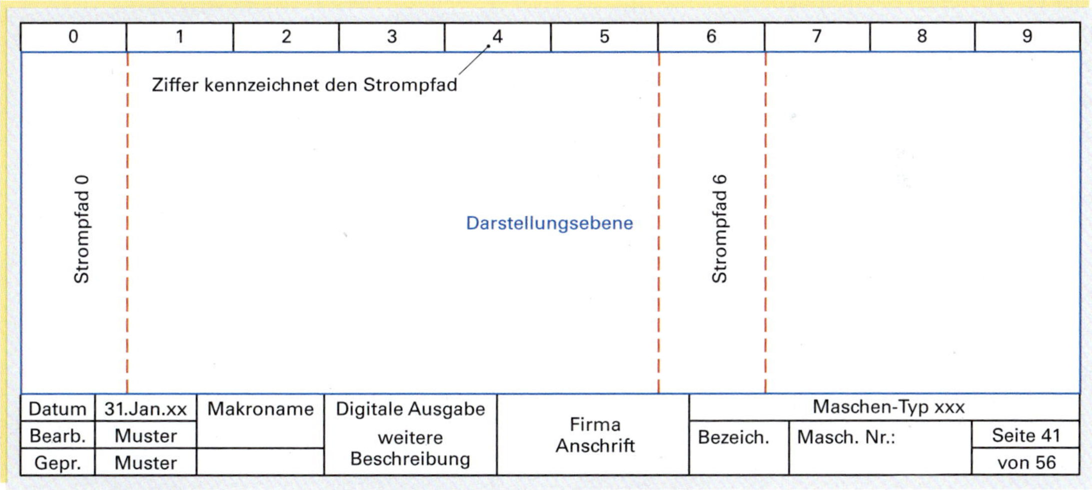

Bild 3: Zeichnungsblatt zur Erstellung technischer Schaltungsunterlagen

Für das Zurechtfinden in technischen Unterlagen ist die Angabe der Seiten- und Pfadnummer unabdingbar. Nur anhand dieser Nummern sind die Schaltungsunterlagen zu lesen und bei der Fehlersuche wegweisend **(Bild 3)**.

In **Bild 4** wird z. B. durch die Angabe von 18.2/L 64 – 0 V DC angegeben, dass auf Seite 18 Strompfad 2 das Potenzial L64 – durch einen Netztrafo gebildet wird und dem Potenzial 0 V DC entspricht.

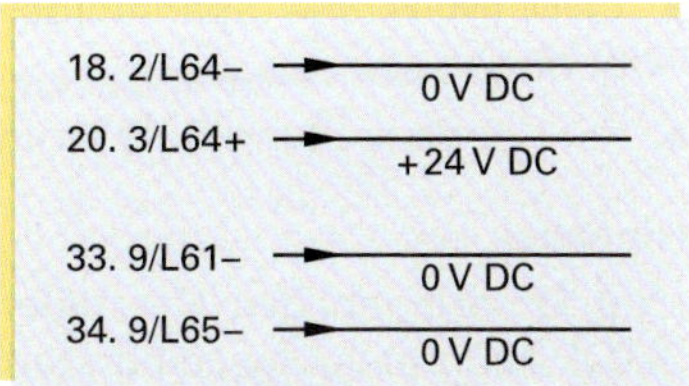

Bild 4: Darstellung der Strompfad- und Blattnummer

14

Wie in **Bild 1, Seite 624** ersichtlich, befindet sich auf der 4. Etage im Schaltschrank die SPS (Typ S7-300).

Die genaue Anordnung der CPU als auch der verwendeten Ein- und Ausgabebaugruppen dürfen in den schaltungstechnischen Unterlagen nicht fehlen. **Bild 2** zeigt die Anordnung der verwendeten Ein- und Ausgangskarten wie auch die Nummer des Steckplatzes, an der sich die Karte befindet. Dies ist einerseits für die Verdrahtung außerordentlich wichtig, andererseits ist auch aus der Abbildung zu entnehmen, wie die Adressierung der Baugruppe vorzunehmen ist. In **Bild 1** ist der Eintrag E8.0 – E11.7 zu erkennen.

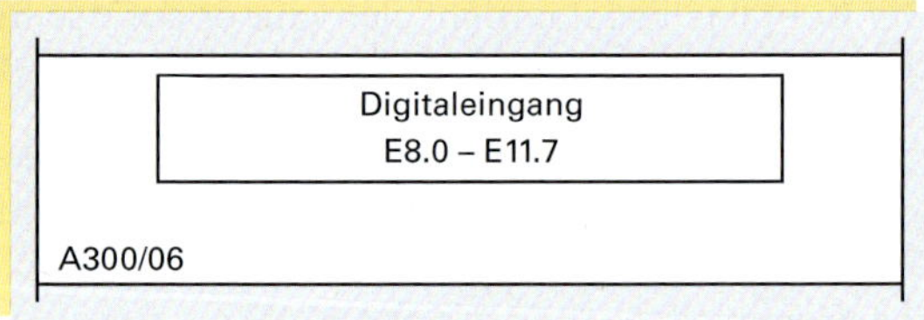

Bild 1: Bestückung Steckplatz 6/S7-300

Erläuterung:

- E steht für Eingang
- die erste Zahl gibt die Bytenummer an, hier z. B. die Ziffer 8
- die zweite Zahl steht für die Bitnummer, hier z. B. 0

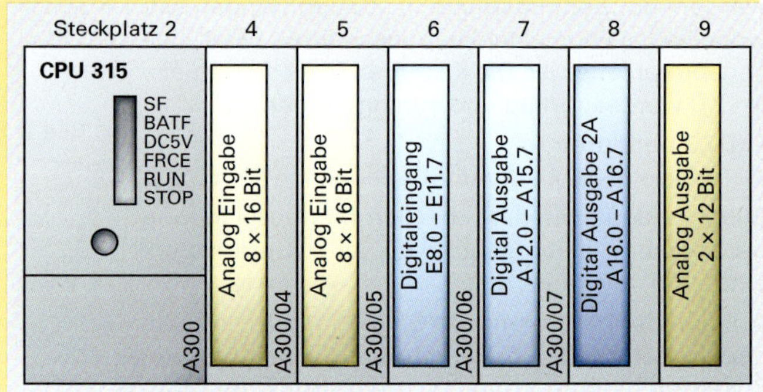

Bild 2: Aufbau der SPS; Steckplätze

Folglich verfügt die hier verbaute digitale Eingabebaugruppe über 32 digitale Eingänge mit der Adressierung:

- E8.0 bis E8.7 E9.0 bis E9.7
- E10.0 bis E10.7 E11.0 bis E11.7

Entsprechendes gilt für die anderen hier verwendeten Baugruppen.

Bild 3 zeigt den (typischen) Anschluss einer SPS an ein 400-V-Netz.

- Klemme –XD0 → Netzanschluss
- –QB1.0/35A → Hauptschalter (EIN/AUS) Belastbarkeit 35 A
- –FC1.1 → Schutzschalter mit thermischer (Überlastungsschutz) und magnetischer (Kurzschluss-Schutz) Auslösung. Seine Charakteristik (Strom-Zeit-Kennlinie) ist auf das Netzteil T1.0 abzustimmen
- T1.0 → Netzteil (SITOP) 360 – 500 V AC → 24 V DC/20 A (Wandlung von Wechselspannung in Gleichspannung)
- –FC1.0 und –FC1.2 → Leitungsschutzschalter 4A Typ C
- L+ M (Masse) → Spannungsversorgung
- PE → Erde (Leitung Gelb/Grün)

Hinweis:

Laut Unterlagen des Herstellers von SITOP kann eingangsseitig statt eines Schutzschalters auch ein Leitungsschutzschalter vorgesehen werden.

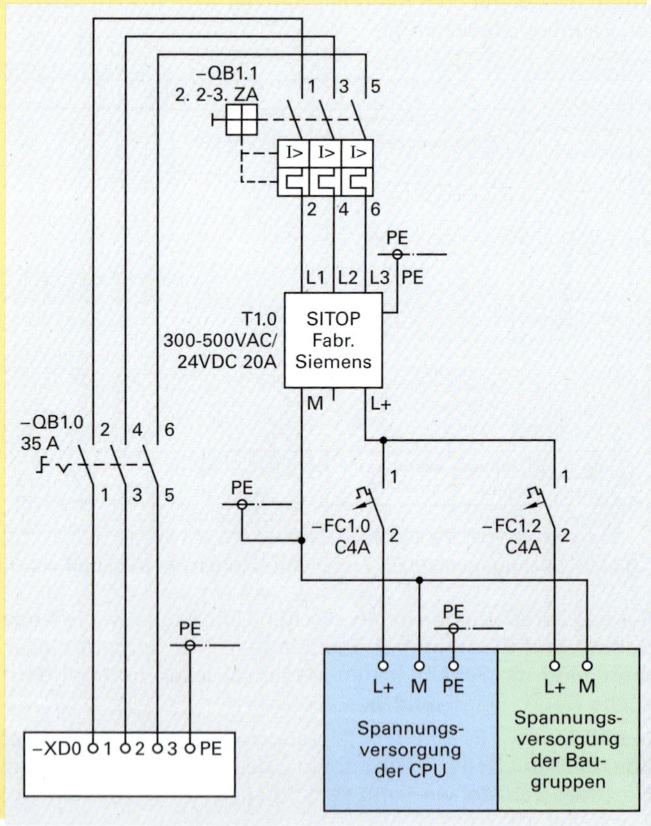

Bild 3: Spannungsversorgung der SPS

Die Abbildungen **(Bild 2, Bild 3)** zeigen einen Programmausschnitt aus dem SPS-Programm der Pressensteuerung. **Bild 2** zeigt den Programmausschnitt in Kontaktplandarstellung; **Bild 3** zeigt die Umsetzung der Kontaktplandarstellung in die Funktionsplandarstellung.

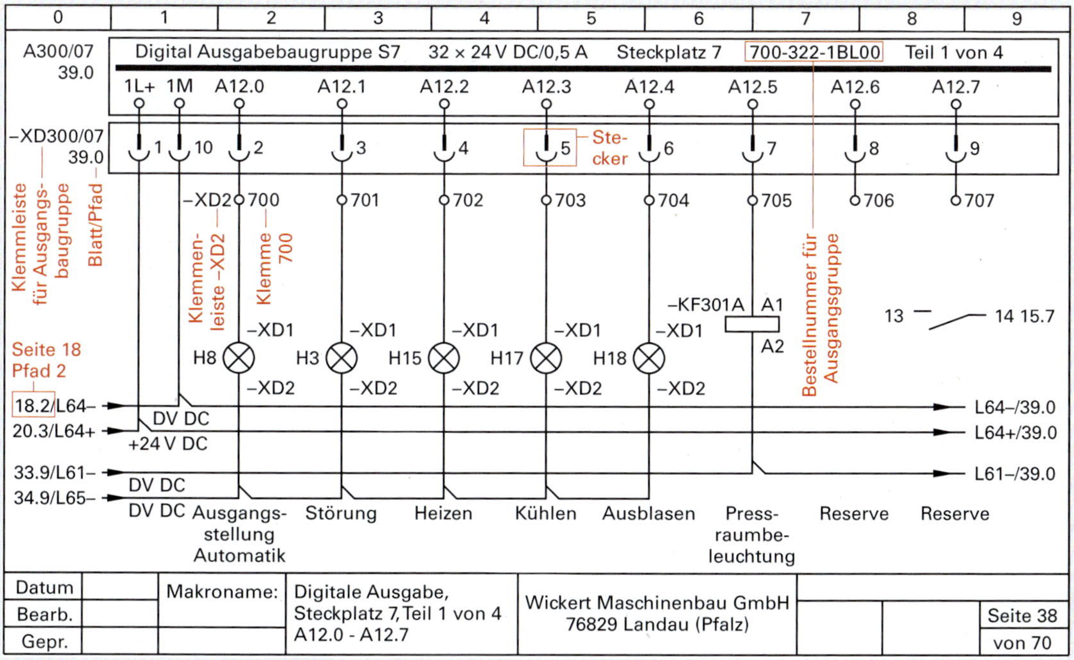

Bild 1: Ausschnitt aus den elektrotechnischen Unterlagen der Laborpresse

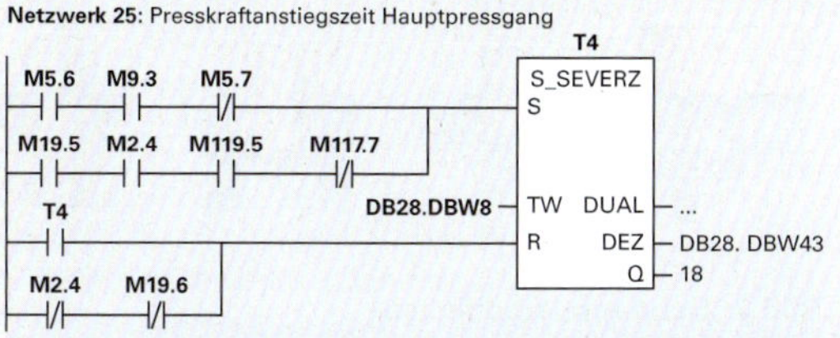

Merker	Beschreibung
M5.6	Presse schließen
M9.3	Druckaufbaugeschwindigkeit/ Druck bis Hochdruck
M5.7	Start Zeiten bei ca. 30 bar
T4	Zeit Presskraft aufbau
M19.5	Betriebsart Hand angewählt
M2.4	Presse schließen in Hand
M119.5	Druckaufbaugeschwindigkeit ist aktiv
M117.7	Pressdruck HD erreicht bzw. Drucknachsetzten Ein (1.-5. VPS)
DB28.DBW8	T4 Sollwert Presskraftaufbauzeit in Sek.
T4	Zeit Presskraftaufbau
M2.4	Presse schließen in Hand
M19.6	Betriebsart Automatik angewählt

Bild 2: Kontaktplan des SPS-Programms der Pressensteuerung (Ausschnitt)

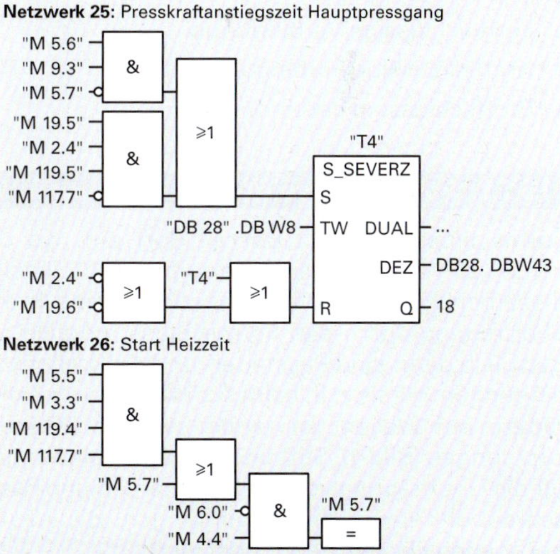

Bild 3: Umsetzung des Kontaktplans in den entsprechenden Funktionsplan

Arbeitsauftrag:

Beschaffen Sie sich in Ihrem Ausbildungsbetrieb nach Rücksprache mit Ihrem Ausbilder alle technischen Unterlagen eines mechatronischen Systems und sichten Sie diese. Erstellen Sie einen Arbeitsplan für die Montage dieses Systems.

15 Montage, Inbetriebnahme und Instandhaltung mechatronischer Systeme

Unter der **Montage** versteht man alle Tätigkeiten, die erforderlich sind um aus Einzelteilen und vorgefertigten (vormontierten) Baugruppen funktionsfähige Systeme zu erhalten.

Im Bereich der Mechatronik können dies, abhängig von den Gegebenheiten des jeweiligen Betriebes, sehr unterschiedliche Tätigkeiten sein. So werden neben den rein mechanischen Verbindungsarbeiten vor allem auch pneumatische, hydraulische und elektrische Arbeitsaufgaben mit dem Begriff Montage umschrieben.

Die Hauptaufgaben der Montage im Bereich der Mechatronik sind:

- Das Fügen von Bauteilen
- Das Prüfen und Justieren

15.1 Die Montagetätigkeit Fügen

Durch Fügen werden Werkstücke oder Baugruppen an den „Fügestellen" miteinander verbunden. Nach der Wirkweise (s. Kapitel 7.6) wird dabei grundsätzlich unterschieden in:

- Formschlüssige Verbindungen
- Kraftschlüssige Verbindungen
- Stoffschlüssige Verbindungen

15.1.1 Formschlüssige Verbindungen

Formschlüssigkeit tritt überall dort auf, wo die beiden zu verbindenden Teile zumindest teilweise dieselben Konturen besitzen, sodass eine Kraftübertragung durch den Formschluss möglich ist. Beispiele dafür sind Passfeder- und Keilwellenverbindungen wie sie z. B. beim Aufbringen von Zahnrädern auf Wellen verwendet werden, Klauenkupplungen **(Bild 1)**, Stift und Bolzenverbindungen für die Übertragung von Drehmomenten und Passschrauben- sowie Nietverbindungen, die häufig bei ebenen Flächen verwendet werden.

Neben den genannten Funktionseinheiten zum formschlüssigen Fügen wird auch bei **Schnappverschlüssen** dieses Prinzip angewandt **(Bild 2)**. Dabei wird die Elastizität von Werkstoffen ausgenutzt. Kugel- oder hakenförmige Teile greifen in die entsprechend ausgeformte Gegenform und verhaken sich dann in der gewünschten Position **(Bild 3)**.

Bild 1: Formschlüssige Klauenkupplung

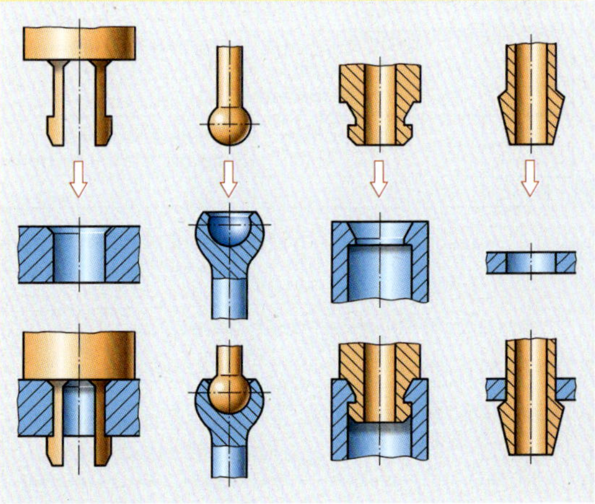

Bild 2: Schnappverschlüsse

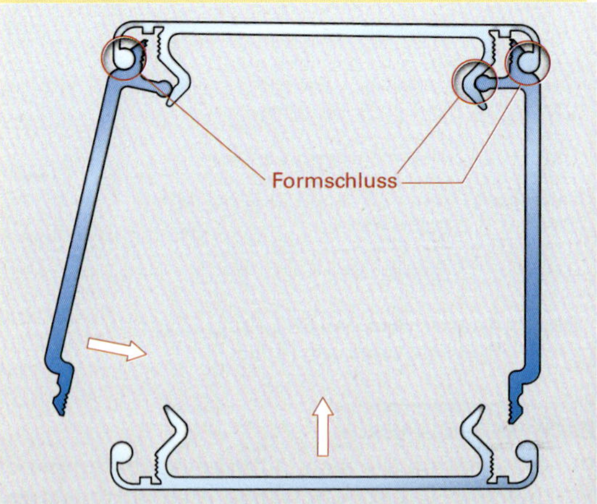

Bild 3: Anwendung von Schnappverschlüssen

15.1.2 Kraftschlüssige Verbindungen

Beim Aufeinanderpressen von Werkstücken entstehen Reibungskräfte. Diese werden bei kraftschlüssigen Verbindungen, wie z.B. bei der Profilmontage **(Bild 1)** zur Übertragung von Kräften und Momenten ausgenutzt.

Bei starren Körpern ist die Größe der Reibungskraft F_R abhängig von der Normalkraft F_N und der Reibungszahl μ. Als Normalkraft wird der Anteil der Kraft bezeichnet, der senkrecht auf die Berührungsfläche trifft. Die Reibungszahl μ (siehe Tabellenbuch) ist ein Erfahrungswert, der die Materialkombination, die Oberflächenbeschaffenheit, den Schmierzustand und die Reibungsart berücksichtigt. Bei der Reibungsart wird unterschieden in Haftreibung, z.B. bei festen Verbindungen **(Bild 1)**, Gleitreibung, z.B. bei Führungsbahnen, und Rollreibung, z.B. bei Kugelumlaufspindeln.

Reibungskraft = Reibungszahl · Normalkraft

$$F_R = \mu \cdot F_N$$

Die Reibungskraft wirkt der Bewegung entgegen (siehe auch Kapitel 6).

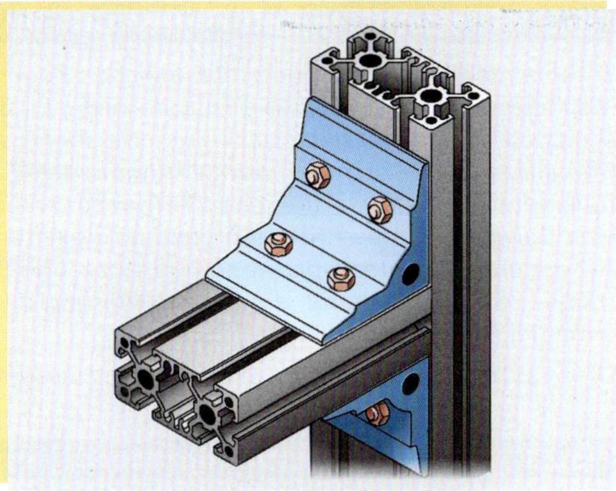
Bild 1: Kraftschlüssige Verbindung

15.1.3 Stoffschlüssige Verbindungen

Stoffschlüssige Verbindungen werden durch Löten, Schweißen oder Kleben erreicht. Dabei werden die zu verbindenden Werkstücke durch Adhäsions- und Kohasionskräfte zusammengehalten **(Bild 2)**.

Sehr häufig kommen bei der Montage von Bauteilen auch Kombinationen der Verbindungsprinzipien zum Einsatz. So ist z.B. bei der in **Bild 3** abgebildeten Profilverbindung über das hakenförmige Verbindungselement ein Formschluss gegeben, die endgültige Stabilität wird jedoch über den Kraftschluss zwischen den Berührungsflächen erreicht. Auch die Kombination von Kraftschluss durch Schrauben und Stoffschluss durch Kleben ist eine oft benutzte Kombination.

Bild 2: Stoffschluss durch Weichlöten

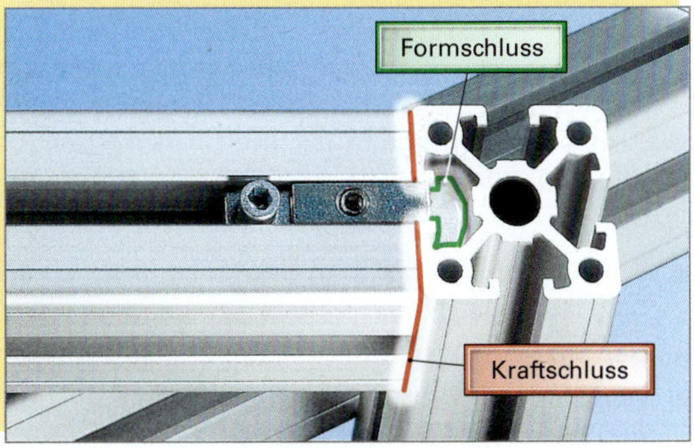

Bild 3: Formschluss und Kraftschluss

Bewegliche und feste Verbindungen

Je nach Anwendung wird von den Verbindungen erwartet, dass sie **beweglich** oder **fest** sind. Eine Führungsrolle z.B. muss beweglich auf einer Achse montiert sein, die Achse dagegen muss unbeweglich also fest mit dem Trägerprofil verbunden sein **(Bild 4)**. **Lösbare** Verbindungen können ohne Zerstörung zerlegt werden (z.B. Schraubverbindung), bei **unlösbaren** Verbindungen müssen die Verbindungstellen (z.B. Schweißverbindung) zerstört werden (siehe auch Kapitel 6).

Bild 4: Bewegliche Verbindung

15.2 Montagetätigkeit Prüfen und Justieren

Entsprechend der vielen unterschiedlichen Fügemöglichkeiten und -anwendungsfälle im Bereich der Mechatronik können auch die Erfordernisse an die Montagetätigkeit Prüfen und Justieren sehr verschieden sein. Im Bereich der reinen Mechanik sind dies Funktionsprüfungen wie Leichtgängigkeit, Stabilität u.a. Die Dichtheit der Leitungen, das Vorhandensein von Hydraulikflüssigkeit, die Überprüfung der Höhe des erforderlichen Betriebsdruckes und die Justierung von Zylindern und Endschaltern sind Beispiele für die Prüf- und Justiertätigkeiten in der Hydraulik und Pneumatik. Die Höhe und die Art der eingespeisten Spannung für Haupt- und Steuerstromkreis, die richtige Bestückung mit Sicherungen, die Verkabelung, die Parametrierung der Sensoren u.a. sind Prüf- und Justieraufgaben aus dem Elektrobereich.

Grundsätzlich können die Prüf- und Justiertätigkeiten **vor**, **während** und **nach** der Montage anfallen.

15.2.1 Prüftätigkeiten vor der Montage

Vor der Montage müssen die zu montierenden Bauteile geprüft werden auf:

- Vollzähligkeit: entsprechend den Anweisungen der Stückliste oder Montageanweisung
- Vollständigkeit und Funktionsfähigkeit: Zusammengesetzte Bauteile wie Kupplungen, Getriebe, Ventilblöcke etc. müssen auf fehlerfreie Funktion untersucht werden.
- Zustand und Sauberkeit: Die verwendeten Bauteile dürfen nicht verschmutzt, gealtert (Keilriemen, Dichtungen usw.), verschlissen, korrodiert, defekt oder beschädigt sein.
- Identität: die Identität der Bauteile muss zweifelsfrei feststehen. Es muss Übereinstimmung mit der Stückliste, Lieferschein o.Ä. bestehen.
- Form- und Maßhaltigkeit: die wichtigsten Maß- und Formvorgaben, vor allem an Kontaktstellen, müssen überprüft werden.
- Werkzeuge: sie müssen auf ihre Tauglichkeit und Funktionstüchtigkeit untersucht werden.
- Hilfsstoffe und Zusatzstoffe: Klebstoffe, Dichtstoffe, Schmierstoff u.a. müssen auf Eignung und Alterungsgrad untersucht werden.

15.2.2 Prüftätigkeiten während der Montage

Während der Montage muss überprüft werden, ob die neu montierten Teile und Baugruppen ihre zugedachte Funktion fehlerfrei erfüllen und somit der Gesamtfunktion zuträglich sind. Es sind vor allem zu prüfen:

- Die Leichtgängigkeit von Bauteilen, die sich später bewegen müssen wie z.B. Wellen, Spindeln und Schlitten.
- Der Sitz von Verbindungen, die belastet werden, muss auf die Belastbarkeit hin überprüft werden.
- Die Maßhaltigkeit und Lagen von Bauteilen und Baugruppen, die durch die Montage entstanden sind.
- Der Sitz von Verdrahtungen, Verschlauchungen und Verrohrungen ist zu prüfen auf Kontaktfähigkeit bzw. Dichtheit.

15.2.3 Prüftätigkeiten nach der Montage

Nach der Montage muss geprüft werden, ob die Montage erfolgreich durchgeführt wurde. Im Einzelnen ist dies:

- Vollständige Verwendung der einzelnen Bauteile und Baugruppen.
- Korrekte Ausführung der einzelnen Verbindungen.
- Betriebsmittel (Hydrauliköl, Schmierstoffe u.a.) im Bedarfsfall in der geforderten Menge auffüllen.
- Dichtheit von Gehäusen, Rohr- und Schlauchverbindungen überprüfen.
- Elektrische Installation auf Sicherheit prüfen.
- Softwareinstallation überprüfen.

Vor der Aufstellung und Installation von mechatronischen Anlagen und Maschinen muss der Ort, an dem das System betrieben werden soll, überprüft werden:

- Sind alle notwendigen Sicherheitsmaßnahmen durchführbar?
- Gehen von der Anlage Emissionen (z.B. Lärm, Dämpfe) aus, die an dem geplanten Ort nicht erlaubt sind?
- Werden Mindestabstände zu anderen Maschinen und Fluchtwegen eingehalten?
- Sind die Bedingungen am Aufstellort wie Staubentwicklung, Erschütterungen, Temperatur, Feuchtigkeit u.a. für den Betrieb der Anlage mit allen verwendeten Bauteilen und Werkstoffen geeignet?
- Sind die Standfestigkeit und Tragfähigkeit des Bodens, der Wände, der Stützen und Träger gesichert?
- Ist die Energieversorgung (elektr. Spannung, Druckluftversorgung etc.) vorhanden?

Arbeitsauftrag:

Die im nebenstehenden Technologieschema dargestellte Kontrollstation **(Bild 1)** soll zur Erkennung von unterschiedlichen Materialien eingesetzt werden. Die würfelförmigen Werkstücke werden dazu von einem Sauggreifer von einer definierten Position abgeholt und zur Erkennung abgelegt. Nach der Erkennung wird der Würfel, je nach Werkstoff, zur Ausschussrutsche transportiert

Erstellen Sie einen Plan, welche mechanischen, pneumatischen und elektrischen Prüfungen und Justierungen nach der Vormontage in der Werkstatt vorgenommen werden können.

Entwickeln Sie die dazugehörige Checkliste.

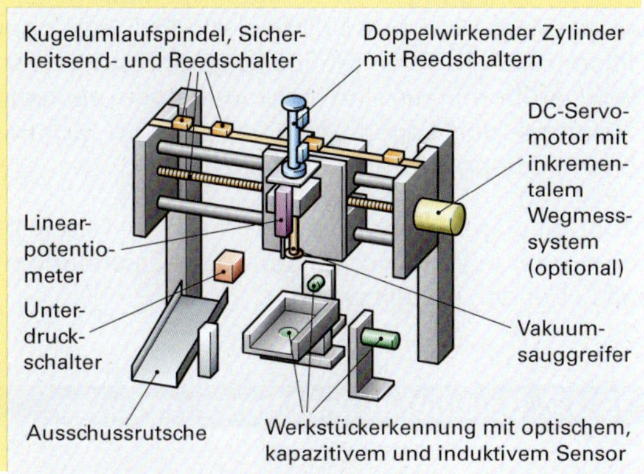

Bild 1: Kontrollstation

15.3 Montageplanung

Eine effiziente Montageplanung beginnt bereits bei der Konstruktion eines Produktes. Die Gestaltung der einzelnen Teile sollte unter Montagegesichtspunkten so erfolgen, dass sie einfach, sicher und schnell zusammengebaut und ebenso wieder demontiert werden können **(Bild 2)**. Hauptziele einer montagegerechten Konstruktion sind:

- Verringerung der Teilezahl
- Reduzierung der Fügerichtungen
- Vermeidung von biegeschlaffen Teilen (z.B. Kabeln) vor allem bei automatisierter Fertigung
- Begrenzung der Produktvarianten
- Einfügen von Positionier- und Justierhilfen (z.B. Fasen und Anschläge)

Bei der Neukonstruktion von Großserien ist die montage- und demontagegerechte Konstruktion neben der fertigungs- und der recyclinggerechten Konstruktion schon weit verbreitet, bei dem Entwurf von Einzelanlagen ist sie jedoch noch nicht in ausreichendem Maße berücksichtigt.

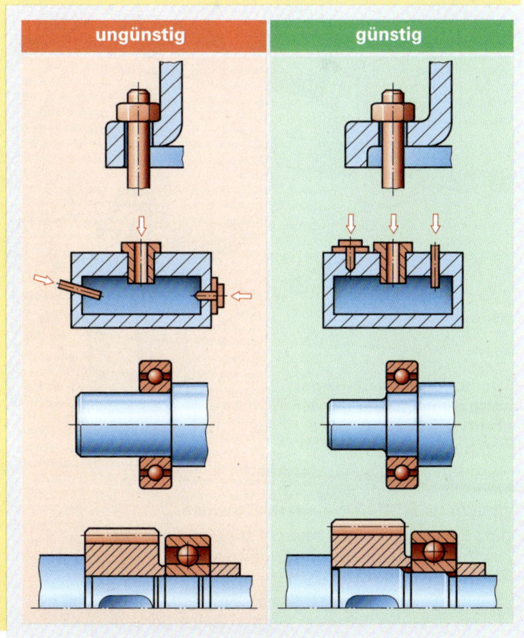

Bild 2: Konstruktive Maßnahmen der Montagegerechtheit

15.3.1 Der Montageplan

Im Montageplan sind alle für die Montage erforderlichen Zeichnungen und Anweisungen zur Montagedurchführung enthalten.

Grundlage für die Montageplanung ist die Kenntnis der Struktur des zu montierenden Systems. Sie ist am einfachsten aus den Zusammenbauzeichnungen, perspektivischen Ansichten oder Explosionszeichnungen zu entnehmen. Daraus sind die Fügestellen und die Teilfunktionen und damit unter Beachtung verschiedener Regeln **(Bild 1)** auch eine logische Reihenfolge der Montage zu ermitteln.

Bei der Festlegung der Montagefolge muss geklärt werden, wie und mit welchen Werkzeugen oder Hilfsmitteln die Teile miteinander verbunden werden. Darüberhinaus sind im Montageplan auch die Funktions- und Lageprüfungen, die vom Montierenden durchzuführen sind, festzulegen.

Montagepläne können verbal, meist in Tabellenform, oder in Form von Bildern oder Zeichnungen mit Legenden erstellt werden.

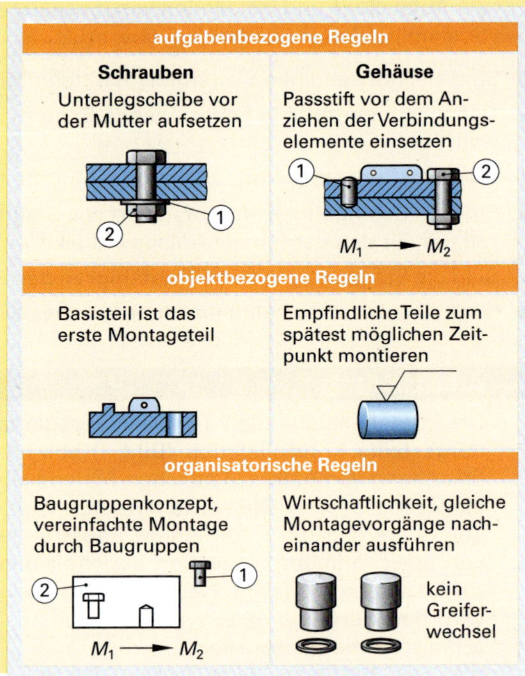

Bild 1: Beispiele für Montageregeln

15.3.2 Beispiel eines Montageplanes

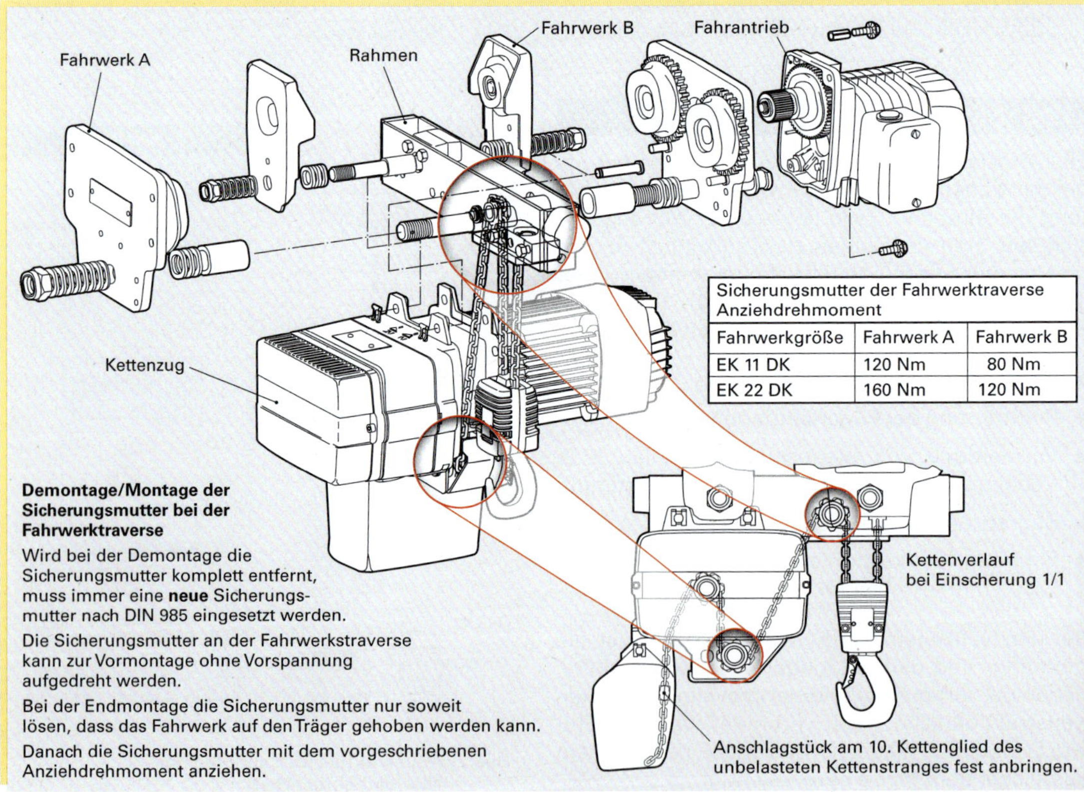

Sicherungsmutter der Fahrwerktraverse Anziehdrehmoment		
Fahrwerkgröße	Fahrwerk A	Fahrwerk B
EK 11 DK	120 Nm	80 Nm
EK 22 DK	160 Nm	120 Nm

Demontage/Montage der Sicherungsmutter bei der Fahrwerktraverse

Wird bei der Demontage die Sicherungsmutter komplett entfernt, muss immer eine **neue** Sicherungsmutter nach DIN 985 eingesetzt werden.

Die Sicherungsmutter an der Fahrwerkstraverse kann zur Vormontage ohne Vorspannung aufgedreht werden.

Bei der Endmontage die Sicherungsmutter nur soweit lösen, dass das Fahrwerk auf den Träger gehoben werden kann.

Danach die Sicherungsmutter mit dem vorgeschriebenen Anziehdrehmoment anziehen.

15.4 Organisationsformen der Montage

Die Montage von Einzelteilen und Baugruppen kann manuell, mechanisiert, teil- oder vollautomatisiert erfolgen. Unabhängig davon ist eine Unterscheidung in Einzel- und Reihen- bzw. Fließmontage üblich.

Einzelstücke oder Kleinserien werden meist in Einzelmontage gefertigt. Einzelmontage liegt dann vor, wenn alle Montagevorgänge für eine Baugruppe oder ein komplettes System an einem Platz vorgenommen werden, so wie es beispielsweise bei der Getriebemontage oder der Montage eines Handhabungsgerätes denkbar ist. Dabei können durchaus mehrere solcher Einzelmontageplätze, auf denen identische oder unterschiedliche Baugruppen oder Systeme gefertigt werden, parallel bestehen.

Wird die Montagetätigkeit in mehrere Teilverrichtungen gegliedert, die in einer zeitlichen Abhängigkeit zueinander stehen, so spricht man von Reihen- oder Fließmontage. Zur Umsetzung dieser Montageorganisation sind Roboter, Handhabungsgeräte, Magazine, Ordnungs- oder Vereinzelungsgeräte, Pressen u.a. mithilfe von Fördereinrichtungen zu Linien, Ringen, Karrees oder vermaschten Netzen **(Bild 1)** verbunden.

Mechatroniker sind in vielen Fällen Nutzer dieser Einrichtungen, häufig sind sie aber auch für die Projektierung, die Montage und die Wartung solcher Anlagen verantwortlich.

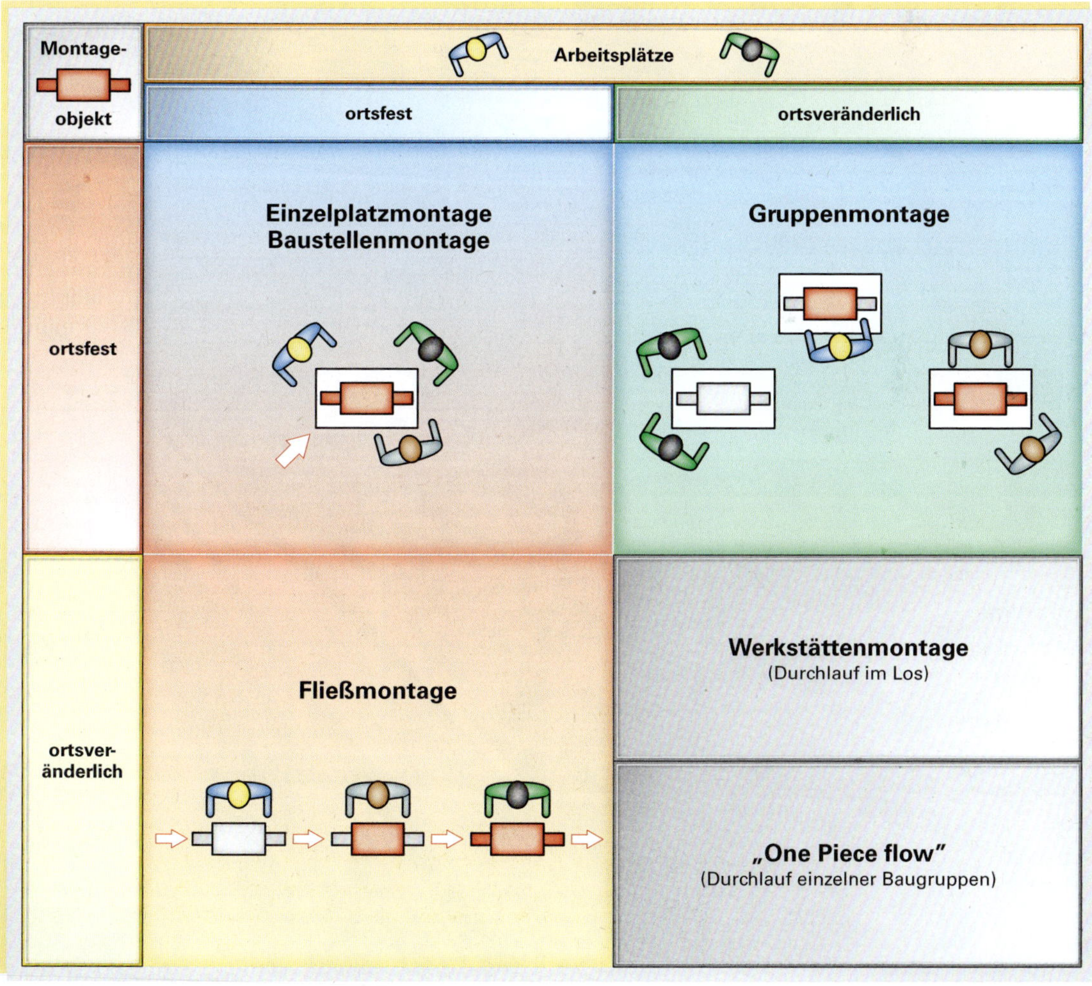

Bild 1: Montageorganisationsformen

Die flexibelste Form der Automatisierung stellt das vermaschte Netz dar. Auf ihm können ohne aufwendige Umrüstarbeiten unterschiedliche Produkte in wechselnder Reihenfolge und unterschiedlicher Stückzahl montiert werden.

Dabei werden die Werkstücke in der Regel auf einen Werkstückträger, der über Fördereinrichtungen zu den einzelnen Stationen befördert wird, platziert. Dazu ist es erfoderlich, dass die Produktdaten über das transportierte Werkstück, die Daten der durchgeführten Montageschritte und die Prüf- bzw. Messdaten erfasst und gespeichert werden. Die Materialzuführung erfolgt entweder geordnet in Kisten oder Magazinen auf Vorrat, oder abhängig vom jeweils zu montierenden System auf Bedarf.

Als Beispiel für eine solche flexible, hoch automatisierte Montage soll hier die Montageeinrichtung für einen Pkw oder Lkw genannt werden. Daran ist gut erkennbar, dass neben der reinen Organisation des Montageablaufes vor allem auch eine optimal organisierte und koordinierte Logistikplanung (Nachschub z.B. an vorgesehenen Getrieben, Motoren, Gehäuseteilen) erforderlich ist.

Bild 1: Blick auf Montageanlage

15.5 Montagebeispiele

Das Produktspektrum, mit dem Mechatroniker konfrontiert werden ist, wie mehrfach schon erwähnt, ungeheuer groß. Es reicht von kleinen elektromechanischen Systemen wie z. B. einem Handhabungsgerät in der Feinwerktechnik bis zu größen Montagestraßen in der Fahrzeugindustrie. Entsprechend sind auch die Montagehinweise der zu montierenden Systeme oder Teilsysteme ganz unterschiedlich.

Allen gemeinsam ist jedoch, dass sie unbedingt einzuhalten sind, um möglichst Schaden an Menschen (Monteure und Benutzer) sowie an Systemen zu verhindern und einen reibungslosen und funktionsgerechten Betrieb zu garantieren.

Allgemeine Hinweise in Montageanleitungen

Die Montage von Mechatronischen Systemen oder Teilsystemen darf nur von **geschultem Personal** durchgeführt werden. Dies erfordert qualifizierte Kenntnisse von mechanischen, pneumatischen, hydraulischen und elektrischen Zusammenhängen und die Fähigkeit sowie die Bereitschaft zum genauen Studium der Montageunterlagen und zur Einhaltung der vorgeschriebenen Sicherheitsmaßnahmen.

Hinweise zum Transport

Vor dem Aufstellen oder der Montage ist die Verpackung auf ihre ordnungsgemäße Funktion zu überprüfen. Schäden, die durch defekte Verpackungen entstanden sind, müssen unverzüglich dem Transporteur bzw. dem Hersteller gemeldet werden. Die gelieferten Systeme sind auf Vollständigkeit zu überprüfen. Bei größeren Anlagen sind die Hinweise zur Beförderung zu beachten **(Bild 1),** da eine unsachgemäße Befördung zum Montageort durch falsche Hebezeuge oder falsche Befestigung zu starken Beschädigungen führen kann. Dabei ist vor allem auch die Tragfähigkeit der Hebezeuge zu beachten. Häufig werden vom Hersteller genaue Detailangaben zur möglichen Befestigungsart gemacht **(Bild 1).**

Hinweise zum Aufstellort

Je nach Größe und Art des Systems muss der Aufstellort gegebenenfalls mithilfe des Architekten auf Standfestigkeit und Ebenheit überprüft werden. Für die Ausrichtung werden häufig justierbare Stellfüße verwendet **(Bild 2).** Es ist unbedingt darauf zu achten, dass die Anlagen und Systeme nach ihrer Aufstellung mechanisch nicht unter Spannung stehen, da andernfalls Einschränkungen in der Funktion auftreten können.

Versorgungs- und Medienanschlüsse

Die erforderlichen Versorgungssysteme wie Strom- und Wasserversorgung, Druckluft u.a. müssen vorhanden sein. Der Anschluss muss unter Berücksichtigung der Montageanweisungen und der jeweiligen Standards und Richtlinien erfolgen **(Bild 3).**

Bild 1: Transporthinweis

Bild 2: Justierbarer Fuß

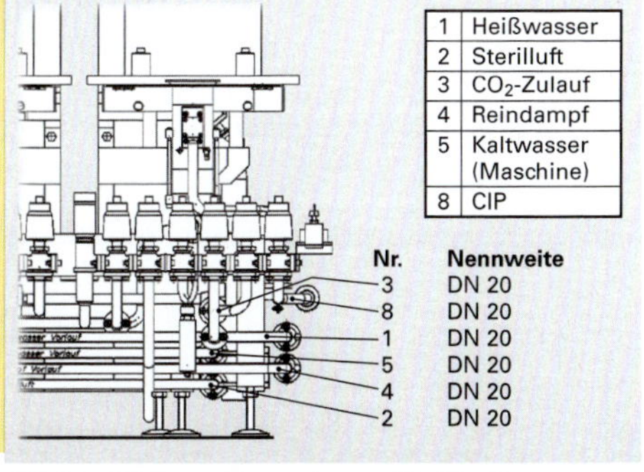

Bild 3: Montageanweisung für Medienanschlüsse

15.5.1 Beispiel für Montageplan eines elektropneumatischen Ventilblockes auf DIN-Schiene

1. Hintere Nase der Station (B) in die DIN-Schiene einhaken.
2. In Pfeilrichtung (C) Station nach unten drücken, bis die Station hörbar auf der DIN-Schiene einrastet. Station auf der DIN-Schiene ausrichten.
3. Das Zusammenfügen einzelner Einzelanschlussplatten (1) erfolgt durch Aneinanderpressen bis die Verbindungselemente hörbar einrasten. Durch weiteres Zusammenfügen der Einzelanschlussplatten auf die gewünschte Anzahl an Stationen ausbauen.
4. Öffnen des Kabelkanals der Stationen.
5. Vorverdrahtete Anschlussplatte durch Aneinanderpressen an die Station anfügen. Die Verbindungselemente müssen hörbar einrasten. Darauf achten, dass durch das Aneinanderpressen die Kabel der Anschlussplatte nicht gequetscht werden.
6. Plug-In-Stecker der Anschlussplatte gemäß der Kabelmarkierung (A) in die jeweilige Station einfügen. Die Station Nr. 1 ist die erste Station nach der Anschlussplatte. Darauf achten, dass die Plug-In-Stecker in der richtigen Richtung eingefügt werden (A).
7. Kabel in den Kabelkanal der Station einlegen und den Kabelkanal verschließen. Darauf achten, dass durch das Einlegen bzw. durch das Verschließen die Kabel nicht gequetscht werden.
8. Versorgungsstation (2) durch Aneinanderpressen an die Station auf der U-Seite bzw. D-Seite für die Version ohne D-Sub-Stecker anfügen. Die Verbindungselemente müssen hörbar einrasten. Darauf achten, dass durch das Aneinanderpressen die Kabel der Anschlussplatte nicht gequetscht werden.
9. Endplatte rechts (3) auf DIN-Schiene aufsetzen und an Station durch Aneinanderpressen anfügen, bis die Verbindungselemente hörbar einrasten. Feststellschraube (D) mit 1,4 Nm anziehen.
10. Endplatte links (4) auf DIN-Schiene aufsetzen und an Station durch Aneinanderpressen anfügen, bis Verbindungselemente hörbar einrasten. Darauf achten, dass durch das Aneinanderpressen die Kabel nicht gequetscht werden.
11. Station von Hand zusammenpressen und Feststellschraube (D) mit 1,4 Nm anziehen.
12. Ventil auf Station aufsetzen. Darauf achten, dass die Dichtung frei von Fremdkörpern und in der richtigen Lage aufliegt.
13. Ventil nach unten drücken und Befestigungsschraube (5) vorläufig anziehen. Danach gegenüberliegende und vorherige Befestigungsschraube mit dem in der Tabelle angegebenen Anzugsmoment nachziehen.
14. Um die Dichtheit der Ventilanschlussplatte zu gewährleisten, muss vor dem Anschließen der Druckluftversorgung darauf geachtet werden, dass kein Spalt zwischen den Stationen vorhanden ist.

Die Arbeitsschritte 4, 5, 6 und 7 entfallen bei Anschlussplattenversion ohne Sub-D-Stecker.

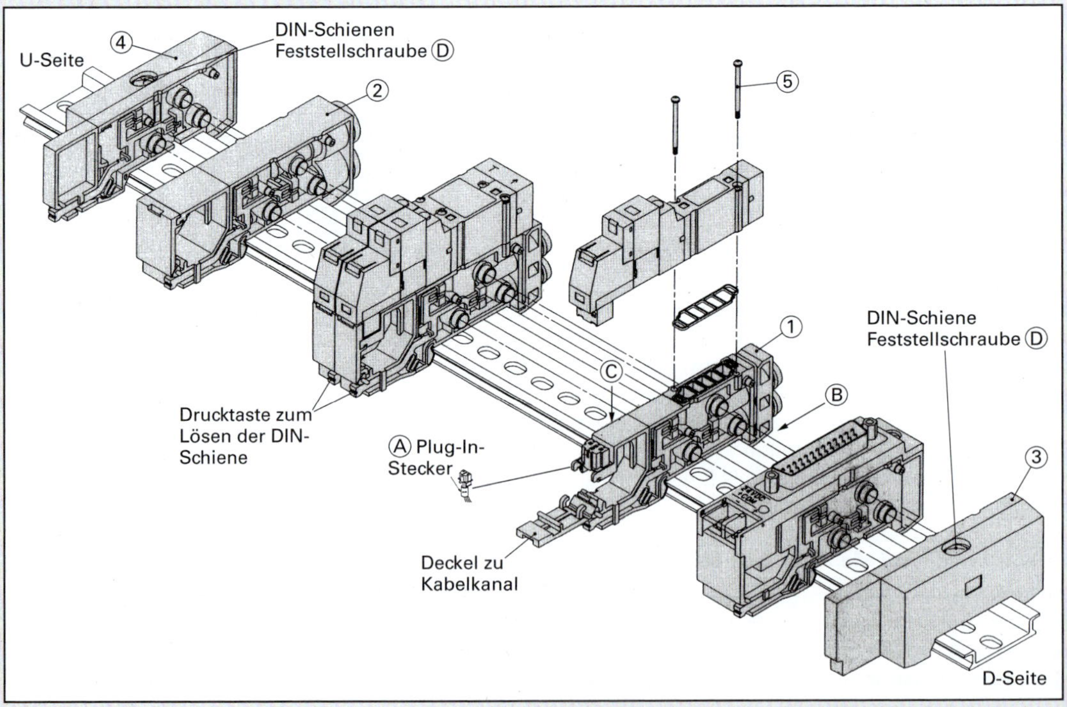

15.5.2 Auszug aus dem Montageplan eines Handlinggerätes zur Realisierung von Handhabungslösungen an Spritzgussmaschinen

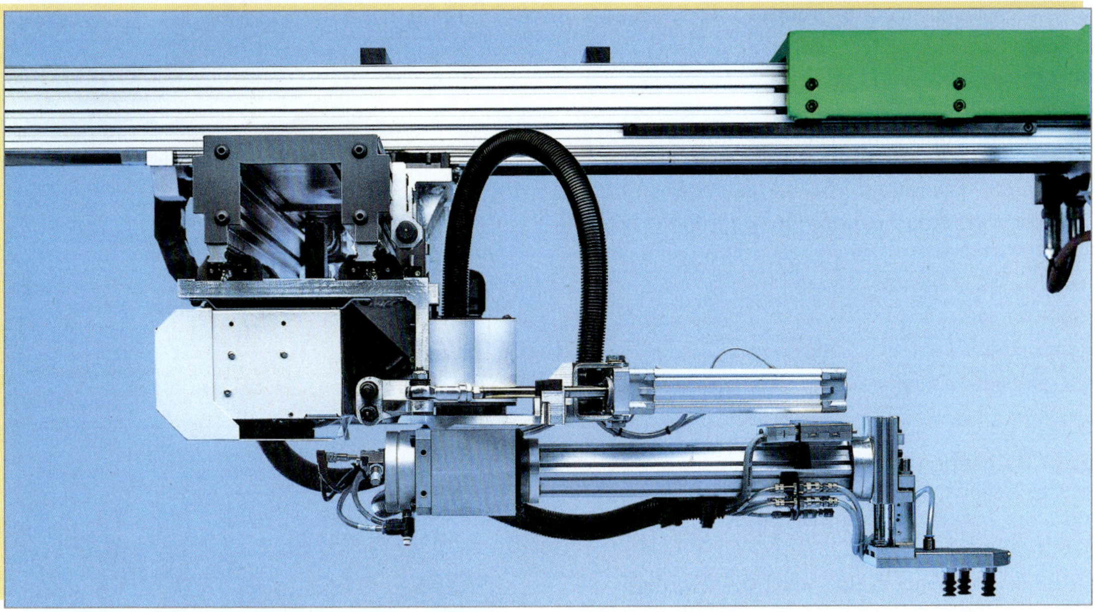

Das abgebildete Handlinggerät dient der einfachen Entnahme von Spritzgussteilen aus Spritzgussmaschinen. Es stellt ein mechatronisches Gerät dar, das aus mechanischen, elektropneumatischen und elektrischen Teilsystemen besteht. Die Geräte werden in einer Montagehalle von Mechatronikern montiert und einer vielfältigen Funktionsprüfung unterzogen. Die einzelnen Montagevorgänge sind exakt dokumentiert und müssen genau eingehalten und bestätigt werden. Aufgrund des Umfanges der Montageunterlagen ist im Rahmen dieses Buches nur ein beispielhafter, auszugsweiser Einblick möglich:

a) Mechanische Montage

Sicherheit am Montageplatz:

- Durch das Bearbeiten der Alu-Profile können scharfe Kanten entstehen. Beim Transportieren sind deshalb Schutzhandschuhe sowie Sicherheitsschuhe zu tragen.
- Die zu verarbeitenden Teile sind ordnungsgemäß (siehe Montagevorrichtungen) anzuhängen, Werkzeuge und Materialien sind optisch auf Beschädigungen zu prüfen.

Sauberkeit am Arbeitsplatz:

- Die durch die Bearbeitung entstehenden Späne sind zu entfernen um eine Beschädigung der empfindlichen Montageteile zu verhindern.
- Die Arbeitsflächen sind sauber zu halten, gelagerte Teile sind gegen Staub und Ablagerungen abzudecken.

Montagevoraussetzungen:

Zur Montage sind das Maschinenblatt, die Montageliste (mechanisch) und die Zeichnungen mit Stücklisten erforderlich.

Montagehilfsmittel (Auszug):

- Montagevorrichtung Nr. XYZ_1 zur Montage der Linearführung
- Montagevorrichtung Nr. XYZ_2 zur Einstellung der C-Achsenbewegung **(Bild 1)**

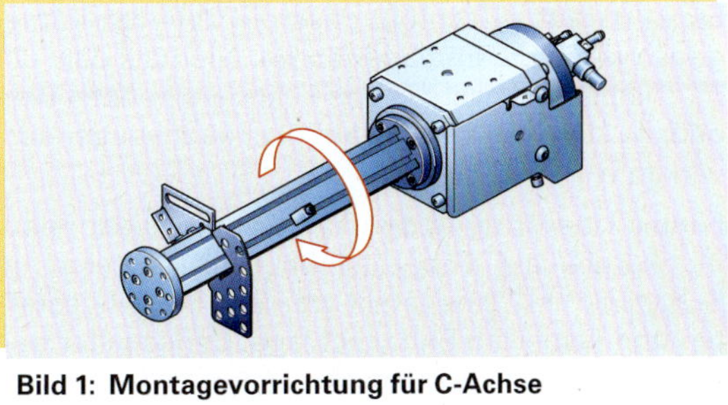

Bild 1: Montagevorrichtung für C-Achse

15

Montagewerkstoffe (Auszug)

- Zum Abschmieren der Laufwagen **(Bild 1)** wird Montagefett (Fa. ZYX) verwendet.
- Die Drosseln **(Bild 2)** werden mit silikonhaltigem Öl behandelt.

Montage der Z-Achse

Bei der Befestigung des Halters **(Bilder 3 und 4)** am Alu-Profil ist unbedingt die Anzugsreihenfolge der Schrauben einzuhalten, damit ein Verkanten verhindert wird. Das Anzugsmoment beträgt einheitlich 43 Nm.

18	19	20	13
16	17	10	14
12	1	2	3
4	5	6	7
8	9		

Zum Befestigen der Führungsschienen wird die erste Schiene mittels Spannvorrichtung angezogen, die Zweite mit einer Messuhr ($\pm\,^{5}/_{100}$) zur ersten montiert.

In dieser Art und Weise wird die Montage aller Baugruppen und Einzelteile beschrieben. Verwendete Werkzeuge und Hilfsstoffe werden genannt, Montagepositionen werden beschrieben oder sind den Zeichnungen zu entnehmen.

b) Elektrische Montage

Aufgabe der Elektromontage im vorliegenden Fall ist es hauptsächlich, die mechanisch montierten, elektrischen oder elektropneumatischen Bauteile zu justieren und elektrisch an den Schaltschrank anzuschließen. Da alle Anschlusskabel vorkonfektioniert sind, muss der Mechatroniker die im Schaltplan vorgesehenen Anschlüsse durchführen. Ihm obliegt es auch, die Anlage auf ihre Funktion zu überprüfen. Auch hier soll auszugsweise ein Einblick in die zur Verfügung stehenden Montageunterlagen und -vorschriften gegeben werden:

Endlagenanschläge und Sensoren justieren

Jeder Sensor muss sicher schalten. Um einen möglichst großen Verfahrweg zu ermöglichen, müssen diese äußerst knapp montiert werden. Es ist darauf zu achten, dass die Zylinder immer gedämpft in die Endlage fahren. Niemals darf der mechanische Anschlag des Zylinders benutzt werden, da sich dies negativ auf die Lebensdauer auswirken würde.

Für die Überprüfung der Funktion muss der Pneumatikdruck auf 6 bar (siehe Digitalanzeige im Schaltschrank) eingestellt werden. Die eingestellten und justierten Endanschläge, Endschalter und Drosseln sind zu versiegeln.

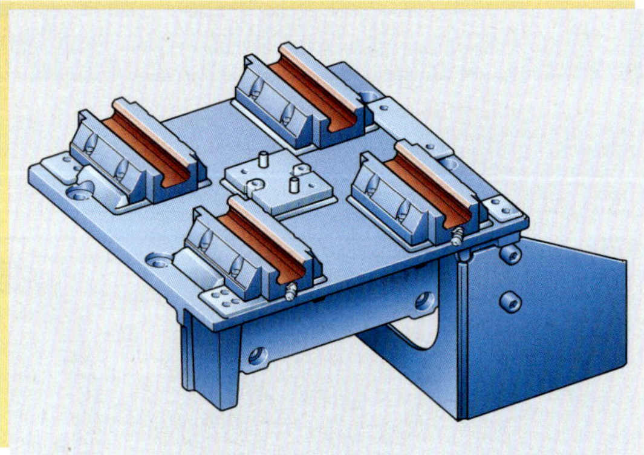

Bild 1: Schmierstelle Laufwagen

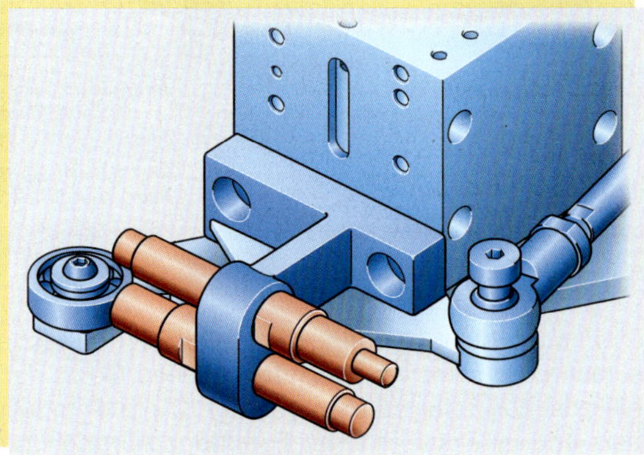

Bild 2: Schmierstelle Drosseln

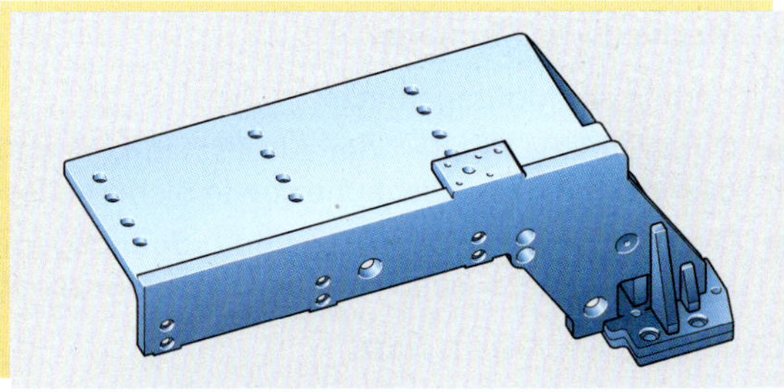

Bild 3: Halterbefestigung

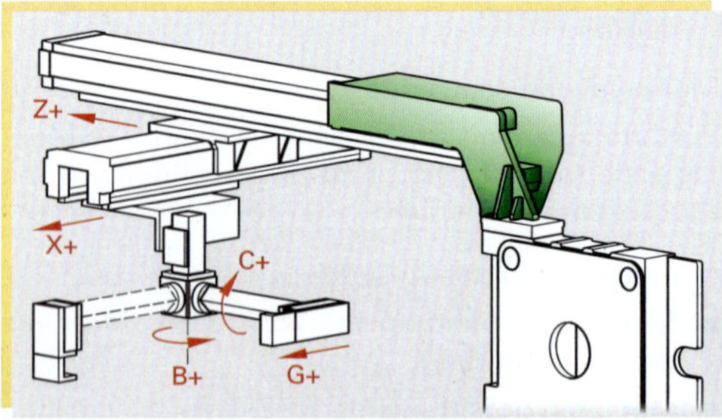

Bild 4: Bewegungsachsen des Multilifters

Elektrische Verdrahtung

Die elektrischen Anschlüsse sind entsprechend den Schaltplänen XYZ_2 durchzuführen. Dabei ist vor allem darauf zu achten, dass keine Scheuerstellen an Kabeln und Leitungen entstehen können. Die Leitungen in der Schleppkette dürfen nicht gespannt sein.

Elektrische Abnahme

Nach Beendigung der Montage erfolgt die Abnahme und Funktionskontrolle des Hubliftes. Hierbei wird nach einem Abnahmeprotokoll **(Tabelle 1)** vorgegangen.

Tabelle 1: Abnahmeprotokoll (auszugsweise)

Nr. *no.*	Funktion *Function*	Bemerkungen, Vorgaben *Remarks, procedure*	Funktion überprüft bzw. Wert eingestellt *Function tested resp. value adjusted* ☒ nicht vorhanden *not applicable* ☑ ausgeführt *done*
1.	Ventilatoren *Fans*	Drehrichtung überprüfen *Test direction of rotation*	☐
2.	Motorschutzschalter einstellen *Adjust motor overload switch*	Motornennstrom, Tol. + 10% *Nominal motor current, tol. + 10%*	☐
3.	Spannung am Netzgerät *Voltage on power unit*	Hilfsmittel: SN 121.681 *Aux. devices PN 121.681* + 5,1 V Tol. + 0,025 V / – 0,01 V + 15 V Tol. +/– 0,1 V – 15 V Tol. +/– 0,1 V Nach Überprüfung u. Abgleichung der Spannungen, Stopfen anbringen und inkl. der Frontblechschrauben versiegeln. *After inspecting and calibrating the voltages, mount plugs and seal front panel incl. screws.*	 ☐ ☐ ☐ ☐
4.	Spannung am Kühlwasserverteiler *Voltage on cooling water distributor*	Prüfgerät: SN 522.150 *Test device PN 522.150* U_{soll} = 5,1 V Tol. + 0,1 V / – 0,05 V U_{nom} = 5,1 V Tol. + 0,1 V / – 0,05 V	☐
5.	Zubehör-Disketten *Diskette accessories*	2 Anwenderprogrammdisketten formatiert *formatted user program diskettes* ☐ Programmdiskette(n) (Boot) *program diskette(s)* ☐ Systemdiskette(n) *system diskette(s)*	☐
6.	Steuerung booten *Boot controller*	Programm-/Systemdisketten einlesen *Read in program system diskette(s)*	☐
7.	Maschinenausrüstung *Machine equipment*	Nach RKAB (Elektrokomponenten) *According to RKAB (electric components)*	☐
8.	Vollständigkeit *Completeness*	Nach Maschinenblatt (Elektrokomponenten) *According to machine sheet (electric components)*	☐
9.	Software-Konfiguration *software configuration*	Festwerte, Festfunktionen, Schnittstellen, I/O- und Regelkarten nach Maschinenblatt *Constants, fixed functions, interfaces, I/O and regulation cards according to machine sheet*	☐
10.	Systemdiskette schreiben *Write system diskette*		☐
11.	Not-Aus-Strecke *Emergency shut-down circuit*	Funktionsprüfung aller Not-Aus-Schalter *Function test of all emergency shut-down switches*	☐
12.	Sicherheitsstrecke *Safety circuit*	Funktionsprüfung aller Schutzeinrichtungen *Function test of all overload devices*	☐
13.	Lochblechschieber *Perforated sliding cover*	Funktionsprüfung *Function test*	☐
14.	Trennebene *Parting line*	Funktionsprüfung *Function test*	☐
15.	Vorbereitung für ext. Handhabungsgerät *Preparation for ext. handling device*	S132 und S131 A/B prüfen *Test S132 and S131 A/B*	☐
16.	Werzeuglageüberwachung *Mould position monitoring*	Schalter S141 betätigen *Actuate switch S141* Prüfstecker SN 519.237 *Test connector PN 519.237*	☐

Arbeitsauftrag:

Recherchieren Sie in Ihrem Ausbildungsbetrieb nach Montageanweisungen und arbeiten Sie diese durch. Tauschen Sie die Unterlagen im Klassenverband aus. Beachten Sie dabei die Geheimhaltungsbedingungen in Ihrem Betrieb. Lassen Sie sich im Zweifelsfall die Genehmigung erteilen.

15.6 Arbeitssicherheit bei der Montage

Von Maschinen und Anlagen gehen eine Vielzahl von Gefahren aus **(Bild 1)**. Durch geeignete Arbeitsschutzmaßnahmen können Arbeitsunfälle, Berufskrankheiten und Gesundheitsgefahren verhindert werden.

Gefahren entstehen durch:

- Stolperstellen, defekte Bauteile, ungeeignete Gerüste, Podeste und Leitern
- Zu schwache oder defekte Hebezeuge und Anschlagmittel
- Körperliche Anstrengung durch Heben, Halten und Tragen von Lasten
- Arbeiten in Zwangshaltung
- Fehlende Absperrungen
- Physikalische, chemische und biologische Einwirkungen (z. B. Lärm, Dämpfe)
- Unzureichende Sachkunde im Umgang mit Gefahrstoffen
- Psychische Belastungen durch Termindruck, ungenaue Aufgabenbeschreibung, große Verantwortung, fehlende Erfahrung, unerwartete Störungen, mangelnde Kommunikation u. a.

Gefährdete Personen sind:

- Monteure beim Aufbau der Maschine
- Inbetriebnehmer beim Anfahren einer Maschine
- Werker beim Arbeiten und Produzieren
- Instandhalter bei der Wartung der Maschine

Bild 1: Unfallgefahren im Betrieb

15.6.1 Vorbeugende Sicherheitsmaßnahmen bei der Arbeit an Maschinen, Anlagen und mechatronischen Systemen

Jeder Mitarbeiter eines Betriebes kann durch sein Verhalten erheblich zur Erhöhung der Arbeitssicherheit beitragen **(Bild 2)**.

Vorsorge gegen Gefahren:

- Einhalten der Sicherheitsvorschriften durch Beachtung der Verbotszeichen und Warnzeichen **(Bild 1, Seite 645)**
- Anwenden der Sicherheitsmaßnahmen wie das Tragen von Schutzkleidung, das Erstellen von Gerüsten u. a.
- Für Ordnung und Sauberkeit sorgen
- Defekte Werkzeuge und Hilfsmittel aussondern
- Diszipliniertes und umsichtiges Vorgehen
- Vorausschauendes, gefahrenbewusstes Verhalten
- Exakte Analyse des Arbeitsauftrages
- Genaue Planung des Arbeitsablaufes
- Intensive Kommunikation
- Verbindliche Absprachen

Bild 2: Sicherheitshinweise im Betrieb

Die Unfallverhütungsvorschriften (UVV) werden von den Trägern der Unfallversicherungen jeder gewerblichen Branche wie z. B. den Berufsgenossenschaften, erarbeitet und vom zuständigen Bundesministerium genehmigt.

In den UVVs werden Forderungen an:

- Betriebliche Einrichtungen
- Arbeitsschutzorganisation im Betrieb
- Anwender von Arbeitsverfahren
- Aufgaben und Verhaltensweisen der Mitarbeiter

formuliert. Sie sind verbindlich und müssen für die Mitarbeiter zugänglich sein. Verstöße dagegen können mit hohen Geldbußen bestraft werden.

Personen, die mit elektrischen Betriebsmitteln in Kontakt kommen, unterliegen zusätzlich besonderen Anforderungen. Nach DIN VDE 0105-100 bzw. DIN VDE 100-200 werden sie in die drei Gruppen

- Elektrofachkraft
- Elektrotechnisch unterwiesene Personen
- Laien

eingeteilt.

Mechatroniker und Mechatronikerinnen sind Elektrofachkräfte. Sie tragen die Verantwortung für Entscheidungen und Maßnahmen für die Sicherheit von Personen und Anlagen und übernehmen die Führungsverantwortung für unterwiesene Personen. Laien dürfen an elektrischen Anlagen keine Arbeiten ausführen.

15.6.2 Maßnahmen bei einem Arbeitsunfall

Sollte es trotz Einhalten aller Sicherheitsvorschriften und Maßnahmen zur Unfallverhütung doch zu einem Unfall kommen, müssen folgende Punkte eingehalten werden:

- Ruhe bewahren
- Erkennen, was geschehen ist und welche Verletzungen vorliegen könnten
- Abschätzen, ob weitere Gefahren drohen (z.B. Explosionsgefahr) und welche Maßnahmen ergriffen werden müssen
- Besonnen und entschlossen handeln beim Abschalten von Maschinen, Absichern der Unfallstelle, Rettung der Verunglückten, Hilfeholen durch Notruf, Erste Hilfe leisten u.a.m.

Sind mehrere Helfer an der Unfallstelle, so müssen die Aufgaben aufgeteilt werden. Dabei sollte jeder die Aufgabe übernehmen, die seinen besonderen Fähigkeiten entspricht. An ersten Stelle stehen dabei immer:

- Der Notruf unter exakter Angabe des Unfallortes (wo), des Herganges (was), der Anzahl der Verletzten (wieviele) und der Art der Verletzung (wie)

Bild 1: Hinweiszeichen auf Gefahren und auf Verhaltensregeln bei Gefahr (Auszug)

- Die Versorgung der Verunglückten durch:
  - Fortbringen aus der direkten Gefahrenzone (z. B. bei Brandgefahr)
  - Atemkontrolle und Atemspende
  - Drehen in die stabile Seitenlage bei vorhandener Atmung
  - Abdrücken (Druckverband) bei starken Blutungen
  - Herstellen der Schocklage (Beine hoch) bei Schock **(Tabelle 1)**.

Tabelle 1: Erste-Hilfe-Maßnahmen

Symptom	Maßnahme
Atem-/Kreislaufstillstand	Atemspende/Herzdruckmassage
Bewusstlosigkeit	Stabile Seitenlage
Kreislaufschwäche/Schock	Beine hochlagern, beruhigen
Starke Blutungen	Druckverband
Verbrennungen	Flammen mit Decken o. Ä. löschen – Wasser

15.6.3 Brandschutz und Maßnahmen im Brandfalle

Eine ganz besondere Form der Gefährdung besteht durch Brand, da dieser sich rasch auch auf umliegende Räume und angrenzende Gebäude ausbreiten kann und somit eine noch größere Gefahr für Leben und Material mit sich bringt. Die Gefahr, dass bei Montage- und Instandsetzungsarbeiten ein Brand entsteht, ist vergleichsweise groß. Besonderes Augenmerk gilt deshalb dem vorbeugenden Brandschutz.

Die drei Voraussetzungen für einen Brand sind:

- Luftsauerstoff
- Hitze, Zündfunke oder Zündflamme
- Brennstoff

Wird der Brandstelle eine dieser drei Voraussetzungen entzogen oder nicht zur Verfügung gestellt, so erlischt ein Brand bzw. kommt erst gar nicht zustande.

Ursachen für Brände am Arbeitsplatz können sein:

- Überhitzte Lager
- Überlastete Lager
- Unachtsamkeit beim Umgang mit brennbaren Stoffen, z. B. beim Schweißen
- Fahrlässiges Verhalten bei der Arbeit oder in den Arbeitspausen, z. B. beim Entsorgen brennender Zigaretten

Durch vorsorgenden Brandschutz wird versucht die Entstehung eines Brandes zu verhindern bzw. beim Ausbrechen eines Brandes diesen einzudämmen.

Vorsorgende Brandschutzmaßnahmen sind:

- Das Aufstellen von Feuerwachen bei feuergefährdeten Arbeiten wie Schweißen, Löten, Trennschneiden u. a.
- Feuerlöscher bereithalten und regelmäßig warten
- Rauchmelder installieren
- Feuerschutztüren und Rauchklappen kontrollieren
- Fluchtwege kennzeichnen und offenhalten

Verhalten im Brandfalle:

- Beim Entdecken eines Brandes im Entstehen kann ein Löschversuch sinnvoll sein
- Kann der Brand nicht gelöscht werden, muss der Brandraum verlassen werden. Die Türen werden geschlossen aber nicht verriegelt
- Notruf zur Feuerwehr wird veranlasst (wer, wo, was, wie viele)
- Personen, die sich im oder um das Gebäude herum befinden informieren und zum Verlassen anhalten

15.6.4 Umgang mit Gefahrstoffen

Bei der Montage, Inbetriebnahme und Wartung von Anlagen und Maschinen ist in manchen Fällen der Umgang mit gefährlichen Stoffen nicht zu vermeiden. Nach der **Gefahrstoffverordnung** und der **GHS-Verordnung**[1] werden alle Stoffe als Gefahrstoffe bezeichnet, die mindestens eine der folgenden Eigenschaften besitzen:

- Explosionsgefährlich (z.B. Sprengstoffe)
- Brandfördernd (z.B. Sauerstoff zum Schweißen)
- Hoch- oder leichtentzündlich (z.B. Lösemittel)
- Giftig (z.B. Lacke, Chemikalien)
- Ätzend oder reizend (z.B. Säuren und Laugen)
- Fruchtschädigend oder erbgutverändernd (z.B. Pflanzenschutzmittel, Schädlingsbekämpfungsmittel)
- Krebserzeugend (z.B. Benzol, Holzstäube)
- Umweltgefährlich (z.B. Blei, Cadmium, Altöl)
- Gesundheitschädlich (z.B. Lösemittel in Klebern)
- Sensibilsierend (z.B. Formaldehyd, Nickel)

Tabelle 2: Gefahrensymbole nach Stoffrichtlinie und GHS-Verordnung

Stoff- und Zubereitungsrichtlinie			GHS-Verordnung		
Gefahrenbezeichnung	Kennbuchstabe	Symbol	Bezeichnung	Kodierung	Piktogramm
explosionsgefährlich	E		Explodierende Bombe	GHS01	
hochentzündlich	F+		Flamme	GHS02	
leichtentzündlich	F				
brandfördernd	O		Flamme über einem Kreis	GHS03	
keine Entsprechung			Gasflasche	GHS04	
ätzend	C		Ätzwirkung	GHS05	
sehr giftig	T+		Totenkopf mit gekreuzten Knochen	GHS06	
giftig	T				
gesundheitsschädlich	Xn		keine Entsprechung		
reizend	Xi				

Gefahrstoffe müssen ordnungsgemäß verpackt sein. Ihre Verpackung muss exakte Angaben zum Inhalt und Hersteller sowie Gefahrenhinweise und Sicherheitsratschläge enthalten **(Bild 1 und Tabelle 2)**. Neben der Kennzeichnung ist auch das Sicherheitsdatenblatt, das jedem Gefahrstoff beiliegen muss, eine wichtige Informationsquelle.

Tabelle 1: Gefährdung durch Arbeitsstoffe (Auswahl)

Art	Inhaltsstoffe	Gefährdung
Farben, Lacke	Lösungsmittel, Toluol, Xylol	Atembeschwerden, Kopfschmerz, Allergien
Hydrauliköl	PBC, Benzol, Nitosamine	Krebserregend, Allergien
Isoliermat.	Asbest	Krebserregend
Klebstoff	Lösungsmittel	Atembeschwerden, Kopfschmerz, Allergien
Lösungsmittel	PER Perchlorethylen	Leber- und Nierenschäden
Schneidöl	Ölaerosole	Allergien

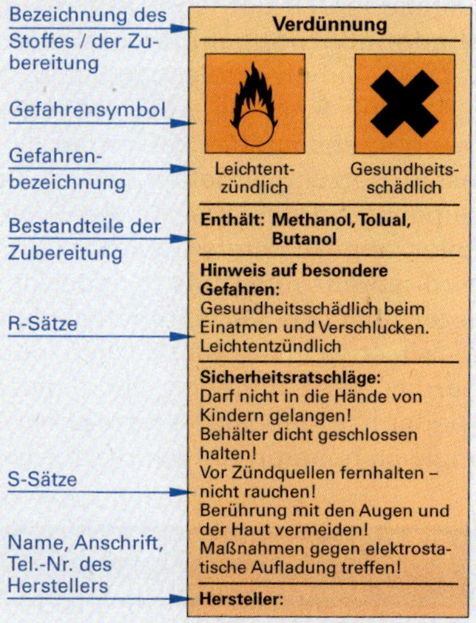

Bild 1: Kennzeichnung von Gefahrstoffen

15.6.5 Richtlinien für die Maschinensicherheit

Seit dem 1.1.1995 gelten für den Bau und den Betrieb von Maschinen in der Europäischen Gemeinschaft einheitliche Sicherheitsvorschriften. Der Hersteller von Bauteilen, Maschinen oder Anlagen bestätigt mit dem Anbringen des CE-Zeichens, dass diese Maschine die Sicherheits- und Gesundheitsanforderungen der **EG-Maschinenrichtlinie** erfüllt.

Ziele der Vorschriften:

- Sicherheit schon bei der Entwicklung der Maschinen und Systeme berücksichtigen
- Gefahrenstellen durch Schutzeinrichtungen sichern
- Gefahren in der Bedienungsanleitung herausstellen.

[1] GHS – **G**lobal **H**armonisiertes **S**ystem zur Einstufung und Kennzeichnung von Chemikalien.

15.7 Inbetriebnahme

In aller Regel ist die Inbetriebnahme von Geräten, Maschinen und Anlagen die letzte Phase im Entstehungszyklus eines Produktes **(Bild 1)**.

> Unter der Inbetriebnahme versteht man die Überführung einer Anlage aus dem Ruhezustand in den Betriebszustand.
>
> Zur Inbetriebnahme zählen alle Tätigkeit, die zum Ingangsetzen von zuvor montierten Systemen erforderlich sind.

Dabei ist grundsätzlich zu unterscheiden, ob es sich um eine Erstinbetriebnahme oder eine Wiederinbetriebnahme handelt.

Bei der **Erstinbetriebnahme** wird davon ausgegangen, dass das komplette System mit all seinen Subsystemen erstmalig in den Betriebszustand versetzt wird. Dies schließt nicht aus, dass für einzelne Subsysteme wie z.B. Hydraulikaggregate, Motoren u.a. bereits Teilinbetriebnahmen erfolgten.

Die Wiederüberführung des Systems vom Ruhezustand in den Betriebszustand wird durch eine **Wiederinbetriebnahme** realisiert. Wiederinbetriebnahmen in diesem Sinne sind erforderlich, wenn Systeme aufgrund massiver Störungen betriebsunfähig geworden sind und durch Instandsetzungsarbeiten wieder funktionsfähig gemacht wurden. Das bloße Einschalten einer zuvor abgeschalteten Werkzeugmaschine z.B. wird somit nicht als Wiederinbetriebnahme bezeichnet. Bei verfahrenstechnischen Anlagen wie sie etwa in der chemischen Industrie benutzt werden wird dagegen auch diese Aktion als Wiederinbetriebnahme bezeichnet, da sie einen ungleich höheren Aufwand erfordert.

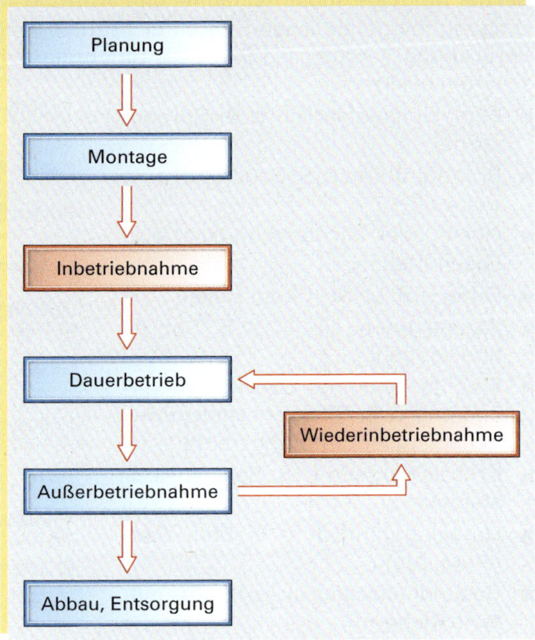

Bild 1: Lebenszyklus von Geräten und Anlagen

15.7.1 Besonderheiten der Inbetriebnahme

Lässt man die Außerbetriebnahme und den Abbau von Systemen außer Betracht, so stellt die Inbetriebnahme den Abschluss, also die letzte Phase eines Projektes dar. Mit der Inbetriebnahme kommt für alle Beteiligten die „Stunde der Wahrheit“, d.h. es wird der Nachweis erbracht, ob die in den davor liegenden Phasen erbrachten Leistungen erfolgreich waren. Sie unterliegt deshalb auch bestimmten Besonderheiten **(Übersicht 1)**.

Übersicht 1: Besonderheiten der Inbetriebnahme

- das Mechatronische System ist bis auf einige Restpunkte fertig montiert
- die Inbetriebnahme ist die Schnittstelle zwischen Auftraggeber und Auftragnehmer
- je nach System kann die Inbetriebnahme auch für den Mechatroniker „Neuland“ sein.
- Bei der Inbetriebnahme werden in der Regel erstmals alle beteiligten Komponenten in ihrer Wechselwirkung auf ihre Funktionsfähigkeit geprüft.
- Die Inbetriebnahme ist durch ein hohes Maß an Unwägbarkeiten, wie z.B. Teilausfall von Geräten, Ausfall von Medien, Unfähigkeit des Bedienpersonals, belastet.
- Bei der Inbetriebnahme wird die Bedienung des Systems an fremdes Personal übergeben, das in der Handhabung geschult werden muss.

Da der Mechatroniker im Gegensatz z.B. zum Industriemechaniker oder zum Elektroanlageninstallateur die gesamten Anlagen inklusive aller mechanischen, elektrischen, pneumatischen, hydraulischen und elektronischen Bauelemente und Subsysteme in Betrieb nehmen muss, sind von ihm umfassende Kenntnis aller beteiligten Teildisziplinen gefordert.

Die Inbetriebnahme ist von einigen Faktoren abhängig **(Bild 1)**. Dabei spielen vor allem die Planung und die Entwicklung eine große Rolle. Umfangreiche Untersuchungen im Anlagenbau zeigten, dass über 60% der Probleme bei der Inbetriebnahme ihre Ursachen in der Planung und Entwicklung der Systeme haben. Eng damit zusammen hängt auch das Problem der Dokumentation.

Für den Mechatroniker, der die Inbetriebnahme durchführt, ist es unerlässlich, dass er über alle das System betreffende technische Informationen verfügt. Das bedeutet aber auch, dass er in der Lage sein muss, alle Formen der technischen Dokumentation wie Prinzipskizzen, technische Zeichnungen, Zusammenbauzeichnungen, Ablaufdiagramme, Funktionsdiagramme u.a. lesen zu können.

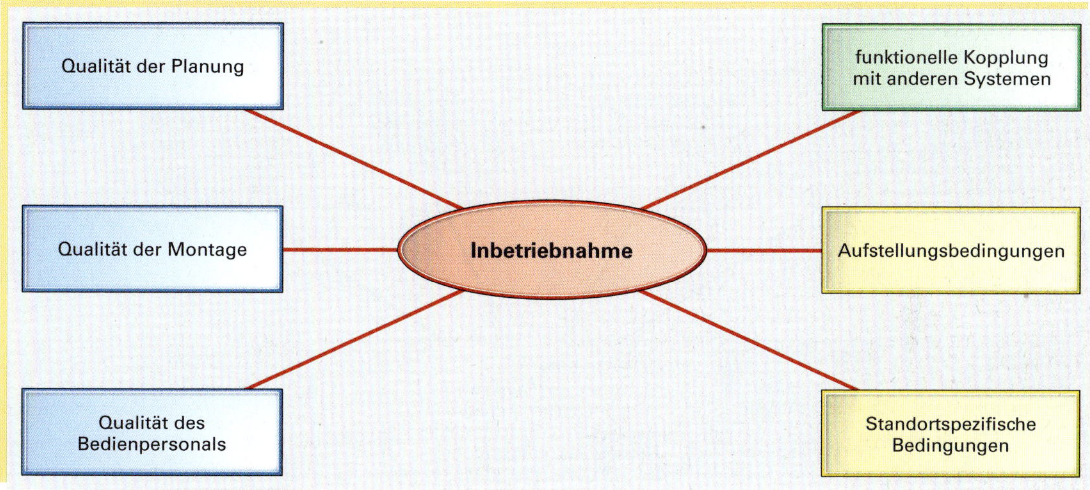

Bild 1: Faktoren, die die Inbetriebnahme beeinflussen

Wie in **Bild 1** schon dargestellt, sind der Phase der Inbetriebnahme andere Phasen des Produktentstehungszyklus vorangestellt, die die Inbetriebnahme wesentlich beeinflussen können. So ist, ähnlich wie bei der Montage, auch eine reibungslose Inbetriebnahme durch geeignete, konstruktive Maßnahmen schon in der Planungsphase beeinflussbar. Dazu zählen vor allem:

- die Vermeidung von Fehlerqellen z.B. durch falsche Auswahl von Sensoren o. Ä.
- die freie Zugänglichkeit zu allen Justage-, Einstell- und Messmöglichkeiten
- die Vermeidung von Unfallquellen wie scharfkantige Stellen, Scherstellen u.a.

Bei allen Tätigkeiten, die die Inbetriebnahme betreffen ist von den ausführenden Personen strikt auf die Einhaltung der jeweiligen Vorschriften zur Unfallverhütung zu achten. Die Beachtung der entsprechenden VDE- und UVV-Vorschriften muss seit 1995 jeder Systemhersteller durch CE-Kennzeichnung seiner Geräte bestätigen. Er dokumentiert damit, dass die gültige Maschinenrichtlinie eingehalten wurde. Dies gilt natürlich auch für alle Zulieferer von Geräten und Teilsystemen. Die Einhaltung dieser Vorschrift ist bei der Inbetriebnahme durch den Mechatroniker zu überprüfen. Zugelieferte Teilsysteme, die das CE-Zeichen nicht führen, dürfen von ihm nicht eingebaut werden.

Generell ist die Inbetriebnahme durch eine ganze Reihe von DIN-Vorschriften sowie VDE- und VDI-Richtlinien geregelt. Die wichtigsten davon sind auf der Folgeseite aufgeführt.

Bild 2: Geprüfte Sicherheit

Neben der Realisierung der eigentlichen Gerätefunktion müssen die Hersteller auch geeignete Maßnahmen zur Unfallverhütung vorsehen, andererseits müssen auch die Betreiber den Betriebs- und Sicherheitszustand ihrer elektromechanischen und mechatronischen Systeme durch geeignete Maßnahmen selbst überwachen. Diese Erkenntnis führte erstmals 1943 zur Aufstellung von Unfallverhütungsmaßnahmen, die letzendlich auch die Grundlage für das „Vorschriftenwerk der Berufsgenossenschaften" (VBG4) waren. So hat u.a. nach diesen Regeln „... der Unternehmer dafür zu sorgen, dass elektrische Anlagen und Betriebsmittel nur von einer Elektrofachkraft (Mechatroniker sind Elektrofachkräfte) oder unter der Leitung und Aufsicht einer Elektrofachkraft den elektrotechnischen Regeln entsprechend errichtet, geändert und instandgehalten werden" (§ 3 Abs.1). Im Verbund mit dem VDE, dem VDI und DIN entstand im Laufe der Zeit ein umfangreiches Regelwerk, das bei strikter Einhaltung ein hohes Maß an Sicherheit garantiert **(Bild 1)**.

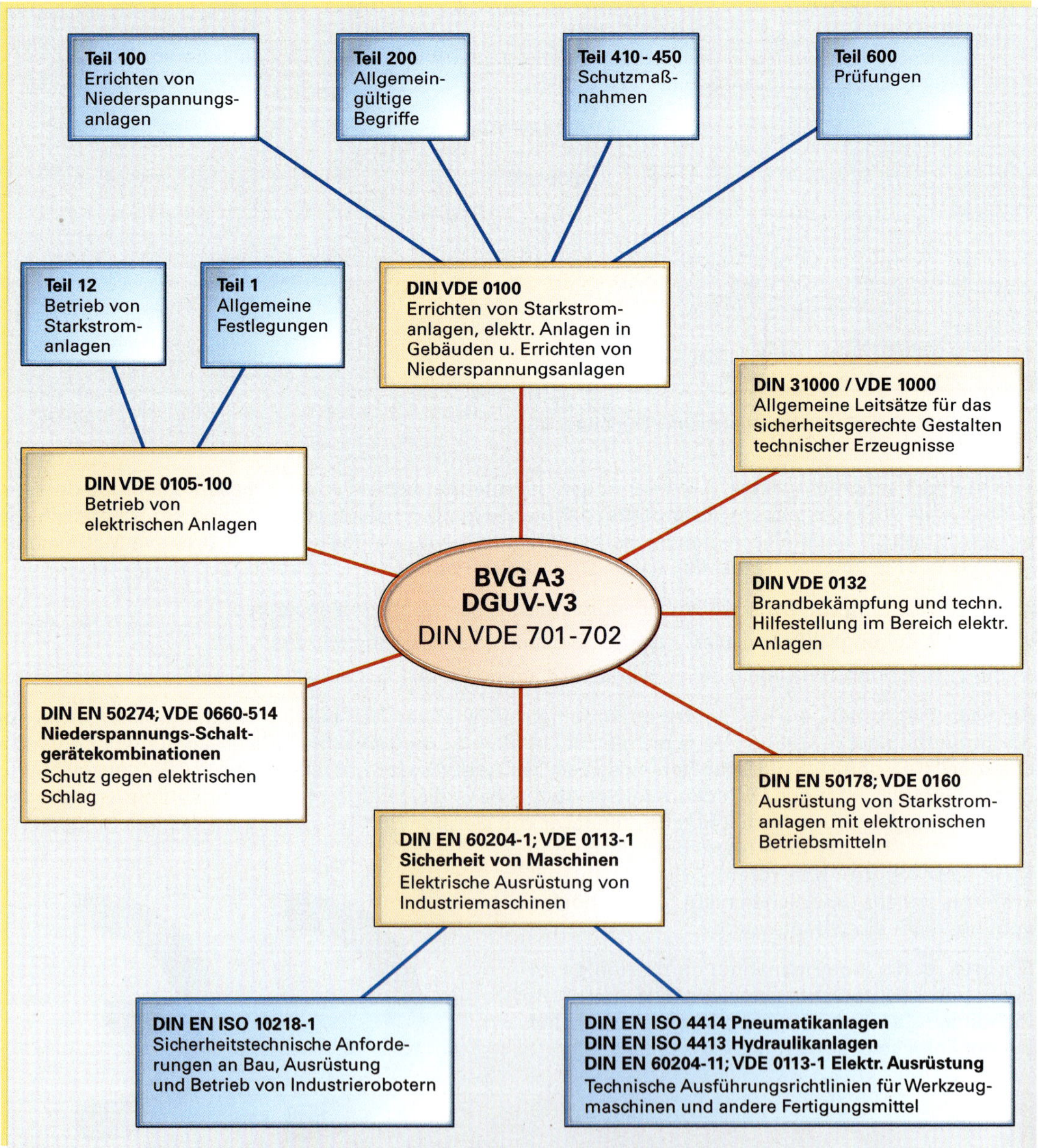

Bild 1: Wichtige Vorschriften, die bei der Inbetriebnahme zu beachten sind

15.7.2 Grundsätzliches zum Verfahren der Inbetriebnahme

Die störungsfreie Inbetriebnahme setzt voraus, dass diese systematisch und den Vorschriften entsprechend durchgeführt wird. Abhängig vom jeweiligen System können dabei verschiedene Methoden zur Anwendung kommen. Häufig greifen Firmen dabei auf das Mittel der Checkliste oder eines Ablaufdiagrammes zurück. Diese dienen dem Mechatroniker bei der Inbetriebnahme als Leitschnur. Sie garantieren einen vollständigen und sinnvollen Verlauf der Tätigkeiten und dienen gleichzeitig als Dokumentationshilfe bei autretenden Problemen und Schwachstellen.

Im Folgenden sind beispielhaft die Verfahrensweise und eine Checkliste für die Inbetriebnahme einer verfahrenstechnischen Anlage abgebildet.

1. Zweck

Diese Verfahrensanweisung beschreibt die Inbetriebnahme von Anlagen nach deren Montage auf der Baustelle durch unser Personal.

2. Geltungsbereich

Diese Verfahrensanweisung gilt für jeden Bereich des Unternehmens, der mit Inbetriebnahme in Berührung kommt.

3. Zuständigkeiten

Sowohl für die Durchführung der Hardware-Inbetriebnahme als auch die Durchführung der Software-Inbetriebnahme sind die Mechatroniker der Montageabteilung zuständig.

4. Beschreibung

4.1 Inbetriebnahme (Kaltcheck)

Wenn es die Betriebs- und Sicherheitsbedingungen erlauben, kann eine Uberprüfung der Hardware (Kaltcheck) durchgeführt werden. Hierbei wird die Funktion der Schaltschränke und installierten Feldgeräte ohne Berücksichtigung der einzustellenden Betriebsbedingungen überprüft.

4.2 Inbetriebnahme

Die Inbetriebnahme wird in Anwesenheit des Kunden unter Produktionsbedingungen durchgeführt. Die Vorgehensweise ist in der Checkliste-Inbetriebnahme beschrieben.

4.3 Abnahme

Nach dem erfolgreichen Test der Anlage im Beisein des Betreibers unter Betriebsbedingungen erfolgt die Abnahme und damit die Übergabe der Anlage an den Kunden. Die Abnahme wird im Abnahmeprotokoll dokumentiert und durch die Unterschrift der Beteiligten bestätigt (Anlage YXZ).

4.4 Inbetriebnahmeprotokoll

Der Montage- und Inbetriebnahmeleiter erstellt einen abschließenden Bericht und eine Restpunkteliste. Diese Aufzeichnungen gelten als Qualitätsaufzeichnungen und werden im Projektordner abgelegt.

4.5 Änderungen und Zusätze

Änderungen während der Inbetriebnahme werden durch einen Rot-Eintrag in den Plänen gekennzeichnet. Ein Exemplar mit den Änderungsvermerken bleibt vor Ort im Schaltschrank, den zweiten Plänesatz erhält der Projektleiter zur Aktualisierung der Originalpläne.

4.6 Fehler und Mängel

Die bei der Inbetriebnahme auftretenden Fehler und erkennbaren Mängel sind, falls möglich, zu beheben. Unabhängig davon sind sie in einer „Fehlerliste" zu dokumentieren und auf die Fehlerquelle hin zu untersuchen.

Folgende Punkte sind vor der Räumung der Baustelle zu beachten:

- die Baustelle muss sauber und ordentlich verlassen werden
- Überprüfung der Vollständigkeit von Material und Werkzeug im Montagefahrzeug

Beispiel einer Checkliste für die Inbetriebnahme einer verfahrenstechnischen Anlage

Kunde: Datum:

Vorbedingungen

- Vor der Inbetriebnahme alle Sicherungen und Sicherungsautomaten ausschalten
- Überprüfen, ob alle Feldkabel angeschlossen sind (keine ungesicherten Leitungsenden)
- Eingangsspannung an den Einspeiseklemmen überprüfen

01	Drehfeld an Einspeiseklemmen geprüft? (immer Rechtsdrehfeld)	☐ Ja	☐ Nein
02	Stromkreise für Geräte einzeln nach Stromlaufplan geprüft?	☐ Ja	☐ Nein
03	Licht- und Steckdosenkreise einzeln nach Stromlaufplan geprüft?	☐ Ja	☐ Nein
04	Kraftsteckdosenkreise nach Stromlaufplan geprüft? (immer Rechtsdrehfeld)	☐ Ja	☐ Nein
05	Spannungsversorgung 24 V DC in Betrieb genommen und Ladespannung am Ladegerät auf Batterienennspannung eingestellt?	☐ Ja	☐ Nein
06	Messkreise- und Messsignale nach Stromlaufplan auf Funktion geprüft?	☐ Ja	☐ Nein
07	Potenzialausgleich fachgerecht installiert? (Querschnitt; Leiteranschluss)	☐ Ja	☐ Nein
08	Beschriftung des Potenzialausgleichs geprüft? (Beschriftungsstreifen; Potschienenbeschriftung PAS 01; Einzeladerbeschriftung mit Scotch-Beschriftungsband)	☐ Ja	☐ Nein
09	Geräte im Schaltschrank und Anlage nach Schaltplan eindeutig beschriftet?	☐ Ja	☐ Nein
10	Korrekte Kabelführung und Einführungen an elektrischen Betriebsmitteln und Schaltschränken?	☐ Ja	☐ Nein
11	Ex(i)-Kabel und Kanäle blau gekennzeichnet?	☐ Ja	☐ Nein
12	Kabel nach Kabelliste eindeutig beschriftet?	☐ Ja	☐ Nein
13	Gasdichte Durchführung fachgerecht eingebaut?	☐ Ja	☐ Nein
14	Einspeisungs- und Batteriepolabdeckungen vorhanden?	☐ Ja	☐ Nein
15	Messkreise und Signale überprüft? (Druckmesskoffer, PT100-Simulator, Impulsgeber)	☐ Ja	☐ Nein
16	Endprüfung nach VDE 0100 Teil 610 durchgeführt?	☐ Ja	☐ Nein
17	Aktuelle Dokumentation im Schrank vorhanden?	☐ Ja	☐ Nein
18	Zweitausführung der aktuelle Dokumentation für Sachbearbeiter(in) vorhanden?	☐ Ja	☐ Nein
19	Schaltschrank und Anlage gereinigt?	☐ Ja	☐ Nein
20	Schrank und Anlage fotografiert?	☐ Ja	☐ Nein
21	Übergabe an den Kunden?	☐ Ja	☐ Nein
22	Test der Anlage unter Betriebsbedingungen?	☐ Ja	☐ Nein
23	Abnahmeprotokoll erstellt?	☐ Ja	☐ Nein
24	Restarbeitenliste ausgefüllt?	☐ Ja	☐ Nein

15.7.3 Inbetriebnahme pneumatischer und elektropneumatischer Anlagen

Bei der Inbetriebnahme pneumatischer Anlagen besteht vor allem die Gefahr, dass die Zylinder fehlerhafte Bewegungen durchführen, die für den Benutzer große Unfallrisiken beinhalten. Aus diesem Grunde wird folgende, allgemeine Vorgehensweise empfohlen:

Vor der Benutzung:

- Überprüfung der technischen Daten der Anlage wie Spannung des Steuerstromkreises, Spannung der Leistungsstromkreise, pneumatischer Druck.
- Einbau der Geräte überprüfen.
- Rohrleitungen und ihre Anschlüsse prüfen.

Durchführung der Inbetriebnahme:

- Anlage drucklos schalten.
- Grundstellung der Arbeitselemente nach Plan kontrollieren.
- Position der Impulsventile überprüfen und gegebenenfalls von Hand regulieren.
- Die für die Kolbengeschwindigkeit zuständigen Drosselventile schließen.
- Die Anlage langsam mit dem vorgesehenen Arbeitsdruck versehen.
- Bei reinen Pneumatikanlagen testen der Ablauffolge in Einzelschritten (ohne Werkstücke).
- Falls erforderlich, Nachjustieren der Endschalter.
- Bei elektropneumatischen Anlagen kann die Abfolge zunächst ohne den Elektroteil durch Regulierung mit der Handhilfsbetätigung erfolgen.
- Bereitstellung der elektrischen Spannungen.
- Überprüfung des korrekten, kompletten Ablaufes ohne Werkstück.
- Probelauf mit Werkstück.
- Gegebenenfalls Übergabe der Anlage an den Benutzer.

Bei der Inbetriebnahme dürfen sich die Hände nicht im Hubbereich der Zylinder befinden, da auch kleine Zylinder Verletzungen hervorrufen können. Müssen Endschalter zu Testzwecken betätigt werden, so muss dies mit einem geeigneten Werkzeug erfolgen.

Diese Vorgehensweise ist für den „Normalfall“ vorgesehen. Im Einzelfall können andere, systemeigene Vorschriften für die Inbetriebnahme gelten. Diese sind dann unbedingt und uneingeschränkt einzuhalten.

15.7.4 Inbetriebnahme hydraulischer und elektrohydraulischer Anlagen

Da bei hydraulischen Anlagen durch die hohen Kräfte und den höheren Druck das Unfallrisiko noch größer ist als bei pneumatischen Anlagen, ist auch hier eine systematische Vorgehensweise bei der Inbetriebnahme unverzichtbar.

Vor der Benutzung:

- Überprüfung der technischen Daten der Anlage wie Spannung des Steuerstromkreises, Spannung des Leistungsstromkreises, Druck.
- Überprüfung des Geräteeinbaus.
- Kontrolle der Anschlüsse.
- Kontrolle der Lage der Rohrleitungen anhand des Planes.
- Kontrolle der Spannungsfreiheit, Befestigungen und Biegeradien der Rohre, vor allem bei flexiblen Leitungen.

- Überprüfung der Leckleitungen
- Überprüfung der Absicherung der beweglichen Teile nach der UVV
- Kontrolle von Ölbehälter, Filter und Saugleitungen auf Schmutz
- Überprüfung der Förderrichtung der Pumpen

Befüllen der Anlage:

- Vor dem Befüllen der Anlage müssen die Ventile ihren Funktionen entsprechend geöffnet oder geschlossen werden.
- Beim Einfüllen ist auf die Sauberkeit der Gefäße zu achten. Es muss verhindert werden, dass Wasser in die Anlage gelangt.
- Strom- und Drosselventile sollen geöffnet werden, damit das Befüllen erleichtert wird.
- Es darf nur die vom Hersteller geforderte Druckflüssigkeit mit der vorgeschriebenen Viskosität eingefüllt werden.

Inbetriebnahme

- Vor dem Anlauf des Motors müssen die Ventile in der Ansaugleitung in Arbeitsstellung stehen.
- Axialkolbenpumpen benötigen zum ordnungsmäßigen Betrieb einen ölgefüllten Innenraum. Sie sind deshalb bei der Erstinbetriebnahme mit Öl zu füllen.
- Vor der Maximalbelastung sollte die Anlage im Leerlaufbetrieb ca. 1 ... 4 Stunden betrieben werden. Dabei muss eine Kontrolle von Druck, Ölstand, Pumpentemperatur, Motortemperatur, Temperatur der Flüssigkeit und eine Überprüfung auf Leckstellen erfolgen
- Die Einstellung des Druckes am Sicherheitsventil muss nach den Herstellerangaben erfolgen und möglichst verplombt werden.
- Das Hydrauliksystem ist nach Anlauf der Pumpe zu entlüften. Eine Entlüftung hat nochmals nach Erreichen der Betriebstemperatur zu erfolgen.
- Nach dem Erreichen des Betriebszustandes erfolgt die Überprüfung der Funktion der Anlage. Die Vorgehensweise entspricht dabei der Vorgehensweise wie sie zur Inbetriebnahme von pneumatischen Anlagen beschrieben wurde (s. Seite 648).
- Bei der Funktionüberprüfung ist die gesamte Anlage auf Leckstellen zu überprüfen.
- Funktionsstörungen und Leckstellen sind genau zu dokumentieren.

15.7.5 Inbetriebnahme elektrischer Maschinen

Elektrische Maschinen sind im Bereich der Mechatronik immer Subsysteme von gesamten Anlagen. Sie werden deshalb in der Regel vor der Montage vom Hersteller bereits umfassenden Prüfungen unterzogen. Bei diesen Prüfungen müssen sie den Nachweis erbringen, dass sie alle geforderten Leistungen auch erbringen.

Bei der Inbetriebnahme sind im Normalfall deshalb folgende Schritte vorzunehmen:

- Überprüfung der Netze für Haupt- und Steuerstromkreis
- Überprüfung der Verkabelung
- Kontrolle und Einsetzen der Sicherungen
- Zuschaltung der Spannung
- Überprüfung der anliegenden Spannung
- Kontrolle des Drehfeldsinnes
- Überprüfung der Schutzmaßnahmen

- Sichtkontrolle der Bürsten und Bürstenhalter
- Überprüfung der Kühlsysteme
- Kontrolle, ob alle vorgeschriebenen Richtlinien eingehalten wurden

15.7.6 Inbetriebnahme von SPS

Die speicherprogrammierbare Steuerung kann endgültig nur im Betriebszustand der Anlage überprüft werden. Zwar kann der grundsätzliche Ablauf anhand von Simulationsprogrammen getestet werden, dies ist aber keine hundertprozentige Garantie für die Funktionsfähigkeit unter Arbeitsbedingungen. Gleichwohl verringert sich der Inbetriebnahmeaufwand durch die vorherige Simulation erheblich (siehe auch Kapitel 10.8).

Vor dem Anlegen der Spannung an die SPS müssen folgende Fragen geklärt sein:

- stimmen Gerätespannung und Netzspannung überein?
- Stimmen die Anschlüsse der Stromversorgung?
- Wurde der Schutzleiter richtig angeschlossen?
- Bestehen keine leitenden Verbindungen zwischen Haupt- und Steuerstromkreis?

15.7.7 Fehler bei der Inbetriebnahme von mechatronischen Systemen

Als Fehler wird die Nichterfüllung von mindestens einer Anforderung an die Steuerung bezeichnet. Fehler sind die Ursachen für Störungen oder Ausfälle eines mechatronischen Systems.

Da mechatronische Systeme fast immer Kombinationen aus verschiedenen Gerätetechniken sind, können die auftretenden Fehler recht unterschiedlich sein. Die Vorgehensweise bei auftretenden Inbetriebnahmefehlern ist folgendermaßen:

1. Fehlererkennung → 2. Fehlereingrenzung (Analyse) → 3. Fehlerbehebung

Die **Fehlererkennung** ist in den meisten Fällen noch recht einfach, da wie oben beschrieben, mindestens eine Anforderung nicht erfüllt wird.

Die **Fehlereingrenzung** dagegen ist oft recht schwierig. Mögliche Fehlerquellen können dabei in den einzelnen Geräten und Baugruppen (z.B. Funktionsunfähigkeit von Wegeventilen oder Defekte in mechanische Bauteilen), im fehlerhaften Einbau (z.B. falsche Durchlassrichtung bei Sperrventilen), im fehlerhaften Verbinden der einzelnen Elemente, in der Verdrahtung (z.B. Drahtbruch), in der falschen Justierung von Sensoren u.a. liegen.

Im Wesentlichen lassen sie sich auf drei Ursachen zurückführen:

- Bauteilfehler
- Montagefehler
- Inbetriebnahmefehler

Bei der Fehlereingrenzung muss systematisch vorgegangen werden. Sind diese Fehler offensichtlich, so sind sie durch unsere Sinnesorgane erkennbar. Ein pfeifendes Lager z.B. lässt sich durch unser Gehör lokalisieren, Schmorstellen in Verkabelungen sind zu riechen oder durch die Rauchentwicklung zu sehen und auch Öl-Leckstellen oder undichte Pneumatikanschlüsse sind zu sehen oder zu hören.

Überall dort wo die Fehlerquellen nicht durch unsere Sinnesorgane wahrnehmbar sind ist die Zuhilfenahme aller zur Verfügung stehenden technischen Unterlagen unerlässlich: So können Programmablaufpläne, Funktionspläne, Funktionsdiagramme und Schaltpläne wirksame Unterstützung geben bei der Eingrenzung des Fehlers. Anhand eines Funktionsdiagrammes z. B. kann der Signalverlauf in einer Steuerung sehr gut beobachtet werden.

Fehler sind immer mit Kosten und häufig auch mit Gefahren für Anlagen und Menschen verbunden. Sie müssen aus diesen Gründen möglichst vermieden werden, treten aber trotz großer Sorgfalt auch bei der Inbetriebnahme immer wieder auf.

Beispiel: In **Bild 1** ist das Funktionsdiagramm für die Anlage zur Werkstückerkennung abgebildet. Die Anlage arbeitet bis zu Schritt 7 fehlerfrei. Die Verfolgung des Signalverlaufes ergibt, dass die Fehlerquelle im Schritt 7 liegt. Da der Saugzylinder die Aus- und Einfahrbewegung in den Schritten 2 ... 4 bereits fehlerlos vollzogen hat, ist es unwahrscheinlich, dass ein mechanischer Fehler im Zylinder oder dem dazugehörigen Stellglied vorliegt. Die Ursache für das Nichtausfahren liegt im Unterdruckschalter S0.12 oder dessen Umgebung.

Dieses Beispiel zeigt, wie mithilfe geeigneter Pläne Fehler lokalisiert werden können. Die Lokalisierung der Fehlerquelle ist somit möglich, die exakte Ursache des Fehlverhaltens muss jedoch erst noch bestimmt werden. Dabei ist die Messtechnik ein wichtiges Hilfsmittel. Bei mechanischen Systemen werden Temperaturen und Kräfte, bei hydraulischen und pneumatischen Sytemen die Drücke bzw. die Druckdifferenzen und bei elektronischen und elektrischen Systemen Spannungen und Ströme gemessen und zur Fehlereingrenzung benutzt.

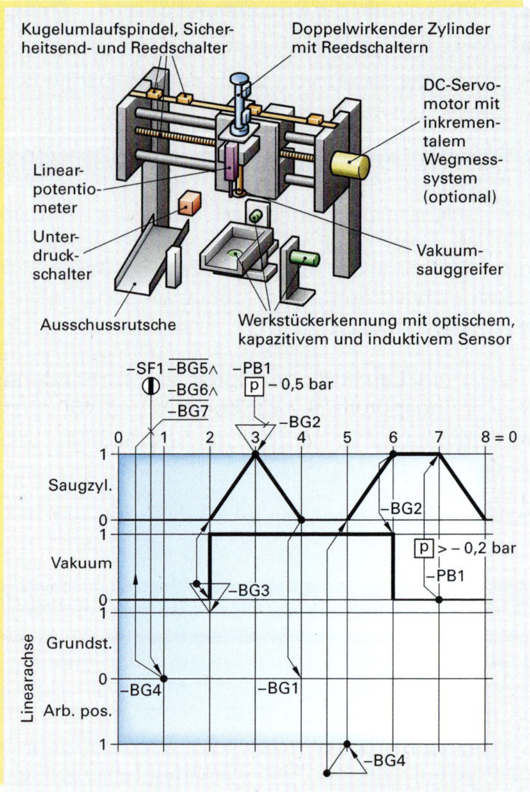

Bild 1: Technologieschema und Funktionsdiagramm

Messtechnische Fehlerdiagnose

Der Einsatz von messtechnischen Geräten hilft bei der Diagnose und Lokalisierung von Fehlern. Für die verschiedenen Gerätetechniken kommen unterschiedliche Messgeräte zum Einsatz.

In der **Pneumatik** sind es hauptsächlich Manometer, **(Bild 2)** und Druckschalter **(Bild 3)**, die zur Fehlersuche geeignet sind.

Manometer zeigen den Druck an. Mit ihnen kann relativ einfach festgestellt werden, ob ein Druck anliegt bzw. ob die Höhe des Druckes für die Funktionserfüllung ausreicht. Durch die meist flexible Verschlauchung von Pneumatikanlagen ist der Einbau von Monometern recht einfach.

Bild 2: Manometer

Durch **Druckschalter** werden pneumatische Drücke in elektrische Signale umgewandelt. Bei der Fehlersuche kann durch den Druckschalter das Ansteigen bzw. Absinken eines Druckes beobachtet werden und die jeweiligen Auswirkungen auf den Steuerungsablauf verfolgt werden.

Bild 3: Druckschalter (pneumatisch)

Druckschalter und Manometer dienen auch in **hydraulischen Anlagen** zur Fehlersuche. Der Einsatz ist dabei durch die feste Verrohrung der meisten Anlagen nicht so einfach zu realisieren. Aus diesem Grunde sind an den sensiblen Stellen von Hydraulikanlagen durch den Konstrukteur bereits Messanschlüsse (vgl. Inbetriebnahmegerechte Konstruktion) vorgesehen.

Neben Druckschalter und Manometer dienen in der Hydraulik vor allem Messgeräte zur Anzeige des Füllstandes und der Temperatur der Fehlersuche und vor allem zur Fehlervermeidung. So müssen sowohl bei zu hoher Öltemperatur als auch zu niedrigem Ölfüllstand Maßnahmen zur Behebung der Mängel ergriffen werden. Im Gegensatz zur Mechanik, Hydraulik und Pneumatik lassen sich die meisten Fehler in der Elektrotechnik und Elektronik nicht optisch oder akustisch erkennen. Zu ihrer Erkennung müssen deshalb geeignete Geräte eingesetzt werden. Dabei müssen zunächst die Vorgänge Messen und Prüfen unterschieden werden.

Beim **Prüfen** wird das Vorhandensein einer elektrischen Spannung oder eines Stromes festgestellt. **Zweipolige Spannungsprüfer (Bild 1)** zeigen dabei durch ein Leuchtdiodensignal ein vorhandenes Spannungspotenzial zwischen 6 V und 400 V an. **Einpolige Spannungsprüfer** sind mit Glimmlampen versehen und sind für die Anzeige von Gleich- oder Wechselspannungen von 100 V ... 250 V vorgesehen.

Mit **Durchgangsprüfern** kann geprüft werden, ob ein leitender Durchgang zwischen zwei Positionen vorhanden ist. Beim **Messen** elektrischer Größen wird nicht nur das Vorhandensein sondern auch die Höhe der zu messenden Größe ermittelt. Dazu stehen unterschiedliche Messgeräte zur Verfügung.

Das **Vielfachmessgerät (Bild 2)** erlaubt wahlweise eine Messung von Spannung, Strom und Widerstand. Neben der zu messenden Größe muss dabei auch der geeignete Messbereich festgelegt werden. Durch ihre leichte Handhabung sind Vielfachmessgeräte ein sehr geeignetes Werkzeug für die Fehlersuche bei der Inbetriebnahme von mechatronischen Systemen.

Bei der Fehlersuche in elektronischen Systemen werden hauptsächlich **Oszilloskope (Bild 3)** verwendet. Mit ihnen können periodisch wiederkehrende Spannungs- und Stromkurven sichtbar gemacht werden. Mit dem Zweikanaloszilloskop können zwei Kurven übereinander angezeigt werden. Das Digitalspeicher-Oszilloskop ermöglicht die Speicherung von Kurvenverläufen.

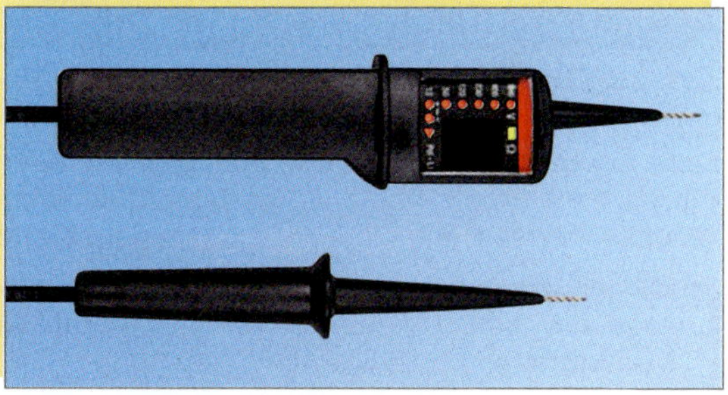

Bild 1: Zweipoliger Spannungsprüfer

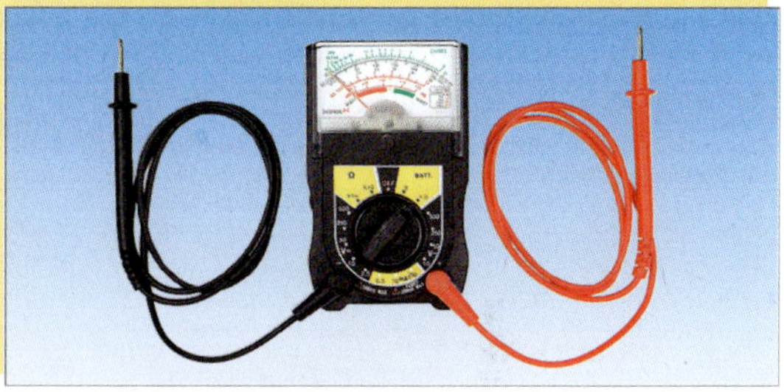

Bild 2: Vielfachmessgerät

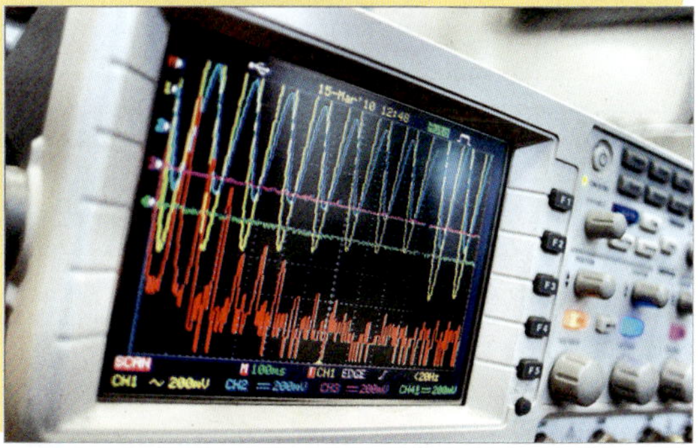

Bild 3: Oszilloskop

Neben den beschriebenen Verfahren und Hilfsmitteln zur Fehlersuche bei der Inbetriebnahme gibt es noch eine Reihe anderer Möglichkeiten, Fehler zu finden und ihre Behebung in die Wege zu leiten. Da diese jedoch auch bei der Instandsetzung eine maßgebliche Rolle spielen, werden sie auch dort erläutert (siehe Kapitel 15.8.5).

Arbeitsauftrag:

1. Erläutern Sie den Begriff Inbetriebnahme.
2. Von welchen Faktoren wird die Inbetriebnahme von mechatronischen Systemen beeinflusst?
3. Beschreiben Sie den grundsätzlichen Ablauf der Inbetriebnahme von mechatronischen Systemen.
4. Erstellen Sie für die Inbetriebnahme einer elektropneumatischen Zweizylindersteuerung eine „Inbetriebnahmecheckliste".
5. Zählen Sie wesentliche Punkte der Inbetriebnahme von pneumatischen, hydraulischen, elektrischen und SPS-Systemen auf.
6. Welche Fehler können bei der Inbetriebnahme auftreten?

15.8 Instandhaltung von mechatronischen Systemen

Alle mechatronischen Systeme unterliegen wie alle Maschinen und Anlagen während ihrer Lebensdauer einer gewissen Abnutzung bzw. einem Verschleiß durch Alterung, Ermüdung, Korrosion u.a. Wird dies nicht in ausreichendem Maße beachtet, so können diese Erscheinungen zu Störungen und Ausfällen führen. Im Normalfall ist dies mit beträchtlichen Kosten verbunden. Zur Vermeidung der Störungen und Ausfälle wird deshalb versucht durch geeignete Maßnahmen die Systeme „instandzuhalten“.

Unter der Instandhaltung versteht man alle Maßnahmen zur Bewahrung und Wiederherstellung des Sollzustandes sowie zur Feststellung und Beurteilung des Istzustandes von technischen Mitteln eines Systems (vgl. DIN 31051).

Diese Maßnahmen zur Instandhaltung umfassen im Wesentlichen die drei Teilgebiete Wartung, Inspektion und Instandsetzung:

INSTANDHALTUNG

WARTUNG	INSPEKTION	INSTANDSETZUNG
Maßnahmen zur Bewahrung des SOLL-Zustandes	Maßnahmen zur Feststellung und Beurteilung des IST-Zustandes	Maßnahmen zur Wiederherstellung des IST-Zustandes

15.8.1 Verlauf der Systemausfallrate

Beobachtet man mechatronische Systeme über einen längeren Zeitraum, so stellt man fest, dass immer wieder Ausfälle auftreten. Diese gehen meist auf folgende Ursachen zurück:

- fehlerhafte Materialien oder Fertigung
- Bedienungs- oder Betriebsfehler
- Verschleiß von Bauelementen oder -gruppen

Nur in wenigen Fällen ist es bisher gelungen, die Zuverlässigkeit von Systemen und ihrer Baugruppen so zu steigern, dass diese als ausfallfrei gelten. In der Raumfahrttechnik und im Flugzeugbau sind die Fortschritte diesbezüglich am Größten.

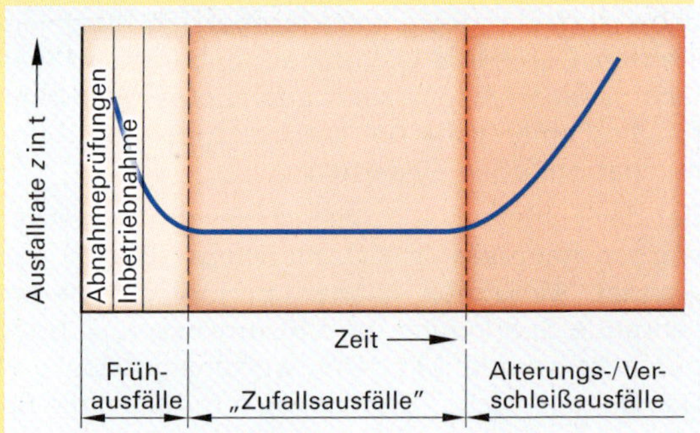

Bild 1: Badewannenkurve

Das Ausfallverhalten von mechatronischen Systemen ist nicht allgemeingültig zu beschreiben. Ähnlich wie bei allen anderen Maschinen- und Anlagen ist aber auch hier eine Kurve mit einer „Badewannencharakteristik“ zu beobachten **(Bild 1)**. Dabei sind drei Phasen zu erkennen:

- Phase der Frühausfälle
- Phase der Zufallsausfälle
- Phase der Alterungs- und Verschleißausfälle

Von Frühausfällen sind meist solche Bauelemente oder Systeme betroffen, bei denen so genannte „Kinderkrankheiten“ auftreten. Diese können durch unsachgemäße Montage, Fehler bei der Materialauswahl o.Ä. verursacht sein. In dieser Phase ist normalerweise eine Abnahme der Ausfallrate und somit eine Zunahme der Zuverlässigkeit zu verzeichnen. Bei werkstofftechnisch anspruchsvollen Bauelemente wie z.B. Halbleitern wird zur Verhinderung eines Frühausfalles häufig ein „Burn-in“-Test gemacht, bei dem die Bauelmente höheren Belastungen unterzogen werden.

Die Phase der Zufallsausfälle ist gekennzeichnet durch eine annähernd konstante Ausfallrate. Zeitpunkt und Ursache des Ausfalles sind dabei absolut zufällig. Diese Phase deckt den überwiegenden Bereich der Lebensdauer eines Systems ab und ist in der Regel nicht beeinflussbar.

Verschleißausfälle nehmen mit zunehmender Lebensdauer zu. Wie der Name schon sagt, ist der Verschleiß einzelner Bauteile die Ursache dafür. Beeinflussen lassen sich die Verschleißausfälle am Besten durch regelmäßige Wartungs- und Instandhaltungsmaßnahmen. Statistisch gesehen müssen dabei die Wartungsintervalle mit zunehmender Lebensdauer kürzer werden.

Abnutzungsvorrat von Bauteilen

Die Abnutzung von Bauteilen lässt sich grafisch darstellen. Daraus lässt sich der für die Instandhaltung sehr wichtige „Abnutzungsvorrat“ ableiten und ebenfalls grafisch darstellen. Dabei wird unterstellt, dass zum Zeitpunkt der Inbetriebnahme das Element voll funktionsfähig ist und für eine gewisse, nicht zu verhindernde Abnutzung vorgesorgt wurde, indem ein bestimmter Vorrat an Abnutzungsmöglichkeiten eingebaut wurde. Somit ist gewährleistet, dass auch beim Abweichen vom idealen Sollzustand die Funktionsfähigkeit vorhanden ist. Am Beispiel eines Gleitlagers kann dies erläutert werden: Bei der Inbetriebnahme ist für die Alterung ein bestimmtes Lagerspiel vorgeschrieben. Daneben wird ein Grenzlagerspiel als äußerstes Lagerspiel festgelegt. Dieser Wert darf nicht unterschritten werden. Die Differenz zwischen diesen beiden Werten ist der Abnutzungsvorrat **(Bild 1)**. Dieser wird bei der Konstruktion vorgesehen und ist bei der Inbetriebnahme vorhanden. Ist er erschöpft, so ist eine Instandsetzung erforderlich.

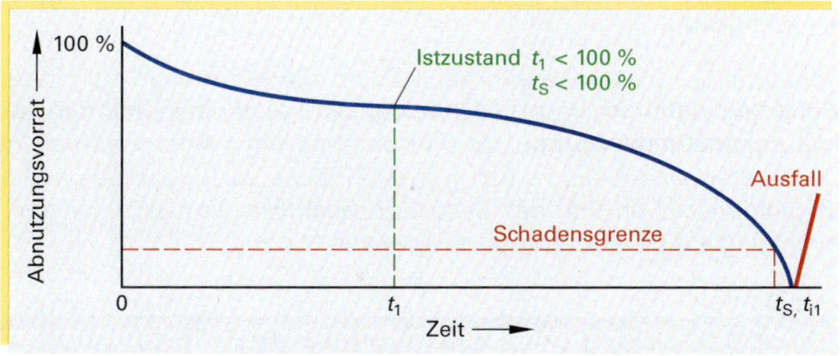

Bild 1: Abnutzungsvorrat für Wälzlager

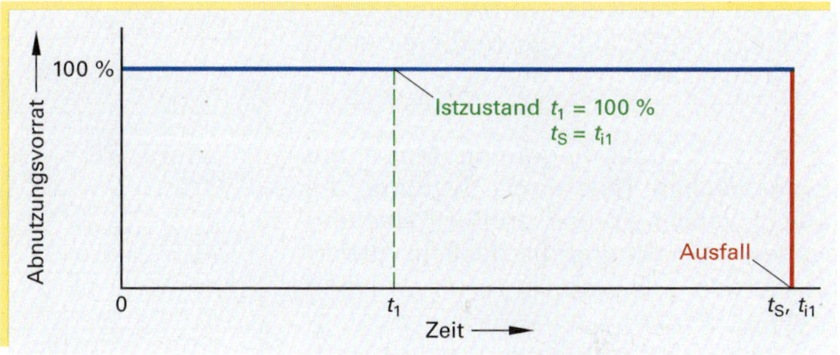

Bild 2: Abnutzungsvorrat für elektronisches Bauteil

Der Kurvenverlauf, der den Abnutzungsvorrat beschreibt, ist für die vielen unterschiedlichen Bauelemente, die bei mechatronischen Systemen verwendet werden, sehr unterschiedlich. An den Kurven des Wälzlagers **(Bild 1)** und eines elektronischen Bauteiles **(Bild 2)** wird dies verdeutlicht. Ist bei den mechanischen Bauteilen häufig ein Kurvenverlauf wie in **Bild 1** dargestellt zu beobachten, so ist für elektronische Bauteile eher ein plötzlicher Totalausfall charakteristisch.

15.8.2 Instandhaltungstrategien

Die Instandhaltungsmaßnahmen in Betrieben unterliegen wie alle anderen Bereiche den Zielen der Wirtschaftlichkeit. Grundsätzlich kann die Wirtschaftlichkeit abhängen von dem System oder der Maschine selbst, von der Qualität des zur Verfügung stehenden Personals und der Strategie (Vorgehensweise) bei der Instandhaltung. Bei der Instandhaltung wird zwischen vier verschiedenen Vorgehensweisen unterschieden:

- Vorbeugende Instandhaltung
- Ausfallbedingte Instandhaltung
- Zustandsabhängige Instandhaltung
- Qualitätsichernde Instandhaltung

Bei der **vorbeugenden Instandhaltung** wird unabängig vom Istzustand der Anlage nach einer bestimmten Laufzeit oder zu einem bestimmten Termin eine Instandhaltungsmaßnahme durchgeführt. Dies hat zum Vorteil, dass die Maßnahmen gut planbar sind und die Zahl der unvorhersehbaren Ausfälle reduziert werden kann. Nachteilig ist, dass kaum Daten über die Ausfallraten gesammelt werden können, die Lebensdauer diverser Bauteile nicht genutzt wird und dadurch relativ hohe Kosten anfallen können.

Ausfallbedingte Instandhaltungsmaßnahmen werden erst dann ergriffen, wenn ein System oder Teile davon ausgefallen sind. Ein Vorteil ist vor allem, dass die volle Lebensdauer der Teile ausgenutzt wird. Als nachteilig wirken sich überraschende und unvorhersehbare Ausfälle aus, die eventuell sehr hohe Ausfallkosten verursachen und entsprechend qualifiziertes Personal, wie z. B. Mechatroniker, in „Bereitschaft" erfordern.

Regelmäßige Inspektionsvorgänge sind die Grundlage für die **zustandsabhängige Instandhaltung**. Abhängig vom jeweiligen IST-Zustand, der bei der Inspektion festgestellt wird, werden weitere Instandhaltungsmaßnahmen geplant und durchgeführt. Auch dadurch kann die Lebensdauer von Bauteilen und Systemen gut ausgenutzt werden und die Verfügbarkeit der Anlage wird gesichert. Die anfallenden Inspektionskosten und der Bedarf an qualifiziertem Personal zur technischen Diagnostik wirken sich nachteilig auf die Gesamtbeurteilung aus.

15.8.3 Die Wartung als vorbeugende Instandhaltungsmaßnahme

Die Wartung von mechatronischen Systemen dient der Vorbeugung von Fehlern und damit der Verhinderung von Ausfällen.

Es sind im überwiegenden Maße die mechanischen Teile eines Systems, die hohem Verschleiß und großer Belastung ausgesetzt sind, und die deshalb gewartet werden müssen. Die erforderlichen Arbeiten werden in periodischen Abständen nach Wartungsplänen durchgeführt. Dies sind Arbeiten zur Pflege der Systeme und zum Austausch von Verschleißteilen, Schmierstoffen, Betriebsmittel u. a. Wartungsarbeiten müssen von den Personen, die sie durchführen, in Wartungslisten dokumentiert werden. Sie können abhängig sein von einem Zeitzyklus, der Betriebsdauer oder der Anzahl der vollzogenen Arbeitsgänge.

Wartungsplan- für Kettengetriebe der Montagezelle XYZ

Datum: *24.05.16* Ausstellender: *Obermeier*

Auszuführende Arbeiten	Verantwortlicher	i.O	n.i.O	Zyklus	Datum Handzeichen
Äußeren Zustand prüfen	Teamleiter	☒	☐	1/4 jährlich	
Zustand der Schmierung prüfen	Teamleiter	☒	☐	1/4 jährlich	
Zustand der Kette auf Abnutzung prüfen	Teamleiter	☒	☐	1/4 jährlich	
Kettenlänge prüfen	Teamleiter	☒	☐	1/2 jährlich	
Kettenspannung prüfen	Teamleiter	☐	☒	1/2 jährlich	
Zustand der Kettenräder	Teamleiter	☒	☐	1/2 jährlich	
Lage der Kettenräder zueinander	Teamleiter	☒	☐	1/2 jährlich	
Zustand der Schutzeinrichtung	Sicherheitsbeauftragter	☒	☐	monatlich	

Anmerkungen:

1. *Kettenspannung bei nächster Inspektion nachstellen*
2.
3.

Bild 1: Auszug aus einer Wartungsliste

Die Wartung kann in folgende Maßnahmen unterteilt werden:

- Reinigen — Entfernen von Fremdkörpern, Verunreinigungen und Hilfsstoffen durch Saugen, Scheuern, Verwendung von Lösungsmitteln u. a.
- Konservieren — Schutzmaßnahmen gegen Einflüsse von außen wie Rost, Schmutz u. a. durch Einfetten, Lackieren, Folienüberzug
- Schmieren — Erhalten der Gleitfähigkeit durch Zuführung von Schmierstoffen an die Schmierstelle
- Ergänzen — Auffüllen von Hilfsstoffen wie z. B. Auffüllen von Getriebeöl
- Auswechseln — Ausstauschen von Kleinteilen und Hilfsstoffen wie z. B. Dichtungswechsel, Ölwechsel, Filterwechsel u. a.
- Nachstellen — Justieren von einstellbaren Teilen mit dem Ziel der Beseitigung von Abweichungen.

Kleinere oder standartisierte Anlagen wie Kompressoren, Werkzeugmaschinen u. Ä. können nach einem bestimmten Plan vom Bedienpersonal gewartet werden. Komplexe mechatronische Systeme werden in der Regel von ausgebildeten Fachkräften gewartet. Dabei sind sowohl die Wartungspläne der Zulieferer von Subsystemen als auch die Pläne der gesamten Anlage, die vom Anlagenbauer erstellt werden müssen, einzuhalten. **Bild 1** zeigt Auszüge aus einem Wartungsplan für eine CNC-Drehmaschine.

Wartungsplan CNC-Drehmaschine

2j	j	h	v	m	w	t	Maschinenteil	zu prüfen
							Antrieb	
		■	■	■	■	■	Motor, Hauptantrieb	Laufruhe, Geräusche, Temperatur (Handwärme)
		■	■	■	■	■	Riemenscheiben	Sitz, Rundlauf, Profil
			■	■	■	■	Poly-V-Riemen	Zustand, Spannung
		■	■	■	■	■	Drehzahlgetriebe (2-stufig)	Laufruhe, Temperatur
							Spindelstock	
		■	■	■	■	■	Drehspindel	Laufruhe, Planlauf, Temperatur, Radialspiel vorn und hinten, Axialspiel, Zustand der Futteraufnahme
							Maschinengestell	
	■	■	■	■	■	■	Bett	Ausrichten
		■	■	■	■	■	Führungsbahnen	Verschleiß, Spiel, Reinigen, Schmieren
					■	■	Führungsbahnabdeckung	Zustand, Reinigen, Schmieren
							Kreuzschlitten	
		■	■	■	■	■	Führungen	Verschleiß, Spiel, Reinigen, Schmieren
			■	■	■	■	Abstreifer	Verschleiß, Reinigen, Wechsel
		■	■	■	■	■	Spindel mit Mutter für Längs- und Planantrieb	Zustand, Sauberkeit, Spiel, Schmierung
		■	■	■	■	■	Zahnriemen	Zustand, Spannung
■	■	■	■	■	■	■	Zahnscheiben	Verschleiß (Kantenausbruch)
							Revolver	
	■	■	■	■	■	■	Revolver	Zustand, Reinigen, Dichtheit
			■	■	■	■	Schnellwechsel-Werkzeugspanner	Reinigen, Fetten

Schmierplan

	1	2	3	4	5	6	7
	3 - 4x						
	8	8	50	2500	2500	8	50
DIN	CG68	HLP 32			—	CG68	
ISO	G68	HM32			—	G68	
V(dm³)	—	60			—	3	

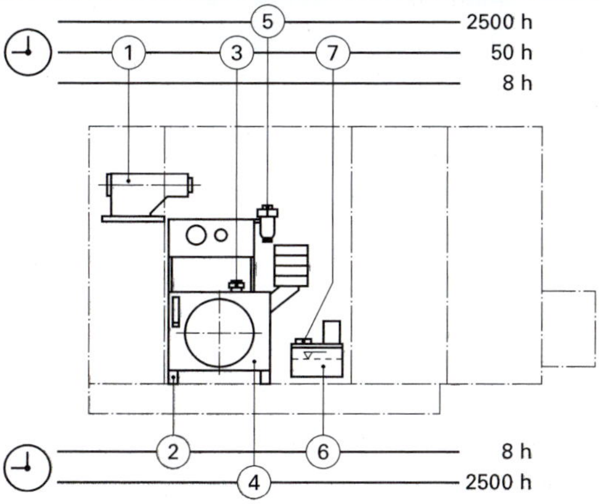

Bild 1: Wartungsplan für eine CNC-Drehmaschine

15.8.4 Die Inspektion als Maßnahme zur Ausfallverhütung

Ziel der Inspektion ist das rechtzeitige Erkennen von Verschleiß und Abnutzung.

Sie wird bei mechatronischen Systemen ähnlich wie bei Pkws normalerweise in zyklischen Abständen durchgeführt. Die durchzuführenden Arbeiten müssen den jeweiligen Inspektionsplänen und Checklisten entnommen und nach ihrer Erledigung dokumentiert werden.

Inspektionen erfüllen im Wesentlichen zwei Aufgaben. Durch sie soll der IST-Zustand 1. überprüft und 2. bewertet werden **(Bild 1)**.

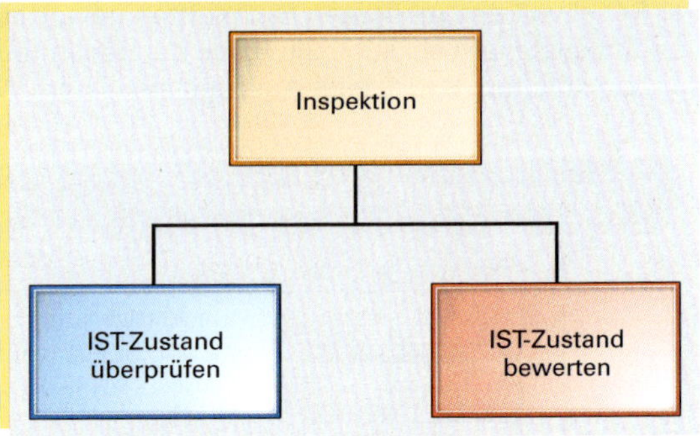

Bild 1: Aufgaben der Inspektion

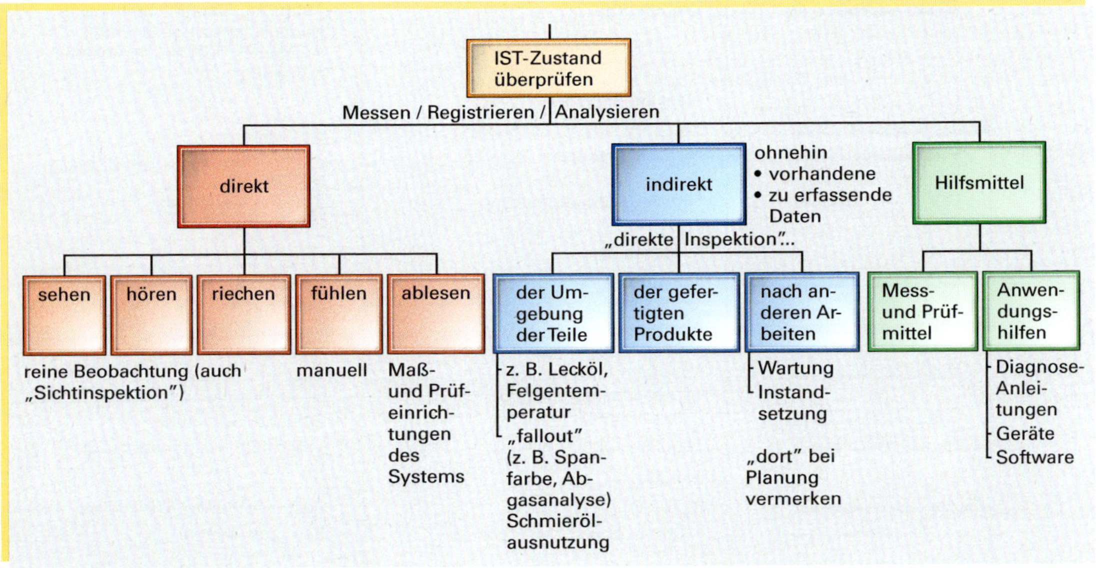

Bild 2: Überprüfung des IST-Zustandes

Die Überprüfung kann auf verschiedene Arten erfolgen **(Bild 2)**. Als **direkt** werden alle Verfahren bezeichnet, bei denen der zu prüfende Gegenstand durch subjektive Überprüfungen mit Hilfe der Sinnesorgane oder durch objektive Kontrollen mittels Auswertung von Messvorgängen unmittelbar einer Prüfung unterzogen wird. Die Analyse von Lagergeräuschen oder Verbrennungsgerüchen bzw. das Kontrollieren von Spannungen oder Drücken sind Beispiele für diese Art der Überprüfung.

Die Begutachtung der Qualität der gefertigten Produkte oder das Beobachten von Leckstellen sind Beispiele für die **indirekte** Überprüfung von Systemen. Bei dieser Form der Überprüfung sind es nicht die Systeme selbst sondern Bauteile von ihnen bzw. auf ihnen produzierte Teile, die „indirekt" auf eine Störung hinweisen können, die überprüft werden.

Die durch subjekte Beobachtung oder objektive Messungen ermittelten IST-Zustände müssen im Anschluss durch den Instandhalter bewertet werden **(Bild 1, Seite 663)**. Dabei geht es vor allem darum, ob Unregelmäßigkeiten wie z.B. Schwingungen, Druckdifferenzen, Spannungsabfälle u.a. vorliegen, die die zulässigen Toleranzen oder kritischen Grenzen überschreiten. Auch muss bei der Bewertung entschieden werden, ob diese Unregelmäßigkeiten zufällige oder systematische Ursachen haben. Das Ergebnis der Bewertung der Überprüfungsergebnisse ist in der Regel ein Bericht über den Befund der Anlage, in dem die Maßnahmen zur Behebung von Störungen enthalten sind.

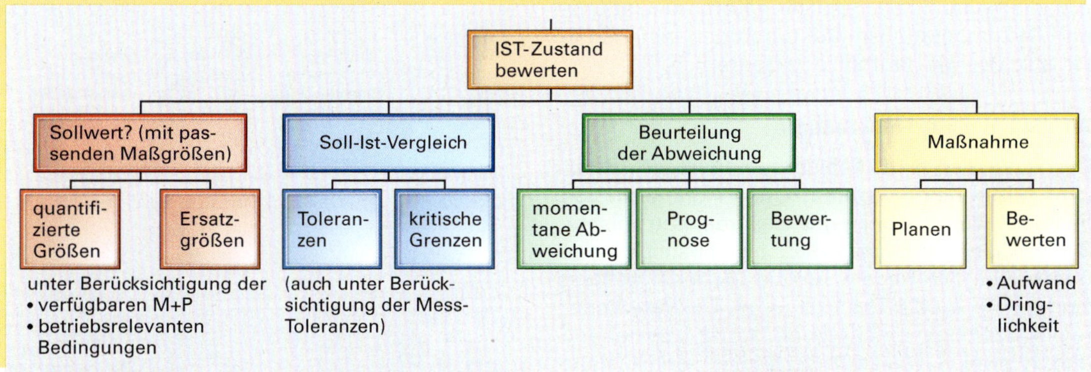

Bild 1: Bewertung des IST-Zustandes

15.8.5 Die Instandsetzung

Die Instandsetzung ist der aufwendigste Teil der Instandhaltung. Durch sie werden die Ausfallzeiten von mechatronischen Systemen am meisten beeinflusst. Dadurch sind die Instandsetzungsarbeiten zwangsläufig auch am kostenintensivsten. Aus diesem Grunde wird man immer bestrebt sein, die Instandsetzungsarbeiten so schnell wie möglich durchzuführen. Die Instandsetzung lässt sich in zwei Maßnahmen unterteilen:

- das Ausbessern
- das Austauschen **(Bild 2)**

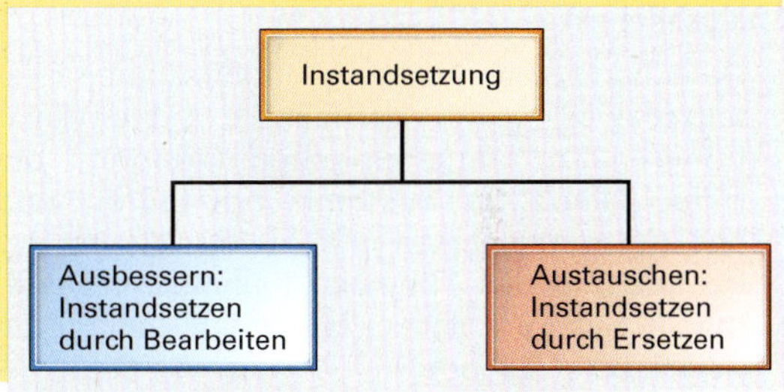

Bild 2: Instandsetzungsmaßnahmen

Die Instandsetzungsmaßnahmen können nach dem Zeitpunkt ihres Anlasses untergliedert werden in:

- **Intervallabhängige** oder **geplante** Instandsetzung, die nach bestimmten Zeitabläufen, Betriebszeiten oder Stückzahlen erfolgt
- **Zustandsabhängige** Instandsetzung, die von der Bewertung des IST-Zustandes abhängt
- **Ausfallbedingte** Instandsetzung, die beim Ausfall des Systems oder Teilen davon erforderlich wird
- **Vorbereitete** Instandsetzung ist Instandsetzung, die nach Art und Umfang geplant, aber noch nicht durchgeführt wurde

15.8.6 Fehlersuche als Grundlage der Instandsetzung

Der Erfolg einer Instandsetzungsmaßnahme ist von einer systematischen Ergründung und Diagnose der Fehlerquellen abhängig. Diese kann mithilfe von Ablaufplänen **(Bild 3)**, computerunterstützter Fehlersuchprogrammen oder der Aufstellung eines Fehlerbaumes erfolgen. Unabhängig vom verwendeten Hilfsmittel oder Verfahren ist auch

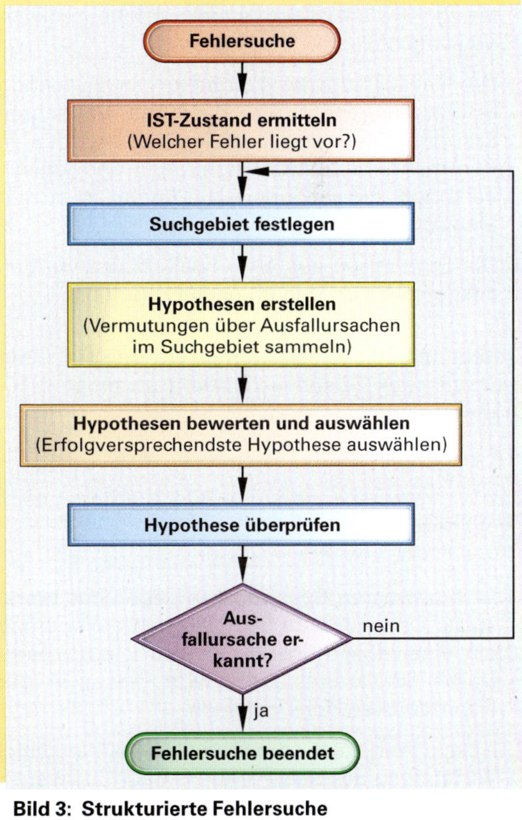

Bild 3: Strukturierte Fehlersuche

hier die Kenntnis aller üblichen Kommunikations- und Dokumentationsmittel durch den Instandhalter, also den Mechatroniker, erforderlich.

Aufstellen eines Fehlerbaumes

Das Aufstellen eines Fehlerbaumes ist ein hilfreiches Mittel beim systematischen Aufspüren von Fehlerquellen. Dabei wird das mechatronische System in ein möglichst wirklichkeitsnahes Modell übertragen Die Regeln für die Modellerstellung sind in DIN 25 424 Teil 1 genormt. Die verwendeten Bildzeichen entsprechen dabei weitgehend den Symbolen, wie sie in der Digitaltechnik (siehe Kapitel 10.2) verwendet werden **(Bild 1)**.

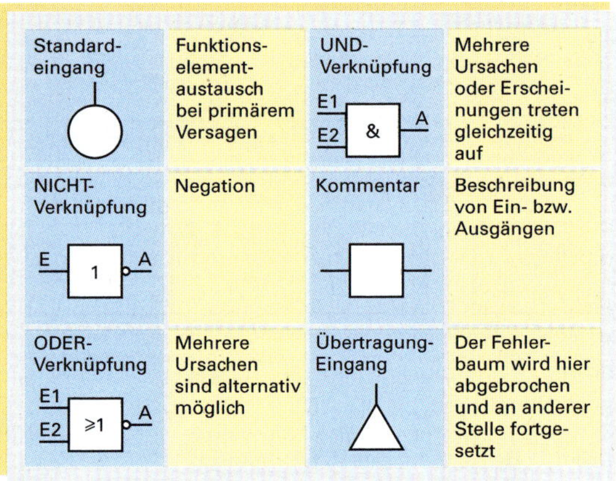

Bild 1: Bildzeichen für Fehlerbaum (Auswahl)

Analyseschritte:

a) Detaillierte Untersuchung mithilfe einer Systemanalyse. Dabei werden die Systemfunktionen, die Umgebungsbedingungen, die Hilfsquellen, die Systemkomponenten und das Zusammenwirken untersucht. Wie bei der Behandlung des Themas „Technische Systeme" (Kapitel 6.1) bereits behandelt, genügt die „Black-box-Methode"

b) Das „unerwünschte Ereignis" (der Fehler) wird definiert und Überlegungen zur Art des Ausfalles von System oder Systemkomponenten werden angestellt.

c) Der Fehlerbaum wird erstellt. Die Erstellung erfolgt ausgehend von dem unerwünschten Ereignis. Die möglichen Ausfälle werden in Kommentarrechtecke eingetragen und logisch verknüpft. Für jede mögliche Ausfallart erfolgt eine Analyse.

d) Die Ergebnisse aus dem Fehlerbaum werden ausgewertet und einer Lösung zugeführt.

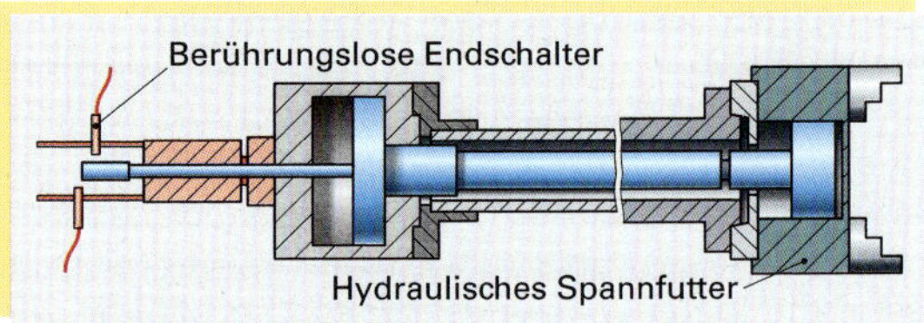

Bild 2: Prinzipskizze Spannvorrichtung

Erstellung eines Fehlerbaumes am Beispiel einer hydraulischen Spannvorrichtung an einer CNC-Drehmaschine:

a) Systemanalyse:

Das Werkstückspannsystem **(Bild 2)** arbeitet nach zwei Prinzipien:

1. Bei eingelegtem Werkstück fahren die hydraulisch bewegten Spannbacken gegen das Werkstück. Dadurch wird über die Hydraulikpumpe ein einstellbar hoher Spanndruck aufgebaut. Durch Druckregelventile wird dieser in der erforderlichen Höhe gehalten.

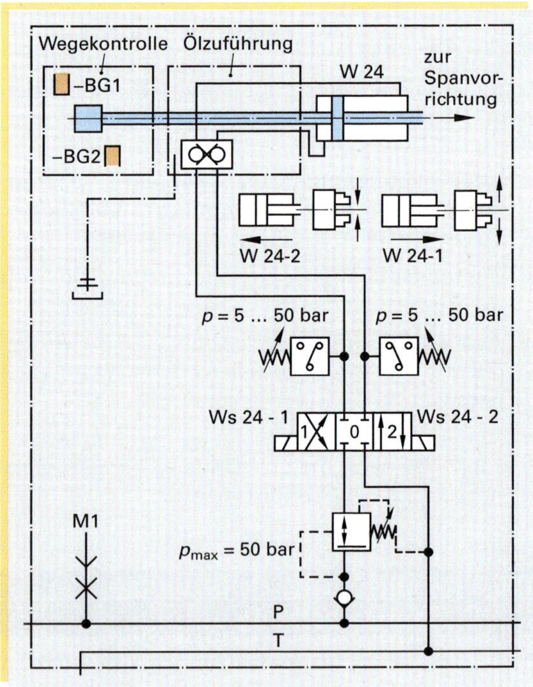

Bild 3: Hydraulikplan (Ausschnitt)

2. Ist kein Werkstück oder ein zu kleines Werkstück eingelegt, muss der Weg der Spannbacken über den Verfahrweg des Spannkolbens begrenzt werden **(Bild 3)**. Dieser wird über zwei berührungslos arbeitende Endschalter (kapazitive Sensoren) abgefragt.

b) Definition des „unerwünschten Ereignisses“:

Die Begrenzung des Spannweges bei nicht eingespanntem oder zu kleinem Werkstück erfolgt nicht. Der Spannzylinder fährt in die hintere Endlage. Dort wird ein hoher hydraulischer Druck aufgebaut, ohne dass dieser zu Spannzwecken genutzt werden kann.

c) Erstellung des Fehlerbaumes:

Der unerwünschte Druckaufbau kann zwei Ursachen haben: 1. Ein Versagen des Endschalters oder 2. ein Ausfall der Elektronik. Im zweiten Falle müsste die Erstellung eines separaten Fehlerbaumes erfolgen.

Das Versagen des Endschalters kann auf Verschmutzung, einen Justierfehler oder einen Bauteildefekt zurückzuführen sein, was zur Folge hat, dass der Kolben gegen die Endlage fährt und der Druckaufbau erfolgt.

d) Der defekte Endschalter wird ausgebaut und durch einen neuen ersetzt.

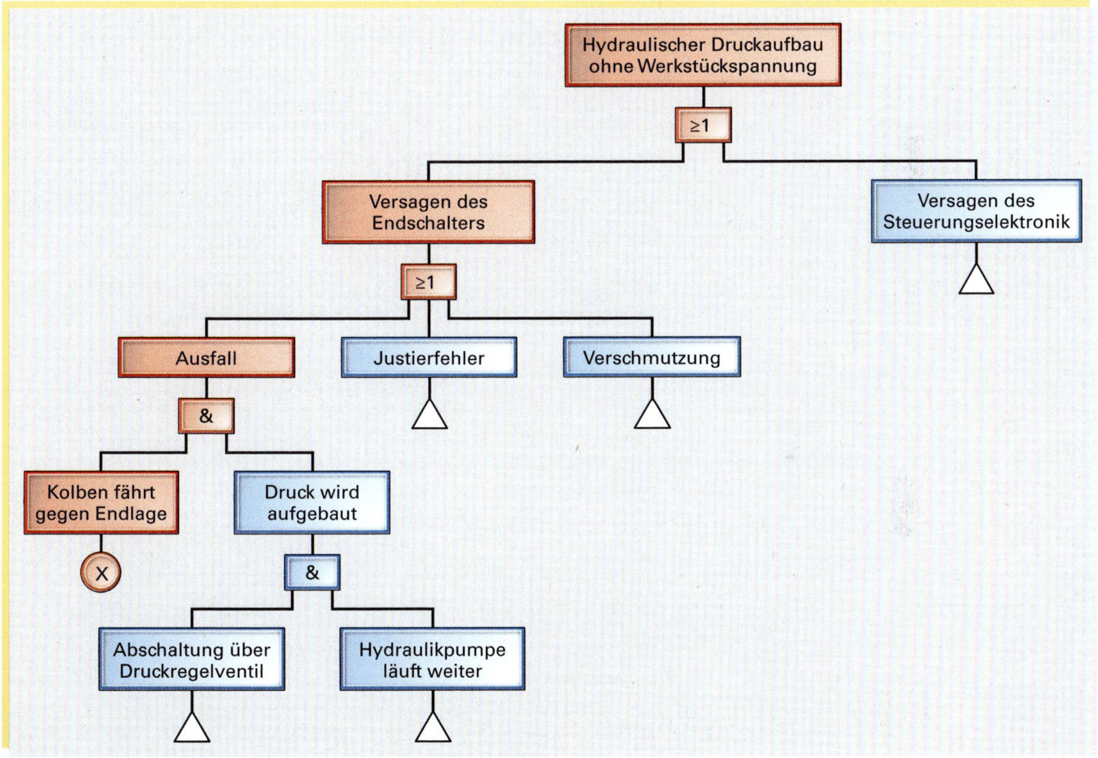

Bild 1: Fehlerbaum für hydraulische Spannvorrichtung

Arbeitsauftrag:

1. Welche drei Teilgebiete sind Bestandteil der Instandhaltung?
2. Erläutern Sie die Inhalte dieser drei Gebiete.
3. Beschreiben Sie die Abschnitte der sogenannten „Badewannenkurve“, die aus der Instandhaltung bekannt ist.
4. Recherchieren Sie Beispiele in Ihrem Ausbildungsbetrieb zu den Phasen Frühausfall, Zufallsausfall und Verschleißausfall.
5. Beschreiben Sie die unterschiedlichen Instandhaltungsstrategien.
6. Suchen Sie in Ihrem Betrieb einen Wartungsplan und interpretieren Sie diesen.

Notizen

Sachwortverzeichnis

F

G

H

I

J

K

L

M

N

O

P

Q

R

S

T

Z